トライボロジー ハンドブック

(社) 日本トライボロジー学会 編

2001

東 京
株式会社
養賢堂発行

Tribology Handbook

Japanese Society of Tribologists

HONGO 5 CHOME 30-15, BUNKYOKU
113-0033 TOKYO, JAPAN

TEL 03-3814-0911, FAX 03-3812-2615

YOKENDO Ltd.,

発刊にあたって

　本会で発行するハンドブックは，1970年の「潤滑ハンドブック」，1978年の「増訂　潤滑ハンドブック」，1987年の「改訂版　潤滑ハンドブック」に続いて4冊めになる．この間本会の名称が日本潤滑学会から日本トライボロジー学会に変り，本書も書名に「トライボロジー」を用いることになった．

　今回のハンドブックの発行に関しては，1992年から出版委員会を中心に検討が進められてきたが，編集委員長をお引き受けするに際して，かなり自分の流儀を通させていただいた．ハンドブックは実用性に徹すべきだという考えからである．これは，会員の研究成果の発表の場である学会誌と違って，ハンドブックはauthor-orientedでなくreader-orientedであるべきだ，と言い換えることもできるだろう．"ハンドブックを出版するならそこに何を書くべきか"という発想ではなく，"利用する人は何を知りたいと思ってハンドブックを開くか"，そういう観点から編集すべきではないか．さらに，最初の「潤滑ハンドブック」が発行されたときに比べてトライボロジーに関する出版物もかなりふえているから，それらとの併用を前提にして限られたページを有効に利用したい，そう考えた．そこで教科書的な解説は専門書に，先端的な展開は学会誌に，用語の手短な説明は「トライボロジー辞典」に任せて，できるだけ，すぐに使えるデータを掲載したいと思った．複雑な数式よりも結果の図表を，学問上の重要性よりも実用性を重視しようというわけである．

　こういう考えにもとづいて，トライボロジカルな問題を解決する手段である設計，材料，潤滑剤の三つと，トライボロジーの寄与の大きな応用分野であるメンテナンス，これら四つの編に分けようという，これまでとは全く異なった構成をとることにした．

　幸いこれらの方針は編集委員会の賛同をえることができ，幹事，各編主査をはじめ，編集委員，執筆者各位，ならびに出版を引き受けて下さった株式会社養賢堂のご努力によって，思いの外時間を要したが，ご覧のように新しい構想を実現したハンドブックを上梓することができた．末筆ながら各位のご協力に心からお礼を申し上げるとともに，本書が各方面で利用され，トライボロジーの実践に役立つことを祈りたい．

2001年3月
編集委員長　木村好次

トライボロジーハンドブック編集委員会

委員長	木村 好次	香川大学	
幹　事	田中 章浩	産業技術総合研究所	
〃	若林 利明	香川大学	
設計編委員	中原 綱光*	東京工業大学大学院	
〃	相原 　了	日本精工(株)(元)	
〃	有田 正司	日産自動車(株)	
〃	熊田 喜生	大豊工業(株)	
〃	滝　 晨彦	岡山理科大学	
〃	田中 正人	東京大学大学院	
〃	中村 研八	NOK(株)	
〃	林　 洋次	早稲田大学	
〃	村上 輝夫	九州大学大学院	
〃	柳沢 雅広	日本電気(株)	
〃	山口 幹夫	石川島播磨重工業(株)	
〃	山本 隆司	東京農工大学	
材料編委員	西村　 允*	法政大学	
〃	内山 吉隆	金沢大学	
〃	榎本 祐嗣	産業技術総合研究所	
〃	笠原 又一	(株)免震エンジニアリング	
〃	加藤 康司	東北大学大学院	
〃	不破 良雄	トヨタ自動車(株)	
〃	堀切川一男	山形大学	
〃	三宅正二郎	日本工業大学	
〃	山本 雄二	九州大学大学院	
潤滑剤編委員	平田 昌邦*	日石三菱(株)	
〃	小松﨑茂樹	(株)日立製作所	
〃	畑　 一志	出光興産(株)	
〃	広中清一郎	東京工業大学大学院	
〃	益子 正文	東京工業大学大学院	
〃	村木 正芳	湘南工科大学	
〃	森　 誠之	岩手大学	
〃	森内　 勉	協同油脂(株)	
〃	安冨清治郎	(株)ジャパンエナジー	
メンテナンス編委員	吉岡 武雄*	東京農工大学	
〃	君島 孝尚	石川島播磨重工業(株)	
〃	鈴木 政治	鉄道総合技術研究所	
〃	似内 昭夫	玉川大学	
〃	野呂瀬 進	帝京大学	
〃	服部 仁志	(株)東芝	
〃	松本 正次	(有)マーツ・エンジニアリング	
〃	水本 宗男	(株)日立製作所	
〃	村上 靖宏	ジヤトコ・トランステクノロジー(株)	

(* 印は各編の主査)

執筆者名 (五十音順)

相原　　了　　　岡田　和三　　　木村　芳一　　　白石　英雄
赤松　良信　　　岡田　勝藏　　　木村　好次　　　杉村　丈一
小豆島　　明　　岡田　　健　　　久保　愛三　　　杉山　和久
阿部　　力　　　岡田美津雄　　　久保　俊一　　　鈴木　和彦
荒井　貞夫　　　岡戸　　篤　　　熊谷　憲一　　　鈴木　隆司
有浦　泰常　　　岡村　征二　　　熊田　喜生　　　鈴木　政治
有田　正司　　　岡本　隆彦　　　熊野　隆二　　　鈴木　峰男
五十嵐仁一　　　岡本　　裕　　　河野　　通　　　清木　啓通
池内　　健　　　荻原　長雄　　　小粥　基行　　　関　　和彦
池本　雄次　　　小野　　晃　　　後藤　隆治　　　副島　光洋
石橋　　進　　　小野　京右　　　小林　啓三　　　髙田　祥三
井田修一郎　　　小野　茂之　　　小林　寛之　　　高橋　　仁
市橋　俊彦　　　小野　　肇　　　小林　正生　　　高谷　松文
市丸　和徳　　　階戸　真一　　　小松﨑茂樹　　　髙山　博和
伊藤　裕之　　　加賀谷峰夫　　　小峰　健治　　　滝　　晨彦
伊藤　史裕　　　笠原　又一　　　小村　英智　　　瀧口　雅章
稲川幸之助　　　風間　俊治　　　小山　三郎　　　竹内　榮一
井上　昭良　　　片渕　　正　　　近藤　洋文　　　竹下　興二
井上　　清　　　加藤　康司　　　齊藤　利幸　　　竹島　茂樹
井上　知昭　　　加藤　孝久　　　酒井　健次　　　竹林　博明
指宿　雅之　　　加藤　正名　　　坂田　　勲　　　多田　　薫
岩井　善朗　　　加藤　芳章　　　佐木　邦夫　　　田中　克彦
岩渕　　明　　　金子　礼三　　　桜木　正明　　　田中　正久
植木　光生　　　兼田　楨宏　　　笹島　和幸　　　田中　裕人
上村　正雄　　　金光　陽一　　　佐藤　準一　　　田中　正人
内山　吉隆　　　加納　　眞　　　佐藤　　佐　　　田谷　正成
栄　　　中　　　神谷　荘司　　　佐藤　祐二　　　辻内　敏雄
榎本　祐嗣　　　川久保洋一　　　佐藤　善昭　　　辻村太郎
大川　和英　　　川邑　正男　　　澤　　雅明　　　坪田　一一
大川　　聰　　　勘崎　芳行　　　四方　英雄　　　弟子丸順一
太田　芳雄　　　菅野　隆夫　　　柴田　正道　　　寺井　俊介
大西　輝明　　　木川　武彦　　　柴山　隆之　　　十合　晉一
大前　伸夫　　　菊池　正晃　　　志摩　政幸　　　十堂田邦明
大森　俊英　　　葵生川　實　　　清水　健一　　　遠山　茂樹
大山　忠夫　　　君島　孝尚　　　下田　博一　　　德本　　啓

豊田利夫	平田昌邦	水谷嘉之	八木裕二郎
中道治	平塚健一	水野吉一	安冨清治
中川健朗	広中清一郎	水原和行	柳京太郎
中川直樹	深田茂生	水本宗男	柳沢雅広
中西博	深津邦夫	光武章二	矢野満
中野健次	福井茂寿	三矢保永	矢部寛裕
中原綱光	福岡辰彦	秦勝一郎	山縣裕二
永原康守	福本宏	南正晴	山田眞祐
中村研八	藤田浩紀	三宅正二郎	山田高祐司
永村和照	藤縄市氏	宮本孝典	山本隆吾
夏目喜孝	渕上武	三好和寿	山本匡雄
南里秀明	鮒谷清司	村上輝夫	山本雄二
新居勝敏	星野道男	村上保夫	山吉岡武
西村允	堀切川一男	村上靖宏	吉田彰
西脇文俊	本多文洋	村上敬宜	吉田一俊樹
似内昭夫	益子正文	村木正芳	吉田健男
野坂正隆	増澤芳紀	室津義定	吉柳邦二
野呂瀬進	町田尚	毛利浩	吉脇稔明
萩原敏也	松尾良作	森淳暢	和田法一
橋本勝美	松崎良男	森誠之	渡辺誠紀
橋本巨志	松本將	森内勉	渡邉朝一
畑一志	松本堯之	森下信郎	渡部修
林洋次	松本政秋	森脇一彰	
久門輝正	松本善政	諸星彰三	

目　次

A．設　計　編

序 ……………………………………………………………1
1. トライボ設計の基礎理論 …………………………3
　1.1　概論 …………………………………………3
　　1.1.1　すべり要素と転がり要素の特徴 ……3
　　1.1.2　すべり要素の設計指針 ………………3
　　　（1）潤滑状態 ………………………………3
　　　（2）軸受設計の許容限界と焼付き ………5
　　1.1.3　転がり要素の設計指針 ………………6
　　文献 …………………………………………………7
　1.2　固体接触理論 ……………………………………7
　　1.2.1　表面トポグラフィー …………………7
　　　（1）触針法 …………………………………7
　　　（2）光触針法 ………………………………8
　　　（3）走査型プローブ顕微鏡 ………………8
　　　（4）光走査型顕微鏡 ………………………9
　　　（5）画像取込型測定法 ……………………9
　　　（6）電子顕微鏡 ……………………………9
　　　（7）非平面形体上の表面トポグラフィー …10
　　1.2.2　ヘルツの接触理論 ……………………10
　　　（1）半無限弾性表面に作用する力による
　　　　　応力と変形 ………………………………10
　　　（2）ヘルツの接触理論 ……………………12
　　　（3）接触力の付加による接触変形 ………13
　　　（4）ヘルツ接触以外の重要な接触問題 …15
　　1.2.3　表面粗さの接触理論 …………………15
　　　（1）真実接触面積と接触突起の数 ………15
　　　（2）接触面間の平均すきま ………………17
　　　（3）相対すべりに起因する掘り起こし
　　　　　損傷体積 …………………………………17
　　1.2.4　摩擦・摩耗理論 ………………………18
　　　（1）摩擦の機構 ……………………………18
　　　（2）摩擦の法則および摩擦係数の概略値 …19
　　　（3）摩耗の機構 ……………………………20
　　　（4）ウエアマップ …………………………21
　　1.2.5　摩擦面温度 ……………………………22
　　　（1）摩擦面温度の概念 ……………………22
　　　（2）摩擦面温度の推定式 …………………22
　　　（3）摩擦面温度の測定・側定例 …………23
　　文献 …………………………………………………24
　1.3　流体潤滑理論 ……………………………………25
　　1.3.1　レイノルズ方程式 ……………………25
　　　（1）一般的なレイノルズ方程式 …………25
　　　（2）簡略化されたレイノルズ方程式 ……27
　　　（3）等粘度等密度レイノルズ方程式 ……27
　　　（4）気体潤滑のレイノルズ方程式 ………28
　　　（5）主な無次元数 …………………………29
　　1.3.2　キャビテーションと境界条件 ………30
　　　（1）キャビテーションの潤滑に及ぼす影響 …30
　　　（2）境界条件 ………………………………30
　　　（3）キャビテーション領域の求め方 ……31
　　1.3.3　熱流体潤滑理論 ………………………32
　　　（1）エネルギー方程式 ……………………32
　　　（2）熱伝導方程式 …………………………32
　　　（3）油膜粘度の温度修正式 ………………33
　　　（4）温度境界条件 …………………………33
　　　（5）逆流の発生 ……………………………33
　　　（6）油膜破断部 ……………………………33
　　1.3.4　弾性流体潤滑理論 ……………………34
　　　（1）弾性流体潤滑（EHL）の定義 ………34
　　　（2）基礎方程式 ……………………………34
　　　（3）無次元パラメータ，EHLモード，
　　　　　膜厚公式 …………………………………35
　　　（4）油不足の場合 …………………………36
　　　（5）グリースのEHL ………………………37
　　　（6）スクイーズ膜におけるEHL …………37
　　　（7）トラクション係数 ……………………38
　　　（8）EHL現象の特徴 ………………………38
　　1.3.5　修正レイノルズ方程式 ………………39
　　　（1）乱流・慣性力の考慮 …………………39
　　　（2）表面粗さの考慮 ………………………41
　　　（3）分子気体潤滑の考慮 …………………43
　　　（4）非ニュートン流体潤滑の考慮 ………45
　　　（5）多孔質の考慮 …………………………46
　　文献 …………………………………………………47
　1.4　混合・境界・固体潤滑理論 ……………………49
　　1.4.1　境界潤滑のモデル ……………………49
　　　（1）ストライベック線図（Stribeck Chart）…49
　　　（2）境界潤滑の概念およびバウデン・テーバー
　　　　　のモデル …………………………………49
　　　（3）液体膜の構造化 ………………………50
　　　（4）液体超薄膜の特異性 …………………50
　　1.4.2　混合潤滑のモデル ……………………50

1.4.3　境界・混合潤滑下での摩擦特性 ……51
　　　（1）超薄膜の摩擦特性 ……………………51
　　　（2）摩擦振動 ………………………………51
　　1.4.4　固体潤滑のモデル ……………………52
　　文献 …………………………………………………52
2. すべり軸受 ……………………………………53
　2.1　すべり軸受の選定方法 ………………………53
　　2.1.1　すべり軸受の機能と選定 ……………53
　　2.1.2　すべり軸受の種類 ……………………53
　　2.1.3　すべり軸受の選定・設計の手順 ……56
　　2.1.4　回転機械用流体潤滑すべり軸受の
　　　　　　選定・設計の具体的手順の例 ………56
　2.2　回転機械用動圧すべり軸受 …………………57
　　2.2.1　スラスト軸受 …………………………57
　　　（1）テーパドランドスラスト軸受 ………57
　　　（2）ティルティングパッドスラスト軸受 …58
　　2.2.2　ジャーナル軸受 ………………………62
　　　（1）小・中形回転機械用 …………………62
　　　（2）大型回転機械用 ………………………64
　　2.2.3　スクイーズフィルムダンパ軸受 ……67
　　　（1）用途と形式 ……………………………67
　　　（2）ダンパの設計法 ………………………68
　　　（3）油膜の非線形性に起因する非線形
　　　　　　振動現象 …………………………………69
　　文献 …………………………………………………70
　2.3　エンジン用動圧すべり軸受 …………………71
　　2.3.1　往復エンジン …………………………71
　　　（1）種類と使用箇所 ………………………71
　　　（2）軸受にかかる負荷条件 ………………71
　　　（3）潤滑油系路 ……………………………72
　　　（4）軸受設計における主要因子 …………72
　　　（5）軸受材の選定 …………………………75
　　2.3.2　ロータリエンジン ……………………76
　　　（1）エンジンの定義と軸受使用箇所 ……76
　　　（2）設計検討項目 …………………………76
　　2.3.3　クロスヘッドピン軸受 ………………79
　　　（1）軸受設計思想の動向 …………………79
　　　（2）軸受の作動と潤滑 ……………………80
　　　（3）軸方向油溝付き軸受の負荷容量 ……82
　　　（4）負荷能力の改善 ………………………82
　　　（5）$2\phi/\alpha$値の選定 ………………………82
　　　（6）静圧軸受の設計基準 …………………82
　　文献 …………………………………………………83
　2.4　静圧軸受 ………………………………………83
　　2.4.1　静圧スラスト軸受 ……………………83
　　　（1）円板形スラスト軸受 …………………83
　　　（2）静圧スラスト軸受の特性 ……………85
　　　（3）流体の慣性力の影響 …………………86
　　　（4）一定流量形成軸受 ……………………86
　　2.4.2　静圧ジャーナル軸受 …………………87
　　　（1）並行すきま軸受としての解 …………87
　　　（2）円筒軸受としての補正 ………………87
　　2.4.3　静圧軸受の設計例 ……………………88
　　　（1）静圧ジャーナル軸受 …………………88
　　　（2）静圧スラスト軸受 ……………………90
　　　（3）静圧制御軸受 …………………………91
　　　（4）オイルリフト軸受 ……………………92
　　文献 …………………………………………………92
　2.5　気体軸受 ………………………………………92
　　2.5.1　ティルティングパッド軸受 …………92
　　2.5.2　グルーブ軸受 …………………………94
　　2.5.3　フォイル軸受 …………………………95
　　　（1）フォイル軸受の種類 …………………95
　　　（2）理論解析法と基本特性 ………………96
　　　（3）数値解析法 ……………………………96
　　2.5.4　浮動ヘッドスライダ …………………97
　　2.5.5　スクイーズ膜軸受 ……………………99
　　　（1）スクイーズ膜軸受の理論 ……………99
　　　（2）スクイーズ膜軸受の基本特性 ……100
　　　（3）スクイーズ膜軸受の開発研究 ……100
　　2.5.6　静圧気体軸受 ………………………100
　　　（1）静圧気体軸受の作動原理 …………100
　　　（2）静圧気体軸受の形式 ………………102
　　　（3）溝付き給気孔静圧気体軸受 ………102
　　　（4）多孔質環状スラスト静圧気体軸受 …105
　　文献 ………………………………………………107
　2.6　容積型コンプレッサ用動圧すべり軸受 …108
　　2.6.1　往復式 ………………………………108
　　　（1）固定容積 ……………………………108
　　　（2）可変容積 ……………………………108
　　2.6.2　ロータリ式 …………………………110
　　　（1）ロータリ圧縮機の構造 ……………110
　　　（2）軸受の形状・材料 …………………111
　　　（3）給油方式 ……………………………111
　　　（4）軸受の作動状態 ……………………112
　　　（5）油膜厚さ解析 ………………………112
　　2.6.3　スクロール式 ………………………113
　　　（1）スクロールコンプレッサの構成 …113
　　　（2）軸受に要求される性能 ……………113
　　　（3）ラジアル軸受 ………………………113
　　　（4）スラスト軸受 ………………………114
　　　（5）スラスト軸受しゅう動損失の評価と

　　　　低しゅう動損失化 ………………114
　文献 ……………………………………115
2.7　自動車駆動系等各種すべり軸受 ………115
　2.7.1　変速機 …………………………115
　　（1）すべり軸受の使用例 ……………115
　　（2）すべり軸受の使用条件と要求性能 ……115
　　（3）すべり軸受の代表的な設計例 …………115
　2.7.2　サスペンション，アクスル，
　　　　　ステアリング，その他の軸受 …117
　　（1）サスペンション …………………117
　　（2）アクスル軸受 ……………………120
　　（3）ステアリング ……………………120
　　（4）その他の軸受 ……………………121
　文献 ……………………………………121
2.8　その他の軸受 ……………………………122
　2.8.1　含油軸受 ………………………122
　　（1）含油軸受の分類 …………………122
　　（2）含油軸受の特徴 …………………122
　　（3）含浸油 ……………………………122
　　（4）含油軸受の特性 …………………123
　　（5）含油軸受の PV 値 …………………124
　　（6）油補給油構造 ……………………124
　2.8.2　プラスチック軸受 ………………125
　　（1）軸受負荷条件 ……………………125
　　（2）耐熱温度 …………………………125
　　（3）すべり速度 ………………………125
　　（4）軸受寸法 …………………………125
　　（5）相手材料 …………………………125
　　（6）潤滑 ………………………………126
　2.8.3　固体潤滑剤軸受 …………………126
　　（1）固体潤滑剤の種類と選択 ………126
　　（2）高荷重領域 ………………………126
　　（3）高温領域 …………………………126
　　（4）腐食環境条件 ……………………126
　2.8.4　セラミック軸受 …………………126
　　（1）全周軸受 …………………………127
　　（2）スパイラルグルーブスラスト軸受，
　　　　全周軸受 ……………………………127
　　（3）ティルティングパッドジャーナル・
　　　　スラスト軸受 ……………………128
　2.8.5　ほぞ軸受 …………………………128
　2.8.6　ピボット軸受 ……………………128
　2.8.7　宝石軸受 …………………………129
　2.8.8　ナイフエッジ軸受 ………………130
　2.8.9　磁気軸受 …………………………130
　文献 ……………………………………133

3．転がり軸受 …………………………………134
3.1　種類と特徴 ………………………………134
　3.1.1　構造と種類 ………………………134
　3.1.2　主要寸法 …………………………134
　　（1）直径系列 …………………………134
　　（2）幅（または高さ）系列 …………141
　　（3）寸法系列 …………………………141
　3.1.3　呼び番号 …………………………142
　　（1）基本番号 …………………………142
　　（2）補助記号 …………………………142
　　（3）呼び番号の列 ……………………142
　3.1.4　精度 ………………………………142
　　（1）精度等級 …………………………142
　　（2）寸法精度と回転精度 ……………142
　文献 ……………………………………143
3.2　転がり軸受の摩擦 ………………………143
　3.2.1　軸受内の摩擦 ……………………143
　　（1）転がり摩擦 ………………………143
　　（2）接触面内の転がり-すべり摩擦 …143
　　（3）差動すべり …………………………144
　　（4）スピン ……………………………144
　　（5）スキューイング …………………145
　　（6）つば部のすべり …………………145
　　（7）保持器のすべり …………………145
　3.2.2　転がり軸受の摩擦 ………………146
　3.2.3　転がり軸受の温度上昇 …………147
　3.2.4　転がり軸受の振動と音響 ………147
　　（1）レース音 …………………………147
　　（2）保持器音 …………………………147
　　（3）きしり音 …………………………147
　　（4）きず音，ごみ音 …………………147
　　（5）転動体通過振動 …………………147
　　（6）転がり面のうねりによる振動 ……148
　文献 ……………………………………148
3.3　負荷能力と耐久性 ………………………148
　3.3.1　寿命 ………………………………148
　　（1）軸受の寿命 ………………………148
　　（2）転がり疲れ寿命 …………………148
　3.3.2　基本動定格荷重と疲れ寿命 ………148
　　（1）基本動定格荷重の定義 …………148
　　（2）基本動定格荷重の計算 …………149
　　（3）定格寿命 …………………………149
　　（4）動等価荷重 ………………………152
　　（5）軸受荷重の算定 …………………153
　3.3.3　基本静定格荷重と静等価荷重 ……156
　　（1）基本静定格荷重の定義 …………156

(viii)

　　　（2）基本静定格荷重の計算 …………156
　　　（3）静等価荷重 ………………………156
　　　（4）静許容荷重係数 …………………157
　　3.3.4　軸受内部の荷重分布および変位 …158
　　　（1）軸受内の荷重分布 ………………158
　　　（2）ラジアル玉軸受における内部すきまと
　　　　　負荷率 …………………………159
　　　（3）ラジアル内部すきまと最大転動体
　　　　　荷重 ……………………………159
　　　（4）接触面圧と接触域 ………………160
　　文献 ………………………………………161
3.4　使用法 ……………………………………162
　　3.4.1　軸受の選択 ………………………162
　　　（1）軸受選択の検討項目 ……………162
　　　（2）軸受の配列 ………………………162
　　3.4.2　はめあいと軸受すきま …………163
　　　（1）はめあいの目的と適正値 ………163
　　　（2）軸受すきまと性能 ………………163
　　3.4.3　予圧 ………………………………165
　　　（1）予圧の目的 ………………………165
　　　（2）予圧の方法 ………………………165
　　3.4.4　具体的使用法 ……………………165
　　　（1）自動車ホイール用軸受 …………165
　　　（2）鉄道車両車軸軸受 ………………166
　　　（3）HDDスピンドルモータ用玉軸受 …168
　　　（4）圧延機用軸受 ……………………168
　　　（5）工作機械スピンドル用軸受 ……169
　　　（6）真空用軸受 ………………………171
　　文献 ………………………………………172
3.5　潤滑法 ……………………………………172
　　3.5.1　潤滑の目的と許容回転数 ………172
　　3.5.2　潤滑法の種類 ……………………173
　　　（1）グリース潤滑 ……………………173
　　　（2）油潤滑 ……………………………174
　　3.5.3　最近の潤滑法 ……………………176
　　　（1）オイルエア潤滑 …………………177
　　　（2）セラミック球の利用 ……………178
　　　（3）低粘度油ジェット潤滑 …………178
　　　（4）アンダーレース潤滑 ……………178
　　3.5.4　潤滑油の交換・補給 ……………179
　　　（1）油 …………………………………179
　　　（2）グリース …………………………179
　　文献 ………………………………………179
3.6　精度・特性試験法 ………………………180
　　3.6.1　転がり軸受の精度および測定 …180
　　　（1）転がり軸受の精度 ………………180

　　　（2）測定方法 …………………………180
　　　（3）すきまの測定 ……………………180
　　3.6.2　転がり軸受の摩擦トルクおよび測定
　　　　　……………………………………182
　　3.6.3　転がり軸受の音響・振動 ………182
　　3.6.4　転がり軸受の温度上昇 …………184
　　3.6.5　転がり軸受の寿命試験機 ………186
　　文献 ………………………………………187
4.　伝動要素 …………………………………188
4.1　歯車 ………………………………………188
　　4.1.1　種類と名称 ………………………188
　　　（1）歯車の種類 ………………………188
　　　（2）歯車の特徴と選定 ………………188
　　　（3）歯車の用語と幾何学量 …………188
　　4.1.2　かみあい …………………………192
　　　（1）インボリュート平歯車のかみあい …192
　　　（2）はすば歯車のかみあい …………194
　　　（3）かさ歯車のかみあい ……………195
　　　（4）ウォームギアのかみあい ………195
　　4.1.3　精度 ………………………………196
　　　（1）歯車の精度と性能 ………………196
　　　（2）歯車精度規格 ……………………196
　　　（3）歯当たり …………………………198
　　　（4）歯当たりに及ぼすクラウニング・
　　　　　歯形修整の影響 ………………199
　　4.1.4　強度設計 …………………………200
　　　（1）円筒歯車強度設計式の適用範囲と記号
　　　　　……………………………………201
　　　（2）歯車強度に対する影響係数 ……201
　　　（3）歯面強さ …………………………203
　　　（4）曲げ強さ …………………………204
　　　（5）スカッフィング強さ ……………205
　　　（6）歯車材料の許容応力 ……………207
　　　（7）かさ歯車の強度設計法 …………208
　　4.1.5　トライボ設計 ……………………209
　　　（1）転がり疲れの発生機構 …………209
　　　（2）面圧強度設計 ……………………213
　　　（3）耐スカッフィング強度設計 ……217
　　　（4）ウォームギヤの強度設計 ………218
　　4.1.6　潤滑法 ……………………………220
　　　（1）歯車の油膜形成 …………………220
　　　（2）歯車の効率 ………………………223
　　　（3）歯車の潤滑法 ……………………225
　　文献 ………………………………………228
4.2　運動ねじ，ウォーム-ラック ……………230
　　4.2.1　すべりねじ ………………………230

(1) 動圧ねじ ………………230
　　　(2) 静圧ねじ ………………232
　　4.2.2 転がりねじ ………………232
　　　(1) ボールねじ ……………232
　　　(1) ローラねじ ……………234
　　文献 ……………………………234
4.3 カム …………………………………235
　　4.3.1 種類 ……………………235
　　4.3.2 カムのトライボ設計 …236
　　文献 ……………………………237
4.4 クラッチ ……………………………238
　　4.4.1 種類 ……………………238
　　4.4.2 クラッチのトライボ設計 …239
　　　(1) 摩擦クラッチのトライボロジー …239
　　　(2) 摩擦材の組成，形状および機械的性質と摩擦特性 …………241
　　　(3) 湿式クラッチ用潤滑油 …………241
　　　(4) 評価試験法 ……………242
　　文献 ……………………………243
4.5 ブレーキ ……………………………243
　　4.5.1 種類 ……………………243
　　4.5.2 摩擦材の組成 …………246
　　4.5.3 ブレーキのトライボ設計 …246
　　文献 ……………………………247
4.6 機械式無段変速機 …………………247
　　4.6.1 種類 ……………………247
　　4.6.2 トラクションドライブCVTのトライボ設計 …………248
　　　(1) トラクションドライブCVTの現状 …248
　　　(2) 自動車用トラクションドライブCVT …………248
　　　(3) 伝達効率 ………………249
　　　(4) 耐久性 …………………249
　　　(5) トラクション油 ………249
　　　(6) 自動車への適用例 ……250
　　4.6.3 ベルトドライブCVTのトライボ設計 …………250
　　　(1) 構造 ……………………250
　　　(2) トルク伝達メカニズム …………250
　　　(3) 押しブロック金属ベルトの伝達効率 …251
　　文献 ……………………………251
4.7 その他の伝動要素 …………………252
　　4.7.1 ベルト，チェーン，ワイヤロープ 252
　　　(1) ベルト …………………252
　　　(2) チェーン ………………256
　　　(3) ワイヤロープ …………257
　　4.7.2 軸継手，スプライン，セレーション …………259
　　　(1) 軸継手 …………………259
　　　(2) スプライン ……………262
　　　(3) セレーション …………262
　　4.7.3 タイヤ …………………263
　　　(1) 種類 ……………………263
　　　(2) ゴムの摩擦特性 ………263
　　　(3) タイヤの摩擦特性 ……263
　　　(4) 環境条件の影響 ………264
　　4.7.4 車輪とレール …………264
　　4.7.5 超音波モータ …………266
　　　(1) 動作原理 ………………266
　　　(2) これまでに開発された様々な超音波モータ …………267
　　4.7.6 紙送り …………………267
　　　(1) 摩擦駆動搬送の基本要素 …………267
　　　(2) 搬送特性 ………………268
　　文献 ……………………………269

5. 密封要素 …………………………270

5.1 種類と特徴 …………………………270
　　5.1.1 静止用(固定用)シール …………270
　　　(1) 非金属ガスケット ……271
　　　(2) セミメタリックガスケット …………271
　　　(3) 金属ガスケット ………271
　　5.1.2 運動用シール …………271
　　　(1) 接触式シール …………272
　　　(2) 非接触式シール ………273
　　　(3) 膜遮断式シール ………273
5.2 静的シール …………………………274
　　5.2.1 静的シールの構造と漏れの経路 …274
　　5.2.2 ガスケットの分類と構造 …………274
　　5.2.3 密封性能に及ぼす影響因子 …………276
　　　(1) 気密開始点と気密限界点 …………276
　　　(2) 初期締付け時の影響因子 …………276
　　　(3) 長期運転時の影響因子 …………277
　　5.2.4 フランジ継手の設計方法 …………277
　　　(1) ガスケット締付け係数(m, y)を用いた設計手法 …………277
　　　(2) 新ガスケット係数(a, G_b, G_s)を用いた設計 …………277
　　文献 ……………………………279
5.3 接触式運動用シール ………………280
　　5.3.1 オイルシール …………280
　　　(1) オイルシールの構造と用途 …………280
　　　(2) オイルシールの摩擦 …281

(3) オイルシールの密封メカニズム ……… 281
　　　(4) オイルシールの選定方法 ……… 283
　5.3.2　メカニカルシール ……… 285
　　　(1) 構造，使用範囲と選定方法 ……… 285
　　　(2) 摩擦特性および密封理論 ……… 288
　　　(3) 摩擦特性と密封特性の計測方法例 … 290
　　　(4) 適用例 ……… 290
　5.3.3　往復動シール ……… 291
　　　(1) 往復動シールの分類と代表用途 …… 291
　　　(2) 往復動シールの基礎理論 ……… 292
　　　(3) 往復動シールの代表特性 ……… 293
　　　(4) シールの種類と選定および使用法 … 295
　5.3.4　ワイパーブレード ……… 299
　5.3.5　ピストンリング ……… 300
　　　(1) 機能 ……… 300
　　　(2) 形状 ……… 300
　　　(3) 材質，表面処理 ……… 300
　　　(4) 設計の基本計算式 ……… 300
　　　(5) 潤滑の基本計算式 ……… 302
　　　(6) リングの主要諸元 ……… 303
　5.3.6　油圧機器要素 ……… 304
　　　(1) 油圧機器に使われるシール部品の構造と
　　　　　特徴 ……… 305
　　　(2) 油圧ポンプ，モータなどにおけるシールの
　　　　　技術的課題と対策法 ……… 306
　　文献 ……… 308
5.4　非接触式シール ……… 309
　5.4.1　オイルフィルムシール ……… 309
　5.4.2　ドライガスシール ……… 310
　5.4.3　ラビリンスシール ……… 311
　5.4.4　ビスコシール ……… 314
　5.4.5　磁性流体シール ……… 314
　　　(1) 磁性流体の構造と種類 ……… 314
　　　(2) 磁性流体シールの基本構造と用途 … 315
　　　(3) 耐圧設計手法と今後の技術課題 …… 315
　5.4.6　油切り ……… 316
　　文献 ……… 316

6. 特殊環境下のトライボ要素 ……… 317
6.1　清浄環境 ……… 317
　6.1.1　ハードディスク ……… 317
　　　(1) ハードディスク装置のトライボロジー
　　　　　 ……… 317
　　　(2) HDDのトライボロジーにおける固体
　　　　　粒子汚染 ……… 318
　　　(3) HDDのトライボロジーにおける気体汚染
　　　　　 ……… 319
　　　(4) HDD清浄向上の課題 ……… 319
　6.1.2　半導体製造装置 ……… 319
　6.1.3　その他 ……… 320
　　文献 ……… 320
6.2　冷媒圧縮機 ……… 321
　6.2.1　圧縮機の種類と構造 ……… 321
　6.2.2　冷媒とその影響 ……… 322
　　　(1) 冷媒の雰囲気効果 ……… 322
　　　(2) 冷媒の潤滑油への溶解の影響 …… 323
　　　(3) 寝込み運転 ……… 324
　　文献 ……… 324
6.3　人工関節 ……… 325
　6.3.1　概論 ……… 325
　6.3.2　人工関節の種類と設計上の留意
　　　　　点 ……… 325
　6.3.3　潤滑モードと摩擦・摩耗(生体関節
　　　　　との比較) ……… 326
　　　(1) 生体関節における潤滑機構 ……… 326
　　　(2) 人工関節における潤滑モードと摩擦・摩耗
　　　　　 ……… 326
　6.3.4　生体環境の特殊性と人工関節用
　　　　　摩擦面材料の生体適合性 ……… 327
　6.3.5　摩耗粉と生体の応答(緩みとの関連)
　　　　　 ……… 328
　　文献 ……… 328
6.4　極限環境下 ……… 328
　6.4.1　高温 ……… 328
　　　(1) 高温材料 ……… 328
　　　(2) 高温潤滑材 ……… 329
　6.4.2　低温 ……… 330
　　　(1) 極低温でのトライボロジー ……… 330
　　　(2) 極低温高速軸受 ……… 330
　　　(3) 極低温高速軸シール ……… 331
　　　(4) 超伝導機器 ……… 331
　6.4.3　高圧 ……… 332
　　　(1) 深海調査船の軸受・シール ……… 332
　　　(2) HIP装置 ……… 333
　6.4.4　高真空・宇宙 ……… 334
　　　(1) トライボ要素設計の留意点 ……… 334
　　　(2) 高真空・宇宙用潤滑剤の構造・特性と
　　　　　潤滑性能 ……… 334
　　　(3) 性能特性の検討 ……… 335
　　　(4) 摩擦と摩耗試験 ……… 335
　　　(5) 注意 ……… 335
　6.4.5　その他 ……… 335
　　　(1) 磁場・電場 ……… 335

（2）原子力プラント環境 ……………337
　　（3）水中・海中 ………………………339
　文献 ……………………………………341
7. 案内要素・固定要素 ……………………343
　7.1 案内要素 ……………………………343
　　7.1.1 案内面 …………………………343
　　7.1.2 動圧すべり案内面 ……………343
　　7.1.3 静圧案内面 ……………………344
　　　（1）油静圧案内面 …………………344

　　　（2）空気静圧案内面 ………………344
　　7.1.4 転がり案内面 …………………344
　文献 ……………………………………345
　7.2 締結ねじ ……………………………345
　文献 ……………………………………347
　7.3 ピン …………………………………347
　　7.3.1 固定ピン ………………………347
　　7.3.2 可動ピン ………………………348

B. 材 料 編

序 …………………………………………349
1. 試験法と評価法 …………………………351
　1.1 概要 …………………………………351
　1.2 摩擦・摩耗試験法，評価法 ………352
　　1.2.1 すべり摩擦・摩耗試験 ………352
　　　（1）すべり摩擦・摩耗試験の種類と特徴 …352
　　　（2）すべり摩擦・摩耗試験の留意事項 ……354
　　　（3）すべり摩擦・摩耗試験結果の報告 ……354
　　1.2.2 転がり摩擦・摩耗試験 ………354
　　　（1）転がり抵抗の発生機構と転がり摩擦係数
　　　　　 ……………………………………354
　　　（2）転がり摩擦・摩耗試験法 ……355
　　1.2.3 転がりすべり摩擦・摩耗試験 …357
　　　（1）歯車 ……………………………357
　　　（2）車輪/レール …………………357
　　　（3）トラクションドライブ ………358
　　1.2.4 フレッチング試験 ……………358
　　　（1）フレッチングの特徴 …………358
　　　（2）試験機および試験方法 ………358
　　　（3）試験の評価 ……………………359
　　1.2.5 インパクト(衝撃摩耗)試験 …360
　　1.2.6 エロージョン試験 ……………360
　　1.2.7 コロージョン(腐食)試験 ……362
　文献 ……………………………………362
　1.3 トライボ要素試験法，評価法 ……364
　　1.3.1 すべり軸受試験 ………………364
　　　（1）軸受の性能試験 ………………364
　　　（2）軸受材料の試験法 ……………367
　　1.3.2 転がり軸受試験 ………………367
　　　（1）試験条件 ………………………367
　　　（2）静荷重試験機 …………………368
　　　（3）動荷重試験機 …………………370
　　　（4）異物混入潤滑での試験機 ……370
　　　（5）寿命試験データの解析法 ……370
　　1.3.3 歯車試験 ………………………372

　　　（1）歯当たり検査 …………………372
　　　（2）歯車強度試験 …………………373
　　　（3）効率測定 ………………………374
　　1.3.4 シール試験 ……………………374
　　1.3.5 その他の試験(塑性加工) ……375
　　　（1）塑性加工用基礎的摩擦試験法 ……376
　　　（2）塑性加工シミュレーション摩擦試験法
　　　　　 ……………………………………376
　文献 ……………………………………378
　1.4 機械的性質試験法，評価法 ………378
　　1.4.1 静的強度試験 …………………378
　　　（1）引張試験 ………………………379
　　　（2）圧縮試験 ………………………380
　　　（3）曲げ試験 ………………………380
　　　（4）ねじり試験 ……………………380
　　　（5）クリープ試験 …………………380
　　　（6）破壊靱性試験 …………………381
　　1.4.2 硬さ試験・スクラッチテスト ……381
　　　（1）硬さ試験のいろいろ …………382
　　　（2）(微小)ビッカース硬さ・超微小硬さ …382
　　　（3）スクラッチテスト ……………383
　　1.4.3 動的強度試験 …………………383
　　　（1）衝撃試験 ………………………383
　　　（2）疲労試験 ………………………384
　文献 ……………………………………385
　1.5 表面分析 ……………………………386
　　1.5.1 概要 ……………………………386
　　1.5.2 X線光電子分光 ………………387
　　　（1）XPSの原理と概要 ……………387
　　　（2）装置の基本構成 ………………387
　　　（3）特徴 ……………………………387
　　　（4）分析の実際(トライボロジーへの応用)
　　　　　 ……………………………………387
　　　（5）測定・解析に際しての注意事項 ……389
　　　（6）期待される分析法 ……………390

1.5.3　オージェ電子分光 …………………390
　　　　（1）潤滑油添加剤の表面反応 …………390
　　　　（2）酸化物など摩擦面での反応生成物 ……391
　　　　（3）表面組成とバルク組成の差 ………391
　　　　（4）表面層の改質と摩擦特性 …………391
　　　1.5.4　二次イオン質量分析 ………………391
　　　1.5.5　フーリエ変換赤外吸収分析 ………392
　　　1.5.6　走査電子顕微鏡 …………………394
　　　　（1）走査電子顕微鏡の特徴 ……………394
　　　　（2）走査電子顕微鏡のトライボロジーへの
　　　　　　応用 …………………………………395
　　　1.5.7　透過電子顕微鏡 …………………397
　　　　（1）電子線回折と逆格子 ………………397
　　　　（2）透過電子顕微鏡 ……………………397
　　　　（3）RHEEDとLEED ……………………398
　　　1.5.8　X線回折 ……………………………399
　　　　（1）バルクの測定 ………………………399
　　　　（2）表面の測定 …………………………399
　　　　（3）X線分析顕微鏡 ……………………399
　　　1.5.9　走査型プローブ顕微鏡 ……………400
　　　　（1）走査型プローブ顕微鏡の種類 ……400
　　　　（2）走査型トンネル顕微鏡のトライボロジー
　　　　　　への応用 ……………………………401
　　　　（3）原子間力顕微鏡のトライボロジーへの
　　　　　　応用 …………………………………401
　　　　（4）摩擦力顕微鏡のトライボロジーへの応用
　　　　　　………………………………………402
　　　1.5.10　電界イオン顕微鏡 ………………402
　　　1.5.11　核磁気共鳴 ………………………403
　　　文献 ………………………………………404
2. 材　　料 ………………………………………407
　2.1　概要 …………………………………………407
　2.2　軸材料 ………………………………………407
　　　2.2.1　機械構造用炭素鋼 …………………408
　　　2.2.2　機械構造用合金鋼 …………………409
　　　2.2.3　ステンレス鋼 ………………………410
　　　2.2.4　耐熱鋼および耐熱合金 ……………411
　　　2.2.5　セラミックス ………………………412
　　　2.2.6　強化複合材料 ………………………413
　　　文献 ………………………………………414
　2.3　すべり軸受，すべり面材料 ………………414
　　　2.3.1　鋳鉄 …………………………………415
　　　　（1）黒鉛の形態と挙動 …………………415
　　　　（2）鋳鉄のオーステンパ処理 …………416
　　　　（3）鋳鉄の高周波焼入れ ………………417
　　　　（4）フェライト界域での表面熱処理 …417

　　　2.3.2　銅合金，鋳物 ………………………418
　　　　（1）スズ青銅 ……………………………418
　　　　（2）リン青銅 ……………………………418
　　　　（3）アルミニウム青銅 …………………419
　　　　（4）黄銅，高力黄銅 ……………………420
　　　2.3.3　銅-鉛合金，鋳物 …………………420
　　　　（1）銅-鉛系軸受合金の種類と特徴 …420
　　　　（2）オーバレイ …………………………422
　　　　（3）製造方法 ……………………………423
　　　　（4）摩耗と腐食 …………………………424
　　　2.3.4　アルミニウム合金，鋳物 …………424
　　　　（1）アルミニウム合金軸受の歴史と概要 …424
　　　　（2）アルミニウム合金軸受の種類と特徴 …425
　　　　（3）アルミニウム合金軸受の製法 ……431
　　　　（4）アルミニウムすべり面材料 ………431
　　　2.3.5　ホワイトメタル ……………………432
　　　　（1）スズ系ホワイトメタル ……………432
　　　　（2）鉛系ホワイトメタル ………………432
　　　　（3）製造方法 ……………………………433
　　　2.3.6　セラミックス，セラミック系複合材
　　　　　　………………………………………434
　　　　（1）しゅう動用セラミックスの特徴 …434
　　　　（2）セラミックスの種類 ………………434
　　　　（3）各雰囲気中での摩擦摩耗性能 ……434
　　　　（4）セラミックス適用例 ………………436
　　　2.3.7　サーメット …………………………436
　　　　（1）サーメットの種類と性質 …………436
　　　　（2）主な軸受用途と構成，損傷 ………436
　　　2.3.8　含油軸受用焼結合金 ………………438
　　　　（1）動作原理 ……………………………438
　　　　（2）含油軸受用焼結合金 ………………439
　　　　（3）潤滑油 ………………………………440
　　　　（4）軸受性能 ……………………………441
　　　2.3.9　自己潤滑軸受材料 …………………446
　　　　（1）金属系二層構造属受 ………………446
　　　　（2）プラスチック，プラスチック系
　　　　　　複合材 ………………………………450
　　　文献 ………………………………………458
　2.4　転がり軸受 …………………………………460
　　　2.4.1　高炭素クロム軸受鋼 ………………460
　　　　（1）化学成分 ……………………………460
　　　　（2）製造方法 ……………………………461
　　　　（3）熱処理 ………………………………461
　　　　（4）軸受の長寿命化 ……………………462
　　　　（5）特殊溶解 ……………………………462
　　　2.4.2　軸受用肌焼鋼 ………………………462

（1）化学成分 ……………………462	文献 …………………………………484
（2）製造方法 ……………………463	2.6 シール材料 ………………………485
（3）熱処理 ………………………463	2.6.1 ゴム ………………………486
2.4.3 軸受用ステンレス鋼 …………463	（1）シール材料としてのゴム物性 …486
（1）種類と化学成分 ……………463	（2）シール材料の種類と特徴 …488
（2）熱処理 ………………………464	（3）シール材料選定手法とシール材料
（3）物理的性質 …………………464	劣化予測手法 …………………489
（4）機械的性質 …………………464	2.6.2 プラスチックス ……………490
（5）疲労強度 ……………………464	（1）シール材料としてのプラスチック …490
（6）加工性 ………………………464	（2）シールへの適用例 …………490
（7）耐食性 ………………………464	2.6.3 ステンレス鋼 ………………491
2.4.4 耐熱軸受用鋼 …………………465	（1）適用条件 ……………………491
（1）種類と化学成分 ……………465	（2）適用事例 ……………………492
（2）熱処理 ………………………465	2.6.4 銅，銅合金 …………………492
（3）物理的性質 …………………465	（1）適用条件 ……………………492
（4）破壊靱性と疲労強度 ………465	（2）適用事例 ……………………492
（5）加工性 ………………………466	2.6.5 超硬合金 ……………………492
（6）転がり寿命 …………………466	（1）超硬合金の種類と性質 ……492
2.4.5 セラミックス，ベリリウム銅，	（2）主なメカニカルシールと組合せ，損傷
表面改質，表面処理 …………467	………………………………493
（1）セラミックス ………………467	2.6.6 カーボン ……………………495
（2）ベリリウム銅 ………………467	（1）樹脂成形カーボン …………495
（3）表面改質，表面処理 ………468	（2）焼結カーボン ………………496
2.4.6 保持器材 ……………………469	（3）高密度焼結カーボン ………496
（1）金属 …………………………469	（4）その他のカーボン …………496
（2）樹脂 …………………………469	2.6.7 セラミック，サーメット …497
文献 …………………………………470	（1）しゅう動特性 ………………497
2.5 歯車，カム，ピストンリング材料 …471	（2）セラミックスの使用例 ……499
2.5.1 機械構造用炭素鋼 ……………471	2.6.8 表面改質 ……………………499
2.5.2 機械構造用合金鋼 ……………473	（1）表面改質法の分類 …………499
（1）合金鋼の活用 ………………473	文献 …………………………………501
（2）歯車用合金鋼の種類と使用上の留意事項	2.7 工具 ………………………………502
………………………………473	2.7.1 炭素工具鋼 …………………502
（3）許容接触応力値 ……………474	2.7.2 高速度工具鋼 ………………504
2.5.3 強靱鋳鉄 ………………………474	2.7.3 合金工具鋼 …………………505
2.5.4 焼結合金 ………………………476	2.7.4 超硬合金 ……………………506
2.5.5 セラミックス …………………478	2.7.5 サーメット …………………508
（1）適用例 ………………………478	2.7.6 セラミックス ………………509
（2）耐摩耗性 ……………………478	2.7.7 超高圧焼結体 ………………510
（3）今後の動向 …………………478	2.7.8 表面改質 ……………………511
2.5.6 プラスチックス ………………479	（1）CVD 被覆超硬合金 …………511
（1）プラスチックの種類 ………479	（2）PVD 被覆超硬合金 …………512
（2）歯車，カム等に使用されるプラスチック	文献 …………………………………513
………………………………480	2.8 クラッチ，ブレーキ ……………513
（3）歯車，カム等に要求される特性 ………480	2.8.1 鉄鋼，鋳鉄 …………………514
2.5.7 表面改質 ……………………482	2.8.2 複合材 ………………………515

(1) 要求性能 …………………………515
　　(2) 摩擦材の種類 ……………………515
　　(3) 摩擦材の組成 ……………………515
　　(4) ブレーキ, クラッチへの適用 ……517
　2.8.3 焼結金属摩擦材料 …………………518
　　(1) 特徴と用途 ………………………518
　　(2) 材料組成 …………………………518
　　(3) 物理的・機械的性質 ……………518
　　(4) 摩擦試験 …………………………519
　　(5) 摩擦摩耗特性 ……………………519
　　(6) 焼結金属摩擦材料の今後の課題 …520
　2.8.4 ペーパー摩擦材 ……………………520
　　(1) ペーパ摩擦材の組成と特徴 ……520
　　(2) ペーパ摩擦材の多孔性と摩擦性能 …521
　　(3) ペーパ摩擦材の粘弾性と摩擦性能 …522
　2.8.5 カーボン …………………………522
　　(1) C/Cの特性 ………………………522
　　(2) 製造方法 …………………………522
　　(3) C/Cに用いられる原材料 ………523
　　(4) ブレーキ・クラッチ材への応用 …523
　文献 ………………………………………523
2.9 その他の材料 …………………………524
　2.9.1 塑性加工用材料 ……………………524
　　(1) 塑性加工材料の特徴 ……………524
　　(2) プレス成形用材料 ………………524
　　(3) 鍛造用材料 ………………………525
　2.9.2 車輪・レール材料 …………………526
　2.9.3 集電材料 ……………………………528
　　(1) トロリ線材料 ……………………528
　　(2) パンタグラフすり板材料 ………528
　　(3) トロリ線とすり板の摩耗特性 …528
　　(4) その他の集電装置の材料 ………529
　　(5) カーボンブラシ材料 ……………529
　2.9.4 電気接点材料 ………………………529
　　(1) 単体金属 …………………………530
　　(2) 合金 ………………………………530
　　(3) めっき材 …………………………532
　2.9.5 ゴム材料 ……………………………532
　　(1) タイヤ ……………………………532
　　(2) ベルト ……………………………533
　　(3) ゴムロール ………………………535
　2.9.6 生体材料 ……………………………535
　　(1) 生体関節の材料 …………………535
　　(2) 関節液 ……………………………536
　　(3) 人工関節の種類 …………………536
　　(4) 人工関節の材料 …………………537
　　(5) 人工関節材料の生体適合とトライボロジー …………………………538
　　(6) 人工関節材料の摩耗試験 ………538
　　(7) 人工靭帯 …………………………538
　　(8) 人工心臓弁 ………………………539
　　(9) 歯科用修復材 ……………………539
　2.9.7 磁気記録用材料 ……………………539
　　(1) 磁気記録媒体の構造と材料 ……539
　　(2) 磁気ヘッドの構造と材料 ………540
　文献 ………………………………………542

3. 表面改質 ……………………………544

3.1 表面改質によるトライボロジー特性改善 …………………………………544
　3.1.1 摩擦特性改善 ………………………544
　3.1.2 摩耗特性改善 ………………………545
　文献 ………………………………………546
3.2 物理蒸着 ………………………………546
　3.2.1 真空蒸着, イオンプレーティング …………………………………546
　　(1) 真空蒸着 …………………………546
　　(2) イオンプレーティング …………548
　3.2.2 スパッタリング ……………………549
　3.2.3 イオン注入, イオンビームミキシング …………………………………551
　　(1) イオン注入 ………………………551
　　(2) イオンビームミキシング ………551
　文献 ………………………………………552
3.3 化学蒸着 ………………………………552
　3.3.1 CVD法の特徴 ……………………552
　3.3.2 各種CVD法 ………………………554
　　(1) 熱CVD …………………………554
　　(2) プラズマCVD …………………554
　　(3) 光CVD …………………………555
　3.3.3 プラズマ重合 ………………………555
　文献 ………………………………………556
3.4 拡散被覆法(化学反応法) ……………556
　3.4.1 浸炭, 窒化 …………………………556
　3.4.2 浸硫 …………………………………559
　3.4.3 ホウ化処理 …………………………560
　3.4.4 炭化物被覆法 ………………………560
　文献 ………………………………………561
3.5 めっき …………………………………562
　3.5.1 電気めっき …………………………562
　3.5.2 無電解めっき ………………………563
　3.5.3 複合膜 ………………………………563
　文献 ………………………………………565

3.6 塗膜 ……………………………………566
　3.6.1 結合膜 ……………………………566
　　（1）結合膜の種類と分類 ……………567
　　（2）結合膜の応用例 …………………567
　3.6.2 焼成膜 ……………………………568
　　（1）焼成膜の種類 ……………………568
　　（2）焼成膜の適用 ……………………568
　　（3）焼成膜の施工 ……………………568
　　（4）焼成膜の実用例 …………………569
　文献 ………………………………………570
3.7 溶射 ……………………………………570
　3.7.1 溶射の概要 ………………………570
　　（1）プラズマ溶射 ……………………570
　　（2）フレーム溶射 ……………………571
　　（3）爆発溶射 …………………………571
　　（4）線爆溶射 …………………………571
　　（5）アーク溶射 ………………………571
　3.7.2 溶射被膜の応用例 ………………571
　文献 ………………………………………572
3.8 構造（組織）制御 ……………………572
　3.8.1 表面焼入れ ………………………572
　　（1）高周波焼入れ ……………………572
　　（2）火炎焼入れ ………………………573
　　（3）レーザ焼入れ ……………………573
　　（4）電子ビーム焼入れ ………………573
　3.8.2 溶融処理 …………………………573
　　（1）溶融微細化処理 …………………573
　　（2）再溶融チル化処理 ………………573
　3.8.3 グレージング ……………………574
　3.8.4 熱拡散処理 ………………………574
　　（1）クロマイジング …………………574
　　（2）アルミナイジング ………………574
　　（3）シリコナイジング ………………574
　　（4）シェラダイジング ………………574
　文献 ………………………………………574

4. リサイクル …………………………575
4.1 リサイクルの現状 ……………………575
4.2 リサイクル技術 ………………………575
　4.2.1 開発段階のリサイクル技術 ……575
　　（1）リサイクルしやすい樹脂材料の開発 …575
　　（2）リサイクル設計 …………………575
　4.2.2 使用済部品のリサイクル技術 …576
　　（1）塗装樹脂バンパのリサイクル技術 …576
　　（2）ゴムのリサイクル技術 …………576
　　（3）シュレッダーダストのリサイクル技術 …576
　文献 ………………………………………576
4.3 今後の課題 ……………………………576

C. 潤滑剤編

序 ……………………………………………577

1. 潤滑油 ………………………………579
1.1 潤滑油の組成とその種類 ……………579
　1.1.1 基油 ………………………………579
　　（1）鉱油系 ……………………………579
　　（2）合成系 ……………………………583
　1.1.2 添加剤 ……………………………589
　　（1）酸化防止剤 ………………………589
　　（2）清浄分散剤 ………………………591
　　（3）粘度指数向上剤 …………………594
　　（4）流動点降下剤 ……………………597
　　（5）油性剤・摩擦調整剤 ……………598
　　（6）摩耗防止剤・極圧剤 ……………600
　　（7）さび止め剤・金属不活性化剤 …601
　　（8）乳化剤 ……………………………602
　文献 ………………………………………603
1.2 潤滑油の性質と試験法およびその推算式 …………………………………604
　1.2.1 レオロジー特性 …………………604
　　（1）流動特性 …………………………604
　　（2）粘性の単位 ………………………605
　　（3）粘度測定法 ………………………606
　　（4）粘性流動のモデル ………………607
　　（5）粘度の温度圧力依存性 …………607
　　（6）粘度のせん断速度依存性 ………610
　　（7）粘度と化学構造 …………………611
　1.2.2 P-V-T 関係および熱的性質 ……612
　　（1）比重，密度 ………………………612
　　（2）熱膨張係数 ………………………612
　　（3）体積弾性係数，圧縮率 …………612
　　（4）比熱，熱伝導率 …………………613
　　（5）潜熱 ………………………………613
　　（6）揮発性，蒸発性 …………………614
　1.2.3 光学的性質 ………………………614
　　（1）色，蛍光，吸収スペクトル ……614
　　（2）屈折率，分散 ……………………615
　1.2.4 電気的性質 ………………………615
　　（1）誘電率と比誘電率 ………………615
　　（2）誘電正接 …………………………616
　　（3）体積抵抗率 ………………………616

（4）絶縁破壊電圧と絶縁耐力 ……616
　　　（5）電気特性の温度および油劣化による影響
　　　　　……………………………………616
　　　（6）潤滑下における電気特性 ………617
　　1.2.5　音響的性質 ……………………617
　　　（1）音波の伝播 ………………………617
　　　（2）音波の吸収 ………………………618
　　1.2.6　気体の溶解度 …………………619
　　　（1）溶解平衡 …………………………619
　　　（2）吸収と脱離速度 …………………621
　　1.2.7　界面化学特性 …………………621
　　　（1）表面張力 …………………………621
　　　（2）界面活性剤 ………………………622
　　　（3）ぬれ ………………………………623
　　　（4）吸着 ………………………………625
　　1.2.8　酸化特性 ………………………626
　　　（1）潤滑油の酸化劣化過程 …………626
　　　（2）炭化水素の自動酸化 ……………626
　　　（3）潤滑油組成と酸化安定性 ………628
　　　（4）潤滑油酸化試験法 ………………630
　　1.2.9　潤滑特性 ………………………633
　　　（1）弾性流体潤滑(EHL)試験 ………633
　　　（2）耐荷重能試験 ……………………634
　　　（3）境界摩擦試験 ……………………636
　　　（4）転がり疲労寿命試験 ……………637
　　　（5）小型歯車試験 ……………………637
　　　（6）自動車用ギヤ油の車軸試験 ……638
　　　（7）ATFの摩擦試験 …………………638
　　　（8）作動油のポンプ試験 ……………639
　　　（9）エンジン油の台上試験 …………639
　　　（10）軽油の潤滑性試験 ………………639
　　文献 ………………………………………640
　1.3　潤滑油の用途と選定 …………………641
　　1.3.1　自動車用潤滑油 ………………641
　　　（1）内燃機関用潤滑油 ………………641
　　　（2）ギヤ油およびトラクタ用共通潤滑油 …647
　　　（3）自動変速機油 ……………………649
　　　（4）自動車用作動油 …………………652
　　1.3.2　船舶・航空機用潤滑油 ………653
　　　（1）船舶用潤滑油 ……………………653
　　　（2）航空機用潤滑油 …………………654
　　1.3.3　工業用潤滑油 …………………656
　　　（1）マシン油 …………………………656
　　　（2）タービン油 ………………………658
　　　（3）軸受油 ……………………………660
　　　（4）油圧作動油 ………………………661
　　　（5）すべり案内面油 …………………666
　　　（6）ギヤ油，トラクション油 ………667
　　　（7）圧縮機・真空ポンプ油 …………670
　　　（8）冷凍機油 …………………………673
　　1.3.4　金属加工用潤滑油剤 …………674
　　　（1）概論 ………………………………674
　　　（2）切削と切削油剤 …………………675
　　　（3）切削およびその他の砥粒加工と油剤 …678
　　　（4）圧延油 ……………………………681
　　　（5）その他の塑性加工油剤 …………689
　　1.3.5　その他 …………………………695
　　　（1）さび止め油 ………………………695
　　　（2）機能性流体 ………………………697
　　　（3）絶縁油，ゴム配合油，熱媒体油 …699
　　文献 ………………………………………700
2.　グリース …………………………………704
　2.1　グリースの組成と性質 ………………704
　　2.1.1　グリースの組成による分類 …704
　　　（1）増ちょう剤による分類 …………704
　　　（2）基油による分類 …………………704
　　　（3）添加剤による分類 ………………704
　　　（4）その他 ……………………………704
　　2.1.2　グリースの組成とその機能 …706
　　　（1）基油 ………………………………707
　　　（2）増ちょう剤 ………………………707
　　　（3）添加剤 ……………………………708
　　2.1.3　物理的および化学的性質とその評価法
　　　　　……………………………………709
　　　（1）流動特性(レオロジー特性) ……709
　　　（2）機械的安定性 ……………………710
　　　（3）熱的性質 …………………………713
　　　（4）油分離 ……………………………714
　　　（5）潤滑性能および評価試験 ………715
　　文献 ………………………………………717
　2.2　グリースの製造法 ……………………718
　　2.2.1　製造法 …………………………718
　　　（1）反応法(ケン化法) ………………718
　　　（2）混合法 ……………………………718
　　2.2.2　製造工程 ………………………718
　　2.2.3　製造装置 ………………………718
　　　（1）反応釜(ケン化釜) ………………718
　　　（2）冷却混合装置(冷却釜) …………718
　　　（3）均質化装置 ………………………719
　　　（4）脱泡，ろ過および充てん装置 …719
　2.3　グリースの種類と用途 ………………720
　　2.3.1　自動車用 ………………………720

（1）電装品，エンジン補機 ……………720
　　　（2）シャシ ……………………………721
　　　（3）モータ ……………………………722
　　2.3.2　電機，情報機器用 ………………722
　　　（1）VTR スピンドルモータ …………722
　　　（2）HDD スピンドルモータ …………722
　　　（3）HDD スイングアーム ……………723
　　　（4）エアコンファンモータ ……………723
　　　（5）クリーナモータ …………………723
　　　（6）複写機ヒートロール ………………724
　　2.3.3　産業用電動機 ……………………724
　　　（1）汎用モータ ………………………724
　　　（2）大型モータ ………………………724
　　2.3.4　製鉄設備用 ………………………724
　　　（1）圧延機 ……………………………724
　　　（2）連続鋳造設備 ……………………724
　　2.3.5　鉄道車両用 ………………………725
　　　（1）車軸 ………………………………725
　　　（2）主電動機 …………………………725
　　2.3.6　工作機械主軸用 …………………726
　　2.3.7　クリーン環境用 …………………726
　　2.3.8　環境汚染防止用 …………………726
　　2.3.9　その他 ……………………………727
　　文献 ………………………………………727
　2.4　グリースの使用法および給油法 ………727
　　2.4.1　グリースの使用法 ………………727
　　2.4.2　グリースの取扱い上の注意 ……729
　　2.4.3　グリースの給脂方法 ……………729
　　　（1）手差し ……………………………729
　　　（2）グリースカップ …………………729
　　　（3）グリースガン式 …………………729
　　　（4）集中給脂（自動給脂） ……………729
　　　（5）その他 ……………………………730
3.　固体潤滑剤 …………………………………731
　3.1　固体潤滑剤の種類と特徴 ………………731
　　3.1.1　二硫化モリブデン ………………731
　　　（1）MoS$_2$ の結晶構造，物理・化学・
　　　　　機械的性質 ………………………732
　　　（2）MoS$_2$ の適用法 …………………732
　　　（3）スパッタ MoS$_2$ 膜のトライボロジー特性
　　　　　…………………………………734
　　3.1.2　グラファイト ……………………736
　　　（1）結晶構造 …………………………737
　　　（2）グラファイト粉末の構造 ………737
　　　（3）摩擦中のグラファイトの構造と潤滑性 …737
　　　（4）潤滑機構 …………………………738

　　　（5）金属表面への付着性 ………………738
　　　（6）粒径の影響 ………………………739
　　　（7）雰囲気と潤滑性 …………………739
　　　（8）荷重や速度の影響 ………………741
　　3.1.3　二硫化タングステン ……………742
　　　（1）原料と製法，特色 ………………742
　　　（2）諸元 ………………………………742
　　　（3）その他の特性 ……………………742
　　　（4）用途 ………………………………742
　　3.1.4　窒化ホウ素 ………………………743
　　3.1.5　フッ化黒鉛 ………………………744
　　3.1.6　PTFE ……………………………744
　　　（1）PTFE の化学的特徴 ……………744
　　　（2）ぬれ性 ……………………………745
　　　（3）化学的安定性 ……………………745
　　　（4）機械的性質 ………………………745
　　　（5）PTFE のトライボ特性 …………745
　　3.1.7　その他の固体潤滑剤 ……………747
　　　（1）フラーレン・クラスタダイヤモンド …747
　　　（2）層間化合物 ………………………747
　　　（3）セラミックス系固体潤滑剤 ……748
　　　（4）その他の固体潤滑剤 ……………748
　　文献 ………………………………………748
　3.2　固体潤滑剤の用法 ………………………750
　　3.2.1　粉末のまま使用する用法 ………750
　　3.2.2　インピンジメント法 ……………750
　　3.2.3　真空を利用して潤滑被膜を形成する
　　　　　用法 …………………………………750
　　3.2.4　油，グリースに添加する用法 …750
　　3.2.5　複合材とする用法 ………………751
　　　（1）高分子系複合材 …………………751
　　　（2）金属系複合材 ……………………751
　　3.2.6　結合膜とする用法 ………………753
　　　（1）結合膜の使用法 …………………753
　　　（2）結合膜の応用例 …………………753
　　3.2.7　おわりに …………………………753
4.　その他の潤滑剤 ……………………………754
　4.1　磁気記録媒体用潤滑剤 …………………754
　　4.1.1　磁気記録媒体の構造 ……………754
　　4.1.2　塗布型磁気記録媒体用潤滑剤 …755
　　　（1）炭化水素系潤滑剤 ………………755
　　　（2）シリコーン系潤滑剤 ……………756
　　　（3）フッ素潤滑剤 ……………………756
　　4.1.3　薄膜型磁気記録媒体用潤滑剤 …756
　　　（1）潤滑剤の分子構造と潤滑特性 …756
　　　（2）塗布方法 …………………………757

(xviii)

　　　（3）表面分解 …………………… 757
　　文献 ……………………………………… 757
4.2　極限状況(特殊環境)下の潤滑剤 ……… 758
　4.2.1　高温下の潤滑剤 ………………… 758
　4.2.2　高圧下の潤滑剤 ………………… 758
　4.2.3　低温下の潤滑剤 ………………… 759
　4.2.4　高真空(宇宙環境)下などの潤滑剤 … 759
　文献 ……………………………………… 760
4.3　その他 …………………………………… 760
　4.3.1　磁場，電場環境下の潤滑剤 …… 760
　4.3.2　放射線環境下の潤滑剤 ………… 760
　4.3.3　水中海洋環境下の潤滑油 ……… 761
　文献 ……………………………………… 762

5. 潤滑剤の安全性と管理 ……………………… 763
5.1　危険有害性，環境影響，関連法規 …… 763
　5.1.1　潤滑油の危険性 ………………… 763
　　（1）引火性 ……………………………… 763
　　（2）自然発火性 ………………………… 763
　5.1.2　潤滑油の有害性 ………………… 763
　　（1）発がん性 …………………………… 764
　　（2）毒性 ………………………………… 764

　　（3）刺激性 ……………………………… 764
　　（4）変異原性 …………………………… 764
　　（5）その他の有害性 …………………… 764
　5.1.3　潤滑油の環境影響 ……………… 764
　　（1）許容濃度 …………………………… 764
　　（2）生分解性 …………………………… 765
　　（3）その他の環境影響 ………………… 765
　5.1.4　潤滑油に関連する国内法規 …… 765
　　（1）物質の分類による法規 …………… 765
　　（2）製造に関する法規 ………………… 765
　　（3）輸送，保管，輸出に関する法規 … 766
　　（4）使用，廃棄，漏出に関する法規 … 766
　　（5）その他の法規 ……………………… 767
　5.1.5　潤滑油に関連する海外法規 …… 768
　　（1）輸出に関する法規 ………………… 768
　　（2）危険，有害性表示に関する法規 … 768
　5.1.6　潤滑油の安全性に関する動向 … 768
　文献 ……………………………………… 768
5.2　廃油・廃液の処理および再生 ………… 768
　文献 ……………………………………… 770

D.　メンテナンス編

序 ……………………………………………………… 771

1. メンテナンスの概要 ……………………… 773
1.1　メンテナンス …………………………… 773
1.2　メンテナンスの意義 …………………… 773
　文献 ……………………………………… 773
1.3　メンテナンス工学の意義 ……………… 774
1.4　メンテナンス工学の構成 ……………… 774
　1.4.1　メンテナンスの枠組 …………… 774
　1.4.2　システム解析 …………………… 774
　1.4.3　故障物理 ………………………… 774
　1.4.4　設備診断 ………………………… 775
　1.4.5　メンテナンスマネージメント …… 775
1.5　メンテナンスとトライボロジー ……… 775
　文献 ……………………………………… 775

2. メンテナンス方式 ………………………… 776
2.1　メンテナンス方式の種類 ……………… 776
　文献 ……………………………………… 776
2.2　メンテナンス方式の選択 ……………… 777
　2.2.1　メンテナンスストラテジー …… 777
　2.2.2　劣化・故障パターンに基づく
　　　　　メンテナンス方式の選定 ……… 777
　2.2.3　信頼性に基づくメンテナンス方式の
　　　　　選定 ……………………………… 777

　文献 ……………………………………… 777
2.3　メンテナンスから見た機械設備の評価法
　　　 ………………………………………… 778
　2.3.1　信頼性評価 ……………………… 778
　2.3.2　保全性評価 ……………………… 778
　2.3.3　アベイラビリティ評価 ………… 778
　2.3.4　機械設備の老化特性 …………… 778
　文献 ……………………………………… 778
2.4　故障物理 ………………………………… 778
　2.4.1　故障物理とは …………………… 778
　2.4.2　劣化・故障モード ……………… 778
　2.4.3　故障のメカニズム ……………… 778
　　（1）延性破壊 …………………………… 779
　　（2）脆性破壊 …………………………… 779
　　（3）疲労破壊 …………………………… 779
　　（4）漏れ ………………………………… 780
　文献 ……………………………………… 780

3. 摩擦面の損傷 ……………………………… 781
3.1　摩耗 ……………………………………… 781
　3.1.1　凝着摩耗 ………………………… 781
　　（1）凝着摩耗の特徴 …………………… 781
　　（2）凝着摩耗の防止策 ………………… 781
　3.1.2　アブレシブ摩耗 ………………… 782

(1) アブレシブ摩耗とは …………… 782
　　　(2) アブレシブ摩耗の分類と特徴 …… 782
　　　(3) アブレシブ摩耗に及ぼす主な要因 … 783
　　　(4) 摩耗対策 ………………………… 785
　　3.1.3　腐食摩耗 ………………………… 785
　　　(1) 腐食摩耗の定義 ………………… 785
　　　(2) 摩擦様式と腐食形態 …………… 785
　　　(3) 腐食形態と摩耗 ………………… 785
　　　(4) 腐食摩耗の影響因子 …………… 785
　　　(5) 腐食摩耗の対策法 ……………… 786
　　3.1.4　フレッチング摩耗 ……………… 787
　　　(1) 被害の形態 ……………………… 787
　　　(2) 特徴 ……………………………… 787
　　　(3) 荷重の影響 ……………………… 787
　　　(4) 振幅と振動数の影響 …………… 787
　　　(5) 温度と湿度の影響 ……………… 787
　　　(6) 潤滑 ……………………………… 787
　　　(7) 対策 ……………………………… 787
　　文献 …………………………………… 788
　3.2　焼付き ……………………………… 788
　　3.2.1　焼付き損傷の種類 ……………… 788
　　　(1) 焼付き現象を表わす用語 ……… 788
　　3.2.2　潤滑状態遷移による焼付き現象 … 789
　　　(1) 流体潤滑状態から遷移する焼付き … 790
　　　(2) 弾性流体潤滑状態から遷移する焼付き … 790
　　　(3) 境界潤滑状態から遷移する焼付き … 790
　　　(4) 固体接触(乾燥摩擦)状態の焼付き … 790
　　　(5) 塑性変形状態から遷移する焼付き … 790
　3.3　疲労損傷 …………………………… 790
　　3.3.1　転がりにおける損傷 …………… 790
　　3.3.2　すべりにおける損傷 …………… 792
　　　(1) 疲労損傷の代表例とその進行パターン … 792
　　　(2) 疲労損傷防止の検討 …………… 792
　　　(3) 疲労損傷の識別と対応 ………… 793
　　文献 …………………………………… 793
　3.4　キャビテーションエロージョン …… 793
　　文献 …………………………………… 794
　3.5　電食 ………………………………… 795
　　文献 …………………………………… 796
　3.6　表面処理層の劣化 ………………… 796
　　文献 …………………………………… 797
4. 異常検出法および診断法 ……………… 798
　4.1　異常検出法 ………………………… 798
　　4.1.1　油分析法 ………………………… 798
　　　(1) 摩耗粉分析 ……………………… 798
　　　(2) 汚染度測定 ……………………… 801

　　4.1.2　振動, 音, 音響 …………………… 801
　　　(1) 振動法 …………………………… 801
　　　(2) 音・音響法, 超音波法 ………… 803
　　4.1.3　AE法 ……………………………… 806
　　　(1) AEとは …………………………… 806
　　　(2) AE測定装置 ……………………… 806
　　　(3) 測定項目 ………………………… 806
　　　(4) 測定例 …………………………… 808
　　4.1.4　ラジオアイソトープ・トレーサ法 … 809
　　　(1) 測定法の概要 …………………… 809
　　　(2) 摩耗測定システム ……………… 810
　　　(3) RI法の特徴 ……………………… 810
　　　(4) 実施例 …………………………… 810
　　　(5) 使用限界と展望 ………………… 811
　　文献 …………………………………… 811
　4.2　潤滑剤の劣化診断法 ……………… 812
　　4.2.1　潤滑油の劣化 …………………… 812
　　　(1) 自動車用潤滑油の劣化と診断法 … 812
　　　(2) 船舶用潤滑油の劣化と診断法 … 816
　　　(3) 航空機用潤滑油の劣化と診断法 … 817
　　　(4) 建設機械用潤滑油の劣化と診断法 … 819
　　　(5) 工業用潤滑油の劣化と診断法 … 819
　　4.2.2　グリースの劣化 ………………… 822
　　　(1) 転がり軸受用グリースの劣化と診断法
　　　　　…………………………………… 822
　　　(2) 自動車用グリースの劣化と診断法 … 824
　　文献 …………………………………… 827
　4.3　機械システムの信頼性・故障診断 … 827
　　4.3.1　信頼性評価法 …………………… 827
　　　(1) 信頼度関数と故障率 …………… 827
　　　(2) 平均故障時間 …………………… 828
　　　(3) 故障のモデル …………………… 828
　　　(4) システムの信頼度 ……………… 829
　　　(5) 保全を伴う系の信頼度 ………… 831
　　4.3.2　故障予測解析 …………………… 832
　　　(1) FTA/ETA ………………………… 832
　　　(2) FMEA/FMECA …………………… 834
　　　(3) 故障予測の解析例 ……………… 836
　　4.3.3　診断・評価のシステム化 ……… 842
　　　(1) メンテナンス管理の考え方 …… 842
　　　(2) メンテナンス管理のためのコンピュータ
　　　　　支援システム …………………… 843
　　　(3) メンテナンス支援ツール ……… 844
　　文献 …………………………………… 845
5. メンテナンストライボロジー ………… 846
　5.1　潤滑系・油圧系の管理とメンテナンス … 846

5.1.1　潤滑油系 ……………………846	（4）空気 ………………………853
（1）潤滑管理体制 ……………846	文献 …………………………………853
（2）潤滑実態調査 ……………846	5.2　メンテナンストライボロジーの適用例…854
（3）資材管理 ……………………846	5.2.1　プロセスライン ……………854
（4）油漏れ ………………………846	（1）製鉄プラント ………………854
（5）潤滑剤の選定と油種の集約 …846	（2）化学プラント ………………857
（6）給油量と給油管理 …………847	（3）自動車製造プラント ………861
（7）給油方式と給油周期 ………847	5.2.2　輸送用機器 …………………865
（8）性状管理 ……………………847	（1）自動車 ………………………865
（9）潤滑油の交換基準 …………849	（2）鉄道車両 ……………………867
5.1.2　グリース系 …………………849	（3）船舶 …………………………871
（1）グリース系のメンテナンスの特徴 …849	（4）航空機 ………………………876
（2）交換基準 ……………………849	（5）エレベータ，エスカレータ …877
（3）劣化管理 ……………………850	5.2.3　メカトロニクス機器 ………878
（4）中間給脂技術 ………………851	（1）産業用ロボット ……………878
5.1.3　油圧系 ………………………851	（2）ATM（自動取引装置）………880
（1）固形物 ………………………851	（3）複写機 ………………………881
（2）酸化生成物 …………………853	文献 …………………………………882
（3）水分 …………………………853	

付　　表 ………………………………………………………………………………………885
索　　引 ………………………………………………………………………………………889

A. 設 計 編

序

　設計には，機械設計，建築設計，回路設計，材料設計，分子設計などいろいろあるが，ここで扱う設計は「機械のトライボ要素」に限定する．トライボ要素の設計に限っても，形状・寸法だけでなく固体材料，潤滑剤および潤滑法の選定の比重も大きいのがトライボ設計の特徴である．そう考えると本ハンドブックのすべてが本編になければならないが，まえがきに述べられているように，LuDeMa の観点にメインテナンスを加えて4編に分けたので，他編を除いた形で，主に力学的設計が本編の主体になっている．ただし，設計と名が付く限り，他編との多少の重複は避けられない．

　まず，トライボ要素の選定やトライボ設計の資料として使いやすいように，トライボ機械要素を，すべり要素，転がり要素，伝導要素，密封要素の四つに大別し，その他に特殊環境下のトライボ要素と案内・固定要素を設けた．さらに，それぞれの要素の設計法の共通した基礎理論を加えて，本編を構成した．すべり軸受では用途別を主体に分類し，エンジンのピストンリングと油圧機器はシール要素に入れるなど，分類についても「新版潤滑ハンドブック」とかなり異なっている．また，設計に有用な定量的データを重視し，理論では定説になっていない論争中の説や学会誌の解説記事的事項はできるだけ文献で補う形にした．

　機械の特徴を一言でいえば「動くもの」であるので，ほとんどの機械はトライボ要素をもつ．動物も関節というトライボ要素をもっている．動くことによって，まず慣性力が加わるために破壊，振動・騒音の問題が生じ，さらにトライボ要素では摩擦・摩耗・漏れといったトライボロジーのトラブルが生じる．この破壊，振動・騒音，トライボロジートラブルが機械の3大トラブルであり，しかも，これらの問題は相互に影響し合うことが多い．これらのトラブルが技術進歩の律速条件になるので，機械の設計のみならず開発の時点でもこの3点の検討は必須である．一般に，前の二者については十分に検討が行なわれるが，トライボロジーの問題は感知しにくく，また表に現われるのに時間がかかる傾向もあって，その検討はおろそかになりやすい．

　トライボロジー問題の一つの「摩擦」は，ねじなどによる固定；歩行，車輪，トラクションドライブ，クラッチなどにおける駆動；ブレーキによる速度制御など，必要とされることもあるが，多くの場合は摩擦仕事によるエネルギー損失や発熱，あるいは摩擦に起因した振動・騒音の発生や精密な制御の妨害などの問題になる．「摩耗」は，体積にしてわずかな表面損傷によりその機械が使い物にならなくなるといった，機械の寿命，信頼性の主要因となる．「漏れ」は，潤滑油の場合は汚れの問題や火災の原因になり，また，漏れを減らすためにすきまをなくそうとすると摩擦・摩耗が増加し，漏れ損失と摩擦損失は特に容積式の流体機械，熱機関の効率に大きく影響するので，相反する二つの損失要因は効率の限界に係わることになる．

トライボ設計の特徴は，トライボロジーの定義にあるように固体表面の接触に係わるものであるので，次の項目に注意を払う必要があることにある．
（1）形状・寸法では，特に，平面度・真円度・円筒度，表面粗さなどの形状精度と寸法公差
（2）固体材料では，特に表面近傍の硬さ，靭性，熱伝導率といった物性および表面エネルギー
（3）潤滑剤では化学的性質（レオロジー的性質を含む），潤滑法では給油不足や発熱処理

第1章 トライボ設計の基礎理論

1.1 概 論
1.1.1 すべり要素と転がり要素の特徴

すべりと転がりの特徴的相違は，純粋な転がり運動はすべりがないことであるので，「すべりの有無」といえる．しかし，転がり軸受でも微小なすべりはあるし，トラクションドライブではすべりは小さいがそれがないとトルクは伝達できないので，「すべりの大小」であるといった方が適当と思われる．また，歯車やカムは転がりに比較的大きなすべりが混在するが，平歯車は転がりの色合いが濃く，ハイポイド歯車やカムはすべりが支配的である．無潤滑状態では，転がり摩擦はすべり摩擦に比べて非常に小さく，耐久限を考えなければ，潤滑の必要はなく，むしろ潤滑しない方が転がり摩擦力は小さい．一方，すべりの場合は潤滑の有無によって摩擦力は大きく異なる．また，流体潤滑状態でも，気体軸受，低速時の静圧軸受という特殊な軸受を除けば，一般にはすべり要素の方が摩擦力は大きく，したがって，摩擦仕事による発熱も大きい．

すべり接触では，すきまはくさび状になるようにしても，ほぼ平行平面に近似できる．円筒面のジャーナル軸受でも一方の円筒面を平面に展開すればほぼ平行面になる．一方，転がり接触要素の場合は，転がる一方の面は凸曲面でなければならない．ジャーナルすべり軸受でも軸心のふれまわり速度と軸の回転速度がほぼ同じのスクイーズ膜ダンパや軸受を軸と同一速度で回したともまわり軸受では，転がり運動になるが，これらはすべり軸受に分類される．したがって，すべり要素は基本的に面接触となり，転がり要素が，点あるいは線接触といった集中接触になる．よって，面接触か集中接触といった「接触応力分布」が，転がり要素とすべり要素の差異を特徴づけるもう一つの基本要因といえる．例えば，材料についていえば，すべり要素の場合は一般的になじみやすい比較的軟いかつ熱伝導率が高い材料が使われるのに対し，転がり要素では非常に硬い材料（硬質材料は一般的に熱伝導率が低い）が使われている．また，転がり要素の方がすべり要素より油膜厚さが一般に薄くなるので，高い形状精度と粗さの小さい表面が要求される．接触応力という観点ではカムは転がり要素の特徴をもつ．

要素の選択には，性能とコストを含めた使いやすさの両方を考える必要がある．性能の点では，通常では流体潤滑状態になっている場合は，すべり要素の方が転がり要素より面圧が低く，油膜厚さも厚いので，負荷能力が高く（特に衝撃荷に強い），寿命が長く，振動・騒音が少ないが，低速域では負荷能力が小さく，高速になると摩擦損失と発熱が大きく，適切な速度領域が狭い．また，低速域あるいは起動停止時には摩擦が大きく摩耗も生じるので，低速域あるいは起動停止がひんぱんなところには向かない．ただし，静圧軸受はすべり軸受のこの欠点を補うことができ，しかも表面の形状誤差を流体膜によって平均化するので，非常に高い運動精度が得られる．

使いやすさの点では，すべり軸受は仕様に合わせて設計製作する場合が多く，また，給油系も必要であるのに対し，転がり軸受は規格化されているため使いやすく，しかも大量生産のため価格は単品のすべり軸受とは比較にならないほど安価である．しかし，量産されているすべり軸受は安価であり，また，すべり軸受は小型化できるので小型軽荷重用には，含油軸受や自己潤滑性材料を使ったすべり軸受が規格化，大量生産されており，転がり軸受と同じ要領で使用でき，小さくなるに従って価格も下がる．また，径が特大の場合も高負荷になることもあってすべり軸受の方が有利であり，また価格も安くできる．

以上をまとめると表1.1.1のようになる．ただし，両要素とも非常に多種多様であり，お互いに自分の欠点を補い，使用範囲を広げる努力をしてきているので，当然重なり合う領域もあり，また例外もある．ここでは概論として，すべり要素にすべきか転がり要素にすべきかの選択に対し，おおまかな判断材料を示したに過ぎない．

1.1.2 すべり要素の設計指針
（1）潤滑状態

すべり要素の設計にあたり，その潤滑状態を知ることは重要である．潤滑状態を大別すると，基本的には固体潤滑，境界潤滑，流体潤滑と呼ばれる3種

表1.1.1 すべり要素と転がり要素の特徴

	すべり要素	転がり要素
接触状態	すべり率* 大	すべり率* 小
	面接触 → 面圧 小 油膜厚さ 大	集中接触 → 面圧 大 油膜厚さ 小
表面損傷	摩耗，焼付き	転がり疲れ
負荷能力	大	小
寿命	長	短
防振効果	大	小
摩擦損失・発熱	大	小
速度範囲	狭	広
温度範囲	狭	広
軸径範囲	広	狭
設計の自由度	大	小
規格品／価格	少／高	多／低
潤滑・保守	難	易
互換性	劣	優

*すべり率 $=\dfrac{|U_1-U_2|}{(U_1+U_2)/2}$ (U_1, U_2：それぞれの表面の移動速度)

の潤滑状態があるが，現実の固体面の潤滑はこれらが混合した複雑な混合潤滑状態にある．

固体潤滑は特殊な固体物質を摩擦面表面に付与することによって，摩擦・摩耗を低下させることであるが，基本的には乾燥摩擦であり，その摩擦法則はほぼアモントン・クーロンの法則〔1.2.4（2）参照〕に従う．また，境界潤滑は液体あるいは気体の分子が単分子ないし数分子膜程度の厚さに吸着した分子膜による潤滑で，吸着部分の摩擦と吸着膜を貫通して接触する乾燥摩擦が混在する一種の混合潤滑状態と思われる．この吸着層は固体面に吸着したままほとんど液体的な流動性をもたないので，その摩擦法則も乾燥摩擦同様，やはりアモントン・クーロンの摩擦法則に従う．一方，流体潤滑は摩擦面間に潤滑流体の分子の大きさに比べて十分に厚い流体膜が介在する形態の潤滑で，固体面の直接接触は存在しないので，摩擦も低く摩耗もほとんど0となる．この流体膜の厚さは，摩擦面の幾何学的形状や摩擦条件・流体の粘度などから流体力学的に決まるもので，その摩擦法則はニュートンの粘性法則に従う．すなわちアモントン・クーロンの法則と異なって，流体潤滑の摩擦係数は軸受特性数〔1.4.1（1）参照〕

$\eta u/w$ なる無次元量で決まる．ここで，ηは潤滑油の粘度，uはすべり速度，wは軸受単位幅あたりの荷重を表わす．

上述した3種の潤滑状態は，それぞれいわば理想化された状態として類別された概念であるが，現実の固体表面には仕上げ面粗さやうねりなどが存在していて，図1.1.1[1]にみるように，全摩擦面が一様均一の潤滑状態にあることは期待できない．この状態を混合摩擦または混合潤滑状態と呼ぶ．

以上述べたように，すべり要素の潤滑状態には3種の潤滑状態とその複合状態にある混合潤滑状態があるが，それら潤滑状態を，横軸に軸受特性数をとって摩擦係数で整理すると，図1.1.2[2]に示すよう

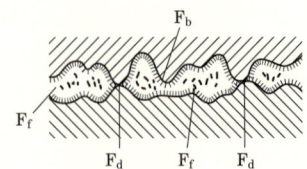

図1.1.1 実際の潤滑状態(F_d：乾燥摩擦，F_b：境界摩擦，F_f：流体摩擦)
〔出典：文献1)〕

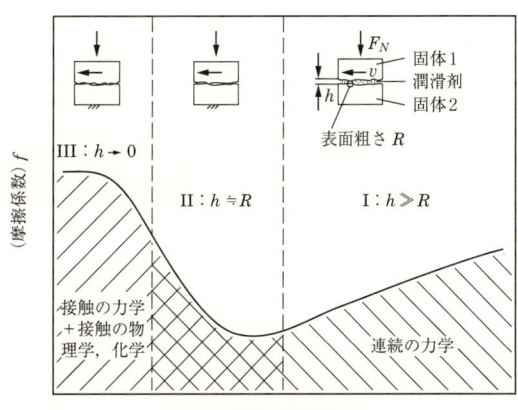

図1.1.2 ストライベック曲線（Ⅰ：流体潤滑，Ⅱ：混合潤滑，Ⅲ：境界潤滑または乾燥摩擦）〔出典：文献2)〕

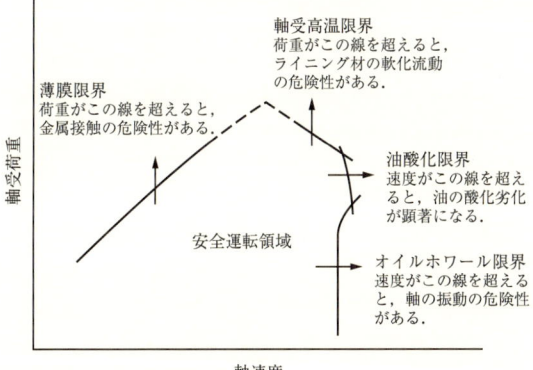

図1.1.3 流体潤滑下にあるすべり軸受の許容限界〔出典：文献3)〕

な曲線で表現され，この曲線をストライベック曲線という〔1.4.1(1)参照〕．

(2) 軸受設計の許容限界と焼付き

図1.1.3[3]は，静荷重を受けるすべり軸受が安全に作動するための一般的な許容限度を示す．図の四つの限界線は薄膜限界（油膜厚さの限界），軸受高温限界，油酸化限界，オイルホワール限界を表わす．はじめの二つの限界線については荷重がこの線を超えたとき，それぞれ金属接触の危険性，ライニング材の軟化流動の危険性があり，残りの二つの限界線については速度がこれらの線を超えると，それぞれ油の酸化劣化が顕著になること，オイルホワールと呼ばれる油膜に起因した軸の振動が生じる危険

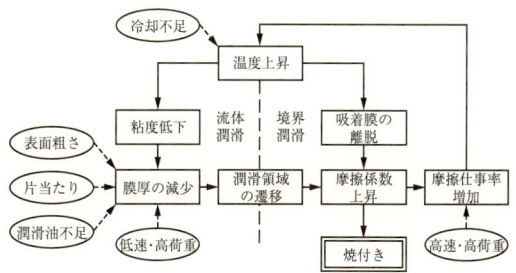

図1.1.4 焼付きの起きるプロセス〔出典：文献4)〕

性があることを意味している．

すべり要素の設計では，許容限界からの逸脱による焼付きを避けることが重要である．焼付きは，摩擦面において何らかのきっかけで摩擦係数が急激に上昇し，巨視的な融着が生じるようになる現象をいう．焼付きには普通，急激な温度上昇を伴うので，焼付きが起こりはじめたかどうかは，摩擦と温度の急激な増大から判断している．

焼付きの起きるプロセスを潤滑状態の遷移と関連させ整理すると，図1.1.4[4]に示すようになる．すなわち設計上完全な流体潤滑状態にあっても，予想外の荷重増大や，片当たりがあったりするとその潤滑状態は部分的に境界潤滑状態ないしは乾燥摩擦状態に遷移し，それらが核として全面の焼付きに発展する．

図1.1.2に示すストライベック曲線を使って焼付きの可能性について述べる．すなわち図中ⅠとⅡの境界付近で運転されていた摩擦面で，荷重が増大すると流体潤滑膜が薄くなり混合潤滑状態になる．片当たりがある場合には，片当たりによる温度上昇のため潤滑油の粘度が下がり，荷重増大の場合と同様に軸受特性数が小さい方向に移動して混合潤滑状態に遷移する．

一方，すべり要素の許容限界として経験的に古くからpV値が使用されてきた．これは軸受の面圧（軸受の投影面積あたりの荷重）pとすべり速度Vとの積で，一つの熱的な基準を表わす．特に，潤滑油が全くないかほとんどない状態での樹脂軸受の場合，その軸受特性の目安として多用されている．図1.1.5[5]は，樹脂材料の摩耗特性を示し，単なるpV値よりp軸およびV軸に関する曲線が摩耗限界の設計基準として適当であると推奨されている．

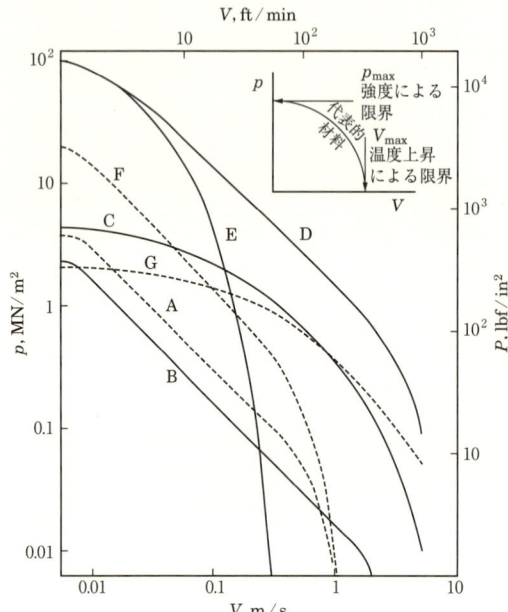

図 1.1.5 樹脂軸受の摩耗限界(静荷重条件下の $25\,\mu\mathrm{m}/100\,\mathrm{h}$ 摩耗率または回転荷重条件下の $12.5\,\mu\mathrm{m}/100\,\mathrm{h}$ 摩耗率)
〔出典:文献5)〕

A:熱可塑性樹脂, B:PTFE, C:PTFE+添加剤
D:多孔性青銅+PTFE+鉛
E:PTFE-ガラス繊維+熱硬化性樹脂
F:強化熱硬化性樹脂+MoS_2
G:熱硬化性樹脂/カーボングラファイト+PTFE

1.1.3 転がり要素の設計指針

転がり要素といっても完全に転がりだけが存在することはなく,力や運動を伝えるために接触部には多少のすべりは存在する.また構造上大きなすべりが存在する例もある.一般には摩擦摩耗を小さくするために転がり要素を用いるが,それらの例には転がり軸受,転がり案内要素(直線運動軸受),ボールねじがあり,専門の会社が多くの形式,大きさのものを製造・供給している.カムにも転がりタイプのものが摩擦摩耗を減らす目的で使われる例がある.これは個々に設計することが多いがこの種の目的に使いやすい形式の軸受も用意されている.

力を伝えるところに用いられる転がり要素といえば,トラクションドライブ,タイヤ,車輪とレール,紙送り等のロールがあるが,転がりを利用する目的は摩擦を大きくしながら摩耗を少なくし,滑らかな運動を伝えることにある.これらもそれぞれ専門の会社がある.

歯車は上記二つの中間的存在といえる.力の伝達は摩擦ではないので,摩擦は小さい方がよいが接触部では形式により30%を超えるような大きなすべりを生じる.しかもすべり率が変化する転がり/すべり接触である.歯車は個々に設計製作することも多いが,標準的なものは専門会社から容易に購入できる.

以上の中で転がり要素の代表的なものは最初に挙げた軸受類であり,これは機械を設計する際に必ずといえるほど必要なものであろう.そこでは設計法といっても機械の要求条件を満たす軸受を選定することであり,ここでは選定法について紹介する.

転がり接触部では玉やころが関与するのが一般的であり,集中接触になるため接触圧力は非常に高くなる.1 GPaはむしろ軽荷重であり2 GPa以上になる使われ方も多い.したがって塑性変形を生じないためにも,硬い材料や熱処理が必要になる.特に軸受温度が高くなるときや,雰囲気温度が高いときは注意を要する.

回転に伴いこの圧力は繰り返して加わるので,転がり軸受では転がり疲れが損傷の主原因となる.軸受選定の際,まず荷重の大きさ,方向によって軸受の形式が決まるが,寸法を決める際には支える荷重の大きさと同時に疲れ寿命を考慮する必要がある.転がり軸受ではそれぞれに対し静定格荷重,動定格荷重が決まっており計算できる.この際使用回転数によって選定される軸受が変わってくる.

最近材料や熱処理の改良に伴い疲れ寿命が延びているが,逆に負荷条件が同じ場合には小さい軸受を使うことが可能になることを意味する.この場合気をつけなければいけないことは,軸受が小さくなることは軸が細くなる場合もあり,軸系としての剛性が小さくなってたわみや振動が出てくることがある点である.また軸のたわみは軸受の傾き(ミスアライメント)を引き起こし,特にころ軸受では片当たり(エッジロード)による寿命低下を引き起こすので行き過ぎには注意が必要である.図1.1.6にエッジロードの計算例を示す[6]).

ローラースケートは潤滑なしに使われるが,転がり接触といえども機械要素には摩耗や焼付きを防ぐために何らかの潤滑が必要である.潤滑はグリースがすでに封入されたものと,使用者が潤滑法を設計する使い方とある.潤滑法の選定は荷重以外に軸受の回転数,温度上昇で決まってくるが,他に要求寿

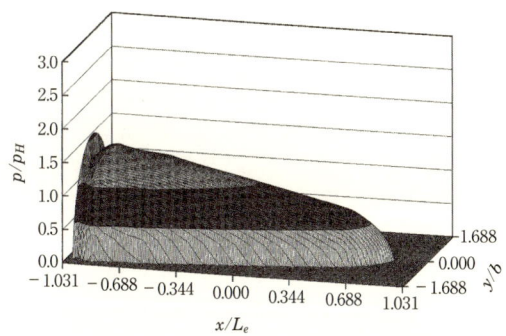

図 1.1.6 ミスアライメント下の接触圧力分布計算
（クラウニングころ）
（L_e：ころ有効長さ，b：Hertz 接触半幅，
p_H：平均 Hertz 圧力）

命，機械全体の構造，メンテナンスの程度も考慮する．潤滑法によっては軸受のメンテナンスだけでなく潤滑装置のメンテナンスも考慮する必要がある．

最近は軸受の役目の一つに，力をロスなく伝えることでなく，情報をエラーのないように確実に伝えるものがある．転がり案内要素の位置決めもそうかもしれないが，最も注目されているのはパソコン等の情報分野とビデオ等の映像分野である．特にハードディスクドライブ（HDD）に使われる玉軸受の精度は今の技術の最高のものである．これら軸受で問題となるのは軸受の振れや摩擦トルクのむらのような機能上の劣化である．機能，精度があるレベルを越えるとシステムを機能させなくなるので，疲れ寿命に対し機能寿命と呼ぶ．この種の分野で軸受を選択する際には通常の軸受では機能が不十分であることが多いので，軸受会社に相談する必要がある．

転がり軸受は 1 個で用いられることはほとんどなく，2 個以上の軸受を組み合わせて用いるのが普通である．荷重分担により異なる大きさの軸受を組み合わせたり，軸受形式を変えて対にすることもある．軸受を高精度でまた高い剛性をもたせて回すために，予圧を加えて使う．また回転に伴う温度上昇で軸が熱膨張し軸受同士が突っ張り合い軸受荷重を増やさないように，一方側を固定して他方側を軸方向に自由に動くことができるように軸受を選ぶか，はめあい部の構造を考える必要がある．

転がり軸受は各部寸法や形状等精度良くできているので，これらがはめ合わされる軸やハウジングの精度は軸受に近い精度で仕上げておく必要がある．さもないと軸受本来の精度が発揮できないことがあ

る．また，はめあい量やはめあいの部位を機械の構造に合わせて決める必要がある．

以上の転がり軸受の選定に当たっての考え方を紹介したが，他の転がり要素についても考え方は同様である．特に自分で設計をして使うものについては，同じ視点からの検討が必要になる．

文　献

1) 日本潤滑学会編：改訂版潤滑ハンドブック，養賢堂 (1987) **11**.
2) H. Czichos：TRIBOLOGY, Elsevier Scientific Pub. Co. (1978) **131**.
3) M. J. Neale：TRIBOLOGY HANDBOOK, second edition, Butterworth-Heinemann Ltd. (1995) **A9.2**.
4) 日本塑性加工学会編：塑性加工におけるトライボロジー，コロナ社 (1988) **35**.
5) M. J. Neale：TRIBOLOGY HANDBOOK, second edition, Butterworth-Heinemann Ltd. (1995) **A5.2**.
6) 棗田伸一：トライボロジー会議予稿集（東京 1994-5）167-170.

1.2　固体接触理論

1.2.1　表面トポグラフィー

固体表面の幾何学的構造は，波長により幾何学的形体（"形体"とは幾何偏差の対象となる線や面などのことであり，注目している面の理想的な幾何形状のことである）からのくるいを表わす形状偏差，うねりおよび粗さ等に分類される[1,2]．表面トポグラフィーはこれらの全てをその概念に含む．通常は粗さを中心に取り扱われるが，トライボロジー分野においては機能との関係を議論する立場から上記のすべてが対象となる．

表面トポグラフィーは表面の広がりに対して三次元的な構造を有しているが，これまで主に測定法の制約から二次元的取扱いがなされてきた．粗さ分野では，表 1.2.1 に示す各測定があり，近年それらは三次元的測定へ発展している[3]．以下各測定法について示す．

（1）触針法

最も安定したデータが得られることから，今でも主流の測定法として用いられている．表 1.2.2 は触針法の主な仕様であるが，触針法で問題となるのはその先端が有限の形状をしていることによりごく微細な形状がスタイラスの包絡形状として得られることと，接触荷重による変形である．特に軟質金属や

生体などを触針で測定する場合には触針の走査によって試料にダメージを与えるのみならず，測定データのもつ意味が異なることとなる．より微細な形状を測定するためには AFM などが用いられる．近年，複数の測定ラインを走査させて三次元的な測定を行なうものも市販され一般化している．図 1.2.1 に機械加工面の測定例を示す[4]．最近，後述する AFM の原理を応用したより軽荷重の触針式表面凹凸測定法も提案されている[5]．

（2） 光触針法

触針法の欠点の一つである接触荷重による変形の影響のないものとして光触針法がある．光触針法では，光を 1～2 μm 程度に絞って試料面に当て，反射光からその点の高さを検出する．原理としては非点収差法[6]，臨界角法[7]，焦点検出法[8] などがある．

（3） 走査型プローブ顕微鏡

走査型プローブ顕微鏡（SPM：Scanning Probe Microscope）は，用いる検出原理によってその構成や呼び方が分けられる．表面トポグラフィーを測定するのに最も多く用いられる原子間力顕微鏡（AFM：Atomic Force Microscope）は原子間力の検出モードの違いにより斥力モード，引力モード，共振モードなどがある．機械工学分野では力の大きさが問題にならないので斥力モードや共振モードが用いられるが，バイオ分野などでは 10^{-6}～10^{-9} N 程度の測定力の影響が無視できないため，引力モードや共振モードが用いられ，それぞれ対象物に応じて使い分けられている．図 1.2.2 は AFM を斥力モードで動作させて機械加工面を測定した結果の表示例である．表 1.2.1 からわかるように，AFM や STM の特徴は他の測定法と比較して高さ方向の分解能が 1 桁高いことと同時に，横方向の分解能が 3 桁程度高いことである．

SPM の他の検出法としては，被測定物とプローブとの間のトンネル電流を検出しそれを一定に保つように制御する走査型トンネル顕微鏡（STM：Scanning Tunneling Microscope）や近接場の光を

表 1.2.1　表面トポグラフィーの主な測定法

方式		高さ分解能, nm	横分解能, μm	高さ測定範囲, μm	横測定範囲, mm
接触式	触針法	0.1	0.1	～1 000	～100
	AFM	0.01	0.000 2	～5	～0.1
非接触式	光切断法	30	30	～200	～25
	非点収差法	0.2	1	2	～3
	臨界角法	0.2	1	2	～3
	焦点検出法	1.5	2	～600	—
	微分干渉顕微鏡	0.3	2	～1	～100
	位相シフト光波干渉顕微鏡	0.01	0.5	～1	～5
	白色干渉顕微鏡	0.1	0.5	100 (～5 000)	～5
	走査型共焦点顕微鏡	10	0.3	～6 000	～4
	走査型電子顕微鏡	1	0.01	～1 000	～10
	STM	0.01	0.000 2	～5	～0.1

表 1.2.2　触針法の主な仕様

縦倍率	×50～×200 000
送り速度	0.05～2 mm/s
検出器先端形状	R 2～R 10 μm
測定力	0.7～4 mN
ガイドの真直度	$(0.05+1.5\,L/1\,000)$ μm 程度

L：ガイドの走行長さ (mm)

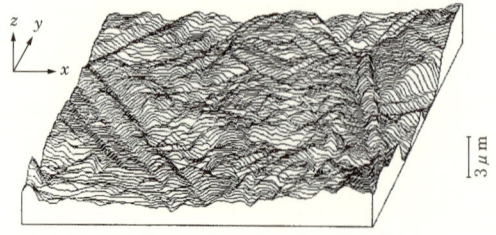

図 1.2.1　触針法による測定例（99×99 μm，σ＝0.41 μm）　〔出典：文献 4〕

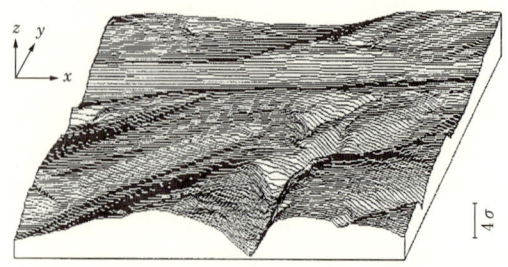

図 1.2.2　AFM による測定例（5×5 μm，σ＝88 nm）

表1.2.3　STMやAFMを基礎とする様々な測定法

STS	Scanning Tunneling Spectroscopy
BEEM	Ballistic Electron Emission Microscopy
NACTM	Nonlinear AC Tunneling Microscopy
SICM	Scanning Ion-Conductance Microscopy
SNP	Scanning Noise Potentiometry
STP	Scanning Tunneling Potentiometry
SCPM	Scanning Chemical Potential Microscopy
SCM	Scanning Capacitance Microscopy
PSTM	Photon Scanning Tunneling Microscopy
STSRM	Scanning Tunneling Electron Spin Resonance Microscopy
SSPM	Scanning Surface Potential Microscopy
MFM	Magnetic Force Microscopy
TAM	Tunneling Acoustic Microscopy
SThP	Scanning Thermal Profiler

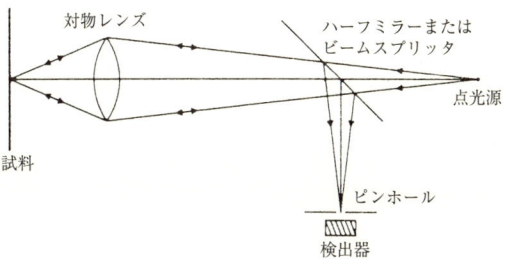

図1.2.3　走査型共焦点顕微鏡の原理〔出典：文献10)〕

検出する走査型近接場光学顕微鏡（SNOM：Scanning Near-Field Optical Microscope）などがある．また，STMやAFMであっても，測定環境を液中や様々な実験環境下とするもの，プローブ走査中の分光や熱起電力，光起電力，ポテンシャル，コンダクタンス，あるいはキャパシタンスや磁気力，摩擦力などを同時測定するものなど表1.2.3に示すようにいろいろなものが開発されている[9]．

（4）光走査型顕微鏡

触針の代わりに光ビームを走査させて表面の形状などを測定する方法がある．主にレーザ光を用い，共焦点光学系とすることにより高い測定分解能を得ている．走査型共焦点顕微鏡は×5から×100程度の対物レンズにより表1.2.1に示す性能で表面の高さ情報をほぼリアルタイムで観察しながら測定できる．図1.2.3にその基本原理を示す[10]．

（5）画像取込型測定法

触針法やSPMなど，スタイラスやプローブを被測定物の測定面内で相対的に移動させて二次元もしくは三次元の形状をとらえる方式は測定に時間が掛かる．これに対し，測定領域全体を画像として取り込み，その情報の中から高さ情報などを取り出す形式の測定法がある．この方式では1画像あたりの取込み時間は非常に短縮される．その一つは光波干渉を用いたものである．単色光によって作り出される被測定物表面の干渉縞から演算するものであり，干渉縞の位相を求めるため，通常参照鏡の位置を，半波長を周期とする0，±π/2の3位相以上ずらして取り込んで形状を求める．この方式は一般に位相シフト光波干渉法と呼ばれており，表面凹凸高さが波長に比べて小さい場合に高精度な測定法として有効である．これに対しMichelsonタイプやMirauタイプの光学系を用い，対物レンズを被測定物に対して高さ方向に複数回ステップ状に移動させ，その際に検出される白色光の干渉縞から表面形状を求めるものがある．この原理は波長に比べ大きな表面凹凸形状も測定可能であり，また位相接続しないので位相飛びによるデータのエラーもなくなるメリットがある．一方，対物レンズの移動の精度を確保する必要があり，測定精度は一般に上述した光波干渉法より劣る．図1.2.4は白色干渉顕微鏡により機械加工面を測定した例である．

（6）電子顕微鏡

粗さ計の触針や光を用いた測定では，有限のスタイラス先端形状やビームウェストにより横方向の分解能が1μm程度である．より横分解能を高める一つの方法としてビームの波長を小さくすることが考えられ，その一つとして電子ビームを用いた測定法

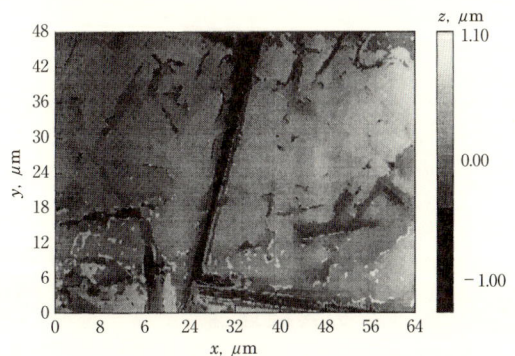

図1.2.4　白色干渉顕微鏡による測定例

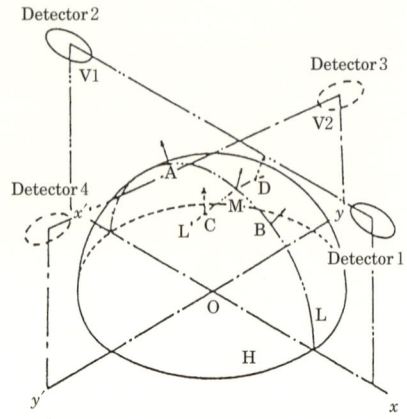

図 1.2.5　標準小球と 4 個の検出素子のモデル
〔出典：文献 11)〕

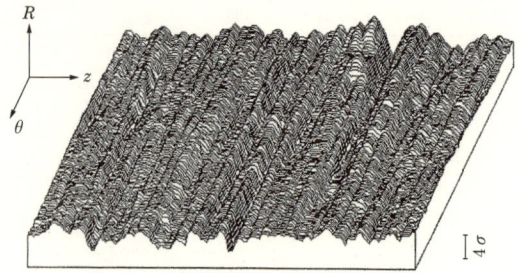

図 1.2.6　円筒表面の微細形状の測定例
$(127 \times 127 \mu m, \sigma = 70 nm)$
〔出典：文献 12)〕

がある。原理は走査型電子顕微鏡に反射電子または二次電子（検出電子と呼ぶ）の検出素子を複数配し，検出電子が試料面の一次電子が当たっている微小領域の傾斜の関数となることから，複数の検出素子から得られる検出電子の強度を基に試料面の微小領域の傾斜を求め，その傾斜を積分することにより形状を算出するものである。図 1.2.5 は微小領域の傾斜と検出強度との関係を校正するための標準小球とその周囲の 4 個の検出素子のモデルを示したものである。

(7) 非平面形体上の表面トポグラフィー

これまで述べた方法はいずれも平面形体上に存在する表面トポグラフィーを対象にしたものである。しかし主要な機械要素は平面のみではなく，非平面形体上の表面トポグラフィーの測定が必要となる。これに対し，従来は二次元断面の測定に限れば粗さ計を回転基準からの偏差が測定できるようにしたものが存在している。三次元的な測定の試みとしては，円筒形体上の表面トポグラフィーの測定システム[12)]が開発されており，センサとして触針と光触針が選択できるようになっている。図 1.2.6 は機械加工部品の円筒面の一部を拡大して測定・表示したものである。今後このような機能上重要な形体上の表面トポグラフィーが三次元的に測定できるようになるものと期待できる。

1.2.2　ヘルツの接触理論

一般に，機械要素の接触形態は点接触，線接触および面接触に分類できる。本項では表面粗さは存在しないものとし，主として前二者について扱う。

転がり軸受の転動体と転送面，車輪とレール，歯車，カムなどの機械要素の接触部は，極めて狭い面積に高い負荷を受けて作動している。これらの接触部の大きさ，面圧や変形量を知ることは，機械要素の寿命の推定をはじめ，トライボロジー問題を解析するうえで極めて重要である。このような接触形態を最初に解析したのがヘルツ（H. Hertz）[13)] であり，一般にその名を冠し，このような接触形態をヘルツ接触という。

ヘルツの接触理論により接触圧力分布が解析できれば，接線力（摩擦力）が付加された場合の接触変形や内部応力を求めることができる。以下，ヘルツの接触理論を中心に，トライボロジー問題の解析上重要な，半無限弾性体表面に作用する力による応力と変形，接線力の付加による接触変形，薄膜を介した接触などについて述べる。

(1) 半無限弾性体表面に作用する力による応力と変形

線接触や点接触形態にある機械要素には，その表面と表層に高い応力と変形が生じる。その応力は，転がり疲れをはじめとする表面損傷と直接，間接的に関係する。また，表面の弾性変形は EHL の解析に必要不可欠である。ここではその基礎となる式を示す。

半無限弾性体の表面に単位長さあたり P の垂直力および接線力 Q が作用するとき，点 $A(x, z)$ における応力は，図 1.2.7 のように座標系をとれば

$$\sigma_x = -\frac{2P}{\pi}\frac{x^2 z}{(x^2+z^2)^2} - \frac{2Q}{\pi}\frac{x^3}{(x^2+z^2)^2}$$
(1.2.1)

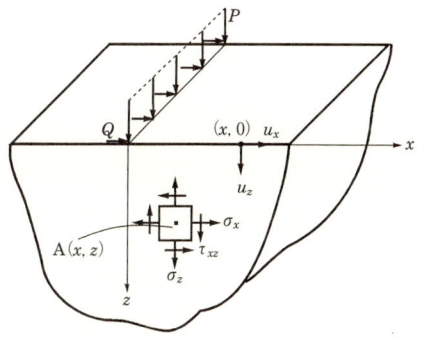

図1.2.7 線荷重 P, Q による応力と変形

$$\sigma_z = -\frac{2P}{\pi}\frac{z^3}{(x^2+z^2)^2} - \frac{2Q}{\pi}\frac{xz^2}{(x^2+z^2)^2} \tag{1.2.2}$$

$$\tau_{xz} = -\frac{2P}{\pi}\frac{xz^2}{(x^2+z^2)^2} - \frac{2Q}{\pi}\frac{x^2z}{(x^2+z^2)^2} \tag{1.2.3}$$

このときの位置 $(x,0)$ における x 方向の表面変位 u_x および z 方向の表面変位 u_z は，

$$u_x = -P\left(\frac{\kappa-1}{8G}\right)\mathrm{sgn}(x) + Q\left(\frac{\kappa+1}{4\pi G}\right)\ln\left|\frac{d}{x}\right| \tag{1.2.4}$$

$$u_z = P\left(\frac{\kappa+1}{4\pi G}\right)\ln\left|\frac{b}{x}\right| + Q\left(\frac{\kappa-1}{8G}\right)\mathrm{sgn}(x) \tag{1.2.5}$$

ここに，$\kappa = (3-\nu)/(1+\nu)$（平面応力），$\kappa = 3-4\nu$（平面ひずみ）であり，$\mathrm{sgn}(x)=1(x>0)$，$\mathrm{sgn}(x)=-1(x<0)$，$G=E/\{2(1+\nu)\}$，E：ヤング率，ν：ポアソン比，また b および d は，それぞれ P による垂直変位および Q による水平変位が無視できる距離である．

図1.2.8に示すように，半無限体表面に垂直力 P が作用するときの点 $\mathrm{A}(x,y,z)$ の応力 σ_{ij} と，位置 r における r 方向の表面変位 u_r，z 方向の表面変位 u_z は，それぞれ次式[14]で与えられる．

$$\sigma_x = \frac{P}{2\pi}\left[\frac{(1-2\nu)}{r^2}\left\{\left(1-\frac{z}{\rho}\right)\frac{x^2-y^2}{r^2}+\frac{zy^2}{\rho^3}\right\} - \frac{3zx^2}{\rho^5}\right] \tag{1.2.6}$$

$$\sigma_y = \frac{P}{2\pi}\left[\frac{(1-2\nu)}{r^2}\left\{\left(1-\frac{z}{\rho}\right)\frac{y^2-x^2}{r^2}+\frac{zx^2}{\rho^3}\right\} - \frac{3zy^2}{\rho^5}\right] \tag{1.2.7}$$

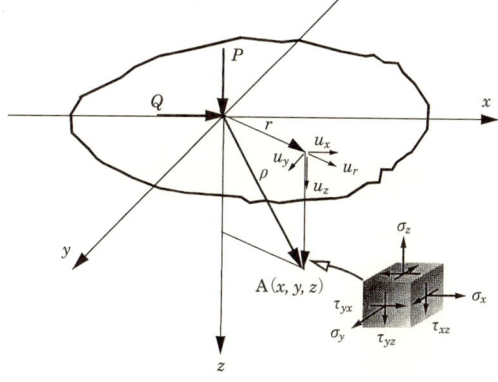

図1.2.8 点荷重 P, Q による応力と表面変位

$$\sigma_z = -\frac{3P}{2\pi}\frac{z^3}{\rho^5} \tag{1.2.8}$$

$$\tau_{xy} = \tau_{yx} = \frac{P}{2\pi}\left[\frac{(1-2\nu)}{r^2}\left\{\left(1-\frac{z}{\rho}\right)\frac{xy}{r^2}-\frac{xyz}{\rho^3}\right\} - \frac{3xyz}{\rho^5}\right] \tag{1.2.9}$$

$$\tau_{xz} = \tau_{zx} = -\frac{3P}{2\pi}\frac{xz^2}{\rho^5} \tag{1.2.10}$$

$$\tau_{yz} = \tau_{zy} = -\frac{3P}{2\pi}\frac{yz^2}{\rho^5} \tag{1.2.11}$$

$$u_r = -\frac{(1-2\nu)}{4\pi G}\frac{P}{r} \tag{1.2.12}$$

$$u_z = \frac{(1-\nu)}{2\pi G}\frac{P}{r} \tag{1.2.13}$$

ここに，$\rho^2 = x^2+y^2+z^2 \tag{1.2.14}$

$$r^2 = x^2+y^2 \tag{1.2.15}$$

また，x 方向に接線力 Q が作用するときの応力と表面変位 u_x（x 方向），u_y（y 方向），u_z（z 方向）は[14]，

$$\sigma_x = \frac{Q}{2\pi}\left[-\frac{3x^3}{\rho^5}+(1-2\nu)\left\{\frac{x}{\rho^3}-\frac{3x}{\rho(\rho+z)^2}\right.\right.$$
$$\left.\left.+\frac{x^3}{\rho^3(\rho+z)^2}+\frac{2x^3}{\rho^2(\rho+z)^3}\right\}\right] \tag{1.2.16}$$

$$\sigma_y = \frac{Q}{2\pi}\left[-\frac{3xy^2}{\rho^5}+(1-2\nu)\left\{\frac{x}{\rho^3}-\frac{x}{\rho(\rho+z)^2}\right.\right.$$
$$\left.\left.+\frac{xy^2}{\rho^3(\rho+z)^2}+\frac{2xy^2}{\rho^2(\rho+z)^3}\right\}\right] \tag{1.2.17}$$

$$\sigma_z = \frac{Q}{2\pi}\left[-\frac{3xz^2}{\rho^5}\right] \quad (1.2.18)$$

$$\tau_{xy} = \tau_{yx} = \frac{Q}{2\pi}\left[-\frac{3x^2y}{\rho^5} + (1-2\nu)\right.$$
$$\left.\cdot\left\{-\frac{y}{\rho(\rho+z)^2} + \frac{x^2y}{\rho^3(\rho+z)^2} + \frac{2x^2y}{\rho^2(\rho+z)^3}\right\}\right]$$
$$(1.2.19)$$

$$\tau_{xz} = \tau_{zx} = \frac{Q}{2\pi}\left[-\frac{3x^2z}{\rho^5}\right] \quad (1.2.20)$$

$$\tau_{yz} = \tau_{zy} = \frac{Q}{2\pi}\left[-\frac{3xyz}{\rho^5}\right] \quad (1.2.21)$$

$$u_x = \frac{Q}{4\pi G}\left[2(1-\nu)\frac{1}{r} + \frac{2\nu x^2}{r^3}\right] \quad (1.2.22)$$

$$u_y = \frac{Q}{4\pi G}\left[\frac{2\nu xy}{r^3}\right] \quad (1.2.23)$$

$$u_z = \frac{Q}{4\pi G}\left[(1-2\nu)\frac{x}{r^2}\right] \quad (1.2.24)$$

以上の式を基本解として，任意の分布荷重に対する応力状態と表面変位は，それらの重ね合わせにより定まる．ただし，この集中荷重に対する解を用いて，数値積分により分布荷重に対する解を求める場合，その解は表面のごく近傍では発散する．この場合には，上記の式を使って微小域に作用する一様分布力に対する解を解析的に求め，その解を新たな基本解として任意の分布荷重に対する解を計算する方がよい．

（2）ヘルツの接触理論[13]

ヘルツ接触は，（1）接触する前の表面は摩擦のない滑らかな（粗さのない）二次曲面であること，（2）接触面は接触2物体の全表面積に比べて十分に小さいこと，（3）接触2物体は等質等方性弾性体であること，および（4）荷重は接触面に垂直に作用することなどを前提条件としている．

図1.2.9に示すように，主曲率半径 R_{11}, R_{12} をもつ物体と主曲率半径 R_{21}, R_{22} をもつ物体が荷重 P で接触すると，接触面はだ円となり，その長径（半長）a および短径（半長）b は，

$$a = k_a\left[\frac{3P}{2E'(A+B)}\right]^{1/3} \quad (1.2.25)$$

$$b = k_b\left[\frac{3P}{2E'(A+B)}\right]^{1/3} \quad (1.2.26)$$

ただし E' は，2物体のヤング率とポアソン比をそれぞれ E_1, ν_1 および E_2, ν_2 としたとき，次式で表わされる等価弾性係数である．

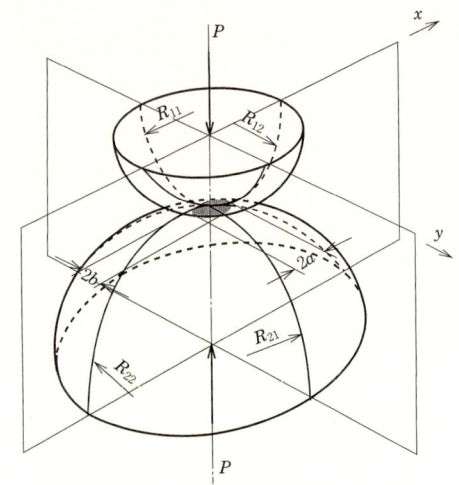

図1.2.9 点接触〔出典：文献15〕

$$\frac{1}{E'} = \frac{(1-\nu_1^2)/E_1 + (1-\nu_2^2)/E_2}{2} \quad (1.2.27)$$

また，$2(A+B)$ は主曲率の和 $\Sigma\rho$ を表わし，

$$2(A+B) = \Sigma\rho = (1/R_{11} + 1/R_{12} + 1/R_{21} + 1/R_{22}) \quad (1.2.28)$$

また，k_a, k_b は主曲率半径，および主曲率面間（$1/R_{11}$面と$1/R_{21}$面または$1/R_{12}$面と$1/R_{22}$面）の角度 ω（図1.2.9は $\omega = 0$ の場合を表示）を含む完全だ円積分から定まり，次式で表わされる補助変数 $\cos\tau$，および図1.2.10または表1.2.4より直接求められる．なお図1.2.9中，x方向は主曲率 $1/R_{12}$ と $1/R_{22}$ を含む面の方向，y方向は $1/R_{11}$ と $1/R_{21}$ を含む面の方向である．また，曲率の符号を考慮（後述）したとき，$(1/R_{12} + 1/R_{22}) \leq (1/R_{11} + 1/R_{21})$ となるものとする．

$$\cos\tau = \frac{B-A}{A+B} \quad (1.2.29)$$

ここに，

$$2(B-A) = \{(1/R_{11} - 1/R_{12})^2 + (1/R_{21} - 1/R_{22})^2 + 2(1/R_{11} - 1/R_{12})(1/R_{21} - 1/R_{22}) \cdot \cos 2\omega\}^{1/2} \quad (1.2.30)$$

なお，各曲率（半径）の符号は凸面は正，凹面は負とする．

接触圧力 p は，接触面内で回転半だ円体状の分布（図1.2.11）をし，次式で与えられる．

$$p = \frac{3P}{2\pi ab}\left(1 - \frac{x^2}{a^2} - \frac{y^2}{b^2}\right)^{1/2} \quad (1.2.31)$$

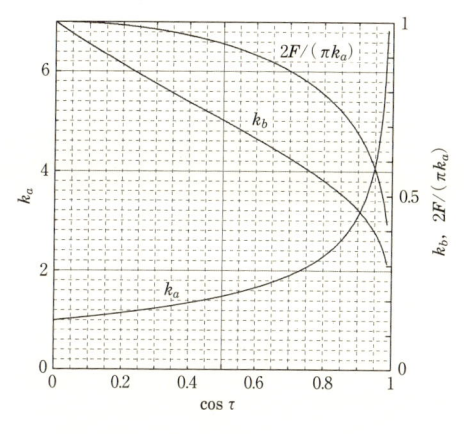

図 1.2.10　$\cos \tau$ と k_a, k_b, $2F/(\pi k_a)$

また，平均接触圧力 p_{mean} および最大接触圧力 p_{max} はそれぞれ

$$p_{mean} = \frac{P}{\pi ab} \qquad (1.2.32)$$

$$p_{max} = \frac{3P}{2\pi ab} = 1.5 p_{mean} \qquad (1.2.33)$$

また，このときの 2 物体の弾性接近量 δ は

$$\delta = \frac{2F}{\pi k_a}\left\{\frac{9}{8}\left(\frac{1}{E'}\right)^2(\textstyle\sum\rho)P^2\right\}^{1/3} \qquad (1.2.34)$$

ただし，F は第 1 種の完全だ円積分であるが，$2F/(\pi k_a)$ の値は図 1.2.10，または表 1.2.4 で与えられる．

これらのヘルツ接触の計算ではまず，式(1.2.28)〜(1.2.30)より $\cos \tau$ を計算し，図 1.2.10 または表 1.2.4 より k_a, k_b, $2F/(\pi k_a)$ を求める．

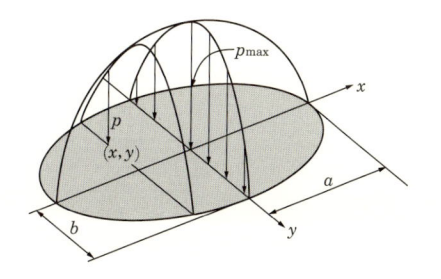

図 1.2.11　点接触の圧力分布

平行 2 円筒，平面と円筒の接触のような線接触に対しては，a/b は∞となり，上述の理論では計算できず，別の取扱いが必要である．表 1.2.5 に使用頻度が高い接触形状に対する接触幅，接触圧力，弾性接近量などを示す．なお，表中の線接触における弾性接近量は，一般に使われている G. Lundberg の解[16]である．

（3）接触力の付加による接触変形

接触状態にある 2 物体間に接線力 T が作用すると，それがたとえ静摩擦力 μP （μ：静摩擦係数，P：垂直荷重）よりも小な力であっても接触面の一部に微小すべりが生じる．球面同士の接触では，図 1.2.12 に示すように環状の微小すべりが生じ，すべり域の内径 c は

$$c = a(1-\varPhi)^{1/3} \qquad (1.2.35)$$

となる[17]．c より小さい領域は相対的なすべりの存在しない固着域という．なお，a は接触円半径，$\varPhi$ は接線力係数（$=T/\mu P$）である．接線力の作用方向を x 方向とすると，すべり域に作用するせん断応

表 1.2.4　$\cos \tau$ と k_a, k_b, $2F/(\pi k_a)$ の関係

$\cos \tau$	k_a	k_b	$2F/(\pi k_a)$	$\cos \tau$	k_a	k_b	$2F/(\pi k_a)$
0.9700	5.0577	0.3563	0.5089	0.9855	6.7281	0.3082	0.4231
0.9714	5.1556	0.3529	0.5028	0.9863	6.8840	0.3047	0.4167
0.9728	5.2616	0.3492	0.4963	0.9871	7.0555	0.3009	0.4099
0.9746	5.4075	0.3444	0.4878	0.9880	7.2457	0.2969	0.4026
0.9761	5.5369	0.3403	0.4805	0.9889	7.4581	0.2926	0.3949
0.9776	5.6798	0.3359	0.4727	0.9897	7.6980	0.2880	0.3865
0.9784	5.7571	0.3336	0.4686	0.9906	7.9725	0.2830	0.3774
0.9791	5.8388	0.3312	0.4643	0.9915	8.2908	0.2774	0.3674
0.9799	5.9255	0.3287	0.4599	0.9925	8.6674	0.2713	0.3563
0.9807	6.0176	0.3262	0.4553	0.9934	9.1233	0.2644	0.3439
0.9815	6.1156	0.3235	0.4505	0.9944	9.6943	0.2565	0.3296
0.9822	6.2206	0.3207	0.4456	0.9959	10.9158	0.2416	0.3031
0.9830	6.3331	0.3178	0.4403	0.9969	12.2107	0.2284	0.2797
0.9838	6.4544	0.3148	0.4349	0.9981	14.4746	0.2098	0.2472
0.9847	6.5855	0.3116	0.4291	0.9993	20.8654	0.1747	0.1882

表 1.2.5 主な形状の接触幅，接触圧力，弾性接近量

接触タイプ	円筒/平面	円筒/円筒	球/平面	球/球
接触半径または半幅 a, b	$b=\left(\dfrac{8PR}{\pi E'}\right)^{1/2}$	$b=\left\{\dfrac{8P}{\pi E'}\cdot\dfrac{R_1 R_2}{(R_1+R_2)}\right\}^{1/2}$	$a=\left(\dfrac{3PR}{2E'}\right)^{1/3}$	$a=\left\{\dfrac{3P}{2E'}\cdot\dfrac{R_1 R_2}{(R_1+R_2)}\right\}^{1/3}$
接触圧力 p		$p=\dfrac{2P}{\pi b}\left(1-\dfrac{x^2}{b^2}\right)^{1/2}$		$p=\dfrac{3P}{2\pi a^2}\left(1-\dfrac{r^2}{a^2}\right)^{1/2}$ $(r^2=x^2+y^2)$
最大接触圧力 p_{max}		$p_{max}=\dfrac{2P}{\pi b}$		$p_{max}=\dfrac{3P}{2\pi a^2}$
弾性接近量 δ		$\delta^*=\dfrac{4P}{\pi E'}\left(1.8864+\ln\dfrac{L}{2b}\right)$	$\delta=\left(\dfrac{9P^2}{4E'^2 R}\right)^{1/3}$	$\delta=\left\{\dfrac{9P^2}{4E'^2}\cdot\dfrac{R_1 R_2}{(R_1+R_2)}\right\}^{1/3}$

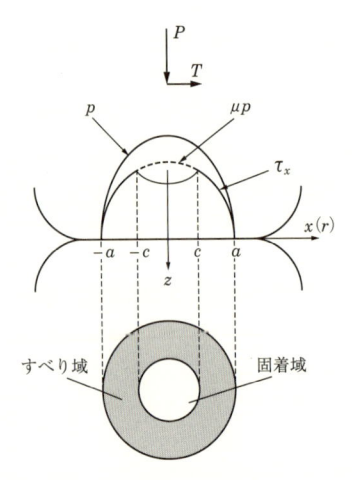

$$\dfrac{1}{E'}=\left\{\dfrac{1-\nu_1^2}{E_1}+\dfrac{1-\nu_2^2}{E_2}\right\}\cdot\dfrac{1}{2}$$

図 1.2.12 接線力の付加による環状すべり域の発生

図 1.2.13 接線力の付加による x 方向の相対変位

力 τ_x は
$$\tau_x = \mu p_{max}(1-r^2/a^2)^{1/2} \quad (1.2.36)$$
また，固着域に作用するそれは
$$\tau_x = \mu p_{max}(1-r^2/a^2)^{1/2}$$
$$\quad -\mu p_{max}(1-r^2/c^2)^{1/2}\cdot(c/a) \quad (1.2.37)$$
となる．ただし，$r=(x^2+y^2)^{1/2}$．接触面付近の局所的弾性変形と微小すべりにより，2物体間には次式で示される相対変位 δ_x が生じる（図 1.2.13）．

$$\delta_x = \dfrac{3\mu P}{16a}\left(\dfrac{2-\nu_1}{G_1}+\dfrac{2-\nu_2}{G_2}\right)\left\{1-(1-\varPhi)^{2/3}\right\} \quad (1.2.38)$$

以上の式は，点接触形態のフレッチングや横方向剛性を調べるためにしばしば用いられている．

線接触に対しても同様な解が得られる．固着域の半幅を c とすると
$$c = b(1-\varPhi)^{1/2} \quad (1.2.39)$$
で与えられる．ここに b は接触半幅である．また，せん断応力 τ_x は
$$\tau_x = \mu p_{max}(1-x^2/b^2)^{1/2} \quad （すべり域） \quad (1.2.40)$$

$$\tau_x = \mu p_{max}(1-x^2/b^2)^{1/2}-\mu p_{max}(1-x^2/c^2)^{1/2}\cdot(c/b) \quad （固着域） \quad (1.2.41)$$

接線力を受けて回転する接触部にも微小すべりが生じる．また，玉軸受の玉と内外輪の転送面の接触部のように，幾何学的形状に起因する微小すべり（差動すべり）もある．このような接触部の固着域，すべり域の形状やせん断応力の把握には，接触物体の弾性変形（ひずみ）を考慮した表面速度を求める必要がある[18]．

（4）ヘルツ接触以外の重要な接触問題

工学上最も一般的な接触形態の一つは，面接触である．この場合，接触2物体の表面が同一形状・寸法であれば，接触圧力は接触面全域で一様となる．一方，表面の大きさが異なる場合には，接触圧力は一様とはならず，接触端付近で非常に高くなる．接触物体の角が尖っている（曲率半径0の）場合の接触圧力は，弾性接触では無限大となる．このような接触形態に対しては，接触物体の一方を剛体としたパンチの押込み[19]以外，まだ解析解は与えられていない．このような面接触をはじめ，ヘルツの理論が適用できない問題に対しては，有限要素法，境界要素法などの数値解析法，また最近ではMLMI法[20]による数値解析法が用いられている．

下地と異なる材料定数をもつ薄膜を介した接触も，最近重要な接触問題の一つである．この場合，"接触2物体は等質等方性弾性体である"ことを前提としたヘルツの接触理論は適用できない．この問題に対しても簡単に適用でき，一般性のある解析解は与えられていない．なお，薄膜を付けた平面にその下地と同種材質の円筒を押し付けた場合の最大接触圧力 p_{max} と膜厚 t の関係は，図1.2.14のようになる[21]．

1.2.3 表面粗さの接触理論
（1）真実接触面積と接触突起の数

半球形突起をもつ平面と真平面を接触させた場合，接触突起が弾性変形しているか，塑性変形しているかの指標として用いられるのが塑性指数 Ψ であり，次式で与えられる[22]．

$$\left. \begin{array}{l} \Psi = (E'/H)\cdot(\sigma_a/r_m)^{1/2} \\ = (E'/H)\cdot(\sigma/\beta^*) \end{array} \right\} \quad (1.2.42)$$

ここで，$1/E' = (1-\nu_1^2)/E_1 + (1-\nu_2^2)/E_2$ であり，E_1 と E_2：接触面材料の縦弾性係数，ν_1 と ν_2：接触面材料のポアソン比，H：硬さ，σ_a：突起頂点高さ分布の標準偏差，r_m：平均突起先端半径，σ：粗さ分布曲線の標準偏差（自乗平均平方根粗さ），β^*：相関の及ぶ幅である．なお，式(1.2.42)の σ_a の代わりに $\sigma/\sqrt{2}$ を用いてもよい．塑性接触している面

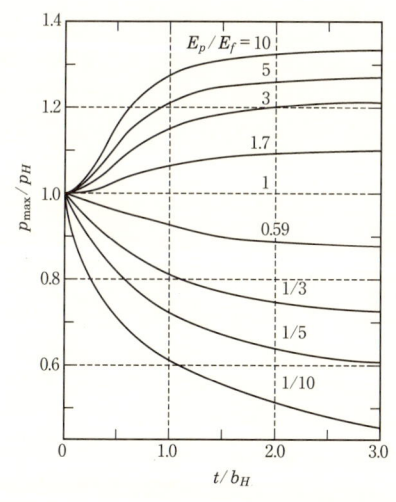

図1.2.14 最大接触圧力に及ぼす薄膜の影響（p_H，b_H：膜が存在しないときの最大接触圧力と接触半幅，E_p：膜のヤング率，E_f：下地および相手材のヤング率）〔出典：文献21〕

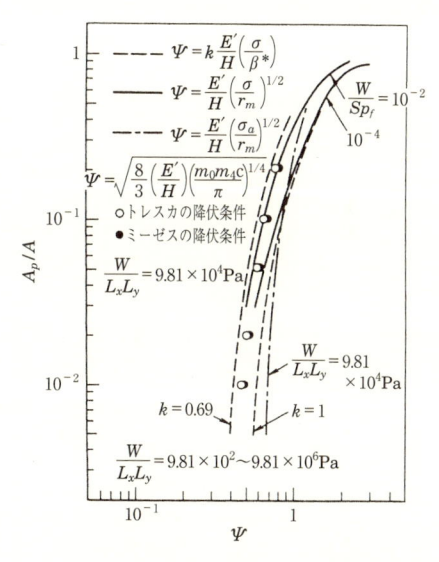

図1.2.15 全真実接触面積に対する塑性接触している面積の割合 A_p/A と塑性指数 Ψ（W/L_xL_y は見掛けの接触圧力，p_f は塑性流動圧力，S は全真実表面積，σ_a は突起頂点高さ分布の標準偏差，σ は粗さ分布の標準偏差，β^* は相関の及ぶ幅であり，コレログラム上の相関係数が $1/e$ になるときのずらした距離である）

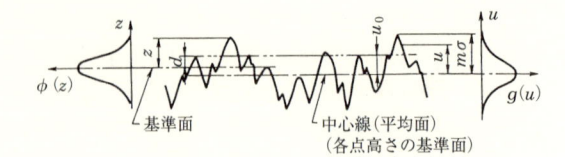

図 1.2.16 突起頂点高さ z と断面曲線上の各点高さ u の分布（$\phi(z)$ は突起頂点高さの確率密度関数，$g(u)$ は各点高さの確率密度関数，$m\sigma$ は最も高い突起の中心線からの高さであり，二点鎖線は粗い面と接触している真平面の位置を表わす）〔出典：文献23〕

積 A_p と全真実接触面積 A との比 A_p/A と Ψ の関係を図 1.2.15 に示す．この図から次のような変形状態の判定が可能になる．$\Psi<0.6$ のときにはほとんどの突起が弾性接触である．$\Psi>3$ のときにはほとんどの突起が塑性接触である．ただし，突起の形状が半球球形と異なるときには式(1.2.42)が適用できない場合がある．

弾性接触している場合の真実接触面積 A の求め方として二つの方法がある．図 1.2.16[23]のように基準面上の突起頂点高さ z の確率密度関数 $\phi(z)$ が明らかで半球形突起を仮定する場合，真平面と粗い面が接触するときの A，押付け荷重 W と接触突起の数 n は次のようになる[22]．

$$A = \pi L_x L_y N_a r_m \int_d^{z_{\max}} (z-d) \phi(z) \mathrm{d}z$$

$$W = \frac{4}{3} E' L_x L_y N_a r_m^{1/2} \int_d^{z_{\max}} (z-d)^{3/2} \phi(z) \mathrm{d}z$$

$$n = L_x L_y N_a \int_d^{z_{\max}} \phi(z) \mathrm{d}z \quad (1.2.43)$$

ここで，$L_x L_y$：見掛けの接触面積，N_a：突起の面密度，r_m：平均突起先端半径，$z_{\max}$：z の最大値，d：基準面と真平面間の距離である．もう一つの方法[24]は，図 1.2.16 の表面粗さ曲線の各点の高さ u の確率密度関数 $g(u)$ が明らかで半球形突起を仮定する場合で，A，W と n は次のようになる．

$$A = -\pi r_m \int_{u_0}^{m\sigma} (u-u_0) \left(\frac{\mathrm{d}n}{\mathrm{d}u}\right) \mathrm{d}u$$

$$W = -\frac{4}{3} E' r_m \int_{u_0}^{m\sigma} (u-u_0)^{3/2} \left(\frac{\mathrm{d}n}{\mathrm{d}u}\right) \mathrm{d}u$$

$$n = (1/2\pi r_m) S g(u_0) \quad (1.2.44)$$

ここで，S：全真実表面積，$g(u)$：各点高さの確率密度関数，u_0：接触している 2 平面間の距離，$m\sigma$：最初に接触しはじめるときの平面間の距離である．$\Psi=0.6\sim0.3$ の範囲の接触では弾性接触と

塑性接触する突起があり，このような場合の理論解析方法も明らかにされている[24,25]．真実表面を形成する微小平面の高さの確率密度関数 $g(u)$ を正規形とし，突起先端半径の確率密度関数を $q(r)=(2/r_{\max})\{1-(r/r_{\max})\}$ と仮定したときの計算結果を図 1.2.17 に示す．

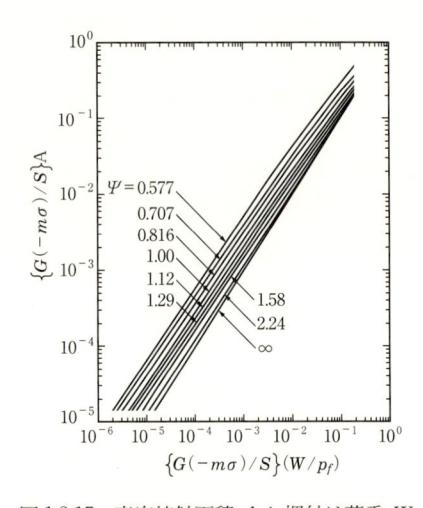

図 1.2.17 真実接触面積 A と押付け荷重 W
（$g(u)=\{f(u)-f(m\sigma)\}/G(-m\sigma)$，
$f(u)=(2\pi)^{-1/2}\sigma^{-1}\exp\{-(1/2)(u/\sigma)^2\}$，
$G(-m\sigma)=\int_{-m\sigma}^{m\sigma}\{f(u)-f(m\sigma)\}\mathrm{d}u$，$\sigma$ は自乗平均平方根粗さ，$m=5$，ψ は塑性指数で $\psi=(E'/H)(\sigma/r_m)^{1/2}$，$p_f$ は塑性流動圧力であり，$H=p_f$ とした）

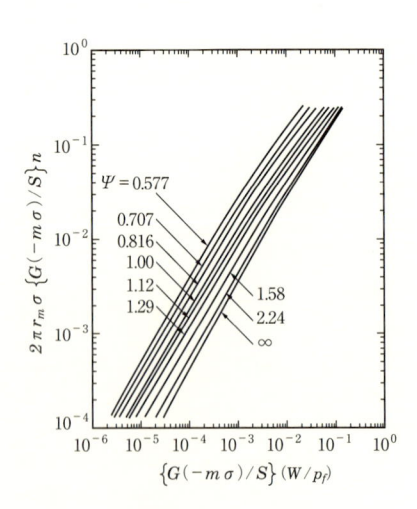

図 1.2.18 接触点の数 n と押付け荷重 W
（図 1.2.16 右側の各点高さの分布のモデル化の場合）

塑性接触の場合，式(1.2.43)と式(1.2.44)の A の式で π を 2π に置き換えることによって塑性接触の A が求められる．また，軟らかい方の面の平均塑性流動圧力 p_f（この p_f はマイクロビッカース硬さで近似できる）がわかれば，$W=p_f A$ で W を求めることができる．図1.2.17に示した場合の接触突起の数 n は図1.2.18のようになり，横軸 $2\times10^{-5}\sim2\times10^{-2}$ の範囲で $\Psi\to\infty$ のとき，$n\propto W^{0.914}$，$\Psi=0.577$ のとき，$n\propto W^{0.796}$ となり，Ψ の減少とともに W の指数は減少する．また，σ と r_m が一定の場合，H/E' が大きい接触面材料ほど一定の W/p_f の値に対して n が増加する傾向をもつ．

（2）接触面間の平均すきま

真平面と粗い面が接触し，押付け荷重 W のもとに真平面が粗い面に U だけ近づいたとき，この接近量 U は次式によって与えられる．

$$U=m\sigma-u_0 \qquad (1.2.45)$$

接触面間に存在する空隙部分の体積を見掛けの接触面積で除した値を平均すきまと呼び δ で表わせば，次のようになる[26]．

$$\begin{aligned}\delta &= \{(2m\sigma-u)L_xL_y-m\sigma L_xL_y\}/L_xL_y \\ &= u_0 \\ &= t_0\sigma \end{aligned} \qquad (1.2.46)$$

ただし，u_0：接触している2平面の平均面間の距離（図1.2.16参照），t_0：無次元化したときの2平面の平均面間の距離，σ：粗さ分布曲線の標準偏差．

なお，粗い面 σ_1 と σ_2 の接触の場合には合成された標準偏差（「合成粗さ」と呼ばれる）$\sigma_e=(\sigma_1^2+\sigma_2^2)^{1/2}$ を式(1.2.46)の σ の代わりに用いればよい．リング状接触面（外径 $\phi25$，内径 $\phi5$）の材質や表面粗さ（研磨布仕上げ）を変えて負荷と除荷過程の空気漏れ量から求めた平均すきま δ の測定例を図1.2.19に示す．なお，負荷時の理論値は $W/p_f=A$ を式(1.2.44)の A に代入し，塑性接触しているときの A の式から u_0 を求めた．また，除荷過程の理論値は全接触突起が接触点の大きさに応じて弾性回復するとして求めた値である[26]．

（3）相対すべりに起因する掘り起こし損傷体積

図1.2.20のように硬い方の面の突起を摩擦方向に球面（突起先端半径：r_i）をもつ半円柱形突起とし，さらにその表面上に微細凹凸（高さ：λ_i）が存在するような面を仮定する．このような突起形状をもつ硬い面が軟らかい面上を繰り返してすべる場合に，微細凹凸の掘り起こし作用によって損傷を受ける深さを $\xi\lambda_i$ とすると，摩擦距離 L と見掛けの接触面積あたりの掘り起こされる損傷体積 V_b は次式で表わされる．

$$\left.\begin{aligned}\frac{V_b}{LL_xL_y} &= \sum_{i=1}^{n}(S_{pi}-S_{pi}')/L_xL_y \\ &= (S_p-S_p')/L_xL_y\end{aligned}\right\} \qquad (1.2.47)$$

ただし，n：接触突起の数，S_p：微細条痕の総断面積〔図1.2.20(b)の S_{pi} の和〕，S_p'：S_p のうち1回目のすべりによって塑性流動してしまう部分の総断面積である．図1.2.20のような半円柱形突起の半球部の長さを β_i，微細凹凸の高さ λ_i の平均値を λ_0 とし，$\xi\lambda_0$ の深さだけ掘り起こされるとすると，V_b/LL_xL_y は次式で与えられる．

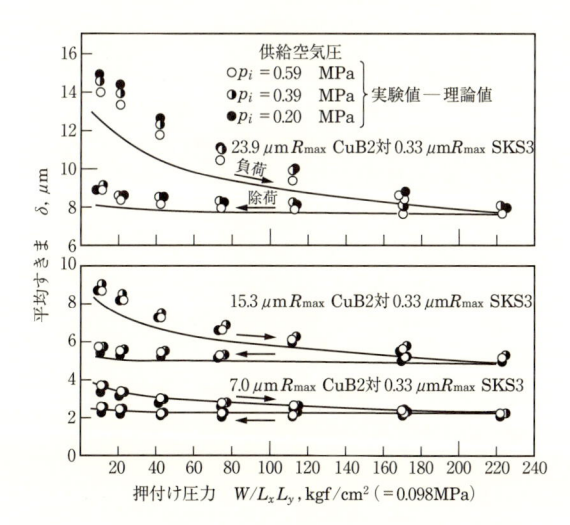

図1.2.19 負荷時および除荷時の平均すきまと押付け圧力の関係（粗い面対滑らかな面の場合）

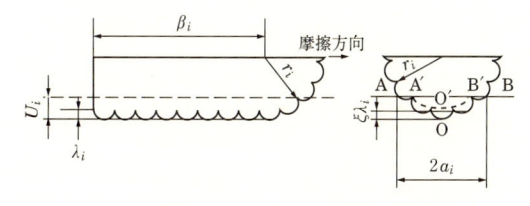

図1.2.20 接触突起の形状（$2a_i$ は接触点の幅，$k=\beta_i/r_i$，β_i は突起の半円柱部の長さ，r_i は突起先端半径，U_i は食込み量，λ_i は微細凹凸の高さ，弓形AOBの面積を S_{pi} で弓形A'O'B'の面積を S_{pi}' で表わす）

$$\frac{V_b}{LL_xL_y} = \int_{u_0}^{l\sigma} \frac{2\sqrt{2}\,(u-u_0)^{3/2} g(u)\,\mathrm{d}u}{3\pi r_i^{1/2}[\{k(2r_i)^{1/2}/\pi\}(u-u_0)^{1/2}]}$$
$$- \int_{u_0+\xi\lambda_0}^{l\sigma} \frac{2\sqrt{2}\,(u-u_0-\xi\lambda_0)^{3/2}(r_i-\xi\lambda_0)^{1/2} g(u)\,\mathrm{d}u}{3\pi r_i [\{k(2r_i)^{1/2}/\pi\}(u-u_0)^{1/2}+0.5(u-u_0)]}$$
(1.2.48)

ただし，$k=\beta_i/r_i$ である．塑性接触として $A=W/p_f$ とし，

$$g(u) = f(u)/G(l\sigma)$$
$$f(u) = (1/\sqrt{2\pi})\sigma^{-1}[\exp\{-(u/\sigma)^2/2\} - \exp(-m^2/2)]$$
$$G(l\sigma) = \int_{-m\sigma}^{l\sigma} f(u)\,\mathrm{d}u$$

と仮定する．ここで，σ：自乗平均平方根粗さ，$l\sigma$：図1.2.16の $m\sigma$ がトランケートされて変化したときの値である．このような仮定のもとに半円柱突起表面上の微細凹凸による掘り起こし損傷体積 V_b の計算結果の例を図1.2.21に示す．図1.2.21から表面粗さ分布曲線や接触突起の大きさと形状の変化に伴って掘り起こし体積がどのように変化するかがわかる．V_b/LL_xL_y を減少させるための各種因子の増減対策を表1.2.6に示す．図1.2.21の一点鎖線の $(W/L_xL_y)/p_f=10^{-4}\sim 10^{-2}$ の範囲で $\{V_b/LL_xL_y\} \propto \{(W/L_xL_y)/p_f\}^x$ としたときの指数 x は $l=5, 3, 2, 1, 0$ に対してそれぞれ $x=1.00, 1.12, 1.58, 1.89, 1.99$ と増大する．

1.2.4 摩擦・摩耗理論
（1）摩擦の機構

接触する二つの物体が，外力の作用下ですべりや転がり運動をするとき，その接触面においてその運動を妨げる方向の力が発生する．これを摩擦力という．摩擦力を垂直荷重で割った値を摩擦係数という．

大気中の固体表面は，酸化膜，吸着膜，汚れなど多様な膜に覆われている．このような固体表面に対

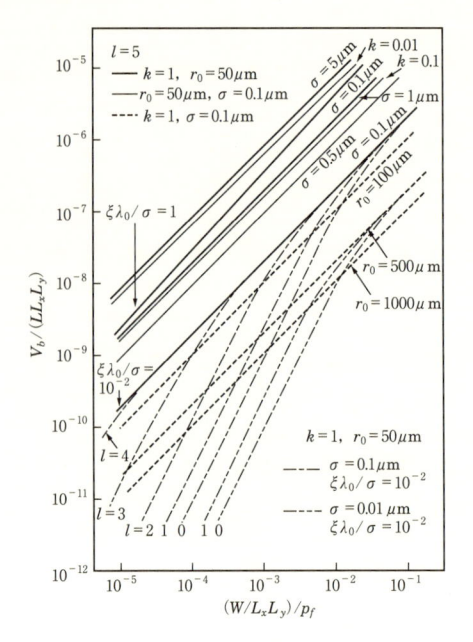

図1.2.21 無次元化した掘り起こし損傷体積 $V_b/(LL_xL_y)$ と見掛けの接触圧力 $(W/L_xL_y)/p_f$ （L は摩擦距離，L_xL_y は見掛けの接触面積，r_0 は r_i の平均値，$\xi\lambda_0$ は微細条痕の断面積上における掘り起こされる部分の平均厚さ，λ_0 は λ_i の平均値）

して，潤滑剤を用いない場合の摩擦を，一般に乾燥摩擦と呼ぶ．かつては，乾燥摩擦の原因として，固体表面の微小な凹凸のかみあいが考えられていた．凹凸の傾きを θ とすると，摩擦を行なわせるためには，荷重 W に抗して面を押し上げなければならず，そのために $W\tan\theta$ の摩擦力が必要となる．この場合，摩擦係数 μ は，$\mu=\tan\theta$ で与えられる．このような摩擦の考え方を凹凸説という．凹凸説ではエネルギーの散逸過程が不明確であることや実際には理想的な凹凸のかみあいが生じにくいなどの理由により，現在では，このような摩擦の機構は支持されなくなってきている．

現在，乾燥摩擦の主要な機構として，以下の3種類が考えられている．

a. 凝着部のせん断

一般に，摩擦面において実際に接触している面積（真実接触面積）は，見掛けの接触面積に比べはるかに小さい．そのため，真実接触部では，高い接触圧力のもとで凝着が生じ，その部分をせん断する

表1.2.6 無次元化した掘り起こし体積 V_b/LL_xL_y を減少させたいときの各種因子の増減対策

因子	対策	V_b/LL_xL_y を減少させたい場合
表面粗さ分布曲線のトランケート効果 $l\sigma$		減少
硬い面の自乗平均平方根粗さ σ		減少
半円柱突起の平均半径 r_0		増大
半円柱突起の長さ $k=\beta_i/r_0$		増大
微細凹凸の平均高さ λ_0		減少

のに摩擦力を必要とする．このような摩擦の考え方を凝着説という．真実接触部が塑性接触状態にある場合，固体の塑性流動力を p_m，荷重を W とすると，真実接触面積 A_r は，$A_r = W/p_m$ で与えられる．真実接触部のせん断強さを s_i とすると，摩擦力 F は，$F = A_r s_i$ と表わされるから，摩擦係数 μ は，次式のように表わされる．

$$\mu = F/W = s_i/p_m \qquad (1.2.49)$$

塑性流動圧力 p_m は，摩擦する2固体の軟らかい側のビッカース硬さで近似できる．式(1.2.49)は，凝着説においても最も簡単なモデルに基づき摩擦係数を表わしたものであるが，実際に生ずる幅広い摩擦係数の変化を説明するには不十分である．テーバー(D. Tabor)[28] は，接線力(摩擦力)の作用とともに塑性域が拡大し真実接触面積が増加する現象（ジャンクション・グロースという）を考慮し，次の式を導いている．

$$\mu = c/[\alpha(1-c^2)]^{1/2} \qquad (1.2.50)$$
$$\text{ただし} \quad c = s_i/k$$

ここで，c は接触面の無次元せん断強さ，s_i は接触面のせん断強さ，k は材料の最大せん断強さ，α は材料に依存する定数（一般に $3 \leq \alpha \leq 25$）である．式(1.2.50)における摩擦係数 μ と接触面の無次元せん断強さ c の関係を図1.2.22に示す．c が1（理想的な凝着）に近づくと，摩擦係数は無限大に向かう．一方，c が減少するにつれて摩擦係数は急激に低下し，c が0（理想的な潤滑）に近づくと，摩擦係数は0に近づく．このように，ジャンクション・グロースを考慮することにより，摩擦係数の幅広い変化を説明することができる．

b. 掘り起こし

相対的に硬い表面の突起あるいは2面間に介在する硬質粒子が，軟らかい面に食い込み，塑性変形させて溝を掘りながら摩擦するとき，この掘り起こしによる抵抗が摩擦力として現われる．食い込んだ部分の摩擦方向に垂直な投影面積を A_{pl}，軟らかい面の塑性流動圧力を p_m とすると，掘り起こしによる摩擦力 F は，$F = A_{pl} p_m$ と表わされる．荷重を W，真実接触面積を A_r とすると，$A_r = W/p_m$ より，掘り起こしのみ生じる場合の摩擦係数 μ は，$\mu = A_{pl}/A_r$ となり，食い込む部分の形状の関数となる．

c. ヒステリシス損失

ヒステリシス損失は，弾性限度内で変形しそれが回復する際に生じるエネルギー損失である．一般に，金属ではヒステリシス損失は極めて小さく無視できるものであるが，エラストマーなど大きなヒステリシスを生じる材料の場合，摩擦の重要な原因となる．

（2）摩擦の法則および摩擦係数の概略値

乾燥摩擦に関する経験的な法則として，以下の三つが知られている．
（1）摩擦力は，垂直荷重に比例する．
（2）摩擦力は，見掛けの接触面積には無関係である．
（3）摩擦力は，すべり速度には無関係である．

これらは，クーロンの法則，アモントンの法則あるいはアモントン・クーロンの法則などと呼ばれる．これらは，限られた条件のもとで近似的に成立するもので，実際には成り立たない場合も多い．

図1.2.23[29] は，種々の条件下の摩擦係数の標準値を示したものである．摩擦係数は，乾燥摩擦の場合には，金属，セラミックス，高分子材料いずれも

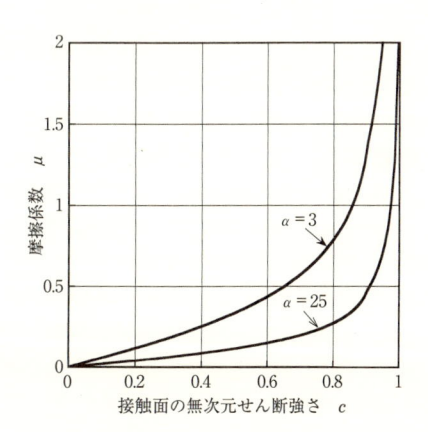

図1.2.22　摩擦係数 μ と接触面の無次元せん断強さ c の関係

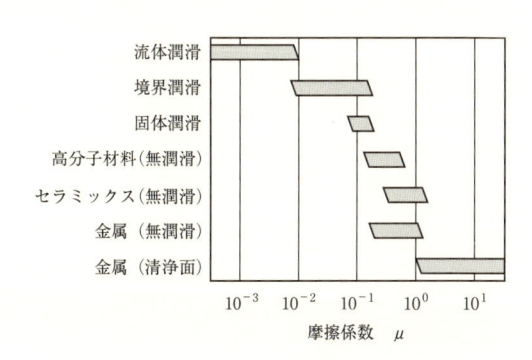

図1.2.23　種々の条件下の摩擦係数の標準値
〔出典：文献29〕

0.2〜1.0程度の範囲の値をとるが，潤滑下では潤滑状態に応じて低減される．ただし，シールやトラクションドライブなどでは流体潤滑でも0.1を超えることがある．一方，真空中の金属の清浄面では，摩擦係数は1以上の極めて大きい値をとり，ときには100以上に達する場合もある．

(3) 摩耗の機構

二つの固体が接触してすべりや転がり運動をするとき，それらの固体の表面から次々と材料が除去されていくという形式の材料損失を，摩耗という．

一般に摩耗は，凝着摩耗，アブレシブ摩耗，腐食摩耗，疲労摩耗の四つに分類される．その他にも，小さな振幅で相対運動する接触面で生じる特異な損傷であるフレッチング摩耗，粉体の衝突によって生じるエロージョン，キャビテーションによって生じるキャビテーションエロージョンなどがある．

a. 凝着摩耗

凝着摩耗は，真実接触域の凝着部分の破壊に起因して生じる摩耗である．真実接触域からある割合で摩耗粒子が排出されるという簡単なモデルをもとに，ホルム(R. Holm)[30]やアーチャード(J. F. Archard)[31]によって凝着摩耗式が提案されている．これらは，いずれも基本的に次のような式で表わされる．

$$V = K\frac{WL}{H} \quad (1.2.51)$$

ここで，Vは摩耗体積，Wは荷重，Lはすべり距離，Hは材料のビッカース硬さ(あるいは塑性流動圧力)，Kは無次元定数で摩耗係数と呼ばれる．式(1.2.51)をもとに，摩耗の程度を表わす指標として以下のようなものが用いられる．

単位すべり距離あたりの摩耗体積を，摩耗率という．摩耗率wは，$w = V/L$と表わされる．摩耗率は，与えられた摩耗系における摩耗の進行速度を評価する際に用いられる．

単位荷重・単位すべり距離あたりの摩耗体積を，比摩耗量という．比摩耗量w_sは，$w_s = V/(WL) = w/W$と表わされる．比摩耗量は，異なる試験条件，異なる材料間の耐摩耗性の比較や摩耗の過酷さの評価に有効で，最もよく用いられる．

摩耗係数Kも摩耗の程度を表わす指標として用いられる．摩耗係数Kは，$K = VH/(WL) = w_s H$と表わされる．摩耗係数は，摩耗の過酷さの評価や摩耗のメカニズムの推定に有効な指標となる．

実際の凝着摩耗の機構は多様で，様々なメカニズムが考えられており[32〜34]それらは一括してすべり摩耗と総称されることもある．摩擦面間で激しい凝着を伴って，著しい移着(破断した粒子が相手面に付着すること)と粒径の大きい摩耗粒子を発生する摩耗率の高い摩耗をシビヤ摩耗という．一方，滑らかな表面と数μm以下の微細な摩耗粒子の発生を特徴とする摩耗率の低い摩耗をマイルド摩耗という．また，繰返し摩擦において，摩擦初期の摩耗率の高い摩耗を初期摩耗といい，その後の安定した摩耗率の低い摩耗を定常摩耗という．

b. アブレシブ摩耗

アブレシブ摩耗は，硬質表面突起あるいは硬質粒子の主として切削作用によって生じる激しい摩耗である．摩耗させる側が固定突起か介在粒子かによって，二元アブレシブ摩耗と三元アブレシブ摩耗に分けられる．アブレシブ摩耗についても，簡単な切削型の摩耗モデルから，式(1.2.51)の凝着摩耗式と類似の摩耗式を導くことができる[35]．ただし，摩耗係数Kには接触部の形状の因子が含まれる．実際には，硬質突起あるいは硬質粒子の食い込み深さや接触角等が一定の条件を満たした場合にのみ切削型の摩耗が生ずる．したがってアブレシブ摩耗の実際の機構は，切削以外の摩耗形態も混在した複雑なものである．

c. 腐食摩耗

気体や液体雰囲気と摩擦面が化学反応を起こし，機械的強度の低い表面層ができると，容易に摩耗粒子として脱落する．これが腐食摩耗である．化学摩耗とも呼ばれる．鋼や鋳鉄などにみられる酸化膜の形成・脱落による摩耗は，酸化摩耗と呼ばれる．圧延ロールなどのように，緻密で高強度の酸化膜が形成し容易に脱落しない場合には，保護膜として作用し耐摩耗性がかえって向上する場合もある．

d. 疲労摩耗

疲労摩耗は，摩擦接触の繰返しによって表面近傍が疲労破壊することによって生じる摩耗である．疲れ摩耗とも呼ばれる．疲労が支配的な表面損傷の代表例は，転がり接触下における転がり疲れである．そのメカニズムには，内部からき裂が発生・伝播するものと，表面からき裂が発生・伝播するものの二つがある．また，すべり接触下における凝着が支配的な条件下の摩耗発生機構として，デラミネーション摩耗[36]のような疲労摩耗メカニズムも考えられ

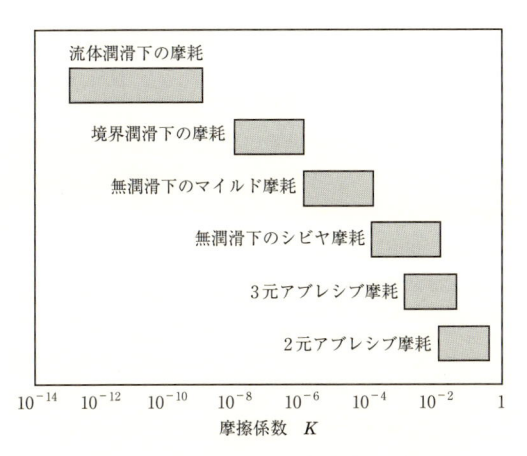

図 1.2.24 種々の条件下の摩耗係数の標準値
〔出典：文献 37）〕

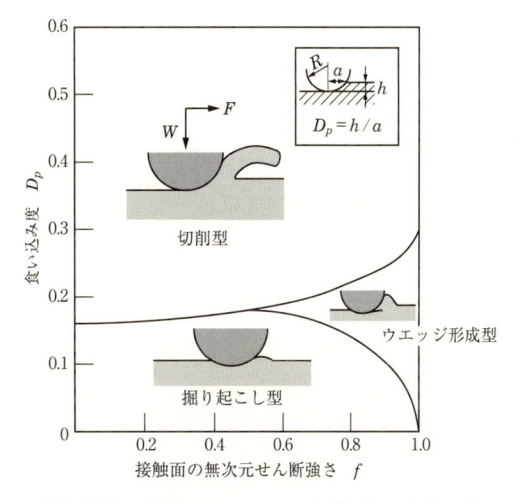

図 1.2.25 金属のウエアマップ〔出典：文献 40）〕

ている．

（4）ウエアマップ

種々の条件下の摩耗係数 K の標準値を，図 1.2.24[37] にまとめて示す．同図より，摩耗係数は摩擦形態により極めて幅広く変化することがわかる．また，同じ摩擦形態においてさえ摩耗係数の値は大きく変化する．このような摩耗の幅広い変化を統一的に説明するものとしてウエアマップ（wear map）がある．ウエアマップは，いかなる条件下のもとで，いかなる摩耗形態が生じるかを統一的に表わす図で，摩耗形態図[38]あるいは摩耗機構図[39]とも呼ばれる．

図 1.2.25 は，半球状の硬突起のすべり摩擦によって生じる金属の摩耗形態の発生領域を表わすウエアマップである[40]．同図において，縦軸は接触の過酷さを表わす食い込み度 D_p（突起の曲率半径，荷重，金属の硬さの関数として与えられる無次元数）であり，横軸は潤滑状態を表わす接触面の無次元せん断強さ f（接触面のせん断強度と金属のせん断強度の比）である．同図より，切削型，ウエッジ形成型，掘り起こし型の 3 種類の主要な金属の摩耗形態の発生領域を知ることができる．図 1.2.26 は，乾燥摩擦における食い込み度 D_p と摩耗係数 K の関係を示したものである[41]．食い込み度の変化に伴い摩耗形態の遷移が生じ，これに対応して摩耗係数が極めて広範囲に変化することがわかる．

図 1.2.27 は，乾燥摩擦のもとで生じる鋼の種々の摩耗形態の発生領域を表わすウエアマップである[39]．同図において，縦軸は無次元接触圧力 $F/$

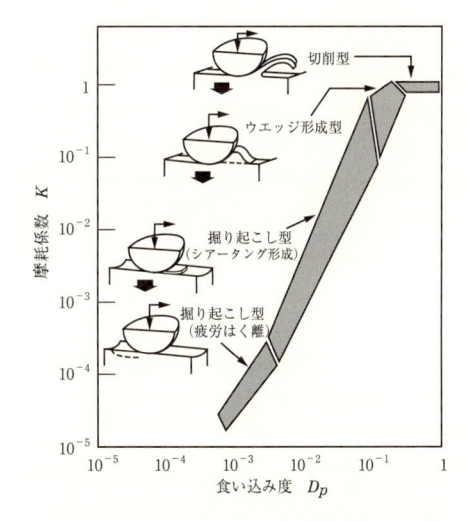

図 1.2.26 食い込み度 D_p と摩耗係数 K の関係
〔出典：文献 41）〕

$A_n H_0$（F は荷重，A_n は見掛けの接触面積，H_0 は軟らかい側の材料の室温における硬さ）であり，横軸は無次元速度 vr_0/a（v はすべり速度，r_0 は接触半径，a は熱拡散係数）である．同図より，幅広いすべり速度，接触圧力の変化のもとでの鋼の摩耗形態を知ることができる．

以上に示したように，ウエアマップは，種々の摩耗形態の遷移現象を説明できるだけでなく，与えられた条件下での摩耗の予測にも応用でき，しゅう動部材を設計する際の指針を与える．以上の他にも，セラミック等についていくつかのウエアマップが提

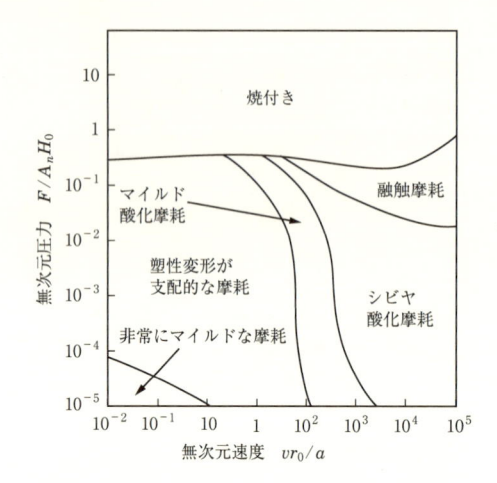

図 1.2.27 鋼のウエアマップ〔出典：文献 39)〕

案されている[38]．

1.2.5 摩擦面温度
(1) 摩擦面温度の概念

摩擦面に発生した摩擦熱の一部は潤滑油や摩耗粉によって持ち去られるが，残りは熱伝導によって摩擦面に伝えられ，摩擦表面の温度上昇をもたらす．この摩擦熱により摩擦面（接触面）は大きい温度上昇が生じるばかりでなく，摩擦面本体温度もしだいに上昇する．すなわち，摩擦面温度は，摩擦面本体の温度である本体（バルク）温度上昇と摩擦面での瞬間温度上昇(閃光温度)とを考慮する必要があり，実際の摩擦温度は本体温度と閃光温度の和となる．

また，閃光温度には真実接触面での温度上昇と見掛けの接触面での平均温度上昇の2通りの概念がある．前者は真実接触面積が非常に狭いために発生熱量が低くても温度上昇は著しく高くなる．しかし，真実接触部の熱容量が極めて小さいので，その高温の維持時間は非常に短く，他への影響は少ない．すなわち，摩擦面ではマイクロ秒ほどの間隔で1000 K程度の温度の昇降を引き起こす．このため，閃光温度といえばこの真実接触面積での温度上昇を指すことが多い．一方，後者の閃光温度は，歯車をはじめとする集中接触をする摩擦面の見掛けの接触領域，すなわちヘルツ接触領域での温度上昇を考える場合に採用されることが多い．これは摩擦熱が見掛けの接触面上に一様に分布するか，または接触圧力に比例して分布すると仮定して，見掛けの接触領域での最高（または平均）温度上昇を推定するもので

ある．この場合の温度上昇は100〜200 K以内におさまることが多い．

摩擦面温度上昇は，潤滑油の劣化，油膜厚さの減少，転移温度での境界膜の破断，摩擦面の強度低下などを引き起こし，焼付きなどの表面損傷発生の危険性を増大させることになる．

実際の摩擦面において，以上の摩擦面温度の中でどの温度が重要であるかは，接触状態や問題としている対象を考慮する必要がある．焼付きに対しては真実接触部での最高温度上昇ではなく，見掛けの接触全体の平均温度上昇が採用されることが多い．また，接触時間よりも非接触時間の方がはるかに長い摩擦条件では，接触域で生じた局所的損傷が非接触時間に回復することも考えられ，バルク温度が重要となる[42]．

(2) 摩擦面温度の推定式
a. 閃光温度上昇

図 1.2.28(a)に示す半無限体表面上の円形一様分布熱源が速度 V で移動する場合の円形熱源中心Cにおける定常温度上昇 θ_s は，単位時間，単位面積あたりの摩擦熱を q（全摩擦熱は $Q=\pi a^2 q$）とすれば，

$$\theta_s = \frac{qa}{\lambda} e^{-N}[I_0(N)+I_1(N)], \quad N=\frac{Va}{2\kappa} \quad (1.2.52)$$

となる[43]．ここで，λ：熱伝導率，κ：熱拡散率，N：ペクレ数，$I_0(N)$，$I_1(N)$：第1種変形ベッセル関数である．移動速度Vが小さいときには，式(1.2.52)は静止熱源の温度上昇である式(1.2.53)に一致する．

$$\theta_s = \frac{qa}{\lambda} = \frac{q}{\pi\lambda a} \quad (1.2.53)$$

また，移動速度が大きいときには式(1.2.52)は式(1.2.54)で近似できる．

$$\theta_s = 0.798 \frac{qa}{\lambda\sqrt{N}} = 0.254 \frac{Q}{\lambda a\sqrt{N}} \quad (1.2.54)$$

ペクレ数 $N<0.1$ では式(1.2.53)，$N>3$ では式(1.2.54)が十分な精度で使用できる．

実際の摩擦面では，図1.2.28(b)に示すように摩擦熱は両摩擦面に分配される．接触域での平均表面温度上昇が両摩擦面で等しいと仮定すれば，円形熱源の定常平均温度上昇 θ_m は次のようになる[43]．

(1) 移動速度が小さいとき（$N<0.1$）

(a) 円形一様分布移動熱源

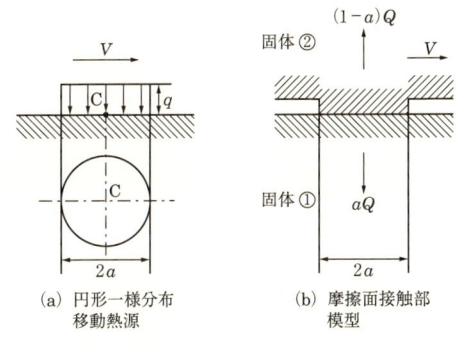

(b) 摩擦面接触部模型

図 1.2.28　円形熱源

$$\theta_m = 0.849 \frac{qa}{\lambda_1 + \lambda_2} \quad (1.2.55)$$

（2）移動速度が大きいとき（$N>3$）

$$\theta_m = \frac{0.849 qa}{\lambda_2 + 1.06\lambda_1 \sqrt{N_1}} \quad (1.2.56)$$

なお，正方形熱源（一辺$2a$）の場合には，式(1.2.55)，式(1.2.56)の定数0.849の代わりの0.946を代入する[44]．

線接触で両摩擦面がともに移動する帯状移動熱源（接触幅$2a$）の場合の平均温度上昇は次のようになる．

$$\theta_m = \frac{0.752 qa}{\lambda_1 \sqrt{N_1} + \lambda_2 \sqrt{N_2}} \quad (1.2.57)$$

最高温度上昇は，式(1.2.57)の定数0.752の代わりに1.13を代入すればよい．

b. 本体温度

定常時の本体温度θ_bは，時間tでの本体温度をθとすれば，$\theta_b = \theta + C\,d\theta/dt$（$C$：定数）の関係が成立するので，本体温度の経時変化を測定することにより定常時の本体温度が推定できる．

なお，摩擦熱QはW：荷重，μ：摩擦係数，V_s：すべり速度とすれば，$Q=\mu W V_s$，また，単位面積あたりの摩擦熱$q=\mu p V_s$（p：面圧）となり，摩擦面温度の推定には摩擦係数の正しい評価が不可欠である．また，上記の推定式は発生摩擦熱の全てが摩擦表面へ熱伝導のみによって伝えられると仮定して求めているので，求められた温度上昇は高め，したがって安全側の値を示すと考えられる．ここで，$\mu=$一定ならば，qはpV_sに比例するので，pV_sは"pV値"と呼ばれ，摩擦面温度の指標になる．温度上昇によって材料が軟化し，重摩耗状態になるpV値を"限界pV値"という．

（3）摩擦面温度の測定・測定例

a. 熱電対温度計

2種類の金属線の接合部に生じる熱起電力（ゼーベック効果）を利用した温度計である．熱電対に使用される異種金属の組合せとしては，白金-白金ロジウム，クロメル-アルメル，鉄-コンスタンタン，銅-コンスタンタンなどがある（熱電対の種類，測定温度範囲等は JIS C 1602-1995 を参照）．本温度計は熱電対と導線，導線と導線との接合点を一定温度の保持するための基準接点が必要であるが，一般の温度測定には，基準接点の温度変化を補償する補償式基準接点を組み込んだ測定器を使用すればよい[45]．熱電対を摩擦面近傍に挿入するか，表面に接触させることにより摩擦面温度を測定する．熱電対の挿入または接触により摩擦面温度に変化が生じるので，熱電対，導線の熱容量はできるだけ小さくし，極力小形，細線のものを使用することが望ましい[46]．また，応答速度は速いもののその熱容量のために応答に一次遅れが生じるので，温度変化速度が大きい場合には時間遅れが問題となる．

b. 抵抗温度計

金属や半導体の電気抵抗が温度により変化することを利用した温度計である．金属測温抵抗体（センサ）としては，白金，銅，ニッケルが使用される．温度変化による抵抗変化はセンサのみでなく引出し線の抵抗変化も加わるので，これを補正する方法として3導線式，4導線式が用いられている[47]．本温度計は熱電対温度計に比べて，出力が大きく，精度が高く，基準接点が不要などの利点がある．しかし，センサ部を電気的に絶縁しなければならず，熱容量が大きく，耐振性に劣る欠点がある．

また，半導体センサとしては数種の金属（Mn, Ni, Co, Feなど）の酸化物を混合焼結したサーミスタがあり，サーミスタ温度計は一つのセンサの使用温度範囲は狭く，衝撃に弱いが，センサ部は比較的小さく，感度・応答に優れ，引出線の抵抗による誤差も無視できる場合が多い[47,48]．

電気抵抗の温度変化を利用することにより，EHL接触域での温度測定も可能であり，その例を図1.2.29に示す[49]．測定に使用した抵抗体は厚さ$1\mu m$のチタニウムの薄膜であり，チタニウム薄膜は圧力によっても抵抗が圧力のみで変化するマンガニン被膜を同時に用いて圧力の補正を行なっている．

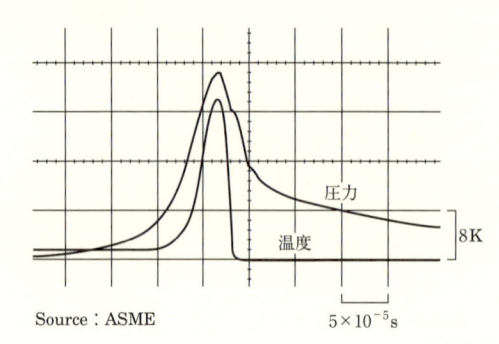

図 1.2.29　EHL接触域での温度，圧力分布（二円筒試験，転がり速度 2 500 min^{-1}，接触圧力 0.7 GPa）　〔出典：文献 49）〕

c. 放射温度計

摩擦面からの放射強さから摩擦面温度を測定する，非接触方式の温度計である．摩擦面からの放射を検出素子に伝える光学系および放射を電気信号に変換する検出素子（光電変換素子）などより構成されている[50]．摩擦面の状態を乱すことなく，原理的には遅れが少ない測定が可能であり，高温度での測定に適している．しかし，摩擦面の状態，放射率の変動や光路中の吸収・散乱などの外乱の影響を受けやすい．図1.2.30に赤外線放射測定によるEHL油膜内の温度分布を示す．

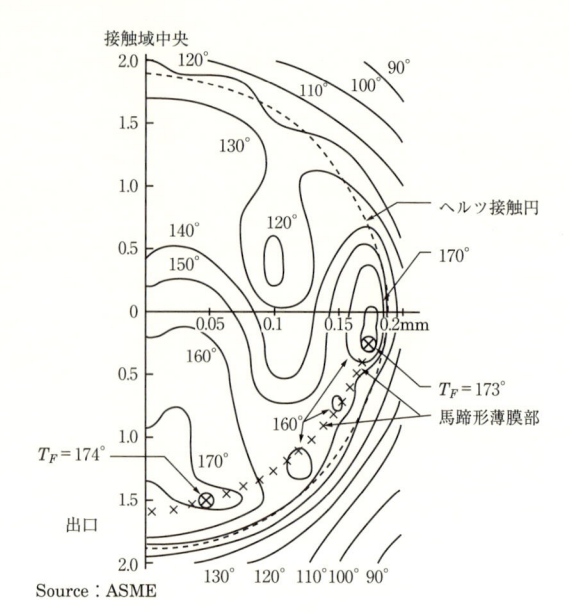

図 1.2.30　EHL油膜内の温度分布（点接触）接触圧力：1 GPa，すべり速度：1.4 m/s　〔出典：文献 50）〕

文　献

1) JIS B 0601-1994：表面粗さ―定義及び表示．
2) JIS B 0610-1976：表面うねり．
3) 小林　昭監修：超精密生産技術大系（第3巻）計測・制御技術，フジ・テクノシステム（1995）339．
4) 笹島和幸・塚田忠夫・直井一也：日本設計工学会講演論文集，No.96―秋季（1996）51．
5) R. Kaneko, K. Nonaka & K. Yasuda : J. Vac. Sci. Technol., **A6**, 2(1988) 291.
6) 三井公之・坂井　誠・木塚慶次・小沢則光・河野嗣男：精密工学会誌，**53**, 2(1987) 328．
7) T. Kohno, N. Ozawa, K. Miyamoto & T. Musha : Precision Engineering, **7**, 4(1985) 231.
8) Rodenstock 社 RM 600 カタログ．
9) 森田清三：走査型プローブ顕微鏡のすべて，工業調査会（1992）．
10) レーザテック 1 LM 21 カタログ．
11) 大堀真敬・佐藤壽芳：日本機械学会論文集，**52**(C), 483(1986) 2974．
12) 笹島和幸・直井一也・木下順弘・塚田忠夫：設計工学会誌，**32**, 10(1997) 407．
13) H. Hertz : Über die Berührung fester elastischer Körper. J. reine und angewandte Mathematik, **92**(1882) 156.
14) K. L. Johnson : Contact Mechanics, Cambridge University Press (1985) 51, 69.
15) 日本潤滑学会編：潤滑用語集―解説付―（1981）156．
16) G. Lundberg, Elastische Berührung zweier Halbräume, Forschung, **10**, 201(1939) 134.
17) R. D. Mindlin : Trans. ASME, Series E, J. Applied Mech., **16**(1949) 259.
18) J. Halling : Principles of Tribology, Macmillan Press (1975) 184.
19) Jl. A. ガーリン著（佐藤常三訳）：弾性接触論，日刊工業新聞社（1958）38．
20) 棗田伸一：トライボロジー会議（東京）予稿集（1994-5）167．
21) 志摩政幸・佐藤準一・古口日出男：機論（A編），**51**, 468(1985) 1983．
22) J. A. Greenwood & J. B. P. Williamson : Proc. Roy. Soc., Ser. A；**295**, 1442(1966) 300.
23) 久門輝正：潤滑，**23**, 6(1978) 385．
24) 久門輝正：日本機械学会論文集，**39**, 326(1973) 3171．
25) 山田国男・鏡　重次郎・畑沢鉄三・佐藤光義・永田重信：潤滑，**25**, 7(1980) 458．
26) 久門輝正：潤滑，**26**, 9(1981) 638．
27) 久門輝正：潤滑，**32**, 1(1987) 33．
28) D. Tabor : Proc. Roy. Soc. Lond., **A 251**, 1266(1959) 378.
29) 木村好次：日本機械学会誌，**87**, 1(1984) 58．
30) R. Holm : Electric Contacts, H. Gebers Forlag (1946) 214.
31) J. F. Archard : J. Appl. Phys., **24**(1953) 981.
32) 加藤康司：日本金属学会会報，**22**, 4(1983) 302．
33) 笹田　直：潤滑，**27**, 10(1982) 713．

34) 野呂瀬　進：トライボロジスト, **39**, 3(1994) 187.
35) E. Rabinowicz：Friction and Wear of Materials (Second Edition), John Wiley & Sons Inc. (1995) 192.
36) N. P. Suh：Wear, **25**, (1973) 111.
37) 堀切川一男：数理科学, 364(1993) 10.
38) 堀切川一男：トライボロジスト, **37**, 10(1992) 799.
39) S. C. リム・M. F. アシュビイ・加藤康司 (訳)：トライボロジスト, **37**, 10(1994) 793.
40) K. Hokkirigawa & K. Kato：Tribology Int., **21**(1988) 51.
41) K. Hokkirigawa：Surface Modification Technologies, 8(1994) 93.
42) 山本雄二：塑性と加工, **24**, 265(1983) 108.
43) 山本雄二：潤滑, **27**, 11(1982) 785.
44) J. C. Jaeger：Proc. Roy. Soc. N. S. W., **76**(1947) 203.
45) JIS Z 8710-1993.
46) 針谷安男：トライボロジスト, **35**, 11(1990) 784.
47) JIS Z 8704-1993.
48) JIS C 1611-1995.
49) J. W. Kannel, F. F. Zugaro & T. A. Dow：Trans. ASME, Ser. F, J. Lub. Tech., **100**, 1(1978) 110.
50) V. K. Ausherman, N. S. Nagaraj, D. M. Sanborn & W. O. Winer：Trans. ASME, Ser. F, J. Lub. Tech., **98**, 2(1976) 236.

1.3　流体潤滑理論

1.3.1　レイノルズ方程式
（1）一般的なレイノルズ方程式

　流体潤滑の特性を理論解析するときには，流体の運動方程式，質量保存式，流体の状態方程式およびエネルギー方程式が必要である．なかでも運動方程式と質量保存式から導かれるレイノルズ (Reynolds) 方程式は，流体潤滑の理論解析の基礎方程式として広く用いられている．潤滑面や潤滑流体の性質あるいは作動状況が異なれば，それぞれに応じた修正レイノルズ方程式が考えられる（1.3.5参照）が，以下では最も基礎的な場合を対象にして，その誘導を示す．
　連続体の運動方程式のベクトル表示は，密度をρ，体積力（単位質量あたりの外力）を$\boldsymbol{F}$，その物質の部分の加速度を$\boldsymbol{\alpha}$，速度を$\boldsymbol{v}$，応力を$\boldsymbol{\sigma}$，時間をtとすると，次式で与えられる．

$$\boldsymbol{\alpha} = \frac{D\boldsymbol{v}}{Dt} = \frac{1}{\rho}(\boldsymbol{F} - \mathrm{grad}\,\boldsymbol{\sigma}) \quad (1.3.1)$$

　流体中の応力は，一般に，流体のひずみおよびひずみ速度と関係づけられるが，応力がひずみ速度に比例する場合，その流体をニュートン流体という〔非ニュートン流体については1.3.5（4）参照〕．
　また，流体が気体の場合，その圧力は密度および温度の他に膨張速度 $\theta = \mathrm{div}\,v$ に依存するが，通常 θ の影響は無視できると仮定する．これをストークス (Stokes) の関係という[1]．
　ニュートン流体であることとストークスの関係が成立することを仮定すれば，式(1.3.1)から，次のナビエ・ストークス (Navier-Stokes) の式が導かれる[1]．

$$\rho\frac{D\boldsymbol{v}}{Dt} = \boldsymbol{F} - \mathrm{grad}\,p + \frac{\mu}{3}\mathrm{grad}\,\theta + \mu\varDelta\boldsymbol{v} \quad (1.3.2)$$

ここに，

$$\frac{D}{Dt} = \frac{\partial}{\partial t} + u\frac{\partial}{\partial x} + v\frac{\partial}{\partial y} + w\frac{\partial}{\partial z}$$

$$\mathrm{grad} = \left(\frac{\partial}{\partial x}, \frac{\partial}{\partial y}, \frac{\partial}{\partial z}\right)$$

$$\varDelta = \frac{\partial^2}{\partial x^2} + \frac{\partial^2}{\partial y^2} + \frac{\partial^2}{\partial z^2}$$

であり，x, y, z：直交座標，u, v, w：それに対応する速度成分，p：圧力，μ：粘性係数である．
　狭いすきま内に存在する潤滑膜を対象としてその作動特性を解析するに際し，次の仮定を置く．
（a）すきま内流れは層流である．
（b）流体の慣性力は粘性力に比して無視できる（乱流および慣性力の影響については1.3.5(1)参照）．
（c）潤滑膜の厚さは潤滑面の大きさに比べて極めて小さい．
　（a），（c）の仮定により，
（c-1）潤滑膜厚さ方向（y方向）への速度勾配 $\partial u/\partial y$, $\partial w/\partial y$ に対して他の速度勾配は無視できる．
（c-2）潤滑膜厚さ方向の圧力変化は無視できる．
（c-3）すべり面の曲率を無視できる．
（d）外力の影響は無視できる．通常，加わる体積力としては重力のみであってその値は小さい．なお，電磁流体を潤滑流体とし，これに電場や磁場が作用するときは体積力の影響は無視できなくなる．
（e）壁面との境界において壁面と流体とのすべりは起こらない．なお，気体潤滑の場合，潤滑膜厚さが薄くなるとすべりの影響を無視できなくなる〔1.3.5(3)参照〕．
　式(1.3.2)を各成分に分けて記述し[2]，以上の仮定を用いて簡略化すると次式を得る．

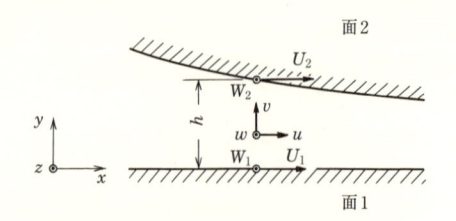

図1.3.1　1面を平面で置き換えた潤滑面

$$\left.\begin{array}{l}\dfrac{\partial p}{\partial x}=\dfrac{\partial}{\partial y}\left(\mu\dfrac{\partial u}{\partial y}\right)\\[4pt]\dfrac{\partial p}{\partial y}=0\\[4pt]\dfrac{\partial p}{\partial z}=\dfrac{\partial}{\partial y}\left(\mu\dfrac{\partial w}{\partial y}\right)\end{array}\right\} \quad (1.3.3)$$

仮定(c-3)によって，図1.3.1に示すように，潤滑面の片方（面1）を平面とし，この面内にx-z座標を設定する．そして，もう一方の面（面2）をこの平面からすきまhだけ隔たった面とする．それぞれの面のx方向およびz方向への移動速度をU_1，W_1，およびU_2，W_2とすると，境界条件として次式を得る．

$$\left.\begin{array}{l} y=0:u=U_1,\ w=W_1\\ y=h:u=U_2,\ w=W_2 \end{array}\right\} \quad (1.3.4)$$

式(1.3.3)の第1および3式を式(1.3.4)の境界条件の下で積分すると，

$$\left.\begin{array}{l} u=J_1(y)\dfrac{\partial p}{\partial x}+U_1[1-J_0(y)]+U_2 J_0(y)\\[4pt] w=J_1(y)\dfrac{\partial p}{\partial z}+W_1[1-J_0(y)]+W_2 J_0(y) \end{array}\right\}$$
$$(1.3.5)$$

を得る．ただし，

$$I_0(y)=\int_0^y \dfrac{dy}{\mu},\quad I_1(y)=\int_0^y \dfrac{y\,dy}{\mu} \quad (1.3.6)$$

としたとき，

$$\left.\begin{array}{l} J_0(y)=I_0(y)/I_0(h)\\ J_1(y)=I_1(y)-I_1(h)\cdot I_0(y)/I_0(h) \end{array}\right\} \quad (1.3.7)$$

で定義される．

x，z方向への単位幅あたりの質量流量G_x，G_zは，式(1.3.5)を積分して得られ，例えばG_xは次式となる．

$$\begin{aligned}G_x &= \int_0^h \rho\, u\,dy\\ &= \dfrac{\partial p}{\partial x}\int_0^h J_1(y)\rho\,dy\\ &\quad + U_1\int_0^h \rho\,dy + (U_2-U_1)\int_0^h J_0(y)\rho\,dy\end{aligned}$$
$$(1.3.8)$$

この式の右辺第1項は圧力勾配によって誘起される流れ〔ポアジュイユ（Poiseuille）流れと呼ばれる〕による流量を表わし，また第2，3項は壁面が移動することによって誘起される流れ〔クエット（Couette）流れと呼ばれる〕による流量を表わす．

一方，速度成分の間には質量保存の法則，すなわち次式で示される連続の式が成立する．

$$\dfrac{\partial\rho}{\partial t}+\dfrac{\partial(\rho u)}{\partial x}+\dfrac{\partial(\rho v)}{\partial y}+\dfrac{\partial(\rho w)}{\partial z}=0 \quad (1.3.9)$$

面2の位置でのy方向の速度Vは

$$\begin{aligned}V &= \dfrac{dh}{dt}=\dfrac{\partial h}{\partial t}+\dfrac{\partial h}{\partial x}\cdot\dfrac{\partial x}{\partial t}+\dfrac{\partial h}{\partial z}\cdot\dfrac{\partial z}{\partial t}\\ &= \dfrac{\partial h}{\partial t}+U_2\dfrac{\partial h}{\partial x}+W_2\dfrac{\partial h}{\partial z} \quad (1.3.10)\end{aligned}$$

すなわち，面2に沿う速度$[U_2\cdot\partial h/\partial x + w_2\cdot\partial h/\partial z]$と面外方向への速度$[\partial h/\partial t]$の和であることに注意し，境界条件として

$$\left.\begin{array}{l} y=0:v=0\\ y=h:v=V \end{array}\right\} \quad (1.3.11)$$

を用いて式(1.3.9)をyについて積分すると，

$$\begin{aligned}-[\rho v]_0^h &= -\rho V\\ &= \int_0^h \dfrac{\partial(\rho u)}{\partial x}dy+\int_0^h \dfrac{\partial(\rho w)}{\partial z}dy+\int_0^h \dfrac{\partial\rho}{\partial t}dy\end{aligned}$$

となる．積分を実行するに際し，積分と微分の順序変更に関する公式

$$\begin{aligned}&\int_0^{h(s)}\dfrac{\partial}{\partial s}f(y,s)\,dy\\ &=\dfrac{\partial}{\partial s}\left[\int_0^{h(s)}f(y,s)\,dy\right]-f(h(s),s)\cdot\dfrac{\partial h(s)}{\partial s}\end{aligned}$$
$$(1.3.12)$$

を用いれば，最終的に次のレイノルズ方程式の一般形が得られる．

$$\frac{\partial}{\partial x}\left(A\frac{\partial p}{\partial x}\right)+\frac{\partial}{\partial z}\left(A\frac{\partial p}{\partial z}\right)$$
$$=\frac{\partial}{\partial x}\left[U_1\int_0^h \rho\,dy+(U_2-U_1)\int_0^h J_0(y)\rho\,dy\right]$$
$$+\frac{\partial}{\partial z}\left[W_1\int_0^h \rho\,dy+(W_2-W_1)\int_0^h J_0(y)\rho\,dy\right]$$
$$+\frac{\partial}{\partial t}\int_0^h \rho\,dy \qquad (1.3.13)$$

ただし,
$$A=-\int_0^h J_1(y)\rho\,dy \qquad (1.3.14)$$

である.

(2) 簡略化されたレイノルズ方程式

潤滑膜内では潤滑流体のせん断による発熱等によって温度分布が存在し，したがって潤滑流体の粘性係数や密度もまた $\mu=\mu(x,y,z)$, $\rho=\rho(x,y,z)$ のように分布する．式(1.3.13)の一般的なレイノルズ方程式はそのような粘性係数や密度の分布をも含んだ表示であり，例えば1.3.3項の熱流体潤滑理論の基礎式となるものである．

このような厳密な扱いに対して，潤滑流体の粘性係数や密度は膜厚方向には一様であると仮定したり，あるいは膜厚方向に平均しその平均値を用いて潤滑膜特性を解析する方法もよく用いられる．すなわち，$\mu=\mu(x,z)$, $\rho=\rho(x,z)$ と考えることができるものとする．

この場合には，すきま内での速度分布は，式(1.3.5)に対応して

$$\left.\begin{array}{l}u=\dfrac{1}{2\mu}\cdot\dfrac{\partial p}{\partial x}\cdot y(y-h)+U_1\left(1-\dfrac{y}{h}\right)+U_2\cdot\dfrac{y}{h}\\[2mm]w=\dfrac{1}{2\mu}\cdot\dfrac{\partial p}{\partial z}\cdot y(y-h)+W_1\left(1-\dfrac{y}{h}\right)+W_2\cdot\dfrac{y}{h}\end{array}\right\}$$
$$(1.3.15)$$

となり，質量流量は，式(1.3.8)に対応して
$$G_x=-\frac{\rho h^3}{12\mu}\cdot\frac{\partial p}{\partial x}+\frac{U_1+U_2}{2}\rho h \qquad (1.3.16)$$

などと求まる．

潤滑流体の粘性係数や密度が膜厚方向に一様であるとしたときの簡略化されたレイノルズ方程式は，前項と同様の導出の経緯を経て，最終的には次のように求まる．

$$\frac{\partial}{\partial x}\left(\frac{\rho h^3}{\mu}\cdot\frac{\partial p}{\partial x}\right)+\frac{\partial}{\partial z}\left(\frac{\rho h^3}{\mu}\cdot\frac{\partial p}{\partial z}\right)$$
$$=6\frac{\partial}{\partial x}[\rho h(U_1+U_2)]+6\frac{\partial}{\partial z}[\rho h(W_1+W_2)]$$
$$+12\frac{\partial(\rho h)}{\partial t} \qquad (1.3.17)$$

なお，曲座標 (r,θ) を用いる場合は，$x=r\cos\theta$, $y=r\sin\theta$ によって座標変換すれば，

$$\frac{\partial}{\partial r}\left(\frac{r\rho h^3}{\mu}\cdot\frac{\partial p}{\partial r}\right)+\frac{1}{r}\frac{\partial}{\partial\theta}\left(\frac{\rho h^3}{\mu}\cdot\frac{\partial p}{\partial\theta}\right)$$
$$=6\frac{\partial}{\partial r}[r\rho h(Z_1+Z_2)]+6\frac{\partial}{\partial\theta}[\rho h(T_1+T_2)]$$
$$+12\frac{\partial(r\rho h)}{\partial t} \qquad (1.3.18)$$

を得る[3]．ただし，Z_1, Z_2 は両面の半径方向速度成分，T_1, T_2 は周方向速度成分である．

(3) 等粘度等密度レイノルズ方程式

潤滑流体の粘性係数および密度が潤滑面全体にわたって一様であると仮定できる場合は，レイノルズ方程式はさらに簡略化され，次式となる．

$$\frac{\partial}{\partial x}\left(h^3\frac{\partial p}{\partial x}\right)+\frac{\partial}{\partial z}\left(h^3\frac{\partial p}{\partial z}\right)$$
$$=6\mu\frac{\partial}{\partial x}[h(U_1+U_2)]+6\mu\frac{\partial}{\partial z}[h(W_1+W_2)]$$
$$+12\mu\frac{\partial h}{\partial t} \qquad (1.3.19)$$

いま，両壁面の運動方向がともに x 軸方向であるとすると，レイノルズ方程式は

$$\frac{\partial}{\partial x}\left(h^3\frac{\partial p}{\partial x}\right)+\frac{\partial}{\partial z}\left(h^3\frac{\partial p}{\partial z}\right)$$
$$=6\mu(U_1+U_2)\frac{\partial h}{\partial x}+6\mu h\frac{\partial(U_1+U_2)}{\partial x}+12\mu\frac{\partial h}{\partial t}$$
$$=6\mu(U_1-U_2)\frac{\partial h}{\partial x}+6\mu h\frac{\partial(U_1+U_2)}{\partial x}+12\mu V$$
$$(1.3.20)$$

となる．

式(1.3.20)において，右辺の各項は潤滑膜圧力発生の要因を表わし（右辺の値が負のときすきま内では正の圧力を発生する），左辺は潤滑面での圧力分布形状を規定するものと解釈することができる．

右辺第1項の要因はくさび膜作用（wedge film action）と呼ばれ，壁面の移動により潤滑流体を末狭まりすきま内に誘い込むことによって潤滑膜圧力発生を得ることができることを表わす．図1.3.2(a)は面1が $U_1=U$ で運動している場合のく

変形が大きい特殊な状況でその例がみられる．

右辺第3項は絞り膜作用（スクイーズ作用）（squeeze film action）と呼ばれ，図2(c)に示すように潤滑部を構成する両面が接近運動したとき，すきまから潤滑流体が流出する際の流動抵抗の結果としてすきま内に圧力発生が生じる．

式(1.3.13)，(1.3.17)，(1.3.19)，(1.3.20)において速度U_2，W_2，Vのとり方には注意が必要である．いま$W_1=W_2=0$の場合を考える．

図1.3.3(a)のように傾斜面（面2）が静止し，面1が$U_1=U$で移動する場合は，$U_2=0$，$\partial h/\partial t=V=0$で，式(1.3.20)の右辺は，右辺$=6\mu U\cdot(\partial h/\partial x)$となり，$\partial h/\partial x<0$なら正の潤滑膜圧力が発生する．

図1.3.3(b)は面2がx軸方向（面1と平行な方向）に，$U_2=U$で移動する場合である．この場合は$V=0$となるが，潤滑面上のある位置でのすきまの大きさに注意すれば，$\partial h/\partial x\cong-U\cdot(\partial h/\partial x)$とすべきであり，式(1.3.20)の右辺は，右辺$=-6\mu U\cdot(\partial h/\partial x)$となって，$\partial h/\partial x<0$ならば潤滑膜圧力は発生しない（負の圧力となる）．

他方，定常回転しているジャーナル軸受のように，面2がその面に沿って移動する場合は，図1.3.3(c)のように，面2の移動速度をUとすると，潤滑面の曲率半径は潤滑膜厚さに比べて極めて大きいと仮定しているから，$U_2\cong U$とすることができ，またこの場合は$\partial h/\partial t=0$あるいは$V=\partial h/\partial t+U_2\cdot(\partial h/\partial x)\cong U\cdot(\partial h/\partial x)$で，式(1.3.20)の右辺は，右辺$=U\cdot(\partial h/\partial x)$となり，図(b)とは逆に正の圧力を発生する．なお，(a)と(c)はx-y座標系のとり方の差でもあることを付記する．

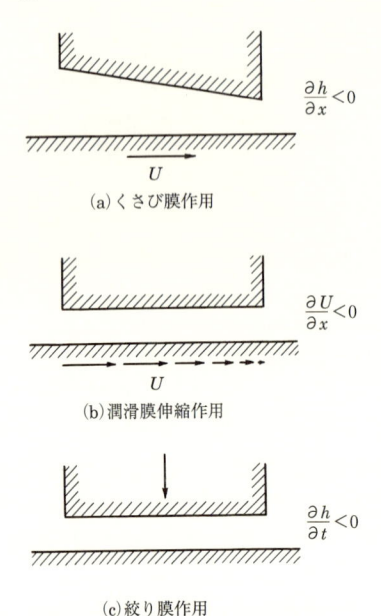

図1.3.2　潤滑膜圧力発生要因

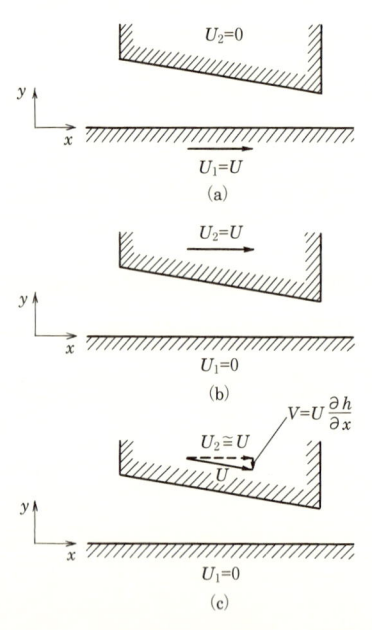

図1.3.3　各面の運動と潤滑膜圧力の発生

さび膜作用を示す模式図である．

右辺第2項は潤滑膜伸縮作用（stretch action）と呼ばれ，図1.3.2(b)に示すように，壁面の移動速度が場所によって異なる場合にそれが圧力発生の要因になることを示している．この作用は通常の軸受等では現われず，圧延の潤滑の場合など，表面の

（4）気体潤滑のレイノルズ方程式

理想気体に対しては，絶対温度をTとすれば，気体の状態方程式

$$p=\rho \boldsymbol{R}T=\rho(C_p-C_v)T \quad (1.3.21)$$

が成立する．ただし，$\boldsymbol{R}$：気体定数，C_p：定圧比熱，C_v：定容比熱である．気体潤滑の場合，エネルギー方程式をもとにしてp，ρ，Tの関係を求めるのは一般に困難であるので，ポリトロープ変化

$$p\rho^{-n}=\text{一定} \quad (1.3.22)$$

を仮定する．$n=1$の場合が等温変化，$n=C_p/C_v$の場合が断熱変化である．

面2は静止し，面1が相対すべり速度$U_1=U$でx軸方向に移動するものとし，粘性係数μがすき

ま方向に一定であるとすると，式(1.3.17)は式(1.3.22)を用いて，

$$\frac{\partial}{\partial x}\left(\frac{h^3 p^{1/n}}{\mu}\cdot\frac{\partial p}{\partial x}\right)+\frac{\partial}{\partial z}\left(\frac{h^3 p^{1/n}}{\mu}\cdot\frac{\partial p}{\partial z}\right)$$
$$=\frac{n}{n+1}\cdot\left[\frac{\partial}{\partial x}\left(\frac{h^3}{\mu}\cdot\frac{\partial p^{(n+1)/n}}{\partial x}\right)\right.$$
$$\left.+\frac{\partial}{\partial z}\left(\frac{h^3}{\mu}\cdot\frac{\partial p^{(n+1)/n}}{\partial z}\right)\right]$$
$$=6U\frac{\partial(hp^{1/n})}{\partial x}+12\frac{\partial(hp^{1/n})}{\partial t} \quad (1.3.23)$$

となる．なお，気体潤滑の場合はすきまが狭いので等温変化を仮定できることが多い．

従属変数を

$$Q=ph \quad (1.3.24)$$

(等温変化を仮定)として，レイノルズ方程式を

$$\frac{\partial}{\partial x}\left[\frac{Q}{\mu}\cdot\left(h\frac{\partial Q}{\partial x}-Q\frac{\partial h}{\partial x}\right)\right]$$
$$+\frac{\partial}{\partial z}\left[\frac{Q}{\mu}\cdot\left(h\frac{\partial Q}{\partial z}-Q\frac{\partial h}{\partial z}\right)\right]$$
$$=6U\frac{\partial Q}{\partial x}+12\frac{\partial Q}{\partial t} \quad (1.3.25)$$

と変形し，これを基礎方程式とする ph 線形化法[4]は，高速ジャーナル軸受の軸受特性の解析等に有用であり，また ph 線形化の考え方は数値解法においてもその収束性を高めるためしばしば用いられる．

(5) 主な無次元数

ナビエ・ストークスの式(1.3.2)において各変数の代表量を次のようにとる．

$$\begin{aligned}&[x]=[z]=L, \; [y]=h_m, \; [u]=[w]=U,\\&[v]=Uh_m/L, \; [F_x]=\cdots\cdots=F,\\&[P]=p_a, \; [t]=L/U\end{aligned}\right\} \quad (1.3.26)$$

ただし，[ ]はその中の量が次元を等しくすることを表わす．式(1.3.2)で左辺は慣性力項 I_n を，また右辺の第1項，第2項，第3項は，それぞれ体積力項 B_f，圧力項 P_s，粘性力項 V_s を表わすが，これらの大きさは次のようになる．

$$I_n=\left[\rho\frac{Du}{Dt}\right]=\frac{\rho U^2}{L}, \; B_f=[F_x]F, \; P_s=\left[\frac{\partial p}{\partial x}\right]=\frac{p_a}{L},$$
$$V_s=\left[\frac{\partial}{\partial y}\mu\left(\frac{\partial v}{\partial x}+\frac{\partial u}{\partial y}\right)\right]=\frac{\mu U}{h_m^2} \quad (1.3.27)$$

前3項の粘性力項に対する比をとれば，それぞれの項の無次元表示が得られる．

$$\frac{I_n}{V_s}=\frac{\rho UL}{\mu}\left(\frac{h_m}{L}\right)^2=\frac{UL}{\nu}\left(\frac{h_m}{L}\right)^2=Re\left(\frac{h_m}{L}\right)^2=Re^* \quad (1.3.28)$$

ここに，$\nu=\mu/\rho$：動粘性係数，Re：レイノルズ数，Re^*：修正レイノルズ数である．

体積力項からは

$$\frac{B_f}{V_s}=\frac{Fh_m^2}{\mu U} \quad (1.3.29)$$

を得るが，重力場の場合 $F=\rho g$ でふつう無視できる．

$$\frac{P_s}{V_s}=\frac{p_a L}{\mu U}\left(\frac{h_m}{L}\right)^2 \quad (1.3.30)$$

は，粘性による圧力発生の割合を示す．これは，レイノルズ方程式を無次元化しても得られる．たとえば $H=h/h_m$，$P=p/p_a$，$X=x/L$，$Z=z/L$，$\bar{\mu}=\mu/\mu_a$（μ_a：粘性係数の代表値），$\tau=\omega t$（ω：角速度）とすると，式(1.3.19)に対応して次の無次元レイノルズ方程式が得られる．ただし，$V_1+V_2=V$，$W_1+W_2=0$：

$$\frac{\partial}{\partial X}\left(\frac{H^3}{\bar{\mu}}\cdot\frac{\partial P}{\partial X}\right)+\frac{\partial}{\partial Z}\left(\frac{H^3}{\bar{\mu}}\cdot\frac{\partial P}{\partial Z}\right)=\sigma\frac{\partial H}{\partial \tau}+\Lambda\frac{\partial H}{\partial X} \quad (1.3.31)$$

ここに

$$\Lambda=\frac{6\mu_a UL}{h_m^2 p_a}, \quad \sigma=\frac{12\mu_a \omega L^2}{h_m^2 p_a} \quad (1.3.32)$$

である．式(1.3.30)の逆数の形で表わされる Λ は，ベアリング数と呼ばれ，σ はスクイーズ数と呼ばれる．なお圧縮性流体を取り扱う場合は，Λ はコンプレッシビリティ数と呼ばれることがある．

ジャーナル軸受の場合，L の代わりに軸受半径 R，h_m の代わりに半径すきま C，U の代わりに N（回転速度）$\times 2\pi R$ を Λ に用い，さらに代表圧力 p_a として，特に軸受平均面圧 p_m を用い係数を省略すると，ジャーナル軸受の特性を示す無次元数 S_o 〔ゾンマーフェルト(Sommerfeld)数〕になる．

$$S_o=\frac{\mu N}{p_m}\left(\frac{R}{C}\right)^2 \quad (1.3.33)$$

また，しゅう動面一般に対して，ゾンマーフェルト数 S_o から $(R/C)^2$ を除いた，$S=\mu N/p_m$ は軸受特性数，軸受定数あるいは次元解析によりこの無次元量を導出したハーゼイ(Hersey)の名をとってハーゼイ数と呼ばれる．

1.3.2 キャビテーションと境界条件[5~9]
(1) キャビテーションの潤滑に及ぼす影響

一般に，流体は大気圧以下になると液体中に溶解していた空気が気泡となり，また蒸気圧以下になると蒸気泡が発生して，液相状態から気泡の混じった混相状態となる．このような混相状態を「空洞 (cavity) の存在状態」を意味する「キャビテーション (cavitation)」と呼ぶ．気泡（空洞）が主に溶解していた気体で満たされている場合には「気体性キャビテーション (gaseous cavitation)」（油圧関係では「エアレーション (airation)」），主に蒸気で満されている場合は「蒸気性キャビテーション (vaporous cavitation)」と呼ばれる．

潤滑においては，広がりすきまに負のくさび作用によって，あるいは2面間が離れるときに負のスクイーズ膜作用によって負の圧力が生じる．広がりくさびでは，定常的なくさび作用のため気体性キャビテーションになる，あるいは周囲から空気を吸い込む場合もある（このようにして空洞が生じた場合もキャビテーションというが，「ベンチレーション (ventilation)」と呼ぶこともある）ので，その空洞部分の圧力は大気圧に近い．

左右対称のすきまをもつすべりの場合，もしキャビテーションがなければ正負対称の圧力分布になり，これを積分した負荷能力は0になるが，実際にはこのキャビテーションによって圧力分布の対称性が崩れ，負荷能力が生じるのである．円周溝給油のジャーナル軸受や端面シールでは側面から給油されるため，給油圧が低いときには吸引力となる負圧が空洞の発生によってほとんどなくなるので油不足状態になる．ジャーナル軸受において，キャビテーションが生じていない場合は荷重に対する軸心の変位の方向が直角になるので，必ずといってよいほどオイルホワールと呼ばれる軸のふれまわりを起こすが，空洞が生じて完全油膜領域が半減すると，軸受すきま内の循環流が減少するのでオイルホワールが起こりにくくなる．気体軸受の場合にホワールを起こしやすい理由は，キャビテーションが発生しないからである．

負のスクイーズ膜作用によるキャビテーションの場合は，溶解している気体分子の拡散速度は遅いので蒸気性キャビテーションになりやすい．蒸気泡が蒸気圧より高い領域に流入すると急速に消滅し，気泡消滅時には気泡周囲の液体が消滅点の1点で衝突することになるので，そのときの衝撃圧力が固体表面に疲労損傷（「キャビテーションエロージョン」という）を与えることがある．気体性キャビテーションの場合は，気泡内の気体の溶解速度が遅いために気泡の収縮速度を減速させ，その結果気泡消滅時の流体の衝撃圧力を弱めるので，キャビテーションエロージョンが起こりにくい．圧縮比の高いディーゼルエンジンのクランク軸受では，キャビテーションエロージョンが生じることがあり[10]，そのわずかなエロージョン損傷が焼付きという大きな軸受損傷の引き金になる可能性がある．

(2) 境界条件

レイノルズ方程式を解くためには圧力の境界条件を与える必要がある．負圧が生じる場合はキャビテーションが生じ，その領域では不完全な油膜領域となるため，その領域を決める必要がある．その境界となる気液界面は粘性力と表面張力に起因する不安定現象が生じるために複雑な形状になる．したがって，厳密に解析することは困難である．そのため便宜的な境界条件が種々提案された[5~7,9]が，ここでは基本的な3種の条件だけを示す．

a. ギュンベル (Gümbel) の条件

キャビテーションが生じないと仮定して，油膜の圧力分布を求め，その圧力分布の大気圧あるいは周囲の圧力より低い部分をその圧力に置き換えるというもの．真円のジャーナル軸受の場合は，ハーフゾンマーフェルト (half-Sommerfeld) の条件とも呼ばれる．

この簡便な条件は境界で流量の連続条件を満足しないが，実際の油膜破断位置が最小油膜厚さの減少に従ってこの条件に近づくので，第一近似として利用価値がある．

b. スウィフト・スティーバー (Swift-Stieber) の条件（レイノルズの条件とも呼ばれる）

キャビテーションの発生開始位置（油膜の破断点）で，

$$\partial p/\partial x=0, \quad p=p_a \quad (p_a：周囲圧力) \quad (1.3.34)$$

c. コイン (Coyne) とエルロッド (Elrod) の条件

コインとエルロッド (1970)[11]は，幅方向に一様な自由界面をもつ二次元流れ〔図3(b)の状態〕について，表面張力を考慮して，その自由界面の油膜厚さと油膜の破断位置からの距離の関係を解析的に求め，流量連続条件より次のような境界条件を得た．

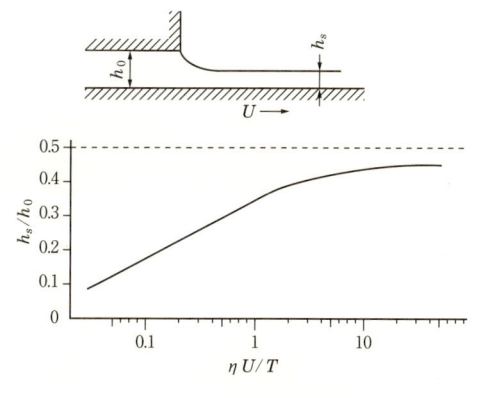

図1.3.4　h_s/h_0 と $\eta U/T$ の関係〔出典：文献12)〕

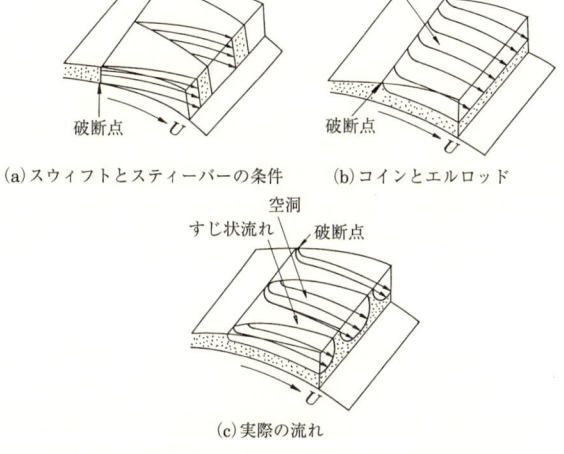

図1.3.5　油膜破断付近の流れのモデルと境界条件〔出典：文献5)〕

(a) スウィフトとスティーバーの条件
(b) コインとエルロッド
(c) 実際の流れ

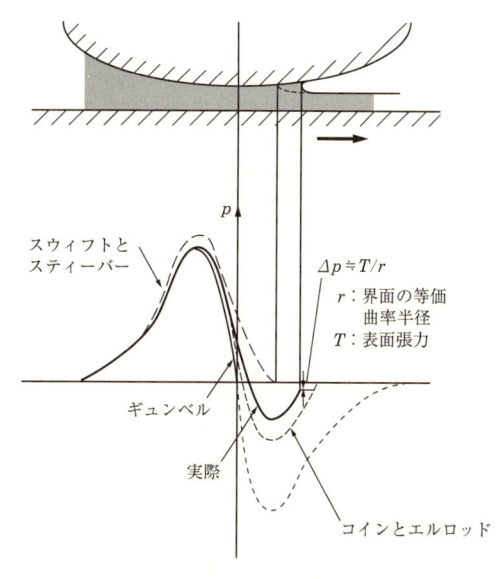

図1.3.6　境界条件と圧力分布の関係〔出典：文献7)〕

$$\frac{\partial p}{\partial x}=\frac{6\eta U}{h_0^2}\left(1-\frac{2h_s}{h_0}\right) \quad (1.3.35)$$

ここに，h_s/h_0 は図1.3.4のように，表面張力パラメータ $\eta U/T$（T：表面張力）の関数である．

　表面張力パラメータが十分大きい，すなわち表面張力が無視できる場合は，図1.3.4より h_s/h_0 → 0.5 となり，式(1.3.35)は式(1.3.34)になる．流量連続条件を満す二つの境界条件とすじ状となる実際の流れとの相違を模式的に図1.3.5に，また，3種の条件に対する圧力分布を図1.3.6に示す．実際の油膜破断位置はスウィフト・スティーバーの条件とコインとエルロッドの条件の間になる．

(3) キャビテーション領域の求め方

a. エルロッドのアルゴリズム

　差分法で数値解析する際には境界位置が未知（自由境界値問題）であるため，その境界を仮定し，正しい解に収束させるアルゴリズムが必要になる．その場合，計算上では非線形問題となり，解の収束性が問題になる．エルロッド（Elrod）とアダムス（Adams）(1975)[15] は，数値計算によりキャビテーション領域を自動的に決定する方法として，JFO理論（Jokobsson & Floberg (1957)[13]，Olsson (1965)[14] の考え方を拡張した．すなわち，キャビテーション領域では流量不足分を密度変化に置き換える形にすることにより，キャビテーション領域でもレイノルズ方程式が成立するようにし，液体の圧力 p と密度 ρ の関係式(1.3.36)を密度変化を考慮したレイノルズ方程式に代入すると無次元密度 θ に関する方程式が得られ，これを解けば自動的にキャビテーション領域が決まる．

$$p=p_c+\beta g(\theta)\ln\theta \quad (1.3.36)$$

ここに，$\theta=\rho/\rho_c$，β：液体の体積弾性率，添字 c はキャビティ圧力，$g(\theta)$ は次式のスイッチ関数．

$$\left.\begin{array}{l}g(\theta)=1\,;\,\theta\geqq 1\\g(\theta)=0\,;\,\theta\leqq 1\end{array}\right\} \quad (1.3.37)$$

しかし，このスイッチ関数による不連続性が数値計算での収束性を悪くするため，次のように改良された[16]．

(1) 破断境界とキャビテーション領域ではせん断流れの分割の半分だけ上流側で計算する．
(2) 圧縮性は圧力流れだけで考慮し，せん断流れは非圧縮性とする．

b. 池内・森の等価流れモデル

池内と森(1982)[17]は，キャビテーション領域で均一な二相流と考え，そこでの油の体積率（1−ボイド率）をγとし，大気圧以下（$p<0$）でγを1から急激に減少させるために，エルロッド(1981)[16]の用いたステップ関数の代わりに，次のようにおいた．

$$\gamma=1 \,;\, p\geq 0 \quad (完全油膜領域)$$
$$\gamma=1-\alpha p^2 \,;\, p<0 \quad (キャビテーション領域)$$
$$(1.3.38)$$

このモデルは，式(1.3.38)が連続関数であるので収束性が改善され，エルロッドの改良版[16]より扱いやすい．αは定数で，20以上にとれば解への影響はない[18]．

c. 張力の考慮

負圧になる時間が短ければ油膜に張力が発生する．これを説明するために気泡の成長方程式とレイノルズ方程式を連立させる解析が棗田・染谷[19,20]によって試みられている．

1.3.3 熱流体潤滑理論[21〜24]

THL理論あるいはTHD潤滑理論と略称される熱流体潤滑理論（Thermo-Hydrodynamic Lubrication Theory）は，潤滑油膜中の温度分布を考慮して軸受の性能解析，設計ができる流体潤滑理論を意味する．

すべり軸受の性能解析，設計は，潤滑油膜中の温度，したがって粘度は一定であると仮定する簡便な等粘度流体潤滑理論を用いて行なわれてきた．しかし，すべり軸受の運転条件の苛酷化に伴い，最小油膜厚さやすべり軸受面の最高温度を設計の段階で，より高精度に予測することが要求されるようになった．さらに，油膜の線形剛性係数や線形減衰係数など動特性の正確な予測も軸受設計には必要であり，このためには軸受静特性の予測が正確でなくてはならない．しかし等粘度流体潤滑理論ではこれらの要求に十分応えることができないため，熱流体潤滑理論が必要となる．

この理論では1.3.1(1)で述べた一般化レイノルズ方程式，後述のエネルギー方程式，熱伝導方程式ならびに油膜粘度の温度修正式を用いる．これら方程式の連立解は，高速のコンピュータを利用した数値収束解法により得るのが普通である．

なお，熱流体潤滑理論の適用は，現時点では静荷重で使用されるすべり軸受の設計にとどまっており，往復動エンジン用すべり軸受など動荷重軸受への適用拡大は今後の課題である．

(1) エネルギー方程式

一般化レイノルズ方程式中で用いる潤滑油膜の三次元粘度分布を求めるためには油膜中の三次元温度分布が必要となる．これを解としてもつのが以下に示すエネルギー方程式である．

$$\rho C_p\left(u\frac{\partial T}{\partial x}+v\frac{\partial T}{\partial y}+w\frac{\partial T}{\partial z}\right)$$
$$=k\left(\frac{\partial^2 T}{\partial x^2}+\frac{\partial^2 T}{\partial y^2}+\frac{\partial^2 T}{\partial z^2}\right)+\mu\left\{\left(\frac{\partial u}{\partial y}\right)^2+\left(\frac{\partial w}{\partial y}\right)^2\right\}$$
$$(1.3.39)$$

ここで油膜は層流流れを前提とし，Tは油膜温度，u, v, wはそれぞれ軸回転方向x，油膜厚み方向y，軸方向zの局所油膜流速，ρ, C_p, k, μはそれぞれ潤滑油の密度，比熱，熱伝導率，粘性係数である．

エネルギー方程式は，粘性散逸（流体摩擦）により発生する熱（右辺第2項），油膜の対流により運ばれる熱（左辺），油膜内を伝導で運ばれる熱（右辺第1項）の三つの釣合いを示している．式(1.3.39)を無次元化すると熱伝導項の係数の逆数として現われるのが熱流体潤滑のペクレ数 $Pe^*=\rho C_p C^2 \omega/k$ であり，この値が大きいほど対流項が熱伝導項に対してまさる（C：軸受平均半径すきま，ω：軸回転角速度）．なお，伝熱学のペクレ数 pe は，$pe=UL/\kappa$（$\kappa=k/eC_p$：温度伝導率，U：代表流速，L：代表寸法）．

油膜が薄いことから，x, z方向の熱伝導項をy方向の熱伝導項に比して無視できるとして省略することもよく行なわれる．

なお，大径の高速すべり軸受に対しては，乱流を考慮したエネルギー方程式が導出され[25,26]，実際の軸受設計に使用されている．

(2) 熱伝導方程式

油膜中に発生した摩擦熱の大部分は潤滑油膜の流れ自身によって運び去られるが，一部は軸と軸受の固体壁内部に流入し外部へ放散される．この固体壁内部の三次元的温度分布 T' を解としてもつのが式

(1.3.40)の熱伝導方程式である．軸受表面には一般に低融点合金が多用されるので，この方程式から求まる軸受表面温度の最高値は設計変数として重要なものとなる．

$$\frac{\partial^2 T'}{\partial x^2}+\frac{\partial^2 T'}{\partial y^2}+\frac{\partial^2 T'}{\partial z^2}=0 \quad (1.3.40)$$

（3）油膜粘度の温度修正式[27]

油膜粘度の温度修正に用いられる最も簡便な式は式(1.3.41)であり，この他に式(1.3.42)，(1.3.43)もよく用いられる．

$$\mu=A \exp(B/T) \quad (1.3.41)$$
$$\mu=A \exp\{B/(T-C)\} \quad (1.3.42)$$
$$\log\log(\nu+0.7)=A-B\log T \quad (1.3.43)$$

ここでνは動粘度，A，B，Cは個々の潤滑油によって決まる定数，Tは絶対温度である．

（4）温度境界条件

先に示した三つの微分方程式の連立解を求める際に必要な境界条件のうち，一般化レイノルズ方程式の圧力境界条件については1.3.1(1)で述べた．ここでは二つの固体壁に挟まれた有限の潤滑膜を正規化した立方体の6面，および軸受外周面でそれぞれ必要となるエネルギー方程式，熱伝導方程式の温度境界条件について述べる．

a. 軸受と油膜の界面

ここでは式(1.3.44)に示すように，界面で油膜と軸受面の温度が同一であるとし，さらに界面を通過する熱流束が油膜側と軸受側で等しいとする．

$$T=T', \quad -k\partial T/\partial y=\lambda\partial T'/\partial r \quad (1.3.44)$$

ここでλは固体壁材料の熱伝導率，rは固定壁内の半径方向座標である．

b. 軸と油膜の界面

軸受面に対向する軸表面での温度境界条件としては軸表面の温度T_jが与えられることが多い．この軸表面温度の理論的な決定法として，軸表面の温度を全周で一定として潤滑油膜との熱の授受の総和が全周で0となるように定める方法[23,25]が提案されている〔式(1.3.45)〕．

$$\int k\frac{\partial T}{\partial y}\bigg|_{y=k}dA=0 \quad (1.3.45)$$

ただし，積分は全周の潤滑面全体．

c. 油膜入口面

油膜入口の手前で高温の循環油の一部と低温の新油が均一に混合して油膜入口油温T_{mix}を決定すると仮定すると，式(1.3.46)が得られる．

$$T_{mix}=\frac{QT_s+\chi\iint huTdydz}{Q+\chi\iint hudydz} \quad (1.3.46)$$

ここで，Qは温度T_sで供給される新油の流量，hは油膜厚さ，χは高温の循環油全流量のなかで新油との混合に寄与する割合であり，適切な値を選定する．二重積分は潤滑面出口面積での積分を意味する．

また潤滑面入口の油膜厚み方向の温度分布は，式(1.3.46)のT_{mix}で一定[25]（ただしジャーナル表面はT_jで別），あるいは軸受入口前縁でT_{mix}，ジャーナル表面でT_jとする直線分布[28]，放物線分布[29]とすることが多い．また，軸方向分布は一様とする仮定が多用されている．

d. 油膜の両側面および出口面

両側面および出口面では油膜温度が油膜内部から放物線的に変化すると仮定して決定されることが多い．

e. 軸受の側面，端面，外面

軸受の非潤滑面のそれぞれから一定温度の周囲環境へ式(1.3.47)[30]に従って熱伝達による熱放散が行なわれるとする．

$$\frac{\partial T'}{\partial \bar{r}}\bigg|_{r=\bar{r}_0}=\frac{Bi}{2\pi\bar{r}_0}\{T'|_{r=\bar{r}_0}-T_a\} \quad (1.3.47)$$

ここでBiはビオ数，T_aは環境の温度，$\bar{r}_0$は軸受外周を意味する．ビオ数を構成する熱伝達係数の値は適切に仮定される．

（5）逆流の発生

偏心率あるいは予圧係数が高いと油膜の先狭まりの度合いがきつくなり，潤滑面入口部で油膜の逆流が発生する．このとき，式(1.3.39)のエネルギー方程式でx，z方向の熱伝導項を省略していると解が収束しないことがある．このため，油膜流速uの正負によって油膜を二つの領域に分け，エネルギー方程式を別々に解く方法を採用すると収束性はかなり改善されることが多い．

（6）油膜破断部

先広がりすきまで生じる油膜破断部ではフィンガータイプのキャビテーションを仮定すれば，油膜存在部分のみに限定して先狭まりすきま領域と同様に扱うことができる[31]．

1.3.4 弾性流体潤滑理論

（1）弾性流体潤滑（EHL）の定義

流体潤滑作用では，すきまが小さくなるほど発生圧力が大きくなるので，転がり軸受，歯車，カムのように点接触や線接触といった集中接触の場合には発生圧力が数百 MPa から GPa のオーダになる．そのため，弾性変形に加えて潤滑流体の粘度も圧力に対して指数関数的に大きくなる（「ピエゾ粘性（piezo viscosity）」という）．その結果，集中荷重を受ける高面圧の場合でもその二つの効果により流体潤滑状態が可能になる．また，図1.3.7に示されるような，ヘルツ（Hertz）接触変形の後端付近に突起をもつ油膜形状とヘルツの圧力分布に近い形の一部にスパイク状の突起をもつ特異な圧力分布が生じる．このような潤滑状態を「弾性流体潤滑」と呼び，<u>E</u>lasto-<u>H</u>ydrodynamic <u>L</u>ubrication のそれぞれの頭文字をとって「EHL」と略称する．ゴムやプラスチックなどのように弾性係数が小さい場合には弾性変形の影響が支配的で圧力による粘度変化の影響が現われないので「ソフト（soft）EHL」と呼び，上述の圧力による粘度変化が顕著に現われる（100 MPa 以上）場合を「ハード（hard）EHL」と呼んで区別する．

（2）基礎方程式

座標系およびそれに関する記号を図1.3.8に示す．流体の圧縮性を考慮したレイノルズ方程式は式(1.3.17)より，

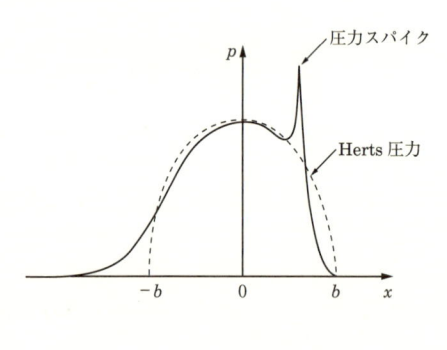

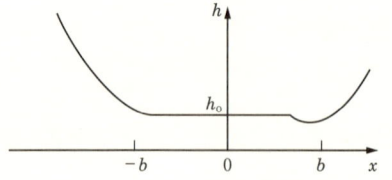

図1.3.7 典型的なハードEHLの圧力分布と油膜形状

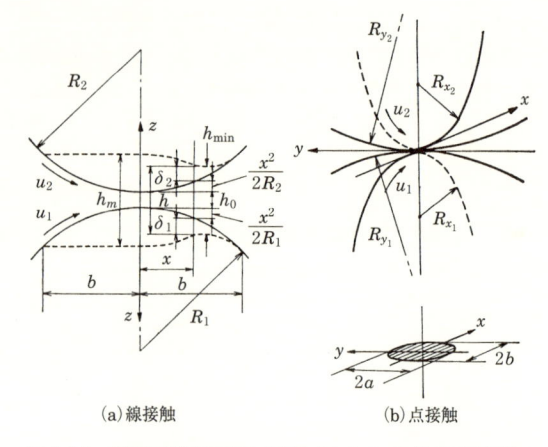

図1.3.8 EHL接触状態と記号〔(a) における変形後のプロフィルを点線で示すが，実際にはその間の距離はさらに接近しており，変形前のプロフィルは干渉し合う．(b) においては変形状態を示さず，接触だ円のみ拡大して示す〕
〔出典：文献32)〕

$$\frac{\partial}{\partial x}\left(\frac{\rho h^3}{\eta}\cdot\frac{\partial p}{\partial x}\right)+\frac{\partial}{\partial z}\left(\frac{\rho h^3}{\eta}\cdot\frac{\partial p}{\partial z}\right)$$
$$=12u\frac{\partial(\rho h)}{\partial x}+12\frac{\partial(\rho h)}{\partial t} \quad (1.3.48)$$

ここに，$u=(u_1+u_2)/2$ で，「引き込み速度」と呼ばれる．高圧状態では密度 ρ および粘度 η は圧力の関数となり，潤滑剤編の1.2.1項で示されているように実験式の形で与えられ，次式が基本となる．

$$\rho/\rho_0=1+[Ap/(1+Bp)] \quad (1.3.49)$$
$$\eta=\eta_0\,e^{ap} \quad (\text{Barusの式}) \quad (1.3.50)$$

粘度が式(1.3.50)で近似できないときは，次式により平均化した粘度-圧力係数 α を用いる．

$$\alpha=1\Big/\int_0^{p_{\max}}\{\eta_0/\eta(p)\}\,dp \quad (1.3.51)$$

また油膜厚さ h は弾性変形 δ 変化するため，

$$h=h_0+\frac{x^2}{2R_x}+\frac{y^2}{2R_z}+\delta \quad (1.3.52)$$

ここに，R_x，R_y は等価曲率半径であり，次のようになる．

$$\frac{1}{R_x}=\frac{1}{R_{x_1}}+\frac{1}{R_{x_2}},\quad \frac{1}{R_y}=\frac{1}{R_{y_1}}+\frac{1}{R_{y_2}}$$

また，変形量 δ は半無限体表面の弾性変形式(1.2.13) を積分することより

$$\delta=\frac{2}{\pi E'}\iint\frac{p(x_1,z_1)\,dx_1 dz_1}{\sqrt{(x-x_1)^2+(y-z_1)^2}} \quad (1.3.53)$$

等価縦弾性係数 E' は 1.2.2 項の式(1.2.27)で表わされる．
　全荷重は

$$W = \iint p \, dx \, dz \quad (1.3.54)$$

　EHL 理論の基本は式(1.3.48)～(1.3.54)を連立させて解くことになる．式(1.3.52)と式(1.3.53)より油膜厚さ h も ρ, η と同様に圧力 p の関数になり，特に h が小さくなると圧力も大きくなることもあって h^3 と η は p に対する変化率が大きくなるため，式(1.3.48)は著しく非線形性の強い方程式となり，計算が困難になる．
　定常線接触の場合：油膜厚さが時間で変化しない定常的線接触問題に対しては次のように簡単になる．まず，式(1.3.48)は y の項がない一次元となり，常微分方程式になるので，それを 1 回に積分すると，

$$dp/dx = 12\eta u(\rho h - \rho_e h_e)/\rho h \quad (1.3.48)'$$

ここに，添字 e は $dp/dx=0$ となる位置を示す．
　式(1.3.48)′に式(1.3.55)を代入し，

$$q = (1-e^{-ap})/a, \text{ すなわち，} p = -\log(1-aq)/a \quad (1.3.55)$$

とおくと，式(1.3.48)′は次のようになる．

$$dq/dx = 12\eta_0 u(\rho h - \rho_e h_e)/(\rho h) \quad (1.3.56)$$

式(1.3.56)の右辺は大気圧下の粘度 η_0 だけになっているので，q は等粘度条件に換算した圧力を意味することになり，「換算圧力（reduced presure）」と呼ばれる．また，

$$q = 1/a \quad (:p \to \infty) \quad (1.3.57)$$

粘度-圧力特性が式(1.3.50)にならない場合は，

$$q = \frac{\eta_0}{\rho_0} \int \frac{\rho(p)}{\eta(p)} dp \quad (1.3.55)'$$

密度一定の非圧縮性の場合式(1.3.55)′は，

$$q = \eta_0 \int \frac{dp}{\eta(p)} \quad (1.3.55)''$$

また，式(1.3.52)～(1.3.54)は次のように簡単になる．

$$h = h_0 + \frac{x^2}{2R} + \delta \quad (1.3.52)'$$

$$\delta = -\frac{4}{\pi E'} \int_{x_1}^{x_2} p(s) \log|x-s| \, ds$$

$$= -\frac{2}{\pi E'} \int_{x_1}^{x_2} p(s) \log(x-s)^2 \, ds \quad (1.3.53)'$$

$$w = \int_{x_1}^{x_e} p(x) \, dx \quad (1.3.54)'$$

　圧力境界条件は，入口側では接触中心から Hertz の接触幅に比べて十分に離れたところを入口圧力（通常は大気圧），出口側では 1.3.2 項のスウィフト・スティーバー（レイノルズ）の条件とする．

$$p = 0 \quad : x = -\infty$$
$$dp/dx = 0, \ p = 0 : x = x_e \quad (1.3.58)$$

　上記の圧力境界条件のもとに式(1.3.48)′，(1.3.52)′～(1.3.54)′を連立させて解けばよいが，式が簡単になっても非線形の方程式には変わりなく，そのため解析的に解くことは困難である．したがって，数値計算によって解くことになるが，アーテル・グルービン（Artel-Grubin）はさらに次の仮定をおくことによって，油膜厚さの解析的近似解（表 1.3.4）を得た．
（1）弾性変形は乾燥接触状態でのヘルツの圧力だけに対して生じる．これより，油膜厚さは：

$$h = h_0 + \frac{b^2}{2R}\left[\left|\frac{x}{b}\right|\sqrt{\frac{x^2}{b^2}-1} - \ln\left\{\left|\frac{x}{b}\right| + \sqrt{\frac{x^2}{b^2}-1}\right\}\right] \quad (1.3.59)$$

（2）圧力の境界条件を，$x=-b$ で式(1.3.57)とする．
（3）密度変化は無視する．

（3）無次元パラメータ，EHL モード，膜厚公式
　数値解析の際には，表 1.3.1 のダウソン・ヒギンソン（Dowson-Higginson）[33] による無次元表示が便利である．その表示は四つのパラメータになっているが，ムース（Moes）[34] は次元解析から独立なパラメータは三つであることを示し，表 1.3.2 の表示を提案し，さらにそれらのパラメータを用いて図 1.3.9 のような油膜厚さに関する計算図表を示した．図中の R は剛体（Rigid），I は等粘度（Iso-viscous），E は弾性（Elastic），V は粘度変化（Variable-vis-

表 1.3.1　ダウソンとヒギンソンの無次元表示

名称	線接触	点接触
膜厚	$H = h/R$	$H = h/R_x$
速度パラメータ	$U = \eta_0 u/(E'R)$	$U = \eta_0 u/(E'R_x)$
荷重パラメータ	$W = w/(E'R)$	$W = P/(E'R_x^2)$
材料パラメータ	$G = aE'$	$G = aE'$

表1.3.2 ムースの無次元表示

記号	線接触	点接触
N_1	$\dfrac{h_{\min}}{R}\left(\dfrac{\eta_0 u}{E'R}\right)^{-1/2}=H_{\min}U^{-1/2}$	$H_{\min}(2U)^{-1/2}$
N_2	$\left(\dfrac{w}{E'R}\right)\left(\dfrac{\eta_0 u}{E'R}\right)^{-1/2}=WU^{-1/2}$	$W(2U)^{-3}$
N_3	$(aE')\left(\dfrac{\eta_0 u}{E'R}\right)^{-1/2}=GU^{-1/2}$	$G(2U)^{-1/4}$

表1.3.3 ジョンソンの無次元表示

名称	線接触	点接触
膜厚	$H^*=\dfrac{hw}{\eta_0 uR}=H(W/U)$	$H(W/U)^2$
粘性パラメータ	$g_V=\left(\dfrac{a^2 w^2}{\eta_0 uR^2}\right)^{1/2}=GW^{3/2}U^{-1/2}$	$W^{8/3}/U$
弾性パラメータ	$g_E=\left(\dfrac{w^2}{\eta_0 uE'R}\right)^{1/2}=WU^{-1/2}=N_2$	GW^3/U^2

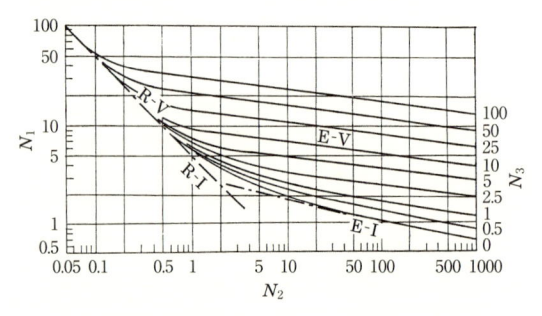

図1.3.9 ブローク・ムースによるEHL計算図表
〔出典：文献35）〕

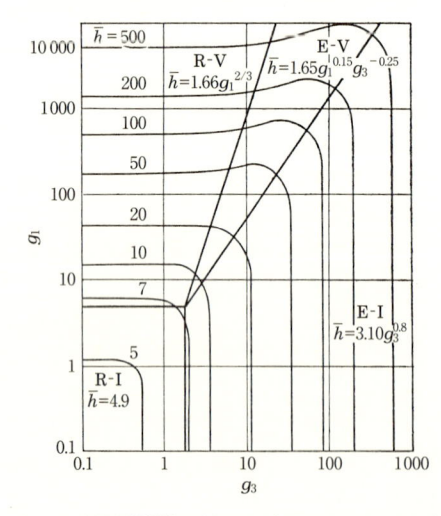

図1.3.10 線接触EHLに対するグリーンウッド・ジョンソン表示による膜厚計算図表（フック）
〔出典：文献35）〕

cous）を意味し，図より流体潤滑状態はさらに剛体-等粘度（R-I），剛体-粘度変化（R-V），弾性-等粘度（E-I），弾性-粘度変化（E-V）の四つのモードに細分され，それぞれのモードで用いるべき油膜厚さの式が異なることを示している．EHLの定義で述べたソフトEHLはE-I，ハードEHLはE-V領域に当たる．

しかし，DowsonやMoesは粘度-圧力係数 α を無次元化するのに等価弾性係数 E' との積の G を用いているのでモード判別には適さない．そこで，ジョンソン（K. L. Johnson）[36] は，以前に提示された様々な無次元パラメータを比較検討し，表1.3.3の二つの無次元パラメータを縦軸と横軸にとった「ジョンソンチャート」に表示すれば流体潤滑の四つのモードが面積の形で区分けできることを示した．その後フック（Hooke）[37]，ゲッチーム（Gecim）[38] などもジョンソンチャートのモード区分の改良図を提示している．フック[37] の示したチャートおよびそのチャートで区分けられた各モードにおける油膜厚さの公式をそれぞれ図1.3.10と表1.3.4に示す．なお，g_V に $G=\alpha E'$ が含まれているが，表1.3.3の定義からわかるように g_V に E' は含まれていない．また，パン（Pan）とハムロック（1989）[43] が数値計算によって得た，ダウソン・ヒギンソン表示の諸公式を表1.3.5に示す．

点接触の場合の油膜厚さと圧力の等高線図の典型的例を図1.3.11に，油膜厚さに関する無次元表示の理論式および数値実験公式（E-I領域）を表1.3.6に，潤滑領域マップを図1.3.12に示す．また，だ円接触と線接触の場合の油膜厚さの比を図1.3.13に示す．

（4）油不足の場合

線接触ですべりがない場合は，ワイマー（Wymer）とキャメロン（Cameron）[51] が図1.3.14のようにWolveridgeら[52] の理論値と比較した実験結果と次の実験式を提示している．

$$\gamma = h_{\text{starved}}/h_{\text{flooded}} = (2\pi)\tan^{-1}[1.37(\psi_i+1/2)^2] \tag{1.3.60}$$

ここに，$\psi_i = b^{1/3} x_i/(2R \cdot h_{\text{flooded}})^{2/3}$，$x_i$：入口側のヘルツ接触端（$x=-b$）からメニスカス（気液界面）位置までの距離である．

　純転がりのときには入口に逆流が起こらない条件で$\gamma=0.7$であるが，すべりがある場合は$\gamma=0.3$まで減少する[53]．

　また，点接触（球面）の場合は，ハムロックとダウソン[54]により次の関係式が与えられている．

$$\gamma = (m_b/m_b{}^*)^D \quad \text{ここで，}$$
$$m_b = x_i/b < m_b{}^* = A\{(R_x/b)^2 H\}^B \quad (1.3.61)$$

ここに，式の定数は表1.3.7のようになる．

(5) グリースのEHL

　グリースのEHLにおける油膜は，グリースの見掛けの粘度ではなくその基油の粘度で計算した油膜に近くなる[55,56]ので，グリースの繊維状固体はほとんどすきまには流入せず，基油のみが流入すると考えられる．また，グリースのEHL油膜は初期においては基油の油膜より大きいが，時間とともに低下し，平衡値に達する．この低下はすべり速度が大きいほど著しく，油不足の指標となる入口のメニスカスの位置（図1.3.14のx_iに対応する）が入口に接近する程度と対応しており，しかも平衡時のグリース膜厚が基油の場合の70%になることがちょうどメニスカス部における逆流存在の境界値に相当する[57]．したがって，この位置に繊維状固形分が堆積し，基油の流入を防げ，油不足状態になっていると推察できる．

(6) スクイーズ膜におけるEHL

　スクイーズ膜については，線接触のE-I領域について密度変化およびスクイーズ速度に及ぼす弾性変形の影響を無視して，ヘレブリュフ[58]は積分方程式の形で解析解を得ている．その結果は次の形にまとめられ，

$$(h_c/R) \cdot (E'R/w) = \Phi(Z)$$
$$Z = (\eta u/w) \cdot (E'R/w)^{3/2}$$

Zの範囲によって次のように近似できる．

表1.3.4　線接触の各モードにおける膜厚式H^*（ジョンソン表示）

潤滑領域（EHLモード）	最小膜厚H^*	提示者
R-I（剛体-等粘度）	4.9	Martin[39]
R-V（剛体-粘度変化）	$1.66 g_V{}^{2/3}$	Blok[40]
E-I（弾性-等粘度）	$3.10 g_E{}^{0.8}$	Herreburugh[41]
E-V（弾性-粘度変化）	$1.9 g_V{}^{8/11} g_E{}^{-2/11}$	Artel-Grubin[33]
	$1.65 g_V{}^{3/4} g_E{}^{-1/4}$	Greenwood[42]

表1.3.5　線接触E-V領域の諸公式（Pan-Hamrock[43]）

最小膜厚	$H_{\min} = h_{\min}/R$	$= 1.174 W^{-0.128} U^{0.694} G^{0.568}$
中心膜厚	$H_c = h_c/R$	$= 2.922 W^{-0.166} U^{0.692} G^{0.470}$
圧力スパイク位置	$X_s = x_s/R$	$= 1.111 W^{0.0606} U^{-0.021} G^{0.077}$
出口条件	$\bar{\rho}_e H_e = (\rho_e/\rho)(h_e/R)$	$= 2.698 W^{-0.131} U^{0.692} G^{0.539}$

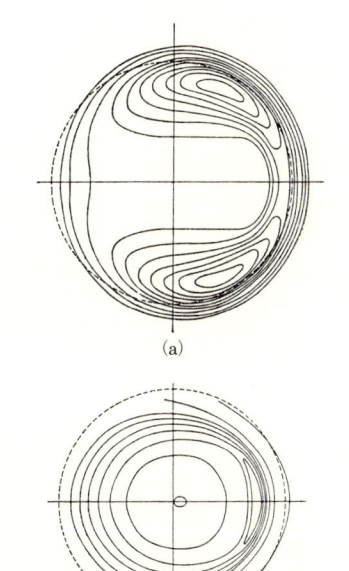

図1.3.11　点接触に対するEHLの膜厚(a)および圧力の等高線(b)
（……ヘルツ接触円）（$R = 2.54 \times 10^{-2}$ m，$E_1 = E_2 = 1.08 \times 10^{11}$ Nm^2，$\alpha = 2.37 \times 10^{-8}$ m^2/N，$\mu_0 = 0.331$ Ns/m^2，$P = 120$ N，$u = 0.5$ m/s）（エバンス・スナイドル）
〔出典：文献44〕

表1.3.6　点接触の最小膜厚式（ジョンソン表示）（$k = (R_y/R_x)^{2/3}$）

モード	だ円接触	球面接触	提示者
R-I	$128\beta \phi^2 \{0.13 \tan^{-1}(\beta/2) + 1.68\}^2$ $(\beta = R_y/R_x, \phi = \{1 + 2/(3\beta)\}^{-1})$	142	Brewe et al.[45] (Venner et al.[48])
R-V	$141 g_V{}^{0.375}(1 - e^{-0.0387k})$	$5.35 g_V{}^{0.375}$	Jeng et al.[46]
E-I	$8.70 g_E{}^{0.67}(1 - 0.85 e^{-0.31k})$	$3.28 g_E{}^{0.67}$	Hamrock & Dowson[47]
E-V	$3.64 g_V{}^{0.49} g g_E{}^{0.17}(1 - e^{-0.67k})$	$1.67 g_V{}^{0.49} g_E{}^{0.17}$	Chittenden et al.[49]

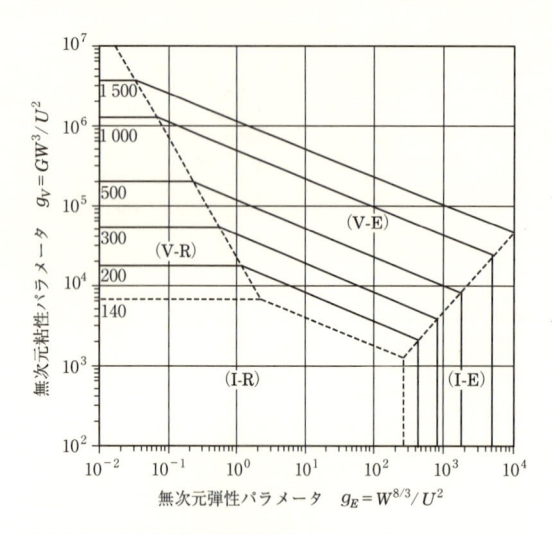

図1.3.12 球面接触の潤滑領域マップ〔出典：文献50〕

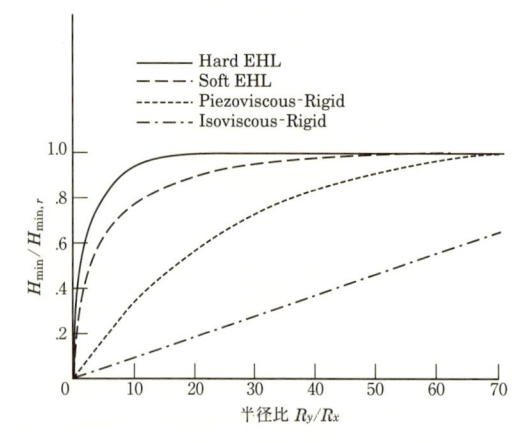

図1.3.13 各EHLモードにおける半径比の影響（線接触に対するだ円接触の油膜厚さの比）
〔出典：文献46〕

$Z>0.1$, $\Phi \to 5.72^{2/3}$
$Z<0.1$, $\Phi \to 4.5Z^{1/3}$ (1.3.62)

また，油膜の中央にくぼみが生じる条件は：

$(h_c/R)\cdot(E'R/w)<1$ (1.3.63)

（7）トラクション係数

転がりにすべりが入るとき生じる接線力を法線力（垂直荷重）で割った無次元量，すなわち，すべり摩擦係数を「トラクション (traction) 係数」と呼ぶ．EHLでのトラクション係数は図1.3.15のようにすべり率に比例する範囲は狭く，その範囲でも粘弾性効果が生じており，その範囲を越えると粘性は非線形になり，さらにすべり率が増すとせん断発熱による粘度低下の影響が現われる[60]．また，体積粘性（第2粘性）の影響，すなわち，ストークス (Stokes) の仮定が成立しないことも指摘[61]されており，EHL流体膜のせん断レオロジー特性は複雑である．トラクション曲線の定性的特性は複雑である．トラクション曲線の定性的特性は図1.3.16のようになる．

粘性係数の非線形性およびせん断発熱の影響を考慮した最大トラクション係数の解析については，ジョンソンとグリーンウッド[63]により次のような近似式が導かれている．

$f_m = 0.87\bar{a}\tau_0 + 1.74\bar{a}(\tau_0/\bar{p}_H)\ln[(1.2/\tau_0 H_0)$
$\cdot\{2K\eta_0/(1+9.6\zeta)\}^{1/2}]$
$\zeta = (K/H_0)(b/\pi K'\rho'c'u)^{1/2}$ (1.3.64)

ここに，$\bar{a}$：粘度-圧力係数の平均値，τ_0：アイリング (Eyring) 粘性モデルの特性応力，$\bar{p}_H$：平均ヘルツ圧力，Kは油の熱伝導率，K', ρ', c'はそれぞれ固体表面の熱伝導率，密度，比熱である．

また，村木と木村[59]は次の近似式を得ている．

$f_m = \{\bar{p}/(\bar{p}+13.3\tau_0)\}\{\bar{p}\tau_0+(\tau_0/\bar{p})$
$\cdot\ln 26.7\eta_0/\beta\zeta\tau_0/\beta\zeta^*\tau_0 H_0$
$\zeta^* = 0.96a^{1/2}/(\pi K'\rho'c'u)^{1/2}+H_0/12K$ (1.3.65)

ζ^*は温度上昇とせん断仕事の比を意味する．

（8）EHL現象の特徴

(1) 膜厚が一定に近い接触域（図1.3.7−$b \leq x \leq b$）が存在する．アーテル・グルービンの仮定はこれと次の特徴に合致する．
(2) 入口側昇圧域（$-\infty<x<-b$）の状態，例えば粘度，油量不足の程度によって接触域内の膜厚が支配される．
(3) 荷重の膜厚に及ぼす影響は小さい．
(4) 膜厚に比べて弾性変形の程度が大きい．
(5) 接触域出口側に膜厚のくびれが発生する（図1.3.7）．点接触では馬蹄形のくびれとなり，側方漏れを抑制する（図1.3.11）．
(6) 油膜のくびれ部に対応して圧力スパイクを発生する（図1.3.7）．
(7) すべりがある場合は，ヘルツ変形領域で高いせん断応力による非ニュートン性の発現とせん断発熱により高圧粘度が大きく低下する．ただし，(2)より膜厚への影響は少ない．

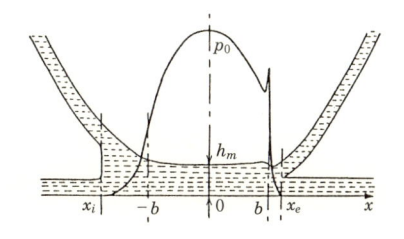

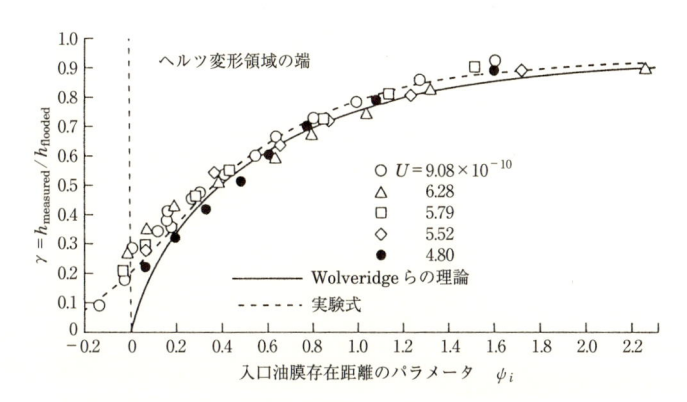

図 1.3.14　油不足状態の油膜厚さと潤沢状態の油膜厚さの比
〔出典：文献 51)〕

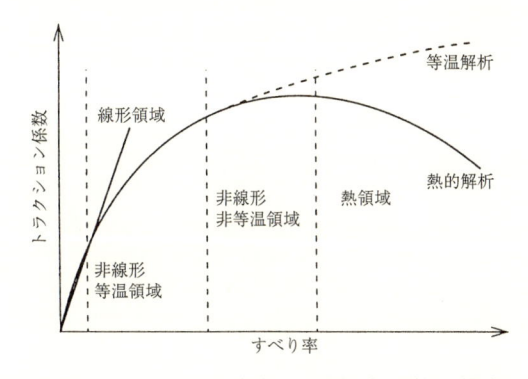

図 1.3.15　トラクション係数と潤滑領域の関係の模式図
〔出典：文献 59)〕

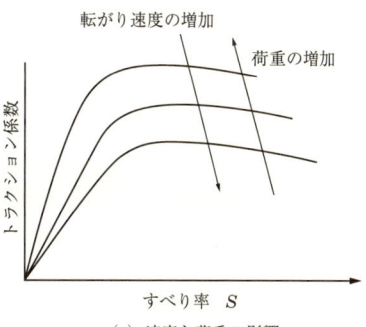

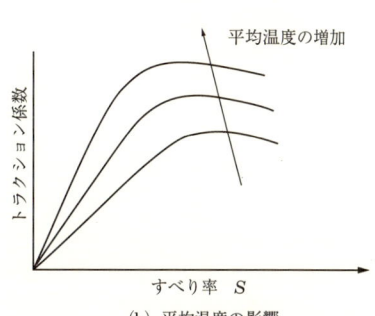

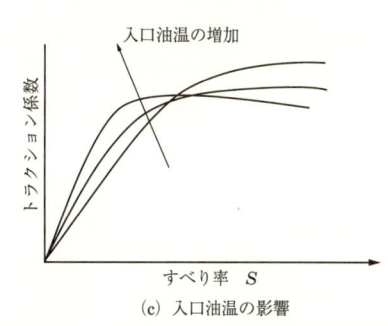

図 1.3.16　トラクション曲線の定性的特性
〔出典：文献 62)〕

表 1.3.7　ハムロック・ダウソンの点接触油不足修正式の常数
〔出典：文献 54)〕

EHLモード	膜厚の種類	A	B	C
E-I	$H_c = H_{\min}$	1.70	0.16	0.22
E-V	H_c	3.06	0.58	0.29
	$H_{\min}$	3.34	0.56	0.25

1.3.5　修正レイノルズ方程式

(1) 乱流・慣性力の考慮

　発電用タービンのような大形・高速の回転機械においては油膜の流れが乱流に遷移したり，流体慣性力の影響が無視できない場合がある．このような場合の軸受特性を計算する際には，レイノルズの仮定において無視されているこれらの現象を考慮に入れた次の修正レイノルズ方程式を用いる必要がある．

表1.3.8 修正レイノルズ方程式の係数

現　　象	修正係数 G_x, G_z, A_x, A_z の定義
1. 油膜の乱流遷移 （線形理論）[64〜66]	$G_x = \dfrac{1}{12}\left(1+m_x R_e^{n_x}\right)^{-1}$, $G_z = \dfrac{1}{12}\left(1+m_z R_e^{n_z}\right)^{-1}$ $A_x=0$, $A_z=0$ m_x, m_z, n_x, n_z については例えば $m_x=0.00116$, $m_z=0.00120$, $n_x=0.916$, $n_z=0.854$
2. 油膜の乱流遷移 （非線形理論）[67]	G_x, G_z については例えば次の連立方程式によって与えられる． $(1+aG_x)\{(1+aG_x)^2+(bG_z)^2\}^{(\beta+1)/2} - (1-aG_x)\{(1-aG_x)^2+(bG_z)^2\}^{(\beta+1)/2} + c = 0$ $G_z\left[\{(1+aG_x)^2+(bG_z)^2\}^{(\beta+1)/2} + \{(1-aG_x)^2+(bG_z)^2\}^{(\beta+1)/2}\right] + d = 0$ $a〜d$ はレイノルズ数および圧力勾配の関数 $A_x=0$, $A_z=0$
3. 油膜の乱流遷移 ＋慣性力[68,69]	G_x, G_z については1あるいは2で定義される係数を使用 $A_x = \rho\left\{\dfrac{\partial}{\partial x}(\alpha h u_{m0}^2 + \beta U^2 h - \gamma u_{m0} U h) + \dfrac{\partial}{\partial z}(\alpha u_{m0} w_{m0} - \gamma' w_{m0} U h)\right\}$ $A_z = \rho\left\{\dfrac{\partial}{\partial x}(\alpha u_{m0} w_{m0} h - \gamma' w_{m0} U h) + \dfrac{\partial}{\partial z}(\alpha w_{m0}^2 h)\right\}$ u_{m0}, w_{m0} は慣性力を無視した場合の平均流速

$$\frac{\partial}{\partial x}\left(\frac{h^3}{\mu} G_x \frac{\partial p}{\partial x}\right) + \frac{\partial}{\partial z}\left(\frac{h^3}{\mu} G_z \frac{\partial p}{\partial z}\right)$$
$$= \frac{U}{2}\frac{\partial h}{\partial x} + \frac{\partial}{\partial x}\left(\frac{h^2}{\mu} G_x A_x\right)$$
$$+ \frac{\partial}{\partial z}\left(\frac{h^2}{\mu} G_z A_z\right) + \frac{\partial h}{\partial t} \quad (1.3.66)$$

ここに G_x, G_z は乱流係数で混合距離[66]，渦粘度[64]，流体の抵抗法則[66] などのモデルに立脚して導かれるものである．一方，A_x, A_z は慣性力に対する修正係数で流体の運動方程式（ナビエ・ストークスの式）の慣性項に平均化の手法を適用することにより導かれる．それぞれの係数は表1.3.8のように与えられる．

表1.3.8の係数を用いれば式(1.3.66)はレイノルズ方程式と同じくだ円形2階偏微分方程式に帰着するので，適切な圧力境界条件のもとに差分法あるいは有限要素法を適用して解けば圧力分布を計算することができる．なお修正係数が圧力や温度の関数となる場合には表1.3.8の2に示す支配方程式やエネルギー方程式と修正レイノルズ方程式(1.3.66)とを連立して解く必要がある．

図1.3.17は乱流効果を考慮した修正レイノルズ方程式（一般に乱流潤滑方程式[67]と呼ばれている）により真円ジャーナルすべり軸受の圧力分布を計算した結果を実験値と比較したものである[70]．この計算例では偏心率 $\varepsilon=0.84$ の場合を扱っているが，このような高偏心状態では圧力流れが軸受特性に及ぼす影響を無視し得ない．したがって圧力分布の計算

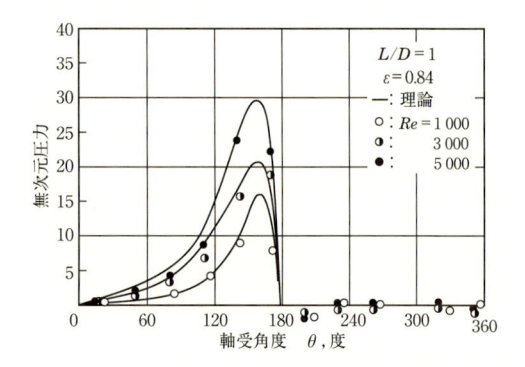

図1.3.17 乱流ジャーナル軸受の圧力分布
〔出典：文献70)〕

に際しては表1.3.8の2によって与えられる非線形の修正係数を用いている．なお，圧力流れの影響がさらに大きい静圧軸受を解析する際にはこのような非線形修正係数によってのみ軸受特性の解析が可能である．一方，偏心率が 0.1〜0.6 程度の通常の運転状態下では圧力流れが乱流遷移に及ぼす影響はせん断流れのそれに比べて小さいので，表1.3.8の1で与えられる線形の修正係数の値を用いることができる．図にみられるように偏心率を一定としたとき膜圧力はレイノルズ数が大きくなるにつれて増加し，乱流遷移の影響が顕著に現われることがわかる．

レイノルズ数の大きい状態で運転されるすべり軸受の解析に際しては，油膜の乱流効果の他に慣性効果も合わせて検討する必要がある．図1.3.18は修

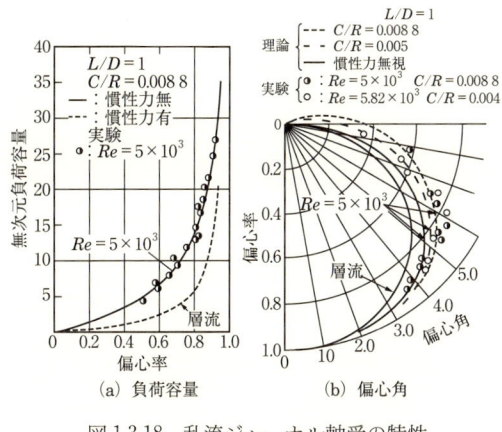

図 1.3.18 乱流ジャーナル軸受の特性
〔出典：文献 69）〕

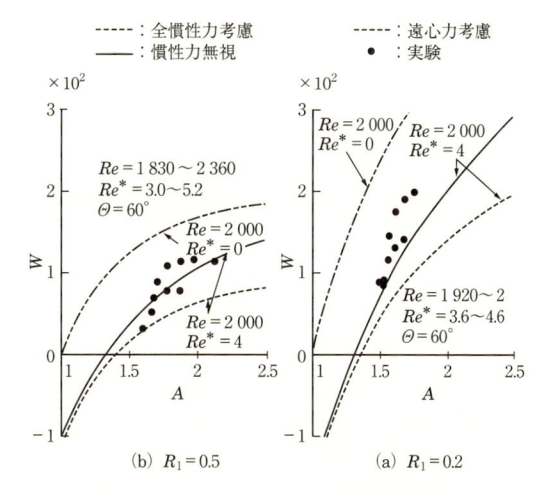

図 1.3.19 乱流スラスト軸受の負荷容量
〔出典：文献 71）〕

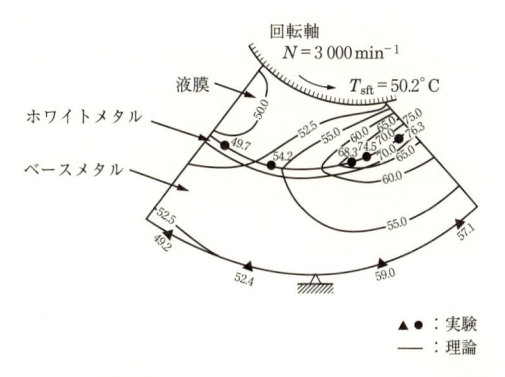

図 1.3.20 乱流ティルティングパッドジャーナル軸受の温度分布　〔出典：文献 25）〕

正レイノルズ方程式(1.3.66)に表1.3.8の3の修正係数を適用して乱流と慣性力を同時に考慮したジャーナル軸受の負荷容量と偏心角を計算し，実験値と比較したものである[69]．図より流体慣性力が負荷容量に及ぼす影響は極めて小さいが，偏心角に及ぼす影響は大きく，軸受の半径すきま比が増すにつれて同一偏心率に対する偏心角は慣性効果により増大することがわかる．

スラスト軸受の解析を行なう際には表1.3.8の3の係数にさらに遠心力の影響も合わせて考慮する必要がある．その際，修正レイノルズ方程式(1.3.66)を用いて圧力分布を求めようとすると，軸受の膜厚さ比（パッド入口と出口の膜厚さ比）が大きくなるにつれて解の収束性が悪化する．したがって，このような場合には流体の運動方程式と連続の式を連立して直接解く必要がある．図1.3.19はこのような方法によって軸受の負荷容量と膜厚さ比の関係を計算し，実験結果と比較したものである[71]．スラスト軸受の負荷容量は遠心力によって減少する．しかしながら，遠心力を除く慣性力は負荷容量の増加に寄与するために，すべての慣性力を考慮した場合の負荷容量は慣性力を無視した場合と遠心力のみを考慮した場合のほぼ中間の値となる．図1.3.18に示したようにジャーナル軸受の負荷容量に及ぼす慣性力の影響は小さいのに対してスラスト軸受の負荷容量に及ぼす慣性力の影響が大きいことは興味深い．

乱流域で運転されるすべり軸受の潤滑面に作用する流体摩擦力は乱流効果によって増加するため，油膜および軸受面の温度上昇は無視し得ない問題とな

る．このような問題には修正レイノルズ方程式(1.3.66)と乱流遷移に伴う補正を加えたエネルギー方程式を連立して解くことにより，乱流潤滑領域における圧力分布や温度分布を求めることができる．図1.3.20は乱流域で運転される大形ティルティングパッドジャーナル軸受の油膜ならびにパッド内部の温度分布を計算し，実験値と比較したものである[25]．複雑な現象を扱っているにもかかわらず計算値と実験値はかなり良く一致しており，このような理論解析手法が妥当なものであることがわかる．

（2）表面粗さの考慮

表面粗さを少ないパラメータで表示するためには統計量で表示する必要があるので，潤滑面間のすきまが表面粗さの程度になったときは，両面の表面粗さの中心線を基準にとったすきま（公称すきま）お

よび粗さによって変動が生じる圧力の期待値（変動の平均値）で表わした統計的潤滑方程式が必要になる．

クリステンセン（Christensen）(1970)[72]は，レイノルズ方程式が単位幅あたりの圧力流れ（ポアジュイユ流れ）とせん断流れ（クエット流れ）を重ね合わせた流量の連続式であることに着目して，一方向だけに凹凸のあるすじ状の粗さ（一次元粗さ）の場合に，粗さの方向と直交する流れが連続することより，単位幅あたりの流量が一定という条件を用いて，有限幅の軸受に適用できる，二次元の統計的修正レイノルズ方程式を解析的に得ることに成功した．パティア（Patir）とチェン（Cheng）(1978)[73](1979)[74]は，その考え方を一般的な三次元表面形状となる二次元粗さの場合に拡張し，さらに，ロウ（Rhow）とエルロッド（Elrod）(1974)[75]が示した両面に粗さがある場合の影響（すきまが変動するのでスクイーズ膜作用が入る）をも考慮して，次のような一般性ある修正レイノルズ方程式を提示し，「平均流モデル（average flow model）」と名づけた．

$$\frac{\partial}{\partial x}\left(\phi_x \frac{\rho h^3}{12\eta}\frac{\partial p}{\partial x}\right)+\frac{\partial}{\partial z}\left(\phi_z \frac{\rho h^3}{12\eta}\frac{\partial p}{\partial z}\right)=$$
$$\frac{1}{2}\rho(U_1+U_2)\frac{\partial \bar{h}_T}{\partial x}+\frac{1}{2}\rho(U_1-U_2)\sigma\frac{\partial \phi_s}{\partial x}+\frac{\partial}{\partial t}(\rho \bar{h}_T)$$
(1.3.67)

ここに，hは公称すきま（図1.3.21参照），$\bar{h}_T=E(h_T)$（h_Tは局所すきま，非接触時$\bar{h}_T=h$），$\bar{p}=E(p_T)$は圧力の期待値，Eは期待値，ϕ_xとϕ_zはそれぞれx方向，z方向の単位幅あたりの圧力流れに対する修正係数，ϕ_sは単位幅あたりのせん断流れに対する修正係数，σは表面粗さの標準偏差である．

また，粘性によるせん断応力の期待値$\bar{\tau}$は，

$$\bar{\tau}=\eta\frac{U_2-U_1}{h}(\phi_f \pm \phi_{fs})\pm \phi_{fp}\frac{h}{2}\frac{\partial p}{\partial x} \quad (1.3.68)$$

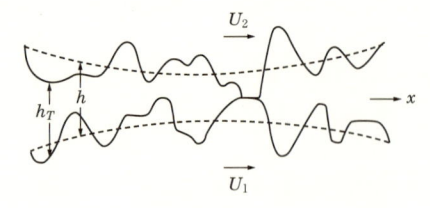

図1.3.21　局所油膜厚さh_Tと公称油膜厚さh
〔出典：文献73〕

ここに，$\phi_f=hE(1/h_T)$，また，粗さの方向性を表わすペクレニク（Peklenik）数をγ，両表面をそれぞれ下付添字の1, 2で表わせば，次の関係がある．

$$\phi_z(H,\gamma)=\phi_x(H,1/\gamma) \quad (1.3.69)$$
$$\phi_s=(\sigma_1/\sigma)^2\Phi_s(H,\gamma_1)-(\sigma_2/\sigma)^2\Phi_s(H,\gamma_2)$$
(1.3.70)
$$\phi_{fs}=(\sigma_1/\sigma)^2\Phi_{fs}(H,\gamma_1)-(\sigma_2/\sigma)^2\Phi_{fs}(H,\gamma_2)$$
(1.3.71)

ただし，$H=h/\sigma$，$\sigma=\sqrt{\sigma_1^2+\sigma_2^2}$（合成粗さ）

それらの修正係数をパティアとチェン[74]は数値シミュレーションにより求め，次のような数値実験公式を与えた．

$$\phi_x=\begin{cases}1-C\,e^{-rH} & (\gamma\leq 1)\\ 1+CH^{-r} & (\gamma>1)\end{cases} \quad (1.3.72)$$

$$\Phi_s=\begin{cases}A_2\,e^{-0.25H} & (H>5)\\ A_1H^{a_1}\,e^{-a_2H+a_3H^2} & (H\leq 5)\end{cases} \quad (1.3.73)$$

$$\phi_{fp}=1-D\,e^{-sH} \quad (1.3.74)$$

$$\Phi_{fs}=A_3H^{a_4}\,e^{-a_5H+a_6H^2} \quad (1.3.75)$$

ここで，公式の係数は表1.3.9～1.3.12で与えられる．

トリップ（Tripp）(1983)[76]は，それらをエルロッド（1979)[77]の行なった摂動法とグリーン数を用いて解析的に求め，図1.3.22のように$h/\sigma>3$でパティアとチェンの結果と良く一致する次式を得た．

表1.3.9　ϕ_xに関する式(1.3.72)の係数
〔出典：文献74〕

γ	C	r	Range
1/9	1.48	0.42	$H>1$
1/6	1.38	0.42	$H>1$
1/3	1.18	0.42	$H>0.75$
1	0.90	0.56	$H>0.5$
3	0.225	1.5	$H>0.5$
6	0.520	1.5	$H>0.5$
9	0.870	1.5	$H>0.5$

表1.3.10　Φ_sに関する式(1.3.73)の係数（$H>0.5$）
〔出典：文献74〕

γ	A_1	a_1	a_2	a_3	A_2
1/9	2.046	1.12	0.78	0.03	1.856
1/6	1.962	1.08	0.77	0.03	1.754
1/3	1.858	1.01	0.76	0.03	1.561
1	1.899	0.98	0.92	0.05	1.126
3	1.560	0.85	1.13	0.08	0.556
6	1.290	0.62	1.09	0.08	0.388
9	1.011	0.54	1.07	0.08	0.295

表 1.3.11 ϕ_{fp} に関する式(1.3.74)の係数
〔出典：文献74〕

γ	D	s	Range
1/9	1.51	0.52	$H>1$
1/6	1.51	0.54	$H>1$
1/3	1.47	0.58	$H>1$
1	1.40	0.66	$H>0.75$
3	0.98	0.79	$H>0.5$
6	0.97	0.91	$H>0.5$
9	0.73	0.91	$H>0.5$

表 1.3.12 Φ_{fs} に関する式(1.3.75)の係数
〔出典：文献74〕

γ	A_3	α_4	α_5	α_6
1/9	14.1	2.45	2.30	0.10
1/6	13.4	2.42	2.30	0.10
1/3	12.3	2.32	2.30	0.10
1	11.1	2.31	2.36	0.11
3	9.8	2.25	2.80	0.18
6	10.1	2.25	2.90	0.18
9	8.7	2.15	2.97	0.18

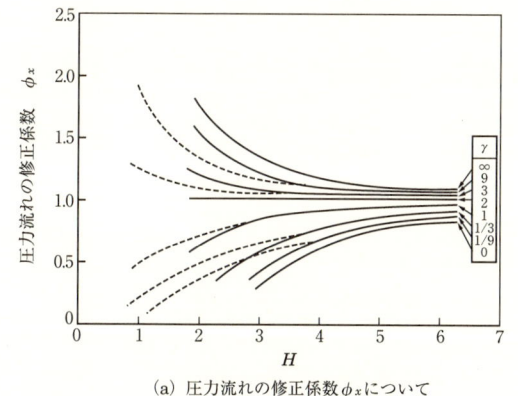

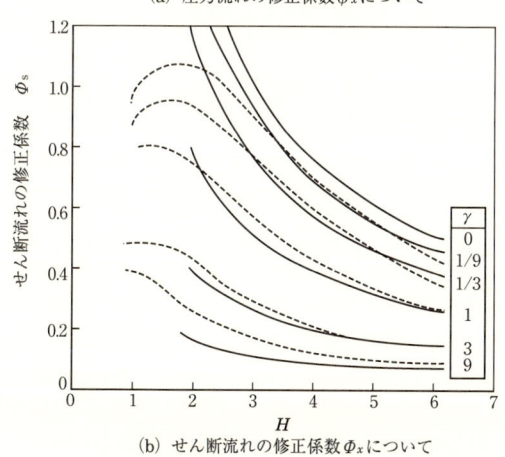

図 1.3.22 修正係数に関する Patir-Cheng（破線）Tripp（実線）の比較　〔出典：文献74，76，77〕

(a) 圧力流れの修正係数 ϕ_x について

(b) せん断流れの修正係数 Φ_s について

$$\phi_x = 1 + \frac{3(\gamma-2)}{\gamma+1}\frac{1}{H^2} \quad (1.3.76)$$

$$\Phi_s = \frac{3}{\gamma+1}\frac{1}{H} \quad (1.3.77)$$

両者の摂動法では粗さの振幅が小さいという条件が必要であるが，ブッシュ（Bush）とヒューズ（Hughes）(1984)[78] は，トリップの解析法をより大きな振幅の場合にも扱えるように摂動パラメータを変えて，グリーン関数の代わりに数値解析を用いた半解析的手法により修正係数を求め，ϕ_x についてはトリップの解に近いこと，また，Φ_s については，$H<3$ でトリップの解よりパティアとチェンの計算結果の傾向を示した．しかし，計算結果を公式あるいは数表の形には与えていない．

一次元粗さ，すなわち，$\gamma=0$（直交粗さ）と $\gamma=\infty$（平行粗さ）の場合は，クリステンセンの結果と一致し，表 1.3.13[79] のようになる．また，なじみ面にみられる頂部が平坦になった粗さの単純なモデルとして図 1.3.23 のような台形が考えられ，それに対する修正係数は表 1.3.14[79] のようになる．

気体潤滑の場合は，磁気ディスクの浮動ヘッドなどのように，一般に表面粗さは数百 nm 以下にすることが多く，その場合は，流体の圧縮性と 1.3.5(3) に示されるように気体分子の平均自由行程の影響，すなわち，固体壁面でのスリップ流れ，を考慮する必要がある．牧野ら(1993)[80] は，粗さ突起の局所スケールで気体の密度変化が小さいと仮定して，福井と金子[81] が導出した希薄気体潤滑の修正レイノルズ方程式と粗さに関するトリップの摂動解法[76] を用いて，修正係数を次の形で求めている．

$$\phi_x = 1 + g\{1-(f^2/g)/(\gamma+1)\}H^{-1} \quad (1.3.78)$$
$$\Phi_s = \{f/(\gamma+1)\}H^{-1} \quad (1.3.79)$$

ここに，f と g は一次のスリップ近似についてはクヌッセン数の関数として次式で与えられている．

$$f(Kn) = 3 - \frac{6aKn}{1+6aKn} \quad (1.3.80)$$

$$g(Kn) = 3 - \frac{12aKn}{1+6aKn} \quad (1.3.81)$$

(3) 分子気体潤滑の考慮

気体軸受の起動・停止時，コンピュータの磁気ディスク装置用磁気ヘッドなどのマイクロメカニズム要素のように超微小なすきまの気体潤滑（例えば

表 1.3.13　一次元粗さの場合の修正係数：$E[\ ]$ は期待値，
$$E[g(\delta)]=\int_{-\infty}^{\infty}g(\delta)\cdot\phi(\delta)\mathrm{d}\delta$$

	直交粗さ	平行粗さ
ϕ_z	$1/h^3 E[1/h_*^3]$	$E[h_*^3]/h^3$
ϕ_y	$E[h_*^3]/h^3$	$1/h^3 E[1/h_*^3]$
$\sigma\phi_s$	$E[1/h_* ^2 E[1/h_*^3]]-h$	0
ϕ_f	$hE[1/h_*]$	$hE[1/h_*^3]$
ϕ_{fs}	$3h[-E[1/h_*]$ 　　　　$+\{E[1/h_*^2]\}^2/E[1/h_*^3]]$	0
ϕ_{fp}	$E[1/h_*^2]/hE[1/h_*^3]$	1

図 1.3.23　台形粗さのパラメータ
〔出典：文献 79)〕

表 1.3.14　一次元台形粗さの修正係数
$$\left(H=\frac{h}{\sigma},\ \theta=\frac{a}{\sigma}=\sqrt{\frac{3}{(1-\beta)(1+3\beta)}},\ \beta=\frac{l_f}{l_y}\right)$$

	直交粗さ	平行粗さ
ϕ_z	$1/\Phi_{-3}$	Φ_3
ϕ_y	Φ_{-3}	$1/\Phi_{-3}$
ϕ_z	$H(\Phi_{-2}/\Phi_{-3}-1)$	0
$\phi_{fq}=\phi_f-\phi_{fs}$	$4\Phi_{-1}-3(\Phi_{-2})^2/\Phi_{-3}$	Φ_{-1}
ϕ_{fp}	Φ_{-2}/Φ_{-3}	1

$$\Phi_{-1}=\frac{1-\beta}{2}\frac{H}{\theta}\ln\frac{1+(1+\beta)\theta/H}{1-(1-\beta)\theta/H}+\frac{\beta}{1-(1-\beta)\theta/H}$$

$$\Phi_{-2}=\frac{1+(3\beta-1)\theta/H}{\{1+(1+\beta)\theta/H\}\{1-(1-\beta)\theta/H\}^2}$$

$$\Phi_{-3}=\frac{1+(5\beta-1)\theta/H+4\beta^2\theta^2/H^2}{\{1+(1+\beta)\theta/H\}^2\{1-(1-\beta)\theta/H\}^2}$$

$$\Phi_3=1+(1-\beta)(1+3\beta)\theta^2/H^2+2\beta^2(1-\beta)\theta^3/H^3$$

$1\,\mu$m 以下）あるいは減圧環境下の気体潤滑では，潤滑領域内の流れは連続流体としては扱えず，分子気体力学[82,83]に基づいて流れを考察する必要があり，気体潤滑におけるこのような取扱いは分子気体潤滑 (Molecular Gas film Lubrication) と呼ばれている[84]．

分子気体力学では，気体の粒子性を表わすパラメータであるクヌッセン数

$$Kn=\lambda/h \qquad (1.3.82)$$

λ：分子平均自由行程（大気中では $0.064\,\mu$m）
h：系の代表長（潤滑問題ではすきま量）

が無視し得ない場合に，気体の振舞いを統計的に取り扱うボルツマン方程式に基づいて流れを考察することになる．ボルツマン方程式は，時刻 t，位置 $x_i \sim x_i+\mathrm{d}x_i$，分子速度 $\xi_i \sim \xi_i+\mathrm{d}\xi_i$ の範囲にある分子の確率密度を表わす速度分布関数 $f(\boldsymbol{x},\boldsymbol{\xi},t)$ の変化を与える関係式で，この f を用いれば気体の巨視的物理量である密度 ρ，速度 v_i，温度 T などが完全に記述される．クヌッセン数 Kn が特別な場合には取扱いが簡単になる．

(1) $Kn\ll1$：Kn が十分小さく気体の粒子性が顕著でない場合には，すべり流れ近似によって連続流の結果を修正する形で流れを扱うことができる．

(2) $Kn\gg1$：Kn が十分大きい場合は，自由分子流と呼ばれ，分子と壁面との衝突だけを考えればよい．

a. 初期の理論

クヌッセン数 $Kn\ll1$ におけるすべり流れ近似は，

$$u|_{y=0}=U+a\lambda\frac{\partial u}{\partial y}|_{y=0},$$

$$u|_{y=h}=-a\lambda\frac{\partial u}{\partial y}|_{y=h}, \qquad (1.3.83)$$

$$a=(2-\alpha)/\alpha,\ \alpha：適応係数$$

と表現され，これを境界条件として連続流のレイノルズ方程式を修正した修正レイノルズ方程式が導出され，無次元表現で次式となる[85]．

$$\frac{\partial}{\partial X}\left\{PH^3\left(1+\frac{6aKn}{PH}\right)\frac{\partial P}{\partial X}\right\}$$
$$+\frac{\partial}{\partial Z}\left\{PH^3\left(1+\frac{6aKn}{PH}\right)\frac{\partial P}{\partial X}\right\}$$
$$=\Lambda\frac{\partial(PH)}{\partial X}+\sigma\frac{\partial(PH)}{\partial\bar{\tau}} \qquad (1.3.84)$$

ここで，P：無次元圧力 ($=p/p_a$)，H：無次元すきま量 ($=h/h_0$)，X,Z：無次元座標 (X：走行方向)，Λ：ベアリング数 ($=6\mu Ul/p_a h_0^2$)，σ：スクイーズ数 ($=12\mu\omega l^2/p_a h_0^2$)，$l$：軸受長さ，$h_0$：最小すきま量，$U$：走行面速度，$\mu$：粘性係数，$p_a$：周囲圧力，$\bar{\tau}$：無次元時間，である．

式 (1.3.84) は，$Kn\to0$ とすると古典的な連続流のレイノルズ方程式に一致する．

b. 一般化理論

ボルツマン方程式に基づき一般化された気体潤滑方程式である分子気体潤滑方程式は，動的特性を表

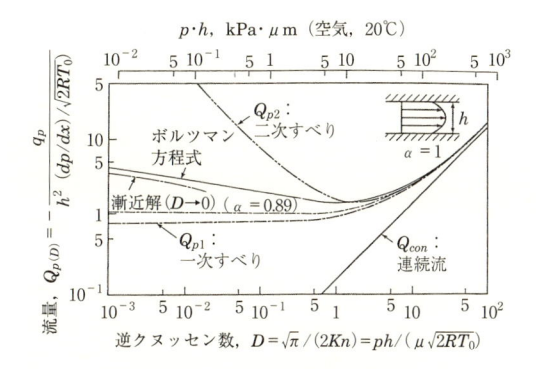

図1.3.24 圧力流れの流量係数

わす時間項を含め次式で表わされる[86]．

$$\frac{\partial}{\partial X}\left\{\bar{Q}_P \cdot PH^3 \frac{\partial P}{\partial X}\right\} + \frac{\partial}{\partial Z}\left\{\bar{Q}_P \cdot PH^3 \frac{\partial P}{\partial Z}\right\}$$
$$= \Lambda \cdot \frac{\partial(PH)}{\partial X} + \sigma \cdot \frac{\partial(PH)}{\partial \bar{\tau}} \quad (1.3.85)$$

この方程式の左辺は圧力流れの流量を，右辺第1項はせん断流れの流量を，第2項はスクイーズ項を表わしている．左辺に含まれる流量係数 $\bar{Q}_P$ は圧力流れの流量係数比である．

$$\bar{Q}_P(D) = Q_P(D)/Q_{con}, \quad Q_{con} = D/6 \quad (1.3.86)$$

従来の気体潤滑方程式との差異がこの係数で集約されている（図1.3.24）．連続流，すべり近似の場合には，それぞれ $\bar{Q}_P = 1$ および $1 + 6Kn/PH$ である．一般の場合の流量係数比はデータベース化されており[87]，これを適宜参照することにより連続流に対するのと同程度の計算時間で圧力分布を得る．

この理論に対する実験的検証[88]，さらには適応係数の影響や動特性などの様々な展開が図られている[84]．また，数十nm程度の超微小なすきまを対象にモンテカルロ直接シミュレーション（DSMC）法による解析も進められている[89]．

（4）非ニュートン流体潤滑の考慮

a. 純粘性流体

純粘性流体は，降伏応力をもたない流体である[90]．工業用潤滑剤は，ダイラタント流体の特性を示すことはほとんどないので，流体潤滑問題では擬塑性流体のみが取り上げられている．

（ⅰ）べき乗則モデル

レオロジー方程式は $\tau = m\dot{\gamma}^n$ で与えられ，n は一般には整数でないから速度勾配 du/dy が正と負の領域に分けて解析するか，レオロジー方程式を $\tau = m|du/dy|^{n-1} du/dy$ と変形し

て，解析する必要がある[91]．したがって，レオロジー方程式は奇関数が好ましい．なお，べき乗則の n の次元や単位は m の値に依存するので注意を要する．

（ⅱ）アイリング則モデル

レオロジー方程式としては $\tau = A\sinh^{-1}(B\dot{\gamma})$ を使用する[92]．

（ⅲ）ひずみ速度三乗則モデル

$\tau = \mu\dot{\gamma} + k\dot{\gamma}^3$ のレオロジー方程式は流体潤滑の解析を複雑にする[93]ので，このレオロジー方程式はあまり利用されない．

（ⅳ）応力三乗則モデル

$\mu\dot{\gamma} = \tau + k\tau^3$ のレオロジー方程式は，高分子重合物を添加した潤滑油の流動曲線を良く近似することができる．このレオロジー方程式を適用した無限幅流体潤滑理論[94]，また流動各方向の速度勾配とせん断応力の連成効果を考慮した有限幅流体潤滑理論[95]が報告されている．

b. 塑性流体

この流体は，潤滑膜中の応力 τ が降伏応力 τ_0 より大きい場合に変形しながら流動する流体で，ビンガム流体と総称される[90]．線形ビンガム流体のレオロジー方程式は

$$\mu\dot{\gamma} = \tau - \tau_0 \quad (\tau \geq \tau_0)$$
$$\mu\dot{\gamma} = 0 \quad (\tau \leq \tau_0) \quad (1.3.87)$$

で与えられる．潤滑膜内で応力 τ が降伏応力 τ_0 よりも小さい領域では，変形せずに流れ，それはコアと呼ばれる．

グリースは，このレオロジー方程式によって近似することができる．図1.3.25[96]は，上式のレオロジー方程式を用いてスラストステップ軸受におけるコアの形状を理論的に求め，実験と比較したものである．

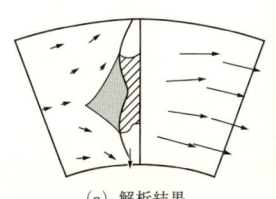

(a) 解析結果　　(b) 実験結果

図1.3.25 ビンガム流体（グリース）を用いたスラスト軸受のコア　〔出典：文献96)〕

なお，非線形ビンガム流体として $\mu\dot{\gamma}^n = \tau - \tau_0$ を用い，無限幅潤滑理論を展開した研究[97]も報告されている．

c．粘弾性流体

粘弾性流体に対して2要素や3要素や4要素モデル，Oldroydモデル，Rivlin-Ericksenモデルなどの微分形モデル，積分形モデル，複素粘度モデルなどが提案されており，各モデルに対して種々のレオロジー方程式を用いた流体潤滑理論の構築が行なわれており[90]，線形2要素粘弾性モデルを用いた修正レイノルズ方程式[98]が誘導されている．しかし，潤滑剤の場合は非線形粘弾性流体を配慮する必要があり，その代表的な研究を以下に示す．

（ⅰ）非線形2要素粘弾性モデル

マックスウェルモデルの粘性要素に非線形特性を考慮するために，前述のアイリングモデルを導入した非線形2要素粘弾性モデルの次のレオロジー方程式

$$\mu\dot{\gamma} = \lambda\tau + a\sinh(b\tau) \quad (1.3.88)$$

を用いて，トラクションドライブの研究[59]が行なわれている．

（ⅱ）非線形4要素粘弾性モデル

有限幅潤滑理論では，次式のようなテンソル表示のレオロジー方程式を用いるのがよい．

$$\tau_{ij} + a_1(\tau)\frac{\partial \tau_{ij}}{\partial t} + a_2(\tau)\frac{\partial^2 \tau_{ij}}{\partial t^2}$$
$$= \mu_0(\tau)\left\{\dot{\gamma}_{ij} + b_1(\tau)\frac{\partial \dot{\gamma}_{ij}}{\partial t}\right\} \quad (1.3.89)$$

ここで，式中の特性値，すなわち a_1, a_2, μ_0, b_1 などは，応力テンソルの第2不変量 τ の非線形関数である．このような粘性要素と弾性要素の両方の非線形特性を考慮した修正レイノルズ方程式[99]は次式の形式で整理することができる．

$$\frac{\partial}{\partial x}f_x\left(\frac{\partial p_m}{\partial x}, \frac{\partial p_m}{\partial z}\right) + \frac{\partial}{\partial z}f_z\left(\frac{\partial p_m}{\partial x}, \frac{\partial p_m}{\partial z}\right)$$
$$= \frac{U_{1m} - U_{2m}}{2}\frac{\partial p_m}{\partial x} + \frac{h_m}{2}\frac{\partial}{\partial x}(U_{1m} + U_{2m})$$
$$+ (V_{2m} - V_{1m}) \quad (1.3.90)$$

ここで，添字 m は現時刻のものを意味し，関数 f_x および f_z は，現時刻の圧力勾配の関数であると同時に過去の圧力などの関数であり，数値積分によって算出される．上式をジャーナル軸受やスクイーズ軸受に適用し，その解析結果と実験結果の比較検討が行われている[90]．

（5）多孔質の考慮

軸受ブシュを多孔質焼結体で構成し，これに潤滑油を含浸させた多孔質含油軸受，多孔質体に絞りの役割を担わせた多孔質静圧軸受の特性解析に当たっては，軸受面はソリッドであるとした一般のレイノルズ方程式を使用することはできない．

図1.3.26は多孔質ブシュで構成したジャーナル軸受の概念を示す．含油軸受ではブシュ外周面の大部分がソリッドで潤滑流体の出入りはなく，静圧軸受ではブシュ外周面から加圧された潤滑流体が供給されるという違いはあるものの，いずれの場合にも，潤滑流体は軸受表面を介して軸受すきまから多孔質体へ，多孔質体から軸受すきまへと流れるため，その効果を考慮してレイノルズ方程式を修正する必要がある．具体的には，軸受すきま内の流量連続を考える際，軸受面側で潤滑流体の吹出しあるいは吸込み速度 v_0 を加えればよい．すなわち，$d(\rho h)/dt$ の項を $\{d(\rho h)/dt - \rho v_0\}$ と修正すればよい．ただし，v_0 の符号は正が吹出し，負が吸込みに対応する．軸，軸受ともに変形は無視でき，軸表面は円周方向にのみ速度 U ですべり，軸受面は静止しているとして，結果を直交座標系で示すと以下のようになる．

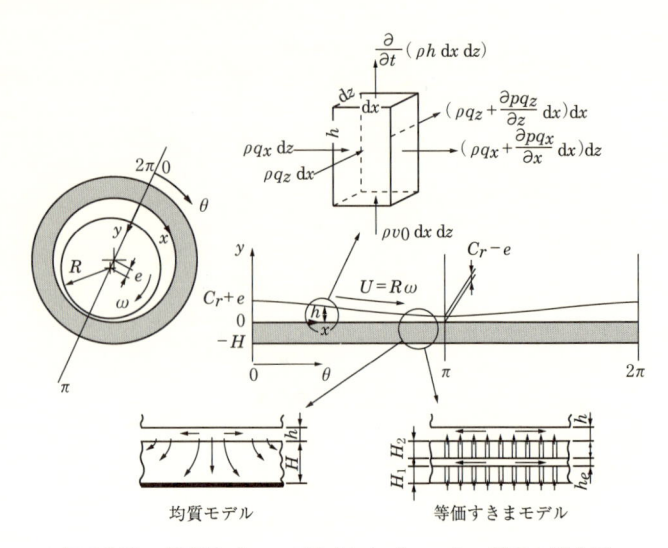

図1.3.26　多孔質ブシュで構成したジャーナル軸受の概念図

$$\partial/\partial x \{\rho h^3/\eta \cdot \partial p/\partial x\} + \partial/\partial z \{\rho h^3/\eta \cdot \partial p/\partial z\}$$
$$= 6[(\rho Uh)/\partial x + 2\{\partial(\rho h)/\partial t - \rho v_0\}]$$
$$(1.3.91)$$

ただし,吹出し速度 v_0 は多孔質体内の潤滑流体の流れの影響を受けるので,多孔質体内の流れを表現する方程式を用意する必要がある.

多孔質体が均質の場合,内部の流れはダルシーの法則に従うものとして扱われる[100].すなわち,

$$\begin{matrix} u = -(\Phi/\eta) \, \partial p/\partial x \\ v = -(\Phi/\eta) \, \partial p/\partial y \\ w = -(\Phi/\eta) \, \partial p/\partial z \end{matrix} \Bigg\} \quad (1.3.92)$$

ここに,Φ は多孔質体内の流れやすさを表わすパラメータで透過率と呼ばれる.多孔質体内の圧縮性流体に対する流量連続の式は,気孔率(気孔の体積割合)を f として,次式で与えられる.

$$f \partial \rho/\partial t + \partial(\rho u)/\partial x + \partial(\rho v)/\partial y + \partial(\rho w)/\partial z = 0$$
$$(1.3.93)$$

これに式(1.3.92)の諸式を代入すれば,多孔質体内の圧力場を支配する方程式が得られる.結果は,非圧縮性流体に対しては,定常,非定常を問わず,

$$\nabla^2 p = 0 \quad (1.3.94)$$

となり,ラプラスの方程式に帰着する.圧縮性流体に対しても,定常問題を前提にし,等温変化を仮定すると,p を $P(=p^2)$ で置き換えて同じ形になる.式(1.3.91)の v_0 は式(1.3.94),より一般的には式(1.3.92)と(1.3.93),を満足する v の $y=0$ における値であり,結局,問題は,与えられた境界条件を満足するように,式(1.3.91)〜(1.3.93)を連立させて解けばよいということになる.

式(1.3.91)〜(1.3.93)は解析的には解けないので数値計算によるところとなるが,含油軸受では,境界条件を設定するうえでの負圧の扱い,気液界面における表面張力の扱いが困難で,油の循環を含めて満足できる結果は未だ得られているとはいえない.

静圧軸受としての多孔質体の応用は気体軸受で数多くみられる.数値計算の試みもあるが,従来の設計計算には,多孔質体内の三次元的な流動を,軸受面と平行な仮想的な一様すきま内の流れと,それに垂直な仮想的な毛細管群内の流れに分けて解析の簡略化を図った,等価すきまモデルという解法が使用されてきた(図参照)[101].気体軸受では,気孔内の気体の圧縮性が自励振動を引き起こすため,軸受表面層を目づまりさせて,この部分に絞り効果を集中させ,圧縮性の影響を緩和する設計が一般的であるが,この等価すきまモデルは,軸受面側の仮想毛細管の抵抗を増すことで処理できるという特徴ももちあわせている.軸受性能という点からはその極限の状態,すなわち,目づまり表面層の背後は粗にする設計が推奨される.そのような場合には,多孔質体内部は供給圧力に等しく一定で,表面からの吹出しはオリフィスを通過する流れで与える解法が使用される[102].

文献

1) 今井 功:流体力学(前編),裳華房(1981) 276.
2) Navier-Stokes の式の成分に分けての表示は多くの流体力学や潤滑理論の書物にでている.例えば O. Pinkus & B. Sternlicht: Theory of Hydrodynamic Lubrication, McGraw-Hill (1961) 4. や文献 3) の p. 91 など.
3) A. Cameron: Principles of Lubrication, Longmans (1966) 78.
4) J. S. Ausman: Trans. ASME, Ser. D, J. Basic Eng., **83**, 2 (1961) 188.
5) 中原綱光:潤滑,**26**, 3 (1981) 146.
6) 中原綱光:機械の研究,**38**, 5 (1986) 595.
7) 中原綱光:機械の研究,**38**, 6 (1986) 698.
8) D. E. Hays & J. B. Feinten: Cavitation in Real Liquids, Ed. R. Davis, Elsevier (1964) 122.
9) D. Dowson & C. M. Taylor: Proc. 1st Leeds-Lyon Symp. on Tribology, "Cavitation and Related Phenomena in Lubrication", Ed. D. Dowson, M. Godet, C. M. Taylor, Mechanical Engineering Pub. (1975) 15.
10) R. W. Wilson: 文献 9) p. 177.
11) J. C. Coyne & H. G. Elrod, Jr.: Trans. ASME, Ser. F, J. Lub. Tech., **92**, 3 (1970) 451.
12) 日本トライボロジー学会編:トライボロジー辞典 (1995) 76.
13) B. Jakobsson & L. Floberg: Trans. Chalmers Univ. of Tech Gothenberg, Sweden (1957) 190.
14) K. O. Olsson: Trans. Chalmers Univ. of tech Gothenberg, Sweden (1965) 308.
15) H. G. Elrod, Jr. & M. L. Adams: 文献 9), p. 37.
16) H. G. Elrod, Jr.: Trans. ASME, Ser. F, J. Lub. Tech., **103**, 3 (1981) 351.
17) 池内 健・森 美郎:潤滑,**27**, 7 (1982) 533.
18) 池内 健・森 美郎:日本トライボロジー学会創立30周年記念全国大会(秋田)研究発表会予稿集 (1985) 145.
19) S. Natsumeda & T. Someya: Fluid Film Lubrication -Osborne Reynolds Centenary (Proc. 13th Leeds Symp.) (Ed.) D. Dowson et al, Elsevier (1986) 65.
20) S. Natsumeda & T. Someya: Proc. Japan Int. Trib. Conf., Nagoya (1990) 1617.
21) D. Dowson, C. M. Taylor, M. Godet & D. Berthe: Thermal Effects in Tribology, Mechanical Engineering Publications (1980).
22) M. Fillon, J. Frene & R. Boncompain: Fluid Film Lubrication, Elsevier (1987) 27.

23) O. Pinkus : Thermal Aspects of Fluid Film Tribology, ASME Press (1990).
24) 田中正人：トライボロジスト, **39**, 3 (1994) 229.
25) S. Taniguchi, T. Makino, K. Takeshita & T. Ichimura : Trans ASME, J. Trib., **112**, 3 (1990) 542.
26) S. Taniguchi, T. Makino, Y. Ozawa & T. Ichimura : Trans ASME, J. Trib., **120**, 2 (1998) 214.
27) 改定版潤滑ハンドブック, 養賢堂 (1987) 210.
28) M. Tanaka : Trans. ASME J. Trib., **113**, 3 (1991) 615.
29) M. Fillon, J. C. Bligoud & J. Frene : Trans. ASME J. Trib., **114**, 3 (1992) 579.
30) J. Mitsui, Y. Hori & M. Tanaka : Trans. ASME J. Trib., **105**, 3 (1983) 414.
31) 畠中清史・田中正人・鈴木健司：トライボロジスト, **45**, 8 (2000) 628.
32) 文献27), p. 109.
33) D. Dowson & G. R. Higginson : J. Mech. Eng. Sci., **1**, 1 (1959) 6.
34) H. Moes : Proc. IME, **182** (3B) (1965-66) 244. (Communications)
35) 文献27), p. 112.
36) K. L. Johnson : J. Mech. Eng. Sci., **12**, 1 (1970) 9.
37) C. J. Hooke : J. Mech. Eng. Sci., **19**, 4 (1977) 149.
38) B. A. Gecim : Tribological Design of Machine Elements (Proc. 15th Leeds-Lyon Symp.), Elsevier (1989) 91.
39) H. M. Martin : Engineering, **102** (1916) 199.
40) H. Blok : J. Inst. Petrol, **38** (1952) 673.
41) K. Herrbrugh : Trans. ASME, Ser. F, J. Lub. Tech., **90** (1968) 262.
42) J. A. Greenwood : J. Mech. Eng. Sci., **11**, 2 (1969) 128.
43) P. Pan & B. J. Hamrock : Trans. ASME, J. Trib., **111**, 2 (1989) 246.
44) 文献27), p. 115.
45) D. E. Brewe, B. J. Hamrock & C. M. Taylor : Trans. ASME, Ser. F, J. Lub. Tech., **101**, 2 (1979) 231.
46) Y. Jeng, B. J. Hamrock & D. E. Brewe : ASLE Trans., **30** (1987) 452.
47) B. J. Hamrock & D. Dowson : Elastohydrodynamics and Related Topics (Proc. 5th Leeds-Lyon Symp. on Trib.) (1978) 22.
48) C. H. Venner & W. E. Ten Naple : Wear, **152** (1992) 351.
49) R. J. Chittenden, D. Dowson, J. F. Dunn & C. M. Taylor : Proc. Roy. Soc. Loud., A**397** (1985) 245.
50) M. Esfahanian & B. J. Hamrock : STLE Trans., **34** (1991) 628.
51) D. G. Wymer & A. Cameron : Proc. I. Mech. E., **188** (1974) 221.
52) P. E. Wolveridge, K. P. Baglin & J. F. Archard : Proc. IME, **185** (1970-91) 1159.
53) D. Dowson, W. Y. Saman & S. Toyoda : Proc. 5th Leeds-Lyon Symp. (1978) 92.
54) B. J. Hamrock & D. Dowson : Trans. ASME, Ser. F, J. Lub. Tech., **99**, 1 (1977) 15.
55) S. Y. Poon : Trans. ASME, Ser. F, J. Lub. Tech., **94**, 1 (1972) 27.
56) 相原　了, D. Dowson：潤滑, **25**, 4 (1980) 254.
57) 相原　了, D. Dowson：潤滑, **25**, 6 (1980) 379.
58) K. Herrbrugh : Trans. ASME, Ser. F, J. Lub. Tech., **92**, 2 (1970) 292.
59) 村木正芳, 木村好次：潤滑, **28**, 10 (1983) 753.
60) K. J. Johnson & J. L. Tavaawerk : Proc. Roy. Soc. Ser. A, **356** (1977) 215.
61) N. Yoshimura, N. Umemoto & T. Nakahara : SAE Tech. Paper No. 972856 (1997).
62) E. R. Booser (Ed.) : Tribology Data Handbook, CRC Press (1997) 630.
63) K. L. Johnson & J. A. Greenwood : Wear, **61** (1980) 353.
64) C. W. Ng & C. H. T. Pan : Trans. ASME, Ser. D, J. Basic Eng., **87** (1965) 675.
65) C. M. Taylor : Proc. I. Mech. E., **184**, Pt3L (1969-70) 40.
66) 青木　弘・原田正躬：潤滑, **16**, 5 (1971) 348.
67) 和田稲苗・橋本　巨：日本機械学会論文集, **44**, 382 (1978) 2410.
68) V. N. Constantinescu, S. Galetuse & F. Kennedy : Trans. ASME, J. Lub. Tech., **97** (1975) 439.
69) 和田稲苗・橋本　巨：日本機械学会論文集 (C編), **45**, 389 (1979) 91.
70) 和田稲苗・橋本　巨：日本機械学会論文集, **44**, 382 (1978) 2419.
71) 橋本　巨：日本機械学会論文集 (C編), **53**, 496 (1987) 2664.
72) H. Christensen : Proc. I. Mech. E., Trib. Group **184**, Pt. 1, No. 55 (1969-70) 1013.
73) N. Patir & H. S. Cheng : Trans. ASME, Ser. F, J. Lub. Tech., **100**, 1 (1978) 12.
74) N. Patir & H. S. Cheng : Trans. ASME, Ser. F, J. Lub. Tech., **101**, 2 (1979) 220.
75) S. K. Rhow & H. G. Elrod : Trans. ASME, Ser. F, J. Lub. Tech., **96**, 4 (1974) 554/640.
76) J. H. Tripp : Trans. ASME, Ser. F, J. Lub. Tech., **105**, 3 (1983) 458.
77) H. G. Elrod : Trans. ASME, Ser. F, J. Lub. Tech., **101**, 1 (1979) 8.
78) A. W. Bush & G. D. Hughes : Proc. 10th Leeds-Lyon Symp. on Trib. (1984) 108.
79) 堀合谷邦雄・中原綱光・青木　弘：潤滑, **28**, 4 (1983) 301.
80) T. Makino, S. Morohoshi & S. Taniguchi : Trans. ASME, J. Trib. **115** (1993) 185.
81) 福井茂寿・金子礼三：日本機械学会論文集 (C編), **53**, 487 (1987) 829.
82) 曽根良夫・青木一生：分子気体力学, 朝倉書店 (1994).
83) E. H. Kennard : Kinetic Theory of Gases, McGraw-Hill (1938).
84) S. Fukui & R. Kaneko : Handbook of Micro/Nano Tribology, Chap. 13, CRC Press (1995).
85) A. Burgdorfer : Trans. ASME, Ser. D, J. Basic Eng., **81**, 1 (1959) 94.
86) 福井茂寿・金子礼三：日本機械学会論文集 (C編), **53** (1987) 829.
87) S. Fukui & R. Kaneko : Trans. ASME, J. Trib. **112** (1990) 78.
88) 竹内芳徳・田中勝之・尾高聡子・村主文隆：日本機械学会論文集 (C編), **60** (1994) 2547.

89) F. J. Alexander A. L. Garcia & B. J. Alder: Physics of Fluids, **6** (1994) 3854.
90) A. H. P. Skelland: Non-Newtonian Flow and Heat Transfer, John Wiley & Sons (1967) 4.
91) H. Hayashi: JSME Int. J. (Ser. III), **34**, 1 (1991) 1.
92) J. C. Bell: ASLE Trans., **5** (1962) 160.
93) C. W. Ng & E. Saibel: Trans. ASME, Ser. D, J. Basic Eng., **84** (1962) 192.
94) Y. C. Hsu & E. Saibel: ASLE Trans., **8**, 2 (1965) 191.
95) 林 洋次・和田稲苗:潤滑, **20**, 10 (1975) 697.
96) 和田稲苗・林 洋次・芳賀研二:日本機械学会論文集, **38**, 310 (1972) 1617 および 1627.
97) J. J. Kauzlarich & J. A. Greenwood: ALSE Trans., **15**, 4 (1972) 269.
98) A. A. Milne: Proc. Conf. on Lubrication and wear, Inst. Mech. Eng. (1957) 66.
99) 林 洋次・富岡 淳・和田稲苗:日本機械学会論文集(C編), **52**, 478 (1986) 1833.
100) A. Cameron: Principles of Lubrication, LONGMANS GREEN AND CO LTD, G. B., (1966).
101) H. Mori & H. Yabe: Trans. ASME, Ser. F, J. Lub. Tech., **95**, 2 (1973) 195.
102) 十合晋一:気体軸受―設計から製作まで―, 共立出版 (1984).

1.4 混合・境界・固体潤滑理論

1.4.1 境界潤滑のモデル

(1) ストライベック線図 (Stribeck Chart)

縦軸に摩擦係数をとり,横軸に軸受特性数〔1.3.1(5)参照〕$\eta N/p$ (η:潤滑油粘度,N:回転速度またはしゅう動速度/基準長さ,p:面圧)で実験結果を整理すると図1.4.1のような曲線になることが多い。こうして得られたグラフをストライベック線図と呼ぶ。

2面間に流体が介在する場合,潤滑形態を流体潤滑 (Hydrodynamic lubrication) と呼び,このとき摩擦係数は軸受特性数に対し1本の曲線になる。図1.4.1ではABが流体潤滑に対応する。軸受特性数の値は2面間距離Hとも対応しており,軸受特性数が小さくなるとHも小さくなる。こうして2面の接触がはじまると流体潤滑領域からはずれて摩擦係数は大きくなり,一定の値をとるようになる (図のCD)。このときの潤滑形態を境界潤滑 (boundary lubrication) と呼び,2固体面は境界潤滑膜(吸着膜)を介して接触・しょう動していると考える。また,流体潤滑形態から境界潤滑形態に移行する中間(図のBC)は両者が混在していると考えられ,このときの潤滑形態を混合潤滑 (mixed lubrication) という。

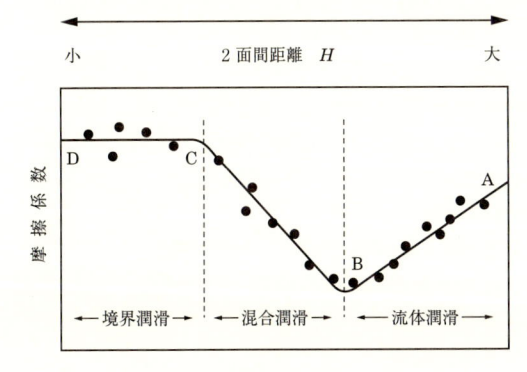

潤滑設計の観点からいえば,変数$\eta N/p$のより広い領域に対して流体潤滑状態が実現されているのが望ましく,潤滑油の選定の工夫,表面形状の最適化などがなされている。

(2) 境界潤滑の概念およびバウデン・テーバーのモデル

無潤滑に比べて,固体2面間に液体潤滑膜が1分子層でもあれば摩擦係数は低下する。1920年代にHardyとDoubledayが数種類の固体材料と液体LB膜 (Langmuir-Brodgett膜:1層ごとに配向させた液体膜) とを組み合わせて実験を行なった[1]。そして,境界潤滑膜によって固体同士の凝着が妨げられて摩擦力は低下する,すなわち固体のせん断(乾燥摩擦)が液体のせん断(境界潤滑)に置き換えられることが境界潤滑の基本的メカニズムであると考えた。このときの摩擦力は境界潤滑膜の強度によって決まり,潤滑剤バルク粘度,しゅう動速度および面圧にはよらなくなる。また,固体表面に吸着性がよい境界潤滑膜ほど摩擦係数を低下させ,固体表面に吸着した酸化膜,汚れなども同様に摩擦力を低下させる効果をもつ。

さて,固体表面は粗さのため部分的に接触しており,そこでは固体表面が塑性変形するほど面圧,せん断応力ともに高い。境界潤滑膜も破断することが考えられ,そこでは固体同士が接触している。接触部に占めるその割合をαとして,BowdenとTaborは次の摩擦力モデルを提案した(図1.4.2)[2]。

$$F = A_r\{\alpha \tau_s + (1-\alpha)\tau_l\} \tag{1.4.1}$$

ただし,Fは摩擦力,A_rは真実接触面積,τ_sは固体接触部のせん断強度,τ_lは境界潤滑膜のせん断強度である。良好な境界潤滑剤ほどαの値が小さく,

図1.4.1 ストライベック線図

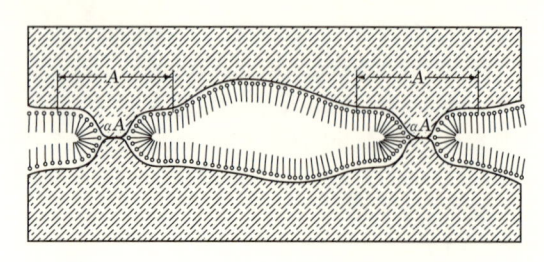

図1.4.2 BowdenとTaborの境界潤滑モデル
〔出典：文献2)〕

金属セッケンでは2%，より潤滑作用の低い固体膜において5〜10%，液体膜においては15〜25%であるとしている[2]．

さてA_rが荷重に比例すると仮定すれば，摩擦係数C_fは

$$C_f \propto \alpha \tau_s + (1-\alpha) \tau_l \qquad (1.4.2)$$

と表わされる．Amontons-Coulombの摩擦の法則を境界潤滑まで適用させて，摩擦係数は荷重に依存しない（一定）とすると，一般に$\tau_s > \tau_l$であるから，τ_s, τ_l, αも荷重に依存せず一定の値をとることになる．ところが，固体表面間のLB膜の層数を増やすと摩擦係数は低下する．すなわち，τ_lは一定ではなく，バウデン・テーバーの摩擦モデルの限界がここにある．

（3）液体膜の構造化

固体表面上の液体分子は主として固体表面のファンデルワールスポテンシャルおよび静電気ポテンシャルに束縛されて吸着する．固体表面上の液体分子は構造化（配向）し，構造化した液体分子は固体的な特性をもち，せん断強度も高い．また，これらのポテンシャルは固体表面から離れるに従って急速に減少する．例えば2平面間のファンワールスポテンシャル（単位面積あたり）は

$$w_{vdw} = -A/12\pi D^2 \qquad (1.4.3)$$

で与えられる．ただし，A：ハマカー定数（$\sim 10^{-19}$J），D：2面間距離である．したがって，固体表面から離れるにしたがって構造性がなくなり，境界膜のせん断強度は液体バルクの強度に近づく．

さらに，液体分子が構造化すると液体中に分子の密度分布が生じ，これが新たなポテンシャル場を引き起こすことが知られている．また，構造化，固体化した液体膜の強度は温度にも依存し，これを論じるには熱活性モデルが必要となろう[3]．

（4）液体超薄膜の特異性

上で述べた液体膜の構造化の他に，バルク液体に比べて液体超薄膜の粘性係数は次のような特異性を示す．
・粘性係数がけた違いに大きい．
・緩和時間がけた違いに大きい．
・shear thinningを起こす．
・固化しやすい．

これらの特異性は主として実験的に確かめられているが[4]，信頼性のある定量的なデータを得るには至っておらず，今後の研究が待たれる．また，分子動力学法などの計算機シミュレーションによって液体超薄膜の特性が求められるようになってきたが，実験との定量的な一致はまだ得られていない[5]．

このように，バウデン・テーバーの摩擦モデルを改良するなどして，緻密な境界潤滑モデルを構築するには，まだ努力が必要である．

1.4.2 混合潤滑のモデル

混合潤滑は流体潤滑と境界潤滑の両者が混在するとしてモデル化が行なわれる．流体潤滑を添字fで，境界潤滑を添字bで表わすと，荷重が両潤滑領域で分担されるから，

$$w = \sum \int p_f \, dA_f + \sum \int p_b \, dA_b \qquad (1.4.4)$$

と表わせる．ただし，pは圧力，Aは面積であり，総和記号$\sum$があるのは，流体潤滑，混合潤滑ともにいくつかに分散しているからである．式(1.4.4)を解くのは困難であり，混合潤滑領域全体が均質であることを仮定して，微小領域dAに加わる荷重は

$$dW = p_f \, dA_f + p_b \, dA_b \qquad (1.4.5)$$

で与えられると仮定する．ただし，$dA = dA_f + dA_b$である．続いて，p_fは例えばPatirとChengの修正レイノルズ方程式[6]から，またp_bはGreenwoodとTrippの接触モデル[7]から求める．しかし，両潤滑状態の分担割合を知ることが重要であって，これは2面の平均距離によって，また表面粗さによっても異なる．多くは，まず平均油膜厚さを仮定し，流体潤滑理論により油膜の分担荷重を計算し，一方で油膜厚さと粗さの統計量から固体接触荷重を計算する．そして，両者の合計が負荷と釣り合うまで繰返し計算を行なうという手法がとられる[8]．

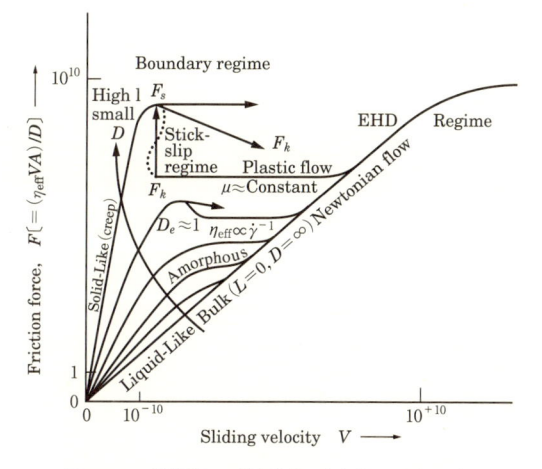

図 1.4.3　超薄膜の摩擦特性〔出典：文献 9）〕

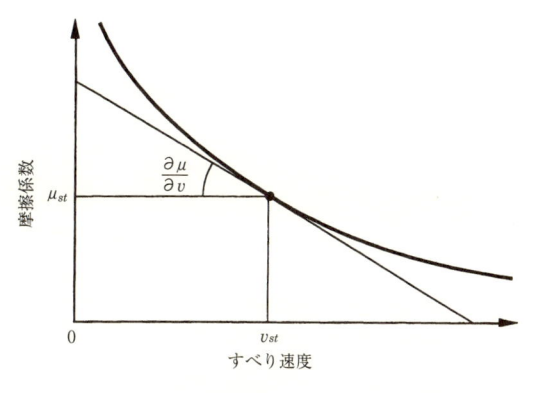

図 1.4.4　摩擦係数とすべり速度の関係

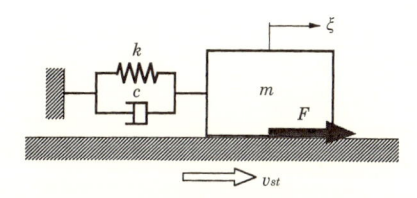

図 1.4.5　1 自由度摩擦振動モデル

1.4.3　境界・混合潤滑下での摩擦特性
（1）超薄膜の摩擦特性

前節で示したように厚さが 10 nm 以下の液体超薄膜は特異性を示す．このため摩擦特性も単純に表わすことはできず，すべり速度，膜厚，荷重等に依存する．これらのことを考慮して，Luengoら[9]は超薄膜の摩擦特性を図 1.4.3 のように表わしている．超薄膜においては固体の表面間力が無視できず，すなわち荷重が働かなくても摩擦力は存在するため，彼らは摩擦係数でなく摩擦力でトライボロジー特性を評価すべきであると主張している．超薄膜が介在する場合にも，固体摩擦のように，すべり速度に依存せず一定の摩擦力を示すこと，またスティックスリップしやすい領域も示されていることなど興味深い．

（2）摩擦振動

図 1.4.4 に示す単純な力学モデルにおいて質点とベルトとの間の静摩擦係数を μ_s，動摩擦係数を μ_d （$<\mu_s$）とする．一定の速度 v で動くベルト上に置かれた質量 m の質点がベルトとともに移動して，ばねの自然長からの伸び x は次第に大きくなる．ばね力 kx が最大静止摩擦力 $\mu_s \cdot mg$ （g は重力加速度）に達すると，質点とベルトとの間ですべりが生じて質点はばねの復元力によって図の右方に戻る．それによりばねの復元力 kx が動摩擦力 $\mu_d \cdot mg$ より小さくなると，質点はベルトとの相対すべりはなくなり再びベルトに引きずられて図の左方へ動きはじめる．この繰返しがスティックスリップである．したがって，一般には，すべり系において摩擦係数 μ とすべり速度 v との関係を調べたとき，μ の v に関する微分係数 $\partial\mu/\partial v$ が負の値になるとステック（付着）しなくても摩擦振動が発生しやすい（図1.4.4）．図 1.4.5 のような，ばねおよびダッシュポットで支持された，すべりを伴う 1 自由度の力学系を考えたとき，質点 m の運動方程式は

$$m\ddot{\xi}+\left(c+\frac{\partial \mu}{\partial v}N\right)\dot{\xi}=\mu N \quad (1.4.6)$$

で与えられ，式(1.4.6)の解は

$$\xi=\xi_0 \exp\left(-\frac{c+\frac{\partial \mu}{\partial v}N}{2m}\right)\sin(\omega\sqrt{1-\gamma^2}+\varphi)+\text{const} \quad (1.4.7)$$

となる．ただし，m：物体の質量，ξ：物体の変位，c：減衰定数，μ：摩擦係数，v：すべり速度，N：摩擦面に加わる垂直荷重，k：ばね定数，

$$\omega=\sqrt{\frac{m}{k}},\quad \gamma=\frac{c+\frac{\partial \mu}{\partial v}N}{2\sqrt{mk}} \quad (1.4.8)$$

である．

$c+(\partial\mu/\partial v)N$ が正の値をとれば振動は減衰するが，負の場合には振動は増幅する．一般には $c>0$ であるが，摩擦係数はすべり速度の増加に伴って減

少する傾向があり，摩擦振動を生じる原因となる．前項で述べた図1.4.3では$dF/dv<0$になると摩擦振動が発生するとしているが，これも同じ理屈である．クラッチのシャダー，ブレーキの鳴き，ワイパーのびびり振動も同じ現象である．

摩擦振動の発生を防ぐために，すべり速度に対して摩擦係数が正勾配をとるようにすべり系が調整される．多くの場合には潤滑油添加剤による．ただし，動的な応答に対して，静的な摩擦係数-すべり速度の関係から対応するのは限界があることが指摘されている．

1.4.4 固体潤滑のモデル

摩擦係数を下げるため，また固体接触を避けるために流体潤滑状態の実現が望まれるが，流体の代わりにせん断強度の低い物質を固体間に薄く介在させることも行なわれる．

固体間のすべりに関して最も簡単なモデルを使うと，摩擦力Fは

$$F = As \tag{1.4.8}$$

で表わせる．ただし，Aは接触面積，sは固体表面のせん断強度である（異なった固体間のせん断の場合には軟らかい方の材料のせん断強度）．一般に，硬い材料をしゅう動面に用いれば，Aは小さくsは大きく，逆に軟らかい材料を用いればAは大きくsは小さい．ところで，硬い材料の表面に軟らかい材料の薄膜を何らかの方法で形成して，荷重を下地の硬い金属に受け持たせ，せん断を軟らかい薄膜に受け持たせればAもsも小さくなり，結果として摩擦力も小さくなる（図1.4.6[10]）．このような考えでしょう動面間に軟らかい固体材料を固体潤滑剤として介在させることがよく行なわれ，例えば二硫化モリブデン，カーボン，PTFEなどが用いられる．

文　献

1) W. B. Hardy & I. Doubleday : Proc. R. Soc. London,

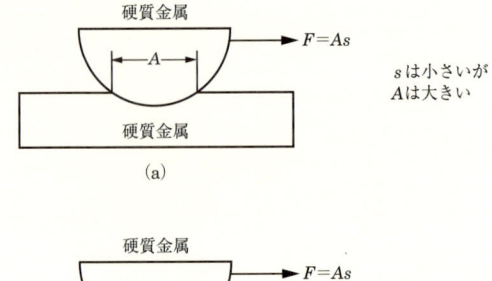

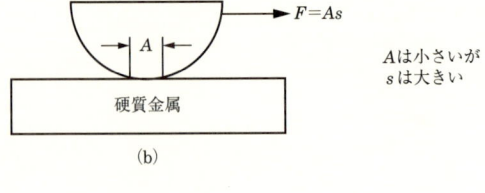

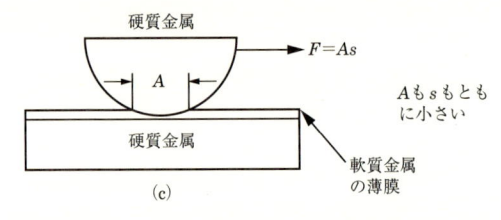

図1.4.6　柔らかい固体薄膜による潤滑〔出典：文献10〕

A100 (1922) 550.
2) バウデン・テイバー：固体の摩擦と潤滑，丸善 (1961) 209.
3) B. J. Briscoe & D. C. B. Evans : Proc. R. Soc. Lond., **A380** (1982) 389.
4) S. Granick : Science, **253**, 20 Sept. (1991) 1374.
5) A. Koike & M. Yoneya : Langmuir, **13**, 6 (1997) 1718.
6) N. Patir & H. S. Cheng : Trans. ASME. Ser. F, J. Lub. Tech., **101**, 2 (1979) 220.
7) J. A. Greenwood & J. H. Tripp : Proc. I. Mech. E., **185**, 48/71 (1970-71) 625.
8) 桃園：京極：中原：トライボロジスト，**41**, 4 (1996) 348.
9) G. Luengo, at al. : Wear, **200** (1996) 328.
10) バウデン・テイバー：固体の摩擦と潤滑，丸善 (1961) 100.

第2章 すべり軸受

2.1 すべり軸受の選定方法

2.1.1 すべり軸受の機能と選定

機械装置に組み込まれるすべり軸受が果たすべき基本的な機能は，軸に負荷される荷重を受け止める，軸本来の運動（回転あるいは往復動など）に対する摩擦抵抗を極小にする，軸本来の運動以外の好ましくない運動（軸の心ぶれ，ふれまわり，軸方向への変位や振動など）を極小に抑制する，の三つが挙げられる．その機能の定量的な表現，例えば負荷容量，摩擦係数，油膜の剛性係数と減衰係数，軸の振動振幅などの数値が性能である．

すべり軸受は，与えられた運転条件のもとでこの性能を実現し，設定された寿命に達するまでの間その性能を維持するように選定，設計されなければならない．また，コストを含む様々な制約条件も満足させる必要がある．

2.1.2 すべり軸受の種類

すべり軸受には多様な属性があり，それらの属性それぞれで分類する多様な呼び方がある．荷重の方向では，回転軸の半径方向の荷重を支えるジャーナル軸受と軸方向の荷重を支えるスラスト軸受，荷重の時間変動では，ベクトル的に一定の荷重を支える静荷重軸受と，大きさや方向が時間的に変動する荷重を支える動荷重軸受，負荷荷重に対抗する軸受反力の発生方法では，動圧軸受と静圧軸受がある．この他，潤滑面形状，軸受構造と軸受材料，使用潤滑剤の種類，潤滑方法で分類する呼び方がある．

荷重とすべり速度が大きくて軸と軸受が直接接触すると表面損傷を引き起こす恐れがある軸受では，十分な厚さの潤滑膜を形成することが必須である．ゾンマーフェルト数の値が大きくて動圧による油膜形成が十分可能な場合は動圧軸受が選定されるが，そうでない場合は一定程度の潤滑膜を静圧により確保するために静圧軸受を選定しなくてはならない．起動停止時あるいは超低速の連続運転時は動圧作用による油膜形成が困難であり，大荷重を支える大型すべり軸受ではこのようなときにだけ静圧を作用させて一定程度の油膜厚さを確保するための装置を動圧軸受に組み込むことも行なわれる．

静圧軸受は，低速でも十分な厚さの潤滑膜を形成して低摩擦を実現したい場合，あるいは剛性係数の

(a) 真円軸受　(b) 部分円弧軸受　(c) 圧力ダム軸受
(d) 二円弧軸受　(e) 三円弧軸受　(f) 四円弧軸受
(g) オフセット軸受　(h) ティルティングパッド軸受
1：ジャーナル　2：浮動ブシュ
3：固定ブシュ
(i) 浮動ブシュ軸受
(j) スパイラル溝軸受

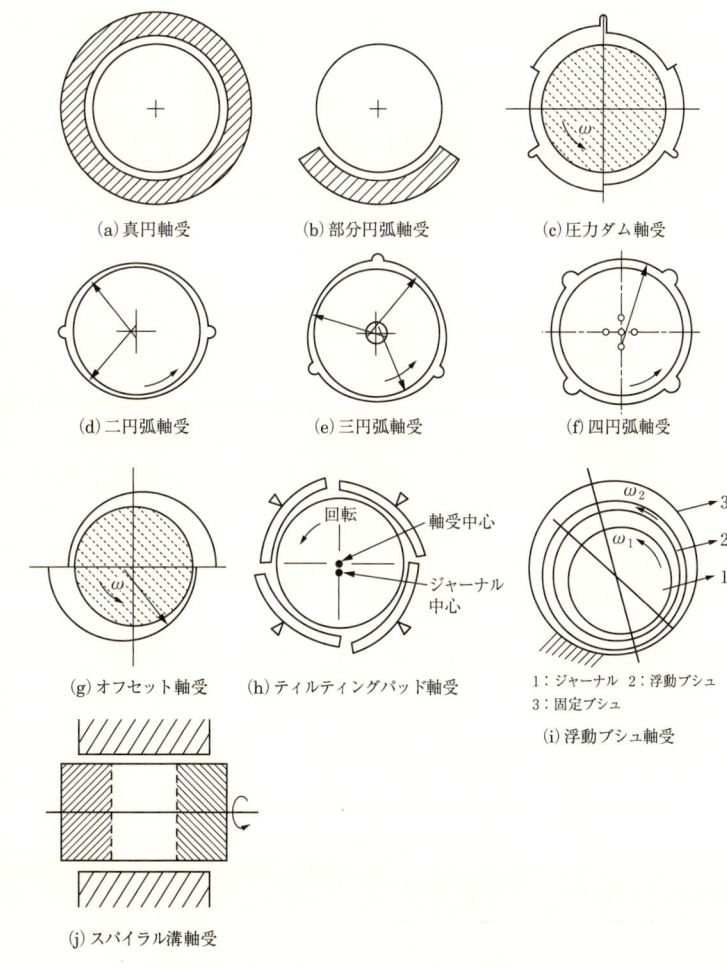

図2.1.1 動圧ジャーナル軸受の各種潤滑面形状

大きい潤滑膜を必要とする場合にも選定される（後者は特に気体軸受）．荷重やすべり速度が小さくて軸と軸受が直接接触しても表面損傷を引き起こす恐れが少ない軸受では，一定程度の直接接触が発生することを承知のうえで動圧軸受を選定することがある．ただし，直接接触や表面損傷を軽減できる軸受材料，表面処理と潤滑剤の組合せを選定するのが良い．

動圧ジャーナル軸受の潤滑面形状としては，図2.1.1 に示すように (a)真円軸受，(b)部分円弧軸受，(c)圧力ダム軸受，(d)二円弧軸受，(e)三円弧軸受，(f)四円弧軸受，(g)オフセット軸受，(h)ティルティングパッド軸受がある．これらの軸受は油膜の作用による軸の自励振動（オイルホイップ）の安定限界速度に違いがあり，静荷重下で使用される場合は主としてその観点から選択される．(i)浮動ブシュ軸受は極めて高速のターボチャージャ用すべり軸受として多用される．(j)スパイラル溝軸受，ヘリングボーン軸受は気体潤滑軸受として多用され，真円軸受よりも高い負荷能力と高い安定限界速度が必要な場合に使用される．

動圧スラスト軸受の潤滑面としては，図2.1.2 に示すように，(a)平行平面軸受，(b)傾斜平面軸受，(c)ティルティングパッド軸受，(d)テーパードランド軸受，(e)段付き軸受，(f)動圧ポケット軸受，(g)スパイラル溝軸受などがある．これらの軸受は負荷能力と調達コストに違いがあり，平行平板軸受は負荷能力が最も小さいが安価，ティルティングパッド軸受は負荷能力が最も大きいが高価である．

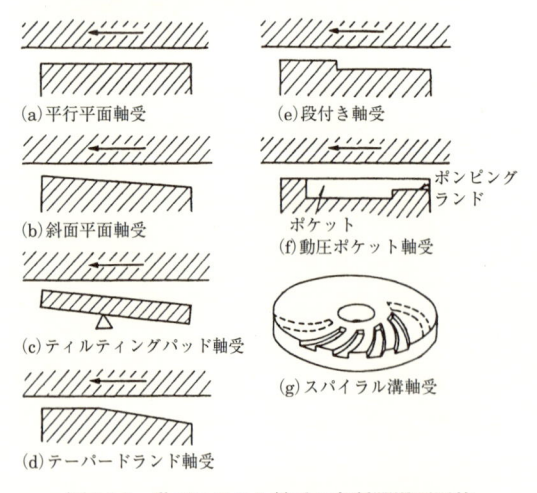

図2.1.2　動圧スラスト軸受の各種潤滑面形状

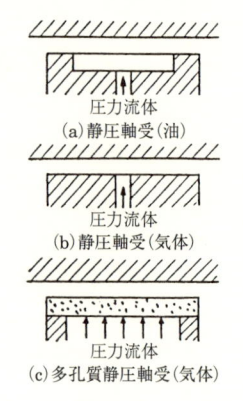

図2.1.3　静圧スラスト軸受の各種潤滑面形状

静圧軸受は絞り，ポケット，ランドの三つの要素を組み合わせて負荷能力と軸受剛性を得るようになっている．絞りには，液体潤滑剤ではオリフィス絞りが普通であるが，気体潤滑では多孔質絞り，自成絞り，表面絞りも用いられる（図2.1.3）．

軸受の構造および使用材料では，各種プラスチック，青銅，アルミ合金，鋳鉄などの単一材料で製作された単層構造の軸受，鋼の裏金に各種軸受合金を接着した二層構造軸受，二層構造軸受の軸受合金表面にオーバレイと呼ばれる薄い合金層を設けた三層構造軸受がある．単層軸受は荷重や速度が比較的小さい場合に適していて，軸受内に含浸あるいは配合した潤滑油や固体潤滑剤で潤滑を行なう場合が多い．静荷重すべり軸受の多くは二層構造軸受であり，トライボロジー的な機能は表面の軸受合金層で，荷重に対する強度と熱の放散とは鋼の裏金で，それぞれ分担する．三層軸受は主としてエンジン用動荷重すべり軸受として多用される．

すべり軸受の潤滑剤として最も普通に用いられるのは鉱油系の潤滑油であって，さまざまな粘性係数の潤滑油が市販品として用意されている．また軸受の運転条件，使用環境，要求性能，要求寿命などに合わせて多様な組合せの添加剤が調合され，潤滑油に添加されるのが普通である．環境や周辺機器あるいは取り扱う製品が漏洩した潤滑油によって汚染されることを防ぐため，清水，海水，炭酸ガス，ヘリウムなどのプロセス流体をそのまま流体潤滑剤として用いる場合がある．また空気は供給，放出についての障害がほとんどない便利で安価な潤滑剤として使用される．半固体状のグリースは軸受外部への漏出防止対策が潤滑油よりも容易であり，軸受にいっ

たん封入されたら長時間補給なしで軸受を運転できるという利点があるので，軸受の運転コスト，メンテナンスコストを低減したい機械のすべり軸受に用いられる．液体，気体の潤滑剤を用いることのできない環境で使用される軸受や液体，気体では表面損傷を防止できるだけの潤滑膜を形成することが困難である場合には，自己潤滑性のプラスチック，軟質金属，二硫化モリブデンなど固体潤滑剤が使用されるが，流体潤滑のような低摩擦と高負荷容量は望めない．

軸受への潤滑油の供給方法として，大流量を必要とする高速，大型のすべり軸受の場合は，潤滑油を軸受の潤滑面入口に設けた給油孔や給油溝までポンプで圧送する強制給油が行なわれる．潤滑面全体を潤滑剤中に浸ける方法は高い供給信頼性が特徴であるが，高速運転ではかくはん損失が大きくなるという欠点がある．回転軸とともに回転するリングやカラーの一部分が常に貯留する潤滑油に浸されていると，回転運動により潤滑油が軸受面内に引き込まれて供給される方法もあるが，大流量が必要な場合は適さない．

潤滑面内全体に適量の，また適温の潤滑剤を供給するためには，油孔，油溝の形状，配置と個数の選定が重要である．例えば，油孔，油溝を負荷荷重ベクトルが向く方向の位置に設けると，動圧により発生した油膜圧力に抗して給油しなければならず，給油が困難となったり，油孔，油溝のために発生圧力が小さくなって軸受負荷容量が低下する場合もある．

タービン，コンプレッサなどの回転機械用すべり軸受は，大荷重，高速で連続運転されることから，大きな油膜反力，低摩擦，長寿命，信頼性が求められ，また回転軸の振動振幅を許容値以下に抑制しなくてはならない．このため，大きな軸受反力と小さな摩擦抵抗を実現する厚い流体潤滑膜が軸受に形成できるよう，また適切な振動抑制効果が実現できるよう，軸受構造と潤滑面形状を選定，設計する．この場合，軸の高速回転を利用して信頼性の高い動圧流体潤滑の原理による流体潤滑膜の形成が可能である．潤滑剤としては鉱油系潤滑油を用い，軸受面に大流量の潤滑油を容易に供給できるよう，軸受の適切な位置に設けた油溝に強制給油を行なう．立型回転軸のスラスト軸受では油浴式潤滑も多用される．

軸受の材料，構造としては，機械の据付け誤差を吸収し，摩耗粉などの異物を埋収するため，強度の高い裏金の表面に比較的変形しやすい柔らかなホワイトメタルなどの軸受合金を溶着した軸受が用いられる．小型高速の回転機械では必要な軸受反力が小さくて済むので，粘性係数の小さい気体を潤滑剤として使用することができ，またそうすると軸受の摩擦抵抗を減じることができる．しかし，気体には起動，停止時など潤滑膜が薄くなったときの固体接触と表面損傷を軽減する境界潤滑能がほとんどないので，軸と軸受面材料の強化が必要となる．

自動車用往復動エンジンのすべり軸受は，その運転条件から流体潤滑状態を必要とし，またそれが達成可能である．エンジンの小型化に対する厳しい要求からエンジン用すべり軸受の寸法はますます小さくなる傾向にある．このため，軸受平均面圧の最高値が大きくなり，最小油膜厚さは極めて小さくなり，しかも高温の燃焼ガスの影響を受けて軸受温度も比較的高くなる．また作用する荷重は繰返し変動荷重である．このため，すべり軸受の弾性変形量の制御による油膜厚みの確保，軸受面材料設計および潤滑油設計による軸受の耐荷重強度，高温強度，耐焼付き性，耐疲労性，耐腐食性の確保が重要となる．またジャーナルの運動により油膜中に発生した負圧が正圧に回復する際に軸受面に生じるキャビテーションエロージョン損傷を防止するため，給油孔，給油溝の設計が重要となる．

低速になると動圧流体潤滑の原理による潤滑膜形成が困難になる．このようなときでも流体潤滑膜を保持すべきすべり軸受では，ポンプやコンプレッサで加圧した高圧の潤滑剤を軸受すきま内へ送り込んで一定程度の潤滑膜厚さを確保する静圧流体潤滑の採用が必要となる．

全体としては流体潤滑状態であるが，固体接触も一部発生する混合潤滑状態で運転せざるを得ないすべり軸受，流体潤滑状態の運転が望めず境界潤滑状態で運転されるすべり軸受，あるいは液体の潤滑剤が全く使用できないすべり軸受では，潤滑面形状の設計よりも表面損傷を軽減するための軸受構造，軸受材料および軸受表面処理の選定，潤滑剤の選定の方が重要になる．

最近実用化が進んでいる磁気軸受はすべり軸受ではないが，永久磁石や制御された電磁石の電磁気的な力により軸受反力を発生させるジャーナル軸受，スラスト軸受であって，潤滑剤が不要であるため高

速運転，宇宙環境や真空環境での使用に適する．

2.1.3 すべり軸受の選定・設計の手順

すべり軸受に要求される性能，寿命および運転条件などによって，採用すべきすべり軸受の種類と詳細設計が決まる．すべり軸受の選定，設計に当たってまず第一義的に分類すべきは，すべり面の潤滑状態としてとるべきタイプであり，これは完全な流体潤滑状態，混合潤滑状態，境界潤滑状態，無潤滑あるいは固体潤滑状態，の四つに大別される．多くの場合，軸受の径，長さ，軸の速度は先行する他の設計により，決められている．これも含めて制約条件として与えられる設計変数（客先からの指定も含む）および一定の範囲内で自由に選ぶことのできる設計変数の組合せから，すべり軸受面がどの潤滑状態を必要とするか，また，どの潤滑状態が達成可能か，をまず決定しなくてはならない．さらに，様々な制約条件の優先順位付けにより，正しい設計解が異なってくるので，設計作業開始以前に優先順位づけを明確にしておく必要がある．

流体潤滑で作動するすべり軸受を設計することに決定した場合は，潤滑面形状を含む軸受の形式および軸受材料をまず選ぶことになる．次に使用する潤滑油を定め，軸受の静特性，動特性が制約条件を満足するかどうかを調べる．満足しない場合は最終設計解に到達するまで設計変数を手直しして手順を繰り返す．混合潤滑，境界潤滑，固体潤滑の軸受を設計する場合は，軸受材料，潤滑油とその添加剤，あるいは固体潤滑剤の選定の重要度が高い．

実際の設計業務において，全く新しい機械あるいは新シリーズの機種を設計するときを除き，すべり軸受を全くのはじめから設計するということはほとんどないといってよい．通常，過去に行なった実験や解析結果をもとに作成したデータベースから最も適切と思われるすべり軸受を選定し，今回設計する機械に適するかどうかを確認する作業が中心となる．これは，製品管理，コスト管理のうえからは軸受もできるだけ標準品が共通的に使用できれば望ましいからであり，またその軸受に要求される様々な制約条件は従来の設計解にひととおり実現されているので，ある程度の信頼性をもって応用することができるからである．

確認すべきことは軸受の静特性だけでなく，その軸受を使用する回転機械の振動応答振幅特性，自励振動の安定性も含まれるので，軸受設計作業はトライボロジーのみならずロータダイナミクスの領域まで踏み込む必要がある．確認作業はユーザーフレンドリーなコンピュータプログラムによる計算，データベースの検索，無次元パラメータにより整理された図表から読み取ることなどで行なう．確認の結果，不安材料があれば，詳細な解析を行なったり，設計変数の値を変更して設計作業を繰り返し続行する．要求性能，制約条件を満足しつつ特定の性能について最大化，あるいは最小化を図る最適設計ツールが開発されれば設計はもっと迅速，容易，高度化するであろう．

2.1.4 回転機械用流体潤滑すべり軸受の選定・設計の具体的手順の例

各種機械の特徴に応じて若干の違いはあるがおおむね次のような手順がとられる．

① 軸受荷重の決定

軸受荷重は先行する回転体強度，流体設計などによりほぼ自動的に決定される．複数ロータを結合するタンデム形式では，軸受アライメントの変化による軸受荷重の変動も見込む．部分負荷の場合など，流体力の作用のため軸受荷重が必ずしも鉛直下向きとは限らない．また，電磁力による不平衡力が特定の向きの荷重ベクトルとして加わる場合がある．

② 伝達トルクの決定

機械のなす仕事と軸回転速度からトルクが計算される．

③ 軸受寸法の決定

①，②および軸系の曲げ固有振動数の選定より，軸受の直径，長さ（幅）が決定される．実際には，すでに作成されているデータベース中にある標準シリーズから適切なものが選定されることが多い．なお，軸受形式，油溝寸法，パッド寸法（開き角，厚み，枚数，予圧係数）は過去の設計や経験の蓄積から，設計される機種によってあらかじめ定められている場合が多い．

④ 軸受静特性の計算

ゾンマーフェルト数，レイノルズ数，最小油膜厚さとその位置，必要給油量，摩擦損失（摩擦係数，発生熱量），排油温度，軸受温度が，回転速度0から定格軸回転速度（あるいはそれ以上の回転速度）までどのように変動するか，それぞれの制限値が理論的，経験的に定められているものはその制限内に

入っているかを確認する．なお，定格回転速度は回転機械の初期設計により決定されてしまうことが多い．

計算に際して必要な，給油温度，軸受すきまは設計対象の回転機械によって定まる標準値を使用することが多い．

求まった性能が過去の実績から大きくずれていたり制限値を越えていれば，軸受形状（直径と長さ），パッド枚数，軸受すきま，予圧係数，給油量，軸受形式などの変更を行ない，満足するまで確認作業を行なう．なお，給油量の大小は軸受付帯設備としての潤滑油供給装置のコストにはねかえる．

⑤軸受動特性の計算

静特性で得られたゾンマーフェルト数，レイノルズ数，偏心率より，回転速度0から定格軸回転速度（あるいはそれ以上の回転速度）までの領域での油膜動特性（油膜の剛性と減衰）が得られる．

⑥安定性の判別

回転軸系のデータと⑤のデータから，定格回転速度，必要ならば定格以上の運転速度までの回転軸系の減衰比の変動を計算し，系が不安定にならないこと，減衰比が著しく小さくないことを確認する．

⑦回転軸系の振動応答計算

回転軸系のデータと⑤のデータから，想定される不釣合いによる回転軸系の振動応答モード，振幅を定格回転速度あるいは必要とされるそれ以上の運転速度まで求める．振動応答では，JIS，ISO，APIなどの各種規格あるいは標準に記載されている数値を満足させることが客先から要求されることが多く，⑥と⑦の結果が満足できるまで，軸受すきま，予圧係数，パッド寸法などを変えて設計を変更する．

2.2 回転機械用動圧すべり軸受

2.2.1 スラスト軸受

（1）テーパドランドスラスト軸受

テーパドランドスラスト軸受は，図2.2.1[1)]に示されるように，スラストカラーの回転により，テーパ部がくさび油膜を形成し，油膜圧力を発生させる．潤滑油は放射状の溝から供給され，これらの溝によって，図2.2.1(a)の一方向回転式では，スラスト面はほぼ正方形のパッド面に分割される．テーパ部の後端は，通常平行平面のランド部として，その長さはパッドの円周方向長さの約20%とする．この結果起動時に局部的な過度の接触応力を避けることができる．図2.2.1(b)に示す両方向回転の場合は，ランド部の比率は一方向回転と同じであるが，パッド面の両側にテーパ部を設ける必要があり，円周方向に長いパッドになる．この設計では，

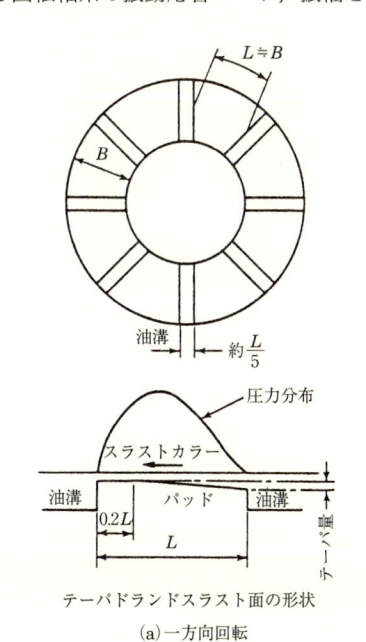

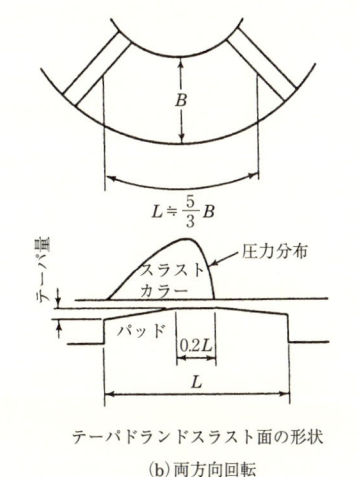

図2.2.1　テーパドランド軸受の構造〔出典：文献1)〕

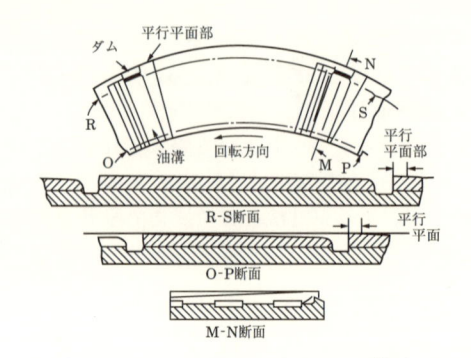

図2.2.2　テーパドランドスラスト軸受

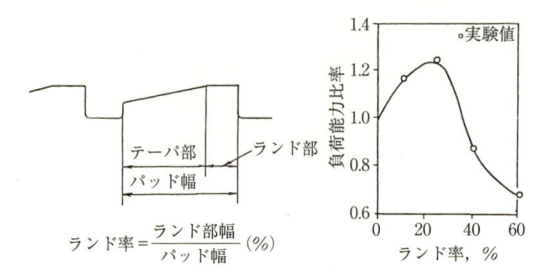

図2.2.3　ランド率と負荷能力の関係

一方向回転の場合に比べ，パッド数は約2/3となり，負荷能力は約65％，摩擦損失は約80％へ減少する．主に減速機，圧縮機等に用いられ，軸受平均面圧1.0 MPaまでの適用例が多い．また軸受すきまへ潤滑油を導入しやすくするため，油溝の外周側にダムを設けたり，内径側から外径側に向かってテーパ量を少なくして，負荷能力の向上を図る設計例などがある．

図2.2.2は蒸気タービン等の大型回転機械に用いられる一方向回転用テーパドランドスラスト軸受の構造を示したものである．この軸受は図に示すように周方向（R-S断面）および半径方向（M-N断面）にテーパ部が設けられている．これによりスラストカラーによる回転方向の流れと，遠心力による半径方向の流れの双方で動圧が発生するため負荷能力が高く，軸受平均面圧は1.5 MPa程度，最小油膜厚さは50μm前後で，軸受温度は100℃以下に設計されるものが多い．

テーパ部とランド部の比は図2.2.3に示すように最適値があり，ランド部が20％前後が最も負荷能力が高い．

（2）ティルティングパッドスラスト軸受

ティルティングパッドスラスト軸受は複数のパッドをリング状に配置し，スラスト荷重を各パッドが負荷分担する．各々のパッドは，回転とともに，背面のピボットを支点として傾斜する．これにより，パッド表面とスラストカラーとのすきま内にくさび油膜が発生し，荷重を支えることができる．パッドの支持位置は，正逆両方向の回転に適用できるよう通常中央部に設けることが多い．図2.2.4にティルティングパッドスラスト軸受の代表例を示す．図2.2.5[1]は，軸受の負荷を全パッドへ均等に配分するためにレベリングプレートの作用でパッドの高さ調整を自動的に行なうことのできるレベリング機構を示しており，この機構は広く使用されている．

図2.2.6はティルティングパッドスラスト軸受の構造と摩擦損失の発生部位と割合を示す．スラストカラーの両側にパッドが配置されて，推力が左右どちら方向になっても受けられる構造になっている．パッドしゅう動面の軸受合金は，なじみ性や耐食性に優れたホワイトメタルが一般的である．

図2.2.7に示すとおり，最大軸受平均面圧4.0 MPa，最小油膜厚さ，パッド表面最高温度のそれ

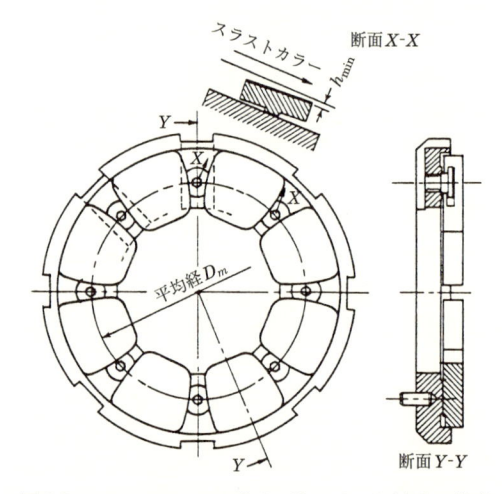

図2.2.4　ティルティングパッドスラスト軸受の構造

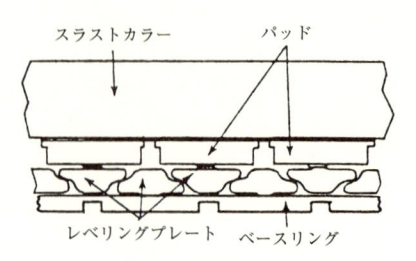

図2.2.5　レベリング機構〔出典：文献1〕

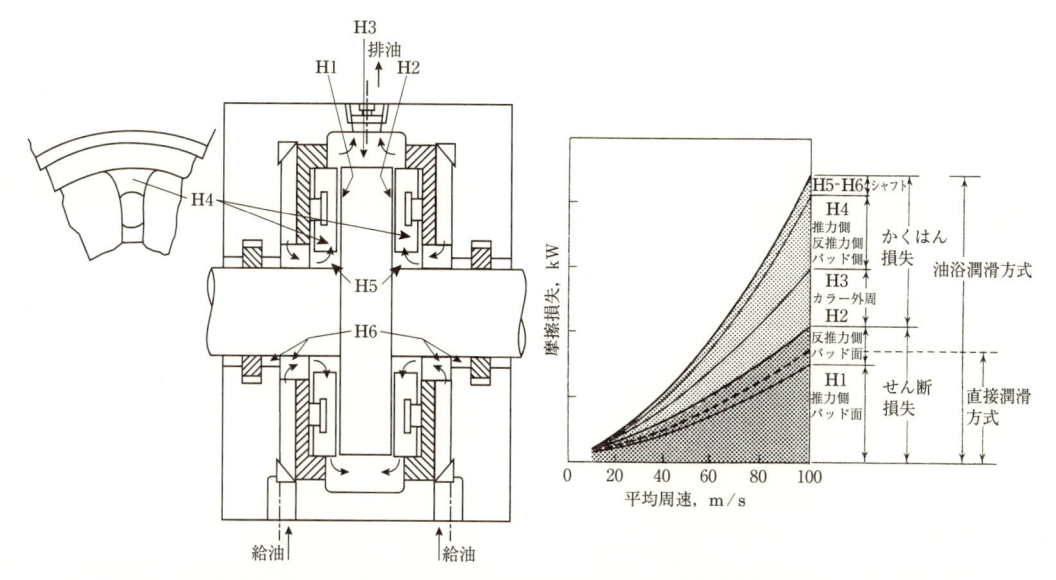

図2.2.6 油浴潤滑方式のティルティングパッドスラスト軸受の構造と摩擦損失の発生部位と割合

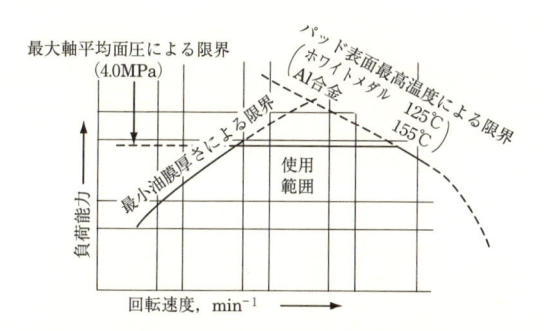

図2.2.7 ティルティングパッドスラスト軸受の使用範囲

それの限界線で囲まれた領域に入るようにするのがスラスト軸受の設計の基本である．速度の増加とともに油膜形成は有利になり，負荷能力は増加するが，高速側で温度による限界ができるため，最適なパッド数とパッドサイズを選ぶことが重要である．潤滑方法は，軸受内部が潤滑油で充満する油浴潤滑方式（flooded lubrication）が多用され，給油圧力 0.15 MPa で給油し，図2.2.6 に示すハウジング上部の潤滑油の出口をオリフィスで絞ることにより流量を調節する．

高周速下の使用では，摩擦損失の増加によって軸受温度が著しく上昇し，軸受の寿命に大きく影響を与えるので，(a)潤滑方式の変更，(b)パッド材質の変更，(c)パッド支持位置の変更，の対策がとられている．まず(a)の潤滑方式の変更について述べる．図2.2.6 に示されているように，摩擦損失は，パッドしゅう動面での油膜せん断損失（H1〜H2）とそれ以外の運動部分に接触する潤滑油部分のかくはん損失（H3〜H6）とに大別できる．一般的な油浴潤滑方式では，周速 60 m/s 以上の高速時にしゅう動面以外でのかくはん損失が急激に増加し，損失全体の主たる部分を占め，またパッド後端から排出された熱い潤滑油がそのまま次のパッドに流入しやすいので，その結果しゅう動面の入口温度が高くなり，必然的にパッド面温度の上昇に寄与することになる．そこで，油膜形成に必要な油がスラストカラー面へ向けてノズルから噴射される直接潤滑方式（directed lubrication）に変更すると，不要な潤滑油は軸受チャンバ内に滞留せず流出する構造とすることができるので，かくはん損失を最小限にすることができ，高速軸受の摩擦発熱抑制に効果的である．

図2.2.8 は直接潤滑方式による潤滑油の流れを示す．潤滑油は，軸受の背面の油溝を通過し，パッドストップへ導かれ，これに加工された給油ノズルから必要量のみをスラストカラーへ直接噴射される．

次に(b)のパッド材質の変更について述べる．ホワイトメタルは低融点の合金で構成されているため，温度上昇が大きくなると強度が低下する．ホワイトメタルの許容最高温度は 125℃ であるが，高温

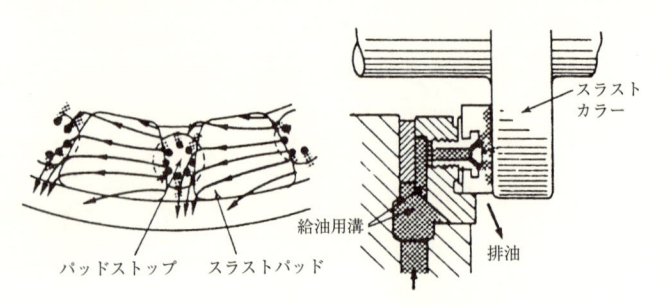

図 2.2.8 直接潤滑方式による潤滑油の流れ

特性の優れたアルミ合金（40% Sn-Al）を適用することにより 155℃ へ上げることができる．さらに裏金を熱伝導率の優れた銅合金（Cr-Cu が一般的）へ変更することにより，放熱性を改善し，しゅう動面の温度上昇を低減させることができる．

最後に，(c)のパッド支持位置の変更について述べる．ピボット位置をパッドの回転方向中央位置（センタ支持）からやや後端側にオフセットすることにより，くさび状の油膜形成を容易にして，油膜厚さを増加し，軸受温度を低減させることができる．図 2.2.9[3] は，潤滑方式，パッド支持位置の違いによってパッド最高温度が異なる様子を示す．油浴潤滑方式のセンタ支持に対して直接潤滑方式のオフセット支持では周速 100 m/s で軸受温度を約 30 ℃ 下げることができる．しかし，オフセット支持のパッドは軸の回転方向が一方向に限定され，両方向回転には対応できなくなるという欠点がある．また直接潤滑方式とアルミ合金のパッドの適用によって許容最高速度を通常の 130 m/s から 160 m/s まで増加させることができる．

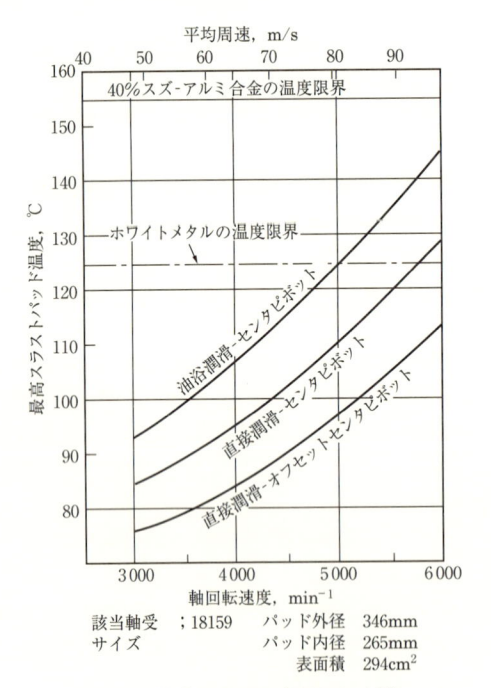

最近では，流体潤滑による油膜形成を期待できない起動および停止時の摩擦損失を低減し，高面圧下および高温下で耐摩耗性，耐疲労性，耐熱性に優れた樹脂材料である PEEK（ポリエーテルエーテルケトン）をパッド表面層に適用した軸受の試みもされている．

次に図 2.2.10[4] に全体構造を示す水車発電機用ティルティングパッドスラスト軸受の設計例について述べる．パッド枚数は 12〜20 枚，設計面圧は 3〜4 MPa が標準で，周速は速いもので約 50 m/s，油浴潤滑方式が一般に用いられている．潤滑油の冷却は油槽内に冷却管を設置して冷却水を通し，油槽内の潤滑油を冷却する方法，または油槽の外部に冷却装置を配置し，ポンプにより潤滑油を冷却する方法が採用される．先に述べたように油浴潤滑方式よりも直接噴射方式の方が摩擦損失低減，軸受冷却の点で有利であるが，停電時等でポンプが停止して潤滑油の供給が断たれた場合でも軸受の焼損を防止することができるという信頼性を重視して油浴潤滑方式が採用されている．

該当軸受サイズ；18159
パッド外径 346mm
パッド内径 265mm
表面積 294cm^2
スラスト荷重；0.34MPa（3000min^{-1} 時）
2.94MPa（6000min^{-1} 時）

図 2.2.9 潤滑方式とパッド支持位置の違いによる軸受表面温度への影響〔出典：文献 3）〕

図 2.2.10 水車発電機用スラスト軸受概観〔出典：文献 4）〕

第2章 すべり軸受

させる領域もあるが，δ_r は負荷能力の低下のみに作用するため，パッド変形の低減が重要である．

図 2.2.12[4] に軸受構造の一例を示す．この軸受はパッドが上部の裏金と下部の台金の二層構造となっている．台金は裏金に比べて板厚が大きく荷重変形を低減する構造となっている．また裏金と台金の接触部に冷却用の油溝を設けることにより台金への伝熱を防止し，台金の熱変形も同時に防止することを目的としている．図 2.2.13[5] は従来の一体型のスラストパッドと二層式のスラストパッドの半径方向の油膜厚さの比較を示したものである．一体型構造のパッドは半径方向に凹形に変形しているのに対し，二層式のパッドは変形がほとんどなく，しかも全体的に一体型に比べて油膜が厚い．また図 2.2.14 に示すように，軸受平均面圧 4 MPa のときの軸受表面最高温度も一体型に比べると 10℃ 低くなっている．

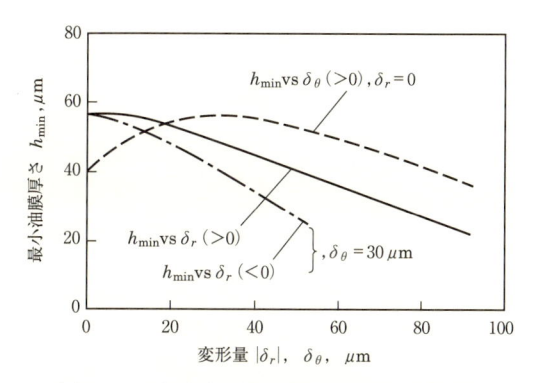

図 2.2.11 変形量が最小油膜厚さに与える影響
〔出典：文献 5)〕

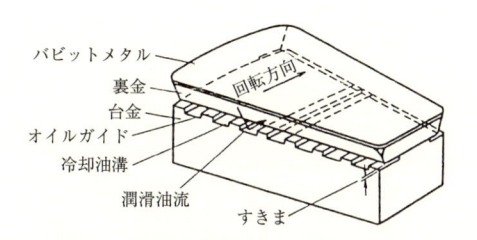

図 2.2.12 二層式軸受構造〔出典：文献 4)〕

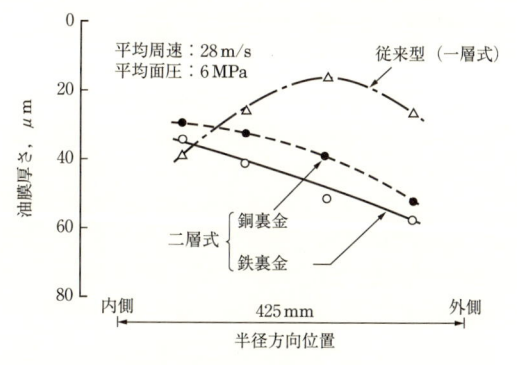

図 2.2.13 パッド後端の油膜厚さ（パッドサイズ：内径 915 mm，外径 1765 mm，パッド角度 21°，油槽温度 45℃）〔出典：文献 5)〕

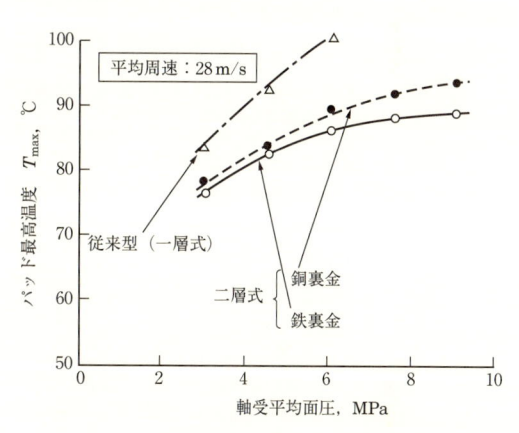

図 2.2.14 荷重に対するパッド最高温度

大型のティルティングパッド軸受の設計ではパッド変形低減と荷重分担の均一化が重要なポイントである．

まず，熱変形と荷重変形が重畳されたパッド変形を低減する設計法について述べる．図 2.2.11[5] はパッドの周方向および半径方向に計測したパッド厚み方向の変形量（クラウニング量）δ_θ および δ_r が最小油膜厚さに及ぼす影響について示したものである．周方向のクラウニング量 δ_θ は負荷能力を増加

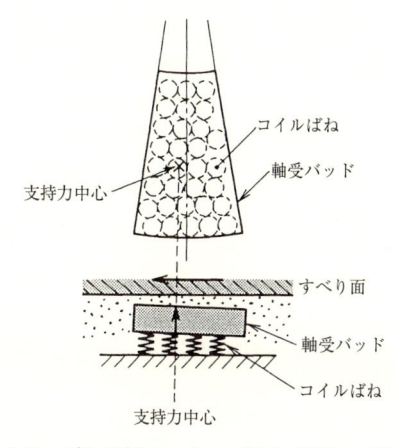

図 2.2.15 ばね支持ミッチェル軸受〔出典：文献 6)〕

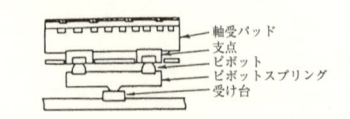

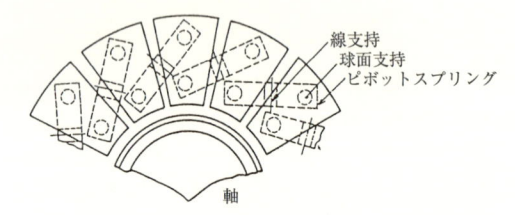

図 2.2.16 カスケードピボットスプリング支持構造

次に，各パッドの荷重分担の均一化を図る設計法について述べる．スラストパッドの冷却を強化し，変形を低減しても，各々のパッド面の高さが不均一であると，荷重が集中するパッドが焼損する．荷重分担を均一にする支持機構としては先に述べたキングスベリー型のレベリングプレートが一般的であるが，水車発電機用スラスト軸受の場合には図2.2.15[6,7]に示すようなマルチコイルスプリングを用いたものや，図 2.2.16 に示すようにレベリングプレートの機能を取り入れ，隣合うパッド間で高さを調整するカスケード型のピボットスプリング支持機構が実用化されている．これらの支持機構は個々のパッドの加工精度を上げて高さを均一化する代わりに，多少の寸法誤差を許容し，機構的な工夫で均一化を図ろうとするものである．

また上記以外の設計留意点としてはパッド後端から排出される高温の潤滑油がそのまま次のパッドのしゅう動部に流入するホットオイルキャリーオーバといわれる現象を抑制することである．このため，パッド間のすきまにおいて遠心力作用による半径方向の流れにのせて高温の潤滑油をできるだけ排出できるようにする，各パッド間に設けた給油パイプから冷却された潤滑油をパッド入口部に供給し，ランナに付着した次のパッドに入ろうとする高温の潤滑油を排除する，などの工夫がなされている．

2.2.2 ジャーナル軸受
(1) 小・中形回転機械用
a. 真円軸受

真円軸受は，形状が簡単で取付けに必要なスペースが小さく，製造コストも低いので，水車，発電機，電動機，減速機を中心に広く適用されている．図 2.2.17[8]に真円軸受の構造を示す．一般的には上下にそれぞれ180°の半円筒に分割される半割り軸受が用いられる．軸受面材料としてはホワイトメタルが多用される．幅径比は通常 0.5〜1.0 のものが多い．この幅径比を大きくすれば，軸受面圧は減少し，また軸受端部からの油量も少なくなり，漏れによる負荷能力の低下を防ぐことができるので，油膜厚さは増加する．しかし幅径比を大きくし過ぎると，軸受のアライメントを出す作業が困難となり，また流出抵抗が増えて油量が減少するので，軸受温度も上昇しがちであり，注意を要する．

軸受への潤滑は，軸受背面に給油用の溝があり，この溝を通して，上下の半割り軸受の合せ目部における軸受内面の油溝から給油する．油溝の寸法は，軸受内径をd，軸受幅をbとすると，一般に円周方向長さを$0.25d$，軸方向長さを$0.8b$とする．ハウジングに組み付けるときの位置決めは，軸受背面の切欠によりハウジングのボタンストップに合わせ，回転方向の動きを止める．図 2.2.18[8]は，平均直径すきまの推奨下限値を示す．運転速度が速い場合の平均直径すきまの下限値は，発熱を低減させるため，低速の場合よりも大きくなるように設定する．

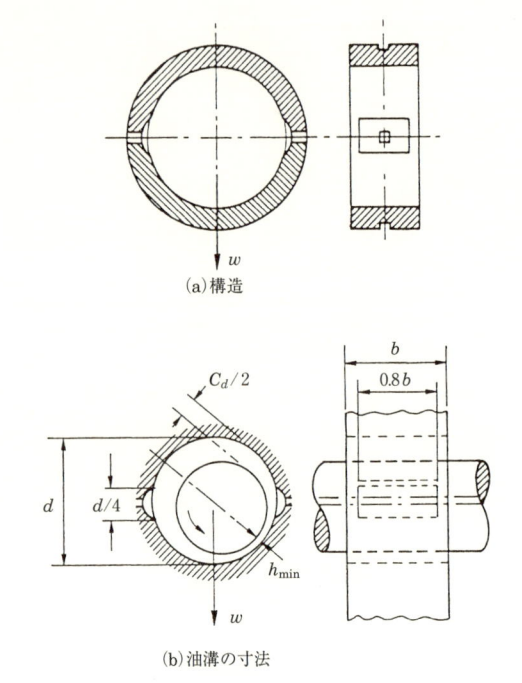

図 2.2.17 真円軸受の構造〔出典：文献 8）〕

(a) 構造
(b) 油溝の寸法

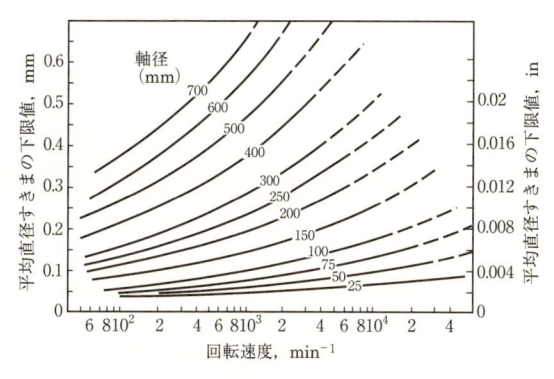

図 2.2.18 平均直径すきまの推奨下限値
〔出典：文献 8)〕

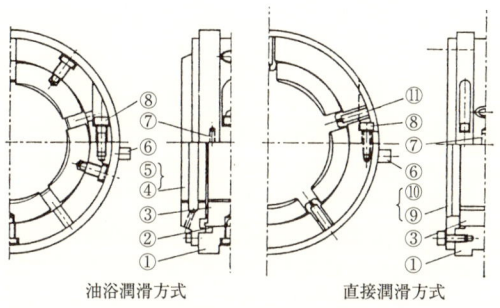

図 2.2.19 ティルティングパッドジャーナル軸受の構造

① キャリアリング　② パッド止めねじ　③ パッド　④ シール
⑤ シール止めねじ　⑥ ピン　⑦ 上下合わせピン　⑧ 締めつけねじ
⑨ プレート　⑩ プレート止めねじ　⑪ ノズル

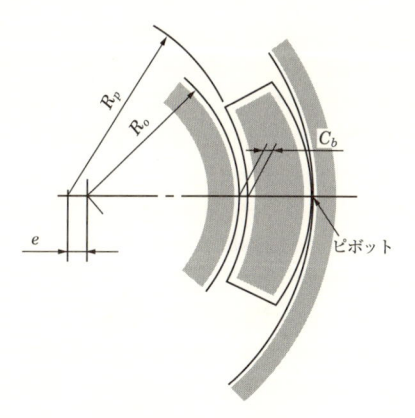

図 2.2.20 予圧係数

b. ティルティングパッドジャーナル軸受

ティルティングパッドジャーナル軸受は，揺動可能な複数枚のパッド（5 枚パッドが多用される）で軸受面を構成するもので，通常の使用では油膜による自励振動であるオイルホイップが発生しにくく安定領域の広い軸受として注目されている．

図 2.2.19 はティルティングパッドジャーナル軸受の構造を示す．荷重の負荷方法はパッドの中央で受ける（LOP：Load on pad）場合とパッド間で受ける（LBP：Load between pads）の二つの方法がある．パッド数が 3，4 個のように少ない場合には，両者で性能に差が生じ，LBP の方が負荷能力が大きく，各々のパッドにおける負荷分担も均一となる．

各々のパッドが軸に及ぼす油膜反力の方向は，軸中心を通るので，軸心軌跡は荷重線と常に一致しており（つまり偏心角 0°），油膜の弾性係数と減衰係数の連成項は 0 となる．したがって，この回転軸系は，連成項のない単純な質量-ばね-減衰系となり，本質的に安定となる．またパッド内径面の曲率半径を軸受中心からパッド内面までの距離より大きくして予圧を与えることにより油膜の弾性係数を増加させれば，パッドの軸の運動に対する追従遅れを小さくすることができ，パッド慣性のために不安定振動が発生しやすくなる低荷重高速時の安定性を確保することが可能である．この予圧の影響は，次式の予圧係数 m によって表わすことができる（図 2.2.20 参照）．

$$m = e/(e + C_b) = 1 - C_b/C_p \quad (2.2.1)$$

ここで，C_b はピボット位置の半径すきま，C_p はパッド内径と軸受とのすきまであり，$C_p = e + C_b = R_p - R_0$ で与えられる．

一般的な潤滑方法は，スラスト軸受と同様に油浴潤滑であり，軸受両側に取り付けたシール部の流路抵抗と給油圧力で油量を調整する．シールは小径（140 mm 以下）の場合はナイフエッジシールを用い，大径はフローティングシールを適用する．この場合もパッド間のかくはん損失は避けられず，直接潤滑方式による性能向上が図られる．軸受両側のシールを外して直接潤滑方式を採用すると，かくはん抵抗を減らして軸受性能を向上させることができる．軸受のすきまは，高速下の安定性と発熱を考慮し，次のように設定している．

周速	平均直径すきま（d：軸径）
～50 m/s	$0.0015d$
50～75 m/s	$0.0020d$
75 m/s～	$0.0025d$

図 2.2.21 は，LOP の場合について，パッド表面の最高温度と必要給油量を，回転速度を変化させて

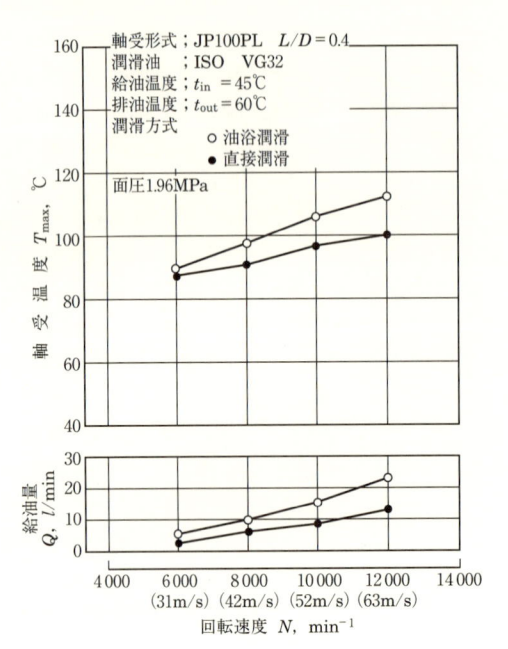

図 2.2.21　潤滑方式の違いによるパッド表面最高温度と必要給油量への影響　〔出典：文献 3)〕

実測した値を示す[3]．直接潤滑方式は，油浴潤滑方式に比較して，パッド表面の最高温度が低い一方で必要給油量も少なく，しかも高速になるほどこの差が大きくなることがわかる．

油浴潤滑方式のティルティングパッドジャーナル軸受の最高周速としては，ホワイトメタル使用の場合で 100 m/s，アルミ合金使用の場合で約 120 m/s の使用実績がある．

（2）大形回転機械用

a. 概　要

発電用蒸気タービン，ガスタービン，発電機等の大形回転機械のジャーナル軸受に要求される軸受性能としては，機械の安全な運転を可能とするため，軸受は，軸との接触による摩耗・焼付きを防止すべく，起動停止の一部の運転状態を除いて，常に油膜を形成する流体潤滑状態での作動が求められる．また軸受径も大きく高すべり速度となり，温度上昇も大きくなるので，軸受最高温度を許容値を越えないようにする必要がある．また，最近の機械の高効率化の観点からは，安全な油膜厚さと軸受作動温度の確保に加えて軸受摩擦損失・軸受油量の低減も重要である．さらに，軸の振動振幅を許容値以下に抑制できて，安定性も高い軸受を設計することも求められる[9]．

この種の大形ジャーナル軸受では，常用回転速度は 1 500 min^{-1} から 3 600 min^{-1}，軸受直径は 250 mm 程度から最大 800 mm 程度まで，すべり速度は 50 m/s 程度から最大 120 m/s 程度の範囲で使用されている．軸受への給油は外部の油ポンプからの強制給油であり，給油の圧力はおおむね 0.1 MPa 前後である．軸受メタル材としては，低融点合金のスズ基ホワイトメタルが一般に採用されている．この材料の許容最高運転温度は 125℃ 程度であるが，使用時には通常の設計荷重以外に，ミスアライメントによる荷重増加，あるいは支持機構や部材の変形による片当たりに起因する局所温度上昇等の発生を考慮することが必要である．また，常用設計点での軸受メタルの作動温度は，十分な信頼性を確保する観点から潤滑油の劣化防止も考慮して，最高で 100℃ 程度に抑制し，余裕をもたせている．

図 2.2.22 は，すべり軸受の作動限界をすべり速度と軸受面圧について表示したマップである．本図では，すべり速度，軸受面圧ともに，本節で対象にしている回転機械以外も含めて広い範囲にとっているが，上述の油膜を形成し流体潤滑を確保する点からの限界が図中央にある右上がりのラインであり，軸受最高温度からみた使用限界が図右端の右下がりのラインである．大形で高周速のすべり軸受の作動限界は，主に高速回転による軸受油膜の摩擦損失の増大（油膜流れが乱流になるとさらに大幅に増大する），その結果発生する軸受メタル温度の上昇によって決まる．この限界線上では，すべり速度が大きくなるほど軸受平均面圧の許容限界値は小さくなる．また，回転機械の起動・停止時のようにすべり速度が小さくなると流体潤滑油膜が薄くなるので，すべり速度の小さい領域では最小油膜厚さを確保するための作動限界が存在する．

b. 二分割スリーブ軸受（部分軸受）

大形の蒸気タービン（特にロータ重量が重い低圧タービン）や発電機に広く使用されているのが，図 2.2.23 にその一つの構造例を示す二分割スリーブ軸受である．荷重の作用方向がロータ自重による鉛直下方となるので，軸受の下メタルの部分で油膜形成して荷重を支えればよいので，下半分のみが真円形状となっており（このため部分軸受とも呼ぶ），上半部は軸受すきまよりも大きいすきまとなるようスクープ（またはヌスミともいう）を設けて，摩擦

第2章 すべり軸受

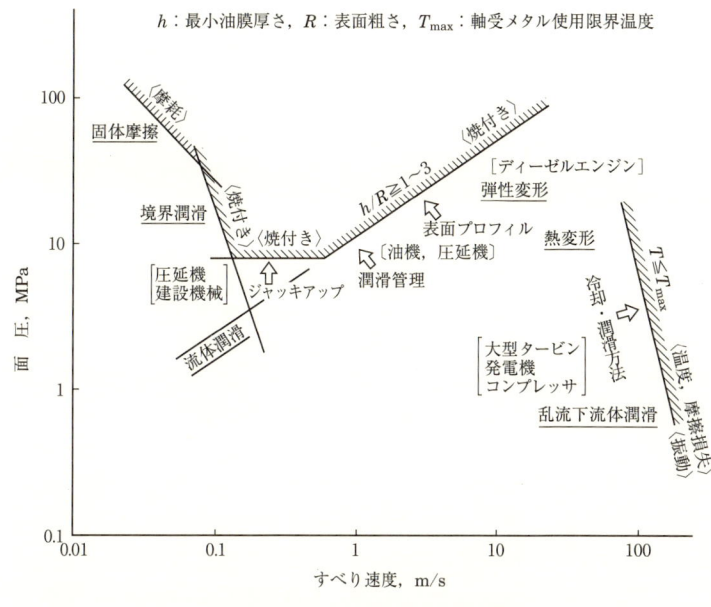

図 2.2.22 すべり軸受作動限界
(h: 最小油膜厚さ, R: 表面粗さ, T_{max}: 軸受メタル使用限界温度)

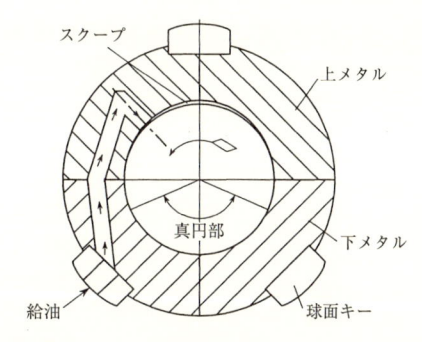

図 2.2.23 スリーブ軸受（部分ジャーナル軸受）

損失の低減を図っている．なお，上下半メタルとも真円加工した後，水平合わせ面を削って組み合わせることで，水平方向の平均すきまよりも垂直方向のすきまを小さくした軸受（だ円軸受と呼ばれる）もある．いずれの場合もメタルの外周は，据付け，組立時に軸受をロータの静たわみに沿わせやすいように，また運転中の軸受支持部の変形による片当たりの緩和のために，球面加工されているのが一般的である．この方法としては，図に示したような球面キーによる方法や，軸受外周全面を球面加工する方法等がある．

軸受への給油は，上半メタルのスクープ部に設けられた給油穴から行なう．

この軸受は，後述のティルティングパッド軸受に比べて，低摩擦損失であるとともに，構造が単純であり，軸受の外形も小さく比較的安価な点が特長である．しかし，この種の軸受面形状の固定したすべり軸受に特有の不安定振動であるオイルホイップが高速・低面圧になると発生しやすく，また，荷重を支える軸受面の円周方向長さが比較的長いため，ティルティングパッド軸受に比べて油膜の温度上昇が大きく，軸受メタル温度が高くなりやすい傾向がある．

軸受の幅径比 L/D（軸方向幅 L，軸受直径 D）は，0.5から1.0程度，軸受すきま比 C/D（直径すきま C，軸受直径 D）は 1.5/1 000 から 2.5/1 000 程度，軸受平均面圧 P〔$= W/(LD)$，軸受荷重 W〕は 1.5 から 2 MPa 程度の範囲で設計されることが多い．

軸受摩擦損失の低減や温度上昇軽減のため，軸受上半メタルの内面形状や給油位置等に種々工夫がなされている．

c. ティルティングパッド軸受

高圧タービンやガスタービンによく使用されるのが，周方向に分割された軸受パッドをピボットで支持したティルティングパッドジャーナル軸受である．ロータ重量が比較的軽く（軸受平均面圧が低く）オイルホイップの発生の可能性が高い場合や，またロータ自重以外の外力，例えば高圧段の蒸気タービン内部で発生する蒸気力による荷重が作用することにより，荷重の作用方向が鉛直下方以外の方向に作用する可能性があるような場合には，この軸受が用いられることが多い．パッド枚数は，2枚から6枚までのものが使用されている．

（i）4枚パッドティルティングパッドジャーナル軸受

図 2.2.24 が，パッド枚数 4 枚のティルティングパッド軸受の構造例である．支持リングの内周に周方向 4 分割された軸受パッドが配置されており，各パッドは球面のピボットで支持される．これにより片当たりを防止でき，また軸受パッドの油膜反力によるピボット点まわりのモーメントが常に平衡して

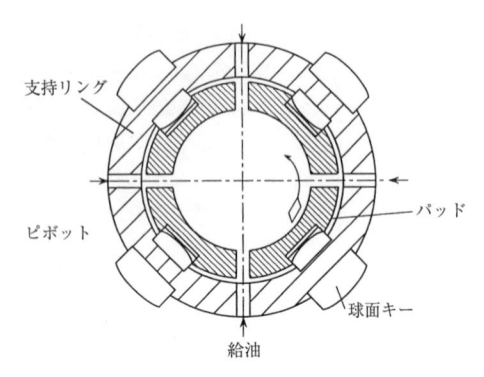

図 2.2.24　4 枚パッドティルティングパッド
ジャーナル軸受

0 となるようにパッドがピボット点を中心に回転するため，オイルホイップ発生を防止できる．また 4 枚のパッドが 90 度間隔で左右対称に配置されているので，油膜のばね・減衰係数が水平・垂直方向いずれもほぼ等しくなるため，ロータのバランシングが容易となる．支持リング外周は，スリーブ軸受と同様に，据付け，組立時のアライメント調整を容易にするため球面キーが設けられている．

軸受の幅径比は，0.5 から 0.7 程度，すきま比は，1.5/1 000 から 2.5/1 000 程度，軸受平均圧力は，0.5 から 1.5 MPa 程度で使用することが多い．

また，給油は支持リングの各パッド間位置にそれぞれ設けられた給油孔から行なわれる．ただし今後は，軸受摩擦損失低減，パッド表面温度低減のため，スラスト軸受に用いられつつある直接給油（パッド間でのスプレー給油，あるいはパッド前縁の油溝への給油）方式が大形ティルティングパッドジャーナル軸受にも実用化される例が増える方向にある[11]．

パッド裏金材は通常鋼であるが，これをより熱伝導の良い銅合金（クロム銅等）に変えることで，この種の大形の軸受では，作動面圧にもよるが広い回転速度範囲で 5 から 15℃ 程度メタル温度が低減できる．

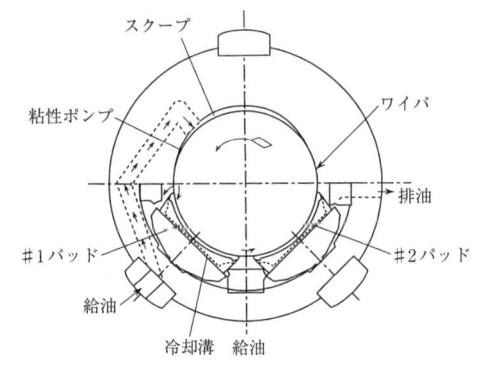

(ii) 2 枚パッドティルティングパッドジャーナル軸受[12]

低圧蒸気タービン，ガスタービン，発電機の大形軸受などのように，荷重方向が鉛直下方近傍に限られている場合を対象に，図 2.2.25 に示す 2 枚ティルティングパッド軸受が開発されている．

これは，(2)項の二分割スリーブ軸受のもつ低損失という特長と，通常ティルティングパッド軸受がもつオイルホイップに対する安定性という特長を併せもつ軸受である．上半メタルは，摩擦損失を低減させるためにスクープを設けるなど分割スリーブ軸受と同様とし，下半メタルには，銅合金裏金を採用し，その背面に冷却溝をもつ，2 枚のティルティングパッドを配した構造としている．

軸受幅径比，軸受すきま比は 4 枚パッドティルティングパッド軸受と同程度，軸受平均面圧は分割スリーブ軸受と同程度で使用される．

給油は上半メタルスクープ部に開口した給油孔からなされるが，その下流で軸回転による粘性ポンプで昇圧され下半部に供給され，パッド内周面に給油されるとともにパッド背面の冷却溝内へも強制的に油を流し，冷却効果を高めることで，(i)の 4 枚パッド軸受に比べて，大幅な軸受メタル温度低減を可能としている．また，水平合わせ面下流側に排油ポートを設け，温度上昇した油のキャリーオーバを最少限にする構造となっている．図 2.2.26 は，図 2.2.23，図 2.2.24，図 2.2.25 の 3 種類の軸受の軸

図 2.2.25　2 枚パッドティルティングパッド
ジャーナル軸受

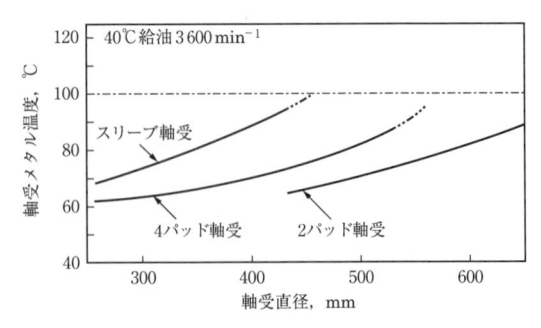

図 2.2.26　軸受直径と軸受メタル温度

受メタル温度を比較したものである．この2枚パッドティルティングパッド軸受はメタル温度が低く，より安全な軸受であり，大形の軸受として多用されている．

2.2.3 スクイーズフィルムダンパ軸受
(1) 用途と形式
a. ダンパ軸受の用途と使用例

スクイーズフィルムダンパ（squeeze film damper）軸受とは，本来の軸受部外周にスクイーズフィルムダンパが併用された軸受をいう．このダンパは流体潤滑状態の油膜に発生するスクイーズ膜作用によって軸受に減衰を付加する目的で設置される．

軸受部分は転がり軸受とすべり軸受に大別されるが，ダンパの用途は転がり軸受とすべり軸受で少し異なっている．転がり軸受では振動低域に効果的な減衰が期待できないため，危険速度における振動振幅や軸受動荷重の低減，ひいては軸受寿命の向上を図るためにダンパが用いられる[13]．すべり軸受では，軸受の種類によっては避けることが困難なオイルホワール（oil whirl），オイルホイップ（oil whip）などの不安定振動（自励振動）を抑制する目的でダンパを用いる場合[14,15]が多い．

使用例は振動が問題になる高速回転機械に多く，航空エンジン，ガスタービン，過給機等の転がり軸受を用いる高速回転機械では，1箇所以上の軸受にスクイーズフィルムダンパ軸受が採用されている．すべり軸受では，過給機や高速歯車装置等で自励振動は生じにくいがコストの高い傾斜パッド軸受の代わりに固定パッド軸受にダンパを併用する例がある．

b. スクイーズフィルムダンパの形式
（ⅰ）センタリングばねの有無

スクイーズフィルムダンパは，センタリングばね（中心化ばね）が付いた形式[16]（図 2.2.27）とない形式[17]に大別される．センタリングばねは，ダンパ油膜厚さを全周で均一化しダンパジャーナルの偏心率を 0 近くにするのに用いられる．こうすると油膜の非線形性が低減するために設計が容易になる．センタリングばねのない形式は，ダンパジャーナルに回り止めを施す構造となり簡単でばねの疲労を考えなくてよい反面，振動がないときの偏心率が1.0に近く後述するように非線形が強いので，設計がむ

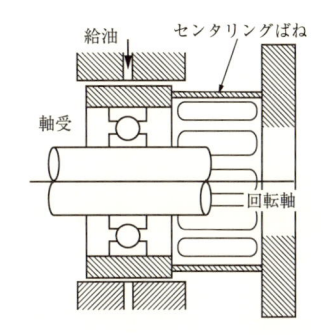

図 2.2.27 センタリングばね付きスクイーズフィルムダンパの概略図

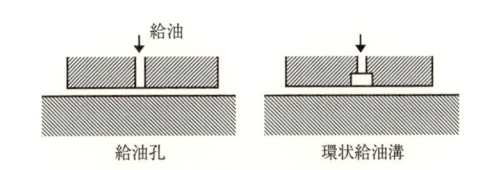

図 2.2.28 ダンパへの給油形式

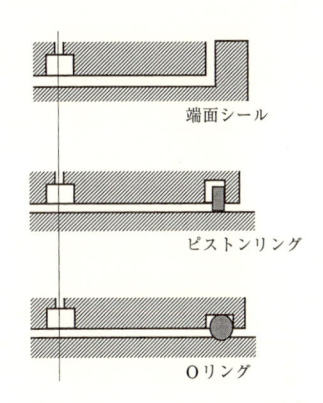

図 2.2.29 エンドシールの形式

ずかしい．

（ⅱ）給排油法，エンドシール法による相違

給油には給油孔や環状給油溝（図 2.2.28）がよく用いられる．給油溝は潤滑油のダンパすきま全周への均一な供給を目的としているが，動特性に及ぼす影響が大きい．排油にはダンパ端部から漏出させる形式が多く，端部にエンドシールを使うものと使わないものがある．シールの目的は必要給油量を低減し，さらにダンパ内の圧力を高めて油膜破断を防ぐことにあり，図 2.2.29 の端面シール，ピストンリング，Oリング等が用いられる．Oリングでは，油はシール部より漏出しないので，ダンパ内に別に排油孔を設ける．排油孔は，組立時の空気が残留せ

ずに抜けやすい位置にとる必要がある．

(2) ダンパの設計法

a. 最適減衰設計

ダンパを最適に設計すると，回転軸系の減衰比（あるいは対数減衰比）を最も高め，不釣合い振動の応答振幅を最小にすることができる[16]．図2.2.30では，転がり軸受のダンパ軸受（センタリングばね付き，給油溝とエンドシールがない形式）を用いた回転軸系で，ダンパの減衰系数を変え複素固有値（減衰比，固有振動数）を解析で求めている．問題とする三次モードは減衰が増すに従い，最大減衰比に到達しその後低下している．図2.2.31はダンパ半径すきま c を変えた回転試験で三次危険速度の通過時の最大振幅を整理したもので，振幅が最小となる状態があることがわかる．このように

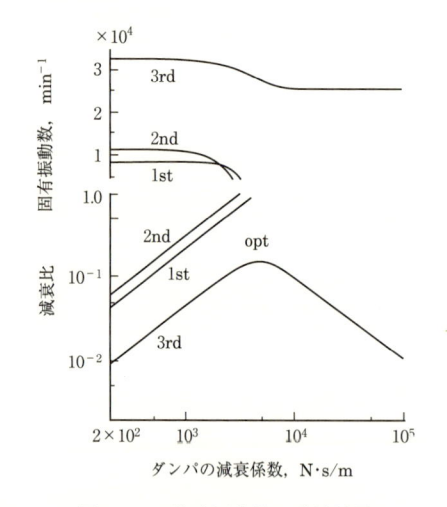

図 2.2.30 複素固有値の計算結果

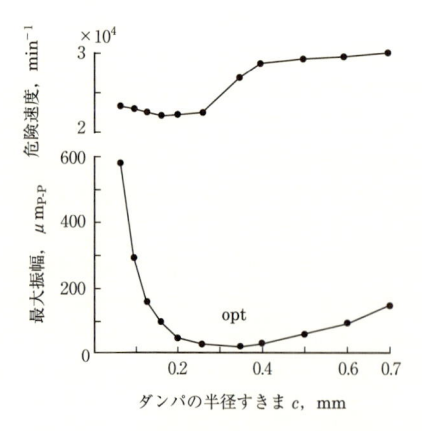

図 2.2.31 回転試験で計測された振幅

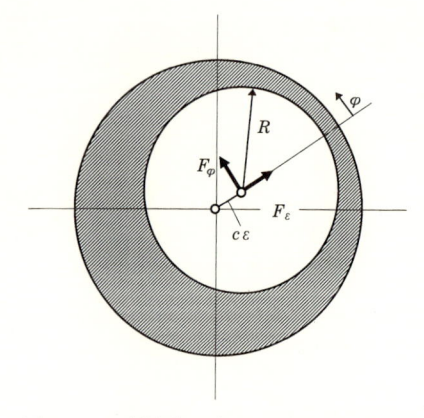

図 2.2.32 座標系とダンパに働く力の方向の定義

ダンパの減衰には回転軸系の減衰比が最も高くなる最適値（最適減衰）がある．

センタリングばね付きのダンパでは，ジャーナルの静的な平衡位置が小偏心率のため線形近似が可能で，ここでのダンパの減衰を最適減衰にすることで図2.2.31の低振幅状態が実現する．センタリングばねのないダンパはさらに非線形特性を考慮する必要があるが基本的には同様のことがいえる．

b. スクイーズフィルムの動特性

ダンパに生じる油膜力は，図2.2.32のように示すと，減衰係数 C と慣性係数 M を用いて次式で表わせる．

$$F_i = -M_{i\varepsilon}c\ddot{\varepsilon} - M_{i\varphi}c\varepsilon\ddot{\varphi} - C_{i\varepsilon}c\dot{\varepsilon} - C_{i\varphi}c\varepsilon\dot{\varphi}$$
$$(i = \varepsilon, \varphi) \qquad (2.2.2)$$

減衰係数は古くからレイノルズ(Reynolds)の流体潤滑方程式より表2.2.1[18]が導かれており，これに準拠してダンパが設計されることが多い．ダンパは回転数が0のすべり軸受に相当し，すべり軸受と同様に短軸受幅理論と無限幅理論の上下限的な二つの近似理論がある．また給油圧が高く油膜が全周に存在するとした 2π フィルムと，発生圧力が正となるジャーナル速度方向半周のみに油膜が存在するとした π フィルムの2通りの油膜圧力条件がある．また流体の慣性を考慮（ただし粘性は無視）した理論として，スミス(Smith)はレイノルズ式と同様な理論展開から，短軸受幅理論と無限幅理論を導き，表2.2.2[19]の慣性係数を求めている．慣性係数は振動数の2乗で効くばねと同じ働きがあり，小さくても高振動数ほどダンパの動きを拘束し減衰効果を低下させる．

表 2.2.1　レイノルズ流体潤滑理論から得られるダンパの減衰係数　〔出典：文献 18)〕

近似	短軸受幅理論		長軸受幅理論	
油膜条件	2π フィルム	π フィルム*	2π フィルム	π フィルム*
$C_{\varepsilon\varepsilon}$	$A\dfrac{1+2\varepsilon^2}{(1-\varepsilon^2)^{5/2}}$	$A\dfrac{1+2\varepsilon^2}{2(1-\varepsilon^2)^{5/2}}$	$\dfrac{B}{(1-\varepsilon^2)^{3/2}}$	$\dfrac{B}{(1-\varepsilon^2)^{3/2}}\left\{\dfrac{1}{2}-\dfrac{8}{\pi^2(2+\varepsilon^2)}\right\}$
$C_{\varepsilon\varphi}$	0	$A\dfrac{2\varepsilon}{\pi(1-\varepsilon^2)^2}$	0	$B\dfrac{2\varepsilon}{\pi(2+\varepsilon^2)(1-\varepsilon^2)}$
$C_{\varphi\varepsilon}$	0	$=C_{\varepsilon\varphi}$	0	$=C_{\varepsilon\varphi}$
$C_{\varphi\varphi}$	$A\dfrac{1}{(1-\varepsilon^2)^{3/2}}$	$A\dfrac{1}{2(1-\varepsilon^2)^{3/2}}$	$\dfrac{2B}{(2+\varepsilon^2)(1-\varepsilon^2)^{1/2}}$	$\dfrac{B}{(2+\varepsilon^2)(1-\varepsilon^2)^{1/2}}$

$A=\pi\mu R\left(\dfrac{L}{c}\right)^3$, $B=12\pi\mu L\left(\dfrac{R}{c}\right)^3$, μ：油の粘性係数, R：ダンパ径, L：ダンパ幅, c：半径すきま
* 油膜範囲 $0<\varphi<\pi$ の場合

表 2.2.2　スミスの理論から得られるダンパの慣性係数　〔出典：文献 19)〕

近似	短軸受幅理論		長軸受幅理論	
油膜条件	2π フィルム	π フィルム*	2π フィルム	π フィルム*
$M_{\varepsilon\varepsilon}$	$\dfrac{2D}{\varepsilon^2}\left\{\dfrac{1}{(1-\varepsilon^2)^{1/2}}-1\right\}$	$\dfrac{D}{\varepsilon^2}\left\{\dfrac{1}{(1-\varepsilon^2)^{1/2}}-1\right\}$	$\dfrac{2E}{\varepsilon^2}\left\{1-(1-\varepsilon^2)^{1/2}\right\}$	$\dfrac{E}{\varepsilon^2}\left[1-(1-\varepsilon^2)^{1/2}\left\{1+\dfrac{1}{\pi^2}\left(\ln\dfrac{1-\varepsilon}{1+\varepsilon}\right)^2\right\}\right]$
$M_{\varepsilon\varphi}$	0	$\dfrac{D}{\pi}\left\{\dfrac{1}{6\varepsilon}+\dfrac{1}{12\varepsilon^2}\ln\left(\dfrac{1-\varepsilon}{1+\varepsilon}\right)\right\}$	0	$-\dfrac{E}{\pi}\left\{\dfrac{2}{\varepsilon}+\dfrac{(1-\varepsilon^2)^{1/2}}{\varepsilon^2}\left(\ln\dfrac{(1-\varepsilon)}{(1+\varepsilon)}\right)\right\}$
$M_{\varphi\varepsilon}$	0	$=M_{\varepsilon\varphi}$	0	$=M_{\varepsilon\varphi}$
$M_{\varphi\varphi}$	$\dfrac{2D}{\varepsilon^2}\left\{1-(1-\varepsilon^2)^{1/2}\right\}$	$\dfrac{D}{\varepsilon^2}\left\{1-(1-\varepsilon^2)^{1/2}\right\}$	$\dfrac{2E}{\varepsilon^2}\left\{1-(1-\varepsilon^2)^{1/2}\right\}$	$\dfrac{E}{\varepsilon^2}\left\{1-(1-\varepsilon^2)^{1/2}\right\}$

$D=\dfrac{\pi\rho RL^3}{12c}$, $E=\dfrac{\pi\rho R^3 L}{c}$, ρ：油の密度, R：ダンパ径, L：ダンパ幅, c：半径すきま
* 油膜範囲 $0<\varphi<\pi$ の場合

　よく用いられる短軸受幅理論は，ダンパ幅直径比（L/D）が小さく給油溝やエンドシールがない場合の近似理論であり，半径すきまが狭く振動数が低い場合に精度良く近似される．しかし，半径すきまが広く振動数が高い場合や給油溝やエンドシールのある場合には誤差が大きくなる[20]．
　最近ではナビエ・ストークス式に境界層近似を入れた解析が行なわれている[21~24]．これによるとダンパすきまレイノルズ数 $Re(=\omega c^2/v$，ここで ω：振動数，c：ダンパ半径すきま，v：油の動粘性係数）がダンパ特性の支配パラメータであり，減衰係数，慣性係数は Re 数の関数になる．表 2.2.1 が成立するのは低 Re 数（$Re\ll 10$）のときであり，また表 2.2.2 が成立するのは Re 数が高いときである．また給油溝のある場合は，溝部分に高い圧力が一般部の圧力と位相がずれて発生するため，表 2.2.2 と比べ特に慣性係数が大きくなる[23,24]．エンドシールについても同様で，ダンパの動特性に強い影響があるが，その影響はまだ十分には解明されていない．

（3）油膜の非線形性に起因する非線形振動現象

a. ジャンプ現象

　センタリングばねのないダンパで振動のない場合を考えると，ジャーナルはダンパ壁面の接触ばねで支持され偏心率 $\varepsilon\fallingdotseq 1.0$ にある．このときの油膜の減衰係数はほぼ無限大（表 2.2.1）である．振動して $\varepsilon<1.0$ となると作用していた接触ばねがなくなり，減衰係数は有限値になる．こうした強い非線形性に加えて，表 2.2.1 の π フィルム状態で存在する減衰係数の非対角成分（$C_{\varepsilon\varphi}$，$C_{\varphi\varepsilon}$）による非線形性の影響がダンパでは強く現われる．減衰の非対角成分は振動数に比例するばねと同じ働きがあり，この作用でセンタリングばねのないダンパでもジャーナルが浮上する．これらの非線形特性によって，応答にはいくつかの双安定な状態が発生し，ジャンプ現象[25]が生じる．

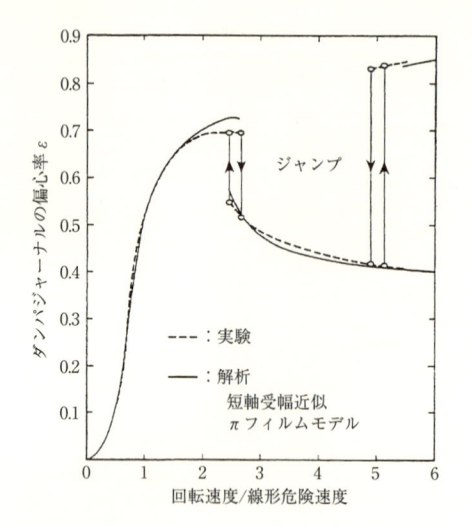

図2.2.33 スクイーズフィルムダンパにおける
ジャンプ現象　〔出典：文献26)〕

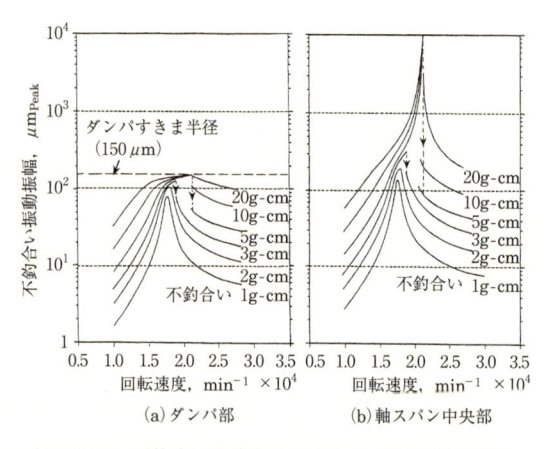

図2.2.34 不釣合いを変化させたときの軸振動の変化

一例として図2.2.33にシマンデリとハン (Simandiri と Hann) の実験結果[26]を示す．転がり軸受のセンタリングばね付きダンパ軸受の場合であるが，πフィルム状態で，剛体モードで振動する最低次危険速度近傍の応答を調べている．危険速度通過後ジャンプして振動振幅が急減し，さらに回転上昇すると再度ジャンプし振動振幅が急増している．これらのジャンプ現象は減衰特性の非対角成分の非線形性によるものであり，防止には給油圧を高め2πフィルムに近い油膜条件にするのが効果的である[27]．

b. アンバランス限界

表2.2.1の短軸受幅特性（2π，πフィルム条件）を用いて，センタリングばね付きとない場合のダンパで回転軸が弾性モードの危険速度を通過する場合の非線形振動を比較した解析例[28,29]がある．いずれも回転軸の不釣合いが大きくジャーナルがダンパすきま円いっぱいにふれまわると，回転軸は単純支持と同じ状態になり，ダンパがその機能を喪失したような状態になる．剛性軸では振幅はたかだかダンパ半径すきま分であるが，弾性軸では図2.2.34のように軸が曲がる振動モードで大振幅となり危険速度通過が不可能になる．この状態になる不釣合いをアンバランス限界と呼ぶ．この限界をできるだけ高めることがダンパ設計で重要である．そのためにはダンパの半径すきまcをできるだけ広くとり，また最適減衰を考えてダンパを設計することが大切になる．

文　献

1) 機械設計便覧編集委員会：第3版機械設計便覧，丸善 (1992) 592.
2) M. J. Neal : Tribology Handbook, Second Edition, Butterworths, A16 (1995).
3) 上里元久・水野吉一：機械の研究，**43**, 12 (1991) 30.
4) K. Okano, Y. Furukawa & K. Kawaike : Hitachi Review, **128**, 4 (1979) 189.
5) K. Kawaike : ASLE Transaction, **22**, 2 (1979) 121.
6) 田原久祺：日本機械学会誌，**80**, 706 (1966) 1185.
7) 田中　正：潤滑，**22**, 11 (1977) 695.
8) M. J. Neal : Tribology Handbook, Second Edition, Butterworths, A9 (1995).
9) 諸星彰二・小澤　豊・高橋　定：トライボロジスト，**42**, 12 (1997) 952.
10) S. Taniguchi, T. Makino, K. Takeshita & T. Ichimura : Trans. ASME, J. Tribo., **112** (1990) 542.
11) M. Tanaka : Invited Paper, The First World Tribology Congress (Sep. 1997).
12) S. Taniguchi. Y. Ozawa, T. Makino & T. Ichimura : Preprint, The First World Tribology Congress (Sep. 1997).
13) 宮地：潤滑，**27**, 1 (1982) 9.
14) 木暮・田村：機械学会論文集（C編），**43**, 367 (1977) 920.
15) 吉岡ほか：機械学会論文集（C編），**49**, 439 (1988) 431.
16) 斉藤・小林：機械学会論文集（C編），**48**, 436 (1982) 1883.
17) R. A. Cookson & S. S. Kossa : Trans. ASME, J. Eng. for Power **103**, (1981) 781.
18) 堀：振動工学ハンドブック，養賢堂 (1976) 935.
19) D. M. Smith : I. Mech. E., **179**, Part 3F, (1964-65) 37.
20) 小林：機械学会論文集（C編），**62**, 600 (1996) 3013.
21) T. M. Mulcay : Trans. ASME, J. Appl. Mech., **47**, (1980) 234.
22) A. El-Shafei & S. H. Crandall : ASME Rotating

Machinery and Vehicle Dynamics, DE-35, (1991) 219.
23) G. L. Arauz & L. San Andres : Trans. ASME J. Trib., **116**, (1994) 369.
24) 小林：機械学会論文集（C編），**62**, 600（1996）3021.
25) D. C. White : Conf. on Vib. in Rot. Dynamics, Proc. Inst. Mech. Engs., (1972) 213.
26) S. Simandiri & E. J. Hann : IMechE, **21**, 6, (1979) 439.
27) S. Simandiri & E. J. Hann : Trans. ASME, J. Eng. for Ind. **98**, (1976) 109
28) 小林：機械学会論文集（C編），**58**, 552（1992）2438.
29) 小林：機械学会論文集（C編），**58**, 552（1992）2445.

2.3 エンジン用動圧すべり軸受

2.3.1 往復エンジン

（1）種類と使用箇所

往復エンジンは燃料の種類，大きさ，使用面からみて表 2.3.1 に大別される．

そこに使われる軸受は形状面からみると半割り型とブシュ，スラスト型がある．半割り型軸受はクランクシャフトに使用するには必須の形状である．往復エンジン用軸受として代表される軸受であり，使用箇所を図 2.3.1 に示す．半割り型軸受は図 2.3.1 に示されるクランク主軸受，クランクピン軸受が代表されるがこの他にもカムシャフト・バランスシャフト軸受がある．ブシュの代表はピストンピンブシュである．この他ターボチャージャ用軸受，カムシャフト・バランサブシュ，ロッカアームブシュがある．本項においては負荷条件の厳しいクランクシャフト主軸受，クランクピン軸受について述べる．

（2）軸受にかかる負荷条件

負荷条件の代表的要素は荷重である．荷重はシリンダ内で発生する爆発（燃焼）力と慣性力が主である．爆発はクランクシャフトが 4 サイクルエンジン

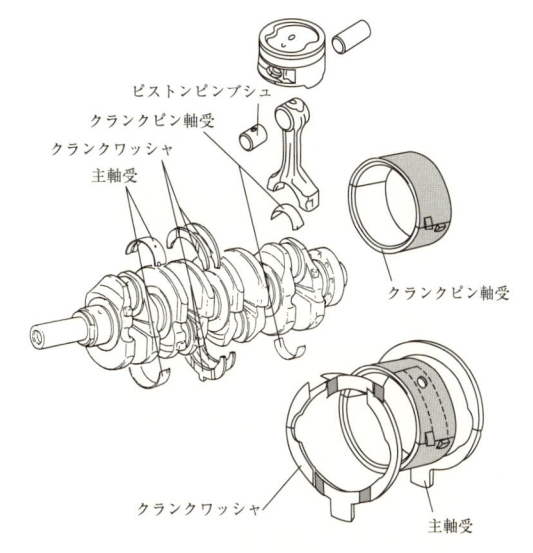

図 2.3.1 すべり軸受の使用箇所〔出典：文献 1)〕

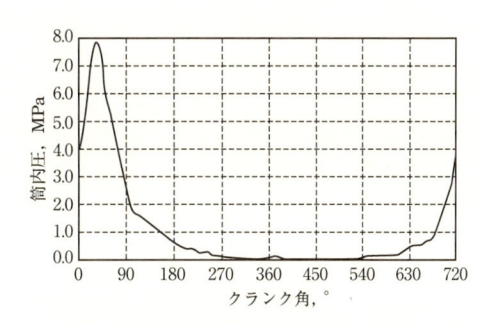

図 2.3.2 指圧線図（ガソリンエンジン）

表 2.3.1 往復エンジンの分類

		使用面
ガソリンエンジン	2 サイクル 小型	小型二輪・汎用
	4 サイクル 小型	軽乗用車・小型乗用車・中大型二輪
	4 サイクル 中・大型	中大型乗用車・RV
ディーゼルエンジン	2 サイクル 大型	舶用
	4 サイクル 小型	小中型乗用車・RV
	4 サイクル 中・大型	トラック・バス・舶用・建設機械・汎用

では 2 回転で，2 サイクルエンジンでは 1 回転で一度発生する．爆発によるシリンダ内の圧力の変化をクランク角度ごとに表わしたものが図 2.3.2 に示す指圧線図である．図中爆発は圧力のピークとして示される．慣性力はピストンピン，コネティングロッドの往復とふれまわりが主であるがクランクシャフトのアンバランスによる回転慣性力も関係する．軸受には爆発力と慣性力の合力がかかる．このため荷重の大きさ，方向はクランク角度ごとに変化する．この荷重の大きさと方向を表現する方法として図 2.3.3，図 2.3.4 に示す荷重極線図がある．図はクランク角度ごとの荷重の大きさと方向を表わす．慣性力はクランクシャフトの回転速度によって変化するため荷重極線図も速度ごとに示さなければならないが一般にはエンジンの最大トルク時と最高出力時の荷重極線図を表わす．最大トルク時，最高出力時

(a) 主軸受　　　(b) 主軸受#2　　　(c) 主軸受#3

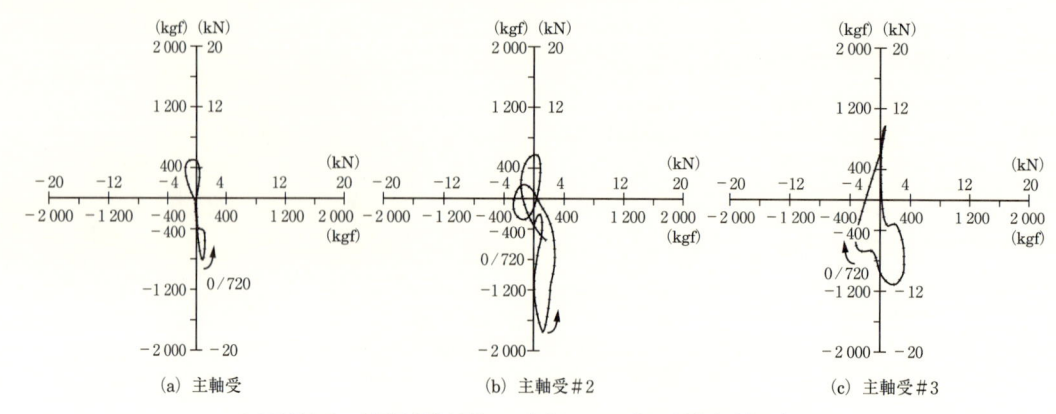

0/720はクランク回転角度を示し，4サイクルエンジンの圧縮上死点である．

図 2.3.3　主軸受の荷重極線図（直列 4 気筒，エンジン回転速度 6 600 min^{-1}）〔出典：文献 2)〕

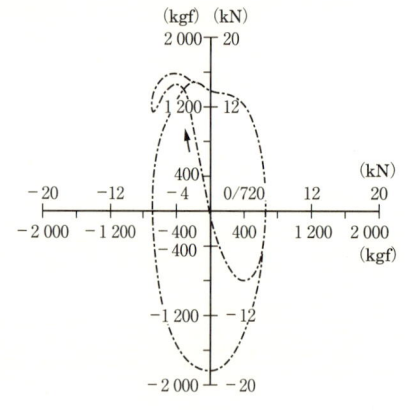

エンジン回転速度 6 600 min^{-1}

図 2.3.4　クランクピン軸受の荷重極線図 〔出典：文献 3)〕

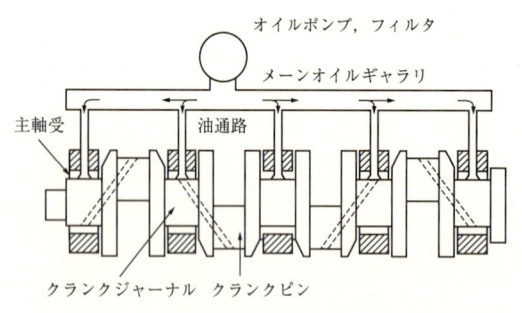

図 2.3.5　軸受給油構造の例〔出典：文献 3)〕

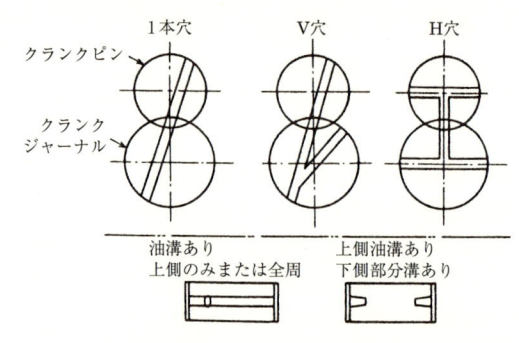

図 2.3.6　主軸受油溝とクランク軽油穴の代表的事例 〔出典：文献 3)〕

仕様のエンジンの回転速度は高く，最高出力時では，7 000 min^{-1} を越すエンジンもある．一方ディーゼルエンジンは回転速度が低く，中でも船舶等に使われる大型エンジンの回転速度は特に低い．

（3）潤滑油系路

軸受には大きな動荷重がかかるがこの荷重は軸受内面に発生する油膜圧力（くさび膜圧力，スクイーズ膜圧力）によって支えられる．このため軸受すきま内は潤滑油によって潤沢に満たされる必要がある．各軸受に潤滑油が十分いきわたるようにするための潤滑油系路の一例を図 2.3.5 に示す．クランク軸，主軸受にはクランクピン軸受に潤滑油が十分いきわたるように図 2.3.6 に示す潤滑設計がなされている．この他軸受の潤滑設計要素としては軸受すきま，オイルリリーフ，クラシュリリーフ等がある．

（4）軸受設計における主要因子

次に往復エンジン用軸受を設計するに当たって考慮すべき主要因子について述べる．また図 2.3.7 に

代表的な軸受形状を示す．

a．軸受の幅

軸受の幅は一般的に取り付けられる装置の幅寸法から，また軸径はその強度面から制約を受けることが多いが，軸受の設計に当たっては前述の軸受性能解析等による油膜厚さや許容面圧の観点から，使用条件に見合った最適な軸径および軸受幅を設定することが望ましい．

動荷重軸受の代表である往復動エンジン用軸受における軸受幅/径比（L/D）は通常 0.25～0.5 程度が使用されるが，最近の小型・コンパクト化やフリクション低減を目的に $L/D=0.3$ 前後の小さい側が使用される傾向にある．しかし図 2.3.8 に示すように L/D の減少は最小油膜厚さの減少や最高油膜圧力の上昇には大きく影響するため注意を要する．

b．軸受の肉厚

往復動エンジン用軸受としては一般に半割りタイプの薄肉軸受が使用され，外径寸法と肉厚寸法で表示される．肉厚/径比（T/D）は通常 0.025～0.050 程度が使用される．なお T/D が小さい場合は軸受の回り止め力やハウジングへの密着力の確保がむずかしくなるため，設定に当たっては過度に小さくならないよう注意を要する．また油溝の設定が必要な主軸受等においては T/D は大きい側が使用されることが多い．

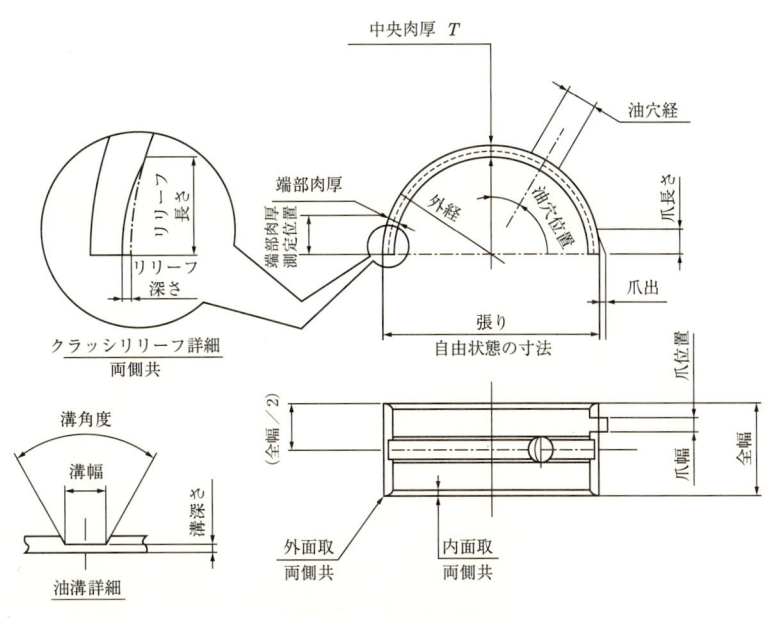

図 2.3.7 代表的な軸受形状

c．軸受すきま

軸受すきまは軸が軸受の中で安全に作動するために必要な油膜の形成や軸受部の温度コントロールに直接影響する重要な設計因子である．

図 2.3.9 にすきま比が軸受性能に与える影響を示す．また図 2.3.10 に示すように最小すきまは焼付き限界の面から制約され，軸径が大きいほどまた回転数が高いほどより大きなすきまが必要になる．一方，最大すきまは通常負荷容量や音・振動問題から制約を受け，特に動荷重軸受においては後者の制約を受けることが多い．軸受すきまの目安としては軸径の 0.0005～0.001 程度が使用される．

すきま計算は式(2.3.1)および式(2.3.2)により求

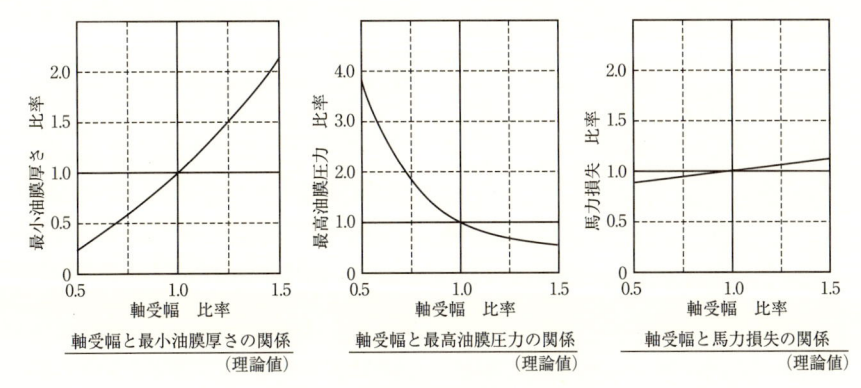

図 2.3.8 軸受幅と主要項目との関係

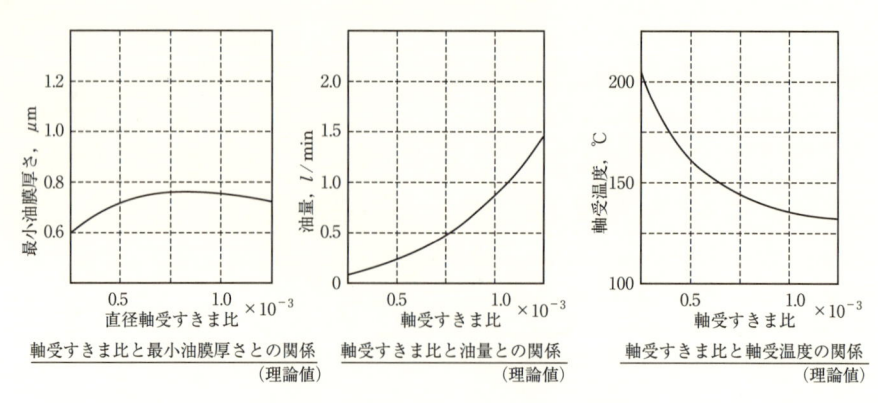

図 2.3.9　軸受すきまと主要項目との関係

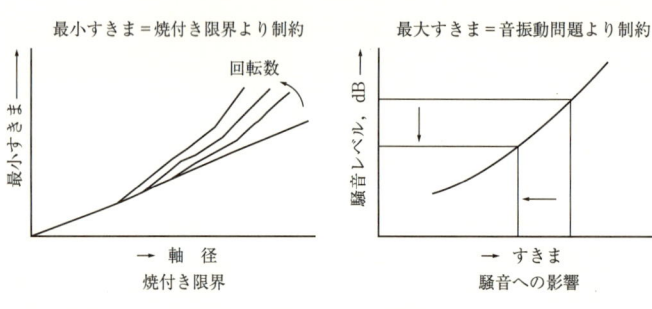

図 2.3.10　すきまの設定

められる．

〈クリアランスの計算式〉

クリアランス＝ハウジング径－2×軸受肉厚
　　　　　　－軸径＋締め代によるハウジング拡大量＋α
$$\qquad (2.3.1)$$

$$\alpha = \begin{cases} \text{ボルト締付け力（軸力）のばらつきによる変動} \\ \text{内径形状不具合による変動} \end{cases}$$

〈締め代によるハウジング拡大量 ΔD の計算式〉

$$\Delta D = \frac{B_H}{B_B + B_H} \delta \qquad (2.3.2)$$

$$B_B = \frac{(1-\nu_B)+(1+\nu_B)(1-2t/D)^2}{E_B \cdot 4t/D(1-t/D)}$$

$$B_H = \frac{(1-\nu_H)+(1+\nu_H)(D_H/D)^2}{E_H \cdot [(D_H/D)^2 - 1]}$$

ここに，D_H：ハウジング外径，D：ハウジング内径，t：軸受肉厚（裏金厚；金肉原寸法よりライニング分 0.3 mm を減じた値），δ：締め代，ν_B：軸受材料のポアソン比，ν_H：ハウジング材料のポアソン比，E_B：軸受材料のヤング率，E_H：ハウジング材料のヤング率，である．

特にハウジングの剛性の低い場合は締め代によるハウジングの拡大は無視できない．またアルミブロック等熱膨張率の異なるハウジングを使用する場合は使用温度範囲での熱膨張によるすきま変化も考慮するべきである．他にボルト軸力のばらつきによる影響もあり，ボルトの塑性域締め等の軸力を安定化させる工夫がなされる場合が多い．

小型エンジンにおいてはよりすきまのばらつきを少なくするため，軸受肉厚公差を区分し，同様に区分されたハウジング径や軸径と選択嵌合する手法が多用されている．

d．締め代

締め代は（軸受外径）－（ハウジング径）により算出され，軸受の回り止め力およびハウジング内面への密着力を発生させるために重要な因子である．

締め代は一般に軸受応力 σ_B と背面密着力 P_r にて適否が判断される．その計算式をそれぞれ式 (2.3.3)，(2.3.4) に示す．

〈軸受応力 σ_B の計算式〉

$$\sigma_B = -\frac{\delta}{D} \cdot \frac{1}{2t/D(1-t/D)} \cdot \frac{1}{B_B + B_H} \qquad (2.3.3)$$

〈背面密着力 P_r の計算式〉

$$P_r = \frac{\delta}{D} \cdot \frac{1}{B_B + B_H} \qquad (2.3.4)$$

σ_B は T/D が小さいほど密着力を確保するためより大きく与える必要があり，またハウジング剛性が低いほどフレッチング抑制等のため P_r をより大きくとる必要がある．最近の実績では自動車用エンジ

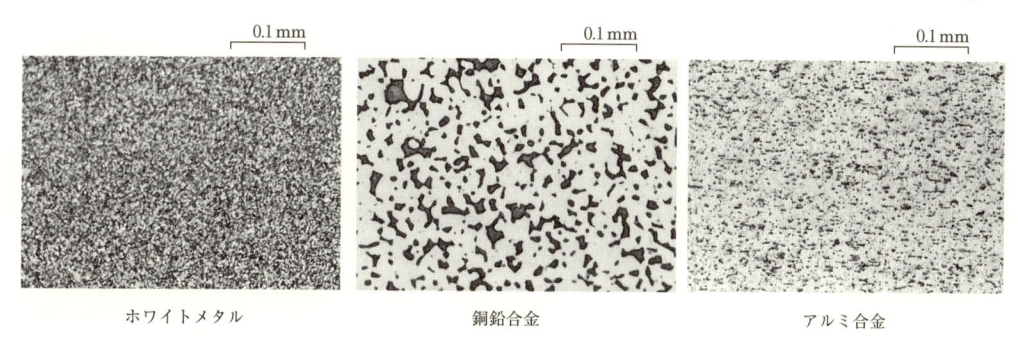

図 2.3.11　代表的な軸受合金組織

（左：ホワイトメタル、中：銅鉛合金、右：アルミ合金、各0.1 mm）

ンの大端軸受で $\sigma_B \geqq 200\,\mathrm{MPa}$，$P_{r\min} \geqq 12\,\mathrm{MPa}$ が使用されている．

（5）軸受材料の選定

往復エンジン用軸受の設計において，軸受材料の選択は最も重要な設計作業の一つである．動荷重軸受に要求される軸受特性としては，繰返しの動荷重で軸受材料が疲労損傷しないための耐疲労性，荷重により材料が潰れたり，破壊しないための耐高面圧性の他，耐キャビテーション性，耐高温度特性および耐摩耗性等の負荷能力と，片当たり等を吸収するためのなじみ性や異物の影響を最小にするための耐異物性および耐焼付き性等の順応性に加え，化学的な特性である耐食性等種々の特性が必要となる．しかし上述の負荷能力は一般に材料物性の強さ，硬さに関連する特性であり，逆に順応性は柔らかさに関連するものであり，これら相反する特性を合わせもつことが要求される．そのため軸受材料は一般に図 2.3.11 のように硬質物と軟質物を混合した複合組織を有したものや，図 2.3.12 に示すように，強度を受けもつスチール製裏金の上に軸受特性を優れた軸受合金層，さらに必要に応じてなじみ特性を付加するため，厚さ 20 μm 程度の薄いオーバレイ層を有する多層構造をしたものが多く，種類も多種多様なものがある．材料についての詳細は材料編を参照されたい．

以上のように軸受材料の選択に当たっては，用途や使用条件により，最適な軸受特性をもった材料を選択する必要がある．以下にエンジン軸受を中心に，各用途ごとの使用材料について概説する．

ガソリンエンジンや小型ディーゼルエンジン用軸受には耐摩耗性に優れ，オーバレイなしで使用できることから経済的にも有利なアルミニウム合金が主軸受，クランクピン軸受とも多用されている．特に鋳鉄軸に対しては合金中にシリコン粒子を含むアルミニウム合金が多用されている．二輪車用を含む高回転エンジンやレース用エンジンではなじみ性，耐焼付き性に優れた軟質のオーバレイを有した三層軸受が使用されている．

中・大型自動車用ディーゼルエンジンにおいては，高温・高面圧下で使用されることから，耐久性に優れたバリア層を有したオーバレイ付き三層軸受が多用されている．最近ではより高強度な軸受合金に加え，オーバレイの耐疲労性や耐摩耗性を向上させるために成分上の工夫や硬質粒子を分散させたもの等が開発されている．

建設機械用，舶用，発電機用等の大型ディーゼルエンジン用では特に使用時間が長いことから，耐摩耗性，耐食性を含む耐久性に優れた軸受が要求される．一般にはオーバレイ付き三層軸受が使用されるが，オーバレイ摩滅後も長時間安定して作動をし続けるためニッケルバリア層は付けず耐食性に効果のある鉛-スズ-インジウムのオーバレイを有した軸受も使用されている．また一部にはオーバレイ付きアルミニウム合金軸受やオーバレイ層と合金層が交互に表面に露出する特殊な構造をもったものも使用されている．その他オーバレイにおいても耐久性を向

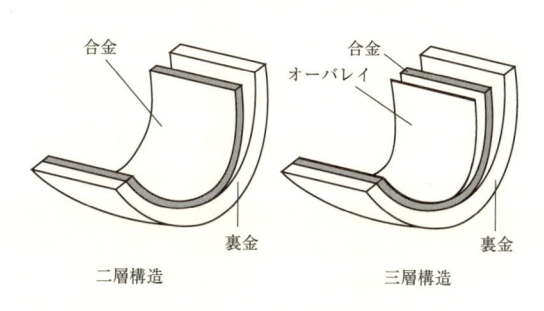

図 2.3.12　すべり軸受の構造（二層構造／三層構造）

上するための成分上の工夫やPVD技術を利用したアルミニウム合金のオーバレイも開発されている．

中・低速船用ディーゼルエンジン用では耐久・信頼性が重視され，中速用では一般的にオーバレイ付き三層軸受が使用され，低速用では損傷時においても軸へのダメージを防止するため，従来よりホワイトメタルや軟質の40%スズ入りアルミニウム合金軸受が使用されている．

2.3.2 ロータリエンジン
(1) エンジンの定義と軸受使用箇所

ロータリエンジン（Rotary Engine，以下REと略記）は，その意味を広義にとらえると，種々の形式が考案され，その歴史は古く，アイデアの発端が16世紀までさかのぼることが紹介されている[4]．ただしエンジンとして実用化され，市販車やモータースポーツでも多くの実績がある[5,6]ものは，「運動部分が常に一定方向に回転運動し，作動室が容積変化をしながら，吸入，圧縮，膨張，排気の4行程を行なう内燃機関」と定義されている[7]，いわゆるバンケル（Wankel）型REである．本項では，このREのすべり軸受の設計について述べる．

REで使用されるすべり軸受には，ロータ軸受と主軸受の2種類があり，いずれも，主軸（偏心軸と呼ばれる）との間ですべり運動を行なうジャーナル軸受である．その使用箇所を図2.3.13に示す[8]．ロータ軸受は，往復動エンジンのピストンとコネクティングロッドの機能をもつロータに組み付けられている．主軸受は，ロータの回転運動を正しく規制するための位相歯車の固定側と一体構造のハウジングに組み付けられている．いずれの軸受も，形状的には，REの構造上の都合により，ブシュタイプで，往復動エンジンの主軸（クランクシャフト）系の軸受が半割り型であるのに対して，円筒状（全周一体型）である[9]．また，荷重は，大きさと方向が周期的に変化する動荷重である．

(2) 設計検討項目

軸受機能を十分に発揮させるために，軸受単品と並行して軸受系として，軸・ハウジングや潤滑技術，組立技術も検討する必要がある．以下に代表的な軸受設計因子を含めて，設計検討項目について，順を追って述べる．

a. 軸径および軸回転速度

REの場合，出力ないし排気量が決定されると，構造の都合上，ほぼ必然的に軸径および軸回転速度が決まる．

b. 軸受荷重

設計時の軸受荷重は，軸受材料の選択の目安としたり，実績のある軸受系と新設計の軸受系との過酷さを比較する場合に，まず検討する項目である．軸受荷重は，軸受にかかる最大荷重を，軸径と軸受幅との積（軸受投影面積）で割った，いわゆる最大軸受面圧により，まず検討することが多い．絶対値的には，エンジンの出力アップに対応して，軸受荷重も増加する場合が多く，荷重のパターンは，軸受しゅう動面形状を工夫するための情報となる．

ロータ軸受の荷重は，ロータの受ける燃焼ガス圧力と，ロータの遊星運動による遠心力との合力である．ロータ軸受の荷重極線図の一例を，図2.3.14に示す[10]．$4\,000\,\mathrm{min}^{-1}$では，燃焼ガス圧力による荷重が最大荷重であり，$7\,000\,\mathrm{min}^{-1}$では，遠心力の影響が大きくなっている．したがって，ロータ軸受の最大荷重と回転速度との関係は，図2.3.15のようになる[11]．

主軸受にかかる荷重は，2ロータのREでは，偏心部を対向して配置することにより，運動部分の慣性力を釣り合わせることができるため，ロータが受ける燃焼ガス圧力のみを考えればよい．主軸受の荷重極線図の一例を，図2.3.16に示す[12]．

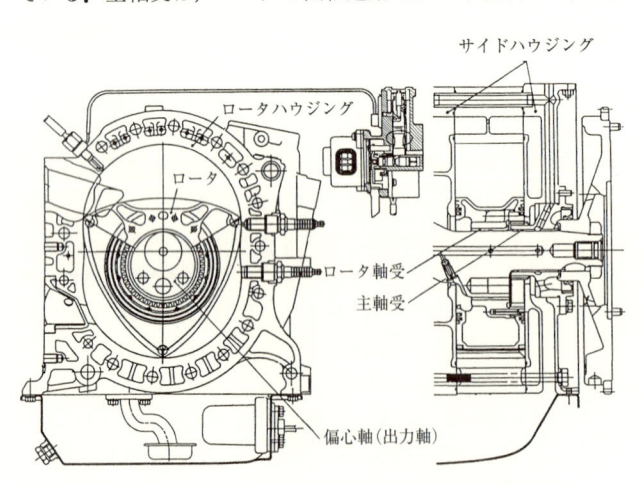

図2.3.13 ロータリエンジンの構造と軸受の使用箇所
〔出典：文献8）〕

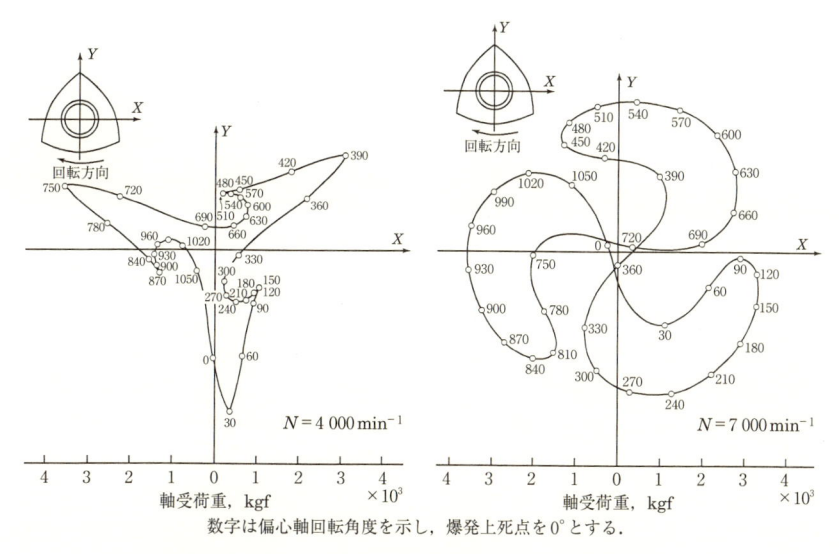

図 2.3.14　ロータ軸受の荷重極線図〔出典：文献 10)〕

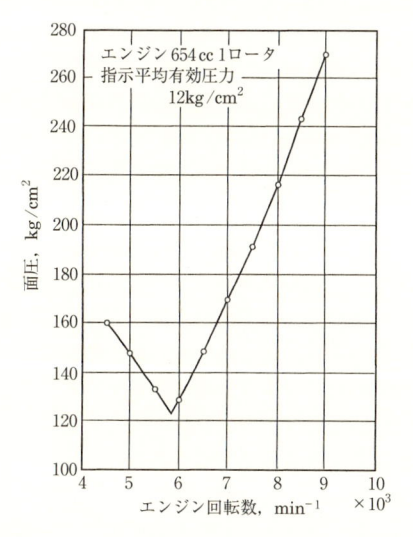

図 2.3.15　ロータ軸受荷重特性〔出典：文献 11)〕

図 2.3.16　主軸受の荷重極線図〔出典：文献 12)〕

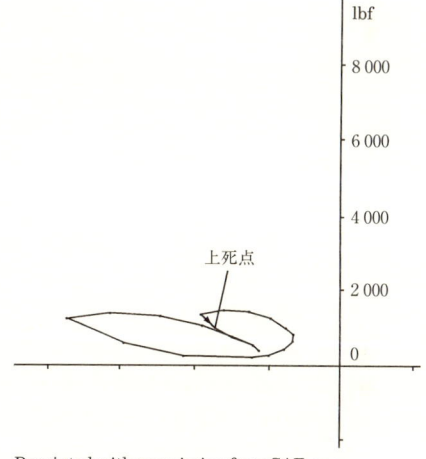

Reprinted with permission from SAE paper number 741018 ©1974 Society of Automotive Engineers, Inc.

c. 軸受の幅

軸受の幅は，一般に，スペースと荷重から決定され，通常，幅Lと軸径Dとの比L/Dとして検討される．REでは，軸のハウジングであるロータのたおれを規制し，位相歯車にかかる負荷を制限する等の理由から，例えばロータ軸受で 0.6 程度，主軸受で 1.0 程度である．この場合，特に主軸受では，高速時の軸のたわみによる片当たりに注意する必要がある．

d. 軸受の肉厚

RE用軸受の肉厚寸法は，主軸受，ロータ軸受とも，それぞれのハウジングにある位相歯車の寸法と，先に決定される軸径により，スペース的な影響を受け，ほぼ決定される．乗用車用として量産されている例としては，主軸受，ロータ軸受とも，軸受の肉厚：Tと外径：D_Bとの比T/D_Bで，0.04 程度であり，"薄肉軸受"に区分される値である．

e. 軸受すきま

軸受すきまの最小値は，焼付き限界の面から制約され，また，回転速度が高いほど，油量増加を目的

により大きな値とする．

例えば高性能スポーツカーに搭載されているREの場合，アイドリング回転から高速回転まで，幅広い回転域で使用され，しかもエンジンが高い負荷を受けている割合が大きい．この場合，高速で運転した後にエンジンを分解し，軸受内面を確認すると全周に当たりが発生していることを数多く経験したことや，主軸受の荷重極線図（図2.3.16）からは，絞り油膜が発生しにくく，油膜厚さが薄いことが推定できる．いずれの場合も焼付き発生を防止するため，油量を増加し，運転による温度上昇を少なくおさえる必要がある．幸い，REは，往復運動を行なう部品がなく，軸受すきまを比較的大きくしても，音・振動に対して影響が少ない．したがって主軸受の下限値は，軸径の0.001程度，ロータ軸受では，0.0008程度としている[13]．また主軸受においては，軸受の幅方向中心より，エンジンの外側寄りの部分の軸径をわずかに小さくなるように加工し，軸受すきまを局部的に大きくすることにより，高速時の軸のたわみに起因する片当たりを防止する例もある[14]．

f．締め代

REの場合，主軸受，ロータ軸受ともに，ハウジングは，軸受の幅方向に非対称形である．したがって，締め代が大きいと，軸受を圧入した場合，ハウジング剛性の弱い側の拡大量が大きくなり，軸受内径形状は，テーパ状となる．この状態で運転すると，拡大の小さい側に片当たりが発生し，焼付き等のトラブルに至る場合がある．剛性を高くするため，ハウジングの肉厚を厚くすると重量が増加し，得策でない．そのため，非対称低剛性ハウジングの場合，回り止め力および密着力が高くできない場合も，軸受が内面で受けた荷重や，回転により発生した熱を，ハウジングへ伝えるための配慮が重要となる．

具体的には，締め代により発生した軸受の回り止め力およびハウジング内面への密着力を，可能なかぎり有効にするため，軸受の外径面に研磨加工を行ない，軸受の形状精度を確保する．また，ハウジング内径面の形状精度・表面粗さも良好な水準を維持し，軸受外径面と密着させる．

主軸受において，背面密着力の最小値：$P_{rmin}=5$ MPaの例もあるが，回り止めは，後述する爪等によることになる．

g．軸受材料の選定

軸受材料に要求される特性としては，前節の往復動エンジンと基本的に同様である．ただし自動車用のREとして，高性能スポーツカー等に搭載される場合は，前節や，材料編のすべり軸受材料の節に記述された軸受特性のうち，なじみ性，耐焼付き性と耐疲労性に特に注目して材料を選定する必要がある．

一般には，主軸受，ロータ軸受とも，鋼裏金に銅合金をライニングし，表面に鉛合金オーバレイを施した三層軸受が使用される[14,15]．これらは，通常，帯状の鋼裏金の上に，銅鉛合金を連続焼結し，機械加工にて円筒状に巻き上げる，いわゆる巻きブシュである．内径面を機械加工で仕上げた後に，内径面のみに鉛合金めっきを施して使用している．

巻きブシュの合わせ目は，圧入するとわずかな段差が生じる場合があるため，逃がし加工を施して，潤滑油膜の成形がスムーズになるようにしてある．合わせ目のない遠心鋳造品が使用される例もある．

h．潤滑油路および軸受油溝・油穴

自動車用2ロータREの潤滑油路の例を，図2.3.17に示す[16]．オイルポンプから出た潤滑油は，オイルクーラによって冷却され，エンジン内部へ入り，オイルフィルタを経由して，主軸受に供給される．この潤滑油の一部は，主軸受自身を潤滑し，残りは主軸に設けられた油穴から軸の内部へ入る．軸内の油穴を経てロータ軸受に供給される．

軸受は，主軸受，ロータ軸受とも，幅方向中央に油溝が全周にわたって設けてある．

主軸受においては，軸の油穴へ，安定して連続給

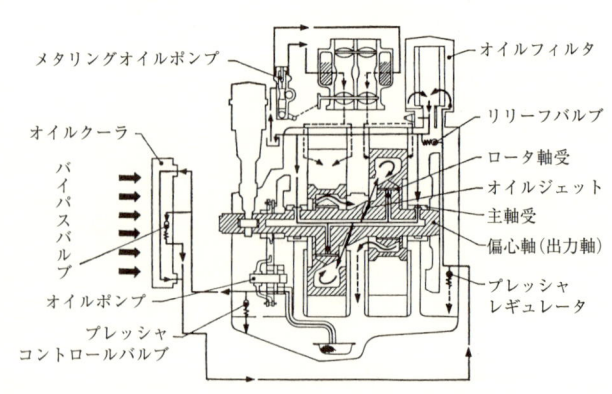

図2.3.17　潤滑油路例〔出典：文献16）〕

油を行なうためにも全周溝は有効である．ロータ軸受においては，軸受側に油溝がない場合，ジャーナル部表面の円周方向の油穴開口位置は，軸受すきまの大きい，油膜圧力の高くない位置にくるようにレイアウトする必要がある．ただし，使用回転速度域の広い自動車用では，最適な軸の油穴開口位置が一定とならず，ロータ軸受にも全周溝を設け，潤滑油量を増やして軸受を冷却し，負荷能力を確保することが一般的である．

i. 軸受の回り止め

薄肉軸受は，通常，締め代によりハウジングと密着し，軸の回転に対して，とも回りが発生しないように回り止め機能をもたせてある．ただし，REの場合，前述のように非対称低剛性ハウジングのため，締め代を高くせず，軸受が回らないように工夫する必要がある．一例として，軸受の端部の一部を外径側へ突出させ，ハウジング側にも切欠を設けておき，突出部（通称"爪"と称する）と切欠とを，軸受圧入時に位置を合わせて組み付けることにより，回り止め効果をもたせることがある．

2.3.3 クロスヘッドピン軸受

船舶用大形2サイクルディーゼル機関では，ストローク・ボア比が2～4と大きいことから[17]，図2.3.18のようなピストンと連接棒の間にピストン棒，クロスヘッドピン，クロスヘッドシューおよびクロスヘッドピン軸受を用いるクロスヘッド構造がとられる．連接棒小端部に位置するクロスヘッドピン軸受は，フォークエンド形式や図2.3.18(a)のようなテーブル形式で，ピストン棒連結部を挟み軸受部を配置する分離形[18]あるいは同図(b)のようなピストン荷重によるピン部のたわみや軸受面圧を小さくする一体形の構造で，幅径比L/Dが0.4～1の範囲のすべり軸受である．最近のエンジンメーカーの採用実績によれば，一体形の構造が主流の傾向にある．

（1）軸受設計思想の動向

表2.3.2は，エンジンライセンサのクロスヘッドピンシェル型軸受設計の思想ならびに仕様の例である．機関出力の増加に伴い，それまでのハウジングにホワイトメタルを直接鋳造する方式の軸受では耐疲労性と負荷能力に限界があり，クラッシュ方式で軸受を組み付けるシェル型薄肉すべり軸受形式へ変わる傾向にある．その軸受合金には，高品質のホワイトメタルあるいはホワイトメタルより負荷能力が一段と高い高Sn（40%）アルミニウム合金が使用

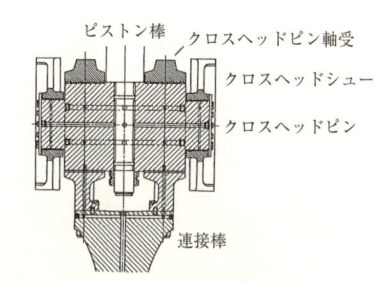

(a) 分離形（テーブル形式）〔出典：文献18〕

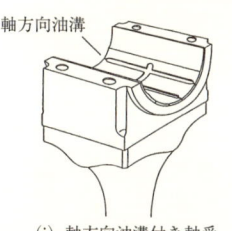

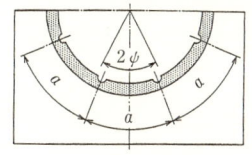

(b) 一体形〔出典：文献19〕
(i) 軸方向油溝付き軸受　(ii) 静圧型オイルポケット付き軸受

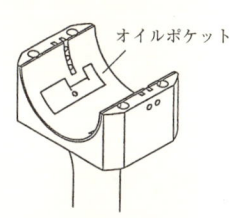

(c) 円周方向断面
(i) 軸方向油溝の配列　(ii) オイルポケットの配置

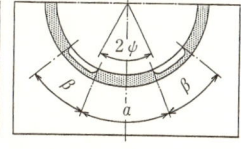

図2.3.18　クロスヘッドピン軸受の構造

表2.3.2　主なクロスヘッドピン軸受の設計例

エンジンライセンサー	構造	潤滑	軸受合金	オーバレイ	備考
MAN B&W	テーブル 一体	4本軸方向溝	Sn基ホワイト Al-Sn	オーバレイ付き	Al-Sn合金使用で小型化
W-NSD （スイス）	〃	オイルポケット 静圧タイプ	Sn基ホワイト	オーバレイ付き オーバレイなし	静圧タイプにより小型化
MHI	〃	4本軸方向溝	Sn基ホワイト	オーバレイ付き	

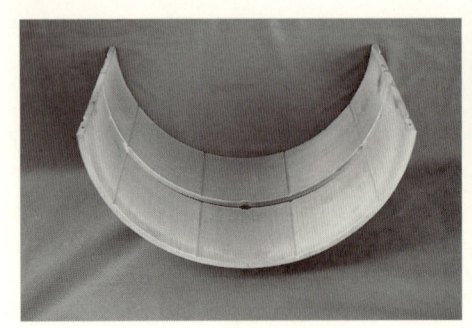

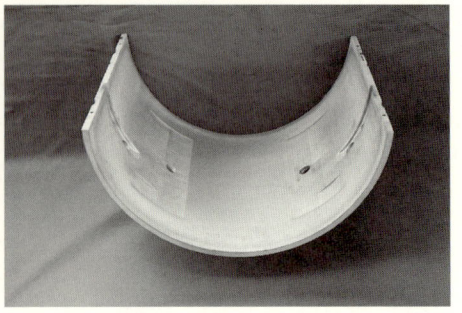

(a) 軸方向溝タイプ　　　　(b) オイルポケット静圧タイプ

図 2.3.19　クロスヘッドピンシェル型すべり軸受の外観

図 2.3.20　クロスヘッドピン軸受の損傷例
（軸受合金材質：Pb-Sn オーバレイ／Sn 基ホワイト合金，運転時間：工場運転約 20 h，損傷状況：オーバレイのワイピング，損傷要因：初期運転時の油膜切れ，異物混入）

には，軸方向溝タイプで軸方向幅中央の円周方向給油溝と 4 本ないし 6 本の軸方向油溝，あるいは静圧タイプで円周方向両側の 2 箇所にオイルポケットが，それぞれ設けられている．その表面は，オーバレイなしの状態で用いる場合もあるが，一般に初期なじみや摩擦軽減のための鉛-スズオーバレイが施されている．

（2）軸受の作動と潤滑

図 2.3.20 の実機におけるクロスヘッドピン軸受の損傷例では，初期なじみ時のオーバレイの流動（ワイピング）が観察される．従来から，負荷能力不足が原因のオーバレイや軸受合金の塑性流動や焼付き，あるいは繰返し接線力が原因の疲労による軸受合金のき裂やはく離が，損傷の主な形態であった．それらの損傷の発生を避けるために，負荷能力向上などの軸受設計の検討が重ねられてきた．

機関実働下のクロスヘッドピン軸受は，図 2.3.21 のように，低速 2 サイクル機関であるために下向き一方向の荷重（軸受面圧 p_w）を受け，

されている[20,21]．今後も機関の出力アップとコンパクト化が進み，軸受面圧は高くなりホワイトメタルの負荷能力限界を超える状況にあり，アルミニウム合金軸受の適用範囲が拡大する傾向にある[22]．そして幅の広いアルミニウム合金軸受では，軸受素材供給の都合などから軸方向中央で 2 分割するタイプも採用されている．

図 2.3.19 にクロスヘッドピン軸受の代表的な二つのシェル型すべり軸受の外観を示す．軸受の内面

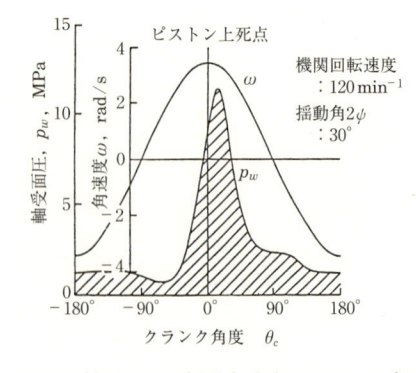

図 2.3.21　軸受面圧と揺動角速度のクランク角変化
〔出典：文献 24)〕

第2章　すべり軸受　　　A編　　81

30～50°の連接棒の揺動角2ψで低速の不完全な回転（角速度ω）の揺動すべりを行なう．その潤滑状態は，4サイクル機関や高速2サイクル機関のピストンピン軸受のように荷重方向がたえず変化する場合やクランクピン軸受および主軸受のようなジャーナルが完全回転する場合と大きく異なる．軸受の負荷面は中央下側のみに限られ，厚い油膜の形成がむずかしく，油膜の交換性も乏しいものとなる．そこで，負荷側に図2.3.18(c-i)のような潤滑油供給のための軸方向油溝を設けたすべり軸受を配置し，軸面に対する軸受面の揺動すべりに伴うクエット流れで油膜を交換し潤滑する方法がとられ，あるいは同図(b-ii)のような軸受面にオイルポケットを設け，クロスポンプで給油圧力を高くし，ピストン下死点あたりの荷重が下がるクランク角度において静圧軸受的に軸面を軸受面から浮かし，荷重が上がるクランク角度では油膜が薄くなるときのスクイーズ作用で比較的に厚い油膜を確保し潤滑する方式（静圧型

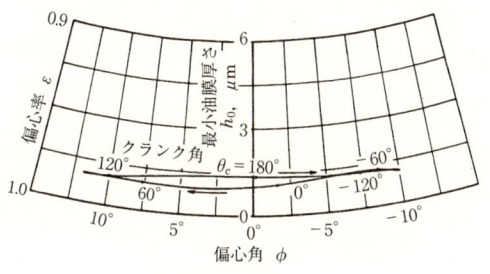

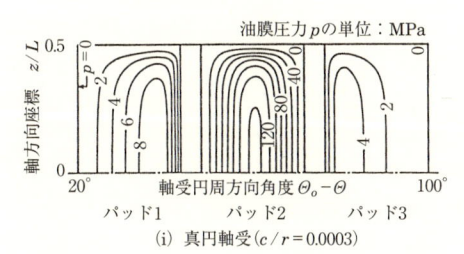

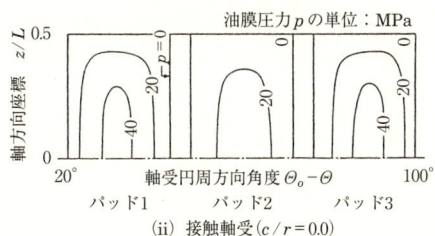

図2.3.22　軸方向油溝付きクロスヘッドピン軸受の軸心軌跡と油膜圧力分布の理論計算例
（軸径$D=360$ mm，軸受幅$L=240$ mm，有効円周角$\Theta_o-\Theta_i=120°$，油溝の数$n=4$，ピッチ角$\alpha=30°$，機関の回転速度$N=120$ min^{-1}，揺動角$2\psi=45°$，潤滑油の粘度$\eta=0.1$ Pa·sなどの計算条件）　　〔出典：文献24〕

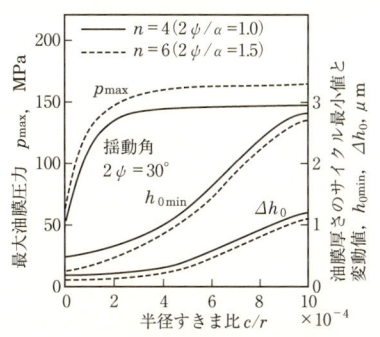

(i) すきま比と油溝数の影響〔出典：文献24〕
（$D=360$mm，$L=240$mm，$\Theta_o-\Theta_i=120°$，$N=120$min^{-1}，$\eta=0.1$Pa·sなどの計算条件）

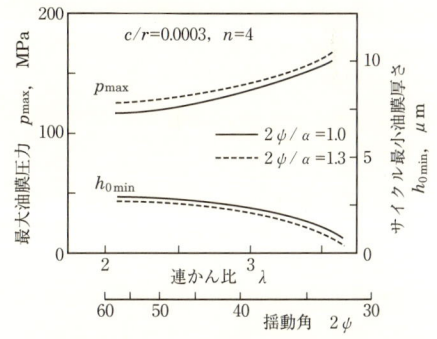

(ii) 連かん比と$2\psi/\alpha$の影響〔出典：文献25〕
（$D=640$mm，$L=340$mm，$\Theta_o-\Theta_i=123°$，$N=84$min^{-1}，$\eta=0.1$Pa·sなどの計算条件）

(a) サイクル最大油膜圧力，最小油膜厚さなどの変化（理論計算）

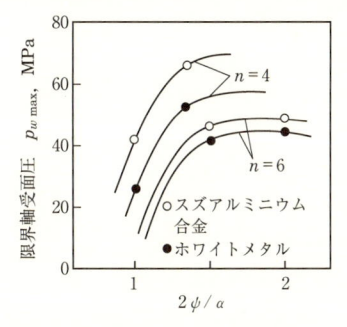

(b) 負荷限界の軸受面圧の$2\psi/\alpha$値，油溝数および軸受メタル合金による変化（実験値）〔出典：文献24〕
（$D=100$mm，$L=66$mm，$\Theta_o-\Theta_i=130°$，$N=300$min^{-1}，潤滑油：SAE20無添加オイルなどの実験条件）

図2.3.23　軸方向油溝付きクロスヘッドピン軸受設計条件の検討

クロスヘッドピン軸受）が採用される．

（3）軸方向油溝付き軸受の負荷容量

軸方向油溝付きクロスヘッドピン軸受について，レイノルズ方程式に従う動荷重ジャーナル軸受流体潤滑理論のもとで油膜厚さや油膜圧力を求め，負荷容量の大きさを推定する[23〜25]．図2.3.22(a)は，軸の偏心率 ε と偏心角 ϕ がクランク角度 θ_c で変化する軸心軌跡を示し，同図(b)は，軸受面圧が最大となるクランク角度（おおよそ $\theta_c=15°$）における油膜圧力分布を示す．油膜厚さは，軸受径が比較的に大きいにもかかわらず数ミクロンと極端に小さく，サイクル的な変動も1ミクロン程度である．また油膜圧力は，同図(b-i)の真円軸受のように，軸受メタル中央のパッド部（この例ではパッド2）のみに100 MPaを超える高い油膜圧力が発生する．したがって，図2.3.21のような軸受面圧の許容値がサイクル最大値で15 MPa以下の状態にとどまり，他のエンジン軸受（同値は50 MPaを超える）に比べ，負荷能力はかなり劣る．

（4）負荷能力の改善

軸受の半径すきま比 c/r やすべり面パッドの数 m すなわち軸方向油溝の数 n を変え，油膜厚さのサイクル最小値 h_{0min} とサイクル変動値 Δh_0 および油膜圧力のサイクル最大値 p_{max} の変化を調べた．図2.3.23(a-i)のように，半径すきま比を小さくし接触軸受の構造に近づけるほど，油膜厚さやその変動量は小さくなるが，油膜圧力の最大値も小さくなる．つまり，図2.3.23(b-ii)のように圧力分布が他のパッドへも分散し，すべり軸受の荷重負担は中央パッドに集中せず平均化される．また，軸方向油溝の数を減らし円周角の大きなパッドの配列にするほど，負荷能力の面で有利になる．

一般にジャーナル軸受の設計では，油膜厚さの下限値と油膜圧力の上限値に対して軸受面圧や半径すきま比の大きさを決める．材質が硬い軸側の表面粗さの約3倍以上の油膜厚さならびに相手軸受の軟質な軸受合金の塑性流動圧力（ホワイトメタルでは約80 MPa）以下の油膜圧力といった推奨の設計条件に従うと，軸受面圧と半径すきま比を小さくし，油溝の数を少なく

して，軸面をできるだけ小さな粗さに仕上げ，かつ耐荷重性に優れる軸受合金を用いることが望まれる．

（5）$2\phi/\alpha$ 値の選定

軸方向油溝の数 n や円周方向ピッチ角 α の大きさを具体的に決めるには，油膜厚さや圧力の計算値からの判断だけでは十分でない．油溝の役割である油膜交換性確保の点から，軸受の揺動角 2ϕ の大きさとの関連を調べる必要がある．また，機関のクランク半径の増大（ロングストローク化）に対し連接棒長さの短縮で応じる際，連接棒長さとクランク半径の比 λ（連かん比）の減少に伴う軸受揺動角の増大も配慮しなければならない．図2.3.23(a-ii)は，連かん比 λ ならびに揺動角と油溝円周方向ピッチ角の比 $2\phi/\alpha$ の大きさが最大油膜圧力と最小油膜厚さに及ぼす影響を示している．λ 値も $2\phi/\alpha$ 値も小さいほど，油膜圧力は小さくなり油膜厚さは大きくなる計算の結果が得られている．しかし同図(b)のように，揺動角 2ϕ と軸方向油溝のピッチ角 α および数 n を変え，軸受メタルが焼付きを起こす負荷限界の軸受面圧 p_{wmax} を実験的に調べ，$2\phi/\alpha$ と p_{wmax} の関係を求めると，$2\phi/\alpha$ 値がおおよそ1.3で p_{wmax} の値は大きく変化し，それより小さな $2\phi/\alpha$ 値は望ましくない．すなわち，軸方向油溝のピッチ角 α を揺動角 2ϕ より小さくし，軸・軸受面間の油膜を揺動すべりのクエット流れで交換させる必要がある．また同図の実験結果は，軸受合金としての耐荷重性はスズ-アルミニウム合金の方がホワイトメタルより優れていることも示している．

（6）静圧軸受の設計基準

静圧型クロスヘッドピン軸受について，表2.3.3に示す実験の結果[26]などを参考に，潤滑機構の特

表2.3.3　クロスヘッドピン軸受の焼付き負荷限界の軸受面圧（実験値）
〔出典：文献26）〕

軸受の種類	揺動角 2ϕ	油溝ピッチ角 α	限界面圧，MPa
軸方向油溝付き （給油圧力 ：0.5 MPa）	35°	45°	1.3
	45°		13.0
	55°		16.0
静圧型 （給油圧力 ：2.0 MPa）	35°	45°	24.0
	45°		24.2
	55°		24.4
	35°	35°	21.8
		55°	21.7
		65°	20.8

$D=100$ mm，$L=70$ mm，$\beta=30°$，$N=300$ min^{-1}，潤滑油：SAE 10 W 無添加オイルなどの実験条件

色ならびにオイルポケットなどの設計基準を検討する．軸方向油溝付きの場合に比べ，油膜厚さとそのサイクル変動量が増大し負荷能力は大幅に向上するので，図2.3.18(c-ii)のオイルポケットのピッチ角 α は揺動角 2ϕ より小さくする必要がない．また，オイルポケットへの給油圧力を高めるか，あるいはオイルポケットの円周方向開き角 β や軸方向長さを大きくし面積を広げることで，ピストン下死点あたりでの静圧による油膜厚さ回復を図り負荷能力を増大できる．ただし，α を過大 ($2\phi/\alpha<0.7$) にすると，静圧軸受の効果が弱まり油膜厚さの回復は減り，負荷能力が低下する．

以上の現行のクロスヘッドピン軸受を対象とした設計のほかに，構造面から負荷能力を向上させる偏心ロッキング軸受型[27]やだ円軸受型[28]のクロスヘッドピン軸受についても，その設計条件は詳細に検討されている．

文　献

1) 大豊工業㈱編：DESIGN GUIDE for Engine Bearings & Crankwashers．
2) 自動車技術会編：自動車技術ハンドブック2.設計編 (1991) 82．
3) 文献2)，p.84．
4) 山本健一編：ロータリーエンジン．日刊工業新聞社 (1969) 1．
5) 大関博監修：ロータリーエンジンの20年，グランプリ出版 (1982)．
6) 船本準一 (GP企画センター編)：マツダチーム　ルマン初優勝の記録，グランプリ出版 (1991) 111．
7) 自動車工学全書編集委員会編：ロータリエンジン，ガスタービン，山海堂 (1980) 5．
8) ㈳自動車技術会・次世代トライボロジー特設委員会編：自動車のトライボロジー，養賢堂 (1994) 96．
9) 森　早苗：すべり軸受と潤滑　第二版，幸書房 (1988) 106．
10) 文献4)，p.68．
11) 文献7)，p.38．
12) P. M. Edwards：SAE Paper 741018 (1974)．
13) エンジン整備書13 B-REW（資料 No. WM 4015），マツダ株式会社．
14) 文献8)，p.102．
15) 神谷重安・白鷺貞夫・櫛谷　清：内面機関，**14**, 163 (1975) 57．
16) 文献7)，p.49．
17) 福田哲吾：第42回舶用機関学会特別基金講演会予稿集 (1998) 14．
18) 機械工学便覧「B7 内燃機関」，日本機械学会 (1985) 68．
19) 橋本一彦：エンジンの事典，朝倉書店 (1994) 629．
20) K. Yamada, K. Tanaka, S. Mori & K. Morita：10th CIMAC Congress Paper, No. 30 (1973)．
21) 田中　正：日本機械学会第532回講習会教材 (1981) 37．
22) 吉田一誠：トライボロジスト，**42**, 1 (1997) 8．
23) Y. Wakuri, T. Hamatake & M. Soejima：Proc. JSLE Int. Tribo. Conf., Tokyo (1985) 325．
24) Y. Wakuri, T. Hamatake & M. Soejima：17th CIMAC Congress Paper, No. 41 (1987)．
25) 和栗雄太郎・浜武俊朗・副島光洋・大坪　勝：舶用機関学会誌，**26**, 4 (1991) 158．
26) 和栗雄太郎・北原辰巳・浜武俊朗・副島光洋・平田昭彦：日本機械学会論文集 (C編)，**63**, 612 (1997) 2832．
27) 和栗雄太郎・小野信輔・副島光洋：日本機械学会論文集 (C編)，**51**, 461 (1985) 114．
28) 和栗雄太郎・浜武俊朗・副島光洋：トライボロジスト，**34**, 8 (1989) 602．

2.4 静圧軸受

外部油圧源の圧力を利用して軸受負荷容量を得る形式の軸受を静圧軸受という．非圧縮性流体を用いた場合を本節で述べ，圧縮性の気体を用いた場合は，2.5.6項で述べる．

2.4.1 静圧スラスト軸受[1〜3]
(1) 円板形スラスト軸受

静圧スラスト軸受の最も単純で基礎的な形式は，図2.4.1に示す円板形スラスト軸受であって，この軸受を例にとって軸受特性を示す．

a. 軸受基礎特性

供給圧力 p_s の定圧油圧源からオリフィスまたは毛細管よりなる絞りを通して軸受すきまに供給し，一般に図に示すように給油孔出口に相当大きなポケット（半径 r_0）を設け，主としてこのポケット内圧力 p_0 によって負荷を支持する．軸受負荷容量 W および軸受すきまからの流出流量 Q_{out} は，ともに圧力差〔(p_0-p_a)，p_a：周囲圧力〕に比例し，

$$W = A_e(p_0-p_a), \quad Q_{out} = K_B h^3(p_0-p_a)/\mu \quad (2.4.1)$$

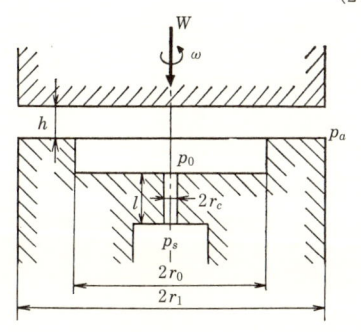

図2.4.1　円板形静圧スラスト軸受

で与えられる。ただし，h：軸受すきま，μ：粘性係数である。軸受有効面積A_eおよび流量特性係数K_Bは，ともに軸受形状のみの関数で，図2.4.1の軸受の場合は，r_1を軸受外半径として

$$A_e = \pi(r_1^2 - r_0^2)/[2\log(r_1/r_0)],$$
$$K_B = \pi/[6\log(r_1/r_0)] \qquad (2.4.2)$$

となる。

ポケット内圧力p_0は，絞りを通る流量と軸受端からの流出流量の釣合いで決まり，前者は，半径r_c長さlの毛細管絞り，および半径r_s流量係数c_fのオリフィス絞りに対して，それぞれ

$$Q_{\text{in}} = (p_s - p_0)K_c/\mu, \quad K_c = \pi r_c^4/8l \qquad (2.4.3)$$
$$Q_{\text{in}} = K_s(p_s - p_0)^{1/2}, \quad K_s = c_f \pi r_s^2 (2/\rho)^{1/2} \qquad (2.4.4)$$

で与えられるから（ただし，ρ：密度），毛細管絞りの場合，ポケット圧力および負荷容量は

$$p_0 - p_a = (p_s - p_a)/(1 + H^{*3}),$$
$$W = (p_s - p_a)A_e/(1 + H^{*3})$$
$$H^* = (K_B/K_c)^{1/3}h \qquad (2.4.5)$$

となり，同様にオリフィス絞りの場合

$$W = (p_s - p_a)A_e\{[(1 + 4H^{*6})^{1/2} - 1]/(2H^{*6})\}$$
$$H^* = [K_B^2(p_s - p_a)/\mu^2 K_s^2]^{1/6}h \qquad (2.4.6)$$

を得る。式(2.4.5)，(2.4.6)は，軸受すきまの増加あるいは減少に対して，負荷容量Wがそれぞれ減少あるいは増加し，すきま変動に対してそれを妨げる方向の力が発生することを示している（図2.4.2）。すきま変動に対する負荷容量の変化の割合（$k = -\partial W/\partial h$）を**軸受剛性**という。

b. 絞り

軸受剛性の大きさは，絞りの程度と軸受すきまの大きさに関係する。軸受剛性を大きくするには，一般にはすきまを小さくし，それに応じて絞りの抵抗を大きくすればよいのであるが，実際の軸受では，

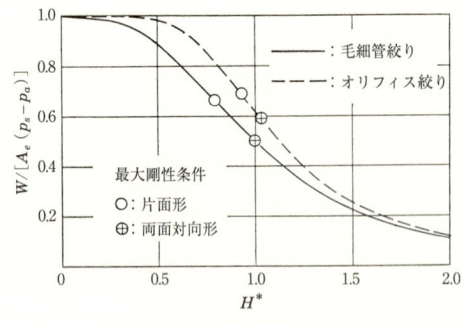

図2.4.2 静圧軸受の特性曲線

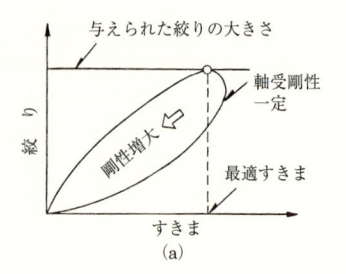

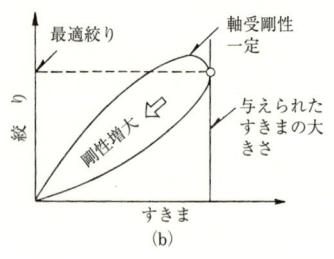

図2.4.3 絞りとすきまの決定法
〔出典：文献2)〕

製作や作動からともに限界がある。そこで軸受の設計においては，いずれか一方の最小値を与え，軸受剛性が最大になるように他方のパラメータの最適値を選ぶ。

スラスト軸受のようにすきまの大きさに対する制限がゆるい場合には，通常絞りの大きさを固定して最適のすきまを選ぶ〔図2.4.3(a)〕。この条件は$\partial(\partial W/\partial h)/\partial h = 0$であり，毛細管絞りに対して

$$H^{*3} = 1/2, \quad (p_0 - p_a)/(p_s - p_a) = 2/3 \qquad (2.4.7)$$

となり，無次元最大剛性の値は

$$\tilde{K} = kh/[A_e = 2/3(p_s - p_a)] = 2/3 \qquad (2.4.8)$$

となる。オリフィス絞りに対しては，同様に

$$H^{*6} = 0.648, \quad (p_0 - p_a)/(p_s - p_a) = 0.691,$$
$$\tilde{K} = 0.816 \qquad (2.4.9)$$

を得る。この条件は，図2.4.2の曲線の変曲点を設計点に選ぶことに対応している。

両面対向形のスラスト軸受や後述のジャーナル軸受の場合のように，まずすきまを与え，それに対して絞りの最適値を選ぶ場合〔図2.4.3(b)〕は，最大剛性の条件は$\partial(\partial W/\partial h)/\partial \beta = 0$ [$\beta(=(p_0 - p_a)/(p_s - p_a))$：圧力比]であり，毛細管絞りに対して

$$H^{*3} = 1, \quad (p_0 - p_a)/(p_s - p_a) = 0.5, \quad \tilde{K} = 3/4 \qquad (2.4.10)$$

オリフィス絞りに対して

$$H^{*6} = 1.207, \quad (p_0 - p_a)/(p_s - p_a) = 0.586,$$
$$\tilde{K} = 0.858 \qquad (2.4.11)$$

を得る.図2.4.2の特性曲線中にこれらの最適設計条件を丸印で示す.

c. 摩擦仕事

軸受ランド部すきまにおけるせん断摩擦仕事 N_f は,軸の回転角速度を ω として

$$N_f = (\mu\omega^2 r_1^4/h)C_{Nf}, \quad C_{Nf} = \pi[1-(r_0/r_1)^4]^{1/2} \quad (2.4.12)$$

となる.また軸受に加圧流体を送るための外部ポンプ仕事 N_p は,ポンプ効率を η として,$N_p = Q(p_s - p_a)/\eta$ で与えられるから,単位負荷荷重あたりのポンプ仕事 N_p/W は

$$N_p/W = Wh^3/(\pi^2\eta\beta\mu r_1^4)C_{Np}$$
$$C_{Np} = (\pi r_1^2)^2 K_B/A_e^2 \quad (2.4.13)$$

となる.

d. ポケットの大きさ

軸受すきまおよび絞りの大きさを一定として,したがって最適絞りか否かは別にして,負荷容量を最大にするポケットの大きさを求めると,その条件は $\partial W/\partial r_0 = 0$ で与えられ,$\psi = r_0/r_1$ とおけば,毛細管絞りの場合 $2\psi^2[\log\psi - \pi h^3/(6\mu K_c)] - \psi^2 + 1 = 0$ で,これを満足する ψ を選んだとき,ちょうど剛性最大の条件(2.4.7)が満たされていたとすると

$$3\psi^2\log\psi - \psi^2 + 1 = 0, \quad \psi = 0.683 \quad (2.4.14)$$

が最適ポケット比になる.オリフィス絞りの場合は式(2.4.14)に対応して

$$3.791\psi^2\log\psi - \psi^2 + 1 = 0, \quad \psi = 0.558 \quad (2.4.15)$$

を得る.

なお,最適ポケットの大きさの決定には,負荷荷重あたりの必要ポンプ仕事 N_p/W を最小にする設計基準[2]や,ポンプ仕事 N_p のほかに摩擦仕事 N_f をも考慮して $N_p + N_f$ を最小にする設計基準も考えられる.

(2) 静圧スラスト軸受の特性

代表的ないくつかの軸受形状のスラスト軸受につ

表2.4.1 静圧スラスト軸受の軸受特性値

軸受形状	A_e $\dfrac{W}{p_0-p_a}$	K_B $\dfrac{Q}{h^3(p_0-p_a)/\mu}$	C_{Nf} $\dfrac{N_f}{\omega^2\mu r_1^4/h}$
円板形スラスト軸受	$\dfrac{\pi(r_1^2-r_0^2)}{2\log(r_1/r_0)}$	$\dfrac{\pi}{6\log(r_1/r_0)}$	$\dfrac{\pi}{2}\left[1-\left(\dfrac{r_0}{r_1}\right)^4\right]$
円すい面軸受	$\dfrac{\pi(r_1^2-r_0^2)}{2\log(r_1/r_0)}$	$\dfrac{\pi\sin^4\alpha}{6\log(r_1/r_0)}$	$\dfrac{\pi}{2\sin^2\alpha}\left[1-\left(\dfrac{r_0}{r_1}\right)^4\right]$
スラストつば軸受	$\dfrac{\pi}{2}\left[\dfrac{r_0^2-r_0'^2}{\log(r_0'/r_0)}+\dfrac{r_1^2-r_1'^2}{\log(r_1/r_1')}\right]$	$\dfrac{\pi}{6}\left[\dfrac{1}{\log(r_0'/r_0)}+\dfrac{1}{\log(r_1/r_1')}\right]$	$\dfrac{\pi}{2r_1^4}[r_1^4-r_1'^4+r_0'^4-r_0^4]$
長方形パッド軸受*	$\dfrac{1}{4}E_1L_1(1+\xi_E)\cdot(1+\xi_L)$	$\dfrac{1}{6}\left[\dfrac{1+\xi_E}{1-\xi_E}\cdot\dfrac{1}{\phi}+\dfrac{1+\xi_L}{1-\xi_L}\phi\right]$	$N_f = \mu U^2 E_1 L_1(1-\xi_E\xi_L)/h$

* $\xi_E = E_0/E_1, \xi_L = L_0/L_1, \phi = L_1/E_1$

表2.4.2 最適ポケットの大きさ 〔出典:文献2〕

軸受形状	最適ポケットの大きさ	
	毛細管絞り	オリフィス絞り
円板形スラスト軸受[*1] 円すい面軸受[*1]	$3\varphi^2\log\varphi - \varphi^2 + 1 = 0$ $\varphi = 0.683$	$3.791\varphi^2\log\varphi - \varphi^2 + 1 = 0$ $\varphi = 0.558$
スラストつば軸受[*2]	$3\varphi^2\log\varphi - \varphi^2 + 1 + \dfrac{3\xi^2(\varphi^2-1)}{\varphi^2-\xi^2}\log\varphi = 0$	$3.791\varphi^2\log\varphi - \varphi^2 + 1 + \dfrac{3.791\xi^2(\varphi^2-1)}{\varphi^2-\xi^2}\log\varphi = 0$
長方形パッド軸受[*3]	$\begin{cases}3(1-\xi_E) = (1+\xi_E)\Phi_E \\ 3(1-\xi_L) = (1+\xi_L)\Phi_L\end{cases}$	$\begin{cases}3.791(1-\xi_E) = (1+\xi_E)\Phi_E \\ 3.791(1-\xi_L) = (1+\xi_L)\Phi_L\end{cases}$

[*1] $\varphi = r_0/r_1$
[*2] $\varphi = r_1'/r_1 = r_0/r_0', \xi = r_0/r_1$
[*3] $\xi_E = E_0/E_1, \xi_L = L_0/L_1, \phi = L_1/E_1$
$\Phi_E = \dfrac{(1-\xi_E)^2 + (1-\xi_L^2)\phi^2}{(1-\xi_E^2) + (1-\xi_L^2)\phi^2}, \quad \Phi_L = \dfrac{(1-\xi_E) + (1-\xi_L)^2\phi^2}{(1-\xi_E^2) + (1-\xi_L^2)\phi^2}$

いて，性能を計算するために必要な軸受特性値を表2.4.1に，最適ポケットの大きさを表2.4.2に示す．なおC_{Np}は軸受形状に関係なく式(2.4.13)で与えられる．

a. 円すい面軸受

頂角2αの円すい面軸受を図2.4.4に示す．表2.4.1中K_Bは軸方向すきま$h(=h/\sin\alpha)$に関して無次元化した係数である．

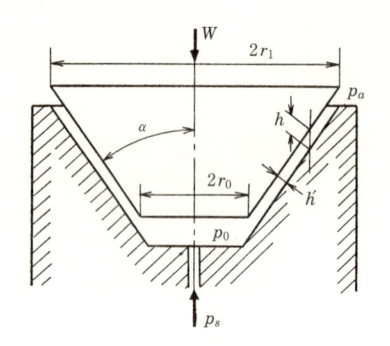

図2.4.4 円すい面軸受

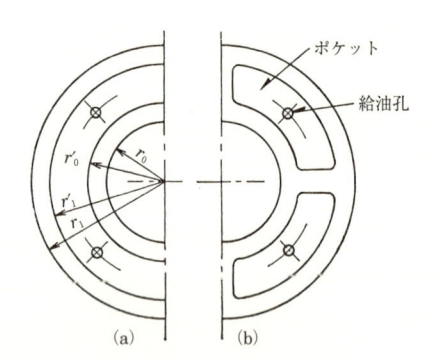

図2.4.5 スラストつば軸受

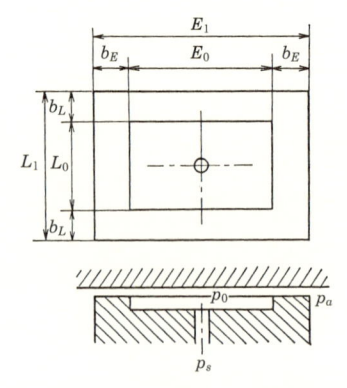

図2.4.6 長方形パッド軸受

b. スラストつば軸受

図2.4.5にスラストつば軸受の例を示す．スラストつば軸受に限らず，一般に静圧スラスト軸受では，角度剛性を増すために図2.4.5(b)に示すようにポケットをいくつかに分割して，それぞれのポケットに給油する．軸方向変位に対する軸受特性の計算は図2.4.5(a)の形で近似できる．表2.4.1および表2.4.2の結果はこの近似による．ランド幅は，厳密には$r_0/r_0'=r_1/r_1'$が最適設計条件を与えるが，実際の設計ではこの条件の代わりにランド幅を内側と外側で等しくする条件を用いてもあまり大きな差は生じない．

c. 長方形パッド軸受

図2.4.6に長方形パッド軸受を示す．この形式は，スラスト案内面のほか，次節のジャーナル軸受の展開形として重要である．

（3）流体の慣性力の影響

軸の回転の影響は，慣性力の形で軸受性能に影響する．図2.4.1に示した円板形軸受において軸の角速度をωとすると，負荷容量および流量は，ポケット深さが十分深い場合

$$W = \frac{\pi(r_1^2 - r_2^2) \cdot (p_0 - p_a)}{2 \log(r_1/r_0)}$$
$$- \frac{3}{40}\rho\omega^2\left[(r_1^4 - r_0^4) - \frac{(r_1^2 - r_0^2)^2}{\log(r_1/r_0)}\right]$$
(2.4.16)

$$Q_{\text{out}} = \frac{\pi h^3}{6\mu \log(r_1/r_2)}$$
$$\cdot \left[(p_0 - p_a) + \frac{3}{20}\rho\omega^2(r_1^2 - r_0^2)\right] \quad (2.4.17)$$

となり，右辺第2項の流体の慣性の影響が付加される．ポケット圧力は式(2.4.17)と式(2.4.3)，(2.4.4)とから決まり流体の慣性力の影響を受けるが，仮に同じポケット内圧力p_0で比較すれば，式(2.4.16)において，$r_0/r_1 < 0.451$の場合は流体の慣性の影響で負荷容量は回転数の増加とともに減少し，$r_0/r_1 > 0.451$の場合はその逆となる．

（4）一定流量形式軸受

（1），（2）項で述べた形式は，一定給油圧力p_sの油圧を軸受すきまに送入し，絞りの作用により軸受剛性を得るものであったが，そのほかにプランジャポンプ，あるいは歯車ポンプのような一定流量形の油圧源からの給油を用いる軸受形式（一定流量形式軸受）がある．この場合，絞りは不要であって，

式(2.4.1)において流量 Q がポンプ吐出量として一定であるから，負荷に応じて必要なポケット内圧力が $p_0-p_a=W/A_e=\mu Q/(K_B h^3)$ となるようにすきまが自動的に増減することになる．式(2.4.5)，(2.4.6)に対応する W と h の関係式は

$$W=\mu Q A_e/(K_B h^3) \qquad (2.4.18)$$

となる．一定流量形式軸受は，オイルリフト軸受などにその例をみることができるが，一般にはあまり実用されていない．

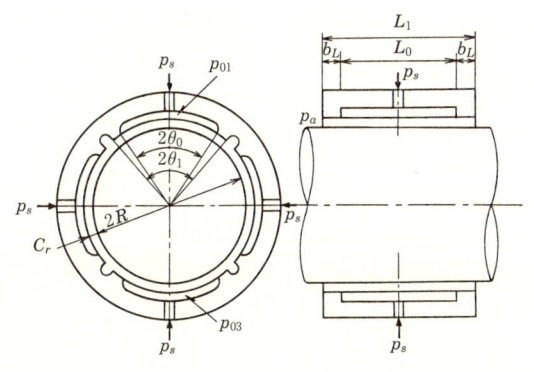

2.4.2 静圧ジャーナル軸受[1]

静圧ジャーナル軸受は，図2.4.7に示すように円周上に数個のポケットを設けた全周軸受の構成をとり，外部から絞りを通して給油する．図2.4.7のようにポケット間に外部につながる軸方向溝を設けた設計と，そうでない設計がある．前者の方が油量が多く冷却効果が大きく，また負荷容量もわずかに大きいが，反面，ポンプ仕事が大きくまた製作が複雑になる．以下では，主として前者についての軸受特性を述べる．

(1) 平行すきま軸受としての解

このようなジャーナル軸受の作動は，基本的には軸を囲む長方形スラストパッド軸受の特性の和として把握できる．無偏心状態近傍で軸が上下方向に変位したときを考えることとし，左右の軸受の寄与を無視し，また軸の変位後もすきまはほぼ平行であると近似する．このとき，上下のポケット内圧力は，毛細管絞りを考えて

$$p_{0j}-p_a=(p_s-p_a)/[1+(K_B/K_C)h_j^3] \qquad (j=1,3) \quad (2.4.19)$$

となる．記号は前節のスラスト軸受の場合と同じである．軸受負荷容量 W は，無偏心状態でのポケット内圧力 p_0 および偏心率 ε を用い，

$$W=A_e(p_{03}-p_0)=A_e(p_s-p_a)F_W \qquad (2.4.20)$$

$$F_W=\frac{1}{1+(1/\beta-1)\cdot(1-\varepsilon)^3}-\frac{1}{1+(1/\beta-1)\cdot(1+\varepsilon)^3} \qquad (2.4.21)$$

となる．ただし，$\beta\,[=(p_0-p_a)/(p_s-p_a)]$：圧力比である．また有効面積 A_e はジャーナル軸受を平面に投影した長方形軸受としての値を用いる．

軸受剛性最大の条件は式(2.4.10)で与えられ，このとき無偏心状態近傍での軸受剛性 $[k=\partial W/(C_r\partial\varepsilon)|_{\varepsilon=0}]$ は $k=1.5A_e(p_s-p_a)/C_r$ となる．ただし，C_r：軸受すきまである．

オリフィス絞りの場合も同様であって，軸受剛性最大の条件は式(2.4.11)で与えられ，このとき無偏心状態近傍での軸受剛性は $k=2.04A_e(p_s-p_a)/C_r$ となる．

(2) 円筒軸受としての補正

実際のジャーナル軸受では軸受面が円弧面であるので，上の理論結果の適用に際し，次の二つの事項に注意する必要がある．第一の点は有効軸受面積 A_e の算出で，図2.4.7のように4個のポケットをもち軸方向溝がある軸受に対しては，ポケットが比較的大きくランド部では直線状の圧力分布であるとすると，

$$A_e=2R(L_1+b_L)\cdot(\cos\theta_0-\cos\theta_1)/(\theta_1-\theta_0)$$
$$\fallingdotseq 2R(L_1-b_L)\sin\bar\theta \qquad (2.4.22)$$

ここで，R：軸半径，L_1，b_L：軸方向軸受長さおよびランド幅（図2.4.7参照），$\bar\theta=(\theta_0+\theta_1)/2$，$\theta_1,\theta_0$：周方向パッド幅およびポケット端の角度位置である．

第二の点は，軸が変位したとき，前項の解析の仮定とは違って，すきまは平行でなくなり，そのことによる流量の補正が必要なことである．軸受すきまからの流出流量 Q_{out} を軸方向流れ $Q_{out,a}$ と周方向流れ $Q_{out,c}$ に分けて考え，それぞれに対してすきまの周方向変化を考慮すれば，前者に対しては

$$Q_{out,a}=RC_r^3(p_{0j}-p_a)\bar\theta f_a(\varepsilon)/(3\mu b_L) \qquad (2.4.23)$$

$$f_a(\varepsilon)=1+[3\varepsilon\sin\bar\theta+1.5\varepsilon^2(\bar\theta+\sin\bar\theta\cdot\cos\bar\theta)$$
$$+\varepsilon^2\sin\bar\theta(2+\cos\bar\theta)/3]/\bar\theta$$
$$\fallingdotseq(1+\varepsilon\sin\bar\theta/\bar\theta)^3 \qquad (2.4.24)$$

後者については

図2.4.7 静圧ジャーナル軸受

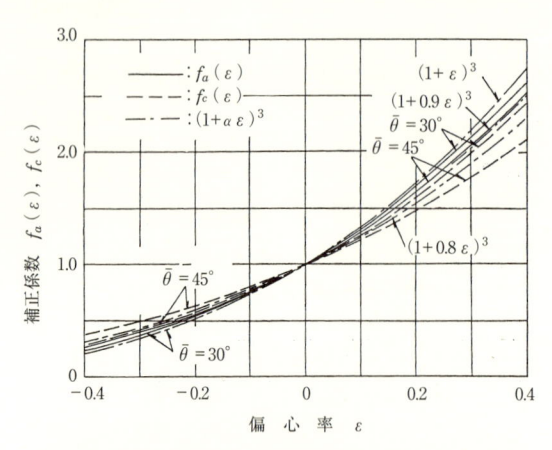

図2.4.8 静圧ジャーナル軸受の流量に対する補正係数
〔出典：文献2)〕

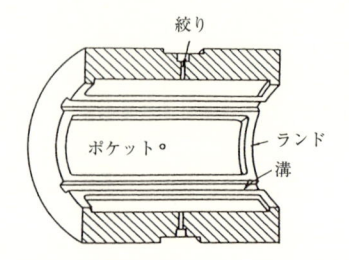

2.4.3 静圧軸受の設計例
（1）静圧ジャーナル軸受

静圧ジャーナル軸受は，内面に軸受すきまに比べて非常に深いポケットを円周上に複数個設置し，外部の油圧源から供給された流体圧力によりポケット内に均一な静圧を発生させるので，軸と軸受の相対運動の有無に拘らず，油膜反力が形成される特徴がある．

代表的なジャーナル軸受として古くから図2.4.9の形式がよく知られている．この構造では，軸変位によるポケットからの流出流量の調節機能は軸受の両端に存在するランドの形状と大きさに左右され，必ずしも最適な調節機能が発揮できない欠点があるが，構造が何よりも簡単であるため，いまなお各所で採用，実用化されている．

図2.4.9の欠点を改良したものが図2.4.10に示す溝付き軸受である．ポケット圧力は両隣りのポケット圧力の影響を受けず，外部絞りを通過してポケットに流入した流体はポケット外周のランドから必ず排出されるので，図2.4.9の軸受に比べて軸受すきま変化によるポケット圧力の変化が大きくとれるという利点をもっている．しかし，高速回転時において溝部からの周辺空気のポケットへの巻込みによる動特性の低下などの問題もないわけではない．

図2.4.11の軸受は，ポケット内部に排出穴とい

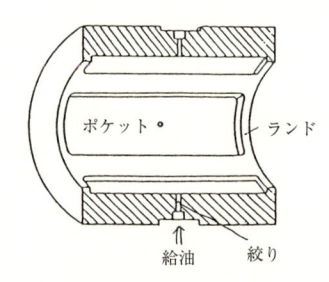

$$Q_{\text{out},c} = (L_0 + b_L) C_r^3 (p_{0j} - p_a) f_c(\varepsilon) / [6\mu R(\theta_1 - \theta_0)] \quad (2.4.25)$$

$$f_c(\varepsilon) \fallingdotseq (1 + \varepsilon \cos \bar{\theta})^3 \quad (2.4.26)$$

となる．補正係数 $f_a(\varepsilon)$, $f_c(\varepsilon)$ を図2.4.8に示す．長方形パッドスラスト軸受の流量特性を考え合わせれば，式(2.4.21)の中の $(1+\varepsilon)^3$ または $(1-\varepsilon)^3$ の代わりにそれぞれ

$$(1\pm\varepsilon)^3 \rightarrow \frac{(1-\xi_B^2)f_a(\pm\varepsilon) + (1-\xi_L^2)\phi^2 f_c(\pm\varepsilon)}{(1-\xi_B^2) + (1-\xi_L^2)\phi^2} \quad (2.4.27)$$

を用いればよい．ただし，$\xi_B = \theta_0/\theta_1$, $\xi_L = L_0/L_1$, $\phi = L_1/2R\theta_1$ である．

軸方向溝がない場合は，軸受すきまからの油の流出は主として軸方向のみであり，

$$A_e = 2(L_0 + b_L) R \sin\theta_1,$$
$$K_B = (1+\xi_B)/[6(1-\xi_L)\phi] \quad (2.4.28)$$

となる．また式(2.4.27)に対して

$$(1\pm\varepsilon)^3 \rightarrow f_a(\pm\varepsilon)|_{\bar{\theta}=\pi/4} \fallingdotseq (1+0.9\varepsilon)^3 \quad (2.4.29)$$

とすればよい．式(2.4.29)は軸受すきまの周方向変化が一様でないことにより，軸受剛性が約90%に低下することを示している．図2.4.8中に示した $(1\pm\alpha\varepsilon)^3$ の曲線と f_a, f_c の比較から，同様にして軸方向溝がある場合についても，軸受剛性の低下の程度を推定することができる．

なお，円筒軸受であっても，軸受剛性最大の条件は前項で述べたように式(2.4.10)，式(2.4.11)で与えられる．

図2.4.9 代表的な静圧ジャーナル軸受

図2.4.10 溝付き静圧ジャーナル軸受

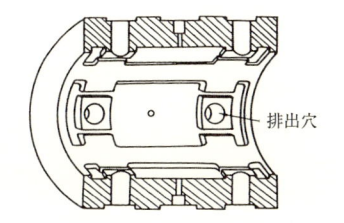

図 2.4.11 排出穴付き静圧ジャーナル軸受

う流量の調節機構を付加した点に特徴がある．この排出穴の形状，個数を任意に設定することにより，軸受剛性を流量や負荷容量とは無関係に決定できるため，設計の自由度は飛躍的に向上する．しかし，ポケット内部の加工が複雑となる欠点は否めない．したがって，使用目的と要求性能に応じて，上記3種類の静圧ジャーナル軸受が使い分けられているのが実状である．

静圧ジャーナル軸受の性能は偏心率に左右され，解析はスラスト軸受ほど単純ではないが，長方形スラストパッドの対向した角型軸受の円筒軸受への応用から近似的に求めることができる[4]．図2.4.12はポケット数4個の溝付き静圧ジャーナル軸受（図2.4.10）の偏心率 ε とポケット圧力 P_i との関係を近似解析法[4]と有限要素法とで比較したものである．上下のポケット圧力 P_1，P_3 は良く一致しているが，左右のポケット圧力 P_2，P_4 は近似計算では一定としみなしているので誤差は大きい．また図2.4.13は上下方向の減衰係数 C_{yy} を比較したものである．高偏心率領域では両者の差は大きいが，偏心率が0.3以下では良く一致しており，無偏心状態

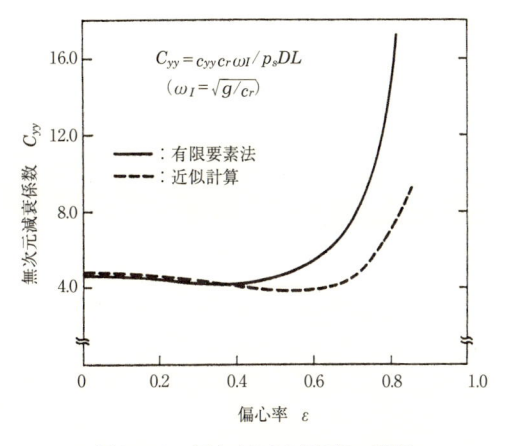

図 2.4.13 偏心率と減衰係数の関係

の値にほぼ等しい．したがって軽荷重の場合は，横型であっても無偏心状態の特性を正確に把握しておけば，ほぼ実用上支障はないといえる．しかし図2.4.9および図2.4.11のタイプは隣接ポケット間の相互作用が無視できないため，上記のような近似解法は厳密な意味では適用できない．正確な特性を把握するためには数値解析が必要となる．

静圧ジャーナル軸受でも高速，高偏心率の場合は，動圧すべり軸受ほどではないが，ランド部のくさび効果により負荷容量は増大する．例えばポケット内部に独立したパッドを設ければ，静圧効果を減少させることなく動圧効果をさらに高めることができる．その一例を図2.4.14に示す．これは5個のポケットをもつ溝付き軸受に独立したパッドを設け

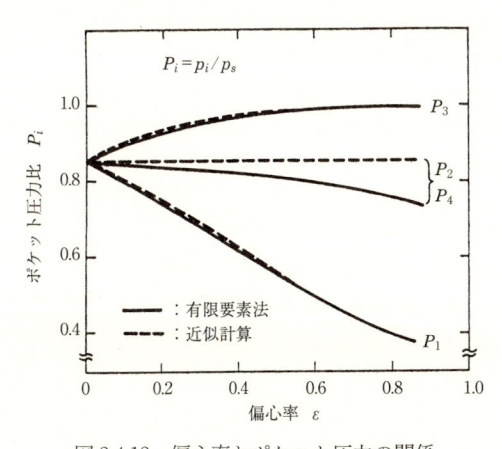

図 2.4.12 偏心率とポケット圧力の関係

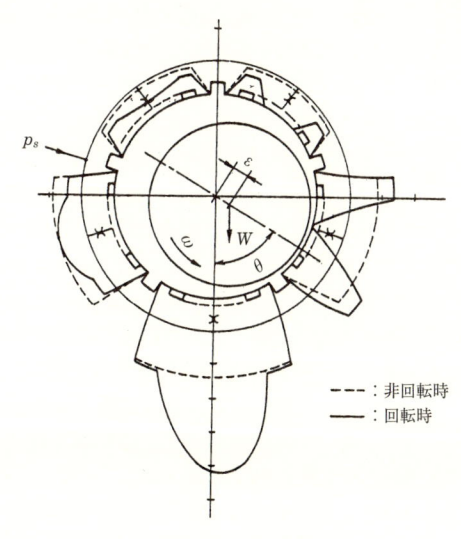

図 2.4.14 圧力分布

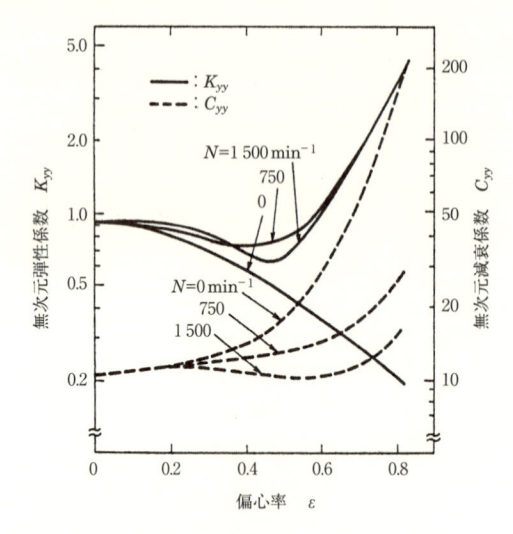

図 2.4.15 ハイブリッド軸受の油膜係数
($K_{yy}=k_{yy}c_r/p_sDL$, $C_{yy}=c_{yy}c_r\omega_1/p_sDL$, $\omega_1=\sqrt{g/c_r}$, p_s：供給圧力, c_r：半径すきま, D：軸径, L：軸受幅, g：重力加速度)

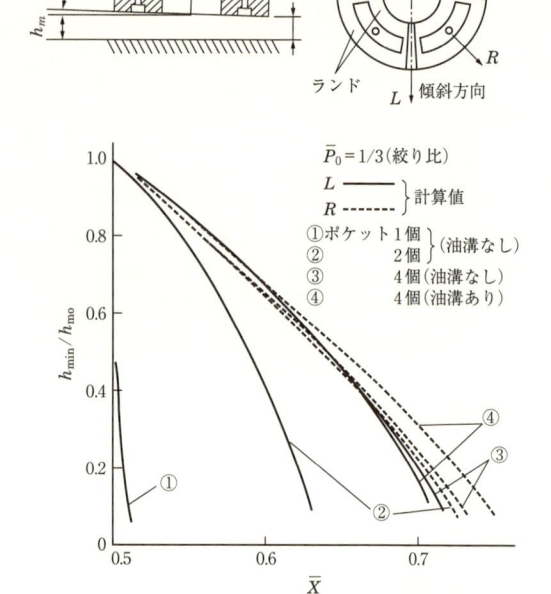

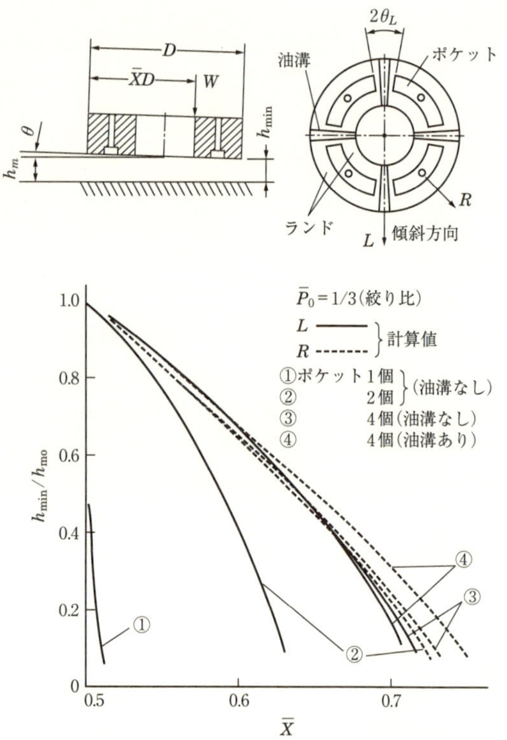

た場合の，円周方向の圧力分布を有限要素法で計算した結果である．負荷側パッド部の最大圧力は供給圧力の2倍以上であるのに対し，反負荷側は負圧となっており動圧効果が顕著に現われている．また図2.4.15は上記軸受について負荷方向の減衰係数 C_{yy}，弾性係数 K_{yy} と偏心率 ε の関係を回転速度 N をパラメータにして示したものである．偏心率が高くなるにつれ回転速度による差が顕著になり，動圧軸受特性を示すようになる．これに伴い連成項 K_{xy}, C_{xy} 等も含めた他の油膜係数も大きく変化する．

このように静圧軸受といえども回転時の正確な動作特性を把握するためには，いわゆる動圧効果を考慮したハイブリッド軸受的取扱いが必要であり，高速，高性能静圧軸受の要求が高まるにつれこの傾向はますます強くなるものと考えられる．そして今後は動圧効果における負圧発生域の境界条件や，高速での乱流の問題[5]，さらには気泡の混入による潤滑流体の圧縮性の影響[6]等を含めた，より総合的な油膜係数の解析と実験が行なわれ，静圧軸受系のアンバランス応答や，駆動系等からの外乱に対する挙動[7]がより正確に把握されていく必要があろう．

（2）静圧スラスト軸受

静圧スラスト軸受は，コニカル軸受や球面軸受などによりジャーナル軸受との複合形で代用されることもあるが，一般には純スラスト軸受として使用される場合がほとんどである．工作機械主軸のような比較的長い軸の場合には，モーメント荷重に対する反力は2個のジャーナル軸受によって発生し得るので，この場合の静圧スラスト軸受としては単一ポケット軸受が多く使用される．しかし静圧回転テーブルのように角剛性（傾斜に対する剛性）が必要となる場合は円周上に複数個のポケットを配置したマルチポケットタイプが使用される．

図 2.4.16[8] は，静圧回転テーブルの傾斜特性を有限要素法で数値解析した例である．ポケット1個の場合はほとんど角剛性はないが，ポケット数が増すと角剛性は大幅に増大し，異方性もなくなる．そして，角剛性はポケット数4個でほぼ飽和し，数を20個にしても変化がないことが確認されている．

図 2.4.17 は四つのポケットをもつマルチポケット型の傾斜振動に対する周波数応答の一例である[9]．有限要素法による結果は実験値と良く一致しているのに対し，近似解法による結果は実験値よりも低い値となっている．これは近似解法の場合，油

図 2.4.16 静圧回転テーブルの傾斜特性
〔出典：文献8〕

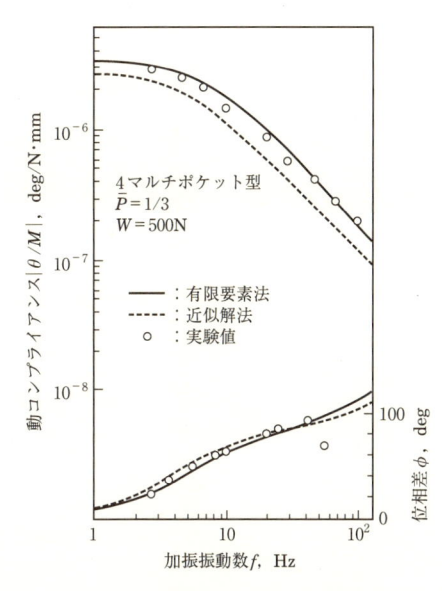

図 2.4.17　周波数応答〔出典：文献 9)〕

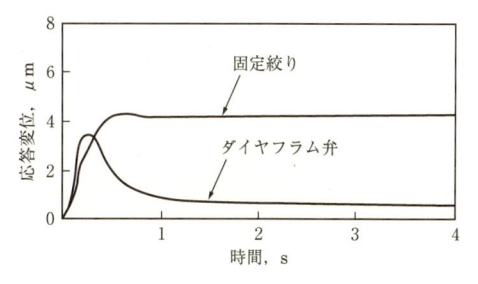

図 2.4.18　ステップ応答

膜厚さの変化を各ポケットの中心で代表させていることが主要因で，軸受ランド部のスクイーズ効果が正確に求められていないためである[9]．

また工作機械を対象とした場合，ワークのびびり振動に対応した比較的高周波の外乱が問題となる場合が多く，この場合軸受の減衰性能が重要となる．ところで図 2.4.17 からわかるように静圧軸受の周波数特性は一般的に過減衰であり，高い減衰性能をもつ軸受である．これはランド部のスクイーズ効果のみならず，ポケット部のスクイーズ効果によるところが大きく，静圧軸受の特長であり，回転精度が高くびびり振動が発生しにくいのもこのためである．このような静圧軸受のポケット部の減衰特性をエネルギー吸収率という立場から考え，より積極的に設計に反映させようとする動きも見られる[10]．

（3）静圧制御軸受

ポケット圧力を検出して絞りを自動的に調節する静圧制御軸受（自動調整静圧軸受）は，いわゆる静剛性無限大としての魅力がある．また負の剛性を得ることも可能で，工作機械においては工具およびその支持部あるいはワークの弾性変形を補償して，切込みを正確に与えることができる[11]．

可変絞り弁については従来より，定流量弁，積分弁，スプール弁，ダイヤフラム弁など多くの考案があるが，実用上有望とされるものはダイヤフラム弁である．ダイヤフラム弁は構造が比較的簡単であり

動的応答も優れていることが証明されている[12]．図 2.4.18 はスラスト系 190 mm の円板型スラスト軸受に，静荷重 4 000 N の状態から 300 N のステップ負荷変動を与えた場合の応答を示している．ダイヤフラム弁の場合はオーバシュートが見られるものの，その量は固定絞りの変位量よりも小さく，応答時間もほぼ同等で剛性無限大に近い特性を示しており，ステップ応答に関しては優れた性能を示すことがわかる．

しかし周波数応答に関しては若干問題が残されており，単に可変絞りの応答時間を短くするだけでなく，その位相も含めた動特性を改善する必要があり，軸受面に 2 個のポケットを設けて位相の異なるポケット圧力を検出し，それらの一次結合によって絞りを調節し動特性を改善する試み[13]や，ポケット部に絞りと空気室からなる安定化要素を接続して，エネルギーの吸収率を増加させ安定化を図る試みもなされている[11]．

図 2.4.19[14] はダイヤフラム等の代わりに，可変絞り弁として静圧支持された可動リングをジャーナル軸受に持ち込んだ例である．ダイヤフラムの製作誤差や取付け誤差などによる性能のばらつきを防ぎ，制御軸受のコンパクト化を図ろうとする一つの

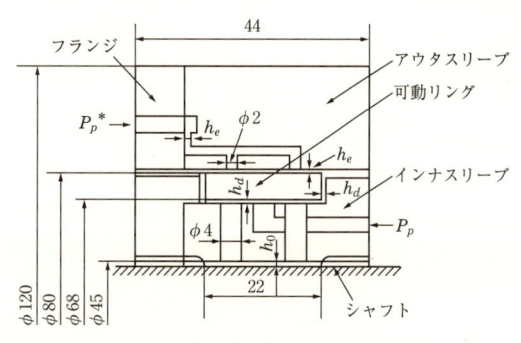

図 2.4.19　自動調整静圧軸受〔出典：文献 14)〕

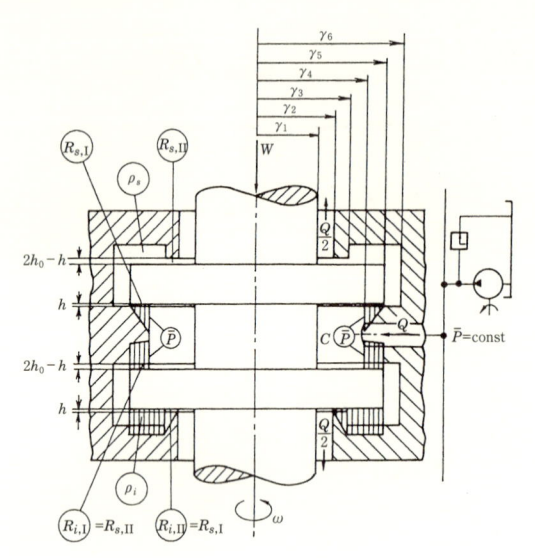

図 2.4.20 自動調整静圧スラスト軸受〔出典：文献 15)〕

試みである．また可変絞り機構を軸受内部に持ち込もうとする試みは静圧スラスト軸受においても見られる（図 2.4.20[15]）．C 部が円板型可変絞り弁の機能を有しており，その負荷特性は定流量弁タイプと同等であることが理論的に示されている．

サーボ弁を応用した例としては研削盤の適応制御[16]がある．電気パルスモータで差動バルブを開閉させ，ジャーナル軸受の制御用ポケットの圧力を変化させて，砥石を $0.05\mu m$ の単位で確実に送ることが可能である．またマイコンを利用した回転振れ補正機構をもつ高精密回転軸系の開発[17]も行なわれており，$0.01\mu m$ 以下の制御も可能となっている．

（4）オイルリフト軸受

静圧部分軸受は，時にはオイルリフト軸受と呼ばれ，大径・高荷重軸受に多く使用され，定流量形ポンプで静圧潤滑されるところに特徴がある．

文　献

1) 和田龍児：潤滑, **17**, 6 (1972) 391.
2) 矢部　寛：潤滑, **17**, 7 (1972) 448.
3) J. P. O'Donoghue & W. B. Rowe: Tribology, **2**, 1 (1969) 25.
4) 森　美郎・矢部　寛：日本機械学会論文集, **28**, 193 (1962) 1149.
5) 和田稲苗・橋本　巨・住友昌由：日本機械学会論文集, **53**, 495 (1987) 2367.
6) 春山義夫・森　美郎・風巻恒司・吉澤慎一：潤滑, **33**, 3 (1988) 212.
7) 小野京右・道村晴一：潤滑, **32**, 10 (1987) 740.
8) 坪井晴人・稲崎一郎・米津　栄：精密機械, **41**, 5 (1975) 483.
9) 青山藤詞郎・稲崎一郎・米津　栄：精密機械, **43**, 4 (1977) 439.
10) 大住　剛・森　美郎・池内　健：潤滑, **28**, 10 (1983) 739.
11) 大住　剛・森　美郎・池内　健・梶谷克人：潤滑, **29**, 2 (1984) 129.
12) 森　美郎・池内　健・高田秀希：潤滑, **20**, 9 (1975) 651.
13) 森　美郎・池内　健・稲田紀夫・高田秀希：潤滑, **22**, 11 (1977) 713.
14) 水本　洋・久保昌臣・牧本良夫・吉持省吾・岡村　進・松原十三生：昭和 58 年度精機学会春季大会学術講演会講演論文集 (1983) 195.
15) R. Bassani: ASLE Trans., **25**, 1 (1982) 95.
16) 海野邦彦：潤滑, **17**, 10 (1972) 677.
17) 野村武彦・金井　彰・宮下政和：昭和 57 年度精機学会秋季大会学術講演会講演論文集 (1982) 685.

2.5　気体軸受

2.5.1　ティルティングパッド軸受

ティルティングパッド軸受は，高速ターボ機械，特に，ヘリウム膨張タービン等に広く用いられている[1]．高速運転が可能という気体軸受の特徴を最大に活かしたもので，回転精度の方は少し目をつぶってもよい，という機械に応用される．

この軸受は，図 2.5.1 に示すようにピボットで支持する 3 枚（4, 5, 6 枚の例もある）のパッドで構成する．基本的には多面軸受で，運転状況に応じ部分円弧のパッドがピボットを支点に自由に傾く（ティルトする）構造である．

3 パッドの軸受では，負荷を受ける側の 2 個のパッドは固定ピボット，反負荷側のパッドは予荷重を

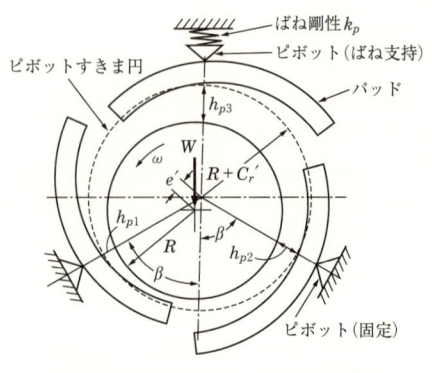

図 2.5.1　ティルティングパッド軸受

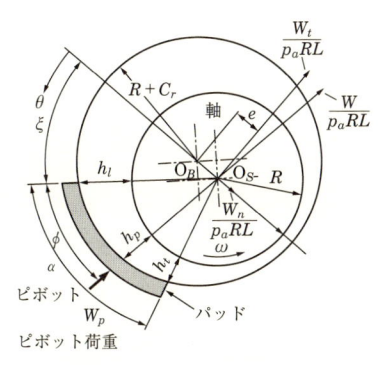

図 2.5.2　ピボット支持単一パッド

与えるためばね付きのピボットで弾性的に支持する．固定ピボットと負荷方向のなす角（図 2.5.1 の β）は通常 50° とする．

軸受すきま C_r は，パッド内半径と軸の半径 R との差であるが，実際のすきまはピボットを C_r より一段と押し込むことによって形成されるピボットすきま C_r' となる．これは，高速回転時に反負荷側のパッドが不安定にならないように予荷重を与えるためである．

この軸受は，その構造上，自由度が多いため簡単な設計図表で性能を表わすことが困難である．そこで，図 2.5.2 に示すように 1 個のパッドを取り上げて計算し，各パッドの計算結果を組み合わせて運転状態での性能を算出する．

パッド 1 個についての無次元負荷容量（無次元ピボット荷重）$\overline{W}_p$ の計算結果の一例を図 2.5.3 に示す[2]．

設計に当たっては，パッドの展開面は一般に正方形にする．まず，角速度 ω，軸受すきま C_r，潤滑気体の粘性係数 μ，周囲圧力 p_a から次式で軸受数 Λ を計算する．

$$\Lambda = \{(6\mu\omega)/p_a\}(R/C_r)^2 \quad (2.5.1)$$

次に，パッド角（図 2.5.2 の α，90～110°），ピボット位置〔図 2.5.2 の ϕ，$(0.6～0.7)\alpha$〕，軸受 1 個あたりの負荷 W と予荷重 W_{p3} を与え，次式で負荷側のピボット荷重 W_{p1} を算出する．

$$W_{p1} = W_{p2} = (W + W_{p3})/(2\cos\beta) \quad (2.5.2)$$

これから，負荷側および反負荷側のパッドの偏心率 ε，パッド先端角（図 2.5.2 の ξ）は，図 2.5.3 の計算図表を用いる（条件が合えば）か，数値計算で求めることができる．

偏心率と先端角が求まれば，各ピボット部のすきま h_{p1}，h_{p2}，h_{p3} が計算でき，ピボットすきま C_r'，ピボットすきまに対する偏心率 ε' が次式で与えられる．

$$C_r' = (h_{p1} + h_{p2} + 2h_{p3}\cos\beta)/\{2(1+\cos\beta)\} \quad (2.5.3)$$

$$\varepsilon' = \frac{\sqrt{(2h_{p3} - h_{p1} - h_{p2})^2\sin^2\beta + (h_{p1} - h_{p2})^2(1+\cos\beta)^2}}{(h_{p1} + h_{p2} + 2h_{p3}\cos\beta)\sin\beta} \quad (2.5.4)$$

図 2.5.3 の計算図表は条件が限られているが，これ以外の条件に対してはレイノルズ方程式を数値的に計算すれば求めることができる[3]．

高速運転での問題はパッドの振動である[4]．これを抑えるためには，パッドを軽量にし，ピボット支持用のばねの剛性を高めにとることである．

パッド材質には軸受鋼（SUJ 2）等を用いる．縦型軸の場合は，表面処理は特に行なわなくてもよいが，パッドの軸受面に MoS_2 の粉末を薄くすり込んでおくとよい．ピボットとパッドの接触部は球座もしくは円すい座とする．この部分の摩耗は，経験上あまり問題にならないが，やはり MoS_2 粉末を用いた方がよいようである．

軸受の一般的な設計の目安を表 2.5.1 に示す．組立法の詳細については，文献 3) を参考にして頂き

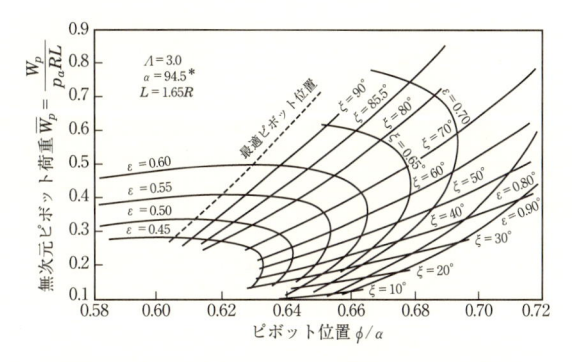

図 2.5.3　単一パッドのピボット荷重〔出典：文献 2)〕

表 2.5.1　ティルティングパッド軸受設計基準

項　　目	設計基準値
直径 D，mm	6～200
軸受長さ L，mm	$0.825D$ ($\alpha = 94.5°$)
軸受すきま C_r，μm	$D/1000$（D 小）～$D/2000$
パッド角 α，°	94.5
ピボット位置 ϕ/α	0.6～0.7（W_p 大）
ピボットすきま C_r'/C_r	0.5（高速用）～0.7
無次元ピボット荷重 $\overline{W}_p$	<0.5（0.3 位が安全）

たい．

2.5.2 グルーブ軸受

グルーブ軸受は軸または軸受のいずれか一方のすべり面にスパイラル状の動圧発生用の溝（groove）を設けた軸受である．回転に伴い溝のポンプ作用で圧力を発生し，流体膜を形成して荷重を支える．したがって，回転方向は溝の向きにより一方向回転に限定される．代表的な軸受の種類を図 2.5.4 に示す．(a)は平面形でアキシアル荷重のみ，(b)は円筒形でヘリングボーン軸受とも呼ばれ，ラジアル荷重のみ支持する．

(c)の球面形と(d)の円すい形は，アキシアル荷重とラジアル荷重の両方を同時に受けることができる．特に球面形は合成荷重を受けられ，調心性があるので，縦形の高速回転機械に適している．円すい形は負荷容量は大きいが，起動時の摩擦トルクが大きいので，実用例はほとんどない．

溝の加工方法としては，エッチング，転造，ショットブラスト，プレス加工，電解加工，レーザ加工などがある．

潤滑流体としては，油，グリース，空気，水，液体金属などが用いられ，用途，使用条件に応じて使い分けられている．

図 2.5.5 はデジタルテープレコーダのテープからの信号を読み取る磁気ヘッドシリンダへの応用例[5]である．軸径 $\phi 1.5$ mm のグルーブスピンドルとすることで省スペースと低騒音を実現している．回転数 3 000 $\min^{-1}$ で油潤滑で用いられている．ラジアル軸受はスリーブ内径にヘリングボーン溝を設けたグルーブ軸受とし，スラスト軸受はボールと軸端とが常時接触回転する接触支持構造として低コスト化を図っている．

図 2.5.6 は，デジタルカラー複写機のスキャナモータへの応用例[6,7]である．カラー複写機では画像を赤，青，黄色の 3 原色と黒色のドットで重ね合わせて形成することから，ドットのずれが少ない，すなわち回転むらの少ないことが要求され，しかもコピー速度を上げるために 1.5～3 万 $\min^{-1}$ の高速回転が要求される．そのため空気潤滑のグルーブ軸受が最適である．この例では，軸外径のラジアル軸受面に設けた動圧発生用の溝のポンプ作用により流入する空気をスラストプラグに設けた循環用排気穴の入口部分で絞り，ラジアルおよびアキシアル負荷能力をもたせている．したがって，溝をラジアル軸受

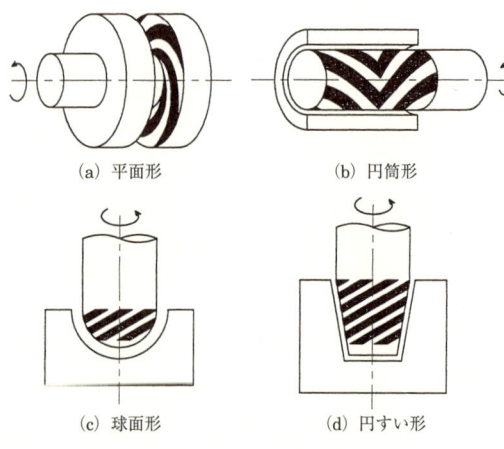

図 2.5.4 グルーブ軸受の種類
(a) 平面形　(b) 円筒形　(c) 球面形　(d) 円すい形

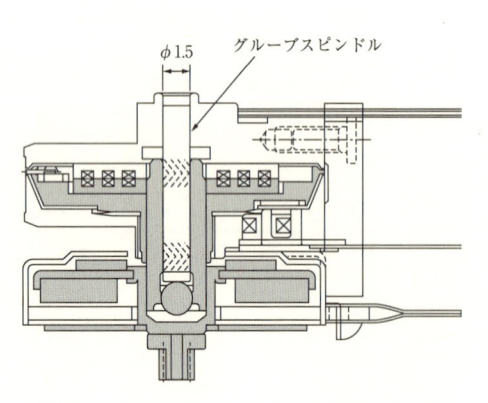

図 2.5.5 グルーブスピンドルを採用した小形シリンダ　〔出典：文献 5）〕

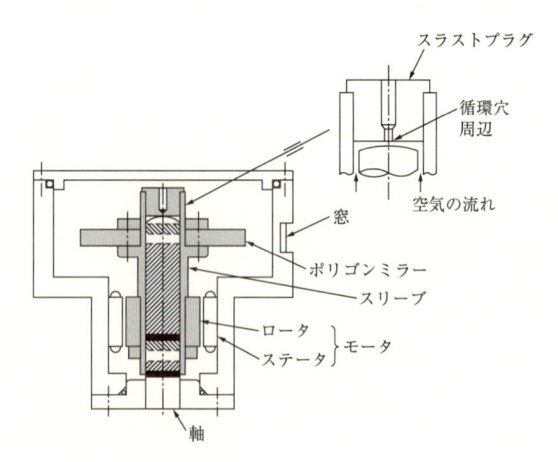

図 2.5.6 グルーブスピンドルを採用したスキャナモータ　〔出典：文献 6，7）〕

面にのみ加工すればよいので，量産に適しているとともに，スラスト軸受面である軸端面を凸球面にして，起動時の接触による摩擦トルクを小さくできる利点を有している．

このほか，縦形の高速回転機械であるターボ分子ポンプの支持軸受として，油潤滑の球面形グルーブ軸受を応用した例がある．球面径 $\phi 3 \sim 8$ mm で回転数 $3 \sim 8$ 万 min^{-1} のものが実用化されている．

また，VTR，DVD，HDD などの用途で騒音が少なく回転精度が高いといった特徴からグルーブ軸受が採用される場合がある．

グルーブ軸受の負荷容量 F，摩擦トルク T は次式で表わされ，流体の絶対粘度，回転速度に比例する．

$$\left.\begin{array}{l} F = \overline{F} \cdot \eta \omega R^4 / \varDelta R^2 \\ T = \overline{T} \cdot \eta \omega R^4 / \varDelta R \end{array}\right\} \quad (2.5.5)$$

ここで，η は流体の絶対粘度，ω は回転角速度，R は軸または球面半径，$\varDelta R$ は半径すきまであり，$\overline{F}$，$\overline{T}$ は溝の設計諸元で決まる無次元数である[8〜15]．

例えば，円筒形のヘリングボーン軸受の場合の $\overline{F}$，$\overline{T}$ は，図2.5.7に示すように溝角度 α，溝深さ h_0，半径すきま $\varDelta R$ として無次元溝深さを $H_0 = h_0/\varDelta R$ とし，山溝幅比 $\gamma = b_r/b_g$，軸受幅/軸径 $= B/D$ で表わせば，無限溝理論では図2.5.8のように計算される．

通常，グルーブ軸受は，上図の例でも明らかなように，$B/D = 0.5 \sim 1$，$\alpha = 15 \sim 30°$，$\gamma = 1$，$H_0 = 1 \sim 1.5$ くらいで設計する．半径すきまは軸径の 1/500 から 1/2000 くらいの範囲で，用途・加工精度を考慮して経験に基づき決定する．

潤滑流体に油を用いると，高速回転では軸受自身

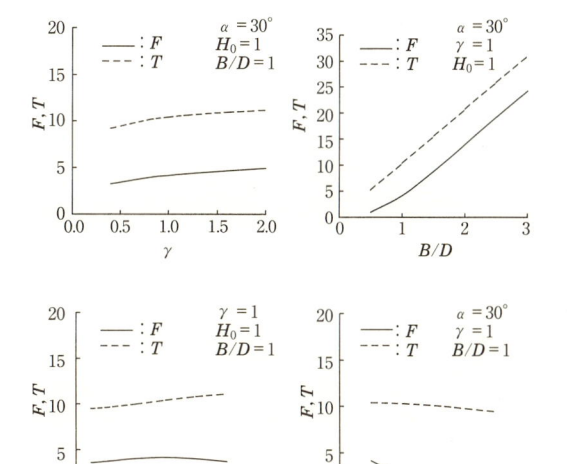

図2.5.8 ヘリングボーン軸受の無次元性能値

の回転に伴う自己発熱による粘度低下が無視できなくなるので，温度の影響を加味した性能予測を行なう必要がある．

また，グルーブ軸受は起動停止時には，軸と軸受は接触するので，設計に当たっては，摩耗の少ない軸受材質の組合せを選ぶことも重要である．

グルーブ軸受は，起動停止時以外は非接触回転を実現できるので，転がり軸受に比較して回転むらの要因がなく，しかも振動や騒音を発生しないという特長をもっている．一方，油潤滑では摩擦トルクが大きくなりやすいこと（特に円筒形の場合），空気潤滑では負荷容量が小さいという問題がある．したがって，実用に当たっては，このような機能上の特徴を吟味して設計を行なうことが大切である．

2.5.3 フォイル軸受
(1) フォイル軸受の種類

フォイル軸受は，軸受面の一方が柔軟なフォイル（膜）の面で構成された軸受である．表2.5.2にこれまでに検討されたフォイル軸受の種類と適用例を示す．図2.5.9に近年最もよく研究されているVTR用回転ヘッド記録機構と高速ロータ支持軸受の概要を示す．動圧フォイル軸受ではフォイルが走行する場合と固体軸受面が運動する場合とがある．静圧フォイル軸受では円筒面から微小な給気孔または多孔質材を通じて加圧気体が供給され，テープ案

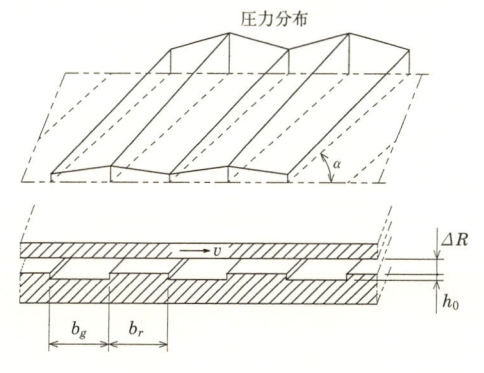

図2.5.7 溝による発生圧力

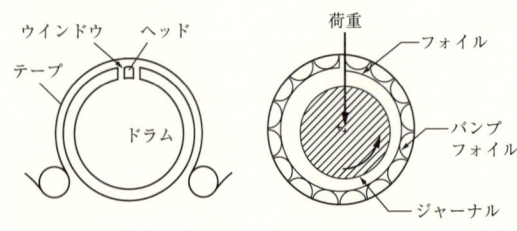

内軸受として利用される．磁気テープ面またはフレキシブル磁気ディスク面へ微小なヘッドを走査させる場合には球面またはそれに近い凸曲面が用いられる．

（2）理論解析法と基本特性

1970年代にかけて磁気テープ装置および高速小形ロータ支持のために円筒フォイル軸受の理論解析[16〜19]と実験[20,21]が行なわれた．図2.5.10(a)に円筒フォイル軸受の解析モデルをフォイルの変形を拡大して示す．基礎方程式は以下のすきまhと圧力pに関するレイノルズ方程式(2.5.6)，圧力pとフォイル変形wに関する方程式(2.5.7)およびフォイル変形w，すきまh，軸受面形状bの関係式(2.5.8)である．

$$\text{div}\{ph^3\,\text{grad}(p)-6\mu Uph\}=12\mu\frac{\partial ph}{\partial t} \quad (2.5.6)$$

$$\mathbf{D}(w)=p-p_a \quad (2.5.7)$$

$$h=w-b \quad (2.5.8)$$

ここでμ：粘性係数，U：すべり速度，t：時間，$\mathbf{D}$：微分作用素，p_a：周囲圧力，である．

円筒フォイル軸受はフォイルの巻付け長さがフォイルの幅より十分小さければ巻き角方向だけの圧力変化を考慮した無限幅動圧フォイル軸受のモデルで一次元解析できる．またフォイル変形には張力Tが支配的である．無限幅円筒動圧フォイル軸受の特徴は図2.5.10(a)に示すように，巻き角が大きければ一定すきまh_cの領域があることで，この領域では流入領域のくさび膜効果で発生した圧力が$p_c-p_a=T/R$の一定値に維持される．流出領域では広がりすきまとなるので負圧が生じ，よって負の曲率領域が生じるのですきまがh_cから減少し，最小値h_mが生じる．するとその狭まりすきま領域で圧力が上昇するので図2.5.10(a)に示すようなフォイルに波打ちが生じる．流入領域を無限遠で周囲圧となる境界条件で解くと，一様すきまh_cと最小すきまh_mはそれぞれ次式で与えられる[16]．

$$h_c=0.643R\left(\frac{6\mu U}{T}\right) \quad (2.5.9)$$

$$h_m=0.716h_c \quad (2.5.10)$$

数値計算でも同様の境界条件で解くとほぼ同じ解が得られる．

（3）数値解析法

軸受面に離散的な標本点を選び，標本点の圧力，

図2.5.9　近年よく研究されているフォイル軸受

表2.5.2　フォイル軸受の分類および適用例

軸受種類	軸受形式	適用例
動圧フォイル軸受	円筒面軸受	磁気テープヘッド潤滑，小形高速ロータ支持
	球面(曲面)軸受	回転ヘッド・テープ潤滑
静圧フォイル軸受	円筒面軸受	テープ案内

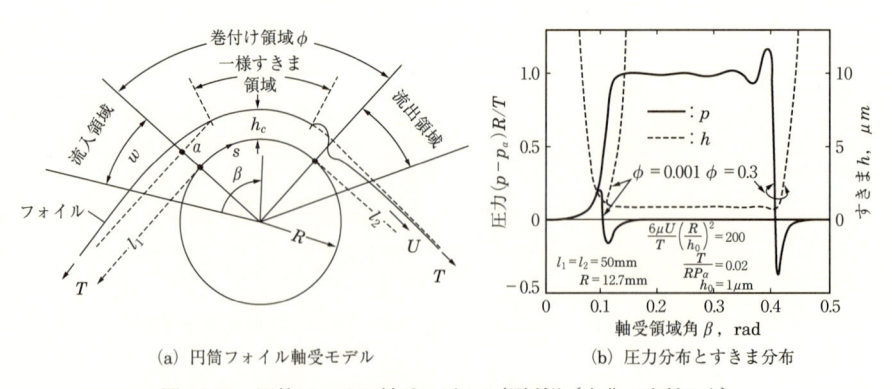

図2.5.10　円筒フォイル軸受モデルと解析例〔出典：文献27)〕

すきま，フォイル変形を未知数として基礎式(2.5.6)，(2.5.7)，(2.5.8)を離散化し，代数方程式を解くのが数値解法である．1970年代の半ば以降からはもっぱら数値解析が行なわれている．解法には，(1) すきま h を仮定して式(2.5.6)から p，式(2.5.7)から w，式(2.5.8)から h を逐次解き反復計算する[22,23]，(2) 式(2.5.7)から p より w を求めるグリーン関数ないし影響係数式を導き，式(2.5.8)を媒介に式(2.5.6)へ代入し p の五次方程式をニュートン・ラフソン法（NR法）で解く[24]，(3) 式(2.5.6～2.5.8)を未知数 p と h または w の連立方程式と見なして同時にNR法で解く[25]，などがある．またスクイーズ効果を含むレイノルズ方程式を時間的に離散化し，時刻歴計算により定常状態を解く方法もある[26]．図2.5.10(b)は(2)の解法で解いた図2.5.10(a)のモデルの圧力分布（実線）とすきま分布（点線）である[27]．すきまが小さいので平均分子自由行程を考慮した修正レイノルズ方程式を用いている．

数値計算なら二次元軸受解析も可能である．ただし球面軸受や円筒面軸受縁部の局部的なフォイル変形を解析するには曲げこわさを考慮する必要がある．図2.5.11は半径20mmの円筒に12.7mm幅のテープが1.34mmだけ巻き付いているときの二次元フォイル軸受を数値的に解いたテープ浮上すきま分布である[23]．また図2.5.12は球面で幅広テープを走査したときのテープ浮上すきまの計算例で，弾性流体潤滑特有の馬蹄形のすきま等高線分布が得られる[28]．動圧フォイル軸受は図2.5.9(a)に示した回転ヘッドの空気膜潤滑に関して，テープ変形の平面応力を考慮した解析[29]，テープの表面粗さによる固体接触をも考慮した混合潤滑解析[30]，さらにヤング率の異方性などをも考慮してVTR全体の解析[31,32]などが行なわれた．フィルムの案内軸受では，多孔質フォイル軸受の解析が行なわれた[33]．高速ロータ軸受としては宇宙用高速回転体，航空機用空気循環器などに図2.5.9(b)のコルゲート状のフォイルジャーナル軸受が利用され，構造的な弾性支持特性，摩擦減衰効果なども考慮した解析的研究が行なわれている[34,35]．

2.5.4 浮動ヘッドスライダ

磁気記憶装置では，ヘッドと記録媒体との相対運動によって，時間領域のデータを空間領域のデータに変換する．この相対運動に伴う気体の動圧効果によって，ヘッドを媒体上に浮上させるスライダ気体軸受を浮動ヘッドスライダと呼んでいる．記録媒体には，磁性膜が剛体基板上に形成されたハード媒体（ドラム，ハードディスク）と，可撓性をもつ担体上に形成されたフレキシブル媒体（テープ，フレキシブルディスク）があり，ハード媒体を使用する場合に，浮動ヘッドライダが用いられる．ただし，フレキシブル媒体においても高速用では，媒体をヘッド上に浮上させるものもある．最近ではドラムは使用されなくなったために，浮動ヘッドスライダはもっぱらハードディスク用を意味する．

記録密度を高めるためには，すきまをできるだけ小さくする必要があり，最近では数十nmまで微小化された．このような狭いすきまで動作する浮動ヘッドライダに特徴的な設計条件には以下のものがある．(1) 狭いすきまで動作するために，十分な負荷容量が発生するが，動作中のすきま変動は情報の書

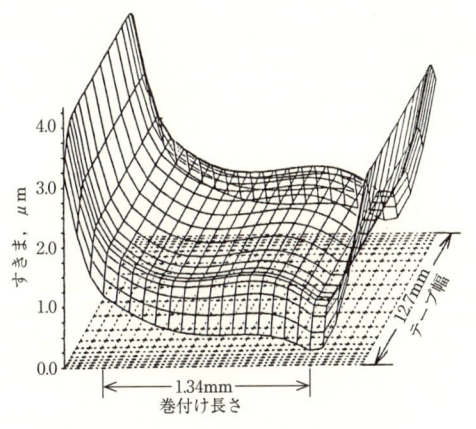

図2.5.11 円筒フォイル軸受の浮上すきま分布
〔出典：文献23〕

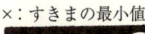

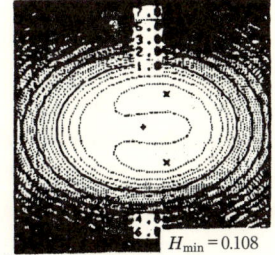

図2.5.12 球面フォイル軸受の浮上すきま分布
〔出典：文献28〕

込み・読出しエラーの原因になる．このために，負荷容量よりも空気膜剛性・減衰低数を最大にする設計が優先される．（2）ディスクの内周・外周の間で，すきまの変動を最小にするために，速度に依存しない特性が要求される．（3）一般的には，接触したままで起動停止を行なう CSS（Contact Start Stop）方式が採用されている．この方式では，起動停止時の接触しゅう動距離を短くするために，低速時から容易に浮き上がる（速度応答性が高い）特性が要求される．

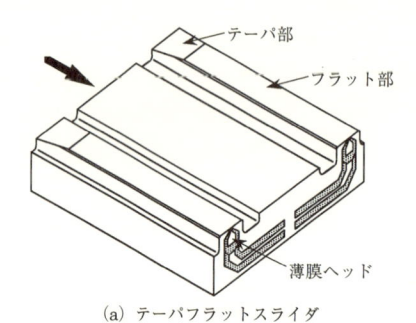

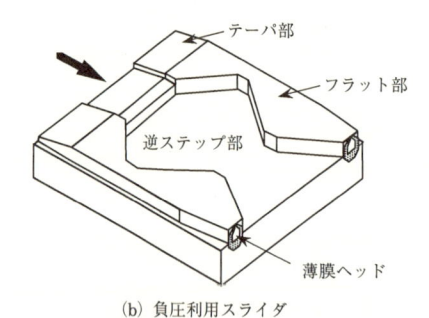

図 2.5.13 浮動ヘッドスライダの潤滑面の形状
(a) テーパフラットスライダ
(b) 負圧利用スライダ

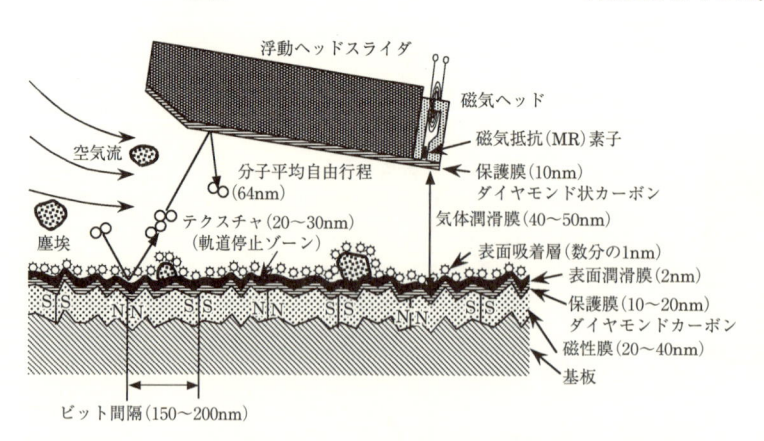

図 2.5.14 ヘッド媒体インタフェースの構造と寸法〔出典：文献 40）〕

このような条件を満足させるために，スライダの潤滑面の形状には，種々の工夫が施されている．薄膜ヘッドに使用されている代表的な形状を図 2.5.13 に示す．図 2.5.13(a) はウインチェスタ技術（1973 年に開発：軽負荷のスライダと潤滑剤の塗布されたディスクを用いて CSS を可能にした技術）を薄膜ヘッド用に応用したものである[36]．テーパフラット型の細長いシューを双胴型に配置して，空気膜圧力の極大値がテーパ部の後端とフラット部の後端の 4 箇所に現われるように設計されているため，外乱に対する復元性が高い．スライダはジンバルばねで支持され，ピボットを介して負荷ばねで押圧される．この形状はすべて機械加工で形成できるという特長があるが，（2），（3）の要求条件に対しては限界がある．イオンミリング加工の進展により，任意形状の加工が可能になり[37]，最近では図(b)のような負圧利用形のスライダも使用されている．これはテーパフラット部において，正圧を発生させる点では，図(a)と同じであるが，浮上面を逆コ字形に形成して，逆ステップ部において，負圧を発生させて，この負圧にも押圧力を分担させる．高速時に負圧の発生効率をより高めることにより，（2），（3）の要求を満足させる設計が可能となる．さらに，揺動運動によりスライダをシークする場合には，スキュー角によって変化する動圧効果を利用する方法も採用されている[38]．

長さが 4 mm のものが標準形と呼ばれ，押圧力 95 mN，すきまは $0.2 \sim 0.3 \mu m$ である．さらにマイクロ形（同 2.8 mm，60 mN，$0.1 \sim 0.2 \mu m$），ナノ形（同 2.0 mm，35 mN，$0.05 \sim 0.1 \mu m$）に小型化されてきた．スライダ材料としては，薄膜ヘッド材料と熱膨張係数を合わせたアルミナ・チタンカーバイトが主として使用されている[39]．

浮動ヘッドスライダの浮上特性は，気体膜に関する潤滑問題を数値解析することによって求めることができる．この場合には狭いすきまでは気体の分子がまばらに存在する条件と等価になるために，希薄気体効果を考慮することが必要となり，種々の修正レイノルズ方程式が提案されてきた．現在では分子気体

潤滑方程式が最も有効とされている〔1.3.5項(3)〕．また，狭いすきまではベアリング数（圧縮性数）が極めて大きくなる（数万以上）ために，解が非現実的な値に収束するという数値解析上の不安定現象が生じやすい．このために，上流化スキーム法の採用，格子分割の細分化や有効桁数の拡張などの対応が必要である．さらに，圧力中心位置が固定された条件で，入力データであるすきまを計算結果として求めるという逆問題であり，これを解くための効率的な逐次計算が必要になる．

ヘッドとディスクの相対運動に関わる空間は，そこに生じるトライボロジー現象を含めてヘッドディスクインタフェースと呼ばれている．代表的なインタフェースの構造と寸法を図2.5.14に示す[40]．ヘッドとディスクの表面には，起動停止時の接触しゅう動や浮上中の間欠的な接触などに対する耐久性を確保するために，微細で精緻な加工や処理が施されている．

ディスクには，極く薄い潤滑剤（PFPE系）が塗布され，また，ヘッドとディスクともにダイヤモンドライクカーボンで保護されている．さらに潤滑剤や結露水に起因する強固な凝着（スティクション）を軽減するために，ディスクには微小な凹凸（テクスチャ）が形成されている．

2.5.5 スクイーズ膜軸受

スクイーズ膜軸受とは，図2.5.15に示すように，圧縮性流体で満たされた軸受すきまの軸受面を垂直に高周波数で振動させることによって，浮上物体と軸受面との間に平均的に周囲圧力より高い圧力を有する気体膜を生じさせ，物体を摩擦なく支持する気体軸受である．

図2.5.16にすきま h_0 の円形軸受面を $\varepsilon h_0 \sin \omega t$ で加振したときのすきま内の各位置における圧力の変化を示す[41]．ここで $\varepsilon (= a/h_0)$ は振幅比（excursion ratio），σ はスクイーズ膜効果の強さを表わすスクイーズ数（squeeze number）と呼ばれる無次元量で，$\sigma = 12\mu\omega R^2/p_a h_0^2$

（μ：粘性係数，ω：角振動数，R：円板の半径，p_a：周囲圧力）で表わされる．スクイーズ数が10以上になると軸受周辺部の気体の粘性によって気体がすきま内に密閉されるようになり，すきま内の圧力はボイルの法則により変化し，負荷より正圧の方が大きくなるので，平均的に正の気体膜反力が得られるのである．

（1）スクイーズ膜軸受の理論

スクイーズ膜軸受の圧力特性を支配する基礎方程式は圧縮性流体に関するレイノルズ方程式で，次式で表わされる．

$$\mathrm{div}\{ph^3 \mathrm{grad}\, p\} - 12\mu\frac{\partial}{\partial t}(ph) = 0 \quad (2.5.11)$$

ここで p, h, μ, t はそれぞれ気体膜の圧力，すきま，粘性係数および時間である．

レイノルズ方程式の解法には，時間項を含むレイノルズ方程式を差分法に基づいて解く数値解法[42]．

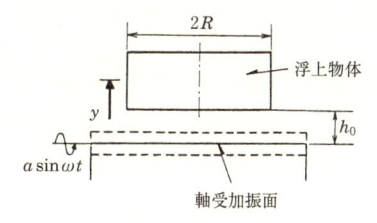

図2.5.15 円形スクイーズ膜軸受の解析モデル

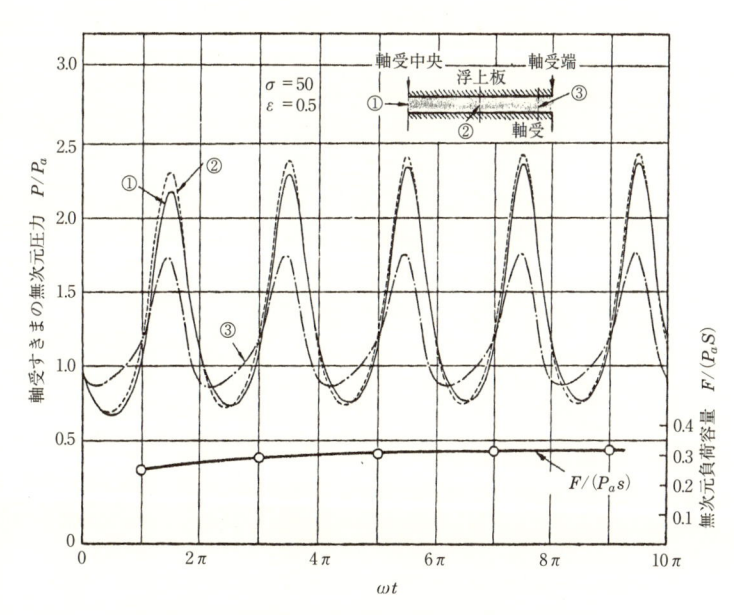

図2.5.16 軸受内の圧力発生過程〔出典：文献41〕

摂動と平均化による解法[43,44]などがある．

数値解法には Explicit 法，Implicit 法および Semi-Implicit 法があり，浮上物体の運動方程式と連立させれば浮上物体の振動応答も解くことができる．

（2）スクイーズ膜軸受の基本特性

図 2.5.15 に示す円形スラストスクイーズ膜軸受において，浮上物体が静止している場合の数値解析から得られた負荷容量特性を図 2.5.17 に示す[46]．無次元負荷容量 $F/P_a S$ ($S=\pi R^2$) はスクイーズ数 σ と振幅比 ε のみの関数で表わされる．

軸受の負荷容量は $\sigma<10$ の領域では，σ に比例的に増大し，$\sigma>10$ の領域では σ に対し飽和して ε のみの関数となる．$\varepsilon=0.5$ のとき $\sigma>10^2$ の領域では約 0.3 の無次元負荷容量が得られる．

（3）スクイーズ膜軸受の開発研究

スクイーズ膜軸受の基礎的研究は 1960 年代から 1970 年代前半までに行なわれた[44,46,47]．応用としては航空用ジャイロのロータ支持軸受として 1960 年代後半に開発研究が行なわれた[48]．最近では浮上物体に加振源を有するスクイーズ膜軸受が提案された[49]．また微小すきまを有するスクイーズ膜軸受について気体分子平均自由行程の効果をも考慮した解析も行なわれている[50]．スクイーズ膜軸受の応用においては，軸受面を効率的に加振し，かつ軸受を高精度に位置決めする方法が課題である．また起動停止時の軸受面と浮上物体との衝突，長期使用時の結露など信頼性の面で不明の点があるため，まだ実用化された例はないようである．

2.5.6 静圧気体軸受

静圧気体軸受は外部から加圧気体を供給して物体を非接触に支持，位置決めするものである．50 年代から 60 年代にかけて高速ロータ支持用軸受として安定性に関する研究が行なわれ[51~53]，70～90 年代にかけては精密位置決めのための高剛性軸受に関する研究が行なわれてきた[54,55]．近年，超精密加工機用軸受の動剛性向上を狙いとして，軸受系の共振点における高減衰化の研究および多孔質軸受の動特性の定量的な評価理論と最適設計法に関する研究が行なわれた[56,57]．

（1）静圧気体軸受の作動原理

静圧気体軸受の動作原理と基本的な設計指針を，図 2.5.18 に示すように，中央に 1 個の給気孔をもつ長さ L の一次元モデルで説明する．静圧気体軸受は，図 2.5.18(a) に示すように，絞りと呼ばれる流れ抵抗をもつ小さい孔を通じて軸受すきま内へ加圧気体を供給する構造をもつ．この場合，図 2.5.18(b) に等価モデルを示すように，給気圧力 p_s は流入抵抗 R_1 により給気孔直下で p_i に低下し，さらに軸受すきま内の流出抵抗 R_2 により周囲圧力 p_a に低下するから，$p_i - p_a = (p_s - p_a) R_2/(R_1+R_2)$ が成り立つ．流出抵抗 R_2 はすきま h の 3 乗に反比例し $R_2 = a/h^3$ で変化するので，$R_1 = R_2$ となるすきま h_m で $p_i = (p_s+p_a)/2$，すきまが $h = h_m/2$ 以下にな

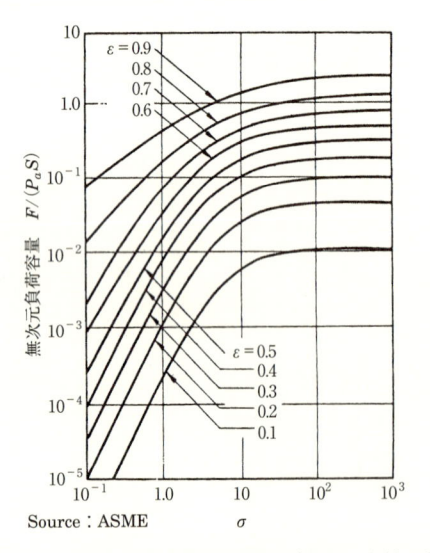

図 2.5.17 無次元負荷容量の特性〔出典：文献 46)〕

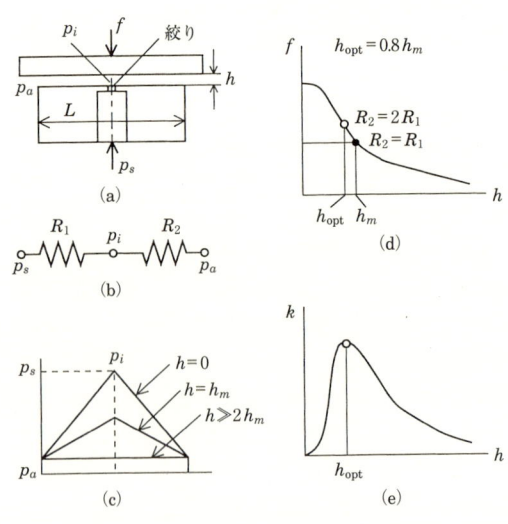

図 2.5.18 静圧気体軸受の作動原理

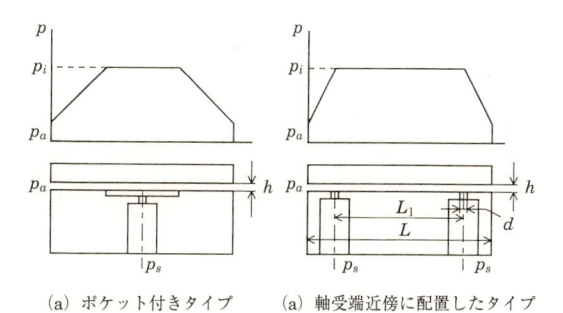

(a) ポケット付きタイプ (a) 軸受端近傍に配置したタイプ

図 2.5.19 ポケット付きおよび軸受端近傍に配置した給気孔形静圧気体軸受

ると急激に R_2 が大きくなって $p_i \fallingdotseq p_s$ となり，すきまが $h=2h_m$ 以上になると急激に $p_i \fallingdotseq p_a$ となる．軸受すきま内には図 2.5.18(c) のような三角形圧力分布が発生し，負荷容量は $f=(p_i-p_a)L/2=(p_s-p_a)LR_2/2(R_1+R_2)$ となるから，すきま h に対して負荷容量 f は図 2.5.18(d) のように変化する．一方軸受剛性 $k=-\partial f/\partial h$ は図 2.5.18(e) のようになり，剛性最大となる最適すきま h_{opt} が存在する．剛性の最大値は $R_2=2R_1$ のとき得られ，$k_{max}=(p_s-p_a)L/3h_{opt}=f_{max}/1.5h_{opt}$ となり，$h_{opt}=h_m/\sqrt[3]{2} \fallingdotseq 0.8h_m$ の関係がある．よって最大剛性の概算値は，一般に最大負荷容量 $f_{max}=(p_s-p_a)L/2$ を最適すきま h_{opt} の 1.5 倍で割れば求められる．

軸受の負荷容量と剛性を高めるには，まず軸受面の圧力発生効率を高めて最大負荷容量を高めることである．これには図 2.5.19(a) のようにポケットを設けて p_i の圧力領域を広げ，台形圧力とすることが考えられる．しかし油のような非圧縮性流体の場合と異なり，圧縮性流体の場合には，出口抵抗部の手前にすきまより容積が大きいポケットを設けると，気体の応答に遅れが生じニューマチックハンマと呼ばれる自励振動が生じる．そこで図 2.5.19(b) のように軸受端近傍に給気孔を設けて台形圧力に近づける．給気孔間の距離を L_1 とすれば，最大負荷容量は $f_{max}=(p_s-p_a)L(1+a)/2$（ここで $a=L_1/L$）となり，$a=1$ に近づければ 2 倍に近づく．一方軸受剛性を高めるには，さらに軸受剛性が最大となる最適すきまを小さくすればよい．すきまを小さくするとすきまの 3 乗に比例して流出抵抗が増大し，これに比例して流入抵抗を高める必要があるため給気孔径を小さくしなければならない．給気孔形では給気孔径は 0.15～0.3 mm が限度なのでこれが軸受す

きま低減の限界になる．また計算通りの軸受特性を得るには軸受面の平面度，平行度をすきまの 20% 以下にすることも必要である．

図 2.5.19(b) の一次元軸受モデルにおいて気体は給気孔 d を通って軸受すきま内に入り，すきまからランド部 $l=(L-L_1)/2$ を通過して周囲に流れていく．そこで給気孔部絞りの最小面積を s とし，気体の絞り部前後で断熱的に圧力が p_s から p_i に変化するという仮定の下に質量保存則を用い，さらに無次元量 $P_i=p_i/p_a$，$P_s=p_s/p_a$ を導入して整理すると，次式の圧力 P_i に関する非線形方程式が得られる．

$$P_i^2-1=\begin{cases} 2\Gamma P_s\sqrt{\dfrac{2\gamma_0}{\gamma_0-1}\left[\left(\dfrac{P_i}{P_s}\right)^{\frac{2}{\gamma_0}}-\left(\dfrac{P_i}{P_s}\right)^{\frac{\gamma_0+1}{\gamma_0}}\right]}, \\ \qquad\qquad\qquad \dfrac{P_i}{P_s}>\left(\dfrac{2}{\gamma_0+1}\right)^{\frac{\gamma_0}{\gamma_0-1}} \\ 2\Gamma P_s\sqrt{\gamma_0\left(\dfrac{2}{\gamma_0+1}\right)^{\frac{\gamma_0+1}{\gamma_0-1}}},\dfrac{P_i}{P_s}\leq\left(\dfrac{2}{\gamma_0+1}\right)^{\frac{\gamma_0}{\gamma_0-1}} \\ \qquad\qquad\qquad\qquad\qquad\text{（チョーク状態）}\end{cases}$$
(2.5.12)

ここで $\Gamma=12\mu c_d sl\sqrt{R_0 T_s}/p_a h^3$（$\mu$：粘性係数，$c_d$：流量係数，$R_0$：気体定数，$T_s$：気体温度，$\gamma_0$：比熱比）はランド部の流れ抵抗と絞り抵抗との比を表わし，給気定数と呼ばれる．

図 2.5.20 に式 (2.5.12) から求めた $a=L_1/L=0.8$ のときの負荷容量と剛性の解析結果を示す．絞り部の面積 s は $4h>d$ のときオリフィス絞り条件 $s=\pi d^2/4$ となり，すきま h と関係なく一定である．また $4h\leq d$ のとき自成絞り条件 $s=\pi dh$ となり，絞り部の面積がすきまに依存するので，負荷容量は

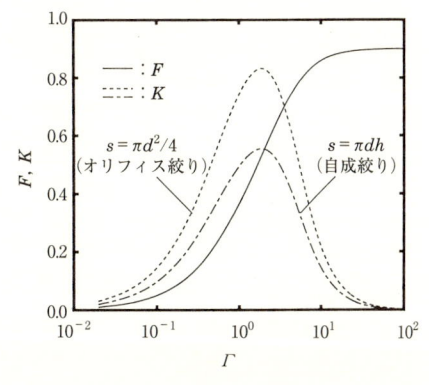

図 2.5.20 図 2.5.19(b) の給気孔形軸受 ($L_1/L=0.8$) の一次元モデルによる無次元負荷容量と無次元剛性

同じであるが，剛性が低下し一点鎖線となる．無次元負荷容量 $F=f/(p_s-p_a)L=(P_i-1)(1+\alpha)/2(P_s-1)$ は給気定数 Γ が大きくなるにつれ $P_i \to P_s$ になるので $F \to 0.9$ に収束する．また無次元剛性 $K=kh/(p_s-p_a)L$ はオリフィス絞りの場合 $K=\{3(1-\alpha)\Gamma/(P_s-1)\}\partial P_i/\partial \Gamma$ で，$\Gamma=1.9$ 近傍で最大値 0.83 をとる．一方自成絞りの場合は $K=\{2(1-\alpha)\Gamma/(P_s-1)\}\partial P_i/\partial \Gamma$ で，オリフィス絞りの場合の 2/3 倍となり，剛性の最大値は 0.55 程度になる．

（2）静圧気体軸受の形式

静圧気体軸受は絞りの種類によって各種の形式があり，図 2.5.21 にラジアル軸受の場合の主な種類を示す．2列に孔径 0.15～0.3 mm 程度の給気孔を加工する給気孔絞り形の中の自成絞り形は，加工しやすいのでよく使用されている．しかしその無次元剛性 $K=kh/(p_s-p_a)S$（k：有次元剛性，h：軸受半径すきま，S：軸受投影面積，$p_s-p_a=p_{sg}$：ゲージ給気圧力）は 0.3 程度と小さい．剛性を高くするには前項で述べたように，離散的な給気を線状給気にし，軸受全面に台形的な圧力分布を形成して無次元負荷容量の最大値を高め，給気孔部をオリフィス絞り特性とし，最適軸受すきまを小さくする．給気孔絞り形で給気孔部を軸受端に近づけ，給気孔数を増やすと流量が増大し，最適すきまも増大するので高速回転用には良いが，高剛性用には適さない．溝付き給気孔絞り形は，自成絞り給気孔形のこの限界を除去し，微小な溝によって給気孔数が少なくても線状給気ができ，かつ溝の深さ g を $g>d/4-h$ とすることによってオリフィス絞り特性に変えることができる．さらに給気孔位置を軸受端近傍に近づけ，給気孔数を少なくすれば無次元負荷容量を高め，かつ最適すきま h_{opt} を小さくできるので，高剛性軸受に適している[58]．スロット絞り[59]，多孔質絞り[60] も同様の理由で無次元負荷容量を高くできるので，これらの軸受は $K=0.5$ 前後となる．またスロット絞り，多孔質絞りにおいても軸受すきまに応じて絞り効果を大きくすればほぼ同等の高剛性化が可能である．一方，表面絞り形の剛性 K の値は 0.2 前後と大きくはないが，軸受面の溝深さを変えることによって最適すきま h_{opt} を任意に小さくできる[61] ので高剛性軸受として実用されている．最近の市販されている大径短軸形の高精度静圧気体軸受のすきまは 5 μm 程度である．

一方ミニチュアベアリング，非球面レンズ等の研削加工に用いる数万 rpm 以上の高速・高精度スピンドルの軸受すきまは 20～50 μm 程度[62]で，すきまを大きくして気体の摩擦トルクによる発熱を低減させ，かつ流量を増して冷却効果を高めている．

（3）溝付き給気孔静圧気体軸受

静圧気体軸受の理論解析においては，すきまの広い高速回転用軸受を除いて，また絞り部位近傍を除いてすきま内の気体の流れは等温で，慣性力を無視でき，完全粘性層流と見なすことができる．一方，給気孔絞り部では前述のように，給気圧力からすきま内圧力に断熱的に変化するとする．軸受内の圧力分布はダイバージェンスフォーミュレーション（Divergence Formulation：DF）法に基づく離散化レイノルズ方程式を数値的に解いて求める．DF 法とは流れ場における微小領域の質量保存式を離散点の値で表現する方法で，すきま形状が不連続に変化する場合にも適用できる[63]．

この数値解析法によって求められた溝付き給気孔形の環状スラストおよびラジアル静圧気体軸受の基本特性について述べる．

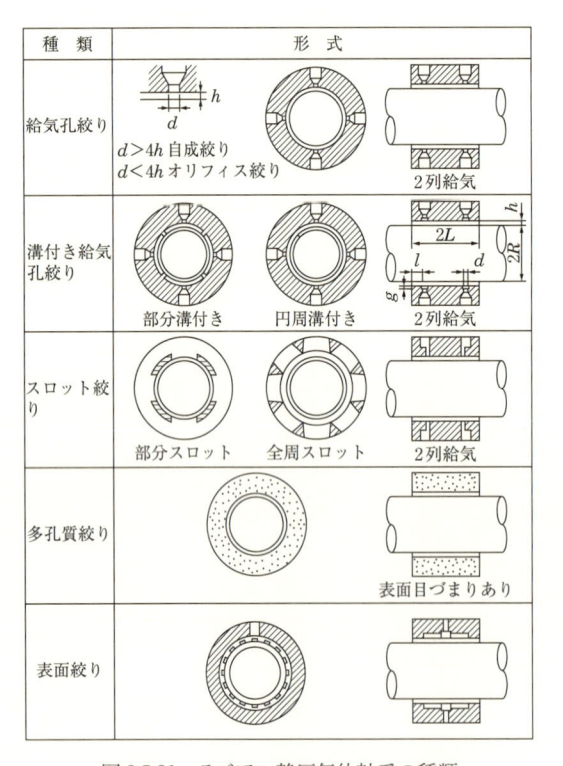

種類	形式		
給気孔絞り	$d>4h$ 自成絞り / $d<4h$ オリフィス絞り		2列給気
溝付き給気孔絞り	部分溝付き	円周溝付き	2列給気
スロット絞り	部分スロット	全周スロット	2列給気
多孔質絞り			表面目づまりあり
表面絞り			

図 2.5.21 ラジアル静圧気体軸受の種類

a. 二列円周溝付きスラスト静圧気体軸受

二列円周溝付き給気孔形環状スラスト軸受構造を図2.5.22に示す．ここでr_i：内半径，r_o：外半径，d_i：給気孔径，l：ランド幅，b：溝幅，g_i, g_o：内周と外周の溝深さ，h：すきまである．給気孔は内・外円周上に等間隔で配置される．内周側と外周側の給気孔絞り部面積s_i，s_oおよび溝深さg_i，g_oに

$$s_o = (r_o/r_i)s_i, \quad g_o + h = (g_i + h)(r_o/r_i)^{2/3} \quad (2.5.13)$$

の関係をもたせれば，半径方向の圧力分布が台形に近くなる[58]．このとき，内・外周に共通な1給気孔あたりの流入抵抗と軸受すきまにおける流出抵抗の比を表わす給気定数は

$$\Gamma = \frac{12\mu c_d n s_i T_b}{p_a h^3} \frac{l}{r_i}\sqrt{\frac{R_0}{T_s}}$$
$$= \frac{12\mu c_d n s_o T_b}{p_a h^3} \frac{l}{r_o}\sqrt{\frac{R_0}{T_s}} \quad (2.5.14)$$

で表わされる．ここでμ：粘性係数，c_d：流量係数，n：1列あたりの給気孔数，T_b, T_s：絞り部の出口と入口の気体の絶体温度，R_0：気体定数，p_a：周囲圧力である．

図2.5.23(a)，(b)に無次元平行変位剛性$K_p = k_p h/\pi(r_o^2 - r_i^2)p_{sg}$および無次元傾き剛性$K_a = 8 k_a h/\pi(r_o^2 - r_i^2)p_{sg}(r_o + r_i)^2$と給気定数$\Gamma$との関係を示す．ここで$k_p$：有次元平行変位剛性，$k_a$：有次元傾き剛性，$p_{sg}$：ゲージ給気圧である．図2.5.23(a)から平行変位剛性K_pは溝なしの場合に比べると，nが小さくても円周溝によってかなり大きくすることができること，また$n=6$，$G_i=g_i/h=5$のときのK_pは溝なしの$n=40$の場合よりもかなり大きいことがわかる．また$G_i=10$のときのK_pの最大値は図2.5.20の一次元モデルによるK_p

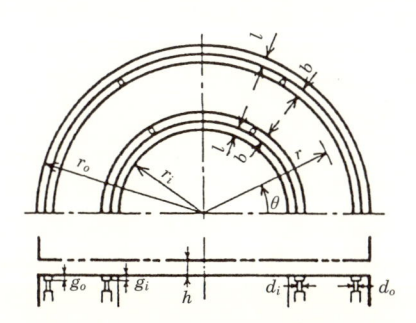

図2.5.22　二列円周溝付き給気孔形環状スラスト静圧気体軸受
〔出典：文献58)〕

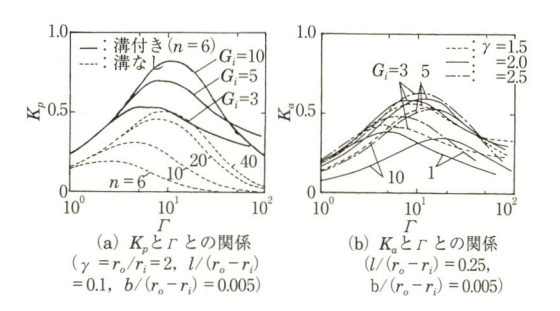

図2.5.23　無次元平行変位剛性K_pおよび無次元傾き剛性K_aと給気定数Γとの関係
($d_i = 0.3$ mm，$n=6$，$p_{sg} = 0.49$ MPa)
〔出典：文献58)〕

の最大値とほぼ同じ値になっている．一方，図2.5.23(b)より，G_iが大きすぎると円周方向の流れ抵抗が小さくなりK_aが低下するので，K_aも重要な場合にはK_aの最大となるG_iを選ぶ．図2.5.23(a)に対応する$\gamma = 2$の場合は$G_i = 5$を選べば$K_p = 0.7$，$K_a = 0.6$が実現できる．図示していないが，溝があまり深いとスクイーズ数の小さい領域で減衰が負になるので溝の全容積を軸受すきまの容積より小さくする．またスクイーズ数が大きい領域の減衰を高めるには静剛性が最大となるΓより大きいΓ値を選び，静剛性を犠牲にする設計を行なう．一般に気体軸受の剛性と減衰は周波数の関数なので，スクイーズ数が0または小さいときの静剛性とともに，軸受系の共振動数における動剛性と減衰が要求条件を満たすように高く設計する必要がある．

b. ラジアル静圧気体軸受

二列円周溝付き給気孔形ラジアル軸受構造はすでに図2.5.21に示した．給気孔は軸受端からランド幅lの内側にある円周溝幅bの中央に等間隔に配置されている．

図2.5.24(a)，(b)に軸径$2R = 50$ mm，軸受長$2L = 50$ mm，1列あたりの給気孔数$n=4$，円周溝幅$b = 0.5$ mm，給気孔径$d = 0.2$ mmの場合についてスクイーズ数$\sigma = 12\mu\omega R^2/p_a h^2 = 1$（静特性）と共振点近傍の$\sigma = 300$の場合の無次元剛性$K_r(= k_r h/(4RLp_{sg})$，$k_r$：有次元剛性）と無次元減衰$B_r$($= b_r h\omega/(4RLp_{sg})$，$b_r$：有次元減衰係数）特性を，軸受端ランド幅$l$，溝深さ$g$をパラメータとして示す[64]．図2.5.24(a)において静剛性K_rは，ランド幅lが小さいほど大きくなり，溝深さgは$l = 3.5$，

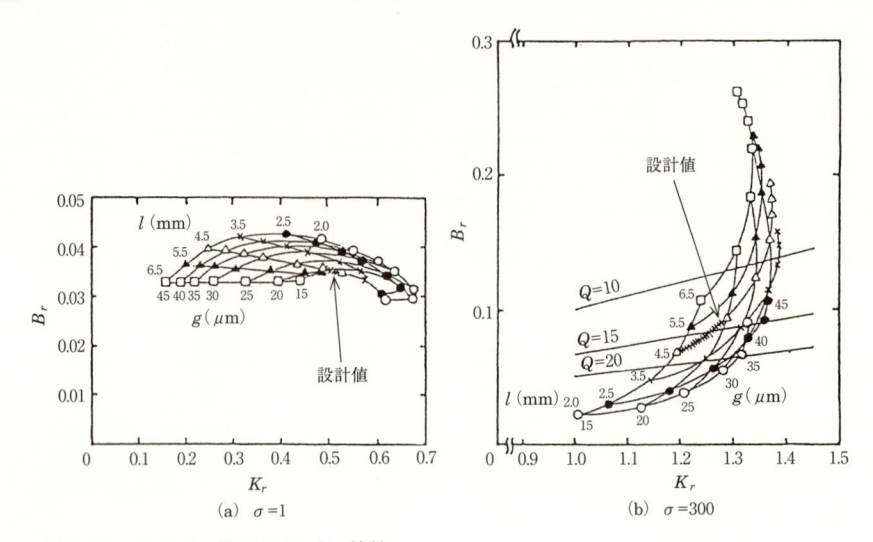

図 2.5.24　ラジアル軸受の K_r-B_r 特性
($2R=2L=50$ mm, $b=0.5$ mm, $d=0.15$ mm, $h=5$ μm, $p_{sg}=0.49$ MPa)
〔出典：文献 64〕

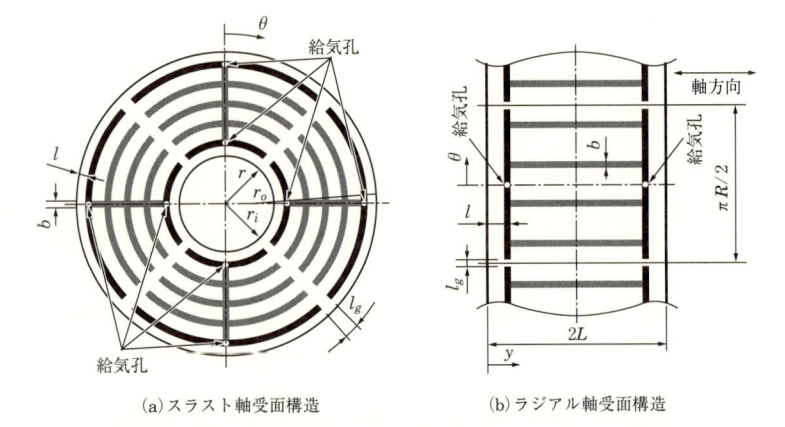

図 2.5.25　格子形溝付き軸受の軸受面構造〔出典：文献 67〕

2.5, 2 mm のときそれぞれ $g=15$, 20, 25 μm が最適となる. 一方図 2.5.24(b) の $\sigma=300$ のときの K_r-B_r 特性からの共振点の B_r と K_r を大きくするにはランド幅 l と溝深さ g を大きくする必要があるが, これは同時に図 2.5.24(a) から静剛性を低下させることになる.

そこで図 2.5.24(a), (b) のバランスから斜線で示す $l=4.5$ mm とし, $g=15~20$ μm の範囲内で l と g を設計すれば, $\sigma=1$ のとき $K_r≒0.5$, $\sigma=300$ のとき $K_r=1.2~1.3$, $B_r=0.07~0.09$ が得られる. 軸受系の共振点のスクイーズ数を $\sigma=300$ の近傍になるように設計すれば共振点の Q 値は 15 となり, 減衰比 $\zeta=1/(2Q)=B_r/(2K_r)≒0.03$ が得られる.

c. 溝付き給気孔静圧気体軸受の高減衰化設計

溝付き給気孔静圧気体軸受の減衰は, 静剛性を 0.5 程度にしようとすると $\zeta=0.03$ 程度と小さい. そこで軸受面をさらに細溝で複数の部分軸受面に分割すれば, 剛性をほとんど低下させずに共振点の減衰比を 0.1 程度まで高めることができる. その原理は, 軸受面の減衰 B はスクイーズ数 $\sigma=12$ $\mu\omega w^2/p_a h^2$ (w は部分軸受の狭い方の幅) が 10 前後で最大となり, かつ減衰の最大値はすきま内部の静的圧力に比例する性質があることを利用する. これから軸受すきま内部を静圧で高め, 溝で複数の部分軸受に分割して, 軸受の共振角振動数のとき部分軸受の σ が 10 近傍となるように部分軸受幅 w を決めれば共振周波数で減衰最大にできる[65,66].

図 2.5.25(a), (b) に格子形溝スラストおよびラジアル軸受面の構造例を示す. 実効的なスクイーズ数は矩形軸受面の短い方の辺の長さの2乗と振動数に比例するので, 図 2.5.25(a) のように円周方向溝で分離することにより短い溝全長で, 部分軸受幅

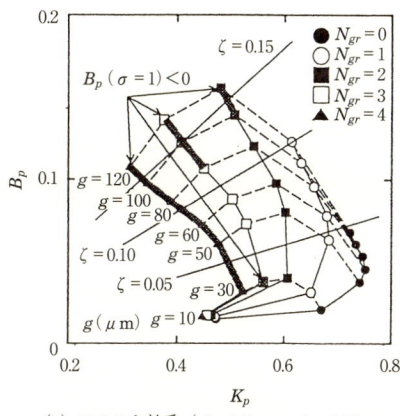

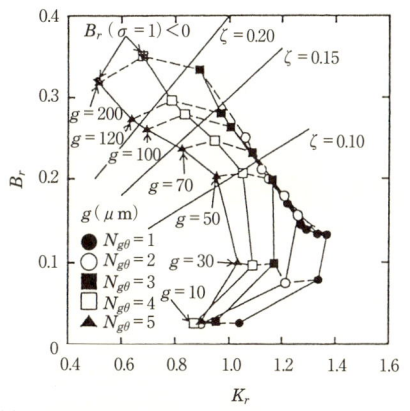

(a) スラスト軸受 ($d_i=0.2$ mm, $d_o=0.28$ mm, $l=3$ mm, $N_{g\theta}=1$, $\sigma=3\,950$)

(b) ラジアル軸受 ($d=0.2$ mm, $l=3$ mm, $N_{gy}=0$, $\sigma=420$)

図 2.5.26 スラスト軸受およびラジアル軸受の設計線図〔出典：文献 67〕

w を小さくできる．一方ラジアル軸受では，円周方向の溝で分割すると円周方向の導通効果で軸受剛性が低下するので軸方向溝で分割する．溝体積は低スクイーズ数領域で軸受の減衰を下げる効果があるので，溝幅と長さは極力小さくする．線状給気のための軸受端近傍の溝も円周方向に不連続にしている．

軸受系の共振点における減衰比は $\zeta=B/(2K)$ で表わされるので，軸受の外形寸法，外周ランド幅，溝幅等を加工条件から決め，共振点に相当するスクイーズ数での剛性 K と減衰 B を溝本数と溝深さをパラメータにして線図化すれば設計指針が得られる．

図 2.5.26(a) は，$2r_i=55$ mm，$2r_o=110$ mm，給気孔数 4×2 列，$h=5\,\mu$m，$b=0.5$ mm，$g=60\,\mu$m，$N_{gr}=4$ mm，$p_{sg}=0.49$ MPa，格子溝付きスラスト軸受の設計線図である．溝の深さを $30\,\mu$m 以上の範囲内で深くするほど減衰 B_p 〔$=b_p\omega h/\pi(r_o^2-r_i^2)p_{sg}$〕および減衰比 ζ を高くできるが，剛性 K_p が小さくなり，また太い灰色の線の部分では $\sigma=1$ の低周波数領域の減衰 B_r が負となる．そこで $N_{gr}=3$（給気溝を含まない円周方向の溝本数），$g=60\,\mu$m を選ぶと固有振動数に対応する軸受全スクイーズ数 $\sigma=3\,950$（$\sigma=12\mu\omega r_o^2/p_ah^2$ で軸受外半径で規準化した見掛けのスクイーズ数なので 10 より著しく大きい）において減衰比 $\zeta=0.11$，気体膜の動剛性 $K_r=0.45$ で，かつ静剛性が 0.45 のスラスト軸受が実現できる[67]．

また図 2.5.26(b) は，$2R=50$ mm，$2L=50$ mm，給気孔数 4×2 列，$h=5\,\mu$m，$b=0.5$ mm，$g=60\,\mu$m，$p_{sg}=0.49$ MPa のときの格子溝付きラジアル軸受の設計線図である．これから $N_{g\theta}=4$（1/4周あたりの半径方向溝本数），$g=100\,\mu$m に選ぶと減衰比 $\zeta=0.17$，気体膜の動剛性 $K_r=0.8$ が得られ，また静剛性も 0.5 程度が得られる[67]．

（4）多孔質環状スラスト静圧気体軸受

多孔質静圧気体軸受は気孔のため，ニューマチックハンマが生じやすい．そこで多孔質表面に薄い目づまり層を形成させ，安定性を向上させている[60,68]．1980年代に耐摩耗性に優れているグラファイト多孔質材の軸受表面に樹脂を塗布して比較的均一に表面目づまり層を形成する技術が確立され，一般に市販されるようになった．

図 2.5.27 に表面目づまり層をもつ環状スラスト

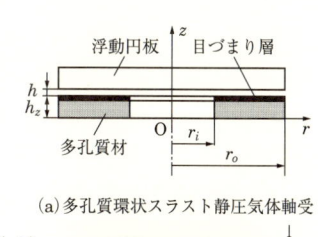

(a) 多孔質環状スラスト静圧気体軸受

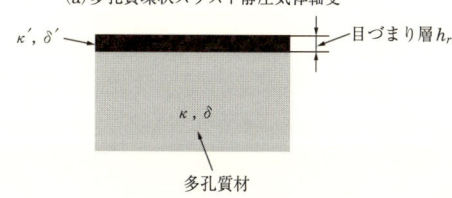

(b) Darcy-Darcy モデル

図 2.5.27 解析モデル〔出典：文献 60〕

静圧気体軸受の解析モデルを示す．解析では通常の気体軸受に対する仮定の他に，多孔質材内と表面目づまり層内の流れはDarcyの法則（$u=-(\kappa/\mu)\partial p/\partial x$, u：x方向の流体の速度，κ：透過率，μ：粘度，p：圧力）に従い，多孔質材内と目づまり層内の透過率および気孔率の間には$\kappa' \leq \kappa$および$\delta' \fallingdotseq \delta$の関係が存在するとする[56]．また多孔質材の軸受面以外は気体の流出はないとする．

上記の仮定のもとで多孔質材内，表面目づまり層内および軸受すきま内を微小要素に分割し，ダイバージェンスフォミュレーション法を用いて節点における離散化された圧力に関する基礎方程式を導く．静特性は基礎方程式を境界条件のもとで，ニュートン・ラプソン法を用いて逐次計算を行なうことにより求まる．動特性は基礎方程式に$P=P_0+\Delta P$, $H=H_0+\Delta H$を代入し圧力とすきまの変動成分ΔPとΔHに関する線形の代数方程式をラプラス変換法または調和励振応答法に基づいて解くことにより求められる．

図2.5.28に，ϕ-Λ平面における静剛性K_{st}の等高線図を示す．ここで$\phi=12\kappa r_o^2/h^3 h_z$（多孔質内の給気定数），$\Lambda=\phi'/\phi=\kappa'/\kappa$（給気定数比），$\phi'=12\kappa' r_o^2/h^3 h_z$（目づまり層の給気定数）である．この図より，表面目づまりのない（$\Lambda=1$）の場合および表面目づまり層の抵抗が多孔質材内の抵抗より小さい$1>\Lambda>10^{-2}$の範囲では最大の静剛性は$\phi=20$の近傍で得られ，$K_{st}=0.5$程度となる．ϕ'は多孔質材の厚さh_zで正規化されており，目づまり層の厚さh_rは$h_r/h_z \fallingdotseq 10^{-3}$程度なので，$1>\Lambda>10^{-2}$

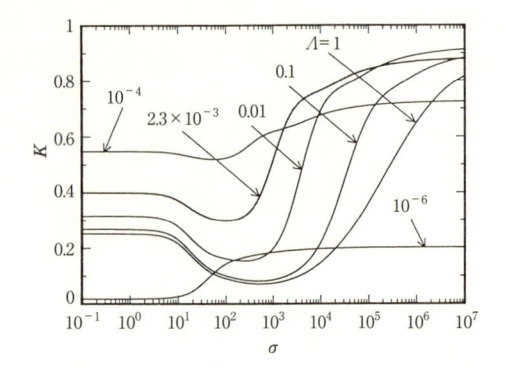

図2.5.29 給気定数比Λを変化させたときの剛性Kのスクイーズ数σに対する特性（$r_i/r_o=0.5$, $h_z/r_o=0.2$, $\phi=200$, $\delta h_z/h=200$, $P_s=6$）〔出典：文献56〕

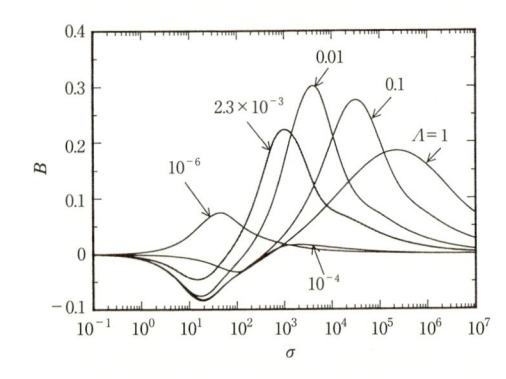

図2.5.30 給気定数比Λを変化させたときの減衰Bのスクイーズ数σに対する特性（$r_i/r_o=0.5$, $h_z/r_o=0.2$, $\phi=200$, $\delta h_z/h=200$, $P_s=6$）〔出典：文献56〕

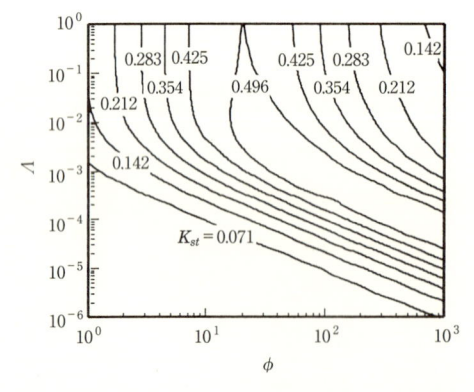

図2.5.28 ϕ-Λ平面上での静剛性K_{st}の等高線図（$r_i/r_o=0.5$, $h_z/r_o=0.2$, $P_s=6$）〔出典：文献56〕

の範囲では多孔質材の抵抗（$\propto h_z/\kappa$）が表面目づまり層の抵抗（$\propto h_r/\kappa'$）より支配的となる．一方，表面目づまり層の抵抗が多孔質材の抵抗と同等以上になる$\Lambda<2\times10^{-3}$の領域においては，表面目づまり層の給気定数$\phi'=\Lambda\cdot\phi \fallingdotseq 0.1$のとき静剛性は最大となる．また表面目づまりは，静剛性の最大値を高める効果はほとんどない．

多孔質材内の抵抗が小さい$\phi=200$のときの剛性および減衰のスクイーズ数σに対する特性を，Λをパラメータとして図2.5.29，図2.5.30に示す．この図から，表面目づまりのない（$\Lambda=1$）場合，(1)剛性は広いσの領域にわたり低い，(2)減衰の負となるスクイーズ数の領域が広い，(3)減衰の極大値B_{pe}が非常に高いスクイーズ数領域にあるため実用的でない．

一方,表面目づまり効果をもたせると,(1)低いσ領域の剛性を高め,減衰の極大値も実用的なスクイーズ数領域の方に移動させることが可能で,(2)目づまりの小さい領域では減衰の極大値は大きいが,静剛性 K_{st} と剛性の極小値 K_{min} は小さく,(3)目づまりの強い領域では K_{st} と K_{min} は大きくなるものの,B_{pe} が小さくなる.つまり高剛性と高減衰とは相反するので,必要に応じて適切な剛性および減衰を決める.図2.5.29,図2.5.30より,$\Lambda = 2.3 \times 10^{-3}$ に設計すれば,$K_{st} \fallingdotseq 0.4$,$K_{min} \fallingdotseq 0.3$ で $B_{pe} = 0.22$ となり,剛性,減衰ともかなり大きくすることができる.B_{pe} に対する剛性 $K_{\sigma opt}$ による軸受共振点のスクイーズ数 σ_n を σ_{opt} になるように設計すれば剛性と減衰が高い軸受が設計できる.また $B/(2K)$ が最大となる σ の値に軸受共振振動数を設計すれば共振点の減衰比を最大にできる.

多孔質静圧気体軸受の設計において注意しなければならないのは,図2.5.29からわかるように,常に負の減衰スクイーズ数領域が存在することである.このためもし軸受系の固有振動数に対応するスクイーズ数が減衰の負になる領域に位置するとエアハンマという自励振動が生じ,軸受として使用不可能になる.このため,軸受系の固有振動数に対応するスクイーズ数が正の減衰の領域,できれば極大値近傍になるように設計する.

解析結果と実用されているグラファイト多孔質スラスト軸受に対する実験結果との比較を図2.5.31に示す.多孔質材の供試軸受の目づまり層は10 μm 程度と推定した.図において表面目づまり層内の流れも Darcy 法則に従うと仮定した.Darcy-Darcy モデルによる解析結果は5 μm 程度の軸受すきま領域まで実験値と良く一致している.

多孔質環状スラスト静圧気体軸受は,軸受系の共振点における減衰比を最大限に高める観点から最適設計を行なうと減衰比 $\zeta \geq 0.2$ も実現できる可能性がある[56].

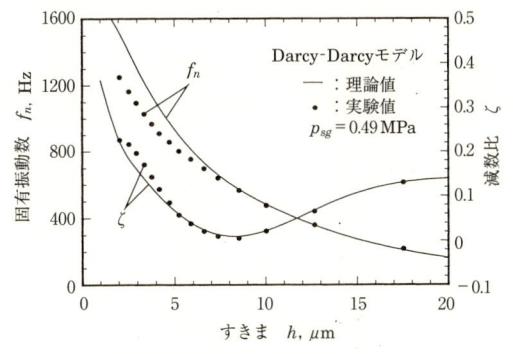

図2.5.31 固有周波数 f_n,減衰比 ζ とすきま c との関係($r_i = 35.0$ mm,$r_o = 52.5$ mm,$h_z = 5.0$ mm,$\kappa = 1.47 \times 10^{-9}$ mm^2,$\Lambda = \kappa'/\kappa = 3.77 \times 10^{-3}$,$\delta = \delta' = 0.2$,$m = 7.18$ kg(浮上質量))〔出典:文献60)〕

文　献

1) C. Schmid : 6th Int. Gas. Brg. Symp., paper No. B1 (1974).
2) V. Castelli, C. H. Stevenson & E. J. Gunter, JR. : ASLE Trans., **7**, 2 (1964) 153.
3) 十合晋一:気体軸受―設計から製作まで―,共立出版 (1984) 108.
4) J. Qiu, T. Takagi, J. Tani, A. Machida, K. Tsugawa, H. Yanagd & N. Ino : Adv. in Cryogenic Engg., **39** (1994) 909.
5) 田中克彦:精密工学会誌,**61**, 9 (1995) 1247.
6) 田中克彦:日本機械学会誌,**89**, 812 (1986) 756.
7) K. Tanaka & H. Muraki : Trans. ASME, J. Trib., **113**, July (1991) 609.
8) J. H. Vohr & C. Y. Chow : Trans. ASME, Ser. D, J. Basic Eng., **87**, 3 (1965) 568.
9) E. A. Muijderman : Spiral Groove Bearings, Macmillan, London, 1966.
10) J. P. Reinhoudt : On the stability of rotor-and-bearing systems and on the calculation of sliding bearings, Philips Res. Repts. Suppl. 1 (1972).
11) A. J. Smalley : Trans. ASME, Ser. F, J. Lub. Tech., **94** (1972) 86.
12) J. Bootsma : Liquid Lubricated Spiral Groove Bearings, Thesis, The Netherlands (1975).
13) 川端信義:潤滑,**33**, 5 (1988) 340.
14) K. Kinouchi & K. Tanaka : Proc. Japan. Tribology Conf., Vol. III (1990) 935.
15) K. Kinouchi, K. Tanaka, S. Yoshimura & G. Yagawa : JSME International Journal, Series C, **39**, 1 (1996) 123.
16) A. Eshel & H. B. Elrod Jr : Trans. ASME, Ser. D, J. Basic Eng., **87**, 4 (1965) 831.
17) A. Eshel : Trans. ASME, Journal of Lubrication Technology. F, **90**, 1 (1968) 221.
18) E. J. Barlow & M. Wildman : Trans. ASME, Ser. F, J. Lub. Tech., **90**, 1 (1968) 145.
19) 森　美郎・林　和宏・横見哲介:日本機械学会論文集,**35**, 276 (1971) 2229.
20) J. T. Ma : Trans. ASME, Ser. D, J. Basic Eng., **87**, 4 (1965) 837.
21) L. Licht : Trans. ASME, Ser. F, J. Lub. Tech., **90**, 1 (1968) 199.
22) 堀　幸夫・蓮池　彰・東　義・長瀬泰郎:日本機械学会論文集,**37**, 359 (1976) 2215.
23) K. Ono, N. Kodama & S. Michimura : JSME International J., Ser. 3, **34**, 1 (1991) 82.

24) 水川　真・小野京右：日本機械学会論文集 (C)，**47**, 416 (1981) 449.
25) 米田　弘・沢田　武：日本応用磁気学会誌，**10**, 2 (1986) 117.
26) K. Stahl, J. W. White & K. D. Deckert : IBM J. Research and Development, **18**, 6 (1974) 513.
27) 小野京右：トライボロジスト，**39**, 2 (1994) 124.
28) 水川　真・小野京右：日本機械学会論文集 (C)，**51**, 461 (1985) 95.
29) 米田　弘・沢田　武：日本応用磁気学会誌，**12**, 2 (1988) 133.
30) 加藤秀明・松　進・佐原謙一：日本機械学会論文集 (C)，**54**, 504 (1988) 1866.
31) 喜多洋三・小寺秀俊・養田　広・溝尾嘉章：日本機械学会論文集 (C)，**58**, 556 (1992) 3706.
32) 喜多洋三・小寺秀俊・溝尾嘉章・養田　広：日本機械学会論文集 (C)，**60**, 576 (1994) 2597.
33) H. Hashimoto : Trans. ASME, J. Trib., **117**, 1 (1995) 103.
34) J.-P. Peng & M. Carpino : Trans. ASME, J. Trib., **119**, 1 (1997) 85.
35) H. Heshmat : Trans. ASME, J. Trib., **116**, 2 (1994) 287.
36) S. A. Bolasna, K. L. Deckert, M. F. Garnier & R. B. Watrous : IBM Disk Storage technology, February (1980) 12.
37) H. S. Nishihara, L. K. Dorius & S. A. Bolasna : STLE SP-25, Tribol. and Mech. of Mag Storage Syst. (1988) 117.
38) J. W. White : ASME Press, Adv. Info. Storage Syst., **3** (1991) 1.
39) B. Bhushan : ASME Press, Adv. Info. Storage Syst., **5** (1993) 175.
40) 三矢保永：日本機械学会誌，**100**, 943 (1997) 620.
41) 小野京右：潤滑，**18**, 10 (1973) 773.
42) W. A. Michael : IBM Research Report, RJ-205 (1962).
43) C. V. Beck, W. G. Holliday & C. L. Strodtman : Trans. ASME, Ser. F, J. Lub. Tech. **91**, 1 (1969) 138.
44) 小野京右：潤滑，**21**, 9 (1976) 589.
45) R. C. Diprima : Trans. ASME, Ser. F, J. Lub. Tech. **90**, 1 (1968) 173.
46) E. Q. J. Salbu : Trans. ASME, Ser. D, J. Basic Eng., **86**, 2 (1964) 355.
47) C. H. T. Pan : Trans. ASME, Ser. F, J. Lub. Tech. **89**, 3 (1967) 245.
48) C. H. T. Pan : MTI-67-TR, 17 (1967).
49) 吉本成香・阿武芳郎・佐藤裕一・濱中憲二：日本機械学会論文集 (C 編)，**60**, 574 (1994) 2109.
50) R. Matsuda & S. Fukui : Trans. ASME, J. Trib., **118**, 1 (1996) 201.
51) 森　美郎・森　淳暢：日本機械学会論文集，**32**, 244 (1966) 1877.
52) 小野京右・田村章義：日本機械学会論文集，**33**, 255 (1967) 1883.
53) 多々良篤輔：日本機械学会論文集，**34**, 259 (1968) 560.
54) 角田和雄・田中克彦：精密機械，**50**, 5 (1984) 782.
55) 山本碩徳：自動化技術，**18**, 7 (1986) 71.
56) 小野京右・崔　長植：日本機械学会論文集 (C 編)，**63**, 606 (1997) 558.
57) 小野京右・山本　浩・崔　長植・都築正浩：日本機械学会論文集 (C 編)，**63**, 608 (1997) 1342.
58) 小野京右・土谷幸広・伊庭剛二：日本機械学会論文集 (C 編)，**52**, 480 (1986) 2142.
59) 吉本成香・阿武芳郎・大橋哲洋：日本機械学会論文集 (C 編)，**53**, 486 (1987) 412.
60) 崔　長植・小野京右：日本機械学会論文集 (C 編)，**63**, 606 (1997) 550.
61) 矢部　寛：潤滑，**33**, 5 (1988) 355.
62) 谷口廣文：潤滑，**33**, 5 (1988) 403.
63) V. Castelli & J. Pirvic : Trans. ASME, Ser. F, J. Lub. Tech. **90**, 4 (1968) 524.
64) 小野京右・山本　浩・濱嶋徹郎・植本浩紀：日本機械学会論文集 (C 編)，**57**, 537 (1991) 1729.
65) 山本　浩・小野京右：日本機械学会論文集 (C 編)，**58**, 551 (1992) 2192.
66) 山本　浩・小野京右：日本機械学会論文集 (C 編)，**58**, 555 (1992) 3347.
67) 小野京右・山本　浩・植本浩紀：日本機械学会論文集 (C 編)，**61**, 581 (1995) 220.
68) 岩藤任善・吉本成香：日本機械学会論文集 (C 編)，**62**, 593 (1996) 276.

2.6　容積型コンプレッサ用動圧すべり軸受

2.6.1　往復式
（1）固定容積

　固定容積型の往復式コンプレッサの一例として，図 2.6.1 に示す冷凍・空調用コンプレッサがある．軸受は，一般に，以下のような動圧すべり軸受が使用されている．なかでも，ジャーナル軸受は，(a)主軸受，(b)副軸受，(c)コネクティグロッド大端，(d)コネクティグロッド小端と多くの部分に使用され，スラスト軸受は，(e)ピストンピンの両端，(f)クランク軸スラスト受にて使用されている．

　往復式コンプレッサでは，ジャーナル軸受に加わる荷重の大きさと方向が常に変化するため，設計段階で評価すべき点は多いが，最終的には油膜厚さの確保および，起動時等の油膜確保が困難な状況に備えた材料選定がポイントとなる．

　油膜厚さは，コンプレッサの各使用条件における圧縮仕事により軸受に加わる荷重や軸回転速度，軸受部の強度・ディメンジョン，あるいは各々の使用条件における油粘度等により決まる．また，材料選定は，金属接触時のしゅう動だけでなく，材料強度も考慮する必要がある．さらに，油膜厚さと材料選定に大きな影響を与えるのは，油温制御である．

　これら項目は，互いに影響し合っているが，あえて分離し，使用条件，ディメンジョン等，各コンプレッサ製品分野でおおよそ決まる項目を除くと，設

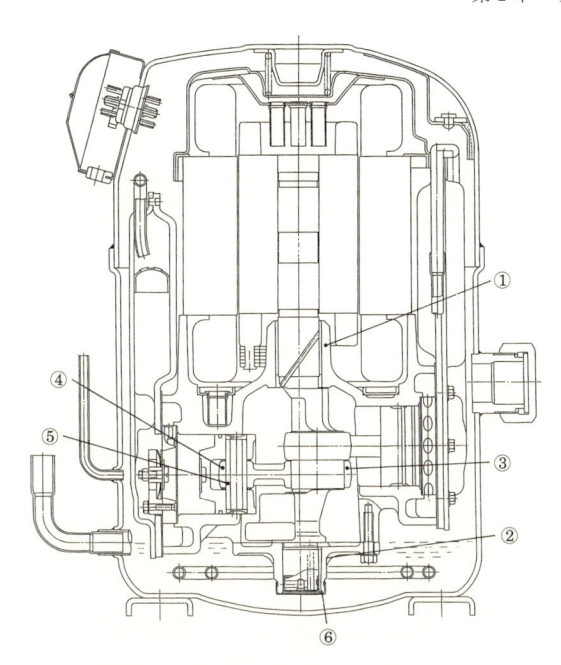

①主軸受　②副軸受　③コネクティングロッド大端
④コネクティングロッド小端　⑤ピストンピン
⑥クランク軸スラスト受

図2.6.1　冷凍・空調用固定容積型の往復式コンプレッサ

計のポイントは，以下のとおりである．
（1）油膜最大圧力：材料強度，クリアランス
（2）油温制御　　：油の粘度低下，油の油性低下，
　　　　　　　　　油の分解，材料の融点
（3）油膜破壊　　：粗さ，異物，油への冷媒溶解
（4）軸受材料　　：材料組合せ，材料硬度

材料強度の確保は，ねじりを含む大きな曲げ応力を受けるクランク軸では特に重要である．主軸部，副軸部，コネクティグロッド部の各部で適正なクリアランスを維持するための十分な剛性と耐摩耗性を有する材料として，浸炭焼入鋼，可鍛鋳鉄，ダクタイル鋳鉄が多く使われる．

また，使用条件やディメンジョンの制約から，軸受負荷の厳しい機種は，焼付き防止を目的に軸受ブシュが使われている．一般に，0.75 kW 以下の小型コンプレッサでは，鋳鉄，アルミ合金を加工し，そのまま軸受として使用するのに対し，0.75 kW 以上では軸受ブシュ（ホワイトメタル，リン青銅，鉛青銅，PTFE含有鉛青銅等）を使用した例が多い．なお，コネクティグロッドはアルミ合金で軸受ブシュなしが多く，その小端の相手材であるピストンピン熱処理による硬度アップが図られている．

軸受の油温制御は，新たな油の供給によりなされており，それを実現するのは給油機構である．冷凍・空調用コンプレッサでは，給油機構として，強制ポンプ，遠心ポンプの他に，軸受部は粘性ポンプを使用している．このため軸受部の給油には，適正な油溝の形成が重要な課題となる．油溝は，流体潤滑のための油膜形成，および荷重の加わった軸受面の焼付き防止を目的に設けられる．そこで，負荷が小さく比較的に流体潤滑の期待できる主軸受，副軸受では，油膜形成を優先し，油溝は負荷側を避けて設けられ，すべりと直角あるいは軸受の円周の50〜60％範囲で形成される．これに対し，油膜形成の困難なコネクティングロッド小端のピストンピン穴等では，焼付き防止を主眼に，荷重側付近にも油溝を設ける場合もある．

また，これら軸と軸受の嵌合は，小さいと焼付きの恐れがあり，大きいと騒音問題が発生する．一般に鋳鉄や鋼といった鉄系材料の場合，軸径の0.1％程度のクリアランスをとっているが，非鉄系材料では，材料の種類により変更する必要がある．例えば，ϕ50〜70の軸・軸受を使用した場合，ホワイトメタルでは40 μm程度，アルミニウムでは80 μm程度と材質によりクリアランスを考慮した設計をしている．

(2) 可変容積
a. コンプレッサ機構と動圧すべりしゅう動部

往復式可変容積コンプレッサの代表例としてカーエアコン用のワッブル形コンプレッサを図2.6.2に，斜板形（スワッシュ式）コンプレッサを図2.6.3に示す．ワッブル形・斜板形ともにピストン

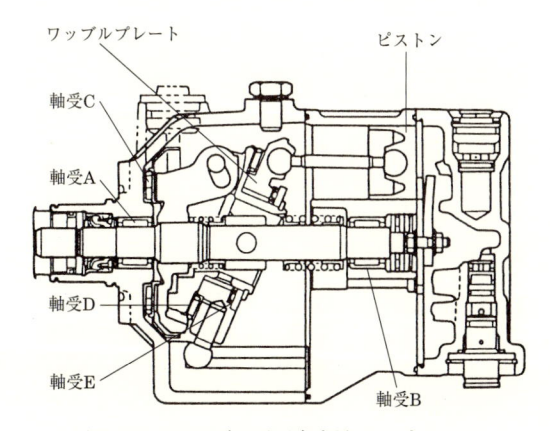

図2.6.2　ワッブル形可変容量コンプレッサ
〔出典：文献1)〕

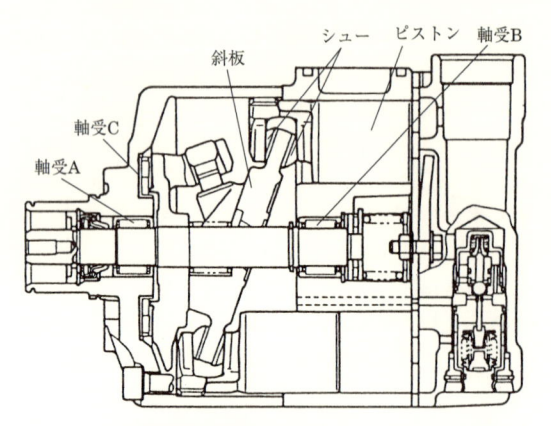

図 2.6.3 斜板形可変容量コンプレッサ〔出典：文献1）〕

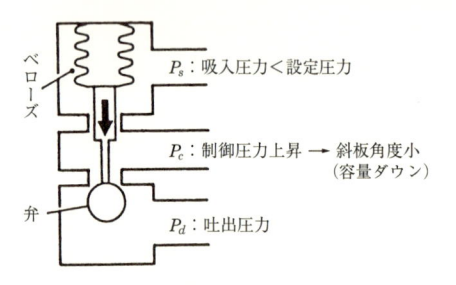

図 2.6.4 内部制御の例〔出典：文献1）〕

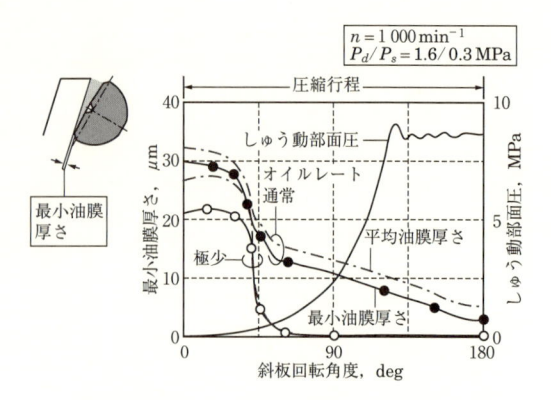

図 2.6.5 圧縮工程中の平均，最小油膜厚さ〔出典：文献2）〕

がシリンダを往復運動することにより吸入-圧縮-吐出作用を行なっている．可変容積機構も原理的には同一であり，ワッブル形ではワッブルプレートの傾き，斜板形では斜板の傾きを変えることによりピストンストロークを変化させ，連続的に容量を変える．斜板の傾きを変えるための制御の例を図2.6.4に示す．

これらのコンプレッサの軸受機構のうち，図2.6.2および図2.6.3に示した軸受A～Eは転がり軸受が使用されることが多い．本節の対象である動圧すべりしゅう動部としては斜板形コンプレッサのシューと斜板が挙げられる．

b. 使用条件と潤滑状態

一例として普通乗用車用斜板式コンプレッサの場合，シュー-斜板のすべり速度は最大40 m/s程度であり，面圧は通常は最大10 MPa前後だが，冷媒が液化した状態で圧縮する液圧縮では最大100 MPa近くになることもある．

シュー・斜板間の油膜形成は潤滑状態により変化する．図2.6.5"オイルレート通常"のグラフに示されているように，通常の潤滑状態では油膜は薄くなり続けながらくさび状になり，流体膜の絞り膜効果とくさび膜効果によって荷重が支えられているものと考えられる．一方，循環オイル量が極めて少ない場合には混合潤滑・境界潤滑になる可能性がある．実使用上も運転条件によって混合潤滑・境界潤滑になる場合があり注意が必要である．

c. 潤滑上の特徴としゅう動材材質

コンプレッサの潤滑方法の特徴は冷媒の流れに伴ってA/Cシステム内を循環している冷凍機油により潤滑がなされていることである．この特徴から，冷凍機油と冷媒との相溶性の検討や冷媒挙動による潤滑環境の変化の検討が必要となる[3]．

例えば，コンプレッサ内に液化した冷媒が溜まった状態でコンプレッサ起動した場合などには，液化冷媒とともに冷凍機油が流れ出してしまい冷凍機油が非常に少ない状態になることがある．このような枯渇潤滑下での信頼性を向上させるために，近年ではアルミ斜板にスズめっき・銅溶射・二硫化モリブデンなどの処理を施し，耐焼付き性を向上させている製品もある．

2.6.2 ロータリ式

家庭用および小型の業務用空調機に搭載される冷媒圧縮機は，性能的・経済的に優れたローリングピストン式ロータリ圧縮機[4]（以下ロータリ圧縮機と記述）が主に使用されている．最近では，冷蔵・冷凍ショーケースや製氷機等の低温用途製品の冷媒圧縮機としてもロータリ圧縮機が用いられている．

（1）ロータリ圧縮機の構造

図2.6.6にロータリ圧縮機の構造を示す．ロータ

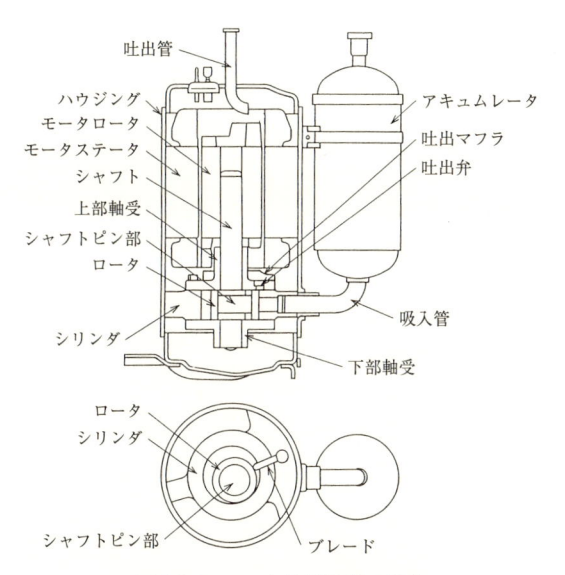

図2.6.6 ロータリ圧縮機の構造

リ圧縮機は，密閉されたハウジング内の上部にモータを，下部に圧縮機構を有する．

ロータリ圧縮機の圧縮機構は，ロータの旋回運動とブレードの往復運動によって構成される．ロータとブレードはシリング内を2室に分割し，シャフトの回転に応じて各室の容積を変化させて，吸入および圧縮作用を同時に行なっている．冷媒ガスは，吸入管よりシリンダ内に吸い込まれ，シリンダ内で圧縮されて，吐出弁を経てハウジング内にいったん吐出された後，モータ上部の吐出管より吐出される．

シャフトピン部にはロータを介してガス圧縮荷重等が作用し，シャフトはシリンダの上下に設けられた上部軸受および下部軸受と称する二つの動圧すべり軸受によって支持される．なお，シャフトピン部とロータ内周とのしゅう動部も動圧すべり軸受を形成している[5,6]．

（2）軸受の形状・材料

ロータリ圧縮機の軸受部材には，鋳鉄材または鉄系焼結材が用いられ，シャフトを支持する軸受部と圧縮室の側壁をなす端板部とが一体で成形される．軸受部はスリーブ型全周軸受であり，大容量のロータリ圧縮機では銅系，アルミ系など種々の軸受メタルが挿入される場合もある．

軸受幅径比（L/D）は，上部軸受と下部軸受で異なり，下部軸受が$L/D≒1$に対し，上部軸受は$L/D≒2$と大きくとられる．これは，上部軸受がシリンダ内のガス圧縮荷重とともにモータロータを片持ちで支持するためである．また，ロータ内周軸受では，シリンダ内に収める制約より，$L/D=1/2～1$と小さくなる．

軸受すきまは，圧縮機構部の漏れすきま（シリンダ内周とロータ外周とのすきま）を小さく押さえて効率を維持する必要性より，すきま比（C/D）にして$C/D≒1/1\,000$と小さめに設定される．

（3）給油方法

図2.6.7にロータリ圧縮機の給油構造を示す．シャフトには各軸受への給油孔と開口部を有するシャフト下端キャップが設置され，シャフトが回転することにより遠心ポンプ作用を行なう構造となっている．シャフト遠心ポンプの最高圧力（流量零時の圧力）P_{pump}は，

$$P_{pump}=(\rho/2)\omega^2(R_s^2-R_{cap}^2/2) \quad (2.6.1)$$

ρ：密度，ω：回転角速度，R_s：シャフト外半径
R_{cap}：シャフト下端キャップ開口部半径

で求められるが，その値は数kPaのオーダである．潤滑油は，密閉ハウジングの底部油溜りからシャフト内に吸い上げられ，上部軸受，下部軸受およびシャフトピン部（ロータ内周軸受）に給油される．各軸受への給油量は，給油経路を各要素の圧力流量特性を用いた等価回路にモデル化することで解析できる[7]．

潤滑油は冷媒ガスの高圧雰囲気下にあるため，軸受には冷媒が溶解した潤滑油が給油される．潤滑油

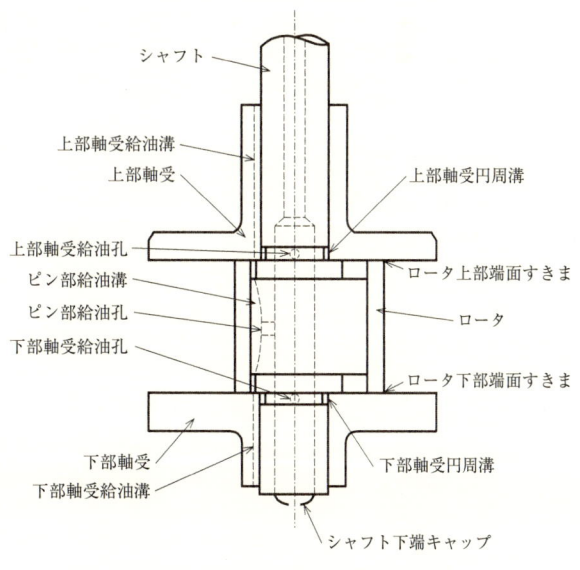

図2.6.7 ロータリ圧縮機の給油構造

に対する冷媒溶解度は，潤滑油の圧力と温度によって決まり，粘度もその影響で変化する[8]（6.2節参照）．したがって，軸受設計における作動粘度の見積りには，冷媒溶解度の影響を考慮することが必要である．

また，軸受すきま内では潤滑油の圧力・温度が変化するため，溶存冷媒が発泡し，給油を妨げる．したがって，給油溝は軸受端に開放し，軸受すきま内の冷媒ガスを除去する機能をもたせている[9]．

（4）軸受の作動状態

a. 回転速度

シャフト回転は電動モータによるため，標準の圧縮機では電源周波数と概略同期した回転速度（50または60 s^{-1}）となる．ただし，インバータを用いた可変速圧縮機では，電源周波数の低速側で1/3～1/2，高速側で2～3倍の範囲の回転速度で運転される．

b. 軸受荷重

軸受に作用する主な荷重は，ロータを介してシャフトピン部に作用する荷重の反力であり，シャフトピン荷重の各々約1/2が上部軸受と下部軸受に負荷される．シャフトピン荷重は，ロータとブレードの挙動を同時に解析して求まる複雑な系[5,6]であるが，ガス圧縮荷重だけを考慮すれば比較的簡単に求まる．

ロータに作用するガス圧縮荷重は，図2.6.8に示すように，ロータに直接作用するF_rとブレードを介して作用するF_bであり，その合力がシャフトピンに作用するガス圧縮荷重となる．荷重の大きさFとその方向θ_Fは次のようになる．

$$F = \sqrt{F_x^2 + F_y^2} \quad (2.6.2)$$

$$\theta_F = \tan^{-1}(F_y/F_x) \quad (2.6.3)$$

$$F_x = F_r \cos\{(\theta-\alpha)/2\} - F_b \cos\alpha$$
$$F_y = F_r \sin\{(\theta-\alpha)/2\} + F_b \sin\alpha$$
$$F_r = (P_c - P_s) L_c\, 2R_o \sin\{(\theta+\alpha)/2\}$$
$$F_b = L_c\{P_d T_b - P_c(T_b/2 + R_b \sin\alpha)$$
$$\qquad - P_s(T_b/2 - R_b \sin\alpha)\}/\cos\alpha$$

図2.6.9に解析で求めたシャフトピン荷重（軸受面圧）の一例を示す．シリンダ内の圧力変化に応じて荷重の大きさおよび方向が変化する変動荷重であるが，特に，荷重方向がシャフト回転速度の約1/2で回転するのが特徴である．

（5）油膜厚さ解析

ロータリ圧縮機の軸受は変動荷重軸受であるため，油膜圧力・油膜厚さは数値解析で求める必要がある．

図2.6.9の荷重に基づくロータ内周軸受の軸心軌跡（ロータ中心のシャフトピン部中心に対する軌跡）を数値解析で求めた一例を図2.6.10に示す．シャフト1回転中で偏心率の大きい領域（$\theta=4/3\pi$～2π）があるが，これは，荷重方向がシャフト回転速度の約1/2で回転する区間と対応している．荷重方向がシャフト回転速度の1/2で回転すると油膜圧力発生効果の一つであるくさび効果がなくなるため，偏心率大すなわち油膜厚さ小となる．最小油膜厚さは，荷重がほとんど負荷されない$\theta=0$近傍で現われる．

軸心軌跡は，ロータ内周軸受に限らず上部軸受および下部軸受でも同様であるが，上部軸受・下部軸

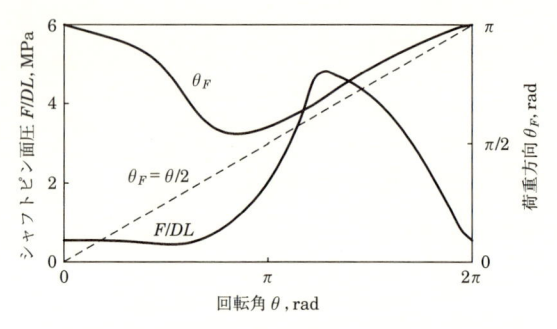

図2.6.9 シャフトピン荷重

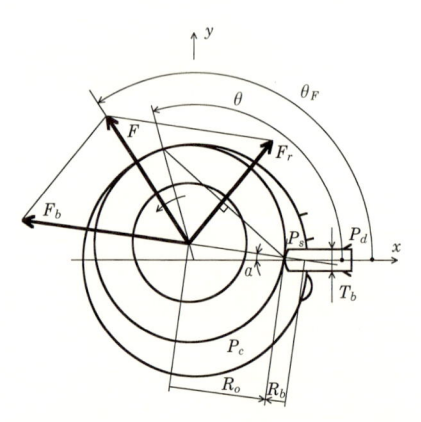

P_s：吸入圧力　　R_o：ロータ外半径
P_d：吐出圧力　　R_b：ブレード先端半径
P_c：シリンダ内圧力　T_b：ブレード厚さ
θ：回転角　　　L_c：シリンダ幅

図2.6.8 ロータに作用するガス圧縮荷重

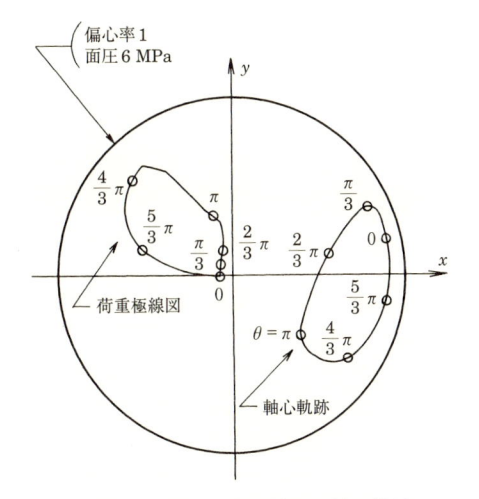

図2.6.10 ロータ内周軸受の軸心軌跡

受においては、シャフトの圧力変形による片当たりにも留意する必要がある[10]。

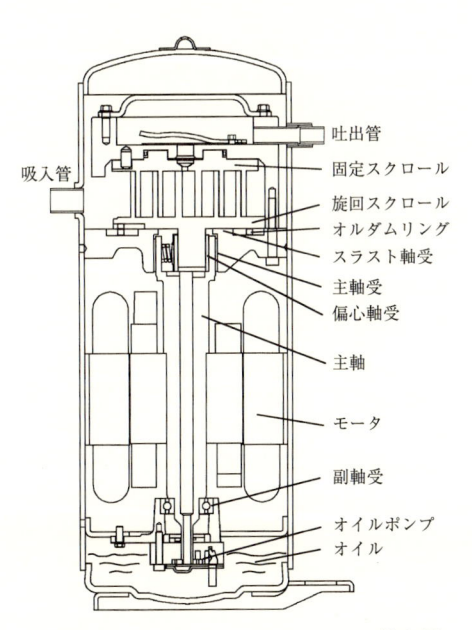

2.6.3 スクロール式
（1）スクロールコンプレッサの構成

低圧式の中大型スクロールコンプレッサの構成例を図2.6.11に示す。渦巻き状の羽根を有する二つのスクロールをかみ合わせ、一方（固定スクロール）を固定し、他方（旋回スクロール）を半径3〜5 mmの旋回運動させることにより、両スクロール間に形成される三日月状の圧縮室の容積が旋回スクロールの旋回運動とともに外周部から中央部へと連続的に減少し、ガスが圧縮される。

圧縮室内のガス圧力の軸方向成分は両スクロールを軸方向に引き離そうとする方向に働くため、固定スクロール背面にガス圧力を付加し、固定スクロールを押さえ付け、固定スクロールとかみ合う旋回スクロール背面をスラスト軸受で支持している。旋回スクロールは旋回運動を行なうため、このスラスト軸受はスクロールコンプレッサ特有の旋回運動を支える軸受である。

また、圧縮室内のガス圧力の径方向成分および慣性力等のため旋回スクロールには径方向の荷重が作用する。この径方向の荷重は、その作用する方向が主軸の回転と同じ方向に回転し[11]、偏心軸受を介して主軸受で支持される。

主軸はモータ上下の主軸受と副軸受で両端支持され、主軸回転時の振動を低減するよう構成されている。潤滑用のオイルは主軸の下端に設けた容積型オイルポンプにより強制給油され各しゅう動部を潤滑する。

（2）軸受に要求される性能

スクロールコンプレッサの軸受は、始動初期の不十分な給油量の場合でも、あるいは冷媒がオイルと溶解/混合し粘度が極度に低下したオイルが供給された場合でも、異常摩耗や焼付きが発生することなく、しかも定常運転状態では低しゅう動損失で機能するよう設計する必要がある。さらに、高温高圧状態の冷媒とオイルに対して熱化学的に安定であることが求められる。

（3）ラジアル軸受（主軸受、偏心軸受、副軸受）

主軸受、偏心軸受には、裏金付き樹脂複合軸受[12]、あるいはアルミ合金系、銅鉛合金系の裏金付きメタル軸受[13]等のすべり軸受が多く用いられる。また、副軸受には転がり軸受あるいは軸受メタルなしのじか受けのすべり軸受がほとんどであるが、主軸のたわみに合わせてフレキシブルに対応する球面すべり軸受を採用した例もある。

主軸にはねずみ鋳鉄および炭素鋼等が用いられ、しゅう動部には高周波焼入れ等の表面硬化処理が行なわれる。

しゅう動条件に関しては、中大型スクロールコンプレッサの場合、主軸受の面圧は最大3 MPa程度

図2.6.11 スクロールコンプレッサの構成例

で，しゅう動速度2～13 m/s 程度が常用範囲である．

これらラジアル軸受の設計は，潤滑が不十分な場合が生じること，および軸受材料の熱化学的安定性等を考慮して行なう必要がある．

（4）スラスト軸受

旋回スクロールを支持するスラスト軸受は平面軸受あるいは油溝を設けた平面軸受である場合が多い．旋回スクロールには共晶黒鉛鋳鉄あるいはアルミ合金が，スラスト軸受にはねずみ鋳鉄が多く用いられている．共晶黒鉛鋳鉄の旋回スクロールの場合，しゅう動初期なじみ性を向上させるため，リン酸塩処理等の表面処理が施される場合が多い．

低圧式の中大型スクロールコンプレッサの場合，スラスト荷重は最大7 000 N 程度もの大きな値となり，面圧は最大2 MPa 程度となる．しゅう動速度（旋回半径 ε と旋回角速度 ω の積で表わされる）は，0.4～2.7 m/s 程度と非常に遅い．このような大荷重，低しゅう動速度のしゅう動面では油膜形成が困難となり，摩耗が生じたり，しゅう動損失が大きくなる場合がある．スラストしゅう動面での油膜形成および軸受材料選定が重要な設計課題である．

しかしながら，スクロールコンプレッサ特有の旋回運動を支えるスラスト軸受のしゅう動損失の評価に関する研究例[14,15]はごくわずかである．

（5）スラスト軸受しゅう動損失の評価と低しゅう動損失化

コンプレッサ内と同様な高温高圧の冷媒とオイルの共存雰囲気中で行なった旋回スラスト軸受のしゅう動試験結果例[14]を示す．試験は平面形状の旋回試験片（共晶黒鉛鋳鉄製）を平面形状あるいは平面にオイル溝を設けた形状の固定試験片（ねずみ鋳鉄製）に押し付け，旋回しゅう動（旋回半径3.4 mm）させて，その際に生じるしゅう動損失および摩擦係数を評価したものである．

図2.6.12に固定試験片の表面粗さおよびオイル溝の影響を示す．表面粗さを減少させること，およびしゅう動面にオイル溝を設けることにより，しゅう動損失を低減できることがわかる．

図2.6.13に面圧の影響を示す．面圧の増加とともにしゅう動損失は増大するが，この面圧の範囲では摩擦係数 μ の変化はわずかである（μ の値は0.028～0.040の範囲）．また，実機コンプレッサを用いたスラスト軸受摩擦係数の評価例[15]でも摩擦

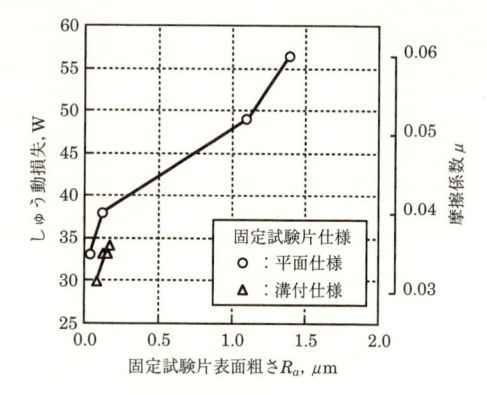

図2.6.12 固定試験片表面粗さ R_a およびオイル溝の影響（試験条件　面圧：1.4 MPa，旋回速度 900 min^{-1}，オイル温度：60 ℃）

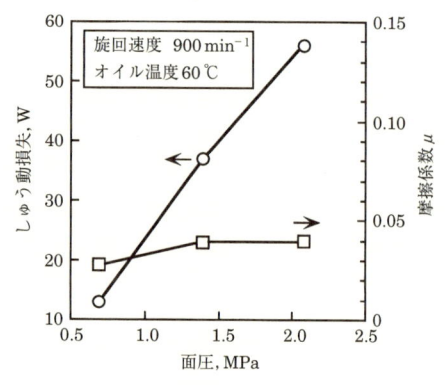

図2.6.13 面圧の影響
（固定試験片：平面仕様）

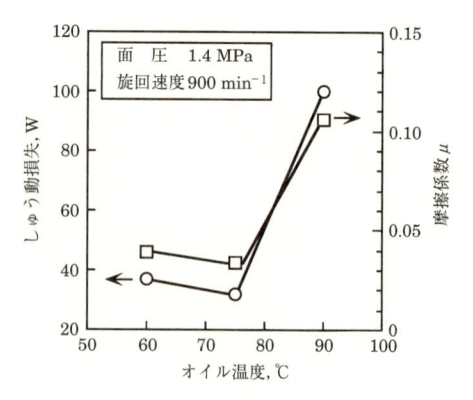

図2.6.14 オイル温度の影響
（固定試験片：平面仕様）

係数の値は 10^{-2} オーダであることが報告されている．

次に，図 2.6.14 にオイル温度の影響を示す．オイル温度が高い 90°C の場合には，しゅう動損失が急増し，異常摩耗が観察されている．

高信頼性および低しゅう動損失化の観点から，面圧，雰囲気温度，表面粗さ，しゅう動面形状（オイル溝形状）および耐摩耗性に優れた軸受材料の選択等に注意して軸受設計することが重要であることがわかる．

また，実機スクロールコンプレッサにおける旋回スラスト軸受のしゅう動損失 W (W) は，上記スラストしゅう動試験から得られた摩擦係数 μ，および実機コンプレッサでのスラスト荷重 F (N)，旋回半径 ε (m)，旋回角速度 ω (rad/s) の値を式 (2.6.3) に代入することにより，推定することができる．

$$W = \mu F \varepsilon \omega \qquad (2.6.3)$$

文　献

1) カーエアコン研究会編著：カーエアコン，山海堂 (1996) 109.
2) 上田元彦・稲垣光夫・松田三起男・井上　孝・及部一夫：トライボロジー会議予稿集，大阪 1997-11 (1997) 76.
3) 自動車技術会次世代トライボロジー特設委員会編：自動車のトライボロジー，養賢堂 (1994) 306.
4) 本田秀雄・太田　優：冷凍，**62**, 720 (1987) 1081.
5) 柳沢　正：日本機械学会論文集 (C 編)，**48**, 429 (1982) 732.
6) 小林寛之：トライボロジスト，**38**, 7 (1993) 599.
7) H. H. Kruse & M. Schroeder : Int. J. Refrig, 8, 6 (1985) 347.
8) 伊藤隆英・小林寛之・藤谷　誠・村田信夫：日本冷凍協会論文集，**10**, 3 (1993) 429.
9) 村田信夫・小林寛之：三菱重工技報，**23**, 6 (1986) 727.
10) 小林寛之・村田信夫・小澤　豊・谷口　邁：三菱重工技報，**25**, 4 (1988) 384.
11) 石井徳章，ほか 4 名：日本機械学会論文集 (C 編) **53**, 491 (1987) 1368.
12) 加藤英二，ほか 4 名：トライボロジー会議予稿集 (1994-5) 609.
13) 森　早苗：すべり軸受と潤滑，幸書房 (1983) 24.
14) F. Nishiwaki, et al. : Proc. of the 1996 Int. Compressor Eng. Conf. at Purdue (1996) 263.
15) 小林寛之，ほか 2 名：第 31 回空気調和冷凍連合講演会論文集 (1997-9) 5.

2.7　自動車駆動系等各種すべり軸受

2.7.1　変速機

自動車用変速機は手動変速機（Manual Transmission），自動変速機（Automatic Transmission），CVT（Continuously Variable Transmission）の 3 種類に大別できる．

変速機では使用部位ごとにすべり軸受，転がり軸受の両方を使い分けている．手動変速機の場合は主に回転荷重を受け，軸方向のしゅう動を伴う部位（後述のリバースアイドラギヤ部，エクステンションハウジング部）にすべり軸受を使用する例が多い．自動変速機の場合は，入力軸から出力軸までの間の多様な部位にすべり軸受が使用されている．CVT に関してはほとんどの部位に転がり軸受が使われているため，ここでは主に手動変速機および自動変速機に使われているすべり軸受について紹介していく．

（1）すべり軸受の使用例

変速機内ですべり軸受使用例を手動変速機（図 2.7.1）および自動変速機（図 2.7.2）それぞれの構造断面図に示す．

（2）すべり軸受の使用条件と要求性能

a. 使用条件

変速機用すべり軸受は，(1) の図 2.7.1, 図 2.7.2 のように多様な部位で使われており，それぞれの部位ごとに使用条件も種々である．表 2.7.1 におおよその使用条件について記述する．

b. 要求性能

変速機用すべり軸受は境界潤滑下で使用される場合が多く，特に耐摩耗性，耐焼付き性に優れる軸受材料が要求される．また，ギヤオイル，ATF には様々な種類のものがあるため，それぞれのオイルに対する耐腐食性の要求もある．

（3）すべり軸受の代表的な設計例

以下に手動変速機および自動変速機それぞれの代表的なすべり軸受の設計例を記述する．

a. 手動変速機用歯車変速部

手動変速機車で後進するとき，アウトプットシャフトの回転方向を逆にするために，カウンタシャフトとアウトプットシャフトとの間にリバースアイドラギヤがかみ合わされる．このリバースアイドラギヤに使用されるブシュについて表 2.7.2 に記述する．

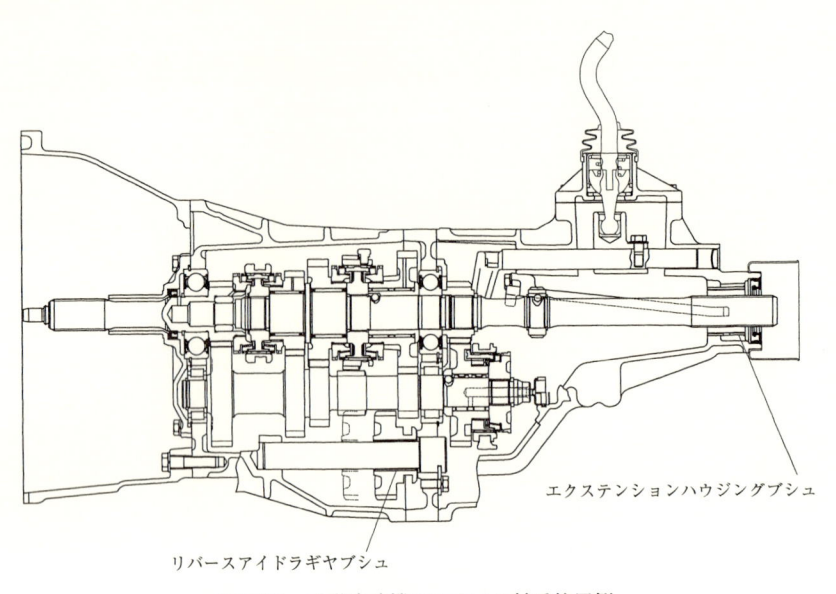

図 2.7.1　手動変速機でのすべり軸受使用例

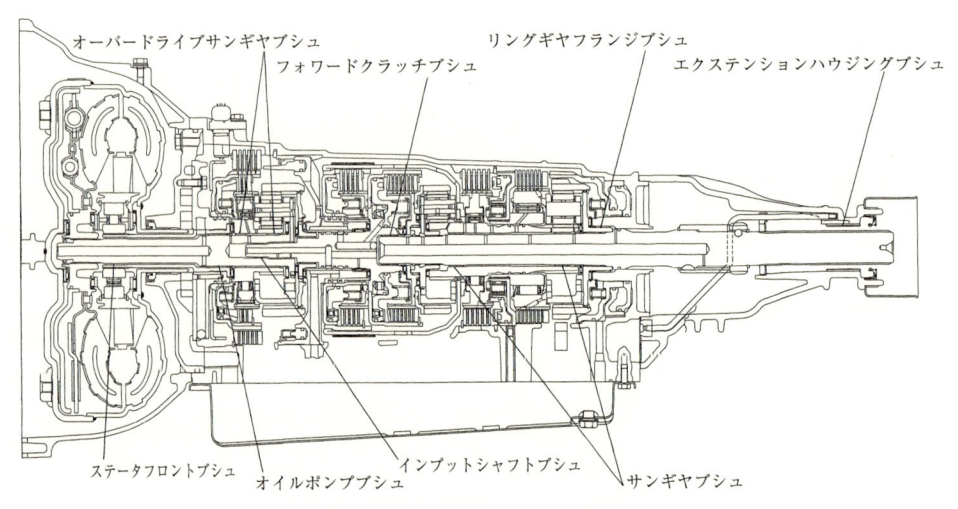

図 2.7.2　自動変速機でのすべり軸受使用例

表 2.7.1　変速機用すべり軸受の使用条件

	項　目		手動変速機	自動変速機
1	荷　重	荷重形態	変動荷重	変動荷重
		方　工	ラジアル方向	ラジアル方向
2	運　動	運動形態	回転運動（正逆回転）	回転運動（正逆回転）
		回 転 数	$0 \sim 8\,000\ \mathrm{min}^{-1}$	$0 \sim 8\,000\ \mathrm{min}^{-1}$
3	潤　滑	潤滑寅	ギヤオイル	ATF
		潤滑方法	はねかけ潤滑	強制潤滑
4	温　度	油　温	$-30 \sim 130°C$	$-30 \sim 150°C$

第2章 すべり軸受

表2.7.2 リバースアイドラギヤブシュの設計例

軸受材質	耐焼付き性，耐疲労性，耐腐食性に優れるアルミ－スズ系バイメタル材料
締め代，mm	0.020～0.140
オイルクリアランス，mm	0.025～0.150
設計のポイント	はねかけ潤滑のため，油溝設計は潤滑油の飛沫方向とギヤ回転方向を考慮して潤滑油を有効に活用する設計を行なう．

表2.7.3 サイギヤブシュの設計例

軸受材質	耐摩耗性，耐フレッチング性に優れる鉛青銅系バイメタル材料
締め代，mm	0.040～0.170
オイルクリアランス，mm	0.025～0.110
設計のポイント	正転，逆転，一体回転が繰り返されるため耐摩耗性，耐フレッチング性に優れた軸受材料を選択する．

表2.7.4 オイルポンプブシュの設計例

軸受材質	耐焼付き性，耐摩耗性に優れる鉛青銅系バイメタル材料
締め代，mm	0.070～0.160
オイルクリアランス，mm	0.025～0.100
設計のポイント	エンジン始動時の低吐出圧状態では給油量が少ないため，ブシュしゅう動面に潤滑油を保持する目的で，油溜り，油溝等を施す場合が多い．

表2.7.5 エクステンションハウジングブシュの設計例

軸受材質	耐焼付き性，耐疲労性，耐腐食性に優れるアルミ－スズ系バイメタル材料
締め代，mm	0.040～0.130
オイルクリアランス，mm	0.020～0.100
設計のポイント	耐焼付き性，耐疲労性，耐摩耗性確保のため経験のある油溝設計を基本とする．また，潤滑油が多く望めない部位のため油樋などの潤滑油供給装置を付設する．

b．自動変速機用変速機構部

自動変速機用ブシュは，使用条件が多種多様のため，各変速段ごとの荷重形態，運動形態，潤滑について詳細な情報を得て設計する．ここではサンギヤおよびオイルポンプに使用されるブシュについて表2.7.3，表2.7.4に記述する．

c．手動変速機および自動変速機共通使用部

フロントエンジンリヤドライブ方式のプロペラシャフトの回転を受けるエクステンションハウジングブシュについて表2.7.5に記述する．

2.7.2 サスペンション，アクスル，ステアリング，その他の軸受

（1）サスペンション

乗物のサスペンション（懸架装置）はタイヤが接している路面の状況がたとえ良くなくても，乗員により良い乗り心地を与え，積載物を静止状態に近い状況を保つ目的で取り付けられる．また車両構造に対する外部からの応力の低減や，走行時の安定性にも寄与している[1,2]．

サスペンションの構造は車両の大きさ，用途および価格などにより大きく異なるが，基本的にショッ

クアブソーバ(以下ダンパと呼ぶ),ばねおよびリンク部分からなり,変位を伴う支持部にはすべり軸受やゴムが使用される.ここでは各種ダンパの軸受およびばね部に使用される軸受について述べる.

a. ストラット形

ダンパは貨物車両に多用されるリジットアクスル式,乗用車に多いインディペンデント式などに取り付けられるが,ダンパ軸受の設計面で最も神経を使わねばならないのは荷重やねじりを受けるストラット形のものである.これはダンパが車両の支柱(ストラット)として組み込まれ,ホイールの位置決め,強度部材を兼ねている.乗用車の大部分は製造コストとダンパ性能が両立しやすいこの形が用いられる(図2.7.3[3]参照).

ストラット形を四輪とも使用する場合,前輪側はホイールの操舵時にダンパ上部に組み込まれているロッドガイド軸受(図2.7.4参照)と軸との間でハンドル切れ角までの円周方向の動きがある.

(ⅰ) 軸受荷重

強度部材を兼ねているため,ダンパ内のロッドガイド軸受は路面の凹凸から発生する衝撃力を伴った横力と,ダンパ軸とタイヤ接地点とダンパのアッパーマウントを結んだ軸で,荷重入力軸と呼ばれるものがずれるために生じる曲げモーメントがかかり,その結果軸受には大きな片当たりが生じる.その横力は1~2.5 kNにも及び,代表的な使用条件下において軸受端部にかかる片当たり荷重の大きさは,有限要素法(FEM)による解析から軸受投影平均面圧の25~30倍になることが計算されている.

(ⅱ) 軸スピード

前輪軸における操舵時の円周方向の動きは速度も遅く摩耗などの影響も少ないが,車両の高速化に伴い路面の凹凸から発生する軸の軸方向運動は大変速く,軸スピードは2~2.5 m/sにも及ぶ.

(ⅲ) ストローク

ダンパの動きは舗装道路では小さく,±10 mm程度の微振幅が連続して生じている.また,悪路走行(未舗装道路)では±50 mmレベルの振幅が生じる,一方ダンパ内の油面の変化や軸に付着した油がロッドガイド軸受の潤滑を助ける.

(ⅳ) 軸受と要求される機能

ダンパ内には軸を支えるロッドガイド軸受およびダンパチューブ内面としゅう動するピストンリング式軸受が設置され,ダンパ外の頂部にスラスト軸受がある.スラスト軸受は車両の重量の一部を支持しながら操舵時に動くため,その摩擦係数が大きくなると操舵抵抗が増加する,そこで玉軸受やグリースで潤滑された樹脂系のすべり軸受が採用される.また,この部分は砂やほこりが侵入しやすい箇所でもある.

① ロッドガイド軸受の機能

前述の軸の曲がりや横力のかかる位置がオーバハングになるため,軸受ブシュには端部に非常に大きな応力を生じる.この摩擦状態下で軸はスムーズなストローク運動を行ない,バルブの開閉時に安定した減衰力を得る必要がある.軸受は一定の低い摩擦係数が望まれ,また片当たりからの軸のきず付きを防止しなければならない.もちろんダンパの初期性能を長期に維持するために摩耗が少ないことも要求される.さらに悪路走行では軸の急激な動きにより,アブソーバ油が激しく軸受端部に当たりながら軸受内の狭いクリアランスを急速に通過するので,軸受表面にキャビテーションエロージョンの発生が見られることもある.

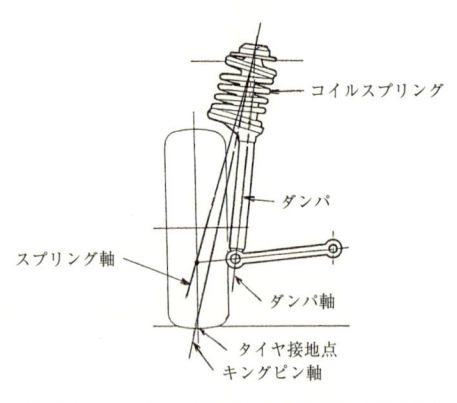

図2.7.3 ストラット形ダンパ〔出典:文献3〕

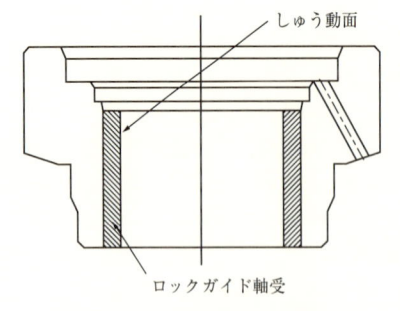

図2.7.4 ロッドガイド軸受

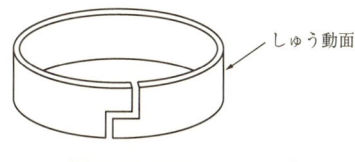

図2.7.5　ピストンリング

② ピストンリングの機能

アブソーバ油中で減衰力を得るため，ピストンとバルブが設置される．ピストンはダンパ内筒と軸方向運動するので，外周にピストンリングが必要となる．従来から種々の材料と構造が試みられてきた．最近ではロッドガイド軸受の巻ブシュと同一材料ですべり面を外径側にする逆巻きリング（図2.7.5参照）や，ピストンにPTFE系樹脂を装着する樹脂リングと呼ばれるもののいずれかが採用される．

ピストンリングは極力油の通過を防ぎ，異音の発生も防止する必要がある．したがって，樹脂リングではリップシールの付いたものも採用されている．

（v）軸受材料

ストラット形ダンパの軸受材料は前述の機能〔(iv)の①〕を満足させるため多層軸受が必須となり，世界的にはほとんど同じ軸受構造が用いられている．代表的な多層軸受の断面組織写真を図2.7.6に示す．

ここで軸受最表面は $20\,\mu m$ 程度の厚さで摩耗やキャビテーションエロージョンに強いPTFE強化層をもち，片当たりや油膜切れに順応しながら軸との低摩擦を得る．表面層が摩耗した後，強化PTFE樹脂を含浸した青銅系焼結の中間層は軸のきず付きを防ぎ，長時間運転を得ることができる．

軸受すべり層を保持する鋼裏金は，ブシュを軸受ハウジングに圧入したとき，ブシュの抜け出しを防

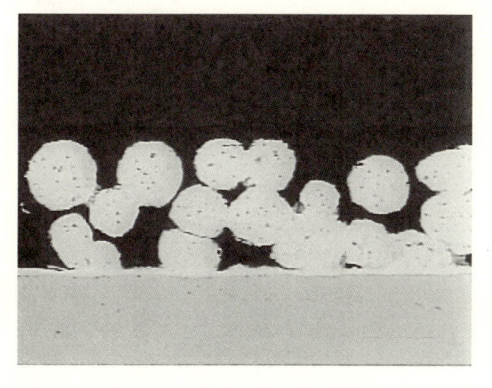

図2.7.6　軸受の断面構造写真

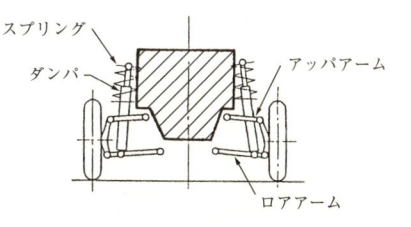

図2.7.7　ダブルウィッシュボーン式〔出典：文献3）〕

ぎ，高い精度（通常，ブシュ圧入後の内径精度は $30\,\mu m$ 以内）を得る目的をもつ．

b. ウィッシュボーン形

貨物車両に多用されているこの形態のダンパは図2.7.7に見られるように強度部材からはずされ，横力やねじり・曲げ力がダンパ軸にほとんどかからないので軸径は細く，標準的に $\phi 12.5\,mm$ である．従来軸受は焼結鉄系合金が採用されていた．近年，ダンパの高品質化および長寿命化とわずかな外力をよりスムーズに支えるため，ストラット形で採用されている同種の軸受がその寸法を縮小して使われる．

このウィッシュボーン形はタイヤの接地面積が広くとれることから，走行安定性が良く，乗用車の中でも高速車両や高級車両用での適用が増加しつつある（図2.7.7[3]参照）．

c. 二輪車シフトフォーク

二輪車のフロントには強度部材を兼ねた大型のショックアブソーバを備えている．モトクロス用やレース用ではしゅう動部の抵抗が走行安定性に大きく影響を与え，基本的にはライダーの感性の域に判断基準を委ねられるといわれる．

ダンパが伸びきった状態においてモトクロスのように大きな落差から接地したとき，荷重と軸のたわみにより軸受の端部に大きな片当たり荷重がかかり，摩擦の円滑さが阻害されやすい．

軸受材料は四輪車用以上に摩擦特性に注意を払い，PTFE中の添加剤に特殊性が加えられる．この軸受材料では，耐久レースなどの後でも軸受の摩耗はほとんど認められない．

ピストンリングも同種の材料が逆巻き形で適用され，四輪車よりも軸径（パイプ）は太く $\phi 40\,mm$ レベルとなっている．設計上片当たりを逃げるため，クラウニング（クリアランスを中央から端部へ滑らかに増加させる）などの工夫をされることもある．図2.7.8にフロントフォークの構造を示す．

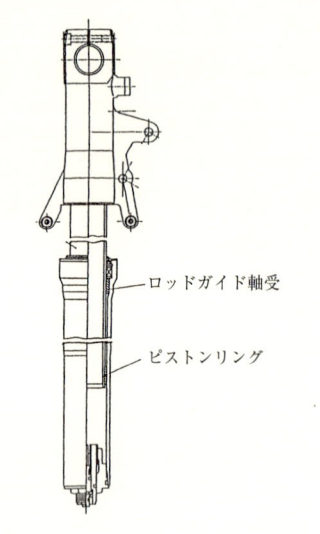

図 2.7.8　フロントフォークの構造

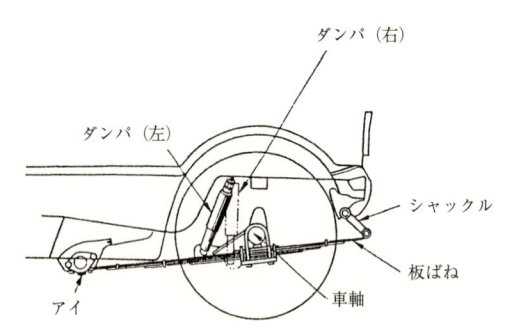

図 2.7.9　板ばねとスプリングアイ〔出典：文献 1）〕

d. スプリングブシュ

重車両における積載重量を支持するには板ばねが使われており、図 2.7.9[1]のようにシャックル側の変位に対し、他端は揺動できるようにスプリングアイブシュが挿入されている。大荷重に加え、タイヤの衝撃力や足まわりの泥の侵入など厳しい環境で使用されるため、軸受材料は硬い銅合金が中心となる。

超重車両では多数個のタイヤになり（複列）板ばね間の接合にトラニオンと呼ばれる部分がある。これにも同種の材料がグリース潤滑で使用される。板ばねは時にかなりのしゅう動変位があり、上下板ばね間のすべりから生じる摩滅を防止するため、インタリーフと呼ばれる樹脂系のすべり板が間に狭み込まれている。

（2）アクスル軸受

アクスル（車軸）はタイヤとともに車両重量を支え、エンジンからの駆動力を伝達するものとしないものとに区分できる[4]。近年発達してきた四輪駆動式もある。

タイヤの回転力や駆動トルクを損なわないために車軸軸受は、円すいころ軸受やアンギュラ玉軸受が多用され、クリアランスを極力小さくしてタイヤの振れ、ノイズ、起動時の摩擦などの低減に貢献している。

また、前輪駆動式で車軸と駆動軸間の変位調整用の継手にも特殊形状の玉軸受やユニバーサルジョイントが使用されている。

キングピン軸受構造は重車両の前輪に実用されている。キャスタ、トレール、キャンバ、トーインと呼ばれる要素がキングピンの位置や傾きで決定される。操舵時に発生する角度内の動きの他にタイヤからの振動などが加わり、実際には非常に複雑な強度部材となる。

古くからキングピンブシュと呼ばれる鋼裏金付き鉛青銅系巻きブシュが上下に 2 個使用され、グリースで潤滑されるため軸受面はグリース溝およびグリース溜りが施され、長寿命化への方策がある。スラスト軸受は摩擦の低減から玉軸受が使用される例が多い。いずれの軸受も厳重なダストシール内で使われる。図 2.7.10[4]にその構成の一例を示す。

また、乗用車レベルではキングピンの位置にボールジョイントを設け、球面座で軸方向、推力方向の荷重を支持している。球面座の軸受は樹脂の射出成形品が経済的である。

（3）ステアリング

運転者が舵取り操作を行ない車輪の方向を変える一連の動きを機械的に支えるしゅう動部には、耐久性のほかに機械と人間のインタフェースとしての円滑なすべり特性が要求される。また走行中の衝撃荷重に対しこれに耐え、打撃音を最小に抑え、振動吸収性の高い材料が好ましい（図 2.7.11 参照）。

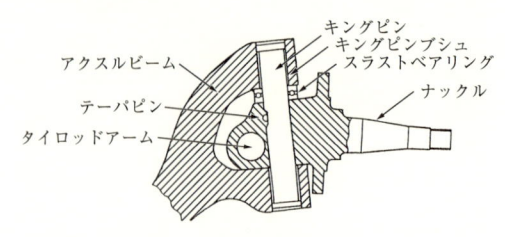

図 2.7.10　キングピン軸構造〔出典：文献 4）〕

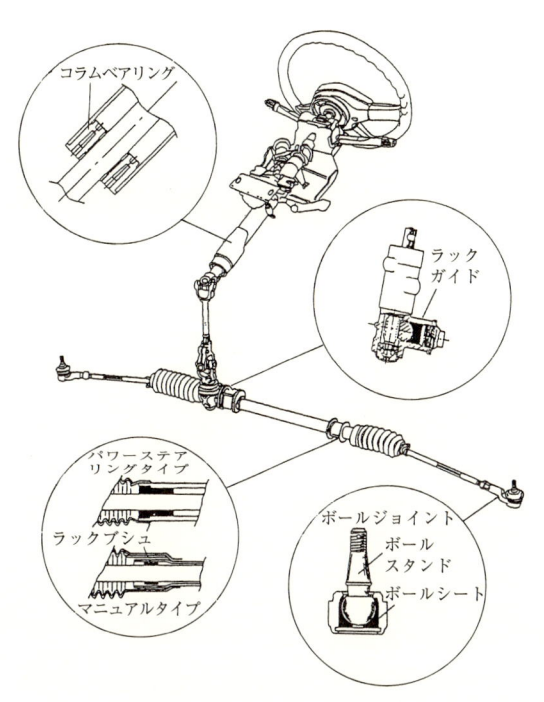

図 2.7.11　ステアリングシステム

a. コラムベアリング

ステアリングホイールのシャフトを支えるコラム軸受の使用条件のうち環境温度は $-40\sim80°C$，荷重は $50\sim300\,N$，回転角は最大 $\pm540°$ 程度であるが，走行中に外部から入ってくる振動を吸収するため，構造的に特殊な形状を有するものが多い．一般には軸受の外周はゴムもしくはエラストマーを用いラジアル方向の振動を吸収する．内径側にはすべり軸受または転がり軸受を装着し操舵時の回転を円滑に支持する．

すべり軸受を用いる場合はクリアランスを極力小さくして打撃音を低減する設計とする．

外周部にはポリエステルエラストマーがよく用いられ，内側の軸受にはフッ素樹脂系の複層軸受が用いられる[6]．

b. ラックガイド

ラック歯とステアリングホイールのピニオン歯をスムーズにかみ合わせ，微小振動を含む往復運動を支持する役目を果たす．

環境温度はコラム軸受に比べエンジンに近くなりラックブシュ同様やや高くなる．荷重は通常スプリングを介して $300\,N$ ないし $500\,N$ の負荷を受ける他，車種によって異なるが $10\,kN$ ないし $50\,kN$ の衝撃荷重が加わることがあり．

すべり材料としては含油ポリアセタール，カーボンファイバ強化ポリアセタール[5]およびフッ素樹脂系複層軸受などが用いられている．

c. ラックブシュ

ラック軸の両端に位置し，ラック軸を支える働きをするもので，負荷条件はラックガイドとほぼ同様である．装着する相手のハウジングの内径が比較的ラフなため，弾性的な材料が好ましい．また環境温度は $-40\sim120°C$ と幅広いため，応力緩和による抜け出しに留意する必要がある．

d. ラックエンドボールジョイント

ラック軸の両端で車輪を転舵するときの支点となる．通常鋼材の球と鋼製ハウジングの中に潤滑性を有するプラスチック製のボールジョイントシートがすべり材として使用されている．

運動の形態は揺動回転（微小なすべり運動を含む）で，荷重は $2.5\sim5.0\,kN$，衝撃荷重は $10\sim20\,kN$ 負荷される．材料としては主に含油ポリアセタール系が用いられているが，大型車では焼入鋼や焼結金属がグリース給油条件で使用されている．

（4）その他の軸受

a. ラバーブシュ

車両の懸架装置の他，操舵機構，車軸機構が複雑化し非常に多種類のメカニズムがある．それらの中にはラバーブシュと呼ばれるゴムの許容ねじれ内での運動を受け持つものが多数見られる．

これは防振性，吸音性，クリアランスなしによるがたつきの防止，軸受シールの廃止などメリットが見られるが大きな変位は支持できない．

ラバーブシュには内，外筒に鋼リングを組み合わせて車体に固定しやすい方案が考えられている．

文　献

1) 小口泰平：自動車工学全書 11 ステアリング，サスペンション，山海堂（1980）．
2) 井口雅一ほか 6 名：自動車の最新技術事典，朝倉書店 (1993) 191.
3) カヤバ工業(株)編：自動車のサスペンション，山海堂 (1994) 36.
4) 石原智男：自動車工学全書 9 動力伝達装置，山海堂 (1980) 355.
5) 佐藤英二・林　洋一郎：トライボロジスト，**34**, 5 (1989) 385.
6) オイレス工業(株)：オイレスベアリング・総合カタログ (97-98) 29.

2.8 その他の軸受

2.8.1 含油軸受

(1) 含油軸受の分類

含油軸受は，多孔質の材料に潤滑油を含浸させた軸受である．ボールベアリングと同様に取扱い性がよく，量産性に優れた低価格の軸受で，現在では焼結含油軸受やプラスチック含油軸受が家電製品，映像，音響機器，OA，情報機器，自動車，建設機械，精密機械などのしゅう動部品として工業界で広く使用されている．

図2.8.1は，含油軸受の分類を示したもので，含油軸受には金属，プラスチックおよび木質材料に含油したものがある．金属系の軸受は，焼結含油軸受（鉄系，銅系，鉄-銅系）と成長鋳鉄含油軸受が使用されている．プラスチック軸受は，ポリアセタール樹脂含油軸受（POM），ポリアミド樹脂含油軸受（ナイロン，PA），フェノール樹脂含油軸受，ポリエステル樹脂含油軸受（PE）がある．木質軸受は，油脂分の多いリグナムバイタやぶなや楓などの硬い木に潤滑油を含浸した軸受である．この木質含油軸受[1]は，コロンブスが船の海水軸受に使用したのがはじまりだといわれている．木質軸受は，昭和40年代前半まで船尾管軸受に用いられていたが，性能や生産性，コストなどの点で現在ほとんど使用されていない．

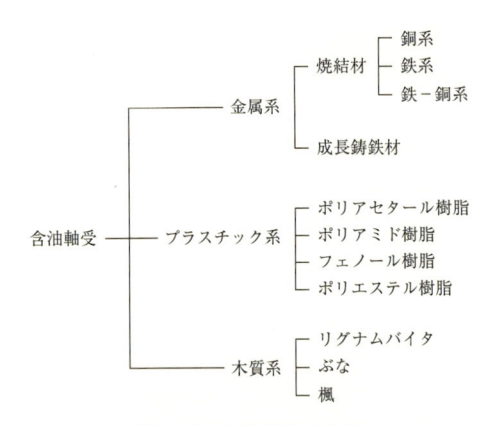

図2.8.1 含油軸受の分類

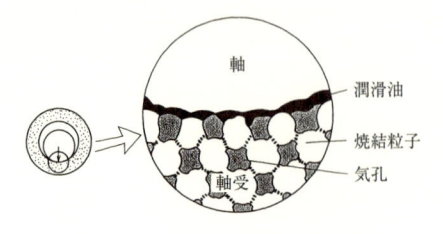

図2.8.2 焼結軸受の静止時の状態
〔出典：文献2）〕

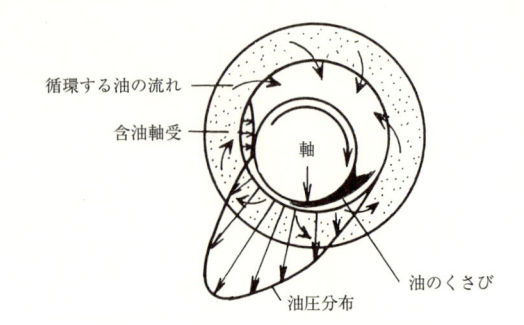

図2.8.3 潤滑油のポンプ作用のメカニズム
〔出典：文献2）〕

(2) 含油軸受の特徴

含油軸受は，少量の潤滑油を自蔵した自己潤滑軸受で，少量の潤滑油で長期間使用できることが特徴である．軸受は，図2.8.2[2]のように材料そのものに無数の連通した気孔をもたせ，そこに潤滑油を含浸してしゅう動面でミクロな油溜りを構成している．潤滑機構は，図2.8.3[2]のようにしゅう動面の摩擦熱によって潤滑油が熱膨張し，しゅう動面に滲み出て油膜を形成する．また，停止すると軸受温度が低下するので潤滑油が収縮し，空孔に引き戻される．このような繰返し作用によって，長期間使用できるので無給油軸受とも呼ばれる．

焼結含油軸受やプラスチック含油軸受は，機械加工品に比較して成形で製造されるので，寸法のばらつきがほとんどなく，製作コストが安価である．また，この軸受は比較的複雑な形状の軸受が製作可能[3]であり，ボールベアリングよりも低価格で，低騒音の軸受である．このような特徴を活かして，最近家電製品やOA，情報機器においてはボールベアリングを含油軸受に置き換えている．反面，含油軸受はボールベアリングに比較して機械的強度や荷重支持能力が低いうえ，摩擦係数が大きく，潤滑油の温度-粘度の特性から摩擦損失の温度依存性が大きい欠点がある．

(3) 含浸油

含油軸受は，軸受材料と含浸油によって性能や寿命が左右される．また，含油率は材料の気孔率で決まるが，一般に20％前後含油されたものが用いら

れており，性能を安定に維持するには 15% 含油させる必要があり，9% 以下になると性能が低下する[4]．

含浸油[5,6]には，炭化水素系，フッ素系，エステル系，エーテル系などの鉱油，合成油や液状グリースが用いられており，ISO の粘度グレード VG 15～VG 100 クラスの粘度が多く使用されている．液状グリースは，最近 CD-ROM のスピンドルモータに使用されはじめた含浸油で，耐負荷性が高く，低摩擦が特徴[6]である．一般に，含浸油は図 2.8.4[4]のように低粘度の潤滑油が高速，軽荷重の使用条件で用いられ，高粘度の潤滑油が低速，高荷重条件で使用される．また，含油軸受は荷重支持能力が小さいので混合潤滑で使用されることが多く，使用条件によっては一部固体接触する．固体接触すると，摩擦係数が高くなるので，焼結含油軸受では金属接触部の新生面に吸着しやすい潤滑油を使用して摩擦係数を低下させることができる．例えば，図 2.8.5[7]のように銅系の含油軸受の場合は，しゅう動面金属の表面に吸着しやすいエーテル油によって低摩擦化が図れる．このほか，含油軸受は含浸油の蒸発性や耐油性，なじみ性，熱安定性などによって性能が左右される．

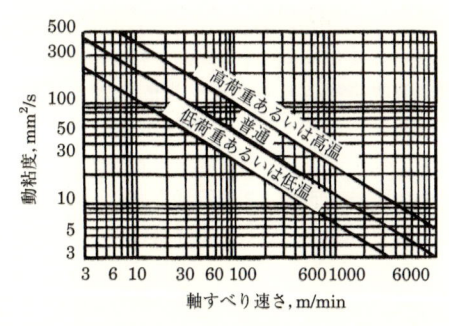

（4）含油軸受の特性

軸受の設計では，使用条件の過酷さや潤滑状態の厳しさの目安を表わす値として，PV 値（面圧 P，周速 V）や図 2.8.5 に示したストライベック線図がよく用いられる．PV 値は，使用条件の過酷さを示し，ストライベック線図は潤滑状態を示す．図 2.8.5 のストライベック線図で，ゾンマーフェルト数 S（無次元軸受特性数）の小さい領域では，固体接触を含む混合潤滑になり摩擦係数が増大するので，通常は潤滑油の粘度や軸受寸法の最適化によりゾンマーフェルト数が大きくなるように設計する．

この面圧 P および周速 V，ゾンマーフェルト数 S は，それぞれ次式で与えられる．

$$P = W/(d \cdot L) \quad \text{(MPa)} \tag{2.8.1}$$

$$V = \pi \cdot d \cdot N \quad \text{(m/s)} \tag{2.8.2}$$

$$S = (d/c)^2 \cdot \eta \cdot N/P \tag{2.8.3}$$

ここで，軸受荷重：W (N)，回転速度：N (s^{-1})，軸受直径：d (mm)，軸受幅：L (mm)，軸受すきま：c (mm)，粘度：η (Pa·s)，である．

図 2.8.6[8]は，焼結含油軸受の適用例と面圧 P，速度 V の関係を示したものである．この図が示すように，焼結含油軸受は面圧 8 MPa，速度 5 m/s

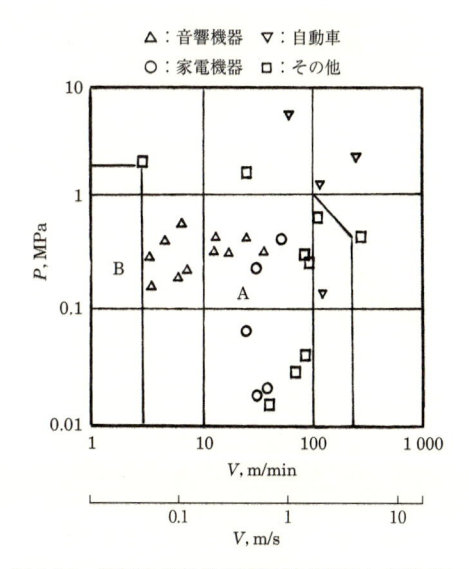

図 2.8.4 油の粘性に関する測定図〔出典：文献 4）〕

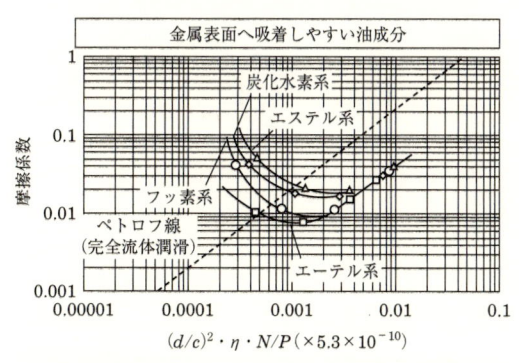

図 2.8.5 各種オイルによる $(d/c)^2 \cdot \eta \cdot N/P$ と摩擦係数の関係 〔出典：文献 7）〕

η：油の粘性（mPa·s） N：回転速度（min^{-1}） d：軸径（cm） P：面圧（×0.1MPa） c：クリアランス（cm）
材料：Cu-Ni 系

図 2.8.6 焼結含油軸受の適用例〔出典：文献 8）〕

以下の範囲で使用されている．PV 値で見ると最大で 10 MPa·m/s，大半は A 領域の 3 MPa·m/s 以下の範囲で使用されていることがわかる．B 領域は，低速，高荷重条件で PV 値が小さく，しゅう動面の発熱が少ないので潤滑油の滲み出しが悪く，含油軸受本来の特性を発揮させることがむずかしい．この領域では[3]，黒鉛や MoS_2 などの固体潤滑材を含有した材料で低摩擦化と耐摩耗性の向上を図っている．

図 2.8.7[9] は，プラスチック含油軸受の限界 PV 値の一例を示したもので，無含油のポリアセタールと含油アセタールと比較すると，図のように限界 PV 値は著しく向上する．図 2.8.8[10] は，各種プラスチックスの比摩耗量を示したもので，含油によって耐摩耗性が大幅に向上する．

（5）含油軸受の PV 値

焼結含油軸受の限界 PV 値は，銅系では 1.5〜5 MPa·m/s，鉄系の含油軸受では 1.5〜3 MPa·m/s，鉄-銅系では 1.5 MPa·m/s となっている[2]．成長鋳鉄含油軸受の限界 PV 値は，3 MPa·m/s 程度であるが，木質含油軸受は 4〜8 MPa·m/s と限界 PV 値は高い．含油したポリアセタール，ポリアミド，ポリエステル，フェノール樹脂は，いずれも限界 PV 値は含油効果によって 2.5 MPa·m/s 前後であり[11]，プラスチック軸受は材料の耐熱性から 100 ℃以上の温度での使用をさけるべきである．

（6）油補給油構造

含油軸受は，長期にわたって潤滑状態を維持するために油を補給する必要がある．従来の油補給油構造[2]では油を含浸した繊維質のフェルトを軸受に密着させて，軸受から消耗した潤滑油をフェルトから給油している．この場合，フェルトが軸に接触していると，フェルトに含浸した油が軸の回転によって流出，飛散することもあり結果的には油漏れを招き，長期にわたって良好な潤滑が維持できなくなる．図 2.8.9[12] は，毛細管現象を効果的に利用した油補給油構造を示す．この給油方式は，気孔径の異なる材料を組み合わせて，多孔質体から含油軸受に

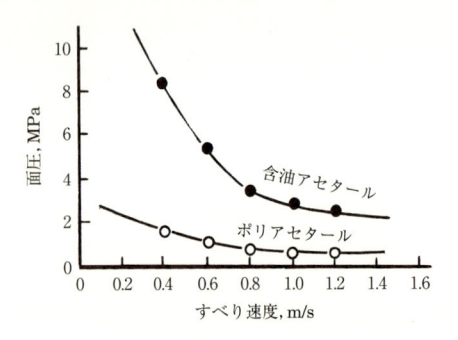

図 2.8.7　限界 PV 値（すべり速度，荷重を組み合わせた一定 PV 値で，10 分間走行させて異常を発生する点で限界値を判定する）〔出典：文献 9〕

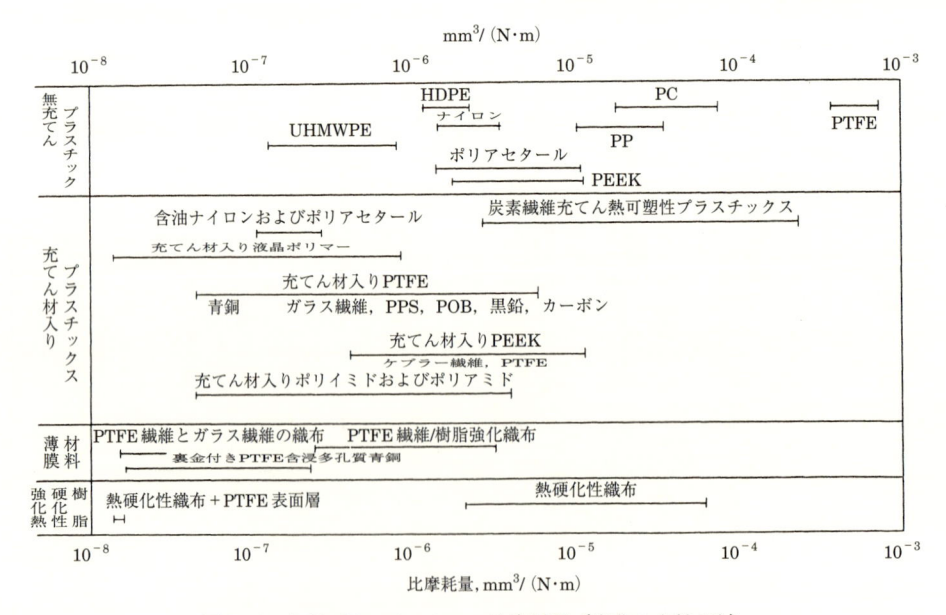

図 2.8.8　各種プラスチックスの比摩耗量〔出典：文献 10〕

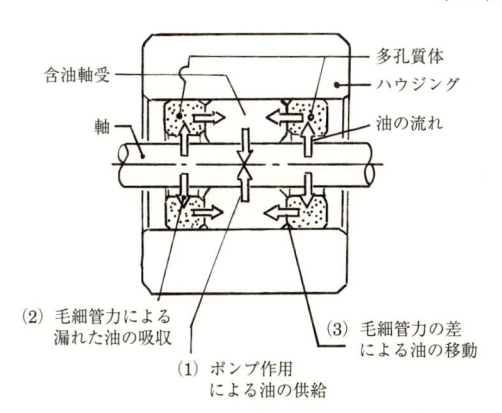

図 2.8.9　複合焼結含油軸受の構造と油の循環経路
〔出典：文献 12)〕

補給する方法をとっている．給油メカニズムは，気孔径の大きい材料と気孔径の小さい材料を密着させると，毛細管現象によって油が気孔径の大きい方から小さい方へ移動し，逆へは油が移動しない．このメカニズムを利用して，図のように気孔径の大きい多孔質体を含油軸受に密着させておくと，油漏れを逃がさず（毛細管力），油を軸受に戻す（毛細管力の差）ことができ，油の飛散防止と長寿命化が図れる．この油補給油構造は最近実用化され，ファンモータなどの小型モータに適用されている．

2.8.2　プラスチック軸受

プラスチック軸受の特徴は複雑な形状の成形が容易で軽量化が図れること，なじみ性が良いことや自己潤滑性に優れていることにある．耐熱性，熱伝導性および機械的強度に劣ることと熱膨脹係数が大きいことなどに設計時に注意する必要がある．

設計時に検討すべき事項を以下に述べる．

（1）軸受負荷条件

許容荷重は一般に 3〜10 MPa 程度であるが，プラスチック軸受材料を強固にハウジングに締結することによって高い荷重が支持できる．例えば，金属板に複層化したものや変形を阻止するように金属で囲った場合は 100 MPa 程度まで使用できる．

（2）耐熱温度

軸受の許容耐熱温度は雰囲気温度に運転時の軸受発生熱が加わるので，材料の耐熱温度より低く設定している．ポリアセタールやナイロン 6 で許容雰囲気温度は 80℃，ナイロン 66 やポリエステルで 140℃，PPS やフッ素樹脂で 200℃ が設計の目安となる．スーパーエンプラと呼ばれる一群の耐熱樹脂はより高い温度に耐えられるものがある[13]．

（3）すべり速度

熱伝導性が劣るため運転中にすべり面に摩擦熱が蓄積され熱変化が生じやすくなるので高速用には向かない．潤滑性の優れた材料で 0.5 m/s 程度が最大である．非常に摩擦係数が低い材料で軽荷重の VTR のガイドローラのような場合には 1.3 m/s 程度まで実用化されている[14]．

（4）軸受寸法

一般の熱可塑性樹脂軸受は熱膨脹係数が大きいので，クリアランスの設定は金属軸受の 3 倍位は必要で軸受内径を d とすると $5/1000 \cdot d$ 程度必要である．

ハウジングへの圧入代は，運転中にクリープを生じて抜け出ないように軸受外径の 0.5〜0.6% はみておかねばならない．また外径の圧入代の 80〜100% が軸受内径に効いてくるのでクリアランスのほかにこの分を見込んで軸受内径を設定しておく．

（5）相手材料

硬度の高い材料の場合は表面粗さが大であると，軸受の摩耗が大きくなり寿命が短くなるので，最大粗度で 3μm 以下の仕上げとする．材質としては鋼材が一般的であるが，耐食性を考慮して表面処理を

表 2.8.1　市販の潤滑性を付与したプラスチックの軸受性能
〔出典：文献 15)〕

	使用温度範囲,℃	許容最高荷重,MPa	許容最高速度,m/s	許容最高 PV 値,MPa・m/s
ポリオレフィン系	−60〜+60	3〜5	0.25〜0.5	0.8
ポリアミド系	−40〜+80	10〜20	0.35	1.0〜2.45
ポリアセタール系	−40〜+80	5〜18	0.85〜1.65	2.45
ポリエステル系	−40〜+140	14.5〜17.5	0.85	2.45
ポリフェニレンサルファイド系	−60〜+200	14.5	2.50	0.65
ポリテトラフルオロエチレン系	−200〜+200	7	1.65	1.0

注：軸受は単体で金属材料などと複合化されたものではない
　　相手材は鋼材，潤滑はドライ（給油など施さない）
　　軸受形状，寸法，運転条件で性能は変化するので，目安とすること

施したり，ステンレス材などが用いられる．アルミニウムは摩耗が多い場合があるので陽極酸化処理などで表面を硬くしておく．

(6) 潤 滑

自己潤滑性を有する材料が多いが，給油を施すと摩擦性能（耐摩耗性，摩擦係数の低減など）が向上する．また軸の防錆にも寄与するので間欠的でも給油は効果的である．表2.8.1[15]に市販されているプラスチック軸受の性能例を示す．

2.8.3 固体潤滑剤軸受

使用箇所は主として高荷重または高温領域など環境条件の厳しい箇所にて使用されるが，耐久性に優れていることから長期間の寿命を要求される箇所にも用いられる．

(1) 固体潤滑剤の種類と選択

表2.8.2に代表的な固体潤滑剤と特徴を示す．固体潤滑剤は単独で用いられることは少なく，複合化して性能を向上させている[16]．主体となる固体潤滑剤によって基本的な軸受特性が決定される．

(2) 高荷重領域

固体潤滑剤単体では強度が不足するのでベース金属材料のすべり面に固体潤滑剤被膜を構成するか固体潤滑剤を埋め込んだ形で用いられる[17]．

最大負荷能力は静止状態に近い低すべり速度では100 MPa，2 m/min 程度の低速では 50 MPa 程度まで許容できる．稼働頻度が少なければ固体潤滑剤被膜のみでもよいが，長期の寿命を必要とする場合は固体潤滑剤を埋め込んだものが適する．

稼働頻度が非常に高い場合はグリースを併用して使用されることもあるが，給脂頻度は少なくてよい．使用例としてはダムゲート軸受，プラスチック射出成形機のトグル軸受，建設機械のリンク部の軸受などがある．

(3) 高温領域

潤滑油より耐熱性を有することから高温領域に使用される．軸受形状としては高荷重用とほぼ同じ形態で，ベースとなる金属は高温でも極端に強度が低下せず，酸化しにくいものが選ばれる．

使用限界温度は潤滑剤によって異なるが，稼働時間が短期間である場合は，さらに高い温度まで使用できる．一般に高温ではベース金属などの機械的強度が低下するため，高荷重での使用は困難で低速条件下で 30 PMa 以下が望ましい．クリアランスは軸と軸受の熱膨張を考慮して一般の固体潤滑軸受よりやや大き目の方が安全である．

用途としては焼結炉搬送装置，焼却炉ストーカ軸受，原子力または火力発電蒸気パイプサポートすべり材や自動車用排気管自在継手シールなどがある．

(4) 腐食環境条件

酸・アルカリその他腐食性液体を扱うポンプの軸受やメカニカルシールなどにはカーボンまたはフッ素樹脂系の軸受が使用される．一般に単体で用いられる場合が多く，機械的強度に劣るので高い荷重は支持できないが薬液を潤滑剤として用いることができることもある．

高荷重下で長期間の寿命を要求される場合は一般に埋込型固体潤滑軸受が用いられる[18]．使用中の海水，雨水などの浸入による電食を防止するため黒鉛系は用いず，フッ素樹脂を主体とした固体潤滑剤が用いられる．したがって軸もさびの発生しない表面処理を施したものか，ステンレス鋼が用いられている．

これらの用途としては海上に架けられた長径間吊り橋のタワーリンク軸受や水中で用いられる発電用水車タービンガイドベーン軸受，水門・河口堰のゲート軸受などがある．

2.8.4 セラミック軸受

セラミック軸受には，セラミック焼結体そのもので製作する

表2.8.2 固体潤滑剤軸受の形態

種 類	構 成	特 徴	用 途
単体型	樹脂，低融点金属などを含浸させた多孔質黒鉛強化・耐摩耗材を配合したフッ素樹脂など	導電性があり，耐薬品性に優れる	モータブラシ，シール，ケミカルポンプ軸受など
薄膜型	複合めっき，蒸着，接着，溶射などの方法で金属表面に固体潤滑剤の被膜を構成させたもの	複雑な形状，薄肉材料にも適用できる	カメラシャッタブレード，ねじ，歯車など
埋込型	固体潤滑剤を金属ベースに穴もしくは溝を構成して埋め込んだもの	固体潤滑剤と金属ベースの組合せで適用選択範囲が広い．大型サイズの製作可	水車案内弁軸受，橋梁用支承，ダムゲート軸受，建設機械軸受，焼却炉・原子炉配管支承など
複合型	固体潤滑剤と粉末金属混合体を焼結させたもの	小型で単純形状のものに適す．導電性がある	温度の上がる部分のOA機器集電材（すり板）など

ものと，金属で製作してその軸受すべり面にセラミックをコーティングするものとがある．前者の実用例では全周軸受，テイルティングパッドジャーナル・スラスト軸受，スパイラルグルーブスラスト軸受およびヘリングボーンジャーナル軸受等があり，また後者としては通常の金属製軸受と同様なものが作られている．

用途としては，水のように低粘度である液体や気体を潤滑剤としているターボ機械用軸受がある．以下に実際にセラミック軸受を載せたターボ機械，特にポンプの具体例を取り上げ，使用している軸受の特性を述べる．

(1) 全周軸受

上下水・雨水・海水取水用あるいは河川水汲上用立軸ポンプにセラミック製全周軸受を採用して，一時的な乾燥雰囲気およびプロセス流体（異物混入水）での潤滑運転が可能となっている[19~23]．このことにより，従来，ゴムあるいはカーボン製の軸受を使用していた場合に，軸受部の環境を清水雰囲気とするために必要とされた軸受保護管および清水供給設備を不要にする効果がもたらされた．また図2.8.10に本軸受の断面構造を示すが，バックシェルに焼きばめ挿入されたセラミック製軸受を，片当たり防止のために軸受ケーシングに緩衝材（ゴム）を介して取り付けている．使用材料は軸受では SiC 焼結体，Si_3N_4 焼結体またはその相手の軸スリーブは WC 焼結体，WC 溶射材などである．

軸受性能としては，水中では許容軸受圧力 1.5 MPa，許容速度 14 m/s，許容 PV 値 7.0 MPa·m/s，また乾燥雰囲気中では許容軸受圧力 0.1 MPa，許容速度 3 m/s，許容 PV 値 0.3 MPa·m/s である．

また，本軸受は一時的な乾燥雰囲気および比較的硬い異物粒子（SiO_2 主成分）が混入しているプロセス流体潤滑による運転での耐摩擦性が強く要求され，実際に数年程度の寿命をもっている．また，組立分解を容易にすること，セラミック軸受に対する衝撃荷重を緩和する目的で柔軟支持構造を考えることも必要である．

(2) スパイラルグルーブスラスト軸受，全周軸受

バレルドキャンドモータを採用し，モータの両軸端に羽根車を取り付けることによってダブルサクション構造とし，かつ羽根車の直後に軸受を設けた立軸ポンプ[23,24]の構造断面図を図2.8.11に示す．軸受部は硬い異物混入の少ない清水のプロセス流体潤滑を想定して設計されている．軸受としては SiC 焼結体製全周軸受および SiC 焼結体製スパイラルグルーブスラスト軸受を使用しており，すべり相手は SiC 焼結体製軸スリーブあるいは平板ディスクである．モータを含めたポンプ構造としては極めてコンパクトであり，高速運転が可能である．

実際に使用しているスラスト軸受の運転条件は，最大軸受圧力 1.3 MPa，最大速度 16 m/s，最小流体膜厚さ 2〜3 μm 程度である．

本スラスト軸受は低粘度液潤滑であり，どうしても流体潤滑液膜の最小厚さが小さくなるので負荷能力および剛性の極力高い膜を形成すること，条件によっては，柔軟性のある軸受支持機構（緩衝機構）を考える必要があること，さび（酸化鉄）程度の異物が混入しているプロセス流体に対する耐久性をもつことなどが要求される．軸受性能を決める因子と

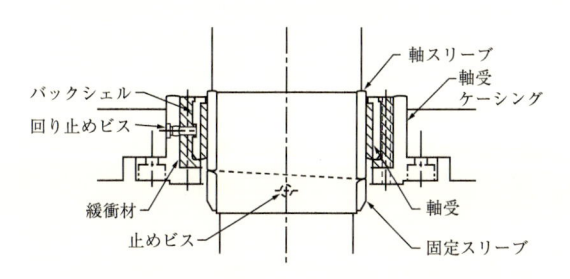

図2.8.10 全周軸受〔出典：文献23)〕

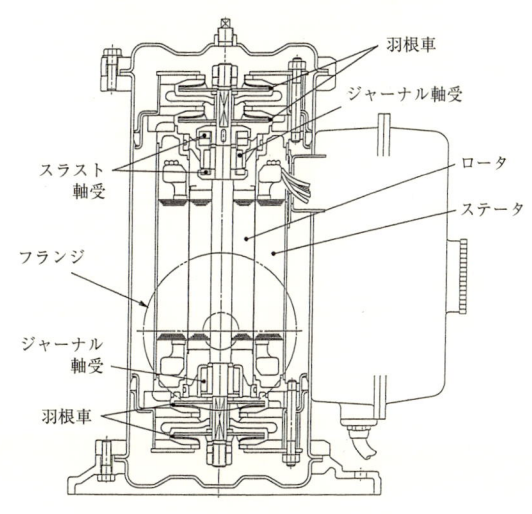

図2.8.11 バレルドキャンドモータポンプ 〔出典：文献23)〕

しては スパイラル溝の形状（溝深さ，溝角度，溝部径），支持方法，材料などがあり，性能限界は流体膜厚さ，流体膜剛性および軸受面の変形（軸受支持方法との関係）などによって決まる[25]．

（3）ティルティングパッドジャーナル・スラスト軸受

ボイラ給水ポンプあるいは海水ポンプなどでプロセス流体そのもので潤滑する軸受としてSiC焼結体製ティルティングパッドジャーナルおよびスラスト軸受が実用化されており[26]，ポンプ内部をオイルレス化し，構造のコンパクト化に貢献している．応力集中による脆性破壊を防止するため鋭い隅部のない形状に設計する必要があるが，それ以外は通常使用する金属製の場合と構造的にはほとんど変わらないようになっている．

軸受性能を決める因子としては，パッドの厚さ，パッド面の形状，材料，パッドの支持方法などであり，性能限界を決めるものは，低速度域では軸受面に形成される流体膜の厚さ，高速度域では機械的応力限界である．ジャーナル軸受の性能限界例として速度と限界負荷との関係を図2.8.12に示すが，対数表示で低速度域および高速度域それぞれが直線になっている．

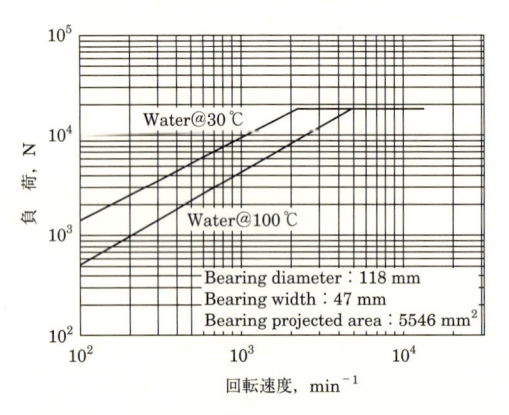

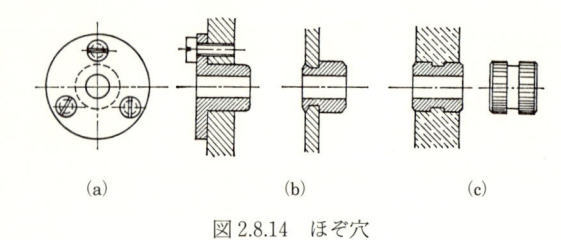

図2.8.14　ほぞ穴

2.8.5　ほぞ軸受

ほぞ軸受は，図2.8.13に示すようなほぞと呼ばれる小径の円筒形軸頭を，図2.8.14のほぞ穴と呼ばれる穴に装着して使用する軸受である．

ほぞは，直径1mm以上のものは図2.8.13(a)に示すように軸から直接削り出される．直径1mm以下のものは，耐久性を与えるために同図(b)に示すようにラッパ形に作られるが，油を保持するために同図(c)に示すようにラッパ形の後側に鋭い切込みを設けることもある．時計用などの直径0.07～0.15mm程度の特に細いほぞの場合は同図(c)に示すように管にはめ込み，また直径0.15～0.5mmの場合は同図(d)に示すようにピアノ線で作られたほぞを黄銅またはアルミニウム製の軸に押し込んで使用する．

ほぞ穴としては，本体に直接あけた穴を用いるのが最も簡単な構造であるが，この場合は穴の端部に油だめのくぼみを設ける．本体の材料が軟らかすぎる場合には，黄銅や青銅などで作られたブシュを，図2.8.14(a)に示すようにねじ止め，または同図(b)に示すようにかしめ止めして使用する．樹脂などのブシュの場合は同図(c)に示すように本体に埋め込む方法が用いられる．なお，ブシュを用いる場合は油だめのくぼみは不要である．

図2.8.12　セラミック製ティルティングパッドジャーナル軸受の負荷限界〔出典：文献26〕

2.8.6　ピボット軸受

ピボット軸受は，先端に小さな丸みを付けたピボット軸と受から構成される軸受である．後述のナイフエッジ軸受は刃と直角な方向のみの揺動運動の支

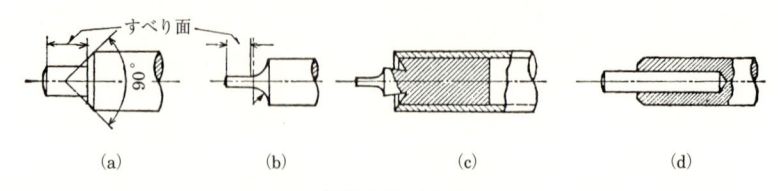

図2.8.13　ほぞ

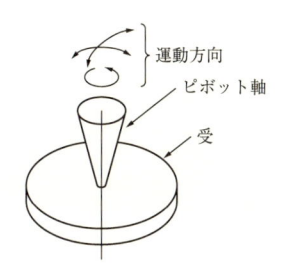

図 2.8.15　ピボット軸受

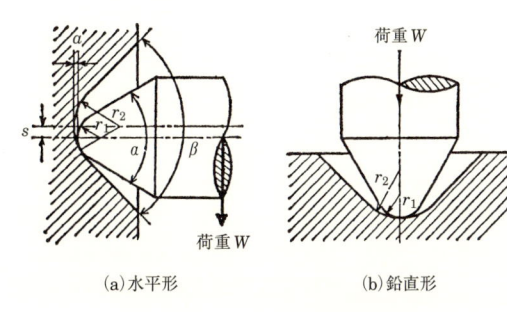

図 2.8.16　ピボット軸受の形式
(a) 水平形　(b) 鉛直形

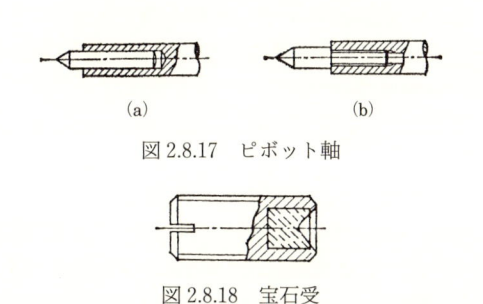

図 2.8.17　ピボット軸

図 2.8.18　宝石受

点として使用されるが，ピボット軸受は図 2.8.15 に示すように任意の方向の回転や揺動運動を支持する場合にも用いることができる．

ピボット軸受は，軸受としては構造が簡単で場所をとらないので，負荷が小さく低摩擦と精密位置決めが要求される計測機器などの軸受として用いられる．鋼製ピボットと宝石受の組合せが多く使用され，宝石にはルビーやサファイアやめのうなどが用いられる．宝石類よりも硬度の低い Be-Cu 合金製の受もピボットの摩耗が少なくまた振動減衰能力が大きいので使用されている．

図 2.8.16 に水平形および鉛直形のピボット軸受の構造を示す．同図に示すように，受は球形のくぼみを有するものが使用される．鋼製のピボット先端をアルミニウムなどの軽合金製の軸に装着する構造のピボット軸の例を図 2.8.17 に示す．なお，図 2.8.18 に示す宝石受では，宝石を黄銅などの金属ねじにはめ込み，ねじによってピボット軸受の軸方向のすきまを調整することができる．

摩擦を小さくするためには与えられた荷重で永久変形が生じない範囲でピボット先端の半径 r_1 はできるだけ小さい方がよく，受の曲率半径 r_2 とすると，比 $n = r_2/r_1$ は，宝石受では $n ≒ 5 〜 10$，Be-Cu 合金受では $n ≒ 1.5 〜 2$ ぐらいまで小さくすることができる．許容圧縮応力から r_1 を定め，ピボットと受のヤング率を E_1, E_2，ポアソン比を ν_1, ν_2，ピボットに作用する荷重を W，摩擦係数を f とすると，摩擦トルク T は，図 2.8.16(a) の水平形ピボット軸受の場合は

$$T = \left(\frac{3}{16}\right)^{4/3} \pi f W^{4/3} \left[\frac{4(1-\nu_1^2)}{E_1} + \frac{4(1-\nu_2^2)}{E_2}\right]^{1/3}$$
$$\times \left(\frac{n}{n-1}\right)^{1/3} r_1^{1/3} \qquad (2.8.4)$$

同図 (b) の鉛直形ピボット軸受の場合は
$$T = fWr_1 \qquad (2.8.5)$$
によって求めることができる[27]．

ピボット軸受の寸法例を軸径が約 1.2 mm の鋼製ピボットと宝石受の場合について図 2.8.16(a) の記号を用いて示すと，$r_1 ≒ 0.01 〜 0.03$ mm，$r_2 ≒ 0.15 〜 0.3$ mm，$s ≒ 0.03$ mm，$\alpha ≒ 50 〜 60°$，$\beta ≒ 90 〜 100°$ である．なお，温度上昇によって軸が軸方向に圧縮されることを避けるために，$a ≒ 0.02 〜 0.03$ mm 程度のすきまを設ける．

2.8.7　宝石軸受

ルビー，サファイア，めのうなどの宝石で作られた軸受を宝石軸受といい，宝石が有する高い硬度によって軸受の摩耗が小さく，精密機器や時計，特に回転部をもつ機械式の腕時計に使用される超小型の軸受である．鋼製のピボットとアルミナを原料とした人工のルビーやサファイアで作られた軸受の組合せが広く使用され，高荷重の場合ダイヤモンドが用いられる．宝石軸受には，ほぞ軸受形式とピボット軸受形式のものがある．

宝石ほぞ軸受は，図 2.8.19 に示すように穴石と受石から構成される宝石軸受と，図 2.8.20 に示すように穴石のみの宝石からなる宝石軸受とに分類される．前者は受石でスラスト荷重を，穴石でラジアル荷重を支持する軸受構造である．時計油などを用いると宝石軸受の性能は向上し，穴石のくぼみは油

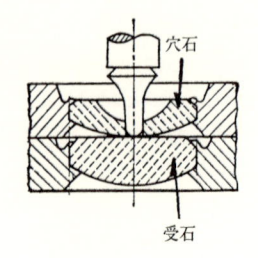

図 2.8.19 穴石と受石から構成される宝石軸受

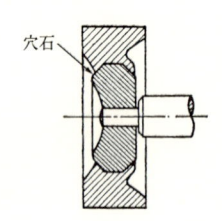

図 2.8.20 穴石のみの宝石軸受

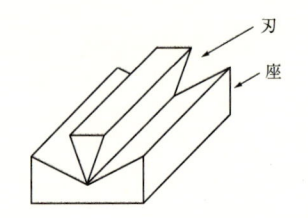

図 2.8.22 ナイフエッジ軸受（V形座）

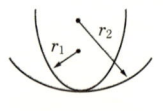

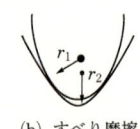

(a) 転がり摩擦　　(b) すべり摩擦

図 2.8.23 ナイフエッジ軸受の摩擦

だめとして使用される．一般的な穴石径は 2.5 mm 以下，穴径は 1 mm 以下である[28]．

ピボット軸受形式の宝石軸受の設計方法[29]として，ピボットに作用する荷重から摩擦トルクやピボットと宝石の間の最大圧力などを図式的に求める手法が考案されており，さらに衝撃性能を改善するために宝石をばねで支持した宝石軸受も提案されている．

2.8.8　ナイフエッジ軸受

ナイフエッジ軸受は，刃と座とから構成される一種のすべり軸受であるが，単にナイフエッジとも呼ばれる．前述のピボット軸受は任意の方向の回転や揺動運動を支持する場合に用いることができるが，図 2.8.21 に示すように，ナイフエッジ軸受は刃と直角な方向のみの揺動運動の支点として使用される．

ナイフエッジ軸受は，軸受としては構造が簡単で

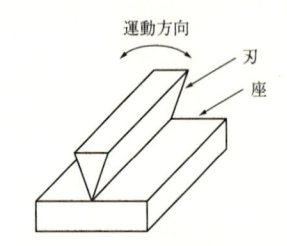

図 2.8.21 ナイフエッジ軸受（平面座）

場所をとらず，低摩擦でかつ支点の位置の再現性が良いので，比較的微小角度の揺動運動の支点として，てんびんや材料試験機などの精密機械で用いられる．

刃および座の材料としては焼入鋼またはめのうが用いられ，刃先角度は焼入鋼の場合は 45～90°，めのうの場合は 90～120°で[30]，刃先に数 μm の丸みを付けたものも使用される．座としては，図 2.8.21 に示すような平面座や図 2.8.22 に示すような 120°程度の角度を有する V 形座が使用される．てんびんなどで使用されるナイフエッジ軸受では荷重が小さいので弾性限度内の接触と考えられるが，材料試験機などでは荷重が大きいので塑性変形を考慮する必要がある．ナイフエッジ軸受の摩擦は，図 2.8.23(a)に示すように刃先の丸み r_1 が座の曲率半径 r_2 より小さい場合は転がり摩擦，同図(b)のように逆の場合はすべり摩擦である．一般には，荷重が小さいほど，刃の丸みが小さいほど，刃と座が硬いほど，摩擦は小さい．なお，各種機械におけるナイフエッジ軸受の荷重条件や刃先角度や座の形状などの経験値[31]およびナイフエッジ軸受に使用される各種材料の硬さやヤング率などの設計資料[32]が提供されている．

2.8.9　磁気軸受[33～35]

磁気軸受はエレクトロニクスと制御技術の進歩により，従来の転がり軸受やすべり軸受ほどではないにしろ，比較的容易に使用できるようになっている．その結果，従来は宇宙用ロケットの姿勢制御フライホイールなどの特殊用途に限られていたが，最

第2章 すべり軸受

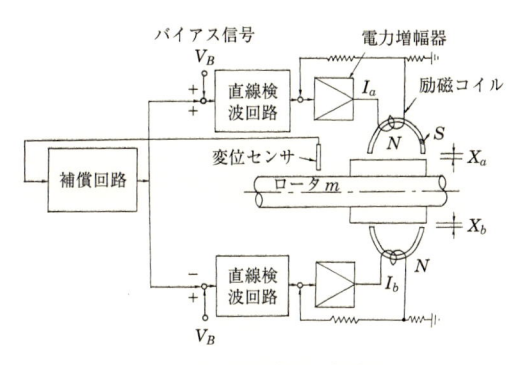

図 2.8.24 磁気軸受の概念図

表 2.8.3 5軸制御型磁気軸受の長所と短所

長　所	短　所
非接触	制御装置必要
潤滑油，潤滑装置不要	高イニシャルコスト
軸シール不要	電源必要
高周速（200〜400 m/s）	停電対策必要
真空中作動可能	構造複雑
液中作動可能	組立，チューニングが複雑
軸受特性可変	非常用軸受（TDB）必要
低振動，低騒音	外部磁界の影響大
回転軸中心位置可変	腐食環境に弱い
軸振動モニタ機能	規格がない
軸受負荷モニタ機能	設計複雑（機械設計者に馴染みが薄い）
回転軸の不釣合い補償可能	
大不釣合いを許容	
長寿命（無保守）	
小摩擦損失（転がりの軸受の1/10程度）	
広い軸受すきま	
超精密回転可能（センサに依存）	
作動温度範囲が広い（−250〜400℃）	
消費電力が少ない	
低機械損失	
低ランニングコスト	

表 2.8.4 磁気軸受の応用例

応用分野	利　点
ターボ分子ポンプ	潤滑油不要，高速，保守不要
モーメンタルホイール（人工衛星姿勢制御）	高速，低損失，潤滑油不要，広作動温度範囲
衛星画像再生装置	低摩擦係数（回転むらが小さい）
工作機械スピンドル	高速，無潤滑，回転軸位置制御
回転円盤式アトマイザ	真空，高速，潤滑油不要
中性子チョッパ	高速，真空
医療用 X 線管	長寿命
遠心圧縮機（with ドライガスシール）	低ランニングコスト，オイルフリー，メンテフリー
ターボエキスパンダ（空気分離）	低温，無潤滑，油汚染なし
遠心分離機	高速，真空作動
エネルギー貯蔵フライホイール	高速，低損失（真空作動）
LNG サブマージドポンプ	長寿命，低温
キャンドモータポンプ	長寿命，シールレス

近では一般産業回転機械の軸受として注目されている．磁気軸受は磁気浮上技術を利用して，非接触で回転軸を支えることができるということが最大の特徴である．磁気浮上は磁気吸引力，磁気反発力，電磁誘導吸引反発作用，超伝導マイスナー効果やピン止め効果を応用している．しかし，産業用では電磁石の磁気吸引力を制御して回転軸を非接触で支持する軸受システムが多い．

その作動原理を図2.8.24に示したラジアル磁気軸受を用いて簡単に説明する．

磁気軸受の基本的な構成要素は回転軸の変位を計測する変位センサ，フィードバック制御の補償回路，電磁石励磁電流を発生する電力増幅器および電磁石である．この他制御装置に不具合が生じたとき一時的に回転軸を支えて安全性を保つため，非常用転がり軸受を備えている．この図では回転軸の上下に配置した2個の電磁石コイルの励磁電流を制御することで回転軸を非接触支持する．

回転軸の質量を m，上下の電磁石とのすきまと励磁電流をそれぞれ X_a, X_b, I_a, I_b とおく．鉛直方向だけを考慮した1自由度の系についての運動方程式は

$$m\ddot{x} = mg - F_m \tag{2.8.6}$$

上下の電磁石の合成磁気吸引力 F_m は

$$F_m = \frac{\mu_0 S N^2}{4}\left\{\left(\frac{I_a}{X_a}\right)^2 - \left(\frac{I_b}{X_b}\right)^2\right\} \tag{2.8.7}$$

ここで，μ_0, S, N はそれぞれ真空透磁率，磁極断面積，励磁コイル巻数である．浮上したロータの釣合い位置 X_{a0}, X_{b0} とそのときの励磁電流 I_{a0}, I_{b0} からの偏差を x, i とおくと，二次以上の項を無視すれば，運動方程式は次のようになる．

$$m\ddot{x} - \frac{\mu_0 S N^2}{2}\left(\frac{I_{a0}^2}{X_{a0}^3} + \frac{I_{b0}^2}{X_{b0}^3}\right)x$$
$$+ \frac{\mu_0 S N^2}{2}\left(\frac{I_{a0}}{X_{a0}^2} + \frac{I_{b0}}{X_{b0}^2}\right)i = 0 \tag{2.8.8}$$

表 2.8.5 磁気軸受の寸法
(a) ラジアル磁気軸受

RADIAL BEARINGS No.	N_{max}, min^{-1}	P, MPa	D, mm	D_R, mm	D_S, mm	ε, mm	L_0, mm
R 30	175 000	0.271	25	17	77	0.3	15
R 30	145 000	0.312	30	19	93	0.3	20
R 50	80 000	0.292	50	32.5	116	0.3	30
R 75	50 000	0.282	75	50.4	155	0.3	49
R 100	38 000	0.272	100	67.5	189	0.4	58
R 150	25 000	0.257	150	103.5	241	0.4	58
R 200	19 000	0.239	200	143	300	0.5	68
R 250	15 000	0.230	250	182	360	0.5	68
R 300	12 000	0.222	300	220.5	420	0.5	72
R 400	9 000	0.209	400	300	540	0.6	78

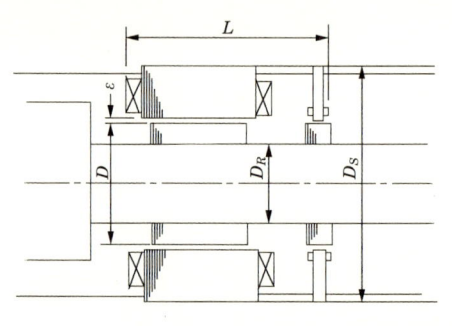

$L = \{W/(PD)\} \times 10^3 + L_0$ (mm)
W：最大軸受荷重（kN）
D：(mm)
P：軸受圧力（MPa）

(b) スラスト磁気軸受

THRUST BEARINGS No.	N_{max}, min^{-1}	F, N	D_o, mm	D_i, mm	B_s, mm	ε, mm	L_{min}, mm
A 46	115 000	50	46	24	17	0.3	6.7
A 60	89 000	190	60	31	21	0.3	11
A 85	61 000	500	85	44	25	0.3	17.1
A 150	33 000	4 050	150	78	50	0.4	36.5
A 200	24 000	8 500	200	106	62	0.4	49.2
A 300	16 000	16 100	300	156	65	0.5	48.6
A 400	12 000	24 750	400	208	69	0.6	49.4
A 500	9 500	39 150	500	260	82	0.7	61.4
A 600	7 500	57 150	600	310	94	0.8	74.5

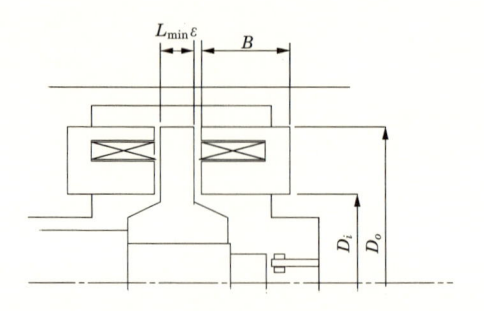

したがって，もし電流 i を制御しなければ左辺第1項，第2項だけとなり，この回転系は不安定となる．この系を安定化するためには左辺第2項の大きさよりも左辺第3項を大きくして安定にするためのフィードバック制御が必要となる．

式(2.8.8)の第2項の x 係数を軸受変位剛性，第3項の i の係数を軸受電流剛性と呼ぶ．

超伝導材料を用いない限りこの軸受変位剛性を打ち消し安定な浮上を実現するため制御装置を備えなければならない．その反面，磁気軸受が制御装置を備えているため，表2.8.3のような他の軸受にはない長所を具備することもできる．

またその特徴を生かして，表2.8.4のような応用例の報告がある．

磁気軸受は磁気吸引力で軸を浮上支持しているのでその負荷能力は電磁石が発生する吸引力による．断面積 S（m²），電磁石が B（T）の磁場を作ったとすると，このときの磁気吸引力は次式で与えられる．

$$F_m = \frac{B^2}{\mu_0} S \quad (N) \qquad (2.8.9)$$

発生する最大磁束密度は磁性材料の磁気飽和により約2Tまでであるから，軸受の最大面圧は1.6 MPaである．さらに磁気軸受の制御上の制約から磁気飽和に作動点を設計できないので，せいぜい設計磁束密度としては1.2Tが妥当な値である．また磁極の幾何学的形状から軸受投影面積がそのまま有効な吸引力の作用する面積とはならない．さらに磁気軸受の最大許容回転数は主として回転側磁極（ラジアル軸受ではケイ素鋼板を積層したロータコア，スラスト軸受ではスラストディスク）の材料強度によって決まる．適切に材料を選定すれば，ラジアル軸受のロータコア周速200 m/s，スラスト軸受のスラストディスク周速400 m/sまで使用できる．上記の磁束密度，磁極形状，周速に関する制約条件を勘案して軸受形状を試算した結果を表2.8.5に示した．現状では磁気軸受についての標準化は行われていないので，この表などを参考におおよその形状を決めることになる．なお，磁気軸受の標準寸法については現在関係者が検討中である．

文　献

1) 久米　宏：潤滑, **31**, 9 (1986) 607.
2) 日立粉末冶金カタログ：ニッカロイ軸受編.
3) 四方英雄：工業材料, **35**, 16 (1987, 11月別冊) 34.
4) 清水啓通：出光技報, **39**, 4 (1996) 33.
5) 秦　正弘：三菱石油技術資料 No. 72 (1989) 62.
6) NOK クリューバカタロ：NKL-SP-88-04.
7) 宮坂元博：日本粉末協会主催第8回粉末冶金開発事例発表会講演テキスト (1997) 30.
8) 四方英雄：潤滑, **30**, 8 (1985) 29.
9) 笠原又一：潤滑, **15**, 8 (1970) 47.
10) 内山吉隆：潤滑, **37**, 6 (1992) 4.
11) オイレス工業カタログ：JC-110-5, p. 10.
12) 桑原宏行・石島善三・四方英雄：日本粉末協会主催粉体粉末協会講演論文集 (1993) 79.
13) 山田良穂：トライボロジスト, **37**, 6 (1992) 455.
14) 笠原又一：トライボロジスト, **42**, 4 (1997) 273.
15) オイレス工業(株)：OILES FULL LINE UP GATALOGUE (1996～1997).
16) 川崎景民：オイルレスベアリング, アグネ (1980) 134.
17) 松永正久・津谷裕子：固体潤滑ハンドブック, 幸書房 (1978) 420.
18) 笠原又一：トライボロジスト, **32**, 7 (1987) 469.
19) 湧川朝宏・相吉澤俊一・高木清和・紺野大介：日本機械学会論文集, **53**, 491 (1987) 2094.
20) 相吉澤俊一・湧川朝宏・紺野大介・高木清和：日本機械学会論文集, **55**, 509 (1989) 176.
21) 石橋　進・山下一彦・河野　廣・小室隆義：ターボ機械, **15**, 3 (1987) 163.
22) 会沢宏二・新居勝敏・岡田亮二・山田雅之：日本機械学会第70期通常総会講演会論文集, 930-9 (1993) 449.
23) 木村芳一：ターボ機械, **24**, 8 (1996) 497.
24) 小林　真・山本雅和・三宅良男・川畑潤也・伊勢本耕司・八木　薫・上井圭太・宮崎義晶・飯島克自：エバラ時報, **171** (1996) 36.
25) 木村芳一：トライボロジスト, **36**, 6 (1991) 417.
26) M. K. Swann, J. Watkins & R. Bornstein: Proceedings of the 14th International Pump Users Symposium (1997) 113.
27) J. J. O'Conner Ed.: Standard Handbook of Lubrication Engineering, McGraw-Hill (1968) 5-106.
28) 日本機械学会編：機械工学便覧（新版），日本機械学会 (1985) B1-139.
29) M. J. Neal Ed.: The Tribology Handbook, Butterworths (1973) A 24. 1.
30) 日本機械学会編：機械工学便覧（新版），日本機械学会 (1985) B1-139.
31) J. J. O'Conner Ed.: Standard Handbook of Lubrication Engineering, McGraw-Hill (1968) 5-104.
32) M. J. Neal Ed.: The Tribology Handbook, Butterworths (1978) A 24. 1.
33) 日本機械学会編：磁気軸受の基礎と応用, 養賢堂 (1995).
34) 金光陽一：機械の研究, **41**, 1 (1992) 129.
35) 電気学会編：磁気浮上と磁気軸受, コロナ社 (1993).

第3章　転がり軸受

3.1　種類と特徴

3.1.1　構造と種類

転がり軸受は，図3.1.1に示すように一般には2個の軌道輪（内輪および外輪），転動体（玉またはころ）および保持器により構成されている．内輪と外輪との間にある転動体は互いに接触しないように保持器によって一定の間隔に保たれ，転がり運動をする構造である．

転がり軸受の種類は，ラジアル軸受とスラスト軸受に大別される．ラジアル軸受は，主としてラジアル荷重を受けるように設計され，接触角が45°以下のものをいい，スラスト軸受は，主としてアキシアル方向の荷重を受けるように設計され，接触角が45°を越えるものをいう．また，転がり軸受は転動体の種類によって玉軸受ところ軸受に分類される．

このほかにも転動体と軌道輪の相対位置，構造の相異，および転動体の列数などによって多くの形式に分類されている．表3.1.1はこれらの分類による標準的な形式を示したものであり，表3.1.2に主な軸受の構造と特徴を示す．

軸受の選択に際して，転がり軸受かすべり軸受かという1.1.1項で述べられているように両者の諸特性を比較検討しなければならないが，転がり軸受は国際的な規格に基づいているので広く互換性があり，また大量生産という経済的な特徴がすべり軸受よりも汎用性を大きくしている．

3.1.2　主要寸法

転がり軸受の主要寸法とは，軸受の輪郭を表わす寸法で，軸受内径，軸受外径，幅または高さ，面取りなどを示す寸法であり，軸受を軸およびハウジングに取り付けるときに必要である．主要寸法は国際的な規格として標準化され，互換性をもっている．

主要寸法に用いる主な用語の意味は次のとおりである．

（1）直径系列

直径系列は，軸受内径に対応して軸受外径の系列を示したもので，同じ軸受内径に対して段階的に数種の軸受外径を定め，1桁の数字で表わしたもの（直径記号）の系列である．直径記号には7，8，9，0，1，2，3，4，5，および6があり，この順に直径

深溝玉軸受　　アンギュラ玉軸受　　円筒ころ軸受　　針状ころ軸受

円すいころ軸受　　自動調心ころ軸受　　スラスト玉軸受　　スラストころ軸受

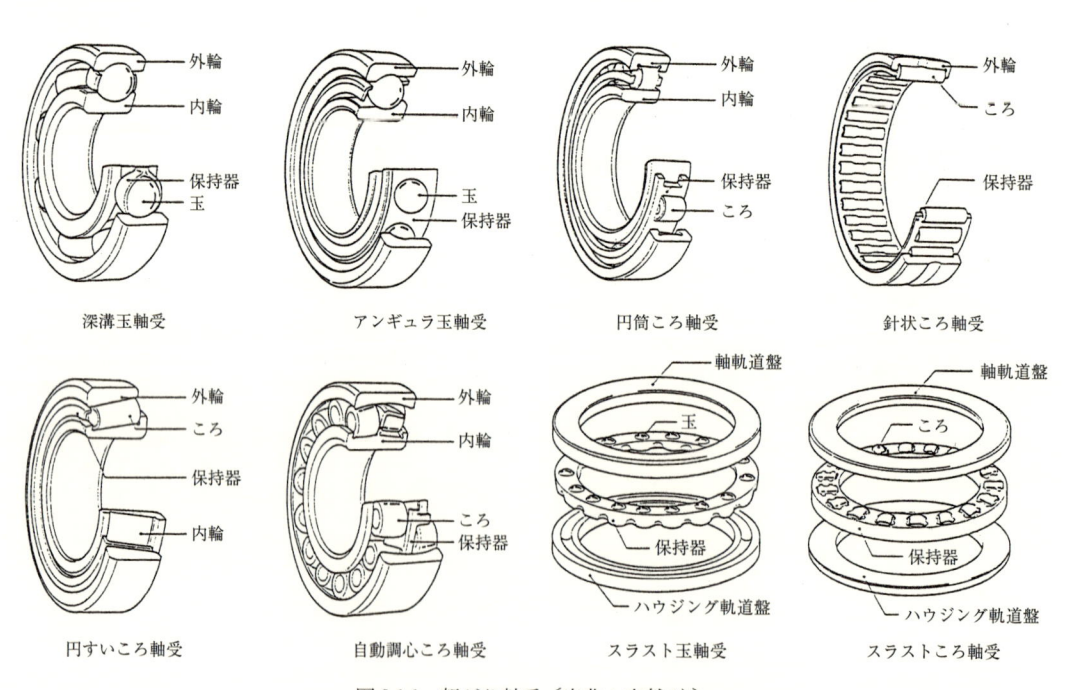

図3.1.1　転がり軸受〔出典：文献1)〕

第3章 転がり軸受

表3.1.1 転がり軸受の分類 〔出典：文献2〕〕

軸受形式				玉軸受			軸受形式					ころ軸受		
			断面略図	寸法系列	軸受系列記号						断面略図	寸法系列	軸受系列記号
ラジアル軸受	深溝玉軸受	単列	入れ溝なし (JIS B 1521)		18,19,10 02,03,04	68,69,60 62,63,64	ラジアルコンタクトころ軸受	円筒ころ軸受 (JIS B 1533)	単列	内輪片つば付き	つば輪なし つば輪付き	外輪両つば付き		02,22 03,23 04	NJ 2, NJ 22 NJ 3, NJ 23 NJ 4
			入れ溝なしユニット用 (JIS B 1558)		2 3 X	UC, UK				内輪つば付き	内輪なし			10 02,22 03,23 04	NU 10 NU 2, NU 22 NU 3, NU 23 NU 4
			入れ溝付き								内輪片	外輪つば付き		02 03 04	NF 2 NF 3 NF 4
		複列	入れ溝なし							内輪両つば付き	外輪つば なし			02 03 04	N 2 N 3 N 4
			入れ溝付き						複列	内輪両つば	外輪つば なし			30	NN 30
	玉軸受カウンタボア	単列	非分離形							内輪両つば	外輪両つば				
			分離形 (JIS B 1538)			E, EN									
	アンギュラ玉軸受	単列	非分離形 (JIS B 1522)		10,02 03,04	70,72 73,74		針状ころ軸受	単列	内輪つば付き 内輪なし	外輪両つば付き				
			非分離形（自動車用クラッチシリーズ）玉軸受 (JIS D 2801)		29,20 39,30	TMK, TNK TRK, TSK									
			分離形					円すいころ軸受	単列	分離形 (JIS B 1534)				29,20 02,22 03,23	329,320 302,322 303,303 D 323
		複列	入れ溝なし						複列	分離形 (DF)					
			入れ溝付き							分離形 (DB)					
			分離形						四列	分離形					
		組合せ													
	玉軸受ピボット	単列					自動調心ころ軸受		単列	外輪軌道面球面					
	自動調心玉軸受	複列	外輪軌道面球面 (JIS B 1523)		02,03 22,23	12,13 22,23			複列	外輪軌道面球面 (JIS B 1535)				30,31 22,32 03,23	230,231 222,232 213,223
スラスト軸受	スラスト玉軸受	単式	平面座形 (JIS B 1532)		11,12 13,14	511,512 513,514	アキシアルコンタクトころ軸受	ころ軸受スラスト円筒	単列	平面座形					
			平面座形 (JIS D 2801)					ころ軸受スラスト円すい							
			平面座形 (JIS D 2802)		11,12	TAG									
			調心座形				自動調心ころ軸受	調心ころ軸受スラスト自動	単列	外輪軌道面球面 (JIS B 1539)				92 93 94	292 293 294
		複式	平面座形 (JIS B 1532)		22 23 24	522 523 524									
			調心座形												
	コンタクト玉軸受アンギュラ	複式-複式スラストアンギュラ	分離形												

表 3.1.2　主な軸受の構造と特徴　　〔出典：文献 2〕

軸受の種類	構造と特徴
(1) 深溝玉軸受 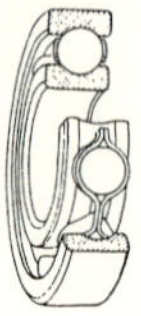	玉の半径より少し大きい半径の円弧の溝を軌道輪に設けている．ラジアル荷重と両方向のアキシアル荷重を負荷できる．構造が簡単なため高精度のものを製作することが容易であり，高速回転にも適している． 　この形式は開放形以外に，グリースを封入したシール形およびシールド形軸受と，止め輪付き軸受および，フランジ付き軸受がある． 　外径が 9 mm 以上で内径が 10 mm 未満を，特に区分して小径ラジアル玉軸受と呼ぶ．
(2) アンギュラ玉軸受 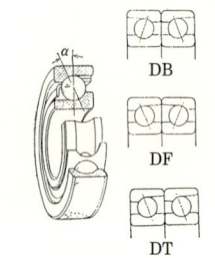 DB DF DT	玉，内輪，外輪の接点を結ぶ直線がラジアル方向に対してある角度（接触角という）をもつ構造で，ラジアル荷重と一方向のアキシアル荷重を負荷できる． 　標準の接触角は 15°，30°，40° で，接触角が大きいほどアキシアル荷重の負荷能力が大きい．深溝玉軸受と同じように高精度のものが製作できる． 　ラジアル荷重が作用するとアキシアル分力が生じるので，一般に 2 個対向させて使用する．隣接して 2 個の軸受を使用する組合せアンギュラ玉軸受は，左図のような 3 形式がある．正面配列（DF 形）と背面配列（DB 形）はラジアル荷重と両方向のアキシアル荷重を受けることができ，取付け時に適当なすきまたは予圧が選ばれるように製作されている．並列配列（DT 形）は一方向だけの大きいアキシアル荷重を受ける場合に使用される．
(3) 複列アンギュラ玉軸受 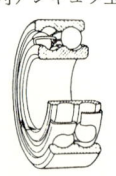	背面配列（DB 形）のアンギュラ玉軸受の内輪，外輪をそれぞれ一体にした構造で，両方向のアキシアル荷重を受けることができる．構造上，1 列に入っている玉の数が単列アンギュラ玉軸受より少ないので，組合せアンギュラ玉軸受より負荷能力が小さく，また高精度のものは得にくい．しかし，組合せ軸受より軸受幅が小さいので軸受空間を節約できる．
(4) 自動調心玉軸受 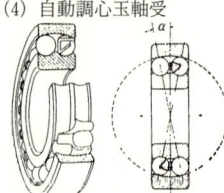	外輪の軌道面が軸受中心と一致した点を中心にした球面になっており，内輪は 2 列の軌道をもつ玉軸受である．玉，保持器，内輪は外輪の軸に対してある程度自由に傾いて回転することができ，いわゆる調心性がある．したがって，軸やハウジングの加工，取付けなどで生じる軸心の違いは自動的に調心される． 　ラジアル荷重とアキシアル荷重を負荷できるが，アキシアル荷重の負荷能力は小さい．
(5) 円筒ころ軸受 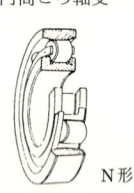 N 形 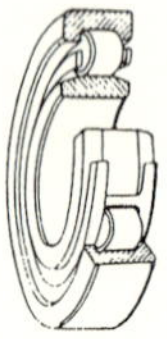 NU 形	円筒状のころと軌道が線接触をしており，ラジアル荷重の負荷能力が大きい軸受で，ころは内輪または外輪のつばで案内される．ころとつばの摩擦が小さいので高速回転に適している． 　内輪あるいは外輪につばのない形式はアキシアル荷重が負荷できないが，内輪または外輪がアキシアル方向に移動できるので，自由側軸受として用いられる． 　内輪，外輪につばまたはつば輪のある形式は，ある程度のアキシアル荷重も負荷できるので，固定側軸受として用いられる． 　いずれの形式も，内輪または外輪は分離できるので，取付け取外しが容易である．

第3章 転がり軸受

つづき

軸受の種類	構造と特徴
(6) 針状ころ軸受	ころの直径が5 mm以下で長さが直径の3～10倍のころを用いた軸受で，断面高さが小さく，他の軸受と比較してスペースの割に大きいラジアル荷重が負荷できる．また剛性も高く慣性力が小さいので揺動運動にも適している． 　保持器付き軸受は，内部構造が安定していて高速にも適用できるが，保持器を用いない総転動体軸受では，ころの正確な整列という点に難点があり精度と性能が低い． 　この軸受には，外輪が鋼材を削り出して製作するソリッド形針状ころ軸受，薄い鋼板をプレス成形して製作するシェル形針状ころ軸受および軌道輪をもたない保持器付き針状ころがある．
(7) 円すいころ軸受	円すい台形のころと軌道輪が線接触をしており，内輪，外輪およびころの円すいの頂点が軸受の中心線上の一点に一致するように設計されている．ころは軌道面上を，内輪軌道面と外輪軌道面から受ける合成力によって，内輪大つばに押し付けられて案内されながら転がる． 　ラジアル荷重と一方向のアキシアル荷重を負荷することができ，接触角が大きいほどアキシアル荷重の負荷能力が大きい． 　純ラジアル荷重を受ける場合でもアキシアル方向の分力が生じるので，通常2個対向させて使用される．内輪，外輪が分離するため，それぞれ別個に取り付けることができるので便利である． 　この軸受には複列あるいは4列のものもある．
(8) 自動調心ころ軸受	球面軌道の外輪と，複列軌道の内輪との間に，たる形のころが組み込まれた構造の軸受である． 　外輪軌道の中心が軸受中心に一致しているため調心性があり，ハウジングの加工や荷重による軸のたわみなどで生じる外輪と内輪の傾きのある場合にも使用できる． 　ラジアル負荷能力が大きく，重荷重および衝撃荷重にも強く両方向のアキシアル荷重も受けることができる． 　円筒穴内径の軸受のほか，テーパ穴内径軸受があり，アダプタや取外しスリーブを使用することにより，取付け・取外しが容易にできる．
(9) スラスト玉軸受	円弧溝をもつ2個の円板状軌道輪の間に，玉および保持器を組み込んだ形式の軸受である． 　軸に取り付ける軌道輪を軸軌道盤と呼び，ハウジングに取り付ける方の軌道輪をハウジング軌道盤と呼ぶ． 　一方向のアキシアル荷重を受ける単式と両方向のアキシアル荷重を受ける複式とがあり，ラジアル荷重を受けることはできず，また，高速回転には適さない．
(10) スラスト自動調心ころ軸受	外輪の軌道が軸受の中心軸と一致した点を中心とする球面になっており，たる形のころを用いた軸受で調心性があるため，取付け誤差の影響を受けない． 　アキシアル荷重の負荷能力が大きく，アキシアル荷重の加わっている状態では，ある程度のラジアル荷重も負荷できる．一般に低速回転で使用され，油で潤滑される．

つづき

軸受の種類	構造と特徴
(11) 軸受ユニット （図3.1.2参照）	転がり軸受ユニット用玉軸受（JIS B 1558）と，転がり軸受ユニット用軸受箱を組み合わせたものである．軸受には，外輪外径が球面で，内輪幅が長くなった密封形の深溝玉軸受を用いる．軸受ユニットの形式には，軸受箱の形式により図3.1.2に示すように多くの種類がある． 軸受ユニットは，球面状の外径が軸受箱内で調心するので，取付け誤差の許容値が大きくまた，内輪の軸への固定が止めねじ，あるいは偏心カラーを用いる方式であるため，ゆるいはめあいを使用でき，取付け作業が容易である．
(12) プランマブロック （図3.1.3参照）	鋳鉄製の標準型軸箱で，二つ割り構造になっており，2本のボルトで固定される． 軸受はアダプタ付き転がり軸受を用い，軽荷重用には自動調心玉軸受が，重荷重用には自動調心ころ軸受が使用される．自由側，固定側の仕様があり，固定側の仕様では図3.1.3に示すように位置決め輪を用いる． プランマブロックはJIS B 1551で形状および寸法が標準化されており，経済的で保守の容易な軸受装置として伝導軸などに使用される．
(13) スリーブ形リニア玉軸受	円筒状の外筒に組み込まれた保持器内の通路を循環しながら玉が軸方向に軌道を転動する構造で，丸軸上をストロークに制限なく直線運動できる．玉条列は数条列設けられており，上下左右方向のラジアル荷重を受けることができる． この軸受には，標準形，すきま調整形および開放形の3形式がある．すきま調整形は外筒に軸方向に切割りがあって，取付け時に外筒を締め付けることにより内接円径を変えることができるので，選択はめあいを要しないで自由に規定のラジアルすきまが得られ，予圧も簡単に与えられる．開放形は軸のたわみを防ぐために軸に支持レールを設けることができるよう外筒の一部を切り取った扇形断面の軸受である． リニア軸受として，古くからある形式で，各種機械装置の直線案内部に使われている．
(14) 循環式平面案内リニアころ軸受	高精度に仕上げられた軌道台の周囲をころが公転し，ストロークに制限なく直線運動を行なう軸受である． ころには，針状ころ，棒状ころ，円筒ころなどが，使用される．
(15) クロスローラ形リニア軸受	隣り合うころを回転軸を交差させて組み込んだ保持器とV形溝軌道をもつレール2本とで構成される有限ストロークのリニア軸受で，負荷容量と剛性が大きい．摩擦が小さく高い走行精度を必要とする用途に適している．
(16) リニアガイドウエイ	レールとキャリジを組み合わせた直線運動案内機構である．玉（またはころ）がキャリジ内部を循環しながら，キャリジとレールとに設けた軌道を転動することにより，キャリジはレールにそってストロークに制限なく走行する．上下左右方向の荷重やモーメント荷重を受けることができ，摩擦係数が小さく，しかも負荷容量と剛性が大きいのが特徴である．また，通常キャリジは軌道部と軸受箱部が一体化された構造となっているので，直接機械装置に取り付けることができる．高速，高精度，高剛性が求められる工作機械や半導体製造装置などの直線案内部に広く用いられている．

第3章　転がり軸受

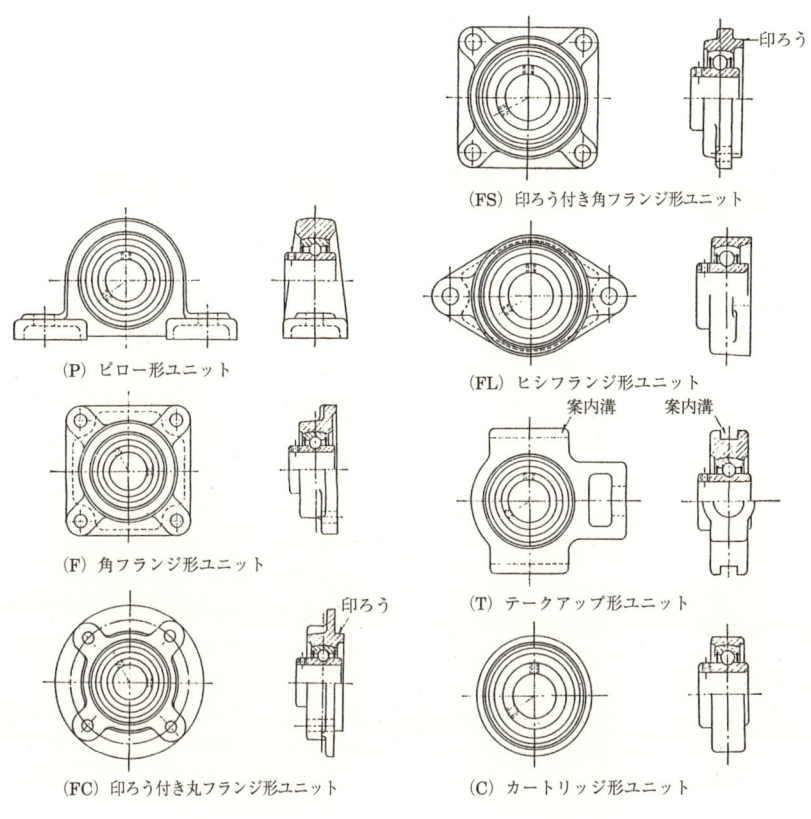

(FS) 印ろう付き角フランジ形ユニット

(P) ピロー形ユニット

(FL) ヒシフランジ形ユニット

(F) 角フランジ形ユニット

(T) テークアップ形ユニット

(FC) 印ろう付き丸フランジ形ユニット

(C) カートリッジ形ユニット

図 3.1.2　軸受ユニット（JIS B. 1557〔出典：文献 2)〕

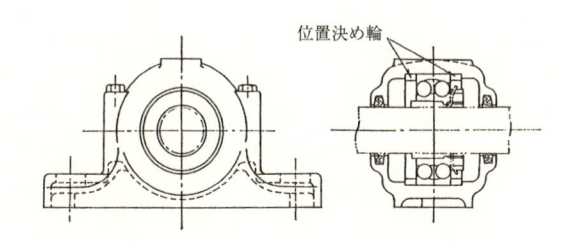

図 3.1.3　プランマブロック〔出典：文献 2)〕

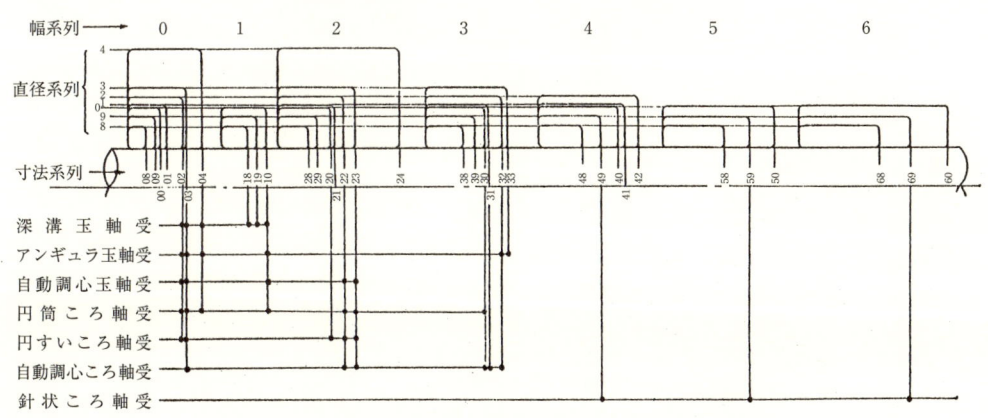

図 3.1.4　ラジアル軸受の断面形状と寸法系列〔出典：文献 2)〕

表 3.1.3 呼び番号の配列 〔出典:文献 3〕

基本番号			補助記号					
軸受系列記号	内径番号	接触角記号	保持器記号	シール記号またはシールド記号	軌道輪形状記号	組合せ記号	すきま記号	等級記号

表 3.1.4 内径番号 〔出典:文献 3〕

呼び軸受内径, mm	内径番号	呼び軸受内径, mm	呼び軸受内径, mm	内径番号	呼び軸受内径, mm
0.6	/0.6*	75	15	480	96
1	1	80	16	500	/500
1.5	/1.5*	85	17	530	/530
2	2	90	18	560	/560
2.5	/2.5*	95	19	600	/600
3	3	100	20	630	/630
4	4	105	21	670	/670
5	5	110	22	710	/710
6	6	120	24	750	/750
7	7	130	26	800	/800
8	8	140	28	850	/850
9	9	150	30	900	/900
10	00	160	32	950	/950
12	01	170	34	1000	/1 000
15	02	180	36	1060	/1 060
17	03	190	38	1120	/1 120
20	04	200	40	1180	/1 180
22	/22	220	44	1250	/1 250
25	05	240	48	1320	/1 320
28	/28	260	52	1400	/1 400
30	06	280	56	1500	/1 500
32	/32	300	60	1600	/1 600
35	07	320	64	1700	/1 700
40	08	340	68	1800	/1 800
45	09	360	72	1900	/1 900
50	10	380	76	2000	/2 000
55	11	400	80	2120	/2 120
60	12	420	84	2240	/2 240
65	13	440	88	2360	/2 360
70	14	460	92	2500	/2 500

*他の記号を用いることができる.

表 3.1.5 接触角記号 〔出典:文献 3〕

軸受の形式	呼び接触角	接触角記号
単列アングラ玉軸受	10°を超え 22°以下	C
	22°を超え 32°以下	A*
	32°を超え 45°以下	B
円すいころ軸受	17°を超え 24°以下	C
	24°を超え 32°以下	D

*省略することができる.

表 3.1.6 補助記号 〔出典:文献 3〕

仕様	内容または区分	補助記号
内部寸法	主要寸法サブユニットの寸法が ISO 355 に一致するもの	J3*2
シール・シールド	両シール付き	UU*2
	片シール付き	U*2
	両シールド付き	ZZ*2
	片シールド付き	Z*2
軌道輪形状	内輪円筒穴	なし
	フランジ付き	F*2
	内輪テーパ穴 (基準テーパ比 1/12)	K
	内輪テーパ穴 (基準テーパ 1/30)	K 30
	輪溝付き	N
	止め輪付き	NR
軸受の組合せ	背面組合せ	DB
	正面組合せ	DF
	並列組合せ	DT
ラジアル内部すきま*3	C 2 すきま	C 2
	CN すきま	CN*1
	C 3 すきま	C 3
	C 4 すきま	C 4
	C 5 すきま	C 5
精度等級*4	0 級	なし
	6 X 級	P 6 X
	6 級	P 6
	5 級	P 5
	4 級	P 4
	2 級	P 2

*1 省略することができる.
*2 他の記号を用いることができる.
*3 JIS B 1520 参照.
*4 JIS B 1514 参照.

第3章 転がり軸受　A編　141

表 3.1.7　呼び番号の例　〔出典：文献2)〕

軸受の種類	軸受の形式	呼び番号の例	基本番号					補助記号						主な系列
			形式記号	幅記*(高さ)号	直径記号	内径記号	接触*角記号	保持器記号	シールド記号(シール)	軌道輪形状記号	組合せ記号	すきま記号	等*級記号	
ラジアル玉軸受	単列深溝形	629 608 C 2 P 6 6310 ZNR	6 6 6	[0] [1] [0]	2 0 3	9 8 12	— — —	— — —	— — Z	— — NR	— C 2 —	— — —	[0] P 6 [0]	680, 690, 620, 630 6200, 6300, 6400
	単列アンギュラ形	7215 7208 CDBP 5	7 7	[0] [0]	2 2	15 08	[A] C	— —	— —	— DB	— —	— —	— P 5	7000, 7200, 7300, 7400
	複列アンギュラ形	3206 5312	3 5	[3] [3]	2 3	06 12	— —	— —	— —	— —	— —	— —	— —	3200, 3300 5200, 5300
	自動調心形	1205 2211	1 2	[0] [2]	2 2	05 11	— —	— —	— —	— —	— —	— —	— —	1200, 1300 2200, 2300
ラジアルころ軸受	円筒ころ軸受	NU 1016 N 220 NN 3013	NU N NN	1 [0] 3	0 2 0	16 20 13	— — —	— — —	— — —	— — —	— — —	— — —	— — —	NU 1000, 200, 2200, 300 2300, 400 N 200, 300, 400 NF 200, 300, 400 NJ 200, 2200, 300, 2300 400 NN 3000
	針状ころ軸受	NA 4916 V	NA	4	9	16	—	V	—	—	—	—	—	NA 4900 RNA 4900（内輪なし）
	円すいころ軸受	30214	3	0	2	14	—	—	—	—	—	—	—	32000, 30200, 32200 30300, 30300 D, 32300 D
	自動調心ころ軸受	22224 232/600 K	2 2	2 3	2 0	24 1600	— —	— —	— K	— —	— —	— —	— —	23000, 23100, 22200 23200, 23100, 22300
スラスト玉軸受	単式平面座形 複式平面座形 単式球面座形 複式球面座形	51128 52312 53318 54213	5 5 5 5	1[3] 2 3 4	1 3 3 2	28 12 18 13	— — — —	— — — —	— — — —	— — — —	— — — —	— — — —	— — — —	51100, 51200, 51300, 51400 52200, 52300, 52400 53200, 53300, 53400 54200, 54300, 54400
スラストころ軸受	スラスト自動調心ころ軸受	29230	2	9	2	30	—	—	—	—	—	—	—	29200, 29300, 29400

*の欄中の [ ] 内の数字は普通省略する．

が大きくなる．

（2）幅（または高さ）系列

幅（または高さ）系列は，同じ軸受内径，同じ軸受外径に対して段階的に数種の幅または高さを定め，1桁の数字で表わしたもの（幅または高さ記号）の系列である．この記号には 8, 9, 0, 1, 2, 3, 4 および 6 がありこの順に大きくなる．

（3）寸法系列

寸法系列は，幅または高さ系列と直径系列とを組み合わせたもので，同じ軸受内径に対する幅または高さと軸受外径との系列を示し，幅または高さ系列を表わす数字と直径系列を表わす数字とを，この順に組み合わせた2桁の数字で表わしたもの（寸法記号）の系列である．

図 3.1.4 に，同じ内径寸法に対する寸法記号の組み合わせと断面の大きさの大小を示す．

以上のように

　主要寸法 ： 寸法記号 ＋ 内径番号

として表示される．軸受の主要寸法は，ISO 規格を基本にした JIS B 1512 に規格化されて詳細な寸法が定められており，次項で述べる呼び番号が与えられれば，その軸受の主要寸法がわかる仕組みになっている．

3.1.3 呼び番号

転がり軸受の呼び番号は，形式，主要寸法，回転精度，すきま，その他の仕様を記号で表わした軸受の呼び名であって，JIS B 1513によれば表3.1.3のような構成および配列となる．

(1) 基本番号

基本番号は，次の軸受系列記号，内径番号および接触角記号とからなり，軸受の形式と主要寸法とを示す数字または数字と文字で表わされる．これらは，それぞれアラビア数字およびアルファベットの大文字とする．

a. 軸受系列記号は軸受の形式と寸法系列を示し，一般的なものを表3.1.1に示す．

　　軸受系列記号：形式記号＋寸法記号

b. 内径番号は，軸受の内径寸法を表わしたもので表3.1.4による．内径20 mm以上500 m未満では内径寸法（mm）を5で除した値が内径番号である．

c. 接触角記号は，アンギュラ玉軸受，円すいころ軸受に適用され表3.1.5による．

(2) 補助記号

補助記号は，保持器記号，シール記号またはシールド記号，軌道輪形状記号，組合せ記号，すきま記号および等級記号とからなり，形式と主要寸法以外の軸受の仕様を示すものであり，表3.1.6のとおりである．

(3) 呼び番号の例

JIS B 1513に示されている主な軸受系列記号の中から呼び番号の例を表3.1.7に示す．

3.1.4 精　度

軸受の精度は主要寸法の精度と回転精度に大別され，ISOに準拠してJIS B 1514に規定されている．

(1) 精度等級

精度の等級は，普通の精度をJIS 0級とし，精度が高くなる順にJIS 6級，5級，4級，2級の5等級に分けられている．

軸受形式別に規定されている精度等級を表3.1.8および表3.1.9に示す．

(2) 寸法精度と回転精度

寸法と精度とは軸受輪郭の諸寸法の精度を規定するもので，軸受内径，軸受外径，幅または高さ，面取りの寸法の許容値のことである．軸受の形式によっては組立幅，ころ内接円径および外接円径，幅不同，テーパ穴のテーパなどの許容値も含まれる．

回転精度としては軸受が回転したときの振れの大きさを規定するもので，内輪・外輪のラジアル振れ，内輪・外輪のアキシアル振れ，内輪の横振れ，外輪外径の振れの許容値が含まれる．このうちJISによれば，スラスト玉軸受にはアキシアル振れのみが，スラスト自動調心ころ軸受には内輪の横振れのみが，またラジアル軸受の0球および6級についてはラジアル振れのみが規定されている．JISに規定されていない項目については，製造業者が独自に社内標準で規定している．ただし，自動調心玉軸受，自動調心ころ軸受，スラスト自動調心ころ軸受および円筒ころ軸受に対しては，アキシアル振れは構造

表3.1.8　軸受形式と精度等級　　〔出典：文献1〕

軸受形式		適用規格	精度等級				
深溝玉軸受		JIS B 1514 (ISO 492)	0級	6級	5級	4級	2級
アンギュラ玉軸受			0級	6級	5級	4級	2級
自動調心玉軸受			0級	－	－	－	－
円筒ころ軸受			0級	6級	5級	4級	2級
針状ころ軸受			0級	6級	5級	4級	－
自動調心ころ軸受			0級	－	－	－	－
円すいころ軸受	メートル系	JIS B 1514	0級, 6X級	6級	5級	4級	
	インチ系	ANSI/ABMA Std. 19	Class 4	Class 2	Class 3	Class 0	Class 00
	J系	ANSI/ABMA Std. 19.1	Class K	Class N	Class C	Class B	Class A
スラスト玉軸受		JIS B 1514 (ISO 199)	0級	6級	5級	4級	－
スラスト自動調心ころ軸受			0級	－	－	－	－

第3章 転がり軸受

表3.1.9 等級記号 〔出典：文献1)〕

規格	適用規格	精度等級					軸受形式
日本工業規格(JIS)	JIS B 1514	0級, 6X級	6級	5級	4級	2級	全形式
国際規格 (ISO)	ISO 492	Normal class Class 6X	Class 6	Class 5	Class 4	Class 2	ラジアル軸受
	ISO 199	Normal Class	Class 6	Class 5	Class 4	—	スラスト玉軸受
	ISO 578	Class 4	—	Class 3	Class 0	Class 00	円すいころ軸受インチ系
	ISO 1224	—	—	Class 5A	Class 4A	—	計器用精密軸受
ドイツ規格 (DIN)	DIN 620	P0	P6	P5	P4	P2	全形式
アメリカ規格(ANSI)アメリカベアリング工業会規格(ABMA)	ANSI/ABMA Std. 20*)	ABEC-1 RBEC-1	ABEC-3 RBEC-3	ABEC-5 RBEC-5	ABEC-7	ABEC-9	ラジアル軸受(円すいころ軸受を除く)
	ANSI/ABMA Std. 19.1	Class K	Class N	Class C	Class B	Class A	円すいころ軸受メートル系
	ANSI/ABMA Std. 19	Class 4	Class 2	Class 3	Class 0	Class 00	円すいころ軸受インチ系

* ABECは玉軸受に, RBECはころ軸受に適用する.
備考1. JIS B 1514, ISO 492, 199 および DIN 620 は同等である.
　　2. JIS B 1514, と ABMA 規格とは許容差または許容値が若干相違する.

上適用できない.

文　献

1) NTN(株)転がり軸受総合カタログ, Cat. No. 2202-II/J.
2) 日本潤滑学会編：改訂版 潤滑ハンドブック (1987) 665.
3) JIS B 1513, 日本規格協会.

3.2　転がり軸受の摩擦

3.2.1　軸受内の摩擦

　摩擦はすべり摩擦と転がり摩擦に分類されるが, 摩擦抵抗は転がり運動の場合の方が小さいことから転がり軸受が発展した. しかし, 転がり軸受内部の摩擦にはすべり摩擦が多く存在し, これらすべり摩擦が転がり軸受の摩擦の大きさを決定している. 転がり軸受内部の摩擦の発生機構を分類すると次の六つに大別される.
(1) 転動体と軌道との間の転がり摩擦.
(2) 転動体と軌道との接触部内のすべり摩擦.
(3) 保持器案内面のすべり摩擦.
(4) ころ端面と軌道輪つば面との間のすべり摩擦.
(5) 潤滑剤および空気のかくはん抵抗.
(6) 密封装置によるすべり摩擦.

(1) 転がり摩擦

　転がり摩擦の発生原因としては, 凝着説[1], 表面粗さ説[2], 内部摩擦説[3] などがある.
　表面粗さが小さくかつ弾性変形が大きい場合における純転がりの摩擦の起源は, 材料の弾性ヒステリシスに基づく内部摩擦と考えられる. 転がり接触部では進行方向前部が圧縮域に後部が復元域になり, この弾性ヒステリシス現象におけるエネルギー損失に相当する力が転がり摩擦として現われる.

(2) 接触面内の転がり-すべり摩擦

　無潤滑下で図3.2.1[4]に示すように, 2円筒がわずかの周速差をもって転がり接触している場合, 接触のはじめの領域AB間では両面は弾性的に変形し, 接触の終わりの領域BC間では, 速度差に見合うせん断ひずみが大きくなり, 微小すべりを生じる. このように, わずかな周速差をもった転がり接触では, 接触面内に転がり摩擦とすべり摩擦が共存する.
　接触面内の転がり-すべり摩擦力と垂直荷重との比で定義される転がり-すべり摩擦係数は, せん断抵抗理論により次の近似式で示される.

$$\mu = 1/2b \quad (\text{AB 間}) \quad (3.2.1)$$

$$\mu = \mu_0(1 - b\mu_0) \quad (\text{BC 間}) \quad (3.2.2)$$

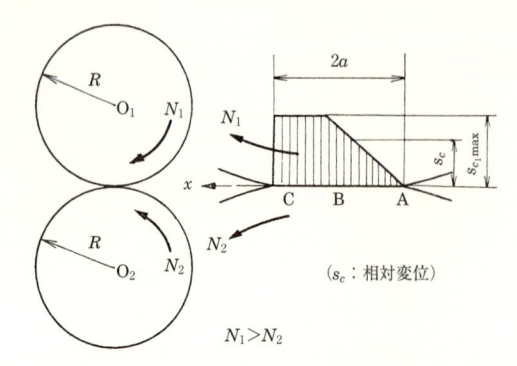

図 3.2.1　微小すべりを伴う 2 円筒の転がり
〔出典：文献 4）〕

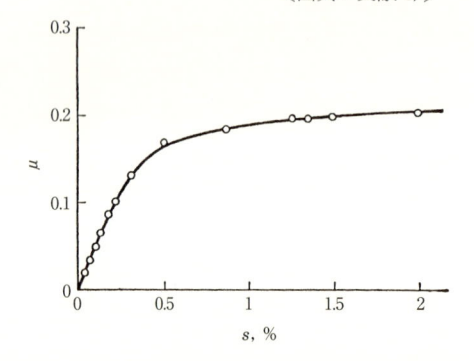

図 3.2.2　すべり率と摩擦係数の関係〔出典：文献 4）〕

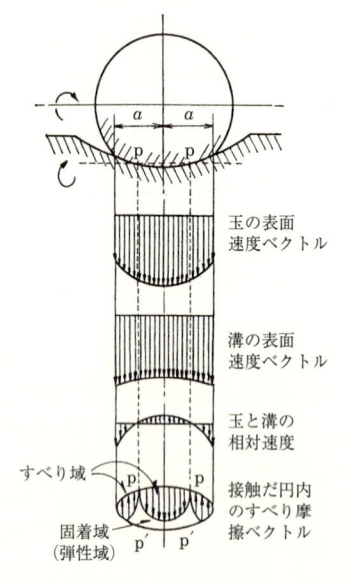

図 3.2.3　差動すべり

ここで，μ_0 は臨界摩擦係数でありこれはすべり摩擦係数に近い値，b は次式の無次元量である．

$$b = E/(2 \times 2.16^2\, SkR) \quad (3.2.3)$$

ここで，E：ヤング率，S：すべり率 $(N_1 - N_2)/N_1$，N_1 および N_2：2 円筒の周速，k：材料のせん断変形抵抗と変位の比例定数，R：は同筒の半径である．

上式の関係を図示すると図 3.2.2[4] のようになり，2 円筒の材料と大きさが一定であれば，μ/μ_0 の曲線の形はすべり率 S によって決まることがわかる．

一般に転がり軸受は潤滑されて使われる．潤滑下のすべり率と摩擦係数の関係は，すべり率の増加とともに摩擦係数が大きくなり，摩擦係数が最大値をとった後はすべり率が増加すると粘性せん断により潤滑膜の温度が上昇し粘度が低下するため摩擦係数は減少する[5]．

（3）差動すべり

差動すべりは玉軸受および自動調心ころ軸受において転動体と軌道面との転がり接触部に生じる微小すべりである．玉軸受の差動すべりによる摩擦を指摘した研究者（H. L. Heathcote[6]）の名をとってヒースコートスリップと呼ばれることもある．玉軸受のように，玉が曲率半径に近い溝の中を垂直荷重を受けて弾性変形を伴いながら転がる場合，図 3.2.3 に示すように接触部の各点から玉および溝のそれぞれの回転軸に至る距離に差があるため，玉と溝との相対速度に差を生じ，差動すべりが生じる．差動すべりは玉と溝の速度ベクトルから，接触だ円の両端部は軌道上を前方に，中央部は後ろ向きにすべり，純転がりは 2 本の pp′ 線上においてのみ生じる．実際に軌道溝の摩耗痕に光った線として認められることがあり[7]，これを純転がり線と呼んでいる．差動すべりによる転がり摩擦は，溝曲線半径が玉の半径に近い場合は次式[8] で与えられる．

$$F/N = 0.08\,\mu a^2/R^2 \quad (3.2.4)$$

ここで，F：転がり摩擦力（接線力），N：法線荷重，μ：すべり摩擦係数，a：接触だ円の長半径，R：玉と軌道の等価半径である．

（4）スピン

玉と軌道輪との転がり接触点において，軌道の法線のまわりに回転する玉のすべり運動をスピンと呼ぶ．アキシアル荷重を受けた玉軸受は，図 3.2.4[9] に示すように玉は接触角 α で軌道の点 A，B で接触し，弾性変形による接触幅をもつ．ところで，玉と軌道との接触点 A に引いた接線 AO_1 と玉の自転軸 CO_1 が軸受の回転の O_1 と一致して交われば，この面で純転がり運動をする．

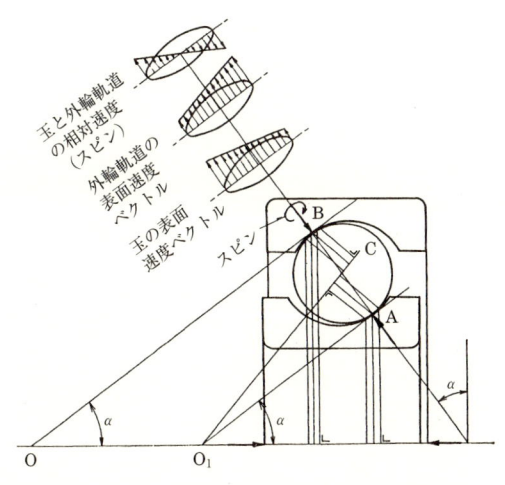

図 3.2.4 スラスト荷重を受けるラジアル玉軸受の
　　　　 スピン　　　　　　　　　〔出典：文献 9）〕

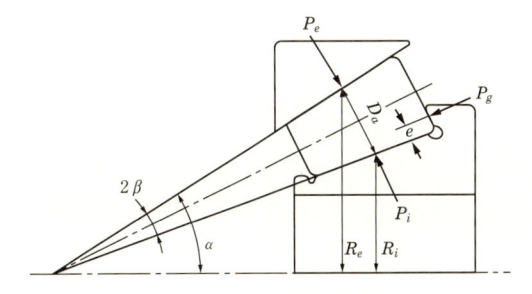

図 3.2.5 円すいころ軸受のつばのすべり

一方，接触点 B では玉の回転軸が CO_1 であると，同図の上方に示すような玉と軌道の相対速度から，図中の矢印で示した方向に玉の法線軸まわりの回転運動（スピン運動）が起こる．したがって，接触点 B では玉の回転軸が CO でない限り，純転がり運動は起こらない．玉と内・外輪のどちらの軌道輪で純転がりを起こすかは，スピンによるすべり摩擦が大きい方の軌道輪で純転がり運動となり，その反対側の軌道でスピンを含む転がり運動となる．

スピンにより生じる摩擦モーメントは，図 3.2.4 より次のように表わされる．

$$M_s = 3/8\ \mu PaE(k) \qquad (3.2.5)$$

ここで，M_s：スピンモーメント，μ：すべり摩擦係数，P：玉に加わる荷重，$E(k)$：k を母数とする第 2 種完全だ円積分，ただし，$k=(1-b^2/a^2)^{1/2}$，a：接触だ円の長半径，b：接触だ円の短半径である．

なお，スピンモーメント M_s は玉 1 個についての接触角の方向ベクトルであるから，その軸方向成分 $M_s \sin\alpha$ に玉数 Z を乗じて，軸受の軸中心線についてのスピンモーメントが得られる．

（5）スキューイング

ころ軸受の転動体回転軸に対し傾いている状態をスキューイングと呼ぶ．この場合，接触面にはころの進行方向に転がり-すべり摩擦力，ころの軸方向にすべり摩擦力を生じる．一般のころ軸受では保持器や案内つばによってスキューイングを制約している．針状ころ軸受の軌道輪ところとの間に発生する摩擦モーメントとスラスト力については，転がり-すべり摩擦機構におけるせん断抵抗理論により解析されている[10]．

（6）つば部のすべり

円すいころ軸受や自動調心ころ軸受では，図 3.2.5 に示すような構造により差動すべりやスピンによるすべり摩擦は起こらない．一般の円すいころ軸受では，案内つばに加わるスラスト力は外輪荷重の約 7～15% にすぎないが，ころと案内つばの接触部はすべり摩擦のため，つば部の摩擦部はすべり摩擦のため，つば部の摩擦は円すいころ軸受の摩擦損失の主要部分を占める．円すいころ大端部は球面であり，案内つば部は円すい面であるので，スラスト力が角荷された場合の接触部はだ円形状となり，接触だ円の中心点では転がり-すべり運動をする．

（7）保持器のすべり

保持器は転動体を一定間隔に分離して保持するために用いられる．保持器に生じる摩擦はすべり摩擦であり，その箇所は転動体との接触面ならびに軌道輪あるいは転動体の案内面である．

低速軽荷重の場合には，保持器の接触面は自重およびこれに抱えられた転動体の重量によって負荷さ

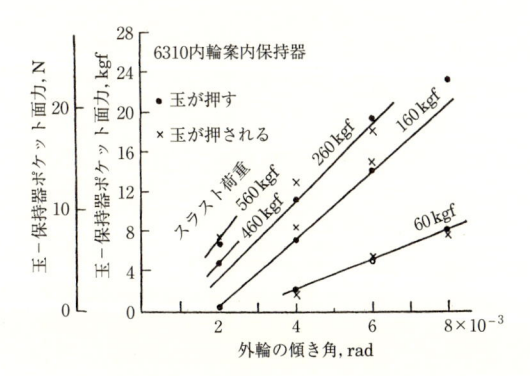

図 3.2.6 玉軸受の外輪の傾きと玉-保持器ポケット面に
　　　　 作用する力の関係　　　〔出典：文献 11）〕

れる．したがって，摩擦抵抗はそれらの重量に比例し，ラジアル荷重下では全抵抗の大部分を占め，スラスト荷重下ではこの割合は小さい．

　低速から中速回転の範囲では，転動体が負荷域を出るときに保持器を押し，非負荷域では転動体が保持器から押される[11]．この両者はラジアル荷重と回転速度によってほとんど変化しない．アキシアル荷重下では力は小さいが，取付け誤差があれば図3.2.6のように大きくなる．

　高速度荷重の円筒ころ軸受では，スキッディングと呼ばれるころ（保持器）のすべりが発生する．

3.2.2 転がり軸受の摩擦

　転がり軸受の摩擦係数 μ はすべり軸受と対比するために，転がり軸受の摩擦モーメント M を用いて次式のように表わされる．

$$\mu = 2M/(dP) \quad (3.2.6)$$

ここで，d は軸受内径，P：は軸受荷重である．各種転がり軸受の摩擦係数は，表3.2.1に示すような値をとる．ただし，転がり摩擦係数と荷重との関係は図3.2.7のようであり，低荷重の場合には大きくなる[12]．

　転がり軸受の摩擦モーメント M は，次の実験式を用いて計算できる[13]．

$$M = M_L + M_S \quad (\text{N·mm}) \quad (3.2.7)$$

表 3.2.1　各種転がり軸受の摩擦係数

深溝玉軸受	0.001 0～0.001 5
アンギュラ玉軸受	0.001 2～0.001 8
自動調心玉軸受	0.000 8～0.001 2
円筒ころ軸受	0.001 0～0.001 5
円すいころ軸受	0.001 7～0.002 5
自動調心ころ軸受	0.002 0～0.002 5
針状ころ軸受（保持器付き）	0.002 0～0.003 0
針状ころ軸受（総ころ）	0.003 0～0.005 0
スラスト玉軸受	0.001 0～0.001 5

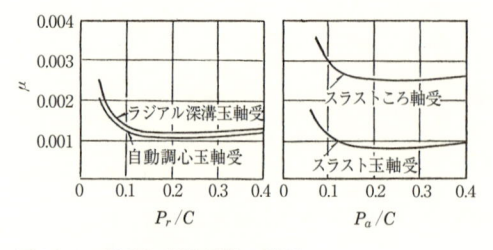

図 3.2.7　荷重と摩擦係数の関係
　　（P_r：ラジアル荷重，C：基本動定格荷重）

ここで，M_L は荷重項，M_S は速度項であり，それぞれ次式にて与えられる．

$$M_L = f_1 K d_m \quad (\text{N·mm}) \quad (3.2.8)$$

ここで，f_1 は表3.2.2に示す軸受形式で決まる係数である．d_m(mm) はピッチ円径，K はラジアル玉軸受に対しては次式の値をとる．

$$K = 0.9 F_a \cot\alpha - 0.1 F_r \quad (\text{N})$$
$$K = F_r \quad (\text{N}) \quad (3.2.9)$$

ここで，F_r はラジアル荷重，F_a はアキシアル荷重，α は接触角である．

　ラジアルころ軸受に対しては，次式のうち大きい方の値をとる．

$$K = 0.8 F_a \cot\alpha \quad (\text{N})$$
$$K = F_a \quad (3.2.10)$$

スラスト軸受に対しては，玉軸受，ころ軸受ともに

$$F_a = K \quad (\text{N}) \quad (3.2.11)$$

である．

　摩擦モーメントの速度項 M_S については次式で与えられる．

　$\nu n \geq 2\,000$ に対して

$$M_S = f_0 d_m^3 (\nu n)^{2/3} \times 10^{-7} \quad (\text{N·mm}) \quad (3.2.12)$$

　$\nu n < 2\,000$ に対して

$$M_S = f_0 d_m^3 \times 160 \times 10^{-7} \quad (\text{N·mm}) \quad (3.2.13)$$

ここで，ν：潤滑油（グリースの場合は基油）の動粘度（m²/s），n は回転速度（s⁻¹）であり，f_0 は軸受形式で決まる定数で表3.2.2で与えられる．なお，上述の軸受摩擦モーメントは動摩擦に対するものであるが，このほかに軸受の起動時の摩擦あるい

表 3.2.2　摩擦計算式の定数

軸受形式		f_1	f_0
深溝玉軸受		0.009 $(P_0/C_0)^{0.55}$	1.5～2
アンギュラ玉軸受	$\alpha=30$	0.010 $(P_0/C_0)^{0.33}$	2
	$\alpha=40$	0.013 $(P_0/C_0)^{0.33}$	2
自動調心玉軸受		0.003 $(P_0/C_0)^{0.4}$	1.5～2
円筒ころ軸受		0.002 5～0.003 0	2～3
円すいころ軸受		0.000 4～0.000 5	3～4
自動調心ころ軸受		0.000 4～0.000 5	4～6
スラスト玉軸受		0.001 2 $(P_0/C_0)^{0.33}$	1.5～2

注：1) P_0 は静等価荷重，C_0 は静定格荷重である
　　2) f_0 は油浴潤滑またはグリース潤滑の場合の値であり，噴霧潤滑の場合はこの値の1/2，ジェット潤滑または垂直軸（油浴潤滑で油が十分あるとき）の場合はこの値をとる
　　3) f_0 の小さい方の値は薄肉の直径系列，大きい値は厚肉の直径系列の軸受に適用する

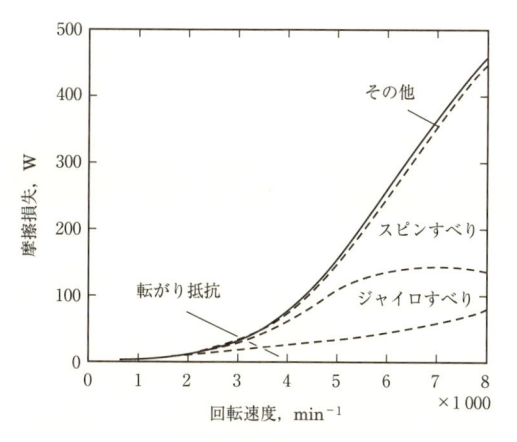

図3.2.8 アンギュラ玉軸受の摩擦損失〔出典：文献16)〕

は軸受の予圧量を確認する目的で用いられる起動摩擦モーメント（起動トルクとも呼ばれる）がある．この値は，上記の荷重項によるモーメントの2倍程度である．

一般設計上の転がり軸受の摩擦モーメントのおおよその値は上記の方法で決定できるが，各種の運動条件によって前述した軸受内の摩擦の大きさが変化する．図3.2.8はアンギュラ玉軸受をアキシアル予圧で使用した場合の摩擦損失を，玉に働く力とモーメントの釣合いの式および保持器にかかるモーメントの式を用いて潤滑膜のEHL粘性抵抗[14,15]を考慮して解析した例である[16]．高速条件下で使用される軸受の摩擦モーメントに関しては軸受内の各種摩擦の見積りが重要である．

3.2.3 転がり軸受の温度上昇

転がり軸受の摩擦損失は，そのほとんどが軸受内部で熱エネルギーに変わり軸受の温度上昇をもたらす．軸受の摩擦モーメントを M (N·mm)，回転速度を n (s^{-1}) とすると，軸受の摩擦による発熱量 H は次式のように表わせる．

$$H = Mn \quad (W) \tag{3.2.14}$$

軸受温度は発熱量と放熱量との平衡によって決まり，軸受の温度を T_m (K)，外気温度を T_o (K)，冷却係数を W_s (W/K) とすると

$$W_s = H/(T_m - T_o) \quad (W) \tag{3.2.15}$$

となる．ここで W_s は次の実験式にて与えられる[13]．

コンクリート基礎 $40 \sim 60\, D^{3/2} v^{1/2}$ (3.2.16)
金属フレーム基礎 $200 \sim 300\, D^{5/4} v^{1/3}$ (3.2.17)

ここで，D は軸受外径 (m)，v は表面空気の流速 (m/s) である．なお，v は普通 1〜2（室内），2〜4（屋外），自然対流のみの場合に軸受の表面温度を T_s (K) とすると $0.113(T_s - T_o)^{1/3}$ である．

軸受の温度上昇を小さくするためには，軸受の摩擦モーメントを小さくし，軸受を貫通する油または空気の流量を大きくし，軸受の有効放熱面積を大きくすることが有効である[17,18]．

3.2.4 転がり軸受の振動と音響

転がり軸受の回転に伴う振動は音に変換されて大気中に放出される．従来から軸受の振動は，空気の粗密波による音圧変化の測定あるいは軸受表面の速度や加速度を計測して評価されてきた．近年，ミニアチュア玉軸受のように振動の小さい軸受では，速度や加速度による評価が行なわれている．

（1）レース音

レース音は，転動体が軌道面を転がることによる転がり軸受の本質的な音である．レース音の発生原因は，軌道面ならびに転動体の円周方向凹凸である．転動体の転がり運動が軌道面と転動体との接触部のばねに微小な変化を発生させ，その結果外輪を強制振動させ，固有振動が音となったものである．

（2）保持器音

保持器音は，玉軸受および円すいころ軸受で発生し保持器が転動体と衝突する音である．保持器音の原因となる保持器の振動は，案内面のすべり摩擦によって誘発される保持器の自励振動であると考えられている[19]．

（3）きしり音

金属がきしるような音色で主に円筒ころ軸受に発生する音で，外輪と転動体間で発生し，その周波数は外輪の直径方向曲げの二次および三次の固有振動数に等しい．グリース潤滑で発生しやすいが，発生機構は十分に解明されていない．

（4）きず音，ごみ音

きず音は，軌道面や転動面にきず，さび，圧痕があると発生し，周期性がある．ごみ音には周期性はなく，軸受外部からのごみの混入や，軸受の洗浄不十分な場合に発生する．

（5）転動体通過振動

軸受をラジアル荷重で使用する場合，負荷域の転動体の位置の変化に伴う内外輪の弾性近接量の差に起因して振動を発生し，その周波数 f は

表 3.2.3 振動を生じるうねりの山数と外輪振動数の関係　　〔出典：文献 20)〕

うねりの場所	うねりの山数		外輪振動の振動数	
	半径方向	軸方向	半径方向	軸方向
内輪	$nZ \pm 1$	nZ	$nZ f_i \pm f_r$	$nZ f_i$
外輪	$nZ \pm 1$	nZ	$nZ f_c$	$nZ f_c$
転動体	$2n$	$2n$	$2n f_b \pm f_c$	$2n f_b$

注：n：正の整数　　f_c：保持器回転速度（Hz）
　　Z：転動体個数　f_b：転動体自転速度（Hz）
　　f_r：内輪回転速度（Hz）　$f_i = f_r - f_c$

$$f = Z f_c \quad (3.2.18)$$

である．ここで，Z は転動体の数，f_c は転動体の公転速度である．

(6) 転がり面のうねりによる振動

転がり面の回転方向に比較的大きな凹凸（うねり）が存在すると軸受は振動する．これは，ひびり音と呼ばれる音響になることがあり．内輪回転する玉軸受にアキシアル荷重を加えた場合，単独のうねりが存在するときの軸受内の力の釣合いを用いて，振動を発生させるうねりの山数とそのうねりの山数によって発生する周波数を求めた結果を表 3.2.3[20]に示す．

文　献

1) G. A. Tomlinson : Pil. Mag., **7**, 46 (1929) 905.
2) J. J. Bikeman : J. Appl. Phys., **20** (1949) 971.
3) D. Tabor : Proc. Roy. Soc. A, **229** (1955) 198.
4) 曽田範宗：軸受，岩波書店 (1964) 99.
5) D. Dowson & T. L. Whomes : Proc. I. Mech. E., **182**, Ptl, 14 (1967/68) 292.
6) H. L. Heathcote : Proc. Inst. Aust. Eng., **15** (1920/21) 569.
7) F. C. Jones & D. F. Wilcock : Trans. ASME, **72** (1950) 817.
8) J. Halling : Principles of Tribology, MacMillian (1975) 174.
9) H. Poritsky, C. W. Hewlett & R. E. Coleman : Appl. Mech., **14** (1947) A261.
10) 曽田範宗・船橋鉀一：潤滑, **16**, 3, (1970) 196.
11) 角田和雄：日本機械学会論文集, **32**, 239 (1966) 1176.
12) Eschmann : Hasbargen & Weigand ; Die Walzlagerpraxis (1953).
13) A. Palmgren : Grundlagen der Walzlagertechnik (1964).
14) J. F. Archard & K. P. Baglin : Trans. ASME J. Trib., **97**, 3 (1975) 398.
15) S. Aihara : Trans. ASME J. Trib., **109**, 3 (1987) 471.
16) H. Aramaki, Y. Shoda, Y. Morishita & T. Sawamoto : Trans. ASME J. Trib., **110**, 4 (1988) 693.
17) A. Palmgren : Grundlagen der Walzlagertechnik (1964).
18) 平野冨士夫・西川兼康：日本機械学会論文集, **19**, 78 (1953) 8.
19) 宮川行雄・関　勝美・横山正幸：潤滑, **17**, 10 (1972) 622.
20) O. Gustafsson : SKF Report, AL 62 L 005 (1962).

3.3　負荷能力と耐久性

3.3.1　寿　命

(1) 軸受の寿命

機械を長期間にわたって使っていると，軸受を正しく使用しても，音響・振動の増加，摩耗による精度低下，潤滑グリースの劣化，転がり面のフレーキングなどによって，軸受が使用に耐えられなくなる．この軸受の使用不能になるまでの期間が"広義の軸受寿命"であり，それぞれ音響寿命，摩耗寿命，グリース寿命，転がり疲れ寿命などと呼ばれている．

この他に，短期間で軸受が使えなくなる現象には，焼付き，割れ・欠け，かじり，スミアリング，フレッチング，クリープなどがある．これらは軸受選定の誤り，軸・ハウジングと周辺の設計不良，取付け不良，使用方法と保守作業の誤りなどに起因するものである．したがって，これらの早期破損は，軸受の"故障"と呼ばれ，"寿命"とは区別されている．

(2) 転がり疲れ寿命

軸受が荷重を受けて回転すると，内輪・外輪の軌道面および転動体の転動面は，一定の集中応力を繰り返し与えられるため，材料の疲れによって，フレーキングと呼ばれるうろこ状の損傷が，軌道面または転動面に現われる．フレーキングは，転がり軸受にとって最終的にどうしても防ぐことができない損傷である．このフレーキングが生じるまでの総回転速度を，転がり疲れ寿命といい，狭義に"寿命"と呼ばれている．そして，その寿命値は確率的な値として計算することが可能である．

3.3.2　基本動定格荷重と疲れ寿命

(1) 基本動定格荷重の定義

転がり軸受の負荷能力を表わす基本動定格荷重とは，内輪を回転させ，外輪を静止させた条件で，信頼度90％の定格疲れ寿命が100万回転（10^6 rev.）

第3章 転がり軸受

表 3.3.1 基本動定格荷重の計算式

区　分		玉軸受	ころ軸受
ラジアル軸受 C_r, N		$b_m f_c\, i (i \cos \alpha)^{0.7} Z^{2/3} D_w^{1.8}$	$b_m f_c (i L_{we} \cos \alpha)^{7/9} Z^{3/4} D_{we}^{29/27}$
単列スラスト軸受 C_a, N	$\alpha = 90°$	$b_m f_c\, Z^{2/3} D_w^{1.8}$	$b_m f_c L_{we}^{7/9} Z^{3/4} D_{we}^{29/27}$
	$\alpha \neq 90°$	$b_m f_c\, i (\cos \alpha)^{0.7} \tan \alpha\, Z^{2/3} D_w^{1.8}$	$b_m f_c (L_{we} \cos \alpha)^{7/9} \tan \alpha\, Z^{3/4} D_{we}^{29/27}$
計算式で使われる量記号とその内容	b_m	普通使用する材料および製造品質による定格係数	
	f_c	軸受各部の形状，加工精度および材料によって定まる定数．一例を表 3.3.3 に示す．	
	i	1 個の軸受内転動体の列数	
	α	呼び接触角 (°)	
	Z	1 列あたりの転動体数	
	D_w	玉の直径 (mm)	
	D_{we}	計算に用いるころの直径* (mm)	
	L_{we}	ころの有効長さ (mm)	

* ころの長さの中央における直径．円すいころでは，ころの大端および小端の面取りがないと仮定したそれぞれの直径の算術平均値であり，皮対象凸面ころでは，ころとつばがない軌道（通常は外輪）との間の無負荷時の接点におけるころの直径の近似値である．

備考：玉軸受の計算式の $D_w^{1.8}$ は，$D_w > 25.4$ mm のとき $3.64 D_w^{1.4}$ となる．

になるような，方向と大きさとが変動しない荷重をいう．ラジアル軸受では方向と大きさが一定の中心ラジアル荷重をとり，スラスト軸受では中心軸に一致した方向で大きさが一定のアキシアル荷重をとる．基本動定格荷重 C は，それぞれの軸受について，ラジアル軸受では C_r，スラスト軸受では C_a として表わされる．

（2）基本動定格荷重の計算

基本動定格荷重の計算式は Lundberg-Palmgren の理論に基づくもので，1962 年に ISO R 281-1962 として採択され，わが国においては昭和 40 年 3 月に JIS B 1518-1965 として制定された．その後，これらの規格は若干の修正を経てそれぞれ ISO 281：1990，JIS B 1518-1992 になっている．

ISO 281：1990 に基づいた JIS B 1518-1992 による基本動定格荷重の計算式を表 3.3.1 に示す．主要各国における規格も同様にすでに改正されたか，改正される予定である．

表 3.3.2 ラジアル軸受の定格係数 b_m

軸受の形式		b_m
玉軸受	深溝玉軸受，アンギュラ玉軸受，自動調心玉軸受，マグネット玉軸受	1.3
	入れ溝付き玉軸受	1.1
	（軸受）ユニット用玉軸受	1
ころ軸受	円筒ころ軸受，円すいころ軸受，ソリッド形針状ころ軸受	1.1
	シェル型針状ころ軸受	1
	自動調心ころ軸受	1.15

この表における定格係数 b_m および係数 f_c 値を表 3.3.2 および表 3.3.3 に示す．b_m は新しく導入されたもので，現在達成されている設計，使用材料および製造上の技術改善の成果を考慮するための係数である．

表 3.3.3 の値は，ラジアル玉軸受について示したもので，スラスト玉軸受，ラジアルころ軸受についても，個別の値が示されている．

（3）定格寿命

a．基本定格寿命

寸法，構造，材料，熱処理，加工法を同じにした数多くの軸受を，全く同じ条件で運転しても，軸受の転がり疲れは寿命は図 3.3.1 のように横軸に寿命，縦軸に破損確率密度をとると，大きなばらつきがあり，最長寿命は最短寿命の 50～100 倍にも達するのが普通である．軸受材料は極めて清浄度の良い鋼で均質なものであるが，転がり接触面における接触圧力が大きいために，材料のミクロなオーダの不均質性が疲れ強さに敏感に影響する結果である．

軸受の寿命値のばらつきがあまりにも大きいために，例えば平均値をとっても意味がない値になる．そこで，この寿命の値を示す一つの統計量として，定格寿命 L という考え方が使われる．特に信頼度 90% の定格寿命を基本定格寿命 L_{10} と定義し，一般に用いている．

基本定格寿命とは，一つのグループの同じ大きさの軸受を同じ条件で回転させたとき，その全体のうちの 90% の個数の軸受が転がり疲れによるフレーキングを起こさないで回転できる総回転数をいう．

表 3.3.3　ラジアル玉軸受の係数 f_c

$D_w \cos\alpha/D_{pw}$	f_c 単列深溝玉軸受 単列・複列アンギュラ玉軸受	f_c 複列深溝玉軸受	f_c 自動調心玉軸受
0.05	46.7	44.2	17.3
0.06	49.1	46.5	18.6
0.07	51.1	48.4	19.9
0.08	52.8	50.0	21.1
0.09	54.3	51.4	22.3
0.10	55.5	52.6	23.4
0.12	57.5	54.5	25.6
0.14	58.8	55.7	27.7
0.16	59.6	56.5	29.7
0.18	59.9	56.8	31.7
0.20	59.9	56.8	33.5
0.22	59.6	56.5	35.2
0.24	59.0	55.9	36.8
0.26	58.2	55.1	38.2
0.28	57.1	54.1	39.4
0.30	56.0	53.0	40.3
0.32	54.6	51.8	40.9
0.34	53.2	50.4	41.2
0.36	51.7	48.9	41.3
0.38	50.0	47.4	41.0
0.40	48.4	45.8	40.4

備考：1. 表に示されていない $D_w \cos\alpha/D_{pw}$ に対する f_c の値は、比例補間法によって求める
　　　2. D_{pw}：玉のピッチ円直径

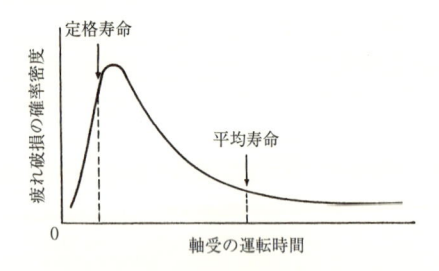

図 3.3.1　軸受の疲れ寿命のばらつき

転がり軸受の基本定格寿命と軸受荷重、基本動定格荷重との間には、理論と実際をもとにして次の関係があることが知られている[1]。

玉軸受　　　$L_{10}=(C/P)^3$ 　　　(3.3.1)
ころ軸受　　$L_{10}=(C/P)^{10/3}$ 　(3.3.2)

ここで、L_{10}：基本定格寿命（単位は 10^6 総回転数、すなわち $L=3$ であれば、フレーキングを起こすまでに 300 万回転に耐えるということ）、P：動等価荷重 (N)、C：基本動定格荷重 (N) である。

なお、L_{10} を時間 (h) 単位で表わすと、回転速度を n (min^{-1}) として、

$$L_h=(10^6/60n)L=16\,667L/n \quad (3.3.3)$$

と表わされる。

b. 補正定格寿命

最近の軸受材料や加工法の進歩により、軸受の疲れ寿命も延びており、従来から使われてきた基本定格寿命の計算式 (3.3.1) および式 (3.3.2) から計算される基本定格寿命を大きく上回る軸受が製造されるようになってきた[2]。また、弾性流体潤滑 (EHL) 理論の研究により軌道と転動体との接触部における潤滑油膜の厚さが疲れ寿命に影響することが解明されてきた。

これらを疲れ寿命計算式に反映させるために、下記の補正係数を用いて基本定格寿命を補正することができる。

$$L_{na}=a_1a_2a_3L_{10} \quad (3.3.4)$$

ここで、L_{na}：信頼度が $(100-n)\%$ すなわち破損確率 $n\%$ の補正定格寿命。

a_1：信頼度係数―従来使われてきた基本定格寿命は信頼度 90% での疲れ寿命を表わすものであるが、航空機などをはじめとして、最近さらに高い信頼度で軸受の寿命を求める必要が生じてきた。90% 以上の信頼度で疲れ寿命を計算しようとするときの寿命値は、基本定格寿命より短くなる。この場合に使うのが信頼度係数であり、数多くの軸受の寿命試験によって得られた表 3.3.4 の値が使われる。

a_2：軸受特性係数―材料の種類およびその品質、製造工程および/または設計が特殊である場合には、寿命に軸受特性が変化する。このような場合に、a_2 を用いて寿命を補正する。現状では、a_2 の値と定量化が可能な材料特性または軸受の軌道形状との関係を明らかにすることができないので、寿命試験の

表 3.3.4　信頼度係数 a_1

信頼度, %	L_{na}	a_1
90	L_{10a}	1
95	L_{5a}	0.62
96	L_{4a}	0.53
97	L_{3a}	0.44
98	L_{2a}	0.33
99	L_{1a}	0.21

結果および経験に基づいて a_2 の値を定める．

a_3：使用条件係数―軸受の使用条件，特に潤滑条件が疲れ寿命に及ぼす影響を補正する係数である．

転がり接触面にできるEHL油膜厚さを h とし，二つの接触面それぞれの粗さを σ_1 および σ_2 とするとき，

$$\Lambda = h/\sqrt{\sigma_1^2 + \sigma_2^2} \quad (3.3.5)$$

を油膜パラメータとする．なお，h に最小油膜厚さと中央油膜厚さをとる場合があり，多少 Λ の値が変わるので注意を要する．$\Lambda \geq 3$ は油膜が完全に形成される条件で $a_3 = 1$ をとることができる．$\Lambda < 3$ であれば，$a_3 < 1$ になる．$a_3 < 1$ の場合には，転がり疲れによって材料に発生するクラックの発生形態が表面下起点から表面起点に変わるため，$a_2 > 1$ を採

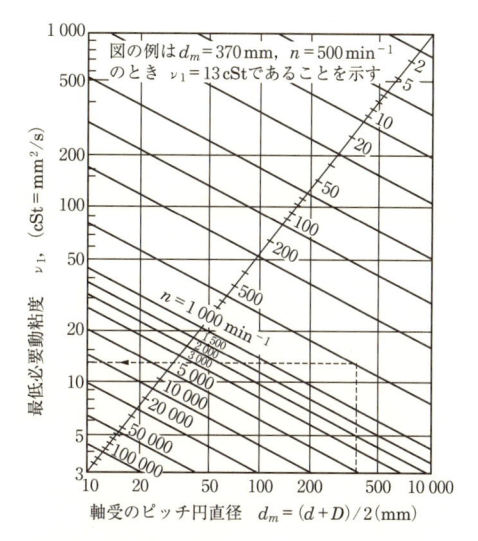

図 3.3.4　軸受の運動に必要な最低動粘度 ν_1

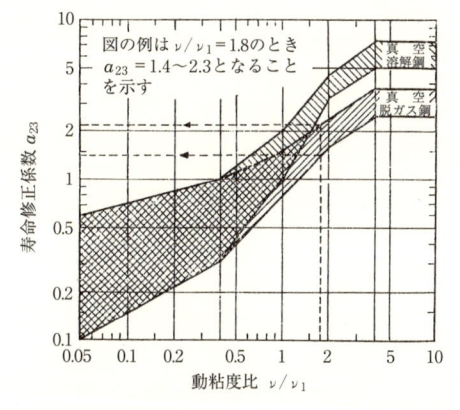

図 3.3.2　寿命修正係数 a_{23} と動粘度比 ν/ν_1

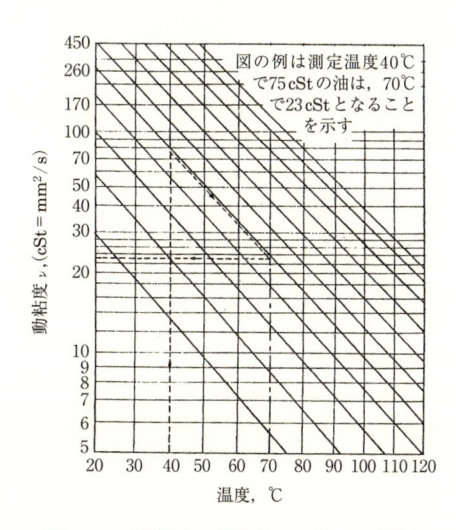

図 3.3.3　潤滑油の動粘度 ν と温度の関係

用することはできない．

a_{23}：寿命修正係数―使用条件係数 a_3 は，現状では未知の分野が多く，個々の使用条件によって定量的に示すのはむずかしい．また，軸受特性係数 a_2 は，使用条件に影響されるので，a_2 および a_3 をそれぞれ独立の係数として取り扱わず，$(a_2 \times a_3)$ の一つの値 a_{23} として一緒に扱う考え方もある[3]．

寿命修正係数 a_{23} と潤滑油の動粘度比 $= \nu/\nu_1$ の関係を図3.3.2に示す．ここで，ν は軸受の運転温度における潤滑剤の動粘度であり，図3.3.3の動粘度-温度線図から，使用する潤滑剤の測定温度における動粘度の値を知って求めることができる．また，ν_1 は必要動粘度で軸受のピッチ円径（外径 D ＋内径 d）$/2$ と軸受の回転速度 n から図3.3.4によって求める．グリース潤滑の場合，動粘度 ν には基油の動粘度を使う．

$\Lambda \geq 3$ の条件下でも，ごみや異物や摩耗粉があると，実質的には転がり接触面で固体接触が起こり，油膜が薄い場合と同じように軸受寿命は大きく減少するので注意が必要である．

c. 新寿命計算式の提案

近年，寿命計算式のさらなる高度化を目標として，ISOを中心とした寿命計算式の改定の動きもある．

従来，使用条件係数 a_3 は油膜パラメータ Λ との関連で論じられてきた．しかしながら，フィルタリング技術が向上してきたため，潤滑油中の混入異物

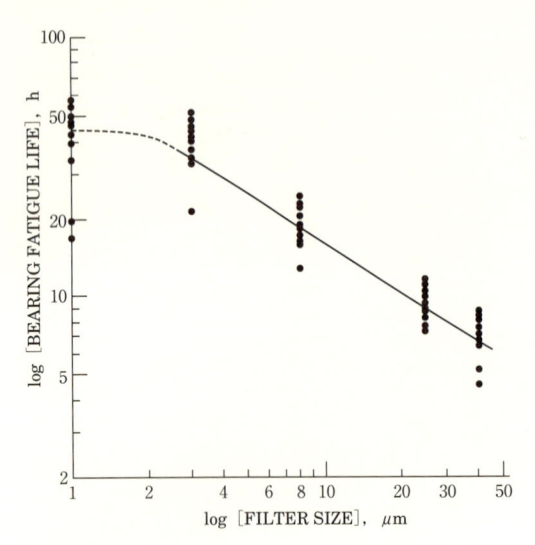

図 3.3.5 フィルタサイズと L_{50} 寿命との関係
〔出典：文献 4)〕

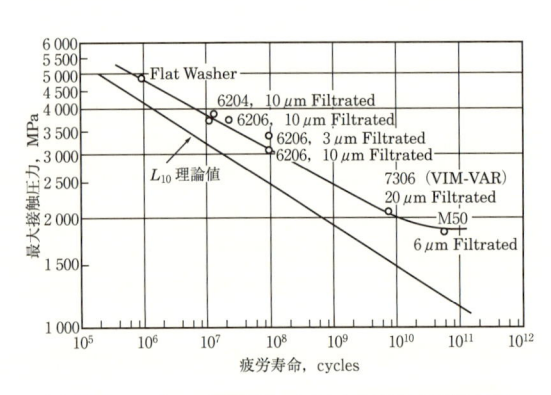

図 3.3.6 クリーン潤滑下における各種寿命試験結果
〔出典：文献 5)〕

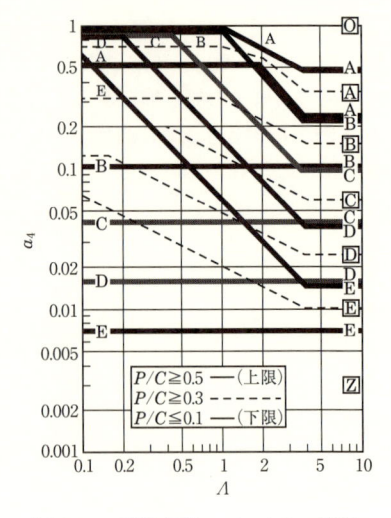

図 3.3.7 環境係数 a_4 と Λ との関係

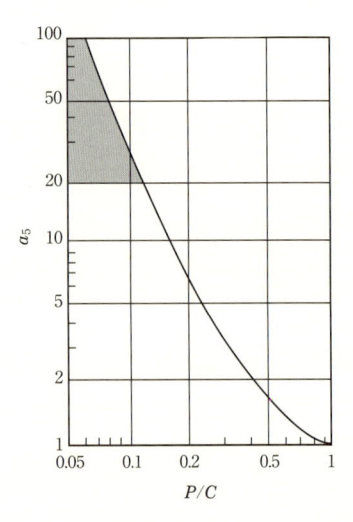

図 3.3.8 疲労限係数 a_5 と P/C との関係
〔出典：文献 7)〕

の影響を完全に排除できるようになり，混入異物によって寿命が著しく低下してしまうことが明らかとなってきた．図 3.3.5 にフィルタサイズと L_{50} 寿命との関係を示す[4]．

さらに，軸受材料の清浄度が飛躍的に向上した効果と相まって，混入異物の影響を排除した条件下で負荷荷重を下げて寿命試験を行なっていくと，実寿命が計算寿命から長寿命側へ乖離してくることが確認されつつある．図 3.3.6 にクリーン潤滑下における各種寿命試験結果を示す[5]．

この現象は，転がり軸受には存在しないといわれていた疲労限の存在を予測するものである．これらの知見は，新寿命計算式には潤滑油の汚染度（異物混入）ならびに疲労限度の因子を組み入れなければ

なはないことを示唆しており，この方向に沿った新寿命計算式の提案〔$L_{naa}=a_1 a_{SKF}(C/P)^p$, $L_{nas}=a_1 a_2 a_3 a_4 a_5 (C/P)^p$〕が討議されている[6]．図 3.3.7 に環境係数 a_4 と Λ との関係，図 3.3.8 に疲労限係数 a_5 と P/C との関係を示す[7]．

（4）動等価荷重

軸受に作用する荷重は，ラジアル荷重またはアキシアル荷重が単独に加わる場合もあるが，実際にはラジアル荷重とアキシアル荷重とが同時にかかる合成荷重のことが多く，その大きさや方向が変動することもある．

第3章 転がり軸受

表3.3.5 ラジアル玉軸受の係数 X および Y

軸受の形式		アキシアル荷重比		単列軸受				e
				$F_a/F_r \leqq e$		$F_a/F_r > e$		
				X	Y	X	Y	
深溝玉軸受		$f_0 F_a^*/C_{0r}$	F_a/iZD_w^2	1	0	0.56	2.30	0.19
		0.172	0.172				1.99	0.22
		0.345	0.345				1.71	0.26
		0.689	0.689				1.55	0.28
		1.03	1.03				1.45	0.30
		1.38	1.38				1.31	0.34
		2.07	2.07				1.15	0.38
		3.45	3.45				1.04	0.42
		5.17	5.17				1.00	0.44
		6.89	6.89					
アンギュラ玉軸受	α	$f_0 i F_a^*/C_{0r}$	F_a/ZD_w^2					
	15°	0.178	0.172	1	0	0.44	1.47	0.38
		0.357	0.345				1.40	0.40
		0.714	0.689				1.30	0.43
		1.07	1.03				1.23	0.46
		1.43	1.38				1.19	0.47
		2.14	2.07				1.12	0.50
		3.57	3.45				1.02	0.55
		5.35	5.17				1.00	0.56
		7.14	6.89				1.00	0.56
	20°	—	—	1	0	0.43	1.00	0.57
	25°	—	—			0.41	0.87	0.68
	30°	—	—			0.39	0.76	0.80
	35°	—	—			0.37	0.66	0.95
	40°	—	—			0.35	0.57	1.14
	45°	—	—			0.33	0.50	1.34
自動調心玉軸受				1	0	0.40	$0.4\cot\alpha$	$1.5\tan\alpha$
マグネト玉軸受				1	0	0.5	2.5	0.2

* f_0 の値については，JIS B 1519 参照
備考 1. アキシアル荷重比の許容最大値は，軸受の設計（ラジアル内部すきまおよび溝の深さ）によって異なる．
2. 表に示されていない $f_0 F_a^*/C_{0r}$，F_a/ZD_w^2，$f_0 i F_a^*/C_{0r}$，F_a/ZD_w^2，または α に対する X，Y および e の値は，一次補間法によって求める．

このような場合，軸受の疲れ寿命計算には，軸受にかかる荷重をそのまま使うことができないので，いろいろな回転条件や荷重条件のもとで，軸受が実際にもつ疲れ寿命と等しい寿命を与えるような，大きさが一定の軸受中心を通る仮想荷重を考える．この仮想荷重を動等価荷重 P という．

動等価ラジアル荷重を P_r，動等価アキシアル荷重を P_a とすると，次の式で表わされる．

ラジアル軸受　　$P_r = XF_r + YF_a$　　(3.3.6)
スラスト軸受　　$P_a = XF_r + YF_a$　　(3.3.7)

ここに，F_r はラジアル荷重（N），F_a はアキシアル荷重（N）である．また，ラジアル荷重係数 X，アキシアル荷重係数 Y は軸受寸法表に示されている．

なお，$\alpha = 0°$ のラジアルころ軸受では $P_r = F_r$ とする．表3.3.5 にラジアル軸受の一例を，表3.3.6 にスラスト軸受について示す．

アキシアル荷重係数 Y は，軸受の接触角 α によって変化する．深溝玉軸受やアンギュラ玉軸受ではアキシアル荷重が大きくなると接触角も弾性変形によって大きくなる．この接触角の変化は，基本静定格荷重 C_{0r} とアキシアル荷重 F_a との比として表わすことができる．したがって，表3.3.5 において，この比 F_a/C_{0r} に対するアキシアル荷重係数は，この接触角の変化を考慮して示してある．

一般のスラスト軸受は，ラジアル荷重を受けることができないので，$P_a = F_a$ になる．しかし，スラスト自動調心ころ軸受は $F_r/F_a \leqq 0.55$ の条件下でラジアル荷重を負荷することができる．この場合の動等価荷重は

$$P_a = F_a + 1.2F_r \quad (3.3.8)$$

として求められる．

［計算例］

単列アンギュラ玉軸受の動等価荷重を求める．基本静定格荷重 $C_{0r} = 50$ kN，アキシアル荷重 $F_a = 6$ kN，ラジアル荷重 $F_r = 10$ kN，接触角 $\alpha = 15°$ とすると，$i = 1$ として $iF_a/C_0 = 0.12$，$F_a/F_r = 0.6 > e = 0.47$ となり，表3.3.5 より $X = 0.44$，$Y = 1.19$ が得られる．したがって，$P_r = 11.5$ kN となる．

（5）軸受荷重の算定

軸受に作用する荷重は，一般に軸受が支える物体の重量，回転体の自重，歯車やベルトの伝達力および機械の運転によって生じる荷重などである．これらの荷重は，理論的に数値計算できるものもあるが，計算が困難なものもある．また，機械は運転中に振動や衝撃を伴うものが多く，軸受に作用する荷重の全てを正確に求めることはむずかしい．したが

表 3.3.6　スラスト玉軸受の係数 X および Y

	単式軸受[*1]		複式軸受				
	$\frac{F_a}{F_r} > e$		$\frac{F_a}{F_r} \leq e$		$\frac{F_a}{F_r} > e$		
α	X	Y	X	Y	X	Y	e
45°	0.66	1	1.18	0.59	0.66	1	1.25
50°	0.73		1.37	0.57	0.73		1.49
55°	0.81		1.60	0.56	0.81		1.79
60°	0.92		1.90	0.55	0.92		2.17
65°	1.06		2.30	0.54	1.06		2.68
70°	1.28		2.90	0.53	1.28		3.43
75°	1.66		3.89	0.52	1.66		4.67
80°	2.43		5.86	0.52	2.43		7.09
85°	4.80		11.75	0.51	4.80		14.29

[*1] $\frac{F_a}{F_r} > e$ の場合，単式軸受を使用するのは，適当ではない．
[*2] スラスト玉軸受は $\alpha > 45°$ であるが，$45° < \alpha < 50°$ に対する X および Y の値を補間法によって求めるため，$\alpha = 45°$ に対する値を示してある．
備考：表に示されていない α に対する X および Y の値は，一次補間法によって求める．

って，軸受荷重をより正しく求めるため，計算に用いる荷重に経験によって得られた種々の係数を考慮する．

a. 荷重係数

ラジアル荷重やアキシアル荷重が計算によって求められても，実際に軸受にかかる荷重は，機械の振動や衝撃によって計算値より大きくなることが多い．その荷重は，次式で求められる．

$$F_r = f_w \cdot F_{rc} \quad (3.3.9)$$
$$F_a = f_w \cdot F_{ac} \quad (3.3.10)$$

ここで，F_r, F_a：軸受に作用する荷重（N），F_{rc}, F_{ac}：理論上の計算荷重（N），f_w：荷重係数，である．

荷重係数 f_w は，表 3.3.7 に示す値を目安とする．

b. ベルト係数・チェーン係数

ベルトまたはチェーンによって動力を伝えるとき，プーリやスプロケットホイールに作用する力は，次の式で求まる．

$$M = 9.55 \times 10^6 H/n \quad (3.3.11)$$
$$P = M/r \quad (3.3.12)$$

ここで，M：プーリまたはスプロケットホイールに作用するトルク（N・m），H：伝達動力（kW），n：回転速度（$\min^{-1}$），P：ベルトまたはチェーンの有効伝動力（N），r：プーリまたはスプロケットホイールの有効半径（mm），である．

ベルト伝動の場合，プーリ軸にかかる荷重 F は，有効伝達力にベルトの引張力を考慮したベルト係数 f_b を乗じて求める．ベルト係数 f_b の値は，ベルトの種類によって表 3.3.8 に示すような値をとる．

チェーン伝動の場合は，f_b に相当する値を 1.25〜1.5 とする．

c. 歯車係数

歯車伝動のとき，歯車にかかる荷重は，歯車の種類によって計算方法が異なる．最も簡単な平歯車の場合を例にとれば，次のようになる．

$$M = 9.55 \times 10^6 H/n \quad (3.3.13)$$
$$P = M/r \quad (3.3.14)$$
$$S = P \tan \theta \quad (3.3.15)$$
$$F = \sqrt{P^2 + S^2} = P/\cos \theta \quad (3.3.16)$$

ここで，M＝歯車に作用するトルク（N・mm），P＝歯車の接線方向の力（N），S＝歯車のラジアル方向の力（N），F＝歯車にかかる合成力（N），H＝伝達動力（kW），n＝回転速度（$\min^{-1}$），r＝駆動歯車のピッチ円半径（mm），θ＝圧力角，である．

式 (3.3.16) で求めた荷重を軸受荷重として使うと

表 3.3.7　荷重係数 f_w の値

運転条件	使用箇所例	f_w
衝撃のない円滑運転のとき	電動機，工作機械，空調機械	1〜1.2
普通の運転のとき	送風機，コンプレッサ，エレベータ，クレーン，製紙機械	1.2〜1.5
衝撃・振動を伴う運転のとき	建設機械，クラッシャ，振動ぶるい，圧延機	1.5〜3

表 3.3.8　ベルト係数 f_b の値

ベルトの種類	f_b
歯付きベルト	1.3〜2
V ベルト	2〜2.5
平ベルト（テンションプーリ付き）	2.5〜3
平ベルト	4〜5

表 3.3.9　歯車係数 f_g の値

歯車の仕上げ程度	f_g
精密研削歯車	1〜1.1
普通の切削歯車	1.1〜1.3

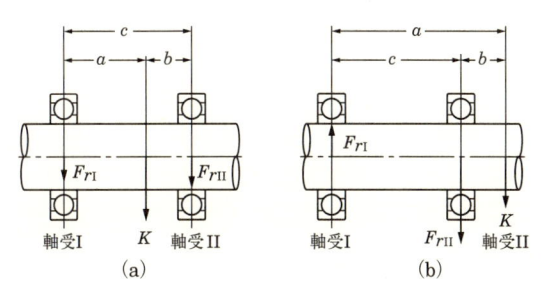

図 3.3.9 ラジアル荷重の配分

きには，計算上の荷重のほかに，歯車の振動，衝撃が加わるので，計算値に表 3.3.9 に示す歯車係数 f_g をかける．

d. 荷重の配分

図 3.3.9 のような場合，軸受 I および軸受 II にかかる軸受荷重は，静力学の釣合いの計算からいずれの場合も次式で求められる．

$$F_{rI} = \frac{b}{c} K \quad (3.3.17)$$

$$F_{rII} = \frac{a}{c} K \quad (3.3.18)$$

ここで，F_{rI}：軸受 I にかかるラジアル荷重 (N)，F_{rII}：軸受 II にかかるラジアル荷重 (N)，K：軸荷重 (N)，である．

寸法 a，b，c は軸受中心からの距離を表わすが，アンギュラ玉軸受および円すいころ軸受では，作用点が基準となる．

また，これらの場合が重なるときは，それぞれの場合のラジアル荷重を求め，荷重の方向に従って，そのベクトル和を計算すればよい．

e. 変動する荷重の平均荷重

軸受に作用する荷重がいろいろ変動する場合，その変動する荷重条件における軸受の疲れ寿命と等しい寿命となるような平均荷重を求めて，疲れ寿命を計算する．

（ⅰ）荷重と回転速度との関係が段階的に分けられる場合（図 3.3.10）

荷重 F_1 を受けて，回転数 n_1 で作動時間 t_1
荷重 F_2 を受けて，回転数 n_2 で作動時間 t_2
　⋮
荷重 F_n を受けて，回転数 n_n で作動時間 t_n のとき

平均荷重 F_m は次式によって求められる．

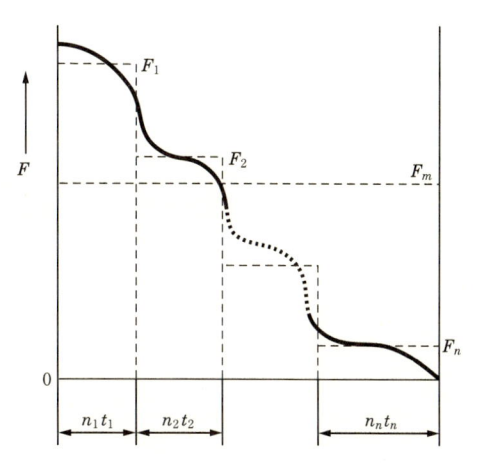

図 3.3.10 段階的な変動荷重

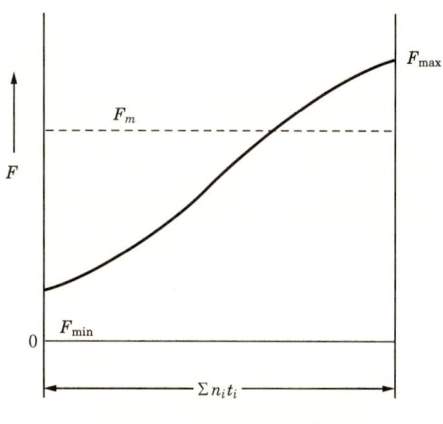

図 3.3.11 単調な変動荷重

$$F_m = \sqrt[p]{\frac{F_1^p n_1 t_1 + F_2^p n_2 t_2 + \cdots + F_n^p n_n t_n}{n_1 t_1 + n_2 t_2 + \cdots + n_n t_n}}$$

$$(3.3.19)$$

ここで，F_m：変動する荷重の平均値 (N)，$p=3$：玉軸受の場合，$p=10/3$：ころ軸受の場合，である．

また，平均回転速度 n_m は，次式によって求められる．

$$n_m = \frac{n_1 t_1 + n_2 t_2 \cdots + n_n t_n}{t_1 + t_2 + \cdots + t_n} \quad (3.3.20)$$

（ⅱ）荷重がほぼ直線的に変動する場合（図 3.3.11）

平均荷重 F_m は，近似的に次式によって求められる．

$$F_m \fallingdotseq \frac{1}{3}(F_{\min} + 2F_{\max}) \quad (3.3.21)$$

ここで，$F_{\min}$：変動荷重の最小値 (N)，$F_{\max}$：変

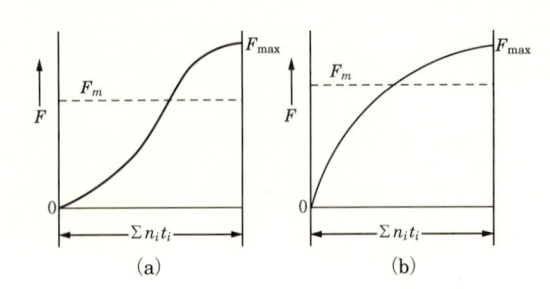

図 3.3.12　正弦曲線的に変動する荷重

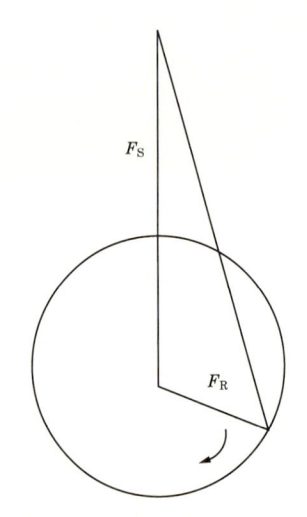

図 3.3.13　回転荷重と静止荷重

動荷重の最大値（N）である．

(iii) 荷重が正弦曲線的に変動する場合（図 3.3.12）

平均荷重 F_m は，近似的に次式によって求められる．

図 3.3.8 の (a) のとき　　$F_m \fallingdotseq 0.65 F_{max}$
$$\text{(3.3.22)}$$

(b) のとき　　$F_m \fallingdotseq 0.75 F_{max}$
$$\text{(3.3.23)}$$

(iv) 回転過重と静止荷重が同時に作用する場合（図 3.3.13）

平均荷重は，近似的次式によって求められる．

① $F_R \geqq F_S$ の場合

$$F_m \fallingdotseq F_R + 0.3 F_S + 0.2 \frac{F_S^2}{F_R} \quad (3.3.24)$$

② $F_R < F_S$ の場合

$$F_m \fallingdotseq F_S + 0.3 F_R + 0.2 \frac{F_R^2}{F_S} \quad (3.3.25)$$

3.3.3　基本静定格荷重と静等価荷重

（1）基本静定格荷重の定義

転がり軸受が静止しているとき，過大な荷重を受けたり瞬間的に大きな衝撃荷重を受けると，転動体と軌道との接触面の応力が材料の弾性限界を超え，局部的に塑性変形し，圧痕を生じてしまう．この圧痕（永久変形量）は，荷重が大きくなるに従って大きくなり，ある限度を超えると，軸受の円滑な回転を妨げるようになる．

基本静定格荷重とは，最大応力を受けている転動体と軌道の接触部の中央において，次の計算上の接触面を生じさせるような静荷重をいう．

　　自動調心玉軸受　　　4 600 MPa
　　その他の玉軸受　　　4 200 MPa
　　ころ軸受　　　　　　4 000 MPa

この接触応力を受けている接触部において，転動体の永久変形量と軌道の永久変形量との和は，転動体の直径のほぼ 0.000 1 倍となる．基本静定格荷重 C_0 の値は，それぞれの軸受について，ラジアル軸受では C_{0r}，スラスト軸受では C_{0a} と示される．

（2）基本静定格荷重の計算

JIS B 1519-1989 による基本静定格荷重の計算式を表 3.3.10 に示す．

ここで f_0 の値は表 3.3.11 による．また，計算に用いるころの直径 D_{we} は，ころの長さの中央における直径であり，円すいころでは，ころの大端面と小端面の面取りがないと仮定した場合の直径の平均値に等しくとる．ころの有効長さ L_{we} は，ころが内輪または外輪の軌道面と接触する長さのうちの短い方の長さをとり，普通，ころ長さからころの面取りを減じた寸法，または軌道幅から研削逃げを減じた寸法のうち短い方をとっている．

［計算例］

複列円すいころ軸受の基本静定格荷重：ころの平均直径 $D_{we}=13$ mm，ころの有効長さ $L_{we}=22$ mm，ころセットのピッチ径 $D_{pw}=50$ mm，接触角 $\alpha=15°$，1 列あたりのころ数 $Z=20$，列の数 $i=2$．

表 3.3.10 のラジアルころ軸受の計算式を用いて，$C_{0r}=364$ kN である．

（3）静等価荷重

静等価荷重とは，軸受が静止している場合（極低速回転，低速揺動を含む），実際の荷重条件のもとで生じる最大の接触応力に等しい接触応力を，最大荷重を受ける転動体と軌道との接触部に生じさせる

表3.3.10 基本静定格荷重の計算式

基本静定格荷重	形式	玉軸受	ころ軸受
C_{0r}, N	ラジアル軸受	$f_0 i Z D_w^2 \cos \alpha$	$44\left(1 - \dfrac{D_{we}\cos\alpha}{D_{pw}}\right) i Z L_{we} D_{we} \cos \alpha$
C_{0r}, N	スラスト軸受	$f_0 i Z D_w^2 \sin \alpha$	$44\left(1 - \dfrac{D_{we}\cos\alpha}{D_{pw}}\right) i Z L_{we} D_{we} \sin \alpha$
記号	f_0	\multicolumn{2}{l	}{軸受各部の形状および適用する応力水準によって定まる係数. 一例を表3.3.11に示す.}
	i	\multicolumn{2}{l	}{1個の軸受内の転動体の列数}
	α	\multicolumn{2}{l	}{軸受の呼び接触角(°)}
	Z	\multicolumn{2}{l	}{1列あたりの転動体数}
	D_w	\multicolumn{2}{l	}{玉の直径(mm)}
	D_{pw}	\multicolumn{2}{l	}{玉セットまたはころセットのピッチ径(mm)}
	D_{we}	\multicolumn{2}{l	}{計算に用いるころの直径(mm)}
	L_{we}	\multicolumn{2}{l	}{ころの有効長さ(mm)}

表3.3.11 玉軸受の係数 f_0 の値

$\dfrac{D_w \cos \alpha}{D_{pw}}$	深溝玉軸受およびアンギュラ玉軸受	自動調心玉軸受	スラスト玉軸受
	\multicolumn{3}{c	}{f_0}
0	14.7	1.9	61.6
0.01	14.9	2.0	60.8
0.02	15.1	2.0	59.9
0.03	15.3	2.1	59.1
0.04	15.5	2.1	58.3
0.05	15.7	2.1	57.5
0.06	15.9	2.2	56.7
0.07	16.1	2.2	55.9
0.08	16.3	2.3	55.1
0.11	6.4	2.4	53.5
0.11	16.1	2.4	52.7
0.12	15.9	2.4	51.9
0.13	15.6	2.5	51.2
0.14	15.4	2.5	50.4
0.15	15.2	2.6	49.6
0.16	14.9	2.6	48.8
0.17	14.7	2.7	48.0
0.18	14.4	2.7	47.3
0.19	14.2	2.8	46.5
0.2	14.0	2.8	45.7
0.21	13.7	2.8	45.0
0.22	13.5	2.9	44.2

ような大きさの仮想荷重をいう．ラジアル軸受では，軸受中心を通るラジアル荷重をとり，スラスト軸受では，中心軸に一致した方向のアキシアル荷重をとる．

a. 静等価ラジアル荷重

実際の荷重条件下で生じる接触応力と同じ接触応力を，最大荷重を受けている転動体と軌道の接触部中央に生じさせる静ラジアル荷重．ラジアル軸受の静等価ラジアル荷重は，次の式から求めた二つの値のうち，大きい方の値をとる．

$$P_{0r} = X_0 F_r + Y_0 F_a \quad (3.3.26)$$
$$P_{0r} = F_r \quad (3.3.27)$$

ここで，P_{0r}：ラジアル静等価荷重(N)，F_r：ラジアル荷重(N)，F_a：アキシアル荷重(N)，X_0：静ラジアル荷重係数，Y_0：静アキシアル荷重係数，である．

係数 X_0 および Y_0 の値は，表3.3.12による．

また，ラジアル荷重だけを受ける $\alpha = 0°$ のラジアルころ軸受の静等価荷重は，式(3.3.27)から求める．

[計算例]

複列アンギュラ軸受の静等価荷重：ラジアル荷重 $F_r = 2$ kN，アキシアル荷重 $F_a = 1.5$ kN，接触角 $\alpha = 30°$．

まず，表3.3.12より，$X_0 = 1$，$Y_0 = 0.66$ を得る．式(3.3.26)および式(3.3.27)より，$P_{0r} = 2.99$ kN と $P_{0r} = 2$ kN が求まる．したがって，大きい方の値をとり $P_{0r} = 2.99$ kN となる．

b. 静等価アキシアル荷重

実際の荷重条件の下で生じる接触応力と同じ接触応力を，最大荷重を受けている転動体と軌道との接触部中央に生じさせる静中心ラジアル荷重．$\alpha \neq 90°$ のスラスト軸受の静等価アキシアル荷重は次の式から求められる．

$$P_{0a} = 2.3 F_r \tan \alpha + F_a \quad (3.3.28)$$

ここで，P_{0a}：静等価アキシアル荷重(N)，F_r：ラジアル荷重(N)，F_a：アキシアル荷重(N)，である．

複式軸受の場合，この式は F_r/F_a の値に関係なく適用できる．単式軸受の場合，この式は $F_r/F_a \leq 0.44 \cot \alpha$ の場合に正しく当てはまり，$0.44 \cot \alpha \leq F_r/F_a \leq 0.67 \cot \alpha$ の場合には，ほぼ満足な値を与える．

また，$\alpha = 90°$ のスラスト軸受は，アキシアル荷重だけを受けることができる．この形式の軸受の静等価アキシアル荷重は，次の式から求める．

$$P_{0a} = F_a \quad (3.3.29)$$

(4) 静許容荷重係数

軸受に許容される静等価荷重は，基本静定格荷重

表 3.3.12 ラジアル玉軸受の係数 X_0 および Y_0 の値

軸受の形式		単列軸受		複列軸受	
		X_0	Y_0	X_0	Y_0
深溝玉軸受*		0.6	0.5	0.6	0.5
アンギュラ玉軸受	$\alpha=15°$	0.5	0.46	1	0.92
	20°	0.5	0.42	1	0.84
	25°	0.5	0.38	1	0.76
	30°	0.5	0.33	1	0.66
	35°	0.5	0.29	1	0.58
	40°	0.5	0.26	1	0.52
	45°	0.5	0.22	1	0.44
自動調心玉軸受	$\alpha\neq0°$	0.5	0.22	1	0.44

* $\dfrac{F_a}{C_{0r}}$ の最大許容値は,軸受の設計(内部すきまおよび軌道溝の深さ)による.

表 3.3.13 静許容荷重係数 f_s の値

軸受の使用条件	f_sの下限	
	玉軸受	ころ軸受
音の静かな運転を必要とする場合	2	3
振動・衝撃がある場合	1.5	2
普通の運転条件の場合	1	1.5

と軸受に要求される条件や軸受の使用条件によって異なる.

基本静定格荷重に対する安全度を検討するための静許容荷重f_sは,式(3.3.30)によって求められる.一般に推奨されるf_sの値を表 3.3.13 に示す.

$$f_s = \frac{C_0}{P_0} \qquad (3.3.30)$$

ここで,C_0:基本静定格荷重(N),P_0:静等価荷重(N),である.

スラスト自動調心ころ軸受については,普通,$f_s \geq 4$ とする.

3.3.4 軸受内部の荷重分布および変位
(1) 軸受内の荷重分布

接触角αをもつ単列軸受(アンギュラ玉軸受,円すいころ軸受など)にラジアル荷重F_r,アキシアル荷重F_aが作用する場合,その軸受の中にある各々の転動体が受ける荷重の大きさは,弾性接触理論によって計算することができる.

F_rとF_aとの比によって負荷圏の範囲は変動し,軌道の一部分が荷重を受ける場合もあり,軌道の全円周が荷重を受ける場合もある.負荷圏の広さは負荷率εによって表わされる.軌道円周上の一部分が荷重を受けているときには,εは負荷圏の投影長さと軌道直径との比であり,このような場合には$\varepsilon \leq 1$ となる(図 3.3.14 参照).

これに対して軌道の全円周が荷重を受ける場合には,

$$\varepsilon = \frac{\delta_{\max}}{\delta_{\max} - \delta_{\min}} \geq 1 \quad (3.3.31)$$

ここで,$\delta_{\max}$:最大荷重を受ける転動体の全弾性変位量(mm),$\delta_{\min}$:最小荷重を受ける転動体の全弾性変位量(mm),である.

軸受の任意の転動体の受ける荷重$Q(\psi)$は,その接触面での弾性変位$\delta(\psi)$のt乗に比例する.したがって,$\psi=0$における最大転動体荷重を$Q_{\max}$,弾性変位量を$\delta_{\max}$とすると,

$$\frac{Q(\psi)}{Q_{\max}} = \left[\frac{\delta(\psi)}{\delta_{\max}}\right]^t \quad (3.3.32)$$

$t=1.5$(点接触),$t=1.1$(線接触)

最大転動体荷重を求めるためには,まず,ラジアル積分J_rまたはスラスト積分J_aを求める.ラジアル荷重F_r,アキシアル荷重F_a,接触角α,負荷率ε,J_r,J_aの関係は次式による.

$$\frac{F_r \tan\alpha}{F_a} = \frac{J_r}{J_a} \quad (3.3.33)$$

$$J_r = \frac{1}{2\pi}\int_{-\psi_0}^{+\psi_0}\left[1 - \frac{1}{2\varepsilon}(1-\cos\psi)\right]^t \cos\psi \, d\psi \quad (3.3.34)$$

$$J_a = \frac{1}{2\pi}\int_{-\psi_0}^{+\psi_0}\left[1 - \frac{1}{2\varepsilon}(1-\cos\psi)\right] d\psi \quad (3.3.35)$$

$$\varepsilon = \frac{1}{2}(1-\cos\psi_0) \quad (3.3.36)$$

ここで,J_r,J_a:シェーバル(Sjövall)のラジアル

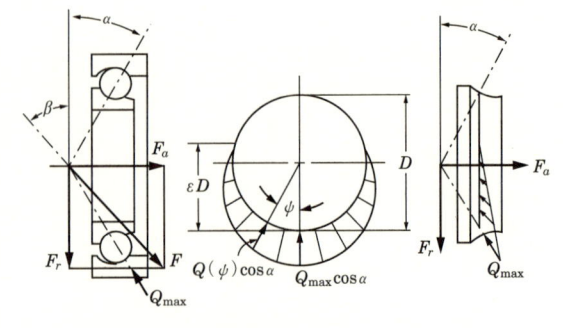

図 3.3.14 負荷率 $\varepsilon \leq 1$ の場合の荷重分布

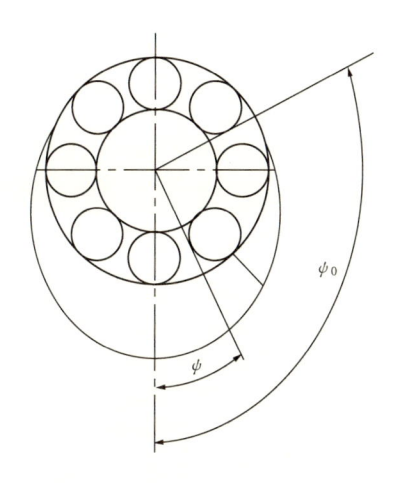

図3.3.15 ϕ と ϕ_0 の関係

積分およびスラスト積分，ϕ：図3.3.15に示すように転動体が最大荷重を受ける位置から測った中心角，ϕ_0：軸受の負荷帯の範囲を示す中心角の1/2，t は式(3.3.32)の値をとる．

式(3.3.33)から式(3.3.36)における，J_r，J_a，ε，$F_r \tan \alpha / F_a$ の関係は，表3.3.14のようにパルムグレンによって求められている[1]．

普通，数値が与えられるのは F_r，F_a，α であり，これだけでは J_r，J_a，ε を計算することはできない．そこで，まず $F_r \tan \alpha / F_a$ を計算し，表3.3.14を使って，それに対応する ε，J_r，J_a を求める．

最大転動体荷重 Q_{max} と，ラジアル荷重 F_r，アキシアル荷重 F_a との間には，次に関係が与えられる．

$$F_r = J_r Z Q_{max} \cos \alpha \quad (3.3.37)$$
$$F_a = J_a Z Q_{max} \sin \alpha \quad (3.3.38)$$

ここで，Z は転動体数である．$\varepsilon = 0.5$ の場合，すなわち半円周が荷重を受ける場合，F_a と F_r との関数は次式のようになる．

点接触で $\quad F_a = 1.216 F_r \tan \alpha \quad (3.3.39)$
線接触で $\quad F_a = 1.260 F_r \tan \alpha \quad (3.3.40)$

軸受の内部すきま $\Delta = 0$ のとき，$\varepsilon = 0.5$ となり，

点接触で $\quad Q_{max} = 4.37 \dfrac{F_r}{Z \cos \alpha} \quad (3.3.41)$
線接触で $\quad Q_{max} = 4.08 \dfrac{F_r}{Z \cos \alpha} \quad (3.3.42)$

となる．

軸受がアキシアル荷重だけを受ける場合，$F_r = 0$，$\varepsilon = \infty$，$J_a = 1$ であり，Q_{max} は次式で示される．

$$Q = Q_{max} = \frac{F_a}{Z \sin \alpha} \quad (3.3.43)$$

この場合すべての転動体は，等しい荷重を受ける．

なお，深溝玉軸受や円筒ころ軸受では，純ラジアル荷重が加わったときの最大転動体荷重の近似式として，次の式が使われることが多い．

$$Q_{max} = \frac{5}{Z} F_r \quad （玉軸受） \quad (3.3.44)$$

$$Q_{max} = \frac{4.6}{Z} F_r \quad （円筒ころ軸受）\quad (3.3.45)$$

（2）ラジアル玉軸受における内部すきまと負荷率

ラジアルすきまがある場合の荷重分布状態は，すきまがない場合とは異なる．

軸受に任意の方向の荷重が作用するとき，内輪・外輪は互いに平行を保ったまま移動するものとし，内輪・外輪の中立位置からの相対的な移動を，アキシアル方向に δ_a，ラジアル方向に δ_r とする．さらに，ラジアルすきまを Δ_r とすると，負荷率 ε は次式で表わせる．

$$\varepsilon = \frac{1}{2}\left\{ 1 + \frac{\delta_a}{\delta_r}\tan \alpha - \frac{\Delta_r}{2\delta_r} \right\} \quad (3.3.46)$$

すきまのあるラジアル玉軸受に，純ラジアル荷重 F_r (N) が加わる場合の，最大転動体荷重と負荷率との関係は次式が得られる．

$$\Delta_r = \left(\frac{1-2\varepsilon}{\varepsilon} j_r^{-2/3} \right) c \left(\frac{F_r}{Z} \right)^{2/3} D_w^{-1/3} \cos^{-5/3}\alpha \quad (3.3.47)$$

ここで，Δ_r：ラジアルすきま (mm)，ε：負荷率，J_r：ラジアル積分，c：Hertzの弾性定数，F_r：ラジアル荷重 (N)，Z：玉数，D_w：玉の直径 (mm)，α：接触角 (°)，である．

（3）ラジアル内部すきまと最大転動体荷重

深溝玉軸受にラジアル荷重がかかる場合を考えると，ラジアル内部すきま $\Delta_r = 0$ のとき，負荷率 $\varepsilon = 0.5$ であり，$\Delta_r > 0$ のとき，（すきまがあるとき）$\varepsilon < 0.5$，$\Delta_r < 0$ のとき $\varepsilon > 0.5$ となる．

ラジアルすきまと負荷率の関係がわかると，これを応用して，ラジアルすきまと寿命との関係や，ラジアルすきまと最大転動体荷重の関係などを知ることができる．

最大転動体荷重は，前述の式(3.3.37)のように表わされる．J_r は負荷率 ε によって決まり，負荷率 ε はラジアル荷重とラジアルすきまにより決まる．

表 3.3.14 単列軸受の J_r, J_aの値 〔出典：文献 1)〕

ε	点接触			線接触		
	$\dfrac{F_r \tan \alpha}{F_a}$	J_r	J_a	$\dfrac{F_r \tan \alpha}{F_a}$	J_r	J_a
0	1	0	0	1	0	0
0.1	0.9663	0.1156	0.1196	0.9613	0.1268	0.1319
0.2	0.9318	0.1590	0.1707	0.9215	0.1737	0.1885
0.3	0.8964	0.1892	0.2110	0.8805	0.2055	0.2334
0.4	0.8601	0.2117	0.2462	0.8380	0.2286	0.2728
0.5	0.8225	0.2288	0.2782	0.7939	0.2453	0.3090
0.6	0.7835	0.2416	0.3084	0.7480	0.2568	0.3433
0.7	0.7427	0.2505	0.3374	0.6999	0.2636	0.3766
0.8	0.6995	0.2559	0.3656	0.6486	0.2658	0.4098
0.9	0.6529	0.2576	0.3945	0.5920	0.2628	0.4439
1.0	0.6000	0.2546	0.4244	0.5238	0.2523	0.4817
1.25	0.4338	0.2289	0.5044	0.3598	0.2078	0.5775
1.67	0.3088	0.1871	0.6060	0.2340	0.1589	0.6790
2.5	0.1850	0.1339	0.7240	0.1372	0.1075	0.7837
5	0.0831	0.0711	0.8558	0.0611	0.0544	0.8909
∞	0	0	1	0	0	1

(4) 接触面圧と接触域
a. 純ラジアル荷重を受ける玉軸受

玉軸受における転動体と軌道輪の接触の問題は，Hertz の理論の典型的な応用問題であり，理論と実験とが良く一致することが確かめられている．また，玉軸受の寿命や摩擦などを論じる場合の基礎ともなっている．

通常，外輪軌道と玉との接触より，内輪軌道と玉との接触条件の方が厳しい．また，走行跡（転がり接触跡）を観察し計算結果との照合を行なうに際し，外輪軌道より内輪軌道の方が容易であるため，深溝玉軸受における内輪軌道と玉との接触域の幅と荷重との関係について考える．

玉と内輪軌道とは，無負荷の状態ででは互いに点で接触しているが，荷重がかかると弾性変形を生じ，図 3.3.17 に示すようにだ円面で接触するようになる．

玉軸受が荷重を受けたとき，玉と軌道との接触域のだ円面における最大面圧を $P_{\max}$，接触域のだ円の長径を $2a$，短径を $2b$ とすると，Hertz の式からそれぞれ次式で表わされる．

$$P_{\max} = \frac{1.5}{\pi} \left\{ \frac{3}{E} \left(1 - \frac{1}{m^2} \right) \right\}^{-2/3} \frac{1}{\mu \nu} (\Sigma \rho)^{2/3} Q^{1/3}$$

$$= \frac{A_1}{\mu \nu} (\Sigma \rho)^{2/3} Q^{1/3} \quad (3.3.48)$$

ここに，単位 N のとき定数 $A_1 = 858$

一例として深溝玉軸受 6208 について，ラジアルすきまと最大転動体荷重との関係を図 3.3.16 に示す．最大転動体荷重は，ラジアルすきまの増加とともに負荷圏が縮小することによって増大する．ラジアルすきまがいくぶん負のところで負荷圏が十分広くなるため，最大転動体荷重は最小値を示す．すきまがさらに小さくなると，負のすきまによって各転動体の圧縮荷重が増えるため，最大転動体荷重も急激に増加する．

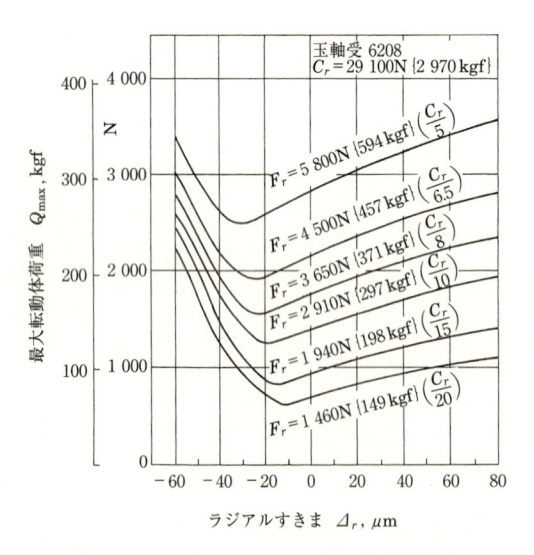

図 3.3.16 ラジアルすきまと最大転動体荷重

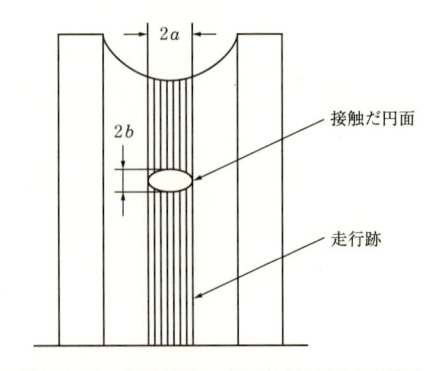

図 3.3.17 内輪軌道の走行跡（転がり接触跡）

$$2a = \mu \left\{ \frac{24\left(1-\frac{1}{m^2}\right)Q}{E\sum\rho} \right\}^{1/3} = A_2\mu\left(\frac{Q}{\sum\rho}\right)^{1/3}$$
(3.3.49)

ここに，単位 N のとき定数 $A_2 = 0.0472$

$$2b = \nu \left\{ \frac{24\left(1-\frac{1}{m^2}\right)Q}{E\sum\rho} \right\}^{1/3} = A_2\nu\left(\frac{Q}{\sum\rho}\right)^{1/3}$$
(3.3.50)

ここで，E：縦弾性係数（鋼の場合 208 000 MPa），m：ポアソン数（鋼の場合 10/3），Q：転動体荷重(N)，$\sum\rho$：主曲率の総和，である．μ, ν は式(3.3.52)の $\cos\tau$ をパラメータとして，図 3.3.18 の値をとる．

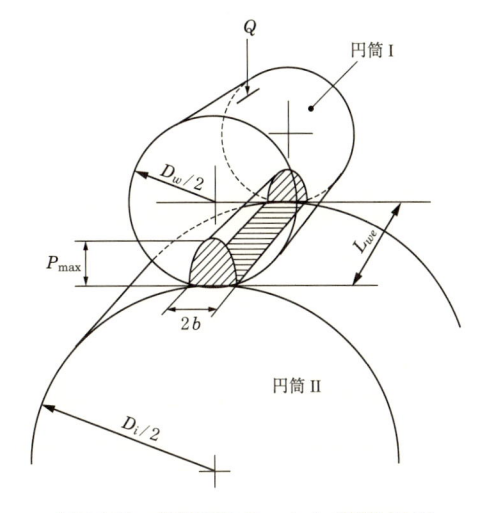

図 3.3.19 接触面圧 $P_{\max}$ および接触幅 $2b$

b. 純ラジアル荷重を受けるころ軸受

二つの円筒が軸を平行にして接する場合の接触面圧 $P_{\max}$ および接触域における接触幅 $2b$（図 3.3.19）は，Hertz によって式(3.3.53)，(3.3.54)で与えられている．

$$P_{\max} = \sqrt{\frac{E\sum\rho Q}{2\pi\left(1-\frac{1}{m^2}\right)L_{we}}} = A_1\sqrt{\frac{\sum\rho Q}{L_{we}}}$$
(3.3.53)

ここに，単位 N のとき定数 $A_1 = 191$

$$2b = \sqrt{\frac{32\left(1-\frac{1}{m^2}\right)Q}{\pi E\sum\rho L_{we}}} = A_2\sqrt{\frac{Q}{\sum\rho L_{we}}}$$
(3.3.54)

ここに，単位 N のとき定数 $A_2 = 0.00668$

ここで，E, m は前述の縦弾性係数，ポアソン数，$\sum\rho$：両円筒の曲率の総和（$= \rho_{II} + \rho_{III}$，ρ_{II}：円筒 I（ころ）の曲率（$= 1/D_w/2 = 2/D_w$），ρ_{III}：円筒 II（軌道）の曲率（$= 1/D_i/2 = 2/D_i$）または $= -1/D_e/2 = -2/D_e$（D_i は内輪軌道径，D_e は外輪軌道径），Q：両円筒にかかる法線方向の荷重，L_{we}：両円筒の有効長さ，である．

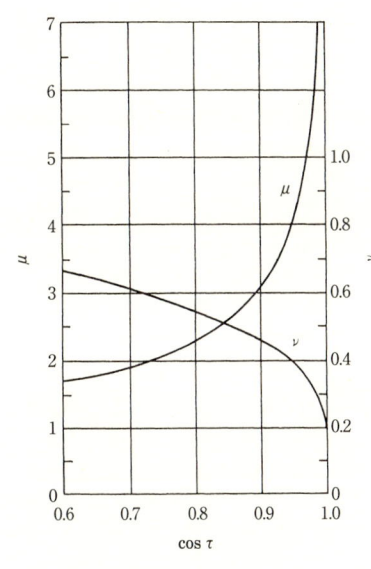

図 3.3.18 $\cos\tau$ に対する μ, ν

ラジアル玉軸受では

$$\sum\rho = \frac{1}{D_w}\left(4 - \frac{1}{f} \pm \frac{2\gamma}{1\mp\gamma}\right)$$
(3.3.51)

ここで，D_w：玉の直径，f：溝半径の玉径に対する比，γ：$D_w\cos\alpha/D_{pw}$，D_{pw}：玉のピッチ径，α：接触角(°)，である．

$$\cos\tau = \frac{\dfrac{1}{f} \pm \dfrac{2\gamma}{1\mp\gamma}}{4 - \dfrac{1}{f} \pm \dfrac{2\gamma}{1\mp\gamma}}$$
(3.3.52)

文　献

1) G. Lunberg & A. Palmgren：IVA Handlingar Nr., 196 (1947) IVA Handlingar Nr., 210 (1952) 岡本純三訳：転がり軸受・ころ軸受の動的負荷容量 (1990).

2) ASLE: Life Factors for Rolling Bearings (1992).
3) P. Eschmann, Hasbargen & Weigand: Die Walzlagerpraxis, 2 Auflage R. Oldenbourg (1978).
4) R.S. Sayles & P.B. Macpherson: Rolling Contact Fatigue Testing of Bearing Steels, ASTM STP 771 (1982) 255.
5) K. Furumura, Y. Murakami, & T. Abe: Creative Use of Bearing Tteels, ASTM STP 1195 (1993) 199.
6) 1995 STLE/ASME Tribology Conference, Covering the Life Prediction Capability of the ISO and ANS Standard and Recommendation for Improvement, 95-TRIB-58.
7) 高田浩年・古村恭三郎・村上保夫:NSK T. J. No. 661 (1996) 1.
8) 岡本純三・角田和雄:転がり軸受―その応用と実用設計―(1981).
9) 日本精工:転がり軸受カタログ Pr. No 1101 a, (1996).

3.4 使用法

3.4.1 軸受の選択

(1) 軸受選択の検討項目

軸受の選択に際しては，次に挙げる各項目について検討しなければならない．

(1) 取付け部分のスペースと軸径
(2) 荷重の大きさ，方向，種類（衝撃・変動など）
(3) 回転速度
(4) 周囲の雰囲気
(5) 必要寿命
(6) 取付け精度
(7) 必要精度，摩擦トルク，音響，振動
(8) はめあい，すきま
(9) 潤滑剤と潤滑方法
(10) その他分解点検の方法など必要事項

(2) 軸受の配列

a. 自由側軸受と固定側軸受

一般に転がり軸受は，1本の軸に2個取り付けられることが多い．この場合，取り付けられた機械の必要な機能を満たすために，ラジアル玉軸受，円筒ころ軸受，円すいころ軸受，自動調心ころ軸受などが適宜組み合わされる．軸受の使い方としては，一方の軸受を固定側軸受とし，他方を自由側軸受として使用する場合が多い．

固定側軸受は，軸を軸方向に拘束するもので，両方向の軸方向荷重を受ける．1本の軸に軸受が2個以上であっても，固定側軸受は1個でよい．軸受の取付け方法は内輪および外輪をそれぞれ軸とハウジングに固定する．

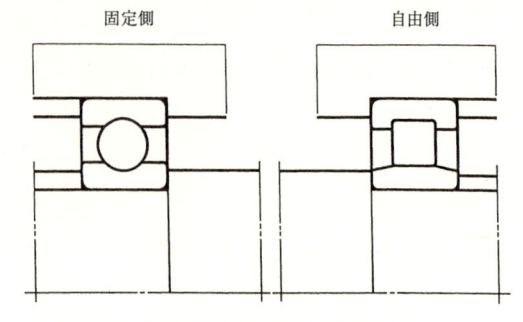

(a) 深溝玉軸受-NU形円筒ころ軸受

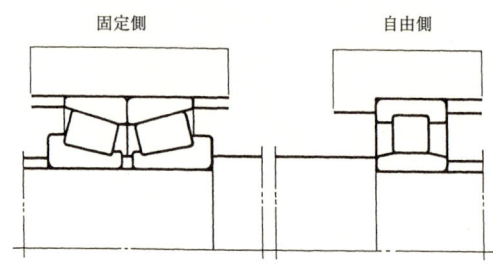

(b) 組合せ円すいころ軸受-NU形円筒ころ軸受

図 3.4.1 軸受配列の例（固定側と自由側との区別のある場合）

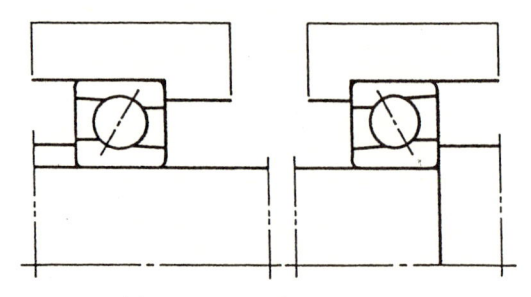

(a) アンギュラ玉軸受-アンギュラ玉軸受

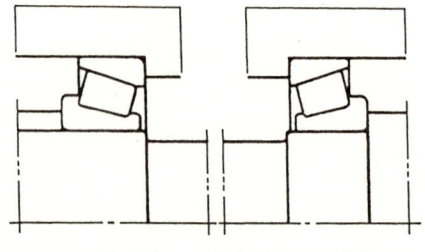

(b) 円すいころ軸受-円すいころ軸受

図 3.4.2 軸受配列の例（固定側と自由側との区別のない場合）

自由側軸受は，取付け誤差の補正，運転時の温度変化によって軸の膨張・収縮が起こり相対的な取付け間隔が変わることなどを補正するものである．この補正の方法は，内輪または外輪のいずれかを移動可能なすきまばめにする．あるいは軸受内部で軸方向に移動させてもよい．軸受内部の移動は，NUまたはN形の円筒ころ軸受，針状ころ軸受を用いると簡単である．

なお，軸受に所定のすきままたは予圧を与える場合には，固定側と自由側の区別はない．

b. 配列の例

自由側軸受と固定側軸受の配列の例を図3.4.1に示す．

この配列の長所は，運転時に軸受に過大な軸方向荷重が作用することを防ぐことにある．軸方向の位置決めは，固定側軸受のアキシアルすきまに依存するので，単列軸受よりも複列アンギュラ玉軸受のように複列軸受を用いた方が位置決め精度が高くなる．複列軸受の代わりに単列軸受2個を組み合わせてもよい．

自由側軸受と固定側軸受の区別がない場合の例を図3.4.2に示す．

この配列は，軸受取付け時に，所定のすきままたは予圧になるように軌道輪を移動させて，軸案内の精度を高めることができる．

3.4.2 はめあいと軸受すきま

(1) はめあいの目的と適正値

転がり軸受の使用に当っては，軸受の軌道輪を軸または軌道輪に固定しなければならない．一般に，半径方向と円周方向の固定は，軌道輪をしまりばめにして行なう．しかし軸方向にはしまりばめでは十分に固定できない．特に固定側軸受はアキシアル荷重を支えるので，軌道輪を固定するために，段付きの軸，スナップリング，ナット，エンドプレートほかが用いられる．

自由側軸受は，軸方向の長さの変化に追随して自由に移動できるようにする必要がある．

ラジアル軸受の最も一般的な使用法として内輪回転・外輪静止の場合の最小締め代は，はめあい面の塑性変形，軸受のラジアル荷重および軸受の温度上昇による締め代の減少を考慮して次式で与えられている[1]．

$$\varDelta d_a = \frac{d+3}{d}\left(0.25\sqrt{\frac{d}{B}F_r} + 0.0015\, d\varDelta T\right) \times 10^{-3} \quad (3.4.1)$$

ここに，$\varDelta d_a$：内輪の最小締め代（mm），d：軸受内径（mm），B：軸受の幅（mm），F_r：ラジアル荷重（kgf＝9.8N），$\varDelta T$：軸受の温度上昇（℃）である．

JISでは，一般用として推奨できる転がり軸受のはめあいを定めている[2]．その中のラジアル軸受の軸受内径に対するはめあいを表3.4.1に示す．はめあい面に締め代を与えて取り付けると，軌道面は変形し応力を生じるが，その計算は均一な内圧または外圧を受ける厚肉円筒の場合と同じように扱うことができる．はめあい計算式を表3.4.2に示す[3]．

はめあいによる応力が大きくなりすぎると，軌道輪が割損することがあるので注意が必要である．一般的には，内輪内径面のσ_{max}の値が10 kgf/mm²（98 MPa）以下になるように締め代の最大値をとるのが安全である．ただし，軸受形式や軌道輪材料によりσ_{max}がこれ以上の値となる締め代をとることも可能である．外輪については圧縮応力となるため，前記より大きな値となる締め代を与えることができる．

(2) 軸受すきまと性能

a. 各種すきま

転がり軸受の内部すきまとは，軸受単体において一方の軌道輪を固定して他方の軌道輪を移動させた

表3.4.1 ラジアル軸受の軸受内径に対するはめあい　〔出典：文献2）〕

軸受の等級	内輪回転荷重または方向不定荷重							内輪静止荷重		
	軸の公差域クラス*									
0級，6X級，6級	r6	p6	n6	m6 m5	k6 k5	js6 js5	h5	h6 h5	g6 g5	f6
5級	—	—	—	m5	k4	js4	h4	h5	—	—
はめあい	しまりばめ						中間ばめ			すきまばめ

* 公差域クラスの記号は，JIS B 0401による．

表 3.4.2 はめあい計算式 〔出典：文献 3〕

	内輪と軸	外輪と軸受箱
はめあい面の面圧 p_m, MPa	中空軸のとき $p_m = \dfrac{E}{2} \cdot \dfrac{\Delta d}{d} \dfrac{(1-k^2)\cdot(1-k_0^2)}{1-k^2 k_0^2}$ 中実軸のとき $p_m = \dfrac{E}{2} \cdot \dfrac{\Delta d}{d}(1-k^2)$	$D_o \neq \infty$ のとき $p_m = \dfrac{E}{2} \cdot \dfrac{\Delta D}{D} \cdot \dfrac{(1-h^2)\cdot(1-h_0^2)}{1-h^2 h_0^2}$ $D_o = \infty$ のとき $p_m = \dfrac{E}{2} \cdot \dfrac{\Delta D}{D}(1-h^2)$
内輪軌道径膨張量 ΔD_i, mm 外輪軌道径収縮量 ΔD_e, mm	$\Delta D_i = 2d \dfrac{p_m}{E} \cdot \dfrac{k}{1-k^2}$ $= \Delta dk \dfrac{1-k_0^2}{1-k^2 k_0^2}$ (中空軸) $= \Delta dk$ (中実軸)	$\Delta D_e = 2D_e \dfrac{p_m}{E} \cdot \dfrac{1}{1-h^2}$ $= \Delta Dh \dfrac{1-h_0^2}{1-h^2 h_0^2}$ ($D_o \neq \infty$) $= \Delta Dh$ ($D_o = \infty$)
最大応力 $\sigma_{\max}$, MPa	内輪内径はめあい面の円周応力 $\sigma_{t\max} = p_m \dfrac{1+k^2}{1-k^2}$	外輪内径面の円周応力 $\sigma_{t\max} = p_m \dfrac{2}{1-h^2}$
圧入・引抜き力 K, N	$NK = \mu p_m \pi dB$	$K = \mu p_m \pi DB$
記　号	Δd：内輪の有効締め代 D　：軸受箱内径，外輪外径 D_i：内輪軌道径 h　：D_e/D E　：縦弾性係数 　　　（軸受鋼のとき 208 000 MPa） B　：軸受の幅	ΔD：外輪の有効締め代 d_0：中空軸内径 D_e：外輪軌道径 k_0：d_0/d	d　：軸径，内輪内径 D_o：軸受箱外径 k　：d/D_i h_0：D/D_o μ　：すべり摩擦係数

ときの距離を意味し，移動する方向により，ラジアルすきまとアキシアルすきまがある．軸受が機器に取り付けられて運転されると，内部すきまはしまりばめで減少し，温度上昇によっても減少する．しまりばめによって減少したすきまを残留すきまという．すきまの減少量は，前述の表3.4.2の内輪軌道径膨張量あるいは外輪軌道径収縮量の計算式で求めることができる．

残留すきまに内輪，外輪，転動体の温度差の影響も考慮したのが有効すきまである．軸受の運転状態では，内輪の方が外輪より温度差が高くなっているのが普通である．一般には 5～10℃ 外輪より内輪の方が高く，高速回転になると内輪より転動体の温度が高くなることもある．内輪と外輪との温度差によるすきまの減少量 δ_t (mm) は，近似的に次式によって求められる．

$$\delta_t = \alpha D_i \Delta t \qquad (3.4.2)$$

ここに，α：軸受鋼の線膨張係数（12.5×10^{-6}）
D_i：内輪内径 (mm)，Δt：内・外輪の温度差（内輪温度の高い場合を正とする）である．

さらに，有効すきまに荷重によるすきまの増加量を考慮したのが運転すきまであるが，一般にこのすきまは小さいので考慮しなくてよい．

b．すきまと性能

すきまは転がり軸受の性能に影響する重要な因子である．中でも軸受の寿命はすきまにより大きな影響を受ける．図3.4.3にすきまと寿命の関係を示すが，寿命は有効なすきまがわずかに負になったときに最大となる[4]．

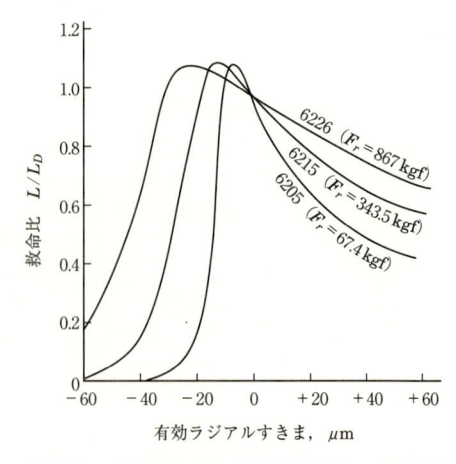

図 3.4.3 すきまと寿命の関係〔出典：文献 4〕

ラジアル軸受の転動体通過振動もラジアルすきまの影響を受け，すきまが大きいほど振動は大きくなる[5]．また，軸受の音響もラジアルすきまにより変化し，玉軸受を用いた実験によると[6]アキシアル荷重の場合はラジアルすきまが小さいほど音圧レベルは増大し，ラジアル荷重の場合はあるすきまの所で音圧レベルが最小になるといわれている．

3.4.3 予圧
（1）予圧の目的

軸受は運転時にすきまが0に近い状態で使われることが多いが，アンギュラ玉軸受や円すいころ軸受では，あらかじめ一定量のアキシル荷重を与えて取り付けることがある．これが予圧で，通常次のような場合に適用される．
（1）剛性を高めたいとき
（2）回転精度を高めたいとき
（3）振動が原因で騒音を発生するとき
（4）振動や急加速などのために，軌道面にスミアリングなどの異常を生ずる怖れのあるとき

しかし，予圧は軸受に対して荷重を多く与えることになり，寿命低下，温度上昇の増大，摩擦トルクの増加などの影響を与える．したがって，予圧量については，目的，使用条件を十分考慮して設定することが重要である．

（2）予圧の方法

軸受に予圧を与える方法には，定位置予圧と定圧予圧がある．定位置予圧には，シム，ねじ，間座などを用いる方法がある．また，定圧予圧はばねで与えることが多い．一例として，予圧を間座で与える

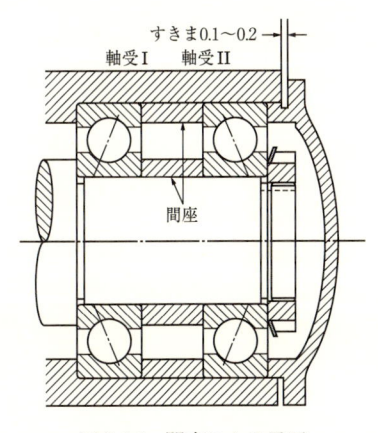

図3.4.4 間座による予圧

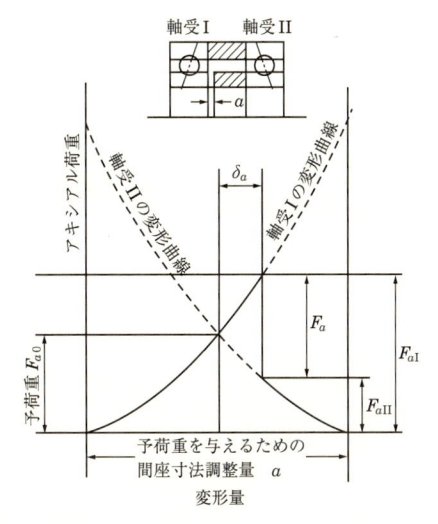

図3.4.5 間座による予圧を与えた軸受の剛性を求めるための線図

方法を図3.4.4に示す．

予圧による剛性増加の例を図3.4.5に示す．同図は，定位置予圧の場合で，予圧を与えるための間座の寸法調整量をaとすると，間座と内輪，間座と外輪がそれぞれ密着するまで内輪および外輪を締め付けたときに予圧F_{a0}を生じる．この状態から外力F_aが作用すると，軸受Ⅰは$F_{aⅠ}$のアキシアル荷重を受け，軸受Ⅱは$F_{aⅡ}$のアキシアル荷重を受け，

$$F_{aⅠ} - F_{aⅡ} = F_a \tag{3.4.3}$$

となる．このときの軸受の変形量はδ_aで表わされ，このF_aとδ_aの関係をみれば，軸受単体の変形曲線よりも著しく剛性が増加しているのがわかる．

予圧を与えて用いられることが多いアンギュラ玉軸受，円すいころ軸受およびスラスト玉軸受のアキシアル荷重と軸方向変形量との関係は次式で求められる[7]．

$$\text{アンギュラ玉軸受} \quad \delta_a = \frac{0.002}{\sin\alpha}\sqrt[3]{\frac{Q^2}{D_a}}$$

$$\tag{3.2.4}$$

3.4.4 具体的使用法
（1）自動車ホイール用軸受

ホイール用軸受を大別すると駆動輪用と従動輪用に分けられ，駆動輪用は内輪回転，従動輪用は内輪回転と外輪回転の両方式がある．乗用車のホイール用軸受は軽量コンパクト化，組込み作業性の向上，信頼性およびメンテナンスの向上のニーズにより大

表 3.4.3 ホイール用軸受および周辺構造の変遷

	駆動輪（全て内輪回転）	従動輪
従来形式		外輪回転
第1世代ハブユニット		外輪回転
第2世代ハブユニット	外輪回転	内輪回転
第3世代ハブユニット		内輪回転

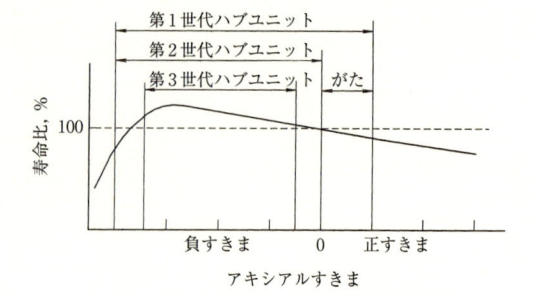

図 3.4.6 アキシアルすきまと寿命比の関係

きく変化してきた．従来の円すいころ軸受や深溝玉軸受の2個使いに代わって，あらかじめ内部すきまを調整した複列アンギュラ玉軸受や軸受外輪とハブ，軸受内輪とハブシャフトを一体化したユニットタイプが広く使われるようになっている．また，近年，アンチロックブレーキシステム（ABS）用の回転センサを内蔵した高機能ユニット製品も実用化されている．ホイール用軸受の変遷を表 3.4.3 に示す．

ホイール用軸受に要求される基本的な性能として，寿命，剛性が挙げられる．ユニット化する性能面の最大のメリットはすきま調整が不要なことと組込み後のアキシアルすきまのばらつきを少なくできる点にある．寿命とすきまには密接な関係があり，一般的には負のすきま（予圧）領域で寿命は最大になる．一方，正すきまはホイールのがたの発生原因となり操縦安定性に悪影響を及ぼすため，負のすきまとすることが望ましい．ただし，負のすきまも限度を超えると急激に寿命は低下する．したがって，ユニット化することでできる限りばらつきの少ない負のすきまを設定し安定した寿命を得ることが可能になった（図 3.4.6）．

さらにホイール用軸受には操縦安定性向上のためにより高い剛性が要求される．そのためには軸受の作用点距離を大きくしたり，適切な予圧を与えることが有効である．その点でもユニットタイプは効果が大きい．また外輪とハブ，内輪とハブシャフトを一体化することで，従来タイプに比べ肉厚が十分確保でき，強度向上にもなる．

また，泥水やダストなど使用環境が悪く，それらの侵入による寿命低下を防止するため，シールなどの密封装置やグリースの選定も十分考慮する必要がある．

（2）鉄道車両車軸軸受

鉄道車両車軸軸受には，車両重量と積載荷重による静的ならびに動的ラジアル荷重，レールの継目やポイント通過時の衝撃的なラジアル荷重，加・減速時の列車進行方向のラジアル荷重，さらに，曲線およびポイント通過時ならびに車両の蛇行動発生時の振動的あるいは衝撃的アキシアル荷重が作用する．これらの荷重は，車両や台車形式，走行する軌道，さらには速度などの走行条件によって種々に変化する．また，軸受が装着された車軸には走行中に曲げが生じるので，軸受には軸方向に必ずしも均等に荷重が作用していないことよりモーメントも加わる．

第3章　転がり軸受

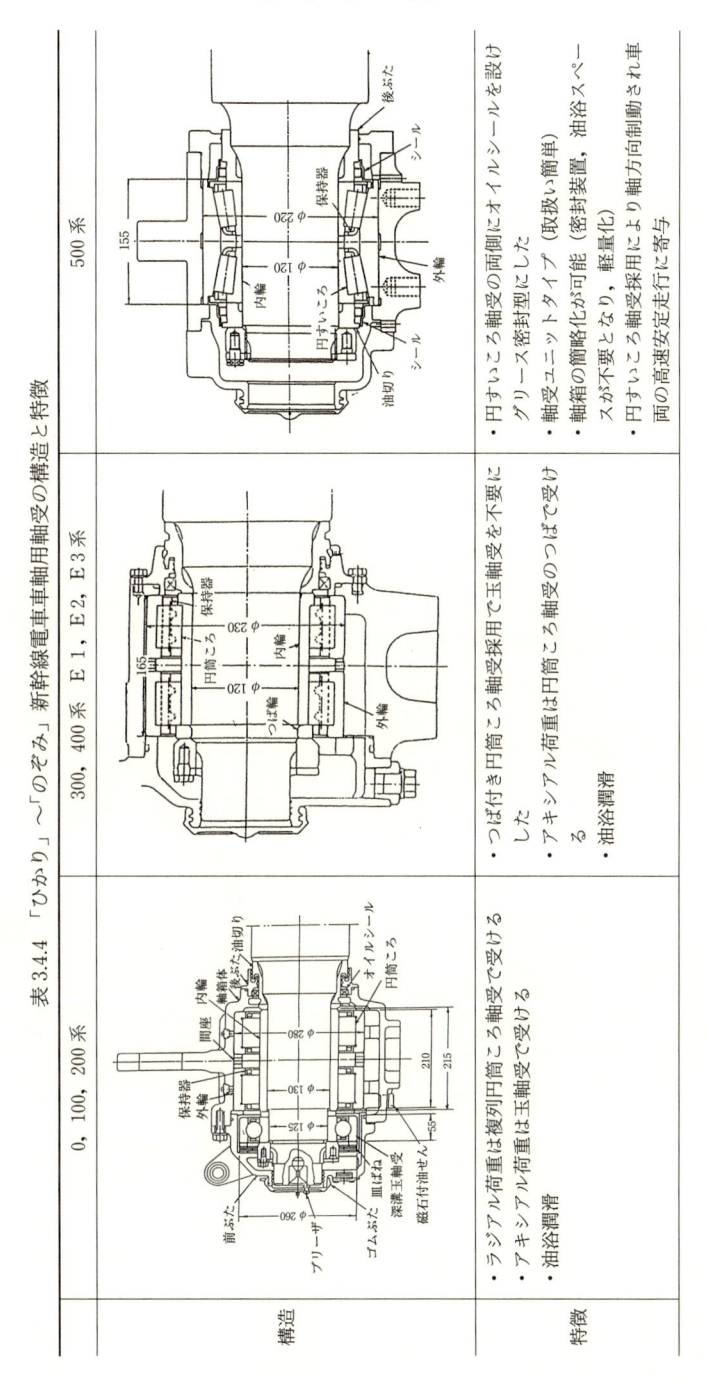

表3.4.4 「ひかり」〜「のぞみ」新幹線電車軸用軸受の構造と特徴

	0, 100, 200系	300, 400系　E1, E2, E3系	500系
構造	(図)	(図)	(図)
特徴	・ラジアル荷重は複列円筒ころ軸受で受ける ・アキシアル荷重は玉軸受で受ける ・油浴潤滑	・つば付き円筒ころ軸受採用で玉軸受を不要にした ・アキシアル荷重は円筒ころ軸受のつばで受ける ・油浴潤滑	・円すいころ軸受の両側にオイルシールを設けグリース密封型にした ・軸受ユニットタイプ（取扱い簡単） ・軸箱の簡略化が可能（密封装置，油浴スペースが不要となり，軽量化） ・円すいころ軸受採用により軸方向制動され車両の高速安定走行に寄与

また，軸箱の支持方式によってモーメントが増加することもある．

車軸軸受は鉄道車両走り装置の一部を構成していることから，その故障は車両の走行に重大な影響を及ぼす．このために，高信頼性・耐久性が要求され，その選択，設計，製造に関して特別に関心が払われている．また，車軸軸受は，その時代の鉄道車両に要求されるニーズに対応し，走行抵抗の低減，さらに進んで，高速化，軽量化，メンテナンスフリー化といったその時点でのニーズを満足するように

技術的進展が図られてきている．

このような環境，ニーズのもとに開発され使用されている車軸軸受の構造と特徴を新幹線車両を例に表3.4.4に示す．最近の車軸軸受は一般電車，新幹線電車ともに軽量，メンテナンスフリー化に適したグリース密封型円すいころ軸受ユニットが主流である．

(3) HDDスピンドルモータ用玉軸受

HDD（ハードディスク装置）は高速・大用量の外部記憶装置として，大型コンピュータから，パソコン，ファクシミリに至るまで，その用途を急速に拡大してる．HDDスピンドルモータには，小形の高精度玉軸受が使用されており（図3.4.7），この玉軸受の性能によってHDDの記憶容量，静粛性などの性能が大きく左右される．

HDDスピンドルモータ用玉軸受には，一般に標準寸法の小径玉軸受が使用されるが，HDDの小形化，薄型化が進むにつれて，軸受も薄肉品の採用が増えている．

軸受選定および取扱い時のポイントは，記憶密度をアップさせるために，玉軸受の回転精度，特に非再現振れを小さくすることである．また，信号転送速度の高速化，低消費電力，静粛性の追求に伴い，軸受には高速化，低トルク化および低騒音の要望が強くなっている．

軸受へのごみ・油分の付着は，ドライブ機構に悪影響を与えるので，クリーンルームでの取扱いが必要である．

今後の傾向は，ダウンサイジング化も急速に進展し，トラック密度のアップに伴い，小形，大容量化が進み，軸受に対しては非再現振れの低減の要求が，さらに高まってくると考えられる．現状の非再現振れの値は平均で$0.07\mu m$程度である．また，HDDのMB（メガバイト）あたりの単価の低下に伴いHDDの需要はますます拡大され，複写機，ファクシミリなどへの用途も広がっている．

HDDスピンドルモータ用玉軸受の再現振れの測定方法および測定結果の例を図3.4.8ならびに図3.4.9に示す．

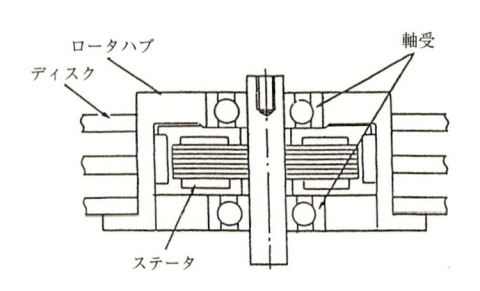

図3.4.7 HDDスピンドルモータの軸受組込み部の構造

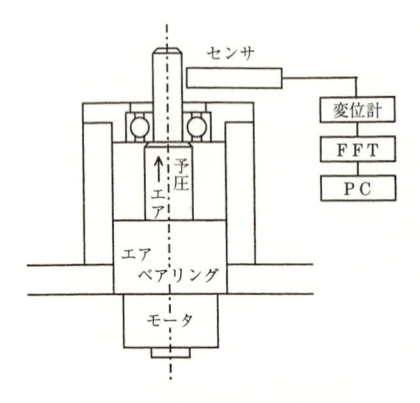

図3.4.8 非再現振れの測定

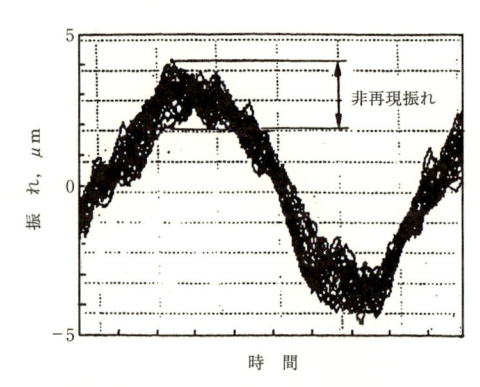

図3.4.9 非再現振れの時間領域解析例

(4) 圧延機用軸受

ホットストリップミルは，1 200℃程度に熱せられたスラブを一方向に走らせ，圧延ロールの間を通し，長い鋼板に延ばす工程に用いられる直列に並んだ何台もの圧延機である．コールドストリップミルは，ホットストリップミルで圧延された鋼板を冷間でさらに薄く圧延し，また表面を美しくかつ均一にする圧延機で，自動車のボディ用や家電用の冷延鋼板を造る．

圧延機の代表的なワークロールネックと，バックアップロールネックの構造を図3.4.10に示す．

a. ワークロールネック軸受

通常ワークロールネックには4列円すいころ軸受

第3章 転がり軸受

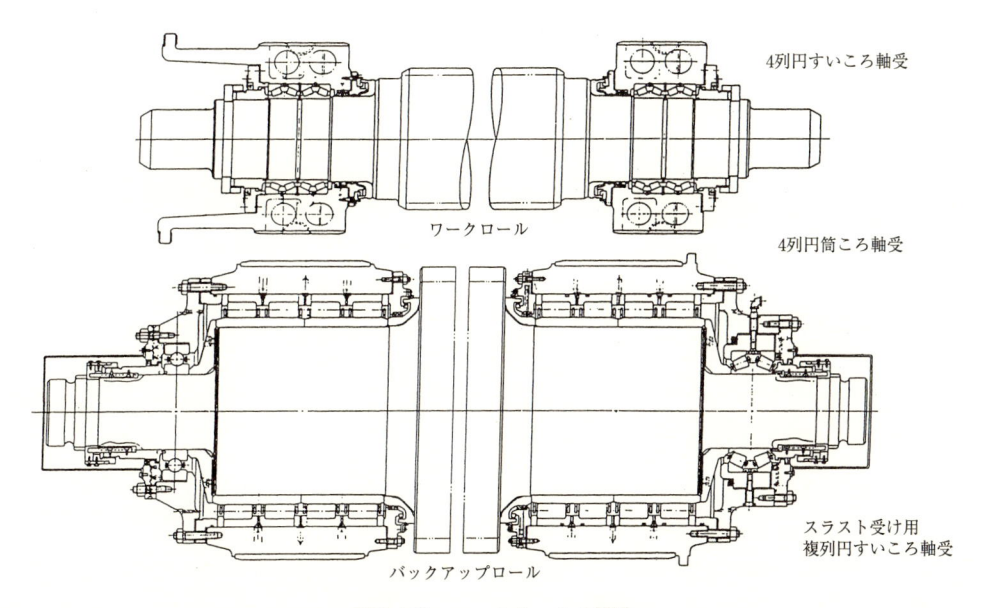

図3.4.10 ロールネックの構造

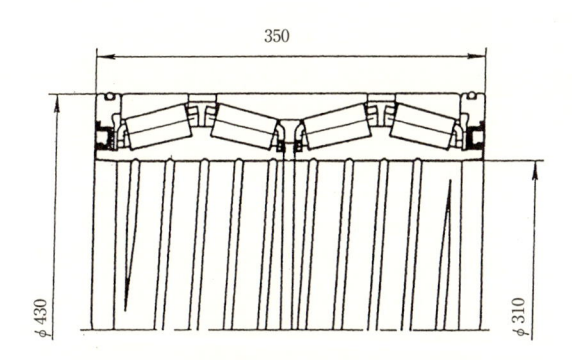

図3.4.11 代表的なワークロールネット軸受

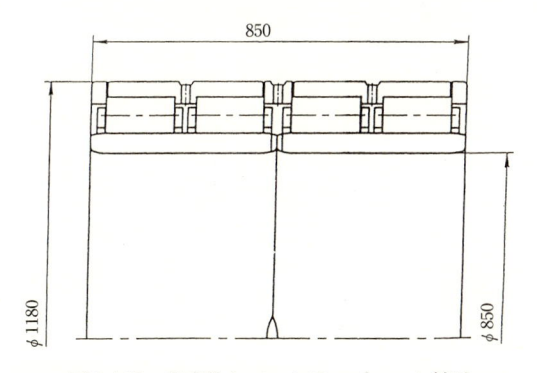

図3.4.12 代表的なバックアップロール軸受

が用いられ，ラジアル荷重とアキシアル荷重の両方向の荷重を受ける構造となっている（図3.4.11）．

近年，メンテナンスフリー化のため，軸受の両側にオイルシールを装着した密封型4列円すいころ軸受が数多く使用されるようになってきた．

潤滑方式は，使用条件によって，グリース給脂，グリース密封，オイルミスト給油などが使い分けられる．内・外径のはめあいは，ロールの再研削やメンテナンス時の軸受の脱着を容易にするためすきまばめ（ルーズフィット）で使用される．

b. バックアップロールネック軸受

ホットストリップミルでは，油膜軸受（すべり軸受）が主流であるが，コールドストリップミルでは，連続圧延をするために板の溶接接続および板精度向上のために転がり軸受が使用される．溶接時圧延速度が変化するため油膜軸受の場合は油膜厚さの変動が板精度に影響する．高速・高荷重のため，ラジアル荷重は4列円筒ころ軸受で，アキシアル荷重は急勾配の複列円すいころ軸受で支持する（図3.4.12）．

（5）工作機械スピンドル用軸受

一般に，スピンドルでツールを取り付ける前側軸受には，低速回転であるが高い剛性を必要とする場合には円筒ころ軸受と接触角の大きいアンギュラ玉軸受の組合せ〔（図3.4.13(a)）〕や円すいころ軸受などが用いられ，高速回転の場合は接触角の小さいアンギュラ玉軸受を組み合わせて使用する〔図3.4.13(b)〕．

後側軸受にはスピンドル軸の伸縮を逃すために円

(a) 高剛性タイプ

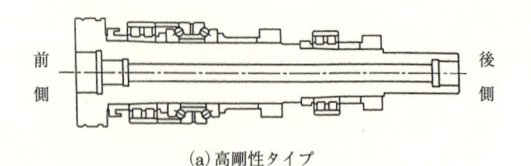

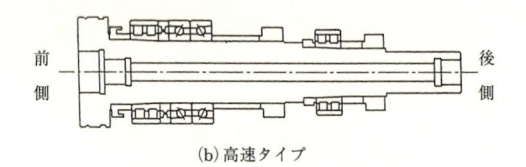

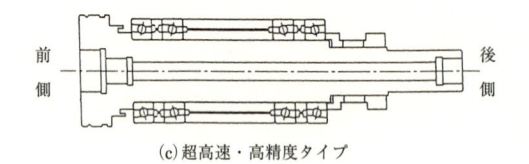

(b) 高速タイプ

(c) 超高速・高精度タイプ

図 3.4.13　スピンドル用軸受の構成例

筒ころ軸受を用いることが多く，一部の軸受では内径がテーパとなっていて軸ナットの締込み量により軸受内部すきまを調整できる．超高速回転ではアンギュラ玉軸受と大きな締め代をもたせた固定用スリーブを使用することが多い〔(図 3.4.13(c))〕．

超高速スピンドル用軸受には，軸受剛性を大きく転動体の遠心力による予圧増加を軽減するため，転動体寸法を小さくし個数を多くした軸受や転動体材質を窒化ケイ素としたセラミック軸受が用いられている．特にセラミックは密度が軸受鋼よりも低いので遠心力をさらに軽減できること，熱膨張量も小さいので予圧増加が少ないこと，耐熱性に優れているので焼付きが発生しにくいこと，硬度が高く剛性が大きいことなど利点が多いのでスピンドルの高速化に大きく寄与している[8,9]．

軸受の予圧方法は内面研削盤などの小型高速スピンドルで定圧予圧を用いることもあるが，通常は幅寸法を調節した間座を使用する定位置予圧を用いることが多い．しかし，定位置予圧では回転が速くなると転動体や内輪に作用する遠心力の増加，発熱による内輪と外輪の熱膨張の差などにより，予圧が増大し異常な温度上昇や焼付きを生じることがある．

このために，定位置予圧方式では最高回転速度でも予圧増加による焼付きを防止するために予圧設定値を小さくしておく必要があるが，マシニングセンタのように回転速度域が広い場合には低速で予圧不足により剛性が低下する．

これを解決するために油圧を用いて任意に予圧荷重を可変させる方式[10]もあるが，油圧のオン，オフにより複雑な制御を必要としない予圧切換え技術が dn 値 120 万を超える超高速主軸において実用化されている〔d は軸受内径 (mm)，n は最高回転速度 (min^{-1})〕．その機構は各メーカーによりさまざまであるが，一例を挙げると低速域では必要な剛性を得るための定位置予圧，焼付き点に至る前のある回転数以上の高速域では予圧増加による焼付きを防止するためにばねによる定圧予圧に切り替える

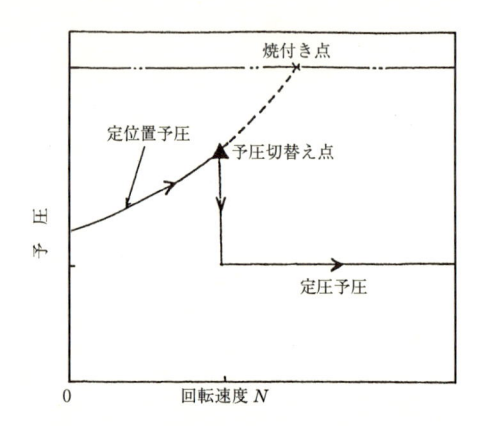

図 3.4.14　予圧切替えの特性〔出典：文献 11〕

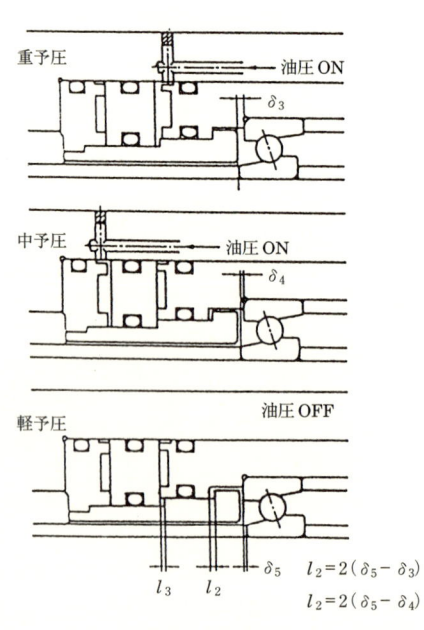

図 3.4.15　予圧切替えの概念図〔出典：文献 12〕

第3章　転がり軸受　　　　　　　　　　A編　　171

表3.4.5　真空軸受の主な構成　　　　　　　　　　　〔出典：文献13〕

真空用グリース封入	PTFEコーティング	MoS₂コーティング	鉛（Pb）イオンプレーティング	銀（Ag）イオンプレーティング
内・外輪：SUS 440 C 玉　　：SUS 440 C 保持器：SUS 304	内・外輪：SUS 440 C 玉　　：SUS 440 C 保持器：フッ素樹脂 　　　　or SUS 304 　　　　PTFE 　　　　コーティング	内・外輪：SUS 440 C 玉　　：SUS 440 C 保持器：SUS 304 MoS₂コーティング	内・外輪：SUS 440 C 玉　　：SUS 440 C Pbイオンプレーティング 保持器：SUS 304	内・外輪：SUS 440 C 玉　　：SUS 440 C Agイオンプレーティング 保持器：SUS 304
◇低・中真空 ◇$-40 \sim +200$℃	◇大気圧〜真空繰返し ◇$-100 \sim +200$℃	◇大気圧〜真空繰返し ◇$-100 \sim +300$℃	◇大気圧〜超高真空 ◇$-200 \sim +300$℃ ◇高速（max 10 000 min^{-1}）	◇高真空〜超高真空 ◇$-200 \sim +300$℃ ◇高速（max 10 000 min^{-1}）

方式[11]（図3.4.14）や，複数のスリーブを設けて油圧を加える方式[12]（図3.4.15）などがある．

(6) 真空用軸受

真空用軸受は，低真空から超高真空という雰囲気の違い，大気雰囲気と真空雰囲気の繰返しなど，種々多様な条件で使用されている．

可能な限り油またはグリースを使用するのが好ましいが，それらが使用できない場合固体潤滑剤の使用が必要となる．固体潤滑剤としては，低真空あるいは大気雰囲気と真空雰囲気の繰返しの環境下では，フッ素樹脂，二硫化モリブデンなどが使用される．また，高真空から超高真空雰囲気では，鉛，銀等の軟質金属が使用される．

表3.4.5は，代表的な真空用軸受の構成を示したものである[13]．内・外輪・玉の材料は，基本的にはマルテンサイト系ステンレス鋼（SUS 440 C）が使用されているが，高温（300℃以上）用途では高速度鋼（SKH 4）が使用される場合もある．また保持器材料としては，一般にオーステナイト系ステンレス鋼（SUS 304）が使用される．真空雰囲気においては潤滑が問題となり，常温では10^{-4}Pa程度までは，蒸気圧の低い真空用油・グリースが用いられる．固体潤滑剤としては，銀（Ag），鉛（Pb），二

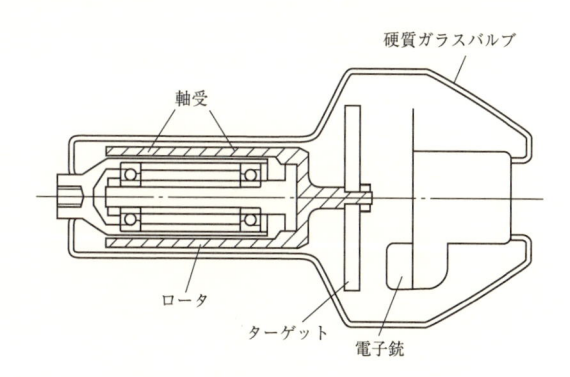

図3.4.16　X線管の概要〔出典：文献14〕

硫化モリブデン（MoS₂）フッ素樹脂，PTFE等を使用する．処理方法としては，銀，鉛ではイオンプレーティング法，二硫化モリブデンでは，スパッタリング法や焼付け法，PTFEは焼付け法でコーティングする．

図3.4.16はX線管に真空用軸受を適用した例を示したものである[14]．医療用X線撮影装置には，X線を発生するX線管が組み込まれている．X線管内で電子銃より発した電子をターゲットへ高速で衝突させるとX線が発生するが，その際ターゲッ

トが昇温するため，放熱目的でターゲットを高速回転させる必要がある．この回転部に真空用軸受が使用される．軸受の使用条件は圧力10^{-4}Pa以下，温度300〜500℃，回転速度数10 000 min^{-1}以下である．高真空高温であり，かつ通常は軸受の導電性が要求されるため，グリースや油などは使用できず，軟質金属である銀や鉛を玉にイオンプレーティングした軸受が使用されている．なお，保持器は使用されない場合が多い．銀は軸受温度が高い場合，鉛は軸受温度が低い場合に使用され，銀を用いると軸受寿命が長く，鉛を用いると回転音が低くなる傾向がある．

文　献

1) A. Palmgren : Grundlgen der Wälzlagertechnik 2 Auf. Frnck'sche (1954) 116.
2) JIS B 1566：転がり軸受の取付関係寸法及びはめあい (1989) 12.
3) 尾台　大：NSK Bearing Journal, 612 (1960) 31.
4) 軸受月報，日本ベアリング協会，2 (1958) 57.
5) Eschman, Hasbargen & Weigand : Ball and Roller Bearings (1958) 158.
6) 五十嵐昭男：日本機械学会論文集，**26**, 166 (1960) 833.
7) A. Palmgren : Ball and Rollor Bearing Engineering (1959) 50.
8) 例えば，市川康雄：ニューセラミックス，3 (1989) 107.
9) 川上善久・浦野寛幸：月刊トライボロジ, 118 (1997) 30.
10) 稲崎一郎：機械の研究，**42**, 1 (1990) 135.
11) 中村晋哉・垣野義昭：精密工学会誌，**60**, 5 (1994) 688.
12) 服部多加志：機械と工具，**4**, (1997) 6.
13) Koyo Engineering Journal, 145 (1994) 13.
14) 奥田康一：Koyo Engineering Journal, 151 (1996) 53.

3.5　潤滑法

3.5.1　潤滑の目的と許容回転数

転がり軸受といえども内部にはすべり接触をする部分があり，転がりとすべりが共存する部分もある．したがって転がり軸受を使用する際には，潤滑は不可欠なものである．潤滑の目的は以下のものである[1]．

(1) 運動部分の焼付きを防ぎ，摩擦を小さくし，摩耗を減らす．
(2) 油を使う潤滑法では軸受に発生する摩擦熱を外部に逃し温度上昇を低くする．
(3) グリース潤滑では外部のごみや異物が軸受内に入るのを防ぐ．
(4) 軸受の表面を覆い，さびの発生を防ぐ．

この中で潤滑の主要目的は，摩擦ひいては発熱を小さくすることと，熱を外に逃し軸受部の温度上昇を低くすることにある．

転がり軸受は回転速度が大きくなるにつれて，軸受内部で発生する摩擦熱のため軸受の温度が上昇し，長期間安全に運転できなくなる．この回転数は軸受の形式，寸法，保持器形式，潤滑法により異なってくる．この回転数を許容回転数といい，現在は軸受製造会社のカタログに軸受ごとに表示されている．

これに軸受寸法，荷重および荷重の組合せによる補正係数を掛けて使用条件における許容回転数を求める．係数を掛ける前の基準値といえる値を表3.5.1に示す[1]．これはその形式における最大値の

表3.5.1　許容回転速度を決める $d_m n$ 値　〔出典：文献1)〕

軸受形式		潤滑法 グリース潤滑	油浴潤滑	循環潤滑	ミスト潤滑	ジェット潤滑
ラジアル軸受	深溝玉軸受	55×10^4	65×10^4	80×10^4	105×10^4	150×10^4
	単列アンギュラ玉軸受 $\alpha=15°$	75	90	100	110	150
	単列アンギュラ玉軸受 $\alpha=30°$	45	60	80	90	120
	単列アンギュラ玉軸受 $\alpha=40°$	40	55	70	—	—
	複列アンギュラ玉軸受	35	45	—	—	—
	自動調心玉軸受	45	55	—	—	—
	円筒ころ軸受	55	65	85	85	130
	円すいころ軸受	30	40	50	50	75
	自動調心ころ軸受	30	40	45	—	45
スラスト軸受	スラスト玉軸受	10	15	20	—	—
	スラスト自動調心ころ軸受	—	20	—	—	—
	スラスト円筒ころ軸受	5	15	—	—	—

目安ともいえるものである．表では $d_m n$ 値で示されているが，これは軸受の回転速度を示す指標として使われるもので，転動体ピッチ円直径 d_m (mm) と回転数 n (min^{-1}) の積で表わす．さらに表の数値以上の高速で使用する場合には高速仕様の設計が必要になると同時に，後述の特別な潤滑法が必要となる．

3.5.2 潤滑法の種類

転がり軸受の潤滑は，大別してグリース潤滑と油潤滑に分けられる．なかでも軸受会社でシールとともに軸受内にグリースを封入された軸受は潤滑部の設計も不要であり，使うに便利である．玉軸受の 80% 以上がこの種のものであることが簡便さを反映した結果である．

しかし，グリース潤滑は条件が厳しくなると焼付き等の問題が出てくるため種々の油潤滑法が採用される．両潤滑法の主な得失を表 3.5.2 にまとめる．

なお，真空や高温などグリースや油が使えないところには，固体潤滑剤が用いられるがここでは対象から外す（C 編 3.1 参照）．

(1) グリース潤滑

グリースには非常に多くの種類があり，どのグリースを選択するかが一番重要である．基油は標準的なグリースでは鉱油が多いが，最近は低温や高温用に合成油を基油とするグリースが増えている．また耐熱性，耐水性を必要とする用途が増えるに従って，増ちょう剤の種類も増えている（C 編 2.2 参照）．

グリースの軟らかさにはちょう度という指標が決められており，数値の大きい方が軟らかいグリースである．軸受温度，荷重，回転速度，もれ性を考慮して最適の流動性を示すちょう度を選ぶが，表 3.5.3 にその目安を示す．

グリース潤滑には個々にグリースカップやグリースガンなどによって補給する場合と，圧延機や産業機械などのように多数箇所の軸受に集中潤滑装置で同時に給脂を行なう場合がある．

転がり軸受およびハウジング内部に対するグリースの充てん量は，軸受の大きさによっても異なるが，一般には軸受の内部にはグリースをいっぱいに，ハウジング内には空間容積（軸と軸受が占める以外の空間）の 1/3〜1/2 程度詰めるのが適当である．

グリースは運転時間とともに劣化し，潤滑作用が低下するので，ある程度運転したらグリースの補給または交換を行なう必要がある．劣化の速さはその使用条件，軸受の形式，グリースの種類によっても変わるが，おおよそのグリースの補給間隔の目安は図 3.5.1 に示す線図で求められる．

グリースの補給を行なうにはハウジングにグリースの補給口と排出口を作り，新しいグリースと古いグリースが交換できるようにする．また，グリースが効果的に軸受内に入るようにするためにグリースバルブや図 3.5.2 に示すようなグリースセクタを設けるとよい．

銘柄の異なるグリースを混合すると潤滑能力は落ちるので，同じ銘柄のグリースを補給する．もし銘柄がわからない場合は軸受も洗浄し全部を交換す

表 3.5.2 グリース潤滑と油潤滑の得失

項　目	グリース潤滑	油　潤　滑
ハウジング構造	簡略化できる	やや複雑になり，保守に注意が必要
回転速度	許容回数は，油潤滑の場合の 65〜80%	グリース潤滑に比べ，高い回転数でも使用可能
冷却作用	なし	熱を効果的に放出できる（循環給油法の場合など）
潤滑剤の流動性	劣る	非常に良い
潤滑剤の取替え	やや繁雑	比較的簡単
ごみのろ過	困難	容易
潤滑剤の漏れ汚染	漏れによる汚染が少ない	油漏れにより汚染を嫌う箇所には不適

表 3.5.3 グリースのちょう度と使い方

ちょう度番号	0 号	1 号	2 号	3 号	4 号
ちょう度*	385〜355	340〜310	295〜265	250〜220	205〜175
使い方	・集中給油用 ・フレッチング対策用	・集中給油用 ・フレッチング対策用 ・低温用	・一般用 ・密封軸受用	・一般用 ・密封軸受用 ・高温用	・高温用 ・グリースシール用

*規定重量の円すい型コーンが，グリースに侵入した深さを 0.1 mm 単位で表わす．

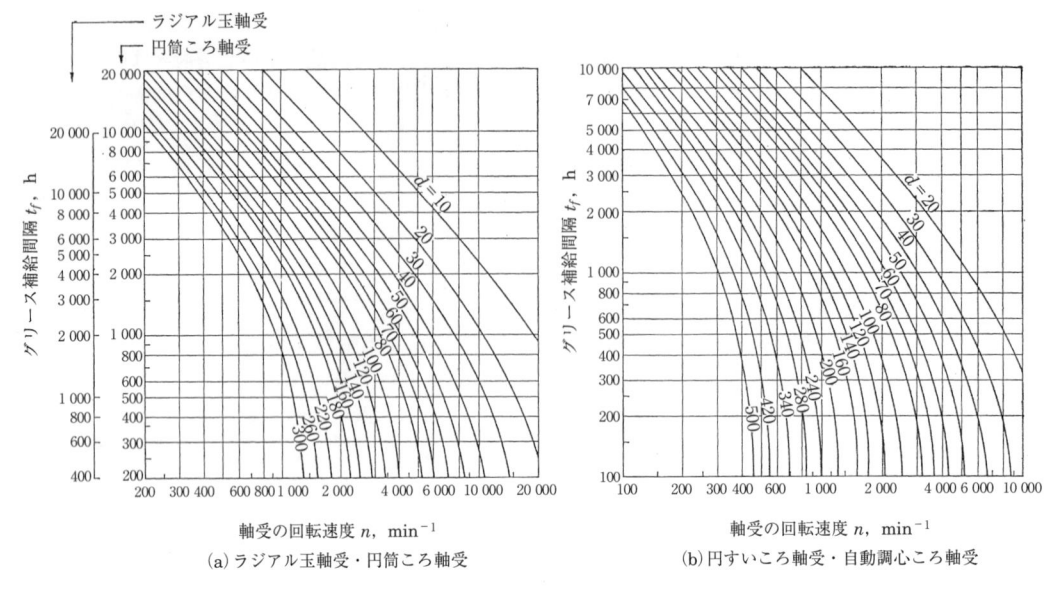

図3.5.1 潤滑グリースの補給間隔

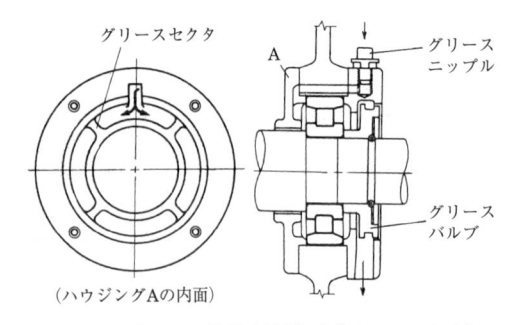

(a) ラジアル玉軸受・円筒ころ軸受

(b) 円すいころ軸受・自動調心ころ軸受

図3.5.2 グリース補給方法例（グリースセクタ）

る．

（2）油潤滑

潤滑油の選定にはまず粘度を考える．軸受の形式により適正な粘度が異なるが，一般的な条件では運転温度において表3.5.4の程度の値が必要である．

また一般的な標準値として，軸受の運転温度と回転速度に対する潤滑油の選定の例を表3.5.5に示す．潤滑油の選定に関しては，粘度のほかに酸化安定性，極圧性，耐腐食性など使用条件に合わせた性質も考慮する必要がある．

油潤滑ではグリース潤滑と異なり，用途や使用条件に合わせた適切な潤滑法を選定することができる．以下にそれら潤滑法を紹介する．

a．油浴潤滑（bath lubrication）

油潤滑の最も一般的で簡単な方法である．低速ないし中速で使用される軸受に用いられる．軸受が水平軸に取り付けられる場合には，図3.5.3に示すように油面は軸受の静止時に最下位の転動体の中心にあるようにするのが標準である．油面が低下すると潤滑不良になり，摩耗や焼付きを生じるので，油量の確認のため油面計を付けることが望ましい．

垂直軸で使われる軸受で油浴潤滑を適用するには上部軸受の潤滑がむずかしいので後出の潤滑法を用いる．

b．はねかけ潤滑（splash lubrication）

はねかけ潤滑は軸受の回転部にあるスリンガーや歯車（図3.5.4）で油溜りの油をはねとばし飛沫にして給油するものであり，飛沫潤滑とも呼ばれる．自動車のトランスミッションなどがその例である．始動時には潤滑油が十分にない可能性が高いので注意が必要である．

c．滴下給油（drop-feed lubrication）

高速回転する小型軸受によく使われるもので，図3.5.5に示すように，油面の見えるオイラに油をため軸受に滴下する．滴下量は調節できるので油切れを起こさないように注意が必要である．逆に油が軸受内に溜まりすぎても発熱のもとになるので，過剰な油の排出口をつけることで油量を一定に保つこと

第3章 転がり軸受

表 3.5.4 軸受の使用条件と潤滑油の選定例

運転温度	回転速度	潤滑油の ISO 粘度グレード (VG)	
		普通荷重	重荷重または衝撃荷重
−30〜0°C	許容回転速度以下	15, 22, 32 (冷凍機油)	—
0〜50°C	許容回転速度の 50% 以下	32, 46, 68 (軸受油／タービン油)	46, 68, 100 (軸受油／タービン油)
	許容回転速度の 50〜100%	15, 22, 32 (軸受油／タービン油)	22, 32, 46 (軸受油／タービン油)
	許容回転速度以上	10, 15, 22 (軸受油)	—
50〜80°C	許容回転速度の 50% 以下	100, 150, 220 (軸受油)	150, 220, 320 (軸受油)
	許容回転速度の 50〜100%	46, 68, 100 (軸受油／タービン油)	68, 100, 150 (軸受油／タービン油)
	許容回転速度以上	32, 46, 68 (軸受油／タービン油)	—
80〜110°C	許容回転速度の 50% 以下	320, 460 (軸受油)	460, 680 (軸受油／タービン油)
	許容回転速度の 50〜100%	150, 220 (軸受油)	220, 320 (軸受油)
	許容回転速度以上	68, 100 (軸受油／タービン油)	—

備考 1. 許容回転速度は，軸受寸法表に記載されている油潤滑の場合の値を用いる．
   2. 冷凍機油 (JIS K 2211)，軸受油 (JIS K 2239)，タービン油 (JIS K 2213)，ギヤ油 (JIS K 2219) 参照．
   3. 上表の左欄に示す温度範囲で，運転温度が高温側の場合には，高粘度の油を使用する．

表 3.5.5 軸受温度における必要動粘度

軸受の形式	軸受温度での必要動粘度
玉軸受・円筒ころ軸受	13 mm²/s 以上
円すいころ軸受・自動調心ころ軸受	20 mm²/s 以上
スラスト自動調心ころ軸受	32 mm²/s 以上

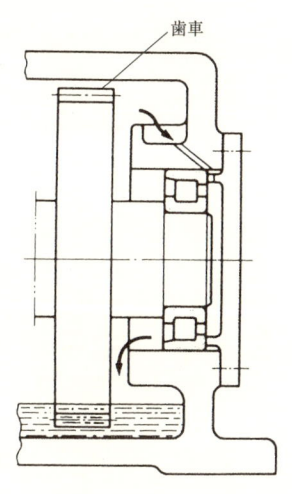

図 3.5.4 はねかけ潤滑

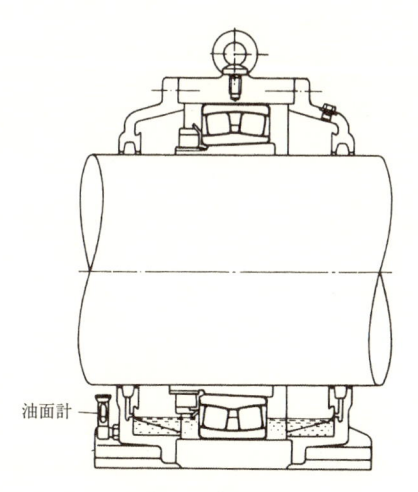

図 3.5.3 油浴潤滑

も可能である．

d. 循環給油 (circulating lubrication)

循環給油は高速運転や高温雰囲気の中で，油によって軸受部分の冷却も行なう目的で使われる．図 3.5.6 に示すように軸受を潤滑した油が油タンクに戻り，タンクや冷却器の中で冷却された油は，再びフィルタを通ってポンプで給油される．

油は循環過程の中で冷却，ろ過されるので，安定した潤滑が可能である．排油パイプは給油パイプより太くし油が内部に溜まらないようにする必要がある．また一時に多数の軸受を潤滑することも可能である．この場合各軸受に片寄りなく潤滑油が供給さ

軸受の冷却を狙ったものであるが，比熱が大きくないため軸受の冷却効果はあまり大きくない．

潤滑装置は空気圧力が50～150 kPa程度の空気の量10～50 l/min に，1時間あたり数 ml程度という微量の油を混ぜて軸受に送るものでオイルミスト潤滑器が市販されている．使用する空気はフィルタやドライヤで異物や水分を取り去った，清浄なものが必要である．

f. ジェット潤滑（jet lubrication）

ジェット潤滑は$d_m n$値が100万以上の高速回転で，高荷重が加わるときに用いられる．高速回転では軸受の回転に伴って軸受まわりに空気の流れが発生し，油が軸受の内部に入りにくくなる．そこで図3.5.7のように軸受側面に向けた1個ないし数個のノズルから圧力をかけた油をオイルジェットにして噴射させるものである．多量の油が軸受を通り抜け潤滑と冷却を同時に行なう．油が軸受内を貫通するにはノズルの位置が重要で，一般に，ノズルは保持器と内輪の間を狙い，0.1～0.5 MPa程度の圧力で油を噴射させる．軸受1個あたりの油量は1～5 l/minとする．油量が大きいため軸受に入れることだけでなく，軸受内の油の滞留を防ぐためノズルと反対側の排油を考慮する必要がある．

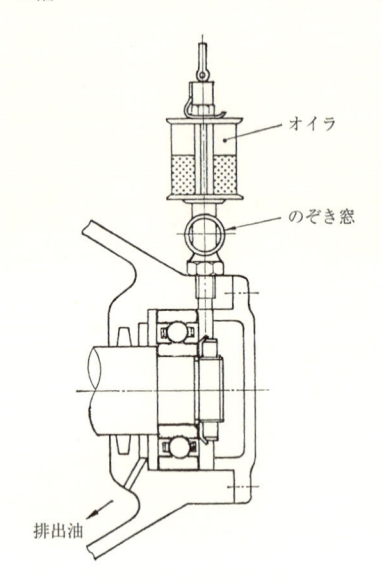

図3.5.5　滴下給油

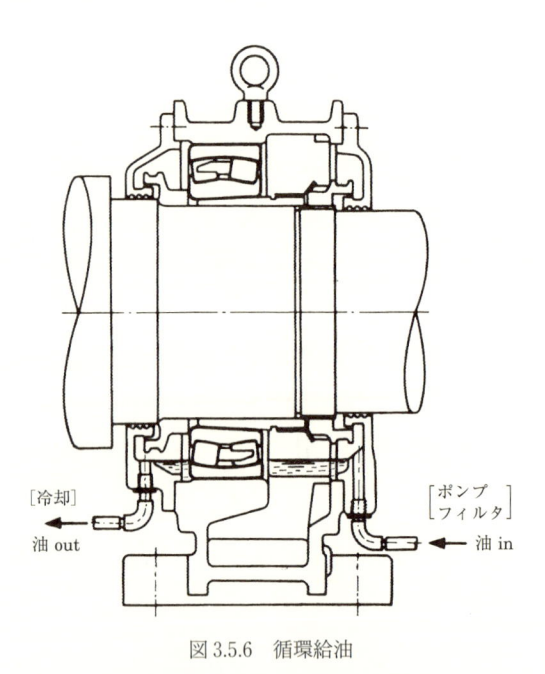

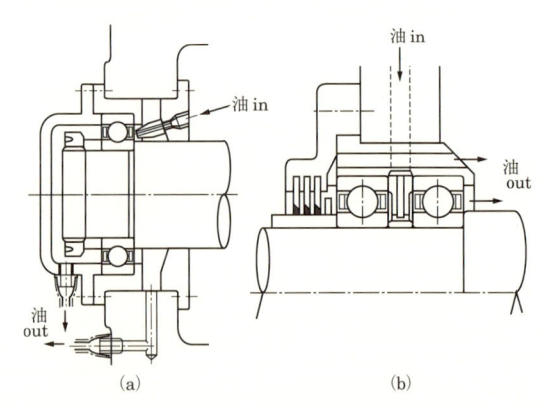

図3.5.6　循環給油

図3.5.7　ジェット潤滑

れるよう，配管等を考慮する必要がある．

なおこれ以降の潤滑法は外部に取り付ける潤滑装置のコストを考慮する必要がある．

e. オイルミスト潤滑（oil-mist lubrication）

オイルミスト潤滑は清浄な圧縮空気で潤滑油を霧状にして軸受に吹き付ける潤滑法である．このため軸受内に導入される油は少なく，軸受の動力損失は小さい．圧縮空気は油を軸受部に運ぶだけでなく，

3.5.3　最近の潤滑法（工作機械主軸軸受の高速化と潤滑法）

以前は工作機械の回転速度は決して高速とはいえない使われ方をしてきたが，近年の軽合金等を高速切削するなど加工を高能率化させるに伴い，図3.5.8に示すように，マシニングセンタを中心に著

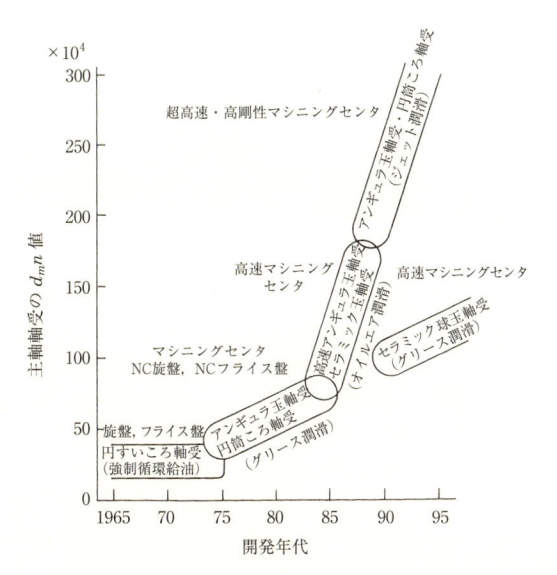

図 3.5.8 工作機械用主軸高速化の変遷

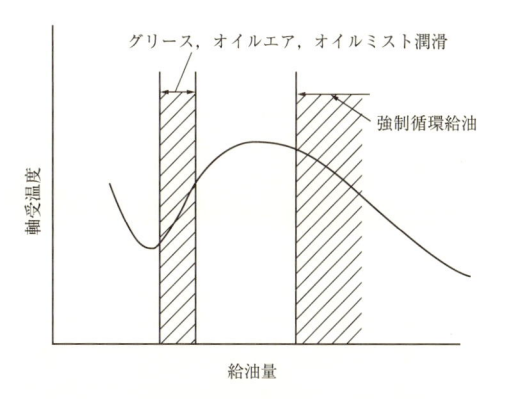

図 3.5.9 潤滑給油量と軸受温度（概念図）

しく高速化してきた[2]．

工作機械の高速化はジェットエンジンのような高速の装置・機械とは大きく異なる要求がある．その一つは温度上昇を小さく設計するという点である．温度上昇は，工作機械の熱変形ひいては加工物の仕上がり精度にも影響するために問題となる．したがって，工作機械特に主軸に使われる軸受の温度上昇は小さくする必要がある．

そこでジェットエンジンのように安全であれば温度上昇は許容されるところと違い，温度上昇を低く押えながら高速化させるというむずかしい課題が与えられた．

いまや工作機械の軸受の回転速度はジェットエンジン並みの値になってきたが，両者の違いは軸受にかかる荷重である．ジェットエンジン用軸受には巨大な荷重が加わるが，工作機械では特に高速切削では非常に軽切削であり荷重は小さい．そこに以下に紹介する各種の潤滑法が使われる余地が出てくる．

（1）オイルエア潤滑（oil-air lubrication）

転がり軸受の温度上昇を油量との関係で概念的に示すと図 3.5.9 のようになる．温度上昇の低い領域は油量の多い所と少ない所の2箇所に見られる．油量の多い領域は，軸受の摩擦は大きくとも潤滑油による冷却作用で温度上昇が抑えられる領域である．潤滑としてはジェット潤滑がこれにあたる．一方，潤滑油の少ない領域は軸受の摩擦，そして摩擦に伴う発熱が小さいところである．ただしこの領域は一歩間違うと焼付きを生じる領域でもある．

この領域の潤滑を実現しようとしたものがオイルミスト潤滑である．しかし，実際には油はミスト状になって空気とともに運ばれるため潤滑すべきとこ

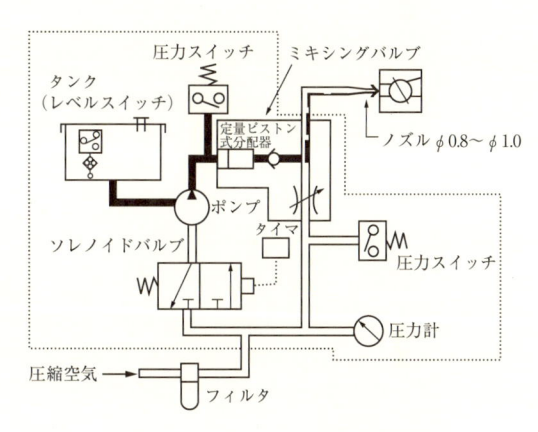

図 3.5.10 オイルエア発生装置系統図

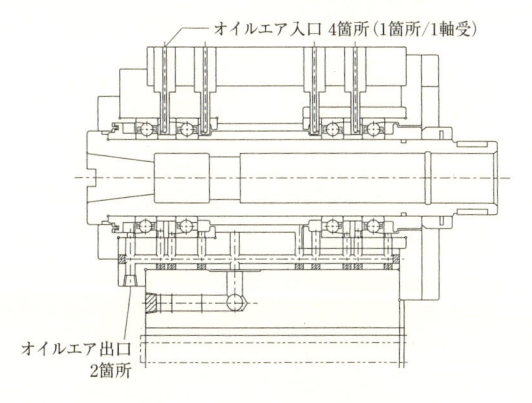

図 3.5.11 オイルエア潤滑例

ろに確実に届くとは限らないし，かなり多くの量が空気とともに軸受を貫通してしまうと考えられる．

オイルエア潤滑はさらに微量な油を，量をコントロールして軸受部に確実に供給する方法として開発されたものである[3]．

圧力のかかった空気の流れに潤滑油を入れるところは似ているが，油は空気に乗って送られるのではなく，長い送油パイプの壁面を空気流によって少しずつ送り進められるのである．空気は定常的に流しておき，そこに定量の潤滑油をある所定の時間ごとに供給する．そこでは油は塊状に存在するが，軸受までの長いパイプの中で油は長く延ばされ軸受には少量ずつ連続的に入っていくことになる．

図3.5.10にオイルエア潤滑装置の概念図を，図3.5.11に軸受部の構造例を示す．

（2）セラミック球の利用（ハイブリッド軸受）

潤滑でないが最近の転がり軸受の高速化に貢献しているものに，セラミック球の使用がある．転がり軸受に使われるものは窒化ケイ素（Si_3N_4）が多い．高速時には転動体に大きな遠心力がかかる（回転速度の2乗に比例する）ことで生じる問題が発生する．窒化ケイ素は密度が鋼の40％程度と小さく遠心力も小さくなる．図3.5.12に鋼球を用いた軸受と窒化ケイ素球を用いたハイブリッド軸受の温度上昇の比較例を示す．低速では差は見られないが高速では温度上昇に差が見られる[4]．またセラミック球は焼き付きにくい特徴も見られる．したがって高速で使用される工作機械用軸受には，ハイブリッド軸受が使われるようになってきている．図3.5.7の高速化の様子を見てもハイブリッド軸受が潤滑の改良とともに役立っていることがわかる．

（3）低粘度油ジェット潤滑[2]

高速になるとオイルエア潤滑では油が軸受の中に十分に入っていかなくなる．そこでオイルジェットの形で潤滑油を多量に供給することが考えられる．

ただし上にも述べたように工作機械用軸受では軸受の温度上昇を小さくする必要があるので，通常のオイルジェット用油は適用でない．よく使われているものは1～2 mm^2/s程度（40℃）の動粘度をもったほとんど水のような油である．当然十分なEHL油膜は形成されにくいので，境界潤滑性の良くなる添加剤が多量に加えられている．

（4）アンダレース潤滑（under-race lubrication）

ガスタービン用軸受でよく使われる潤滑法である．高速時の遠心力を利用して油を軸受内に導くもので，内輪の内側あるいは軸の内部に油を導き，内輪にあけた潤滑用の穴から遠心力のかかった油を送るものである．

工作機械用軸受でもこの方法はとり得るが，軸受の発熱を考えて，少ない油量の潤滑としてアンダレース潤滑とオイルエア潤滑を組み合わせたものがある．しいて名前を付ければアンダレースオイルエア潤滑とでもいうものであろうか．図3.5.13に潤滑部の構造を示す[2]．

以上工作機械用軸受を例に軸受を高速で使うときの新しい潤滑法を紹介した．実際には潤滑法だけでなく，上で紹介したセラミック球の使用のように，軸受の内部設計も工夫がなされている．また3.4で述べたような予圧を切り替えて軸受内に発生する荷重を回転数によって調整するという使用上の工夫も

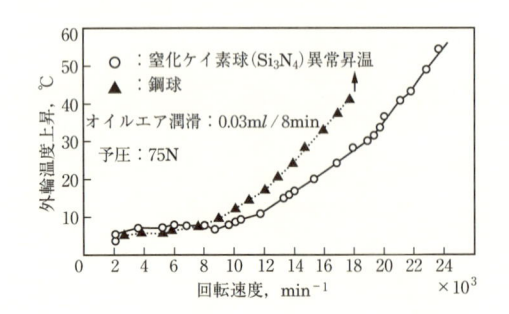

図3.5.12　軸受の温度上昇（オイルエア潤滑）
〔出典：文献4〕〕

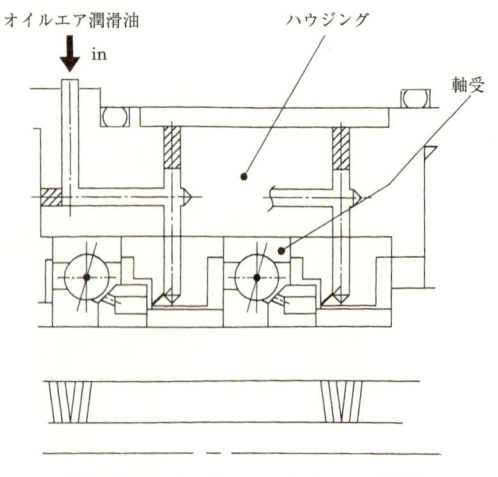

図3.5.13　アンダレースオイルエア潤滑
〔出典：文献2〕〕

必要になってくる．

3.5.4 潤滑油の交換・補給

潤滑剤が劣化すると軸受の焼付きや摩耗の原因となるので，適当な間隔で潤滑剤の交換または補給を行なう必要がある．

（1）油

潤滑油の交換間隔を一律に決めることは困難であるが，おおよその目安としては，運転温度が50～60℃の場合には1年に1回，80～100℃の場合は1年に2～3回交換することが望ましい．（詳しくはD編参照）

（2）グリース

グリースの寿命も油の場合と同様に，その使用条件，軸受の形式によって変わるとともに，グリースの種類によっても変わってくる．一般的には図3.5.1に示す間隔で補給する．

しかし，軸受会社でグリースを封入しシールで密閉する，いわゆる密封玉軸受に関しては，使用者がグリース交換をすることはない．これら軸受には，軸受会社が実験をもとにしたグリース寿命計算式を出している．ここでは，汎用グリースの一例を示す[5]．

$$\log L = 6.55 - 2.6n/N - (0.025 - 0.012n/N)T \\ - (0.03Tn/N + 0.09T - 5)(P/C_r)^2 \quad (3.5.1)$$

ただし，$70 \leq T \leq 120$
（$T < 70$℃のときは $T = 70$ とする）

ここで，L：グリース寿命（h），N：許容回転速度（min^{-1}），n：回転速度（min^{-1}），P：動等価荷重（N），T：軸受温度（℃），C_r：ラジアル動定格荷重（N）である．疲労寿命と違って温度が大きな影響をもっていることがわかる．

文　献

1) 岡本純三・角田和雄：転がり軸受—その特性と実用設計—（第2版），幸書房 (1992).
2) 中村晋也：機械技術，**44**, 8 (1996) 27.
3) 正田義雄・小野瀬喜章：トライボロジト，**32**, 3 (1987) 175.
4) 正田義雄ら：トライボロジスト，**36**, 5 (1991) 381.
5) H. Ito, H. Koizumi & M. Naka：Proc. ITC Yokohama '95. (**1996**) 931.

表 3.6.1　軸受の精度の規定項目

区分	用　語	量記号
寸法差	実測内径の寸法差	Δ_{ds}
	平面内平均内径の寸法差	Δ_{dmp}
	中央軌道盤の平面内平均内径の寸法差	Δ_{d2mp}
	実測外径の寸法差	Δ_{Ds}
	平面内平均外径の寸法差	Δ_{Dmp}
	実測内輪幅の寸法差又は中央輪の高さの寸法差	Δ_{Bs}
	実測外輪幅の寸法差	Δ_{Cs}
	単列円すいころ軸受の実組立幅の寸法差または単式スラスト軸受の軸受高さの寸法差	Δ_{Ts}
	単列円すいころ軸受の内輪アセンブリの有効幅の寸法差または複式スラスト玉軸受の実軸受高さの寸法差	Δ_{T1s}
	単列円すいころ軸受の外輪の有効幅の寸法差または複式スラスト玉軸受のハウジング軌道盤から中央軌道盤までの高さの寸法差	Δ_{T2s}
寸法の不同	平面内内径不同	V_{dp}
	中央軌道盤の平面内内径不同	V_{d2p}
	平面内平均内径の不同	V_{dmp}
	平面内外径不同	V_{Dp}
	平面内平均外径の不同	V_{Dmp}
	内輪幅不同	V_{Bs}
	外輪幅不同	V_{Cs}
面取寸法の許容限界値	内輪もしくは外輪（単列円すいころ軸受を除く）の最小許容実測面取寸法，または軸軌道盤もしくはハウジング軌道盤の最小許容実測面取寸法	r_{smin}
	内輪もしくは外輪（単列円すいころ軸受を除く）の最大許容実測面取寸法，または軸軌道盤もしくはハウジング軌道盤の最大許容実測面取寸法	r_{smax}
	単列円すいころ軸受の外輪の最小許容実測面取寸法または中央軌道盤の最小許容実測面取寸法	r_{1smin}
	単列円すいころ軸受の外輪の最大許容実測面取寸法または中央軌道盤の最大許容実測面取寸法	r_{1smax}
回転精度	内輪のラジアル振れ	K_{ia}
	内輪のアキシアル振れ	S_{ia}
	横振れ	S_d
	外輪のラジアル振れ	K_{ea}
	外輪のアキシアル振れ	S_{ea}
	外径面の倒れ	S_D
	軸軌道盤または中央輪軌道盤の軌道の厚さ不同	S_i
	ハウジング軌道盤の軌道の厚さ不同	S_e

表 3.6.2 軸受の種類と適用精度等級

軸受の種類 / 等級	深溝玉軸受	アンギュラ玉軸受	自動調心玉軸受	円筒ころ軸受	円すいころ軸受	自動調心ころ軸受	斜状ころ軸受	スラスト玉軸受	スラスト自動調心ころ軸受
0 級	○	○	○	○	○	○	○	○	○
6 級	○	○	—	○	○	—	—	○	—
5 級	○	○	—	○	○	—	—	○	—
4 級	○	○	—	○	○	—	—	○	—
2 級	○	○	—	○	—	—	—	—	—

3.6 精度・特性試験法

3.6.1 転がりの軸受の精度および測定

(1) 転がり軸受の精度

転がり軸受は，寸法や精度などが国際的に最もよく統一され，規格化されている代表的な機械要素で，日本では ISO（国際標準化機構）に準拠した JIS（日本工業規格）が適用されている[1]．このほかにも必要に応じて BAS（日本ベアリング工業会規格）や軸受製造業者規格，あるいは外国の諸規格などが適用されている．

ラジアル軸受の精度，円すいころ軸受の精度，スラスト玉軸受の精度，およびスラスト自動調心ころ軸受の精度，ならびにこれらの軸受の面取寸法およびテーパ穴の精度を JIS B 1514（転がり軸受の精度）で規定している．

転がり軸受の精度とは，軸受の寸法精度および回転精度それぞれの許容差および許容値をいい，寸法差，寸法の不同および回転精度で軸受の精度を規定しており，具体的項目を量記号とともに表 3.6.1 に示す．

寸法差の中で，実測内径の寸法差 Δ_{ds} とは，基本的には円筒状である内径面の，実測内径と呼び内径 d の差で定義されており，内径の寸法許容差を表わすものである．図 3.6.1 の形状モデルではそれぞれ 1 箇所の直径 $d_{s(1)}$，$d_{s(2)}$，$d_{s(3)}$，…の値が実測内径である．外径についても同様である．

寸法の不同で平面内内径不同 V_{dp} とは一つのラジアル平面内の実測内径の最大値と最小値との差で定義されており，軸受内径面の真円度に変わる特性と考えられるが，この許容値 V_{dp} は単なる寸法の不同（最大値と最小値の差）を示すもので，円形部分の幾何学的円からの狂いの大きさを示す真円度とは異なるものである．

回転精度には内（外）輪のラジアル振れ，内（外）輪のアキシアル振れ，内輪の横振れ，および外輪の倒れがある．また JIS には規定されていないが，動的振れ精度として回転数と同期している規則的な振れ：RRO（Repeatable Run Out）と回転数に同期しない振れ：NRRO（Non Repeatable Run Out）も軸受の用途によっては大事な項目になる．

また，軸受の精度は 0 級，6 級，5 級，4 級および 2 級の 5 等級に分けられ，この順に精度が厳しくなっている．JIS 規定の精度等級別軸受適用範囲を表 3.6.2 に示す．

(2) 測定方法

転がり軸受の寸法精度，回転精度の測定は JIS B 1515（転がり軸受の測定方法）に規定されており主な測定方法の概略を図 3.6.2 に示す．

(3) すきまの測定

転がり軸受のすきまには，(1) ラジアルすきま，(2) アキシアルすきま，(3) 角すきま，(4) 円周方向すきまがあり，このうち，深溝玉軸受，円筒ころ軸受のラジアル内部すきま，深溝玉軸受のアキシアル内部すきまについて測定例を図 3.6.3 に示す．ラジアル内部すきまの値は軸受の各部品が測定力および重力を含む外力を受けていない場合の値と規定しており，測定時の測定荷重によるすきまの増加量を除く必要がある．

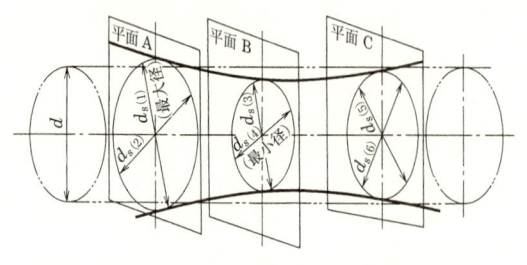

図 3.6.1 実測内径の形状モデル

第 3 章　転がり軸受

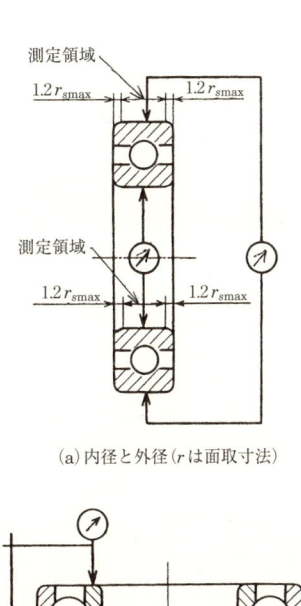

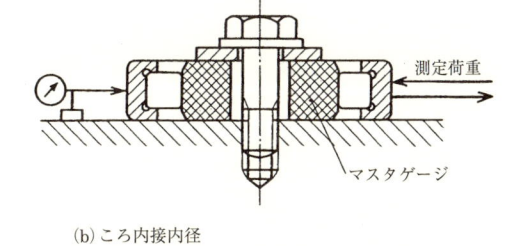

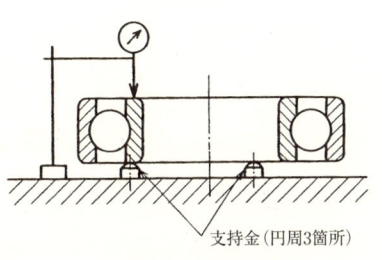

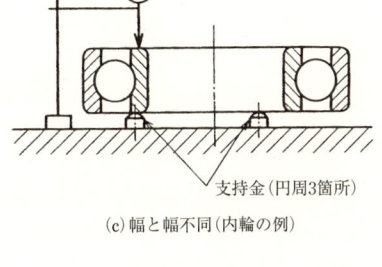

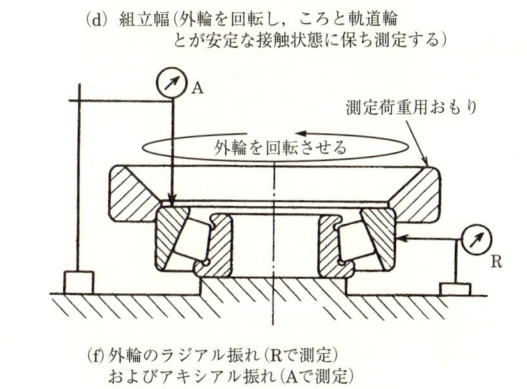

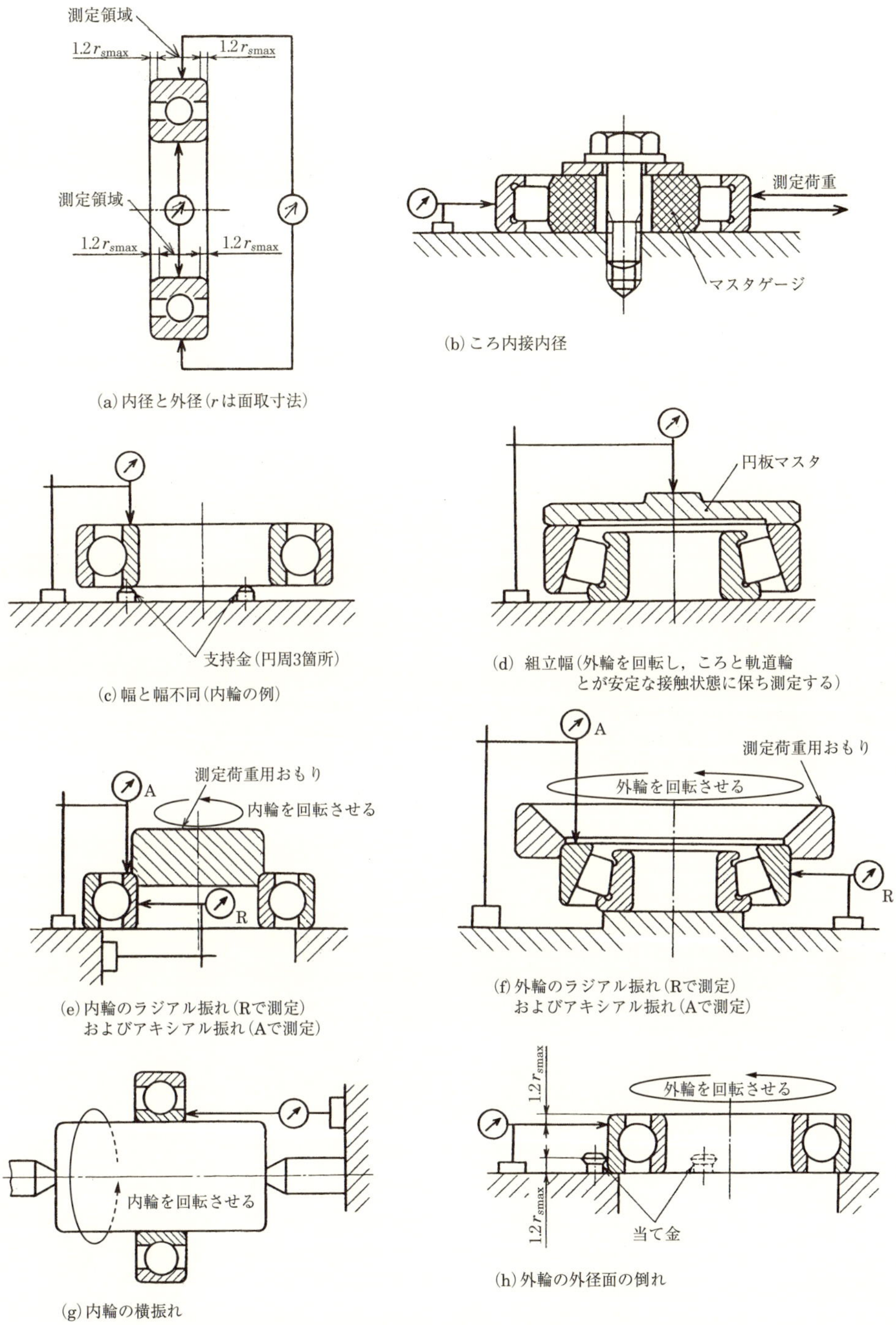

(a) 内径と外径（r は面取寸法）

(b) ころ内接内径

(c) 幅と幅不同（内輪の例）

(d) 組立幅（外輪を回転し，ころと軌道輪とが安定な接触状態に保ち測定する）

(e) 内輪のラジアル振れ（R で測定）およびアキシアル振れ（A で測定）

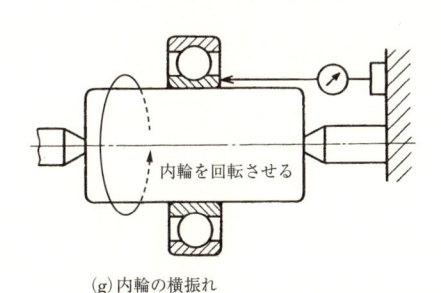

(f) 外輪のラジアル振れ（R で測定）およびアキシアル振れ（A で測定）

(g) 内輪の横振れ

(h) 外輪の外径面の倒れ

図 3.6.2　転がり軸受の主な寸法精度，回転精度測定方法の概略

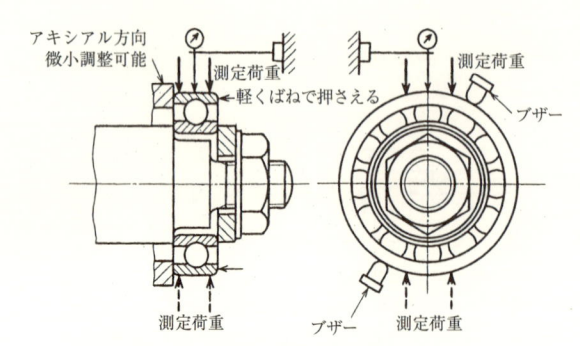

(a) 深溝玉軸受のラジアル内部すきま測定例
（鋼球を軌道の溝底に落ち着かせるためブザーや揺動など行なう）

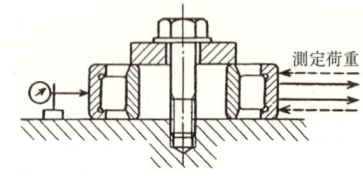

(b) 円筒ころ軸受のラジアル内部すきま測定例

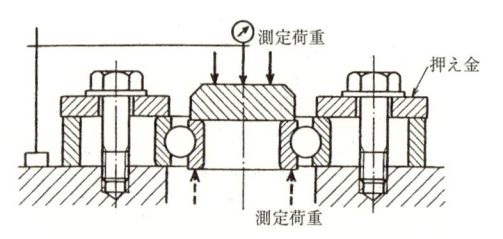

(c) 深溝玉軸受のアキシアル内部すきま測定例
（固定しない側の軌道輪中心軸方向に一致した測定荷重を交互に掛け測定する）

図 3.6.3 すきまの測定

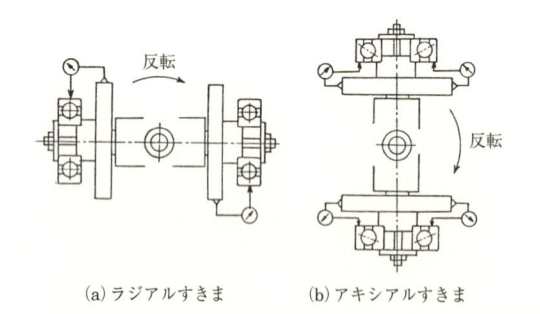

(a) ラジアルすきま　(b) アキシアルすきま

図 3.6.4 反転式すきま測定法

大型の軸受については，反転測定法が考案[2]され，ラジアルすきま，およびアキシアルすきまが高精度で測定できるようになった．その方法を図3.6.4に示す．

そのほか，取扱いが容易なシェフィールド形測定機や実用的な方法として，デュルコップ形測定機などがある[3]．

3.6.2 転がり軸受の摩擦トルクおよび測定

転がり摩擦の測定[4]には次の三つが考えられる．(1)回転を起こさせるためのトルクを測定する．(2)回転または揺動を発生させてから摩擦による減速または減衰を測定する．(3)一方の軌道輪の回転により他方の軌道輪に発生する摩擦モーメントをばねや振り子などの変位に変換して測定する[5]（摩擦についてはA編3.2参照）．

荷重の負荷方法としてアキシアル形摩擦試験機には（1）BENDIX，（2）FAFNIR，（3）ASCH，（4）機械試形などがある[5]．ラジアル荷重形試験機には（1）M 106，（2）機械試形，などがある[5]．また，合成荷重形摩擦試験機[6]や高速回転用摩擦試験機（MABIE）[5]もある．これらはいずれも玉軸受のトルクを測定しているが，ラジアル円筒ころ軸受のトルクを実測した測定装置を図3.6.5に示す[7]．ラジアル荷重を負荷した状態で主軸を回転させると軸受内に摩擦が発生し，ハウジングを回転させようとする．この力を定盤に固定された板ばねが支持し板ばねに貼付してあるひずみゲージ9で変位量に換算して摩擦トルクを求めるものである．

摩擦試験機においては，摩擦によって駆動される静止側の軌道輪は試験のために負荷する荷重や摩擦モーメントの影響を最小限に抑えるため静圧支持される[8]．

3.6.3 転がり軸受の音響・振動

転がり軸受の音響は，回転中の静粛性の評価や，使用中の劣化の評価の基準とされてきた．回転する軸受から発生する音の音圧レベルを測定する方法がJISに規定されているが，「転がり軸受用音圧計」の入手性の問題から1995年にJIS B 1548「転がり軸受の騒音レベルの測定方法」と改訂され測定器が従来の音圧計から精密騒音計へ変更となった．

転がり軸受を回転させたときに発生する音の騒音レベル：L_{PA} は $L_{PA} = 10 \log_{10}(P_A^2/P_0^2)$ dB で表され，P_A は JIS C 1505 で規定されるA特性で重みづけられた音圧の実効値で P_0 は基準の音圧（20

第3章　転がり軸受　　　　　　　　A編　183

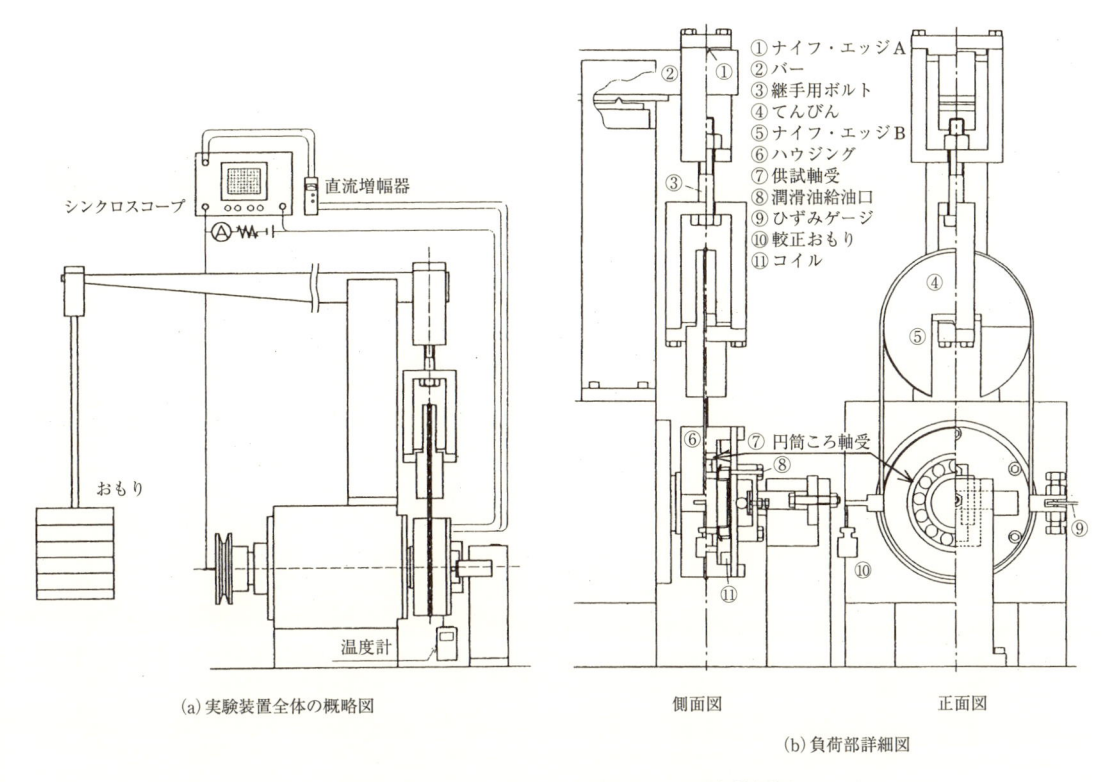

①ナイフ・エッジA
②バー
③継手用ボルト
④てんびん
⑤ナイフ・エッジB
⑥ハウジング
⑦供試軸受
⑧潤滑油給油口
⑨ひずみゲージ
⑩較正おもり
⑪コイル

(a) 実験装置全体の概略図

(b) 負荷部詳細図

図3.6.5　ラジアル円筒ころ軸受トルク測定装置例

μPa）を示す．

騒音レベルの測定方法は，表3.6.3に示すように軸受を回転軸の軸端にはめ込み，回転軸の中心から45°上方の決められた位置にマイクロホンを置き，所定のアキシアル荷重を与え（通常は図3.6.6に示すように両手で外輪をアキシアル方向に均等に押し付けて）回転させる．軸受には洗浄に用いる白灯油をそのまま使ってもよいし，大径の軸受で白灯油では潤滑能力が低く音が安定しない場合は粘度の高い潤滑油を用いてもよい．読み取りは軸受の回転開始後騒音計の指示が安定したときの指示の平均を読み取る．

転がり軸受単体の振動はアンデロメータにより図3.6.7[9]に示すように内輪を回転させたときの外輪の半径方向速度を検出しアンデロンで評価する．アンデロン値は三つの周波数バンドに分けて表示される．三つの周波数は，low band：50～300 Hz, medium band：300～1 800 Hz, high band：1 800～10 000 Hz である．

アンデロメータでは，コンバータの出力を増幅してスピーカ音として出力できるので，メータ表示では検知しにくいごみやきずによる振動を音で聞くことができることや，CRT（ブラウン管）の波形で判断できることから軸受製造メーカで多く使用されている．

一方，転がり軸受を機械装置に組み付け回転すると軸受単体とは別の音・振動が発生する場合がある[10]．

転がり軸受は転動体で荷重を支持するので，転動体と軌道輪の接触部で弾性変形し，軸受の回転によって転動体通過振動が発生する．これは図3.6.8に示すようにラジアル荷重方向に転動体がある場合(a)に対し，ラジアル荷重方向が転動体のまたぎ位置になっている(b)と軸の中心位置が違ってくるので回転すると軸が上下方向に振動することになる．また，図3.6.8に対し転動体位置が円周方向にずれると左右方向の振動を発生させることになる．したがって，この転動体通過振動は軸受が正しく造られていても発生するもので，転動体がラジアル荷重方向を通過する周期の振動が発生する．この振動を低

表 3.6.3 マイクロホン位置，回転速度および測定荷重

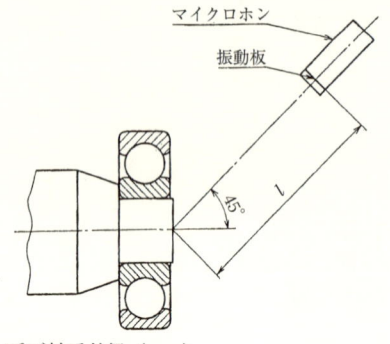

D：呼び軸受外径（mm）
n：回転速度（min^{-1}）
l：軸端中心からマイクロホンの振動板までの距離（mm）
F：測定荷重（N）

D mm		n^{*2} min^{-1}	深溝玉軸受 アンギュラ 玉軸受		円すいころ 軸受	
を超え	以下		l^{*3} mm	F N	l^{*3} mm	F N
—	30^{*1}	3 600	50	10	—	—
30	50	1 800	70	20	100	40
50	80	1 800	100	40	100	40
80	120	1 800	100	40	100	80
120	180	1 200	150	80	150	80

注*1 外径 30 mm の軸受は，呼び軸受外径の 30 を超え，50 以下の区分の測定条件を適用する．
 *2 許容差は，±3％ とする．
 *3 許容差は，±5％ とする．

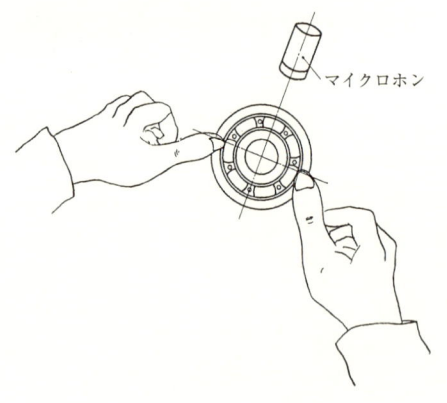

図 3.6.6 軸受の支持方法（手押しの例）

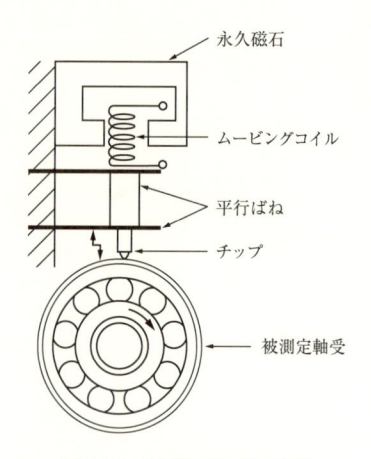

図 3.6.7 軸受振動測定原理

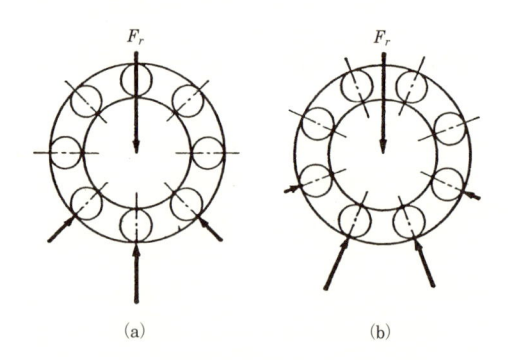

図 3.6.8 軸受の負荷状態と転動体の位置

減するにはラジアル方向の弾性変位を小さくすればよく，ラジアルすきまを小さくしたり，軸受に予圧を与えることは有効である．

機械装置における振動は，振動計で測定するが振動計の検出器の種類として変位形，速度形，加速度形がある．

3.6.4 転がり軸受の温度上昇

転がり軸受は荷重を支持し回転すると軸受内の転がり摩擦やすべり摩擦，潤滑剤のかくはん抵抗などにより発熱し，その発熱量と軸や軸箱への熱伝導や潤滑剤や空気中へのふく射などによる放熱量とが釣り合ったところで軸受の温度が一定になる．軸受内でも温度分布がある．図 3.6.9 はサーミスタを使用して外輪の温度分布を測定した例[11]である．ラジアル荷重負荷圏の温度が高くなっている．

また高速運転〔dn 300 万，d：軸受内径(mm)，

第3章 転がり軸受

(a) 外輪の温度分布

学振形寿命試験機
荷重 9.8 kN,
回転速度 2 000 min^{-1}
ISO VG 68 タービン油 200 ml/min
油温(軸受内部):60℃

温度測定方法

(b) 軸受各部の温度変化

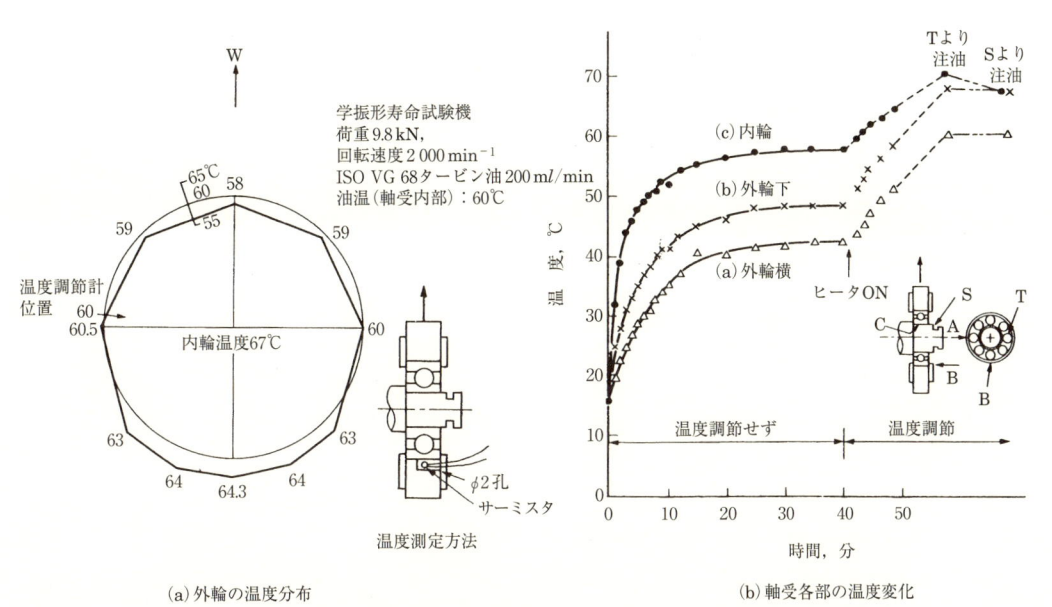

図 3.6.9 軸受外輪の温度分布および各部の温度変化

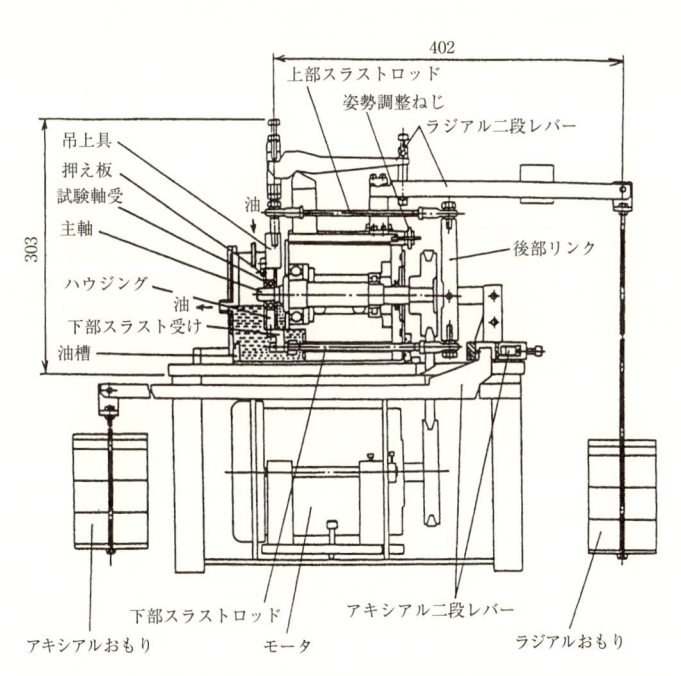

図 3.6.10 合成荷重形寿命試験機の構造

(a) 内輪回転

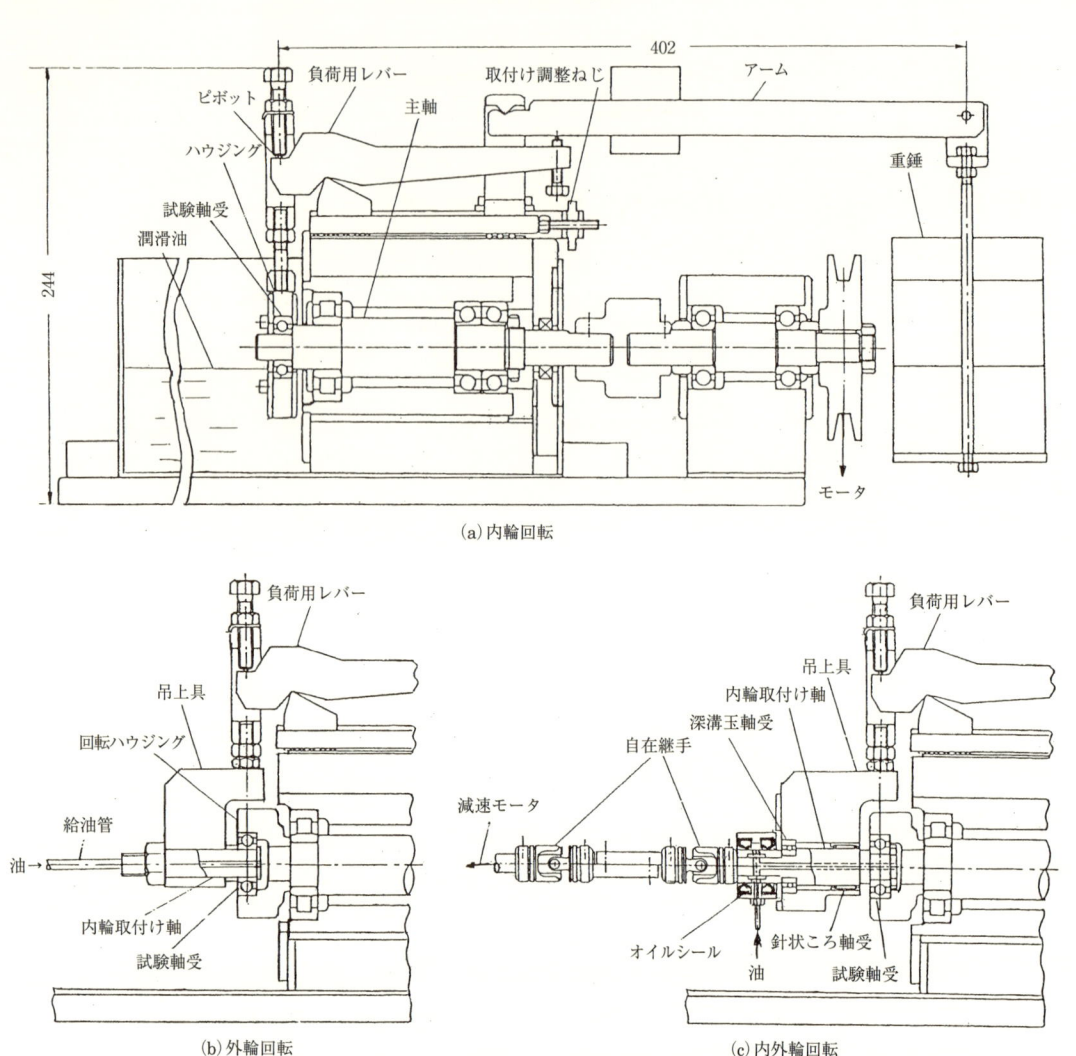

(b) 外輪回転　　(c) 内外輪回転

図 3.6.11　各種軌道輪回転の軸受寿命試験機

n：回転数(min^{-1})〕においてジェット潤滑される軸受の外輪温度を，外輪外周に90度間隔で4箇所熱電対を接触させ測定し，ノズル位置と内輪回転方向の関係を調べたもの[12]では，回転方向に対しノズルに近い側の温度が低く遠くになるに従って，潤滑油による冷却効果が低減され温度が高くなっている．

このように固定輪の温度は熱電対やサーミスタを直接軸受軌道輪に当てて測定し，回転輪の温度は回転輪に当てたセンサからスリップリングを経由し測定器に入力する[13]．表面の温度は赤外線により温度分布が得られる．

3.6.5　転がり軸受の寿命試験機

軸受の寿命に及ぼす因子は多くあり，またそれぞれが複雑に関連している[14]（A編3.3，B編1.3.2参照）．

軸受の寿命試験を行なうには取付け精度，潤滑法，試験機各部の剛性に配慮し，荷重を負荷しフレーキング発生まで軌道輪を回転させることになる．軸受の寿命はばらつくので信頼性を上げるには試験個数を多くする必要があり，ある期間内に結果を出すには複数の試験機で行なうことになる．複数の試験機の機差がないことを確認された寿命試験機の一つに学振型寿命試験機[15]がある．試験軸受の取外

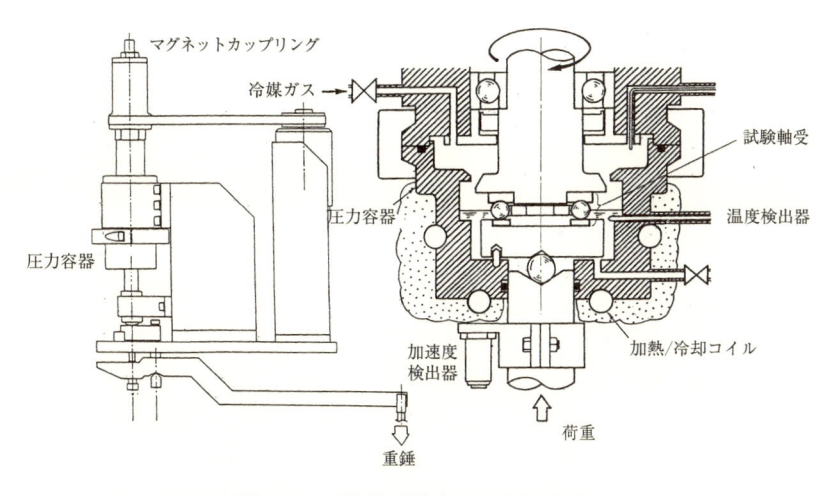

図 3.6.12 雰囲気制御転がり疲労試験機

しがしやすいよう片持ち式で軸端に試験軸受を取り付けるようにしてあり，荷重による軸の曲がりが軸受の傾きとならないよう荷重負荷位置が調整でき，かつ軸受の取付け精度を容易に測定できる構造になっている．この構造で外輪の倒れ角を 0.0001 rad 以内に容易に押さえることができる．

学振型寿命試験機はラジアル荷重を負荷し，内輪回転させる構造であるが，ラジアル荷重とアキシアル荷重を同時に負荷し内輪回転で寿命試験を行なったもの[16]が図 3.6.10 である．

また，ラジアル荷重下で，内輪回転のほか外輪回転および内外輪回転で寿命試験を行なったもの[17]に図 3.6.11 がある．外輪回転試験機および内外輪同時回転試験機は内輪回転試験機を基本にしている．

そのほか特殊な用途として，冷媒雰囲気下における転がり疲れ寿命試験を行なったもの[18]が図 3.6.12 である．雰囲気圧力 1 MPa まで耐えられるよう，スラスト形軸受試験部を圧力容器で囲み，外部からの駆動の伝達は密封を保つため，マグネットカップリングを使用し回転を与えている．容器内の従動軸の回転は磁気による回転検出器で読み取る．荷重は重錘を用いた負荷機構を活用し，調心球を負荷軸に組み合わせることにより試験鋼球と平板の片当たりを防いでいる．また試料油の温度制御は圧力容器の周囲に巻いたコイルに冷温水を流して行ない，寿命の判定は負荷軸の振動加速度により自動停止させる機構となっている．

このほかにも使用環境に応じた評価装置が考えられている．

文　献

1) 藤原孝誌：潤滑, **23**, 6 (1978) 404.
2) 津川浩造：潤滑, **27**, 12 (1982) 886.
3) 藤原孝誌：潤滑, **29**, 8 (1984) 561.
4) 広田忠雄：不二越技報, **35**, 1 (1979) 53.
5) 岡本純三：潤滑, **29**, 8 (1984) 567.
6) 北原時雄・岡本純三：潤滑, **28**, 4 (1983) 279.
7) 畑沢鉄三・鏡　重次郎・川口尊久・山田国男：トライボロジスト, **43**, 5 (1998) 399.
8) 広田忠雄・稲田　蕃：不二越技報, **37**, 2 (1981) 17.
9) ここまできている軸受技術, ベアリング, **38**, 5 (1995) 150.
10) 五十嵐昭男・板垣貴喜・太田浩之・荒井智志・Khai Meng Chan：日本機械学会論文集 (C 編), **63**, 616 (1997-12) 250.
11) 日本学術振興会　転り軸受寿命第 126 委員会：ころがり軸受寿命の研究 (1986-3) 22.
12) 関　勝美：トライボロジー会議予稿集 (福岡 1991-10) B・3, 75.
13) 清水健一・奥井邦雄・高山宗之・高田　勉：トライボロジー会議予稿集 (金沢 1994-10) 1 F 3・3, 327.
14) 山本雄二・兼田槙宏：トライボロジー, 理工学社 (1998) 207.
15) 文献 11), P 14.
16) 大森達夫・岡本純三：トライボロジスト, **41**, 12 (1996) 1001.
17) 岡本純三・大森達夫・神田　守：トライボロジスト, **41**, 3 (1996) 240
18) 明井正夫・松崎　勉・水原行彦・山本隆司：トライボロジー会議予稿集 (東京 1993-5) C・20, 479.

第4章 伝動要素

4.1 歯車
4.1.1 種類と名称
(1) 歯車の種類[1] (図4.1.1)

 a. 平行軸歯車
 平行な2軸間に運動を伝達する歯車の総称である.
 (i) 平歯車：歯すじが軸に平行な直線である円筒形の歯車をいう〔図(a)〕*.
 (ii) はすば歯車：歯すじがつる巻き線である円筒形の歯車をいう. 厚さの薄い平歯車を軸のまわりに位相をずらして多数重ね合わせたものと考えればよい〔図(b)〕.
 (iii) やまば歯車：左右両ねじれはすば歯車の組み合わされたものである〔図(c)〕.
 (iv) 内歯車〔図(d)〕

 b. 交差軸歯車
 交差する2軸間に運動を伝達する歯車をいう.
 (i) すぐばかさ歯車：円すい形の歯車をかさ歯車といい, 歯すじが直線でピッチ円すいの母線と一致したものをいう〔図(e)〕.
 (ii) まがりばかさ歯車〔図(f)〕
 (iii) フェースギヤ：平歯車またははすば歯車と, これとかみ合う円盤状の歯車の対をいう. 2軸は食い違っている場合もある〔図(g)〕.

 c. 食違い軸歯車
 交わらず, かつ平行でもない2軸の間に運動を伝達する歯車をいう.
 (i) ねじ歯車：1対のはすば歯車を食違い軸間の運動伝達に用いたもので簡単に製作できる〔図(h)〕.
 (ii) ハイポイドギヤ：食違い軸の間に運動を伝達するかさ歯車状の歯車またはその対をいう〔図(i)〕.

 d. ウォームギヤ
 ウォームと, これとかみ合うウォームホイルからなる歯車対の総称をいう.
 (i) 円筒ウォームギヤ：ウォームが円筒形をしたギヤで, ウォームギヤといえば, 普通はこれを指す〔図(j)〕.
 (ii) 鼓形ウォーム：ウォームホイルの外周に沿う鼓形のウォームを用いる〔図(k)〕.

 e. 遊星歯車装置 (図4.1.2)
 f. 差動歯車装置 (図4.1.3)

(2) 歯車の特徴と選定
 表4.1.1は, 一般に用いられてる歯車の最大歯数比と, おおよその効率を示したものである. 効率は設計, 材質, 工作および組立の良否, また潤滑状態などによって大きく影響を受ける.
 高速度では, 平歯車よりはすば歯車の方が静かに回るので良い. かさ歯車でも, すぐばよりまがりばの方が静かである. ハイポイドギヤは歯切りはむずかしいが, まがりばかさ歯車より静かに, なめらかに回転を伝えることができる. また, 同じ歯数比のまがりばかさ歯車よりピニオンの直径を大きくでき, 軸受を両持ちになし得るから構造を頑丈にできる. また, 減速比を大きくとることができるなど多くの長所をもった歯車である. しかし, 歯すじ方向のすべりを伴うので, 効率は少し低下する.
 ウォームギヤは, 小さい容積で大きな減速比あるいは増速比が得られ, また回転が静粛であるのが特徴である. しかし, かみあいにすべりを伴うので, 適当な材料を選び, 仕上げ, 潤滑を良好にして摩擦が大きくならないようにすることが大切である.

(3) 歯車の用語と幾何学量
 JISに基づく歯車の用語[1]と記号[2], および幾何学量を記す. 歯車各部の名称を図4.1.4に示す.
 (i) 圧力角 α (pressure angle)：歯面上の1点において, その半径線と歯形への接線とのなす角を圧力角という. かみあいピッチ円上の圧力角をかみあい圧力角, 基準ラックの圧力角を基準圧力角という. 基準ピッチ円上の圧力角は基準圧力角に等しい.
 (ii) 歯末のたけ h_a (addendum)：歯先円と基準ピッチ円との間の半径方向の距離をいう(図4.1.4).
 (iii) 歯元のたけ h_f (dedendum)：歯底円と基準ピッチ円との間の半径方向の距離をいう(図4.1.4).
 (iv) 全歯たけ h (whole depth) h_a+h_f (図4.1.4).
 (v) 有効歯たけ h_w (working depth) (図4.1.4).
 (vi) 歯厚 s (tooth thickness) (図4.1.4)
 (vii) 頂げき c (bottom clearance)：歯車の歯先

---
* 基準ピッチ面が円筒である歯車を円筒歯車という.

第4章 伝動要素

(a) 平歯車 (b) はすば歯車 (c) やまば歯車

(d) 内歯車 (e) すぐばかさ歯車 (f) まがりばかさ歯車

(g) フェースギヤ (h) ねじ歯車 (i) ハイポイドギヤ

(j) 円筒形ウォームギヤ (k) 鼓形ウォームホイール

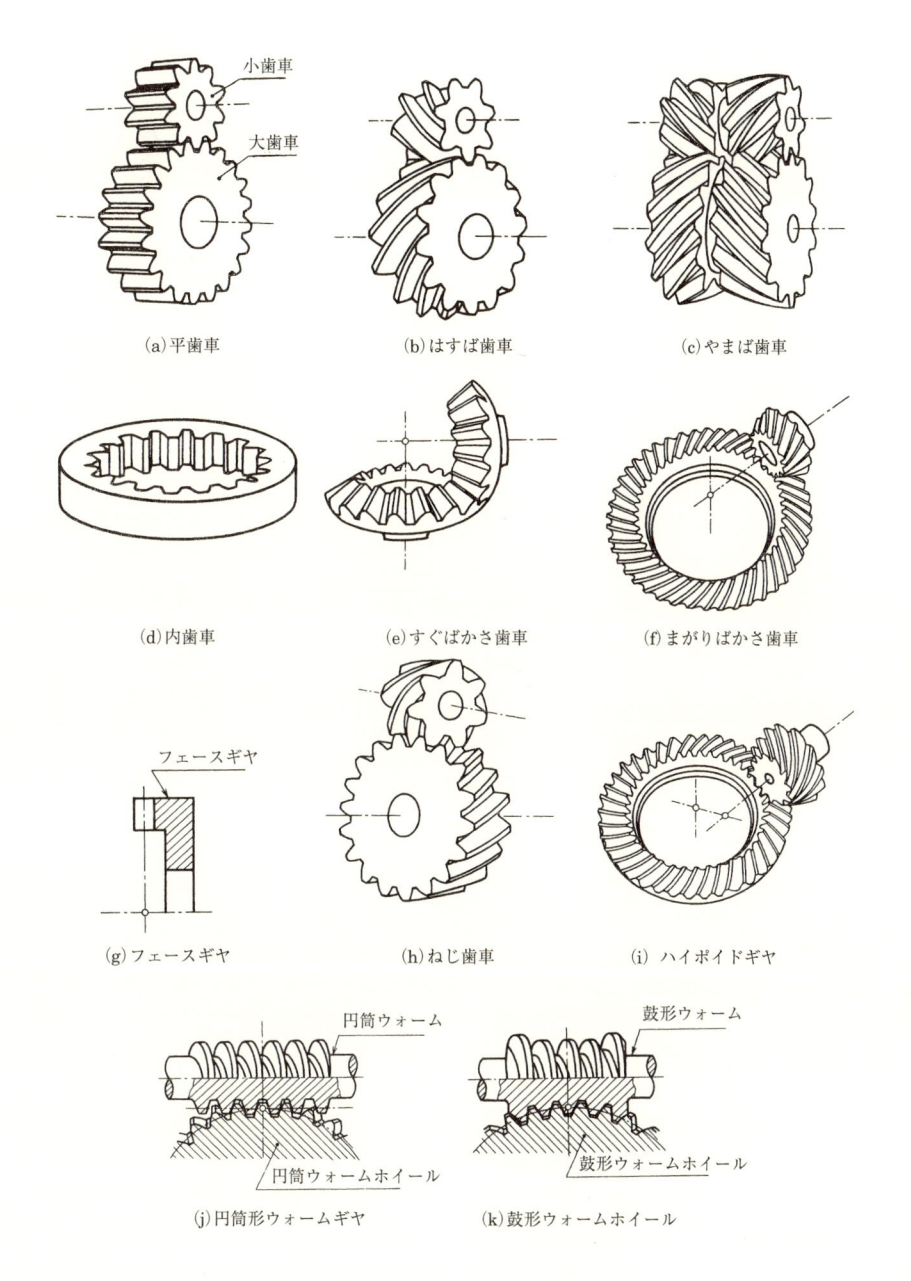

図 4.1.1　歯車の種類〔出典：文献 1)〕

と，それにかみ合う歯車の歯底円との間の中心線上の距離をいう（図 4.1.4）．

（ⅷ）バックラッシ j_t (backlash)：1対の歯車をかみ合わせたときの歯面のあそびをいう（図 4.1.4）．

（ⅸ）ピッチ円（pitch circle）：歯車のかみあい運動または寸法の基準にするために歯車の中に仮想した円である．各歯車に固定され互いに転がり接触するような半径をもつ円をかみあいピッチ円，歯車の寸法の基準とする場合のピッチを基準ピッチ円という．前者は相手歯車とある中心距離でかみ合わせた状態で直径が決まるのに対し，後者はかみあいと関係なく各歯車単位で定まる固有のものである（図

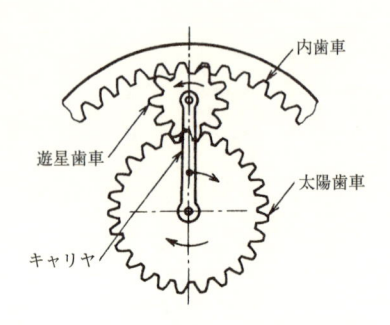

図 4.1.2 遊星歯車装置〔出典：文献 1)〕

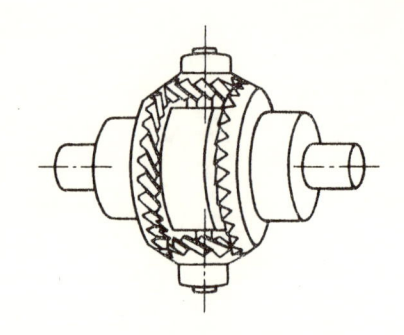

図 4.1.3 差動歯車装置〔出典：文献 1)〕

表 4.1.1 歯車の最大歯数比と効率

軸	歯車		最大歯数比	効率％（歯切り，組立および潤滑が良好のとき）	
平行軸	平 歯 車 はすば歯車		12：1	97～98	歯数が少なく，かみあい状態がよくないときは効率も落ちる．
交差軸	かさ歯車	すぐば	8：1	～96	軸受が片持ちになるから，荷重による軸のたわみが起こりやすい．このために歯の当たりが悪くなる傾向があり，効率も少し落ちる．
		まがりば	8：1	～98	
食違い軸	ハイポイドギヤ		10：1	～96	すべりを伴うために効率は少し落ちる．オフセット量が大きいほど，その程度は大きくなる．
	ウォームギヤ	$\gamma=5°$	100：1	60～70	効率$=\tan\gamma/\tan(\gamma+\rho)$, $\tan\rho \cong \mu/\cos\alpha_n$ γ：進み角，α_n：歯直角圧力角，μ：摩擦係数 進み角によって効率は変化する． 材質，仕上げ，潤滑状態を良好にしてμを小さくすることが大切である． μはすべり速度によっても変わるが，最良の状態では$\mu \cong 0.02$くらいのものも得られる
		$\gamma=10°$	↕	75～85	
		$\gamma=20°$		85～90	
		$\gamma=40°$	2.5：1	90～95	

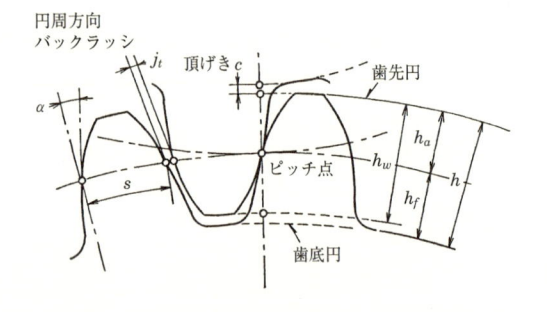

図 4.1.4 歯車各部の名称〔出典：文献 11)〕

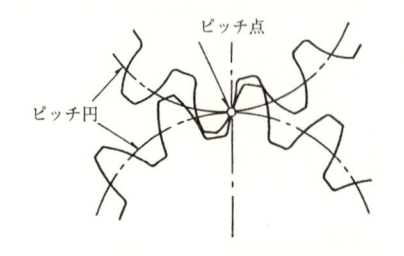

図 4.1.5 ピッチ円とピッチ点〔出典：文献 11)〕

4.1.5)．歯車の幅を考えたとき，円筒歯車ではピッチ円筒，かさ歯車ではピッチ円すいとなる．

（x）ピッチ点 (pitch point)：1対の歯車のかみあいピッチ円の接点をいう．両歯車の中心を結ぶ線を歯数で比例配分した点になる（図 4.1.5）．

（xi）ピッチ p (pitch)：ピッチ円（ラックの場合はピッチ線）に沿って測った隣接歯形間の距離をいう．基準ピッチ円上のピッチを基準ピッチという．

基準ピッチ＝基準ピッチ円の円周/歯数

（xii）モジュール (module)：mm 単位で表わしたピッチを π で除した値である．したがって，$m=$ 基準ピッチ/π で表わされる．JIS[3)] では，歯車および歯切り工具寸法の系列を単純化するため，モジュールの標準値を示している．

（xiii）基準ラック (basic rack)：規格で定められた歯の形状，寸法をもつラックで，その歯車系の基準となるものをいう．JIS[3)] では，図 4.1.6 のように標準の基準ラック歯形を定めている．

（xiv）標準歯車 (standard gear)：基準ピッチ円上

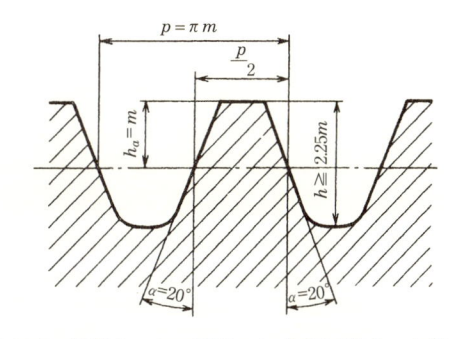

図 4.1.6 基準ラックの歯形および寸法〔出典：文献 3)〕

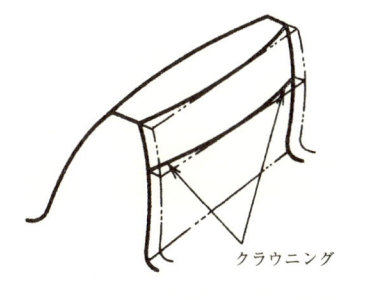

図 4.1.8 クラウニング〔出典：文献 1)〕

の歯厚が基準ピッチの 1/2 である歯車をいう．
(xv) 転位歯車（profile shifted gear）：インボリュート歯車でバックラッシなしに基準ラックとかみ合わせたとき，基準ピッチ円と基準ピッチ線（datum line）とが接しないものをいう．
(xvi) ねじれ角 β（helix angle）：はすば歯車などにおいて，そのつる巻き線と，つる巻き線を考える円筒の母線のなす角をいう．
(xvii) 進み角 γ（lead angle）：ウォーム，はすば歯車などにおいて，つる巻き線とつる巻き線を考える円筒の母線に垂直な平面となす角で，ねじれ角の余角である．
(xviii) リード（lead）：つる巻き線の 1 回転に対する軸方向の進み量をいう．
(xix) 歯すじ（tooth trace）：歯形とピッチ面の交線をいう．また，歯車と同軸の任意の仮想の円筒面，円すい面などと歯面の交線をいうこともある（図 4.1.7）．

ン）：かみ合う 1 対の歯車のうち，歯数の少ない方を小歯車，多い方を大歯車という．
(xxiii) 駆動歯車，被動歯車：かみ合う 1 対の歯車のうち，回す方の歯車を駆動歯車，回される方を被動歯車という．
(xxiv) ラック：平らな板または棒の一面に等間隔に歯を刻んだものをいう．直径が大きくなって無限大になった歯車の一部と考えてよい．
(xxv) 歯数比 μ：大歯車の歯数 z_2 を小歯車の歯数 z_1 で除した値である．
(xxvi) 速度伝達比 i：一連の歯車列の最初の駆動歯車の回転速度を最終の被動歯車の回転速度で除した値である．減速歯車列の i を減速比，増速歯車列の $1/i$ を増速比という．
(xxvii) 作用線（line of action）：両歯形の接触点に立てた歯形共通法線をその点における作用線という．インボリュート歯車では，接触点の軌跡と重なり，ピッチ点を通り両歯車の基礎円に接する（図 4.1.9）．

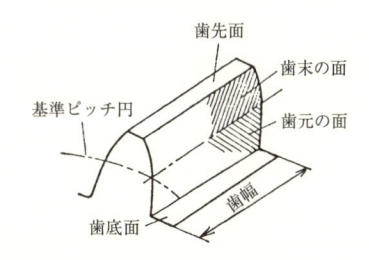

図 4.1.7 歯各部の名称〔出典：文献 11)〕

(xx) 歯形修整（profile modification）：歯形に適当な修整を行なうことをいう．
(xxi) クラウニング（crowning）：歯すじの方向に適当な膨らみを付けることをいう（図 4.1.8）．
(xxii) 大歯車（ギヤ，ホイール），小歯車（ピニオ

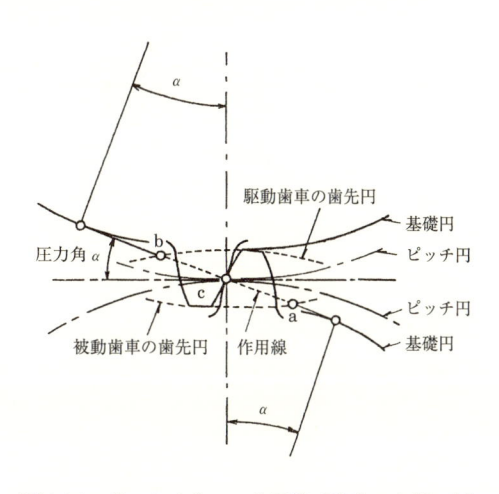

図 4.1.9 歯のかみあい，作用線〔出典：文献 11)〕

4.1.2 かみあい
（1）インボリュート平歯車のかみあい

インボリュート (involute) 歯車の歯形は，基礎円に糸を巻き付け，これを張りながら展開していくとき，糸の先端が画く曲線である．この曲線に対して図 4.1.10 に示すように，基礎円の接線 MT 線上に

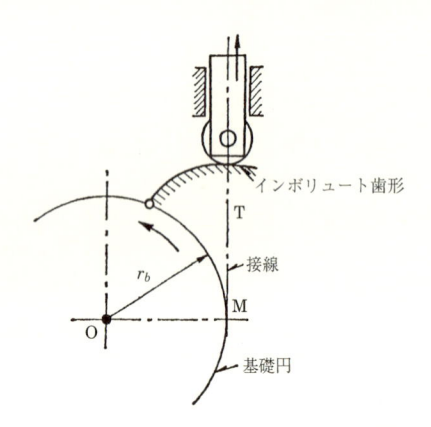

図 4.1.10 インボリュートとローラの接触
〔出典：文献 11〕〕

中心をもち，かつ MT 方向に上下するローラを接触させる．歯車を左に回すとローラは上に押し上げられるが，その移動距離は歯車の回転角に比例する．また，歯形は常に MT と直交しているから，ローラは MT 上で歯形と接する．これは MT に垂直な板を当てた場合も同様で，ローラの回転に代わり板が

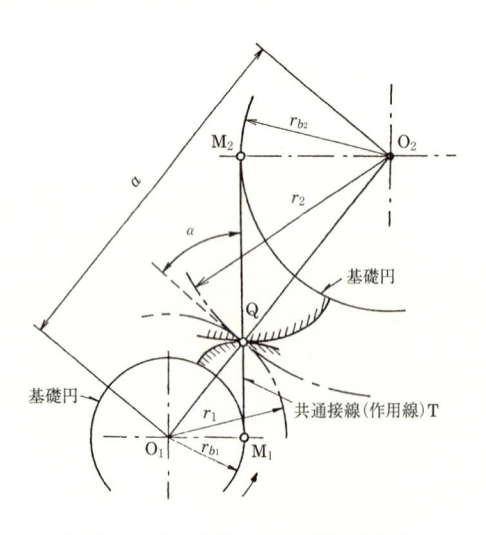

図 4.1.11 インボリュート歯形のかみあい
〔出典：文献 11〕〕

すべるだけの違いである．板と接触させた場合が，ラックとインボリュートがかみ合う場合に相当する．

そこで，図 4.1.11 のようにインボリュート同士をかみ合わせた場合でも，歯形は両基礎円の共通接線（作用線）$M_1 M_2$ の上で接触して，一定速度の回転を伝える．インボリュート歯車は，このインボリュート歯形が円周上に正しいピッチにいくつも並べられ，1組の歯形の接触が終わらぬうちに次の歯形の接触がはじまり，連続して滑らかに回転を伝えようとするものである．この共通接線上のピッチは基礎円上のピッチに等しく，法線ピッチ (base pitch) と呼ばれる．ゆえに，インボリュート歯車は基礎円上のピッチが等しければ相手歯車の大小に関係なく滑らかにかみ合う．

さて，この共通接線とピッチ点におけるピッチ円の接線となす角が圧力角 α である．減速歯車の場合，ピッチ円の半径を r_1, r_2，基礎円半径を r_{b1}, r_{b2}，歯数を z_1, z_2 とすれば

歯数比
$$\mu = z_2/z_1 \tag{4.1.1}$$

速度伝達比
$$\left. \begin{array}{l} i = \omega_1/\omega_2 = r_2/r_1 = z_2/z_1 \\ r_{b1} = r_1 \cos \alpha, \quad r_{b2} = r_2 \cos \alpha \end{array} \right\} \tag{4.1.2}$$

円ピッチ p と法線ピッチ p_b の関係は
$$p_b = p \cos \alpha \tag{4.1.3}$$
である．

図 4.1.9 に示したように，点 a で歯がかみ合い始めるとき，先行する歯は作用線上の法線ピッチだけ離れた点でかみ合っているので，これらの歯が 2 対でかみ合う．この 2 対かみあいは先行する歯が点 b でかみあいを終わるときまで続き，その後 1 対の歯がかみ合う状態になり，後続の歯がかみあいに参加して再び 2 対かみあい状態となる．したがって，作用線上のかみあい区間 ab では 2 対かみあいと 1 対かみあいが繰り返されることになり，これが歯車の振動の原因となる．そこで，かみあいに参加する歯対の平均値をかみあい率と定義して，歯車対の性能を示す指標の一つとして用いている．

平歯車の場合，かみあい率 ε は $\varepsilon = \mathrm{ab}/p_b$ で表わされる．

歯はピッチ点を除いてすべり接触するから常に摩耗や摩擦熱発生を伴うことになる．1 対の歯面 A および B が，はじめ A_1, B_1 で接触しており，次の瞬

第 4 章 伝動要素　　A編　193

間 A_2, B_2 で接触したとする．このとき $(A_1A_2-B_1B_2)/A_1A_2$ および $(B_1B_2/A_1A_2)/B_1B_2$ をそれぞれ歯面 A および B のすべり率といい，摩耗等の指標として用いられる（図 4.1.12）．

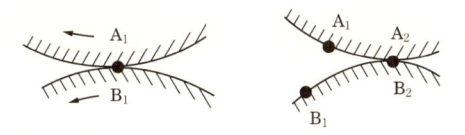

図 4.1.12　歯面のすべりと転がり〔出典：文献 11)〕

次に図 4.1.13 において，歯面が点 Q で接触している場合を考える．点 Q 付近のインボリュート曲線は，その性質から M_1 および M_2 を瞬間的な中心とし，ρ_1, ρ_2 を半径とする円の一部とみなされるから，両歯車が ω_1, ω_2 の角速度で回転している場合，歯面が接触点に対して移動している速度（あるいは接触点が歯面上を移動する速度）は

$$\left.\begin{array}{l} v_1=\rho_1\omega_1=\omega_1(r_1\sin a+T) \\ v_2=\rho_2\omega_2=\omega_2(r_2\sin a-T) \end{array}\right\} \quad (4.1.4)$$

で表わされる．ただし，r_1, r_2：ピッチ円半径，ω_1, ω_2：歯車の角速度，T：ピッチ点からの接触点までの距離，1：駆動歯車，2：被動歯車を表わす．

接触点に対する歯面の移動速度は，歯先では速く，歯元では遅いから，両歯面の間にすべりを生じる．1 歯車歯面の 2 歯車歯面に対するすべり速度を v_s とすれば

$$v_s=v_1-v_2=(\omega_1+\omega_2)T \qquad (4.1.5)$$

すなわち，すべり速度はピッチ点から接触点までの距離に比例する．ピッチ点では 0 となり純転がり接触をなす．また，両歯面の転がり速度は v_1, v_2 のうちの小さい方に等しい*．

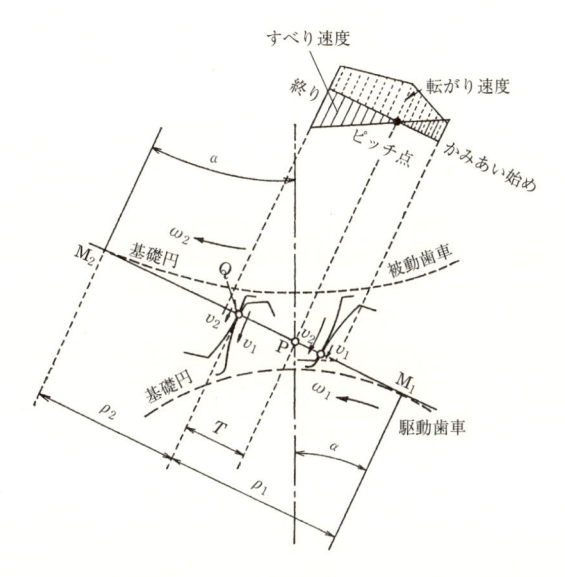

図 4.1.13　歯面のすべりと転がり（v_1, v_2 の矢印は，接触点に対する歯面の移動方向と大きさの割合を示す）〔出典：文献 11)〕

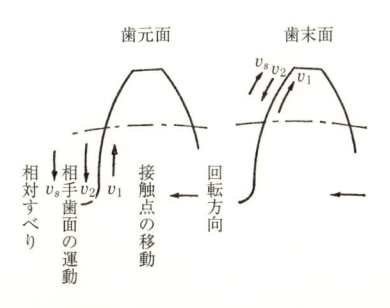

図 4.1.14　駆動歯車歯面上のすべりと運動（被動歯車ではこの逆方向となる）〔出典：文献 11)〕

この接触状態を駆動歯車の歯面についてみると，図 4.1.14 に示すようにかみあい始めからピッチ点までは，接触点は歯元面上を v_1 の速度で歯先方向へ向かうのに対し，被動歯車歯面は逆方向（歯元方向）に v_1 より大きい v_2 の速度で運動するので歯元方向にこすられる．ピッチ点よりあとも，接触点は歯末面上を v_1 の速度で歯先方向に移動し，相手歯面は接触点に対して v_2 の速度で駆動歯車歯元の方へ移動するが $v_1>v_2$ であるから，歯末面は歯先に向かってこすられている．被動歯車断面ではこの逆となる．

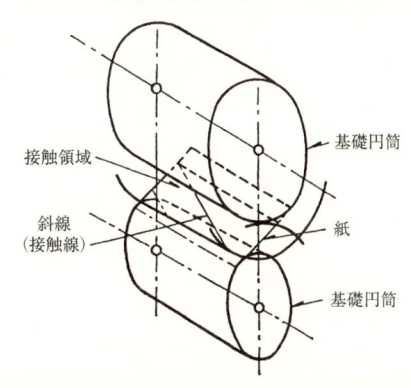

図 4.1.15　はすば歯車の創成〔出典：文献 11)〕

* 潤滑関係ではよく $v_r=(v_1+v_2)/2$ を用いているが，これは接触点に対する両歯面の平均移動速度に相当するものである．

（2）はすば歯車のかみあい

はすば歯車は，厚さがごく薄い平歯車を，その軸のまわりに位相をしだいにずらして重ね合わせたものである．いい換えると，基礎円筒に図4.1.15に示すように紙を巻き付け，紙を巻き戻していったとき，紙の上に描いた斜線がそれぞれの基礎円筒に固定された座標に対して描く曲面を歯面にしたものである．そこで，この紙の斜線が両歯面の接触線となる．

図4.1.16は，駆動歯車の歯面上を接触線が移動する様子を示したものである．

はすば歯車のかみあいと作用平面上の接触線の移動を図4.1.17に示す．図に示すように，接触線は基礎円筒上ねじれ角 β_b だけ傾いた状態で作用平面上を移動する．そこで，ある歯に注目すると，歯車1の回転に伴って接触線の一端が正面から見たかみあい始めの位置に到達したときからかみあいを開始して，他端がかみあい終わりの位置を通過した時点でかみあいを終了する．このため，かみあい区間長さは正面での長さ l に $b\tan\beta_b$ を加えた値になる．これらのそれぞれを正面法線ピッチ p_{bt} で除したものが正面かみあい率 ε_a，重なりかみあい率 ε_β であり，その和 ε_γ が全かみあい率を与える．

$$\varepsilon_a = \frac{l}{p_{bt}}, \quad \varepsilon_\beta = \frac{b\tan\beta_b}{p_{bt}}, \quad \varepsilon_\gamma = \varepsilon_a + \varepsilon_\beta$$

(4.1.6)

正面のかみあい区間長さ l の計算は平歯車の場合と同様である．

作用平面上の接触線の移動を改めて図4.1.18に示す．図では上述のかみあい率を用いて区間を表示している．図(a)で，接触線は左から右へ移動し，一端が正面のかみあい始めの位置Bに達したとき他端は $b\tan\beta_b = \varepsilon_\beta p_{bt}$ 手前の点Aにある．この端

図4.1.16　はすば歯車の接触線の移動（右ねじれの駆動歯車の場合）　〔出典：文献11〕

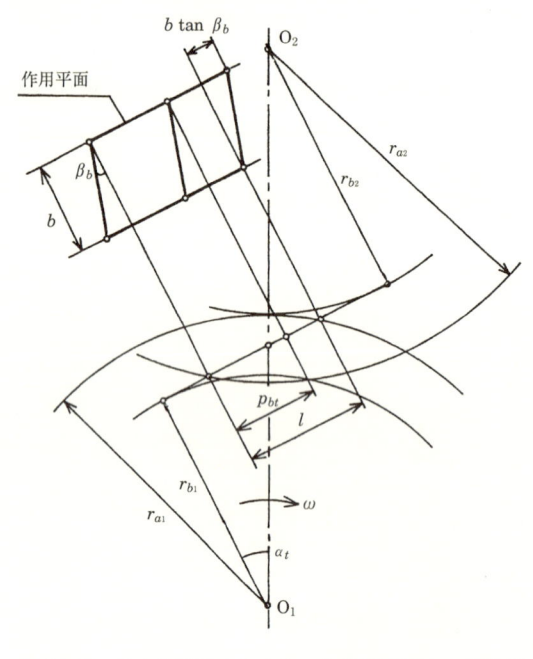

図4.1.17　はすば歯車のかみあいと作用平面上の接触線の移動

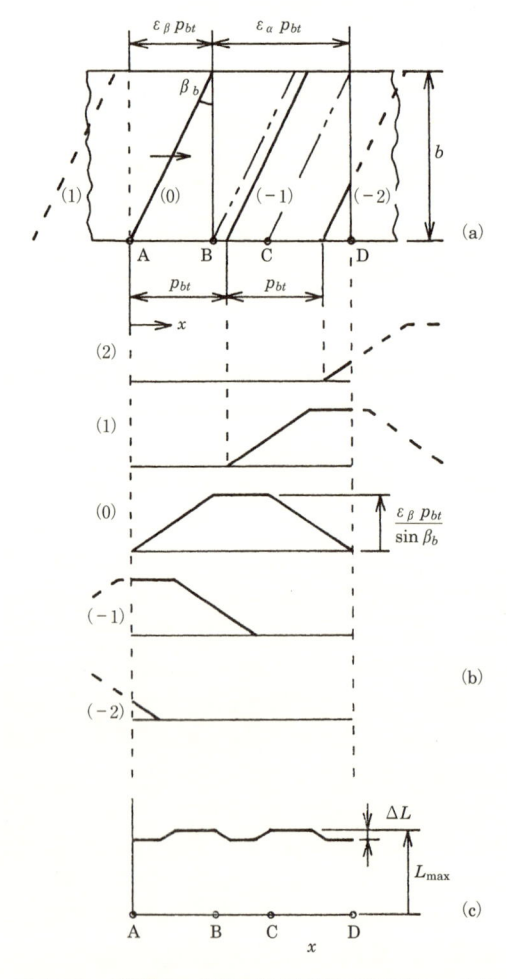

図4.1.18　接触線の移動に伴う同時接触線長さの変化

表 4.1.2　はすば歯車の接触線長さ

	$0 \leq x \leq \varepsilon_\beta p_{bt}$	$\varepsilon_\beta p_{bt} \leq x \leq \varepsilon_\alpha p_{bt}$	$\varepsilon_\alpha p_{bt} \leq x \leq (\varepsilon_\alpha+\varepsilon_\beta)p_{bt}$
$\varepsilon_\alpha \geq \varepsilon_\beta$	$L=\dfrac{x}{\sin \beta_b}$	$L=\dfrac{\varepsilon_\beta p_{bt}}{\sin \beta_b}$	$L=\dfrac{(\varepsilon_\alpha+\varepsilon_\beta)p_{bt}-x}{\sin \beta_b}$
	$0 \leq x \leq \varepsilon_\alpha p_{bt}$	$\varepsilon_\alpha p_{bt} \leq x \leq \varepsilon_\beta p_{bt}$	$\varepsilon_\beta p_{bt} \leq x \leq (\varepsilon_\alpha+\varepsilon_\beta)p_{bt}$
$\varepsilon_\alpha \leq \varepsilon_\beta$	$L=\dfrac{x}{\sin \beta_b}$	$L=\dfrac{\varepsilon_\alpha p_{bt}}{\sin \beta_b}$	$L=\dfrac{(\varepsilon_\alpha+\varepsilon_\beta)p_{bt}-x}{\sin \beta_b}$

が点Dを通過するときかみあいを終了する．点Aを原点として，接触線の位置を図に示した左端からの位置 x で表わすことにし，ε_α と ε_β の大小関係で場合分けして接触線長さ L を表わせば表 4.1.2 のようになる．

$x=0$ の接触線〔図(a)の(0)〕に対して，先行する接触線(-1), (-2)は相互に正面法線ピッチ p_{bt} だけ離れており，これらは同時接触線の関係にある．表 4.1.2 の式を用いて計算される各接触線の長さの変化を図(b)に示す．破線はかみあい区間外にあることを意味する．図に示した $\varepsilon_\alpha \geq \varepsilon_\beta$, $\varepsilon_\beta<1$ の場合には，同時接触線の全長さは図(c)のように変化し，最大値，最小値，差はそれぞれ以下のように表わされる．

$$\left.\begin{aligned} L_{\max} &= \dfrac{(\varepsilon_\alpha+\varepsilon_\beta-1)p_{bt}}{\sin \beta_b} \\ L_{\min} &= \dfrac{(\varepsilon_\alpha+2\varepsilon_\beta-2)p_{bt}}{\sin \beta_b} \\ \Delta L &= \dfrac{(1-\varepsilon_\beta)p_{bt}}{\sin \beta_b} \end{aligned}\right\} \quad (4.1.7)$$

したがって，$\varepsilon_\beta=1$ のとき，同時接触線の長さは一定になる．

（3）かさ歯車のかみあい

かさ歯車のピッチ面および基礎円筒に相当するものは，2軸の交点を頂点とする円すいで，基礎円すいに巻いた紙を巻き戻すとき，紙の上の1点がそれぞれの基礎円すいに対して描く曲線を歯形にしたものである．したがって，かみあいは理論的には，頂点を中心とする球面上で考えなければならないが，実際には図 4.1.19 のように背円すい上の歯形を展開した相当歯車のかみあいに置き換えても差はわずかである．このようにすれば取扱いは楽になり，各断面でかみあいは平歯車と全く同様にして行なわれていることが想像できる．

図 4.1.20 は駆動歯車の歯面上の接触線が移動する様子を示したものである．

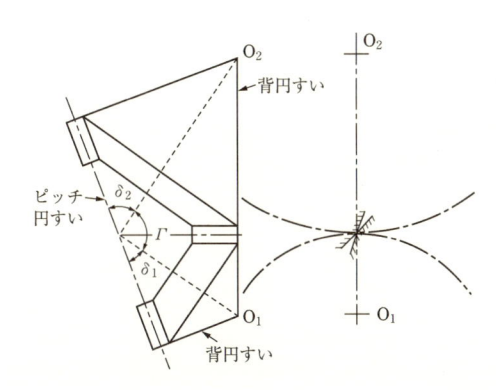

図 4.1.19　かさ歯車のかみあい（背円すい）（$\varGamma$：軸角, δ_1, δ_2：ピッチ円すい角）　〔出典：文献 11〕

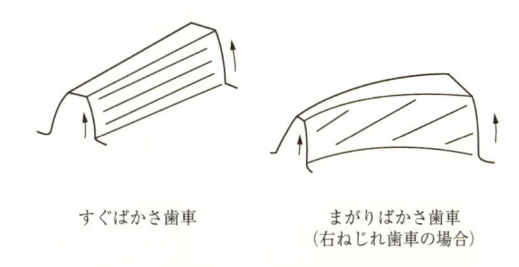

図 4.1.20　かさ歯車の接触線の移動（駆動歯車）
〔出典：文献 11〕

（4）ウォームギヤのかみあい

円筒ウォームギヤのかみあいは，図 4.1.21 の A, M, B に示すようにホイール軸に垂直な断面で考えると，特別の歯形をもったラックとピニオンのかみあいとして解析することができる．

図 4.1.22 はウォームおよびホイールの歯面上を接触線が移動する状況を示したもので，ウォームは歯元でかみあいが始まり，渦巻き状に当たりが付き，歯先でかみあいを終わる．ウォームギヤが正しく製作されていれば，ウォームの歯当たりは 2〜2.5 ピッチに相当するだけ巻くはずである．

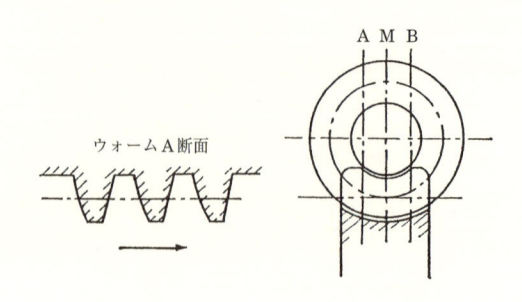

図 4.1.21 ウォームギヤのかみあい〔出典：文献 11)〕

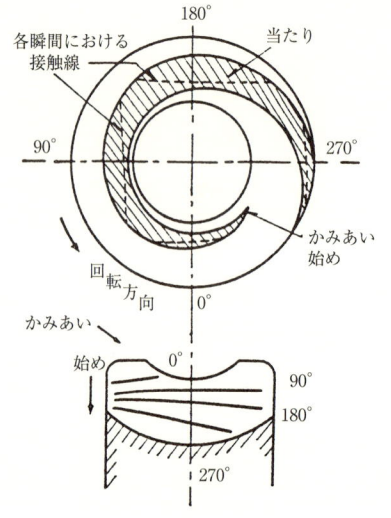

図 4.1.22 ウォームギヤの接触線とウォームの当たり〔出典：文献 11)〕

4.1.3 精　度
(1) 歯車の精度と性能

　歯車は接触の条件が過酷である．ゆえに，精密に製作してできるだけ広い面積で荷重を受け持つようにし，接触面圧を小さくすることが大切である．しかし軸受などに比べて形が複雑であるから，高精度に製作することがむずかしく，工作および組立がその性能に大きな影響を与えていることが多い．
　すなわち，歯形，ピッチ，歯すじおよび軸の平行度や歯車箱の基礎などに狂いがあれば当たりは悪くなり，あるいは衝撃荷重を生じ，予想よりはるかに大きい荷重が働くことも珍しくなく，損傷の原因となる．
　日本機械学会分科会の調査によれば，工作不良による歯車損傷が全体の約 43% あり，精密な工作が大切なことを示している（表 4.1.3[4,5]）．
　ここで気をつけなければならぬことは，歯車は運転中荷重によって各部がたわむということである．また，熱膨張のために各部が変位するので，運転状態でよい歯当たりが得られるように工作および組立を行なっておくことが必要である．

(2) 歯車精度規格

　円筒歯車の精度等級の JIS 規格（JIS B 1702-1：1998 および JIS B 1702-2：1998）[9,10] は ISO 規格（ISO 1328-1：1995 および ISO 1328-2：1997）に整合した新規格であり，この制定に伴って従来の規格 JIS B 1702：1976 は廃止された．歯車に関する ISO 規格は用語，精度，寸法形状にとどまらず，強度，装置（試験，検査）などをも含む国際規格で，現在制定の作業が進められている．ISO 規格が制定されると順次 JIS 規格に導入されることになっているので，これから当分の間は新国際規格と旧来の JIS 規格とが並存することになる．なお，旧規格（JIS B 1702：1976）はそのまま日本歯車工業会規格（IGMA 規格）に移行し，当分の間，存続することになっている．新規格と旧規格とは多くの点で異なるので，新・旧規格間の等級についての混乱を避けるため，当分の間，新規格による精度等級には，接頭

表 4.1.3　歯車損傷の原因　　〔出典：文献 4, 5)〕

摩　耗 (13件)			ピッチング (28件)			折　損 (29件)		
工　作 (4件)	片当たり 歯形不良 その他	1 4 1	工　作 (15件)	片当たり 歯形不良 その他	11 5 2	工　作 (11件)	片当たり 歯形不良 その他	9 4 1
熱処理 (7件)	硬さ不足 熱処理不良	4 5	熱処理 (12件)	硬さ不足 熱処理不良	8 6	熱処理 (16件)	硬さ不足 熱処理不良 その他	2 13 2
潤　滑 (7件)	油不適(粘度不足) 給油量不足 異物(水を含む)混入	3 3 5	潤　滑 (9件)	油不足(粘度不足) 異物混入	8 1	負荷状態 (10件)	過負荷 衝　撃	4 6

注：二つ以上の原因で損傷する場合もあるので，原因の和と損傷件数が一致しないことがある

にNを付け，N-級と呼称表示することが新規格で推奨されている．ここでも，ISO規格に整合した新JISの等級にはNを付けて旧JISの精度等級と区別することにする．

新JISは，モジュール$0.5 \leqq m \leqq 70$，基準円直径$5 \leqq d \leqq 10\,000$，歯幅$4 \leqq b \leqq 1\,000$の範囲の歯車に適用できる．また，最高等級をN0級，最低等級をN12級とし，13等級で構成されている．旧JISでは，モジュールは最大25，基準円直径は最大3 200，精度等級は0級から8級までの9等級であったのに比べるとその適用範囲は拡大し，精度等級も細分化されている．

新規格は，精度等級N5級の許容値を基準とし，その値は計算式で提示されている．等級間の公比は$\sqrt{2}$である．したがって，各等級NQの許容値は，N5級の許容値に$2\exp[0.5(NQ-5)]$を乗じることによって計算できる．

歯車誤差の定義とこの精度等級N5級の許容値とは次のとおりである．

（i）単一ピッチ誤差f_{pt}：歯たけのほぼ中央付近で，歯車軸と同一の中心をもつ測定円周上で定義された軸直角平面での実際のピッチと対応する理論ピッチとの差である．

$$f_{pt}=0.3(m+0.4\sqrt{d})+4 \qquad (4.1.8)$$

（ii）累積ピッチ誤差F_p：歯車の全歯にわたる最大累積ピッチ誤差であり，累積ピッチ誤差曲線の全振幅で表現される．

$$F_p=0.3m+1.25\sqrt{d}+7 \qquad (4.1.9)$$

（iii）全歯形誤差F_α：図4.1.23に示すように，歯車検査範囲L_αで実歯形を挟む二つの設計歯形間の距離であり，この量は正面におけるインボリュートの法線方向に測った量である．図において，太実線は実歯形，一点鎖線は設計歯形であり，上図は設計歯形が無修整インボリュートの場合，下図は設計歯形が修整インボリュートの場合である．歯形検査範囲L_αは特に規定がなければ，相手歯車との有効かみあいの終わりの点Eから測ってかみあい長さL_{AE}の92％である．

$$F_\alpha=3.2\sqrt{m}+0.22\sqrt{d}+0.7 \qquad (4.1.10)$$

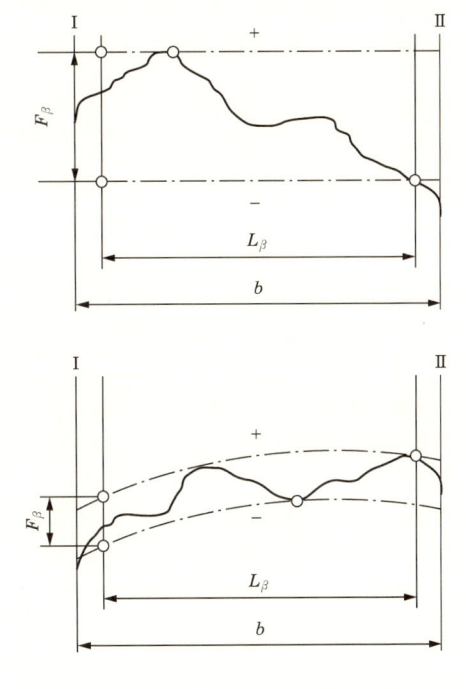

図4.1.24　全歯すじ誤差F_β〔出典：文献9〕

（iv）全歯すじ誤差F_β：図4.1.24に示すように，歯すじ検査範囲L_βで実歯すじを挟む二つの設計歯すじ間の距離であり，この量は軸直角における基礎円接線方向に測った量である．図において，太実線は実歯すじ，一点鎖線は設計歯すじであり，上図は

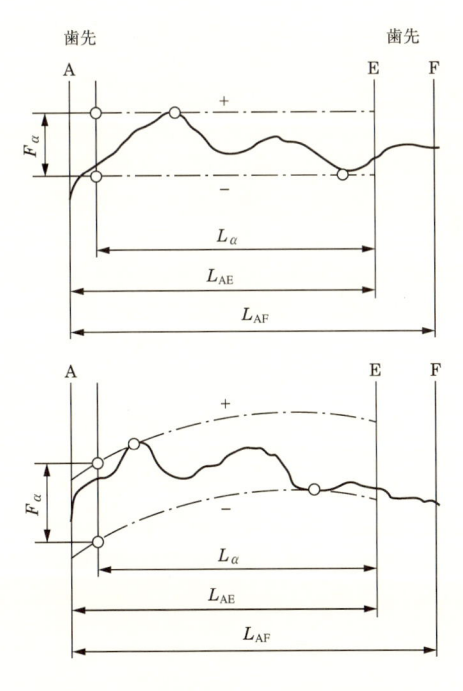

図4.1.23　全歯形誤差F_α〔出典：文献9〕

設計歯すじが無修整歯すじの場合，下図は設計歯すじが修整歯すじの場合である．歯すじ検査範囲 L_β は，別に指定がなければ，両端でそれぞれ歯幅の -5% か，1モジュールに等しい長さだけ短くした量のうちの小さい方の値である．

$$F_\beta = 0.1\sqrt{d} + 0.63\sqrt{b} + 4.2 \quad (4.1.11)$$

規格では，各精度等級における誤差に対する許容値はパラメータの区分ごとに表に示されているが，区分の上限・下限を次に示す（単位：mm）．

a) 基準円直径 d
5/20/50/125/280/560/1 000/1 600/2 500/4 000/6 000/8 000/10 000

b) 歯直角モジュール m
0.5/2/3.5/6/10/16/25/40/70

c) 歯幅 b
4/10/20/40/80/160/250/400/650/1 000

パラメータの各区分ごとの精度等級N5における許容値は，上に示した計算式に各区分の上限と下限との幾何平均値を代入して求めればよい．例えば，モジュールが6を超え10以下の場合には，

$$m = \sqrt{(6\times 10)} = 7.746 \quad (4.1.12)$$

で計算する．

規格には，付属書Aに片歯面かみあい誤差について，付属書Bに歯形形状誤差，歯形勾配誤差，歯すじ形状誤差，歯すじ傾斜誤差について，その許容値が示されている．これらは規格には含まれないが，これらの値は場合によっては歯車の性能に重大な影響を及ぼす．JIS B 1702-2[10] は両歯面かみあい誤差および歯溝の振れについて規定している．

新規格の精度等級の特徴は，旧規格（JIS B 1702：1976）と比較すると次のように要約できる．

a) 歯面設計を前提としたこと：加工誤差・組付け誤差や負荷による弾性変形を考慮して，通常，設計歯面は正規のインボリュート歯面を修整したものとなっている．旧規格では，基本的に歯面設計を前提としていないので，修整歯面に対しては副次的な対応をしていた．新規格では，図4.1.23および図4.1.24に示すように，設計した歯面に対して誤差の許容値が決められている．

b) 精度等級が高精度側に細かく規定されたこと：新規格は多くの点で旧規格と異なるので，旧規格の精度等級を直接新規格の精度等級に換算することはできない．しかし，あえて多少の誤差を無視して比較すると，誤差の種類などにより異なるが，旧0級は新等級では，N0からN4ないしN5級に細分される．1級はN5級程度，3級はN7ないしN8級程度，5級はN9±1級程度である．

（3）歯当たり

互いにかみ合う歯面の接触跡を当たりという．当たりの検査は現場的な方法であるが，歯車が正しくできているかどうかを容易に判定できる方法である．当たりは騒音および性能と密接な関係があり，当たりをみれば歯車の良否を見当づけることができる．

歯の当たりが歯形に沿って悪いのは，歯切り工具に狂いがある場合が多い．歯すじに沿って悪いのは，歯切りの際の歯車材の取付け方，不良および組立関係位置に誤差があるものと思わなければならない．

また，歯車は負荷状態でよい当たりになることが必要であるが，組み立てるときは無負荷である．ゆえに，組立のときにどんな当たりにしておけば運転時に理想的な当たりになるかを調べ，そのような当たりにしておかなければならない．

歯車箱には，窓を付けて必ず当たりがみられるようにしておく．これは，組立のみならず定期的な検査にも非常に役立つ．

JISでは，等級を定め表4.1.4[8] のような当たりの基準を示している．

当たりには，黒当たりと赤当たりがある．歯面に薄く光明丹を塗り，相手とかみ合わせると当たった所だけはげる．これが黒当たりである．歯面に真にどれだけ当たっているかをみるには黒当たりによらなければならない．5〜7 μm 以下のすきまの所が当たりとして現われる．

表4.1.4 JIS歯車の歯当たり基準 〔出典：文献8〕

歯当たり等級	歯すじ方向			歯たけ方向	JIS（円筒），JGMA（かさ）歯車精度規格相当級
	円筒歯車	かさ歯車	円筒ウォームギヤ	各種歯車に対し	
A	>70	>50	>50	>40	1，2級
B	>50	>35	>35	>30	3，4 〃
C	>35	>25	>20	>20	5，6 〃

注：表中の数値は有効歯すじおよび有効歯形の長さに対する％である．当たりは赤当たり，塗料の厚さ〜10 μm

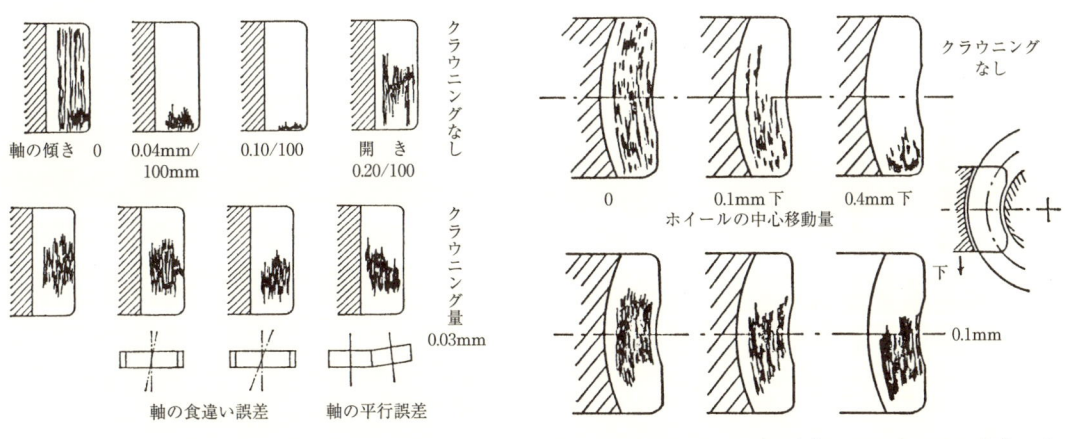

図 4.1.25 クラウニングの有無による当たりの変化の違い（平歯車）（$m=3.5$, $z=42$, $b=25$）〔出典：文献11〕

図 4.1.26 クラウニングの有無による当たりの変化の違い（ウォームギヤ）（$p_x=31.40$ mm, $z=45$, $b=57.15$ mm）〔出典：文献11〕

表 4.1.5 かさ歯車の組立関係位置と当たりの関係

ピニオンあるいはギヤを軸方向にずらす方向	ピニオン		ギヤ	
	外に	内に	外に	内に
当たりの移動方向 歯形に沿って { ピニオン / ギヤ	歯元に / 歯先に	歯先に / 歯元に	歯先に / 歯元に	歯元に / 歯先に
歯幅に沿って { すぐば凸歯面 / 凹歯面	外方に / 内方に	内方に / 外方に	外方に / 内方に	内方に / 外方に

しかし，一般の工場では赤当たりでみている場合が多い．歯面に光明丹を塗ってかみ合わせると相手に移る．これが赤当たりで，光明丹の塗り方で非常に変わり，厚く塗れば0.1mm以上のすきまでも当たりが付く．これでは，いくら当たりが出ているようにみえても具合が悪い．JISでは薄く光明丹を塗った場合，10μm程度のすきまで当たりとして現われると考えている．

歯車の組立状態と当たりの変化の例として平歯車の例を図4.1.25に，ウォームギヤの例を図4.1.26に示した．また，表4.1.5はかさ歯車における軸の組立関係位置と当たりの関係を示したものである．

（4）歯当たりに及ぼすクラウニング・歯形修整の影響

a．クラウニング，歯すじ修整の影響

表4.1.3によれば，工作不良に基づく歯車損傷原因の中でも片当たりが大きな割合を占めており，片当たりをなくすことが特に重要なことを示している．しかし，歯車はていねいな工作および組立を行なっても，免れにくい狂いや荷重および熱膨張によ る各部のたわみ，あるいは変位があるので，理想的な当たりを得ることがなかなかむずかしい．幾何学的に歯幅全部に当たるように作ろうとすると，実際には，かえって片当たり状態になることもある．ゆえに，歯面にクラウニング〔crowning，膨らみ（図4.1.8）〕あるいは歯幅の広い歯車では，歯すじの両端を少し逃がした歯すじ修整をしておくことが望ましい．これらの修整があると，狂いやたわみに対する当たりの変化が鈍感になり，所要の負荷をよく伝達できるのである．最近では，平歯車，かさ歯車，ウォームギヤなど，クラウニングあるいは歯すじ修整をしたものが非常に多く用いられている[6]．図4.1.27[6]は，日本機械学会分科会において調査した機種別に歯すじ修整の有無を調べたものである．

クラウニングの大きさは，大きくすると，狂いに対する当たりの変化は鈍感となるが，荷重を受けもつ当たりの面積が狭くなる．また，少なすぎれば効果が少ない．クラウニングあるいは歯すじ修整の適当な大きさは，工作し得る精度，歯車の大きさ，取付けの頑丈さ，その他いろいろの条件で異なる．100mmでは20μm以下，200mmで20〜50μm程度が多いようであるが，それ以上のものもある．クラウニング量は歯幅の1/2に当たる（すきま10μm以内を当たりとみなす）として，約40μm（両端でのす

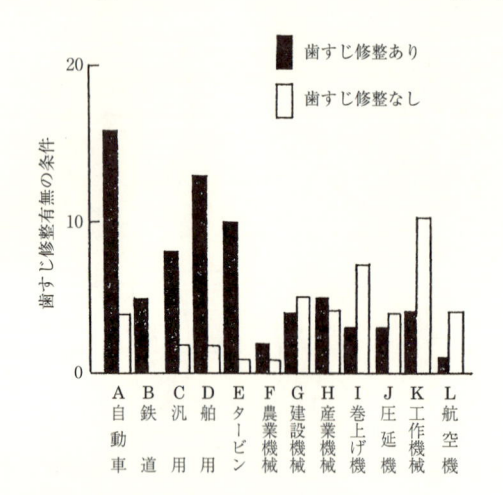

図 4.1.27 歯すじ修整の実施状況〔出典：文献 6）〕

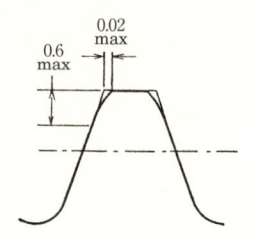

(A 自動車, B 鉄道用, C 汎用, D 舶用, E タービン, F 農業機械, G 建設機械, H 産業機械, I 巻上げ, J 圧延, K 工作機械, L 航空機)

図 4.1.29 英国規格の歯形修整量（$m=1$ として）
〔出典：文献 7）〕

きまの合計）程度である．

図 4.1.25，図 4.1.26 は，歯車の組立に狂いがあったとき，膨らみの有無でどれだけ当たりの変化に違いがあるかを示した例である．

b. 歯形修整の影響

歯車は圧力角やピッチに狂いがあると，例えば被動歯車の歯が立っている場合，あるいはピッチが伸びている場合には，かみあい始めに早期に接触し，被動歯車の歯先が駆動歯車の歯元をえぐるように働く（図 4.1.28）．

また，ピッチや歯形は正しくても，荷重がかかると歯がたわみ，同じ状態になって被動歯車の歯先が相手の歯元をえぐるように働く．これが騒音の大きな原因となっている場合も多い．

かみあい始めと終わりは，すべり速度が最も大きく，面圧も大きいから，接触が厳しい状態にある．実際に，歯元に損傷を起こす場合が非常に多い．

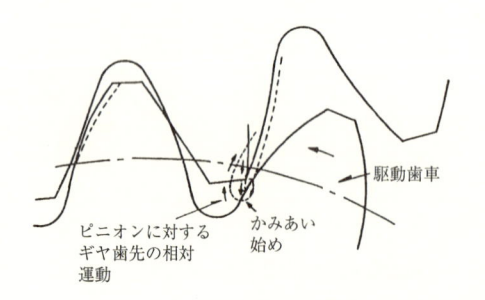

図 4.1.28 かみあい始めの早期接触（図はピニオン駆動側の場合）（点線は荷重によって歯がたわんだ場合で，駆動歯車の歯元が相手歯先でえぐりとられる） 〔出典：文献 11）〕

ゆえに歯先の角に丸みを付けるのはもちろん，歯先近くで歯形を正規のインボリュートから，しだいに逃がして強く働かないようにすることが望ましい．これを歯形修整といい，歯先や歯元に起こりがちなスコーリングやスポーリングを防ぎ，また騒音を少なくする．

歯形修整の大きさは，おおよそ $0.02 \sim 0.03$ mm 程度であるが，荷重の大きい歯車では荷重による歯のたわみ量を基準として修整することが多い．英国規格では，最大修整量を図 4.1.29[7)] のように定めている．

歯形修整を行なうには，歯切り工具の歯形を適当に修整しておいて，歯切りと同時に行なうのがよい．シェービング仕上げをする歯車は，シェービングカッタによって歯形修整を行なうことができる．最近は，研削盤も歯形修整を行ない得るものが多くなっている．

4.1.4 強度設計

円筒歯車の強度設計法が国際規格 ISO 6336[12~15)] として公開された．その設計手法は，かなり複雑で多様性をもたせたものになってあり，その骨子を説明する．なお，規格は基本的な考え方，面圧強度，曲げ強度，材料強度からなっており，スカッフィング強さ計算法は技術資料[16,17)] として扱われた．

これらの強度設計法では A〜E の五つの設計法が提案されている．この中で，方法 A は詳細な実験・測定や運転実績に裏づけられた包括的な数学解析を用いた設計法である．方法 B〜E が一般的な設計手法で，アルファベット順に適用範囲が絞られる．ここでは比較的計算の容易な方法 C を用いる．

かさ歯車についても公表に向けた作業がほぼ終わった ISO 10300[18~20)] に従って設計法を示す．

（1）円筒歯車強度設計式の適用範囲と記号[12]

本円筒歯車強度設計式の適用できる歯車は次のとおりである．

基準ラック：ISO 53[21]，かみあい圧力角：25°以下，ねじれ角：30°以下，正面かみあい率：1.0以上2.5以下，リム厚さ：3.5 m_n 以下

本稿で用いる記号は次のとおりである．

a：大小歯車の中心間距離 (mm)，b：歯幅 (mm)，c_γ：単位歯幅あたりのかみあいこわさの平均値 (N/(mm·μm))，d：基準円直径 (mm)，d_a：歯先円直径 (mm)，d_b：基礎円直径 (mm)，d_{sh}：軸の外径 (mm)，f_{ma}：製作誤差に起因する組付け誤差 (μm)，f_{sh}：等価組付け誤差の軸変形による成分 (μm)，$f_{H\beta}$：歯すじ傾斜角誤差，h：全歯たけ (mm)，l：軸受間距離 (mm)，m_n：歯直角モジュール (mm)，s：歯車組付け位置 (mm)（図4.1.30参照），u：歯数比 (≥ 1)，v：ピッチ円上の周速 (m/s)，z：歯数，E：ヤング率 (MPa)，F_m：平均呼び接線力 (N)，F_t：呼び接線力，$F_{\beta x}$：初期等価組付け誤差 (μm)，K_A：使用係数，$K_{F\alpha}$：正面荷重分担係数（曲げ強さ），$K_{F\beta}$：正面荷重分担係数（歯面強さ），$K_{H\alpha}$：歯すじ荷重分布係数（曲げ強さ），$K_{H\beta}$：歯すじ荷重分布係数（歯面強さ），K_v：動荷重係数，S_F：総合安全率（曲げ強さ），S_{Fmin}：要求される最小の安全率（曲げ強さ），S_H：総合安全率（歯面強さ），S_{Hmin}：要求される最小の安全率（歯面強さ），Y_{Fa}：歯形係数，Y_{NT}：寿命係数（曲げ強さ），$Y_{R\,rel\,T}$：相対表面状態係数，Y_{Sa}：応力修正係数，Y_{ST}：応力補正係数，Y_X：寸法係数（曲げ強さ），Y_ε：かみあい率係数（曲げ強さ），Y_β：ねじれ角係数（曲げ強さ），$Y_{\delta\,rel\,T}$：相対切欠感度係数，Z_v：速度係数，Z_B：最悪荷重点係数，Z_E：弾性常数係数 (MPa$^{1/2}$)，Z_H：領域係数，Z_L：潤滑油係数，Z_{NT}：寿命係数（歯面強さ），Z_R：粗さ係数，Z_W：硬さ比係数，Z_X：寸法係数（歯面強さ），Z_ε：かみあい率係数（歯面強さ），Z_β：ねじれ角係数（歯面強さ），α_n：歯直角圧力角，α_t：正面圧力角，α_{wt}：正面かみあい圧力角，β：基準ピッチ円筒上ねじれ角，β_b：基礎円筒上ねじれ角，ε_α：正面かみあい率，ε_β：重なりかみあい率，ν：ポアソン比，σ_F：歯元曲げ応力の評価値 (MPa)，σ_{F0}：呼び歯元曲げ応力 (MPa)，$\sigma_{F\,lim}$：標準試験歯車の許容曲げ応力 (MPa)，σ_{FG}：歯元曲げ強度 (MPa)，σ_{FE}：歯車材料の許容曲げ応力 (MPa)，σ_{FP}：歯車の許容曲げ応力 (MPa)，σ_H：歯面接触応力の評価値 (MPa)，σ_{H0}：ピッチ点での呼び接触応力 (MPa)，$\sigma_{H\,lim}$：歯車材料の許容接触応力 (MPa)，σ_{HG}：歯車歯面の耐ピッチング強度 (MPa)，σ_{HP}：歯車歯面の許容接触応力 (MPa)，χ_β：歯車材料のなじみ特性が組付け誤差に及ぼす影響を表わす係数．

また，添字は以下のとおりである．
1：ピニオン（小歯車），2：ホイール（大歯車）
6：歯車精度等級 ISO 1328-1[22] の6級の値

（2）歯車強度に対する影響係数[12]

面圧強度，曲げ強度のいずれの評価にも使用される6個の影響を示す．

a. 使用係数（application factor）K_A

外部装置の負荷の不均一さに起因する実伝達力の増加分を考慮するための係数で，駆動・被動装置の性質に依存する．K_A の指標値を表4.1.6に示す．

b. 動荷重係数（dynamic factor）K_v

動荷重の影響を考慮するための係数で，歯車精度を考慮して求められる．平歯車，および重なりかみあい率 $\varepsilon_\beta \geq 1$ のはすば歯車の場合，K_v は式(4.1.13)から求める．式中の係数 K_1 は表4.1.7より求め，係数 K_2 は平歯車に対し $K_2 = 0.0193$，はすば歯車に対し $K_2 = 0.0087$ とおく．

表 4.1.6 使用係数 K_A

駆動装置の動作特性	被動装置の動作特性			
	均一	軽度の衝撃	中程度の衝撃	強い衝撃
均一	1.00	1.25	1.50	1.75
軽度の衝撃	1.10	1.35	1.60	1.85
中程度の衝撃	1.25	1.50	1.75	2.00
強い衝撃	1.50	1.75	2.00	2.25以上

表 4.1.7 動荷重係数 K_v の計算における係数 K_1

歯車精度 (ISO 1328-1)	3	4	5	6	7	8	9	10	11	12
平歯車	2.1	3.9	7.5	14.9	26.8	39.1	52.8	76.6	102.6	146.3
はすば歯車	1.9	3.5	6.7	13.3	23.9	34.8	47.0	68.2	91.4	130.3

$$K_v = \left[\frac{K_1}{K_A\left(\frac{F_t}{b}\right)} + K_2\right]\frac{vz_1}{100}\sqrt{\frac{u^2}{1+u^2}} \quad (4.1.13)$$

ここに，歯幅 b はピニオンおよびホイールの歯幅のうち小さい方のそれを表わす．

重なりかみあい率 $\varepsilon_\beta < 1$ のはすば歯車については，まず，平歯車およびはすば歯車について動荷重係数の仮の値 $K_{v\alpha}$ および $K_{v\beta}$ をそれぞれ式(4.1.13)より求める．真の動荷重係数は，それらの値を

$$K_v = K_{v\alpha} - \varepsilon_\beta(K_{v\alpha} - K_{v\beta}) \quad (4.1.14)$$

を用いて補完することにより求められる．

c. 歯すじ荷重分布係数（face load factor）$K_{H\beta}$, $K_{F\beta}$

歯すじ方向の荷重分布の影響を考慮するもので，歯面強度では式(4.1.15)で示される $K_{H\beta}$ を用いる．

$$K_{H\beta} = \begin{cases} \sqrt{\dfrac{F_{\beta x}\chi_\beta C_\gamma}{F_m/b}} & \left(\dfrac{F_{\beta x}\chi_\beta C_\gamma}{2F_m/b} \geq 1 \text{ のとき}\right) \\ 1 + \dfrac{F_{\beta x}\chi_\beta C_\gamma}{2F_m/b} & \left(\dfrac{F_{\beta x}\chi_\beta C_\gamma}{2F_m/b} < 1 \text{ のとき}\right) \end{cases} \quad (4.1.15)$$

F_m (N) は平均呼び接線力 (mean transverse tangential load) で，式(4.1.16)で与えられる．

$$F_m = K_A K_v F_t \quad (4.1.16)$$

$F_{\beta x}$ は初期等価組立誤差 (initial equivalent misalignment) で，種々の変形や製作誤差の影響を表わし，歯車の配置や精度が考慮される．図4.1.30に三つの歯車配置を取り上げる．歯当たりが軸受間の中央よりにある図(a)の配置，および歯当たりが軸受から離れた図(c)の配置の場合に，$F_{\beta x}$ は，

$$F_{\beta x} = |1.33 f_{sh} - f_{H\beta 6}| \quad (4.1.17)$$

で与えられる．図の(a)および(c)の配置において，歯当たりが軸受に近い方にある場合に，$F_{\beta x}$ は

$$F_{\beta x} = 1.33 f_{sh} + f_{ma} \quad (4.1.18)$$

で与えられる．配置が図(b)で，歯当たりが軸受間中央寄りにある場合には，$|K'| \cdot l \cdot s/d_1^2(d_1/d_{sh})^4 > 1$（ここで，$K'$ は図4.1.30に示す係数の値）が成り立てば式(4.1.17)，不成立なら式(4.1.18)を用い，歯当たりが軸受寄りのとき，$|K'| \cdot l \cdot$

$d_1/d_{sh} \geq 1.15$ のとき $K' = 0.48$
$d_1/d_{sh} < 1.15$ のとき $K' = 0.8$

(a)

$d_1/d_{sh} \geq 1.15$ のとき $K' = -0.48$
$d_1/d_{sh} < 1.15$ のとき $K' = -0.8$

(b)

$K' = 1.33$

(c)

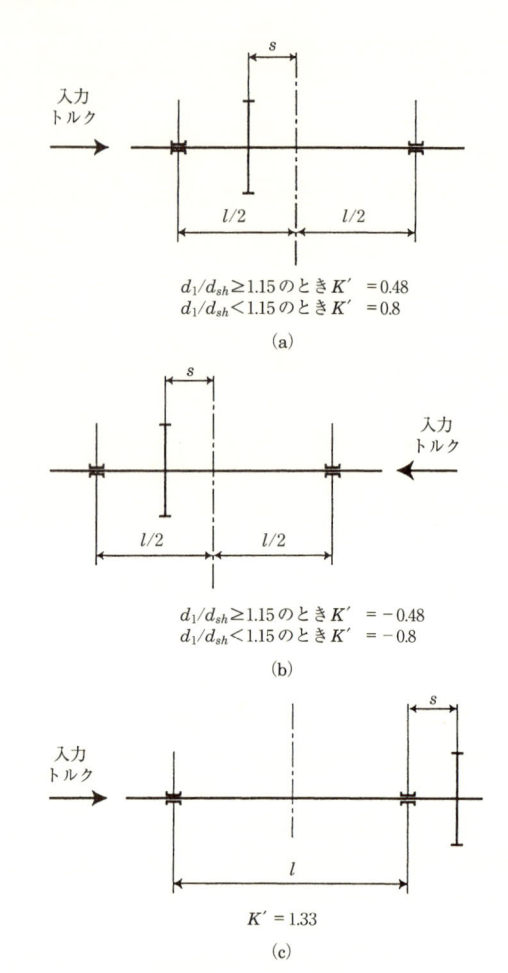

図 4.1.30　歯車の組付け例

$s/d_1^2(d_1/d_{sh})^4 < 0.3$ が成立すれば式(4.1.17)，不成立なら式(4.1.18)を用いて $F_{\beta x}$ を求める．等価組付け誤差の軸変形による成分 f_{sh} は，適度なクラウニン

表 4.1.8　正面荷重分布係数 $K_{H\alpha}$ および $K_{F\alpha}$

単位歯幅あたりの負荷			100 N/mm					≤100 N/mm
歯車精度 (ISO 1328-1)			5	6	7	8	9	10	11-12	>5
肌焼鋼 窒化鋼 軟窒化鋼	平歯車	$K_{H\alpha}$	1.0		1.1	1.2			$1/Z_\varepsilon^2$
		$K_{F\alpha}$							$1/Y_\varepsilon$
	はすば歯車	$K_{H\alpha}$	1.0	1.1	1.2	1.4			$\varepsilon_\alpha/\cos^2\beta_b$
		$K_{F\alpha}$							
上記以外	平歯車	$K_{H\alpha}$	1.0			1.1	1.2		$1/Z_\varepsilon^2$
		$K_{F\alpha}$							$1/Y_\varepsilon$
	はすば歯車	$K_{H\alpha}$	1.0	1.1	1.2	1.4			$\varepsilon_\alpha/\cos^2\beta_b$
		$K_{F\alpha}$							

グが与えられている場合，式(4.1.19)を用いる．

$$f_{sh}=0.012\left[\left|1+K'\frac{l\cdot s}{d_1{}^2}\left(\frac{d_1}{d_{sh}}\right)^4-0.3\right|+0.3\right]$$
$$\cdot\left(\frac{b}{d_1}\right)^2\frac{F_m}{b} \qquad (4.1.19)$$

製作誤差に起因する組付け誤差 f_{ma} は，クラウニングなど適度な修整が施されている場合 $f_{ma}=f_{H\beta}$ を用いる．

歯車材料のなじみ特性が組付け誤差に及ぼす影響を表わす係数 χ_β は，材料を3種に分けて定めている．(1)構造用炭素鋼は $\chi_\beta=1-320/\sigma_{H\,lim}$，(2)ねずみ鋳鉄は $\chi_\beta=0.45$，(3)浸炭鋼，窒化鋼，軟窒化鋼は $\chi_\beta=0.85$，球状黒鉛鋳鉄は，パーライトとベイナイト系は(1)，フェライト系は(2)，表面硬化されると(3)である．なお，ピニオンとホイールが異なる材質の場合，それぞれの平均値を用いる．

単位歯幅あたりのかみあいこわさ(mesh stiffness)の平均値 c_γ はこの"C法"の場合20 N/(min・μm)が与えられている．

以上により求めた値を式(4.1.15)に代入することにより，歯面強度に対する歯すじ荷重分布係数 $K_{H\beta}$ が求まる．

一方，歯の曲げ強度に対する歯すじ荷重分布係数 $K_{F\beta}$ は $K_{H\beta}$ を用いており，式(4.1.20)，式(4.1.21)から求める．

$$K_{F\beta}=K_{H\beta}{}^{NF} \qquad (4.1.20)$$

$$N_F=\frac{(b/H)^2}{1+b/h+(b/H)^2} \qquad (4.1.21)$$

式(4.1.21)中の b/h の値には，ピニオンあるいはホイールの小さい方の値を用いる．また，$b/h<3$ のときは，$b/h=3$ とする．

d. 正面荷重分担係数 (transverse load factor) $K_{H\alpha}$，$K_{F\alpha}$

歯たけ方向の荷重分布の影響を表わす係数で，歯面強度には $K_{H\alpha}$ を，曲げ強度には $K_{F\alpha}$ を用いる．これらの値は，歯車の精度別に表4.1.8で与えられる．

（3）歯面強さ[13]

歯面の耐ピッチング強度を評価するものである．歯面接触応力の評価値 (calculated contact stress) σ_H (MPa) は 4.1.4(2) で述べた影響係数を用いて，

$$\sigma_H=Z_B\sigma_{H0}\sqrt{K_AK_vK_{H\beta}K_{HZ}} \qquad (4.1.22)$$

で与えられる．

最悪荷重点係数 (single pair tooth contact factor) Z_B は，ピッチ点の接触応力で代表されている応力値を最悪荷重点の位置の値に換算する係数である．はすば歯車では，$\varepsilon_\beta\geq1$ の場合には $Z_B=1$，$\varepsilon_\beta<1$ の場合は

$$M=\frac{\tan\alpha_{wt}}{\sqrt{\left[\sqrt{\frac{d_{a1}{}^2}{d_{b1}{}^2}-1}-\frac{2\pi}{z_1}\right]\left[\sqrt{\frac{d_{a2}{}^2}{d_{b2}{}^2}-1}(-\varepsilon_\alpha-1)\frac{2\pi}{z_2}\right]}}$$
$$(4.1.23)$$

で与えられる M を用い，式(4.1.24)から求める．

$$Z_B=M-\varepsilon_\beta(M-1) \qquad (4.1.24)$$

平歯車は，$Z_B=M$ として求める．ただし，平およびはすばいずれの歯車においても $Z_B\leq1$ の場合は $Z_B=1$ とする．これらはピニオンに対するもので，ホイールの場合には添字の1と2を入れ替える．

呼び接触応力 (nominal contact stress) σ_{H0} は誤差のない歯車対として得られるピッチ点での接触応力で，式(4.1.25)より求められる．

$$\sigma_{H0}=Z_HZ_EZ_\varepsilon Z_\beta\sqrt{\frac{F_t}{d_1b}\frac{u+1}{u}} \qquad (4.1.25)$$

ここに，領域係数 (zone factor) Z_H は

$$Z_H=\sqrt{\frac{2\cos\beta_b\cos\alpha_{wt}}{\cos^2\alpha_t\sin\alpha_{wt}}} \qquad (4.1.26)$$

弾性定数係数 (elasticity factor) Z_E は

$$Z_E=\sqrt{\frac{1}{\pi(1-\nu_1{}^2/E_1+1-\nu_2{}^2/E_2)}} \qquad (4.1.27)$$

かみあい率係数 (contact ratio factor) Z_ε は

$$Z_\varepsilon=\begin{cases}\sqrt{\frac{4-\varepsilon_\alpha}{3}} & (\text{平歯車})\\ \sqrt{\frac{4-\varepsilon_\alpha}{3}(1-\varepsilon_\beta)+\frac{\varepsilon_\beta}{\varepsilon_\alpha}} & \\ & (\text{はすば歯車，}\varepsilon_\beta<1) \quad (4.1.28)\\ \sqrt{\frac{1}{\varepsilon_\alpha}} & (\text{はすば歯車，}\varepsilon_\beta\geq1)\end{cases}$$

ねじれ角係数 (felix angle factor) Z_β は

$$Z_\beta=\sqrt{\cos\beta} \qquad (4.1.29)$$

で与えられる．こうして，歯面の接触応力評価値が式(4.1.29)より求まる．

これに対する歯面の許容接触応力 (permissible contact stress) σ_{HP} は式(4.1.30)で与えられる．

$$\sigma_{HP}=\frac{\sigma_{H\,lim}Z_{NT}}{S_{H\,lim}}Z_LZ_vZ_RZ_WZ_X=\frac{\sigma_{HG}}{S_{H\,min}}$$
$$(4.1.30)$$

ここに，硬さ比係数 (work hardening factor) Z_W

はピニオンホイールの歯面硬さに差がある場合の歯面強度強加の影響を表わすもの，寸法係数(size factor) Z_X は寸法効果を表わすもので，このC法ではともに1とする．

潤滑油膜の影響を考慮した潤滑油係数（lubricant factor）Z_L，速度係数（velocity factor）Z_v，粗さ係数（roughness factor）Z_R についてはこれらの積が与えられている．疲労限度に対応する場合，これらの積 $Z_L Z_v Z_R$ は，(1)歯切りのままの歯車対の場合0.85，(2)一方が仕上げされた歯車対の場合0.92，(3)ともに仕上げられた歯車対の場合1.0である．

各種歯車材料の許容接触応力（allowable stress number, contact）$\sigma_{H\,lim}$ の値は4.1.4(6)に示す．

有限寿命の場合，寿命係数 Z_{NT} を図4.1.31より求める．

歯面の耐ピッチング強度（modified allowable stress number）σ_{HG} と式(4.1.22)より求めた歯面接触応力の評価値 σ_H から総合安全率 S_H

$$S_H = \sigma_{HG}/\sigma_H \tag{4.1.31}$$

を定義し，これと要求される最小の安全率（minimum safety factor）$S_{H\,min}$ を比較することにより，耐ピッチング強度が評価される．

(4) 曲げ強さ[14]

歯元曲げ応力の評価値（calculated contact stress）σ_F （MPa）は4.1.4(2)で述べた影響係数を用いて，

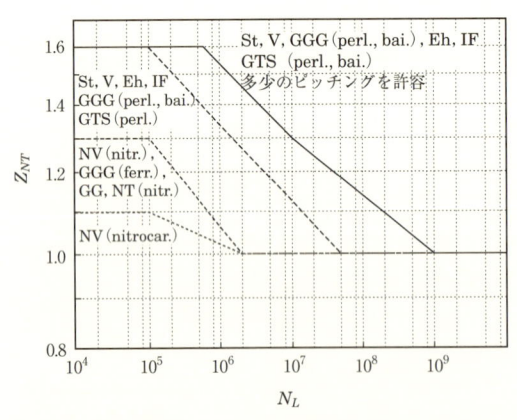

$$\sigma_F = \sigma_{F0} K_A K_v K_{F\beta} K_{F\alpha} \tag{4.1.32}$$

で与えられている．式中の呼び歯元応力（nominal tooth-root stress）σ_{F0} は式(4.1.33)から求められる．

$$\sigma_{F0} = \frac{F_t}{b \cdot m_a} Y_{Fa} Y_{Sa} Y_\varepsilon Y_\beta \tag{4.1.33}$$

歯形係数（form factor）Y_{Fa} は図4.1.32の諸量を用いて，

$$Y_{Fa} = \frac{6(h_{Fa}/m_a)\cos\alpha_{Fan}}{(S_{Fn}/m_a)^2 \cos\alpha_n} \tag{4.1.34}$$

である．歯元隅肉部の影響を考慮した応力修正係数（stress correction factor）Y_{Sa} は式(4.1.35)で表わされる．

$$Y_{Sa} = (1.2 + 0.13 L_a) q_s^{1/\{1.21+(2.3/L_a)\}} \tag{4.1.35}$$

ここに，$L_a = s_{Fn}/h_{Fa}$，$q_s = s_{Fn}/(2\rho_F)$ である．また，かみあい率係数（contact ratio factor）Y_ε は

$$Y_\varepsilon = 0.25 + \frac{0.75}{\varepsilon_{an}} \tag{4.1.36}$$

ねじれ角係数（helix angle factor）Y_β は

$$Y_\beta = 1 - \varepsilon_\beta \frac{\beta}{\pi/3} \tag{4.1.37}$$

で与えられる．なお，$\varepsilon_{an} = \varepsilon_a/\cos^3\beta_b$ である．

これらの式と影響係数から式(4.1.32)の歯元曲げ応力の評価値 σ_F が計算できる．この σ_F と比較される許容歯元曲げ応力（permissible bending stress）σ_{FP} は

$$\sigma_{FP} = \frac{\sigma_{F\,lim} Y_{ST} Y_{NT}}{S_{F\,lim}} Y_{\delta\,rel\,T} Y_{R\,rel\,T} Y_X = \frac{\tau_{FG}}{S_{F\,min}} \tag{4.1.38}$$

で与えられる．

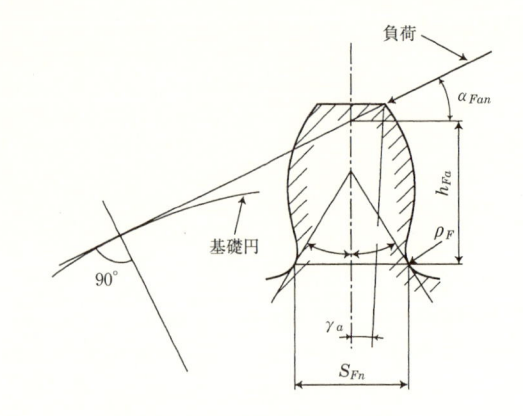

図4.1.32 歯部寸法の定義

図4.1.31 寿命係数（歯面強さ）Z_{NT}

St：鋼，V：全体硬化鋼，GG：ねずみ鋳鉄，GGG(perl., bai., ferr.)：球状黒鉛鋳（パーライト，ベイナイト，フェライト），GTS(perl.)：黒心可鍛鋳鉄（パーライト），Eh：肌焼鋼，IF：炎または高周波焼入鋼，NT(nitr.)：窒化鋼，NV(nitr.)：全体硬化鋼および肌焼鋼（窒化），NV(nitrocar.)：全体硬化鋼および肌焼鋼（軟窒化）

表 4.1.9 寸法係数（曲げ強さ）Y_X

	材 質	モジュール m_n	寸法係数 Y_X
$\sigma_{FP\,ref}$ を求める場合	鋼，全体硬化鋼，球状黒鉛鋳鉄（パーライト，ベイナイト），黒心可鍛鋳鉄（パーライト）	$m_n \leq 5$ $5 < m_n < 30$ $30 \leq m_n$	$Y_X = 1.0$ $Y_X = 1.03 - 0.006 m_n$ $Y_X = 0.85$
	肌焼鋼，炎または高周波焼入鋼，窒化および軟窒化鋼	$m_n \leq 5$ $5 < m_n < 25$ $25 \leq m_n$	$Y_X = 1.0$ $Y_X = 1.05 - 0.01 m_n$ $Y_X = 0.8$
	ねずみ鋳鉄，球状黒鉛鋳鉄（フェライト）	$m_n \leq 5$ $5 < m_n < 25$ $25 \leq m_n$	$Y_X = 1.0$ $Y_X = 1.075 - 0.015 m_n$ $Y_X = 0.7$
$\sigma_{FP\,stat}$ を求める場合	全 て	全 て	1.0

疲労強度を考える場合，歯元での相対切欠感度係数（relative notch sensitivity factor）$Y_{\delta rel T}$ は，$q_s \geq 1.5$ の場合には，1.0，それ以外は 0.95 とする．歯元隅肉部の表面状態の影響を考慮するための相対表面状態係数（relative surface factor）$Y_{R rel T}$ は，歯元隅肉部の十点平均粗さ R_z が 16 μm 以下の場合は 1，そうでない場合は 0.9 とする．

寸法効果を表わす寸法係数（size factor）Y_X は表 4.1.9 に，寿命係数（life factor）Y_{NT} は図 4.1.33 に示す．

許容曲げ応力（allowable stress number, bending）σ_{FE} は，標準の試験歯車の許容曲げ応力（nominal stress number, bending）$\sigma_{F lim}$ と応力補正係数（stress correction factor）Y_{ST} との積となる．$Y_{ST} = 2.0$ とおく．種々の材料の $\sigma_{F lim}$ および σ_{FE} の値は 4.1.4(6)に示す．

式(4.1.32)の歯元曲げ応力の評価値 σ_F と式(4.1.38)の歯元曲げ強度（tooth-root stress limit）σ_{FG} から総合安全率 S_F

$$S_F = \sigma_{FG}/\sigma_F \qquad (4.1.39)$$

を定義し，これと要求される最小の安全率（minimum safety factor）$S_{F lim}$ を比較することにより歯元曲げ強度が評価される．

（5）スカッフィング強さ[16,17]

スカッフィング強さに対する設計法は種々あり，ISO 規格においても一つに絞りきれず，フラッシュ温度基準とインテグラル温度基準の2論が併記され，技術資料として採択された．いずれの設計手法も計算が複雑であり，詳細は原本を参照することとし，ここでは C 法または B 法に従って，その骨子を説明する．

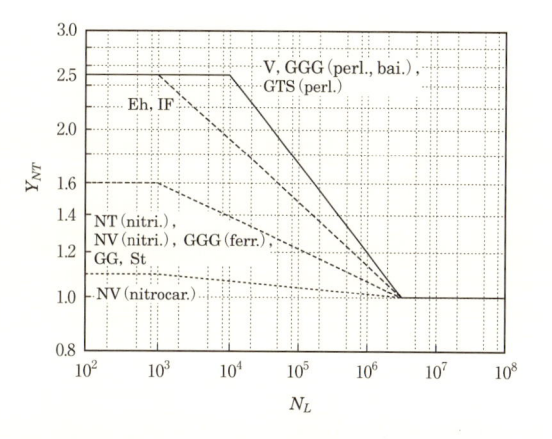

St：鋼，V：全体硬化鋼，GG：ねずみ鋳鉄，GGG(perl., bai., ferr.)：球状黒鉛鋳鉄（パーライト，ベイナイト，フェライト），GTS(perl.)：黒心可鍛鋳鉄（パーライト），Eh：肌焼鋼，IF：炎または高周波焼入鋼，NT(nitr.)：窒化鋼，NV(nitr.)：全体硬化鋼および肌焼鋼（窒化），NV(nitrocar.)：全体硬化鋼および肌焼鋼（軟窒化）

図 4.1.33 寿命係数（曲げ強さ）Y_{NT}

規格の対象となる損傷形態は，高速・高荷重で使用される歯車の歯面に，いわゆるスカッフマークを生じるウォームスカッフィング（warm scuffing）で，周速が 4 m/s 以下で生じるようなコールドスカッフィング（cold scuffing）を除く．

a. フラッシュ温度基準（flash temperature criterion）

歯面の接触温度は本体温度（bulk temperature）と閃光温度（flash temperature）の和とし，この温度がある値を超すとスカッフィングが発生すると考える．

作用線上の点の歯面温度 θ_B は許容歯面温度 θ_{BP} に対し式(4.1.40)の関係が求められる．

$$\theta_B = \theta_M + \theta_{fl} \leqq \theta_{BP} \quad (4.1.40)$$

ここに，θ_M は本体温度，θ_{fl} がフラッシュ温度で，次式で表わされる．

$$\theta_M = \theta_{oil} + 0.47 X_S \theta_{fl\,max} \quad (4.1.41)$$

$$\theta_{fl} = \mu_{my} X_M X_B X_{\alpha\beta} X_\Gamma \frac{w_{Bt}^{2/4} v^{1/2}}{a^{1/4}} \quad (4.1.42)$$

$$\theta_{BP} = \frac{\theta_S - \theta_{oil}}{S_{B\,min}} + \theta_{oil} \quad (4.1.43)$$

これらの式における各因子は次の意味をもつ．

X_S：潤滑方法に関するもので，油浴潤滑の場合 1.0，強制潤滑の場合 1.2 を用いる．

θ_{oil}：給油温度．

$\theta_{fl\,max}$：式(4.1.42)から得られるフラッシュ温度のかみあい接触線上における最高値．

μ_{my}：平均局所摩擦係数．歯面上の摩擦係数は油の性状，表面粗さ，材料，接線速度，荷重，寸法などの影響を受け，局所的で瞬間的に変わるので，局所的な平均値を用いる．

X_M：熱閃光係数．材料の性質を加味するもので，熱伝導率，比熱，ヤング率，ポアソン比の関数で表わされる．一般的なマルテンサイト系の鋼では，近似的に $X_M = 1.60\,\mathrm{kN^{3/4} \cdot s^{1/2} \cdot mm^{1/2}}$ である．

X_B：幾何係数．外歯歯車，内歯歯車の作用線の位置を表わし，式(4.1.44)から求められる．

$$X_B = 0.51\sqrt{u+1}\,\frac{|\sqrt{1+\Gamma} - \sqrt{1-\Gamma/u}|}{(1+\Gamma)^{1/4}(u-\Gamma)^{1/4}}$$
$$(4.1.44)$$

ここに，Γ は作用線上の位置を無次元化したもので，ピッチ点を 0 とし，作用線と小歯車基礎円との接点を -1，作用線と大歯車基礎円との接点を u としたものである．

$X_{\alpha\beta}$：圧力角形数．式(4.1.45)で表わされる．

$$X_{\alpha\beta} = 1.22\,\frac{\sin^{1/4}\alpha_t' \cos^{1/4}\alpha_n \cos^{1/4}\beta}{\cos^{3/4}\alpha_t' \cos^{1/4}\alpha_t} \quad (4.1.45)$$

X_Γ：荷重分担係数．次々にかみ合う歯の間で，荷重がどのように分担されるかを見るもの．1枚かみあい領域で $X_\Gamma = 1$，歯先，歯元へいくに従い小さくなる．

w_{Bt}：歯面圧力．式(4.1.46)で表わされる．

$$w_{Bt} = K_A K_{B\beta} K_{B\alpha} K_{B\gamma} F_t/b \quad (4.1.46)$$

ここに，スコーリングに対する荷重分布係数 $K_{B\beta} = K_{H\beta}$，$K_{B\alpha} = K_{H\alpha}$ とする．また，はすば荷重分布係数 $K_{B\gamma}$ は $\varepsilon_\gamma = \varepsilon_\alpha + \varepsilon_\beta$ とし，式(4.1.47)から求められる．

$$\left.\begin{array}{ll} K_{B\gamma} = 1 & \varepsilon_\gamma \leqq 2 \\ K_{B\gamma} = 1 + 0.2\sqrt{(\varepsilon_\gamma - 2)(5 - \varepsilon_\gamma)} & 2 < \varepsilon_\gamma < 3.5 \\ K_{B\gamma} = 1.30 & \varepsilon_\gamma \geqq 3.5 \end{array}\right\}$$
$$(4.1.47)$$

θ_S：歯面温度がこの値を超すとスカッフィングを発生させるという限界温度．この値は，FZG，IAE，RYDER といった歯車試験機で，同じ歯車材料と潤滑油を用いたスカッフィング試験から再計算するか，または実機調査の結果から求められる．このスカッフィング温度は，かなり広範囲で運転条件に無関係で，油の組成に関連すると考えられている．組成として便宜上粘度等級を用いるが，これは油の化学的組成の指数として使うのであって，EHL的な影響を表わすものではない．

$S_{B\,min}$ は歯面温度に対する最小安全係数である．

b. インテグラル温度基準（integral temperature criterion）

接触線に沿った歯面温度の平均がある値を超えたときスカッフィングが発生するという考え．接触線上のフラッシュ温度を積分して平均化した温度に重み付けを施し，これに本体温度を加えた温度をインテグラル温度と称する．

インテグラル温度 θ_{int} と許容インテグラル温度 $\theta_{int\,P}$ との関係を表わす基本式は式(4.1.48)～(4.1.50)からなる．

$$\theta_{int} = \theta_M + C_2 \theta_{fla\,int} \leqq \theta_{int\,P} \quad (4.1.48)$$

$$\theta_{fla\,int} = \theta_{fla\,E} \cdot X_\varepsilon \quad (4.1.49)$$

$$\theta_{int} = \frac{\theta_{int\,S}}{S_{min}} \quad (4.1.50)$$

ここに，C_2 は加重係数で，平歯車およびはすば歯車では 1.5 を用いる．

$\theta_{fla\,int}$：作用線に沿ったフラッシュ温度の平均値．

$\theta_{fla\,E}$：小歯車の歯先におけるフラッシュ温度．高すべり域である被動歯車の歯先での衝撃力や，歯形修正の影響を考慮する係数で，式(4.1.51)より求める．

$$\theta_{fla\,E} = \mu_{mC} X_M X_{BE} X_{\alpha\beta} \frac{w_{Bt}^{3/4} v^{1/2}}{a^{1/4}} \frac{1}{X_Q X_{Ca}}$$
$$(4.1.51)$$

ここに，X_{BE} は歯先における幾何係数である．また，近寄りかみあい率を ε_f，遠のきかみあい率を ε_a とすると，X_Q は近寄り係数で式(4.1.51)，X_{Ca} は歯先

修正係数で，式(4.1.52)で表わされる．

$$\left. \begin{array}{l} \varepsilon_f/\varepsilon_a \leq 1.5 \ \text{では} \ X_Q=1 \\ 1.5 < \varepsilon_f/\varepsilon_a < 3 \ \text{では} \ X_Q=1.40\ \dfrac{4}{15}\left(\dfrac{\varepsilon_f}{\varepsilon_a}\right) \\ 3 \leq \varepsilon_f/\varepsilon_a \ \text{では} \ X_Q=0.60 \end{array} \right\}$$
(4.1.52)

小歯車，大歯車の歯末のかみあい率を $\varepsilon_1 \varepsilon_2$ とし，

$$\left. \begin{array}{l} \varepsilon_1 \geq \varepsilon_2 \ \text{では} \ X_{Ca}=1+1.55\times 10^{-2}\varepsilon_1^4 C_a \\ \varepsilon_1 < \varepsilon_2 \ \text{では} \ X_{Ca}=1+1.55\times 10^{-2}\varepsilon_2^4 C_a \end{array} \right\}$$
(4.1.53)

X_ε：かみあい率係数で，$\varepsilon_a=\varepsilon_1+\varepsilon_2$ のとき，式(4.1.54)で表わされる．

$$X_\varepsilon=\frac{1}{2\varepsilon_a\varepsilon_1}(\varepsilon_1^2\varepsilon_2^2) \tag{4.1.54}$$

$\theta_{\text{Int}\,s}$：スカッフィングが発生するインテグラル温度である．この値は，FZG，IAE，RYDER といった歯車試験機で，同じ歯車材料と潤滑油を用いたスカッフィング試験から再計算するか，または実機調査の結果から求められる．

$S_{s\,\text{min}}$ は最小要求スカッフィング温度である．

（6） 歯車材料の許容応力[15]

ISO 6336 のパート 5 で取り上げられている歯車材料は以下のとおりである．

焼きならし構造用鋼，鋳鋼，黒心可鍛鉄，球状黒鉛鋳鉄，ねずみ鋳鉄，全体硬化鋼（炭素鋼および合金鋼），鋳鋼（炭素鋼および合金鋼），肌焼（浸炭）鋼，炎焼入鋼および高周波焼入鋼および高周波焼入鋼，ガス窒化鋼，全体硬化鋼（ガス窒化），全体硬化鋼（軟窒化）．

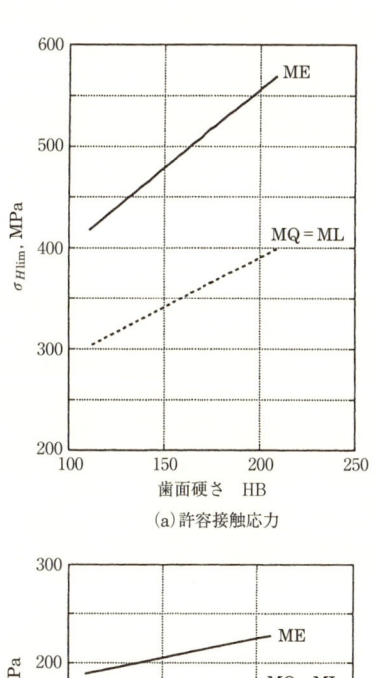

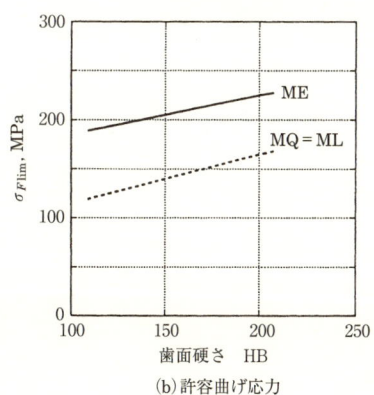

図 4.1.34 歯車材料の許容応力（焼きならし構造用鋼）

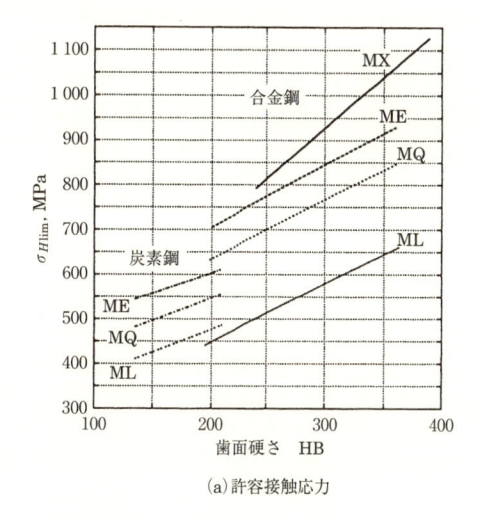

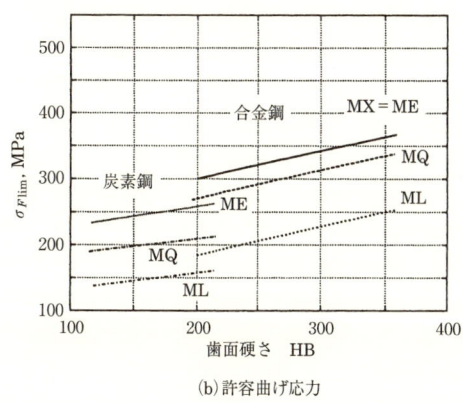

図 4.1.35 歯車材料の許容応力（全体硬化鋼）

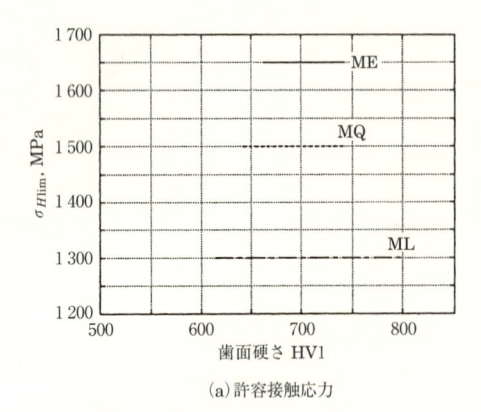

図 4.1.36 歯車材料の許容応力（肌焼鋼）

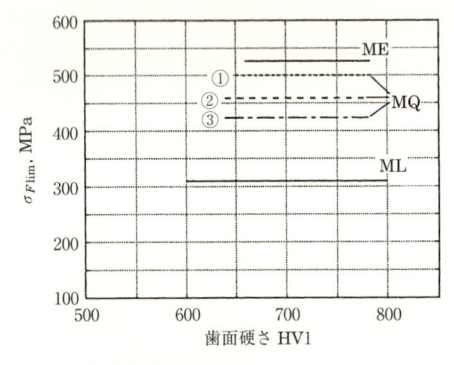

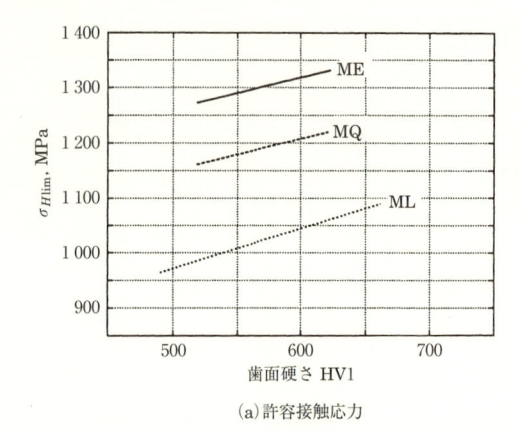

① 心部硬さ≧30HRC
② 心部硬さ≧25HRC
　ジョミニー焼入れ性：$J=12$mm で≧28HRC
③ 心部硬さ≧25HRC
　ジョミニー焼入れ性：$J=12$mm で＜28HRC

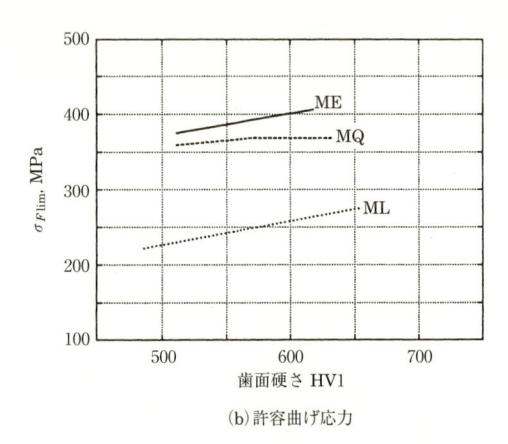

図 4.1.37 歯車材料の許容応力（炎または高周波焼入鋼）

これらの材料についての品質等級 ML, MQ, ME, MX を定義し，各材料に対して，この品質等級ごとに硬さと許容応力値の関係を表わす線図が提供されている．ここでは，焼きならし構造用鋼，全体硬化鋼，肌焼鋼，および炎焼入鋼と高周波焼入鋼の線図を図 4.1.34〜図 4.1.37 に示す．

（7）かさ歯車の強度設計法[18〜20]

適用される歯車は，すぐばおよびはすばかさ歯車 (straight and helical bevel gear)，ゼロールかさ歯車 (zerol bevel gear)，およびまがりばかさ歯車 (spiral bevel gear) である．さらに，仮想円筒歯車で近似できるのであればハイポイドにも適用できる．

設計の基本的な構成，考え方は円筒歯車と同じであり，その骨子を説明する．

歯面に生じる接触応力の評価値 σ_H は，
$$\sigma_H = \sigma_{H0}\sqrt{K_A K_v K_{H\beta} K_{H\alpha}} \quad (4.1.55)$$
で与えられる．各影響係数の意味は 4.1.4(2) に示した円筒歯車の場合と同じであるが，使用係数を除いてその計算法は異なる．

呼び接触応力 σ_{H0} は式 (4.1.56) で与えられる．
$$\sigma_{H0} = \sqrt{\frac{F_{mt}}{d_{v1} \cdot l_b} \cdot \frac{u_v+1}{u_v}} Z_{M-B} Z_H Z_E Z_{LS} Z_\beta Z_K$$
$$(4.1.56)$$

ここで新たに出てきた諸量は次のとおりである．
F_{mt}：基準ピッチ円すい状の歯幅中央における呼び接線力．d_v：仮想同筒歯車の基準ピッチ円直径．l_b：接触線の長さ．Z_{M-B}：最悪荷重点係数に相当し，"mid-zone factor" と呼ばれている．

歯車の許容接触応力 σ_{HP} は式 (4.1.57) で与えられる．

$$\sigma_{HP} = \frac{\sigma_{H\lim} Z_{NT}}{S_{H\min}} Z_L Z_v Z_R Z_W Z_X \quad (4.1.57)$$

歯車材料の許容接触応力 $\sigma_{H\lim}$ は 4.1.4(6) の値を用いる．

歯元に生じる曲げ応力の評価値 σ_F は円筒歯車と同様に式(4.1.58)で与えられる．

$$\sigma_F = \sigma_{F0} K_A K_v K_{F\beta} K_{F\alpha} \quad (4.1.58)$$

呼び曲げ応力 σ_{F0} は式(4.1.59)で表わされる．

$$\sigma_{F0} = \frac{F_{mt}}{b \cdot m_a} Y_{Fa} Y_{Sa} Y_\varepsilon Y_K Y_{LS} \quad (4.1.59)$$

ここに，m_{mn} は平均歯直角モジュール (mean normal module)，Y_K はかさ歯車係数 (bevel gear factor)，Y_{LS} は荷重分担係数 (load sharing factor) である．

一方，これと比較する歯車の許容曲げ応力 σ_{FP} は

$$\sigma_{FP} = \frac{\sigma_{F\lim} Y_{ST} Y_{NT}}{S_{F\min}} Y_{\delta\,{\rm rel}\,T} Y_{R\,{\rm rel}\,T} Y_X \quad (4.1.60)$$

で与えられる．

以上の歯面強度および歯元強度の評価方法は円筒歯車について示した 4.1.4(3) および (4) と全く同じで，これらより総合安全率を求め，それと要求される最小の安全率を比較することによりなされる．

4.1.5 トライボ設計
（1）転がり疲れの発生機構

転がり疲れは，歯車歯面のみならず，転がり軸受の転走面や転動体，車輪とレール，圧延ロールなどにおいて，許容値以上の荷重の作用のもとでの繰返し転がり接触に伴い表面付近に起こる疲労現象の総称である．これらの接触状態を模擬した二円筒転がり-すべり試験によって，転がり疲れに対する材料・負荷条件・接触条件等の影響や発生形態が詳細に調べられてきたが，発生機構についてはまだ十分解明されているとはいえない．

転がり疲れを大別すれば，表面あるいは表面ごく近傍から発生する表面起点の転がり疲れと，内部の最大せん断応力の発生深さ付近から発生する内部起点の転がり疲れに分けることができる．

a. 表面起点の転がり疲れ

表面起点の転がり疲れの最も典型的なものは低または中硬度の歯車歯面によくみられるピッチングであり，表面よりごく浅い領域から発生したき裂が接触点の移動方向に末広がりに，また表面に対して 15～40° の傾きをもって内部に進展していき破片が脱落すると扇形あるいは貝がら形のピットが形成される．接触面にすべりがある場合には，ピッチングは接触点の移動方向と接線力方向が逆となる低速側の面に発生しやすく，両者が同方向となる高速側の面には発生しにくい．すなわち，歯車ではピッチ点より歯元の面でのピッチングの発生が多くみられる．

表面起点の転がり疲れは，表面の加工に伴って生成し残存する表面粗さの突起接触，異物のかみ込み，あるいはそれによって生じたかみ込み痕が表面近くに厳しい応力集中を生じることが原因となって発生すると考えられる．

比較的低硬さの歯車材のピッチングに対して，ドーソン (P. H. Dawson) は，転がり接触する 2 面の最大高さの和 $\sum R_y$ と弾性流体潤滑 (EHL) 理論から推定される最小油膜厚さ $h_{\min}$ の比で定義される D 値 ($=\sum R_y/h_{\min}$) が小さいほど金属接触が起こりにくくなり，ほとんど完全に EHL 膜が形成される $D \leq 0.2$ になると，塑性流動が生じるような高い接触応力のもとでもピッチングが生じないことを明らかにした（図 4.1.38）[23]．

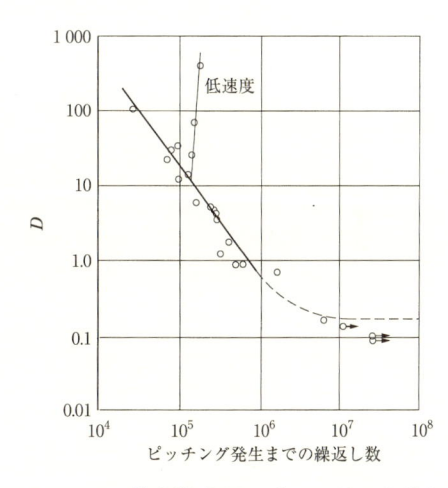

図 4.1.38　0.3% 炭素鋼 (HV 190) における D 値とピッチング寿命の関係（ヘルツ最大圧力 =1.2 GPa）〔出典：文献 23〕

転がり軸受の寿命も膜厚比 Λ ($=h_{\min}/\sqrt{\sigma_1^2+\sigma_2^2}$（ただし，$\sigma_1$, σ_2 は 2 面の自乗平均平方根粗さ））によって支配される．図 4.1.39 に示すように，$\Lambda>3$ のとき，EHL 膜形成が良好になり表面粗さ突起間接触の影響はほとんど現われない．$\Lambda<3$ では寿命が短

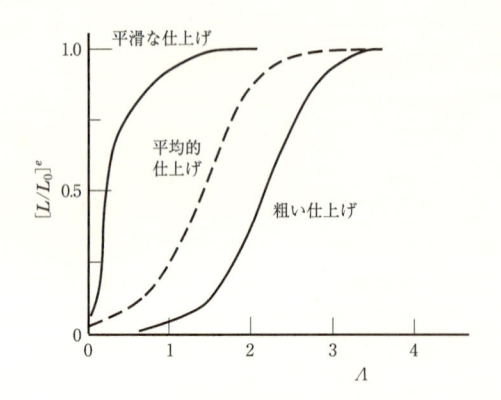

図 4.1.39　膜厚比 Λ と相対転がり疲れ寿命 L/L_0 の関係
（e：ワイブル分布の分散パラメータ）
〔出典：文献 24）〕

く，表面仕上げ状態の精粗によっても大きく変わるようになり，直接接触が起こったときの接触の過酷度を示す塑性指数のような因子が関与していることが指摘されている[24]．

初期粗さが EHL 理論による油膜厚さより大きくても，運転初期のなじみによって十分な油膜形成が起こるようになれば，ピッチングの発生を防止できる．接触がランダムに起こる場合，なじみによって油膜が形成されるためには運転に伴い接触面が平滑化される必要があるが，硬さ差のある転がり-すべり接触面では高硬さ側の面の平滑化が起こりにくいため転がり疲れ寿命は高硬さ面の表面粗さに規定される傾向がある[23]．歯車歯面の接触では，歯数比によってかみ合う相手の歯が規則的に変わることおよび加工目方向とすべり方向の関係がなじみ過程とピッチング寿命に大きい影響を及ぼす[25~27]．すなわち，規則的な繰返し接触が起こる場合には，すべりの有無や加工目方向とすべり方向の関係によっては，接触面が運転によって平滑化されるという通常のなじみによらなくても，高硬さ面の表面粗さのミクロ形状が低硬さ面に転写され相対応する接触位置のミクロ形状の一致性（conformity）が向上することによって，局所的応力集中が緩和され広義のなじみが起こり得る．表 4.1.10 は接触の規則性・不規則性と加工目方向の組合せをコントロールした二円筒転がり-すべり接触試験によって表面粗さ特性と接触条件の組合せによるピッチング寿命の差異を調べた結果[26]の例である．なじみによる油膜形成状態の改善過程は 2 円筒を電気的に絶縁し電気抵抗法で確認されている．表中○および△で示す場合には，高硬さ面の粗さ形状が低硬さ面に転写され，ミクロ形状の一致性の向上による EHL 膜形成の改善がピッチング寿命の増大をもたらしていることが確認されている．このような結果は，表面粗さによって表面近傍に高い応力集中を引き起こす突起間干渉を突起の押込み干渉とすべりに伴う干渉（図 4.1.40）に分けて考える[27]ことにより合理的に解釈できる．すなわち，低硬さ面の各接触点と接触する高硬さ面の接触点付近のミクロ形状が毎回同一の場合には，突起の押込み干渉は運転初期に緩和されるので，純転がりではピッチング寿命が大きい．しかし，同じ条件下でもすべりが存在する場合，高硬さ面の加工目がすべり方向と交差していれば，すべりに伴う干渉が繰り返さ

表 4.1.10　表面粗さ特性と接触条件の組合せによるピッチング寿命の差違〔出典：文献 26）〕

接触条件			ランダムな粗さ 研削仕上げ		規則的な粗さ		旋削仕上げ（周方向ねじ状加工目）
					ホブ盤でフライス加工（軸方向加工目）		
			周方向加工目	軸方向加工目	加工目の数 $=mZ_0$	加工目の数 $=mZ_0+n$	
規則的接触（歯車による駆動）	回転数比が 1（整数）	純転がり	○	○	○	○	(○)
		負すべり	△	×	×	×	○
	回転数比が 29/28（非整数）	純転がり	×	×	○	×	×
		負すべり	×	×	×	×	×
不規則な接触（摩擦駆動）			×	(×)	(×)	(×)	(×)

注 1）ピッチング寿命の大小を ○：$>2\times10^7$ △：$>10^7$ ×：$<5\times10^6$ の区分で示す．（　）内は推定．
2）$Z_0=Z_1/(Z_1, Z_2 \text{の最大公約数})$，ただし，$Z_1$，$Z_2$ はそれぞれ高硬さ円筒，低硬さ円筒を駆動している歯車の歯数．
3）m，n は整数で，$0<n<Z_0$ とする．

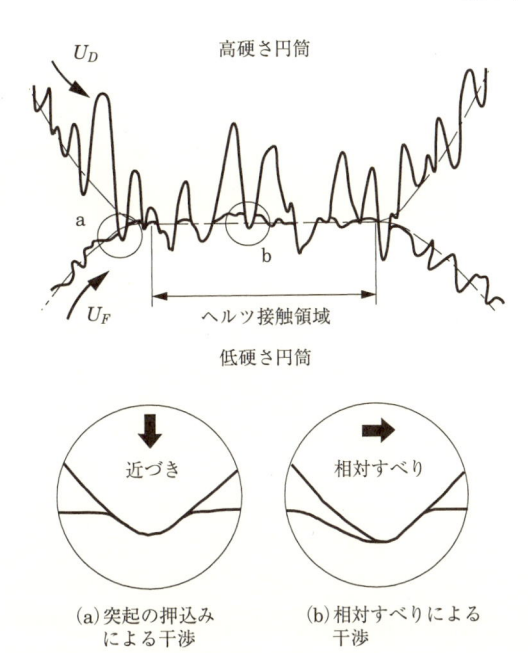

図 4.1.40 EHL膜が破断したときの突起間干渉モデル
（すべり方向に直角な加工目がある場合）
〔出典：文献27）〕

れるのでピッチング寿命が小さくなるが，高硬さ面の加工目がすべり方向であれば，相対すべりによって接触位置がずれてもかみ合っている突起形状の変化が小さいので，すべりに伴う干渉も緩和されピッチング寿命が大きくなる．低硬さ面の各接触点と接触する高硬さ面の接触点付近のミクロ形状が毎回異なる場合には，突起間干渉状態が緩和するためには平滑化によるしかなく，高硬さ面の平滑化は徐々にしか起こらないので，ピッチング寿命が極めて小さくなる．さらに，規則的に接触位置が変わり特定の回数ごとに同じ接触状態が繰り返される場合には，低硬さ面の一つの位置に対し接触する高硬さ面の位置の数すなわち繰返し接触頻度によってもピッチング寿命が変わり，繰返し接触頻度が大きいほどピッチング寿命が短いこと[28]が確認されている．

ピッチングなど表面（ごく近傍）起点の転がり疲れの力学的根拠を確立するためには，平滑な理想的形状を仮定したヘルツ接触の際の応力状態を用いたのでは十分でないので，理想的形状に重畳する表面粗さなどの微視的形状を与えて接触応力の解析[29]が行なわれている．このような形状欠陥のある表面の弾性接触応力解析によって，表面ごく近傍の応力

は容易に降伏応力を越えるような高い値になることが示されている．

表面起点の転がり疲れにおいて次に問題になるのはき裂の伝播である．浸炭焼き入れ歯車や転がり軸受のように，高負荷能力をもつ高硬さ材に弾性流体潤滑膜の部分的破断が起こるような高荷重を負荷した転がり接触においては，転がり疲れ損傷は表面のごく浅い領域内に限られ，マイクロピッチングあるいは歯車では歯面のくもり，転がり軸受ではピーリングと呼ばれる損傷形態になる．これらは粗さの突起間干渉による応力集中が表面ごく近傍に限られ，き裂が内部まで進展し得ないとき，すなわち，表面ごく近傍の応力集中域とヘルツ接触最大せん断応力発生域との中間に等価せん断応力の小さいき裂の不活動領域（quiescent region）[30]が存在するか，または，表面ごく近くに転がり疲れが生じてもヘルツ接触による最大せん断応力自体が小さい場合に起こる転がり疲れである．一方，表面粗さが大きい場合やうねりが存在して表面からヘルツ接触による最大せん断応力の作用する深さ程度の内部に至るまで大きい応力集中域が連続的に生じるような条件になれば，内部までき裂の伝播が起こり，通常のピッチングになると考えられる．

ピッチングき裂の伝播に関しては，ウェイ（S. Way）は接触点の移動に伴う潤滑油のき裂内への侵入と閉込め作用で説明[31]を行なっている．この機構によるき裂の伝播は引張形（モードⅠ）となるはずであるが，塑性流動層に沿うき裂の伝播はせん断形（モードⅡ）である．破壊力学を用いて転がり疲れき裂の伝播を議論するためには，せん断モードでのき裂伝播が実験室的に再現され，き裂伝播の下限界応力拡大係数変動幅 $\varDelta K_{\mathrm{II\,th}}$ が求められている必要がある．大塚らは4点曲げ試験によりせん断形き裂の進展に成功している[32]が，アルミニウムや軟鋼など低硬さの材料に対してのみである．村上らは，中立面にシェブロン形切欠をもつ片持ちはりに両振りの繰返し荷重を負荷すると試験片の中央部中立面には引張あるいは圧縮の繰返し応力は作用することなく繰返しせん断応力を作用させることができることを利用して，一般構造用圧延鋼材，レール鋼材，圧延機用ワークロール材・バックアップロール材，軸受鋼についてもせん断形疲労き裂の進展に成功をおさめ，モードⅡき裂伝播の下限界応力拡大係数変動幅 $\varDelta K_{\mathrm{II\,th}}$ を求めている[33]．その結果，軟鋼から高強度鋼

にわたって、$\Delta K_{\mathrm{II th}}$ は引張モードの下限界応力拡大係数変動幅 $\Delta K_{\mathrm{I th}}$ より大きい[33]ことが示されている。転がり疲れき裂は，大きい静水圧的圧縮応力のもとで引張形き裂伝播が抑止された状態下でせん断形の進展を示すと考えられる。

ヘルツ接触による応力状態を用いた応力拡大係数の理論計算[34〜38]において，き裂面への油圧作用を仮定すればかなりの深さまで進展した大きいき裂では引張形伝播を生じるような応力拡大係数が得られている[36]。しかしながら，表面ごく近傍の微小なき裂からの伝播を説明できる応力拡大係数の値は得られていない。したがって，そのような伝播のためには，表面ごく近傍から最大せん断応力の深さまでの中間の深さでの応力を高めるような，突起接触などの作用が存在しなければならない[38]。また，油のき裂内への侵入はき裂面の再凝着を減少させすべりやすくする[37]ことによってせん断形き裂伝播を容易にすることは十分考えられる。また，ピッチングの破片がはがれてピットを形成する際には，潤滑油のき裂内への侵入・閉込め[36,37]が大きい役割をもつようである。すなわち，油のき裂内への閉込めあるいは油圧作用[37]がせん断形き裂から表面へ向かう引張形き裂への分岐[33]をもたらしはく離に至ると考えられる。

b. 内部起点の転がり疲れ

転がり軸受に発生するフレーキング，比較的高硬度の歯車，圧延ロールなどに発生するスポーリング，表面硬化歯車などに発生するケースクラッシングなどのように，最初の転がり疲れき裂が材料内部から発生する内部起点の転がり疲れが存在する。転がり接触により材料内部に生じるせん断応力の繰返し作用により起こり，空孔や非金属介在物などの欠陥があればそこを起点として起こりやすい。

ヘルツ接触（ヘルツ最大接触応力を p_H とする）においては，接触中心直下，表面に対し $45°$ をなす面に作用するせん断応力が絶対値として最大となる深さ z およびその最大値は，二次元接触（平面ひずみ：ヘルツ接触幅を $2b$ とする）では，

深さ $z=0.786b$，最大値 $\tau_{45\max}=0.301p_H$

また，球面と平面または球面と球面の接触（接触円半径を a とする）では

深さ $z=0.48a$，$\tau_{45\max}=0.31p_H$

となる。しかし，この面に作用するせん断応力は片振りに近い。一方，ヘルツ接触域の入口側と出口側で作用方向が逆転する表面に平行な面に作用するせん断応力が，振幅として最大となるので，転がり疲れを引き起こす応力とみなされている。両振りせん断応力が最大となる深さ z およびその最大値 $\tau_{zx\max}$ は，二次元接触では，

深さ $z=0.500b$，最大値 $\tau_{zx\max}=0.250p_H$，

円接触では，

深さ $z=0.351a$，最大値 $\tau_{zx\max}=0.214p_H$

である。

軸受鋼のような高硬度材料では，転がり疲れが発生する前の現象として，図 4.1.41 に示す断面組織の観察により，方向性をもったダークエッチング領域（dark etching region）や，局所的な金属学的変態による白層あるいは白色相が観察されている[39]。比較的低硬さの材料では，内部の最大せん断応力の発生位置付近では多くの場合回転方向の塑性流動が観察される。このような組織変化や塑性流動の方向は転がり方向によって決まり，高い静水圧的圧縮応力のもとでのせん断形き裂伝播の方向を支配していると考えられる。

c. 塑性流動と転がり疲れ

比較的低硬さの材料においては，最大せん断応力の発生位置付近の内部では静水圧の作用によって大きい塑性変形に耐えることができるので，内部起点の転がり疲れは表面起点のものに比べ発生しにくい

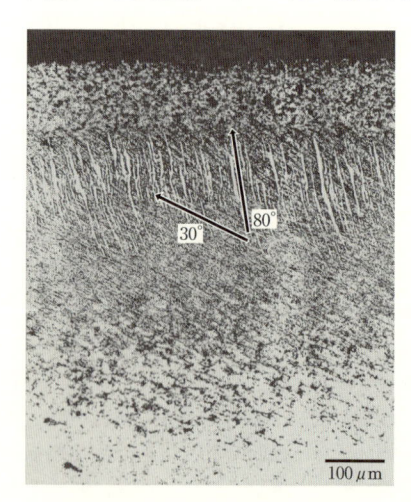

図 4.1.41　未損傷 6309 玉軸受の内輪転送面の中心を通る軸直角断面の組織変化領域を示す光学顕微鏡写真
（実験条件：最大接触応力：3.8 GPa，寿命：660×10⁶ 回転，内輪回転速度：6 000 min⁻¹，作動温度：53℃）　　〔出典：文献 39〕

が，表面近傍から進展してきたき裂の伝播は塑性流動を生じるときと同様な環境のもとで起こるので，以下に塑性流動の機構とその転がり疲れへの影響について述べる．

転がり接触における塑性流動は，突起接触と接線力の作用による表面近くの層内の塑性流動と内部の最大せん断応力作用点を中心とした塑性流動に分かれる．表面近くの塑性流動は接線力の作用方向に生じるが，内部の塑性流動はシェイクダウン限界[40]を越える荷重条件で多くの場合回転方向（接触点の移動方向と逆の方向）の組織の流れすなわち前進流動として観察される．接線力が作用しないときのヘルツ接触による弾性接触応力の状態は接触中心線について対称であるから，前進流動は塑性変形の履歴の影響による[41,42]ものとして理解されなければならない．転がり接触が繰り返されるときの特定の点の応力状態は，前回までの繰返し接触により生じた残留応力とその点のその回の接触における塑性的変形を含む負荷履歴の結果生じている接触応力の和である．第一近似として，このような応力状態を残留応力，ヘルツ接触による弾性接触応力および負荷履歴による塑性的付加応力の和とみなすことができる[41]．転がり方向の残留応力と塑性的付加応力はいずれも圧縮応力であり，塑性的付加応力は接触域に入り増大するので，入口側で受けた塑性変形より大きい塑性変形が出口側の除荷過程で生じることになり，結果として，出口側せん断応力が前進流動の方向のせん断ひずみを残留させる[41,42]のである．このような塑性流動が累積的に起こることにより，層状組織として観察される．前進流動のすべり面に沿ってき裂が存在する場合に，き裂面での繰返しせん断すべりの大きさが最大になり，したがって，き裂の伝播が最も起こりやすくなると考えられる．せん断形き裂の伝播が塑性流動のすべり面に沿って最も起こりやすいとすれば，高速側の面では，突起間干渉と接線力によって生じる表面ごく近傍の塑性流動の方向に沿ってき裂が発生成長したとしても，前進流動のすべり面方向がき裂面に対し大きく屈折しているので，それ以上内部へのき裂伝播が起こりにくくなる．これに対し，低速側の面において表面ごく近傍の塑性流動の方向に沿って生じたき裂の存在はその延長線上にある前進流動のすべり面に沿うき裂の伝播を促進すると考えられる．ピッチングが低速側の面に生じやすく高速側の面では生じにくいことを

説明するもう一つの考え方は，き裂内への油の閉込め作用や油圧作用を考えるとき，接線力により入口側で発生する応力が，低速側面では引張となりき裂が開口して接触域に入ることにより油の侵入と閉込めを促すが，高速側面では圧縮となりき裂が閉口して油の侵入を妨げるとするものである[36,43]．

（2）面圧強度設計

強度設計は実際に発生すると予測される損傷形態に応じてなされる．歯車の接触面には多くの損傷形態があり，歯面にピットが生じる疲労破損と凝着や摩耗のように歯形変化を生じる損傷形態に大別される．ここでは前者のピットに対する強度設計法を述べ，後者は（3）のスカフィングで扱う．

歯面に生じるピットには，小さなピットが個々に独立して発生するピッチング，比較的大きなピットで，1箇所起きると，その領域を拡大する傾向にあるスポーリングとケースクラッシング，および個々のピットが肉眼では判定しづらいような小さなマイクロピッチングがある．

a．ピッチング

（i）ピッチングの発生形態

ピッチングは運転中に歯面に生ずる比較的小さなピットで，歯車の最も代表的な表面損傷形態である．形状は扇形を典型的とするが，多くは形が崩れ，いびつな円に近い．その発生位置は，通常歯面のピッチ点より歯元側であるが，油膜の形成状態が悪いときなどは歯先側に発生することもある．ピッチングの発生起点は加工目の突起部分に並ぶ．図4.1.42はその例で，加工目が軸線に対し45°方向に付いている．

ピッチングは負荷繰返し数とともに数を増大させるが，なじみなどにより発生が止まることもある．

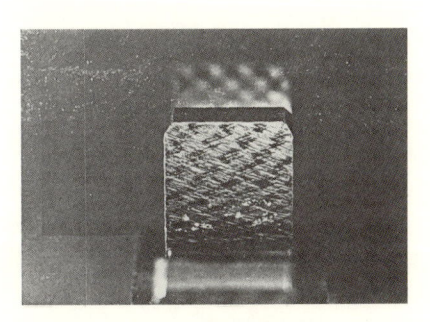

図4.1.42　ピッチングの発生例
（加工目に沿って発生している）

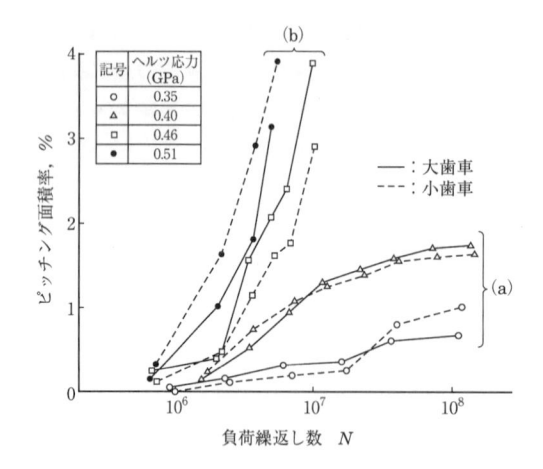

図 4.1.43 ピッチングの負荷繰返し数に伴う増加傾向
〔出典：文献 44〕

図 4.1.43[44] は負荷繰返し数に伴うピッチングの増加傾向を示した一例である．縦軸のピッチング面積率は，発生したピッチング面積の総和が有効なかみあい歯面の面積に占める割合である．ピッチングの増加傾向は図中の(a)，(b)のように 2 種類に分けられる．

同図 (b) ではピッチングの歯面に占める面積が繰返し数とともに増大している．この場合，健全な面は徐々に減少し，ついには荷重を支えきれずに局所的に塑性変形する．このことは歯形の崩れを意味し，振動を誘起し，動荷重の増大から歯車の機能を急速に低下させ，歯の折損などの事故にまで発展することもある．通常このようなピッチングを破壊的ピッチングと呼ぶ．

図 (a) では繰返し数が増大するにつれ，ピッチングの新たな発生は減少し，十分長期に運転可能である．この状態を一般に歯面がなじんだと称し，発生したピッチングを初期ピッチングと呼んでいる．この現象は，設計的に十分な負荷容量がありながら，片当たりや加工むらがある場合にも生じる．

(ii) 耐ピッチング強度の定義

ピッチングの発生に対する評価は歯車の用途により異なる．例えば，航空機関連のように高い信頼性が要求されるものでは，一つのピッチングの発生をもって歯車の寿命と見なされるが，低速の汎用機の中には歯面全体がピッチングで覆われても，折損の可能性が生じる程度に歯厚が減少しない限り寿命と見なさないものもある．一般には，ピッチングが増すにつれ，歯車系の振動が誘起されるようになるので，ピッチングの増加傾向から強度が判断される．

図 4.1.42 程度のピッチングは運転性能に全く影響を与えず，一般にはある程度のピッチングの発生が許容される．すなわち，図 4.1.43 の(a)のようなピッチング増加傾向を示す最大荷重を耐ピッチング強度と見なすことができる．

(iii) 耐ピッチング強度の算定方法

歯車の歯面に発生するピッチング損傷は，運転条件，加工方法，加工精度，潤滑条件，歯車材料など多くの因子の影響を受けることが知られている．これらの影響因子を整理し，突起間干渉の状態とピッチングの発生経過により耐ピッチング強度を求めることができる．

突起間干渉の状態は D 値[45]で表現でき，式 (4.1.61)で定義される．

$$D = \frac{2 歯面の表面粗さ R_y の和}{最小油膜厚さ} \quad (4.1.61)$$

表面粗さはしゅう動方向粗さである．最小油膜厚さは，円筒歯車の場合，Dowstn-Higginson の計算式[46] (4.1.62)から求めた値 h_{min} を用いる．

$$H_{min} = 2.65 G^{0.54} U^{0.7} W^{0.13} \quad (4.1.62)$$

ここに，$H_{min} = h_{min}/R$，$G = \alpha E'$，$U = \eta_0 u/(E'R)$，$W = w/(E'/R)$

また，記号は，R：等価曲率半径，E'：等価弾性係数，η_0：大気圧下の粘度，α：潤滑油の圧力粘度指数，w：単位歯幅あたりの荷重，u：平均速度，である．各因子の次元は全体として無次元化されている．

D 値を用いると，耐ピッチング強度は図 4.1.44 で表わされる[44]．これは鋼 SNCM 439 について行なわれた実験結果である．図の縦軸の S が面圧強度 (GPa)で，ピッチ点におけるヘルツ応力として算出される．横軸は式(4.1.61)の D 値で，表面粗さは運転前の値である．面圧強度は A，B の 2 本の直線で示されている．これは狭小な接触部での凹凸の状況による違いで，ヘルツ接触幅内に粗さの突起が 5 個程度あれが，接触部はほぼ平行と近似でき，A の精密仕上げの値が採用できる．突起が 5 個以下になると，データがばらつき，その下限が B の一般仕上げとなる．研削仕上げは A の領域に入るが，粗い研削では B の一般仕上げに移行する．切削は B の一般仕上げである．

(iv) 材料の影響

調質した鋼材の耐ピッチング強度は表面硬さに比

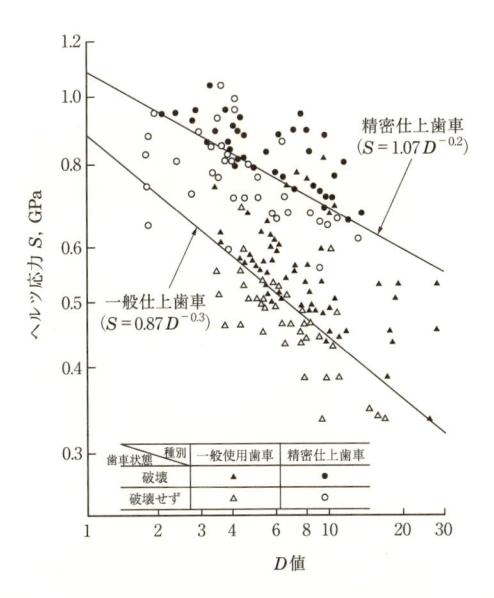

図 4.1.44　S-D 線図〔出典：文献 44)〕

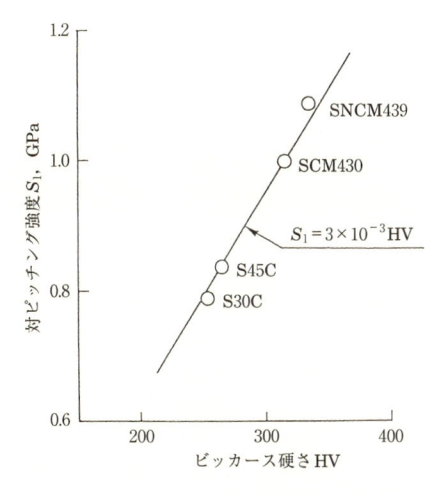

図 4.1.45　耐ピッチング強度と材料の関係
〔出典：文献 47)〕

例し，図 4.1.45 から求められる[47]．ここに，S_1 は図 4.1.44 の $D=1$ における S 値である．すなわち，

$$S = S_1 D^{-q} \qquad (4.1.63)$$

ここに q は，精密仕上げのとき 0.2，一般仕上げのとき 0.3 である．S_1 は歯面のビッカース硬さ HV に対し，

精密仕上げ：$S_1 = 3.0 \times 10^{-3}$ HV

一般仕上げ：$S_1 = 2.4 \times 10^{-3}$ HV

耐ピッチング強度を上昇させるための材料の工夫として，焼入れ性の良い材料の採用や，表面硬化処理，銅など軟質材の薄膜コーティングなどが有効である．ただし焼戻し温度を調整して硬さを変えてもその効果はない．

(v) 潤滑油に対する影響

ピッチングに対し，潤滑油の粘度や圧力粘度指数が大きいほど，油膜形成能が上がり，耐久性が上昇する．その他の潤滑油成分が耐ピッチング強度を向上させる可能性は少ない．極圧剤に関しても，効果を認めるデータは少なく，化学反応が耐ピッチング強度を低下させるとする見解が多い．

b．マイクロピッチング

ピッチングの発生を防止し，面圧強度を向上させるために，浸炭や窒化などの表面硬化処理が行われる．この場合にも，D 値が大きく，突起間干渉が激しいとき，表面の突起部からき裂が発生する．しかし，硬さが高いためにき裂の進展が小さく，粗さの突起内でピットが発生する．したがってその大きさはすこぶる小さく，その発生を肉眼で捕らえるのが困難なほどである．このような小さなピットをマイクロピッチングと呼ぶ．こうしたマイクロピッチングが集積した状態はフロスティング，くもり，梨子地状歯面などと呼ばれている．

表 4.1.11 はマイクロピッチングの成長過程を 4 段階に分けて示したものである．第 1 段階はマイクロピッチングが発生しはじめた段階で，肉眼的にとらえることが困難で，従来無視されている．

繰返し数とともにピットはその数を増加させ，連なると肉眼でも確認できるようになり，面状に広がると，光沢のない歯面がくもった状態に見える．これが第 2 段階で，歯形を測定すると数 μm から数十 μm 摩耗していることがわかる．このマイクロピットが歯面全体に広がると，今度は徐々にピットの形態が消滅していく第 3 段階になる．この時点での歯形変化量は大きく，数百 μm に達することもあり，容易に振動の原因となる．ピットが完全に消滅した第 4 段階では，歯面はあたかもスカッフィングを起こしたような状態になる．

このマイクロピッチングは初期段階の見極めがむずかしく，第 3 段階までは歯面もきれいで異常を感じないことが多く，歯面検査においてもしばしば見落とされる．マイクロピッチングが問題として取り上げられるのは，多くの場合，実際に歯が折損した

表 4.1.11 マイクロピッチングの発生と進展

段階	1	2	3	4
写真	←→ 0.2 mm	←→ 0.2 mm	←→ 0.2 mm	←→ 2 mm
状況	くもりが発生する段階 加工目に沿ってくもりが発生する．くもりは歯先側，歯元側を問わず，全域に発生する．	くもりが成長する段階 発生したくもりは荷重，あるいは繰返し数を増すとともに，その面積を広げる．	くもりが消滅する段階 ある荷重，繰返し数を境にくもりは消滅していき，加工目も残らなくなる．	最終歯面 くもりはなくなり，摩耗量が大きい．

り，騒音や振動が異常に大きくなってからである．そのため，損傷原因をしばしば誤って，その最終段階をスカッフィングと判断したり，振動に伴う歯の折損として扱うことがある．対策を講じるときに注意を要する．

マイクロピッチングは基本的にはピッチングと同じなので，D値を小さくすることが必要で，$D<3$では生じにくくなる．また，歯形の変化から，見掛け上摩耗やスカッフィングに似るが，発生機構はピッチングと同じと見なされ，極圧剤などの潤滑油への添加剤の効果は認められていない．

c. スポーリングおよびケースクラッシング

スポーリングは，主に表面硬化した歯車の歯面に見られるピットで，内部へ硬度が急激に低下する近傍をその深さとする．ケースクラッシングはスポーリングの一種で，表面硬化した表層のみが一様の深さで広範囲にはく離するものをいう．

(ⅰ) スポーリングの発生形態

運転中に歯面に発生するピットで，ピッチングとよく似ているが，次の点でピッチングと区別される．

①一般に大型である．

②ピッチングが個々に独立して，時間とともにその個数を増加させるのに対し，スポーリングは一つのピットが順に大きくなったり，隣同士が合わさって大きくなったりして，その面積を増加させる．

③ピッチングの発生が主としてピッチ点より歯元側で生じるのに対し，スポーリングはそうした偏りがなく，ピッチ点を主体に，接触応力の高いところに生じる．

④ピットをつぶさに観察すると，ピッチングは扇の要のような，発生起点と考えられるような点が，ピット周上に見つかるが，スポーリングには見られない．

(ⅱ) 耐スポーリング強度の定義

スポーリングは表面内部に発生するせん断応力がその材料強度より大きいときに発生するので，一つでも発生すれば，歯の至るところで発生する可能性があり，危険と見なすべきであろう．なお，局部的に歯当たりが悪い場合，そこにのみ発生し，その後進展しなくなることもある．

スポーリングはき裂が奥深く進展する可能性があり，歯の折損に至ることがあるので，その発生には注意が必要である．

(ⅲ) 耐スポーリング強度の算定法

スポーリングは表面内部の最大せん断応力がその位置における材料強度を上回ったときに発生する．

図 4.1.46 はその状態を模式的に表わしたものである．材料強度は硬さに比例するとして図式化してある．図 4.1.46(b) において，材料強度 s が発生するせん断応力 $\tau_{45°}$ に満たないとそこにき裂が発生，(a)のように，応力の繰返しとともにき裂が進展する．このき裂が表面に延びたときピットとして現われる．

したがって，ヘルツの接触理論に基づき，せん断応力分布を描き，一方材料硬度からせん断強度を推定し，図 4.1.46 を描いたときに，両者が交わらない

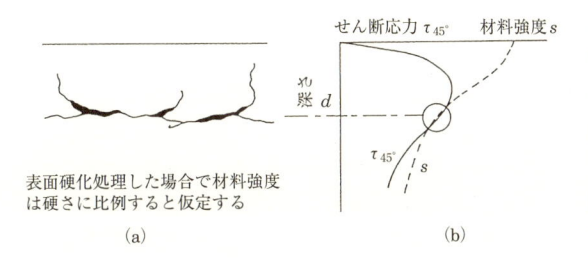

図 4.1.46 スポーリングの発生機構

ように設計する．せん断応力はヘルツ理論に基づき，単位歯幅あたりの荷重と歯面の曲率半径で調整する．材料強度は材質と熱処理による硬さ分布で調整する．

材料強度としては，スポーリング損傷の破壊の性質上，せん断疲労強度が必要になる．しかし，表面硬化処理された歯車材料の硬化部分の強度は知られていない．そのため，材料の引張強さはその硬さに比例し，せん断疲労強度は引張強さに比例すると仮定して求めている．その場合，一般則から推定すると，せん断疲労強度（MPa 単位）は材料硬さ HV のほぼ 5/3 となるが，実際の歯車設計においては，経験的に材料硬さ HV の 2/3 にとるとよい．

(3) 耐スカッフィング強度設計

a. 概説

歯形精度は歯車の性能維持のために重要な精度の一つである．その歯形が運転中に変化することがあり，変化が一瞬にして起きる代表的な場合としてスカッフィング損傷が，時間とともに徐々に進展する代表的な場合として摩耗があり，ともに歯車の重要な損傷形態である．

こうした歯形変化は，歯のかみあいに伴う起振力を著しく増大させ，運転騒音や振動を許容限度外に上昇させることも多い．また，この振動による歯車の回転速度むら，すなわち加速度変化は，動荷重を増大させ，歯の折損など大きな損傷をもたらすことがある．歯面形状の変化は，歯面の荷重分布の局所的増大による歯面損傷を加速し，ときには歯厚の減少による歯の曲げ強度低下をきたすこともある．

b. スカッフィング

スカッフィングの発生機構はまだ明確になっていないが，しゅう動面に生じる熱が大きく関与しているものと見なされている．

歯車のかみ合っている歯面は，潤滑油を介在しながら転がりすべり接触をしている．歯車が高速で回転しているとき，このすべりによる歯面の摩擦や油のせん断による発熱が接触部の温度を上昇させ，接触面下の潤滑油や歯面の材料や歯面の吸着物などに化学的あるいは物理的変化をもたらし，一瞬にして 2 面が凝着し，すぐに引き離されることがある．この現象が起きたとき，歯面の状態は明確に変化し，歯形も変化する．この接触面の損傷モードをスカッフィングという．ホットスカッフィングあるいはホットスコーリングと呼ぶこともある．

この高速で発生するスカッフィングは発生する熱量や温度から発生限界条件を決定できるという研究成果も多くあり，その損傷モードに対する設計強度を求める作業も行なわれている．

一方，低速で極めて荷重が高いときにもスカッフィングが起きる．これをコールドスカッフィングあるいはコールドスコーリングと呼ぶこともある．歯面の粗さに比較して油膜形成が貧弱な場合に生じる現象で，歯面の荒れや塑性流動が目立つ．このスカッフィングは歯幅の局部的に発生し，順次歯幅全体へと広がることが多い．

低速で生じるスカッフィングに対する設計方法は明らかにされていない．運転中常時スカッフィングが継続して発生することを見込み，摩耗として捕らえ，摩耗速度を実験的に求め，時間寿命で設計する手法がしばしば用いられる．この場合，歯車材料を硬くすること，潤滑油粘度を上げること，極圧剤，時には固体潤滑剤の添加することにより，時間寿命を延長できることが多い．

ホットスカッフィングを発生させないためには転がりすべり接触する物体の温度をある程度以上に上昇させないことが最も効果的である．設計に関しては以下を参照のこと．

（i）PV 値あるいは PVT 値による設計

PV 値あるいは PVT 値は最も簡単に使用できる代表的な耐スカッフィング強度算定式である．P はヘルツの最大接触圧力，V はその位置におけるすべり速度，T はピッチ点からその位置までのかみあい線長さで，1 対の歯における PV または PVT の最大値をスカッフィング発生限界の指標値として採用する．

PV 値は単位時間あたりに供給されるエネルギーに相当し，この値が潤滑油の種類などにより定まるある特定の値を超えるとスカッフィングが発生する

とする考えである．Almen らは多くの乗用車やバスのまがりばさ歯車にスカッフィングの起きる条件を調べた[48]．その結果，PV 値が 3.2 GPa·m/s (150×10^4psi·ft/s) を超すと局部的にスカッフィングが生じ，3.4 GPa·m/s (160×10^4psi·ft/s) で全面に，3.8 GPa·m/s (180×10^4psi·ft/s) を超すと非常に激しいスカッフィングの発生することを見つけた．これは鉱油の場合で，極圧剤を添加することにより，この範囲のスカッフィングは防げるとしている．

用途の異なる歯車を含めると，PV 値ではうまく整理できず，P^nV^m あるいは PVT などが提案されている．PVT 値は第二次大戦中の航空機発動機用歯車のスカッフィング損傷データを説明するのに案出された指標値であり，現在でもかなり多く採用されている．

PV や PVT の評価はまちまちである．エネルギーの収支は放熱の条件と潤滑油に強い影響を受ける．したがって，同一の機種で同様な使い方がされる場合に，PV や PVT 値は良い指標となり，潤滑油に応じた設計値をもつことにより，設計基準とすることができると考えられる．

(ⅱ) 歯面の瞬間温度上昇式による設計

歯面の温度が高くなり，ある温度を超すと歯面の油膜が維持できなくなりスカッフィングを生じる．その温度上昇量の算定にいくつかの提案がなされている．そのうちで代表的なものが瞬間温度上昇式と積分温度上昇式で，この設計手法は 4.1.3 に詳述されており，現在の主流をなす考え方である．

(ⅲ) スカッフィングに及ぼす影響因子

スカッフィングに対して，歯車の諸元，加工精度や組立精度，材料，歯車の使用条件など多くの影響因子がある．これらの因子の評価は 4.1.3 を参照のこと．なお，スカッフィングの発生がすべりの大きい歯先と歯元面で発生しやすいことから，適切な歯形修正により，耐スカッフィング荷重を上げることができる[49]．

(ⅳ) 潤滑油および潤滑法の影響

耐スカッフィング強度式をどのように設定しても，潤滑油種の影響は極めて大きい．特に極圧添加剤の効果が顕著に認められる．

潤滑油による冷却はスカッフィングの発生防止に有効である．歯車箱の放熱を考え，潤滑油温度の上昇が抑えられるよう，オイルクーラの設置やタンク容量増加も効果的である．高速になるにつれ，歯車温度の最も上がるかみあい終わり部分に冷たい潤滑油を高圧で吹き付けることが効果的である．

c. 摩耗

油膜破断により金属接触が生じ，表面が徐々に摩耗していく場合がある．このうち，ゆっくりとした歯形変化を摩耗，歯形変化が速かったり著しい場合を異常摩耗と称している．表面粗さがとれる程度の表面変化は，なじみあるいは正常摩耗と称する．設計で考慮する摩耗はマイクロピッチング，アブレシブ摩耗，異常摩耗に大別できる．マイクロピッチングは 4.1.5 (2) を参照のこと．

アブレシブ摩耗は潤滑油中に混在する異物や空中の砂塵などをかみ込んで進行する摩耗形態である．かみ込む異物の中には歯車自身が排出する摩耗粉もあり，軸受などにも影響を与えることがある．異物の硬さが歯面硬度より大きくなるにつれ摩耗が促進される．異物の混入により通常の 10 000 倍以上の速度で摩耗することがある[50]．

摩耗あるいは異常摩耗はコールドスカッフィングと同様に扱われる．

(4) ウォームギヤの強度設計

a. 設計式

ウォームギヤの設計式は多数あるが，最も使用されているのは，BS 規格あるいは JGMA 規格の式である．BS 式は接触圧力に対する疲れ強さと荷重に対する曲げ強さを，ウォームとホイールについて計算し，その最小値を許容値にとるようになっている．JGMA 式[51] は，BS 規格を踏襲してはいるものの，各種材料の組合せや修正係数を充実し，一方では，ウォームギヤの損傷は焼付き現象に支配されるという実情から，許容限として，ホイールの面圧強さだけを検討するようにして，次式を与えている．許容ホイール円周力 $F_{t\,lim}$ (N) は

$$F_{t\,lim} = 37.44 K_v K_n S_{c\,lim} Z d_{02}^{0.8} m_a (Z_L Z_M Z_R)/(K_C K_S K_h)$$
(4.1.64)

この式の骨格は，速度係数（K_v と K_n の積で BS 規格の X_c 相当）・応力係数（$S_{c\,lim}$）・領域係数（Z）・ホイールピッチ円直径（d_{02}）・モジュール（m_a）で，これに単位換算 37.44 を施したものが，負荷の基準値で，後方に括弧にまとめた 6 個の係数で修正するようになっている．

具体的には $m_a=9.5$，$d_{02}=240$，ウォーム 1 800

min^{-1} なる諸元に対して，すべり速度係数 $K_v=0.41$ と回転速度係数 $K_n=0.52$ が得られる．両者の積 0.21 が BS で記す速度係数になる．多少は小さいが X_c と大差ない．しかし，他の AGMA, Buckingham 等の規格値と比べると小さく，高速域ではその差が顕著である．

$S_{c\,\text{lim}}$ は Merrit が与えた円筒圧力で，押付け荷重を曲率半径と円筒長さの積で割って求める．歯面強さの議論に用いられるヘルツの最大接触圧の許容値と

$$p_{\max 1} = 0.6\sqrt{S_{c\,\text{lim}} E_r} \tag{4.1.65}$$

の関係があって，相対ヤング率 E_r 〔$=E_1 E_2/(E_1+E_2)$，1 および 2 はそれぞれウォームおよびホイールを示す〕も関与するが，許容応力係数（表 4.1.12 に示す）で各種材料の基本的強さを表現していると考えられる．これを用い，正常運転中の多数の実働ウォームギヤについて，$p_{\max 1}$ を推定してみると，350 MPa が許容限としてとられているようである．これを硬さと対比させると，$p_{\max 1}=(0.15\sim 0.2\,\text{HB})$ になっている．つまり，実際のウォームギヤでは，平歯車 ($0.25\sim 0.4$ HB) と違って，その 55% 程度の面圧強さに設定されていることになる．これに関して，円筒と円板を用いたシミュレート実験でも，ウォームギヤ特有の大きな横すべりを与えると，二円筒試験結果の 50～65% に耐性が落ちることを確認している．したがって，S_c 規格値は，すべり等の影響を見込んだ実験的な値といえる．

幾何学的形状に起因する設計値が，領域係数 Z である．これは，同時接触線の長さや圧力角等に関係し，条数と直径係数 ($Q=d_{01}/m_a$) で表 4.1.13 のようになる．なお，ホイール歯幅 b も考慮し，$b/(2m_a\sqrt{Q+1})$ を Z 値に乗じている．ただし無用の幅広に対しては 15% 増までを有効としている．

以上の主要因子と歯車の大きさ（ホイール径とモジュール）で，面圧に対する負荷容量の基準値が決まるが，運転条件等を加味した修正を施すことで，設計を終わる．修正係数を箇条書にする．

（ⅰ）潤滑油係数 Z_L

試案として $Z_L=0.6^{\Delta\nu/220}$ が紹介されている．$\Delta\nu$（適正粘度 cSt との差）が 0 に近い場合は 1 にしてよい．

（ⅱ）潤滑法係数 Z_M

強制潤滑か低速油浴であれば，適正として $Z_M=1$ としている．

（ⅲ）粗さ係数 Z_H

資料に乏しいと断りながらも，ウォーム面粗度 $3S$ まで許容して，$Z_H=1$ としている．しかし，$R_y=3\,\mu$m のウォームを運転すると，初期に焼き付く．この原因は，ウォームギヤの膜厚が，横すべりのために，かなり小さくなって，$0.5\sim 1\,\mu$m 程度しか保証できないからである．まれには，ていねいななじみで焼付きを防ぐことはできても，やはり仕上げ工程で積極的にサブミクロンを達成する方がよいし，また，現在の加工技術では可能である．

（ⅳ）歯当たり係数 K_c

当たり面積で 20% 以上であれば，$K_c=1$ と見積もりその半分以下の当たりであれば，60% 程度の負荷能力に規制している．ウォームギヤの性能には，当たりが最も影響を与えることは，衆目の一致するところである．規格では量のみに重点が置かれているが，質の方がより重要と，筆者は考える．殊に歯すじ方向については，そのことで当たり面積が減っ

表 4.1.12 JGMA 抜粋の許容応力係数 $S_{c\,\text{lim}}$

ホイール材		ウォーム材	$S_{c\,\text{lim}}$
リン青銅	遠心型	合金鋼浸炭焼	1.55
	チル型	合金鋼 $H_B 400$	1.05
	砂 型	合金鋼 $H_B 250$	0.70
アルミニウム青銅		合金鋼 $H_B 400$	0.67
黄 銅		合金鋼 $H_B 400$	0.49
強 靱 鋳 鉄		硬質 鋳鉄	0.70
普 通 鋳 鉄		硬質 鋳鉄	0.42

表 4.1.13 領域係数 Z

直径係数＼条数	6	6.5	7	7.5	8	8.5	9	9.5	10	11	12	13	14
1	1.045	1.048	1.052	1.065	1.084	1.107	1.128	1.137	1.143	1.160	1.202	1.260	1.318
2	0.991	1.028	1.055	1.099	1.144	1.183	1.214	1.223	1.231	1.250	1.280	1.320	1.360
3	0.822	0.890	0.989	1.109	1.209	1.260	1.305	1.333	1.350	1.365	1.393	1.422	1.442
4	0.826	0.883	0.981	1.098	1.204	1.301	1.380	1.428	1.460	1.490	1.515	1.545	1.570

ても，出口寄りに組み付け，40 μm 位の入口すきまを与え，油を引き込みやすくしておくことが肝要である．また歯たけ方向についても次の注意がいる．ウォームギヤは複雑な曲面を形成するので，三次元方向の高精度を要求される．ゆえに，最終工程で，ウォームの圧力角合わせを行なうが，その際，相手ホイール歯元部と強く当たらないよう留意する．これも，当たり量としては落ちても，能力は向上する．

(ⅴ) 起動係数 K_N

起動トルクが 200% 以下の場合は，起動回数のみを問題とし，時間あたり 2 回以下で $K_S=1$，10 回以上で 1.18 とする．起動トルクが 200% 以上の場合は変動荷重の考えを導入している．

(ⅵ) 時間係数 K_h

寿命時間 26 000 時間（耐用年数 10 年を想定）を基準 $K_h=1$ とし，設定時間が異なる場合は，寿命係数 $F_l=27\,000^{0.33}/(1\,000+U_e)^{0.33}$（$U_e$：設定時間）の逆数をとって，予定の時間係数 K_h が決まる．規格では，いくつかの予定時間と衝撃に対して，簡単な表にまとめてあるが，複雑な変動荷重の場合は，詳細な検討がいる．考え方の基本は，等価運転時間を導入していることである．すなわち，各回転数 n_{21}，n_{22}，n_{23} に対し，負荷トルク T_1，T_2，T_3 の作用する時間が U_1，U_2，U_3 と変化するとき，基準作動条件に置き換えた作用時間 U_e は，次式から算出される．$U_e=U_1+U_2(n_{22}/n_{21})(T_2/T_1)^3+U_3(n_{23}/n_{21})(T_3/T_1)^3$ 等価時間は $U_{ec}=U_e\times$(寿命時間中の負荷サイクル）と認定できるので，これに対する時間係数 K_h' が K_h に代わって修正係数となる（時間が置き変わる）．

最後に，曲げの許容円周力 (N) に対し，BS[52] 式を紹介する．

$$F_{tb}=16.3X^v S_b l_f m_a \cos\gamma \qquad (4.1.66)$$

（l_f：ホイール歯底の円弧長さ，γ：進み角）

式中の X_b と S_b が曲げに対する速度係数と応力係数である．そこで，前記実働ウォームギヤについて面圧と曲げの耐性を比較計算してみると，ほとんどの歯車について，曲げの方が約 5 倍の負荷能力をもつ結果となり，低く見積もる JGMA 面圧式を推奨したい．

b. ウォームギヤの熱馬力[53]

ウォームギヤは発熱が大きい．これは，長い半割りナットの歯を外にして，ねじ状ウォームを送るという食違い軸歯車だからである．したがって，小さな容積で大きな減速比が得られる長所はあっても，ウォーム歯面は回転に沿って大きくすべり，わずかに方向を変えながら線接触を続ける，最も厳しい潤滑機素という短所も併せもつことになる．ゆえに，摩擦係数が転がり接触に対し 1 桁大きく，効率が低い（図 4.1.47 参照）．この摩擦損失が熱になって，

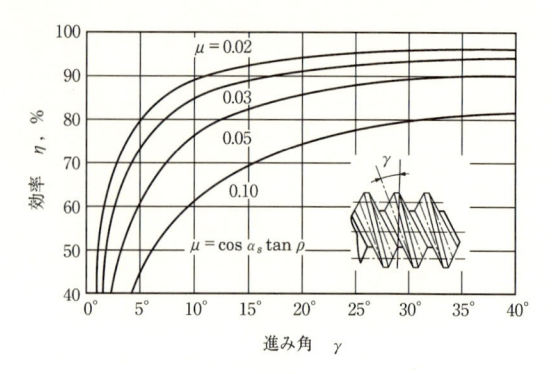

図 4.1.47 効率と摩擦係数・進み角の関係

油槽や油温の上昇を誘発し，焼付きという致命傷に至ることが多い．AGMA では温度上昇量を 55℃，BS では最高油温を 93℃ と規定している．これが負荷能力の一方の限界を与え，AGMA[53] では熱馬力 (H_{llm}，PS) として，次式を提唱している（a は中心距離）．

$$H_{llm}=0.0188a^{1.7}/(102.7-\eta) \qquad (4.1.67)$$

η は効率で，次式で求まる．

$$\eta=\tan\gamma/\tan(\gamma+\rho) \qquad (4.1.68)$$

式中の ρ が接触面の摩擦角で，これに強い影響を与えるのが，ウォームの面粗さと入口すきまある．

近年横すべりの場合も，油膜厚さを厳密に計算できるようになったが，これと粗さとの比（膜圧比）が十分 1 を超える流体潤滑のときは，$\mu=0.02$ 以下としてよい．一方，膜圧比が 0.5 以下のときは，0.04～0.06，温度も 80℃ を超え焼き付いている．発熱防止に最も有効な方法は，クラウニングである．和栗らのウォームのピッチを伸ばす方法は[54] 簡便さゆえに，広く普及している．この処置を施せば，当たり面積は，半分以下になっても，温度は 20℃ 以上低くなる．当たりの良否は，性能を決める．

4.1.6 潤滑法

（1）歯車の油膜形成

歯車は，ピッチ点ではすべりのない純転がり，それ以外のかみあい位置ではすべりを伴う転がり接触

(インボリュート平歯車のかみあい状態)
r_1, r_2：かみあいピッチ円半径
r_{g1}, r_{g2}：基礎円半径

(2円筒転がり-すべり接触)

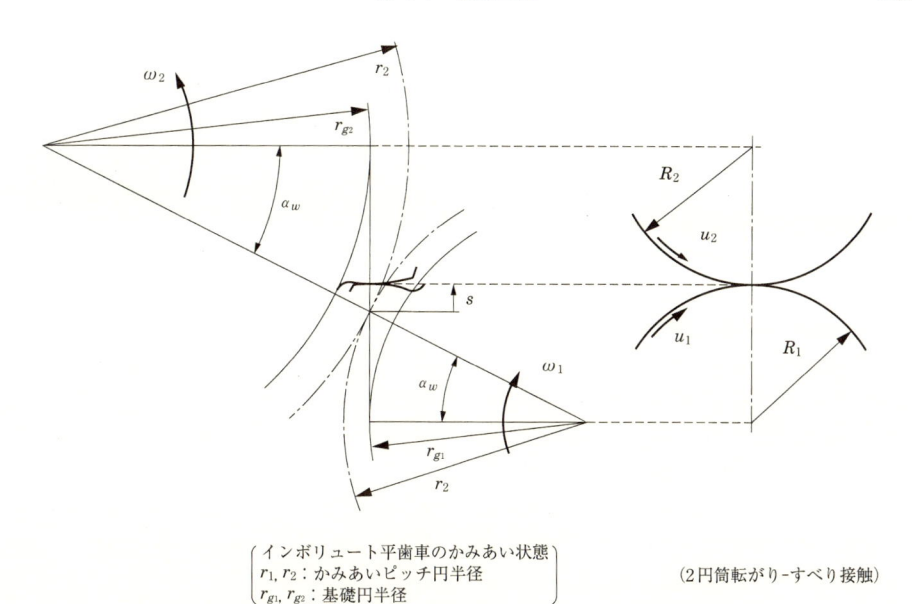

図 4.1.48 平歯車のかみあい状態と等価な2円筒接触状態

状態で作動し，ノビコフ歯車など特殊歯形の歯車を除けば歯車歯面は凸面同士のいわゆる外接的接触条件下にあるため，動力伝達用歯車では高い接触圧力が生じることになる．したがって，歯車作動時の摩擦損失を少なくし，ピッチングやスコーリングなどのトライボ損傷を起こすことなく長時間運転するためには，適切な潤滑が不可欠である．

潤滑されて作動している歯車歯面の流体膜形成状態は，外接的転がり-すべり接触における流体潤滑・弾性流体潤滑理論を適用して得られる最小油膜厚さと歯面粗さの相対的大きさによって推測される．このような理論の適用のためには，接触位置における歯形の曲率半径と歯面接線方向の移動速度成分および歯面に作用する法線荷重が必要である．図4.1.48に示すように，歯数 z_1, z_2 の1対のインボリュート平歯車がかみあい圧力角 α_w，ピッチ円半径 r_1, r_2 で作動しているとき，ピッチ点から作用線に沿ってかみあいの進行方向にとった座標 s を用いれば，かみあい位置 s における駆動歯車および被動歯車の歯面の曲率半径 R_1, R_2 は，

$$\left. \begin{array}{l} R_1 = r_1 \sin \alpha_w + s \\ R_2 = r_2 \sin \alpha_w - s \end{array} \right\} \quad (4.1.69)$$

となり，歯面接線方向速度 u_1, u_2 は

$$\left. \begin{array}{l} u_1 = R_1 \omega_1 \\ u_2 = R_2 \omega_2 \end{array} \right\} \quad (4.1.70)$$

のように表わされる．ただし，ω_1, ω_2 はそれぞれ駆動および被動歯車の回転角速度であり，

$$\omega_2 / \omega_1 = r_1 / r_2 = z_1 / z_2 \quad (4.1.71)$$

である．伝達動力を L とすると，単位歯幅あたりの法線荷重 w は，歯幅を b として，

$$w = \frac{L}{b r_1 \omega_1 \cos \alpha_w} \quad (4.1.72)$$

となる．歯車の特定のかみあい位置（例えばピッチ点）における最小油膜厚さ $h_{\min}$ は上式で計算されるような曲率半径 R_1, R_2 をもち，円周速度 u_1, u_2 で回転し，単位長さあたりの荷重 w を受ける2円筒の転がり-すべり接触に置き換えた潤滑理論によって推定される．2円筒を剛体とし，潤滑油の粘度 η の圧力による変化が無視できると，最小油膜厚さ $h_{\min}$ はマーチン（Martin）の式[55]

$$\frac{h_{\min}}{R} = 4.9 \frac{\eta u}{w} \quad (4.1.73)$$

で表わされる．ただし，$R = R_1 R_2 / (R_1 + R_2)$ は相対曲率半径，$u = 1/2(u_1 + u_2)$ は平均速度である．2円筒の縦弾性係数を E_1, E_2，ポアソン比を ν_1, ν_2，$E' = 2/\{(1-\nu_1^2)/E_1 + (1-\nu_2^2)/E_2\}$ として接触面の弾性変形を考慮し，潤滑油の粘度圧力係数を $\alpha = 1/\eta \cdot \partial \eta / \partial p$ として粘度が大気圧下での値 η_0 より圧力 p とともに $\eta = \eta_0 e^{\alpha p}$ のように増加することを考慮した弾性流体潤滑理論によれば，最小油膜厚さ $h_{\min}$ は次の

近似式で与えられる[56]．

$$\frac{h_{\min}}{R} = 2.65 G^{0.54} U^{0.70} W^{-0.13} \quad (4.1.74)$$

ただし，$G = \alpha E'$, $U = \dfrac{\eta_0 u}{E' R}$, $W = \dfrac{w}{E' R}$

最小油膜厚さ計算式の適用に当たりブロック・ムースの計算図表[57]やジョンソンの計算図表[58]を用いるのが便利であるが，動力伝達用歯車ではほとんどの場合，弾性流体潤滑理論が適用されるような条件になっていると考えてよい．

歯車歯面では，すべり速度 $|u_1 - u_2|$ はかみあい位置によって連続的に変化し，ピッチ点を境にしてその方向も変わる．EHL 膜厚の理論計算式にはすべり速度の項は直接含まれないが，温度上昇による粘度低下として考慮しなければならない．EHL 状態におけるすべり，摩擦損失，温度上昇などの関係は複雑で，歯車潤滑において連続的に変化するすべり状態の影響を考慮することは簡単でないが，EHL 膜厚の計算のためには接触域入口における歯面温度に対する粘度をとれば十分なことが多い．

歯車歯面に実際に作用する動荷重は，かみ合っている歯の対がばねとして作用するため，歯車の円周方向振動によって決まってくる．したがって，歯車対への入出力の変動のみでなく，同時かみあい歯数の変化に伴う歯のばねこわさの変化や歯車の誤差が起振源となり動荷重を変化させる．しかし，EHL の特徴として，最小油膜厚さ $h_{\min}$ に対する荷重変動の影響は小さいことが知られており，また，ワング(K. L. Wang)らのスクイーズ作用を考慮した EHL 膜厚の計算結果[59]にも荷重変動の影響は比較的小さいことが示されている．

歯車における EHL 膜形成状態を推定する簡便な方法は，特定のかみあい位置（例えばピッチ点）における歯面曲率半径，歯面温度に対する潤滑油粘度および伝達トルクから決まる歯面法線荷重を用いて，平滑面，定常状態に対する EHL 理論による最小油膜厚さ $h_{\min}$ を求め，これと両歯車の歯面粗さの最大高さの和 $\sum R_y$ との比で定義される D 値[60]．

$$D = \frac{\sum R_y}{h_{\min}} \quad (4.1.75)$$

または，両歯面の自乗平均平方根粗さ σ_1, σ_2 の合成値 $\sqrt{\sigma_1^2 + \sigma_2^2}$ と比をとった膜厚比[61]．

$$\Lambda = \frac{h_{\min}}{\sqrt{\sigma_1^2 + \sigma_2^2}} \quad (4.1.76)$$

によって判断することである．$\Lambda < 1$ であればほとんど常時直接接触が起こるが，$\Lambda > 3$ ではほとんど完全に油膜で分離されると判断され，また D 値では $D = 1$ 程度が判断の基準になることが多い〔D や Λ と転がり疲れの関係については 4.1.5 の(1)を参照のこと〕．実際の動力伝達用歯車における EHL 理論で予測される油膜厚さは，条件の厳しい場合には 0.1 μm に満たないことがあり，条件の良い場合でも，せいぜい数 μm 程度にとどまる．これに対し，新しく製作された歯車の歯面粗さは，研削やホーニングなどによっていねいに仕上げをすれば 1 μm 以下になり得るが，通常の研削仕上げでは 1〜6 μm，ホブ切りのままでは 10 μm を超えることとある．したがって，新しい歯車の運転開始直後では，多くの場合 EHL 膜が部分的に破断し直接接触が生じることが予測される．このような場合には，運転に伴うなじみによる油膜形成状態の改善が重要である．なじみによる油膜形成状態の改善は，初期歯面粗さ，荷重条件，歯数比，歯車材の材質（特に硬さ）などの影響を受ける．すべりが大きく，しかも大きい歯すじ方向の速度成分をもつため油膜形成が不利な状況になるウォームギヤにおいては，運転によるなじみが特に重要であり，なじみ性のよいリン青銅系の非鉄金属がよく使われる．

従来，あまり関心をもたれなかった歯車歯面接触の特殊な点は，歯数比によってかみ合う相手の歯が規則的に変わることである．歯数比が整数の場合には，大歯車の一つの歯は 1 回転ごとに小歯車の常に同じ歯とかみ合うことになるが，非整数の場合には，複数の異なる歯とかみ合う．そのため，初期歯面粗さが理論的な平滑面に対する EHL 膜厚より大きく，油膜形成のためには運転によるなじみが必要な場合，かみ合う相手の歯の数によってなじみ過程が異なる可能性がある．すなわち，規則的な繰返し接触の場合には，接触面が運転によって平滑になるという通常のなじみ過程によらなくても，相対応する接触位置のミクロ形状の一致性（conformity）が向上することによって，局所的応力集中が緩和され広義のなじみが起こり得るため，整数歯数比の方が油膜形成状態が改善されやすい[62]．

以上のように，歯車歯面の接触において理論的に予測される油膜厚さは歯面粗さと同程度で，良好な油膜形成はなじみに依存することが多い．条件が厳しすぎると十分ななじみが起こる前に歯面損傷が発

生する．損傷形態は，高速度で温度上昇が大きい場合にはスコーリング，中程度の速度で粗さ突起間の厳しい接触が繰り返されるような場合にはピッチング，低速度の油膜形成の不利な条件下では摩耗となる．損傷防止には油膜厚さの増加のため潤滑油粘度を高めることが有効である．しかし，高粘度油の使用は歯車装置の効率を低下させるので，適正な粘度選択が必要である．また，油膜形成が十分でないときやなじみ過程においては，潤滑油の境界潤滑性能によって補うことが必要であり，油性向上剤や硫黄-リン系極圧剤などの添加油がよく使用される．

(2) 歯車の効率

歯車の効率 η は，$\eta=1-$（損失動力／入力動力）で表わされ，損失動力が小さければ効率は高くなる．平・はすば歯車の円筒歯車では，一般に効率は98%以上であり，高効率で損失率は小さいが，その損失動力が歯の温度を上昇させ，歯車の歯面強さやスコーリング発生荷重の低下，さらには潤滑油の劣化現象の促進などに大きく影響するため，動力損失率をできるだけ小さくすることが重要となる．特に，高速歯車装置では高速回転に伴う損失動力の増大から効率の問題が顕著となってくる．また，ハイポイドギヤやウォームギヤなどの食違い軸歯車の効率は円筒歯車に比べてかなり低く，効率が90%以下になる場合もあり，これらの効率向上は大きな課題の一つでもある．

上述のように，効率は損失動力と関係するので，ここでは効率の代わりに，歯車の損失動力を中心として述べることとする（紙面の関係から円筒歯車以外のウォームギヤ，かさ歯車については省略する）．歯車装置の動力損失は，次のように，歯車損失①～③と軸受損失④から成る．

①かみあい摩擦損失（歯面間のすべり摩擦による損失）
②かくはん損失（油をかき回す損失，油の閉込みによる損失，油をはね飛ばす損失）
③風損（歯車箱内で歯車が回転するときの空気抵抗）
④軸受損失（転がり，すべり軸受の摩擦損失）

これらの各損失について以下に説明する．

a. かみあい摩擦損失

1対の歯車が回転して動力を伝達するとき，かみ合う歯面間にはすべり摩擦が発生し，動力の損失が起こる．この歯面間の摩擦損失による効率が，従来一般には歯車の効率とされている（高速歯車の場合には上記の②，③の損失の影響も考慮されなければならない）．歯車の歯面上における摩擦は，かみあいが作用線上を移動するとともに変化し，また歯車材料，歯面仕上げ，潤滑法によって異なるため，非常に複雑であるが，円筒歯車のかみあい摩擦損失は，理論と実験に基づく次の近似式により求めることができる[63]．

$$\left.\begin{array}{l} N_g = f_g N_i \\ f_g = \dfrac{\mu}{d_1 \cos\alpha_n \cos\beta} \cdot \dfrac{1+i}{i} \cdot \dfrac{l_a^2 + l_r^2}{l_a + l_r} \end{array}\right\} \quad (4.1.77)$$

ここで，N_g：歯車のかみあい摩擦損失 (kW)，N_i：入力動力 (kW)，f_g：かみあい摩擦損失率 (%)，μ：歯面上の平均摩擦係数，d_1：小歯車ピッチ円直径 (mm)，α_n：歯直角圧力角 (°)，β：ねじれ角 (°)（平歯車の場合には $\beta=0$），i：歯数比，l_a：近寄りかみあい長さ (mm)，l_r：遠のきかみあい長さ (mm) である．また，歯面上の平均摩擦係数 μ は，精度のよい円筒歯車では次の経験式より算出できる．

$$\mu = 1.25 \Big/ \left\{ \nu^{0.25} \sin\alpha_n \left[\dfrac{d_1}{\cos\beta} \cdot \dfrac{i}{1+i}\right]^{0.5} v^{0.5} \right\} \quad (4.1.78)$$

ここで，ν：大歯車温度における潤滑油の動粘度 (cSt；10^{-6} m^2/s)，v：ピッチ円周速 (m/s) であり，式 (4.1.77) の近寄りかみあい長さ l_a，遠のきかみあい長さ l_r はそれぞれ次の式から求まる．

$$\left.\begin{array}{l} l_a = \sqrt{d_{a2}^2 - d_{b2}^2} - \dfrac{ai}{1+i} \cdot \dfrac{\sin\alpha_n}{\cos\beta} \\ l_r = \sqrt{d_{a1}^2 - d_{b1}^2} - \dfrac{a}{1+i} \cdot \dfrac{\sin\alpha_n}{\cos\beta} \end{array}\right\} \quad (4.1.79)$$

ここで，d_{a1}, d_{a2}：小歯車，大歯車の歯先円直径 (mm)，d_{b1}, d_{b2}：小歯車，大歯車の基礎円直径 (mm)，a：歯車の中心距離 (mm) であり，平歯車の場合にはねじれ角 $\beta=0$ とする．

歯車のかみあい摩擦損失は，歯車の寸法割合と運転速度により異なるが，タービン減速歯車で 0.2%，中形の平歯車およびはすば歯車では 0.7% 程度である．

b. かくはん損失

かくはん損失は，歯車の歯が油をかき回す際の損失であり，潤滑方法によって損失の形態が異なる[64]．すなわち，油浴潤滑では歯車箱内に溜められた油をかくはんすることによって発生する損失が主であ

り，その損失量はかくはんされる油量によって異なる．強制潤滑の場合には，歯による油のはね飛ばしと，歯の間の油の閉込みによって損失が生じ，歯車周速が小さいときには閉込みによる損失の効果が大きいが，周速が大きくなると閉じ込まれた油が遠心力ではね飛ばされる際の油の運動量増加による損失が大きくなるとの実験結果が得られている[65]．

油浴潤滑，強制潤滑のいずれの場合のかくはん損失も歯車箱の大きさや歯車寸法，潤滑油の粘度などによって変わるため，過去にかくはん損失計算式として提案された式はいくつかあるが，現在まだ一般に適用できるものはないといえる．一例として，油浴潤滑の場合のかくはん損失を求める近似式[66]を次に示す．

$$N_c = 0.368 \times 10^{-6} byv^{1.5} \quad (4.1.80)$$

ここで，N_c：かくはん損失（kW），b：油中に浸っている歯車の歯幅（mm），y：歯車の油に浸っている部分の深さ（mm），v：油中に浸っている歯車の周速（m/s）．

c. 風損

歯車は外周に歯の凹凸をもった回転円板とみなすことができ，歯車の回転に伴って周囲のオイルエアミスト（微粒化した潤滑油を含む空気）をかくはんする風損を考慮する必要がある．歯車が低速で回転している場合には，風損はそれほど問題とならないが，タービン用歯車のように高速回転を行なう歯車の場合には，歯面のかみあい摩擦損失よりも風損による損失の方が大きくなることも考えられる．アンダーソン（N. E. Anderson）は歯車の風損 N_w を計算する式として次の式[67]を提案している．

$$N_w = 2.82 \times 10^{-7}(0.028\eta + 0.019)^{0.2}$$
$$\times \{[1+2.3(b/r_1)]r_1^{4.6} n_1^{2.8}$$
$$+[1+2.3(b/r_2)]r_2^{4.6}(n_1/i)^{2.8}\}$$
$$(4.1.81)$$

ここで，N_w：風損（kW），η：潤滑油の絶対粘度（cP；10^{-3} Pa·s），b：歯幅（m），r_1，r_2：小歯車，大歯車のピッチ円半径（m），n_1：小歯車の回転数（min^{-1}），i：歯数比．

d. 軸受損失

歯車装置に使用される軸受にはすべり軸受と転がり軸受の両方があり，大動力伝達用にはすべり軸受，小形高速用には転がり軸受が多く使用される．

すべり軸受の損失動力は，流体潤滑理論を基礎としているが，やや経験的な次の近似式により求めることができる[68,69]．

$$N_b = 0.152 \times 10^{-16} \frac{\nu n^2 LD^3}{C}(1+0.00145p)$$
$$(4.1.82)$$

ここで，N_b：軸受の摩擦損失（kW），ν：$(t_i + 1.09v_b)$°Cにおける潤滑油の動粘度（cSt；10^{-6} m^2/s），t_i：潤滑油の入口温度（°C），v_b：軸受ジャーナル周速（m/s），n：回転数（min^{-1}），L：軸受長さ（mm），D：軸受直径（mm），C：軸受すきま（mm），p：軸受平均面圧（N/cm^2）．一般に，すべり軸受の摩擦損失は歯車のかみあい摩擦損失よりもかなり大きく，一般用歯車減速機では，歯車の1かみあいあたり0.7～1.0％である．高速歯車の場合にはさらに大きな軸受損失となる．

転がり軸受では，粘度の影響はすべり軸受の場合よりも複雑で，概していえば，転がり軸受の損失はすべり軸受のそれの1/2程度である．運転条件が適切な場合には，全負荷時の転がり軸受の摩擦損失 N_b（kW）は，次の近似式で表わされる[70,71]．

$$N_b = 0.517 \times 10^{-7} \mu F D n \quad (4.1.83)$$

ここで，F：軸受荷重（N），D：軸受内径（mm），n：回転数（min^{-1}），また μ は係数であり，自動調心玉軸受のとき $\mu=0.0010$，円筒ころ軸受のとき $\mu=0.0011$，アンギュラ玉軸受とスラスト玉軸受では $\mu=0.0013$，深溝玉軸受で $\mu=0.0015$，自動調心ころ軸受と円すいころ軸受において $\mu=0.0018$ の各値をとるとしている．

e. 効率の測定方法

歯車の効率を測定する方法には，大別して，①動力吸収法，②動力循環法および③熱量に変換された動力損失分を測定する三つの方法がある．①動力吸収法は，電動機と歯車装置および負荷を与えるための発電機あるいはブレーキ装置からなる動力吸収式試験機により，歯車装置の入力側，出力側の二つのトルク計で入力動力と出力動力を測定して効率を求めるものであるが，歯車の動力損失は一般には小さな値であるので，使用するトルク計は精度の高いものが要求され，使用する装置も大型・高価となる．②動力循環法は，小型で大容量の試験に適している動力循環式試験機を用いて，電動機と試験機の間に設置された高精度のトルク計により試験機で消費される動力を測定する．この動力には，試験機に組み込まれている2組の歯車（試験歯車対と循環用歯車対）の損失，各軸受損失，潤滑油のかくはん損失な

どをすべて含んで測定されるため，試験歯車側のみの動力損失（効率）を分離することは困難である．試験歯車と循環歯車を同一寸法とし，得られた全効率の平方根を試験歯車の効率とする方法もある．③動力損失を熱量により測定する方法は，歯車の損失エネルギーの大部分が熱エネルギーに変わることを利用したもので，i）強制給油の入口・出口の油温から発熱量を求める方法，ii）既知の校正熱源（ヒータ）を使って油の温度上昇を電力量に置き換える方法（油浸法[72]と呼ばれる）などがある．これらのいずれの方法も温度を直接測定するもので，少数の測定量で効率を求めることができ，測定精度も高いとされている．

（3）歯車の潤滑法

歯車の潤滑法は歯車箱の状態や潤滑剤の種類によって異なる．歯車箱は開放型と密閉型がある．開放型では歯車が周辺環境から隔離されないので，油の飛散やコンタミネーションを考慮したものとなる．

潤滑剤は油，グリース，固体潤滑剤に大別されるが，油の使用が一般的である．また，趣をこととするが，潤滑剤を使用しないプラスチック歯車の使用がOA機器を主体に広がりを見せている．

潤滑油による歯車潤滑法としては，油浴潤滑法や強制給油法が多く採用されているが，噴霧給油法や滴下給油法，などもある．

a．潤滑剤の選定
（i）歯車用潤滑剤の使用目的

金属製の歯車を使う場合，潤滑剤の使用が避けられない．歯車用潤滑剤は次の目的のために使用される．

①摩擦摩耗を低減する
②耐ピッチング強度を増大させる
③冷却によりスコーリングなどの表面損傷を防止する
④衝撃の吸収により騒音，振動を低減する
⑤歯車の腐食やさびを防ぐ
⑥異物を排除する
⑦歯車と同時に周辺のしゅう動部を潤滑する

（ii）適正油種の選定

潤滑剤として，潤滑油，グリース，固体潤滑剤の3種がある．一般には潤滑油が選択されるが，歯車装置が熱をもたない程度の低速低荷重の場合にはグリースが使用される．固体潤滑剤は液体が使用できないような特殊な条件に限って採用されている．

潤滑油には鉱油と合成油がある．高温になったり，特殊雰囲気にさらされる場合に合成油が使用されるものの，一般には低コストの鉱油が採用される．

潤滑油種の選択は，鉄道車両用のように，他の装置から独立して歯車専用油が使用される場合や，タービンなどのように歯車装置を利用しているその主装置と同一の潤滑油を併用する場合とがある．したがって潤滑油の選定も機種特有の制約を受けることがある．

歯車用潤滑油の選定は粘度の選択が基本である．必要粘度は，面圧強度から要請される油膜厚さを確保するのに必要な値によって決められる．ただし，潤滑油の粘度によっては油の流れを制御しにくくなるので，油の潤滑法や歯面強度とのバランスを合わせて検討せねばならない．粘度が決定したら，機種特有の条件に合わせた添加剤が必要であるが，それらを加味した用途別の潤滑油が市販されているので，それらのうちから近い用途のものから選べばよい．粘度選択の一般的な目安を次に示す．

①油膜が形成されるようにする．油膜と表面粗さの比が大きいほど，歯面は損傷しにくくなる．
②開放形歯車など，ごく低回転の場合は粘度を極めて大きくとる．VG 460が目安となる．
③回転数が高くなるにつれ，粘度を低下させ，油のせん断発熱を抑える．VG 68が目安となる．
④歯車の温度が上がるにつれ，歯面損傷の機会が増え，油の劣化も早まるので，適当な添加剤や合成潤滑油の使用を検討する．
⑤極圧添加剤は耐スカッフィング強度を上昇させるが，銅系の材料を腐食させる可能性があるなど，添加剤は目的に合わせて使用し，欠点を表へ出さないように留意する．

b．潤滑方法

潤滑油の供給方法として，油浴潤滑法，強制潤滑法，噴霧給油法，滴下給油法，グリース給油法，はけ塗り，などがあり，歯車装置の用途により使い分けられている．

（i）油浴潤滑法

油浴潤滑法は密閉式歯車装置の歯車箱の底に潤滑油を溜め，その油面に接した歯が油を付着させ，かみあい面に潤滑油を供給する方法である．

潤滑に必要な油は極微量でよく，歯面に油が付着していればよい．必要以上の油は，歯車によるかくはん損失の増大を招くので，油面は一方の歯車の歯

丈の3倍ぐらいの位置がよい．ただし，かさ歯車のように油面と歯車外径線が平行でない場合には，歯幅全体が油に浸るようにする．歯車の回転により生じる風圧による油面変化の影響やかくはん抵抗を少なくするために，オイルパンを設けることもある．図4.1.49は車両用歯車装置の構造図で，温度によって油面（A室）を調整し，かくはん損失を低減させた例である．この例では油量調整に形状記憶合金を採用している．その一例[73]を図4.1.49に示す．なお，歯車軸の軸受ははねかけ式で給油されている．

油浴給油法では歯面温度の冷却能に限界があるので，高速では使用できない．速度限界は，歯車装置の置かれた環境によっても異なるが，連続運転される場合には，一般に10〜15 m/sが目安とされている．間欠運転ではそれ以上に上げることができるが，油温があまり上がらないように注意する．なお，図4.1.49のように冷却性などが十分に配慮された歯車装置では周速35 m/sを超して使用されている．

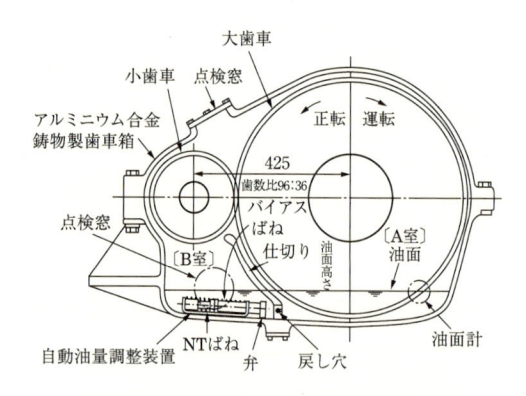

図4.1.49　油浴潤滑法の例（電車用歯車装置）
〔出典：文献73）〕

周速が1 m/s以下の低速の場合にはグリース潤滑が安定している．

はねかけ給油法も油浴給油法の一つと考えてよい．これは，歯車軸が回転を始めると，歯車自身あるいは軸に掛けたリングなどが潤滑油を持ち上げ，飛散させることによって，周辺の他の歯車や軸受などのしゅう動部に給油する方法である．

（ⅱ）強制給油法

強制給油法は，圧力噴射されたジェット油あるいは噴霧状油を歯車に吹き付けて行なわれる潤滑法である．一般に，歯車周速が10〜15 m/sを超す高速領域や，信頼性が要求されるときに使用される．給油ノズルにより，歯面に確実に潤滑油を供給すると同時に，歯車を冷却させる役割をもつ．したがって，給油装置が必要で，油ポンプにより潤滑油は強制的に循環させられ，その給油系統にはフィルタや冷却器を付ける．普通，軸受も同時に強制潤滑される．

給油圧は0.1 MPa程度でよいが，運転中のフィルタにおける圧力損失変化を見込み，油圧が過度に低下しないような配慮が必要である．

ポンプ容量は歯車装置の発熱量と冷却能によって決定される．信頼性が要求される場合には，予備ポンプや補助タンクを設ける．

給油量は機種によって1桁以上の違いがある．これは，歯車装置の放熱状態や潤滑状態による損失動力が機種によって違うため，経験的な値が使われている．一例として，マーグ社は次式によることを推奨している[74]．

$$Q = 0.6 + 2 \times 10^{-3}\, mv \quad (l/\text{min}\cdot\text{cm}) \quad (4.1.84)$$

ここに，Qは潤滑に必要な単位歯幅あたりの毎分の給油量（$l/\text{min}\cdot\text{cm}$），$m$はモジュール，$v$はピッチ円周速（m/s）である．

なお，周速が60 m/sを超す高速領域では，歯車の風圧で，潤滑油が歯面に十分行き渡らず，冷却効果の低下をきたすことがある．この場合，ノズルから噴射される油の速度が歯車周速を超すように，油圧を上げることが望ましい．また，このような高速領域ではノズルの配置も大切になる．

ノズルの配置によって歯車対に対する潤滑油の冷却能が異なる．歯車周速が60 m/s以下では，潤滑の主目的が歯面間に油膜を形成することにあるので，かみ込み側へ給油する．ただし，速度が上がるにつれ，よけいな油をせん断し，かくはんするための熱が発生するので，かみあい終わり側へノズルを配置してもよい．

周速が60 m/sを超す高周速領域では，歯面間の油膜形成と同時に歯車を冷却することが要求されるので，温度の最も高くなるかみあい終わり側へ給油することが有効になる．かみあい部へ給油する場合，油の到達が歯先のみに限られやすいので，給油圧を高めて，油の噴射速度を上げるか，駆動，被動両歯車へ別々に給油することが望ましい．図4.1.50は高速歯車における歯面温度を調べた例である[75]．高速になるにつれ，温度の上がりやすい小歯車のかみあいはずれ側に給油すると効果的な冷却ができる．また，歯車対の動力損失も，かみあいはずれ側に給油

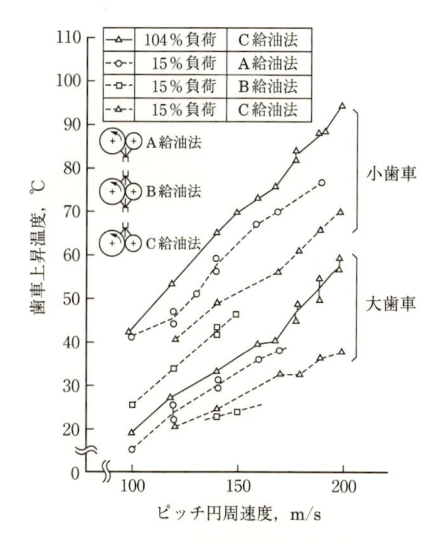

図 4.1.50 高速歯車の歯面温度（給油位置による影響）
〔出典：文献 75)〕

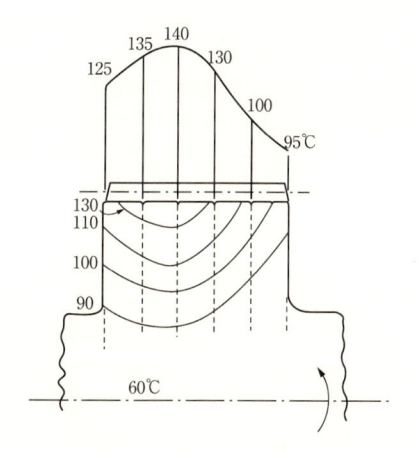

図 4.1.51 高速歯車の温度分布の例 1（モジュール 10.7，ねじれ角 9°，歯幅 600 mm，周速 165 m/s）
〔出典：文献 76)〕

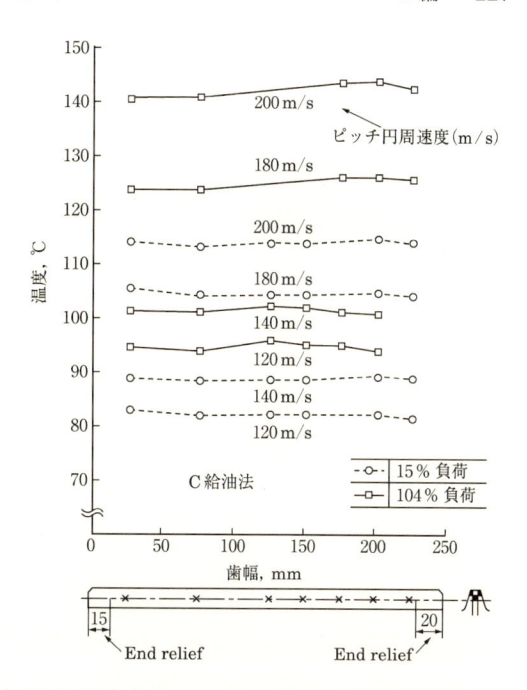

図 4.1.52 高速歯車の温度分布の例 2（モジュール 6，ねじれ角 15°，歯幅 250 mm，周速 200 m/s）
〔出典：文献 75)〕

したときの方が，かみ込み側から給油したときより小さい．

ノズルの設置方法が歯幅方向の温度分布にも影響する．熱膨張差は歯すじ誤差と同じ意味合いをもち，歯車の強度に影響を及ぼすようになる．図 4.1.51[76)] および図 4.1.52[75)] はともに高速歯車の歯幅方向の温度分布を調べたものである．図 4.1.51 は 1 箇所，図 4.1.52 は数箇所から給油しており，ノズルの配置方法によって温度分布が大きく異なっていることがわかる．歯幅方向の温度分布が均一にならないことが予測される場合は，その熱膨張差により歯形の変化分を歯筋修正によってあらかじめ補正しておかねばならない．

油タンクの容量は潤滑油のメンテナンスと給油量の関係で決まる．一般に，潤滑油の寿命は潤滑油温度が 10 K 上がると半減する．そのため，油タンクは大きめにすることが望ましい．タンク容量は 1 分間あたりの給油量の 20〜30 倍とする[77)] 場合が多いが，温度や使用時間の関係で機種による差が大きい．

油タンクの設計に当たっては，ポンプが泡や異物を吸い込まないように，油の戻し口と吸込み口の間にじゃま板を設けること，タンク底部は，堆積するごみや水分を効率良く除去できるように，傾斜を設けて最下部にドレン抜きを設けること，空気抜きできる気抜き管を付けること，などの検討が必要である．

ろ過器はなるべく目が細かく，大容量で，かつセルフクリーニングのものがよい．目づまりにより，油量が著しく低下することがあるので，ろ過器にバイパスを設け，運転中にも手入れができるようにし，かつ前後に圧力計や差圧計を設ける．

冷却器および加熱器は潤滑油温度の調整用に設ける．潤滑油や冷却水の性質に気をつけ，使用機材が腐食などの経年変化を受けないようにする．

強制潤滑法の一つに遠心力給油法がある．その構造例を図 4.1.53 に示す．これは，高速域で潤滑油が歯面に確実に到達し，潤滑不良になることを防ぐと同時に，歯車系の円周方向振動の減衰を大きくし，動荷重を減少させるのに有効である[78]．

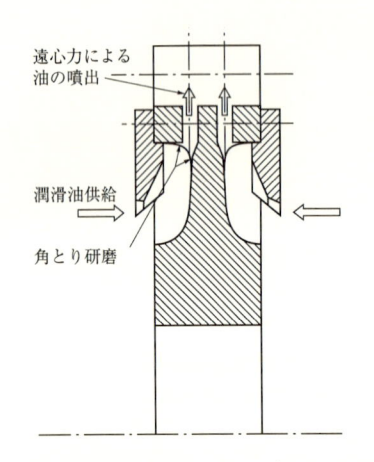

図 4.1.53　遠心潤滑用歯車の構造〔出典：文献 78)〕

(iii) その他の給油法

噴霧潤滑法は，水分および塵埃を十分にろ過した清浄な圧縮空気を霧化器に送り込み，霧吹きの原理により油を霧化し，その霧油を歯面に吹き付ける方法である．必要最小限の潤滑油を供給し，冷却を清浄空気で行なうので，理論的にも好ましい給油法であるが，予期されるほどの効果が見られず，公害などの問題もあり，実用化例は少ない．

開放歯車装置では，はけ塗り給油，手差し給油，滴下給油，噴射給油などが用いられる．

開放歯車装置は通常低速高荷重で使われ，かつ断続運転される．環境の影響を受けやすいものが多く，水や塵などの異物が混入しやすいこともある．したがって，機種に応じ，損傷形態や寿命，メンテナンス性を勘案して潤滑法を定める必要がある．潤滑剤として一般的に次の性状が要求される．

①高粘度で粘着性をもつこと
②耐摩耗性に優れること
③撥水性をもつこと
④はく離しにくいこと

一般には，ギヤコンパウンドタイプやその溶剤希釈タイプ，あるいはグリースが使われる．

はけ塗り給油や手差し給油は，運転がまれにしか行なわれないとき，始動前に行なう．

滴下給油は運転中少量の油をかみあい面に滴下するもので，歯車回転による風圧で油が飛ばされない程度の油量が必要となる．

噴射給油あるいは集中給油は，ある一定間隔で，一定量の潤滑剤を高圧で噴射させる方法で，歯車のみならず軸受などしゅう動部個々に同時に行なうのが一般的である．

(iv) 固体潤滑剤による潤滑法あるいは無潤滑

固体潤滑剤は次に挙げるような特殊な環境下で使われることが多い．

第一に，低速高荷重のために普通の潤滑油で運転すると凝着などの異常摩耗を生じやすい場合で，潤滑油に MoS_2 や黒鉛などを添加して用いられる．なお，速度が上がり，油膜が形成されやすい状態ではこれらの固体潤滑剤が油膜形成を阻害して，寿命を低下させることが多くなる．

第二は通常の潤滑油が使用できない場合で，油の使用を忌避するとき，油の耐用温度を超える高温のとき，真空または減圧下のときの使用が該当する．この場合には，条件に見合った固体潤滑剤を歯面に乾燥被膜として付着させたり，プラスチック材料を用いたりする．

第三は歯面のなじみ性を良くする場合で，歯面に銅やスズのめっきを施したり，固体潤滑剤の乾燥被膜を付けたりする．

文　献

1) JIS B 0102：歯車用語（1988），（1993 確認）．
2) JIS B 0121：歯車記号（1988），（1993 確認）．
3) JIS B 1701：インボリュート歯車の歯形及び寸法（1973），（1995 確認）．
4) 日本機械学会：歯車損傷の原因と対策に関する調査研究分科会成果報告書（1974）．
5) 日本機械学会：歯車の強さ設計資料（1979）．
6) 日本機械学会：歯車の精度と設計に関する調査研究分科会成果報告書（1977）．
7) BS 436：Specification for spur and helical Gears, Part I Bachc rack from pitche sand accuracy (1969).
8) JIS B 1741：歯車の歯当たり（1977）．
9) JIS B 1702-1：円筒歯車—精度等級 第 1 部：歯車の歯面に関する誤差の定義及び許容値（1998）．
10) JIS B 1702-2：円筒歯車—精度等級 第 2 部：両歯面かみ合い誤差及び歯溝の振れの定義並びに精度許容値（1998）．
11) 日本潤滑学会編：改訂版 潤滑ハンドブック（1987）769．

12) ISO 6336-1 : Calculation of load capacity of spur and helical gears-Part 1 : Basic principles, introduction and general influence factors, ISO (1996)
13) ISO 6336-2 : Calculation of load capacity of spur and helical gears-Part 2 : Calcuration of surface durability (pitting), ISO (1996)
14) ISO 6336-3 : Calculation of load capacity of spur and helical gears-Part 3 : Calcuration of tooth bending strength, ISO (1996)
15) ISO 6336-5 : Calculation of load capachty of spur and helical gears-Part 5 : Strength and quality of materials, ISO (1996)
16) ISO 13989-1 : Calculation of scuffing load of cylindrical, bevel and hypoid gears-Part 1 : Flush temperature methods, (審議中)
17) ISO 13989-2 : Calculation of scuffing load of cylindrical, bevel and hypoid gears-Part 2 : Integral temperature methods, (審議中)
18) ISO 10300-1 : Calculation of load capacity of bevel gears-Part 1 : Intrduction and general influence factors, (審議中)
19) ISO 10300-2 : Calculation of load capachty of bevel gears-Part 2 : Calcuration of surface durability (pitting), (審議中)
20) ISO 10300-3 : Calculation of load capacity of bevel gears-Part 3 : Calcuration of tooth root strength, (審議中)
21) ISO 53 : Cylindrical gears for general and heavy engineering-Basic rack, ISO (1974)
22) ISO 1328-1 : Cylindrical gears-ISO system of accuracy -Part 1 : Definitions and allowable values of deviations relevant to corresponding flanks of gear teeth, ISO (1995)
23) P. H. Dawson : Proc. IMechE, **180**, Pt 3B (1965-66) 95.
24) D. F. Li, J. J. Kauzlarich & W. E. Jamison : Trans. ASME, Ser. F, J. Lub. Tech., **98**, 4 (1976) 530.
25) R. A. Onion & J. F. Archard : Proc. IMechE, **188**, 54/74 (1975) 673.
26) K. Ichimaru, A. Nakajima & F. Hirano : Trans. ASME, J. of Mechanical Design, **103** (1981) 482.
27) 市丸和徳・中島 晃・平野冨士夫：潤滑，**22**, 10 (1977) 655.
28) A. Nakajima : Int. Symp. on Gearing & Power Transmissions, JSME (1981) 401.
29) 市丸和徳：日本機械学会論文集，**60**, 580 (1994) 4276.
30) J. W. Blake & H. S. Cheng : Trans. ASME, J. Trib., **113** (1991) 712.
31) S. Way : Trans. ASME, J. Appl. Mech., **2** (1935) A49.
32) 大塚昭夫・東郷敬一郎・吉田 誠：日本機械学会論文集，**54**, 505 (1988) 1735.
33) Y. Murakami, C. Sakae & S. Hamada : Engineering Against Fatigue, ed., J. H. Beynon, M. W. Brown, R. A. Smith, T. C. Lindley & B. Tomkins, A. A. Balkema Publishers, Rotterdam & Brookfield (1999) 473
34) L. M. Keer, M. D. Bryant & G. K. Haritos : Trans. ASME, J. Lub. Tech., **104** (1982) 347.
35) L. M. Keer & M. D. Bryant : Trans. ASME, J. Lub. Tech., **105** (1983) 198.
36) 兼田楨宏・村上敬宜・八塚裕彦：潤滑，**30**, 10 (1985) 739.
37) A. F. Bower : Trans. ASME, J. Trib., **110** (1988) 704.
38) K. Ichimaru, T. Morita, Y. Murakami & C. Sakae : Proc. Int. Trib. Conf., Yokohama 1995 (1996) 1339.
39) A. P. Voskamp : Trans. ASME, J. Trib., **107** (1985) 359.
40) K. L. Johnson : Proc. U. S. Nat. Congr. Appl. Mech. (1963) 971.
41) J. E. Merwin & K. L. Johnson : Proc. IMechE., **177** (1963) 676.
42) A. F. Bower & K. L. Johnson : J. Mech. Phys. Solids, **37** (1989) 471.
43) G. B. Warren : Trans. ASME, **66** (1944) 306.
44) 滝 晨彦：日本機械学会論文集（C編），**47**, 416 (1981) 493.
45) P. H. Dawson : Proc. I. Mech. E., **180**, Pt 3B (1965-66) 95.
46) D. Dowson : Proc. I. Mech. E., **182**, Pt 3A (1967-68) 151.
47) 滝 晨彦：日本機械学会論文集（C編），**52**, 474 (1986) 542.
48) J. O. Almen : Autom. Ind., 73 (1935) 662.
49) 重浦淳一・久保愛三・野中鉄也・古田俊久・関ється康祐：日本機械学会論文集（C編），**61**, 582 (1995) 354.
50) 石橋 彰・中田成忠：潤滑，**13**, 11 (1968) 611.
51) JGMA 405-01 円筒ウォームギヤの強さ計算式 (1978).
52) BS 721 Worm gearing (1963).
53) AGMA 440.04 Single and Double-reduction Cylidrical -worm and Helical-worm Speed reducers (1971).
54) 中田 孝・松山多賀一・和栗 明：歯車便覧，日刊工業新聞社.
55) H. M. Martin : Engineering, **102** (1916) 119.
56) D. Dowson : Proc. IMechE, **182**, Pt 3A (1967-68) 151.
57) H. Moes : Proc. IMechE, **180**, Pt 3B (1965-66) 244.
58) K. L. Johnson : J. Mech. Eng. Sci., **12**, 1 (1970) 9.
59) K. L. Wang & H. S. Cheng : Trans. ASME, J. Mech. Design, **103**, 1 (1981) 177, 188.
60) P. H. Dawson : Proc. IMechE., **180**, Pt 3B (1965-66) 95.
61) T. E. Tallian : ASLE Trans., **10**, 4 (1967) 418.
62) 市丸和徳・木下和久：日本機械学会論文集C編，**48**, 435 (1982) 1815.
63) 近畿歯車懇話会編：歯車の精度と性能，大河出版 (1980) 167.
64) 日本機械学会：RC-58 高性能低騒音歯車装置に関する調査研究分科会研究成果報告書 (1983) 416.
65) 有浦泰常・上野 拓：潤滑，**20**, 3 (1975) 43.
66) G. ニーマン（成瀬長太郎訳）：機械要素 動力伝達編，養賢堂 (1974) 65.
67) N. E. Anderson and S. H. Loewenthal : ASME. J. Mech. Design, **103**, 1 (1981) 151.
68) Shell International Petroleum Co. Ltd. : The Lubrication of Industrial Gears (1964) 54.
69) 文献 63) の 168 ページ.
70) 文献 68) の 55 ページ.
71) 文献 63) の 169 ページ.
72) 矢田恒二：日本機械学会論文集，**38**, 313 (1972) 2396.
73) 及川秋夫：日本機械学会誌，**99**, 927 (1996-2) 128.
74) Maag Gear Handbook (1953) 166.
75) M. Akazawa, T. Tejima & T. Narita : ASME **80-C2/ DET**, 4 (1980) 1.
76) E. Gunter : World Congress on Gearing, Paris (1977) 1115.

77) 日本潤滑学会編：改訂版潤滑ハンドブック，養賢堂(1987) 835.
78) 久保愛三・山田耕作・会田俊夫・佐藤 進：日本機械学会論文集，**39**, 319 (1973) 1043.

4.2 運動ねじ，ウォーム-ラック

4.2.1 すべりねじ

(1) 動圧ねじ

おねじとめねじのねじ面間のすべりによって動力を伝達するすべり送りねじは，単純な機構から高精度な機構まで古くから広く用いられている．良好な動作条件の下では潤滑剤の動圧効果によるスラスト負荷の支持が期待できるが，ねじの接触面はすべり方向に展開すると極めて細長い面となるために潤滑上は不利であり，また送りねじは機能的に常に正逆転を繰り返すことになるため，ねじ軸とナットの直接接触は避けられない．すべり送りねじの使用目的には，大軸力を発生することを主目的とする場合（ジャッキや引張試験機等）と，精密な位置決めを目的とする場合（工作機械の親ねじ等）があり，従来は比較的低速で使用されていた．しかし最近では半導体露光装置等の超精密位置決め機構の送り要素としても用いられており，ねじ軸をサーボモータに直結して $1\,000\,\text{min}^{-1}$ 以上の高速で回転させる事例も増えている[1]．また精密位置決め用では，起動・停止時のスティッキング特性が位置決め制御系の外乱要素として重要となっている[2]．

すべり送りねじのねじ山形としてJISではB 0216 "メートル台形ねじ"を定めている．台形ねじの幾何学的な関係を図4.2.1に示す．おねじとめねじの接触面の呼び形状は，おねじ外径 d とめねじ内径 D_1，ねじのピッチ（またはリード）P およびねじ山の半角 $α$ により幾何学的に決定される．一般にリード角 $β$, 有効径 d_p のねじでは，軸荷重 F に対する駆動トルク T は次式で与えられる[3]．

$$T = \frac{d_p}{2} F \tan(β \pm ρ)$$

$$ρ = \tan^{-1}\frac{μ}{\cos α'}$$
(4.2.1)

（複号は，軸荷重に逆らって移動する場合が正，逆の場合が負）

ここで $α'$ はねじ山直角断面で見たねじ山の半角，$μ$ はねじ面間の摩擦係数である．またねじ面間の平均接触面圧 p_0 は，ナットのねじ山数を m とすると

$$p_0 = \frac{4F}{π m (d^2 - D_1^2)}$$
(4.2.2)

で近似的に与えられる．式(4.2.1)では，$α$ が小さいほど $ρ$ が小さくなり動力伝達効率は高くなる．したがって理論的には角ねじ ($α=0$) の方が台形ねじ ($α=15°$) よりも効率上有利となるが，実際にはその差はほとんど期待できず[4]，工作上の精度管理が容易な台形ねじが一般的に用いられる．

ねじ軸は機械構造用炭素鋼の調質材を旋削によって工作する場合が多いが，精度や耐久性が要求される場合は肌焼鋼に浸炭焼入れや高周波焼入れを施してねじ研削し，さらに高い精度を要求する場合はラッピングによりねじ面を仕上げる．一方ナットの材質は青銅鋳物やリン青銅等の銅系合金が伝統的に用

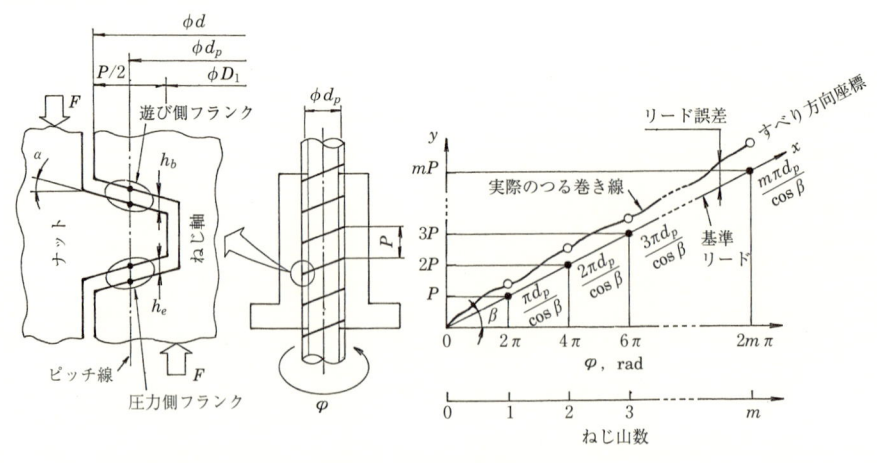

図 4.2.1 台形ねじの幾何学

いられ，小型で軽負荷の用途ではプラスチック製のナットも見られる．ナットのめねじ部は旋削やタッピングにより工作するが，ねじ軸とのはめあいを精密に調整する場合にはめねじのラッピングを行なう．以上のように工作された実際のねじは呼び形状に対して複雑な誤差をもつ．精密な用途のねじ軸ではリード精度が重視されるのに対して，ナットのリード誤差は測定手段が乏しいこともあって一般にはほとんど重視されない．しかしめねじのリード誤差はねじ面間のすべり方向の油膜形状を決定するので，潤滑上は極めて重要である[5]．また遊び側フランクにはバックラッシに相当する軸方向すきまが存在し，すきまの大きさは潤滑剤の粘性摩擦を支配することになる[6]．

潤滑剤には一般のしゅう動面用の潤滑油やグリースが用いられ，過酷な条件では二硫化モリブデンも用いられる．送りねじの摩擦係数の概略値は，ハム (C. W. Ham) らの実験[7]で得られた $\mu=0.1\sim0.15$ という値が従来より知られているが，この実験は $100\ \mathrm{min}^{-1}$ 以下の低速で行なわれており，流体潤滑状態は確認していない．その後，すべり送りねじにおいても流体潤滑が可能であることが実験的に確かめられた[8]．鉱油を用いた場合の台形ねじの摩擦特性の一例を図4.2.2に示す[9]．すべり軸受と同様に摩擦係数 μ は軸受定数 $\eta N/p_0$（η：潤滑油の粘性係数，N：ねじ軸の回転速度，p_0：平均接触面圧）に対してストライベック曲線を描いており，μ の極小点付近から油膜が形成されて分離度が1に近づき流体潤滑状態となる．また図中の最小摩擦係数 $\mu_{\min}$ を表わす直線は，おねじとめねじのねじ山が，はめあいすきまの中立点にある状態（図4.2.1で $h_e=h_b$ の状態）の粘性摩擦を意味し，ジャーナル軸受におけるペトロフの式に相当する次式で表わされる[9]．

$$\mu_{\min} = \frac{2\pi d_p}{c_x \cos\alpha} \cdot \frac{\eta N}{p_0} \qquad (4.2.3)$$

ここで $c_x=(h_e+h_b)/2$ で，おねじとめねじのはめあいすきまの大きさを示す．ねじの場合は流体潤滑状態であっても μ は 0.1 程度かそれ以上であり，動圧軸受よりも 1～2 桁高い．したがって適正なはめあいすきまと潤滑油粘度の選定が重要である．

工作誤差をもたないねじの接触は平行な2面の接触であり，流体動圧を発生する要因は本来は備えていない．しかし実際のねじには工作上の誤差が残留しており，特に上述しためねじの周期的なリード誤差（よろめき誤差）やなじみ過程で形成されるすきまが流体動圧発生に寄与していると考えられている[5,10～12]．また動圧効果を促進するために，ナットを分割する方法やめねじに故意に周期的なリード誤差を与える方法も提案されている[13,14]．

なお低速・重負荷の送りねじでは焼付き限界の pV 値に基づく許容面圧が概略的な目安として用いられている．表4.2.1に許容面圧の一例を示す[15,16]．p_0 を減らすためには，式(4.2.2)でねじ径を大きくするか，ナットのねじ山数（ナットの長さ）を増やせばよいが，ナットの長さはねじ径の1～1.5倍程度が適切であり，面圧を許容値以下にするためにはね

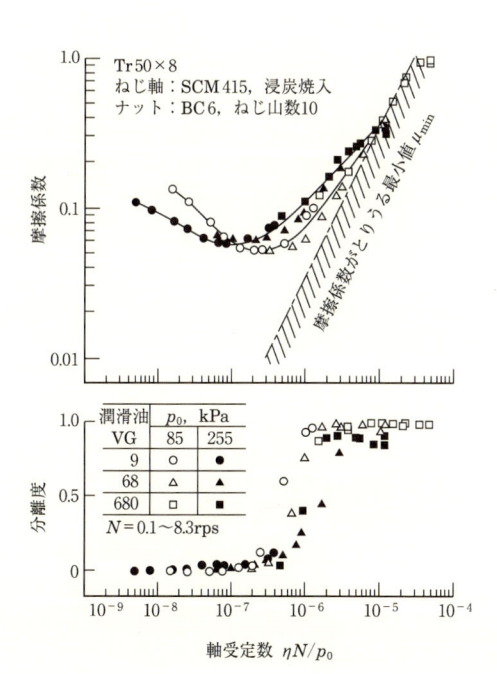

図4.2.2 台形送りねじの摩擦特性の一例
〔出典：文献9)〕

表4.2.1 すべり送りねじの許容面圧

ねじ	ナット	許容面圧, MPa	速度範囲, m/min
鋼	青　銅	17～24	低　速
		11～17	3.0以下
	鋳　鉄	12～17	2.4以下
	青　銅	5.5～9.7	6～12
	鋳　鉄	4.1～6.9	6～12
	青　銅	1.0～1.7	15以上

じ径を大きくするのが推奨される．またすべり送りねじの実用的な耐久性は摩耗によって制限されることになるが，無添加鉱油潤滑下でねじ軸（S 45 C）とナット（リン青銅 PBC 2）を使用した場合の比摩耗量は，初期摩耗域で $10^{-9} \sim 10^{-8}$ mm²/N，定常摩耗域で $10^{-10} \sim 10^{-9}$ mm²/N という実験結果が示されている[17,18]．

（2）静圧ねじ

ねじ軸とナット間に強制的に圧力を供給し静圧原理によって負荷を支持するものである．めねじのねじ溝に対して油路や絞りおよびリセスを設けるために極めて複雑な工作が要求され，リードも比較的大きなものしか製作できないが，摩擦の影響はほとんど除くことができるため，ナノメートルレベルの超精密な位置決め性能をもっている．油圧方式と空気圧方式の両方が試作・開発されており[19,20]，超精密工作機械や半導体露光装置に応用されている．

図 4.2.3 は，油圧方式の一例で[21]，作動油は外周部の供給溝からはめあい面に設けた微小な段差を利用した面絞りを通り，フランク面に設けられたポケットに流れ込む構造となっている．このポケットはらせん状の 1 本の連続溝となっており，ラジアル剛性は実質的に 0 となり，組立誤差等によるミスアライメントの影響を除去できる．この送りねじと油静圧案内とを組み合わせた位置決めシステムは 0.2 nm の位置決め分解能を達成している．

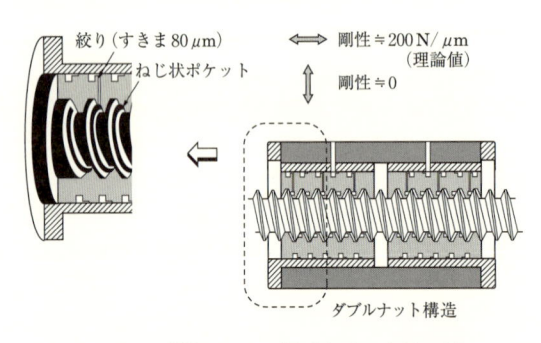

図 4.2.3 油静圧ねじの例〔出典：文献 21)〕

図 4.2.4 は空気圧方式の一例で[22]，ねじ軸はアルミナセラミックス製とし，ナットのねじ山部を多孔質セラミックスとすることで多孔質絞りを形成し，170 N/μm の軸方向剛性を達成している．また空気静圧案内との組合せにより 1 nm レベルの位置決め分解能を実現している．

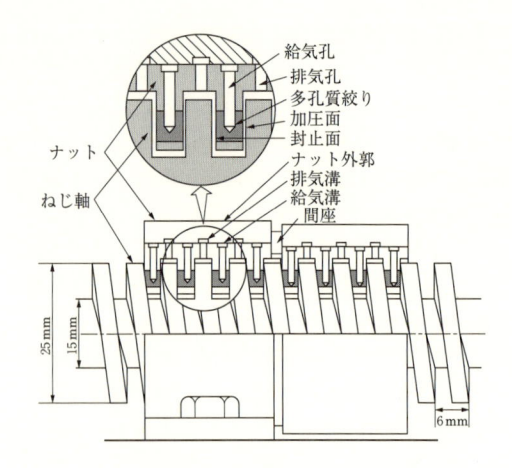

図 4.2.4 空気静圧ねじの例〔出典：文献 22)〕

4.2.2 転がりねじ
（1）ボールねじ

ゴシックアーチ状もしくは半円弧状のねじ溝をもつねじ軸とナットの間に多数の玉を介在させ，ねじ軸とナットの間で転がり接触を実現した送り運動用ねじである．一般のすべりねじと比較して機械効率が格段に優れており，NC 工作機械をはじめ，半導体関連装置，産業用ロボット，各種産業用機械，自動車用ステアリング装置等の直動送り機構として幅広く使用されている．ボールねじ構造の特徴として，ナット端部から排出される玉を反対側の端部まで戻すための玉循環機構が必須となる．玉循環機構としては，チューブ式（図 4.2.5 参照），こま式，エンドキャップ式が採用されている．わが国ではチューブ式が最も一般的に用いられており，応範囲の寸法のものに採用されている．こま式は小リードボールねじに適しており，ナット径をコンパクト化すること

① 玉，② ねじ軸，③ ナット，④ チューブ

図 4.2.5 ボールねじの構造〔出典：文献 28)〕

ができる．また，ナットを回転させて使用する際の回転質量バランスにも優れている．エンドキャップ式は大リード多条ねじに適している．

ボールねじのねじ溝の仕上げ方法としては，研削，転造，切削の3通りあり，研削仕上げが一般的である．転造仕上げでは，精度の向上に限界があるがコスト面でのメリットは大きい．切削仕上げはねじ軸径が100 mmを越える大径ボールねじに限定される．

ボールねじのねじ溝表面硬度としてはHRC 58～62が要求される．一般に，SCM 420 H等の浸炭鋼が採用され，浸炭焼入れが行なわれるが，ねじ軸に限り，AISI 4150 Hに誘導加熱焼入れが施される場合が多い．耐食性の要求される用途に対しては，SUS 440 C, SUS 630が，また特殊用途に対してはセラミックスが用いられる．

ボールねじ用の潤滑剤としては，速度と荷重に応じて32～100 cSt (mm²/s)の潤滑油が用いられる．グリース潤滑では，Liセッケン基NLGI♯2～3程度のものが用いられる．ボールねじのねじ軸はナットに対して長いため，外部より異物の混入する機会が多い．このためナット端部に種々のシール，ワイパが用いられるが，ねじ軸の形状が複雑なために，転がり軸受用シールのような防塵効果は期待できない[23]．外部よりの異物の混入を確実に予防するには，蛇腹やテレスコピックパイプ等によりねじ軸を全長にわたり遮蔽する方法が効果的である．

機械の高速化を背景として，ボールねじの高速駆動化が図られている．許容回転数を玉中心円径d_m (mm)と回転速度n (min⁻¹)の積として表わすと，$d_m \cdot n = 15$万が目安となるが[24]，長尺ねじ軸では危険速度に対する考慮が必要となる．回転数を抑えたままナットの移動速度を増大する目的から，ボールねじの大リード化が図られており，ねじ軸外径の3倍のリードをもつボールねじでは，送り速度3 m/sが達成されている．玉間摩擦の軽減策として，負荷を受ける玉間にわずかに直径の小さいボール（スペーサボール）を挿入する方法が効果的であるとされている[25]．

ボールねじの玉とねじ溝との接触状態はアンギュラ玉軸受と類似しているが，転がり軸受と比較して，玉保持器をもたない，玉循環機構を有する，ねじ溝のねじれに起因するボールねじ固有の玉すべり[26]が発生する等の相違点がある．これらの要因による損失を含めた全ての損失をねじ溝面の摩擦係数に置き換えると，転がり軸受よりいくぶん大きくなり，$\mu = 0.003 \sim 0.005$となる．

F_aなる軸方向荷重とこれに逆らってボールねじを駆動（正作動と呼ぶ）させるのに必要なトルクTの関係，あるいはTなる負荷トルクとこれに逆らってボールねじを直動（逆作動と呼ぶ）させるのに必要な軸方向荷重F_aとの関係は次式で与えられる[25]．

$$T = F_a \frac{d_m}{2} \cdot \frac{\tan \gamma_m \pm \tan \rho}{1 \mp \tan \gamma_m \tan \rho} \quad (4.2.4)$$

ただし，$\tan \rho = \mu / \sin \alpha$ (4.2.5)

$\tan \gamma_m = l/(\pi d_m)$ (4.2.6)

ここで，d_m：玉中心円径，γ_m：リード角，μ：摩擦係数，α：接触角，l：リードであり，ゴシックアーチ溝の場合，通常$\alpha = 45°$にとられる．また，上下の符号はそれぞれ正作動および逆作動を表わす．

バックラッシを除去したり，剛性を増大する目的から予圧を付与することができる．予圧付与の方法としては，対向させた2個のナットを互いにねじ込んで行なう定位置予圧と2個のナット間に皿ばね等を挿入して行なう定圧予圧が一般的である．また，ねじ溝空間よりわずかに大きめの玉を組み込む方法も採用される．この方法ではナット長さを短縮でき，コストを低減できる反面，差動すべりによる摩擦が顕著となって摩擦トルクが増大する欠点がある[28]．

ボールねじ内の玉とねじ溝との接触弾性変形量δは次式のように表わせる．

$$\delta = cQ^{2/3} \quad (4.2.7)$$

ただし，

$$c = c_i + c_o \quad (4.2.8)$$

ここで，c_i, c_o：それぞれねじ軸およびナットのねじ溝と玉との接触に関するヘルツ定数，Q：玉荷重．したがって，F_aなるスラスト荷重を受けているボールねじの軸方向変位量δ_aは次式のように表わせる[29]．

$$\delta_a = \frac{c_i + c_o}{\sin \alpha \cos \gamma_m} \left(\frac{F_a}{z \cdot \sin \alpha \cdot \cos \gamma_m} \right)^{2/3} \quad (4.2.9)$$

ただし，

$$z = \pi \nu \xi d_m / (D_a \cos \gamma_m) \quad (4.2.10)$$

ここで，z：有効負荷玉数，ν：有効巻数，ξ：列数，D_a：玉径

ボールねじの耐久性を検討する際は，摩耗寿命と

疲れ寿命を考慮しておく必要がある．ボールねじの場合，正常な潤滑状態下で生じる摩耗は実用上ほとんど問題のない程度であるが，潤滑不良や異物の混入によっては，疲れ寿命に到達する以前に摩耗が促進され，予圧抜けや振動騒音の増大をもたらす．

ボールねじの転がり疲れ寿命には固有の特性が認められるが[30~33]，寿命計算には転がり軸受に対する計算式の流用が実用的である．すなわち

$$L = (C/F_a)^3 \qquad (4.2.11)$$

ここで，L：90％定格寿命，C：基本動定格荷重であり，Cの値はメーカーのカタログ等に記載されている．

ボールねじに関する規格は，ISO 3408-Pt. 1, 2, 3をもとに作成されたJIS B 1192(1997)に定められており，ISOに規定されていない項目（材料，検査および表示）も追加されている．

（2）ローラねじ

ローラねじには，三角ねじ溝をもつねじ軸およびナットの間にねじ状ローラを介在させた遊星式と，蛇腹形（算盤玉状）ローラを介在させた循環式がある[35]．ボールねじと比較して，負荷容量，剛性，耐衝撃性に優れるうえ，外部からの異物混入に対しても強い反面，機械効率が劣る．循環式の場合，リードを小さく設定することができ，高負荷容量，高剛性を維持したまま送り分解能を向上できる．

遊星式（図4.2.6）は，ねじ状ローラのピッチとナットのピッチが一致しており，しかもローラ軸端の歯車とナット端部に設けた内歯車がかみ合うために，ローラは遊星歯車のように公転運動する．循環式では，ケージ内に収められたローラが蛇腹形であるために，軸方向への移動が起こるが，ナットのねじ山に設けた逃げ溝と，ナット端部に設けたカムの働きによってローラの循環運動が実現される．

図4.2.6　ローラねじの構造（遊星式）〔出典：文献35〕

転がりねじの一種として，ねじ軸と転がり軸受の内輪との転がり接触を利用したもの[36]，丸軸に対して軸心を傾けた転がり軸受の外輪との摩擦駆動を利用したもの[37]がある．剛性，許容荷重等の点で性能は劣るが，静寂性に優れる等の利点がある．

文　献

1) 大塚二郎：機械の研究，**44**, 7 (1992) 743.
2) 大塚二郎・深田茂生・青木芳人・川瀬佳洋：日本機械学会論文集（C編），**57**, 542 (1991) 3293.
3) 山本　晃：ねじ締結の原理と設計，養賢堂 (1995) 30.
4) 坂本正史：潤滑，**21**, 5 (1976) 343.
5) 中島克洋・坂本正史：日本機械学会論文集（C編），**47**, 417 (1981) 612.
6) 中島克洋：潤滑，**26**, 2 (1981) 112.
7) C. W. Ham & D. G. Ryan：Univ. Illinois Bull. (Engineering Experiment Station), No. 247 (1932).
8) 中島克洋・坂本正史：日本機械学会論文集（第3部），**44**, 380 (1978) 1384.
9) 深田茂生・大塚二郎・泉原　彰・谷川久幸：トライボロジスト，**36**, 12 (1991) 990.
10) 深田茂生・大塚二郎・泉原　彰：トライボロジスト，**38**, 6 (1993) 545.
11) 深田茂生：日本機械学会論文集(C偏)，**64**, 623, (1998) 2674.
12) 深田茂生・大塚二郎：日本機械学会論文集(C偏)，**64**, 623, (1998) 2674.
13) 坂本正史・中島克洋・中村　平：日本機械学会論文集（第3部），**42**, 364 (1976) 4017.
14) 中島克洋・坂本正史・山下輝明：日本機械学会論文集（C編），**48**, 431 (1982) 1077.
15) 深田茂生：ねじ研究協会誌，**23**, 7 (1992) 211.
16) H. A. Rothbart：Mechanical Design and Systems Handbook (Section 26, "Power Screws"), McGraw-Hill (1964) Sec. 26-8.
17) 深田茂生・大塚二郎：精密工学会誌，**52**, 1 (1986) 181.
18) 深田茂生・大塚二郎：精密工学会誌，**54**, 9 (1988) 1740.
19) 局又太郎：油圧と空気圧，**14**, 7 (1983) 465.
20) 里見忠篤・山本　晃：精密機械，**51**, 10 (1985) 1915.
21) 水本　洋・藪谷　誠・清水龍人・上　芳啓：精密工学会誌，**62**, 3 (1996) 458.
22) 石原　直：精密工学会誌，**61**, 3 (1995) 339.
23) 井沢　実・下田博一・松田和也：日本機械学会論文集，**53**, 491 (1987) 1477.
24) 山口利明：精密工学会誌，**61**, 3 (1995) 333.
25) 平田二郎・柏木季雄・二宮瑞穂：NSK Bearing Journal, No. 634 (1973) 1.
26) 村瀬善三郎：精密機械，**29**, 8 (1963) 563.
27) 下田博一：設計工学，**28**, 12 (1993) 513.
28) 下田博一：トライボロジスト，**38**, 7 (1993) 656.
29) 下田博一：設計工学，**28**, 4 (1993) 143.
30) 下田博一・井沢　實：精密工学会誌，**52**, 2 (1986) 326.
31) 下田博一・井沢　實：精密工学会誌，**52**, 8 (1986) 1431.
32) 下田博一・井沢　實：精密工学会誌，**53**, 1 (1987) 59.
33) 下田博一・井沢　實：精密工学会誌，**53**, 8 (1987) 1195.

34) 下田博一：トライボロジスト, **39**, 3 (1994) 263.
35) (株)ツバキ・ナカシマ：精密ローラねじカタログ.
36) 産栄産業(株)：スイス・ヒドレル社ボールリングスクリュードライブカタログ.
37) 三木プーリ(株)：米国・ゼロマックス社ローリックスカタログ.
38) 日本精工(株)：ボールねじカタログ.

4.3 カ ム

4.3.1 種 類

カムとは「従動リンクに所要の周期的運動を与えるのに必要な，適当な輪郭曲線をもつ機械要素」[1]であり，比較的簡素な装置で複雑な運動を正確に得られるという利点を有しているため，多方面で活用されている．形式としてはその輪郭曲線が一つの平面上にある直動平面カム（図4.3.1）[2]，回転平面カムなどと，輪郭曲線が立体的に存在する円筒カム（図4.3.2）[3]，端面カム（図4.3.3）[3]および斜板カムなどがある．

次に実際の適用例を示す．最も身近な例として自動車用エンジンのシリンダ内の吸排気を行なうバルブを駆動する動弁機構の例を図4.3.4[4]および図4.3.5[5]に示す．空気または混合気の導入時に作動す

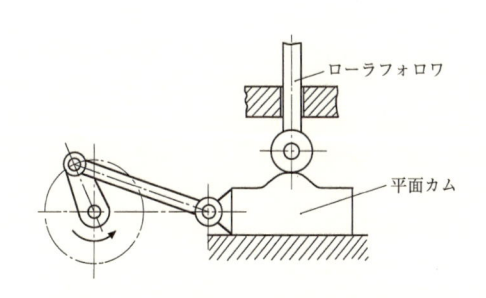

図4.3.1 直動平面カム〔出典：文献2)〕

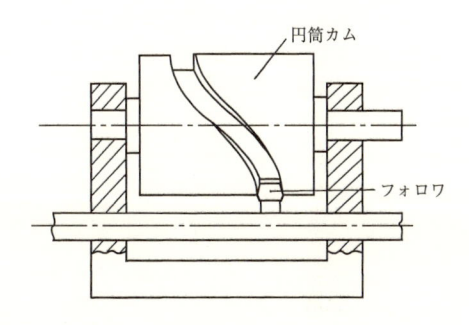

図4.3.2 円筒カム〔出典：文献3)〕

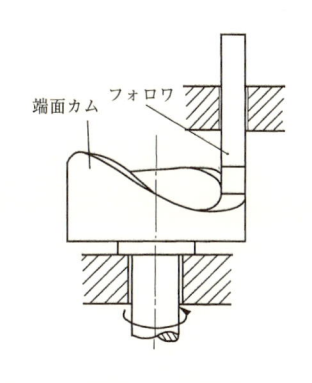

図4.3.3 端面カム〔出典：文献3)〕

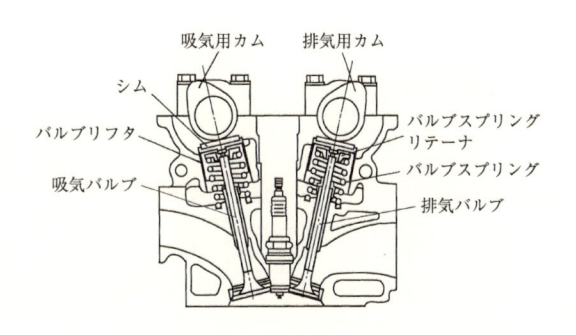

図4.3.4 直接駆動方式の動弁機構〔出典：文献4)〕

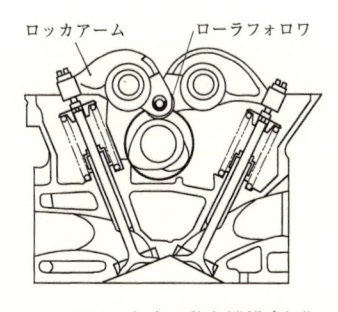

図4.3.5 ロッカアーム方式の動弁機構〔出典：文献5)〕

る吸気バルブと，燃焼ガスの排出時に作動する排気バルブは通常バルブスプリングにより閉状態を保持しており，クランクシャフトに伴って回転するカムシャフトに設けられた回転平面カムによって所定のタイミングで作動するように設定されている．なお，図4.3.4のようにカムがバルブリフタを介してバルブを駆動する方式を直接駆動方式といい，図4.3.5のようにカムとバルブの間にロッカアームが介在する方式をロッカアーム方式という．この例では，ロッカアームとカムが接するフォロワ部を転がり軸受

図 4.3.6 工作機械のワーク固定テーブル〔出典：文献 7)〕

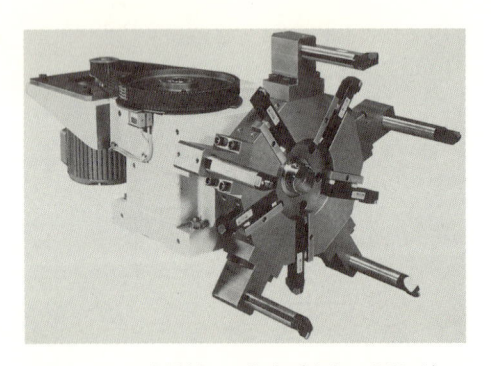

図 4.3.7 工作機械の刃物台〔出典：文献 8)〕

図 4.3.8 鼓形リブカムとローラフォロワ〔出典：文献 9)〕

で支持されたローラにすることにより，ここで発生する摩擦損失をすべり接触に対して 1/3～1/5 に低減[6]している．

次に，工作機械においてワークを固定するテーブル（図 4.3.6）[7]の角度割出しおよび複数の工具を装着できる刃物台（4.3.7）[8]の切換え機構として使用されているカム-フォロワを図 4.3.8[9]に示す．サーボモータにより鼓形リブカム（ローラギヤカム）が回転すると，ターレットに配置されたローラを用いたフォロワがリブのプロファイルに従って送られ，同心軸上の出力軸が回転するようになっている．カムのリブを台形形状とし，フォロワをリブに押し付けるように配置してバックラッシのない円滑な回転を保証し，正確で迅速なワークの角度割出しおよび工具の交換を可能としている．

4.3.2 カムのトライボ設計

カムを用いた装置では，接触部は一般的に円筒と円筒または円筒と平面の線接触となるため，異常摩耗や焼付きが発生しないよう形状（作動プロフィール）と面圧，材料組合せおよび潤滑方法などを十分に考慮する必要がある．ここでは自動車用エンジンに用いられているカムについて主要な設計要件を述べる．カムの接触部の潤滑状態はジョンソンチャート（1.3.4 参照）上ではほぼ弾性-粘度変化領域にあり[10]，油膜厚さなどの解析にはヘルツ応力による接触部の弾性変形や高圧部の粘度増加も考慮したEHL 理論が必要となる．設計する装置の諸元と最小油膜厚さの関係を把握する代表的な式として，ダウソン・ヒギンソンの膜厚計算式（1.3.4 参照）がある．図 4.3.4 に示した自動車用エンジンの動弁機構では，接触幅は 0.05 mm 前後，面圧は最大 700 MPa程度となり，最小油膜厚さが 0.1 μm 以下となる状態が発生している．

そのため，表 4.3.1[11]に示すようにカムの材質としてチル硬化した鋳鉄，浸炭焼入れした鋼やハードナブル鋳鉄および焼結合金などを用い，これに対応した耐摩耗性および耐焼付き性に優れたフォロワ材質との組合せが用いられている．また図 4.3.9[12]に示すように，カムとフォロワの表面粗さを小さくすることによりこの間の摩擦係数を低減することができることから，カムに超仕上げを施しているエンジンがある[13]．さらに，カムの加工粗さは通常レベルとしながら，リフタシム側に表面処理を施すことによりなじみを促進してカムの表面粗さを低減する改良がなされている．これは図 4.3.10[14]に示すように，シム表面にアークイオンプレーティングで窒化チタンコートを行ない，この際にシム表面に発生したチタン微粒子を核として表面が窒化チタンで覆われた

第4章 伝動要素

表 4.3.1 カム, フォロワ材料組合せ 〔出典：文献 11)〕

フォロワ材料 \ カム材料	浸炭, 高周波焼入れ鋼 (低合金鋼)	チルド鋳鉄 (低合金鋳鉄)	再溶融チルド鋳鉄 (低合金鋳鉄)	焼入鋳鉄 (低合金鋳鉄)	鉄基焼結材 (高クロム合金)
浸炭焼入鋼 (低合金鋼)	可能性・あり	ガソリン, ディーゼル用(D)*(欧州, 日本汎用)	ガソリン用 (D)	可能性・あり	可能性・あり
軸受鋼：ローラ式フォロワ (SUJ 2)	ガソリン用 (V)	ガソリン用 (S) ディーゼル用(R)	なし	ガソリン用 (S)	ガソリン用 (R) ディーゼル用(V)
チルド鋳鉄 (低合金鋳鉄)	ディーゼル用 (V)	ガソリン用 (S) ディーゼル用(V)	なし	可能性・あり	なし
高クロム鋳鉄 (12〜30 wt% Cr)	なし	ガソリン, ディーゼル用 (S)	ガソリン用 (S)	なし	ガソリン用 (S)
焼入鋳鉄 (低合金鋳鉄)	なし	なし	なし	ガソリン, LPG用 (V)	なし
鉄基焼結材 (高クロム合金)	なし	ガソリン, LPG用 (R)	ガソリン用 (R)	可能性・あり	可能性・あり
セラミックス, 超硬合金 (窒化ケイ素, WC-Co 合金)	ディーゼル用 (V)	ディーゼル用(S) LPG用(R)	なし	なし	なし
PVD 硬質被膜 (TiN, CrN)	なし	ガソリン用 (D)	なし	なし	なし

* エンジン動弁系型式；OHC エンジン, 直動式：D, ロッカアーム式：R, スウィングアーム式：S；OHV エンジン, プッシュロッド式：V

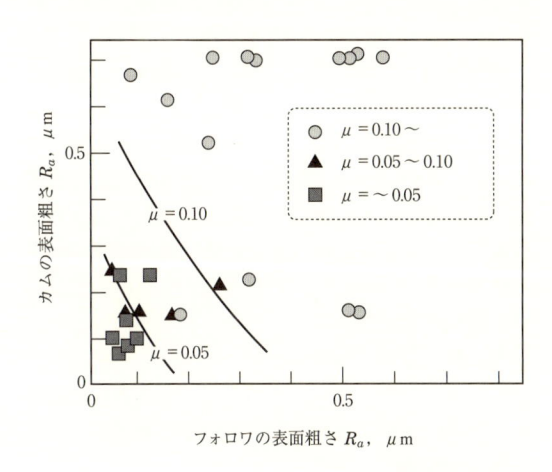

図 4.3.9 カム/フォロワの表面粗さと摩擦係数の関係 〔出典：文献 12)〕

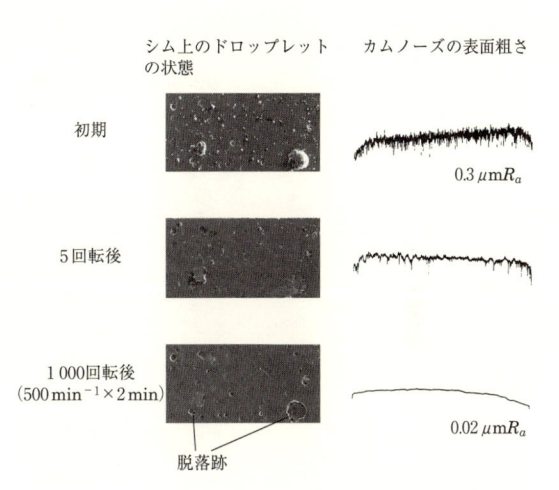

図 4.3.10 ドロップレットの状態とカムノーズ表面粗さ 〔出典：文献 14)〕

ドロップレット（数 μm の大きさ）をカム表面を磨く研磨材として利用したものである．

なお，潤滑方法はカムシャフトのジャーナル部に強制給油された油による飛沫潤滑または専用に設けられた通路からの滴下潤滑が一般的である．

また，前述した工作機械用のリブカムとローラフォロワの接触面圧は 1500 MPa 程度となっており，潤滑は本カム部がオイルバスに半浴する形式で行なわれている．

文 献

1) 日本トライボロジー学会編：トライボロジー辞典, 養賢堂 (1995) 47.
2) 木内 厖：機械設計便覧, 日刊工業新聞社 (1986) 886.
3) 木内 厖：機械設計便覧, 日刊工業新聞社 (1986) 888.
4) 新型車解説書サニー, 日産自動車株式会社 (1994) B-18.

5) 整備解説書4G9, 三菱自動車工業株式会社 (1991) 2.
6) 亀ケ谷　茂・村中重夫・又吉　豊・栗城　剛：外側エンドピボット式Y字ロッカーアーム動弁機構の開発, 自動車技術会学術講演会前刷集 901, 901024.
7) 製品案内, 株式会社三共製作所 (1997) 29.
8) 製品案内, 株式会社三共製作所 (1997) 28.
9) 製品案内, 株式会社三共製作所 (1997) 4.
10) トライボロジー学会：「集中接触トライボ要素Iの潤滑状態調査研究会」調査報告書 (1996) 63-67.
11) 加納　眞：トライボロジスト, **34**, 6 (1989) 418.
12) 加藤　亨・保田芳輝：自動車技術会学術講演会前刷集 924, 924072.
13) 藤田貴也・杉崎　聡・高橋和彦・大川尚男：自動車技術会学術講演会前刷集 943, 9433687.
14) 増田道彦・下田健二・西田幸司・丸本幾郎・氏野真人：自動車技術会学術講演会前刷集 964, 9637186.

4.4 クラッチ

4.4.1 種　類

　クラッチは，駆動軸と従動軸との間にあって動力の伝達・しゃ断をつかさどる機械要素である．クラッチには，係合・離脱過程における衝撃力の緩和などの性能が要求される場合がある．クラッチの種類は，アクチュエーションのもとになる力の作動方式，トルク伝達・係合原理および構造の各項目を組み合わせて体系化して分類することができる（図4.4.1[1]）．歯形等による機械的かみあいを主原理と

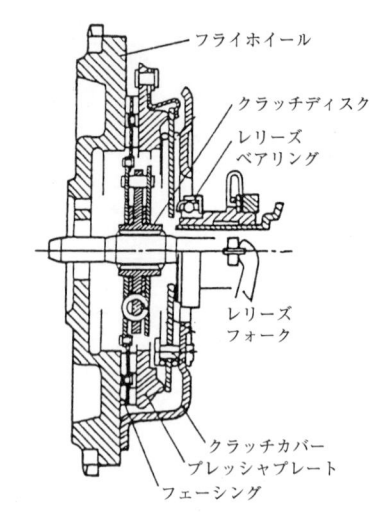

図4.4.2　摩耗クラッチの典型例（乾式単板クラッチ）

するかみあいクラッチ等に関してもトライボロジーが重要な役割を果たすが，本書では，トライボロジーに関する現象がクラッチの性能を直接支配する摩擦クラッチに限定して記述する．
　自動車の手動変速機に付帯して設置される乾式クラッチは，摩擦クラッチの典型的な例である（図4.4.2）．摩擦クラッチでは，摩擦面におけるすべりにより，駆動軸および従動軸の一方または双方が回転している状態でも動力を断続することができる．伝達トルク容量を大きくするには，摩擦板を複数重ねて多板式クラッチとする．また近年，押付け力を，機械式，油圧，空圧によらないで操作性に優れた電磁力（磁気力の吸引力）により与える電磁クラッチの使用が多くみられる．また，電磁力と金属粉末の作用により伝達トルクを発生する電磁パウダ式クラッチもある．
　遠心クラッチや図4.4.3に示す一方向クラッチ（ワンウェイクラッチ）[2,3]は，接触部における相対運動の態様の変化や幾何学的形状の相対的変化によって生じる内部作動力に依存してトルクを伝達するものである．後者のトライボロジー特性は転がり要素と類似する．
　自動車用自動変速機には，湿式クラッチが重要な役割を果たしている．変速原理は遊星歯車の回転要素間の減速・反転機構と摩擦要素の組合せによる．すなわち，遊星歯車の三つの回転要素のうちの一つを停止（拘束）させ，残りの二つの要素間の回転関

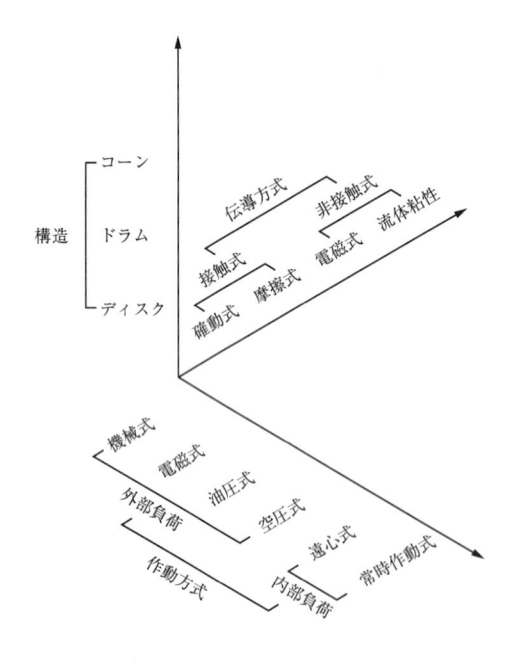

図4.4.1　クラッチの体系的分類法〔出典：文献1)〕

第4章 伝動要素

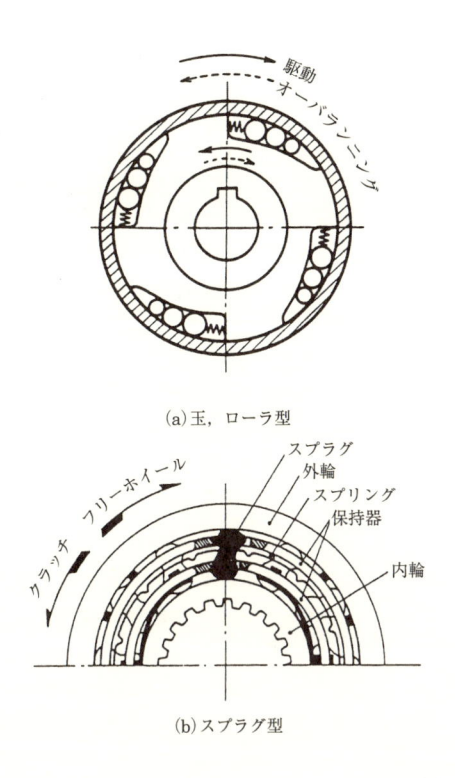

図4.4.3 一方向クラッチ（ワンウェイクラッチ）
〔出典：文献2, 3）〕

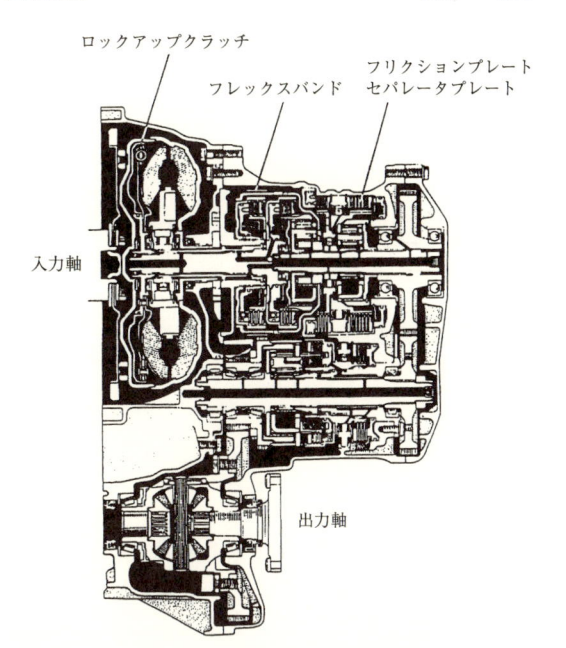

(a) 玉，ローラ型
(b) スプラグ型

図4.4.4 4速自動変速機の構造例

係により実現できる2段の減速比および1段の反転機構，三つの要素を固着させる1：1の等速関係を利用して行なう．その構造図の一例を図4.4.4に示す．回転要素の停止，解放は潤滑条件下における摩擦板の接触，分離により操作する．その押付け力の負荷，除荷は油圧により行なう．ここに用いられる動力の伝達，しゃ断を行なう要素が湿式クラッチである．潤滑油を用いる理由は，頻繁に係合・離脱が繰り返されることと，過渡状態におけるフィーリングを良好に保つことによる．クラッチにはディスクの回転軸に垂直な2面を摩擦面とするタイプと，円筒状の外周を摩擦面とするバンドタイプが用いられる．潤滑条件下で用いられるので，伝達可能なトルクは乾式摩擦板に比べて1/3程度と小さく，許容される外径が装備上の制約から制限されるので，ディスクの端面を利用するタイプでは多板クラッチとして使用する．近年，燃費向上の目的から，自動変速機と原動機を結ぶトルクコンバータ（流体継手）内に流体のかくはん抵抗によるエネルギー損失を低減するために，巡航走行時に摩擦板を介してトルクを伝達するロックアップクラッチが採用されるようになったが，これも湿式クラッチの一種である（図4.4.4参照）．

4.4.2 クラッチのトライボ設計
（1）摩擦クラッチのトライボロジー

クラッチの動力伝達容量，係合時間および摩擦に起因して発生する自励振動（シャダー）は，摩擦材の摩擦特性に直接支配される．静止摩擦係数 μ_s および動摩擦係数 μ_d の大きさがトルク伝達容量，係合時間を決定し，両者の大小関係が自励振動の発生に大きく影響を及ぼす．すなわち，μ_s/μ_d が1より大きいと振動が発生する危険性が大きくなる．また係合，離脱過程におけるクラッチの性能には，静止状態からしゅう動状態に至るすべり出しの過程およびしゅう動状態から停止に至るすべり止まりの過程における摩擦特性が大きな影響を与える．常時すべりを与えた状態でクラッチを使用する場合があるが，この際には動摩擦のすべり速度特性が負勾配であると自励振動が生じる可能性がある．動摩擦係数の定義は，実用目的に即して図4.4.5[4,5]のように初期動摩擦係数，中期動摩擦係数，最終動摩擦係数の区別がなされている．また静止摩擦係数は，すべり出す直前の摩擦と定義しているが，この時点の摩

図 4.4.5　動摩擦の定義（慣性制動試験結果による）
〔出典：文献 4, 5)〕

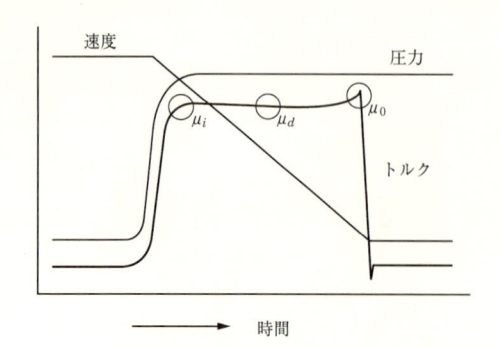

μ_i：初期動摩擦係数
μ_d：中期動摩擦係数
μ_0：最終動摩擦係数

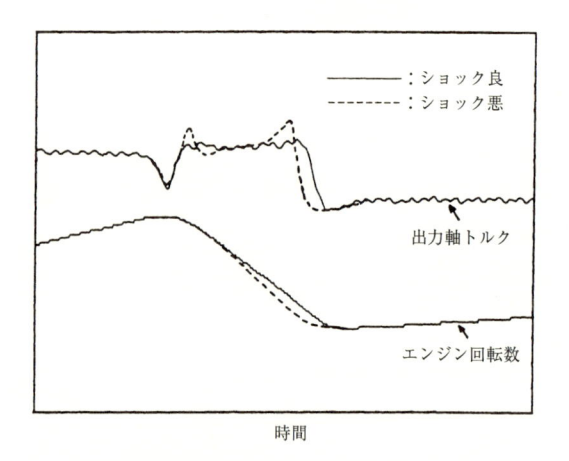

図 4.4.6　係合過程におけるトルク波形〔出典：文献 6)〕

く，所定期間にわたって十分使用に耐えられるかどうか，また，良好な摩擦特性を長期にわたって維持できるかどうかの耐久性も設計上の重要項目である．耐久性には押付け圧とすべり速度の大きさ，温度，係合・離脱過程の反復回数が主要な影響因子となる．摩擦クラッチのしゅう動部に潤滑油を用いて湿式とすることによって耐久性の向上を図り，また係合・離脱過程における摩擦振動を抑えて変速時のフィーリング等を良好にさせる（図 4.4.6[6)] 参照）．

乾式クラッチの摩擦材（クラッチフェーシングともいう）では，高摩擦係数，低摩耗率，摩擦時の低振動性が要求される．摩擦係数および摩耗率の規格を表 4.4.1[7)] に掲げる．そのトライボロジーの要求項目は摩擦ブレーキ材のそれに類似する．湿式摩擦材の摩擦発生機構は完全には解明されていない．しかし係合過程においては，しゅう動面における潤滑膜の厚さの変化が摩擦係数に大きな影響を与えているので，摩擦材の多孔性，潤滑油の浸透性などが関係する．また，しゅう動面における流体潤滑膜の形成に影響を与える因子として，くさび膜作用に関連して，接触部のマクロ形状およびミクロ形状が重要な影響因子となる．現在，湿式摩擦材の主流をなすペーパ摩擦材では，しゅう動面でいかなる潤滑膜が形成されているかが重要な研究課題になっている．摩擦係数の大きさは 0.1 から 0.18 の高い値をとり，この大きさは金属材料の場合，境界潤滑時に測定される値である．しかし，潤滑油の粘度の大きい方が一般に摩擦係数が高くなり流体潤滑の特性をも呈する[8〜10)]．さらに，4.4.2(3)で述べるように添加剤の効果も極めて顕著であることが明らかになっている．従来までの研究成果によると，係合過程では，流体潤滑膜の厚さが減少して摩擦材と相手材とが近接する際の潤滑膜の挙動が重要であり[11)]，トルク伝達の定常状態におけるしゅう動条件では，境界潤滑膜が摩擦の発生機構を支配しているとされてい

擦を特定することは必ずしも容易でないため，すべり速度の極めて小さい領域における摩擦係数をもって代用することもある．

摩擦材がしゅう動部材として損傷を受けることな

表 4.4.1　自動車用クラッチフェーシングの摩擦係数および摩耗率
〔出典：文献 7)〕

項　目	試験温度[*1]		
	100℃	150℃	200℃
摩擦係数[*2]	0.25〜0.60	0.20〜0.60	0.15〜0.60
指定された摩擦係数に対する許容差	±0.08	±0.10	±0.12
摩耗率, 10^{-7} cm^3/N・m	0.05 以下	0.70 以下	1.00 以下

[*1] 試験温度は，ディスク摩擦面の温度とする．
[*2] 摩擦係数の範囲は，許容差を含む．

る[10]．

（2）摩擦材の組成，形状および機械的性質と摩擦特性

乾式摩擦材として金属材料，レジンモールド系材料，木材，皮革，布，ゴムなどが用いられる．自動車用乾式単板クラッチの摩擦材の配合の一例を表4.4.2[12]に示す．

表4.4.2　非石綿系クラッチフェーシングの組成配合例
〔出典：文献12〕〕

	材料	重量%
基材繊維	ガラス繊維	10～40
金属細線	銅，黄銅等	0～10
結合樹脂	フェノール樹脂等	5～20
配合ゴム	SBR，NBR等	10～20
固体潤滑剤	黒鉛，MoS_2等	0～10
アブレシブ材	SiO_2，MgO等	0～2
摩擦調整剤	カシューダスト，$BaSO_4$等	0～20

湿式摩擦材としては焼結金属，コルク，セルロース系ペーパなどが用いられる．それらのトライボロジー特性を比較した例を図4.4.7[13]に掲げるが，ペーパ摩擦材の特性が総合的にみて優れていることがわかる．湿式摩擦材の組成の一例を表4.4.3[14]に示す．ペーパ系湿式摩擦材は焼結金属に比べて耐熱性

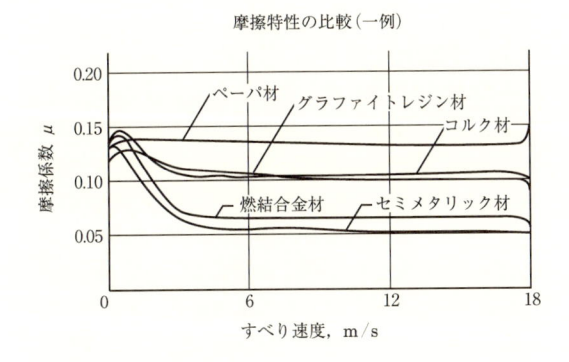

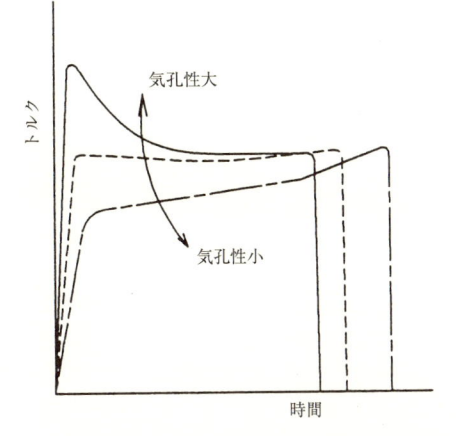

図4.4.8　摩擦特性に及ぼす多孔性の影響（SAE No.2試験機による測定）　〔出典：文献18〕〕

に劣るとされているが，芳香族ポリアミド樹脂等の耐熱性材料を構成成分に加えることによって耐熱性を向上させる試みも行なわれている．

摩擦材しゅう動面のマクロ形状やミクロ形状が潤滑膜の形成に影響を与える．しゅう動面に各種の溝形状を与えて，摩擦特性および耐久性を改善する設計も行なわれている．一般に，溝を与えることによってしゅう動部の過度の温度上昇を抑えることができること[15,16]，動摩擦係数を増大させる傾向が認められること[15~17]，摩耗粉のしゅう動面からの排出を容易にさせること[15]などが報告されているが，実用的には溝なしの摩擦板も多用されており，溝を設けることの効果は単純には評価できない．摩擦特性に及ぼす摩擦材の多孔性の影響[16~18]（図4.4.8[18]），および弾性変形性の影響の顕著であることが明らかにされている[19,20]（図4.4.9[19]）．その理由についてはまだ不明な点が多いが，接触領域の均一化による影響も明らかにされている[17]ので，流体潤滑膜および境界潤滑膜の形成過程に影響を与える結果として解釈できると見られている．

（3）湿式クラッチ用潤滑油

湿式摩擦材の摩擦特性には摩擦材と潤滑油とのマッチングが重要な役割を果たす．湿式摩擦材に用いられる潤滑油は，通常，自動変速機油（ATF, Automatic Transmission Fluid）と呼ばれる．自動変速機油には，現在米国の自動車メーカーが定めている規格があり，潤滑油メーカーはそれに適応する潤滑油を供給している．自動変速機油には，上記の係合・離脱過程における良好な過渡的摩擦特性お

図4.4.7　湿式摩擦材の特性比較　〔出典：文献13〕〕

摩擦材の種類	動摩擦係数μ_d	静摩擦係数μ_s	μ_0/μ_d比	摩耗	耐久性	強度
ペーパ	◎	○	◎	△	△	×
コルク	△	◎	△	×	×	×
焼結合金	×	×	×	◎	◎	◎
セミメタリック	×	△	×	◎	◎	○
グラファイトレジン	△	△	○	○	◎	×

◎：優秀，○：良好，△：やや劣る，×：劣る

表4.4.3 ペーパ摩擦剤の組成　　〔出典：文献14〕

組成		構成成分	成分例
ペーパ摩擦材	生ペーパ	繊維	天然パルプ繊維：コットン，麻など 有機合成繊維：芳香族ポリアミド，フェノールなど 無機繊維：炭素，ガラス，その他のセラミックスなど
		充てん材	けいそう土，クレー，けい灰石，シリカ，炭酸塩など
		摩摩調整剤	樹脂粒子，ゴム粒子，グラファイト，コークス，マイカなど
	レジン	フェノール樹脂	未変性フェノール
		変性フェノール樹脂	クレゾール変性，油変性，カシュー変性，メラミン変性など

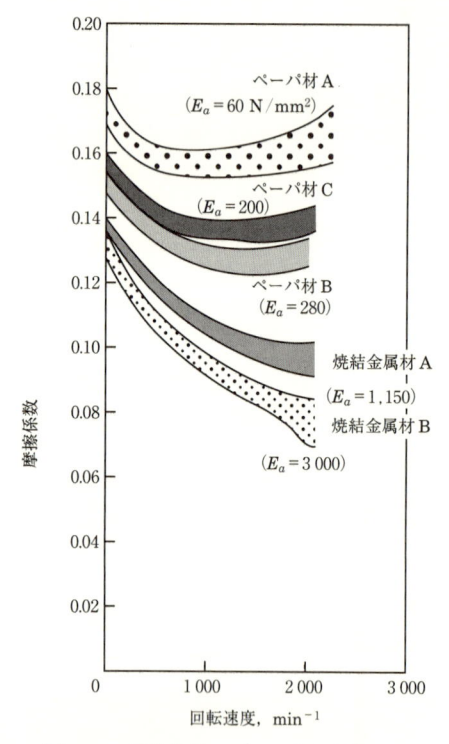

図4.4.9 摩擦特性に及ぼす弾性係数の影響
〔出典：文献19〕

によって，すべり速度の低速領域から高速領域に至るまで，摩擦係数を低下させないでほぼ一定に維持できるという添加剤の配合技術が重要になっている[8,10]．また，所定の摩擦特性を付与する添加剤の分子設計についても研究が進んでいる．広範囲のしゅう動条件を与えて湿式摩擦材の摩擦特性を求めた基礎的実験結果の一例を図4.4.10[10]に示す．また，ATFは，高面圧におけるすべり状態で用いられるために，摩擦材の炭化による劣化を促進する熱的問題も重要な因子であり，さらに潤滑油自体の酸化安定性も性能評価に大きな影響を及ぼす．最近，せん断による粘度の安定性も重視されるようになった．また，湿式クラッチでは，摩擦材構成成分と潤滑油添加剤のマッチングが極めて重要であることが明らかにされつつある[21]．

（4）評価試験法

摩擦材の摩擦特性を取得する台上試験法として，大別すると慣性起動/制動法およびスリップ法の2種がある．慣性起動法は，静止状態にある慣性体にあらかじめ所定の回転速度で回転している駆動側をクラッチにより係合して，慣性体が回転始動して所定の連結状態に至る過程における実係合時間，摩擦力および温度等を計測する方法であり，係合時に駆動側の回転速度が一時的に低下しないことが前提条件となる．慣性制動法は，所定の回転速度まで駆動されて原動機から分離された慣性体をクラッチにより固定したしゅう動面に押し付け，慣性体が制動停止するまでの過程における時間，摩擦力および温度等を計測する方法である[22]．後者の試験機として，SAE No.2試験機がある．いずれの方法によっても動摩擦係数は比較的容易に算定することができるが，静摩擦係数の算定については4.4.3(1)で触れた難点がある．スリップ法は，一方を固定し，他方を一定の回転速度で回転させて両要素を押し付けて

よび所定の大きさのトルクを安定的に伝達する定常状態における摩擦特性の二つの要求を満たすため，種々の添加剤が用いられる．係合・離脱過程においてはしゅう動面での流体潤滑膜の変化の過程が，また連結状態や微小すべりが生じている定常的すべり過程では境界潤滑膜の果たす役割が重要である．したがって，低すべり速度域において摩擦係数が高くなる傾向を抑える摩擦調整剤と，高すべり速度域における摩擦係数を引き上げる効果を発揮する添加剤（ある種の清浄分散剤もその一例）を配合すること

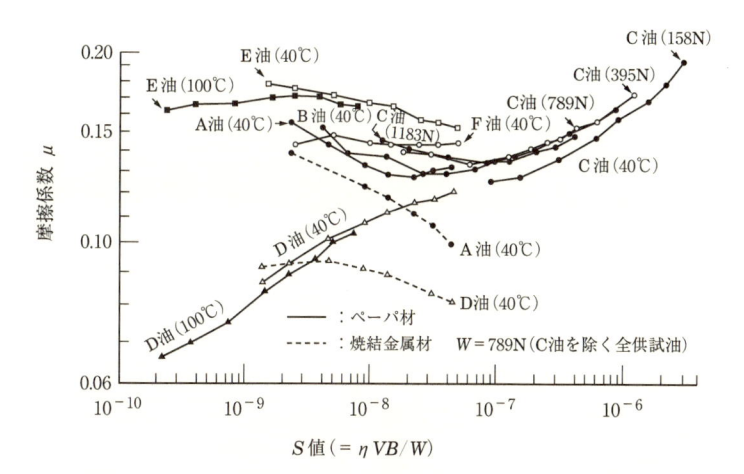

図 4.4.10 摩擦特性に及ぼすしゅう動条件，材質および潤滑油の影響
（ストライベック線図による摩擦特性の表示，η：粘度，V：すべり速度，B：摩擦面の幅，W：単位幅あたりの垂直荷重）
〔出典：文献10〕

記号	供 試 油	動粘度, mm²/s		密度, g/cm³	VI
		40°C	100°C	15°C	
A油	パラフィン系基油	31.0	5.35	0.863	105
B油	同 上	90.5	10.9	0.870	107
C油	同 上	408	30.9	0.879	107
D油	A油＋FM剤（1 wt%）	31.0	5.35	0.863	105
E油	A油＋清浄分散剤（5 wt%）	33.4	5.65	0.869	107
F油	A油＋FM剤（1 wt%）＋清浄分散剤（5 wt%）	33.4	5.65	0.869	107

強制的にスリップさせて，回転速度の時間変化，摩擦力および温度等を測定する方法である．シャダー防止性能試験法として低速すべり摩擦試験機（LVFA：Low Velocity Friction Apparatus）が使用される[23]．

摩擦材の耐久性を評価する指標として，摩擦特性に関しては所定の使用時間後の摩擦係数の低下する割合に注目し，また熱的耐久性に関しては，摩擦材の有機物質の炭化の程度に注目する方法がある[24,25]．

文　献

1) JIS B 0152 (1997).
2) 日本機械学会編：機械工学便覧 (1985) B 1-210.
3) 自動車技術会編：自動車のトライボロジー，養賢堂 (1994) 156.
4) 三好達朗：トライボロジスト，36, 12 (1991) 36.
5) 松本堯之：東京農工大学博士学位論文 (1995) 120.
6) 自動車技術会編：自動車のトライボロジー，養賢堂 (1994) 154.
7) JIS D 4311 (1995) 1.
8) 宮崎 衛・星野道男：トライボロジスト，32, 7 (1987) 487.
9) H. Ito, K. Fujimoto, M. Eguchi & T. Yamamoto：Trib.Trans., STLE, 36, 1 (1993) 134.
10) 江口正夫・武居正彦・山本隆司：トライボロジスト，36, 7 (1991) 535.
11) A. E. Anderson：SAE Paper, 720521 (1972).
12) 自動車技術会編：自動車のトライボロジー，養賢堂 (1994) 120.
13) 松本堯之：Petrotech, 11, 2 (1988) 111.
14) 松本堯之：東京農工大学博士学位論文 (1995) 5.
15) A. A. W. Chestney & D. A. Crolla：Wear, 53 (1979) 143.
16) T. Matsumoto：SAE Paper, 941032 (1994).
17) H. Ito, K. Fujimoto, T. Yamamoto & N. Yamagishi：Proc. of Int. Trib Conf., Nagoya (1990) 1485.
18) 棗田伸一・三好達朗：日本潤滑学会トライボロジー会議予稿集 (1991-10) 513.
19) S. Ohkawa, T. Kuse, N. Kawasaki, A. Shibuya & M. Yamashita：SAE Paper, 911775 (1991).
20) T. Matsumoto：SAE Paper, 932924 (1993).
21) T. Miyazaki, R. Toya & T. Matsumoto：Proc. of Inter. Tribology Conf.. Yokohama (1995) 1543.
22) JASO M 348-95.
23) JASO M 349-95.
24) H. Osanai, K. Ikeda & K. Kato：SAE Paper, 900553 (1990).
25) T. Matsumoto：Tran. ASME, J. Trib., 117 (1995) 272.

4.5 ブレーキ

運動体を効率良く，また安全に停止させるために，摩擦ブレーキが多く用いられている．他に電気，磁気を利用した電磁ブレーキや流体相互の摩擦を利用した湿式ブレーキ等がある．本節では摩擦ブレーキに関して，種類，摩擦材の組成およびトライボ設計について述べる．

4.5.1　種　類

種類は，機構上，表4.5.1に示すとおりに大別される．数量的には，OA機器，家電製品等を含めれ

表 4.5.1 ブレーキの種類

種類	摩擦面	機構概略	主用途
ディスク	平面	ディスク・ロータの両側面に摩擦材を押し付ける	自動車, 鉄道, 産業機械
ドラム	曲面	ドラムの内周面に一対の摩擦材を押し付ける	自動車, 産業機械
バンド	曲面	ブレーキ輪の外周面に摩擦材を巻き付ける	自動車, 産業機械
ブロック	曲面	ブレーキ輪の外周面に摩擦材を押し付ける	鉄道, 産業機械
円盤	平面	ディスク・ロータの1面に摩擦材を押し付ける	産業機械

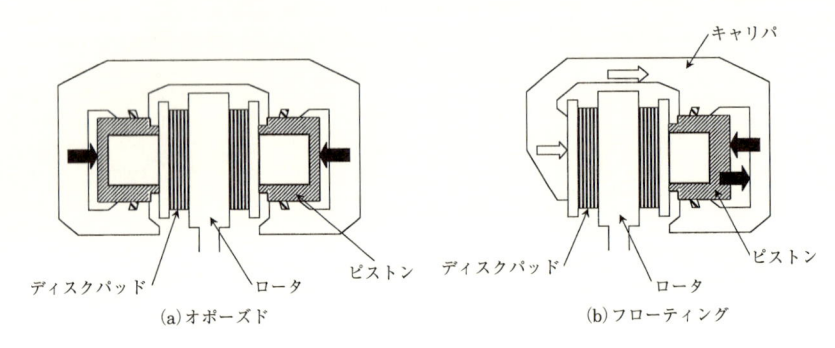

図 4.5.1 ディスクブレーキ〔出典：文献1)〕
(a) オポーズド　(b) フローティング

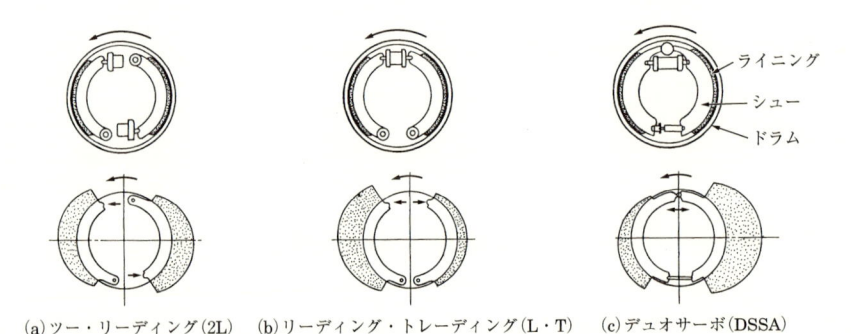

図 4.5.2 ドラムブレーキ（ドラム・ブレーキの型式と面圧分布）〔出典：文献3)〕
(a) ツー・リーディング(2L)　(b) リーディング・トレーディング(L・T)　(c) デュオサーボ(DSSA)

ば産業機械用の円盤ブレーキが多いが，その使用条件は比較的軽負荷で一定している．本項では，自動車から鉄道，航空機，産業機械等広範囲に使用されているディスクおよびドラムブレーキの構造概略を図4.5.1[1)]，4.5.2[3)]に示す．

ディスクブレーキには，ロータ両面の摩擦材（ディスク・パッド）を対向する対のピストンで加圧する図4.5.1(a)オポーズドタイプと，1面はピストン，他面は反作用によりキャリパで加圧する図(b)フローティングタイプがある．オポーズドタイプは，剛性が高いため高負荷の使用（例；重量の重い高級セダン，SUV，大型トラック等および高速仕様のスポーツカー）に用いられ，フローティングタイプは，軽量であるため主に乗用車に多く用いられている．

ドラムブレーキには，ブレーキシューの形式により，図4.5.2に示すツー・リーディング（2L），リーディグ・トレイリング（L・T），デュオサーボ（DSSA）の3タイプに大別される[3)]．シューには，リーディングシューとトレーディングシューの2形式がある．リーディングシューとは，ピストンの作動方向がドラムの回転方向と一致しているものをいう．このためリーディグシューは，ドラムに食い込みがちになりより強く押し付けられる（セルフサー

第4章 伝動要素

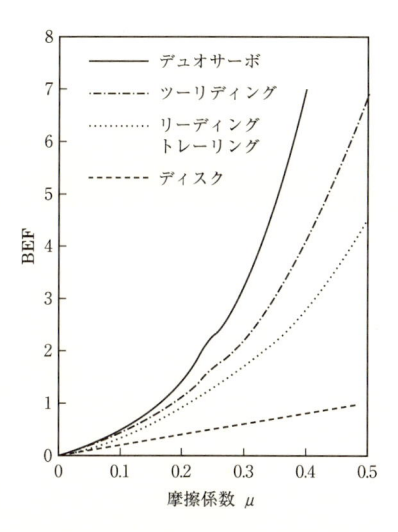

図4.5.3 μ-BEF線図〔出典：文献2，3）〕

ボ作用）．トレーリングシューとは，ピストンの作動方向がドラム回転方向と逆のものをいう．押付け力は，リーディングシューほどは増大しない．同一入力に対しリーディングシューとトレーリングシューの仕事量の比は，約3：1である．したがって，2LのほうがL・Tより効きが高い．DSSAは，二つのリーディングシューをリンクで繋いだものであり，入力側シューで発生した出力を他のシューの入力とするためサーボ効果がより増大し高い効きが得られる．

ブレーキは，その効率を，BFE（Brake Effectiveness Factor）で示すことができ，摩擦係数との関係は図4.5.3[2,3]で表わされる．BEFが高いブレーキは静止状態での出力も大きいため，パーキングブレーキ等に利用されることが多い．一方BEFが高いと微小なμ変化でも出力変化は大きくなるため，BEFが高いブレーキは安定性に欠ける点も

表4.5.2 有機バインダ系の摩擦材の組成（単位；重量%） 〔出典：文献3）〕

原材料	摩擦材	ディスク・パッド			ライニング	
		ノンアスベストス	セミメタリック	アスベストス	ノンアスベストス	アスベストス
基材（繊維）	有機・無機・非鉄金属（アラミド・ガラス・セラミック・銅等）	5〜35			10〜40	
	スチール	0〜10	20〜40			
	アスベスト			20〜40		40〜60
摩擦調整材	充てん材（バライタ，炭酸カルシウム等）	20〜50	2〜10	2〜10	5〜30	10〜25
	ダスト（カシュー，ゴム等）	5〜20	1〜5	5〜15	5〜20	10〜30
	潤滑剤（黒鉛，二硫化モリブデン等）	10〜30	10〜20	2〜15	0〜10	0〜5
	金属粉（鉄，銅，真鍮等）	5〜15	20〜30	5〜20	0〜10	2〜10
	アブレシブ剤（アルミナ，シリカ等）	1〜5	1〜5	0〜5	0〜5	0〜5
結合材	変性フェノール樹脂	5〜15	7〜15	6〜12	10〜20	10〜20

表4.5.3 ブレーキのトライボ設計

主項目	現象概略	備考
μレベル	システム要因除き，効きを左右する	高くなると，それ自身の安定性および他の特性との両立がむずかしくなる
ジャダー	制動または無制動時に出る低周波の振動	高速使用および使用後にみられる
ノイズ	主に制動時に出る可聴音の振動	効きの高い，硬いものが鳴きやすいといわれている
フェード	温度の上昇または水等の介在による，効きの低下をさす	サーボ作用の有るドラム・ブレーキで，起こりやすい
摩耗	主に配合成分の熱分解による	有機結合剤使用では，300〜400℃で増大

ある．このため安定性を要求される高速走行車等では，ディスクブレーキが用いられることが多い．

4.5.2 摩擦材の組成

摩擦材は，一般に無機系（焼結合金，セラミック，C/Cコンポジット等）と有機系摩擦材に大別する．有機系摩擦材は，基材（補強材），摩擦調整剤（アブレシブ剤，潤滑剤，充てん材，ダスト，金属等）およびバインダ（熱硬化性レジン，ゴム）の三要素から成り立っている．最近までアスベスト繊維を基材とする有機系摩擦材が主に用いられてきたが，70年代よりアスベスト繊維の肺腫瘍の危険性が指摘されたことから基材にスチール繊維を用いたセミメタリック，アスベストおよびスチール以外の繊維（有機，無機，非鉄金属等）を用いた表4.5.2[3]に示すノンアスベスト系摩擦材の開発が進み'94年には日本自動車工業会等の自主規制によりアスベストフリーの新材料が採用されてきた．

4.5.3 ブレーキのトライボ設計

摩擦材に対する主な基本特性項目は，表4.5.3に示す．安全かつ快適な速度制御を確保するために，適用するブレーキ機構から図4.5.3のμ-BEF線図および図4.5.4に示す使用条件によるμ特性を考慮し，表4.5.4の使用例を参考に設計を進める．

（1）ドラムブレーキでは，サーボ効果があるため効きは確保しやすいが，その反面BEFが高いのでμの安定性が最優先となる．図4.5.2のとおり面圧分布が存在し，これによりライニングは局部的に高面圧を受けると図4.5.4のようにμが低下しやす

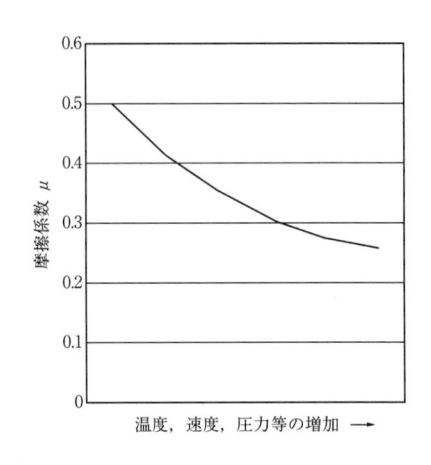

図4.5.4 使用条件によるμ値変化の一般的傾向

表4.5.4 摩擦材の使用例

項　目		区　分	ディスクパッド（前輪）		ライニング		
			乗用車	商用車	乗用車（後輪）	中型車	大型車
しゅう動面積, cm²〔1装置あたり〕		摩擦材	87	110	170	880	1 700
		相手材	650	700	320	1 500	3 000
有効摩耗代, mm			9	9	4	9	11
相手材の熱容量, cal/g					550	1 600	4 000
使用例	面圧, ×10⁻¹ MPa	通常	7	11	4*	6*	8*
		最大	14〜28	21〜32	12〜20*	19〜25*	23〜30*
	摩擦速度, m/s	通常	4.7	4.1	5	5.9	5.6
		最大	12〜15	7〜13	14〜17	12〜16	11〜16
	使用温度, ℃	通常	110	120	50	150	150
		最大	550〜800	600〜800	220〜250	300〜400	350〜450
	せん断力, ×10⁻² N/mm²	通常	30	29	5	9	9〜17
		最大	98〜250	118〜350	10〜15	26〜35	25〜34
	ライフ, 万km	通常	6〜9	4〜6	10〜15	10〜15	10〜20
		最小	1〜2	1〜2	4〜7	4〜6	4〜6

* 最大面圧での面圧値であり，平均面圧としては1/2〜1/5となる．
注：1) 使用例の中の各数値範囲は，特殊条件下において短時間負荷される場合の値を含んでおり，設計上は通常値を目安としている．
　　2) 使用温度：相手材の温度

くなる．これを少なくするためにライニングの硬さは他の特性が許容される範囲内で柔らかく設計する．

（2）ディスクブレーキでは，サーボ効果がないため高い μ レベルを要求される場合が多い．表 4.5.3 のように平均面圧，温度，せん断力ともにライニングに比較して高くまたパッド面積が小さいためエナジロード（単位面積あたりの吸収エネルギー）も大きい．ただし，サーボ効果がないことからディスク・パッドの μ の変化はライニングよりは許容される．ディスク・パッドでは，耐熱性等を確保するために，無機物および金属が多く用いられる．相手材（ロータ）の保護を含め潤滑剤は，耐熱性の高い無機系潤滑剤の活用が主に図られている．

文　献

1) 自動車工学全書，「タイヤ，ブレーキ」山海堂(1980)．
2) 自動車技術会編：自動車工学ハンドブック，図書出版社．
3) 青木和彦：ブレーキ，山海堂(1987)．

4.6 機械式無段変速機

4.6.1 種　類

機械式無段変速機はこれまで産業機械の可変速制御装置として用いられてきたが，近年になって燃費の向上，円滑な可変速を目的に自動車用無段変速機としてスチールベルト無段変速機（steel belt CVT, continuously variable power transmission）やトラクションドライブ無段変速機（traction drive CVT）が活用されつつある．表 4.6.1 の分類に従って特徴を示す．（1）スチールベルトCVT（図

表 4.6.1　機械式無段変速機の例

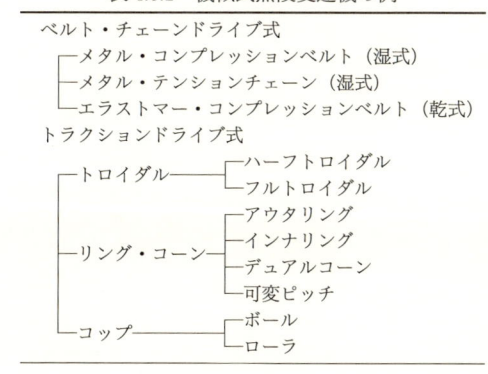

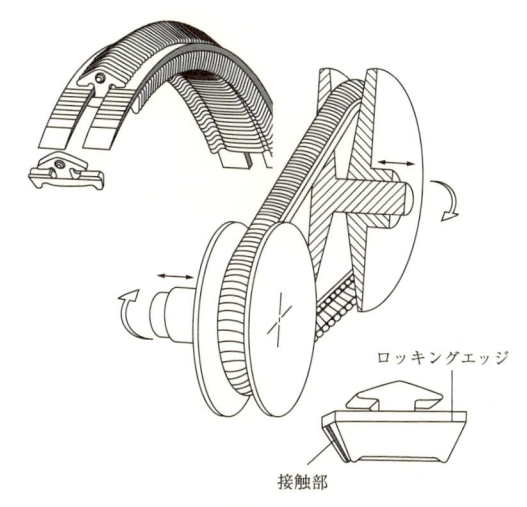

```
ベルト・チェーンドライブ式
    ├─メタル・コンプレッションベルト（湿式）
    ├─メタル・テンションチェーン（湿式）
    └─エラストマー・コンプレッションベルト（乾式）
トラクションドライブ式
    ├─トロイダル──┬─ハーフトロイダル
    │              └─フルトロイダル
    ├─リング・コーン┬─アウタリング
    │              ├─インナリング
    │              ├─デュアルコーン
    │              └─可変ピッチ
    └─コップ───┬─ボール
                └─ローラ
```

図 4.6.1　スチールベルト式CVT

4.6.1，メタル・コンプレッションベルトとも呼ばれる）はスチールバンド（厚さ 0.18 mm の薄いリング状のものを，トルク容量 90 N・m では 9 枚重ねたもの）で支持されるブロック（曲率半径を小さくするため厚さ 1.5 mm 程度のものを多数重ねるもので，ロッキングエッジを中心に傾くことができ，プレートとも呼ばれる）の押す力により力を伝えるもので，変速制御範囲は 2.5〜0.5 が得られる．潤滑油には亜鉛を添加剤に多く含むATF油（Automatic Transmission Fluid）が用いられる．（2）チェーンCVTは流体潤滑されるブロックをチェーンで結合し，引張力で力を伝えるもので，メタルテンションチェーンとも呼ばれる．ブロックの力の伝達は通常のVベルトの力の伝達と同様とするが不連続な力の伝達となる．（3）エラストマープッシュベルトはテンションラバーとアルミカーボンアラミド複合ブロックからなるベルトと，プーリを用いて乾式で力を伝えるもので，摩擦係数が湿式の約 0.08 に比べ 0.3 と高くとれることが特徴である．（4）トラクションドライブ無段変速機はトラクション油（ナフテン系の油や，ブタンをベースとする油）を高いヘルツ圧力（Hertzian pressure）で加圧し，見掛け上，流体を固化させて大きな接線力を伝える転がり式の無段変速機である．古くはコップボール変速機（Kopp ball variator），コップローラ変速機（Kopp roller variator），リングコーン変速機〔Outer-ring paraller-cones, Inner-ring paraller-cones, Dual cone（図 4.6.2），Varible‐pitch

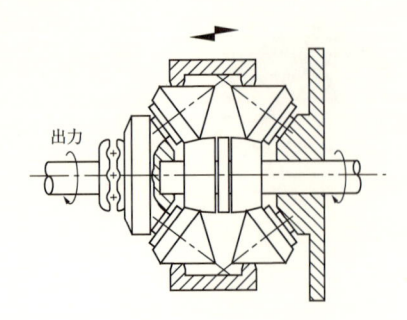

図 4.6.2 リング・コーン（デュアルコーン型）CVT

cone with ring〕などがある[1]．自動車用のものではトラクション部のスピン（接触だ円の法線軸まわりの回転運動）が小さく中間転動体の接線力の均等配分が行ないやすいトロイダル形変速機（toroidal CVT）がある．これは中間転動体の傾転中心が入力側と出力側接触部を結ぶ線上にあるフルトロイダル形（Full toroidal CVT）〔図4.6.3(b)〕と傾転中心が外側にあるハーフトロイダル形（Half toroidal CVT）〔図4.6.3(a)〕がある．前者は大きな可変速比（1：12の例がある）が得られ，しかも中間転動体に作用する大きなローディング力がバランスするのでその支持に特別な軸受が不要であるが，トラクション部のスピンが大きいという問題がある．一方，ハーフトロイダル形は変速比1：5の幅でトラクション部のスピンは小さく設計できるので最大ヘルツ圧力を4GPa程度まで高くとれるが，中間転動体支持のための高負荷・高回転スラスト玉軸受が必要である．なお，トラクションドライブのスピンは幾何形状により一義的に決まり，スピンをゼロとするためには，二つの転動体の回転軸の交点をトラクション部の接平面が通ればよい[2]．

4.6.2 トラクションドライブCVTのトライボ設計

（1）トラクションドライブCVTの現状

トラクションドライブCVTは一般産業機械の変速機として発展してきた[3]．しかし近年，金属材料や熱処理技術とトラクションドライブ専用油（トラクションオイル）の進歩に伴い，トラクションドライブCVTは自動車を中心とした高出力用途への研究開発と実用化が行なわれている．それらは自動車の自動変速機を対象としたものと，図4.6.4に示すようなスーパーチャージャ等の高速補機を対象にしたもの等がある[4]．

（2）自動車用トラクションドライブCVT

現在実用化に向かって研究開発されている自動車

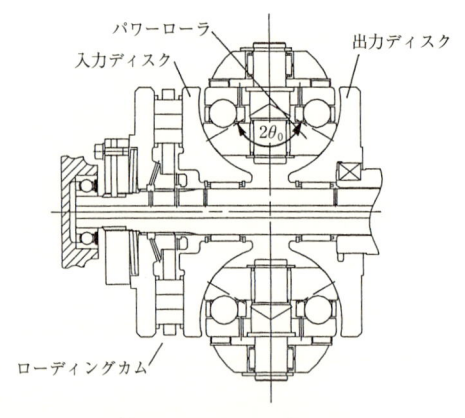

(a) ハーフトロイダル形CVT

(b) フルトロイダル形CVT

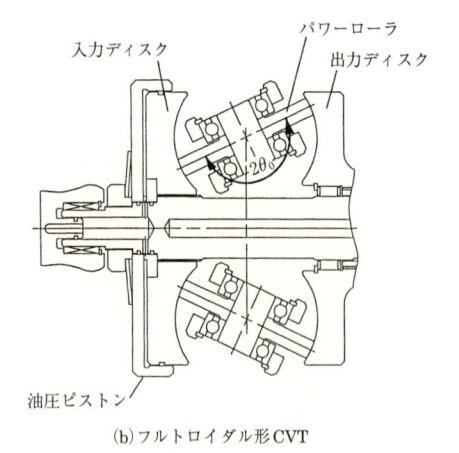

図 4.6.3 トロイダルCVT

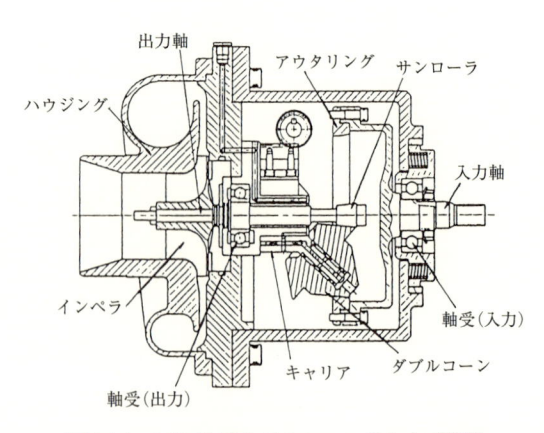

図 4.6.4 2K-H形トラクションドライブ装置

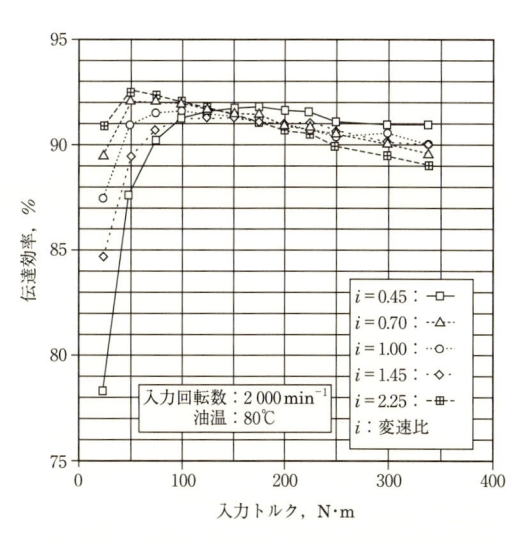

図 4.6.5　ダブルキャビティ式 CVT の伝達効率
〔出典：文献 7）〕

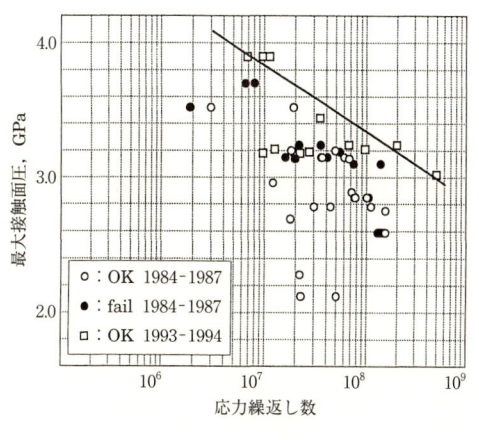

図 4.6.6　S-N 線図

用自動変速機としてのトラクションドライブ CVT はトロイダル形である．トロイダル形 CVT は図 4.6.3 に示すようにハーフトロイダル形とフルトロイダル形に分類される．ハーフトロイダル形は動力伝達部におけるスピン損失が少ないという利点がある反面，パワーローラに発生するスラスト力を受ける軸受が必要である．フルトロイダル形は図 4.6.3(b) に示したように入出力の接触点を結ぶ直線がトロイダルキャビティの中心を通るためにパワーローラにはスラスト力が発生しない利点があるが，動力伝達部のスピンロスが大きくなるという欠点をもつ．どちらの方式が自動車に最適か興味ある研究が継続的になされている[5,6]．

（3）伝達効率

図 4.6.5 にダブルキャビティ・ハーフトロイダル形 CVT の伝達効率を示す[7]．この効率は図 4.6.8 に示す CVT のディスク，パワーローラ部と同様な構成をした箱型試験機で測定したものである．したがって 1 組の歯車と軸支持の軸受やオイルシールのロスを含んでいるが，油圧ポンプの動力損失は含んでいない．

（4）耐久性

動力伝達部にはピッチング，はく離等で代表される転がり疲れ疲労に対する耐久性が必要であり，軸受の長寿命化技術が適用されている[8]．転動体材料としては高清浄度の浸炭鋼が有効である．図 4.6.6 に動力伝達部の耐久試験結果を示す．

（5）トラクション油

自動車用トラクションドライブには専用のトラクション油を用いることが必須要件となる．このオイルは図 4.6.7 に示すように 100℃ 以上の高温で高いトラクション係数を有する合成油でなければならな

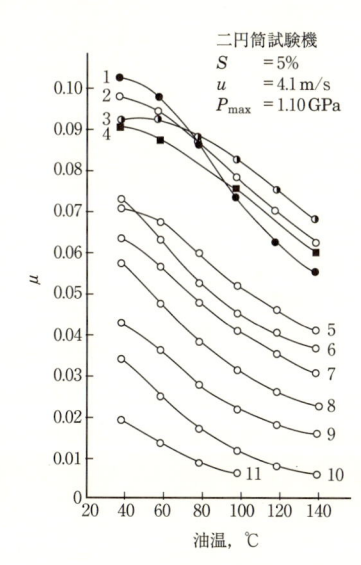

No.	供試油	動粘度, cSt 40℃	100℃	VI
1	市販合成トラクション油	31.1	5.66	123
2	専用合成トラクション油	37.2	5.32	61
3	〃	96.1	9.35	60
4	〃	45.6	6.54	92
5	アルキルベンゼン（ハード）	38.8	4.78	-24
6	市販合成トラクション油	9.72	2.42	49
7	ナフテン系鉱油	26.9	4.13	1
8	〃	10.3	2.46	36
9	パラフィン系鉱油	31.8	5.47	107
10	市販合成エンジンオイル	61.51	11.1	175
11	ポリ-α-オレフィン	32.0	5.90	130

図 4.6.7　各種潤滑油のトラクション特性〔出典：文献 9）〕

(6) 自動車への適用例

図 4.6.8 は 1992 年に公表された 400 N·m のトルクが伝達できるダブルキャビティ・ハーフトロイダル形 CVT の例である[10]．発進機構にトルクコンバータを用い，遊星歯車による前後進切替え機構をもっている．これを原型としたものが 1999 年 11 月に市販されるに至っている．

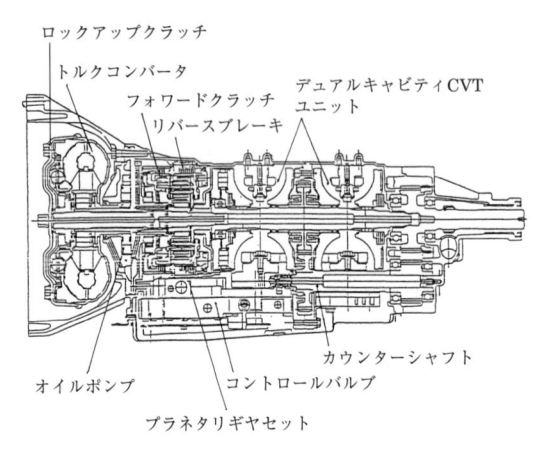

図 4.6.8 ダブルキャビティ式ハーフトロイダル CVT
〔出典：文献 10）〕

4.6.3 ベルトドライブ CVT のトライボ設計

（1）構　造

ベルト式無段変速機としては，チェーンタイプのもの[11]や，横 H 型のブロックに 1 対のコグベルト状の張力帯を差し込んだ乾式複合ベルト式[12]などのベルトの張力によりトルクを伝達するものと，2 組の金属製積層リングと，金属製ブロックを組み合わせた押しブロック金属ベルト式（図 4.6.9）のように，主にブロック間に作用する圧縮力により，トルクを伝達するものの 2 種類がある．そして特に後者のものは，近年エンジン排気量 2 000 ml の自動車に適用され[13]，今後も広く普及していくと思われる．そこで以下では，押しブロック金属ベルト式 CVT についてトライボロジーの観点を中心に概説する．

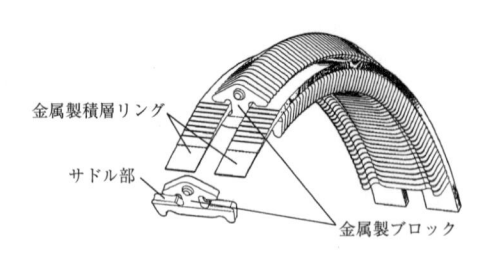

（2）トルク伝達メカニズム

押しブロック金属ベルト式 CVT のトルク伝達は，ブロック間に作用する圧縮力だけでなく，リングとブロックとの摩擦により発生するリング張力も関与するため，ブロック間圧縮力分布とリング張力分布の発生形態は，変速比や入力トルクの大小関係に応じて分類される[14]．

a．Low 側レシオ時（変速比＞1）

駆動側プーリ巻掛け部が小径となるため，リング張力は常に入力側から出力側に正のトルクを伝達する．一方，ブロック間圧縮力は，リング張力で伝達できるトルクの大きさに依存する．図 4.6.10 に示すように入力トルクがリング伝達トルクより大きければ，直線部上側にブロック間圧縮力 Q_a が作用し，その逆であれば，直線部下側にブロック間圧縮力 Q_b が作用する．

b．High 側レシオ時（変速比＜1）

駆動側プーリ巻掛け部が大径となるため，リング張力は常に入力側から出力側へトルク伝達を妨げる

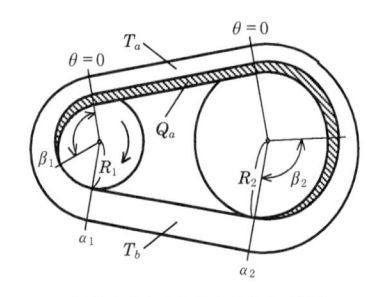

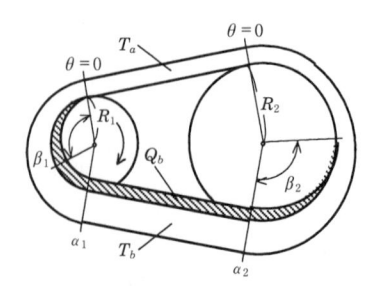

図 4.6.9 金属ベルト式 CVT の構造

図 4.6.10 Low 側変速時ブロック圧縮力とリング張力の分布

方向に働く．したがって，トルク伝達が駆動状態であれば，ブロック圧縮力 Q_a は常に直線部上側に作用する．

(3) 押しブロック金属ベルトの伝達効率

入力回転速度とプーリレシオを一定条件（low）にして，入力トルク対出力回転速度のスリップ特性を測定した結果を図 4.6.11 に示す[15]．スリップ特性は，入力トルクにほぼ比例して増加するミクロスリップ状態から，入力トルクがプーリクランプ力に依存したある値を越えると急激に増大するマクロスリップ状態（スリップ限界）に移行する．ミクロスリップの発生メカニズムは，ブロック間圧縮力が作用しない領域（slack side）におけるブロック間すきまが入力プーリ上で詰まる際に発生している．図 4.6.12 は，プライマリ・セカンダリプーリに所定油圧をかけて無負荷運転したときのフリクショントルク（スピンロス）であり，ベルトクランプ力増加率に対するスピンロス増加率を，各変速比（プーリ比）で比較したものである[16]．いずれの変速比においてもベルトクランプ力にほぼ比例してスピンロスが増加している．このスピンロスの発生要因は，小径側プーリ巻掛け部におけるリング-ブロック間，ならびにリング-リング間のピッチ半径差に起因した相対すべりと，各軸受部フリクションロスなどである．

したがって，金属ベルト CVT の伝達効率を向上させるためには，ブロック-プーリ間のミクロスリップの低減と，リング-リング間，リング-ブロック間摩擦力の低減が有効である．

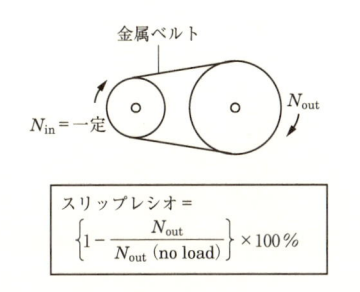

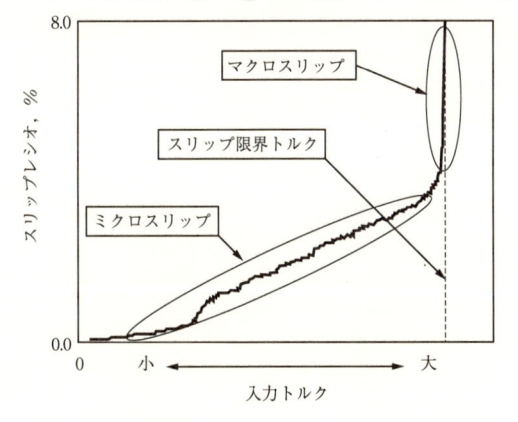

a. ブロック-プーリ間ミクロスリップの低減

ミクロスリップを低減するためにはブロック-プーリ間摩擦係数 μ_b を大きくし，かつ両者の摩耗，焼付きを防止することが重要である．そのため，ブロックとプーリの接触面であるブロック側面をショットピーニング処理で数ミクロンの表面粗さにしたもの[17]や，ファインブランクにより，側面溝を多数設けたもの[18,19]が実用化されている．

b. リング-リング間，リング-ブロック間摩擦力低減

（3）で説明したように押しブロック金属ベルトは，小径側プーリ中でリング内周とブロックサドル間ならびに，積層リング間で相対すべりをしており，それらは摩擦損失となり伝達効率悪化の要因となりうる．そこで，リングの内周面にクロスハッチ状の溝を付けたサーフェスプロファイリングを設け，油保持性を向上させ，摩擦力を低減する提案がされている[20]．

図 4.6.11 押しブロック金属ベルト式 CVT のスリップ特性 〔出典：文献 15〕

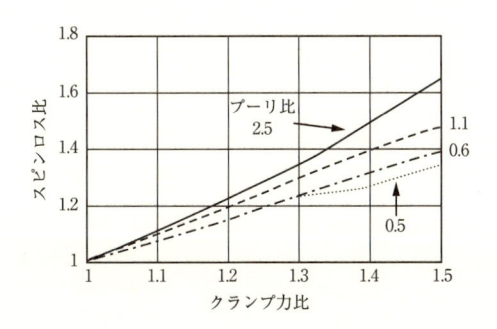

図 4.6.12 押しブロック金属ベルト式 CVT の無負荷フリクション特性 〔出典：文献 16〕

文　献

1) F. W. Heilich Ⅲ & E. E. Shube : Traction Drives, Marcel Dekker, Inc. (1983).
2) H. Tanaka & H. Machida : Proc. IME, 210, Part J

(1996) 205.
3) 岡村貴句男:機械の研究, **35**, 7 (1983).
4) 川瀬達夫・齋藤隆英・牧野智昭:96-1 日本機械学会第 73 期通常総会講演会講演論文集 (IV), 825, p. 141-142.
5) H. Machida, H. Itoh, T. Imanishi & H. Tanaka: SAE Paper 950675 (1995).
6) T. G. Fellows & C. J. Greenwood: SAE Paper 910408 (1991).
7) T. Imanishi, H. Machida & H. Tanaka: FISITA '96, p. 1638.
8) H. Machida & T. Abe: CVT '96 Yokohama (1996), 101.
9) 畑 一志・青山昌二:出光トライボレビュー No. 12 (1986).
10) M. Nakano, T. Hibi & K. Kobayashi: SAE 922105.
11) S. Hirano, A. L. Miller & K. F. Schneider: SAE Paper 910410 (1991).
12) 高山光直・結城 司・加藤久人:自動車技術会学術講演会前刷集, 944 (1994-10) 217.
13) 黒沢 実・藤川 匡・吉田賢二・小林昌之:自動車技術会学術講演会前刷集, 975 (1997-10) 257.
14) 浅山弘樹・河合潤二・殿畑 厚・安達正晴:自動車技術会論文集 9533884, **26**, 2. April (1995) 78.
15) 小林大介・馬淵 豊・加藤芳章:自動車技術会学術講演会前刷集, 975 (1997-10) 277.
16) 小川 浩:日本機械学会講習会教材 (No. 95-64) 15.
17) 斉藤浩二・加藤慎治・不破良男:特許出願公開番号特開平 5-157146.
18) ポールマリアスミーツ:特許出願公開番号特開平 6-10993.
19) E. Hendrikls, P. T. Heegde & T. V. Prooijen: SAE Paper 881734 (1988).
20) ヘンドリックス・エメリイ・フレデリック・マリー:特許出願公告, 平 2-22254.

4.7 その他の伝動要素

4.7.1 ベルト, チェーン, ワイヤロープ

(1) ベルト

a. 種類, 特徴, 用途

現在使われている伝動ベルトを構成する材料面からみると, 皮革, 織物, 金属, 樹脂, ゴムなど様々あるが, 一般的にはゴム材料がよく使われている.

伝動機構として, 平ベルト, V ベルト, V リブドベルトなどの摩擦伝動と歯付ベルトのかみあい伝動に大別される. 表 4.7.1 にその代表的なものを挙げる.

b. 伝動ベルトの摩耗

ベルトが正常に使用された時に発生する摩耗は,

表 4.7.1 ゴムベルト種類, 特徴, 用途

伝動機構	種類	形状	特徴	用途
摩擦	平ベルト		帯状のベルトと平プーリと平面摩擦伝動を行なう	一般産業機械 製糸機械 農業機械
	ラップド V ベルト		V 形状のベルトで V 溝をもつプーリとの間で「くさび効果」を利用した摩擦伝動をする. ベルトの周囲は帆布で覆われている	一般産業機械 農業機械 自動車用ファンベルト
	ローエッジ V ベルト		V 形状のベルトで V 溝をもつプーリとの間で「くさび効果」を利用した摩擦伝動をする. ベルトの V 形状側面にゴムを露出させグリップ力を向上	一般産業機械 農業機械 自動車用ファンベルト
	V リブドベルト		1 本のベルトに多数の V リブを設けグリップ力を向上, 厚さを薄くし屈曲性を向上	一般産業機械 自動車用ファンベルト 家電機器
かみあい	歯付きベルト		ベルト幅方向に等ピッチの歯形をもつベルトで同期伝動が可能	一般産業機械 自動車用ファンベルト 家電 OA 機器

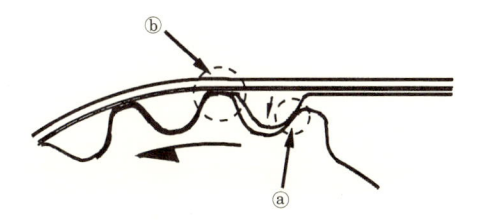

図 4.7.1　かみあい形態

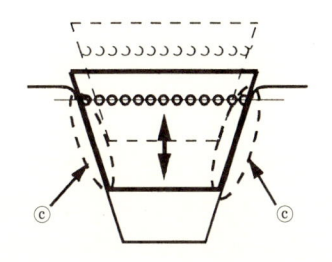

図 4.7.2　摩擦伝動形態

歯付ベルトでは図 4.7.1 に示す歯面ⓐ，歯底面ⓑ，V ベルトでは図 4.7.2 の伝動 V 側面ⓒでの摩耗である．摩耗はベルトとプーリの接触面で，面圧がかかった状態で相対すべりが起こり発生する．

プラスチック材料の摩耗[1]では接触部の面圧 P とすべり速度 V の積 PV に摩耗量は比例することが知られているが，一般的にはベルトの摩耗も同様の傾向を示す．

（ⅰ）相対すべり

かみあい伝動での相対すべりは，歯面ⓐではベルトの歯がプーリの歯とかみ合うときと抜けるときに，歯底面ⓑではかみあい後駆動プーリ上で張り側張力からゆるみ側張力に変わる際にすべると考えられている．

摩擦伝動ではベルトがプーリに巻き付いている間ですべっていると考えられ[3]，摩擦伝動でのすべりは無負荷時に対する負荷時の原動軸回転と従動軸回転比の変化率（スリップ率）で表わされ，ベルトの種類や使用条件等により異なるが一般的には 1% 以下のスリップ率で使用されている．

（ⅱ）面　圧

面圧は伝動時にベルトスパンに生ずる張力によってベルトがプーリに押し付けられることで発生する．

スパン張力は 2 軸駆動の例（図 4.7.3）で，P：

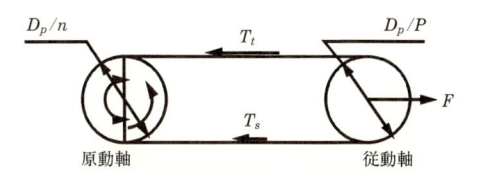

図 4.7.3　2 軸駆動例

伝動動力（kW），D_p：原動プーリピッチ径（m），n：同プーリの回転数（s^{-1}），T_c：遠心張力（N），T_t：張り側張力（N），T_s：ゆるみ側張力（N），である．使用上式(4.7.1)を満足していれば使用できることになる．

$$\frac{(T_t - T_c)}{(T_s - T_c)} \leq e^{\mu' \theta} \quad (4.7.1)$$

ここで，μ'：見掛けの摩擦係数，θ：ベルト巻き付け角（rad）である．

面圧はスパン張力の大きさに比例し，T_t の張力による面圧が最も高くなる．

この中で見掛けの摩擦係数 μ' は一般的に表 4.7.2 の値が用いられている．

表 4.7.2　見掛けの摩擦係数

ベルト仕様	見掛けの摩擦係数 μ'
V ベルト	0.44～0.51
平ベルト	0.20～0.50

c.　見掛けの摩擦係数の測定方法[2]

（ⅰ）プーリ回転法

図 4.7.4 のようにベルト一端に取り付けられた重錘による張力を緩み側張力 T_s，また，プーリを回転させたとき荷重計に示される張力を張り側張力 T_t，遠心張力 $T_c = 0$，接触角度 $\theta = \pi/2$ を式

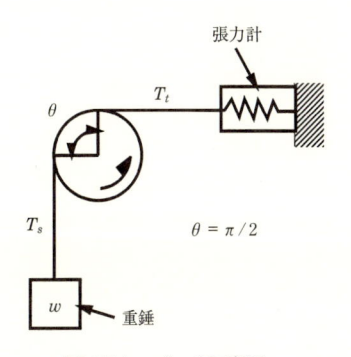

図 4.7.4　プーリ回転法

(4.7.1)に代入し，見掛けの摩擦係数 μ' が得られる．

$$\mu' = \frac{2 \cdot \ln(T_t/T_s)}{\pi} \quad (4.7.2)$$

で求められる．この方法で求められる μ' はベルトとプーリが完全にすべっている状態で見掛けの摩擦係数が測定されるので最大値と考えられる．したがって実用上の見掛けの摩擦係数は環境条件等を考慮しても十分に伝動が確保される値として用いられることとなる．

(ⅱ) ベルト走行法

図4.7.3の条件で二つのプーリを等径とし，ベルトを掛け，軸荷重が既知（ロードセル，重錘などの荷重方法）となるようにし，原動軸または従動軸のトルクも測定できるようになる．

ここで，SL：スリップ率（％），N_{r0}：無負荷時の原動軸プーリ回転数（s^{-1}），N_{n0}：従動プーリ回転数（s^{-1}），N_{ri}：負荷時の原動軸回転数（s^{-1}），N_{ni}：従動軸回転数（s^{-1}），とするとスリップ率は式(4.7.3)で求められる．

$$SL = (N_{ni}/N_{ri})/(N_{n0}/N_{r0}) \times 100 \quad (4.7.3)$$

軸荷重 F（N）をパラメータとして負荷 P（kW）とスリップ率 SL（％）の関係を図4.7.5に示す．

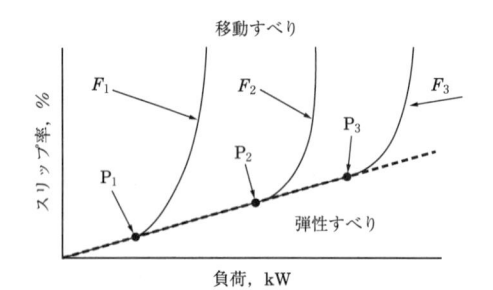

$F_1 \sim F_3$ は図4.7.3に示す軸荷重 F を変量

図4.7.5　負荷スリップグラフ

ここで，弾性すべりと移動すべりの変曲点（点 P_1，P_2，P_3）をもつ曲線となる．この場合の見掛けの摩擦係数は巻付け角 $\theta = \pi$ として以下の式で算出する．

$$\mu' = \frac{\ln\{(F/2 + T_e/2)/(F/2 - T_e/2)\}}{\pi} \quad (4.7.4)$$

当方法は実際の使用条件またはそれに近い条件で伝動特性を評価し，変曲点で算出した見掛けの摩擦係数を用いることが実用的である．

d.　留意点

(ⅰ) 異　音

ベルトとプーリの接触界面で相対すべりがあると

表4.7.3　プーリの限界表面粗さ

プーリ種類		R_a, $\mu\mathrm{m}$
Vプーリ		3.2
平プーリ		6.3
歯付きプーリ	一般工業用	3.2
	自動車用	2.0
	高精度用	2.0
ベルト接触部分以外		6.3

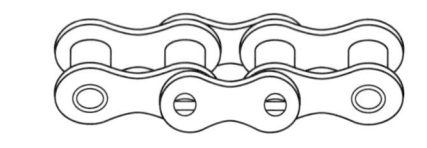

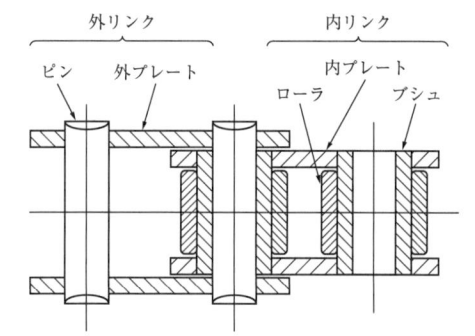

図4.7.6　チェーンの構造

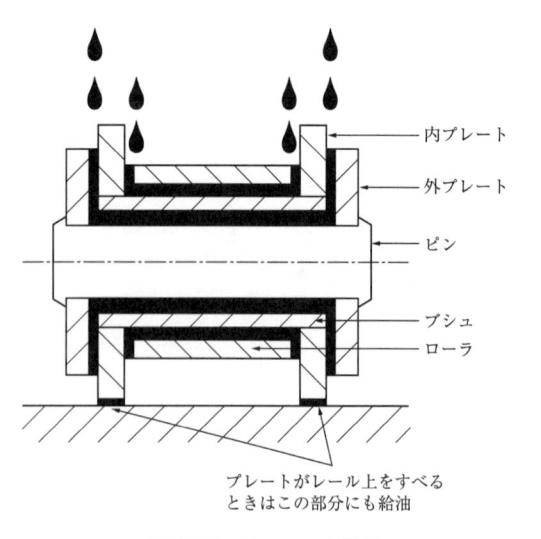

図4.7.7　チェーンの給油

スリップ音が発生する可能性がある．また，摩擦力が大きいと異音につながりやすい．摩擦力が大きくなる要因の一つとして摩擦係数が高いことがある．このような場合はベルトの材料を摩擦係数の低いものにする，V角度を広くしくさび効果を減らし見掛けの摩擦係数を低減する等の対策，また他の要因として面圧が大きい場合，ベルト張力を下げ面圧の低減を図る等の対策が有効である．

(ⅱ) プーリの表面粗さ

ベルトの摩耗はプーリの表面粗さにより大きく左右される．特に切削加工された鋳物プーリや，鉄焼結プーリは初期のベルト摩耗が著しく表面粗さの注意が必要である．また，長期の使用ではプーリの摩耗変形によりベルトの偏摩耗や，腐食などで表面が粗くなったプーリではベルトの早期摩耗を発生するため，ベルトの組付け時に確認することが望まし

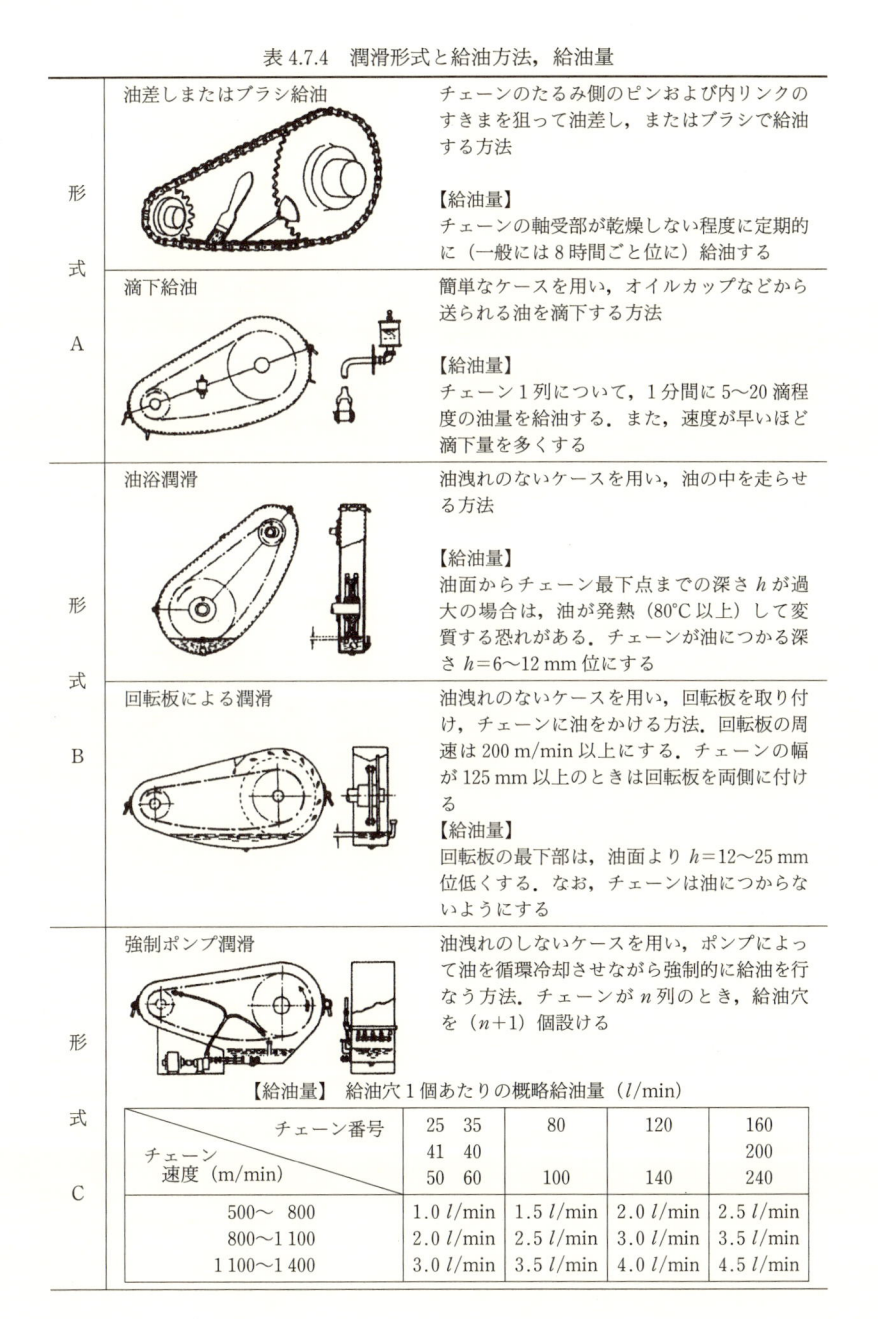

表 4.7.4 潤滑形式と給油方法，給油量

形式	潤滑方法	説明
形式 A	油差しまたはブラシ給油	チェーンのたるみ側のピンおよび内リンクのすきまを狙って油差し，またはブラシで給油する方法 【給油量】チェーンの軸受部が乾燥しない程度に定期的に（一般には8時間ごと位に）給油する
形式 A	滴下給油	簡単なケースを用い，オイルカップなどから送られる油を滴下する方法 【給油量】チェーン1列について，1分間に5～20滴程度の油量を給油する．また，速度が早いほど滴下量を多くする
形式 B	油浴潤滑	油洩れのないケースを用い，油の中を走らせる方法 【給油量】油面からチェーン最下点までの深さ h が過大の場合は，油が発熱（80℃以上）して変質する恐れがある．チェーンが油につかる深さ $h=6$～$12\,mm$ 位にする
形式 B	回転板による潤滑	油洩れのないケースを用い，回転板を取り付け，チェーンに油をかける方法．回転板の周速は $200\,m/min$ 以上にする．チェーンの幅が $125\,mm$ 以上のときは回転板を両側に付ける 【給油量】回転板の最下部は，油面より $h=12$～$25\,mm$ 位低くする．なお，チェーンは油につからないようにする
形式 C	強制ポンプ潤滑	油洩れのしないケースを用い，ポンプによって油を循環冷却させながら強制的に給油を行なう方法．チェーンが n 列のとき，給油穴を $(n+1)$ 個設ける 【給油量】給油穴1個あたりの概略給油量（l/min）

チェーン番号 チェーン速度 (m/min)	25　35 41　40 50　60	80 100	120 140	160 200 240
500～ 800	1.0 l/min	1.5 l/min	2.0 l/min	2.5 l/min
800～1 100	2.0 l/min	2.5 l/min	3.0 l/min	3.5 l/min
1 100～1 400	3.0 l/min	3.5 l/min	4.0 l/min	4.5 l/min

い．表4.7.3に一般的な粗さの限界を示す．

(iii) プーリの振れ

プーリ真円度，プーリ軸穴の偏心[4]や平衡度のズレはプーリ回転において安全上問題がある．またこの種の振れはベルト自身にも速度変動を与え弦振動等の振動を誘発するばかりでなく慣性による変動負荷によりベルト摩耗が著しく促進される場合もあり注意が必要である．

(2) チェーン

チェーンの代表的な構造は図4.7.6に示すとおりで，2枚の内プレートを2個のブシュで結合し，ブシュの外側にはローラが自由に回転できるように組み込んだ内リンクと，2枚の外プレートを2本のピンで結合した外リンクとを交互に連結して構成されている．内リンクの代わりにプレートあるいはブロックで構成されるチェーンもある．

各構成部品の材質は鋼であり，摩耗する部品については適正な熱処理を施され硬化されている．

チェーンは破壊あるいは摩耗により寿命が決まり，破壊形態としてはプレートの破断あるいはスプロケットとローラ・ブシュとの衝突破壊があり，摩耗形態としてはピンとブシュが摩耗して生ずるチェーン伸び，ローラの摩耗あるいはプレートの端面の摩耗がある．

以前は破壊によって寿命が決まることが多かったが，最近ではチェーンの破壊に対する性能向上が著しく，通常の選定で求められたチェーンを使用する場合には破壊で寿命が決まることはまれであり，摩耗により寿命が決まることがほとんどである．チェーンの摩耗に対する潤滑の効果は大きく，摩耗寿命を延長するための唯一の方策と考えられる．

チェーンに対する給油は図4.7.7に示すように，外プレートと内プレート間・内プレートとローラ間・プレートとレール間に行なうことにより，潤滑油が油膜となり部品同士の金属接触を最小限に押さえる効果がある．また潤滑油は，高速運転時の冷却効果や騒音低減，衝撃に対してはクッションの役目を果たす効果もありチェーンには必要不可欠なものである．

チェーンの使用形態を大別すると巻き掛け伝動用途，吊り下げ駆動用途，搬送用途の3種類がある．

巻き掛け伝動用途ではローラチェーンは速度とサイズによる潤滑形式と給油方法，給油量が表4.7.4，図4.7.8[5]のように決められており，またサイズ，潤滑形式，周囲温度により表4.7.5のように推奨潤滑油が決められている．表4.7.5の範囲外の低温（−50℃まで）や高温（250℃まで）雰囲気

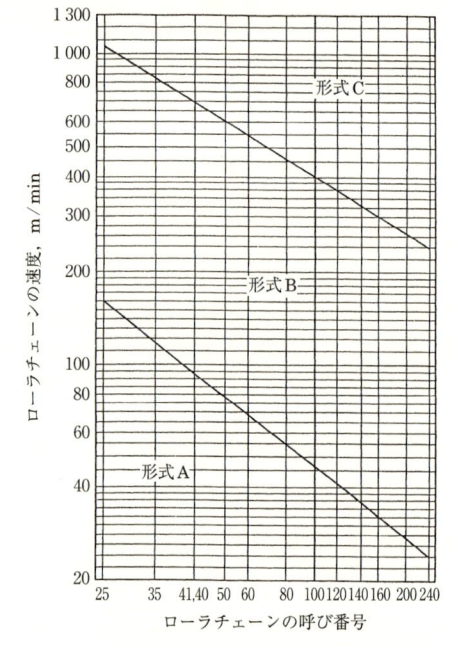

形式A：手差し，ブラシまたは滴下給油
形式B：油槽給油
形式C：油ポンプによる強制給油

図4.7.8　給油形式の選定〔出典：文献5)〕

表4.7.5　推奨潤滑油表

潤滑形式 チェーン番号	形式A・形式B				形式C			
周囲温度	−10〜0℃	0〜40℃	40〜50℃	50〜60℃	−10〜0℃	0〜40℃	40〜50℃	50〜60℃
25，35，41，40，50	SAE 10 W	SAE 20	SAE 30	SAE 40	SAE 10 W	SAE 20	SAE 30	SAE 40
60，80	SAE 20	SAE 30	SAE 40	SAE 50	SAE 20	SAE 30	SAE 40	SAE 50
100	SAE 20	SAE 30	SAE 40	SAE 50	SAE 20	SAE 30	SAE 40	SAE 50
120，140，160，200，240	SAE 30	SAE 40	SAE 50	SAE 50	SAE 20	SAE 30	SAE 40	SAE 50

で使用する場合の潤滑油についてはチェーンメーカーのカタログまたは取扱い説明書を参照するとよい．

吊り下げ駆動用途では一般的にたるみ側がないのでできるだけチェーンに作用する荷重を取り除いた状態で給油する．また，例えば動かなくても端末金具との連結部分にも十分給油することが必要である．屈曲しない部分のチェーンには十分給油したうえ，腐食防止のためにチェーンのまわりにグリースを厚く塗布する．搬送用途ではチェーンの給油は摩耗防止とともに所要動力を軽減する．通常，給油は1週間に1回，図4.7.7に示された箇所に表4.7.5の潤滑油を摘下またははけ塗りを行なう．給油はチェーンの汚れを取り除いてから行なうのが効果的である．チェーンが搬送物に埋まっている，粉体を搬送する，チェーンが高温になるなどの場合には給油を避ける必要があるため，標準仕様のチェーンでは摩耗寿命が極端に短くなる場合があり，特殊仕様のチェーンが必要となる．

チェーンを屋外で使用する場合，雨や雪がかかると油脂分が流れ，有害な腐食が発生する可能性があるのでカバーを取り付けること．もし雨や雪がかかってしまった場合には水分を除去した後で，速やかにチェーンに再給油を行なう．潤滑油には摩耗寿命改善と腐食防止効果を兼ね備えたものを使用するのがよいと思われる．

以上どの使用方法においても，チェーンに対する定期的な給油は必要であり，潤滑油がなくなると摩耗が急速に進行してチェーンの機能が損なわれて使用できなくなる．

（3）ワイヤロープ

ワイヤロープによって伝動する主な機器としては次のものがある．

- 荷役機械（クレーン）
- エレベータ
- 鉱業，土木用巻上げ設備
- 旅客用鋼索交通機器（鋼索鉄道，策道）
- 林業用集材機

これらはいずれもワイヤロープと綱車（機器によってはシーブ，滑車，ロープ車と称している）の摩擦を利用するかあるいはワイヤロープを巻胴（ドラム）に巻き付けて，荷，かご，車両等を動かすものである．

a. ワイヤロープの構成と種類

ワイヤロープは，素線，心綱，ロープグリースにより構成される．素線は，裸素線とめっき素線とがあり，高硬線材 SWRH 37〜82（JIS G 3506）もしくは同等以上の線材が使われる．

心綱には，繊維心，ストランド心およびロープ心があり，柔軟性，潤滑性を必要とする場合には繊維心，高強度あるいは伸びが少ないことを必要とする場合にはストランド心あるいはロープ心のものを用いる．

ロープグリースは，素線，ストランド間のしゅう動，綱車，ドラムとの接触に対する潤滑および防食を目的として製作時に含浸あるいは塗布される．グリースは，ロープの使用に伴って徐々に滲出し機能を果たす．ロープグリースには，一般に赤ロープグリース（不乾性油）と黒ロープグリース（乾性油）とが使われる．それらの性状を表4.7.6に，主成分を表4.7.7[6]に示す．

ワイヤロープの種別としては，表4.7.8に示すものがある．ロープには耐摩耗性，耐疲労性，耐食性，柔軟性等が要求されるが，ロープの種類によっ

表4.7.6 ロープグリースの性状

種類＼項目	比重（D_4^{15}）	反応	滴点，℃	ちょう度（不混和）	引火点，℃	揮発分，%
赤ロープグリース	0.92〜0.97	中性	50℃以上	90〜150	200以上	0.5以下
黒ロープグリース	0.95〜1.00	中性	60℃以上	80〜150	200以上	0.5以下

表4.7.7 ロープグリースの主成分（単位：重量％）　〔出典：文献6〕

種類＼成分名	アスファルト	ペトロラタム	非結晶ろう	潤滑油	安定剤	防錆剤	その他
赤ロープグリース	—	40〜60	5〜15	30〜50	1〜3	2〜5	2〜5
黒ロープグリース	30〜50	5〜15	—	25〜40	1〜3	2〜5	2〜5

表 4.7.8 ワイヤロープの種類 (JIS)

名 称	規格 (JIS)	種別 (強度)
ワイヤロープ	G 3525	E 種 (1 320 N/mm² 級) G 種 (1 470 N/mm² 級)
異形線ロープ	G 3546	A 種 (1 620 N/mm² 級) B 種 (1 770 N/mm² 級)

表 4.7.9 各機器に使われる主なロープ

機 器	主なロープの構成
クレーン	6×Fi(29), 6×WS(36) IWRC 6×Fi(25), IWRC 6×Fi(29) IWRC 6×WS(36)
ケーブルクレーン	18×7, 19×7, 1×19, 1×37 ロックドコイル
エレベータ	6×W(19), 8×S(19), 8×P・S(19)
鉱山巻上機	6×7, 6×19, フロットロープ
旅客用索道	6×WS(36), 6×P・S(19), 6×S(19)
鋼索鉄道	6×F(△+7), 6×F(△+12+12)

て特性が異なるため,機器によってロープを使い分けている.表 4.7.9 に各機器の主な使用ロープを示す.

b. ロープの強度と摩擦・摩耗

ロープの破断荷重は,種類およびロープ径ごとに規格 (JIS) で定められているので,許容荷重はそれと安全率を基に決めることになる.安全率は,表 4.7.10 に示すように法規で定められているので,それを満たした条件にする必要がある (α_1 は静荷重または引張応力に対する安全率,α_2 は動荷重または引張応力と曲げ応力を加えたものに対する安全率).

機器の稼働時には,ロープには引張応力,曲げ応力等が作用するが,便宜的に次の式で計算される.

・引張応力 $\sigma_t = T/A$
$$(4.7.5)$$

ここに,T:ロープ張力,A:ロープの断面積

・曲げ応力[7] $\sigma_b = kE_w \cdot \delta/D$
$$(4.7.6)$$

ここに,k:ロープの構成などによる係数,E_w:素線の弾性係数,D:綱車あるいはドラム径,δ:素線径

ロープが綱車を通過する際の曲げ応力により素線の疲労破断が生じる.ロープの寿命を予測し,交換時期を設定するため,多くの寿命推定式が提唱されている[8〜11].代表的なものとしては Niemann および Zhitkow の式がある.

・Niemann の式[8]
$$N = 170\,000[ab(D/d - 9/a)/(\sigma_t + 4)]^2$$
$$(4.7.7)$$

ここに,N:許容繰返し曲げ回数,a:綱車の溝形状による係数,b:ロープ構成による係数,d:ロープ径,σ_t:引張応力

・Zhitkow の式[9]
$$N = 1.080 \times 10^3/[8.5 C_1 C_2 \sigma_t/(D/d - 8) - 1]$$
$$(4.7.8)$$

ここに,C_1:ロープ構成および素線の引張強さによる係数,C_2:ロープ径による係数

このように,D/d あるいは D/δ の値が小さいと曲げ応力や接触応力が大きくなり,ロープは早く損傷する.したがって D/d,D/δ の値は大きい方がよい.一般的には,D/δ の値はできれば 1 000 以上,なるべくは 600 以上が望ましい.D/d,D/δ の最小値については,関係法規で表 4.7.11 のよう

表 4.7.10 法規で定められたロープの安全率

適用ロープ		α_1	α_2	関係法規
クレーン巻上用		5 以上	―	クレーン等安全規則 クレーン構造規格
ケーブルクレーン	主索	2.7 以上	―	
	巻上用	5 以上	―	
エレベータ主索		10 以上	―	建築基準法
索道 (ケーブルカー) 支索		3 以上	3.5〜5	索道規則
鋼索鉄道 (ロープウェイ)		8 以上	4 以上	鋼索鉄道鋼索
鉱山 起重機	石炭鉱山	6 以上	―	鉱山安保規則
	金属鉱山	5 以上	―	
巻上げ装置	荷車	6 以上	3 以上	
	人車	10 以上	5 以上	
集材機,運材索道	主索	2.7 以上	―	労働安全衛生規則
	巻上索	6 以上	―	

表 4.7.11 D/d,D/δ の最小値

適用機器	D/d,D/δ の最小値	関係法規
エレベータ	$D/d \geq 40$	建築基準法施行令
鉱山巻上機 人車	$D/\delta \geq 650$	鉱山保安法施設認可基準
旅客索道平こう索の誘導滑車 旅客索道えい索の誘導滑車	$D/d \geq 70$ $D/d \geq 80$	索道規則
旅客索道および鉄道鋼索の巻上機主滑車	$D/d \geq 100$	索道規則 索道鉄道鋼索構造基準

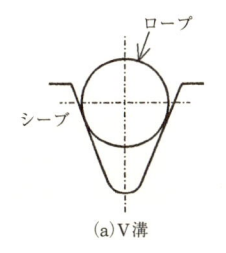

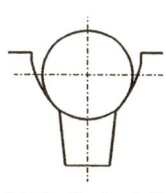

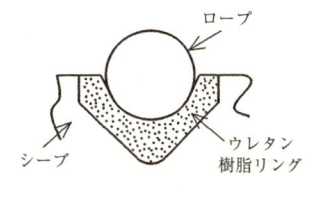

(a) V溝　　(b) アンダーカット溝　　(c) ウレタン樹脂リング装着シーブ

図 4.7.9　エレベータ用綱車の溝

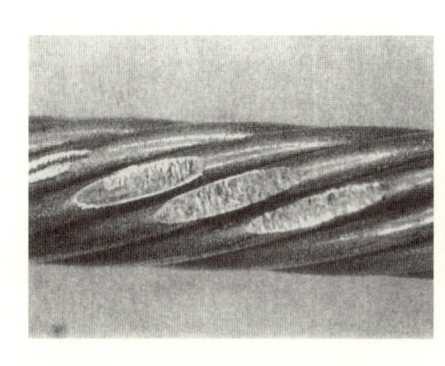

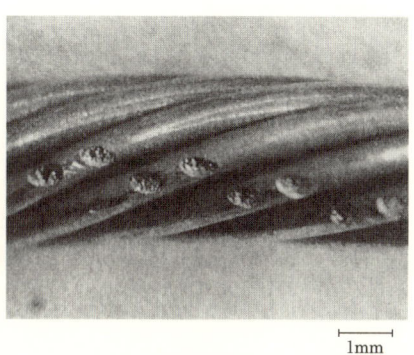

(a) 外部摩耗　　(b) 内部摩耗

図 4.7.10　ロープの摩耗例（1 ストランド）〔出典：文献 14）〕

に定めている．なお，クレーンについては，クレーンの種類，使用するロープ別に D/d の値が細かく規定されている．

ロープで伝動する機器においては，ロープと綱車の摩擦力で機器を動かすため，ロープスリップが生じない条件に設計しなければならない．スリップ限界を与える基本式として次の式[12)]がある．

$$T_1 / T_2 \leq e^{\mu\theta} \qquad (4.7.9)$$

ここに，T_1, T_2：張力，e：自然対数の底，μ：ロープと綱車の間の見掛けの摩擦係数，θ：巻付け角

スリップ限界を高め，機器への積載量をできるだけ大きくしたり，昇降する機器を軽量化するため，高トラクション化が種々図られている．例えばエレベータにおいては，図 4.7.9 に示すように綱車を V 溝あるいはアンダーカット溝にしたり，あるいはウレタン樹脂製のリングを装着する方法[13)] も採用されている．

また，ロープには摩耗が生じる．摩耗には，綱車との摩擦による外表面の摩耗（外部摩耗）とロープ内部におけるストランド間あるいはストランドの素線同士の摩擦による摩耗（内部摩耗）がある．その一例を図 4.7.10 に示す．

ロープの長寿命化を図るため，ストランド心あるいはロープ心のワイヤロープを使用すると，内部断線が外部断線よりも先行する場合があるので注意が必要である．最近は，内部断線防止にストランドとロープ心の間に樹脂の充てん材を入れたロープも開発されている[15)]．

摩耗はロープだけではなく，綱車も摩耗する．ロープと綱車の摩耗の基準については，明確に規定されたものは今のところないが，性能を維持するため限界摩耗寸法を定め，点検，交換を行なう必要がある．

4.7.2　軸継手，スプライン，セレーション
（1）軸継手

原動機側の軸から従動機側の軸へ動力を伝達する際に，前出のクラッチは運転中に 2 軸の連結と切断を行なうのに対し，軸継手は 2 軸を連結して常時動力を伝達する機械要素である．軸継手は，2 軸の軸

心の狂いを許さない固定軸継手，多少の軸心の狂いや傾きを許容するたわみ軸継手，交差軸の場合に使用される自在継手，食違い平行軸の場合に用いられるオルダム軸継手などに分類される．なお，流体継手[16]は動力伝達の媒体として油を用いる継手である．

a. 固定軸継手

この軸継手は，ピンやキーやボルトまたは摩擦によって動力を伝達し，筒形，フランジ固定形，鍛造フランジ形などの種類がある．2軸を完全に一体化するので，運転中の熱変形による偏心，経年変化による据付けの変形，トルク変動などの使用環境の変化によって軸継手に無理がかかり，また衝撃力を吸収できないので，軽負荷低速の場合に使用される．固定軸継手には相対運動を行なう部品がないので，潤滑は必要としない．

b. たわみ軸継手

たわみ軸継手は，構成部品間のすきまやすべりを利用して軸心の狂いを許す補正軸継手（歯車形軸継手やチェーン軸継手など）と，ゴムや金属ばねなどの弾性体を用いる弾性軸継手とに大別される．

にするとともに，耐圧性に優れたグリースまたは油によって潤滑する必要がある．継手の回転速度と径によってグリース潤滑か油潤滑かを設計データ[17]によって選択し，油潤滑の給油孔の個数やその直径は継手の大きさによってその設計資料[18]から選定する．高速回転機械の場合は，強制潤滑を行ない，その際のノズル径，給油圧力および流量は設計線図[19]を用いればよい．

チェーン軸継手は，2軸に取り付けたスプロケットにローラチェーンまたはサイレントチェーンを巻き付けて動力を伝達する軸継手である．図4.7.12に示すローラチェーン軸継手では，一つの共通ピンに2組のローラとリングプレートを用いたローラチェーンを用いている．チェーン各部とスプロケット間にはすべりが生じるので，潤滑が必要であり，グリースを封入し飛散防止カバーを付ける．チェーンに合成樹脂を用いて潤滑不要としたものもあり，食品機械や医療機器などに使用されている[20]．

ゴム軸継手には，図4.7.13に示すような2軸の電気的絶縁が可能なタイヤ形ゴム軸継手など，多く

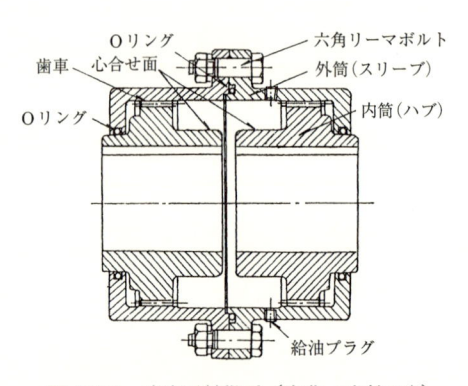

図4.7.11 歯車形軸継手〔出典：文献16)〕

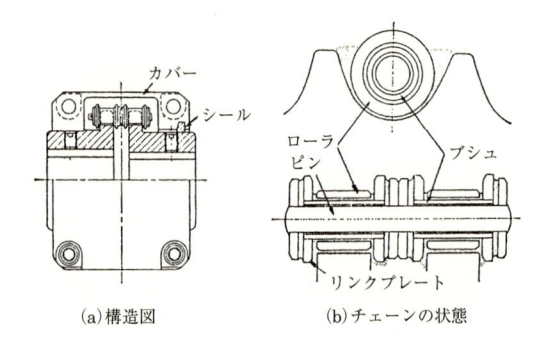

図4.7.12 ローラチェーン軸継手〔出典：文献16)〕
(a)構造図　(b)チェーンの状態

歯車形軸継手は，図4.7.11に示すように，外筒の内歯と内筒の外歯をかみ合わせて動力を伝達する一種の短いインボリュートスプラインである．外歯の歯面を歯すじ方向にクラウニング加工し，歯先を球面加工し，適度なバックラッシを与えることによって，外筒の中心線に対して内筒の中心線は1.5°程度まで傾けることができる．歯車形軸継手は，歯面間ですべりが生じており，また遠心力によって油膜切れや油漏れを起こしやすいので，シールを完全

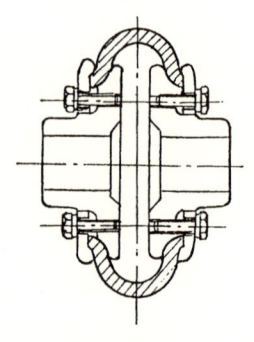

図4.7.13 タイヤ形ゴム軸継手〔出典：文献16)〕

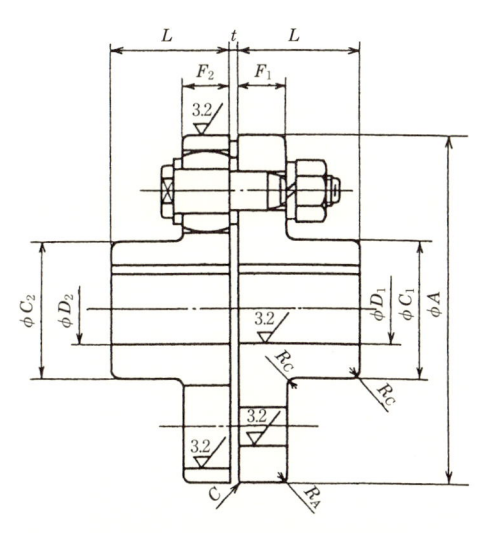

図 4.7.14 フランジ形たわみ軸継手

の種類があり[21]，軸心の狂いの許容値は比較的大きく，衝撃緩和能力や振動吸収能力に優れ，潤滑不要である．図 4.7.14（JIS B 1452）に示すフランジ形たわみ軸継手もゴムを用いた軸継手の一種と考えることができる．継手ボルトにゴムのブシュを装着して左右のフランジを結合し，キーを用いているので伝達動力は大きいが，他のゴム継手に比べて軸心の狂いの許容値は小さい．2軸の心出しを十分に行なわないと，ブシュの摩耗によって著しく寿命が低下する．

金属ばね軸継手は，板ばね，コイルばね，ダイヤフラム，ベローズなどを利用した軸継手である．潤滑は不要であるが，図 4.7.15[21]に示すばねと溝の間ですべりを生じる板ばね形軸継手は潤滑が必要である．

c. 自在軸継手

交差軸に使用される自在軸継手は，原動軸の回転に対して従動軸の回転が変化する不等速形と，変動しない等速形に大別される．

フック形自在軸継手はカルダン形軸継手とも呼ばれ，不等速形である．図 4.7.16 に示すように，十字軸（スパイダ）を介して両軸端のふたまた（ヨーク）がグリース潤滑のニードル軸受によって支持され動力を伝達する．図 4.7.17（JIS B 1454）に示すこま形自在軸継手は，工作機械や産業機械でよく使用され，その基本構造はフック形と同じである．

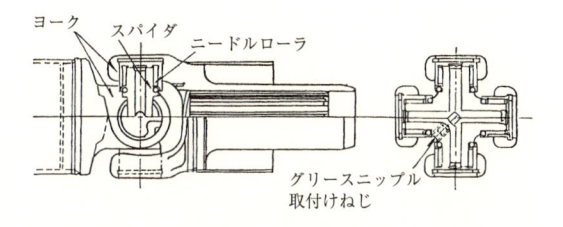

図 4.7.16 フック形自在軸継手〔出典：文献16)〕

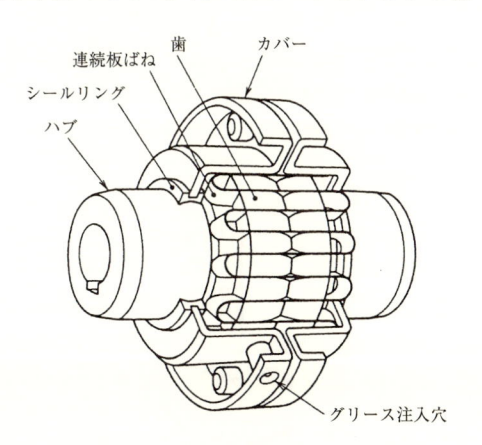

図 4.7.15 金属ばね軸継手（板ばね形）
〔出典：文献21)〕

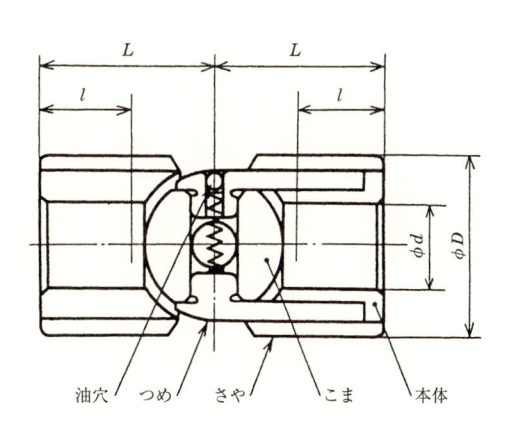

図 4.7.17 こま形自在軸継手

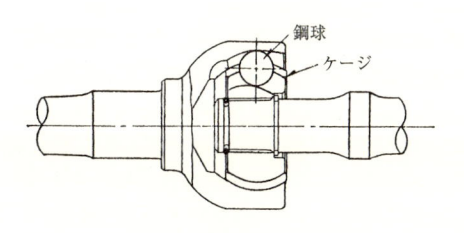

図 4.7.18 等速自在軸継手〔出典：文献22)〕

図 4.7.18[22] に示す等速自在軸継手は，鋼球が 2 軸のなす角の等分面内に常に鋼球が位置するようにした軸継手で，グリースを封入して潤滑する．

d. その他の軸継手

図 4.7.19[22] に示すオルダム軸継手は，原動軸と従動軸が平行であるが軸心が食違っている場合に使用される．フローティングカムが継手本体の溝の中をすべるので，潤滑には十分な注意が必要である．

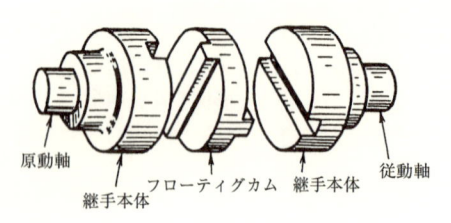

図 4.7.19　オルダム軸継手〔出典：文献 22〕

(2) スプライン

図 4.7.20（JIS B 0006）に示すように，キーに相当する歯を軸ボスに直接設け，はめ込んで使用する継手である．軸方向に移動しながら動力伝達を行なう滑動用と軸方向には固定して使用する固定用のものがある．スプラインは，かみあい面積が大きく接触面圧が小さいので，キーよりも大きな動力を伝達することができ，滑動用スプラインはすべりキーよりも円滑なしゅう動が可能であるが，歯面の摩耗を考慮して歯面圧を制限する設計[22] が行なわれる．

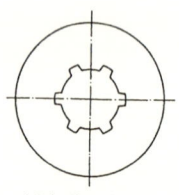

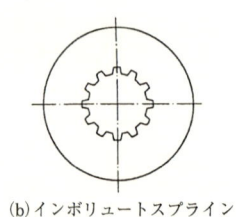

図 4.7.20　スプライン
(a) 角形スプライン　(b) インボリュートスプライン

歯の断面形状によって，角形スプライン，インボリュートスプライン，ボールスプラインがある．角形スプラインには，歯の数が 6, 8, 10 の 3 種類，軽荷重用の 1 形と中荷重用の 2 形がある．重荷重用にはインボリュートスプラインを用いる．

ボールスプラインは，図 4.7.21（JIS B 1193）に示すように，外筒と軸とにボール溝を設け，その中

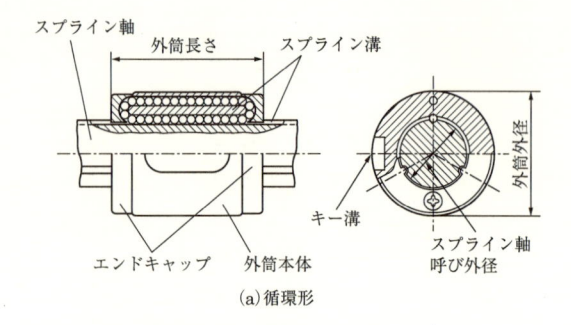

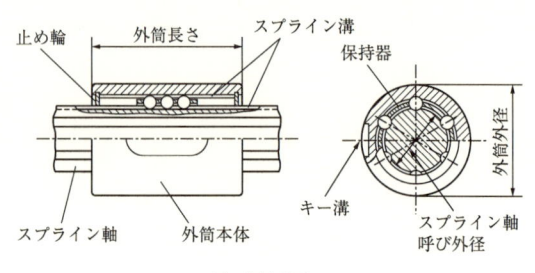

図 4.7.21　ボールスプライン
(a) 循環形　(b) 非循環形

に多数の鋼球を介在させたもので，鋼球は転がり運動をするので，外筒は軸に対して極めて低い摩擦抵抗で移動することができ，動力伝達能力はかなり大きい．さらに，予圧をかけて内部すきまを除去しても摩擦抵抗はさほど増加しない特徴をもっている．同図に示すように，循環形と非循環形があり，後者は移動できるストロークに制限がある．

(3) セレーション

セレーションは，図 4.7.22（JIS B 0006）に示すように，スプラインの歯数を多くして歯の高さを低くしたもので，大きな動力を伝達することができる．スプラインに比較して，すべりが悪いので，軸方向には移動させないで使用するのが普通である．歯の断面形状によって，三角歯セレーションとイン

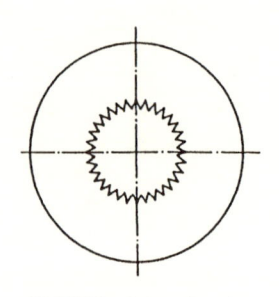

図 4.7.22　セレーション

ボリュートセレーションがあるが，加工精度の観点から三角セレーションはあまり使用されない．

4.7.3 タイヤ
（1）種　類
タイヤの4大機能として，（1）自動車の荷重を支える（負荷荷重性能），（2）制・駆動力を路面に伝える，（3）路面からの衝撃を緩和する，（4）方向を転換・維持する，があり，この4大機能を果たすために，空気入りタイヤであることが重要になっている．

この機能を適用車種の用途に合わせて，許容最大荷重・許容最大空気圧を定め適正な使用条件を推奨している．

タイヤの構造としては，補強層が断面方向に入ったラジアル構造と斜めに組み合わされたバイアス構造があり，最近は，性能メリットがよる大きなラジアル構造が主流になっている．

また路面とタイヤ表面（トレッド）の接触性能には，タイヤトレッドパターンとトレッドゴムの役割が大きく，十分な性能を発揮できるようにトレッドパターンやゴム配合を工夫して，レーシングタイヤとかスタッドレスノータイヤといった商品が世に出されている．

（2）ゴムの摩擦特性
ゴムの摩擦機構については，一般的に接触面でのゴムの分子間引力による凝着摩擦力と，凹凸のある路面をなぞっていくときのゴムそのものの変形によるエネルギーロスで生じるヒステリシス摩擦力で形成される．

そこでタイヤカテゴリーに応じて天然ゴムや合成ゴムとカーボンブラック等の薬品を配合し，タイヤ性能の向上に大きく寄与している．

（3）タイヤの摩擦特性
車速をV，タイヤの周速度をvとすると，スリップ率sは次式で定義される．

制動時：$s=(V-v)/v(V>v)$　　（4.7.10）
駆動時：$s=(v-V)/V(v>V)$　　（4.7.11）

スリップ率と制・駆動力の関係は図4.7.23のようになり，一般的にスリップ率10〜30%で最大制・駆動力を発揮する．

濡れた路面での摩擦を考える場合，図4.7.24のような3ゾーンモデルがよく使われている．タイヤが踏み込むときに水を排除するスクイーズ領域，ト

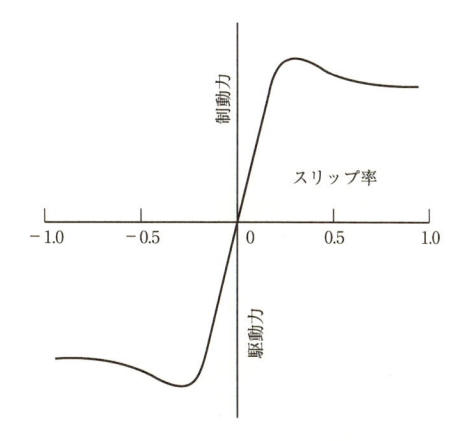

図4.7.23　スリップ率と制・駆動力の関係

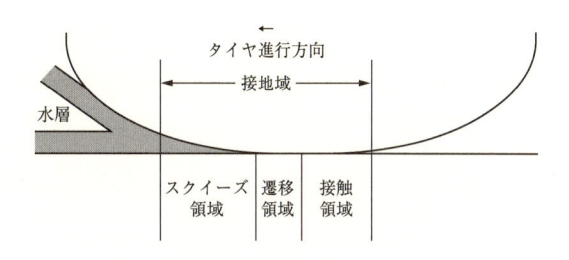

図4.7.24　濡れた路面とタイヤの接触モデル

レッドゴムと路面が直接接触する接触領域，およびその中間の遷移領域である．濡れた路面で良好な摩擦力を得るには接触領域ができるだけ大きいことが必要で，このためには，スクイーズ領域で水をできるだけ排除するようなトレッドパターン設計が重要な役割を果たすことになる．車速が速くなると水の粘性のためスクイーズ領域，遷移領域が広がり，接触領域が狭くなり，遂にはタイヤが水膜に浮いた状態で大変危険である．この現象をハイドロプレーニングと呼んでおり，雨天時の高速走行で事故に直結する問題である．

図4.7.25で示すように濡れた路面では，速度が40 km/hから80 km/hと2倍になることで制動距

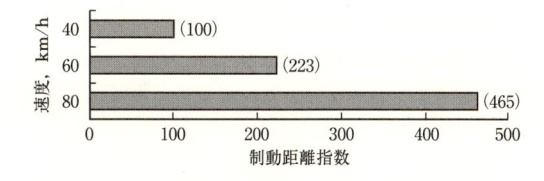

図4.7.25　速度と制動距離（水深2 mm，新品）

離が4.7倍にもなる．

さらに濡れた路面で長時間使用により摩耗したタイヤは極端にすべりやすくなり図4.7.26のように制動距離が増加するので，安全走行上わが国ではタイヤトレッド溝深さ1.6 mm以上（乗用車用タイヤの場合）と法令で定められている．

```
タイヤサイズ：185/70R13  SF-226
車    両：FF車1800CC
テスト場所：プルービンググラウンド
```

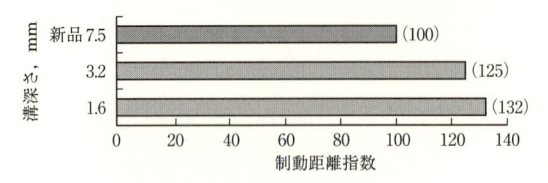

図 4.7.26　タイヤの摩耗と制動距離
（速度 80 km/h，水深 2 mm）

表 4.7.12　路面の種類と摩擦係数の範囲

路面の種類	摩擦係数の範囲	
	乾　燥	湿　潤
コンクリート舗装	1.0～0.5	0.9～0.4
アスファルト舗装	1.0～0.5	0.9～0.3
砂　利　道	0.6～0.4	—
鋼　板　等	0.8～0.4	0.5～0.2
積　雪　路　面	—	0.5～0.2
氷　路　面	—	0.2～0.1

（4）環境条件の影響

タイヤトレッドと路面の間の摩擦係数は路面の状況によっても大幅に異なる．表4.7.12は建設省土木研究所の測定例である．ここで，氷雪上では摩擦係数が極端に低下し，通常のタイヤでは安全走行を確保できない．従来，冬道の運転では凍結路での摩擦力を確保するためにスパイクタイヤが主流であったが，スパイクタイヤ粉じん発生防止法（平成3年4月1日）により，スパイクタイヤは原則的に指定地域において使用が禁止となった．そのため，凍結路の性能に優れるトレッドコンパウンド（ゴム）をもたせ，トレッドパターンのエッジ作用（エッジで路面を引っかくはたらき）によって起動力，摩擦力を発揮させたスタッドレスタイヤが普及してきた．

4.7.4　車輪とレール

リニアモータ駆動を除く従来方式の鉄道では，すべて車輪/レール間の摩擦力（トラクション）すなわち粘着力を利用して駆動し，またブレーキ力を伝えている．そして，鉄道の高速化に際して粘着の問題が常に重要な関わりをもつ．「粘着力」とは，車輪/レール接触部分で接線方向に伝えられる力を意味し，鉄道固有の用語として用いられる．

粘着力利用というトライボロジーシステムとしてみた場合，表4.7.13のように，システム構成要素は車輪，レールおよびその間に介在する物質，さらに周囲の空気となる．その機能としては動力の伝達と案内であり，転がり＋微小すべりが運動形態である．そして，運転条件変数は速度および荷重すなわち輪重となる．輪重は車輪とレールの形状・寸法を介して接触圧に変換される．一般にヘルツ最大接触圧は 500～1 000 MPa 程度である．

車輪/レール転がり面で接線力が伝えられると，わずかなすべりが生じ，接触面内において伝達される力に対応して変化するすべり領域と固着領域が存在する（図4.7.27）．いま，走行している車輪にトルクが加えられると伝達される力（接線力）は，すべり率が増えるとともに増加し，あるすべり率のもとで飽和する．その後は負荷トルクの増加とともにすべり率（すべり速度）が急増する巨視すべり領域に移行し，駆動時には空転，ブレーキ時には滑走という状態になる．ここで，伝達される最大の接線力を接触荷重で除した値が粘着係数といわれるものである．

すべり率とともに接線力が増える領域はクリープ

表 4.7.13　レール/車輪間の粘着力利用システム

システムの機能		動力の伝達・案内		
運動形態		転がり＋微小すべり		
運転条件変数		荷重（輪重→ヘルツ圧），転がり周速度		
システム構成要素				
構成要素の特性		①車　輪	②レール	③介在物	④空気
	寸法・形状	直　径 780～910 mm	断曲曲率 R 300, R 600	種類：水，雪氷，油，さび，摩耗生成物	温度 湿度
	材　質	車輪鋼 C：0.67～0.75	レール鋼 C：0.63～0.75		
	硬　さ	H_s：37～52	H_s：36～50	性質：粘度 境界潤滑性	
	表　面　粗　さ				

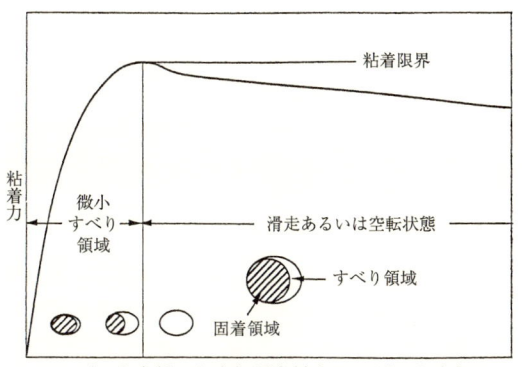

図4.7.27 車輪がレール上を転動するときの力の伝達
（粘着力の発生機構）　〔出典：文献28〕

領域と呼ばれ，車輪・レールの接線方向の弾性歪をすべり率に対応させることによって，伝達される力とすべり率の関係が弾性接触理論により求められる．鉄車輪・レールでは，ゴムタイヤのように弾性変形が大きくないためにクリープ領域はごく狭く，すべり率が0.1%のオーダで接線力は飽和する．図4.7.28は，高速転動試験装置により乾燥状態で得たすべり率と接線力係数（接線力/荷重）の関係を示した一例で，図中の理論値は二次元弾性接触理論によって次式から求められる[23,24]．

$$\xi = \frac{4}{\pi a}\frac{1-\nu}{G} f_{\max}^{1/2} W \{ f_{\max}^{1/2} - (f_{\max}^{1/2} - f)^{1/2} \} \quad (4.7.12)$$

ここで，ξ：すべり率，$f_{\max}$：最大接線力係数（粘着係数），f：接線力係数，a：ヘルツ接触半幅，W：単位長さあたりの接触荷重，ν：ポアソン比，G：横弾性係数である．

　実際の車輪・レール接触では，接触面がだ円になり線接触とは異なるが，駆動やブレーキの場合の粘着力の挙動をトライボロジーの面から研究する際には円筒接触条件で検討することが多い．一方，鉄道車両の運動力学の分野で輪軸や台車の蛇行動特性を扱う場合には，すべり率に対する接線力がクリープ力という形で解析モデルの中に導入され，その際，転がり方向とともに，それと直角な成分ならびに接触面に垂直な軸のまわりの成分すなわちスピンも考慮に入れられる[25,26]．

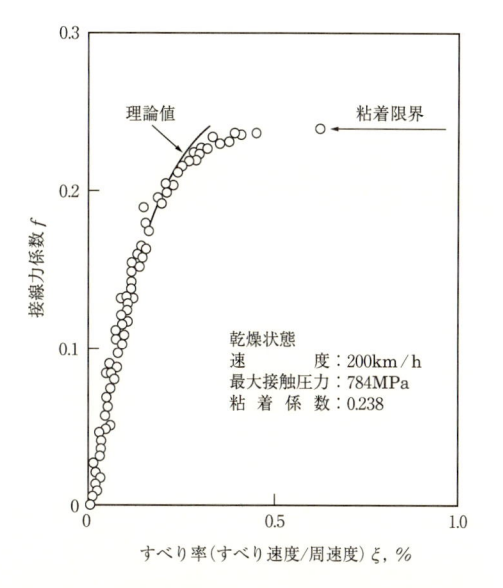

図4.7.28 乾燥状態におけるすべり率と接線力係数の関係（実験値）　〔出典：文献28〕

　実際の車輪とレールの表面は乾燥状態から潤滑状態まで広く変化する．また，鉄道の高速化に際して粘着が問題となるのは，粘着係数が速度の上昇とともに低下するという現象が出てくるためである．図4.7.29は，その一例としてレール湿潤時に測定された新幹線電車（200系）の粘着係数を示したものである．この図で，散水した先頭車に比較して列車中間部の粘着係数の高いことが注目される[27]．

　このように，実際に測定される粘着係数は種々の要因のためにばらつきが大きい．そこで，新幹線車両の設計や運転計画においては次式の計画粘着値が用いられている．

計画 $\mu = \dfrac{13.6}{V+85}$

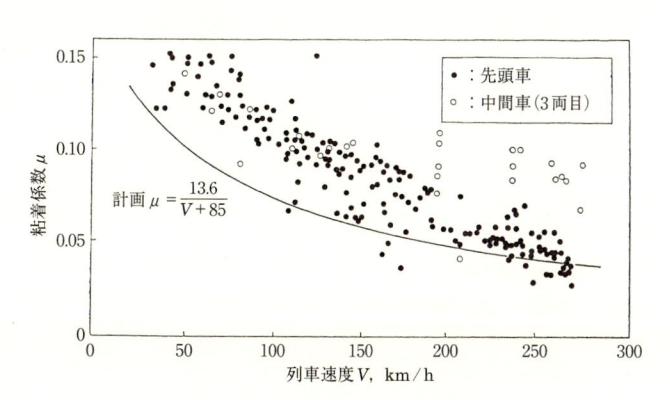

図4.7.29 新幹線車両（200系）における粘着係数の測定例（レール湿潤時）　〔出典：文献28〕

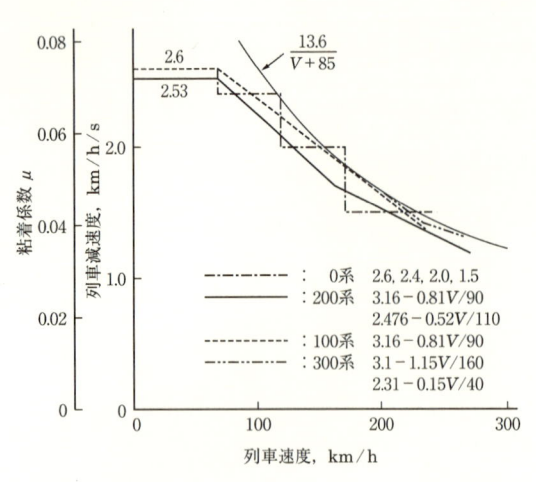

図4.7.30 新幹線車両の減速度設定値〔出典：文献28)〕

$$\mu = 13.6/(V+85) \quad (4.7.13)$$

ここで，μ：粘着係数，V：列車速度（km/h）である．この計画粘着値は，レール湿潤状態での粘着係数の下限値を定めるもので，これまで各形式の新幹線車両は図4.7.30のようにこの値に沿ってブレーキ時の減速度が設定されてきた．

一方，日本の在来線ではブレーキ距離600 mの規定があるため，最高速度を上げる場合には，この距離を確保するための減速度γ(km/h/s)が設定され，それに対応して必要な粘着係数は次式により求められる．

$$\mu = \gamma/3.6g \quad (4.7.14)$$

ここで，g：重力加速度（9.8 m/s²）である．

粘着係数がブレーキ減速度の必要値を下回るときには，車輪が滑走し，遂には固着（停止）してしまうため，車輪踏面にフラットやそれが起点となって進展したはく離などが発生する．これを防止するためには，厳しい表面条件でも粘着力の低下を抑え，また，存在する粘着力を有効に利用するための制御技術が重要となる．後者は滑走を検知しブレーキ力を制御する技術であるが，前者はトライボロジーに関連する技術となる．

トライボロジーの観点からの研究結果によると[25,28]，乾燥状態では酸化被膜など影響により粘着係数はばらつくものの，300 km/h以上の高速域まで低下する傾向はない．速度効果が顕著に現われるのは水が接触面に介在する場合で，そのメカニズムは，弾性流体潤滑作用に基づく水膜の形成により表面の微小突起の接触が減少することに帰せられる．

油などの微量な潤滑物質が付着した場合には，全速度域で粘着係数は低下するが，速度の影響はない．また，実際現象として雨の降りはじめに粘着係数が低下するのは，水の界面化学的作用により微小突起間の摩擦係数が低下するためと考えられる．

このようなトライボロジー上の知見をもとに，水が介在する場合の粘着係数を向上するためには車輪表面に適当な粗さを形成することが有効で，新幹線電車で実用化されている増粘着研磨子や在来線車両の踏面ブレーキとしての増粘着制輪子や鋳鉄制輪子などが，その目的に用いられている[28]．さらに，セラミック粒子（アルミナ）をレール表面に高速噴射する方式も開発され，それによって境界潤滑膜を破るとともに粗さを形成することで，水潤滑状態において大幅な粘着係数の向上が達成されている[29]．

4.7.5 超音波モータ

超音波モータとは，周波数20 kHz以上の超音波領域の弾性振動により，摩擦を介して駆動力を取り出すモータである．このような機械振動を利用したモータは，旧ソ連で精力的に研究されていたが[30]，日本でも指田により試作されて以来[31]，多くの精力的な研究がなされている．

（1）動作原理

いま，図4.7.31に示すように，超音波振動をする弾性体（ステータ）に，可動体（スライダあるいはロータ）が力Wで押し付けられているとする．さらに，ステータ上のある接触点が，z軸方向，x軸方向にそれぞれ

$$\left.\begin{array}{l} u = u_0 \cos \omega\tau \\ w = w_0 \cos (\omega\tau - \phi) \end{array}\right\} \quad (4.7.15)$$

で振動しているとする．ここでu_0，w_0はそれぞれの軸方向の変位振幅，ωは駆動周波数，τは時間，ϕは位相差を示す．いま，位相差ϕを90°にする

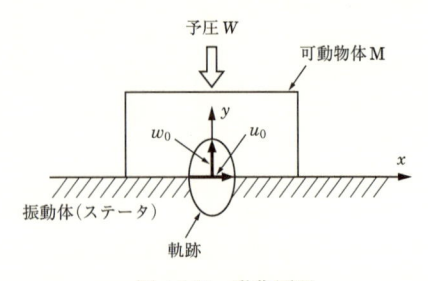

図4.7.31 動作原理

と，この点はだ円を描く．さらに，ωをステータの固有振動数付近（超音波領域）にすると，振動数が高いため可動体は浮いた状態になる．このとき，このだ円の頂点付近で両者は接触し，摩擦により可動体は駆動される．可動体の受ける駆動力Fは，ステータと可動体間の摩擦係数をμとすると

$$F = \mu W \qquad (4.7.16)$$

で表わされる．一般にμは0.2程度である．

このように，超音波モータとは，ステータの接触点をだ円運動させて，だ円の頂点付近で可動体を摩擦駆動し，それ以外のだ円の軌道で可動体から離脱させるサイクルを繰り返すアクチュエータである．

(2) これまでに開発された様々な超音波モータ

これまで超音波モータとして様々なものが試作された．いずれも，圧電素子に交番電圧をかけて得られる超音波領域の振動を利用している．以下に，代表的なものを挙げる．

a. 振動片型モータ

これは，ランジュバン型振動子の先に取り付けられた振動片の縦振動とたわみ振動を利用し，振動片にだ円運動を描かせて，わずかに角度をなすロータにあてて駆動する．効率も高く，出力も大きいが，振動片先端の磨耗が激しい欠点がある[31]．

b. 進行波型回転モータ

これは，円環のたわみ振動による進行波を利用した回転モータである（図4.7.32）．裏面に位相が90°ずれた2組の圧電素子を張り付け，円環の共振を利用してだ円振動の振幅を大きくしている．極めて簡単な構造であり中心部を空にできるため，カメラのオートフォーカス等に広く使われている[32]．

c. 円筒型モータ

これは円筒の曲げ振動のモードを利用したモータである．極めて小型の超音波モータ（外径2.4 mm，内径1.9 mm，長さ10 mmの円筒に，厚さ8 μmの圧電素子を被膜）を作ることができる[33]．

d. 球面超音波モータ

これは複数の円環状の進行波型超音波モータで，球状のロータを保持・駆動するもので3自由度の回転ができる多自由度モータである[34]．

このほか，リニア超音波モータ[35]など様々な方式がある．従来の電磁モータに比べ，低速回転高トルク，電源オフ時の高保持トルク，無電磁波，静粛性，高精度な位置決め，形状が自由にとれるなどの特徴を有するため広い分野への応用が期待されている．

4.7.6 紙送り

(1) 摩擦駆動搬送の基本要素

図4.7.33にローラによる摩擦駆動搬送の基本要素を示す[36]．(a)ニップ搬送は，従動ローラや平板で記録紙を駆動ローラに押圧し接触部（ニップ部）に生じる摩擦力で搬送する要素である．(b)ローラ外周搬送は，記録紙をその張力により駆動ローラの外周面に密着させ接触面に生じる摩擦力で搬送する要素である．これらの搬送要素では，押圧力や記録紙の前後張力により，駆動ローラに弾性変形が生じ，搬送速度は変動する[36~39]．

実際の搬送系はこれら二つの基本搬送要素の組合

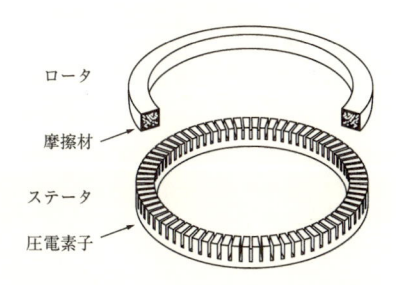

図4.7.32 円環型モータの構造

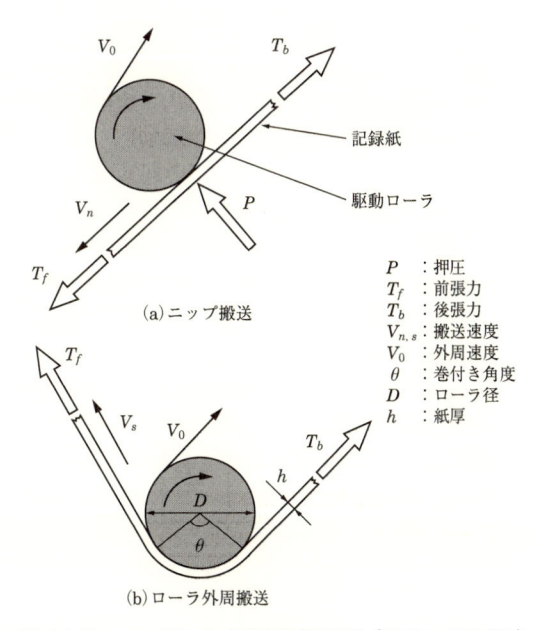

図4.7.33 ローラによる基本搬送要素〔出典：文献36)〕

P：押圧
T_f：前張力
T_b：後張力
$V_{n,s}$：搬送速度
V_0：外周速度
θ：巻き付き角度
D：ローラ径
h：紙厚

せにより構成されており，その設計に当たっては，各要素での搬送特性を考慮する必要がある．

（2）搬送特性
a. ニップ搬送

ニップ搬送要素〔図4.7.33(a)〕での押圧 P とローラ外周速度で基準化した搬送速度 V_n/V_0 との関係を，記録紙の前後張力差 $T_f - T_b$ をパラメータとして測定し，その一例を図4.7.34に示す．測定範囲において以下の特性が見られる．

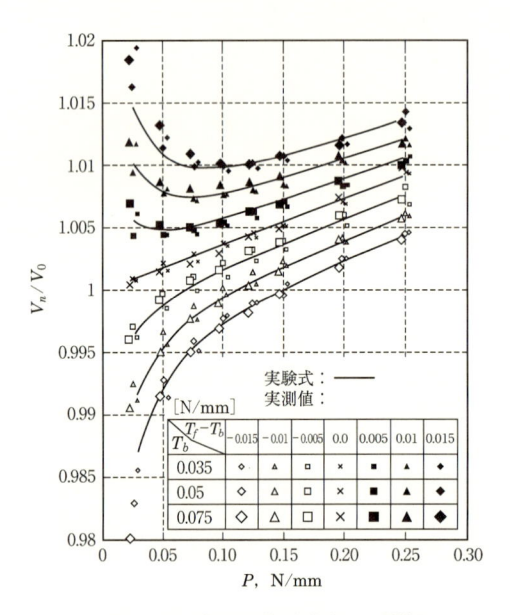

図4.7.34 押圧と搬送速度との関係

（1）記録紙の前後張力差が0の場合，搬送速度は押圧の増加とともに直線的に増加し，その起点は $V_n/V_0=1$，すなわち変形の生じていないときの駆動ローラ外周面速度と一致する．

（2）記録紙に前後張力差を与えたとき，搬送速度は押圧の増加とともに同じ傾きをもつ直線群に漸近し，これら各漸近直線のシフト量は前後張力差にほぼ比例している．

（3）各前後張力差に対応する漸近線からの搬送速度のずれ量は前後張力差に比例し，押圧に反比例する関係にある．

これらの特性を数式で表わすと式(4.7.17)に示す実験式を得る[36]．

$$\frac{V_n}{V_0} = k_1 P + k_2 (T_f - T_b) + k_3 \frac{T_f - T_b}{\mu P} + 1 \quad (4.7.17)$$

ここで，μ は記録紙とローラ間の摩擦係数，k_1，k_2，k_3 は実験定数である．これら実験定数は用いるローラの剛性，形状などにより決まる固有の値である．また，図4.7.34の実線は式(4.7.17)により求めた特性曲線である．

b. ローラ外周搬送

ローラ外周搬送要素〔図4.7.33(b)〕での記録紙前後張力比 T_f/T_b とローラ外周速度で基準化した搬送速度 V_s/V_0 との関係を，巻付け角 θ をパラメータとして測定し，その一例を図4.7.35に示す．測定範囲において，前後張力比の増加とともに搬送速度は対数関数的に増加し，その増加率は巻付け角が大きいほど小さい．また，前後張力が等しい（$T_f/T_b=1$）とき記録紙はローラ外周面上ですべりなく搬送されるが，その速度はローラ外周速度と等しくなる値（$V_s/V_0=1$）から δ だけ大きい値となっている．これは記録紙がローラに巻き付くことにより記録紙の接触面が曲げ変形して縮み状態となるためであり，シフト量 δ は記録紙の厚さ h とローラ径 D により $\delta = h/D$ で与えられる．

これらの特性を数式で表わすと式(4.7.18)に示す実験式を得る[36]．

$$\frac{V_s}{V_0} = k_4 \frac{\ln(T_f/T_b)}{\mu \theta} + \frac{h}{D} + 1 \quad (4.7.18)$$

ここで，μ は記録紙とローラ間の摩擦係数，k_4 は実験定数である．図4.7.35の実線は式(4.7.18)により求めた特性曲線である．

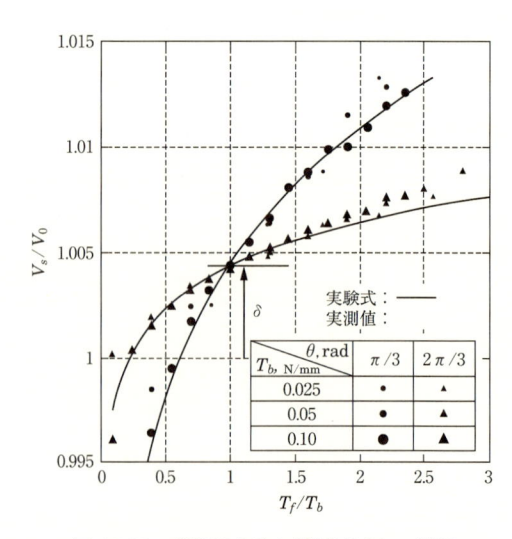

図4.7.35 前後張力比と搬送速度との関係

文　献

1) 木村好次：トライボロジーデータブック，(株)テクノシステム (1991).
2) ベルト伝動技術懇話会編：ベルト伝動の実用設計，養賢堂 (1996).
3) 田中久一郎：摩擦のおはなし，日本規格協会 (1985).
4) 籠谷正則：日本機械学会論文集 (C 編), **56**, 527 (1990-7).
5) 日本規格協会：JIS B 1801-1997, 28.
6) ワイヤロープハンドブック編集委員会：ワイヤロープハンドブック (1995) 171.
7) 機械設計便覧編集委員会：機械設計便覧 (1973) 1588.
8) G. Niemann : Umdruck Nr. 23 des Lehrsfuhls fur Maschinenelemente der T. H. Braunschweig (1946).
9) D. Zhitkov & I. Pospekhov : Drahtseile, VEB Verlag (1957).
10) 本田武信：資源・素材関係学協会合同秋季大会化研究会資料 (1988) 25.
11) 菊池正晃・矢野利行・中川俊明・海田勇一郎・栗原洋：材料試験技術, **39**, 1 (1994) 60.
12) 木村武雄：最近のエレベータ・エスカレータ (1962) 97.
13) 内田　猛・菊池正晃・豊嶋順彦：東芝レビュー, **44**, 11 (1989) 867.
14) 菊池正晃：トライボロジスト, **41**, 8 (1966) 629.
15) 坂本洋志・岡畑成樹・森野　徹・辻　良治：資源・素材学会 '97 (札幌) (1997) 156.
16) 日本潤滑学会編：潤滑ハンドブック (改訂版), 養賢堂 (1987) 1067.
17) M. J. Neal Ed. : The Tribology Handbook, Butterworths (1973) B 4.1.
18) J. D. Summer-Smith : A Tribology Casebook (A Lifetime in Tribology), Mechanical Engineering Publications (1997) 141.
19) E. R. Booser : CRC Handbook of Lubrication (Theory and Practice of Tribology), Vol. II Theory and Design, CRC Press (1984) 565.
20) 機械設計便覧編集委員会編：機械設計便覧 (第 3 版), 丸善 (1992) 575.
21) 機械システム設計便覧編集委員会編：JIS に基づく機械システム設計便覧, 日本規格協会 (1986) 584.
22) 日本機械学会編：機械工学便覧 (新版), 日本機械学会 (1985) B 1-102.
23) F. W. Carter : Proc. Roy. Soc. Ser. A, **112** (1926) 151.
24) 大山忠夫・丸山弘志：潤滑, **27**, 10 (1982) 758.
25) 大山忠夫・石井弘明：トライボロジスト, **39**, 4 (1994) 300.
26) J. J. Kalker : Three-Dimensional Elastic Bodies in Rolling Contact, Kluwer Academic Publishers (1990) 185.
27) 内田清五・小原孝則：鉄道総研報告, **7**, 3 (1993) 41.
28) 大山忠夫：機械の研究, **48**, 10 (1996) 1075.
29) 大野　薫・伴　巧・小原孝則：トライボロジスト, **41**, 12 (1996) 973.
30) K. Ragulskis, R. Bansevicius, R. Barauskas & G. Kkulvietis : Vibromotors for precision microrobots, Hemisphere publishing corporation (1988).
31) 指田年生：応用物理, **51** (1982) 713.
32) 伊勢悠紀彦：音響学会誌, **43** (1987) 43.
33) 黒沢　実：精密工学会誌, **11**, 9 (1995) 1223.
34) 遠山茂樹・張　国強・杉谷　滋・長谷川慎一, 中村和人・宮谷保太朗：超音波モータを用いたロボット用アクチュエータの開発, **13**, 2 (1995) 235.
35) 大西一正・山越賢乗：超音波リニアーアクチュエータの一検討, 音響講論 II (1989) 659.
36) 福本　宏：トライボロジスト, **42**, 5 (1997) 357.
37) 武田文夫・吉田　隆・佐藤達成・山本幸生・大嶺　勉：日本機械学会情報・知能・精密機器部門講演会論文集, **920**, 67 (1992) 107.
38) 西村国俊：精密機械, **47**, 4 (1981) 32.
39) T.-C. Soong & C. Li : Trans. ASME J. Appl. Mech., **48** (1981) 889.

第 5 章　密封要素

5.1　種類と特徴

機器からの流体の漏洩の防止または軽減，外部からの異物や流体の浸入の防止を目的として用いられる機械要素を総称して密封装置（シール）と呼ぶ．密封装置は機器の性能・機能・信頼性の維持に直接関係するのみならず，環境保護，省エネルギーの面からも重要な機械要素といえる．したがって，用途，使用条件に応じて作動原理，形状，材質などの異なる多種多様のシールが開発され使用されている．表 5.1.1 に代表的な密封装置の種類を汎用使用方式とともに示す．

各密封装置の使用限界は，密封流体の種類，その物理化学的特性，シール構成材料・構造，シール取付け機器の種類・精度・寸法，雰囲気，機器の起動停止頻度，潤滑方式などによって大きく相違する．したがって，シールの種類の選定に当たっては，各シールの特性を十分に理解し，シールの使用環境を含めた使用条件，使用目的などを正確に把握することが必要不可欠となる．なお，密封部分の設計に当たっては，密封流体圧力以外の無理な力が密封装置に作用しないように注意せねばならない．

表 5.1.1　密封装置の分類

密封装置の構造と種類			運動形態		シール面		適用流体	
			回転	往復	円筒面	端面	液体	気体
静止用シール ガスケット	非金属ガスケット	Oリングガスケット	—	—	●	●	●	●
		角リングガスケット	—	—	●	●	●	●
		シートガスケット	—	—	●	●	●	●
		ジャケットガスケット	—	—	●	●	●	●
		液状ガスケット	—	—	●	●	●	●
	セミメタリックガスケット	金属被覆ガスケット	—	—	—	●	●	●
		渦巻形ガスケット	—	—	—	●	●	●
	金属ガスケット	金属平形ガスケット	—	—	—	●	●	●
		のこ歯ガスケット	—	—	—	●	●	●
		金属波形ガスケット	—	—	—	●	●	●
		金属リングガスケット	—	—	—	●	●	●
		メタル中空Oリング	—	—	—	●	●	●
		金属積層ガスケット	—	—	—	●	●	●
運動用シール パッキン	接触式シール	セルフシール型	リップパッキン	オイルシール	●	●	●	—	●	●
				Uパッキン	●	●	●	—	●	●
				Vパッキン	●	●	●	—	●	●
				Lパッキン	●	●	●	—	●	●
				Jパッキン	●	●	●	—	●	●
			スクイーズパッキン	Oリング	●	●	●	●	●	●
				Xリング	●	●	●	●	●	●
				Dリング	●	●	●	●	●	●
				Tリング	●	●	●	●	●	●
		単純圧縮型	メカニカルシール	●	—	—	●	●	●
			グランドパッキン	●	●	●	—	●	●
		浮動型	ピストンリング	—	●	●	—	●	●
			セグメントシール	●	●	●	—	●	●
	非接触式シール	すきま制御型	メカニカルシール	●	—	—	●	●	●
			浮動ブシュシール	●	—	●	—	●	●
		すきま非制御型	ラビリンスシール	●	—	●	—	●	●
			固定ブシュシール	●	—	●	—	●	●
			ビスコシール	●	—	●	—	●	—
			遠心シール	●	—	—	●	●	—
			磁性流体シール	●	—	—	●	—	●
	膜遮断式シール	ダイヤフラム		—	●	—	—	●	●
		ベローズシール		—	●	●	—	●	●

5.1.1　静止用（固定用）シール

相対運動の存在しない面間に用いられるものを静止用（固定用）シール（ガスケット）と呼ぶ．ガスケットは，フランジの間に挟み，ボルトなどで締め付けることによって流体の漏れを防ぐシールである．機器の使用条件（密封流体，温度，圧力，密封部分の形状など）によって

種々の材質，形状のものが開発されている．

（1）非金属ガスケット

非金属ガスケットは，合成ゴム，樹脂，黒鉛，石綿，紙などの軟らかい材料で作られているため，ソフトガスケットとも呼ばれ，300°C，3 MPa 程度以下の範囲で使用されている．高分子材料から作られたOリングがその代表例である．

シートガスケットは，上記各種材料単体あるいは複合材のシートを打ち抜いたものである．

ジャケットガスケットは各材料の特性を生かすために，非金属ガスケットの表面を高分子で被覆したものである．

密封面に塗布して，密封面の凹凸部を充てんし，密封を行なう液状のシール材料を液状ガスケットまたはシーラントという．液状ガスケットは，高分子物質を主成分とし，これに充てん剤，可塑剤，溶剤などを加えて液状にし，使用後も容易に取り除くことができるように製造されたものであり，単独あるいは固体ガスケットと併用して使用される一種の接着剤である．

（2）セミメタリックガスケット

金属と非金属を組み合わせて作られたガスケットの総称で 500°C，10 MPa 程度の範囲で使用される．

メタルジャケット（金属被覆）ガスケットは緩衝材としての非金属材料の周囲あるいはその一部を金属薄板で被覆したものであり，高温で比較的低圧のシールに用いられている．

渦巻形ガスケットはV字形やM字形断面の金属薄板（フープ）と使用条件に応じて選ばれた緩衝材（フィラー）とを重ね合わせて渦巻き状に巻き込み，巻き始めと巻き終わりのフープをスポット溶接で固定したものである．すなわち，金属のばね作用とフィラーの緩衝性，シール性を組み合わせたガスケットといえる．メタルジャケットガスケットよりも高圧に耐えるため，一般には，高温高圧流体に使用する管フランジ間に挿入して用いられている．

（3）金属ガスケット

金属ガスケットは，非金属ガスケットやセミメタリックガスケットが使用できない高温・高圧・極低温・高真空などの過酷条件下で使用されている．

金属平形ガスケットは圧延金属板から所定の寸法に仕上げたものであり，フランジが溝形やはめ込み形にできない継手部分などに用いられる．密封面の平行度と表面粗さの良好さが要求され，大きい締付け力を必要とする．

のこ歯ガスケットは金属板の両面に突起を付けたもので，密封面とは多同心円の線接触となるため，接触面積が小さく平形よりも低い締付け力で密封可能である．しかし，ガスケット交換時には密封面を研磨する必要がある．

金属波形ガスケットは同心円の波形を付けた金属の薄板である．

金属リングガスケット（リングジョイントガスケット）は線接触でシール機能を維持するとともに，密封流体の圧力を利用してシール面の接触圧力を高める自封機能をもっている．メタル中空Oリングは金属チューブをリング状に溶接し，その外側に銀めっきなどを施したもので，比較的低い締付け力で高いシール性が維持できる．

メタル中空Oリングには高温での変形を防止する目的で不活性ガスを中空部に封入した圧力封入型や，密封圧力側に小孔を数個あけ，小孔から浸入した圧力流体によって締付け圧力とバランスさせることによってシール性の向上を図ったバランス型がある．中空O形断面の一部を取り除いてC型断面にしたものもある．

金属積層ガスケットは金属板を柔軟性の確保を考慮して数枚重ね，組み合わせたガスケットであり，エンジン用ガスケットとして使用されている．

5.1.2 運動用シール

相対運動の存在する面間の密封に用いられるシールを運動用シール（パッキン）と呼ぶ．その運動形態により往復運動用シールと回転運動用シールに大別される．また，稼働時にすきまの確保が保証されないシールを接触式シール，保証されたシールを非接触式シールという．接触式シールは，非接触式シールと比較して密封性が格段に優れているが，密封面の表面損傷の防止を考慮せねばならない．すなわち，密封と潤滑との最適バランスを図ることが必要となる．

往復運動用シールにおいては，ピストンに装着して（シリンダ表面としゅう動）用いられるものをピストンパッキン（シール），シリンダ側に装着して（ロッド表面としゅう動）用いられるものをロッドパッキン（シール）と呼ぶ．ごみや異物のある環境で使用される場合には，ダストシール（ワイパリング，スクレパーリングなど）や防塵ベローズなどを併用することが必要である．

(1) 接触式シール

a. リップパッキン

シール面に非対称のくさび状断面のリップをもち、これを相手面に適当な締め代で押し付けて流体を密封するパッキンの総称である。密封流体の圧力の増減に応じて接触面圧が自動的に増加・減少するように工夫されており、その断面形状からUパッキン、Vパッキン、Lパッキン、Jパッキンなどと呼ばれており、合成ゴム、樹脂、皮革などで作られている。

Uパッキンは、内外径部にリップを備え、断面がU字形に大きくくぼんだ溝をもつパッキンの総称である。リップパッキンの中では最も使用頻度が高い。密封流体圧力が増加すると、リップの反対側のヒール部まで変形し、しゅう動面全体が相手面に密着するようになる。さらに、ヒール部がすきま部へはみ出すことがあるので、バックアップリングが併用される。なお、Uパッキンには、ロッドシールとしてもピストンシールとしても使用できるようにした対称形のものと、しゅう動側、非しゅう動側リップの特性を考慮した非対称形のものとがある。

Vパッキンは、内外径部にリップを備え、断面形状がV字形をしたパッキンである。密封圧力に応じて数個を重ねて、雌および雄アダプタに挟み、これをパッキン押さえで締め付けて使用するため、高圧にも耐えるが、一般に摩擦抵抗が大きい。

Lパッキンは、カップパッキンまたは皿パッキンとも呼ばれ、カップ形のピストンパッキンで外径側のリップで密封を行なう成形パッキンである。

Jパッキンは内径側のリップで密封を行なうフランジ形の成形パッキンである。フランジパッキンまたはハットパッキンともいう。

b. オイルシール

金属環とゴム材料でできたくさび状の非対称断面形状をもつリップ先端を軸表面にばねで押し付けることによって流体を密封する装置である。機構が簡単で密封性も優れているため、広範囲に用いられている代表的シールであるが、耐圧限界は比較的低く、普通 0.03 MPa 程度である。主に回転軸に対して用いられるが、ハウジングが回転する場合や、往復運動用シールとしても使用される。はめあい部は、オイルシールのハウジングへの固定と、その部分からの漏洩防止機能をもち、金属環ゴムで被覆されているものもある。リップ形パッキンの一種であるが、ばねによって緊迫力を設定できるため、リップパッキンに比較して高周速で使用できる。ばねのないオイルシールもあるが、これは主として異物の侵入防止やグリースのシール用に使用される。

なお、外部からの異物の侵入を防止することを目的としてダストリップの付いているもの、軸摩耗の防止や保全の容易化を図るためにオイルシールとスリーブを一体化したもの、密封液側と反対側のリップテーパ面にねじ溝を設け、ねじのポンプ作用を利用して密封性能の向上を図ったものなどがある。

c. スクイーズパッキン

溝に取り付けて一定の圧縮変形つぶし代を与えて使用するパッキンをスクイーズパッキンと呼ぶ。密封流体圧が増加するとパッキンが溝の片方に押し付けられて洩れ路を防ぐセルフシールの機能をもつが、すきま部へのはみ出し防止のためにバックアップリングが使用されることがある。O形の断面形状をもつOリングが一般的であり、ガスケットとしても広く用いられている。Oリングを運動用に使用する場合にはその大きい圧縮変形のために大きい始動摩擦抵抗が発生しやすいので、しゅう動面に低摩擦の高分子材料を用い、Oリングと組み合わせることによってこの欠点を克服したシール(スリッパシール)も存在する。Xリング、Dリング、Tリングなどは、Oリングの欠点であるねじれ損傷を防止するために開発されたスクイーズパッキンである。XリングやTリングはOリングよりも小さいつぶし代で十分な密封効果が得られ摩擦抵抗も小さい。なお、Tリング使用時には、T形突起の両側にバックアップリングを挿入する。角リングは主としてガスケットとして使用される。

d. メカニカルシール

軸方向には移動しないシートリング端面に、密封端面の摩耗に追従して軸方向に動くことのできる従動リング(シールリング)端面をばねで押し付けて密封する構造をもつ代表的な回転運動用端面シールである。端面以外からの漏れはOリングなどのガスケットにより防止される。密封面の温度制御、潤滑、洗浄などの目的のために密封面に流体注入を行なう場合があるが、これをフラッシングと称す。使用条件に応じて多岐にわたる構造・形式を選択できるのみならず、多彩なしゅう動材料を選択できるため、高速高圧に耐え寿命も長い。

密封面を形成する軟質材側を2分割し、補修時に

機器を分解する必要を省き，日常点検を可能にするとともに，スプリングの調整を可能にした二つ割メカニカルシールもある．

e．グランドパッキン

スタッフィングボックスと呼ばれるパッキン箱の中に挿入し，パッキングランド（パッキン押さえ）で圧縮することによって締め付け，半径方向に緊迫力を発生させて密封を行なうパッキンを総称してグランドパッキンと呼ぶ．一般的には正方形か長方形の断面形状をもつリングを密封圧力に応じて複数個挿入するが，コイル状あるいは渦巻き状に巻いた断面が角形，円形などのパッキン材を適当の長さに切って使用する場合もある．パッキンのすきまへのはみ出し防止，浸透漏れの防止のためにパッキンの両端やパッキンとパッキンの間にスペーサリングを挟むことがある．高速高圧の過酷な条件下でも使用でき，増し締めによって漏洩の発生を制御できる利点はあるが，軸封部の容積を大きくせねばならず，摩耗，動力損失を生じやすいため潤滑が必要となる．パッキン材料としては，有機・無機の繊維やシート，金属箔などが使用されている．

f．ピストンリング

ピストンリングとシリンダボア間における燃焼高圧ガスのシール，潤滑油の適正給油およびピストン頭部熱のシリンダ壁への熱伝達などの機能を果たすために，ピストンに装着される一部に合い口すきまをもつ円環状の浮動型（ピストンのリング溝とリングの間には，側面と背面にすきまが存在する）ばねリングである．燃焼高圧ガスのシールの役割を担う圧力リング（コンプレッションリング）と適正油量を供給する役割をもつオイルリングを組み合わせて使用する．

g．セグメントシール

自己潤滑性の高い材料で作られた円弧状セグメントを円環状に組み立て，軸外周部を密封部分とした回転運動用シールであり，軸振れに強く，摩擦トルクも低い．

（2）非接触式シール

a．すきま制御型シール

非接触メカニカルシールは代表的なすきま制御型端面シールであり，作動中のシール面間の平均すきまを非常に少ない誤差で数ミクロンから数十ミクロンの範囲に維持できるように設計されている．密封流体圧力や外部からのバッファガスを用いて密封面間すきまを維持する静圧形と，回転力を利用して密封面間のすきまを維持する動圧形，これら二つの作用を組み合わせたハイブリット形のものが実用に供されている．動圧形は一般的に密封面に浅いスパイラル溝やレーレーステップを設けることにより圧力発生を得ている．

円筒面シールとしても，しゅう動面での動圧効果ならびに高圧流体による静圧効果を利用した多様な構造をもった浮動リングシール（浮動ブシュシール）が開発されている．なお，加圧流体によって密封対象液の漏洩を防ぐ浮動ブシュ形シールをオイルフィルムシールと呼ぶ．

b．すきま非制御型シール

ラビリンスシールは，すきま部分を複雑な流路とし，拡大縮小抵抗，粘性摩擦抵抗などを利用して流出流体の量を減少させる装置である．

固定ブシュシールは，軸とブシュ間に狭いすきまを与え，粘性抵抗を利用してすきま通過流量を減少させるシールである．

ビスコシールはねじシールとも呼ばれ，密封部分の相対する2面の少なくとも一方にねじ面を設け，ねじのポンプ作用を利用して漏れ量を抑える装置である．

遠心シールは，軸に固定された回転円板または回転羽根により，円環状の空間の中に流体に遠心力を発生させる方式のシールであり，シールすべき内部流体圧とバランスさせる方式と，密封流体を回転円板で振り切る方式（スリンガシール）とがある．

界面活性剤で被覆した10 nm程度の強磁性体微粒子を溶媒中に均一分散させたコロイド溶液を磁性流体と呼ぶ．磁性流体シールは，磁性流体が磁気的に固定される性質を利用したものであり，主として真空シールとして採用されている．その基本構成は，永久磁石，磁性流体，磁性材の軸および二つのホールピースであり，軸あるいはホールピースには多数の突起（ステージ）が設けられている．磁気回路は，ホールピースと軸で閉回路になり，磁束は個々の突起上のすきまに集中されるため，磁性流体はこの部分に捕捉されることになる．普通1段の突起で0.2気圧程度の圧力差を支持可能である．

（3）膜遮断式シール

a．ダイヤフラム

高分子・繊維材料をストロークに合わせて，平板形，皿形，深絞り形などに成形し，相対運動をする

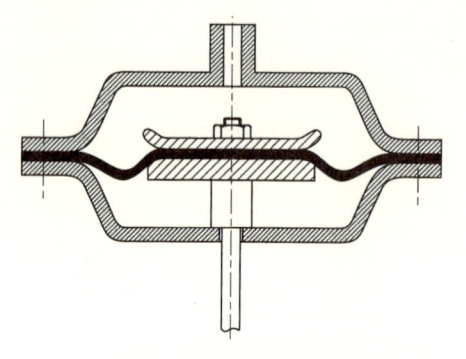

図5.1.1 ダイヤフラムの使用例

内外の2部分に取り付け，その変形により相対運動に対応するもので，隔膜またはシールとして用いられるガスケットとパッキン双方の働きをする機械要素である（図5.1.1）．

b. ベローズシール

外周にひだを有する蛇腹状の機械要素をベローと呼ぶ．ベローズシールはベローを単独の壁膜シールあるいはシール部品として用いたものであり，その材質によってゴムベローズ，金属ベローズなどと呼ばれる．金属ベローズは成形ベローズと厚さ0.03～1 mmの円環板を溶接することによって作製される溶接ベローズとに大別される（図5.1.2）．

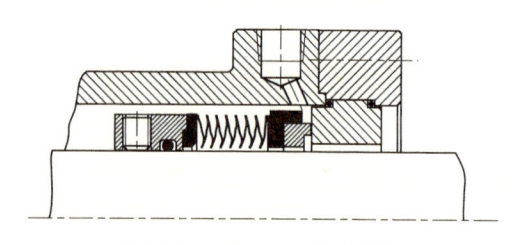

図5.1.2 金属ベローズの使用例

5.2 静的シール

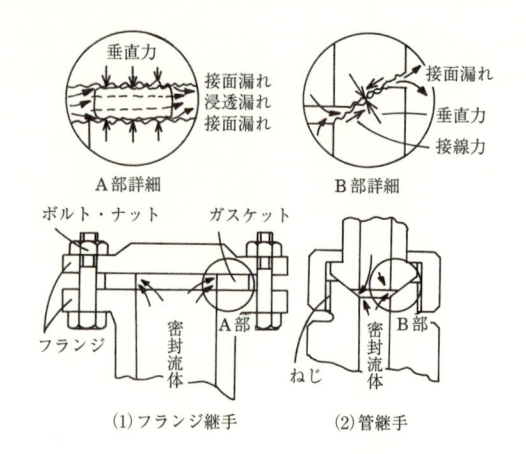

5.2.1 静的シールの構造と漏れの経路

静的シールとは，静的に結合した固体接触面間からの流体の漏れ，または，外部からの異物の侵入を防止するために用いられる装置の総称をいう．静的シールを構造的に分類すると，図5.2.1に示すように，フランジ面間にガスケットを挿入するフランジ継手とガスケットを用いない管継手[1,2]に大別できる．フランジ継手の場合，植物繊維，石綿，ゴム，

図5.2.1 静的シールの構造と漏れの経路

皮，金属など単一材料からなる単体ガスケットをフランジ面間に挿入することによって，フランジとガスケットの接触面間からの接面漏れおよびガスケット自体を浸透して起こる浸透漏れを防止する役割を果たさせてきた．しかし，産業の発達，技術の進歩に伴い，単体ガスケットだけでは厳しい密封条件に対応できなくなり，従来の素材に加え，有機繊維，フッ素樹脂，膨張黒鉛などが開発され，それらの異種材料を混合した複合体ガスケットや異種材料を組み合わせた組合せガスケットが登場した．近年，超高真空技術の発達，石綿による健康問題およびフロンによるオゾン層の破壊問題に対応できるガスケットが必要となり，軟質金属材料，非石綿材料および代替フロン用シール素材を採用したガスケットが開発された．ガスケットを用いない管継手の場合，垂直力と接線力が接触面に作用し，直接接触した金属面の表面粗さ突起を塑性変性させ，接面漏れを防止する．

5.2.2 ガスケットの分類と構造

ガスケットを材料面から分類すると，表5.2.1のように，非金属ガスケット，セミメタリックガスケット，金属ガスケットおよび補助ガスケットに大別できる[3]．ガスケット材料には，弾性と柔軟性，化学的安定性（耐薬品性，耐放射線性），熱的安定性（耐熱性，耐寒性），機械的強度，加工性と経済性，およびクリープ緩和や熱劣化に対する経年変化が小さい特性をもつことが重要である．非金属ガスケットは，ゴム，フッ素樹脂，膨張黒鉛による単体あるいは複合材料からなり，シート状に仕上げたもの，

第5章　密封要素　　A編　275

表 5.2.1　主なガスケットの構造と用途　　〔出典：文献3〕

分類	名称と断面形状	構　造	用　途
非金属ガスケット	合成ゴムガスケット	合成ゴムを所定の断面形状に加工したもの.	水，熱水，海水，空気などの低圧用の管フランジ，各種機器.
	ジョイントシートガスケット (1) (2)	(1) 非石綿繊維と耐熱・耐化学薬品性ゴムバインダを混和し，圧延加硫したもの.	各種産業の管フランジ，各種機器.
		(2) 長繊維の石綿に耐熱・耐化学薬品性ゴムバインダを混和し，圧延加硫したもの.	水，蒸気，酸，アルカリ，塩類水溶剤，ガスなどの管フランジや各種機器.
	フッ素樹脂（PTFE）ガスケット	PTFEシートを所定の断面形状に加工したもの.	腐食性の強い酸，ハロゲン，溶剤，油ガスや流体の汚染を嫌う食品，医療などの管フランジ，各種機器.
	PTFE被覆ガスケット	非石綿ジョイントシートなどの弾力性のある中心材を断面V字形のPTFEで被覆したもの.	酸，ハロゲンなどの腐食性の強い流体や汚染を嫌う食品，医薬などの管フランジ，塔，槽，各種機器.
	膨張黒鉛ガスケット (1) (2)	(1) 膨張黒鉛のシートを所定の断面形状に加工したもの	熱媒体油などの浸透性の強い流体，LPG，液体窒素などの極低温流体，あるいは腐食性の強い流体の管フランジ，液面計，弁ボンネット，各種機器.
		(2) ステンレス鋼薄板の両面に膨張黒鉛を貼り付けたシートを所定の断面形状に加工したもの.	
セミメタリックガスケット	渦巻形ガスケット	V字形断面の金属製フープと仕様に応じて選んだ緩衝材（フィラー）を重ね合わせ，渦巻状にかたく巻き込み，巻き始めと終わりのフープをスポット溶接で固定したもの．対象フランジに適合するように内・外輪を取り付ける.	高温，高圧の蒸気，油，油ガス，溶剤，熱媒体油などの配管，バルブボンネット，圧力容器などのフランジ.
	メタルジャケットガスケット	非石綿の中心材を金属薄板で被覆し，所定の断面形状に加工したもの.	熱交換器，バルブボンネット，圧力容器，塔，槽，配管フランジ.
	石綿糸入り金属波形ガスケット	メタル波形ガスケットの両面の谷部に石綿糸をはめ込み接着したもの.	燃焼・排ガスライン.
金属ガスケット	平形ガスケット	各種金属板を所定の断面形状に加工したもの.	熱交換器，オートクレーブ，バルブボンネット，配管フランジ.
	のこ歯形ガスケット	金属板に断面のこ歯形の同心円溝を付け，所定の断面形状に加工したもの.	圧力容器，塔，槽，バルブボンネット，配管フランジ.
	リングジョイントガスケット (1) オーバル形 (2) オクタゴナル形	金属材料(1)オーバル，(2)オクタゴナルなど所定の断面形状に加工したもの.	配管フランジ，圧力容器，バルブボンネット.
	メタル中空Oリング	金属管をエンドレス加工した金属製中空Oリング．必要に応じめっきなどの表面被覆を施す.	航空機，原子炉，真空機器，内燃機，電子機器，油圧機器，プラスチック，加工機械，溶融紡糸装置.

補助ガスケット（液状ガスケット，ガスケットペースト，シールテープ）

断面がO形や角形のリング状に成型したもの，および心となる材料をフッ素樹脂などで被覆したものがあり，300℃，3 MPa 程度以下の低温，低圧の範囲で使用される．渦巻きガスケットに代表されるセミメタリックガスケットは，非金属材料に金属材料を組み合わせたものであり，非金属ガスケットに比べて弾力性と密封性が良く，500℃，10 MPa 程度の中温，中圧の範囲で使用される．金属ガスケットは，金属材料からなり，断面を波形，平形，のこ歯形，オーバル形，オクタゴナル形および中空Oリングなどに機械加工したものである．セミメタリックガスケットの使用範囲以上で使用される．近年，真空装置では，高温でのベーキングおよび許容漏れ量を極力微量にすることが要求され，ゴムガスケットに代わり，銅平形ガスケット，メタル中空Oリングガスケットおよびばね入りメタルCリングガスケット等の金属ガスケットが使用されている．補助ガスケットには，非金属材料からなる液状，ペースト状およびテープ状のものがあり，ガスケットに塗布して，ガスケットの密封性能を高めたり，単独でねじ部などに使用する．

5.2.3 密封性能に及ぼす影響因子
（1）気密開始点と気密限界点
　ガスケットの役割は，密封されるべき流体（5.2節では以下密封流体という）の漏れ量を許容値以内に抑制し，その状態を維持することである．ガスケットおよびボルトの荷重と変形量の関係を図5.2.2に示す．実線は，一定圧力の密封流体を封入した漏れ実験を行なって求めた，ガスケットの圧縮復元特性曲線である．破線は，ガスケットを装着したフランジ継手におけるボルトの荷重-伸び線図である．フランジをボルトで締めると，ボルトは伸び（E→B），ガスケットは圧縮される（O→A→B）．運転時に，密封流体を導入すれば，フランジ面を引き離す力（FG）が作用するため，ボルトはさらに伸び（B→F），ガスケットは復元する（B→G）．長期運転時には，ガスケットのクリープ緩和が生じる場合には，ガスケットはさらに復元する（G→K）．シールを安全に維持管理するためには，初期締付け時に，漏れ量が許容値以内となる気密開始点（A点）以上の荷重をガスケットに負荷する必要がある．また運転時に，荷重が減少しても，気密限界点（C点）以下となってはいけない．

実線 OBD：ガスケットの圧縮復元特性曲線
破線 EBF と HIJ：初期締付け時と応力緩和後のボルト荷重-伸び線

A点：ガスケット圧縮時に漏れ許容値以内となる気密開始点
ABC 領域：漏れ許容値以内の密封領域
C点：ガスケット復元時に漏れ許容値以上となる気密限界点
FG（=JK）：密封流体圧力による力（一定）

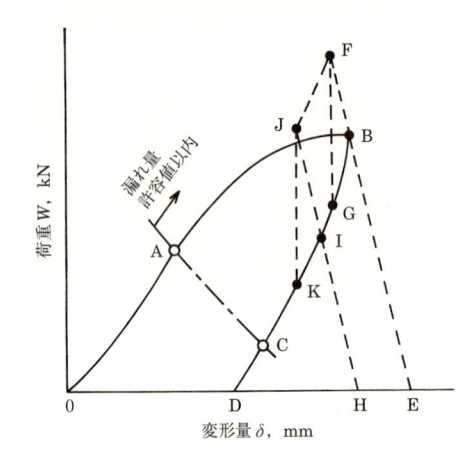

図5.2.2　ガスケットおよびボルトの荷重-変形線

（2）初期締付け時の影響因子
　密封は，図5.2.2中のABC領域で行なわれ，A点の荷重はC点より大きい．浸透漏れと接面漏れが少なくなれば，A点とC点はともに下がり，密封性能は向上する．例えば，耐浸透性が高い膨張黒鉛ガスケット，耐浸透性構造の渦巻きガスケットおよび金属ガスケットを使用すれば，浸透漏れは減少する．また，ガスケットペーストやシールテープの補助ガスケットを併用すれば，接面漏れは減少する．しかし，超高真空では，補助ガスケットも使えず，金属ガスケット表面の粗さ突起の塑性変形により，密封が行なわれる．粗さ突起の加工条痕方向と接線力，接触幅，材料および表面粗さが密封性能に影響を及ぼす．
　密封性能と影響因子の関係を調べた漏れ実験結果を図5.2.3，図5.2.4に示す．図5.2.3によれば，接線力の増加につれて漏れ量は小さくなるが，とりわけ加工条痕方向の接線力が効果的である．液圧ホースアセンブリ継手金具[1]やリングジョイントガスケット用フランジ溝部[4]は円すい面である．面の仕上げ方向は旋削のため円周方向であり，密封性に対して好条件である．さらに，ねじ締付けによって，円すいのくさび作用のため，垂直面圧のほか接線力

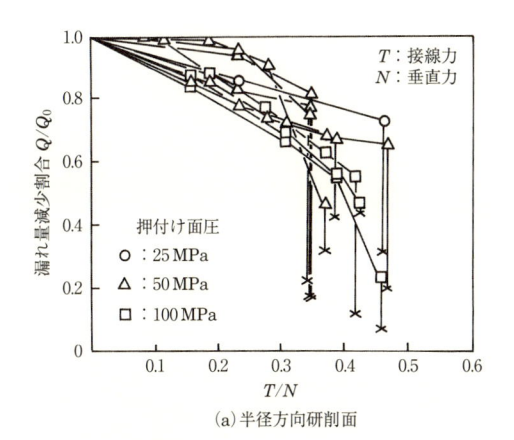

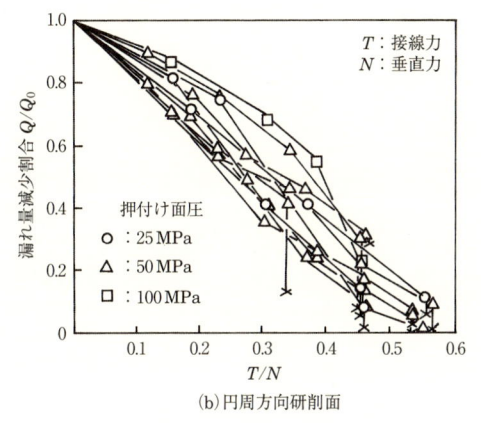

図 5.2.3 接線力による液体漏れ量の変化の実験結果

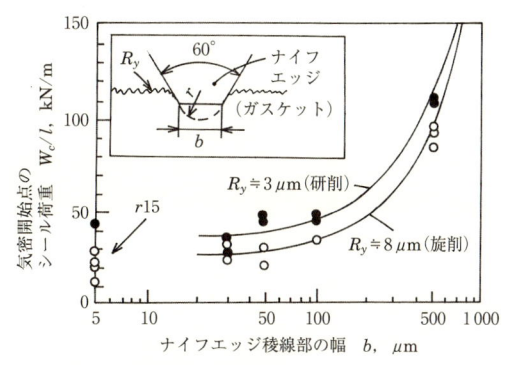

注）試験条件；密封流体；エチルアルコール
加圧圧力；4 MPa（ゲージ圧），出口圧力；大気圧

図 5.2.4 ナイフエッジ稜線部の幅とシール荷重の関係

注）試験条件；密封流体；窒素ガス，
許容漏れ量；10^{-5} l/h（101 kPa, 0℃）
加圧圧力；882 kPa（ゲージ圧），
出口圧力；39 kPa（ゲージ圧）

が働き，粗さ突起の塑性変形が促進される[5]．図 5.2.4 によれば，ナイフエッジ稜線部の幅 b が 50 μm 以下の領域では，気密開始点のシール荷重 W_c/l は低い[6]．ナイフエッジ型メタルシールフランジ[7,8]の場合，b が小さいナイフエッジの密封性能が良いことがわかる．

材料に関しては，軟らかいガスケットの表面粗さ突起は塑性変形しやすい．超高真空では，銅，アルミニウム，鉛，銀などを被覆したばね入りメタル C リングガスケットおよびフッ素樹脂コーティングや銀めっきをしたメタル中空 O リングガスケットなどが使用される．フランジ座面の表面粗さは，用いるガスケットの種類により異なるが，最大高さ粗さが 6.3〜25 μm で，放射状のきずがない旋削面が推奨される．この表面粗さ範囲内では，W_c/l はほぼ同じ値を示す[9]．

（3）長期運転時の影響因子

長期運転時では，ガスケットのクリープ緩和[10,11]や熱劣化[12]などにより，荷重が気密限界点以下まで減少し，漏れはじめる危険がある．このため，ガスケットの寿命を予測し，安全を保証する必要がある．締付け力緩和と経過時間を調べた実験結果を図 5.2.5[13]に示す．図中の実験で示す実験式から，気密限界点の締付け力に至るまでの時間が予測できる．

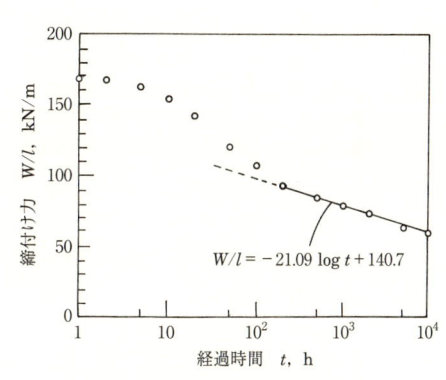

注）初期締付け力；$W_{R.T.}/l$ = 331.5 kN/m
200℃到達直後の締付け力；W_0/l = 188.3 kN/m

図 5.2.5 ばね入りメタル C リングガスケットの長期応力緩和試験結果（200℃）〔出典：文献 13〕

5.2.4 フランジ継手の設計手法
（1）ガスケット締付け係数（m, y）を用いた設計手法

現在，フランジ継手の設計においては，ASME

Boiler and Pressure Vessel Code[14] および JIS B 8273, JIS B 2205, JIS B 2206 等の規格が使用されている．フランジを締め付けるボルトの直径と本数を求める計算手順を JIS B 8273（1993）から抜粋して下記に示した．ただし，計算に必要なガスケット締付け係数（m, y）の値については，上述の JIS 規格を参照すること．

(i) 計算上必要なボルト荷重：ボルトの所要総有効断面積の計算に用いるボルト荷重は，次による．

(a) 使用状態で必要な最小ボルト荷重 W_{m1} (N)

$$W_{m1} = \frac{\pi}{4} G^2 P + 2\pi b GmP = \frac{\pi GP}{4}(G+8bm)$$

(b) ガスケット締付け時に必要な最小ボルト荷重 W_{m2} (N)

$$W_{m2} = \pi b G y$$

(c) セルフシールガスケットを使用する場合：この場合は，締付けのための軸方向荷重を無視できない特殊な形状のものを除いて，次の式によることができる．

$$W_{m1} = \frac{\pi}{4} D_g^2 P, \quad W_{m2} = 0$$

(ii) ボルトの所要総有効断面積 A_m (mm²) および実際の総有効断面積 A_b (mm²)：使用状態およびガスケットの締付け時の両方に対して必要なボルトの所要総有効断面積 A_m は，次の2式による値 (A_{m1}, A_{m2}) のうちの大きい方をとる．

$$A_{m1} = \frac{W_{m1}}{\sigma_b}, \quad A_{m2} = \frac{W_{m2}}{\sigma_a}$$

実際に使用するボルトの総有効断面積 A_b (mm²)

$$A_b > A_m$$

(iii) ボルトの有効直径 d_b (mm) と本数 n の決定（ただし，d_b はボルトのねじ部の谷の径と軸部の最小部のいずれか小さい方の径）

$$A_b = n \frac{\pi}{4} d_b^2$$

(2) 新ガスケット係数（a, G_b, G_s）を用いた設計

ASME が示したガスケット締付け係数（m, y）には，密封流体の種類（液体，ガス），許容漏れ量および設定条件（温度，圧力）の因子が考慮されておらず，また，係数の概念も抽象的である．そのため，近年開発された，苛酷な使用条件に耐えるガスケットの締付け係数を求めることが困難となっている．Pressure Vessel Research Council（PVRC）は，ASMEの依頼を受け，1974年から10年間研究を重ねた結果，許容漏れ量を考慮した新ガスケット係数を提案した[15~18]．

しかし，新ガスケット係数の値は，非公式的なものであって，まだ整合性に乏しい点もあるが，新しい設計動向として注目されるので，新ガスケット係数を用いた設計手法を紹介する．

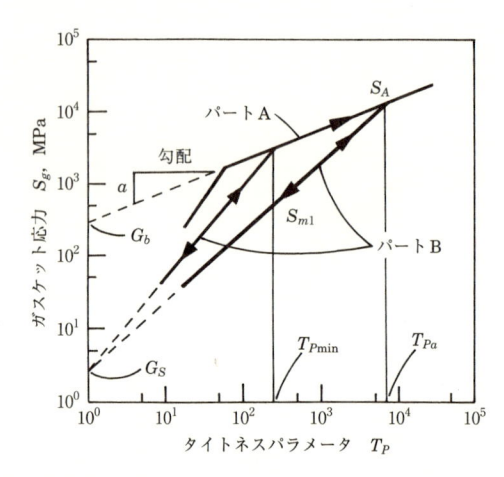

図 5.2.6　ガスケット応力 S_g とタイトネスパラメータ T_p の関係　〔出典：文献3〕

(i) 新ガスケット係数

新ガスケット係数は，図 5.2.6 に示す，ガス漏れ実験により得られるガスケット応力 S_g とタイトネスパラメータ T_p の関係を示す線図[3]から読み取られる．図中のパートAは初期締付け時を想定した場合，パートBは運転時を想定した場合の理想線である．

(a) タイトネスパラメータ T_P の定義式

$$T_p = \frac{P}{P^*}\left(\frac{L_{rm}^*}{L_{rm}}\right)^{0.5} = 18.02 T_c P \quad (5.2.1)$$

(b) 新ガスケット係数（a, G_b, G_s）

a はパートAの勾配，G_b はパートAの $T_p=1$ におけるガスケット応力（MPa），G_s はパートBが収束する $T_p=1$ におけるガスケット応力（MPa）を示す．

(ii) 設計ボルト荷重 W (N) の算出

運転時の許容漏れ量 L_{rm} に対するタイトネスファクタ T_c の値を表 5.2.2 から求める．T_c と密封流体の設計圧力 P_d を式(5.2.2)に代入して T_{pmin} を求めた後，式(5.2.3)から式(5.2.8)まで順繰りに計

表5.2.2 タイトネスファクタ T_c

締付け等級	L_{rm}/D_g, mg/(s·mm)	T_c
有効締付け	1/5	0.1
標準締付け	1/500	1
密着締付け	1/50 000	10

算を行ない，式(5.2.8)で W 値を求める．

(a) タイトネスパラメータ $T_p(T_{p\min}, T_{pa})$ の設定

$$T_{p\min} = 18.02 T_c P_d \tag{5.2.2}$$

$$T_{pa} = X T_{p\min}, \quad ただし, X = 1.5\frac{S_a}{S_b} \tag{5.2.3}$$

(b) 初期締付け応力 S_{ya} (MPa)

$$S_{ya} = \frac{S_A}{A_e}, \quad ただし S_A = G_b(T_{pa})^a \tag{5.2.4}$$

（ボルト締めの場合，$A_e = 0.75$）

(c) 運転時の最小ガスケット応力 S_{m1} (MPa)

$$S_{m1} = G_s \left\{ \frac{G_b}{G_s}(T_{pa})^a \right\}^{1/T_r},$$

$$ただし T_r = \frac{\log T_{pa}}{\log T_{p\min}} \tag{5.2.5}$$

(d) 装着時のガスケット応力 S_{m2} (MPa)

$$S_{m2} = \frac{S_b}{1.5 S_a} S_{ya} - P_d \frac{A_i}{A_g} \tag{5.2.6}$$

(e) 最小ボルト荷重 W_{m0} (N)

$$W_{m0} = S_{m0} A_g + P_d A_i = P_d(M_0 A_g + A_i) \tag{5.2.7}$$

ただし

$$S_{m0} \geq S_{m1} \text{ or } S_{m2} \text{ or } 2P_d,$$

$$M_o \geq \frac{S_{m1}}{P_d} \text{ or } \frac{S_{m2}}{P_d} \text{ or } 2$$

(f) 設計ボルト荷重 W (N)

$$W = A_b S_b, \quad ただし A_b > A_m = \frac{W_{m0}}{S_b} \tag{5.2.8}$$

ガスケット締付け係数（m, y）に関する記号

A_{m1}：使用状態でのボルトの所要総有効断面積（mm²）

A_{m2}：ガスケット締付け時のボルトの所要総有効断面積（mm²）

b：ガスケット座の有効幅（mm）

D_g：ガスケットの外径（mm）

G：ガスケット反力円の直径（mm）

m：ガスケット係数

P：内圧力（MPa）

y：ガスケットまたは継手接触面の最小設計締付け圧力（N/mm²）

σ_a：常温におけるボルト材料の許容引張応力（N/mm²）

σ_b：使用温度におけるボルト材料の許容引張応力（N/mm²）

新ガスケット係数（a, G_b, G_s）に関する記号

A_i：内圧の作用断面積（m²）

A_g：ガスケット接触断面積（m²）

A_b：実際のボルト総断面積（m²）

A_m：計算上の所要ボルト総断面積（m²）

A_e：締付け効率で，継手組立方法により異なり，0.75から1.00の値をとる．

D_g：ガスケットの外径（mm）．

L_{rm}：150 mm 外径のガスケットにおける質量漏れ量（mg/s）

L_{rm}^*：150 mm 外径のガスケットにおける 1 mg/s の想定漏れ量（mg/s）

M_0：ガスケット係数

P：内圧（MPa）

P^*：大気圧（0.1013 MPa）

P_d：設計圧力（MPa）

S_a：常温時の許容ボルト応力（MPa）

S_b：設計温度下の許容ボルト応力（MPa）

S_A：初期ガスケット応力（MPa）

S_{m0}：設計ガスケット応力（MPa）

T_c：タイトネスファクタで，表5.2.2による

$T_{p\min}$：運転時に必要な最低限の締付け状態を示すタイトネスパラメータ

T_{pa}：初期締付け状態を示すタイトネスパラメータ

T_r：タイトネスパラメータの比

文　献

1) JIS B 8363 (1994).
2) JIS B 8607 (1990).
3) バルカーハンドブック編集委員会：VALQUA HAND BOOK，日本バルカー工業 (1997).
4) JPI-7 S-23 (1983).
5) 舩橋錘一，中村　隆・馬淵英二：潤滑, **33**, 10 (1988) 783.
6) 松崎良男・細川一夫・舩橋錘一：日本機械学会論文集 (C編), **53**, 537 (1991) 1723.
7) A. Roth: Vacuum Sealing Techniques, PERGAMON PRESS (1966) 428.
8) JVIS 003 (1982).
9) 松崎良男・風巻恒司：日本機械学会論文集 (C編), **51**, 491 (1987) 1482.

10) J. Bartonicek, H. Kockelmann & F. Schoeckle : CETIM, 3rd Int. Sympo. on Fluid Sealing (1993) 495.
11) T. Nishida : SAE Paper 870004 (1987) 23.
12) M. Asahina, T. Nishida & Y. Yamanaka : ASME, PVP 326 (1996) 47.
13) 堀井賢二：バルカーレビュー, **35**, 3 (1991) 7.
14) ASME, Boiler & Press. Vessel Code, Sec. VIII Div. 1 (1992).
15) A. Bazergui, G. F. Leon & J. R. Payne : BHRA, 9th Int. Conf. on Fluid Sealing (1981) B 2-1.
16) J. R. Payne, A. Bazergui & C. F. Leon : BHRA, 10th Int. Conf. on Fluid Sealing (1984) 345.
17) J. R. Payne : CETIM, 3rd Int. Sympo. on Fluid Sealing (1993) 505.
18) R. V. Brink, D. E. Czernik & L. A. Horve : HAND Book of Fluid Sealing. McGRAW-HILL. INC (1993) 3, 13.

5.3 接触式運動用シール

5.3.1 オイルシール

（1）オイルシールの構造と用途

オイルシールは軸の回転部あるいは往復動部の密封装置として使用されるもので、その種類や構造は使用条件や密封流体などに応じて様々に分類される[1,2]。図5.3.1はその一般的な構造を示したもので、補強金属環①をもった構造の中で、くさび型の断面形状を有する合成ゴム製のリップ③の先端と軸表面とのしゅう動部で密封を行なう。

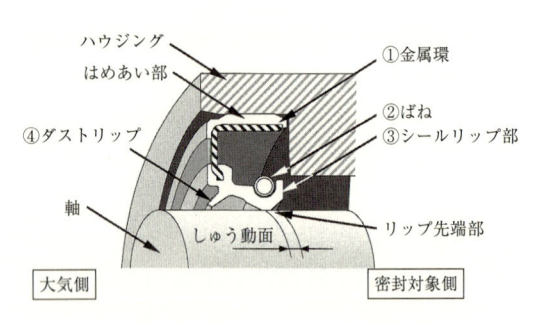

図5.3.1 オイルシールの基本構造

オイルシールのリップ内径は軸の外径より小さく設定されてあり、軸への挿入によりリップは弾性変形して軸方向に幅の狭い接触領域が全周にわたって形成され（しゅう動面）、流体を密封する。ばね②は、リップの軸への押付け力を長期間維持するなどの目的で、リップ後方に組み込まれる。またダストリップ④は、外部からの異物侵入を防止する、補助的なリップである。往復動用のオイルシールについては5.3.3項に解説されているので、以下、回転用のものについて主に記述する。

回転用オイルシールでは、様々な外乱（ダストや軸の摩耗など）に対して、安定したシール性を確保する観点から、近年では、図5.3.2[3]に示すように、大気側のリップ面に流体輸送能力をもった10～100μm程度のマクロな突起群の付与が行なわれており、これらは一般に、ねじ付きオイルシールと呼ばれている。

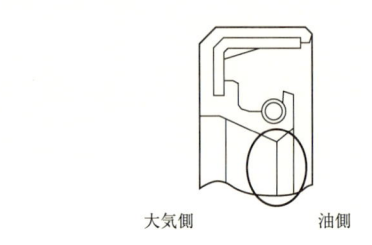

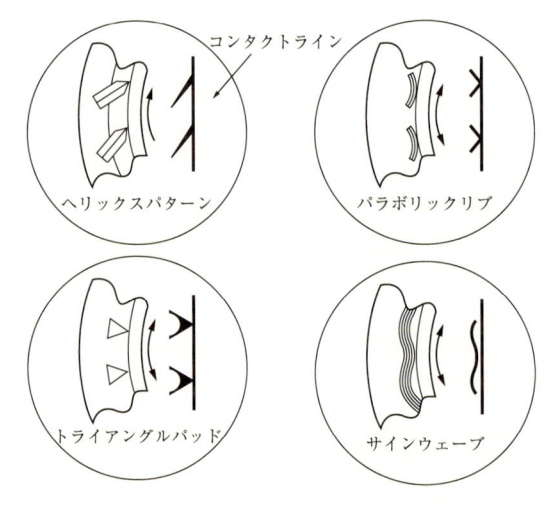

図5.3.2 様々なねじ付きシールのデザインの例
〔出典：文献3〕

オイルシールは油脂類の密封だけでなく、水分や薬品といった他の流体の密封にも使用され、また簡単なダストシールとしても使用されている。その特徴は

・構造が簡単で取扱いやすい．
・比較的廉価である．
・取付けスペースが小さい
・軸の偏心や速度に対する使用可能範囲が広い．
・低摩擦力で安定した密封性能が長期にわたって得られる．

それゆえ、自動車、船舶、油圧機器、家電製品など

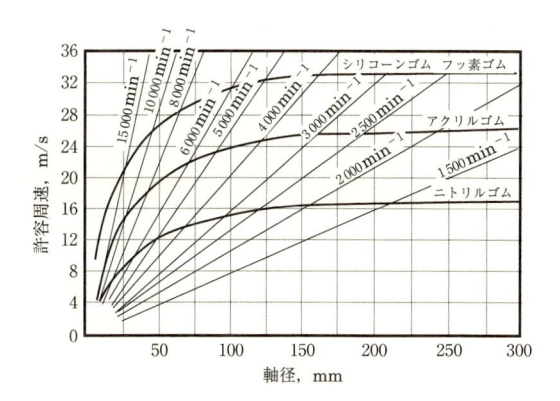

図 5.3.3 軸径-許容周速線図

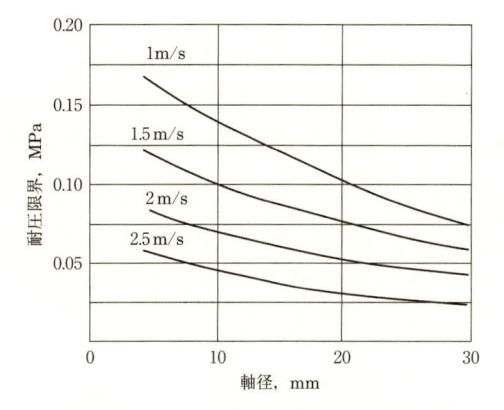

図 5.3.4 オイルシールの軸径と耐圧限界

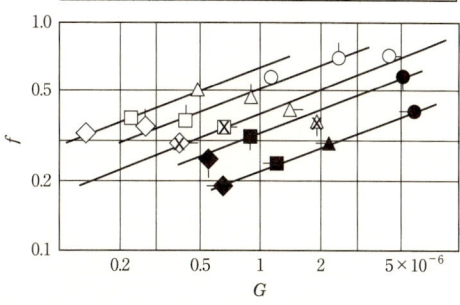

図 5.3.5 回転用オイルシールの摩擦特性（f-G 特性）

に広く使用されている．一般的なオイルシールの使用範囲は，軸径と用いるシール材質により，許容周速（図 5.3.3）および耐圧限界（図 5.3.4）が決定される[4]．

（2）オイルシールの摩擦

オイルシールの摩擦は，他の機械要素と同様，省エネ・省資源の観点において，また，シールの摩耗とも関連し，重要である．

一般的な使用状態，すなわち軸偏心がごくわずかで，内圧もなく，油温もゴムの耐熱温度よりはるかに低いといった条件では，G を $\mu ub/P_r$ なる無次元特性数とすると（μ：密封流体の粘度，u：軸周速，b：接触幅，P_r：緊迫力），図 5.3.5 に示すように，摩擦係数 f と G とに，

$$f = \Phi G^{1/3} \tag{5.3.1}$$

の関係が成立することが確認されている[5]．この現象は，軸受で適用される考えに基づいて，平野らによって理論的にも説明されている[6]．式(5.3.1)の関係は同一回転数に対して成立し，したがって，オイルシールの摩擦は，軸受にみられるように油の粘性抵抗に支配されており，接触しゅう動部には油膜が存在する．この油膜によりオイルシールのしゅう動面は，軸と分離された流体潤滑状態にてすべり運動をするため，リップの摩耗を抑制することが可能となり長寿命を達成できる．

また，式(5.3.1)で用いた緊迫力 P_r とは，リップの軸への締付け力のことで，リップの軸（軸径：D）への接触圧力を p として，$P_r = \pi Dbp$ と定義できる．この緊迫力 P_r とオイルシールの摩擦力 F とは

$$F = fP_r \tag{5.3.2}$$

の関係にある．このように緊迫力を小さくすることでも摩擦の低減は可能であるが，軸振れに対しリップが十分に追随するためには適度な P_r が必要であり，基本的には式(5.3.1)の関係を維持しつつ，シール設計全体での摩擦低減が図られるべきである．

なお，この P_r は一般に，二つ割にした軸にオイルシールを装着し，軸がちょうど真円になるときの荷重から簡便に測定されている[7]．また，摩擦トルクは，駆動軸にトルク計を設置する方法と，シールのハウジングを軸受で支持し，その回転トルクを計測する方法が一般に行なわれている．

（3）オイルシールの密封メカニズム

密封機構の解析モデルを提示する際の課題は，

- シーリリップを構成するゴム材料の非線形な粘弾性挙動を表現する信頼できる構成方程式が確立されていない．
- すべり軸受などに比べ，油膜厚みが1桁程度薄く，粗さの影響を考慮する必要があるが，不規則な粗さを取り入れた流体潤滑理論が確立されていない．
- リップしゅう動面に接線力が加わったときに形成される微細な凹凸（粗さ）を記述するパラメータが確立されていない．

ことなどが挙げられる．このため，回転オイルシールの密封メカニズムの研究は，解析モデル提示のための現象把握が重要であるとの観点にたって，これまで主に進められてきた．しかしながら，実際のシールにおいてどのような物理現象が支配的であるかについての統一説明は未だ存在しない[8]．

一般の使用条件の下で正常な取付け状態にあるオイルシールは大気側からわずかに空気を吸い込む現象が見られる[9]．また，オイルシールは大気側から油を注入すると，その油を油槽側に輸送する能力をもつ[10]．

このシール機能（輸送現象）を有するオイルシールの使用後のしゅう動面状態を顕微鏡で観察すると微小突起が形成されている[11,12]．この微小突起とオイルシールの密封性能との相関関係の解明が行なわれている．

中村ら[13]は，しゅう動面状態と密封の関係を定量化するために中空ガラス軸を使用して軸中心方向からシール接触部を可視化し画像処理によりしゅう動表面の粗さの特徴量として，M_1とN_1/N_0を定義した．M_1はシール接触幅の中心から最大接触圧力値を示す位置までの距離を，N_1/N_0はしゅう動面における真実接触面積率で微小突起の接触密度を表わす．図5.3.6に画像処理例を示す．密封性が発現する条件は$M_1>0$で$N_1/N_0<0.05$の範囲である．このようにオイルシールの流体輸送能力はしゅう動面に微小突起が存在し，その微小突起の接触密度が密封流体側に偏在することでもたらされる，一種のねじ作用によるポンピング現象によるものである．

ミュラー（Müller）[14]，サラン（Salant）[15]，バンバベル（van Bavel）[16]は，オイルシールしゅう動下における微小突起の変形を考慮した密封機構モデルを提案している（図5.3.7）．微小突起は，軸回転時に周方向の表面接線力によって変形し，変形した突起がねじシールとして機能する．流体は，密封流体側で大気側へ，大気側では密封流体側へと流れるが，リップ接触部の軸方向の平均せん断応力分布の最大値は密封流体側に偏っているために流体は全体的に密封流体側へと流れる．

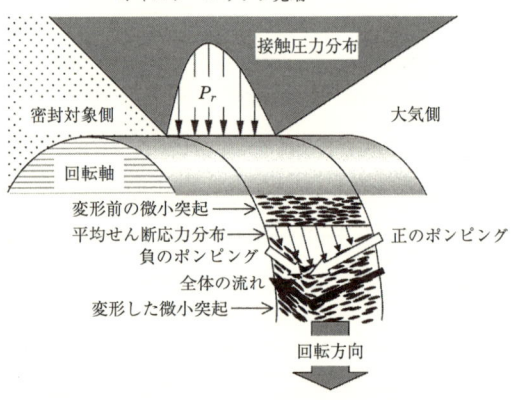

図5.3.7 オイルシールのポンピング作用

解析モデルとしては，ガベリ（A. Gabelli）らが，シールしゅう動面の粗さにゴム弾性を加味して潤滑膜形成を予測するミクロEHLモデルを提案し[17]，潤滑油を用いた油膜膜厚さの計測[18]との整合性を検討している．

この他に，最近では密封性能を流体力学的に高める目的で大気側のリップ面に10～100 μm程度のマクロな突起群（ねじまたはリブと呼ばれる）を賦形したシールが開発された．ねじによる油の輸送量（ポンプ量）はソフトEHL理論に基づいて計算[19]

密封状態	密封
M_1（乾燥状態）	0.14
N_1/N_0（乾燥状態）	0.02

図5.3.6 密封状態のしゅう動面画像処理例
〔出典：文献13〕

（4）オイルシールの選定方法

オイルシールの形状は，代表的な形状やゴム材質などについて，JIS[1]などに規定されているが，実際には作動条件や使用条件，取付け方法などによりさらに細分化され，使用されている．図5.3.8に，オイルシール型式選定の標準的なチャートを示す（リップ材質に関してはB編2.7.1参照）．

ばねありとばねなしリップ形状では，許容周速度および許容偏心量に差があり，いずれもばねなし形状の方が許容限界は低い[2]．ばねなしタイプは，ダスト，グリース等のシールに適用され，水，油など

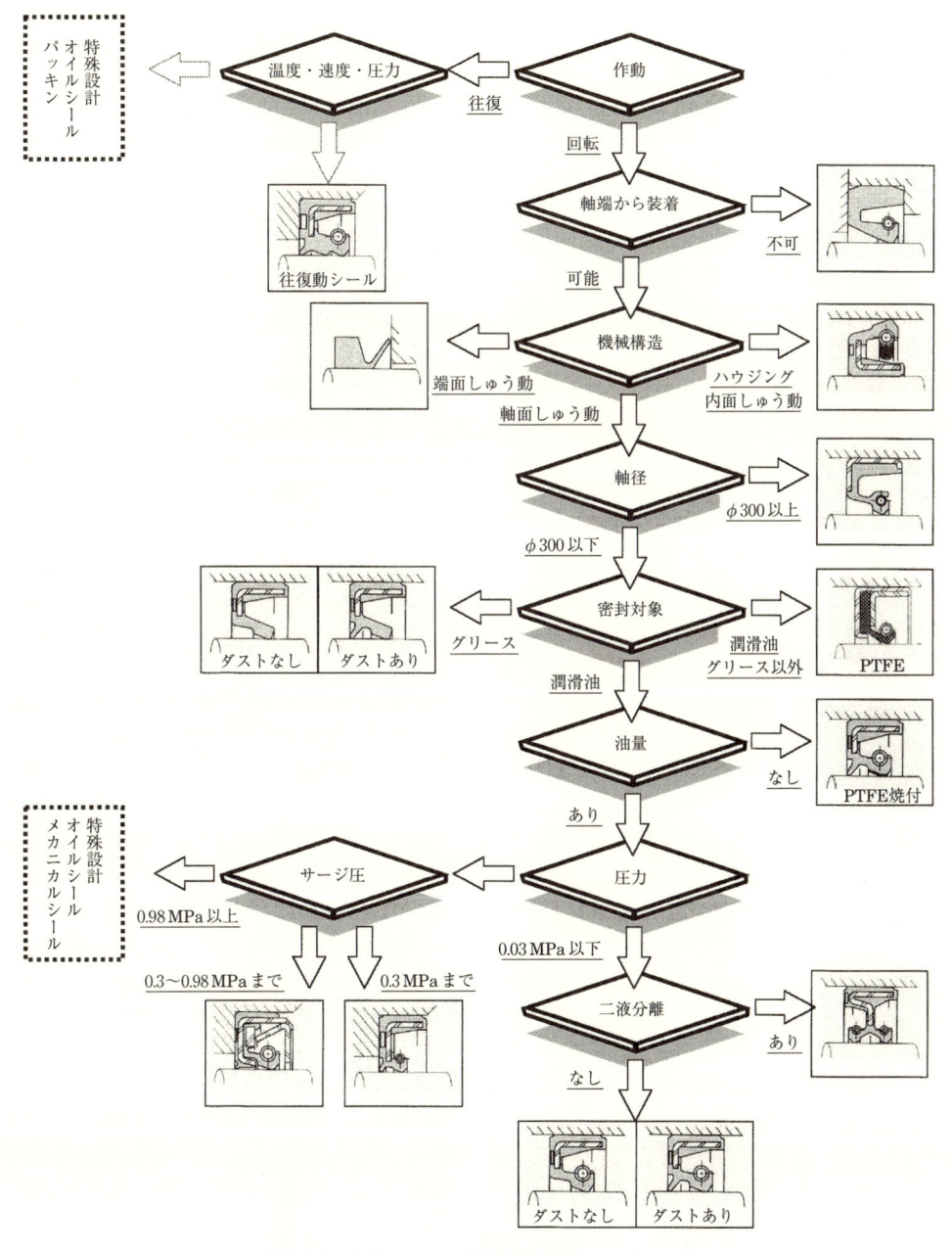

図5.3.8 オイルシール型式選定のフローチャート

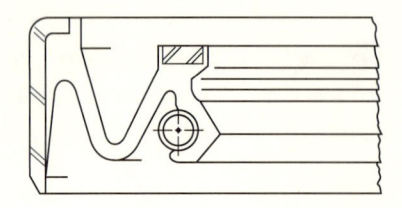

図5.3.9 大偏心用オイルシールの例

の流体のシールには，ばねありタイプが一般に使用される．また，特に偏心が大きい場合には図5.3.9に示すようなベロー付きオイルシールが用いられる場合がある．

一般的なオイルシールの耐圧限界は0.03 MPa（0.3 kgf/cm²）以下であるが，それ以上の圧力で使用する場合には，例えば図5.3.8に示すような耐圧リップ形状を適用する．一般にオイルシールを耐圧限界以上で使用すると，圧力によりリップが変形し油漏れを生じたり，内圧がリップに作用してしゅう動面積が増加し，その結果，摩擦力が大きくなりリップの摩耗や硬化を生じさせ，寿命を著しく低下させる．

オイルシールの漏れは初期的に生じる初期漏れと，寿命による漏れに分けられる[2]．図5.3.10は初期漏れを分析した結果である．このうち全体の40%がオイルシールの選定に関するものであるが，その他として軸材質や軸表面（35%），またはハウジングおよび軸への装着方法（25%）も大きな要因

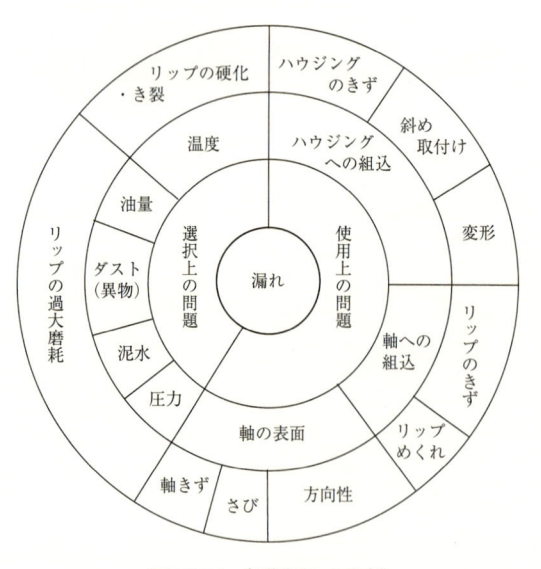

図5.3.10 初期漏れの分析

として挙げられる．

オイルシールとしゅう動する相手軸材質[20]は，一般に，機械構造用炭素鋼材や低合金鋼が使用される．鋳鉄も使用されることがあるが，その場合，巣や黒鉛粒子の離脱に起因したピンホールが出やすく，経験的に直径0.1 mm以上の大きさのピンホールがあると，リップ先端の接触幅（一般にϕ100 mm以下のもので初期0.2〜0.3 mm）との兼合いで，漏れを発生することがある．軸表面の耐摩耗性を改善するためにはリップ先端が接触する部分を硬質クロムめっきで覆うことが良い方法である．プラスチック材を軸に用いることがあるが，一般にはプラスチック材は熱伝導係数が小さく熱の拡散が悪いので，リップと軸との接触部は摩擦熱により著しく高温になりやすく，軸自身およびオイルシールを著しく損傷させることがあるので，十分に注意して使用する必要がある．軸の寸法公差はh9，表面粗さはR_yで0.8〜2.5 μm（R_aで0.2〜0.63 μm）が一般的である．表面粗さのほかに仕上げ加工法も密封性を左右する．加工目が軸中心に対して直角でなく，角度をもつと加工目によるポンプ作用により特定の回転方向で漏れが生じるようになるので，このような角度が生じる加工法は絶対避けなければならない．

ハウジング材質は，鋼や鋳鉄を使用する場合には外周ゴムオイルシールと外周金属オイルシールのいずれも使用できる．しかし，軽合金やプラスチックなどオイルシールの金属環よりも熱膨張係数の大きい材料では外周金属タイプのものは高温時にシールが脱落する危険があり，外周ゴムタイプが適する．

また，圧力が作用する場合には，使用中にシール位置がずれたり，飛び出したりするので必ず軸方向に固定するハウジング構造にする．

この他のオイルシールの漏れ原因としては，ダストや異物介在による漏れと，リップの硬化・き裂とブリスタ発生[21,22]によるものがある．このうち外部からのダストや密封対象液中の異物がしゅう動部に侵入すると，しゅう動部の摩耗が加速し，偏心追随性の低下から密封性が不安定になることがある．外部からの異物に対してはダストリップ付きオイルシール（図5.3.8）を用い，密封対象液に含まれる異物に対しては液体の交換頻度を増やすことやシール2個使いなどを考える必要がある．

リップの硬化・き裂とブリスタの発生は，リップ

5.3.2 メカニカルシール
(1) 構造,使用範囲と選定方法
a. 構造

メカニカルシールは,自動車,産業機械,家庭用電気製品,石油精製,化学プラント,宇宙航空機器などに使用されるポンプ,圧縮機,かくはん機,エンジンなどの代表的な回転軸用密封装置であり,一般的な特徴をまとめて列記すれば以下のようになる.

- 漏洩を極めて少なく抑えることができる.
- しゅう動面の摩擦力が小さく,したがって動力損失が小さい.
- しゅう動材料の摩耗を少なく抑えることができ,したがって使用寿命も長い.
- 高温,高圧,高速,あるいは極低温などの苛酷条件にも使用できる.
- 腐食性のある流体,固体粒子が混合した流体,粘度が高い流体,各種液化ガスにも使用できる.

日本工業規格では,「メカニカルシールの基本構造は,シール端面の摩耗に従い,ばねなどによって軸方向に動くことができるシールリング,および動かないメイティングリングからなり,軸にほぼ垂直な相対的に回転するシール端面において流体の漏れを制限する働きをするものとする.」と定義されている.この定義に従うメカニカルシールの構造例を図5.3.11に,また,主な用語の意味を表5.3.1に示す[23].

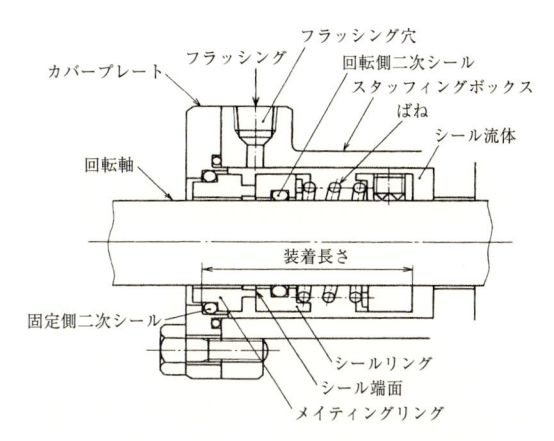

図5.3.11 メカニカルシールの構造例〔出典:文献23)〕

表5.3.1 メカニカルシールの主要用語の説明 〔出典:文献23)〕

用 語	定 義	参 考	
		慣用語	対応英語
シール	流体の漏れを制限すること.	密封	sealing
シール端面	メイティングリングとシールリング(またはその働きをする部品)とが互いに摩擦して擦れ合う面.	密封端面 しゅう動面	sealing face rubbing face
メイティングリング	シール端面をもつ環で,シール端面が摩耗しても軸方向に動かないもの.	シートリング	mating ring
シールリング	シール端面をもつ環で,シール端面の摩耗に従い,ばねなどによって軸方向に動くことができるもの.	従動リング	seal ring
二次シール	固定環とケーシングもしくはカバープレートとの間のシール,または回転環ともしくは軸スリーブとの間のシール.	緩衝リング パッキン	secondary seal
シール流体	機器が取り扱う流体で,漏れを制限したい流体.通常は,高圧側の流体を示す.	密封流体	sealing fluid
エクスターナル流体	シングルシールでの外部注入流体,またはダブルシール・タンデムシールでの中間流体.	密封流体	external sealing fluid
スタッフィングボックス	使用機器に設けられたメカニカルシールを装着する場所.	シールボックス	stuffing box
クエンチング	スタッフィングボックスの外側にシール流体もしくはエクスターナル流体を注入すること.	—	quenching
フラッシング	スタッフィングボックスの内側にシール流体もしくはエクスターナル流体を注入すること.	—	flushing

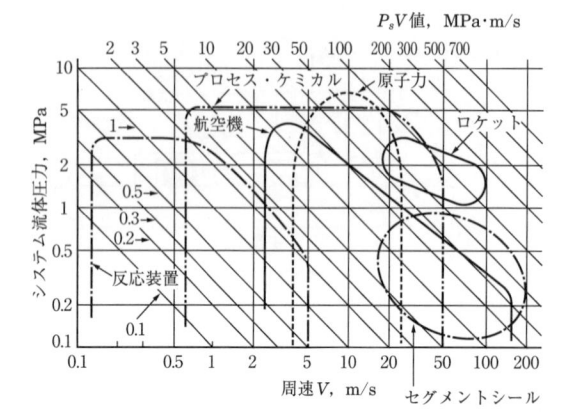

図5.3.12 各種機器別のメカニカルシールの P_sV 値

b. 使用範囲

近年の技術の進歩に伴い，メカニカルシールの使用条件は，より苛酷化，多様さを増し，密封機能と信頼性の向上が要求されている．図5.3.12に機器別の P_sV 値（P_s：システム流体圧力，V：周速）を示す．今後，P_sV 値をはじめとする使用条件はさらに苛酷化していくものと予想される．

c. 選定方法

メカニカルシールには図5.3.13に示されるような多くの形式があり，密封作用の仕方，密封流体の存在場所，取付け方法など表5.3.2に示される種々の要求仕様を考慮して選定される．図5.3.13の分類に従い各形式について，以下に説明する．

（ⅰ）二次シール

二次シール（表5.3.1参照）は，密封流体に対する耐食性，耐熱・耐寒性，流体中の固形分の有無などにより選定される．Oリング形は広範に使用されており，腐食性流体や固形分の含まれる流体に適している．Vパッキン形は固形分の含まれない腐食性流体に適している．ベローズ形には金属ベローズとPTFE製ベローズがあり，前者は超高温や極低温に，後者は著しい腐食性流体に適している．なお，ベローズ形は軸と摩擦しないので追随随性に優れ，高速や固形分の含まれない流体に適している．

（ⅱ）圧力範囲

図5.3.13において，A_0（受圧面積：流体圧の作用する面積）と A（接触面積）の関係が $A_0>A$ の場合には受圧面積が広いために流体圧力の接触面圧に及ぼす影響が大きくなるのに対し，$A_0<A$ の場合には受圧面積が狭いために接触面圧に与える流体圧力の影響を軽減させることができる．この A_0 と A との比 A_0/A をバランス比 B と呼び，設計上重要な因子となる．流体圧力の影響を強く受ける $B>1$ のものをアンバランス形，それに対して圧力の影響が弱い $B\leqq1$ のものをバランス形と呼ぶ．低 P_sV 値には流体圧の影響により接触面圧を増すことで密封性に優れるアンバランス形を，高 P_sV 値にはしゅう動面の損傷を避けるため接触面圧に及ぼす流体圧の影響の少ないバランス形を使用する．

（ⅲ）組合せ

腐食性や引火性のある流体を密封する場合はダブル形とし，2個のメカニカルシール間に潤滑性のある循環液を入れるようにする．高圧流体を密封する場合，1個のシールでは圧力負荷が高過ぎるので，シールを2段以上の多段にして圧力負荷を分割し，1段あたりの負荷を軽減して使用することがある．このタンデム形は高圧反応釜やかくはん機軸などに使用されている．

（ⅳ）取付け位置

シール本体がスタフィングボックスの内側にあり，密封液がしゅう動面半径方向の外から内向きに流れるものをインサイド（内向き流れ）形，逆にシール本体がスタフィングボックスの外側にあり，密封液が内から外向きに流れるものをアウトサイド（外向き流れ）形と呼んでいる．インサイド形は一般的に使用され，メカニカルシール全体が密封液に浸っているので，しゅう動部における発生摩擦熱が流体に伝達され，温度上昇防止の点から有利である．アウトサイド形は腐食性の強い流体を密封する場合，流体との接触部分が少ないなど，シール構成材料の腐食防止上有利である．

（ⅴ）スプリング位置

ばねなど軸方向に追随性を有する構造部材が軸とともに回転するものを回転形，逆にそれらが固定側に取り付けられているものを静止形と呼んでいる．静止形は，構造部材が遠心力の影響を受けないので，大軸径，高速，高粘度流体を取り扱うときに有利である．

（ⅵ）スプリング構造

一般的には偏荷重の少ないマルチスプリング形が使用されるが，高濃度のスラリー液に対してはスラリーが線間につまって，作動不良を発生させることがあるため，線間のすきまの広いシングルスプリングを使用する．また，高温・極低温条件には金属ベ

第5章 密封要素

分類	用語・形状・用途		
二次シール	Oリング形 合成ゴム製のOリングを用いる	Vパッキン形 PTFE製のVパッキンを用いる	ベローズ形 金属製またはPTFE製のベローズを用いる
圧力範囲	アンバランス形(受圧面積>接触面積) 主として低圧用に用いる	バランス形(受圧面積≦接触面積) 主として高圧用に用いる	
組合せ	シングル形 単独で用いる	ダブル形 2個のしゅう動面が反対向き	タンデム形 2個のしゅう動面が同じ向き
取付け位置	インサイド形 本体がスタッフィングボックスの内にある	アウトサイド形 本体がスタッフィングボックスの外にある	
スプリング位置	回転形 回転環にスプリングがある	静止形 固定環にスプリングがある	
スプリング構造	マルチスプリング形 小径で複数のスプリングで構成	シングルスプリング形 大径で1本のスプリングで構成	ベローズ形 金属製のベローズを用いる
組立構造	単体形 メカニカルシール単体で機器に組み込む	カートリッジ形 あらかじめ組み立てた状態で機器に組み込む	
固定環構造	クランプ形 両面から締め付けられる	プレスフィット形 両面押しはしない	フロート形 Oリングを介して浮いている

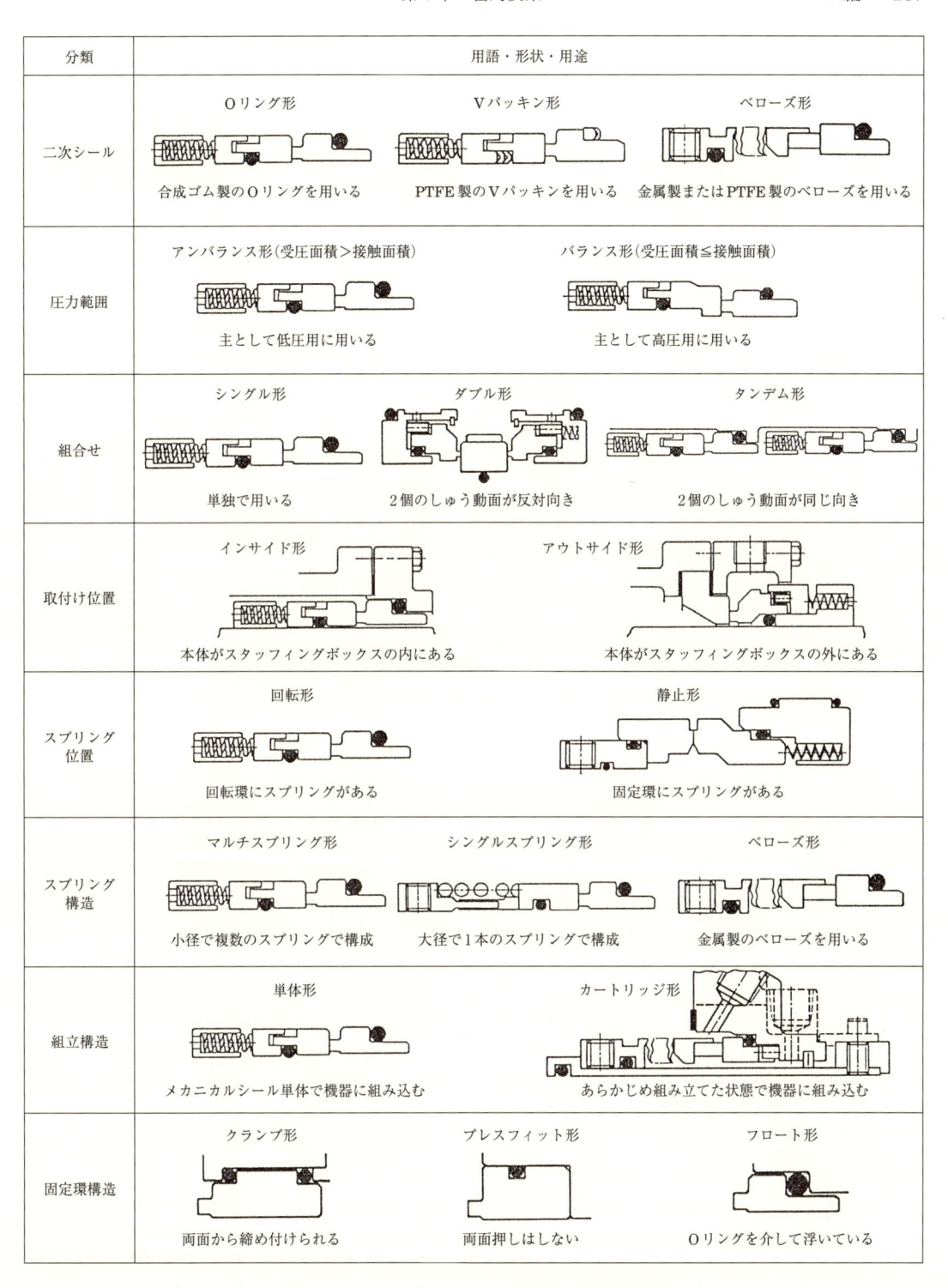

図 5.3.13 メカニカルシールの分類と形状・用途

表 5.3.2 要求仕様に対するメカニカルシールの適用性

分類	形式	高圧条件	高速条件	作動性追従性	しゅう動面の摩耗	高濃度の異物	高粘度の流体	腐食性の流体	取扱い組立性	コスト
二次シール	O リング形	○	○	○	—	○	—	×	×	○
	V パッキン形	○	×	×	—	×	—	○	×	○
	ベローズ形	×	○	○	—	○	—	○	○	×
圧力範囲	アンバランス形	○	○	×	○	—	—	—	—	○
	バランス形	○	○	×	○	—	—	—	—	×
組合せ	シングル形	×	—	—	×	×	×	×	○	○
	ダブル形	○	—	—	○	○	○	○	×	×
	タンデム形	○	—	—	○	○	○	○	×	×
取付け位置	インサイド形	○	○	—	—	—	—	—	×	○
	アウトサイド形	×	×	—	—	—	—	○	○	○
スプリング位置	回転形	—	○	—	—	×	×	—	—	○
	静止形	—	○	—	—	○	○	—	—	×
スプリング構造	マルチスプリング形	○	○	—	—	×	×	—	—	○
	シングルスプリング形	×	×	—	—	○	○	—	—	×
組立構造	単体形	—	—	—	—	—	—	—	×	○
	カートリッジ形	—	—	—	—	—	—	—	○	×
固定環構造	クランプ形	×	—	×	—	—	—	○	—	○
	プレスフィット形	○	—	×	—	—	—	×	—	○
	フロート形	×	—	○	—	—	—	×	—	○

○:優れている,あるいは適している,×:劣っている,あるいは適さない,—:優劣がない,あるいは影響しない

ローズが適用される.

(vii) 組立構造

単体形は,メカニカルシール単体で機器に組み込む構造のものをいう.カートリッジ形は,メカニカルシール単体,ハウジング,スリーブをあらかじめ組み立てた状態にしたもので,組込み,分解を容易にすること,および取付けミスを防止することを目的としている.

(viii) 固定環構造

クランプ形は,O リングやシートガスケットを介して固定するため,装着部が密封流体に触れないので腐食性流体に適している.また,圧力で軸方向に移動しないので,ダブル形やタンデム形シールの機内側にも使用される.プレスフィット形は,背面が装着部に直接接触しているので,高圧用に適している.フロート形は,O リングを介して固定されるため,装着部端面のひずみがしゅう動面に直接伝わらず,軸の傾きに対する追従性が優れているので広範に使用される.

(2) 摩擦特性および密封理論

a. 摩擦特性

従来からすべり軸受の摩擦特性は軸受特性数やゾンマーフェルト数(Sommerfeld number)を用いてストライベック(Stribeck)曲線により表わされているが,メカニカルシールにおいても次式で示される類似の無次元特性数 G (Duty parameter)を使用して摩擦特性を表わす場合が多い[24].

$$G = ZVb/W \tag{5.3.3}$$

ただし,Z:しゅう動面近傍の流体粘度,V:しゅう動部分の平均周速度,b:しゅう動幅,W:全荷重である.図 5.3.14 はメカニカルシールの摩擦係数 f と無次元特性数 G の関係を $\log f \sim \log G$ の関係($f\text{-}G$ 線図)に整理したものである.G の大きい領域($G > 10^{-6}$)では,G の増加に伴い f も大きくなっており,しゅう動面間の潤滑状態が流体潤滑領域にあることがわかる.この領域では,

$$fG^{-1/2} = \text{const.} = \Psi \tag{5.3.4}$$

の関係が成立する.一方,G の小さい領域($G < 10^{-6}$)では,G の減少に伴い f が大きくなっており,しゅう動面間の潤滑状態は非流体潤滑領域にあ

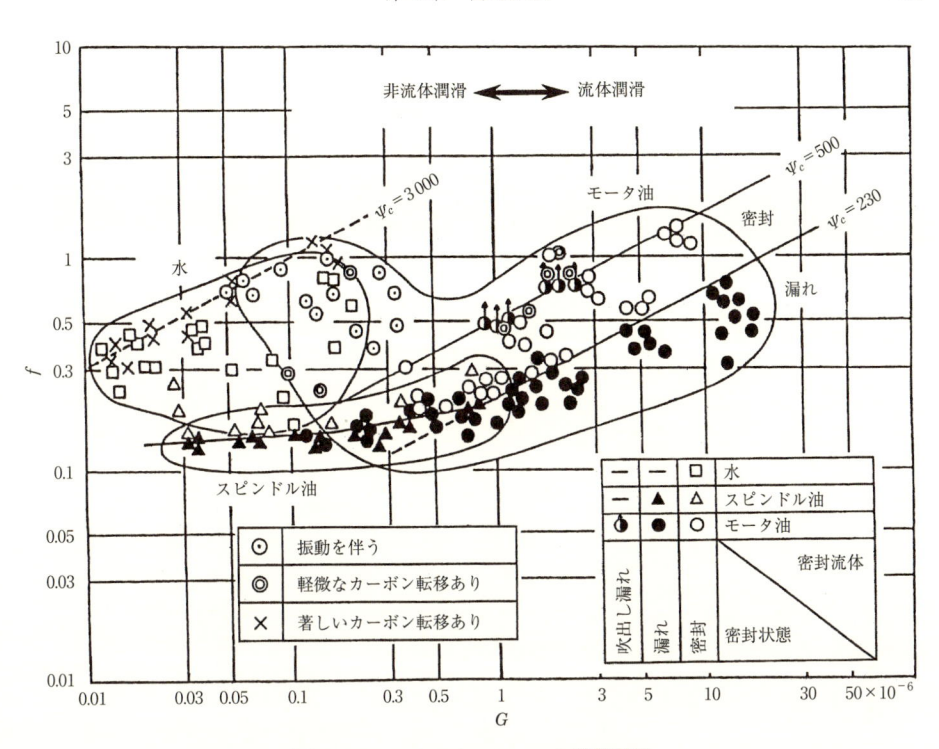

図 5.3.14 メカニカルシールの摩擦特性

る．したがって，低粘度の水やアルコールが密封流体である場合，一般のメカニカルシールの作動域では非流体潤滑領域が支配的である．

また，図 5.3.14 中に示しているように，f-G 線図上に密封と漏れとの境界線 Ψ_c が存在し，

$$\Psi > \Psi_c : 密封 \tag{5.3.5}$$
$$\Psi < \Psi_c : 漏れ \tag{5.3.6}$$

という関係にある．したがって，境界線 Ψ_c を密封限界線とも呼ぶ．Ψ の値は，メカニカルシールの材質や作動条件ばかりでなく，しゅう動面の状態によっても異なる．

b. 密封理論

メカニカルシールの漏れは，しゅう動面間に形成された流体がなんらかの理由で微小すきまを通過してしゅう動面外へ押し出される現象である．いま，内径 $2r_1$，外径 $2r_0$ の円環が，静止平板とすきま h をもって流体内を角速度 ω で回転している場合について考える．円環の内部の圧力を p_1，外部の圧力を p_0 とすると単位時間あたりの漏れ量 Q は，ナビエ・ストークス（Navier-Stokes）式と連続の式より，

$$Q = \frac{\pi h^3}{6\eta \log(r_0/r_1)} \left\{ \frac{3\rho\omega^2}{20}(r_0^2 - r_1^2) + (p_0 - p_1) \right\} \tag{5.3.7}$$

となる．ただし，η：流体絶体粘度，ρ：流体密度である．式 (5.3.7) において，第 1 項は遠心力による項で，低圧力差で高速回転の場合に問題となる．第 2 項は圧力差によるポアジュイユ（Poiseuille）流れである．第 2 項は流体潤滑領域では理論通り成立するが，非流体潤滑領域では吸着膜の影響を考慮する必要がある．

メカニカルシールが理想的な状態で作動している時には，密封流体の潤滑膜によるしゅう動面の保護と流体膜破断による漏れ防止作用の相反する二つの作用バランスして両立し，良好な密封作用を営んでいる．このバランスが崩れるとしゅう動面が損傷を受けるか，あるいは密封能力が低下する．漏れ量は式 (5.3.7) に示すように，静止環端面と回転環端面とのすきま h の 3 乗に比例するため，わずかなしゅう動面損傷により，漏れ量が急増することになる．漏れ防止作用について，現在までに多くの説が提案されているが，現状では定説に至っていない[25]．

（3）摩擦特性と密封特性の計測方法例

メカニカルシールの代表特性である摩擦特性と密封特性の計測方法について説明する．図5.3.15に示す横型回転試験機[26]は，2セットのメカニカルシールを向き合う形で組み込み，流体循環装置を用いてシールボックスに加圧された密封流体を循環させる構造であり，高負荷条件での試験が可能である．摩擦特性は，供試メカニカルシールと駆動モータとの間に取り付けられたトルク計によって測定される．漏洩した流体はドレインを通して容器に受けて漏れ量を計測する．密封流体が水のような低沸点流体の場合，漏洩する側の空間を密閉し，蒸発した流体を結露・凝集させて正確に漏れ量を測定する必要がある．

なお，最近では，メカニカルシールの摩擦特性を計測することにより，表5.3.3に示すように多くの故障モードを予知することが可能になっている[27]．

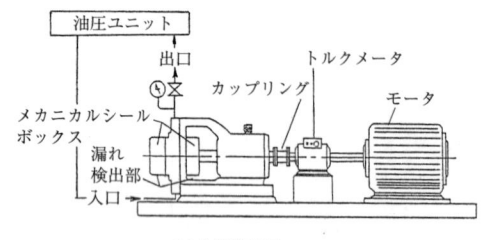

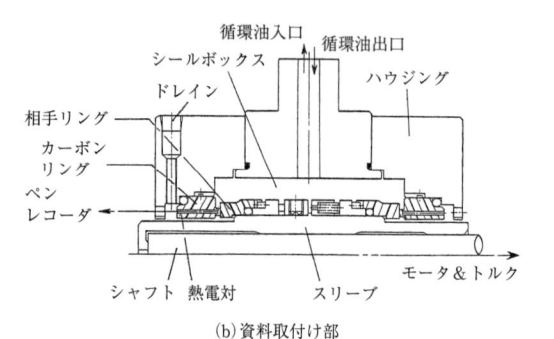

（4）適用例

前述のような選定方法に基づいて実際にメカニカルシールが適用されている事例について紹介する．

a．金属ベローズシール

図5.3.16に示す金属ベローズシールは，二次シールとして溶接金属ベローズを使用しているため，20Kの極低温から710Kに及ぶ超高温条件や多種多様な危険流体に対して適用実績がある．さらに，しゅう動面の損傷を防止し，信頼性や耐久性を高めるために，フラッシング，クエンチングなどの方法でしゅう動面を冷却することが有効である．

また，金属ベローズを含むシール本体を固定側に配置してダンパを装着させることにより，周速100 m/sもの超高速回転条件に対応可能となり，航空機やロケットのエンジンにも適用されている．

b．非接触型シール

図5.3.17に示す高速高圧ガス用メカニカルシールは，しゅう動面に動圧発生用の溝を設け，回転によってしゅう動面を浮上させ，非接触とするものであり，動圧型非接触シールと呼ばれる．浮上原理に関しては，動圧型スラスト気体軸受の理論がそのまま適用できる．

c．汎用メカニカルシール

高負荷条件に適用されるメカニカルシールに比較して軽負荷

図5.3.15　横型回転試験機〔出典：文献26〕

表5.3.3　メカニカルシールの故障と予知方法〔出典：文献27〕

故障モード	形　態	原　因	故障予知方法		
			トルク	AE	その他
漏れ	摩耗	切削作用	○	○	○*1
	変形	高圧	×	×	
	破損		○	○	
	表面損傷	ブリスタ	○		
		割れ	○	△	
		エロージョン キャビテーション	×		○*2
		面荒れ	△	×	
	追従不良	異物堆積	△	×	
		二次シール機能低下	△	×	
トルク異常	起動不良	凝着	○	×	
	変動	潤滑不良	○		
異音	沸騰	異常発熱	×	×	○*2
	スティックスリップ	速度摩擦特性負勾配 低剛性 潤滑不良	○		

○：可能，△：やや困難，×：困難
*1：フェログラフィー，*2：熱電対

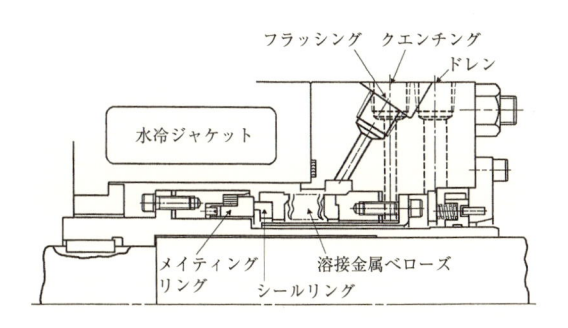

図5.3.16　金属ベローズシール

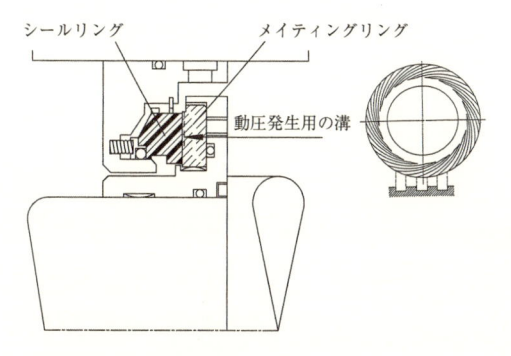

図5.3.17　高速高圧ガス用メカニカルシール

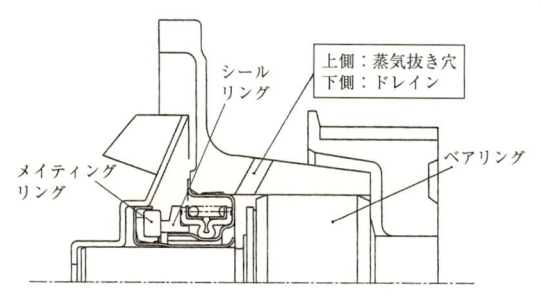

図5.3.18　エンジン冷却水循環ポンプ用メカニカルシール

な使用条件にしか適用できないものの，安価で大量生産が可能な汎用メカニカルシールの例について示す．

図5.3.18に示すメカニカルシールは，自動車エンジン冷却水循環ポンプに使用されており，長期間の安定した密封性能が要求されている．この場合，密封流体が低粘度の水系クーラントのため，Oリングや V パッキンなどは作動不良を起こしやすく，一般的に二次シールとしてゴムベローズを使用している．広いエンジン回転速度範囲に対応するためシール本体を固定側に配置している．また，ポンプの自動組立ラインに適するようにカートリッジ式の構造が普及している．なお，ベアリングへの水の浸入を防止するため，メカニカルシールとベアリングとの間のポンプボディ下側にドレイン，上側に蒸気抜き穴を設ける必要がある．

5.3.3　往復動シール

往復動シールは，自動車，建設機械，荷役運搬機械，農業機械などの様々な産業分野で，その用途や使用条件に応じて種々の形状や材質が使用される接触式シールである．一般的に往復動シールは回転シールに比べ，より低速領域で，より高圧の流体を密封することが多い．すなわち，往復動シールの使用条件や摩擦や摩耗の視点から回転シールに比較して過酷であるといえる．そのため，摩擦・密封特性の把握が重要となるが，合成ゴムなどの柔軟材料を主要構成要素とする種々の往復動シールの主特性は基礎シール理論によって統一的に説明される．

本項では，汎用の往復動シールとして高分子材料を用いたオイルシールやリップパッキン（Uパッキンなど），スクイーズパッキン（Oリングなど）について基礎理論や代表特性，種類，選定，使用法などについて説明する．

（1）往復動シールの分類と代表用途

図5.3.19に主な往復動シールの分類を示す．作用圧力に応じて接触圧力が適正に変化して密封するセルフシールパッキンは，リップ部を有するリップパッキン（Uパッキンなど）と，溝に装着して適

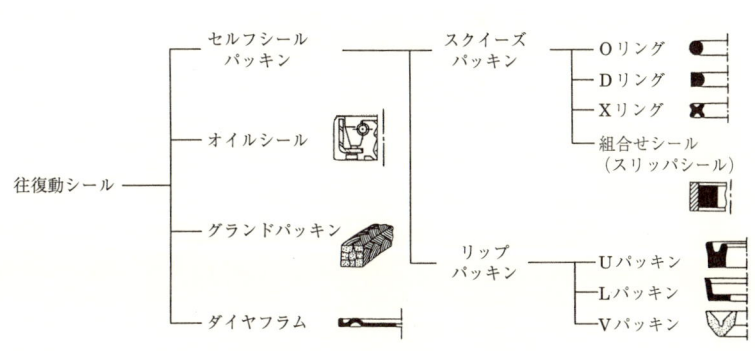

図5.3.19　主な往復動シールの分類

正量だけ圧縮して使用するスクイーズパッキン（Oリングなど）とに分けられる．セルフシールパッキンやオイルシールは低価格で，装着スペースが比較的小さく，取り扱いやすいという特長を有しているため広く使用されている．スリッパシールは樹脂製スリッピリングとゴム製バックリングを組み合わせたシールである．グランドパッキンやダイヤフラムは比較的限定された用途に用いられる．歴史の古いグランドパッキンは溝部に多段に詰め込んで用いるが，往復密封性は低い．隔膜方式のダイヤフラムは短ストローク，低圧の条件で使用され，2液分離に有効である．

図5.3.20に代表的使用箇所例をシール断面形状とともに示す．往復動シールが使用される機器は多種多様であるが，建設機械，産業車両ではそのほとんどに油圧シリンダ（通常42 MPa以下の圧力）が使われており，ロッドやピストンにリップパッキン（Uパッキン）や組合せシール（スリッパシール）などが適用されている．また，自動車では油圧シリンダに比べ低圧（10 MPa以下）の機器が多く，エンジンのバルブシステム部やショックアブソーバ，ガスステー，パワーステアリングなどにオイルシールが適用されている．

（2）往復動シールの基礎理論

ゴムのような高い変形性をもち，弾性変形量が流体膜厚に比較して非常に大きい場合には，流体膜形状が変動しても接触圧力分布はほとんど影響を受けない．すなわち，接触圧力分布が先天的に与えられているとみなすことができる．この場合には，油膜形状をあらかじめ設定して圧力分布を求める古典的流体潤滑理論とは逆に，既知の接触圧力分布を満足する油膜厚さを求める問題となるため，流体潤滑の逆問題と呼ばれる．

流体潤滑の逆問題はブロック[28]（H. Blok）によってはじめて提唱され，平野・兼田[29~32]がスクイーズ効果を考慮して逆問題を動的に取り扱い，往復動シールの基礎理論を確立した．また，逆問題を支持する多岐にわたる研究[33,34]によって往復動シールの基本特性は飛躍的に発展してきており，今日，逆問題は往復動シールの基礎理論として定着している．

単一リップ先端の接触圧力分布が図5.3.21のように与えられているとする．このとき，シールが密封流体側あるいは軸が密封流体と反対側に向かう運動行程を押し行程（Pumping stroke），その逆の場合を引き行程（Motoring stroke）と定義し，それ

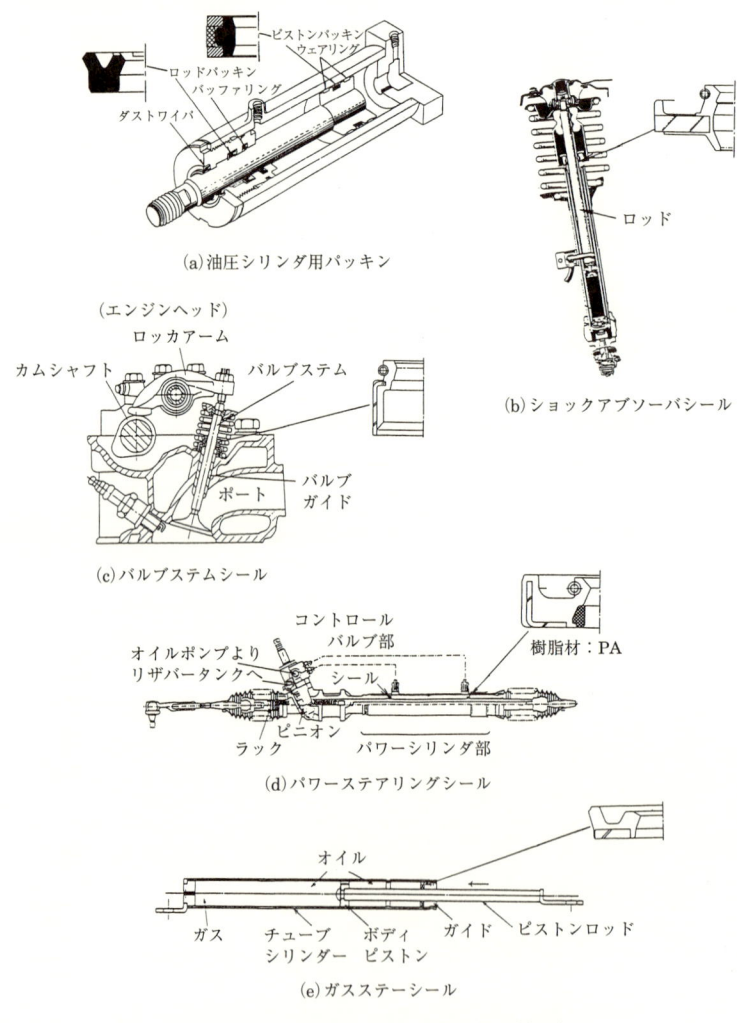

図5.3.20 往復動シールの代表的使用箇所例

(a) 油圧シリンダ用パッキン
(b) ショックアブソーバシール
(c) バルブステムシール
(d) パワーステアリングシール
(e) ガスステーシール

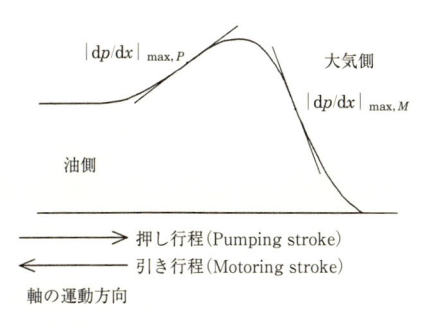

図 5.3.21 単一リップシールの接触圧力分布

それぞれの行程に対して P および M の添字を付すことにする．

動的逆問題[29]によれば，押し・引き両行程において流体潤滑膜が安定に形成されるためには，図 5.3.21 に示すように，圧力分布 p は運動方向座標 x に関して 2 個の変曲点すなわち上昇変曲点と下降変曲点をもつ必要がある[30~32]．さて，この両変曲点における最大圧力勾配を押し・引き両行程に対してそれぞれ $|dp/dx|_{max,P}$，$|dp/dx|_{max,M}$ と表わし，一般的な正弦波状の往復運動において

$$G = \mu S\nu/(P_r \pi D) \quad (5.3.8)$$

なる無次元特性数 G（μ，S，ν，P_r，D はそれぞれ粘性係数，ストローク長，往復周波数数，緊迫力，軸直径）を導入すれば，圧力分布の最大値（$dp/dx = 0$）を与える座標 x での往復行程中央部（すべり速度 u が最大値 u_{max} のとき）における膜厚 h_m は

$$h_{m,\ell} = \sqrt{\frac{8\mu u_{max}}{9|dp/dx|_{max,\ell}}} = \sqrt{\frac{8(P_r/D)}{9|dp/dx|_{max,\ell}}} \cdot G^{1/2} \quad (5.3.9)$$

摩擦係数 f は

$$f_\ell = \sqrt{\frac{9\pi}{8}|dp/dx|_{max,\ell}\frac{B}{p_a}} \cdot J_\ell \cdot G^{1/2} \quad (5.3.10)$$

$$J_\ell = \int\left[4\left(\frac{h_m}{h}\right)_\ell - 3\left(\frac{h_m}{h}\right)_\ell^2\right]\frac{dx}{B}$$

（p_a：平均面圧，B：接触幅）

と表示される[30~32]．

漏れ量は式(5.3.9)の押し・引き両行程の油膜厚さの差で決まる．単位時間あたりの漏れ量を q とすると無次元漏れ量 Q は，正弦波状往復運動でも一様平均速度 $u = (2/\pi)u_{max}$ で往復運動すると仮定した次式で精度良く計算できることが知られている[31,32]．

$$Q = \mu q/(P_r B)$$
$$= \frac{2}{3}\left(\sqrt{\frac{p_a}{B|dp/dx|_{max,P}}} - \sqrt{\frac{p_a}{B|dp/dx|_{max,M}}}\right)G^{3/2} \quad (5.3.11)$$

すなわち，密封の条件は

$$|dp/dx|_{max,P} \geq |dp/dx|_{max,M}：密封 \quad (5.3.12\text{-a})$$

$$|dp/dx|_{max,P} < |dp/dx|_{max,M}：漏れ \quad (5.3.12\text{-b})$$

として与えられる．

この流体潤滑の逆問題はオイルシールやリップパッキン，スクイーズパッキンなど柔軟なゴム材料で構成される往復動シールに対して適用することができる．

（3）往復動シールの代表特性

往復動シールにおいて重要な摩擦および密封特性は，上述の基礎理論から明らかなように，接触圧力分布の最大圧力勾配 $|dp/dx|_{max}$ に対応して形成される膜厚によって本質的に決定されるといえる．

くさび状の接触断面形状のリップを有するオイルシールや U パッキンなどは油膜切れによる摩耗を配慮したうえで，$|dp/dx|_{max,P}$ を $|dp/dx|_{max,M}$ より大きくして密封性を重視した設計となっている．図 5.3.22 に接触圧力分布の計測例を示す．圧力が増大した場合，U パッキンは安定した最大圧力勾配を保持し式(5.3.12-a)のように良好な密封性を示すが，O リングは押し行程の $|dp/dx|_{max,P}$ が小さくなって油膜が厚くなるため式(5.3.12-b)のように漏れやすくなる．

リップ部を有するオイルシールや U パッキンは O リングなどに比べて良好な密封性を示すが，式(5.3.10)により摩擦係数が高くなる．また，高圧の油圧シリンダに多用されるリップパッキンと比較するとより低圧領域で使用されるオイルシールでは，機器の出力に対してシール摩擦力の比率が相対的に高くなるため特に摩擦特性の把握が重要となる．

a. 油膜厚さ

摩擦・密封特性は油膜厚さに直接関係するため正確に膜厚の形成状態を把握すれば根本的にシールの性能を把握できるといえる．

油膜厚さは電気抵抗法[36]，光干渉法[37]，蛍光法[38]などの手法により計測される．このうち光干渉法と蛍光法は可視化画像を介して膜厚分布形状を詳細に評価できるため有効である．光干渉法を用いて，密

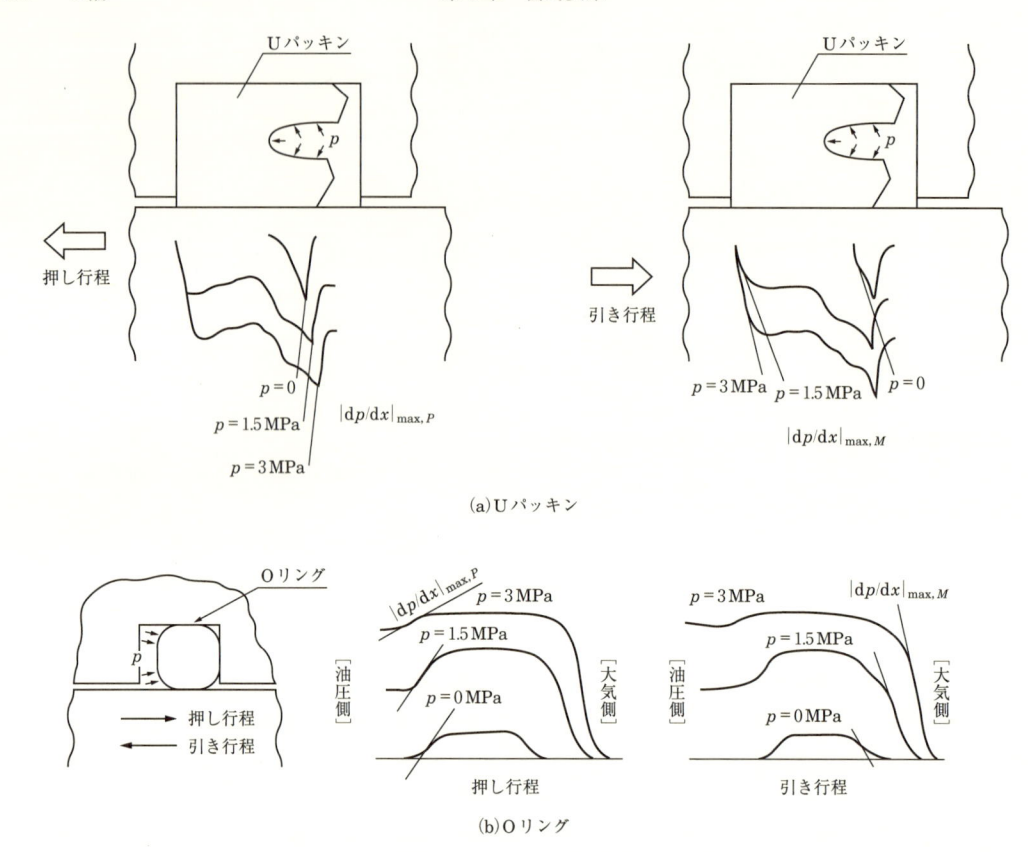

図 5.3.22 接触圧力分布の計測例〔出典：文献 35)〕

封性を重視したリップを有するシールの油膜形成と摩擦挙動の基本的関係が明らかにされた[37]．すなわち，正弦波状往復運動の押し・引き両行程において，油膜は速度の遅い両端近傍で薄く，行程中央部に向かって増速するに従って厚くなり，両往復行程の同一位置では同じ膜厚となることが実測され，この基本的油膜形成状態に起因して両行程の同一位置で同じ摩擦力が生じることが裏づけられた．

b. 摩擦特性

摩擦低減の観点からシール摩擦特性の把握はもちろんであるが，シール摩耗の観点からも摩擦特性の評価による潤滑状態の把握が重要となる．シールしゅう動部の潤滑状態は相手面の粗さを含めた使用条件に大きく左右され，しゅう動2面間に流体が介在して2面が保護される状態，つまり，流体潤滑状態での使用によって長寿命化を図ることができる．

代表例として図 5.3.23 にバルブステムシールの摩擦特性を f と G の関係で示す[39]．右上がりの勾配をもつ領域では式(5.3.10)に対応する $f \propto G^{1/2}$ の

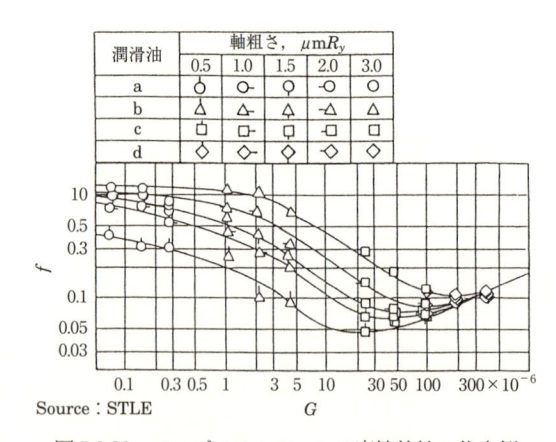

図 5.3.23 バルブステムシールの摩擦特性の代表例
（摩擦係数 f と無次元特性数 G の関係）
〔出典：文献 39)〕

関係が成立し，流体潤滑が支配的であることを示している．また，軸粗さごとに摩擦特性が変化しており，流体潤滑領域は粗さが小さいほど広くなってい

る．摩擦係数 f の極小値に対応する G の値を G_c とすると，G_c は流体潤滑から非流体潤滑への遷移点に相当する．軸粗さを R_y として，膜厚との関係で $h_m = R_y$ と見なすと，G_c は式(5.3.9)から

$$G_c = \frac{9}{8\pi} \cdot \frac{B}{p_a} \cdot |dp/dx|_{\max,ff} \cdot \left(\frac{R_y}{B}\right) \quad (5.3.13)$$

として求められ，粗さを考慮した摩擦特性の評価が可能となる．

c. 漏れ特性

市場で使用されるリップタイプシールは密封性を重視した設計となっているが，軸が大気側に移動する押し行程の速度が逆向きの引き行程より速い条件では押し行程時の膜厚が厚くなって漏れやすくなる．この場合には速度条件を考慮して押し行程に対応する最大圧力勾配を大きく設定する必要がある[40]．

また，バブルステムシールではステムとガイド間の焼付きを防止する目的で一定油量を供給する役目を担っているため，接触圧力分布の最適化による漏れ量の適切な制御が必要であり，漏れ特性の評価が重要である[39]．

（4）シールの種類と選定および使用法

a. オイルシール

往復動オイルシールは JIS などに規格化されていないが，5.3.1項の回転オイルシールと同じ基本構造を有している．通常，約10 MPa 以下の圧力条件に適用されるため，そのシールリップ部は圧力変形を考慮して，より安定して接触しゅう動できるよう配慮された形状となっている．低圧の汎用タイプとしては2段リップ形状が採用されることが多く，より高圧条件ではリップの受圧面積低減・厚肉化やバックアップリング付与に耐圧構造がとられ使用箇所ごとに適用されている．

オイルシールのゴム材料（B編2.6参照）としては，圧力破損に有利な機械的強度のあるニトリルゴム（NBR）がほとんどの使用箇所で用いられているが，パワーステアリングシールでは NBR から耐熱性が改善された水素添加ニトリルゴム（HNBR）が最近の主流となっている．バルブステムシールでは最も耐熱性，耐油性に優れたフッ素ゴム（FKM）が適用されている．

（i）種類と特徴

図5.3.20の使用箇所例のように往復動オイルシールは様々な用途に使用されている．

2段リップシールは約1 MPa 以下の低圧用途に種々適用される．代表例としては，自動車用ショックアブソーバをはじめとして，比較的高い往復周波数の条件で使用される農業用噴霧器などのプランジャポンプ，短ストローク・低速度の荷役運搬機器などの操作弁などがある．四輪ショックアブソーバは N_2 ガス封入の有無で2種類に大別され，ガス封入高圧タイプに適用されるシールはリップ部の剛性を増した耐圧形状が採用される．二輪フロントフォークシールはガス封入がなく比較的低圧であるが，長ストロークの使用条件となり，シール部が大気側に直接露出して外部ダストをかみ込みやすいため，大気側にダストシールを付加して使用される．

バルブステムシールは負圧～約0.1 MPa のポート圧力，高往復周波数の条件で使用され，（3）c項で述べたようにステムとガイド間に供給する油量を適切に制御し，焼付きおよび過大なエンジン油の消費を防止する役割を果たしている．最近，シール作用圧が増大の傾向にあり，圧力支点を有した2段リップ形状が拡大している[41]．

パワーステアリングシールは，自動車用油圧機器の中でも最も高い圧力領域（約10 MPa）にあるパワーシリンダ部で使用される．シールリップの過大変形や大気側へのゴムはみ出しを防止するため，リップ大気側にポリアミド（ナイロン）などの樹脂製バックアップリングを具備した構造となっている．

ガスステーは自動車後部ドアなど上下方向の開閉時のアシスト・支持装置であり，シールは長ストローク・低速度の条件で使用される．N_2 ガスが封入され高圧条件となるため，シールリップ部の剛性を増した耐圧形状が適用される．

（ii）選定および使用法

往復動オイルシールは使用用途に応じて様々な開発・改良検討が行なわれ，市場実績に裏づけされた多くの種類が適用されている．選定においては圧力，ストローク長，往復周波数，油種，軸粗さなどの使用条件が重要となる．汎用的に使用される2段リップ形状の NBR 材オイルシールは通常使用温度80℃以下，しゅう動速度1.5 m/s 以下の範囲で，図5.3.24に示す耐圧限界を目安として適用される．各条件がこれを超える場合には，圧力変形や摩耗などを考慮したシール設計が必要となるため，シールメーカーへの相談が推奨される．

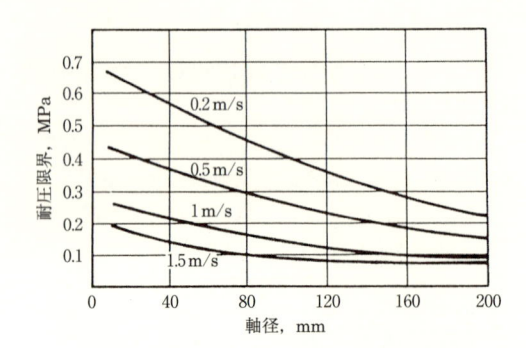

図5.3.24 2段リップオイルシールの耐圧限界（NBR材）

オイルシールの使用に際しては，軸粗さは0.4～1.6 $\mu m\ R_y$ が一応の目安となる．しかし，軸粗さは摩耗や密封性に大きく影響するため，使用箇所や条件によって十分な吟味が必要で，0.8 $\mu m\ R_y$ より小さい粗さが必要となる場合が多い．軸硬度についても，30 HRC以上が目安であるが，使用箇所によっては高い硬度が必要となる．軸表面仕上げについては熱処理後，硬質クロムめっきを施して研磨した後バフ仕上げが必要である．

往復動オイルシールの漏れ不具合にはゴム材の硬化劣化や摩耗など様々な形態があるが，中でも往復しゅう動によって発生するリップ傷が原因となっている場合が多い．その要因としてはロッド表面における打痕，かじり傷，さび，仕上げ粗さ大の問題や油中の異物の問題があり，使用するロッドや油の管理はシールリップ保護の観点から重要である．また，往復ストローク長が極端に短い場合には油膜破断を生じて過大摩耗が発生したり，使用油種によりゴムが軟化して機械的強度が低下し摩耗促進や破損を発生することがあり，使用条件や使用油との適合性を十分に検討したうえでシールを適用することが重要といえる．

b. セルフシールパッキン

UパッキンやOリングなどのセルフシールパッキンは往復動する油空圧機器に多用されている（機器構造・特徴等の詳細はA編5.3.6油圧機器要素を参照）．

（i）Oリング

運動用スクイーズパッキンの代表としてOリングはスペースが小さく，安価で，取扱いが容易であり，寸法・材料が規格化（JIS B 2401，ISO 360-1）されているため広く使用されている．また，Oリングは図5.3.22の接触圧力分布例から明らかなように，圧力増大により最大接触圧力勾配が式(5.3.12-b)の関係となって漏れを生じやすくなるため，通常，低圧の油空圧機器に適用される．近年，機器の高性能化に伴いリップパッキンや組合せシールに替えられる傾向にある．他の運動用スクイーズパッキンとしてDリングやXリングなどがあるが，往復運動によるねじれを防止する目的でOリングの代替として使用される．

Oリングの密封性能は密封対象流体の種類や温度に左右されるため，適正なゴム材料（JIS B 2401には1種Aから4種Dに分類）の選定が必要である．また，Oリングは圧縮して使用するが，運動用Oリングのつぶし代（%）は，摩擦低減や耐摩耗性を配慮して固定用より小さくして用いる（図5.3.25）．

（ii）リップパッキンと組合せシール

油空圧機器のうち代表的な油圧シリンダと空圧シ

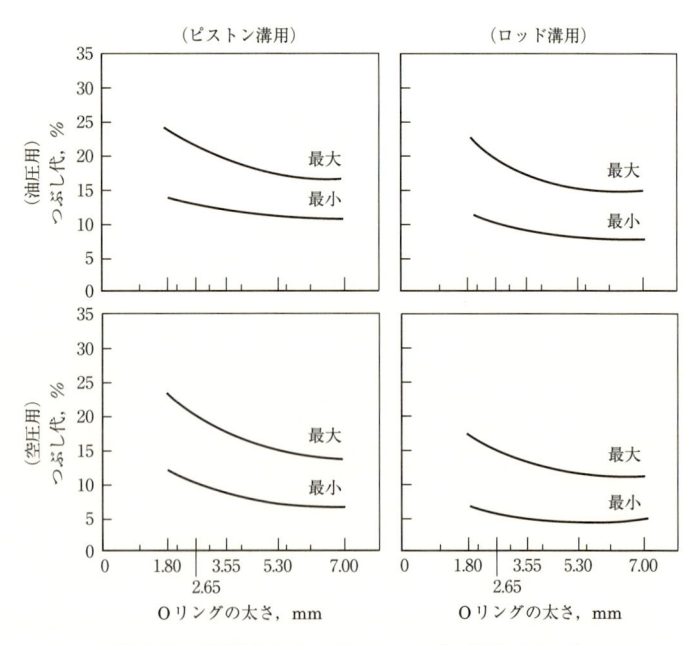

図5.3.25 運動用Oリングのつぶし代（JIS B 2406）

表 5.3.4 ピストンおよびロッドパッキンの種類と選定例　〔出典：文献 42)〕

注：パッキン単体での耐圧限界

リンダは，作動流体を密封するためにロッドパッキンとピストンパッキンを有し，異物侵入防止のためにロッドパッキン外側にワイパリング（ダストワイパ）を配置する基本構造をもつ．一般に空圧シリンダよりも油圧シリンダの方が使用条件は厳しく，シールの選定と使用法には注意が必要となる．

空圧シリンダについては，作動流体が空気であるため流体による潤滑性が期待できないが，耐摩耗性の良いゴム材（NBR，FKM）が開発され，装着時のグリース塗布だけで使用できるパッキンが多用されている．そのため，空圧用パッキン（Uパッキンなど）はしゅう動部にグリース保持用の溝を設けた形状が採用される．

油圧シリンダについてロッドパッキンとピストンパッキンの種類を表5.3.4に示す．ロッドおよびピストンパッキンともに古くはVパッキン（JIS B 2403）が主流であったが，1970年代に入ってシール性能向上やコンパクト化の観点でUパッキンが使用されだした．また，ゴム材料については，70年代後半までは広範囲の流体に適用できる中低圧用のNBR材が主流であったが，以降，高強度で耐圧・耐摩耗性の良いポリウレタンゴム（PU）が機器の高圧化に対応して適用されている．ただし，水系作動油の使用においてPUは加水分解するため，NBRが適用されている．

その後，ロッドパッキンについては，耐久性能向上のため，衝撃圧や油温伝達の低減を目的として圧力側にバッファリングが付与されている．バッファリングには当初単純なスクイーズパッキンが適用されていたが，ロッドパッキンとの間の蓄圧現象による不具合が問題となり，最近では図5.3.26に示すように蓄圧開放作用を有するリップパッキンタイプやスリッパタイプのバッファリングが採用されている．なお，21 MPa以上の高圧条件では，組合せシールタイプを使用すると四フッ化エチレン樹脂（PTFE）のしゅう動部が塑性変形して蓄圧の開放ができなくなる問題が出るため，リップパッキンタイプの適用が推奨される．

ピストンパッキンについてはコンパクト化や耐久性向上の要求により，耐摩耗性の良いPTFEのスリッパリングの背面に合成ゴムのバックリングを組み合わせたスリッパシール（表5.3.4：S型左側の形状）が採用され，さらに耐圧性を向上させるためにポリアミド樹脂のバックアップリングを両側に追加したタイプ（表5.3.4：S型右側の形状）が適用されている．スリッパシールは油膜破断しやすい微小ストローク条件に対しても有効である．

Uパッキンについては，ピストン・ロッド共用タイプが多用されていたが，初期および耐久時のシール性能向上のため，専用タイプの使用が主流となっている．また最近では，図5.3.27に示すようにピストン部での2個使いのときやロッド部でのダブルリップのワイパリング使用時にシール間に蓄圧する問題があり，Uパッキンのリップ端面に突起や

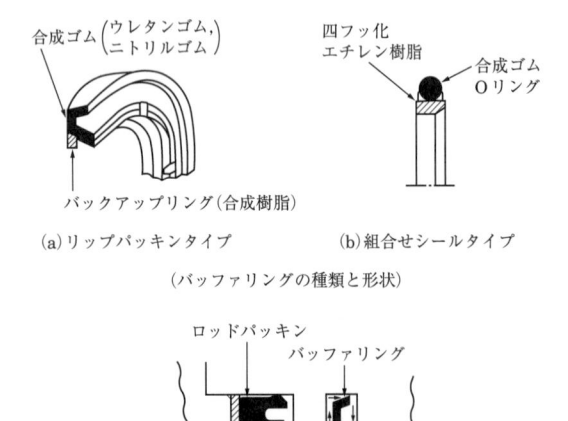

図5.3.26 バッファリングの種類と蓄圧開放作用
〔出典：文献43）〕

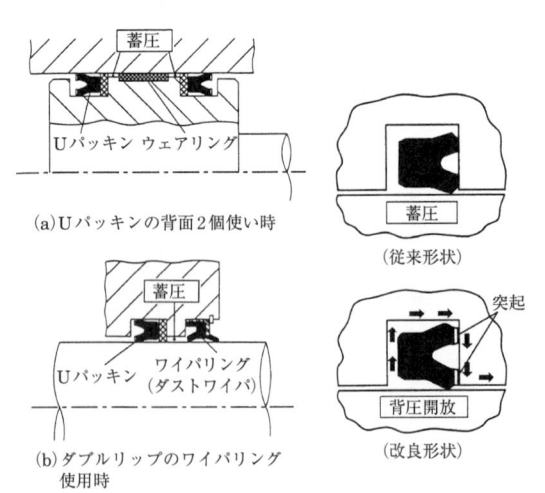

図5.3.27 Uパッキン使用時の蓄圧例と改良形状

スリットを設けて圧力を開放できる改良形状が拡大している．

ロッドパッキンとピストンパッキンの適用条件に対する選定の目安を表5.3.4に示すが，特に圧力，ストローク長，往復周波数，油種，ロッド粗さの条件に適応した選定が重要となる．シールに関連する不具合としてロッド部から外部の油漏れやピストン部油漏れによる出力低下などがあるが，シールの取扱いや使用法に起因する場合が多い．

Uパッキンでは図5.3.28に示す圧力としゅう動すきまの関係から，反圧力側のヒール部がはみ出して破損するため[44]，PTFEやより耐圧性のあるポリアミド樹脂のバックアップリングを併用する必要がある．また，しゅう動相手面の仕上げは摩耗に大きく影響する．シリンダチューブ内面は粗さ$0.4 \sim 3.2 \mu m R_y$のホーニング仕上げが一般的で，さびの発生防止など必要に応じて硬質クロムめっきを施して使用する．ロッドの表面は熱処理，研削後，硬質クロムめっきを施し，バフ仕上げをして粗さ$0.8 \sim 1.6 \mu m R_y$が必要である．特に建設機械などへの適用時には土砂や小石によるきず付きの低減のため，ロッド硬さは60 HRC以上が推奨される．

5.3.4 ワイパーブレード

自動車用ワイパーに求められる機能は，ウィンドシールド（以下，ガラスと表記）に付着した雨水など水滴，水膜を拭き取ることである．ワイパーはガラスの曲面形状に追従しなくてはならず，また降水量の変化，埃や泥の付着などにより接触面の状態が変動しても拭取り性能を維持する必要がある．これを実現するために，天然ゴムおよび合成ゴムで図5.3.29に示すような断面形状のブレードを用い，それをブレード支持金具に取り付ける方式が現在まで長年用いられている．過去には様々な材質，形状のブレードが試されているが，総合的に現行の方式を越えるものはない．

図5.3.29に示すように，ワイパーブレードはガラス表面全ての水を拭き取っているわけではなく，ワイパーが通過した後のガラス表面に薄い均一な厚

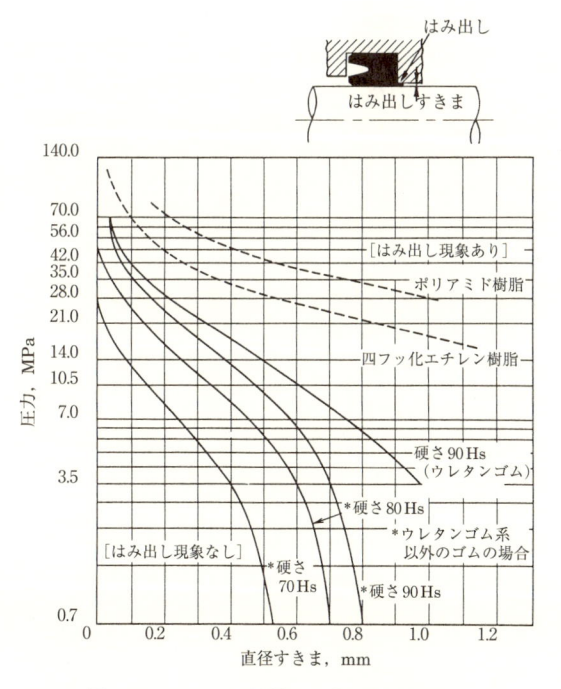

図5.3.28 シール材料はみ出し限界線図
（日本油空圧工業会 JOHS 112）

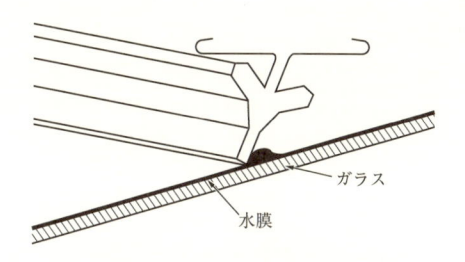

図5.3.29 ワイパー払拭状態

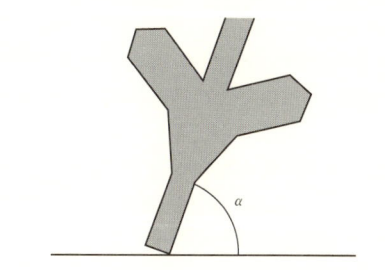

図5.3.30 ブレード倒れ角度

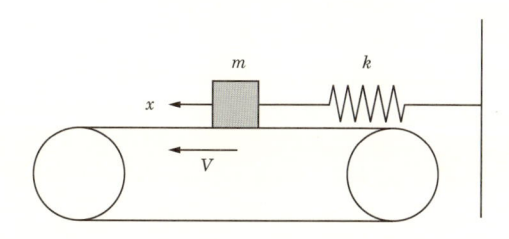

図5.3.31 単純なスティックスリップモデル

さの水膜が残るのが良好な作動状態といえる．この状態を実現するためには，図5.3.30に示すようにブレード先端部が拭取り動作時にガラス表面に対して倒れ角 $\alpha=30\sim40°$ を維持することが望ましい．

ワイパーの要求性能を阻害する代表的な因子としてスティックスリップによるびびり振動がある（図5.3.31）．スティックスリップは第1章1.4.3項（2）摩擦振動（p.51〜52）で述べられているように，静止摩擦係数 μ_s と動摩擦係数 μ_d の差が大きいほど，また支持剛性 k が小さいほどびびり振動が大きくなりやすい．ワイパー機構は多数の低剛性部品を組み合わせた，がたのある系となっているため，スティックスリップが発生しないように支持剛性 k を大きくすることは車両搭載を考えると困難であり，μ_s と μ_d の差が小さくなるように努力する方が現実的である．

ガラス表面が乾燥している場合のブレードの摩擦係数は水で濡れている場合の，一般には3〜4倍の大きさであり，またガラス表面の付着物やガラス曲面形状のために μ_s，μ_d とも変動しがちである．これに対して，生地のままのゴム材料では摩擦係数の変動を許容値まで小さくすることはできないので，ブレードのガラス表面に接触する部分に二硫化モリブデンを塗布したりハロゲン化処理を行なって μ_s を下げ，μ_d との差を小さくするようにしている．

近年，ガラス表面での水滴の転がりを良くすることを狙った撥水剤が市販されているが，これを使用すると図5.3.32に示すように，ガラス面の撥水効果により濡れた部分と乾いた部分が明確に別れ，ブレード作動中の摩擦係数変動が増大する傾向が強い．それに対して従来のブレード表面処理では摩擦係数変動を小さくできないため，ブレードのガラスと接触面にナイロン系高分子材料などの被膜を付けることにより摩擦係数変動幅を小さくすることができる．

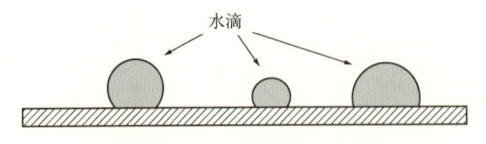

図 5.3.32 撥水ガラス表面状態

ワイパー機能である拭取り性能を維持し，阻害要因であるスティックスリップを低減するためには，ブレードとガラス表面との摩擦係数を制御するだけではなく，ブレードのガラス表面への押付け力も適正に設定する必要がある．しかし，実際にワイパーシステムとして車両に取り付けるためには，車両ごとにそれぞれ最適な状態が実現できるよう設計する必要がある．

5.3.5 ピストンリング
（1）機　能
ピストン型内燃機関や圧縮機に使用されるピストンリングは二つの重要な機能を果たしている．一つは圧力作用行程において燃焼室あるいは圧縮室からクランク室へ漏れる高圧ガスのシール機能であり，もう一つはクランク室から燃焼室，圧縮室へ流入する潤滑油量および常に適正な油膜をシリンダ壁に保持するオイルコントロール機能である．したがってピストンリングは，圧縮リングとオイルコントロールリングの2種類に大別される．

（2）形　状
リング形状は上記機能に対して最も大きな影響を与える要素であり，断面形状，外周形状，エッジ部形状，コーティング部形状，合い口形状に分類される．ここでは，代表的なリング断面形状とその用途について表5.3.5にまとめたが，詳細については参考文献45）を参照願いたい．

（3）材質，表面処理
リング材料は，熱的，機械的高強度材料の要求，耐摩耗性表面処理技術の進歩により，ねずみ鋳鉄，球状黒鉛鋳鉄，炭素鋼，シリコンクロム鋼，マルテンサイト系ステンレス鋼へと移行している．表5.3.6にリング材料と表面処理の組合せ例を示す．

（4）設計の基本計算式
a．接線張力と自由合い口すきまの関係式
　（図 5.3.33 参照）

$$F_t = \frac{E \cdot I(m-S_1)}{3\pi \cdot R^3} \quad (\mathrm{N}) \qquad (5.3.14)$$

ここで m：自由合い口すきま，E：材料の弾性係数（MPa），I：リング断面の断面二次モーメント（mm^4）また矩形断面リングの場合は $I=(h_1 \cdot a_1^3)/12$ （mm^4），$R=(d_1-a_1)/2$ （mm）である．よって，式(5.3.14)は次式となる．

$$F_t = \frac{E \cdot h_1(m-S_1)}{14.14(d_1/a_1-1)^3} (\mathrm{N}) \qquad (5.3.15)$$

また参考として，乗用車用ガソリン機関に使用されている各ピストンリングの F_t 値について，おお

表5.3.5 代表的なリングの断面形状とその用途

名称	断面形状	用途
レクトアンギュラリング		一般にコンプレッションリングとして用いられる．断面が矩形で，最も基本的な形状をもつ．
キーストンリング		おもにディーゼルエンジンのコンプレッションリングとして用いられる．ピストンスラップ等によるリング溝とのサイドクリアランスの変化により，溝内に生成するスラッジを破壊し，スティック防止の効果がある．
ハーフキーストンリング		キーストンリングと同様の機能をもつ．スラッジ破砕効果は劣るが，シール性に優れる．
スクレーパリング（ステップ）		多くはセカンドまたはサードリングとして，オイルリングのオイルかき作用を補う目的で用いられる．コンプレッションリングとして用いる場合，ブローバイ量の増加を押さえるため合い口部のみステップを中断することもある．
コイルエキスパンダ付きベベルオイルリング		当たり面幅を狭くし，高い面圧が得られるようにしたものである．また，シリンダへの追従性にも優れる．自動車用ディーゼルエンジンを中心に広く用いられる．
スチール組合せオイルリング		スペーサエキスパンダによってサイドレールはシリンダ面およびリング溝上下面に押し付けられるため，オイル上がりに効果がある．また，シリンダへの追従性にも優れるため，ほとんどの自動車用ガソリンエンジンに用いられる．

表5.3.6 リング用材料と表面処理の組合せの代表例

リング種類			母材材質	外周面表面処理	側面表面処理
トップリング			球状黒鉛鋳鉄	クロムめっき	リン酸塩被膜
			シリコンクロム鋼	クロムめっき	四三化化鉄被膜 固体潤滑被膜
			マルテンサイト系ステンレス鋼	ガス窒化 複合分散めっき PVD	リン酸塩被膜 固体潤滑被膜
セカンドリング			球状黒鉛鋳鉱	クロムめっき	リン酸塩被膜
			ねずみ鋳鉱	リン酸塩被膜	リン酸塩被膜
オイルリング	3ピース	サイドレール	炭素鋼	クロムめっき	四三酸化鉄被膜 リン酸塩被膜
			マルテンサイト系ステンレス鋼	ガス窒化 イオン窒化	リン酸塩被膜
		スペーサエキスパンダ	オーステナイト系ステンレス鋼	塩浴窒化	
	2ピース	本体	炭素鋼	クロムめっき	四三酸化鉄被膜
			マルテンサイト系ステンレス鋼	ガス窒化	リン酸塩被膜
		コイルエキスパンダ	炭素鋼	クロムめっき	
			オーステナイト系ステンレス鋼	塩浴窒化	

よその範囲を図5.3.34に示した．

b. 接線張力と面圧の関係式

リング外周の平均面圧をp(MPa)とした場合，接線張力との関係は次式で表わされる．

$$F_t = \frac{p \cdot h_1 \cdot d_1}{2} \text{ (N)} \quad (5.3.16)$$

c. 接線張力と直径張力の換算式

換算係数F_d/F_tはリング形状等により異なるが，ISO規格では2.15を使用している．よって，

$$F_d = 2.15 F_t$$

d. 使用時応力と装着時応力

矩形リングをピストンに装着する際に発生する応力（装着時応力：f_1）とシリンダ内に挿入した際に発生する応力（使用時応力：f_2）は，次式で表わさ

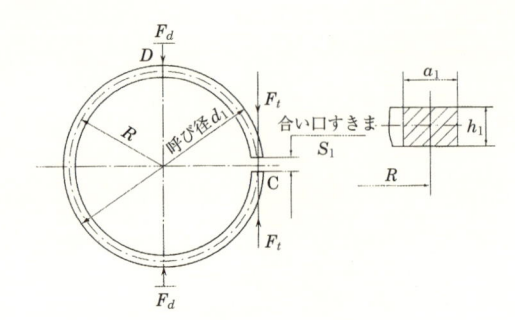

図 5.3.33　接線張力と自由合い口すきまの関係

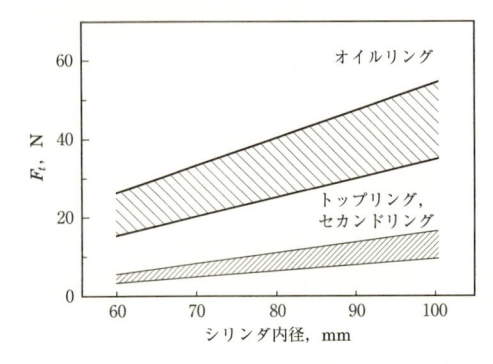

F_t ：合い口Cにおける接線方向荷重（N）
F_d ：合い口から90°部の位置Dにおける接線方向荷重（N）
θ ：任意の点Bが中心においてAとなす角（rad）
R ：中心軸の曲率半径（mm）
M ：B点の曲げモーメント（N·mm）
a_1 ：リング厚さ（mm）
h_1 ：リング幅（mm）

図 5.3.34　ガソリンエンジン用ピストンリングの F_t 範囲

表 5.3.7　f_1, f_2 の許容値

	f_1, GPa	f_2, GPa
ねずみ鋳鉄	0.5	0.3
球状黒鉛鋳鉄	1.0	0.6
炭素鋼	1.1	0.7

れ，その f_1, f_2 の許容値は表 5.3.7 に示した．

$$f_1 = \frac{E \cdot a_1(8a_1 - m)}{2.35(d_1 - a_1)^2} \text{ (MPa)} \quad (5.3.17)$$

$$f_2 = \frac{12 \cdot F_t \cdot R}{h_1 \cdot a_1^2} = \frac{E \cdot a_1(m - S_1)}{2.35(d_1 - a_1)^2} \text{ (MPa)} \quad (5.3.18)$$

（5）潤滑の基本計算式

a.　リングからの漏れガス量（ブローバイ量）

図 5.3.35 は2本のピストンリングを使用した場

図 5.3.35　ブローバイ量計算モデル

P_1 ：シリンダ内圧
T_1 ：トップランド壁温
f_{12} ：トップリングの漏れ通路面積（mm²）
f_{23} ：セカンドリングの漏れ通路面積（mm²）
P_1 ：シリンダ内圧（Pa）
P_2 ：2室内圧（Pa）
T_1 ：トップランド壁温（K）
T_2 ：セカンドランド壁温（K）
V_2 ：2室容積（m³）

合の計算モデルを示す．これにより，ブローバイ量は以下の式を用いて計算される．

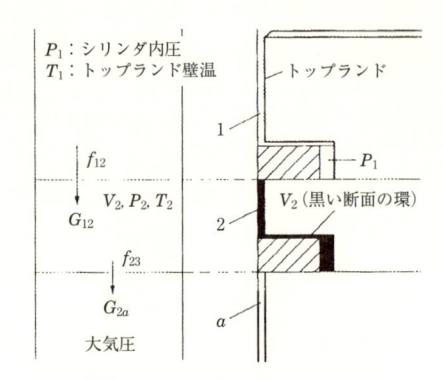

$$G_{12} = \frac{\phi f_{12} \cdot p_1}{\sqrt{R \cdot T_1}} F_{(p)} \text{ (kg/s)} \quad (5.3.19)$$

ここで，$F_{(p)} = \left[\frac{2\kappa}{\kappa - 1}\left\{\left(\frac{p_2}{p_1}\right)^{2/\kappa} - \left(\frac{p_2}{p_1}\right)^{(\kappa+1)/\kappa}\right\}\right]^{1/2}$

（ψ：合い口部流量係数（＝0.86），R：気体定数（kJ/kg·K），κ：ブローバイガスの比熱比，ただし，臨界圧力比（空気では $p_2/p_1 = 0.528$）以下では $F_{(p)} = 0.685$ を使用する）である．

G_{2a} も同様の式で表わされ，微小時間 Δt における2室の圧力変化 Δp_2 は，

$$\Delta p_2 = \frac{R \cdot T_2}{V_2}(G_{12} - G_{2a})\Delta t \quad (5.3.20)$$

よって，Δt 後の2室の圧力 p_2' は $p_2' = p_2 + \Delta p_2$ で表わされる．この計算を1サイクル行なえば，1サイクル中の p_2, G_{12}, G_{2a} の変化が計算でき，ブローバイ量 B は次式で表わされる．

$$B = \sum G_{2a}\Delta t$$

b.　リングの油膜厚さと摩擦力

ここでは，図 5.3.36 のようなリングしゅう動面形状モデルを使用し，十分に潤滑油がリングに供給された場合の古浜によるリング油膜厚さと摩擦力の計算式を示す[46]．

微小時間 Δt における最小油膜厚さ h_2 の変化量 Δh は次式で表わされる．

第 5 章 密封要素   A編   303

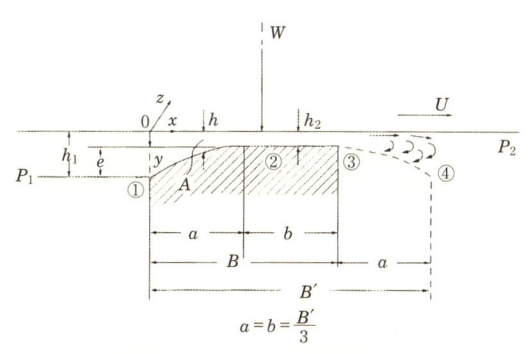

h_1：入口の油膜厚さ　　　　P：位置 x における圧力
h_2：出口の油膜厚さ　　　　U：すべり速度
P_1：入口部の外圧　　　　　u：位置 x における x 方向の速度
P_2：出口部の外圧　　　　　v：位置 x における y 方向の速度
h：位置 x における油膜厚さ　W：2 面間の押付け荷重

図 5.3.36　ピストンリングの潤滑モデル

$$\Delta h = \frac{1}{2Y}\left\{U(t)\cdot X - \frac{W(t)}{6\mu}\right\}\Delta t \quad (\text{m}) \tag{5.3.21}$$

ここで，

$U_{(t)}$：リングすべり速度（＝ピストン速度）(m/s)

$W_{(t)}$：リングしゅう動面に働く単位長さあたりの荷重〔$=B'\{(p_1-p_2)/2+p_e\}$〕(N/m)

μ：潤滑油の粘度 (Pa/s)

$$X = \frac{B^2}{2\lambda h_2^2}\Big[\lambda((1-r)^2+r+\lambda(1-r)r\beta) \\
- \frac{(2\lambda-2r\lambda+r+\lambda r\beta)}{8\lambda^2(1-r)+2r+3\lambda r+3r^2\lambda\beta} \\
\times\{2r+3\lambda r-\lambda r^2+3(1-r)r\lambda^2\beta+4\lambda(1-r)^2\}\Big]$$

$$Y = \frac{B^2}{2\lambda h_2^2}\Big[\frac{(2\lambda-2r\lambda+r+\lambda r\beta)}{8\lambda^2(1-r)+2r+3\lambda r+3r^2\lambda\beta} \\
\times\{2r+3\lambda r-\lambda r^2+3(1-r)r\lambda^2\beta+4\lambda^2(1-r)^2\} \\
- \frac{1}{3(\lambda-1)}\{-3r^2-5r^3\lambda+15r^2\lambda-4\lambda+4\lambda^2 \\
-12r^2\lambda^2+8r^3\lambda^2+3r\lambda\beta(2r-3+3\lambda-3r\lambda)\}\Big]$$

$$\lambda = \frac{h_1}{h_2}, \quad \beta = \frac{-1}{\sqrt{\lambda-1}}\tan^{-1}(-\sqrt{\lambda-1}), \quad r = \frac{a}{B}$$

式 (5.3.21) を用い，h_2 の初期値を適当に定め（$h_2=0$ でも可），1 サイクルごとの収束計算を行なえば，1 サイクル中の油膜厚さが計算できる．

また，リングの単位長さあたりの摩擦力 R は次式で表わされる．

$$R = \mu U_{(t)} V - 12\mu \frac{\Delta h}{\Delta t} X \quad (\text{N/m}) \tag{5.3.22}$$

ここで，$V = \dfrac{2B}{h_2}\left\{2(1-r+r\beta) - \dfrac{3(2\lambda-2r\lambda+r+r\lambda\beta^2)}{8\lambda^2(1-r)+r(2+3\lambda+3\lambda^2\beta)}\right\}$

式 (5.3.21) で計算された油膜厚さは，リング 1 本の場合には比較的一致するが[47]，一般にピストンリングは複数で使用されるため，リングに十分な潤滑油が供給されず，実際は計算値よりかなり小さい値になることが報告されている[48]．

（6）リングの主要諸元

主な主要諸元について記載したが，詳細およびその測定法については参考文献 45) を参照願いたい．

a. 接線張力 F_t

リング合い口部に図 5.3.37(a) に示す方向に荷重 F_t を加え，所定の合い口すきま寸法まで閉じた際の F_t の値．

b. 直径張力 F_d

合い口から直角方向に図 5.3.37(b) に示すように荷重 F_d を加え，図に示す位置の直径 D_1 を呼び径 d_1 まで縮めるのに必要な F_d の値．

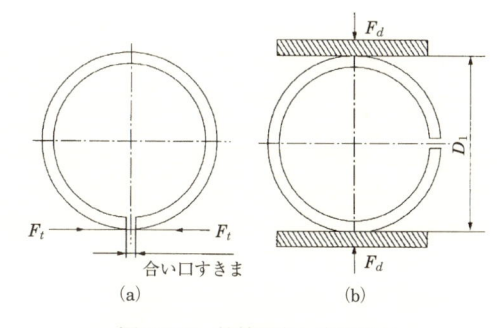

図 5.3.37　接線張力と直径張力

c. キーストン角度

リング上下面で形成される挟み角度〔図 5.3.38(a)〕．

d. キーストン幅 h_3

リング外周面から 1.5 ± 0.005 mm における両側面間の寸法〔図 5.3.38(b)〕．

e. ねじれ角度

リングをリングゲージに装着したときに，基準面に対して発生するリングのねじれを，リング半径方向に 2 mm またはリング厚さの 60% 以上における

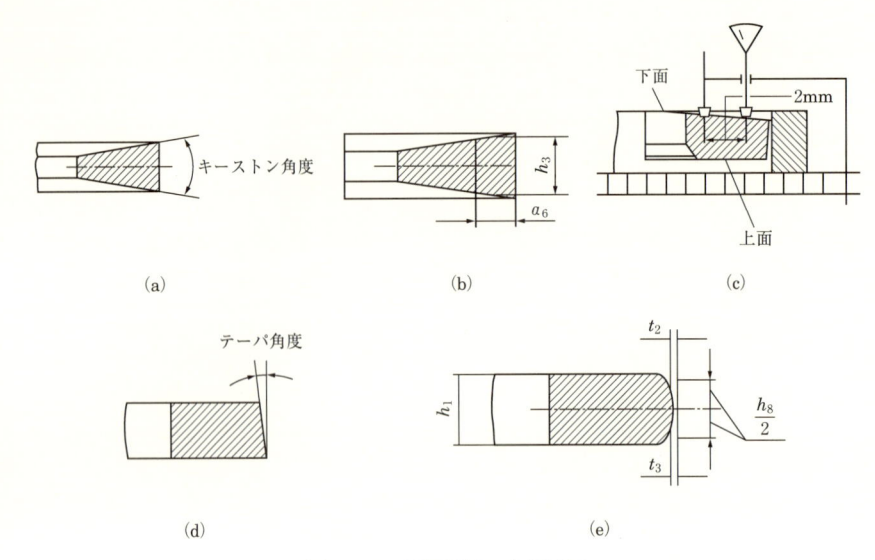

図 5.3.38 断面形状の各種諸元

表 5.3.8 評価幅とバレル量規格値

h_1	h_2	t_2	t_3
1.5	0.8	0.003〜0.012	0.003〜0.012
2	1.2		
2.5	1.6		
3	2	0.005〜0.016	0.005〜0.016
3.5	2.4		
4	2.8		
4.5	3.2		

角度〔図 5.3.38(c)〕.

f. 外周面テーパ角度

基準面の垂線と外周面の成す角度〔図 5.3.38(d)〕.

g. 外周面バレル量 t_2, t_3

基準面の垂線上の評価幅におけるリング外周面とバレル頂点との差〔図 5.3.38(e)〕. 評価幅とバレル量は DIN 規格により表 5.3.8 のように定められている.

h. 真円度

リングをリングゲージに挿入したときの, リング外周面の真円からの凹凸の差〔図 5.3.39(a)〕.

i. 2軸差（オーバリティ）

所定の合い口すきまになるまでリングを閉じたときの, 合い口方向の直径 d_3 とその 90°方向の直径 d_4 との差 (d_3-d_4) の値〔図 5.3.39(b)〕. リング呼び径 d_1 と 2 軸差の関係は DIN 規格により表

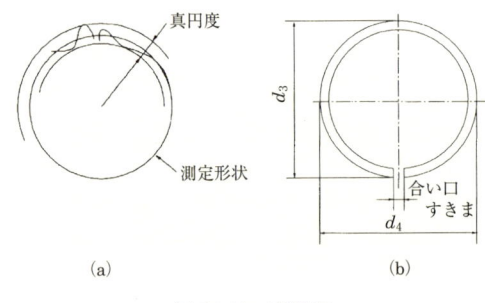

図 5.3.39 真円度

表 5.3.9 呼び径と 2 軸差の規格値

d_1	d_3-d_4	
30〜100	+0.1〜+0.8	−0.3 〜+0.2
102〜200	+0.2〜+1.2	−0.45〜+0.25

5.3.9 のように定められている.

5.3.6 油圧機器要素

油圧（液圧）システムは, 液体の圧力エネルギーを利用する高動力伝達システムである. 一般に, 伝達媒体には石油系作動油が用いられ, これがしゅう動部の潤滑剤をも兼ねる[49]. 機械的エネルギーとの変換の合理性から, 油圧機器には容積式が採用される. よって, しゅう動部を有する密閉空間が, 機器の主作用要素となる.

以上のことから, 油圧機器には一般的な運動用・固定用シール〔例えば, 油圧シリンダのピストン・

ロッドパッキン，油圧ポンプ・モータのオイルシール（軸）やガスケット（ケーシング）など〕に加え，シール機能と軸受機能を同時に満足させることが強く求められるしゅう動部（例えば，ピストンポンプ・モータのスリッパ軸受や弁板部など）が存在する．

（1）油圧機器に使われるシール部品の構造と特徴

油圧システムを構成する主な機器を列挙すると，ポンプ（歯車，ベーン，ピストン形など），バルブ（ポペット弁，スプール弁など），アクチュエータ（油圧モータ，シリンダなど）および補機〔タンク，フィルタ，熱交換器（クーラ，ヒータ），継手，管など〕となる．例として，油圧シリンダ[50]と歯車ポンプ[51]のシール構成部を，それぞれ図5.3.40，5.3.41に示す．

油圧機器に用いられるシール部品を表5.3.10[52]に，また油圧作動液を表5.3.11[53]に示す〔詳細は，それぞれ，A編5.2固定シール，A編5.3接触式運動用シール，B編2.6シール材料，ならびにC編1.3.3（4）油圧作動油の各項を参照〕．特に，高分子材料のシール部品を合成系作動液と用いる場合には互いの適合性[54]（膨潤性や耐液性など）について，極限環境（高温・低温・塵埃・放射能など）や厳しい作動条件下（高速・衝撃荷重など）で使用する場合には，耐熱性・耐寒性・耐摩耗性・耐候性・機械的強度などについて，十二分に配慮することが肝要となる．

油圧シリンダには，主となるピストン・ロッドパッキンおよびガスケットのほかに，補助シールとして，異物の混入および作動液の漏洩の防止のためにエクスクリュージョンシール（ワイパリング，スクレーパリング）が，シールに作用する衝撃力やサージ圧力を緩衝させるために圧力緩衝用シールリング（減圧リング，緩衝リング）が，ストロークエンドでの衝撃力を緩和させるためにクッションシールが，シール部品のはみ出し破損を防ぐためにバックアップリングなどが取り付けられる．

油圧バルブでは，厳しいすきま管理のもとで，シ

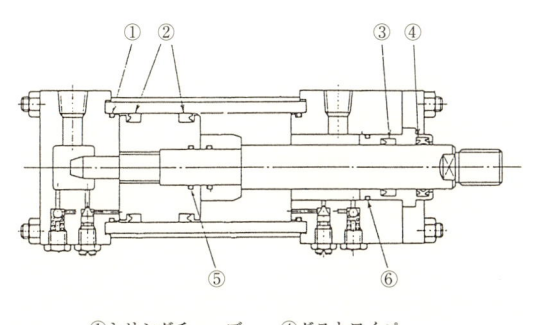

①シリンダチューブ　　④ダストワイパ
　ガスケット　　　　　⑤ピストンガスケット
　（Oリング）　　　　　　（Oリング）
②ピストンパッキン　　⑥ガスケット
　（Uパッキン）
③ロッドパッキン
　（Uパッキン）

図5.3.40　油圧シリンダのシール部〔出典：文献50）〕

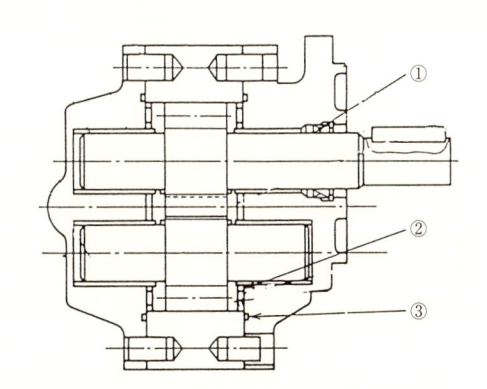

①オイルシール　②シール板　③特殊Oリング

図5.3.41　歯車ポンプのシール部〔出典：文献51）〕

表5.3.10　油圧機器シールの種類　〔出典：文献52）〕

シール				
	パッキン（運動用シール）	セルフシールパッキン	リップパッキン	Jパッキン，Uパッキン，Lパッキン，Vパッキン，その他
			スクイーズパッキン	Oリング，角リング，Dリング，Xリング，Tリング，その他
		オイルシール，ピストンリング，メカニカルシール，その他		
	ガスケット（固定用シール）	非金属		Oリング，板状布入りゴムシート，金属＋ゴム成形リング
		金属		銅板，環状リング
		液体		液状ガスケット

表 5.3.11　油圧作動液の分類　〔出典：文献53〕

油圧作動液	鉱油系作動油	R&O型作動油	添加タービン油，一般油圧作動油
		高性能作動油	耐摩耗性作動油，高粘度指数作動油，低温用作動油，高温用作動油
	難燃性作動液	合成系作動液	リン酸エステル系作動油，脂肪酸エステル系作動油
		含水系作動液	水－グリコール系作動液，W/Oエマルション系作動液，HWBF/HWCF（O/Wエマルション系作動液など）

ート面やスプール・スリーブ間でシールする方法が一般的である．ただし，低粘度作動液を使用する条件下で内部漏れを極力避けたい場合には，圧力や流量のヒステリシスの増加や応答性の低下が予測されても，Oリングなどを使用する場合がある．

補機として位置づけられるタンク，フィルタ，熱交換器，継手などには，多くの固定用シール〔液状ガスケット，Oリング，生テープ（シール用四フッ化エチレン樹脂未焼成テープ）など〕が用いられる．これらの機器で特徴的なことは，エレメントの交換や配管の変更などに伴い，比較的頻繁に分解組立が行なわれるシール部が多いことである．

ねじ込み式，食い込み式あるいはフランジ式の継手部における密封には，ねじ部に生テープを巻く，Oリングを挿入する，スリーブやシート面で金属面を密着させるなどの方法がとられる．

（2）油圧ポンプ，モータなどにおけるシールの技術的課題と対策法

a．油圧機器におけるシール上の課題

外部漏れは自然・作業環境の汚染に，内部漏れは容積効率の低下に対する直接的な要因となる．したがって，シールテクノロジーに対して，それらの阻止または抑制が課題となることは論を待たない．しかしながら，漏れは，同時にしゅう動部の潤滑・冷却・清浄作用などをも兼ねるので，シール設計には，各因子のバランスに配慮することがキーポイントとなる．

基本的に，油圧システムには高圧化が要求されるので，高圧の液体がシール部に及ぼす悪影響が常に問題となる．具体的な事例を油圧シリンダについて述べると，シール部品のすきまへのはみ出し・Uパッキン使用時の逆圧破損・シールの接触面積や面圧および摩擦力の増大・シール部の温度上昇・摩耗の促進・作動油中の混入空気の断熱圧縮（ディーゼル現象）による焼損などである．これらは密封性能の低下・シール材の劣化や破損・耐久寿命の短縮な

どを招く．また，加工時の精度不足や組立時の片締めは，締付け面圧のアンバランスを生じさせ，吹抜けの原因となる．

これらの対策には，バックアップリングの装着（はみ出し破損の防止）・蓄圧解放用のスリットや小孔の加工（逆圧破損の防止）・適切な環境下（温度・湿度・期間・日光・重力など）でのシール部品の保管・ジグの使用や潤滑剤の塗布（装着時の部品損傷の回避）・清浄環境（クリーンルーム）内での組立（機器内部への異物混入の防止）などが重要となる．

極寒・熱帯地や乾・湿地帯などで使用される建設土木機械に搭載される油圧システムに対しては，周囲の温度環境やコンタミナントの影響が強い．よって，ゴム（シール材）の粘弾性特性の変化による制御性の低下（圧力・流量制御のヒステリシスの増大や分解能の低下）・シールの熱硬化・温度低下による弾性率の低下・異物のかみ込みなどの対策が不可欠となる．

b．油圧ポンプ・モータしゅう動部の特徴

トライボロジーの観点から各油圧機器を検討すると，ポンプ・モータが最もむずかしいといえる．JIS B 0142 油圧および空気圧用語[55]において，容積式ポンプは「ケーシングとそれに内接する可動部材などとの間に生じる密閉空間の移動または変化によって，液体を吸込み側から吐出し側に押し出す形式のポンプ」と定義されている．つまり，容積式ポンプの特徴は，密閉空間の構成とその変形と移動とにある．この密閉空間は，ポンプの静止部材と運動部材とで構成されることになる．したがって，両者の相対運動の場であるしゅう動部は，シールの役割をもつことになり，また力やモーメントを支える軸受としての機能も同時に果たすことが要求される．つまり，このしゅう動部の特性がポンプ・モータの性能と信頼性を決定する主要因となる．

油圧ポンプ・モータのしゅう動部におけるトライ

ボロジー上の特徴は[49]
- 作動液を潤滑剤とすること
- 圧力(荷重),回転速度(しゅう動面速度)の変化が大きいこと
- しゅう動部は作用要素を兼ねるので,軸受機能とシール機能を併せもつこと

と整理できる.

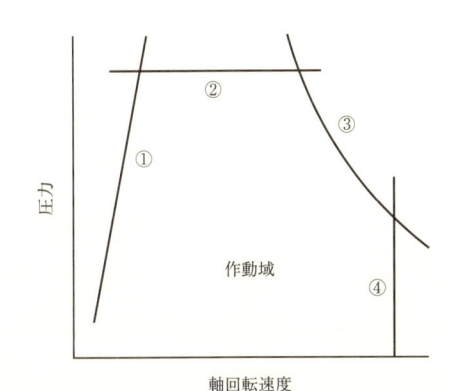

図5.3.42 油圧ポンプの作動限界〔出典:文献56〕

また,油圧ポンプの作動限界(モータの場合は,作動域に圧力の下限界を設定することもある)をまとめると,図5.3.42[56]となる.ここで,図中の①〜④はそれぞれ
① 動圧効果に基づく流体膜の形成
② 部材の材料強度
③ しゅう動部における発熱に基づく熱平衡あるいは転がり軸受の寿命
④ キャビテーション

に基因する作動限界を示している.トライボロジーは①と③の限界曲線に,直接的に関与する.

これらの限界を打破するための方策は
(1) 作動油の改良
(2) 材料・表面処理の改良
(3) 機構上の改良

の三つに集約できる[49].特に,(3)の対策について記せば,寸法の制約の極めて強い設計条件のもとで,荷重が高圧側の圧力で定まるしゅう動部を効果的に支えるためには,静圧軸受機構の採用が合理的であり,ピストンポンプ・モータのスリッパ軸受部や弁板部の設計に取り入れられている.ただし,流体潤滑のみの議論では不十分であり,混合潤滑域(A編1.3流体潤滑理論およびA編1.4混合・境

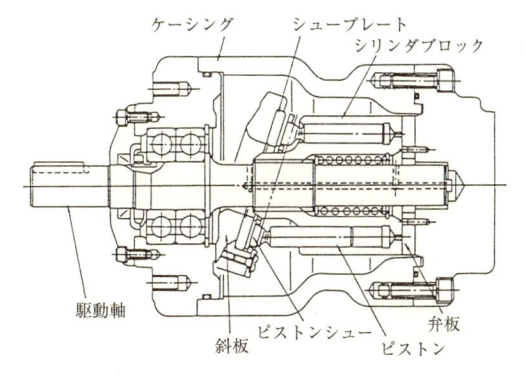

図5.3.43 斜板式ピストンポンプ〔出典:文献57〕

界・固体潤滑理論を参照)までを含めた検討が必要である.さらに,摩擦特性のみならず,漏れ流量特性および損失動力までをも踏まえることが重要である.

現在,油圧ポンプ・モータとして,歯車,ベーン,ピストンの3形式が主となっている.これらのポンプ・モータをシール性の点から考察すると,シール断面が長方形となる歯車やベーンに比して,それが円形となるピストンの方が優位であり,さらに静圧軸受機構も採用しやすい.したがって,使用圧力はピストン形が一番高圧となっている.

図5.3.43に斜板式ピストンポンプ[57]を示す.代表的なシール構成部は,ガスケット(ケーシング),オイルシール(駆動軸),および軸受機能を兼ねるしゅう動部として,スリッパ軸受-斜板間[58],シリンダブロック-弁板間[59],ピストン-シリンダボア間[60],球面軸受部などとなる.

流体平衡のとられるこの種のしゅう動部特性を表わすためには,すべり軸受に一般に用いられる動圧効果の指標となる軸受定数($=\mu N/p_m$, μ:粘度, N:回転速度, p_m:平均面圧)よりも,静圧効果の指標となる押付け比(バランス比)を採用する方が直接的である.すなわち

$$\text{バランス比} = \frac{|\text{作用する荷重}|}{|\text{静圧による負荷容量}|}$$
$$= \frac{(\text{押付け力})}{(\text{かい離力})} \quad (5.3.23)$$

いま,静圧軸受機構をもつしゅう動部を最も簡便に取り扱ったモデルとして,円板形静圧スラスト軸受(定常,同心荷重,剛体部材)を考えれば,このバランス比をζ(a:ポケット半径比,p_s:供給圧力,R_2:軸受半径,W:荷重)とおいて[61]

$$\zeta = \frac{|W|}{\pi p_s R_2^2 (1-a^2)/(-2\log a)} \quad (5.3.24)$$

と書くことができる。この定義によれば，$\zeta<1$ ではポケット圧力比 $p_r/p_s<1$ となり（p_r：ポケット圧力），すなわち流体潤滑状態を，$\zeta>1$ では p_r/p_s ≒1となり，静圧効果で支えきれない残りの荷重を，表面粗さ突起の固体接触により支持される混合潤滑状態を表わすことができる。例として数値を挙げれば〔式(5.3.24)の定義式は，しゅう動部の形状により異なる〕，ピストンポンプ・モータのシリンダブロックで $\zeta=1.04\sim1.25^{62)}$，スリッパ軸受で1.02～1.1程度である（起動トルクを問題とするモータでは，$\zeta<1$ とする場合もある）。

文　献

1) JIS B 2402：オイルシール（1996）．
2) 和田稲苗：密封装置選定のポイント，日本規格協会（1989）126．
3) R. V. Brink, D. E. Czernik & L. A. Horve : Handbook of Fluid Sealing, McGraw-Hill (1993).
4) NOK (株) カタログ．
5) F. Hirano & H. Ishiwata : Proc. I. Mech. E., **180**, Part 3B, (1956-66) Paper 15, 187.
6) 石渡秀男・藤原良和：日本機械学会誌，**64**, 512 (1961) 48.
7) L. Horve : Shaft Seals for Dynamic Application, Marcel Dekker (1996).
8) 兼田槇宏：トライボロジスト，**43**, 2 (1998) 125.
9) R. Fritzche & W. Steinhilper : SAE Techn. Paper No. 920718 (1992).
10) H. Hirabayashi & Y. Kawahara : ASLE 77-LL-5B-2 (1977).
11) Y. Kawahara, M. Abe & H. Hirabayashi : SAE Techn. Paper No. 780405 (1978).
12) L. A. Horve : SAE Techn. Paper No. 910530 (1991).
13) K. Nakamura & Y. Kawahara : Proc. 10th Int. Conf. Fluid Sealing, BHRA C1 (1984).
14) H. K. Müller : Proc. 11th Int. Conf. Fluid Sealing, BHRA (1987).
15) R. F. Salant & A. J. Flaherty : Trans. ASME, J. Trib., **117** (1994) 53.
16) P. G. M. van Bavel, T. A. M. Ruijl, H. J. van Leeuwen & E. A. Muijderman : Trans. ASME, J. Trib., **118** (1996) 266.
17) A. Gabelli & G. Poll : Trans. ASME, J. Trib., **114** (1992) 280.
18) G. Poll & A. Gabelli : Trans. ASME, J. Trib., **114** (1992) 290.
19) A. M. Lopez, K. Nakamura & K. Seki : Proc. 15th Int. Conf. Fluid Sealing, BHRA (1997).
20) 大滝正通・平林　弘：機械設計，**24**, 15 (1980) 62.
21) Y. Kanzaki, H. Nishina, S. Nagasawa, & Y. Kawahara : Proc. 13th Int. Conf. Fluid Sealing, BHRA (1992).
22) 山丈政治・横山　督・石川　齋：日本ゴム協会誌，**58**, 4 (1985) 266.
23) 日本規格協会：メカニカルシール通則，JIS B 2405-1993.
24) H. Ishiwata & H. Hirabayashi : BHRA, Proc. 1st ICFS, D5 (1961) 1.
25) 例えば，兼田槇宏：潤滑，**24**, 5 (1979) 261.
26) S. Matsui, Z. Uchibori & M. Kaneta : Lub. Eng., **51**, 9 (1995).
27) H. Tanoue, S. Matsui, K. Kiryu, Z. Uchibori & H. Hirabayashi : BHRA, Proc. 12th ICFS, F3 (1989) 291.
28) H. Blok : Symp. Lubric. & Wear. Houston (1963) 1.
29) F. Hirano : Proc. 3rd Int. Conf. on Fluid Sealing (ICFS), British Hydromechanics Research Association, F1 (1967) 1.
30) F. Hirano & M. Kaneta : Proc. 4th ICFS. BHRA (1969) 11.
31) F. Hirano & M. Kaneta : Proc. 5th ICFS. BHRA, G2 (1971) 17.
32) F. Hirano & M. Kaneta : Proc. 5th ICFS. BHRA, G3 (1971) 33.
33) H. K. Müller : Ölhydraulic und Pneumatik, **9**, 3 (1965) 89.
34) C. J. Hooke, D. J. Lines & J. P. O'Donoghue : Proc. I. Mech. E., **181**, Part 1-9 (1966/67) 205.
35) 岩根孝夫：密封装置選定のポイント，日本規格協会（1989）139.
36) Y. Kawahara, Y. Ohtake & H. Hirabayashi : Proc. 9th ICFS. BHRA, C2 (1981) 73.
37) 勘崎芳行・河原由夫・兼田槇宏：日本機械学会論文集（C編），**62**, 600 (1996) 289.
38) 稲垣英人・斉藤昭則・村上元一・甲斐敏明：日本機械学会論文集（B編），**61**, 590 (1995) 231.
39) Y. Kawahara, Y. Muto & H. Hirabayashi : ASLE Trans., **24**, 2 (1981) 205.
40) N. Suetsugu, N. Kobayashi, H. Motohashi & T. Masuyama : SAE No. 890665 (1989).
41) 黒木雄一・勘崎芳行：潤滑経済，No. 389 (1998) 6.
42) NOK (株) パッキンカタログ（1999）22.
43) 日本ゴム協会編：ゴム工業便覧，第四版，日本ゴム協会（1994）954.
44) Y. Kawahara, Y. Ohtake & T. Sakamoto : Proc. 7th ICFS. BHRA, J1 (1975) 1.
45) 自動車用ピストンリング編集委員会：自動車用ピストンリング，山海堂（1997）67.
46) 古浜庄一：日本機械学会論文集，**24**, 148 (1958) 1032.
47) S. Furuhama, C. Asahi & M. Hiruma : ASLE Preprint No. 82-LC-6C (1982).
48) S. L. Moore & G. M. Hamilton : Journal Mechanical Engineering Science, I. Mech. E., **20**, 6 (1978).
49) 山口　惇：潤滑，**31**, 10 (1986) 685.
50) 日本規格協会：JIS 油圧・空気圧（1994）294.
51) 髙橋浩爾・湯浅達治・大内増矩：油圧機器と油圧回路，オーム社（1988）33.
52) 日本油空圧学会：新版 油空圧便覧，オーム社（1989）372.
53) 岡田美津雄：トライボロジスト，**34**, 8 (1989) 581.
54) 岩根孝夫：密封装置選定のポイント，日本規格協会（1989）87.
55) 文献50）の61頁．

56) W. M. Schlösser: Hydraulic Power Transmission, **7** (1961) 252, 324.
57) 日本機械学会：機械工学便覧 B 5 流体機械，丸善（1986）189.
58) 井星正氣：油圧と空気圧，**18**, 3 (1987) 172.
59) 山口 惇：油圧と空気圧，**18**, 3 (1987) 189.
60) 池谷光榮・米谷栄二：油圧と空気圧，**18**, 3 (1987) 180.
61) 風間俊治・山口 惇：油圧と空気圧，**24**, 4 (1993) 498.
62) 日本潤滑学会：改訂版 潤滑ハンドブック（1987）994.

5.4 非接触式シール

5.4.1 オイルフィルムシール

オイルフィルムシールは，高速高圧ガス圧縮機に用いられる軸シール装置である．高速ガスシールが出現するまでは，オイルフィルムシールがほとんどの高速圧縮機に用いられてきた．

大きな相対速度を有する軸貫通部で，高圧のガスを直接漏洩防止することは困難であり，オイルフィルムシールでは図5.4.1に示すように，圧縮機軸貫通部機内側と大気側に一対のフローティングリングシールを設け，その中間にガス圧力より高い圧力の潤滑油をシーラントとして供給し，ガスの漏洩を防止するものである．フローティングリングと軸の間で発生する粘性摩擦による発熱は，シーラントにより吸収するように設計する．

オイルフィルムシールにシーラントを供給し，大気側およびガス側のドレンを回収するシステムを図5.4.2に示す[1]．大気側リングからのドレンは，回収してシーラントとして循環利用される．

大気側シーラント流出量 q，および大気側シールリングでの粘性摩擦動力 H は，シーラントの流れが層流のときは，次式で求めることができる[2]．

$$q = \frac{\pi D c^3 \Delta P}{12 \mu l} \tag{5.4.1}$$

$$H = \frac{\mu \pi^3 D^3 l N_s^2}{c} \tag{5.4.2}$$

ただし，D：軸直径（m），c：シールリングの半径すきま（m），l：シールリングの幅（m），N_s：1秒間の軸回転数（s^{-1}），Δp：シール差圧（Pa），μ：シーラントの粘性（Pa・s），π：円周率，である．

また，シールリングの温度上昇は，

$$\Delta T = \frac{H}{J C_p \gamma q} \tag{5.4.3}$$

ただし，C_p：シーラントの比熱（J/kg°C），J：熱の仕事量（N・m/J），γ：シーラントの比重量（kg/m³），と表わされる．

これらの式の適用に当たって，大気側シールリングは，外周部と内周部の差圧によって弾性変形し，

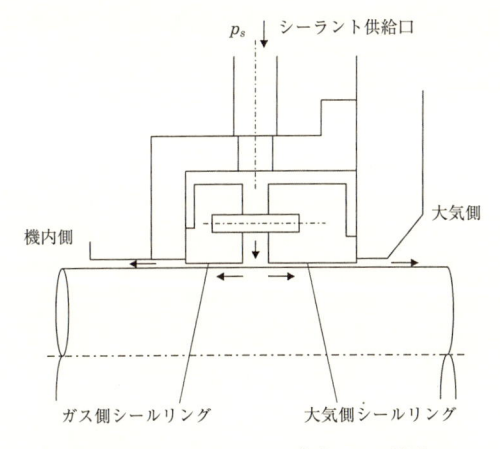

図5.4.1 フローティングブシュの構造

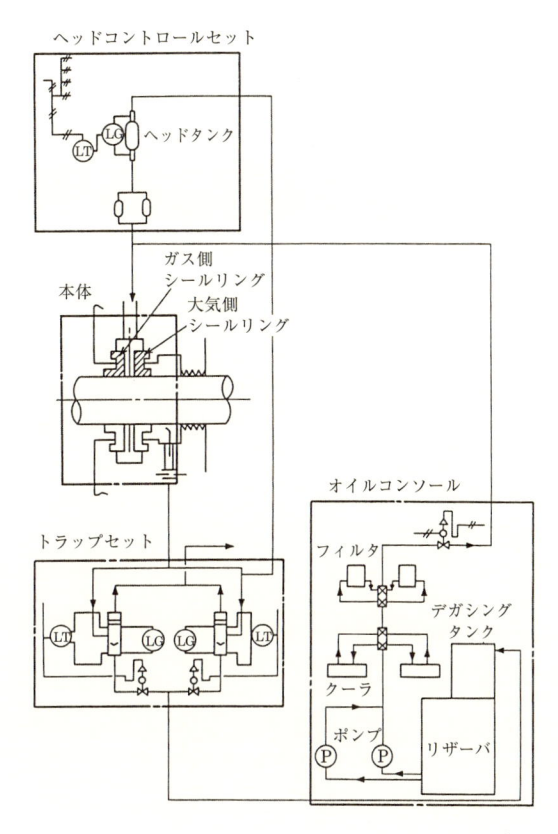

図5.4.2 シーラント供給システム〔出典：文献1）〕

すきまが小さくなることがあるので，変形量を求め，補正することが必要である．

ガス側シールリングは，機内側に漏出するシーラントによる熱放散はほとんど期待されないので，シールリングの外周部より冷却するようにする必要がある．

ガス側シールリングの機能上重要なことは，ガスがシーラント膜内に侵入して最終的に大気側に漏出することを抑制・防止することである．ガス圧力よりシーラントの圧力を高くしているが，機内側のガスがシーラント側に混入してくることがある．それは，図5.4.3に示すように，シールリングが偏心しているときは，すきま内の流体静力学的な圧力分布（図の 実線）の他に，流体動力学的な圧力が加わり（図の 破線），シールリングの両端部において，膜内のシーラント圧力を p，シールリング幅方向の座標を x とすると，dp/dx が $\Delta p/l$ と符号が変わることがある．

平均的な流れは，$\Delta p/l$ が負の方向に流れるが（⇐で示す方向），dp/dx が正になると，B部ですきまの中に機内側のガスが流入し，すきまの中で，ガスがシーラントに混合され，A部でシーラント供給側に流出する．

これを防止するためには，シールリングの偏心を考慮して，全周にわたって，

$$\frac{dp}{dx} > 0 \tag{5.4.4}$$

になるようにすることである．

短幅軸受の理論式[3]よりこれを求めると，$dp/dx > 0$ の条件は，

$$\frac{\Delta p}{l} > \frac{2\pi \mu N_s \varepsilon l}{c^2} \tag{5.4.5}$$

となる．

なお，式の中の ε はシールリングの偏心率である．

シールリングは，360°軸受と全く同じ構造であり，すきま内の圧力により，ふれまわり力を発生するので[4,5]，シールリングの防振設計や軸系にも十分な配慮が必要である．

5.4.2 ドライガスシール

シールからの漏洩量は，すきまの3乗に比例するため，シールすきまを1/10にすることができると，漏洩量は1/1000となり，リーク量は極めて少なくなる．非接触シールでは，ラビリンスシールが，低速用から高速用まで広く利用されているが，ラビリンスシールの半径すきまは，軸径100 mmのとき，0.1～0.15 mmであるが，これに対し，ドライガスシールでは3～5 μmのすきまを保持するので，1/30程度のすきまであり，シールからの漏洩量は非常に少ない．

図5.4.4は，最も形状が簡単なシングル型ドライガスシールの概念図である．回転リングのシールしゅう動面に設けられた，深さが5 μm程度のスパイラル状の溝部に，回転リングの回転により流体動力学的な気体膜圧力が発生し，静止リングに対し，微小な気体膜を保持させるものである．回転リングが回転していない静止状態ではスパイラル溝のある軸受部とスパイラル溝のないシール部の流動抵抗の差異のため，静圧効果があり，静圧シールの機能を有しているのでハイブリッド型シールということもで

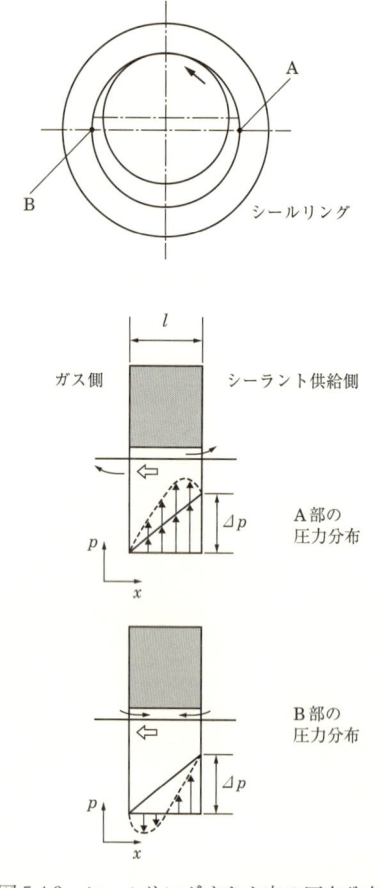

図 5.4.3　シールリングすきま内の圧力分布

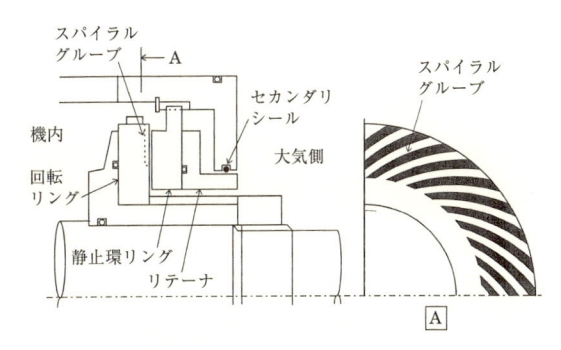

図 5.4.4 シングル型ドライガスシール

きる．気体膜厚さが小さく，気体膜剛性が大きいため，種々の外乱に対して安定した気体膜を保持することができる[6~8]．

図 5.4.5 は，最も広く利用されているタンデム型ドライガスシールである．CO_2，He ガスなど，漏洩するガスが有害でないときは図 5.4.4 のようなシングル型が，有害であるときはタンデム型が用いられる．一次シールで全圧力を受け持ち，一次シールと二次シールの間にリークオフラインを設け，二次シールの差圧をほとんど 0 にすることにより，大気側への漏洩をなくす構造になっている．

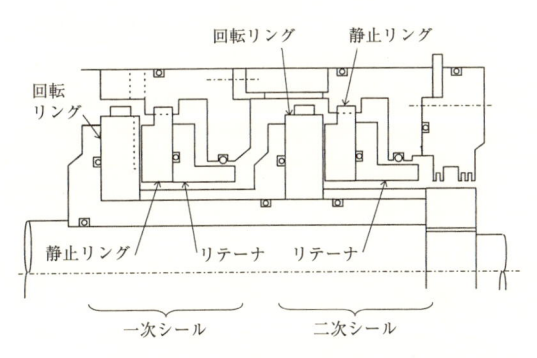

図 5.4.5 タンデム型ドライガスシール

ドライガスシールの漏洩は，型式によってシール効果が異なるため，簡単に表現することはできないが，シールのランド部が平坦であると仮定すると，次式で表わすことができる．

$$G = \frac{h^3(p_s^2 - p_a^2)}{12\mu RT \log_e(r_2/r_1)} \quad (5.4.6)$$

ただし，G：ガス漏洩量（kg/s），h：気体膜厚さ（m），R：ガス定数（N・m/kg・K），r_2：シールランド外径（m），R_1：シールランド内径（m），p_s：ガス圧力（Pa），p_a：大気圧力（Pa），T：ガス温度（K），μ：ガスの粘性係数（Pa・s），である．

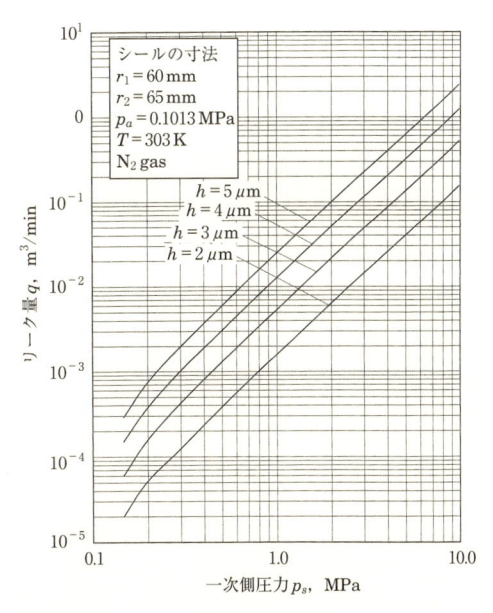

図 5.4.6 は式(5.4.6)の計算の例で，図に記載のように，軸径 100 mm のシールの代表的な値である．

ドライガスシールの設計上のポイントはシールリングの変形防止である．ガス圧力が作用したとき，シールリングの面倒れがあると，外周側あるいは内周側で接触することになるので，面倒れの量は，フィルム厚さの 10% 以下に設計する必要がある．図 5.4.7 は，シールリングの変形計算の例である．半径方向には大きな変形をしているが，面倒れ変形はほとんど 0 にしている．

図 5.4.6 ドライガスシールのリーク量

シールの寸法
$r_1 = 60$ mm
$r_2 = 65$ mm
$p_a = 0.1013$ MPa
$T = 303$ K
N_2 gas

5.4.3 ラビリンスシール

ラビリンスシールは，文字どおり迷路のようなガス通路を作り，非接触でガスをシールするものである．したがって，高周速，高温の条件下においても，利用できるというメリットがある．

すきま比 c/r は，2/1 000～3/1 000 で，通常は軸とは接触しないように選定されるが，軸振動が過大となるような事態が発生し，接触してもラビリンスシールのフィンの先端が摩耗し，装置全体に大きな影響を及ぼさないように設計されている．

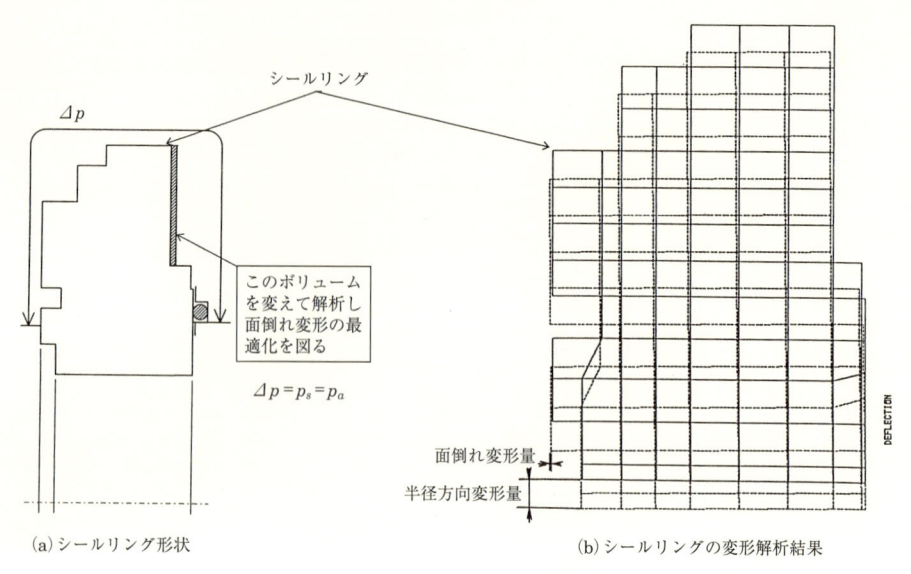

図 5.4.7　シールリングの変形

ラビリンスシールは，フィン先端で流路面積が急拡大することにより，ガスのもっている運動エネルギーを分散させるもので，圧縮性流体に有効である．

軸径，ガスの圧力が，設計条件として与えられると，許容流量から，ラビリンスの形状ラビリンスシールのすきま，あるいはフィン段数を決めていく必要がある．

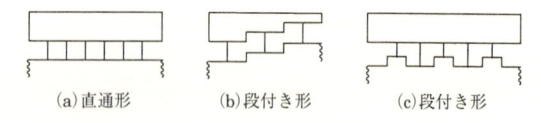

図 5.4.8　各種ラビリンスシールの形状〔出典：文献9）〕

図 5.4.8 に示すように，いろいろな形状のものがあるが[9]，構造が簡単で製作・組立に便利な直通形が広く用いられる．

多段のフィンを有するラビリンスシールからのガスの流量は，マーチン（H. M. Martin）の近似式が簡単で，良く合うことが知られている[10]．

$$G = \alpha \nu F \phi \sqrt{\frac{P_0}{v_0} g} \qquad (5.4.7)$$

ϕ は流量関数で，次式のとおりである．

$$\phi = \sqrt{\frac{1 - 1/\rho^2}{n + \log_e \rho}} \quad \rho \geq \rho_c \qquad (5.4.8)$$

F：流路面積（m²），g：動力の加速度 $= 9.80$（m/s²），n：フィンの数，P：圧力（Pa），v：比容積（kg/m³），α：流量係数（$\fallingdotseq 0.8$），κ：ガスの比熱比，ν：吹抜け係数，ρ：圧力比 $= p_0/p_n$，であり添字は 0：入口，n：n 段目，c：チョーク条件，である．

ラビリンスシールのように多段の絞りを設け，ここに圧縮性流体を流すと，圧力比が大きいときは，最も圧力の低い最終段で音速となり，いわゆるチョ

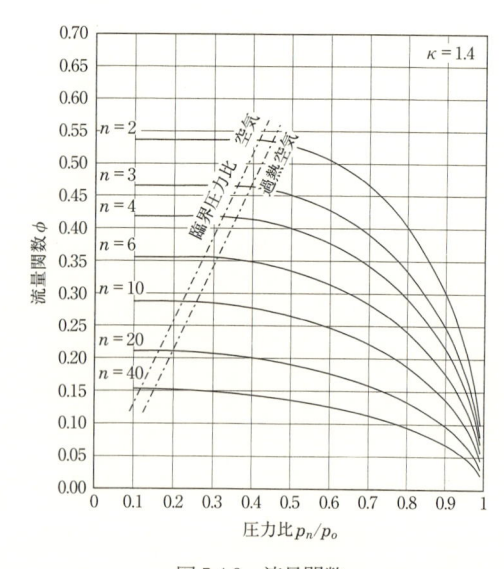

図 5.4.9　流量関数

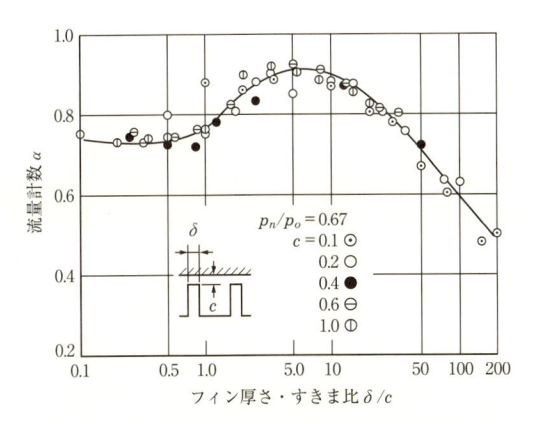

図 5.4.10 ラビリンスの流量係数〔出典：文献 11)〕

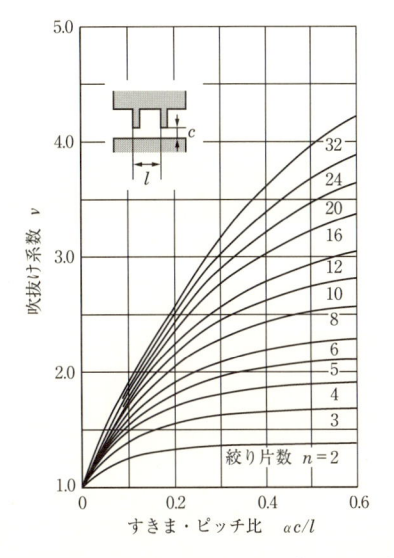

図 5.4.12 吹抜け係数（$1/\rho \fallingdotseq 0.95$）〔出典：文献 9)〕

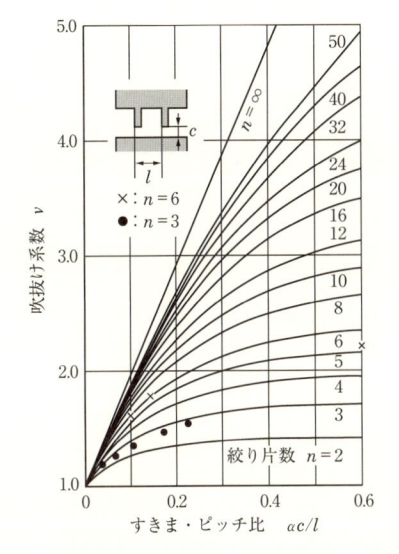

図 5.4.11 吹抜け係数（$1/\rho \fallingdotseq 1$）〔出典：文献 9)〕

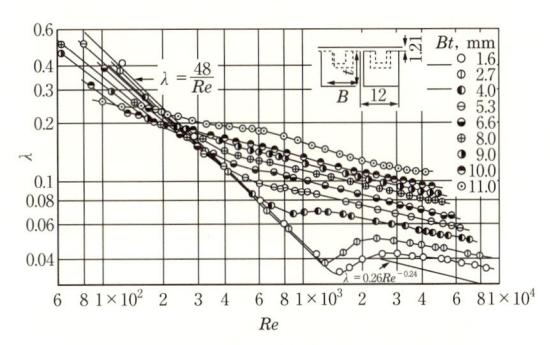

図 5.4.13 溝のある二重管の流動抵抗係数〔出典：文献 12)〕

ークフローとなり，それより圧力比が小さくなっても流量は一定となる．したがって，$\rho<\rho_c$ においては $\rho=\rho_c$ として ϕ を求める．図 5.4.9 は流量関数 ϕ を図に示したものである．

α は流量係数で，実測の例[11]を図 5.4.10 に示す．ν は吹抜け係数と呼ばれるもので，直通形では，前段のフィンを通過した流体が十分エネルギー放散せず，次の段に流入するため生じる流量増加分を補正する係数で，図 5.4.11，図 5.4.12 に代表的な例を示す[9]．また，図 5.4.8 に示す直通形以外の形式では，$\nu=1.0$ が適用される．

一方，ガス以外の非圧縮性粘性流体には，溝のないブッシングの方が流動抵抗が大きく，この方が有利である．しかし，粘性の小さい水などでは，すきま内の流れが乱流域に入るため，ラビリンスシールの方が抵抗が大きくなる．

図 5.4.13 は，内径 70 mm，半径すきま 1.21 mm の溝のある同心二重管の流動抵抗の実測値である[12]．Re の小さいところでは，λ は粘性流の抵抗 $48/Re$ より小さくなるが，Re の大きいところでは，乱流の溝のない流路の抵抗の式 $0.26Re^{-0.24}$ より大きくなっている．発達した乱流領域では，流動抵抗が約 10 倍にもなり，溝が有効であることがわかる．

なお，Re および λ は次のように定義される．

$$\frac{\Delta p}{\gamma} = \left(1+\lambda\frac{l}{2c}\right)\frac{u^2}{2g} \qquad (5.4.9)$$

$$Re = \frac{cu}{\nu} \qquad (5.4.10)$$

ただし，c：半径すきま (m)，l：シールリングの

幅 (m)，u：平均流速 (m/s)，Δp：シール差圧 (Pa)，ν：流体の動粘性係数 (m^2/s)，である．

液体のラビリンスシールとしては，フィン先端が接触しても焼付きなどの心配がなく，ほとんど問題にならないので，水ポンプの軸封部などに利用される[13]．加工上の都合から，1条のねじ溝にする場合がある．後述するビスコシールとなるが，ねじ角が小さいことから，図5.4.13の値と大きな差はない．

5.4.4 ビスコシール

ビスコシールは，シールすべき流体に打ち勝つようなポンプ作用をすきま内に生じさせ，リークを防止するもので，ダイナミックシールと呼ばれる．

ビスコシールは流体の粘性摩擦を利用したいわゆる粘性ポンプの一種であり，層流領域で用いられるものと乱流領域で用いられるものがある．

層流領域でのビスコシールの特性は，スパイラルグループ軸受の無偏心状態の式から求められ，実験により，その妥当性が確認されている[14,15]．

図5.4.14に代表的な形状を示す．このようなシールにおけるシールの密封特性を代表する無次元値シール係数 Λ を

$$\Lambda = \frac{6\mu VL}{c^2 \cdot p_S} \quad (5.4.11)$$

と定義し，密封圧力 p_S とするとき，シール係数は次のように表わされる[15]．寸法記号は，図5.4.14に示すとおりである．

$$\Lambda = \frac{\beta^3(1+t^2) + t^2\gamma(1-\gamma)(\beta^3-1)^2}{t\gamma(1-\gamma)(\beta^3-1)(\beta-1)} \quad (5.4.12)$$

ただし，p_S：シール差圧 (Pa)，t：ねじ角の正接 ($=\tan \alpha$)，V：周速度 (m/s)，α：ねじ角 (deg)，$\beta:(h+c)/c$，$\gamma:b/(a+b)$，Λ：シール係数，μ：粘性係数 (Pa·s)，である

漏洩量が0となる，いわゆる密封圧力は，式(5.4.11)，(5.4.12)によって求められるが，シールの幅 l を十分余裕をもつことにより，密封に近い状態を維持できる．層流領域で使用されるビスコシールは，軸またはシールリングの一方向にねじを設ける方が性能が良い．

図5.4.15は，式(5.4.12)の形状をパラメータに，密封圧力を求めたものである．Λ の値が最小値のものが最適形状で，$\beta=4.0$，$\gamma=0.5$，$t=14°$ である．しかし，ねじ角度の大きいねじの加工は困難であり，また，静止時のリーク量が多いことから，$t=5\sim10°$ を狙い，$\gamma=0.5$ とし，$\beta=5\sim6$ が最適に近い形状である．

密封圧力といっても，層流のビスコシールでは，シールリングの表面に接する流体の旋回方向の速度は0であり，漏洩を完全に止めることはできない．

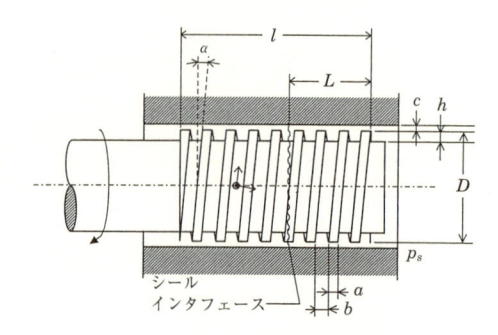

図5.4.14 層流用ビスコシールの概念図

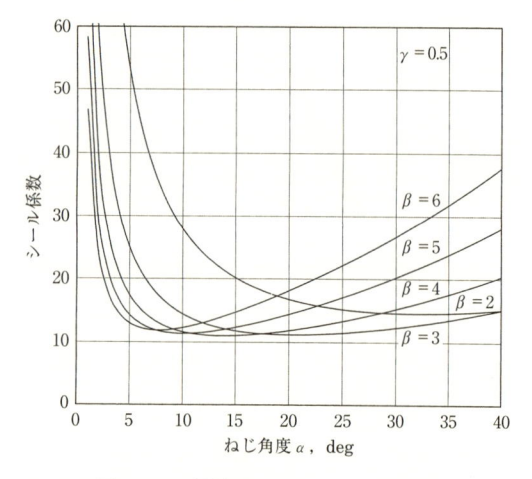

図5.4.15 層流用ビスコシールの特性

5.4.5 磁性流体シール
(1) 磁性流体の構造と種類

磁性流体とは，磁性微粒子を界面活性剤を用いて分散媒に安定に分散させた液体であり，「強磁性」という磁性体としての性質と「流動性」という液体としての性質を兼ね備えている．ここで用いられる磁性微粒子は，磁場下においては磁気モーメントがそれに配向するが，無磁場下においては熱的擾乱によって全く自由な方向を向くという，超常磁性を示す直径が約 1×10^{-8} m の超微粒子である（図

5.4.16). 一般に磁性流体の種類は溶媒の種類によって分類されており，水ベース磁性流体，油ベース磁性流体，フッ素ベース磁性流体がある．油ベース磁性流体が最も多用されているが，用途によって低蒸気圧性，化学的安定性，耐熱性などが要求される場合にはフッ素ベース磁性流体が用いられている．

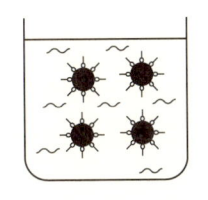

図 5.4.16 磁性流体の構造

（2）磁性流体シールの基本構造と用途

磁性流体シールの基本的構成は，図 5.4.17 に示すとおり，磁石によって軸と磁極の間に構成される磁気回路に沿って磁性流体を保持させた，いわば磁性流体のOリングである．このシールの特徴は，液体を介してシールすることが原理であることから，完全に密封すること，摩擦力が非常に小さいこと，騒音や振動がないことなどが長所として挙げられる一方，液体をシールすること，往復運動する軸をシールすること，高温下で使用することなどには適さないという短所もある．したがって現在の使用途は気体のシールに限られているといっても過言ではない．磁極が1〜2枚で構成，すなわちシールとしては1〜2段のものは，コンピュータ内のハードディスクを塵から保護するために駆動軸のシールとして用いられるダストシールが主である．磁極が多数のものは，電子顕微鏡，ESCAをはじめとする分析機器および半導体製造装置などにおいて，高真空環境を作り出すために外気を遮断する真空シールとして用いられている．また同心状に配した複数の軸で異なった種類の回転運動をさせるために，多重の回転軸シール構造になっているものや，ベローズと組み合わせて回転運動のみならず多少の往復運動も可能なタイプのシール（図 5.4.18）[16] も開発されており，真空装置内で用いるロボットに供されている．

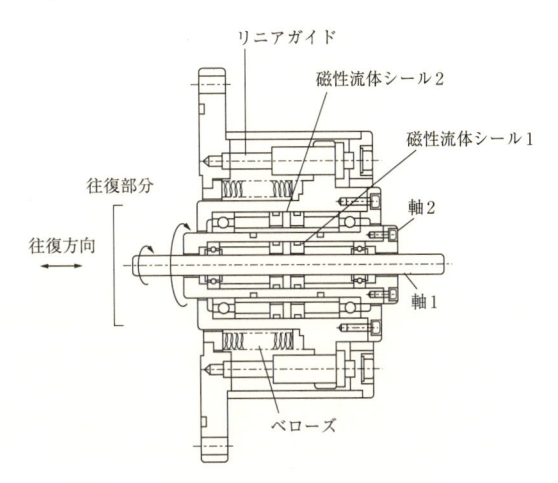

図 5.4.18 多軸往復回転タイプ真空シール
〔出典：文献 16)〕

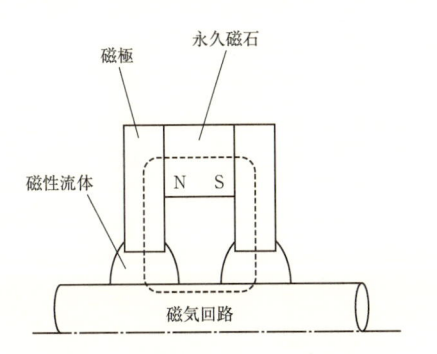

図 5.4.17 磁性流体シールの基本構成

（3）耐圧設計手法と今後の技術課題

磁性流体の磁場と磁化の関係は図 5.4.19 のように示される．一方磁性流体シールにおいて形成される磁場の強さは一様でなく，磁極中心部が最も大きく，周辺になるほど小さくなる．したがって，磁性流体の磁化もそれに応じて変化することになるが，磁性流体シールの耐圧 P は，図 5.4.19 に示される磁化曲線を積分して得られる面積によって表わされる[18]．このような原理から，シール設計にあたり，耐圧に関与する主な因子として，磁石の磁力，磁性流体の磁化，軸と磁極片のクリアランス，磁極片先端の形状などが挙げられる．現状の材料特性，加工技術などから，磁極が1枚である単段のシールの耐圧は，約 8×10^4 Pa といわれている[17]．したがって絶対1気圧またはそれ以上の圧力差をシールする場合には，多数の磁極をもってシールを構成し，各段に圧力を分担させる．

今後の技術的課題は，使用可能温度の上限をいっそう高めることと磁性流体の蒸発量のいっそうの抑

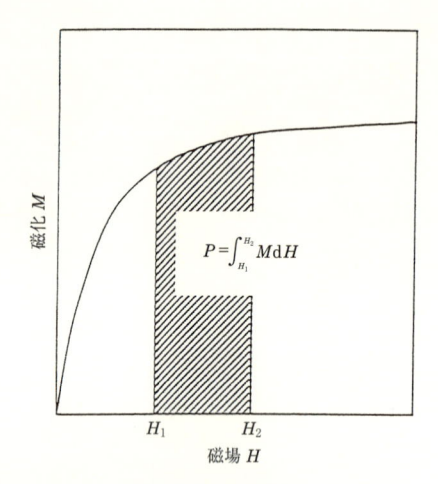

図 5.4.19　磁化曲線〔出典：文献18)〕

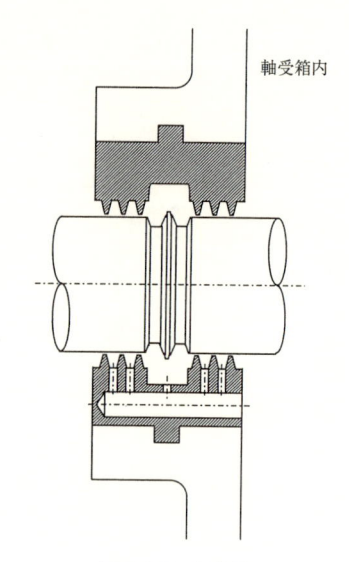

図 5.4.20　油切り

制である．使用可能上限温度は界面活性剤の磁性微粒子からの脱離温度によって支配され，423 K 前後が限界であろう．それ以上の高温下ではシールに冷却機構を付与しなければならない．後者に対してはできる限り低蒸気圧であることが要求されており，近年 7×10^{-10} Pa (293 K) の性能をもつ磁性流体[19]が開発されたが，低蒸発性を追求するあまり基油の分子量を大きくし過ぎると，流動性が失われることになるので，これもそろそろ限界に近いと思われる．今後の最大の課題は，液体の密閉を可能とする磁性流体シールの開発であろう．

5.4.6　油切り

油切りは軸受箱や歯車箱などの軸貫通部に設けられ，ほとんど差圧がないところで油の流出，飛散を防止する目的で設けられるものでる．潤滑油の中に溶解あるいは混合しているガスが減圧されたり，温度が高くなると，膨張し軸受箱や歯車箱の油切り部から外部に流出する．このとき，同時に油滴を伴うために，油漏れに至るものと考えられる．したがって，ブリーダなどのガス抜き装置を併設することが，油切り設計以前に手を打つべき重要なことである．

図 5.4.20 は油切りの代表的な例である．軸の段差あるいはフィンによって遠心力で軸表面を伝わる油を切るものである．外部への油滴の飛散を防止するためには，いったん切った油を装置内に戻すことが大切で，図のように下部に穴をあけ，重力を利用して機内側に戻すようにする．戻し穴を大きくし過ぎて，油切りすきま内の旋回方向の空気の流れを乱すと，軸方成分の流れを作り，これに乗って油滴が外部に流れることになるので，小さな穴を複数個設けることが肝要である．

文　献

1) 竹下興二・吉田善一・向原音政・山根康幸・三橋庸良：三菱重工技報, **27**, 1 (1990) 50.
2) 佐藤健児：表面工学概論, 養賢堂 (1962) 185.
3) 森　美郎編：潤滑, **13**, 1 (1968) 45.
4) 片山一三・三橋庸良・毛利　靖・野島信之・神吉　博・吉田善一：三菱重工技報, **23**, 5 (1986).
5) 三浦治雄・井田道秋：ターボ機械, **20**, 5 (1992) 288.
6) 竹下興二・川口昭博・吉田善一・向原音政：三菱重工技報, **24**, 2 (1987).
7) 竹下興二・吉田善一・向原音政・山根康幸・三橋庸良：三菱重工技報, **27**, 1 (1990) 50.
8) O. S. Uptigrove, 他2名：ASME Intnl. Gas Turbine Conf. Pap 87-gt-174 (1987).
9) 小茂鳥和生：非接触シール論, コロナ社 (1973).
10) 久保利介：火力発電, **17**, 9 (1966) 34.
11) 三宅閲博：ターボ機械, **20**, 5 (1992).
12) 山田　豊：日本機械学会論文集, **26**, 171 (1960) 1514.
13) 三宅勝光・竹下興二：流体工学, **12**, 3 (1976) 147.
14) J. H. Vohr & C. Y. Chow：Trans. ASME J. Basic Eng. (1965-9) 568.
15) W. K. Stair：Trans. ASME, J. Eng. for Power (1967-10) 605.
16) NOK 株式会社「磁性流体シール」カタログ．
17) 佐藤公男：トライボロジスト, **41**, 6 (1996) 458.
18) R. E. Rosensweig：Ferrohydrodynamics, Cambridge University Press (1985) 142.
19) T. Kanno, Y. Kouda, T. Takeishi, T. Minagawa & Y. Yamamoto：Tribology Int. **30**, 9 (1997) 701.

第6章 特殊環境下のトライボ要素

6.1 清浄環境

特殊な装置動作環境の一つとして,通常環境の塵埃汚染を低減した「清浄環境」がある.通常環境の塵埃は粒径 $0.05\,\mu m$ にピークをもち,それ以上では粒径の約4乗に反比例して密度が減少しており,粒径 $0.5\,\mu m$ 以上の塵埃濃度は 3.5×10^7 個/m³ (10^6 個/ft³) 以上と報告されている[1,2].このような通常環境から,捕集率 99.97% 以上の HEPA (High Efficiency Particulate Air) フィルタあるいは捕集率 99.999% 以上の ULPA (Ultra-Low Penetration Air) フィルタ等により塵埃を除去し,塵埃濃度を3桁以上低減した清浄環境が実現される[3,4].清浄環境の表示法としては,表6.1.1に示すように従来からの米連邦規格である 10^n 乗表示(クラス表示)と,最近制定された JIS B 規格の表示法がある[3].これらでは,一定粒径以上の塵埃個数とともに,粒径に対する粒子数の変化が規定されている.

以下では,清浄環境を必要とする装置の代表としてハードディスク装置および半導体製造装置のトライボロジーについてまとめ,その他の場合について簡単にふれる.清浄環境は摩擦面に対しては硬質塵埃等の侵入がない点で有利な方向である.しかし,これらの装置では塵埃粒子の装置動作への影響が大きく,塵埃発生あるいは外部からの塵埃/汚染物質の侵入を許容できないため,動作性能を得るためには清浄環境を必要とする.6.2節以下の特殊環境では,トライボロジー要素の動作環境そのものが高温/高圧等過酷であることを要求されている点に対し,本節の装置では通常条件における摩耗の極端な低減が必要なため高度なトライボロジー技術が要求されている点で特殊といえる.

6.1.1 ハードディスク

(1) ハードディスク装置のトライボロジー

ハードディスク装置 (HDD) では,情報の記録原理として磁気記録方式を用い,磁気ヘッドと記録媒体である磁気ディスクとの相対移動により,磁気ディスク面上に平面的に情報を記録する.

媒体上の情報記録密度を向上させるためには,磁気ヘッドと磁気ディスクとの間隔(以下スペーシング)を短縮する必要がある[5].磁気ヘッドは,磁気ディスク表面空気流による動圧(浮上力)と磁気ヘッド印加荷重との釣合いにより,磁気ディスク上に一定スペーシングで浮上している(動圧空気軸受方式).HDD における情報記録密度向上,およびスペーシング短縮の推移を,図6.1.1に示す[6].最近では $300\,kb/mm^2$ ($2\,Gb/in^2$) 以上の記録密度を実現するため,スペーシングは $50\,nm$ 以下に短縮されている.

HDD では情報記録面であるディスク面と,記録再生変換器である磁気ヘッドの表面が,空気軸受面としても働く.そのため,軸受面の損傷は即情報記

表6.1.1 クリーンルームの各クラスの粒子径別上限許容粒子濃度 (JIS B 9920-1989, 連邦規格 209D FED-STD-209D, 1988)

〔出典:文献3)〕

清浄度クラス		上限許容粒子数(粒径以上の粒子数)							
JIS B 9920	連邦規格 209D	JIS B 9920, 個/m³				連邦規格 209D, 個/ft³			
		$0.1\,\mu m$	$0.3\,\mu m$	$0.5\,\mu m$	$5.0\,\mu m$	$0.1\,\mu m$	$0.3\,\mu m$	$0.5\,\mu m$	$5.0\,\mu m$
1	NA	10^1	1	0.35	NA	NA	NA	NA	NA
2	NA	10^2	10	3.5	NA	NA	NA	NA	NA
3	1	10^3	101	35	NA	35	3	1	NA
4	10	10^4	1 010	350	NA	350	30	10	NA
5	100	10^5	10 100	3 500	29	NA	300	100	NA
6	1 000	(10^6)	101 000	35 000	290	NA	NA	1 000	7
7	10 000	(10^7)	1.01×10^6	350 000	2 900	NA	NA	10 000	70
8	100 000	(10^8)	1.01×10^7	3.5×10^6	29 000	NA	NA	100 000	700

NA:適用外

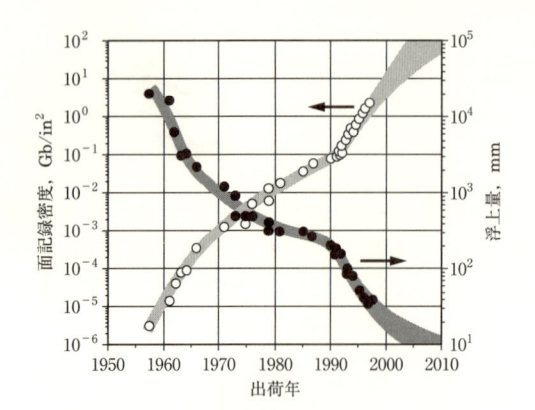

図 6.1.1 HDD 記録面密度と浮上スペーシング推移
〔出典：文献 6)〕

て，10 m/s 程度の高速で回転する磁気ディスク上に磁気ヘッドが浮上している．磁気ヘッドへの印加荷重は数 10 mN 程度である．磁気ディスクの表面にはダイヤモンドライクカーボン（DLC）膜が保護膜として形成され，さらにその表面にパーフルオロポリエーテル（PFPE）潤滑剤が塗布されている．磁気ヘッドの表面にも DLC 保護膜が形成されている．

この状態で，ヘッド－ディスク間にスペーシングより大きな塵埃が侵入すると，(a) 塵埃が介在して磁気ヘッドと磁気ディスクが接触する，あるいは (b) 塵埃がヘッドに付着し浮上特性が低下し[16,17]，磁気ヘッドと磁気ディスクの接触頻度が増加する．これら二つのメカニズムによる，記録再生エラーの増加あるいはヘッド－ディスク損傷（ヘッドクラッシュ）の発生を防止することが HDD 清浄化の目的である．

(a) の例としては，恒久的な損傷であるヘッドクラッシュの発生に至らない場合でも，塵埃の侵入の結果としてヘッド－ディスク間隔が増加し，信号再生電圧の低下により情報再生が不可能となるエラーが発生することがある．装置製造工程清浄化による装置内部塵埃濃度の低減により，装置実稼働状態におけるこの原因のエラーが減少したことが報告されている[18]．

(b) の例としては，テーパフラット型の磁気ヘッド（特にテーパ面）に塵埃が付着すると静的なスペーシングが低下すること[16]，同時に磁気ディスクの振動に対する追従性が低下しスペーシング変動が増加すること[17] が報告されている．このような浮上特性の低下が生じるとヘッド－ディスクの接触確率が増し，HDD 動作信頼性が低下することになる．例えば，塗布磁気ディスク上で，意図的に塵埃をヘ

録再生の障害となる．微小な傷も許容できない点では，通常の気体軸受よりもトライボロジー的には厳しい．中でも，磁気ヘッドと磁気ディスクが連続的に接触しゅう動し，どちらか一方あるいは両者の摩耗等により情報記録再生が不可能となることをヘッドクラッシュと呼び[7]，この発生を防止することが重要である．このため，HDD では，磁気ヘッドと磁気ディスクのインタフェースのトライボロジー特性の研究開発が盛んに行なわれている[8〜13]．

動圧空気軸受方式を用いる HDD では，磁気ディスク静止時には磁気ヘッドは浮上力を発生しない．そのため，磁気ディスク静止時に，磁気ヘッドと磁気ディスクが接触しているコンタクト－スタート／ストップ（CS/S）方式，あるいは両者が非接触であるロード／アンロード（L/UL）方式の二つが起動方式として用いられている．これらにおける装置稼働上の問題としては，CS/S 方式では磁気ディスク静止時に液体の表面張力による起動トルク増加（スティクション）の発生が，また両方式とも磁気ディスク回転時には摩耗等の発生による障害がある[14]．以下ではこれらの雰囲気の清浄度が最も問題となる，磁気ディスク定常回転時の磁気ヘッド－磁気ディスクインタフェースに対する，塵埃／汚染気体の影響についてまとめる．

（2）HDD のトライボロジーにおける固体粒子汚染

磁気ディスク定常回転時の磁気ヘッドと磁気ディスク間の状態を，図 6.1.2 に示す[15]．50 nm 程度の微小間隙を隔て

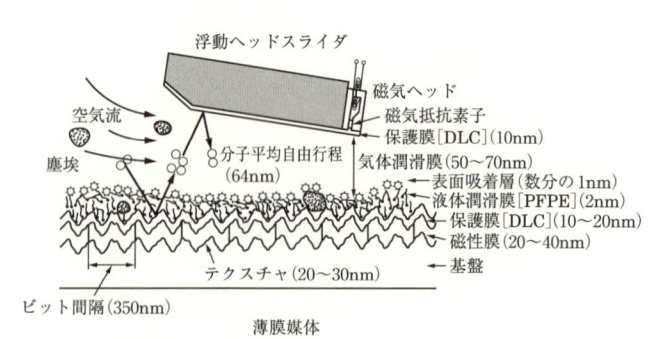

図 6.1.2 HDD 動作時のヘッド・ディスク状態〔出典：文献 15)〕

ッド-ディスク間に投入する塵埃投入試験を行なうと塵埃濃度に反比例してヘッドクラッシュまでの時間が減少すること，および（1）塵埃の侵入，（2）ディスク上への塵埃の堆積，（3）ヘッドへの塵埃の付着/成長，（4）ヘッドクラッシュの発生，の機構でヘッドクラッシュに至ることが透明ヘッドを用いた観測により報告されている[19]．薄膜磁気ディスクにおいても，塵埃の侵入により磁気ヘッドに付着物が発生すること[20]，あるいは磁気ヘッドと磁気ディスク面突起との接触により摩耗粉が発生し，その摩耗粉が両者の間に再侵入して接触頻度が増加する結果としてのヘッドクラッシュ発生頻度増加が解析されている[21]．

侵入する塵埃の材質の影響については，塗布ディスク上ではセルロース[19]，磁性塗膜摩耗粉[22]等の軟質塵埃が，薄膜磁気ディスク上では磁気ヘッド摩耗粉等の硬質の塵埃の影響が大きく[11]，これらは磁気ディスク側の硬さの違いにより変化すると説明されている[22]．

また，HDD中の塵埃粒子がどのようにディスク面に付着するかを解析した結果では，ディスク外周側および積層された多数枚のディスクでは両外側の2面に付着塵埃量が多く，これは表面空気流量が大きいためと説明されている[23]．

（3）HDDトライボロジーにおける気体汚染

以上の固形粒子に加えて，最近では気体汚染の影響が問題となっている[24,25]．例えば，2.5インチディスク装置の体積（約5×10^{-5} m³）の空気中に通常微量と考ええられる1 ppbの汚染気体が存在した場合，その重量は約6.5×10^{-11} gとなる．一方，クラス100の清浄環境中の0.5 μm以上の固体粒子濃度は3.5×10^3 個/m³以下であるが[18]，これが全て0.5 μm径で密度が1 000 kg/m³の粒子であったとすると総重量は約7×10^{-23} gとなる．気体汚染の全てが固体，あるいは液体となって影響するわけではなく，汚染物質を重量で比較することは誤解を招きやすいが，気体汚染物質の重量は固体粒子の10桁以上多く，その影響が非常に大きい可能性を示している．このようにHDDの清浄化には，固体粒子のみならず，気体汚染にも十分注意する必要がある．

汚染気体としては，ジメチルシロキサンの影響が最初に報告された[26]．ジメチルシロキサンは常温では気体であるが，飽和状態から温度が低下すると凝結して液体となり，これが磁気ヘッド面に付着すると浮上スペーシングの低下を引き起こし最終的にヘッド-ディスク損傷に至ること，摩擦部分に侵入した場合には摩擦発熱のため変質してSiO_2となり固体塵埃としてヘッド-ディスク損傷を引き起こす可能性があることが推定されている．さらにシロキサン以外にも，紫外線硬化樹脂等の有機汚染気体の悪影響について最近では明らかにされている[27]．

（4）HDD清浄度向上の課題

このような，塵埃/気体汚染による装置信頼性の低下を防止するためには，（1）塵埃を捕集する高効率フィルタの使用，（2）装置製造時の残留塵埃の低減[18]，（3）装置内発生摩耗粉量の低下[28]，（4）装置内発生汚染気体の除去のための吸着剤の使用[24,29]，（5）固体粒子の侵入しにくいヘッド構造の採用[30~33]，（6）ヘッド・ディスク接触時の摩耗の低減のためのカーボン保護膜あるいはPFPE系潤滑剤の改良[9,10,34,35]，等の各種の対策があり，これらを組み合わせて必要な信頼性を得ていく必要がある．

6.1.2 半導体製造装置

清浄環境中で動作するもう一つの代表的装置として，半導体製造装置がある[36]．半導体集積回路では，電子回路の最小線幅と比較して大きな固体粒子が製造工程中に半導体基板上に堆積すると，その部

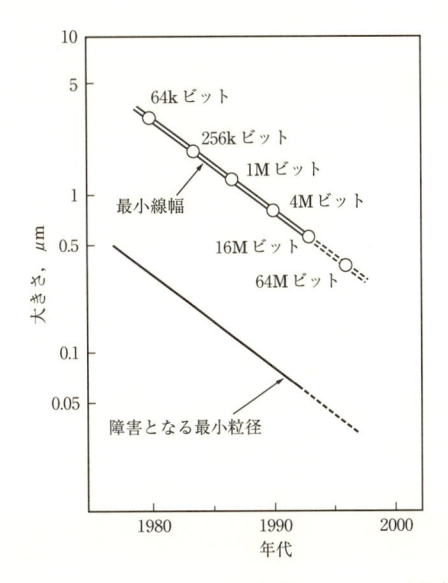

図6.1.3 DRAM容量，最小線幅，クリーン度推移
〔出典：文献36〕

分の動作が不完全となるため製造不良率が上がり問題となる．そのため半導体の集積度の向上とともに，要求されるクリーン度も向上している．半導体の代表として DRAM の集積度と必要最小線幅，および必要クリーン度の推移を図 6.1.3 に示す[37]．64 MB DRAM では $0.35\,\mu\mathrm{m}$ 最小線幅を実現する必要があり，粒径 $0.05\,\mu\mathrm{m}$ 程度の塵埃まで管理する必要がある．

半導体製造工程中でトライボロジー特性が問題となる部分は，基板搬送系およびその他の可動部からの発塵である．このプロセスの中には真空装置あるいは特殊ガス雰囲気のものがあるが，これらは特殊雰囲気中のトライボロジーとして後述されるので，ここでは清浄化とトライボロジーの関係，特に基板搬送系についてまとめる．

基板搬送系等の可動部をもつ装置の動作時の清浄度を向上させるためには，(1) 可動部からの摩耗粉の発生を極力低減する，(2) 発生した摩耗粉を付着させない，の二つのことに注意する必要がある．

摩耗粉を発生させない搬送系として非接触搬送装置があり，そのための機構として空気浮上方式と磁気吸引方式が開発されている[38]．発生した塵埃を基板に付着させないためには，可動部分を磁性流体シール等でシールする[39]，可動部分を覆って内部を吸引し外部に塵埃を散逸させない[40]，可動部分を基板面より下側に設置し塵埃を基板面に落下させず影響を減らすなどの手段が用いられている．

今後の LSI の高密度化のためには製造雰囲気の超清浄化が業要であり，そのために装置の高真空化とともに磁性流体シールとマグネットカップリングを用いた，汚染の少ない駆動系も研究されている[41]．

6.1.3 その他

以上では清浄環境を必要とする装置の代表として HDD と半導体製造装置について述べた．しかし，通常のトライボロジー要素においても，塵埃/摩耗粉の摩擦点への侵入は，動作不良を招く一つの要因である．これまでに，すべり軸受に侵入した塵埃/固体微小粒子の影響について解説されている[42,43]．また，侵入した粒子による軸受面の変形，発生圧力と軸受面内の応力の有限要素法解析も行なわれている[44]．

一方，これらの侵入に至る機構の基礎解析として，固体微粒子の相対運動する2面間に侵入することを図 6.1.4 のようにモデル化した解析がある[45]．その結果によると，粒子のすきまへの侵入割合は入口角度 θ が小さいときは 100% であるがある臨界角 θ_0 を越えると 0 となり，θ_0 の大小で粒子侵入の容易さを評価できること，そして移動面の表面粗さが大きいほど，摩擦係数が大きいほど粒子が侵入しやすくなることが報告されている．

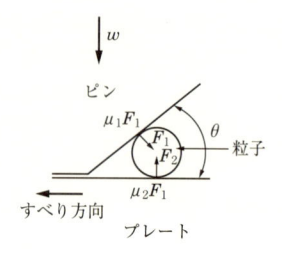

図 6.1.4 2固体面間への球形粒子の侵入状態
〔出典：文献 44)〕

流体潤滑軸受においても，潤滑油中に摩擦面間隔より大きな固体粒子が侵入すると，動作不良が発生することになるが，この場合には潤滑油の流れの影響も加わり，状況は空気中の場合より複雑となる．これまでに，潤滑油の量が多い場合に摩擦部分への固体粒子の侵入が減少することから，摩擦部分へ流れ込まない潤滑油により固体粒子が排除され，良好な摩擦状態を維持していることが報告されている[46]．

文　献

1) 三宅正二郎：潤滑, **33**, 2 (1988) 103.
2) 中江　茂：潤滑, **33**, 7 (1988) 497.
3) 大塚一彦：トライボロジスト, **40**, 2 (1995) 205.
4) 高見勝己：潤滑, **37**, 3 (1992) 191.
5) 松本光功：磁気記録, 共立出版 (1977).
6) 川久保洋一：日本応用磁気学会誌, **21**, 11 (1997) 1224.
7) 川久保洋一・石原平吾・瀬尾洋右・平野義行：精密工学会誌, **54**, 5 (1988) 877.
8) 川久保洋一：日本応用磁気学会誌, **11**, 1 (1987) 4.
9) 小特集「磁気ディスクのトライボロジーの現状」：トライボロジスト, **36**, 8 (1991) 587.
10) 小特集「磁気ディスク装置のトライボロジー最近の進展」：トライボロジスト, **43**, 5 (1998).
11) B. Bhushan：Wear, **136**, 1 (1990) 169.
12) B. Bhushan：Tribology & Mechanics of Magnetic Storage Systems, Springer-Verlag, New York (1990).
13) K. G. Ashar：Magnetic Disk Drive Technology, IEEE

14) 川久保洋一：日本トライボロジー学会，「トライボロジー入門講座」資料集 (1995) 103.
15) 三矢保永：トライボロジスト，**41**, 1 (1996) 68.
16) 徳山幹夫・田中勝之・山口雄三・竹内芳徳：日本機械学会論文集 (C編)，**53**, 488 (1987) 968.
17) M. Tokuyama & S. Hirose : Trans. ASME, J. Trib., **116**, 1 (1994) 95.
18) R. Nagarajan & R. L. Weaver : Proc. APMRC '95, FA-05-1 (1995).
19) 平野義行・瀬尾洋右・宇多克夫：昭和56年度電子通信学会総合全国大会前刷, 1-169 (1981).
20) R. Koka & A. R. Uumaran : B. Bhushan, ed., Advances in Information Storage Systems, ASME Press, **2** (1991) 161.
21) U. C. Uy : IEEE Trans. on Magnetics, **26**, 5 (1990) 2697.
22) 川久保洋一・佐々木直哉・石井美恵子：トライボロジスト，**43**, 9 (1998) 796.
23) H.-M. Tzeng : J. Inst. Environ. Sci., **37**, 2 (1994) 34.
24) L. O'Brien, E. Dauber & J. Smith : Microcontamination, **12**, 5 (1994) 31.
25) M. Katsumoto, H. Sugimoto & S. Yamaguchi : Poster Session at APMRC '95, TP-1 (1995).
26) T. Yamamoto, M. Takahashi & M. Shinohara : STLE Spec. Pub., **SP-29** (1990) 91.
27) P. Golden, M. Smallen & P. Mee : B. Bhushan, ed., Advances in Information Storage Systems, World Scientific Publishing, **7** (1996) 193.
28) W. Prater : ASME, Advances in Information Storage & Processing Systemn (ISPS), **1**, (1995) 89.
29) E. Dauber, M. Gleason, D. Lander, R. Narvaez, J. Sonnett, J. Smith & E. Toh : Proc. APMRC '95, TB-06-1 (1995).
30) M. Matsumoto, Y. Takeuchi, H. Agari & H. Takahashi : IEEE Trans. on Magnetics, **30**, 6 (1994) 4158.
31) S. Yonemura, Y. Kojima, H. Takahashi, I. Matsuyama & Y. Miyake : Proc. JAST ITC 95 Yokohama, 1C4-2 (1995) 127.
32) 若月耕作・時末祐充・渡辺恵子：日本トライボロジー学会トライボロジー会議'94秋（金沢）予稿集，1C2-4 (1994).
33) S. Zhang & D. B. Bogy : ASME Trans., J. Trib., **119**, 3 (1997) 537.
34) 日本トライボロジー学会編：トライボロジーハンドブック：B. 材料編, 2.9.6項 (2001).
35) 日本トライボロジー学会編：トライボロジーハンドブック，C. 潤滑剤編, 4.1節 (2001).
36) 妻木伸夫：トライボロジスト，**43**, 1 (1998) 2.
37) 井上 晃・時末裕允：トライボロジスト，**37**, 3 (1992) 177.
38) 森下明平：トライボロジスト，**42**, 11 (1997) 859.
39) 佐藤公男：トライボロジスト，**41**, 6 (1996) 458.
40) 保尾 武：トライボロジスト，**40**, 2 (1995) 212.
41) 菅野誠一郎・橘内浩之・妻木伸夫：日本機械学会第72期全国講演論文集，**940-30** (1994) 2414.
42) 平野冨士夫：機械の研究，**11**, 1 (1959) 15.
43) 森 早苗：潤滑，**17**, 11 (1972) 741.
44) G. Xu, F. Sadehi & J. D. Cogdell : ASME Trans., J. Trib., **119**, 3 (1997) 579.
45) 加藤康司・金川一朗・梅原徳次：日本トライボロジー学会トライボロジー会議予稿集（盛岡）(1992) 539.
46) 中原綱光：潤滑，**32**, 7 (1987) 457.

6.2 冷媒圧縮機

6.2.1 圧縮機の種類と構造

冷媒圧縮機は，冷蔵庫やエアコン等の冷凍サイクル内においてガス状の冷媒を断熱的に圧縮するもので，表6.2.1に示すように各種の方式があり，目的に応じて使い分けられている[1]．いずれの圧縮機でも内部のしゅう動部品は冷媒環境下にあり，冷媒の溶解した潤滑油で潤滑されているので，その様相は大気中とはかなり異なっている[2]．

図6.2.1に密閉式縦型往復動圧縮機の例を示す．縦型では主軸に構成された遠心式ポンプによる給油が行なわれ，主軸受，コンロッド・クランクピン部はこの油で潤滑される．ピストン-シリンダ間はミスト潤滑される．また，往復動型では潤滑油の溜まっているシェル内は図示したように低圧の吸入側に置かれる．

図6.2.2に密閉式横型スクロール圧縮機の例を示す．横型ではトロコイド等の容積式ポンプにより給油量の確保が行なわれることもある．主軸受は騒音の観点から平軸受が多く用いられている．この例ではシェル内が高圧となっているが，ローリングピストン型ではベーンとシリンダ間への給油はシェル内を高圧とし，圧力差を利用して行なわれるのが常である．また，中・大型のものでは独立した給油ポンプ

表6.2.1 冷媒圧縮機の種類と用途　〔出典：文献1)〕

形式			用途
容積型	往復動式	クランク式	冷蔵庫・冷凍 (小・中型)
		スコッチヨーク式	冷蔵庫 (小型)
		斜板式	カーエアコン
		揺動斜板式	カーエアコン (可変容量)
	回転式	ロータリベーン式	カーエアコン
		ローリングピストン式	エアコン, 冷蔵庫
		スクロール式	エアコン, カーエアコン
		スイング式	エアコン
		スクリュー式	中・大形空調・冷凍
ターボ形	遠心式	遠心式	大形空調・冷凍
	軸流式	軸流式	大形空調・冷凍

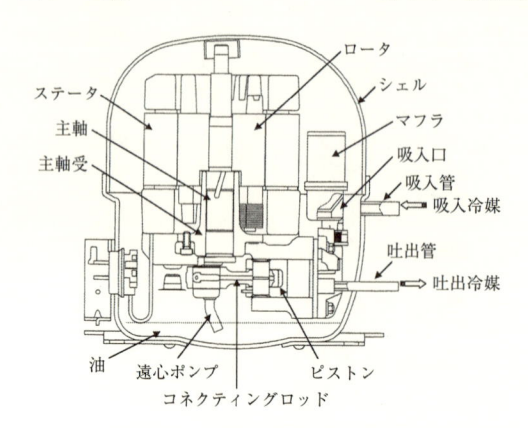

図 6.2.1 密閉式従型往復動圧縮機

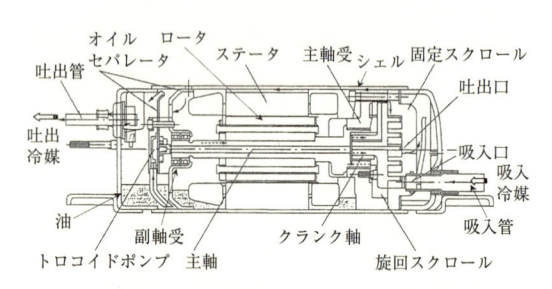

図 6.2.2 密閉式横型スクロール圧縮機

を備えるものが多い．

電動機により駆動される圧縮機は図示したように，シェル内部に電動機を組み込み，軸シールを必要としない密閉型（大型では分解可能な半密閉型）が主流である．

エンジンにより駆動されるカーエアコンでは軸シールが必要である．シール部は低圧側に置かれ，リップシールが用いられる．

密閉型では保守が行なわれず，半密閉型でも系に冷媒が封入されているので，メンテナンスが行ないにくい．特に冷蔵庫等一定の温度勾配をもった細い配管（キャピラリチューブ）がある場合には，わずかなスラッジでも特定の位置に析出して問題となる（キャピラリブロッケージ）ので，長期安定性確保には十分な注意を払う必要がある．

6.2.2 冷媒とその影響

冷媒は冷凍サイクルを循環する作動流体で，サイクルにおける熱物性以外にも，毒性が低く不燃性であることが求められる．これら条件をすべて満たすものとしてフロンと呼ばれるハロゲン系炭化水素化合物が広く用いられてきた[4]．しかし，冷媒として大量に用いられた特定フロン CFC (chlorofluorocarbon) はオゾン層破壊能力が高いのですでに製造が禁止され，現時点では表 6.2.2 に示す塩素を含まないフロン HFC (hydrofluorocarbon) や塩素を含むがオゾン層を破壊しにくいフロン HCFC (hydrochlorofluorocarbon) が用いられている．しかし，HCFC には 2020 年末全廃の計画が打ち出される一方で，HFC も地球温暖化効果が大きいため，1997 年末に削減対象物質に含まれている．HFC の代替物質は未だ不明であるので，当面冷媒としてはフロン HCFC，HFC が主で，イソブタン（R 600 a），アンモニア（R 717）等が用いられていくことになる[5]．自動車用としては炭酸ガス（R 744）の使用も検討されはじめている．

（1）冷媒の雰囲気効果

冷媒の雰囲気としての効果は，その冷媒が分子中

表 6.2.2 冷媒種類とその地球温暖化係数（GWP*）および用途

種類	番号	成分	沸点℃	GWP	用途
HCFC	R 123	HCFC 123	27.7	93	大型空調・冷凍
	R 22	HCFC 22	−40.8	1700	冷蔵庫，エアコン
HFC	R 134 a	HFC 134 a	−26.3	1300	冷蔵庫，カーエアコン，中・大型空調・冷凍
	R 407 C	HFC 32/HFC 125/HFC 134 a	−43.6	1610	パッケージエアコン，R-22 代替
	R 410 A	HFC 32/HFC 134 a	−51.4	1890	エアコン，R 22 代替
HC	R 290	C_2H_8	−42.1	<3	冷蔵庫，エアコン
	R 600 a	i-C_4H_{10}	−11.7	<3	冷蔵庫
無機物	R 717	NH_3	−33.3	<1	大型冷凍
	R 744	CO_2	−78.4	1	カーエアコン，R 134 a 代替

* IPCC-1995（積分期間 100 年）

に塩素を含むか否かにより大きな違いがある．

塩素を含む冷媒（CFC，HCFC）はそれ自体が何らかの潤滑性をもつことが知られているが，フッ素しか含まない冷媒（HFC，FC）はその潤滑性が乏しい[6~8]．

また，冷凍機は系内を冷媒の封入に先だって真空排気するので，酸素および水がほとんどない環境で運転されている．大気中ではほとんどの材料表面が酸化されているが，冷媒中でその酸化物が摩耗すると大気中とはかなり異なった状況となる．

水および酸素の影響とそれらの存在しない系に関して，高真空中で金属が容易に凝着を生じる[9]，無酸素雰囲気では水蒸気や炭化水素が材料の破壊を促進する[10~12]ことが知られている．

また，潤滑油にとっても添加剤の多くは極性基をもち，金属より酸化物表面に吸着しやすいこと[13]，添加剤の反応性[14,15]や潤滑性[16]に酸素および水蒸気が影響を及ぼすことなどが知られているので，これらの点への配慮も必要である．

（2）冷媒の潤滑油への溶解の影響

冷凍機油には，油の戻りや熱交換機の効率維持の観点から通常冷媒と相溶性のあるものが用いられる．HCFC冷媒ではパラフィンやナフテン系の無極性油が用いられ，HFCではポリオールエステル（POE），ポリビニルエーテル（PVE），ポリアルキレングリコール（PAG）等の極性をもつ油が用いられる[17]．

図6.2.3にR 410 A冷媒のPOEおよびアルキルベンゼン（AB）への溶解度を示したように，溶解量は圧力の増大，温度の低下とともに増加する．

潤滑油に冷媒が溶解すると，図6.2.4に示したように，その粘度が著しく低下する．また，粘度圧力係数も低下することが報告されている[18]．長期寿命の保証には油膜維持が不可欠で，それに必要な潤滑油粘度を確保する意味から冷媒の溶解度には注意を払う必要がある．

冷媒の溶解効果としては，冷媒による添加剤の希釈と，冷媒自体が潤滑性をもつ場合にはその添加量の増加もある．したがって，冷媒自体の潤滑性が乏しいHFC系冷媒では，潤滑油の戻りが確保されれば溶解性は低い方が有利といえる．

潤滑油の戻りを確保して溶解性の低いアルキルベンゼンを用いたシステムも，冷蔵庫（R 134 a），エアコン（R 410 a）で実用化されている．

表6.2.3に，各用途で各種冷媒を用いた場合の圧縮機シェル内部，吸入口温度・圧力の例を示す．図6.2.3および図6.2.4からR 410 aを用いたスクロール型エアコンの暖房時のシェル内潤滑油粘度を推測してみる．

表よりシェル温度は約60℃圧力を2.4 MPaとすると，冷媒溶解量は図2.3.3の圧力2.4 MPaのラインと60℃の曲線の交点から，POEで16%，AB

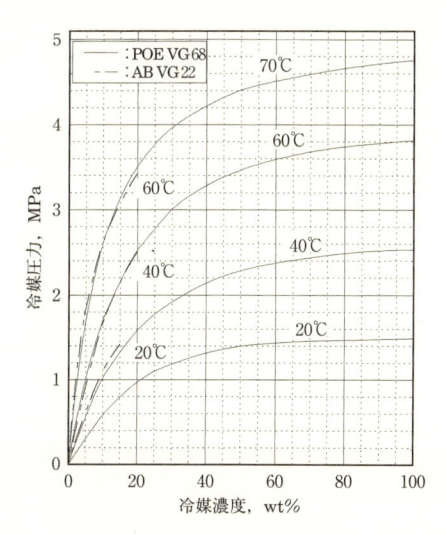

図6.2.3　POE VG 68およびAB VG 22油へのR 410 A溶解度

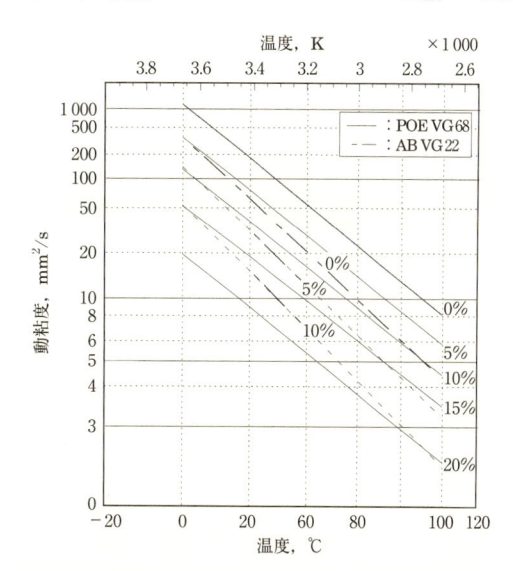

図6.2.4　POE VG 68およびAB VG 22油のR 410 A溶解粘度

表6.2.3 エアコンおよび冷蔵庫の典型的運転条件

用途	圧縮機形式	冷媒	ケース 圧力, MPa	ケース 温度, ℃	吸入口 圧力, MPa	吸入口 温度, ℃	吐出口 圧力, MPa	吐出口 温度, ℃
エアコン冷房	スクロール定格	R 410 A	2.6	69	1.1	18.9	2.6	67.4
エアコン冷房	スクロール定格	R 22	1.7	79	0.61	19.1	1.7	76.8
エアコン暖房	スクロール定格	R 410 A	2.3	59	0.76	1.7	2.3	57.5
エアコン暖房	スクロール定格	R 22	1.5	69	0.41	1.5	1.5	67.6
冷蔵庫	レシプロ	R 134 a	0.06	74	0.06	−33.0	1.1	40.0
カーエアコン	揺動斜板高負荷	R 134 a	0.50	85	0.50	35	2.7	127.0
カーエアコン	揺動斜板低負荷	R 134 a	0.22	80	0.22	15	1.3	53.5

で7%であることがわかる．これを図6.2.3にあてはめ，60℃のラインと各冷媒濃度における曲線との交点を求め，内挿するとPOE(VG 68)，AB(VG 22)ともにおおよそ5.5 mm²/sであることがわかる．

このように軸受の油膜維持に必要な粘度はおおよそ同じであるので，シェル内圧力が低く冷媒の溶解量が少ない往復動型では低粘度油が使用され，シェル内圧力の高い回転式では，高粘度の潤滑油が用いられる．

冷媒と潤滑油および添加剤との相互作用については，あまり知られていない．

(3) 寝込み運転

冷媒圧縮機特有の問題として，寝込み運転と油上がりと呼ばれる現象である．これらは，システムの停止中に圧縮機と凝縮器や蒸発器の間に温度差が生じた場合，これに伴って冷媒システム内を移動することに起因している．エアコンでは冬季に圧縮機のある室外が低温になるので，圧縮機内の冷媒が凝縮し冷媒濃度が著しく高まり，潤滑油粘度が低下したり，冷媒が液体として存在する2相分離が生じることもある．この状態で起動すると発泡も生じやすく，油膜が維持できないことがある．また，この冷媒の移動に伴って潤滑油も移動し，これが繰り返されると圧縮機内が完全に洗浄された状態になる場合があり，これを油上がりと称する．この場合圧縮機は，起動後場合により十数秒間もほとんど無潤滑状態で運転されることになる．

これらに対する対策としては，冷媒と油の組合せ，充てん量や，系の配管，各部品の配置などに注意を払い，十分な評価試験が行なわれている．

その他，塩素系冷媒では水分の混入により塩酸が発生し，配管用の銅が軸受等にめっきされる現象が知られている．フッ素系冷媒にも同様の現象が知られている．また，極性をもった油は水を吸収しやすいので，ドライヤの選定には注意が必要である．特にPOEは加水分解されるので，その取扱いに注意を要する．

文　献

1) 日本冷凍協会：冷凍空調便覧　第II巻　機器編 (1994).
2) 水原和行：トライボロジスト，**43**, 3 (1998) 179.
3) 飯塚　董・石山明彦・畠　裕章：トライボロジスト，**40**, 9 (1995) 712.
4) 日本冷凍協会：冷凍空調便覧　第I巻　基礎編 (1994).
5) 小畑由美子：トライボロジスト，**43**, 3 (1998) 176.
6) S. F. Murray, R. L. Johnson & M. A. Swikert : Mechanical Eng., **78** (1956) 233.
7) K. Mizuhara, M. Akei & T. Matsuzaki : STLE Trans., **37** (1993) 120.
8) 三科正太郎・河原克巳・水原和行：トライボロジー会議予稿集 (1992-10) 433.
9) W. P. Gilberth : NASA TN D-4868.
10) G. G. Hancock & H. H. Johnson : Trans. AIME, **236** (1966) 513.
11) K. Mizuhara, T. Taki & K. Yamanaka : Tribology Int., **26** (1993) 135-142.
12) 佐藤和彦・近崎充夫・川島憲一・本間吉治・岸　敦夫・中川雄策：トライボロジスト，**37**, 11 (1992) 918.
13) R. S. Fein & K. L. Kreuz : ASLE Trans., **8** (1965) 29.
14) E. D. Tingle : Trans. Faraday Soc., **46** (1950) 93.
15) J. Llopis, J. M. Arizmendi & J. A. Gomez-Minana : Corrosion Science, **4** (1964) 29.
16) J. K. Appeldoorn & F. F. Tao : Wear, **12** (1968) 117.
17) 萩原敏也：トライボロジスト，**42**, 3 (1997) 199.
18) M. Akei & K. Mizuhara : Tribology Trans., **40**, 1 (1977) 1.

6.3 人工関節

6.3.1 概論

高度の機能障害をきたした生体関節の機能再建のために，相対する骨端部を人工材料で代替する関節のことを人工関節という．人工関節は，人体内という特殊環境下で作動する軸受あるいは継手とみなされるが，一般に，生体関節を単純化した形態が採用されている．変形性関節症や関節リウマチ等の症例を主体にして，人工関節置換術が適用されており，国内だけでも年間数万例が実施されている．運動機能の回復や疼痛の除去に関して優れた臨床実績が得られているが，特に10年以上の長期使用に際しては，人工関節の摩擦面における摩耗と骨（または骨セメント）との界面部における緩みの発生が問題視されており，トライボロジー技術の寄与[1,2]が期待されている．そこでは，生体という特殊環境や生体の応答を考慮したバイオトライボロジー[3]の視点が必要とされる．

6.3.2 人工関節の種類と設計上の留意点

臨床適用例の大部分は，人工股関節と人工膝関節であるが，足関節や肩・肘・手・指関節についても各種の人工関節が使用されている．骨部への固定法としては，ポリメチルメタクリレート系の骨セメントを使用するセメントタイプと，骨に打ち込んで（ステム，スパイクやねじを利用，界面には各種表面処理）直接結合させるセメントレスタイプがある．

人工股関節は，球面軸受に相当するが，耐食性金属またはセラミックス製の骨頭と超高分子量ポリエチレン（Ultra-high molecular weight polyethylene, UHMWPE）製臼蓋から構成されるボール・ソケット形態[4]（図6.3.1）が主体である．骨頭径や半径すきまの大小は異なるが，形状的には大差がない．なお，近年の材料の高品質化と最適すきまの実現により，流体潤滑の維持を主体とするセラミックス同士や金属同士の人工股関節も臨床に適用されつつある．また，骨頭側についてステムを設けず表面部のみを置換する表面置換型や，臼蓋側の損傷が軽度の場合のみを置換する人工骨頭も症例に応じて使用される．

人工膝関節は，機構的には，蝶番を使用する拘束性の強い蝶番型と，若干の自由度を許容する半拘束式およびかなりの運動自由度を許容する表面置換型（図6.3.2）に大別される．解剖学的デザインの表面置換型では，屈伸に応じて転がり-すべり運動を行なう形態が多いが，伸展位での形状適合性を重視しているため，屈曲位での接触面圧が高めになりやすく，表面はく離摩耗との関連が指摘されている．

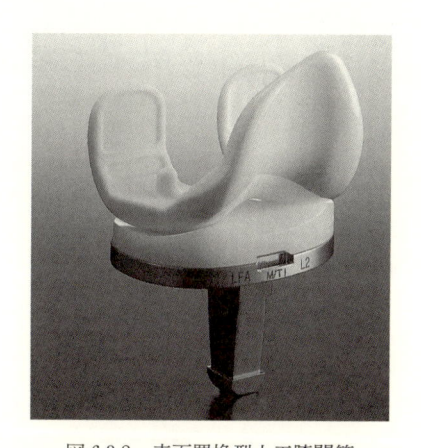

図6.3.2　表面置換型人工膝関節

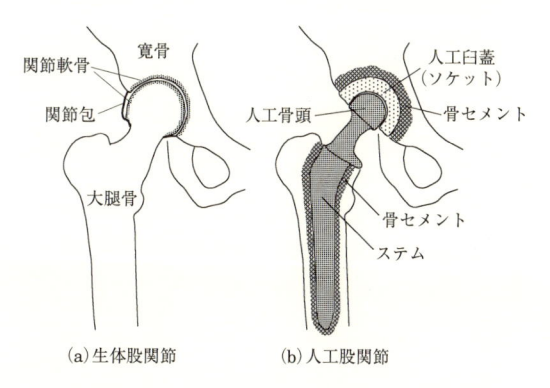

図6.3.1　生体関節と人工関節（正面像）
(a) 生体股関節　(b) 人工股関節

設計上留意すべき要求事項[2]を列記する．
(1) 静的および摩擦条件における生体適合性
(2) 荷重負荷能力（下肢関節では，体重の数倍）
(3) 耐摩耗性と摩耗粉の無毒性
(4) 低摩擦性
(5) 骨との適度な固定性（再置換時摘出も考慮）
(6) 可動性（広範な可動域）
(7) 運動安定性
(8) 関節部位との寸法適合性と骨切除の僅少化
(9) 骨部のストレス-シールディングの防止
(10) 置換術施行の容易さやアライメント調整法

(11) 製造法と製造コスト，適正な滅菌法
(12) 20 年以上の耐久性（メンテナンスフリー）

上記の(1)～(5)，(12)はトライボロジーに直接的に関連する項目であるが，人工膝関節では，可動性の要求が潤滑膜形成や摩擦摩耗の要求と対立する場合もあり，総合的に最適設計をする必要がある．

通常のトライボ要素との相違点は，感染や生体適合性，密封機構等の問題があるために，適度な粘度の潤滑液の適用が困難なことである．通常は，置換後に周囲から生じる体液や二次関節液が実質的な潤滑剤となる．そこで，潤滑剤が限定された条件下で，主として設計と材料の観点からトライボ問題の対策を図らざるを得ない．また，人工関節全体の変形やアライメント，固定性等の摩擦面以外の因子が，摩擦面に影響することも留意すべきである．

6.3.3 潤滑モードと摩擦・摩耗（生体関節との比較）

生体関節と人工関節の相違点を，表 6.3.1 に示す．人工関節置換時には，関節包・滑膜が切除されるため，関節液は流出する．置換後の関節包および滑膜の再生状況に依存するが，体液もしくは二次関節液が置換後の潤滑液となる．二次関節液の分析[5]によれば，増粘剤に相当するヒアルロン酸の濃度・分子量の低下や，蛋白成分の増加が報告されている．したがって，潤滑液に関しては，粘性の低下（非ニュートン挙動を示すが，せん断速度 10^3 s^{-1} で 0.005～0.01 Pa・s 程度）と境界潤滑成分の変化が生じ得る．生体関節と人工関節の最大の相違点は，摩擦面が関節軟骨から機械的特性や潤滑機能の異なる人工材料に変わる点である．

（1）生体関節における潤滑機構

荷重関節である下肢生体関節では，歩行条件下においては軟骨面の弾性変形効果と関節液の粘性効果に基づくソフト EHL 作用が主要な機構として機能しているとみなされる．荷重と速度が変動するため，スクイーズ膜作用とくさび膜作用の寄与が位相により異なるが，数値解析によれば歩行時の股関節[6]や膝関節[7]，足関節[8]では，0.5～1.5 μm 程度の EHL 膜が維持される．軟骨表面の粗さは，原子間力顕微鏡による液中での非接触（共振）モード測定[9]やレーザ顕微鏡による湿潤状態非接触計測[10]によると，最大粗さで 1～2 μm 程度と見積もられる．しかるに，荷重負荷域では，マイクロ EHL 作用により軟骨表面の突起部が直接接触を回避できる程度に平坦化する[11]ため，歩行運動時には流体潤滑モードがほぼ維持されているとみなされる．

一方，長期直立静止後の始動時や過酷な運動時，または関節症の進行により関節液粘度が低下した場合には歩行時においても，軟骨面間の直接接触の発生が予期される．局所的な接触が生じた場合には，いわゆる混合潤滑ないしは弾性混合潤滑[12]に相当するが，接触部位では，軟骨内液体の流動に起因する滲出潤滑[13]や吸着膜等による境界潤滑，または固体膜的挙動を示すゲル膜による潤滑も重要な寄与をなす．境界潤滑性を有する吸着膜の成分としては，リン脂質[14]や蛋白成分[15]，糖蛋白複合体[16]等が提示されている．このように，生体関節の潤滑は，単一の潤滑モードに限定されるのではなく，摩擦の過酷度に応じて多様な潤滑モードが階層的・協調的に機能すること[17～20]（多モード適応潤滑）により，極めて低い摩擦を維持するとともに長期耐久性を実現しているものとみなされる．

（2）人工関節における潤滑モードと摩擦・摩耗

生体関節に比較すると，人工関節は，単機構的レベルにあり，一般に混合潤滑または境界潤滑モードで作動しているとみなされる．ただし，自己潤滑性を有する UHMWPE[4]または高密度ポリエチレンを導入したことで，臨床適用可能なレベルの低摩擦と耐摩耗性を実現できた．まず，摩擦面の一方にポリエチレンを有する人工関節に限定して，説明する．

歩行運動を模擬したシミュレータ試験における摩擦測定[21]や電気抵抗法による流体膜形成の評価[22]によると，臨床用人工関節のほとんどでは，程度の差はあれ摩擦面間で直接接触が生じており，混合潤

表 6.3.1 生体関節と人工関節の比較

	生体関節	人工関節
摩擦面材料	軟骨/軟骨	耐食性金属/UHMWPE セラミック/UHMWPE
潤 滑 液	関節液	体液，二次関節液
最 大 面 圧	1～5 MPa	5～50 MPa
摩 擦 係 数	0.003～0.02	0.05～0.1
潤 滑 モード	多モード適応潤滑	混合潤滑，境界潤滑 弾性流体潤滑（?）
寿　　命	70～80 年	10～20 年

滑または境界潤滑モードで使用されている．

境界潤滑あるいは自己潤滑を前提とした人工股関節の設計[4]では，摩擦トルク低減の目的により，骨頭直径が小さめ（22 mm）に設定されたが，摩擦距離の短縮による摩耗の低減やポリマーの厚みの増大という利点もあった．一方，半径すきまを小さめに，骨頭径を大きめに設計すれば，歩行条件下では流体潤滑の維持が可能[23]なことも指摘された．また，人工膝関節でも形状適合性を良好にすれば，かなりの流体膜形成が可能[22]なことが示されており，今後の設計改善に反映する必要がある．

摩擦に関しては，通常の使用状態では，ポリエチレンの低摩擦性により，人工関節・骨間の緩みの発生に直結するほどの高摩擦の発生は避けられ得る．なお，アライメント不良による片当たり，ポリエチレンの肉厚が不十分な場合の過大変形，骨セメント粉混入時のアブレシブ摩耗，疲労性はく離摩耗に伴う高摩擦発生時や，骨吸収や骨融解発生時の特殊状況では，摩擦力が緩みの直接因子となり得る．

摩耗に関しては，人工股関節の臨床例の実測では，年間 0.05〜0.2 mm 深さ程度の摩耗が生じている．なお，金属製骨頭に比べてセラミック製骨頭の場合は，摩耗が半減すること[24]が報告されている．また，UHMWPE に対する適度な γ 線照射により架橋が生じ耐摩耗性が向上した例[24]があるが，不適切な γ 線照射は逆に酸化劣化を促進する[25]．

摩耗機構は，移着現象を伴う凝着摩耗と，硬質材表面突起または混入硬質粒子，硬質摩耗粉によるアブレシブ摩耗と疲労摩耗に大別される．なお，厳選された耐食性材料のみが認可されるので，腐食摩耗としての問題は少ないが，酸化膜修復阻害や溶出金属イオン・微量腐食化合物の毒性など今後解決すべき問題がある．

アブレシブ摩耗に関しては，硬質材の表面仕上げの改善や骨セメント遊離粉の混入防止策により，最近では低減しつつある．なお，硬質材の表面仕上げを向上させると，直接接触の機会も低下するために凝着摩耗の発生も低減する．ただし，過度の平滑化は，局所的接触部における移着を促進させる可能性[2]があり，適度な表面仕上げが必要と考えられる．

疲労摩耗に関しては，凝着摩耗ないしは突起間摩耗が主体となる条件でも，摩擦の繰返しにより表面き裂が発生すること[26]が確認されている．一方，解剖学的デザインの膝関節では，接触面圧が過大となるため，表面下で非弾性ひずみが蓄積し，表層部がはく離する現象[27]が臨床例で生じている．形状設計に主因がある場合もあるが，UHMWPE における欠陥の存在や酸化劣化の関連[25]も指摘された．

摩擦摩耗の問題を根本的に解決するために，流体潤滑を有効化する新たな2種の提案がなされている．一つは，生体軟骨に類似する軟質材を導入し，ソフト EHL 効果を実用化する試み[22,28,29]である．もう一つは，金属同士またはセラミックス同士で良好な表面仕上げと最適すきまを達成することにより流体潤滑主体の人工股関節を実現する設計[30,31]である．後者は，すでに臨床にも適用され実績が評価されつつある．軟質材として，ポリウレタンやポリビニルアルコール（PVA）ハイドロゲル，セミ IPN（半相互侵入網目）ハイドロゲル等を用いた人工関節が試作され潤滑性の改善が確認されたが，長期耐久性の検証が必要とされる．

6.3.4 生体環境の特殊性と人工関節用摩擦面材料の生体適合性

上述したように，生体内の摩擦環境下で，耐食性・無毒性・耐摩耗性を実現する必要がある．蛋白や脂質等のアタックに耐え得るか，吸着膜は機能するか，溶存酸素濃度が低い関節液中で金属酸化膜破断後の修復は可能か，摩擦時に有毒な溶出金属イオンや有毒反応物を生成しないか等が，材料選択の条件となる．人工関節材料の事前評価法として，牛血清を潤滑液に使用したピンオンプレート往復しゅう動試験が ASTM により規格化[32]されている．従来材料との相対評価を基盤にしているが，血清の入手先によるばらつきも指摘されている．また，運動状態を再現したシミュレータ試験も必要とされる．

現在使用されている摩擦面用生体材料は，ステンレス鋼，Co-Cr-Mo 合金（バイタリウム），アルミナセラミックス，ジルコニアセラミックスおよび UHMWPE であり，各種のチタン合金が開発中である．金属同士の高摩擦や，チタン合金と UHMWPE との組合せ，PTFE，ガラス繊維強化 PTFE，ポリエステル，ポリアセタール樹脂，カーボン強化 UHMWPE などでは過大摩耗という実例[1,2]があり，新材料の適用には，十分な検討が必要とされる．

6.3.5 摩耗粉と生体の応答（緩みとの関連）

現在の臨床用人工関節では，一部を除いて長期にわたり摩耗を完全に防ぐことは困難である．摩耗の進行による形状精度の若干の低下は大きな問題ではなく，生体内における摩耗粉の発生や金属イオンの溶出による摩耗毒性[3]が重大性を有する．摩耗粉が微量であれば，リンパ系から排出処理されるので問題は生じない．許容量以上の摩耗粉が発生した場合に，周囲組織が変性し，人工関節を支持していた骨組織が弱体化し，人工関節が緩みをきたす．過剰に生じた摩耗粉は，周囲組織中でマクロファージや多核巨細胞等を活性化し，ついには骨融解をきたす[33]．特に，サブミクロンサイズの多量のポリエチレン摩耗粉の存在の影響が大きいことが指摘されている．

文献

1) J. H. Dumbleton : Tribology of Natural and Artificial Joints. Elsevier (1981).
2) 村上輝夫：トライボロジスト，**37**, 4 (1992) 274.
3) 笹田　直・塚本行男・馬渕清資：バイオトライボロジー，産業図書 (1988).
4) J. Charnley : Low Friction Arthroplasty of the Hip, Springer-Verlag (1979).
5) J. Delecrin, M. Oka, S. Takahashi, T. Yamamuro & T. Nakamura : Clin. Orthop., **307** (1994) 240.
6) Z. M. Jin, D. Dowson & J. Fisher : Thin Films in Tribology, Elsevier (1993) 545.
7) T. Murakami, H. Higaki, Y. Sawae & Y. Nakanishi : Proc. 9th Int. Conf on Biomed. Engng (1997) 695.
8) J. B. Medley, D. Dowson & V. Wright : Engng. Med., **13** (1984) 137.
9) T. Murakami, Y. Hayakawa, H. Higaki & Y. Sawae : Proc. Int. Conf on New Frontiers on Biomech. Engng., JSME (1997) 233.
10) 日垣秀彦・村上輝夫：トライボロジスト，**39**, 7 (1994) 625.
11) D. Dowson & Z. M. Jin : Engng. Med., **15** (1986) 63.
12) 池内　健・森　美郎・村井保信：トライボロジスト，**34**, 9 (1989) 675.
13) K. Ikeuchi & M. Oka : Thin Films in Tribology, Elsevier (1993) 513.
14) B. A. Hills : J. Rheum., **16**, 1 (1989) 82.
15) 日垣秀彦・村上輝夫：トライボロジスト，**40**, 7 (1995) 598.
16) D. A. Swann : The Joints and Synovial Fluid, vol. I, Academic Press (1978) 407.
17) D. Dowson : Proc. I. Mech. E., **181**, Pt 3J (1966-67) 45.
18) 笹田　直：潤滑，**23**, 2 (1978) 79.
19) T. Murakami : JSME Intern. Journal, Ser. III, **33**, 4 (1990) 465.
20) K. Ikeuchi : Lubricants and Lubrication, Elsevier (1995) 65.
21) J. O'Kelly, A. Unsworth, D. Dowson & V. Wright : Engng. Med., **8**, 3 (1979) 153.
22) T. Murakami, N. Ohtsuki & H. Higaki : Thin Films in Tribology, Elsevier (1993) 673.
23) K. Mabuchi & T. Sasada : Wear, **140** (1990) 1.
24) H. Oonishi, H. Igaki & Y. Takayama : Bioceramics, **1** (1989) 272.
25) S. Li & A. H. Burstein : J. Bone and Joint Surg., **76-A**, 7 (1994) 1080.
26) J. R. Atkinson, K. J. Brown & D. Dowson : Trans. ASME, Ser. F, J. Lub. Tech., **100** (1978) 208.
27) A. Wang, D. C. Sun, C. Stark & J. H. Dumbleton : Wear, **181-183** (1995) 241.
28) 笹田　直・高橋正彦・渡壁　誠・馬渕清資・塚本行男・南部昌生：生体材料，**3**, 3 (1985) 151.
29) D. Dowson, J. Fisher, Z. M. Jin, D. . Auger & B. Jobbins : Proc. IME, Part H, **205** (1991) 59.
30) Z. M. Jin, D. Dowson & J. Fisher : Proc. I. Mech. E., **211**, Pt H (1997) 247.
31) 池内　健・大橋美奈子・富田直秀・岡　正典：日本臨床バイオメカニクス学会誌，**16** (1995) 381.
32) ASTM Designation : F732-82 (1982).
33) P. A. Ravell, N. AL-Saffar & A. Kobayashi : Proc. I. Mech. E., **211**, Part H (1997) 187.

6.4 極限環境下

6.4.1 高温

高温におけるトライボ要素の設計では，材料と潤滑材の選定が重要である．高温用材料や高温用潤滑材は日進月歩であり，優れた材料や潤滑材の採用が高温トライボ要素の性能や耐久性を向上させる．

本項では，（1）高温材料と（2）高温潤滑材にわけ，すべり軸受，転がり軸受，歯車，シールのトライボ要素について記述する．

（1）高温材料

①すべり軸受用材料は，潤滑油を使用できる温度領域とそうでない領域で著しく異なる．

潤滑油が使用できる温度領域では，耐焼付き性や耐腐食性に優れた銅鉛合金やアルミニウム合金が使用される[1]．潤滑油を使用できない温度領域では，自己潤滑性の材料や固体潤滑剤が使用される[1,2]．自己潤滑性材料の代表例は樹脂系材料で，PI（ポリイミド）やPPS（ポリフェニレンサルファイド），PEEK（ポリエーテルエーテルケトン）系材料が高温，高負荷の条件で使用される．銅合金内に固体潤滑剤の黒鉛を分散させた軸受では800℃まで使用できるものもある．

第6章 特殊環境下のトライボ要素

表6.4.1 高温転がり軸受用材料

特性＼材料	窒素ケイ素(HP材)	Inconel X	M-50	SUS 440 C +Mo 鋼	軸受鋼
密度, g/cm³	3.2	8.3	7.6	7.8	7.8
硬さ HV	1 800	310〜400	885	765	741
縦弾性係数, GPa	314	210	190	200	205
熱膨張係数, ×10⁻⁶/℃	3.2	17*¹	12.3*²	10.1*³	11.8
曲げ強さ, MPa	1 040	—	—	—	—
熱衝撃抵抗, ℃	800	—	—	—	—
引張強さ, MPa	350〜425	835*⁴〜1 115*¹	—	—	—
最高使用温度, ℃	1 200	816	320	260	150

*¹：900℃, *²：300℃, *³：100℃, *⁴：20℃

② 転がり軸受も潤滑油の使用できる温度領域とそうでない領域で材料が異なる．表6.4.1に例を示すが，ジェットエンジン主軸用軸受潤滑油を使用できる領域では，軌道輪や転動体が高速度鋼のM-50 NiLで，保持器はニッケル合金で作られる．これらの材料は，耐焼付き性や温度に対する機械的特性の変化が少ないことで優れている．

潤滑油が使用できない温度領域では，固体潤滑剤の使用を前提としてCo合金のStellite[3]やNi合金のRene[4]，セラミックスのSi_3N_4[5]の適用が試みられている．実際には，耐熱性に優れているSi_3N_4が金属材料と組み合わせて使用されることが多いので，熱膨張差を考慮した設計が不可欠である．Si_3N_4製軸受を金属の軸に締め代をもって組み込むときは内輪の円周応力が390 MPa以下であることが望ましい[6]．

③ 歯車の設計にあたっては，歯元応力による疲労と衝撃荷重に対する靱性，かみあい点における面圧を考慮しなければならない．耐熱性を有し，高温靭性にも優れている高温用金属材料として，M-50 NiLが350℃まで使用でき，32 CDV 13が500℃以上で試験されている[7]．250℃以下で使用される歯車の材料として，PPSやPAI（ポリアミドイミド），PI，PES（ポリエーテルスルフォン），フェノール樹脂等がある[8]．

④ 高温用メカニカルシール材料には，耐熱性や耐摩耗性の外に耐ブリスタ性が求められる[9]．これはシール面での密封流体の気化現象に対処するためである．さらに，雰囲気との温度差による熱割れの対策として耐熱衝撃係数が大きいことも要求される[10]．現状では，これらの特性に優れたカーボンとSiC，超硬合金が使用されている．重油直接脱硫装置ポンプ用シールは203℃で運転されているが，冷却法を工夫することが設計のポイントとなった．

（2）高温潤滑材

高温潤滑油の使用温度範囲を図6.4.1[11,12]に示す．一般潤滑油として使用される鉱油の使用温度限界は150℃であり，高温用合成潤滑油のヒンダードエステルは475℃に限界がある．合成油は熱安定性や酸化安定性等に優れてはいるが，選定にあたっては潤滑油ラインで使用されるシール材やフィルタ材料との適合性を検討することが大切である[13]．

潤滑油の選定と合わせて潤滑法の検討も肝要である．転がり軸受や歯車では，ストライベック線図の最小温度上昇近辺の油量とするか，最大温度上昇油

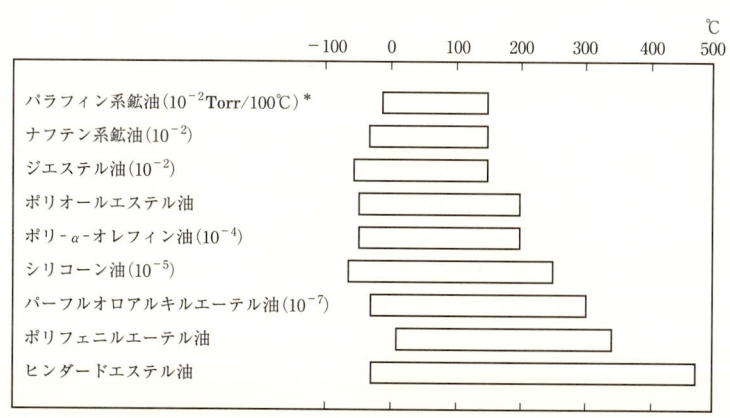

＊100℃における蒸気圧（概略値）

図6.4.1 潤滑油の使用温度範囲（大気圧）と蒸気圧〔出典：文献11, 12〕

量以上とするかで潤滑法が異なる．前者ではオイルミスト潤滑法やオイルエア潤滑法が採用され，後者ではジェット潤滑法やアンダレース潤滑法が行なわれる．

用途によっては，高温グリースの使用も検討対象となる．高温用グリースには，ウレア基を有する化合物を増ちょう剤とするウレア系グリースと，フッ素化油を基油とするフッ素系グリースがある[14]．いずれも耐熱性や耐酸化性に優れている．ウレア系グリースには原料の毒性に問題がある．

潤滑油やグリースが使用できない温度領域では，固体潤滑剤や自己潤滑材が重要な役割をもつ．後者については材料のところで述べた．

表 6.4.2　固体潤滑材の使用温度範囲
〔出典：文献 15，16）〕

固体潤滑材	使用温度範囲
PTFE	～150℃
ポリイミド	～300℃
MoS_2	～315℃（大気中）
	～500℃（真空中）
グラファイト	～430℃
金，銀	～600℃
$PbO-SiO_2$	260～650℃
CaF_2/CaF_2-BaF_2	260～900℃

代表的な固体潤滑剤の使用温度範囲を表6.4.2[15,16]に示す．この他にも，グラファイト系[5,17]やフッ化物系[18,19]，B_4C系[20]，酸化物系固体潤滑剤[21～23]，セリサイト[24]等の研究が進められており，実用になったものもある．固体潤滑剤による潤滑法として，被膜法，埋込み法，移着法，潤滑剤を含む複合材料による潤滑等があるが，採用する潤滑法でしゅう動部の構造や耐久性が影響を受ける．

6.4.2　低　温

近年，液体酸素（沸点 90 K），液体窒素（77 K），液体水素（20 K），液体ヘリウム（4 K）などの極低温液化気体を取り扱う産業機械の極低温トライボロジーが問題となっている．ここでは，ロケットエンジンの液体酸素・液体水素ターボポンプの軸受[25～29]や軸シール[25,30,31]，液化天然ガス用ポンプの軸受[32]，超伝導発電の超伝導磁石[33]などの極限環境下における極低温トライボ要素について述べる．

（1）極低温でのトライボロジー

極低温液化気体は粘度が油に比べて非常に小さく，また気化しやすいため流体潤滑効果はあまり期待できない．液化気体中での摩擦摩耗は，酸化性，不活性，還元性の雰囲気の影響を強く受ける[34,35]．液化天然ガス（炭化水素を含む液化メタン，沸点 112 K）中での摩擦摩耗は液体窒素中での値にほぼ等しい[36]．また低温で結晶組織が変らない面心立方金属の摩擦係数は，20 K のヘリウムガス中でも常温の値と大差ない[37]．液化気体中でも乾燥摩擦に等しく，真空中と同じように固体潤滑剤の適用が必要になる．

液体窒素中での過大な摩擦は，バーンアウト現象を発生して，金属が溶融しながら摩耗する[38,39]．特に液体酸素中では金属の爆発的燃焼につながる．密度や潜熱が小さい液体水素中ではバーンアウト損傷は軽いが，液体窒素温度以下では摩擦材の比熱や熱伝導率が急激に減少するため，摩擦面は局部的に温度上昇しやすい．厳しい摩擦条件下では強制的な冷却が必要であり，また加圧して過冷却状態や超臨界圧状態にして液化気体の冷却能力を増大させる．

（2）極低温高速軸受

極低温高速軸受には，転がり軸受（玉軸受，円筒ころ軸受），すべり軸受（静圧軸受，動圧軸受，フォイル軸受）が使用される．内径 40 mm の dn 値 200 万級の玉軸受が H-II ロケットの LE-7 エンジンの液体水素ターボポンプで使用されている[40]．スペースシャトルの改良型 SSME エンジンでは，内径 45 mm の dn 値 160 万級の円筒ころ軸受も使用されており，また転がり軸受の摩耗対策に静圧軸受が検討されている．

限界 dn 値はラジアルすきまが大きいほど増大するため，ラジアルすきまが大きいアンギュラ型の玉軸受（接触角 20～25 度）を使用している．また軸受内部の冷却性が良くなる内外輪の背を除いたカウンタボア形式にしている．大きなラジアル荷重を負荷できる円筒ころ軸受では，スキューによるころ端面と内外輪つばとのすべり摩擦が問題となるため，最適なラジアルすきま値を設定する必要がある[41]．スキュー防止のためラジアルすきまを負の値にする場合もある[26]．またノズルを用いたジェット噴流で冷却すると軸受を効率的に冷却できる[28]．

転がり軸受は，極低温で優れた潤滑性を示すPTFE複合保持器からのPTFE潤滑膜で自己潤滑

する．保持器材料の摩擦摩耗とともに荷重を支える面のPTFE潤滑膜の付着性[25]が問題となる．繊維強化材が多くなると摩擦面に強化材が集積して，PTFE潤滑膜の供給能力が低下する[38]．またPTFEの摩擦摩耗は非晶質領域の二次ガラス転移温度に対応した特異な変化を示す[35]．機械的強度に優れるガラス織布強化PTFE保持器は，ガラス繊維の研磨作用を防ぐため，フッ化水素酸を用いた表面処理を施して潤滑性を向上させる[29]．

高速回転する玉軸受は，内輪側にスピンすべりを生じる外輪コントロールとなるため，スピンすべりを受けるPTFE潤滑膜の耐荷重性が問題となる．軸受が焼き付く限界が最大スピン速度よりも最大接触面圧に支配される[40]．冷却性が悪い液体水素中では，最大接触面圧が $1.7\,GPa$ 以上になると軸受トルクや軸受温度が増大し，$2.0\,GPa$ 以上では潤滑膜が局部的に破損し，軸受が焼き付きやすくなる．液体水素の還元雰囲気中では FeF_2 層や CaF_2 層の形成，また液体酸素の酸化雰囲気中では Cr_2O_3 層の形成により，PTFE潤滑膜の耐荷重性が向上する[42,43]．

スラスト予荷重に大きなラジアル荷重が加えられると，玉の公転速度のばらつきに伴う玉の相対移動量が大きくなる[44]．狭いポケットすきまでは玉がポケット面を強く押し付け，異常な摩耗や発熱を生じる．保持器の周方向に大きなポケットすきまが設定でき，軸方向のポケットすきまを最小限にして保持器の振動を押さえる平円ポケット形状の保持器が使用される[40]．

平円ポケット形状保持器を用いた外輪片案内方式の軸受（内外輪カウンタボア形式）[45]は，外輪両案内方式（内輪カウンタボア形式）と比較して，高速回転時の軸受トルクが大幅に減少し，また軸受内部の冷却性が向上するため耐荷重性は増加する．高速回転する保持器の案内面での摩擦力が軸受トルクの大きさを支配する．

Si_3N_4 玉を使用したハイブリッドセラミック玉軸受がスペースシャトルの改良型エンジンで使用されている[46]．液体水素や液体窒素中では優れた高速性能を示すが，液体酸素中では Si_3N_4 玉へのPTFE潤滑膜の付着性が弱いため軸受性能は悪くなる[45]．また Si_3N_4 玉にマイクロクラックが発生する場合がある[47]．各種セラミック玉の軸受鋼に対する摩擦摩耗は，液体酸素と液体窒素中ではその特性が大きく異なる[35]．

（3）極低温高速軸シール

高速回転軸で比較的低圧の液体酸素や液体水素をシールする場合，接触式や非接触式のメカニカルシールが用いられる[30]．LE-5エンジンの液体水素ターボポンプの接触式メカニカルシール[31]では，極低温でのシール面の面ひずみを小さくして，PTFE製のダンパでシール面の振動を押さえている．シール面間の流体膜が気液二相や気相状態になりシール面を開く力が増大する．安定したシール性能や摩耗特性は，シールバランス比が $0.77 \sim 0.82$ の範囲で得られる．また回転側の硬質Crめっき面やWC面にサーマルクラックが形成されるのでシール面の冷却が重要である[38]．

ロケットエンジンの高圧軸シールには，非接触式のフローティングリングシールが使用される[31]．高速回転下では粘性摩擦のため漏れが気液二相化し，漏れ量は液相漏れ量の $1/10$ 程度まで減少する[48,49]．シールリングの半径方向の動きを良くするため，二次シール面はテーパ形状にしたり，また MoS_2 膜やPTFE膜で潤滑している．

液体酸素ターボポンプでは，低温ヘリウムガスをシールする接触式のセグメントシールで，ポンプ側の液体酸素とタービン側の低温水素ガスの漏れを完全に分離している[50]．セグメントシールは，シール面の負荷軽減のためレイリーステップ溝を設け，動圧効果で発生する浮力を利用している[50]．またカーボンが CO_2 の固化温度の $216\,K$ 付近から摩擦摩耗が急増するため[35]，カーボンシール面に MoS_2 膜をコーティングしている[51]．

（4）超伝導機器

液体ヘリウム温度では，銅やアルミニウムなどの金属の比熱は $10^{-1}\,J/kg\cdot K$ 程度になるため，わずかな摩擦発熱でも摩擦面の温度は異常に上昇する．液体ヘリウム中での超伝導磁石は，数十 mJ 程度の発熱で超伝導状態が破れて常伝導状態になり，急激なジュール発熱や導体の損傷を生じるクエンチ現象を発生する[33]．導体などのすべり摩擦による摩擦発熱が主な原因と考えられており，クエンチ現象の防止には，摩擦力を小さくして摩擦発熱を押さえる方法と逆に摩擦力を大きくしてすべり摩擦自体を起こさない方法がある．そのため液体ヘリウム中での摩擦特性の評価が重要になる[52,53]．

6.4.3 高　圧

　機器の雰囲気が高圧の場合と機器のプロセス流体が高圧の場合に大別される．前者の例として，深海で用いられる機器が挙げられ，後者の例としてHIP装置や高圧ポンプなどが相当する．これら高圧環境では高圧に対する強度克服が第一に重要であるがトライボ要素としては付加荷重の増加，部材の変形に伴う軸受やシールのすきまの変化，差圧増大に伴うシールの過酷度の増加，プロセス流体の潤滑性不良などの克服策が重要となる．

　代表例について高圧問題の克服策を以下に示す．

（1）深海調査船の軸受・シール

　有人深海調査船として，「アルビン号」[54]，「しんかい2000」[55,56]，「しんかい6500」[57]が挙げられる．それぞれ深度4 000 m，2 000 m，6 500 mが可能であり，海水圧で約40 MPa，20 MPa，60 MPaの高圧環境での作動が可能となっている．

　「しんかい2000」の全体構造を図6.4.2に示す[55,56]．高圧環境下での機動性を高めるために極力小型軽量化が図られている．電源，油圧，推進，および重量調整などの主要機器のほとんどは人間の乗るチタン合金製耐圧殻外に装備されている．電池・配電盤の電源システム，推進用ならびに海水ポンプ駆動用の各交流電動機，マニピュレータ駆動用油圧装置などは周囲海水圧よりは0.04〜0.07 MPa高い油漬均圧型となっている．この構造はトライボロジー面からは非常に有利であり，深海に伴う多くの問題を解決している．トライボロジー要素は海水に接することなく，油潤滑となり，通常技術で対処可能となり，また均圧構造のためシール差圧が大幅に小さくなり，シール面は油潤滑に置き換えることができる．このため，推進軸のシールはメカニカルシール，マニピュレータのシールはOリングタイプなどの通常の構造・材料が採用されている．

　油漬けではなく，完全に海水に暴露されている機器として海水ポンプがある．海水ポンプの役割は耐圧タンク内の海水を出し入れすることにより船の浮量を調整し，船の上下運動を制御することである．「しんかい2000」の海水ポンプの構造を図6.4.3に示す[55]．3連のラジアルピストン型ポンプであり，クランク軸受は海水潤滑となっている．主要なトライボ部品としてクランク軸受とプランジャシールがある．前者にはフェノール樹脂積層材が用いられ，投影面圧1.2 MPa，周速2.8 m/sで作動する．周囲海水圧が高圧の場合，海水の沸点が上昇し，常圧条件に比べて気化熱による冷却ができないため，軸受温度が樹脂材の耐熱限界を越えて焼損しやすい．そのためクランク軸に海水導入穴を設け，遠心ポンプ作用で軸受内に海水を送り込み，冷却する構造となっている．

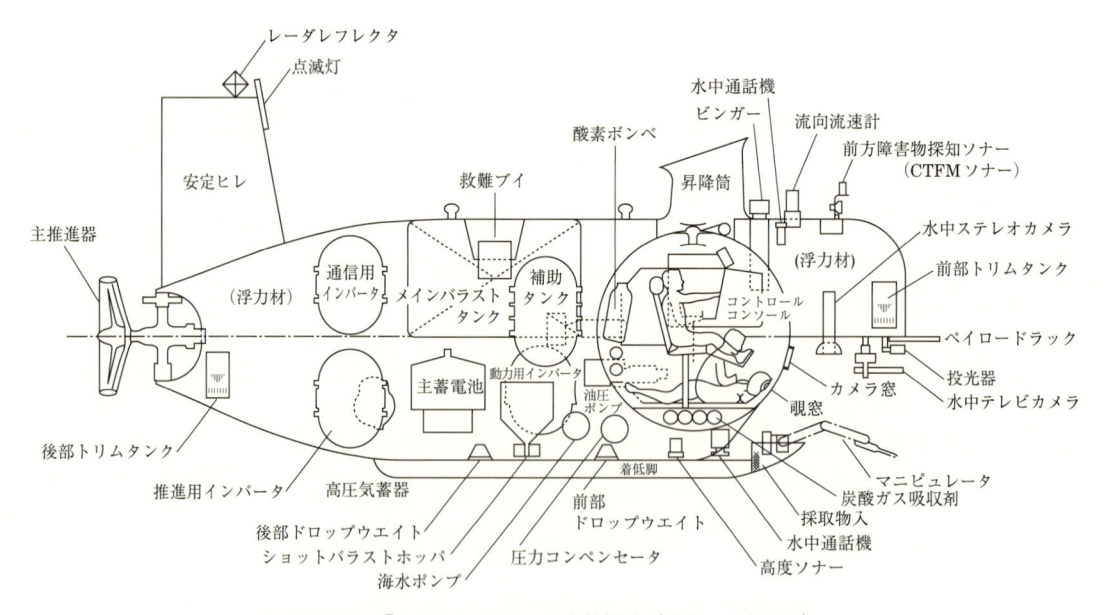

図6.4.2　「しんかい2000」の全体構造〔出典：文献56)〕

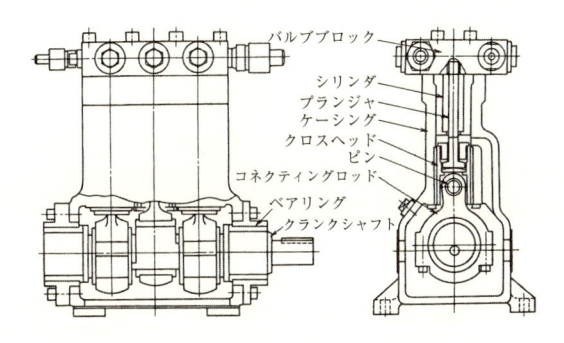

図6.4.3 「しんかい2000」の海水ポンプ
〔出典：文献55)〕

プランジャシールはプランジャとシリンダ間に微少なすきまを有するクリアランスシールとなっている．この場合すきまの加工精度，周囲圧による変形に伴うすきまの減少，耐食，耐摩耗性を考慮した材料選定が重要となる．「しんかい2000」の海水ポンプではプランジャにステライト肉盛，シリンダには銅合金ブシュが用いられている．

周囲圧が常圧に多用されている樹脂製Vパッキンは高静水圧下ではクリープ変形を生じ，緊迫力が減少するので注意を要する[56)]．

「アルビン号」や「しんかい6500」の海水ポンプにはアキシアルピストン型が採用されている．「しんかい6500」の海水ポンプの構造を図6.4.4に示す[58)]．軸受部は周囲海水圧と均圧した油室であり，高速・コンパクト化が図られている．プランジャシールはクリアランスシールであり，プランジャにはWC溶射，シリンダにはAl_2O_3焼結材を採用し，海水条件での耐摩耗性の向上が図られている．ポンプの吸入・吐出バルブには，耐食性を考慮してチタン合金が用いられている．「アルビン号」ではAl_2O_3・TiO_2溶射プランジャとAl_2O_3焼結シリンダの組合せになっている．

（2）HIP装置

HIP (Hot Isostatic Press) は通常100 MPa以上のガス圧力下で1 000～2 000℃の高温に加熱することにより，材料の内部に残存する空孔欠陥を圧密・緻密化する装置で粉末焼結，鋳造欠陥の除去，拡散接合などに用いられている．HIP装置の加熱炉を内装する高圧容器の構造を図6.4.5に示す[59)]．容器内の最高圧力と最高温度は現状200 MPa，2 000℃クラスである．

主要なトライボロジー要素は上・下ぶたのガスケットである．ガスケット部の具体例を図6.4.6に示す．ガスケットとして一般にフッ素ゴム系のOリングが用いられている．Oリングのはみ出しを防止するために樹脂製のバックアップリングが併用される．さらに高温雰囲気対策として，Oリングの相手面は冷却筒となっており，Oリング自体の温度をフッ素ゴムの軟化温度以下になるように構造的な配慮がなされている．特に圧力媒体ガスとして酸素を用いる場合にはOリング材の発火，焼損事故があり得るので，高温ガスと接触しないよう構造的工夫が必要である[60)]．

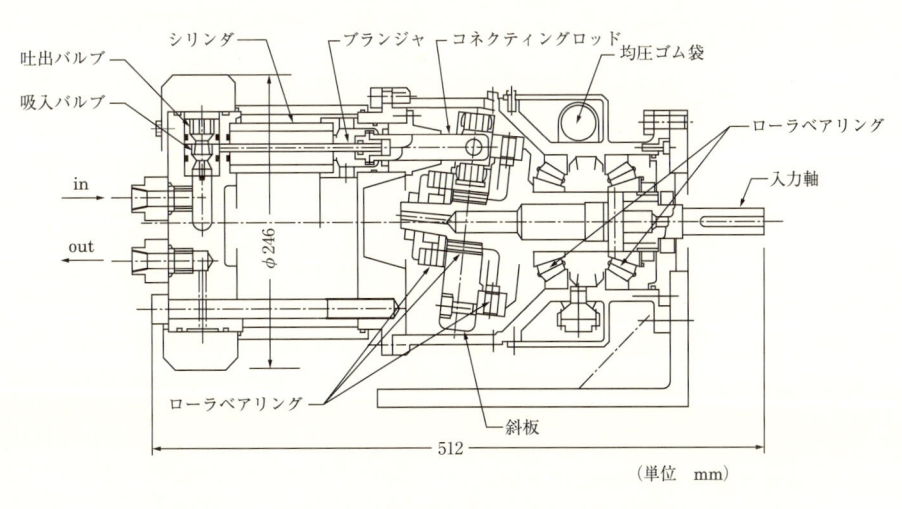

図6.4.4 「しんかい6500」の海水ポンプ〔出典：文献58)〕

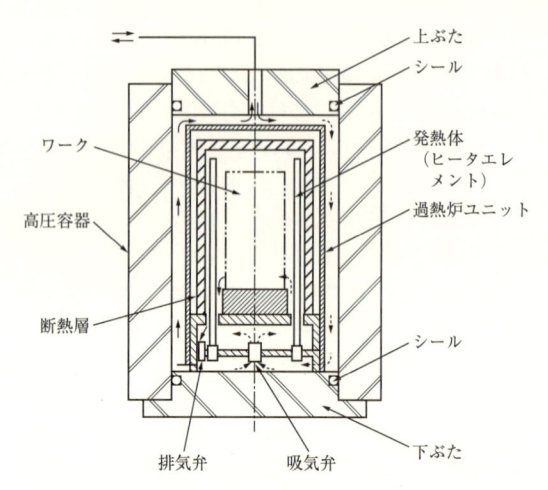

図 6.4.5 HIP 装置の高圧容器の例〔出典：文献 59）〕

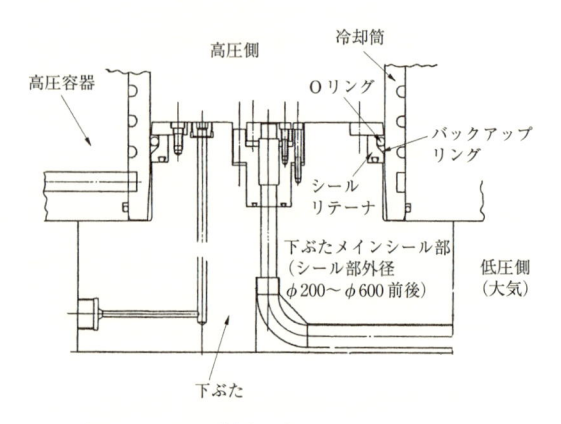

図 6.4.6 HIP 装置の高圧容器ガスケット例

6.4.4 高真空・宇宙
（1）トライボ要素設計の留意点

真空中では，大気中に比べて酸素，水蒸気，炭化水素の含有量が極めて少なく，トライボ要素の表面にこれらの気体吸着膜（分子レベルのコーティング保護膜）が形成されにくい．したがって固体表面同士の摩擦と摩耗プロセスから発生する損傷を防止するために潤滑剤が必要となる．一般真空機器，半導体製造装置と設備，X線管球，宇宙機器，姿勢安定とアンテナ制御装置，推進系と軌道制御系装置等に使われる運動機械アセンブリ (moving mechanical assemblies) のトライボ要素（構造，材料，運動機構）に適した潤滑剤のタイプ（固体潤滑剤，グリース，潤滑油）をまず選択することが必要である．

固体潤滑剤は薄膜あるいは粉末（パウダ）状で使用され，一般的に，低-中摩擦回数，低-中速度，中-低接触応力，極限環境（真空，極低温，高温），といった要求条件を満足する．特殊なケースとして，固体潤滑剤が高接触応力を受けるトライボ要素に使用される場合，運動の距離と期間は著しく短い．宇宙船の大型アンテナの止金の開放メカニズムや展開メカニズムがその例として挙げられる．

潤滑油やグリースは，一般的に，高摩擦回数（転がり，すべり，往復接触），高速運転（例，スピン軸受），高接触応力（荷重負荷材料の降状強度で決まる接触応力），相対的に軽微な環境，といった条件に適している．

高真空・宇宙といった極限環境で使用されるトライボ要素の設計にあたって，潤滑剤のタイプの選択に加えて，トライボ要素材料の表面とバルク特性，接触応力，相対接触運動のタイプ，運転距離と期間，といった重点項目に留意すべきである．

トライボ要素設計を終えてから，特定の環境に適した潤滑剤や表面仕上処理法をさがすために「潤滑屋を呼べ」ということだけは，くれぐれも避けたい．設計に入る前から周到なプランと注意が必要である．最適な潤滑剤の選択と潤滑剤の使用法，給剤や給油法の開発は，トライボ設計に組み込まれた絶対必要な基本的手順と考えるべきである．

（2）高真空・宇宙用潤滑剤の構造・特性と潤滑性能

固体潤滑剤，グリース，潤滑油に関する詳細は，潤滑剤編を参照のこと．ここでは固体潤滑剤と潤滑油の長所と短所（表 6.4.3 と表 6.4.4）について触

表 6.4.3 固体潤滑剤の長所と短所

長　　所	短　　所
・蒸発減量が無視できる ・使用温度範囲が極低温から高温まで広い ・摩耗・損傷メカニズムが既知の場合，潤滑剤の加速試験が可能である ・電気伝導性を有する	・潤滑剤の摩耗減量によって寿命が決まる ・摩耗粉の生成によって摩擦やトルクの変動，ノイズが生じる ・寿命（耐久性）や摩擦が空気や湿度に敏感である ・熱伝導性に劣る（化学相合成ダイヤモンド膜は例外である）

備考：固体潤滑剤の性能は下地材料によって大きな影響を受ける．潤滑剤と下地材料との固着/接着性は，潤滑剤の摩耗寿命や耐久性を大きく左右する．性能の環境依存性は極めて大きく，ジキル博士とハイド氏の特性を固体潤滑剤はもっている．

表6.4.4 潤滑油

長　所	短　所
・油補給が可能である—長寿命 ・トルクノイズが小さく，トルク計算が簡単である ・一般的に空気や湿度に鈍感で影響されない ・熱伝導性に優れている	・蒸気圧が限られているため，密封装置・構造が必要となる ・物理特性が温度に敏感で変化しやすい ・潤滑油の加速試験が難しい ・電気伝導性に劣る

備考：潤滑油の性能は固体潤滑剤と同じように下地材料によって大きな影響を受ける。耐摩耗・低摩擦用添加剤の効果は下地材料によって変化する。

れる．

（3）性能特性の検討

設計者は潤滑剤の複雑な挙動や効果の変動を考慮する必要がある．特定のトライボ要素に適用できる潤滑剤を選択または開発する際，性能特性を十分検討することが必要である．最大平均接触応力（荷重負荷能力），摩擦係数，潤滑膜厚さ，膜厚精度，最低温度，最高温度，固着/付着強度，液体酸素との適合性，すべり/転がり接触性能，耐摩耗性，すべり/転がり速度依存性，機器の保管時における耐湿性と耐水性，耐放射線性，電気伝導性，耐原子酸素性，潤滑剤の劣化特性，その他の気体との反応性，といった宇宙飛行体の潤滑システムで要求される条件を考慮することが必要である．これら多数のファクタを実験的に検討し，設計ガイドラインができあがる．しかし，個々のファクタには，不確定性要因が潜んでいることを忘れてはならない．潤滑システムの選択にあたっては，潤滑剤メーカー，高真空・宇宙用ハードウェアメーカー，軸受メーカー，部品メーカーの専門家と共同作業を行なうことが必要不可欠である．

（4）摩擦と摩耗試験

潤滑システムの設計にあたって行なわなければならない摩擦と摩耗試験は，二つに分類できる．第一は，潤滑剤の標準試験である．いろいろなメーカーから集められた潤滑剤のトライボロジー特性を定量的に評価し，潤滑剤選定のガイドラインを設計者が把握する．第二は，実際の真空・宇宙機器の使用条件にできるだけ近い条件で行なう潤滑システムのシミュレーション試験である．潤滑剤（成分と構造，表面仕上げ，潤滑膜の適用法，膜厚の公差），部品寸法と公差，荷重/接触応力（静止時と運転時），すべり対転がり比，運動（連続，往復），運動波形（矩形，正弦，のこぎり刃形），接触長さ，二次元的運動，三次元的運動，速度，打上げ時の振動レベル，温度，使用気体，汚染気体，といった設計上の様々な特定項目に注意が払われるべきである．

（5）注　意

固体潤滑剤は，潤滑油が不適当であるところに利用され，多くのトライボロジー問題を解決してくれるであろう．しかし，ここで注意しなければならないことは，設計にあたって固体潤滑剤の限界を認識し，正当な性能試験を行なうとともに，真空・宇宙機器の大気中保管にあたっても仕様に従って正しく行なうことが大切である．

6.4.5 その他

（1）磁場・電場

a. 磁　場

摩擦面材料として強磁性体を用いた場合にはその磁化に伴い荷重増加と摩擦力の増加が生じる．また，金属をはじめとする導電体を摩擦面材料に用いる場合に，摩擦面移動等に伴い磁場の変動が生じると，導体内部に誘起される渦電流のために，ジュール熱（渦電流損失），摩擦面の運動抵抗を発生し，摩擦力が増加する．しかし，鋼同士の摩擦においては，磁化による荷重増加を考慮した摩擦係数は磁化しない場合と変化しない結果も報告されており[63]，一般的には渦電流の影響を含めて磁場が摩擦に及ぼす影響は，磁化に伴う荷重増加に比べて小さいものと考えられる[64]．

強磁性体は磁化に伴い反応活性が増加する．例えば，鋼表面の研磨後の表面電位変化は磁化に伴いその反応速度と反応量がともに増加する[65]．そのため，強磁性体の摩擦において磁場中では摩擦面の酸素の吸着量，吸着速度が磁束密度とともに増加し，それに伴い酸化膜形成が促進される．したがって，常磁性体ではシビア摩耗が生じる摩擦条件でも強磁性体では，シビア摩耗からマイルド摩耗への遷移が生じる[66,67]．このマイルド摩耗への移行には，摩耗粉が磁気引力により摩擦面に保持され，この付着摩耗粉自体の細粒化と酸化も寄与する．マイルド摩耗への移行に伴い摩擦面粗さの改善，摩耗の減少（図6.4.7），摩擦係数の低下がもたらされる．しかし，摩擦力自体は磁化に伴う荷重増加のため磁場のない場合に比べて逆に増加する．この摩擦力の増加割合は低荷重，高磁束密度の方が大きい[68]．

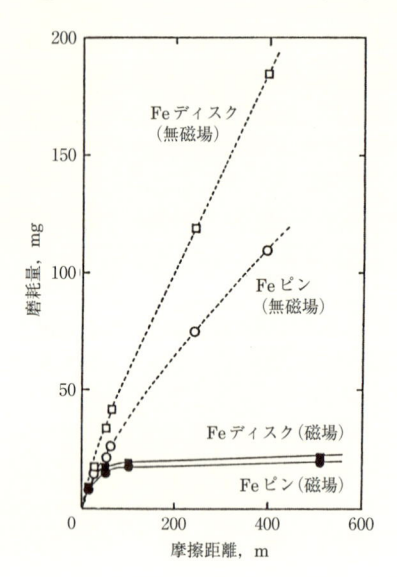

図 6.4.7 Fe 対 Fe の摩耗に対する磁場効果（空気中，荷重＝15.9 N，摩擦速度＝110 mm/s，磁場＝3 700 Oe）　〔出典：文献 68〕

また，磁場中では摩耗が増加する場合もある．すなわち，磁場中では，磁歪応力の相互干渉により，塑性流動圧が低下し，塑性変形が促進されるために摩耗の増加する場合[69]，可動転移密度の増加による硬度低下によるアブレシブ摩耗の増加[70]，さらには強磁性体と常磁性体の組合せでは，加工硬化を受けた強磁性体表面に磁力により保持された摩耗粉のアブレシブ作用による常磁性体摩擦面の著しい摩耗増大[71] などの例がある．

磁場中の表面活性の増加は，潤滑油中の磁気モーメントをもつ極性物質が磁気分極が最大の方向に配向し，強固な吸着膜を形成するため，転移温度の上昇，境界潤滑特性の向上が期待できる[65]．

b. 電　場

潤滑下の摩擦面において，電場または電圧印加が問題になるのは，主として混合潤滑，境界潤滑領域である．まず，油膜が極めて薄い場合にはトンネル効果，絶縁破壊が問題となる．トンネル効果は厚さが 1 nm 以上で無視でき，絶縁破壊電圧は潤滑油分子の長さに近い 2 nm で 0.1 V 程度である[72]．潤滑油の比抵抗が電圧印加時の局所的放電，電食[73]，摩耗の進行に影響し，比抵抗の大きい潤滑油の方が電流の接触点への集中が生じ，摩耗が増大する[74]．

摩擦面に表面電荷が存在すると摩擦面の硬さの抵下，表面張力の低下に伴うぬれ性の低下により摩擦摩耗特性が劣化するため，異種金属間の摩擦に際しては，2 金属間の接触電位差を打ち消すように電圧を印加することにより摩擦摩耗特性が改善できる[75]．また，乾燥摩擦においても摩擦面間に誘起された電圧と逆向きの電圧を印加することにより摩擦摩耗特性が改善されることも報告されている[76]．

添加剤等の吸着反応や反応膜形成は外部電場により制御可能である[77]．例えば，分子中の酸素より負電荷をもちやすいリン酸エステルは陽極側に集まりやすく[78]，より摩擦条件の過酷な方の摩擦面の方を陽極側になるように電圧を印加することにより，耐焼付き性が増加する[79]．

また，陽極では酸化反応が，陰極では還元反応が促進される．無添加潤滑油においては，陽極側表面の酸化膜形成が促進され，酸化膜による摩擦面間の直接接触の防止と，主としてアブレシブ摩耗による陰極側表面の急速な粗さの低下により，極めて短期間に良好ななじみの達成が期待できる[80,81]（図 6.4.8）．この場合，摩擦条件の厳しい方の摩擦面，例えば一方向荷重を受けるジャーナル軸受の場合に常時軸と接触する軸受摩擦面は，酸化膜が絶えず摩耗されるために安定した酸化膜形成が困難であり，陽極にしても良好ななじみが達成できないおそれがあるので，相手側摩擦面を陽極にすることが望ましい．

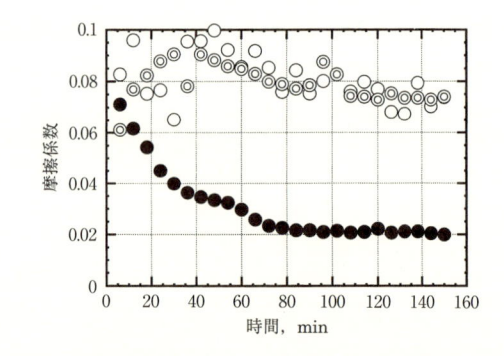

図 6.4.8 電圧印加によるなじみの改善（球/平板すべり接触）印加条件（印加電圧/ショート電流 ○：0 V/0 mA，◎：0.5 V/0.5 mA，●：4 V/5 mA）　〔出典：文献 80〕

c. 通電摩擦部品

スイッチ，モータブラシ，電車の集電系などの通電摩擦部品の摩耗は機械的摩耗と電気的摩耗に大別できる．機械的摩耗は通電なしでも発生する摩耗で

あり、電気的摩耗とは通電に伴い増加した摩耗である。電気的摩耗にはアーク放電時に溶融飛散や気化によるアーク溶損、電気的イオン移動、アーク熱や接触抵抗ジュール熱による軟化、溶融に伴う機械的摩耗の増大などがある[82]。

集電系において摩耗にはアーク発生の有無が大きく影響し、トロリ線/パンタグラフすり板系の異常摩耗には離線アークという通電摩擦特有の現象がその主因と考えられ、アーク放電が維持できない低電圧の場合や、離線が生じなければ異常摩耗はほとんど発生せず、通電の影響は副次的な小さいものになる[83]。一般に、離線率は荷重（パンタグラフ接触圧力）増加ともに減少、すべり速度増加とともに上昇する傾向があり、それに応じて摩耗率も変化する（図 6.4.9）。また、電流の方向により摩耗が異なり、すり板からトロリへ電流が流れる方が、逆に流れるよりもすり板摩耗が 3 倍程度大きくなる[84]。一方、グラファイトブラシ/金属リングのすべり試験において、アーク発生のないときのブラシ摩耗はブラシからリングに電流が流れる方が大きくなるようである[83]。

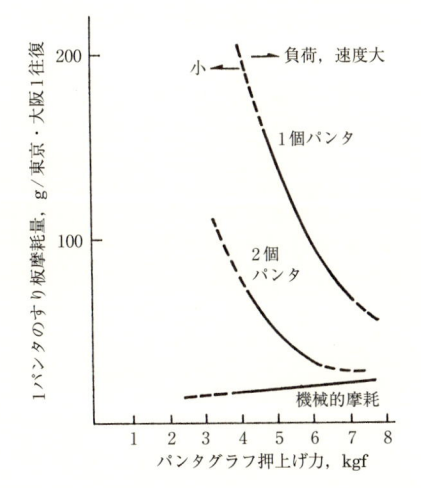

図 6.4.9　パンタグラフの押上げ力とすり板摩耗
〔出典：文献 83〕

グリース等の潤滑の効果は、潤滑により離線率が低下し摩耗を低下する場合や、アーク損耗による潤滑油の存在が悪影響を与える場合もあり、事例に応じた対策が必要である[85]。

（2）原子力プラント環境

現在商用運転されている原子力プラントにおける特有な環境として、高温・高圧水および放射線が挙げられるが、機器によってこれらの環境はかなり異なる。

沸騰水型原子炉（BWR）では、プラントを循環する炉水（純水）は最高温度がおよそ 560 K、圧力 7 MPa となる。このような高温・高圧水に接するトライボロジー要素については、高度に管理されている炉水への影響も考慮して無潤滑を原則としている。また、長期間使用されるため優れた耐食性が材料に要求される。

こうした条件を勘案し、摩擦や摩耗が問題となる機器・部品に対しては、従来から耐食性と耐摩耗性を兼ね備えた材料として他分野で豊富な実績があり、通称ステライトと呼ばれるコバルトをおおよそ 50％ 含む合金が使用されている。しかし、ステライトは被曝の原因となる放射性腐食生成物 ^{60}Co の発生源となる[86]。腐食や摩耗により炉水中に極微量放出される材料中のコバルトが、炉心に移動して ^{59}Co(n, γ) の核反応により ^{60}Co に変換するためである。この ^{60}Co 問題は、ステライトをコバルトを含まない材料（コバルトフリー材料）に置き換えることによって解決可能であり、その実用化は被曝低減対策の大きな課題となっている[87,88]。

一方、炉心を収納する原子炉容器が受ける中性子照射量は、BWR プラントの場合およそ 4×10^{17} n/cm² となる。原子炉容器の外側は各種の放射線量率低減対策が施されており、放射線の影響を考慮する必要のあるトライボロジー要素は限定される。

a. ^{60}Co 問題

ステライトは、放射線量率の高い炉心だけでなく炉心の外でも炉水に接する機器に適用した場合に ^{60}Co の発生源となる。

BWR プラントでステライトを使用している主な部品をその作動条件例とともに表 6.4.5 に示した。各部品には、耐摩耗性および高温・高圧水に対する耐食性が共通して要求されるが、この他部品に応じて耐焼付き性や耐衝撃性などが要求される。

表 6.4.6 にステライトの化学組成を代表的なコバルトフリー合金と比較して示した。材料の選択は、材料への要求特性と同時に施工方法を考慮して行なう。なお、コバルトフリー材料としてのセラミックスは高温・高圧水に対する耐食性や材料としての信頼性に課題が残されている。

表6.4.5 BWRプラントでステライトを使用している主な部品

機器	部品	材料	主要求特性	作動条件例	施工加工
制御棒	ローラ	ステライト♯3	耐摩耗性 耐食性 耐放射線性	5 N 0.3 m/s	機械加工 溶接
	ピン	ヘインズアロイ♯25			
バルブ	シート	ステライト♯6	耐摩耗性 耐食性 耐焼付性	200 N/mm² 0.002 m/s	肉盛溶接
制御棒 駆動装置	ローラ	ステライト♯3	耐摩耗性 耐食性 耐衝撃性	100 N 3.5 m/s	機械加工
	ピン	ヘインズアロイ♯25			
低圧タービン	エロージョン シールド	ステライト♯6B	耐エロージョン性 耐食性	—	機械加工 ろう付(溶接)

表6.4.6 ステライトおよびコバルトフリー合金の化学成分

(単位：mass %)

材料	C	Si	Cr	Mo	W	Fe	Ni	Co	その他
ステライト♯3（鋳造合金）	2.5	0.8	31	—	12	1.2	—	Bal.	—
ステライト♯6（肉盛合金）	1	1.3	28	—	4	1.2	—	Bal.	—
ヘインズアロイ♯25（鍛造合金）	0.1	0.2	20	—	15	2.8	10	Bal.	—
CFA（鍛造合金）	—	0.3	38	1	—	—	Bal.	—	Al 3.8
Ni-Cr-Mo-Nb（鋳造・肉盛合金）	—	0.4	26	13	—	—	Bal.	—	Nb 11
コルモノイ♯6（肉盛合金）	0.8	4.2	14	—	—	4.8	Bal.	—	B 3

（i）制御棒

　原子炉の出力調整等を行なう制御棒には，ピンとローラの組合せが取り付けられている．ローラの外周はジルコニウム合金あるいはステンレス鋼と転がり摩擦し，ピンはローラ内周としゅう動摩擦する．コバルトフリー合金が実用化され[87]，被曝低減効果も確認された[89]．

（ii）バルブ

　仕切弁，玉型弁，逆止弁などの各種バルブのシート面には，ステライトが肉盛溶接されている．シート面同士は高い面圧でしゅう動し，バルブ機能として最も重要なシール性を確保するために優れた耐焼付き性が要求される．ニッケル合金やセラミックコーティング材料が開発されているが，完全にはステライトに置き換わっていない．

（iii）制御棒駆動装置

　制御棒を上下動させる制御棒駆動装置には，ピンとローラの組合せが多数取り付けられている．作動条件は部品ごとに異なるが，制御棒のピンとローラに比べ負荷加重が高いのが特徴である．一部の部品についてはコバルトフリー合金が実用化されている．

また，制御棒駆動装置のしゅう動面の一部には，ステライトが肉盛溶接されている．

（iv）エロージョンシールド

　低圧タービンの最終段翼には，エロージョンを防止するため，エロージョンシールドがろう付けや溶接により取り付けられている．翼の回転に伴う遠心力や振動による曲げ，ねじりなどの応力が複雑に加わる．

b. 放射線の影響

　原子力プラントにおいて，中性子線およびγ線照射の影響を考慮する必要のあるトライボロジー要素は限定されている．

（i）燃料集合体

　放射線量率の高い炉心に置かれる燃料集合体には，炉水の流動によって振動摩耗が生ずる可能性のある部品があり，材料同士が接触しないように設計されている．また，放射線量率の低減策を兼ねて部品表面に安定な被膜を形成する表面処理技術が開発されている[90]．

(ii) 制御棒

上記 a. で述べた制御棒に取り付けられるピンとローラの一部は，炉心に位置した際に高い中性子照射を受ける．

(iii) ポンプ

原子炉冷却系ポンプのメカニカルシールには，温度がおよそ 330 K，面圧 4 MPa，周速 10 m/s で運転され，10^5 Gy 程度の γ 線照射を受けるものがある．材料としては超硬合金とカーボンの組合せが多く使用されている．信頼性の向上と長寿命化の観点から新材料の開発も進められているが，放射線の影響は開発上の大きな問題となっていない．

(iv) 制御棒駆動装置

制御棒駆動装置電動機の駆動力を本体に伝達する軸封部には，グランドパッキンが用いられており，およそ 10^3 Gy の γ 線照射を受ける．油類は使用できず，アスベストを主成分としたパッキンが使用されている．

(3) 水中・海中

水中・海中用のトライボロジー要素設計での留意点は潤滑性不良，腐食，疲労強度の低下，固形異物の侵入，貝類等の付着物，環境汚染などである．いくつかの事例について，これらに対する設計的対処策を示す．

a. 海水潤滑船尾管軸受

プロペラ軸を支える船尾管軸受には油潤滑と海水潤滑の二つの方式があり，油潤滑は大型船に，海水潤滑は小型船，漁船，フェリー，艦船に用いられ，船舶の約 45% は海水潤滑方式である[91]．海水潤滑の船尾管軸受材は主に合成ゴム〔ニトリルゴム(NBR)，クロロプレンゴムなど〕であり，しゅう動部軸材（スリーブとして用いる）は銅合金やステンレス鋼である．ゴム軸受は構造的にはフルモールドタイプとセグメントタイプに分けられる．軸受内に海水を強制給水し，潤滑，冷却ならびに砂などの異物の排除の役目をさせている．安全作動には給水量が重要である．給水量は軸受の発熱を持ち去る冷却水量相当とするのが基本的考え方であり，簡易的には，

給水量 Q (l/min)$=3D$ （D：軸径 cm）が用いられている[92]．

軸受の投影面圧は 0.25 MPa 以下で設計される．ゴム軸受では摩耗は避けられず，0.5 mm/年程度の摩耗が存在するが[93]，次のような特徴を有している．

(1) ゴムの変形に伴う自己アライメント性を有し局部荷重を平均化する．
(2) 砂などの異物の侵入に対し，ゴムに埋没され移動し，水溝に排出されるためにアブレシブ摩耗が少ない．
(3) 軸振動を吸収する．
(4) 潤滑油の流出がなく無公害である．

スリーブ以外のプロペラ軸の腐食防止・疲労強度の低下防止のために，ゴム巻き方式や FRP コーティング方式による被覆が採用されている[94]．

b. 船尾シール

油潤滑船尾管軸受では潤滑油の海水への漏洩防止，海水の潤滑油側への浸入防止のために船尾シールが必要となる．船尾シールの一般的な構造例を図 6.4.10 に示す[95]．♯1～♯3 シールとして示す複数本のリップシールより構成されている．♯1 シールは，海水を直接シールし，♯3 シールは潤滑油をシールしている．♯2 と♯3 シール間のドレンは船内へ回収される．リップシール材は NBR やフッ素系ゴムであり，シールライナにはステンレス鋼が用い

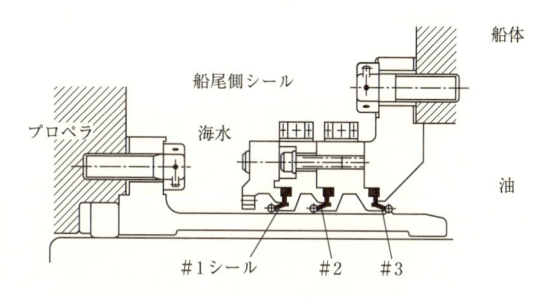

図 6.4.10 船尾シールの一般的構造〔出典：文献 95)〕

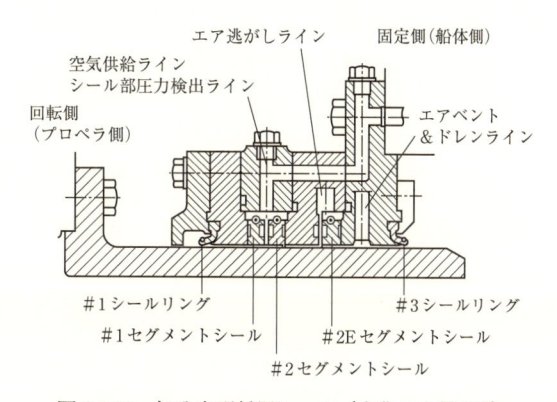

図 6.4.11 無公害型船尾シール〔出典：文献 95)〕

られ，耐食性を向上させるために亜鉛の犠牲陽極を取り付ける場合もある．さらに最近ではセラミック溶射ライナが開発され，ライナの耐摩耗性，シールの寿命向上が図られている[96]．ただし，海水中でのセラミック溶射材は腐食されやすく，母材，気孔率の小さい溶射法，封孔処理などの適正な組合せが必要である[97]．

上述の船尾シールは 10 l/日程度の油の漏れが避けがたく，油の漏れのない無公害の船尾シールが普及しつつある．このタイプのシール構造例を図 6.4.11 に示す[95]．カーボンあるいは樹脂製のセグメントシール間に第三の流体である空気を供給し，この空気を海水側と油側へ漏らし，油へ漏れた空気と油のドレンはドレンラインを通じて船内に回収する．このシステムでは海水と油の直接接触がないため，油の海水側への流出は完全に防止される．セグメントシールの代わりにリップシールを用いて，リップシール間に空気を供給する方式もある[98]．

さらに最近では空気の代わりに清水を供給するシールシステムも開発されている．この構造を図 6.4.12 に示す[99]．NBR 製の 2 本の端面シール間に海水圧より若干圧力の高い清水を定流量（約 0.3 l/min）供給する方式である．端面シールの相手リング材には銅合金が用いられる．清水の供給は船尾シールまわりの貝類の付着防止に対しても効果があると考えられる．

c. 海中歯車

海中での歯車装置の実用例はほとんどなく，要素研究例の報告がある[100]．海中暴露歯車では歯面の凝着，腐食，曲げ疲労の低下，貝類などの付着の問題が予想される．歯面の凝着や腐食に対しては表面処理としてリン酸クロム酸塩処理の下地の上に MoS_2 のベーキング処理が有効であることが報告されている．

歯の曲げ疲労強さの低下防止については亜鉛を犠牲陽極とした電気防食を施せば大気中の強度がほぼ確保できるといわれている[101]．ただし材種によってはばらつきがあり，モジュールの選定には十分な検討が必要である．なお，海水中ではないが，海水や飛沫がかかる歯車として，大型海洋構造物のラックピニオン式脚昇降装置がある．ラックピニオンの潤滑にはピッチを主成分とするちょう度の大きいグリースが用いられており，腐食と潤滑の両面より良好な作動がなされている[102]．

d. 水中ポンプ・水圧ポンプ

河川水汲上用立軸ポンプの例を図 6.4.13 に示す[97]．従来型立軸ポンプシステムでは主軸の軸受としてゴム軸受（相手軸スリーブは銅合金）が用いられている．潤滑剤として清水が用いられ，潤滑と同時に砂粒の侵入を防止している．無給水型立軸ポンプでは軸受にセラミックス（Si_3N_4），軸に WC 溶射の組合せとし，河川水そのもので潤滑し，砂による摩耗はセラミックスで防止している．このシステムでは清水供給系が不用となる．セラミックスの耐衝撃性の低さをカバーするためにセラミックスを金属製リテーナに焼ばめし，リテーナ外周を O リン

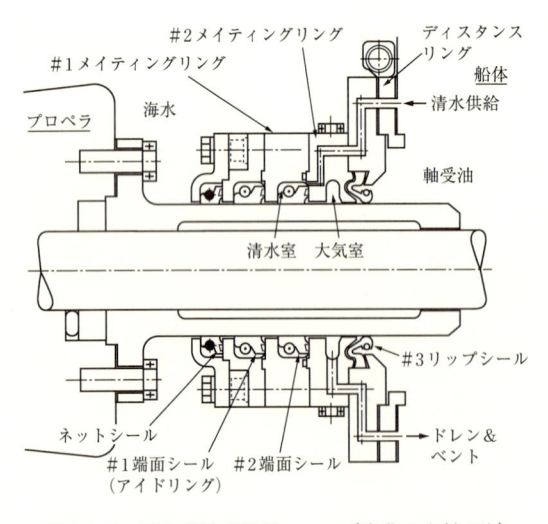

図 6.4.12　清水供給式船尾シール〔出典：文献 99）〕

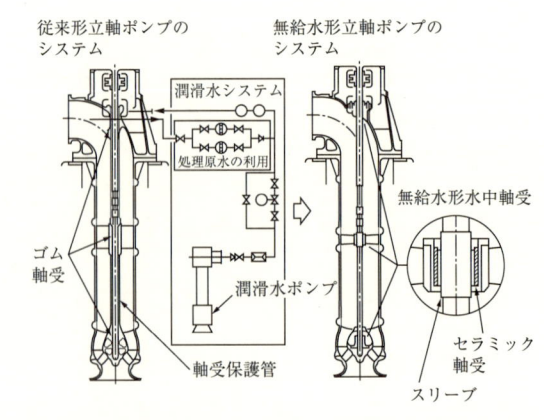

図 6.4.13　河川水汲上げ立軸ポンプ〔出典：文献 97）〕

グによる弾性支持とする構造的配慮がなされている．また同様に浜砂を大量に含む海水の揚水ポンプに，軸受として SiC 製すべり軸受，軸に WC 焼結スリーブを適用し，10 000 時間運転後摩耗は数十 μm 以下で，セラミックス軸受がスラリー環境下で優れた耐摩耗性を示すことが報告されている[103]．

文献

1) 坂本雅明：トライボロジスト, **36**, 9 (1991) 684.
2) 水野吉一・坂本雅昭：トライボロジスト, **37**, 9 (1992) 735.
3) 宮川行雄・関 勝美：航空宇宙技術研究所資料, TM-336 (1977).
4) 宮川行雄：潤滑, **28**, 5 (1983) 383.
5) 例えば竹林博明・唯根 勉・吉周武雄：トライボロジスト, **38**, 10 (1993) 935.
6) 竹林博明・増本雄治・井上浩一：日本潤滑学会第 33 期春季研究発表会予稿集 (1989) 233.
7) 水谷八郎：日本機械学会 RC 117 伝動装置の設計・製造における最適化に関する調査研究分科会研究成果報告書 (1995) 349.
8) 堀内克英：トライボロジスト, **37**, 6 (1992) 489.
9) 高橋秀和：トライボロジスト, **43**, 2 (1998) 131.
10) 塩見昌二・田上寛男・高橋秀和：トライボロジスト, **37**, 9 (1992) 749.
11) 沢本 毅：潤滑, **33**, 2 (1988) 116.
12) 花島 脩：日本航空宇宙学会誌, **25**, 285 (1977) 453.
13) 池本雄次：トライボロジスト, **35**, 9 (1990) 633.
14) 遠藤敏明：トライボロジスト, **37**, 9 (1992) 708.
15) STLE: Handbook of Lubrication & Tribology vol. 3, CRC Press (1984) 189.
16) B. Bhushan & B. K. Gupta: Handbook of Tribology, McGraw-Hill (1991) 1.4.
17) 小泉鎮男・藤田清志・北原時雄・吉岡武雄・今井哲郎：潤滑学会第 33 期春季研究発表会予稿集 (1989) 399.
18) 河村英男・北 英紀：トライボロジスト, **37**, 4 (1992) 327.
19) 例えば豊田 泰・吉岡武雄・梅田一徳・新関 心・兼子敏昭・板倉孝志：トライボロジスト, **41**, 2 (1996) 146.
20) 梅田一徳・榎本祐嗣・光井 彰・万波和夫：トライボロジスト, **40**, 2 (1995) 145.
21) M. B. Peterson, S. J. Calabrese, S. Z. Li & X. X. Jiang: Proc. of the International Symposium on Tribology, Beijing, China (1993) 336.
22) K. Umeda, Y. Enomoto & A. Tanaka: Proc. of the International Tribology Conference, Yokohama (1995) 1181.
23) 安倍 亘・塚本尚久・西村 允：トライボロジスト, **41**, 12 (1996) 1016.
24) 広中清一郎：トライボロジスト, **36**, 2 (1991) 99.
25) H. W. Scibbe: SAE Paper 680550 (1967).
26) NASA, SP-8048 (1971).
27) 宮川行雄：機械の研究, **23**, 4 (1971) 567.
28) 野坂正隆：潤滑, **32**, 10 (1987) 689.
29) 野坂正隆：潤滑, **32**, 12 (1987) 833.
30) NASA, SP-8121 (1978).
31) 野坂正隆・尾池 守：トライボロジスト, **35**, 4 (1990) 233.
32) 管 芳郎・鈴木利郎：日本機械学会誌, **80**, 706 (1977) 978.
33) 岩渕 明：日本機械学会第 70 期全国大会資料集 (Vol. F) (1992) 272.
34) E. E. Bisson & W. J. Anderson: NASA, SP-38 (1965) 289.
35) 野坂正隆・尾池 守・菊池正孝：低温工学, **31**, 10 (1996) 500.
36) D. W. Wisander: NASA, TN D-6613 (1971).
37) R. A. Burton, J. A. Russell & P. M. Ku: Wear, **5** (1962) 60.
38) 野坂正隆・尾池 守・菊池正孝：潤滑, **33**, 2 (1988) 90.
39) 野坂正隆：トライボロジスト, **36**, 9 (1991) 689.
40) 野坂正隆・菊池正孝・尾池 守：ターボ機械, **24**, 3 (1996) 150.
41) 宮川行雄・関 勝美：航技研資料, TM-229 (1972).
42) 菊池正孝・野坂正隆・川合信行・菊山裕久：トライボロジー会議予稿集（大阪）(1997) 489.
43) 野坂正隆・菊池正孝・川合信行・菊山裕久：トライボロジー会議予稿集（大阪）(1997) 492.
44) T. Barish: Lubr. Eng., **25**, 3 (1969) 110.
45) M. Nosaka, M. Oike, M. Kikuchi & T. Mayumi: Tribo. Trans., **40**, 1 (1997) 21.
46) R. W. Bursey, Jr., H. A. Chin, J. B. Olinger, J. L. Price, M. L. Tennant, L. C. Moore, R. L. Thom, J. D. Moore & D. E. Marty: AIAA 96-3101 (1996).
47) 菊池正孝・野坂正隆・尾池 守・川合信行：第 40 回宇宙科学技術連合講演会講演集 (1996) 411.
48) 鈴木峰男・野坂正隆・上條謙二郎・菊池正孝・森 雅裕：航技研報告, TR-710 (1982).
49) M. Oike, M. Nosaka, M. Kikuchi & S. Hasegawa: Proc. of the Inter. Tribo. Conf., Yokohama (1995) 1871.
50) M. Oike, R. Nagao, M. Nosaka, K. Kamijo & T. Jinnouchi: AIAA 95-3102 (1995).
51) 尾池 守・野坂正隆・菊池正孝・渡辺義明：トライボロジスト, **37**, 5 (1992) 389.
52) A. Iwabuchi, S. Iida, Y. Yoshino, T. Shimizu, M. Sugimoto, H. Nakajima & K. Yoshida: Cryogenic, **33**, 12 (1993) 1110.
53) A. Iwabuchi, H. Araki, Y. Yoshino, T. Shimizu, M. Sugimoto, K. Yoshida, T. Kashima & H. Inui: Cryogenic, **35**, 1 (1995) 35.
54) W. E. Schneider & J. A. Sasse: ASME Preprint, 73-WA/OCT-12 (1973).
55) 西岡石夫・長友邦泰・綱谷竜夫・佐木邦夫：三菱重工技報, **17**, 1 (1980) 1.
56) 佐木邦夫・山内一弘・西岡石夫・広松正人：潤滑, **33**, 2 (1988) 152.
57) 難波直愛・森鼻英征・中村悦夫・渡辺永彦：三菱重工技報, **27**, 2 (1990) 143.
58) 猪熊守彦：関西造船協会昭和 58 年春季講演会前刷集 (1983) 77.
59) 市来崎哲夫・堀 恵一：配管技術 '68, **10** (1986) 102.
60) 岩崎安宏・市来崎哲夫・堀 恵一・鴛海和彦：圧力技術, **26**, 1 (1988) 20.

61) L. E. Pope, L. L. Fehrenbacher, W. O. Winer (eds.): New Materials Approaches to Tribology: Theory and Applications, Part I: Engineering System Needs, Materials Research Society Symposium Proceedings, Vol. 104 (1989) pp. 3-34.
62) E. V. Zaretsky (ed.): Tribology for Aerospace Applications, STLE, Park Ridge, IL (1997).
63) 河野彰夫・三科博司・金釜雲厳：トライボロジー会議予稿集 (1994-5) 275.
64) K. Hiratsuka, T. Sasada & S. Norose: Proc. JSLE Intern. Trib. Conf. (1985) 159.
65) Y. Tamamoto & S. Gondo: Tribology Int., **20**, 6 (1987) 342.
66) 菊池正晃・佐藤 保・久里祐二・内田 猛：トライボロジー会議予稿集 (1996-10) 350.
67) 平塚健一：潤滑, **33**, 9 (1988) 671.
68) 平塚健一・斉藤秀朗・笹田 直：トライボロジスト, **34**, 6 (1989) 430.
69) M. K. Muju & A. Ghosh: Wear, **41** (1977) 103.
70) 熊谷一男・神谷 修：トライボロジスト, **34**, 7 (1989) 524.
71) 熊谷一男・神谷 修・川西大三：トライボロジスト, **42**, 5 (1997) 381.
72) 川村益彦：潤滑, **24**, 6 (1979) 331.
73) 日本潤滑学会：潤滑故障例とその対策, 養賢堂 (1988) 36, 44.
74) 竹内彰敏・佐藤光正・青木 弘：トライボロジー会議予稿集 (1991-5) 427.
75) 遠藤吉郎・福田嘉雄・高宮脩武：日本機械学会論文集, **37**, 296 (1971) 883.
76) 山本好夫：機械技術協会先端技術フォーラム, セラミックスのトライボロジー最前線, 資料 (1992-2) 24.
77) M. F. Morizur & S. S. Wang: Tribology Trans., **34**, 4 (1991) 497.
78) 片渕 正：潤滑, **24**, 6 (1979) 883.
79) Y. Yamamoto & F. Hirano: Wear, **66** (1987) 77.
80) 小野文慈・山本雄二：日本機械学会論文集 (C編), **57**, 540 (1995) 3749.
81) 竹内彰敏：トライボロジスト, **41**, 7 (1996) 580.
82) 松山晋作：トライボロジスト, **41**, 7 (1996) 546.
83) 河野彰夫：トライボロジスト, **33**, 2 (1988) 97.
84) R. Holm: Electric Contacts, Almqvist & Wiksells Akademiska Handbocker (1946) 229.
85) 長沢広樹・鈴木政治・遠藤良直：潤滑, **32**, 4 (1986) 268.
86) 石榑顕吉：日本原子力学会誌, **22**, 1 (1980) 9.
87) 有井 満・河合光雄・縄井武男：東芝レビュー, **34**, 10 (1979) 828.
88) 多田 薫：トライボロジスト, **37**, 7 (1992) 550.
89) 長尾博之・森川義武・中山康敬：東芝レビュー, **41**, 1 (1986) 52.
90) 多田 薫・藤原鉄雄・馬場隆男・河合光雄：日本原子力学会誌, **35**, 4 (1993) 321.
91) 久米 宏：日本舶用機関学会誌, **27**, 9 (1992) 638.
92) 吉川文隆：日本舶用機関学会誌, **27**, 9 (1992) 735.
93) 軸系研究委員会：日本舶用機関学会誌, **31**, 8 (1996) 520.
94) 原田幸夫・高橋 智・宮本文雄：日本舶用機関学会誌, **27**, 9 (1992) 723.
95) 塩見昌二：日本舶用機関学会誌, **27**, 9 (1992) 701.
96) P. Mielke・小林正典：日本舶用機関学会誌, **27**, 9 (1992) 720.
97) 朝鍋定生・佐木邦夫・松本 将・河野 広・石橋 進：三菱重工技報, **24**, 2 (1987) 132.
98) 桑原恒雄：日本舶用機関学会誌, **27**, 9 (1992) 714.
99) 塩見昌二：日本造船学会誌, **810**, (1996) 903.
100) 朝鍋定生・佐木邦夫・松本 将・諸星彰三：潤滑, **26**, 11 (1981) 741.
101) 日本機械学会, 腐食疲れに関する調査研究分科会：金属材料疲れ強さ設計資料 3, 環境効果 (1974).
102) 結城勝臣：三菱重工技報, **13**, 4 (1976) 95.
103) 紺野大介・湧川朝宏：潤滑, **33**, 2 (1988) 156.

第7章 案内要素・固定要素

7.1 案内要素

7.1.1 案内面

工作機械，半導体製造装置，精密測定器，ロボットなどの案内方式は，すべり案内方式と転がり案内方式に大別される．すべり案内方式には，動圧すべり案内面と静圧すべり案内面がある．動圧すべり案内面には静圧すべり案内面に近い構造をもつ半浮上案内面もある．また転がり案内方式には支持する転がり要素の形状がボールとローラのものがある．

7.1.2 動圧すべり案内面

高剛性や高減衰性が必要とされる案内部に多く採用されている案内方式である．すべり面に潤滑油を介在させ，走行時に形成される潤滑油膜を利用することで滑らかな送りが可能である．部品点数も少なく，比較的単純な機械構成をもつ．案内面の形状には，最も単純な平形の他に，V形，逆V形，ダブテール形（図7.1.1[1]），円形（バーガイド）などがある．またスライドの熱膨張の影響を避けるため，V-平形など複合形の案内方式を採用することも多い．

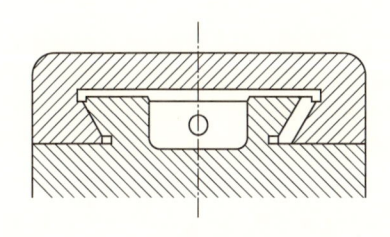

図7.1.1　ダブテール案内面の構造〔出典：文献1)〕

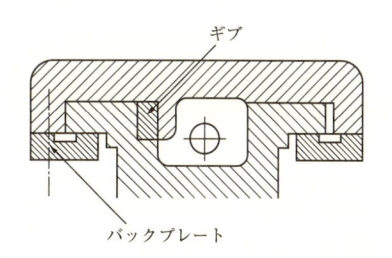

図7.1.2　ギブおよびバックプレートの配置〔出典：文献1)〕

すべり案内面では，すべり面以外の付属品も重要な役割を担っている．スライダの浮上がり防止用のバックプレート[1]や，ヨーイング防止用のギブなどである．

動圧すべり案内にとっては，動圧による浮上がり[2]はすべり面の潤滑性を確保するために重要な作用であるが，特に高速送りではスライダの上下方向の変位や傾きを招くため，精度に悪影響を及ぼす．そのため図7.1.2[1]に示すようなバックプレートによるスライダの拘束が必要となるが，送り抵抗や発熱量の増加が問題となる．またバックプレートのすきま調整もむずかしく，さらに発生する動圧はすべり面の形状により変化し，それに応じて浮上がり量も変わる[3]ため，機械の動作確認作業時に送りの最適化がされることも多い．

浮上がり量を低減させるには低粘度潤滑油の使用が有効[4]である．しかし低粘度潤滑油ではスティックスリップ[5]が発生しやすくなるため，摩擦調整剤等が配合されたしゅう動面専用油[6]を使用する必要がある．また，さらに積極的に潤滑油粘度の低減を図ったものとして，95％以上の水を含むHWBF (High Water Base Fluid) と呼ばれる高含水潤滑油[7]を潤滑剤とした案内面もある．

設計においてはすべり面の面圧が指針とされることが多く，通常は面圧0.1 MPa程度[8]，すべり速度が5 m/min以下で給油が良好なときで0.35 MPa以下[9]，また精密すべり面では0.03 MPa程度[10]である．

面圧を積極的に軽減する方式のすべり案内面としては半浮上案内面[11]がある．すべり面に設けたポケットにエア圧などを供給して面圧を軽減する方式の案内面であり，すべり面は浮上せず接触しているので，剛性や減衰性を保ったまま，摩擦抵抗の小さい送りを実現できる．さらに移動体の重量変化に対しても，常に摩擦力が一定となる制御をした半浮上案内面[11]もある．

すべり面は多くの使用条件では，混合潤滑状態[12]で接触しているため，すべり面材料の選定は重要である．従来，すべり面の材料には焼入れした鋳鉄や焼入鋼が使用されてきたが，摩擦係数の低いPTFE中に青銅粉を分散させた樹脂系の複合材

料[10]も多く使用され，送り力の低減やスティックスリップの防止に効果を示している．さらに潤滑剤に水または水溶性潤滑剤を使用した案内面では，水中で摩擦特性の良いセラミックス[13]やそのコーティング材料を採用するなどして，潤滑性と耐食性を向上させる試みもなされている．

すべり面の平面度，平行度を向上させるため，仕上げにはきさげ処理がなされることが多い．きさげは主に手作業で5μm程度の凹凸をすべり面に施したもので油溜りとしての機能をもつため，すべり面の潤滑性も改善する．

また潤滑性の向上のためにすべり面には油溝が設けられる．油溝は案内面幅程度の間隔で，すべり方向に直角に配置するのがよい[8]といわれている．また潤滑方法にもすべり面を油中に浸した浸入式潤滑法や間欠給油潤滑法，強制潤滑法，背圧潤滑法など[8]がある．

防塵対策は摩耗に対して重要である[14]ため，精密なものにはカバーが付けられ[15]，案内面が露出している場合にはダストシール，あるいは空気シールが付けられる．

7.1.3 静圧案内面

静圧軸受と同様に加圧した潤滑油を軸受すきまに強制的に供給し，流体潤滑膜を形成してスライダを支持する方式の案内面である．図7.1.3に示す片面支持方式[16]や，図7.1.4の静圧面同士が向かい合う両面対向方式[16]などがある．形状も平面型の他に，円筒型のものもある．作動流体としては鉱油や空気を利用する案内面があり，作動流体によって油静圧案内と空気静圧案内に分類される．

（1）油静圧案内面

油静圧案内面は油膜支持により流体潤滑域で使用されるため送り抵抗が小さく，スティックスリップのない高精度の送りが実現できる．また案内面の送り精度は最も高い[17]ため，高精度研削盤[18]や精密加工機に採用されることが多い．しかし潤滑装置の設置や潤滑油の回収のためにスペースが必要で，また高コストになりがちである．そのため機械の設置スペースに余裕があり，低速で大きな支持容量が必要とされる大型工作機械にも多く採用される．

軸受と同様に静圧案内面においても様々な絞り方式があり，代表的な毛細管絞りやオリフィス絞りの他に，表面絞り方式を採用してさらに高精度の送りを実現した表面絞り案内面[19]などがある．表面絞り案内は高剛性，高減衰性をもつ案内方式ではあるが，部品の加工，組付けに対する要求精度は高い．

また案内面の圧力検出用にダイヤフラム弁[20]やパイロットパッド[21]を取り付け，静圧面のクリアランス変化に応じて供給圧力を変えることで，高剛性を実現した自動調整静圧案内面もある．この方式ではワークテーブルのような負荷変動の大きい送り軸に対しても，高精度の送りを実現できる．

（2）空気静圧案内面

作動流体に空気を使用する静圧案内方式で，油を使用しないため汚損の心配がない．そのため電子情報機器や超精密加工機，超精密測定機器などのクリーンな環境で使用される機器に応用される．

高い剛性をもつが，軸受すきまが小さいため負荷容量は油静圧案内より小さく，高い部品精度が要求される．また作動空気の供給には，ほこりや結露よけのために管理基準の厳しいろ過設備や乾燥設備が設けられる．

空気静圧案内にも様々な絞り方式があり，油静圧案内と同様の毛細管絞りやオリフィス絞りに加え，軸受面に設けた多孔質材料中を通気させて絞りを発生させる方式の多孔質絞り方式がある．面支持により高い安定性を得ることができるが，多孔質材料の気孔率の管理がむずかしい．

7.1.4 転がり案内面

転がり案内方式はすべり案内方式に比較して摩擦抵抗が低く，その速度依存性も小さい．また静摩擦

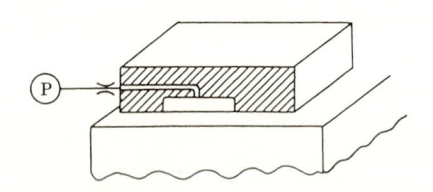

図7.1.3　片側支持静圧案内面〔出典：文献16〕

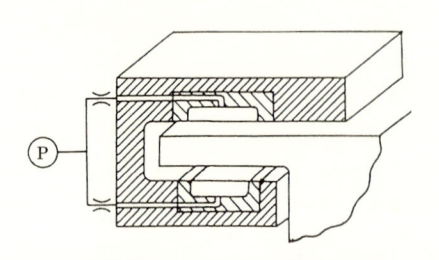

図7.1.4　両面対向静圧真線案内〔出典：文献16〕

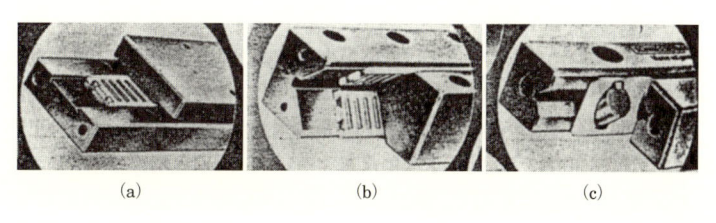

図 7.1.5　ケージアンドローラ〔出典：文献 25）〕

力と動摩擦力の差が小さく，スティックスリップやロストモーション[4]が発生しにくい．静圧案内のような大型の潤滑装置の回収経路が不必要で，コストも静圧案内より低く押さえることが可能である．

また転がり案内はすべり案内や静圧案内と異なり，転がり支持部のユニット化が容易である．そのため高精度のユニットが比較的安価で各社から販売されており，容易に採用できる．

転がり案内には，転動体が循環する形式と転動体がケージに保持されて循環しない形式がある．循環式には，ローラウェイベアリング[22]とリニアボールベアリング，またはボールブシュと呼ばれるものがあり，後者は低荷重で剛性を必要としない場合にしか使われない．非循環式のものはケージアンドローラと呼ばれ，図7.1.5(a)，(b)はフラットケージ，(c)はクロスローラと呼ばれる．なお転がり案内方式の形式については「A編3.1節」の表3.1.2の(13)〜(16)を参照頂きたい．

工作機械に使用する際には，転動体の移動による振動の発生と低減衰性が問題となる．減衰性の向上のために，補助的なすべり面を設けたり[23]，すべり面をもつ減衰パッド等により防振する工夫[24]などがされている．また，転動体がころの場合，ころ同士の間あるいはケージところの間にすきまがあるために，スキューが発生することがある．また寿命や剛性は回転運動内の転がり軸受とほぼ同様に求められる．

文　献

1) 益子正巳・伊藤　誼：工作機械，機械工学基礎講座，朝倉書店 (1969) 181.
2) 馬場善治：トライボロジスト, **35**, 9 (1990) 627.
3) 小西忠孝・打方佳郎：潤滑, **27**, 6 (1982) 446.
4) 橋本勝美：トライボロジスト, **38**, 2 (1993) 148.
5) 加藤　仁・山口勝美・松林恒雄：潤滑, **15**, 5 (1970) 245.
6) 星野通男：潤滑, **29**, 2 (1984) 91.
7) 岡田美津雄：潤滑, **32**, 8 (1987) 546.
8) 横川和彦・横川宗彦：機械と工具, **39**, 1 (1995) 106.
9) 日本機械学会編：機械工学便覧 (1968) 17〜141.
10) 杉本正司・佐藤賢弥：潤滑, **10**, 1 (1965) 63.
11) 古川勇二・水兼正博・塩崎　進・飯田博張・佐藤　真：精密機械, **47**, 2 (1981) 204.
12) 例えば後藤佳昭・富安　浩：金属表面技術, **16**, 3 (1965) 101；深見国興：潤滑, **24**, 8 (1979) 54.
13) 例えば H. Tomizawa & T. E. Fischer：ASLE Trans., **30** (1987) 40；T. Saito, Y. Imada & F. Honda：Wear, **205** (1997) 153.
14) 窪田雅男・三井武良男：日本機械学会誌, **66**, 538 (1963) 1582.
15) 例えば H. Neureuther：14th Int. MTDR Conf. (1974) 509.
16) 青山藤詞郎：静圧軸受, 工業調査会 (1990) 22.
17) 材田和彦・鈴木　弘：潤滑, **26**, 3 (1981) 195.
18) H. G. Rohs：Konstruction, **22**, 8 (1970) 821.
19) 工作機械技術振興財団：工作機械用静圧空気案内及び軸受システムのCAD, 工作機械技術振興財団 (1984).
20) 小野京右・広瀬伸一：ダイヤフラム形可変絞り静圧スラスト軸受の静特性, 潤滑, **30**, 9 (1985) 652.
21) J. K. Royle, R. B. Howarth & A. L. Caseley-Hayford：Applications of Automatic Control to Pressurized Oil Film Bearings, Proc. Instn. Mech. Engrs, **176**, 22 (1962) 532.
22) 青木三策・武富義次：潤滑, **19**, 9 (1974) 663.
23) 例えば G. Hagdu：Proc. 14th Int. MTDR Conf. (1974) 437.
24) J. G. M. Hallowes & R. Bell：Proc. 12th Int. MTDR Conf. (1972) 107.
25) 日本潤滑学会編：潤滑ハンドブック, 養賢堂 (1987).

7.2　締結ねじ

ねじの締付け作業によって目標とする締付け力を与え，締付け終了後は与えられた軸力を摩擦によって維持することが要求される．締付け後の応力状態が弾性限度内にある弾性域締付けと，塑性変形状態まで締付ける塑性域締付けがあり，締付け管理の方法としてトルク法と回転角法およびトルク勾配法がある[1]．

トルク法は目標とする締付け力を締付けトルクにより管理する方法で，トルクレンチ等の比較的簡便

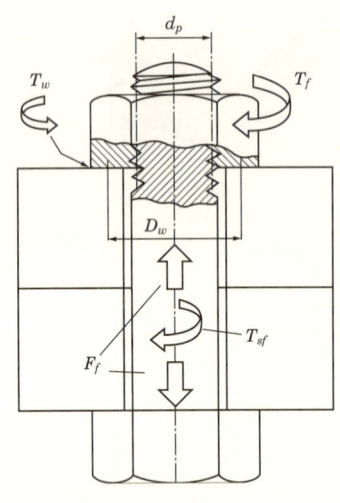

図 7.2.1 ねじ締結体モデル

図 7.2.2 締付け力と締付けトルクの関係（M 10 の場合，引用文献の単位系を SI に変換）
〔出典：文献 3〕

な工具によって実現でき，弾性域締付けに用いられる．図 7.2.1 のねじ締結体モデルにおいて，締付け力 F に対する締付けトルク T_f は，ねじ部締付けトルク T_{sf} と座面トルク T_w の和で与えられ，次式で表わされる[2]．

$$T_f = T_{sf} + T_w = \frac{F_f}{2}\{d_p(\tan\beta + \mu_s \sec\alpha') + \mu_w D_w\} \quad (7.2.1)$$

d_p はねじ部有効径，α' はフランク角（山直角断面上），β はリード角，μ_s はねじ面摩擦係数，μ_w は座面摩擦係数で，D_w は座面摩擦トルクの等価直径を意味する．またメートルねじのようにフランク角が 30 度の場合は，ねじの呼び径を d，ピッチを P とすると，T_f は式 (7.2.1) より次のように表わすことができる．

$$T_f = KF_f d$$
$$K = \frac{1}{2}\left(\frac{P}{\pi d} + 1.155\,\mu_s \frac{d_p}{d} + \mu_w \frac{D_w}{d}\right) \quad (7.2.2)$$

式 (7.2.2) の K を一般にトルク係数と呼ぶ．トルク法では式 (7.2.2) の F_f を目標値まで締め付けるための T_f を定める必要があるが，T_f の約 90% は摩擦の成分であり，摩擦係数 μ_s と μ_w の影響を大きく受けることになる．図 7.2.2 は M 10 の例で[3]，$\mu_{sw} = \mu_s = \mu_w$ の値を種々に与えた場合の F_f と T_f の関係である．締付けトルクは目標締付け力の上下限と摩擦係数のばらつきの範囲を考慮して決定され

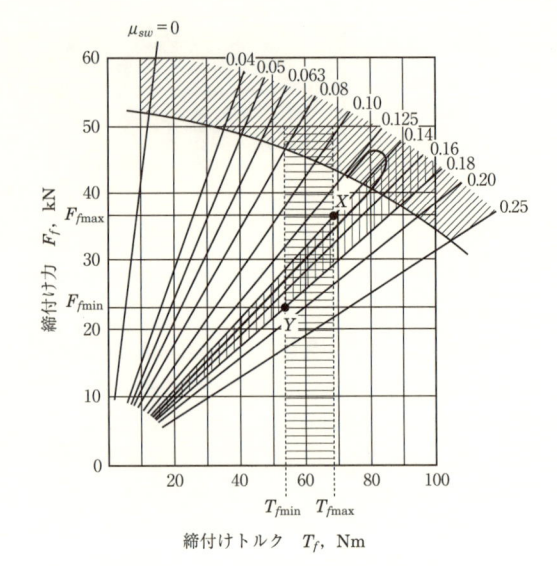

るが，摩擦係数の値としては，表 7.2.1 に示す日本ねじ研究協会による実験結果[4]や VDI の値[5]が参考にされる．トルク法では摩擦係数の見積もりが締付け管理の精度を決定することになるが，必ずしも摩擦は小さい必要はなく，むしろできるだけ摩擦のばらつきが小さい潤滑剤が望まれている．

回転角法は締付けの回転角によって締付け力を管理する方法で，主として塑性域の深くまで締め付ける場合に用いられる．一般に締付け回転角 θ_f に対して締付け力 F_f は図 7.2.3 のような経過をたどる[6]．締付けの初期段階において接触面が密着するまでの領域（スナグ領域）が存在するが，その後の弾性領域では F_f と回転角増分 θ_{fA} (°) の関係は次式で与えられる．

$$F_f = \frac{K_b K_c}{K_b + K_c} \cdot \frac{P}{360}\theta_{fA} \quad (7.2.3)$$

K_b, K_c はそれぞれボルト系の引張ばね定数と被締結部材系の圧縮ばね定数，P はピッチである．回転角法は摩擦の影響は受けないが，スナグ点の判定がポイントとなる．トルク勾配法は，図 7.2.3 に示すように締付け回転角 θ_f に対する締付け力 F_f と締付けトルク T_f の変化傾向が良く一致することを利用した方法で，降伏締付け軸力を締付け力の目標値

表 7.2.1 ねじ面摩擦係数 μ_s と座面摩擦係数 μ_w

潤滑剤	表面処理なし ボルト, ナット		亜鉛めっきクロメート処理 ボルト, ナット	
	μ_s	μ_w	μ_s	μ_w
60 スピンドル油	0.17〜0.20	0.16〜0.22	0.13〜0.17	0.15〜0.27
120 マシン油	0.14〜0.18	0.12〜0.23	0.11〜0.15	0.13〜0.19
防錆剤, NP-7	0.13〜0.15	0.13〜0.18	0.09〜0.13	0.12〜0.19
菜種油	0.12〜0.15	0.11〜0.18	0.08〜0.12	0.10〜0.22
カップグリース	0.13〜0.17	0.09〜0.22	0.11〜0.14	0.13〜0.21
MoS_2 ペースト	0.09〜0.12	0.04〜0.10	0.09〜0.11	0.09〜0.12
無潤滑	0.17〜0.25	0.15〜0.70	0.10〜0.18	0.17〜0.50

ボルト：M 10, 強度区分 8.8,
ナット：六角 2 種, 強度区分 8,
座面板：SCM 435, HRC 40,
締付け速度：$2\,\mathrm{min}^{-1}$

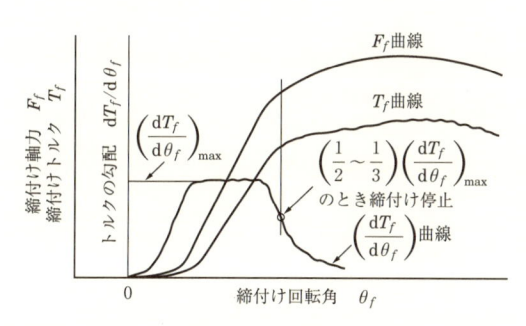

表面粗さ	表面処理なし	ねじ面	12.5 S
	亜鉛めっきクロメート	ねじ面	3.2 S
	表面処理なし	ねじ面	12.5 S
		座面	3.2 S
	亜鉛めっきクロメート	ねじ面	25 S
		座面	3.2 S
	熱処理後研削		0.4 S

図 7.2.3 締付け回転角に対する締付け軸力および締付けトルクの関係 〔出典：文献 6〕

とする．弾性限度を判定するために締付けの開始から θ_f と T_f を連続的に測定し，$(dT_f/d\theta_f)$ が急激に低下した時点で締付けを終了する．複雑な工具を必要とするが，締付け軸力のばらつきを少なくし，ボルトの能力を最大限に利用することができる．

締め付けられた締結体は種々の負荷状態にさらされることになるが，条件によっては初期締付け軸力が低下する緩みが発生することがある．ねじの緩みには戻り回転を伴わないもの（座面の陥没や永久変形等によるもの）と，戻り回転を伴うものがある[7]．図 7.2.1 の締結体を緩めるために必要なトルク T_l はねじ部緩めトルク T_{sl} と座面トルク T_w の和で与えられ，式(7.2.1)と同様に次式で表わされる．

$$T_l = T_{sl} + T_w$$
$$= \frac{F_f}{2}\{d_p(-\tan\beta + \mu_s \sec\alpha') + \mu_w D_w\}$$
(7.2.4)

式(7.2.4)の T_l が負となる条件ではねじの自立条件が破れて自ら緩むことになる．$\mu_s = \mu_w = \mu_{sw}$ として M 8〜M 16 のねじでこの条件を求めると $\mu_{sw} \leq 0.018$ となり，通常のねじ締結体ではこの条件が満たされるとは考えられず，緩みのメカニズムを説明するためには他のモデルが必要である．現在までのところ，軸まわり方向，軸直角方向および軸方向の繰返し外力により締結体と座面にすべりが生じた場合，式(7.2.1)および式(7.2.4)の T_{sf}, T_{sl} および T_w の間の大小関係がある条件を満たすと緩みが発生すると考えられている[8]．緩みを防止するためには，基本的には締付けの予張力を高め，また（グリップ長さ/呼び系）を大きくとってボルト系のばね定数を小さくするような設計とするが，種々の緩み止め機構や嫌気性接着剤による緩み止め製品も用いられている．

文　献

1) JIS B 1083, ねじの締付け通則 (1990).
2) 山本　晃：ねじ締結の原理と設計, 養賢堂 (1995) 30.
3) 山本　晃：ねじ締結の理論と計算, 養賢堂 (1979 第 9 版) 75.
4) ねじ締結ガイドブック（締結編, 改訂版), 日本ねじ研究協会 (1993) 35.
5) 丸山一男・賀勢晋司・沢　俊行訳：VDI 2230 (1986) 高強度ねじ締結の体系的計算法（円筒状一本ボルト締結), 日本ねじ研究協会 (1989 第 3 版) 94.
6) 吉本　勇編：ねじ締結体設計のポイント, 日本規格協会 (1992) 184.
7) 文献 6) の p.197.
8) 文献 6) の p.205.

7.3　ピ　ン

7.3.1　固定ピン

キーの代用や緩み止めなどに使用される止めピンと，組立のときに位置を正確に決めるために打たれる位置決めピンがある．止めピンは再使用することが少ないので，潤滑を考えることは少ない．位置決めピンは再使用されるので，かじり，摩耗，さび，

ごみのかみ込みなどが生じると精度に影響する．したがって潤滑を考える必要があるが，締結用ねじと同様に，すべり距離がわずかなために潤滑上のトラブルはほとんどなく，かじりとさび止めのために防錆油，グリースあるいは固体潤滑剤入りグリースが塗布される程度である．

7.3.2 可動ピン

ピンといっても，往復動のエンジン，圧縮機，プレス機などのクランク軸受に用いられるクランクピン，ピストンピンあるいは大口径ディーゼルエンジンに使用されるクロスヘッドピンなど，れっきとしたジャーナル軸受と呼べるものからチェーンのピンのように，単に板に穴をあけてピンを通した簡単なものまで千差万別である．また，割出し機構として使われるぜねば歯車の駆動ピンなど歯車の役割をするものもある．ピン軸受は軸受にブシュを使った簡単なものが普通であり，往復動エンジンの動弁系や歯車形削盤などに使われるロッカアームの支持ピンがその代表的なもので，揺動するものが多い．揺動運動する場合には，すべり速度が0になる点があるために混合潤滑状態になりやすく，また潤滑油が入れ換わりにくいので高速の場合には温度上昇が大きくなる．したがって，ダイカスト機のトグルジョイントピン軸受のように低速・高荷重の場合には，強制潤滑方式の採用あるいは極圧添加剤や固体潤滑の使用がなされる．また，高速で，冷却あるいは給油が困難な軽自動車エンジンのピストンピンや自在軸継手の十字ピンなどでは転がり軸受が使用される．

B. 材 料 編

序

　本編は，すべり面や転がり面に用いられる材料について述べる．材料単体の特性のみならず，相手材との組合せを重視して記述した点に特徴がある．

　1章では，摩擦・摩耗試験，トライボ要素試験，機械的性質試験など試験法，評価法に加えて，近年急速に普及し，結果の評価に際して有力な武器となっている表面分析について述べる．高速フーリエ変換赤外線分光分析，X線光電子分光分析など実績のある分析法を主体に，走査型プローブ顕微鏡のような用途が広がりつつある新しい機器分析も取り入れた．

　材料には，軟らかいゴムあるいは高分子材料から最も硬いダイヤモンドに至るまで，極めて多種類のものが用いられているが，主流は鉄鋼材料である．鉄鋼材料では高強度化が主要課題となっており，それには，従来行なわれてきた非金属介在物の低減のみならず，Ca添加による応力集中緩和[1]，結晶粒の成長抑制[2]，V添加による結晶粒の細微化[3] など多様な手法が試みられている．高分子材料では，複数のポリマーよりその長所を引き出そうとするポリマーアロイやポリマーブレンド[4]，これに潤滑油をブレンドして固体潤滑と流体潤滑を兼ね備えるタイプ[5] などが市場に現われはじめた．2章では機械要素別に，ファインセラミックス，複合材，傾斜機能材料など新素材をも視野に入れて，用いられる材料を詳述する．

　トライボロジー現象は表面近傍に留まり，バルクの材料特性は関与しないことが多い．これを逆手にとれば，バルク材料を経済的な入手しやすいものとし，表面のみに高機能をもたせることも考えられる．これを実現するには，表面改質法が鍵を握る．3章は，熱処理，溶融塩処理，めっきなど従来多用されてきた湿式手法に加えて，物理蒸着，化学蒸着など乾式の表面改質をも主題とする．

　21世紀のキーワードは省エネ，省資源の立場から，材料のリサイクル，再使用を徹底することが要求されるようになる．4章で材料のリサイクルを取り上げる．

文　献

1) 蟹沢秀雄・越智達郎・小安善郎：新日鐵技報，354 (1994) 43.
2) 紅林　豊・中村貞行：電気製鋼，**65**, 1 (1994) 67.
3) 石井伸行：熱処理，**30**, 5 (1990) 240.
4) 関口　勇・野呂瀬　進・似内昭夫：トライボマテリアル活用ノート，工業調査会 (1994) 106.
5) 松沢欽哉：トライボロジスト，**37**, 6 (1992) 455.

B編

第1章 試験法と評価法

1.1 概　要

　材料に固有な摩擦係数や摩耗率は存在しない．これらの二つの値は，固体と固体を摩耗することによって，結果としてはじめて生じるものである．すなわち，抵抗力としての摩擦と体積減少としての摩耗は，二つの固体を摩擦させている系（摩擦系）としての数ある応答の中の二つであり，材料の固有値ではない．

　摩擦係数と摩耗率は，一つの摩擦系の応答を力と体積（形状といってもよい）の面で捉え，数値化して表わしたものである．したがって摩擦系の構成内容が異なれば，摩擦係数と摩耗率は無限ともいえる範囲内で変化し得る．

　例えば，吸着膜のない清浄な表面を有する軟金属同士の超高真空中での摩擦係数は10を容易に超える．理由は接触面における強い凝着により十分なJunction-Growthが生じるからである．ナノニュートンオーダの微小荷重下のナノメータオーダの先端半径を有するピンのナノメータオーダの粗さの平面に対する空気中での摩擦係数は，容易に100～1 000を超える．理由は摩擦表面間に原子間力による引力と吸着水によるメニスカス力が働くからである．空気中の鉄同士のすべり摩擦における摩耗率は比摩耗量で約 10^{-4} mm³/N・m であるが，油潤滑状態では 10^{-9} mm³/N・m に下がり，真空中では 10^{-5} mm³/N・m に下がる．理由は潤滑下においては摩擦係数が小さくなり，表面における変形が小さくなることにあり，真空中においては逆に摩擦係数は非常に大きいが，摩耗粒子が摩擦面に強く凝着し外へ排除されないことにある．これらの例は，主として環境に依存して摩擦面に存在する吸着膜や潤滑膜の状態を変えることによって生じる桁違いの摩擦係数と摩耗率の変化の例である．

　一方で，表面に存在するそのような種々の膜の状態を一定に制御したとしても，わずかな片当たりや，接触する表面の端のわずかな形の違い（エッジの角度）などによっても，摩擦係数や摩耗率は数割から数倍の範囲で容易に変化する．理由は接触面がミクロン単位の微小かつ多数の突起の接触によって構成されており，わずかな片当たりや摩擦する物体の微小な振動が容易に突起の接触を消滅させたり発生させたり，突起の接触面における局所荷重を極端に大きくしたり小さくしたりするからである．

　摩擦・摩耗の試験においては，上記例の種々の因子をできるだけ注意深く制御できるか，一定に保てるものとする．その前提に立ったうえで，現実の機械や機器の摩擦要素に求められる要素の形状と運動形態を最も必須の要因と考えることにより，多くの摩擦・摩耗の試験法は作られている．

　すべり摩擦・摩耗，転がり摩擦・摩耗，転がり/すべり摩擦・摩耗，フレッチング，インパクトなどの名を冠した試験法は摩擦要素の運動形態を試験において注目すべき第一要因としたことを意味する．エロージョン，コロージョン試験は摩擦要素の一方が気泡であったり，粒子であったりと形も運動形態も特殊な場合である．すべり軸受，転がり軸受，歯車，シールと機械要素の名を冠した試験法は摩擦要素の形を試験において注目すべき第一要因としたことを意味する．塑性加工試験は，内容としては工具の形（それは加工物の形に直結している）を試験において注目すべき第一要因としたことを意味する．

　このようにして，各試験法において摩擦系を構成する各因子の中に摩擦要素の形と運動形態が決定され，系の環境因子やミクロな構造因子が制御されて後，摩擦・摩耗試験は行なわれることになる．すなわち摩擦係数と摩耗率が測定されることになる．このようにして得られたある試験法における摩擦係数と摩耗率は，一般に2通りの利用価値が期待される．

　一つは，その試験法によって種々の材料の摩擦摩耗試験を行ない，それぞれの材料の摩擦摩耗特性の差異を比較できると期待することである．もう一つは，その試験法により得られた摩擦係数と摩耗率が，その試験法と似た摩擦系を有する実機の摩擦係数と摩耗率に適用できると期待することである．

　最初の期待は多くの場合満たされ得る．異なる材料は一つの試験法において異なる摩擦係数と摩耗率を与えることが多い．そしてその差異が生じる原因を，材料の破壊靭性や硬さの差によってある程度説明できる場合もある．しかし，環境因子の影響などのために，それでは全く説明できない場合もある．

二番目の期待は，定量的には多くの場合裏切られる．それは多くの場合，試験機と実機の間の環境因子や摩擦などのミクロな構造因子が十分に一致していない場合が多く，先の例に示したように，それらの差異が摩擦係数や摩耗率を定量的に大きく変えてしまうからである．この事実は，影響度が大きいのにその役割が今もって十分に理解されておらず不注意に扱われてしまう因子が多々あることを示唆している．一方で，二番目の期待は定性的には満たされることが多い．それゆえにこそ，これらの試験法は実用機設計のために存続している．定性的とは，摩擦係数と摩耗率の荷重依存性，摩擦速度依存性，環境温度依存性などの依存性を知るためには，ということである．時に環境の湿度や圧力に対する依存性が求められることもある．そして実機において使用中に広い範囲で多様に変化することの多いのが，これら荷重，摩擦速度および環境温度である．

実機を模擬する試験における荷重，摩擦速度および環境温度は見掛け上同じ値であることは少ない．一般に試験機が実機よりもはるかに小さく，熱伝導環境も非常に異なる場合が多いからである．特殊な場合は逆に実機が非常に小さい場合もあり得る．いずれにせよ，実機と見掛け上異なる荷重，摩擦速度および環境温度のもとで試験が行なわれ，得られた摩擦係数と摩耗率が実機に適用され得るための必要条件は摩擦摩耗状態が物理化学的に両方の場合において同じであることである．

すなわち，摩擦面温度，摩耗面形態，摩耗粒子形態，摩擦振動形態などが実機と試験において同じであることである．そして領域の初期摩擦面および摩耗面のミクロな破壊靱性や硬さのような機械的材料特性値が同じであることである．このような確認をしつつ実機のための摩擦摩耗試験を行なえば，摩擦係数と摩耗率に対して得られた荷重，摩擦速度，および環境温度との関係は定性的に非常に利用価値の高いものであると同時に，定量的にも信頼性の高いものとなる．

1.2 摩擦・摩耗試験法，評価法

1.2.1 すべり摩擦・摩耗試験

摩擦摩耗現象は，さまざまな因子の影響を受ける複雑なものであり，それら全ての影響を試験できる万能試験法はない．したがって目的に応じて，好適な試験法を選ぶ必要がある．試験の目的には，（1）摩擦摩耗機構の解明，（2）実用的なしゅう動材料の選択，（3）コーティング膜や潤滑剤の摩擦摩耗抑制効果の評価，（4）実機の摩擦摩耗挙動のシミュレーション，などがある．（2）〜（4）のように実用的な試験データの取得を目的とする場合には，雰囲気，接触圧力，すべり速度などの試験条件が異なると，摩擦摩耗挙動が著しく異なる場合が多いため，試験機のみならず試験条件の選択にも注意が必要である．

（1）すべり摩擦・摩耗試験法の種類と特徴

すべり摩擦・摩耗試験機は，自作のものから市販されているものまで，実に多種多様である[1~5]．荷重の負荷方式一つとっても，重錘，エアシリンダ，ばね，油圧など種々のものが用いられる[6]．類似の試験法でもデータがばらつくことも多い[2~5]．国内外で規格化されている代表的なすべり摩耗試験法を表1.2.1[2]にまとめて示す．

ブロックオンリング摩耗試験は，リング試験片の外周に直方体のブロック試験片をその中心軸まわりに回転させてしゅう動させるものである．この試験法では，摩擦開始時には線接触であり，摩耗の進行に伴い見掛けの接触圧力が低下していくという特徴がある．試験片の取付け方によっては，片当たりが生じるので注意が必要である．

クロスシリンダ摩耗試験は，交差する2円筒のうち一方のみが回転し，これにもう一方の円筒を押し当ててしゅう動させるものである．この試験法では，摩擦初期には点接触であり，摩耗の進行に伴い見掛けの接触圧力が低下していくという特徴がある．試験片の取付けに多少の誤差があっても摩擦初期の接触状態に大きな変化がないのが特徴である．

ピンオンディスク摩耗試験は，ディスク試験片に，先端が平面の円柱状のピン試験片を，一定荷重のもとで垂直に接触させながら，ディスク試験片をその中心軸まわりに回転させてしゅう動させるものである．この試験法では，試験中の見掛けの接触圧力を一定に保つことができるという特徴がある．試験片の取付け方によっては，片当たりが生じるので注意が必要である．

なお，ピンオンディスク摩耗試験と類似の試験方法として，ピン試験片の代わりに先端が球面の丸棒ないしは球を用いたボールオンディスク摩耗試験法がある．この場合には，摩擦初期には点接触であり，摩耗の進行に伴い接触圧力が低下するという特

第1章 試験法と評価法

表 1.2.1 代表的なすべり摩耗試験法

〔出典:文献2〕

規格	ASTM G 77-93	ASTM G 83-90	ASTM G 99-90	JIS K 7218-1986	JIS R 1613-1993
試験機	ブロックオンリング型	クロスシリンダ型	ピンオンディスク型	A法,B法およびC法	ボールオンディスク型
試験概念図				A法 / B法 / C法	
対象	特に限定しない	特に限定しない	非アブレシブ摩耗	プラスチックス（相手材料は炭素鋼 S45Cが標準）	構造用ファインセラミックス（同一対）
試験条件	すべり距離のみ規定	荷重,速度,時間を規定（3条件）	特に規定せず	荷重,速度,距離,雰囲気を規定（複数条件）	荷重,速度,距離,雰囲気を規定
試験片形状など	規定	規定	範囲を規定	規定,状態調節あり	範囲を規定
試験機性能	付録に例を示すのみ	少しあり	少しあり	少しあり（附属書,検査方法）	少しあり
試験方法	詳細に規定	規定	規定	規定	規定
摩耗の測定方法	重量減と摩耗痕幅から	重量から	重量減または摩耗痕幅から	重量減から	重量減または摩耗痕幅から,おおび比摩耗量
摩耗量の表示	摩耗体積 (mm^3)	摩耗体積 (mm^3)	摩耗体積 (mm^3)	比摩耗量 ($mm^3/N \cdot km$)	摩耗体積 (m^3)(m^2/N)
摩擦係数の測定	規定あり	可能なら行なう	可能なら行なう	なし	規定あり
結果の整理	平均値,偏差係数	平均値,偏差係数	平均値,標準偏差	平均値,(標準偏差)	(算術平均)
試験条件の例	なし	あり	あり	なし	なし
試験結果の例	あり	あり	あり	なし	なし

徴がある．試験片の取付けに多少の誤差があっても摩擦初期の接触状態に大きな変化がないのが特徴である．

スラストシリンダ摩耗試験（表 1.2.1 の A 法）は，円筒状の試験片の端面に，同じ形状の円筒試験片の端面あるいは平板試験片を一定荷重のもとで垂直に接触させながら，円筒試験片をその中心まわりに回転させてしゅう動させるものである．この試験法では，試験中の見掛けの接触圧力を一定に保つことができ，またいずれの試験片のしゅう動面も常に相手面と接触を続けるという特徴がある．

以上の他にも，主として潤滑剤の評価のために行なわれる四球式摩擦摩耗試験（三つの固定球の上に回転する球を押し当ててしゅう動させるもの），ピンオンプレート型の往復すべり摩擦摩耗試験，回転円柱を 2 個の V ブロックで挟むタイプの摩擦摩耗試験，など様々なものがある．

マイクロトライボロジーの分野では，STM，AFM などを用いて微小荷重下の摩擦摩耗挙動の測定も行なわれる[7]．摩耗機構の解明を目的とする場合には，光学顕微鏡，電荷結合素子（CCD）顕微鏡，走査型電子顕微鏡（SEM）等により摩耗過程を直接連続的に観察・分析できる機能を備えた摩耗試験機も用いられる[8〜10]．さらに，摩耗による発塵特性を試験する場合には，摩耗粒子の粒径分布や発生数についても試験が行なわれる[11,12]．

（2）すべり摩擦・摩耗試験の留意事項

いずれのすべり摩擦・摩耗試験においても，摩擦面の各種汚染膜が摩擦摩耗挙動に大きな影響を与えることが多いので，試験前には試験片を十分に洗浄することが必要である．また，試験片の形状，取付け方によっては，初期摩耗の状況が大きく異なる場合もあるので，注意が必要である[13,14]．また，試験中に摩擦係数（摩擦力）の経時変化から，摩耗の挙動についての情報も得ることができる場合がある．摩擦係数の測定法には，ひずみゲージやロードセルを用いたものなど種々の方法がある[6,15]．ただし，摩擦係数の測定のために試験片保持部の剛性が低下すると，摩擦摩耗挙動自体に影響を及ぼすことがあるため注意が必要である．さらに，試験後のしゅう動面や摩耗粒子の観察や各種分析も，試験結果の解釈を助ける有用な情報をもたらすので，必要に応じて行なうとよい．

摩耗体積の測定の方法には，試験前後の質量変化を電子てんびんなどで測定し摩耗体積に換算する方法，摩耗痕の断面曲線から摩耗体積を求める方法などがある[16]．

（3）すべり摩擦・摩耗試験結果の報告

すべり摩擦・摩耗試験の結果は以下の項目について報告するのが望ましい．

(ⅰ) 試験片の材質（寸法，仕上げ方法，表面粗さ，硬さなどの機械的性質，熱処理条件など）
(ⅱ) 試験の方法・試験機の仕様（試験片の駆動方法，荷重方法，摩擦力の検出方法，雰囲気制御方法など）
(ⅲ) 試験条件（荷重，しゅう動円直径，ディスク回転速度，しゅう動速度，しゅう動距離など）
(ⅳ) 試験温度および湿度，ならびにそれらの変動範囲
(ⅴ) 各試験片の試験前の質量，寸法，ならびに密度
(ⅵ) 各試験片の質量減少または摩耗体積およびそれらから計算した摩耗率（単位すべり距離あたりの摩耗体積），比摩耗量（単位荷重・単位すべり距離あたりの摩耗体積）など
(ⅶ) 摩擦力を測定したときの摩擦係数
(ⅷ) 試験状況および試験後の試験片に関して特記すべき事項

1.2.2 転がり摩擦・摩耗試験
（1）転がり抵抗の発生機構と転がり摩擦係数[17,18]

理想的にいうと，転動体が 1 点で接触していれば転がり摩擦は限りなく 0 に近いが，実際には変形によって面で接触するので，それに伴う種々のエネルギー消散により転がり抵抗が発生する．その原因は大きく分けて，(a) 接触面における微小スリップに起因する摩擦，(b) 材料の非弾性的特性によるもの，(c) 転がり面の粗さによるもの，(d) 潤滑状態での油の粘性抵抗によるものである．

転がり抵抗はモーメントであるので，それを垂直荷重で除して長さのディメンションをもつ係数を用いる場合もあるが，一般には，転動体の回転半径でさらに割った転がり摩擦係数で表示することが多い．すなわち，転がり摩擦係数を λ とすると，

$$\lambda = \frac{M}{PR} = \frac{F}{P} = \frac{\dot{W}}{PV} \qquad (1.2.1)$$

ここで，M：転がり抵抗モーメント，P：垂直荷

重，R：回転半径，F：転がり抵抗に打ち克つために加えられる接線力，V：速度である．また，$\dot{W}$ は転がり抵抗によって単位時間あたりに消散されるエネルギーであるから，最後の項は単位長さあたりになされる仕事を荷重で除したものになる．一般に鉄鋼の場合，転がり摩擦係数は乾燥状態で 10^{-5}〜10^{-4} のオーダである．

a. 接触面の微小スリップによる摩擦

転がり接触面における微小スリップは，第一に接触体の弾性係数が異なる場合に生じる．この現象は 1875 年に Reynolds によって見出されていたものである[19]．β を両接触体の弾性係数の違いを表わす係数とし，a を円筒の場合のヘルツ接触半幅とすると，転がり摩擦係数の最大値は次式で近似される[17]．

$$\lambda = \frac{M}{PR} \fallingdotseq 1.5 \times 10^{-3} \beta (a/R) \quad (1.2.2)$$

一般の材料の組合せでは，β が 0.2 を超えることは希であるので，この原因による転がり抵抗は極めて小さいとされる．

微小スリップは，深溝玉軸受のように玉がその曲率半径に近い溝を転がる場合にも発生する．これは Heathcote slip といわれる差動すべりである[20]．この場合の転がり摩擦係数は次式で与えられる．

$$\lambda = \frac{M}{PR} = 0.08 \mu (b/R)^2 \quad (1.2.3)$$

ここで，R：転動体の半径，μ：すべり摩擦係数，$2b$：転がり方向に直角な接触だ円の径（長径）である．深溝玉軸受のように b が大きい場合には，これに起因する転がり抵抗が大きくなる[21]．

車輪とレールやトラクションドライブのように接触面で大きな接線力を伝達する場合には，それが転がり抵抗に比べて極めて大きいので，転がり摩擦係数という表現はあまり意味をもたないが，この場合でも微小すべりによりエネルギーを消散するので，$\lambda = \dot{W}/PV$ はトラクション係数の中での損失を評価していると考えればよく，円筒接触の場合，ξ をすべり率とすれば，$\dot{W}/V$ は $M\xi/R$ となる[17]．因みに，最大トラクション係数（鉄道では粘着係数）は最小の場合でも 10^{-2} のオーダである．

b. 材料の非弾性的特性による転がり抵抗

転動体の前方で接触圧が負荷され，後方で除荷される過程で，前方の圧縮でなされた仕事が完全には回復されず，すなわち，弾性ヒステリシスによってエネルギーが消散することが転がり抵抗の原因となる[22,23]．また，エラストマーでは粘弾性的取扱いがなされ，その場合の転がり摩擦係数は 10^{-3}〜10^{-2} のオーダである[24]．

さらに，転動体の接触表面下には最大せん断応力が発生し，金属の場合，その点が降伏点に達すれば転がりによって弾性―塑性―弾性という過程が繰り返され，塑性変形によってエネルギーが消散され，転がり抵抗が生じる[25]．

c. 転がり面の粗さによる抵抗

転がり面の粗さについては，まず第一に突起部の局部的塑性変形により，第二に転動体の中心が表面粗さによって上下運動することによって，転がり抵抗が発生するとされる．第一の原因による場合には，転がりが繰り返されると転がり抵抗が減少していくことが認められ[26,27]，後者の理由では，表面の突起同士の微小な衝突がエネルギー消散の原因として考えられ，そのため，転がり抵抗が高周波で変動する[28]．

d. 潤滑状態における油の粘性抵抗

転がり接触部に油が介在する場合の転がり摩擦は油の粘性抵抗によって発生し，高速になるほど大きくなる．転がり摩擦係数としては，10^{-3}〜10^{-2} のオーダとされる[29]．

（2）転がり摩擦・摩耗試験法[30〜32]

転がり摩耗といっても，本項で扱う微小すべり領域では摩耗は極めて少なく，1.2.3 項の転がり-すべり試験と同様の方法となり，さらに，転がり疲れによる表面損傷を含めると本書の他の部分と重複することになるので，ここでは，転がり摩擦試験法に焦点を絞って述べる．

転がり摩擦の測定方法としては，(a)傾斜法，(b)振り子法，(c)惰走法，(d)直接法に分類される．

a. 傾斜法

傾斜法は，起動転がり摩擦力を測定するために昔から用いられてきた方法で[19,33〜35]，図 1.2.1(a) に原理を示すように転動体が転がりはじめるときの角度から転がり摩擦力を求めるものである．接触面に自重以上の荷重を負荷したい場合には，図 1.2.1(b) のように 2 個以上の転動体の上に転走面を置き荷重を加える．

b. 振り子法

可動部を転がり接触とした弾性振り子〔図

(a) 自重〔出典：文献31〕

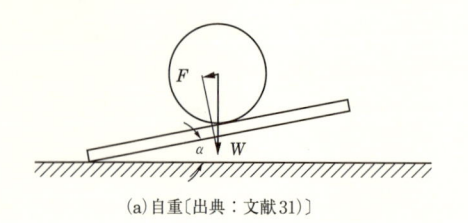

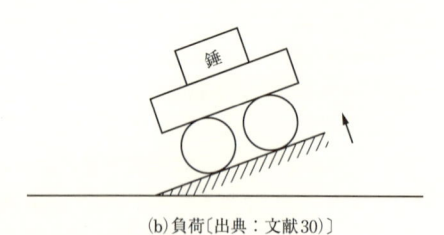

(b) 負荷〔出典：文献30〕

図1.2.1　傾斜法

1.2.2(a)〕と支点を転がり接触とした重力振り子〔図1.2.2(b)〕が用いられ，振動の減衰状態から転がり摩擦力あるいはモーメントを求めるものである．この方法では，転がり速度が常に変化する，振幅の両端で転がり方向が反転する，空気抵抗の影響を考慮する必要がある，また，重力振り子では荷重の大きさがわずかに変化するなど，欠点が多い．過去にはこの方法を用いて自由転がり摩擦に関する多くの研究結果が発表されているが[22,36~39]，最近はほとんど見られない．

c. 惰走法

動的転がり摩擦を測定するための一方法で，転動体に一定の初速度を与え，減速の状態から転がり摩擦力を測定する．鋼球を空気噴射で高速回転させ，空気を遮断した後の速度の変化を測定した沖野・佐々木の方法があるが[30]，一般的ではない．

d. 直接法

図1.2.3(a) のように転がり摩擦力を直接測定する方で[27,28,40]，鋼球を円板に挟んで回転トルクを検出する例〔図1.2.3(b)〕もある[24,41]．近年，検出器の高精度・高感度化とともに起動転がり摩擦力もこの方法によって求めることが多い．

一方，微小すべりを伴う接線力あるいはモーメントがトラクション係数という観点から，円筒形試験装置で測定される（図1.2.4）．この方法では，アムスラー式の二円筒形が最も多い[42~47]．すべりを円筒の直径差や歯数比で与える方法，両円筒を個別に駆動する方法，片側の円筒にブレーキをかける方法などを採用してトルクや接線力とすべり率の関係が求められる．さらに，三円筒形[48]や四円筒形[49,50]の装置もある．このような装置で自由転がり抵抗も原理的には測定可能であるが，試験片の工作精度や試験中の面の摩耗や塑性変形によってわずかな直径の差が生じるとともに，回転数の計測分解能の点か

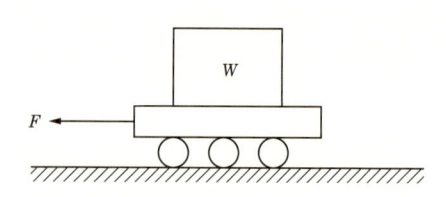

(a) 直線型〔出典：文献31〕

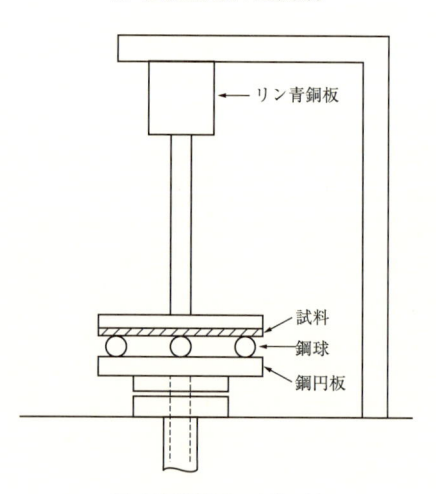

(b) 回転型〔出典：文献41〕

図1.2.3　直接法

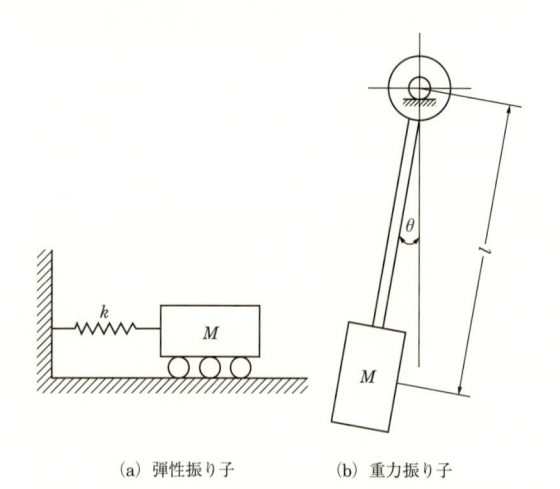

(a) 弾性振り子　　(b) 重力振り子

図1.2.2　振り子法〔出典：文献31〕

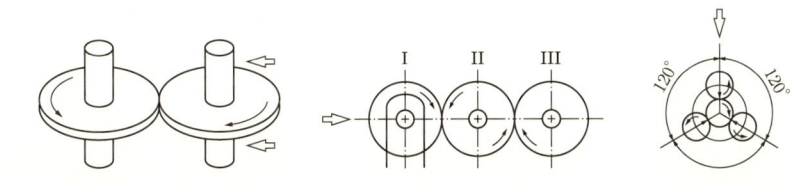

二円筒形〔出典：文献42～47〕　三円筒形〔出典：文献48〕　四円筒形〔出典：文献49,50〕

図1.2.4　円筒形試験装置の分類

ら，真のすべり率を0にすることは極めてむずかしい．そのため，得られた測定値を分析して純転がり抵抗を分離することも試みられている[51]．

1.2.3　転がりすべり摩擦・摩耗試験

転がり摩擦は，転がり運動をする二つの曲面間の微小すべりの発生に伴って生じることを1.2.2項で述べたが，本項ではそのすべりが巨視的なすべりに及ぶ場合について，特に二円筒試験を対象に述べる．転がり/すべり摩擦の力学については本書設計編において触れられているので，ここでは摩擦・摩耗試験の実際について，特に比較的大きなすべりを用いる歯車，車輪/レール，トラクションドライブに関する二円筒試験について述べる．なお，試験法自体は，1.2.2項の図1.2.4に示されているものと基本的には同じで，これ以外の事例がいくつか文献[52]にも紹介されているので参考にされたい．

（1）歯　車

歯車の研究に二円筒試験を採用する得失についてはさまざまな論点[53]があるが，Wayの先駆的な研究[54]をはじめ数多くの人達によって1.2.2項の図1.2.4に示すアムスラー型の二円筒試験[55]が歯車損傷に関する研究のために用いられてきた．本書設計編には，ピッチング[56]，スポーリング[57]など，転がり疲れ発生機構についての詳細な解説があるので，転がり疲れを目的とした円筒試験についてはそちらに譲る．スコーリング（スカッフィング）[58]も歯車設計にとって重要な課題である．このためのさまざまな研究，すなわち焼付きに及ぼす炭素鋼組織[59]，金属組織[60]，潤滑油[61]，粗さの突起間干渉[62]，表面処理と材質[63]などの影響ならびに二円筒試験における焼付き機構[64]，などに関する研究が二円筒試験によって実施されてきた．スコーリングはすべり速度が大きいかみあいの始めと終わりに発生しやすく，このため二円筒試験では数十％程度の，また場合によっては数百％の大きなすべり率（多くの場合，低速側円筒の周速度に対するすべり速度の比）を用い，さらに過酷なすべりを考慮して，純すべり[65]や逆方向転がりすべり[66]の二円筒試験も行なわれている．試験は，一般の焼付き試験で行なわれているように，回転速度をある値に維持したまま一定時間あるいは一定距離ごとの試験を荷重を漸増させつつ続け，トルクあるいは摩擦面温度が急激に増加した時点を以ってスコーリングの発生とする．運転中は，接触温度計，埋込み式の熱電対などによる摩擦面温度の測定や電気抵抗法による油膜状態の監視を行なう．各荷重段階で，試験片表面の硬さ，粗さ，（比）摩耗量ならびに摩擦面状態などの測定・観察を行なう．リップリングと称する，歯面の塑性変形に伴って生じる損傷[67]の発生に関する研究も二円筒転がり/すべり試験により実施されている[68]．

（2）車輪/レール

車輪フランジとレールゲージコーナの接触[69]の摩耗試験が，アムスラー型の二円筒試験[55]を用いて古くから行なわれている[70~72]．試験はおおむね，ほぼ乾燥条件のもとで，すべりは両試験片の直径比や歯車比などの組合せにより，計算上車輪，レール間に発生すると考えられる[69]，数％から数十％の大きさのすべり率（車輪，レールともそれぞれ相手側試験片円筒の周速度から見たすべり速度の比）を与えるが，荷重は通例，本試験条件の過酷さゆえに，計算上得られるヘルツ圧力よりも小さな値を用い，両軸駆動方式のもとで行なわれる．最近では，主に材料，熱処理・表面処理，硬さ，粗さなどの組合せならびに雰囲気，潤滑剤などの因子をさまざま変え，摩耗改善の観点からレール鋼[73,74]や車輪鋼[75]の摩耗特性，両者の最適材質の組合せ[76]ならびに最適潤滑剤[77]などの研究が行なわれている．試験結果は，摩擦面の形態や金属組織，粗さ，形状なら

びに硬さ変化などの手法を用いた摩耗機構の分析を補助的手段として用いつつ，主として車輪，レールそれぞれのまたは両者を併せた，所定回転数後の摩耗量により評価される．また，車輪フラットと称する，車輪制動時に生じる滑りきずの再現実験のために，ブレーキを用い純すべりを含む大きなすべり率の下での二円筒試験が行なわれている[78]．

（3）トラクションドライブ

自動車無段変速機用に開発[79]が進められたトラクションドライブは，速度差をもつ金属回転体同士の接触面にEHL流体膜を形成させ，転がりすべり下の流体膜のせん断抵抗を利用して回転トルクを伝達する．トラクション油の挙動ならびに性能[80~85]をはじめさまざまな観点[86]からトラクション伝達の基礎的特性を把握するために，アムスラー型の二円筒試験[55]ならびに1.2.2項の図1.2.4に示す，小さな摩擦力を正確に測定するために試験片支持軸受の摩擦を排除するように工夫された四円筒試験[87]が使用されている．これらの試験で用いられているすべり率（駆動側円筒の周速度，または両円筒の平均周速度に対するすべり速度比）を見ると，すべり率とともにトラクションが直線的に増加していくクリープ領域から，実機の運転目標となるトラクションの最大値を経て再びトラクションが低下していく，いわゆる熱領域と呼ばれ巨視すべりが伴う大きさまでが対象にされている．円筒試験片には，いずれとも十分に研磨加工された浸炭鋼や軸受鋼などの高硬度材料が用いられ，高速回転ならびに高い面圧の下，油温の制御ならびに電気抵抗法により油膜形成を監視しながら，トラクション油種，試験片の粗さ（膜厚比 Λ）・接触形状ならびに材質などによるトラクション特性に関する基礎試験が実施されている．トラクションドライブでは，伝達要素の摩耗特性の改善も課題である．上記の同筒試験片については，膜厚比 Λ に着目しながら，比摩耗量[80]，表面粗さの変化[81]，表面仕上げ法と損傷の発生[88]，加工目の変化[89]などの観点から摩耗状態の観察が行なわれている．

1.2.4 フレッチング試験
（1）フレッチングの特徴

フレッチングは接触する二つの固体間で微小な相対すべりを繰り返し受けたときの表面損傷を意味し，機械の外的な振動により生じる[90]．損傷にはその形態から大きくフレッチング摩耗とフレッチング疲労とがある．前者は軸などの圧入部や軸受の軌道面と転動体の間などで顕著であるが，接触面間の熱膨張‐熱収縮の繰返しなどでも生じる．後者は繰返し応力に接触面で接線力が付加した状態であり，通常の平滑材の疲労強度よりも低下する．ここでは主としてフレッチング摩耗について述べる．

フレッチング摩耗はその定義から振幅の大きさが最も重要であり，摩耗粒子の接触面間での挙動が摩耗を支配する．通常の往復すべり摩耗との境界は摩耗率の変化から捉えられ，それは100 μm 以下と考えられている[91]．100 μm 以下になると摩耗率は急激に減少する．したがってフレッチング摩耗試験では微小な振幅をいかに制御するかが問題となる．

フレッチング摩耗に影響を与える因子は，繰返し数，荷重，すべり速度（繰返し速度），振幅などの機械的条件，材料と相手材料，表面粗さ，硬さなどの材料特性，温度，湿度，雰囲気ガスの種類とその雰囲気圧力，溶液や潤滑剤などの環境条件などである．

（2）試験機および試験方法

フレッチング摩耗試験機は通常変位（回転角度）制御形の試験機であり，往復すべりを与える駆動機構，負荷機構，計測制御システムから構成され，さらに環境条件（高温・溶液・真空）を満たす設備がそれぞれ付加される．

往復すべりには直線往復すべり[92,93]と回転往復すべり[94,95]がある．直線往復運動はモータの回転運動を偏心機構（リンク機構）[92]を用いて得る．またその振幅が大きいときには，レバー機構や片持ちはりの弾性変形[93]を用いて減少させる．繰返し速度を変化させるときには可変モータが使われる．その他の駆動方法としては電磁加振機[96]や，回転円板の不釣合い[97]，油圧[98]，圧電素子[99]を用いて往復運動を得る．回転往復運動もステッピングモータで直接往復運動を与えたり，モータと偏心機構[94]あるいは電磁加振機[95]を用いて得る．

往復直線運動では接触面での相対すべり振幅は，後述の全すべり領域では一様となるが，往復回転運動では回転軸からの半径により接触面内で変化する．

負荷装置はデッドウェイト方式やレバー方式で試験片に負荷する方法が一般的であるが，ばね力[98]，圧電素子[99]などで負荷することもある．

計測は荷重，摩擦力，すべり変位に対して行なわれる．デッドウェイト方式以外の負荷機構などではロードセルを組み込む必要がある．ばね力で負荷する場合には摩耗が進行するに従って荷重が変化するので，荷重の制御機構が必要となる．摩擦力はひずみゲージを貼ったばねなどのロードセルを，駆動軸または試験片ホルダ部に装着して測定する．変位は変位計を用いて計測するが，すべり振幅の制御機構をもたない装置では，摩擦力の変動に伴いロードセルのコンプライアンスによりその振幅が変化する．また変位計は，試験片ホルダなどの弾性変形を避けるために，試験片間の相対変位を直接測定できる位置に取り付ける必要がある．

環境の制御のためにはセンサとコントローラ（温度[96,100]，湿度[101]，雰囲気圧力[102]など）が必要である．

記録は記録計（アナログまたはデジタル）で行なうが，最近ではA/D変換器とPCを用いた計測制御技術が用いられるようになってきた[93,99]．その場合サンプリング時間を十分小さくする必要がある．摩擦力に対しては少なくとも1サイクルあたり50点以上は必要であろう．

試験片の接触形態にはピン（ボール）-ディスク形[93]や円筒交叉形[92]の点接触，円筒-平面形の線接触[98]，平面-平面形の面接触[98,103]があるが，点接触や面接触の形態で広く行なわれている．これは接触理論[104]で応力状態や接触面の大きさが解析しやすいためである．面接触の応力状態，すべり領域やその大きさは有限要素法[105]で解析される．実験的には試験片のセッティングが点接触で最も簡単であるが，面接触や線接触では片当たりを避ける工夫が必要となる．

(3) 試験の評価

フレッチング摩耗においては摩耗量を評価するが，繰返し数が大きくても総すべり距離が小さいので絶対的な摩耗量は小さく，材料の質量損失として摩耗量を評価することはむずかしい．通常は表面粗さ計で摩耗痕をトレースして損失体積を求める[99]．摩耗痕をすべり方向に直角に数箇所断面トレースをとり平均深さを求めたり，三次元測定をして，その損失領域の積分値から摩耗体積を求める．誤差が大きくなるが，摩耗痕の直径を測り，試験片の幾何学的な形状を考慮して評価する方法[92,93]もある．簡便的には摩耗痕の投影面積[106]や摩耗痕幅，摩耗痕深さ[98]で評価する場合もある．また摩耗条件の異なる場合の比較として摩耗量を摩耗率あるいは比摩耗量で表わす．

ここで留意すべき点は，フレッチング摩耗では振幅の大きさにより損傷形態が異なるということである．振幅の大きさあるいは接線力の大きさと損傷の形態により，(1)固着-すべり域，(2)混合域，(3)全すべり域に区別される[107]．この領域は荷重と振幅に依存する．(1)の領域はミンドリン(Mindlin)のモデル[104]に対応し，接線力が摩擦力よりも小さい領域に相当し，接触面の外側でのみ微小なすべりが発生する．その結果，点接触ではリング上の摩耗痕となる．この場合の摩耗損傷は粗さ計のトレースでも上手く検出できない．そのときにはSEMを用いた観察が必要である．(2)の領域では摩耗痕内部には大きな塑性変形やき裂が発生し，粗さ計のトレースでも可能ではあるが，SEMによる観察が適している．この(1)と(2)の領域では摩耗量の正確な算出はむずかしい．一方，(3)の領域は通常の摩耗が進行し，粗さ計のトレースによる摩耗量評価が有効である．

フレッチング摩耗の特性は，フレッチングコロージョンと呼ばれるように，酸化物の生成が顕著であることである．しかし，酸化摩耗粒子の作用は，それが接触界面ですべりとともに動き回るとき（遊離摩耗粒子）にはアブレシブ作用が起き，塊として層（「緻密化された酸化物層」と呼ぶ）を形成すると摩耗を抑制する作用をする[108]ように異なる．

摩擦特性は接触界面での接触状態や酸化物層の形成などに依存する．金属のフレッチング摩耗のプロセスと摩擦特性は大まかには(1)表面の既存の酸化物のはく離と金属接触の確率の増加による摩擦係数の増加，(2)酸化物粒子の生成に伴う摩擦係数の減少，(3)摩耗の進行による酸化物粒子層の形成と破壊の定常化による摩擦係数の増加から定常値への推移の3段階に分けることができる[109]．この推移は摩擦力を測定するほかに，接触電気抵抗の変化[108,110]からも推察できる．また，摩擦係数はコーティング膜の破断（摩耗寿命）を評価する[99]こともできる．ただし，測定された摩擦力から摩擦係数を求める際には最大摩擦係数か平均摩擦係数かを区別する必要がある．

またフレッチング試験はその目的によっては，摩耗量以外のパラメータで評価をする．電気接点のフ

レッチングでは接触電気抵抗の評価[111]が行なわれる．

フレッチング摩耗痕や摩耗粒子の分析もその機構解析には必要である．形態を観察するにはSEMや表面粗さ計が有効であり，酸化物などの生成状態を調べるための化学的な分析にはEPMA，XPSなどが用いられる．

1.2.5 インパクト（衝撃摩耗）試験

衝撃摩耗は，固体表面間の繰返し衝突によって材料表面に生じる損傷で，表面同士が高速で繰り返したたき合うカム，歯車の歯面や圧縮機の弁などの機械要素あるいはプリンタの部品などで問題になる．

図1.2.5に代表的な衝撃摩耗試験装置の概略を示す[112]．上部試験片（球）が一定の高さから自由落下し，ホルダに固定されている下部試験片に衝突し，同一箇所が連続的に衝撃エネルギーを受け損傷する．図1.2.5(a)では衝撃荷重が下部試験片に垂直に作用し，図1.2.5(b)ではある傾斜角度で作用する．いずれの装置でも，上部試験片が跳ね返りによって再び下部試験片に接触する二度打ちを避けるように工夫されている．また，打撃荷重を負荷するときに，下部平板試験片を回転させるとすべりを伴う衝撃摩耗試験ができる[113]．衝撃エネルギーは重錘またはばねによって，すべり速度は平板試験片の回転数によって変える．試験は，大気中乾燥下と油潤滑下で行なわれる．

摩耗量は一般に小さいので，てんびんによる質量減少量の測定は困難であることが多く，試験前後の試験片表面の形状を表面粗さ計で測定し，損失領域の積分値から摩耗体積を求める．また，通常繰返し衝撃荷重によって表面に圧痕が発生するので，圧痕の直径や深さで摩耗量を表示する場合もある．摩耗進行過程や摩耗機構を検討する場合は，圧痕の発生およびその後の摩耗粉と亀裂の発生の観察，さらに電気抵抗法による衝撃時の接触時間や圧電素子を用いた衝撃力の計測などを行なう．

衝撃荷重の繰返しに伴い試料表面に圧痕が生じ成長する様子の一例を図1.2.6に示す[114]．1回の打撃で圧痕が形成され，圧痕はまず塑性的に成長する．その後圧痕の凹面と鋼球表面との間のほぼ弾性的な繰返し接触によって凹面底部に割れを生じ，金属薄片がはく離することによって再び成長をはじめる．圧痕の再成長は衝撃圧縮によるものであり，そのときの繰返し回数を疲労の開始点とみなして，摩耗特性の評価尺度に用いる．この繰返し数は，衝撃速度，加えられるエネルギー，衝撃体の大きさなどに依存するが，エネルギーが同じである場合では衝撃速度よりも衝撃体の質量に支配される．

1.2.6 エロージョン試験

エロージョンは，流体（液体または気体）に硬い固体粒子が含まれているとき，この流体と相対的な運動をする固体表面が損傷される現象，また流体，混相流（気体-固体，液体-固体，気体-液体），液

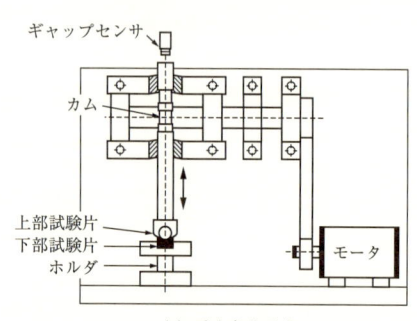

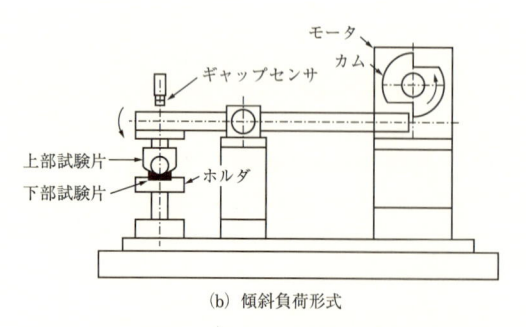

図1.2.5 衝撃摩耗試験装置〔出典：文献113)〕

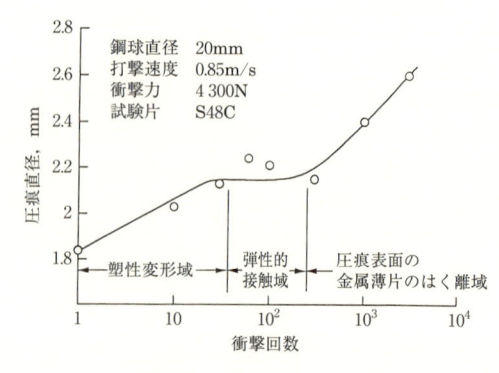

図1.2.6 衝撃摩耗の進行曲線〔出典：文献114)〕

滴，固体粒子が材料に繰返し衝突することにより，衝撃的な外力を受けた材料表面が損傷を受けその一部が脱離する現象である．気体中の固体粒子による損傷（サンドエロージョン）と液体中の固体粒子による損傷（スラリーエロージョン）は，種々の因子に影響される．衝突する粒子に関する因子（材質，形状，粒径，粒径分布，硬さ，破砕強度等），粒子の衝突に関する因子（衝突速度，衝突角度，粒子濃度，回転運動の有無等），衝突される材料の物性に関する因子（金属・非金属の別，機械的性質（硬さ，粒子との硬さ比，破壊靭性値など），結晶組織と結晶粒径，比熱等）である．さらにスラリーエロージョンでは，液体の粘性と腐食性が関与するが，液の腐食性が小さい場合は，サンドエロージョンと同じ機構と考えてよい．

エロージョン量は，通常衝突粒子の単位質量あたりまたは単位試験時間あたりの材料の質量（体積）減少量や損傷深さで評価するが，衝突する粒子の単位個数あたりのエロージョン量を求めて評価する場合もある．固体粒子の衝突角度によってエロージョンの機構は異なる．一般に，衝突角度が直角に近い条件では変形や割れが支配的であり，30°付近の低い衝突角度では切削が支配的な因子となる．そのため，最大エロージョン量は，金属のような延性材料では衝突角度20〜30°，セラミックスのような脆性材料では90°近くで生じる．したがって，材料間の耐エロージョン性を比較する場合，衝突角度が非常に重要になる．また，一定試験条件下におけるエロージョン量のばらつきは，衝突速度の誤差に最も依存する．

サンド（スラリー）エロージョン試験の概略を図1.2.7に示す．噴流法，流動法，遠心加速法，回転アーム法，かくはん法がある[115]．

図1.2.7(a)の噴流法では，ホッパ内の固体粒子を空気（液体）の噴流により管内で加速してノズルから噴射し，ある距離隔てて設置した試験片に粒子群として衝突させる．衝突速度は通常10〜100 m/sである．重要な試験条件である衝突速度，衝突角度，粒子濃度等を制御できるので，損傷機構の解明に適している．また，この方法を単純化して粒子を自然落下させ試験片に衝突させる方法は，塗装，めっき層などの耐摩耗性の評価試験に用いられていて，JIS A 1452，JIS H 8682，ASTM D 658，ASTM D 673等に一部規格化されている．同図(b)

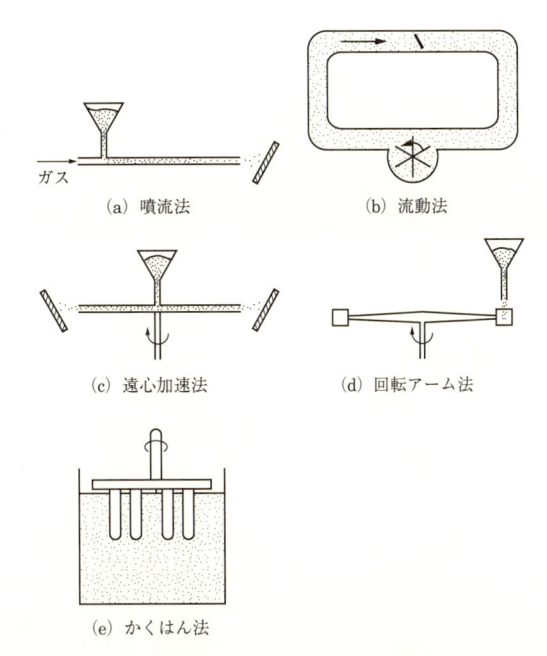

図1.2.7 エロージョン試験の概略

の流動法は，実働の機械とほぼ同じ流動状態下で試験を行なう方法である．試験装置の規模は大きくなるが，得られる結果は機械の設計やエロージョン対策などに直ちに役立つ．図(c)の遠心加速法では，空中または真空中で，円運動により固体粒子群を連続流れにし，これを試験槽の周囲に設置した試験片に衝突させる．一度に20個以上の試験片を用いて比較試験ができる点に特長がある．図(d)の回転アーム法では，回転アーム先端に取り付けた試験片をゆっくり落下する固体粒子群に対して高速で回転させ粒子と衝突させる．一般に真空中で行なう．図(e)のかくはん法は，回転アーム法と同じ原理の試験法で，棒状の試験片を固体粒子浴中で回転させる．試験装置の構造は簡単であるが，粒子の衝突速度や衝突角度等の影響を正確に評価できないので，材料の大まかなスクリーニングに用いるのがよい．

いずれの試験方法でも，固体粒子の形状は試験片との衝突によって変化することがあるので，粒子を繰返し衝突させる場合は注意を要する．また，固体粒子濃度が大きくなると，粒子同士の干渉や粒子の試験面に衝突後のリバウンドを考慮する必要がある．

キャビテーションエロージョン（キャビテーション壊食）は，液体の圧力が蒸気圧以下に低下すると

キャビテーション気泡が発生するが，圧力が再び蒸気圧以上に回復すると気泡が崩壊し，そのとき発生する衝撃圧力によって材料表面が損傷される現象である．船のプロペラ，水車，ポンプだけでなく，ジャーナル軸受やスラスト軸受でも負圧部にキャビテーションが発生し，油膜圧力の回復する位置にエロージョンが発生する．

キャビテーションエロージョン試験法としては，ベンチュリー管法，ジェット法，回転同板法，磁歪振動法などがある[116]．磁気振動法は，超音波振動を利用した最も一般的な加速試験法であるが，すべり軸受材料のエロージョン試験では，磁歪振動面に近接して試験片を静置する対向二面型の加速試験の方がより適切な結果を与える[117,118]．

1.2.7 コロージョン（腐食）試験

腐食試験法は大別すると，浸漬試験法と電気化学的試験法がある．前者では，表面観察，質量損失や腐食深さなどの測定を行なう．後者では，水溶液中で腐食電位と腐食電流を測定するが，測定時間が短く，腐食液中の微量成分の変化にも応答が速いなど，環境の腐食性の定性的評価，材料の耐食性のランク付け，腐食機構の解明などに非常に有効である．腐食試験全般については，多くの解説書がある．

トライボロジーにおける腐食試験としては，潤滑剤中の硫黄化合物や酸性物質などによる金属の腐食性評価法がある．通常主に銅板を用いて，変色，質量減少量などによって評価する．潤滑剤試験法[119]の中で JIS K 2513 に規定されている試験法は，磨いた銅板を試料中に規定条件（主に 100°C，3 時間）で浸した後，変色の程度を標準と比較し番号を表示する．普通の潤滑油製品で銅板が変色することはほとんどないが，精製度の悪い油では銅板がだいだい，赤，玉虫色さらにひどいときは黒色に変わることがある．また酸化安定度試験における触媒の変化も腐食性の目安になる．

一方，さび止め剤のさび止め性能は，湿潤試験，塩水噴霧試験，加速風化試験，塩水浸漬試験，気化性さび止め性試験などによって評価する．しかし，さび止め性は環境条件に著しく影響されるので，さらに実地試験によって性能を確認するのがよい．

文　献

1) 小川喜代一：金属の潤滑摩耗とその対策，養賢堂 (1977) 15．
2) 岩渕　明：日本機械学会機素潤滑設計部門講演会 (IMPT-100) 講演論文集 (1997) 147．
3) 水野萬亀雄：トライボロジスト，**34**, 5 (1988) 354．
4) 日本機械学会機素潤滑設計部門「摩耗試験の標準化に関する研究会」報告書（主査　岩渕　明）(1997) 7．
5) 岩井善郎・篠塚順也：日本機械学会機素潤滑設計部門講演会 (IMPT-100) 講演論文集 (1997) 150．
6) 髙場敦弘：日本機械学会機素潤滑設計部門講演会 (IMPT-100) 講演論文集 (1997) 173．
7) 大前伸夫：トライボロジスト，**35**, 11 (1990) 770．
8) K. Kato : Wear, **153**, 1 (1992) 277．
9) 堀切川一男：トライボロジスト，**35**, 11 (1990) 793．
10) K. Hokkirigawa : Surface Modification Technologies, **8** (1994) 93．
11) 堀切川一男・水本宗男：トライボロジスト，**37**, 11 (1990) 895．
12) 妻木伸夫：トライボロジスト，**35**, 11 (1990) 837．
13) 邱　源成・加藤康司：潤滑，**32**, 1 (1987) 41．
14) 邱　源成・加藤康司：潤滑，**32**, 1 (1987) 49．
15) 松原　清：トライボロジー摩擦・摩耗・潤滑の科学と技術，産業図書 (1981) 231．
16) 野呂瀬　進：トライボロジスト，**35**, 11 (1990) 775．
17) K. L. Johnson : Contact Mechanics, Cambridge University Press (1985) 306．
18) 舩橋鉀一：潤滑，**7**, 4 (1962) 203．
19) O. Reynolds : Phil. Trans. Roy. Soc., **166** (1875) 155．
20) H. L. Heathcote : Proc. Inst. Automobile Engrs., **15** (1921) 569．
21) K. L. Johnson : Rolling Contact Phenomena, Elesevier (1962) 6．
22) D. Tabor : Proc. Roy. Soc. Ser. A, **229** (1955) 198．
23) J. A. Greenwood, J. Minshall & D. Tabor : Proc. Roy. Soc. Ser. A, **259** (1961) 480．
24) D. G. Flom : J. Appl. Phys., **31**, 2 (1960) 306．
25) J. E. Merwin & K. L. Johonson : Proc. I. Mech. E., **177**, 25 (1963) 676．
26) J. Halling : British J. Appl. Phys., **10** (1959) 172．
27) 川口　格：潤滑，**15**, 4 (1970) 187．
28) R. C. Drutowski : Trans. ASME, Ser D, J. Basic Eng., **81** (1959) 233．
29) 佐々木外喜雄・沖野教郎：日本機械学会論文集，**27**, 181 (1961) 1456．
30) 沖野教郎・佐々木外喜雄：潤滑，**12**, 7 (1967) 265．
31) 藤原孝誌：潤滑，**16**, 8 (1971) 632．
32) 広田忠雄：潤滑，**23**, 11 (1978) 836．
33) J. J. Bikerman : J. Appl. Phys., **20** (1949) 971．
34) J. Halling : British J. Appl. Phys., **9** (1958) 421．
35) B G. Brothers & G. R. Bremble : Wear, **20** (1972) 175．
36) G. A. Tomlinson : Phil. Mag., **7**, 7 (1929) 905．
37) 久田太郎：機械試験所報告，**3** (1950)．
38) 曽田範宗・甲藤好郎：東大理工研報告，**4**, 3・4 (1950) 101．
39) 吉田　亨：精密機械，**27**, 7 (1961) 468．
40) K. R. Eldredge & D. Tabor : Proc. Roy. Soc., A, **229**

(1955) 181.
41) 湊　喜久雄：潤滑, **16**, 8 (1971) 547.
42) J. A. Jefferis & K. L. Johonson : Proc. I. Mech. E., **182**, 14 (1967) 281.
43) L. O. Hewko : ASLE Trans., **12** (1969) 151.
44) E. G. Trachman & H. S. Cheng : ASLE Trans., **17**, 4 (1973) 271.
45) A. F. Yousif & J. Halling : ASLE Trans., **17**, 2 (1973) 141.
46) 福間宜雄・加藤由人：トヨタ技術, **24**, 3 (1975) 451.
47) 大山忠夫・中野　敏・夏井由部・大矢光伸：日本機械学会論文集 (C 編), **52**, 475 (1986) 941.
48) D. R. Adams & W. Hirst : Proc. Trans. Roy. Soc. Ser. A, **332** (1973) 505.
49) D. Dowson & T. L. Whomes : Proc. I. Mech. E., **182**, 14 (1967) 292.
50) 曽田範宗・山本隆司：潤滑, **21**, 7 (1976) 441.
51) 山本隆司：潤滑学会第23回東京講習会教材 (1978) 31.
52) ASLE : Friction and Wear Devices, 2nd Edition (1976).
53) 滝　晨彦：日本潤滑学会第18回転がり疲れ研究会 (1983).
54) S. Way : J. of Applied Mechanics, **57** (1934) A 49.
55) 日本潤滑学会編：潤滑用語集, 養賢堂 (1981) 3.
56) 日本潤滑学会編：潤滑用語集, 養賢堂 (1981) 76.
57) 日本潤滑学会編：潤滑用語集, 養賢堂 (1981) 48.
58) 日本潤滑学会編：潤滑用語集, 養賢堂 (1981) 46.
59) 山本雄二・平野冨士夫：潤滑, **19**, 3 (1974) 199.
60) 寺内喜男・竹原準一郎：日本機械学会論文集, **43**, 370 (昭52) 2363.
61) 藤田公明・小幡文雄・山浦　泉：機械学会論文集 (C 編), **47**, 423 (1981) 1518.
62) 市丸和徳・和泉直志・木下和久・三室日朗：日本機械学会論文集, **52**, 473 (1986) 113.
63) 成瀬長太郎・根本良三・灰塚正次：日本機械学会論文集 (C 編), **53**, 496 (1987) 2421.
64) 灘野宏正・寺内喜男：機械学会論文集 (C 編), **52**, 484 (1986) 3296.
65) 藤田公明・小幡文雄・国府忠志：機械学会論文集 (C 編), **46**, 408 (1980) 953.
66) 成瀬長太郎・灰塚正次・武井　満：潤滑, **21**, 4 (1976) 249.
67) 日本潤滑学会編：潤滑用語集, 養賢堂 (1981) 99.
68) 寺内喜男・永村和照・野原　稔・寺本健二・二段　章：日本機械学会論文集, **53**, 488 (1987) 972.
69) 木川武彦：潤滑, **28**, 10 (1983) 721.
70) 荒木　宏・斎藤省三：日本機械学会誌, **33**, 155 (1930) 138.
71) 西原利夫・福原正蔵：日本機械学会論文集, **7**, 29 (1941) 1-61.
72) 八木　明：日本機械学会論文集, **21**, 106 (1955) 436.
73) 杉野和男：潤滑, **32**, 1 (1987) 8.
74) 上田正博・竹原準一郎・岩崎宜博・市ノ瀬弘之：鉄鋼協会講演予稿集, '78-S 906 (1978).
75) 外山和男・坂本東男：潤滑, **32**, 1 (1987) 2.
76) 赤間　誠・松山晋作：潤滑, **31** 12 (1986) 876.
77) 八木　明：潤滑, **2**, 1 (1957) 11.
78) 木川武彦・木本栄治：トライボロジスト, **34**, 10 (1989) 734.
79) 町田　尚・相原　了：トライボロジスト, **38**, 7 (1993) 593.
80) 村木正芳・木村好次：潤滑, **28**, 1 (1983) 67.
81) 寺内喜男・永村和照・上谷俊平・水内信男：潤滑, **32**, 11 (1987) 811.
82) 坪内俊之・阿部和明・畑　一志：トライボロジスト, **38**, 3 (1993) 268.
83) 高田浩年・鈴木　進：トライボロジスト, **39**, 7 (1994) 619.
84) 山本雄二・下迫田義昭：日本機械学会論文集 (C 編), **57**, 535 (1991) 954.
85) 加藤康志郎・岩崎俊明・加藤正名・井上克己：日本機械学会論文集 (C 編), **58**, 546 (1992) 558.
86) 村木正芳：トライボロジスト, **39**, 10 (1994) 922.
87) 曽田範宗・山下正忠・大空金次：潤滑, **16**, 8 (1971) 573.
88) 不破良雄・道岡博文：トライボロジスト, **36**, 11 (1991) 843.
89) 町田　尚：日本機械学会論文集 (C 編), **57**, 533 (1990) 271.
90) R. B. Waterhouse : Fretting Corrosion, Pergamon Press (1972).
91) R. B. Waterhouse : Wear, **106** (1985) 1.
92) 萱場孝雄・岩渕　明：日本機械学会論文集, **44** (1978) 692.
93) 志摩政幸・佐藤準一：潤滑, **31** (1986) 507.
94) K. H. R. Wright : Proc. I. Mech. E., 1 B, (1952) 556.
95) P. J. Kennedy, L. Stallings & M. B. Peterson : ASLE Trans., **27** (1984) 305.
96) R. B. Waterhouse : Trans. ASME, J. Trib., **108** (1986) 359.
97) B. Bethune & R. B. Waterhouse : Wear, **12** (1968) 289.
98) L. Toth : Wear, **20** (1972) 277.
99) T. Shimizu, A. Iwabuchi, et al. : Lub. Eng., **51** (1995) 943.
100) 萱場孝雄・岩渕　明：潤滑, **27** (1982) 31.
101) H. Goto & D. Burckley : Wear, **143** (1991) 15.
102) A. Iwabuchi, K. Kato & T. Kayaba : Wear, **110** (1986) 205.
103) N. Ohmae & T. Tsukizoe : Wear, **27** (1974) 281.
104) R. D. Mindlin : J. Appl. Mech., **16** (1949) 259.
105) K. L. Johnson : Contact Mechanics, Cambridge Univ. Press (1985).
106) 志摩政幸・佐藤準一・菅原隆志：潤滑, **33** (1988) 685.
107) O. Vingsbo & S. Soderberg : Wear of Materials-1987, ASME, 885.
108) A. Iwabuchi : Wear, **151** (1991) 301.
109) R. E. Pendlebury : Wear, **125** (1988) 3.
110) 地引達弘・志摩政幸・佐藤準一：トライボロジスト, **36** (1991) 282.
111) M. Antler : Wear, **106** (1985) 5.
112) A. Ura, T. Kawazoe, A. Nakashima & H. Morishita : Proc. Int. Trib. Conf., Yokohama 1995, Vol. I (1996) 247.
113) 矢畑　昇・土田匡章：トライボロジスト, **35**, 2 (1990) 144.
114) 西山卯三郎・羽原治夫・片山孝雄：日本機械学会論文集 (第1部), **40**, 337 (1974) 2474.

115) I. M. Hutchings : Tribology : Friction and Wear of Engineering Materials, Edward Arnold, London (1992) 192.
116) 腐食防食協会編：エロージョンとコロージョン，裳華房 (1987) 83.
117) 遠藤吉郎・岡田庸敬・中野達也・中島政明：日本機械学会論文集, **32**, 237 (1966) 831.
118) 岩井善郎・岡田庸敬：潤滑, **33**, 1 (1988) 2.
119) 日本機械学会編：機械工学便覧，応用編，B 1 機械要素設計・トライボロジ (1985) B 1-50.

1.3 トライボ要素試験法，評価法

1.3.1 すべり軸受試験

(1) 軸受の性能試験

a. 静特性試験法

荷重や回転速度に応じて潤滑膜の厚さや軸の偏心量がどう変化するかを確認するために，渦電流式変位計がよく用いられる．変位計を軸受面内に多数配置することによって油膜厚さの分布や熱/荷重による弾性変形の情報を，また互いに直角方向に配置することによって，軸の偏心量を測定することができる．磁性体の場合に渦電流計を利用する際は，ノイズ除去のために脱磁を十分行なう必要がある．

軸受損失は摩擦トルクと回転数より求められるが，大型の軸受試験機でトルク測定が困難な場合は，潤滑剤を冷却する冷却熱量より求めることがある[1]．摩擦トルクの測定は，摩擦係数が 1/1 000 のオーダであり非常に小さいこと，また軸と軸受の接触状態によって摩擦力が変化することなどにより非常に困難である．摩擦トルクを高精度に測定するために，図 1.3.1 に示すように試験軸受の保持部を浮動静圧軸受によって保持し，軸受摩擦トルク以外の抵抗を極力小さくする試験方法がよく用いられる．また接触部を隠やかに摩耗させて部分的接触をなくすなじみ運転を十分行なった後に摩擦トルクの測定を行なう必要がある[2]．

油膜圧力の測定に用いるセンサは，
(1) 急激な圧力変化に追従できること
(2) 受圧部の容積変化が小さく，軸受すきまの圧力形成に影響力を与えないこと
(3) 圧力分布が高精度に測定できるよう受圧部の面積が小さいこと
(4) 温度変化の影響が少なく安定していること

が重要である．これらの条件を満たすセンサとして，ひずみゲージ，半導体圧力変換器，電気容量型変換器第がよく使用される[3]．一般には取付け容易性からセンサを軸受側に取り付けることが多いが，

(a)

①油圧シリンダ　⑥試験軸
②油圧ピストン　⑦給油口
③浮動静圧軸受　⑧トルクバー
④軸受ハウジング　⑨ロードセル
⑤試験軸受

(a) 　　(b)

図 1.3.1 浮動静圧軸受を利用した軸受試験機
〔出典：文献 10〕〕

受圧ダイヤフラム　電子ビーム溶接

ひずみゲージ

(b)

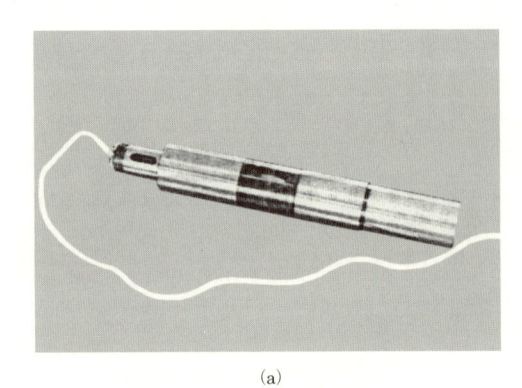

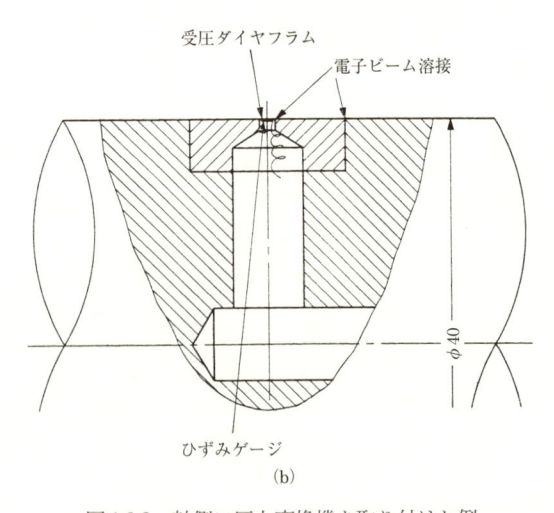

図 1.3.2 軸側に圧力変換機を取り付けた例
〔出典：文献 4〕〕

図1.3.2のように軸側に取り付けると，軸の回転とともに圧力分布の測定が可能となる[4]．

軸受温度を測定するには一般に熱電対を用い，できるだけ軸受面近傍に埋め込む（図1.3.3）．また軸受面内のうち最も高温となる位置の温度を測定することが重要であり，熱電対を軸受面に複数個配置することが多い．

b. 動特性試験法

軸受の剛性や減衰は，軸に既知の外力（加振力）または運動を加え，軸心の応答運動または油膜反力の変動を測定することによって求める．実験室的には，回転軸に対して浮動させた軸受に外力を与えて計測する方法が容易である．また油膜力の線形性が成り立つ範囲で測定する必要があり，軸心（あるいは浮動させた軸受に外力を与える場合には軸受）の動きを軸受すきまに比べて十分小さくし，$1\mu m$以下の精度で測定する必要がある[5]．すべり軸受の負荷能力は回転速度および負荷の周波数に依存するため，試験中は回転速度と負荷周波数を一定にすることが重要である．

軸または軸受を介して与える荷重は，静的荷重と加振力に分けられる．静的荷重を加える測定法では，静的な微小外力を平衡状態にある軸受に水平方向あるいは垂直方向に与えて，微小変位の水平，垂直成分を測定する．この場合8個の油膜係数を求めるのに4回の測定が必要となる．ここで8個の油膜係数とは，弾性係数K_{ij}および減衰係数C_{ij}であり，第一の添字$i(=x, y)$は力の方向を，第二の添字$j(=x, y)$は軸心の変位または速度の方向を表わす．また加振力を与える方法としては，正弦波一方向加振法と正弦波複合加振法[6]がある．平衡状態にある軸受を一方向に正弦加振すると，線形の範囲で加振力と同じ振動数で軸受が水平および垂直方

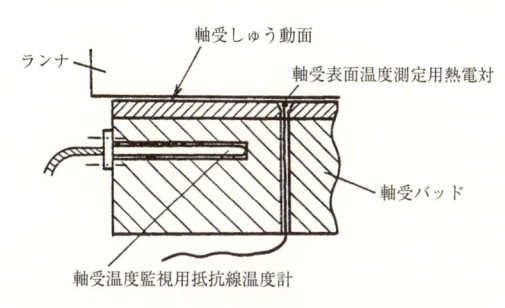

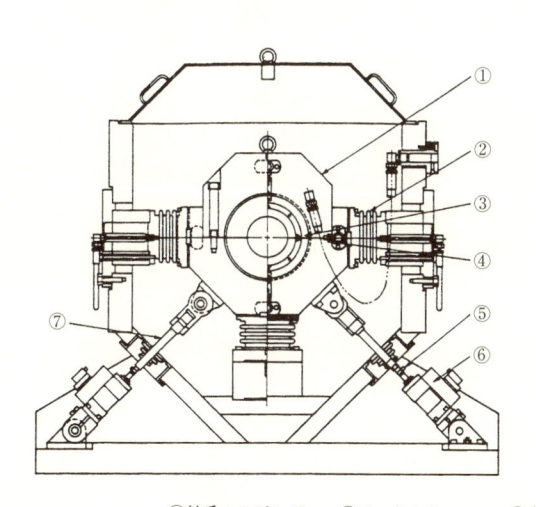

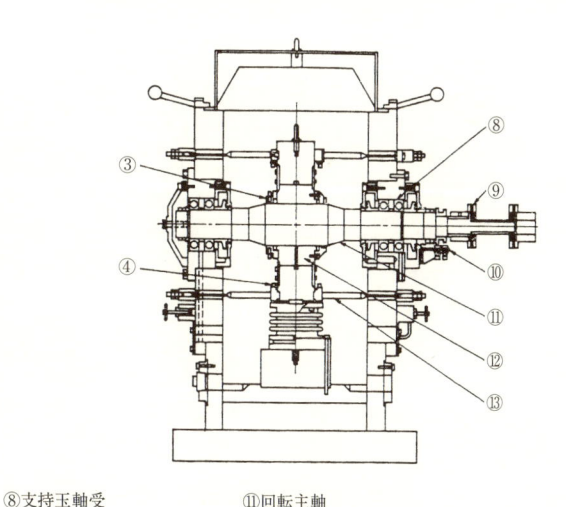

図1.3.3 軸受温度の測定法〔出典：文献1)〕

①軸受ハウジング　⑤ロードセル　　　⑧支持玉軸受　　　　　　⑪回転主軸
②ベローズシリンダ　⑥エキサイタヘッド　⑨ダイヤフラムカップリング　⑫試験軸受
　（静荷重付加用）　　（動荷重付加用）　⑩回転計　　　　　　　　⑬横振れ防止用十字板
③変位計　　　　　⑦テンションロッド　　　　　　　　　　　　　ばね式テンショナ
④加速度計

主 軸 直 径　　標準140mm，最大280mmまで
主軸回転数　　100〜10 000min^{-1}連続可変
静 荷 重　　左右および下の3方向からそれぞれ最大50kNまで
動 荷 重　　下45°の2方向からそれぞれ最大10kN（ピーク値）まで，
　　　　　　DC〜500Hz，油圧加振機

図1.3.4 動特性試験機の例〔出典：文献6)〕

向に振動し，平衡位置を中心にだ円軌跡を描く．このときの水平，垂直方向の振幅と加振力に対する位相差を測定して油膜係数を求める．この方法では2回の測定が必要となる．また正弦波複合加振法とは，上記一方向加振法を拡張して，二つの互いに異なる整数比をなす振動数の加振力を2方向から同時に加えて，その際の応答を2方向で測定するものである．一般に偏心率が大きいところでは，加振力の振幅と静荷重の比をほぼ一定にすると測定が容易である[5]．

エレクトロニクスとサーボバルブ技術の発展により，図1.3.4に示すような電気油圧サーボシステムを利用したすべり軸受試験機[1]が開発されている．電気油膜サーボで静荷重と動荷重が回転速度と同期あるいは非同期に付加できるため，試験範囲が大幅に拡大した．軸の挙動測定には一般に渦電流式ギャップセンサが利用されている．軸心位置と荷重の高速データは高速 A-D 変換器によって，軸受の温度，潤滑油給油圧力，静荷重はデジタルボルトメータによって，コンピュータに入力してデータ処理される．

c. 寿命試験

軸受の耐久性を確認する寿命試験では，荷重や回転数，潤滑状態が実機に近いことが必要である．寿命試験機として，図1.3.5～図1.3.7に示すような曽田式動荷重試験機，GMR（General Motors 研究所）繰返し荷重試験機，回転荷重試験機等がある[2]．曽田式動荷重試験機は，ばねにより静荷重とおもりを回転させた回転荷重を同時に付加する試験機であり，内燃機関のクランク系軸受のはく離現象解明に利用される．GMR 繰返し荷重試験機は，2本のコンロッドを90度V型エンジンと同じように取り付けられた試験装置であり，自動車エンジン用軸受の負荷状態を実現するために考えられた．回転荷重試験機は，慣性力が支配的となるエンジンの高回転域での軸受状態を模擬したものであり，回転荷重を軸受に負荷する実験が可能である．

d. 焼付き試験法

軸受の焼付き限界を測定するために，図1.3.8に示すように油圧によって試験軸受に荷重を付加する試験機がよく使用される．荷重を付加する際は，回転数と給油量を一定にして静荷重を段階的に付加するか（図1.3.9），極めて小さい負加増加率で荷重を増加させる方法が用いられる．焼付き特性は軸と軸受の接触状態に大きく影響されるため，ミスアライメントがなく，軸と軸受の相対傾きを制御できる試験装置を用いる必要がある．必要によっては，故意に軸を軸受に片当たりさせて局所面圧を高めた焼付き試験を行なう場合もある．測定精度を高めるために，実験開始直後になじみ試験によって軸と軸受を十分になじませた後に荷重を加えることが重要である[7]．焼付きの判定は，

(1) 駆動トルクが焼付きと判断する一定値以上になったとき
(2) 軸受の温度が荷重を上げたときに軸受の許容温度以上になったとき
(3) 給油温度に対し，排油温度が一定値（例えば30℃）以上上昇したとき

のどれかで行なう場合が多い[7]．

e. 軸受の疲労試験機

軸受の疲労試験機として

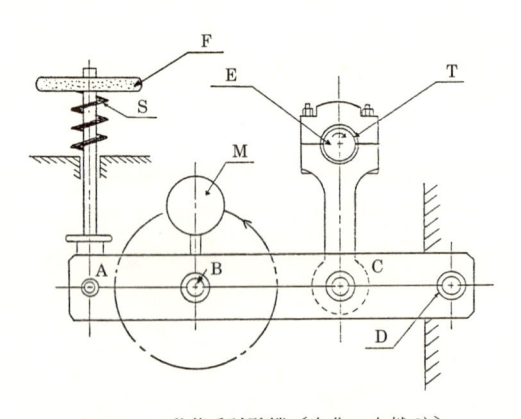

図1.3.5 動荷重試験機〔出典：文献2〕

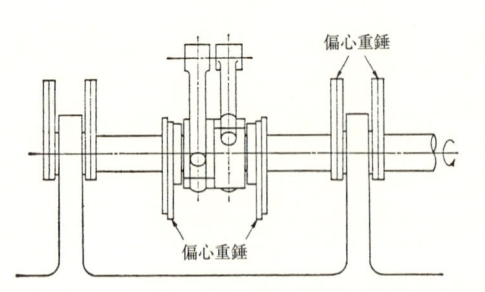

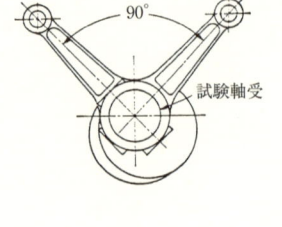

図1.3.6 GMR繰返し荷重試験機〔出典：文献2〕

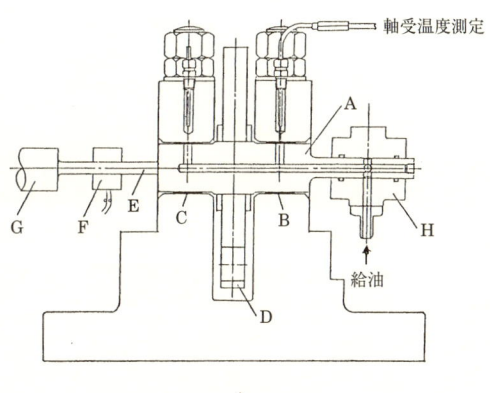

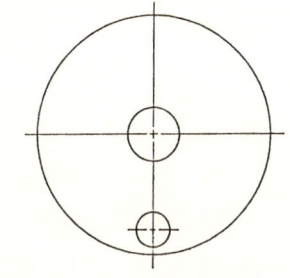

図 1.3.7　回転荷重試験機〔出典：文献2)〕

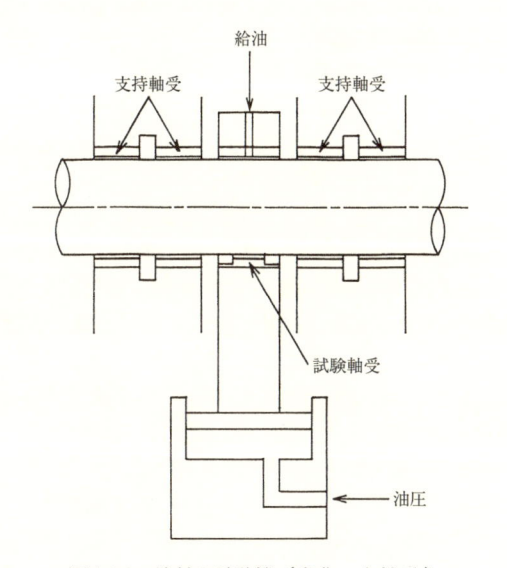

図 1.3.8　焼付き試験機〔出典：文献7)〕

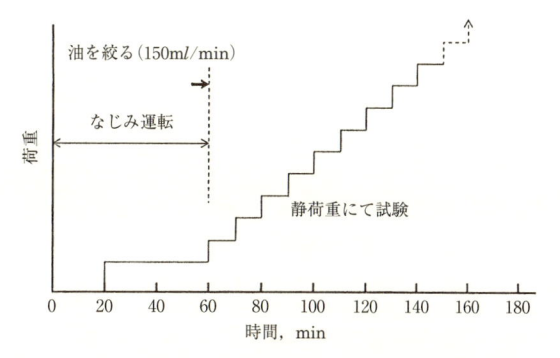

図 1.3.9　焼付き試験における荷重付加方法の例
〔出典：文献7)〕

曽田式動荷重試験機[2)]がある．これはばねによる静荷重を負荷し，さらにおもりを回転させて軸に付加するものである．低速回転時に高荷重がかけられないが，動荷重試験機として広く用いられる．

(2) 軸受材料の試験法

軸受材料は一般に非鉄金属が主であり，温度に対して材料物性が変化しやすい．特にアルミニウム合金は銅合金に比べ温度の影響を受けやすい．軸受材料の溶融温度は示差型走査熱量計により，また熱伝導率はレーザフラッシュ法熱定数測定装置を利用して測定できる．軸受材料の硬さを測定するには，ビッカース硬度計，マイクロビッカース硬度計等を用いて測定することが多い．

金属系すべり軸受の潤滑油による腐食は，アルミニウム合金やスズ基ホワイトメタルを使用する場合は問題はほとんどないが，銅鉛または鉛青銅合金は市場での腐食損傷事例が多い．この種の腐食は潤滑油が酸化劣化することにより有機酸に変化し，これが鉛の酸腐食を促進するために生じる．軸受材料の腐食状態を確認するには浸漬腐食試験が利用され，自動車用軸受の場合には，130℃の劣化エンジンオイル中に1 000時間浸漬して腐食状態を確認する例がある[8)]．またよく洗浄されたガラスチューブに供試材料，潤滑液，汚染物質等を入れて密封し，所定温度で一定時間放置した後に，潤滑液の化学変化を調べることによって腐食特性を確認するシールドチューブテストもある．

軸受材料の耐キャビテーション性を測定するには，図1.3.10に示すような磁歪式キャビテーション試験機[8,9)]がよく使用される．この試験機は軸受内部でのキャビテーション現象を完全に模擬してはいないが，試験時間が短く試験片の交換が容易等の利点がある．

1.3.2　転がり軸受試験
(1) 試験条件

転がり軸受の寿命試験は，転走面での転がり疲労

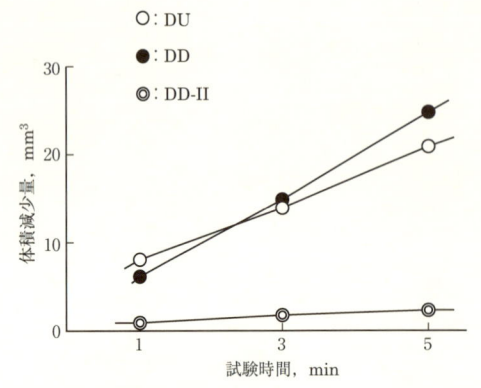

図 1.3.10　PTFE系複合材料のキャビテーションエロージョン試験方法　〔出典：文献 8）〕

試験条件
1. 試験片寸法（平版）　40×40×2tmm
2. 合金厚　　　　　　　0.3mm
3. 超音波振動機
(1) 振動数 1.9 kHz　(6) 媒体液温度 18℃±3
(2) 出　力 600 W　　(7) 媒体液流量 2l/min
(3) 振　幅 50μm　　(8) 試験ギャップ 1mm
(4) ホーン径 φ35
(5) 媒体液 水道水

によるフレーキングが発生するまでの耐久試験である．転がり軸受の寿命はばらつきが非常に大きいので，同一ロットの軸受について少なくても 20 個以上の寿命試験を行なったうえで評価することが望ましい．また，試験は長い期間を必要とするので，試験機は堅牢で摩耗等による精度劣化や荷重，回転数の変動がないことが要求される．

寿命試験機は負荷方法により図 1.3.11 のように分類される．荷重の負荷には通常ばね，重錘，油圧等が用いられる．

寿命試験の試験条件はなるべく実用条件に近いことが望ましいが，試験にかなりの長時間を要する場合には，試験目的を考慮したうえで荷重および回転数を増加する．

回転数は通常の場合，軸受温度で上限が規制される．一般的な目安として，軸受温度が 70～80℃ 程度になるように回転数が選ばれる．

軸受のすきまは軸受寿命に大きく影響するため，運転すきまが一定になるように留意することが必要である．このため，はめあいや温度上昇によるすきまの減少を考慮して試験軸受の初期すきまを設定することが必要である．

近年，弾性流体潤滑理論の発達により，軸受寿命

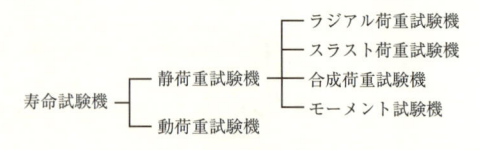

図 1.3.11　寿命試験機の分類

は潤滑油膜の形成状態に大きく影響されることが明確になってきた．このため，試験期間中の軸受内の潤滑状況を把握することを目的として，軸受温度の経時変化を記録しておくことは重要である．

ここ 10 年来の研究で潤滑油中の異物混入による軸受寿命の低下が確認され，大きさ 3μm 以上の異物は軸受寿命に有害であることが指摘されてきた[11]．このため，潤滑油中への有害な異物の混入をさけるためには，ろ過能力 3μm 程度のフィルタを循環系に取り付けるとともに，外部環境からの塵埃等の混入を防止させる必要がある．

しかし，異物の混入による軸受寿命への影響を調べる場合には，目的に応じて潤滑油中に異物を混入させて試験が行なわれる．はく離による試験機の自動停止は異常振動の検出で通常行なう．

（2）静荷重試験機

a. ラジアル荷重試験機

ラジアル軸受の寿命試験はラジアル荷重を加え内輪を回転させるのが普通である．ただし，深溝玉軸受の場合には，内輪と外輪との平行を保たないと，モーメント荷重が発生して寿命を短縮させることがあるのでこれを防がなければならない．

ラジアル荷重試験機の例を図 1.3.12[12]に示す．試験軸受は中央および両側のハウジングに組み込まれ，中央ハウジングに上向きの荷重を与える．負荷はコイルばねをねじでたわませ，その反力で与える．

図 1.3.12 は試験軸受 4 個の場合であるが，中央ハウジングに負荷容量の大きい軸受を 1 個取り付け支持軸受とし，両側ハウジング内に組み込まれた軸受を試験軸受とする構造[13]もある．その例を図 1.3.13 に示す．

図 1.3.14 は試験軸受 1 個の場合の例[14]である．外輪の取付け精度を調整できる利点があり，この試験機はわが国では基本的な試験機として使用されている．

ラジアルころ軸受の試験は深溝玉軸受に準じて行なうが，取付け時にミスアライメントがあると，軌

第1章 試験法と評価法

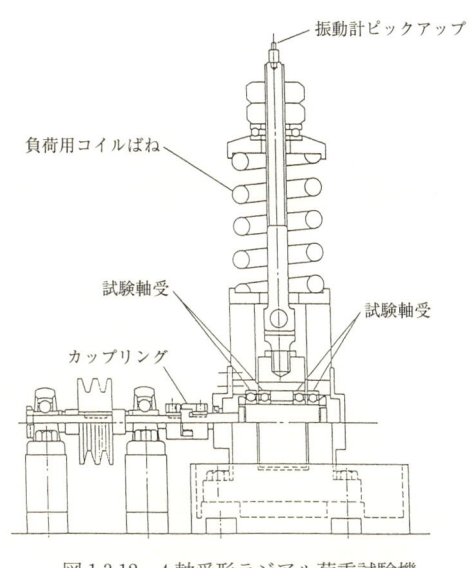

図1.3.12 4軸受形ラジアル荷重試験機
〔出典：文献12)〕

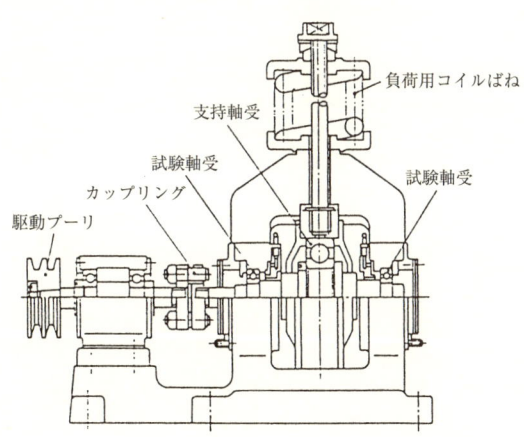

図1.3.13 2軸受形ラジアル荷重試験機
〔出典：文献13)〕

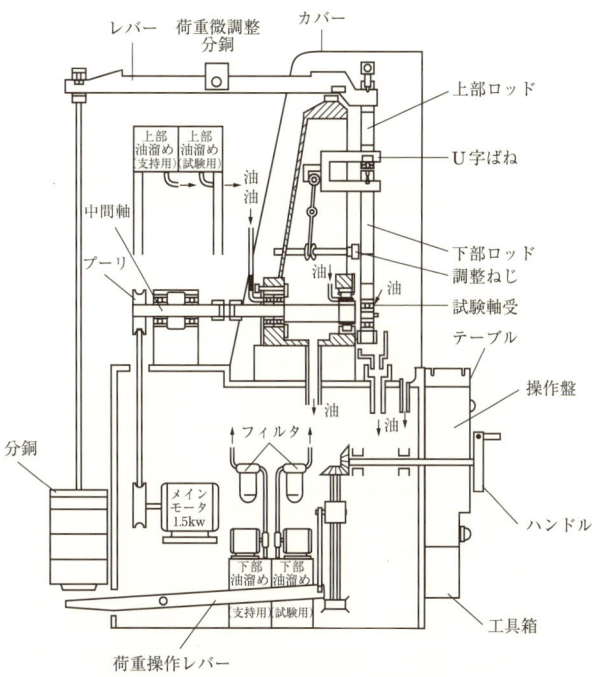

図1.3.14 学振形玉軸受寿命試験機（ラジアル荷重）
〔出典：文献14)〕

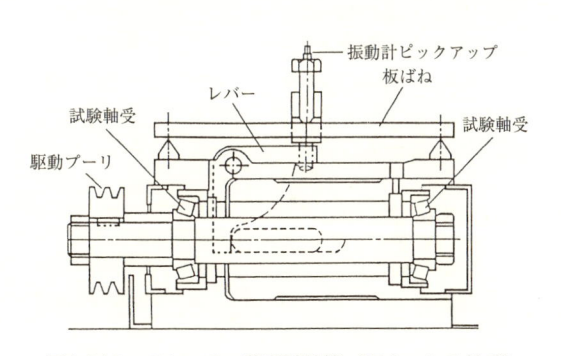

図1.3.15 アキシアル荷重試験機（円すいころ軸受）
〔出典：文献15)〕

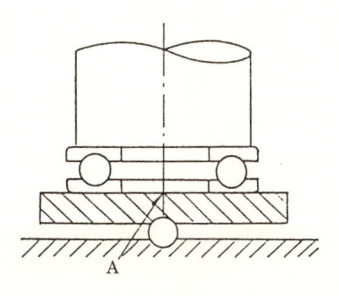

図1.3.16 アキシアル荷重試験機（スラスト玉軸受）
〔出典：文献16)〕

道面ところとの間に片当たりが発生し寿命は極端に低下するため，ミスアライメントの防止には厳重な注意が必要である．

b. スラスト荷重試験機

スラスト荷重試験機の一例[15]を図1.3.15に示す．板ばねをねじで締め付けるときの反力をレバーによりスリーブに与えることで試験軸受にスラスト荷重が与えられる．この場合の試験軸受は2個である．

図1.3.16はスラスト荷重を鉛直方向に負荷する方法[16]で，固定側の軌道輪に調心性を与える構造としている．

c. 合成荷重試験機

合成荷重試験機の一例[15]を図1.3.17に示す．ラジアル荷重とアキシアル荷重が同時に負荷される．この構造では，軸受内輪にラジアル荷重を負荷し，さらに外輪を介してアキシアル荷重を負荷する構造である．

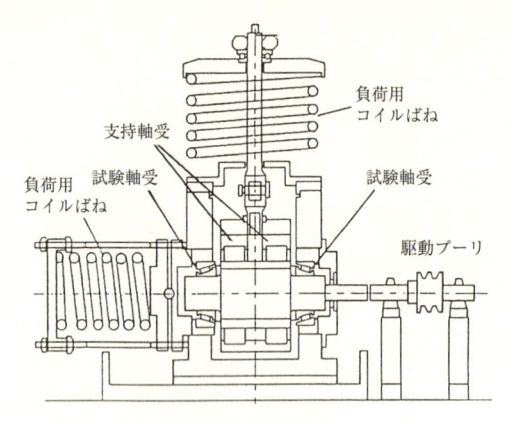

図1.3.17 合成荷重試験機〔出典：文献15〕

d. モーメント荷重試験機

モーメントは通常ハウジングのフレームから腕を出し，それに負荷することで与える．外輪が内輪に対して傾いた状態で試験が行なわれる．このため，モーメントの大きさとともに傾き角の把握が試験結果の信頼性を高めるために必要で，実測の容易な構造が望ましい．

（3）動荷重試験機

繰返し荷重は振動するばね力，往復振動荷重の慣性力，偏心質量の回転による遠心力，油圧，電磁力などによって与えられる．

動荷重試験機の代表例である曽田式動荷重試験機の構造原理[17]を図1.3.18に示す．偏心重錘Mは主軸Tと同期化しており，同一回転数で回転する．偏心重錘Mの回転による慣性力の構成分を固定ピンDによって釣り合わせると，軸受には縦成分の正弦波状荷重が加わる．また，ばねSによって最大荷重に等しい荷重を加えておくことで，軸受には上方のみに動荷重を負荷することができる．ばね力を与えなければ，上下方向に動荷重を負荷できる．

（4）異物混入潤滑での試験機

異物混入潤滑下で用いられる寿命試験機の一例[18]を図1.3.19に示す．構造は前述の試験機に準ずるが，試験中の異物の沈殿を防ぎ均一に分散させるた

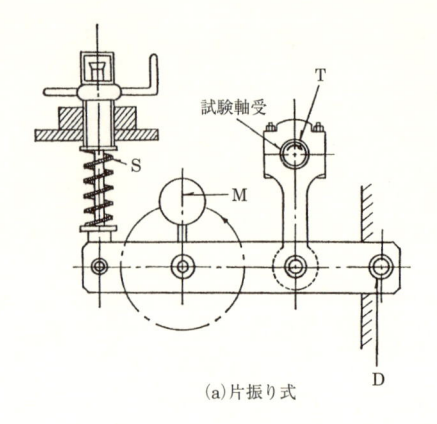

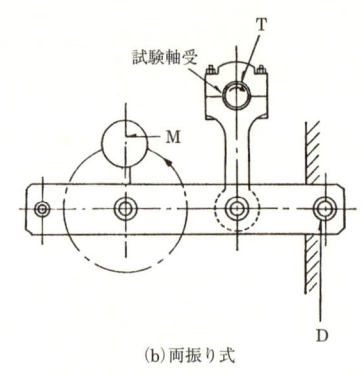

図1.3.18 曽田式動荷重試験機〔出典：文献17〕

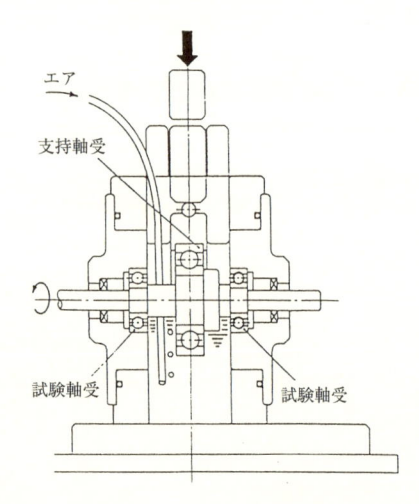

(a) 片振り式

(b) 両振り式

図1.3.19 2軸受形ラジアル荷重試験機（異物混入潤滑油中）〔出典：文献18〕

めに空気でかくはんが行なわれる．

（5）寿命試験データの解析法[19,20]

軸受寿命の解析のために，従来ワイブル分布が多

く用いられ，コンピュータの著しい発達と相まって種々の解法が提示されてきた．しかし，その中でも確率紙を用いる推定法（確率紙上における寿命データの分布から全体の寿命分布を求める方法）が簡便性に優れ，信頼性の高い結果が得られることから，今日，最も広く用いられている．ワイブル確率紙は縦軸に累積破損確率を横軸に寿命時間をとってチャートで，通常，累積破損確率10％の場合の寿命値（L_{10}寿命）を求め，計算寿命値と対比したり，形のパラメータ（b：ワイブルスロープという）を求め，試験寿命の信頼度または試料間の有意差検定を行なうことができる．

a. ワイブル確率紙

いま，残存確率$S(x)$を式(1.3.1)のように考える．

$$S(x)=1-F(x)=\exp[-\{(x-x_0)/\theta\}^e] \quad (1.3.1)$$

$F(x)$：累積分布関数，x：確率変数，x_0, θ, e：定数

これより式(1.3.2)を得る．

$$\ln\ln[1/\{1-F(x)\}]=e\ln(x-x_0)-e\ln\theta \quad (1.3.2)$$

したがって，縦軸を$\ln\ln 1/\{1-F(x)\}$，横軸を$\ln(x-x_0)$として図化すると全てのワイブル分布は勾配eの1本の直線として表わされる．この縦軸，横軸からなるグラフをワイブル確率紙と呼ぶ．

次に，ワイブル確率紙の使い方を手順化して述べる．

(1) 試験データのうち，寿命時間の短いものより順にならべ，それらに対する累積破損確率（メジアンランク）と合せて表にする．
(2) 表の数値をワイブル確率紙にプロットする．
(3) プロットされた点に直線をあてはめる．この場合，最小二乗法が望ましい．

実際に寿命試験した結果をワイブル確率紙上にプロットした例を図1.3.20に示す．

ここで，メジアンランクは順序番号の最も高い発生確率に相当するものである．このメジアンランクは数表化されており，実務上はそれを利用すればよい．メジアンランク表の例を表1.3.1に示す．

以上の手順でワイブル確率紙に引かれた直線から累積破損確率10％での寿命時間を求める．また，この直線の勾配からワイブルスロープが求められる．

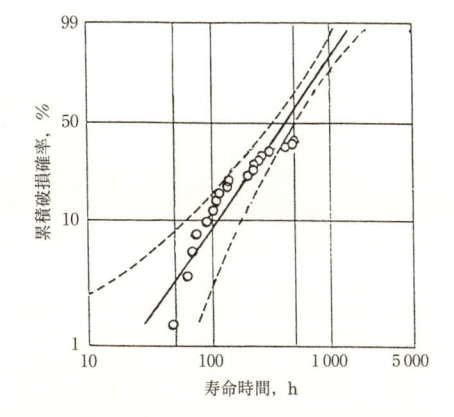

図1.3.20　ワイブルプロット〔出典：文献20〕

表1.3.1　メジアンランク

〔出典：文献20〕

k \ n	5	10	15	20
1	0.1294	0.0670	0.0452	0.0341
2	0.3147	0.1632	0.1101	0.0831
3	0.5000	0.2594	0.1751	0.1322
4	0.6853	0.3557	0.2401	0.1812
5	0.8706	0.4519	0.3051	0.2302
6		0.5482	0.3700	0.2793
7		0.6443	0.4350	0.3283
8		0.7406	0.5000	0.3774
9		0.8368	0.5650	0.4264
10		0.9330	0.6300	0.4755
11			0.6949	0.5245
12			0.7599	0.5736
13			0.8249	0.6226
14			0.8899	0.6717
15			0.9548	0.7207
16				0.7698
17				0.8188
18				0.8678
19				0.9169
20				0.9659

b. 試験方式

軸受寿命試験は軸受をすべてはく離させるか，途中で打ち切るかにより以下の試験方式に分類される．

(ⅰ) 全数破損試験方式
(ⅱ) 中途打切り試験方式
(ⅲ) サドンデス試験方式

(ⅰ) 全数破損試験方式

これはn個の軸受を同一試験条件で全数破損する

まで寿命試験する方式である．この試験方式では試験個数を多くすればするほど信頼性の高いデータが得られるが，多大な時間を要するため，通常は約20個程度の軸受が試験に供される．

(ii) 中途打切り試験方式

これはn個の試験軸受の中で1個または複数個の軸受を試験時間短縮のために中途打切りさせる試験方式である．この場合は，打切り時間を含めて試験時間の短い順にならべても，打ち切ったデータの順序番号はならべた順序番号にならず，式(1.3.3)の補正が必要になる．

$$\varDelta = \frac{(n+1) - \begin{bmatrix} \text{当該打切り試験よりも前の} \\ \text{破損試料の平均順序番号} \end{bmatrix}}{1 + \begin{bmatrix} \text{当該打切り試料よりも} \\ \text{長寿命の試料の数} \end{bmatrix}} \quad (1.3.3)$$

中途打切り試験の場合，順序番号は整数とならず，メジアンランクは定義式から求める必要がある．中途打切り方法には定時打切り，定数打切りがあるが，詳細については文献[19,20]を参考にされたい．

(iii) サドンデス試験方式

これはn個の試験軸受をランダムにm個ずつr個の小グループに分けて行なう試験方式である．寿命時間のデータはr個得られ，これから全数破損試験方式と同じ信頼性で寿命が推定される．ただ，サドンデス試験方式の場合，累積分布関数は式(1.3.4)となり，グループサイズmが式(1.3.1)中に含まれてくる．ここでは累積分布関数は時間tの関数である．

$$F(t) = 1 - \exp\{-m(t/\theta)^e\} \quad (1.3.4)$$

全数破損試験での累積分布関数を$F(t)_{\text{pop}}$，サドンデス試験での累積分布関数$F(t)_{\text{sud}}$としたとき，両者の間には式(1.3.5)の関係が成立する．

$$\ln\ln[1/\{1-F(t)_{\text{pop}}\}]$$
$$= \ln\ln[1/\{1-F(t)_{\text{sud}}\}] - \ln m \quad (1.3.5)$$

この式はサドンデス試験で得られたr個の破損データについて求めた回帰直線を$-\ln m$だけ縦軸方向に平行移動して求めた線図からL_{10}寿命やワイブルスロープが求まることを示している．

サドンデス試験方式は全数破損の場合と同じ信頼性でありながら短時間で試験ができるため，一般にはよく用いられる．

c. 信頼区間の設定

ワイブルプロットから求めた寿命値がどの程度信頼できるものかを示すためには，信頼区間を設定する必要がある．信頼区間はメジアンランクと同様，順序番号の分布から得られる．$100(1-\alpha)\%$信頼区間は$100\alpha/2\%$ランクと$100(1-\alpha/2)\%$ランクの間の区間として定義される．上・下限値は数値的方法により求められる．通常は，ある破損確率における寿命時間をどの程度に見積もればよいかがより重要であるため，時間軸方向での信頼区間が求められる．90%信頼区間を求めた例を図1.3.20の破線で示す．

1.3.3 歯車試験
(1) 歯当たり検査

歯面の接触状態を総合的に評価するには，最終的に組み立てた歯車装置あるいは組立状態を設定できる試験台において，一方の歯面に適当な厚さの塗料を塗り相手歯車をかみ合わせて回転させたときに，相手の歯面に塗料が付着した状態を見る「歯当たり」によることが広く行なわれている[21]．実働荷重を加えて調べることが望ましいが，無負荷あるいは軽い負荷状態で調べる場合には，軸のたわみやねじれ，歯のたわみなどのため，実働荷重での歯当たりとは異なることがある．図1.3.21は，はすば歯車の歯当たりの状態を示す．歯当たりとして，歯すじ方向については有効歯すじ長さb_eに対する歯当たり長さの平均値b_cの割合で，歯たけ方向については有効歯たけh_eに対する歯当たりの幅l_cの割合で評価する．なお，振動・騒音の低減や伝達荷重の増大のために，適切な歯面形状の修整が通常行なわれ，単に歯当たりにおける歯すじ方向・歯たけ方向の割合だけでなく，その形状や位置を管理する必要がある[22~24]．特に，かさ歯車やウォームギヤにお

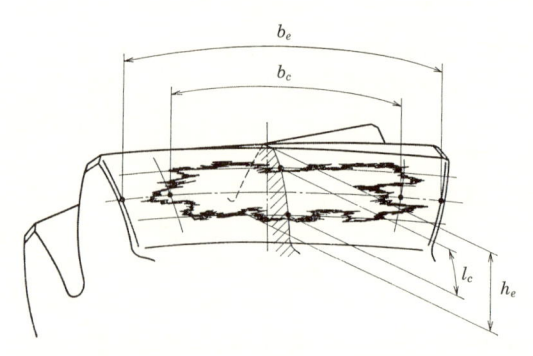

図1.3.21 はすば歯車の歯当たり〔出典：文献21〕

いては，適切な歯当たりを得ることが性能上重要である．

（2）歯車強度試験

実機で実働荷重の試験ができる場合はそのまま有効なデータが得られるが，実験室において歯車試験を行なう場合は所要の動力をどのようにして加えるかが問題となる．負荷をかける方法により，動力吸収式と動力循環式がある．

動力吸収式では，モータからの動力を歯車装置に加え，その出力側においてブレーキ（例えば電磁パウダブレーキ）あるいは図1.3.22に示すように発電機により動力を吸収させる．この方法で高負荷の試験を行なう場合には，大きい動力吸収能力が必要となる．

動力循環式では，その基本的な構造を図1.3.23に示すように，試験歯車対は同じ歯数比の循環歯車対と軸で結ばれている．これらの軸をトーションバーとして両歯車に負荷をかける．一方の軸を駆動することにより，両歯車対および軸の系で動力が循環し，駆動モータからはこの系内の動力損失分に相当する動力を供給すればよい．したがって，歯面で伝達される動力は軸のねじり量によって決まるため，モータの出力よりはるかに大きい動力の負荷をかけることができ，実験室で実働荷重の試験が可能となる[25]．軸をねじって負荷をかける機構は，歯車の停止状態で行なうか，運転状態で行なうかにより異なる．停止状態で行なう場合は，図1.3.23に示したようにカップリング部で軸にねじりを与えて固定する．運転状態で負荷を変えることができるような機構として，歯車の差動機構や遊星歯車を用いる方法[25]，油圧による方法[26,27]などがある．

FZG試験機[28]は，代表的な動力循環式試験機で中心距離91.5 mm・歯数比24/16の平歯車を基準としている．図1.3.24は，運転中に負荷を変えることができる機械式の動力循環式歯車試験機の例である[29]．この試験機は，循環歯車に円弧歯すじ歯車を用い，それらはすぐばおよびはすばスプライン上をしゅう動可能で，ナットにより軸方向に移動させて運転中に負荷がかけられるようになっている．実

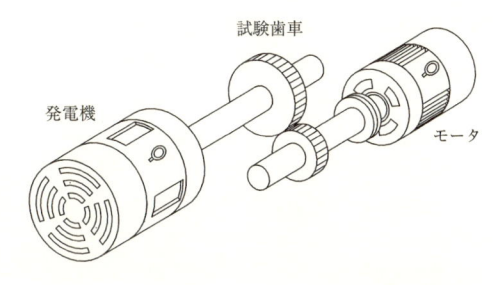

図1.3.22　発電機を用いた動力吸収式歯車試験機

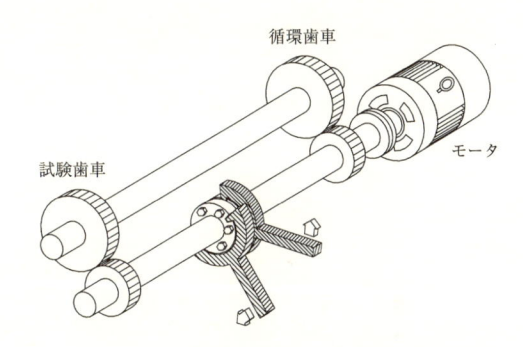

図1.3.23　動力循環式歯車試験機の構造

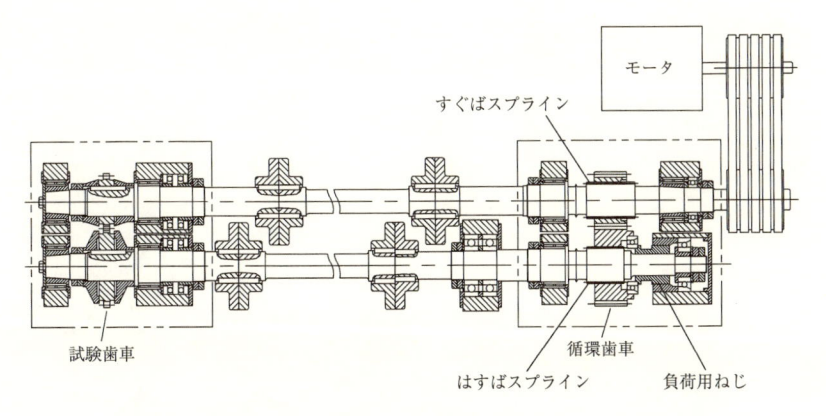

図1.3.24　動力循環式歯車試験機の例
（中心距離156 mm，歯数比31/21，最大歯面荷重35 kN）

機で同じ歯車装置2台をそれぞれの入力軸・出力軸同士をトーションバーでつないで試験する場合もある。

これらの歯車試験機により，ピッチング・スポーリング・スコーリングなどの歯面損傷に対して，歯面性状，潤滑油（潤滑油添加剤を含む）がこれらの損傷に及ぼす影響についての試験を行なうことができる。なお，歯の曲げ強さもこの動力循環式試験機により調べることができるが，パルセータが使われることが多い[30]。

歯面強さを調べるのに実物の歯車を用いるのではなく，2円筒で接触部をシミュレートしたローラ試験機が用いられることもある。2円筒のそれぞれの回転数を変えることにより，歯車の特定のかみあい点の転がり・すべり条件が設定でき，材質・熱処理・表面性状などが面圧強さに及ぼす影響について基礎的データを得るのに用いられる。

（3）効率測定

歯車装置が動力を伝えるときに生じる損失には，歯車に関係した歯のかみあい摩擦損失，潤滑油のかくはん損失，風損，および軸受の摩擦損失がある。かみあい損失のみを求める場合，潤滑油のかくはん損失や軸受損失などを個別に分離して知る必要があるが，これらの値を精度良く求めるのはむずかしい。通常，実用的な面から歯車装置としての効率を知ればよいことが多いことから，対象とする歯車装置の入力側の動力に対する伝達される出力側の動力の割合で効率を求める。

ウォームギヤやハイポイドギヤのように大きな滑りを伴う歯車では，全体の損失に占めるかみあい摩擦損失の割合は大きくなるが，通常のインボリュート円筒歯車ではその損失は小さく，かみあい効率は高い。しかし，運転条件によっては，軸受の摩擦損失や潤滑油のかくはん損失[31]が無視できなくなることがある。

歯車装置の効率測定法には，負荷をかける方法として前述の動力吸収式と動力循環式がある。動力吸収式は，図1.3.22に示したように歯車装置の入力側のモータと出力側の発電機の両者の電力を計測することにより求められる。動力循環式では，試験機を駆動するときのモータの出力を測定すれば，両歯車対・軸受等を含めた損失が求まる。しかし，試験歯車部のみの損失量を知りたい場合には，循環歯車・軸受・風損等による損失を別途精度良く求める必要がある。

装置全体で生じる損失は熱となり，歯面温度を上昇させるとともに，歯車本体，潤滑油，歯車箱の温度を上昇させる。このため，損失動力を測る方法として，入力・出力を直接測るのではなく，損失熱を測定する油浸法がある[32]。この方法は，歯車を油槽に浸し，あらかじめ無負荷状態で回転させて油槽内に設置した電熱器より与えた電力から油温上昇を調べておき，負荷時の温度上昇から損失量を直接求める方法である。

1.3.4　シール試験

シール（密封装置）とはJISによれば流体の漏れまたは外部からの異物侵入を防止する装置の総称であり，様々な機械装置に使用される最も基本的な機械要素の一つである。したがって，シールの構造や使用材料は多岐にわたるため，ここでは代表的なシールのいわゆる密封（シール）試験法についてのみ紹介し，材料やシール単体の試験法およびシール試験法の詳細は，国内外関連規格[33,34]や節末の文献に譲る。なお，これら各種シールに共通する試験パラメータおよび評価項目を表1.3.2に示す。

図1.3.25に固定シールの例として，液体用ガスケットの漏れ試験装置を示す[35]。本装置では，2枚のフランジによって所定の押付け力で圧縮されたガスケット間に，密封流体が窒素ガスで加圧されて送込まれ，その際の漏れ量が測定される。実際には，より実機に近い環境で評価する必要も多く[36,37]，これらを背景として，最近新しい評価規格が提唱されている[38]。

図1.3.26はロッド（往復動）シール試験装置[39]である。冒頭に述べたように，シール要素への要求機能は流体封止であるから，静止用，運動用いずれ

表1.3.2　シール試験の主なパラメータと評価項目

試験パラメータ	評価項目
荷重（押付け力，締付け力）	漏れの有無
温度	漏れ量
流体圧力	破損（割れ，硬化等）
油性状	粘着・移着
油量・流量	しゅう動温度
相手材（材質，粗さ等）	ポンピング量
速度（往復・回転）	摩擦力
ストローク（往復）	摩耗量
軸偏心（静的・動的）	表面粗さ
外乱（振動・ダスト等）	

第1章 試験法と評価法 B編

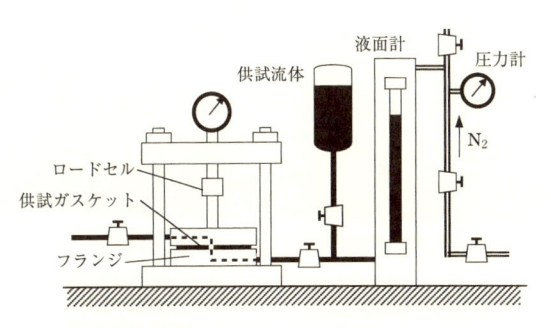

図1.3.25 ガスケットシール試験（ASTM）
〔出典：文献35）〕

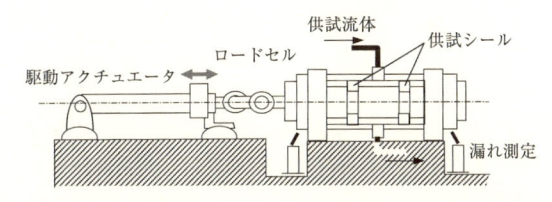

図1.3.26 ロッドパッキン試験法（ISO案）
〔出典：文献39）〕

の試験装置も，供試シール間へ流体を送り込むという基本構成をとる．ただし，運動用シールでは摩擦特性も重要であり，しゅう動時の摩擦力測定が一般に行なわれる．また，往復動シールでは，例えば自動車エンジンのバルブステムシールのように，別のしゅう動部分への潤滑油供給を目的に，適度の漏れが要求されることがある[40]．シールからの漏れ量測定には，ろ紙等でロッドから直接拭き取る方法や供試シール前面に油かき出し用シールを別途設ける[41]手法が用いられる．

図1.3.27は回転用シール（オイルシール）試験装置である．オイルシールでは，密封流体を油槽側にポンピングする能力の大小でシール性能が一般に評価されており[42]，シールを通常とは逆に取り付けたときの単位時間あたりの漏れ量，あるいはシリンジなどでリップ近傍に注入した一定量の流体が，油槽側へ送り込まれる時間をトルク変化から測定する手法がとられる．また，摩擦トルクは，駆動軸にトルク計を設置する方法と，シールのハウジングを軸受で支持して

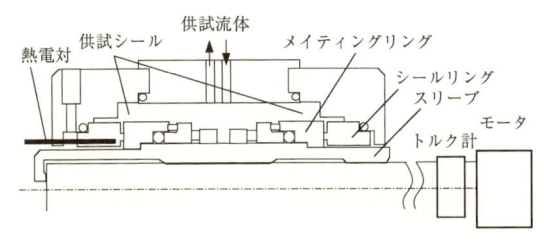

図1.3.28 メカニカルシール試験装置

回転トルクを計測する方法が一般に用いられている．

図1.3.28はメカニカルシールの試験装置で，スリーブを介し供試シールが両端に2個取り付けられる．メカニカルシールは高PV下（P：密封圧力，V：しゅう動速度）で用いられることが多く，密封性，摩擦特性などに加え，耐摩耗性も重要な評価項目であり，シールリング，メイティングリング両材料の組合せが重要である[43]．

いずれのシール要素も，これらシール試験結果を基に，最適な材料および形状設計が行なわれている．

1.3.5 その他の試験（塑性加工）

塑性加工におけるトライボロジー現象の解明のため，多種多様の摩擦試験が考案されている[44]．工具・被加工材間に現われる摩擦条件範囲を表1.3.3に示す[45,46]．加工条件によって，接触面圧，すべり速度，摩擦面温度，および塑性加工特有の条件である新生面の出現（表面積拡大比）などが広範囲に変化する．これらの条件を十分把握して，実加工に適合した摩擦試験を行なうことが望ましい．

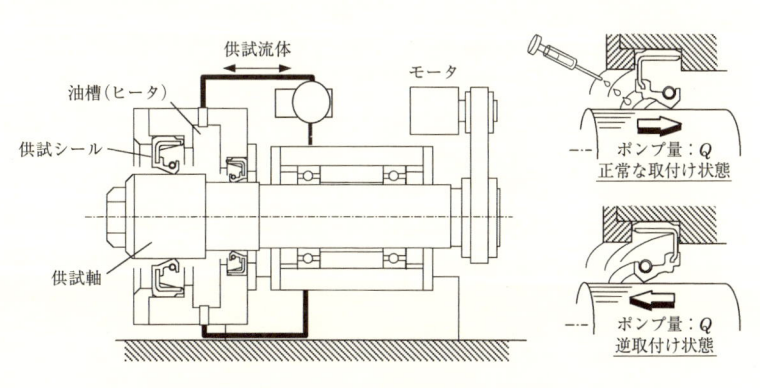

図1.3.27 オイルシールの試験装置と性能評価方法

（1）塑性加工用基礎的摩擦試験法

基礎的摩擦試験機の例を図1.3.29に示す．これらの試験機には，最小限次のような条件が必要とされる．

(a) 工具と被加工材をシミュレートし得る摩擦面間ですべりを行なうこと．さらに，被加工材には巨視的塑性変形が加えられること．

(b) 接触面圧，すべり速度，および温度等の試験条件は塑性加工でみられる範囲をカバーし得ること．さらに摩擦力と垂直力とをすべり距離に対して測定できること．

図(a)は圧縮と直線すべりを与える形式である[47]．図(b)は圧縮-回転式である[48]．圧下率は比較的小さいが，すべり距離は無限に可能である．摩擦面形式を変更することにより，境界潤滑能，耐焼付き能および油膜強さなどの各種特性を評価できる．図(c)に示されたリング圧縮式[49]は，リング状試験片を圧縮し，端面の摩擦条件によって内径変化率を利用し，圧縮率と内径縮小率の理論的関係（ノモグラフ）から摩擦係数を求める方法である．試験片の寸法測定のみによって摩擦係数が得られる簡便な方法であり，特に熱間における試験法として有用である．

（2）塑性加工シミュレーション摩擦試験法

対象とする塑性加工の工具・被加工材間の接触面をシミュレートした摩擦面形式を有する試験法である．塑性加工そのもののモデル加工を行ない，接触面圧と摩擦力を測定し得るよう工夫されている．それらは (a) 板材成形，(b) 引抜き・しごき加工，(c) 押出し・鍛造および (d) 圧延加工をシミュレートした四つのタイプに大別される．

a. 板材成形シミュレーション摩擦試験

板材成形では，表1.3.3に示すように工具との接触面圧およびすべり速度は比較的低く，被加工材の表面積拡大比もたかだか1.5程度である．図1.3.30に代表的な試験法を示す．板材成形ではビード部やダイ角丸み部で変形を受け，接触面圧も比較的高い部分で焼付きが発生しやすいため，この部分をシミュレートした試験法が多く見られる．図(a)の絞りビード形[50]は，接触面圧あるいは試験片の変形挙動が不明確であるため，摩擦機構の研究手法としては適さないが，実加工に比較的対応した結

表1.3.3 工具-被加工材間における摩擦条件　〔出典：文献46)〕

加工法 条件因子	板材加工	引抜き・しごき加工	圧延・回転加工	鍛造・押出し加工
接触面圧 p, MPa (面圧比 p/Y *1)	1〜100 程度 (0.1〜1 程度)	100〜1 000 程度 (1〜2 程度)	100〜1 000 程度 (1〜3 程度)	100〜3 000 程度 (1〜5 程度)
加工速度 v, m/s (すべり速度)	10^{-3}〜10^{-1} (0〜10^{-1})	10^{-2}〜10 (10^{-2}〜10)	10^{-2}〜10 (10^{-3}〜10^0)	10^{-3}〜10^{-1} (0〜10^{-1})
摩擦面積温度 T, ℃	室温〜150	室温〜300	室温〜200 温・熱間温度	室温〜400 温・熱間温度
表面積拡大比 A/A_0 *2	0.5〜1.5	1〜2	1〜2	1〜100 程度
摩擦面への潤滑剤の供給形態	捕捉	導入	導入	捕捉（導入）

*1 被加工剤の単軸降伏応力
*2 被加工材の加工後と前の表面積の比

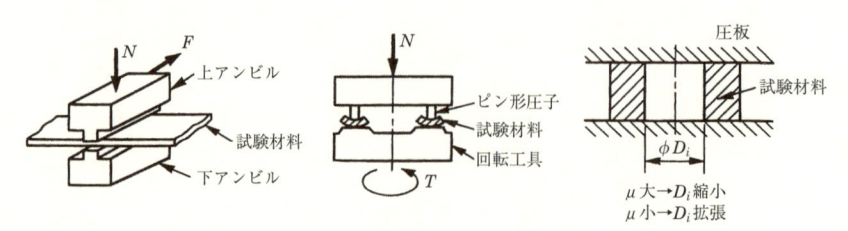

(a) 帯板圧縮・横すべり式〔出典：文献47)〕　(b) 板圧縮・回転式〔出典：文献48)〕　(c) リング圧縮式〔出典：文献49)〕

図1.3.29　塑性加工用基礎的摩擦試験法

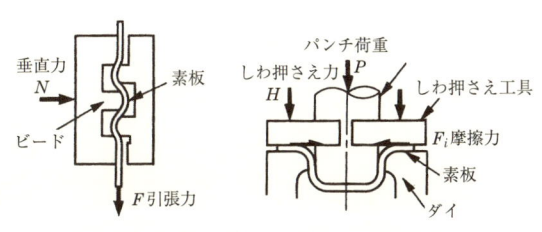

果が得られることから，特に北米では多用されている．図(b)の深絞り形は，しわ押さえ面の摩擦力 F_r' が行程中連続的に測定し得る[51]．

b. 引抜き・しごき加工シミュレーション摩擦試験

引抜き形摩擦試験は垂直力と摩擦力の測定が容易であるため，しばしば用いられる．図1.3.31(a)のようにダイス面上の摩擦力 F と垂直力 N を直接測定し得るもの[52,53]があり，正確な摩擦係数を求めることができる．引抜き形より高い断面減少率が可能であるしごき形摩擦試験機を図(b)に示す．これを用いて，工具と被加工材の適合性の検討が多数行なわれている[54]．

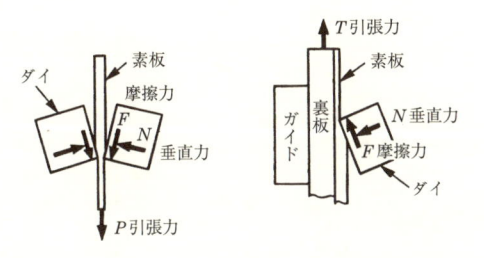

c. 押出し・鍛造シミュレーション摩擦試験

鍛造加工では，被加工材の降伏応力以上の高い接触面圧となるため，摩擦力および垂直力の検出はむずかしい．そのため前述のリング圧縮試験のように，荷重測定が不用な方法が多用される．また高面圧下で捕捉された潤滑剤の挙動が摩擦状態に大きく影響する．下工具面の摩擦端末条件により潤滑剤の捕捉状態を制御し得る試験法[55]を図1.3.32(a)に示す．図(b)は，二次元押出しを行ないパンチ面上の摩擦係数を測定する方法[56]である．温熱間における潤滑性能試験も重要であり，分割ダイス形熱間押出し試験装置を用いる方法[57]およびスパイクテストによる評価法[58]などがある．

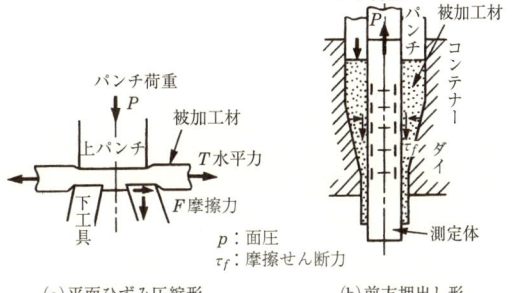

d. 圧延シミュレーション摩擦試験

圧延時の摩擦係数を求める方法としては，先進率 δ を利用する方法がよく知られている．図1.3.33(a)はロールの周速の制御などにより，摩擦条件等の変更が行なえるように工夫されている[59]．図(b)は異周速異径圧延ともいい得る装置である[60]．摩擦工具ロールを駆動ロールに対し種々の相対速度で回転させ，潤滑油の導入速度と被加工材・ロール間のすべり速度の影響を分離して検討し得る方法である．

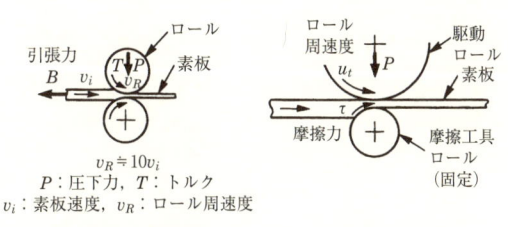

上記以外に各種試験機とそれらによる結果が多数報告されているが[61~63]，それぞれの試験機には特徴があり，すべての因子を1台の試験機によって調べ得る万能の試験機は存在しない．このような現状から，現在のところ，狙いとする影響因子を主な制御因子とした複数の試験機によって総合的に評価する方法が最良といえる．

図1.3.30 板材成形を対象とした摩擦試験法
(a) 絞りビード形〔出典：文献50〕
(b) 深絞り形〔出典：文献51〕

図1.3.31 引抜き・しごき加工を対象とした摩擦試験法
(a) 帯板引抜き形〔出典：文献52〕
(b) 帯板しごき形〔出典：文献53〕

図1.3.32 押出し・鍛造を対象とした摩擦試験法
(a) 平面ひずみ圧縮形〔出典：文献55〕
(b) 前方押出し形〔出典：文献56〕

図1.3.33 圧延を対象とした摩擦試験法
(a) 後方張力圧延形〔出典：文献59〕
(b) 圧延・しごき形〔出典：文献60〕

文　献

1) 川池和彦・古川義夫：潤滑, **29**, 8 (1984) 585.
2) 福岡辰彦：潤滑, **29**, 8 (1984) 573.
3) 田中　正：潤滑, **22**, 11 (1977) 695.
4) 中井　学・風巻恒司・畠　正：潤滑, **27**, 11 (1982) 837.
5) すべり軸受の静特性および動特性資料集, 日本工業出版 (1984) 25.
6) 江崎仁郎：潤滑, **29**, 8 (1984) 579.
7) 松久博一・山本康一・坂本雅昭・田中　正：トライボロジスト, **39**, 9 (1994) 792.
8) 坂本雅昭・田村英彦：トライボロジスト, **35**, 9 (1990) 673.
9) 傍島　俊・水野啓三：油圧と空気圧, **18**, 8 (1987) 202.
10) 竹内彰敏・佐藤光正・青木　弘：潤滑, **33**, 1 (1988) 62.
11) R. S. Sayles & P. B. Macpherson：Rolling Contact Fatigue Testing of Bearing Steels, editor J. J. C. Hoo, ASTM STP 771 (1982) 225.
12) 森原源治・藤田良樹・藤本芳樹：KOYO Engineering Journal, **128** (1985) 20.
13) 有本建夫・服部好造：NTN TECHNICAL REVIEW, **56** (1989) 42.
14) 日本学術振興会 転り軸受寿命第126委員会：ころがり軸受の研究 (1986).
15) K. Toda, T. Mikami & J. M. Johns：SAE Tech, Pap. 921721 (1992).
16) 日本潤滑学会編：改訂版 潤滑ハンドブック (1987) 776.
17) 日本潤滑学会編：改訂版 潤滑ハンドブック (1987) 662.
18) 村上保夫・武村浩道・藤山章雄・古村恭三郎：NSK Technical Journal, 655 (1993) 17.
19) 日科技連編：信頼性データの解析 (1967).
20) 立石佳男：KOYO Engnieering Journal, **130** (1986) 47.
21) 日本工業規格, B 1741-1977, 歯車の歯当たり.
22) 梅澤清彦・鈴木登志夫・北條春夫：日本機械学会論文集 (C編), **54**, 498 (1988) 458.
23) 久保愛三・梅澤清彦：日本機械学会論文集 (第3部), **43**, 371 (1977) 2771.
24) 久保愛三・上野　拓・金　晶立・有浦泰常・中西　勉：日本機械学会論文集 (C編), **51**, 467 (1985) 1559.
25) 寺内喜男：精密機械, **25**, 13 (1959) 564.
26) H. Winter, K. Michaelis & K. V. Schaller：Antriebstechnik, **35**, 1 (1996) 37 ; **35**, 2 (1996) 57.
27) J. R. Rosinski, J. Haigh & D. A. Hofmann：Proc. of 1994 International Gearing Conference, Newcastle (1994) 439.
28) DIN 51354：FZG - Zahnrad - Verspannungs - Prüfmaschine (1984).
29) 上野　拓・石橋　彰・田中成忠：日本機械学会論文集 (第3部), **38**, 310 (1972) 1592.
30) 会田俊夫・寺内喜男：材料試験, **5**, 36 (1956) 553.
31) 有浦泰常・上野　拓：潤滑, **20**, 31 (1975) 167.
32) 矢田恒二：機械技術研究所報告, 88 (1976) 46.
33) 山下秀興・大竹惟雄・瀬谷周三：自動車技術, **49**, 2 (1995) 45.
34) 和田稲苗：密封装置選定のポイント, 日本規格協会.
35) ASTM F 37-89.
36) 大川　聡・岩片敬策：バルカーレビュー, **38**, 2 (1994).
37) 石井和夫・桂井　隆・中田　真・若松　仁・中曽根秀隆：Honda R & D Technical Review, 8 (1996) 152.
38) 久野　博：配管技術, **38**, 1 (1996) 112.
39) ISO/TC 131/SC 7/WG 7.
40) H. Hirabayashi, Y. Kawahara & Y. Muto：SAE paper, 790350 (1979).
41) 細川　洸・山崎敏宏：油空圧技術, **91**, 4 (1991).
42) Y. Kawahara & H. Hirabayashi：ASLE Trans., **22**, 1 (1977).
43) M. Komiya, S. Matsui & H. Hirabayashi：Proc. 13th Int. Conf. Fluid Sealing BHRG (1992) 495.
44) 堂田邦明：塑性と加工, **34**, 393 (1993) 1091.
45) 日本塑性加工学会編：塑性加工におけるトライボロジ, コロナ社 (1988) 83.
46) 日本塑性加工学会編：プロセストライボロジー, コロナ社 (1993) 65.
47) T. Mizuno & M. Okamoto：Trans. ASME, J. Lub. Tech., **104** (1982) 53.
48) 河合　望・堂田邦明・中島嘉宏：日本機械学会論文集 (C編), **52**, 473 (1986) 354.
49) 久能木真人：科学研究所報告, **30**, 2 (1954) 63.
50) ADDRG：Sheet Met. Ind., **54** (1977) 147.
51) 春日保男・山口勝美：日本機械学会論文集, **33**, 252 (1967) 1294.
52) 工藤英明・長浜高四郎・高木康司・成子由則：塑性と加工, **13**, 139 (1972) 593.
53) 河合　望・中村　保：日本機械学会論文集 (第3部), **39**, 326 (1973) 3191.
54) K. Dohda, N. Kawai：Trans. ASME, J. Trib., **112** (1990) 275.
55) 済木弘行・森田寛二：日本機械学会論文集, **48**, 436 (1982) 1950.
56) 中村　保・加藤浩三・松井伯夫：日本機械学会論文集 (C編), **52**, 473 (1986) 163.
57) 時沢　貢・堂田邦明・室谷和雄：精密機械, **41**, 2 (1975) 67.
58) S. Isogawa, A. Kimura & Y. Ttzawa：Annals of the CIRP, **41**, 1 (1992) 263.
59) 小豆島　明・宮川松男：第33回塑性加工連合講演会論文集 (1982) 299.
60) 堂田邦明・王　志剛・横井信安・春山義夫：日本機械学会論文集 (C編), **61**, 491 (1995) 4476.
61) N. Bay & B. G. Hansen：Proc. 7th. Int. Cold Forging Congress, **55** (1985).
62) W. R. D. Wilson, H. G. Malkani & P. K. Saha：Proc. NAMRC XIX, (SME) (1991) 37.
63) W. Wang & R. H. Wagoner：Proc. 4th Int. Conf. Technology of Plasticity (1993) 1495.

1.4　機械的性質試験法, 評価法

1.4.1　静的強度試験

　固体材料の力学的性質, すなわち外力の作用に対する変形と破壊の挙動を調べる材料試験は, 負荷速度によって静的試験と動的試験に大別される. 本項では, 硬さ試験以外の静的試験のうち, 主に金属材料を対象として規格化・標準化された試験方法を紹

介する．試験方法の詳細な解説は専門書[1~3]や各規格書を参照されたい．JISでは，ここで引用した金属材料のほかに，プラスチック，ファインセラミックス，ゴム，複合材料ほか，各種材料ごとに試験方法が規定されている．

材料が外力を受けると，条件に応じて弾性，塑性，粘弾性，破壊などの挙動を示す．これらの特性はいくつかの材料定数で記述される．弾性は縦弾性係数，横弾性係数，ポアソン比など，塑性は降伏応力，耐力，伸び，絞り，加工硬化指数などで表わされ，これらは引張試験，圧縮試験，曲げ試験，ねじり試験によって測定される．粘弾性は，例えば高温下のクリープ特性がクリープ試験によって測定される．一方，破壊の特性は，種々の破壊靱性試験によって得られる破壊靱性値などによって記述される．

トライボロジーの諸現象は材料表面での力学的作用に起因して起こるため，その理論解析においては，材料の硬さや上述のいくつかの材料定数が用いられる．しかし，摩擦しゅう動する材料の表面層では，種々の変形，化学反応，移着，相変化などが生じる場合が多い．このような場合，その力学的性質はバルクのそれとは異なっており，以下に述べる方法で得られる材料定数等を適用するときには注意を要する．

（1）引張試験

引張試験は，材料試験のなかで最も広く行なわれている試験法である．図1.4.1に示す円形断面棒や板状，管状の試験片に，軸方向に引張荷重を連続的に増加させて加え，そのときの荷重と長さの変化を記録し，降伏点，耐力，引張強さ，伸び，絞り，縦弾性係数などを求める．JIS規格に，試験方法[4]，試験片の形状[5]，試験機[6]が規定されている．試験機としては，一般に圧縮，曲げなどの試験を行なうこともできる万能試験機が使われる．万能試験機は，容量が数十kNから数千kNのものが市販され

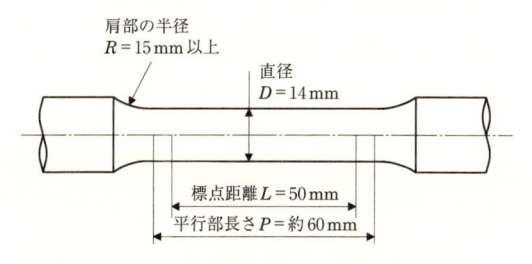

図1.4.1 引張試験片の例：JIS4号試験片
肩部の半径 $R=15$ mm 以上
直径 $D=14$ mm
標点距離 $L=50$ mm
平行部長さ $P=$ 約60 mm

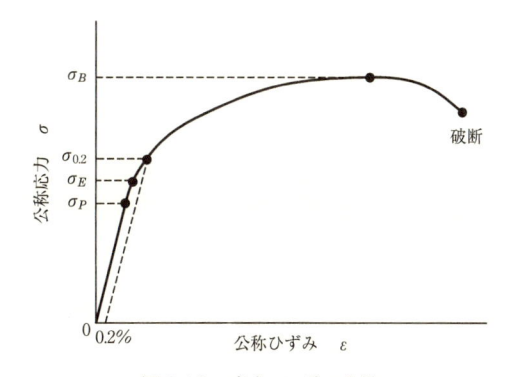

図1.4.2 応力-ひずみ曲線

ている．

図1.4.2に，非鉄金属について引張試験によって得られる公称応力-公称ひずみ線図を模式的に示す．原断面積（試験前の試験片の断面積）を A_0，試験前の標点距離（平行部分の長さ）を l_0，荷重 F のもとでの標点距離を l と書くと，公称応力 $\sigma=F/A_0$，公称ひずみ $\varepsilon=(l-l_0)/l_0$ である．

a. 弾性限度と弾性係数

応力とひずみの間に比例関係，すなわちフックの法則 $\sigma=E\varepsilon$ が成り立つ限界の応力を比例限度 σ_P と呼び，σ_P 以下での比例定数 E が縦弾性係数（ヤング率）として求められる．また，永久変形を生じない限界の応力を弾性限度 σ_E と呼ぶ．この値の決定は測定装置の精度に依存するため，一般には0.001~0.05％の永久ひずみを生じる応力を σ_E とする．

等方性の弾性体では，弾性係数として縦弾性係数 E，横弾性係数 G，ポアソン比 ν，体積弾性係数，があるが，このうち二つの弾性係数がわかれば他は自動的に決まる．例えば，E と G が既知の場合は，$\nu=(E-2G)/2G$ である．

b. 降伏応力と耐力

軟鋼では応力が弾性限度を越えたところで，塑性変形領域の発生と拡大に伴って上降伏点 σ_{SU} と下降伏点 σ_{SL} が現われ，一般に σ_{SU} を降伏応力あるいは降伏強さと呼ぶ．その他の多くの材料では，図1.4.2のように明確な降伏はみられない．そのような場合には降伏点の代わりに，0.2％の永久ひずみが生じる応力 $\sigma_{0.2}$ を，耐力あるいは0.2％耐力と定義し，これを降伏応力とみなす．

c. 引張強さ

降伏後さらに試験片を引っ張ると塑性変形が進

み，応力は加工硬化のために増加して最大値に達した後，断面積減少のために低下して試験片の破断に至る．この最大値を引張強さ σ_B と呼ぶ．

d. 伸びと絞り

破断後の標点距離 l_f から求めた公称ひずみを百分率で表わした値 $\delta=100\times(l_f-l_0)/l_0$ を伸び，あるいは破断伸びと呼ぶ．また，円形断面の試験片について，破断後の最小断面積 A_f として，$\phi=100\times(A_0-A_f)/A_0$ を絞りと呼ぶ．伸びと絞りは材料の延性の指標として用いられる．

e. 加工硬化指数

加工硬化は真応力 σ と真ひずみ（対数ひずみ）ε との関係として，$\sigma=K\varepsilon^n$ で表わされる．K は定数である．n（$0<n<1$）は加工硬化指数と呼ばれ，材料の加工硬化の特性を表わす．引張試験で試験片がくびれを生じるような延性材料では，n は引張強さの点での真ひずみの値に等しい．薄板金属材料の加工硬化指数試験方法が，JIS で規定されている[7]．

（2）圧縮試験

圧縮力を受ける場面で用いられる脆い材料や，塑性加工される材料の圧縮特性を調べるために行なわれる．一般に，試験片は座屈を避けるために短い円形断面棒が用いられる[1]．

応力とひずみ，弾性限界，降伏点，耐力などは引張試験と同じ考え方で定められ，真応力-真ひずみ線図は引張試験でのそれと良い一致を示す．圧縮破壊を生じたときの公称応力を圧縮強さと呼ぶ．一般に圧縮強さは引張強さよりも高く，特に延性材料では圧縮変形が著しく，破断に至らない場合がある．なお圧縮試験においては，試験片端面と試験機の圧し板との摩擦を極力小さくして，端面での拘束を低減する工夫が必要である．

（3）曲げ試験

試験片に曲げモーメントを負荷して材料特性を調べる試験には，曲げ試験，抗折試験や，（6）で述べる3点曲げ試験がある．

JIS で規定されている曲げ試験[8]は，円形，長方形などの断面をもつ試験片[9]を規定の内側半径で曲げ，わん曲部の外側に裂ききずなどがあるかどうかを観察することにより，材料の加工性を調べるものである．試験方法としては押曲げ法と巻付け法がある．図1.4.3にそれぞれの方式の例を模式的に示す．

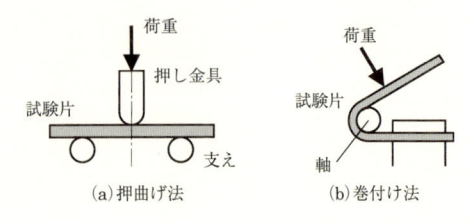

図 1.4.3　曲げ試験方法

抗折試験は円形断面棒試験片[10]を2点支持し，中央に荷重をかけて試験片が破断するときの荷重を求める試験である．破断時の荷重を曲げ強さと呼び，脆性材料の靱性の目安となる．

（4）ねじり試験

ねじり試験は，一般に中実あるいは中空の円形断面棒試験片にねじりモーメントを加え，モーメントとねじれ角を測定するものである[1]．ねじりモーメントとねじれ角の関係は，引張試験における荷重と長さの変化に相当するので，それより得られるせん断応力-せん断ひずみ線図より，せん断変形における弾性，塑性，破壊の特性を求めることができる．

直径 d，長さ l の円形断面棒の場合，ねじりモーメント T とねじれ角 θ の関係は，$T=\pi d^4 G\theta/32l$ で与えられるので，これより横弾性係数 G が求められる．また，モーメント T のもとでのせん断応力の最大値 $\tau_{max}=16T/\pi d^3$ は外表面に生じ，試験片が破断したときの最大せん断応力をせん断強さと呼ぶ．薄肉の中空円筒試験片を用いると，近似的に一様せん断応力場となるので，正確なせん断応力-せん断ひずみ線図が得られる．

（5）クリープ試験

一定荷重のもとで時間とともに進行する変形をクリープと呼び，多くの材料において一般に高温下で生じる．クリープひずみの経時変化は，図1.4.4に概念的に示すクリープ曲線によって表わされる．クリープ試験として，JIS に引張クリープ試験[11]，ならびに引張クリープ破断試験[12]，引張リラクセーション試験[13]が規定されている．

引張クリープ試験は，一定温度のもとで，円形あるいは長方形断面の試験片に軸方向に一定の荷重または一定応力を加え，時間の経過に伴う試験片のひずみを測定するものである．試験結果は，クリープ曲線によって記述する．一定期間で生じるクリープひずみが規定値以下となるような最大応力，あるいは一定期間で生じる平均クリープ速度が規定値以下

第1章 試験法と評価法

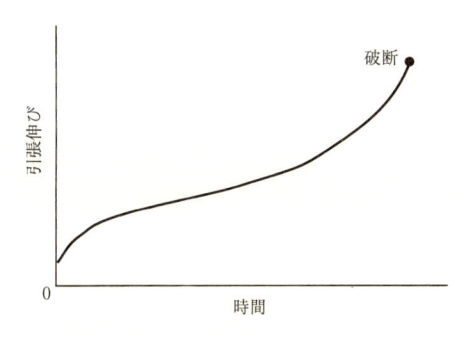

図1.4.4 引張クリープ曲線（一定温度，一定荷重）

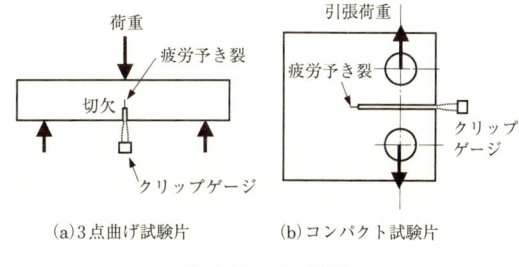

図1.4.5 K_{IC}試験

となるような応力，をクリープ強度と呼ぶ．

引張クリープ破断試験は，一定温度，一定荷重のもとで試験片が破断するまでの経過時間，破断伸び，破断絞りなどを求めるものである．

(6) 破壊靱性試験

静的な負荷に対する材料の破壊の特性は，破壊の機構により平面ひずみ破壊靱性，弾塑性破壊靱性，塑性崩壊強度などによって評価され，種々の試験が行なわれる．以下では，き裂材の代表的な破壊靱性試験として，K_{IC}試験，J_{IC}試験，ならびにCOD試験について概説する．

a. 平面ひずみ破壊靱性 K_{IC} 試験

材料の破壊の原因となるき裂の先端付近での応力分布は，例えばモードIでは，$\sigma_{ij}=K_I f_{ij}(\theta)/(2\pi r)^{1/2}$と表わされる．$r$と$\theta$はき裂先端を原点にとった極座標で，$f_{ij}(\theta)$は応力の種類によって決まる$\theta$の関数である．$K_I$は応力拡大係数と呼ばれ，負荷条件や材料の形状によって決まる応力分布の強さを表わす．平面ひずみ破壊靱性試験は，き裂先端近傍の塑性変形域が十分小さい場合，すなわち小規模降伏条件が成立する脆性破壊の場合に，破断が生じる応力拡大係数の限界値K_{IC}を破壊靱性値として測定するものである．

最も一般的な規格はASTMによるもの[14]で，図1.4.5に示すように，疲労予き裂を付した3点曲げ試験片，またはコンパクト試験片（CT試験片）に，負荷速度を制御しながら荷重を加え，破断までの荷重とクリップゲージ変位を測定する．この荷重-荷重線変位曲線より定められた方法によって破断前の最大荷重を求め，所定の式を用いてK_{IC}が計算される．

b. 弾塑性破壊靱性 J_{IC} 試験

小規模降伏条件が成立しない状態での延性破壊において，き裂先端の特異応力場を評価する指標として，き裂まわりの周回積分で定義されるJ積分が用いられる．破壊が開始する際のJ積分を弾塑性破壊靱性J_{IC}と呼ぶ．

J_{IC}試験では，K_{IC}試験と同様に予き裂をもつ試験片を負荷し，荷重-荷重線変位曲線から所定の式を用いて安定破壊開始時のJ積分を求め，これをJ_{IC}とする．安定破壊の開始点を検出する方法としては，R曲線法，SZ法，除荷コンプライアンス法，電位差法，AE法などがある．例えばR曲線法では，複数の試験片について異なる荷重で試験を行ない，J積分とともにそれぞれのき裂進展量を測定して，安定破壊開始時のJ_{IC}を決定する．J_{IC}試験方法は，ASTM[15]および日本機械学会[16]により規定されている．文献[16]には，K_{IC}およびJ_{IC}のデータが掲載されている．

c. き裂先端開口変位 COD 試験

大規模降伏状態での破壊靱性を評価する指標として，J積分のほかにき裂先端開口変位CODがあり，その限界値を求める試験法の規格としては英国のものが知られている[17]．これは，予き裂を付した3点曲げ試験片を用いて，K_{IC}試験と同様に破断に至るまで負荷し，得られた荷重-荷重線変位曲線から破壊発生時のき裂先端開口変位を所定の式によって求め，これを限界CODとするものである．

1.4.2 硬さ試験・スクラッチテスト

硬さ試験（hardness test）は準非破壊試験であるため他の破壊強度の代用特性として，設計・開発研究および品質管理等に広く用いられる．ただし，しばしば行なわれる機械的強度への換算は，同じ材料で熱処理，加工法も共通した場合に限り有効であることが多く，一般には目安と考えた方がよいとされる．

表 1.4.1　主な硬さ試験法の特徴とくぼみの直径・深さ

硬さ試験法	圧子	試験力	くぼみ直径	くぼみ深さ	特徴
ビッカース硬さ	ダイヤモンド正四角すい圧子	0.098 07～980.7 N	1.4～0.005 mm	0.2～0.001 mm	本文を参照．広い硬さ範囲に適用可能．くぼみサイズの読取りの個人差が誤差要因．小さいくぼみほど寸法読取り精度が必要．微小荷重で箔や表面層の硬さ測定には，押込み深さの10倍程度の厚さが必要．
ロックウェル硬さCスケール	ダイヤモンド円すい形圧子	1 471.0 N	1～0.4 mm	0.16～0.06 mm	ロックウェルスーパフィシャル硬さを含め，圧子と荷重の組合せで，15のスケールが規定されている．押込み深さの計測でオンライン品質管理に多用される．
ブリネル硬さ	超硬合金球10～1 mm径	29.42 kN	6～2.4 mm	1～0.15 mm	鉄鋼素材や鋳鉄など，粗い組織の材質の平均的硬さを求める．（くぼみサイズは10 mm径圧子の場合）
ショア硬さ	ダイヤモンド先端の落下用ハンマ	一定の高さからの落下による衝突	0.6～0.3 mm	0.04～0.01 mm	動的計測で，他の硬さ試験より安定性に欠けるが，試験が迅速，試験機が安価，軽量で持ち運びが可能．現場では，基準片によるチェックが必要．

（1）硬さ試験のいろいろ

ISOやJISには，ブリネル（Brinell）硬さ[18]，ビッカース（Vickers）硬さ[19]，ロックウェル（Rockwell）硬さ[20]が規定され，ショア（Shore）硬さ[21]はJIS等に規定されている．これらの硬さ試験法は，圧子形状，試験力，負荷の形態により変形量が異なり，素材の異なる特性を反映した数値を求めることができる．

表1.4.1に主な硬さ試験法のくぼみサイズと侵入深さ，特徴を示す．特に，母材と異なる性質の表面層をもつ材料や組織が粗い場合は，何を調べたいかを考慮して，試験法と試験力等の試験条件を選ぶ必要がある．

試験時の温度は，硬さ値に影響を与えるため，測定温度は10～35℃で，管理状態では23±5℃とする．

金属材料の研究分野や表面の変化を調べることの多いトライボロジーの分野ではビッカース硬さ，荷重の小さい微小硬さ等が多く用いられ，研究用が主体であるが超微小硬さも用いられる．

（2）（微小）ビッカース硬さ・超微小硬さ

ビッカース硬さ[19]は，対面角136°のダイヤモンド正四角すい圧子を用い，試験力 F（N）を加えて，試料に図1.4.6のようなくぼみを付け，くぼみの対角線長さ d_1, d_2 を，測定用顕微鏡等を用いてくぼみの大きさの0.5％または0.000 2 mmまで読み，平均対角線長さ d を求める．力と長さの単位はSI単位を用いるが，硬さ値は荷重にkgfを用いていたときと整合するように係数を考慮して，試験力 F をくぼみ表面積 S で割る次式より算出する．

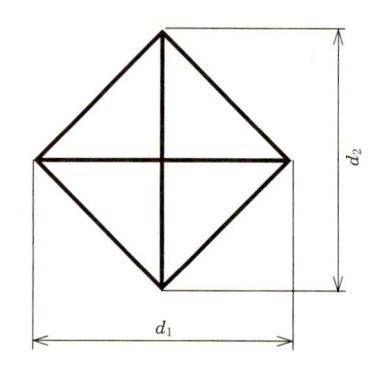

図1.4.6　ビッカース硬さのくぼみ

$$\mathrm{HV} = 0.102\frac{F}{S} = 0.102\frac{2F\sin\frac{136°}{2}}{d^2} \quad (1.4.1)$$

圧子がピラミッド型で荷重が広範囲に変わっても相似則が近似的に成り立つとされるため，荷重を変えて深さ方向の材料特性を比較したり，小さい荷重で硬さの分布を調べる等にも広く用いられる．

通常，ビッカース硬さ試験には9.807～980.6 Nの試験力が用いられる．硬さの数値には，ビッカース硬さを示すHVを後部に付けて示し，見掛け上の応力と見なすN/mm²のような単位は付けない．

微小硬さの一つとして，圧延材のような方向性のある材料の測定に，図1.4.7のようなくぼみを生じる圧子のヌープ（Knoop）硬さ[22]も用いられる．試料表面の硬さの変化に敏感である．

くぼみの大きさが小さくなるほど表面仕上げを良好にし，また，加工層を残さないようにしなければ

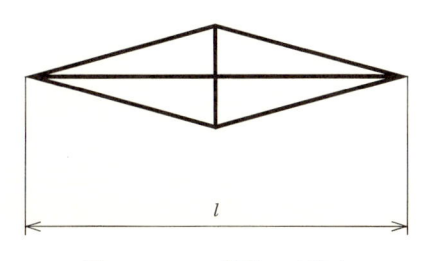

図1.4.7 ヌープ硬さのくぼみ

ならない．通常の研削仕上げで約 7 μm，ラップ仕上げで約 2 μm の加工層が生じるといわれている[23]．

硬さ材料や微小荷重でくぼみの大きさが，数 μm 以下となるような場合を超微小硬さ[24]と呼ぶことがある．材料開発等の研究で，薄膜や金属結晶・粒界の硬さを求めようという場合に用いられる．圧子の先端の稜の大きさが問題とならないよう三角すい圧子を用いることが多い．くぼみを見失うことや計測の困難を伴うため，押込み深さから硬さ値を推定する装置も開発されている．

（3）スクラッチテスト

PVD，CVDや溶射等で作成された表面層の密着強さは，硬さ試験だけでは評価が不十分ということで，押し込んだ圧子を水平方向に動かすスクラッチテスト[25]が用いられることがある．AEセンサを併用して薄膜がはく離する臨界状態を求める試験法であるが，動的試験であるため，硬さ試験よりもさらに物理特性との関係づけがむずかしく，比較試験として研究で用いられることが多い．

1.4.3 動的強度試験
（1）衝撃試験

衝撃試験は材料のねばり強さ（靱性）または脆さ（脆性）の判定のために行なわれることが多い．一度の衝撃で試験片を破壊し，破壊に要したエネルギーを吸収エネルギーとしてねばり強さまたは脆さの尺度とする．これに対して，高速変形中の材料の応力-ひずみ関係や破壊特性を求めるために衝撃試験が行なわれることもある．

衝撃試験には，荷重の負荷形式によって，引張，圧縮，ねじり，曲げ，等の試験法がある．また，衝撃試験機には荷重の負荷方法により落錘式，振り子式，回転円板式，等の種類がある．この中で，振り子式の衝撃曲げ試験は，装置が比較的小型で取扱いも容易であり，試験片の破壊に要したエネルギー（吸収エネルギー）も簡単に求めることができるので，広く用いられている．この種の試験法の中で，代表的なものがシャルピー試験とアイゾット試験である．

a．シャルピー試験

試験では，2点支持で中央に切欠をもつはり状試験片を振り子式の重錘の自然落下による打撃によって破断する．衝撃速度は 5～6 m/s である．試験機は JIS B 7722，試験片は JIS Z 2202，試験方法は JIS Z 2242 に規定されている．

図1.4.8(a)に試験機の原理を示す概略図を，図(b)に試験片の取付け状態を示す．ハンマ（重錘）を持上げ角 α から振り下ろし，試験片破壊後に反対側に振り上がったハンマの振上げ角 β を読み取

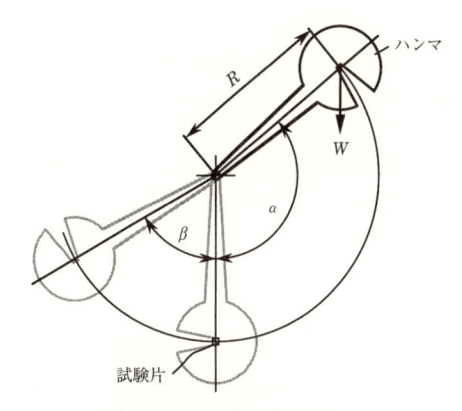

(a) シャルピー衝撃試験の原理

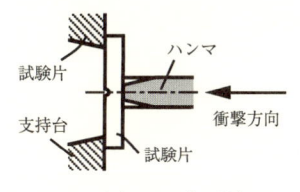

(b) シャルピー試験

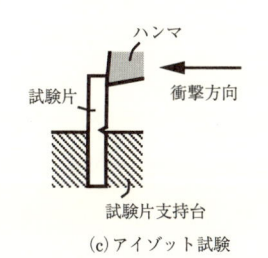

(c) アイゾット試験

図1.4.8 衝撃曲げ試験

り，破壊前後の位置エネルギーの差から吸収エネルギーを求める．ハンマの重量を W, 回転軸中心線からハンマの重心までの距離を R とすると，吸収エネルギー E は次式で与えられる．

$$E = WR(\cos\beta - \cos\alpha) - E_0 \qquad (1.4.2)$$

ここで，E_0 は試験機の軸受摩擦や空気抵抗などによる損失エネルギーでハンマを空振りしたときの振幅の減衰から求められる．

規格では吸収エネルギー E〔J（kgf·m）〕を切欠部の初期断面積で除した値をシャルピー衝撃値〔J/m²（kgf·m/cm²）〕としている．シャルピー衝撃値はき裂を発生させるエネルギーというより発生したき裂を伝播させるのに要するエネルギーと解釈される．

b. アイゾット試験

試験の原理はシャルピー試験と同じであるが，図1.4.8(c)に示すように切欠をもつ試験片を片持ちはり状に受け台に垂直に設置し，自由端に振り子式の重錘の自然落下による打撃を与えることによって破断する．衝撃速度は 3～4 m/s である．試験機はJIS B 7723, 試験片は JIS Z 2202, 試験方法は JIS Z 2242 に規定されている．

(2) 疲労試験

疲労試験は種々の材料およびそれから構成される機械，構造物とその部材について繰返し応力下での強度を調べることを目的としている．負荷の種類とその時間的変動の様式や試験環境は目的に応じて多種多様である．以下に疲労試験の基本的な分類を示す．

a. 疲労強度試験と疲労き裂進展試験

一定振幅の正弦波応力 σ のもとで破断までの繰返し数 N_f を求める試験が疲労強度試験の標準試験として行なわれる．この試験によって σ と N_f の関係を示すいわゆる S-N 曲線を求める．また，実働応力下での疲労強度は，プログラム荷重によるシミュレーション試験などにより評価される．

一方，繰返し応力下のき裂進展特性を定量的に求めるために，あらかじめき裂状切欠を導入した試験片を用いて行なわれる試験が疲労き裂進展試験である．き裂進展特性は1サイクルごとにき裂がどれだけ進展するかをき裂進展速度 da/dN として表現する．da/dN は一般に 10^{-10}～10^{-5} m/cycle の範囲の値をとる．

b. 高サイクル疲労と低サイクル疲労

破壊繰返し数が 10^4 ないしは 10^5 を超す疲労を高サイクル疲労と呼び，それより少ない繰返し数で破断する場合を低サイクル疲労と呼ぶ．一般的な疲労強度（時間強度）あるいは疲労限度は高サイクル疲労の範ちゅうにあり，JIS Z 2273 に試験方法および疲労強度の決定方法が規定されている．規定では，S-N 曲線をばらつきを有する試験結果のほぼ中央に引き，指定された繰返し数に対応する応力を S-N 曲線上に求め，時間強度と定めている．疲労限度は，ある応力段階で1本以上半数未満の試験片が破断する最大応力，あるいはある応力段階で全ての試験片が非破断の場合は，その応力値と一つ上の試験応力の平均の値とする，と規定されている．鉄鋼材料では，一般に繰返し数 N が 10^7 程度で疲労強度を決定できるが，非鉄金属では $N=10^9$ でも明瞭な非破断の傾向を示す S-N 曲線は得られない[26]．

一方，圧力容器，タービンおよび多くのプラント機器においては大荷重が長周期で繰り返される場合があり，こうした部材については破壊繰返し数が 10^4 以下の低サイクル疲労強度が問題となる．低サイクル疲労においては，通常，応力が降伏点以上となるので，大きな塑性変形を生じる．したがって，対策としては延性の大きい材料を使う．

低サイクル疲労試験としては，応力振幅を一定にして試験を行なう場合（定応力試験）と，全ひずみ幅 $\Delta\varepsilon_t$ または塑性ひずみ幅 $\Delta\varepsilon_p$ を一定にして試験を行なう場合（定ひずみ試験）がある．定応力試験では，試験が不安定になりやすく，一般にはひずみ制御試験が行なわれる．試験結果は $\Delta\varepsilon_p$ または $\Delta\varepsilon_t$ と破断繰返し数 N_f の関係で表わされる．特に，$\Delta\varepsilon_p$ と N_f の関係は，Manson-Coffin 則（または Coffin-Manson 則）[27,28]として，$\Delta\varepsilon_p{}^a N_f = C_1$ または $\Delta\varepsilon_p N_f{}^\alpha = C_2$ (a, α, C_1, C_2 は材料定数) の形式に表現される．

c. 荷重形式

疲労試験を荷重形式により大別すると回転曲げ疲労試験，平面曲げ疲労試験，引張圧縮疲労試験，ねじり疲労試験，組合せ疲労試験などとなる．

回転曲げ疲労試験は，丸棒に静的な曲げ応力を負荷した状態で試験片をモータで回転させ繰返し応力を加えるものである．構造上，両振り応力しか負荷できないが，重錘で負荷するので精度，安定性に優れている．標準の試験片寸法は直径 6～12 mm 程度

のものが多く用いられるが，寸法効果を調べるために直径100 mm 程度の試験片による試験もごく稀に行なわれている．試験方法および試験片については，JIS Z 2274 に規定されている．

平面曲げ疲労試験は同じ曲げ負荷であるが，種々の応力比で実施できる．通常は平板状試験の面外曲げ試験が行なわれる．一般に荷重精度はあまり良くない．試験方法および試験片については，JIS Z 2275 に規定されている．

引張圧縮疲労試験は，平滑試験片を用いるときには応力が試験片断面全体で一様であり，平均応力の影響を評価できるので，最も重要な疲労試験方法として最近特に多く用いられている．しかしながら試験機，試験片の軸合わせが悪いと試験片に大きな曲げ応力がかかる恐れがあるので，試験片の製作および取付けには細心の注意が必要である．

ねじり疲労試験には中空または中実の円形断面の試験片が用いられる．ねじり疲労試験片の表面の応力状態は直交する2軸の方向の引張と圧縮を重ね合わせた状態と等価であり，通常，最終的にき裂が主応力に垂直な方向（試験片軸に対して45°方向）に進展して試験片は破断する．

組合せ応力疲労試験は，引張圧縮，曲げ，ねじりなどの繰返し応力を実物部材の負荷状態に関連して同位相または異位相で加えるものである．この疲労試験には，特殊な試験機を必要とする．

d. 試験環境

通常の疲労試験は空温，大気中で行なわれるが，目的に応じてさまざまな環境下で疲労試験が行なわれる．

高温疲労試験において，応力の繰返し速度が極めて速い場合，寿命は常温と同じように繰返し数で決まるが，ひずみ速度の遅い場合や温度が非常に高い場合にはクリープや酸化の影響が無視できなくなり，繰返し速度が疲労試験結果に大きな影響を及ぼす．高温低サイクル疲労試験法については JIS Z 2279 に規定されている．

低温疲労試験においては，温度の低下に伴う引張強さの増加が疲労強度を上昇させるが，靭性の低下が疲労強度を低下させる．

熱疲労試験は，ボイラやタービン，原子炉などにおいて，負荷の変動や発停時において熱応力が繰り返される部材の試験に用いられる．この場合，熱サイクルの周期はかなり破壊までの繰返し数も比較的少ないことから，熱疲労は低サイクル疲労と同様に Manson-Coffin 則流のデータ整理がなされる．試験法については JIS Z 2278 に規定されている．

腐食疲労試験は，腐食環境中の部材の疲労特性を調べるために実施される．腐食環境は，雰囲気ガス中の酸素や水蒸気の濃度を変えたり，蒸留水，河水，食塩水などを用いることによって作られる．腐食疲労においては，繰返し速度効果が大きく，10^8 回程度の繰返しにも S-N 曲線には明瞭な疲労限度が現われない．多くの金属材料で $N=10^8$ での疲労強度は 20 MPa 以下になる．

文　献

1) 日本材料試験協会：材料試験便覧，丸善 (1957) 74.
2) 日本機械学会編：機械工学便覧 A 4 材料力学 (1984) 137.
3) 中川　元・盛中清和・遠藤達雄・光永公一：新選材料試験方法，養賢堂 (1982) 6.
4) 日本規格協会：JIS Z 2241　金属材料引張試験方法 (1993).
5) 日本規格協会：JIS Z 2201　金属材料引張試験片 (1980).
6) 日本規格協会：JIS B 7721　引張試験機 (1991).
7) 日本規格協会：JIS Z 2253　薄板金属材料の加工硬化指数試験方法 (1996).
8) 日本規格協会：JIS Z 2248　金属材料曲げ試験方法 (1996).
9) 日本規格協会：JIS Z 2204　金属材料曲げ試験片 (1996).
10) 日本規格協会：JIS Z 2203　金属材料抗折試験片 (1956).
11) 日本規格協会：JIS Z 2271　金属材料の引張クリープ試験方法 (1993).
12) 日本規格協会：JIS Z 2272　金属材料の引張クリープ破断試験方法 (1993).
13) 日本規格協会：JIS Z 2276　金属材料の引張リラクセーション試験方法 (1975).
14) ASTM Standard：E 399 (1981) Standard Test Method for Plane-Strain Fracture Toughness of Metallic Materials.
15) ASTM Standard：E 813 (1981) Standard Test for J_{IC}, A Measure of Fracture Toughness.
16) 日本機械学会編：日本機械学会基準 JSME S 001　弾塑性破壊靭性 J_{IC} 試験方法 (1981).
17) British Standard：BS 5762 (1979) British Standard Methods for Crack Opening Displacement Testing.
18) JIS Z 2243 ブリネル硬さ試験方法，(ISO 6506).
19) JIS Z 2244 ビッカース硬さ試験方法，(ISO 6507).
20) JIS Z 2245 ロックウェル硬さ試験方法，(ISO 6508).
21) JIS Z 2246 ショア硬さ試験方法.
22) JIS Z 2251 ヌープ硬さ試験方法，(ISO 4545).
23) 浅枝敏夫・小野浩二：機械の研究, **2**, 5 (1950) 249.
24) B. Bhushan, V. S. Williams & R. V. Shack：Trans. ASME, J. Trib., **110** (1988) 563.
25) 伊藤義康・斉藤正弘・柏谷英夫：機械の研究, **42**, 3 (1990) 377.
26) 村上敬宜・大山邦利・池田勇人・高藤哲哉・小林裕和：

材料, **44**, 497 (1995) 194.
27) L. F. Coffin, JR.：Trans. ASME, **76** (1954) 931.
28) S. S. Manson：Fatigue‐An Interdisciplinary Approach, Syracuse University Press (1964) 133.

1.5 表面分析

1.5.1 概　要

　表面分析技術の発展に伴い，数多くの分析手法がトライボロジーの研究に応用されるようになっている．表面を探索する意義としては，トライボロジー反応が起こった表面を単にポストプロセスで解析するのみならず，トライボロジー現象をインプロセスで考察するという意欲的な研究姿勢も含まれる．

　オージェ電子分光（AES：Auger Electron Spectroscopy）やX線光電子分光（XPS：X-Ray Photoelectron Spectroscopy）等最近でこそポピュラーになってきた表面分析機器がトライボロジーの研究に登場してきたのは1960年代であり，アメリカ航空宇宙局（NASA）のバックリー（D. H. Buckley）らの先駆的な研究によるところが非常に大きい[1]．また，このような固体の表面科学に立脚した研究とともに，トライボケミカル反応の探究という化学的な立場からの表面分析もトライボロジー現象の解明に多大の工学的意味をもつ[2]．

　表面分析による評価の対象は，トライボロジープロセスによって誘起される，表面組成の変化，微細構造，反応生成物，吸着・脱離，格子欠陥，物理・化学結合などであり，それぞれに最も適した分析法を応用することが有効である．例えば，X線マイクロアナライザ（EPMA：Electron Probe Microanalyzer）による摩擦面の元素分析のマッピングでは表面から$1\mu m$程度の深さまでの情報が得られるが，走査オージェ顕微鏡（SAM：Scanning Auger Microscopy）を用いると数nmの深さまでの情報が得られる．トライボロジー反応によって生じた生成物を解析するならば，EPMAは厚い付着物に，SAMは薄い膜に適用すべきことは自明であろう．したがって，深さ方向の検出感度を考慮した表面分析法の選択が必要である．また，近年特に局所分析の必要性が提議されているが，この場合には電子線やX線，イオンビーム等のプローブが空間分解能を支配する．このことは，細く絞ることが比較的簡単な電子線を用いた表面分析機器が普及した一因でもある．デファイン（defined）された表面を確保するために，表面分析機器の多くは超高真空中で作動する．しかしながら，現実には大気中でのトライボロジーの問題の方が圧倒的に多いわけで，大気中で使用できる分析機器は非常に好都合である．表面に敏感な測定法であるフーリエ変換赤外吸収分光（FT-IR：Fourier Transform Infrared Absorption Spectroscopy）やラマン分光（Raman Spectroscopy）等は当然のことながら超高真空を作る煩雑さはない．プローブや検出対象，分解能，簡単な応用例をまとめた表が本学会の講習会資料などに記載されているので，表面分析法の選択に参考になる[3]．

　表面間力の測定も極めて重要である[4]．したがって，走査型プローブ顕微鏡（SPM：Scanning Probe Microscopy）を抜きにして近年のトライボロジー研究を論じることはできないように思われる．オングストロームの分解能，あるいはnN以下の力の検出が可能であることから，表面に極めて敏感な測定法である．また，探針を原子オーダからクラスタサイズの単一突起として模擬したモデル実験ができることや，大気中での操作も十分に可能であることから，トライボロジーの研究にも積極的に取り入れられている[5]．主にマイクロマシンや高密度磁気記録技術等の分野を対象に，SPMやその他の表面に敏感な分析法を駆使した研究分野はマイクロあるいはナノトライボロジーと呼ばれるようになってきている[6]．

　厳密には表面分析の範ちゅうには入らないものの，コンピュータ計算による電子・原子・分子のオーダからの解析がトライボロジーの研究分野でも開始されている[7]．SPM等による実験成果との比較・検討を行なうことにより，いっそうの発展が期待される研究分野である．

　以上，本節の序として述べた表面分析は狭義には表面に極めて敏感な測定原理に基づくものを指しているが，例えば光学顕微鏡や触針式表面粗さ計などもオーソドックスな表面分析法である．これらいわば巨視的なスケールから考察するトライボロジーもまた重要であって，そのような意味からは多岐にわたる表面分析法の全てがトライボロジーの機構を説明するうえで有効であるといわざるを得ないであろう．

1.5.2 X線光電子分光

X線光電子分光（XPS：X-ray Photoelectron Spectroscopy）は，ESCA（Electron Spectroscopy for Chemical Analysis）の別称でも呼ばれている．これは，その手法が確立される過程において，おもに化学分野での応用を目的とされたことに由来する．

（1） XPSの原理と概要[8,9]

物質の表面に軟X線（エネルギー：h_ν）を照射すると，光電効果によって構成原子の内殻・外殻電子が放出される．この光電子のエネルギー（E_k）は原子中で占めていた電子軌道のエネルギーレベル（結合エネルギー：E_b）を反映する．この結合エネルギー E_b は，次式の関係から求めることができる．

$$E_b = h_\nu - E_k - \phi_{sp} \qquad (1.5.1)$$

ここで，励起X線のエネルギー h_ν は既知であり，分光器の仕事関数 ϕ_{sp} は装置に依存して決まる．

XPSは，式(1.5.1)の関係を用い，軟X線の照射に伴い，試料表面から放出される光電子エネルギーとその数を測定することにより，表面近傍に存在する元素の種類や量，さらにはその元素の化学結合状態を特定する分析手法である．

（2） 装置の基本構成

XPS装置の主要部構成を図1.5.1に示す．装置はX線源，試料室，光電子のエネルギーを分別する電子エネルギー分光器および処理部から構成される．

X線源としては，エネルギーが小さく，半値幅が狭いことが望まれ，Al-$K\alpha$ 線，Mg-$K\alpha$ 線などの軟X線が一般的に使用されている．また，エネルギー分解能を向上させるために，Al-$K\alpha$ 線を単色化して用いる場合もある．

分析系には，分析中の試料の汚染を防ぐため，また光電子の運動エネルギーが気体分子との衝突によって失われないようにするために，10^{-9}～10^{-10} Torrの超高真空が必要とされる．また，試料室には，深さ方向の分析に必要な不活性気体イオン銃，試料の加熱・冷却ユニットなどが付加されている．

電子エネルギー分光器には，分解能に優れた静電半球型電子エネルギー分光器が一般的に用いられている．

データ処理部および装置制御系については，計算機技術の進歩，応用により，数多くの機能の自動運転，自動出力が可能となっており，飛躍的に処理能力，操作性が高まっている．

（3） 特　徴

・H, Heを除く全ての元素の定性，定量ができる．
・元素の化学結合状態を知ることができる．その際，結晶，非晶質および導体，不導体によらない．
・不活性イオン銃によるスパッタリングの併用により，深さ方向の分析が可能．不活性イオンには，Arイオンが一般的に用いられる．
・分析深さは数nm程度．すなわち，最表面層の分析といえる．
・分析径は機種に依存するが，最小では数十 μm のものもある．

（4） 分析の実際（トライボロジーへの応用）

一般的なXPS分析，特に未知試料の場合には，まず表面に存在する元素を特定するための定性分析を行なう．これには，元素の定性に必要とされる幅広いエネルギー領域にわたってのスペクトル測定（いわゆるワイドスペクトル測定）を行なう．

定性分析結果の一例として，純銅板でのスペクトルを図1.5.2に示す．標準スペクトルとの参照により，図中に示した元素によって表面が構成されていることがわかる．

ここで，溶剤洗浄後の純銅試料であるにもかかわらず，Cu以外にO, CおよびNが検出されている．これは，表面に形成された酸化物およびコンタミナンツによるものである．非しゅう動材でさえこのような状況にあるため，トライボロジーの分野で分析に供されるしゅう動後の表面は，確実にコンタ

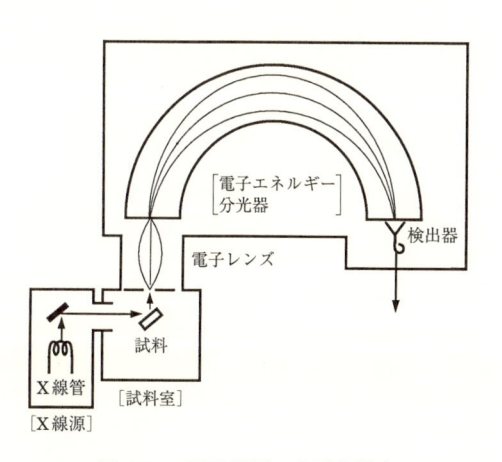

図1.5.1　XPS装置の主要部構成

ミナンツで汚染されていると認識しておいた方がよい．コンタミナンツを除去した表面の情報が知りたい場合には，不活性イオンで極短時間スパッタリングした後，分析するとよい．図 1.5.2 と同一試料を Ar イオンで 30 秒スパッタリングした後のスペクトルを図 1.5.3 に示す．コンタミナンツが除去され，Cu だけが検出されている．

定性分析に続いて，状態分析，定量分析として，検出された各元素の主ピークそれぞれに着目し，測定精度を上げたスペクトル測定（いわゆるナロースペクトル測定）を行なう．表面に存在する元素が既知の場合，ないしは状態を知りたい元素が定まっている場合には，定性分析を省略できる．

ある原子中の電子の結合エネルギーは，その原子の置かれた化学的環境によって異なり，XPS スペクトルのわずかなシフト（化学シフト）となって現われる．この現象を利用し，スペクトルのピーク位置から，着目する元素の結合状態を知ることができる．また，定量値については，スペクトルのピーク面積に元素ごとに既知である感度係数を乗じた値を算出し，全体に占めるその割合から求まる．

状態分析の例として，リン系の極圧添加剤配合油を用いて鉄系材料の冷間鍛造を行なった後の試験片における Fe 2p，P 2p 電子に着目したスペクトルを図 1.5.4 に示す[10]．Ar イオンスパッタリング前のスペクトルにおいて，標準試料でのピーク位置を参照することにより，Fe イオンとなっていること，P はリン酸化合物となっていることがわかる．これらから，表面におけるリン酸鉄の生成が推察される．

深さ方向に関する情報を得るために，Ar イオンによるスパッタリングとスペクトル測定とを繰り返し行なった結果も図 1.5.4 に併記してある．スパッ

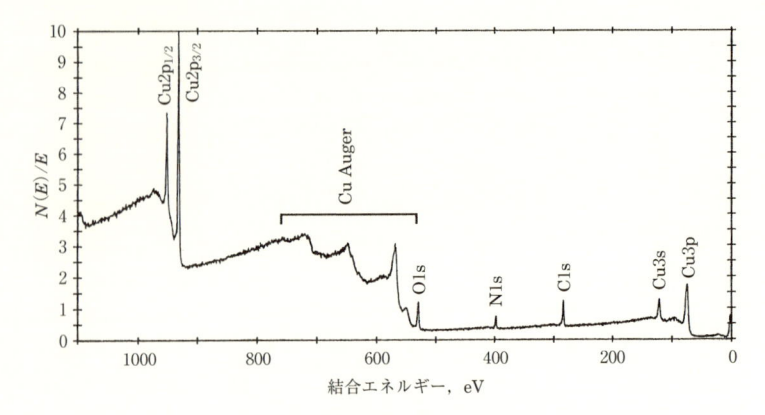

図 1.5.2　純銅板の XPS スペクトル

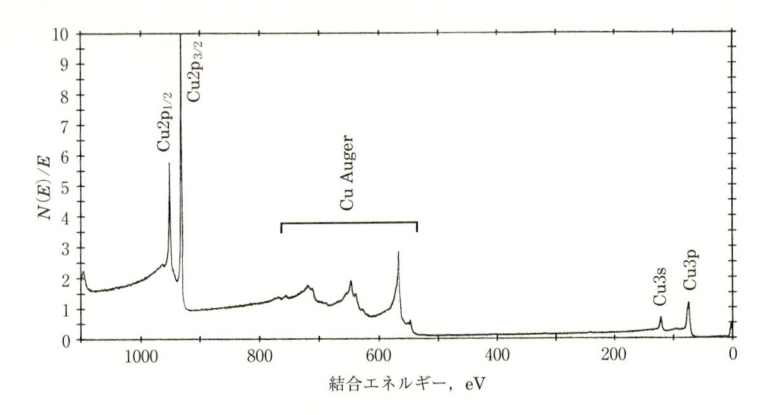

図 1.5.3　純銅板の XPS スペクトル
（Ar^+ にて 30 s スパッタリング後）

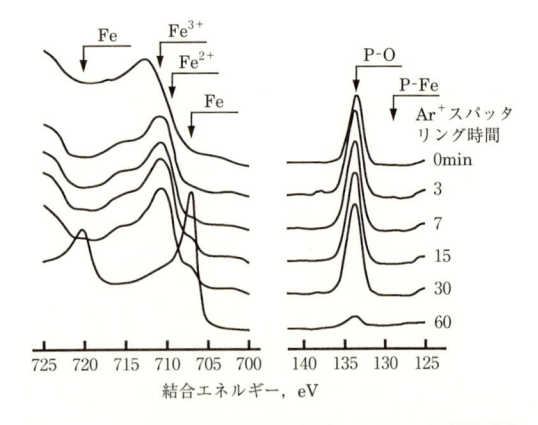

図 1.5.4　リン系極圧添加剤配合油を用いた冷間鍛造後の試験片の XPS スペクトル〔出典：文献 10〕

タリングに伴い，すなわち表面から深くなるほど，Fe はイオンから金属が主体となり，P はリン酸化合物のピーク位置のまま減少している．このときの

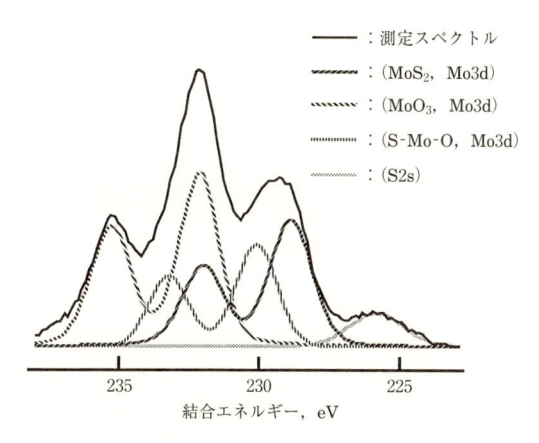

第1章 試験法と評価法　　B編　389

図1.5.5　MoDTC配合油中でしゅう動後の摩擦面のXPSスペクトル　〔出典：文献11）〕

Arイオンによるスパッタリング速度は，約1nm/minである．したがって，結合状態はリン酸鉄のまま変わらず，その厚さは数十nmと推察される．

一つの元素において複数の結合状態が混在している場合の例を図1.5.5に示す[11]．これは有機Mo系摩擦調整剤（MoDTC：Molybdenum Dithiocarbamate）配合油中でしゅう動後の摩擦面のスペクトル測定結果である．Moに関して，単一の結合状態にはなく，複数の状態が混在していることが見てとれる．このような場合には，計算機によるピークフィッティング処理によって，その組成を明らかにすることができる．この場合には，図中にピークフィッティングの結果として付記したように，Moを含む化合物は，MoS_2，MoO_3およびMoDTC中の構造を維持したもの（S-Mo-O）からなっていることがわかる．このような場合にも，各ピークの面積をもとに，それぞれの定量値を算出することができる．

（5）測定・解析に際しての注意事項

XPSは元素の定性，定量，結合状態，さらには深さ方向に関する情報まで得られることから，近年比較的汎用的な機器になってきたこととも相まって，トライボロジーの分野で幅広く，活発に利用されるようになってきた．利用する立場の者として心得ておくべきことはいくつかあるが[12]，特に注意すべき点を以下に挙げる．

測定試料が不導体の場合には，スペクトルが本来の位置よりも高エネルギー側へシフトする現象が起きる．これは，光電子の放出に伴い試料表面における電荷の片寄り，すなわちチャージアップを生じるためである．これを避けるには，試料室内に設置された中和電子銃を用い，電子シャワーで中和しながら測定する手法がある．

深さ方向の情報を得るための分析を行なう際に，スパッタリングの影響によって物質の変化を生じる場合がある．これは，物質を構成する元素によってスパッタリングの効率が異なるためである．この種の物質が分析対象となっている場合には，深さ方向の情報に関して，元素量についての議論は可能であるが，結合状態については，分析過程での変化を含む結果であることを認識し，言及すべきではない．

スパッタリングによって物質が変化していく例として，MoS_2の標準試薬での測定結果を図1.5.6に示す．3分のスパッタリングによって，最表面層のMoS_2は，そのほとんどが金属Moに変化している．同様の現象は，MoO_3においても認められる．したがって，図1.5.5に示した試料において，仮にMoS_2およびMoO_3が深い層にまで存在していたとしても，Arイオンスパッタリングによる深さ方向分析を行なうと同様なことが起こり，内部には金属Moが存在する，という誤った結論を導き出すことになる．

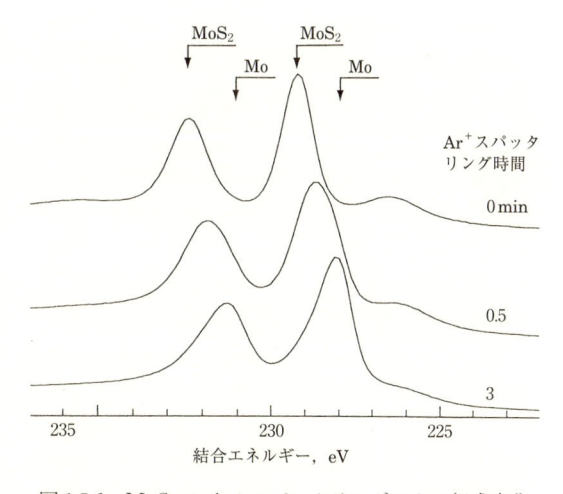

図1.5.6　MoS_2のAr^+スパッタリングによる組成変化

このようなことを避けるためには，深さ方向分析の前に，最表面で同定された物質を試薬で入手し，それを用いてスパッタリングによる組成変化の有無を確認すればよい．

いずれにしても，スパッタリングは物質を変化さ

せる危険をはらんだものであるため，スパッタリング後の状態分析，定量には注意を要し，慎重に吟味して行なわれるべきである．また，コンタミナンツ除去の目的で行なわれるスパッタリングも，できるだけ短時間とすべきである．

（6）期待される分析法

光電子イメージを面情報として捉えることのできる機能を付加した装置も出はじめている[13]．現状での水平方向の分解能は $10\,\mu m$ 程度とされている．元素および結合状態に着目した面内分布が比較的簡便に得られるようになることから，今後トライボロジーの分野において有効な手段になり得ると予想される．

1.5.3 オージェ電子分光

オージェ電子分光法は電子線を入力し，オージェ過程を経て放出された電子を計測して，表面より数原子層ないし数十原子層の深さに存在する原子の電子構造の情報を得る手段である．励起され，放出された電子が $50\sim1\,000\,eV$ 程度の運動エネルギーをもつとすると，固体を脱出できる厚さは $1\sim5\,nm$ に相当するので，表面の組成分析はAES，XPSのいずれかを使うと有利である．無潤滑面はもとより，薄い潤滑油膜でのしゅう動および境界潤滑での摩擦現象には，表面の極薄い層の組成と化学的状態が，重要な要素として摩擦特性に反映されるであろう．ここでは，高温，高圧があり両面の接近に伴って，両者の間に化学的相互作用が働く機会は大きくなると考えられる[14]．したがって，表面の変形の要素に加えて，2面の構成元素と表面構造の要素はもはや無視できない．相対する2面を構成する元素が異なると，しゅう動特性が異なることは随所に経験される．その材料の硬さ，その他変形に対する特性に加えて，(1)潤滑油添加剤の表面反応，(2)酸化物など摩擦面での反応生成物，(3)表面組成とバルク組成の差，(4)表面層の改質と摩擦，摩耗など極表面層のトライボロジー特性に関する情報を得るためにAESが活用されている．

AESによる表面分析の最大の長所は，XPSと相まって化学的結合状態の情報が含まれていることであるが，定量性とその絶対値の精度の特性は第二義的あるいは半定量的と考えざるを得ない．摩擦面に適用するに当たって，定量性の障害となる要素は大別して次のようである．

(a)バルクの組成分析の標準物質に相当する標準が，表面分析には得られにくい．たとえ単体でも，極微量の不純物は表面を異なる組成に変化させ，熱履歴，保存状態で容易に変質する．トライボロジーで用いられる多くの多成分系では，予測しにくい表面構成となるため，常に一定のワーキングスタンダードを用いても表面組成の変化は大きく，半定量の域を出ないと思われる．

(b)摩擦面の凹凸，試量とエネルギー分析器との幾何学的位置は，敏感にシグナル強度に反映する．平滑面の得られるわずかな場合を除けば，精度の高い定量は望めない．

(c)共存する元素によって，目的元素のシグナル強度は影響を受ける．電子の脱出過程での共存元素による吸収，励起が無視できないことに起因する．逆にこれらの要素を前提において解析して，有効な情報が抽出されることになる．他の方法論と組み合わせて，より信頼性の高い情報が得られている．以下に，比較的最近の研究結果を含めて，AESによるトライボロジーへの寄与の例を示す．

（1）潤滑油添加剤の表面反応

油膜を介した非接触面間には，油中添加剤がいくらかの吸着力をもって存在し，摩擦特性に大きく寄与している．比較的大きな分子（例えば炭素数 $10\sim20$）が添加剤に用いられるので，1原子層に比べ，はるかに厚い分子層（おそらく数 nm）が介在して，固体面間の直接接触を制限していると推定される．吸着力以外に表面に分子が捕えられる要因は考えられないので，この介在する吸着分子層は1分子層厚を越えることはできない．したがって吸着力は，固体表面の最外層の元素とその配列に支配される．ここでも表面分析が無視できない要因がある．

現実に吸着分子全体を観察するのは容易ではないが，モデルとして，表面に官能基で吸着した添加剤分子が配列していると考えられている．近年になって，実際AESなどにより，特定の元素を追跡して吸着元素を検出した例がみられる．使用歴史の長いZDDPに加えて，Cu-，Ti-，Gd-，などのアルキルリン酸塩[15〜17]，カルバミン酸塩，チオリン酸などのS，P，N[18]，金属元素の吸着状態と，しゅう動特性とを対比させている．Moは硫化物を作れば，セラミック面にも効果があることを予測され，実際Moを含むアルキル化合物を油中に添加して，Fe/Si_3N_4 しゅう動面に MoS_2 を検出した例があ

る[19]．複数の添加剤を共存させると起こる現象には，このような分析結果の情報が有効であろう．一方，元素分析はその場に存在することを証明するが，摩擦現象にいかに関わっているかは他の手段の情報を組み合わせて，より有効となることは明らかである．膜厚測定，微小領域X線回折，面温度[20]などは，多くの重要な情報を提供した．目的の系に最も大きく寄与していると予測される表面情報を，最も有効に提供する補助手段を選択し，解析することが重要であろう．

（2）酸化物など摩擦面での反応生成物

機械的エネルギーにより，表面における化学反応を促進または減速させる現象は多く見られる[21]．通常の反応温度では起こり得ない反応が熱力学法則に一見矛盾して進行する現象もみられるが，これは計測されにくい中間生成物が，摩擦による機械的エネルギーを利用して生成し，最終的には，特異な生成物を生成したり，著しく低い温度で，高温型の生成物が発生するからである．いずれにしても，多かれ少なかれ，何らかの表面反応は進行するであろう．反応の相手は，空気の成分，特に水分子の存在が大きい．酸化，窒化，水和および表面分子の分解，合成はすべり現象に常に伴うことが実際観測されている[22~26]．

反応を制御するため，真空中でしゅう動実験する場合，真空度とその質が摩擦係数，摩耗を大きく支配する．走査型オージェ電子分光装置中で摩擦させ，表面汚れ原子が摩擦と移着現象を大きく変化させた報告がある[27]．汚れ原子を無視できる量以下にするためには，真空度を10^{-8} Pa以下とし，油拡散ポンプを用いない必要がある．摩擦面で発生する高温は酸化を促進し，B_4CがB_2O_3に酸化され，Bが相手材に拡散されるとする報告もある[28]．またダイヤモンドの摩耗は吸着した酸素によるとの説もある．無定形C膜を潤滑層として用いる磁気ディスクヘッドの材料はフェライトなど，耐酸化性セラミックが用いられるが，スピネルでしゅう動すると，Cの酸化の触媒として作用するとの報告がある[29]．生成した反応物が摩擦特性として好ましい機能を示す場合と逆の場合があるが，その検出には二次元分解能をもつAESは有利である．酸化物の生成による移着現象，圧接はそれを逆に利用して中間層を作ることになる．接合面より深さ方向に分析を行なうことによって，接合状態が観察されている[30]．

（3）表面組成とバルク組成の差

しゅう動に際して，表面に加えられる機械的エネルギーは，組織のかくはんおよび熱となって元素の移動を促進し，表面の数層の組成をバルクのそれとは異なるものにすることは，周知の事実となった．ランニング-インとして表面の凹凸が平滑化されると同時に，その表面組成もしゅう動条件に対応した組成に変化する．表面温度勾配と材料中の共存元素に支配されたその表面組成が，摩擦特性に好ましい結果をもたらすかどうかは別問題であるが，表面組成と摩擦現象とは無関係ではあり得ない．定常的摩擦係数と速度に至ったあとは，バルクと表面層との間に拡散平衡があり，摩耗粒子の組成はバルクの組成を反映する．複合材料などにおいて，被膜の組成と摩耗機構の検討に用いられた例がある[31]．

（4）表面層の改質と摩擦特性

表面層にMoS_2の数ミクロン厚さの成膜を施し，著しい摩擦係数の低下した例がみられる[32]．結晶方位をそろえ，超高真空で出現した現象として，注目される．DLC膜にも極めて低い摩擦係数0.04が現われるのはHが，重要な寄与をすると考えられているが，必ずしもHを含まないDLC膜でも低摩擦が報告[33]され，定説には至っていない．

C，N，Oなどのイオン線を照射して表面構造，微細組織を変化させると，残留応力，ミクロ組織が変化し，耐摩擦寿命が大きく変化するとの報告がある[33~35]．AESはその変質層の深さ方向への元素分布を与えている．おそらくミクロ的な硬度も異なり，無定形化した組織が摩擦特性に影響していることを示唆する．イオンビームは，組織をかくはんし界面に漸移層を作る[36]ことを利用して，被膜の密着性，トライボロジー特性の改善に応用されている．

1.5.4 二次イオン質量分析

二次イオン質量分析法（SIMS：Secondary Ion Mass Spectrometry）は，表面分析法の中で最も感度の高い分析法であり，材料中の極微量（ppbオーダ）の元素を分析することができる．イオンエッチングで表面を削りながら分析することにより，深さ方向の分析（depth profile）も可能である．さらに，二次元的なイオン像から，元素の二次元分布（chemical imaging）を得ることができる．しかし，定量的な分析には適していない[37]．

図1.5.7に装置の概念図を示した．試料表面に高

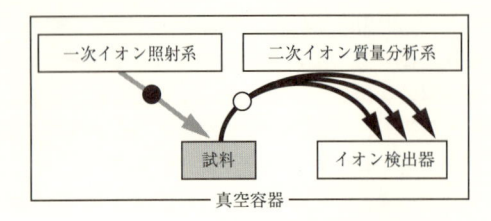

図 1.5.7　SIMS の概念図

エネルギーの一次イオンを照射すると，スパッタリングにより試料表面から二次イオンが発生する．二次イオンの質量スペクトルから，表面の元素や化学種を分析できる．イオン検出率を高めるため，測定は超高真空中で行なわれる．照射する一次イオン種としてはアルゴンやキセノンのほか，酸素，ガリウム，セシウムなども用いられる．一次イオンの加速電圧は数百 eV～数十 keV であり，一般には 1～3 keV 程度の一次イオンが照射される．

SIMS にはダイナミック SIMS（D-SIMS）とスタティック SIMS（S-SIMS）がある．D-SIMS では一次イオンの照射強度が高く，エッチング速度が数～数十 nm/s と速いので，深さ方向分析には有利であるが試料表面が破壊される．一方，S-SIMS ではイオンの照射強度が D-SIMS の 1 万分の 1 程度であるので，単原子層の情報が得られ，非破壊的な表面分析ができる．

二次イオンの質量を分析するには，四重極型，磁場型および飛行時間型（TOF：time of flight）の質量分析計が用いられている．以下に，それぞれの特徴を示す．四重極型は装置がコンパクトであるが，検出感度および質量分解能は他の方法に比べて低い．磁場型は D-SIMS に用いられており質量分解能および検出感度が高いが，測定できる質量範囲は 500 程度までである．TOF 型は，質量分解能は磁場型と同様高いうえ，検出感度も高い．質量分解能が高い（10 000 程度）TOF-SIMS で分析すると，シリコン基板上（Si_2=55.953 9）の鉄イオン（Fe=55.934 9）汚れを分析することができた[38]．TOF 型では測定できる質量範囲が 10 000 にもなるため，高分子の分子量分布を得ることができる．S-SIMS には TOF 型がよく用いられている．潤滑油分子の主鎖構造や末端の官能基の構造を分析することもできる[39]．

細く絞った一次イオンのビームで表面を走査することにより，元素の二次元分布を得ることができ

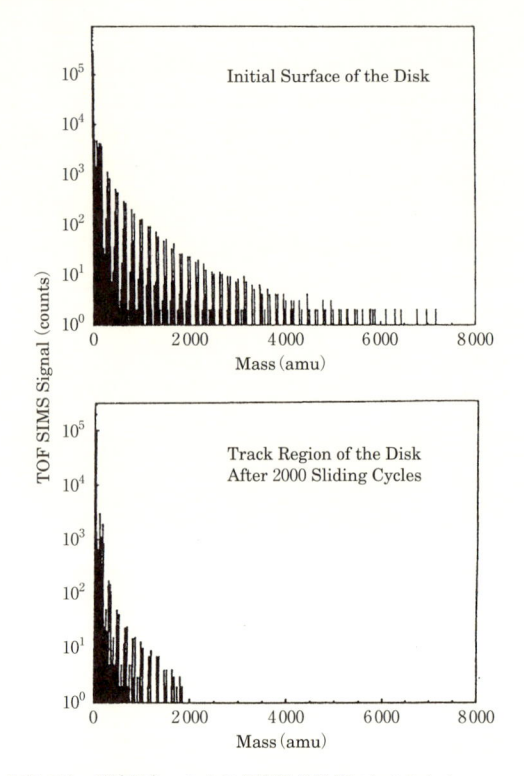

図 1.5.8　磁気ディスクの TOF-SIMS スペクトル
（摩擦痕では高分子量の潤滑油成分の強度が低下した）

る．TOF 型 SIMS では一次イオンビームをサブミクロンまで絞り，二次元分解能を 1 ミクロン以下で表面分布を観察することができる．したがって，摩擦痕内外の化学分析や摩耗痕周辺のケミカルイメージングを得ることができる．

TOF-SIMS により摩擦面の分析をした例を以下に示す[40,41]．磁気ディスク摩擦試験による潤滑油の分解挙動を TOF-SIMS で観察した．質量スペクトルを図 1.5.8 に示した．摩擦トラック内の潤滑油が分解され高分子成分が消失したことがわかる．また，図 1.5.9 はオイル成分のフラグメントイオン（CF^+ および $C_2F_5^+$）の強度で示したケミカルイメージングである．摩擦痕からオイルが失われたことが，1 μm 程度の分解能で観察することができる．

1.5.5　フーリエ変換赤外吸収分析

分子は化学結合を介して原子が振動しており，赤外線は分子振動により吸収される（図 1.5.10）．化学結合の種類により吸収される赤外線の波長が異な

第1章 試験法と評価法

近年多用されている．後述するような付属装置を用いることにより，表面分析にも応用されている[42]．

赤外分光法は電磁波を用いた分析法であることから，電子分光法のような真空を必要とせず大気中でも化学物質の分析が可能である．また，非破壊的に化学構造に関する情報を得ることができる．このため，試料を特別の前処理なしに分析でき，また潤滑状態のその場観察も可能である[43]．

高感度反射法（IRRAS：Infrared Reflection Absorption Spectroscopy）は，P-偏光した赤外線を試料表面すれすれに入射（入射角80～85°）させることにより高感度で赤外吸収を得る方法である[44]．赤外線が表面で反射する際に，赤外線の電場が2倍近く増強され（図1.5.11），吸収強度は透過法に比べて数十倍になる．表面に吸着した分子が表面に対して垂直に振動している場合，双極子と赤外線の相互作用が強められるので分子配向を検出できる[44,45]．この方法により，磁気ディスク上の潤滑油薄膜（厚さ数 nm）のスペクトルが得られている[46]．

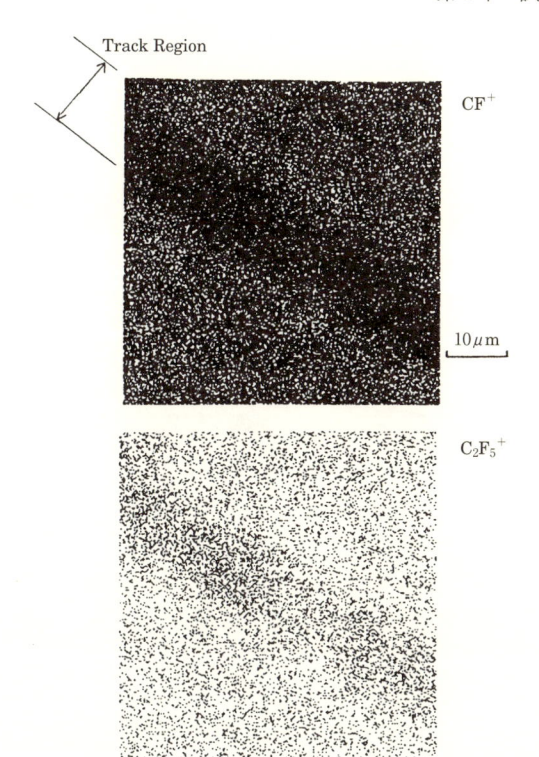

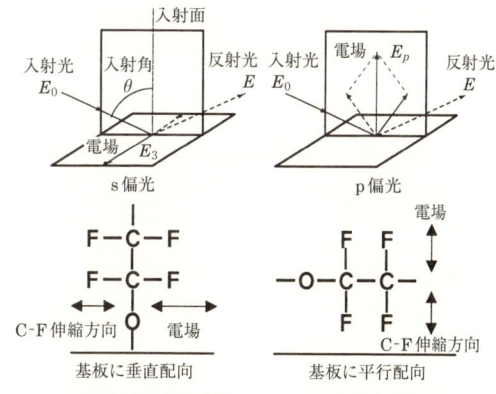

図1.5.9 摩擦痕のケミカルイメージング（潤滑油のフラグメントイオン（CF^+および$C_2F_5^+$）強度でマッピングした）

図1.5.10 分子振動による赤外線吸収

図1.5.11 赤外線の偏光方向と分子配向の関係

るため，その吸収スペクトルから物質を構成する成分の結合状態を知ることができる．赤外分光器には分散型と干渉型があり，後者では光の干渉を利用しスペクトルを得るためにフーリエ変換を行なう．この方法をフーリエ変換赤外分光法（FT-IR：Fourier Transform Infrared Spectroscopy）と呼ぶ．FT-IRは高感度でスペクトルの波数精度が高いなどの特徴を有し，また測定法が簡便であることから

同様に，ポリマー薄膜を摩擦した後のスペクトルから，摩擦面におけるポリマーの分解が議論されている[47]．油性剤を用いて潤滑した摩擦面の偏光反射赤外スペクトルを図1.5.12に示した．C-H伸縮振動の吸収が，平行偏光では検出されず垂直偏光で強いことから，油性剤分子のアルキル鎖が摩擦面に立って配向していることが示された[48]．さらに，ZDDPを用いてカム-タペットの潤滑をした後，その摩耗痕内の高感度赤外スペクトルも得られてい

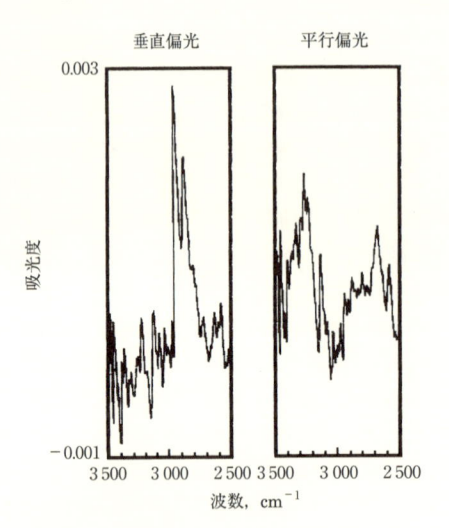

図 1.5.12 潤滑面における油性剤の配向吸着

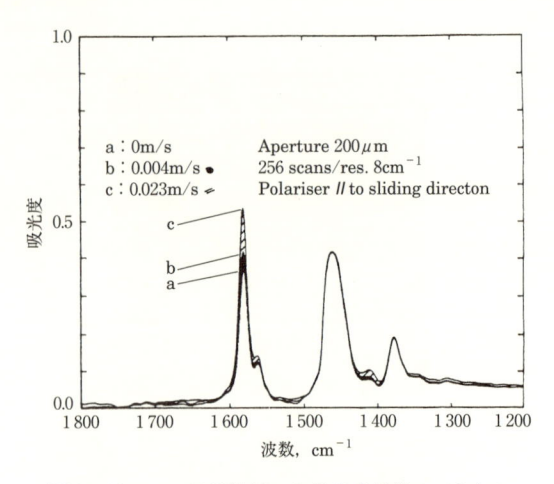

図 1.5.13 ヘルツ接触域における赤外線スペクトル

る[49]．

全反射赤外吸収（ATR：Attenuated Total Reflectance）法は，屈折率の高い赤外透過プリズムに試料を密着させ，全反射した赤外線による吸収スペクトルを得る方法である．全反射する赤外線は密着した試料側に波長の1/10程度滲み出し，試料で吸収される．赤外線を多重反射させることにより，表面や薄膜試料のS/N比の良いスペクトルを得ることができる．プリズムの材料にダイヤモンドを用いると，摩擦面の赤外線スペクトルが得られる．ATR法により，LB膜のような単分子膜の赤外吸収スペクトルを得ることができる．

顕微鏡を付属した顕微FT-IRを用いると，10 μm角程度の微小な試料や摩耗痕内のスペクトルを得ることができる．図1.5.13はボールオンディスク型の潤滑試験機を用い，顕微FT-IRで観察したヘルツ接触域近傍の潤滑油膜の赤外線スペクトルである[50]．基油成分の吸収（1 460 cm^{-1}付近）強度が変わらないのに対し，添加剤の吸収ピーク強度〔C=O 伸縮振動（1 580 cm^{-1}付近）〕は摩擦速度とともに増大した．これは，せん断により添加剤分子が配向したことを示している．なお，ディスクにはダイヤモンドやサファイアなど赤外線が透過する材料が使われる．この方法を用いると潤滑状態のその場観察が可能であり，ヘルツ接触域における（1）油膜厚さと（2）圧力，（3）添加剤濃度，（4）せん断による分子配向および（5）摩擦面での反応のような情報を得ることができる[43]．また，顕微鏡によ

る観察位置を移動することにより，上記情報の二次元分布を得ることができる偏光赤外スペクトルを用いれば，せん断方向への分子配向も検出することができる．

1.5.6 走査電子顕微鏡
（1）走査電子顕微鏡の特徴

走査電子顕微鏡 Scanning Electron Microscope 略して SEM は，簡単にいえば10 mm 程度の大きさのものから1 nm 程度の大きさのものの表面形状を焦点深度深く観察するための装置である．

その原理を図1.5.14，図1.5.15を使って説明する[51,52]．図1.5.14のように，電子線を試料に当てるとその電子と試料の原子との相互作用によって二次電子，反射電子，オージェ電子などいろいろな電

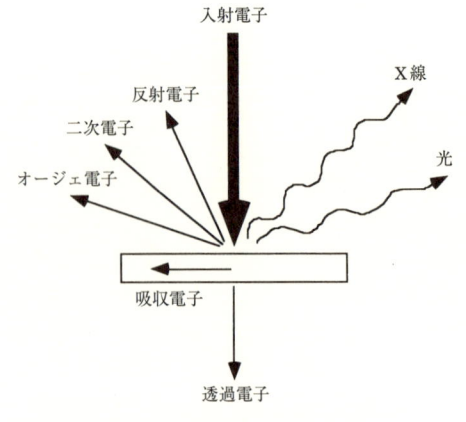

図 1.5.14 入射電子と試料との相互作用

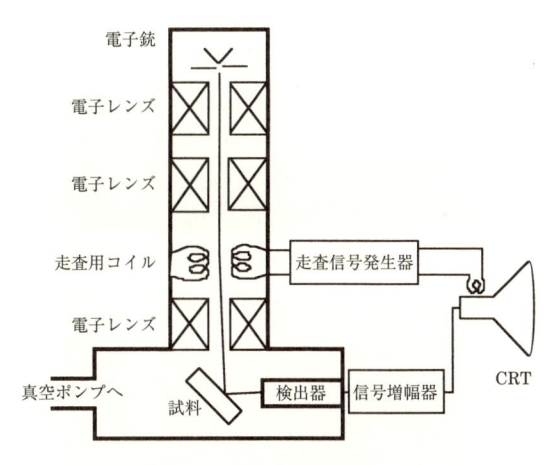

図1.5.15 走査電子顕微鏡の原理

子あるいはX線などが表面から放出される。図1.5.15に示したように電子銃から出た電子線をいくつかの電子レンズで数μm～数nmに細く絞って試料に照射し，その場所を走査し，そのとき発生した信号を検出，増幅してブラウン管（CRT：Cathode Ray Tube）上に明るさとして表示する．試料に入射する電子線とCRTの電子線の走査を同期させ，試料表面から発せられる電子やX線などの強度が，明るさとしてそのままCRTに表示されることになる．試料からの信号が二次電子の場合は表面の形態観察を，反射電子の場合は，凹凸とともに組成の観察を，さらには特性X線を検出した場合は，元素分析を行なうことができる．表面の凹凸によって二次電子の強度に違いが生じるのは次のような原理による．二次電子は表面から数nm程度の深さの範囲から放出される．そこで入射角が大きい方がその深さに達するまでに走る入射電子の距離が長くなるため二次電子の発生量が多くなるのである．SEM像においてはあたかも検出器の位置から照明をし，入射電子の方向から観察しているような明暗の違いが生じる．また，入射電子の開き角が小さいので焦点深度が深くなることもSEMの特徴である．

反射電子の発生率は原子番号が大きいほど高い．また検出器に向いている面ほど強い信号を発生する．そこで検出器を分割し，それぞれの信号を演算することにより組成あるいは凹凸によるコントラストを作り出すことができる．

一方，同じ反射電子の検出でも電子線を試料の1点に固定したまま入射角度が変わるように走査（角度走査）すると，結晶の方位によるパターン（電子チャンネリング図形，Electron Channeling Pattern：ECP）が得られる[53]．これは表面から数十nm程度の深さの情報であり，表面形状観察ではわからない結晶方位や加工変質層の検出に使われる．

また特性X線による元素分析の原理は次のとおりである．入射電子によって原子の内殻電子が励起されその軌道に外殻軌道から電子が遷移すると，その際に余分なエネルギーが電磁波として放出される．そのエネルギーは元素によって決まっているために，その特有な電磁波（特性X線）のエネルギーあるいは波長を測定することによって元素を特定することができる．発生したX線を結晶でブラッグ反射させ，特定の波長を分光するタイプを波長分散型（WDS：Wave Dispersive Spectroscopy）と呼び，シリコンにリチウムをドープした検出器から発生する電流パルスの大きさが，入射するX線のエネルギーに比例することを利用するタイプをエネルギー分散型（EDS：Energy Dispersive Spectroscopy）と呼ぶ．WDSはBe以上の元素の検出が可能であるが，一方，多元素同時測定にはEDSの方が向いている．このように二次電子の代わりに特性X線を検出することによって表面に存在する元素を調べる装置は，EPMA（Electron Probe (X-ray) Micro Analyser）としてSEMに組み込まれて使用されている．

（2）走査電子顕微鏡のトライボロジーへの応用

次にトライボロジーの分野で最もよく使われる二次電子による形態の観察とX線による元素分析について適用例を紹介する．

摩擦面および摩耗粉の観察は摩耗研究において重要な位置を占める．光学顕微鏡よりも高い倍率と焦点深度をもったSEMの登場は摩耗の研究を推し進めた原動力といっても過言ではない．

SEMの最も多い用途は試験終了後の摩擦面や摩耗粉の表面を観察することである．光学顕微鏡代わりに表面形態を観察することは今では普通の手法である．摩擦方向に対して平行あるいは垂直な断面を切り出し，研磨後，その面を詳細に観察することも数多くなされている[54]．これは，摩擦に伴う形態・組織の変化は，深部から表面への断面の変化に対応するため，断面の形態・組織は摩耗過程を推察する上で有益な情報を与えるからである．

摩耗粉に関しては，フェログラフィーにより油中

の摩耗粉を大きさによって分類したうえで，さらにSEMによってその形が微視的に評価されている[55]．SEM像は時系列信号によって構成されているので，いろいろな信号処理を行なうことが容易である．摩耗粉のSEM像から輪郭を抽出し摩耗粉を特徴づける量を見出す研究もなされている[56]．

摩耗は摩擦距離（時間）によって変化する現象なので，摩耗機構の解明には摩耗過程の動的観察が不可欠である．そこでSEMの試料室に摩擦試験機を設置し，摩耗粉生成過程を動画としてその場観察する研究が1970年代半ばから相ついではじまった[57,58]．例えば，図1.5.16のような摩耗過程（この場合は正確には移着過程であるが）の詳細をビデオテープに録画し，後で解析できるようになったのである[59～61]．図1.5.16より，同種金属同士の摩擦においても摩擦が進むにつれて一方の金属が他方に移着し，その後は移着物とその母材との間の摩擦になるという変化が，焦点深度深く観察される．

単一突起同士の1回限りの摩擦をSEM中で行なうことによって，接触から摩耗粉生成までの過程におけるいくつかの素過程を微視的に明らかにする研究が行なわれた[62]．さらには観察を通じて摩耗過程の分類がなされ，摩耗モードと材料の機械的性質・しゅう動条件などとの対応がとられ，摩耗粉生成機構の理解が進んだ[63,64]．

試料室を低真空に保持しながら観察できるSEMが開発されると，油潤滑中でもSEM内連続観察が可能になり，潤滑剤が摩擦面から消失したときの面の変化などが，摩擦係数の変化とともにより詳細に視覚化されるようになった[65]．また試料室内の気体を電離させその電子を検出・画像化する電子顕微鏡の登場により，高真空から2 700 Paまでの圧力中で摩耗過程の動的観察を行なうことができるようになった[66]．摩耗は雰囲気の影響を著しく受ける現象であるので，今後このような現実に近い雰囲気中での摩耗過程の微視的解明が進むであろう．さらには二次電子増倍管を二つあるいは四つ設置し，それぞれの信号の違いから試料の表面粗さを表示するSEMも開発されている[67]．

EPMAは凝着摩耗における一段階である移着の研究にとって最も有効な装置である．二つの摩擦材が相互に移着し合うことや，摩耗粉が二つの材料の混合物であることなど，得られた知見は多い[68,69]．図1.5.17はその例としてCu対Niを酸素＋アルゴン中で摩擦したときの，摩擦後の各試料の二次電子像と相手材の特性X線像である[70]．このようにEPMAによって表面における相手元素の存在を的確につかむことができる．二次電子像と特性X線像の切替えは容易であるので，その特徴を生かしてある場所の形態と組織の両方を併せて観察することが多い．

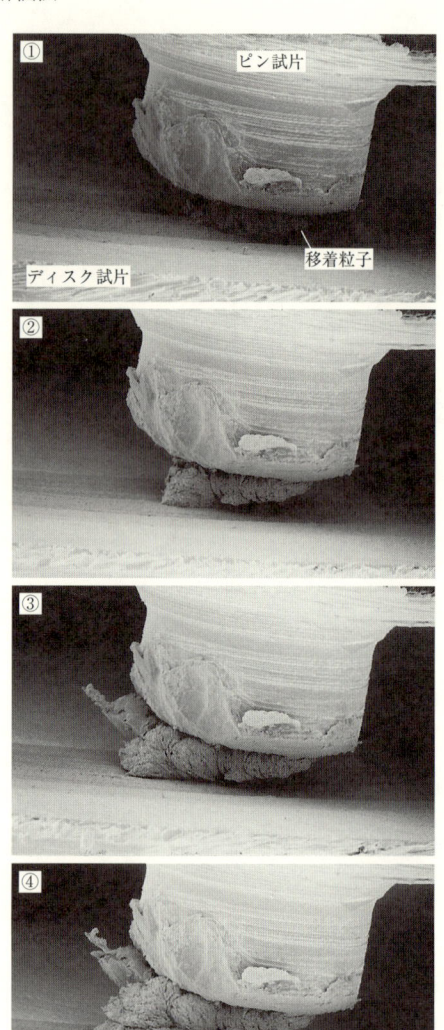

図1.5.16 Snピン試片-Snディスク試片間で成長する移着粒子のSEM内その場観察
（摩擦距離375 mm毎，摩擦速度＝2.5 mm/s 荷重＝2.7 N） 〔出典：文献60〕

Cu ピン　　　　　　　　　　　　　　　　Ni ディスク

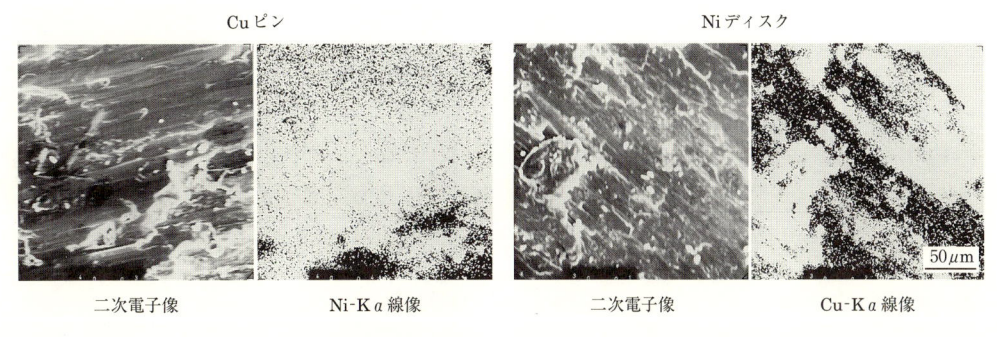

二次電子像　　Ni-Kα線像　　　　　二次電子像　　Cu-Kα線像

図 1.5.17　Cu 対 Ni 摩擦後の各試料の二次電子像と相手材の特性 X 線像
（摩擦速度＝33.3 mm/s，荷重＝9.8 N）　　〔出典：文献 70〕

1.5.7　透過電子顕微鏡
（1）電子線回折と逆格子

電子は波動性をもち，結晶に照射されるとブラッグ（Bragg）の法則，$\lambda=2d\sin\theta$ に従い回折する．ここで，λ は電子の波長，θ は回折角である．

電子回折では，ブラッグの法則を説明するのに図 1.5.18 のような逆格子を用いる．原点 O から入射光 $\vec{s}_0$ と逆方向に長さ $1/\lambda$ の点 P をとり，P を中心として半径 $1/\lambda$ のエヴァルト（Ewald）球を描く．球が $(h\,k\,l)$ 面に対応する逆格子点 Q（面間隔 d_{hkl}，逆格子ベクトル $\vec{g}_{hkl}$）を横切るとすると，$|\overrightarrow{PQ}-\overrightarrow{PO}|=2\sin\theta/\lambda=|\overrightarrow{OQ}|=|\vec{g}_{hkl}|=1/d_{hkl}$ となり，ブラッグの条件が満たされ，電子は $\overrightarrow{PQ}$ 方向に回折し，回折斑点は逆格子の蛍光板への投影図となる．試料と蛍光板までの距離を L，回折像の中心から斑点までの距離を R とすると $d\fallingdotseq\lambda L/R$ となり，R を測定すれば面間隔が求まる．回折面の数が少ない場合は条件からずれた方向にも回折するが，ずれ量を数式で表わすことは困難である．そこで，ブラッグの条件は常に満され，d が広がると考える．例えば，薄膜の逆格子点は膜に垂直方向に伸びていると考える．

（2）透過電子顕微鏡

0 次の回折斑点が絞りの中心を通るように配置し，像を結ばせたものを明視野像という．ブラッグ反射した電子は絞りを通らないでその部分が黒くなる．例えば，転位は心が大きくひずんでいるので，どの部分かでブラッグ反射が生じ黒い線として見える．

図 1.5.19 は Al 単結晶をダイヤモンド圧子で引っかき，裏側から観察した例[71]である．引っかき底には引抜き加工に匹敵する[71]セル組織が形成されて

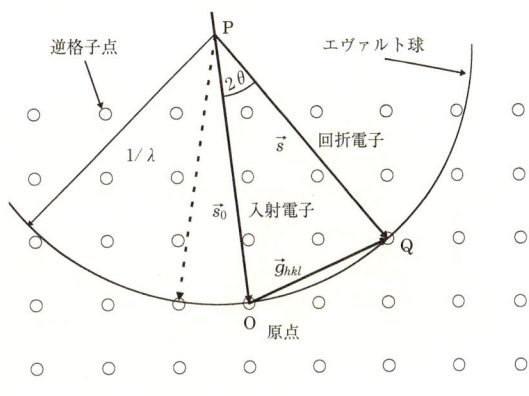

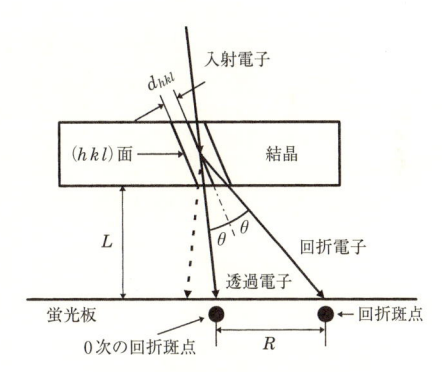

図 1.5.18　逆格子と実格子での回折

いる．図 1.5.20 は銅摩擦面を銅めっきで保護し，三次元観察した例[72]である．疲労では表面に転位のない領域[73]が観察されるが，摩擦ではセル組織が最表面まで発達しており，接触下の変形の激しさを示している．

単結晶試料を十分薄くし，電子を薄膜に垂直に対

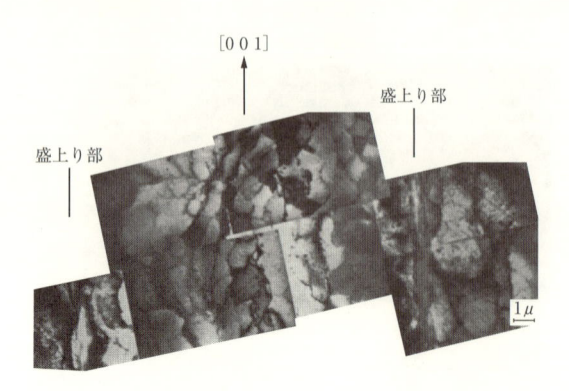

図 1.5.19 Al 単結晶(110)面の[001]方向引っかき面の転位組織 (200 kV) 〔出典：文献71)〕

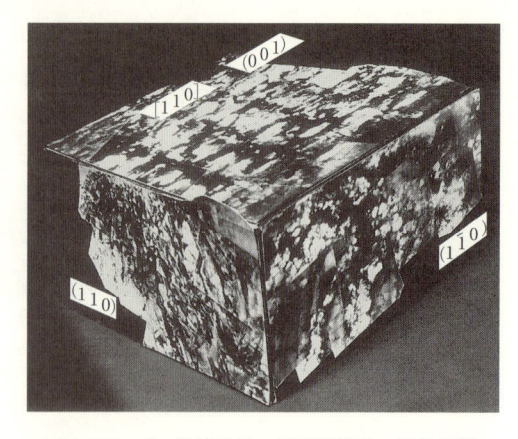

図 1.5.20 Cu 単結晶(001)面摩擦面の転位組織 (2 MV) 〔出典：文献72)〕

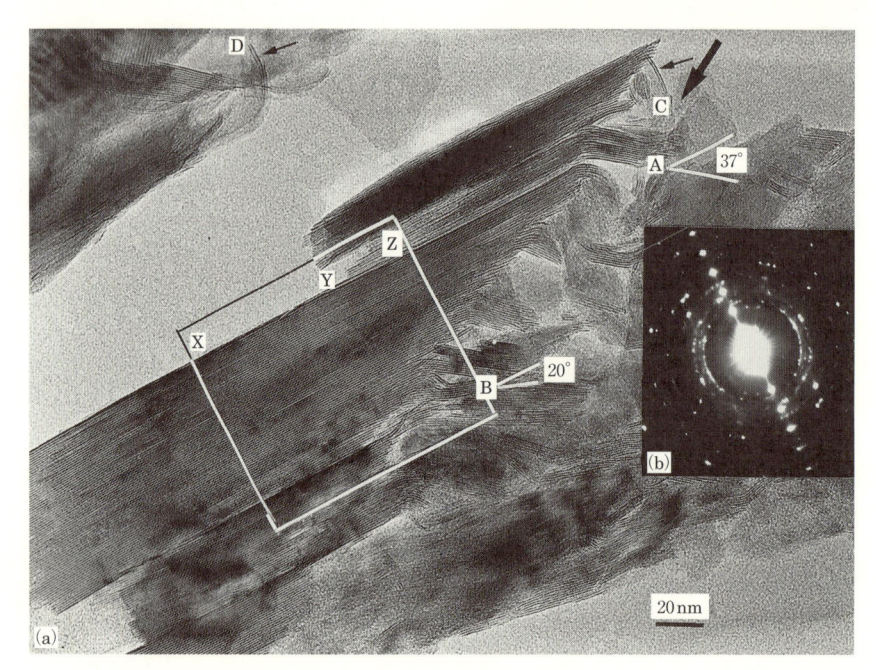

図 1.5.21 (a) エッジ面から見た MoS_2 結晶の層状組織, (b) 図 1.5.21(a) の白枠で囲んだ部分の電子回折像 (200 kV) 〔出典：文献74)〕

称性の良い結晶軸方向に入射すると，逆格子点が電子の入射方向に伸びているので多くの面で回折する．これらの回折斑点で像を結ぶと，干渉縞が交差した多波干渉像が得られる．これを構造像あるいは高分解能電子顕微鏡像という．図 1.5.21 は MoS_2 の例[74]で，結晶構造の特徴，欠陥の構造や形成過程が明瞭になる．

(3) RHEED と LEED

RHEED は加速電圧 30～100 kV の電子を用いる．波長が短いため θ が非常に小さくなり，電子の入射角は数度以下である．非常に滑らかな面に対する分析深さは数原子層，摩擦面のように凹凸のある場合は電子の通過距離が短くなるので，深さ数十 nm の情報が得られる[75]．図 1.5.22 は β-黄銅のエメリー紙研磨面を観察した例[76]で，各リングに対する面間隔を求めると α-黄銅に一致する．そこで，研磨した β-黄銅の表層が α-黄銅に変態することがわかる．

図1.5.22 β-黄銅研磨面のRHEED像（50 kV）
〔出典：文献76)〕

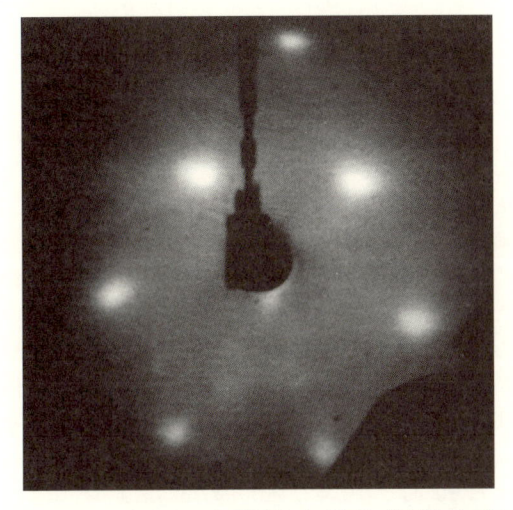

図1.5.23 一方向に20回研磨したMoS₂単結晶底面の
LEED像（106 V）　〔出典：文献77)〕

1.5.8 X線回折
(1) バルクの測定

X線は波長が0.1～10 nmの電磁波である．X線を結晶に当てるとX線は結晶内の原子で散乱される．この散乱X線は干渉し，ブラッグ（W. L. Bragg）の法則により特定方向に強い回折が生じる．X線回折ではこの回折現象を利用することで物質内の原子の種類，空間配置を正確に決定することができる．このため，X線回折法は物質の結晶構造決定の最も基本的な手法として広汎に用いられる．現在では自動X線回折装置により，定性元素分析，定量元素分析，格子定数の精密化，結晶子の大きさ，格子ひずみ，結晶化度，残留応力，配向度，正極点，逆極点，長周期，粒径，結晶系の決定などを測定することができる．

図1.5.24はCaF_2，BaF_2，Cr_2O_3の三元系高温体潤滑剤から得られた970℃における高温X線回折パターンであり，$BaCrO_4$の形成を確認することができる[78]．図1.5.25はZrO_2-SiO_2系酸化膜スパッタ膜のSiO_2/ZrO_2に対する薄膜X線回折パターンであり，10% SiO_2では結晶性を示すが，SiO_2組成の増加に伴って，非晶質に移行する様相が認められる[79]．合成層間化合物（$Nb_{1+x}S_2$）の格子定数測定も報告されている[80]．

(2) 表面の測定

X線は電子線に比べて物質の透過能が大きい．このため，通常はバルクの結晶構造を解明する手法に用いられる．X線を表面測定に用いる方法には微小部X線回折，小角X線散乱がある．微小部X線回折では低角度入射用全反射コリメータがあり，ガラス面上における3 nmの金薄膜が測定されている[81]．アラキジン酸カドミウムとLB膜の繰返しをクラッキカメラの反射型X線小角散乱装置で調べたX線回折パターンでは低次から高次までのピークが明確に観察されている[81]．

(3) X線分析顕微鏡[82]

X線分析顕微鏡はX線の透過能力と特性X線による元素分析能力を同時に利用した顕微鏡である．X線導管から放出される直径10 μm以下の微細X線ビームを試料に照射しながら試料面内で走査することにより，試料の内部構造と構成元素を大気中で非破壊的に，かつ，無処理のまま調べることができる．したがって，X線分析顕微鏡では有機酸，水，油などの液体を含む試料をそのままの状態で観察で

LEEDは200 eV以下の電子を面にほぼ垂直に照射する．脱出深さが表面下数原子層になるので逆格子点が表面に垂直に棒状に長く伸びる．棒の長さと比べてエヴァルト球の半径が短いので回折斑点は逆格子棒の断面の投影図となり，斑点が表面の二次元構造を反映する．図1.5.23は3000番のエメリー紙で20回研磨したMoS₂単結晶底面の観察例[77]で，へき開面（底面）と同様の（1×1）構造の回折像が得られている．1回研磨面では斑点がぼける[77]（逆格子棒が太い）が，図1.5.23のように20回で鮮明に（逆格子棒が細く）なることは，繰返し研磨で微細化した結晶が取り除かれ下部の大きな結晶が現われることを示している．

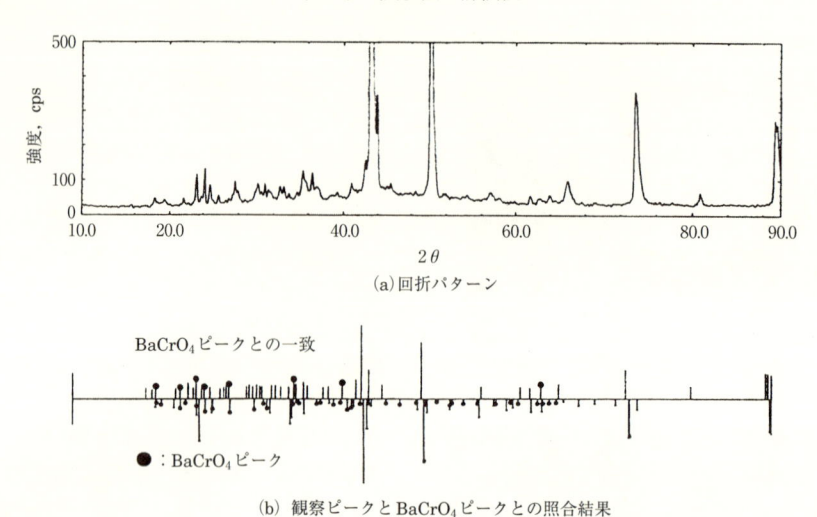

図 1.5.24 700°C 以上で $BaCrO_4$ の生成が確認された高温 X 線回折結果〔出典：文献 78)〕

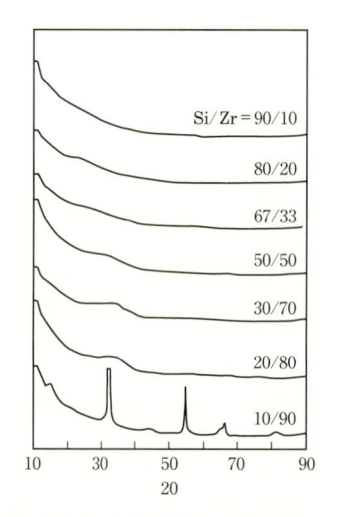

図 1.5.25 ZrO_2-SiO_2 系膜の X 線回折パターン〔出典：文献 79)〕

きる．

1.5.9 走査型プローブ顕微鏡
(1) 走査型プローブ顕微鏡の種類

1980 年代初頭出現した走査型トンネル顕微鏡（STM：Scanning Tunneling Microscope）[83]は，先端が単原子の鋭い探針と測定表面との間に流れるトンネル電流を検出しながら表面を走査し原子分解能で表面の状態を観察できる．さらに空気中や液中でも観察可能で操作も容易なため，急速に普及し表面科学に大きな貢献をした．しかし探針と測定表面とのトンネル電流を検出するのであるから，探針と測定表面は原則的に導体である必要がある．この欠点は 1985 年，板ばねで支持した探針を用い，探針と測定表面間の相互作用力が作用したときのばねのたわみを検出する原子間力顕微鏡（AFM：Atomic Force Microscope）[84]によって解消された．相互作用力としてはファンデルワールス力が代表的であるが電気力，磁気力など種々のものがある．磁性探針と磁性表面との磁気相互作用力を測定する顕微鏡は磁気力顕微鏡（MFM：Magnetic Force Microscope）と呼ばれる．探針と測定表面間の作用力の内，面に垂直な作用力を測定するのが通常であるが，面に沿った水平力を測定すれば摩擦力測定となる．これは摩擦力顕微鏡（FFM：Friction Force Microscope）と呼ばれる．さらに，光ファイバの先端を絞り込むなどして，その微小な開口部から出るエバネッセント光により分光を行なう走査型近接視野光学顕微鏡（SNFOM：Scanning Near Field Optical Microscope），探針より発する超音波の測定面への伝達を測定するトンネル音響顕微鏡（TAM：Tunneling Acoustic Microscope）など種々の形式の鋭い探針を用いた顕微鏡が開発されている．そしてこれらは走査型プローブ顕微鏡（SPM：Scanning Probe Microscope）と総称されている[85]．トライボロジーの分野で広く使用されているのは，走査型トンネル顕微鏡，原子間力顕微鏡，摩擦力顕微鏡である[86,87]．

（2）走査型トンネル顕微鏡のトライボロジーへの応用

走査型トンネル顕微鏡は原則的には導体表面の測定に用いられるが、導体表面上の単～数分子層の厚さの非導電膜でもそれを通してのトンネル電流を検出できる。また印加電圧とトンネル電流の関係や探針と測定表面との距離の変化に対するトンネル電流の変化を調べるトンネル分光も可能である。これを利用して固体表面への分子の吸着状態の観測が行なわれている。図 1.5.26 は、空気中の二硫化モリブデンのへき開面（硫黄原子面）に吸着した水クラスタの測定例である。水クラスタは表面の欠陥部分に吸着している。温度、湿度、圧力の変化により水クラスタの吸着・蒸発動作や大きさは変化する[88,89]。なおこのような周囲雰囲気からの吸着物質で弱い物理吸着しかしていないものは固体表面を容易に移動するので、走査型トンネル顕微鏡の像としては捉えられない。固体表面上の潤滑剤分子の観測では強固に吸着する潤滑剤分子の中の基が表面にアンカーしており動かず、不活性な長鎖が表面を移動している状態が捉えられている[90,91]。

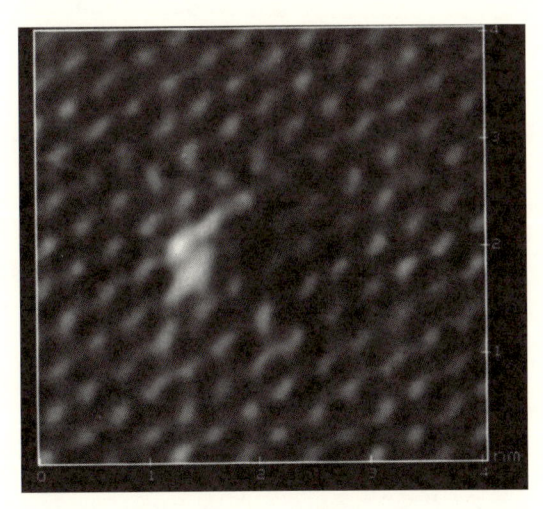

図 1.5.26 二硫化モリブデンへき開面に吸着した水のクラスタ（整列した白点が硫黄原子、中央部の欠陥の縁に水のクラスタが吸着している）
〔出典：文献 89）〕

（3）原子間力顕微鏡のトライボロジーへの応用

もともと原子間力顕微鏡は探針と測定面がナノメートル以下で離反している状況での相互作用力を測定する顕微鏡として開発されたが、探針を測定表面に接触させても測定ができる。接触状態の場合、原子間力顕微鏡は従来の「触針式表面形状測定器」と同様の動作となる。しかし、触針（探針）先端半径が数十ナノメートルと鋭く、荷重はナノニュートンオーダと極めて軽荷重で使用できる。すなわち、表面を破壊することなく極めて高い面分解能で表面形状を測定できる。

意識的に高荷重にして面を変形させたり破壊したりし、その状況を軽荷重非破壊条件で観測することもできる[92,93]。このような表面の変形や破壊には通常強靱なダイヤモンド触針が使用される。

ダイヤモンド触針によって固体表面に圧痕を形成することにより、ビッカース硬度計と類似の硬度が極表面層の微小深さで測定できる。図 1.5.27 はポリカーボネートに形成した圧痕の例である[94]。また接触前に触針を振動させておきそれに測定面を接触させることにより、衝撃硬度を測定することも行なわれている[95]。

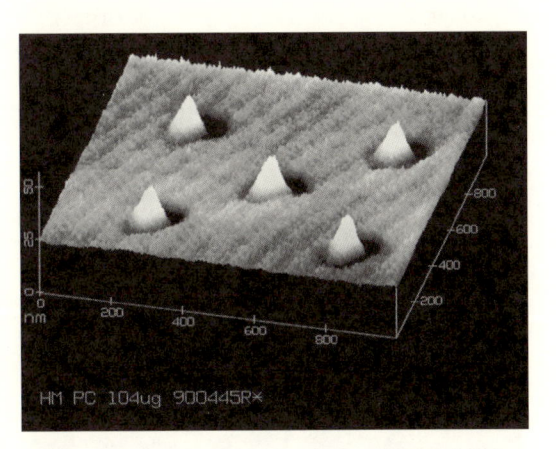

図 1.5.27 ポリカーボネート表面への微小圧痕形成
〔出典：文献 94）〕

同一線上を繰り返し引っかくこと（線引っかき）により極表面層における摩耗の進行状況を測定できる。しかし周囲温度変化などによる引っかき位置のずれが生じやすい。この問題を解消したのが面引っかきである。引っかき位置が多少ずれても引っかき面の中央部分での引っかき条件は変わらない。図 1.5.28 にシリコンカーバイド面の面引っかきの例を示す[96]。

原子間力顕微鏡での引っかき試験はごく低速で行なわれるから摩擦熱の影響は少ない。しかし極表面

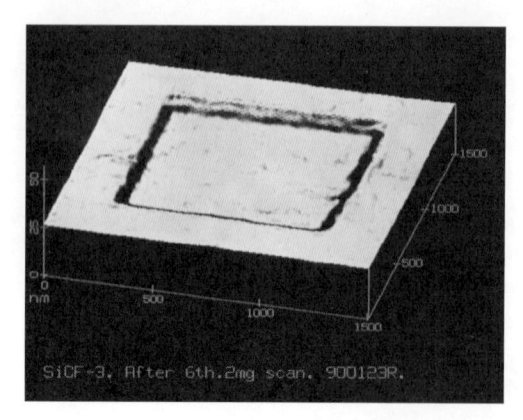

図1.5.28 シリコンカーバイド表面への面引っかき
〔出典：文献96)〕

層の引っかき試験では低速であっても測定表面の吸着物質や周囲雰囲気とのトライボケミカルな反応の影響が顕著となる場合がある[97]。

（4）摩擦力顕微鏡のトライボロジーへの応用

摩擦力顕微鏡の出現により「摩耗を伴わない摩擦力」の測定が可能となった。原子レベルの摩擦において，すべり方向の摩擦力だけでなくすべり方向と直角方向の隣接原子の作用によりすべり方向と直角方向の作用力も生じていることが観測されている[98]。また局所的な摩擦力の変化の測定から複合材料のそれぞれの物質の分布が測定できる[99,100]。図1.5.29は表面の凹凸がほとんどないアルミナ・チタンカーバイド混晶表面の摩擦力分布で，チタンカーバイドの結晶部分の摩擦力は大きく（白い部分），アルミナの結晶部分の摩擦力は小さく（黒い部分）現われ，混晶の分布が明瞭に識別できている．

摩擦力顕微鏡による摩擦力測定では外部荷重が0もしくは若干マイナスであっても表面間力によって摩擦力は生じる．さらに空気中では固体表面間の作用力だけでなく固体表面に水などの液体吸着物質に触針が浸ることにより毛細管現象の力が発生する．摩擦係数（摩擦力/荷重）で荷重＝外部荷重とすると荷重0の場合摩擦係数が無限大，荷重マイナスの場合は摩擦係数は大きなマイナス値となる．このような領域では従来の摩擦係数の定義はあまり意味をもたなくなる．

1.5.10 電界イオン顕微鏡

電界イオン顕微鏡（FIM：Field Ion Microscope）は1951年ミューラー（E. W. Müller）によって発明された顕微鏡法で，個々の原子を直視できる表面分析法として有名である[101]。超高真空と試料冷却装置，結像ガス，スクリーン等で構成される比較的簡単な顕微鏡である．固体表面の原子配列構造や気体の吸着など，表面科学の分野で用いられてきたが，ミューラーらの研究グループはFIMの応用として超高真空中の固体接触にまで発展させた．タングステンや白金等の針状試料（tip）と金属平板との接触により誘起される格子欠陥を解析している．また，電界蒸発というFIM固有の技術を用いて，表面から深さ方向への原子構造の変化も観察している[102]。

FIMによるトライボロジー材料の移着などはバックリー（D. H. Buckley）らによって研究され，PTFEがタングステン表面に移着する様子などが解析されている[103]。

FIM鏡筒内の超高真空中だけでなく，酸素を導入した雰囲気での凝着特性も調べられており，酸素の被覆率が1になってはじめて金属凝着が低減され，また誘起される格子欠陥の深さもほぼ0になることが確かめられている[104]。

FIMを用いた実験のほとんど全ては金属間凝着であるが，摩擦接触まで研究したものとしては大前のものがあり，格子欠陥の構造や深さ方向への分布等が凝着だけの場合と比較・検討されている[105]。図1.5.30はタングステン平板との摩擦によってタングステン針に導入された損傷で，中央から下方に摩擦痕が伸びているのがわかる．

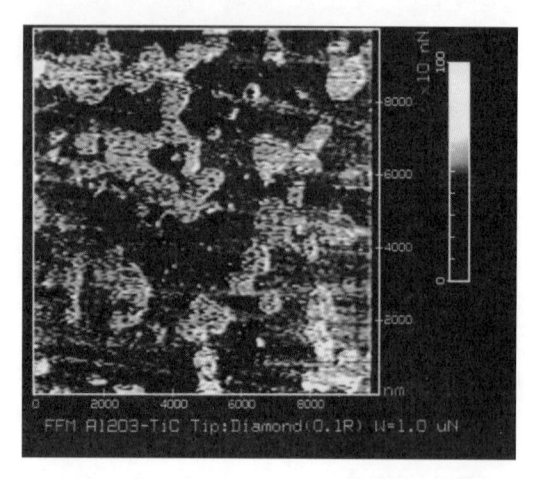

図1.5.29 アルミナチタンカーバイド混晶表面の摩擦力分布

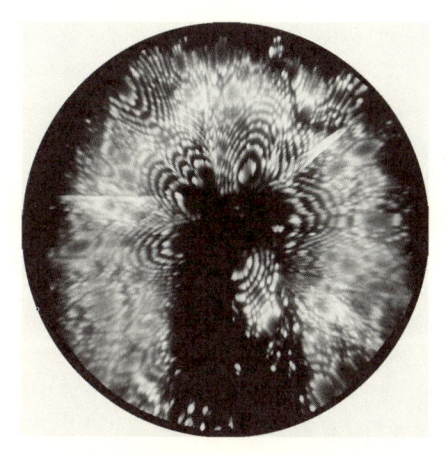

図1.5.30 Wの摩擦変形組織のFIM写真（白い点がW原子，黒い条痕が摩擦痕，表面から約30原子層電界蒸発を施した後の像）
〔出典：文献105）〕

二硫化モリブデン，グラファイト，二硫化タングステン等の固体潤滑剤の微細構造に関してもFIM（高電圧負荷型）が用いられており，層状構造物質の完全性がメソスコピックな特性をもっていることが明らかになっている[106]．また，最近ではFIMを用いてフラーレンC_{60}のサッカーボール構造の撮影に成功した例もある[107]．

FIM固有の解析法としては，原子プローブ（Atom Probe）があり，個々の原子のイメージングのみならず，その原子の同定が可能である[108]．トライボロジーのおける表面反応を解析するには非常に有効であるものの，トライボロジーの研究に用いられた例はほとんどない．FIMは針状試料に正の高電圧を印加してヘリウム等のガスをイオン化して結像するものであるが，同じ試料に負の高電圧を印加すると電界放射電子が検出される．FIMと同じ装置構成で電界放射顕微鏡（Field Emission Microscope）として機能する[109]．ただし，FIM分解能は原子1個を識別するほど高いのに対し，FEMでは通常数 nm である．ファウラー・ノルドハイムプロットを行なって結晶面の仕事関数を算出することができるので，気体の吸着等の研究に用いられている．FEM がトライボロジーの研究に用いられた例はほとんどないが，FIM，FEM，電界刺激エキソ電子放射を組み合わせて，エキソ電子の放射サイトを原子オーダで解析しようとする試みなどがある[110]．

FIMではその針状試料の先端曲率半径を極めて正確に測ることができる．走査型プローブ顕微鏡（SPM：Scanning Probe Microscope）探針によって相手表面を計測するのに対し，FIMやFEMはその探針自身を観察するという差異はあるものの，単一突起を模擬したトライボロジー実験には有効である．

1.5.11 核磁気共鳴[111,112]

核磁気共鳴法（NMR）は，潤滑油などの有機化合物の分子構造解析に有効な分析手法である．また感度を高めれば表面に吸着した分子の吸着状態や分子運動性など表面分析にも応用することができる．その原理は図1.5.31に示すように，核スピンのエネルギー吸収および放出を利用するもので，核磁気モーメントを外部磁場中においたときにゼーマン分裂によって生じるエネルギー準位間の遷移で説明される．例えば水素核の場合，1/2と−1/2の核スピン量子数を有するので二つの準位に分裂しそのエネルギー差（ゼーマンエネルギー）に相当する周波数 ν のラジオ波を照射すると共鳴が起こり，エネルギー吸収が生じNMRスペクトルが観察される．図では核磁気モーメントがラーモアの歳差運動を生じているときの，回転運動の周波数が共鳴周波数に相当する．スペクトルの強度は，遷移する核スピンの数に相当する．核スピン量子数が0の ^{12}C はNMRで検出できないが，感度が良い核は ^{1}H，^{13}C，^{19}F

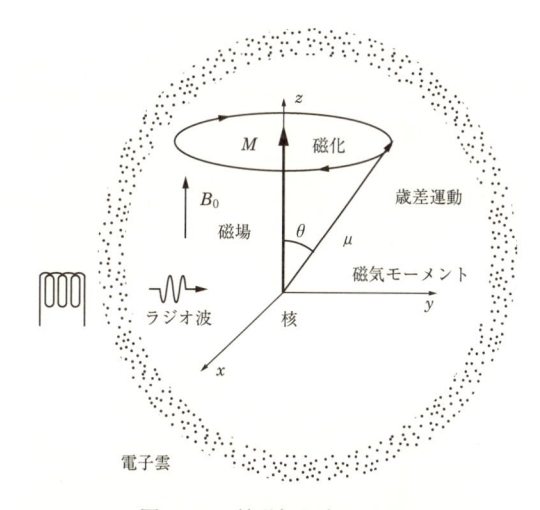

図1.5.31 核磁気共鳴法の原理

などの有機分子に多く含まれる元素が多い．分子構造の解析にはNMRスペクトルの横軸によく用いられる化学シフトとスピン-スピン結合が有効である．化学シフトは基準物質に対する測定核の共鳴周波数のずれを装置の操作周波数に対する割合で表わし，単位はppmである．化学シフト量は，核近傍の磁場環境すなわち電子雲密度あるいは磁場シールド効果によりその大きさが決定されるので，電気陰性度や化学結合状態が反映されることになる．またスピン-スピン結合は，隣接核同士の核スピンの相互作用によりエネルギー準位がさらに分裂するために生じ，分裂スペクトルピークの間隔，本数，または強度比などから分子構造をより詳細に解析することができる．一例[113]として図1.5.32にカーボン粉末上に形成した，磁気ディスク用水酸基変成パーフルオロポリエーテル油膜の^{19}F-NMRスペクトルを示す．F核はOCF_2，OC_2F_4およびOCF_2CH_2OHの3種のセグメントに対応する三つのピークが現われ，それらはまわりの核からの影響によりそれぞれ3本，2本，および3本に分裂する．

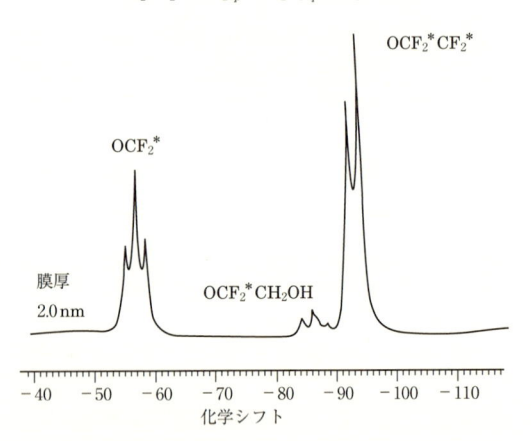

図1.5.32 水酸基変成パーフルオロポリエーテル油の ^{19}F-NMRスペクトル 〔出典：文献113〕〕

NMRではスペクトル分析の他にピーク強度の時間変化を観察し，その時定数の逆数に相当する緩和時間から分子の運動性を調べることができる[114]．緩和時間は吸収したエネルギーの散逸過程の違いにより，主としてスピン-格子緩和時間T_1とスピン-スピン緩和時間T_2があり，前者は核スピンの歳差運動エネルギーが格子振動として散逸し，後者は核スピン同士の相互作用によりエネルギー散逸が起こることによる．どちらも分子の運動性エネルギー散逸の速度に影響し，一般に相互作用が小さく速い運動ほど緩和時間が大きくなる．固体試料では分子の配向や双極子-双極子相互作用による異方的な局所磁場が平均化されないためピークの幅が広がってしまうこと，および分子運動が緩慢で感度が低下するため固体高分解能NMRを用いる必要がある．そのためにCP（交差分極）-MAS（マジック角度回転）法が使われる[115]．

なお，核スピンの代わりに電子スピンの共鳴を利用した分析法に電子スピン共鳴法（ESR）[116]がある．ESRでは，ラジカル，ダングリングボンド[111]，イオンなどの不対電子を含む系が測定できる．NMRに比べ感度が良いので薄膜やESR顕微鏡も可能である．

文　献

1) D. H. Buckley：Surface Effects in Adhesion, Friction, Wear, and Lubrication, Elsevier (1981) 17.
2) J. M. Martin, M. Belin & J. L. Lansot：ASLE Trans., **49** (1986) 523.
3) 大前伸夫：第28回トライボロジー入門講座，トライボロジーにおける基礎と応用，日本トライボロジー学会 (1997) 55.
4) J. N. Israelachvili：Intermolecular & Surface Forces, Academic Press (1992) 3.
5) C. M. Mate：Phys. Rev. Lett., **68** (1992) 3323.
6) B. Bhushan：Handbook of Micro/Nano Tribology, CRC Press (1995) 5.
7) U. Landman, W. D. Luedtke & J. Gao：Micro/Nanotribology and its Applications, Kluwer Academic Publishers (1997) 493.
8) 染野　檀・安盛岩雄：表面分析，講談社 (1976) 224.
9) 宇田応之：潤滑，**32**, 8 (1987) 612.
10) 大森俊英・北村憲彦・団野　敦・川村益彦：トライボロジスト，**36**, 10 (1991) 44.
11) M. Tohyama, T. Ohmori, Y. Shimura, K. Akiyama, T. Ashida & N. Kojima：Proc. Int. Trib. Conf., Yokohama 1995 (1995) 739.
12) 水原和行：日本機械学会講習会，役に立つトライボロジー（基礎編）教材，No. 96-67 (1997) 41.
13) VG Scientific社カタログ．
14) 例えば，D. Tabor：Microscopic Aspects of Adhesion and Lubrication (Ed. J. M. Georges), Elsevier Amsterdam (1982)，あるいはU. Landmann & W. D. Luedtke：J. Vac. Sci. Technol., **B9** (1991) 414.
15) R-G. Xiong, H. Wang, J-L. Zuo, C-M. Liu, X-Z. You & J-X. Dong：ASME J. Trib., **118** (1996) 676.
16) D. Wang, H. Li & R. Wang：ASME/STLE Tribol. Conf. (1991) 220.

17) B. Chen, J. Dong & G. Chen：Wear, **196** (1996) 16.
18) W. A. Glaeser：Wear Part, 18th Leeds-Lyon Symp. Trib. (1992) 515.
19) H-S. Hong：Lubr. Eng., **50** (1994) 616.
20) T. Singh & C. V. Chandrasekharan：Tribology Int., **26** (1993) 245.
21) G. Heinicke：Tribochemistry, Cahl Hanser Verlag, Muenchen. Wien (1984).
22) Y. Noerheim：Wear, **162/164** (1993) 593.
23) I. L. Singer, S. Fayeulle & P. D. Ehni：Wear, **149** (1991) 375.
24) 伊藤元剛・吉川正雄・長沢佳克・斎藤重正・沖田耕三：Symp. Microjoining Assem. Technol. Electron 3rd vol. (1997) 147.
25) I. L. Singer, S. Fayeulle & P. D. Ehni：Wear, **195** (1996) 7.
26) M. Zimmermann & M. Laheres：Wear, **209** (1997) 241.
27) W. A. Glaeser, D. Baer & M. Engelhardt：Wear, **162/164** (1993) 132.
28) Y. G. Gogotis, A. M. Kovalchenko & I. A. Kossko：Wear, **154** (1992) 133.
29) 樋口晋介・栃木憲治・後藤明弘・藤井正孝・三宅芳彦：トライボロジスト, **36** (1991) 969.
30) A. Fajkiel & W. Kajoch：Arch. Metall., **37** (1992) 99.
31) T. M. O'Connor, M. S. Jhon, M. H. Azarian & C. L. Bauer：Wear, **168** (1993) 77.
32) C. Donnet, J. Martin, T. Le Mogne & A. Belin：Tribol. Int., **29** (1996) 123.
33) C. Zuiker, A. R. Krauss, D. M. Gruen, X. Pan, J. C. Li, R. Csencsits & G. Fenske：Thin Solid Films, **270** (1995) 154.
34) H. Li, Z-C. Zhang, X. Chen & X-H. Liu：Tribology Int., **23** (1990) 245.
35) R. S. Bhattacharya, A. K. Rai, A. W. Mccormick & A. Erdemir：Tribol. Trans., **36** (1993) 621.
36) R. Huebler, G. K. Wolf, W. H. Schreiner & L. J. R. Baumvol：Nucl. Instrum. Methods Phys. Res. Sect. B, **80/81** (1993) 1415.
37) 大西孝治・堀池靖浩・吉原一紘編：固体表面分析 (I), 講談社 (1995) 196.
38) U. Jurgen, H.-G. Gramer, T. Teller, H. Niehuis & A. Benninghoven：SIMS VIII (A. Benninghoven, K. T. F. Janssen, J. Tumpner, H. W. Werner eds.), John Wiley &Sons (1992) 277.
39) I. V. Bletsos, D. M. Hercules, D. Fowler, D. van Leyen & A. Benninghoven：Anal. C$em., **62** (1990) 2088.
40) V. Novotny, X. Pan and C. S. Bhatia, J. Vac Sci. Technol., **A12**, 5 (1994) 2879.
41) 七尾英孝・森　誠之：トライボロジスト, **44**, 4 (1999) 288.
42) 大西孝治・堀池靖浩・吉原一紘編：固体表面分析 (II), 講談社 (1995) 281.
43) 星　靖・下斗米　直・佐藤未央・森　誠之：トライボロジスト, **44**, 9 (1999) 736.
44) 柳沢雅広：トライボロジスト, **39**, 5 (1994) 427.
45) 鈴木孝和・佐藤照夫・末高　治：潤滑, **24**, 9 (1979) 592.
46) V. Novotny, J.-M. Turlet & M. R. Philpott, J. Chem. Phys., **90** (1989) 5861.
47) 杉本岩雄：トライボロジスト, **37**, 5 (1992) 375.
48) 南　一郎・菊田　哲・遠山　護・岡部平八郎：トライボロジスト, **37**, 8 (1992) 667.
49) P. A. Willermet, D. P. Dailey, R. O. Carter III, P. L. Schmitz, W. Zhu, J. C. Bell & D. Park：Tribol. Intern., **28**, 3 (1995) 163.
50) P. M. Cann & H. A. Spikes：STLE Trib. Trans., **34**, 2 (1991) 248.
51) 外村　彰編：電子顕微鏡技術, 丸善 (1996) 115.
52) 日本電子顕微鏡学会関東支部編：走査電子顕微鏡―基礎と応用―, 共立出版 (1976) 55.
53) 文献52) の 66 ページ.
54) A. T. Alpas, H. Hu & J. Zhang：Wear, **162-164** (1993) 188.
55) D. Scott：Wear, **34** (1975) 15.
56) T. B. Kirk, G. W. Stachowiak & A. W. Batchelor：Wear, **145** (1991) 347.
57) W. A. Brainard & D. H. Buckley：NASA TN, D-7700 (1974).
58) Y. Tsuya, K. Saito, R. Takagi & J. Akaoka：Proc. Intern. Conf. Wear of Materials (1979) 57.
59) K. Hiratsuka：Trib. Intern., **28**, 5 (1995) 279.
60) 平塚健一・菅原　淳・笹田　直：日本潤滑学会第33期春季研究会予稿集 (1989) 347.
61) 平塚健一・菅原　淳・笹田　直：トライボロジスト, **36**, 3 (1991) 228.
62) T. Kayaba & K. Kato：Proc. Intern. Conf. Wear of Materials (1979) 45.
63) T. Kayaba, K. Hokkirigawa & K. Kato：Wear, **110** (1986) 419.
64) 橘内浩之・加藤康司・堀切川一男・井上　滉：日本機械学会論文集 (C編), **57**, 535 (1991-3) 965.
65) W. Holzhauer & F. F. Ling：STLE Trib. Trans., **31**, 3 (1988) 360.
66) J. Xu & K. Kato：Wear, **202** (1997) 165.
67) 田口佳男：トライボロジスト, **35**, 11 (1990) 814.
68) 笹田　直・大村平人：潤滑, **15**, 11 (1970) 758.
68) T. Akagaki & D. A. Rigney：Wear, **149** (1991) 353.
70) 平塚健一・菅原　淳：トライボロジスト, **34**, 11 (1989) 799.
71) H. Kawabe, O. Torii & T. Yamada：Proc. 6th Int. Conf. on X-ray Optics and Microanalysis (1972) 677.
72) N. Ohmae, T. Tsukizoe & F. Akiyama：Phil. Mag., **40**, 6 (1979) 803.
73) 例えば, P. Lukàš, M. Klesnil & J. Krejčí：Phys. Stat. Sol., **27** (1968) 545.
74) N. Takahashi：Wear, **124** (1988) 279.
75) 松永正久：表面測定, 誠文堂新光社 (1960) 20.
76) M. Uemura, K. Okada, A. Okitsa & N. Takahashi, Wear of Materials (1983) 107.
77) 高橋　昇・岡田勝蔵：潤滑, **19**, 5 (1974) 392.
78) 豊田　泰・吉岡武雄・梅田一徳：トライボロジスト, **41**, 2 (1996) 38.
79) 鈴木すすむ・安藤英一・林　泰夫：固体潤滑シンポジウム予稿集, 日本トライボロジー学会 (1995-5) 95.
80) 広中清一郎・脇原将孝・日野出洋文・谷口雅男・森口　勉・半沢　隆：トライボロジスト, **38**, 4 (1993) 79.
81) 北野幸重：ペトロテック, **12** (1989) 1012.

82) 田中茂雄・西坂 剛：医用電子と生体工学, **11**, 10 (1997) 42.
83) G. Binnig, H. Rohrer, Ch. Gerber & E. Weibel：Phys. Rev. Lett., **49** (1982) 57.
84) G. Binnig, C. F. Quate & Ch. Gerber：Phys. Rev. Lett., **56** (1986) 930.
85) 森田清三：走査型プローブ顕微鏡のすべて, 工業調査会 (1992).
86) B. Bhushan(Ed.)：Handbook of Micro/Nanotribology, CRC Press (1995).
87) 金子礼三：ゼロ摩耗への挑戦, オーム社 (1995).
88) 安藤康子・金子礼三・小口重光：トライボロジスト, **38**, 9 (1993) 825.
89) 安藤康子・金子礼三・小口重光：トライボロジスト, **38**, 9 (1993) 832.
90) R. Kaneko, S. Oguchi, Y. Andoh, Y. Sugimoto & T. Dekura：ASME Adv. Infor. Storage Syst., **2** (1991) 23.
91) 安藤康子・金子礼三・小口重光：トライボロジスト, **39**, 2 (1993) 137.
92) N. A. Burham & R. J. Colton：J. Vac. Sci. Technol., **A7**, 4 (1989) 2905.
93) R. Kaneko, T. Miyamoto, Y. Andoh & E. Hamada：Thin Solid Films, **273** (1996) 105.
94) E. Hamada & R. Kaneko：J. Phys. D：Appl. Phys., **25** (1992) A53.
95) 横畑 徹・金子礼三・加藤康司：トライボロジー会議予稿集 '93 名古屋 (1993) 375.
96) R. Kaneko, S. Oguchi, T. Miyamoto, Y. Andoh & S. Miyake：STLE Spcial Pubrication, **SP-29** (1991) 31.
97) Y. Andoh & R. Kaneko：J. J. A. P., **34** (1995) L264.
98) S. Morita, S. Fujisawa, Y. Sugawara：Surface Science Report, **23** (1996) 4.
99) T. Miyamoto, R. Kaneko & Y. Andoh：ASME Adv. Info. Storage. Syst., **2** (1991) 11.
100) R. M. Overny, E. Mayer, J. Frommer, B. Brodbeck, R. Luchi, L. Horwald, H.-J. Guntherodt, M. Fujihira, H. Takano & Y. Gotoh, Nature, **359** (1992) 133.
101) E. W. Müller：Z. Physik, **131** (1951) 136.
102) E. W. Müller & O. Nishikawa：Proc. Eng. Seminar on Electric Contact Phenomena, Ill. Inst. Technol. (1967) 181.
103) W. A. Brainard & D. H. Buckley：Wear, **26** (1973) 75.
104) N. Ohmae, W. Umeno & K. Tsubouchi：ASLE Trans., **30** (1987) 409.
105) N. Ohmae：Surface Diagnostics in Tribology, World Scientific, 47, Page57, Fig8-c；Phil. Mag. A, **74** (1996) 1319.
106) N. Ohmae, M. Tagawa, M. Umeno & S. Koike：Proc. Jpn. Int. Tribol. Conf. (1990) 1827.
107) N. Ohmae, M. Tagawa & M. Umeno：J. Phys. Chem., **97** (1993) 11366.
108) M. K. Miller：Surface Science Techniques, Pergamon (1994) 171.
109) E. W. Müller：J. Appl. Phys., **26** (1995) 732；R. Gomer：Surf. Sci., **70** (1978) 19.
110) N. Ohmea, M. Yamamoto, M. Umeno & M. Tagawa：Proc. 11th Int. Symp. Exoelectron Emission and its Applications (1994) 245.
111) 実験化学講座 第4版, 丸善 (1993).
112) R. J. Abraham, J. Fisher, P. Loftus：^{1}H および ^{13}C-NMR 概説 第2版, 化学同人 (1993).
113) M. Yanagisawa：Tribology and Mechanics of Magnetic Storage Systems vol. IX, STLE Special Publication SP-36 (1994) 25.
114) M. Yanagisawa：STLE Trib. Trans., **37**, 3 (1994) 629.
115) F. Freeman：NMR ハンドブック, 共立出版 (1992).
116) 大矢博昭・山口 淳：電子スピン共鳴, 講談社サイエンティフィク (1989).

第2章 材　　料

2.1　概　　要

　古くから耐摩耗性を配慮した材料，機械部品等には異種材料の組合せが採用されてきた．例えば鉄鋼材料からなる軸と組み合わせる平軸受の材料には銅合金あるいはホワイトメタルのような非鉄材料が好んで使用されてきた．これは稼働中に生じる凝着現象を防ぎ，損耗を少なくすることがその主な目的とされている．しかし，現実には全く結晶構造が異なり，しかも固溶体を作りにくい鉄鋼材料と銅合金を組み合わせた場合でも，摩擦条件のいかんによっては凝着や焼付きに起因する金属移着現象が観察される[1]．したがって，金属，合金同士の組合せでこれらの現象を防ぐことは極めて困難といわざるを得ない．

　そこで，上述のような現象を防ぐために非金属的物性をもった被膜のコーティングあるいは化学反応による表面層の生成が必要となってくる．このような観点から行なわれている表面処理として鉄鋼材料の場合，熱処理による処理加工が挙げられる．ことに精度維持の面からフェライト界域で処理を行なうことが有利であり，その意味で窒化系の処理が採用される．窒化処理は複合処理が可能であり，酸窒化[2]，浸硫窒化処理[3]した表面層は優れた耐摩耗，耐焼付き性を得ることが可能である．

　また，PVD[4]やプラズマCVD[5]によるTiN，TiC等の炭，窒化物あるいは酸化物のコーティングは上述と同じ理由で有効な処理法といえる．

　この他，放電加工を利用して高精度な表面改質処理が行なわれている．すなわち，電極に炭化物の圧粉体を用いるか[6]，あるいは電極と被加工材との間に炭化物等の微粉末を介在させて放電加工を行なうと被加工面にこれら炭化物の被膜が生成される技術も開発されている[7]．

文　献

1) 竹内栄一：日本金属学会誌, **34**, 1 (1970) 59.
2) Z. Rogalski, J. Wyszkowski, W. Panasiuk & J. Lampe：Heat Treatment '76 (1976) 21.
3) 竹内栄一：日本金属学会誌, **34**, 7 (1971) 671.
4) 表面技術協会編：PVD・CVD皮膜の基礎と応用, 槇書店 (1994) 40.
5) 表面技術協会編：PVD・CVD皮膜の基礎と応用, 槇書店 (1994) 102.
6) 毛利尚武・斉藤長男・恒川好樹・籾山英数・宮川昭彦：精密工学会誌, **59**, 4 (1993) 625.
7) 毛利尚武・斉藤長男・成宮久喜・河津秀俊・小林和彦・恒川好樹：電気加工学会誌, **25**, 49 (1991) 47.

2.2　軸 材 料

　軸として具備すべき性質には
（1）静的あるいは動的な負荷に耐え得るに必要な強さを有すること
（2）曲げやねじり応力によるたわみに耐えられること
（3）始動時あるいは運転中に受ける衝撃荷重に耐え得ること
（4）曲げやねじり応力の繰返し負荷に耐える疲れ強さを有すること
（5）熱処理および表面処理加工が容易であること
（6）軸受との間の摩擦によって生じる摩耗に対し抵抗性を有すること

などが挙げられる．これらのうち，疲れ強さおよび耐摩耗性はともに重要な性質の一つである．

　まず，疲れ強さの向上については，これを目的とした材料の選択，例えば非金属介在物の低減，組織および結晶粒度の調整，合金元素の添加などがある．また，加工面からは高周波焼入れにみられるような急速加熱，冷却を伴う熱処理によって表面付近を硬化させるとともに圧縮の残留応力を生成させる[1]．なお，表面付近の圧縮応力の残留については，最近，浸炭歯車の歯元ならびに歯面強度の向上を目的とするハードショットピーニング加工により効果を挙げている[2,3]．この他，設計の段階で応力集中の起こることを避けるような形状とすることも重要な要素の一つである．

　また，耐摩耗性の改善については表面を硬化することが有効な手段の一つであるが，この他に非金属的物性をもった表面層の形成も効果的といえる[4]．前者には浸炭硬化，高周波焼入れなどが含まれ，後者には窒化系の処理が含まれる．窒化系の処理はフェライト界域で行なうため，ひずみの生成が少なく，しかも表面の反応生成物にはε-$Fe_{2-3}N$，γ'-

表 2.2.1 軸類に適用される主な鋼材とその熱処理　〔出典：文献7〕

種類	記号	熱処理	適用
機械構造用炭素鋼	S 10 C〜S 25 C	焼ならし	低強度用
	S 30 C〜S 40 C	焼入焼戻し	中強度用
	S 40 C〜S 50 C	焼ならし	大径低強度用
	S 45 C〜S 55 C	焼入焼戻し	強力用
	S 35 C〜S 48 C	焼入焼戻し →高周波焼入れ →(低温焼戻し)*	耐疲れ，耐摩耗性強力用（スプライン部など），耐疲れ性
	S 09 CK〜S 15 CK	浸炭焼入れ→焼戻し	複雑形状で量産．耐摩耗性．
機械構造用合金鋼 (ニッケルクロム鋼材)	SNC 236	焼入焼戻し	焼入れ性良好．小物強用用．
	SNC 631	焼入焼戻し	高価．クランク，プロペラなど．
(ニッケルクロムモリブデン鋼材)	SNCM 431	焼入焼戻し	焼入れ性，耐焼戻し脆性良好．強力用
	SNCM 625, 630	焼入焼戻し	大径，長軸．
	SNCM 240, 439, 447	焼入焼戻し →高周波焼入れ →(低温焼戻し)*	耐摩耗性，耐疲れ性．
	SNCM 616	浸炭焼入れ→焼戻し	複雑形状で量産．耐摩耗性．
(クロム鋼材)	SCr 435, 440	焼入焼戻し	大径．耐摩耗性．自硬性があり，焼割れしにくい．合金鋼では安価．
	SCr 440, 445	焼入焼戻し →高周波焼入れ →(低温焼戻し)*	耐摩耗性，耐疲れ性．
	SCr 415, 420	浸炭焼入れ→焼戻し	複雑形状で量産．耐摩耗性．
	SCr 440	焼入焼戻し →窒化	焼ひずみを嫌う軸類．耐摩耗性．
(クロムモリブデン鋼材)	SCM 435, 440	焼入焼戻し	SNC材より小径に適する．
	SCM 435, 440, 445	焼入焼戻し →高周波焼入れ →(低温焼戻し)*	耐摩耗性，耐疲れ性．
	SCM 415, 420, 421	浸炭焼入れ→焼戻し	複雑形状で量産．耐摩耗性．
	SCM 432, 440	焼入焼戻し →窒化	焼ひずみを嫌う軸類．耐摩耗性．
(アルミニウムクロムモリブデン鋼材)	SAMC 645	焼入焼戻し →窒化	焼ひずみを嫌う軸類．耐摩耗性．

* 耐摩耗性を目的とする場合は低温焼戻し，耐疲れ性を目的とする場合は焼入れのみ．

Fe_4N がその主なもので，この他に酸窒化処理では酸素と窒素の共存する化合物層が[5]，また浸硫窒化処理の場合は上述の窒化物の他に $Fe_{1-x}S$, FeS などの硫化物が存在する[6]．

これらの反応生成物はいずれも非金属的物性をもち，相手金属，合金との間に生じる凝着や焼付き現象を抑制する効果がある．このため優れた耐摩耗性が期待される[4]．

表 2.2.1 は軸として汎用されている材料の種類とその熱処理等を記したものである[7]．

このうち，特に耐摩耗性を必要とする軸類には浸炭または窒化系の処理を施したものが望ましい．また，疲れ強さを重視するものについては高周波焼入れしたままの状態で使用するか，あるいは浸炭後ショットピーニングを施すことによって表面付近に圧縮応力を残留させたものが適する．なお，高周波焼入れを耐摩耗性を必要とする部分に適用するときは，焼入れ後 150〜200℃ 付近で焼戻し処理を施すことが望ましい[8]．

2.2.1 機械構造用炭素鋼

軸に使われる鋼材は，曲げねじりの繰返し荷重を受けるばかりでない．クランクシャフト，カムシャフトなどのエンジン部品ではすべり軸受あるいは転

表 2.2.2 軸用の炭素鋼および合金鋼の材質および用途の例　〔出典：文献 9）〕

区分	鋼種	炭素鋼					合金鋼						
							ニッケル・クロム・モリブデン鋼			クロム鋼		クロム・モリブデン鋼	
炭素量,%		0.18〜0.25	0.25〜0.50	0.32〜0.40	0.35〜0.60	0.13〜0.23	0.27〜0.35	0.20〜0.50	0.17〜0.20	0.38〜0.48	0.13〜0.23	0.28〜0.48	0.13〜0.25
熱処理		焼なまし	焼なまし	焼ならし	焼ならし	浸炭焼入れ	焼入焼戻し	焼入焼戻し	浸炭焼入れ	焼入焼戻し	浸炭焼入れ	焼入焼戻し	浸炭焼入れ
強さ	引張強さ, MPa	440〜540	490〜690	540〜640	>610	>490	>830	>930	>830	>930	>780	>830	>830
	硬さ HB	125〜155	140〜195	155〜180	179〜285	143〜235	248〜302	269〜363	248〜415	269〜341	217〜321	241〜363	235〜415
品名		小物軸 中間軸 推進軸 推力軸	発動機 水車用軸 一般軸類	クランク軸 ジャーナル軸	車軸 クランク軸 一般軸類	カム軸 その他	クランク軸	大形軸 クランク軸 一般軸類	強力軸類 一般軸類	一般軸類	中小形軸 カム軸 スプライン軸	小物軸 大形軸 クランク軸 一般軸類	一般軸類 カム軸

がり軸受として働く部分をもち，摩擦・摩耗の問題を常に伴う．

設計上荷重のあまり高くない伝動軸や低回転の機械軸には一般に 0.4% C までの炭素鋼の冷間引抜材が使われる．また，より高負荷の自動車エンジンのクランクシャフトなどには，0.5% C 程度の炭素鋼圧延材が鍛造後，焼きならしして使われる．

これらに対する強度向上を目的として，全体に焼入焼戻しも考えられる．しかし大物では熱処理ひずみが発生しやすいこと，あるいは硬くすると後加工が困難になることなどデメリットも大きいので採用例は少ない．この目的には部分的に高周波焼入れをすることなどがある．

表 2.2.2[9] に軸用の炭素鋼，合金鋼の材質および用途例を示した．

機械構造用炭素鋼の成分や機械的性質等については，JIS G 4051 に規定されている．参照されたい．

2.2.2 機械構造用合金鋼

焼きが入りにくい太い軸や高強度が要求される焼入れ焼戻し品では，Ni，Cr，Mo の合金元素を増やした合金鋼が使われる（表 2.2.1 参照）．表中，ニッケル入りの鋼種はコスト高となる．最近では製鋼技術が進歩し，靱性を向上するニッケルが必ずしも必要でなくなったため，自動車エンジンなどの量産品ではコストの安いクロム鋼が主流になっている．

JIS には JIS 記号に H のついた焼入れ性を特に保証した鋼種がある．SCM 415 H や SCr 420 H などである．

軸ではギヤの付いたものも多い．こういった場合，疲労強度と同時に耐摩耗性を上げる必要上，窒化，浸炭焼入れ（低炭素鋼），高周波焼入れ（中高炭素鋼）などの表面硬化処理がしばしば組み合わされる．これらは完成形状に近い状態で処理される．浸炭焼入れ品では長尺品のひずみ矯正時，表面に微小な割れが生じやすく，矯正には注意を要する．

また最近は，中強度品向けにいわゆる非調質鋼の使用が増えている．S 45 や S 50 C の成分をベースにして Nb や V などを少量添加し，炭化物の析出硬化で強度を上げ，焼入焼戻ししない鋼材である．焼入焼戻しの手間を省くためである．ただし，非調質鋼は JIS 化されていない．

軸類は切削代が多い．転動疲労が問題にならない部品では快削鋼が使われることも多い．削りくずの鉛汚染を避けるため鉛快削鋼の使用は再考されている．

焼入れ性を保証した構造用鋼鋼材については JIS G 4052 に，ニッケルクロムモリブデン鋼鋼材については G 4103，クロム鋼鋼材は G 4104，クロムモリブデン鋼鋼材については，G 4105 に成分や機械的性質の規格がある．また，軸などに使われるクロムモリブデン鋼鍛鋼品については JIS G 3221，ニッケルクロムモリブデン鋼鍛鋼品は JIS G 3222 に規格がある．硫黄および硫黄複合快削鋼鋼材については JIS G 4804 にある．参照されたい．

2.2.3 ステンレス鋼

ステンレス鋼は化学工業用ポンプなどに代表される腐食環境で耐食性が要求される機械装置の軸として使用されている．ステンレス鋼は合金組成上からCr系およびCr-Ni系，金属組織上からフェライト系，マルテンサイト系，オーステナイト系，析出硬化型系に分類される．

ステンレス鋼の種類は多いが，代表的な例を表2.2.3[10]に示す．詳細はJIS G 4303，4304を参照．

高Cr系のSUS 403，431はマルテンサイト系ステンレス鋼で焼入焼戻しによって優れた機械的性質が得られるので機械構造用鋼としても汎用される．

オーステナイト系の18 Cr-8 Ni系等は耐食性はもちろん被加工性，溶接性においてもCr系ステンレス鋼に比して優れているので，高級用途に対してはCr系よりも広く用いられている．

析出硬化型ステンレス鋼は耐食性の観点から12%以上のCrを含み，δフェライトの出現を抑え

表2.2.3 代表的ステンレス鋼の化学組成と用途等　　〔出典：文献10)〕

分類	鋼種	主要化学組成，%						引張特性			熱処理	用途
		C	Ni	Cr	Mo	Cu	その他	0.2%耐力, MPa	引張強さ, MPa	伸び, %		
マルテンサイト系ステンレス鋼	SUS 403	≤0.15	—	11.5〜13	—	—	Si≤0.5	1 030	1 340	17	982℃, 427℃焼戻し	タービン翼用構造用航空機部品，ボルト
	SUS 431	≤0.20	1.25〜2.50	15.0〜17	—	—	Si≤1.0	1 070	1 410	15	982℃, 482℃焼戻し	
オーステナイト系ステンレス鋼	SUS 304	≤0.08	8〜12	18〜20	—	—		245	570	60	1 010〜1 150℃急冷	化学工業用熱処理工業用等
	SUS 316	≤0.08	10〜14	16〜18	2〜3	—		245	570	55	1 010〜1 150℃急冷	
	SUS 321	≤0.08	9〜13	17〜19	—	—	Ti>C×5	245	590	55	920〜1150℃急冷	
	SUS 347	≤0.08	9〜13	17〜19	—	—	Nb>C×10	245	620	50	980〜1150℃急冷	
析出硬化型ステンレス鋼	17-4 PH (SUS 630)	0.05	4	17	—	4	Nb+Ta:0.3	1 275	1 375	14	1 038℃×1/2 h, 482℃, 1 h	ジェットエンジンコンプレッサ翼，ボルト
	15-5 PH	0.04	4.6	15	—	3.3	Nb:0.27	1 165	1 345	11	482℃時効	ランディングギヤ部品
	PH 13-8 Mo	0.03	8.2	13	2.2	—	Al:1.1	1 450	1 550	12	927℃, 510℃×4 h	ファスナ，ランディングギヤ部品
	17-7 PH (SUS 631)	0.07	7	17	—	—	Al:1.2	1 440	1 550	6	1 038℃, 482℃時効	エンジン部品，タクト締め金具，スプリング
	AM 355	0.13	4.3	15.5	2.8	—	Si≤0.25	1 250	1 480	13	1 050℃, 454℃焼戻し	ヘリコプタロタコンプレッサホイール

表2.2.4 代表的マルエージング鋼の化学組成と用途等　　〔出典：文献10)〕

合金	規格	主要化学組成，%							引張特性			熱処理(時効)	用途
		Ni	Cr	Co	Mo	Ti	Al	Nb	その他	0.2%耐力, MPa	引張強さ, MPa	伸び, %		
12 Ni	ASTM A590	12	5	—	3	0.25	0.35	—	—	1 275	1 325	14	482℃, 3 h	ヘリコプタ部品，超高圧部品
15 Ni	—	15	—	9	4.8	0.7	—	—		1 300〜1 550	1 345〜1 590	6〜12	482℃, 3 h	押出し用ラム，ファスナ，シャフト
18 Ni	ASTM A538 Grade A	18	—	8	4.3	0.2	0.1		B:0.003 Ca:0.05 Zr:0.02	1 655〜1 825	1 685〜1 860	6〜10	〃	テンションボルト，ばね材
	Grade B	18	—	8	5	0.4	0.1			1 795〜2 070	1 825〜2 100	5〜10	〃	
	Grade C	18.5	—	9	5	0.6	0.1			1 695〜1 765	1 755〜1 815	10〜13	482℃, 1 h	
25 Ni	—	18〜20	—	—	—	1.3〜1.6	0.25	0.4		1 685〜1 815	1 785〜1 815	10〜15	455℃, 1 h	

ること，および硬化元素としてMo, Cu, Ti, Al等を添加しており，強度の高い割には，靱性が比較的優れ，しかも耐食性が良いのが特徴である．

耐食性や耐熱性をさほど重視しない場合，高強度レベルにおける良好な靱性，高い疲労強度，耐遅れ破壊性などが考慮され，インコ社（米国）によって開発されたマルエージング鋼も軸材料として使用されることがある．マルエージング鋼の代表的例を表2.2.4[10]に示す．「マルエージング鋼の多くはCrを含まず，CrをNi, Co, Mo, Ti, Al等に置き換えているためステンレス鋼とはいえないが，同族として取り扱われる．」低炭素，高Niの柔らかく，かつ靱性に富んだマルテンサイト地に時効により金属間化合物の分散析出を利用して強化している．強化後の靱性を確保するため，P, S, Si, Mnなど不純物を厳しく制限しており，真空溶解等が用いられる．マルエージング鋼は航空機の大型化，高速化に対応して機体の軽量化が図られ，降着装置に使用され，この他，ヘリコプタ用フレキシブルロータシャフト，可動翼用ヒンジ，エンジン用ギヤなどへの応用が報告されている．また，最近では海軍機のエンジンのコンプレッサ用シャフトおよび翼や，現在ではその他用途へも広がっている．

2.2.4 耐熱鋼および耐熱合金

蒸気タービン用材料における低温（340℃以下）領域では軸用材料として，Cr-Mo-V鋼やNi-Cr-Mo-V鋼が使用されている．しかし，それ以上の高温（600～650℃以下）では高温強度が優れた12Cr系耐熱鋼（12 Cr-Mo-V-Nb）や，W, Moを増量した改良12 Cr耐熱鋼（12 Cr-Mo-V-W-Nb-N）などが使用されているが，将来的にはオーステナイト系の採用が不可避と考えられている．

耐熱合金の主用途は発電機用，舶用あるいは航空機用などのガスタービンであり，その他，宇宙，原子炉その他の構造材料の耐熱部に使用されている．特に進歩発展の著しいのは航空機用であり，エンジンの効率を上げるため，作動温度はますます高くなりつつある．約650℃以上の高温で使用される鉄基，ニッケル基およびコバルト基の代表的なガスタービン用の主要耐熱合金の化学組成および用途を表2.2.5[10,11]に示す．同表中の鉄基，ニッケル基は軸用材料として使用される．コバルト基は軸材料として使用されることはないが，耐熱合金の代表的な分類例として参考に掲げてある．

鉄基のA 286, DiscaloyはいずれもNiを25%以上添加してオーステナイト相を安定化し，12～15%のCr添加により耐酸化性を与え，Mo添

表2.2.5　ガスタービン用主要耐熱合金の化学組成と用途等　〔出典：文献10, 11）〕

分類	合金	主要化学組成, %										引張特性			クリープ特性, MPa		用途
		C	Cr	Ni	Co	Mo	W	Nb	Ti	Al	Fe	その他	0.2%耐力, MPa	引張強さ, MPa	伸び, %	816℃		
																100 h	1000 h	
Fe基	A-286	0.05	15.0	26.0	—	1.3	—	—	2.0	0.2	Bal.	V : 0.3, Mn : 1.4	725	1 035	25	89	55	ジェットエンジン部品，ボルト，各種高温部品
	Discaloy	0.05	13.5	26.0	—	2.7	—	—	1.7	0.1	Bal.		730	1 000	19	103	—	
Ni基	Inconel 718	0.04	19.0	Bal.	—	3.1	—	5.1	0.9	0.4	18.5		1 185	1 435	21			高温構造部品，高温ボルト，高温スプリング，ファスナ
	Inconel X-750	0.04	15.5	Bal.	—	—	—	1.0	2.5	0.7	7.0		815	1 200	27	180	110	航空機用エンジンのブレード，シャフト，機体構造物
	Inco 713 C	0.12	12.5	Bal.	—	4.2	—	2.0	0.8	6.1	—	B : 0.012, Zr : 0.1	740	840	16	503	303	発電用ガスタービンのタービンブレード等
	Udimet 500	0.08	18.0	Bal.	18.5	4.0	—	—	2.9	2.9	—	B : 0.006, Zr : 0.05	840	1 310	32	300	220	
	Udimet 700	0.06	15.0	Bal.	17.0	5.0	—	—	3.5	4.0	—	B : 0.030	965	1 410	17	400	300	
Co基	S-816	0.38	20.0	20.0	Bal.	4.0	4.0	4.0	—	—	4.0	Mn : 1.2	620	880	30	170	125	耐酸化・耐熱衝撃部品，タービン用高温部品
	X-40	0.50	25.5	10.5	Bal.	—	7.5	—	—	—	2.0	Si : 0.8, Mn : 0.7	530	745	10	180	140	

加による固溶強化と数％の（Al＋Ti）による析出強化を図っている．

ニッケル基耐熱合金の Innconel 718 や Udimet 700 等は主に金属間化合物の γ' 相〔ガンマ・プライム相：$Ni_3(Al, Ti)$〕による析出強化が著しく大きく，ニッケル基耐熱合金中では最も高温強度が優れている．

コバルト基の S 816, X-40 は Cr 量が 20～30％ と高いため優れた耐食・耐酸化性を有し，耐熱疲労性が高く，溶接性も良好である．W の固溶強化と炭化物析出強化型の合金である．これら耐熱合金も多種にわたるので，使用に際しては，機器の必要性能を把握し，材料の選択は力学特性および物理的特性のほか加工性や成形性についても考慮しなければならない．同時に熱処理によっても力学特性は大きく変わるので，材質の選択と同時に適切な熱処理条件を選ぶことが必要である．

2.2.5 セラミックス

軸に用いられ得る代表的構造用セラミックスとしては，炭化ケイ素，窒化ケイ素，アルミナおよびジルコニアがある．これらのセラミックスの強度は微小欠陥に敏感であり，その結果として炭化ケイ素，窒化ケイ素，アルミナなどの破壊靱性値は最近の優れた材料でも 10 MPa・m$^{1/2}$ を容易に超えない．ジルコニアは，その中でも 10 MPa・m$^{1/2}$ 前後の大きな靱性値を有し，比較的大きな引張応力や衝撃に耐え得る材料ではあるが，鋼材が一般に有する 80 MPa・m$^{1/2}$ 前後の靱性値に比べればはるかに小さい．したがってセラミックスが大荷重，または大トルクを求められるような軸に用いられる場合は非常に少ない．しかし荷重が小さく，トルクも小さいような小型の軸に使用される可能性はある．

そのときに必要となる基本的な機械的性質値を表 2.2.6 に示す．

表 2.2.6 より明らかなように，これら代表的な構造用セラミックスは一般の構造用鋼材に比べ，ヤング率は約 1.5 倍，硬さは数倍である．したがってこれ等のセラミックスが軸として相手材と摩擦する場合，軸の表面は相手材に比べ十分に滑らかであることが求められる．そうすれば軸表面の微小突起による相手面のアブレシブ摩耗を避けることができる．

金属やプラスチックのようにはるかに軟らかい材料を相手に上記のセラミックスが軸として用いられ，軸の表面が相手材表面に比べ非常に滑らかに仕上げられているとすれば，低摩擦と低摩耗のために必要とされる条件は，軸材のセラミックスと相手材との化学的親和性が小さく，互いに付着しにくい材料の組合せを選ぶこと，および環境の雰囲気と化学反応しにくいセラミックスを選ぶことになる．

例えば炭化ケイ素や窒化ケイ素は摩擦面において酸素とトライボケミカル反応により酸化し，酸化ケイ素を形成し化学的に摩耗する．この化学的摩耗は，炭化ケイ素や窒化ケイ素で作られた軸の表面を非常に滑らかにするので，潤滑を助けるという意味では歓迎すべきことであるが，軸と相手面のすきまが増したり，酸化ケイ素が環境を予定外に汚染するという意味においては好ましくない．このマイナス面を避けるためには，環境に合わせてアルミナやジルコニアの酸化物系セラミックスを選ぶべきことになる．

一方で，油，水，グリース，二硫化モリブデン等の潤滑剤を相手面との間に供給する場合には，これらの潤滑剤と軸材としてのセラミックス間のぬれ性や付着性が大切になる．しかし，セラミックスの一般的潤滑剤と軸との付着性や相手材としての金属やプラスチックとの付着性を見極めるための一般的指標は未だ得られていない．その一つの理由として，二つの材料間の付着（時に凝着と呼ばれる）は，表面にあらかじめ存在する汚染膜や雰囲気の吸

表 2.2.6 構造用セラミックスの機械的特性

	かさ比重	ヤング率, GPa	曲げ強さ, MPa	破壊靱性, MPa・m$^{1/2}$	硬さ, GPa
炭化ケイ素	3.15	390	600	4.0	24.0
SiC	3.10	400	830	5.6	31.0
窒化ケイ素	3.40	320	1 000	7.5	15.8
Si_3N_4	3.25	310	1 100	4.5	18.0
アルミナ	3.95	420	450	4.6	16.0
Al_2O_3	3.95	390	450	3.5	19.0
ジルコニア	6.07	200	1 400	10.0	13.0
ZrO_2	6.10	190	1 700	9.0	15.0

注：表中の各セラミックスについての2種類の値は，それぞれのセラミックスについて日本の10社のセラミックスメーカーの公表値の中から，破壊靱性および硬さの大きい方の代表値と小さい方の代表値として選ばれた値である．

着膜に大きく影響されるため接触する材料間同士の固有な物性値として求めにくいことにある．したがって軸材としてのセラミックスの選択は，環境雰囲気との反応性と，靱性で与えられる強度とを考慮して当面なされることになる．

2.2.6 強化複合材料

「複合材料」は単一材では不可能な目的特性を，複数の材料を組み合わせて実現したものである．この手法は耐摩耗性や摩擦係数の改良でトライボロジーの世界等ですでに常識であるが，殊更に言われるようにになったのは，強化繊維（表 2.2.7）に極めて強度の高いものが出現して，比強度の高い強化複合材料が宇宙開発を支える材料として成果を上げたことで関心を高めたものであろう．繊維による力の伝達経路が複数に存在する冗慢度の高い安全な構造であること，また，負のポアソン比の材料が実現できたり，カップリング効果を利用して，曲げたときに望む方向にねじりを生じさせて翼の失速を防止する設計ができる等，これまでの材料ではできなかったことが繊維強化の力学解析で可能になって，興味深い展開を見せたことも注目された理由であろう．

金属材料分野では耐熱強度の向上を目的に開発が進められたし，セラミックスについても靱性改良の手法の一つとして検討がされているが，実績としては有機高分子材料をマトリックス（母材）としたものが中心で，古くから使われているタイヤやベルト，ガラス繊維強化プラスチック等も改めて「複合材料」という観点で見直されて，建材，自動車用途，OA機器などの分野で実用化が進んで，今や構造材料として軽量化には不可欠な存在になっている．

強化には通常弾性率・強度の高い連続または不連続の繊維を用いる．繊維は引張には強いが，圧縮は周囲を強く拘束されないと負荷を支えられないので，マトリックスの剛性率の高いものが求められる．また，せん断力を伝えるのにも繊維と強力に接着して，剛性率が高いマトリックスが望ましい．有機高分子系のマトリックスは剛性率が低いので，複合材料の引張のめざましい改良に比べて，この二つが低いことが設計上配慮を要する点になっている．

設計はマトリックス中に繊維を一方向に並べて強化した薄層をもとにする連続繊維による強化と，繊維の配列がそれほど強くない不連続繊維による強化とに区別される．後者は複雑な形状を加工することができる利点があり，短繊維強化理論で説明されるように予想以上の強度もあって成形品の形で広く使用されている．しゅう動面に並んだ繊維が変形を拘束するので摩耗が減るなど効果的な利用が進められている．

一方向強化材の力学的性質は，繊維とマトリックス材の体積分率による寄与を合算する「複合則」で推算できる．弾性率についてはよく合うので変形の計算には好都合である．変形に関連して，線膨張係数も「複合則」で推算できるが，強化繊維の線膨張係数はマトリックスよりも 1 桁以上小さいので，寸法精度の改良が期待できる．なお，破壊については現象が複雑であるため「複合則」による推算はむずかしく，引張，圧縮，せん断それぞれの設計限界値は破壊強さを測定して決められている．

連続繊維による強化材はこの一方向材を積層して作る．繊維を全方向に配置すれば，等方的な強化ができるが，負荷の応力はいつも等方的であるとは限らないから，強化繊維は必要な方向に必要なだけ並べる．したがって，強化複合材は異方性である．特に，炭素繊維が出現して以来，異方性を積極的に利用しようという考えが広まっている．回転体や内圧容器のように負荷応力の異方性がはっきりしている製品などでは，適切な繊維配置で材料の合理的な使用ができる．これが複合材料の利点の一つである．

軸材料としての強化複合材料は，ねじりに弱いので実用例は少ない．使用例には軽量化とコスト減の効果で，大型車両用のプロペラシャフトの中間接手を省いた一体化設計やガイドロール等がある．強化には，ねじりのせん断応力を支える±45°方向と軸

表 2.2.7 強化繊維とその複合料の一例

	強化繊維		複合材料（一方向材）	
	弾性率, GPa	引張強さ, GPa	弾性率, GPa	引張強さ, GPa
ガラス繊維	85	4.6	30	1.1
炭素繊維				
（高強度タイプ）	300	5.5〜7	160	2.9〜3.5
（高弾性タイプ）	590	3.8	330	2.1
アラミド繊維	130	3	76	1.4

の曲げに対抗する軸方向とに連続繊維が挿入される．目的とする伝達トルク，固有振動数，軽量化などの特性に応じて，最適な積層構成が決められる．

繊維を所望の方向に並べるには，形状の制約，連続繊維では繊維端の処理など，量産性を含めて現行の各種の成形加工法にはまだ検討の余地が残されている．設計の際，成形方法についても考慮が必要である．ただ，軸については組紐技術の応用でプロペラシャフトを1分に1本生産できるような生産性のよい成形法も用意されている．

文献

1) 浅見克敏・杉山好弘：熱処理, **25**, 3 (1985) 147.
2) 田中広政・小林俊郎・中里福和・宇野光男：鉄と鋼, **79**, 1 (1993) 90.
3) 浜坂直治・中尾 力：熱処理, **35**, 2 (1995) 105.
4) 竹内栄一：日本金属学会会報, **14**, 2 (1975) 135.
5) Z. Rogalski, J. Wyszkowski, W. Panasiuk & J. Lampe : Heat Treatment '76 (1976) 21.
6) 竹内栄一：日本金属学会誌, **35**, 7 (1971) 671.
7) 熱処理技術編集委員会編：機械要素の熱処理, 工業調査会 (1995・8) 137.
8) 竹内栄一：出光トライボレビュー, 11 (1985) 625.
9) 井上陸雄：鉄鋼材料便覧, 日本金属学会, 日本鉄鋼協会編, 丸善 (1967) 1047.
10) 長谷川正義：ステンレス鋼便覧, 日刊工業新聞社 (1995) 129, 497, 502, 721-736.
11) 日本金属学会・日本鉄鋼協会編：鉄鋼材料便覧, 丸善 (1967) 1126-1141.

2.3 すべり軸受，すべり面材料

すべり軸受，すべり面材料は，その表面で相手材と相対的にしゅう動する重要な機械要素であり，使用される潤滑環境や温度，雰囲気，相手材，速度等の条件によって最適な材料の選択が必要となる．これまでにもすべり軸受材料として，数多くの金属，セラミックス，プラスチックあるいはこれらの複合材料が出現し，SAEやJIS等の規格に制定されてきた．しかしながら，現実にこの業界で今も広く用いられている材料はむしろこれらの規格に制定されていないものの方が多い．

(1) 軸受に対する要求特性

一般に軸受に望まれる特性については，森早苗著の「すべり軸受と潤滑」[1]にわかりやすくまとめられており（表2.3.1参照）軸受材料は"負荷能力"と"順応性"という"強さ""弱さ"のような相反する特性を併せもたねばならぬという宿命があるとしている．

その例として強度という特性を考えてみる．昨今は，エンジンの高性能化に伴い軸受の負荷能力を追求するケースが多くなっているが，これは硬さを高くすることにより解決され，結果として順応性は低下する傾向にある．しかし，軸受の焼付きや摩耗などの損傷が起きるのは，通常固体接触時であり，いわゆる"なじみ"によって，いかにして早くこの状態を切り抜けるかがポイントとなる．つまり，強度の高い材料のなじみ性をいかにして確保するかが軸受の課題ということである[2]．

また軸受表面の化学特性として望まれる"耐腐食性"に関しても，表面が化学的に安定しているよりも酸化物，塩化物，フッ化物，硫化物等の塩を生成させた方が潤滑効果が向上するといわれており[3]，これもいわば相反する現象である．このように軸受材料においては，異なった特性をいかに組み合わせ，使いこなすかが重要なポイントとなる．

(2) 軸受材料の構造

軸受の構造としては単層軸受（ソリッド軸受）と複層軸受（裏金付き軸受）に分けることができる．

単層軸受の場合，軸受としてのしゅう動特性と構造的な強度，剛性を両立させるのが比較的むずかしく，その材料や用途，用法は限定される．特に，非鉄合金は鉄系材料に比べ熱膨張係数も高く，単層では設計上の問題も出やすくなる．

裏金付きの二層軸受の代表的な材料としてはアルミニウム合金系軸受とホワイト合金軸受があり，各々の軸受合金が順応性

表2.3.1 軸受に必要な特性 〔出典：文献1)〕

特性	分類
(1) 耐疲労性：高い P_{max}* の変動に耐える	① 負荷能力
(2) 高融点：高い T_{max}* に耐える	① 負荷能力
(3) 抗圧力：P_{max}, H_{min}* の急激な変化（硬さ）（これに伴うキャビテーション*² に耐える）	① 負荷能力
(4) 耐食性：T_{max} による油の分解劣化で腐食されない	③ 化学特性
(5) なじみ性：H_{min} 時の片当たりを吸収する	② 順応性
(6) 埋収性：H_{min} 時に異物を吸収する	② 順応性
(7) 非焼付き性：境界潤滑時に焼き付かない	② 順応性

*¹ P_{max}：最高油膜圧力，T_{max}：最高油膜温度，H_{min}：最小油膜厚さ
*² キャビテーション：激しい圧力変化による気泡の生成消滅

①と②は相反する兼ね合いの特性

を，裏金が負荷能力を受けもつことができる．さらに銅鉛系合金軸受においては，初期なじみ性や耐食性をカバーするために軟質の最表面層を付加し，通常三層軸受としている．近年さらに防錆や表面特性の向上のため，ごく薄いスズめっき等が従来の複層体の上に加えられているケースもある．

現在主にすべり軸受は，鋳鉄等の鉄系，銅合金系，アルミニウム合金系，スズ，鉛合金系等の金属材料やセラミックス材料あるいは広い意味でのプラスチック系材料から成り立っている．また，異なった材料系を組み合わせ，それぞれの優れた特性を併せもった複合材料も近年採用されている．

これらの軸受材料のもつ機械的性質，耐熱温度，化学特性，コスト等の諸性質はそれぞれ大きく異なっている．しかも，使用される雰囲気や条件，相手材もその都度変わってくるものである．

軸受を使用する場合重要なのは，適用される条件とそれぞれの材料のもつ特性をよく理解し，最適な軸受材料を設定することである．

2.3.1 鋳　鉄

機械構造用材料としての鋳鉄の歴史は古く，切削加工性に優れていること，潤滑下の摩耗において，摩擦面に析出している黒鉛が油溜りとしての役割を果すことなどの理由により広く利用されてきた．しかし，鋳鉄の適用範囲を重要機能部品にまで拡げるためには，黒鉛の析出状態ならびに素地組織の制御を含めた材質強化，あるいは表面層の改質が重要な課題となる．前者については鋳造技術の改善による球状黒鉛鋳鉄やCV鋳鉄（Compacted Vermicular Graphite Cast Iron）がそれに相当する．このほか，熱処理を活用した強化法としてオーステンパダクタイル鋳鉄（Austempered Ductile Cast Iron：以下ADIと記す）が普及しつつある．また，後者に属するものとして高周波焼入れや窒化系の表面熱処理あるいはPVD法による炭，窒化物のコーティングが行なわれている．

（1）黒鉛の形態と挙動

黒鉛の形態については，最も利用頻度の高いねずみ鋳鉄についてAFS（American Foundrymen's Society）およびASTM（American Society for Testing Materials）が規定している．すなわち，片状黒鉛の大きさは図2.3.1に示すようにその長さをもって表わし，8段階に分類されている．また，

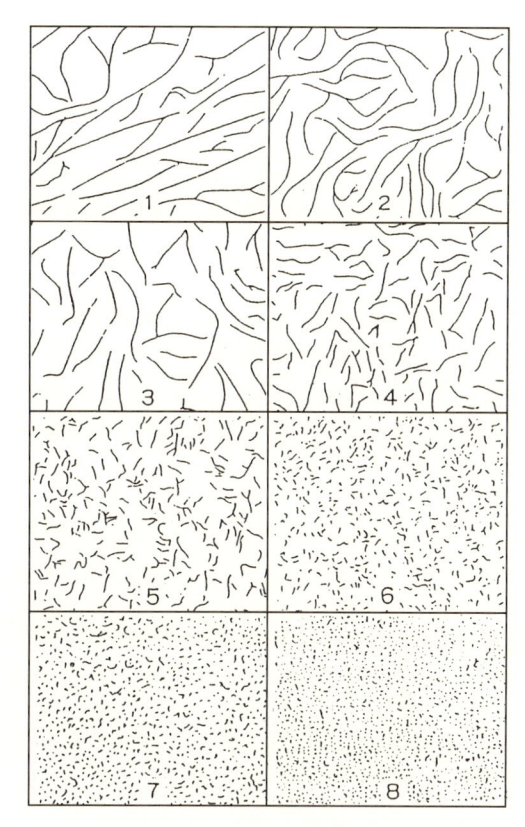

倍率100倍で観察して最長の片状黒鉛が
1：101.6 mm またはそれ以上の長さ
2：50.8～101.6 mm の長さ
3：25.4～50.8 mm の長さ
4：12.7～25.4 mm の長さ
5：6.35～12.7 mm の長さ
6：3.18～6.35 mm の長さ
7：1.59～3.18 mm の長さ
8：1.59 またはそれ以下の長さ

図2.3.1　AFSおよびASTMで規定している片状黒鉛の大きさと分類

形状は図2.3.2にみられるように，その形態から5種類に分類している．

黒鉛の大きさ，形状および分布状態は鋳鉄の機械的強さと密接な関係をもつことはもちろんであるが，これらは摩耗にも影響を与える．

例えばねずみ鋳鉄の場合，非潤滑下の摩擦過程で生じる摩耗は片状黒鉛の先端に応力集中を起こし，まず，これを起点としてき裂が発生する．次にこのき裂は漸次成長し，隣接する黒鉛を経てやがて表面に達し，摩耗粉末となって脱落する[4]．したがって，黒鉛析出量の少ない鋳鉄ほど耐摩耗性に優れて

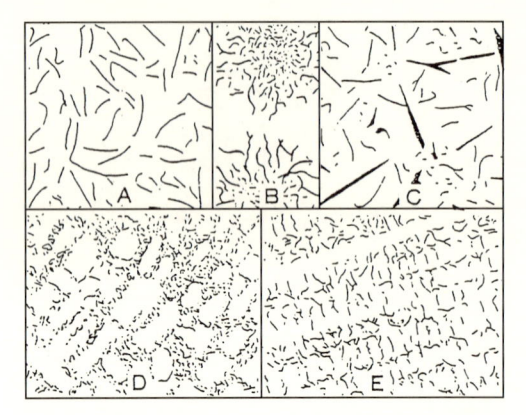

図 2.3.2　ねずみ鋳鉄における片状黒鉛の形状の標準図

いるということになる．

これと比較して潤滑下の摩耗では，黒鉛が油溜りの役割を果して油膜を保護するため，その析出量の多いものほど耐摩耗性は向上する[5]．表 2.3.2 に示す 4 種類の組合せによって摩擦面間に析出している黒鉛の平均間隔を変化させ，各組合せのもとで摩耗量が極大となる条件を選んですべり摩耗試験を行なった．図 2.3.3 はその結果を示したもので，平均黒鉛間隔が小さくなるほど定常摩耗域での摩耗量はほぼ直線的に軽減する．

なお，これと類似した現象は初期摩耗においても認められる[5]．

（2）鋳鉄のオーステンパ処理

鋳鉄の機械的強さを向上させる手法として熱処理が挙げられる．ことに最近はオーステンパ処理が広く活用されている．この方法では，処理の効果を挙げる目的から，主として球状黒鉛鋳鉄（以下，FCD と記す）に応用されることが多く，ADI として知られている．

処理は 900℃ 付近のオーステナイト界域に加熱した鋳鉄を 250～450℃ の温度に保たれた熱浴中に急冷し，この温度に所定の時間保持したのち取り出して放冷するもので，最近では冷却の過程でパーライト変態の生成を避けるため恒温変態曲線の鼻の付近（550℃ 付近）を急冷する目的からオーステンパ処理温度より低い温度に保たれた熱浴中にいったん過冷却させたのち，正規の温度の熱浴に移して恒温変態を行なう，いわゆる昇温オーステンパ[6]あるいは 2 段オーステンパ[7,8]が普及している．

ADI の特徴は，引張強さと伸びの関係が FCD に比べて優れた特性をもつことである．例えば，引張

表 2.3.2　摩耗試験片の組合せと接触面における平均黒鉛間隔
〔出典：文献 5）〕

組合せ No.	組合せ方式		平均黒鉛間隔, μm
	固定試験片*	回転試験片*	
1	A 型, 5	S 55 C	79
2	A 型, 5	A 型, 5～6	40
3	A 型, 4～5	A 型, 6	26
4	D 型, 7～8	A 型, 6	12

* 黒鉛の整形状，大きさは AFS および ASTM による

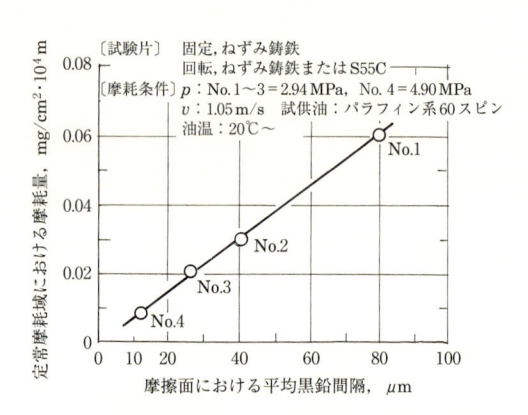

図 2.3.3　摩耗量が極大となる条件下で行なったねずみ鋳鉄の摩耗に及ぼす摩擦面間の平均黒鉛間隔の影響
〔出典：文献 5）〕

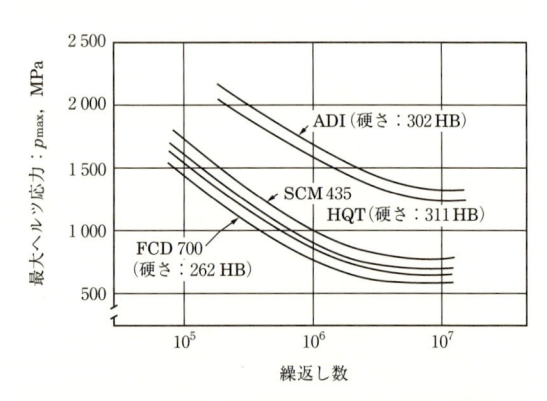

図 2.3.4　転動疲れ試験における疲れ限度の比較
〔出典：文献 9）〕

強さ 784.5 MPa 程度の FCD はその伸びが 2% 程度であるのに対し，ADI では引張強さ 981 MPa のものが 10% 前後の伸びをもっている[9]．換言すると，ADI は高強度，高靱性材料であるといえる．

図 2.3.4 は ADI および FCD の転動疲れ試験の結果を示したものである[9]．これによると，疲れ限度は FCD が約 637.4 MPa であるのに対し，ADI

は1275～1373 MPaとなり，FCDに比べて約2倍の強さをもっている．これはオーステンパ処理したものに，処理条件によって異なるが，おおよそ15～50％の残留オーステナイトが存在し，これが実験の過程で加工誘起変態を起こしてマルテンサイトに変化したためと考えられる．

大越式摩耗試験機を用い，250～450℃の各温度で3～5hオーステンパ処理したADIとSi_3N_5ロータを組み合わせ，最終荷重20.6 Nのもとですべり摩耗試験を行なった．それによると，比摩耗量の極大値は摩擦速度0.5～0.6 m/s付近に現われ，その値は2.6～3.8×10^{-8} mm³/N·mmとなる．これと同一組成のFCDを焼入れ後200～500℃で各1h焼戻し処理したものは比摩耗量の極大値が上述と同様，0.5～0.6 m/s付近に現われ，その値は1.57～2.16×10^{-8} mm³/N·mmで後者の方がやや耐摩耗性に優れている[10]．換言すると，すべり摩耗の場合，オーステンパによる残留応力（熱応力）の軽減も耐摩耗性の改善に有効な手段であるが，硬さはよりいっそう重要な因子になることを現わしている[11]．

(3) 鋳鉄の高周波焼入れ

鋳鉄の耐摩耗性を含めた機械的諸性質を改善する手法として種々の表面改質処理が採用され，その一つに高周波焼入れ，炎焼入れ，レーザ焼入れなどがある．これらの方法はいずれもマルテンサイト変態を伴う処理であるが，どの方法によって処理を行なうかについては被処理品の大きさ，処理の目的，得られる硬化層の性質などを考慮して最も適当と思われる方法が選択される．

図2.3.5は一例として置注ぎおよび遠心鋳造したねずみ鋳鉄を30 kHzの周波数をもつ装置で900～950℃から水焼入れしたのち，600℃以下の各温度で1h焼戻し処理を施した固定試験片とねずみ鋳鉄の回転試験片を組み合わせ，潤滑条件下ですべり摩耗試験を行なった結果である．このときの摩耗条件は速度・摩耗特性曲線から得た比摩耗量が極大となる接触圧力2.94 MPa，摩擦速度1.05 m/sとした．

図2.3.5から明らかなように，表面付近の硬さは焼入れ時および100℃焼戻しでは両鋳鉄とも58 HRC前後であるが，漸次，焼戻し温度が高くなると軟化の傾向が現われ，300℃付近から顕著な軟化がみられるようになる．

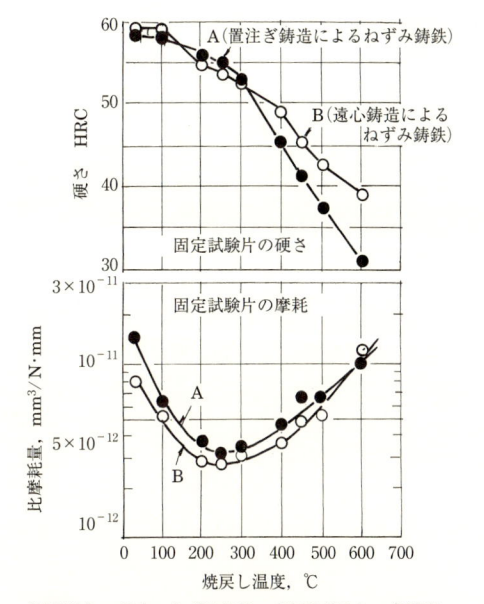

〔試験片〕 固定，ねずみ鋳鉄，高周波焼入れ→各温度・1h焼戻し　回転，ねずみ鋳鉄
〔試験機〕 100％すべり摩耗試験機
〔摩耗条件〕 p：2.94 MPa　v：1.05 m/s　l：10 000 m
試供油，パラフィン系60スピン（VI：80.4）

図2.3.5　高周波焼入れした鋳鉄の表面付近の硬さおよび摩耗に及ぼす焼戻し処理の影響
〔出典：文献12〕

これに対して摩耗現象は，焼入れまたは低温焼戻しのものよりも，明らかに軟化のみられる250℃付近で焼戻し処理したものに比摩耗量の最低値が観察される[12]．これは焼入れ時，表面付近に生成された残留応力（この場合，圧縮応力）に摩耗を促進させる性質があり[13]，摩耗の改善に有効な硬さよりも摩耗現象に大きく影響を及ぼしているためと考えられる．

しかしながら，上述の温度よりも高温側で処理するときはいっそう応力の開放が進むと同時に軟化も進行し，これが摩耗に大きく影響して損耗を促進させたものと判断される[14]．

なお，焼入れを伴う鋳鉄の熱処理では，再焼入れおよび重ね焼入れはともに焼割れの原因となるため避けなければならない．これは最初の焼入れによって黒鉛の先端に微細な亀裂の発生することが多く，再焼入れでこれが助長されるためである．

(4) フェライト界域での表面熱処理

前項で述べたマルテンサイト変態を伴う熱処理の場合，焼割れや焼ひずみの生成が懸念される．これに対してフェライト界域で行なう表面処理，例えば

窒化系の処理においては，あらかじめ応力除去焼なましを行なっておけばひずみは十分予測でき，修正が容易である．したがって，高精度を保ちながらの処理が可能となる．得られた表面層は窒化物を主体とするもので，合金元素として Al, Cr, Mo, V, Ti 等を含むときは十分な硬さ値が得られる．

例えば塩浴窒化処理した含 Ti (0.23% Ti) 鋳鉄は，処理温度 500～650℃ の範囲において表面硬さは 500～550 HV，また含 Al (2.41% Al) 鋳鉄については 570℃・2h 処理で約 800 HV となる．反応生成物はいずれも ε-$Fe_{2-3}N$，γ'-Fe_4N が主体である．

図 2.3.6 はこれら鋳鉄の速度・摩耗特性曲線を示したもので，各鋳鉄とも接触圧力 0.49 MPa および 1.96 MPa において比摩耗量の極大値は，摩擦速度 1.00 m/s 付近に現われる．ことに表面硬さ値の高い含 Al 鋳鉄では優れた耐摩耗性が認められる[15]．

なお，含 Ti 鋳鉄は共晶黒鉛組織を呈するため，潤滑下の摩耗においては微細に分布した黒鉛が油溜りならびに油膜保護に有効な働きをすることから耐摩耗性はいっそう改善される[16]．

この他，硬質被膜処理として PVD 法による TiN 被膜のコーティングは耐摩耗性の改善に有効である．この場合，素地の強化が必要で，例えば球状黒鉛鋳鉄ではあらかじめオーステンパ処理を施したものにその効果が顕著である[17]．

2.3.2 銅合金，鋳物

銅合金の歴史は古く，銅-スズ合金を使用していた青銅時代といわれる頃にさかのぼることができる．そのため，青銅という語が銅合金という意味に使われることが多く，全くスズの入っていない銅-アルミニウム合金をアルミニウム青銅と呼ぶのはその名残である．そこで，混乱を避けるため銅-スズ合金をここではスズ青銅と呼ぶ[18]．

軸受用銅合金には，スズ青銅，鉛青銅をはじめ，リン青銅，アルミニウム青銅，黄銅，高力黄銅，銅-鉛合金，銅-ニッケル合金などがある．このうち，自動車のエンジン用などに高性能軸受として汎用されている銅-鉛合金，鉛青銅については，次項において詳しく扱うことにし，この項ではその他の銅合金について述べる．表 2.3.3 に，JIS に規定されている主な銅合金鋳物の化学成分と硬さを，表 2.3.4 に，軸受メーカー各社において開発され，現在実用に供されている銅合金の化学成分と主な用途を示す．

(1) スズ青銅

スズ青銅は，古くは大砲の砲身をこの合金で作ったので砲金として知られ，一般機械のブシュ，軸受用メタルとして使用されてきた．銅にスズを添加すると凝着性が著しく改善されるが，スズの量が多くなると耐摩耗性が低下するので，実用されているのはスズが 5～10% のものが多い．しかし，負荷条件の厳しい用途には向かない．なお，スズ青銅は鋳造材を低速・低荷重軸受として，ソリッドで使用することが多い．また，鉛の少量の添加はなじみ性を改善する．

(2) リン青銅

リン青銅は，銅-スズ-リン合金であり，1% 以下通常 0.1～0.5% のリンが配合されている．ただし，リンが 0.2% くらいまでは α 相として固溶するが，それ以上存在すると Cu_3P の硬くて脆い化合物を作るので，0.2% 以内に抑えられる場合が多い．図 2.3.7(a) にその組織を示す．

リン青銅の硬さは後述するアルミニウム青銅，高力黄銅について硬く，耐摩耗性を必要とする箇所，例えば工作機械の軸受などに使用される．近年では，自動車用などの量産品で肉厚 1

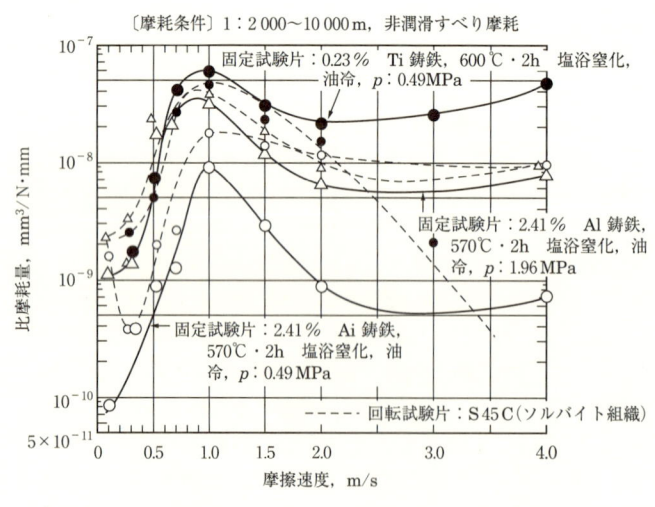

図 2.3.6 塩浴窒化処理を施した鋳鉄の速度・摩耗特性曲線
〔出典：文献 15〕

表 2.3.3 主な銅合金鋳物の成分と硬さ

合金名		化学成分，wt%								ブリネル硬さ
		Cu	Sn	Zn	Pb	P	Al	Fe	Mn	Ni	
スズ青銅	BC 3	86.5～89.5	9～11	1～3							70～90
リン青銅	PBC 2	87～91	9～12			0.1 以下					70～140
	PBC 3	84～88	12～15			0.1 以下					
アルミニウム青銅	AlBC 2	80 以上					8～10.5	2.5～5	0.1～1.5	1～3	140～200
	AlBC 3	78 以上					8.5～10.5	3～6	0.1～1.5	3～6	
黄銅	YBsC 1	83～88		bal	0.5 以下						40～80
	YBsC 2	65～70		bal	0.5～3						
	YBsC 3	60～65		bal	0.5～3						
高力黄銅	HBsC 1	55～60		bal			0.5～1.5	0.5～1.5	0.1～1.5		100～170
	HBsC 2	55～60		bal			0.5～2	0.5～2	0.1～3.5		
	HBsC 3	60～65		bal			3～5	2～4	2.5～5		
	HBsC 4	60～65		bal			5～7.5	2～4	2.5～5		

表 2.3.4 実用銅合金の成分と主な用途

合金名		化学成分，wt%							主な用途
		Cu	Sn	Zn	Pb	P	Al	Ni	その他	
スズ青銅	(1)	bal	6～8							
	(2)	bal	9.5		1.5				1.5 C，2 MoS$_2$	電装用軸受
リン青銅	(1)	bal	7			0.1				ピストンピンブシュ
	(2)	bal	10		5	0.2			1 Gr	
アルミニウム青銅		bal					8			ピストンボスブシュ ピストンピンブシュ
特殊高力黄銅	(1)	bal		31			3	0.3	3 Mn，0.9 Si，0.15 Cr	T/C 用フローティングブシュ シンクロナイザリング 各種ギヤブシュ
	(2)	bal		31			5	0.3	3 Mn，0.9 Si，0.15 Cr	
	(3)	bal		22	3.5				0.8 Ag，2 Mn，1 Si	
	(4)	bal		22	7				2 Mn，0.7 Si，Al	

mm 以上の場合には，裏金付きのバイメタル方式がコスト・特性の面で優れている場合が多い．バイメタルの製法は後述する銅-鉛合金・鉛青銅と同様，鋳造だけではなく，リン青銅粉末を軟鋼の上に連帯焼結法によって焼結したものも使用されており，コンロッド小端部のブシュとしてその実績を上げている．

また，少量の鉛およびグラファイトを添加することによって，耐焼付き性の向上がみられる[19]．

（3）アルミニウム青銅

銅に 8～10% のアルミニウムを加えた合金を普通アルミニウム青銅というが，前述したようにスズは入っていない．

アルミニウム青銅は強度・硬さが高く，耐疲労性，耐摩耗性，耐食性に優れる．しかしながら，製造上焼結が困難で，通常鋳造または押出しで製造される．材料自身に強度があるため，薄肉のソリッドで使用されることが多いが，一部の軸受メーカーで

高力黄銅は摩擦がやや高いところで安定しているので，鋳造または押出し材を鍛造して，シンクロナイザリング用として使用されている．また，スズ青銅に比較して耐食性に優れており，特に高温における硫化銅の生成に伴う黒化腐食に対しては，銅中への亜鉛の添加が合金の反応性を低下させ，全く黒化腐食の発生は見られない．そこで，現在ターボチャージャ用のフローティングブシュなどの，高温の潤滑油にさらされるしゅう動材に鋳造材が使用されはじめている．使用されている高力黄銅系の材料の組織を図2.3.7(c)に示す．

また最近では，潤滑油中の硫黄との反応で生じる硫化銅の生成を防ぐとともに耐疲労性を上げるため，銅-ニッケル-スズ合金の開発が進められ，バイメタルでピストンピンブシュ用に実用化されはじめた[20]．

2.3.3 銅-鉛合金，鋳物

銅-鉛合金は耐荷重性が高く，耐焼付き性にも優れているので高速高荷重エンジン用軸受として，自動車，一般産業用に広く使われている材料である．ソリッド（単層）軸受として用いられるケースもあるが，一般的には軸受全体の剛性や経済的な理由で鋼裏金をもつ複層体軸受として使用される．

また，なじみ性や異物埋収性が重要視される箇所に用いられる場合は，通常さらに最表面層として軟質のオーバレイが施されて3層構造とされている．

（1）銅-鉛系軸受合金の種類と特徴

軸受用の銅-鉛合金として国内で制定されている規格としては表2.3.5に示すJIS規格（JIS H 5403）がある．しかし，実際にはこれらの材料が業界内で使用されるケースは少なく，製造メーカー各社がもつ独自の材料がエンジン軸受用として主に採用されている．ここでは，SAE規格（SAE-J 460, OCT 91）が比較的広範囲に鋼裏金付きの銅-鉛系軸受合金をまとめているので参考として表2.3.6に示し，これを基に説明を加えていく．

a．銅-鉛合金軸受

軸受合金としては古くから広く用いられ，ケルメット（Kelmet）と称されることもある．従来は銅マトリックス中に20〜40 wt%の鉛を添加した合金が主流であった．この場合の鉛は軸との凝着を防止するのに大きな役割をしており，鉛の含有量が多いほど耐焼付き特性が優れている．参考までに，図

(a) リン青銅

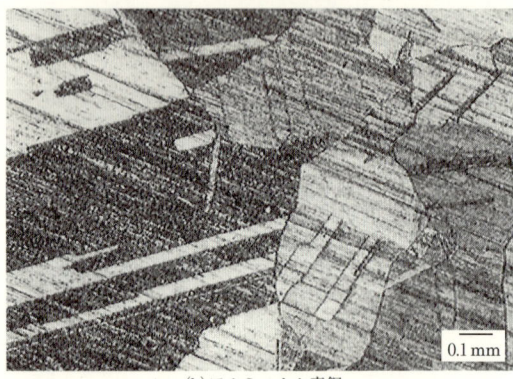

(b) アルミニウム青銅

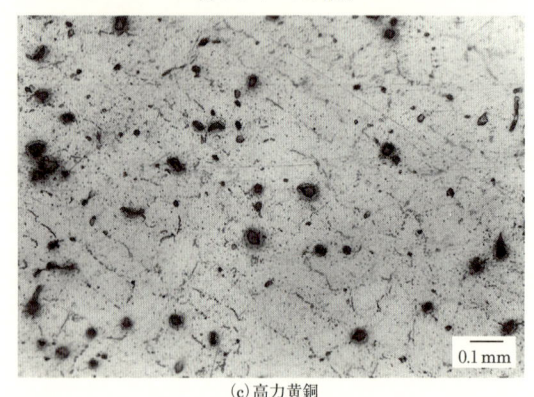

(c) 高力黄銅

図2.3.7　実用銅合金の組織

は，裏金の上に鋳造されバイメタル化もなされている．図2.3.7(b)にその組織を示す．

（4）黄銅・高力黄銅

黄銅は銅と亜鉛を主成分とした合金で，亜鉛は20〜35%含まれる．黄銅は，スズ青銅に比べ摩擦特性・耐焼付き性に劣るが，Al, Fe, Mnなどが添加された高力黄銅では，リン青銅よりも耐摩耗性に優れている．

表 2.3.5 軸受用銅-鉛合金鋳物（JIS H 5403）

種別	記号	化学成分，%						硬さ試験	用途例
		Pb	Niまたは Ag	Fe	Sn	その他	Cu	ビッカース硬さ HV	
第1種	KJ1	38〜42	<2.0	<0.80	<1.0	<1.0	残部	<30	高速，高荷重軸受用 荷重の増加に従ってPb含有量の低いものを用いる
第2種	KJ2	33〜37	<2.0	<0.80	<1.0	<1.0	残部	<35	
第3種	KJ3	28〜32	<2.0	<0.80	<1.0	<1.0	残部	<40	
第4種	KJ4	23〜27	<2.0	<0.80	<1.0	<1.0	残部	<45	

表 2.3.6 軸受用銅-鉛合金材料（SAE-J 460 OCT 91）

合金 No.		SAE No.	ISO	Cu	Pb	Sn	Fe	Ni	P	Sb	Zn	他
銅-鉛合金	1	48	CuPb 30	Rem.	26.0〜33.0	0.5	0.7	0.5	0.1	0.5	0.5	0.5
	2	49	CuPb 24 Sn	Rem.	21.0〜27.0	0.6〜2.0	0.7	0.5	0.1	0.5	0.5	0.5
鉛青銅合金	3	485	—	Rem.	36.0〜58.0	1.0〜8.0	0.5	—	—	—	—	1
	4	792	CuPb 10 Sn 10	Rem.	9.0〜11.0	9.0〜11.0	0.7	0.5	0.5	0.5	0.5	0.5
	5	793	—	Rem.	7.0〜9.0	3.5〜4.5	0.7	0.5	0.5	0.5	0.5	0.5
	6	794	CuPb 24 Sn 4	Rem.	21.0〜25.0	3.0〜4.0	0.7	0.5	0.1	0.5	0.5	0.5

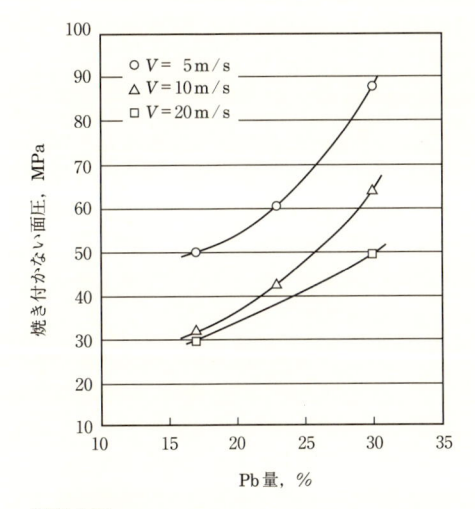

〈試験条件〉
高速静荷重焼付き試験機
回転数：1 800, 3 600, 7 200 min⁻¹　荷重：累積荷重
潤滑油：VG 22　油温：110℃

図 2.3.8　銅合金の鉛含有量と耐焼付き特性

2.3.8 に銅-鉛合金中の鉛量と耐焼付き性の関係を示す．この結果から，鉛の含有量が増加するに伴い，焼付面圧が上昇することがわかる．さらにこの現象は試験速度が遅いほど顕著に現われている．

しかし，鉛の含有量があまりに多いと耐荷重性が下がり，高温時に溶け出しや腐食による溶出も増え，現在ではせいぜい 30 wt% までに抑えられてい

る．

これらの合金はトランスミッション，ポンプ等のブシュ用材料に用いられ他，オーバレイとの組合せを前提としてエンジンの主軸受やコンロッド大端軸受材料にも使われている．

b.　鉛青銅合金軸受

成分元素としてスズが添加され，青銅マトリックス中に鉛が分散している形の材料である．代表的な組成である No.4 合金の組織写真を前項の銅-鉛合金である No.1 合金とともに図 2.3.9 に示す．

ここで添加されるスズは銅中に固溶したり，Cu_3Sn 化合物として析出したりして合金の機械的物性の向上に寄与する．ただし，一定量を越えると脆さが増すことになる．また，スズ添加の弊害として，含有量が増えると熱伝導性が悪くなるという特性もある．図 2.3.10 に同程度の鉛を含んだ銅合金でスズの添加量を変化させた材料の硬さ，引張強さ，熱伝導率等の静的な物性と各々の合金についての引張圧縮疲労試験の結果を示す[21]．このように銅合金中に含まれる鉛やスズの量はこれらの材料の特性を大きく左右することがわかる．

No.4，No.5 合金はなじみ性には劣るが耐荷重性が高く，耐摩耗性にも優れるため，コンロッド小端軸受や油圧機器のウエアプレート等に多用されている．No.3，No.6 合金等の材料も耐疲労性や耐焼付き性に優れ，自動車用エンジンのコンロッド大

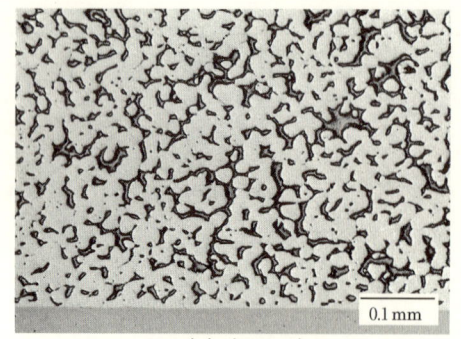

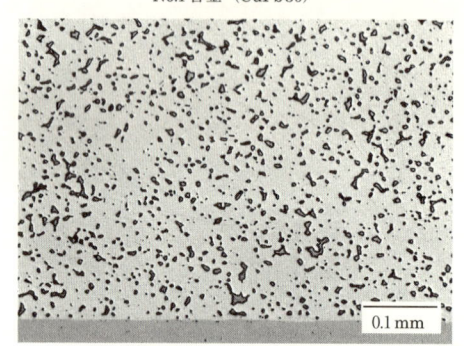

端軸受や主軸受に多く用いられている．ただし，この場合は軟質のオーバレイを伴って使用される．このような箇所に適用する場合は片当たりやミスアライメントに対する初期なじみ性をさらに付加する必要があるからである．

c. 最近の軸受材料

最近では，エンジン等の高性能化により軸受に望まれる特性もさらに厳しくなってきている．このため，さらなる性能向上を目的としたさまざまな合金も開発されている．例えば，耐疲労性を上げるために原材料や製造工程を改善したり[21]，鉛量を制限した[22]軸受材料が高荷重用軸受として採用されており，耐摩耗性向上を目的として金属間化合物やセラミックス粒子を添加した材料も[23,24]，実際に使用されている．

（2）オーバレイ

前述のように，銅-鉛合金，鉛青銅合金系のエンジン軸受は通常，軸受合金層の表面にさらに鉛-スズ合金等のオーバレイを設ける．これにより最表面が軟質となり，なじみ性や異物埋収性，片当たりに対する耐疲労性が改善され軸受として性能が向上する．オーバレイの材質に関しても表2.3.7に示すSAE規格（SAE-J 460 OCT 91）を参照されたい．

ここに掲げられた材料はすべて鉛系材料であるが，これは鉛合金が機械的性質，非凝着性，親油性等のどの特性を挙げてもオーバレイには最適であると考えられるからである．

実際のオーバレイ成分では鉛中にさらにさまざまな元素が添加されるが，スズやインジウムは耐疲労性，耐摩耗性の改善に寄与する他，エンジンオイルに対する耐腐食性を向上させる効果がある．また，銅の添加は機械的性質を改善し，耐摩耗性を向上させることができる．

一般的にこれらのオーバレイは電気めっきにより施され，5〜20 μm程度の厚みを有している．また，ほとんどの場合は図2.3.11に示すようにこの鉛系のオーバレイと鉛-鉛合金の間にさらに薄いNiめっき層を設けている．これはバリアとも呼ばれ，オーバレイ成分中のスズやインジウムが銅合金中に拡散し，脆い化合物を生成するのを防いでいる．

他のオーバレイ材質として，

図2.3.9 銅鉛合金軸受の代表的組織

試料	合金成分, wt%			硬さ HV5	引張強さ, MPa	熱伝導率 cal/cm·s·℃
	Cu	Pb	Sn			
a	Rem.	25	0.5	58	157	0.32
b	Rem.	23	1.5	72	186	0.28
c	Rem.	23	3.5	83	196	0.18

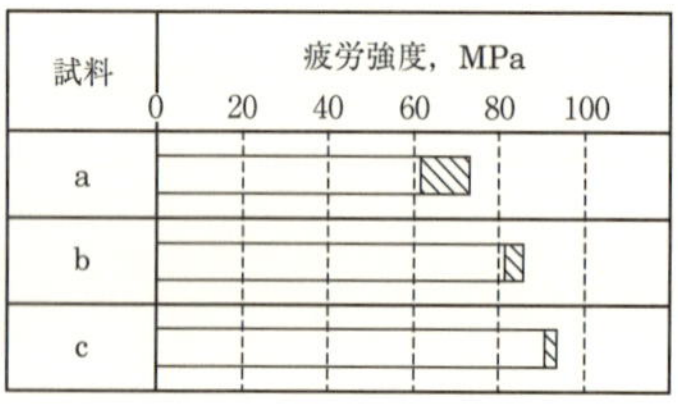

引張圧縮疲労強度
〈試験条件〉
サーボパルサー引張圧縮疲労試験機
荷重：累積荷重　温度：室温

図2.3.10 銅鉛合金中のスズ量と機械的物性

表2.3.7 オーバレイ用合金材料（SAE-J 460 OCT 91）

SAE No.	ISO	Pb	Sn	In	Cu	他
SAE 191	PbSn 10	Rem.	8.0〜12.0	—	—	0.5
SAE 192	PbSn 10 Cu 2	Rem.	8.0〜12.0	—	1.0〜3.0	0.5
SAE 193	—	Rem.	16.0〜20.0	—	1.0〜3.0	0.5
SAE 194	PbIn 7	Rem.	—	5.0〜10.0	—	0.5

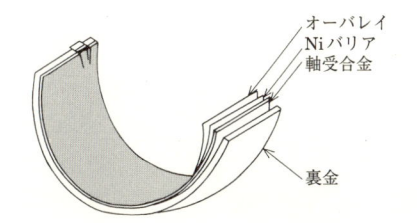

第2章 材料

図2.3.11 銅鉛系三層軸受の構成

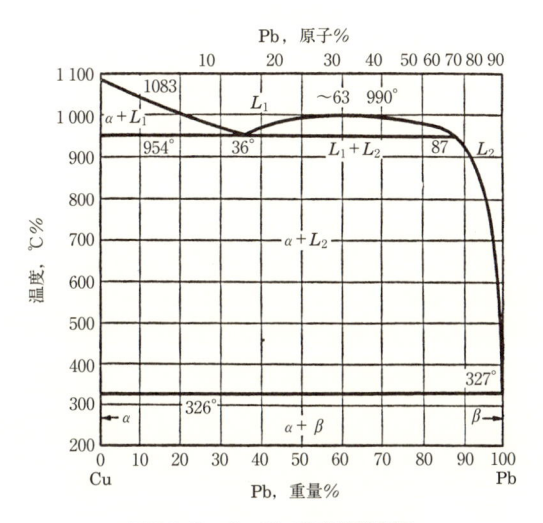

図2.3.12 Cu-Pb系平衡状態図

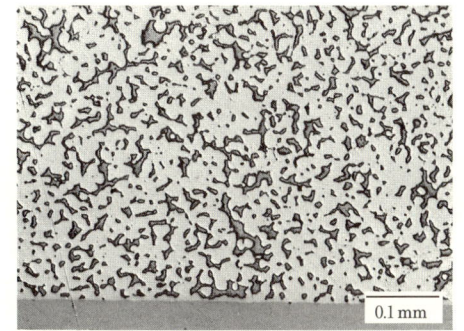

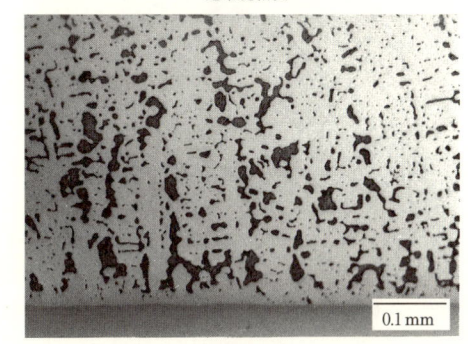

図2.3.13 連帯焼結法と連帯鋳造法による軸受合金組織

Pb-Sn-In系オーバレイは高速用として用いられ[21]，最近さらに高速高荷重用のPb-Sn-In-Cu系オーバレイも採用されている．また，結晶の配向性を一定にし表面形状をコントロールし表面の保油性を上げたオーバレイ[25]やセラミックス粒子を分散させ耐摩耗性を向上させたオーバレイ[26]等も注目されている．

最近では電気めっきによるオーバレイに代わる方法としてスパッタリング等のPVD法も盛んに研究され，すでに一部量産もはじまっている．この場合，最表面層にはアルミニウム系の合金が使われ，優れた耐疲労性や耐摩耗性を有している．

（3）製造方法

銅-鉛合金を鋼裏金上にライニングするにはむずかしさがある．図2.3.12に示すCu-Pb系平衡状態図のように銅と鉛は互いに固溶せず，また凝固の進行中も鉛を多く含む残留融液が低い温度まで存在するので偏析が起こりやすく，均一組織を得にくいからである．現在これらの裏金付き軸受材料の製造方法としては，連帯焼結法，連帯鋳造法，遠心鋳造法が用いられている．図2.3.13に連帯焼結と連帯鋳造した材料の断面組織写真を示す．

連帯焼結法は，あらかじめアトマイズされた銅合金の粉末を連続的に鋼裏金上に散布，焼結する方法である．粉末を製造する工程は必要であるが，鉛の偏析の心配は少ない．この連帯焼結法で作られた材料は，比較的網状，微細，均質で方向性がない組織が得られる．この網状に点在する鉛は，過酷な条件下で使用中，徐々に鉛が融出してくるので耐久性に優れる．また，粉末を用いるメリットとして，金属間化合物や非金属物質を合金中に添加することが比較的容易にできる．現在，国内での銅系軸受は主にこの製造方法により生産されている．図2.3.14に連帯焼結法の概略図を示す．

連帯鋳造法の場合は，連続的に鋼裏金上に銅-鉛合金を鋳造するわけであるが，前述の理由で鋳造の条件を設定するのがむずかしいといわれている．しかし，この方法で得られた合金は組織写真からもわかるように鋼裏金から銅の樹状晶が発達し，その間に鉛が分散した組織となっている．このような組織

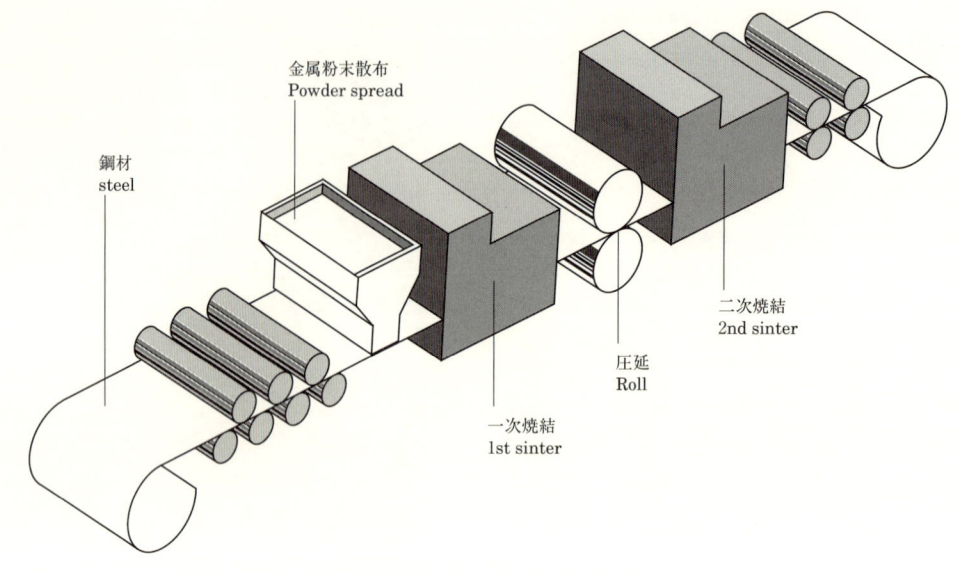

図 2.3.14 連帯焼結法設備の概要

は低融点金属である鉛が急な温度上昇に対し容易に融出するので初期なじみ性が良いといわれている．また，溶製であるために粉末冶金の材料に比べ耐キャビテーション性に優れているという説もある．

遠心鋳造法は古くから軸受の製造法として広く用いられてきたが，最近のような大量生産製品には向いていない．現在は比較的大型の軸受や特殊な製品にのみ採用されている．

(4) 摩耗と腐食

一般的にオーバレイ付き銅-鉛合金軸受は長期間使用した場合，軸受の摩耗が重要な問題となってくる．特にオーバレイは元々軟質の層であり，当然長期間使用されると少しずつ摩耗が進行する可能性がある．異常に摩耗が進むとバリア層である Ni 層が露出し焼付きに至ることも考えられる．また，焼付きが発生しなくとも銅-鉛合金層が露出すると合金中の鉛粒子が劣化したエンジンオイル中へ溶出し，この空間が原因で疲労損傷につながる危険がある．

また，最近はエンジンの高出力化により軸受が受ける温度も次第に高くなり，エンジンオイル中の添加剤である硫黄分が銅合金を侵食する例も報告されている．特に通常オーバレイを施さないコンロッド小端軸受などは，この硫黄腐食により軸受表面に硫化銅の層が生成し，この層が簡単に摩耗するので大きな問題となる．このため，最近では Ni バリア層をなくす工夫が行なわれたり，銅合金自体の耐腐食性改善の研究が進められている．

2.3.4 アルミニウム合金，鋳物
(1) アルミニウム合金軸受の歴史と概要

アルミニウムは地核存在度（いわゆるクラーク数）が 8.1% と，酸素 (46.60%)，ケイ素 (27.72%) についで多く存在する元素であり，現代では私たちの身のまわりに欠かせない金属となっている．しかし，金属アルミニウムが得られるようになったのは 19 世紀の終わり頃であり，銅や鉄に比べて新しい金属といえる．アルミニウムの特徴は，軽く，強度もあり熱伝導，電気伝導にも優れ，非磁性で，加工性に富み，しかも（最近ではアルツハイマーとの関連が議論されているが）毒性がないことが挙げられる．軸受としても，Pb や Cu とともに軸受特性に優れている．アルミニウム合金を軸受材料として使う試みは，第一次世界大戦以前からあった．その研究が特に盛んになったのは，ホワイトメタルでは性能的に不十分になってきたことと，重金属が不足したためである．特にドイツでは Cu, Sn, Pb, Sb 等の材料が不足したため，第一次大戦中に実用化された．1920 年代後半から 30 年代にかけて，英国ロールスロイス社でコネクティングロッド大端部軸受や小端部軸受（ピストンピンブシュ）にジュラルミンとその類似合金が使用された．米国でも 6% の Sn を含む合金が鉛基のオーバレイめっき付きで使

用された．この頃のわが国のアルミニウム軸受の研究に関しては，水野昴一著「軸受合金」[27]に詳しい．ドイツにおいては，フォルクスワーゲンかぶと虫の主軸受に長年にわたって Al-5 Zn-Si-Cu-Pb-Mg 合金展伸管が用いられてきた．こうしたソリッド軸受は軽合金ハウジングに対しては良かったものの，鋳鉄ハウジングに対して，軸受が高温にさらされると熱膨張の関係で変形してしまい，軸受クリアランスが小さくなって潤滑油の供給が途絶えるという問題が生じた．こうした問題を解決するため，1950年代に入って，米国で Al-6 Sn 合金の鋼裏金付きバイメタル軸受が開発され，主にオーバレイめっき付きで使用された．1950年代半ば，英国で Al-20 Sn という高スズアルミニウム合金が開発された．その性能の良さと低コストのためアルミニウム軸受の適用が拡大され，現在に至っている．その後30～50% Sn を含有する合金も大型内燃機関用として実用化されている．1970年代後半になると，排出ガス対策，オイルショック，高速道路の発達などを受けて，自動車エンジンへの要求は高性能化，低燃費化，低コストと一段と厳しさを増した．それにつれて軸受に関しても，受ける荷重×速度，使用温度は厳しくなる一方であり，さらにエンジンの低コスト化ということからクランク軸に球状黒鉛鋳鉄が多用されるようになり，従来の高スズアルミニウム合金軸受では使用限界に至った．ここで登場したのが，世界に先駆けてわが国で開発された Al-Sn-Si 系合金軸受である．この合金は耐焼付き性・耐疲労性に優れるとともに，マトリックスに分散した晶出 Si 粒子の効果によって鋳鉄軸との相性が極めて良いため，日本の自動車産業の発展とともにその後のアルミニウム軸受の主流となっている．他方，古くから注目されていた合金に Al-Pb 系合金がある．鉛そのものは古くから軸受に使われているように，親油性が良い，耐焼付き性に優れる，低コスト等優位な点が多いが，Al と Pb はよく知られた偏晶反応の合金であり，実用化には困難を伴った．1970年代に米国と日本で粉末圧延焼結法，1980年代に米国で鋳造法による Al-Pb 系合金軸受が開発され，実用化されている．その後前者は押出法を取り入れ，後者はロール鋳造法に改良され今日に至っている．Al-Pb 合金軸受は，先に述べた優位性の反面，製法いかんに拘らず，Pb を微細に分散しないと耐疲労性に劣るため，今日，実際には Al-Sn-Si 系合金に主流を譲っている．新しいところでは，1980年代後半にヨーロッパで，物理的蒸着法の一種のスパッタリング法を用いた軸受が開発された．先に述べた高スズアルミニウム合金をスパッタリングによって，高強度の Cu-Pb 合金あるいはアルミニウム合金上にオーバレイとしてめっきした軸受で，その微細組織による高強度，高耐食性，耐摩耗性により大型ディーゼルエンジンに適用が拡大されている．

（2）アルミニウム合金軸受の種類と特徴

日本工業規格には，JIS H 5402 軸受用アルミニウム合金鋳物として，表2.3.8 に示すように2種類の軸受材料が規定されている．しかし需要の大半を占めるエンジン用アルミニウム軸受は，鋼裏金付き（バイメタル）の，製造各社独自の合金が使われているのが現状であり，国内では規格化されていない．鋼裏金付きバイメタルアルミニウム軸受のアルミニウム合金部分を幅広く規格化している SAE 規格（SAE J 460 OCT 91）[28]を中心に，組成と特徴をまとめたものを表2.3.9 に示す．

次に主要な鋼裏金付きアルミニウム合金軸受について詳細を述べる．

a. Al-Sn 系合金軸受

このタイプの合金の鋳造組織は，図2.3.15 に示すように Al デンドライトのすきまに Sn が晶出し，

表2.3.8 JIS 軸受用アルミニウム合金鋳物

種類	記号	化学成分, %						熱処理	硬さ試験	用途
		Sn	Cu	Ni	Mg	その他	Al	焼なまし	HV	
軸受用アルミニウム合金 鋳物1種	AJ1	10.0～13.0	0.5～1.0	1.0以下	0.5以下	2.0以下	残部	約200℃ 約1時間 空冷	30～40	高速高荷重軸受用
軸受用アルミニウム合金 鋳物2種	AJ2	6.0～9.0	2.0～3.0	1.5以下	1.0以下	2.0以下	残部	約200℃ 約1時間 空冷	45～55	

表 2.3.9 SAE 規格を中心にしたアルミニウム軸受合金

合金系	SAE No.	ISO 規格	Al	Sn	Cd	Si	Cu	Ni	Zn	Pb	Mg	Mn	Fe	Cr	Sb	Sr	Ti	他	特徴	適用
Al-Sn系	SAE 770	ISO AlSn 6 Cu	残|部	5.5|7.0	—	—	0.7|1.3	0.7[1]|1.3	—	—	—	0.1	0.7	—	—	—	0.1	0.30	優 耐食性，適合性 中 なじみ性，異物埋収性 耐疲労性，耐キャビテーションエロージョン性	乗用車用や高負荷エンジンのクランク軸受 オーバーレイ付き カム軸，トランスミッション用ブシュ，スラストワッシャ
	SAE 780	—	残|部	5.5|7.0	—	1.0|2.0	0.7|1.3	0.2|0.7	—	—	—	0.1	0.7	—	—	—	0.1	0.15		
	SAE 783	ISO AlSn 20 Cu	残|部	17.5|22.5	—	—	0.7|1.3	0.1	—	—	—	0.1[4]	0.5[4]	—	—	—	0.1	0.15[4]	優 なじみ性，適合性，異物埋収性，耐食性 中 耐疲労性，耐キャビテーションエロージョン性	乗用車エンジンクランク軸受 オーバーレイなし Snフラッシュオーバーレイ付きもあり
	SAE 786	ISO AlSn 40	残|部	37|42	—	0.35|0.7	—	0.1	—	—	—	0.1	0.3	—	—	—	0.1	0.3	優 なじみ性，適合性，異物埋収性，耐キャビテーションエロージョン性 劣 耐疲労性 ホワイトメタルより優れる	舶用ディーゼルエンジン軸受 オーバーレイ付き
Al-Sn-Si系	SAE 788	—	残|部	10|14	—	1.8[7]|3.5	0.4[7]|1.2	0.1	—	1.0[7]|2.4	—	0.1	0.35	0.25	0.45	0.30	0.1	0.3	優 鋳鉄軸に比し耐疲労性，耐摩耗性	乗用車エンジンクランク軸受 オーバーレイなし Snフラッシュオーバーレイ付きもあり
Al-Cd系	SAE 782	ISO AlCd 3 CuNi	残|部	—	2.7|3.5	0.3[3]	1.0[3]|1.5	0.7|1.3	—	—	—	1.2[3]|1.6	0.3[3]	—	—	—	0.1	0.15	優 耐食性，適合性，異物埋収性 中 なじみ性 耐疲労性 耐キャビテーションエロージョン性	乗用車用や高負荷エンジンクランク軸受 オーバーレイ付き カム軸，トランスミッション用ブシュ，スラストワッシャ
Al-Si系	SAE 781	ISO AlSi 4 Cd	残|部	0.8|1.4	3.5|4.5	0.05|0.15	—	—	—	—	0.05|0.20[2]	0.1	0.35	—	—	—	0.1	0.25		
	SAE 784	ISO AlSi 11 Cu	残|部	0.2	—	10|12	0.7|1.3	0.1	—	—	—	0.1	0.3	—	—	—	0.1	0.3	優 耐疲労性 耐キャビテーションエロージョン性	高負荷エンジン軸受 オーバーレイ付き
Al-Zn系	SAE 785	ISO AlZn 5 Si 2 CuPb	残|部	0.2	—	1.0[5]|2.0	0.7|1.3	0.2	4.5[5]|5.5	0.7|1.3	—	0.1	0.3	—	—	—	0.1	0.3	中 適合性 劣 なじみ性，異物埋収性	
Al-Pb系	SAE 787	—	残|部	0.4|2.0	—	3.5|4.5	0.5[6]|2.0	—	—	4.0[6]|10.5	—[6]	—	0.5	—	—	—	0.1	0.3	優 SAE783に比し，鋳鉄軸に対し耐疲労，耐摩耗性	乗用車エンジンクランク軸受 オーバーレイなし

1. ISOはNi下限がなく，0.7 max. Mn，0.2 max. Ti，1.0 max. Fe，1.0 max. Si＋Fe＋Mn
2. ISOはMgなし，0.2 max. Mn，0.2 max. Ti
3. ISOは0.7〜1.3 Cu，0.7 max. Si，0.7 max. Mn，0.7 max. Fe，1.0 max. Si＋Fe＋Mn，0.5 max. 他
4. ISOは0.7 max. Si，0.7 max. Mn，0.7 max. Fe，1.0 max. Si＋Fe＋Mn，0.5 max. 他
5. 他のバージョン 3.0〜4.0 Zn, 2.5〜3.5 Si
6. 〃 0.05〜0.15 Cu, 0.05〜0.15 Mg, 0.20〜0.40 Mn
7. 〃 3.5〜5.0 Si, 1.8〜2.1 Cu, Pbなし

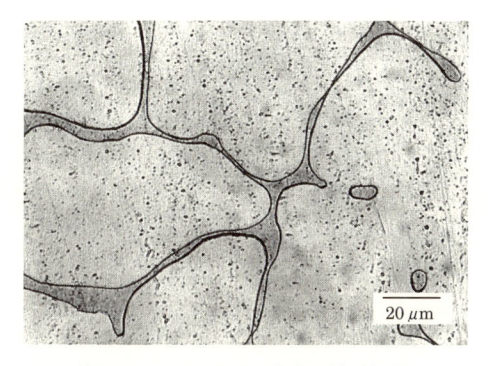

図 2.3.15　Al-20 Sn 合金の鋳造組織

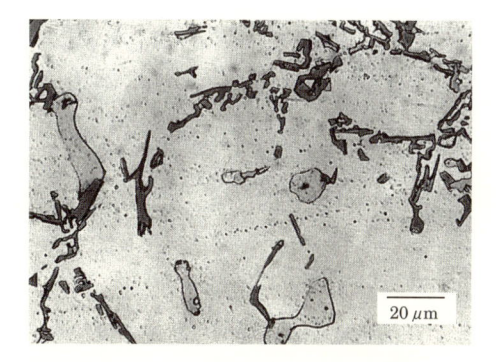

図 2.3.17　Al-Sn-Si 系合金の鋳造組織

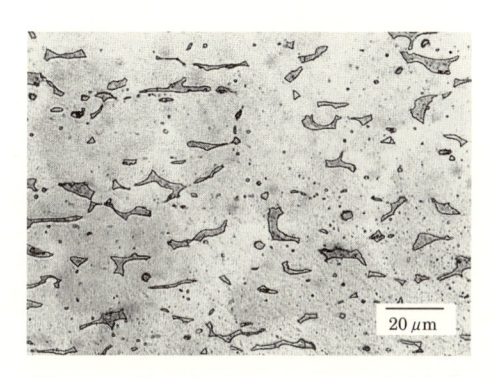

図 2.3.16　Al-20 Sn 合金バイメタルの合金組織

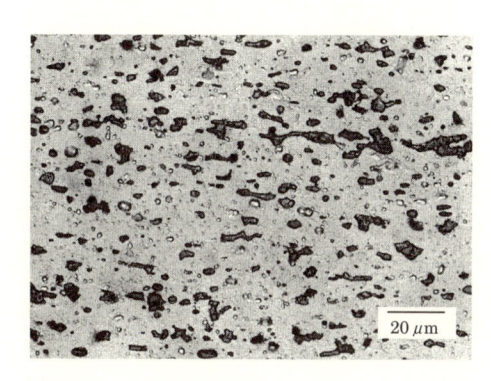

図 2.3.18　Al-Sn-Si 系合金バイメタルの合金組織

Al が Sn に包まれた様相となっている．この鋳造スラブを冷間圧延すると，組織は，Sn が圧延方向に長く延びた様態となるが，その後の熱処理による再結晶で，連続性のない十分な耐久強度をもつ組織となる．図 2.3.16 は裏金と圧接後の Al-20 Sn 組織を示す．この軸受合金は Al-6 Sn-Cu-Ni 系合金と比べ，アルミニウムマトリックスの硬さが低いこと，Sn 含有量が大きいことからオーバレイめっきなしで使用できる．ヨーロッパで開発されたこともあり，ヨーロッパの自動車エンジンのクランクシャフト軸受に広く使われている．昨今の日本国内では，エンジンにおける使用条件が厳しいため，耐疲労性が不足してほとんど使われていない．この系統の，Sn 含有量を 40～55% に増した軸受合金は，舶用の回転数の低い高出力ディーゼルエンジンのクロスヘッド軸受に利用されている[29]．低 Sn 側の Al-6 Sn-Cu-Ni 系合金は，Ni の添加により NiAl 金属間化合物ができ，それが特に高温時の耐疲労性等の向上に寄与している．通常，高スズ合金に比べて硬く，したがってなじみ性，異物埋収性などが劣るた

め，表層に鉛系のオーバレイめっきを付けて使用する．この材料はガソリンエンジン，ディーゼルエンジンの高負荷のもののコンロッド，クランクシャフト軸受に使用される．またオーバレイなしでスラスト荷重を受けるワッシャに使用される．

b． Al-Sn-Si 系合金軸受

この系の合金も Al-Sn 系に属し，10～14% Sn の Al-Sn 系合金に 1.8～3.5% Si を添加したものである．球状黒鉛鋳鉄クランク軸用として日本で最初に開発・量産され[30]，その後同系の軸受材料が日本のエンジン軸受の 6，7 割を占めるに至っている．その後英国，イタリア，米国でも同系の軸受が生産されている．図 2.3.17 に鋳造組織，図 2.3.18 に裏金と圧接後の合金組織を示す．鋳造時の Si は亜共晶の針状組織を示すが，圧延・熱処理の繰返しにより最終的には粒状に近い形状で，2～4 μm の大きさを示す．この Si が鋳鉄軸に対して極めて優れた性能を発揮する．その作用は，鋳鉄の黒鉛周辺のフェライトばりをラップして軸ばりの軸受攻撃性を隠やかにするとともに，軸表面をラップし，軸への凝着

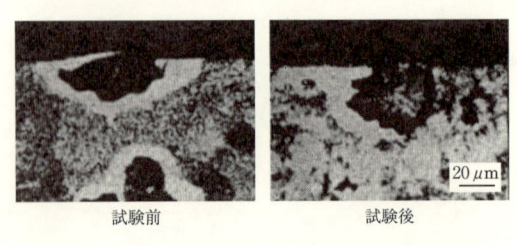

図 2.3.19 試験前後の鋳造軸表面付近の断面組織

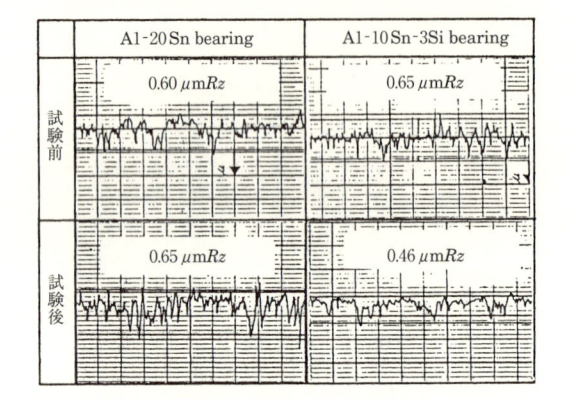

図 2.3.20 試験前後の軸表面粗さ変化

〔試験条件〕
ジャーナル型静荷重焼付試験機
　回転数：1 300 min^{-1}　荷重：45分おきに10 MPaずつ増加
　潤滑油：7.5W-30 SE級　給油温：140℃
　焼付きは急激な摩擦トルク上昇で判定
　□ S 50 C 焼入れ軸（硬さ 550 HV 1）
　　軸粗さ0.4〜0.6 μmRz
　▨ FCD 700 軸（硬さ 260 HV 1）
　　軸粗さ0.4〜0.6 μmRz

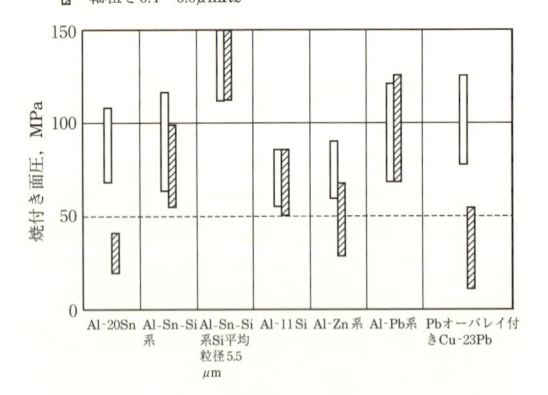

図 2.3.21 各種アルミニウム合金軸受の耐焼付き性

〈試験条件〉
油圧加振式往復動荷重試験機
　回転数：2 000, 3 000 min^{-1}　潤滑油：7.5W-30 SE級
　給油温：160℃

図 2.3.22 各種アルミニウム合金軸受の往復動荷重下における耐疲労性（疲労面圧と寿命の関係）

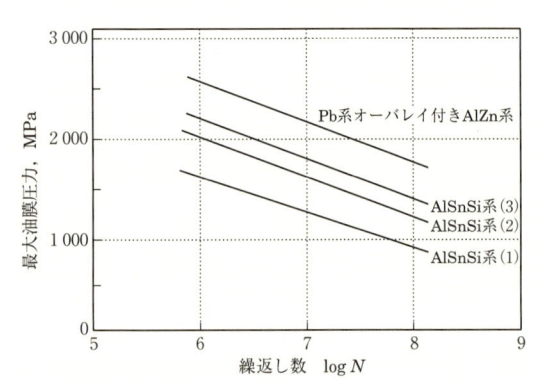

〈試験条件〉
サファイア疲労試験機
　回転数：3 250 min^{-1}　潤滑油：SAE 20　給油温：120℃

図 2.3.23 各種アルミニウム合金軸受の往復動荷重下における耐疲労性（最大油膜圧力と寿命の関係）

より耐疲労性も向上している[33]．静荷重下における耐焼付き性について，鋼軸を用いた場合と鋳鉄軸を用いた場合で，各種のアルミニウム合金軸受と代表的なオーバレイ付き銅鉛合金軸受について比較して図 2.3.21 に示す．製造各社，軸受組成も若干異なり，評価法もまちまちなので，ここには代表的な結果を示す（以下，耐疲労性も同様）．また往復動荷重下における疲労面圧と寿命の関係を図 2.3.22 に，最大油膜圧力と寿命の関係を図 2.3.23 に，回転荷重下における疲労面圧と寿命の関係を図 2.3.24 に，

物を取り去る作用等である[31,32]．その一例を図 2.3.19，図 2.3.20 に示す．結果として耐焼付き性，耐摩耗性が著しく向上し，さらに微量添加されたマトリックス強化成分と 20% Sn に対する低 Sn 化に

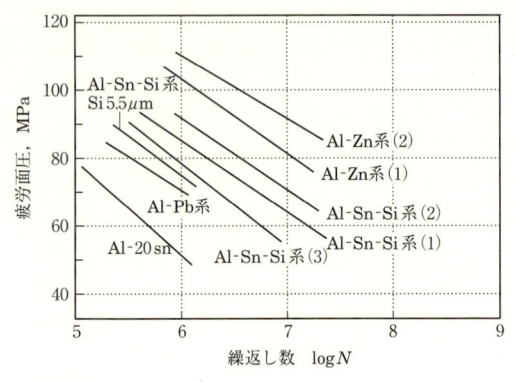

耐疲労性の温度依存性の一例を図2.3.25に示す．ここで，同じAl-Sn-Si系合金でも強度レベル等を変えた合金があり，使用目的により他の軸受性能（なじみ性，耐焼付き性等）を考慮して適宜選択しなければならない．また，特別な耐摩耗性の要求に応えるため，熱処理によりSiを5〜10 μmの塊状にして，耐摩耗性を改良した合金もある．この合金組織を図2.3.26に，耐摩耗性の比較を図2.3.27に示す．この合金は耐摩耗性，耐焼付き性に優れるものの，合金組織が若干粗大化しているため耐疲労性がやや低下している（図2.3.21，2.3.22参照）．

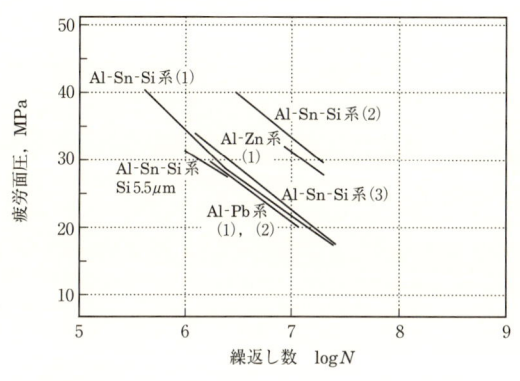

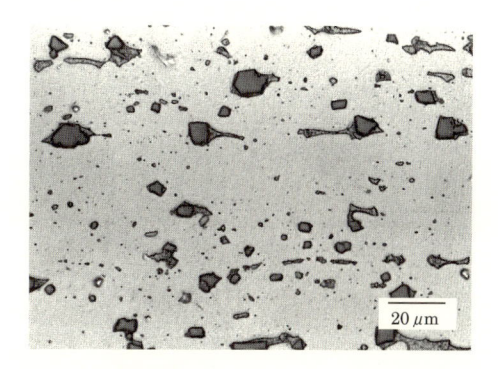

図2.3.26　Si塊状化処理をしたAl-Sn-Si系バイメタルの合金組織

図2.3.24　各種アルミニウム合金軸受の回転荷重下における耐疲労性

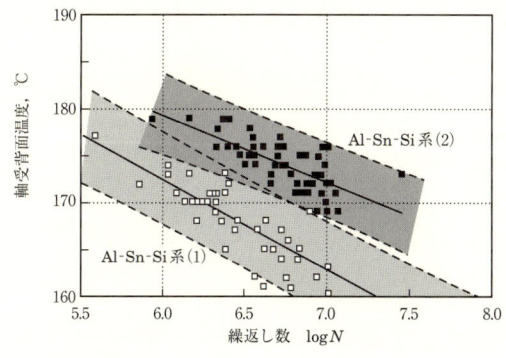

〈試験条件〉
回転荷重試験機
回転数：8 000 min^{-1}　潤滑油：7.5W-30 SE級
軸受背面温度：170℃

図2.3.25　軸受背面温度と疲金寿命

〈試験条件〉
回転荷重試験機
回転数：8 000 min^{-1}　軸受面圧：29 MPa　潤滑油：7.5W-30 SE級　給油温度を変えて，軸受背面温度を制御した
回帰直線と95%信頼区間を示す

c.　Al-Si系合金軸受

この系の合金は負荷の大きい大型建設機械のようなディーゼルエンジンに用いられる．比較的低Si側のAl-4 Si-Cd系は，主に米国で開発・使用されている．高い機械的強度を示すが，なじみ性，異物埋収性に劣るため，オーバレイめっきを施すことが必要である．今後Cdを使った軸受は環境問題から減っていくことになるであろう．高Si側のAl-11 Si系[34]も同様な用途であり，やはりオーバレイめっきを施して使用する．こちらは英国で開発され，主にヨーロッパで使われている．

d.　Al-Zn-Si-Cu系合金軸受

ドイツで開発されたこの系の軸受合金は，VWエンジンにソリッド軸受（裏金付きではない合金単体軸受）として長年使われてきた．現在同じ成分系の合金が裏金付きのバイメタルとして高負荷ディーゼルエンジンに使用されている．この系の合金もオーバレイめっき付きで用いられる．かつてはPb系のオーバレイだけであったが，最近では化成処理膜であるリン酸亜鉛，リン酸亜鉛カルシウム系のオーバレイ（ボンダー）[35]を施した軸受も実用化されている．また，この系の軸受合金のSi量を増やして，耐疲労性と高温下における機械的特性，耐キャビテーションエロージョン性を向上させた軸受もある[36]．また後に述べる，スパッタリングによるAl-20 Snオーバレイの下地ライニングとしても使用されている[37]．

e.　Al-Pb系軸受合金

AlとPbは偏共晶反応系であり，2液相分離する．比重差も大きく，重力偏析もはなはだしい．したがって通常の鋳造法では軸受材料として使用でき

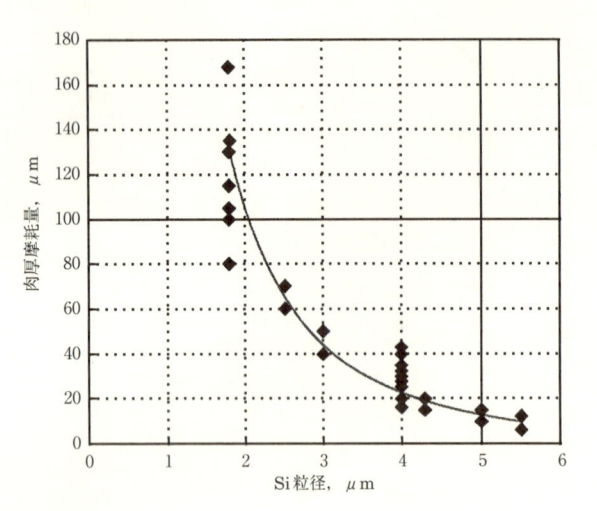

〈試験条件〉
ジャーナル型摩耗試験機
面圧：2.3 MPa　回転数：0～1 000 min^{-1}　GO-STOP　サイクル数：50 000 サイクル　潤滑油：ATF　油温：120℃　軸材質：SCM420H　浸炭焼入れ　軸硬さ：800HV1　軸受材質：Al-Sn-Si系
Si粒径は，円相当平均径を示す．

図 2.3.27　Al-Sn-Si 系合金の Si 粒径と耐摩耗性

る合金組織は得られない．宇宙空間では，重力偏析は改善されるものの，偏晶反応はいかんともしがたく，かなり高温から急冷しないと微細な Pb 組織にならない．米国とわが国では Al-Pb の混合が容易な粉末冶金法を用いた粉末圧延圧接[38]によって量産化している．現在では強度を確保するため押出法[39]も採り入れているが，押出，圧延によって長く延びた Pb 相は簡単には分断できず，強度面の弱点となり，結果として耐疲労性に劣るため，比較的軽負荷のエンジンに使われているにとどまっている．耐焼付き性は Al-Sn 系合金に比べ優れているため，ブシュ，ワッシャ類にも使われている．一方，鋳造法による生産は米国で行なわれている[40]．当初は横型連続鋳造によりうまく重力偏析を利用して，Pb リッチ側をしゅう動面に，Pb プア側を鋼裏金との接着面に用いていたが，耐疲労性改良のためには Pb 相の微細化が必要であり，現在では双ロールのロールキャスティングで行なわれている[41]．Pb の含有量としては，粉末法が 8～12％ に対し，鋳造法で 4～6％ である．両者の組織の違いを図 2.3.28 に示す．

f. Al-Sn 合金スパッタ軸受

最近の PVD 法の発達により，新しい製法・構造の軸受がヨーロッパで開発された[42]．それは，銅鉛合金軸受あるいは前述の高強度 Al-Zn-Si-Cu 系軸受の表層に[37]，先に述べた Al-20 Sn 軸受合金をスパッタリング法を用いて，オーバレイとして乾式めっきしたものである．めっき層は鋳造法による Al-20 Sn 合金に比べ硬く，組織は微細であり，従来の Pb 系オーバレイと比べ，耐荷重性，耐疲労性，耐摩耗性，耐食性に優れており，エンジンの高面圧，長寿命化ニーズにマッチングして大型ディーゼルエンジンを中心に需要が拡大している．図 2.3.29 に電子顕微鏡による組織を示す．鋳造，圧延で得られた組織（図 2.3.15，2.3.16）と比べ，Sn 相は極めて微細であり，スパッタ条件によっては光学顕微鏡，SEM 等では Sn 相が確認できないほど微細化も可能である．最近では PVD 法という利点を生かし，Sn 濃度を傾斜させて表層に近いほど Sn リッチにしてなじみ性を改良する試みも行な

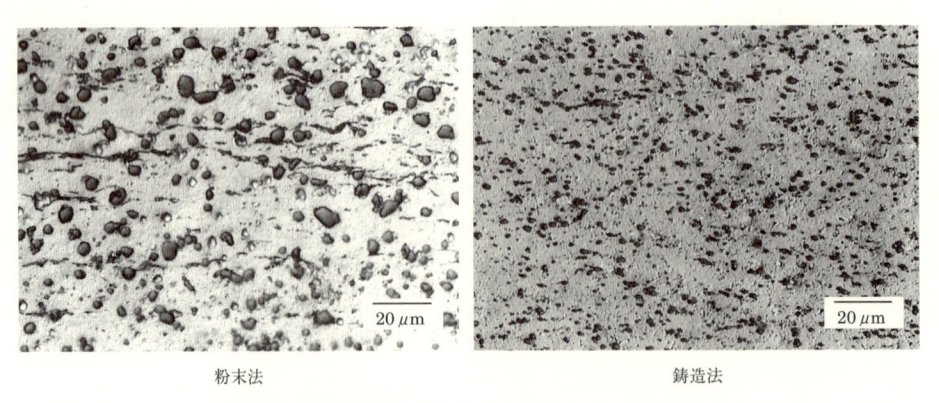

粉末法　　　　　　　　　鋳造法

図 2.3.28　Al-Pb 系合金バイメタルの合金組織

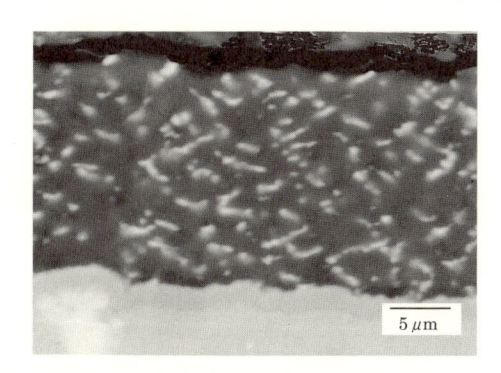

図 2.3.29　スパッタリング Al-20 Sn 合金の組織（SEM 写真）

われている[43]．

g. 表面改質アルミニウム軸受

昨今のレーザ，電子ビーム等の技術の応用として，アルミニウム軸受の表面を再溶融・急冷凝固して，軸受表面の持性を変える試みが行なわれている．図 2.3.30 は Al-6 Sn 合金軸受表面のしゅう動方向に平行に，電子ビームによって再溶融・急冷凝固した例で，図 2.3.31 にその断面組織を示す．その結果再溶融・急冷凝固部は硬さで HV 15～20 硬くなり，軸受性能としては疲労寿命がおよそ 3 倍になっている[44]．

（3）アルミニウム合金軸受の製法

先に述べたように，現在多量に製造されているアルミニウム軸受は，鋼の裏金付きバイメタルなので，ここではその製造工程について説明する．粉末法，スパッタ法以外はおおむね図 2.3.32[45] に示すようである．連続鋳造によってアルミニウム軸受合金のスラブを作り，その後表面を切削し，圧延・熱処理を繰り返して 1～2 mm のシートを作る．その後，前処理された裏金鋼板と先の合金シートをロール圧接し，それを熱処理して圧接界面を拡散させ密着強度を得るとともに，合金部分を回復・再結晶させ，所望の合金組織，機械的特性を得る．また，密着強度を安定的に得るために裏金側にニッケルめっきを施したり，合金シートと裏金間に純アルミ層（合金の場合もある）を設けることが一般的である．その後軸受形状に成形加工して軸受を得る．さらに必要に応じて表面に Pb，Sn 等の軟質オーバレイめっきを施す．粉末法では，連続鋳造の代わりに粉末押出法を使ったり，あるいはロールによる粉末圧延圧接法をとっている．

（4）アルミニウムすべり面材料

アルミニウムは構造材料としても十分な強度と軽さをもっているため，軸受としてだけではなくすべり面材料として機械装置の構造部品材料を兼ねて使用されることが多い．古くは金型鋳物，ダイカストを中心とした Al-Si 系合金であり，JIS 規格にも鋳造用合金 17 種類（H 5202-92），ダイカスト用合金 16 種類（H 5302-90）の合金が存在する．すべり面材料としての性能は添加された Si によるところが大きく，他のアルミニウム合金と比べ耐摩耗性，耐焼付き性に優れる．Si 量を増すと，12% を過ぎたところから過共晶となり，粗大な初晶 Si が現われる．粗大な Si は，しゅう動において相手材への攻撃性が増すので，使用に際して注意が必要である．こうした欠点を補うために，現在では特殊な鋳造法や急冷凝固粉末を使った粉末冶金法が開発され，15～25% Si 合金も Si 粒径が制御され実用化されている．また急冷凝固粉末の使用により従来法では不可能だった添加元素あるいは添加量も可能となり Si 以外の析出物も利用され実用化されている．これらの合金は素材・素形材メーカー各社，製造法の

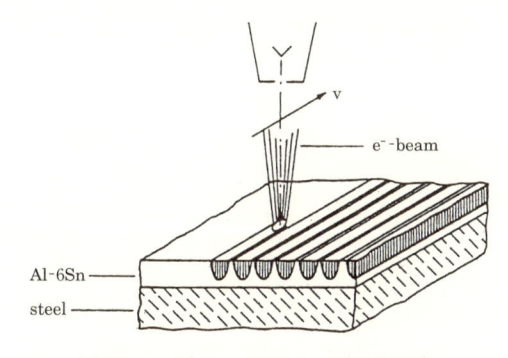

図 2.3.30　電子ビームによる表面処理例

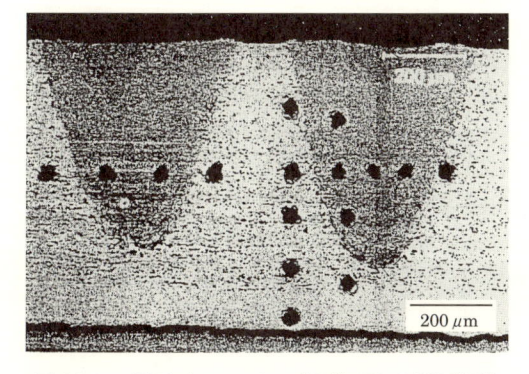

図 2.3.31　電子ビームによる表面処理した断面組織

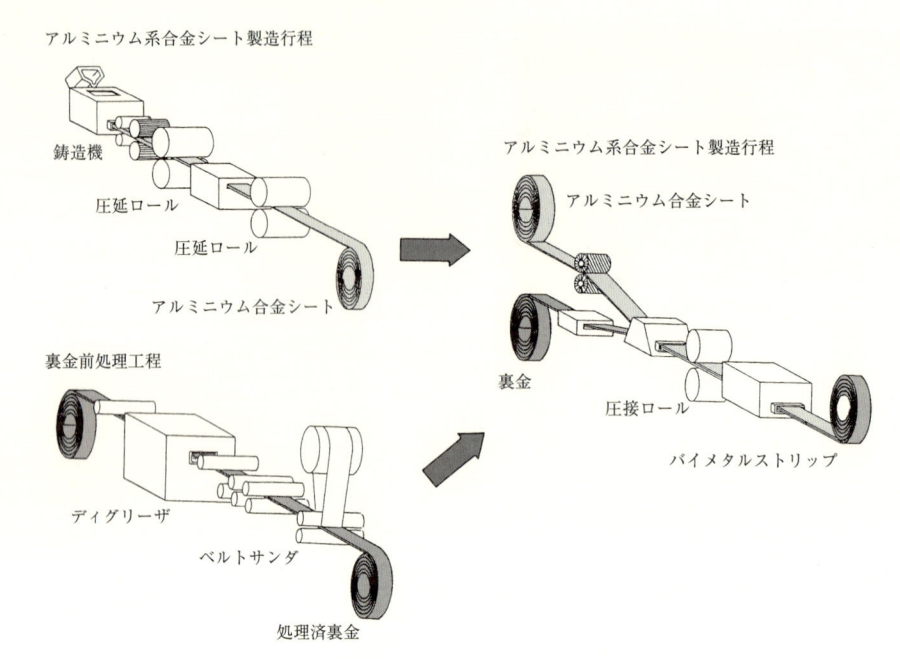

図 2.3.32　アルミニウム軸受合金バイメタルの製造工程〔出典：文献 45)〕

多様さも含め独自の合金とその摩擦摩耗特性を発表しているので，詳しくはそれらを参照されたい．

また，アルミニウムは複合材料のマトリックスとして多くの研究と実用化がなされている．強化材料として硬いセラミックス繊維，ウィスカ，粒子等が用いられることが多いので，当然摩擦摩耗特性についても研究が多い．1980 年代に世界に先駆けてわが国で，アルミナ-シリカ，アルミナ繊維を強化材とした耐摩耗性 FRM ピストンが開発された[46]．これはディーゼルエンジンのピストンリング溝の摩耗を防止する目的で開発され，摩耗量として Al-Si 系合金である AC 8 A の 20～30%，ニレジスト鋳鉄と同等以上の結果が得られ，量産市販車に採用された．

2.3.5　ホワイトメタル

ホワイトメタルは，軟らかい低融点金属素地の中に硬い化合物が点在する組織をもち，鋼裏金との複層体として使われる．一般的に相手材に対する順応性が良く，耐焼付き性や異物埋収性にも優れている．しかし，強度に関しては銅合金やアルミニウム合金に比べ劣り，耐熱温度も低いので現在では主に船舶用機関軸受や高速回転用のティルティングパッド，圧延機軸受等の一般産業用の限られた分野で汎用されている．

ホワイトメタルはスズ系と鉛系に大別され，JIS にも表 2.3.10 のように定められている．スズ系ホワイトメタルは比較的機械的性質に優れ，良好な耐腐食性を有する．一方，鉛系ホワイトメタルはコストが安く，親油性（オイリネス）に優れている．

（1）スズ系ホワイトメタル

スズ系ホワイトメタルはバビットメタルとも呼ばれ，JIS においては WJ 1～WJ 5 がこのスズ系合金であり，Sn-Sb-Cu が主な合金系である．組織的にはスズの素地の中に Cu_6Sn_5 の針状化合物が点在した形であり，アンチモンの含有量がスズへの固溶限を越えると SnSb の方形晶も晶出してくる．添加元素である銅やアンチモンの含有量が増加すると強度，硬さが上昇するが，逆に伸びは減少する傾向にある．また，鋼裏金との接着強さに関しては銅の添加量の増加につれて低下する傾向がある．

（2）鉛系ホワイトメタル

JIS の WJ 6～WJ 9 が鉛系ホワイトメタルとされている．鉛系ホワイトメタルはスズ系ホワイトメタルに比べ，耐食性，伸び，裏金との接着性に劣り，その用途が限定されている．成分としては Pb-Sn-Sb 系合金が以前より使用されている．一般的な組織としては，方形晶の SnSb 化合物が共晶組織中に

表 2.3.10 軸受用ホワイトメタル（JIS H 5401）

種別記号		Sn	Sb	Cu	Pb	Zn	As	不純物							適用
								Pb	Fe	Zn	Al	Bi	As	Cu	
ホワイトメタル第1種	WJ1	残	5.0〜7.0	3.0〜5.0	—			<0.50	<0.08	<0.01	<0.01	<0.08	<0.10	—	高速高荷重軸受用
〃 第2種	WJ2	残	8.0〜10.0	5.0〜6.0	—			<0.50	<0.08	<0.01	<0.01	<0.08	<0.10	—	〃
〃 第2種B	WJ2B	残	7.5〜9.5	7.5〜8.5	—			<0.50	<0.08	<0.01	<0.01	<0.08	<0.10	—	〃
〃 第3種	WJ3	残	11.0〜12.0	4.5〜5.0	<3.0			—	<0.10	<0.01	<0.01	<0.08	<0.10	—	高速中荷重軸受用
〃 第4種	WJ4	残	11.0〜13.0	3.0〜5.0	13.0〜15.0			—	<0.10	<0.01	<0.01	<0.08	<0.10	—	中速中荷重軸受用
〃 第5種	WJ5	残	—	2.0〜3.0		28.0〜29.0		—	<0.10		<0.05	—		—	〃
〃 第6種	WJ6	44.0〜46.0	11.0〜13.0	1.0〜3.0	残			—	<0.10	<0.05	<0.01	—	<0.20	—	高速中荷重軸受用
〃 第7種	WJ7	11.0〜13.0	13.0〜15.0	<1	残			—	<0.10	<0.05	<0.01	—	<0.20	—	中速中荷重軸受用
〃 第8種	WJ8	6.0〜8.0	16.0〜18.0	<1	残			—	<0.10	<0.05	<0.01	—	<0.20	—	〃
〃 第9種	WJ9	5.0〜7.0	9.0〜11.0	—	残			—	<0.10	<0.05	<0.01	—	<0.20	<0.30	中速中荷重軸受用
〃 第10種	WJ10	0.8〜1.2	14.0〜15.5	0.1〜1.5	残		0.75〜1.25	—	<0.10	<0.05	<0.01	—	—	—	〃

存在している．また，Asをこれらの合金に添加し，組織の微細化，高温での機械的性質の改善を加えた合金もある．

（3）製造方法

通常ホワイトメタルは裏金（多くの場合は鋼，一部青銅等の銅合金の場合もある）付きの複層軸受として用いられる．この裏金上にホワイトメタルを接着させる製造方法としては，置注鋳造法や遠心鋳造法があり，自動車用のように小型軸受を大量生産する場合は連帯鋳造方法が採用されてきた．

置注鋳造法はティルティングパッドのパッド等を作るのに主に用いられ，裏金の上に鋳型を設け，この中に溶湯を流し込み冷却する．

遠心鋳造法は名のとおり，円筒形の裏金または半円筒の裏金を一対組み合わせ，これを高速で回転させながら中央に溶湯を流し込む．すると湯が外壁となる裏金に遠心力で接触し，冷却される．比較的大型の軸受に適用される．

連帯鋳造法は，薄い裏金上に連続的に湯を流し鋳造する方法である．これらの方法においては，裏金を十分に洗浄，脱脂し，スズやスズ-鉛（はんだ）溶融めっきをし，ホワイトメタルとの接着が強固になるような準備が必要である．参考として，遠心鋳造法と連帯鋳造法で作製されたホワイトメタルの組織写真を図2.3.33に示す．

鋳造に関する注意点を挙げるとすると，まず溶湯

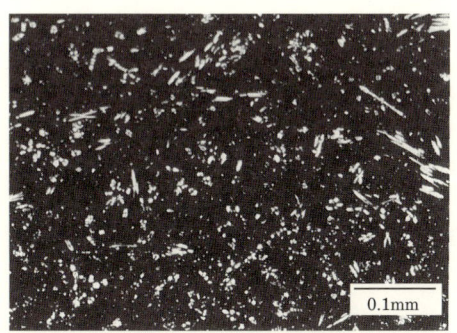

遠心鋳造

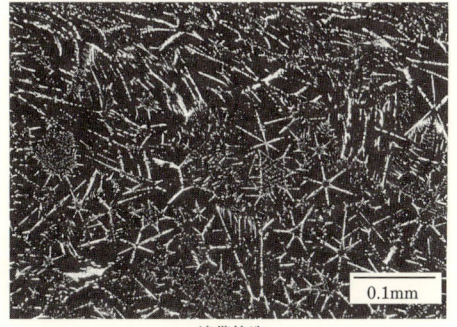

連帯鋳造

図 2.3.33 ホワイトメタルの代表的組織性

表 2.3.11 代表的ファインセラミックスの特性
〔出典：文献 54, 55〕

特性 \ 材質	窒化ケイ素 Si_3N_4	炭化ケイ素 SiC	アルミナ Al_2O_3	ジルコニア ZrO_2(PSZ)	参考 SUS 304
比重	3.1～3.2	3.14～3.18	3.9～3.98	5.8～6.05	7.93
比熱, J/(kg·K)	—	670	795	502	502
熱伝導率, W/(m·K)	19.3	65.4	25.1	2.9	16.3
熱膨張係数, $\times 10^{-6}$/℃	3.2～3.8	4.0	7.8～8.1	8.7～11.4	18.7
融点, ℃	1 900 (分解)	2 700 (分解)	2 030	2 600	1 400～1 455
耐熱衝撃性 ΔT, ℃	480～900	370	195	350	—
硬度 HV	1 500	2 900	1 600	1 200	160～180
ヤング率, $\times 10^4$ MPa	29.4	41.16	34.3	20.6	19.3
破壊靱性 K_{IC}, MPa·m$^{1/2}$	7.0	2.4	4.5	8.5	186

常圧焼結

温度である．溶湯温度があまり高すぎると，スズや鉛が酸化してしまうのでスズ系の場合は500℃以下，鉛系では400℃以下に設定するのが望ましい．晶出する硬質化合物を均一微細に制御することが軸受性能にとっても重要な問題であり，冷却条件の設定を慎重に行なう必要がある．なお，ホワイトメタルを繰り返し溶解する場合は，以前の残り湯中に徐冷によって晶出した粗大な SnSb や Cu_6Sn_5 化合物が残存しているケースがあるので，次に鋳造する場合には溶解時にこれらの化合物を溶湯中に溶け込ませるように注意を払いたい．

2.3.6 セラミックス，セラミック系複合材
(1) しゅう動用セラミックスの特徴

軸受，しゅう動部位の構造材料からみたセラミックスの特徴は比重大，硬度大，耐熱性大，およびトライボケミカル反応，耐食性能も加わり，化学的性質等も優れ，金属材料では達成できない条件下での使用や運転を可能にする[47〜49]．セラミックスの利用によって改善効果が大きいのは，耐アブレシブ，エロージョン摩耗設計，高温しゅう動設計，耐凝着潤滑向上設計，および軽量化，耐食性設計等である．

しかし，金属材料に比べて変形しにくく，衝撃強度小（靱性小）の欠点があり[50,51]，これをカバーしたしゅう動部位の形状設計[52]，および後述の複合セラミックス材の適用等を図る必要がある．

(2) セラミックスの種類

セラミックスには多くの種類がある[53]．しゅう動部材として高温強度，耐衝撃性等が優れているセラミックスの代表的な材質は表 2.3.11[54,55]のように酸化物系の Al_2O_3，ZrO_2(PSZ)，非酸化物系の Si_3N_4，SiC の4種である．さらにこのセラミックスの組織強化，潤滑性向上を図るため，SiC ウィスカや MoS_2 等の固体潤滑剤等を分散させたり金属にセラミックスを配合したセラミック複合材がある[49,56]．

Al_2O_3 は最も安価で，耐摩耗材として広く使用されているが[57]，靱性が低いため，衝撃力に対する配慮が必要である．硬度が高いことから粉体摩耗，また化学的安定性が優れていることから高温での凝着摩耗等に対して有効である．

ZrO_2(PSZ)の部分安定化ジルコニアは靱性が最も高く，硬さも比較的低いことからセラミックスの中で金属に近い摩耗形態を示す．衝撃力を受ける箇所には対応できるが，粉体摩耗に対しては劣る．

Si_3N_4（常圧焼結）は靱性，硬質性，耐熱衝撃性等すべてにわたって優れた特性をもち，耐摩耗しゅう動材として信頼性を要求される部材に広く用いられる．

SiC（常圧焼結）は最も硬質性に優れ，粉体摩耗等には強いが，靱性が低いことから，衝撃力が加わる箇所での使用には注意を要する．吸着水分により摩擦は低下する．

セラミック複合材は複合材の配合により変わる[58]．Si_3N_4 の粉末に SiC ウィスカを混ぜて，両材質の良い性能を得，靱性も高くなるのも使用範囲を広める．また MoS_2，BN 等の固体潤滑剤を分散させドライ，高温潤滑に対する低摩擦化が図れる．

(3) 各雰囲気中での摩擦摩耗性能

セラミックスの特徴を活かしての各雰囲気中での摩擦摩耗性能を示す[59]．

a. 潤滑下での摩擦摩耗特性

図 2.3.34[57]のように油中にてセラミック同士の耐焼付き性の大幅な向上はないが，相手材が鋳鉄もしくは鋼の場合は著しく向上し摩擦低減となる．またリン系添加剤を投入することにより耐摩耗性が向上する[60,61]．セラミックスは水雰囲気に対しても敏

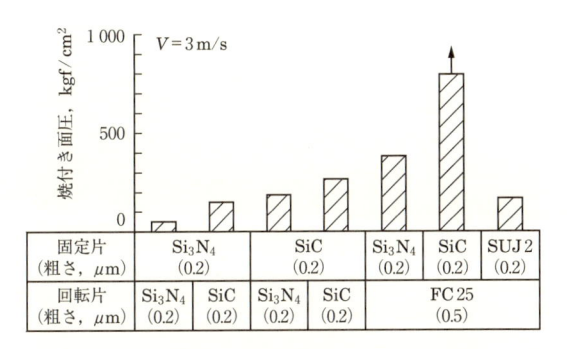

図 2.3.34 各種材料組合せにおける焼付き限界
（平面接触試験機, 50°C, タービン油中）
〔出典：文献 57）〕

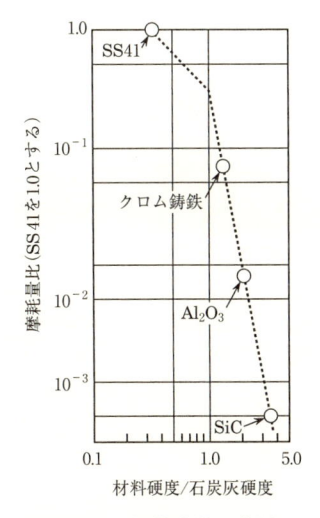

図 2.3.36 粉体吹付け摩耗
〔出典：文献 57）〕

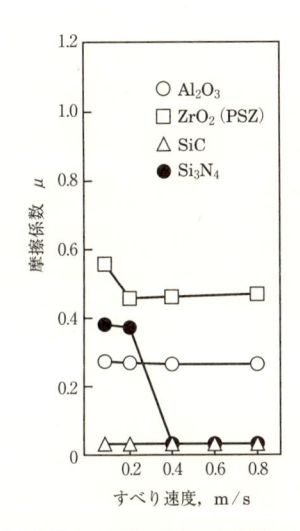

図 2.3.35 セラミックスの摩擦
（水中）〔出典：文献 66）〕

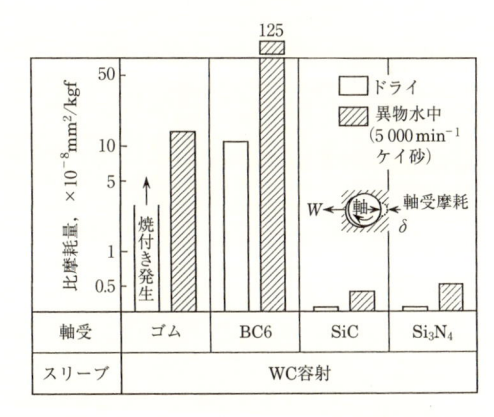

図 2.3.37 異物水中（スラリー）の摩耗
〔出典：文献 67）〕

感で, 特に Si_3N_4, SiC はトライボケミカル反応により金属しゅう動材等に見られないシリコン水和物が生成し[62~65]，図 2.3.35[66] のように摩擦面の平滑化，低摩擦摩耗化に有効に作用する.

b. 異物下での摩擦摩耗特性

セラミックスの高硬度により粉体を吹き付けたエロージョン摩耗は図 2.3.36[57] にデータを示すように, 鋼に比べ約 1/1 000〜1/100 と低減効果が大きい. またグラインディング三元摩耗においても同様な傾向を有し, 異物摩耗への効果は大きい[52]. また図 2.3.37[67] に示すように水潤滑性と耐グラインディング摩耗を要求されるスラリー雰囲気中では耐摩耗性が向上し, 摩擦特性もよくなり安定する.

c. 乾燥高温摩擦摩耗特性

乾燥摩擦には複合セラミックスが有効である[68]. 代表的セラミックス Si_3N_4 に BN, SiC ウィスカを添加した結果, 耐摩耗性は1桁改良された例もある[69,70]. カーボン, MoS_2 等の固体潤滑剤を SiC, Al_2O_3 等に分散させた複合材により高温に至るまで低摩擦化が可能になってきている[71~73]. 特に図 2.3.38[71] のように高温乾燥摩擦においては, TiC 焼結炭化物同士, B_4C 等ホウ酸系複合セラミックスは 700〜750°C 付近から $\mu=0.1〜0.2$ を達成した例もある.

その他耐食性もあり, 海水中トライボロジー部品[74] に適用されることも多い.

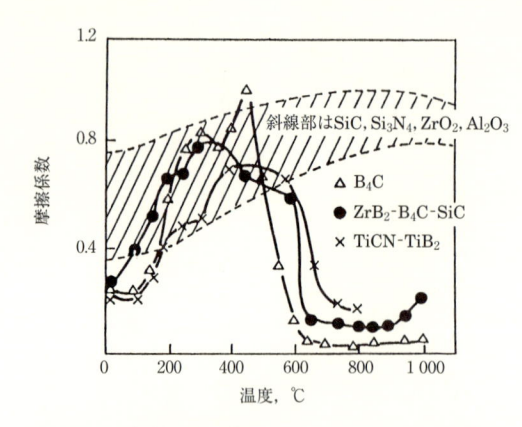

図 2.3.38 各種ホウ化物セラミックスの高温摩擦特性
(大気中，ブロックオンブロック往復動
$W=3$ kgf, $V_{max}=0.32$ cm/s)
〔出典：文献 71〕

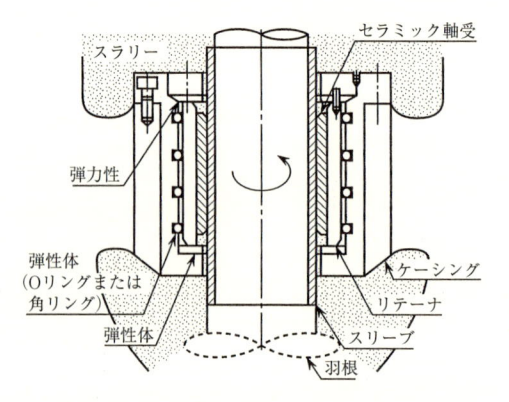

図 2.3.39 スラリーポンプ用セラミックス軸受構造例
〔出典：文献 67〕

(4) セラミックス適用例

補機により油供給していたスラリーポンプ軸受を図 2.3.39 のようにスラリー特性の良いセラミックスにし[67]，衝撃力緩和に支持したことによりスラリー直接潤滑により補器不要のコンパクト化を達成した例は代表的である．セラミック軸受適用による油圧ポンプ高速化，高温ガスタービン[75]等その材料特性を活かした機器適用は多い[76,77]．

2.3.7 サーメット

(1) サーメットの種類と性質

サーメット (cermet) とは，セラミックスと金属とを結合した複合材料 (ceramics+metal) をいう．

硬質粒子であるセラミックスとしては，IVa から VIa 族遷移金属元素の炭化物，窒化物，ホウ化物（例えば WC, TiC, Cr_3C_2, TiN, TiB_2）などがあり，これらを鉄族金属（Fe，Co，Ni など）で結合させた物が一般的である．最近では TiC を Ti で結合させた例もある．

表 2.3.12 には市販サーメットの代表組成と材種名[78,79]を示す．表 2.3.13 にはこれらサーメットの代表的な合金組成と物性[78,79]を示す．WC-Co，WC-Ni などは広義のサーメットであるが，これらは特に超硬合金[79]と呼ばれ，切削工具や耐摩耗部品として広く使われている．WC-TiC-(TaC) は，鉄族金属をわずかに含むので本欄に掲載したが，炭化物系セラミックスと呼んでもよい物[79,80]である．Ti(C, N)-Mo-Ni-α 合金は，最も典型的なサーメット[79]であり，切削工具としても使われている．Cr_3C_2-Ni[79]，Mo_2FeB_2-Fe[81]，TiC-Mo-(W)-Ti[82,83]などは，比較的新しいサーメットであり，耐食性や耐摩耗性などに特徴がある．

いずれのサーメットも硬さは HRA85～93 (HV 900～1 900) であり，ハイスやダイス鋼など (HRA 81 程度) より大であり，セラミックスに近い．また，強度はセラミックス程度以上である．このように，硬さと強度をバランスよく備えていることに特徴がある．

(2) 主な軸受用途と構成, 損傷

表 2.3.14 には，主な軸受用途とそれらの構成，主な損傷など[84〜93]を示した．

縦軸斜流ポンプや横軸斜流ポンプなどの軸流ポンプでは，従来はゴム軸受が使用され，焼付き防止の注水が必要であったが，サーメットとセラミックスの軸受[84,85]になり，不要となった．

縦軸斜流ポンプでは，表 2.3.14 の PV 値[84,86,87]で運転されるが，運転初期にはドライで運転され，しゅう動クラック（ヒートチェック）が発生しやすい[88]．

しゅう動クラックを抑止するには，表 2.3.13 に示す熱衝撃抵抗 R[79]が大きい材料が有利である．一方，各種超硬合金で耐しゅう動クラック性を比較すると硬さが小さい材料が有利[88]である．したがって，材料の選択にはこれらの因子を考慮する必要がある．

このほかの損傷としては，摩耗と腐食がある．サーメットの場合には摩耗が問題になることはあまり

表 2.3.12 市販サーメットの代表組成と材種名(含む超硬合金) 〔出典:文献78, 79)〕

組成 会社	WC-Co 超硬合金	WC-VC-(Cr)-Co超 微粒硬合金	WC-(Cr-Mo)-Ni 超硬合金	WC-TIC-(TaC)バイ ンダーレス 超硬合金	Ti(C, N)-Mo-Ni-α サーメット	Cr_3C_2-Ni	Mo_2FeB_2-Fe base	TiC-Mo-(W)-Ti
東芝タンガロイ(株)(日本)	D20, D30	EM10, UM	MS18		GT530, NS540	CR		
三菱マテリアル(株)(日本)	GTi10, GTi20	UF30			UP35N, NX55			
住友電工(株)(日本)	D2, D3	AF0, AF1	M3, N7		T1200A, T130A			
日本タングステン(株)(日本)	G2, G3	FN30, FN40	NR8, NR11	RCCL, RCCFN	DUX40, DUX50	KN-γ		TM2, TW3
日立ツール(株)(日本)	WH30, WH40	BRM20	WN60	WR05, WR10	CH570			
ダイジェット(株)(日本)	D2, D3	FB15, FB20		NK20, NK57	CX75, CX90			
富士ダイス(株)(日本)	D40, D50	F20, M10	M45, M60	JO3				
東洋鋼板(株)(日本)	D20, D30	F40	R10, R21		KN20, KN30		C30, V30	
京セラ(株)(日本)		FW30			TN60			
Kennametal Inc(USA)	K6T, K9	KF310, KF312	K801, K803	K602	KT150, KT175			
Sandvik Coromant(スウェーデン)	H10A, H13A	H10F			GC1525, CT530			

表 2.3.13 サーメットの物性 〔出典:文献78, 79)〕

組成	密度, kg/m³ (×10³)	硬さ, HRA	抗折力 σ_m, GPa	抗圧力, GPa	弾性率 E, GPa	熱膨張係数 α, K^{-1} (×10⁻⁶)	熱伝導率 λ, W/(m·K)	熱衝撃抵抗* R, W/m (×10⁴)
WC-6% Co	14.9	91.0	2.2	5.0	625	5.1	75.6	5.22
WC-8% Ni	14.7	89.5	2.2	4.2	580	5.1	75.6	5.62
WC-3% TiC-2% TaC	14.7	93.0	1.0	3.6	580	6.2	63.0	1.75
Ti(C, N)-25% Mo-15% Ni	6.4	91.5	1.8	3.9	470	7.0	29.4	1.57
Cr_3C_2-15% Ni	7.0	85.0	1.1	2.9	340	11.5	12.6	0.35
Mo_2FeB_2-26% Fe base	8.2	89.0	2.0	4.5	360	8.5	16.7	1.09
TiC-Mo-W-Ti	5.7	85.0	0.6	2.0	226	5.9	9.0	0.40

*熱衝撃抵抗 $R = \lambda \cdot \sigma_m / (\alpha \cdot E)$

ない[84]ようである。一方,腐食は問題になることがあり,例えば海水用途では,通常のサーメットは腐食される.これは結合相金属の選択腐食による[89,90].そこで結合相をチタンにして,耐食性を著しく高めたTiC-W-Mo-Tiサーメット[82,83,91]が使用されることがほとんどである.また,結合相のほとんどないWC-TiC-(TaC)[79,80]が使われることもある.

横軸斜流ポンプの場合には面圧が大であり,しゅう動クラックが生じやすい.それゆえ,超硬合金が使われている.

石炭焚ボイラ灰出し装置の軸受の例では,SiO_2微粒子が軸と軸受とのすきまに混入し摩耗を促進させるが,これより硬い材料にすれば摩耗は軽減され

表 2.3.14　主な軸受用途とそれらの構成，主な損傷　　〔出典：文献 84～93)〕

用途名	媒体	PV	軸	軸受	主な損傷	備考
縦軸斜流ポンプの軸受	乾式，河川水，海水など	$P=0.05\sim 1\,\mathrm{MPa}$, $V=2\sim 10\,\mathrm{m/s}$	TiC 基サーメット，超硬合金，TiC-Mo-W-Ti	SiC，窒化ケイ素など	しゅう動クラック，摩耗，腐食	特に大型品では，超硬合金溶射も用いられる
横軸斜流ポンプの軸受	乾式，河川水，海水など	推定：$P>\sim 1\,\mathrm{MPa}$, $V=2\sim 10\,\mathrm{m/s}$	超硬合金	SiC，窒化ケイ素など	しゅう動クラック，摩耗，腐食	しゅう動クラック抑制には靱性が必要
石炭焚ボイラ灰出し装置	石炭燃焼灰を含む河川水，海水など	推定：V は小さい	超硬合金溶射	アルミナ	摩耗	混入する異物よりも硬い材料にすれば摩耗は軽減
亜鉛めっき装置軸受	溶融亜鉛	$P=\sim 1\,\mathrm{MPa}$, $V=1\sim 1.5\,\mathrm{m/s}$	Mo_2FeB_2-Fe，超硬合金溶射	同士材	溶融金属との反応	

る[92]）．

特殊な軸受の例としては，亜鉛めっき装置の軸受がある．これは溶融亜鉛中で使われ，溶融金属との反応（一種の腐食）が主な損傷である．この場合にも溶融金属に結合相金属が反応するかどうかがポイントである．Mo_2Fe_2-Fe サーメットの結合相である鉄は反応性が低く[81]，この用途に適する．また，超硬合金溶射の場合には，単体では反応しやすいコバルトを含むが，これが反応しにくい複炭化物になっているために亜鉛めっき装置の軸受に適する[93]）．

以上，用途に応じた材料選択例を示した．性能向上には軸受技術者，材料技術者の協力が不可欠であろう．

2.3.8　含油軸受用焼結合金

焼結含油軸受は，多孔質焼結合金に潤滑油を容積比にして 10～30%，通常 20% 程度含ませて，自己給油の状態で使用する軸受のことである．この軸受は多孔質焼結材料の歴史では最も古くすでに 19 世紀には存在していたといわれ，1870 年のアメリカ特許，1908 年のドイツ特許にみられる．そして 1916 年，ギルソン（E. D. Gilson）によって実用化され，アメリカでは，1920 年代の中葉からゼネラル・モーターズ社やバンド・ブルックス社の研究室で次々と実用特許がとられ，1930 年代に入って主として自動車工業の分野において使われはじめた．日本においては松川によってはじめて研究され，また生産もわずかながら行なわれたが，1950 年代に入ってから，本格的に生産開始された．

焼結含油軸受は，その特長を生かして，主として給油が十分に望めない箇所に用いられるのであるが，近年はそれに限らず価格，性能を考慮して通常の軸受の代用として幅広く利用されてきている．すなわち，自動車などの輸送機械用，いわゆる家電製品としての電気機械用，それに産業機械用に用いられ，自動車用が全体の約半分を占めている．また自動車用の約 60% は電装品であり，ついで車体駆動部，その他である．家電製品では種々のものに幅広く用いられているが，特に音響機器に対しては，焼結含油軸受の本来の特長を生かして利用され，マイクロモータの軸受は，ほとんどが焼結含油軸受である．

（1）動作原理

図 2.3.40 は，渡辺[94]）が作成した焼結含油軸受と通常の軸受の潤滑機構を示す模式図である．焼結含油軸受においては，軸が回転すると軸の回転に基づく"ポンプ作用"，摩擦熱に基づく潤滑油の膨張（油の体膨張率は軸受材のそれの約 20 倍），さらに潤滑油の粘性低下も助けとなって，軸受しゅう動面に潤滑油が導入され，軸と軸との金属接触が避けられる．また軸受が停止すれば，摩擦熱が発生しなくなり潤滑油が冷却されるから，しゅう動面に存在する余分の潤滑油は毛細管力によって再び元の含油孔に吸収され，次の回転時まで保持され，かつ，しゅう動面には再運転開始のために必要な油膜が残存して次の回転すべりを滑らかにする．すなわち実際には，もちろん潤滑油の消耗に対する補充もある程度必要であるが，機能的には無給油で使用できる合理的な軸受ということができる．一方，通常の軸受の給油は，ポンプ作用のみによって行なわれるもので，潤滑油は運転中，飛散・消耗するので油溜めを

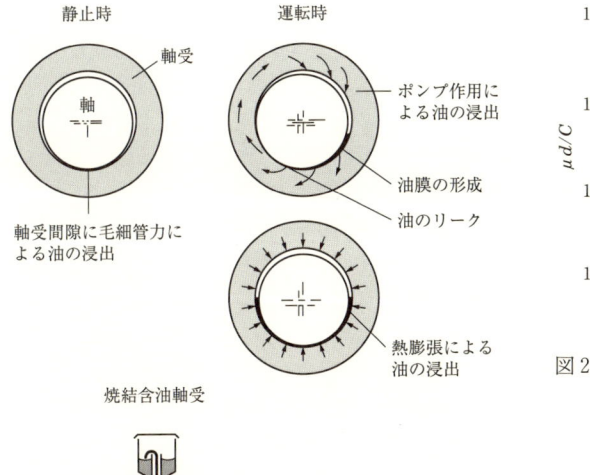

図 2.3.40 焼結含油軸受と通常の軸受の潤滑機構の模式図　〔出典：文献94)〕

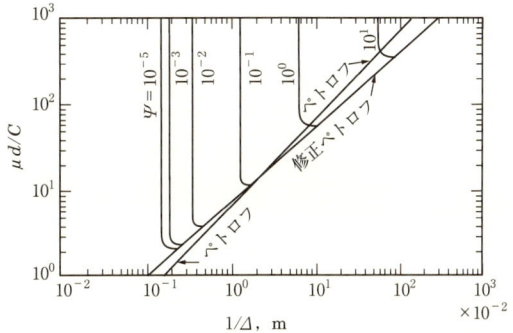

図 2.3.41 種々の多孔率因子 Ψ におけるフリクションパラメータ ($\mu d/C$) とゾンマーフェルト数 ($1/\Delta$) との関係 ($L/d=1$, 偏心率 $\varepsilon=0.8$ の場合)　〔出典：文献95)〕

設けて常に補給することが必要である．

ところで，焼結含油軸受の上述の利点は，言うまでもなく軸受組織内の気孔によって生じたものであるが，この気孔は軸受として本質的に短所をも与えている．すなわち，通常の軸受では，理想的な潤滑，つまり常時給油などの方法をとった場合，運転中には2 GPa 程度の油圧をもつ油膜がしゅう動面に生じ，また軸受組織内には気孔がないので基本的には潤滑油の漏れはなく，したがって厚い油膜が形成され，軸と軸受との間に金属接触は生じず，いわゆる流体潤滑となる．一方，焼結含油軸受においては，潤滑油の油膜に油圧が生じても，軸受組織中に気孔を通じて潤滑油が外部にもれて，油圧が低下し，油膜は薄いものとなる．その結果，軸と軸受との間に局部的な金属接触が生じ，いわゆる境界潤滑になる公算が大きくなる．したがって摩擦係数は通常の軸受の場合 0.01～0.05 であるのに対し，通常の運転条件では，焼結含油軸受は 0.05～0.15 と高い値を示し，温度上昇も比較的大きいといわれている．

モーガン (V. T. Morgan)[95] は，図 2.3.41 に示すように，レイノルズの潤滑方程式とラプラスの多孔質体の圧力分布に関する方程式を組み合わせて，焼結含油軸受内の気孔へしゅう動面の油膜圧が漏れ，ペトロフ (Petroff) 線からはずれて境界潤滑，すなわち，ここではフリクションパラメータ ($\mu d/C$，ここで μ は摩擦係数，d は軸受の内径，C は軸受と回転軸のクリアランス) が無限大となるゾンマーフェルト数の臨界値を，次式に示される多孔率因子 Ψ の関数として求めている．

$$\Psi = \frac{4\phi(D-d)}{C^3} \qquad (2.3.1)$$

ここで ϕ は軸受の通気度，D は軸受の外径である．またゾンマーフェルト数 $1/\Delta$ は次式で定義される．

$$1/\Delta = \frac{\eta \cdot N}{P} \cdot \left(\frac{d}{C}\right)^2 \qquad (2.3.2)$$

ここで η は潤滑油の粘性係数，N は回転数および P は単位面積あたりの軸受にかかる荷重である．図中，修正ペトロフとあるのは，軸受の偏心率 ε を考慮してペトロフ線を修正したものである．図 2.3.42 は Ψ と $1/\Delta$ の臨界値 (フリクションパラメータが無限大となる $1/\Delta$ の値) の関係を図示したものである．

このモーガンの理論を実験的に検証した例は極めて少ないが，河野ら[96,97]が高速回転領域を含む広い運転条件範囲で詳細な実験を行ない，実験値と理論値の極めて良い一致を示した．

(2) 含油軸受用焼結合金

焼結含油軸受の種類は鉄基と銅基に大別され，表 2.3.15 に示すように日本粉末冶金工業会 (JPMA 3 -1972) において，純鉄系，鉄－銅系，鉄－炭素系，鉄－炭素－銅系および鉄－炭素－鉛系の鉄基 5 種類，青

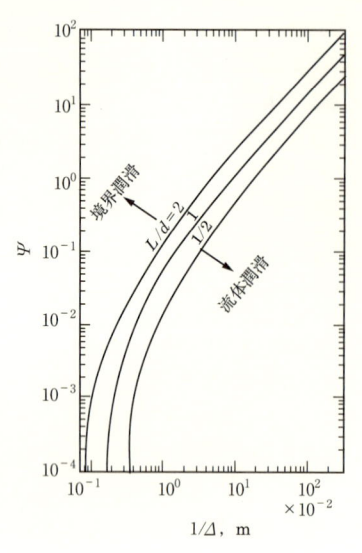

図 2.3.42　多孔率因子 Ψ に対する臨界ゾンマーフェルト数 $(1/\Delta)$（偏心率 $\varepsilon=0.8$ の場合）

銅系および鉛青銅系の銅基2種が規格されている．銅基は歴史的に古く，おおむね Cu-10 mass% の青銅が基本となり，それに亜鉛，黒鉛，鉛などが適当に配合される．鉄基では，鉄単体のものと鉄-銅合金（銅配合量は 2～25 mass%）の2種類が基本となり，それに黒鉛，鉛などが適宜配合される．

一般に鉄基は銅基に比較して硬く，軸に対するなじみ性が悪く，鋼軸とはいわゆる同種金属の"ともずり"となるから摩擦係数や摩耗量の増大が考えられて性能の観点から大きな期待はできず[94]，耐食性にも劣るが，機械的強さが大きいため高荷重に耐え，熱膨張係数が鋼軸のそれと近く（銅基：$18～19×10^{-6}K^{-1}$，鉄基：$11～12×10^{-6}K^{-1}$，鋼軸：$10～12×10^{-6}K^{-1}$），しかも安価であるなどの利点もある．このような事情から現在は概して銅基が低荷重高速度用に，鉄基が高荷重低速度用に使用されている．

次に，焼結含油軸受の製造法[94]の概略を述べる．銅基焼結含油軸受においては，まず銅粉にスズ粉を 10 mass% 前後，さらに必要に応じて黒鉛，亜鉛および鉛を添加して混合する．通常 98～294 MPa の範囲で成形して，還元気流中 1 040～1 070 K で 1.8～3.6 ks 焼結を行なう．焼結体をサイジングして，最後に通常減圧下で潤滑油を含浸させる．鉄基焼結含油軸受の工程は，銅基のそれと全く同様であるが主成分である鉄が銅より硬く，しかも高融点を有することから，通常成形は 294～490 MPa，焼結は 1 270～1 470 K の範囲で行なわれている．

（3）潤滑油

含油軸受の運転時における潤滑油の働きは，軸の回転によって形成される油圧のくさびと，軸受材料の油透過性のために起こる「油圧の逃げ」とのバランスで，負荷を支える働きをもっている．したがって，荷重やすべり速さによって，それに適した動粘度が決まる．

図 2.3.43 はこの関係を示すもので，低速，高荷重の場合は高粘度の潤滑油を選び，逆に高速，軽荷重の場合は低粘度の潤滑油を選ぶのが適当である．一般に，焼結含油軸受の適正油は非多孔質のすべり軸受に比べて，「油圧の逃げ」の現象が発生するため，全般に高粘度側に寄っている．

潤滑油の種類としては，含油軸受が限られた量の油を循環させ，極めて長期間にわたって使用することになるため，潤滑油としての性質が優れているこ

表 2.3.15　焼結含油軸受の材質規格（JIMA 3-1972）

種類		種類記号	含油率容量,%	化学成分，%						圧環強さ (9.8MPa)	表面多孔性
				Fe	C*	Cu	Sn	Pb	Zn	その他	
SBF 1種	1号	SBF 1118	18 以上	残	—	—	—	—	—	3 以下	17 以上	油は，加熱によってすべり面から一様にしみ出なければならない．
SBF 2種	1号	SBF 2118	18 以上	残	—	5 以下	—	—	—	3 以下	20 以上	
	2号	SBF 2218				18～25					28 以上	
SBF 3種	1号	SBF 3118	18 以上	残	0.2～0.6	—	—	—	—	3 以下	20 以上	
SBF 4種	1号	SBF 4118	18 以上	残	0.2～0.6	5 以下	—	—	—	3 以下	28 以上	
SBF 5種	1号	SBF 5110	10 以上	残	—	5 以下	—	3 以上 15 未満	—	3 以下	15 以上	
SBK 1種	1号	SBK 1112	12 以上 18 未満	1 以下	2 以下	残	8～11	—	—	0.5 以下	20 以上	
	2号	SBK 1218	18 以上								15 以上	
SBK 2種	1号	SBK 2118	18 以上	1 以下	2 以下	残	6～10	5 以下	1 以下	0.5 以下	15 以上	

* SBF 系の炭素は化合炭素であり，SBK 系の炭素は黒鉛である．

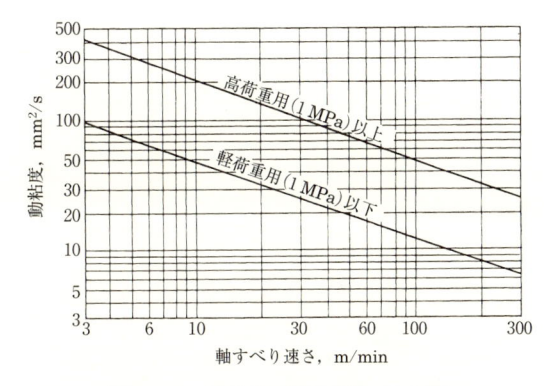

図 2.3.43 油粘度の選定基準 (323 K)

とはもちろんのこと，長期間にわたる安定性を第一に考えなければならない．また含油軸受の運転温度上昇は，一般に 333 K 以内に留める必要がある．これは高温になると，潤滑油の粘度が低下し，荷重を支える油圧が低くなり，軸との摩擦が増すとともに，潤滑油を変質させる恐れが生じるためである．

適正潤滑油としては，添加タービン油，油圧作動油，またはエンジン油系統の高級潤滑油が多く用いられる．また現在，含油軸受用として多く用いられている潤滑油について，概略であるが油種別にその使用条件と主な用途を含めて表 2.3.16 に示す[98]．ここで注意しなければならないのは，同油種でも粘度グレードにより軸受性能は大きく変わるため，使用条件に合ったグレードを選ばなければならない．また，合成油については温度特性が良いため使用用途は広いが，コスト高になること，組合せによっては金属や樹脂等と反応する場合もあるため，注意しなければならない．しかし最近，広範囲な温度での軸受性能が要求される場合が多く，合成油の使用は増えている．

（4）軸受性能

a．基本性能

含油軸受の性能は，軸受の材質，含油率，通気度のほかに，含浸油の種類，軸材質とその仕上げ，運転環境，クリアランス，荷重，すべり速さなどの使用条件および給油方法や組付け条件など多くの因子によって変化する．

性能は実際に運転試験を行ない，摩擦係数，温度上昇，油の消耗，軸受および軸の摩耗量などを測定，評価するのであるが，その試験方法としては各種軸受試験機を使用する場合と，実際に使われる装置に組み付けて試験を行なう場合とがある．

図 2.3.44 は運転初期における軸受温度上昇と摩擦係数の変化状況を示したものである．運転初期には金属接触による摩擦熱によって軸受温度は上昇するが，ある程度表面が滑らかになり，潤滑油が十分まわると，軸受温度はしだいに下がり，その後平衡状態となって安定する．摩擦係数は運転開始後，徐々に低下し，軸受温度が安定した時点で同様に一定となる．もっとも，これらは運動条件によって差があるが，基本的にはこの傾向は変わらない．

各圧力における軸受の温度上昇と摩擦係数を測定

表 2.3.16　主な軸受含浸用潤滑油　〔出典：文献 98〕

油種名	グレード*	使用条件		主な用途	備　考
		荷重，MPa	すべり速さ，m/min		
スピンドル油	ISO VG 15	小 (0.1以下)	大 (100以上)	フォノモータ	近年，用途的には少なくなっている
添加タービン油	ISO VG 32 ISO VG 68 ISO VG 100	中 (0.1～1)	中～大 (10以上)	ファンモータ 換気扇モータ 洗濯機モータ	汎用モータ用
油圧作動油	ISO VG 32 ISO VG 68 ISO VG 100	中 (0.1～1)	中 (10～100)	マイクロモータ 音響モータ 事務機用軸受 キャプスタン軸受	一般メタル用として，多く使われている
エンジンオイル	SAE #20 SAE #30 SAE #40	大 (1～10)	小～中 (100以下)	輸送機器 建設機器 農業機器	高荷重用
合成油	ISO VG 32 ISO VG 68 ISO VG 100	小～中 (2以下)	小～中 (100以下)	映像機器 音響機器 輸送機器	低温～高温環境用

* 一般に多く使われているグレードを示している．

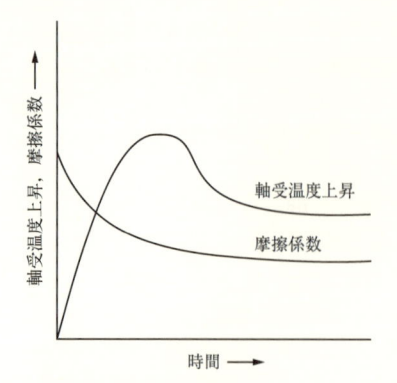

図 2.3.44 運転初期における軸受温度上昇と摩擦係数の変化

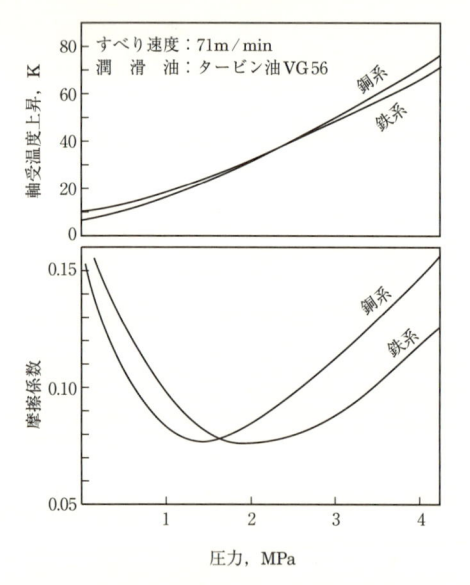

図 2.3.45 圧力と軸受温度上昇, 摩擦係数の関係

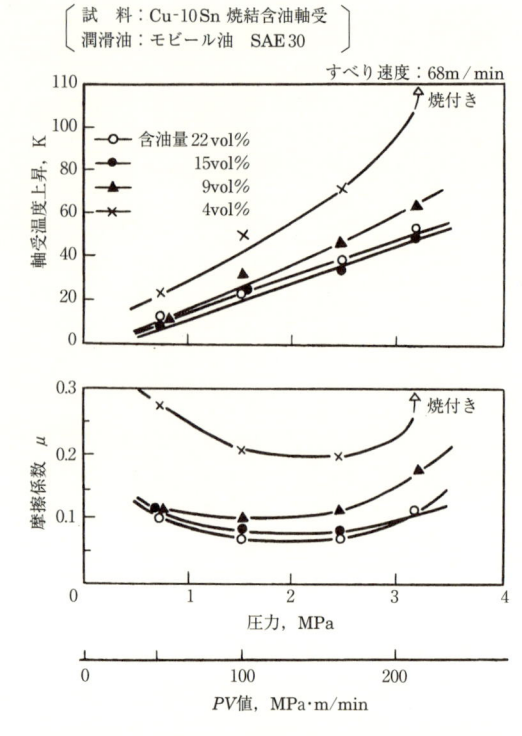

図 2.3.46 油保有量と運転性能〔出典：文献 99)〕

すると図 2.3.45 のようになる．温度上昇は圧力の上昇とともに高くなるが，摩擦係数はある圧力までは低くなるが，それ以上では逆に上昇していく．摩擦係数が低く移行していく領域では，ある程度流体潤滑も寄与しているが，圧力が増加すると，油膜切れによる境界潤滑，金属接触の摩擦が生じ，摩擦係数は上昇する．したがって，使用可能な範囲は摩擦係数が低く移行している領域となる．

軸受を長時間運転すると，油は徐々に消耗され，軸受の摩耗も生じ，性能の低下が現れてくる．油の消耗による性能評価として，図 2.3.46[99)] に示すように，油の保有量をあらかじめ変化させて，その性能を測定すると，含油量が少なくなるとともに，性能は低下していることがわかる．つまり，含油率 22 vol% の軸受も長時間運転することにより，油が消耗し，含油量の 40～50% が消耗されると，急激に軸受性能が低下し，最後には焼付きに至る．したがって，一般的に，含油量が 40～50% 消耗する時間を寿命時間とすることができる．

図 2.3.47 は含油率 22 vol% の軸受の各 PV 値における運転時間と油の消耗率の関係を示したものである．短時間にこの関係をみるため，環境温度を高めの 363 K としているが，PV 値の増加とともに早く油が消耗することがわかる．また図 2.3.48 に示すように，PV 値が一定でも環境温度が高くなると，当然油は早く消耗する．油の消耗には油の蒸発，劣化（スラッジ化）のほかに油漏れ（油飛散）が考えられるが，一般的には油漏れによって油が消耗されることが多い．

以上のように，油の消耗が多くなると油の循環が不十分となり，金属接触して摩耗が急激に進行するが，油の消耗が少なくても摩耗が進行して性能が低下する場合がある．例えば，低速回転や高荷重条件では，油膜ができにくく，先に摩耗が進行する．し

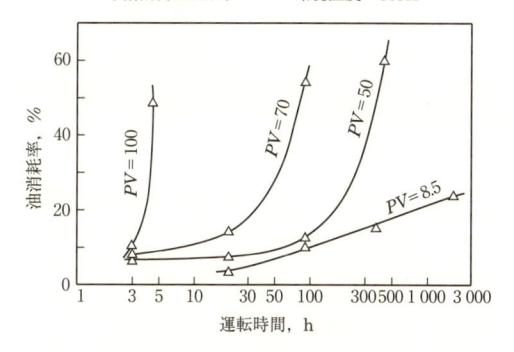

図2.3.47 各 PV 値における運転時間と油消耗率の関係

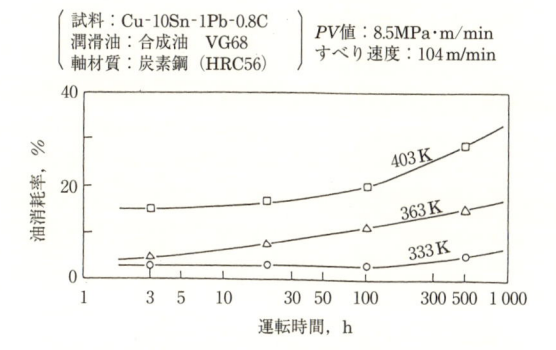

図2.3.48 各環境温度における運転時間と油消耗率の関係

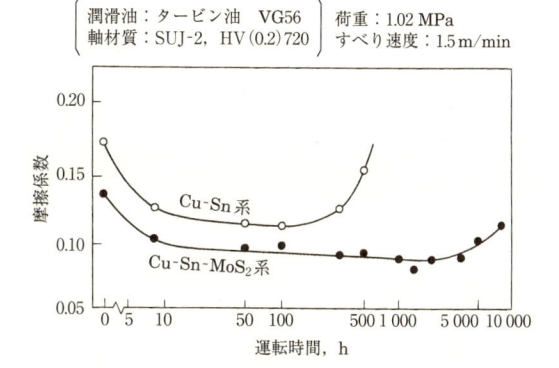

図2.3.49 運転時間と摩擦係数〔出典：文献100)〕

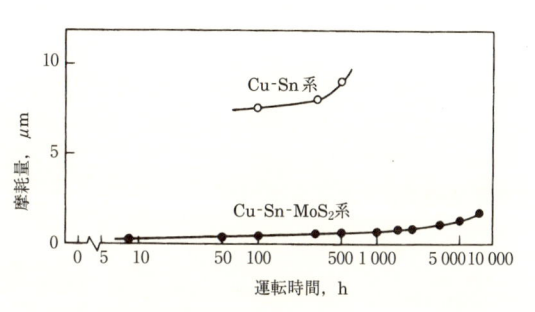

図2.3.50 運転時間と軸受の摩耗量〔出典：文献100)〕

たがって，用途によって軸受寿命を判定する基準は異なる．

b. 低速用軸受

軸の回転数が低くなってくると，焼結軸受の気孔内から表面に潤滑油を引き出す力は弱くなる．したがって，このような低速条件で使用する場合は境界潤滑領域でも安定した摩擦係数を得る必要があることから，黒鉛や二硫化モリブデン等の固体潤滑剤を含有した軸受材料が有利となる．

図2.3.49[100]，2.3.50[100]は二硫化モリブデン(MoS_2)を加えて焼結した青銅系軸受の運転性能の一例を示したものである．従来の青銅系軸受では，低速運転で使用すると潤滑油の供給が不十分なためしゅう動面が金属接触しやすくなり，摩擦係数や軸受摩耗が大きくなっている．これに対してMoS_2を添加した青銅系軸受の摩擦係数は小さく，軸受摩耗も少ないことがわかる．

低速回転用軸受の主な用途としてはVTRやヘッドホンステレオ等の音響機器がある．これらの機器の中で，最近のヘッドホンステレオは長時間再生可能なタイプに移行している．電池のみで長時間再生できるようにするには，もちろんバッテリの飛躍的な性能向上もあるが，その他各回転部のトルクロスの低減も重要な役割を果たしている．その中の一つにキャプスタン軸受がある．キャプスタン軸受はテープを一定速度で走行させるキャプスタン軸を支持する軸受で，従来より焼結含油軸受が使用されていたが，さらに低摩擦係数の軸受が必要となってきた．

従来の軸受でもかなりの軸受性能を有するものが多いが，さらに軸受性能を向上させるには従来とは異なった観点のアプローチが必要である．最近，金属表面（特に金属新生面）に対する潤滑油成分の吸着性の研究[101,102]が活発に行なわれており，これらの化学的アプローチによる境界潤滑，金属接触下での摩擦係数を低減させる検討も必要と考えられる．

図2.3.51[103]はその一例であり，金属新生面の吸着活性が高いNiを含むCu-Ni系焼結軸受に吸着

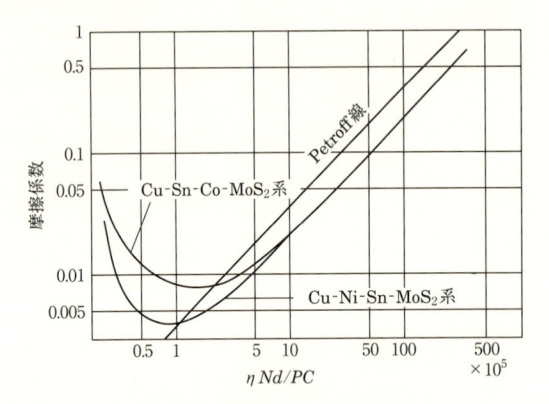

図 2.3.51 Cu-Ni-Sn-MoS$_2$ 系の摩擦係数と $\eta Nd/PC$ の関係　〔出典：文献 103)〕

活性の高い無極性潤滑油を含浸させた場合の摩擦係数と $\eta Nd/PC$（ゾンマーフェルト数を d/C で除した値）の関係を示したものである．キャプスタン軸受の使用条件である低速領域で，Cu-Sn 系焼結軸受に比べてさらに低摩擦係数を示している．これらの結果を基に現在，長時間再生可能なヘッドホンステレオのキャプスタン軸受に使用されている．

c. 高速用軸受

図 2.3.51 の Petroff 線で示すように，高速条件，すなわち $\eta Nd/PC$ の値が大きい右側では，いかに流体潤滑に近い状態で運転させるかが重要となる．常時給油される条件では $\eta Nd/PC$ の値が大きい側の Petroff 線上の摩擦係数を得ることができるが，焼結含油軸受の限られた油で効率良く潤滑させるには，適正な軸受材質およびその通気度（油の出やすさ），潤滑油の種類および粘度，補油機構もしくは油飛散防止対策について考慮する必要がある．

図 2.3.52[97)] は従来の代表的な Cu-9 mass % Sn の青銅系焼結含油軸受を用いた低荷重高速回転条件での摩擦係数と $\eta N/P$ の関係を示したものである．試験方法は荷重 0.2～0.6 MPa，回転数 4 000～24 000 min^{-1}（すべり速さ 100～600 m/min）の範囲で，順次低速回転から高速回転に至り，再び低速回転に至る運転方法である．潤滑油は粘度の低い（12.8 mm^2/s at 311 K）合成油を使用している．この図からわかるように，実験番号の小さい低速運転では摩擦係数が高く，境界潤滑状態を示すが，高速回転になるにしたがって流体潤滑状態となっている．

このように，焼結含油軸受は低速回転から高速回転に移行するほど流体潤滑状態になるが，実際の高速回転機器に使用される場合，その使用条件は断続運転であり，また回転軸が振られるため，軸受内径面のほぼ全周がしゅう動される．したがって，耐摩耗性を向上させるため，用途によって固体潤滑剤を添加した軸受材料[104)]や軸受内径面の気孔が消滅しずらい，すなわち硬さがある程度高い Fe 系軸受材料等が使用される．

図 2.3.53[105)] に Fe-Cu-Zn-Sn 系焼結含油軸受の高速条件における摩擦係数の一例を示す．Fe 系軸受材料で高速回転下での安定した摩擦係数と耐摩耗性を得るには，Cu 合金部と Fe 合金部の 2 相からなる軸受材を使用することが好ましいが，その組成，比率，通気性等の最適化を図る必要がある．この図からもわかるように，同系統の材料でも 10 000 min^{-1} 以下では摩擦係数の差はないが，14 000 min^{-1} 以上になるとその組成によって性能は異なる．

用途としてはハンドクリーナや電動工具の軸受に使用されているが，最近の新しい展開として，

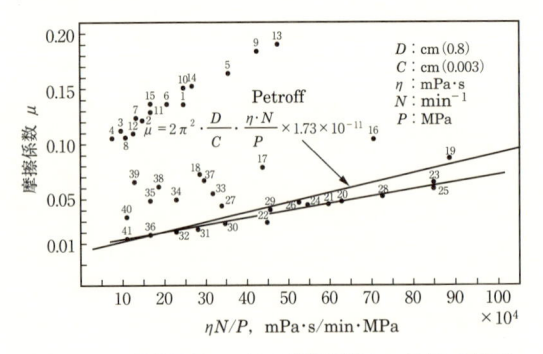

図 2.3.52　高速回転における摩擦係数と $\eta N/P$ の関係　〔出典：文献 97)〕

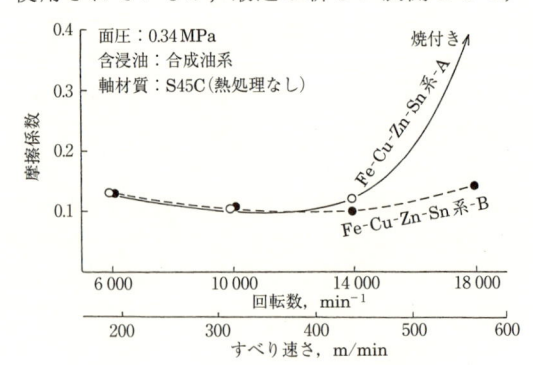

図 2.3.53　高速条件における摩擦係数　〔出典：文献 105)〕

20 000 min^{-1} で使用されるレーザビームプリンタのポリゴンミラーモータ軸受に動圧形状と磁性流体を用いて適用化した例[106]がある．

またコンピュータの補助記憶装置に使用されている CD-ROM や DVD 等のスピンドル軸受は，情報処理速度の向上および高容量化のため高速化の傾向にある．これらの回転数は現在のところ最高でおよそ 7 000 min^{-1} であるが，レーザビームプリンタと同様，厳しい軸振れ精度が要求され，また低摩擦トルクや耐摩耗性も要求される．これらの用途に適した軸受材として，表面層のみ Cu 系とした青銅層鉄系焼結含油軸受[107]がある．この軸受材の組成は Fe-Cu-Sn 系であるが，各 Fe 粒子の表面が Cu で被覆されている状態となっている．したがって，軸受表層部は青銅系で内部は Fe 系からなる，いわゆる複層軸受となっており，Cu 系軸受のもつ低摩擦係数，低しゅう動音，防錆性の特性と Fe 系軸受のもつ耐摩耗性，耐久性を兼ね備えた軸受材となっている．

図 2.3.54[107]に各 PV 値における摩擦係数を示すが，この図から明らかなように，青銅層鉄系軸受材の摩擦係数は従来の Fe 系軸受材より低い．また，低 PV 値側では従来の Cu 系軸受材と同等であり，高 PV 値側ではそれよりもさらに低い．

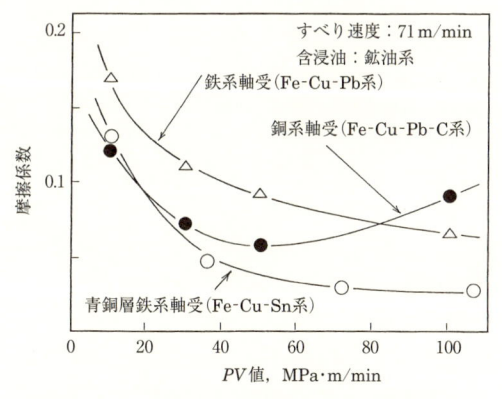

図 2.3.54　青銅層鉄系焼結含油軸受の摩擦係数
〔出典：文献 107)〕

したがって，この新しい軸受材はこれらの特長を活かして他の家電機器，輸送機器，事務機器等，広範囲に使用されている．

d．高荷重用軸受

3～5 MPa 以上の高荷重領域で焼結含油軸受が使用されている例は少ない．これは焼結含油軸受が多孔質なため，荷重が高くなると油圧の逃げも多くなり，その結果，油膜切れが生じ，焼き付いてしまうからである．

したがってこの欠点を補うため，境界潤滑下でも使用できるように固体潤滑剤を添加する方法や耐摩耗性を向上させるため基材を強化する方法がとられる．しかし，実際に適用されている用途としては，自動車のスタータ軸受のような断続運転されるもの，あるいは揺動やスライド運動される低速高荷重の用途が多い．材質としては，Cu-Sn 系に固体潤滑剤を含有したものや Fe-Cu-C 系の焼結材または熱処理材，さらに Fe-Cu-C 系に遊離黒鉛を分散させた軸受材などがある．

図 2.3.55[105]は Cu-Sn 系に 5 mass% MoS$_2$ を含有した軸受材の限界面圧曲線を示したもので，面圧と軸の回転回数の関係で表わしている．図の中で，Fe-Cu-C 系に黒鉛を分散した含油軸受材は現在スタータ軸受として使用されているが，この試験条件の結果では Fe 系より Cu-Sn-MoS$_2$ 系の方が耐荷重性に優れている．もちろん機械的強さが要求される軸受では Fe 系軸受が有利であるが，Cu-Sn 系の方が焼き付きにくく，また MoS$_2$ は高荷重条件で優れたしゅう動特性を示すため，このような結果が得られたものと推察される．

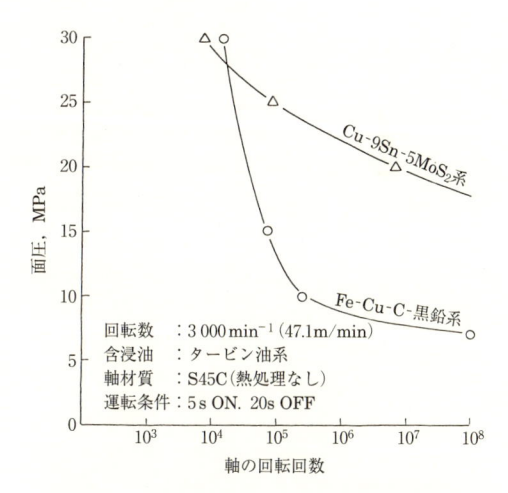

図 2.3.55　高荷重条件における限界面圧曲線
〔出典：文献 105)〕

スタータ軸受の使用条件は短時間（定格 30 秒，通常使用 1～3 秒）での繰返しであるが，作動初期に 30 MPa 程度の大きな衝撃荷重がかかり，軽負荷でのすべり速さは 750 m/min，また平均 PV 値

637 MPa・m/min に達し，広範囲な高速性，耐荷重性が要求される．これらの条件に対して MoS_2 を含有した Cu-Sn 系軸受材は十分特性を満足し，転がり軸受に代わって使用されている．しかし，30 MPa 以上の高荷重条件のスタータも多数あり，現在，さらに新たな焼結含油軸受材が検討されている．

2.3.9 自己潤滑軸受材料

（1）金属系二層構造軸受

従来の銅系，鉄系焼結含油軸受と異なる，材料および構造の2層からなる厚肉含油軸受がある．これは，焼結含油軸受材と鋼材との接合技術を応用した二層構造軸受である[108,109]．

a. 特徴

通常の焼結含油軸受は，金型を使用し成形プレス機により，製品に近い形状に圧縮成形する成形品である．そのため小型の大量生産に向いているが，その生産方式から形状および大きさに制限を受ける．しかし，この二層構造軸受では，金属粉をロール圧縮したシートを用いた焼結層と裏金の鋼材との複合化により，比較的大型の焼結含油軸受材料を得ることができる．例えば，粉末圧延シートと鋼板の組合せでは大きなしゅう動板，また，シートに曲げ加工を付与し，円筒状にして鋼管の内側に組み付けた場合，突き合せ目のない一体構造のスリーブ軸受が製造可能である．

焼結方法は，焼結層の含油孔の制御をすると同時に焼結層と裏金の鋼材を接合させるため，加圧焼結法を応用する．V溝型などのしゅう動ブロック，スラストジャーナル荷重を受けるつば付きスリーブ軸受などの製造も可能となる．図2.3.56に二層構造軸受の製品を示す．

図 2.3.56 二層構造焼結含油軸受

2層構造の焼結含油軸受は焼結層を厚くすると強度上の利点を低減することになるため，焼結層を1.5〜2 mm 程度とする．したがって含浸油の量は通常の焼結含油軸受と比較して少なくなるため，固体潤滑剤を比較的多量に配合してしゅう動性能を維持させる．これに伴う焼結層の強度不足を補うため，骨格を形成するマトリックスは時効硬化性を有し機械的強度に優れた Cu-Ni-Sn 系合金とする．

図2.3.57に，この軸受材料についての最終製品までの概略工程を示す．はじめに粉末圧延装置により粉末を所定の厚さで連続的にロール成形する．この圧延シートを中厚鋼板または鋼管の裏金と組み合わせる．焼結は分解アンモニアガス中で加圧焼結し，圧延シートを焼結させると同時に裏金へも接合させる．この素材を所定の寸法に切断，機械加工を施したのち，潤滑油を含浸し最終製品とする．

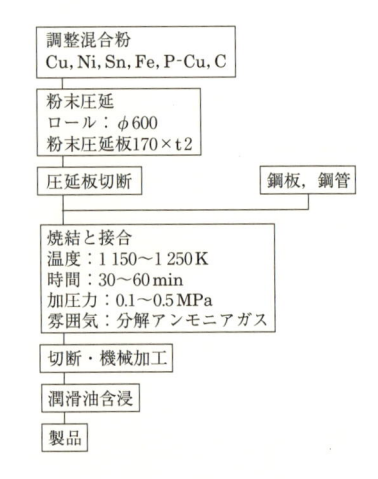

```
調整混合粉
Cu, Ni, Sn, Fe, P-Cu, C
    ↓
粉末圧延
ロール：φ600
粉末圧延板170×t2
    ↓
圧延板切断 ← 鋼板，鋼管
    ↓
焼結と接合
温度：1 150〜1 250 K
時間：30〜60 min
加圧力：0.1〜0.5 MPa
雰囲気：分解アンモニアガス
    ↓
切断・機械加工
    ↓
潤滑油含浸
    ↓
製品
```

図 2.3.57 二層構造焼結含油軸受の製造方法

b. 粉末圧延

粉末圧延機はロールの位置関係から横型，縦型，傾斜型がある．横型粉末圧延機は粉末を重力落下方式により供給するので自由度があり，数種の粉末を供給して多層圧延板を得るのに便利である．

均一な密度と板厚の粉末圧延板を連続して得るためには，見掛け密度，粉末の流動性，粉末の供給量，粉末とロール表面の摩擦係数，ロール径，ロール間隔，ロールの回転速度など多くの要因の調整が必要となる．

粉末とロールとの摩擦力によって，粉末をロールのすきまに引き込むかみ込み角が決定する．かみ込

み角はロール表面に円弧として示されるため，ロール径が大きくなるに従い，多くの量の粉末をロールすきまにかみ込ませることができ，厚い粉末圧延板が得られる．金属粉末とロール表面の摩擦係数が増大すると，多量の粉末がロールすきまに引き込まれ，より圧縮された密度の高い粉末圧延板が得られる．

粉末圧延において幅方向，長さ方向に均一な密度の圧延板を得ようとするとき，粉末供給装置の調整が極めて重要であり，粉末の供給量をほぼ一定にすることが必要である．供給量が一定であればロール間隔が大きくなるにしたがって圧延板は厚くなるか，または密度が低下する．一方，ロール回転速度を上げると板厚，密度は低下する．

ロールへの粉末供給は，粉末をベルトまたは振動により上部ホッパからロール直上のホッパに供給する．ホッパ内の粉末の充てん高さはロールすきま内における粉末の圧力の変化として現われるため一定に保たなければならない．ロールすきま内における圧力の変化は粉末の供給速度に影響され，粉末圧延板の長さ方向の密度に変化を及ぼす．一定量の粉末をロールすきまに供給する方法として調整板を使用する方法も利用される．

図 2.3.58 に粉末圧延装置の一例を示す．h は粉末の充てん高さを示す．ロール寸法は直径 600 mm，有効幅 250 mm の鍛鋼製とし，高周波焼入れにより表面をショア硬さ 85 以上としている．

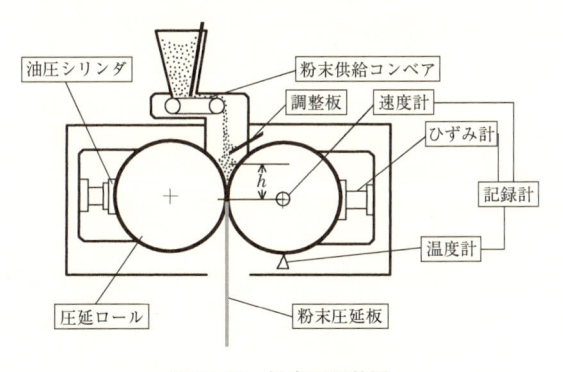

図 2.3.58 粉末圧延装置

ロール間隔は 1/100 mm の精度で測定し，圧延圧力はロール軸箱に取り付けた 2 個のひずみ計により検出される．ロール表面温度も粉末とロール表面との摩擦係数に影響するため測定する必要がある．

図 2.3.59 に圧延条件を粉末充てん高さ 55 mm，ロール間隔を 0 mm，ロール速度を 0.3 m/min に設定したときの圧延荷重の変化を示す．このとき粉末圧延板は見掛け密度 6.47〜6.51 Mg/m³ で板厚は 1.45〜1.53 mm となった．

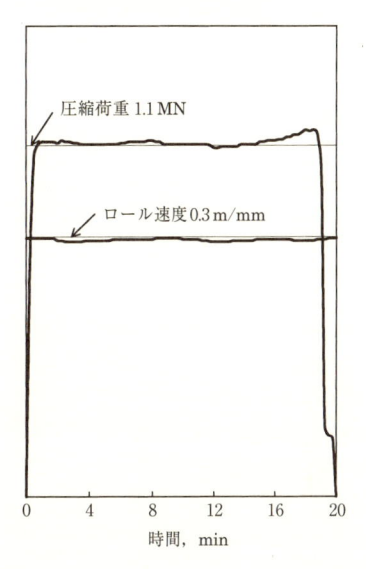

図 2.3.59 粉末圧延における圧延荷重変化

金属粉をロール圧縮した場合，金属材料の圧延で得られる理論密度に対して 80〜90% の圧粉密度が得られる．しかし固体潤滑剤を含む含油焼結材料の粉末圧延板の場合，見掛け密度を理論密度に近づける必要はない．

c. 焼結と接合

焼結層は Cu-Ni-Sn 系合金とする．Cu-20 Ni-6 mass% Sn 系混合粉については焼結とその後の時効処理により溶製材に劣らぬ良好な機械的性質が見出されている[110]．この合金系に摩耗率の低減化[111]と焼結性の改善を目的として鉄およびリンを添加する．配合組成の一例として Cu-28 Ni-8 Sn-5 Fe-1 P-5 mass% C がある．原料粉として電解銅粉（粒子径 150 μm 以下），ニッケル粉（粒子径 63 μm 以下），噴霧スズ粉（粒子径 63 μm 以下），噴霧鉄粉（粒子径 63 μm 以下），リン銅合金粉（15 mass% P-Cu，粒子径 77 μm 以下），天然黒鉛（粒子径 63〜295 μm）を使用する．黒鉛の偏析防止と流動度を調整するために結合材を加えた調整混合粉とする．

図 2.3.60 にこの配合粉末の示差熱曲線と寸法変

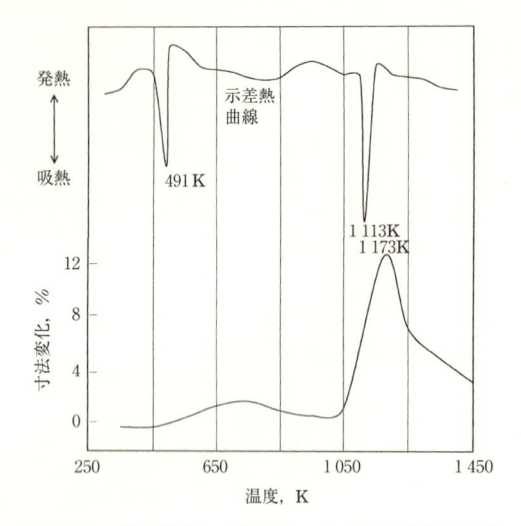

図 2.3.60　焼結温度と寸法変化および示差熱分析曲線

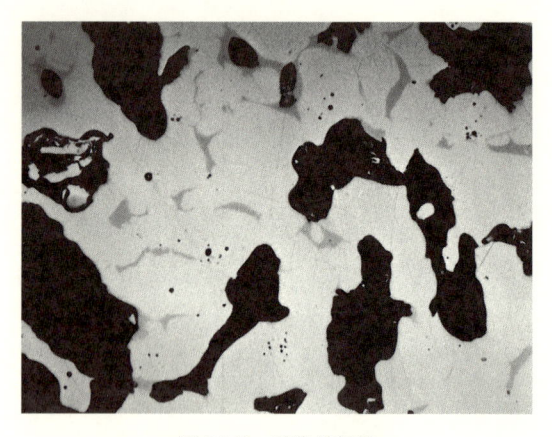

図 2.3.61　顕微鏡組織

化を示す．1050 K 付近から大きな膨張がはじまり 1173 K をピークに収縮に向かうのは $(Fe, Ni)_3P$ を主体とした液相の発生と関係する．

粉末圧延シートと鋼材とを組み合わせ，焼結過程で合金化を行ないながら固相と液相の共存する温度範囲で加圧することにより，気孔率の制御と，焼結層と鋼材との接合を行なう．粉末圧延シートと鋼管との組合せでは直接加圧することが困難なため，セラミックス粉末などを圧力媒体として擬似 HIP の技術を応用する．異種金属間の接合方法としては，ろう材を使用する方法や拡散接合など種々の方法が行なわれている．この配合組成の焼結では比較的ぬれ性の良い $(Fe, Ni)_3P$ を主体とした液相が生じるため，これを利用した液相拡散接合が行なわれる．

接合にはある一定以上の圧力を加え酸化被膜の破壊や金属接触面を増加させる必要があるが，焼結層の含油率を 18 vol% 以上，焼結層と鋼材との接合面のせん断強さを 49 MPa 以上になるように加圧力を設定する．図 2.3.61 に焼結組織を示す．粒状の Cu-Ni-Sn 合金相と網目状の化合物相からなり，微小硬さについては，$(Fe, Ni)_3P$ を主体とする化合物相が 500〜600 HmV の硬さを示し，マトリックス中の粒状の合金相は 300 HmV 前後の硬さを示す．

d.　軸受特性

焼結含油軸受の気孔内に含まれている油は，運転による軸受の温度上昇によって，気孔内の残留空気の膨張，油の粘度低下，軸の回転による引込み作用などにより，軸受内の毛細管からしゅう動面に滲出して潤滑作用を行なう．この油潤滑機構は通常の焼結含油軸受と同様である．

軸の材質，硬さ，仕上げ精度および組合せ精度などが重要であることは一般軸受の場合と同様である．この二層構造軸受は，強度が高い鋼材を裏金とし耐摩耗性を有する含油焼結層が 1.5〜2.0 mm 程度と薄いため，軸受をハウジングに固定する力を大きくとれる．また熱膨張係数が銅合金系軸受よりも小さいことから，軸受と軸のクリアランスを小さくすることが可能である．したがって高荷重，低速領域においても高い精度を維持できる．軸受特性を図 2.3.62〜2.3.64 に示す．実用例として射出成形機，鍛圧機械，建設機械，プレス金型，鉄道転てつ機用床板などがある．

e.　金属系複合材料（粉末冶金法による複合材）

高分子系複合材料の使用上限温度は 300℃ 程度であるが，航空宇宙，原子力などの分野ではさらに高温で使用可能な潤滑材料が要求される場合がある．このような高温用途を念頭に，金属系複合材料の研究開発が 1960 年代の米国を皮切りにこれまでに数多く行なわれ，良好な性能を示すことが報告されている[112〜115]．金属系複合材は，一般に，強度をもたせるための金属と潤滑性を付与するための固体潤滑剤の粉末を所定の配合量で混合し，常圧焼結法，ホットプレス法，熱間静水圧プレス法（HIP）などにより焼き固めて作製する．原材料粉末の種類や混合比，粉末の純度，粒径・粒度分布，混合法，焼結法，焼結条件（温度，圧力，時間，雰囲気）など，

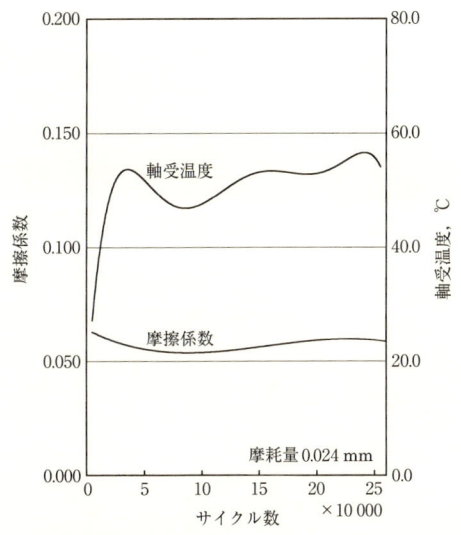

第2章 材料

図 2.3.62　ジャーナル往復動試験における摩擦係数・軸受温度の変化

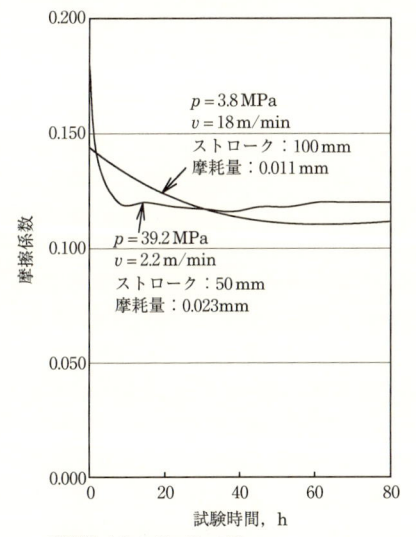

軸：S45Cクロムめっき
軸受面圧：1.18 MPa
速度：60 m/min
寸法：φ40×φ50×L30 mm

図 2.3.64　高荷重軸揺動試験における摩擦係数・軸受温度時間変化の関係

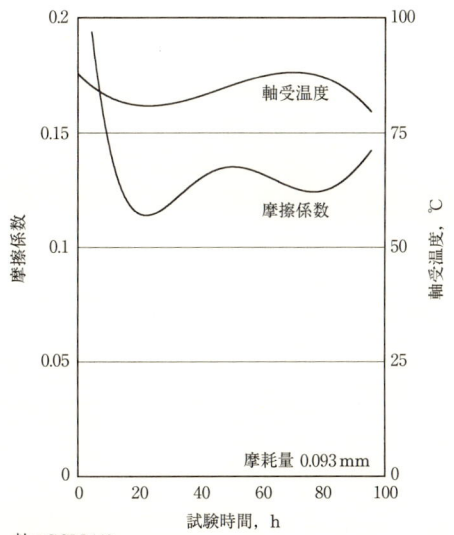

軸：SCM 440
軸受面圧：73.5 MPa
速度：5.0 cpm
揺動角：±45°
寸法：φ60×φ70×L50 mm

図 2.3.63　低荷重・高速および高荷重・低速における平面往復動試験の摩擦係数の変化

試験片寸法：40×40×t20 mm
相手材：S45C焼入れ

$p=3.8$ MPa
$v=18$ m/min
ストローク：100 mm
摩耗量：0.011 mm

$p=39.2$ MPa
$v=2.2$ m/min
ストローク：50 mm
摩耗量：0.023 mm

数多くのパラメータが複合材のトライボロジー特性に影響を及ぼし，また，焼結時に粉末間で化学反応が起こる場合もあり，最適な組成や作製条件は経験的に決められている．

金属系複合材料には，潤滑性のみならず機械的強度も要求される場合が多いが，一般の焼結材と同様に，圧縮には強いが引張や曲げに弱く，靱性が低いという性質がある．機械的強度を改善するために金属の配合量を増やすと潤滑性が失われ，逆に固体潤滑剤成分を増やすと強度が低下してしまう．良好な潤滑性が得られる固体潤滑剤の配合量は相当高く60〜90 wt％であるが[114]，あらかじめ固体潤滑剤成分を大きな粒状に造粒して複合材内で塊状に分布させてやると，50％以下でも潤滑性が良好という報告がある[116]．

代表的な複合材の固体潤滑剤，金属，その他の配合剤の組合せを表 2.3.17 に示す．表中，A と示したタイプの複合材は，W，Mo，Ta，Nb などの耐火金属に MoS_2 を配合しホットプレス法で作製したものである[112]．表 2.3.18[117] は，Mo/Nb/Cu-MoS_2 の組成をもつ複合材のトライボロジー特性を高分子系複合材と比較した例で，摩擦係数，摩耗ともに相当小さく良好な性能を示すことがわかる．このタイプの複合材は，ジェットエンジンのスラストリバーサのすべり軸受，スペースシャトルの荷物室ドアのヒンジのすべり軸受[118] として実用されている．また，転がり軸受の保持器に組成 Ta-MoS_2 の

表 2.3.17　代表的な金属系複合材料の組成

タイプ	固体潤滑剤	金属	その他の配合物	文献
A	MoS_2	W, Ta, Mo, Nb等		112)
A′	WS_2, MoS_2	Cu, Ta, W等		114)
A″	MoS_2	Mo, Nb等	Mo, Nb等の酸化物, ステンレス鋼	115)
B	WSe_2	Ga/In		113)
C	BaF_2/CaF_2, Ag		Cr_3C_2（結合剤はNi, Coなど）	124)

表 2.3.18　金属系複合材と高分子系複合材の摩擦摩耗特性の比較
〔出典：文献117)〕

組成	摩擦係数		比摩耗量, $mm^3/kg \cdot mm$
	試験初期	試験後期	
ポリイミド-WS_2-Ag	0.37	0.40	5.06×10^{-8}
ポリアミド-グラファイト	0.29	0.27	3.99×10^{-8}
ポリアミド-PTFE	0.21	0.14	6.85×10^{-8}
エポキシ-Gr ファイバ	0.22	0.23	4.67×10^{-8}
エポキシ(高温用)-Gr ファイバ	0.23	0.24	3.26×10^{-8}
Ga/In-WSe_2	0.06	0.05	6.60×10^{-8}
MoS_2-Mo/Nb/Cu	0.05	0.02	0.336×10^{-8}

リング(4620鋼)/シュー(複合材料)型試験機
荷重 60 lb(27 kgf), 往復すべり：200 cycle/min, 試験時間：1 h

複合材を用い，常温ではあるが真空中で十数年以上支障なく運転可能であったことが報告されている[119]。

A′タイプは，固体潤滑剤としてMoS_2とWS₂を併用したもので[114]，摩擦試験によるトライボロジー特性はAタイプとほぼ同等である．またMoS_2+WS_2+Cuの組成をもつ複合材を保持器として用いたSi_3N_4製玉軸受を，X線管の回転陽極を想定した10^{-4}Pa台の真空中，温度300℃，回転数9 000 min^{-1}，荷重20 Nの運転条件で試験したところ，3 810時間の試験後でも摩耗は少なくさらに再使用可能な状態であったことが報告されている[120]。一方，A″タイプは酸化物やステンレス鋼を配合したことが特徴となっており[115]，摩擦試験ではAタイプと同等以上のトライボロジー特性を示す．この複合材も高温真空で運転される転がり軸受の保持器に適しており，75% MoS_2+10% MoO_2+10% Nb+5% SUS 304の組成の保持器を用いたSi_3N_4製玉軸受を，真空中，温度650℃，回転数600 min^{-1}，荷重50 Nの条件で5×10^7回転まで運転しても摩耗が少なく再使用可能な状態であった[121]．同様の良好な結果は500℃で4 200時間運転した場合にも得られている[121]．A～A″タイプは

いずれも真空中や不活性ガス雰囲気中では良好な性能を示すが，大気中では格段に性能が劣化するのが欠点である[115]。

B, Cタイプは高温大気中で使用できる複合材を目指したものである．Bタイプの複合材は，Ga/Inの共晶合金にWSe_2を配合し熱処理を行なって作製したもので[113]，表2.3.18に示したようにAタイプに比べ耐摩耗性は劣る．しかし，耐酸化性に優れるため[122]，大気中高温の転がり軸受の保持器への応用が有望視され，カーボン繊維やポリイミドをさらに添加した複合材の研究開発が進められたが[123]，実用されるには至っていない．Cタイプの複合材は，金属を結合材としたCr_3C_2に固体潤滑剤としてBaF_2/CaF_2とAgを配合してHIP法などで作成したもので[124]，300℃程度まではAgが，さらに高温域ではBaF_2/CaF_2が潤滑剤として働くことを狙っている．常温から850℃の範囲で摩擦係数は0.3程度と安定しており，特に高温での耐摩耗性に優れるという結果が報告されているが[124]，まだ実験室での試作段階である．

大気中，真空中に拘らず常温から高温まで使用できる複合材が理想であるが，現時点では広範囲な条件で実用できる複合材は見つかっておらず，使用可能な条件を拡げるのが今後の大きな課題である．

(2) プラスチック，プラスチック系複合材

a．プラスチックの摩擦および摩耗の特徴

(i) 摩擦の原因

摩擦は接触面におけるせん断および変形が原因で生じる．金属のように塑性接触が主に起こる場合には，真実接触面積Aは荷重Wに比例し，平均降伏圧力p_mに反比例して次のように表わされる[125]．

$$A = W/p_m \quad (2.3.3)$$

一方，プラスチックやゴム等の弾性体では，弾性接触が主として起こり，半径R_1とR_2の二つの球が荷重Wで押し付けられたときには，接触面の半径aはHertz[126]によれば次のような関係式で示さ

れる.

$$a^3 = \frac{3}{4}\pi(k_1+k_2)\frac{R_1R_2}{R_1+R_2}W \quad (2.3.4)$$

ここで，k_1 と k_2 は各球の弾性に関係した定数であり，次の関係がある.

$$k_1 = \frac{1-\nu_1^2}{\pi E_1}, \quad k_2 = \frac{1-\nu_2^2}{\pi E_2}$$

ここで，ν_1, ν_2 はそれぞれの材料のポアソン比，E_1, E_2 は各材料のヤング率である．接触面積 A は πa^2 であり W の 2/3 乗に比例し，次のように書ける.

$$A = k_3 W^{2/3} \quad (2.3.5)$$

しかし，滑らかな固体表面間には引力が働き，荷重の外に引力による付加的荷重も考慮しなければならない．低荷重では重要になるが，高荷重や粗い表面ではこの引力による見掛けの荷重増加を無視してもよい[127].

一般には表面は粗さをもっているが，接触面積 A は W の m 乗に比例し，表面が多数の突起をもつほど m は 1 に近くなる．

次に，軟質の物体上を塑性変形させながら硬い球がすべるときの摩擦について考えてみる．このときの摩擦力 F は，垂直荷重支持面上をすべるときの凝着力 F_{adh}（接触面積と界面せん断強さの積）と，球が溝を掘って進むとき前方の断面積から受ける変形抵抗 F_{def}（溝の断面と降伏応力との積）との和で表わされる[129].

$$F = F_{adh} + F_{def} \quad (2.3.6)$$

一方，プラスチック材料およびゴムのような弾性体上をすべる場合について考えてみる．接触は主に弾性接触であり，摩擦力 F は，接触面をせん断するときの凝着力 F_{adh} と球が弾性体を変形させて進むときの内部摩擦による抵抗 F_{def} との和と考えてもよい[130]．そして，この変形に伴う抵抗は，損失正接 $\tan\delta$ に比例する．

プラスチック材料同士の摩擦に関する研究によれば，摩擦係数 μ は二つの物体の凝着仕事 W_{ab} と関係づけられる．各種高分子材料同士の広範な組合せに対して次の実験式で表わされている[131].

$$\mu = 0.12 + 4.8\times10^{-4}\exp(0.13 W_{ab}) \quad (2.3.7)$$

なお，摩擦の凝着の項は次のように表わすことができる.

$$F = As \quad (2.3.8)$$

ここで，A は接触面積であり，s は界面におけるせん断強さである.

塑性接触をする金属では，式(2.3.3)と式(2.3.8)より，摩擦係数 μ は次のように表わせる.

$$\mu = s/p_m \quad (2.3.9)$$

半径 R_1 と R_2 の二つの球が弾性接触する場合，式(2.3.4)より次のようになる.

$$A = \pi^{5/3}\left\{\frac{3}{4}(k_1+k_2)\frac{R_1R_2}{R_1+R_2}W\right\}^{2/3} \quad (2.3.10)$$

したがって，摩擦係数 μ は式(2.3.8)，式(2.3.10)より次のようになる.

$$\mu = k_4 s W^{-1/3} \quad (2.3.11)$$

ここで，k_4 は球の半径，弾性率，ポアソン比によって決まる定数である．

粗さをもった表面同士が弾性接触する場合には，摩擦係数 μ と荷重 W の関係は一般に次のように表わされる.

$$\mu = k_5 s W^m \quad (2.3.12)$$

ここで，k_5 は定数である．指数 m は粗さによって $-1/3$ から 0 までの値をとる．

せん断強さ s は，多くの材料では圧力 p とともに単調に増加することが知られている[132〜134]．第一次近似として s は次のように書ける.

$$s = s_0 + \alpha p \quad (2.3.13)$$

ここで，s_0 はある温度と速度で一定であり，α は定数である．その結果，摩擦力 F は次のように表わされる.

$$F = As = A(s_0 + \alpha p) \quad (2.3.14)$$

$$\mu = \frac{F}{W} = \frac{A}{Ap}(s_0 + \alpha p) = \frac{s_0}{p} + \alpha \quad (2.3.15)$$

金属においては s_0/p は α と同等かまたは α より大きい．しかし，高分子や非金属では s_0/p は α より小さい．式(2.3.15)は高接触圧力において摩擦係数が減少する一つの説明となっている．

(ⅱ)摩耗率の表示法および摩耗の形態

摩耗率の表示法は以下のものがよく使用される[135].

(1)体積摩耗率 (volumetric wear rate).

$K_V = \Delta V/\Delta L$. ここで，V は摩耗体積，L は摩擦距離とする．

(2)線摩耗率 (linear wear rate).

$\alpha = \Delta h/\Delta L$. ここで，$h$ は摩耗寸法とする．

(3)比摩耗量 (specific wear rate).

$K = \Delta V/(\Delta L \cdot W)$. 試料の見掛けの接触面積 A が一定のときは，$K = K_V/W = A\Delta h/(\Delta L \cdot W) = \alpha/p$

となる．ここで，pは接触圧力とする．Kの単位を$mm^3/N\cdot m$で表わすことがよく行なわれる．

プラスチック材料の摩擦に伴い，ついには摩耗を生じる．摩耗の形態は条件によっていくつかに分類できる．次に摩耗粉の生成機構に注目して分類してみた．

(1) 鋭い突起によって起こるアブレシブ摩耗（abrasive wear）．
(2) 接触部の凝着が強く，その凝着部の破壊に伴って起こる凝着摩耗（adhesive wear）．
(3) 鈍い突起によって弾性接触を繰り返し起こし，摩耗は繰返し変形の結果として起こる疲労摩耗（fatigue wear）．
(4) 延性的材料が比較的高摩擦で，ころ状摩耗粉を生成しながら摩耗する，ころ生成摩耗（wear by roll-formation）．
(5) 摩擦発熱によって熱可塑性樹脂が軟化流動して摩耗する溶融摩耗（melting wear）．
(6) 摩擦面の化学的反応を伴って摩耗する腐食摩耗（corrosive wear）．
(7) 硬い粒子の衝突などによって摩耗する浸食摩耗（erosion）．

以下にプラスチック材料で重要な，アブレシブ摩耗，凝着摩耗，溶融摩耗について簡単にふれる．

アブレシブ摩耗は，鋭い突起によって柔らかな表面を掘り起こし，条痕を作る場合である．高分子材料では破壊強さ δ，破壊伸び ε，摩擦係数 μ とも関係づける試みが行なわれている．Ratnerら[136]は摩耗体積 V は摩擦係数 μ，荷重 W，摩擦距離 L に比例し，高分子の硬さ H と破壊強さ δ，破壊伸び ε に逆比例し，次式で表わせると提案した．

$$V \propto \frac{\mu WL}{H\delta\varepsilon} \qquad (2.3.16)$$

ここで用いた機械的性質は，摩耗が生じるときのひずみ速度の値を用いるべきである．

凝着摩耗は，接触部の凝着が強く，その凝着部の破壊に伴って起きる摩耗である．

溶融摩耗は，摩擦発熱によって熱可塑性樹脂が軟化流動して摩耗する現象である[137]．これが起きるときには，摩擦面は融点および軟化点に近い．多くのプラスチックはこの現象が起これば，使用限界に達したと判断される．

(iii) 耐熱性と使用限界

プラスチック材料が使用に耐えなくなるのは，低摩耗から高摩耗へ急激に変化するときである[138,139]．一定圧力の摩耗で摩擦速度を増加させるとプラスチックの摩耗が急増する限界速度を見つけることができる．この摩耗が急激に増大するのはプラスチックの摩擦面が摩擦熱によって軟化または溶融するためである．熱伝導の良い金属とプラスチックを組み合わせたときにはプラスチック同士の組合せのときよりこの限界速度がはるかに高い．このことから使用限界は摩擦発熱と熱伝導率とによって決まると考えてよい[140]．

単位時間あたりの仕事は，摩擦係数 μ，接触圧力 p，摩擦速度 v の積 μpv である．摩擦面温度は近似的に μpv または pv に比例すると考えられるので，一定の熱伝導をもつ摩擦試験機では，それぞれプラスチック材料固有の限界 pv 値（$MN/m^2\cdot m/s$）が存在する．しかし，この値は熱伝導の良好な装置では高く，放熱の少ない装置では低い値を示すことに注意する必要がある．

(iv) 摩擦・摩耗と摩擦速度および温度の関係

高分子材料の摩擦および摩耗は，接触圧力，摩擦速度，温度などによって変化する．通常，接触圧力と摩擦速度の増加は摩擦面温度の上昇をもたらす．そのため現象を複雑にしている．そして，一つの因子の変化は他の因子に影響を及ぼしてしまう．もし摩擦発熱を最小にして摩擦実験が行なえるならば，接触圧力，摩擦速度や温度などの影響を個々に見出すことができるであろう．

いま，温度 T_0，接触圧力 p_0 時の線摩耗率 α が，摩擦速度 v の関数として次式で表わされるものとする．

$$\alpha = k_0(v) \qquad (2.3.17)$$

温度 T，接触圧力 p のときの線摩耗率 α はある範囲内で次式のように表わされる[135,141]．

$$\alpha = k_0(a_T v)(p/p_0)^n/b_s \qquad (2.3.18)$$

ここで，a_T は速度軸方向への移動係数，b_s を縦軸の摩耗率方向への移動係数とする．

このように $k_0(v)$ を知ることによって，任意の温度 T と接触圧力 p における線摩耗率 α を予測することができる．PTFEの他に，ポリカーボネート（PC），高密度ポリエチレン（HDPE），ポリプロピレン（PP）についても式(2.3.18)で表わせることがわかった．

b. プラスチックのトライボマテリアルとしての応用

(i) しゅう動材料としてのプラスチックの候補

しゅう動材料として期待されるプラスチックは、結晶の融点あるいは流動点が高く、耐熱性のものが望ましい。接触圧力、摩擦速度の増加は摩擦面温度の上昇をもたらし、溶融または流動は材料の破局的な摩耗増大につながるからである。非晶性高分子に比べて、結晶性高分子の方が良好にフィルムを形成できる場合が多い。また相手面と良好なフィルム形成ができるかどうかも自己潤滑性材料としての必要条件である。

表2.3.19に、しゅう動材料として期待される各種プラスチック材料の性質および特徴を各種文献[142〜145]からまとめた。高密度ポリエチレン(HDPE)や四フッ化エチレン樹脂(PTFE)は直鎖状の高分子からなっており、これらは相手面に薄いフィルムを形成する。特にPTFEは、しゅう動材料の代表の一つに挙げられ、無充てんでは摩耗が多いため、充てん剤入りのものが用いられる。さらに、多くの高分子材料のしゅう動特性の改質のために、PTFE粉末が充てんされる。ポリアセタール(POM)は靱性や硬さの他に耐摩耗性でも比較的優れている。ポリフェニレンサルファイド(PPS)やポリエーテルエーテルケトン(PEEK)は200℃または220℃まで耐熱性をもち、モールディングが可能なため、期待される材料である。ポリイミドは優れた耐熱性をもち、無充てんでもしゅう動材に応用される。そして相手にフィルムを移着させることでも知られており、かつ真空中においても蒸気圧は低い。

しゅう動材料で重要なのは次の事項である。
(1) 低摩擦係数。
(2) 低摩耗率。
(3) スティックスリップの生じないもの(摩擦係数が摩擦速度とともに増大し、静摩擦係数と動摩擦係数の差が小さなもの)。
(4) 高い限界 pv 値をもつもの(高い耐熱性)。
(5) 相手面を粗さないもの。
(6) 成形が容易なこと。

(ii) 応用例

表2.3.20に各種しゅう動材料としての応用例を示す。最近の事務機械、自動車、農業機械、宇宙機器、電気機械などへの応用は急速に広がりつつある。実際のしゅう動材料としては、無充てん、または充てん材料入り複合材料、乾燥被膜、織布、多孔質金属への含浸などの方法で使用される。各種機器のしゅう動部品としては、被膜を付けたしゅう動面および成形品からなるカムや歯車に用いられる。

各種軸受、橋梁の温度による伸び縮みを逃がすための支承、シール、ピストンリング、主にフェノール樹脂を母材としたブレーキやクラッチに応用されている。

(iii) プラスチック軸受材料

表2.3.21は市販されている軸受材料の例を示したものである。ポリアミド、ポリアセタールは比較的低温用のしゅう動材料として利用されている。耐熱性のものとしては、フェノール樹脂、ポリフェニレンサルファイド(PPS)、ポリエーテルエーテルケトン(PEEK)、ポリアミドイミド(PAI)、ポリイミド(PI)などを母材としたプラスチック複合材料が使用される。四フッ化エチレン樹脂(PTFE)は、母材として、または、粉末の充てん剤としてよく利用される。

c. 各種プラスチックおよびプラスチック複合材料の摩擦係数と比摩耗量

(i) 摩擦係数

通常軸受として使用されている乾燥摩擦条件では摩擦係数の範囲は0.05から0.25程度であり、面圧、すべり速度、雰囲気温度、相手材料および摩擦面の形態などによって変化する。

図2.3.65に無充てんおよび各種充てん材を配合した四フッ化エチレン樹脂(PTFE)とポリエーテルエーテルケトン((PEEK)の室温から高温における摩擦係数と比摩耗量を示す[146]。

PTFEは単独では最も摩擦係数が低い材料であるが比摩耗量は大きい。しかし摩耗に関しては充てん剤による効果の最も大きい材料でもある。

通常、自己潤滑軸受として使用されている材料は0.15以下の摩擦係数を示すものが多いが、最近ではIPN、ポリマーブレンドおよびポリマーアロイなどの手法により0.03以下の摩擦係数も低速高荷重領域で示すものがある。この他、プラスチック同士の組合せにおいては、ポリアセタール(POM)との組合せではポリアミド(PA)、ポリエチレン(PE)の摩擦係数が低いという現象が応用され[147]、さらに同質材料の組合せではスティックスリップが生じやすいが、ポリマーアロイ化すること

表 2.3.19 しゅう動材料として期待される各種プラスチックの性質

プラスチック	弾性率, GPa	強度, GPa	T_m, °C	T_g, °C	熱変形温度*, °C	連続使用温度, °C	備考
ポリエチレン							
HDPE			125〜132	−20	(75) 50		クリープ, 靱性, 軟化
UHMWPE			136				
ポリアミド							
PA6	2.5	0.07	215	50	(190) 90	82〜121	吸水性, 靱性
PA66	3.0	0.08	264	60	70	82〜121	
PA11			180		(150) 55	PA6, PA66より低い	吸水性やや小
PTFE	0.40	0.028	327	115	(120)	260	クリープ, 焼結成形, 低摩擦, 低凝着, 不活性, 290°Cで安定
PTFCE					(126)		剛性, 不活性, 200°Cで安定
PET	5 (成形品)	0.1			200	120	
	20 (繊維)	0.15					
PBT	2	0.08			(230) 215	155	
PC	2.7	0.07		134	(138) 134	120	透明, 耐衝撃
PVF	1.02	0.055	180		(150) 90	150	不活性
POM							
ホモポリマー			160 (175)	−13	(170) 120		硬い, 靱性, 吸水小
コポリマー			165		(155) 110	104	
PES	2.6	0.13		225	203	180	200°Cまで使用可, 化学的に安定
PPO	2.6	0.09		210	190	150	化学的に侵す溶剤あり, 熱水に良好
ポリ-p-オキシベンゾイル(芳香族ポリエステル) POB	4.2	0.08	400〜450		293	260〜300	不溶性, 硬い, PTFEの充てん剤として利用されている, 320°C安定
PPS	4.2	0.14	275	94	(210)	200	360°Cで熱硬化
PEEK	3.8	0.1	335	144	(160) 135	220	熱安定性, 吸水小, 化学的に安定
ポリ-p-フェニレンテレフタルアミド(芳香族ポリアミド)	131 (繊維)	2.8	(分解426)	345			繊維(液晶紡糸), 高弾性, 高張度, 高耐熱
ポリ-m-フェニレンイソフタルアミド	10 (繊維)	0.7	(分解415)	>230	280	220	難燃, 耐熱繊維
	7.7 (成形品)	0.18					
ポリピロメリットイミド(芳香族ポリイミド)	3 (フィルム)	0.17	熱分解	(417)			
PI	2.5〜3.2 (成形品)	0.1			(360)	250〜300	350°Cまで不活性ガス中変化なし, 500°Cまで軸受としての使用例, 焼結, 不溶不融
ポリアミドイミド PAI	4.5	0.2		280〜290	274	230〜250	接着剤, エナメルとして290°Cまで使用可. 溶融成形性の改良ポリイミド
ポリエーテルイミド(芳香族ポリイミド) PEI	3	0.1		217	200	200	溶融成形性の改良ポリイミド
ポリアミドビスマレイミド	4.7 (成形品)	0.2			260	260	
フェノール	4.4〜6.5	0.06〜0.09			150	100	吸水性大, 積層品, 繊維
エポキシ						100	積層品, 成形品, 吸水性小
ジアリルフタレート DPA		0.06			200	155	180°Cまで使用可
液晶ポリマー(ポリエステル) LCP					180 / 337	80 / 100	高強度, 配向, 低熱膨張
熱可塑性ポリイミド TPI	3	0.14	338	250	238	250	

* 熱変形温度は 1.81 MPa の値, ( ) 内は 454 kPa の値.

第2章 材料

表 2.3.20 プラスチック材料のしゅう動材料としての応用

各種機器しゅう動部品（しゅう動面，ワッシャ，カム，ブシュ，ケーブルワイヤ被覆など）
軸受（ジャーナル軸受，スラスト軸受，球面軸受，玉軸受のリテーナ，ヒートロール軸受，スライド軸受など）
歯車，はく離爪，シール，ピストンリング，支承，人工関節，人工心臓弁，ブレーキ，クラッチ

表 2.3.21 市販されているプラスチック軸受材料の例

ポリアミド＋MoS_2	各種液晶ポリマー＋黒鉛
ポリアミド＋黒鉛	各種液晶ポリマー＋炭素繊維
含油ナイロン	ポリアセタール＋PTFE
PTFE＋雲母	ポリアセタール＋炭素繊維
PTFE＋ガラス繊維	含油ポリアセタール
PTFE＋カーボン	ポリアセタールを含浸した多孔質青銅（裏金付き）
PTFE＋黒鉛	ポリイミド
PTFE＋青銅＋黒鉛	ポリイミド＋15％黒鉛
PTFE＋青銅＋酸化鉛	ポリイミド＋15％MoS_2
PTFE＋POB	ポリイミド＋金属と固体潤滑剤
PTFE＋POB＋黒鉛	ポリイミドと固体潤滑剤を含浸させた多孔質金属
PTFEと綿の織布＋熱硬化性樹脂と黒鉛（裏金付き）	強化ポリイミド＋固体潤滑剤
PTFEとガラス繊維織布＋熱硬化性樹脂（裏金付き）	強化ポリエステル＋黒鉛またはMoS_2
充てん剤入りPTFE（裏金付き）	綿やセルロース強化熱硬化性樹脂に，黒鉛，MoS_2，または，PTFEを充てん
PTFEとPbを含浸した多孔質青銅（銅の裏金付き）	エポキシ＋MoS_2，黒鉛，または，PTFE充てん材料
PTFEと織られた青銅メッシュ（裏金付き）	PPS＋各種充てん剤
含油フェノール	PEEK＋PTFE
フェノール＋各種充てん剤	PEEK＋PTFE＋黒鉛
フェノール＋布細片	ポリアミドイミド＋PTFE＋黒鉛
フェノール＋布細片＋MoS_2，黒鉛	熱可塑性ポリイミド＋PTFE＋黒鉛
	各種ポリマーアロイ

によって摩擦係数が低く安定し，鳴き現象を制して歯車などに適用しているものがある[148]．

(ii) 比摩耗量

プラスチック材料の摩耗量は前述したように，潤滑条件，相手材質と表面粗さおよび環境条件など各種条件によって変動するが，凝着摩耗の定常摩耗領域においては軸受負荷荷重と摩擦距離にほぼ比例して進行する．したがって運転条件と許容摩耗量が明確になっていれば比摩耗量から軸受寿命を大略推定することができる．

各種軸受の比摩耗量を図 2.3.66 に示す[149]．

実用に当たっては 10^{-6} mm^3/(N・mm) 程度であれば軽負荷の条件または間欠的運転の総しゅう動距離の短い条件に対しては十分で，10^{-7} から 10^{-8} 程度であれば高負荷条件あるいは精度の維持を必要とする機器類の長期間の使用に耐えられる範囲にあるといえる．

なお，比摩耗量は無充てんプラスチックでもグリースなどの供給により1桁ないし2桁程度減少する場合もある．また，相手材料の表面粗さが大きい場合や硬質異物が侵入するようなアブレシブな条件下では，PA，超高分子量ポリエチレン（UHMPE）およびポリウレタン（PU）などは摩耗が少ない．

d. 潤滑下および特殊環境におけるプラスチックのトライボロジー特性

(i) 潤滑条件

一般にプラスチック軸受は自己潤滑性があるため，乾燥摩擦の条件で用いられることが多いが，相手材料の防錆および初期潤滑性能を向上させる目的でグリースなどを塗布して使用される例も多い．

通常取付け時（組立時）にグリースを塗布したものは低い摩擦係数と良好な耐摩耗性を示す．

図 2.3.67 は POM をグリース潤滑した場合の効果を示すもので，機械的強度を向上するために添加された充てん材入り材料においても，摩擦係数および比摩耗量の減少が顕著である[150]．

(ii) 真空中

大気中と異なり，一般の潤滑油脂材料は蒸発する

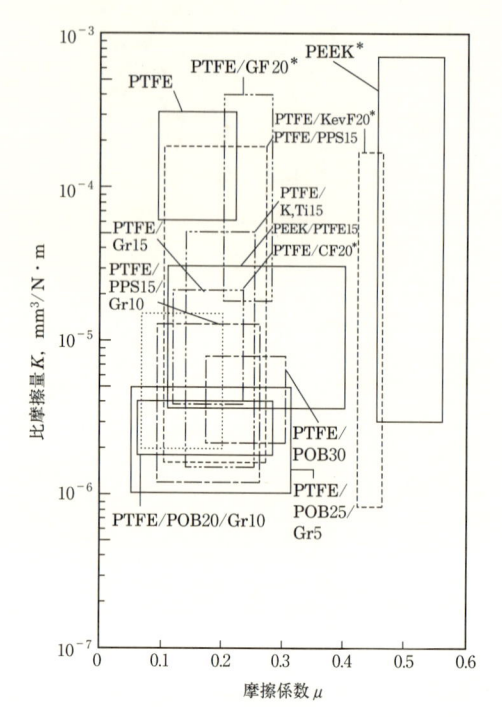

図 2.3.65　各種プラスチックの比摩耗量と摩擦係数
（296〜573 K）注）＊印は 296〜473 K の範囲を示す　〔出典：文献 146）〕

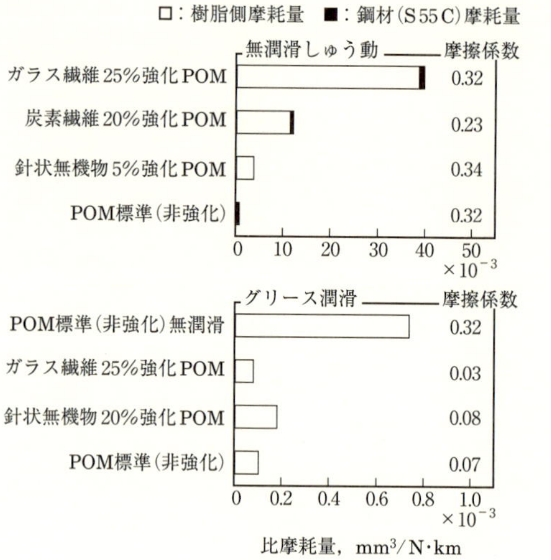

図 2.3.67　ポリアセタール樹脂の対金属しゅう動性
（スラストタイプ摩擦摩耗試験，面圧 0.98 MPa，しゅう動速度：30 cm/s）
〔出典：文献 150）〕

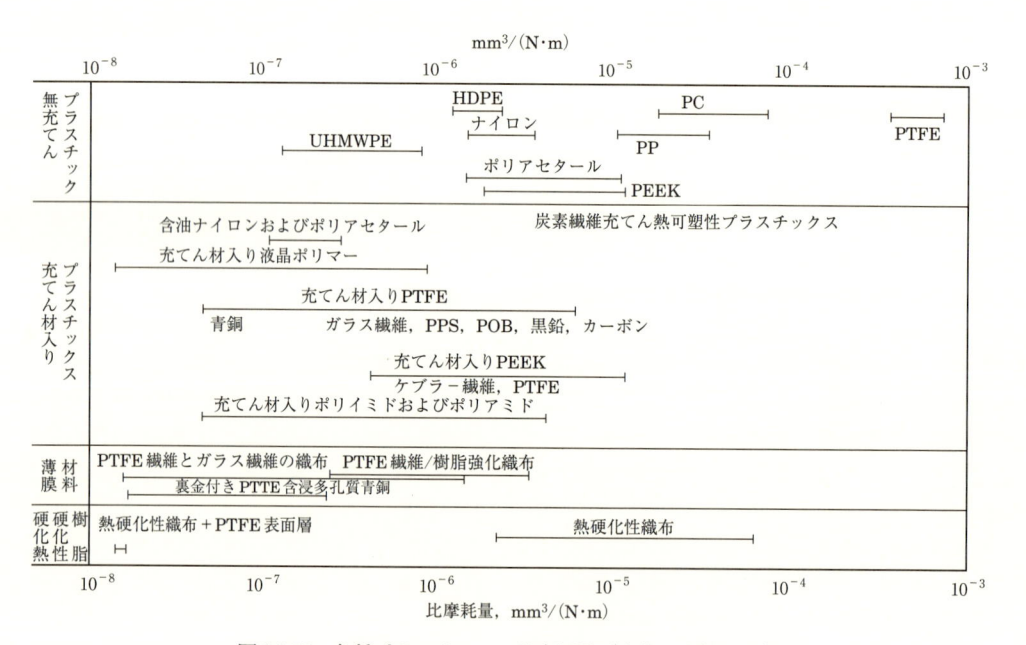

図 2.3.66　各種プラスチックの比摩耗量〔出典：文献 149）〕

ため使用困難である．また吸湿性のあるものは水分蒸発により変形する可能性があり，また，気体による熱放散が期待できないので熱分解が生じやすく，この点を材料選択に当たって注意する必要がある．

人工衛星などで長期間低い軌道にあるものは，気体成分の90%を占める原子酸素によって劣化を生じることにも留意する必要がある[152]．

実用的にはPTFEがよく使用されているが，これは相手材料に対する被膜形成能力が大きく，PTFE同士の潤滑性が確保できることによる．

真空中では熱放散が少ないので熱伝導性のある充てん材を配合するとよい．転がり軸受の保持器においては，機械的強度を必要とするためガラス織布で強化しているが，ガラス織布が鋼球上の被膜を削り取るので，前もって表層のガラス繊維を酸で溶かすという方法もとられている[152]．

この他，PAおよび高密度ポリエチレン（HDPE）の同種高分子同士は真空中，大気中とも摩擦係数の変動は少ない．ポリイミドは耐熱性があり，摩擦熱による蒸発量が少なくてよい．

(iii) 窒素ガス

ロケットエンジンの燃料供給装置のタービン，極低温で使用されるシールや圧縮機のピストンリングなどは液体窒素中あるいは窒素ガス中にて使用される．これらのシール，軸受または転がり軸受保持器には主として充てん材入りPTFEが用いられている．図2.3.68に示すように液体窒素中の方が気体窒素ガス中より摩擦および摩耗が少ないが，成形方法によって摩耗係数が変化するので注意が必要である[151]．

(iv) 水潤滑

水中ポンプや発電水車用タービンの水潤滑主軸受，シールなどは水を潤滑剤として用いている．プラスチック材料としてはフェノール樹脂が使用され，これに強化剤として綿チップが，また水潤滑性能を向上させるため黒鉛およびカーボン繊維が添加されている．軸受摩耗は起動・停止あるいは異物の侵入によって進行し模擬試験によれば図2.3.69のように異物の侵入量の増加に従って増加する．相手材料としてはステンレス鋼材が用いられるがマルテンサイト系で硬度が高く，表面が平滑なほど性能が優れる．

流体潤滑が成立しない低速運転の水処理機械なども同様材質が優れる．

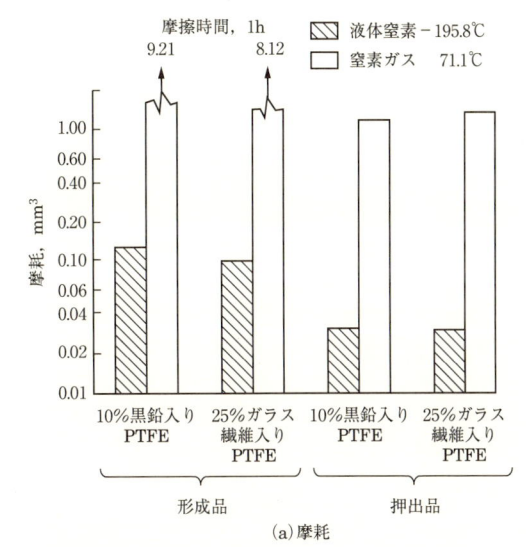

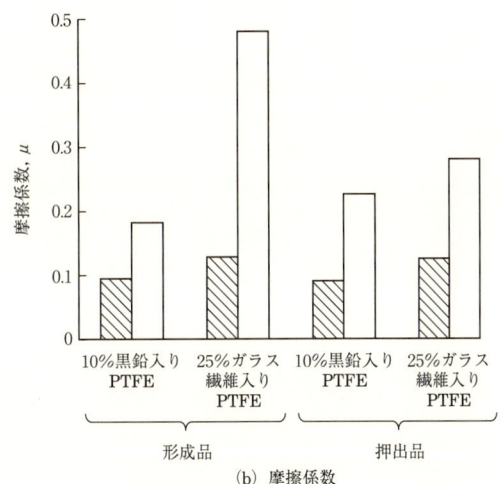

図2.3.68 PTFE複合材料の液体窒素および窒素ガス中での摩擦と摩耗（$v=11.6$ m/s, $w=9.8$ N）
〔出典：文献151〕

(v) その他

有機溶剤中または薬液中で使用される場合はプラスチック材料の耐溶剤性・耐薬品性をあらかじめ確認し，溶解，き裂発生などの材料損傷を避ける必要がある．

道路の融雪剤として塩化カルシウムが散布される環境では，PAの使用は注意が必要である．放射線などにさらされる場合は，熱硬化性のエポキシ樹脂やフェノール樹脂もしくはポリイミドなどの高級エンジニアリングプラスチックが耐久性に優れる．

試験条件	1	2	3	4
潤滑	水道水			
砂粒子の種類	JISZ8901ケイ砂 80メッシュ以下($44\sim210\mu m$)			
砂粒子の混入量 (wt%)	0	0.1	0.5	1.0
試験条件	荷重：0.515 MPa 速度：9.17m/s ($750\ min^{-1}$) 給水量：10 l/min 軸受寸法：内径270mm, 長さ220mm			

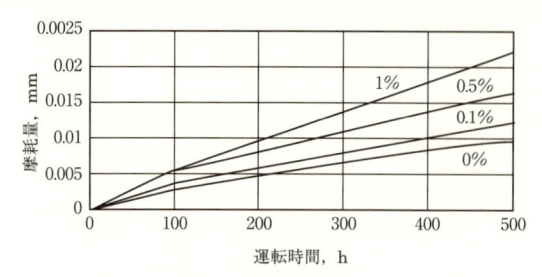

図 2.3.69　砂粒子混入水潤滑条件下の軸受寿命試験

文　献

1) 森　早苗：すべり軸受と潤滑 第二版，幸書房 (1988).
2) 熊田喜生：トリボロジスト，**41**, 1 (1996) 28.
3) 日本潤滑学会編：潤滑ハンドブック，養賢堂 (1970) 44.
4) E. Takeuchi：Wear, **11** (1968) 201.
5) E. Takeuchi：Wear, **15** (1970) 201.
6) 佐々木敏美・星野　薫・中村幸吉・炭本治喜：鋳物，**65**, 6 (1993) 491.
7) 滝田光晴・上田俶完・太田晃三：学振鋳物第24委員会，鋳鉄分科会研究報告 (1990・6) 109.
8) 堤　信久・山内　章・田中啓文・袴田健一：学振鋳物第24委員会，鋳鉄分科会研究報告 (1990・6) 119.
9) 石原安興：JACT News (1986・9・20) 23.
10) 五十嵐信爾・有田重彦・小林秀明・安坂雄二：学振鋳物第24委員会，鋳鉄分科会研究報告 (1984・2) 42.
11) 竹内栄一：鋳造品エンジニアリング・データブック IV 鋳物のすべり摩耗，(財)綜合鋳物センター (1987・9) 121.
12) 小林喜代一・竹内栄一：精密機械，**21**, 11 (1956) 424.
13) 竹内栄一・浅見和也・磯尾仁義：精密機械，**41**, 10 (1975) 990.
14) 竹内栄一：熱処理，**3**, 6 (1963) 406.
15) 竹内栄一・津田昌利：学振鋳物第24委員会，鋳鉄分科会研究報告 (1988・11) 127.
16) 竹内栄一：鋳物，**32**, 9 (1960) 635.
17) 古郷佐八郎・中川　隆・小林正彰・萩野春之助・笹原孝：学振鋳物第24委員会，鋳鉄分科会研究報告 (1988・11) 137.
18) 日本金属学会編：講座・現代の金属学 材料編第5巻 非鉄材料 (1987) 69.
19) K. Yamamoto, K. Sakai & M. Sakamoto：Proc. Japan Int. Trib. Conf. Nagoya (1990) 131.
20) 吉良俊彦・横田裕美・神谷荘司：自動車技術会学術講演会前刷集，975 (1997-10) 165.
21) K. Yamamoto, H. Matsuhisa et al：SAE Technical Paper 910161.
22) 貴嶋　賢・藤堂吉久・富川貴志・須賀茂幸：自動車技術会学術講演会前刷集，972 (1997-5).
23) 富川貴志・横田裕美・浅田栄治・二村憲一郎：トライボロジー会議予稿集 古名屋 (1993-11).
24) 樋口月光・山本康一・坂本雅昭：粉体および粉末冶金，**40**, 8 (1993) 780.
25) Y. Fujisawa, M. Tsuji, T. Narishige et al：SAE Technical Paper 932902.
26) H. Ishikawa, H. Michioka, Y. Fuwa et al：SAE Technical Paper 960988.
27) 水野昂一：軸受合金，日刊工業新聞社 (1954).
28) SAE Handbook 1997, SAE (1997) 10. 44.
29) 日本潤滑学会編：改訂版 潤滑ハンドブック，養賢堂 (1982) 462.
30) T. Fukuoka, S. Kamiya, N. Soda & H. Kato：SAE Technical Paper 830308 (1983).
31) 福岡辰彦・神谷荘司・會田範宗：日本機械学会論文集 (C編)，**53**, 490 (1997) 1232.
32) 福岡辰彦・神谷荘司・會田範宗：日本機械学会論文集 (C編)，**53**, 490 (1997) 1243.
33) 福岡辰彦・神谷荘司：日本潤滑学会第31期全国大会予稿集 (1986) 189.
34) G. C. Pratt & C. A. Perkins：SAE Technical Paper 810199 (1981).
35) Kolbenschmidt A. G. ：Motortechnische Zeitschrift, 49 (1988) 36.
36) M. Sakamoto, Y. Ogita, Y. Sato & T. Tanaka：SAE Technical Paper 900124 (1990).
37) H. Kirsch, F. Koroschetz & U. Ederer：19th International Congress on Combustion Engines (1991).
38) M. C. Mackay, L. J. Cawley & G. R. Kingsbury：SAE Technical Paper 760113 (1976).
39) Y. Ogita, Y. Ido & M. Sakamoto：SAE Technical Paper 900123 (1990).
40) R. E. Eppich, F. J. Webbere & R. N. Dawson：American Society for Metals Technical Report No. P 9-5.2 (1969).
41) G. C. Pratt & W. J. Whitney：SAE Technical Paper 890552 (1989).
42) U. Engel：SAE Technical Paper 860648 (1986).
43) 特公表平 4-500700.
44) G. Coldschmied, G. Elsinger, F. Koroschetz & E. K. Tschegg：Surface and Coatings Technology, **41** (1990) 325.
45) 大豊工業(株)編：エンジンベアリング・クランクワッシャデザインガイド，大豊工業(株) (1992) 83.
46) 堂ノ本　忠：日本機械学会第581回講習会教材 (1984) 99.
47) 野呂瀬　進：摩耗機構の解析と対策，テクノシステム (1992).
48) 加藤康司：トリボロジスト，**34**, 2 (1989) 14.
49) K. Kato：Wear, **136** (1990) 117.
50) 高津　学・神谷孝博：トリボロジスト，**34**, 2 (1989) 2.
51) 笹田　直：機械の研究，**40**, 1 (1988) 138.
52) 石橋　進・山下一彦・米井　陽：トリボロジスト，**36**, 2 (1991) 144.

53) 産業技術センター：セラミックス材料技術集成 (1979).
54) 阿部　弘：エンジニアリングセラミックス, 技報堂出版 (1986).
55) 青木洋一：ファインセラミックス, 技報堂出版 (1976).
56) 東レリサーチセンタ：アドバンスセラミックスの展開 (1990).
57) 朝鍋定生・佐本邦夫・松本　将・河野　広・石橋　進：三菱重工技報, **24**, 2 (1987).
58) 榎本祐嗣：日本トライボロジー学会固体潤滑シンポジウム (1980) 55.
59) 石垣博行：鉄と鋼, 9 (1986) 1243.
60) 畑　一志：トライボロジスト, **34**, 2 (1989) 41.
61) 津谷祐子・井上浩一・山中一司：日本潤滑学会春季研究発表会講演集 (1985) 169.
62) 佐々木信也：機械技術研究所技報, **44**, 4 (1990) 142.
63) 林洋一郎・久住美朗：日本トライボロジー学会トライボロジー会議予稿集盛岡 (1992) 203.
64) 石垣博行：機械の研究, **42**, 4 (1990) 489.
65) 翁　和傑・梅原徳次・加藤康司・新居勝敏：日本トライボロジー会議予稿集盛岡 (1992) 199.
66) T. E. Fischer & Tomizawa：Wear, (1985) 21.
67) 石橋　進・河野　広・山下一彦・小室隆義：#17ターボ機械講演会 (1985) 7.
68) 西山勝廣・田口圭助・高木研一・阿部正彦：日本トライボロジー学会固体潤滑シンポジウム予稿集 (1995) 91.
69) H. Ishigaki, R. Nagala, M. Iwasa, N. Tamari & I. Kondo：Trans. ASME, J. Trib., **110**, 434 (1988).
70) 岩佐美喜男・柿内千一：窯業協会誌, 93. 10. 661 (1985).
71) 榎本祐嗣：トライボロジスト, **34**, 2 (1989) 41.
72) L. D. Wedeven, R. A. Pallini & N. C. Miller：Wear, **122**, 183 (1988).
73) 坂口・大塚：日本セラミックス協会年会講演予稿集 (1989) 398.
74) 西岡：関西造船協会誌, 190 (1983).
75) 河合：#16高温材料設計技術講演会 (1985).
76) 高橋忠明・星　直忠：機械設計, **29**, 9 (1983) 68.
77) 鳥山　彰・清水直也：工学材料, **31**, 12 (1983) 147.
78) Kenneth JA Brookes：World Directory and Handbook of Hardmetals and Hard Mterials (VI), International Carbide Data (1996).
79) 鈴木　寿：超硬合金と焼結硬質材料, 丸善 (1986) 510. など.
80) S. Imasato, K. Tokumoto, T. Kitada & S. Sakaguchi：13th International Plansee Seminar Proceedings vol. 3 (1993) 688.
81) 篠原信幸・白井伸二・岡本浩明・高木研一：粉体および粉末冶金, **41** (1994) 18.
82) 徳本　啓・北田哲則・東明広宣・坂口茂也：粉体および粉末冶金, **40** (1993) 66.
83) 徳本　啓・東明広宣・北田哲則・坂口茂也：粉体および粉末冶金, **41** (1994) 27.
84) 湧川朝宏・相吉澤俊一・高木清和・紺野大介：日本機械学会論文集 (B), **53** (1987) 2094.
85) 相吉澤俊一・湧川朝宏・紺野大介・高木清和：日本機械学会論文集 (B), **55** (1989) 176.
86) 杉山憲一・木村芳一・野呂瀬　進：トライボロジー会議予稿集 (1996-10) 566.
87) 山田雅之：河川ポンプ施設技術協会第4回研究発表会資料 (1993-7).
88) S. Ohta, K. Nakano, K. Terazaki & K. Tokumoto：Nippon Tungsten Review, **19** (1986) 33.
89) Y. Masumoto, K. Takechi & S. Imasato：Nippon Tungsten Review, **19** (1986) 26.
90) S. Imasato, S. Sakaguchi & Y. Hayashi：10th Asia Pacific Corrosion Control Conference Proceedings (1997-10) H5.
91) S. Sakaguchi, K. Nakahara & Y. Hayashi：10th Asia Pacific Corrosion Control Conference Proceedings (1997-10) H11.
92) 松本　將：トライボロジートラブル対策の勘所資料集 (トライボロジー会議 (1996-10)) 22.
93) 石田　真・林　宏爾：粉末および粉末冶金, **42** (1995) 427.
94) 渡辺侊尚：機械技術者のための焼結材料, 日本機械学会 (1974) 51.
95) V. T. Morgan：Powder Met., **12** (1968) 426.
96) 河野　通・西野良夫：粉体および粉末冶金, **28**, 3 (1981) 95.
97) 河野　通・西野良夫：粉体および粉末冶金, **28**, 3 (1981) 101.
98) 日本粉末冶金工業会編著：焼結機械部品—その設計と製造—, 技術書院 (1987) 327.
99) 若林章治・渡辺侊尚：新版粉末冶金, 技術書院 (1976) 71.
100) 四方英雄：潤滑, **30**, 8 (1985) 573.
101) 森　誠之：潤滑, **33**, 8 (1988) 585.
102) 森　誠之：トライボロジスト, **38**, 10 (1993) 884.
103) 宮坂元博・四方英雄：日本トライボロジー学会トライボロジー会議予稿集 (1995-5) 503.
104) 河野　通：粉末および粉末冶金, **36**, 4 (1989) 345.
105) 四方英雄：機械設計, **35**, 11 (1988) 27.
106) 新居勝敏・宇野　斌・川池和彦・宮下邦夫・中島　豪：電磁力関連のダイナミックシンポジウム講演論文集 (1993) 198.
107) 四方英雄：最新の粉末冶金技術講座テキスト, 粉体粉末冶金協会 (1991) 11.
108) 山田・菅藤・松田・長島・白坂・跡部：粉体および粉末冶金, **35**, 6 (1988).
109) 山田・菅藤・松田・白坂・跡部：粉体および粉末冶金, **36**, 8 (1989).
110) S. K. Chatterjee, M. E. Warwicka & W. B. Hampshire：MPR (1987) 94.
111) 野呂瀬・笹田・丸山：潤滑, **30**, 9 (1985) 53.
112) M. E. Campbell & J. W. van Wyk：Lub. Eng., **20** (1964) 463.
113) D. J. Boes, ASLE Trans., **10** (1967) 19.
114) Y. Tsuya, K. Umeda, K. Saito, K. Katsumura & K. Uehara：ASLE Proc. 2nd Int. Conf. on Solid Lubrication (1978) 212.
115) M. Suzuki, M. Moriyama, M. Nishimura & M. Hasegawa：Wear, **162-164** (1993) 471.
116) 小林正樹・松本政秋・木下知之・高津宗吉・津谷裕子：日本金属学会会報, **27** (1988) 391.
117) P. Martin, Jr & G. P. Murphy：Lub. Eng, **29** (1973) 484.
118) AMAX Molysulfide Newsletter, **23**, 3 (1981).
119) B. D. McConnell & K. P. Mecklenburg：Lub. Eng., **33** (1977) 544.
120) T. Ogawa, K. Konishi, S. Aihara & T. Sawamoto：

Lubr. Engrs., **49** (1993) 291.
121) S. Obara & M. Suzuki : STLE Trib. Trans., **40** (1997) 31.
122) D. J. Boes & B. Chamberlain : ASLE Trans., **11** (1968) 131.
123) N. Gardos & B. D. McConnell : ASLE SP-9 (1982).
124) C. DellarCorte & H. E. Sliney : Lub. Eng., **47** (1991) 298.
125) 曽田範宗訳, バウデン・テーバー : 固体の摩擦と潤滑, 丸善 (1962) 11.
126) H. Hertz : Miscellaneous Papers, Macmillan, London (1896).
127) K. L. Johnson, K. Kendall & A. D. Roberts : Proc. Roy. Soc., London, **A324** (1971) 301.
128) 内山吉隆 : プラスチックエージ, **31**, 4 (1985) 125.
129) 文献 125) の p. 82.
130) F. P. Bowden & D. Tabor : The Friction and Lubrication of Solids, Part II, Oxford University Press (1964) 242.
131) G. Erhard : Wear, **84**, 2 (1983) 167.
132) P. W. Bridgman : Phys. Rev., **48** (1935) 825.
133) D. Tabor : Trans. ASME, J. Lub. Tech., **103**, 2 (1981) 169.
134) B. J. Briscoe & A. C. Smith : Reviews on the Deformation Behavior of Materials, ed. P. Feltham : Freund Publishing House Ltd. (1980) 152.
135) 内山吉隆 : 熱硬化性樹脂, **10**, 1 (1989) 10..
136) S. B. Ratner, I. I. Farberova, O. V. Rayukevich & E. G. Lu're : Abrasion of Rubber, ed. D. I. James, Maclaren Palmerton (1967) 145.
137) K. Tanaka & Y. Uchiyama : Adv. in Polymer Friction and Wear, **5B**, Plenum, New York (1974) 497.
138) 佐田登志夫・水野万亀雄 : 科学研究所報告, **33**, 2 (1957) 45.
139) J. K. Lancaster : Tribology, **6**, 6 (1970) 219.
140) 内山吉隆 : プラスチックエージ, **32**, 4 (1986) 162.
141) Y. Uchiyama & K. Tanaka : Wear, **58** (1980) 223.
142) M. W. Pascoe : Tribology, **6**, 5 (1973) 184.
143) 関口 勇 : 潤滑, **28**, 11 (1983) 802.
144) 内山吉隆 : プラスチックエージ, **32**, 1 (1986) 153.
145) 平井利昌監修 : エンジニアリングプラスチック, プラスチックエージ社 (1984).
146) 内山吉隆・山田良穂・三浦大生 : 潤滑, **33**, 1 (1988) 69.
147) 岩倉 勝 : 機械設計, **35**, 2 (1991) 43.
148) 大鉢義典 : 月刊トライボロジ, 6 (1997) 17.
149) 内山吉隆 : トライボロジスト, **37**, 6 (1992) 434.
150) 大鉢義典 : トライボロジスト, **42**, 12 (1997) 958.
151) 内山吉隆 : プラスチックエージ, 6 (1986) 170.
152) 西村 允 : トライボロジスト, **37**, 6 (1992) 77.

2.4 転がり軸受

近年, 自動車や鉄鋼用設備をはじめとする各種産業機械・設備の高度化, 高速化による使用条件の苛酷化に伴い, 軸受に対するユーザーニーズは多様化すると同時に, ますます高い信頼性が求められるようになった。

転がり軸受の軌道輪と転動体の間では, 高い接触圧力を受けながら, すべりを伴う転がり運動が行なわれる。そのため, 軸受として必要な材料特性としては, 硬さ, 耐摩耗性, 組織安定性, 転がり疲れ強さ, 疲労強度, 破壊靱性等が特に重要である。

これらの要請に応える材料として代表的なものは完全硬化形の高炭素クロム軸受鋼 (SUJ 2) や表面硬化形の浸炭鋼 (例 SCr 420 H) が挙げられる。これらの材料は今日に至るまで長年の間, 基本的な成分はほとんど変わっていないが, その品質は製鋼メーカーにおける真空脱ガス, 炉外精錬, 連続鋳造などの新設備の導入や製鋼工程の改良により飛躍的に向上し, 軸受の転がり寿命の向上に大きく寄与してきた。

転がり疲労メカニズム面での研究も進み, 軸受の代表的損傷であるフレーキングは, 鋼中の非金属介在物が転がり疲労による応力集中の起点となる内部起点型フレーキングと, 軸受に侵入した異物による圧痕が起点となる表面起点型に大きく分けられることが明らかになっている。内部起点型に対しては, 軸受素材の清浄度を向上させるために鋼中酸素量を低減させることが有効であり, 製鋼技術の進歩に負うところが大きい。また表面起点型に対しては, 軸受の表面の硬さや残留オーステナイト量のコントロールが重要との視点から, 合金成分の見直しや浸炭窒化技術などを利用した熱処理による強靱化を含めた長寿命軸受の開発も進められている。

耐食性を求められる分野では, 従来からマルテンサイト系ステンレスの SUS 440 C が多く使用されているが, 最近特殊な用途では軸受の音響特性も同時に求められることが多いので, 巨大な共晶炭化物が少ない 13 Cr 系のマルテンサイト系ステンレスも使用されている。

耐熱性を求められる分野では上記ステンレスや高速度鋼系の材料が用いられている。

窒化ケイ素のセラミック軸受も工作機械主軸用, 化学プラント, 食品機械, 半導体・液晶装置などで様々な形式で使用されつつある。

2.4.1 高炭素クロム軸受鋼
（1）化学成分

国際的には ISO 規格がある。各国の規格は鋼種によって化学成分が少しずつ異なるが, JIS の化学成分と大同小異で, 1% C, 1.5% Cr が主成分とな

第2章 材料

っている．

JIS G 4805 の化学成分規格を表 2.4.1 に示す．代表的なものは SUJ 2 で一般軸受用に，SUJ 3 は厚肉太物用に，SUJ 4 と SUJ 5 は焼入れ性が特に要求される用途に使用する．SUJ 1 はほとんど使用されていない．小径軸受用途には，0.8% まで炭素量を下げた鋼種が，冷間鍛造工程が採用されて，使われている例がある[1]．

（2）製造方法

JIS G 4805 では，鋼材は溶鋼に真空脱ガス処理を施したキルド鋼から製造する．電気炉または転炉で溶解し，脱ガス処理後，連続鋳造法による製造が主流になっている．鋳造された鋼塊，連続鋳造片は 1 000～1 200℃ で拡散均熱処理を施し，組織を均一化する．

軸受の転がり疲れ寿命は酸化物系の非金属介在物によって大きな影響を受け，偏析なども嫌われるので，軸受鋼の製造は溶解過程から特別の注意が払われている．

このため JIS では，地きず，マクロ組織，清浄度，縞状偏析などの試験の実施が規定されている．

（3）熱処理

a．球状化焼なまし

軸受鋼はその炭化物の一部を残した状態から焼入れを行ない，硬さの高いマルテンサイト中に，未溶解炭化物が一様に分布している状態で使用する．そのための炭化物を球状化して，これを均一に分布させる目的で球状化焼なましを行なう．

なお，球状化焼なましは焼入れ前の機械加工の切削性の向上にも役立つ．球状化焼なましの主な方法は次のとおりである．

（i）徐冷法：Ac 1 変態点よりもやや高い温度（750～800℃）に 1～5 時間加熱後，徐冷（10～30℃/h）する．

（ii）恒温保持法：Ac 1 変態点よりもやや高い温度（750～800℃）から 700℃ 前後の温度まで冷却し，その温度に数時間恒温保持した後空冷する．

（iii）繰返し法：Ac 1 変態点の上下 20～30℃ 間で加熱冷却を数回繰り返す．

b．焼入焼戻し

切削加工を完了した軸受部品は，焼入れによって硬化させる．焼入れは，780～840℃ の温度に 0.5～1 時間保持し，油冷または水冷する．この際，残留オーステナイトの存在は避けられず，通常 5～10% 残留する．焼戻しは，150～200℃ の温度で 1～2 時間行なう．

軸受鋼の焼戻し状態は，マルテンサイトと未溶解の炭化物の共存する組織である．この際，マルテンサイト中に固溶する炭素量が 0.5% 程度で転がり疲れ寿命が最長になる（図 2.4.1）[2]．

焼入れ時に，オーステナイト中の球状化炭化物は，焼入れ温度が高いほど，また保持時間が長いほど溶け込んでいく．未溶解の球状化炭化物量が少な

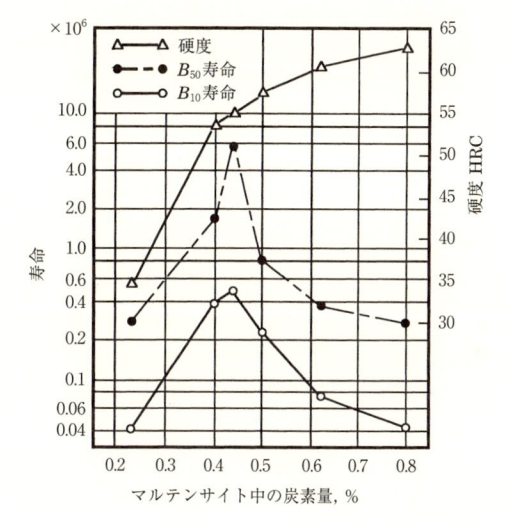

図 2.4.1 マルテンサイト中の炭素量と転がり疲れ寿命
〔出典：文献 2)〕

表 2.4.1 軸受用高炭素クロム鋼の化学成分 (JIS G 4805)

記号	化学成分，%						
	C	Si	Mn	P	S	Cr	Mo
SUJ 1	0.95～1.10	0.15～0.35	0.50 以下	0.025 以下	0.025 以下	0.90～1.20	0.08 以下
SUJ 2	0.95～1.10	0.15～0.35	0.50 以下	0.025 以下	0.025 以下	1.30～1.60	0.08 以下
SUJ 3	0.95～1.10	0.40～0.70	0.90～1.15	0.025 以下	0.025 以下	0.90～1.20	0.08 以下
SUJ 4	0.95～1.10	0.15～0.35	0.50 以下	0.025 以下	0.025 以下	1.30～1.60	0.10～0.25
SUJ 5	0.95～1.10	0.40～0.70	0.90～1.15	0.025 以下	0.025 以下	0.90～1.20	0.10～0.25

備考　不純物としての Ni，Cu とも，それぞれ 0.25% 以下．線材の Cu は 0.20% 以下

いと焼入れ後において，残留オーステナイトの量が多くなり，耐摩耗性も劣化する．

このため，軸受鋼では焼入れ温度および保持時間を厳密に選定，管理する必要がある．

（4）軸受の長寿命化

軸受の長寿命化は，製鋼技術の進歩による鋼の清浄度の向上によるところが大きい．1960年代に取鍋脱ガス技術が導入され，1980年代には炉外精錬技術（取鍋精錬，還流式真空脱ガス）と連続鋳造技術の導入によって，鋼中酸素量は以前の数10 ppmから現在では10 ppm以下になっており，転がり疲れ寿命はここ30年間で画期的に向上した（図2.4.2）[3~6]．

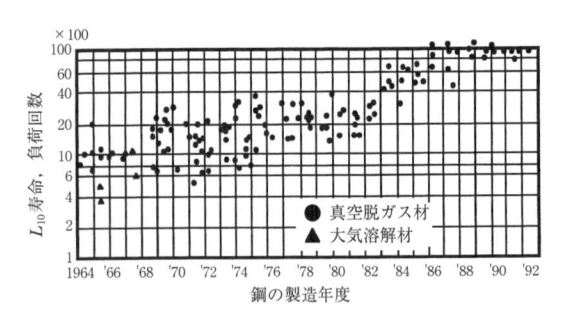

図2.4.2 円筒試験片による寿命試験
〔出典：文献3，4）〕

軸受鋼中の酸素量，すなわち酸化物系の非金属介在物の総量が同一水準であっても，寿命の差がまだ大きく，鋼中酸素量以外に寿命を適確に予測できる清浄度の評価法の確立が課題になっている．

従来の清浄度の評価法（JIS法，ASTM法）では，軸受寿命を予測することはむずかしく，電子ビーム溶解抽出法，顕微鏡観察による極値統計法などが試みられており，非金属介在物の大きさと寿命との関連が考察されている[7]．

潤滑油の中に硬い異物が混入した軸受環境下では，異物による転走面圧痕を起点として表面起点型のはく離を生じ，寿命が著しく低下する．

高炭素クロム軸受鋼や肌焼鋼の清浄度向上では，この種のはく離を解決できない．圧痕を起点とするき裂の発生と伝播を遅らせる必要がある．

残留オーステナイト量の増加と表面硬さの上昇が，有効な方法として挙げられている（図2.4.3）[4,8,9]．このため，合金成分の見直しや高炭素クロム軸受鋼，肌焼鋼を浸炭窒化処理する長寿命軸

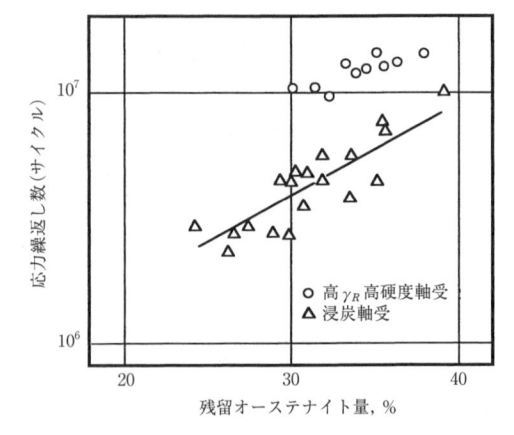

図2.4.3 異物混入条件下の寿命と残留オーステナイト量
〔出典：文献8）〕

受が開発されている．

（5）特殊溶解

軸受の転がり疲れ寿命の信頼性をさらに高めるために，特殊溶解した軸受鋼が限定された用途に採用されている．

VAR溶解（真空アーク再溶解）とESR溶解（エレクトロスラグ再溶解）がその代表である．いずれも一次溶解した材料を消耗電極として，VAR溶解では真空中で再溶解し，酸素，不純物を低減させる方法であり，ESR溶解では特殊なスラグ中で再溶解させ，スラグ中を滴下する間に大きな介在物を除去する．

特殊溶解材は，安定した長寿命が得られ，ジェットエンジン用や新幹線用軸受などに使用されている．

2.4.2 軸受用肌焼鋼

（1）化学成分

JISには転がり軸受用として指定した肌焼鋼の規定はない．表2.4.2の機械構造用合金鋼の中から，軸受の断面肉厚の大きさ，使用状態の衝撃荷重の大きさなどによって，鋼種が選択される．焼入れ性の高い，すなわち軸受の断面肉厚の大きい用途の順に並べると，SNCM 815, SNCM 420, SNCM 220, SCM 420, SCM 415, SCr 420, SMnC 420, SMn 420となる．衝撃荷重の大きい用途には含Ni鋼が使用されてきたが，自動車，建設機械用には高価なNiを含むSNCM系の使用は少なくなり，SCM系，SCr系の採用が増加している．

表 2.4.2 軸受用肌焼鋼の化学成分（JIS G 4103, G 4052）

記号	化学成分, %					
	C	Si	Mn	Ni	Cr	Mo
SMn 420 H	0.16～0.23	0.15～0.35	1.15～1.55	0.25 以下	0.35 以下	—
SMnC 420 H	0.16～0.23	0.15～0.35	1.15～1.55	0.25 以下	0.35～0.70	—
SCr 420 H	0.17～0.23	0.15～0.35	0.55～0.90	0.25 以下	0.85～1.25	—
SCM 415 H	0.12～0.18	0.15～0.35	0.55～0.90	0.25 以下	0.85～1.25	0.15～0.35
SCM 420 H	0.17～0.23	0.15～0.35	0.55～0.90	0.25 以下	0.85～1.25	0.15～0.35
SNCM 220 H	0.17～0.23	0.15～0.35	0.60～0.95	0.35～0.70	0.35～0.65	0.15～0.30
SNCM 420 H	0.17～0.23	0.15～0.35	0.40～0.70	1.55～2.00	0.35～0.65	0.15～0.30
SNCM 815	0.12～0.18	0.15～0.35	0.30～0.60	4.00～4.50	0.70～1.00	0.15～0.30

備考　不純物としての P, S 0.030% 以下, Cu 0.30% 以下

（2）製造方法

高炭素軸受鋼と同様，軸受用肌焼鋼においても，鋼材は電気炉または転炉で溶解し，真空脱ガス後，連続鋳造される工程が主流になっている．鋼材の清浄度の向上により，転がり疲れ寿命の向上と，鋼種の低級鋼化が可能になった．

地きず，清浄度以外に肌焼鋼においては，焼入れ性の管理と浸炭時のオーステナイト結晶粒度の粗大化を防止する対策がとられている．

焼入れ性は，鋼中の化学成分のタイトコントロールによって狭い幅に管理し，オーステナイト結晶粒度は，Al 量と N 量を適量添加して，浸炭時の粗大化防止を図っている．

（3）熱処理

a． 焼なまし，球状化焼なまし

冷間鍛造により軸受粗形材に加工し，切削加工仕上げする場合も多い．冷間加工性を改善するため，焼なましまたは球状化焼なまし処理が行なわれる．

b． 浸炭処理

浸炭処理は，920～950℃ の温度で，ガス浸炭法が広く採用されている．浸炭用ガスとしては天然ガス，メタン，エタン，プロパンなどを用いるが，これら炭化水素は高温で分解してすすを発生するので，希釈ガス（キャリヤガス）と混合して用いる．希釈ガスはメタンやプロパン，ブタンに空気を混合し，1 000℃ から 1 100℃ で Ni 触媒中を通過させた中性に近いガスである．その主成分は，CO 20%，H_2 40%，N_2 40% である．

c． 浸炭層の炭素濃度と厚さ

浸炭層の表面炭素濃度は 0.8～0.9% に制御する．浸炭層表面の炭素濃度が高すぎると，焼入れによって多量のオーステナイトが残留し，網目状の炭化物が未溶解で残ったりする．多量の残留オーステナイトは，硬さ，耐摩耗性が低下し，表面に引張応力が存在し，転がり疲れ強さの低下をきたす．

浸炭硬化層の深さは，浸炭雰囲気，浸炭温度，浸炭時間に依存する．浸炭温度を 970℃ から 1 000℃ 程度に高め，浸炭時間を短かくする検討が試みられているが，結晶粒の粗大化，焼入れひずみ，浸炭炉の寿命が問題で，一般に普及されるまでには至っていない．

材料的には，従来の肌焼鋼の C 量を 0.2% から 0.3～0.4% に高めた鋼種が，浸炭時間を短縮する目的で提案されている．

d． 焼入焼戻し

浸炭処理後，850～900℃ まで冷却し，油中に直接焼き入れる場合と（直接焼入れ法），さらに 780～850℃ に再加熱して油焼入れする 2 回焼入れ法がある．

Ni を含まない肌焼鋼では，直接焼入れ法が通常採用されている．SNCM 系のように Ni を含む材料では，残留オーステナイト量が多くなるために，2 回焼入れ法が採用される．

2.4.3 軸受用ステンレス鋼

（1）種類と化学成分

表 2.4.3 に規格化されている軸受用ステンレス鋼の代表例を示す．SUS 440 A, B, C は従来からの JIS 規格鋼であるが，今回の JIS の改正により X 47 Cr 14 以下 4 鋼種が追加された．軸受用としては硬さの点から高炭素鋼が多く使用されている．440 M は 440 C の Cr の一部を Mo で置換して高温硬さと耐食性を改善した鋼種であり，AMS 5749 と AMS 5900 はさらに V などで Mo の一部を置換して耐摩耗性を改善した鋼種である．

最近ミニアチュア軸受用に，音響特性を改善する

ため，SUS 440 C より C と Cr を低減し巨大な炭化物の生成を抑制した 13% Cr 系の鋼種も一部使用されている[11]．

（2）熱処理

表 2.4.4 に標準的な熱処理条件を示す．図 2.4.4 に焼入焼戻し硬さ曲線の一例を示す．SUS 440 C の場合，軸受として必要とされる 58 HRC を得るためには，低温焼戻しが必要である．

これらの鋼では，焼入れ時通常 20～30% の残留オーステナイトが生成し，寸法安定性に影響するので，用途に応じて適切なサブゼロ処理が必要である．

図 2.4.5 に高温硬さを示す．SUS 440 C の高温硬さは軸受用としては低い．

（3）物理的性質[16,20]

表 2.4.5 に焼入焼戻し状態の物理的性質を示す．

（4）機械的性質[14,21]

表 2.4.6 に SUS 440 C の焼入焼戻し状態の機械的性質を示す．

（5）疲労強度[14]

表 2.4.7 に疲労き裂伝播速度を示す．一般に SUS 440 C に粗大な一次炭化物が生成するため，疲労強度は良好ではない．

（6）加工性

熱間加工は問題ないが，SUS 440 C などの冷間加工はかなり困難である．低炭素・低クロム系の鋼では冷間加工が容易である．

SUS 440 C の被削性は AISI B 1112 の約 40%[20] である．

（7）耐食性

特に耐食性を要求される場合には Cr, Mo などの含有量の

表 2.4.3　代表的軸受用ステンレス鋼の主要化学成分

（単位：mass%）

鋼種	C	Cr	Mo	V	その他	備考
SUS 440 A	0.68	16.00	<0.75	—		AMS 5631
SUS 440 B	0.85	16.00	<0.75	—		AMS 7445
SUS 440 C	1.08	16.00	<0.75	—		AMS 5618
X 47 Cr 14	0.47	13.50	—	—		—
X 65 Cr 14	0.65	13.50	<0.75	—		—
X 108 CrMo 17	1.08	17.00	0.60	—		SUS 440 C
X 90 CrMoV 18-1	0.90	18.00	1.10	0.10		—
440 M	1.08	14.00	4.00	—		文献 10)
AMS 5749	1.15	14.50	4.00	1.20		BG 42
AMS 5900	1.10	14.00	2.00	1.00	Nb：0.25	CRB-7

表 2.4.4　軸受用ステンレス鋼の標準的熱処理条件

鋼種	焼なまし条件	硬さ HB	焼入焼戻し		硬さ HRC	文献
			焼入れ	焼戻し		
SUS 440 C	800～920°C 徐冷	<269	1 010～1 070°C O. Q.	100～180°C A. C.	>58	12)
440 M	—	<256	1 100°C＋(−80°C 深冷)	540°C	>60	10)
AMS 5749	—	<269	1 121±14°C＋(−73±6°C 深冷)	566±8°C	>60	13)

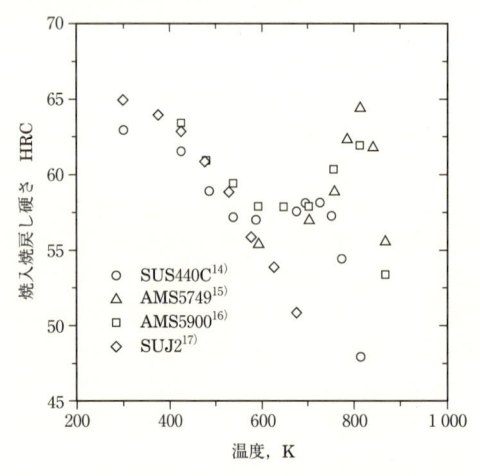

図 2.4.4　軸受用ステンレス鋼焼入焼戻し曲線

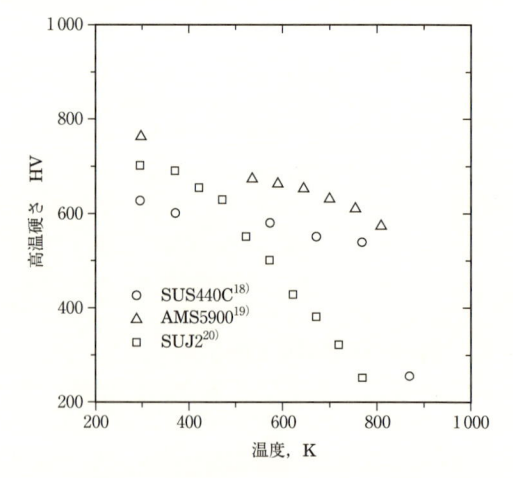

図 2.4.5　軸受用ステンレス鋼高温硬さ

多い鋼を選択する必要があるが，厳密には熱処理と使用環境などの検討が必要である．

2.4.4 耐熱軸受用鋼
（1）種類と化学成分
表2.4.8に今回のJISの改正により追加された高温用軸受鋼と従来から耐熱軸受鋼として使用されている鋼種の化学成分を示す．高炭素鋼と浸炭鋼とがある．高クロム系の鋼種は耐食用としても使用可能である．ジェットエンジン用軸受材料には二重真空溶解が要求される．

（2）熱処理
表2.4.9に標準的な熱処理条件を示す．浸炭鋼において，真空浸炭の場合は不要であるがガス浸炭の場合には，前酸化処理[27]が必要である．

一般にこれらの鋼では残留オーステナイトの分解のため，サブゼロ処理が必要である．

図2.4.6に焼入焼戻し曲線の一例と，図2.4.7に高温硬さ（短時間硬さ）の一例を示す．高炭素・高合金鋼では二次硬化を示し，高温硬さもかなり高くなっている．

（3）物理的性質
表2.4.10に耐熱軸受鋼の物理的性質を示す．

（4）破壊靭性と疲労強度
表2.4.11に破壊靭性値とき裂伝播速度を示す．

表2.4.5　軸受用ステンレス鋼の物理的性質

	SUS 440 C[20]	AMS 5900[16]
比重	7.74	7.69
比熱，J/(kg・℃)	460	—
熱伝導率，W/(m・℃)	20.2	—
平均線膨張係数，(20～200℃)	10.0×10^{-6}	10.98×10^{-6}
(/℃)　　　　　　 (20～600℃)	11.2×10^{-6}	11.93×10^{-6}

表2.4.6　SUS 440 Cの機械的性質　〔出典：文献14,21〕

	完全焼なまし	焼入焼戻し
硬さ HB	210～250	540～620
0.2%耐力，N/mm²	412	1 893
引張強さ，N/mm²	726	1 961
伸び　%	8～15	2
アイゾット吸収エネルギー，J	7～27	3～7
破壊靭性値，MPa・m$^{1/2}$	—	18～30[14]

表2.4.7　軸受用ステンレス鋼の疲労き裂伝播速度
（応力拡大係数範囲：10 MPa・m$^{1/2}$）〔出典：文献14〕

鋼種	焼入れ	サブゼロ	焼戻し	き裂伝播速度
SUS 440 C	1065℃ O. Q.	—	150℃ A. C.	5×10^{-5} mm/cycles
		あり	150℃ A. C.	6×10^{-5}
AMS 5749	1095℃ O. Q.	—	550℃ A. C. 2回	1.4×10^{-5}
			495℃ A. C. 4回	1.8×10^{-5}
	1120℃ O. Q.	—	495℃ A. C. 4回	↑

表2.4.8　耐熱軸受用鋼の主要化学成分例　　（単位：mass%）

区分	鋼種	C	Ni	Cr	Mo	W	V	その他	備考
JIS	81 MoCrV 42-16	0.81		4.10	4.25		1.00		M 50
	13 MoCrNi 42-16-14	0.13	3.40	4.10	4.25		1.15		M 50 NiL
	X 82 WMoCrV 6-5-4	0.82		4.10	4.95	6.35	1.85		SKH 51
	X 75 WCrV 18-4-1	0.75		4.10	<0.6	18.25	1.13		SKH 2
高合金系	M 50	0.81		4.00	4.25		1.00		AMS 6491
	SKH 2	0.73		3.88	—	18.00	1.10		T 1
	SKH 4	0.78		4.15		18.00	1.25	Co：10.00	T 5
	SKH 51	0.83		4.13	5.00	6.13	1.98		M 2
	M 50 NiL	0.13	3.40	4.13	4.25		1.30		AMS 6278
	CBS 1000 M	0.13	3.00	1.05	4.50		0.38		AMS 6256
	Pyrowear 675	0.07	2.60	13.0	1.80		0.60	Co：5.40	AMS 5930
	Cronidur 30	0.31		15.25	1.03			N：0.40	AMS 5898
	CSS-42 L	0.15	2.00	14.00	4.75		0.60	Co：12.50	文献22）
低合金系	52 CB	0.85		1.00	0.60			Si：0.80	文献23）
	NTJ 2	1.00		1.50				Si：1.00	文献24）
	CBS 600	0.19		1.45	1.00			Si：1.10, Al：0.06	AMS 6255
	Pyrowear 53	0.10	2.00	1.00	3.25		0.1	Si：1.00, Cu：2.0	AMS 6308

高炭素・高合金鋼の破壊靱性値は SUJ 2（約 17 MPa・m$^{1/2}$）[48] とほぼ同等であるが，浸炭鋼の心部は高い破壊靱性値を有しており，き裂に対する抵抗性が高い．

（5）加工性

高炭素・高合金鋼の加工性は熱間・冷間とも非常に悪い．特に冷間加工はまず不可能である．被削性は 1% C の炭素工具鋼の約半分であり B 1112 の 30〜40% である．一方，浸炭鋼の加工性は良好である．

（6）転がり寿命

一般に，転がり寿命は鋼中酸素量に著しく影響されるが，耐

表 2.4.9　耐熱軸受用鋼の熱処理条件

鋼種	焼なまし, °C	焼入焼戻し, °C 焼入れ	焼入焼戻し, °C 焼戻し	文献
M 50	820〜830	1 095〜1 150	510〜550	25)
SKH 2(T 1)	820〜880	1 250〜1 290	550〜580	26)
SKH 4	850〜910	1 260〜1 300	550〜580	26)
SKH 51(M 2)	800〜880	1 200〜1 240	540〜570	26)
M 50 NiL	700	1 100〜1 120（浸炭後）	525〜550	27)
CBS 1000 M	700	1 093（浸炭後）	538	28)
Pyrowear 675	800〜900	1 038（浸炭後）	316	29)
CSS-42 L		1052	495	22)

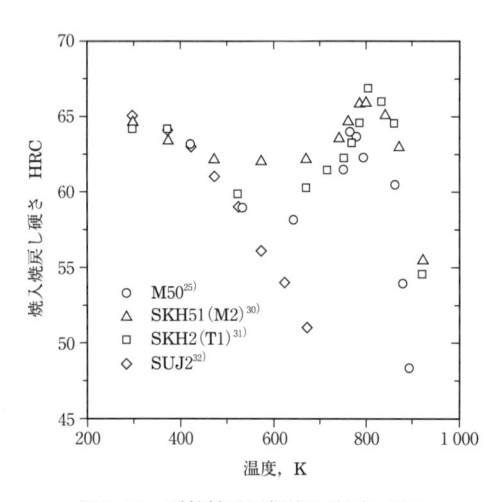

図 2.4.6　耐熱軸受用鋼焼入焼戻し硬さ

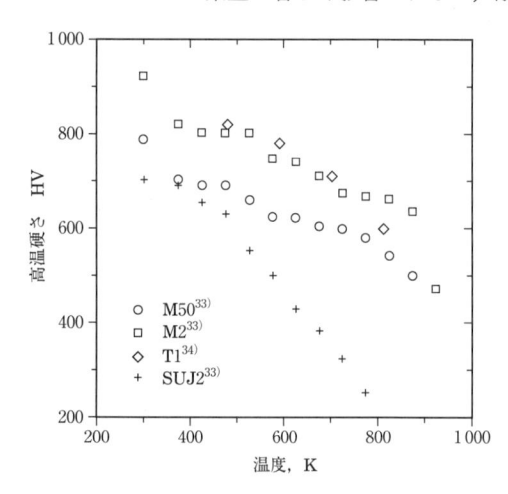

図 2.4.7　耐熱軸受用鋼高温硬さ

表 2.4.10　耐熱軸受用鋼の物理的性質

	M 50	SKH 51(M 2)	SKH 2(T 1)	M 50 NiL	CBS 1000 M
比重（焼なまし）	7.87[35]	8.16[36]	8.67[36]	7.85[27]	7.84[37]
比熱，J/(kg・°C)	502[38]	494[34]	410[40]	—	485[37]
熱伝導率，W/(m・K)	37.0[41]	21.3[42]	19.9[42]	—	33.1[37]
線膨張率，（×10^{-6}）	11.2[35]	10.1[43]	11.2[44]	11.0[27]	9.34[37]

表 2.4.11　破壊靱性値とき裂伝播速度

鋼種	破壊靱性値, MPa・m$^{1/2}$	き裂伝播速度, dl/dN, mm/cycles ($\Delta K = 10$ MPa・m$^{1/2}$)	文献
M 50	18	3×10^{-5}	45)
M 2	18.5	3×10^{-5}	46)
T 1	21.3	1.8×10^{-5}	47)
M 50 NiL	51（コア） 17（浸炭層）	8×10^{-6} 1.6×10^{-5}（浸炭層）	45)
CBS 1000 M	49（コア） 14.5（浸炭層）	9×10^{-6} 2.1×10^{-5}（浸炭層）	45)

熱軸受用鋼のような高炭素・高合金鋼では，粗大な炭化物の影響が大きいと考えられる．さらに浸炭鋼の場合は，熱処理がかなり複雑である．このため，鋼種間の寿命比較をすることは困難であるが，使用条件が過酷になると，浸炭鋼系の材料が使用される傾向にある．

2.4.5 セラミックス，ベリリウム銅，表面改質，表面処理

(1) セラミックス

エンジニアリングセラミックスには，表2.4.12に示す窒化ケイ素，炭化ケイ素，ジルコニア，アルミナ等があり，主に窒化ケイ素が軸受に用いられている[49]．窒化ケイ素は軸受鋼に比べ，低密度，低熱膨張係数，高硬度，高耐食性，非磁性，絶縁性等の点に優れており，高温，耐食，真空，非磁性，絶縁，高速，清浄環境等の用途で，内輪，外輪，転動体に窒化ケイ素を用いたセラミック軸受が使用されている．

窒化ケイ素粉末は直接窒化法，イミド分解法，シリカ還元法等により製造されており，数多くのグレードがある[50]．窒化ケイ素はケイ素と窒素が共有結合しており，難焼結材である．そのため，窒化ケイ素の焼結体は窒化ケイ素結晶粒をY_2O_3（イットリア），Al_2O_3（アルミナ），MgO（マグネシア），CeO_2（セリア）等の焼結助剤で焼結させている．

焼結方法には，表2.4.13に示す反応焼結，常圧焼結，ガス圧焼結（GPS），熱間静水圧加圧焼結（HIP），ホットプレス焼結（HP）等があり，焼結体の強度等の機械的特性が異なる[51]．

GPSおよびHIPで焼結した窒化ケイ素ボールの転がり寿命を図2.4.8に示す[52]．結晶粒の大きさや材料欠陥により，転がり寿命が計算寿命より短い種類のものがあるが，改良した窒化ケイ素は計算寿命を十分越えている．GPS，HIP，HPによる窒化ケイ素は，軸受鋼と同等以上の転がり疲れ寿命を有している．

窒化ケイ素は軸受鋼（SUJ 2）やステンレス鋼（SUS 440 C）に比べ，高温での硬さや曲げ強度等の材料特性が非常に良く，高温での軸受材料として最適である．

また，窒化ケイ素は極めて耐食性に優れているが，焼結体の耐食性は焼結助剤に依存する．MgO-Al_2O_3系，CeO_2-MgO系は，Al_2O_3-Y_2O_3系より，耐食性に優れており，腐食環境での転がり疲れ寿命の低下も少ない[52,53]．最近では，耐食性を向上させた窒化ケイ素でも，高腐食環境では耐食性に問題を生じることがある．この場合，機械的強度は窒化ケイ素より低いが，耐食性に優れている炭化物系セラミックスが使用されることもある．

(2) ベリリウム銅

ベリリウム銅は耐食性に富む非磁性材料である．

表2.4.12 各種セラミックスと軸受鋼の材料特性 〔出典：文献49）〕

特性，単位 \ 材料	窒化ケイ素（加圧焼結）	炭化ケイ素	アルミナ	部分安定化ジルコニア	軸受鋼
密度，g/cm^2	3.2	3.1	3.7	5.9	7.8
硬さ HV	1 600	2 200	2 000	1 400	700
縦弾性係数，GPa	310	420	350	210	210
熱膨張係数，$\times 10^{-6}/°C$	2.8	4.3	7.5	10.5	12.5
曲げ強度，MPa	900	600	400	1 100	—
熱衝撃抵抗 ΔT，°C	800	500	200	300	—

表2.4.13 各種焼結法の特徴 〔出典：文献51）〕

	複雑形状品の製造	寸法精度	室温強度	高温での強度劣化	耐酸化性
反応焼結	○	○	×	○	×
2段焼結	○	○	△〜○	△〜○	△〜○
常圧焼結	○	△	△	×〜△	△
ガス圧焼結	○	△	○	△〜○	○
HIP	○	△	○	△〜○	○
HP	×	×	○	△〜○	○
超高圧焼結	×	×	△	○	○

○：優れている　×：劣っている　△：普通

その化学成分を表2.4.14に示す．溶体化処理と硬化処理により，硬さがHRC 35～45になり，耐疲労性と導電性が増加する．主に，非磁性用途の軸受軌道輪材料として用いられている．

（3）表面改質，表面処理

軸受の表面改質および表面処理では，潤滑性，耐摩耗性，耐食性等を向上させるため，被膜を形成したり，表面物性を変えている．表面改質の種類を表2.4.15に示す[54]．

真空や清浄環境用軸受の固体潤滑剤として，銀，鉛，金等の軟質金属はイオンプレーティングや電解めっきにより，二硫化モリブデンはスパッタリングや塗布，焼付けにより，PTFEは塗布，焼付け等により，軸受転走面に被覆されている[55,56]．耐摩耗性を向上させるため，窒素やホウ素のイオン注入やCVD等による窒化チタン，炭化チタン，DLC被膜が検討されている[57,58]．クロムやニッケル等の被膜は，耐食用途で用い

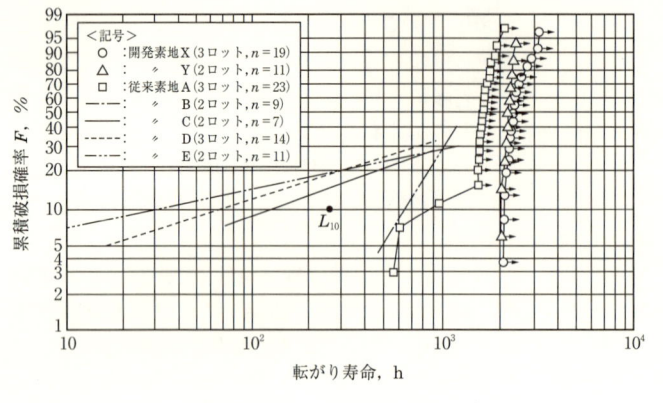

図2.4.8 ラジアル型試験機による寿命評価結果〔出典：文献52〕

表2.4.14 ベリリウム銅の化学成分

Be	Ni+Co	Ni+Co+Fe	Cu+Be+Ni+Co+Fe
1.8～2.00	0.20 以上	0.6 以下	99.5 以上

表2.4.15 各種表面改質および表面処理技術 〔出典：文献54〕

	表面改質法	入射エネルギー・温度	代表的な薄膜	処理厚さ, μm
物理蒸着（PVD）	真空蒸着	0.2～10 keV	軟質金属(Au, Ag, Pb 等) 硬質膜(Cr, SiO$_2$ 等)	0.01～3
	イオンプレーティング	0～5 keV	軟質金属(Au, Ag, Pb 等) セラミックス(TiN, TiC, SiC 等)	0.1～10
	スパッタリング	1～100 keV	DLC, MoS$_2$, WS$_2$, PTFE 軟質膜，セラミック膜	0.003～10
	イオン注入	10 keV～2 MeV	N, B, Ti, C 注入 MoS$_2$, WS$_2$	0.03～7
	イオンビームミキシング	10 keV～2 MeV	TiN, SiC, DLC	0.03～10
化学蒸着（CVD）	熱CVD	900～1050℃	セラミックス(TiN, TiC, SiC 等)	0.2～30
	プラズマCVD	0.2～100 keV	セラミックス(TiN, TiC, SiC 等) ダイヤモンド，DLC膜	0.03～10
拡散処理	浸炭	800～1050℃	マルテンサイト	30～6 000
	ホウ化	800～1050℃	FeB-Fe$_2$B, Fe$_2$B	20～100
	溶融塩浸漬法(TD処理)	900～1050℃	VC, NbC, Cr 炭化物	20～1 000
	窒化・イオン窒化	450～580℃	Fe$_{2-3}$N, Fe$_2$N	
	浸硫	約200℃	FeS	
めっき	電解めっき		Cr, Ni	3～300
	無電解めっき		Ni	
塗布・スプレー膜	無機結合膜	硬化 ～150℃	MoS$_2$, PTFE	1～300
	有機結合膜	硬化 ～250℃	Cr$_2$O$_3$	
溶射	フレーム溶射，アーク溶射	プラズマ温度 ～60 000℃	硬質金属(Mo, Cr など)	8～1 000
	プラズマ溶射	～10 000℃	セラミックス(WC, Al$_2$O$_3$ など)	

られており，電解または無電解めっきにより被覆されている．また，化成処理によるリン酸塩被膜は耐食および耐焼付き用途で用いられている．

2.4.6 保持器材

転がり軸受の保持器は，主に，金属またはプラスチックス材料から造られる．保持器の材料には軸受の回転中に受ける振動や衝撃荷重に耐えることのできる強度を有し，転動体および軌道輪との摩擦が小さく，軽量でかつ軸受の運転温度に耐えることが要求される．最近は低コスト，軽量化の要求から樹脂製の保持器の使用範囲が拡大している．

（1）金 属

一般には鋼が用いられるが，高速軸受用としてはすべり特性の良い銅合金が用いられる．製造方法により，プレス加工により造られる打抜き（プレス）保持器と削り加工で造られるもみ抜き保持器とに分けられる．

深溝玉軸受用の波形保持器や，円筒ころ，あるいは円すいころ軸受のかご形保持器などが代表的な打抜き保持器といえる．これら打抜き保持器に使用される材料は，一般に，鋼製で炭素含有量が低い（0.1％程度）冷間または熱間圧延鋼板（JIS G 3141，JIS G 3131）あるいは BAS 規格の SPB 2 の鋼種のうちから選ばれている．JIS G 3141, JIS G 3131 および BAS 規格の SPB 2 の化学成分規格を表 2.4.16 に示す．このうち JIS G 3141 が最も多く使用され，SPB 2 は中形の円すいころ軸受等に使用される．

また，情報機器等で多用される小型モータ用のミニアチュア軸受や半導体製造装置等の腐食環境下などで使用される軸受は耐食性の点からステンレス鋼製の保持器，または後述する樹脂材料製保持器が使用される．保持器に使用されるステンレス鋼の化学成分の JIS 規格を表 2.4.17 に示す．

鉄道車両，製鉄プラントなどで使用される中-大型の軸受では，前述の鋼材の他にも高力黄銅鋳物（JIS H 5102），機械構造用炭素鋼（JIS G 4051）なども使用されることが多い．また，使用条件によってはアルミ合金なども用いられることもある．

ジェットエンジン用の軸受では，高力黄銅鋳物以外に中炭素量のニッケル，クロム，モリブデン鋼（JIS G 4103）の焼入れ・高温焼戻し処理したものが用いられる．なお，潤滑性を向上させるために，表面に軟質金属（銀，亜鉛等）のめっきや，固体潤滑剤による表面処理をしたものが多く使用される．これら材料の化学成分の JIS 規格を表 2.4.18，表 2.4.19 に示す．

（2）樹 脂

近年，金属製の保持器に代わり，樹脂製の保持器

表 2.4.16　打抜き保持器用鋼板の化学成分　　（単位：％）

規格	記号	C	Si	Mn	P	S
JIS G 3141	SPCC	0.12 以下	—	0.50 以下	0.040 以下	0.045 以下
JIS G 3131	SPHD	—	—	—	0.040 以下	0.040 以下
BSA 361	SPB 2	0.13〜0.20	0.04 以下	0.25〜0.60	0.030 以下	0.030 以下

表 2.4.17　保持器用ステンレス鋼板の化学成分　　（単位：％）

規格	記号	C	Si	Mn	P	S	Cr	Ni	Mo
JIS G 4303	SUS 410	0.15 以下	1.00 以下	1.00 以下	0.040 以下	0.030 以下	11.50〜13.0	—	0.75 以下
JIS G 4304	SUS 304	0.08 以下	1.00 以下	2.00 以下	0.040 以下	0.030 以下	18.00〜20.00	8.00〜10.50	

表 2.4.18　もみ抜き保持器用高力黄銅の化学成分　　（単位：％）

規格	記号	Cu	Zn	Mn	Fe	Al	Zn	Ni	Pb	Si
JIS H 5102	HBsC 1	55.0〜60.0	残	1.5 以下	0.5〜1.5	0.5〜1.5	1.0 以下	1.0 以下	0.4 以下	0.1 以下
JIS H 3425	HBsB 1	56.0〜61.0	残	0.3〜1.5	0.1〜1.0	0.2 以下	1.0	—	0.8 以下	

表 2.4.19 もみ抜き保持器用鋼の化学成分　　　　　　（単位：％）

規格	記号	C	Si	Mn	P	S	Ni	Cr	Mo
JIS G 4103	SNCM 439	0.36〜0.43	0.15〜0.35	0.60〜0.90	0.030以下	0.030以下	0.60〜2.00	0.60〜1.00	0.15〜0.30
JIS G 4051	S 30 C	0.27〜0.33	0.15〜0.35	0.60〜0.90	0.030以下	0.035以下	—	—	—

が多用されるようになってきた．成形（製造）方法から区分すると，射出成形法と圧縮成形法とに分類できる．量的には，コストの面から大量生産向きの射出成形品が多い．

a. 射出成形保持器

一般に，小中型の汎用転がり軸受では，射出成形可能なポリアミド（ナイロン）樹脂やポリオキシメチレン（ポリアセタール）樹脂の保持器が使用される．これらの樹脂材料は，複雑な形状のものでも精度良く，安価に大量生産可能である．なお，強度が必要な場合は，短いガラスあるいは炭素繊維を充てんした材料を用いる．

しかし，金属系の保持器に比べると，概して，耐熱性および強度の点で劣る．しかし，潤滑性および制振性は，鉄系材料の保持器に比べると優れる．保持器用に使用されるナイロン樹脂（非強化とガラス繊維充てん材料）の性状の一例を表 2.4.20 に示す．

b. 圧縮成形保持器

高速用の軸受には軽量化のため樹脂系の保持器が使用される．材料は強度，剛性等が必要なため，綿布等で補強した熱硬化性樹脂（フェノール樹脂）の積層材が，一般には使用される．

特殊な用途として，宇宙や半導体製造装置等の真空（減圧下）環境で使用される軸受の保持器は，潤滑油や潤滑グリースが使用できないので，潤滑性の良いポリテトラフルオロエチレン（PTFE）樹脂やグラファイトなどの固体潤滑剤が使用される．PTFE樹脂の場合，単独あるいは二硫化モリブデン（MoS_2），グラファイトや金属系固体潤滑剤（Ag，Pb など）を配合した材料が用いられる．これらの材料は，圧縮成形後保持器形状に機械加工して用いられる．

文　献

1) 山本俊郎：日本金属学会会報, **11**, 6 (1971) 419.
2) 門間改三・丸田良平・山本俊郎・脇門恵洋：日本金属学会誌, **32**, 12 (1968) 1193.
3) (社)日本ベアリング工業「ベアリング」編集委員会：「ここまできている軸受技術 (1)」ベアリング, **37**, 8 (1994) 2.
4) 前田喜久男：機械設計, **39**, 13 (1995) 48.
5) 坪田一一・大西公雄・坂上高志・石原 好：鉄と鋼, **70**, 8 (1984) 854.
6) K. Kumagai, Y. Takata, T. Yamada & K. Mori：Conference, Effect of Steel Manufacturing Processes on the Quality of Bearing Steels, Phoenix, Arizona, USA, 4-6 Nov. 1986 ASTM, STP987 (1988) 348.
7) 鳥山寿之・村上敬宜・山下晃生・坪田一一・古村恭三郎：鉄と鋼, **81**, 10 (1995) 1019.
8) 村上保夫：機械設計, **39**, 13 (1995) 33.
9) 戸田一寿・三上 剛・星野照男：日本金属学会誌, **58**, 12 (1994) 1473.
10) 日本ベアリング工業会規格，BAS 330-1988.
11) Advanced Materials & Processes, 142, No. 6 (1992) 39.
12) JIS G 4303.
13) AMS 5749C (1973, Rev. 1992).
14) Bingzhe Lou & B.L. Averbach：Met. Trans., 14A (1983) 1899.
15) 千原 学：特殊鋼, **11**, 12 (1962) 69.
16) Alloy Digest, SS-370 (1979).
17) 坪田一一：未発表．
18) ステンレス鋼便覧，日刊工業新聞社 (1973) 381.
19) 耐熱軸受研究委員会：鉄と鋼, **51**, 9 (1965) 1646.
20) Alloy Digest, SS-550 (1993).
21) 文献 18) の p. 151.
22) US Pat., No. 5, 424, 028.
23) 小柳 明：鉄と鋼, **62**, 3 (1976) 414.

表 2.4.20 ナイロン 66 樹脂保持器材の性状

項目	規格	単位	非強化	GF強化
比重	JIS K 7112		1.14〜1.17	1.38
吸水率	JIS K 7209	％	1.50	0.75
ロックウェル硬さ	JIS K 7202	Rスケール	108〜120	118〜120
引張降伏強さ	JIS K 7113	MPa	53〜81	135
引張破壊伸び	JIS K 7113	％	50〜250	2〜4
曲げ弾性率	JIS K 7203	MPa	1 200〜3 200	6 000〜7 500
荷重たわみ温度	JIS K 7207	℃	70〜135	250

24) 前田喜久男・中島碩一：NTN Technical Review, No. 63 (1994) 83.
25) Alloy Digest, TS-278 (1974).
26) JIS G 4403.
27) Alloy Digest, SA-462 (1991).
28) Alloy Digest, SA-368 (1980).
29) Alloy Digest, SS-574 (1994).
30) 鋼の熱処理, 改訂5版, 日本鉄鋼協会 (1969) 505.
31) 鋼の熱処理, 改訂5版, 日本鉄鋼協会 (1969) 503.
32) 坪田一一：未発表.
33) 耐熱軸受研究委員会：鉄と鋼, **51**, 9 (1965) 1646.
34) C. F. Jatczak : Metal Progress, **113**, 4 (1978) 70.
35) Alloy Digest, TS-360 (1980).
36) G. A. Roberst & R. A. Cary : Tool Steels, 4th ed., ASM (1980) 710.
37) Alloy Digest, SA-450 (1990).
38) Alloy Digest, TS-415 (1983).
39) 三島 進：プレス技術, **28**, 2 (1990) 114.
40) 金属データブック, 日本金属学会編 (1993) 121.
41) Aerospace Structural Metals Handbook, Purdue University (1982) Code No. 1227.
42) Metals Handbook, 9-3 (1980) 442.
43) Alloy Digest, TS-337 (1978).
44) Alloy Digest, TS-409 (1983).
45) B. L. Averbach, Bingzhe Lou, P. K. Pearson, R. E. Fairchild & E. N. Bamberger : Met. Trans., **16A**, 7 (1985) 1253.
46) Bingzhe Lou & B. L. Averbach : Met. Trans., **14A**, 9 (1983) 1889.
47) J. A. Rescalvo & B. L. Averbach : Met. Trans., **10A**, 9 (1979) 1265.
48) J. M. Beswick : Met. Trans., **20A**, 10 (1989) 1961.
49) 新関 心・松永茂樹：トライボロジスト, **41**, 12 (1996) 967.
50) 山田哲夫・稲石種利：ニューセラミックス (1997-4) 7.
51) 服部善憲：窯業協会窯炉・断熱技術講習会資料 (1987-11).
52) 新関 心・阿部 力・古任恭三郎：日本潤滑学会トライボロジー会議予稿集 (福岡 1991-10) 67.
53) 六角和夫：Koyo Eng. Jour., 139 (1991) 16.
54) 榎本祐嗣・三宅正二郎：薄膜トライボロジー, 東京大学出版会 (1994).
55) 宮川行雄・西村 允・野坂正隆・宮脇雄三：潤滑, **23**, 1 (1978) 51.
56) 西村 允・野坂正隆・鈴木峰男・宮川行雄：潤滑, **30**, 9 (1985) 671.
57) 平野元久・三宅正二郎・加藤梅子：潤滑, **34**, 1 (1989) 58.
58) H. J. Boving & H. E. Hintermann : Tribology Int., **23**, 2 (1990) 129.

2.5 歯車，カム，ピストンリング材料

歯車とカムは接触状況や負荷条件が似ているので，同じような材料が使われる．しかし，その選定において根本的に異なる．

歯車材料は，価格，材料強度，加工性，あるいは耐食性などの歯車用途に応じた特性が要求される．動力伝達用歯車材料としては機械構造用炭素鋼・合金鋼が最も優れている．材料強度は硬度に比例すると見なされる．そのため高硬度材が選定されやすいが，靱性と加工性の面から安易に高硬度材を採用してはならない．歯車がかみ合うときに大きな衝撃力を受けるため，靱性不足による歯の折損は歯車にとって致命的な損傷となる．母材の靱性を維持し，かつ表面硬度を上げる方法として，浸炭や窒化といった表面処理が用いられる．

歯車の強度には歯面の仕上げ粗さや加工精度が強く影響する．材料硬度を上げるにつれ切削性が悪くなり，歯車の強度が低硬度材より低下する事例も見られるなど，加工性は生産性のみならず，強度にも影響を与えることに留意せねばならない．

伝達動力が小さくなるにつれ，材料も鋳鉄や焼結材料などの生産性の高い材料や安価な材料が鋼とともに用いられるようになる．また，ウォームギヤのようにすべりが大きい歯車では，ウォームに浸炭鋼，ホイールに銅系の材料を用いるなど，耐摩耗性が重視される．そのほか，特殊環境下で使用される場合には，環境に対応した材料や表面処理の工夫がなされる．

歯車には回転伝達を目的とする使用方法がある．この場合には，歯車強度より，経済性と生産性に主眼がおかれ，プラスチックスや焼結材料が多く使用されている．特に無潤滑状態での使用は大半がプラスチックスに依存している．

カム材料は，接触状態が歯車に似るものの，衝撃や加工性で歯車ほど問題にされない．カムは純転がりに近いものから，すべりを伴うもの，完全なすべりのみの場合と，しゅう動状況に幅がある．接触応力が高いので，高硬度材が主流をなすが，すべりが多いほど焼付きや摩耗に対する配慮が必要となる．高硬度材としてセラミックスが採用されることもある．しかし，一般にはチル硬化した鋳鉄や焼入れした鋼が多く，表面にリン酸塩被膜処理や軟窒化処理などを施すこともある．軽荷重の場合には，鋳鉄や鋼に加えて，焼結金属や合成樹脂も使われる．

2.5.1 機械構造用炭素鋼

S 45 C は炭素含有量が約 0.45% で，主要成分は，0.42〜0.48% C，0.15〜0.35% Si，0.60〜0.90% Mn の鋼である．焼入れ，焼戻しが

可能であり，比較的安価な割に，所要の硬さ，ねばり強さを与えることができるので，歯車，軸等，機械の中で力を伝える部品に広く用いられる．また，希少金属の合金成分を含まないので，鉄の再利用が容易であり，省資源リサイクル材料として適当である．

一例として，S45Cの一般的性質を挙げると，焼きならしたものの引張強さ 0.56 GPa 以上，降伏点 0.34 GPa 以上，伸び 20% 以上，硬さ HB 162～229，熱伝導率 32～37 kcal/(h·m·deg)，熱膨張係数 $9.6～10.9 \times 10^{-6}$，電気抵抗 20.4～24.4 $\mu\Omega$ cm，比熱 0.121～0.124 kcal/(kg·deg) 程度である．

機械部品には，生材で用いられることはほとんどなく，素材調質すなわちあまり硬くない状態に焼入焼戻しをして機械加工され，そのまま用いられるか，または，機械加工後，ずぶ焼入れ（全体硬化処理），あるいは，高周波焼入れして用いられることが多い．表面から深く焼きを入れることはむずかしいため，大形部品のずぶ焼入れの場合には用いられない．また，浸炭焼入れ処理をする場合にもあまり適当な材料ではない．

歯面硬さ（HB）と表面粗さを比較的滑らかにしたときの，歯面接触応力許容値（$\sigma_{H \text{lim}}$）および歯元応力許容値（$\sigma_{F \text{lim}}$）のおよその目安は，表 2.5.1 のようである．

高周波焼入れしたときの歯元応力許容値は，硬化層の与え方により著しく異なるため，概略値を与えることはできないが，歯面接触応力許容値のおよその目安は，表 2.5.2 のようである．

硬さは炭素含有量によって決まり，炭素含有量が高いほど硬くなる．強い強度を求めるため，炭素含有量を高くすると靱性が失われて脆くなり，また，機械加工が困難になって，切削工具寿命の低下を招く．炭素含有量が高い場合には，合金鋼よりも加工性は劣る場合も多い．

ISO の歯車負荷容量計算法規格の第 5 部「材料の強度と品質」（ISO 6336-5）に示されている歯車材料としての歯面接触応力許容値，歯元曲げ応力許容値は，図 2.5.1，図 2.5.2 の「炭素鋼」の値の範囲である．ISO では歯車材料の品質等級として，

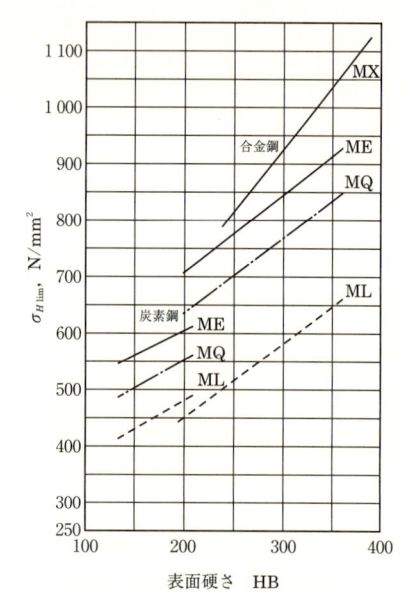

図 2.5.1 全体硬化鋼の歯面接触に対する許容応力値

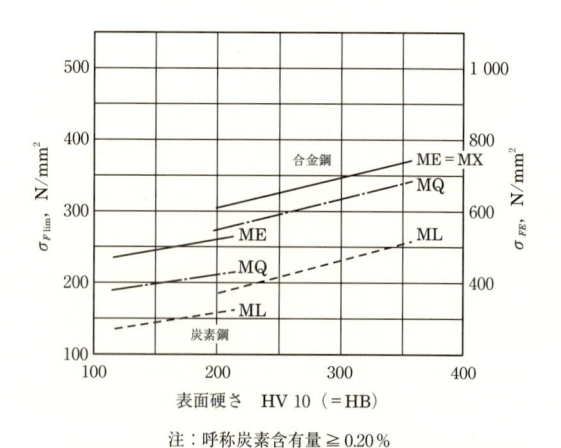

図 2.5.2 全体硬化鋼の歯元曲げに対する許容応力値

表 2.5.1 浸炭焼入れ時の $\sigma_{H \text{lim}}$ と $\sigma_{F \text{lim}}$

HB	$\sigma_{H \text{lim}}$, N/mm²	$\sigma_{F \text{lim}}$, N/mm²
120	407	135
150	445	165
200	540	200
250	600	230
300	686	260

表 2.5.2 高周波焼入れ時の $\sigma_{H \text{lim}}$

HV	$\sigma_{H \text{lim}}$, N/mm²
420	750
500	880
560	960
620	1 050
680	1 080

ML，MQ，ME，MX を規定しているが，ML は材料品質および歯車製造時の熱処理方法について控え目な要求事項に対応するもの，MQ は適度な費用で経験豊かな製造業者によって満たされ得る要求事項に対応するもの，ME は稼働時に高度な信頼性が要求される場合に実現しなければならないものを表わしている．機械構造用炭素鋼の場合には，鋼材の組成は厳密に特定されておらず，また，溶解方法も知ることができないことが多いので，材料の許容値は通常，ML に近い値にとられる．MQ のレベルに達するには，溶解チャージまでの 100％ トレーサビリティ，硬さ試験，清浄度，結晶粒度 5 以下，鍛錬成形比 3 倍以上，の規定をパスする必要がある．また，荒仕上げ状態での材料の超音波探傷検査が推奨されている．ME のレベルに達するには，さらに，熱処理後の機械的性質の試験，表面割れの検査，ミクロ組織の要求事項を満たす必要がある．

2.5.2 機械構造用合金鋼
（1）合金鋼の活用

一般に歯車やカムは転がり疲労強度を特に要求されるため，歯面や転がり面の硬さを上げ得る材料が求められる．歯面などの硬さは熱処理によって高くできるが，運転条件，材料の靱性や加工法，コストなどを考慮して，適切な熱処理や硬さを選定する．また歯車では衝撃や繰返し曲げによる折損にも耐えるように材料を選定するむずかしさがある．小型，高出力化に対応できるように歯車を設計していくためには，熱処理後の機械的性質にバリエーションをもたせることができる合金鋼の活用が重要である．

（2）歯車用合金鋼の種類と使用上の留意事項

表 2.5.3 に熱処理，表面硬化方法に対応する代表的な合金鋼を示す．

a．全体硬化（焼入焼戻し）用鋼

焼入焼戻し後に歯切りを行なうために歯車精度が良い．ただし，加工性の面から硬さが制限されるために，あまり硬くできない．歯切り加工の場合，歯切り工具の寿命と経済性から，硬さはブリネル硬さ 264（ショア硬さ 40）程度以下が望ましい．

b．高周波または火炎焼入れ用鋼材

炭素鋼が主として用いられるが，焼割れに注意すれば合金鋼を用いて高い硬さを得ることができる．歯底に焼入れすると曲げ強さも大きくできる．曲げ応力の大きい部分が焼境いとならないようにする．高炭素鋼（S 43 C 以上）や SCM 鋼は焼割れが生じやすいので注意が必要である．

c．浸炭焼入れ用鋼

浸炭焼入れすると，表面硬さ上昇と圧縮残留応力の効果で転がり疲労限や曲げ疲労限が向上し，高負荷での使用による高面圧，高曲げ応力への対応が可能となる．しかし，焼入れひずみが出やすいので浸炭焼入れ後の研削が必要となる．車両用の量産歯車では歯切りやシェービング後に浸炭焼入れして用いる場合が多い．

d．窒化用鋼材

歯面硬さを高くでき，転がり疲労限を高めるとともに曲げ疲れや耐食性の改善を図ることができる．全体硬化や浸炭焼入れと比べて熱処理ひずみは小さいが，表面硬化層厚さが小さい（0.7 mm 以下）ので，モジュールが大きい（10 程度以上）

表 2.5.3 歯車用合金鋼の機械的性質と熱処理

鋼種	鋼種記号	引張強さ，N/mm²	ブリネル硬さ（ショア硬さ）	全体硬化	高周波焼入れ	浸炭焼入れ	窒化
Ni-Cr 鋼	SNC 631	～835	248～302	○			
	SNC 836	930	269～321	○			
	SNC 415	785	(75～85)			○	
	SNC 980	980	(75～85)			○	
Cr 鋼	SCr 420	835	(75～85)			○	
Ni-Cr-Mo 鋼	SNCM 625	930	269～321	○			
	SNCM 630	1 080	302～352	○			
	SNCM 439	980	293～352	○			
	SNCM 447	1 030	302～363	○			
	SNCM 220	835	(75～85)			○	
	SNCM 415	880	(75～85)			○	
	SNCM 420	980	(75～85)			○	
	SNCM 815	1 080	(75～85)			○	
	SNCM 616	1 175	(75～85)			○	
Cr-Mo 鋼	SCM 430	835	241～302	○	△		
	SCM 435	930	269～331	○	△		
	SCM 440	980	285～352	○	△		△
	SCM 415	835	(75～85)			○	
	SCM 420	930	(75～85)			○	
	SCM 421	980	(75～85)			○	
Al-Cr-Mo 鋼	SACM 645	830	(　～95)				○

場合には歯面設計面圧を低くする配慮が必要である．

e. 低温ガス浸炭窒化またはタフトライド用歯車材

一般に炭素鋼（S 43 C，S 45 C など），合金鋼（SCM 435，SCM 440 など）および鋳鉄（FCD 500，FCMP 490 など）が用いられる．炭素鋼の方がコストが低くなるメリットがある．

（3）許容接触応力値

前項で示した ISO 6336-5（1996）による炭素鋼と合金鋼の許容接触応力に加え，図2.5.3 に浸炭焼入れ，高周波焼入れおよび水炎焼入れの場合を示す．表面硬化することにより，高面圧設計が可能となる．

2.5.3 強靱鋳鉄

強靱鋳鉄は，引張強さ 300 MPa 以上の鋳鉄の総称である．ねずみ鋳鉄（JIS G 5501）の FC 300，FC 350，パーライト可鍛鋳鉄（JIS G 5704），球状黒鉛鋳鉄（JIS G 5502），オーステンパ球状黒鉛鋳鉄（JIS G 5503）等がこれに相当する．

鋳鉄系の材料は基地の中に黒鉛を分散させているため，鋳造直後の冷却速度や冷却過程を管理したり，温度と時間を選んで熱処理を行なうことで，目的に合わせて硬さや基地組織が選べる．また機能的には接触部で容易になじみが得られる．これらが耐摩耗材料として見たときの鋳鉄系材料の大きな利点である．

ねずみ鋳鉄は設計の自由度が高く，一般に被切削性が良く，また耐摩耗性に優れている．化学成分が C 3.0〜3.3，Si 1.3〜1.7 付近のパーライト組織のものは，特に耐摩耗性が良いので大型歯車その他耐摩耗部品に広く用いられる．ねずみ鋳鉄は成分や組織で諸性質が広範囲に変化する．同じ成分であっても供試材のとり方でも異なる．このため JIS では基準になる別鋳込み供試材の他に，本体付き供試材，実体強度用供試材の機械的性質を参考表として付記している．詳細は JIS G 5501 を参照されたい．

鋳鉄の特性を生かした代表部品にピストンリングがある．これは耐摩耗性，強靱性，耐熱性，ばね特性，被切削性などピストンリング材として必要な性質を鋳鉄系材料がよく備えているからである．主にパーライト組織のねずみ鋳鉄や球状黒鉛鋳鉄が用いられる．ピストンリング用鋳鉄の性質は，製造法でも変わるので定まった化学成分はないが，一般には C 3.5〜3.8，Si 2.4〜2.9 の過共晶成分のものが使用される．硬さは HR 94〜107 である[2]．

ねずみ鋳鉄は，鋳造時に硬化させたい表面部を冷し金を用いて急冷することにより，硬くて耐摩耗性に優れたチル層を作ることができる．自動車エンジンのカムシャフト用鋳鉄の化学成分の一例を表2.5.4 に示す．HB 548〜562 程度の表面硬さが得られる[3]．

パーライト可鍛鋳鉄，特に直接油冷型のパーライト可鍛鋳鉄は，1975年頃まではその優れた耐摩耗性と機械的性質および被切削性によって歯車やシフトホーク，ロッカアーム等広く耐摩耗強度部品に使用されていた．しかしコスト高のためその後著しく生産量を落としている．パーライト可鍛鋳鉄の機械的性質を表2.5.5 に示す．特色を生かした代表的な使用例として，自動車推進軸の自在接手に用いられるスプラインをもつスリーブヨークの一例を図2.5.4 に示す．薄肉にも拘わらず 1 100 N･m の片振り

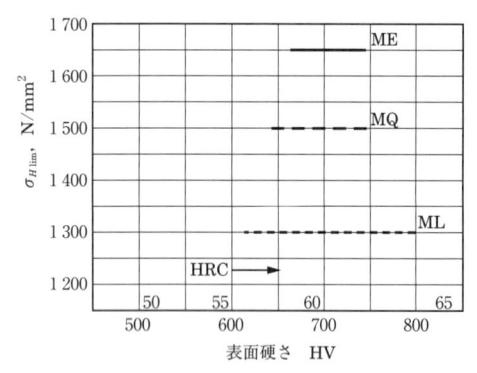

(a) 浸炭焼入鋼の許容接触応力値

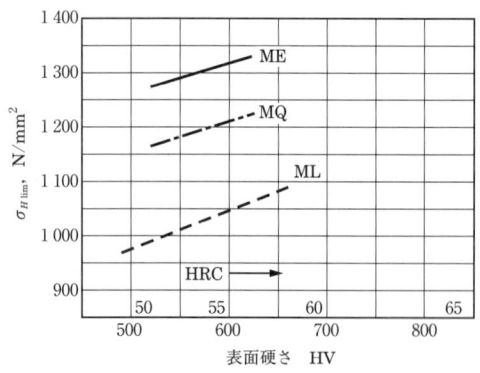

(b) 高周波焼入鋼，火炎焼入鋼の許容接触応力値

図 2.5.3　表面硬化鋼の許容応力（接触）
〔出典：文献1）〕

ねじりトルクに耐え，シャフトの数倍の耐久性をもっている[4]．

球状黒鉛鋳鉄はパーライト可鍛鋳鉄よりも経済的であることに加え，疲労強度などの機械的性質が著しく改善されたため，自動車部品や建設機械部品を主体に用途を拡大している．耐摩耗用として用いられるのは，おもにFCD 700-2，FCD 800-2といったパーライト組織をもつ球状黒鉛鋳鉄である．焼入れ性が良く，必要な場合は表面に高周波焼入れを施して使用することもできる．表2.5.6はパーライト球状黒鉛鋳鉄の機械的性質である．パーライト球状黒鉛鋳鉄は同程度の硬さの鋼に比較して被切削性が良く，ホブ切りだけで滑らかな歯面が得られる．このためパーライト球状黒鉛鋳鉄（FCD 800）は同じ硬さ，同じ表面粗さのCrMo鋼（SCM 435）よりも格段に優れた耐ピッチング性を示す[5]．中負荷の歯車やローラチェーンおよびコンベアチェーン用スプロケット等に用いられる．

黒鉛粒数が多く，したがって粒径が小さい球状黒鉛鋳鉄は衝撃に強く，疲労強度も高い．ピストンリングで特に強靱性が要求される例えばトップリング等には，完全パーライト組織で黒鉛粒数が多い球状黒鉛鋳鉄が使用される．

オーステンパ球状黒鉛鋳鉄はADIと略称されるが，引張強さで約1 000 N/mm²，伸びで約10%の優れた機械的性質をもち，さらに塑性流動を伴うような表面接触があれば，表面層に加工誘起変態による硬化層を生じ，優れた耐摩耗性を示す．JIS G 5503では5種類のオーステンパ球状黒鉛鋳鉄が制定されているが，代表的な2種類の機械的性質を表2.5.7に示す．

図2.5.5は歯面強さを許容ピッチング面積率0.1%としたときの歯幅当たりの伝達荷重と初期面粗さとの関係を図にしたものである．ホブ切りだけでJIS 1～2級程度の良好な精度が得られるためだけでなく，同じ面粗さでも優れた耐ピッチング性を示す[6]．疲労破壊を含めたADI歯車の耐久性は軟窒化歯車に匹敵し，低荷重長寿命域では軟窒化歯車を上回る耐久性をもっている．加工誘起変態で表面が硬化するのは接触部だけで，その他の部分は靱性を失わないので衝撃に強く，建設機械の駆動歯車の使用例もある．制振性があり[7]歯車特にはすば歯車

表2.5.4 カムシャフト用鋳鉄の化学成分例

化学成分，%							
C	Si	Mn	Cr	Mo	Ni	P	S
3.38	2.02	0.67	0.46	0.18	0.16	.023	.031

表2.5.5 パーライト可鍛鋳鉄の機械的性質 JIS G 5704（1988）

記号	引張強さ，N/mm²	耐力，N/mm²	伸び，%
FCMP 590	590以上	390以上	3以上
FCMP 690	690以上	510以上	2以上

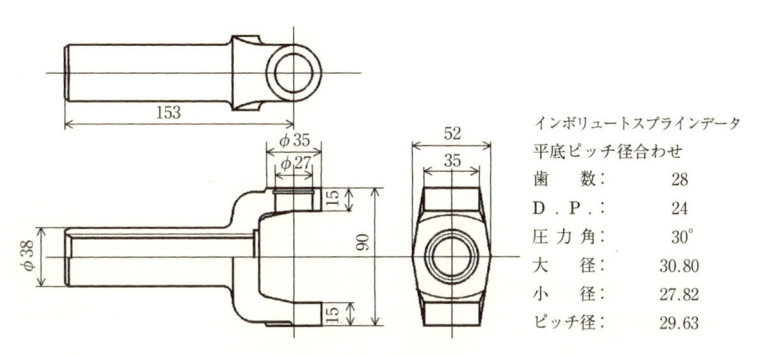

図2.5.4 パーライト可鍛鋳鉄製スリーブヨーク

インボリュートスプラインデータ
平底ピッチ径合わせ
歯　数： 28
D.P.： 24
圧力角： 30°
大　径： 30.80
小　径： 27.82
ピッチ径： 29.63

表2.5.6 パーライト球状黒鉛鋳鉄の機械的性質 JIS G 5502（1995）

記号	引張強さ，N/mm²	耐力，N/mm²	伸び，%
FCD 700-2	700以上	420以上	2以上
FCD 800-2	800以上	480以上	2以上

表2.5.7 オーステンパ球状黒鉛鋳鉄の機械的性質 JIS G 5503（1995）

記号	引張強さ，N/mm²	耐力，N/mm²	伸び，%
FCAD 900-8	900以上	600以上	8以上
FCAD 1000-5	1 000以上	700以上	5以上

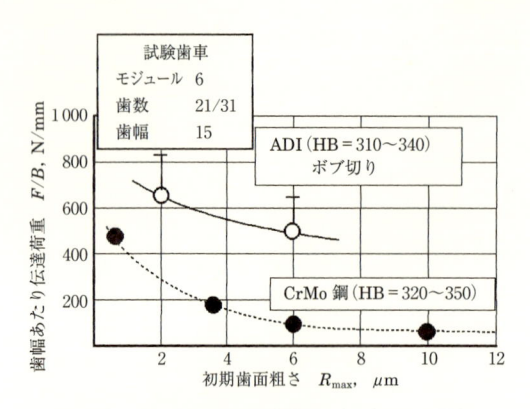

図 2.5.5 歯面粗さと伝達荷重（F/B）の関係

に適し，その他スプロケット，カムシャフト等に使用される．

2.5.4 焼結合金

歯車などのように形状が単純ではなく，加工工程，時間，コストを要する機械部品の大量生産には，生産性が高く，機械加工工程削減によるコスト低減が可能で，ニアネットシェイプやネットシェイプが可能な粉末焼結法が適用されている．さらに粉末焼結機械部品は自己潤滑性や制振性を有することなどにより年々その需要が高くなっている[8,9]．

歯車やカムなどの焼結機械部品には一般的に表 2.5.8[10] に示す鉄基焼結材料が使用されている．SMF 1～8 種は鉄粉に銅，ニッケル，炭素などの合金元素粉を混合して焼結され，小物駆動部品，多用途機構部品，動力伝達部品などの高負荷機械部品に適用されている．高強度用焼結材料として，部分拡散合金粉，低合金鋼粉，粉末鍛造材などがある．部

表 2.5.8 機械構造部品用焼結材料の特徴　　〔出典：文献 10）〕

種類	合金系	特徴	組織	応用分野	適用部品
SMF 1 種	純鉄系	靱性はあるが機械的特性は低い．浸炭焼入れにより耐摩耗性向上．	フェライト	事務機，計測機，センサ機器他	小物駆動部品，軟磁性材料代替部品
SMF 2 種	鉄-銅系	銅添加により機械的特性向上．水蒸気処理，浸炭焼入れにより耐摩耗性向上．	フェライト	事務機，家電製品他	軽負荷機構部品，機構
SMF 3 種	鉄-炭素系	炭素を添加し強度向上．水蒸気処理，浸炭焼入れにより耐摩耗性向上．	パーライト＋フェライト	事務機，家電製品他	軽負荷機構部品，軽負荷しゅう動部品
SMF 4 種	鉄-炭素-銅系	銅と炭素を添加し，強度，耐摩耗性向上．水蒸気処理，浸炭焼入れ，高周波焼入れにより強度向上．	パーライト＋フェライト	事務機，家電製品，農業機械，自動車，二輪車他	多用途機構部品（動力伝達部品など）
SMF 5 種	鉄-炭素-銅-ニッケル系	ニッケルを添加し，靱性向上．高周波焼入れ，浸炭焼入れにより強度向上．	パーライト＋フェライトNi リッチ層有	自動車，二輪車，農業機械他	高負荷機構部品（動力伝達部品など）
SMF 6 種	鉄-炭素（銅溶浸）系	銅溶浸により高靱性化，気密性あり．熱処理は可能．	パーライト＋フェライト	家電製品，建設機械他	耐圧部品，高負荷機構部品
SMF 7 種	鉄-ニッケル系	炭素の入っていないニッケル系で靱性あり．浸炭焼入れにより耐摩耗性，強度向上．	フェライトNi リッチ層有	自動車，二輪車，農業機械他	高負荷機構部品（動力伝達部品など）
SMF 8 種	鉄-炭素-ニッケル系	銅の入っていないニッケル系で靱性あり．浸炭焼入れにより耐摩耗性，強度向上．	パーライト＋フェライトNi リッチ層有		
部分拡散合金系	鉄-銅-ニッケル-モリブデン系＋（炭素）	SMF 4，5 種の熱処理相当の機械的特性以上の値が焼結体で得られる．浸炭焼入れにより強度向上．	ソルバイト＋ベイナイト	自動車，二輪車，農業機械他	高負荷機構部品（動力伝達部品など）
低合金鋼系		合金アトマイズ粉で浸炭焼入れ後の機械的特性は，従来材に比較さらに高い値を示す．寸法変化が少なく，高精度化が可能．	パーライト＋フェライト	自動車，二輪車，農業機械他	高負荷機構部品（自動車用動力伝達部品など）
粉末鍛造材	鉄-炭素-銅系，4600 系	熱間鍛造により密度向上．機械的特性は，ほぼ鋼材に等しい．	パーライト＋フェライト	自動車，二輪車，農業機械他	高負荷機構部品（自動車ミッション，エンジン部品など）

分拡散合金粉は鉄粉粒子表面に銅，ニッケル，モリブデンなどの微粉を拡散合金化したものである．低合金鋼粉は個々の粉末粒子が完全に合金化した完全合金化アトマイズ粉で，ニッケル-モリブデン系低合金鋼粉（AISI 4600系）とクロム-マンガン系低合金鋼粉（AISI 4100系）がある．粉末鍛造材としては，炭素鋼部品に対して鉄-炭素系あるいは鉄-炭素-銅系が，低合金部品に対してはニッケル-モリブデン系（AISI 4600系）がよく用いられる．これら高強度用焼結材料により焼結されたものは動力伝達部品などの高負荷機構部品に適用されている．なお，鉄粉は比較的強度は低いが，圧粉成形性が良く，完全合金鋼粉は高強度であるが，圧粉成形性は比較的悪い．拡散合金粉は高強度を有し，圧粉成形性も比較的良好である．

これらの鉄基焼結材が動力伝達用歯車やカムなどに適用される場合にはしばしば機械的強さや耐摩耗性を改善するために一般に焼入焼戻しおよび浸炭焼入焼戻しが施される．また，粉末の種類によっては高周波焼入焼戻しが行なわれる．さらに耐食や耐摩耗性向上のために水蒸気中500℃で約1時間保持して表面に四三酸化鉄被膜を作る水蒸気処理，リン酸被膜処理，浸硫処理，クロマイジング，シェラダイジング，めっきなどが施される場合がある．一方，焼結部品のばり取りや表面をきれいにするためバレル研磨やショットブラスト処理がよく用いられる．

歯車の歯は繰返し曲げ疲労応力を受けると同時に，歯面はすべり・転がり繰返し接触応力を受ける．また，カム接触面においてもすべりあるいは転がり繰返し接触応力を受ける．これらの機械部品を設計，製作する際に，強さ，特に曲げ疲れ強さおよび面圧強さ（転がり疲れ強さ）を把握する必要がある．図2.5.6[10]は焼結材料の引張強さと回転曲げ疲れ強さの関係を焼結体（焼結のまま）と熱処理体（一般には浸炭焼入焼戻し処理）に対して示す．焼結材料の疲労限度比は0.3〜0.5の間にあり，JIS材SMFと低合金鋼系の熱処理体は疲労限度比が0.5に近く，拡散合金系は熱処理しても疲労限度比は0.3に近い．図2.5.7[11]は回転曲げ疲れ強さと面圧強さの関係を示す．混合法によるニッケル鋼よりも完全合金鋼粉を用いたニッケル-モリブデン鋼の方が強度が高く，また密度の増加に比例して面圧強さは大幅に増大する[12]．鍛造や転造された焼結部材は農機具や自動二輪車のミッションギヤの領域まで適用されている．

図2.5.8[13]は焼結歯車の例を円形歯車と非円形歯車について示す．非円形歯車は田植機の苗植え付け機構などに使用されている．歯車類への焼結法の他の適用例としては自動車用にスタータギヤ，パーキングギヤ，ウィンドレギュレータピニオン，ディストリビュータ駆動ギヤ，さらに遊星歯車装置キャリヤ，タイミングプーリ，クラッチハブ，スプロケットなどがあり，トロコイドオイルポンプ，事務機・家電機器の各種歯車などもある．また自動車用シー

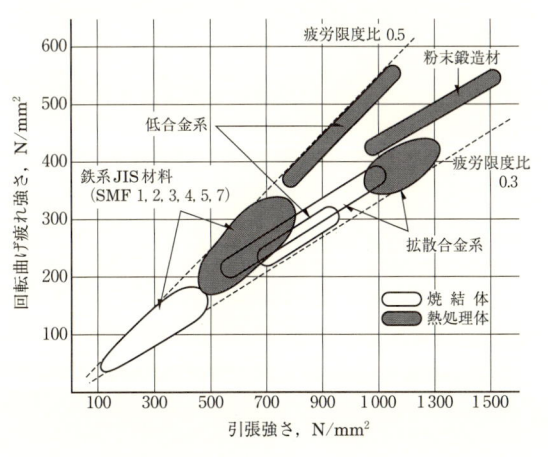

図2.5.6 焼結材料の引張強さと回転曲げ疲れ強さの関係　〔出典：文献10〕

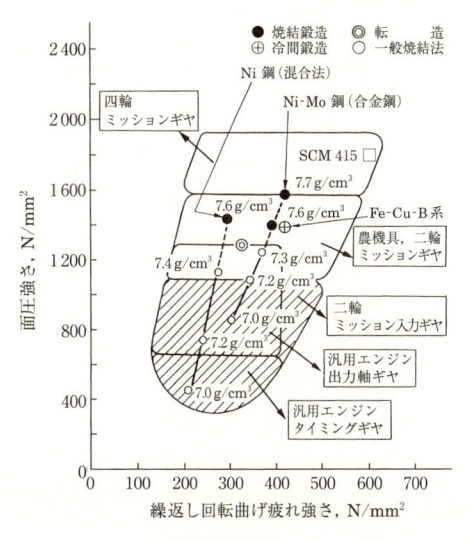

図2.5.7 焼結部品材の強さレベル概念図　〔出典：文献11〕

図 2.5.8 焼結円形歯車と非円形歯車
〔出典：文献 13)〕

トリフタ用カム，パワーステアリング用カムリングなどにも適用されている．焼結歯車の精度は一般的に JIS 5～7 級で，サイジングを施すと条件によっては 4 級程度まで可能で，通常のホブやギヤシェーパによる加工精度より良好である[14]．このように粉末焼結機械部品は寸法精度も比較的良く，原料消費の歩留まりは極めて良好で，前述の特徴をも活かして，多くの分野に粉末焼結法が利用されている．

2.5.5 セラミックス
(1) 適用例

自動車用エンジン部品への構造用セラミックス材料の適用例としては，軽量，高強度，耐熱性，耐摩耗性といった金属材料にはない特性を活かし，グロープラグ，ホットプラグ，ターボチャージャロータやカムフォロワ[15]が見受けられる．また，セラミックス材料の粒子をニッケル-リンめっきの基地中に分散させることにより耐摩耗性を向上させた複合めっきがピストンリングに適用されている[16]．

この中でセラミックス材料の優れたトライボロジー特性を活かしたエンジン部品として，動弁系のカムフォロワへの適用が最も積極的になされてきた．カムフォロワ機構の概略を図 2.5.9 に示す[17]．実用化例としては，図 2.5.9 中の OHV 型のタペットフォロワ[18]やロッカアーム式フォロワ[19~21]への採用がある．一例として，窒化ケイ素材料からなるパッドをアルミ合金で鋳包んで製造されたロッカアームを図 2.5.10 に示す．

(2) 耐摩耗性

ロッカアーム式フォロワを用いた窒化ケイ素材料の耐摩耗性試験の結果を図 2.5.11 に示す[20]．試験は，実際のエンジンに種々の耐摩耗材料からなるフォロワと汎用されている低合金のチルド鋳鉄のカムを組み合わせ，外部のモータ駆動で摩耗に厳しいアイドリング相当の低速条件にて 200 h の耐久試験によって実施された．図 2.5.11 から，その他の種々の耐摩耗材料からなるフォロワおよびその相手カムの摩耗量を比較した結果，セラミックス材料である窒化ケイ素は超硬合金とともに優れた耐摩耗性を示すことがわかる．

(3) 今後の動向

最近ではしゅう動面の最表層にだけ硬質の薄膜を鉄系合金母材フォロワ上に形成させる技術が実用化されはじめた．薄膜としては，PVD を用いたクロムナイトライドやチタンナイトライドが使われている[22,23]．これらはいずれも，優れた耐摩耗性に加え，しゅう動面の表面粗さを向上もしくは維持する効果があるので，フリクションを大幅に低減させるメリットがある．また，PVD の硬質被膜は，上記と同様の効果を狙いピストンリングにも適用されは

バルブ駆動方式	OHC			OHV
	直接駆動式	スイングアーム式	ロッカアーム式	突棒式
	(D)	(S)	(R)	(V)
関係図				

図 2.5.9　カムフォロワの機構〔出典：文献 17)〕

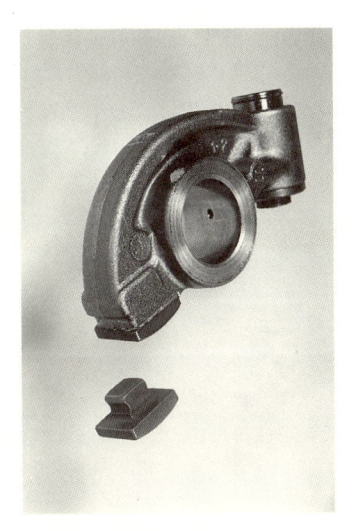

図2.5.10 窒化ケイ素ロッカアーム

じめている．

以上のように，これらの構造部品へのセラミックス材料の適用は，バルクから薄膜へ，耐摩耗性に加え低フリクション化と多様化してきている．最近の地球環境問題に対応したエンジン燃費向上の目的で，しゅう動部位の低フリクション化の要求はますます強くなってきており，高機能を負荷できるセラミックス材料の適用は拡大していくものと考えられる．

2.5.6 プラスチックス
（1）プラスチックの種類

プラスチックは，それを構成する高分子の熱的性質によって，熱可塑性プラスチックと熱硬化性プラスチックに分類される．熱可塑性プラスチックは，線状高分子であり，加熱することによって流動状態となり，冷却によって固化する性質をもち，これが可塑的に変化する．したがって，射出成形用材料として加工性に優れている．熱硬化性プラスチックは，はじめは低分子であるが，加熱することによって架橋，重合して網状高分子となって固化する．しかし，再び加熱しても軟化・溶融しない．

分子構造によって結晶性と非結晶性プラスチックに分けられる．結晶とは，分子が規則正しく配列していることをいい，線状高分子は折りたたみ構造と呼ばれる規則的な集合によって結晶が作られる．

プラスチックを機械的性質，実用上から分類すると，汎用プラスチックとエンジニアリングプラスチック（エンプラと称す）に分けられる．汎用プラスチックは，一般的な用途に多く使用されているもので，価格が安く，成形が容易な材料である．ポリエチレン（PE），ポリスチレン（PS），ポリプロピレン（PP），ポリ塩化ビニール（PVC）が代表的なもので，プラスチックの全生産量の90％を占めている．

エンプラは，構造用部材や機械部品等に適合している高性能プラスチックで，工業用途に使われる材

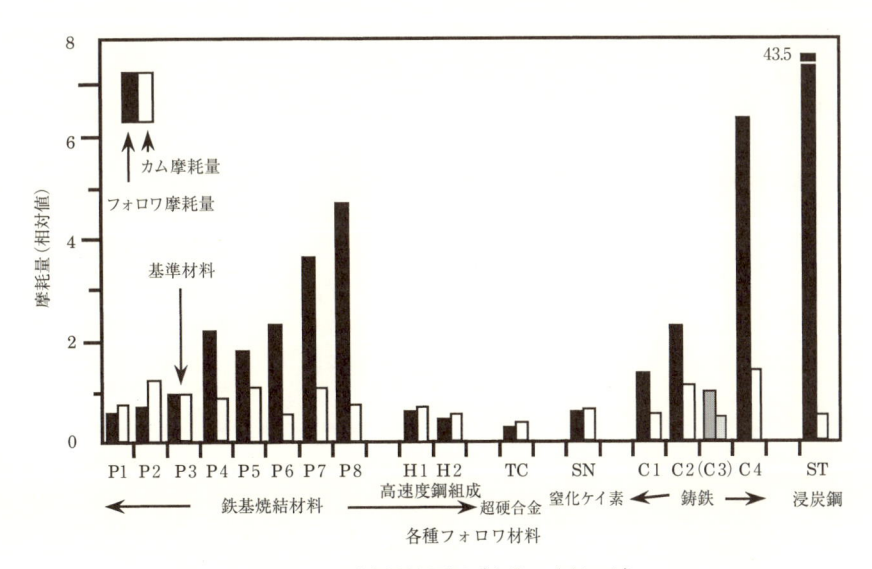

図2.5.11 耐摩耗性評価〔出典：文献20）〕

料の総称であり，機械的強度が高く，耐熱性の優れたものをいう．代表的なエンプラとして，ポリアミド（PA），ポリアセタール（POM），ポリカーボネート（PC）などは需要量が多く，価格も比較的低廉であり，汎用エンプラと呼んでいる．これに対して，耐熱性が高く，150℃以上の高温でも長期間使用できるものを特殊エンプラという．ポリサルホン（PSF），ポリフェニレンサルファイド（PPS），ポリアミドイミド（PAI），その他種々の材料が開発されている．

（2）歯車，カム等に使用されるプラスチック

機器の軽薄短小化の要求に伴い，歯車をはじめカム，プーリ，ローラ，そのほか機械要素へのプラスチックの応用が進んでいる．これらの部品は単体で使用されるほか，歯車とカム，歯車と歯付きベルトプーリなど複数の部品を一体化成形し，部品コストの低減を図っている．こうした部品には，機械的性質の優れるエンプラがそれぞれの特質に応じて使い分けられている．

表 2.5.9[24] に代表的なプラスチックとその特性を示す．歯車を例にとれば，ポリアセタールが射出成形プラスチック歯車全体の 80〜90% を占め，ついでポリアミドが用いられている．さらにその他のエンプラや特殊エンプラ，高強度用として繊維強化プラスチック，耐摩耗性を目的とした潤滑剤添加のしゅう動グレードなど種々の材料が活用されている．

a．ポリアセタール（POM）

機械的性質のバランスがとれた材料である．引張強度が高く，疲労強度や耐クリープ性に優れている．また，摩擦摩耗特性に優れていることから，機械部品に最も多く使われているプラスチックである．図 2.5.12[25] に温度と強さとの関係を示す．このような強度の温度依存性はポリアセタールに限らず，他のプラスチックにも共通する性質である．結晶性プラスチックであるポリアセタールは，成形収縮率は大きいが，吸水率は小さく寸法安定性が良い．ポリアセタールには，コポリマー（共重合体）とホモポリマー（単重合体）があるが，両者ともほぼ同様な特性をもっている．標準グレードに対して，摩擦摩耗特性を改良したしゅう動グレード，成形性を改良した高流動グレードなど用途に応じた種々の特殊グレードがある．

b．ポリアミド（PA）

ナイロンともいわれ，ナイロン 6，ナイロン 66 が多く使用されている．耐衝撃性に優れ強靱であり，摩擦係数が小さく耐摩耗性に優れている．しかし，吸水率が大きく吸湿によって強度が低下したり，寸法変化を生じる．このため，環境条件に配慮した使い方が必要になる．そのほか，ナイロン 12 は低騒音用歯車に，モノマーを型に入れた状態で重合させる注型ポリアミドは，これを切削加工して大形部品等に使われる．

c．その他のエンプラ

ポリブチレンテレフタレート（PBT）は，結晶性プラスチックで成形収縮は大きいが，吸水率は小さく寸法安定性が良い．機械的性質が優れ，摩擦摩耗特性も良い．ポリカーボネート（PC）は非晶性プラスチックで透明性を有している．耐衝撃性に優れ強靱であるが，疲労強度が劣りクラックが発生しやすい．成形収縮率が小さく，吸水率も小さい．

d．複合材料

熱可塑性プラスチックをマトリックスとする複合材料（FRTP）として，強度や剛性，耐熱性，寸法安定性の向上を図る目的でガラス繊維やカーボン繊維，無機系ウィスカを補強材とした繊維強化プラスチックがある．エンプラのほとんどに強化グレードがあり，30% 程度の繊維が充てんされている．強度特性は，図 2.5.12 に示すように未強化のプラスチックに対し 2〜3 倍向上する．

（3）歯車，カム等に要求される特性

a．強　度

歯車の強度は歯の折損に基づく負荷能力によって評価される．歯元のすみ肉部より折損したり，ピッチ点近傍から折損することが多い．強度設計は種々の方式が提案されているが，通常，金属歯車と同様にルイスの式を基本とした歯の疲労折損による計算が行なわれる．ポリアセタール歯車の許容歯元曲げ応力の例を図 2.5.13[26] に示す．歯の大きさ，すなわちモジュールによる許容応力を定め，さらに温度上昇，回転速度，負荷運転条件等の影響を考慮に入れている．ポリアミド歯車の許容応力は，ポリアセタール歯車より若干低い値をとる．

b．摩　耗

歯車の歯面などすべりあるいは転がり運動を伴う接触面は，摩擦等によって発熱する．また，プラスチックは熱伝導率が低い（鉄鋼の 1/200 程度）ため，局所的な温度上昇によって摩耗が著しく進行する．したがって，潤滑による冷却効果や摩擦係数の

表 2.5.9 プラスチックスの特性（標準グレード）

[出典：文献24]

			特性	単位	ポリアセタール (POM) コポリマー	ポリアセタール (POM) ホモポリマー	ポリアミド (PA) 6	ポリアミド (PA) 66	ポリアミド (PA) 12	ポリブチレンテレフタレート (PBT)	ポリカーボネート (PC)	変性ポリフェニレンエーテル (PPE)	ポリサルホン (PSF)	ポリフェニレンサルファイド (PPS)	ポリアミドイミド (PAI)
力学的性質			引張強さ	MPa	60	70	80(37)	80(54)	50	60	60	65	70	65	185
			引張破断伸び	%	50	40	140(200)	60(200)	250	200	110	60	70	1.5	12
			曲げ強さ	MPa	90	105	103(45)	110(65)	—	80	95	85	100	95	210
			曲げ弾性係数(×10³)	MPa	2.6	3.0	2.6(1.4)	2.9(1.5)	1.1	2.4	2.2	2.5	2.6	3.9	4.5
			アイゾット衝撃強さ	J/m²	60	70	45(700)	55(700)	60	45	930	270	60	25	135
			ロックウェル硬さ	Rスケール	115	120	120	120	105	120	120	120	120	120	—
			Taber摩耗	mg/10³ r	14	13	(7)	(7)	—	8	13	20	—	—	12
			摩擦係数	(対鋼)	0.15	0.15	0.14	0.14	—	0.13	0.33	0.33	—	—	—
熱的性質			融点	°C	165	175	220	260	180	225	(非晶性)	(非晶性)	(非晶性)	285	—
			荷重たわみ温度*¹	°C	110	135	64	80	50	60	135	130	175	138	274
			線膨張係数	10⁻³/°C	8	8	9	9	10	9	6	6	—	3	4
電気的性質			体積抵抗率	Ω·cm	10¹⁴	10¹⁴	10¹⁵(10¹²)	10¹⁵(10¹³)	10¹⁴	10¹⁶	10¹⁶	10¹⁶	10¹⁶	10¹⁵	10¹⁵
			絶縁破壊強さ	kv/mm	20	20	20	23	40	17	16	20	17	15	24
			誘電率(10⁸ Hz)		4	4	4(15)	3(15)	—	3	3	3	3	3	3
			耐アーク性	s	240	240	190	190	—	180	120	75	40	—	0.006
その他			比重		1.42	1.41	1.14	1.14	1.01	1.31	1.20	1.05	1.24	1.34	1.40
			吸水率	%	0.2	0.2	3.5	2.5	0.9	0.1	0.15	0.07	0.3	0.02	0.2
			燃焼性*²		HB	HB	V2	V2	HB	HB	V2	HB~VO	HB~VO	VO	VO

*¹ 荷重 1.82 MPa/cm²、 *² UL 94 表示、 *³ ポリアミドのカッコ内は平衡水分時の特性

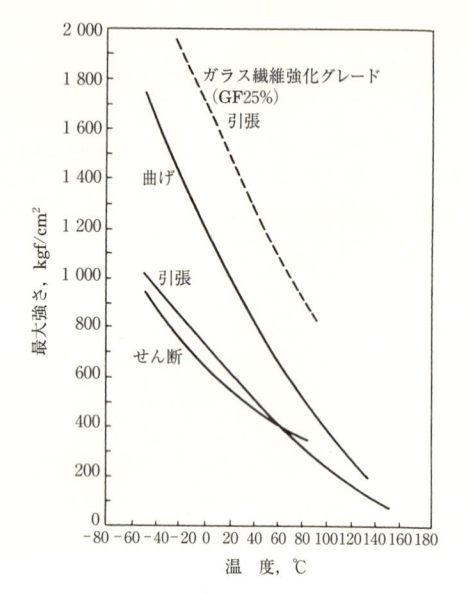

図2.5.12 ポリアセタール（コポリマー）の強さ
〔出典：文献25）〕

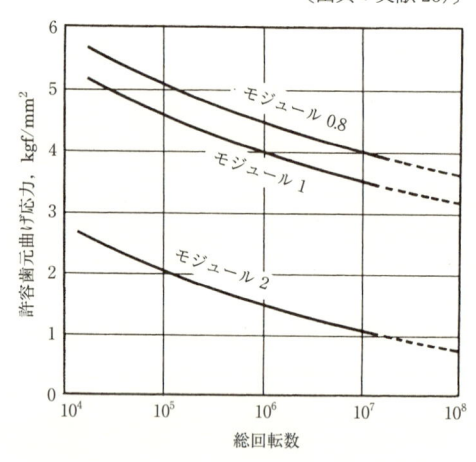

図2.5.13 ポリアセタール歯車の歯元曲げ応力
〔出典：文献26）〕

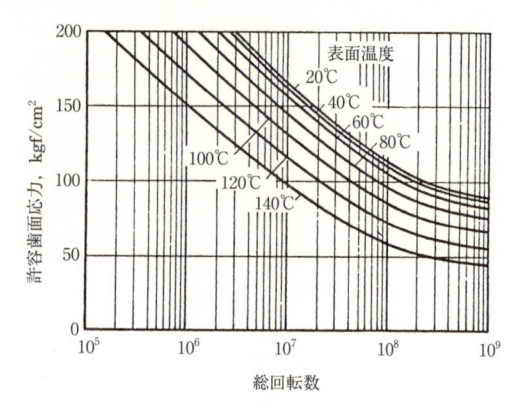

図2.5.14 ポリアミド歯車の面圧強さ（無潤滑）
〔出典：文献27）〕

低減は，耐摩耗性の向上に有効である．繊維強化プラスチックの部品では，接触面に硬質の繊維が介在してアブレシブ摩耗が起こり，それによる異常な摩耗が生じることが多々ある．摩耗に対しては，比摩耗量，接触圧力，限界 PV 値などによる定量的な評価がなされているが，その負荷限界は様々な要因の影響を受ける．図2.5.14[27]はポリアミド歯車の許容接触圧力（ヘルツ応力）であり，表面温度の違いによる面圧強さを表わしている．これらの値は，カムやローラ等の面圧強さの検討にも適用できる．

c. 寸法精度

高精度が要求される機械部品にとっては，射出成形における加工精度が問題となる．結晶性プラスチックであるポリアセタールやポリアミドは，1.5〜2.5％の大きい成形収縮率を示すので，金型の寸法補正あるいは金型温度や射出圧力等の成形条件の適性化を図る必要がある．形状誤差としては偏心や真円度が問題となる．特に繊維充てんの成形品は繊維の配向によって真円度が低下する．

d. その他の特性

そのほか，歯車やカム等の使用目的やその環境条件に適合するプラスチックの見きわめが重要であり，耐薬品性，耐熱性，電気特性等の諸特性に留意する必要がある．

2.5.7 表面改質

歯車やカムなどの面圧強さや耐摩耗性を向上させるための表面改質法として，一般的に，表面熱処理である浸炭焼入れ，窒化，高周波焼入れ，火炎焼入れなどが行なわれている．

浸炭焼入れ法は低炭素の鋼表面を浸炭し，焼入れ，低温焼戻しすることにより表面硬化層を得る方法で，浸炭法には固体，液体，ガス浸炭法がある．

固体浸炭法は木炭を主材とした固体浸炭剤を用いて，900〜950℃に加熱保持する方法で，浸炭深さ d は，温度が一定の場合 $d=k\sqrt{t}$ となる．ここで，k は鋼材，浸炭剤の種類，温度による定数，t は浸炭時間である．

液体浸炭法は，シアン化ソーダ（NaCN）を主成分とする液体浸炭剤の溶融塩中で750〜900℃の温度に30分前後保持して浸炭させる方法で，一般に

その浸炭深さは 0.1～0.15 mm である．この場合浸炭とともに窒化も行なわれるので浸炭窒化法とも呼ばれる．この方法は固体浸炭法の場合より処理温度が低く，処理時間も短いのでひずみは小さい．

ガス浸炭法は弱浸炭性のキャリヤガスに炭化水素系ガスを少量混ぜた浸炭ガスを送りながら 900～950℃ で数時間加熱して浸炭させる方法で，固体浸炭法に比して浸炭剤の加熱時間を要せず所用時間が短く，浸炭深さの調整が簡単で，浸炭が均一に行なわれ，また直接焼入れが可能であるなどの長所を有し，高負荷用歯車，中負荷用カムなどの大量生産に適している．一方，浸炭ガスにアンモニアガスを添加したガス中で加熱温度 650～850℃，処理時間 15 分～4 時間の比較的短時間で浸炭と窒化を同時に行なう処理をガス浸炭窒化法といい，処理温度が低く，焼入れ速度を遅くすることができることから焼割れや焼入れひずみが軽減される．

窒化法はアンモニア（NH_3）の気流中 500～550℃ で 20～100 時間加熱し，鋼表面に窒化層を作って表面硬化させる方法である．この方法の特徴は，窒化後の熱処理が不要なためひずみ量が少なく，硬化層の硬さが 1 000 HV 以上にもなり，耐摩耗性に優れ，高温硬さが高く再熱による硬さ低下が少なく，耐食性にも優れている利点がある．しかし，窒化時間が長く，硬化層深さが 0.2～0.5 mm と浅いという欠点がある．窒化は耐摩耗性，耐焼付き性を必要とする大きな衝撃を伴わない小モジュールの高速歯車，中負荷用カム，ピストンリングなどに適用される．なお，高負荷，高速用カムには SKD, SKS, SKH 材などの工具鋼を用いて，しばしば窒化，軟窒化が行なわれる．

軟窒化（タフトライド）法はシアン化物を基剤とする塩浴炉中で通常 570℃ 前後の温度で 2～数時間浸漬する方法である．この方法により靱性に富んだ耐摩耗性の良い表面が形成され，窒化時間は短いが，窒化層深さは一般的に 0.15～0.35 mm と浅く，窒化層の硬さもガス窒化の場合に比して低い．

さらにイオン窒化法と呼ばれる処理がある．これは窒化鋼を陰極，容器を陽極として圧入窒素ガス中でグロー放電させ，解離した窒素イオンが加熱された表面に反応して窒化する処理で，約 0.01 mm 程度の極めて薄い均一な窒化層が得られ，通常の方法のものより疲れ強さや耐摩耗性が優れている．軟窒化法やイオン窒化法はカムやピストンリングさらに小型歯車などにも適用されている．

高周波焼入れ法は，加熱源として被焼入れ物体内表皮に誘導された高周波電流のジュール熱すなわち高周波誘導加熱を利用して鋼製品の表面を急加熱し，次に急冷して表面に焼入れ硬化層を形成する方法で，焼入れ後は低温焼戻しする．この方法においては，高周波発生装置が高価であり，またコイルを使用するので形状に制限があるという欠点があるが，直接加熱で熱効率が良く，局部焼入れ，全体焼入れとも可能である．処理時間が極めて短く脱炭や硬化表面の酸化が極めて少ないので，高精度を要するもの以外は研磨を省け，一定の条件で多数を処理することが比較的簡単である．またひずみは比較的少なく，表面高硬度，内部靱性を得ることができるなどの長所がある．高周波焼入れ硬化層深さは適用する周波数などに依存し，一般に低周波数の場合ほど深い．

火炎焼入れ法は，熱源として一般に酸素-アセチレンガスを用い，鋼製品の表面に直接高温火炎を当てて急加熱し，急冷して表面硬化させる方法で，高周波焼入れの場合とほぼ同様の特徴を有している．歯車などを対象として高周波焼入れや火炎焼入れを適用する場合，通常全歯数を同時に加熱して焼入れする 1 発焼入れ法と歯形を 1 枚ずつまたは歯形の一部ずつを焼入れする 1 歯焼入れ法があり，1 発焼入れ法の場合は歯車を回転させながら行なうことが多い．一般に小モジュール歯車に対して 1 発焼入れ法，大モジュール歯車に対して 1 歯焼入れ法が用いられる．中・高速，中負荷，中精度の一般的なカムを対象とした場合，高周波焼入れ法が今日最も多く適用されている．

図 2.5.15 は表面熱処理により表面改質硬化された鋼の硬さ分布の代表例を示す[28]．また，図 2.5.16 は各種表面硬化法による歯車の歯の硬化パターンの一般例を示している[29]．硬化層深さは歯車のモジュールやカムの曲率半径が大なるほど深くする方が面圧強さの点で有利である．

接触負荷を受ける歯車やカムなどに一般的に広く適用されている表面熱処理に加えて，近年各々の表面改質法の適用が試みられている．繰返し曲げおよび接触応力を受ける歯車に関し，高負荷用に浸炭焼入れ，浸炭窒化などが施された歯車にショットピーニングが適用されている．曲げ強さに対してショットピーニングの効果は顕著で，ショットピーニング

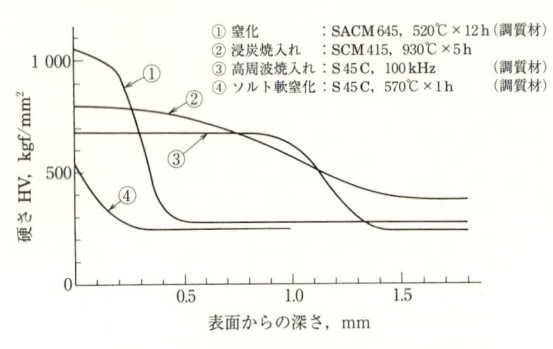

図 2.5.15　各種表面硬化材の硬さ分布代表例
〔出典：文献 28）〕

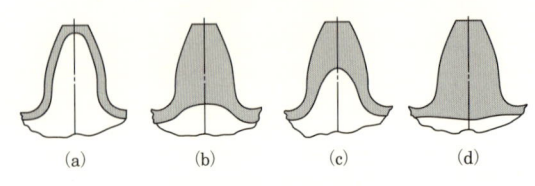

① 窒化　　　　：SACM 645, 520℃×12 h（調質材）
② 浸炭焼入れ　：SCM 415, 930℃×5 h
③ 高周波焼入れ：S 45 C, 100 kHz　　　（調質材）
④ ソルト軟窒化：S 45 C, 570℃×1 h　　（調質材）

図 2.5.16　各種表面硬化歯車の硬化パターン
(a) 浸炭硬化あるいは窒化
(b) 高周波焼入れ（1発）
(c) 高周波焼入れ（1歯）
(d) 火炎焼入れ
〔出典：文献 29）〕

による圧縮残留応力および硬さの増大により曲げ強さは増大する[30,31]．一方，面圧強さに対しては，表面粗さ増大によるマイナス効果もあり，その効果はあまり顕著ではない．ショットピーニング後化学研磨を施すと強さが向上する[31]．

歯面の面圧強さ，焼付き強さ，耐摩耗性などを改善するため，めっき，拡散処理，固体潤滑被膜処理，イオンプレーティング，プラズマ CVD などが適用され，試みられている．銅めっきを歯面に施すとなじみ性が良くなり，ピッチング強さ[32]やスコーリング強さ[33]が向上し，スズめっき熱拡散処理も同様の効果がある[34]．二硫化モリブデン被膜処理はその潤滑性となじみ性により歯車のピッチング強さ[35]とスコーリング強さ[36]が増大し，FF車用自動変速機の歯車に採用されている[35]．また，窒化チタニウムなどのイオンプレーティング PVD やプラズマ CVD などによるコーティングも歯車のスコーリング強さ向上に効果がある[37]．カムにも歯車歯面の面圧強さや焼付き強さ向上のための表面改質法と同様の方法が場合によっては採用され，強い耐摩耗性を要するカムには金属セメンテーションなども適用

される．

耐摩耗性，耐焼付き性を要するピストンリングの表面改質法として，従来より前述の窒化やクロムめっきなどが適用されているが，近年これらをはじめ，浸硫[38]，ニッケル-リンめっき[38]，ニッケル-コバルト-リンのマトリックスに窒化ケイ素微粉を分散させた複合分散めっき[39]，クロム-ニッケル系イオンプレーティング[40]，三酸化クロムとモリブデンの複合プラズマ溶射被膜[41]などが試みられ効果を上げている．

文　献

1) ISO 6336-5, 1996.
2) 矢野　満：日本機械学会論文集（A編），**51**, 461 (1985) 132.
3) ピストンリング編集委員会：ピストンリング，日刊工業新聞社 (1970) 44.
4) 自動車技術会：自動車技術ハンドブック　設計編，自動車技術会 (1992) 61.
5) 日本鋳物協会：鋳物便覧，丸善 (1986) 719.
6) Y. Ariura, T. Nakanishi, M. Yano & M. Goka : Proc. of MPT '91 JSME Int. Conf. on Motion and Power Transmissions (1991) 843.
7) 小田　哲・小出隆夫・五家政人・矢野　満：日本機械学会論文集（C編），**59**, 567 (1993) 3533.
8) （財）素形材センター：素形材，**27**, 4 (1986) 63.
9) （財）素形材センター：素形材，**37**, 4 (1996) 94.
10) 日本粉末冶金工業会：PM GUIDE BOOK 94 機械構造部品用焼結材料の特性 (1994).
11) 早坂忠郎：粉末および粉末冶金，**33**, 1 (1986) 1.
12) 吉田　彰・大上祐司・小川義博・鳥野　勇：日本機械学会論文集（C編），**62**, 596 (1996) 1540.
13) 焼結機械部品の設計・加工データブック，機械設計2月臨時増刊号 (1993) 62.
14) 日本粉末冶金工業会：焼結機械部品―その設計と製造― (1987) 186.
15) 秋宗淑雄・安藤元英：新素材，**2**, 4 (1991) 31.
16) 藤田達生・清田文夫・小室寿朗・横関修史：日本機械学会（No. 910-51）自動車のトライボロジー講演論文集 (91.8.29, 30.東京).
17) 加納　真：トライボロジスト，**34**, 6 (1989) 26.
18) 松本　敏・前田　聡・木村勝雄・谷口雅人：自動車技術，**47**, 5 (1993) 11.
19) M. Kano & I. Tanimoto : Wear, **145** (1991) 153.
20) M. Kano & Y. Kimura : Wear, **162** (1993) 897.
21) Y. Ogawa, M. Machida, N. Miyamura, K. Tashiro & M. Sugano : SAE Paper 860397.
22) 加納　真・坂根時夫・松浦正晴：トライボロジスト，**42**, 8 (1997) 673.
23) 増田道彦・下田健二・西田幸司・丸本幾郎・氏野真人：自動車技術会学術講演前刷集，964 (1996-10) 964.
24) 精密工学会成形プラスチック歯車研究専門委員会編：成形プラスチック歯車ハンドブック，シグマ出版 (1995)

25) 高野菊雄編：ポリアセタール樹脂ハンドブック，日刊工業新聞社 (1992) 138.
26) ポリプラスチックス(株)：技術資料「ジュラコン歯車」
27) H. Hachimann und E. Strickle: Konstruktion, 18 (1966) 81.
28) 機械システム設計便覧編集委員会：JIS に基づく機械システム設計便覧，日本規格協会 (1986).
29) D. P. Townsend: Dudley's Gear Handbook, McGraw-Hill (1991).
30) 浜坂直治・中尾 力：熱処理，**35**, 2 (1995) 105.
31) 井上克己・加藤正名・柳 晟基・大西昌澄・下田健二：日本機械学会論文集 (C 編)，**60**, 572 (1994) 1391.
32) 滝 晨彦：日本機械学会論文集 (C 編)，**47**, 414 (1981) 184.
33) 寺内善男・灘野宏正・河野正来：日本機械学会論文集 (C 編)，**50**, 450 (1984) 379.
34) 河野正来・灘野宏正・中迫正一・岩野利彦：日本機械学会論文集 (C 編)，**61**, 591 (1995) 4464.
35) 日本機械学会：研究協力部会 RC 132 伝動装置の現在技術の限界とその克服に関する調査研究分科会研究報告書 (1997).
36) Y. Terauchi, H. Nadano & M. Kohno: Trans. ASME, J. of Mechanisms, Transmissions and Automation in Design, **108** (1986) 127.
37) 羽石 正・君島孝尚：日本トライボロジー学会トライボロジー会議予稿集，盛岡 (1992) 613.
38) 三浦健蔵・岡本 一・地引達弘・田中孝雄・田中正紀：日本舶用機関学会誌，**31**, 7 (1996) 389.
39) 品田 学：内燃機関，**32**, 2 (1993) 48.
40) 大矢正規：内燃機関，**32**, 2 (1993) 44.
41) 田中正紀・北嶋義久・遠藤裕久・渡辺正興・名木田浩：日本舶用機関学会誌，**27**, 3 (1992) 238.

2.6 シール材料

密封装置はシール (seal) とも呼ばれ，機器からの気体・液体の漏洩防止や外部環境からの異物および流体の侵入防止を目的として用いられる重要な機械要素部品である．現在，種々の密封装置が開発されているが，シールの使用限界や信頼性・耐久性は機器の機能・性能に直結する．それゆえ，シール機能を発現する部位に使われるシール材料の果たす役割は非常に重要であるといわざるを得ない．

シール材料の種類を図 2.6.1 に示す．シール材料の特性は動的シール，静的シール等使用目的によって異なるが，おおむね次のような特性をもったものでなければならない[1]．

(1) 耐熱性・耐寒性
(2) 耐薬品性・耐候性
(3) 柔軟性・弾力性
(4) 適度な機械強度 (耐圧縮性・低クリープ性・引張強度)
(5) 低摩擦性・耐摩耗性
(6) 加工性

しかし近年，機器の急速な高性能化とともに環境問題への対応からシールへの要求もさらに多様化・過酷化傾向にあり，新たなシール材料の開発が強く求められている．そのためポリマーアロイや無機・有機のハイブリッド材料に見られるように，材料の組成やミクロ構造を緻密に制御した新素材開発や表面処理技術の開発が急ピッチで進められている．

この迅速な材料開発に対処すべく，近年これまでの試行錯誤的な材料開発手法からマテリアルサイエンス的手法が採用されはじめている．

マテリアルサイエンス的手法が実用域に入ってきた背景には，高速・高記憶容量のコンピュータが手軽に利用可能となり，実用に耐え得るサイズでの分子動力学的手法や電子軌道法的手法によるシミュレーションが可能となったこと，さらには，NMR に代表される分析手法の高度化によって，化学結合の種類と方向の情報を正確に把握可能となったことがあると思われる．

現在，シミュレーションと分光分析は相互補完の関係をとりながら急速に進展しつつあり，この手法はポリマー，合金，セラミクス，配合薬品等の分子設計に有用であることから，21 世紀の材料設計の本流になると期待されている．

とはいうものの，現状は，マテリアルサイエンス的手法と対極をなす経験則による材料開発，すなわち母材の複合化の方向でほとんどのシール材料が開発されている．複合化はカーボンブラック，シリカ等の活性微粒子やガラス繊維，炭素繊維，有機繊維等の補強繊維の付与，あるいは二硫化モリブデン，グラファイト，PTFE 等の固体潤滑剤の添加，さらには，ドライ・ウェット等の表面処理により，シール材料に要求される機械強度，低摩擦化，摩耗の抑制等の機能を付与させ，シール材として供しているのが現状である．

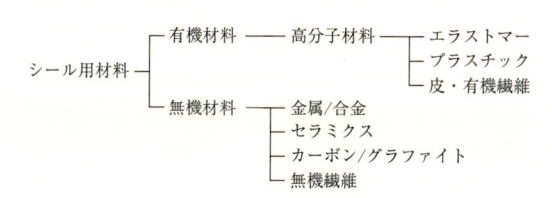

図 2.6.1 シール用材料の分類

```
                  ┌─ 有機材料 ── 高分子材料 ┬─ エラストマー
                  │                         ├─ プラスチック
シール用材料 ─────┤                         └─ 皮・有機繊維
                  │                ┌─ 金属/合金
                  └─ 無機材料 ─────┼─ セラミクス
                                   ├─ カーボン/グラファイト
                                   └─ 無機繊維
```

以上はシール材料を設計する材料技術者側からの視点であるが，シール設計者側の視点に立つと，シール材料がどのような刺激にさらされるか，つまり設計対象となるシール機能や不具合がどのようなスケール（代表時間，代表寸法）で発現するものか，それとマッチングする散逸過程[2]はいかなるものかを十分把握したうえで，シールを構成する各要素の役割を明確にすることが必要と考える（図2.6.2）．

それに基づき，シール材料開発側への指針の提示と，シールの使用環境を含めた使用条件の正確な把握により，シール装置全体の最適設計へ結びつけていく努力が必要である．

2.6.1 ゴ ム

相手面としゅう動しながらシールする回転用・往復動用のゴムシール面は熱・酸素・油添加剤によって化学的変性を受け，さらに境界潤滑領域では摩耗が発生する．そしてこのような環境下で長期間相手面に対して，一定の接触圧力分布の維持と安定潤滑状態を確保しなければシール性が失われてしまう．一方，固定用シールの場合に関しても，接触圧力分布の維持が重要であり，この場合は材料の耐圧永久ひずみ性が重要な材料特性となる．一般にシールに使われているゴム材料は特殊ゴムと呼ばれているものが多い．これは上記のような厳しい環境下で密封流体をシールしなければならないことに起因している．表2.6.1に，シール材料として使われている代表的な合成ゴムの代表特性をまとめた[3]．次にシール用材料として，ゴム材料が具備すべき機能を挙げてみる．

（1）シール材料としてのゴム物性

a. 耐熱性・耐寒性に優れていること

高温度下に置かれたゴム材料は化学変化を受けながら熱変性し，ゴムらしさが失われる．特に，空気存在下では化学反応速度が高く，極めて短時間でゴム的特性が低下する．その結果ゴムの硬化あるいは軟化現象が発生し，密封流体の漏れにつながる．どんな化学構造をしていても有機高分子である限りは，熱酸化劣化を受けることを防ぐことはできないが，それでも熱的に安定な化学構造は存在する．フッ素ゴム（FKM）はその代表例であり，反対に二重結合など熱的に不安定な構造をもつニトリルゴム（NBR）の耐熱性は低い．またゴム中に発生した熱劣化の主原因であるラジカルを補捉・安定化させる老化防止剤によっても，ある程度は耐熱性を向上させることはできる．

低温時にゴムはガラス状態になり相手面との動的追随性が低下したり，ゴム弾性を失ってわずかなゆがみにより破損してしまう．その結果密封流体の漏れにつながる．耐寒性向上に関して，ゴム材料のもつガラス転移温度でほとんどこの機能が決まってしまい，配合による改良の余地は少ない特性の一つである．

b. 密封流体に対する耐性があること

密封流体としては油や水に代表される液体そして種々の気体がある．油はゴムを膨潤させ，機械的特性を低下させるだけでなく，ゴム中に含まれていた添加剤が抽出され，老化防止剤などが抽出されると耐熱性の低下が生じてしまう．これらの問題に対しては，一般の密封流体の極性（双極子能率）と反対の極性をもつゴム材料を使用しなければならない．ゴム材料と潤滑油との適合性を見極める簡易的パラメータの一つにアニリン点がある．アニリン点（定義とその試験方法は JIS K 2256 を参照されたい）が低いとゴム材料への膨潤度が高くなり，ゴム材料にとっては厳しい潤滑油であるといえる．ゴム材料の膨潤度とアニリン点の関係と耐油性と耐熱性の関係を図2.6.3，図2.6.4にそれぞれ示す[3]．

一方，高性能潤滑油などは潤滑状態によって種々

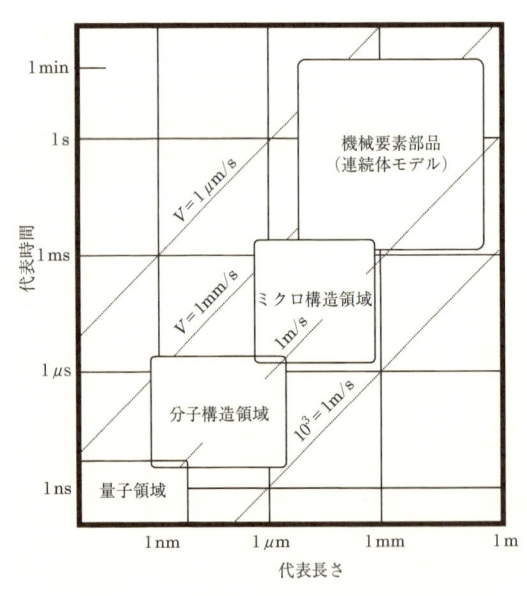

図2.6.2　すべり接触における代表寸法と代表時間
〔出典：文献2）〕

第2章 材料

表 2.6.1 主要なシール用ゴム材料の特性 〔出典：文献3〕

項目 \ 種類	ニトリルゴム 高	ニトリルゴム 中	ニトリルゴム 低	アクリルゴム	フッ素ゴム	シリコーンゴム	ウレタンゴム	水素添加ニトリルゴム	クロロプレンゴム	エチレンプロピレンゴム	スチレンゴム	(参考)四フッ化エチレン樹脂
ISO略号	NBR	NBR	NBR	ACM	FPM	MVQ	AU/EU	NEM	CR	EPDM	SBR	(PTFE)
硬さ範囲 JIS A	30〜90	30〜90	30〜90	40〜90	60〜90	80〜80	35〜99	50〜95	40〜95	30〜90	40〜98	デュロメータD 50〜65
耐ガス透過性	○	○	○	○	○	△〜×	○	○	○	△	△	○
機械的性質 引張強さ(max), MPa	24.5	19.6	17.6	15.7	17.6	9.8	53.9	39.2	27.4	20.6	24.5	34.3
機械的性質 耐摩耗性	◎	○	△	△	△	×	◎	◎	○	○	○	×〜◎
機械的性質 耐屈曲き裂性	◎	○	○	△	○	○	◎	◎	○	○	○	—
機械的性質 耐圧縮永久ひずみ性	○	○	○	○	○	○	△	○	○	○	○	—
機械的性質 弾性*1	△	○	◎	×	○	◎	△〜◎	○	○	○	○	×
機械的性質 耐クリープ応力緩和性*1	△	○	◎	×	△〜○	◎	△〜◎	△〜○	○	○	○	×
使用温度範囲,°C*2	−50〜120	−50〜120	−50〜120	−20〜160	−15〜230	−45〜200	−40〜100	−30〜150	−40〜110	−40〜130	−50〜100	−100〜260
耐候性,耐オゾン性	△〜×	△〜×	△〜×	◎	◎	◎	○	◎	○	◎	△〜×	◎
耐水,熱水性	○	○	○	×	×〜○	×〜△	○	○	◎	◎	○	◎
耐油性高アニリン点	◎	◎	○	◎	◎	◎	◎	◎	◎	×	×	◎
耐油性低アニリン点	◎	○	△	◎	◎	△〜×	○	◎	○	×	×	◎

◎：優，○：良，△：可，×：不可
*1：室温
*2：ゴムの配合内容や媒体の種類によって，多少変化する．

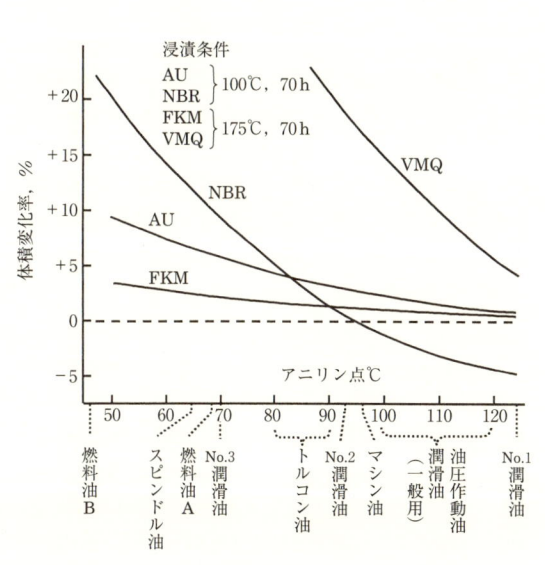

図 2.6.3 ゴム材料の膨潤とアニリン点の関係 〔出典：文献3〕

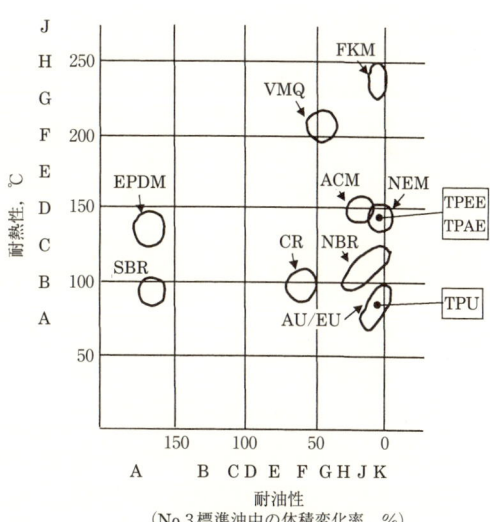

図 2.6.4 耐油性と耐熱性の関係 〔出典：文献3〕

縦軸のアルファベット：耐熱度のクラス 〔JIS K 6403 (ASTM D 2000)〕
横軸のアルファベット：耐油度のクラス 〔JIS K 6403 (ASTM D 2000)〕

の添加剤を混合しており，基油のゴムへの影響だけを考えればよいわけではない．潤滑油中には酸化防止剤，清浄分散剤，粘度指数向上剤，流動点降下剤，油性剤・極圧剤，泡消し剤，さび止め用添加剤，乳化剤・抗乳化剤等種々の添加剤が混合されている．これらの添加剤中にはアミン系化合物，硫黄系化合物そして金属塩が含まれており，ゴムとの化学反応が懸念される．特にアミン系化合物は化学的に安定なFKMとも反応するため，使用時にはこのことを考慮すべきである．

一方，ガスシール用材料には液体シールと異なった特性が要求される．まず，対象ガスのガス透過性が低いこと，また，ガスによる膨潤が小さいこと，さらに高圧ガスシールにおいては圧力変化時にゴム中に発泡が生じないことが挙げられる．また，特殊なガスの場合（半導体製造用ガス等），化学変化を受けづらいことなどが含められる．これらすべての要求に答えられる材料はいまのところ開発されていないが，その中でもFKNやH-NBRが広く使用されている．

c. 耐摩耗性に優れていること

相手面との相対運動を繰り返しながらシールする回転用・往復動タイプのものは，しゅう動による摩耗は避けることができない．そのため安定な潤滑状態を維持するための形状・装置設計がとられている．材料への耐摩耗性の要求が高い場合，カーボンファイバやガラスファイバに代表される耐摩耗性充てん剤の配合が有効である．ただし，相手面を摩耗させることがあるので，充てん剤混入量と種類は慎重に選定すべきである．

d. 機械的強度に優れ，ゴム弾性を有していること

相手面との偏心追随性や適切な接触圧力分布を有するための要件である．密封面に対して，接触圧力分布が長期間維持することができれば長寿命化が図られる．これらの特性は合成ゴムの性質に大きく依存するが，耐熱性・耐摩耗性との関連もあることから添加剤や充てん剤の配合による影響も大きいと考えられている．さらに接触圧力分布の維持と関連ある特性として，圧縮永久ひずみ特性が挙げられる．この特性は主にパッキン材料に要求されている項目である．

（2）シール材料の種類と特徴

代表的なシール材料であるニトリルゴム（NBR），水素化ニトリルゴム（H-NBR），アクリルゴム（ACM）そしてフッ素ゴム（FKM）の個々の特徴について述べる．

a. ニトリルゴム（NBR）

ブタジエンとアクリルニトリルのランダム共重合によって合成されたゴムの総称である．架橋方法は硫黄架橋が主である．いくつかのNBRの特性を表2.6.1にまとめた．一般にNBRは機械的強度が高く，安価で，そして耐油性・耐摩耗性に優れたゴム材料である．NBR中のアクリルニトリルの比率と耐油性，耐寒性，耐熱性とは強い相関がある．アクリルニトリルはCN基を有することから，大きな双極子モーメントをもち，一般に油などと混ざりにくい性質がある．使用環境に応じて幅広く選択可能な材料である．また種々の充てん材との混合や成形加工性は他のゴムと比較して非常に良好である．一方，ブタジエンの二重結合に起因する熱的安定性は低く，分子構造の改良や老化防止剤の添加によって大きく改良することは非常にむずかしい．対象とする密封流体として，一般的な潤滑油，水溶液などがある．特殊な使い方としては高圧窒素ガスの密封用としても使用可能である．

b. 水素化ニトリルゴム（H-NBR）

NBRの欠点である耐熱性を改良したものがこの水素化ニトリルゴム（H-NBR）である．熱的不安定の原因であるブタジエン内の二重結合に水素を付加させた（水素添加反応）ものである．代表的な架橋方法は二重結合がないため，有機過酸化物系架橋が主となっている．NBRの特徴である機械的強度・耐摩耗性・耐油性を維持しており，さらに耐熱性がNBRに対して約40℃程向上した材料（140℃）になっている．広範囲の条件下でシール材料として適用できる．さらに代替フロンのシール材料としても適用可能である．一方この材料の欠点はコストパフォーマンスが劣っていることである．

c. アクリルゴム（ACM）

アクリルゴム（ACM）を構成する成分（モノマー）は非常に多く存在するが，コストと性能からエチルアクリレート，ブチルアクリレート，そしてメトキシエチルアクリレートが主に使用されている．NBRやH-NBRと違って，架橋点モノマーとしてクロロエチルビニルエーテルやモノクロロ酢酸ビニルなどをゴム中に導入している．架橋方法はポリアミンやセッケン-硫黄系が代表的なものである．ACMの特徴はその大きな双極子モメントと長い側

鎖に起因した耐油性と耐寒性である．ここでいう耐油性は鉱物油系を対象にしており，リン酸エステルやジエステルなどの合成油，植物油，ブレーキ油はその極性から耐性を示さない．耐熱性に関して，カルボニル基が比較的安定であることから160℃程度の上限使用温度を有している．耐寒性は－40℃の下限使用温度をもつ．したがって多くのエンジン油，ギヤ油そして各種潤滑油用シール材料として使われている．表 2.6.1 の ACM の物性をみると機械的強度が劣ることがわかる．引張強さで H-NBR の 1/2，NBR の 2/3 の値しか示さず，耐クリープ応力緩和性や弾性率の温度依存性が大きく，他ゴム材料と比べて大きな欠点となっている．すなわち，これらの欠点を改善することがアクリルゴムの主な開発目標となっている．具体的な手法としては，他のゴム材料とのアロイ化や補強性充てん材との複合化が挙げられる．

d. シリコーンゴム（VMQ）[4]

ジオルガノポリシロキサン直鎖状高分子が架橋したものをシリコーンゴムと呼んでいる．耐熱性・耐寒性に優れ，特に電気絶縁物としての使われ方が多い．短所としては機械的強度が低く，引裂き強度・耐摩耗性に問題がある．耐油性に関してもスチレンブタジエンゴムやエチレンプロピレンゴムレベルの性能しかない．架橋系としては有機過酸化物系が使用されている．VMQ の一種で室温加硫タイプのものがある．シーラントやコーキング材として広く使われており，一液型と二液型がある．その他の材料として補強性充てん材（粒子径が非常に小さなシリカ）を混合させた高強度タイプも開発されている．

e. フッ素ゴム（FKM）[5]

フッ素ゴムには他のゴムにはみられない優れた耐熱性，耐油性そして耐薬品性をもっている．これらの卓越した性能はその分子構造に由来する．フッ素系材料の極限にあるものとしてゴムではないがフッ化エチレン樹脂がある．CPK モデル（分子構造模型）を使ってこの樹脂を作製してみると，フッ素原子で主鎖炭素をすきまなくコートしているのがわかる．フッ素ゴムの場合，水素原子やメチル基を含むことから，全ての炭素骨格においてフッ素原子がコートされているわけではないが，これらの構造が上記の高い特性を発現している理由である．フッ素ゴムに使用されるモノマーとしては，フッ化ビニリデン，六フッ化プロピレン，四フッ化エチレンが挙げられる．用途に合わせてこれらのうち 2 種類あるいは 3 種類を使いフッ素ゴムを合成する．架橋系としてはポリアミンや有機系過酸化物が使われる．さらなる耐熱性や耐性（特に耐アミン性）の要求に対して，いくつかの特殊モノマーを使ったフッ素ゴムが開発されている．その代表例としてパーフルオロビニルエーテルを使用したもので，六フッ化や四フッ化との共重合で全ての水素原子がフッ素原子に置き換わった超耐熱・耐油性 FKM が開発されている．パーフルオロビニルエーテルモノマーは低温性にも優れていることから，超耐寒性 FKM のモノマーにも使用されている．

f. エチレンプロピレンゴム（EPDM）[6]

エチレンとプロピレンの共重合体に硫黄加硫点としてジエン化合物を含んだ三元系ポリマーである．加硫方法としては硫黄加硫と過酸化物加硫がある．二重結合を主鎖にもたないため，熱，オゾン，光に対する安定性が高いことは容易に想像できる．さらに，分子構造が飽和炭化水素から構成されているため，他のゴム材料にはない耐水性・耐熱水性が非常に高い．すなわち水まわりのシールに適した材料であるといえる．そして反発弾性の温度依存性は天然ゴムと同程度でスチレンブタジエンゴムより優れた物性値を有している．ただし，耐油性は極めて低く低アニリン点の油であっても使用することができない．

g. ウレタンゴム（EU/AU）[7]

ポリエーテルあるいはポリエステルとイソシアネートとの重付加反応から合成したもので，前者をポリエーテル型（EU），後者をポリエステル型（AU）と呼ぶ．架橋方法によりスポンジタイプから硬質タイプまで製造可能である．ウレタンゴムの特徴はその優れた耐摩耗性と耐屈曲裂性である．さらに低温性は他のゴムが脆くなる低温度においてもゴム弾性を有しており破壊しにくい．このような性質を活かして建設機械用油圧シリンダのロッドパッキンやダストシール用材料として使われている．欠点としては耐熱性があまり高くないことが挙げられる．

（3）シール材料選定手法とシール材料劣化予測手法

材料選定の手順として，まず①密封流体の特性などを調査し，次に②シール時の環境条件（シール面での温度，圧力）を明らかにすることである．シー

ルメーカーのカタログなどを使って対象とする密封流体（極性，添加剤）のゴム材料への影響度（膨潤度等）を予測する．次に環境条件の把握であるが，特にしゅう動面の温度を測定することはむずかしいが，熱電対や放射温度計を使った測定とFEMによる温度予測から推定する方法がある．この温度環境を知ることで耐熱温度，耐寒温度がわかる．これら以外の環境条件としてはスラッジや無機粉体などの異物の混入であり，このときは耐摩耗性，高強度材料を選定する．このような手順に沿って，ゴム材料関連[8～10]の専門書やシールメーカーのカタログ[11]をもとにすれば，密封流体用の材料選定が可能となる．

実際にシールしているシール面やしゅう動面の幾何構造そして物理・化学的構造を三次元的に評価できればシール性能との関連性を明確にでき，より良いシール材料設計が可能となる．シール性に影響するものとして接触圧力分布・追随性があるが，これらはシール面の粘弾性や幾何構造と直接関係がある．現在，微小領域での粘弾性を測ることはできないが，類似した物性で微小表面を評価する装置が開発されている．ミクロ硬度計と呼ばれるもので，高度計の触針を非常に小さくして分解能約150ミクロンで計測可能にしたものである[12]．測定原理から試料面に対して垂直に触針を当てなければならないことから，試料形状に制限がある．しかしながら，この測定ができれば，シールのどの位置で硬くなり，ゴム弾性が失われてきたかがわかる．さらにシール断面の硬度がわかれば，シール寿命についてもある程度予想が可能である（例えば，ゴム弾性が残っている部分とそうでない部分との比などから，接触圧力や追随性を予測）．硬度変化の原因についても，シール全体の硬度測定から熱，酸素，あるいは流体であるかの予測も可能になり，とるべき対策（ゴム材料の変更，シール形状設計の変更，またはシール条件の見直し）が明らかになる．

2.6.2 プラスチックス

（1）シール材料としてのプラスチック

スクイーズタイプやリップタイプのシール材料としては一般的にはゴムやTPE（熱可塑性エラストマー）が多く用いられているが，耐荷重性や耐クリープ性，低摩擦などの材料特性をより高く要求されるシールにはプラスチックが選択使用される．図

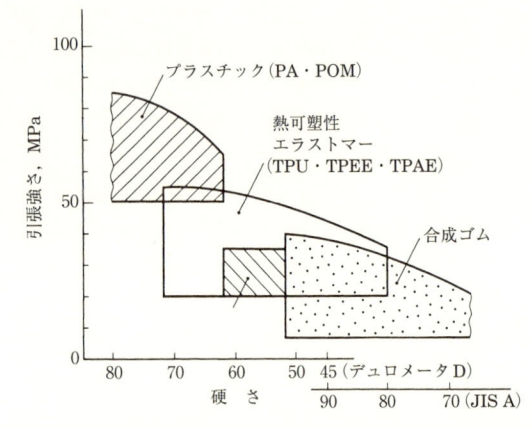

図2.6.5 プラスチックとTPE，ゴムの硬さ・強度による位置づけ 〔出典：文献13〕

2.6.5にプラスチックとTPE，ゴムの硬さ，強度の位置づけを示す．

プラスチックの中でシール材料としてよく使用されるのはPTFE（ポリテトラフルオロエチレン），PA（ポリアミド），POM（ポリアセタール）である．これらの材料はプラスチックの中でも結晶性樹脂で，耐食性や耐油性など化学的安定性に優れ，比較的柔軟で強度もあり，低摩擦，耐摩耗性などのしゅう動特性にも優れているなど，シール材料としての要求特性によく適合している．

PTFEは低摩擦性，耐食性に非常に優れた材料であるが，単味では耐摩耗性や耐荷重性，耐クリープ性に劣るため充てん材を添加してそれらの欠点を補った材料が一般的に使用されている．表2.6.2に代表的な充てん材入りPTFEの一般特性を示す．

PAやPOMはPTFEに比べ耐食性や低摩擦性は劣るが，強靱な材料で耐圧性に優れ，耐油性にも優れている．一般特性を表2.6.3に示す．

最近の新しい傾向として，より耐熱強度に優れたPEEKなどのスーパーエンプラ材料の使用や，ポリマーアロイ（ポリマーブレンド）や化学的改質（ブロック，グラフト共重合，IPN）などの新しい手法を用いた材料の改質が実用化されつつある．耐クリープ性を向上させた変性タイプのPTFEの実用化などもその例である．アルミなど軟質金属に対する攻撃性の少ない有機フィラー入りPTFEも開発されている．

（2）シールへの適用例

具体的なシールへの適用例としては，シートガス

表 2.6.2 無充てんおよび充てん材入り PTFE の特性　〔出典：文献 14〕

項目		測定法	単位	ガラス繊維 20% 入り PTFE	カーボン繊維 15% 入り PTFE	ブロンズ 60% 入り PTFE	POB(ポリパラオキシベンゾイル) 20% 入り PTFE	無充てん PTFE
比重		ASTM D 792	—	2.24	2.07	3.98	1.97	2.18
硬度		ASTM D 2240	デュロメータ D	65	68	71	65	58
引張強さ		ASTM D 1457 25℃, CD 方向*1	MPa	17	17	21	15	29
伸び			%	280	140	190	250	350
圧縮弾性率		ASTM D 695 25℃, MD 方向*2	MPa	910	1 340	1 540	1 140	400
圧縮クリープ	全変形	ASTM D 621 25℃, 13.8 MPa 24 h, MD 方向	%	12.5	9.3	7.9	8.0	17.4
	永久変形 (24 h 後)			7.5	5.9	4.2	4.1	9.8
圧縮クリープ	全変形	ASTM D 621 100℃, 6.9 MPa 24 h, MD 方向	%	10.1	5.5	4.9	5.8	—
	永久変形 (24 h 後)			6.0	2.8	2.3	2.8	—
摩擦摩耗特性 対鋼材	摩耗係数	$P=0.6$ MPa $V=0.5$ m/s 対 SS 400 スラスト式試験機 Air 中, 室温	$\frac{cm^3 \cdot s}{N \cdot m \cdot h}$	6.1×10^{-7}	8.0×10^{-7}	12.9×10^{-7}	1.3×10^{-7}	$8\,700 \times 10^{-7}$
	摩擦係数		—	0.40	0.33	0.28	0.20	0.17
	相手材の摩耗率		mg/km	<0.01	<0.01	<0.01	<0.01	<0.01
摩擦摩耗特性 対軟質材	摩耗係数	$P=1$ MPa $V=0.5$ m/s 対 A5052(アルミ) スラスト式試験機 Air 中, 室温	$\frac{cm^3 \cdot s}{N \cdot m \cdot h}$	$9\,400 \times 10^{-7}$	$3\,200 \times 10^{-7}$	45×10^{-7}	1.7×10^{-7}	$9\,700 \times 10^{-7}$
	摩擦係数		—	0.40	0.30	0.28	0.22	0.20
	相手材の摩耗率		mg/km	23	9	<0.01	<0.01	<0.01
熱膨張係数		25〜150℃ CD 方向	10^{-5}/℃	8.0	5.7	8.5	8.5	11.9
熱伝導率			kcal/m・h・℃	0.30	0.4	0.42	0.42	0.20

*1：CD 方向：成形方向に直角の方向
*2：MD 方向：成形方向

ケット（固定シール）や，油圧用の組合せシールやシールリングなどのスクイーズタイプのシール，U パッキンや O リングなどの耐圧性向上のためのバックアップリング，オイルシールなどである．

PA と POM は耐油性に優れているので，油空圧シール用途に主に利用されている．

充てん材入り PTFE はその優れた化学的安定性ゆえに，油空圧シールを含めた全般的なシール用途に活用されている．使用される充てん材は使用流体や相手材とのしゅう動適性などを考慮して選択使用される．

2.6.3 ステンレス鋼
（1）適用条件

シール材料としての金属材料に要求される条件として，(a)耐熱性を有すること（極低温を含む），(b)耐食性を有すること，(c)機械的強度，弾性を有すること，(d)成形加工性が良いこと等が挙げられる．一般に，硬い金属フランジと軟らかいガスケットの組合せが多用されている．ステンレス鋼は，

表 2.6.3 PA, POM の特性　〔出典：文献 15)〕

項　目	単　位	ASTM 試験機	PA 6	PA 6・6	PA 6・12	POM (ホモポリマー)
比重	—	D 792	1.12〜1.14	1.13〜1.15	1.06〜1.08	1.42
引張強さ	MPa	D 638	130	84	62	67〜84
伸び	%	D 638	30〜100	60	120	25〜75
引張弾性率	×10³ MPa	D 638	2.7	—	2.0	3.7
圧縮強さ	MPa	D 695	91〜110	110	—	130
曲げ強さ	MN/m²	D 790	98	120	—	98
硬さ (ロックウェル)	—	D 785	R 119	R 120	R 114	M 94
線膨張率	×10⁻⁵/°C	D 696	8.0〜8.3	8.0	—	10
熱変形温度 (1.81 MPa)	°C	D 648	68〜85	75	82	124
吸水率(24 h)	%	D 570	1.3〜1.9	1.0〜1.3	0.4	0.25〜0.40

耐食性シール材料として，高温，高圧プラントおよび極低温機器等に多用されている．オーステナイト系の耐食用，マルテンサイト，フェライト系は高温用に用いられている．

表 2.6.4 にステンレスガスケット材料の耐熱使用限界温度を，表 2.6.5 に耐薬品性を，図 2.6.6 に各温度における機械的特性を示す．材料の化学分析および物理的性質については，文献 19) を参照．

（2）適用事例

超高真空シールに用いられるメタル中空 O リングの場合，気密性を上げるため，SUS 321 のステンレス鋼のチューブの表面に銀めっきが施行されている．

この他に，真空から 70 MPa の広範囲に化学プラント等で多用されている断面形状が八角形のリングジョイントガスケット等がある．

2.6.4 銅，銅合金
（1）適用条件

硬さが小さいため，フランジとのなじみ性が良く非鉄金属材料の中では多用されている．延展性に富むため，ガスケットへの加工性が容易である．

表 2.6.6 に銅および銅合金の耐熱使用限界温度を，表 2.6.7 に耐薬品性を，表 2.6.8 に物理的性質を，図 2.6.7 に各温度における機械的特性を示す．

（2）適用事例

銅ガスケット材料として，超高真空シールに用いている例を図 2.6.8 に示す．フランジの円すい形シールエッジがガスケットを押しつぶし，接触部を塑性変形させ気密が保持される．

2.6.5 超硬合金
（1）超硬合金の種類と性質

超硬合金とは，サーメットの一種であり，タングステンカーバイト（WC），チタンカーバイト（TiC）等の硬質粒子をコバルト（Co），ニッケル（Ni）等の鉄族金属で結合した焼結複合材料をいう．

表 2.6.9 には市販超硬合金の代表的な合金組成と物性[25,26)]を示す．WC-Co は，最も一般的な超硬合金であり，WC-Ni は耐食性に優れる[26)] 超硬合金である．これらは，硬さ，抗折力ともに大である．WC-TiC-(TaC) は，鉄族金属をわずかしか含まず，耐食性が良い[26)]．硬さは大であるが，抗折力はやや小さい．

しゅう動用途専用の材種も開発されている．ポア分散 WC-Co（WC-Co with pore）は，φ10 μm 程度のポアを約 10 体

表 2.6.4　ステンレスガスケット材料の使用温度限界

材料	最高温度,°C	材料	最高温度,°C
ステンレス鋼 304	540	ステンレス鋼 410	650
〃 316	540	〃 309	870
〃 502	620	〃 321	870
		〃 347	870

注：酸化温度，クリープ温度，その他の諸点を考慮して長期使用に耐える一応の限界値である．

表 2.6.5 ステンレスガスケット材料の耐薬品性

		ステンレス鋼 304	ステンレス鋼 316	ステンレス鋼 347
気体	空気	S	—	S
	塩素ガス(乾)	S	S	—
	塩素ガス(湿)	U	—	—
	水素ガス(冷)	S	S	—
	水素ガス(温)	S	S	S
	酸素(冷)	S	S	—
	酸素(260℃以下)	S	S	S
	酸素(260℃以上)	S	S	—
	酸素(500℃以上)	U	U	S
水溶液類	水	S	S	—
	海水	F	F	—
	蒸気(260℃以下)	S	S	S
	蒸気(260℃以上)	S	S	S
	蒸気(500℃以上)	S	S	S
	ビール	S	—	—
	石鹸水	S	S	—
	グリセリン	S	S	—
酸・アルカリ溶液	塩酸(60℃以下)	U	U	—
	塩酸(60℃以上)	U	F	—
	硫酸(10%)(冷)	F	F	—
	硫酸(10%)(温)	U	F	—
	硫酸(10～75%)(冷)	U	U	—
	硫酸(10～75%)(温)	U	F	—
	硫酸(75～90%)(冷)	S	S	—
	硫酸(75～90%)(温)	U	U	—
	硫酸(蒸気)	—	F	—
	硝酸(希)	S	S	S
	硝酸(濃)	F	F	F
	リン酸(45%以下)	S	S	S
	リン酸(45%以上)(冷)	S	S	S
	リン酸(45%以上)(温)	U	F	—
	酢酸(純)	F	F	F
	酢酸(蒸気)	F	F	F
	氷酢酸	F	F	F
	かせいソーダ	F	F	F
酸・アルカリ溶液	かせいカリ	F	F	—
	アンモニアガス(冷)	S	S	—
	アンモニアガス(温)	—	—	—
	アンモニア水	S	S	S
	水酸化カルシウム	F	F	—
	フッ化水素酸(65%以下)(冷)	U	U	U
	フッ化水素酸(65%以下)(温)	U	U	U
	フッ化水素酸(65%以上)(冷)	U	U	U
	フッ化水素酸(65%以上)(温)	U	U	U
塩類溶液	塩化アルミニウム	U	U	F
	硫酸アルミニウム	F	F	F
	塩化バリウム	S	S	—
	硫酸バリウム	S	S	S
	塩化カルシウム	—	—	—
	硫酸マグネシウム	S	S	—
	塩化マグネシウム	F	F	—
	硫酸ナトリウム	S	S	S
一般溶液類	メタノール	S	S	—
	アセトン	S	S	S
	酢酸アミル	S	S	S
	エーテル	S	S	S
	エチレングリコール	S	S	S
	ベンゾール	S	S	S
	石油エーテル	S	S	S
その他	アニリン	S	S	S
	ヒマシ油	S	S	—
	綿実油	S	S	—
	フレオン	—	—	—
	鉱油	S	S	S
	石油(260℃以下)	S	S	—
	石油(260℃以上)	S	S	—
	石油(520℃以上)	—	—	S

注:S は安全に使用できるもの.F は比較的安全に使用できるもの.U は全般的に使用をさけるべきもの.— 実験結果不明のもの,特定の条下で使用できるもの,またはよく調査した上使用すべきもの.

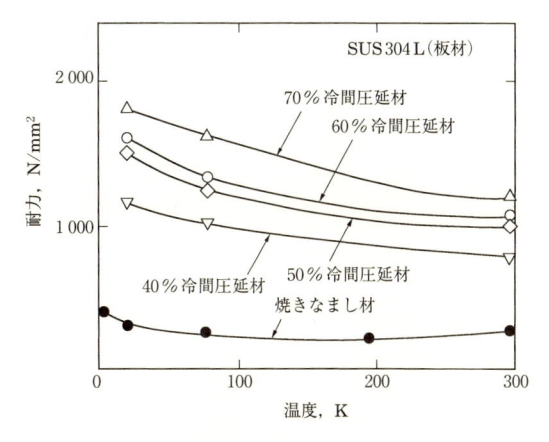

図 2.6.6 SUS 304 L(焼なまし材および冷間圧延材)の低温における耐力

表 2.6.6 銅・銅合金ガスケット材料の使用温度限界

材料	最高温度 ℃
銅	315
黄銅	260

(注) 酸化温度,クリープ温度,その他の諸点を考慮して長期使用に耐える一応の限界値である.

積%分散させた超硬合金[27]である.窒化ホウ素分散 WC-Ni(WC-Ni with BN)は,潤滑性のある六方晶窒化ホウ素(ϕ 10 μm)を約 10 体積%分散させた固体潤滑性超硬合金[28,29]である.いずれも機械的性質はやや劣るが,しゅう動用途には十分である.

(2) 主なメカニカルシールと組合せ,損傷

超硬合金はシール材料としてはメカニカルシールとして使われることがほとんどである.表 2.6.10 には,主な用途と組合せならびに損傷など[30~32]を示した.

水,海水などでは,軟質材(カーボン)と硬質材(超硬合金など)との組合せであり,スラリーを含む用途では,耐摩耗性を重視し,硬質材同士が使われる.このときの損傷は,しゅう動クラック(超硬合金で見られる),摩耗(主にカーボンに生じる),腐食(超硬合金,金属含浸カーボンで発生する)である.

しゅう動クラックはヒートスポット周辺での熱応

表 2.6.7 銅・ガスケット材料の耐薬品性

		銅
気体	空気	S
	塩素ガス(乾)	S
	塩素ガス(湿)	U
	水素ガス(冷)	S
	水素ガス(温)	S
	酸素(冷)	S
	酸素(260℃ 以下)	S
	酸素(260℃ 以上)	U
	酸素(500℃ 以上)	U
水溶液類	水	S
	海水	—
	蒸気(260℃ 以下)	S
	蒸気(260℃ 以上)	—
	蒸気(500℃ 以上)	U
	ビール	S
	石鹸水	—
	グリセリン	F
酸・アルカリ溶液	塩酸(60℃ 以下)	U
	塩酸(60℃ 以上)	—
	硫酸(10%)(冷)	U
	硫酸(10%)(温)	U
	硫酸(10~75%)(冷)	U
	硫酸(10~75%)(温)	U
	硫酸(75~90%)(冷)	U
	硫酸(75~90%)(温)	U
	硫酸(蒸気)	U
	硝酸(希)	U
	硝酸(濃)	U
	リン酸(45% 以下)	F
	リン酸(45% 以上)(冷)	F
	リン酸(45% 以上)(温)	—
	酢酸(純)	F
	酢酸(蒸気)	F
	氷酢酸	U
	かせいソーダ	U
酸・アルカリ溶液	かせいカリ	U
	アンモニアガス(冷)	—
	アンモニアガス(温)	U
	アンモニア水	U
	水酸化カルシウム	—
	フッ化水素酸(65% 以下)(冷)	U
	フッ化水素酸(65% 以下)(温)	F
	フッ化水素酸(65% 以上)(冷)	F
	フッ化水素酸(65% 以上)(温)	—
塩類溶液	塩化アルミニウム	F
	硫酸アルミニウム	F
	塩化バリウム	—
	硫酸バリウム	U
	塩化カルシウム	S
	硫酸マグネシウム	S
	塩化マグネシウム	F
	硫酸ナトリウム	S
一般溶液類	メタノール	S
	アセトン	S
	酢酸アミル	F
	エーテル	S
	エチレングリコール	S
	ベンゾール	S
	石油エーテル	S
その他	アニリン	U
	ヒマシ油	—
	綿実油	—
	フレオン	S
	鉱油	S
	石油(260℃ 以下)	—
	石油(260℃ 以上)	U
	石油(520℃ 以上)	U

注：S は安全に使用できるもの．F は比較的安全に使用できるもの．U は全般的に使用をさけるべきもの．— は実験結果不明のもの，特定の条下で使用できるもの，またはよく調査した上使用すべきもの．

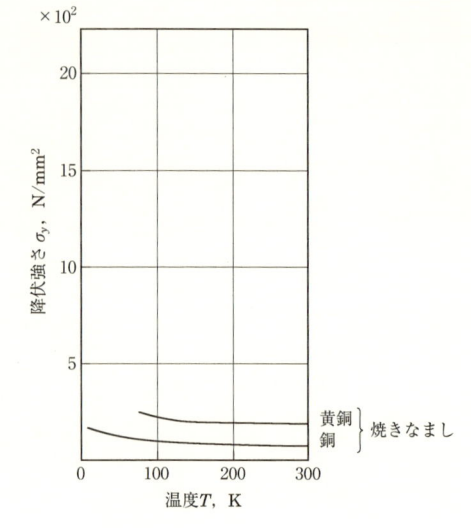

図 2.6.7 銅・銅合金の常温および低温における耐力

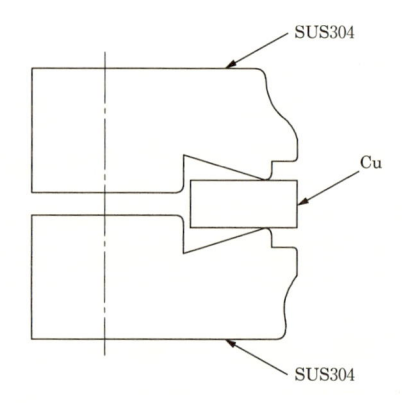

図 2.6.8 コンフラットフランジガスケット

力により生じる[33]といわれていたが，リングの回転によって移動する高い接線力を伴った接触荷重の機械的作用が主要因である[34,35]という．この抑制には，PV 値を下げるか，硬さの小さい（靭性の高い）超硬合金[36,37]にすればよい．

油封止用途では，カーボンにブリスタ損傷が生じることがある．これは流体潤滑状態での油の高粘性抵抗が原因であり，混合潤滑状態では生じにくい[38]という．しゅう動面の面粗さを大きくすればブリスタを抑制できる[38]という．ポアや固体潤滑物質を分散させた超硬合金でも同様の効果が認められている．

表 2.6.8　銅・銅合金ガスケット材料の物理的性質

材料名	物理的性質					
	密度, 10^{-3} kg/m^3	融点, °C	熱膨張係数, 10^{-6} K^{-1}	熱伝導率, W/(m·K)	比熱, kJ/(kg·K)	弾性係数, GPa
銅	8.96	1 083	17.7	391	0.42	78.5
黄銅(30% Zn)	8.56	1 205	16.3	100	0.42	—

表 2.6.9　超硬合金の物性　〔出典：文献 25, 26〕

組　成	密度 kg/m^3 (×10^3)	硬さ HRA	抗折力 σ_m, GPa	抗圧力, GPa	弾性率 E, GPa	熱膨張係数 α, K^{-1} (×10^{-6})	熱伝導率 λ, W/(m·U)	熱衝撃抵抗 R, W/m (×10^4)
WC-6% Co	14.9	91.0	2.2	5.0	625	5.1	75.6	5.2
WC-8% Ni	14.7	89.5	2.2	4.2	580	5.1	75.6	5.6
WC-3% TiC-2% TaC	14.7	93.0	1.0	3.6	580	6.2	63.0	1.8
WC-6% Co with pore	13.3	83.0	0.9	2.0	470	5.1	60.0	2.3
WC-8% Ni with BN	13.0	80.0	0.8	1.8	400	5.1	58.0	2.3

注：熱衝撃抵抗：$R = \lambda \cdot \sigma_m / (\alpha \cdot E)$
耐食性：50°C の各溶液中での腐食減量を示す．1.5 g/(m^2·day) 以下は腐食されないとしてよい．

表 2.6.10　主なメカニカルシール用途との組合せならびに主な損傷　〔出典：文献 30～32〕

密封流体	回転環／固定環の組合せ	主な損傷
水，河川水，海水	カーボン/WC-Co，カーボン/WC-TiC-TaC，カーボン/SiC	摩耗，腐食
異物を含むスラリー(水，海水，酸など)	WC-Co/WC-Co，WC-TiC-TaC/WC-TiC-TaC，SiC/WC-Co，SiC/SiC	しゅう動クラック，摩耗，腐食
油	カーボン/WC-Co，カーボン/WC-Co with pore，カーボン/WC-Ni with BN，カーボン/SiC	摩耗，カーボンブリスタ

2.6.6　カーボン

多くの自己潤滑特性を有する材料（フッ素樹脂，二硫化モリブデン，窒化ホウ素，フッ化黒鉛など）の中で，カーボン材料は強度，耐摩耗性，耐熱性，耐食性，耐熱衝撃性などが特徴的な，比較的柔らかい材料として知られている．それらは，硬い炭素質原料と軟らかく低摩擦の黒鉛質原料とを組み合わせて，その種類，組成比，状態，などで保有する特性を大幅に変えることができる．すなわち，特性，あるいは性能を調整，予期し得る特徴を有している．したがって，対応可能な流体は高温ガスから低温液体まで広範囲になる．一般的にメカニカルシールに使用されているカーボン材料の種類と特性の一部を表 2.6.11[39] に示す．

（1）樹脂成形カーボン

樹脂成形カーボンは，炭素質および黒鉛質粉末を主としてフェノール樹脂，エポキシ樹脂などの熱硬化性樹脂粉末と混合し，射出成形し，さらに熱硬化処理を施したものに代表される．比較的多量の樹脂を含有するため，しゅう動特性や熱的性質が焼結カーボンに比べて劣るが，金型で成形が可能であったり，一般に知られる含浸処理も不必要なことなどによる量産性かつ，低コストであるため，自動車用，家庭用および汎用ポンプ用などに広く多量に用いられている．この種の用途では，摩耗や腐食が表面化，問題になることはほとんどないが，自動車空調圧縮機用シールにおいてしゅう動の局部的な小さな膨れ現象が希に発生することがある[40]．また，表面損傷ではないが，しゅう動材料に関連した問題としては，自動車冷却水ポンプ用シールにおける鳴き現象[41]，および漏れ原因となる異物堆積現象[42] などがある．これらはカーボン材料側での対策検討だけでなく，使用条件（特に流体種類），構造，しゅう動相手材に材料変更を含む工夫を凝らすことによって対策されている．

表 2.6.11　代表的なメカニカルシール用カーボン材料の種類と性質　　［出典：文献39］

性質		樹脂成形カーボン		樹脂含浸カーボン		金属含浸カーボン	高密度焼結カーボン	
	種類	フェノール樹脂成形カーボン	フラン樹脂成形カーボン	フェノール樹脂	フラン樹脂	ホワイトメタル	黒鉛質	炭素質
機械的性質	圧縮強さ, MPa	20~245	118~137	49~74	235~245	196~206	196	265
	曲げ強さ, MPa	127~157	49~59	29~47	78~83	59~69	98	108
	引張強さ, MPa	69~78	—	12~20	—	44~49	—	—
	ショア硬さ	45~55	55~65	40~60	95~100	85~95	82	110
	弾性係数, MPa	—	49×10^3	—	26×10^3	21×10^3	—	—
熱的性質	熱膨張係数, $\times 10^{-6} \mathrm{K}^{-1}$	15~20	20~25	4~5	4~5.8	4~5	5	5
	熱伝導率, W/(m·K)	23.3~29.1	—	11.6~12.8	4.7~5.8	11.6~17.4	125.6	25.6
	最高使用温度, K	473	393	473	443	473	723	723
	見掛け比重	1.65~1.75	1.75~1.85	1.74~1.84	1.80~1.82	2.3~2.4	2.00	1.98
	用途例	汎用ポンプ、自動車用ポンプ		プロセスポンプ、冷凍機用ポンプ、高負荷水ポンプ、自動車用ポンプ		重油ポンプ、不純物が多い流体	高粘性流体ポンプ、かくはん機、耐食用ポンプ	

（2）焼結カーボン

含浸焼結カーボンは，石油コークスやカーボンブラックのような炭素質粉末と黒鉛質粉末などをコールタールピッチや樹脂などのバインダと混合し，成形し，比較的高い温度で焼結して製造される．この時，種々の添加剤（耐摩耗セラミックス，潤滑剤，高分子含浸剤，金属含浸剤など）が考慮されており，その種類は無数に分けられる．いうまでもないが，同配合であっても処理温度など製法によってもカーボン材料それぞれの有する特性は異なってくる[43]．焼結の際，バインダ中の多量な揮発分によるガス化によって生じた空孔を消滅させてしまうほど寸法収縮率が大きくはないので，焼結カーボンは多孔質材料として得られる．すなわち，そのままではガスや流体の浸透漏れを生じることになる．そのため，使用目的および用途に応じてフェノール樹脂やフラン樹脂のような熱硬化性樹脂や，ホワイトメタルや銅合金のような金属などを含浸して不浸透性にしてから使用される．これらのカーボン材料は，優れた機械的および熱的性質を有しており，高負荷用メカニカルシールの設計に不可欠なものとなっている．しかしながら，含浸剤の及ぼす影響は少なくない．そのため焼結カーボンとしての耐食性，しゅう動特性を損なう恐れがあり，それによって用途が制約される．また，比較的粘度，温度が高い油中で使用した場合に局所的な膨れ現象が発生しやすいという欠点がある．

（3）高密度焼結カーボン

高密度焼結カーボンは，最近開発された材料で，特殊処理したコールタールピッチ微粉末のみを出発原料とし，成形後に高温度で焼結したものである．焼成過程での揮発分の発生が少なく，寸法収縮が大きいため高密度に焼結される．したがって，不浸透化のための樹脂含浸は不必要であったり，多少必要であったとしてもその量はごくわずかであり，カーボン材料として含浸剤の影響による耐食性や耐熱性を損なうことが少ない．機械的および熱的性質も優れており，トラブルを発生することの少ない高品位カーボンといえる．

（4）その他のカーボン

カーボン/カーボン複合材料（C/Cコンポジット）がその軽量，高強度で耐熱性に優れた材料であることは，周知のことである．個々の特性から考慮して，しゅう動面の構成材料としての期待は，耐

熱・軽量という点から見ても大きい．しかしまた一方では，高温での摩擦摩耗特性を改善するべく水分との関連に対しても詳細な検討がなされている[44]．潜在能力を秘めたカーボン材料といえよう．

また，人工ダイヤモンド被膜に関連した検討は種々なされている．特にカーボン材料の耐酸化性向上処理方法の確立と相まって，しゅう動状態を経ると同時に人工ダイヤモンド的能力を有するか，あるいはそれ以上の特性を有する被膜が形成されることが報告されている[45]．

これらの工業的具体化はされてはいないが，これからのカーボン材料であるといえよう．

2.6.7 セラミック，サーメット

代表的なセラミックスの諸物性とその耐食性について，超硬合金を加えて表2.6.12[46]に示した．ここで，セラミックス間の材料特性を比較すると，アルミナ（Al_2O_3），窒化ケイ素（Si_3N_4），ジルコニア（ZrO_2）は熱伝導度が低く，特にAl_2O_3, ZrO_2に関しては，耐熱衝撃性が低いことがわかる．また，超硬合金，Si_3N_4は，酸に対する耐食性に乏しい．それに対して，炭化ケイ素（SiC）は高硬度，高熱伝導性をもち，耐熱衝撃性もそれらに比して良好であり，耐食性の面でもSiCは比較的優れており，メカニカルシール用しゅう動材料としても適していると判断される．表中で，SiC-1からSiC-4[47]は製法により分類したもので，SiC-1は通常転換法によりカーボン基材の表層部のみをSiC化し樹脂含浸した材質，SiC-2は反応焼結法によりSiCとシリコン（Si）の複合組織からなる材質，SiC-3は特殊転換法によりカーボン基材の表層部のみをSiC化（表層部はガス不浸透性をもつ）した材質，SiC-4は一般的な常圧焼結法による．材料特性もかなり異なっており，メカニカルシールに用いる場合，その使用用途によって材料の使い分けを行なっている．

また，表2.6.12には，特に示してはいないが，最近では，同材に気孔を分散させたものについても開発検討されている[48,49]．

（1）しゅう動特性

カーボンと硬質材および硬質材同士などの組合せの場合，しゅう動性能として，摩耗量で比較すると，Al_2O_3はカーボンの摩耗が大きく，Si_3N_4はカーボンの摩耗も大きいが，Si_3N_4自体の摩耗も大きい．またSi_3N_4同士の組合せでは損傷が著しく，短時間で異常摩耗を生じる傾向がある．さらにZrO_2においては，しゅう動表面にカーボンが転移（付着）しカーボンが異常摩耗する．一方，超硬合金とSiCは，相手材のカーボン，硬質材ともに摩耗量が小さい．

また，SiC間の比較としては，硬質材同士の組合せにおいてSiC-1，SiC-3が特に摩耗量が小さい．これらの材料の特徴は，硬質なSiCと軟質なカーボン，または樹脂との複合組織からなることで，組織上しゅう動面に液溜りが形成されやすく潤滑効果が大きいことが摩耗の少ない理由となっていると考えられる．さらに，Al_2O_3, ZrO_2は，相手材が自己潤滑特性に優れるカーボンにも拘らずヒートクラック（熱割れ）を生じる場合がある．この理由は高負荷条件になるとこれらの材質の摩擦係数が大きくなること[50]，材料自体が耐熱衝撃性に弱いためなどと考えられる．ここで，材料の耐え得る熱衝撃温度θ_{max}は，

$$\theta_{max} = C_H \frac{K\sigma_b}{\alpha E} \quad (2.6.1)$$

で表わされる．ただし，C_Hは，部材の寸法，形状，熱伝達係数，比熱などに関係する係数である．$(K\sigma_b)/(\alpha E)$はスポーリング係数と呼ばれ，熱衝撃強さを表わすパラメータである．すなわちAl_2O_3, ZrO_2は，スポーリング係数が非常に小さな材料であるといえよう．

一方，しゅう動部における摩擦損失（$M\omega$）と温度上昇（$\Delta\theta$）の関係は，

$$\begin{aligned}\Delta\theta &= (1/\lambda)M\omega \\ &= (1/\lambda)fPr\omega \\ &= (1/\lambda)fPV \quad (2.6.2)\end{aligned}$$

となる．ただし，M：摩擦トルク（N・cm），r：半径（cm），ω：軸の角速度（rad/s），f：摩擦係数，λ：総合熱伝達係数（N・cm/s・℃・cm^2），でしゅう動面からの発熱量の熱放射状態に関係する係数である．条件が過酷化した場合，すなわちPV値が大きくなった場合，表面損傷の中で熱割れが一般に限界となる場合が多い．よって，式(2.6.1)のθ_{max}と式(2.6.2)の$\Delta\theta$を等置とすることにより，

$$PV_{max} = \frac{(C_H\lambda)}{f} \cdot \frac{K\sigma_b}{\alpha E} \quad (2.6.3)$$

となる．式(2.6.3)は，高いスポーリング係数を有する材料を選定すること，また，しゅう動面の冷却

表 2.6.12 代表的なメカニカルシール用セラミックス・超硬合金

[出典：文献 46)]

材料	超硬合金		セラミックス			炭化ケイ素			
	一般用超硬合金	耐食用超硬合金	アルミナ Al_2O_3	窒化ケイ素 Si_3N_4 常圧焼結	ジルコニア ZrO_2 部分安定化	通常転換 SiC-1	反応焼結 SiC-2	特殊転換 SiC-3	常圧焼結 SiC-4
組成, wt%	WC -6.5% Co	WC-5% (TiC, TaC)	Al_2O_3 $\geqq 95\%$	Si_3N_4 90%	ZrO_2 -5% Y_2O_3	SiC -12% 樹脂	SiC -12% Si	SiC -44% C	SiC $\geqq 97\%$
密度, g/cm^3	14.9	14.7	8.6	3.1	6.1	2.6	3.05	2.3	3.1
硬度 HS	100	105	105	105	100	100	110	90	120
HV	1 650	1 800	1 400	1 600	1 300	—	1 700	—	2 400
曲げ強さ, MPa	2 156	882	304	588	1 176	127	392	127	490
熱伝導度, W/(m・K)	96.3	62.8	16.7	15.5	2.1	50.2	150.7	38.1	129.8
耐熱衝撃性*1 ΔT, K	673	523	423	673	423	>673	523	>673	473
耐食性*2 HNO$_3$ 50%	C	C	A	C	A	C	A	A	A
HCl 35%	C	A	A	C	A	B	A	A	A
HN$_3$ 20%+HF 5%	C	C	A	C	C	C	C	B	A
NaClO 10%	C	B	A	A	A	C	B	B	A
NaOH 50%	A	A	B	B	A	A	C	A	A

*1：$\phi 36\times \phi 54.1\times H 8.5$ のリングを加熱した後、水冷し、はじめてクラックが発生したときの「加熱温度－水温」
*2：あらかじめ一端面を鏡面ポリシングした試料を用い、試験液（70℃）中に 100 時間浸漬して重量減測定とミクロ組織観察を実施。
評価方法　重量減から算出した浸食度と、組織成分の耐食有無をもって次のように総合判定。
A 級（耐食性あり）　：浸食度 $\leqq 0.125$ mm/year で、かつどの成分も浸食度が軽微であるか、あるいは孤立した微〜少量成分のみが浸食したとき。
B 級（やや耐食性あり）：浸食度 $0.125 \sim 1.0$ mm/year のとき、あるいは浸食度 $\leqq 0.125$ mm/year で、中〜多量成分であっても、光顕観察ができないとき。
C 級（耐食性なし）　：浸食度 >1.0 mm/year のとき、あるいは主成分の腐食がはなはだしくて、ミクロ組織観察のみにて評価
（腐食増量を生じたときには、ミクロ組織観察のみにて評価）

効率を上げることにより総合熱伝達係数 λ を大きくすること，および摩擦係数 f を小さくすることなどが高 PV 化に有利であることを示している．実際には，しゅう動面の冷却のために，各種フラッシング機構が使用されたり，また摩擦係数 f を下げるためしゅう動面に溝を設けて流体動圧効果を加味したものもある．

硬質材同士の組合せで，熱割れの発生しやすさを比較すると，超硬合金においても熱割れの発生例がある．すなわち，SiC は超硬合金より熱割れが発生しにくいといえる．限界 PV 値は，面の押付け圧力による材料の機械的破壊か，あるいはしゅう動発熱による熱衝撃的破壊，すなわち熱割れの発生する値を意味している．すなわち SiC は，超硬合金よりも高 PV 条件に達することになる．

ここで注目すべきは，SiC は静的評価（ΔT）やスポーリング係数では超硬合金より熱衝撃性が劣るにも拘らず，しゅう動における耐熱割れ性においては，超硬合金よりも優れているということである．すなわち，動的で複雑なトライボロジー環境下では静的な物性以外にもトライボケミカル反応[51～54]のような種々の要因を考慮する必要があることを示唆している．

（2）セラミックスの使用例

メカニカルシール用しゅう動材料にセラミックスが数多く使用されている．

一般に，Al_2O_3 は，低負荷条件で使用されていること，および SiC は超硬合金を上回る高負荷条件までその使用範囲が広まっている．

使用例として Al_2O_3 は，低負荷の汎用タイプ用メカニカルシールとしてかなり以前から使用されており，現在も自動車のエンジンの冷却水ポンプ用シールとして多く使用されている．一方，SiC は水中ポンプ用メカニカルシールとして約十数年前から使用されはじめた．このシールは，耐熱，耐摩耗性のほかに耐スラリー性が要求されるが，SiC は耐アブレシブ性に対して非常に優れた性能をもっている．また SiC は，高腐食性流体や高負荷条件においてもその使用は年々増え続けている．高負荷用として高圧水パイプライン用シール[55]がある．従来のカーボン超硬合金との組合せでは，超硬合金に熱割れを生じるほどの過酷な条件で，超硬合金の代わりに SiC を使用したことによりこの条件下でも良好な作動性が確認されている．

2.6.8　表面改質

表面改質は，従来より外観的向上や耐食性付与を目的として利用されてきた．世の中の変遷に伴い，表面およびこれに係わる科学・技術が進歩して高性能材料の被膜化が種々検討され，それが可能となった．そこで，種々の手段で表面改質を施し，バルク材の長所・特徴を活かしつつ，その欠点を補う方が実用的であるとの認識が定着してきた[56]．ここにしゅう動分野においてもその利用と可能性が評価されるところである．

なかでもセラミックスは，金属（合金）に比較して硬く耐摩耗性，耐熱性に優れている．これを被膜化することによって多くの機能を有する新たな材料を表面に創製することが可能である．その具体的な方策はコーティングに負うところが大であり，高機能付与の表面改質法として展開しつつある．したがって，耐食，耐摩耗，耐壊食性を向上させるために広く用いられるのはセラミックコーティングとなるであろう．

（1）表面改質法の分類

表面改質法は，その手法，エネルギー，環境別などの区分によって，種々分類されている．図 2.6.9[57]は表面改質処理方法の分類例である．

表面改質法による成膜被膜は概して薄い感が強い．しかしながら，スパッタリング，CVD などのように，$1\mu m$ 以下の薄膜を処理するものから溶射や肉盛溶接のように，数十 μm ～数 mm の厚膜にまで多岐に及ぶ．さらに，水溶液，非水溶液，溶融塩，粉体，気相，真空などさまざまな環境下で，金属，セラミックス，サーメットがそれぞれ単独，または金属/有機物，金属/非金属などの組合せによる複合被膜の化成が可能である．

セラミック系コーティング材料は，一般に高硬度，高耐熱性，高融点などの金属材料とは異なる多くの特徴がある．代表的なセラミックス材料として炭化物，化物，酸化物，ホウ化物などの成膜が可能である．

化学緻密化法によるセラミックコーティングは，セラミックや金属の焼結体をはじめ多孔質被膜にクロム酸あるいはクロム酸塩を含浸させた後，これを加熱焼成することによって生成する酸化クロム（Cr_2O_3）により気孔部を充てん，緻密化するとともに表面にもコーティング層を形成させる方法である[58]．このような方法で得られるコーティング層

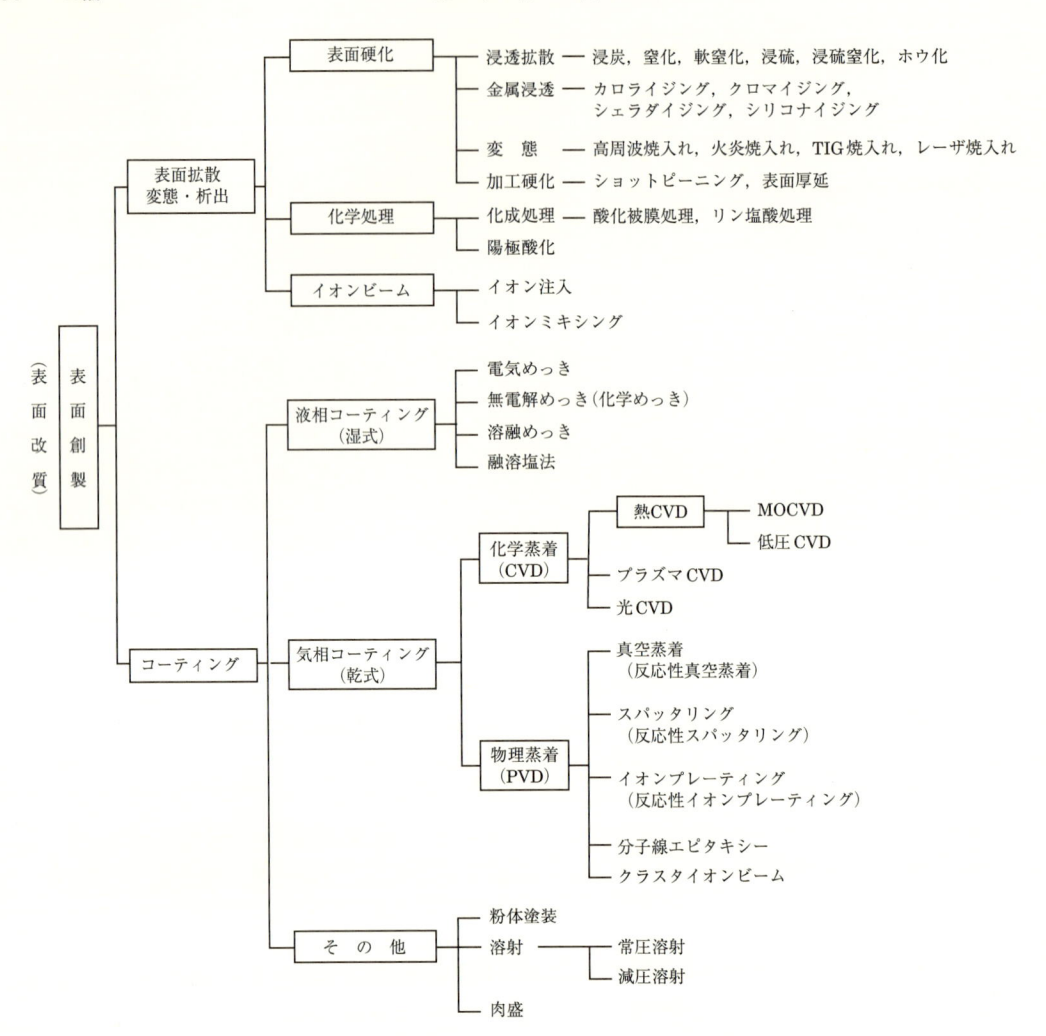

```
                                      ┌─ 浸透拡散 ─── 浸炭, 窒化, 軟窒化, 浸硫, 浸硫窒化, ホウ化
                          ┌─ 表面硬化 ─┤─ 金属浸透 ─── カロライジング, クロマイジング,
                          │           │                シェラダイジング, シリコナイジング
              ┌─ 表面拡散 ┤           ├─ 変 態 ───── 高周波焼入れ, 火炎焼入れ, TIG焼入れ, レーザ焼入れ
              │  変態・析出│           └─ 加工硬化 ─── ショットピーニング, 表面圧延
              │           ├─ 化学処理 ─┬─ 化成処理 ─── 酸化被膜処理, リン塩酸処理
              │           │           └─ 陽極酸化
              │           └─ イオンビーム ┬─ イオン注入
              │                           └─ イオンミキシング
              │                                            ┌─ 電気めっき
       (表面  │           ┌─ 液相コーティング ──────────────┼─ 無電解めっき(化学めっき)
        改質) ┤           │   (湿式)                        ├─ 溶融めっき
    表面創製 ─┤           │                                 └─ 融溶塩法
              │           │                            ┌─ 熱CVD ──┬─ MOCVD
              │           │           ┌─ 化学蒸着 ────┤            └─ 低圧CVD
              │           │           │   (CVD)       ├─ プラズマCVD
              │           │           │               └─ 光CVD
              ├─ コーティング ─ 気相コーティング ─┤       ┌─ 真空蒸着
              │               (乾式)             │       │   (反応性真空蒸着)
              │                                  │       ├─ スパッタリング
              │                                  │       │   (反応性スパッタリング)
              │                                  └─ 物理蒸着 ─┤─ イオンプレーティング
              │                                      (PVD)    │   (反応性イオンプレーティング)
              │                                               ├─ 分子線エピタキシー
              │                                               └─ クラスタイオンビーム
              │                            ┌─ 粉体塗装
              └─ その他 ──────────────────┼─ 溶射 ─┬─ 常圧溶射
                                           │        └─ 減圧溶射
                                           └─ 肉盛
```

図 2.6.9 表面改質技術と処理プロセス〔出典：文献 57)〕

(Cr_2O_3) の硬さは HV 1300〜1800 に達し，また研磨すると表面粗さ R_y 0.2〜0.3 μm 状態に仕上げることが可能であるので，現在，主としてしゅう動摩耗分野に適用されている．

各種の金属成分を含む溶融塩中に被処理体を浸漬するとその表面に金属が析出するとともに基材中の炭素と反応して各種の炭化物コーティングができる．凝着摩耗などに対し有効なコーティング法である．

真空蒸着法，スパッタリング法，イオンプレーティング法など種々の物理的蒸着法（PVD法）がある．いずれも薄膜形成法といえる．イオンプレーティング法は，電子ビームなどによって蒸着した金属粒をイオン化し，被処理物にバイアス電圧を印加して，被膜の密着性や緻密性を向上させる方法である．イオン化していない金属蒸着の平均飛行速度とイオン化された金属粒子の飛行速度とを比較すると数百倍も後者は大きく，密着性に対する影響度はとても大きい．

さらにイオン化した金属蒸気が被処理体に衝突すると，体積膨張を生じ，緻密な被膜が形成される．これらの方法を積極的にしゅう動面に応用した例も見られる[59,60]．

化学的蒸着法（CVD法）は，化学反応によって生成する金属単体および炭化物，ホウ化物などその化合物を被処理体上に析出させて被膜を形成する方法である．反応は高温ほど激しく速く生じるため，処理は高温下で行なう．その系は被処理自体の環境

成分の反応，反応ガスの熱分解生成物，水素で還元された金属を析出．化学反応を被処理体表面で生じるなどがあり被膜化するものである．

これらの反応系から，被膜となる反応生成物の析出は，気相から固体の結晶成長のプロセスといえる．すなわち，被処理体と反応環境との間には温度差と物質の濃度差が存在し，それらの差こそが結晶化，そしてその成長の駆動力となっている．結晶析出とその表面被覆の過程は被処理体表面への環境より還元される原子種の吸着，そして吸着した原子種の表面での反応と粒子の析出拡散さらに析出領域からのバルク内への拡散である．

拡散浸透法は，ハロゲン化金属の供給源の形態によって，固体法，気体法，溶融塩法に分類することができるが，金属粒子析出の基本過程はCVD法とほぼ同様である．

鉄鋼部材にCrを形成させると，基材中のCと反応してCr炭化物が形成されて耐摩耗性の向上が成る．Ni基合金にCrを形成させると，最表層部は軟質のαCr層が形成され，基材境界面には高クロム濃度のHV 1500前後の炭化物層[61]が形成され高耐食性と耐摩耗性を兼備した被膜が生成する．

さらに耐摩耗性，特に耐エロージョン性被膜として実用されているのにボロン拡散浸透法[62]もある．

溶射法は，金属はもちろんセラミックスからサーメットにいたる各種微粉末を高温の熱源によって溶融させ，これを被処理体表面に吹き付けて被膜を形成させる技術である．最近の溶射は，プラズマで代表される熱源の高温化によって高融点セラミックス材料の実用的な被膜形成が容易となっている．また高速ガス炎による溶射材料の高速度化および衝突エネルギーの利用によって，高温環境下で使用に問題をもつ特性であったり，変質しやすい材料も，被膜が，それも厚さを調整しつつ得られるようになっている[63]．最近では非常に過酷な条件下でのシール材料として開発検討されている例もある[64]．

現在までに，溶射法により成膜実績のあるセラミックスやサーメット材料は非常に多い．酸化物系材料をはじめ，その他フッ化物，炭化物も多い．サーメット系材料では超硬合金からはじまる炭化物を主体としたサーメット被膜はHV 1000以上の硬さを有するものもあり，耐摩耗性被膜としての用途が多い．

文　献

1) 和田稲苗：密封装置選定のポイント，日本規格協会 (1989) 103.
2) K. L. Jhonson：Dissipative Processes in Tribology, Elsevier (1994) 21.
3) 岩根孝夫編：密封装置選定のポイント（JIS使い方シリーズ），日本規格協会 (1989).
4) 伊藤邦雄編：シリコーンハンドブック，日刊工業新聞社 (1990).
5) 里川孝臣編：フッ素樹脂ハンドブック，日刊工業新聞社 (1990).
6) 沖田泰介：合成ゴム加工技術全書⑦，エチレン，プロピレン，大成社 (1972).
7) 坂田　年・並河泰郎：ウレタンエラストマー，大成社 (1979).
8) 村上謙吉他：ゴムの劣化・老化・破壊とその防止対策，経営開発センター出版部 (1982).
9) 藤原鎮男編：高分子分析ハンドブック，朝倉書店 (1985).
10) ラバーダイジェスト社編：ゴム・プラスチック配合薬品，ラバーダイジェスト社 (1989).
11) NOK(株)カタログ Oil Seals, Oリング, Packings.
12) 高分子計器株式会社カタログ，マイクロゴム硬度計.
13) 岩根孝夫編：密封装置選定のポイント（JIS使い方シリーズ），日本規格協会 (1989) 74.
14) ダイキン工業（株）：技術資料 G-6 e.
15) 大阪市立工業研究所プラスチック読本編集委員会・プラスチック技術協会共編：プラスチック読本，（株）プラスチック・エージ (1989).
16) H. H. Dunkle：Machine Design - The Seals Book (1961) 103.
17) 上崎利彦・島崎徳雄：工業材料, **24**, 4 (1976) 54.
18) 岩浪繁蔵・近森徳重：パッキン技術便覧，産業図書 (1973).
19) ステンレス協会編：ステンレス鋼便覧第3版，日刊工業新聞社 (1995).
20) 低温工学協会編：低温工学ハンドブック，内田老鶴圃新社 (1982).
21) 南　正晴・河野　廣：潤滑, **29**, 5 (1984) 331.
22) 鈴木真太郎：プラントエンジニア, **19**, 12 (1987) 24.
23) 酒井　泉・石丸　肇・堀越源一・玉井国夫：真空, **24**, 7 (1981) 409.
24) 南　正晴・河野　廣・河合久孝・山中敏行：日本潤滑学会予稿集 (1983, 秋) 41.
25) J. Kenneth & A. Brookes：World Directory and Handbook of Hardmetals and Hard Meterials (VI), International Carbide Data (1996).
26) 鈴木　寿：超硬合金と焼結硬質材料，丸善 (1986) 511.
27) 西村富夫・石橋　修・寺崎　清・徳本　啓：粉体および粉末冶金, **36** (1989) 105.
28) 徳本　啓・田中　章：粉体粉末冶金協会秋期講演概要集 (1990) 94.
29) K. Tokumoto & A. Tanaka：Nippon Tungsten Review, **24** (1991) 5.
30) 平林　弘：潤滑, **29** (1984) 321.
31) 片山彰治・松井伸悟・内堀善吉：機械設計, **32**, 2 (1988) 54.
32) 勝田政吾：月刊トライボロジ (1993-5) 16.

33) E. Mayer：Mechanical Seals, Butterworths, London (1977) 129.
34) 松井伸悟・藤井謙太郎・松田健次・兼田楨宏：機械学会論交集 (C編), **61**, 589 (1995) 3672.
35) 松田健次・松井伸悟・久我栄誉・兼田楨宏：機械学会論文集 (C編), **61**, 589 (1995) 3678.
36) 徳本 啓・太田 智・中野員登・寺崎 清：粉体粉末冶金講演概要集 (1986秋) 164.
37) S. Ohta, K. Nakano, K. Terazaki & K. Tokumoto：Nippon Tungsten Review, **19** (1986) 33.
38) Z. Uchibori & M. Kaneta：Lub. Eng., **48** (1992) 657.
39) 内堀善吉：トライボロジスト, **37**, 2 (1992) 117.
40) T. Shimomura, E. Nishihara, K. Chiba, A. Yoshino, H. Tanoue & H. Hirabayashi：SAE Paper 900338 (1990).
41) 吉柳健二・平林 弘：潤滑, **33**, 6 (1988) 431.
42) K. Kiryu, K. Okada & H. Hirabayashi：SAE Paper 890609 (1989).
43) 後藤幸生：ターボ機械, **23**, 9 (1995) 518.
44) 松井昭彦：トライボロジー会議予稿集 (北九州1996) 539.
45) 松本謙司・岡田 健：トライボロジー会議予稿集 (大阪1997) 620.
46) 古賀 忠・片山彰治：トライボロジスト, **36**, 2 (1991) 139.
47) イーグル工業(株) カタログ.
48) 特開平 5-69066.
49) 特開平 7-33550.
50) R. R. Paxton & H. T. Hulbert：Lub. Eng., **36**, 2 (1980) 89.
51) 山本雄二・岡本和久・薗田雅志：潤滑学会第32期全国大会予稿集 (1987) 153.
52) H. Tomizawa & T. E. Fischer：ASLE Trans., **31**, 1 (1987) 41.
53) T. Sugita, K. Ueda & Y. Kanemura：Wear, **97**, 1 (1984) 1.
54) 佐々木信也：潤滑, **33**, 8 (1988) 620.
55) T. Kojima：Lub. Eng., **41**, 11 (1985) 670.
56) 原田良夫：ターボ機械, **25**, 2 (1997) 123.
57) 塩沢和章：機械の研究, **47**, 9 (1995) 913.
58) 野村記生・宮島生欣・高谷松博：実務表面技術, **32** (1985) 42.
59) 長坂浩志・土屋直樹・南 吉夫・石黒寿一：エバラ時報, **159** (1993) 7.
60) 長坂浩志・小樽直明・木村芳一：エバラ時報, **165** (1994) 3.
61) 岡田 健・西田恵三：鉄と鋼, **66**, 9 (1980) 1343.
62) 原田良夫：ターボ機械, **18** (1990) 294.
63) 原田良夫：日本金属学会報, **31** (1992) 413.
64) Y. Akao, N. Nakazawa, S. Inaba, Y. Ko, K. Amagai & T. Izumi：Proc, The 1995 Yokohama International Gas Turbgne Congress II-265.

2.7 工　具

　現用の工具には，本節各項に示されるような各種の材料がその特性，用途に応じて使い分けられている．工具としての主な用途は切削工具，耐摩耗工具，耐衝撃用工具などである．図2.7.1に各種工具材料の位置づけの概念図を示した．切削工具に応用する場合，横軸（靭性）は送り量に，縦軸（耐摩耗性，硬さ）は切削速度に対応する．これらの材料におけるこれまでの開発・改良の方向は，いずれの材料の場合も靭性および耐摩耗性を向上させることにより，工具の長寿命および加工の高能率化を図り，同時に破損に対する信頼性を向上させることにあった．これは今後も同様と思われる．

　工具の損傷例として，図2.7.2に超硬合金を切削工具に用いた場合について模式的に示した．その他の材料の場合も発生する損傷形態の種類はほぼ同様であるが，実用の場合，これら各種の損傷が全て同時に発生するとは限らず，工具材料・形状，被削材および加工条件等により，いずれかの形態の損傷が優先的に生じることが多い．また，耐摩耗工具では機械的摩耗が主であるが腐食摩耗を伴うことも多い．したがって，用途，使用条件により適切な工具材料を選定することが重要であることは当然であるが，それぞれの材料にも多くの種類があるため，その選定は必ずしも容易ではなく，各種材料に対する理解が不可欠となる．

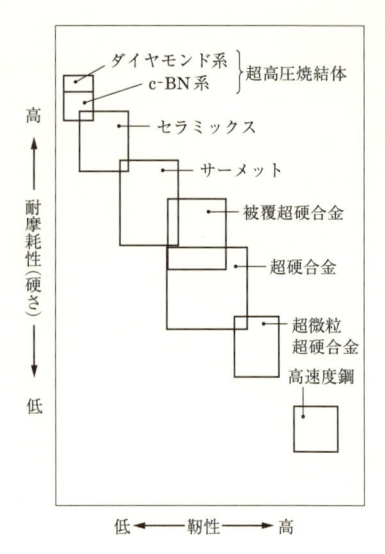

図2.7.1　各種工具材料の位置づけ

2.7.1　炭素工具鋼

　炭素鋼は，不純物以外に炭素が0.6〜1.5%添加された鋼種で，JISではG 4401「炭素工具鋼鋼材」で規定されている．SK 1〜7の7種類があるが「硬くてねばい」ことが要求され，ねばさ重視の場合は

第2章 材料

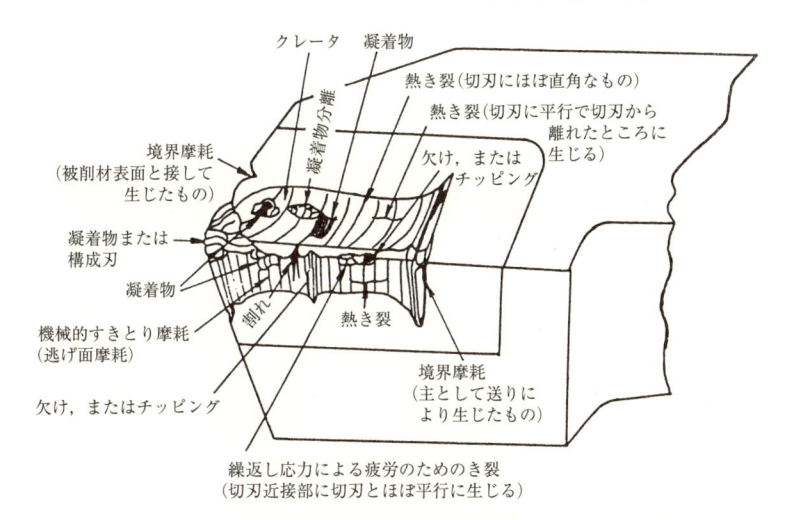

図2.7.2 切削工具刃先の損傷

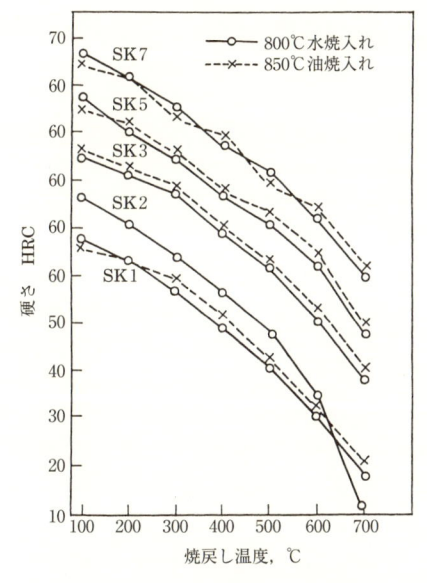

図2.7.3 SK材の焼戻し温度と硬さ
〔出典：文献1）〕

低炭素系が用いられる．図2.7.3に見られるように炭素量が多くなると焼入焼戻し硬さが高くなるので，耐摩耗性重視の場合に適している．

一般にはSK3～5がよく使用される．炭素量の多いSK材では，熱処理によって全炭素量のうち0.5%ほどをマトリックス中に溶け込ませ，残り0.1～1.0%を細かく球状化した炭化物（カーバイト：SK材の場合はFe_3C-セメンタイト）の形で，一様に分布させて耐摩耗性をもたせる．

炭素量の多いカーバイトほど耐摩耗性が高くなる．工具鋼はカーバイトを球状化して使用する．これによって被削性が改善され，焼入れ時の焼割れが防止され，ねばさ（靱性）が付与される．

SK材の熱処理条件はJIS G 4401表2. 焼なまし硬さ，表3. 焼入焼戻し硬さを参照されたい．処理温度，時間，加熱・冷却速度，移送時間（加熱後冷却開始までの時間）などの操業条件は，処理品の寸法，形状，使用目的に応じて，適切に選択すべきである．SK材は図2.7.4に一例を示すように，S曲線のノーズが短時間側にきており，焼きの入りにくい材種[2]で，急速冷却が要求される．図2.7.5に炭素鋼の焼入れ温度と硬さの関係を示した．焼入れ温度が高いほど，炭素量が多いほど高硬度になるが，なかには残留オーステナイト量が増加し，硬さが低下するものがある．焼戻しがききにくい場合は，深冷（サブゼロ）処理を施して残留オーステナイトを硬いマルテンサイトに変化させ，耐摩耗性を向上させ，割れやひずみを防止する．

SK材は図2.7.3によれば焼戻し温度が300℃を越すと，急激に硬さが低下するので，使用中に温度上昇が伴う高速加工には不向きで，切削熱が出ない例えば木工工具（ノミ，カンナ），ぜんまいなどに

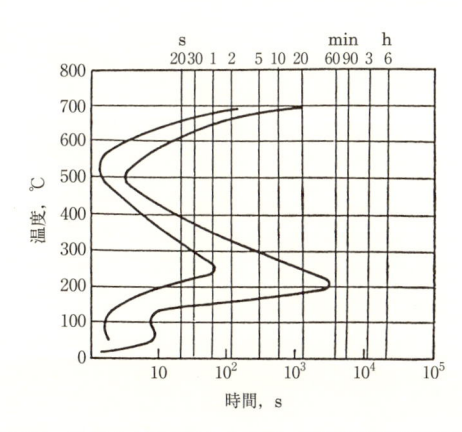

図2.7.4 C量0.68%鋼のS曲線（最高加熱温度840℃）
〔出典：文献2）〕

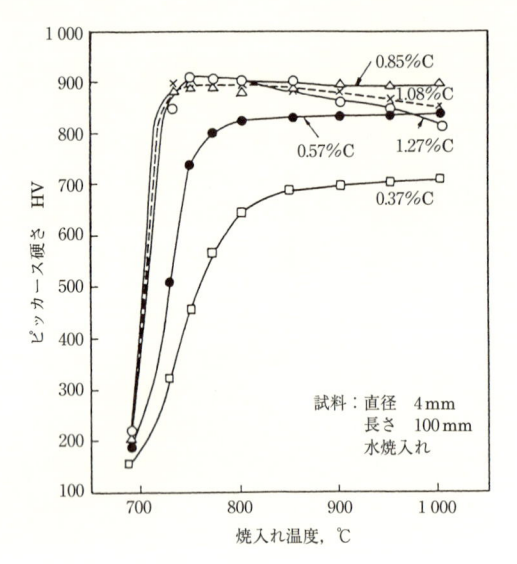

図 2.7.5 各種炭素鋼の焼入れ温度と焼入れ硬さ
〔出典：文献 3〕

使用される．

炭素工具鋼は安価だけにその特性を熟知し，熱処理テクニックの駆使が求められる材種である．工具鋼消費量の 50% 弱を占めている．

2.7.2 高速度工具鋼

高速度工具鋼は W，Mo，Cr，V，Co などを多量に含み，顕著な二次硬化を示す耐熱，耐摩耗性をもつ鋼で，切削，冷間加工などの耐熱・耐摩耗性が求められる工具や機械部品などに広く使用されている．本鋼種は高速切削に耐えることから，High speed tool steel と命名され，普通はハイスと呼ばれている．

一般に C 0.7〜2.3%，Cr 約 4%，W＋Mo（W 当量）12〜26%，V 1〜5% を含み，実用上は Co を 12% まで添加して，耐熱性を向上させている．溶製ハイスは JIS G 4403 に規定され，SKH 2〜10 の W 系と SKH 51〜59 の Mo 系に大別される．Mo 系は図 2.7.6 に示すように靱性に富み，また焼入れ温度がやや低温度で有利なことから主流を占め，とりわけ SKH 51，55 が多く使われている．

高速度工具鋼の焼入れ焼戻し硬さは JIS G 4403 の表 4 に示されている．ハイスには多量の硬い炭化物が含まれ，高温加熱によりオーステナイト中に固溶して，焼入焼戻しにより二次硬化する．その様相を図 2.7.7 に示した．マトリックス中に固溶した炭化物は靱性を向上させ，二次的に析出した炭化物は微細に分布して赤熱硬さを向上させる．さらに未固溶炭化物と呼応して耐摩耗性を大きく改善し，高速切削が可能になる．

Mo 系のうち SKH 51 は汎用材種で，ハクソー，ドリルなどの切削工具，冷間金型，耐熱ロールに使われる．Co を 5% 添加した SKH 55 は SKH 51 の高級材として開発され，ホブ，カッタなどの歯切工具，ブローチなどの切削工具に使用される．W および Co 量が各 10% の SKH 57 は非常に切削耐久性に富んだもので，完成バイト，難削材用カッタなどに使われる．また SKH 55 より派生した 6〜7% W・Mo，5〜8% Co 材は，バランスの良さと微細 VC 構成により耐摩耗性が高く，工具費を低減する

系	種類	耐摩耗性	熱間硬さ	靱性	研削比	合計
タングステン系	SKH 2	3	2	4	8	17
	SKH 3	3	3	2	7	15
	SKH 4	4	7	2	6	19
	SKH 10	10	4	3	2	19
モリブデン系	SKH 51	5	1	9	6	21
	SKH 52	7	2	6	4	19
	SKH 53	8	2	5	3	18
	SKH 54	9	2	5	2	18
	SKH 55	7	3	5	5	20
	SKH 56	7	4	5	6	22
	SKH 57	10	5	4	3	22

図 2.7.6 高速度工具鋼の鋼種別特性の比較〔出典：文献 4〕

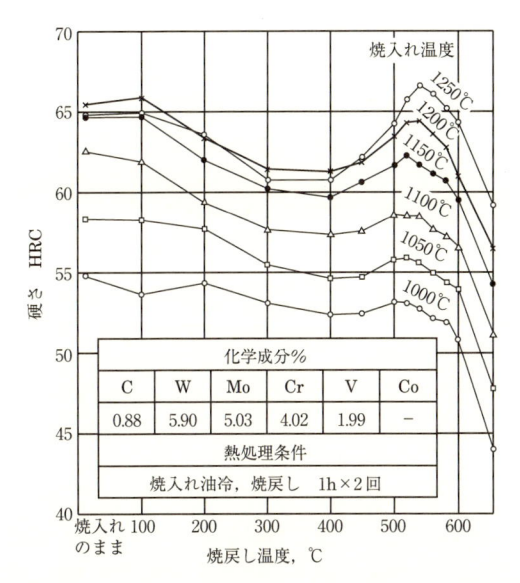

図 2.7.7　SKH 51 の焼入焼戻し温度と硬さとの関係
〔出典：文献 5)〕

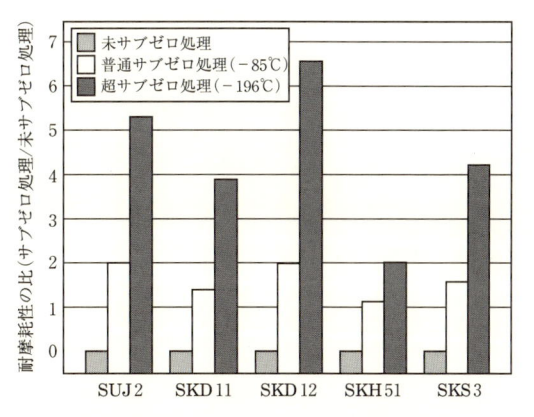

図 2.7.8　サブゼロ処理による耐摩耗性の向上
〔出典：文献 7)〕

ので高級歯切工具に使用されはじめている．

　高価な W を Mo で置き換えた SKH 58 はかなりの耐摩耗性があることから，タップ等のねじ切り工具に，また SKH 59 は安価でシャープな切れ味から Co ハイスとしてドリル，エンドミルなどの工具に多用されている．

　W 系の中で 12% W の SKH 10 は，耐熱鋼切削などのカッタ・ブローチに使われる．

　冷間加工・鍛造，温間鍛造などの金型，ローリングダイスには，靱性の高い，マトリックス系ハイスが使われる．

　一方，難削材や高精度・高速切削用として開発されたのが粉末高速度工具鋼（粉末ハイス）で，ハイスパウダアトマイズ技術と等方加圧成形技術 HIP，CIP を駆使して高合金化が可能になった．高バナジウム，高コバルト系粉末ハイスは耐摩耗性，耐熱性がいっそう向上し，ミクロ組織（炭化物，オーステナイト結晶粒）が均一・微細となり，被研削性が向上し，熱処理変形が減少する．得られる硬さは 70 HRC を越える場合があり，現在では総合的に価格差を乗り越えてなおメリットがありとされ，準汎用として使われている．粉末ハイスの化学成分は各製鋼メーカーで規定し，用途開発も行なっている．

　ハイスは合金元素が多いので，焼入れにより約 30% に及ぶ残留オーステナイトが生成するが，サブゼロ（深冷）処理を施して，一気に硬いマルテンサイト[6]に変化させることができる．その手法の一つである超サブゼロ処理による性状変化を図 2.7.8 に示す．本手法は炭素工具鋼，合金工具鋼にも広く応用される．

　一方，省資源・コストダウンの立場から摩擦溶接，電子ビーム溶接，かしめ，ろう付けなどの方法により，ハイスの一部を安価な鋼（SK，SC，SCM 材）に置き換える工夫がなされている．アーバ等長尺機械部品，棒物切削工具・板状ナイフ，ソーブレードなどの帯状工具，円板状セグメント工具が好例である．

　ハイスの特性を生かすため，窒化，浸硫，ホモ（水蒸気）処理，CVD・PVD コーティング等の表面改質処理が施されている．

2.7.3　合金工具鋼

　合金工具鋼は，炭素工具鋼に Si，Mn，Ni，Cr，Mo，W，V を添加したもので，JIS G 4404 に使用目的に応じて大きく四つに区分されて規定されている．

　切削工具用は硬さを重視したもので，Cr，W，V を添加して硬い炭化物を作って耐摩耗性を向上させ，のこ刃，ダイス，やすりに使われる．

　耐衝撃工具用には，C 量を低めに抑え Cr，W を加えたものと，高めの C 量で VC 炭化物の特性を生かしたものとがある．それぞれたがね・ポンチ，削岩機ピストン，ヘッダーダイスに使われる．常温

での高耐摩耗性が重視される冷間金型用の代表鋼種は 13% Cr-1% Mo-V 添加の SKD 11 であり，ダイスや抜型，ねじ転造ローラに最適である．図 2.7.9，図 2.7.10 に SKD 1，11 の焼戻し温度と曲げ試験結果の関係を示した．

熱間における強さと耐摩耗性改善を狙ったものに，SKD 系ダイス鋼，SKT 系鍛造型鋼がある．

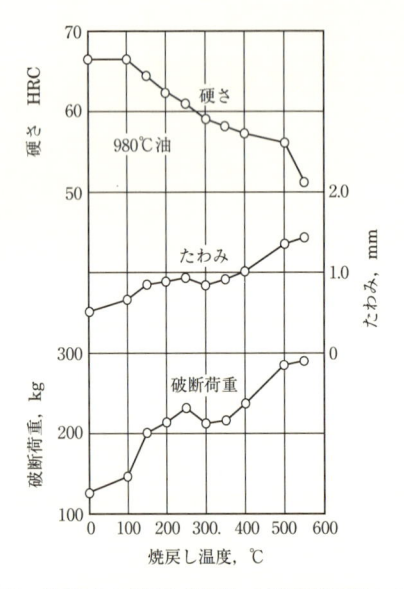

図 2.7.9　SKD 1 の焼戻し温度と曲げ試験結果との関係　〔出典：文献 8〕

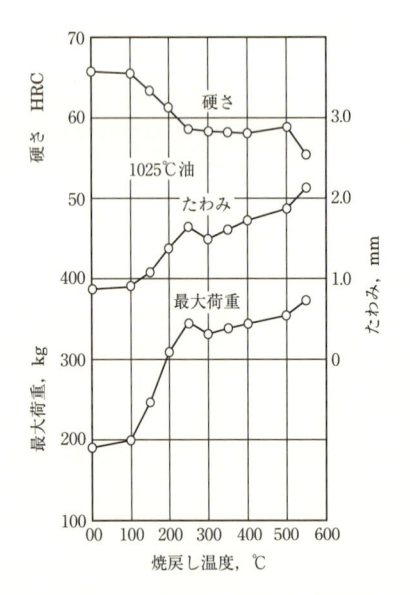

図 2.7.10　SKD 11 の焼戻し温度と曲げ試験結果との関係　〔出典：文献 8〕

SKD 系は，ハイス同様二次硬化現象を利用し高温硬さを維持し，靱性が大きく，熱伝導率も良いので熱衝撃に対し安定である．その代表鋼種が 5% Cr の SKD 61 で，プレス型，押出型のマンドレルに使われる．SKT 系は焼入れ性と靱性を重視したもので，鍛造用型に広く使用されている．

合金工具鋼の使用量は工具鋼の約 50% で，JIS のほか国内外の製鋼メーカー独自の商品名でも生産・販売されている．バルク（母材）のままや使用目的に応じて窒化，TD 処理，ショットピーニング処理，コーティング，サブゼロ等の改質処理を施して使われる．

2.7.4　超硬合金

超硬合金とは，周期律表第 IVa，Va，VIa 族に属する 9 種類の金属の炭化物粉末を Fe，Co，Ni などの鉄族金属を用いて焼結結合した合金の総称である．いずれの炭化物も高融点，高硬度で酸化抵抗が大きいことが特徴である．9 種類の炭化物と鉄族金属との組合せにより，数多くの超硬合金が得られるが，それらのうち機械的性質に最も優れる WC-Co 系合金を指して，普通，超硬合金と称している．

超硬合金の製造法は，各種原料粉末を所定の組成に配合後，湿式の混合・粉砕を行ない，次いで乾燥・造粒，プレス成形，脱脂，真空焼結の工程をとる．複雑形状品の場合は，プレス成形後，脱脂・予備焼結，成形加工を経て本焼結される．

WC-Co 系超硬合金には，組成，粒度などの異なる多くの種類の合金があり，種々の用途に供されている．

切削工具としての使用分類は，JIS B 4053 に連続形切くずの出る一般鋼切削用の P 系列，非連続形切りくずの出る鋳鉄，非鉄金属および非金属材料切削用の K 系列，およびその中間的な汎用の M 系列が規定されている．また，各系列においても合金特性により数段階に分類され，そのそれぞれに適する旋削，転削などの切削方式や作業条件が示されている．K 系列合金には，単純な機械的摩耗に対して最も優れる WC-Co 合金が主として用いられる．これは被削材の特性上，通常の切削では工具刃先の温度上昇が少なく，主たる損傷が機械的摩耗であるからであるが，高速切削での熱的損傷を考慮して，少量の TiC，TaC を添加した合金も本系列に用いられる．図 2.7.11 に機械的摩耗のみが生じるモルタ

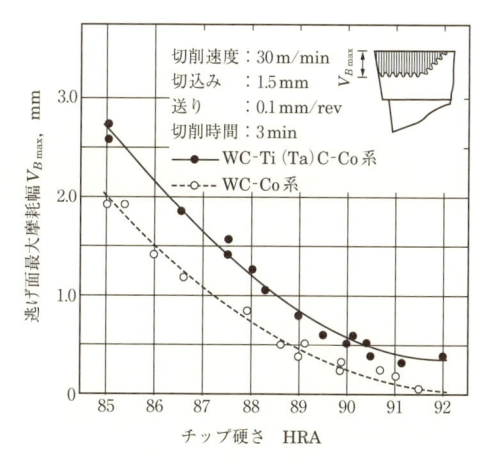

図 2.7.11 モルタル旋削におけるチップの硬さと摩耗量との関係（東芝タンガロイ）〔出典：文献 9）〕

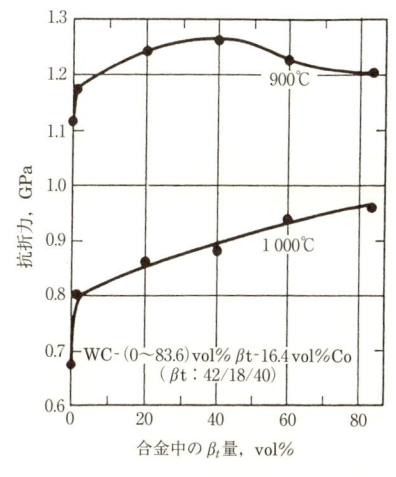

図 2.7.12 WC-β_t-Co 合金の高温抗折力に及ぼす β_t 量の影響　〔出典：文献 13）〕

ル切削における工具刃先の逃げ面最大摩耗幅と合金組成および硬さとの関係を示した．いずれの組成系でも硬さが高いほど摩耗幅は減少するが，同一硬さで比較すると，WC-Co 合金は TiC, TaC を含む合金よりも耐摩耗性に優れることがわかる．

鋼切削用の P 系列合金には，WC-TiC-TaC (NbC)-Co 合金が用いられる．鋼を切削する場合，刃先が 1 000℃以上もの高温になるが，TiC, TaC を添加した合金は，鋼との間での Co や Fe の拡散が抑制される[10]，酸化抵抗が増大する，合金炭素量の変化に対する健全相域（組織中に有害な低級炭化物や遊離炭素を生じない領域）の幅が広くなる[11]などの特性を示すからである．また，WC-Co 合金の室温抗折力は TiC, TaC の添加量とともに低下する[12]が，高温抗折力は図 2.7.12 に示すように β_t (WC-TiC-TaC の固溶体炭化物) 量の増加とともに上昇する．またクリープ強さも TiC, TaC 添加により上昇する[14]．このように TiC, TaC 添加合金は高温機械的性質に優れることも鋼用の切削工具に適する理由の一つである．

一方，超硬合金と高速度鋼の適用切削領域の間隙を埋めるべく開発された合金に，WC 平均粒度が 1 μm 以下の超微粒超硬合金がある．これは特に硬さ，強さに優れるため，主に各種ドリル，エンドミルなどの，耐摩耗性とともに耐折損性が重視される工具に応用されている．超硬合金は WC 粒度が微粒になるほど，高温で塑性変形しやすくなるので，超微粒超硬合金の適正切削速度は普通粒度の超硬合金と高速度鋼との中間に位置する．

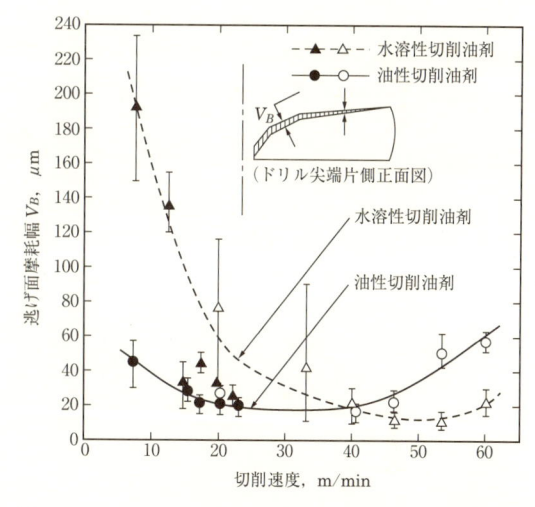

図 2.7.13 ドリル刃先の各位置における真の切削速度と逃げ面摩耗幅との関係に及ぼす切削油剤の種類の影響（ϕ 12.0 mm，深さ 18 mm の穴を 192 個加工）　〔出典：文献 15）〕

超硬合金を切削工具に用いる場合，切削油剤の使用の有無および切削油剤の種類による切削性能の相違は，トライボロジー的に興味あるものと思われる．これらに関しては，C 編 1.3.4 項に詳述されるが，P 30 超硬合金製ドリルを用いて切削油剤の種類の違いによる切削性能の変化を調べた結果例を図 2.7.13 に示した．これは加工量を一定とし，切削速度を変えた場合の結果であるが，図によれば水溶性切削油剤の方が油性切削油剤よりも逃げ面摩耗幅 V_B が最小となる切削速度が高い．一般に切削油剤

の影響としては冷却作用，潤滑作用および腐食性を考慮すべきであるが，この場合，V_B に及ぼす後二者の影響は認められず，構成刃先の生成状況の観察などから，上記の現象は両油剤の冷却効果の相違に起因するとしている．

耐摩耗工具には主として中粒（WC 平均粒度；1.5～3.0 μm 程度）の WC-Co 合金が用いられ，その使用分類は，CIS（超硬工具協会規格）019 C に合金の硬さや Co 量により 6 種類に区分して示されている．超微粒合金も耐摩耗工具としての用途が拡大しつつあるが，その他に特に耐食性を要求される用途には Cr または Cr_3C_2 を添加した WC-Ni 系合金が用いられる．その耐食性は極めて優れているが，機械的性質は WC-Co 合金よりも劣る[16]．したがって，WC-Ni 系合金の用途は，特に耐食性を必要とする場合や，フェライト粉末の成形用金型のように非磁性（低炭素の WC-Ni 系合金は非磁性）を必要とされる場合に限定される．

耐衝撃用工具に関しては，鉱山工具としての使用分類が CIS 040 に規定されている．Co 量が種々異なる粗粒（WC 平均粒度；3～5 μm 程度）の WC-Co 合金が主に使用される．この種の合金の最近の国内用途とは，鉱山工具よりも土木工事用工具の方が多い．

上記の他に超硬合金には，耐食性部品，耐酸化性部品，耐圧部品，民生用品などに多くの用途があり，種々の合金が使用されているが，ここでは略す．

2.7.5 サーメット

サーメットとは，各種の炭化物，酸化物，窒化物，ホウ化物などの耐火物（ceramics）を金属（metal）で結合した複合材料（cermet, ceramics＋metal の造語）をいう．これらの中で工具材料として最も普及しているのは TiC-Ni 系合金である．本系合金は広義には超硬合金の一種であるが，一般にはサーメットと呼ばれている．TiC 基サーメットは当初タービンブレードなどの耐熱構造材料として開発されたが，靱性が不十分であったため，現在ではその用途は切削工具に限られている．しかし，切削工具材料としても靱性は重要な性質であり，その改良がなされてきた．

TiC 基サーメットの製造法は超硬合金と本質的に同様である．TiC-Ni 合金には通常 Mo または

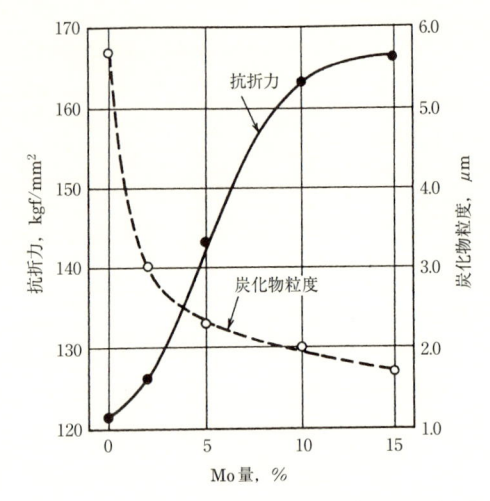

図 2.7.14 TiC-Mo-15% Ni 合金の抗折力および炭化物粒度に及ぼす Mo 量の影響（坂上，林ら）
〔出典：文献 17〕

Mo_2C が添加される．これは結合相を Ni-Mo 合金とすることにより TiC に対するぬれ性が改善されるとともに，炭化物の粒成長が抑制され，機械的性質が向上するからである．図 2.7.14 に TiC-15% Ni 合金の抗折力と炭化物粒度に及ぼす Mo 添加量の影響を示した．Mo 量の増加とともに炭化物粒度が減少し，それに伴い抗折力が著しく上昇する．また現在のほとんど全ての実用合金にはさらに TiN，Ti(C, N) などを用いて窒素（N）が添加されている．これは N 添加によってクリープ変形が著しく抑えられるようになり[18]，高速切削に対して有利となるのが主な理由であるが，N 量の増加とともにダイヤモンドホイールによる被研削性が著しく低下する[19]という欠点も有する．

N 添加の有無による切削性能の比較例を以下に示す．図 2.7.15 の両種合金の炭（窒）化物粒度を粗，中，細（それぞれ約 2.5，1.5，1.0 μm）の 3 通りに変化させて，高速旋削試験を行なったときの結果である．まず耐塑性変形性は，同一合金系では微粒合金ほど優れるが，クリープ抵抗の大きい N 添加合金の方が全体的に優れている．逃げ面摩耗幅は，N 無添加合金では微粒合金ほど小となるが，N 添加合金では粗粒合金ほど小となる．図 2.7.16 は耐欠損性試験の結果である．これによると粒度依存性は見られないが，N 添加合金の方が優れた耐欠損性を示す．実用の N 添加サーメットには比較的

粗粒の合金が多いが，これは上記のような理由によると思われる．

また，現用のN添加サーメットはMo_2Cの他にWC, TaC, NbC, ZrCなどが添加された非常に複雑な組成の合金となっている．これらの炭化物添加によっても本系サーメットの高温性質が改善されるためである．

一方，N添加サーメット特有の現象に，普通に真空焼結すると，試料表面部に結合相量が減少し硬さが上昇した領域が生じる[21]ことがある．この現象は焼結過程での脱Nに起因するが，これを抑制したり，逆に積極的に利用した傾斜組成の合金も実用されている．

2.7.6 セラミックス

近年，被削材として，各種部品の高精度化，軽量化，長寿命化のために強靱で高硬度の難削材化した材料が増加しつつある．これに対しては超高圧焼結体が期待されるが，価格が非常に高い．また，被覆超硬合金やサーメットの進歩により，高速の切削加工が可能となってきたが，これらは合金中に結合相として金属を含むので，工具刃先の塑性変形に耐え得る切削速度に限界がある．これらの理由により，セラミックス工具が注目されている．その代表的なものはAl_2O_3系セラミックスであり，少量のMgO, CaOなどの添加物を含むものからAl_2O_3-TiC, Al_2O_3-ZrO_2, Al_2O_3-SiCウィスカ(w)系へと発展してきた．Al_2O_3-TiC工具は鋳鉄の高速切削や高硬度鋼の切削に，Al_2O_3-ZrO_2工具は鋼の切削に，Al_2O_3-SiC(w)工具は耐熱合金の切削にそれぞれ応用されている．また，Si_3N_4系とサイアロン（Si-Al-O-N）系セラミックスも鋳鉄の高速切削用工具として実用されつつある．

図2.7.17には各種セラミックスの抗折力と試験温度との関係を超硬合金，被覆超硬合金[22]と比較して示した．各系セラミックスとも室温における抗折力は他に比べて低いが，温度による変化が少なく，高温では超硬合金や被覆合金よりも高強度を示すようになる．

図2.7.18にはAl_2O_3-TiC系とAl_2O_3-ZrO_2系セラミックスの工具寿命を他の工具と比較して示した．これらのセラミックス工具は被覆超硬合金やサーメットよりもはるかに長寿命である．一方，Si_3N_4系セラミックスは靱性や耐熱衝撃性に優れる

被削材：S48C (HB=240)
切込み：1.5mm
送り：0.3mm/rev
チップ形状：SPGN120308 (pre-horning, 0.10×−20°)
V：切削速度
T：切削時間
$V_{B\max}$：逃げ面最大摩耗幅
V_B：逃げ面平均摩耗幅
d：刃先の塑性変形量

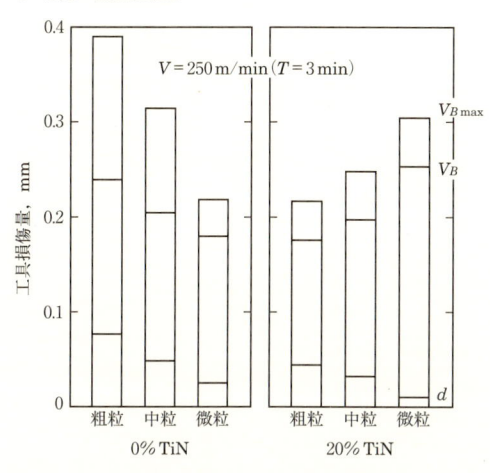

図2.7.15　N添加の有無および炭(窒)化物粒度と乾式旋削による工具損傷量との関係
〔出典：文献20)〕

被削材：S45C (HB=240, 4本スロット付)
被削速度：100m/min
切込み：1.5mm
送り：0.10mm/revから，衝撃回数4000回ごとに0.05mm/revずつ増加
×：欠損

図2.7.16　N添加の有無および炭(窒)化物粒度と乾式断続旋削による耐欠損性との関係
〔出典：文献20)〕

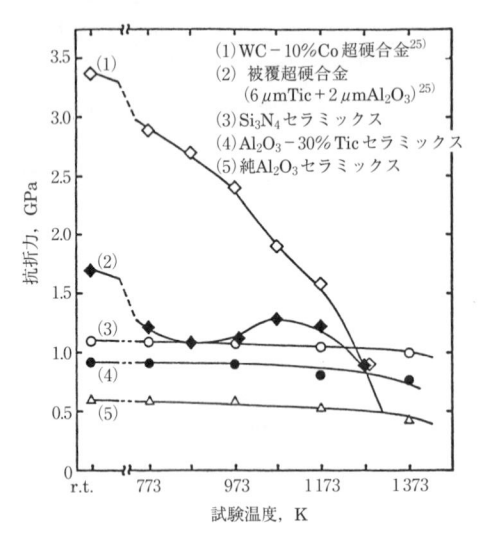

図 2.7.17 各種工具材料の抗折力と温度との関係

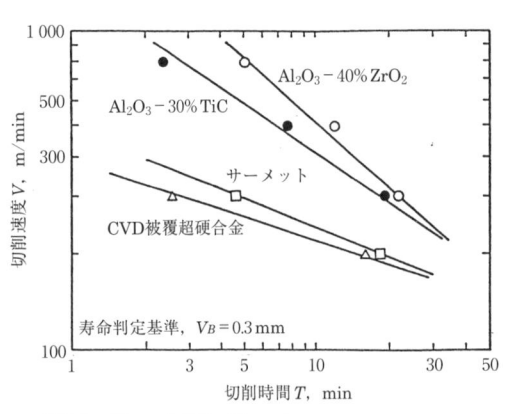

図 2.7.18 各種工具で鋼（S 48 C）を切削したときの V-T 線図

ため，Al_2O_3 系工具では困難な湿式荒切削や高速フライス切削に使用できる．その他 SiC 系セラミックスは，鋼と反応しやすいため切削工具への応用はむずかしいが，高温強さと耐酸化性に優れているため，高温構造用材料として注目されている．

セラミックス工具には多くの改良が重ねられてきたが，スローアウェイ工具に占める割合は，未だ数％にすぎない．耐欠損性に対する信頼性や製造コスト（製法は略す）になお問題が残されているからであり，これらが解決されれば，飛躍的な伸長が期待される．

2.7.7 超高圧焼結体

ダイヤモンド焼結体と，立方晶窒化ホウ素（c-BN）焼結体はまとめて超高圧焼結体と呼ばれる．これらは超高圧合成したダイヤモンドや c-BN の粉末を結合材や焼結助剤を用いて，超高圧高温下で焼結して得られる．図 2.7.19 に炭素[23]と窒化ホウ素[24]の圧力-温度状態図を示した．図中の各平衡線の上側がダイヤモンド，c-BN それぞれの安定領域である．したがって焼結はこれら安定領域内の圧力，温度で行なわれなければならない（普通は 50〜60 kbar；1 400〜1 600℃）．

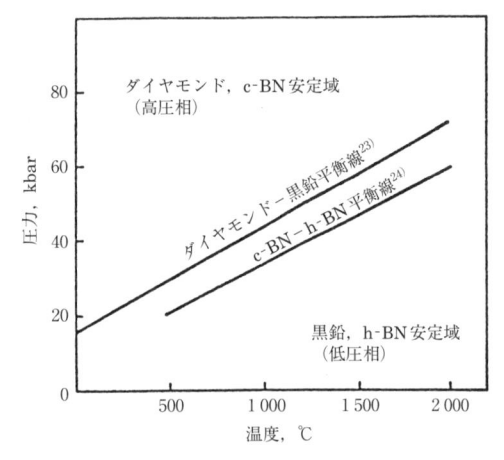

図 2.7.19 炭素と窒化ホウ素の圧力-温度状態図（R. Berman，遠藤）〔出典：文献 23, 24〕

図 2.7.20 には焼結に用いる超高圧発生装置の構造例を示した．原料粉末を高融点金属のカプセルに充てん後，食塩などの圧力媒体からなる反応容器の中に黒鉛ヒータと一緒に組み込む．この反応容器をろう石や積層紙製のガスケットとともにダイに入れ，上下から加圧して高圧力を発生させ，アンビルを通してヒータに通電して加熱し焼結体を得る．普

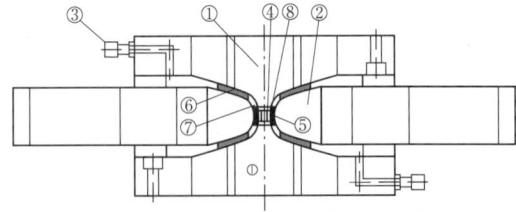

①超硬合金アンビル ②超硬合金コア ③冷却水給排口 ④反応容器 ⑤黒鉛ヒータ ⑥積層紙ガスケット ⑦ろう石ガスケット ⑧通電リング

図 2.7.20 フラットベルト型超高圧装置の構造

通，焼結体素材は約 0.5～1 mm 厚さの超高圧焼結体と超硬合金台金とを一体にして作られる．この素材からワイヤカットなどにより適当な形状の小片を切り出し，工具本体にろう付けする．

表 2.7.1 には各種超高圧焼結体の諸性質を超硬合金，セラミックスと比較して示した．いずれの焼結体も高硬度，高ヤング率を示している．ダイヤモンドは鉄族金属と反応するので，それらの合金の切削には使用できず，アルミニウム合金，銅合金などの非鉄金属材料や，ガラス繊維入りプラスチック，パーティクルボードなどの非金属材料の切削加工に用いられる．c-BN 焼結体は鉄族金属とは反応しないので，焼入鋼や耐熱合金，各種鋳鉄，鉄系焼結材などの切削加工に用いられている．両者とも超硬合金やセラミックス工具に比べて，より高速加工が可能であり，工具寿命が長く，加工面精度が優れるという利点をもつが，高価であり，応用範囲を広げるための今後の課題となっている．

2.7.8 表面改質

TiC，TiN，Al_2O_3 などの硬質物質を表面に被覆した超硬合金は，耐摩耗性に優れ，かつ切削加工の高速化が可能になるなどの特徴を有するため，切削工具材料の主流となってきている．これはそれらの被膜が高温でも安定，高温硬さに優れる，鉄と反応しにくいなどの利点を有することによる．また，耐摩耗工具への応用も広がりつつある．現在工業的に用いられている被覆法には化学蒸着（CVD）法と物理蒸着（PVD）法とがあるが，ここでは製造法は略す．

（1）CVD 被覆超硬合金

現在の実用材料では，各種の硬質物質を複層被覆（合計膜厚；5～15 μm 程度）したものが多いが，CVD 被覆超硬合金の室温抗折力は図 2.7.21 に示すように，被膜が単層，複層に拘らず，その厚さの増加とともに著しく低下する．これは被膜中にすでに存在していた，あるいは低応力下で生じたき裂が母材中に伝播するためである．しかし，高温抗折力は約 1 000℃ で母材のそれとほとんど一致するようになる[22]．すなわち，工具刃先がそのような高温となる切削条件下では，被覆合金の強さは被覆しない合

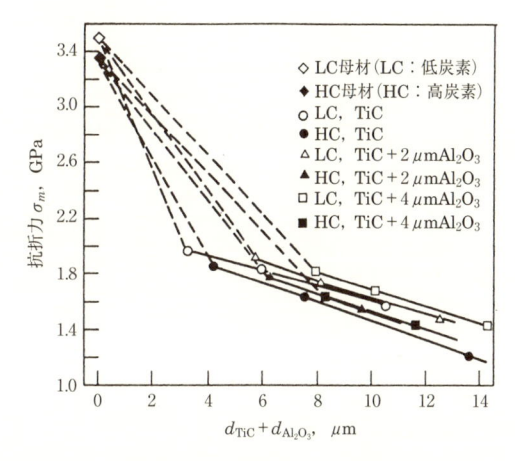

図 2.7.21 室温抗折力と被膜厚さとの関係（林，鈴木，土井）〔出典：文献 25）〕

表 2.7.1 超高圧焼結体の諸性質

性質 材料	硬さ， HK	抗折力， GPa	圧縮強度， GPa	ヤング率， GPa	熱膨張率， 10^{-6} K^{-1}	熱伝導率， W/(m·K)
ダイヤモンド焼結体 中粒系（約 8 μm）	6 800	1.26	7.60	776	4.2	560
ダイヤモンド焼結体 粗粒系（約 20 μm）	7 800	1.19	7.61	810	4.6	560
c-BN 焼結体 高 c-BN-Co 系	3 400	0.72	—	858	—	100～200
c-BN 焼結体 高 c-BN-AlN 系	3 200	0.57	2.73	680	4.9	100
c-BN 焼結体 中 c-BN-セラミックス系	2 900	1.10	—	—	—	36
超硬合金 K 10	1 600	2.35	6.08	618	5.4	100
セラミックス Al_2O_3-TiC 系	1 700	0.80	3.14	372	7.6	16

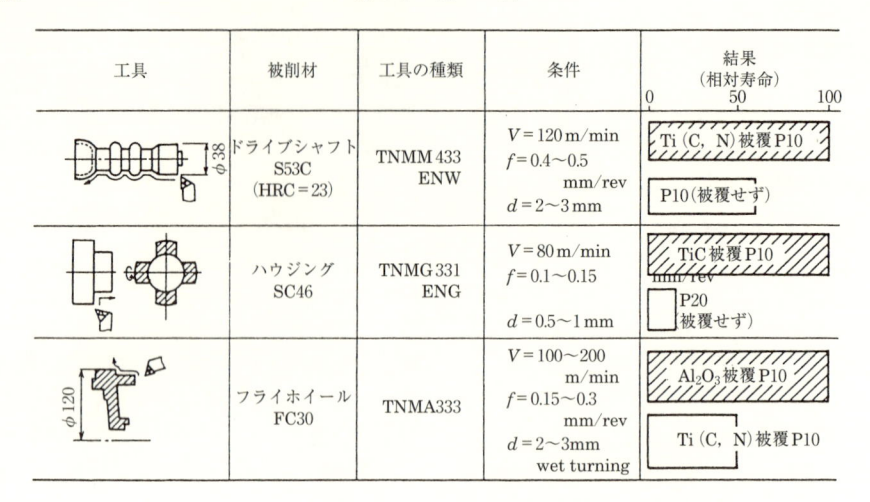

工具	被削材	工具の種類	条件	結果（相対寿命）0　50　100
（ドライブシャフト図）	ドライブシャフト S53C (HRC=23) ϕ38	TNMM 433 ENW	$V=120$ m/min $f=0.4\sim0.5$ mm/rev $d=2\sim3$ mm	Ti (C, N) 被覆 P10 / P10（被覆せず）
（ハウジング図）	ハウジング SC46	TNMG 331 ENG	$V=80$ m/min $f=0.1\sim0.15$ mm/rev $d=0.5\sim1$ mm	TiC 被覆 P10 / P20 被覆せず
（フライホイール図）ϕ120	フライホイール FC30	TNMA333	$V=100\sim200$ m/min $f=0.15\sim0.3$ mm/rev $d=2\sim3$ mm wet turning	Al_2O_3 被覆 P10 / Ti (C, N) 被覆 P10

図2.7.22　CVD被覆超硬合金工具の実用例〔出典：文献26)〕

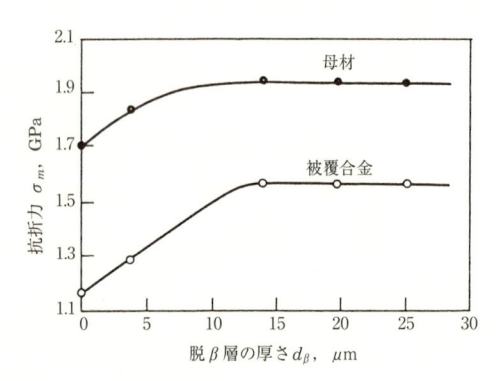

図2.7.23　被覆超硬合金（TiC=7 μm）および母材合金の抗折力に及ぼす d_β の影響（林，鈴木，土井）〔出典：文献28)〕

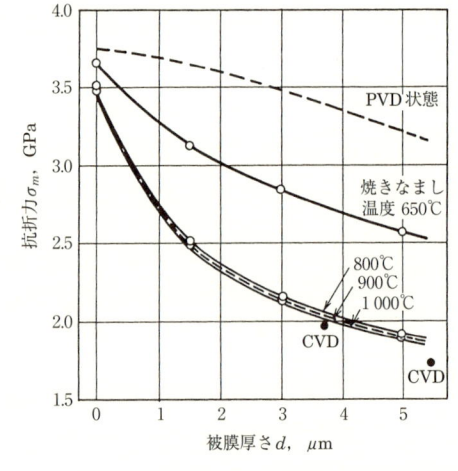

図2.7.24　PVD被覆超硬合金の抗折力の焼なましによる低下（鈴木，松原ら）〔出典：文献30)〕

金と同程度でありながら，耐酸化性，耐摩耗性，耐溶着性に優れていることになる．図2.7.22にはTiC，Al_2O_3 などをCVD被覆した工具の実用例を示した．被覆工具は被覆しない工具に比べて著しく長寿命となることがわかる．

一方，CVD被覆による合金強度の低下を抑制するために，母材表面部に厚さ10～30 μm程度の脱β層[27)]と呼ばれる高靱性層（少量の窒素を添加したWC-TiC-TaC(NbC)-Co系超硬合金において，(W, Ti)(C, N)，(W, Ti, Ta)(C, N)相などが消失した層）を設けた合金が切削工具として広く用いられるようになっている．図2.7.23には脱β層の厚さと母材合金および被覆合金の抗折力との関係を示した．脱β層の存在によって両合金ともに抗折力が上昇することがわかる．

また，近年TiCや Al_2O_3 よりさらに高硬度のダイヤモンド，DLC (diamondlike carbon)，c-BNなどを被覆した工具が研究されている．前二者は一部実用されはじめているが，被膜/母材間の接着強度の安定性や量産性に問題があり，後者はc-BN被膜を蒸着させること自体がむずかしく，研究は緒についたばかりである．

（2）PVD被覆超硬合金

PVD被膜（膜厚；2～5 μm程度）には，TiN，Ti(C, N)，(Ti, Al)NなどのTi化合物が主に用いられている．PVD処理温度は約500℃とCVD法よりも低温であるので，被膜/母材界面部に脱炭層が生じにくく，また被膜に残留圧縮応力が生じ

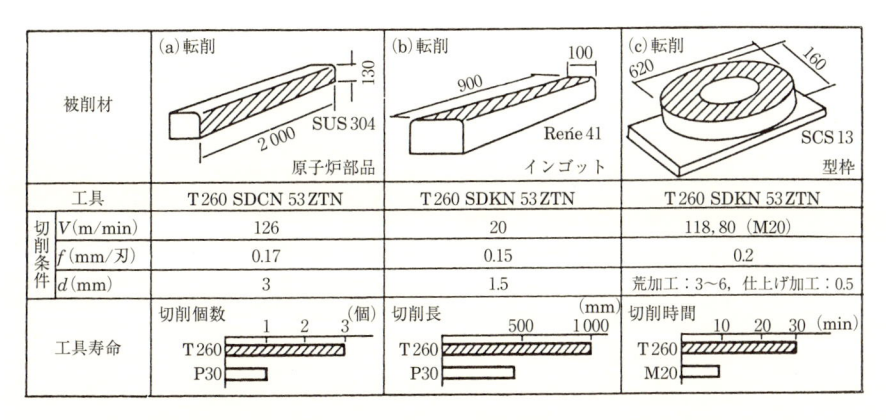

図 2.7.25 PVD 被覆超硬合金工具 T 260 による実用切削例（澁木，塚本，高津）〔出典：文献 31)〕

る[29]）ため，CVD 被覆合金よりも高強度の被覆合金が得られる．また，図 2.7.24 に PVD 被覆合金の抗折力に及ぼす被膜厚さ，焼きなまし温度の影響を示したが，焼きなまし温度が高くなるほど抗折力は低下し，800～1000℃ では CVD 合金と同程度となる．したがって PVD 被覆合金は，高刃先強度が求められ，かつ刃先があまり高温にならない転削工具やドリル，エンドミルなどに応用されている．図 2.7.25 には 2 μm 厚さの TiN を被覆した工具（T 260）の実用例を示した．いずれの場合も被覆なしの場合より著しく長寿命が得られている．

文　献

1) (社)日本熱処理技術協会編：熱処理ガイドブック，大河出版 (1993) 200.
2) 日本熱処理技術協会編：熱処理技術シリーズ 4，特殊鋼の熱処理，日刊工業新聞社 (1970) 152.
3) 文献 1) の p. 122.
4) 電気製鋼研究会編：電気製鋼 (1979) 205.
5) (株)不二越：NACHI ハイスハンドブック．
6) 大和久重雄：ハイスの熱処理ノート，日刊工業新聞社 (1993) 129.
7) 大和久重雄：熱処理のニューテクとハイテク，金属，平成 2 年 6 月臨時増刊号 (1990-6) 6.
8) 文献 2) の p. 179.
9) 鈴木　壽編著：超硬合金と焼結硬質材料，丸善 (1986) 543.
10) 鈴木　壽・山本孝春・川勝一郎：日本金属学会誌，**32**，8 (1968) 721.
11) 鈴木　壽：日本金属学会会報，**11**，7 (1972) 125.
12) 鈴木　壽・棚瀬照義・中山文夫：粉体および粉末冶金，**23**，4 (1976) 132.
13) 文献 9) の p. 175.
14) 鈴木　壽・林　宏爾・李　完宰・久保　裕：粉体および粉末冶金，**26**，8 (1979) 294.
15) 小堀景一・植木光生・谷口泰朗・鈴木　壽：粉体および粉末冶金，**35**，8 (1988) 775.
16) 鈴木　壽・林　宏爾・寺田　修：日本金属学会誌，**41**，6 (1977) 559.
17) 文献 9) の p. 334.
18) 鈴木　壽・林　宏爾・久保　裕：粉体および粉末冶金，**27**，8 (1980) 266.
19) 鈴木　壽・松原秀彰・林　宏爾・辻郷康生：粉体および粉末冶金，**30**，6 (1983) 235.
20) 植木光生・鈴木　壽：粉体および粉末冶金，**38**，6 (1991) 718.
21) 植木光生・斉藤　豪・斉藤武志・鈴木　壽：粉体および粉末冶金，**36**，3 (1989) 315.
22) 林　宏爾・鈴木　壽・土井良彦：粉体および粉末冶金，**32**，2 (1985) 61.
23) R. Berman : The Properties of Diamond, Academic Press (1979) 9.
24) 遠藤　忠：無機材質研究所研究報告書，27 (1979) 85.
25) 文献 9) の p. 218.
26) 文献 9) の p. 229.
27) 鈴木　壽・谷口泰朗・林　宏爾・張　善元：日本金属学会誌，**45**，1 (1981) 95.
28) 文献 9) の p. 222.
29) 山本　勉・蒲地一嘉：日本金属学会誌，**49**，2 (1985) 120.
30) 文献 9) の p. 239.
31) 文献 9) の p. 245.

2.8　クラッチ，ブレーキ

クラッチは駆動側と非駆動側との間に設置され，その間のトルクの断続を行なう機構であり，摩擦材を用いた摩擦クラッチ，磁性粉を用いた電磁クラッチ，流体継手を用いた流体クラッチなどがある．クラッチに要求される機能はトルクの断続が確実にかつ円滑に行なえること，トルクの回転変動を適切に吸収することなどである．このため摩擦材には適切な摩擦係数を有し，すべり速度，面圧，温度に対し

て摩擦係数が安定していること，耐摩耗性，耐熱性など十分な耐久性を有することなどが要求される．摩擦材にはパルプなどの天然繊維，耐熱性有機繊維，摩擦調整剤をフェノール樹脂などの熱硬化性樹脂で結合させたペーパ系摩擦材，銅粉および黒鉛粉などを焼結した焼結合金系摩擦材，ゴムに無機粉末を混ぜ成形したゴム質系摩擦材，ガラス繊維，摩擦調整剤などを熱硬化性樹脂あるいはゴムで加熱成形したモールド材などがある．ペーパ系摩擦材は自動車用自動変速機の湿式クラッチに，焼結合金系摩擦材は建設機械などの高負荷のクラッチに，モールド材は自動車用変速クラッチなどの湿式クラッチに用いられている．

　ブレーキは運動する車両を減速あるいは停止させる重要な機能を有する機構であり，ディスクブレーキ，ドラムブレーキ，鉄道車両で使われている摩擦材を直接車輪に押し付ける車輪踏面ブレーキなどの形式がある．ディスクおよびドラムは主にねずみ鋳鉄で作られているが，耐摩耗性，耐熱性向上のためCrやMo，Cuなどを添加した低合金鋳鉄も一部のディスクに用いられている．パッド，ライニング，すなわちブレーキ用摩擦材には摩擦係数が適度に高いこと，使用条件によらず摩擦係数が安定していること，寿命が優れていること，相手面を損傷させないこと，ブレーキ鳴き，ジャダーなどの摩擦振動を起こさないことなどの種々の性能が要求される．最も多く使用されている摩擦材はスチール繊維，ガラス繊維，耐熱性有機繊維などの繊維基材に摩擦・摩耗調整剤を混ぜ，熱硬化性樹脂で結合した複合材料系のものである．航空機，新幹線などのディスクブレーキパッドには高温および湿潤環境での摩擦性能低下の少ない銅系焼結合金摩擦材が用いられている．また，レーシングカーや一部の航空機では軽量で耐摩耗性に優れる炭素繊維強化複合材料（C/Cコンポジット）がディスク，パッドの材料として用いられている．

2.8.1　鉄鋼，鋳鉄

　各種の交通機関等において運動状態から減速・停止させる摩擦ブレーキ部品には鋳鉄や鉄鋼が広く用いられてきている．

　自動車のブレーキ[1]は回転側のロータ（ディスクブレーキ方式）やドラム（ドラムブレーキ方式）に固定側のパッドやシューを押し付けることによりブレーキ力を得ている．ロータやディスクの材質は主にFC 200～FC 250の片状黒鉛鋳鉄が使用されている．海外および国内で高速走行からのブレーキ条件を考慮した場合には，熱伝導性を重視して黒鉛量の多い片状黒鉛鋳鉄が採用または検討されている．材料選択の際に考慮されるのは，ブレーキ性能はもちろんではあるが，回転構造体としての強度，摩耗特性，鳴き等である．この中でブレーキ性能と摩耗特性は特に相手材との組合せで評価される項目である．ブレーキ時の鳴きは快適性の観点からわが国の自動車では古くから課題の一つとなっている．また，最近の高速化によりブレーキディスクが大型化する傾向にあり，乗り心地の観点からはばね下質量の軽量化も検討項目となっている．

　カーブやアップダウンの多い高速道路を走行する大型トラックのような高いブレーキ負荷の使用条件においてはディスクに熱き裂の発生が見られる場合があり，その対策として高強度の鋳鋼ディスクが採用されている例がある．二輪車ではディスクの見栄え（外観品質）が重視され，ステンレス鋼が広く採用されている．耐摩耗性と耐食性の観点から中炭素マルテンサイト系ステンレスが一般的に使用されている．レース車や一部の市販車では自動車と同様に片状黒鉛鋳鉄ディスクが使用されている．

　鉄道車両の摩擦ブレーキは車輪踏面にシュー（制輪子）を押し付ける踏面制輪子方式と車軸や車輪側面にディスクを取り付けそれに制輪子ライニングを押し付けるディスクブレーキ方式に大別される[2]．制輪子方式は在来線で使用され，材質には鋳鉄，合成樹脂（レジン），焼結合金製がある．鋳鉄制輪子は古くから使用されている材料であるが，従来の片状黒鉛の普通鋳鉄制輪子は他材質に比較して摩擦摩耗特性では劣っていた．しかし，鋳鉄制輪子の湿潤条件下，特に降積雪時の摩擦性能の安定性の高さを生かして摩擦性能および耐摩耗性を向上させた合金鋳鉄制輪子が広く実用化され在来線の最高速度向上や検査周期延伸を可能にしている．この合金鋳鉄制輪子はP，Cr，Mo等を普通鋳鉄に添加し，基地中に硬いステダイトや炭化物相を分散析出させることにより性能の向上を達成している．制輪子に対する固有の要求性能としてはレールを転がる重要部品である相手車輪踏面に損傷を与えないことである．

　鉄道車両のブレーキディスクも自動車と同様に在来線では片状黒鉛の普通鋳鉄FC 280相当が使用さ

れてきている．新幹線では最高速度が在来線の倍以上あり，耐熱き裂性の改善のため，昭和39年の開業当初から Ni-Cr-Mo 低合金鋳鉄が採用された．その後の高速化に対応して，摩擦面には摩擦材として実績のある普通鋳鉄，裏面や取付け部に高強度の鋳鋼を採用して複合化したクラッド材や高強度で耐熱き裂性に優れた鍛鋼が使用されるようになり，現在は鍛鋼ディスクが主力になっている．新幹線ディスク用ライニングは鋼系焼結合金であり，在来線ディスク用は合成材が主として使用されている．在来線においても車両の高速化やディスクの長寿命化の要求に対応するために，CV (Compaclted Vermicular) 黒鉛鋳鉄（一時期実用化された）や鋳鋼等の検討も行なわれたが，最終的には Ni-Cr-Mo 低合金鋳鉄ディスクが採用され使用範囲が拡大しつつある．さらには鍛鋼ディスクも一部の在来線車両で実用化されている．海外でも一般の車両では普通鋳鉄が，高速車両では主に鍛鋼が使用されている．わが国では検討した結果採用されていない球状黒鉛鋳鉄も一部では採用されているが，これは使用条件の違いによるものと思われる．

エレベータのブレーキ，非常止め装置は鋼製のガイドレールを2個のくさび状のシューで挟み落下する乗りかごを停止させる構造になっている．シュー材は FC 250 の鋳鉄が一般的であるが，超高層ビルの超高速エレベータ向けには吸収エネルギーの増加に対応する合金鋳鉄シューやセラミックスシューが開発されている[3]．

摩擦ブレーキ材料は従来鋳鉄をはじめとする鉄系材料が多く使用されてきているが，近年の輸送機関の高速化等への対応のために合金鋳鉄化による高性能化やさらにはアルミ系の複合材料，C/C コンポジット，セラミックス等の新材料の開発，実用化が進みつつある．

2.8.2 複合材

摩擦を利用したブレーキやクラッチは摩擦発熱によって摩擦界面の温度が通常 100～200℃ に上昇しているといわれているが，高速からの繰返し制動（フェードテスト）では 600℃（摩擦界面を徹視的に観察すると 1 083℃ 以上[4]）を越えることもある．摩擦材には，このような環境下でも，安全かつスムーズに機能するための性能を維持し続ける必要がある．アスベスト繊維は，この過酷な環境下でも安定した特性を維持することから，補強材として長い間使用されてきたが 1972 年，アスベスト繊維の形状が肺腫瘍の原因となる可能性が指摘されて以来，非アスベスト系摩擦材の開発が進められた．現在ではアスベストフリーの新材料が主流となっている[5]．

よって，本章では非アスベスト系摩擦材を中心に記述する．

（1）要求性能

摩擦材に要求される主な特性は，
(a) 摩擦係数が高く，速度，温度，加圧力，雨水の介在等による変化が少ないこと．
(b) 低温から高温まで摩耗量が少なく，相手材を傷付けないこと．
(c) フェードテスト中，摩擦係数の低下が少なく，安定していること．
(d) 振動，ノイズ，ジャダー等の発生がないこと．
(e) さび付き等有害な特性をもつことなく，高温まで十分な強度を維持すること．

等であるが，販売地域によってその重要度も異なる．例えば米国や日本では寿命，振動，ノイズ，ジャダーが重視され，欧米では摩擦係数，フェードが重視されている．

（2）摩擦材の種類

摩擦材は大きく分類すると有機系と無機系に分類される[6]．有機系摩擦材にはレジン，ゴム等の結合材を含浸させて形成したウーブン系と，短繊維や粉粒体と結合材とを攪拌混合して成形するモールドタイプがある．ウーブンタイプ（紡糸，ヤーン）は長繊維を使用しているため高強度の設計が可能であり，クラッチフェーシング等回転強度の要求される用途に使われ，モールドタイプは配合材料や配合量等で設計の自由度が大きく，摩擦特性に特徴を出しやすいことからブレーキ用として用いられている．

無機系では金属とセラミックス，潤滑材を主体とした焼結合金が使用されている．

これ等の相手材には，摩擦摩耗，振動減衰性に優れているパーライト素地のねずみ鋳鉄材が使用されているが，さらに高負荷で高温となる頻度の高い新幹線や大型トラックではヒートクラック対策として Ni-Cr-Mo 鋳鉄や鋳鋼等が使われている．

（3）摩擦材の組成

有機系摩擦材の配合組成は大きく分けると補強繊維，摩擦調整材とこれらを成形する結合材の三要素によって構成されている．補強繊維としてはアラミ

表 2.8.1 各種摩擦材と使用材料および使用量

使用材料		使用目的・効果	各種摩擦材料*							
			A	S	L	N	R	T	D	F
補強繊維	鉄系	代表的な物としてスチールファイバが使用され，補強以外に摩擦係数のアップにも効果がある．高温での摩耗は良くなるが量が多いと相手材の摩耗を多くしたり，摩擦振動を起こす原因となることがある．		5	2		1	1		
	非鉄	スチールより補強効果少ないが，摩擦現象は比較的穏やかで安定している．	2	1	2	2〜3	1〜2	1	1〜2	2
	無機	セラミック，ガラスファイバ等で補強を目的としている．ガラスは主にブレーキライニング，クラッチフェーシングに使用される．			1	2〜4	1〜2			5
	有機	主にアラミド繊維，フェノール繊維でアクリル，天然繊維等も使用する．補強以外に製造品質向上のため使われることもある．	2		1	1〜2	1〜2			2
	石綿	補強と摩擦特性向上，繊維形状による肺腫瘍の疑いから自主規制	5							
結合材	樹脂	フェノールを主体とする熱硬化性樹脂	2〜3	2	2〜3	2〜3	3			2
	ゴム	弾性率を下げる目的で NR，NBR，SBR 等を熱硬化性樹脂とブレンドして使用．	1〜3				1			4
摩擦調整材	有機	ゴム系，カシュー系の重合物で摩擦材の弾性率を下げたり，有機物による潤滑を目的としている．大量に使用すると高温でフェードして摩耗も多くなる．	2〜3	1	2〜3	2〜3	2〜3			3
	無機	硫酸バリウム，炭酸カルシウム等の微粉体で結合材の耐熱性を改良，大量に添加すると，硬度が硬くなり，相手材に悪影響を与えたりノイズ，振動の原因となることがある．	3〜4	2	5	4〜5	3〜4	1	1	3
	金属	フェードの防止策として鉄，銅，黄銅，等が使用される．焼結合金では結合材の役割もある．	1〜3	5	2〜3	1〜2	5	6	6	
	セラミック	摩擦係数のアップと相手材への付着物を適度に取り除くために使われるが，添加量が多くなると相手材摩耗が多くなり，ノイズ，振動の発生源ともなる．	1	1	1	1〜2	1	2	2	
	潤滑	黒鉛，二硫化モリブデン等を使用して摩擦界面に適度の潤滑相を形成して，摩擦表面の破壊を防ぐことによって，摩擦係数の安定，高温，高負荷条件での異常摩耗を防止する．	1〜3	3	2〜3	1〜2	2〜3	2	3	1

* A：アスベスト，S：セミメタ，L：ロースチール，N：ノンスチール，R：鉄道
　T：鉄系焼結，D：銅系焼結，F：クラッチフェーシング
　配合量 wt%：1；0〜5，2；6〜10，3；11〜20，4；21〜30，5；31〜60，6；61 以上

ド，アクリル等の有機繊維とセラミックやガラス系の無機繊維，銅，スチール等の金属繊維が複数併用されている．摩擦調整材として代表的な材料は，低温での潤滑と耐摩耗性を目的としてカシューオイルの重合物やゴム等の有機系粒子，高温での耐摩耗性と強度の改善を目的とした硫酸バリウムや炭酸カルシウム等の無機粉末，高温での耐摩耗性とノイズ低減を期待した黒鉛や二硫化モリブデン等の潤滑剤，耐フェード性を改良する金属粉，相手材へ付着した成分を取り除きながら摩擦係数を高くするセラミックス系研削材等がある．結合材は熱硬化性のフェノール，メラミン系樹脂を変性改質して使用している（表 2.8.1 参照）．従来のアスベスト系摩擦材と異なる点は補強繊維の量が少なく複数の繊維を併用していることと，高温強度を維持するために有機系摩擦調整材の量が少なく無機系添加材の量が多いことが特徴といえる．

これら材料は目的に応じて純度，粒度，太さ，長さ，形状および結合材とのぬれ性や熱分解等の特性から適正な材料が選ばれる．さらに，構成材料の長所を十分に発揮させたり，短所を緩和させるために物理特性の調整も行なわれる．

摩擦材開発の中で最も重要な課題の一つとして「ブレーキノイズの低減」がある．

第2章 材料

ブレーキノイズは，摩擦面で起っている複雑な現象（配合成分の軟化・液化・分解・吸着・合成・酸化還元・拡散・合金・付着等が温度，圧力，しゅう動速度，雰囲気成分等の要因による複雑な挙動）が原因となって起こる振動がブレーキ，ロータ等と共振して，周波数領域十数～一万数千 Hz に及ぶ広い範囲の振動と音色（音色も 6 種類[7]）を出している．車種や地域差，走行条件等によっても異なった特性を示すため，その因果関係や分析解析をより困難にしている．

この問題を解決するため，起振源としての摩擦特性や物理特性を代用特性で評価したり，摩擦中の摩擦界面の現象解析や付着物の分析[4,8～10]等の研究が進められ実用化されている．

実用化されている代用特性は次のとおりである．

- 摩擦特性：μ-V 特性，μ-T 特性，相手材攻撃性，周波数分析
- 物理特性：圧縮弾性率，気孔率，粘弾性，固有振動
- 表面分析：摩擦材と相手材への付着物や生成物等の分析

（4）ブレーキ，クラッチへの適用

a. ブレーキ

自動車，産業機械用は一般に有機系摩擦材が主流であり，耐摩耗を重視したセミメタリック，高負荷高速を重視したロースチール，総合性能を重視したノンスチールが使用されている．

これらの材料で代表的な材質について，ディスクブレーキ（ディスクブレーキは安定した摩擦特性を示す：A編 4.5.1 の図 4.5.3 参照）を用いたフルサイズダイナモのテスト結果から，図 2.8.1 に摩擦係数（試験条件：JASO C-406-82 P 1）を，図 2.8.2 にフェード（試験条件：JASO C-406-82 P 1），図 2.8.3 に温度別摩耗（試験条件：JASO C-427）を示した．

図 2.8.1，図 2.8.2，図 2.8.3 から，それぞれの材質の特徴は次のとおりである．

- ロースチール
  高摩擦係数でフェード特性が良い．高温で相手材に付着する傾向が大きい．
- ノンスチール
  中程度の摩擦係数でフェード特性が良く安定した特性を示している．
  低温での摩耗は良いが高温では多くなる．高温

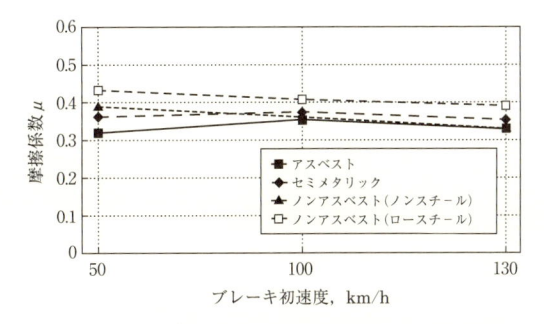

図 2.8.1 摩擦係数〔JASO（c-406-82 p 1）第 2 効力（減速度：5.88 m/s）〕

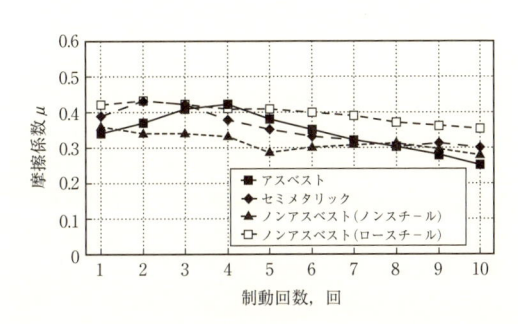

図 2.8.2 フェード特性〔JASO（c-406-82 p 1）フェードテストの平均摩擦係数〕

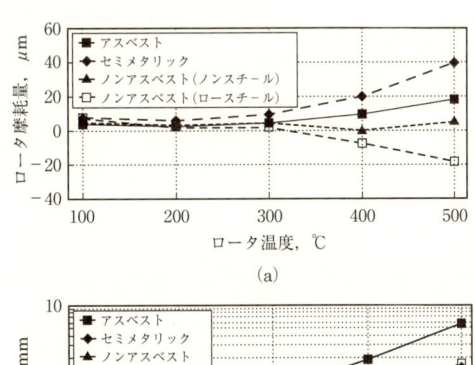

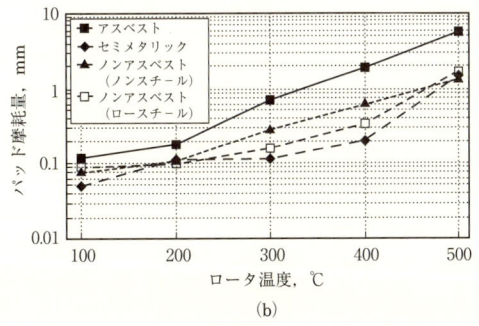

図 2.8.3 ロータ温度とロータおよびパッドの摩耗量の関係〔JASO（c-427）温度別摩耗試験〕

表 2.8.2 焼結金属摩擦材料の組成例（質量%）

	マトリックス					潤滑剤		摩擦調整剤					
銅系	Cu 40〜80	Sn 3〜10	Zn 3〜10			黒鉛 5〜15	MoS$_2$ 0〜5	ムライト 1〜5	シリカ 1〜3	アルミナ 2〜8	Ni 0〜2	Fe 2−8	Mo 0〜5
鉄系	Fe 40〜80	Cu 3〜20	P 0.5〜1	Ni 0〜10	Co 0〜10	黒鉛 5〜20	MoS$_2$ 1〜5	ムライト 3〜20	SiC 3〜20	Mn 0〜3			

で相手材への付着傾向がある．

・セミメタ
中程度の摩擦係数で耐摩耗性に優れている．高温で相手材摩耗が大きい．

一般に，有機系摩擦材は雨水などが大量に摩擦面に介在すると極端に摩擦係数が低下するため，二輪車や鉄道など雨水が摩擦界面に介在しやすい構造のブレーキには，影響を受けにくい焼結合金が使われている．

道鉄用も一般電車は有機系が使用されている．焼結系は雨水に強いこと，耐熱性があることから新幹線などの高速列車や降雨地，降雪地に使われている．鉄道は軌道上を走行しているため，制動中の制動力は軌道と車輪の粘着力と同等以下となる $Wf \geq \mu P$（W：輪重，f：粘着係数，μ：摩擦係数，P：押付け力）の関係が成立しないと，スキッドを起こしタイヤにフラット（損傷）を造り，乗り心地を悪くしたり騒音の原因ともなる．したがって，鉄道用摩擦材は粘着係数に沿った瞬間摩擦性能をもっていることが必要となる．この特性を作り出すために鉄系金属粉を大量に使用している．

b. クラッチ

クラッチフェーシングは高速回転をしながら動力の伝達をするため，高温でもエンジン回転に追従した強度を維持していることが求められる．そのため長繊維のガラス繊維や有機繊維を紡糸したものにレジンやゴムバインダを含浸して，乾燥後，成形している．フェーシングの課題は，すべりやジャダー，長寿命化であるが，非アスベストフェーシングの開発により，これらの課題は徐々に解決されている．

2.8.3 焼結金属摩擦材料
（1）特徴と用途

焼結金属材料[11]は，有機質材料に比較して，耐熱性，耐焼付き性，耐摩耗性に優れる[12]ため，高負荷の用途に適している．また，金属は熱の良導体であるので相手板の熱負荷を軽減するとともに，冷却媒体との熱交換率が高く，過負荷時に摩擦材料の熱的損傷が生じても，それは極表面層にとどまり内部まで劣化することはない．したがって，過酷な条件下でも安定した性能と信頼性を発揮する．

焼結金属摩擦材料のうち銅系材料は建機・重機の湿式クラッチや大型二輪車の乾式ブレーキなど，主に高負荷の用途に使用されている．また，鉄系材料の用途は乾式摩擦部品が主であり，鉄の磁性を利用し直接摩擦材に磁場を作用させて面圧を加えることにより，トルクを伝達する電磁クラッチ用途が多い．

（2）材料組成

表 2.8.2 に代表的な焼結金属摩擦材料の組成を示した．焼結金属摩擦材料は，基本的にマトリックス金属，潤滑剤および摩擦調整剤により構成されている．マトリックス金属には，主に潤滑剤や摩擦調整剤を保持する役割と材料強度を保つ役割とがあり，また，それ自体に相手板との凝着や掘り起こし[13]により摩擦係数を高める質量作用もある．この金属成分は，通常摩擦材料中の 50〜80 質量% を占めている．

潤滑剤は，高負荷条件下での焼付き防止や摩擦特性の安定化の目的で添加されているが，これには黒鉛，硫化物，フッ化物，低融点金属などが用いられている[14]．

摩擦調整剤には，相手面に対する引っかきや凝着により摩擦力を生じさせる効果や，相手材摩擦面を清浄に保つ役割があるとされている．この種の材料としては金属酸化物，炭化物，各種繊維等がある．

焼結金属摩擦材料は比重差の大きい各種材料により構成されているため，これらが比重分離や偏析することなく均一に分散した複合材料とすることが肝要である．また，各原料粉末の種類や量はもとより，粒度や粒子形状等も摩擦材料の機械的性質や摩擦特性に大きく影響する．

（3）物理的・機械的性質

表 2.8.3 に銅系材料を例に焼結金属摩擦材料の諸

表 2.8.3 銅系焼結金属摩擦材料の諸性質

	湿式	乾式
密度, g/cm³	3.5〜5.5	4.0〜6.0
気孔率, %	10〜30	2〜25
引張強さ, MPa	1〜10	5〜60
抗折力, MPa	20〜50	30〜150
熱伝導率, W/(m・K)	10〜50	10〜40
熱膨張係数, 10^{-6} K^{-1}	10〜20	10〜20
比熱, J/(g・K)	0.3〜0.9	0.3〜0.9

性質を示した.湿式用,乾式用のいずれも潤滑剤,摩擦調整剤などの金属以外の成分を多量に含有するため,材料強度はあまり高くない.特に湿式用摩擦材料は,潤滑油を供給・排出する目的で空孔の多い組織となるので,乾式用よりさらに低強度となっている.しかし,通常摩擦材料は補強用の鋼板に接着して使用されるので,実用上は支障ない.

(4) 摩擦試験

摩擦試験による摩擦材の性能評価方法には,JIS定速型摩擦摩耗試験機などで規格化された試験を行なう場合と,慣性式摩擦試験機により,実機の条件に類似した試験を行なう場合とがある.後者は実機のクラッチユニットやブレーキユニットを組み込み,実機と対応した性能評価ができる.しかし,実機の条件には,機械の剛性や振動,冷却条件,塵埃など試験機では再現しにくい因子があり,最終的には実機での確認が必要である.

(5) 摩擦摩耗特性

a. 湿式摩擦材

湿式摩擦材は,主に潤滑油,作動油などの液体の介在下で動作するクラッチやブレーキ[15]などに使われる.銅系焼結材料の平均動摩擦係数は0.05〜0.08とペーパ質材料[16]の約1/2である.また銅系焼結材料は相手材との相対速度が0に近づくにつれ,摩擦係数が上昇し,停止間際では平均動摩擦係数の約2倍となる.これは,摩擦面の温度や油膜厚さの変化により,真実接触面積が変化するためと考えられる.摩擦係数やその変動に影響を及ぼす因子には,他に油の種類や粘性,摩擦板の溝形状などがある.

クラッチやブレーキの設計では,摩擦板が吸収すべきエネルギー値を算出し,使用材料や形状,面数などを決定する.摩擦板が吸収するエネルギーは,次式によって求められるe,ε値によって表わされる[17].

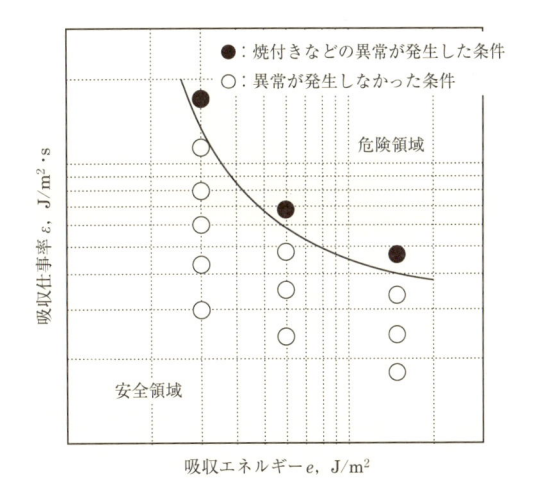

図 2.8.4 吸収エネルギー限界線図〔出典:文献 18〕

$$e = E/A \cdot Z \quad (\mathrm{J/m^2}) \quad (2.8.1)$$
$$\varepsilon = E/A \cdot Z \cdot t = e/t \quad (\mathrm{J/m^2 \cdot s}) \quad (2.8.2)$$

ここで,Eは総摩擦仕事量,Aは摩擦面積,Zは面数,tはスリップ時間である.すなわち,eは1制動時の摩擦板単位面積あたりの吸収エネルギー量を示し,εは摩擦板単位面積および単位時間あたりの吸収エネルギー量(吸収仕事率)を示す.図2.8.4に吸収エネルギー限界線図の一例を示した[18].摩擦摩耗試験によりe-εの安全領域を求め,これを用いてクラッチやブレーキの設計を行なう.しかし,現実には装置の熱容量,冷却媒体の冷却能などにより吸収エネルギー限界値が大きく影響されるので,ベンチ試験や実機試験による確認が必要とされる.

b. 乾式摩擦材

乾式摩擦材とは,乾燥状態で使用されるクラッチやブレーキ用の材料の総称[15]である.しかし,自動車などのブレーキは,通常乾燥状態で使用されているが,雨天時には水を介在した摩擦となるので,湿潤状態での性能も軽視できない.自動車や二輪車のブレーキ性能は,一般的にはJASO(自動車規格)により規定された試験法で評価される.一例を図2.8.5に示したが,乾式摩擦材の性能は摩擦係数や摩耗量ばかりでなく,耐フェード性,ウェットリカバリー性,ブレーキ鳴きも含め総合的に評価される[19].

焼結金属摩擦材料は,樹脂系のノンアスベスト材料と比較し,摩擦係数が高く,図2.8.6に示すよう

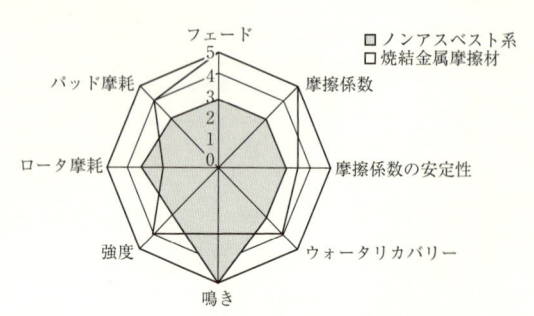

図2.8.5 摩擦材の性能〔出典：文献19）〕

に温度などの環境変化に対しても安定している[20]．これは，マトリックスの耐熱温度が樹脂系の数100℃に対して，金属系は約1 000℃と高く熱劣化しにくいためである．また，樹脂系は高温でマトリックスの炭化等による変質および変形が生じるので，摩擦係数の安定性に劣る．しかし，焼結金属摩擦材料は上記のような長所を有するにも拘らず，制動時のブレーキ鳴きが大きいため，一般の自動車には使用されていない．このブレーキ鳴きが大きいのは，金属が摩擦面での凝着・せん断によって振動を起こしやすいこと，振動減衰率が低いことに起因するといわれている[21]．

（6）焼結金属摩擦材料の今後の課題

近年，自動車などの産業機械に対する小型化，軽量化の要求が増大し，これに伴いクラッチやブレーキの構成要素である摩擦材に対する要求性能も一段と厳しくなってきている．そこで焼結金属摩擦材料の今後の課題について検討した．

湿式摩擦材においては，まず動摩擦係数の高い材料の開発が必要と思われる．これは，現状の焼結金属系材料の動摩擦係数が有機質系材料に比べ50〜70%と低く，必要なトルクを得るためには高面圧とすること，または摩擦板の径を大きくすることなどが必要であり，機械設計上コンパクト化に不利になっているからである．

次に，湿式摩擦材に対しては弾力性の高い材料が望まれる．金属材料の弾性係数は有機質よりかなり高く，真実接触面積が見掛け面積の1/100以下と非常に小さい[22]．そのため局部当

りを起こし，部分的に発熱して耐焼付き性や動摩擦係数が低下する場合がある．したがって，弾力性を付与することによって接触面積を増加させ，接触状態を安定させることによって金属本来の耐熱性を発揮させれば，信頼性がより向上するであろう．これらのいずれの課題も，摩擦材を弾性係数が低くかつ多孔質の材料とすることにより解決できると思われる．

次に乾式材料の課題について考える．まず，第一の課題は制動時のブレーキ鳴きが大きいという短所であり，第二の課題は金属の比重が高いため材料の重量が大きくなることである．後者に対しては摩擦材を高性能化することによって，装置全体での軽量化を図る解決策がとられている．第三の課題はディスクブレーキの場合に，金属の熱伝導率が高く摩擦熱が加圧ピストンへ伝わりやすいため，断熱などの対策が必要となることである．したがって今後は，ブレーキ鳴きが生じにくい，断熱性に優れる，比重が小さいなどの特性を有し，かつ金属本来の耐熱性，耐摩耗性を具備した摩擦材料の開発が望まれる．

2.8.4 ペーパ摩擦材
（1）ペーパ摩擦材の組成と特徴

ペーパ摩擦材は，特殊なペーパ（生ペーパと呼ぶ）と熱硬化性のレジンで作られた複合材である．表2.8.4にこの摩擦材の主な組成を示す．生ペーパには，天然パルプ繊維などの繊維状物質と充てん材，摩擦調整剤と呼ばれる粒状物質が含まれる．レジンにはフェノール樹脂や変性フェノール樹脂が使用される．これらの成分や成分比，また，加工条件を変えて特性の異なる各種のペーパ摩擦材を作ることができる．ペーパ摩擦材の摩擦特性は，他の湿式

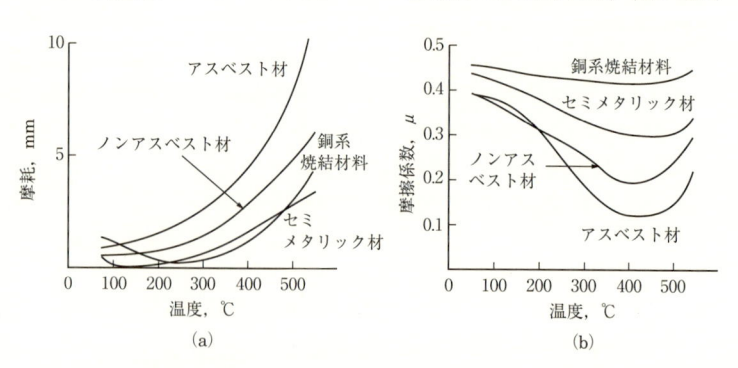

図2.8.6 各種乾式摩擦材の摩擦特性〔出典：文献20）〕

第2章 材料

表 2.8.4 ペーパ摩擦材の組成

組成		構成成分	成分例
ペーパ摩擦材	生ペーパ	繊維	天然パルプ繊維：コットン，麻など 有機合成繊維：芳香族ポリアミド，フェノールなど 無機繊維：炭素，ガラス，その他のセラミックスなど
		充てん材	けいそう土，クレー，けい灰石，シリカ，炭酸塩など
		摩擦調整剤	樹脂粒子，ゴム粒子，グラファイト，コークス，マイカなど
	レジン	フェノール樹脂	未変性フェノール
		変性フェノール樹脂	クレゾール変性，油変性，カシュー変性，メラミン変性など

摩擦材（コルク材，セミメタリック材，焼結合金材など）と比較して同一潤滑油中で高い摩擦係数を示すばかりでなく，動摩擦係数は極低速すべりから高速すべりまで，比較的変化の少ない特徴をもっている[23]．最近では，熱的耐久性を重視して，天然パルプ繊維を含まないペーパ摩擦材が開発されている．

ペーパ摩擦材の構造を示すため，図 2.8.7 に走査電子顕微鏡による摩擦材表面の拡大写真を示す．ペーパ摩擦材は，その構造から多孔性と粘弾性をもっており，これがこの摩擦材と相手セパレータプレートの間のトライボロジー上の挙動を支配している．

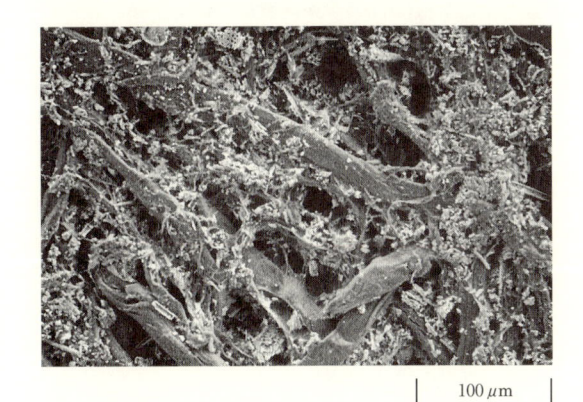

図 2.8.7 ペーパ摩擦材の構造（SEM写真）

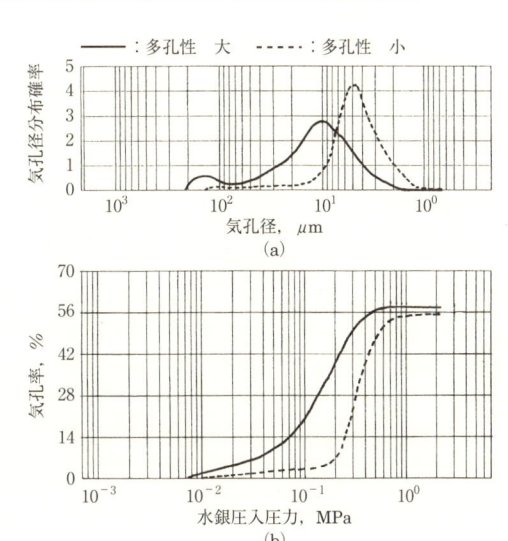

図 2.8.8 同一組成ペーパ摩擦材の多孔性

（2）ペーパ摩擦材の多孔性と摩擦性能

ペーパ摩擦材は，繊維型の無機多孔質材料ないしは，繊維集合体としての有機多孔質材料に分類され，空孔の連通性をもった典型的な開放気孔型の多孔質材料である．多孔質材料の構造を表わす指標としては気孔径，気孔径分布，気孔率などが使われる．ペーパ摩擦材の気孔径は通常数 μm 以上であるので，それらの指標の測定には水銀圧入法[24]が適している．図 2.8.8 に示すものは，多孔性大と小の同一組成ペーパ摩擦材の，この方法で測定した気孔径，気孔径分布，気孔率である．これらの摩擦材を接着したフリクションプレート（溝なし，外径127 mm，内径102 mm，厚さ0.5 mmの摩擦材）を用いて，SAE No.2 摩擦試験機によって ATF 中で測定した摩擦トルク波形を図 2.8.9 に示す．多孔性が大きいほど，動摩擦係数が高くなり，摩擦トルク波形全体が高くなる．多孔性が大きいと，境界潤滑と流体潤滑の混合潤滑状態にあるすべり面において，油膜が排除されやすくなり，境界摩擦の増大により摩擦係数を増大させる[25]．また，相手セパレータプレートに埋め込んだ熱電対（K型，ϕ0.5）によって，すべり面近傍の温度変化を，図 2.8.9 と同じ試験条件で測定した結果を図 2.8.10 に示す．ペーパ摩擦材の多孔性が大きいほど係合中のすべり面最高温度が低くなる．多孔性の大きい材料ほど潤滑油を多量に内部に含有し，係合の際に潤滑油を放出し，すべり面が冷却される[25]．このことがペーパ摩擦材の熱的耐久性を左右している．図 2.8.9，図 2.8.10

― :多孔性 大 --- :多孔性 小
回転速度:3478 min^{-1},慣性モーメント:0.245 kg·m^2,
油温:100℃,油量:0.000 7 m^3,
吸収エネルギー:16.26 kJ,摩擦面数:4

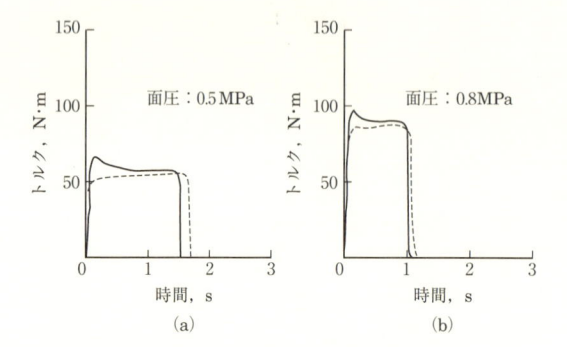

図 2.8.9 係合試験による摩擦トルク波形の多孔性による影響

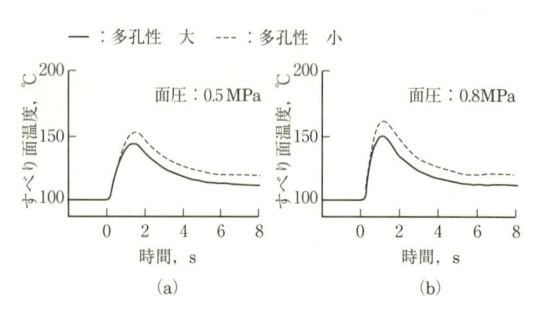

図 2.8.10 すべり面の温度変化

と同じ試験条件で,係合 5 000 回の耐久試験を行なうと,多孔性大の材料の動摩擦係数は,係合初期から 5 000 回まで安定して高いが,多孔性小の材料の動摩擦係数は,係合 4 000 回あたりから低下する.摩擦係数の熱的な経時変化に対しても,多孔性大の材料が有利である.また,係合 5 000 回の耐久試験後の摩耗量も多孔性大の材料が多孔性小の材料に比較して小さい[25].

(3) ペーパ摩擦材の粘弾性と摩擦性能

ペーパ摩擦材の粘弾性特性を特殊な測定装置[26]を用いて,フリクションプレートに接着した形で,摩擦材の厚み方向の ATF 中での圧縮粘弾性変形でとらえる.ペーパ摩擦材の多孔性が大きいほど,その圧縮粘弾性変形は増加する.そこで,同一組成ペーパ摩擦材の密度を変化させ,その粘弾性特性を調べ,図 2.8.9,図 2.8.10 と同じ試験条件で SAE No.2 摩擦試験機によって,摩擦トルク波形の変化を調べる.ペーパ摩擦材の圧縮粘弾性変形が大きいほど,動摩擦係数が高くなり,摩擦トルク波形全体が高くなる.圧縮粘弾性変形が大きいと,境界潤滑と流体潤滑の混合潤滑状態にあるすべり面において,油膜が排除されやすくなり,境界摩擦の増大により摩擦係数を増大させる.このことはすべり面の真実接触部の観察により確認されている[26].

2.8.5 カーボン

炭素繊維で補強された炭素材料で C/C コンポジット(以下 C/C と略記)と呼ばれている.1960 年代に米国で宇宙開発用の耐熱材料として研究が進められ,ロケットノズルやスペースシャトルのノーズおよびリーディングエッジ等に欠かせない材料として発展してきた.

1972 年には耐熱性,耐熱焼損性,軽量に注目されブレーキディスクが試作され[27]現在では航空機,レーシングカー,フランスの TGV のブレーキ,クラッチ等で軽量材料・高速高負荷材料として実用化されている.

(1) C/C の特性

C/C は炭素繊維を高分子材料で結合・成形した後,高温で焼成して有機材料を炭化・黒鉛化した複合材料で,炭素のみによって構成されている.軽量で機械強度が高く,熱にも強い材料で不活性ガス中では 1 500~2 500℃ まで耐えるが[28],空気中では約 400℃ で酸化が開始して消耗する[29,30].

(2) 製造方法

一般的な製造工程は,炭素繊維に樹脂を含浸乾燥後成形して不活性ガス中で約 1 000℃ で炭素化する.この段階では C/C のかさ密度は理論密度の 6 割程度で強度が低い.かさ密度を高めるため炭素化工程で含浸,焼成を繰り返すことによって理論密度の 8 割程度(1.7~1.8 g/cm^3)まで上げることができる.さらに物理特性改善を目的として焼成温度を 2 000~3 000℃ の範囲で昇温し黒鉛化処理が行なわれる[31].

製造方法としては,

- (a) 炭化水素を熱分解して炭素繊維に蒸着させる CVD 法
- (b) 炭素繊維と樹脂の成形体を高温で炭化しその後樹脂・ピッチ等の含浸炭化を繰り返す含浸炭化法
- (c) 含浸炭化法で製造した C/C をさらに CVD により高密度化する組合せ法

があり,炭素繊維の種類,形態,配向性およびマト

リックス炭素の種類によってその製法が決まる[29].特にカーボンファイバは異方性の強い材料であるため,最初に造られる成形体中の繊維の配向性が大きな影響を与えてくる.異方性を緩和する手段として三次元織（図2.8.11）n次元織が使われることもある.

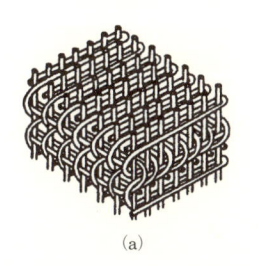

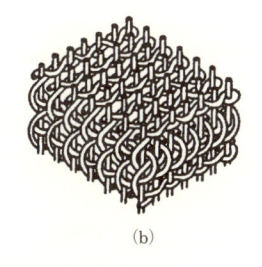

図2.8.11 三次元織

（3）C/Cに用いられる原材料

C/Cに用いられる主要材料は炭素繊維と樹脂である.炭素繊維はPAN系,ピッチ系が主に用いられており樹脂としてはフェノール樹脂,エポキシ樹脂,ピッチ等が用いられている.また,CVD法では熱分解して直接炭素を炭素繊維に沈着させるため低分子量の炭化水素が用いられる.

（4）ブレーキ・クラッチ材への応用

C/Cブレーキは従来のスチールブレーキがスチールロータと摩擦材によって構成されているのに対してロータ・摩擦材ともにC/Cで構成されている.C/Cブレーキの摩擦係数は低速・低温時（100℃以下）で低く[32],高速・高温では高い.特に高速では,ブレーキ熱で摩擦面の温度が高くなると,0.6まで上昇する[30].また摩擦面に水が介在すると摩擦係数は0.1まで低くなる[30].

摩耗のメカニズムは,摩耗粉が緻密化された摩擦面に摩擦フィルムを構成し,摩擦によってはく離する摩耗フィルムのほとんどが再度摩擦膜を構成するため,摩耗粉として大気中に飛散するものは,その極一部にすぎないと考えられている[30].また,ブレーキは制動中の発熱で炭素が酸化消耗するため（表2.8.5）,炭化物等で周囲をコーティングして保護している.

a. 航空機

B 767とB 747について従来のスチールブレーキとの比較では,いずれも35～40%の軽量化が可能となりB 747ではおおよそ1トンの軽量化ができ

表2.8.5 平均摩耗量と酸化摩耗比
〔出典：文献33〕

温度,℃	摩耗重量/1制動, g	酸化摩耗比*, g cm^{-2} s^{-1}
631	1.5 ×10^{-4}	0.80×10^{-6}
645	3.75×10^{-4}	2.00×10^{-6}
649	1.81×10^{-4}	0.97×10^{-6}
673	3.40×10^{-4}	1.82×10^{-6}
775	23.87×10^{-4}	12.80×10^{-6}
806	22.72×10^{-4}	12.10×10^{-6}
841	35.87×10^{-4}	19.20×10^{-6}
893	34.17×10^{-4}	18.30×10^{-6}

* 酸化摩耗比＝重量摩耗比－厚さ摩耗比

る.その結果年間燃料消費量は600万円の削減ができるといわれている.また,耐摩耗性をLPO（オーバホールまでの着陸回数）の寿命としてみるとスチールブレーキの約2倍であり,メンテナンスコストを1/2にしている[30,33,34].

これらのメリットからC/Cブレーキが主流になりつつあるが,まだ価格が高いことが難点といえる.価格への対応としては摩耗したロータ,ステータの再生処理によるトータルコストダウンが行なわれている.一つは摩耗した材料を2枚貼り合わせる「Two to One方式」,もう一つは,摩耗したブレーキ材にカーボンファイバを貼り付け,再生処理する「リモールド方式」が行なわれている[33].

b. 自動車用

1980年代にレーシングカー（F-1）用として開発が進められた.軽量で広い温度範囲で安定した摩擦係数が得られることから,F-1ブレーキではほぼ100%採用されている.

またクラッチフェーシングでは,従来の焼結合金摩擦材に対して約50%の軽量化が可能となり,耐久性も約2倍に延びる[32].

c. 鉄道用

鉄道用ディスクロータの軽量化は高速化を目指す鉄道車両にとって必要条件となっている.C/Cは現在の鋳鉄ロータの約40%を軽量化できるが,航空機と異なり制動時間が長いことから酸化消耗が大きくその対策が課題となっている[35].

文　献

1) 三部隆宏・中西宏之：トライボロジスト, **36**, 3 (1991) 189.

2) 辻村太郎・保田秀行：トライボロジスト，**41**, 4 (1996) 299.
3) 岡田亮二：トライボロジスト，**41**, 4 (1996) 317.
4) 井上光弘：日本機械学会論文集（C編），**51**, 466 (1985) 1433.
5) 堀口和也：摩擦材と環境問題第37回トライボロジー先端講座，日本潤滑学会 (1992) 41.
6) 福岡圭三郎：自動車技術，**30**, 11 (1976) 941.
7) 小林光成：トライボロジスト，**35**, 5 (1990) 322.
8) 井上光弘：トライボロジスト，**37**, 6 (1992) 493.
9) 井上光弘：トライボロジスト，**35**, 10 (1990) 690.
10) 可児春伸・三宅穣治・二宮敏幸：自動車技術，**45**, 4 (1991) 53.
11) 薄井 晋：日本金属学会，**22**, 8 (1983) 737.
12) T. Liu & S. K. Rhee：Wear, **46** (1978) 213.
13) バウデン・テイバー（曽田範宗訳）：固体の摩擦と潤滑，丸善 (1961) 82.
14) 松永正久監修，津谷裕子編：固体潤滑ハンドブック，幸書房 (1978) 67.
15) 日本粉末冶金工業会編：焼結金属摩擦用語，JSPM (1980) 2.
16) 北原志曇・松本堯之：トライボロジスト，**39**, 12 (1994) 1020.
17) 酒田辰夫：設計・製図，**9** (1972) 7.
18) 日本粉末冶金工業会編：焼結摩擦材料紹介集，JSPM (1995) 4.
19) 青木和彦：ブレーキ，山海堂 (1987) 197.
20) 日本粉末冶金工業会編：焼結摩擦材料紹介集，JSPM (1995) 15.
21) 長沢裕二：豊田中央研究所 R&G レビュー，**28**, 1 (1993) 43.
22) バウデン・テイバー（曽田範宗訳）：固体の摩擦と潤滑，丸善 (1961) 17.
23) 松本堯之：Petrotech, **11**, 2 (1988) 111.
24) 神沢 淳・架谷昌信：多孔材料ハンドブック，（株）アイピーシー (1988) 28.
25) 松本堯之：トライボロジスト，**41**, 10 (1996) 816.
26) T. Matsumoto：SAE Paper 970977 (1997).
27) 木村侑七・保田栄一・成田暢彦：潤滑，**28**, 3 (1983) 185.
28) 佐藤 健・田中義和：自動車技術，**42**, 6 (1988) 673.
29) 株式会社産業調査会辞典出版センター：先端材料応用辞典 (1990) 408.
30) S. Awasthi & J. L. Wood：Ceram. Sci. Eng. Proc (1988) 553.
31) 菊池 茂：日本複合材料学会誌，**10**, 2 (1984) 6.
32) D. W. Gibson & G. J. Taccini：40th Annual Earth Moving Industry Conference Peoria, Illinois April 11-13, 1989 (SAE Technical Paper Series)
33) 柴田良平：航空技術，No. 354 (1984) 19.
34) Lufthansa Bordbuch, 6 (1996) 10.
35) 熊谷則道：車両と機械，**4**, 2 (1990) 4.

2.9 その他の材料

2.9.1 塑性加工用材料

（1）塑性加工用材料の特徴

塑性加工とは材料の塑性という性質を利用して目的の形に成形する加工方法のことをいう．その加工方法は切削加工などの除去加工に比べて材料のむだが少なく，塑性変形による材料改質が期待できるとともに，生産効率が高く多くの加工分野で用いられている．

塑性加工用材料としては，金属やプラスチックの溶製材，金属粉末の圧粉材が対象となるが，ここでは大部分の量を占める金属に限ることにする．

昨年のわが国の代表的な金属材料の生産量は，鉄鋼約 10^8 トン，アルミニウム約 10^6 トンで，その中の90%あまりが塑性加工により板，棒などの一次加工品になる．その一次加工品を素材として，さらにプレス加工，鍛造などの二次的な塑性加工を経て製品となる場合には，これらの二次的な塑性加工工程が効率良く行なえるように塑性加工用材料を選択しなければならない．ここでは，代表的な二次塑性加工であるプレス加工と鍛造加工用の塑性加工用材料について示す．

（2）プレス成形用材料

a. 鉄鋼材料

プレス成型用の鉄鋼材料として大きく冷延鋼板，表面処理鋼板，熱延鋼板，ステンレス鋼板に分けられる．冷延鋼板のうち JIS に規定されている冷延鋼板は SPCC（一般用），SPCD（絞り用），SPCE（深絞り用）および SPCEN（非時効性深絞り用）がある．JIS には規定されていないが JIS と同程度に扱われている低降伏点鋼板，超深絞り鋼板および高張力冷延鋼板がある．特に，現在の自動車の軽量化のために開発されている高張力冷延鋼板としては，P添加鋼，複合組織鋼，折出硬化鋼および高残留オーステナイト鋼があり，それぞれの高張力冷延鋼板の引張強さと伸びの関係を図2.9.1に示す[1]．さらに特殊冷延鋼板としては，制振鋼板，軽量ラミネート鋼板，鮮映性鋼板，塗装鋼板，エンボス鋼板などがある．

表面処理鋼板は，自動車の防錆対策のために開発され，自動車用冷延鋼板の全体の2/3以上に達している．現在使用されている表面処理鋼板は純亜鉛めっき系，合金亜鉛めっき系および有機複合めっき系の3種類に大分されている．純亜鉛めっき系には溶融亜鉛めっき鋼板（GI）あるいは電気亜鉛めっき（EG）があり，合金亜鉛めっき系には電気合金めっき鋼板（Zn-Ni）あるいは合金化溶融亜鉛めっき鋼板（GA）がある．また，Zn-Niめっきの上に有機

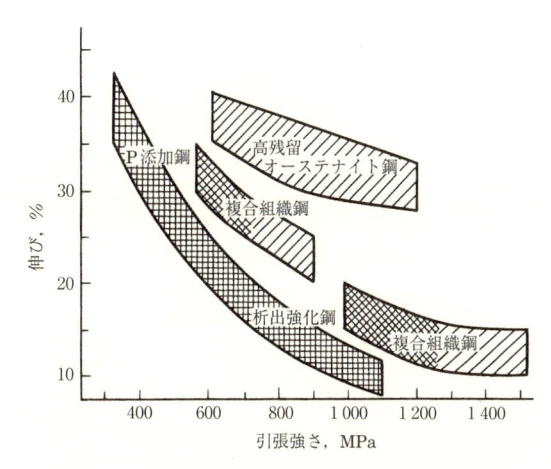

図 2.9.1 高張力冷延鋼板の引張強さと伸びの関係 〔出典：文献 1)〕

図 2.9.2 表面処理鋼板の被膜構造〔出典：文献 1)〕

表 2.9.1 ステンレス鋼板の代表的な鋼種と成分 〔出典：文献 2)〕

分 類	代表的鋼種	代表的成分
マルテンサイト系	SUS 420 J1 SUS 440 A	13 Cr-0.2 C 18 Cr-0.7 C
フェライト系	SUS 430 SUS 444	18 Cr 19 Cr-2 Mo-Ti, Nb, Zr-UL(C, N)
オーステナイト系	SUS 304 SUS 316	18 Cr-8 Ni 18 Cr-12 Ni-2.5 Mo
オーステナイト・フェライト系	SUS 329 J1 SUS 329 J2 L	25 Cr-4.5 Ni-2 Mo 25 Cr-6 Ni-3 Mo-N-LC
析出硬化系	SUS 630 SUS 631	17 Cr-4 Ni-4 Cu-Nb 17 Cr-7 Ni-1 Al

被膜を付けた有機複合鋼板もある．これらの表面処理鋼板の被膜構造を図 2.9.2 に示す[1]．

熱延鋼板は，自動車のメンバ，ホイール，鉄道車体の屋根板，床板，構造物，圧力容装鋼管などのプレス成形に使用される．それらの代表的な適用品種としては，熱延軟鋼板，自動車用構造用熱延鋼板，一般構造用圧延鋼材，溶接構造用圧延鋼材，圧力容器用鋼板，鋼管用熱延炭素鋼鋼帯などがある．

ステンレス鋼板は金属組織によりオーステナイト系，フェライト系，マルテンサイト系，オーステナイト・フェライト系，折出硬化系の 5 種類に分類され，それぞれのステンレス鋼板の代表的な鋼種と成分を表 2.9.1 に示す[2]．

b. アルミニウム，アルミニウム合金材料

純アルミニウム系の 1000 系以外のアルミニウム合金材料は合金元素により Al-Cu 系の 2000 系，Al-Mn 系の 3000 系，Al-Si 系の 4000 系，Al-Mg 系の 5000 系，Al-Mg-Si 系の 6000 系および Al-Zn 系の 7000 系に分類されている．

最近の自動車軽量化のために開発されている自動車ボディ用アルミニウム合金材料としては，Al-Mg 系の 5000 系，Al-Mg-Si 系の 6000 系および Al-Cu-Mg 系の 2000 系が挙げられる．この代表的な材料としては A 5052，A 5182，A 6009，A 6010，A 6011，A 6016，A 2036，A 2038 および A 2008 がある[3]．

（3）鍛造用材料

a. 冷間鍛造用材料

冷間鍛造は，熱間鍛造と比べ材料の変形能が大幅に低下し，塑性変形によりその変形抵抗が非常に高くなるので冷間鍛造に適した材料を選択する必要がある．

冷間鍛造に最も多く適用されている金属材料は鉄鋼材料であり，非鉄材料においてもアルミニウム・アルミニウム合金，銅および銅合金も使用されている．しかし，冷間鍛造用材料として規格化された材料としては現在鉄鋼材料に限られている．

鉄鋼材料としては炭素鋼，合金鋼，肌焼鋼およびステンレス鋼の鋼種が挙げられる．炭素鋼には圧造用炭素鋼線材，硬鋼線材，一般構造用鋼および機械構造用炭素鋼があり，合金鋼および肌焼鋼には構造用合金鋼があり，そしてステンレス鋼にはオーステナイト系，マルテンサイト系およびフェライト系がある．それぞれの冷間鍛造用鉄鋼材料の鋼種を表 2.9.2 に示す．

非鉄材料のアルミニウム・アルミニウム合金とし

表2.9.2 冷間鍛造用鉄鋼材料の種別と鋼種　　〔出典：文献4)〕

種別		鋼種記号　（JIS，SAC，AISI）
炭素鋼	圧造用炭素鋼線材	SWRCH 10 R, A, K；SWRCH 15 R, A, K；SWRCH 20 A, K
	硬鋼線材	SWRM 10, SWRM 20/SWRH 42, SWRH 42, SWRH 52
	一般構造用鋼	SS 34, SS 41, SS 50, SS 55
	機械構造用炭素鋼	S 10 C, S 15 C, S 20 C, S 25 C, S 35 C, S 40 C, S 45 C, S 50 C, S 55 C
合金鋼	構造用合金鋼	SCr 430, SCr 435, SCr 440, SCM 435, SCM 440, SNC 631, SNCM 220, SNCM 420
肌焼鋼	構造用合金鋼	SO 9 CK, S 15 CK, SCr 415, SCr 440, SCr 430, SCM 415, SCM 420
ステンレス鋼	オーステナイト系	SUS 304, SUS 316
	マルテンサイト系	SUS 410, SUS 420
	フェライト系	SUS 430, SUS 405

表2.9.3 熱間鍛造用鉄鋼材料の種別と鋼種　　〔出典：文献4)〕

種別	種類
機械構造用炭素鋼	S 10 C, S 12 C, S 15 C, S 17 C, S 20 C, S 22 C, S 25 C, S 28 C, S 30 C, S 33 C, S 35 C, S 38 C, S 40 C, S 43 C, S 45 C, S 48 C, S 50 C, S 53 C, S 55 C, S 58 C, S 09 CK, S 15 CK, S 20 CK
ニッケルクロム鋼	SNC 236, SNC 631, SNC 836, SNC 415, SNC 815
ニッケルクロムモリブデン鋼	SNCM 431, SNCM 625, SNCM 630, SNCM 240, SNCM 439, 447, SNCM 220, SNCM 415, SNCM 420, SNCM 815, SNCM 616
クロム鋼	SCr 430, SCr 435, SCr 440, SCr 445, SCr 415, SCr 420
クロムモリブデン鋼	SCM 420, SCM 432, SCM 430, SCM 435, SCM 445, SCM 415, SCM 420, 822
アルミクロムモリブデン鋼	SACM 645
機械構造用マンガン鋼	SMn 433, 438, 443, SMn 420
マンガンクロム鋼	SMnC 443, SMnC 420

ては，純アルミニウムのA 1080, A 1070, A 1050, A 1100 および A 1200，耐食アルミニウム合金の A 3003, A 6061 および A 6063 ならびに高力アルミニウム合金の A 2014, A 2024, A 7075 がある．銅および銅合金としては，純銅の C 1020, C 1100, C 1201 および C 1220，黄銅の C 2600, C 2700 および C 3712，ベリリウム黄銅の C 1700，白銅の CN ならびに洋白の C 7351 および C 7541 がある．

b. 熱間鍛造材料

熱間鍛造には冷間鍛造とは異なり，ほとんどの金属材料が使用できるので，鋳造用に使用される材料以外はほとんど熱間鍛造用材料として考えることができる．表2.9.3に熱間鍛造用鉄鋼材料の種例と鋼種を示す[4]．

2.9.2 車輪・レール材料

車輪用材料[5]には炭素量が 0.60～0.75％ の高炭素鋼の一体圧延車輪（JIS E 5402）が，用途によっては圧延のままの場合もあるが，多くは焼入焼戻しの状態で使用されている．車輪踏面の硬さは，圧延のままのものではおおよそ HS 37 から HS 40 程度であるが，熱処理車輪は熱処理法の違いにもよるが，HS 37 から HS 52 の範囲内に規定されている．一方レール用材料[6]としては，炭素量が車輪鋼と同等かやや高い範囲の高炭素鋼を圧延のままで用いる普通レール（JIS E 1101）に対して，熱処理法や金属組織の違いによって熱処理レール（HHレール，JIS E 1120）とスラッククエンチ式熱処理レール（NHHレール，JIS E 1124）の規定がある．これらの熱処理を施したレールは摩耗の多い急曲線の外軌レールに用いられている．普通レールは圧延のままの車輪と同程度の硬さであるが，熱処理を施したレールは熱処理種別の違いもあるが，HS 47 から HS 56 と，車輪よりやや高めの硬さに規定されている．

駆動力，制動力は車輪/レール間の粘着力を利用して伝達されるが，レール面上の湿潤や汚れの存在

は，車輪，レール接触面上の弾性流体潤滑効果[7]や境界潤滑効果[8]などによって両者間で伝達し得る車輪回転力を著しく低下させる．車輪回転力が限界粘着力以上になると，両者間に大きなすべりが発生し，特に制動の場合には車輪フラット[9]と称する滑走きずが生じやすく，これを除去するための車輪削正作業が大きな問題になっている[10]．最近の車輪フラットに関する材料面からの研究では，車輪フラットの再現法[11]が提示され，新車輪材の評価が行なわれている[12]．また制御面ではフラット防止対策としてブレーキシステムと連動した滑走制御，再粘着技術[13,14]やセラミック粒子噴射による増粘着装置[15]等の採用・試行が各方面で進められている．

新幹線の高速走行区間のレール頭頂面にはシェリングと称する転がり疲れが発生するがその発生機構はいまだに明確ではない．使用レールの分析から，シェリング発生に至るまでの負荷履歴，疲れき裂の発生起点，レール頭頂面上の発生分布ならびに軌道条件と発生頻度などの，シェリング発生の特徴が示されている[16,17]．また特にレール頭頂面表層に対する材料学的分析手法を用いて，き裂起点との関係から塑性流動の発生[18]，微細き裂の形態[19]ならびに残留応力分布[17]などが，またき裂進展の可能性について破壊力学的な観点[21]から，それぞれ検討が行なわれている．これらの知見に基づき，シェリング発生機構の検証や再現のためにさまざまな室内試験が実施されてきた[20~23]．特に，レール頭頂面のX線集合組織の発達がシェリングの発生と非常に良く対応することが見出され，同様の傾向が水潤滑下の二円筒式の転がり疲れ試験においても確認され[22]，集合組織とき裂発生との因果関係の実体が求められている．最近では，だ円接触形状をもつ二円筒式転がり疲れ試験において，水潤滑状態と乾燥状態を頻繁に繰り返した際に，低速側の試験片に実レールのシェリングに見られる形態のき裂，すなわちき裂進展方向が荷重移動方向のみならずその逆方向にも進展し，三次元的には逆すり鉢状のき裂が再現されている[23]．間欠的な水潤滑の場合のき裂内部での水分の役割とき裂進展との関係が今後の解明課題になっている．また実際面で，シェリングの進展抑制のためレール最適削正法[24]が検討されている．

レール曲線部では，車輪，レールは横方向に大きな力を作用し合いながらすべりを起こす[25]ため，特に横圧の大きさならびに潤滑状態，材料などによっては車輪フランジとレールゲージコーナの相互に著しい摩耗を発生させることがある[26]．横圧の低減は在来線車両の速度向上のために必須の課題であり，車両の軽量化や車輪踏面形状の，従来の円すいから円弧への変更[27]ならびに操舵性を向上した台車の開発[28]などが進められている．塗油は両者の摩耗防止にとって最も有効な方策[26,29]である．しかし過度の塗油は粘着力の低下を引き起こしたり，レール頭頂面の転がり疲れを誘発させる[30]ことがあり，これらへの対処として固形潤滑剤の試用[31]やレール材から見た最適グリース成分などの研究[32,33]が行なわれている．材質改善による車輪，レールの摩耗低減効果も認められている．車輪についてはフランジ焼入れ[34]の適用があり，酸素/アセチレンガスを用いた火炎焼入れによりフランジ付け根部はHS 95以上の硬さが得られ，フランジ摩耗による車輪使用寿命の低下を防ぐことができる．一方レールについては，スラッククエンチ式熱処理レールが優れた耐摩耗性をもつ[35]ことが知られており，その使用が拡大されてきた．保守の面で，レール更換の方が車輪取替えよりも経費がかかり，この点は車輪レール系の摩耗防止を検討する際には考慮すべき点である．

近年わが国では，都市鉄道の急曲線箇所の内軌レールに，摩耗や塑性変形などの進展によって頭頂面に一定周期のうねりが現われる現象，いわゆるレール波状摩耗が目立ってきている[36]．レール波状摩耗はその現象の多様さ，原因の複雑さならびに対応の困難さなど[37]のゆえに，特に海外においては古くから重要な課題[38]であり，研究も数多く行なわれてきている．わが国では，波状摩耗は走行時の車輪レール系の運動振動と摩擦が複雑に関与しつつ成長する事象[39]であるとの認識から，曲線走行時の車輪レール間のクリープ力特性[40]，台車走行性能[41]，輪軸系のねじり振動とレールスラック[42]などの機構分析や，耐波状摩耗性に関する材料評価法[43]，制振合金の適用有効性[44]の材料研究など，さまざまな観点から波状摩耗の研究が行なわれている．しかし一方で，車両走行時の動特性の分析[45,46]や波状摩耗レールの分析など[47]，現状把握のための試験，調査も進行中であり，わが国のレール波状摩耗については現在，課題解決への最中にある．

表 2.9.4 トロリ線材料の特性値の例　　〔出典：文献 48〕，他

トロリ線の名称	材料または成分	断面積, mm²	線密度, kg/m	導伝率 IACS*1, %	引張強さ, MPa
硬銅	Cu	111 170	0.988	97.5 以上*2	398
銀入り銅	Cu-Ag（Ag 0.12% 以上）	111 170	0.988	97 以上*2	433
スズ入り銅	Cu-Sn（Sn 0.3%）	111 170	0.982	70 以上*2	456
HC	Cu-Cr-Zr	111 170	0.981	76 以上*2	567
TA	心　材：硬鋼 被覆材：Al	196	0.758	45	270 以上
CS	心　材：炭素鋼線 被覆材：Cu	111 170	0.935	60	655

*1 IACS：国際軟銅標準による導電率
*2 規格値

2.9.3 集電材料
（1）トロリ線材料

高速鉄道の多くは架空式電車線により，トロリ線を電気車のパンタグラフがしゅう動して電力が供給される．トロリ線材料には，(a)導電率が高く電線として機能できる，(b)架設のための張力，パンタグラフとの接触，風圧などの外力に耐える，(c)すり板とのしゅう動に対して耐摩耗性をもつ，(d)耐食性が良好で屋外に長期間架設されても劣化しない，などの特性が求められる．これらの特性を備えた材料として，硬銅，あるいは，Ag，Sn などを含む合金銅が使われる．

その他に，高速走行用のトロリ線として，$V=\sqrt{T/\rho}$〔T：トロリ線張力（N），ρ：トロリ線線密度（kg/m）〕で表わされるトロリ線の弦としての波動伝搬速度（m/s）を高めるために，複合構造で鋼心を銅あるいはアルミニウムで被覆したトロリ線や，時効析出により銅を強化した Cu-Cr-Zr 系合金トロリ線も開発されている．代表的なトロリ線材料の特性を表 2.9.4 に示す．

（2）パンタグラフすり板材料

パンタグラフすり板は図 2.9.3 に示すように，パンタグラフ最上部に取り付けられた小片で，トロリ線としゅう動接触しながら電気車に電力を供給する．すり板材料にはしゅう動材として良好な摩耗特性だけでなく，集電子としての強度と電気的特性が必要である．すなわち，(a)すり板自身の摩耗が少ない，(b)相手材となるトロリ線を摩耗させない，(c)走行中の振動，衝撃により破損しない，(d)接触抵抗による発熱によってトロリ線を軟化させない程度に電気抵抗率が低い，などである．これらの特

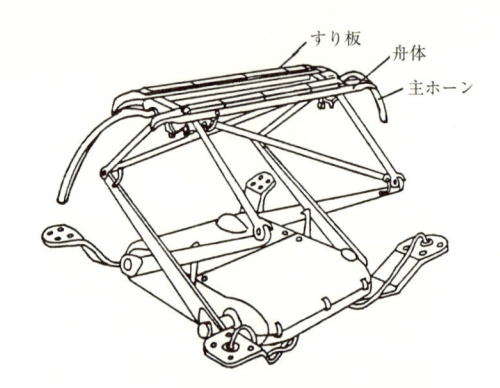

図 2.9.3 新幹線用パンタグラフの形状

性をもつ材料として，焼結合金，カーボン系材料が挙げられる．代表的なすり板材料の組成，特性を表 2.9.5 に示す．

すり板用焼結合金は，銅または鉄を基材とし，潤滑成分に黒鉛，MoS_2，Pb などを，また，耐摩耗性，耐アーク性を高めるため，Cr，FeMo，FeW，FeTi などの硬質金属粒子，高融点金属粒子を含んでいる．実車においては，すり板に含まれる潤滑成分のみでは潤滑が不足するため，在来線や民鉄ではワックス系の固形潤滑剤やグリースを外部潤滑剤として併用することが多い．

カーボン系材料はそれ自身に潤滑性があり，トロリ線を摩耗させない点で有利であるが，強度が小さい，電気抵抗率が高いなどの欠点をもつ．これらの欠点を改善するために，含浸などの方法で金属を複合させたものがメタライズドカーボンである．

（3）トロリ線とすり板の摩耗特性

実際のトロリ線，すり板摩耗率は，車種，電車線

第2章 材料

表 2.9.5 すり板材料の特性値の例 〔出典：文献 49)，他〕

分類	材質	比重	シャルピー衝撃値，10^5 J/m²	硬さHB	抵抗率，$\mu\Omega\cdot m$	主な使用線区	主な組成（（ ）内は重量 %）	記事
金属系	Cu 系焼結合金	8.2	1	55〜65	0.34 以下*	JR 在来線, 民鉄	Cu(残)，Fe(10-15)，Sn(8-10)，Ni(2-4)，C(3-5)	
金属系	Fe 系焼結合金	7.2	1	80〜105	0.35 以下*	JR 新幹線	Fe(残)，Mo(1.2-4.2)，Cr(10-16)，S(0.8-2.8)，Pb(2-10)	
金属系	Fe 系焼結合金	7.7	1	85〜100	0.24	JR 新幹線	Fe(残)，Ni(1-3)，Mo(1-5)，Ti(1-4)，W(0.5-4)，Pb(5-15)	
カーボン系	カーボン	1.7	0.01	92(HS)	30	民鉄	C	純カーボン
カーボン系	メタライズドカーボン	2.9	0.04	95(HS)	1.8	JR 在来線	C(残)，Cu(42-54)，Sn(0.5 以下)	Cu 合金含浸型

* 規格値

表 2.9.6 トロリ線・すり板の摩耗に与える各要因の影響 〔出典：文献 51)他〕

要因	トロリ線	すり板
速度	低速で大きく，高速で小さい．高速では局部的な摩耗進行あり．	高速線区で大きい．
押上げ力	押上げ力に比例して増加する．	一般的に増加するが，離線減少により減少することもある．
電流	通電区間では大きい．	電流の 1〜1.5 乗にほぼ比例する．
離線	常時離線する箇所では厳しい．	離線によるアーク量にほぼ比例する．
材質	カーボン系すり板では小さい．	すり板材質とトロリ線しゅう動面の状態により異なる．
潤滑	摩耗減少に効果あり．ただし離線発生箇所では効果なし．	離線が発生しなければ効果あり．
雨水	摩耗は進行する．	
着霜	アーク発生により摩耗が進行する．特にすり板は摩耗が厳しい．	

の設備，運転状況，潤滑剤の有無，天候など数多くの要因によって影響を受けるため，線区や時期によって非常に異なる．トロリ線では，上越新幹線，走行速度 200 km/h，集電電流 50〜100 A の区間で，パンタグラフ通過 1 万回あたり 0.02〜0.04 mm，すり板では，東海道・山陽新幹線，16 両編成，パンタグラフ 3 台，最高速度 230 km/h，鉄系焼結合金すり板使用で，1 万 km 走行あたり 2〜6 mm という値が得られている[49,57]．表 2.9.6 はトロリ線・すり板の摩耗に与える各要因の影響を示す．

（4）その他の集電装置の材料

輸送機関の集電装置には，架空式電車線とパンタグラフを用いる方式以外に，第三軌条など剛体電車線と集電靴の組合せを用いるものなど，輸送機関の種類によって様々な方式がある．表 2.9.7 に地下鉄，モノレール，新交通システムなどで実用されている組合せの一例を示す．

（5）カーボンブラシ材料

直流機，スリップリングなどで用いられるカーボンブラシ材料には，機械的には広い回転速度範囲で良好な接触しゅう動を保てること，電動機においては，ブラシ・整流子面間の電圧降下が広い電流範囲で同程度であることが求められる．

カーボンブラシ材料は原料と製造工程によりいくつかの種類に分類されるが，用途，使用条件などにより種々のグレードのものが製造され，使い分けがなされている．表 2.9.8 にカーボンブラシの分類と特性の概略を示す．

2.9.4 電気接点材料

現在，電気接点は各種コネクタ，IC ソケット，プラグ等で使用されている静止接点，スイッチ，電

表 2.9.7 集電装置の種類と材料の組合せの一例

交通機関	集電方式	電気方式	電車線材料	すり板材料
地下鉄	下面押付け	DC 750 V	導電鋼レール	鉄系焼結合金
懸垂式モノレール	Z型パンタグラフ	DC 1500 V	導電鋼	炭素鋼
跨座式モノレール	側面押付け	DC 1500 V	硬 銅	銅系焼結合金
新交通システム	側面押付け	AC 600 V	硬 銅	銅系焼結合金
新交通システム	側面押付け	DC 750 V	Al/SUS	メタライズドカーボン

表 2.9.8 カーボンブラシの分類

分類	原料	成形後の製造工程	抵抗率, $\mu\Omega\cdot m$
炭素質・炭素黒鉛質	コークス, カーボンブラック, 黒鉛	焼成まで	10〜1 000
電気黒鉛質	コークス, カーボンブラック	焼成後黒鉛化	10〜100
黒鉛質	黒鉛	焼成まで	10〜100
金属黒鉛質	黒鉛, 金属粉	焼結	0.01〜10

磁リレー,開閉器等で使用される開閉接点,スライドスイッチ,ロータリスイッチ,モータブラシ,スリップリング等に使用されているしゅう動接点に分類され,それぞれの目的に応じて電気エネルギー,あるいは,電気信号の伝送,制御を行なう.一方,電気接点は機械的な接触機構を伴って,接触電気抵抗は低く,長時間安定化が最も基本的条件である.

しかし,従来,電気接点材料には,金属材料が使用されている.そのため,電気接点表面には酸化被膜,あるいは,硫化被膜を生成する.接点の被膜の性質は周囲環境(温度,湿度),接点材質,表面状態,生成条件などによってそれぞれ異なった特性を示す.また,塵埃などの付着による被膜の影響も無視できない.その他,接点の接触電気抵抗を増大させる要因としては,表面被膜のほかに接点表面に吸着されている有機ガス分子の化学的変化による生成物がある.

特に,しゅう動接点では,摩擦熱によって有機ガス分子が分解して絶縁性のポリマーを形成,接触面に介在し,接触不良を発生する場合がある.また,開閉接点では有機ガス分子が接点間に発生するアーク放電によって過熱され,炭素となりこれが接点表面に堆積し,接点表面が活性化されるが,アーク放電がさらに発生しやすくなり,消耗量が増加する.

さらに,近年,マイクロエレクトロニクス化に伴って,電気接点も小型化の傾向とともに,接点の接触荷重は数十 mN オーダ,さらに,電圧は mV,μV,電流も mA,μA と低レベル化の傾向にある.

この傾向に従って,接触荷重,あるいは,電圧,電流による接点表面に介在する被膜の破壊効果を得ることが困難となり,被膜による境界抵抗により接触電気抵抗の増加は最も重要な課題となっている.

(1)単体金属

一般的に,電気接点の物理的性質,化学的性質,ならびに熱電気伝導度を考慮して,Ag系,Pt系の材料が利用される.特に,小電流用電気接点材料としては,柔軟な金属である Au,Pd,Pt,Ag が有効である.また,中電流用電気接点では,Ag,Al,Cu,Ni,W,Mo,Hg,C が有効である.さらに,導電性の良い Re,Ru が数 A オーダの回路に利用されている.また,軟らかい金属として Sn,Ir,Pd,Cd などが硬い金属と向い合わせてコネクタなどに使用される場合がある.

しかし,電気伝導度が良い Au,Ag,Cu は耐消耗性が小さく,融点,沸点が低い.一方,融点,沸点の高い W,Mo,Pt では,耐消耗性に強いが,電気伝導度が劣る.このような相反する特性を改善するためには,合金材の利用が不可欠である.また,接触面の潤滑,ならびに,コスト軽減化の面から,めっき処理した材料が使用される.

(2)合 金

合金材には,表 2.9.9 に示すような,二つ,あるいは,それ以上の金属を溶解法で合成する溶解合金,あるいは,焼結法で合成する焼結合金に大別される.

a. 溶解合金

電気接点では溶解法による Ag 合金が最も広く用いられている.特に,Ag-Cu 合金は硬度,耐摩耗性,動的溶着特性を向上する.しかし,酸化しやすい.また,Ag-Ni 合金は硬度が増し,融点も上昇するため高温特性が良くなる.また,Ag-Cd 合金

第2章 材料

表 2.9.9 主な電気接点用材料と物理的性質　　　〔出典：文献 62〕

材料名 (組成率)	融点, °C	硬度 HV	電気伝導度 IACS, %	密度, g/cm³	用　途
Au-Ag(10)	1 055	30	25.4	17.9	スイッチ，リレー
Au-Ag(40)	1 005	40	15.6	14.5	コネクタ
Au-Ag(25)-Pt(6)	1 100	60	11	16.1	リレー
Au-Fd(40)	1 460	100	5.2	15.6	コネクタ，リレー
Au-Ni(5)	1 020	140	12.9	18.3	スイッチ
Au-Ag(7)-Cu(30)	861	280	12.3	13.7	モータ用ブラシ，スリップリング
Au-Ag(29)-Cu(8)	1 014	260	13.8	14.4	ポテンショメータ
Pt-Ir(10)	1 780	120	7.0	21.6	モータ用ガバナー
Pt-Ir(20)	1 815	200	5.7	21.7	スイッチ
Pt-Pd(10)	1 550	90	6.2	19.9	スリップリング
Pt-Pd(20)	1 560	110	5.7	18.6	スイッチ
Pt-Rh(5)	1 840	140	5.0	20.8	スイッチ
Pt-Au(10)	1 710	143	7.1	21.2	リレー
Pt-Ni(10)	1 650	210	6.4	18.8	スイッチ
Pt-Ru(10)	1 833	190	4.0	19.9	
Pd-Cu(15)	1 380	100	4.6	11.2	ポテンショメータ
Pd-Cu(40)	1 223	120	4.9	10.4	モータ用ブラシ
Pd-Ru(10)	1 580	180	4.0	12.0	フラッシャ用リレー
Pd-Ag(20)-Cu(30)	1 150	190	6.3	10.0	モータ用ブラシ
Pd-Ag(30)-Cu(30)	1 066	200	5.0	10.6	
Ag-Pd(70)	1 430	90	4.3	11.5	コネクタ，スイッチ
Ag-Pd(50)	1 350	75	5.7	11.4	マイクロモータ用ブラシ
Ag-Pd(30)	1 225	60	11.5	10.9	
Ag-Pd(10)	778	62	86	10.3	マイクロモータ用コミュータ
Ag-Cu(90)	778	60	80	9.1	ロータリスイッチ
Ag-Cu(6)-Cd(2)	880	65	4.3	10.4	しゅう動スイッチ
Ag-Ni(10)	960	65	91	10.3	リレー
Ag-Ni(20)	960	80	83	10.2	開閉器
Ag-Cd(1)	959	35	92	10.5	しゅう動子，整流子
Ag-Cd 0(10)	960	65	82	10.2	スイッチ
Ag-Cd 0(17)	960	75	70	9.9	リレー，遮断器
Ag-W(65)	960	120	52	14.5	遮断器
Ag-Mo(4)	960	180	96	10.4	
Ag-Ni 0-Mg 0	960	130	92	10.5	ロータリスイッチ
Cu	1 084	35	100	9.0	
Ni	1 455	100	28	8.9	
W	3 387	300	31	19.1	
Mo	2 630	150	30	10.2	
C	3 700		0.12	2.2	

では，CdO が形成され動的溶着が向上する．

　一方，Pt-Ir 合金は硬度が高くなり，開閉頻度の多い接点に使用される．Pt-Ru 合金は転移が減少し，溶着傾向も減少するが，接触電気抵抗が増える傾向がある．Pt-Ni 合金は酸化膜を生成するため接触抵抗が高くなるが，硬度が高くなり，移転が少なくなる．Pt-W 合金は非常に硬くなり移転に対しても強くなる．また，硫化しやすい Ag と硫化しにくい Pd は Pd-Ag 合金は硬度が高く，機械的摩耗が少ないため開閉頻度の高い接点に使用されている．Pd-Cu 合金は転移特性が改良されるが，Cu の量を多くすると酸化速度が早くなる．

　Au-Ag 合金は化学的特性は一定で，硬度を高め，耐摩耗性が向上するが電気伝導度が低下する．Au-

Ag-Pt合金は耐摩耗性が向上し，しゅう動接点に使用される．Au-Ni合金は化学的に安定で，硬度も高く移転に対しても強い．Au-Cu合金は移転を軽減化し，リレー用接点に有効である．Cu-Cd合金は機械的強度が強く，摩耗抵抗も小さくなるため，トロリ線に利用されている．Cu-Be合金は強度と硬度が高く，高電圧，大電流の開閉接点に利用される．Cu-Ni合金は動電率が低下するが，機械的強度，摩耗特性が向上するため，スリップリングなどに利用されている．

b. 焼結合金

焼結合金では固溶度のない組合せの金属による合金は粉末冶金法によって作られる．例えば，電気伝導度の高いAgと高融点のWを組み合わせることが可能である．また，基体金属Agの場合CdO，Mo，Cを，基体金属Cuの場合には，V，Cr，W，Pt，基体金属W，Moの場合，Cu，Ag，Auが用いられる．また，A，Cuの基体金属に炭化物（WC，TiC），酸化物（MgO，ZnO，CdO，In_2O_3，PdO，MoO_3），ケイ化物（$MoSi_2$）が用いられ，特に，しゅう動接点には炭素の含有量を多くする．

（3）めっき材

めっき材としては，Au，Ag系の貴金属，Ni，Sn系の卑貴金属，あるいは，その両方が使用されている．Auは比較的融点が低く，耐食性に優れ，硬度が低く，耐摩耗性が少ないが高価である．Pdめっきは Au について耐摩耗性は強くコスト面からAuより多く使用されている．Rh，Ruめっきはさらに硬度が高く，耐摩耗性が大きい．したがって，Auの下地めっきとして有効である．Agは最も電気抵抗が小さいが硫化被膜が生成しやすい．また，直流電流では，マイグレーション（銀の移行現象）が発生する場合がある．一方，Niは低価格で硬度が高い．特に，貴金属めっきの下地用に多く使用されている．また，スズは最も低価格で軟らかく挿抜によって酸化被膜ははがれやすい特質を有している．

めっき処理では，めっき厚さを薄くした場合，ピンホールが発生する．その増合，下地金属が腐食され接触不良の要因となる．特に，ピンホールは下地金属の表面粗さの影響を受ける．一般的に，Auのめっき厚が$0.5\mu m$以上とした場合，ピンホールが減少し，$1.0\mu m$以上ではほとんど少なくなるがコストの面で大きな課題を有する．したがって，航空用では，$1.27\mu m$，産業用では，$0.4\sim1.0\mu m$，民生用では，$0.1\sim0.5\mu m$が使用されている．また，Cuに金めっきする際，耐硫化性，耐酸化性，耐摩耗性を向上するため下地めっきとしてNiめっきを施す場合が多い．

2.9.5 ゴム材料

（1）タイヤ

自動車タイヤの踏面部に相当するトレッドゴム用の材料は耐摩耗性，ウェット（wet）路面での摩擦抵抗，自動車の燃費を左右するタイヤの転がり抵抗，その他に氷雪上の制動力，耐熱老化性等を考慮して材料設計を行なう．一般的に使用されるゴム材料としては天然ゴム（NR），スチレン-ブタジエンゴム（SBR），ポリブタジエンゴム（BR）等のジエン系ゴムが挙げられ，ゴムに補強性を与えるためにカーボンブラック，シリカを充てん剤として使用し，加硫剤，老化防止剤，加工助剤（軟化剤）等を配合する．代表的な自動車タイヤレッド用ゴム材料の配合例を表2.9.10に示す．

表2.9.10 自動車タイヤトレッド用ゴム材料の配合例
（重量比）

SBR＃1721	40％スチレン油展乳化重合SBR	82.5
BR 01	95％シスポリブタジエンゴム	40
N 234	ISAF カーボンブラック	75
アロマ油	ゴム用軟化剤	10
6 PPD	老化防止剤	2
酸化亜鉛	加硫促進助剤	3.5
ステアリン酸	加硫促進助剤	2
TBBS	加硫促進剤	1
硫黄	加硫剤	1.5
合計		217.5
ゴム分，wt％		46

表に挙げたタイヤ性能はゴムの粘弾性との関わり合いが強く，次に挙げるような物理現象を勘案しながら配合設計を行なう必要がある．

a. 耐摩耗性

摩耗はタイヤ転動時に路面の細かい凹凸に対してトレッドゴムが粘着とすべりを繰り返すことによってミクロ破壊が発生する現象であり，高周波の変形に対する応答性の良いゴム，すなわちガラス転移点の低いBRが耐摩耗性に優れた材料として知られている．SBRはガラス転移点が高く，摩耗には不利であるが，後述のウェット路面での摩擦力を確保するうえでは欠かせない．また，比表面積の高いカ

ーボンブラックを配合すると補強性が増加し，耐摩耗性は向上するが，後に述べる燃費（転がり抵抗）に対しては不利となる．これらの配合設計要素は摩耗の過酷度によっても大きく左右され，過酷度が高い地域向けには上述の考え方が当てはまるが，過酷度の低い地域向けの配合設計には他に熱老化性，耐疲労性などのファクタも考慮しなければならない．

b. ウェット路面での制動性

ウェット路面での摩擦力は周波数が 1 MHz 付近のゴムのエネルギーロスに相当するといわれており，一般には粘弾性の温度-周波数換算則を用いて，1～10 Hz 付近で 0℃ の損失弾性率 E'' を高くすることでウェット摩擦を向上することができる．したがって，ガラス転移点の高いゴムが有利であり，スチレン含量の高い SBR を使うのが一般的であるが，前述の耐摩耗性が低下する．通常タイヤ用配合に使われるカーボンブラックの代わりにシリカを充てん剤として使うとウェット摩擦が向上することが知られている．ただし，シリカを使用する際には高価なシランカップリング剤を併用する必要があり，またタイヤの製造コストも高いなどの問題があり，用途は限られているのが現状である．

c. 転がり抵抗

乗用車の燃費はタイヤの転がり抵抗，エンジンまわりの動力伝達による摩擦抵抗，車体の空気抵抗の三つの要素からなる．このうち，タイヤの転がり抵抗の寄与は大まかにいえば約 1/3 であるが，速度により寄与は大きく変わる．転がり抵抗の大部分はトレッド部の動きによって発生することがわかっており，周波数が 100 Hz 未満でのゴムのヒステリシスロスで表わすことができる．したがって，転がり抵抗を改善するには室温から 60℃ 付近でのトレッドゴムのロス（$\tan \delta$）を低くすればよい．ガラス転移点の低い NR や BR はロスが小さくこの用途に適するが，前述のウェット摩擦が低下する．また，カーボンブラックの比表面積を小さくすると転がり抵抗は改善するものの耐摩耗性が低下する．スズ変性を施した溶液重合 SBR を用いるとウェット摩擦や耐摩耗を損なうことなく転がり抵抗を改善することができることが知られている．

以上述べた三つのタイヤ性能は片方を改善すると片方が悪化するという背反関係にある場合が多く，タイヤトレッド用材料の配合開発はこの背反現象をどう克服するかにかかっているといってよい．ま

た，他の性能として氷雪上の制動を改良するのに発泡ゴムの使用が有効であることが最近わかってきた．耐熱老化性の改良については，以上述べてきたジエン系ゴムの代わりに飽和系の EPDM やブチルゴムを使う研究がされているがまだ実用化はされておらず，耐熱老化防止剤の使用や耐熱架橋剤の使用に頼っている．タイヤのトレッド部以外の部材は，基本的には材料に強度が要求されるために NR 主体の配合を用いる．またスチールコードとの接着が要求される部材については特殊な配合技術が必要である．

(2) ベルト

伝動ベルト用の構成部材は，大別して，動力を伝達するための張力を支える心体，プーリと心体間の力の伝達を行なうゴム層，および保護材，補強材としての帆布で構成されている．さらにゴム層ではプーリに接する側に用いられる底ゴムとこのゴムと心

表 2.9.11 底ゴム材料の要求特性
〔出典：文献 63〕〕

特性	部材特性	
力学的基本特性	弾性率	○
	破断強度	○
	破断伸び	◎
	引裂力	◎
	損失係数	◎
力学的疲労特性	圧縮せん断疲労	◎
	伸張疲労	◎
	発熱	◎
	き裂成長	◎
	永久ひずみ	◎
表面的性質	摩擦係数	◎
	摩擦	◎
化学的性質	熱老化性	◎
	耐オゾン性	○
	耐水性	○
	耐油性	○
	耐かび性	
その他	力学的特性の温度依存性	◎
	耐寒性	
	繊維劣化	◎
	心線との接着性	
	衛生性	○
加工特性	混練加工性	○
	カレンダー加工性	○
	溶解性	
	流動性	
	保存安定性（スコーチ，酸化）	○
	粘着性	◎
	界面接着	◎
	高速・平坦加硫性	○

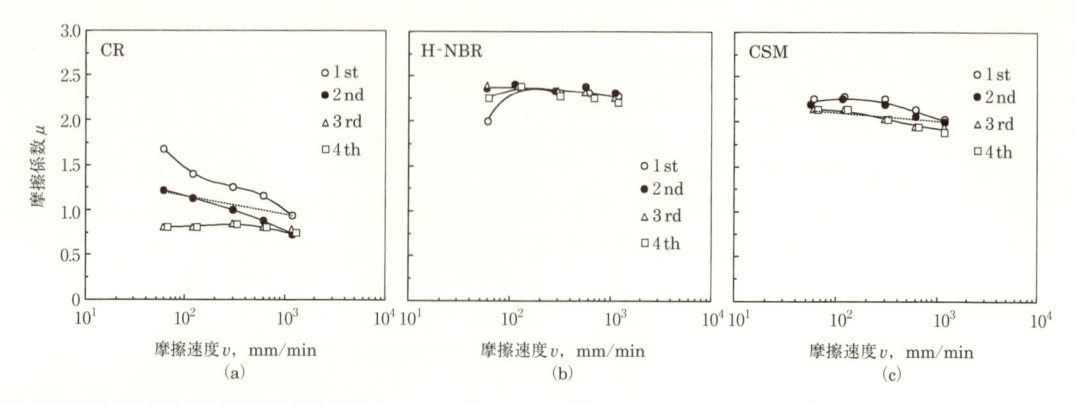

図 2.9.4 ベルト用ゴム材料の摩擦速度と繰返しによる摩擦係数変化(ピン-ディスク型試験機 $p=0.01\,\mathrm{MPa}$，相手材 S 45 C）　〔出典：文献 64)〕

体との接着に用いられる接着ゴムの2種類があるが，底ゴムに要求される特性はまとめると表2.9.11[63]となる．プーリに接し，力を伝達するため，底ゴムに用いるゴム材料の摩擦係数と耐摩耗性はいずれも重要な特性となっている．

ベルト用ゴム材料としては，クロロプレンゴム(CR)が主に使用されている．1990年より自動車エンジン補機駆動用などのより耐熱性が要求される用途で水素添加ニトリルブタジエンゴム(H-NBR)やクロルスルホンポリエチレン(CSM)が採用されはじめた．このCR，H-NBR，CSMの硬度70(JIS K 6253のタイプAデュロメータ硬さ)のゴム配合での摩擦係数の比較を行なえば図2.9.4[64]となる．H-NBRやCSMはCRに比べ摩擦係数が高く，繰返し摩擦による低下も少ない．

また，ベルト用ゴム材料で特徴的であるのは，プーリと直接ゴムが接するローエッジタイプのベルトの大半に短繊維強化ゴム(SFRR＝Short Fiber Reinforced Rubber)が使用されていることである．SFRRは側圧に対する剛性を上げ，かつプーリとの摩擦特性を低減する目的で使用される．幅方向の剛性を高め，周方向の柔軟性を維持するために，その短繊維を高度に一軸配向させ，その配向方向がベルト幅方向に一致するように成形される．このSFRRの摩擦特性と耐摩耗性について，SFRR中の短繊維種による違いと三つの配向方向(L方向：摩擦面と摩擦方向とが繊維の配向方向に対して平行である場合，T方向：摩擦面が繊維の配向方向に対して平行で摩擦方向が直角である場合，N方向：摩擦面と繊維の配向方向が垂直である場合)

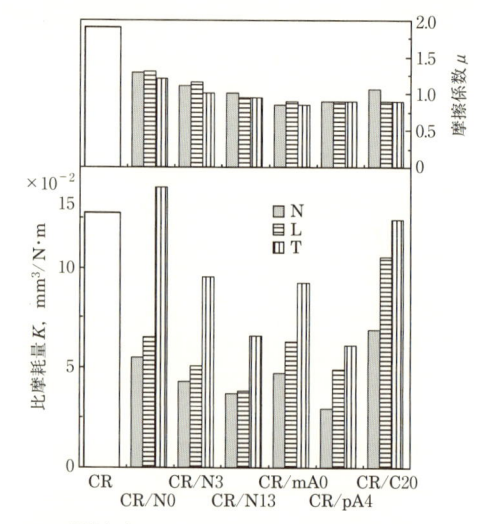

CR：繊維無充てんのCRゴム
CR/N0，CR/N3およびCR/N13：ナイロン繊維10vol％充てんのCRで，それぞれ，接着処理なし，RFL3％，RFL13％を含むもの
CR/mA0：メタアラミド繊維10vol％充てんCR
CR/pA4：パラアラミド繊維10vol％充てんCR
CR/C20：綿繊維10vol％充てんCR

図 2.9.5　SFRRの充てん繊維種と繊維配向の違いによる比摩耗量と摩擦係数(ピン-シリンダ型試験機 $p=0.106\,\mathrm{MPa}$，$v=11.8\,\mathrm{cm/s}$，相手材 AA#240研磨布)　〔出典：文献 65)〕

による変化をまとめると，図2.9.5[65]となる．図2.9.5より，SFRRは繊維無充てんのゴムに比べ，摩耗量は少なく，摩擦係数は約1/2であることがわかる．また繊維配向の比較では，T方向が最も比摩耗量は大きく，次いでL方向で，N方向が最も低い値を示している．

第2章 材　料

表2.9.12　ゴムロールの種類と機能　〔出典：文献66)〕

ゴムロールの機能	利用されるゴムの性質	ゴムロールの名称と使用される主な場所
押さえる 圧着させる	弾性，強度	圧胴ロール(印刷)，なつ染ドラム(染色)，タッチロール(製紙)，トップロール(繊維)，コンタクトロール(ベルト研磨機)，スナバロール(製鉄)，ホールドダウンロール(製鉄)，タイトロール(各種)，バックアップロール(各種)，プレスロール(各種)，ニップロール(各種)
引っ張る 送り込む	摩擦力，弾性，耐摩耗性	ブライドルロール(製鉄)，ドラフトロール(繊維)，クロスガイダロール(繊維，染色)，ピンチロール(各種)，フィードロール(各種)，テンションロール(各種)
貼り合わせる	弾性，耐熱性，耐可塑剤性，非粘着性	ラミネートロール(プラスチック)，タッチロール(プラスチック)，ダブリングロール(各種)
型押しする	弾性，耐熱性，耐摩耗性，耐可塑剤性，非粘着性	エンボスロール(プラスチック・紙・布・金属はく)，プレスマークロール(製紙)
絞る	弾性，耐薬品性，耐油耐溶剤性，耐摩耗性	スクイズロール(製紙)，マングルロール(染色)，パッディングロール(染色)，リンガーロール(製紙，製鉄)
コーティングする 印刷する	弾性，耐油耐溶剤性，インキ，塗料などとの適度な親和性	印刷ロール(印刷)，サイジングロール(染色)，アプリケーターロール(製鉄)，プリントロール(合板)，スプレッダーロール(合板)，コーティングロール(各種)
駆動力を伝える	摩擦力，弾性，耐摩耗性	コンタクトロール(ベルト研磨機)，ドライブロール(各種)，アイドラロール(各種)
心金または処理体を保護する	弾性，耐薬品性，耐油耐溶剤性，耐熱性，耐摩耗性	テーブルロール(製紙，製鉄)，プレストロール(製紙)，シンクロール(製紙)，ガイドロール(各種)，デフレクタロール(製鉄)，プラテンロール(プリンタ)
電気，熱等の絶縁体，伝導体として	電気・熱に対する絶縁性または伝導性，弾性	静電グラビア印刷用ロール，静電複写機用ロール，コロナ放電処理用ロール，ヒートシール用ロール，静電除去用ロール
その他の特殊な用途		サクションロール(製紙)，ウォームロール(各種)，エキスパンダロール(各種)，セルフセンタリングロール(各種)，もみすりロール

（3）ゴムロール

　ゴムロールは鉄，銅，真鍮，アルミ合金，またはプラスチック等で作った心にゴムを肉付けした一見至極単純な構造の製品であるが，その種類，機能と用途については多岐にわたっている[66)]（表2.9.12）．

　摩擦力，耐摩耗性が要求される各種搬送用ロールにおいて，各使用環境による影響を考慮すべきであり，耐熱，耐油，耐候性等のゴム特性および経時変化もゴム材料選択のポイントになる．図2.9.6にゴム（CR，EPDM）の劣化に伴う摩擦係数の経時変化[67)]を示す．初期特性が良くても耐候性の差により摩擦係数が逆転していることがわかる．また，搬送物からのごみ等の付着により，結果的に摩擦係数が低下する場合もある．搬送用の代表例として，紙送りロールとしてのゴムの特性を表2.9.13，表2.9.14に示す[66)]．オゾンの発生する環境では，他にシリコーンゴムも使用される．フィルム用途では，薄膜化による物性低下から高摩擦係数による高グリップ力が悪影響を及ぼすことがあり，低摩擦係

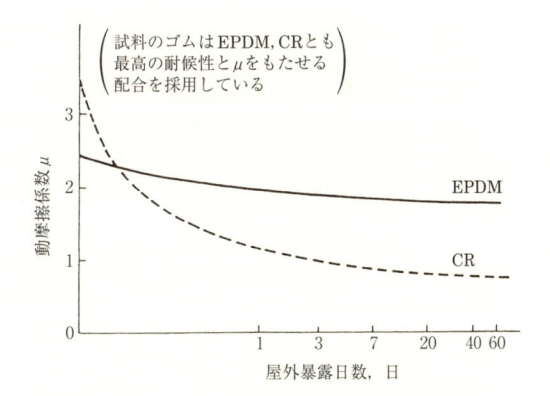

図2.9.6　ゴムの老化に伴う動摩擦係数の低下
〔出典：文献67)〕

数化が要望されている．

2.9.6　生体材料
（1）生体関節の材料

　図2.9.7に示すように生体関節では軟骨表面から関節軟骨，軟骨下骨，海綿骨が層状構造をな

表 2.9.13 紙送りロールとしてのゴムの特性(硬さ 30)
〔出典：文献 66〕

ゴム＼特性	摩耗	μ	耐候	備考
NR	○	◎	×	
SBR	○	○	×	
CR	○	○	△	
NBR	○	△	×	
EPDM	△	◎	◎	硬さ 30 を作るのは難しい
エステルウレタン	△	◎	○	加水分解で劣化しやすい
エーテルウレタン	△	◎	○	硬さ 30 を作るのは非常に難しい
ミラブルウレタン	△	○	○	硬さ 30 を作るのは難しい
NOR	◎	△	×	軟質で高物性のものが作りやすい

表 2.9.14 紙送りロールとしてのゴムの特性(硬さ 60)
〔出典：文献 66〕

ゴム＼特性	摩耗	μ	耐候	備考
NR	○	○	×	
SBR	○	○	×	
CR	○	◎	△	高 μ だが条件によっては低下率大
NBR	○	△	×	耐油性大
EPDM	△	◎	◎	高 μ かつ低下率小
エステルウレタン	◎	◎	○	耐油・耐溶剤性良，物性良好
エーテルウレタン	◎	◎	○	耐水性良
ミラブルウレタン	○	○	○	
NOR	○	△	×	

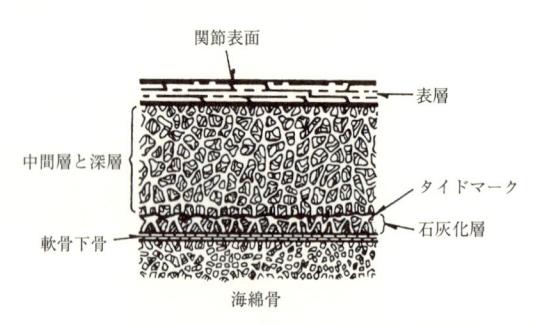

図 2.9.7 関節軟骨の断面図〔出典：文献 68〕

す[68,69]．生体関節の構成要素は表 2.9.15 に示す通りであるが，各組織は非均質，非等方性，非線形な性質を有している．表中のヤング率は多くの文献をもとにした値の範囲を示す．

関節軟骨の 70～80％ は水であり，内部には細胞がまばらに分布している[68]．水以外ではコラーゲンとプロテオグリカンが各々乾燥重量の半分近くを占めている．プロテオグリカンはコンドロイチン硫酸とケラタン硫酸が少量のヒアルロン酸によって結合したグリコサミノグリカンに蛋白が結合した分子量 150 万以上の巨大分子である．軟骨内の水の多くは自由に流動できるがその透過率は極めて低く 1～$10\times10^{-10} m^4/N\cdot s$ 程度である[70]．軟骨は底部の石灰化層において軟骨下骨に強固に接合している．関節に外力が加わると軟骨と海綿骨は容易に変形するので，応力が分散して衝撃が緩衝される．

（2）関節液

関節軟骨には血管がないので，軟骨細胞の物資代謝とガス交換は関節液によってなされる．関節液の成分は表 2.9.16 に示すとおりである．図 2.9.8 に示すようにせん断率が高いと関節液の粘度が低下する[71]．またリウマチなどの関節症によって関節液の粘度が低下するため関節の潤滑状態が悪化する．生体関節の潤滑には関節液が重要な役割を果たし[72]，多くの潤滑モードの内で適応するものが機能するので，広い条件下で良好な潤滑状態が保たれる[68,73]．

（3）人工関節の種類[74]

人工関節を関節全体を置換する全置換型，片側のみを置換するもの（人工骨頭など）としゅう動面近傍のみを置換する表面置換型に分類できる．現在臨床応用されている代表的な人工関節の種類を表 2.9.17 に示す．関節軟骨の片側が健常な場合には人工骨頭（股関節，肩関節），人工臼蓋（股関節），脛骨板（膝関節）のように損傷した側のみを置換す

表 2.9.15 生体関節の構成要素

種類	説明	水以外の構成材料，組織など	ヤング率, MPa
関節軟骨	関節しゅう動面に存在する層状の軟組織	プロテオグリカン，コラーゲン，蛋白，細胞	1～10
海綿骨	関節荷重を皮質骨に伝達する硬組織	細胞類，塩類，膠原細線維等の有機質	500～1 000
皮質骨	骨の外側にある高強度な硬組織	細胞類，塩類，膠原細線維の有機質	10 000～18 000
腱	骨と筋肉を結合する軟組織	コラーゲン線維，エラスチン	700～1 000
靱帯	骨同士を結合する軟組織	コラーゲン線維，エラスチン	7～200
膝半月板	膝の軟骨間にある半月状軟組織	コラーゲン線維，プロテオグリカン	100～300
関節包	関節液の密封と代謝を行なう軟組織	滑膜細胞，弾性線維，血管，神経	

第 2 章 材　　料

表 2.9.16　関節液の成分

成　分	濃　度	潤滑における役割
ヒアルロン酸	0.25〜0.5 wt%	粘度向上により流体潤滑膜を形成させる．
アルブミン	1〜2 wt%	軟骨表面に吸着して境界潤滑膜を形成する．
グロブリン	0.5〜1 wt%	軟骨表面に吸着して境界潤滑膜を形成する．
リン脂質 (Phosphatidyl choline)		軟骨表面に吸着して境界潤滑膜を形成する．

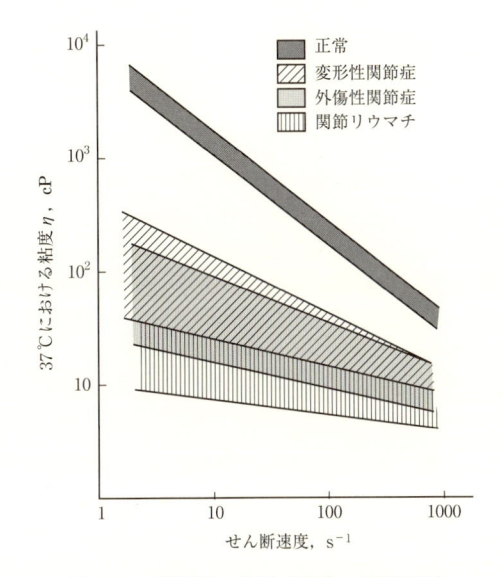

図 2.9.8　関節液の粘度〔出典：文献 68）〕

ることもある．

（4）人工関節の材料

　表 2.9.18 に人工関節に用いられる材料を示す．一般の人工関節の片側には硬質材料を用いてしゅう動面を高精度かつ平滑に仕上げる．硬質材料としてステンレス鋼（SUS 316 L）と Co-Cr 合金など金属やアルミナをはじめとするセラミックが用いられる．

　もう一方のしゅう動面には柔らかい超高分子量高密度ポリエチレン（UHMWPE）を用いることが多い．UHMWPE は耐摩耗性が高くて体内環境下で劣化が少ないが，その摩耗粉に対する生体反応が人工関節の緩みの原因になることがある．

　主としてポリエチレンが摩耗する．摩耗量を減少させるためには硬質材料のしゅう動面の表面粗さをできるだけ小さく加工しなければならない．また関節が想定した可動範囲内以上に動いたときに硬質材料の角でポリエチレンが削り取られないような形状に設計する必要がある．

　コバルトクローム合金[75]あるいはアルミナセラミック[26]などの硬質材料を同質材料と組み合わせた人工股関節が開発されている．それらは UHMWPE の耐久限度を越えて長期間使用できる可能性があるので，若い患者に適用されることが多い．このようにヤング率の高い材料同士を組み合わせる場合には，応力集中を防止するために真球度などのしゅう

表 2.9.17　人工関節の種類

種類	説　　明
股関節	最も多く用いられる人工関節であり，ボールとソケットで構成される．球状の骨頭を固定したステムは大腿骨に固定され，ソケットは骨盤側(寛骨)に固定される．骨頭側のみを置換するものを人工骨頭と呼ぶ．
膝関節	しゅう動面は硬質材料とで構成される．接触面積の大きい関節では屈曲伸展運動のみが可能であるので可動域に限界がある．屈曲伸展運動の他に回旋と前後方向のすべりの可能な解剖学的設計の関節では 100 度以上の屈曲が可能であるが，応力集中のため UHMWPE が塑性変形して劣化する可能性がある．最近，硬質材料の間に膝半月板に類似した形状の UHMWPE を挿入した関節（meniscal knee）が開発されている．
足関節	主として踵の部分にある脛骨・腓骨の下端部と距骨の間の関節(距腿関節)を置換する．可動域は狭いが，足先の安定した運動を可能にするように固定しなければならない．
肩関節	球面ジョイントの形をとる．複雑で広範囲の動きが必要である一方，脱臼と緩みを防がなければならない．全置換関節と人工骨頭がある．
肘関節	基本的には屈曲伸展運動を行なうが，膝関節と同様に圧縮力と回旋運動を伴う．硬質材料と UHMWPE を組み合わせた生体関節と類似した形状のものが多い．
指関節	すべりを伴わない柔軟なジョイントから球面ジョイントによる無拘束関節まで多様な設計のものが用いられている．

表 2.9.18 人工関節の材料

種　類	特　徴
超高分子量ポリエチレン	体内で劣化しにくく耐摩耗性が高いので，人工関節のしゅう動面の片側に用いることが多い．
ステンレス鋼（SUS 316 L など）	耐食性，生体適合性，加工性のバランスがとれ，安価なので広く用いられる．手術時に手で曲げることができる．
Co-Cr 合金	ステンレス鋼より強く硬く耐摩耗性が高い．
チタニウム，チタン合金	生体との適合性が良いので界面に用いるが，人工関節のしゅう動面には向かない．
アルミナセラミック	硬くて耐摩耗性と生体適合性が高いが，引張強度が低く靱性が低い．
ジルコニアセラミック	アルミナよりも引張強度が高い．
ハイドロキシアパタイト	骨と直接結合する．強度が低く割れやすいので人工材料の表面にコーティングして生体との界面に用いる．
ポリメチルメタクリレート	体内で劣化しにくいので，骨セメントのほか指関節などに用いる．

動面の精度を極めて高く加工する必要がある[77]．

　一方，軟骨同様の低ヤング率の材料を用いると弾性流体潤滑効果のために潤滑状態が良くなるので関節面にポリビニールアルコール[78,79]などの軟質材料を用いることが試みられており，将来の人工関節に用いられる可能性がある．

　骨と人工関節を固定する骨セメントの主成分はポリメチルメタクリレート（PMMA）である．メチルメタクリレートのモノマーを注入すると体内で重合・固化して PMMA になるので人工材料と骨が力学的に固定される．セメントが重合するときには高温となるので周囲の細胞が死亡する可能性があり，また PMMA が疲労するので耐久性に限度がある．最近では骨と化学的に結合するリン酸カルシウム系の骨セメント[80]も開発されている．

　一方，セメントを用いずに人工材料と骨との間に摩擦によって初期固定を行なうセメントレス固定の方法がある．この場合には長期的には骨組織と結合させることによって固定する．原理的には理想的な方法であるが，手術に高精度な骨加工が必要であり，また必ずしも臨床成績が良いとは限らないこともあってセメント固定に取って代わるには至っていない．いずれの方法が良いかの評価は今後の課題であろう．

（5）人工関節材料の生体適合性とトライボロジー

　現在臨床に用いられている人工関節材料は厳密な生物試験を経て許可されており，ブロックで体内に埋植しても材料毒性を示すことはほとんどないと考えてよい．しかし，体内で摩耗するときには次のように生体に悪影響を及ぼすことがある．

(a) UHMWPE の微小な摩耗粉が周囲に拡散すると生体反応が生じて組織の壊死と骨吸収がもたらされる．このオステオライシス（osteolysis）と呼ばれる症状が人工関節に緩みを生じさせて長期成績を悪化させる要因となっているので，UHMWPE の耐摩耗性向上を目的とする材料学的な研究が盛んに行なわれ多数の論文が出版されている．

(b) 耐食性被膜を形成するステンレス鋼，Co-Cr 合金，チタン合金などが体内で摩耗すると金属イオンが生じる[81]ため，周囲組織が黒変して壊死するメタローシス（metallosis）と呼ばれる症状が現われることがある．

（6）人工関節材料の摩耗試験[82]

　ポリエチレンの耐摩耗試験方式の規格が ASTM F 732 に定められており，外用アルミナセラミックの耐摩耗性の試験法が ISO 6474 に規定されている．人工関節用材料の耐摩耗性を客観的に評価するためには，上記のような標準的な方法に準拠した摩耗試験を行なうことが推奨される．しかし簡単な実験で複雑な体内環境下の摩耗を再現するのは困難であり，上記の規格にも改良の余地が残されているように思われる．

（7）人工靱帯

　ポリエステル，PTFE，カーボン，ポリプロピレンなどの繊維の紐で骨同士を結合し，関節の可動域を確保しながら不必要な運動を制限して安定性を向上させ，脱臼を防止するために主として膝関節十字靱帯の再建に用いられる．骨の内部を通して固定した後に穴の出口で骨と人工材料が摩耗して擦り切れることがトライボロジーに関係する問題点である．

（8）人工心臓弁[83]

機械弁としてシリコーン製のボール弁，熱分解カーボンをコーティングしたディスク弁，リーフレット弁がある．流体力学上の性能のほかに抗血栓性が要求され，長期間安全に使用するためには摩耗の少ない材料の選択と適切な設計が必要である．

（9）歯科用修復材

歯の咬合面は増齢とともに摩耗する．そしゃくのほか歯磨き，不適当な歯科治療，パイプ，マウスピース等によって摩耗が異常に進行した場合を摩耗症（tooth abration）と呼び，そしゃく時の咬交，接触による機械的損傷を特に咬耗（attrition）と呼ぶ．

歯科用修復材には審美性と強度が要求されるが，特に臼歯部修復材としては耐摩耗性が必要である．現在ではマトリックスレジンの連続相の中にフィラー（シリカや窒化ケイ素などの微粒子）が分散するコンポジットレジンが多く用いられる．

これまで歯と歯科用修復材の耐摩耗性を調べるために，歯ブラシを用いる摩耗試験が行なわれてきたが，結果はかならずしも臨床成績と一致しなかった．最近ではそしゃく時の潤滑状態を再現するため，PMMAを相手面としてガラスビーズの懸濁液の中で往復動を行なうガラスビーズ摩耗試験法[84]が提案されている．

2.9.7　磁気記録用材料

コンピュータの記憶装置には，超高速で記憶容量が比較的小さい半導体メモリから，高速ランダムアクセスが可能で比較的記憶容量が大きい磁気ディスク装置，低速ではあるが大量の情報を記録できる磁気テープメモリまで，各種の記憶装置が階層的に使用されている．手軽に情報が記録できるフロッピーディスクや光磁気ディスクなどもオフィスや家庭で頻繁に使用されている．また，放送用あるいは家庭用として，各種のオーディオ・ビデオ機器が使用されている．これらの中で，磁気記録に関する装置や機器の発展には目覚ましいものがある．例えば，磁気ディスク装置の面記録密度は，1998年までの10年間で，約100倍の3Gbit/in^{2}に向上している．この発展を支えてきたのが，磁気記録媒体や磁気ヘッドを構成する材料とトライボロジーである．

（1）磁気記録媒体の構造と材料

磁気記録媒体には塗布媒体と薄膜媒体がある．塗布媒体と薄膜媒体の代表的な断面構造とディメンションを図2.9.9に示す．表2.9.19には，基板のたわみやすさの差異から，それぞれの磁気記録媒体をフレキシブル（磁気テープ，フロッピーディスク）とハード（磁気ディスク）に分類し，それぞれの構成要素に用いられている主な材料を示してある．

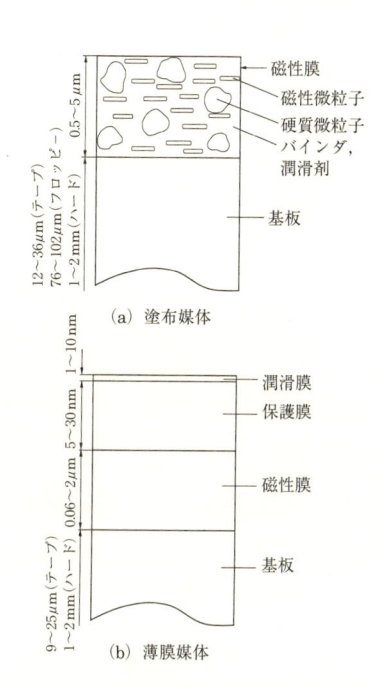

図2.9.9　磁気記録媒体の断面構造

a．基　板

塗布媒体と薄膜媒体のいずれにおいても，フレキシブルの基板としては，高い強度と平滑な表面を得ることが可能で安価なポリエチレンテレフタレート（PET）が使用されている．ハードの基板としては，Al-Mg系合金，結晶化ガラス（リチウムシリケート系ガラス）および化学強化ガラス（アミノシリケート系ガラス，ソーダライム系ガラス）などが用いられている．強度を向上するため，Al-Mg系合金基板表面にはめっきによるNi-P層が形成される．さらに，磁気特性や磁性膜の密着性を向上させるため，Ni-P層の上にCrなどの薄膜が形成されることも多くなってきた．

b．磁性膜および保護膜

フレキシブルな塗布媒体の磁性微粒子には，Fe，Co被着マグネタイト，Fe-Co合金などの微粒子が多用されている．これらの磁性微粒子と耐摩耗

表 2.9.19 磁気記録媒体に用いられている主な材料

構成要素＼記録媒体	塗布媒体 フレキシブル	塗布媒体 ハード	薄膜媒体 フレキシブル	薄膜媒体 ハード
潤滑剤	脂肪酸エステル	パーフルオロポリエーテル，パーフルオロアルキルポリエーテル		
保護膜	—	—	アモルファスカーボン(スパッタ，蒸着) SiO_x(スピンコート，スパッタ) 金属酸化物	
磁性膜	・磁性微粒子 γ-Fe_2O_3, Co-γ-Fe_2O_3, CrO_2, Fe-Ni, Fe-Co, Fe, BaO・6Fe_2O_3 ・硬質微粒子 Al_2O_3, Cr_2O_3 ・バインダ 高分子材料(ポリウレタン，ポリエステル，ポリエーテル，ポリ塩化ビニル，ポリ塩化ビニリデン，ポリビニルアルコール，ポリ酢酸ビニル)	・磁性微粒子 γ-Fe_2O_3 ・硬質微粒子 Al_2O_3 ・バインダ 高分子材料(エポキシ，フェノール，ポリウレタン，ポリビニル・メチル・エーテル)	Co-Ni(蒸着) Co-Cr(スパッタ)	Co-Ni-P(めっき) γ-Fe_2O_3(スパッタ) Co-Ni-Pt(〃) Co-Cr(〃) Co-Pt-Cr(〃) Co-Ta-Cr(〃)
基板	ポリエチレンテレフタレート	Al-Mg合金	ポリエチレンテレフタレート	Al-Mg系合金 結晶化ガラス 化学強化ガラス

性を付与するための Al_2O_3 や CrO_2 などの硬質微粒子を複数の高分子材料の溶液中に分散させ，この溶液を基板上に塗布し，溶媒を蒸発させて磁性膜を形成する．一方，ハードの塗布媒体はほとんど生産されなくなっている．薄膜媒体は，磁気特性に優れ，表面が平滑であり，磁気ヘッドとのスペーシングを低減することが可能であることから，磁気記録の主流になっている．この薄膜媒体の磁性膜としては，スパッタあるいは蒸着などの方法で形成したCo系合金やγ-Fe_2O_3などが用いられている．最新の磁気ディスクには，ノイズ低減効果に優れたCo-Ta-CrとCo-Cr-Pt-Taが多用されている．薄膜媒体では，耐摩耗性や耐食性を向上させるために，金属磁性膜上に保護膜が形成される．保護膜としては，潤滑剤との化学的な結合性も考慮して，ダイヤモンドライクカーボン(DLC)膜と呼ばれる非晶質炭素膜あるいはシリコン酸化物の薄膜などが用いられている．

c. 潤滑剤

フレキシブルな塗布媒体の潤滑剤には，主として脂肪酸や脂肪酸エステルが用いられている．ハードの薄膜媒体では，パーフルオロポリエーテルやパーフルオロアルキルエーテル等のフッ素化合物が潤滑剤として用いられている．薄膜媒体の表面には，ナノメートルオーダの非常に薄くて均一に制御された潤滑剤の膜が付与される．

(2) 磁気ヘッドの構造と材料

各種磁気ヘッドの代表的な構造を図 2.9.10 に示す．フレキシブルな媒体には図(a)に示すようなMIG(Metal-In-Gap)と呼ばれる磁気ヘッドが用いられている．このMIGヘッドのコア材料には，Mn-Znフェライト等のフェライト系材料が用いられている．MIGヘッドは磁性膜が薄くてもよいため成膜が簡単で製造工程は少なくて済むが，所定のトラック幅に加工する必要があるため，高度加工技術が必要である．一方，SiO_2等で層間を絶縁した積層磁性膜をコア材料に用いた積層ヘッドも用いられている．積層ヘッドは周波数特性に優れ，しゅう動ノイズが低く，磁性膜厚がトラック幅に相当するため加工が不要である等の特長を有するが，合金膜厚を精密に制御する必要がある．磁性膜としては，Co-Nb-Zr, Ce-Fe-Si-B, Fe-Al-SiO, Fe-Ca-Si-Ru, Co-Nb-Zr-N等が用いられるようになってきた．ハード用磁気ヘッドとしては，1980年代前半までは図(b)に示すモノリシックヘッドが用いられていた．1980年代後半からは，図(c)に示す

第2章 材料

(a) MIGヘッド（フレキシブル用）

(b) モノリシックヘッド（ハード用）

(c) インダクティブヘッド（薄膜ヘッド）

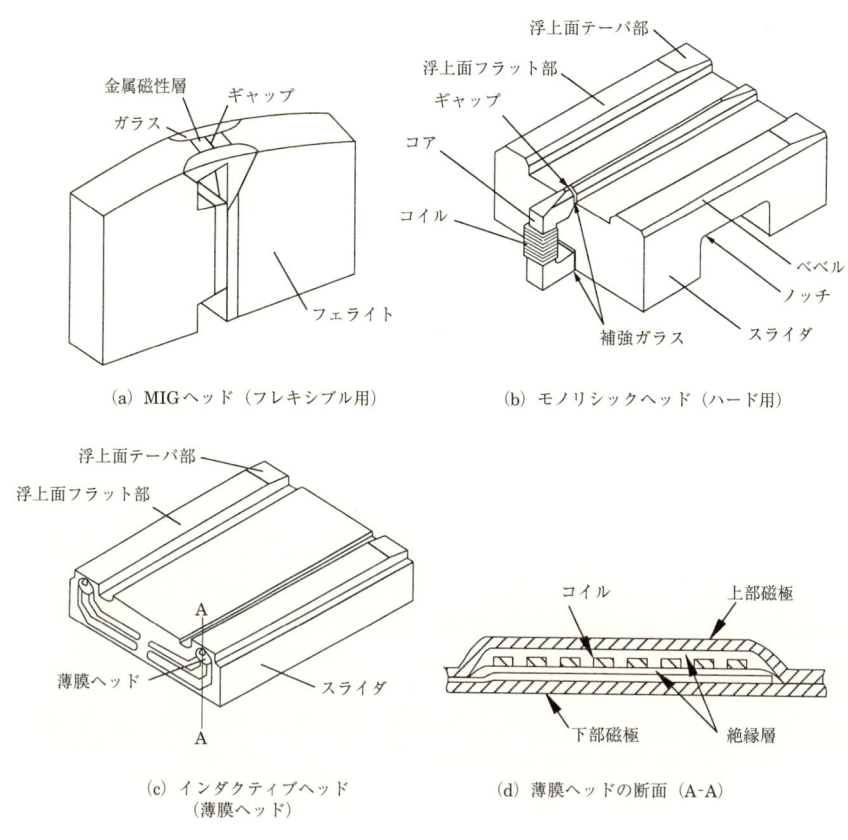

(d) 薄膜ヘッドの断面 (A-A)

図 2.9.10 磁気ヘッドの構造

ような，薄膜の磁気コイルをスパッタあるいはめっきで形成したインダクティブヘッド（薄膜ヘッド，MIGヘッド等）と呼ばれる高密度記録に適した磁気ヘッドが主流になった．図(d)には薄膜ヘッドの断面を示してある．薄膜ヘッドは Al_2O_3-TiC の基板上に Al_2O_3 等の絶縁層を $5\sim15\,\mu m$ 形成し，その上に図(d)の棟層膜が形成される．上部および下部磁極は Ni-Fe，コイルは Cu，絶縁層には Al_2O_3 等が用いられ，それぞれの膜厚は $1\sim3\,\mu m$ である．データの記録はコイルに電流を流して行ない，再生は磁界の変化でコイルに生じる電圧を検出して行なう．このような薄膜ヘッドが普及し，高密度記録が進展するのに伴って，$100\,nm \times 1\,\mu m$ 以下の微小なデータを記録再生することが要求されるようになった．このため，磁界の変化によって生じる電圧も微弱になり，データを読み出すことが困難になってきた．

これを解決するために，1990年代初頭には図

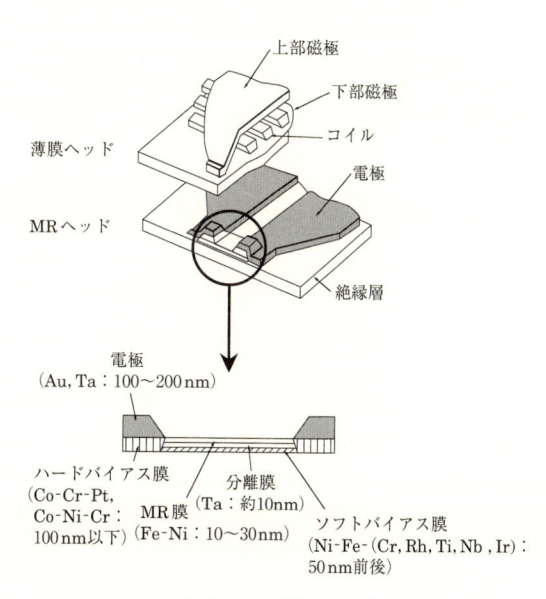

図 2.9.11 MRヘッド

2.9.11に示すようなMR（Magneto Resistive）ヘッドと呼ばれる磁気ヘッドが登場した．このMRヘッドは，データを書き込むための薄膜ヘッドとデータを再生するためのMRヘッドを組み合わせたものである．MRヘッドは磁界の変化で電気抵抗が変化する磁気抵抗効果を利用したヘッドで，インダクティブヘッドの数倍の感度を有する．MRヘッドは製造がむずかしく歩留りが悪かったため価格も高く普及するのに時間がかかったが，1996年頃になって多くの磁気ディスク装置に用いられるようになった．最近では，MR膜をスピンバルブ膜（反強磁性層/磁化ピン層/非磁性層/磁化フリー層）に置き換え，感度の高いGMR（Giant Magneto Resistive）ヘッドが次世代の磁気ヘッドとして注目を集めている．磁化ピン層と磁化フリー層はNi-Fe，非磁性層にはCuが用いられ，膜厚はいずれも2～10 nmである．スピンバルブ膜では，磁化ピン層の磁化を完全に固定するための反強磁性層が重要な役割を担っている．表2.9.20に，反強磁性層として検討されている主な材料を示す．磁気ヘッドに適用するためには，耐食性，交換結合磁界，一方向性磁界が消失するブロッキング温度などを高くする必要もあり，他にも様々な材料が検討されている．

インダクティブヘッドやMRヘッドはスパッタあるいはめっきで形成された金属の薄膜が用いられているため，磁気ディスク媒体とのしゅう動で容易に摩耗し，磁気ヘッドと磁気ディスク媒体間の距離が大きくなって再生出力が低下するリセスと呼ばれる現象が発生する．リセス防止と同時に磁気ディスク媒体の摩耗も低減するため，磁気ヘッドスライダの表面にもダイヤモンドライクカーボン（DLC）膜が5 nm前後形成されるようになっている．

以上，磁気記録用材料について概説したが，A編6.1.1 ハードディスクとC編4.1 磁気記録媒体用潤滑剤も参照されたい．

文　献

1) 臼田松男：塑性と加工，**33**, 375 (1992) 344.
2) 春山春男：塑性と加工，**33**, 375 (1992) 357.
3) 阿部佑二・吉田正勝・野口　修・松尾　宗・小松原俊雄：塑性と加工，**33**, 375 (1992) 365.
4) 日本塑性加工学会編：プレス加工便覧，丸善 (1975) 567, 628.
5) 広重　厳：輪軸，交友社 (1979) 88.
6) 加藤八州夫：レール，日本鉄道施設協会 (1978) 102.
7) 大山忠夫：潤滑，**28**, 8 (1983) 558.
8) 大山忠夫・大野　薫・中野　敏：潤滑，**33**, 7 (1988) 540.
9) N. Kumagai, H. Ishikawa, K. Haga, T. Kigawa & K. Nagase：Wear, **144** (1991) 278.
10) 林　盈司・木川武彦：車両技術，197 (1992) 122.
11) 木川武彦：学位論文，1995年3月．
12) 木本栄治・辻村太郎・木川武彦：トライボロジー会議予稿集　大阪 (1997-11) 391.
13) 熊谷則道：トライボロジスト，**41**, 4 (1996) 296.
14) 渡邊朝紀・永井　昇・畑　正・新井静男：第33回鉄道のサイバネティックス利用国内シンポジウム，No. 515 (1996).
15) 大野　薫・伴　巧・小原孝則・川口　清：鉄道総研報告，**9**, 1 (1995) 31.
16) H. Masumoto, K. Sugino, S. Nishida, R. Kurihara & S. Matuyama：ASTM STP 644 (1978) 557.
17) 杉山　亨・松山晋作：潤滑，**30**, 6 (1985) 393.
18) 杉野和男：車輪レール接触問題に関するシンポジウム前刷集，鉄道技術研究所 (1979) 9.
19) 佐藤幸雄・井上靖雄・柏谷賢治：トライボロジスト，**36**, 8 (1991) 639.
20) H. Ichinose, J. Takehara, N. Iwasaki & M. Ueda：Proceedings of 1st Int. Heavy Haul Railway Conf., Perth, 1978, Paper I-3.
21) 西田新一・杉野和男・浦島親行・桝本弘毅：日本機械学会論文集 (A編)，**51**, 461 (1985) 296.
22) Y. Inoue, Y. Satoh & K. Kashiwaya：Proceedings of the 4th Int. Conf. on Fatigue and Fatigue Threshold, Honolulu, 1990.
23) 兼田槇宏・松田健次・村上清人・西川宏志・杉野和男：機械学会論文集 (C編)，**61**, 588 (1995) 244.
24) 石田　誠・阿部則次：鉄道総研報告，**9**, 12 (1995) 19.
25) 木川武彦：潤滑，**28**, 10 (1983) 721.
26) 木川武彦：摩耗機構の解析と対策，(株)テクノシステム (1992) 359.
27) M. Miyamoto & H. Fujimoto：QR of RTRI, **31**, 28 (1990) 79.
28) 岡本　勲：鉄道総研報告，**8**, 3 (1994) 7.
29) 寺岡利雄・木川武彦・辻村太郎：トライボロジスト，**34**, 5 (1989) 83.
30) 文献2)のp.254.
31) 小原孝則・大野　薫・大山忠

表2.9.20　反強磁性層として検討されている主な材料

	材料	必要膜厚, nm	耐食性	交換結合磁界, Oe	ブロッキング温度, ℃
Mn系	FeMn	≥7	悪	420	150
	NiMn	25～40	やや悪	450～860	450
	IrMn	5～20 42～69	良	450(CoFe) 200	250 130
酸化物	NiO	50	良	200	200
	α-Fe$_2$O$_3$	200～250	良	40～75	200～250

夫：RRR, **49**, 9 (1990) 9.
32) A. Ito, T. Sugiyama, S. Nakamura & N. Hosokawa：2nd Int. Symp. On Wheel/Rail Lub. 1987.
33) M. Sato, K. Sugino, K. Tanikawa & H. Iida：Ibid.
34) 文献 1) の p. 503.
35) 沼田 哲：鉄道線路, **34**, 2 (1986) 78.
36) 佐々木政人：新線路, **49**, 5 (1995) 14.
37) L. Grassie & J. Kalousek：Proc. I. Mech. E., 207, Pt. F (1993) 57.
38) J. Eisenmann：Proc. of 1st Heavy Haul Railways Conf., Perth (1978) Session 413 Paper I. 6.
39) 須田義大：トライボロジスト, **38**, 12 (1993) 1052.
40) 松本 陽・佐藤安弘・藤井雅子・谷本益久・陸 康思：機械学会論文集 (C 編), **62**, 597 (1996) 1697.
41) 須田義大：日本機械学会第6回交通・物流部門大会講演論文集 (1997), パネルディスカッション I-5.
42) 箱田 厚・角 知憲・原田 稔・池田健一・井崎博史：日本機械学会第6回交通・物流部門大会講演論文集 (1997) No. 3108.
43) 佐藤幸雄：トライボロジスト, **38**, 7 (1993) 636.
44) Y. Suda & H. Komine：Wear, **191** (1996) 72.
45) 奥村幹夫・伊藤健一：日本機械学会第6回交通・物流部門大会講演論文集 (1997) No. 3109.
46) 松井雄二・高尾忠明・白石仁史・伊藤健一：日本機械学会第6回交通・物流部門大会講演論文集 (1997) No. 3110.
47) 石田 誠・松尾浩一郎：日本機械学会第6回交通・物流部門大会講演論文集 (1997) No. 3111.
48) 青木純久・長沢広樹：トライボロジスト, **42**, 2 (1997) 117.
49) 青木純久・久保俊一：トライボロジスト, **38**, 10 (1993) 853.
50) 寺岡利雄・長沢広樹：潤滑, **31**, 7 (1986) 461.
51) 鉄道総合技術研究所編：電車線とパンタグラフの特性, 研友社 (1993) 1.
52) 藤井保和・織田 修・大浦 泰・小比田 正：鉄道技術研究報告, 1300 (1985) 2.
53) 長沢広樹・青木純久・高山輝之：トライボロジスト, **36**, 5 (1991) 395.
54) 長沢広樹・青木純久・片山信一・菅原 淳：鉄道総研報告, **8**, 11 (1994) 6.
55) 寺岡利雄・土屋広志：JREA, **32**, 2 (1989) 18308.
56) 織田 修・藤井保和・小比田 正：潤滑, **29**, 6 (1984) 463.
57) 鉄道電化協会：架線・パンタグラフ系のしゅう動の改善に関する研究, N84-6 (1985) 87.
58) 炭素材料学会編：電機用ブラシとその使い方, 日刊工業新聞社 (1976) 7.
59) 鳳 誠三郎：電気接点と開閉接触子, 金原出版 (1964).

60) 眞野國夫：接触部品の信頼性, 総合電子出版 (1976).
61) 土屋金弥：電気接点技術, 総合電子出版 (1980).
62) 田中静一郎：貴金属の科学, 田中貴金属工業 (1985).
63) 尾上 勧：日本ゴム協会第44回ゴム技術シンポジウムテキスト (1995) 42.
64) 和田法明・井上昭良・栗田康史・中嶋正仁・野嶋嘉昭・大窪和也・川崎 勇・常念博志・村主 学・内山吉隆：日ゴム協誌, **69** (1996) 430.
65) Y. Uchiyama, N. Wada, M. Hosokawa & M. Ogino：J. Appl. Polymer Sci., Appl. Polymer Symposium, 50 (1992) 283.
66) 日本ゴム協会編：ゴム工業便覧第4版, 日本ゴム協会 (1994) 830.
67) 伊藤幸雄・道口義男・斎藤裕治：日ゴム協誌, **58**, 8 (1985) 495.
68) 笹田 直：潤滑, **31**, 11 (1986) 9.
69) 笹田 直・塚本行男・馬渕清資：バイオトライボロジー (関節の摩擦と潤滑), 産業図書 (1988) 29.
70) V. C. Mow, S. C. Kuei, W. M. Lai & C. G. Armstrong：Trans ASME, J. Biomechanical Engrg., **102** (1980) 73.
71) 文献 69) の p. 44.
72) 日垣秀彦・村上輝夫：トライボロジスト, **40**, 7 (1995) 78.
73) T. Murakami：JSME International J., Ser. III, **33**, 4 (1990) 465.
74) 岡 正典：図説整形外科診断治療講座 15 (人工関節・バイオマテリアル), メジカルビュー社 (1990) 12.
75) R. M. Streicher, M. Semlitch, R. Schön, H. Weber & C. Rieker：Proc. I. Mech. E., Part H, **210** (1996) 223.
66) L. Sedel, L. Kerboull, P. Christel, A. Meunier & J. Witvoet：J. of Bone and Joint Surgery, British Volume, **4** (1990) 658.
77) 池内 健・大橋美奈子・富田直秀・岡 正典：日本臨床バイオメカニクス学会誌, **16** (1995) 381.
78) 笹田 直・高橋正彦・渡壁 誠・馬渕清資・塚本生男・南部昌生：生体材料, **3**, 3 (1985) 151.
79) 牛島三七十郎・真殿由美子・坂口一彦・岡 正典・玄 丞烋・池内 健・中村孝志：日本臨床バイオメカニクス学会誌, **17** (1996) 63.
80) 大西啓靖：文献 74) の p. 217.
81) 笹田 直・今泉豊明・森田真史・馬渕清資：潤滑, **33**, 4 (1988) 288.
82) くらしと JIS センター研究報告集, **1**, 通産省工業技術院 (1997) 25.
83) 筏 義人：バイオマテリアル (人工臓器へのアプローチ), 日刊工業新聞社 (1988) 113.
84) Y. Tani, H. Goto & K. Ida：Dental Materials J., **6**, 2 (1987) 165.

第3章 表面改質

3.1 表面改質によるトライボロジー特性改善

　機械要素の駆動には低摩擦や低摩耗性だけでなく，駆動する環境の要請に応じて低騒音，耐食，化学安定，耐熱，寸法安定，低アウトガス，生体親和，抗菌など多様な材料特性が併せて要求されることが多い．したがって，多種多様な表面改質法や改質材料の中から，駆動条件や環境に応じ適切な材料の選択を迫られる．そのためにはまず，摩擦面のおかれている環境と要求される性能を明らかにしておく必要がある．摩擦面の環境は，摩擦や摩耗に影響する主たる要因によって，（1）力学的な環境，（2）化学的な環境，（3）熱的な環境に分けられる[1]．これらの環境の中で生じるトライボロジカルな相互作用は図3.1.1に示したように，さまざまな損傷や変質を摩擦面に生じさせ，ひいては摩擦の増大や不安定，さらには摩耗の増大に強く影響する．それゆえ，これらの要因の十分な吟味は表面改質設計に欠かせない．

　表面改質プロセスを大まかに分類すると，表面を別の材料で被覆するものと表面のみを改質するものとに分けられる．これらプロセスには，被改質材料の温度コントロールが重要なパラメータとなる．図3.1.2に代表的な表面改質プロセス温度と改質表面の硬さとの関係を示した[2]．プロセス温度が1 000℃近辺での表面改質では，界面での拡散・反応による混合層や化合物層の形成により密着性の良い被覆が形成される．また数100℃の中間温度域の物理蒸着（PVD）法では，イオン衝撃などによる活性面の創成あるいは酸化物層の形成やチタンなどの活性元素を下地として密着性の向上が図られる．さらに常温に近い処理温度では，ブラスト処理やローレット加工をあらかじめ施すことによりアンカー効果で密着性の向上を図ることが多い．さらに材質から分類すると，表面を母材以上に硬くするプロセスとせん断変形しやすい材料に改質するプロセスとに分類される．

3.1.1 摩擦特性改善

　摩擦を低減するには，油潤滑による流体潤滑状態の実現が最も有効な手段である．しかし通常は流体潤滑状態でも運転の状況や位置によって潤滑油切れが起こる場合，あるいは境界潤滑状態で固体接触が起こる場合など，表面改質と油潤滑とを併用して摩擦特性の改善を図ることが多い．さらに潤滑油が実

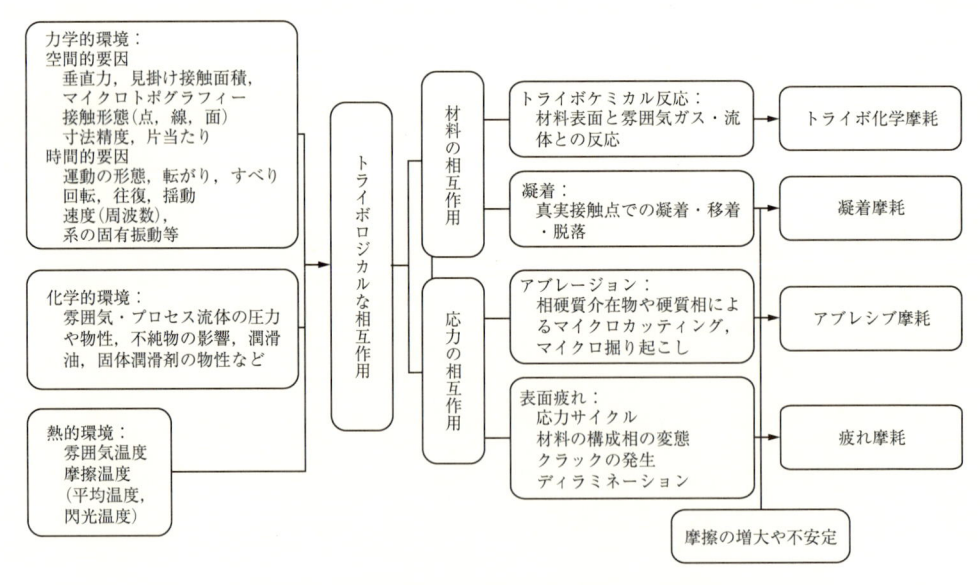

図3.1.1　摩擦や摩耗に影響する環境要因と相互作用

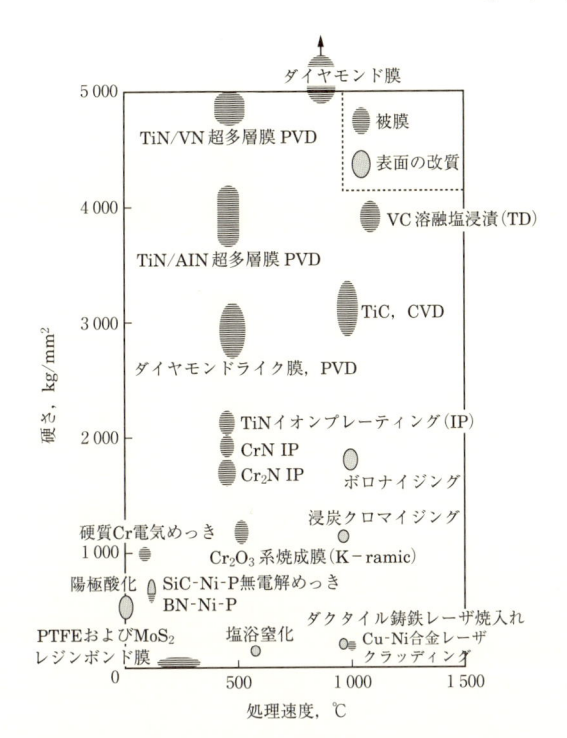

図 3.1.2 代表的な表面改質層の硬さとプロセス温度との関係　〔出典：文献2)〕

質使えない特殊環境（真空やクリーン環境など）や厳しい運転条件，あるいはメンテナンス上の要請から油潤滑よりもクリーンな潤滑を，といったニーズには軟質の固体潤滑性材料による表面改質が多用される．

普通，摩擦を低減させるには，荷重を支えるべく硬化処理層を施したうえで，潤滑油・グリースもしくは固体潤滑性材料のオーバレイによって潤滑性・低せん断性を担わせている．これは次のような原理による[3]．摩擦界面において接触する2面間の凝着とせん断によって生じる摩擦力は，$F=As$ と表わせる．ただし A は接触面積で，s は接触界面のせん断強さを表わす．したがって，清浄な金属間の摩擦を減らすには，できるだけ A と s の両方を小さくすることが望ましい．しかし多くの金属材料の場合，s の小さい材料を摩擦面に選ぶと，軟らかいために変形して接触面積 A は大きくなってしまう．一方，A を小さくするために硬い金属を選ぶと，それに応じて s も大きくなる．ところが，硬い金属の表面を軟らかい金属の薄膜で覆うと，硬い金属面で荷重が支えられ，軟らかい金属薄膜内でせん断が生じるので，結果として摩擦力に寄与する A と s の双方を小さくでき，摩擦を低くすることができる．

s を小さくする役目を担う固体潤滑性材料としては，金属では銀や鉛あるいはそれらの合金など，また非金属系では四フッ化エチレン（テフロン），二硫化モリブデン，グラファイトが多用される．また後者は，繊維強化材料や多孔質表面に複合あるいは含浸して用いることが多い．

ところで，材料の硬さ $H=W/A$ であるから，$F=As$ の関係から，摩擦係数 μ は $\mu=F/W=s/H$ という形のよく知られた古典的な凝着摩擦式で表わせる．この式に従えば，例えば四フッ化エチレンのような s の小さい物質でダイヤモンドのような H の極めて大きい材料の上を覆えば，固体潤滑でも流体潤滑と同程度の 1/10 000 くらいの低摩擦になり得ることを期待させる．しかし実際は，そのような低摩擦は実現できない．これは，せん断強さの圧力依存性が寄与するためである[4]．

3.1.2 摩耗特性改善

図 3.1.1 に示したように，摩耗の原因として基本的には応力が原因するものと，材料の性質が原因するものとがある．前者には，硬質の突起や粒子介在による削り取り作用によるアブレシブ摩耗と繰返しの応力負荷による疲れ摩耗がある．一方後者には，材料同士の凝着と延性破壊による凝着摩耗，摩擦材料と雰囲気物質との反応による脆弱な反応物質の生成と脱落による化学（腐食あるいは酸化）摩耗がある．摩耗損傷の原因の多くは，アブレシブ摩耗や凝着摩耗による．いずれも表面の真実接触域で微視的におこる延性的破壊現象といえる．

摩耗改善の基本的考え方は，与えられたしゅう動条件のもとで接触を弾性接触状態に維持することである．その判断基準は，塑性指数 $\Gamma\,[=[\sigma/\beta]^{1/2}[E/H]$，ただし σ は粗さの標準偏差，β は突起先端半径，E は弾性係数，H は硬さ〕で与えられ，0.6以下で弾性接触となることが理論的に予測される．この塑性指数は表面マイクロトポグラフィーを表わす因子 $[\sigma/\beta]^{1/2}$ と材料特性による因子 $[E/H]$ からなる．$[\sigma/\beta]^{1/2}$ を小さくすることは，幾何学的なじみによるマイクロトポグラフィーの改善を意味する．初期なじみ運転や摩擦面粗さの研磨による鈍化などの方法があるが，自己潤滑性をもった柔らかい

材料による表面改質が有効である．このような表面改質はマクロ的な片当たりによる応力集中を緩和する効果もあり，応力に起因する摩耗の軽減に効果的である．

一方 $[E/H]$ の小さい材料，すなわち高強度の材料で表面改質することも摩耗低減に有効である．ふつう金属の $[E/H]$ は200くらいで，ダイヤモンドのように共有結合の強い無機材料は10程度，イオン結合の強い無機材料は20～200と幅がある[5]．$[E/H]$ の小さい材料表面改質材料としては，高硬度の炭化物や酸化物，窒化物が選ばれる．図3.1.3に示したように，改質層の最適深さはプロセス技術によって異なるので，摩擦面の力学的環境を考慮して方法の選択をしなくてはならない．

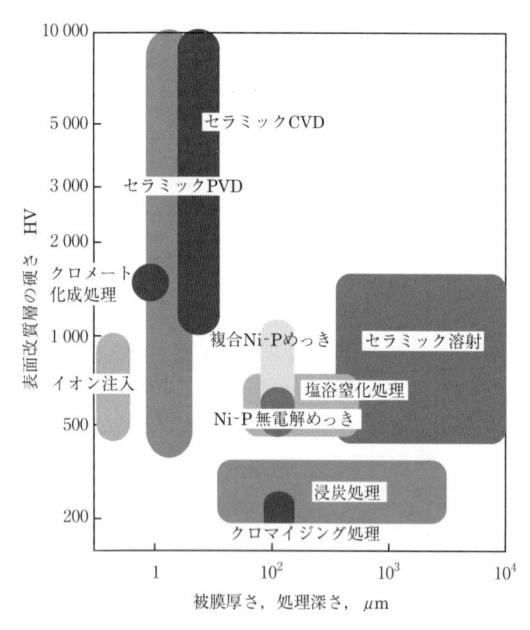

図3.1.3 代表的な表面改質と改質層の厚みとの関係

文　献

1) 浦　晟・榎本祐嗣・木村好次・西村　允：トライボロジスト，**34**, 5 (1989) 328.
2) Y. Enomoto, Y. Kimura, M. Nishimura & A. Ura: Proc. Inter. Symp. Tribology, Vol. 2, Beijing (1993) 646.
3) F. P. ボウデン，D. テーパー：固体の摩擦と潤滑，曽田範宗訳，丸善 (1961) 100.
4) R. C. Bowers & W. A. Zisman: J. Appl. Phys., **39** (1937) 5385.
5) 榎本祐嗣・三宅正二郎：薄膜トライボロジー，東大出版会 (1994) 53.

3.2　物理蒸着

電気めっきなどのウェットコーティングと対象的なプロセスとしてドライコーティングがある．広い意味では溶射もこの範ちゅうに入るが，真空を利用したドライプロセスによる表面処理あるいは表面改質には，物理蒸着（Physical Vapor Deposition, 略してPVD），化学蒸着（Chemical Vapor Deposition, 略してCVD）およびイオン注入がある．実際の手法は多岐にわたっており，電気・電子工業，光学工業，金属・機械工業をはじめ，広範囲な産業分野に応用されている．本節ではPVDの具体的手法と応用例について述べる．PVDは真空蒸着，イオンプレーティング，スパッタリングを総称したものであり，1970年頃からCVDに対応した用語として用いられている．PVDの概念図を図3.2.1[1]におよび各の特徴を表3.2.1[2]に示す．

3.2.1　真空蒸着，イオンプレーティング
(1) 真空蒸着

高温の蒸発源から蒸気流となって真空槽内に飛び出した粒子が，基板上に堆積して被膜を形成するのが真空蒸着である．真空蒸着は，蒸気流が真空槽内の残留ガス分子と衝突して散乱されることなく拡散するために，通常 1×10^{-2} Pa（1 Pa$=7.05\times10^{-3}$ Torr）以下の圧力下で行なわれる．

理想的な蒸発の場合，蒸発源からの蒸発速度 a_v（g/cm²・s）は次式で表わされる．

$$a_v \fallingdotseq 5.85\times10^{-2} p_s(M_D/T)^{1/2} \quad (3.2.1)$$

ここで p_s（Torr）は温度 T（K）における蒸発物質の飽和蒸気圧，M_D は蒸発物質のグラム分子量，T（K）は蒸発表面の絶対温度である．Al蒸発の場合，約1 300℃のとき a_v は約 10^{-3} g/cm²・s である．実用的な蒸発速度は 10^{-5}～10^{-2} g/cm²・s 程度である．蒸発源には抵抗加熱型，電子ビーム加熱型，誘導加熱型，レーザ加熱型などがある．電子ビーム蒸発源ではW，Taのような高溶融点金属や，SiO_2，Al_2O_3 のような化合物の蒸着も可能である．

真空蒸着の一般的な特徴は，(1)高真空中で形成するため不純物のない被膜が得られる，(2)成膜速度が大きいため大量・大面積の被膜形成が可能であ

第3章 表面改質

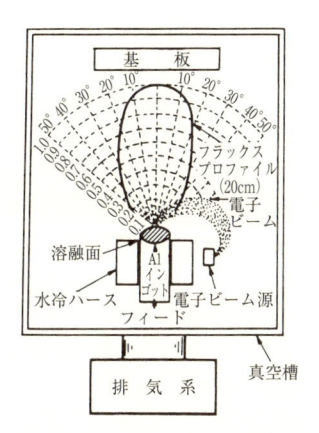

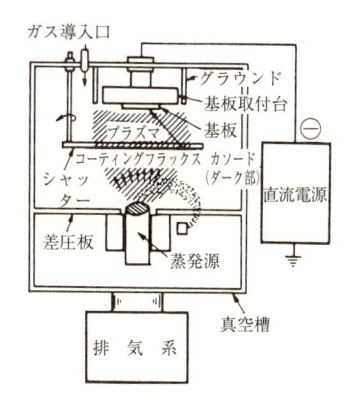

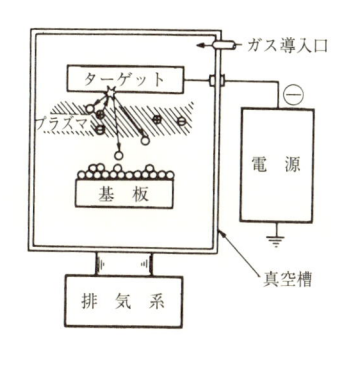

(a) 電子ビーム蒸発源をそなえた蒸着装置
（電子ビームの場合の蒸発分布を示す）

(b) イオンプレーティング

(c) スパッタリング

図 3.2.1 PVD の基本的プロセス〔出典：文献 1)〕

表 3.2.1 真空蒸着，イオンプレーティング，スパッタリングの特徴〔出典：文献 2)〕

		作業圧力, Pa	膜の成長速度, $\mu m/min$	密着性	膜厚分布[*1]	まわりこみ	形成膜の例	長　所	欠　点
真空蒸着	抵抗加熱	$<1\times10^{-2}$	～10	乏しい	良　好	蒸発源に直面する面のみ	Al, Cu, Ag Au, Cr	設備費が安い	・高融点金属の蒸着がむずかしい ・形成膜への不純物の混入がある
	高周波	$<1\times10^{-2}$	1～5	乏しい	良　好	蒸発源に直面する面のみ	Al, Cu, Pb Al-Si Al-Cu	成長速度が大きい 大容量のチャージも可能	・基板への熱放射が大きい ・形成膜への不純物の混入がある
	電子ビーム	$<1\times10^{-2}$	0.2～0.5	乏しい	悪　い	蒸発源に直面する面のみ	Al, Mo, Si SiO, SiO_2 Ge	融点の高い材料の蒸着が可能	・設備費が高い ・電子，X線による基板損傷がある
イオンプレーティング	直流	1×10^{-4} ～1×10^{-1}	0.01～0.2	非常に良い	[*2]	極めて良い	Al	密着性が良い ピンホールが少ない	
	HCD[*3] プラズマ	1×10^{-2} ～1×10^{-1}	～1	非常に良い	悪　い	極めて良い	TiN, CrN TiC, CrC	高融点金属の反応性蒸着が可能	・操作が多少むずかしい
スパッタリング	コンベンショナル 直流	～1	0.01～0.2	良　好	±5%（カソード径の70%）	非常に良い	Al, Cu, Cr Au	装置が簡単である	・成長速度が小さい ・絶縁物の成長ができない ・放電が不安定
	コンベンショナル 高周波	1×10^{-1} ～1	0.01～0.2（金属） 0.002～0.02（絶縁物）	良　好	±5%（カソード径の70%）	良　い	金属, SiO_2 Al_2O_3, Ta_2O_5 $BaTiO_3$, 各種ガラス	絶縁物の成長が可能	・成長速度が小さい
	プレーナ マグネトロン	5×10^{-2} ～1×10^{-1}	0.15～1.2（金属：DC） 0.02～0.15（絶縁物：RF）	良　好	±5%（カソード径の70%）	良　い	Al, 合金膜 Mo, Ta, W $MoSi_2$, WSi_2 SiO_2, Al_2O_3	成長速度が大きい 基板の温度上昇が少ない	・ターゲット材の使用効率が悪い ・磁性材料が不向き

[*1] 膜厚分布は，治具の設計によって異なる
[*2] 蒸発源の方式（抵抗加熱，高周波，電子ビーム）によって異なる
[*3] HCD：Hollow Cathode Discharge

る，ことである．真空蒸着には通常の蒸着のほかに，巻取り蒸着，反応性蒸着，同時蒸着，フラッシュ蒸着，イオンアシスト蒸着，クラスターイオンビーム蒸着などがある[3,4]．

真空蒸着による薄膜形成の利用は1910年代初頭からとされており，現在では電気・電子工業（抵抗，コンデンサ，電極・配線，透明導電膜，レーザディスク，磁気テープ），光学工業（光学機器，眼鏡レンズ），包装工業（包装，装飾，転写），建材（Znコート鋼板）などで多用されている．しかし，基板との強い密着性が要求される潤滑膜や耐摩耗膜の生成には適していない．

（2）イオンプレーティング

イオンプレーティングは，1964年マトックス（D. M. Mattox）によって提唱された直流イオンプレーティングにはじまり，その後高周波イオンプレーティング，多陰極イオンプレーティング，活性化反応性蒸着，ホローカソードイオンプレーティング，マルチアーク放電イオンプレーティングなどが提案され，いくつかは生産に供されている[1]．ここでは代表的手法について述べる．

a. 直流イオンプレーティング

この方法は，ガスのイオン（および蒸発粒子のイオン）の衝撃を行ないながら，基板上に蒸発物質を堆積させるもので，装置の概念図を図3.2.2に示す[1]．圧力0.5～5PaのArガス中で蒸発源から金属を蒸発させる．基板には接地電位の蒸発源や真空槽に対して$-0.5～-5\,\mathrm{kV}$の負電位を印加する．このとき，基板と周囲との間にはグロー放電が持続して基板のまわりにはダークスペースができる．グロー放電のプラズマ領域で生成したガスのイオンや金属のイオンは，ダークスペースで加速されて基板に入射する．成膜速度は$0.1～50\,\mu\mathrm{m/min}$である．

本法によるイオン化率（全蒸発原子に対するイオンの割合）は2～4％であり，後述の化合物成膜に用いられる方法に比べ1桁小さい．本法の特徴は，（1）優れた密着性が得られる，（2）つきまわりが良好である，ことである．基板との密着性の大きさを，せん断応力によるはく離試験によって調べた結果を図3.2.3に示す[1]．真空蒸着においても，前処理としてのArイオン衝撃により基板表面は清浄化されて密着性が増し，成膜中もイオン衝撃を受けるイオンプレーティングではさらに増強される．つきまわりの良さは，操作Arガス圧力が高いため，蒸発粒子がArガスと衝突を繰り返す，いわゆるガス散乱効果による．これにより蒸発源に面していない部分にも成膜される．

本法では，イオン衝撃による基板温度の上りすぎや，ときとして被膜の汚染やダメージが無視できなくなる場合がある．また，イオン化率が低いため，

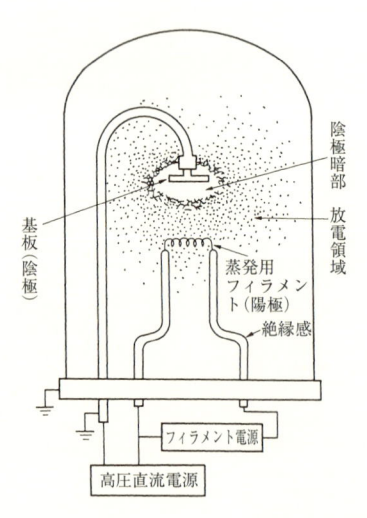

図3.2.2 直流イオンプレーティング装置の概念図
〔出典：文献1）〕

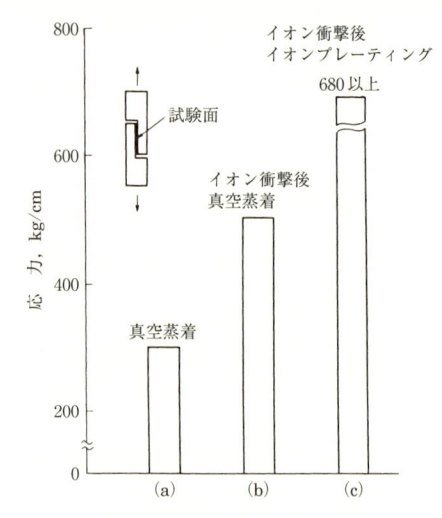

(c)については基板と膜界面との間ではく離せず，応力が680kg/cmのとき接着剤のはく離のみが起こった．

図3.2.3 真空蒸着およびイオンプレーティングによるCu膜のはく離時のせん断応力の違い
〔出典：文献1）〕

はやい成膜速度での化合物の生成がむずかしいなどの欠点がある．基板温度の上昇を抑えるには高周波イオンプレーティングやクラスタイオンビーム蒸着が，また高速での化合物膜の形成にはホローカソードイオンプレーティングやマルチアーク放電イオンプレーティングが適している．

b. ホローカソードイオンプレーティング

本法の装置の概念図を図3.2.4に示す[1]．HCD銃からの電子ビームを，水冷銅ハースに入れた物質(Ti)に照射して蒸発させるとともに，蒸発粒子にも照射してイオン化を行なう．このとき同時に反応ガス（C_2H_2, N_2）を導入すると，蒸発粒子および反応ガスは活性状態にあるため，基板上にTiCやTiN膜が容易に形成される．操作圧力（Ar＋反応ガス）は0.2 Pa台である．イオン化率は40〜75%で非常に高いため，基板への印加電圧が被膜の特性に大きく影響を及ぼす．成膜速度は約$1\mu m/min$である．

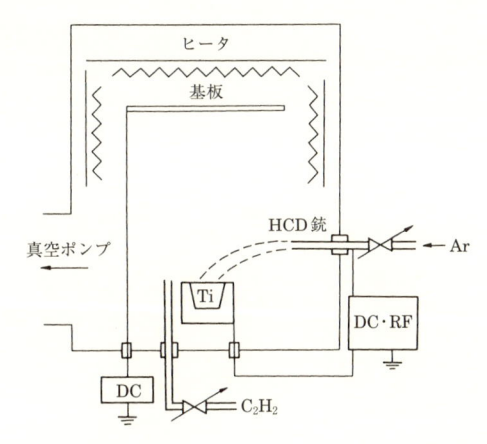

図3.2.4 ホローカソードイオンプレーティング装置の概念図　　　　〔出典：文献1)〕

本法のような反応生成物を形成させるイオンプレーティングを反応性イオンプレーティングという．反応性イオンプレーティングは，反応性蒸着に比べ2桁程度成膜速度が速く，高密度でピンホールの少ない，密着性に優れた被膜の形成が可能である．いろいろな手法による反応性イオンプレーティングで生成された化合物には，TiC, ZrC, HfC, VC, NbC, TaC, WC, TiC-Ni, VC-TiC, CrC, SiC, Ti (C, N), TiN, Ti_2N, ZrN, NbN, HfN, TaN, CrN, AlN, Si_3N_4, c-BN, (Ti, Al)N, (Ti, Zr)N, (Ti, Nb)N, (Ti, Hf)N, α-Al_2O_3, γ-Al_2O_3, SiO_2, TiO_2, VO_2, Ta_2O_5, Y_2O_3, BeO, In_2O_3, TiS_2, $Cu_xMo_6S_6$ などがある．

c. 応用

イオンプレーティングでは高速成膜が可能なことから，数〜数十μmの厚膜も容易に作製でき，構造材料分野での潤滑性，耐熱性，耐食性の向上を目的とした応用が多い[1,5〜7]．

潤滑膜としては，イオンプレーティングにより0.4μmのAu, Ag, Pbをアンギュラ玉軸受にコートして，大気中および真空中での軸受性能が調べられている．常時真空中で使用する軸受にはAg膜が適しており，大気中と真空中の両方の場合にはAu膜が良い．Pb膜潤滑については，Ag膜潤滑と同等の耐久性が得られているが，摩擦トルクの変動の大きいのが欠点である．Ag膜は真空機器や蒸着装置，Pb膜は宇宙機器の軸受に用いられている．

耐摩耗膜としては，反応性イオンプレーティングによるTiN, TiC, Ti(C, N), (Ti, Al)N, CrN, CrCがおもに用いられている．応用分野としては，スローアウェイチップ，エンドミル，ドリルなどの切削工具，および機械部品のしゅう動部（ピン・ブシュ，切削ジグ埋管，鋼索用ローラ，プランジャ，紡織部品など）である．また各種金型の表面保護膜としても多用され，民生品の装飾膜としても使われている．

3.2.2 スパッタリング

加速されたイオン粒子を固体表面に照射するとイオンと固体表面の原子が運動量を交換して，原子が固体表面からはじき出される．この現象をスパッタ

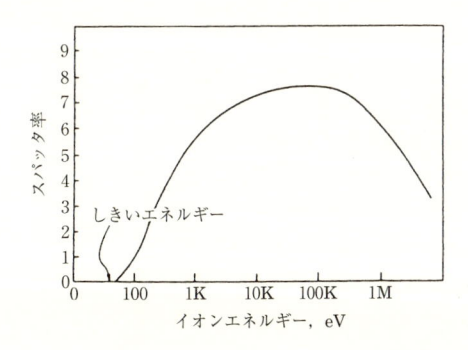

図3.2.5 入射イオンエネルギーとスパッタ率との定性的関係　　　〔出典：文献8)〕

リングといい，はじき出された粒子が堆積して被膜となる．衝撃イオン1個あたりのはじき出された粒子数をスパッタ率といい，スパッタリングを起こし得る入射粒子の最低エネルギーをしきいエネルギーという．入射イオンエネルギーとスパッタ率との一般的な関係を図3.2.5に示す[8]．しきいエネルギーは，多くの物質で30〜50 eVである．実際のスパッタリング装置では，入射イオンエネルギーあたりの効率の良いスパッタリングを行なうために，ターゲットに印加する電圧は0.3〜5 kVの範囲が多い．

スパッタリングの成膜速度は，真空蒸着やイオンプレーティングのそれに比べてかなり遅い．しかし，成膜物質の種類が多く，かつ良質な被膜が得られる．具体的手法としては，簡易型直流（あるいは高周波）2極スパッタリング，マグネトロンスパッタリング，反応性スパッタリング，バイアススパッタリング，同時スパッタリング，イオンスパッタリングなど数多い[3,4]．ここでは二つの手法について述べる．

a. 簡易型直流2極スパッタリング

図3.2.6のように，1〜10 PaのAr雰囲気中で，導電体ターゲットに負の高電位を印加し，グロー放電を起こさせてプラズマ状態にする[1]．プラズマ中のArイオンによりたたき出されたターゲット表面の粒子が基板上に堆積して被膜となる．スパッタリングには通常異常グロー放電が用いられる．

本法の長所は，（1）被膜の密着性が良い，（2）高融点物質の成膜が容易，（3）広い面積で均一な成膜が可能，（4）組成制御が容易，である．しかし欠点として，（1）成膜速度がおそい，（2）基板温度が上昇する，（3）膜中への不純物が混入されやすい，ことである．これを克服するために，電極構造の改良，印加磁場の利用，大電流イオン源の改良を加えた手法が開発され，高速低温が可能となった．

なお，絶縁体ターゲットの場合には高周波電位（通常13.56 MHz）を印加するが，これを簡易型高周波2極スパッタリングという．

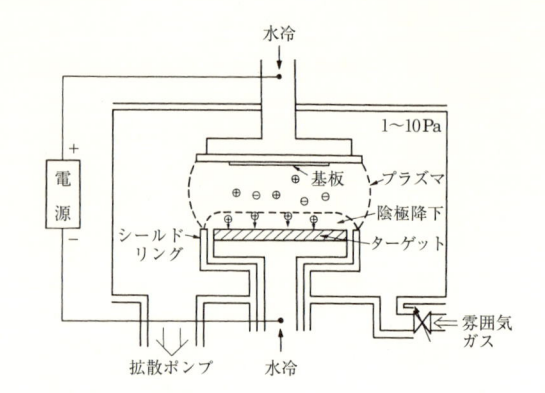

図3.2.6 簡易型2極スパッタリング装置の概念図
〔出典：文献1）〕

b. マグネトロンスパッタリング

マグネトロンスパッタリング装置のカソード（ターゲット）まわりの概念図を図3.2.7に示す[1]．マグネトロンスパッタリングでは，ターゲットの背後に磁石を配置し，ターゲット表面に平行な磁場を発生させる．ターゲット近傍の電子は，磁力線に巻き付きながららせん回転運動をしてターゲット上を周回する．これにより雰囲気ガスのイオン化が促進されてターゲットへのArイオンの入射量が増大する．それに伴い成膜速度が速くなり，簡易型に比べて1桁近く大きくなる（表3.2.1参照）．

c. 応用

スパッタリング膜の実用は古く，1919年にさかのぼるが，本格的な応用は，半導体の隆盛をみた

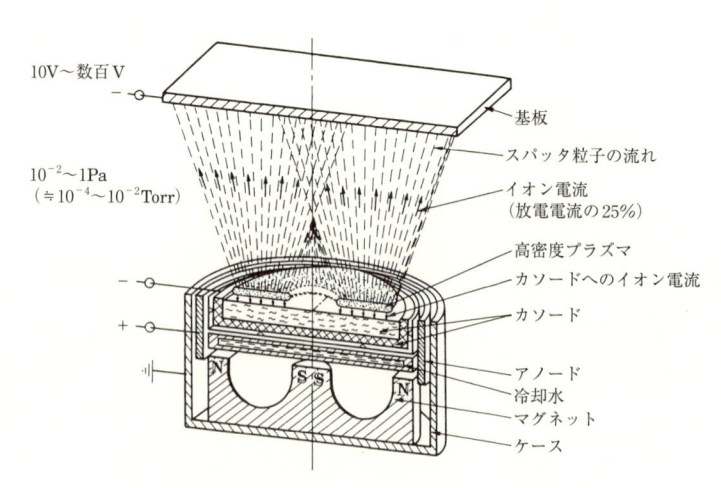

図3.2.7 マグネトロンスパッタリングにおけるカソードまわりの構成例
〔出典：文献1）〕

1970年代以降である．現在では，電気・電子工業（抵抗，コンデンサ，絶縁体，圧電体，電極・配線，透明導電膜，磁気ディスク，光磁気ディスク，コンパクトディスク，レーザディスク）や光学工業（建物・自動車用窓ガラス）などの広範な分野に多用され，この分野での使用比率は真空蒸着よりはるかに多い．

スパッタリング膜の潤滑，耐摩耗，耐熱，耐食膜としての応用は多くないが，MoS_2，WS_2，TiC，TiN，(Ti, Al)N，SiC，SiO_2，Al_2O_3，Ta_2O_5，TiB_2などの機械的・化学的特性が調べられている．実用化剤としては，MoS_2がPTFE系複合材保持器と組み合わせて，潤滑膜として宇宙関連機器の玉軸受に用いられている．また，耐摩耗膜として磁気ヘッド用にAl_2O_3，サーマルヘッドの発熱体用に($SiO_2+Al_2O_3$)が，それに装飾膜として(Ti, Al)Nが使われている．

3.2.3 イオン注入，イオンビームミキシング

イオン注入は，固体材料表面に目的の元素を高速で衝突させて注入するもので，従来の熱拡散による元素添加法などと異なる非熱平衡プロセスである．元来，イオン注入は半導体への不純物添加に利用されていたが，1970年代初頭から固体材料の表面改質にも活用され，その後1980年代前半から薄膜形成と組み合わせたイオンビームミキシングも行なわれるようになった．

（1）イオン注入

イオン注入装置の概念図を図3.2.8に示す[9]．装置の構成は，イオン発生部，質量分離部，加速系，ビーム走査系，注入試料室および排気系から成っている．10^{-4} Paの真空中で，添加を目的とする粒子をイオン化し，数keVから数MeVに加速して固体基板に照射する．数keV以上のエネルギーに加速したイオンを固体基板に照射すると，それらのほとんどは表層に侵入し，基板の原子と衝突を繰り返してエネルギーを失い静止する．注入したイオンや，原子がはじき出されて生じた損傷は，ある深さをピークにガウス的に分布する．

イオン注入により，基板表面層の構造変化，すなわち結晶変態，非晶質化，組成変化などが起こる．それにより表面物性が変って基板は高性能・多機能化する．例えば，イオン注入した金属（絶縁化，超

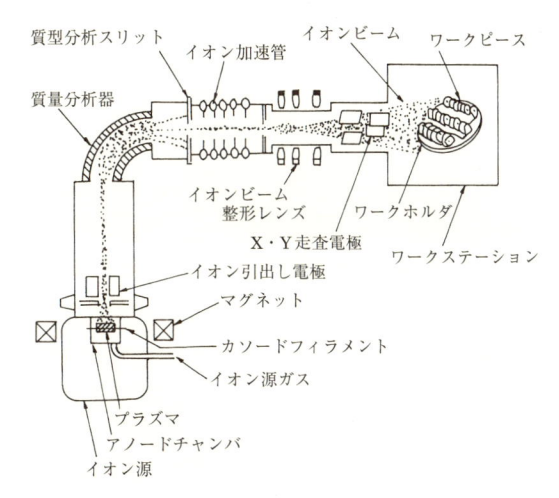

図3.2.8 イオン注入装置の概念図〔出典：文献9）〕

伝導，着色，腐食，硬さ，摩擦，摩耗，密着），半導体（p-n接合，導電化，絶縁化），無機材（発光，着色，透過，導電化，硬さ，摩擦，摩耗，ぬれ性，反応性），有機材（p-n接合，導電化，ぬれ性，蛋白質，細胞吸着）の特性が調べられている[10]．耐摩耗性の向上を目的として，生産規模で行なわれているイオン注入の例を表3.2.2に示す[11]．

（2）イオンビームミキシング

イオンビームミキシングは，イオン注入により表面原子に変位を与え，原子を再配列したり混合したりする現象であり，薄膜形成との組合せ方により，図3.2.9のように3種類の方法がある[9]．①のイオンビームミキシングでは基板に金属を蒸着し，活性ガスを照射する．蒸着原子と基板原子は混合し，合金層（ミキシング層）が形成される．また，基板と蒸着膜の界面だけを混合させるのが②の界面ミキシ

表3.2.2 耐摩耗性向上のために生産規模で行なわれているイオン注入の例
〔文献11）より抜粋〕

注入する イオン種	注入する 母材の材質	適用品目
Ti+C	Fe系合金	ベアリング，ギヤ，バルブ，ダイス
C，N	Ti系合金	人工骨
N	Zr系合金	原子炉構成部品，化学品取扱器具
N	硬質Crめっき層	バルブシート，ゴデット，移動機械
B	Be系合金	ベアリング
N	WC+Co	工具のインサート，PCボードドリル

① イオンビームミキシング

不活性ガス
イオンビーム
金属蒸着層
基板
ミキシング層

② 界面ミキシング

不活性ガス
イオンビーム
金属蒸着層
金属層
ミキシング層

③ ダイナミックミキシング

ガスイオンビーム
金属蒸着
金属層
ミキシング層

④ イオン注入

イオンビーム
ミキシング層

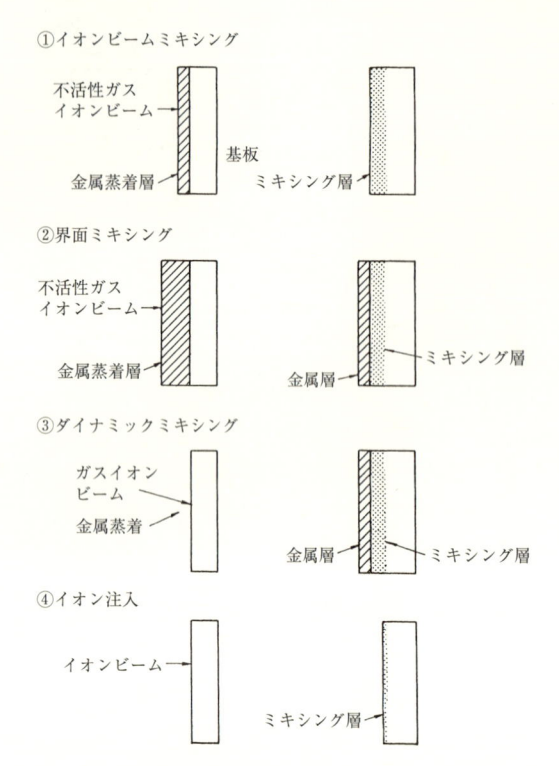

図 3.2.9　イオン注入およびイオンビームミキシングによる表面改質　　〔出典：文献 9）〕

ングであり，①のプロセスの途中で起こる現象である．これらはいずれも金属を蒸着した後にイオン注入を行なう．

一方，イオン注入と蒸着を同時に行なうのが③のダイナミックミキシングであり，基板との混合層の形成により密着性に優れた被膜が得られる．この方法により TiN，ZrN，AlN，c-BN，(Ti，Al)N，TiC などが生成されている．実用化例としては，電動剃刀の上刃への TiN コーティングがある．

なお，①～③を総称してイオンビームミキシングという場合もある．

文　献

1) 稲川幸之助（竹田博光編）：セラミックコーティング，日刊工業新聞社 (1988) 1.
2) 小宮宗治（堂山昌男・髙井　治編）：表面改質データハンドブック，サイエンスフォーラム (1991) 424.
3) 日本学術振興会薄膜第 131 委員会編：薄膜作製ハンドブック，オーム社 (1983).
4) 応用物理学会/薄膜・表面物理分科編：薄膜作製ハンドブック，共立出版 (1991).
5) 稲川幸之助（精密工学会編）：新版精密工作便覧，コロナ社 (1992) 1063.
6) 稲川幸之助（宮﨑俊行編）：スーパーコーティング—硬質膜の機能と利用技術，大河出版 (1992) 280.
7) 稲川幸之助：精密工学会誌，**59** (1993) 373.
8) 小林春洋・細川直吉：部品・電子デバイスのための薄膜技術入門，総合電子出版 (1992).
9) 寺島慶一（材料技術研究協会表面改質技術総覧編集委員会編）：実用表面改質技術総覧，産業技術サービスセンター (1993) 173.
10) 岩本正哉：日本機械学会誌，**96** (1993) 577.
11) 黒川　卓：日経ニューマテリアル，1987 年 3 月 30 日号，p. 49.

3.3　化学蒸着

3.3.1　CVD 法の特徴

CVD（Chemical Vapor Deposition）法は化学蒸着法のことであり，PVD 法（物理蒸着）と対比される[1~3]．CVD 法では形成しようとする元素からなる薄膜材料を含む化合物・単体のガスを基板状に供給し，気相または基板表面での化学反応により，所望の薄膜を形成する．

CVD と PVD の比較を表 3.3.1 に示す[1,4]．最も大きな違いは処理温度と膜のつきまわりである．CVD は処理温度が高いので付着強度と耐摩耗性に優れた膜となる．この反面，熱変質層を生じ，基材の変形が起こりやすい．このため鋼では再熱処理が必要になる．また，膜のつきまわりが良く，穴や溝などに膜形成できる．さらに多層膜もガスの切替えのみで簡単に形成できる．装置，原料，ランニングコストが安く，比較的簡単であるなどの特徴をもっている．

これらの特徴は特に CVD に見られる．超硬合金を母材とした熱 CVD 膜は超硬合金表面に生じる脱

表 3.3.1　CVD の長所と短所〔出典：文献 1，4）〕

長所	(1) 多層膜形成がガスの切替えのみで可能である． (2) 膜のつきまわりが良く内外面全体に均一に製膜できる． (3) 膜の付着強度が大きい． (4) 膜は化学量論組成で，耐摩耗性がある． (5) 装置，原料，ランニングコストが安い． (6) 装置が比較的簡単で大型化しやすく，大量処理可能．
短所	(1) 高温処理で鋼基材では再熱処理が必要． (2) 基板表面に脱炭層を生じやすい． (3) 後ガス処理が必要．

炭層や熱ひずみなどのため，例えば工具に応用する場合には刃先強度が低下する傾向がある．低温処理であるPVD法はこれらの欠点が生じないので母材の強度が維持される．しかし耐摩耗性に関してはCVD法が優れることが多い．高温においては基板と膜の界面近傍において相互拡散が生じ，応力の緩和に効果があり，膜の付着性を向上させる．

CVD法のように化学反応を利用する形成法では基板温度の影響を受けやすい．図3.3.1にチタン化合物の硬さの基板温度依存性を示す．硬さは結晶成長方位，粒界の強度などの影響を受ける．高温で形成した膜ではバルクより硬さの大きい膜を形成できる[5]．

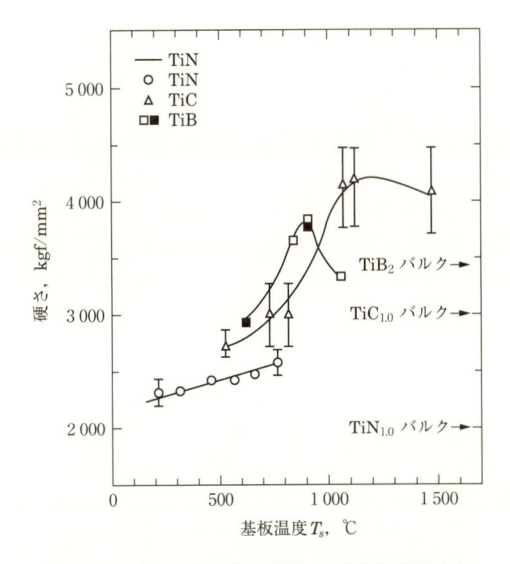

図3.3.1 チタン化合物の硬さの基板温度依存性
〔出典：文献5〕〕

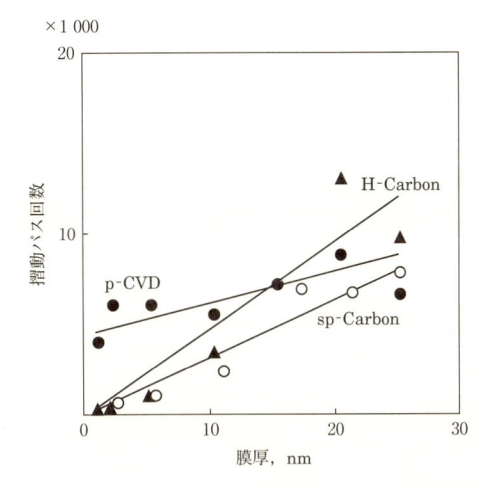

図3.3.2 CVDとスパッタで形成したDLC膜の摩擦耐久性
〔出典：文献6〕〕

CVD膜の緻密さが磁気ディスク用保護膜を対象として検討されている．カーボン膜をどこまで薄くして，摩擦耐久性が得られるかということがCVD膜とスパッタ膜カーボン，水素含有カーボンで比較されている．図3.3.2に示すようにスパッタ膜に比べ，プラズマCVD法で形成した膜では5nm以下の膜厚でも摩擦耐久性が得られている[6]．

CVD法は最近ダイヤモンドやDLCなどの薄膜形成に多く用いられている[7]．ダイヤモンド膜は，マイクロ波プラズマCVD法，RFプラズマCVD法などで形成される．原料ガスとして，各種の炭化水素が用いられる．さらにダイヤモンドと同時に形成されるグラファイトを除去するためH_2を混入する場合が多い．ダイヤモンド形成には水素原子やメチルラジカルが重要な役割をする．最近では，アークプラズマジェット法，大気圧のアセチレンガス燃焼炎を利用する火炎法が開発され，数100 μm/hの早い成長速度でダイヤモンド膜が形成されている．

ダイヤモンドは最も硬い材料でありアブレシブ，凝着摩耗などに対して優れた耐摩耗性を示す．例えば図3.3.3に示すようにCVDダイヤモンド膜の摩耗はセラミックスに比べ極めて少ない．さらに多結晶であるため結晶方位による摩耗量の差が緩和されやすい．したがって，前加工により摩耗しやすい面が表面に出やすい天然ダイヤモンドおよびバインダを必要とする焼結ダイヤモンドと比べても耐摩耗性が優れている[8]．ダイヤモンドは優れた耐アブレシブ摩耗性と低摩擦を示し，相手面の損傷を小さくできることから，工具をはじめとして各種のトライボロジー分野へ応用されている．

CVD法によってダイヤモンドに似た特性を示すダイヤモンドライクカーボン（DLC）膜が形成されている．ダイヤモンドは形成時に高温を必要とし，結晶の自形面が形成され，表面粗さが大きくなることから用途が限定されている．これに対し，DLCと低温形成が可能であり，表面が平滑であることから，各種金型，情報機械の保護膜など多くのトライボロジー分野への応用が進められている[9]．

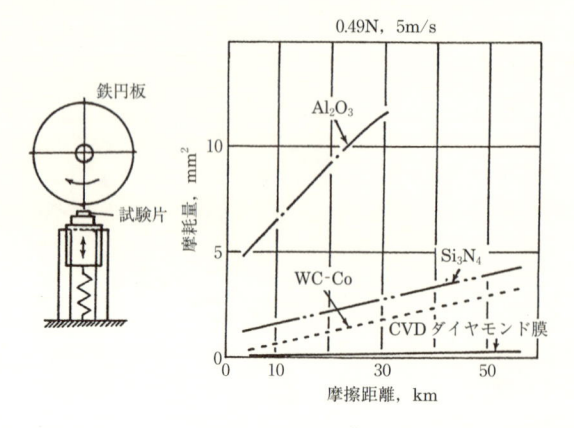

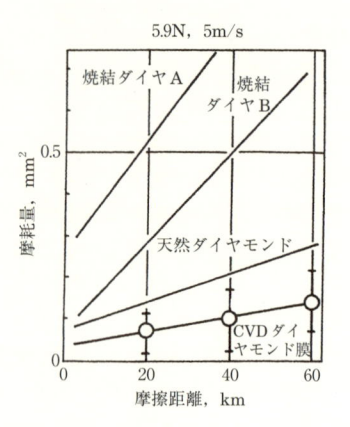

図3.3.3　CVDダイヤモンド膜の耐摩耗性〔出典：文献8〕

3.3.2 各種CVD法

代表的なCVD法を図3.3.4に示す[3]．

（1）熱CVD法

熱CVD法は高温での熱化学反応であり，反応ガスの基板上での表面反応により膜を形成する．この方法は，開発の歴史も長く，広く工業的に普及している．ヒータでガスや基材を加熱して熱エネルギーで反応を行なう熱平衡法であり，耐摩耗用途には多く用いられている．ヒータの位置により，外熱式CVD，内熱式CVDまた，ガス圧によって常圧CVDと減圧CVDなどに分けられる．

熱CVD法で各種金属，WC，TiC，B_4Cなどの炭化物，TiN，Si_3N_4などの窒化物，TiB_2，W_2B_5などのホウ化物，Al_2O_3，ZrO_2などの酸化物が形成される．例えば，この方法でTi系化合物膜を生成するには，H_2をキャリヤガスとして$TiCl_4$の蒸気とともに，TiC膜を生成するときにはCH_4を，またTiN膜を生成するときにはN_2を反応室に送り加熱した基板の上で反応させる．N_2とCH_2とを同時に反応させるとTi-C-N膜が形成でき，ガス供給を調整して任意の組成の膜が得られる．

（2）プラズマCVD

反応ガスをプラズマ化し非平衡状態にして，プラズマ相による化学反応で基板に膜を析出させるのがプラズマCVD法である．熱CVDよりも低温化が可能で，結晶性も制御しやすいなどの特徴がある．

基板はプラズマのみで加熱する場合と，ヒータで補助加熱を行なう場合とがある．プラズマ発生法として，マイクロ波，高周波，直流放電，ECR法がある．

ECRプラズマCVD法は，プラズマの高活性化とともに適度のイオン衝撃によって薄膜形成反応を促進する．C_2H_4（エチレン）とSiH_4（シラン）ガスを導入すればCとSiの混合膜が形成できる．これらのガスの混合比を変えることにより，Si-Cの組成の異なった膜が形成される．形成された膜は水素を含んだアモルファスになっている．図3.3.5にガス流量比を変えて形成したSi-C膜の摩擦係数と寿命を示す[10]．Si含有量に対してμは極小値をとり，摩擦係数0.05程度と非常に小さな値を示し，その条件で膜の寿命も長い．SiH_4/CH_2の率が少なくなるとはく離が生じて摩擦係数が増大する．逆にSiがリッチな膜でははく離しないものの最初から高摩擦を示している．さらにアニーリングによって

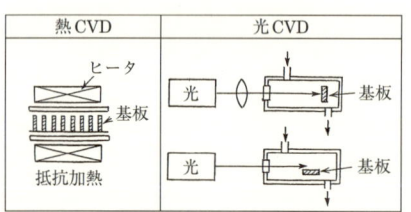

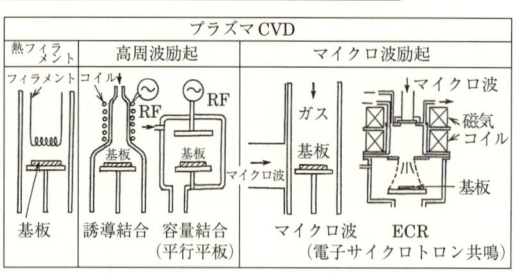

図3.3.4　各種CVD法〔出典：文献3〕

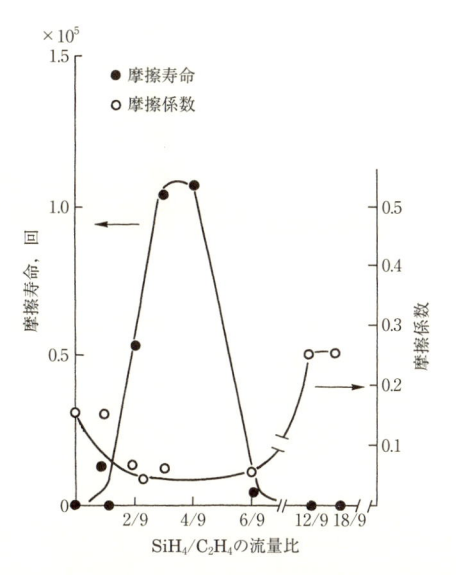

図3.3.5 ECRプラズマCVDで形成したSi-C膜の摩擦特性　〔出典：文献10〕〕

も摩擦特性は向上する[11]．

プラズマCVD法とマグネトロンスパッタリング法とを併用する方法でCr, W, Ti金属を含有したアモルファスカーボン（a-CH）膜が形成されている．Wを加えたカーボン膜の摩擦特性はC_2H_4流量に大きく影響され，流量増大により摩擦係数は著しく減少し，比摩耗量も最小値を示した後，再び上昇している．Cr, Tiの場合はそれほど顕著ではないがほぼ同様の傾向を示す[12]．これらの金属含有DLC膜は付着力，耐熱性を改善でき，加工工具，自動車用機構部品などへの適用が期待されている．

（3）光CVD

CVDにおいて原料ガスの反応に必要なエネルギーを光の形で与えるのが光CVD法である．光エネルギーでガスを励起するので室温の基板に成膜でき，機能薄膜の形成や低温薄膜形成に有効である．レーザCVDは広義には光CVDの一種であるが区別して呼ばれる場合もある．

光CVD法で光が物質に与える効果は波長によって異なる．赤外領域の波長での反応は基本的には熱反応となり，通常の熱VD反応と差はない．しかし，CO_2レーザやYAGレーザを用いると気相あるいは基板を選択的に加熱できる．したがって限定した箇所に析出させることが可能である．また加熱後の急激な冷却によって非平衡物質を合成することも可能になる．

これに対して特定の分子の電子状態の励起によって生成する活性種と分子との化学反応を起こさせる光化学反応を利用する薄膜形成プロセスが注目されている[1,3]．このプロセスでは化学結合のエネルギーに匹敵する光エネルギーが必要であるため，可視領域よりも短い波長の光を与える必要がある．紫外線を照射し形成されたフッ素含有カーボン膜のトライボロジー特性が検討され，摩擦低減と摩擦耐久性の向上効果が得られている[13]．

これらの光CVDは反応温度を低温化できる特徴をもっている．さらに光の直進性を利用して，マスキングして任意の部分だけに形成することが可能である．

3.3.3 プラズマ重合

プラズマを利用した重合膜を形成する方法が，有機薄膜の形成法として注目される．プラズマCVD法の中でも有機膜形成法は，プラズマ重合法といわれている．プラズマ重合法は，モノマーガスをグロー放電による非平衡プラズマによって活性化し，ラジカル反応あるいはイオン反応により重合させ，膜を基板上に生成させるものである．

プラズマ重合装置は，放電用電極を有する反応容器，重合用ガス供給系，排気系，放電用電源から構成される．実際に平面基板上に一様な膜厚と分子構造の均質な膜を形成するためには，ガス流パターンや放電形態を考慮した反応槽の設計および基板を回転するなどの工夫が必要である．通常，残留ガスの影響を避けるために反応器を真空排気し，次いでArなどをキャリヤガスとして導入して高周波（13.56 MHz）でプラズマ化する．このプラズマでモノマーを活性化し，重合を起こさせる[2,3]．

このプラズマ重合法によれば高分子の自己潤滑性を生かした潤滑膜，耐摩耗性膜が形成できる．例えば，耐食性に優れたフッ素系高分子のプラズマ重合膜が形成されている．

高分子材料の表面をプラズマ中で改質すれば，一般に高分子を構成している水素やその他の元素の脱離が生じる．さらに（1）架橋やオレフィンの生成，（2）極性官能基の導入，（3）高分子主鎖の切断による劣化等が起こる．プラズマ処理により高分子表面を親水化，疎水化・撥水化することが検討されている．例えば表面エネルギーの小さいPTFE, ポ

リエチレン等を N_2 プラズマ処理することにより接触角が減少する．これに対し，比較的表面エネルギーの大きな PP, PEEK, PES 等は CF_4 プラズマ処理することにより接触角が増大する[14]．

プラズマ処理によってエラストマーの摩擦特性が改善される．エチレンプロピレンゴム（BNR）を CF_4 プラズマ処理した面は未処理に対して 20% 低い摩擦係数を示す．BNR は C=C の二重結合をもち，CF_4 プラズマ処理により C-F 結合が生成されて，これにより比較的長期間摩擦係数が低くなっている[15]．

電子線重合法はポリエチレンの架橋，ゴムの加硫，プラスチック紙などへの塗装，印刷，接着などに利用されている．金属表面の改質技術としてフッ素系有機薄膜の形成も検討されている．例えばステンレス鋼板表面に含フッ素モノマーであるフルオロオクチルエチルメタクリレートの電子線重合が試みられている．重合膜を形成した鋼板は PTFE よりも高い撥水，撥油性が得られ，特に加熱処理をしたものの表面張力は PTFE の半分程度にまで低下している[16]．

文　献

1) 表面技術協会編：PVD・CVD 皮膜の基礎と応用，槙書店（1994）．
2) 日本学術振興会薄膜第 131 委員会編：薄膜ハンドブック，オーム社（1983）．
3) 榎本祐嗣・三宅正二郎：薄膜トライボロジー，東京大学出版（1994）．
4) 精密工学会編：新版精密工作便覧，コロナ社（1992）．
5) R. F. Bunshah & C. V. Deshpandey：Vacuum, **39** (1989) 955.
6) T. Yamamoto, K. Seki & M. Takahashi：Surface and Coatings Technology, **62** (1993) 543.
7) 精密工学会硬質膜分科会：スーパーコーティング―硬質膜の機能と応用―，大河出版（1992）．
8) 西村一仁・松本　寧・柏木東洋和・辻村正樹・富森　紘・吉永博俊：1990 年度精密工学会春季大会講演論文集 II 753.
9) トライボロジスト編集委員会：炭素新材料とトライボロジー小特集号，トライボロジスト, **41**, 9 (1996).
10) S. Miyake, R. Kaneko, Kikuya & Sugimoto：Trans. ASME J. Trib., **113** (1991) 384.
11) I. Sugimoto & S. Miyake：J. Appl. Phys., **66**(2), 15 (1989) 596.
12) H. Dimigen, H. Huebsch & R. Memming：Appl. Phys. Lett., **50**, 16 (1987).
13) I. Sugimoto & S. Miyake：J. Appl. Phys., **64**(5), 1 (1988) 2700.
14) 百瀬義弘・西山博樹・野口雅弘・岡崎　進：日本化学会誌, **10** (1985) 1876.
15) C. Arnold. Jr., K. W. Bieg, R. E. Cuthrell & G. C. Nelson：J. Appl. Phys. Sci., **27** (1982) 821.
16) 岡崎幸子・小駒益弘：別冊化学工学, **29**, 17 (1985) 198.

3.4　拡散被覆法（化学反応法）

この被覆法は母材である金属材料の表面から，母材とは異なる元素を比較的高い温度で拡散浸透させることにより表層部分の耐摩耗性，耐焼付き性などの特性を付与する方法である．

拡散元素の種類によって，それぞれ炭素では浸炭処理，窒素では窒化処理，ホウ素ではホウ化処理などと呼ばれている．

また，クロム，バナジウム，ニオブ等を拡散させて，母材中の炭素と反応させて炭化物層を形成させる方法では，炭化物被覆法と呼ばれている．

3.4.1　浸炭，窒化

従来より，最も広範囲に実用されている表面硬化処理である．処理品質の安定性，処理コストなどの点で優れており，自動車，電気機器などの各種機械部品に使用されている．

浸炭処理では拡散元素の炭素が母材である鉄中に拡散し，鉄と反応して硬質の化合物であるセメンタイト（Fe_3C）を形成させるか，または高温でオーステナイトの母材中に炭素が固溶した状態から急冷する浸炭焼入れにより，硬質のマルテンサイト組織を形成させている．

いずれの方法でも鉄鋼表面は硬化するが，通常後者の方法が用いられている．浸炭法としては，表 3.4.1 に示すように各種あり，それぞれ記述しているような特徴がある．

図 3.4.1 に浸炭焼入れ品の表面から内部へかけての硬さ分布と炭素濃度分布の例を示す[1]．表面から HV 550 までの深さを有効肌焼深さまたは有効硬化深さ，最も深い位置までを全肌焼深さまたは全硬化深さと呼ぶ．

従来，多量処理の浸炭法では，RX ガスを用いたガス浸炭が主体であったが，近年，直接炭化水素ガスを炉内に吹込みガス変成と浸炭を同時に行なう FC（Fine Carbo）浸炭法[2,3]が導入され，多く実用されるようになってきている．本方法では浸炭性能の高いガス組成が得られるため，浸炭深さのばらつ

第3章 表面改質

表 3.4.1 各種浸炭法と特徴

方　　法	浸炭剤	処理条件	特　　徴
固体浸炭	C（木炭）＋BaCO$_3$	るつぼなどの容器を用い浸炭中に試料を埋込，900〜950℃，2〜8h処理	簡便な設備で処理可能．実験室などでの小物，少量品の処理に適する．
ガス浸炭	RXガス CO；20% H$_2$；40 N$_2$；40	触媒を用い，変成炉で炭素ポテンシャルを制御したガス中の保持．850〜950℃，1〜5h処理．	多量の品物の連続処理に適する．現在最も主要な方法．
	炭化水素 ＋ 酸化性ガス	同左ガスを直接炉内に吹込みガス変成と浸炭を同時処理．900〜950℃，1〜5h処理	上記に比べ省エネルギー，処理時間短縮，コスト低減ガス，品物移動の制御が重要
真空浸炭	CH$_4$，C$_3$H$_8$ or C$_4$H$_{10}$	約 200〜300 Torr のガス中にて浸炭後，拡散処理．850〜950℃，0.5〜2h処理	表面炭素濃度が高く，耐摩耗性に優れ，処理ひずみが小さい．表面光沢あり
イオン浸炭	CH$_4$ or C$_3$H$_8$	約 5〜10 Torr のガス中でグロー放電により浸炭後，拡散処理．650〜1 000℃，0.5〜3h処理．	浸炭時間の短縮，処理ひずみが小さい．表面光輝性あり．粒界酸化や異常層が生じない．コスト高い．

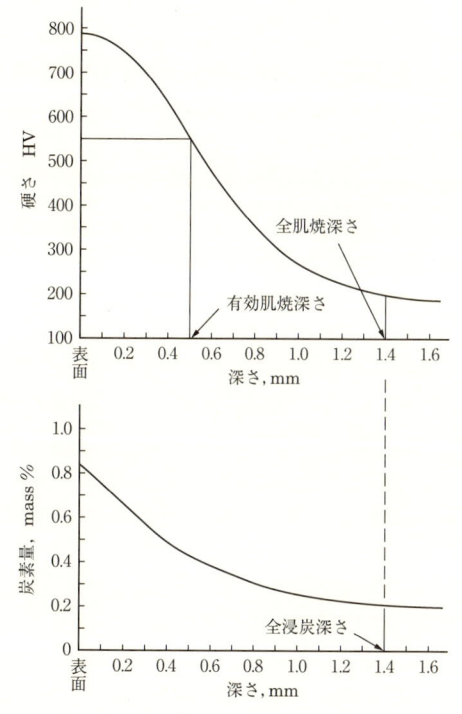

図 3.4.1　浸炭品の肌焼深さ，浸炭深さ
〔出典：文献 1)〕

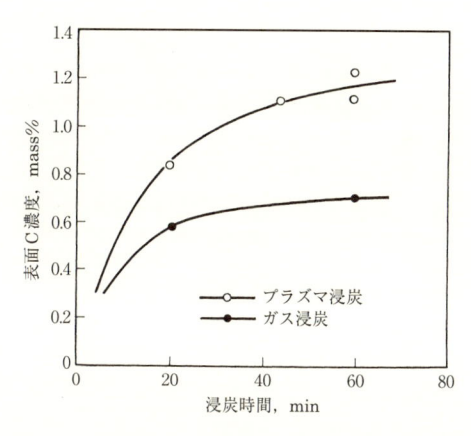

図 3.4.2　プラズマおよび通常ガス浸炭材の表面炭素濃度（920℃）　〔出典：文献 4)〕

きが減少し，熱処理ひずみも小さくできるメリットもある[3]．これらのガス浸炭はコスト的に有利であり，最も広範囲に実用されている．

一方，真空浸炭やプラズマ浸炭では，図 3.4.2 のように浸炭速度が大きく，表面の炭素濃度が高く，表面光沢がある[4]．また，作業環境が良いなどの利点はあるがコストが高い．

浸炭処理では，品物の寸法精度も重要であり，図 3.4.3 に示すような各種の要因によって影響を受ける．例えば，930℃で短時間で浸炭後，850℃に下げてから，240℃に冷却し，マルテンサイトの変態点直上で数分間保持して品物の温度差を小さくしてから，マルテンサイトの変態を起こさせて，ひずみを小さくする2段焼入れする方法もある．

一方，窒化は表 3.4.2 に示すような各種の方法がある．これらの処理は鋼の変態点以下の約 550〜600℃で行なわれ，変態点以上の浸炭の場合とは異なり，処理によるひずみが小さい．

窒化処理では図 3.4.4[5] に示すように Al，Cr のような窒化物形成元素を含有する窒化鋼

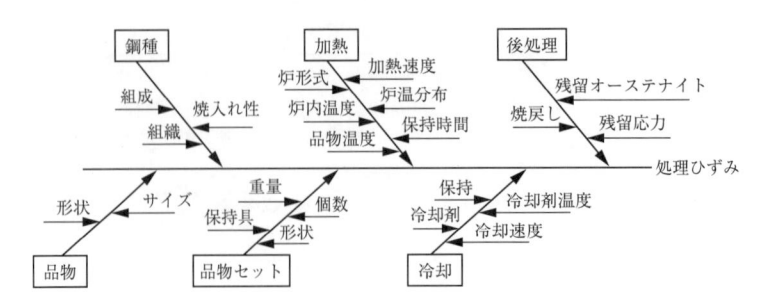

図 3.4.3 浸炭焼入れにおける処理ひずみの要因

表 3.4.2 各種窒化法と特徴

方　法	窒化剤	処理条件	特　徴
ガス窒化	NH_3 の分解ガス	アンモニアガス中で保持 500〜600℃, 10〜60 h 処理	簡便な設備で処理可能. 長時間を要し, 多量処理には不向きである.
ガス軟窒化	浸炭性ガス ＋ NH_3 等の混合ガス	同左またはプロパン＋アンモニアガス中に挿入 500〜600℃, 1〜5 h 処理	多量の製品の迅速処理に適する. 広範囲の鋼種に適用可能. コスト安い.
塩浴窒化	シアン化塩を主体とした溶融塩	同左塩浴中に保持後, 空気を吹き込む方法もある. 処理後洗浄が必要 540〜600℃, 1〜5 h 処理.	多量処理に適する. 広範囲の鋼種に適用可能処理ひずみが小さい. コスト安い
イオン窒化	H_2+N_2 の混合ガス	約 5〜10 Torr のガス中で品物を陰極としてグロー放電 550〜600℃, 2〜10 h 処理.	比較的窒化がむずかしいステンレス鋼などでも可能 無公害, 表面光沢あり, 作業環境良好. コスト高い.

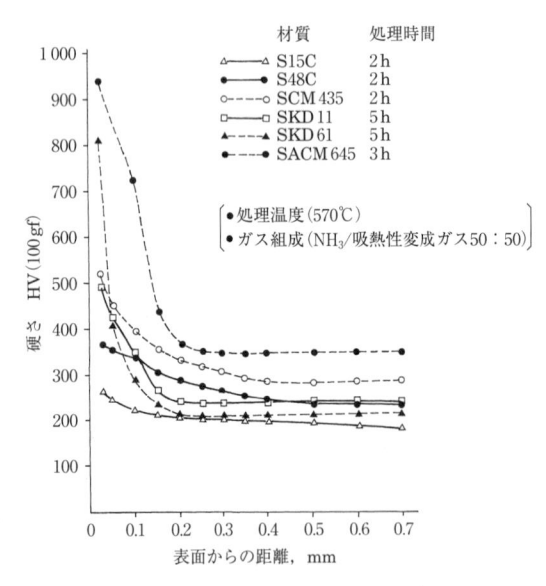

図 3.4.4 鋼種別拡散層の硬さ分布
〔出典：文献 5）〕

（SACM）または高合金鋼（SKD 61）では，これらの元素と拡散してきた窒素が硬質の窒化物を形成するため，HV 800〜1 000 以上の硬さの被覆層が得られる．

Al，Cr を含有しない鋼の場合には，脆くて硬さの高くない鉄窒化物（Fe_2N 主体）が形成されるが，これらの窒化物では硬さの向上は少ない．

現在，ガス軟窒化，塩浴窒化（タフトライドが代表的）およびイオン窒化がそれぞれの用途に応じて実用されている．イオン窒化は窒化しにくい高合金鋼でも適用可能であり，処理表面に光沢があり，作業環境が良く，近年多く用いられている．

窒素と炭素を同時に拡散させるガス軟窒化，塩浴窒化などの浸炭窒化では，炭素を固溶した鉄窒化物に変化させることにより，緻密な層を形成させることができる．また，炭素との同時拡散により窒素の拡散速度が促進され，処理時間が短縮でき，Al，Cr を含有しない鋼でも HV 600〜800 の硬さが得られる．この場合には窒素が鉄中に固溶することと炭

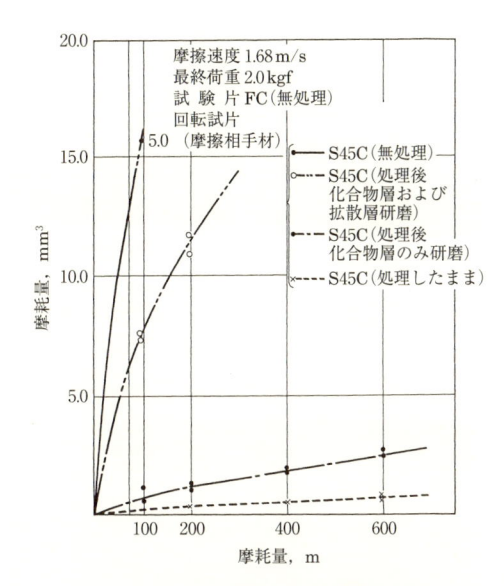

図 3.4.5 窒化層の有無と耐摩耗性
〔出典：文献 6)〕

窒化物の形成による硬さの向上がある．

図 3.4.5 にはタフトライド被覆材について，摩耗特性に及ぼす化合物層，拡散層の影響について調べた結果を示している[6]．処理のままで，表面に化合物層が存在している状態で耐摩耗性が最も優れていることがわかる．

3.4.2 浸硫

本処理法は浸炭，窒化のように，表面層を硬化して，耐摩耗性や耐焼付き性を向上させるものではなく，潤滑性能がある鉄硫化物を表面に形成させて，主として耐焼付き性，低耐摩耗性を目的としている．特に高速低荷重の条件下での使用に適している．

本法には表 3.4.3 のような種類がある．これら以外にも，H_2S による気体法などがあるが，処理剤の安定性，取扱いのむずかしさなどで，現在実用はされていない．

広範囲に実用されている処理としては，フランスで開発された電解浸硫法[7]（コーベット処理と呼ばれている）がある．これはアルカリ金属化合物を主剤とした溶融塩浴中で電解することより，数 μm の多孔質な硫化鉄層を形成させる方法である．この層は自己潤滑性，油膜保持性があるため，耐焼付き性，低摩擦係数である[7]．

図 3.4.6 には，コーベット処理材の摩擦係数をその他の処理材と比較した結果を示している．図 3.4.6 より，浸硫処理材は非潤滑の条件下でも低摩擦係数であることがわかる．

本処理は必要に応じて浸炭，窒化などで表面硬化を行なった後で実施されるのが一般的である．

この他，同様にフランスの HEF 社によって開発された溶融塩中に浸漬する浸硫窒化法があり，スルスルフ法と呼ばれている[7]．この処理では，厚く形成された窒化物表面に硫黄を含有したポーラスな窒化物層が形成される．

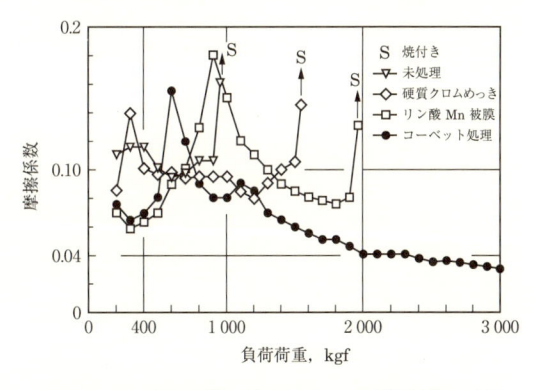

図 3.4.6 浸硫処理材と他の処理との摩擦係数の比較
〔出典：文献 7)〕

表 3.4.3 各種浸硫法と特徴

方　法	浸硫剤	処理条件	特　徴
電解法（コーベット）	アルカリ金属化合物	品物を陽極として電解，190℃	数 μm の Fe-S 化合物で耐焼付き性良好．処理による母材変化なし．
浸硫窒化法（スルスルフ）	アルカリ金属化合物＋硫黄塩	品物を 560℃ の浴中に保持	ポーラスな表面層＋硬質の窒化物層．高面圧下でも特性良好，多量処理に適する．
ガス浸硫窒化法	浸炭性ガス＋窒化性ガス＋浸硫性ガス	510～560℃ のガス中に保持．	H_2S などのガスを使用するので取扱いに工夫必要．

表 3.4.4 ホウ化処理法と特徴

方　法	ホウ化剤	処理条件	特　徴
粉末パック法	B_4C+NH_4Cl または KBF_4	るつぼなどの容器を用い，混合粉末中に埋め込む．800〜1 000℃，1〜5 h 処理	簡便な設備で処理可能．少量多品種処理に適する．
塩浴浸漬法	ホウ砂＋B_4C，Fe-B の溶融塩	同左塩浴中に保持．処理後洗浄が必要．800〜1 000℃，1〜8 h 処理．	多量処理に適する．広範囲の鋼種に適用可能．処理後温水洗浄が必要．
電解法	ホウ砂の溶融塩	同左浴中で品物を陰極として電解 700〜800℃，0.1〜1 h 処理．	比較的低温，短時間処理が可能．層厚さのばらつきが大きい処理後温水洗浄が必要．

また，510〜560℃ のガス中に保持する方式の浸硫窒化法[8]もあり，ほぼ同様な被覆層が得られる．

このポーラスな最外層に含まれる硫黄濃度は 0.1〜0.4 wt％ でコーベット処理層のそれに比べて少ない．しかし，しゅう動の初期段階で，この硬くないポーラス層は塑性変形し，その一部は消失して相手材との焼付き性を向上させている．

本処理材の適用は耐摩耗性と耐焼付き性を必要とする部品に適しており，例えばエンジンのバルブ，ロッカアーム，圧縮機のロータ，アルミのダイカスト金型への適用が多い．

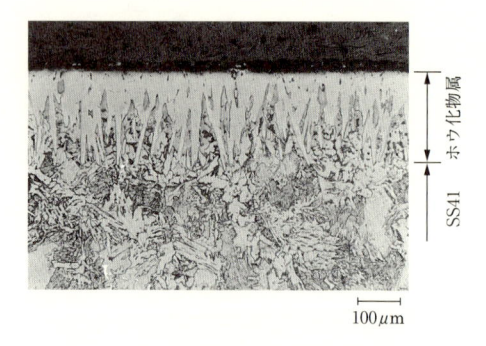

図 3.4.7　ホウ化処理層の組織（SS 41，900℃，2 h）

3.4.3 ホウ化処理

本処理はボロナイジングまたは浸ボロン処理とも呼ばれ，表 3.4.4 のような方法がある．

この処理では拡散元素のボロンを，炭素の場合と同様に表面より鉄中に拡散し，鉄と反応させて約 HV 1 800 の硬い FeB または約 HV 1 500 の Fe_2B の化合物を形成させる．

処理方法によっては，Fe_2B のみの層を形成させることも可能である[8,9]．

一般的な処理は浸炭の場合と同程度 900〜1 000℃，1〜8 h の加熱保持で行なわれている．本処理層は，図 3.4.7 に示すように，FeB，Fe_2B 層が鉄母材中に舌状に伸びた組織であり，このため層の密着性が良好である．

浸炭や窒化処理材に比べて，硬く，耐摩耗性があり，さらに約 700℃ での耐酸化性があるため，以前は熱間鍛造型，耕耘機などの耐摩耗部品に使用されていたが，コストパフォーマンスの観点から，最近では実用例は少ない．

3.4.4 炭化物被覆法

鋼の表面硬化法としては前述したように，原子サイズの小さい炭素，窒素，ホウ素などを拡散浸透させて，それらの元素と母材である鉄の化合物または鉄中の Al，Cr などの元素の化合物を形成させる方法が一般的である．

それに対して，表面からの拡散元素として，V，Nb，Cr または Ti のように原子サイズが大きく，炭素または窒素と化合物を形成しやすい元素を拡散浸透させて，炭化物または窒化物を形成させる表面硬化処理法もある．

これらの元素を表面に浸透させる方法として，気体法（例えば CVD），固体法（粉末パック法）および液体法などがある．ここでは，液体法のうち，広範囲に実用されている溶融ホウ砂浴を用いた処理法（TD プロセス）について説明する[11,12]．

本プロセスで形成される層の種類はバナジウム，クロム，ニオブなどの炭化物であり，100％ それらの炭化物のみで形成されている．代表的な層はバナジウム炭化物（VC）で，HV 3 000 程度の硬度で，耐摩耗性，耐焼付き性および密着性が優れている．

本方法による被覆は鋼の焼入れ温度である850～1 000℃の溶融塩浴中で1～8 h保持することにより行なわれる．一般には，約2～20 μm厚さに被覆されるが，層を保持するには母材の硬度が必要なため，浴中から取り出した後，母材鋼種に応じた冷却速度で焼入れを行なっている．

層の厚さは図3.4.8に示すように，処理温度，時間によって変化する[12]．この層の成長機構は母材中のCがVC中を拡散し，層の表面でV元素と結合して成長することがわかっている．層厚さはVC中での炭素の拡散速度によって律速されており[12]，このときの拡散速度は鉄中における炭素や窒素の拡散速度に比べて小さいため，層の成長は遅い．また，炭化物層の実用的な厚さは2～20 μmであり，浸炭層や窒化層に比べて著しく薄い．

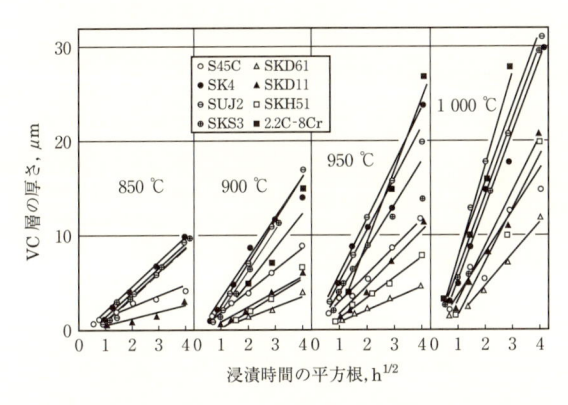

図3.4.8　VC層の厚さに及ぼす鋼種，処理温度，時間の影響
〔出典：文献12)〕

本処理は前述したように，鋼の焼入れ熱処理と同様な温度条件下で行なわれるため，処理によるひずみの発生が問題であり，これが欠点である．このひずみの防止法，適用上の留意点などについての解説文献もある[13]．

図3.4.9，図3.4.10には耐摩耗性，耐焼付き性を目的とした各種被覆層の特性を比較した図である．被覆法により層の組成，形成機構，硬さ，厚さおよび密着性などが異なる．

一般に，図3.4.9のように，HV 2 000～3 000の硬質層は耐摩耗性に著しく優れているため，2～20 μmの層厚さで，HV 800～1 000程度の浸炭，窒化層などでは1 mm程度の層厚さで実用されている．

また，図3.4.10より，被覆処理温度の高いほど，母材と層間の拡散が活発になるため，層の密着性は向上している．

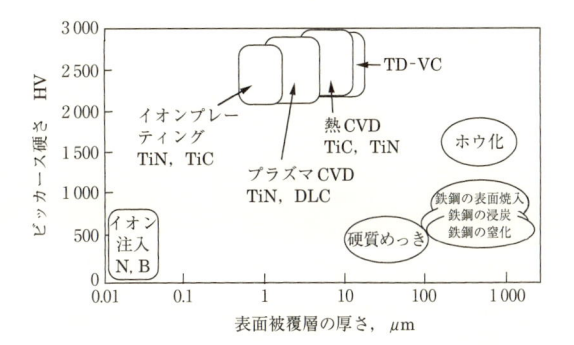

図3.4.9　各種被覆法による層の硬さと厚さの比較

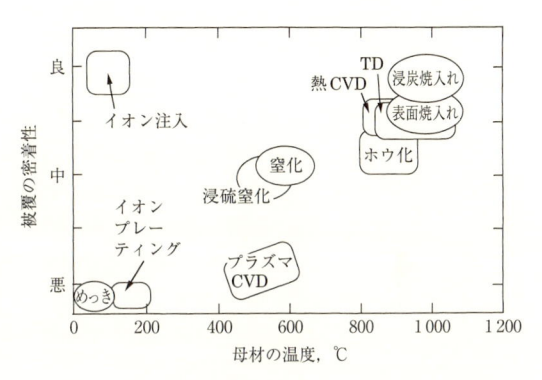

図3.4.10　各種被覆処理温度と層の密着性の比較

文　献

1) 平野英樹：最新表面処理技術総覧，技術資料センター (1988) 1061.
2) 川崎芳樹・丸茂敬和・安西藤雄・久保愛三：精密工学誌，**62**, 7 (1996) 929.
3) 同和工業(株)，サーモテクノロジーセンター資料．
4) 木村利光・並木邦夫：熱処理，**34**, 1 (1994) 18.
5) 檜垣寅雄：特殊表面処理の最新技術，シーエムシー (1984) 122.
6) 別府正昭・松島安信：熱処理，**34**, 2 (1994) 87.
7) 同和工業(株)，サーモテクノロジーセンター資料．
8) 糀澤　均：熱処理，**36**, 6 (1996) 383.
9) 小松　登・大林幹男・遠藤淳二：日本金属学会誌，**38**, 6 (1974) 481.
10) 新井　透・水谷正義・小松　登：日本金属学会誌，**38**, 10 (1974) 945.
11) 新井　透・水谷正義・小松　登：日本金属学会誌，**39** (1975) 247.
12) 新井　透・藤田浩紀・水谷正義・小松　登：日本金属学会誌，**40** (1976) 925.
13) 新井　透・藤田浩紀：AMADA Technical Journal, 1978 秋季号 (No. 64) 1.

3.5 めっき

材料表面に摩擦・摩耗性を付与する場合には，種々表面改質が行なわれている[1]．ここでは，電気めっき，無電解めっきとそれらの複合めっきおよび複合膜（タフラム，フジマイト）について述べる．

3.5.1 電気めっき

金属めっきは，陽極に可溶性の電極を用いて，その金属を溶解しながらめっきする場合と，ステンレスや Ti，Pt，カーボンなどの不溶性の陽極を用いて，溶液中に金属塩を補給しながらめっきをする場合とがある．周期律表で見る水溶液から電析できる金属は表3.5.1のようである[2]．可溶性電極を用いて電析する金属は，一般的には Zn，Ag，Cu，Cd，Fe，Ni，Co である．また金属元素のうち，アルカリ金属やアルカリ土類金属のように水溶液で電析できない金属は有機溶媒中に溶解して電析するか，溶融塩めっきで電析させる．その他の B，C，P，S，As などの半金属元素や，W，Mo，Re などの高融点金属は，その金属だけでは析出させることができない．しかし，鉄族遷移金属と合金めっきとして析出させることができる．前者の元素は必ずしもイオン化しないので，その析出の機構は不明な点が多い．また後者の元素の場合は誘起共析または誘導共析の機構による．

この表から明らかなように多数の金属が純金属または合金として析出でき，物理，化学および電気的などの特性を利用による機能表面改質として応用，または研究開発が試みられている．

表3.5.2は，一般に要求される耐摩耗性および潤滑性付与と電気めっき，無電解めっきおよび複合めっきについて示す．ただし，めっきの種類は装飾と工業用めっきに分類されるが明確な分類のもとに実用されていないことが多いため，ここでは最終めっき加工を表示とした[3]．

顕著な耐摩耗性・潤滑性被膜に工業用クロムめっきがある[4]．電析で形成される金属クロムは極めて硬く，摩擦係数が小さく耐摩耗性に優れており，実用化されてすでに60年を経ている．その間機械工業，金属加工業，印刷業などで多大な貢献をしてきた．硬質クロムめっきは，本質的な特性は装飾クロムめっきと同じであるが，装飾クロムは $1\mu m$ 以下と薄いめっきであるのに対して，耐摩耗には $2\sim500\mu m$ またはそれ以上の厚いめっきが行なわれる．近年，クロムめっきの高効率浴が普及しつつある[5]．このめっき浴からの速度は普通浴に比較して1.5〜2倍で，硬度が高く耐摩耗性に優れ，めっき面の平滑性が良く，クラック密度が高いので，下地との間の腐食電流密度が小さくなり，腐食を分散させることができるため耐食性にも優れている．しかし，鉛合金陽極の寿命が著しく短いこと，ベーキングの際，肉眼で観察できるマイクロクラックの発生しやすいなどの欠点を利点として生かして実用されているようである．表3.5.3に代表的なクロムめっき浴のめっき特性を示す．

表3.5.1 水溶液および非水溶媒において電析可能な金属　〔出典：文献2)〕

	s^1	s^2	d^1s^2	d^2s^2	d^3s^2	d^4s^2	d^5s^2	d^6s^2	d^7s^2	d^8s^2	d^9s^2	$d^{10}s^2$	s^2p^1	s^2p^2	s^2p^3	s^2p^4	s^2p^5	s^2p^6
1	H	He																
2	Li	Be											B	C	N	O	F	Ne
3	Na	Mg											Al	Si	P	S	Cl	Ar
4	K	Ca	Sc	Ti	V	Cr	Mn	Fe	Co	Ni	Cu	Zn	Ga	Ge	As	Se	Br	Kr
5	Rb	St	Y	Zr	Nb	Mo	Tc	Ru	Rh	Pd	Ag	Cd	In	Sn	Sb	Te	I	Xe
6	Ca	Ba	La*1	Hf	Ta	W	Re	Os	Ir	Pt	Au	Hg	Tl	Pb	Bi	Po	At	Rn
7	Fr	Ra	Ac*2															

*1 ランタノイド族 $(n-2)f^{1-14}(n-1)d^1ns^2$
*2 アクチノイド族 $(n-2)f^{1-14}(n-1)d^{0-1}ns^2$

■：水溶液から電析できる金属
□：非水溶媒から電析できる金属
―：放射性元素

3.5.2 無電解めっき

最近，無電解めっきはその種類も多様化し，あらゆる工業分野で採用されている．表3.5.4に無電解めっきの種類と還元剤を示す[6]．ここでは無電解ニッケルのNi-P，Ni-Bの耐摩耗性，潤滑性について述べる．

現在，一般に無電解ニッケル-リンめっきに用いられている還元剤としては，次亜リン酸，ホウ素化ナトリウムおよびヒドラジン化合物がある．図3.5.1は，次亜リン酸塩を還元剤とする無電解ニッケルめっきの硬さと熱処理温度との関係で，図3.5.2は無電解ニッケルめっきの熱処理温度と摩耗量の関係を示す[7]．

無電解ニッケル-ボロンめっきのホウ化水素ナトリウムを還元剤とした場合，ボロンの共析出量は，6〜8%である．この被膜の硬さはめっき時でHV 500〜800，400℃の熱処理によってHV 1 000〜1 200に上昇する．図3.5.3はめっきの加熱温度による被膜の摩耗量を示したもので約1.8×10^{4}回からクロムめっきより優れた性能を示す．現在ではホウ水素化ナトリウムに変わるDMAB（ジメチルアミンボラン）を還元剤とするめっき浴が開発され，実用化されている．このDMABを還元剤とするニッケル-ボロンめっきの析出速度は20〜40 μm/hであり，無電解ニッケル-リンめっきの10〜20 μm/hの析出速度に比べると極めて速い[8]．

3.5.3 複合膜

各種めっきをマトリックスとした複合膜の形成とその特性について解説[9〜14]，成書[15]があ

表3.5.2 耐摩耗性と潤滑性を目的とするめっきの種類

めっきの種類		耐摩耗性	潤滑性
装飾めっき	ニッケル	○	—
	クロム	◎	—
	銀	—	○
	ロジウム	◎	—
	パラジウム	○	—
	白金	◎	—
	黒色ロジウム	○	—
工業用めっき	ニッケル	○	—
	無電解ニッケル	◎	※
	硬質クロム	◎	○
	金，金合金	※	◎
	銀	—	○
	ロジウム	◎	—
	白金	○	—
	ルテニウム	○	—
	スズ-鉛合金	—	◎
	鉛	—	◎
	インジウム	—	◎
	分散（複合）	◎	—

めっきの種類は最終めっき表示である．
◎：最も効果がある．○：効果がある
※：めっき析出条件や使用条件によって効果がある

表3.5.3 代表的クロムめっき浴のめっき特性

	高効率浴	混合触媒浴	普通浴
電流効率，%	20〜28	20〜26	12〜16
外観	光沢	光沢	半光沢〜光沢
無めっき部のエッチング	無	有	無
クラック数，C/cm	400〜1 200	200〜800	50〜300
硬度 HV (100 g) めっき直後	900〜1 000	950〜1 050	800〜900
硬度 HV (100 g) 500℃熱処理後	750〜850	600〜700	600〜700

表3.5.4 無電解めっきの種類と還元剤
〔出典：文献6〕

めっきの種類	還元剤
ニッケル	NaH$_2$PO$_2$，DMAB，KBH$_4$*，N$_2$H$_4$*
コバルト	NaH$_2$PO$_2$*，DMAB*，KBH$_4$*，N$_2$H$_4$*
パラジウム	NaH$_2$PO$_2$*，Na$_2$HPO$_3$*
銅	HCHO，DMAB*，KBH$_4$*
銀	DMAB*，KBH$_4$*
金	DMAB*，KBH$_4$*

* アルカリ性領域，DMAB：ジメチルアミンボラン

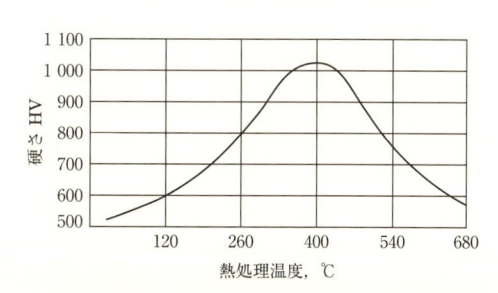

図3.5.1 無電解ニッケル被膜の熱処理による硬さ変化
（Ni-9% P，厚さ：125 μm，各温度での加熱時間：1 h）

る．ここでは近年その応用に進展のある無電解めっきについて述べる．

　無電解めっきをマトリックスとした無電解複合めっきが耐摩耗性，潤滑性表面改質膜として実用されている．各種無電解複合めっきの組合せと性質は表 3.5.5 のようで複合めっきの機能としては，耐摩耗性および自己潤滑性そして非粘着性が挙げられる．図 3.5.4 に Ni-P-SiC 被膜のスラスト摩耗試験（一定のスラスト条件で潤滑油を使用）の結果を示す．硬質クロムやイオン窒化などその他の硬質被膜と比較して Ni-P-SiC 被膜の耐摩耗性の良いことがわかる[17]．また図 3.5.5 は PTEF 複合めっきの熱処理温度と動摩擦係数の関係である．電析時の低い摩擦係数の値が加熱温度 400℃ まで保持され優れた特性を示している．さらにこの複合めっきは耐摩耗性にも優れている[16]．

　アルミニウムおよびアルミニウム合金の耐摩耗性・潤滑性を向上させる表面改質としてタフラム処理がある[18]．この処理法は 25～60 μm の硬質アルマイトをかけた後にアルマイト特有の無数の細孔の中にフッ素樹脂のエマルションを含浸させるもので，その構造は図 3.5.6 に示すようになる．耐摩耗性は，硬質アルマイトの硬さとフッ素樹脂のすべり性を兼ね備えているため，特に摩擦係数の低減を要求するような用途に効果がある．テーバー摩耗試験の結果を図 3.5.7 に示す．表 3.5.6 はタフラムの用途分類である．その他，硬質アルマイトの孔の中に二硫化モリブデンや二硫化タングステンを電析させて潤滑性を向上させるフジマイトがある[19]．硬質アルマイト被膜にモリブデン硫化物含浸による摩擦係数の変化を示したのが表 3.5.7 で，潤滑処理後は何れの相手材に対しても低い摩擦係数の値を示しており潤滑性が向上している．

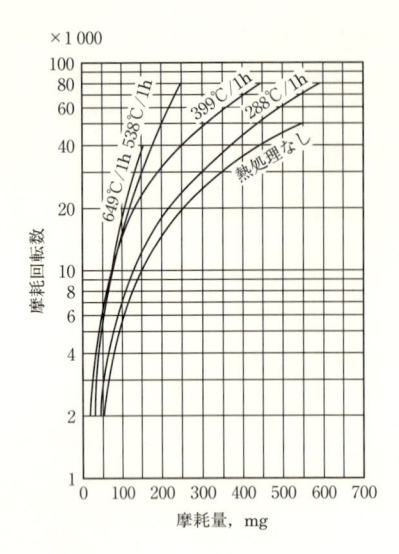

図 3.5.2　無電解ニッケルの熱処理温度による摩擦試験結果（テーパ式：CS-10，荷重：9.8 N，Ni-9～10% P，厚さ：50 μm）

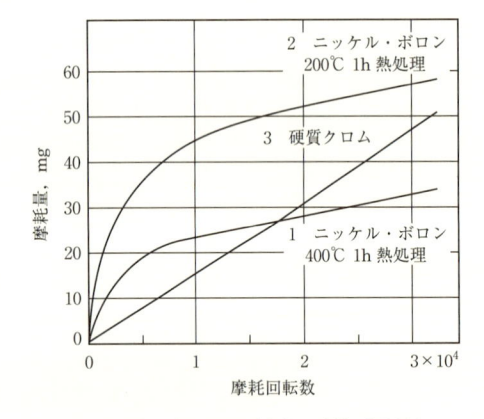

図 3.5.3　無電解 Ni-B 被膜の摩擦試験結果（テーパ式：CS-17，荷重：9.8 N）

表 3.5.5　各種無電解複合めっきの組合せと性質

金属マトリックス	複合材粒子	性　質
Ni-P Ni-B Ni-Co Ni-W Ni-P-Co Ni-P-W Cu Sn Au	軟いもの 硬いもの 潤　滑 非電導	耐摩耗性 低摩擦性 非粘着性 電気特性

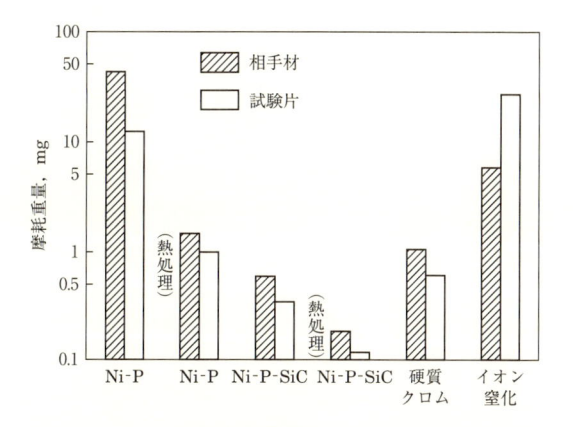

図 3.5.4 スラスト摩耗試験結果
（潤滑油使用，面圧 35 kg/cm²，周速 2 m/s，相手材 S 45 C で 5 時間しゅう動摩耗したときの各摩耗量）

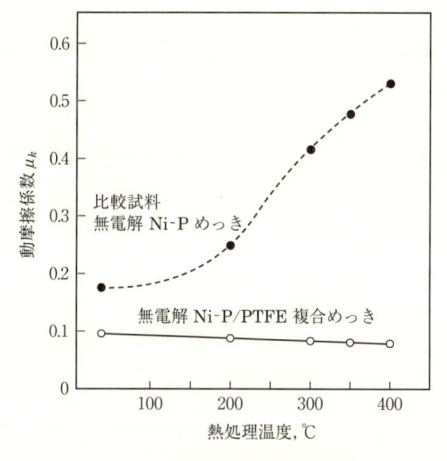

図 3.5.5 熱処理温度と動摩擦係数 μ_k

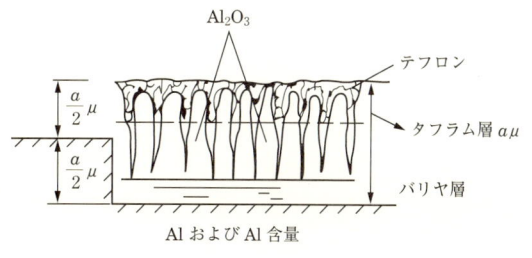

図 3.5.6 タフラムの模式図

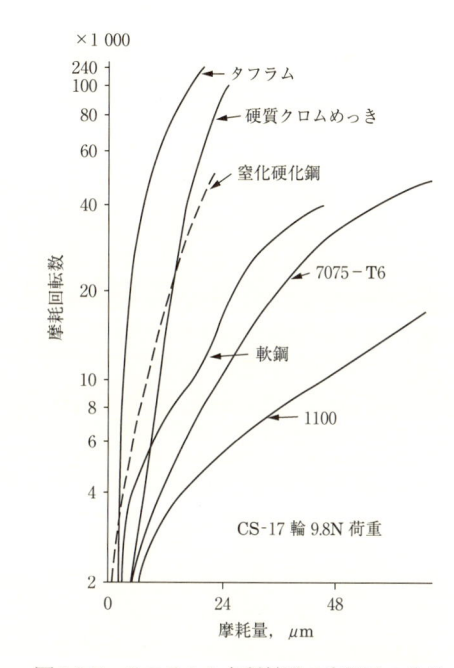

図 3.5.7 タフラムと各種被膜の摩耗量の比較

文 献

1) 浦 晟・榎本祐嗣・木村好次・西村 允：トライボロジスト，**34**, 5 (1989) 328.
2) (財)新世代研究所編：湿式ハンドブック，日刊工業新聞社 (1996) 11.
3) (社)表面技術協会監修：電気めっきガイド '95，全国鍍金工業連合会 (1995) 3.
4) (社)金属表面技術協会編：金属表面技術便覧，日刊工業新聞社 (1984) 291.
5) 輿水 勲：表面技術，**41**, 11 (1990) 1087.
6) 松岡政夫：表面技術，**42**, 11 (1991) 1059.
7) 大高徹雄：熱処理，**22**, 4 (1982) 233.
8) 田村忠義：表面技術，**42**, 11 (1991) 1091.
9) 松永正久：機械の研究，**35**, 8 (1983) 801.
10) 石森 茂・大塚伝治郎・高間政善：自動車技術，**38**, 7 (1984) 875.
11) 林 忠夫・古川直治：電気化学，**53**, 1 (1985) 51.
12) 松村宗順：金属表面技術，**36**, 11 (1985) 442.
13) 高谷松文：金属表面技術，**39**, 6 (1998) 292.
14) 不破良雄・三宅讓治・中小原 武：精密工学会誌，**59**, 2 (1993) 204.
15) 榎本英彦・古川直治・松村宗順：複合めっき，日刊工業新聞社 (1989).
16) 松村宗順：表面技術，**42**, 11 (1991) 1105.
17) 豊田 稔：表面技術，**41**, 11 (1990) 1101.
18) 保井正雄：新素材，No.9 (1994) 61.
19) 石禾和夫・前島正受：潤滑，**30**, 19 (1985) 646.

表3.5.6 タフラムの用途分類

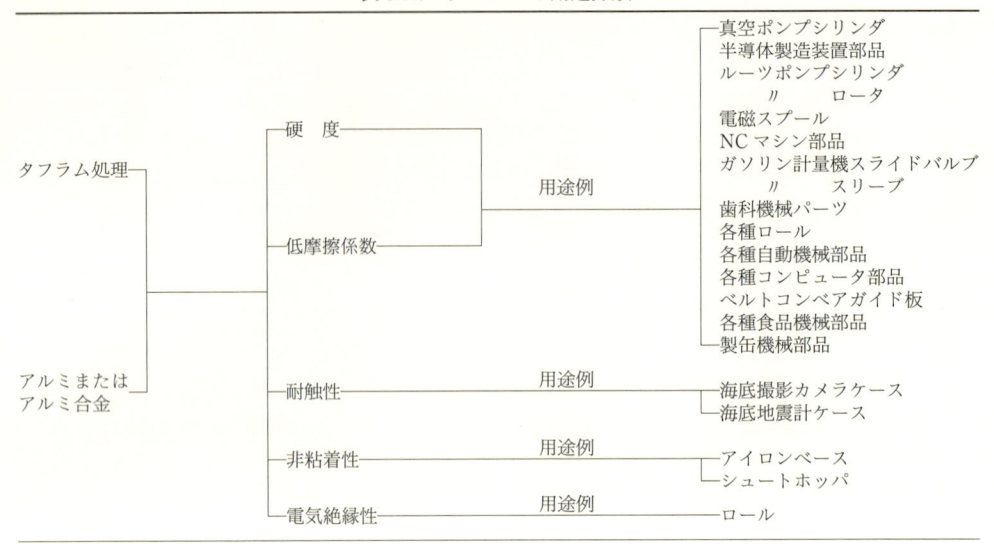

```
                    ┌─ 硬　度 ──────── 用途例 ──┬─ 真空ポンプシリンダ
                    │                           ├─ 半導体製造装置部品
                    │                           ├─ ルーツポンプシリンダ
                    │                           ├─   〃   ロータ
                    │                           ├─ 電磁スプール
                    │                           ├─ NCマシン部品
                    │                           ├─ ガソリン計量機スライドバルブ
タフラム処理 ───┤                           ├─   〃   スリーブ
                    ├─ 低摩擦係数 ──── 用途例 ──┼─ 歯科機械パーツ
アルミまたは        │                           ├─ 各種ロール
アルミ合金          │                           ├─ 各種自動機械部品
                    │                           ├─ 各種コンピュータ部品
                    │                           ├─ ベルトコンベアガイド板
                    │                           ├─ 各種食品機械部品
                    │                           └─ 製缶機械部品
                    ├─ 耐蝕性 ──────── 用途例 ──┬─ 海底撮影カメラケース
                    │                           └─ 海底地震計ケース
                    ├─ 非粘着性 ────── 用途例 ──┬─ アイロンベース
                    │                           └─ シュートホッパ
                    └─ 電気絶縁性 ──── 用途例 ──── ロール
```

表3.5.7 モリブデン硫化物含浸による摩擦係数の変化

摩擦相手材	潤滑処理前	潤滑処理後
焼入鋼（HV650）	0.64	0.23
硬　銅	0.66	0.30
真　鍮	0.40	5.24
硬質クロムめっき	0.64	0.28

3.6 塗　膜

3.6.1 結合膜

　油，グリースでは潤滑困難か，潤滑できない条件でも，二硫化モリブデン，二硫化タングステン，グラファイト，ポリテトラフルオロエチレン等固体潤滑剤が，潤滑剤として利用できることは知られていたが，潤滑被膜を素材表面に形成する技術としては，当初は固体潤滑剤の粉末を素材表面に擦り込むか，固体潤滑剤の粉末を摩擦部分に振りかけるような方法しか試みられていなかった．

　固体潤滑剤を潤滑剤として実用化するためには，機械部品の摩擦面で固体潤滑剤の優れた特性を長期にわたって発揮させる必要があり，その方法が重要な課題であった．

　この解決法の一つとして，固体潤滑剤の粉末を結合剤により塗料状にして，目的とする素材表面に塗布することが考案された．この方法については，リンカー（R. C. Rinker）とクライン（G. M. kline）が，1945年に樹脂結合被膜（resin-bonded coatings）として発表している[1]．また，1952年にNACA（National Advisory Committee for Aeronautics, NASAの前身）のゴドフレイ（D. Godfrey）が「各種の素材に固体潤滑被膜を形成させるための二硫化モリブデンの結合法」を発表し，結合（bonding）という言葉を使用している[2]．したがってこの時代から結合タイプの固体潤滑被膜が注目されつつあった．当初は，結合固体被膜潤滑剤（bonded solid film lubricants）等いろいろの呼びかたをしていた．結合剤としては，天然の樹脂の他，フェノール樹脂，コーンシロップ等が利用されていた．そのうち，結合被膜用として良い性能をもった結合剤が次々と発見され，同時に配合技術も進歩し，結合膜の性能も画期的に向上するようになった．

　この新しい結合膜の開発により，油，グリース等では潤滑できない条件下での潤滑剤として，多くの分野で使用されるようになった．

　当時は，現在のようにスパッタリング，イオンプレーティング，蒸着などのような他の潤滑被膜の形成法が発達していなかったので，固体潤滑被膜といえば結合被膜（bonded film）を指すような時代でもあった．その後，多くの固体潤滑被膜に関する研究発表が相つぎ，研究者によっては，この結合膜を，乾燥被膜，ドライフィルム，焼成膜，結合被膜（bonded film）などと呼んでいる．

(1) 結合膜の種類と分類

結合膜には多くの種類があり，実用上これを分類した方が便利である．分類には（1）被膜構成成分の固体潤滑剤の種類による分類，（2）結合材の種類による分類，（3）成膜法による分類，等がある．

a. 結合剤の種類による分類

各種の分類法のうち，結合剤の種類による分類が比較的多く用いられているので，この分類について述べる．結合剤は，有機系，無機系で分類する方法と，被膜形成方法で分類する方法がある．

(i) 有機結合膜

主として合成樹脂等を結合剤としたもので，結合用樹脂としては，フェノール樹脂，アクリル樹脂，エポキシ樹脂，アルキッド樹脂，ポリイミド樹脂，ポリアミドイミド樹脂，ニトロセルローズ，塩化ビニール等多くの種類がある．これらの樹脂は一般の塗料用樹脂とほとんど同じであり，それぞれ単独で，またはお互いにブレンドして使用する．

また，それ自身潤滑性をもつポリテトラフルオロエチレン（PTFE）は，この粉末を樹脂結合剤と配合して結合膜とする場合もあるが，PTFEが高温で溶融する性質を利用して，PTFE自体に結合剤の役割をさせ，これに他の粉末を補強材として配合し高温で焼成して結合膜とする場合もある．

一般に，結合剤として必要な性質は，素材に良く密着し，なお固体潤滑剤とも強く結合してこれを保持する能力があり，そのほかに化学的に安定性があり，経時変化が少なく，機械的強度，耐熱耐寒性，防錆防食性等が必要である．

結合剤として使用される樹脂は，ほとんどが高分子材料であるため，有機結合膜には，多かれ少なかれ有機高分子材料の特性が出てくる．また，樹脂も単体で使用されることは少なく，ほとんどの場合ブレンドされて使用されるので，その硬化機構も複雑である．

有機結合膜には長所も短所もあるので，その長所と短所をよくわきまえて使用する必要がある．

① 長所

有機系は，一般塗料原料として長年の歴史のある高分子材料を選択できるので，コーティングが比較的容易であるという利点がある．

また，各種の沸点，溶解性等の異なる異種の溶剤を混配合することが可能であるので，塗膜が硬化するまでの過程で，溶剤の蒸発を容易に制御することができる．このことは，各種のコーティング方法を広範囲に選択できることを意味する．

例えば，はけ塗り，ディッピング，タンブリング，スクリーン印刷，スプレー法等のコーティング方法を比較的容易に選択できる．また，被膜形成終了までの間に溶剤が被膜の外部に拡散蒸発する速度を調整することができるということは塗膜形成までの時間を有効に短縮することも可能で，このため，水系に比べて大量の製品を迅速に処理することができる．

② 短所

有機溶剤系では，有機溶媒特有の引火性，毒性等大気汚染の問題等があり，保管，取扱い，廃棄物の処理等の煩わしさを伴う．最近では，このような有機溶媒系の短所を避けるため，水系の結合膜が開発されているが，水を速やかに蒸発させて塗膜を乾燥させるための工夫が必要である．

(ii) 無機結合膜

無機系の結合剤を使用する結合膜であり，結合剤として，ケイ酸塩，リン酸塩，ホウ酸塩等がある．

① 長所

使用温度範囲が広く，耐熱性，耐油性があり油と接触するところで使用でき，また液体酸と接触する場所でも使用することができる．

② 短所

主として水系が溶媒であるので，コーティングしにくく，被膜が緻密でないので，母材に対する保護作用が少なく防耐食性が良くない．したがって，母材が耐食性のない場合は，めっき，溶射等で耐食性を付与する必要がある．

b. 成膜法による分類

この他の分類法として，塗布後被膜を室温で放置し自然に硬化させる自然硬化被膜と，加熱することにより結合剤を重縮合させ硬化させる焼成膜（熱硬化性被膜）がある．焼成膜については3.6.2項で述べる．

(2) 結合膜の応用例

結合膜は特殊な潤滑剤であり，特殊な場所に使用されているように思いがちであるが，意外に身近で使用されていて，この潤滑に関係のない生活は考えられないほどである．例えば，家庭関係では，エアコンの心臓部，テレビ，カーテンレール，ガスコック，仏壇，トースタ，電子レンジ等や，化粧びん，ビールびんの製造に使用され，趣味関係では，釣り

具，カメラのシャッタ，絞り羽根，ズーム機構に，テープレコーダ，デッキ，アンプ等に，また輸送関係では船舶，および自動車のエンジンのピストン，ミッションやデフのギヤ，シートベルト，エアバッグ，ドア，カーエアコン，サスペンション，等速ジョイント等などに，鉄道関係ではパンタグラフおよびブレーキのピストン，シリンダ等に，医療関係では，胃カメラ，レントゲン装置，麻酔装置等身近なところでも枚挙に暇がないくらいの使用例がある．

産業機械用としても，製鉄関係では，ギヤカップリング，圧下スクリュー，巻取り機セグメント，原子力関係では，炉，燃料棒支持装置，核融合炉の可動リミッタ等，宇宙関係では，ロケット，人工衛星のしゅう動部分，化学工場関係では，高圧ジョイント，シールリング，その他，橋梁，高速道路，モノレール等の支承等多くの実用例がある．

3.6.2 焼成膜

固体潤滑被膜の種類のうち，結合剤を用いて固体潤滑剤の粉末を素材表面に被膜状に形成させる方法がある．結合剤には有機系と無機系があり被膜を硬化させるため，加熱硬化が必要なものがある．加熱硬化させるタイプの被膜を通常，焼成膜，または熱硬化被膜などという．

（1）焼成膜の種類

焼成膜には結合剤の種類により有機系と無機系があり，有機系は結合剤に有機系の樹脂等を使用し，無機系は，結合剤として無機系のケイ酸塩，リン酸塩，ホウ酸塩等を使用する．

a．有機系焼成膜

結合剤としては，主として熱硬化性合成樹脂等が使用され，種類も多く，フェノール樹脂，エポキシ樹脂，アクリル樹脂，尿素樹脂，ポリアミドイミド樹脂，ポリイミド樹脂等があり，その上これらの樹脂のブレンドされたもの等，多くの種類がある．

多種類の結合用樹脂と，多種類の固体潤滑剤をブレンドすることによって作られる有機系焼成膜の種類は，有用なものに限定しても非常に多くなる．

b．無機系焼成膜

結合剤としては，ケイ酸塩，リン酸塩，ホウ酸塩，その他の無機化合物が用いられる．この種の焼成膜は，結合剤が無機系であるため，溶媒は水系が多い．したがって，有機系焼成膜の有機溶媒系のようにコーティング作業が容易でないことが多い．

結合剤の種類が有機系に比べて多くないので固体潤滑剤との組合せも多くなく，無機系焼成膜の種類は有機系に比べるとはるかに少ない．しかし，環境汚染の問題もあり，有機系の使用が次第に制限される傾向にあるので，今後は無機系焼成膜の使用が種類，量ともに多くなると思われる．

（2）焼成膜の適用

焼成膜を実用に供し優れた特徴を発揮させるためには，この被膜の諸性質を熟知しておく必要がある．

適材適所という言葉があるが，特に焼成膜にはこの言葉が当てはまる．被膜の性質を熟知することなしには，どの被膜が適材であり，どのような場所が適所であるかわかりようもないからである．具体的に焼成膜を採用するに当たっては，まず，使用条件に適する被膜を選定することが成功するための最初の決め手となる．このためには被膜に対する十分な知識が必要となる．ある条件では抜群の性能を発揮する焼成膜といえども万能薬ではなく，他の条件下ではさほど有効でないこともあり，ときには使用しないことの方が良い場合さえある．焼成膜を使用する際はこのことに特に留意する必要がある．

（3）焼成膜の施工

焼成膜の選定が終わると，素材表面に焼成膜を施工する工程に入る．この工程は，被膜の性能を発揮

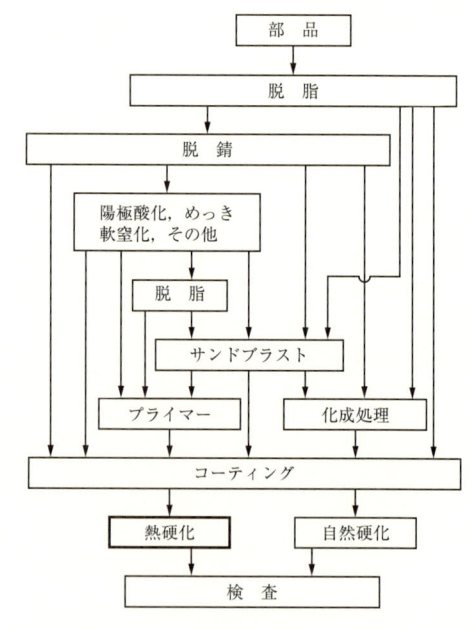

図 3.6.1　固体潤滑被膜処理工程図

させるために極めて重要な工程である．

図3.6.1にその概要を示す．線の太い枠で囲われた部分に関連する工程が焼成膜に関係する工程である．図3.6.1の処理工程について順を追って説明する．

a. 検　査

最初に，目的とする部品表面が，焼成膜のコーティングに適しているように準備されているかどうかを検査する．すなわち，形状，面粗さ，ばり，かえり，クラウニング，はめあい寸法等，外部的な要素，および素材の材質，硬さ，内部ひずみ等，内部的な要素について十分に検討，検査する必要がある．これを怠ると後の努力が全くむだになる．

b. 前処理

前処理は次の工程のために，所要の表面を正しく調整する最も重要な工程の一つである．焼成膜の場合は，特にこの前処理が重要である．

前処理工程はともすると疎かにされがちであるが，この工程の不備が焼成膜の性能に致命的な結果をもたらすので細心の注意が肝要である．

（ⅰ）脱脂

被膜の施工では，表面が清浄であることが必要で，脱脂は慎重に行なわねばならない．特に最近では，環境汚染の問題で，有機溶媒系が使用制限され，なかには禁止されたものもあるので水系の脱脂剤が替わりに使用されるようになった．この場合，有機溶媒系で簡単に除去することができた汚染物質が，素材の種類によっては，アルカリ脱脂等で，完全に除去できず，被膜の密着強度が低くなり，見掛け上は密着しているように見えても，内容的には摩擦性能の低下があり，被膜の性能不良の原因となる場合があるので注意が必要である．

（ⅱ）脱錆

金属製品で発錆している場合は脱錆する必要がある．酸洗，電解等によりさびを除く．その他，サンドブラスト等物理的に除錆する方法も採用される．

（ⅲ）化成処理

化成処理は，主として金属の前処理として行なわれる．金属の種類により，各種リン酸塩，クロム酸塩，シュウ酸塩処理等それぞれに対応した処理を行なう．これらの処理液の管理は，細心の注意が必要である．

（ⅳ）その他の処理

化成処理の他に，前処理として，金属の種類に応じて，陽極酸化，めっき，各種窒化処理等があり，ときには脱脂のみ，サンドブラストのみを前処理とすることもある．

c. コーティング

コーティング方法としては，はけ塗り，タンブリング，ディッピング，スプレー法等がある．

タンブリング法とは，部品が小さい場合，部品を固体潤滑剤溶液中に浸漬した後引き上げ，余分な固体潤滑剤の液を切り，必要に応じメディアとともに，バスケットまたは容器中に投入してバスケットまたは容器を回転させながら均一に部品表面に固体潤滑剤を塗布する方法で小型部品を大量に処理するのに適しているが，部品の大きさ形状によっては塗膜の均一性や精度の点で難点がある．スプレー法によるコーティング方法は部品の形状にもよるが，塗膜の均一性，精度等で優れているので，多くの場合この方法でコーティングされる．膜厚のばらつきは自動機による塗装の場合，膜厚の $\pm 20\%$ で，手吹きの場合，膜厚の $\pm 30\%$ である．例えば，膜厚 $5\,\mu m$ のとき，自動機の場合のばらつきは，$\pm 1\,\mu m$ で，手吹きの場合は $\pm 1.5\,\mu m$ のばらつきとなる．

d. 焼　成

コーティングの終わった被膜は，炉に入れ加熱硬化させるが，塗膜の種類により，加熱温度と所要時間は異なる．このときの注意事項として，焼付け温度は炉の温度のことではなくて，部品自体の温度のことであるので，特に大型部品については注意する必要がある．

e. 検査，包装

焼き付けられた被膜は，異常がないか検査をし，きずが付かないように包装梱包する．

以上で焼成膜の施工工程が終わる．

（4）焼成膜の実用例

焼成膜の実用例として用途別に分類すると，(1)初期なじみ用，(2)定期補修用，(3)防錆と潤滑，(4)終身潤滑等に大別される．

(1)初期なじみ用の例としては，歯車，ピストン，油圧機器，大型タービンの自動調心装置，等速ジョイントなど油潤滑で，なじみの困難な場合，または，なじみ時間を短縮したいときに使用される．

(2)定期補修用としては，鉄道用パンタグラフ，半導体製造装置のしゅう動分，ガラス用金型等定期的に補修して使用する．

(3)防錆と潤滑用としては，各種ボルト，ナット

類，空圧機器のピストンとシリンダ，スクリューコンプレッサ等に使用される．

（4）終身潤滑用としては，カメラの絞り羽根，シャッタ羽根，キャブレターのシャフト等でその部品が使用されている機構の寿命まで補修することなしに使用可能な用途で，この他に，宇宙関係のしゅう動部，原子炉関係のしゅう動部等に用途がある．

文　献

1) R. C. Rinker & G. M. Kline : Modern Plastics, Oct. & Nov. (1945) 143.
2) D. Godfrey & E. E. Bisson : NACA Tec. Report, TN-2628 (1952).
3) V. Hopkins & M. Campbell : Lub. Eng., **27**, 11 (1971) 386.

3.7 溶　射

3.7.1 溶射の概要

溶射とは，溶融あるいはそれに近い状態に加熱した溶射材料の粒子または粉末を，高速度で基材面に衝突させて被覆層を形成する方法である．近年さまざまな溶射装置が開発され，良質な多くの溶射材料も開発されるようになった．その結果，溶射被膜がいろいろな分野で高度な用途に対応できるようになってきている．この方法は他のドライプロセスであるCVDやPVD法などに比べて，比較的厚い膜（50～2 500 μm 程度）を必要とする場合には最適である．材料によっては溶射後の被膜組成が原材料と異なってしまうため適用できない場合もあるが，多くの高機能材料（広範な種類の金属，セラミックス，サーメット等）の中から被覆材料を選択でき，しかもそれらが比較的簡便に高い堆積速度で膜形成できるという利点がある．

このような特徴から溶射法を用いると，セラミックスと金属とを利用目的に応じた混合割合で複合化させた被膜や，膜の形成の進行とともにその混合割合を変えた被膜（漸被膜）を形成できることも注目されている．また，ほとんどあらゆる材質の素材表面に対して被覆層を形成でき，また通常の溶射施工をするときもCVD，PVD法等と異なり特殊な反応容器を必要とせず，基材寸法に制限がないという特徴を有している．こうした理由から，溶射による部品・部材の表面性能の向上や機能性付与に関しての研究・応用開発が数多くなされており，また各工業分野への実用例も多岐にわたっている[1]．

現在一般に実用化されている溶射法を，溶射に直接用いるエネルギー源の種類によって分類すると，表 3.7.1（JIS H 8200）のようになる．なお，各溶射法の詳細については文献[2～4]を参照されたい．

表 3.7.1　溶射法の分類（JIS H 8200）

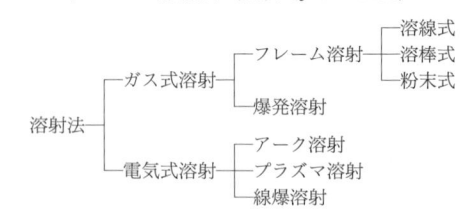

```
                    ┌ フレーム溶射 ┬ 溶線式
           ┌ ガス式溶射 ┤           ├ 溶棒式
           │        │           └ 粉末式
溶射法 ┤        └ 爆発溶射
           │        ┌ アーク溶射
           └ 電気式溶射 ┼ プラズマ溶射
                    └ 線爆溶射
```

（1）プラズマ溶射

プラズマ溶射は近年溶射の主流になっている．このプラズマ溶射に用いられるトーチの概略図を図 3.7.1 に示す．水冷された陽極と陰極の間に直流アークを発生させ，これによって後方から送給する作動ガスを熱し，超高温プラズマジェットとしてノズルから噴出させる．溶射材料には粉末を用い，これを搬送ガスでノズル内部またはノズル出口付近に吹き出させ，プラズマジェットによって加熱・加速して基材表面に吹き付け，被膜を形成するものである．作動ガスの種類と流量によって，溶射のためのエネルギー源であるプラズマジェットの熱的・流体的特性すなわち溶射材料への加熱・加速の効果が異なり，溶射材料の溶融状態や飛行（基材面への衝突）速度に影響を及ぼす．このため溶射条件によって形成させた被膜の性質が変化する[5]．

最近，電極構造を改良して，従来より高出力で高速度なプラズマジェットを発生させる装置が開発され，被膜特性の向上が図られている[6,7]．

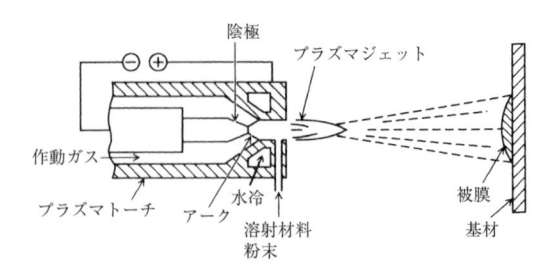

図 3.7.1　プラズマ溶射トーチの概略図

（2）フレーム溶射

燃料-酸素燃焼炎（フレーム）を溶射のためのエネルギー源として用いるもので，従来セラミックス等の硬質被膜の作成には溶棒式（溶射材料が棒状のもの）が用いられていた．従来のフレーム溶射ではノズル先端で燃焼が行なわれていたのに対し，ここ数年来比較的高い圧力（0.4～0.7 MPa）のもとで燃焼を生じさせ，燃焼室内で燃焼熱によりガスが急膨張することによって超音速の高エネルギー燃焼炎を発生させる装置（高速フレーム溶射装置）が開発された．これを用いて良質なサーメット（WC-Co等）の硬質被膜が得られている[8]．

（3）爆発溶射

燃料-酸素混合気体の爆発（デトネーション）を利用して，高速度溶射する方法である．開発当初からおもに炭化物セラミックスを含むサーメット被膜をその主対象として用いられてきたもので，プラズマ溶射の場合，炭化物セラミックスの熱的分解が生じることがあるのに対し，発生するデトネーション温度がプラズマジェット温度ほど高くならないため比較的良質の被膜を形成できる．

（4）線爆溶射

電極間に架線された溶射材料（線材）にコンデンサからの放電による衝撃大電流を瞬間的に流して溶融爆発させ，基材に高速度で衝突溶着させる方法である．原理的に，溶射材料としては導電性のある金属が用いられていたが，最近サーメット等の硬質膜の溶射も可能になり，これらの被膜の改質についての研究もなされている[9]．

（5）アーク溶射

2本の溶射材料（線材）の接触端にアーク放電を発生させ，その熱エネルギーによって溶射材料を溶融させるもので，溶けた粒子をアーク発生部後方から吹き出させて圧縮ガスにのせて被膜を形成させる方法である．しかし，この方法はセラミックスやサーメット等の溶射には利用されていない．

ここまで述べてきた溶射法を特徴づけるため，それぞれの溶射法によって得られる溶射材料（粒子あるいは粉末）の基材面への衝突速度を図3.7.2[10]に示す．一般にこの速度が大きいほど形成された被膜は緻密になり，その付着強さは高くなる．また，この付着強さは溶射材料の溶融状態にも影響される．これは，衝突した粒子や粉末は基材表面の凹凸部（溶射前処理として基材へブラスト処理が行なわれている）にかみつき，おもに機械的結合を介して付着するからである．溶射粒子と基材との間では，部分的に両者の間に拡散を伴った化合物層が生じて付着することもある．

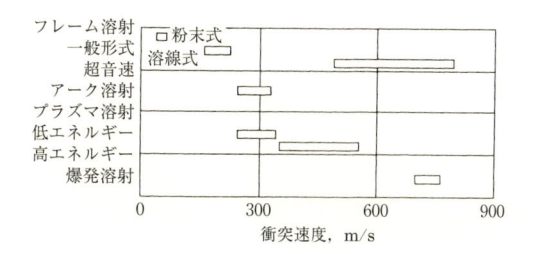

図3.7.2 各溶射法における溶射材料の粒子あるいは粉末の基材面への衝突速度 〔出典：文献10）〕

また，近年前述したプラズマ溶射を減圧下のチャンバ内で行ない，さらにそこで形成される溶射被膜を改質（緻密化等）するためにレーザビームを同時照射するハイブリッド型の溶射プロセスの開発も行なわれるようになった[11]．

3.7.2 溶射被膜の応用例

溶射によって形成できる被膜の種類は多く，また近年溶射材料として用いられる金属，合金，セラミックスおよびそれらの複合材料の品質が改良され，その種類も増えている．その結果，基材表面に高度な耐摩耗性，耐熱性，断熱性，耐食性さらに種々の電気的特性あるいは光学的特性を付加する被覆層が形成できるようになった．特に自動車産業，鉄鋼産業やガスタービンなどのエネルギー産業等の基幹産業での利用が進んでいる．

トライボロジカルな用途に利用されている具体例を紹介する．自動車産業では各種自動車部品の表面改質技術として多用されている[12]．ピストンリングのしゅう動面への適用はよく知られている．アルミニウムを使い軽量化したバルブリフタのしゅう動部に摩擦損失を低減させるべくFe-C系の溶射層を形成させている例もある．また，高速フレーム溶射によってピストンリングへCr_3C_2-NiCr系サーメットを被覆している[13]．

製鉄プラントにおける溶射技術の応用も広く行なわれている．製鋼，製鉄プロセスは多くの生産設備から構成されているため，生産設備のメンテナンスコストの削減が重要な課題となっている．そこで設備運動時の摩擦・摩耗などの要因を解決するキーテ

クノロジーとして溶射が活用され，各種部材の表面に機能性をもたせている[14]．圧延ロールをはじめ多くの機器部品に優れた効果を上げている．例えばハースロールのビルトアップを防止するため Co 基合金被膜と酸化物セラミックスの積層被膜をプラズマ溶射した実績がある[15]．

航空機や産業用ガスタービンなどの分野でも，耐摩耗，耐食，断熱等の機能化コーティングとして溶射被膜が利用されている．ジャンボジェット機のジェットエンジンロータブレード表面に Ni 系耐熱合金のアンダーコートと ZrO_2 セラミック被膜が適用されていることは広く知られている．また，高効率ガスタービンに合金‐セラミックス系4層の断熱被膜が適用されている[16]．

最近，溶射の特徴を活かし MA（メカニカルアロイング）粉を用いた金属間化合物基複合被膜[17]や生物医学的インプラントのためのハイドロキシアパタイト被膜[18]の形成なども試みられている．また，固体電解質燃料電池の固体電解質層として ZrO_2 系プラズマ溶射膜が利用されている[19]．さらに斬新な手法として，プラズマ溶射プロセスをプラズマジェット CVD 装置として利用し気相合成ダイヤモンド膜の形成に用いている例もある[20]．

文　献

1) 上野和夫：溶射技術, **8**, 1 (1989) 84.
2) 日本溶射協会編：溶射ハンドブック，新技術開発センター (1986).
3) 産報出版溶接技術編集部：溶射技術読本（溶接技術別冊 Vol. 35），産報出版 (1987).
4) 蓮井　淳：新版 溶射工学，産報出版 (1996).
5) 蓮井　淳・菅　泰雄・村瀬恒雄：日本溶射協会誌, **22**, 3 (1985) 995.
6) T. Morishita & R. W. Whitfield：Proc. of Int. Symp. on Advanced Thermal Spraying Tech. and Allied Coatings (1988) 95.
7) 文屋　明・舘野晴雄・伊藤　孜・長坂秀雄：日本溶射協会第 53 回学術講演大会講演論文集 (1991) 1.
8) M. Dvorak & J. A. Browning：Proc. of the 14th Intl. Thermal Spray Conf. (1995) 405.
9) 伊藤　普・中村良三・今里州一・徳本　啓：日本溶射協会誌, **26**, 1 (1989) 9.
10) 蓮井　淳：溶接技術, **35**, (別冊) (1987) 41.
11) 佐々木信也：溶接技術, **40**, 6 (1992) 87.
12) 宮本泰介：トライボロジスト, **41**, 11 (1996) 929.
13) H. Fukutome, H. Shimizu, N. Yamashita & Y. Shimizu：Proc. of the 14th Intl. Thermal Spray Conf. (1995) 21.
14) M. Sawa & J. Ohori：ibid., 37.
15) S. Y. Hwang & B. G. Seong：ibid., 59.
16) Y. Kojima, K. Wada, T. Teramae & Y. Furuse：ibid., 95.
17) 福本昌宏 & M. I. Boulos：日本溶射協会第 53 回学術講演大会講演論文集 (1991) 189.
18) D. H. Harris：Technical Program of 3rd National Thermal Spray Conf. (1990) T13.
19) 納富　啓：日本溶射協会第 56 回学術講演大会講演論文集 (1992) 108.
20) N. Ohtake & M. Yoshikawa：J. Electrochem. Soc., **137**, 2 (1990) 717.

3.8　構造（組織）制御

3.8.1　表面焼入れ
（1）高周波焼入れ

電磁誘導電流の表皮効果で表層に発生するジュール熱により鋼や鋳鉄の表面を部分的に加熱後急冷硬化する方法である．本法は，製品の必要な部分のみの直接加熱が可能で熱効率が良く，短時間処理で作業効率が優れ，処理工程のインライン化が容易である．また，安価な材料を高硬度に表面硬化でき耐摩耗性や疲れ強さの向上を図ることができる．高周波発振設備はやや高価で部品に適した誘導加熱コイルの設定が必要であり，少種少量生産向きである．高周波焼入れ装置の大略を表 3.8.1 に示す．

超高周波で約 1/1 000 秒間，加熱する衝撃焼入れ法は，真空コンデンサに蓄電し工業用の 27 MHz, 10〜30 kW/cm² という高電流密度を供給する装置を用いるもので帯のこの刃等の焼入れに使用されている[1]．

高周波焼入れされる材料は，主に焼入れ硬化に必要な炭素量 0.3〜0.5% を含む鋼材が多いが，鋳鉄や高炭素鋼にも適用できる．

a. 高周波焼入れ材の機械的性質

各種炭素量の鋼材を種々の条件で高周波焼入れした硬さを普通焼入れしたものと比較すると，表面硬さは普通焼入れより高いが，加熱前の組織の影響を受けるので，あらかじめ調質処理（焼入焼戻し等）をすることが望ましい．高周波焼入れ硬化により耐摩耗性は向上する．高炭素量の方が，また，粗形材の状態であらかじめ焼入焼戻しなどの調質処理を施した方が優れた結果が得られる．中炭素鋼を焼入れしただけでは浸炭焼入鋼には及ばないが，高炭素鋼や軸受鋼では十分な硬さ[2]と耐ピッチング性が得られる（図 3.8.1[3] 参照）．疲れ強さは硬化深さの影

表 3.8.1 高周波焼入れ装置の種類

型　　式	周波数, Hz	出力, kW	硬化深さ, mm	備　考
電動発電機	0.5〜10 k	10〜1 000	2〜10	大型部品
サイリスタインバータ	0.2〜50 k	1〜1 000	1〜10	量産向き
真空管発振式	20〜1 M	1〜500	1〜3	小物向き
サイラトロン・コンデンサ	27 M	10〜30	0.2〜0.5	微小硬化

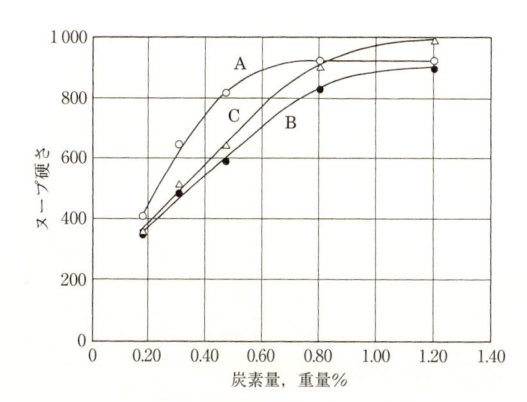

図 3.8.1 炭素鋼の炭素量と焼入れ硬さの関係
〔A：高周波焼入れ，B：炉中加熱・水焼入れ，C：炉中加熱・水焼入焼戻し（焼入れ後液体窒素で深冷処理した後焼戻し）〕〔出典：文献 3)〕

響を受けて変化し，最適深さがある．

（2）火炎焼入れ

処理部品の表面を各種ガス燃焼炎により加熱し，急冷硬化する表面硬化法である．アセチレン，プロパン，都市ガス，天然ガス，あるいは水素ガスと酸素または空気を用いる．炎の調節により浸炭や酸化現象も生じるので，混合比，ノズル選択，部品表面との間隔等に注意する必要がある．高周波焼入れに比べて，廉価で部品の材質や形状的な制限が少ないが，加熱時間が長くなるため硬さ分布は緩やかである．

球状黒鉛鋳鉄を用いたプレス型の部分焼入れ処理結果では，焼入焼戻しした型鋼 SKD 11 よりも優れた耐かじり性が得られている例がある[4]．

（3）レーザ焼入れ

レーザビームにより必要な表面部分を急速加熱後，自己急冷により表面硬化する方法である．比較的低いエネルギー密度（500 W/cm²）でも 500℃/mm もの高い熱勾配が得られる．ビームは溶接や切断よりエネルギー密度を下げて使用する．極めて微細な組織（または非晶質）が得られ，低炭素で 0.25 mm，中炭素鋼で 1.3 mm，最大で 2.5 mm 程度の硬化層が得られる．表面反射率が高い場合には黒色塗膜などが必要となる．設備費は高価であるが，自動車のステアリングギヤボックス内面やシリンダボアのパターン焼入れ[5]等をはじめ，各種の部品の表面硬化に応用されている[6]．

（4）電子ビーム焼入れ

電子ビームを用いて部品の必要な部分を急熱・急冷して表面硬化する方法で，鋼製タペットの部分焼入れ等に用いられている[7]．3 kW/cm² 程度の電子ビームの 0.5〜2.5 秒間照射により急熱後急冷硬化することができる．硬化層の組織はレーザの場合と同様に微細，あるいは非晶質となるが，使用する材料は硬化可能な炭素量と自己冷却可能な質量をもつ部品であることが必要である．電子ビームを扱うため，通常は，真空室を必要とするが，近年，大気中処理の可能な装置も開発されている．

3.8.2 溶融処理

金属基材の表面をレーザ，プラズマ，あるいは，TIG（Tungsten Inert Gas）アークなどの高密度エネルギー源を用いて部分的に加熱溶解後，急冷再凝固させて組織を微細化，あるいはチル化する処理方法がある．

（1）溶融微細化処理

再溶融・急冷による微細化処理の例として，アルミニウム鋳造・シリンダヘッドでは，多弁化に伴うバルブボード間の肉厚減少による強度低下の対策として，弁間部を TIG アークにより再溶解・凝固させて組織の微細化を図り，引張強さと疲れ強さを向上している[6]．

（2）再溶融チル化処理

再溶融・急冷による微細チル組織化の例として，マルチバルブ用カムシャフトのカムノーズ部は，多弁化に伴う鋳型内への冷金（ひやしがね）の配置のむずかしさと，チル効果の劣化対策として，冷金を廃止し，鋳造組織のカムを前加工してから再溶融後

急冷凝固してチル化させることにより耐スカッフ性と耐摩耗性を向上し，製造コストの低減も果たしている[8]．

3.8.3 グレージング（Glazing）

各種の材料表面になめらかで光沢のある被膜を形成する各種の方法を総称してグレージングというが，最近では使われることが少ない．陶器の表面に耐食性，耐摩耗性に優れた薄いガラス状表皮を形成する釉薬を用いた溶融被覆あるいは各種材料の表面に艶・光沢のある表皮を与える方法として，細かく粉砕した樹脂を含む油性塗料（エナメル）を塗布，乾燥した硬質塗膜などがある．

3.8.4 熱拡散処理

金属基材の表面層に別の元素を浸透・拡散させた層を形成する種々の方法がある．

（1）クロマイジング（Chromizing，クロム浸透）

溶融塩法もあるが，主にハロゲン化物による粉末法およびガス法が用いられる．900〜1 200℃で4〜24時間処理すると0.1〜0.2 mmの厚さの鉄・クロム合金層（クロム量30〜80%）が形成されるが，母材中の炭素量によりクロム炭化物を生じる場合もある．耐酸化性，耐食性に優れ自動車用排気系部品類や管継手，ボルト，ナット類，および，ニッケル基合金製タービンブレード等にも用いられる．

（2）アルミナイジング（Aluminizing）

溶融アルミによる鋼板の被覆処理の他，850〜1,000℃，4〜24時間の処理で高濃度（Al：50〜60%）のアルミ拡散層を形成する粉末法，例えば，カロライジング（Calorizing）等があり，各種金属の主として耐熱性の向上が可能である．

（3）シリコナイジング（Siliconizing）

粉末パック法とガス法（700〜1 000℃）により耐食性の良いケイ素の拡散層（ケイ素6〜14%で0.2〜1 mm）が形成できるが多孔質になりやすい．拡散層の質を向上できる高温・短時間のガス法も開発されている．

（4）シェラダイジング（Sherardizing）

耐食性の良い亜鉛拡散層を形成する処理法で，低温の亜鉛と亜鉛華の粉末パック法では300〜400℃で，また，亜鉛蒸気中処理法では700℃程度に加熱保持する．水溶液中での耐食性が良い拡散層（0.15〜0.3 mm）が形成される．

文　献

1) K. H. Andre & F. Fruengel：鋳鍛造，'73.1, p. 67.
2) 波多野和好・本間八郎・安部克朗・米内栄二：日本金属学会誌，**44**, 7 (1980) 764.
3) ASM Handbook, Volume 4, Heat Treating, ASM International (1991) 186.
4) 野口政光・山口勝利：トヨタ技術，**38**, 1 (1988) 20.
5) C. Wick：Laser Hardening. Manufacturing Engineering, **76**, 6 (1976) 35.
6) 宮本泰介：トライボロジスト，**41**, 11 (1996) 929.
7) 松井勝幸・内田志朗・熊野正彦・平田隆幸：自動車技術，**42**, 5 (1988) 570.
8) H. Nonoyama, A. Morita, T. Fukuizumi & T. Nakakobara：SAE 861429 (1986).

第4章 リサイクル

4.1 リサイクルの現状

リサイクルの現状について自動車の例で記すが，現在，使用済み車両はリサイクル会社によりエンジン，トランスミッション，タイヤ，バッテリ，触媒コンバータ等が取り外され（車両重量の20～35％）再利用，再資源化されている．そして残りのボディからはシュレッダー会社により，鉄，非鉄金属（50～55％）が取り出され再資源化されている．これらを合わせると，金属類を中心に重量比で約75％が再利用，再資源化されている．そして残りの樹脂や繊維，ゴム等の材料は現状再資源化がむずかしく，シュレッダーダストとして埋立処分されている（図4.1.1）．これらの材料のリサイクルが現状の課題である．

4.2 リサイクル技術

リサイクル技術について自動車の例で記す．リサイクル技術への取組みとしては，自動車の開発，設計段階からリサイクル性の良い車作りを目指す取組みと10年以上前に開発，生産されて現時点で使用済みとなった車，部品を前提にしたリサイクル技術開発への取組みの両面が必要である．

4.2.1 開発段階のリサイクル技術
（1）リサイクルしやすい樹脂材料の開発

自動車に使用される樹脂材料には，高剛性，高耐衝撃性に加え，成形流動性，リサイクル性に優れた特性が必要になる．近年の開発取組みとして主要例を挙げると，樹脂の結晶化新理論による分子設計技術を駆使し，従来の複合PP（ポリプロピレン）に比べ，強度，剛性，耐衝撃性，リサイクル性を向上しつつ，成形流動性を引き上げた熱可塑性樹脂，SOP（スーパーオレフィンポリマー）の開発がある[1]．この樹脂材料は，高性能であり多くの部品の必要特性を包括的に満たせることから樹脂統合材としてバンパをはじめ，インスツルメントパネルやトリム，ガーニッシュなどの内装用樹脂部品に採用が拡大されている．SOP自体が高リサイクル性であることに加えて，多くの部品がこの材料に統合して作られれば，リサイクル時の部品，材料ごとの分別の手間が省略できることになり樹脂部品全体としてのリサイクル性も大きく高まることになる．

（2）リサイクル設計

自動車のリサイクル性を向上させるために材料構成，設計構造，材質マーキング等の工夫が行なわれている．

a．材料構成

材料構成としては，リサイクルしにくい材料を先述のSOP等のリサイクル性の良い材料に代える，異種材料の複合構成は避ける，異物となる塗装等の表面処理やインサート物は避ける，等の工夫が行なわれている．一例としてコンソールボックス等の内装樹脂部品では樹脂基材，フォーム材，表皮材等の複数の材料が一体で複合構成されるものがある．このような部品では複合材料を同系統の熱可塑性樹脂に統一することにより，リサイクル時の分離，選別を不要にし，一体のまま処理できるようにすることが必要である．

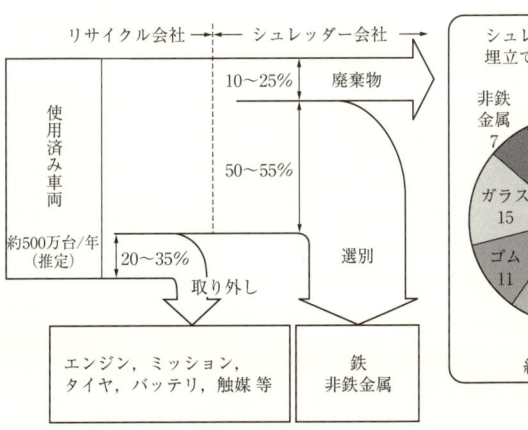

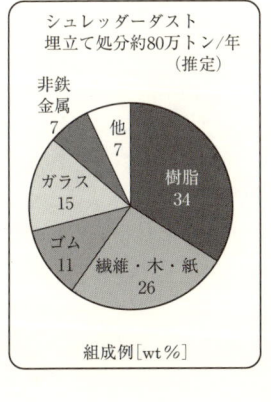

図4.1.1 自動車のリサイクルの現状

b. 設計構造

設計構造としては解体性を向上させるために，部品点数を減らすこと，部品の締結点数を減らし車からの取り外し性を向上させることおよび部品自身の分解が容易であることが必要である．インスツルメントパネルの例では付属する空調ダクト，断熱用パッド，シール材を同系統の熱可塑性樹脂とし，振動溶着工法で接合し一体構造とした例がある．

c. 材質マーキング

樹脂，ゴム部品には現状，適材適所の考え方で多くの材料が使用されているが目視等の簡便な方法では材質識別ができない．そのため自動車業界では1992年より国際統一規格（VDA 260）に対応する材質マーキングを実施している（表4.2.1）．また，大型長尺部品である樹脂バンパでは裁断後も材質が識別できるように，連続的に多数箇所にマーキングするような現実的な取組み例もある．

表4.2.1 マーキング表示方法例

>PP+E/P−T 10<
><：この矢印で囲み材質マーキングであることを示す
PP：樹脂の材料記号，ポリプロピレンの例
＋：混合材料
／：共重合
−：樹脂材と充てん材との区別を示す
T10：充てん材の材料記号と充てん率〔質量％〕

4.2.2 使用済み部品のリサイクル技術

従来，再利用，再資源化がむずかしかった樹脂，ゴム部品について近年種々のリサイクル技術が開発されてきている．主要例について記す．

（1）塗装樹脂バンパのリサイクル技術

自動車樹脂部品の中でも最大の部類に属するバンパについては，各所で種々のリサイクル技術が開発されている．この場合，樹脂に対して異物となる塗膜の処理がポイントである．一例として，塗装バンパ粉砕物を2軸反応押出機で溶融，混練し，分解剤を添加して塗膜を分解，微細化し再びバンパの材料として使用できるリサイクル材とする技術が開発されている[2]．この技術では，市場での補修塗装バンパも含めて連続処理でき，低コスト高品質リサイクル技術といえよう．

（2）ゴムのリサイクル技術

ゴムは熱硬化性ポリマーであり，リサイクルのむずかしい材料であったが，近年EPDMゴムのリサイクル技術が開発されている．これはEPDMゴムの製品（ウェザーストリップ等）を粉砕，分級したのち熱処理，脱硫し混練押出しで再生材とするものである．これはEPDMゴム新材とブレンドされ，ホースプロテクタ等の自動車部品にリサイクルされている．

（3）シュレッダーダストのリサイクル技術

使用済み車両から出るシュレッダーダストから新車用の防音材を再生する技術が実用化されている[3]．これは，シュレッダー工程の残余物であり雑多な材料が含まれて，従来リサイクルが困難であったシュレッダーダストに対して，その一片ごとのサイズや比重の差を利用して，ふるいや風力分別，比重分別等の分離技術を駆使してきめ細かく分別することで，ウレタンフォーム，繊維類を再生材料として取り出し，マット状に成形したものである．従来からの防音材に比べて吸音と遮音のバランスが良く，カーペットの裏打ち材等に適しているとされている．

文　献

1) 野村孝夫・西尾武純・岩井久幸：化学工学，**61**, 3 (1997) 175.
2) 高橋直是・池田貞雄・岩井久幸・龍田成人・佐藤紀夫：自動車技術，**51**, 7 (1997) 54.
3) 梶原拓治・今橋邦彦・田中敦史：自動車技術，**5**, 7 (1997) 71.

4.3　今後の課題

現状約75％程度といわれる車のリサイクル率をさらに高めて，2015年には95％を目指す取組みが各所で種々行なわれている．リサイクル率を上げるためには，リサイクルの輪を回すためのリサイクル品の使用が不可欠であるが，現在リサイクル製品，リサイクル材料は新品よりコスト面で割高であることが多い．これを克服するために，いっそうの低コスト化技術の開発や効率的回収の仕組み作りが必要である．

C. 潤滑剤編

序

潤滑剤の使用目的：一般に潤滑剤は，相対運動する固体界面に介在して，摩擦・摩耗を最適な状態に保つことを目的として使用されている．多くの場合，潤滑剤は摩擦係数を下げ，また摩耗を防止するために用いられ，これにより省エネルギーに貢献し機械要素の寿命を伸ばすことができる．

潤滑剤の種類：潤滑剤は，その状態から液体潤滑剤，半固体潤滑剤および固体潤滑剤に分類されている．この中で，液体潤滑剤（潤滑油）が最も広く用いられており，流体潤滑効果による油膜形成や摩擦面の冷却効果がある．また，流動性があるため，摩擦で破壊された潤滑膜が容易に修復できる．エマルションや水溶性潤滑剤など水系潤滑剤は，その冷却や不燃性のため近年多用されるようになってきた．半固体潤滑剤は，一般にはグリースとして知られており，液体潤滑剤に増ちょう剤を加えることにより半固体状になる．グリースは潤滑部分に保持しやすいので，少量の潤滑剤で長期間潤滑できるうえ，水や塵埃の侵入を防ぎ軸受面を守るというシール性がある．固体潤滑剤は，液体潤滑剤が利用できないような特殊環境，例えば真空や高温部における潤滑剤として利用されている．液体潤滑剤は，流体としての基油と各種の添加剤の混合物である．基油は石油成分を精製した鉱油と，化学合成により作られた合成油とに大別される．合成油は優れた粘度特性と化学安定性を有している．鉱油と合成油を混合して用いることもある．添加剤は，摩擦・摩耗などの潤滑特性に直接関与する成分と，潤滑油の二次的特性を改善するための成分とに分けられる．前者としては，油性剤や極圧添加剤が挙げられ，これは材料表面に作用して潤滑性の被膜を形成する．後者としては，潤滑油の物理的特性を改善するための粘度指数向上剤や流動点降下剤などが，また，化学的特性を改善するために酸化防止剤などが用いられている．

潤滑剤の性質：潤滑剤に求められる性質は，潤滑剤の種別により異なるが，物理的性質と化学的性質に大別される．物理的性質として常圧粘度，粘度の温度依存性（粘度指数），圧力粘度係数のほか液状温度範囲が広いこと，蒸気圧が低いことなどが優れた潤滑油に求められている．化学的性質としては，耐熱性や耐酸化性などが挙げられる．グリースは，液体潤滑剤と同様の性質のほかに，半固体状態を保つための特性ももたねばならない．固体潤滑剤には，せん断特性のほか，他の潤滑剤への分散性や材料表面への付着安定性が求められる．

潤滑剤の選択：潤滑剤の性能を最大限引き出し，期待される潤滑効果を得るためには適切な潤滑剤選びが望まれる．ある条件で効果を発揮した添加剤が他の条件では負に作用することはしばしば見受けられる．潤滑剤の選択に際して考慮すべき項目として，潤滑条件（接触面圧，摩擦速度など），材料（金属，セラミックス，高分子材料など），使用環境（温度，湿度，雰囲気など），環境負荷（生分解性など）およびコストが挙げられる．また，潤滑剤を適切に活用するには，潤滑剤成分の組合せも大切である．添加剤の成分同士が相互作用して効果を発揮する場合だけでなく負の効果もあるので，むやみに添加剤を増やしてはならない．潤滑剤を利用する目的を明確にしたうえで潤滑

剤を選ぶべきである．例えば，摩擦係数を下げる場合と摩耗速度を下げる場合では，選択基準が異なる．潤滑剤成分を適切に選択をすれば，目的とする潤滑剤を低コストで得ることができる．

第1章 潤 滑 油

本章では,「1.1 潤滑油の組成とその種類」で,潤滑油を構成する基油と添加剤の特徴および作用機構について述べるとともに,「1.2 潤滑油の性質と試験法およびその推算式」で潤滑油の特性をよく表わす性質として,製品の規格にも取り上げられている物性・性能について述べる.これらは,潤滑油を理解するための基礎的情報でもある.「1.3 潤滑油の用途と選定」では,代表的油種を取り上げ,それぞれの特徴を組成,使用方法,管理法などにより述べる.潤滑油の一般的事項については1.1,1.2に,エンジン油,作動油など,それぞれに油種についての詳細は1.3に示す.

潤滑油の主要な構成要素は,基油と添加剤に代表される.基油については,原油の重質部分を精製した鉱油系潤滑基油と合成品とに分類できる.鉱油系基油は,最も一般的な潤滑油の素材として従来から使用されているが,その製造法により性能に大きな差がある.また,合成品はコストが高く汎用品として使用されるまでには至っていないものの,鉱油系基油では困難とされる高温,低温での性能や生分解性が要求されるなどといった,特殊な条件下で使用される潤滑油の重要な構成材料となっており,着実に使用量が増大している.これらの基油についての詳細は1.1.1に示す.また添加剤は,基油だけでは達成し得ない性能を潤滑油に付与するために使用され,その種類も多岐にわたっている.高性能エンジンなど,近年の機械技術の進歩に潤滑油添加剤の進歩は必須であり,今後の展開に期待されるところが大きい.1.1.2では,一般的な潤滑油に使用される代表的な添加剤として,酸化防止剤,清浄剤,分散剤,粘度指数向上剤,流動点降下剤,摩擦調整剤・油性剤,摩耗防止剤・極圧剤,さび止め剤,金属不活性化剤,乳化剤を取り上げてその組成,構造,作用機構および特徴について解説する.

十分な潤滑性能を維持し,設計どおりの性能,寿命を機械に発揮させるためには,適正な性質・性能をもった潤滑油を選定する必要がある.1.2では潤滑油の代表的特性と試験法およびその推算式を示す.潤滑油の代表的特性としては粘度に象徴されるレオロジーがある.レオロジーは,潤滑の基礎を理解するうえで重要な特性でもあり,流動のモデルを含めてその理論体系について解説する.その他 P-V-T 関連の性質,光学的性質,電気的性質,音響的性質,気体の溶解度,界面化学特性,酸化特性,潤滑特性についても潤滑油が使用される状況により重要な特性となる.1.2では,これらの特性を計測する評価法について述べるとともに,測定ができない場合,各種使用条件での物性変化を知りたい場合,あるいは設計計算に必要な場合などに対応ができるよう,実験式を含めて適用可能な推算式を各項に掲載する.

潤滑油は使用される用途により要求性能が異なり,最適な基油,添加剤を選定使用する必要がある.また,使用するに従って添加剤の消耗などに起因する機能の低下については,適確な性状測定により,劣化の程度を把握し,潤滑油の劣化による機械の損傷を防止することが必要となる.1.3では潤滑油の種類を(1)内燃機関用潤滑油,ギヤ油などの自動車用潤滑油,(2)舶用・航空機用潤滑油,(3)マシン油,タービン油などの工業用潤滑油,(4)切消油,圧延油などの金属加工用潤滑油,および(5)さび止め油,絶縁油などのその他の潤滑油に分類し,それぞれについて要求される性能,代表的特性,管理基準を示す.

1.1 潤滑油の組成とその種類

1.1.1 基 油
(1) 鉱油系
a. 潤滑油基油の基本特性

潤滑油基油には原油蒸留精製から得られる重質留分を溶剤抽出や水素化処理で精製した鉱油系と,化学合成を主たる製造プロセスとする合成油系がある.合成油系の使用も増加しつつあるが,相当量の鉱油系基油が幅広い用途に利用され続けている.

鉱油系基油,合成系基油ともに潤滑油に用いられる基油には,以下のように潤滑油として機能するために重要な二つの基本機能が求められる.
(1)流体としての潤滑作用(粘度・粘度/温度特性,低温特性)
(2)キャリヤ作用(異物や熱を搬出する清浄作用や冷却作用,および潤滑添加剤という摩擦面吸着

性もしくは反応性化合物を搬送するキャリヤ的作用）

したがって基油自体が潤滑能力を発揮するための最適な流体特性（粘度指数，低温流動性，蒸発損失の程度等）に加えて，添加剤配合（流体自体の改質や補強/延命のための添加剤，潤滑/摩擦低減/摩擦調整のための添加剤，清浄分散剤その他）に対する溶解性や応答性の良好であることが求められる．潤滑油用途によってその重要性は異なるが，潤滑油基油にはおおむね以下のような特性項目が要求される．

(1) 流動特性（適度な粘度，高い粘度指数，低温流動性）
(2) 蒸発特性（高引火点，低蒸発損失）
(3) 化学的安定性（熱酸化安定性が良好，色相変化が少ない）
(4) 適合性一般（添加剤添加効果，ゴム材等の周辺材料適合性，作業環境・低臭気・低発がん性等）

b. 鉱油系基油の分類と呼称

鉱油系基油は慣用的に分類されている場合が多く，潤滑性能に密接に関係する粘度を伴って呼称される．粘度呼称は歴史的にSUS粘度（Saybolt Universal Second）が用いられたことから，減圧蒸留により留出した基油のうち，石油製品反応性試験で中性（Neutral）を示す留分は，100°FのSUS粘度を頭につけて呼ばれる．例えば150ニュートラル（150 N）といえば100°Fで150 SUS（40℃動粘度で29 mm²/s）程度であることを示す．また減圧蒸留残油を脱れき精製したものはブライト油（Bright-Stock）と呼ばれSUS/210°F粘度で呼称される．例えば150-Brightの粘度はSUS/210°F粘度が150（100℃動粘度で30.6 mm²/s）程度であることを示す．現在の用途からすれば慣用呼称にとらわれず，ISO粘度分類，粘度温度特性を常に把握しておくべきである．

鉱油系基油は多くの炭化水素化合物の混合物であるが，潤滑性能・特性を考察するためには大まかな化学構造を意識した分類が必要で，(1) 炭化水素分子の大きさ，(2) 分子構造の種類に留意する必要がある．炭化水素分子の大きさ (1) は粘度，引火点，蒸発損失傾向等に現れ，分子構造 (2) は粘度温度特性，熱安定性や酸化劣化傾向に差を与えやすいため，主成分炭化水素によるパラフィン系，ナフテン（シクロパラフィン）系などに大まかに分類呼称されている．

基油組成分析に多用される環分析（n-d-M法）では，パラフィン炭素数，ナフテン炭素数，芳香族炭素数をそれぞれ%C_P，%C_N，%C_Aとして全炭素数に対する割合で示し，おおむね構成比率がわか

表1.1.1 鉱油系基油の基本特性

性状項目 \ 基油コード	(A) パラフィン系 (SESD) 溶剤抽出 溶剤脱ろう	(B) ナフテン系 (SEHF) 溶剤抽出 水素化仕上げ	(C) パラフィン系 (HCCD) 水素化分解 接触脱ろう	(D) パラフィン系 (SECD) 溶剤抽出 接触脱ろう
粘度指数	98〜102	35〜45	70〜90	75〜90
流動点, ℃	−12〜−15	−30〜−55	−30〜−40	−30〜−45
アニリン点, ℃	100	85〜90	100〜110	100
硫黄分, wt%[*1]	0.4〜0.8	≦0.1	<0.001	0.1〜0.2
窒素分, ppm	15〜35	5〜50	≦3	5〜20
極性分（カラム法）, wt%	20〜30	6〜30	2〜3	20〜25
環分析, %C_A	2〜6	2〜7	≦1	6〜8
%C_N	25〜32	39〜49	32〜46	26〜31
%C_P	65〜68	49〜54	53〜68	61〜67
芳香族タイプ（UV法）[*2], mmol/100 g				
単環—	34〜37	17〜35	≦4	48〜51
2環—	<1	<1	<1	≦6
多環—	<1	≦1.5	<1	≦4

[*1] 各基油とも粘度番手によって性状値は異なる
[*2] 紫外吸収法で公的試験法にはなっていない

る．一般的には%C_Pが50以上をパラフィン系，%C_Nが30〜45をナフテン系，これらの中間的組成油を混合基系としている．また，%C_Aが35以上は芳香族系に分類されるが，特殊基油を除くと鉱油のほとんどはパラフィン系かナフテン系である．

また，精製プロセスによっても生産される鉱油の特性が異なってくるため，プロセスの種類を伴って呼称される場合もある．潤滑油に利用される鉱油の炭化水素炭素数はおおむねC_{15}〜C_{50}，分子量は200〜700，大気圧での沸点は250〜600℃くらいである．減圧蒸留の留分には，パラフィン系やナフテン系および単環，2環，多環芳香族系の主成分炭化水素の他に，サルファイド，チオフェン等の硫黄化合物，キノリン，カルバゾール等の窒素化合物，レジン質等が含まれる．水素化処理条件を過酷にするほど，環状炭化水素および硫黄や窒素化合物が減少され，酸化安定性や添加剤応答性に差をもたらすことから，溶剤精製油，水素化精製油，水素化仕上げ油などと呼称することが多い．

表1.1.1に基油特性を例示するが，精製プロセスが高度に複合化されている現在では，これらの呼称のみで基油特性を知ることは困難で，各種の性状結果で判断する必要がある．

c. 鉱油系基油の製造法

鉱油系基油製造は以下のようなプロセスを組み合わせ，図1.1.1のように精製第一段階で化学的不安定化合物を除去し，第二段階で流動性に不都合な長鎖パラフィンを除去する脱ろう処理を組み合わせて行なうことが一般的である．

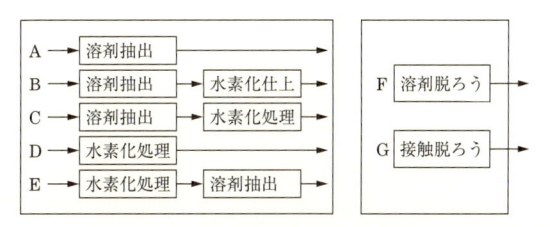

図1.1.1 鉱油系基油の製造工程の組合せ

溶剤抽出型のプロセス概要：

（1）溶剤抽出処理：溶剤抽出では，熱酸化安定性等に悪影響するヘテロ原子化合物や，多環芳香族系化合物を抽出除去し熱安定性や化学的安定性を向上する．

（2）溶剤脱ろう：低温では長鎖パラフィンを溶解しにくいケトンやトルエン等の溶剤で希釈し，冷却して長鎖パラフィンを結晶化し分別除去する．

水素化反応型のプロセス概要：

（3）水素化仕上げ：鉱油生産最終工程で軽度の水素化を行ないヘテロ原子化合物や多環芳香族系化合物を減少させる．

（4）水素化分解：水素化条件を厳しくしてヘテロ化合物を極力除去し，環状炭化水素の核水添や異性化（イソパラフィン化）による粘度指数の向上も行なう．

（5）接触脱ろう：溶剤抽出型の脱ろう方法と異なり，ゼオライト系触媒に長鎖パラフィンをトラップして水素化分解する．

図1.1.2に例示するように，代表的プロセスの処理工程と特徴は以下のようである．

（i）溶剤抽出

原油はまず，常圧蒸留で燃料成分を留出し，その残油が減圧蒸留されて塔上部（低分子留分）から下部（高分子留分）にかけて分取され，各基油の中間留分となる．減圧蒸留残油はレジン質を多く含むため液化プロパン等の溶剤抽出にて重質基油

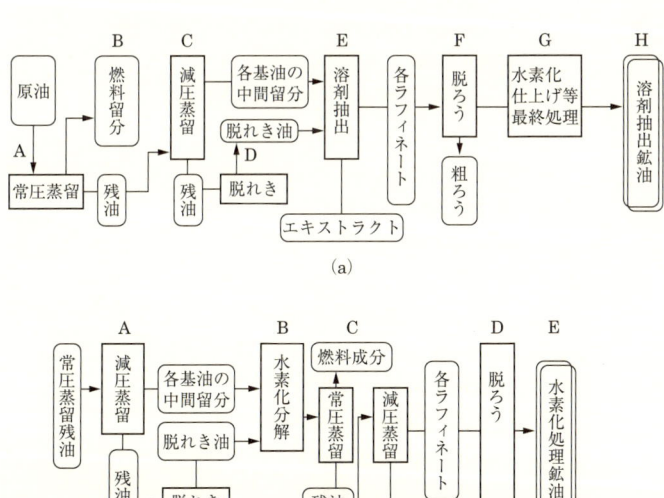

図1.1.2 代表的製造プロセス例

留分を回収，アスファルト留分を分離して脱れき油となる．これらの基油中間留分の溶剤抽出は，フルフラールやフェノール等の溶剤を用いて熱酸化安定性や粘度指数の点で好ましくない多環芳香族や多環ナフテン成分，硫黄化合物等を 50～120℃ で溶剤相に抽出除去することで，抽出されない潤滑油成分（ラフィネート）を分離生産し，抽出物は加熱フラッシングで溶剤を再循環系に戻し，エキストラクトとして分離する．ラフィネートはさらに脱ろう工程を経て潤滑油基油となるが，減圧蒸留留分から生産されたものはニュートラル油，脱れき油から生産された比較的重質な基油はブライトストックと呼ばれる．

(ⅱ) 水素化処理

水素化仕上げと水素化分解を含めて水素化処理ということが多いが，水素化分解は水素化条件を高温，高圧にして硫黄や窒素等のヘテロ化合物を水素化除去するとともに炭化水素構造の変換を行なう．条件の過酷度と触媒選択によって，多環芳香族から単環芳香族方向への分解，開環や側鎖の脱アルキル，芳香族の核水添によるシクロパラフィン化，直鎖成分の異性化によるイソパラフィン化等が起こる．溶剤精製の代替として生産する場合には粘度指数 95～105 程度の基油を生産するが，高圧型の水素添加装置では高粘度指数基油の生産も可能である[1,2]．原料と処理条件選択によって粘度指数 120～145 程度の達成も可能で，生産される基油は添加剤応答性も良好で，イソパラフィン含有率の上昇に伴い，従来型鉱油と比較して蒸発損失も少ない傾向にある．ヘテロ化合物の除去，芳香族分の改質等がされるため，溶剤精製法に比較すると原油種に対応するフレキシビリティが高い．

溶剤抽出処理および水素化処理は図 1.1.1 のように各種の組合せが可能で，原油の種類や装置運転経済性等から構成と運転条件が選択されている．例えば溶剤精製では不都合な化合物を抽出除去するのに対して，水素化分解では化合物の分解，構造転換による有効成分としての保存がされることから経済性が高い．

(ⅲ) 脱ろう

直鎖パラフィン成分は高い粘度指数を与えることから潤滑油粘度特性としては有利であるが，低温で固化して流動性を損なう欠点があり，精製プロセスの一つとして脱ろうが必要となる．大別して抽出および冷却分離する溶剤脱ろうと，触媒下での水素化分解，異性化する接触脱ろうがある．

溶剤脱ろうは，炭化水素が直鎖，高分子ほどケトン等の溶剤に溶けにくい性質を利用し，原料油を溶剤に加熱希釈し，冷却ろ過で長鎖パラフィンを分別する．一方接触脱ろうは，原料油が含むパラフィン分子長さに対して適度な細孔をもつゼオライト系触媒を用い，細孔に侵入，トラップされやすい直鎖パラフィンを触媒活性点で分断しイソパラフィンへと異性化する．パラフィンを分離除去しない接触脱ろうは，溶剤脱ろうに比べて収率的に経済的効果が高い．

(ⅳ) その他の精製処理

鉱油の色相や熱安定性を改善するために硫酸洗浄やシリカ，アルミナを主成分とする酸性白土を用いた白土処理[3]等の精製技術は古くから利用されてきたが，現在は使用済み白土の処理問題や水素化仕上げの普及により，利用されることは少ない．

d. 鉱油系基油の組成と特長

(ⅰ) 炭化水素構造

原油から成分を選別して生産する鉱油は各種炭化水素の混合物であるが，炭化水素構造は基油の化学的，物理的性質を特性づける．パラフィン系炭化水素は相対的に化学的に安定で，粘度指数が高いという長所がある反面，直鎖パラフィンの含有率が高いと低温流動性が劣る傾向にある．ナフテン系炭化水素はシクロパラフィンを多く含有し，粘度指数は低いが低温流動性，溶解性に優れ，絶縁油や冷凍機油等に用いられるが生産量は少ない．溶剤精製では原油由来の硫黄や窒素化合物，多環芳香族炭化水素の除去程度によって，特に無添加時の酸化安定性が左右される傾向があり，適度な抽出程度（最適抽出深度，最適芳香族性）が検討されてきた[4]．これは成分中のサルファイド硫黄と芳香族炭化水素を一定度残すことで，酸化安定性に対するこれらの相乗効果に依存した結果である．一方，高度の水素化分解でこれらのヘテロ化合物を激減させた基油は酸化防止剤の添加効果が優れる．

(ⅱ) 分子量と分子量分布

炭化水素分子の大きさは潤滑油粘度を介して潤滑能力を左右する重要な項目である．同一の粘度でも鉱油系基油は減圧蒸留塔カラム段数の精密さや留分取幅によって混合されてくる炭化水素の分子量分布幅は異なり，基油の沸点幅，潤滑油使用時の蒸発

損失傾向に差を与える．特に多量の粘度指数向上剤ポリマーを添加するマルチグレードエンジン油には低粘度基油が多用されるため，低粘度基油の分子量分布，沸点幅には留意することが必要である[2]．

(iii) 溶解力

基油に期待される機能の一つは溶解能力である．これは(1) 潤滑油を構成する添加剤化合物を分離，沈降なく安定的な溶液として持続する特性，(2) 潤滑油としての使用中に発生する劣化生成物や侵入するきょう雑物を，油中に保持搬出する清浄作用とが要求される．後者は清浄分散剤といわれる潤滑油添加剤に期待するところが大きいが，両者ともに基油自体の溶解能力に大きく関連する．無極性有機物である鉱油の分子間ではロンドン分散力が作用しており，極性化合物が存在すると双極子間力も作用するようになる．溶質が溶解するためには溶質自体の分子間力（凝集力）以上に鉱油分子との分子間力が作用する必要がある．モル蒸発エネルギーと分子容に基づく溶解パラメータが分子凝集力を示し，このパラメータ値の近い物質同士の溶解分散性が優れるといわれている[5,6]．鉱油自体が多様な炭化水素化合物の集合で，各種添加剤を含有する潤滑油自体の溶解性は複雑である．このため実機試験での清浄分散性評価や各種温度条件での溶解安定性などの傍証評価で判断する場合が多いが，溶解性向上のために極性を有するエステル等を添加して調整する等の対策がとられることもある．

(iv) 環境問題への配慮

潤滑性能とは別に，作業環境や人体への影響に配慮すべき項目に発がん性，臭気，皮膚刺激性等がある．精製度の低い鉱油は，発がん性に関係するといわれる多環芳香族炭化水素が含まれる傾向にある．発がん性物質対策，PL警告表示の普及に伴い，1997年に石油連盟および潤滑油協会から基油の発がん性に関する指針が出されている．これは米国労働安全衛生局（OSHA）の精製程度からの見解と，欧州連合（EU）の多環芳香族含有量（IP-346試験法）での分類を踏襲したものである．IP-346法では鉱油をジメチルスルホキシド（DMSO）およびシクロヘキサンで抽出し，残留物を多環芳香族（PCA）と報告するが，3重量％を越えるものは発がん性があるものとして扱われる．

また，自然環境汚染防止のための生分解性も考慮される傾向にある．最近，環境や生態系への影響を考慮し，エコマークが付与された生分解性のある潤滑油も市場に存在する．特に環境規制の強い欧州の動向に追随する環境負荷低減の対策動向であるが，潤滑油の大部分を占める基油に生分解性の高い植物油やエステル系基油を利用したものである．生分解性評価法には国際的な統一規格はないが，欧州で一般化している CEC-L 33-T 82 もしくは L 33-A-94 試験法で評価されている．生分解性の度合いは試料油と微生物を一定条件で好気培養し，残留する炭化水素を溶剤で抽出，赤外吸光度から求める．ドイツのグリーンエンジェルマークは，潤滑油に関しては生分解性80％以上のものに与えられる．鉱油の生分解性はナフテン系よりもパラフィン系が高く，低分子量ほど分解されやすい傾向にある[7]．

(2) 合成系

a. 種類，特徴とその用途

表1.1.2，表1.1.3および図1.1.3に代表的な合成系基油の分類，使用温度範囲の目安，各種性状の比較，をまとめて示し，以下に説明を付記する．

(i) 炭化水素油

炭化水素油はポリオレフィン，アルキル芳香族，脂環式化合物に大別される．

・ポリオレフィン：ポリオレフィンは，α-オレフィン（1-デセン）を原料として重合反応と水素化処理で製造されるポリ-α-オレフィン（PAO）と，イソブチレンを主体としn-ブテンとの共重合物であるポリブテン，そしてエチレンとα-オレフィンとの共重合物（OCP）等がある．ポリオレフィンは重合度を変えることで低粘度から高粘度のものまで製造できる．PAOは規則正しい側鎖をもち，鉱油に比較して高粘度指数で，せん断安定性，低温流動性に優れ，蒸発損失が低く化学的に安定で水分離性がよく金属腐食が少ない等の特性をもつ．PAOはエンジン油，軸受油，ギヤ油，作動油，圧縮機油に使用される．ポリブテンは一つおきに第四級炭素がつながっている構造をもつので，分子屈曲性が低いため粘度指数が低く低温粘度が高い．また分子量分布が広く，引火点が低い欠点がある．しかし熱分解生成物が揮発性であり重合を起こしにくいためスラッジが生成しにくい利点を有する．2サイクルエンジン油，圧延油，グリースの基油に使用される．エチレンとα-オレフィンとの共重合物（OCP）はPAOとほぼ同じような特性をもつが，高粘度油を製造できる．

表 1.1.2 合成潤滑油の種類と化学構造

種類	一般名		化学構造の代表例	特徴	用途
炭化水素油	ポリオレフィン	ポリブテン	$\left(\begin{array}{c}CH_3\\ \|\\ C-CH_2\\ \|\\ CH_3\end{array}\right)_n$	○スラッジ化しにくい ×低 VI	2サイクルエンジン油, 圧延油
		ポリ-α-オレフィン	$\left(\begin{array}{c}C_8H_{17}\\ \|\\ CH-CH_2\end{array}\right)_n$	○高 VI ○低温流動性 ×ゴム適合性 △溶解性	エンジン油, 航空機用作動油
		OCP	$\left(\begin{array}{c}CH_3\\ \|\\ CHCH_2\end{array}\right)_n\left(CH_2CH_2\right)_m$	○高 VI ○低温流動性 ×ゴム適合性 △溶解性	エンジン油
	アルキル芳香族	アルキルベンゼン	⌬–R	○添加剤溶解性 ○スラッジが析出しにくい	冷凍機油, 絶縁油
		アルキルナフタレン	(ナフタレン)–R	○添加剤溶解性 ○スラッジが析出しにくい ○極めて高い酸化安定性	空気圧縮機油, 真空ポンプ油, 熱媒体油
	脂環式化合物		$\begin{array}{c}CH_3\\ \|\\ C(C_6H_{11})_2\\ \|\\ CH_3\end{array}$	○高トラクション係数	トラクション油
ポリエーテル	ポリグリコール		$\left(\begin{array}{c}CH_3\\ \|\\ CHCH_2O\end{array}\right)_n$	○高 VI ○スラッジが析出しにくい ○冷媒との相溶性 ○水溶性もある ×酸化安定性	冷凍機油, 水系作動液, ギヤ油, ブレーキ液
	フェニルエーテル	ポリフェニルエーテル	Ph–O–Ph–O–Ph–O–Ph–O–Ph	○酸化安定性 ○対放射線安定性 ×低 VI	耐放射線用作動油
		アルキルジフェニルエーテル	$\left(\begin{array}{c}O-Ph-R\\ Ph\\ R\end{array}\right)$	○酸化安定性 ○低蒸気圧	真空ポンプ油, グリース
エステル	ジエステル		$C_8H_{17}OOC(CH_2)COOC_8H_{17}$	○低温流動性 ○高 VI ×加水分解安定性 ×高粘度品が得られない	エンジン油
	ポリオールエステル		$\begin{array}{c}H_{17}COOCH_2\quad CH_2OCOC_8H_{17}\\ \diagdown\,C\,\diagup\\ H_{17}COOCH_2\quad CH_2OCOC_8H_{17}\end{array}$	○酸化安定性 ○低引火点 ○冷媒との相溶性 ○生分解性 ×加水分解安定性	ジェットエンジン油, エンジン油, 冷凍機油, 難燃性作動油, 生分解性作動油
	天然油脂		$\begin{array}{c}CH_2OCOR_1\\ \|\\ C\\ \|\\ CH_2OCOR_3\end{array}$	○生分解性 ×加水分解安定性	生分解性作動油, 生分解性グリース
リン化合物	リン酸エステル		$\begin{array}{c}CH_3\qquad O\qquad CH_3\\ Ph-O-P-O-Ph\\ \|\\ O\\ \|\\ Ph-CH_3\end{array}$	○難燃性 ○耐摩耗性あり ×加水分解安定性 ×腐食性 ×廃油処理	難燃性作動油
ケイ素化合物	シリコーン		$\left(\begin{array}{c}CH_3\\ \|\\ Si-O\\ \|\\ CH_3\end{array}\right)_n$	○高 VI ○低温流動性 ○熱・酸化安定性 ×しゅう動特性 ×溶解性	ビスカスカップリング油, ダンパ油, ブレーキ液
ハロゲン化合物	フッ素化ポリエーテル		$\left(\begin{array}{c}CF_3\\ \|\\ CFCF_2O\end{array}\right)_n$	○熱・酸化安定性 ○低蒸気圧 ○不燃性 ×溶解性 ×廃油処理	コンピュータハードディスク用, 宇宙機器用, 半導体製造用真空ポンプ油

表 1.1.3　各種性状の比較

種類	一般名		粘度指数	低温性能	揮発性	熱安定性	酸化安定性	加水分解安定性	難燃性	鉱油との相溶性	添加剤溶解性	生分解性	トラクション特性	有機材料適合性	価格
炭化水素油	ポリオレフィン	ポリブテン	○〜△	◎〜○	△	△	△	◎	×	◎	○〜△	×	○	○	○
		ポリ-α-オレフィン	○	◎	○〜◎	○	△	◎	×	◎	△	×	△	○	○
		OCP	○	◎〜○	△	○	△	◎	×	◎	△	×	△	○	○
	アルキル芳香族	アルキルベンゼン	△〜×	◎〜○	△	△	△	◎	×	◎	○	×	○	○	△
		アルキルナフタレン	△	○〜△	△	○〜△	○	◎	×	◎	○	×	○	○	△〜×
	脂環式化合物		△	○	○〜△	○	△	◎	×		◎	×	×	△	○
ポリエーテル	ポリグリコール		◎	◎〜○	◎〜○	◎	×	◎	×	×	○	○〜×	×	△	×
	フェニルエーテル	ポリフェニルエーテル	×	×	◎	◎	◎	◎	×			○	×	○	×
		アルキルジフェニルエーテル			◎	○	○	×	×	○	○				
エステル	ジエステル		○	◎	○	△	○〜△	×	×	○	◎	○〜◎	×	△	○
	ポリオールエステル		○	◎〜○	◎	○〜◎	○	×	△	○	◎	○〜◎	×	△	○
	天然油脂		◎〜○	○	○	×	×	×	○	△	◎	◎	○	△	△
リン化合物	芳香族リン酸エステル		×	◎	○	◎	◎	×	○	○		△	○	×	△
ケイ素化合物	シリコーン		◎	◎	◎	◎	◎	◎	◎	×	×	×	×	○	×
ハロゲン化合物	フッ素化ポリエーテル		○〜◎	△	△	◎	◎	◎	◎	×	×	×	○	×	×
鉱油			○〜△	△	△	△	△	◎	×	—	○	×	△	○	◎

備考

マークの目安
◎　>200　　<−45　　　　　　　　　　　　　　　¥/kg
○　200〜100　−45〜−20　同粘度で比較　　　EP剤　　<100
△　10〜100　−20〜0　　　　　　　　　　　　(TCP)　100〜500
×　<0　　　>0　　　　　　　　　　　　　　　　　　　500〜1000
　　　　　　　　　　　　　　　　　　　　　　　　　　>1000

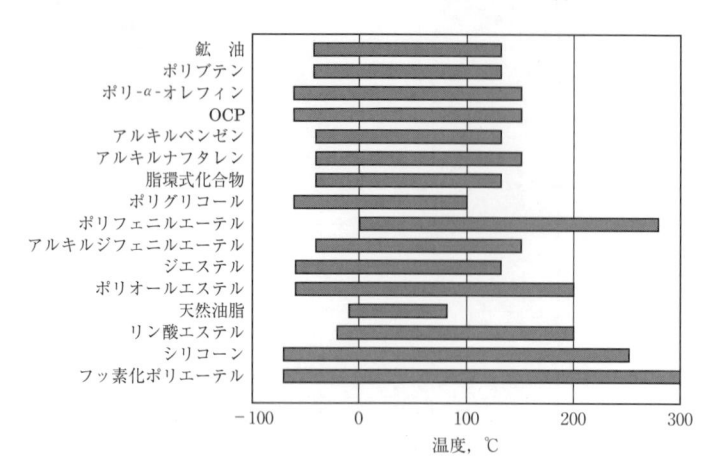

図1.1.3 使用温度範囲の目安

・アルキル芳香族：アルキル芳香族はアルキルベンゼン系とアルキルナフタレン系とに分類できる．アルキルベンゼンは洗剤の原料として主に使用されており，合成潤滑油としては比較的重質の成分が使用される．アルキルベンゼンにはアルキル基の構造によって，ハード型（分岐型，HABまたはBABと略されることが多い）と，生分解性が高いソフト型（直鎖型，SABまたはLABと略されることが多い）がある．アルキルベンゼンは絶縁油および冷凍機油に主に使用されている．これはアルキルベンゼンが電気特性およびスラッジの溶解性に優れているためである[8]．その他，スラッジの溶解性に優れていることを利用して，フラッシング用オイルとして使用されることもある．内燃機関用および一般工業用潤滑油に対しては，粘度指数が低いことから使用されることは少ない．アルキルナフタレンはナフタレンをアルキレーションすることにより合成される．アルキルナフタレンは高い酸化安定性を有することが最も大きな特長[9,10]であるが，その他にも，スラッジの溶解性が高いこと，ゴム材との適合性が鉱油系と同様であること，適度な粘性を有していること，流動点が比較的低いなど潤滑油として必要な各種の性能を有している．用途としては，高い酸化安定性が要求される回転型空気圧縮機油[10]，拡散ポンプ油，および熱媒体油[11]に実用化されている．

・脂環式化合物：脂環式化合物はナフテン環をもつ構造を有している．この化合物は高密度，低粘度指数，高い粘度圧力係数（高トラクション係数）が特徴である．トラクション係数が高いことから無段変速機に使用される．

（ⅱ）ポリエーテル

ポリエーテル系合成潤滑油には，ポリグリコールタイプとフェニルエーテルタイプがある．

・ポリグリコール：エチレンオキシド，プロピレンオキシドの重合物であり，末端水酸基をエーテル化したものもある．重合度を変えることにより粘度を自由に調整でき，エチレンオキシド比率を高くすることにより水溶性にもできるという特徴を有する．また，粘度指数が高く，ハイドロフルオロカーボン（HFC）冷媒との相溶性に優れ，スラッジが析出しにくいという特徴を有する．冷凍機油や水系作動油，ブレーキ油等に使用されている．

・フェニルエーテル：3～5の芳香環を有するポリフェニルエーテルタイプと，ジフェニルエーテルにα-オレフィンを付加したアルキルジフェニルエーテルタイプがある．ポリフェニルエーテルは，極めて高い酸化安定性を有し，また，放射線に対して耐性を有する点から，耐放射線用作動油に使用されている．アルキルジフェニルエーテルは，酸化安定性に優れ，低い蒸気圧を有し，真空ポンプ油やグリース等に使用されている．

（ⅲ）エステル

エステル系合成潤滑油には，二塩基酸と一価アルコールから合成されるジエステルタイプ，多価アルコールと一価カルボン酸から合成されるポリオールエステルタイプ，動植物から得られる天然油脂の三つのタイプがある．

・ジエステル：アジピン酸，セバシン酸と炭素数8～13の分岐アルコールから合成されるエステルが主に用いられており，低温流動性に優れ，高い粘度指数を有し，エンジン油等に使用されている．

・ポリオールエステル：ペンタエリスリトールやトリメチロールプロパン等のアルコールのβ位に水素をもたないヒンダードアルコールのエステルが熱安定性に優れる点から主に用いられる．酸化安定性やHFC冷媒との相溶性に優れ，エンジン油，ジェットエンジン油，冷凍機油等に使用されている．ヒンダードアルコールとオレイン酸から合成されるエステルは引火点が高く，生分解性に優れるため，難

燃性作動油や生分解性作動油に使用されている．

・天然油脂：生分解性が極めて優れており，おもにナタネ油が生分解性作動油や生分解グリースに使用されている．

・この他に，二塩基酸と多価アルコールと一価カルボン酸または一価アルコールから合成されるコンプレックスエステルタイプがあり，二塩基酸と多価アルコールの比率を調製することにより粘度を自由に制御できるという特徴を有している．

(iv) リン化合物

全てリン酸エステル系化合物であり，トリアリール型とトリアルキル型があるが，合成潤滑油用途には，トリアリール型が主に用いられる．難燃性，耐摩耗性に優れ，難燃性作動油に使用されている．

(v) ケイ素化合物

Si-C 結合と Si-O-Si 結合を有するポリマー系化合物であるシリコーン油が一般的であり，重合度を変化させることにより粘度を調節できる．Si に結合した炭化水素基がメチル基のものとフェニル基の混ざったものがある．シリコーン油は熱および酸化安定性に優れており，中でもフェニル基を有するものはさらに安定性に優れているが，高温で長時間使用し，熱，酸化劣化が進むと急激にゲル化を起こす性質がある．粘度温度特性，低温流動性等レオロジー性状には優れているが，摩擦摩耗特性は極めて悪く，一般的な鉱油系添加剤を溶解しないことからも潤滑油としての使用は制約されている．

(vi) ハロゲン化合物

パーフルオロ化したポリグリコールタイプ系基油のフッ素化ポリエーテル (PFPE あるいは PFPAE と略称されることが多い) は，C-F 結合エネルギーが高いことおよびフッ素原子のもつ高い電気陰性度により化学的に極めて安定な化合物となっており，熱，酸化安定性に優れ不燃性を示す．また分子内に屈曲性に優れたエーテル結合を有することと分子間相互作用力が小さいことから，大きな分子量を有する割には液状を示し粘度が低く，蒸気圧も極めて低い．他の化合物との相溶性は極めて悪く，フッ素系化合物以外とは溶け合わない．また，塩素系，臭素系化合物が人体に有害であるのに比べ PFPE はそれ自身は無害であるが，高温下，あるいはある種の無機化合物接触下では分解し，有毒気体を放出する場合があるため注意が必要である．PFPE の付いた手で直接たばこを扱ってはいけない．

b. 諸性質

(i) 粘度指数

鉱油系の粘度指数は最高 150 程度であるが，ポリ-α-オレフィン，ジエステル，ヒンダードエステル，植物油，シリコーン油などの，主鎖が長く分子屈曲性が大きいものは 150～500 程度の基油も製造できる．一方，ポリフェニルエーテル，芳香族リン酸エステル，アルキルベンゼン，アルキルナフタレン，合成ナフテン，ポリブテン，フッ素化ポリエーテル等の芳香族環のような分子屈曲性のない部分，側鎖やフッ素原子等横にかさばるものがあるものは粘度指数は低い．

(ii) 低温流動性

合成油は鉱油系に比較してろう分を含んでないので低流動点である．低温流動性は低温における粘性によって支配され，常温粘度が等しい場合，粘度指数が低いものほど低温粘度が高くなり，流動性が悪くなる．分子屈曲性があるポリ-α-オレフィン，ジエステル，シリコーン油などは粘度指数が高く流動点が低いが，分子屈曲性が悪いポリフェニルエーテル，芳香族リン酸エステル，合成ナフテン，ポリブテン，フッ素化ポリエーテルの流動点が高い．重合油は分子量が大きくなるに従って粘性が高くなり低温流動性は悪くなる．

(iii) 引火点

引火点は化合物の引火性蒸気の濃度に依存するため，一般に沸点が高くなれば引火点は高くなる[12]．粘度が高くなると沸点も高くなるため，同じタイプの合成油では粘度が高いほど引火点も高い（図

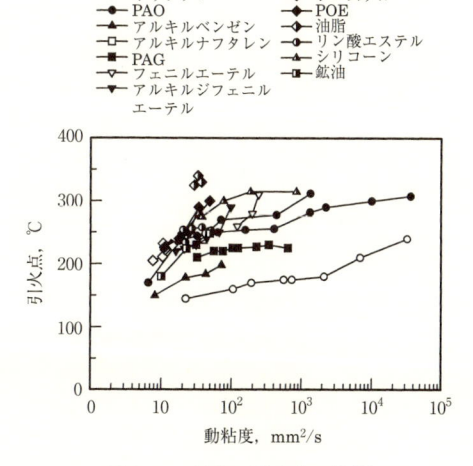

図 1.1.4 粘度と引火点の相関

1.1.4). 合成系炭化水素の中では，ポリブテンが分解しやすく引火点が低い．含酸素系合成油は炭化水素系より高い引火点を有するが，PAG は 200℃ 以上になると熱分解を起こすため引火点は粘度が増加しても変化しない．

(iv) 自然発火点

酸素のある高温条件では，過酸化物が徐々に蓄積しその蓄積量が十分であれば火源がなくても発火現象が起きる．この現象は自然発火と呼ばれる．引火点が低いガソリン留分が軽油より高い自然発火点を示すことから，必ずしも引火点と自然発火点に相関は認められないが，潤滑油留分に関しては，引火点が高いものほど高い自然発火点を示す傾向がある．合成油の中でリン酸エステルは特別に高い自然発火点を有する．これはリン酸エステルが燃焼すると重合物が生成し，空気を遮蔽するためである．

(v) 酸化安定性

通常潤滑油は酸素存在下の室温以上で使用される

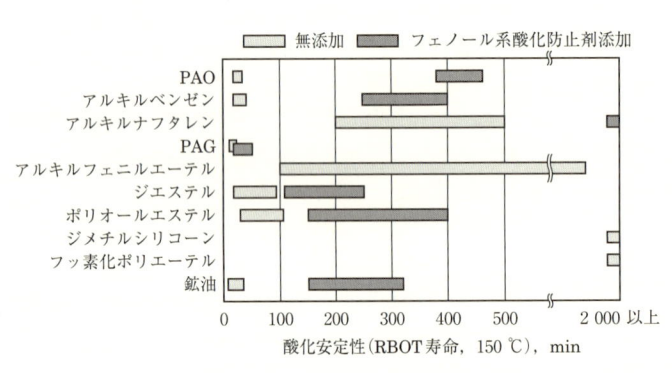

図1.1.5 合成油の酸化安定性

ため，必ず少しずつ酸化劣化する．一般的に使用される潤滑油の寿命は酸化劣化寿命によって支配されることが多い．潤滑油の酸化安定度は通常酸素を含む雰囲気下で，酸素の吸収量または油中の全酸価増加を測定することによって評価される．潤滑油の酸化安定度試験で留意すべきことは酸化防止剤を添加した場合と添加しない場合で区別して考える必要があることである．酸化防止剤の添加のない場合，酸化安定性は鉱油，PAO，アルキルベンゼンで大きな差はなく，エステルでやや高い酸化安定性を示すものがある．しかしながら，酸化防止剤を添加するとPAOはこれらの合成油の中で最も高い酸化安定性を示すようになる（図1.1.5）．酸化防止剤の添加のない状態では，アルキルナフタレン，アルキル

フェニルエーテル，シリコーン油およびフッ素化ポリエーテルが高い酸化安定性を示す（図1.1.5）．ただし，アルキルナフタレンおよびアルキルフェニルエーテルは構造によって酸化安定性に大きな違いがある．

(vi) 耐摩耗性

ポリブテン，PAO 等の炭化水素系は鉱油とほとんど同程度の低い極性を示すが，PAG，ポリオールエステル等の含酸素化合物は極性が高く，アルキルベンゼン，アルキルナフタレン等の芳香族系は中間の極性を有する．極性が異なると添加剤の溶解性が異なり，同じ添加剤を用いても効果が少ないことが指摘されている．図1.1.6にはリン酸トリクレジル（TCP）を耐摩耗剤として用いたときの濃度依存性を示すが，効果的な耐摩耗性を示すには，鉱油＜アルキルナフタレン＜PAG＜ポリオールエステルの順でより高濃度の TCP を必要とすることがわかる[13]．また，シリコーン油は他の基油に比べ耐摩耗性が極めて悪く，一般的な鉱油系添加剤を溶解しないことからも潤滑油としての使用は制約されている．

(vii) 生分解性

生分解には酸素が不可欠であり，分子中に酸素原子を含むエステル類は生分解性に優れる．合成エステルの生分解性は，構造により広範囲の値をとり，ポリオールエステルやジエステルは生分解性が高いが，芳香環をもつフマル酸やトリメリット酸のエステルは生分解性に劣る．ポリエーテルは分子

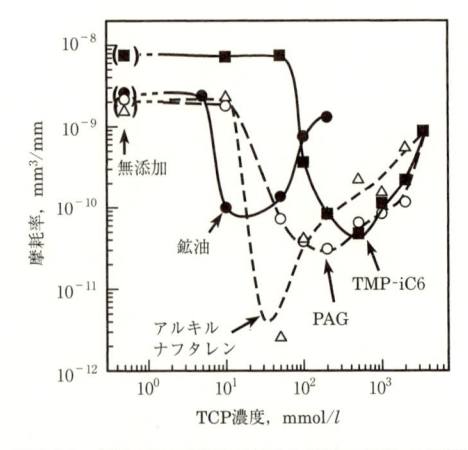

図1.1.6 添加剤の効果に及ぼす基油の極性の影響

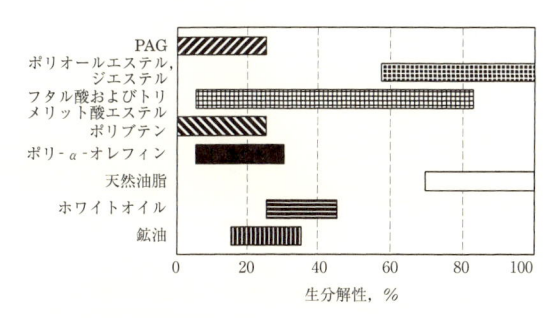

図 1.1.7　潤滑油の生分解性（CEC-L-33-T-82 試験法）
〔出典：文献 14）〕

中に酸素原子をもつが，エステルに比べ生分解を受けにくい．ポリグリコール類の中で，ポリエチレングリコールが高い生分解性を有するが，分子量が高くなると生分解性が劣る．ポリプロピレングリコールになると生分解性は低くなる．ポリ-α-オレフィンやポリブテンのような炭化水素油は生分解性が低い（図 1.1.7）[14]．

1.1.2　添 加 剤
（1）酸化防止剤
a．潤滑油の酸化防止と酸化防止剤

ほとんど全ての潤滑油は空気中で使用されるため，酸化劣化による様々な性能の低下は避けられない問題である．特に近年の高性能潤滑油，例えば省燃費エンジン油やスリップロックアップ制御対応自動変速機油などでは，有効な摩擦低減剤の配合等により新油時の初期性能が大幅に高められているだけに，この酸化劣化による性能低下がよりクローズアップされるようになった．潤滑油の酸化劣化を抑制し，初期性能をできる限り長期にわたって維持させるためには，潤滑油の酸化安定性を高める必要がある．このための最も有効な方法は，「酸化防止剤」を添加することであり，既存品の配合技術に加えて，より高性能な酸化防止剤の開発が続けられている．

潤滑油の酸化防止技術の高度化には，酸化防止反応の基礎的な観点からの理解が不可欠である．潤滑油の酸化は，パーオキシラジカル（ROO・）を連鎖の活性種とするラジカル連鎖反応で起こる．このような酸化反応を防止する酸化防止剤は，その作用機構から，酸化の開始速度を低下させる「防御型酸化防止剤」と，パーオキシラジカルを不活性化したラジカル連鎖を停止する「連鎖停止型酸化防止剤」の二つに大別できる[15]．本項ではそれぞれについて，代表的な化合物の構造，作用機構，さらに潤滑油の酸化防止の実際について解説する．なお潤滑油の酸化安定性を高めるもう一つの有効な方法として，潤滑油基油そのものの品質の向上が近年注目されているが，これについては本章 1.2.8 酸化特性で，潤滑油の酸化の基礎的な反応機構とともに詳細に解説する．

b．防御型酸化防止剤

防御型酸化防止剤は，ラジカル連鎖開始反応の速度を低下させることにより酸化を防止する[16]．これらの化合物はその作用機構からさらに次の二つに分けることができる．

（i）パーオキサイド分解剤

潤滑油の酸化劣化条件では，酸化の一次生成物であるハイドロパーオキサイド（ROOH）のラジカル分解反応が主要な開始反応となる〔反応式 (1.1.1)〕．

$$ROOH \longrightarrow RO\cdot + \cdot OH$$
$$RH + \begin{cases} \cdot OH \\ \cdot OR \end{cases} \longrightarrow R\cdot + \begin{cases} H_2O \\ ROH \end{cases} \quad (1.1.1)$$

パーオキサイド分解剤（PD）は，ROOH をラジカルを発生することなしに安定な化合物に分解し，開始反応速度を低下させる〔反応式 (1.1.2)〕．

$$ROOH + PD \longrightarrow 非ラジカル化合物 \quad (1.1.2)$$

代表的な化合物に，脂肪族サルファイドなどの有機硫黄化合物や，ジアルキルジチオリン酸亜鉛（ZDTP）などの含硫黄金属錯体がある（図 1.1.8）．これらの硫黄化合物によるパーオキサイド分解反応の真の活性種は，硫黄化合物そのものではなく，これらの酸化により生成した酸性物質

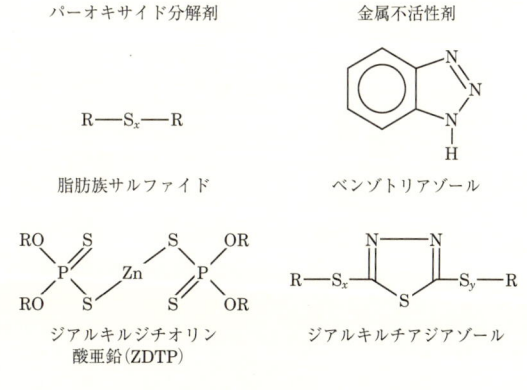

図 1.1.8　防御型酸化防止剤の代表例

(SO_2, SO_3 あるいは硫酸)とされている。したがってパーオキサイド分解剤は, この酸性活性種の触媒的イオン分解作用により, 1分子で多分子のハイドロパーオキサイドを分解できる。さらにこのイオン分解反応によれば, 芳香族ハイドロパーオキサイドはフェノール類に変換される。後述するように, フェノール類は有効な連鎖停止型酸化防止剤として作用するため, パーオキサイド分解剤は芳香族成分を含んだ石油系基油中で特に効果的なことがある〔1.2.8(4) d. 石油系基油の最適芳香族性参照〕。

なお近年では, ポリマー安定剤として一般的に用いられていた亜リン酸エステル系のパーオキサイド分解剤も, 高い酸化安定性を要求されるガスタービン油などに使用されるようになっている。

(ⅱ) 金属イオン不活性化剤

ハイドロパーオキサイドのラジカル分解は, 銅あるいは鉄といった遷移金属イオンの存在下で著しく促進され, 酸化を加速する。遷移金属によるこのような分解作用は, 反応式(1.1.3), (1.1.4)に示すようなハイドロパーオキサイドの触媒的レドックス分解によるものである。

$$ROOH + M^{n+} \longrightarrow RO\cdot + OH^- + M^{(n+1)+}$$
(1.1.3)
$$ROOH + M^{(n+1)+} \longrightarrow ROO\cdot + H^+ + M^{n+}$$
(1.1.4)

金属イオン不活性化剤は, 遷移金属イオンとキレートを形成することにより不活性化し, ハイドロパーオキサイドのラジカル分解速度を低下させ酸化を防止する。代表的な化合物にベンゾトリアゾールやチアジアゾールなどの含窒素化合物がある (図1.1.8)。

c. 連鎖停止型酸化防止剤

(ⅰ) 作用機構

連鎖停止型酸化防止剤 (以下連鎖停止剤) は, 自動酸化における連鎖担体ラジカルであるパーオキシラジカルと速やかに反応し, ラジカル反応の連鎖を断ち切ることにより酸化を防止する[17]。最も一般的に使用されている化合物に, フェノール類および芳香族アミン類がある。これらの化合物は, パーオキシラジカルに水素原子を与え, 自らはフェノキシラジカルなどの比較的安定なラジカルとなる〔反応式(1.1.5)〕。

$$ROO\cdot + AH \xrightarrow{k_{inh}} ROOH + A\cdot \quad (1.1.5)$$

ここで連鎖停止剤 AH が効果的に作用するためには, 生成したラジカル A・が十分に安定であり, 他のラジカルとのみ反応して失活する必要がある〔ラジカル連鎖停止反応, 式(1.1.6), (1.1.7)〕。A・が炭化水素と反応して酸化の連鎖を継続しては, 酸化防止にならない。

$$ROO\cdot + A\cdot \longrightarrow ROOA \quad (1.1.6)$$
$$A\cdot + A\cdot \longrightarrow A\text{-}A \quad (1.1.7)$$

フェノール化合物の場合, ラジカル A・は水酸基のオルト位に $tert$-ブチル基のような大きなアルキル基を導入することにより立体的に安定化される。このような化合物を特にヒンダードフェノールと呼び, 2,6-ジ-$tert$-ブチル-p-クレゾール (DBPC) は最も代表的な連鎖停止剤である。

芳香族アミン類の代表例としては, p-アルキル置換ジフェニルアミンやフェニル-α-ナフチルアミンがある。一般に芳香族アミン類は, フェノール類のような大きなオルトアルキル置換基をもたない。それでも効果的に作用するのは, A・がすでに二

表1.1.4 連鎖停止剤の添加によるクメンの酸化防止と k_{inh} 値

連鎖停止剤	酸化速度 ($M^{-1}\cdot s^{-1}$)	k_{inh} ($M^{-1}\cdot s^{-1}$)
無添加	3.30×10^{-7}	—
HO–⟨⟩–CH_3 (di-tert-butyl)	0.21×10^{-7}	1.2×10^4
HO–⟨⟩–OCH_3 (di-tert-butyl)	0.032×10^{-7}	8.0×10^4
ナフトール (OH)	0.013×10^{-7}	20.0×10^4
⟨⟩–NH–⟨⟩	1.15×10^{-7}	0.22×10^4
R–⟨⟩–NH–⟨⟩–R	0.63×10^{-7}	0.42×10^4
NH–⟨⟩ (ナフチル)	0.11×10^{-7}	2.3×10^4

測定温度: 30℃, 連鎖停止剤濃度: 2.0×10^{-6} M, AIBN: 0.01 M ($R_i = 0.80\times 10^{-9}$ Ms^{-1})

(ii) 連鎖停止活性と酸化防止能力

連鎖停止剤からのラジカル A· が全て反応式 (1.1.5) の経路をとり失活する場合，炭化水素の酸化速度および酸化防止剤の消耗速度はそれぞれ式 (1.1.8) および式 (1.1.9) で表わされる．

$$-\frac{d[RH]}{dt} = -\frac{d[ROOH]}{dt} = -\frac{d[O_2]}{dt} = \frac{k_p[RH]}{2k_{inh}[AH]} R_i \quad (1.1.8)$$

$$-\frac{d[AH]}{dt} = k_{inh}[AH][ROO\cdot] = \frac{R_i}{2} \quad (1.1.9)$$

ここで k_{inh} はパーオキシラジカルとの反応性を表わす連鎖停止速度定数〔$M^{-1}s^{-1}$，反応式 (1.1.5)〕であり，式 (1.1.8) から k_{inh} 値が大きいほど酸化速度が低下することがわかる．表 1.1.4 に，いくつかの代表的な連鎖停止剤の構造と，温度 30°C で測定した炭化水素（クメン）の酸化防止の様子を示す[18]．極めて少量の連鎖停止剤の添加により，クメンの酸化が非常に効果的に防止されていることがわかる．これはパーオキシラジカルに対する反応性が，連鎖停止剤の方が炭化水素類よりもはるかに大きいためである〔k_{inh} 値が $10^4 \sim 10^5\ M^{-1}s^{-1}$ であるのに対し，炭化水素類との反応性を示す生長反応速度定数 k_p 値は $10^{-3} \sim 1\ M^{-1}s^{-1}$ である．1.2.8(2) b. 炭化水素の構造と酸化速度参照〕．

k_{inh} 値は，炭化水素の k_p 値と同様に，引き抜かれる水素の結合解離エネルギー（O-H または N-H）により決定される．小さい結合解離エネルギーをもつものほど k_{inh} 値が大きく，連鎖停止活性が高いことになるが，これらは必ずしも長い潤滑油酸化寿命を与えない．結合解離エネルギーが小さくなるに従い，油中の酸素分子との直接反応による消耗もまた速くなるためである[19,20]．

d. 酸化防止剤間の相乗効果

式 (1.1.9) に示すように，連鎖停止剤の消耗速度は酸化反応系の開始速度に比例する．c. で述べたように，連鎖停止剤は酸化のラジカル連鎖を効果的に断ち切り，ハイドロパーオキサイドの生成を抑制する．これにより，ハイドロパーオキサイドのラジカル分解によっている酸化の開始速度を著しく低下させ，自身の消耗も抑制する．しかしながら連鎖停止剤は，生成したハイドロパーオキサイドには何の影響も及ぼさない．このため，例えばエンジン運転中のピストン-シリンダ域のように，燃焼ラジカルとの反応により常にハイドロパーオキサイドが生成している苛酷な酸化条件では，ハイドロパーオキサイドからのラジカルとの反応により急速に消耗されてしまう．このような系では，ハイドロパーオキサイドを効果的に分解するパーオキサイド分解剤との併用が非常に効果的になってくる．

このような異なった作用機構をもつ酸化防止剤の併用により得られる優れた効果は，「相乗効果 (synergism)」と呼ばれ，潤滑油の実用的な酸化防止に大きな成果を挙げている．エンジン油における ZDTP と連鎖停止剤の併用はその代表例である．なお ZDTP は，パーオキサイド分解剤として主に作用するが，同時に連鎖停止剤としても作用し，それ自身単独で「相乗効果」を示す非常に優れた潤滑油酸化防止剤である．

(2) 清浄分散剤

a. 機　能

酸化防止剤が潤滑油の酸化劣化そのものを防止し，使用可能期間を延長する目的で使用されるのに対し，清浄分散剤はエンジン油中に生成あるいは混入した劣化物が，使用中のエンジンに不具合を引き起こさないようにする目的で使用されるものであり，エンジン油に必須の添加剤である．

表 1.1.5 に代表的な清浄分散剤の種類と化学式を示す．清浄分散剤は比較的高分子量の親油基と各種極性基からなる油溶性界面活性剤であり，その構造から，有機酸の金属セッケンから成る金属系清浄剤と C, H, N, O のみから成る無灰分散剤に大別される．

一般に金属系清浄剤は，高温運転における劣化物のデポジットとしての沈積を防止あるいは抑制してエンジン内部を清浄に保つ機能を有する．一方，無灰分散剤は比較的，低温運転で発生するスラッジを油中に分散する機能を有する．しかしこれらの機能は厳密に区分されるものではなく，金属系清浄剤や無灰分散剤は両方の機能を有していることが多い．またディーゼルエンジン油の場合のように，燃焼により生成する硫酸の中和やさび止め作用も金属系清浄剤の役割である．

b. 種類と構造[21,22]

金属系清浄剤は油溶性の中性清浄剤分子，アルカリ粒子（過塩基性清浄剤の場合）および希釈油から成っている．清浄剤分子は，分子量 200〜1 000 程

表1.1.5 清浄分散剤の種類

金属系清浄剤	中性 塩基性	スルホネート、フェネート (M=Mg, Ca, Ba(Na), R=C_9～C_{20})
	過塩基性	サリシレート
無灰分散剤		ポリブテニルコハク酸イミド (R=ポリブテン, Mw.：1 000～3 000)

度の比較的，高分子量の有機酸の金属セッケンである．金属系清浄剤の親油基は，油に対し十分な溶解度を得るために，芳香族環に炭素数8から30程度のアルキル基を付加させたアルキル芳香族である．芳香族を使用するのは，アルキル化や極性基の付加が容易であるためである．清浄剤は結晶性の固体であるので，ハンドリング性向上のため希釈油（鉱油）に溶解してある．金属系清浄剤の種類としては，スルホネート，フェネートおよびサリシレートが代表的なものである．

スルホネートはホワイトオイル製造時の硫酸洗浄の副産物として得られる石油系のものと，α-オレフィンやプロピレンオリゴマーから作られるアルキルベンゼンをスルホン化して得られる合成系のものがある．最近ではホワイトオイル製造プロセスが水素化に置き換わってきたことから，合成系のものが主流になりつつある．フェネートはプロピレンオリゴマーやα-オレフィンを原料とするアルキルフェノールから合成される．硫黄で架橋した硫化アルキルフェノールから合成されたものは，酸化防止性が優れている．サリシレートはα-オレフィンから合成されるアルキルフェノールをサリチル化して得られる．金属の種類としてはCaおよびMgが一般的である．これらの他に，以前はナフテネートやホスホネートが使用されていたが，前者は人体への安全性の問題から，また後者はリンが排気ガス浄化触媒の被毒原因となることから，最近ではほとんど使用されなくなっている．

清浄剤分子は，油中でミセルと呼ばれる数〜数十分子の会合体を形成して溶解している．このミセル内に炭酸カルシウムのようなアルカリを分散させたものを，過塩基性清浄剤と呼ぶ．過塩基化は，アルカリ土類酸化物や水酸化物を，アルコールなどの反応促進剤の存在下で，炭酸ガスを吹き込む炭酸化により行なわれる．過塩基性清浄剤中のアルカリ粒子は，通常，10 nm以下の超微粒子である．このような超微粒子が製造できるのは，清浄剤ミセル内を反応場とすることにより，反応物を濃縮し，均一な粒径を有する粒子を常温・常圧で合成することが可能になるためである．また清浄剤分子は，生成したアルカリ超微粒子を合一，凝集，沈殿から守る保護コロイドとして機能している．

スルホネートおよびサリシレートは，1940年代に開発されたものであり，その後，1950年代にはフェネートおよび過塩基化技術が開発されている．

表1.1.6に過塩基性清浄剤の特性を表わすパラメータを示す．一般には，アルカリ容量の目安として，塩基価が使用されている．塩基価の定義は，添加剤あるいはエンジン油1gあたりに含まれるアルカリに相当する水酸化カリウムの当量（mgKOH/g）である．しかし，塩基価だけでは清浄剤の性能を正しく表わすことはできず，セッケンの種類や濃度も考慮する必要がある．

金属系清浄剤の量を表わす目安として，硫酸灰分もよく使用されている．硫酸灰分は，エンジン油中に含まれる金属を硫酸塩として表わした値であり，

表1.1.6 金属系清浄剤のパラメータ

パラメータ	スルホネート	フェネート	サリシレート
セッケンの濃度	10～50%	30～50%	10～45%
有機酸の分子量	375～700	160～600	250～1 000
金属の種類	Na, Ca, Mg	Ca	Ca, Mg
塩基価	0～500	50～300	50～300
金属比	1～30	0.8～10	1～10
硫黄分		0～4%	

JIS K 2272に基づいた油に硫酸を加えて燃焼させる方法が用いられている．しかし最近では，元素分析法の進歩に伴い，油中元素濃度から計算により求める方法も一般化しつつある．表1.1.7にその方法を示す．

表1.1.7　硫酸灰分の計算法

元　素	係　数
Ca	3.4
Mg	4.95
Na	3.09
Zn	2.0

硫酸灰 mass％＝3.40 Ca＋4.95 Mg＋3.09 Na＋2.0 Zn

　金属系清浄剤は，ガソリンエンジン油では硫酸灰分として1％前後，ディーゼルエンジン油では1～2％程度，また硫酸中和が重要な役割である舶用エンジン油では2～3％使用される．

　無灰分散剤は1960年代に登場した，エンジン油添加剤の中では比較的，新しい添加剤である．無灰分散剤は分子量1 000～3 000程度のポリブテンと無水マレイン酸の反応で得られるポリブテニルコハク酸無水物を，テトラエチレンペンタミンのようなポリエチレンポリアミンでイミド化したコハク酸イミド型の化合物が一般的である．反応条件によりビスイミド型のものとモノイミド型のものが得られるが，最近では耐熱性に優れたビスイミド型のものが主流になっている．コハク酸イミドの他に，ポリブテニルコハク酸無水物をペンタエリスリトールのような多価アルコールでエステル化したコハク酸エステル型のもの，およびポリブテン，フェノール，ホルムアルデヒド，ポリアミンからマンニッヒ反応により合成されるベンジルアミン型のものがある．無灰分散剤自身は半固体であるので，通常は鉱油で希釈されたものが市販されている．

　コハク酸イミドは油中で摩耗防止剤であるジチオリン酸亜鉛と相互作用し，その耐摩耗性を悪化させる．またフッ素ゴムに対し悪影響を及ぼすことも知られている．このような問題点を改良したり，耐熱性を向上させる目的で，ホウ酸や有機酸で変性したものも一般化している．また最近では，分散性を高めるために高分子量のポリブテンを使用したものも多くなっている．

　無灰分散剤は最近のガソリンエンジン油やディーゼルエンジン油では，4～8％程度使用されている．

特にエンジン油の高性能化に伴い，その使用量は増しつつある．

c.　作用機構[23,24]

　清浄作用：使用中のエンジン油内には種々の汚れが次第に蓄積していく．これらの汚れは，燃料およびエンジン油自身が主たる源であり，基油および燃料の熱・酸化劣化物，不完全燃焼に起因する極性化合物（カルボニル基，水酸基，アルデヒド基，ニトロ基，硝酸エステル基などを含む化合物）などを含んでいる．これらは重縮合により高分子量化し，油に不溶になり，凝集してスラッジやデポジットとして，エンジン各部に堆積する．また不溶性化合物は，ピストン周辺のような高温部でさらに重合，コーキングし，ワニス・ラッカーやカーボンデポジットを生成する．これらの極性化合物を油中で可溶化，不活性化することにより，高温でのデポジット付着を防止し，エンジン各部を清浄に保つ機能が清浄性である．

　スラッジ分散作用：市街地走行のような（stop-and-go運転），低油温の運転条件で発生するスラッジあるいはスラッジの前駆体を油中に分散，不活性化させる作用がスラッジ分散作用である．低温スラッジはガソリン中のオレフィン分，あるいはアルキル芳香族の然分解により生成する低級オレフィンが燃焼により生成した窒素酸化物（NO_x）と反応し，硝酸エステルを形成し，脱硝酸，熱重合などによりスラッジ化したものである．清浄分散剤の中でも無灰分散剤は特にスラッジ分散作用が優れている．

　すす分散作用：ディーゼルエンジン油においては，燃料の不完全燃焼に起因するすす（スーツ）の発生が顕著である．すすは20 nm程度の一次粒子がネットワークを形成し，500～1 000 nm程度の凝集体になっている．すすの分散機構としては，清浄分散剤のすす表面への吸着膜による分散効果と，清浄分散剤がすす表面で形成する電気二重層から得られる反発力による効果が知られている．無灰分散剤の親油基の分子長は5 nm程度であり，極性基であるポリアミン部が，燃焼により酸性化合物を表面に吸着したすすに吸着する．無灰分散剤によるすすの分散安定化はこの吸着分散剤層の立体膜によるものが主であると考えられている．したがって，無灰分散剤を増量すると，すすの粒径が小さくなり，結果として高い分散性を得ることができる．このような

表1.1.8 清浄分散剤の性能

	金属系清浄剤			無灰分散剤
	スルホネート	フェネート	サリシレート	コハク酸イミド
耐水性	普通	良	優	—
酸化安定性	不良	良	優	良
熱安定性	良	良	優	良
清浄性	良	良	良	良
さび止め性	優	普通	不良	不良
摩擦特性	普通	不良	優	普通

分散性の高い油ほど，ディーゼルエンジンで問題になる，すすによる粘度増加を抑制することができる．金属系清浄剤の場合には，電気二重層による効果が主であると考えられている．

酸中和作用：エンジン油中には，酸化劣化によって生じる有機酸，燃焼によって生じる硝酸などが混入してくる．またディーゼルエンジンでは燃料中の硫黄化合物の燃焼によって発生する硫酸の混入も顕著である．これらの酸を中和することにより不活性化し，エンジン各部をさび，腐食および摩耗から防止する機能が酸中和作用である．清浄分散剤のなかでは，過塩基性清浄剤が特に酸中和能力が優れている．

表1.1.8に各種清浄剤の性能を示す．

d. 動向[25]

金属系清浄剤の中では，価格的に優位性のあるスルホネートの使用量が最も多く，フェネート，サリシレートと続く．特にガソリンエンジン油では圧倒的にスルホネートが使用されているが，ディーゼルエンジン油では耐熱性に優れたフェネートが使用されることもある．使用される金属系清浄剤のほとんどは過塩基性清浄剤であるが，二輪用2サイクルエンジン油では中性塩や低塩基性塩が使用される．

国内においてガソリンエンジン油は，過去にMg系清浄剤による針状結晶生成による油のゲル化問題を起こしたことがあるため，Ca単一系が中心であるが，徐々にCa/Mg混合系が復活しつつある．欧米ではCa/Mg混合系が多い．現在では，（1）Mg系清浄剤の品質が向上したと考えられること，（2）エンジン油の品質向上に伴い，針状結晶抑制に効果のある無灰分散剤の使用量が増加していること，および（3）自動車／エンジン油が国際化していること，などの理由から，今後は，国内でもCa/Mg系が増えていくものと推測される．

またディーゼルエンジン油においても，国内では耐熱性や耐ボアポリシングの観点から，Ca単一系が指定されることが多く，市販油の80％がCa単一系である．これに対し，ガソリンエンジン油と同様に，欧米ではCa/Mg混合系が多用されている．Mg系清浄剤を使用する利点としては，塩基価あたりの硫酸灰分が低いこと，さび止め性や動弁系摩耗性が良いことなどが挙げられる．

またディーゼルエンジン油では粒子状排出物（パティキュレート）低減のため，それ自身が粒子状排出物になる金属系清浄剤を減らした低灰油が要望されつつある．またNO_x低減のため排気ガス循環装置（EGR）が装着されると，油中へのすすの混入量も増大する．このため無灰分散剤の役割および使用量はますます増大していく傾向にある．またこのような排気ガス問題に対応するためのエンジンデザインの改良は，油への熱負荷を増大させるため，耐熱性に優れた無灰分散剤の開発も重要である．一方で，無灰分散剤は低温粘度を悪化させる傾向があるため，省燃費を目的とした低粘度油では，注意が必要である．

コハク酸イミドはエンジン油用の無灰分散剤としてだけでなく，湿式クラッチの動摩擦係数を高くするというユニークな特性を有するため，自動変速機油（ATF）でも主要な添加剤になっている．

金属系清浄剤や無灰分散剤は，その製造過程において，最近，安全性が問題になっている塩素が不純物として含まれていることが多い．今後は塩素濃度の低いものも要求されることになる．

（3）粘度指数向上剤

潤滑油の粘度は油膜厚さ，ひいては潤滑モードを決定する最も重要な特性の一つである．しかし潤滑油の粘度は温度上昇によって低下する性質があり，粘度の温度依存性の大きさを示す尺度として粘度指数が用いられている．

パラフィン系潤滑油基油の粘度指数は100前後のものが多い．一定条件下で長時間運転される場合にはこの程度の粘度指数で十分であるが，年間を通じて使用され，かつ運転停止を繰り返す自動車や建設機械用の潤滑油には，始動性や省エネルギーなどの観点からさらに高い粘度指数が要求される．

第1章 潤滑油

表1.1.9 代表的な粘度指数向上剤

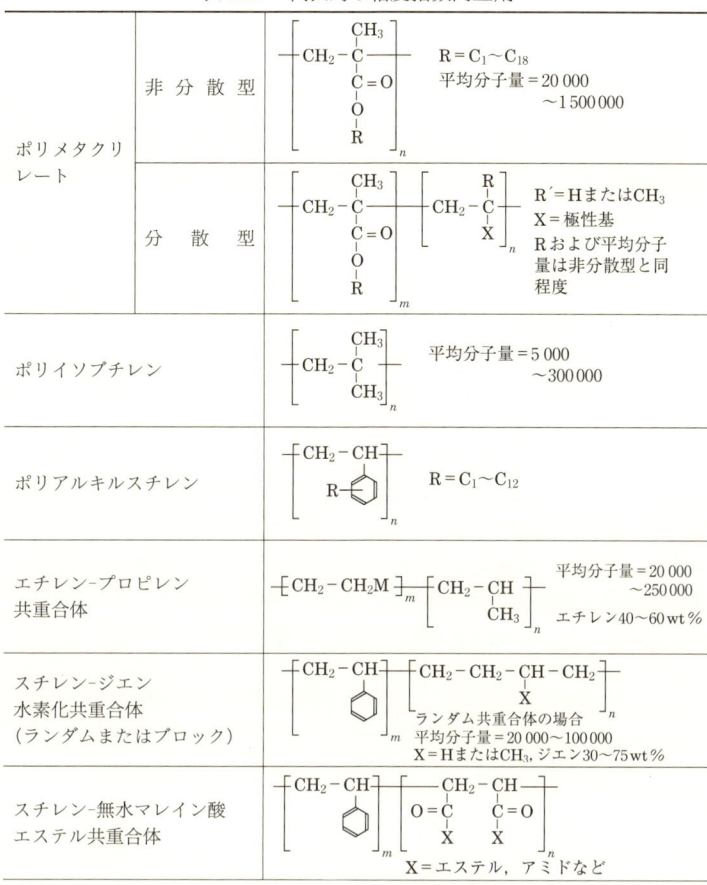

		構造	備考
ポリメタクリレート	非分散型	$\left[\begin{array}{c}CH_3\\-CH_2-C-\\C=O\\O\\R\end{array}\right]_n$	$R = C_1 \sim C_{18}$ 平均分子量 = 20 000 ～1 500 000
	分散型	$\left[\begin{array}{c}CH_3\\-CH_2-C-\\C=O\\O\\R\end{array}\right]_m \left[\begin{array}{c}R'\\-CH_2-C-\\X\end{array}\right]_n$	$R' =$ HまたはCH$_3$ X = 極性基 Rおよび平均分子量は非分散型と同程度
ポリイソブチレン		$\left[\begin{array}{c}CH_3\\-CH_2-C-\\CH_3\end{array}\right]_n$	平均分子量 = 5 000 ～300 000
ポリアルキルスチレン		$\left[-CH_2-CH(C_6H_4R)-\right]_n$	$R = C_1 \sim C_{12}$
エチレン-プロピレン共重合体		$\left[-CH_2-CH_2-\right]_m \left[\begin{array}{c}-CH_2-CH-\\CH_3\end{array}\right]_n$	平均分子量 = 20 000 ～250 000 エチレン 40～60 wt%
スチレン-ジエン水素化共重合体(ランダムまたはブロック)		$\left[-CH_2-CH(C_6H_5)-\right]_m \left[-CH_2-CH_2-CH-CH_2-\right]_n$ (X)	ランダム共重合体の場合 平均分子量 = 20 000～100 000 X = HまたはCH$_3$, ジエン 30～75 wt%
スチレン-無水マレイン酸エステル共重合体		$\left[-CH_2-CH(C_6H_5)-\right]_m \left[\begin{array}{cc}-CH_2-CH-\\O=C\ \ C=O\\X\ \ \ \ X\end{array}\right]_n$	X = エステル, アミドなど

粘度指数向上剤は分子量1～100万程度のポリマーであり,潤滑油基油に添加することにより潤滑油の粘度指数を向上させることを目的とする添加剤である.

代表的な粘度指数向上剤を表1.1.9に示す.これらのポリマーの中で現在最も広く用いられているのは,ポリメタクリレート(PMA),およびエチレン-プロピレン共重合体(EPC)に代表されるオレフィン共重合体(OCP)である.

PMAには分散型と非分散型がある.前者はアルキルメタクリレートのホモポリマーであり,後者は分散性をもつ極性モノマーとの共重合物である.

市販PMA中のアルキル鎖長は単一ではなく,通常ある分布をもっている.天然油脂から得られたアルコールによるものはアルキル鎖長が偶数であり直鎖状であるのに対し,合成アルコールによるものはアルキル鎖長に奇数のものもあることと,一般に分岐状であることから,両者を区別することができる.

分散型PMAの極性モノマーとしては,ジエチルアミノエチルメタクリレートなどのような含窒素化合物が主に使用される.

OCPの代表格であるEPCは,低温における鉱油との親和性が高いのでVI向上性はPMAに比べて劣るが,熱安定性やせん断安定性が優れており,コスト面でも有利なため広く使用されている.またPMAと同様,分散性を付与したポリマーも実用化されている.

表1.1.9の線形ポリマーに加えて,OCPの一種と考えられる星形ポリマーも使用されるようになっている.星形ポリマーは核となるポリジビニルベンゼンからポリイソプレン鎖が放射状に多数伸びた構造をとり,線形ポリマーよりもせん断安定性が優れていることが特長である.また粘度指数向上剤の機

能を拡大するために，酸化防止性など分散性以外の機能を付与した新しいタイプの変成ポリマーも検討されている．

粘度指数向上剤に要求される VI 向上性はポリマーの分子量とともに増加するが，せん断安定性は逆に低下する．したがって，潤滑油の使用条件に合わせてポリマーのタイプばかりではなく，分子量についても最適なものを選定する必要がある．

粘度指数向上剤は，ポリマーと基油間の溶媒和（溶解性）による親和性の温度変化により作用する．図 1.1.9 に示されるように，粘度指数向上剤であるポリマーは親和性の小さい貧溶媒中では糸まり状に凝集しており，親和性の大きい良溶媒中では膨潤した状態をとる．同様の変化が低温時と高温時でも起こる．つまり低温時にはポリマー自身が凝集しているために増粘効果は小さいが，高温時には多量の基油がポリマーの糸まり中に不動化されるので，増粘効果が著しく，その結果として粘度指数が向上する．ポリマーの親和性が低温では小さく，高温で大きくなるものほど VI 向上性が大きい．この VI 向上性は E 値で比較できる[26]．

$$E = (\eta_{sp})100°C / (\eta_{sp})40°C \quad (1.1.10)$$

ここで η_{sp} は比粘度である．

表 1.1.10 に各種ポリマーの E 値を示す[1]が，PMA が最も VI 向上性が高いことがわかる．

粘度指数向上剤を添加した潤滑油は粘性流動に関して非ニュートン性を示す．その結果ポリマー添加油の見掛け粘度 η_{eff} は，せん断速度とともに，図 1.1.10 のように変化する．すなわち低せん断速度下では第一ニュートン領域（I 領域）における一定の値を示し，高せん断速度領域では基油の粘度に近い一定値を示す第二ニュートン領域（III 領域）となる．

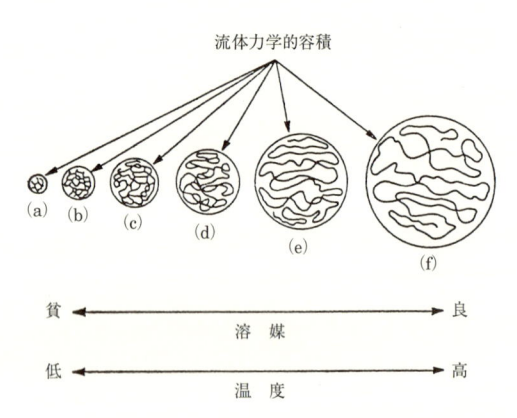

図 1.1.9 ポリマーの膨潤・収縮

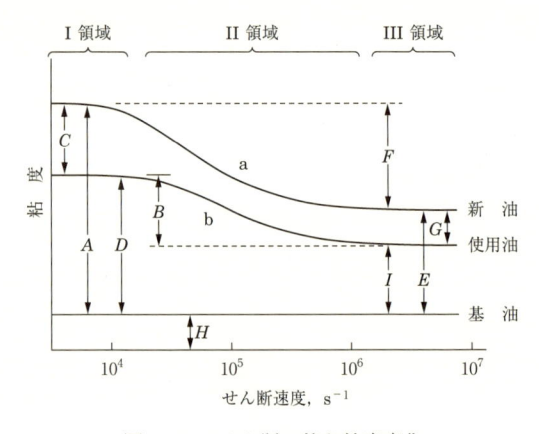

図 1.1.10 せん断に伴う粘度変化
C/A：低せん断永久粘度損失
G/E：高せん断永久粘度損失
F/A：新油一時的粘度損失
B/D：せん断油一時的粘度損失

図 1.1.10 の I 領域から III 領域への粘度低下（新油：F，使用油：B）は可逆的なので，両者の粘度の差を一時的粘度損失という．この現象は油膜が外部からせん断されることにより，せん断力の方向に粘度指数向上剤が配向するためである．一方，ポリマー添加油がたびたび強いせん断力を受けると，ポリマー鎖が物理的に切断されて非可逆的な粘度低下を引き起こす．図 1.1.10 の新油から使用油への全域における粘度低下であり，これを永久粘度損失という．

図 1.1.11 はエンジン油の粘度をエンジン内におけるせん断速度と温度の関数として表わした三次元グラフである[27]．この図のせん断速度の範囲は，低

表 1.1.10 各種ポリマーの VI 向上性能
〔出典：文献 26〕

ポリマーの種類	E
ポリイソブチレン	0.8〜0.9
ポリアルキルスチレン	1.0
ポリビニールエステル	0.8〜1.0
直鎖ポリエステル	0.9
イソブチレン/マレートエステル	0.9〜1.1
スチレン/マレエートエステル	0.9〜1.2
ポリアクリレート	1.0〜1.5
酢酸ビニル/マレートエステル	1.0〜1.6
ポリメタクリレート	1.0〜1.8

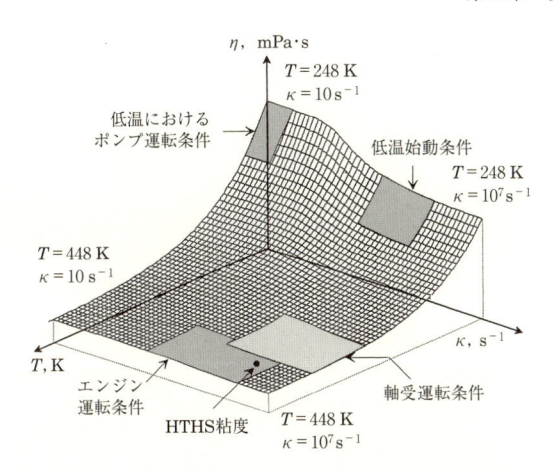

図1.1.11 SAE 5 W-30エンジン油粘度のせん断速度と温度に関する三次元グラフ〔出典：文献27)〕

温時のエンジン油のポンプ作動時における 10^1 s^{-1} から高温部の軸受の 10^7 s^{-1} まで非常に広く，上記の非ニュートン性が実用性能上，重要な役割を演じることがわかる．

（4）流動点降下剤

潤滑油は温度の低下とともに流動性を失うが，その原因として二つの現象がある．一つは，ワックスを含まないナフテン系基油や合成潤滑油などにみられるもので，粘度の上昇により流動性を失う現象である．もう一つは，パラフィン系基油を使用した潤滑油に見られるように，ワックスが析出して潤滑油全体の流動性を失わせる現象である．

パラフィン系基油の流動点は，主として脱ろう工程の条件によって決まるが，通常 $-20 \sim -10$ °C のものが多く製造されている．

流動点降下剤は，基油よりもさらに低い流動点を要求される製品に添加される物質であり，析出するワックスの結晶形態を変えることにより，流動点を下げる．したがって流動点降下剤を添加しても，ワックスの析出開始点であるくもり点やワックスの析出量などは，原則として変化が認められない．

潤滑油に用いられる流動点降下剤としては，ポリメタクリレート（PMA）系と，アルキル芳香族化合物あるいはその塩素化物が主体である（表1.1.11）．

PMAは粘度指数向上剤と同じ化学構造をもつが，流動点降下作用はPMAの主鎖とエステル結合している側鎖アルキル基が基油のワックス分と共結晶化することにより，結晶成長の方向性を支配して強固な三次元網目構造を形成させないものと考えられている[28]．PMA自身が結晶化する温度は，側鎖のアルキル鎖長とともに上昇するので，側鎖が短すぎるとワックスが結晶化しはじめても共晶化せず，長すぎると流動点降下剤の方が先に結晶化してしまい，流動点付近での共晶化が起こらないことにな

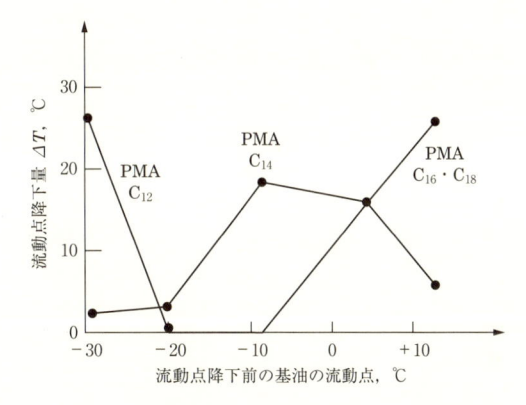

図1.1.12 基油の流動点とPMAアルキル鎖長の関係
〔出典：文献29)〕

表1.1.11 代表的な市販の流動点降下剤

種類	塩素化パラフィンとナフタリンの縮合物	塩素化パラフィンとフェノールの縮合物	ポリアルキルメタクリレート	ポリブテン	ポリアルキルスチレン	ポリビニルアセテート	ポリアルキルアクリレート
化学構造	$\left[R-\underset{}{\bigcirc\!\!\bigcirc}-R \right]_n$	$\left[R-\underset{OH}{\bigcirc}-R \right]_n$	$\left[\begin{array}{c} H\ CH_3 \\ \|\ \| \\ -C-C- \\ \|\ \| \\ H\ C=O \\ \|\\ O\\ \|\\ R \end{array} \right]_n$	$\left[\begin{array}{c} H\ CH_3 \\ \|\ \| \\ -C-C- \\ \|\ \| \\ H\ CH_3 \end{array} \right]_n$	$\left[CH-CH_2 \atop \underset{R}{\bigcirc} \right]_n$	$\left[\begin{array}{c} CH_3 \\ \| \\ C=O \\ \| \\ O \\ \| \\ -C- \\ \| \\ H \end{array} \right]_n$	$\left[\begin{array}{c} H\ H \\ \|\ \| \\ -C-C- \\ \|\ \| \\ H\ C=O \\ \|\\ O\\ \|\\ R \end{array} \right]_n$

注：Rはアルキル基，n は重合度

る．このために，基油の流動点に対してPMAの側鎖アルキル基には最適鎖長が存在する．図1.1.12[29]に示されるように，低流動点基油には短鎖長の，高流動点基油には長鎖長の側鎖をもつPMAが大きな流動点降下能を示す．

他方，アルキル芳香族化合物およびその塩素化物は，芳香族基がワックス表面に吸着することによりPMAと同様に，ワックスの結晶成長の方向性を支配して三次元網目構造の形成を防止すると考えられている．

(5) 油性剤・摩擦調整剤
a. 油性剤

境界潤滑や混合潤滑において潤滑油の粘性油膜だけでは完全な潤滑効果は期待できず，機械や工具の摩擦摩耗による損傷防止や寿命延長，加工製品の表面品質の向上などは得られにくい．一般にこれらの潤滑では潤滑油中にその潤滑性能を向上させるために，油性剤や極圧剤などの添加剤が単独または複数添加されている．これらの添加剤の作用機構としては，吸着やトライボ化学反応などの添加剤と摩擦表面との相互作用による潤滑膜の形成が大きく関係しており，一般には適用条件によって使い分けられる．

表1.1.12には，境界潤滑剤の種類，作用機構および適用潤滑条件を示す．油性剤は分子中に長い炭化水素鎖と末端に強い極性基をもつ両親媒性物質で，潤滑油より吸着活性であるために，摩擦面に物理吸着または化学吸着による潤滑膜を形成して，摩擦面同士の直接接触を抑制し，摩擦摩耗を低減する．油性剤は比較的マイルドな条件の低温，低〜中荷重下で使用され，より高温，高荷重では膜の脱離または破断が起こり，潤滑性は低下する．油性剤の潤滑性能への影響因子を，油性剤の分子構造および摩擦表面の吸着の観点[30〜34]から，整理すると表1.1.13のようになる．

境界潤滑における油性剤の添加効果はこれらの因

表1.1.12 境界潤滑剤と潤滑条件

添加剤のタイプ	油性剤	耐摩耗剤	極圧剤
種類	脂肪酸（オレイン酸など），脂肪族アルコール（オレイルアルコールなど），エステル，油脂など	リン酸エステル，金属ジチオホスフェート塩など	有機硫黄化合物，有機ハロゲン化合物，有機モリブデン化合物など
潤滑条件 高温	効果なし	効果あり	効果あり（腐食注意）
荷重	効果あり（低〜中荷重，低温）	効果あり（低〜中荷重）	効果あり（中〜高荷重，摩耗注意）
空気中	効果あり（酸化膜必要）	効果あり	効果あり
衝撃	効果なし	効果なし	効果あり
減圧	効果なし	効果あり	やや効果あり（摩耗注意）
特徴	摩擦の軽減	摩耗の軽減 焼付き防止	焼付き防止 耐荷重能の向上

表1.1.13 油性剤の分子構造と潤滑性に関する諸因子

(1) 添加剤分子は両親媒性（amphipathic または amphiphilic）物質であること，すなわち，親油基（炭化水素鎖）と極性基をもち，両基のバランスがとれていること．
(2) 親油基（炭化水素鎖）・・・長さ，直鎖，分枝鎖，両者の混合，二重結合の有無，数，分子中の位置．
(3) 極性基・・・・・種類，数，分子中の位置．
(4) 吸着の種類・・・物理吸着，化学吸着．
(5) 吸着配向・・・・界面密度，被覆率，油膜厚さ．
(6) 吸着熱・・・・・大小，膜の強さ．
(7) 相手表面・・・・種類（金属，セラミックス，高分子など），酸化膜，新生面．
(8) その他・・・・・添加剤の溶解性と濃度，他の添加剤の存在，油温，機械的条件など．

表 1.1.14 摩擦調整剤の種類と用途

摩擦調整剤 \ 用途	エンジン油	ギヤ油	自動変速機油	油圧作動油	湿式ブレーキ油	しゅう動面油	塑性加工油	切削油
油性剤タイプ								
脂肪酸			○		○	○	○	
脂肪酸金属塩			○					
脂肪族アルコール						○		
脂肪族アミン	○		○		○			
エステル（油脂）		○	○		○	○	○	
極圧剤タイプ								
硫化油脂	○	○					○	○
リン酸エステル	○	○	○	○		○	○	
酸性リン酸エステルアミン塩	○	○	○		○	○		
亜リン酸エステル	○	○	○			○		
酸性亜リン酸エステルアミン塩	○	○	○					
ジチオリン酸亜鉛	○	○	○	○		○		
ジチオリン酸モリブデン	○						○	
ジチオカルバミン酸亜鉛	○	○			○			○
ジチオカルバミン酸モリブデン	○	○						
固体潤滑剤								
二硫化モリブデン							○	
グラファイト	○	○					○	
ポリテトラフルオロエチレン	○	○					○	
ボレート		○						

子が複雑に関係している．例えば油膜強度は(1)～(5)が関係し，物理吸着か化学吸着かは(3)，(6)および(7)が関係している．直鎖の脂肪酸や脂肪族アルコールでは，一般に長鎖の炭化水素鎖をもつものが短鎖のものより潤滑性は良い．しかし炭化水素鎖があまり長いと親油性が増大し，油への溶解性が大きくなり，膜は不安定となる．また反対に短すぎると極性が強くなり，金属への腐食性がでてくる．一般に脂肪酸では C_{10}〜C_{18} 程度が適当である．

同じ極性基で炭素数が同じ脂肪酸でも，炭化水素鎖の構造により摩擦特性はかなり異なる．例えば C_{18} の直鎖のステアリン酸，分子中央部で折れ曲ったオレイン酸，分岐鎖による嵩高いイソステアリン酸では，摩擦表面への吸着配向や吸着熱の相違によって膜強度や摩擦低減効果は大きく異なる．

また油性剤の潤滑性は摩擦面の金属種や表面状態（酸化膜や硫化膜などの存在[33]，新生面の形成[35,36]）によってかなり異なる．Gregory[37] はラウリン酸のパラフィン溶液の潤滑性と金属とラウリン酸との反応性から，反応しやすい金属（Cu, Zn, Cd）は潤滑されやすく，反応しにくい金属（Al, Fe, Ni）やガラスは潤滑されにくいとしている．油性剤としてのパーフルオロカルボン酸やアルコール，アミンの鋼やアルミニウムへの摩擦低減効果も異なる[38]．

b. 摩擦調整剤

潤滑剤の摩擦特性を望ましいものに調整するための添加剤として摩擦調整剤（フリクションモディファイヤ，friction modifier）があり，表 1.1.14 のような油性剤，極圧剤，固体潤滑剤が該当する．例えば潤滑油の低粘度化により摩擦低減をはかる省燃費油や，自動変速機の湿式クラッチや湿式ブレーキ用などのある一定の摩擦レベルを保つための潤滑油には，摩擦調整のための添加剤が必要となる．

図 1.1.13 はストライベック曲線における潤滑油の低粘度化と摩擦調整剤との関係を示す．例えば荷

図 1.1.13 ストライベック曲線における潤滑油の低粘度化と摩擦調整との関係

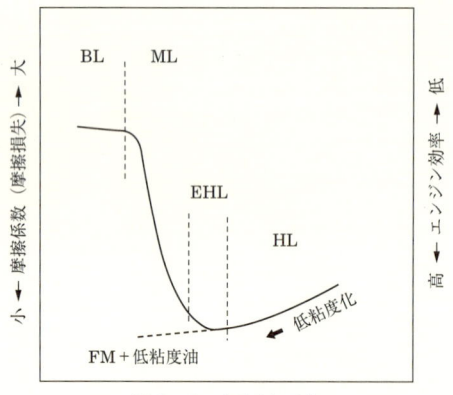

重とすべり速度を一定とした場合,流体潤滑領域での低粘度油の使用は摩擦を低減するが,その反面潤滑油の粘性油膜の形成能力の低下を招き,混合および境界潤滑への移行により高摩擦となる.これを摩擦調整剤の添加で改善すると,図中の点線領域の低摩擦が可能となる.この低粘度化と摩擦調整剤による摩擦低減はエンジン油の省燃費対策として重要である.

摩擦調整剤の研究として,境界潤滑下の脂肪酸と有機硫黄化合物の共存系での摩擦調整[37],エンジン油への二硫化モリブデンやグラファイトの添加による低摩擦と省燃費と粘度指数向上剤の選択による摩擦調整[40],硫黄-リン系ギヤ油の性能に対する油溶性摩擦調整剤の影響[41],新しいタイプの摩擦調整剤としての有機モリブデン化合物[42]などがあり,解説も多数ある[43~50].

(6) 摩耗防止剤・極圧剤
  a. 摩耗防止剤

境界潤滑における摩耗を低減するために潤滑油に加えられるものに摩耗防止剤(耐摩耗剤)があり,これに属するものとして硫黄化合物,リン化合物,ジチオリン酸亜鉛,固体潤滑剤などがある.これらの作用機構は摩擦面に吸着膜あるいはトライボ化学反応膜や付着膜を形成して摩耗を抑制する.前節の表 1.1.12 のように油性剤より高温でも効果を示すが,油性剤も低摩擦による摩耗抑制を示すことから摩耗防止剤としても作用する.

硫黄系の摩耗防止剤では,二硫化物のS-S結合の切れやすいものほど軽荷重条件下の耐摩耗性を有

する[51].これは摩擦面との化学吸着による鉄メルカプチド膜の形成のしやすさで説明される.しかしこの化学吸着膜もより過酷な極圧条件では不十分で,C-S結合の切断による遊離硫黄と摩擦面との反応による硫化鉄被膜の形成が重要となる.

境界潤滑では局部的な金属接触による摩擦熱の発生,酸素の存在,エキソエレクトロン放射などによって,摩擦面に化学反応が起こり,酸化物,フリクションポリマー[52~55],有機金属化合物[56],無機物[51,57~59]などが形成され,摩擦摩耗が低減される.

  b. 極圧剤

極圧潤滑における極圧剤の耐荷重能は高温,高荷重における金属表面に対する化学反応性に支配され[57,60](図1.1.14),その表面反応生成物のせん断

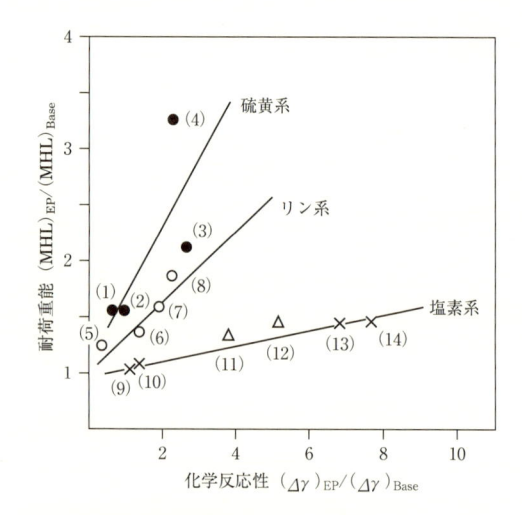

● : 硫黄系極圧剤添加油(添加量:硫黄濃度として 0.5 wt%)
   (1) ジフェニルジスルフィド
   (2) ジドデシルジスルフィド
   (3) ジベンジルジスルフィド
   (4) 単体硫黄
○ : リン系極圧剤添加油(添加量:リン濃度として 1.0 wt%)
   (5) トリラウリルホスファイト
   (6) トリラウリルホスフェート
   (7) ラウリルアシドホスフェート
   (8) ジラウリルホスファイト
× : 塩素系極圧剤添加油(添加量:塩素濃度として 1.0 wt%)
   (9) モノクロロベンゼン
   (10) ペンタクロロジフェニル
   (13) 塩素化パラフィン
   (14) ヘキサクロロエタン
△ : 塩素系極圧剤添加油(添加量:塩素濃度として 0.5 wt%)
   (11) メチルトリクロロステアレート
   (12) メチルペンタクロロステアレート

図 1.1.14 極圧剤の化学反応性と耐荷重能との関係
〔出典:文献 57,60)〕

強さによって決定される.
　極圧剤の種類とそのトライボ反応膜と潤滑性の特徴を比較すると，次のようになる．
（1）硫黄系極圧剤‥‥硫化鉄被膜など
・金属表面に形成される硫化鉄被膜は，他の極圧剤による反応被膜より高温（約750℃）まで耐熱性を示す．
・耐荷重能は最も大きい．
・耐摩耗性は比較的低い．
（2）リン系極圧剤‥‥リン酸鉄被膜など
・硫黄系よりも低温で作用する．
・耐荷重能は硫黄系よりも低い．
・耐摩耗性は高い．
（3）ハロゲン系極圧剤（主に塩素系）‥‥塩化鉄被膜
・リン系よりも低温で作用する．
・生成する塩化鉄は融点が低い（約350℃）ので，耐熱性は低い．
・耐荷重能は低い．

　有機硫黄化合物と金属との反応性の一つの尺度として，遊離硫黄の放出のしやすさ，すなわちS-S結合やC-S結合エネルギーの大小がある[50,61,62]．C-S結合よりS-S結合エネルギーの方が小さいため，一硫化物より二硫化物の方が反応性が高く，極圧性に優れる．また反応性の非常に高い三硫化物，多硫化物，単体硫黄では極圧性は高いが，反応膜はく離によりむしろ摩耗は大きい．

　一般に空気中の極圧潤滑では酸素の影響を無視することはできない．硫化鉄の生成による鉄の酸化促進作用[63]や反対に鉄の硫化反応に対する酸素や酸化鉄被膜の抑制効果[64]が耐摩耗性や極圧性に関係する．二硫化物や単体硫黄と鉄との反応生成物は，空気中ではFe_3O_4/FeSであるのに対して，アルゴン中ではFeS/FeS_2であり，雰囲気による反応の相違により耐荷重能は逆転することも起こり得る[65]．また一硫化物と二硫化物の耐摩耗性の比較[66]では，空気中では硫化反応に対する酸素の抑制作用により反応性に乏しい一硫化物の摩耗は大きいが，アルゴン中では空気中の二硫化物と同等の耐摩耗性を示し，アルゴン中の二硫化物よりむしろ耐摩耗性はよい．

　　c．添加剤の併用効果
　一般に潤滑油中には種々の添加剤が加えられており，単一の添加剤が添加されることは少ない．添加剤の組合せにより個々の添加剤の潤滑性の不十分な点を補い，より幅広い潤滑性をもたせたり，相乗効果が期待される．油性剤や極圧剤が実用される場合，作用機構の相違からそれらの潤滑適用条件は異なるが，脂肪酸と極圧剤との組合せによって，広範囲の温度条件で潤滑性が期待される．例えば図1.1.15[67]のモデルによると，脂肪酸のような油性剤は比較的低温領域で吸着作用によって低摩擦を示すが，高温になると吸着分子の油中への脱離または溶解によって，その機能を失う．代わりに高温領域では極圧剤によって低摩擦が得られるとしている．二硫化ジベンジルとn-オクタデシルアミンまたはスルホン酸カルシウムの併用では，低温において低摩擦が得られ，特に二硫化ジベンジル/アミン系では高温領域の二硫化ジベンジルの摩擦低減作用をアミンが阻害しない．

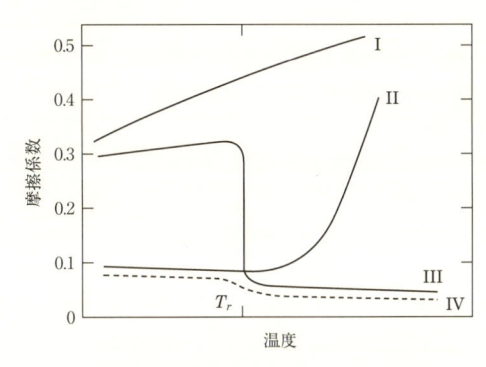

図1.1.15　潤滑油添加剤の組合せによる摩擦特性の向上
　　Ⅰ：パラフィン鉱油
　　Ⅱ：＋脂肪酸
　　Ⅲ：＋極圧剤
　　Ⅳ：＋脂肪酸＋極圧剤
　　T_r：極圧剤と金属表面との反応温度
〔出典：文献67〕

ステアリン酸と各種有機硫黄化合物の二成分系[68]では，空気中のどの組合せでも硫化物単独よりもステアリン酸との共存で耐摩耗性が向上し，アルゴン中では全く逆の傾向が得られる．
　有機硫黄化合物と塩素化合物の混合系の極圧性への相乗効果[69]は鋼に対する反応性が単独成分より混合系の方が高いために得られる．

（7）さび止め剤・金属不活性化剤
　　a．さび止め剤
　さび（rust）は金属表面に沈着した固体の腐食生成物をいい，一般には水分と酸素を伴う腐食生成物

を意味する．さびの主成分は水化酸化物で，大気中の CO_2，SO_2 などの影響で塩基性の炭酸塩や硫酸塩などが含まれる場合がある．

鉄系では，水と酸素の存在下で，式(1.1.11)，(1.1.12)のような反応が起こり，水和した酸化第二鉄を主成分とするさびを発生する．

$$Fe + H_2O + 1/2\,O_2 \longrightarrow Fe(OH)_2 \quad (1.1.11)$$
$$Fe(OH)_2 + 1/2\,H_2O + 1/4\,O_2 \longrightarrow Fe(OH)_3$$
$$(1.1.12)$$

この反応は温度，酸，無機塩などによって加速される．またさびの層が表面に緻密に形成されている場合，その腐食反応は抑制されることもある．

さび止め剤（rust preventative agent）[70]は金属表面に保護膜を形成して，一定期間さびの発生を防止するもので，金属の種類や表面（処理）状態，保管環境，さび止め期間などに応じて使い分けられる必要がある．一般にさび止め剤は油または水にさび止め添加剤（rust inhibitor）を加えたもので，さび止め油[71]およびグリース，気化性さび止め剤などがある．

さび止め添加剤にはスルホン酸，リン酸エステル，脂肪酸およびその誘導体，アミン類などがあり，これらの化合物は界面（吸着）活性な極性化合物で，金属表面に緻密な吸着膜を形成して，さびの発生を防止する．さび止め添加剤は燃料油や潤滑油，工業用冷却水に添加される．潤滑油用さび止め剤には，次のようなものがある．

（1）エンジン油用さび止め剤
　　　カルボン酸塩，リン酸塩，スルホン酸塩など
（2）ギヤ油用さび止め剤
　　　スルホン酸塩，アミン類，有機酸およびその塩，エステル類など
（3）作動油用さび止め剤
　　　カルボン酸およびそのエステル，アミドなど
（4）グリース用さび止め剤
　　　スルホン酸塩，ナフテン酸塩，無機塩，金属セッケン，界面活性剤（非イオン性，硫酸塩）など

b. 金属不活性化剤

燃料油や潤滑油中にはこれらの燃焼や酸化によって生成した有機酸などのような金属腐食性物質が存在し，これらの物質が金属表面や摩耗粉と反応して金属化合物や金属イオンなどとして金属を油中に溶解させている．油中の金属イオンや摩擦によって生じる金属新生面は酸化触媒として油の酸化を促進する作用を有する．また有機酸などの酸性物質は金属表面の金属酸化物と反応して金属セッケンとして油中に金属を溶出させる．いわゆる金属を腐食する作用をもつ．これらを抑制するために油に添加させる物質を金属不活性化剤（metal deactivator または metal passivator）という．

金属不活性化剤は主として二つのタイプに分類される．

（i）金属イオンを不活性化するタイプ

金属イオンなどの金属溶解物と反応して，油に不溶な不活性物質（キレート化合物など）を形成し，沈殿させ，金属溶解物の酸化触媒作用を抑制する．

（ii）金属表面を不活性化するタイプ

金属表面に緻密な吸着膜を形成して，金属の油中への溶出を抑制したり，金属表面を不活性化して金属の酸化触媒作用を抑制したり，金属の腐食を防止する．

（i）のタイプのものに，サリチリデン誘導体，チオカーバメート類，サルチル酸系，ピペリジン系，チオホスフェート系化合物など，（ii）のタイプのものに，ベンゾトリアゾールやイミダゾールなどのN-C-(N)系化合物，2-(アルキルジチオ)ベンゾイミダゾールなどのN-C-S系化合物，ジメルカプトチアゾール誘導体などがある．

（8）乳化剤

界面活性剤の中で，油と水の乳化を助け，生成したエマルション（乳濁液ともいう）を安定化するために使用される物質を乳化剤（emulsifier）という．エマルションにはO/W（水中油滴）型，W/O（油中水滴）型，W/O/W型エマルションがあるが，エマルション潤滑には，水をベースにしているために，（1）冷却性に優れる，（2）難燃または不燃性である，油ベースの潤滑剤に比較して，（3）安価である，などの特徴があり，圧延や線引などの塑性加工や切削・研削剤，作動液などに適用される．

乳化剤には，スルホン酸塩や硫酸エステル塩などのアニオン界面活性剤，脂肪族アミン塩やそのアンモニウム塩のカチオン界面活性剤，ソルビタン脂肪酸エステルやポリオキシエチレングリコールエステルなどの非イオン界面活性剤などがある．

乳化剤に要求される特性としては，

（1）分子中に親水性の極性基と親油性の非極性基
　　（炭化水素鎖）をもち，これらがエマルション

のタイプによって適度にバランス（後述のHLB）している．

（2）分散滴の表面に吸着して界面張力を減少させる．

（3）分散滴が衝突しても凝集や合一を防ぐような非粘着性の凝縮膜を形成する．

（4）分散滴表面に適度な界面電位を与える．

（5）その他，少量で乳化ができる，安価である．無公害である．

などがある．

活性剤の選択基準となる値に，Griffin[72]のHLB (Hydrophile-Lipophile Balance) があり，非イオン性界面活性剤のHLBの計算式が提案されている．例えば，多価アルコール脂肪酸エステルについては，

$$HLB = 20(1 - S/A) \quad (1.1.13)$$

ここで，A：原料脂肪酸の中和価，S：エステルのケン価．

また川上[73]は界面活性剤の構造式から式(1.1.14)を提案している．これによると親水基と親油基部分の分子量が等しいとき，HLB＝7となり，使用上の便宜性を与えている．

$$HLB = 7 + 11.7 \log \frac{M_W}{M_O} \quad (1.1.14)$$

M_W：界面活性剤の親水性部の部分分子量
M_O：界面活性剤の親油性部の部分分子量

その他にMooreら[74]による酸化エチレン系の界面活性剤に適用するHLF (Hydrophile-Lipophile Factor)，イオン性界面活性剤にも適用できるDaviesの基数[75]などがある．

以上を参考にして乳化剤の選択と組合せによるより安定性のエマルションを調製する基準を要約すると，次のようになる．

（1）HLBの小さい親油性乳化剤とイオン性の親水性乳化剤を組み合わせると，相乗的吸着効果により安定なエマルションが得られる[76]．

（2）乳化剤を組み合わせて使用する場合，HLBに幅をもたせると安定なエマルションを調製しやすい[77]．

（3）乳化剤の親油基と同種の脂肪酸や脂肪族アルコールと共用すると安定なエマルションが得られやすい．

などである．

文　献

1) 五十嵐仁一：月刊トライボロジ，9 (1992) 10.
2) 葵生川　實：トライボロジスト，**41**, 3 (1996) 203.
3) 石油連盟：石油製品のできるまで(1982) 111.
4) 葵生川　實：ペトロテック，**18**, 6 (1995) 478.
5) 渡嘉敷通秀：潤滑，**29**, 2 (1984) 107.
6) 篠田耕三：溶液と溶解度，丸善 (1974) 26.
7) 川村　靖・北村奈美・篠原弘康：ペトロテック，**17**, 1 (1994) 8.
8) 山本輝男：ペトロテック，**8**, 3 (1985) 258.
9) 吉田俊男：日石レビュー，**28**, 2 (1986) 68.
10) 髙島宏之：日石レビュー，**33**, 1 (1991) 11.
11) 尾山宏次・吉田俊男：日石レビュー，**28**, 3 (1986) 117.
12) 架谷昌信・木村淳一・新井紀男・佐藤　厚：燃焼の基礎と応用，共立出版 (1986).
13) 韓　斗熙・大角孝一・益子正文：トライボロジー会議予稿集（東京1996-5) 528.
14) S. J. Randles : Proc. International Congress about Lubricants, Bruxelles (1991) 197.
15) 酸化防止剤およびその作用機構の一般的な総説として以下のものがある．K. U. Ingold : Chem. Rev., **61** (1961) 563 ; G. Scott : Bull. Chem. Soc Jpn., **61**, 1 (1988) 165.
16) G. Scott : Developments in Polymer Stabilization-6, App. Sci. Pub., London (1983) ; J. A. Howard : Frontiers of Free Radical Chemistry, Academic Press (1980) 237.
17) L. R. Mahoney : Angew. Chem. Internat. Edit., **8**, 8 (1969) 547. ; E. T. Denisov & V. Khudyakov : Chem. Rev., **87**, 1 (1987) 313.
18) 吉田俊男：石油学会石油製品討論会予稿集 (1994).
19) J. Igarashi & T. Yoshida : Lubrication Science, **7**, 2 (1995) 107.
20) 松山陽子・五十嵐仁一：石油学会石油製品討論会予稿集 (1996).
21) W. G. Gergel : Proc. JSLE-ASLE Int. Lub. Conf. Tokyo (1975) 233.
22) 井上　清：舶用機関学会誌，**27**, 12 (1992) 935.
23) P. Salino & P. Volpi : Annali di Chimica, **77** (1987) 145.
24) 井上　清：潤滑，**31**, 2 (1984) 71.
25) 井上　清：油化学，**41**, 9 (1992) 909.
26) T. Tsuzuki, M. Itoh, Y. Watanabe, T. Mitsudo & Y. Takegami : J. Japan Petrol. Inst., **24** (1981) 151.
27) J. Sorab, H. A. Holdeman & G. K. Chui : SAE Paper 932833 (1993).
28) L. E. Lorensen : ACS Prep. Div. Petrol. Chem. **7**, 4 (1961) B-61.
29) J. Denis : Lub. Sci., **1** (1989) 103.
30) 桜井俊男・古沢　昭・馬場哲郎：工化誌，**56** (1953) 193.
31) A. J. Groszek : ASLE Trans., **5** (1962) 105.
32) S. Hironaka, Y. Yahagi & T. Sakurai : Bull. Jpn. Petrol. Inst., **17** (1975) 201.
33) S. Hironaka, Y. Yahagi & T. Sakurai : ASLE Trans., **21** (1978) 231
34) 広中清一郎：塑性と加工，**43** (1995) 579.
35) 設楽裕治・森　誠之：表面科学，**14** (1993) 336.
36) 森　誠之：トライボロジスト，**38** (1993) 884.
37) J. J. Gregory : (Australia) Tribophysics Division

Report, A74 (1974).
38) 広中清一郎・関屋 章：石油学会誌, **36** (1993) 343.
39) M. Kagami, M. Yagi, S. Hironaka & T. Sakurai：ASLE Trans., **24** (1981) 517.
40) W. E. Waddey, H. Shaub, J. M. Pecoraro & R. C. Carley：SAE Paper 780599.
41) 松尾浩平：潤滑, **31** (1985) 260.
42) H. Isoyama & T. Sakurai：Tribology Int., **7** (1974) 151.
43) A. G. パペイ・R. B. ドウソン・八並憲治：潤滑, **26** (1981) 671.
44) W. R. ホワイト・C. M. クサノ・H. C. モリス：潤滑, **26** (1981) 680.
45) 倉知祥晃・広瀬泰則：ペトロテック, **5** (1982) 687.
46) 島川安男・癸生川 實・久保浩一：潤滑, **28** (1983) 95.
47) 加藤英勝：ペトロテック, **7** (1984) 66.
48) 星野道男：潤滑, **29** (1984) 91.
49) 古浜庄一：潤滑, **32** (1987) 627.
50) 遠山 護・大森俊英：トライボロジスト, **42** (1997) 841.
51) K. G. Allum & E. S. Forbes：ASLE Trans., **11** (1968) 162.
52) R. S. Fein & K. L. Kreuz：ASLE Trans., **8** (1965) 29.
53) H. W. Hermance & T. E. Egan：Bell. System Tehh. J., **37** (1958) 739.
54) Yu. S. Zaslavsky, R. N. Zaslavsky, M. I. Cherkashin, E. S. Brodsky, I. M. Lukashenko, V. G. Leederyskaya, S. B. Nikishenko & K. E. Belozerova：Wear, **30** (1974) 267.
55) M. J. Furey：Wear, **26** (1973) 369.
56) E. E. Klaus, E. J. Tewksburg & A. C. Bose：Proc. of the JSLE/ASLE Int. Lub. Conf., Tokyo (1970) 39.
57) T. Sakurai & K. Sato：ASLE Trans., **13** (1970) 252.
58) D. Godfrey：ASLE Trans., **8** (1965) 1.
59) R. J. Bird & G. D. Galvin：Wear, **37** (1976) 143.
60) T. Sakurai & K. Sato：ASLE Trans., **9** (1966) 77.
61) R. W. Mould, H. B. Silver & R. J. Syrett：Wear, **19** (1972) 67.
62) K. G. K. G. Allum & J. F. Ford：J. Inst. Petrol., **51** (1965) 145.
63) D. Godfrey：ASLE Trans., **5** (1962) 57.
64) M. Tomaru, S. Hironaka & T. Sakurai：Wear, **41** (1977) 117.
65) M. Tomaru, S. Hironaka & T. Sakurai：Wear, **41** (1977) 141.
66) M. Kagami, M. Yagi, S. Hironaka & Sakurai：ASLE Trans., **24** (1981) 517.
67) F. P. Bowden & D. Tabor：Friction-An Introduction to Tribology, Heineman, London (1973) 128.
68) H. Spikes & A. Cameron：ASLE/ASME Lub. Conf., Preprint No. 73-LC-6A-4, Atlanta (1973).
69) R. W. Mould, H. B. Silver & R. J. Syrett：Wear, **26** (1973) 27.
70) JIS Z 0303.
71) JIS K 2246.
72) W. C. Griffin：J. Soc. Cosmetic Chemists, **1** (1943) 311；ibid., **5** (1953) 249.
73) 川上八十太：科学, **23** (1953) 23.
74) C. D. Moore & M. Bell：Soap Perfumery and Cosmetics, **29** (1956) 893.
75) J. T. Davies & E. K. Ridal：Interface Phenomena, Academic Press, N. Y. (1961) 359.
76) J. H. Shulman & E. G. Cockbain：Trans. Faraday Soc., **36** (1940) 651.
77) K. Shinoda & H. Kunieda：J. Colloid Interface Sci., **42** (1978) 451.
78) R. D. Vold & K. L. Mital：J. Colloid Interface Sci., **38** (1972) 451.

1.2 潤滑油の性質と試験法およびその推算式

1.2.1 レオロジー特性
（1）流動特性

潤滑剤は，その油膜が二つ以上の物体の表面間に存在し，流動し変形することにより作用する．したがって潤滑剤の流動特性は最も重要な特性の一つである．

図 1.2.1 に示されるように，液体を満たした二つの平行面の下面を固定し，上面を水平方向に速度 u で移動させるのに必要なせん断応力 τ は，速度勾

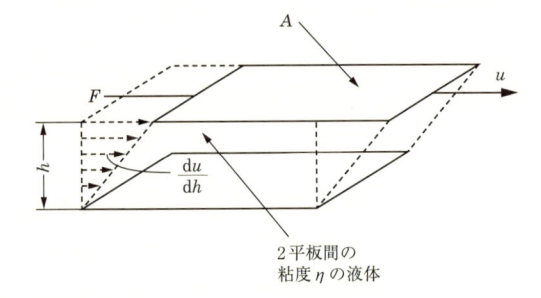

図 1.2.1 粘性の定義

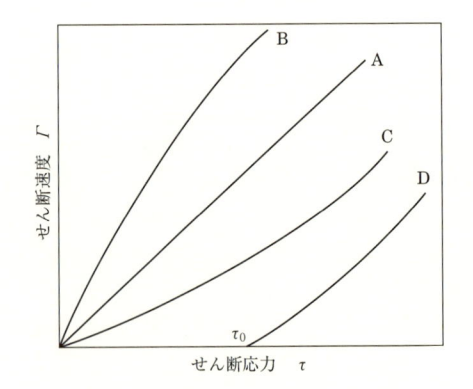

A：ニュートン流体， B：ダイラタント流体
C：擬塑性流体， D：塑性流体

図 1.2.2 流動曲線〔出典：文献1）〕

第1章 潤滑油

配であるせん速度 $\dot{\gamma}$ に比例する流体が多い．その関係はニュートンの粘性法則の式によって表わされる．

$$\tau = F/A = \eta(du/dh) = \eta\dot{\gamma} \quad (1.2.1)$$

この関係が成り立つ流体をニュートン流体といい，比例定数 η を粘性係数あるいは単に粘度という．

物質の流動性は，図1.2.2[1]に示されるように，せん断速度に対するせん断応力の挙動によって分類される．ニュートン流体に当てはまらない流体を総称して非ニュートン流体と呼ぶが，この中にはポリマーを含むマルチグレード油に見られるオストワルド流体，サスペンションやエマルションに見られる擬塑性流体，グリースに見られる降伏応力 τ_y を示す塑性流体が代表的なものである．非ニュートン流体では式(1.2.1)は成立しないが，$\dot{\gamma}$-τ 曲線において，ある特定の点 $(\dot{\gamma}, \tau)$ における $(\tau/\dot{\gamma})$ の値を見掛け粘度あるいは実効粘度という．

乳化油，サスペンション，ワックスの析出や，多量のすすの混入によりゲル化した油など，分散系非ニュートン流体で構造粘性の大きいものでは，粘度の時間変化が問題となることがある．ゲル構造はせん断が増加する過程で破壊されるが，破壊された構造はすぐには回復されないので，せん断が減少する際にヒステリシス性が認められる．一例として，ポリイソブチレン添加油の低温域における挙動を図1.2.3[2]に示す．この場合の流動性は析出するワックス粒子の大きさ，形状，表面状態などにより支配され，せん断によりゲル構造が破壊されて粘度は急激に低下し，ついには一定値に達する．

図1.2.4[1]からわかるように，せん断を与えると粘度が時間とともに減少する性質をチキソトロピーという．その逆に，チキソトロピー回復の過程でせん断を与えると，ゲル構造の回復が促進される場合がまれにある．このようにせん断を与えると粘度が時間とともに増加する性質をレオペクシーという．

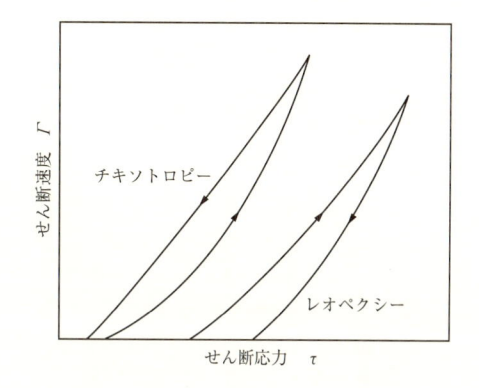

図1.2.4　チキソトロピーとレオペクシー
〔出典：文献1)〕

（2）粘度の単位

ニュートンの粘性法則の式(1.2.1)からわかるように，粘度はせん断応力（Pa）をせん断速度（s^{-1}）で割ったものであるから，SI単位はパスカル秒（Pa・s）となる．C・G・S単位系ではP（ポアズ）といい，1 P は 0.1 Pa・s に等しく，その1/100を1 cP（センチポアズ）という．

毛細管粘度計などで試料液を重力場で自重落下させ，ポアジュユ（Poiseuille）の式から粘度を求める場合，落下時間からは，粘度を密度で除した動粘度の値が求められる．この動粘度のSI単位はm^2/sであり，C・G・S単位系ではSt（ストークス）という．1 St は 10^{-4} m^2/s に等しく，その1/100を1 cSt（センチストークス）という．

その他に，潤滑油でよく用いられる工業用粘度の単位にSUS（セイボルトユニバーサル秒）があり，潤滑油基油はこの粘度単位と，精製により酸性物質が除かれて中性であることを示すN（ニュートラル）とから，150 Nや500 Nなどと呼ばれている．

レッドウッド秒，セイボルト秒，エングラー度などの各慣用単位は，いずれも動粘度と相互換算できる関係にあるが，測定精度が相違するので，通常は

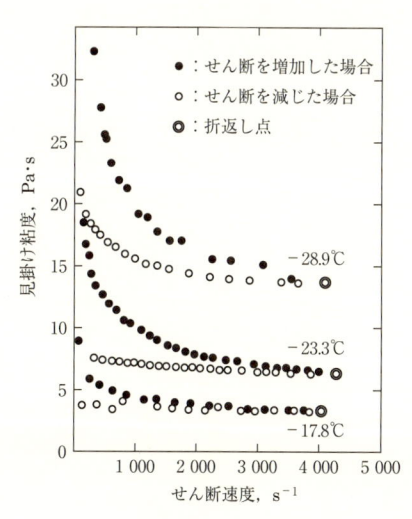

図1.2.3　ポリイソブチレン添加油の低温における粘度とせん断速度の関係　〔出典：文献2)〕

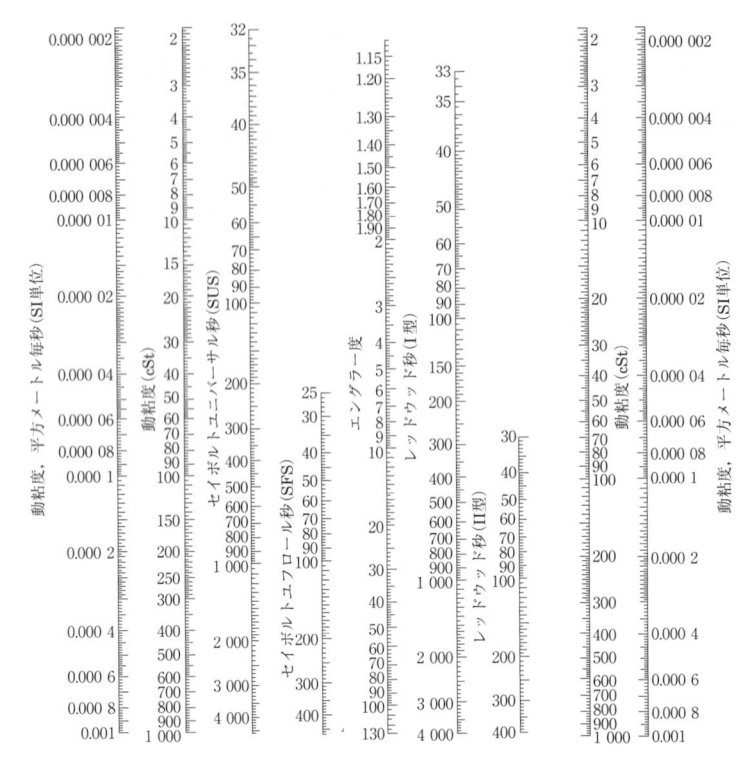

図1.2.5 動粘度換算図

動粘度から各慣用単位への換算が主に行なわれている．図1.2.5に換算図を示す．この図の使い方は以下のとおりである．

（i）左右にある動粘度スケール(SI単位，あるいはcSt)中の目盛に直線を引き，各慣用単位スケールとの交点の目盛を読む．

（ii）$0.001\,\mathrm{m^2/s}$($1\,000\,\mathrm{cSt}$) 以上の数値の換算は $0.000\,1\,\mathrm{m^2/s}$($100\,\mathrm{cSt}$) と $0.001\,\mathrm{m^2/s}$($1\,000\,\mathrm{cSt}$) 間の目盛を 10^n 倍 ($n=1,2,3\cdots$) して求める．

その他の換算については，巻末付表を参照のこと．

（3）粘度測定法

粘度の測定法はいろいろあるが，最も一般的な粘度計は毛細管粘度計で，Ostwald型，Ubbelode型，Cannon-Fenske型が代表的である．毛細管粘度計では液体の粘度は所定量の液体の流下時間 t に比例するので，t を測定することにより粘度を求める．

回転粘度計では，共軸円筒型（二円筒型）と円すい-平板型（コーン-プレート型）が代表的であり，前者は低〜中せん断速度領域で，後者は中〜高せん断速度領域で使用される．回転粘度計は，一方の要素を所定の回転数で回転させ，油膜内に既知のせん断速度を与えた際に粘性抵抗により発生する回転反力を測定して粘度を求める方法が一般的である．し

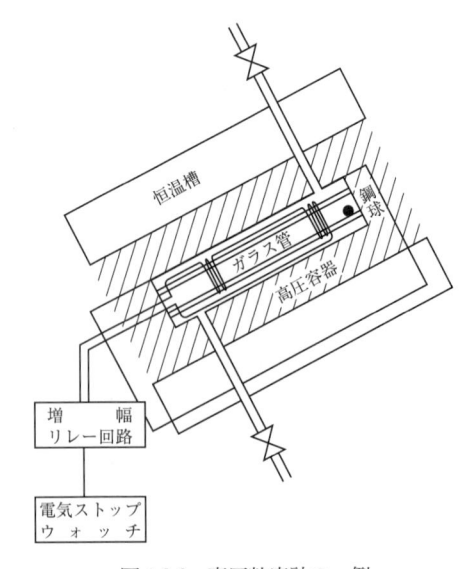

図1.2.6 高圧粘度計の一例

かし，非常に低せん断速度下の粘度を精度良く求める場合には，質量が既知のおもりを付加することによりせん断応力を与え，円筒の回転数からせん断速度を求めて粘度を測定することがある．エンジン油の非ニュートン粘度を測定するために用いられるCCS粘度計，TBS粘度計，MRV粘度計はいずれも回転粘度計の一種であり，測定すべき条件を簡便かつ精度良く再現するための工夫がなされている．

高圧粘度計では耐圧容器内の円筒状の空間を所定の落下体が一定の距離を落下する時間 t を測定することにより求めるのが一般的である．高圧粘度計の一例を図1.2.6に示す．高圧粘度は圧力に対して指数関数的に増加するので，条件によっては1点の測定に長時間を要することがある．この問題を解決するために，非磁性材の耐圧容器の外側に差動トランスを設置しておき，磁性材の落下体の変位を連続的に検出できる高圧粘度計[3]が開発されている．

（4）粘性流動のモデル

液体の粘性流動のモデルは，反応速度論による熱活性化モデルと自由体積モデルに大別される．

熱活性化モデルでは，粘度は流動単位（低分子化合物では分子，高分子化合物ではセグメント）がエネルギー障壁を越えて隣接する空孔へ移動するために必要な活性化エネルギーによって決定されると考える．熱活性化モデルに属する Eyring の粘性の式[4] は以下のとおりである．

$$\begin{aligned}\eta &= (Nh/V)\exp(\varDelta F^{\neq}/RT) \\ &= (Nh/V)\exp(-\varDelta S^{\neq}/R) \\ &= (Nh/V)\exp(-\varDelta S^{\neq}/R)\exp(\varDelta E^{\neq}/RT) \\ &\quad \exp(p\varDelta V^{\neq}/RT) \end{aligned} \quad (1.2.2)$$

ここで η：液体の粘度，N：アボガドロ数，h：プランク定数，V：モル容積，R：気体定数，T：温度，p：圧力，$\varDelta F^{\neq}$，$\varDelta S^{\neq}$，$\varDelta E^{\neq}$，$\varDelta V^{\neq}$：それぞれ1モルあたりの粘性流動の活性化自由エネルギー，活性化エントロピー，活性化エネルギー，活性化体積，である．熱活性化モデルによれば，液体の粘度は流動単位の隣接する空孔への移動エネルギーであるから，分子内の立体構造，長さ，大きさ，分子間の結合の強さ，極性などが影響する．

一方，液体の粘性は液体の体積中に占める分子の占有体積と液体の熱膨張によって生じる自由体積の比によって決定されると考える自由体積モデルがある．自由体積モデルの基礎となる式は Doolittle[5] による式(1.2.3)であり，この式の物理的基礎は Cohen と Turnbull[6] により与えられている．

$$\eta = A\cdot\exp(B\cdot v_0/v_f) \quad (1.2.3)$$

ここで η：液体の粘度，v_0：分子の占有体積，v_f：自由体積，A，B：定数，である．

（5）粘度の温度圧力依存性

潤滑油を含む液体の粘度の温度依存性については，前節で述べた熱活性化モデルと自由体積モデルの双方からいくつかの理論式が提唱されている．

熱活性化モデルから導かれる式では，粘度の温度依存性こそがこのモデルの本質部分であるから，式(1.2.2)との比較からわかるように，アレニウス（Arrhenius）の式と同じ形をとる[4]．以下のアンドラーデ（Andrade）の式[7] もこの分類に含めることができる．

$$\eta = A\cdot\exp(\beta/T) \quad (1.2.4)$$

ここで，β は粘度温度係数と呼ばれる定数である．

自由体積モデルで最も重要な自由体積は液体の熱膨張によって生成するので，自由体積モデルから導かれる式は次式のようにガラス転移温度 T_g を基準温度として展開されることが多い．

$$\log\eta = \log\eta_g - \frac{C_1\cdot(T-T_g)}{C_2+(T-T_g)} \quad (1.2.5)$$

表1.2.1 粘度-温度関係式

提案者	関係式		備考
Andrade[7], Eyring[4]	$\eta = A\exp(B/T)$	(1.2.4)	A, B：定数 T：絶対温度
Williams, Landel, Ferry[8]	$\eta = \eta_g\exp\left(-\dfrac{C_1(T-T_g)}{C_2+(T-T_g)}\right)$	(1.2.5)	T_g：ガラス転移温度 η_g：T_g における η WLF式と呼ばれる．
Walther-ASTM[10]	$\log\log(\nu+k) = A - B\log T$	(1.2.6)	ν：動粘度（mm²/s） A, B, k：定数 T：絶対温度
Vogel[25]	$\eta = A\exp\left(\dfrac{B}{T-C}\right)$	(1.2.7)	A, B, C：定数 T：温度

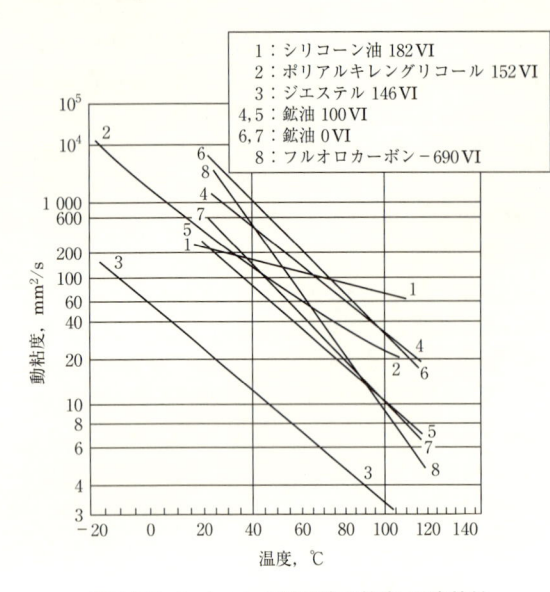

図 1.2.7 いくつかの潤滑油の粘度-温度特性
〔出典：文献 11)〕

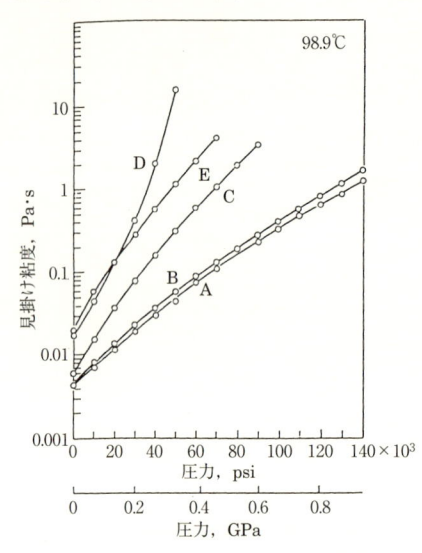

凡例:
1：シリコーン油 182 VI
2：ポリアルキレングリコール 152 VI
3：ジエステル 146 VI
4,5：鉱油 100 VI
6,7：鉱油 0 VI
8：フルオロカーボン-690 VI

図 1.2.8 潤滑油の粘度と圧力の関係
〔出典：文献 15)〕

凡例:
A：ジ(2エチルヘキシル)セバケート
B：トリメチロールプロパントリヘプタノエート
C：SAE 20 パラフィン鉱油
D：ポリフェニルエーテル (5P4E)
E：メチルクロロフェニルシリコーン

表 1.2.2 粘度-圧力関係式

提案者	関 係 式		備 考
Barus[13]	$\eta = \eta_0 \exp(\alpha P)$	(1.2.8)	η, η_0：圧力 P および大気圧 $(P=0)$ における粘度
Kuss, Deymann[27]	$\eta = \eta_0 \exp(\alpha P + \beta P^2)$	(1.2.9)	α, α', β：粘度-圧力係数
Bell, Kannel[28]	$\eta = \begin{cases} \eta_0 \exp(\alpha P) & (0 \leq P \leq P_1) \\ \eta_0 \exp[(\alpha - \alpha')P_1 + \alpha' P] & (P \geq P_1) \end{cases}$	(1.2.10)	P_1：$\ln \eta$ が P に対して直線関係からはずれる圧力
Kouzel[29]	$\log \dfrac{\eta}{\eta_0} = \dfrac{P}{1\,000}(0.023\,9 + 0.016\,38\,\eta_0^{0.278})$	(1.2.11)	η, η_0：粘度 (cP) P：圧力 (psi) 適用：鉱油系潤滑油
Chu, Cameron[30]	$(\log \eta)^{3/2} = m(P+a)$ $(\log \eta_0)^{3/2} = ma$ $m = \begin{cases} 0.076 \log \eta_0 & (\eta_0 > 6\,\text{cP}) \\ 0.013 + 0.071 \log \eta_0 & (\eta_0 < 6\,\text{cP}) \end{cases}$	(1.2.12)	η, η_0：粘度 (cP) P：圧力 (kpsi) 適用：パラフィン系鉱油
Roelands, Vulgter, Watermann[66]	$\log\left(\dfrac{\eta}{\eta_0}\right) = \left(\dfrac{P}{5\,000}\right)^y [0.002 C_A + 0.003 C_N + 0.055) \log \eta_0 + 0.022\,8]$ $\log(y - 0.890) = 0.009\,55(C_A + 1.5 C_N) - 1.930$	(1.2.13)	P：圧力 (atm) C_A, C_N：n-d-M 環分析値

1 Pa·s = 10^3 cP, 1 Pa = 1.45×10^{-4} psi = 9.869×10^{-4} atm

ここで C_1 と C_2 は定数である．式(1.2.5)は WLF 式と呼ばれる非常に有名な式[8]で，液体粘度の温度依存性ばかりでなく，ポリマーの粘弾性的性質を解析する際のシフトファクタにも用いられる[9]．

粘度の温度依存性に関して数多くの経験式が提案されているが，その中で最も有名な式は動粘度の温

第1章 潤滑油

表 1.2.3 粘度-圧力-温度関係式

関 係 式		備 考
$\eta = \eta_0 \log\left[\alpha P + \beta\left(\dfrac{1}{T} - \dfrac{1}{T_0}\right)\right]$	(1.2.14)[31]	η：圧力 P，温度 T における粘度 η_0：大気圧 $(P=0)$，温度 T_0 における粘度 T, T_0：絶体温度 α：粘度圧力係数 β：粘度温度係数
$\dfrac{\log(\eta+1.2)}{\log(\eta_0+1.2)} = \left(\dfrac{T-138}{T_0-138}\right)^a \left[\dfrac{P-P_0}{(196.1)10^6}+1\right]^b$	(1.2.15)[32]	η, η_0：粘度 (cP) $P<350$ MPa, $20°C<T<120°C$ の範囲で使用可能
$\log \eta = \log \eta_g = \dfrac{C_1(T-T_g(P))F(P)}{C_2+(T-T_g(P))F(P)}$ $T_g(P) = T_g(O) + A_1 \ln(1+A_2 P)$ $F(P) = 1 - B_1 \ln(1+B_2 P)$	(1.2.16)[17]	P：圧力 T：温度 A_1, A_2, B_1, B_2, C_1, C_2：定数 $T_g(P)$：圧力 P におけるガラス転移温度 $T_g(O)$：大気圧におけるガラス転移温度

1 Pa·s＝10^3 cP, 1 Pa＝1.45×10^{-4} psi＝9.869×10^{-4} atm

度変化に関する ASTM-Walther の式[10]である．

$$\log\log(\nu+k) = A - B\cdot\log T \quad (1.2.6)$$

ここで ν：動粘度，T：温度である．k は試料油の粘度により段階的に設定されている定数，A, B は試料油固有の定数である．図1.2.7 に ASTM チャート上に示されたいくつかの潤滑油の動粘度の温度依存性[11]を示す．また粘度-温度関係式を表 1.2.1 にまとめた．なお，潤滑油の動粘度の温度依存性を表わす指標として，JIS K 2283 に示される粘度指数がよく用いられている[12]．この値が 120 を超えるような潤滑油基油は高粘度指数基油と呼ばれている．

潤滑油などの液体の粘度は圧力の上昇とともに増加していく．潤滑油粘度の圧力変化については，以下に示す Barus の式[13]が最も広く使用されている．

$$\eta = \eta_0 \cdot \exp(\alpha \cdot P) \quad (1.2.8)$$

ここで α は粘度圧力係数と呼ばれる極めて重要な物性値である．種々の潤滑油粘度の圧力依存性については米国機械学会の Pressure Viscosity Report[14] に膨大なデータが集められてい

る．図1.2.8[15]に各種潤滑油の圧力による粘度変化の一例を示すが，条件によっては Barus の式[13]からはずれた上凸型あるいは下凸型の挙動が認められる．またワックスを多量に含むパラフィン系鉱油は，ある圧力以上になるとワックスが析出して固化するので注意が必要である．粘度-圧力関係式を表 1.2.2 にまとめた．

大部分の機械システムでは，潤滑油の温度と圧力はともに変化する．このようなシステムを解析するためには潤滑油の温度と圧力の依存性を単一の式で表わすことが求められる．このための最も単純な経験式は式(1.2.4)と式(1.2.8)を合体させたものであり，さらに精度が要求される場合は Roelands の式[16]がしばしば用いられる．他方，自由体積理論

表 1.2.4 粘度圧力係数 α_0 の推算式

So-Klaus の式[18]：
$$\alpha = 1.030 + 3.590(\log\mu_0)^{3.0627} + 2.412\times10^{-4} m_0^{5.1903} - 3.387(\log\mu_0)^{3.0975}\rho^{0.1162} \quad (1.2.18)$$

Wu-Klaus の式[19]：
$$\alpha = (0.1657 + 0.2332\times\log\mu_0)\times m_0 \quad (1.2.19)$$

ここで，
α：粘度圧力係数, kPa×10^5
m_0：ASTM-Walther の式の粘度温度係数
μ_0：対象温度における潤滑油の動粘度, mm²/s
ρ：対象温度における潤滑油の密度, kg/m³×10^{-3}

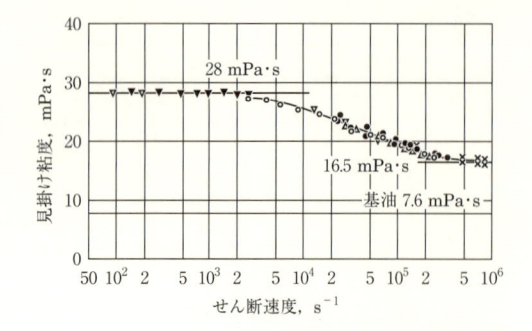

図1.2.9 ポリマー添加油におけるせん断速度と粘度の関係　〔出典：文献20〕

式の一つであるWLF式に含まれる T_g および α_f の圧力依存性を考慮した改良WLF式[17]もある。粘度-圧力-温度関係式を表1.2.3にまとめた。

また潤滑油の油膜形成能を評価するために重要な，次式で定義される α_0 を一般的な物性値から求めるための推算式[18,19]を表1.2.4にまとめた．

$$\alpha_0 = \left.\frac{\partial(\ln \eta)}{\partial P}\right|_{P=0} \tag{1.2.17}$$

（6）粘度のせん断速度依存性

ポリマー添加油においてせん断速度を増加させたときの可逆的な粘度変化の例を図1.2.9[20]に示すが，これを一時的粘度損失という．一方ポリマー添加油が高せん断応力下で長時間使用されると，添加されているポリマーの一部が物理的に切断されて非可逆的な粘度低下が認められる．これは永久粘度損失と呼ばれ，一時的粘度損失とは区別される．

一時的粘度損失の挙動を記述するための式の一つにCrossの式[21]がある．

$$\eta = \eta_\infty + \frac{\eta_0 - \eta_\infty}{1 + (K \cdot \dot{\gamma})^m} \tag{1.2.20}$$

表1.2.5　各種炭化水素の粘度　〔出典：文献24〕

分類	化合物	動粘度, mm²/s 37.8℃	動粘度, mm²/s 98.9℃	粘度指数
直鎖パラフィン	n-テトラデカン（$C_{14}H_{30}$）	2.714	0.984 4	
	n-ヘキサデカン（$C_{16}H_{34}$）	3.071	1.263	
	n-アイコサン（$C_{20}H_{42}$）	5.539	1.940	
	n-テトラコサン（$C_{24}H_{50}$）	9.25*	2.794	175
	n-ヘキサコサン（$C_{26}H_{54}$）	11.5*	3.30	186
オレフィン	1-ペンタデセン（$C_{15}H_{30}$）	2.315	1.037	
	1-ヘプタデセン（$C_{17}H_{34}$）	3.235	1.323	
イソパラフィン	7-メチルトリデカン（$C_{14}H_{30}$）	2.027	0.914 6	
	7-n-ヘキシリトリデカン（$C_{19}H_{40}$）	4.546	1.514	
	9-n-ヘキシルヘプタデカン（$C_{23}H_{48}$）	7.313	2.132	101
	11-n-デシルドコサン（$C_{32}H_{66}$）	16.53	3.92	149
	13-n-ドデシルヘキサコサン（$C_{38}H_{78}$）	25.68	5.559	177
単環ナフテン	2-シクロヘキシルオクタン（$C_{14}H_{28}$）	2.976	1.186	
	9-シクロヘキシルヘプタデカン（$C_{23}H_{46}$）	11.62	2.745	79
	11-シクロヘキシルヘナイコサン（$C_{27}H_{54}$）	17.53	3.75	112
	11-シクロペンチルメチスヘナイコサン（$C_{27}H_{54}$）	13.77	3.33	126
	13-シクロヘキシルペンタコサン（$C_{31}H_{62}$）	24.05	4.78	132
多環ナフテン	1,2-ジシクロヘキシルエタン（$C_{14}H_{26}$）	5.378	1.739	
	1,1-ジシクロエキシルテトラデカン（$C_{26}H_{50}$）	36.41	5.31	80
	11-α-デカリンヘナイコサン（$C_{31}H_{60}$）	45.67	6.36	95
	9-n-ドデシルパーヒドロフェナントレン（$C_{26}H_{48}$）	43.86	5.990	85
	9-n-ドデシルパーヒドロアントラセン（$C_{26}H_{48}$）	46.21	6.040	77
単環芳香族	2-フェニルオクタン（$C_{14}H_{22}$）	2.140	0.960 3	
	7-フェニルトリデカン（$C_{19}H_{32}$）	5.918	1.679	
	13-フェニルペンタコサン（$C_{31}H_{56}$）	21.69	4.49	132
多環芳香族	1,2-ジフェニルエタン（$C_{14}H_{14}$）	2.83*	1.144	
	1,1-ジフェニルテトラデカン（$C_{26}H_{38}$）	18.59	3.72	93
	9-n-ドデシルフェナントレン（$C_{26}H_{34}$）	58.0*	6.435	51
	9-n-ドデシルアントラセン（$C_{26}H_{34}$）	77.5*	7.123	29

＊外挿値

ここで η_0：第一ニュートン領域の粘度，η_∞：第二ニュートン領域の粘度，K と m は定数である．もう一つは Carreau の式[22] である．

$$\eta = \eta_\infty + \frac{\eta_0 - \eta_\infty}{\{1+(\lambda_t \cdot \dot{\gamma})^2\}^{(1-n)/2}} \qquad (1.2.21)$$

ここで，λ_t と n は定数である．ポリマーの粘弾性の分野で確認されている，温度と速度の互換性をポリマーが添加された潤滑油に応用することにより，任意の温度とせん断速度における粘度を推定することが可能となる[23]．

ポリマー添加油が低せん断速度において第一ニュートン領域が存在するのに対して，乳化油やサスペンションでは擬塑性流体として振舞い，低せん断速度領域においては，おおむね以下のべき乗則の式が成り立つことが多い．

$$\tau = K\dot{\gamma}^n \qquad (1.2.22)$$

ここで K と n は定数であり，擬塑性流体においては n は $0<n<1$ の間の値をとる．

（7）粘度と化学構造

潤滑油の基油として広く用いられている鉱油の成分としては，パラフィン系，ナフテン系，芳香族系炭化水素がある．分子構造が異なるこれらの各種炭化水素の粘度を表 1.2.5[24]，図 1.2.10[24] および図 1.2.11[24] に示す．一般に粘度と分子構造の関係については次のことがいえる．

（1）同系列の化合物では，分子量が大きいほど粘度は高い．

（2）同じ炭素数における粘度は，単環ナフテン＞単環芳香族＞直鎖パラフィン＞イソパラフィンの順である．

（3）分子中の環数が多くなるほど粘度は増大し，分子量の大きいものほど粘度増加が大きい．

（4）ナフテン環では，シクロペンチル＜シクロヘキシル＜パーヒドロフェナントレン＜パーヒドロアントラセンの順に粘度増加が大きい．

（5）縮合6員環では，非縮合の場合と逆に芳香族環の方がナフテン環より粘度を増大させる．

ただし，分子構造により温度，あるいは圧力による粘度変化の度合いが異なるので，低温，高温，あるいは高圧下で分子構造と粘度の関係は若干異なってくる．例えば粘度の温度変化に関しては，直鎖パラフィンは長い側鎖をもつイソパラフィンよりも温度による粘度変化が小さく，シクロヘキシル基をもつものはフェニル基をもつものよりも温度による粘度変化が大きい．

先に述べた自由体積理論から次のことがいえる．

（1）粘度指数の高い潤滑油は自由体積分率 f が大きいので，圧縮率の大きい"やわらかい"油である．

（2）粘度圧力係数の大きい潤滑油は自由体積分率 f が小さいので，圧縮率の小さい"かたい"油である．

（3）図 1.2.12[25] からわかるように，粘度温度係数の大きい粘度指数の低い油ほど粘度圧力係

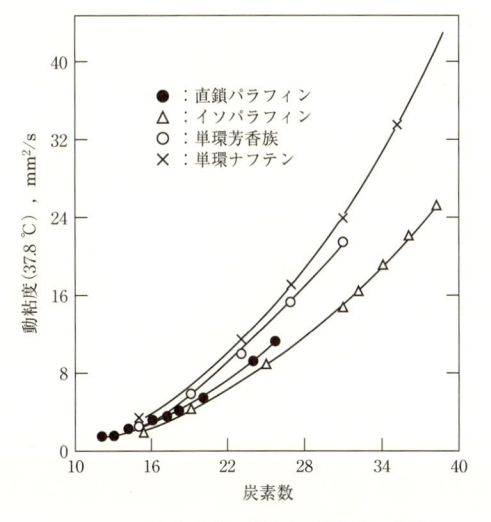

図 1.2.10 炭化水素の種類と動粘度の関係
〔出典：文献 24）〕

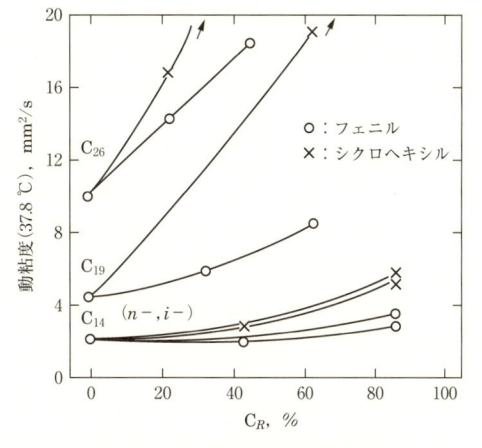

図 1.2.11 環状構造と動粘度の関係
〔出典：文献 24）〕

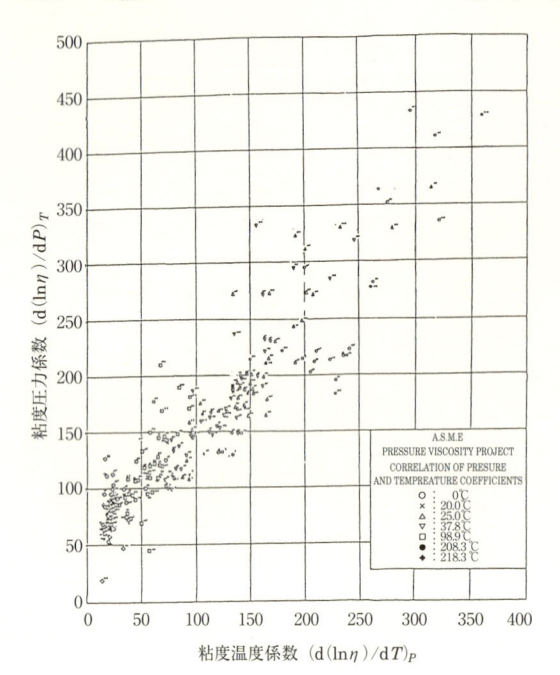

図 1.2.12 粘度温度係数と粘度圧力係数の相関関係
〔出典：文献 25）〕

数は大きい．

したがって粘度の圧力変化は温度変化とおおむね同様の傾向を示すことがわかる．

1.2.2 P-V-T 関係および熱的性質

（1）比重・密度

潤滑油等の石油製品に関しては JIS K 2249[33]にて比重，密度の測定方法が規定されている．その中に，密度では密度（15℃）と密度（t℃）の2種，比重では比重 15/4℃，比重 t_1/t_2℃ と比重 60/60°F の3種が定義されている．ここで t，t_1 は試料の温度である．また，比重において付記している分母側の温度は，比較する純水の温度である．したがって，比重 15/4℃ の数値は密度（15℃）に等しい．

表 1.2.6 潤滑油の熱膨脹係数
〔出典：文献 34）〕

種　　類	熱膨脹係数，℃$^{-1}$
鉱油系作動油	0.000 63〜0.001 08
リン酸エステル	0.000 72〜0.000 76
シリコーン油	0.000 96〜0.001 34
水・グリコール系作動油	0.000 62
ポリアルキレングリコール	0.000 74〜0.000 81
クロロトリフルオロエチレン油	0.000 86

API 度はアメリカ石油学会（American Petroleum Institute）で制定した比重表示方法であり，比重 60/60°F との間に次の関係がある．

$$\text{API 度} = 141.5/\text{比重 60/60°F} - 131.5 \tag{1.2.23}$$

なお，同じく JIS K 2249 には比重，密度，容量間の換算式がある．

一般に同粘度の鉱油系潤滑油では，ナフテン環や芳香族環が多くなるほど比重は大きくなる．また，同一原油から得られる潤滑油では粘度が高くなるほど比重が大きくなる．

（2）熱膨張係数

多くの液体は温度の上昇によって体積が増加し，熱膨張係数 α は次式で定義される．

$$\alpha = (1/V) \cdot (\partial V/\partial t)_P \tag{1.2.24}$$

ここで，V：液体の体積，t：温度，P：圧力である．

表 1.2.6[34]に潤滑油の熱膨張係数の例を示す．なお，100°F で 3 000 mPa・s 以下の石油系潤滑油の熱膨張係数として次式で近似的に求められる[35]．

$$\alpha = 1.8(5.5 - \log \eta) \times 10^{-4} \tag{1.2.25}$$

ここで，α は熱膨張係数，η：100°F における粘度（mPa・s）である．

（3）体積弾性係数，圧縮率

圧縮率は体積弾性係数の逆数である．高圧で使用される油圧装置の効率，応答性などに関係し，高圧物性を解析するためには重要な特性である．

体積弾性係数は液体の圧力による体積変化を示す尺度であり，断熱正接体積弾性係数 K_S，断熱平均体積弾性係数 $\bar{K}_S$，等温正接体積弾性係数 K_T，等温平均体積弾性係数 $\bar{K}_T$ の4種の定義がある．

大気圧下（$P = P_0$）において正接体積弾性係数と平均体積弾性係数は一致するが，$P > P_0$ では前者の方が大きい値となる．また，平均体積弾性係数 $\bar{K}$ と大気圧下における体積弾性係数 K_0 との間には次式の関係がある．

$$\bar{K} = K_0 + mP \tag{1.2.26}$$

ここで，P：圧力，m：潤滑油による定数である．

各種潤滑油の体積弾性係数と圧力および温度との関係を図 1.2.13[36]に示す．一般に圧力が高くなるほど，温度が低くなるほど体積弾性係数は大きくなる．鉱油系潤滑油の体積弾性係数を近似的に求める式が提案されている[37]．

第1章 潤滑油

■□：ポリフェニルエーテル(5P4E, 4P3E)　▽：水
▼：ナフテン鉱油　■：パラフィン鉱油
●：石油系作動油(MIL-H-5606)，○：MIL-H-5606基油
▲：シリコーン油　△：ジ-2-エチルヘキシルセバケート

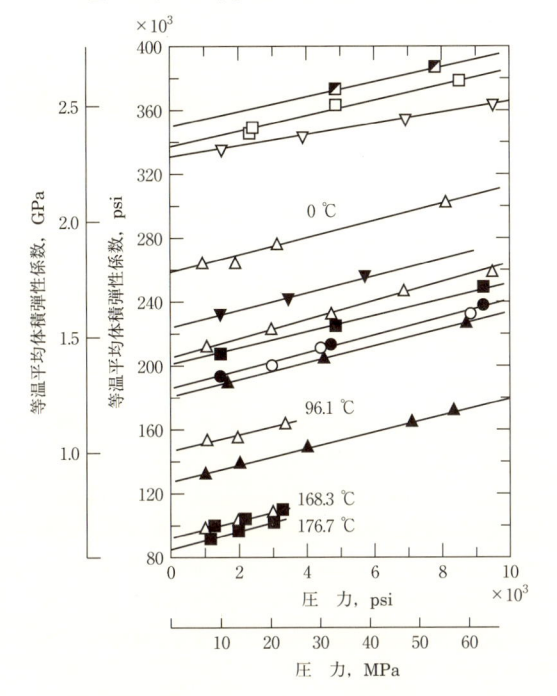

図1.2.13　体積弾性係数と圧力，温度の関係（37.8℃）
〔出典：文献36)〕

正接体積弾性係数 K は平均体積弾性係数 $\bar{K}$ から次式で求められる．

$$K = \{\bar{K}(\bar{K}-P)/K_0\} \tag{1.2.27}$$

ここで，P：圧力，K_0：大気圧下（$P=0$）における体積弾性係数である．

（4）比熱，熱伝導率

単位質量の温度を1℃上昇させるために必要な熱量をその物質の比熱という．単位はJ/(kg・K)である．温度上昇を圧力一定のもとで行なわせる場合の比熱を定圧比熱 C_p，容積一定のもとでのものを定容比熱 C_v という．C_p/C_v は比熱比と呼ばれる．各種潤滑油の定圧比熱を表1.2.7[38,39]に示す．

熱伝導率は次式で定義される．

$$Q = k \cdot At/l \tag{1.2.28}$$

ここで Q：温度勾配 t，長さ l，面積 A を単位時間に流れる熱量，k：熱伝導率〔W/(m・K)〕である．表1.2.8に各種潤滑油の熱伝導率を示す．鉱油系潤滑油の熱伝導率は近似的に次式で求められる[40,41]．

$$k = (0.117/d) \cdot (1 - 0.00054t) \tag{1.2.29}$$

ここで k：t(℃)における熱伝導率〔W/(m・K)〕，d：比重60/60°F である．

（5）潜熱

潜熱は相が変化するときに吸収または発生する熱であり，融解潜熱と蒸発潜熱がある．炭素数が10以上の n-パラフィンの融解潜熱は186〜226 kJ/kg程度であり，分枝パラフィン，芳香族炭化水素などの融解潜熱はこれより低い[41]．

蒸発潜熱は温度あるいは圧力が高くなるほど小さくなり，臨界温度で0となる．鉱油系潤滑油の大気圧下における蒸発潜熱は次式により近似的に求められる[40,41]．

$$L = (1/d) \cdot (251.2 - 0.377t) \tag{1.2.30}$$

ここで，L：蒸発潜熱（kJ/kg），d：比重60/60°F，t：温度（℃）である．

そのほかにも，モル平均沸点と分子量，API比重，あるいはUOP特性係数などからノモグラフを用いて蒸発潜熱を求める方法がある[37,41,42]．

表1.2.7　各種潤滑油の定圧比熱
〔出典：文献38, 39)〕

種類	温度,℃	定圧比熱, kJ/(kg・K)(大気圧)
鉱油系作動油	10	1.84
	40	1.93
	70	2.05
	100	2.13
W/O型作動液	25	2.80
水グリコール作動液	25	3.35
リン酸エステル	25	1.34〜1.76
ジエステル	80	2.09
シリコーン油	0〜100	1.42〜1.55
ポリフェニルエーテル	140	1.67
ポリアルキレングリコール	37.8	1.88

表1.2.8　各種潤滑油の熱伝導率
〔出典：文献40, 41)〕

種類	温度,℃	熱伝導率, W/(m・K)
鉱油系作動油	10	0.134
	40	0.131
	70	0.129
	100	0.127
水・グリコール作動液	25	0.430
塩化炭化水素	25	0.103
リン酸エステル	28	0.125
ポリグリコール	38〜99	0.145
ジエステル	80	0.145
シリコーン油	25	0.100〜0.159

(6) 揮発性, 蒸発性

蒸気圧は液体と平衡状態にある蒸気の圧力であり，揮発性を示す尺度となる．鉱油系潤滑油の180℃における蒸気圧は，平均分子量450および300程度のもので，それぞれ13.3Paおよび533～1333Paくらいである．

一般に，潤滑油の蒸気圧は次式により示される．

$$\log P = (-A/T) + B \tag{1.2.31}$$

ここで P：蒸気圧，A および B：潤滑油による定数，T：絶対温度である．潤滑油は複雑な化合物であるため，蒸気圧を実測することがむずかしいが，一定条件下における蒸発減量から見掛けの蒸気圧を計算することができる[43]．

1.2.3 光学的性質

(1) 色，蛍光，吸収スペクトル

潤滑油等の石油製品の色相についてはJIS K 2580にてセーボルト色とASTM色の二つの試験方法が規定されている[44]．ASTM色と496 nmの光の透過率との関係は図1.2.14[45]のようになる．

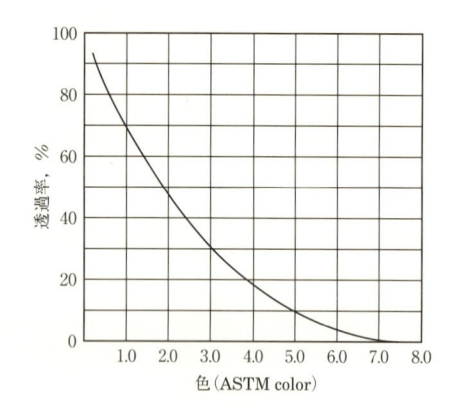

図1.2.14　ASTM色と透過率の関係（$\lambda_m = 496$ nm）
〔出典：文献 45）〕

一般に潤滑油の精製度を上げると色相が淡くなり，最終的には無色透明となる．

潤滑油等の石油製品の色は不純物として含まれているS，N，Oなどの入った化合物によるものとされている．石油製品を高温に長い時間さらすとか，太陽光等に長時間さらすと色が濃くなるが，これも酸化を受けてOの入った化合物ができるためとされている．

潤滑油には，紫青色から濃緑色の美しい蛍光を発するものがある．緑色蛍光を与える物質は吸着剤で分離すると石油樹脂と一緒に取れてくるが，変質しやすく，油中に再投入しても前のように強い蛍光を発しない．青色蛍光を発する物質は吸着剤では分離できず，大量の発煙硫酸で処理すると，酸性スラッジ中から再抽出でき，油中に入れると元のような蛍光を発する．緑色蛍光物質は酸化されると破壊される．一方，青色蛍光物質は酸化すると蛍光は出なくなるが，酸化物質を吸着剤や酸処理によって除いてやると再び蛍光を発するに至る．これらのことから，緑色蛍光物質は芳香族炭化水素（硫黄化合物を含む）と推定されている．

紫外吸収スペクトルでの $\lambda > 2000$ Å の吸収は芳香族炭化水素によるものであり，飽和炭化水素は $\lambda < 2000$ Å に吸収がある．芳香族炭化水素も縮合環の数が多いと可視部に吸収が出てくる．潤滑油の精製により，芳香族分が除かれたかどうかの判定では，紫外吸収スペクトルが鋭敏で，かなり多量の発煙硫酸で処理しないと除けないことがわかる．芳香族炭化水素が低分子の場合は，環にアリル基やアルキル基を導入すると吸収がシフトするので，芳香族の特性吸収と呼ぶべきものはない．しかし，潤滑油留分のように分子が大きくなると，置換基の影響も少なくなり，スペクトルも単純になるので，芳香族類の分析も可能になる．

赤外線吸収スペクトルは潤滑油基油のタイプ分析や添加剤の分析，劣化の確認等に広く使用されている．鉱油系潤滑油基油は炭化水素が主成分である．飽和炭化水素では次のような吸収が観察される．

　　3000～2800 cm^{-1}（νC-H）
　　1470～1400 cm^{-1}（δC-H）
　　1380～1355 cm^{-1}（δC-H）
　　1255～1145 cm^{-1}（骨核）
　　 725～ 720 cm^{-1}（CH$_2$ 横揺れ）

この他，オレフィン類があれば，

　　3100～3000 cm^{-1}（CH=C-H の νCH）
　　1670～1600 cm^{-1}（νC=C）
　　1000～ 670 cm^{-1}（δC-H 面外）

が現われる．芳香族類があれば，3030 cm^{-1}（νC-H）と 1600～1500 cm^{-1} の吸収によって，その存在を確認し，900 cm^{-1} 以下の強い吸収により置換様式を判定することもできる．

また，炭化水素系以外の合成基油においては，それぞれの特性吸収を調べることにより，容易にその

タイプを判定することもできる.

なお，潤滑油を酸化すると，1 900〜1 600 cm^{-1}（νC=O）の顕著な吸収のほか，酸，エステル，アルコール，ケトン，ラクトン，ケト酸の生成を示す特有の吸収が現われる.

（2）屈折率，分散

屈折率 n は次式で表わされる.

$$n = C_D/C = \sin\beta_i/\sin\beta_r \quad (1.2.32)$$

ただし，C_D：真空中の光速，C：油中の光速，β_i：入射角，β_t：屈折角である.

油を構成する炭化水素の屈折率を図1.2.15に示す．屈折率 n_D^{20} は温度20℃でナトリウムの589.3 nm線を使って測定した値を示す．同族列の終点は分子量が∞のパラフィンであるから，1点に集まる[46]．

と呼んでいる.

$$\text{Abbe 数} = (n_F - n_C) \times 10^4 \quad (1.2.33)$$

ところが分散，Abbe数は試料の比重の影響を受けるので，分散を比重で除した比分散δを用いる方がよい．δは飽和炭化水素ではほとんど一定であり，二重結合が分子中に入ると大きくなり，芳香族の導入によりさらに大きくなる．比分散は軽質油から重質油に至るまでオレフィン，芳香族の存在を知るのに用いられる．屈折率の温度変化は比重の温度変化を調べて，次の関係式から求めれば簡単である．$\Delta d/\Delta t$（比重の温度による変化）=$1.71 \times \Delta n/\Delta t$（屈折率の温度による変化）図1.2.16は分子量200〜400の多くの炭化水素について調べた結果である．

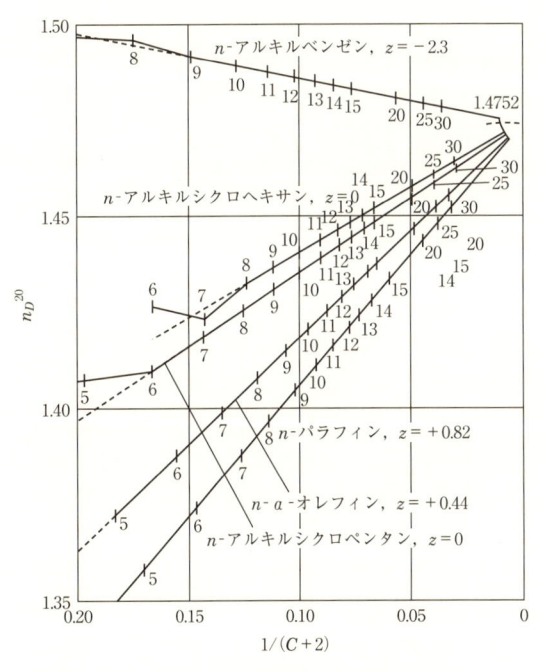

図1.2.15 炭化水素系列の屈折率
（C：炭素数，z：定数）

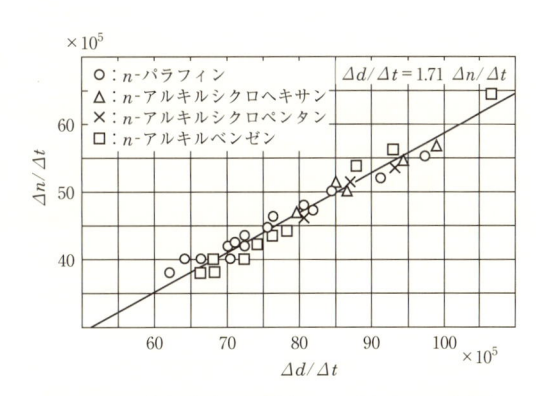

図1.2.16 炭化水素の屈折率および密度の温度係数

一般に，分極率が高くなるに従って，屈折率は大きくなる．パラフィン系，ナフテン系炭化水素より芳香族炭化水素は屈折率が大きい．

光の波長の違いによる屈折率の違いを分散と呼ぶ．実用上は水素の656.3 nmH$_\alpha$，そのときの屈折率 n_C および486.1 nmH$_\beta$ そのときの屈折率 n_F が用いられる．便宜上，これに 10^4 を乗じてAbbe数

1.2.4 電気的特性

炭化水素は電気の不良導体であることから，鉱油系潤滑油は電気絶縁油としても，古来広く使用されている．以下，潤滑油特性に大きく影響を及ぼすと思われる電気的特性を取り上げ説明する．

（1）誘電率と比誘電率

真空中にある平行板コンデンサの電気容量 C_0（F：ファラド）は極板面積 S（m^2），極板間距離が d（m）のとき，$C_0 = \varepsilon_0 S/d$ で与えられる．ここで ε_0 を真空の誘導率といい，8.854×10^{-12}（F/m）の値をもつ．このコンデンサの極板間を誘電体で満たすと電気容量は増加する．この容量を C とすると $C = \varepsilon_r C_0$ の関係がある．ε_r は誘電体の種類によって決まる定数で比誘電率という．主な石油製品の比誘電率を表1.2.9に示す[47]．添加剤として極性化合物を多く添加した潤滑油では比誘電率が大きくな

表1.2.9 石油製品の比誘電率
〔出典：文献47〕〕

物 質 名	比誘電率
ガソリン	1.85～2.5
灯油	2.0～2.2
絶縁油	2.1～2.3
潤滑油	2.1～2.6
ワセリン	2.05～2.3
液状パラフィン	2.05～2.1
固形パラフィン	2.05～2.4

この誘電率を利用し，油膜で隔てた金属間の静電容量を測定して油膜厚さを求めることができる[48]．

（2）誘電正接

二つの電極間に角周波数 $\omega=2\pi f$ の交流電圧をかけた場合，電極間に挿入された物質に含まれるイオンや双極子などが運動するために，電力の一部が熱となって電力損失をきたす．無損失の場合，外からの全電流の位相は電圧より角 $\pi/2$ だけ進むが，損失のある場合は位相が $\pi/2$ よりわずかの角 δ だけ遅れる．すなわち，電極間電圧 V と流れる電流 I およびその成分の大きさと位相は図1.2.17のようになる．ここで I_1：コンデンサに流れる電流に相当する充電電流であり，I_2：抵抗に流れる電流に相当する損失電流である．ε'' はこのように物質の電力損失のしやすさを示す物質固有の定数であることから，誘電損失あるいは損失係数などと呼ばれている．

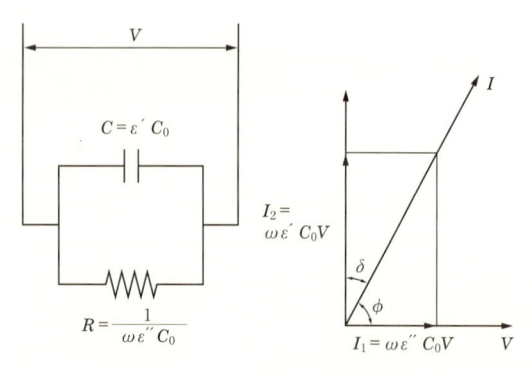

図1.2.17 誘電体の等価回路

図から明らかなように，
$$\tan\delta = I_2/I_1 = \varepsilon''/\varepsilon' \qquad (1.2.34)$$
となり，消費されるエネルギーの蓄積されるエネルギーに対する割合を意味している．この $\tan\delta$ を誘電正接，δ を損失角という．なお，$\cos\phi$ を誘電体力率と呼ぶが，δ が小さい場合，
$$\tan\delta \fallingdotseq \sin\delta = \cos\phi \qquad (1.2.35)$$
により誘電正接と力率は近似的に等しくなる．

液体絶縁物の比誘電率，誘電正接および誘電体力率は通常，高圧・交流シェーリングブリッジを用いて測定される[49]．

（3）体積抵抗率（固有抵抗）

二つの電極の間に絶縁油を挟んで直流電圧をかけると，極めてわずかであるが油中を電流が流れる．これは，油中に存在するイオンが電荷を運ぶためで，このイオンは油中にはじめから存在する水分や電解質から由来するものと，電圧によって絶縁油の分子がイオン化したものとがある．

絶縁油の電流の流れにくさは体積抵抗率で表わされる．極板面積 S（m²），極板間距離が d（m）のとき，抵抗 R（Ω）と体積抵抗率（Ω·m）との関係は $R=d\rho/S$ である．体積抵抗率は，単に抵抗率，あるいは比抵抗とも呼ばれる．

（4）絶縁破壊電圧と絶縁耐力

二つの電極の間に絶縁材を挟んで電圧をかけて，材料が破壊するに至ったときの電圧を絶縁破壊電圧と呼ぶ．特定電圧を特定時間印加しても破壊を起こさないとき，その電圧を耐電圧と呼ぶ．ある絶縁材料が高電圧に耐える能力を総称して絶縁耐力と呼ぶ．

絶縁油の絶縁破壊電圧は，油温と油圧，油中の水分，電解質，溶解ガス，ごみなどの種類と含有率，電極の材質と形状および間隔，電源の波形と周波数，電圧の上昇速度などの因子により変動する．JIS C 2101[49]によれば，電極間ギャップ2.5mmの球電極をもつ電極容器に試料油を入れて毎秒3kVの割合で電圧をかけていき，絶縁が破壊したときの電圧を読むことになっている．

（5）電気特性の温度および油劣化による影響

誘電率，誘電正接，体積抵抗率，絶縁破壊電圧などの値は，すべて測定温度や油劣化の影響を大きく受ける．前者は，温度の上昇により絶縁油の粘度が下がり，分子やイオンの移動，自由電子の衝突などが活発になるためであると考えられる．例として，誘電正接と体積抵抗率の温度特性をそれぞれ図1.2.18[50]に示す．

絶縁油が劣化した場合も，電気的特性の変化が極めて大きく現われる．そのため，最近では絶縁油の

酸化安定性の評価として，全酸価やスラッジ量の測定に加えて，誘電正接や体積抵抗率などの電気特性も同時に測定することが多くなってきている．市販の主なトランス油6種を用いたJIS酸化安定度試験による酸化時間に対する誘電正接および体積抵抗率の変化の様子をそれぞれ図1.2.19[50]に示す．

（6）潤滑下における電気特性

多くの潤滑部分が電気良導体である金属の間に不良導体である潤滑油が挟まれた形となっているため，摩擦面間の電気特性

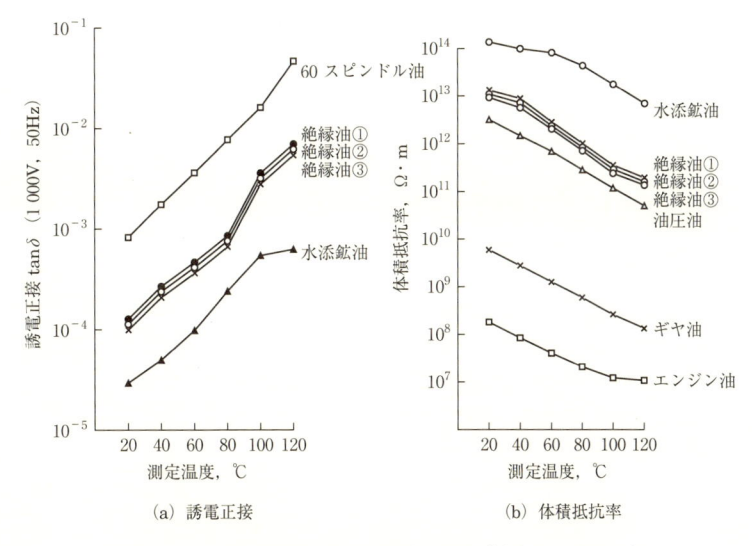

図1.2.18 電気特性に及ぼす温度の影響〔出典：文献50)〕

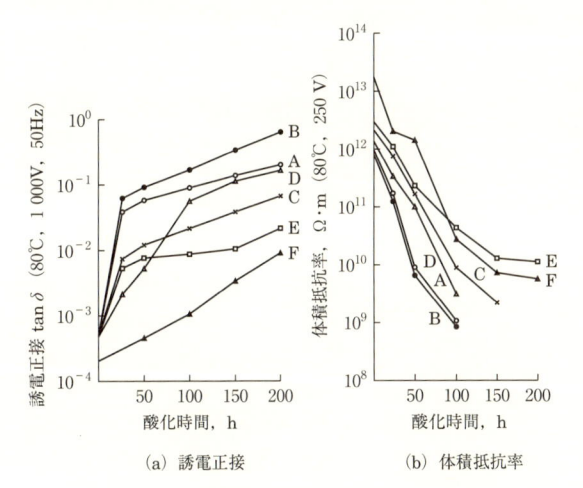

図1.2.19 電気特性に及ぼす油劣化の影響〔出典：文献50)〕

の評価は広く行なわれている．すべりのない静的条件下およびすべりのある摩擦条件下での摩擦面間の電圧-電流特性を図1.2.20に示す[51]．これは同種金属を用いたボールオンリング摩擦試験機で得られたもので，図より，リングがボールに対して正の電位をもつとき電流が流れやすく，負の電位の場合に流れにくいことを示している．このような摩擦面間の電気特性を解析することにより，潤滑条件の評価にも利用されている．

1.2.5 音響的性質
（1）音波の伝播

液体は圧縮に関係する体積弾性をもっているため，その中を音波が伝播する．音波には縦波と横波があるが，粘弾性液体のような特殊な液体を除い

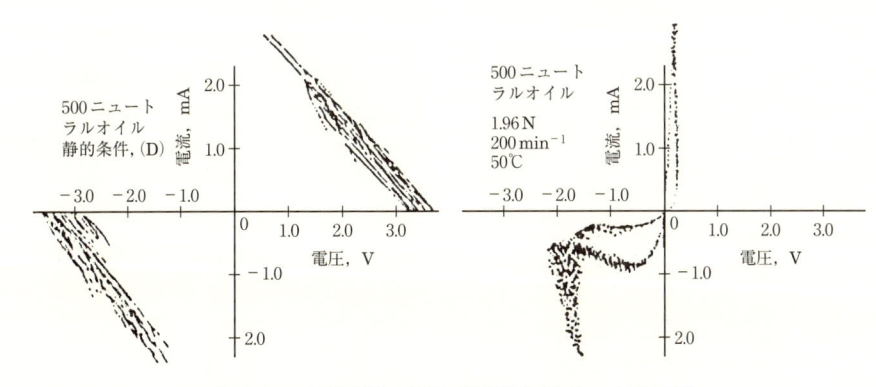

図1.2.20 摩擦面間の電圧-電流特性〔出典：文献51)〕

て，剛性率が0とみなせるため横波は存在しない．縦波の伝播速度 U_s は，断熱圧縮率 β および液体の密度 d より，

$$U_s = (\beta d)^{-1/2} \qquad (1.2.36)$$

で示される．

また，液体の全体積 V，分枝間の空隙の体積 V_f，定圧比熱と定容比熱の比 γ と U_s の間には，キンケイド・アイリング（Kincaid-Eyring）の式[52]

$$U_s^2 = (RT\gamma/M) \cdot (V/V_f)^{2/3} \qquad (1.2.37)$$

が成り立つ．この式を用いて，液体の音速から分子間の空隙の体積を求めることができる．また，音速の温度，圧力の変化，V あるいは V_f の変化として説明されるので，一般の液体の音速は温度上昇とともに減少し，圧力の増大とともに増大する．有機液体中の音速の例を表1.2.10[53,54]に示す．分子構造と音速の間には次のような経験則が知られている[55]．

で置換されている場合は音速が小さくなる．

混合有機液体中の音速は，分子圧縮率 $[(M\beta^{-1/7})/d]$ がモル分率と直線関係にある[56]ことを利用して，混合液体の密度を測れば相当正確に音速を予測することができる．なお，鉱油に関しては，粘度と屈折率により音速を求める線図がある[57]．

（2）音波の吸収

音波は物質中を伝播するに従い減衰していく．音波の減衰定数 K_s は音波の振幅 a と進行距離 l により，

$$a = a_0 e^{K_s l} \qquad (1.2.38)$$

によって定義される．この K_s は液体の体積粘性率 k，ずり粘性率 η，および音波の振動数 f と d，U_s により次式で示される．

$$K_s = (4\pi^2 f^2/2dU_s^2) \cdot (k + 4\eta/3) \qquad (1.2.39)$$

ここで K_s/f^2 は f に関係なく一定となるものが多いので，K_s/f^2 も表1.2.10に併せて示す．

液体に音波を照射した場合，液体中に強い力が作用するため，懸濁液や乳化液などの分散状態が変化することがある．特にキャビテーションが生じたときは，その効果は著しく，油の酸化や高分子鎖の切断が促進されたりする．表1.2.11に高分子添加油の超音波照射による粘度低下の例を示す[58]．この場合には高分子鎖の切断が生じているため，初期粘度が同じでも，分子量の大きい高分子添加剤を用いた方が変化も大きい．

なお，キャビテーションは気体性キャビテーションと蒸気性キャビテーションに区別されている．前者は溶解している気体によるものであり，後者は真性キャビテーションとも呼ばれ，液体の抗張力と静

表1.2.10 液体中の音速と吸収係数
〔出典：文献53, 54〕

物 質	温度, °C	U_s, km/s	$K_s/f^2{}^*$, 10^{-15} s^2/cm
ベンゼン	20	1.326	9
n-ヘプタン	22.4	1.15	
n-テトラデカン		1.325	
グリセリン	21.7	1.91	14.1
ポリエチレングリコール	30	1.57	
ガソリン	20	1.32	
灯油	34	1.295	
オリーブ油	21.7	1.44	15.5
ひまし油		1.50	109
あまに油	31.5	1.772	14.7
トランス油	32.5	1.425	
ポリメチルシロキサン		0.975	
フッ化油		0.796	

*この項の測定温度は左欄の測定温度と同じでない．常温，常圧の値である．

（1）脂肪族化合物と比較して芳香族化合物中の音速が大きい．
（2）高粘性液体中の音速は極めて大きい．
（3）分子の長さが増すと，一般に音速は増す．
（4）分子中に二重結合が存在する場合や重い原子

表1.2.11 高分子添加剤の超音波照射による粘度低下の例 〔出典：文献58〕

添 加 物	30%トルエン溶媒の粘度, mm^2/s	濃度, %	初期粘度, mm^2/s	10 min 後, mm^2/s	45 min 後, mm^2/s
ポリ（n-オクチルメタクリレート）	12	15.3	30.30	29.64	58.60
同 上	4 020	1.86	30.46	15.31	11.32
ポリ（n-オクチルアクリレート）	10	17.5	29.06		27.42
同 上	960	2.89	30.52	15.41	12.79

表 1.2.12 気体の溶解度

(a) 純液体　　　　　　　　　　　　　　　　　　　　　　　　　　　　　[単位：cm³(gas)(STP)/g(solvent)]

	Ar	H_2	O_2	N_2	HCl	NH_3	CO_2	CH_2	C_2H_2
ヘキサン	0.659		0.524	≒0.34	4.2	*6.0*		0.86	4.27
ヘプタン		0.154	0.465				2.72	0.98	4.6
オクタン	0.481	0.134			5.99	3.4			
ドデカン	0.337		0.247		4.26	2.7			
ヘキサデカン			0.228		2.75	2.2			
シクロヘキサン	0.398		0.334	≒0.20	4.16	*13.2*	2.04		
ベンゼン	0.252	0.074	0.210	≒0.13	11.0		≒2.7	*0.601*	3.18
シクロヘキサノール	0.119	0.080	0.194				0.650	*0.131*	0.29
過フッ化ヘプタン		0.081	0.316	0.226					
酢酸エチル			≒*0.20*	0.173	*130*				
ニトロベンゼン		0.028	0.058	0.048	≒*12*				
水	≒0.32	*0.017*	0.028	0.015	433		≒0.76	0.030	0.107

(b) 油類

	H_2	O_2	N_2	CO_2	空気
流動パラフィン	(0.04)	0.12	0.08	0.76	
石油（ロシア産）	0.06	0.20	0.12	1.17	
航空機ベンジン ($\sigma=23.4$)		0.25	0.14		0.17
〃 ($\sigma=17.8$)		0.33	0.21		0.25
灯油（平均分子量165）		0.21	0.12	1.51	0.14
軽油		(0.14)			0.11
オリーブ油			0.05		0.05
綿実油	0.04	0.11	*0.06*	0.83	*0.09*
トランス油	*0.04*	*0.13*	*0.10*	0.74	*0.09*
炭化水素油（概略値）	0.06	0.14	0.08	0.99	
潤滑油の例 ($\sigma=25.4$)		0.16	0.09		
潤滑油の例 ($\sigma=29.4$)		0.12	0.06		

注：測定温度：ゴシック 40℃，（　）内 30℃ 前後，斜体は 20〜30℃，圧力は 1 気圧（0.10 MPa）付近

水圧の和以上の負圧を与えられたときに生じると考えられている[59]．キャビテーションを生じる音の圧力 P_c と液体の粘度の間には，

$$\ln(\eta/\eta_0) = 3.05(P_c - 1) \quad (1.2.40)$$

の関係がある．ただし，$\eta_0 = 0.13$ mPa·s なる経験式がある．

1.2.6 気体の溶解度

潤滑油中に溶解している気体は，キャビテーションなどの現象で潤滑状態に大きな影響を有するだけでなく，発泡などの原因にもなることから，重要な因子の一つである．

(1) 溶解平衡

潤滑油に気体が溶解して理想溶液になるのであれば，ラウル（Raoult）の法則

$$x = P/P_0 \quad (1.2.41)$$

が成立する．ここで，x は溶液中での気相成分のモル分率，P は気相の圧力，P_0 はその温度での飽和蒸気圧であり，臨界温度より高温では，大まかにクラウジウス・クラペイロン（Clausius-Clapeyron）の式を外挿して，

$$P_0 \simeq \exp[(-A/R)(1/T - 1/T_B)] \quad (1.2.42)$$

とする．ここで，A は 1 モルあたりの蒸発熱，R

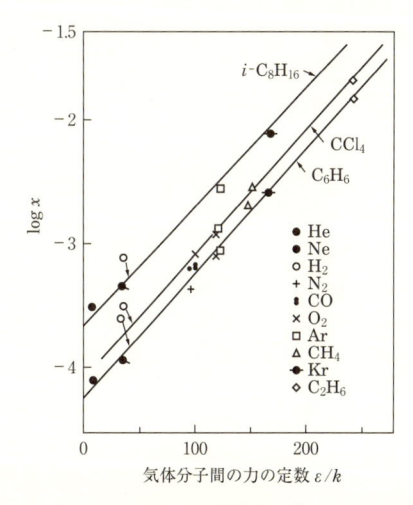

図 1.2.21 気体分子間力と溶解度〔x は 25℃，1 気圧（0.101 MPa）での気体成分の液体中でのモル分率〕

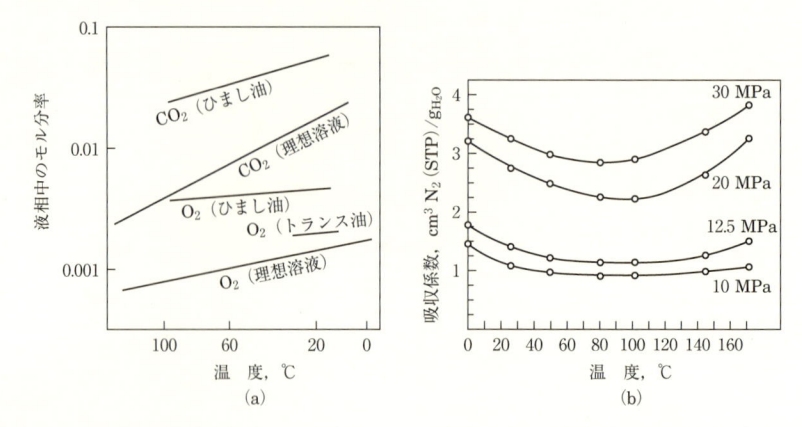

図1.2.22 (a)：1気圧での気体溶解度の温度変化と(b)：窒素の水への溶解度の温度変化〔出典：文献60)〕

は気体定数，T_B は沸点である．溶液が理想溶液でないときは活量係数 γ を用い，

$$\gamma x = P/P_0 \tag{1.2.43}$$

とする．

ヘンリイ（Henry）の法則

$$x = kP \tag{1.2.44}$$

は γ が一定であるとするもので，比較的難溶性の気体については P が1気圧（0.101 MPa）以下であれば大体成立し，比較的可溶性の気体でも温度が高いか，濃度が1 mol%以下であれば成立する．

溶解度の値を表1.2.12に示すが，ここでは単位体積または単位重量の溶媒に溶解する気体の体積で表わしてある．同一溶剤に対する各種気体の溶解性は，気体成分の分子間力が大きいほど大きく，溶解度の対数と分子間力の間に直線的な関係がある（図1.2.21）．

また，油への溶解性は，低比重，低界面張力，直鎖成分の多い油ほど大きい．なお，油への空気の溶解では，平衡定数 k と気液界面張力 σ の間には

$$k = 0.6(1/\sigma)^{3/4} - 0.035 \tag{1.2.45}$$

なる経験式がある．

溶解度の温度変化は，P_0 の温度変化より推定すれば高温ほど小さくなり，γ は高温で1に近づく，実際に見られる変化は種々である，例を図1.2.22に示す[60]．

溶解によるエントロピー変化 ΔS は，同一溶媒では $\log x$ との間にほぼ直線的な関係をもち，x が大きいほど，ΔS が小さくなる．例えばベンゼンでは $x < 8.9 \times 10^{-4}$ で $\Delta S > 0$，$x > 8.9 \times 10^{-4}$ で，$\Delta S < 0$ となる．なお，$\Delta S > 0$ なる系では，高温ほど溶解度が増し，$\Delta S < 0$ なる系ではその逆になる．通常の有機溶媒に対し H_2，CO，He，Ne は $\Delta S > 0$，CO_2，Kr，CH_4 は $\Delta S < 0$ であり，N_2，O_2，Ar などは溶媒により ΔS の符号が変わる．

図1.2.23[61]には水蒸気の溶解度を示す．この場合の温度依存性は水蒸気圧の変化に基づき，同じ圧力では高温ほど溶解度は小さい．

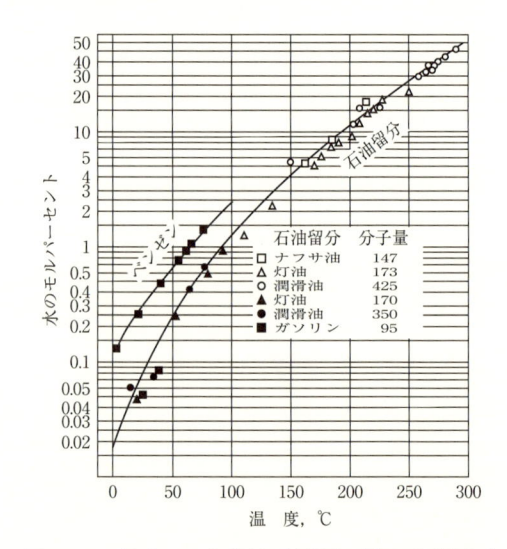

図1.2.23 油中への水蒸気の溶解度（飽和水蒸気圧）〔出典：文献61)〕

溶解度の圧力変化は，ヘンリイの法則からのずれが全圧で5気圧（0.505 MPa），分圧で1気圧（0.101 MPa）ぐらいまではそう大きくない．これより高圧の場合は，気相の拡散能の変化を無視できなくなるので補正が必要となる．補正式の一例とし

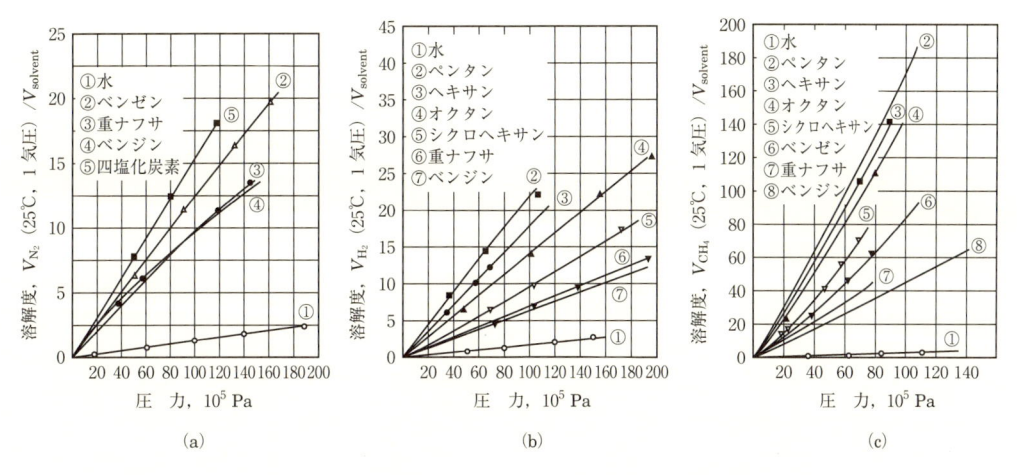

図 1.2.24 (a)：窒素，(b)：水素，(c)：メタンの 25°C における溶解度〔出典：文献 62〕

$$\ln(P/x) = \ln(\gamma P_0) - (V-B)\cdot(P_0 - P_t)/RT \quad (1.2.46)$$

がある．V は気体成分の液状での 1 モルの体積，B は第二ビリアル係数，P_t は全圧である．

しかし，あまり高圧では成立しない．溶解度の圧力依存性の例を図 1.2.24[62] に示す．

（2）吸収と脱離速度

潤滑油は粘ちょうなので，気液平衡に達するにはかなりの時間を要する．逆に，吸収した気体を放出させるには，減圧のみでは不十分で強いせん断力も加える必要がある．吸収や脱離の速度を支配するのは，主として粘度とかくはん状態にある．例えば，空気の脱離が一定の割合に達するまでの時間 T_E と液の粘度 η の間には，

$$T_E = 0.263\eta^{0.81} \quad (1.2.47)$$

なる経験式がある[63]．この値は装置により異なる．溶解速度は脱離速度の 1/2〜1/10 程度であるが，溶解の速度が早い液ほど脱離も早い．また，溶解度の大きいほど溶解速度は大きい．

1.2.7 界面化学特性
（1）表面張力
a. 表面張力の意味

液体や固体の表面は，表面分子が内部分子との分子間力によって引きつけられるために，表面積を最小にしようとする表面張力が常に働いている．またこの力に抗して表面を等温可逆的に単位面積だけ増加させるに必要な仕事，すなわち表面自由エネルギーと同義語．熱力学的には表面張力はその物質が自己の飽和蒸気と接しているとき（一般には空気との界面）の値をいい，表面張力とは互いに他の物質で飽和した 2 相間（液/液，液/固）の値をいう．

b. 表面張力測定法[64,65]

液体の表面張力の測定には，力学的に静的な平衡時の値を測定する方法と，動的な非平衡時を測定する方法がある．前者には垂直板（吊り板）法，毛管上昇法，液滴法，輪環法，泡圧法など，後者にはジェット法，振動法などがある．これらの中で最も普及している方法は垂直板法で Wilhelmy 法ともいわれ，現在では自動測定が可能な表面張力計として市販されて，この原理は表面圧力計にも適用されている．

（ⅰ）垂直板法

薄い板（一般にはガラス，白金）を液体中に一部を浸して垂直に吊すと，板の周囲にわたって液体の表面張力が下向きに働く．この力を上向きの力と釣り合わせて表面張力を求める．この場合上向きの力は板の吊り糸の上部に接続した張力計（du Nouy のねじり秤）で測定する．輪環法も原理的には同じで，吊り板を輪環にしたものが輪環法で，この方法は油/水界面などの界面張力も測定できる．

（ⅱ）毛管上昇法

液体中に毛細管を垂直に立て，管内の液面の上昇距離を測定する方法．毛管の半径を r，管内外の液面の差（上昇距離）を h，液体の密度を ρ，重力の加速度を g，毛管内壁面と液体の接触角を θ とするとき，表面張力 γ は

$$2\pi r\gamma \cos\theta = \pi r^2 h\rho g, \quad \gamma = rh\rho g/2\cos\theta \tag{1.2.48}$$

で与えられる．r, h, ρ は測定可能であるが，θ の測定はむずかしいので，$\theta = 0$ で取り扱える液体についてこの方法が適用され，γ が決定できる．

(iii) 液滴（滴重）法

外径 $2r$ の管の先端から mg の重量の液滴が落下するとき，その液体の表面張力 γ との関係は，

$$mg = 2\pi r\gamma f \tag{1.2.49}$$

で与えられる（m：液滴の質量，g：重力の加速度，f：補正項）．管の上部からマイクロメータ付きの注射器で液滴を成長させ，重量が表面張力よりもわずかに大きくなると落下することを利用した方法．落下時に液滴が全部落ちずに一部残るために補正項 f を考慮する必要がある．

(iv) ジェット法

だ円形のノズルから液体を噴出して定常波を作らせ，その様子を写真に撮って波長を求め，これと液体の流速から表面張力を求める．表面張力の急速な経時変化（$10^{-2} \sim 10^{-3}$ s）を調べるのに適している．

以上の方法の詳細，その他の方法，表面張力および界面張力の値は文献 64），65）を参考にされたい．

（2）界面活性剤

a. 界面活性剤の種類

界面活性剤は分子中に親水基と親油基をもち，界面に吸着してその界面の性質（例えば，界面張力やぬれ性）を変える物質．表 1.2.13 に示すような親水基と親油基の組合せによって，分子中の親水基が強い場合は水溶性で，親油基が強い場合は油溶性界面活性剤となる．界面活性剤は性質や用途によって乳化剤，可溶化剤，分散剤，湿潤剤・浸透剤，洗浄剤，起泡剤，消泡剤などに分類される．また一般には界面活性剤の分子構造（親水基の種類）から，イオン性の陽イオン（カチオン）と陰イオン（アニオン）および両者をもつ両性界面活性剤と非イオン性界面活性剤に分類される．一般に前者は極性が強く，水中で親水基がイオンに電離して溶け，水溶性界面活性剤であり，後者は水との水素結合による水和で水に溶解するが，親水基と親油基とのバランス，HLB〔Hydrophile Lipophile Balance,

表 1.2.13 界面活性剤の主な親水基と親油基

親油基	弱親水基	親水基	強親水基（電離基）
$-(CH_2)_n H$ など	$-COOCH_3$	$-COOH$	$-COO^-K^+$
直鎖，分岐鎖，二重結合などを炭化水素鎖	$-(CH_2OCH_2)-$	$-OH$	$-COO^-Na^+$
	$-C_6H_4OCH_3$	$-CN$	$-SO_3^-Na^+$
$-C_6H_5$ など，環状炭化水素鎖	$-CS$	$-NHCONH_2$	$-OSO_3^-Na^+$
$-(CF_2)H$	$-CSSH$		$-COO^-NH_4^+$
			$=N^+-Br^-$

表 1.2.14 代表的な界面活性剤

種類	界面活性剤例
1．イオン性	
（a）アニオン性	・カルボン酸塩（脂肪酸およびロジン酸セッケン，エーテルカルボン酸塩など）
	・スルホン酸塩（アルキルスルホン酸塩，スルホコハク酸塩など）
	・硫酸エステル塩（硫酸化油，アルキル硫酸塩，エステル硫酸塩など）
	・リン酸エステル塩（アルキルリン酸塩，エーテルリン酸塩など）
（b）カチオン性	・脂肪族アミン，その四級アンモニウム塩（一級・二級・三級アミン塩，四級アンモニウム塩など）
	・芳香族四級アンモニウム塩
	・ピリジニウム塩など
（c）両性	・ベタイン
	・アミノカルボン塩
	・イミダゾリン誘導体など
2．非イオン性	・エーテル（アルキルおよびアルキルアリルポリオキシエチレンエーテル，グリセリンエーテルおよびそのポリオキシエチレンエーテルなど）
	・エーテルエステル（プロピレングリコールエステルのポリオキシエチレンエーテル，ソルビタンエステルのポリオキシエチレンエーテルなど）
	・エステル（ポリオキシエチレン脂肪酸エステル，ソルビタンエステル，しょ糖エステルなど）
	・含窒素系（脂肪酸アルカノールアミド，ポリオキシエチレン脂肪酸アミドなど）

第1章 潤滑油

表 1.2.15 界面活性剤の分子構造と界面現象　〔出典：文献 69〕

界面の種類	界面現象	界面強度	吸着膜強度	疎水基分枝度	親水基の片寄	鎖長親水／鎖長疎水	水油親和性		粒子融合凝結二面膜の性質	排液	
										電気二重層	薄膜粘性
気/液	起泡，蒸発抑制 (界面活性)	↓増	増	増	HLB	水油泡泡	水油溶溶	+	イオン性親水基間の反発	表面膜移動効果マランゴニ系近（表面張力時間変化） ポリマー・蛋白質・染料（表面弾性）
液/液	乳化 (可溶化) ⎱洗浄				(最適)	O/W // W/O	配向の相違親水基・疎水基の界面における	+		
固/液	分散，解膠，ぬれ，浸透　凝結（消泡）	増	増		増		撥水・親油 親水・撥油	−ぬれ +分散		

1.1.2(9)を参照〕値によって水溶性のものと親油性のものがある．表 1.2.14 には代表的な界面活性剤を示す．

表 1.2.15[69] には界面活性剤の分子構造と界面現象との関係を示す．界面活性剤の分子構造と界面の種類および乳化，ぬれ，分散などのトライボロジーに関係する界面現象の取扱いの参考となる．これら

の詳細は成書[68,69]を参照されたい．

b. 界面活性剤の物理化学的性質

イオン性界面活性剤の水溶液は，その濃度がごく小さいときは無機電解質と同じようにイオンとして解離したり，分子状に溶解しているが，ある濃度以上になると，溶液の性質が大きく変化する．この性質の変化は，水溶液の濃度変化に対して，表面張力，界面張力，電気伝導度，密度，洗浄力，浸透圧，粘度，屈折率，可溶化能などを測定することによって知ることができる（図 1.2.25[66,67]）．この原因は，溶液の濃度が大きくなると，界面活性剤分子が分子状に溶解できなくなり，ミセル（micelle）という可逆的な会合体を形成して溶解するためである．このミセルを形成する濃度を臨界ミセル濃度（cmc, critical micelle concentration）といい，界面活性剤に特有な値である．

(3) ぬれ

a. ぬれとトライボロジー

トライボロジーでは固体表面のぬれという現象は圧延やプレスなどの塑性加工において潤滑上重要である．例えば潤滑油の金属表面のぬれを考慮しないと，潤滑不良による圧延ロールの表面損傷や加工製品の表面品質の低下などを引き起こす．この一因として潤滑油自身のぬれ広がり性が低い場合とか，ロール表面の汚れによる潤滑油のぬれ広がり性の低下

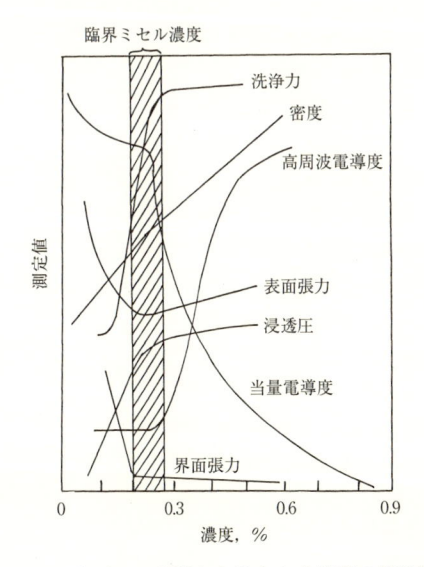

図 1.2.25　ドデシル硫酸ナトリウム水溶液の諸性質の濃度変化　〔出典：文献 66, 67〕

があり，ロールや被加工材表面上での潤滑膜の形成を不完全にし，潤滑不良を招く．

圧延油の広がり特性と圧延性能との関係[70]において，油の広がり性が圧下率や製品の表面品質を左右することが示されている．エマルション潤滑による冷間圧延では，プレートアウト性は鋼板表面の清浄性やエマルションの形態により異なる[71]．このように塑性加工における金属表面の油によるぬれは効果的潤滑を得るうえにおいて重要な界面現象の一つである．

b. 固液界面とぬれ

空気中では固体表面には気体分子が吸着しているが，一般に固体表面と接している空気相が油や水などの液体相と置換する（固気界面から固液界面をつくる）ことをぬれといい，言い換えると液体の固体表面への付着であって，その強さすなわちぬれやすさは固体表面と液体の親和力に依存する．

今単位面積の液面と固体面の接触と引き離しを考えると，ぬれによる表面自由エネルギーの減少〔付着の仕事 W_a, 図1.2.26(a)〕は次の Dupré の式

$$W_a = \gamma_S + \gamma_L - \gamma_{SL} \quad (1.2.50)$$

で与えられる（γ_S, γ_L：固体および液体の表面張力，γ_{SL}：固液の界面張力）．また液面間の凝集の仕事 W_c は次式で与えられる．

$$W_c = 2\gamma_L \quad (1.2.51)$$

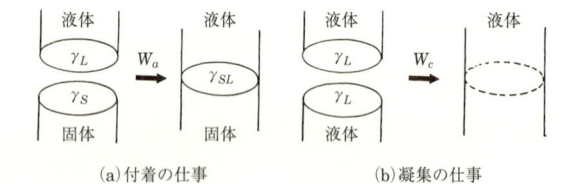

図1.2.26　付着の仕事と凝集の仕事

一方，図1.2.27に示すように，固体表面上の液滴の接触角，θ は次の Young の式で与えられる．

$$\gamma_S = \gamma_{SL} + \gamma_L \cos\theta \quad (1.2.52)$$

式(1.2.50)〜(1.2.52) から，

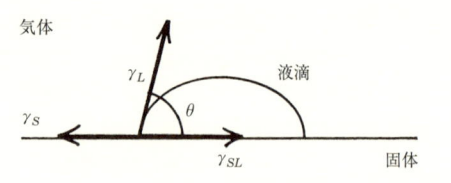

図1.2.27　固体表面上の液滴の接触角と表面張力の関係

$$\cos\theta = 2W_a/W_c - 1 \quad (1.2.53)$$

となり，θ は W_a と W_c の釣合いで決定され，液体の凝集力より固液間の親和力の方が大きいとき，固体表面は液体によってぬれることになる．

c. ぬれの三つのタイプ

図1.2.28 に示すように，ぬれには (a)拡張ぬれ，(b)付着ぬれおよび (c)浸漬ぬれの三つのタイプがある．例えばトライボロジー的にはそれぞれ，圧延におけるロールや板材表面のプレートアウト性，摩擦面の汚れによる付着ぬれの低下，および潤滑油中の摩擦面のぬれや固体潤滑剤の油中分散などが関係し，ぬれの問題をどのぬれで対応するかが重要である．

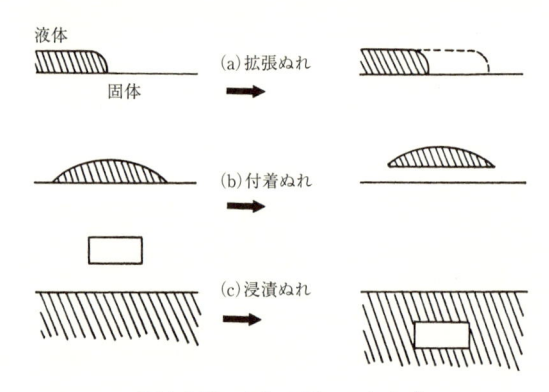

図1.2.28　ぬれの三つのタイプ

拡張ぬれ W_s は固体表面に広がった液体を単位面積だけ逆行させるに必要なエネルギーと定義され，次式で表わされる．

$$W_s = \gamma_S - \gamma_L - \gamma_{SL} \quad (1.2.54)$$

式(1.2.52)と式(1.2.54)から，

$$W_s = \gamma_L(\cos\theta - 1) \quad (1.2.55)$$

となり，$\theta = 0°$ のとき，ぬれが起こる．

付着ぬれ W_a は単位面積の固体と液体の接触面を引き離すのに必要なエネルギーで，式(1.2.50)で与えられ，これに式(1.2.52)を代入して，

$$W_a = \gamma_L(\cos\theta + 1) \quad (1.2.56)$$

となり，$\theta \leq 180°$ でぬれが起こる．

浸漬ぬれ W_i は液体中の固体表面を単位面積だけ露出させるに必要なエネルギーで，次式で与えられ，

$$W_i = \gamma_S - \gamma_{SL} \quad (1.2.57)$$

式(1.2.52)を代入して，

$$W_i = \gamma_L \cos\theta \quad (1.2.58)$$

となり，$\theta \leq 90°$のとき，ぬれが起こる．

ぬれへの対応は，(1)ぬれのタイプの決定，(2)液体の表面張力（γ_L）および接触角（θ）の測定でできる．

d. 臨界表面張力，γ_c (critical surface tension)

接触角の大小の他に固体表面のぬれやすさを表わす尺度に臨界表面張力がある．一般に一連の液体（例えば同族体の n-アルカンやアルコール）の表面張力とある固体表面上の接触角の関係（$\cos \theta$-γ_L）をみると，直線関係が得られる．この直線と $\cos \theta = 1$ との交点に相当する表面張力の値をその固体の臨界表面張力といい，その固体に特有な表面物性値である．すなわちある固体の臨界表面張力以下の表面張力をもつ液体はその固体をよくぬらす．例えばポリエチレン，ナイロンおよびポリテトラフルオロエチレンはそれぞれ 31，42.5〜46.0 および 18 dyn/cm と固体の種類によって異なる[72,73]．

e. 液液界面の拡張ぬれ

水（液体 1，表面張力 γ_1）面上に油などの有機液体（液体 2，γ_2）を滴下したとき，S(拡張係数)＝$\gamma_1 - \gamma_2 - \gamma_{12} > 0$，のときに広がり，$S < 0$ のときに広がらずにレンズ状の液滴が水面に残る．ここで γ_{12} は界面張力．この液液界面の拡張ぬれは，水面上に単分子膜を広げるための膜物質の展開溶媒の選択に重要である．

(4) 吸 着

a. 液面における吸着

一般に溶液の表面張力と溶質濃度の変化との関係は，次の三つのタイプになる（図 1.2.29）．

(1) 食塩などの無機電解質水溶液のように，濃度とともに表面張力が単調に増大する．
(2) 有機化合物（エタノール）水溶液のように，単調に減少する．
(3) 界面活性剤水溶液のように，濃度とともに急激に減少し，ある濃度以上でほぼ一定値をとる．

溶液の表面張力と溶質の液面への吸着は密接な関係があり，次式（Gibbs の吸着等温式）で与えられる．

$$\Gamma = -c/RT \cdot d\gamma/dc \qquad (1.2.59)$$

(γ：表面張力，c：濃度，R：気体定数，T：絶対温度，Γ：表面吸着量）Γ は内部濃度より過剰に表面に存在する溶質の量で，単位面積あたりの過剰量（mol/cm^2）を示す．表面張力が濃度とともに増大する (1) の系では $d\gamma/dc > 0$ で，$\Gamma < 0$ となるが，反対に (2) の系では，$d\gamma/dc < 0$ で，$\Gamma > 0$ の関係にある．$\Gamma > 0$ は溶質の表面への正吸着，$\Gamma < 0$ は負吸着を意味する．

b. 固体表面における吸着

一般に固体内部の原子，分子，イオンはきちんと配列し，周囲の原子，分子，イオン同士が均等に相互作用している．しかし表面にある原子や分子は内部の原子や分子と異なり原子間力や分子間力が飽和されていないため，固体表面は内部より化学反応性に富み，ファンデルワールス力や分子の極性基による静電気力により，固体外部周辺の原子や分子を表面に引き付け吸着が起こる．化学反応で起こる吸着を化学吸着，ファンデルワールス力や静電気力で起こる吸着を物理吸着という．

(ⅰ) 物理吸着と化学吸着[64,74,75]

一般に物理吸着は低温で起こり，吸着が可逆的で吸着熱が小さく，一度吸着した分子を気固吸着では真空にすることによって，液固吸着では加熱によって脱離（脱着）させることができる．また物理吸着では単分子吸着と多分子吸着が起こる．

化学吸着（活性化吸着ともいう）は高温または特定の温度で起こる一種の化学反応で吸着に活性化エネルギーを要するため吸着熱は一般に大きい．このため脱離は物理吸着より起こりにくく，油性剤の吸着潤滑膜はより高温まで有効に働く．化学吸着は固体表面分子と吸着分子との化学反応であるから，単分子吸着で，2層以上は物理吸着となる．

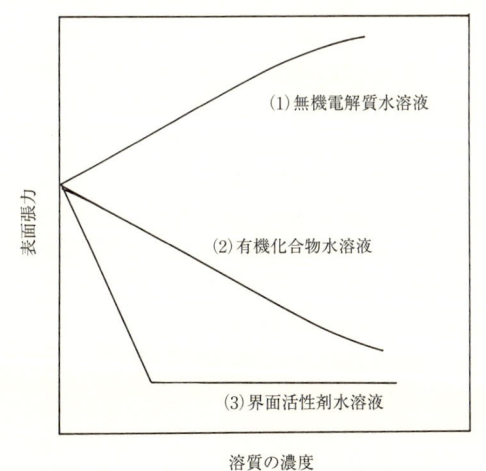

図 1.2.29 水溶液の表面張力と濃度の関係

(ⅱ) 単分子吸着と多分子吸着

気固界面や液固界面で起こる単分子吸着に対して，一般に次の Langmuir の式が適用される．

$$\theta = v/v_m = kp/(1+kp) \quad (1.2.60)$$

(θ：被覆率（吸着率），p：圧力，v：pにおける吸着量，v_m：飽和吸着量，k：定数），液固界面ではpの代わりに溶液濃度cとなる．飽和吸着量はp（またはc）の変化に伴うvを測定することによって求められる．

多分子吸着の広範な実験データに適用される BET の式がある．気固界面の多分子吸着は，吸着媒の圧力がその飽和蒸気圧の数十分の一程度になると起こる．

$$v = v_m kp/(p_0-p)\{1+(k-1)p/p_0\} \quad (1.2.61)$$

(p：吸着平衡における圧力，p_0：吸着媒の飽和蒸気圧，v：pにおける吸着量，v_m：飽和吸着量，k：定数）

いま $p_0 \gg p$ のとき，1に対してp/p_0は無視でき，式(1.2.61)は次式となり，

$$v = v_m k(p/p_0)/(1+kp/p_0) \quad (1.2.62)$$

この式は Langmuir の式を拡張したものとわかる．

1.2.8 酸化特性

潤滑油の酸化とは，潤滑油を構成している基油および添加剤が長期間の使用あるいは過酷な条件下での使用により，空気中の酸素を取り込んだ化合物にその構造を変化させることをいう．これにより潤滑油は着色，全酸価増加，粘度増加し，さらに不溶分が生成する．同時に各種性能を付与している添加剤の消耗により，酸化前の新油時の性能が著しく損なわれる．本項では，はじめに潤滑油の酸化劣化の過程およびその機構を述べた後，潤滑油と組成と酸化安定性の関係を，酸化反応の基礎理論に基づいて解説する．

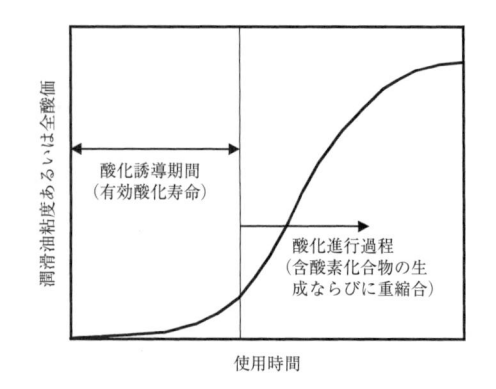

（1）潤滑油の酸化劣化過程

潤滑油の酸化劣化の過程は通常図1.2.30のようになる．潤滑油中の酸化防止剤が有効に作用している間は油の酸化はほとんど起こらない．これを酸化防止段階あるいは酸化の誘導期間といい，一般にこの期間が油の有効寿命，すなわち使用可能期間とされている．種々の酸化試験における酸化寿命とは，様々な酸化加速条件下で大幅にこの期間を短縮して測定されたものと考えることができる．この油の酸化寿命は酸化防止剤の消耗の速さにより決定され

図1.2.30 潤滑油の酸化劣化過程

る．「油の長寿命化を図る」とは，酸化防止剤の消耗速度を低下させることにほかならない．

酸化防止剤が完全に消耗されると，潤滑油の酸化は急速に進行する．潤滑油の主成分である炭化水素はアルコールやカルボン酸などの含酸素化合物へと酸化され，粘度や界面化学的特性など油の様々な基本物性が変化する．含酸素化合物が多量に蓄積してくると，これらは重縮合反応を起こし高分子化合物を生成する．これにより粘度は著しく上昇し，極端な場合，エンジン油などに希に見られるオイルシックニング（oil thickening）という油の固化を引き起こす．

以上のように潤滑油の酸化劣化は，含酸素化合物を生成するいわゆる「酸化反応」に加え，生成した含酸素化合物の「重縮合反応」も粘度増加や不溶分生成の観点から考慮する必要がある[76]．しかしながら，潤滑油の使用寿命を決めている酸化防止剤の消耗は酸化反応過程であり，やはり潤滑油の酸化反応に対する安定性が重要である．潤滑油の酸化安定性，言い換えれば酸化防止剤の消耗速度は，用いる酸化防止剤の種類とともに，潤滑油基油を構成する炭化水素の組成により決定される．

（2）炭化水素の自動酸化

a．自動酸化反応機構およびその速度

潤滑油の主要な構成成分である炭化水素の酸化劣化は，図1.2.31のスキームに示すような一連の素反応からなるフリーラジカル連鎖反応（一般に自動酸化反応と呼ばれる）により進行する[77]．ここでRHは油を構成している炭化水素を，ROOHはその酸化により生じたハイドロパーオキサイドを示している．ROO・はアルキルパーオキシラジカルを示し，自動酸化反応の最も重要な反応活性種であ

開始反応
$$2\,RH + O_2 \longrightarrow 2\,R\cdot + H_2O_2 \quad [1]$$
生長反応
$$R\cdot + O_2 \longrightarrow ROO\cdot \quad [2]$$
$$ROO\cdot + RH \xrightarrow{k_p} ROOH + R\cdot \quad [3]$$
連鎖分岐反応
$$ROOH \xrightarrow{k_i} RO\cdot + \cdot OH \quad [4]$$
$$\left.\begin{array}{c}RO\cdot \\ \cdot OH\end{array}\right\} + RH \longrightarrow \left.\begin{array}{c}ROH \\ HOH\end{array}\right\} + R\cdot \quad [5]$$
停止反応
$$2\,ROO\cdot \xrightarrow{2\,k_t} 非ラジカル化合物 \quad [6]$$

図 1.2.31　自動酸化反応のスキーム

る．

　自動酸化理論によれば，このときの炭化水素の酸化速度は式(1.2.63)のようになる．

$$-\frac{d[O_2]}{dt} = \frac{k_p}{(2k_t)^{1/2}}[RH]R_i^{1/2} \quad (1.2.63)$$

ここで k_p および k_t はそれぞれ連鎖生長反応（反応[3]）および連鎖停止反応（反応[6]）の速度定数であり，R_i は連鎖開始速度である．潤滑油の酸化条件である100℃以上の高温においては，酸化により生成したハイドロパーオキサイドの分解反応[4]が主要な開始反応となる．このとき基油の酸化速度はハイドロパーオキサイドの分解反応の速度定数を k_i として式(1.2.64)のように表わせる．

$$\frac{d[ROOH]}{dt} = k_p\left(\frac{k_i}{k_t}\right)^{1/2}[RH][ROOH]^{1/2}$$

$$(1.2.64)$$

b.　炭化水素の構造と酸化速度

　式(1.2.64)からわかるように，炭化水素の酸化のされやすさは三つの反応の速度定数，$k_p/(k_i/k_t)^{1/2}$ により表わすことができる．このうちハイドロパーオキサイドのラジカル分解速度定数 k_i は炭化水素の構造によりそれほど大きく変化しないので，酸化速度は生長反応速度定数 k_p と停止反応速度定数 k_t により決定される．表1.2.16に代表的な炭化水素の k_p，k_t 値，および $k_p/(2k_t)^{1/2}$ 値（これをOxid-izability，「酸化性」と呼ぶ）を示す[78]．これらの数値の中で特に重要なのが，炭化水素からのパーオキシラジカルによる水素原子の引抜きの速度を表わす生長反応速度定数 k_p である．k_p が大きいほど水素原子が引き抜かれやすく，酸化反応が進行しやすい．

　表1.2.16でシクロヘキサンは油中の飽和炭化水素成分の，テトラリンは芳香族成分の自動酸化のモデル化合物と考えることができる．テトラリンはシクロヘキサンよりはるかに酸化されやすいが，表1.2.16から明らかなようにこれは生長反応速度定数 k_p が非常に大きいためである．実際に鉱油系基油中の芳香族成分は飽和炭化水素成分よりはるかに酸化されやすい．したがって鉱油系基油では，飽和炭化水素成分を多く含む方が酸化されにくく，安定な基油ということになる〔多くの場合，無添加基油では芳香族成分をある程度含む方が安定である．これについては，（3）潤滑油組成と酸化安定性を参照〕．

c.　生長反応速度定数と有機化合物中の炭素-水素結合解離エネルギー

　以上に述べたように，炭化水素の酸化安定性は生長反応速度定数 k_p の大小で表わすことができる．生長反応速度定数 k_p は，表1.2.16に示したように炭化水素の構造と密接な関係がある．これまでに，炭化水素のみならず，アルコールやエーテル，エステルといった含酸素化合物も含めて，それらの構造と生長反応速度定数 k_p の関係は詳細に調べられている[78]．k_p と化合物中の炭素-水素結合解離エネルギー $D[R-H]$ との間には，式(1.2.65)のような単純な関係が成り立ち，この式から有機化合物の酸化に対する反応性を定量化できる．

$$\log k_p^{sec\text{-}ROO\cdot}/H(M^{-1}\cdot s^{-1})$$
$$= 16.4 - 0.2\,D[R-H] \quad (1.2.65)$$

炭素-水素結合解離エネルギーが大きくなるほど k_p は小さくなり，水素原子はより引き抜かれにくくな

表 1.2.16　炭化水素の自動酸化反応速度定数値（30℃）　〔出典：文献78〕

炭化水素	パーオキシラジカル	$k_p/(2k_t)^{1/2}$, $M^{-1/2}\cdot s^{-1/2}$	k_p/H, $M^{-1}\cdot s^{-1}$	k_t, $M^{-1}\cdot s^{-1}$
シクロヘキサン	sec-ROO·	1×10^{-5}	0.001	1.0×10^6
p-キシレン	$prim$-ROO·	5×10^{-5}	0.14	1.5×10^8
クメン	$tert$-ROO·	150×10^{-5}	0.18	7.5×10^3
テトラリン	sec-ROO·	230×10^{-5}	1.6	3.8×10^6

る．脂肪族飽和炭化水素においては，三級水素＞二級水素＞一級水素の順で k_p が小さくなるが，これは結合解離エネルギーがこの順で大きくなるためである．

潤滑油の酸化劣化条件である高温における k_p 値は，反応の活性化エネルギー E_a と炭素-水素結合解離エネルギー $D[R-H]$ との関係式(1.2.66)からアレニウス式を用いて求めることができる．

$$E_a^{sec-ROO\cdot}(\text{kcal/mol})=0.55(D[R-H]-65.0) \quad (1.2.66)$$

以上のような関係式を用いることにより現在では，炭化水素のみならず含酸素化合物等も含めた有機化合物の酸化安定性は，その構造からかなり正確に予想できるようになっている[79,80]．

(3) 潤滑油組成と酸化安定性

a. 潤滑油基油の組成と分類

潤滑油基油，特に原油を精製して得られる石油系基油は，炭化水素を中心とした非常に多くの化合物の混合物である．潤滑油製品の酸化安定性が基油組成の影響を強く受けることはよく知られている．潤滑油基油に多種，多量の添加剤を配合してなるエンジン油においてもこの事実は明確に認識され，アメリカ石油協会（American Petroleum Institute, API）により，近年エンジン油基油の分類がなされた[81]．表1.2.17に，分類された5種の基油（グループI～V）の内容を示す．グループI～IIIが原油の精製によって得られる石油系基油であり，基油組成を硫黄量（mass％），飽和炭化水素量（mass％）および粘度指数（Viscosity Index, VI）で表わしている．グループIVが最も一般的な合成系基油ポリ-α-オレフィン（PAO），グループVはPAO以外の合成油（エステルなど）である．

石油系基油のグループI～IIIは，異なった精製法で製造されるものである．グループI油が従来からの溶剤精製法によっているのに対し，グループII，III油は水素化分解法で製造される．水素化分解法によると，潤滑油製品の酸化安定性を低下させていた極性化合物（硫黄，窒素化合物）や芳香族炭化水素成分が大幅に減少する．なかでもグループIII油は，PAO並みの高粘度指数（VI≧120）をもつものであるが，これは製造条件や原料油組成を変化さ

表 1.2.17　アメリカ石油協会基油分類

グループ	硫黄量, mass%		飽和炭化水素量, vol%	粘度指数 VI
I	>0.03	あよび/あるいは	<90	80～119
II	≦0.03	および	≧90	80～119
III	≦0.03	および	≧90	≧120
IV	ポリ-α-オレフィン			
V	グループI～IVに属さないすべての基油			

せて，飽和成分中のイソパラフィン量を増加させることにより得られる．グループIII油は，PAO並みの優れた粘度-温度特性のみならず，エンジン油を製造した際の優れた酸化安定性を含めて，石油系基油の中で最も高性能と位置づけられている．図1.2.32に，ハイドロパーオキサイド法[82]という特殊な手法を用いて測定した種々のグループII，III油の生長反応速度定数 k_p 値を示す[83]．イソパラフィン量の多いグループIII油の k_p 値が小さいことが明確であるが，これはイソパラフィン分子中の三級水素の数が，シクロアルカン系炭化水素分子（いわゆるナフテン類）に比べて少ないためである[84]．このようにエンジン油基油組成の指標として，芳香族成分量や極性化合物量に加えて飽和成分の構造と組成まで定義されたのは画期的なことであり，その差は製品の性能に明確に反映されている[85]．

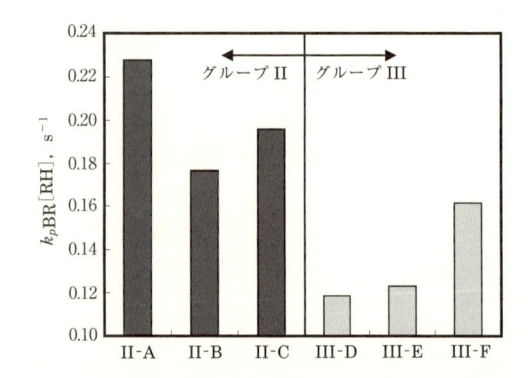

図 1.2.32　グループII，III油の生長反応速度定数（ハイドロパーオキサイド法，40℃）

〔出典・文献82〕

b. 酸化防止剤不在下における酸化挙動

グループI油とIII油の酸化特性の相違を，合成油PAO（グループIV油）も含めて実際の酸化劣化条件下で比較してみよう．図1.2.33は，温度160℃，酸素吹込み条件下での酸化挙動を式

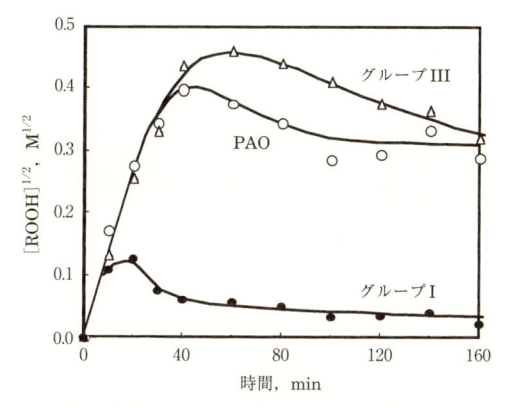

図 1.2.33 潤滑油基油の高温自動酸化挙動（160℃，酸素吹込み条件下）〔出典・文献 82)〕

(1.2.65) の積分式 (1.2.67) でプロットしたものである[86)]．

$$[ROOH]^{1/2} = k_p \left(\frac{k_i}{k_t} \right)^{1/2} \frac{[RH]}{2} t \qquad (1.2.67)$$

石油系基油でありながら，硫黄や窒素などの不純物をほとんど含まないまでに高度に精製されたグループⅢ油は，純粋な炭化水素である PAO とほぼ同じ酸化挙動を示す．すなわち酸化開始後約 30 分までプロットは直線となり，反応が式 (1.2.67) に従うことを示している．ハイドロパーオキサイド濃度は約 0.2 M まで増加した後減少していき，約 0.1 M で一定濃度となる．これはハイドロパーオキサイドの生成速度と分解速度が等しくなるためであり，この間炭化水素の酸化（カルボン酸の生成）は図 1.2.34 に示すように一定速度で進行する．水素化分解によらず通常の精製法で得られたグループⅠ油では，ハイドロパーオキサイド濃度は酸化開始後直ちに 0.015 M で頭打ちとなり，定常濃度は 0.001 M と極めて低い．同様にカルボン酸の生成量もグループⅢ油，PAO よりもずっと少なく，グループⅠ油の方が高度に精製されたグループⅢ油より酸化されにくいことがわかる．この現象は，グループⅠ油中に不純物として含まれる硫黄化合物による酸化防止作用によっており，古くはこれを天然酸化防止剤と呼んでいた（本節 d. 参照）．

c. 酸化防止剤存在下における酸化挙動

上に述べたように，基油中に不純物として含まれる硫黄化合物は酸化防止剤として作用し，これを過度の精製により完全に除いてしまうのは問題があるように思われる[87)]．しかしながら今日では，機械の進歩により潤滑油に要求される酸化安定性は格段に厳しくなっており，酸化防止剤の添加なしに要求を満たすことは，特殊な用途の油を除いて不可能になってきている．図 1.2.35 に，上記の基油に代表的な酸化防止剤ジ-$tert$-ブチル-p-クレゾール（DBPC）を 0.6 mass% 添加したときの回転ボンベ式酸化安定度試験（RBOT）における酸化寿命を示す．天然酸化防止剤として硫黄化合物を含むグループⅠ油も含めて，いずれの基油も DBPC 無添加の RBOT 酸化寿命は極めて短いが，DBPC の添加により油の酸化寿命は飛躍的に増大する．図 1.2.35 から，グループⅢ油と PAO はグループⅠ油よりも格段に長い酸化寿命を与え，基油の精製度を高めることが高度な製品を製造するうえで重要なことがよくわかる．このような差が現われるのは，いうまでもなく高度精製油の小さい k_p 値，すなわちパーオキシラジカルに対する反応性の低さが，

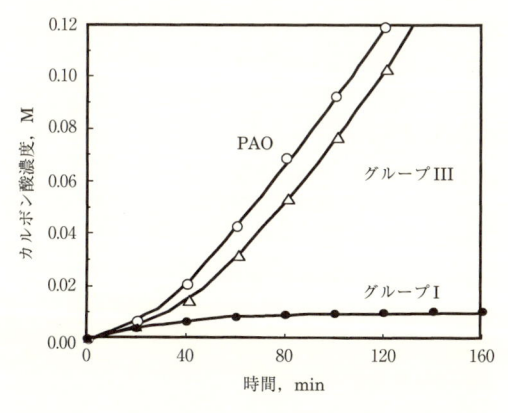

図 1.2.34 基油の酸化によるカルボン酸の生成挙動（160℃，酸素吹込み条件下）

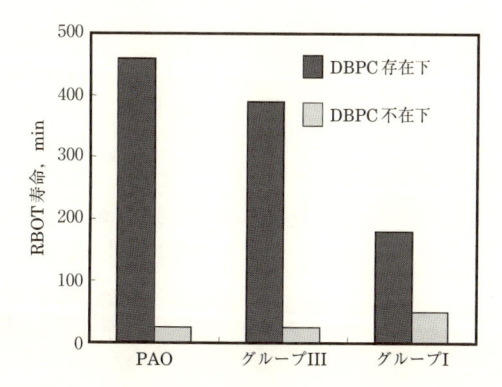

図 1.2.35 酸化防止剤存在下における各種基油の酸化寿命（回転ボンベ式酸化安定度試験，RBOT）

DBPCのような連鎖停止型酸化防止剤の存在下で強く反映されるためである（本章1.1.2（1）「酸化防止剤」参照）．

d. 石油系基油の最適芳香族性

現在の高性能潤滑油のように酸化防止剤が配合された場合は，グループI油に見られた自己酸化防止挙動は全く意味がなくなるのであろうか．完全には「否」とはいいがたい．無添加のグループI油に見られた酸化防止挙動を，酸化反応理論から説明すると，以下のようになる[88]．

（1）グループI油中に多量に含まれる（≧10%）芳香族炭化水素成分は，飽和炭化水素成分よりも優先的に酸化され，芳香族ハイドロパーオキサイドを生成する．

（2）グループI油中に同時に含まれている硫黄化合物は（S≧0.03%），パーオキサイド分解型の酸化防止剤として作用し，芳香族ハイドロパーオキサイドからフェノール化合物が生成する．このフェノール化合物が連鎖停止型酸化防止剤として作用し，酸化を防止する．

$$(1.2.68)$$

以上のような酸化防止機構は，古くから石油系基油の「最適芳香族性」として知られていた[89]．すなわち，天然の硫黄化合物の存在下で，基油中には適度な量の芳香族炭化水素が含まれる方が酸化安定性に優れるという概念である．

以上の原理によれば，たとえ基油中から硫黄系「天然」酸化防止剤が完全に除かれた高度精製油であっても，硫黄系「合成」酸化防止剤が添加された潤滑油製品では「最適芳香族性」が発現するはずである．このような仮定のもとに，芳香族成分をほとんど含まないグループIIあるいはIII油に，グループI油を混合し芳香族成分を適度に与え，これらの基油からエンジン油を製造してその酸化挙動を調べた[90]．エンジン油には最も代表的な硫黄系酸化防止剤であるジアルキルジチオリン酸亜鉛（ZDTP）が必ず配合されている．図1.2.36に示すように，エンジン油処方下で「最適芳香族性」が発現していることがわかる．この最適芳香族性は，グループI油に含まれる硫黄化合物によりもたらされたものではなく，ZDTPのパーオキサイド分解作用によるも

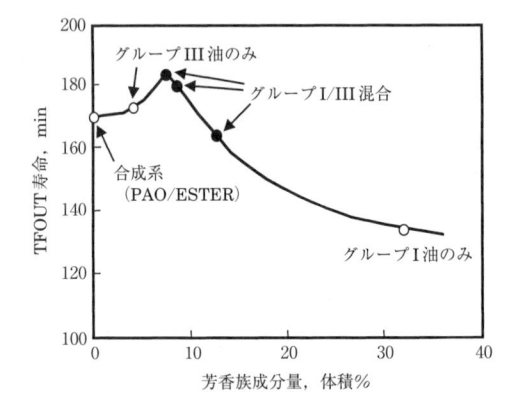

図1.2.36　エンジン油基油の芳香族成分量と酸化寿命の関係（薄膜酸素吸収試験，TFOUT）

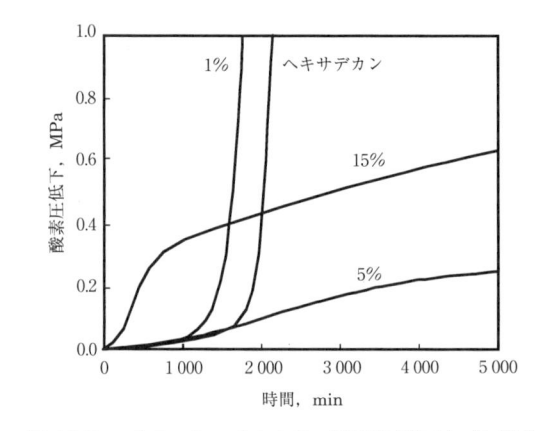

図1.2.37　ジアルキルジチオリン酸亜鉛添加油（1.0%）における最適芳香族性
（回転ボンベ式酸化安定度試験，図中の数字はテトラリン混合量を表わす）

のである．ヘキサデカン/テトラリン混合系で芳香族量を変化させ，ZDTPの添加効果を調べた結果を図1.2.37に示す．テトラリン混合量が5 mass%のときZDTPの効果が最も高いこと，すなわち最適芳香族性が硫黄を含まない純粋な炭化水素系で確認できる．

このような硫黄系酸化防止剤添加系における基油の最適芳香族性は，今後グループII，III油およびグループIV油（PAO）といった芳香族量が非常に少ない基油を使用していくうえで，重要な概念となるであろう．

（4）潤滑油酸化試験法

a. 潤滑油酸化試験法の考え方

酸化試験に限らず潤滑油の実用性能を予測するた

第1章 潤滑油

表1.2.18 各種酸化試験法の概要

略称	熱安定度試験 JIS ASTM	RBOT	TOST	CIGRE	ISOT	TFOUT	腐食酸化安定度試験	グリース酸化安定度試験	パネルコーキング試験	ホットチューブ試験
試験法	K 2540	K 2514 D 2272	K 2514 D 943	(IP 280)	K 2514	(NIST) D 4742	K 2503 (Fed 791 b-5308)	K 2220 D 942	(Fed 791 b-3462)	
試験温度,°C	170	150	95	120	165.5	160	121	99	240〜320	240〜320
試験時間,h	24	4〜40	10^3〜10^4	164	24	0.1〜5	168	100	3〜24	16
酸素導入法	開放	圧入	吹込み	吹込み	かき込み	圧入	吹込み	圧入	開放	吹込み
酸素分圧,MPa	0.02 (大気圧)	1.0 (加圧純酸素)	0.1 (純酸素)	0.1 (純酸素)	0.02 (大気圧)	1.0 (加圧純酸素)	0.02 (大気圧)	1.0 (加圧純酸素)	0.02 (大気圧)	0.02 (大気圧)
試料量,g	20	50	300	25	250 ml	1.5	100 ml	20	300 ml	5 ml
触媒	なし	Cu線	Cu, Fe線	ナフテン酸 Cu, Fe (各20 ppm)	Cu, Fe板	ナフテン酸 Cu, Fe, Mn, Pb	Fe, Cu, Al, Mg, Cd板	なし	なし	なし
水添加量,ml	なし	5	60	なし	なし	0.03	なし	なし	なし	なし
判定法	スラッジ	酸素圧降下	全酸価	全酸価 スラッジ	粘度 全酸価 ラッカー度	酸素圧降下 燃料劣化物	粘度 触媒重量変化 全酸価	酸素圧降下	コーキング量	コーキング量 ラッカー度
対象油種	タービン油 作動油 圧縮機油	タービン油 作動油 圧縮機油	タービン油 作動油 ギヤ油	絶縁油 タービン油	エンジン油 ギヤ油	エンジン油	航空潤滑油	グリース	エンジン油 圧縮機油	エンジン油

RBOT：回転ボンベ式酸化安定度試験 (Rotary Bomb Oxidation Test)
TOST：タービン油酸化安定度試験 (Turbine Oil Oxidation Test)
CIGRE：International Conference on Large Electric Systems
TFOUT：Thin Film Oxygen Uptake Test

めの実験室試験は，潤滑油の開発および使用油管理の観点から非常に重要である．実験室試験は，実機との高い相関性が要求されるのはもちろんであるが，再現性が高いこと，簡便，短い試験時間，低コストであることなど，その他様々な点が要求される．

潤滑油酸化試験でこれらすべての要求を満たすのは非常にむずかしい．このことは，例えばエンジン油性能は実際のエンジンを運転して行なうエンジン試験でのみ判定され，いくつかの提案されている実験室試験性能はほとんど考慮されていない現状からもよくわかる．しかしながら多くの工業用潤滑油，例えばタービン油や絶縁油のように，使用期間が数年から数十年の長期にわたる油種での実機寿命試験は事実上不可能であり，短時間で評価が可能な実験室酸化試験が重要な意味をもってくる．

b. 実験室酸化試験と酸化の加速

表1.2.18にいくつかの実験室酸化試験を示す．各酸化試験における酸化の加速は，基本的に次のようにして行なわれている．

（1）温度を上げること
（2）酸素圧を上げること（純酸素の使用）
（3）金属触媒を添加すること

実験室酸化試験で最も重要な実機との相関性は，上記の酸化の加速が適切かどうかで決定される．潤滑油は一般にオイルタンクから軸受など各潤滑部に供給される．これら潤滑部の酸化劣化条件は通常オイルタンクよりもはるかに厳しく，油の劣化はこのように条件の厳しい部分で主に起こっていると考えてよい．したがって最も相関性の高い確実な方法は，潤滑油が実際に劣化している部分の酸化条件を再現することである．

このように考えて各酸化加速因子を見てみよう．

（1）の温度を上げることは，軸受など潤滑部の温度が，油のせん断，圧縮によって上昇することから，極端に高温にしない限り問題ないであろう．（3）の金属触媒の使用に関しては，実際の機械要素の中で潤滑油が接触し，影響を受けている金属であれば問題ない．酸化試験で用いられている金属触媒は，もともとこのような観点から選定されたものである．銅触媒に関しては，取扱いが容易でありまた酸化試験の再現性も一般に向上することから最もよく用いられているが，金属銅と接触しないような潤滑油の評価においては問題となることがある．銅による酸化加速の防止に効果的な金属不活性化剤がよく知られており，これらを添加して試験性能を向上させても実機性能とは関係がないからである．

（2）の酸素圧を上げることによる酸化加速は，純酸素下および加圧純酸素下で酸化が著しく加速されるため広く用いられているが，問題になることが多い．表1.2.19にフェノール系あるいはジフェニルアミン系の連鎖停止型酸化防止剤（ZDTPと対比して無灰酸化防止剤と呼ぶことがある）を同一モル量添加して製造したエンジン油の各種酸化試験における酸化寿命を示す[91]．

なお本評価油中には，ZDTPの他に清浄分散剤も添加されており，無灰酸化防止剤を追添して酸化防止性能を強化した油は，API SG油級の性能をもっている．

表1.2.19から明らかなように，非常に高い酸素圧下で行なうPDSC（高圧示差熱分析，2.0 MPa O_2）やTFOUT（薄膜酸素吸収試験，1.0 MPa O_2）では，フェノール系酸化防止剤の追添効果はほとんど見られない．これとは逆にジフェニルアミン系酸化防止剤は酸化寿命を大幅に延ばすが，実際のエンジン試験ではむしろフェノール系酸化防止剤

表1.2.19 エンジン油への無灰酸化防止剤の添加効果 〔出典：文献91）〕

酸化試験	無灰酸化防止剤		
	フェノール系	ジフェニルアミン系	なし
LT-FRT（30°C）[*1]	39 mM	39 mM	20 mM
PDSC（200°C, 2 MPa O_2）	14 min	51 min	12 min
TFOUT（160°C, 1 MPa O_2）	147 min	333 min	150 min
JASO M 333[*2]	140 h	120 h	80 h

[*1] 低温フリーラジカル滴定法（文献89）参照
[*2] エンジン油の高温酸化安定性を評価するエンジン試験（JASO規格）．油粘度が375％増加するまでを油寿命とする．

の方が優れた寿命延長効果を示すことがわかる．このような実機試験との著しい食い違いは，高酸素圧下で得られた酸化試験結果の取扱いに十分な注意を要することを示している．高酸素圧酸化試験でフェノール系酸化防止剤の効果が見られないのは，酸化防止剤が本来の酸化防止反応，すなわちパーオキシラジカルの不活性化反応ではなく，高圧の酸素との直接反応により消耗されてしまうからである[92]．実際のエンジンでは，酸化防止剤は本来の酸化防止反応で消耗されており，フェノール系酸化防止剤が優れた性能を与えるのはこの酸化防止活性がジフェニルアミン系より高いからである．

1.2.9 潤滑特性

潤滑特性は，摩擦特性（境界・流体摩擦特性，EHLトラクション特性），耐焼付き性，耐摩耗性，転がり疲労寿命の総称であって，潤滑油に要求される性能の中で，最も重要なものの一つである．設備用途では，機械の運転条件の過酷化に伴い，耐焼付き性や耐摩耗性，転がり疲労寿命の向上が求められ，自動車用途においては，低摩擦化や摩擦特性の制御が要望される．

潤滑特性の評価法は，その規模と性格から三つに大別される．一つは実機による評価で，この場合装置が大がかりであることから，試験費用や試験時間がかさむきらいがある．二つめは，球やブロックなど，形状が単純な試験片の組合せからなる基礎的摩擦試験機によるもの，三つめがそれらの中間の位置づけのもので，ある特定の実機の潤滑を模したシミュレーション試験である．潤滑特性は，摩擦面の形状，材質，表面処理，表面粗さ，速度，荷重，温度，給油方法，雰囲気などのパラメータによって大きく変動するために，評価に当たっては，それぞれの目的に応じた適切な試験機と試験方法を選択することが重要である．また基礎的摩擦試験やシミュレーション試験では，通常，実機条件よりはるかに過酷な条件下で行なわれるため，実機とは別の表面損傷を評価している場合がある．したがって，実機との相関性について十分考慮することが必要である．ここでは，現在一般に利用されている潤滑特性の評価試験を取り上げ，試験の目的と試験機，試験法の概要について述べる．

(1) 弾性流体潤滑 (EHL) 試験

a. トラクション試験

歯車や転がり軸受，トラクションドライブなどの転がり運動を行なう機械要素の接触部では，油膜のせん断抵抗からなるトラクションが作用する．トラクション試験機として特に規格化されたものはないが，通常ローラ試験機が用いられ，一定のすべり率（平均転がり速度に対するすべり速度の比）におけるトラクション係数によって評価される．実験に当たっては，固体間接触による摩擦を避けるために，膜厚比（ローラの合成表面粗さに対する油膜厚さの比）が，3以上のEHL条件下で実験を行なう必要がある[93]．

ローラ試験機は動力の流れにより，動力吸収式と動力循環式に大別される．前者では，2個のローラの回転が別々のモータにより制御され，後者では，一方のローラのみモータにより駆動され，もう一方のローラは軸端に設けた歯車により駆動される．2ローラ試験機では，通常接触部に作用するトラクションを求めるために，支持軸受の摩擦を差し引く必要があるが，図1.2.38に示す4ローラ試験機[93]は，内ローラが支持軸受を介さずにトルクメータに直結しているために，軸受摩擦の補正が不要である．

b. 油膜厚さ測定試験

EHL油膜厚さを求めるために，これまでいくつかの測定方法が考案されている．(1) 直接変位法（図1.2.39[94]）は，油膜により生じた変位量を，渦

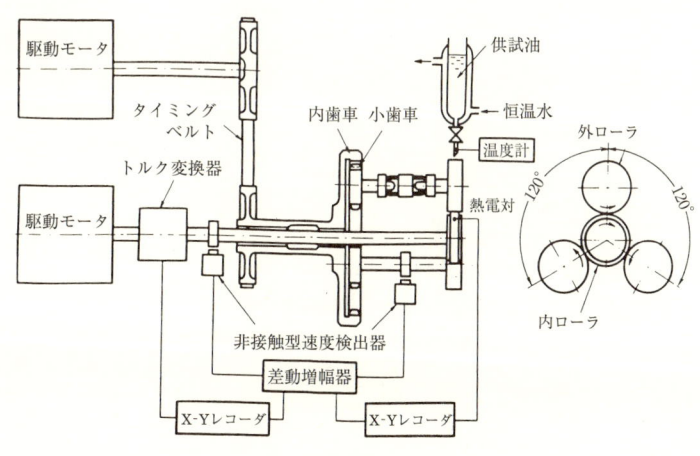

図1.2.38 4ローラ試験機〔出典：文献93)〕

電流式などの変位計を用いて測定するものである．実用に近い条件での膜厚が得られるが，測定値の精度は他の方法と比べて低い．（2）電気容量法（図1.2.40[95]）は，絶縁された接触部間の電気容量から平均油膜厚さを求めるもので，構造が簡単であるが，高圧下の油の誘電率が必要である．（3）X線透過法（図1.2.41[96]）は，X線が油膜に吸収される性質を利用したもので，すきまを透過したX線量を測定して最小油膜厚さを得るものである．装置が大がかりで，表面粗さの影響を受けやすいが，高荷重まで測定可能で，油の高圧物性値を必要としない．（4）光干渉法（図1.2.42）は，透明材料（ガラスあるいはサファイア）と鋼製転動体（球またはころ）が油膜を介して接触している状態で，光学的干渉縞の光強度が油膜厚さに応じて変化することを利用したものである[97]．接触部における油膜厚さ分布が得られる利点があり，光の波長を基準としているために測定値の信頼性が高い．

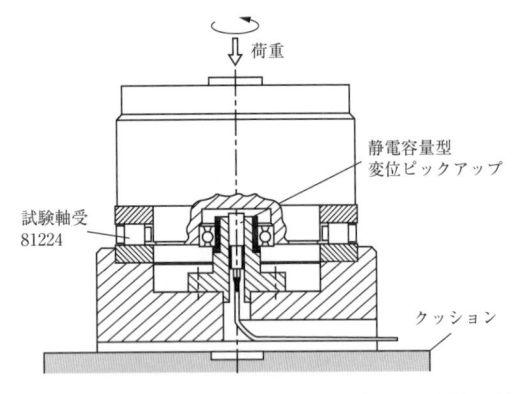

図1.2.39　直接変位法による膜厚測定〔出典：文献94〕

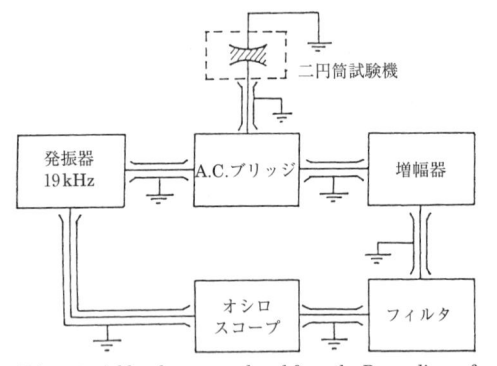

図1.2.40　電気容量法による膜厚測定〔出典：文献95〕

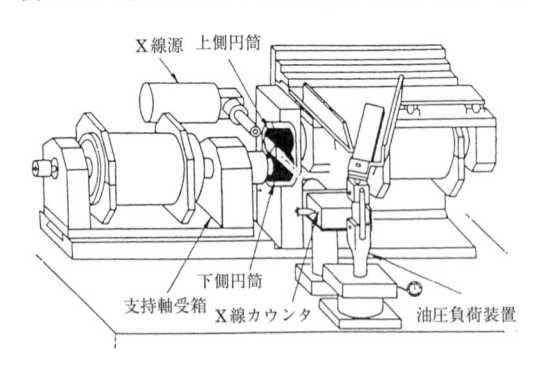

図1.2.41　X線透過法による膜厚測定〔出典：文献96〕

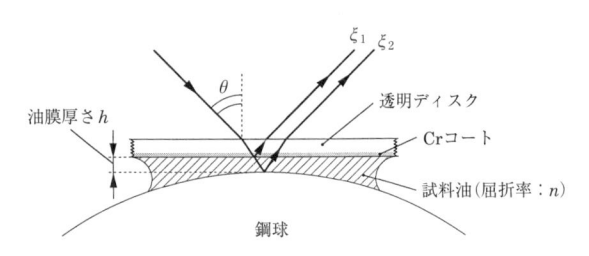

図1.2.42　光干渉法による膜厚測定

（2）耐荷重能試験

耐荷重能は，潤滑油剤の耐焼付き性や耐摩耗性を表わす性能であって，耐焼付き性は極圧性や油膜強度とも呼ばれる．耐焼付き性試験は，摩擦面の負荷を段階的に上昇させ，焼付きに至る限界を求めるもので，耐摩耗性試験では，焼付き条件より温和な条件下での試験片の摩耗量が測定される．表1.2.20に代表的な耐荷重能試験を，図1.2.43[98]に各試験機の摩擦条件を示す．摩擦部位の接触圧を高めるために，点接触や線接触タイプの試験機が多い．

a．四球試験

曽田式とシェル式の2通りがある．いずれも3個の固定鋼球の上に1個の回転鋼球を接触させることで共通している．負荷方法が異なり，曽田式では油圧によって，シェル式では重錘とレバーによって荷重が与えられる．曽田式試験法には，NDS法（NDS K 2740）とJIS法（JIS K 2519）がある．NDS法では，速度を200 min^{-1}とし，回転させながら1分ごとに49 kPaずつ油圧を段階的に増加させ，ねじれ角が急激に増加する油圧を焼付き荷重とする．一方JIS法では，750 min^{-1}と高速にし，1回ごとに試験球と試験油を換えて試験を行ない，各荷重ごとに定められた焼付きねじり目盛を越えた場

第1章 潤滑油

表1.2.20 耐荷重能試験機

試 験 機	曽田式四球試験機		シェル式四球試験機	チムケン試験機	SAE試験機	アルメン試験機	ファレックス試験機
	標準法	JIS法					
試験片形状							
接触様式	点接触	点接触	点接触	線接触	線接触	面接触	線接触
運動の種類	すべり	すべり	すべり	すべり	すべりと転がり	すべり	すべり
回転速度, min^{-1}	200	750	1 500	800	1 000	600	290
速度, cm/s	11.4	42.8	56	200	232	20	9.8
負荷方法	油圧1分ごとに増加	油圧各荷重で1分	てこ荷重各荷重で10～60秒	てこ荷重各荷重で10分	てこ荷重各荷重で1分	てこ荷重と油圧	油圧各荷重で3～10分
給油方法	浸漬	浸漬	浸漬	循環	スプレー	浸漬	浸漬

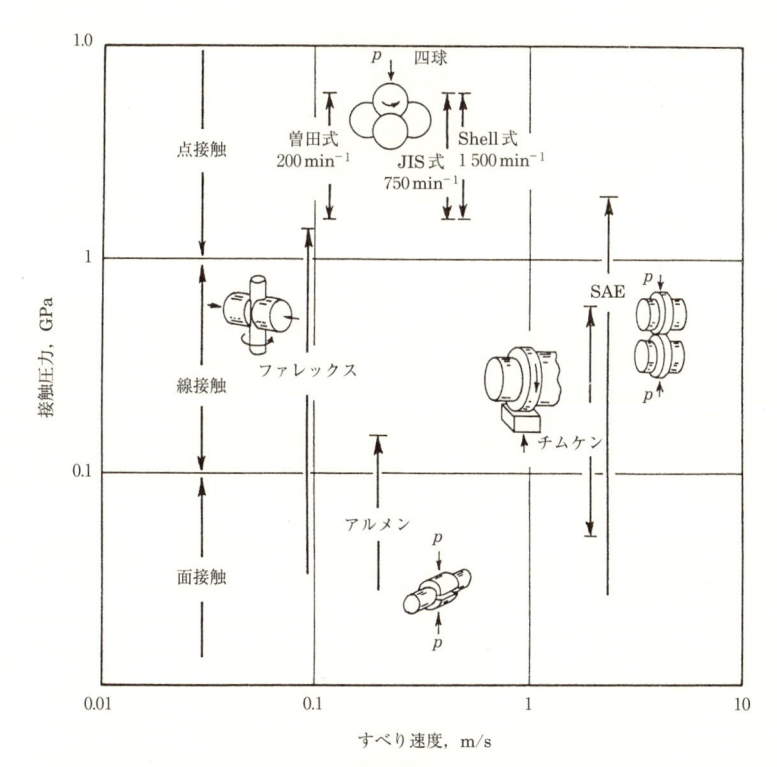

図1.2.43 耐荷重能試験の摩擦条件〔出典：文献98〕

合を焼付きと判定し，焼付きの直前の荷重（油圧）を耐荷重能とする．

シェル式試験法には，ASTM D 2783-71, D 2596-69, IP 239/77 がある．いずれも試験荷重ごとに試験球と試料油を換え，荷重を加えた後に回転させる．四球試験で得られる摩耗-荷重関係を図1.2.44 に示す．A-Bでは摩耗は少なく，ヘルツラインにほぼ平行である．B-C間では軽度の焼付きを生じており，さらに荷重を上げると，融着荷重Dに至る．シェル式では，500～2 500 min^{-1} の範囲で可変速できる高速四球試験機も用いられている．添加剤の性能評価の他に，耐荷重能を備えた潤滑油製品の品質管理に用いられる．

b. チムケン試験

図1.2.45 に示すような，回転する鋼カップと，下部に固定された鋼ブロックの間での線接触下の試験である．試料油は，上部の容器から摩擦部の循環給油される．試験法は，JIS K 2519-1980, ASTM D 2782-77, IP 240/76 に規定されている．毎回新しい試験片を用い，負荷レバーの重錘を変えながら，10分間の摩擦によって焼付きを生じない最高荷重（OK値）を求める．グリース類も給脂装置を用いて試験が可能であり，ASTM D 2509-

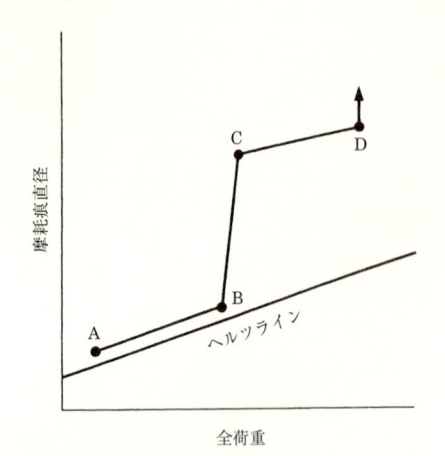

図 1.2.44 四球試験における摩耗-荷重関係

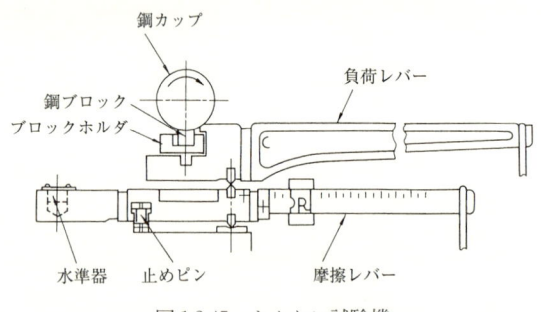

図 1.2.45 キムケン試験機

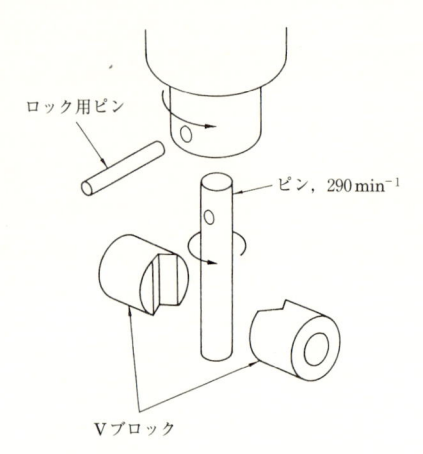

図 1.2.46 ファレックス試験機

77, IP 326/76 に方法が規定されている．試験機には，800 min^{-1} 一定のものと 360〜3 600 min^{-1} の範囲で可変速できるタイプがある．主として自動車用・工業用ギヤ油の耐荷重能評価に用いられる．

c. ファレックス試験

図 1.2.46 に示すような，回転ピンを 2 個の V 型ブロックで両側より押し付け，油浴潤滑下で行なわれる試験である．試験法には，ASTM D 3233-73 と，D 2670-67 や IP 241/73 がある．耐焼付き性試験法には，荷重を連続的に上昇させ焼付き限界を求める A 法と，2.22 kN から，1.11 kN ずつ段階的に負荷を上昇させ，焼付きに至るまで，各荷重段階で 1 分間の試験を行なう B 法がある．主として金属加工油や冷凍機油の評価に用いられる．

d. SAE 試験

鋼リング 2 個を転がりすべり状態に置き，回転中に荷重を毎秒 343〜352 N の割合で上昇させ，焼付き限界を求めるものである．下部リングは試料容器中に浸漬され，レバーにより負荷が与えられる．試験法は，Fed. Test Method Std. 791-6501.1 に規定されている．ギヤ油の耐荷重能の評価に用いられる．

e. ブロックオンリング試験

チムケン試験機と類似のリングとブロックによって構成され，油浴潤滑下で試験される．摩擦力はブロック支持台に取り付けられたロードセルによって検出される．試験部位を加圧容器内に収めたタイプの試験機は，冷媒雰囲気下の冷凍機油の潤滑特性評価に用いられる[99]．

f. アルメン試験

試験部位は，ジャーナルと上下に分割された軸受から構成される．軸受は試料容器に固定され，荷重は油圧によって与えられる．ジャーナルの回転速度は 600 min^{-1} とし，10 秒ごとに荷重を 8.9 N ずつ段階的に増加させ，焼付き限界を求める．

g. LFW-1 試験

チムケン試験機と類似の鋼製カップとブロックによって構成され，油浴潤滑下で試験される．試験法は，ASTM D 2714-68 に規定される．回転数を 72 min^{-1} とし，667 N のレバー荷重下で積算 5 000 回転の運転をし，この間の油温上昇，摩擦係数の変化などを観察する．

(3) 境界摩擦試験

ここでは，機械的擾乱が少ない温和な条件下での摩擦特性を表わす油性を測定する振り子式試験と，吸着膜と反応膜を含む境界潤滑膜の摩擦係数，ならびにその耐摩耗性を測定する往復動摩擦試験について述べる．

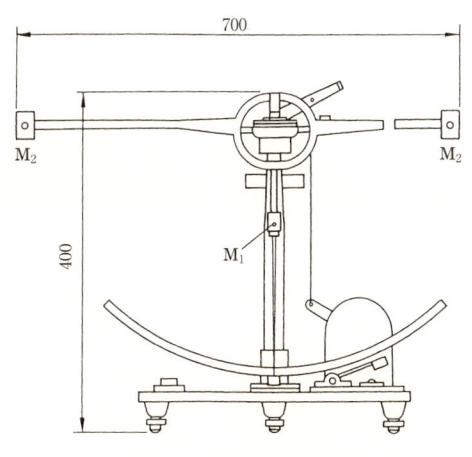

図1.2.47 振り子式試験機

a. 振り子式試験

図1.2.47に示すような，振り子の支点を摩擦面に利用して振り子を振動させ，その減衰の度合いから境界摩擦係数を求めるものである．振り子試験機には，曽田の設計によるT型試験機が広く普及している[100]．円筒とV型溝2個で振り子回転軸を支持する線接触形式の振り子Ⅰ型と，2個ずつ4個の鋼球で軸を支持する点接触形式の振り子Ⅱ型がある．振り子を初期の振幅 A_0 から振動させたときの n 回振動後の振幅を A_n，振子の運動から決まる定数を k とすると，摩擦係数 μ は次式で与えられる．

$$\mu = k(A_0 - A_n)/n \tag{1.2.66}$$

b. 往復動摩擦試験

ピン，球，あるいはころをディスク上に接触させ，往復運動により得られる摩擦係数を測定するとともに，試験後の摩耗痕径から耐摩耗性を評価するものである．バウデン（F. P. Bowden）とレーベン（L. Leben）が考案したバウデン・レーベン試験機が最初のタイプである[101]．その後摩擦緩和剤の効果を調べる目的から，SRV（Schwingung Reibung Versheleiss）試験機が多用されている．試験法は ASTM D 5707-95 と DIN 51834 に規定されており，規定の振動数，振幅の下でなじみ試験後，規定の荷重下で規定時間実験を行ない，そのとき得られた最低・最高摩擦係数を報告する[102]．

（4）転がり疲労寿命試験

転がり疲労試験機としては，ローラ試験機と，四球試験機の固定球を特製レースを用いて転がり回転するように改造したシェル式四球改造型試験機，スラスト玉軸受を利用したユニスチール試験機が代表的である．試験法は，シェル式ではIP 300/75に，ユニスチール試験ではIP 305/74に規定されており，前者では試料油1本につき24回の寿命試験を行ない，50%寿命が求められ，後者では10%と50%転がり寿命が求められる．

（5）小型歯車試験

小型歯車試験は，ギヤ油の耐スコーリング性（耐焼付き性）評価を目的として考案されたもので，IAE試験，FZG試験，ライダ試験が代表的である．構造，試験歯車の大きさ，試験方法が異なるが，いずれも平歯車を用いた動力循環式で，ステップロード法によってスコーリング限界を求めるものである．主な試験条件を表1.2.21に示す．これまで歯車試験機間の相関性が検討されており，油温とすべり速度が近い場合に相関係数が高いことが報告されている．

表1.2.21 小型歯車試験条件　〔出典：文献104）〕

	ライダー試験	IAE試験			FZG試験
		A	B	C	
小歯車回転数, min⁻¹	10 000	2 000	4 000	6 000	2 250
駆動歯車	小歯車	小歯車			小歯車
潤滑方法	吹付け潤滑	吹付け潤滑			油浴潤滑
油温, ℃	74	60	70	110	運転開始時に90℃にして，運転中は最低90℃に保ち，油温の上限は制限なし
油量, l/min	0.27	0.285	0.57		歯車箱に約1.25 l（油面の高さがシャフトの中心にくるまで入れる）
各荷重段階における運転時間, min	10	5			15
試験歯車のピッチ円周速度, m/s	46.5	8.35	16.7	25.0	8.3
最大すべり速度, m/s	13.2	3.92	7.84	11.76	5.58

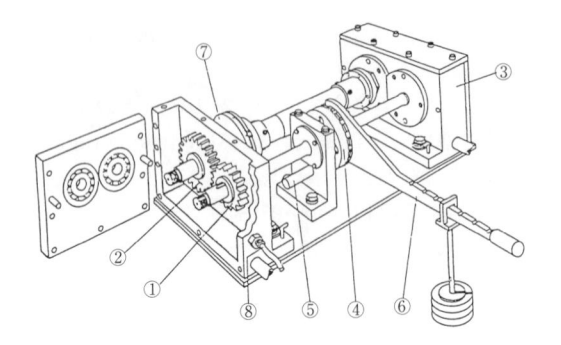

① pinion
② gear wheel
③ drive gears
④ load clutch
⑤ locking pin
⑥ lever arm with weight pieces
⑦ torque measuring clutch
⑧ temperature sensor

図1.2.48　FZG歯車試験機

a. FZG歯車試験

試験機は図1.2.48に示す構造で，ドイツのニーマン（G. Niemann）の設計によるものである．試験方法はDIN 51354，IP 334/77に定められている．負荷レバーにより，軸系にねじれを加えて歯面に荷重を加える．給油は油浴潤滑で，荷重増分は歯面ヘルツ圧が約200 MPaまで上がるようにレバー荷重の12段階を決めている．また各荷重段階で歯車重量を測定し，比摩耗量を求めることもできる．

b. IAE試験

イギリス自動車技術者協会（IAE）によって作製されたものである．構造と負荷を与える方法は，FZG試験機と類似である．標準的な試験方法はIP 166/68に定められていて，回転数，給油温，給油量の違いによりA，B，Cの条件がある．いずれも，初期負荷44.5 Nで5分運転し，5分休止中に22.2 N荷重を上げる操作を繰り返し，歯面損傷発生荷重まで運転を続ける．

c. ライダー試験

アメリカのライダー（Ryder）らによって，航空ガスタービン用油の評価用として開発されたもので，試験法はASTM D 1947-77に規定されている．IAEとFZGでは，停止時に負荷調整を行なうのに対して，ライダー試験では，構造上運転中でも負荷を変更することができる．

（6）自動車用ギヤ油の車軸試験

自動車用ギヤ油の耐荷重能を評価するために，実車を台上に据えて，エンジンで駆動し，動力計で負荷をかける車軸試験が行なわれる．車軸試験には，APIのギヤ油品質分類に採用されているCRC（Coordinating Research Council）L-19（高速低荷重試験），CRC L-20（低速高荷重試験），CRC L-37（低速高記重試験），CRC L-42（高速衝撃荷重試験）の各試験がある．L-37試験は，高速低荷重で100分間のなじみ運転後，低速高荷重で24時間の試験運転を行なった後の，歯面の摩耗と疲労損傷を評価する試験である．L-42試験は，所定のなじみ運転後，急加速と急減速の繰返しを行なった後の，歯面のスコーリングの程度を評価する試験である．

（7）ATFの摩擦試験

a. SAE No. 2 摩擦試験

自動変速機には，減速歯車の組合せ変更のためにクラッチが装着されているが，その係合過程での摩擦特性の良否が，実際の車両での変速感覚に大きく影響する．図1.2.49[103]に示すSAE No. 2試験機は，実際の装置に使用されているクラッチ材による摩擦特性を評価する試験機である．異なる材質のクラッチ板を一定荷重で押し付けたり，切り離す動作を指定のサイクル数だけ繰り返し，その後の摩擦特性が求められる．

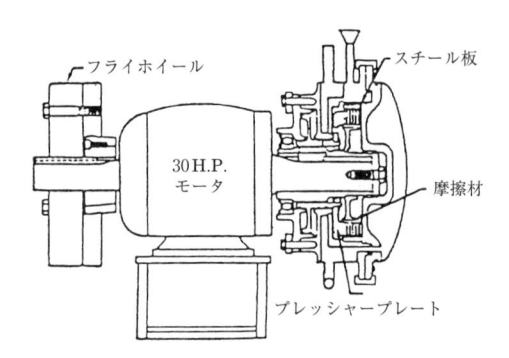

図1.2.49　SAE No. 2 摩擦試験機〔出典：文献103〕

b. 低速すべり摩擦試験

自助変速機には，燃費向上を目的として，ロックアップクラッチ付きトルクコンバータが広く用いられている．ロックアップクラッチでは，低速すべり制御状態において，スティックスリップが発生し，シャダーと呼ばれる不快な振動を発生する場合がある．シャダーは，すべり速度に対する摩擦係数の変化が負勾配の場合に発生する．図1.2.50に示す低速すべり摩擦試験機[104]は，ATFのシャダー防止性を評価するために考案された試験機であって，試

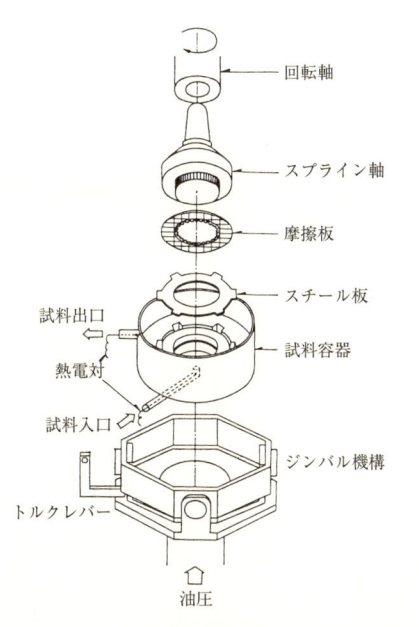

図1.2.50 低速すべり摩擦試験機〔出典：文献104〕

験法はJASO M 349-95に規定されている．所定のならし運転を実施した後，一定の油温，面圧の下でのμ-V特性が測定される．

(8) 作動油のポンプ試験

油圧作動油の耐摩耗性を評価するために，ベーンポンプを用いた油圧回路による試験が行なわれる．試験法は，ASTM D 2271, D 2882, IP 281に定められており，それら試験法の概要を表1.2.22[105]に示す．試験装置は，油タンク，ベーンポンプ，リリーフバルブ，フィルタなどからなる油圧回路である．試験では，回路を高圧条件にして一定時間運転した後，ベーンポンプを分解し，カムリングとベーンの重量減が測定される．

(9) エンジン油の台上試験

エンジン油の実用性能評価のために，一定の環境下で試験を行なえるような台上で運転する方法が考案されている．試験目的に適したエンジンを，試験目的に適した条件で一定時間した後，エンジン各部の清浄度，さび，摩耗状況，エンジン油の性状変化を測定して，エンジン油性能を評価するものである．台上エンジン試験法には，評価の目的に応じた多種多様の方法が確立されている．摩耗などの潤滑特性を主として評価する試験としては，ASTMエンジン試験のSeq. IIIE（高温酸化試験），Seq. VE（中低温清浄性試験），Seq. VI-A（省燃費試験）が挙げられる．

(10) 軽油の潤滑性試験

軽油の低硫黄化に伴う燃料ポンプの異常摩耗の対策から，複数の試験法が規格化されている[106]．図

表1.2.22 油圧ベーンポンプ試験法

〔出典：文献105〕

試験法 条件項目	ASTM D 2271	ASTM D 2882	IP 281
ポ ン プ	ベーンポンプ (容量規定なし)	ビッカース ベーンポンプ V-104 C または V-105 C	ビッカース ベーンポンプ V-104 C または V-105 C
圧力, bar (psi)	70 (1 000)	140 (2 000)	140　　　　105 (2 000)　　(1 500)
回 転 数, min^{-1}	1 200	1 200	1 440
適 用 油 種	鉱油 合成油 含水油	鉱油	鉱油 合成油 含水油
油　　　　　温	鉱　油 合成油 }79℃ 含水油　66℃	37.8℃で50 cStを超えるものは79℃, 50 cSt以下のものは65℃	鉱　油 合成油 }13 cStになる温度 含水油：*
試 験 時 間, h	100	100	250
おもな評価項目	ロータ，リング，ベーン，ブッシングの摩耗量〔mg〕	リングとベーンの摩耗量〔mg〕	リングとベーンの摩耗量〔mg〕

* 40℃における粘度が32 cSt未満のものは13 cStになる温度
　40℃における粘度が32〜68 cSt未満のものは30 cStになる温度
　40℃における粘度が68 cStを超えるものは60 cStになる温度

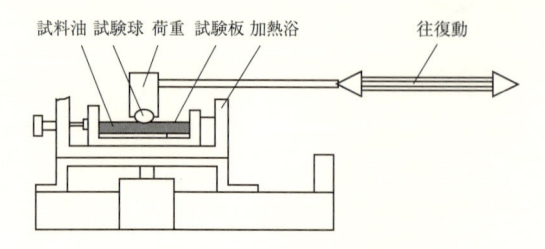

図 1.2.51　HFRR 試験機

1.2.51 に示す HFRR（High Frequency Reciprocating Rig）は，鋼球と鋼製平板から構成される往復動摩擦試験である。試験法は ISO/FDIS 12156-1.2 に規定されており，振幅 1 mm，振動数 50 Hz，荷重 200 gf，油温 60°C の下で 75 分間試験後の摩耗痕径を求める。

BOCKLE（Ball on Cylinder Lubricity Evaluator）は，回転鋼製リング上に固定鋼球を接触させ，回転数 240 min^{-1}，荷重 1 000 gf，油温 25°C の下で 30 分間試験を行なった後の摩耗痕径から耐摩耗性を評価するものである。試験法は ASTM D 5001-90 a に規定される。

文　献

1) L. G. Wood et al.：Ind. Eng. Chem., **48** (1959).
2) T. W. Selby：ASLE Trans., **2**, 2 (1959) 208.
3) S. Bair & W. O. Winer：Trans. ASME, J. Lub. Tech., **104**, 357 (1982).
4) H. Eyring：J. Chem. Soc., **4** (1936) 283.
5) A. K. Doolittle：J. Appl. Phys., **22** (1951) 1471.
6) M. H. Cohen & D. Turnbull：J. Chem. Phys., **31** (1959) 1164.
7) E. N. da C. Andrade：Nature, **125** (1930) 309.
8) M. L. Williams, R. F. Landel & J. D. Ferry：J. Am. Chem. Soc., **77** (1955) 3701.
9) J. D. Ferry：Viscoelastic Properties of Polymers, 3rd Ed. John Wiley & Sons, New York (1980).
10) D341-74, Part 23, Annual Book of ASTM Standards, ASTM, Philadelphia.
11) H. H. Zuidema：The Performance of Lubricating Oils, 2nd Ed., Rheinhold Publishing Co., New York (1959).
12) JIS K 2283-1997.
13) C. Barus：Am. J. Sci., **45** (1893) 87.
14) ASME Pressure-Viscosity Report, Vols. I & II, Am. Soc. Mech. Engrs., New York (1953).
15) F. C. Brooks & V. Hopkins：ASLE Trans., **20**, 1 (1977) 25.
16) C. J. A. Roelands et al.：Trans. ASME J. Basic Eng., **85** (1963) 601.
17) S. Yasutomi, S. Bair & W. O. Winer：Trans. ASME, J. Trib., **106** (1984) 291.
18) B. Y. C. So & E. E. Klaus：ASLE Trans., **23** (1980) 409.
19) C. S. Wu, E. E. Klaus et al.：Trans. ASME, J. Trib., **111** (1989) 121.
20) W. Phllippoff：ASLE Trans., **1**, 1 (1958) 1.
21) M. M. Cross：J. Colloid Sci., **20** (1965) 417.
22) P. J. Carreau：Trans. Soc. Rheol., **16** (1972) 99.
23) J. Sorab et al.：SAE Paper 932833 (1993).
24) R. W. Schiessler et al.：Proc. A. P. I., **26**, Sect. III (1946) 254.
25) H. A. Spikes：STLE Trib. Trans., **33** (1990) 140.
26) H. Vogel：Physik Z., **22** (1921) 645.
27) E. Kuss & H. Deymann：Schmiertech. Trib. **27**, 3 (1980) 95.
28) J. C. Bell & J. W. Kannel：Trans. ASME J. Lub. Tech., **93**, 4 (1971) 485.
29) B. Koutzel：Hydro. Proc. & Petrol Refiner, **44**, 3 (1965).
30) P. S. Y. Chu & A. Cameron：J. Inst. Petrol., **48**, 461 (1962) 147.
31) P. K. Gupta et al.：Trans. ASME J. Lub. Tech., **103** (1981) 55.
32) C. J. A. Roelands：Ph. D. Dissertation, Univ. of Delft (1966).
33) JIS K 2249-1995.
34) R. E. Hatton：Introduction to Hydraulic Fluids. Reinhold (1962).
35) P. S. Y. Chu & A. Cameron：J. Inst. Petrol., **49**, 73 (1963) 140.
36) E. E. Klaus & J. A. O'Brien：Trans. ASME J. Basic Eng., **56**, 547 (1970) 12.
37) A. T. J. Hayward：J. Inst. Petrol., **56**, 547 (1970) 12.
38) 石原智男編：油圧工学ハンドブック，朝倉書店 (1972) 19.
39) R. C. Gunderson：Synthetic Lubricants, Reinhold (1962).
40) C. S. Cragoe：US Bureau of Standard, Miscellaneous Pub., No. 97 (1929).
41) A. E. Dunstan, A. W. Nash, B. T. Brooks & H. Tizard：The Science of Petroleum, II, Oxford Univ., Press (1938).
42) W. L. Nelson：Petroleum Refinery Engineering, McGraw Hill (1968) 12-2.
43) ASTM D 2878-95.
44) JIS K 2580-1993.
45) A. Bondi：Physical Chemistry of Lubricating Oils, Reinhold, New York (1951) 172.
46) 化学便覧（改訂 2 版）基礎編 II, 1404～1406.
47) G. M. L. Sommerman：Science of Petroleum Vol. II, 1361.
48) 菅野隆夫・岡部平八郎：潤滑, **25**, 11 (1980) 755.
49) JIS C 2101-1988.
50) 百々捷紀・隅田　勝：出光石油技術, **21**, 3 (1978) 272.
51) 片渕　正・高野信之：潤滑, **25**, 6 (1980) 395.
52) J. F. Kincaid & H. Eyring：J. Chem. Phys., **6** (1933) 620.
53) A. Bondi：Physical Chemistry of Lubricating Oils, Reinhold, New York (1951) 13, 355.

54) O. I. Babikov: Ultrasonic and its Industrial Application, Consultants Bureau. New York (1960) 16.
55) S. Parthasarathy & N. N. Bakhshi: J. Sci & Industry Res., **12A** (1953) 448.
56) Y. Wada: J. Phys. Japan, **11** (1956) 1203.
57) Cornelissen: Erdol u. Kahle, **10** (1957) 80.
58) W. L. Horne: Proc. Symposium an Additives in Lubricants, Atlantic City (1956).
59) H. B. Briggs, J. B. Johnson & W. P. Mason: Properties of Liquid at High Sound Pressure, J. Acous. Soc. Amer., **19** (1947) 664.
60) A. Bondi: Physical Chemistry of Lubricating Oils, Reinhold, New York (1951) 264.
61) I. Griswold & J. E. Kasch: Ind. Eng. Chem., **34**, 804 (1942).
62) 化学便覧（改訂3版）基礎編II, 164～165.
63) V. G. Szebehery: J. Appl. Phys., **22** (1951) 627.
64) 実験化学講座, 7巻, 界面化学, 日本化学会編 (1956) 2-33.
65) 関根幸四郎: 表面張力測定法, 理工図書 (1957).
66) W. C. Preston: J. Phys. Colloid Chem., **52** (1948) 84.
67) 佐々木恒孝: 表面, **1** (1963) 31.
68) 刈米孝夫: 界面活性剤の性質と応用, 幸書房 (1980).
69) 北原文雄・玉井康勝・早野茂夫・原一郎編: 界面活性剤, 講談社サイエンティフィク (1981).
70) 宮川浩臣・楠恵登・境忠男・平野富士夫: 潤滑, **24** (1979) 675.
71) 白田昌敬: 第20回トライボロジー研究会講演集 (1979).
72) 川崎弘司: 潤滑, **15**, 2 (1970) 71.
73) 佐々木恒孝: 表面, **1** (1963) 67.
74) 広中清一郎: 潤滑, **23** (1978) 264.
75) 広中清一郎: 塑性と加工, **43** (1995) 579.
76) 五十嵐仁一: トライボロジスト, **35**, 10 (1990) 683.
77) 自動酸化反応の一般的な解説書, 総説として以下のものがある. G. Scoott: Atmospheric Oxidation and Antioxidants, Elsevier (1965); 神谷佳男: 有機酸化反応, 技報堂 (1973); K. U. Ingold: Acc. Chem. Res., **2** (1969) 1; J. A. Howard: Free Radicals, Vol. 2 Chapter 12, Wiley (1973).
78) S. Korcek, J. H. B. Chenier, J. A. Howard & K. U. Ingold: Can. J. Chem., **50** (1972) 2285.
79) L. R. Mahoney, S. Korcek, J. M. Norbeck & R. K. Jensen: ACS Preprint Div. Petrol. Chem., **27**, 2 (1982) 350.
80) 五十嵐仁一: トライボロジスト, **40**, 2 (1995) 123.
81) Base Oil Interchangeability Guidelines, API Publication 1509, American Petroleum Institute, Thirteenth Edition, Washington D. C. (1995).
82) J. A. Howard, W. J. Schwalm & K. U. Ingold: Advances in Chem. Series No. 75, Am. Chem. Soc., Washington, D. C. (1968) 6.
83) 松山陽子・五十嵐仁一: 石油学会第46回研究発表会要旨集 (1997) 70.
84) 松山陽子・八木下和宏・吉田俊男: 石油学会第47回研究発表会要旨集 (1998) 70.
85) G. P. Firmstone, M. P. Smith & A. J. Stipanovic: SAE Paper No. 952534 (1995).
86) 五十嵐仁一: JAST トライボロジーフォーラム '94 教材 (1992) 71.
87) S. Korcek & R. K. Jensen: ASLE Preprints, 75 AM-1 (1975) A-1.
88) J. Igarashi, T. Yoshida & H. Watanabe: ACS Preprint, 42, San Francisco, CA, April 13-17, 1 (1997) 211.
89) G. H. Von Fuchs & H. Diamond: Ind. Eng. Chem., **34** (1942) 927.
90) J. Igarashi, M. Kagaya, T. T. Satoh & Nagashima, SAE Paper No. 920659 (1992).
91) Y. Yamada & J. Igarashi: Proc. of Japan ITC Yokohama (1995) 771.
92) J. Igarashi & T. Yoshida: Lubrication Schence, **7**, 1 (1994) 3.
93) 村上正芳・木村好次: 潤滑, **28**, 1 (1983) 67.
94) H. C. Muennich & H. J. R. Gloeckner: ASLE Preprint, 78-LC-4A-1.
95) A. Dyson, H. Naylor & A. R. Wilson: Proc. I. Mech. E., **180**, Pt. 3B (1965-66) 119.
96) R. J. Paker & J. W. Kannel: NASA TN, D-6411 (1971).
97) C. R. Gentle, R. R. Duckworth & A. Cameron: Trans. ASME, J. Lub. Tech., **97**, 3 (1975) 383.
98) 平田昌邦: 日石レビュー, **33**, 5 (1981) 4.
99) 村木正芳・董大明・佐野孝: トライボロジスト, **43**, 1 (1998) 43.
100) 曽田範宗: 摩擦と潤滑, 岩波全書, 192 (1954) 148, 166, 71.
101) F. P. Bowden & L. Leben: Proc. Roy. Soc. Lod., **169**A (1939) 371.
102) J. R. Dickey: NLGI Spokesman, March (1997) 17.
103) 宮崎衛・星野道男: 潤滑, **26**, 12 (1981) 811.
104) 宮崎衛・星野道男: 潤滑, **32**, 7 (1987) 489.
105) 小西誠一・上田亨: 潤滑油の基礎と応用, コロナ社 (1992) 198.
106) P. I. Lacey & S. R. Westbrook: SAE Paper 950248 (1995).

1.3 潤滑油の用途と選定

1.3.1 自動車用潤滑油
（1）内燃機関用潤滑油
a. ガソリン機関用潤滑油

　通常エンジン油と呼ばれる内燃機関用潤滑油は，工業用潤滑油と異なり，燃焼室からの混入物質の影響を強く受ける．このため図1.3.1に示すような油劣化機構が考えられている．燃焼により，ピストン周辺（特にトップリング溝）では200～250℃の高温にさらされることや，油の酸化反応の引金となるNO_xやフリーラジカルが発生することにより，熱劣化や酸化劣化が促進される．またブローバイガスに含まれる未燃焼燃料や部分燃焼物はワニス，スラッジの生成原因となる．このため潤滑，密封，冷却などの基本性能に加えて熱・酸化劣化を防止する性能，生成したスラッジをエンジン部品に付着するこ

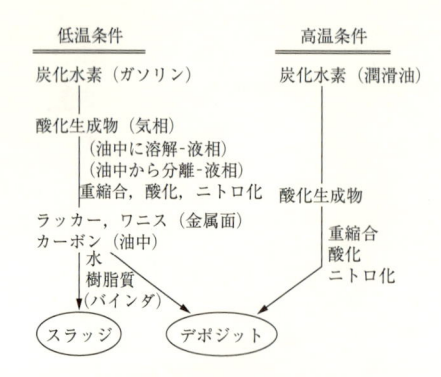

```
低温条件                 高温条件
炭化水素（ガソリン）     炭化水素（潤滑油）
    ↓                        ↓
酸化生成物（気相）
 （油中に溶解-液相）
 （油中から分離-液相）
重縮合, 酸化, ニトロ化   酸化生成物
ラッカー, ワニス（金属面）
カーボン（油中）         重縮合
水                       酸化
樹脂質                   ニトロ化
（バインダ）
    ↓                        ↓
  スラッジ               デポジット
```

図 1.3.1 ガソリン機関における油劣化機構

とを抑制するための清浄性能, 分散性能がエンジン油には強く要求される.

表 1.3.1 に示すように, 4 ストロークと 2 ストロークエンジンでは油組成が異なる. 4 T（ドイツ語の Takt の頭文字でストロークの意味）の場合は, オイルパン内の油は循環使用されるため, 油自身の酸化安定性が特に要求され, 添加剤としては ZDTP (Zinc dialkyldithiophosphate, ジチオリン酸亜鉛) のほか, 無灰系酸化防止剤（アミン系化合物やフェノール系化合物）が添加される. また吸気弁, 排気弁などの開閉を行なう動弁系機構を有するため, 動弁系摩耗を防止する添加剤組成の選定が重要となる. 4 T 油の基油組成は 1997 年時点で表 1.3.2 に示すように 5 分類されており, 後述の API (American Petroleum Institute), ILSAC (International Lubricant Standardization and Approval Committee) 規格試験ではリードアクロス（基油変更に伴いエンジン試験が必要か否かを判断する）基準が設けられている. 最近では, 環境対応から省燃費化が進められ, 粘度指数が高く, 酸化安定性に優れ, 低油消費につながる蒸発性の低い水素化分解基油やポリ-α-オレフィンなどの合成油が用いられてきている. また添加剤としては, すべりタイプの動弁系部分の摩擦低減に有効な摩擦調整剤（アミン系化合物, エステル系化合物, Mo 系化合物など）が添加されるが, 最も摩擦低減効果が大きく, 触媒コンバータ被毒への悪影響がない MoDTC (Mo ジチオカルバメート, Mo 量で 0.02～0.07 mass% 添加) が 5 W-30 油や 5 W-20 油の低粘度油に用いられている.

4 T 油の場合, 品質は一般に粘度と性能で区別される. 粘度分類においては表 1.3.3 に示す SAE

表 1.3.1 自動車用エンジン油の組成

エンジン油の種類		4サイクル ガソリン エンジン油	陸上 ディーゼル エンジン油	2サイクル ガソリン エンジン油
ベースオイル（基油）		鉱油 ポリ-α-オレフィン エステル		ポリブテン 鉱油 エステル 希釈剤
添加剤	機能			
摩耗防止剤 酸化防止剤 (ZDTP)	摩耗防止 軸受け腐食防止 酸化防止	○	○	×
金属系清浄剤 過塩基性	高温ワニス生成防止 酸中和	○	○	×
塩基性	清浄性向上 さび防止	△	△	○
無灰分散剤	スラッジ分散性 低温スラッジ生成抑制	○	○	×
無灰酸化防止剤	酸化防止	○	△	×
粘度指数向上剤	粘度-温度特性改良	○	○	×
流動点降下剤*	流動点降下	○	○	(○)
消泡剤	泡立ち防止	○	○	△
摩擦調整剤	摩擦低減	△	△	×

注：表中記号の意味 ○：通常添加される. ×：通常添加されない. △：添加される場合もある.
*粘度指数向上剤の中には流動点降下剤の機能を兼ねるものがある.

表 1.3.2　自動車用エンジン油の基油分類

グループ	基油の種類	粘度指数	飽和炭化水素分, vol%	硫黄分, mass%
I	鉱油	80〜120	<90	>0.03
II	鉱油	80〜120	≧90	≦0.03
III	鉱油	≧120	≧90	≦0.03
IV	PAO（ポリ-α-オレフィン）			
V	これら以外の基油			

(Society of Automotive Engineers) 粘度分類が適用されている．W (Winter) グレードは，低温でのCCS (Cold Cranking Simulator) 粘度（エンジンの始動性に関係），MRV (Mini Rotary Viscometer) によるポンプ吐出限界温度（6万 mPa·s 以下の粘度を示す温度）で規定されている．高温側の粘度は100°C動粘度および高温高せん断粘度（HTHS粘度，150°C，$10^6 s^{-1}$）で規定されている．HTHS (High Temperature and High Shear) 粘度はピストンリング-シリンダライナしゅう動部，動弁系摩擦部，軸受部などエンジン内で実際に潤滑油が受けるせん断時の粘度を想定したものであり，軸受焼付きの限界や省燃費性を判定する目安に用いられている．Wグレードと高温側の粘度規定を同時に満たすのがマルチグレード油であるが，日本の市場においては低温始動性および省燃費性に優れている10W-30が主流である．しかし最近ではいっそうの省燃費を追求した5W-30，5W-20のような低粘度油が商品化されている．

品質の分類は，一般に表1.3.4に示すAPIサービス分類で表わされる．その他に，ILSAC規格やヨーロッパのACEA (Association des Contructeurs Europeen d'Automobiles) 規格（A-1, A-2, A-3規格）およびフォルクスワーゲンやベンツなどの自動車メーカーの規格に基づいて分類される．日本においては日本工業規格（Japan Industry Standard）JIS K 2215-1993の内燃機関用潤滑油において陸用は1〜3種に，さらに粘度によって各々5〜6種に分類されている．エンジン試験方法として動弁系摩耗試験〔JASO (Japan Automobile Standards Organization) M 328〕，清浄性試験（JASO M 331），高温酸化安定性試験（JASO M 333）があり，陸用3種の4T油はこれらの試験で定められた基準値に適合することが要求されている．しかし市場油のほとんどはAPIサービス分類およびILSAC規格分類による性能表示を採用しており，JIS規格表示は用いられていない．このように4T油の評価には

表 1.3.3　自動車用エンジン油の粘度分類（SAE J 300-1995）

ASTM試験法	D 5293	D 4684	D 445		D 483
SAE 粘度分類	低温クランキング(CCS)粘度 以下, mPa·s	低温ポンピング粘度 以下, mPa·s	動粘度 (100°C)		高温高せん断粘度 (150°C, $10^6 s^{-1}$) mPa·s
			以上, mm²/s	未満, mm²/s	
0 W	3 250 (−30°C)	60 000 (−40°C)	3.8	—	—
5 W	3 500 (−25°C)	60 000 (−35°C)	3.8	—	—
10 W	3 500 (−20°C)	60 000 (−30°C)	4.1	—	—
15 W	3 500 (−15°C)	60 000 (−25°C)	5.6	—	—
20 W	4 500 (−10°C)	60 000 (−20°C)	5.6	—	—
25 W	6 000 (−5°C)	60 000 (−15°C)	9.3	—	—
20	—	—	5.6	9.3	2.6
30	—	—	9.3	12.5	2.9
40	—	—	12.5	16.3	2.9 (0 W-40, 5 W-40, 10 W-40)
40	—	—	12.5	16.3	3.7 (15 W-40, 20 W-40, 25 W-40, 40)
50	—	—	16.3	21.9	3.7
60	—	—	21.9	26.1	3.7

注：現行のCCS粘度分類は2001年6月まで有効で，7月以降新しい分類に変更される．

表 1.3.4　API, ILSA のガソリンエンジン油品質規格と要求性能試験の変遷

採用年		1972	1980	1989	1993	1996	2001
規格	APIサービス分類	(SE)	(SF)	(SG)	(SH)	SJ	SL
	ILSAC 規格	—	—	—	(GF-1)	GF-2	GF-3
	認証方法		自己認証			APIEOLCS	
要求性能試験	軸受腐食性			CRC L-38			Ball Rust Test
	さび止め性	Seq. II C		Seq. II D			Ball Rust Test
	高温酸化安定性	Seq. III C	Seq. III D		Seq. III E		Seq. III F (無鉛化)
	動弁系摩耗防止性	Seq. III C, VC	Seq. III D, VD		Seq. III E, VE		KA 24 E (Seq. IVA)
	中低温清浄性	Seq. VC	Seq. VD		Seq. VE		Seq. VG
	高温清浄性	—	—	Cat. 1 H 2	—	TEOST	TEOST MHT-4
	省燃費性	—	5 カー試験	Seq. VI	Seq. VI	Seq. VIA	Seq. VIB
	触媒被毒防止性	—	—	—	≤0.12% P	≤0.10% P	≤0.10% P
	蒸発性(NOACK)				≤25%	≤22%	≤15%

注:1) SK/GF-3 については 1997 年 10 月現在の案．( ) は規格認証を廃止したもの．
2) ILSAC 規格は API サービス分類規格に物理性状，省燃費性の要求が加味された形になっているが，GF-1 では 0 W-XX，5 W-XX，10 W-XX，GF-2 では 0 W-20，5 W-20，5 W-30，10 W-30，GF-3 では GF-2 の粘度グレードのマルチグレード油が対象となっている．
3) TEOST MHT : Thermo-Oxidation Engine Oil Simulation Test, Middle and High Temperature

様々なエンジン試験が要求されるが，エンジン油の性能は潤滑油論や酸化劣化機構などの理論などから容易に推し量れないことが遠因となっている．実際に対象となるエンジンにおいて油の改良が必要とされた場合に，その不具合の現象を再現する試験方法を開発し，その試験に基づいてエンジン油組成を変え，最適処方を見出すことが行なわれている．このため，新しい規格が誕生するたびに古い規格の油を評価するエンジン試験は実施できなくなる．

油交換基準を表 1.3.5 に示す．油劣化はエンジン設計，走行条件などにより異なること（特に油温やブローバイガス量の影響が大きい）およびエンジンに対する安全サイドの見方から，表 1.3.5 に示すエンジン油の管理基準は一応の目安と考える必要がある．自動車メーカーは各々推奨および推奨更油期間を示しているが，4 T 油の場合，ターボ車で 5 000～7 000 km，非ターボ車で 1 万～1.5 万 km が一般的である．

2 T エンジンはオイルパンや動弁系機構がなく，油はガソリンと空気の混合気（新気）に同伴されながらクランクケースに入り，ピストン-シリンダや軸受の潤滑を行なう．またシリンダにあけられた掃気孔から燃焼室に入るため，一部は燃え，また一部は排気を新気で追い出す掃気過程において未燃焼のままエンジン外へ排出される．2 T 油は，燃焼室（点火プラグを含む）沈積物，プレイグニション，排気孔閉塞を防ぐため，エンジン油中の硫酸灰分量を低く抑える必要があり（4 T 油の約 1/10 で 0.1～0.2 mass%），金属系清浄剤としては塩基性の低いタイプが使用される．またピストン清浄性向上，特に低温運転時のピストン清浄性向上のため無灰分散剤が添加される．船外機用には金属系清浄剤の灰分堆積による点火プラグ汚損を防ぐため無灰分散剤だけの添加剤処方も多くみられる．またワンス・スルーの潤滑であることから ZDTP のような酸化防止剤を必要としない（この種の添加物はむしろ清浄性を低下させることが多い）．なおガソリンとの混合性を高めるため灯油留分の希釈剤が鉱油系 2 T 油で 5～10% 程度，排気煙の低減を目的としたポリブテンを基油の主成分とした低排気煙 2 T 油では

表 1.3.5　エンジン油の使用管理

評価項目		ガソリンエンジン油	ディーゼルエンジン油
引火点 (PM),	℃	≤150	≤150
動粘度 (40℃, 100℃),	%	±20	±25
全酸価増加,	mgKOH/g	≤3	≤4
塩基価（塩酸法）,	mgKOH/g	≥0.5	≥0.5
n-ペンタン不溶分 (B法), mass%		≤1.5	≤3
水　分,	vol%	≤0.2	≤0.2

第1章 潤滑油

15～30％程度加えられるのが一般的である．また水質汚濁防止を目的とした生分解性2T油としては，直鎖型脂肪酸とトリメチロールプロパンまたはペンタエリスリトールとのエステル化合物が基油として用いられる．

2T油の場合，日本が2サイクルエンジンの主要生産国であることから，JASOが中心となって2T油の評価法と品質規格を決め，JASO M 345-93を制定した[1]．JATRE (Japanese Two-Stroke Cycle Engine Reference Oil)-1と呼ばれる基準油との性能比較から3種類（FA, FB, FC）の品質に分類される．日本では環境への配慮から低排気煙型のFC規格油が求められている．この規格の適正な運用と国内外への普及を目的としてJASO 2サイクル油規格普及促進協議会が1994年に発足し，同年7月からオンファイル業務とオイル缶などへのFCなどの表示が開始された．JASO規格作りはASTM (American Society for Testing and Materials), CEC〔Conseil Europeen de Coordination (Coordinating European Council)〕と協力して行なわれたことから，JASO規格を土台にISO規格として制定する作業が進められ，EGB, EGC, EGDの3分類によるISO 13738規格が2000年3月に成立した．これらの規格油は，主として陸用のモータサイクル，発電機，チェーンソーなどの用途向けであることから，添加剤としては高温清浄性に優れた金属系清浄剤と無灰分散剤の併用処方が一般的である．一方，舷外機用2T油には米国のNMMA (National Marine Manufacturers Association) がTC-W3規格を制定している．プラグ失火やフィルタへの油によるゲル化を避けるため，清浄剤としては低温清浄性に優れた無灰分散剤だけの処方が一般的である．

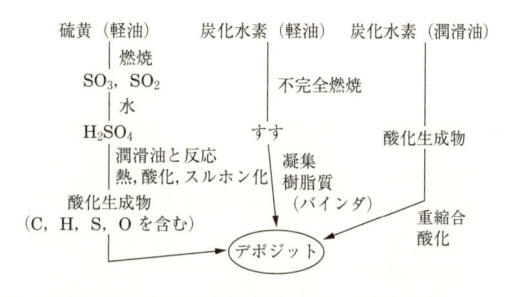

図1.3.2 ディーゼル機関における油劣化機構

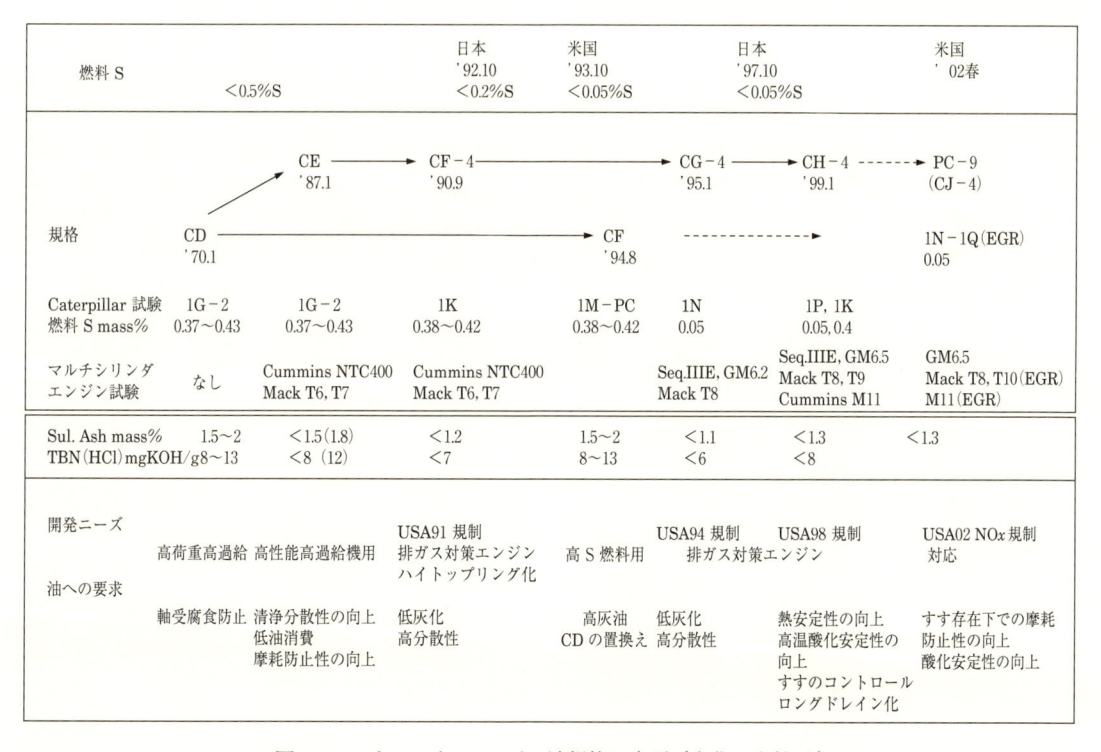

燃料S			日本 '92.10 <0.5%S	米国 '93.10 <0.2%S	日本 '97.10 <0.05%S		米国 '02春 <0.05%S
規格		CD '70.1	CE ── '87.1	CF-4 ── '90.9	CG-4 ── '95.1	CH-4 ---- '99.1	→ PC-9 (CJ-4)
				CF '94.8	------	→	1N-1Q(EGR) 0.05
Caterpillar試験 燃料S mass%	1G-2 0.37～0.43	1G-2 0.37～0.43	1K 0.38～0.42	1M-PC 0.38～0.42	1N 0.05	1P, 1K 0.05, 0.4	
マルチシリンダ エンジン試験	なし	Cummins NTC400 Mack T6, T7	Cummins NTC400 Mack T6, T7		Seq.IIIE, GM6.2 Mack T8	Seq.IIIE, GM6.5 Mack T8, T9 Cummins M11	GM6.5 Mack T8, T10(EGR) M11(EGR)
Sul. Ash mass% TBN(HCl)mgKOH/g	1.5～2 8～13	<1.5(1.8) <8 (12)	<1.2 <7		1.5～2 8～13	<1.1 <6	<1.3 <8	<1.3
開発ニーズ 油への要求		高荷重高過給 軸受腐食防止 低油消費 摩耗防止性の向上	高性能高過給機用 清浄分散性の向上 摩耗防止性の向上	USA91規制 排ガス対策エンジン ハイトップリング化 低灰化 高分散性	高S燃料用 高灰油 CDの置換え	USA94規制 排ガス対策エンジン 低灰化 高分散性	USA98規制 熱安定性の向上 高温酸化安定性の向上 すすのコントロール ロングドレイン化	USA02 NOx規制 対応 すす存在下での摩耗 防止性の向上 酸化安定性の向上

図1.3.3 ディーゼルエンジン油規格の変遷〔出典：文献2）〕

b. ディーゼル機関用潤滑油

ディーゼルエンジンは圧縮空気中に軽油を噴射して着火させる燃焼方式であり，ガソリンエンジンより燃焼温度が高いことや未燃焼燃料の油への混入が少ないことから低温スラッジの生成は起こりにくい．図1.3.2に示すように軽油中に含まれる硫黄および不完全燃焼生成物であるすすに起因する油劣化が問題となる．硫黄は燃焼し水と反応して硫酸となるため，ピストンリングおよびシリンダライナ上部位置の腐食摩耗，使用油の塩基価低減の原因となる．NO_x 低減を目的に排出ガス再循環（Exhaust Gas Recirculation, EGR）を装着すると腐食摩耗が増大することから，日本においては1997年10月から軽油中の硫黄濃度が0.05 mass％以下に下げられた．このため硫酸中和のために必要とされていた過塩基性金属系清浄剤の添加量は従来より減ることが予想される．一方すすの油への混入量はエンジンに帰属することではあるが，すすの凝集を抑え（油の分散性を高め）粘度増加を抑えるため，高濃度の分散剤が添加されるようになってきた．

図1.3.3はAPI規格の変遷とエンジン試験の内容を示す[2])．1990年9月には，キャタピラ1-G2試験が1-K試験に代わりCF-4が制定された．米国では1993年10月に路上走行車両用の燃料硫黄分が0.05％以下に引き下げられたことにより，1994年排気規制対策車向けにCG-4が制定され，1995年1月からこの規格油の販売が認可された．さらに1997年排気規制対策車向けにPC（Proposed Category）-7が検討され，1999年1月からCH-4として制定された．しかし代表的なCG-4油が日本ディーゼルエンジンメーカー数社の動弁系摩耗に問題があることがわかり日本においては商品化されていない．またCG-4およびCH-4は金属系清浄剤量の少ない低灰油処方（硫酸灰分量1 mass％程度）であるが，これは米国のピストン形状が粒子状物質を低減させるため浅皿燃焼室で，ハイトップリング（ピストントップランドの長さが短い）であることやピストン上部に冷却が施されていないことに原因がある．トップランド部（ピストンリング溝温度が320℃程度）にすすと金属系清浄剤などに由来する硬いピストンデポジット（シリンダライナのボアポリシングの原因で油消費量の増大を招く）が生成しやすいため，低灰化が求められた．一方，日本のピストン形状は深皿燃焼室であり，トップランド長さ

が米国に比べ長い．またすでに導入されたハイトップリングピストンにおいても冷却に工夫が凝らされているためピストン温度が低い（ピストンリング溝温度は240〜250℃程度）．このためピストントップランド部に硬いデポジットを生成しにくいためエンジン油の金属系清浄剤を減らす必要がなく，むしろNO_x 低減のためにEGRを装着した場合には，硫酸腐食摩耗防止の立場から酸中和性に優れた金属系清浄剤が多い高灰油が望まれる．また油交換期間延長の観点からも新油の初期塩基価の高い高灰油が求められている．このように日米間の油に対する要求が乖離しているため，当面は独自の企画を制定せざるを得ない状況にある．このためJASOが中心となって，日本車の市場占有率が高いアジア市場の品質向上を狙いとしたDH-1規格の開発が2001年6月からの市場導入を目指して進められている．米国ではEGR装着に対応したPC-9（API CJ-4）規格の開発が，2002年春の市場導入を目標に進められている．一方，高硫黄燃料が存続する地域やオフロードでの建機用車両などにはCDに代わるCF（キャタピラ1-G2試験が1M-PC試験に置き換え）が制定され，1994年8月からこの規格油の販売が認可された．これに伴い，CDおよびCEは1995年1月時点でAPIから認証されなくなった．

ヨーロッパのエンジン仕様は日本に近いこともあり，ACEA規格ではエンジン油の硫酸灰分量が乗用車や軽負荷ディーゼル車向けで1.8 mass％以下（B-1, B-2, B-3, B-4, B-5規格），トラックなどの重負荷ディーゼル車向けで2 mass％以下（E-1, E-2, E-3, E-4, E-5規格）となっており，日本の古くからあるCD油，CE油相当の硫酸灰分量である．

日本においては，自工会と石連などとの共同会議の場である自動車技術会（JASO）においてディーゼルエンジン試験法の検討を進めている．1990年にはディーゼルエンジンの清浄性試験として2.2 l，IDI（In-Direct Injection）エンジンによるJASO M336が制定されたが，エンジン部品の供給が困難になり，また0.5 mass％ S燃料での評価であったため，試験法の見直しが行なわれた．1998年3月に2.5 l，IDIエンジンを用いた200 h試験（油中すす4〜6 mass％）に変更された．動弁系摩耗の評価は，米国ではローラタペット型（GM 6.5 l 試験はすすによるローラピンの摩耗評価）で行なわれているため，日本では排気量4.9 l，ターボチャージ

第1章 潤滑油

ャ付き直噴エンジンの平タペット型による 160 h 試験（カム径の軸径変化：残留炭素分増加量 4.5 mass％ 時相当に補正）を JASO M354 として 1999 年 3 月に制定した．

油交換基準を表 1.3.5 に示すが，ディーゼルエンジン油の場合，CC, CD (CF), CE, CF-4 が推薦されており，乗用車，小型トラック（4トン以下）で 0.5〜1.5 万 km，中型車（4〜6 トンクラス）で 1.2 万〜2.5 万 km，大型車（10 トンクラス）で 2 万〜3 万 km（ターボ車〜2.5 万 km）となっている．ディーゼルエンジンでは，油自身の酸化劣化よりすす混入による粘度増加により交換基準に達する場合が多い．このためすす混入量の多い IDI エンジン（乗用車，小型トラックに搭載される）の方が DI (Direct Injection) エンジン（中〜大型トラック，バスなどに搭載される）より油交換期間が短くなっている．将来的には 4 T 油の場合と同様であるが，省資源，廃液量の削減などの環境対応やユーザーのメンテナンス軽減の要求から油交換期間が延長される傾向にある．このためエンジンのハード面，オイルフィルタの対策に加えエンジン油にもロングドレイン性能が求められる．

（2）ギヤ油およびトラクタ用共通潤滑油

自動車用ギヤ油は歯車や軸受の潤滑油として自動車，建設機械，鉄道車両，農業機械などの手動変速機や終減速機に使用される．トラクタ用共通潤滑油には農業用トラクタの手動変速機，終減速機のほか油圧系統や湿式ブレーキの潤滑油として用いられる THF と，THF にエンジン油としての性能も付与した STOU がある．

a. ギヤ油の分類と規格

ギヤ油の選定で重要なのは粘度と性能である．表 1.3.6 にギヤ油の SAE 粘度分類[3] を示す．SAE 粘度分類では低温側は 150 Pa·s を示す最高温度，高温側は 100℃ の動粘度でギヤ油を分類している．150 Pa·s は終減速機のピニオン軸受への給油が可能な限界粘度であるとともにブルックフィールド粘度計で精度良く測定できる限界でもある．また手動変速機の場合，変速操作が円滑に行なわれる限界粘度は 6 Pa·s 程度といわれている．低温および高温粘度がそれぞれ別の粘度番号に該当するものはマルチグレード油と呼ばれ，例えば低温で SAE 75 W，高温で SAE 90 の粘度特性を示すギヤ油は SAE 75 W-90 と表示される．

API は表 1.3.7 に示すようにギヤ油を用途，性能により 7 種類に分類している[4]．GL レベルはギヤ油組成，相当規格などにより決められ，GL レベルが高くなるにつれて耐荷重能は良好になる．MT-1 はシンクロメッシュ機構のない大型車の手動変速機用ギヤ油を対象としたものである．

表 1.3.6 ギヤ油の SAE 粘度分類
〔出典：文献 3）〕

SAE 粘度番号	150 Pa·s の粘度* を示す最高温度, ℃	動粘度 (100℃), mm²/s 最低	動粘度 (100℃), mm²/s 最高
70 W	−55	4.1	—
75 W	−40	4.1	—
80 W	−26	7.0	—
85 W	−12	11.0	—
80	—	7.0	<11.0
85	—	11.0	<13.5
90	—	13.5	<24.0
140	—	24.0	<41.0
250	—	41.0	—

* ASTM D 2983

表 1.3.7 ギヤ油の API サービス分類
〔出典：文献 4）〕

分類	適　　　用
GL-1	低い面圧，すべり速度で使用される手動変速機用．無添加油または酸化防止剤，さび止め剤，消泡剤，流動点降下剤などを添加した潤滑油．
GL-2	GL-1 では満足できない条件（荷重，温度，すべり速度）で使用されるウォームギヤアクスル用．摩耗防止剤またはマイルドな極圧剤を添加した潤滑油．
GL-3	やや厳しい速度，荷重条件で使用される手動変速機やスパイラルベベルアクスル用．耐荷重能が GL-1 より高く，GL-4 より低い潤滑油．
GL-4	中程度の速度，荷重で使用されるアクスル（スパイラルベベルギヤ，ハイポイドギヤ）用．特定の手動変速機，トランスアクスルにも使用できる．
GL-5	高速および/または低速，高トルク条件で使用されるハイポイドギヤ用．MIL-L-2105 D 合格品．
GL-6	ピニオンオフセットの非常に大きいギヤ用．GL-5 ギヤ油より優れた耐焼付き性を有する．
MT-1	バスや大型トラックなどシンクロ機構のない手動変速機用．耐熱性，耐摩耗性，オイルシールとの適合性に優れる．

ギヤ油の規格として最も代表的な米軍規格（MIL-PRF-2105 E）を表 1.3.8 に示す[5]．この規格は手動変速機油としての試験も含まれているが，主として終減速機に使用される GL-5 のギヤ油を規

表 1.3.8 MIL-PRF-2105E 規格，API MT-1 規格の概要　　　〔出典：文献 5〕

性　能	試　験　法		2105 E	MT-1
腐食防止性	ASTM D 130 (121℃, 3 h)		2 以下	2 a 以下
泡立ち防止性	ASTM D 892　Seq. I		20/0 以下	20/0 以下
	Seq. II		50/0 以下	50/0 以下
	Seq. III		20/0 以下	20/0 以下
熱酸化安定性	ASTM L-60-1	粘度増加 %	100 以下	100 以下
	(163℃, 50 h)	ペンタン不溶分 %	3 以下	3 以下
さび止め性	ASTM L-33 (7 日)		合格	—
耐荷重能	ASTM L-37, L-42		合格	—
	ASTM D 5182 (FZG)	ステージ	—	11 以上
高温サイクル耐久性	ASTM D 5579 (121℃)		合格	合格
シール材適合性	ASTM D 5662	アクリルゴム	基準値内	基準値内
	(150℃, 240 h)	フッ素ゴム	基準値内	基準値内

表 1.3.9　トラクタ用共通潤滑油（歯車-油圧-湿式ブレーキ）の規格

トラクタメーカー	JI CASE	JOHN DEERE	FORD	MASSEY FERGUSON
規　格	MS 1207	JDM J 20 D	ESN-M 2 C 134 D	M 1143
動粘度 (100℃), mm²/s	≧6.2	≧7.0	≧9.0	≧13.5
低温粘度 (BF) Pa·s	≦15 (−30℃)	≦20 (−40℃)	≦4 (−18℃)	≦4 (−18℃)
	≦3.5 (−20℃)	≦1.5 (−20℃)		
酸化安定性	MT 804	JDQ 23	FORD 法	CEC L 48-T 94
腐食防止性	MT 804		ASTM D 130	NF M 07-015
耐水性	MT 805	JDQ 19	FORD 法	ASTM D 2619
フィルタろ過性	MT 807			NF E 48-690
耐荷重能	FZG 試験	JDQ 95	四球試験	四球試験
	MT 811, 812	DDAD C-4	FORD 3000	FZG 試験
ブレーキ鳴き防止性	MT 810	JDQ 96	FORD 3000	ペーパー材摩擦試験

定したもので，粘度番号は 75 W，80 W-90，85 W-140 の 3 種類がある．API MT-1 規格を表 1.3.8 に示す．MT-1 は大型車の手動変速機油におけるスラッジの生成やオイル漏れ問題を解消するために設けられた規格である．したがって耐熱性やシール材との適合性が重視されており，MIL-PRF-2105 E にも組み込まれている．API，ASTM は大型車の終減速機用，シンクロメッシュ機構を装備した中小型車の手動変速機用として新しいギヤ油の分類や規格の制定を検討中である．わが国には，SAE 粘度分類と API サービス分類を適用した JIS K 2219 規格がある．

トラクタ用共通潤滑油（THF）の場合は表 1.3.9 に示すようなトラクタメーカー独自の規格がある．粘度温度特性，酸化安定性，腐食防止性，耐荷重能などギヤ油に要求される性能のほかに耐水性，フィルタろ過性やブレーキ鳴き防止性など共通潤滑油独特の性能規格が含まれている．

b．ギヤ油の組成，評価法と選定

シフトフィーリングが重視される手動変速機用ギヤ油にはジチオリン酸亜鉛（ZDTP），Ca スルホネートなどの金属系清浄剤のほかに摩擦調整剤が配合されている．また終減速機用ギヤ油には硫黄-リン系やボレート系極圧剤が使用されている．トラクタ用共通潤滑油（THF）は組成的には手動変速機油に近く，耐水性やブレーキ鳴き防止性を考慮して摩擦調整剤などに工夫がなされている．これらの潤滑油にはこのほか，無灰分散剤，さび止め剤，金属不活性化剤，消泡剤，粘度指数向上剤などが必要に応じて添加されている．

ギヤ油の各種性能を評価する実験室試験を表 1.3.10 に示す．これらの試験のほかに手動変速機油の場合はシンクロ関係の摩擦摩耗試験や実機耐久試験による評価が行なわれる．終減速機油の場合は英国の IP-232，233，234 や MIL-PRF-2105 E に規定された実機試験による評価が行なわれる．MIL-PRF-2105 E には終減速機を使用したさび止

第1章 潤滑油

表 1.3.10 ギヤ油の実験室評価法

性　能	試　験　法
耐荷重能	四球試験（JIS K 2519, ASTM D 2783,），チムケン試験（JIS K 2519），IAE歯車試験（IP 166），FZG歯車試験（DIN 51354）
熱酸化安定性	酸化安定度試験（JIS K 2514：ISOT，CRC L 60-1）
さび止め性	潤滑油さび止め性試験（JIS K 2510）
せん断安定性	音波せん断試験（ASTM D 2603），FZG歯車試験（IP 351）
シール材との適合性	ゴム膨潤試験（JIS K 6301）

め性試験や耐荷重能試験（L 37低速高トルク試験，L 42高速衝撃荷重試験）のほか大型手動変速機を用いた高温サイクル耐久試験が含まれている．このほか，すべり制限差動装置（LSD）を装備した終減速機用ギヤ油の場合は旋回時のチャタ音の発生の有無を実車試験で調べる．トラクタ用共通潤滑油（THF）の場合は表1.3.10の試験のほか水が混入した場合を想定した耐水性やフィルタろ過性試験，油圧ポンプ摩耗試験，パワーシフトクラッチや動力取出し軸（PTO）クラッチのトルク容量評価試験，実機耐久試験がある．また湿式ブレーキの制動力やブレーキ鳴きを評価する試験も行なわれる．

ギヤ油は使用環境（温度），油温，速度から適正粘度番号を，使用条件，歯車形式からサービス分類を決める．わが国では一般に手動変速機にはGL-3またはGL-4レベルのギヤ油が使用される．粘度番号は乗用車の場合，低温時のシフトフィーリングを考慮してSAE 75 W-90や75 W-85，大型車，農業機械，建設機械などの場合はSAE 80 Wや90である．終減速機にはGL-5レベルのSAE 80 W-90，SAE 90 ギヤ油が用いられる．鉄道車両用にはGL-4またはGL-5レベルでSAE 80 W-90，90，140ギヤ油が使用される．この他湿式ブレーキを装着した農業用トラクタの場合はGL-3，4レベルのSAE 75 WまたはSAE 80 Wの共通潤滑油（THF）が使用されることが多い．またSTOUはエンジン油のAPIサービス分類でCC，CD，CD/SE，CE級の10 W-30や15 W-40油が一般的である．潤滑管理の点ではSTOUの方が簡便であるが，コスト性能面からはTHFを選定する方が好ましい．ギヤ油の交換基準は乗用車の場合は通常指定されていないが，大型車の場合は手動変速機油および終減速機油とも3〜6万km程度である．トラクタ用共通潤滑油（THF）の場合はおおむね300〜400 hで交換される．

（3）自動変速機油

自動車用の自動変速機油（Automatic Transmission Fluid）は自動車の自動変速（AT）装置に用いられ，通称ATFと呼ばれる．日本においても乗用車販売台数に占めるAT装置率が増加（1996年，

表 1.3.11 要求性能と規格値（DEXRON® III，MERCON®）

要求性能	項　目	DEXRON® III	MERCON® (1992)
粘度特性	粘度　＠100℃	—	6.8 mm²/s 以上
（低温流動性）	BF粘度　＠-20℃	1 500 mPa·s 以下	1 500 mPa·s 以下
	＠-30℃	5 000 mPa·s 以下	—
	＠-40℃	20 000 mPa·s 以下	20 000 mPa·s 以下
せん断安定性	粘度　＠100℃	サイクズ試験後　5.0 mm²/s 以上　酸化試験後　5.5 mm²/s 以上	サイクル試験後　5.0 mm²/s 以上
適正摩擦係数（経時変化の抑制）	台上サイクルテスト　プレートクラッチ　シフトフィーリング性	実機 4 L 60, 20 000 cy で規定　SAE No.2テスト，18 000cy で規定　Chevrolet（4160）標準油同等	実機 4 L 60, 20 000 cy で規定　SAE No.2 テスト，15 000 cy で規定　Tauras（AXOD）
酸化安定性	実機台上試験　ビカー試験（ABOT）	163℃×300 h，Air で規定　—	—　全酸価変化　4以下他規定
耐摩耗性	ベーンポンプ摩耗試験	ASTM D 2882 で重量減 15 mg 以下	ASTM D 2882 で重量減 10 mg 以下
耐腐食性	銅板腐食試験　ASTM D 130	＠150℃×3 h で 1(1 b) 以下	＠150℃×3 h で 1(1 b) 以下
消泡性	泡立ち，泡安定度	GM法で規定　95，135℃	ASTM D 892 で規定 24，93.3，150℃
ゴムシール適合性	ゴム浸漬試験	体積，硬度変化で規定	体積，硬度変化で規定

表1.3.12　ATFに使用される添加剤例

添加剤	化合物例
流動点降下剤	ポリメタアクリレート，ポリアルキルアクリレート
粘度指数向上剤	ポリメタアクリレート，ポリアルキルスチレン
酸化防止剤	ZDTP，アルキルフェノール，芳香族アミン
分散剤	金属スルホネート，アルケニルコハク酸イミド，有機ホウ酸化合物
摩擦調整剤	脂肪酸，アミド，酸アミド，油脂，エステル，高分子量リン酸エステル
耐摩耗剤	ZDTP，ホスフェート，アシッドホスフェート，硫化油脂，有機硫黄化合物
金属不活性化剤	有機硫黄，有機窒素化合物
防錆剤	金属スルホネート，脂肪酸，アミン
シール膨潤剤	芳香族化合物，硫黄化合物
消泡剤	シリコーン油
着色剤	アゾ化合物

84％）したことで，よく知られた潤滑油の一つとなっている．

a. ATFに対する要求性能と構成

AT装置はトルクコンバータというトルク増幅作用をもつ流体継手と，変速クラッチという変速ギヤに湿式クラッチが付いている部分と，それらを制御するための油圧装置から構成されている．これらの機械要素を円滑に作動させるためATFには油圧作動油としての粘度特性，摩耗防止性，酸化安定性といった基本特性に加え，それぞれのAT装置に適合した摩擦特性が必要である．具体的な例として，DEXRON® III[6]，MERCON®[7] の要求性能と規格値の概要を表1.3.11に示す．

これら性能を満足するため，ATFには表1.3.12に示すような添加剤が配合されている．基油は高度に精製された鉱油が用いられ，中には超高粘度指数基油や，合成基油を使用し，せん断安定性と低温特性の両立を高いレベルで達成しているものもある．また湿式クラッチの摩擦特性に関しては，その良否がATの評価を決定づけるため，分散剤とのバランスをとりながら各種の摩擦調整剤が配合されている．

b. 湿式摩擦材に対する摩擦特性

変速クラッチの摩擦特性は通常SAE No.2試験機を用いてクラッチ材の摩擦特性が評価される．試験機の概略を図1.3.4に示す．本試験は一般に動摩擦試験と呼ばれる慣性力を瞬間的に吸収し，その時の摩擦トルクから摩擦係数を求める試験と，静摩擦試験と呼ばれる極低速（0.7 min^{-1}程度）での摩擦係数を求める試験が行なわれる．測定例を図1.3.5に示す．動摩擦試験では係合中間点の動摩擦係数μ_dと，係合終了時の最終摩擦係数μ_0を評価し，摩擦係数の比μ_0/μ_dを求める．この比は実車のシフトフィーリングと相関し，小さいほど変速ショックが少なくシフトフィーリングも良好となる．静摩擦試験では静摩擦係数μ_sが評価され，クラッチで伝達可能なトルクの指標として用いられる．このため一般にμ_0/μ_dが小さくμ_sの高い油が求められる．

一方，AT装置にロックアップクラッチを装着するのが一般的となり，さらに微小なスリップを伴いながらより低速からロックアップをはかるものもある．このスリップ制御ロックアップ機構に不適切なATFを用いると，シャダーと呼ばれる自励振動が発生する．この特性の評価にはLVFA（Low Velocity Friction Apparatus）タイプの試験機が用いられ，摩擦係数とすべり速度の関係（μ-V特性）が評価される．図1.3.6に装置の概略を示す．シャダーを防止するには自励振動の理論から，図1.3.7のA油のようにすべり速度に対する摩擦係数の曲線が正勾配になることが要求される[8]．一方，負勾配のあるB油では実機においてシャダーが発生する場合があるため，各自動車メーカーや，日本自動車技術会（JASO）では，これら摩擦特性の規格を定めている．

c. ATFの規格動向

ATFの規格は米国のGMとFordの規格が国際的に使用され，それぞれ，DEXRON®，MERCON® の名称で発表され，市場の多くのATFは両規格の承認を得たものとなっている．両規格とも最新のAT装置に合わせ幾度かの規格変更を経て，表1.3.11に示したように多数の項目が詳細に規定されている．またMERCON® Vというさらに低温特性に優れた規格も制定されている．

日本においてもAT装置の小型化や，ロックアップクラッチなどで先進的な技術開発が進み，ATFにも独自の要求特性が求められるようになってきた．JASOでは1995年にATFのせん断安定性（M 347），摩擦特性（M 348），シャダー防止性

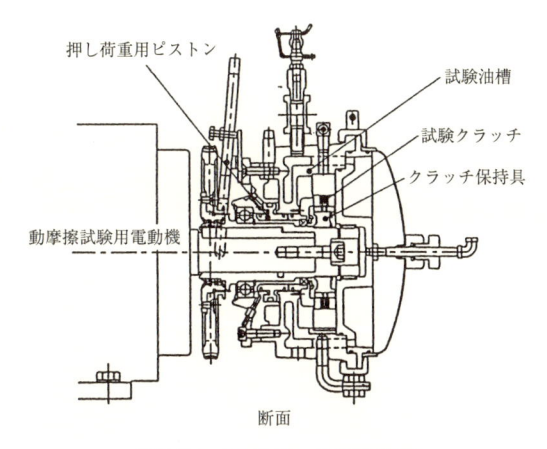

図 1.3.4　SAE No. 2 試験装置

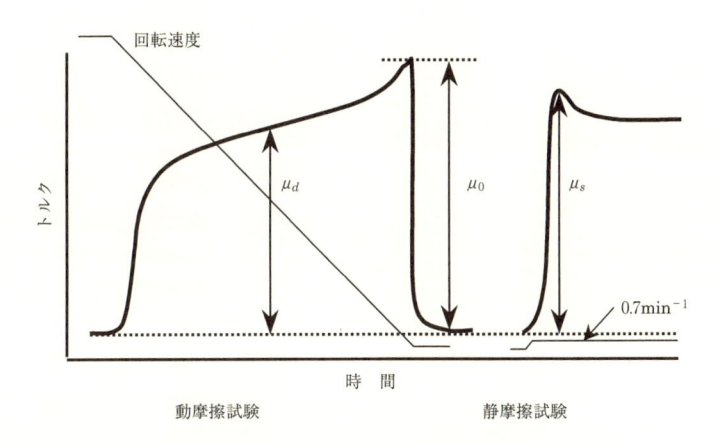

図 1.3.5　SAE No. 2 試験測定例

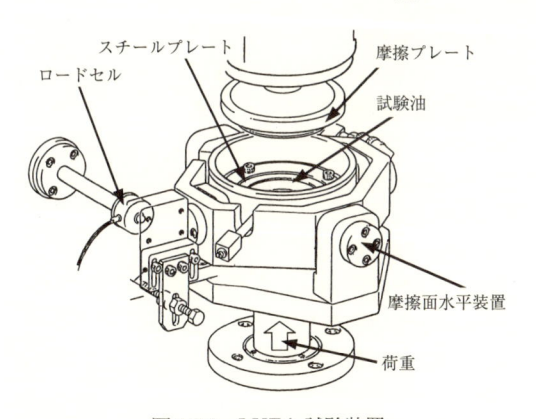

図 1.3.6　LVFA 試験装置

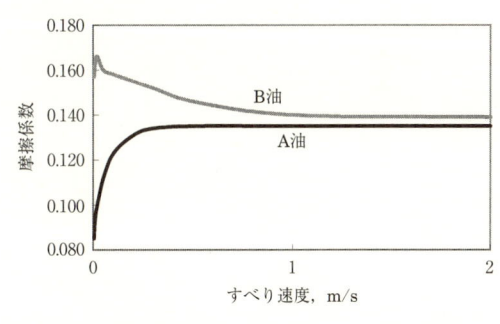

図 1.3.7　LVFA 試験測定例（油温：40℃，面圧：1.0 MPa）　〔出典：文献 8〕

能（M 349）の 3 試験方法を制定し，これらの試験方法を用いた ATF の規格（M 315）を制定した．また 1998 年にはシャダー防止寿命，およびナイロン材料に対する適合性を追加設定した．

d. 新しい変速装置への適合性

金属ベルトとプーリを用いた CVT（Continuously Variable Trasmission：無段変速機）が 1990 年代中頃より，注目され，国内乗用車販売台数におい

て数％のシェアをもつようになってきた．このベルトタイプCVTには発進クラッチやロックアップクラッチなど湿式クラッチも用いられるため，金属ベルト特性と湿式クラッチ特性の両立が求められる．現在これらの変速装置にはATFあるいはATFをベースに開発された専用油が使用されている．

（4）自動車用作動油

a. パワーステアリングオイル

油圧パワーステアリングは自動車のハンドル操作力を軽減する油圧装置で，イージードライブの観点から最近では欠くことのできない装備の一つとなっている．システムは，油圧ポンプ，コントロールバルブ，ステアリングギヤ部，およびリザーバタンクからなっている[9~11]．

パワーステアリングオイルに求められる性能としては，耐摩耗性，低摩擦特性，低温粘度特性，酸化安定性，各種のゴムホースおよびシールとの適合性などが必要である[11~15]．

パワーステアリングオイルには当初自動変速機油が用いられたが，最近では専用油が多く使用されるようになっている．組成的には，比較的低粘度基油をベースに摩耗防止剤，油性剤，酸化防止剤，および粘度指数向上剤が添加されている．摩耗防止剤にZDTP（ジアルキルジチオリン酸亜鉛）を用いたZDTP型と硫黄-リン系摩耗拡止剤を用いたSP型がある．

b. ショックアブソーバオイル

ショックアブソーバはオイルの粘性により減衰力を発生する装置であり，二重のシリンダ，ピストンロッド，バルブおよびシールなどからなっている．ショックアブソーバオイルはガス（窒素または空気）とともにショックアブソーバ内に密封される[16,17]．

ショックアブソーバオイルに要求される最も重要な性能は，乗り心地を保つための低摩擦特性およびその耐久性であるため，摩耗防止剤と油性剤の選定が非常に重要な要素となる[13~15]．その他には広い使用温度範囲で安定した減衰力を発揮できる粘度温度特性が必要であるため，パワーステアリングオイル以上の軽質基油に粘度指数向上剤を添加した処方となっている．

c. アクティブサスペンションオイル

ショックアブソーバは路面からの振動を受動的に吸収する方式であるのに対し，油圧アクティブサスペンションは各種センサ（Gセンサ，車高センサ）からの信号により能動的にピストンロッドを油圧で動かし振動を吸収する．このため，油圧系システムおよび制御系システム（センサ，コントローラ）からなっている．油圧系システムは油圧ポンプ，マルチバルブユニット，アキュムレータ，アクチュエータ，リザーバタンクから構成されている[18]．

アクティブサスペンションオイルに求められる性能としては，パワーステアリングオイルとショックアブソーバオイルの両方の性能が必要となる[13~15]．ただし，車体を支えるのに常時約10 MPaの油圧を必要とするので，油圧ポンプの耐摩耗性はパワーステアリングオイル以上の性能が必要である．また，低温時においてもスムースな作動が必要なため低温粘度特性は不可欠である．その他，シール材との適合性も重要である．

d. トラクションフルード

トラクションドライブ式CVTには高伝達トルク容量，言い替えれば，高トラクション係数を有するトラクションフルードが使用される[19]．トラクションフルードはトロイダル面とパワーローラ間に存在し，作動時の高圧力下において高粘性になることで動力を伝達する．このため高い圧力粘度係数を有することが必要である．構造と圧力粘度係数の関係は広く検討されており，一般に合成ナフテン化合物が有効であることが知られている[20~24]．

実際に自動車に搭載されるトラクションフルードとしては，トラクション特性の他に耐摩耗性，酸化安定性，低温粘度特性などが必要である．一般に圧力粘度係数と低温粘度特性は相反する性能を示すことから，これら性能の両立が現在最も重要な課題となっている．

e. ブレーキフルード

ブレーキは自動車の減速または停止という安全上欠くべからざる性能を担っているため，ブレーキが作動しなくなるという事態はあってはならないことになる．したがって，ブレーキフルードに求められる最も重要な性能は耐ベーパロック性能である．具体的にはフルード自体の沸点（ドライ沸点）が高いこと，およびゴムホース等から浸入する水分によっても沸点（ウェット沸点）が低下しにくいことが求められる．その他には低温でも十分な流動性が確保されること，潤滑性，金属の防食性，ゴム適合性，

酸化安定性等の性能が必要である[25～27]．

ブレーキフルードは米国のFMVSS No. 116によって安全基準が定められており，この規格が世界的に通用している．この規格には，DOT 3，4，5の3グレードが規定されている．それぞれの規格を満足するため，主成分としてDOT 3にはグリコールエーテル系，DOT 4にはホウ酸エステル系，DOT 5にはシリコーンオイル系が使用される．その他の成分として，増粘剤としてポリアルキレングリコール，酸化防止剤等の添加剤が添加されている．

1.3.2 船舶・航空機用潤滑油
(1) 船舶用潤滑油

舶用機関は低速2サイクルクロスヘッド型機関と4サイクルトランクピストン型機関に大別され，トランクピストン型機関はさらに，中・大型船舶用の中速機関と補機（発電機）や小型船の主機関等に用いられる高速小型機関に分類される．クロスヘッド型機関は燃焼室とクランク室が分離されているため，潤滑油としてはシリンダ油とシステム油が必要である．一方，トランクピストン機関は自動車用エンジンと同様燃焼室とクランク室が一体で，トランクピストンエンジン油が使用されるが，大型機関ではシリンダ注油機構を有するものもある．

舶用エンジン油については性能を識別する国際的な分類はなく，JIS（日本工業規格）の内燃機関用潤滑油の規格（JIS K 2215）においても，使用区分と性状等の品質についての規定があるのみである．CIMAC (Conseil International Des Machines A Combustion：国際燃焼機関会議) では，クロスヘッド型機関および中速トランクピストン型機関の潤滑についての指針を示している[28,29]．

船舶の潤滑油としては他に，ブレークイン用エンジン油（ならし運転用エンジン油）が挙げられる．

a. シリンダ油

シリンダ油は燃焼室のシリンダ部に注油されシリンダライナおよびピストンリングの摩耗を抑制する全損式の潤滑油である．舶用機関では，硫黄分の多い燃料を使用するため腐食摩耗が発生しやすい環境にあり，これを防止するため全塩基価（TBN）の高い潤滑油が使用される．一般的にはTBNが40～70 mgKOH/g，SAE粘度グレード40～50のものが使用される．シリンダ油の供給量が不足すると腐食摩耗の進行，ブラックラッカーの発生さらにはスカッフィングに至る場合もあり，エンジンメーカーでは図1.3.8に示すような燃料の硫黄分にシリンダ油のTBNおよび注油率についての指針を与えている．

シリンダ油は鉱油にTBNを付与する過塩基性清浄剤を配合し，その他には無灰系分散剤，摩耗防止剤および酸化防止剤が配合される場合もある．

機関のロングストローク化や燃焼圧力およびライナ壁温の上昇に伴い，潤滑面積，リング面圧および熱負荷が増大し潤滑条件が厳しくなるため，摩耗防止性・熱安定性の向上が図られている．

b. システム油

システム油はクランク室内のクロスヘッド，ピストンピン，クランク軸，カム軸等の軸受や弁棒および歯車類等の強制潤滑系統を潤滑し，クランクケース油と呼ばれる場合もある．近年の機関においてはピストンの冷却媒体としても用いられる．

システム油は燃焼ガスと直接接触しないので高いTBNは必要としないが，耐荷重性，熱酸化安定性とともにピストンヘッド内部やクランク室内のスラッジ堆積を防止するため清浄性が必要である．ま

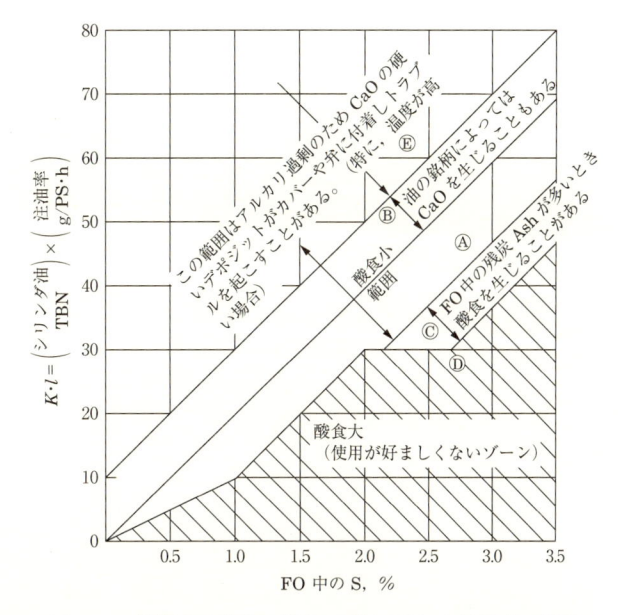

図1.3.8 燃料中硫黄分に対する適性TBNと注油率の指針
〔出典：文献30〕

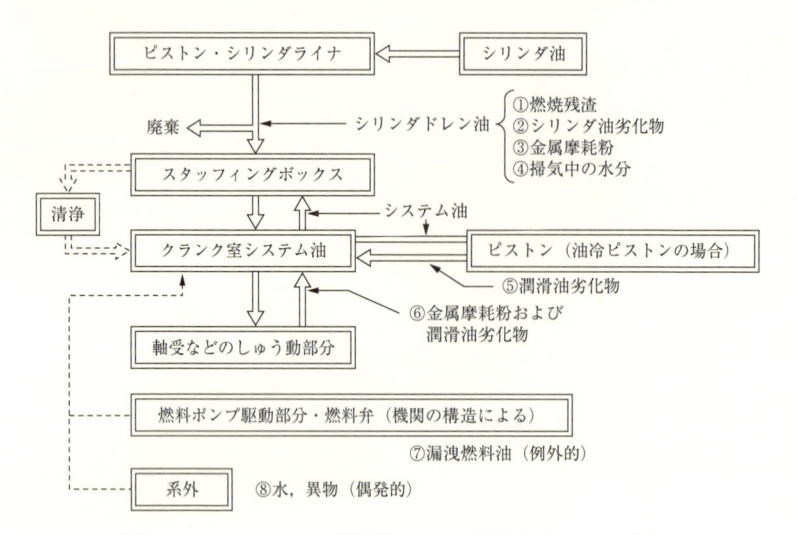

図 1.3.9 クロスヘッド形機関における潤滑油系とその汚損源
〔出典：文献 31）〕

た，システム油は図 1.3.9 に示すようにシリンダドレン油や潤滑部からのきょう雑物により汚染される．きょう雑物を遠心清浄機やフィルタにおいて除去するため加水分解安定性および水分離性が求められる．さらに，さび止め性も必要となる．機関によっては主機関の主軸からギヤにより発電機を駆動する機構（Power Take Off）を有する場合があり，FZG 歯車試験で 8 レベル以上のギヤ油性能も要求される．システム油は，金属系清浄剤，無灰系分散剤，酸化防止剤，摩耗防止剤，さび止め剤および消泡剤等が鉱油に配合されており，TBN が 5〜10 mgKOH/g，SAE 粘度グレード 30 が一般的であるが，近年，補機である発電機用のエンジン油と共用するために TBN が 10 mgKOH/g 以上のものを用いる場合も多くなっている．

c. トランクピストンエンジン油

トランクピストンエンジン油はピストンリング/シリンダライナ間の潤滑とともにクランク室内の軸受部の潤滑を行ないシリンダシステム油あるいはシリンダシステム兼用油と呼ばれる場合もある．

トランクピストンエンジン油の性能としては，シリンダ油とシステム油の両方の機能が必要で，摩耗防止性，酸中和性，清浄分散性，酸化安定性，水分離性および加水分解安定性等が求められる．トランクピストンエンジン油は，金属系清浄剤，無灰系分散剤，酸化防止剤，摩耗防止剤，流動点降下剤および消泡剤等を鉱油に配合し，TBN は 10〜40 mgKOH/g，SAE 粘度グレード 30〜40 のものが一般的に使用される．エンジンメーカーは，機関の形式と燃料の種類に応じエンジン油の TBN および粘度グレードを推奨しており，ユーザーは機関の運転条件を考慮しエンジン油を選択する．

中速機関ではクロスヘッド型機関と同様に重質燃料の使用が一般化し，また最近の機関では燃料噴射圧を高くする傾向にあるため，エンジン油中に未燃の燃料が混入しブラックスラッジを生成させる問題が発生し，燃料物質との相溶性が高い清浄分散性を向上させたものが開発された．近年，アンチポリシングリングの装着が普及しつつあり，これはピストンクラウンランドのデポジットを抑制しオイル消費を低減するが，図 1.3.10 に示すようにエンジン油の TBN の急速な低下を引き起こすため，TBN が 50〜60 mgKOH/g の高 TBN 油が使用される場合がある．

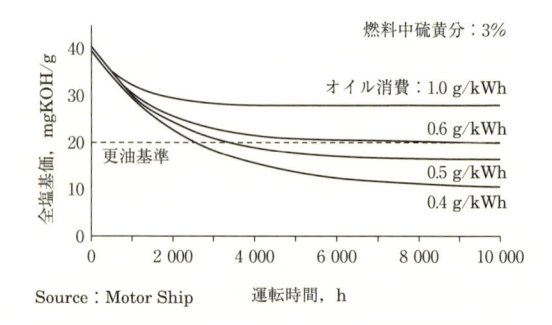

図 1.3.10 中速トランクピストン機関における使用油の全塩基価に対するオイル消費の影響
〔出典：文献 32）〕

高速小型機関はウェットサンプ方式で軸受部およびシリンダ部を潤滑しており，潤滑油は陸用ディーゼルエンジン油と同様な設計のものが多い．

（2）航空機用潤滑油

a. 航空ピストン機関用潤滑油

航空ピストン機関は軽飛行機や一部のヘリコプタに限定され，潤滑油は，鉱油に酸化防止剤と無灰系

清浄分散剤を配合した MIL-L-22851 C 規格品で，ピストンリング/ライナ間および軸受部を潤滑する．

b. 航空ガスタービン機関用潤滑油

航空機内燃機関の大部分は航空ガスタービン機関であり，航空ガスタービン機関用潤滑油（ジェットエンジン油）は，主軸受，ギヤボックス内の軸受および高速ギヤ等を潤滑する．

初期のジェットエンジンには鉱油に酸化防止剤および流動点降下剤を配合した MIL-L-6081 規格品が使用されたが，エンジンの高出力化・大型化に伴い 1951 年に合成基油のジエステルに酸化防止剤，摩耗防止剤および防錆剤等を配合した MIL-L-7808 規格（TYPE I 合成潤滑油規格）が制定され，軍用機だけでなく民間航空機にも広く採用された．

その後のエンジンのさらなる高出力化・高速化に伴う主軸受温度および軸受荷重の上昇のため，MIL-L-7808 規格品においても潤滑油系統のスラッジ発生やシール部からの漏洩等が発生し，高温酸化安定性および熱安定性を向上させた MIL-L-23699 規格（TYPE II 合成潤滑油規格）品が開発された．1963 年に規格制定後，1978 年に改訂され MIL-L-23699 C 規格として現在に至っている．主な規格を表 1.3.13 に示す．本規格品は耐熱性の高いヒンダードエステルに酸化防止剤，極圧剤，防錆剤および消泡剤等の添加剤を添加し，(1)密度が 1 g/cm³ に近い，(2)流動点が −54℃ 以下と低い，(3)引火点が高い，(4)泡立ちにくく消えやすい，(5)リン系酸化防止剤により耐荷重能が高い等の特徴があ

表 1.3.13　MIL-L-23699 C の主な規格

項　目		規　格　値		
粘度，mm²/s	@98.9℃	5.00〜5.50		
	@37.8℃	25.0 以下		
	@−40℃	13 000 以下		
引火点，℃		246 以上		
流動点，℃		46 以下		
全酸価，mgKOH/g		0.50 以下		
蒸発損失，wt%	@204℃×6.5 h	10 以下		
泡立ち，ml*	@24.0℃	25/0		
	@93.5℃	25/0		
	@93.5℃ → 24℃	25/0		
ゴム適合性 ゴム膨潤率，%		@70℃×72 h 5〜25		
低温貯蔵安定性	@−18℃×144 h	結・分離しない，ゲル化しない		
腐食・酸化安定性		@175℃×72 h	@204℃×72 h	@218℃ 72 h
動粘度変化率，%		−5〜+15	−5〜+25	報告
全酸価の増加，mgKOH/g		2.0	3.0	報告
金属片の重量変化，mg/cm²	steel	±0.2 以内	±0.2 以内	±0.2 以内
	Ag	±0.2 以内	±0.2 以内	±0.2 以内
	Al	±0.2 以内	±0.2 以内	±0.2 以内
	Mg	±0.2 以内	±0.2 以内	―
	Cu	±0.4 以内	±0.4 以内	―
	Ti	―	―	±0.2 以内
潤滑性	(a) Ryder Gear 試験	標準油に対し 102% 以上		
	(b) 軸受試験 評点 粘度変化，% 全酸価増加，mgKOH/g	80 以下 −5〜30 ―		
	(c) エンジン試験	良　好		

* 泡立ち…（泡立ち度/泡安定度）

る．

さらに，将来の航空機用ガスタービンオイルとしてTYPE IIの耐熱性，酸化安定性を改良したTPYE 2.5合成油が開発中である．

1.3.3 工業用潤滑油
（1）マシン油

マシン油はJIS K 2238-1993において種類と品質が規定されている．マシン油のJIS規格を表1.3.14に示す[33]．種類はISO粘度グレードに基づいて，ISO VG 2からISO VG 1500まで18種ある．本JIS規格は，従来のスピンドル油（JIS K 2210），ダイナモ油（JIS K 2212），マシン油（JIS K 2214）およびシリンダ油（JIS K 2217）間には粘度以外に特性の差がほとんどなかったことから，1979年にこれらを統合して新たに"マシン油"として制定されたものである．なお，制定当初はVG 8とVG 56も数量的に多いとの理由で規格化されていたが，1983年補助粘度グレードの廃止に伴い削除された．

従来のJIS規格との対比では，以下のようになる．スピンドル油1号（以下通称，60スピンドル油）およびスピンドル油特1号（白スピンドル油）はVG 7，VG 10に，スピンドル油2号（150スピンドル油）はVG 22に，ダイナモ油およびマシン油1号（120マシン油）はVG 46に，マシン油2号（160マシン油）およびマシン油特2号（特マシン油）はVG 68に，シリンダ油1号（90シリンダ油）はVG 460，VG 680に，シリンダ油2号（120シリンダ油）はVG 1000，VG 1500にほぼ相当する．ただし，シリンダ油特3号（過熱シリンダ油）については，特殊用途で需要もごく少ないため廃止された．

品質的には，水および沈殿物を含まない精製鉱油であり，色（ASTM，ただし，紡績機械用などの特定用途の場合はセーボルト），引火点（COC），流動点および銅板腐食の4試験項目に適合していなければならない．

マシン油の製造は，一般的には原油の常圧蒸留残さ油をさらに減圧蒸留して得られる潤滑油基油留分を必要に応じて溶剤脱れき，溶剤脱ろう処理し，また，硫酸洗浄，溶剤抽出，白土処理，軽度の水素化仕上げ処理などの精製方法を組み合わせて行なわれ

表1.3.14 マシン油の規格（JIS K 2238-1993）　〔出典：文献33）〕

種類＼項目	動粘度(40℃), mm²/s (cSt)[*1]		色 (ASTM)	引火点, ℃	流動点, ℃	銅板腐食 (100℃, 3h)
ISO VG 2	1.98以上	2.42以下	2以下	80以上	−5以下	1以下
ISO VG 3	2.88以上	3.52以下				
ISO VG 5	4.14以上	5.06以下				
ISO VG 7	6.12以上	7.48以下	2以下[*2]	130以上		
ISO VG 10	9.00以上	11.0以下				
ISO VG 15	13.5以上	16.5以下	2以下	150以上		
ISO VG 22	19.8以上	24.2以下	2.5以下			
ISO VG 32	28.8以上	35.2以下	—			
ISO VG 46	41.4以上	50.6以下		160以上	0以下[*3]	
ISO VG 68	61.2以上	74.8以下				
ISO VG 100	90.0以上	110以下		180以上	0以下	
ISO VG 150	135以上	165以下				
ISO VG 220	198以上	242以下				
ISO VG 320	288以上	352以下				
ISO VG 460	414以上	506以下				
ISO VG 680	612以上	748以下		200以上	+5以下	
ISO VG1000	900以上	1 100以下			+10以下	
ISO VG1500	1 350以上	1 650以下				

[*1] 1 mm²/s＝1 cSt
[*2] 紡績機械用などの特定の用途で淡色を必要とする場合には，色（セーボルト）は＋15以上とする．
[*3] 寒候用のものの流動点は，−12.5℃以下とする．

ている．このため，得られた基油中には硫黄，窒素，酸素を含むヘテロ環化合物，不飽和化合物，多環芳香族分，レジン分など化学的に不安定な物質が依然としていくぶんか残存したままになっている．これに加えて，添加剤を含まない無添加油であることから，他の種類の潤滑油と比較して酸化安定性などの諸性能がかなり劣っており，いわゆる並級潤滑油として位置づけられている．しかし，天然の硫黄化合物や芳香族化合物の中にはそれ自体が酸化抑制作用や潤滑性向上効果をもつものもあり，マシン油が無添加油として使用されている由縁がここにある．

現在市販されている製品には，パラフィン系の油とナフテン系の油とがある．パラフィン系油はナフテン系油に比べて同一粘度の場合，粘度指数，引火点が高く，また，ゴム膨潤性，密度が小さいなど潤滑油としての長所，特徴を備えている．一方，ナフテン系油には粘度指数，引火点が低く，ゴム膨潤性，密度が大きいものの，流動点が低いといった特徴がある．また，往復動圧縮機油として用いた場合は，カーボンの生成量が少なくかつ軟質ではく離性があるなどの長所もあり，使用目的に応じて使い分けることが大切である．

マシン油の用途は，主として全損式給油方法を採用している各種一般機械や比較的軽負荷の軸受，歯車用潤滑油であるが，その他にグリース，金属加工油，防錆油，電気絶縁油，流動パラフィン，ゴム配合油，繊維油剤，印刷インキ油，農薬マシン油，コンクリート用離型剤，再生アスファルト軟化剤等の各種原料油としても広く使用されている．マシン油の需要は，1996年度で電気絶縁油を除く並級潤滑油として推算すると約38万 kl となり，潤滑油需要量（約242万 kl）の約15%を占めている[34]．ちなみに，並級潤滑油の比率は1980年度には約24%であったものの，1986年度以降は約15%とほぼ横ばい状態にある．このことは，最近の機械の高速化，高精度化に伴い，機械用潤滑油としては高精製度の基油に種々の添加剤を配合して酸化安定性，潤滑性，防錆性等の性能を向上させた高級潤滑油への移行が相当進んでいるものの，依然として潤滑条件が比較的マイルドな軽負荷機械が数多くあること，また，各種原料油としての需要が堅調であることによるものとみられる．

各粘度グレードごとの用途については，おおむね次のようになる．低粘度油（VG 22以下）は，軽負荷高速度機械の潤滑油として紡績機械のスピンドル，小型モータ，工作機械の主軸，小型軽荷重の歯車等に広く使用されている．特に，紡績機械など製品の汚損が問題となる箇所には精製度を高めた淡色油が使用される．また，グリース，金属加工油，流動パラフィンなどの原料油としても使用される．低粘度ナフテン系油は電気絶縁油や冷凍機油としての用途もある．中粘度油（VG 32～100）は，比較的軽荷重高速度機械の潤滑油として，発電機，電動機のほか耐久性をあまり必要としない一般機械の軸受，歯車や鉄道車両車軸等に使用される．また，これらの一般機械が低温環境下で使用される場合には，ナフテン系油や脱ろう処理条件を厳しくした低流動点油が用いられる．

高粘度油（VG 460以上）は，高温でも適度な粘度を保持できることや，中低粘度油に比べて酸化劣化が少ないことから，主に蒸気機関のシリンダ，高温部の軸受，低速高荷重の軸受，歯車に使用される．その他，圧延機の大型すべり軸受（モーゴイル軸受，メスタ軸受）においては，特に水分離性に優れていることが求められており[35]，高度に精製した無添加油が用いられている．しかし，最近では大型化，高速化に伴う温度上昇から，酸化防止剤や防錆剤を配合した軸受油（JIS K 2239）が多く用いられている．

マシン油の使用にあたっては，運転条件，給油方法などを考慮して，使用条件に最も適した粘度と精製度のものを選ぶことが重要である．

1995年に製造物責任（PL）法が施行され，労働環境の改善，安全衛生意識がますます高まっている．潤滑油についても，人体への影響，特に発がん性の問題がクローズアップされている．現在，発がん性を判定する基準としては，OSHA（米国労働安全衛生局）とEU（欧州連合）基準の二つがある．日本では，当初，OSHA基準が採用されていたが，1997年新たにEU基準も導入されることとなった[36]．OSHA基準はIARC（国際がん研究機関）の実験結果に基づいて，基油の精製方法と精製度によって安全性のガイドラインを示したものである．EU基準では英国規格 IP 346-92 に基づく多環芳香族分（PCA）含有量で安全性を判定し，PCA量が3%未満の基油は発がん性の危険性なしとしている．これを受けて，マシン油についても，今後，

人体，環境への適合性の面からより精製度の高い基油が用いられるようになり，また，性能重視の点から高級潤滑油への移行がますます加速されるものとみられる．

（2）タービン油

a. 種類と特徴

タービン油は歴史の古い油種であり，1940年代にすでに現在のタービン油の基本骨格ができあがっていた．タービン油は発電設備の潤滑，冷却，シールなどの役割を担っている他に一般産業機械の軸受，低荷重の歯車の潤滑や油圧設備の作動油など多岐にわたる分野で使用される代表的な工業用潤滑油である．

国内のタービン油の品質は JIS K 2213 (1983) で規定されている．タービン油は1種（無添加）と2種（添加）に分類され，さらに製品は JIS K 2001 (1993) に規定する粘度分類により1種2種ともに3種類（VG 32, VG 46, VG 68）に分けられている（表1.3.15）．表1.3.16に JIS 規格，ASTM 規格および ISO 規格をまとめた[37]．発電設備で使用されているタービン油は長期間にわたって品質・性能を維持することが大切であるが，特に酸

表1.3.15　1種（無添加）タービン油規格（JIS K 2213）

種類	動粘度, cSt (mm²/s)*1 (40℃)	(100℃)	引火点, ℃	流動点, ℃	全酸価, mgKOH/g	熱安定度 (170℃, 12 h)	銅板腐食 (100℃, 3 h)	抗乳化性*2 (54℃)
ISO VG 32	28.8以上　35.2以下	4.2以上	180	−7.5以下	0.1以下	析出物がないこと	1以下	30分以下
ISO VG 46	41.4以上　50.6以下	5.0以上	185以上	−5以下				
ISO VG 68	61.2以上　74.8以下	7.0以上	190					

*1 1 cSt＝1 mm²/s
*2 抗乳化性は，乳化層が3 ml になったときの時間

表1.3.16　添加タービン油規格（ISO VG32）

		JIS K 2213 2種	ASTM D 4304 Type 1	ISO 8068 Type AR
密度 (15℃),	g/cm³	—	—	報告
引火点 (COC),	℃	190以上	180以上	177以上
（PM），	℃	—	—	165以上
動粘度 (40℃),	mm²/s	28.8〜35.2	28.8〜35.2	28.8〜35.2
粘度指数		95以上	—	80以上
全酸価,	mgKOH/g	0.3以下	報告	報告
酸化安定度				
(1) TOST：全酸価2.0 mgKOH/g になるまでの時間,	h		2 000以上	2 000以上
：1 000時間後の全酸価,	mgKOH/g	1.0以下	—	—
(2) RBOT,	min		200以上	
さび止め性能	（蒸留水）	さびなし	さびなし	—
	（人工海水）	—	—	さびなし
水分離性				
(1) 抗乳化性：乳化層3 ml になる (54℃) までの時間,	min	30以下	30以下	30以下
(2) 蒸気乳化度,	s	—	—	300以下
泡立ち性 (泡立ち度/泡安定度),	ml			
(24℃)		—	400/0以下	450/0以下
(93.5℃)		—	—	100/0以下
(93.5℃後の24℃)		—	—	450/0以下
放気性 (50℃),	min	—	—	5以下
銅板腐食 (100℃・3 h)		1以下	1以下	1 b以下
汚染度,	mg/100 ml	—	3.0以下	—

化安定性は最も重要な要求性能になっている．酸化安定性はタービン油酸化安定度試験（TOST：JIS K 2514）および回転ボンベ式酸化安定度試験（RBOT：JIS K 2514）で規定されている．酸化安定性に優れたタービン油の条件としては酸化寿命が長い（酸化誘導期間が長い）ことのほかに長期にわたりスラッジなどの生成がないことが挙げられる．その他の要求性能としてはさび止め性能，消泡性能，抗乳化性能などがある[38]．

発電設備で使用されるタービン油は発電方式により蒸気タービン油，ガスタービン油，水力タービン油に便宜上分類されている．原子力発電プラントでは蒸気タービン油が使用されている場合が多い．

表 1.3.17 ガスタービン油承認規格（新油）の一例

		GEK 32568 A
比重（API）		29～33.5
残留炭素（Ramsbottom 法），	mass%	0.10 以下
銅板腐食(100℃・3 h)		1b 以下
引火点（COC）	℃	215 以上
色　（ASTM）		2.0 以下
動粘度（40℃），	mm²/s	28.8～36.4
（37.8℃），		30.8～36.4
（98.9℃），		5.1～5.7
SUS　（100°F）		145～170
（210°F）		43～45
全酸価，	mgKOH/g	0.20 以下
流動点，	℃	−12 以下
泡立ち性(泡立ち度/泡安定度)，		
	ml/ml(24℃)	10/0 以下
	(93.5℃)	20/0 以下
	(93.5℃ 後の 24℃)	10/0 以下
さび止め性能	（人工海水）	さびなし
タービン油酸化安定度試験，（TOST）	h	2 000 以上
回転ボンベ式酸化安定度試験		
RBOT，	min	450 以上
修正 RBOT，	min	新油の 80% 以上
高温腐食酸化安定度(175℃・72 h)		
粘度変化，	%	+20～−5
全酸価増加，	mgKOH/g	3.0 以下

b. 蒸気タービン油

最新鋭の蒸気タービンの蒸気条件は超々臨界圧（31.0 MPa，566/566/566℃）に達しており，タービン油への熱負荷も一段と厳しくなってきている[39]．一般的に蒸気タービン油は定期的に一定量の新油を補給することにより品質の維持向上を図っている．このため基油の精製度や添加剤の選択が重要な因子となる．基油には酸化安定性やスラッジ生成に悪影響を及ぼす芳香族化合物や硫黄・窒素を含む極性化合物を少なくしたものが用いられる．最近では高粘度指数基油の利用が盛んに行なわれている[40〜42]．添加剤系はフェノール系酸化防止剤，さび止め剤，消泡剤の組合せが基本になっている．

c. ガスタービン油

国内への事業用大容量ガスタービンの導入は 1980 年代に入り，蒸気タービンと組み合わせた高効率のコンバインドサイクル発電方式として実現した．初期のガスタービン入口ガス温度は 1 100℃ 級であったが，現在では 1 300℃ 級のプラントの運転も開始されている[43]．蒸気タービン油とガスタービン油の処方の特徴は酸化防止剤にある．蒸気タービンの酸化防止剤はフェノール系が主流であるが，ガスタービンではタービン軸受温度の上昇に伴い，タービン油への熱負荷が増大し，フェノール系酸化防止剤を使用したタービン油では寿命が短く実機でのトラブルが懸念された．このため設備メーカーでは表 1.3.17 に示すような独自の規格を定めて品質の管理を行なっている．規格の中で修正 RBOT 試験や高温腐食酸化安定度試験はフェノール系酸化防止剤では合格する可能性が極めて低く，高温での酸化防止性に優れたアミン系酸化防止剤が主に使用されている[44]．

近年，航空機転用型の定置型ガスタービンが普及しているが減速機構を有している場合が多く，従来のタービン油には要求されていない極圧性が規格に加えられるようになってきている．

d. 水力タービン油

水力タービン油は潤滑油としての役割の他に水車回転調速機構の油圧作動油（操作油）として重要な働きをしている．潤滑油系では比較的酸化劣化条件が穏やかであるため 1 種の無添加タービン油が長年にわたり使用されることもある．過去の調査結果から水力発電所でのトラブルは弁類の作動不良現象と操作油の黒化現象であり，後者は設備で対処し今日に至っている．弁類の作動不良の要因としてはご

み，摩耗粉，タービン油の劣化物などが挙げられるが，弁類の作動不良対策としてタービン油にスラッジ分散性を付与した水力タービン専用油が開発され一気にトラブル事例が減少した[45,46]．

e. タービン油の管理

タービン油の使用油管理は他の多くの潤滑油に比べきめ細かく行なわれている．通常タービン油は10年以上の長期にわたり使用される例も少なくない．この間，一定量の新油を補給しながら使用されるため性状の推移を的確に把握することが重要となる．電力会社では動粘度，全酸価，色，界面張力，酸化寿命（回転ボンベ式酸化安定度試験：RBOT法）などにより使用油の残存寿命管理を行なっている．これらの項目のうち酸化寿命が最も重要な試験であり，補給量の算出や更油時期の判定などに使用されている[47]．一般に劣化傾向にある潤滑油では動粘度，全酸価が増加し，界面張力が低下することが知られている．簡単に潤滑油の異常を知る手段として色管理がある．蒸気タービン油のように比較的着色しにくい添加剤を使用した油では有効であるが，ガスタービン油のように添加剤の変質に伴う着色がある場合には注意が必要となる．

（3）軸受油

軸受油は，一般機械の軸受に用いられるものと特定機械の軸受に用いられるものがあり，前者は軸受以外にも油圧作動油や軽負荷ギヤ油等としても用いられる汎用油である．タービン油も軸受油であるが，ここで述べる軸受油とは別に扱われる〔前項（2）タービン油参照〕．軸受油は，軸受の種類，型式，回転数，荷重，温度，雰囲気などの使用条件，給油方法，メンテナンス周期などにより異なった性能が要求される．反復使用される軸受油に要求される性能は，一般に，(1)適正粘度，(2)高粘度指数，(3)酸化安定性，(4)消泡性，(5)水分離性（抗乳化性），(6)低温流動性，(7)さび止め性，であり，機械によってはさらに，(8)耐摩耗性・極圧性，(9)熱安定性，(10)清浄性，も要求される．JIS K 2239-1993「軸受油」は粘度グレードISO VG 2からVG 460まで15種類を定め，精製鉱油に添加剤を加えたものとし，粘度指数，流動点，引火点，銅板腐食，さび止め性能が規定されている．これらに適合する潤滑油は，酸化防止剤とさび止め剤が添加されたいわゆるR&Oタイプ油である．

軸受油の粘度は最も重要な性能項目である．適性粘度の計算方法や選定図表が多く提案されている[48～51]．すべり軸受油は，通常，40～70℃程度の比較的低温で使用される．近年，排気過給機やエキスパンダなど小型の回転機械では10万min^{-1}を越える高回転化が，蒸気タービンやコンプレッサなど中・大型の回転機械では$100\,\text{m/s}$を越える高周速化が指向され[52]，このような軸受では，軸受温度上昇を考慮した粘度選定が必要である．そのうえで，使用機械の要求品質をもった軸受油が選定される．

ISO VG 22以下の低粘度軸受油は，R&Oタイプ油が一般的であり，紡績機械のスピンドル軸受，工作機械の高速主軸受，クラッチ，油圧装置の作動油などにも使用される．高速化に対応し，最も低粘度グレードのISO VG 2油の使用が増えている．低粘度化は油膜形成能力の減少をもたらし，軸受での金属接触による焼付きや摩耗トラブルの危険性が増すため，極圧剤や摩耗防止剤を添加した軸受油も使用されている．中速回転の工作機械では，ISO VG 32～68のR&Oタイプ油が一般に使用される．

ISO VG 32～100程度の中・高粘度軸受油は，R&Oタイプ油が一般的であり，ターボブロワ，タービンポンプ，電機機械の軸受のほか，軽荷重歯車，空気圧縮機，ターボ冷凍機，油圧装置の作動油，などに使用される．すべり軸受は，定常運動時には流体潤滑状態にあるが，頻繁な起動・停止や外部からの負荷的要因などにより，混合潤滑ないし境界潤滑状態になることがある．図1.3.11[53]にホワイトメンタルWJ-2軸受，混合～境界潤滑条件下での添加剤の効果を示す．適切な極圧剤や摩耗防止剤を添加した軸受油は，過酷条件下で軸受に効果的に作用してなじみ性を向上させ，焼付きや摩耗などの潤

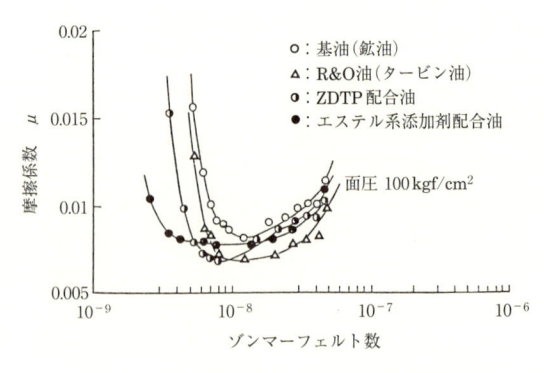

図1.3.11 各種軸受油（VG 32）の軸受試験
〔出典：文献53）〕

滑トラブルを軽減することができる．

抄紙機軸受油は，精製鉱油に酸化防止剤，さび止め剤，清浄分散剤などを配合して酸化安定性，熱安定性，清浄分散性，耐荷重性などの性能を向上させたものである．近年，抄紙機は大型・高速化の傾向にあり，抄速の増加に伴いドライヤパートの乾燥温度も高くなり，抄紙機ロール軸受温度も高くなっている．このため軸受油は，長時間高温軸受部に使用されてもスラッジ生成・堆積を抑制する清浄分散剤添加油が使用される．軸受の高温度化傾向に対応し潤滑性を維持するため，すなわち油膜形成能を低下させないために，従来，ISO VG 100～220 油が使われていたが，より高粘度の ISO VG 320 油の使用も増えている．また，より高い耐熱性を要求される場合は合成潤滑油も用いられる．

圧延機油膜軸受油は，モーゴイル軸受，メスタ軸受といわれる圧延機ロールの軸受に使用され，適性粘度，抗乳化性，酸化安定性，さび止め性などの品質が求められる．粘度は，圧延速度の変動や高荷重に対し，適性油膜を保持できる程度のものが必要であり，一般に高粘度油が使用される．鉄鋼圧延では水の混入は避けられないので，高い抗乳化性が要求され，使用中も厳しく管理される．通常 50°C 以下の温度で使用されるので耐熱性はあまり要求されないが，軸受油の劣化は抗乳化性を低下させるので酸化安定性が必要である．圧延機油膜軸受油の種類には，（1）精製直留鉱油，（2）酸化防止剤添加油，（3）酸化防止剤・気相防錆剤添加油（R&O タイプ油）の 3 タイプがある．また，線材圧延に使用される NT ミル（No Twist Mill）用油はギヤ潤滑も兼ねるので，前記圧延機油膜軸受油に要求される性能に加え，耐荷重性，耐摩耗性を付与した軸受油が使用される．

ロータリキルンのタイヤサポートローラ軸受などの産業用低速・高荷重すべり軸受には，耐荷重能を粘度で補うために，高粘度鉱油が使用される．

焼結含油軸受は自動車電装部品，家電機器，音響映像機器，土木・農業機械，精密機械などに広く使用され，これらに用いる潤滑油には適性粘度，高粘度指数，低摩擦係数，熱・酸化安定性，低蒸発性，腐食防止性，樹脂との適合性などが求められる．一般の焼結軸受には R&O タイプ油，エンジン油，ギヤ油などが使用されるが，特殊用途焼結軸受には合成油も使用される．

軸受油の選定に当たっては，軸受の種類，運転条件，給油方法などを検討し，使用条件に適合した品質特性をもつ潤滑油の種類，粘度の決定が必要である．

反復式給油の場合は，粘度のほかに前述した各種要求性能を考慮する必要がある．軸受油は潤滑と同時に冷却効果も期待され，長時間所期性能を保持することが必要であることから，酸化安定性，水分離性などの性能を考慮して精製度の高いものを選定する必要がある．また，酸性ガス，アルカリ性ガスと接触して使用される場合は，これらガスによる油の変質・劣化が懸念されるので高精製度油ならびに反応性のない添加剤配合油を選定する必要がある．また，反応性の活性ガスが軸受油に接触するようなとき，使用油の変質とともに軸受メタル表面が黒変してくることがある．油中の活性硫黄化合物が軸受メタルと反応し，メタル表面が黒変することもある．このような軸受メタル表面の黒変防止のためには，軸受油の品質面から低硫黄分の油，局部熱分解を起こしにくい耐熱性に優れた油，金属接触・境界潤滑状態時の温度上昇抑制のために潤滑性の良い油，活性ガスと反応しにくい酸化安定性の良い油を選定する必要がある．

全損式給油の場合は減摩効果のみが必要とされるので，粘度が選定の重点となり，酸化安定性その他の性能は重視されない．

油潤滑転がり軸受には上記軸受油が一般に使用される．油潤滑にするかグリース潤滑にするかは，摩擦発生熱，軸受温度およびその上昇などを基準にして決められる．油潤滑の場合の適性粘度は軸受運転温度，周囲温度，$d_m n$ 値，荷重などを考慮して決められるが，軸受メーカー各社などの粘度選定図を参考にするとよい．大まかには，軸受温度で 12 mm²/s 程度の粘度が良いとされる．転がり軸受の高速化は潤滑法と関連し，低発熱用潤滑法として使用されていたミスト潤滑に代わるオイルエア潤滑では $d_m n$ 値 100 万以上が回転可能となり，ジェット潤滑では $d_m n$ 値 300 万までも回転可能である．

（4）油圧作動油

油圧機器はここ数十年間著しい普及があり，技術面においても高圧化，高速化，制御の精密化など著しい発展を遂げている．油圧作動油は，油圧機械の動力伝達としゅう動部の潤滑作用，シール作用および防錆作用などの重要な機能を果たしているので，

油圧作動油の良否が油圧機械の性能に直接影響する．近年においては，油圧機器の信頼性向上，環境保全，省エネルギーなどの課題に対して，作動油からもそれらの役割を担うため検討され，高性能化および多様化してきている．油圧機械が今日大きな信頼性をもって用いられる背景には，油圧作動油の各種の性能を向上させる技術進歩に負うところが大きい．

a. 油圧作動油としての必要な特性

ポンプで加圧された作動油は，各種バルブにより圧力・方向・流量が制御され，油圧モータ・油圧シリンダ等に伝わって機械的な仕事を行なう．したがって，油圧作動油の最も重要な役割は力の伝達であるが，ポンプに対する耐摩耗性等種々の性能が要求される．油圧作動油として要求される諸性能は，次のとおりである．

（1）適切な粘度をもっていること．
（2）温度変化による粘度変化が小さいこと．
（3）良好な潤滑性を保ち，しゅう動部分の摩耗が少ないこと．
（4）各種金属に対して防錆，防食の機能をもつこと．
（5）流動点が低く，低温流動性のよいこと．
（6）引火点が高いこと．
（7）パッキン，シール，ゴムホース，塗料などに対して変質を与えないこと．
（8）水分やごみに対して，分離性が良く，消泡性があり，放気性の良好なこと．
（9）酸化や熱劣化に対して抵抗性のあること．
（10）せん断安定性のあること．
（11）難燃性であればさらに望ましい．

このような性能をすべて備えた作動油は存在しないが，バランスがとれて，比較的安価であり，入手しやすいことも重要である．油圧作動油のこのような要求性能は作動油の基油と各種添加剤（酸化防止剤，摩耗防止剤，粘度指数向上剤，さび止め剤，消泡剤など）の配合により付与されている．

b. 油圧作動油の種類

油圧作動油の分類としては，ISO は表 1.3.18 のように分類している．大部分の油圧装置は鉱油系作動油で十分な性能が得られる．このため鉱油系作動油は最も使用量が多く作動油全体の約 90% を占めている．しかし，耐火性，耐熱性などに限界があり，使用条件の厳しい箇所では，合成系あるいは含水系の難燃性作動油が使用されている．

鉱油系作動油：鉱油系作動油[54]は，精製潤滑油留分に各種添加剤を配合し性能を向上させたものである．さび止め剤と酸化防止剤を配合した R&O 型作動油，これに摩耗防止剤を配合した耐摩耗性作動油，およびスラッジ生成を防止するために無灰型の添加剤を使用したアッシュレス作動油がある．さらに粘度指数向上剤を配合した高粘度指数作動油などがあり，省エネルギー型としても注目されている．基油[55]においては，さまざまな製造プロセスの採用により，高粘度指数基油や低流動点基油の開発が進められている．これらの基油を用いてますます過酷化する要求に応えた，粘度指数が高く，酸化安定性に優れ，高圧条件下でも使用可能な作動油が開発

表 1.3.18 ISO による作動油の分類

油圧作動油	石油系作動油 (ISO-L-H)	無添加石油系油(ISO-L-HH)
		酸化防止剤，防錆性添加石油系(ISO-L-HL)
		HL＋耐摩耗剤添加油(ISO-L-HM)
		HL＋粘度指数向上剤添加油(ISO-L-HR)
		HM＋粘度指数向上剤添加油(ISO-L-HV)
		HM＋しゅう動面潤滑向上剤添加油(ISO-L-HG)
	難燃性作動油 (ISO-L-HF) 含水系油	高含水作動液(ISO-L-HFA)
		W/O エマルション(ISO-L-HFB)
		水-グリコール(ISO-L-HFC)
	合成系油	リン酸エステル(ISO-L-HFDR)
		塩素化炭化水素(ISO-L-HFDS)
		リン酸エステル＋塩素化炭化水素(ISO-L-HFDT)
		その他の合成系油(ISO-L-HFDU)

第1章 潤滑油

表1.3.19 各種合成油の特性

特性＼種類	石油系潤滑油	ジエステル	ポリオールエステル	リン酸エステル	ポリグリコール	ジメチルシリコーン	ポリフェニルエーテル
粘度指数	0〜140(劣〜良)	145(良)	140(良)	0(劣)	160(良)	200(優)	−60(劣)
引火点, ℃	150〜240	230	260	200	180	310	280
自然発火温度, ℃	低	低	中	極高	中	高	高
熱安定性	可	可	良	劣	可	良	優
酸化安定性	可	良	良	可	可	良	優
流動点, ℃	0〜−50(劣〜優)	−35(良)	−60(優)	−55(優)	−20(良)	−50(優)	0(劣)
金属適合性	優	可	可	劣	良	優	優
適合性の良いゴム	ニトリル	ニトリルシリコン	シリコン	ブチルEPR	ニトリル	ネオプレン・バイトン	高温でなし
潤滑性	良	良〜優	優	優	劣	劣	可
毒性	極少	極少	極少	ややあり	低	なし	低

表1.3.20 水-グリコール型作動液の組成　〔出典：文献56)〕

成分		配合割合, mass%	代表例
基材	水	35〜45	蒸留水, イオン交換水
	増粘剤	10〜15	ポリアルキレングリコール
	溶剤	40〜50	アルキレングリコール
添加剤	油性剤	〜10	脂肪酸のアルカリ金属およびアミン塩
	防錆剤		低級脂肪酸アミン, エタノールアミン, モルホリン類, 脂肪酸塩
	防食剤		芳香族窒素化合物およびその塩
	アルカリ調整剤		水酸化カリウム, 水酸化ナトリウム, エタノールアミン
	その他		消泡剤, 着色剤

表1.3.21 各種作動流体の難燃性比較　〔出典：文献57)〕

試験項目＼試験流体	O/W乳化型	W/O乳化型	水-グリコール型	リン酸エステル型	脂肪酸エステル型	耐摩耗性作動油
1. 引火点・燃焼点試験 JIS K 2265				266〜270℃ / 352〜370℃	252〜266℃ / 316〜328℃	226〜238℃ / 250〜254℃
2. 自然発火温度試験 ASTM D 2155	>620℃	424℃	372℃	564℃	388℃	347℃
3. マニホールド発火試験 704℃による結果 Fed-Std. No.791b, 6053	発火せず	発火せず	発火せず	発火せず	管上で燃焼	管上で燃焼
4. パイプクリーナ試験　未処理 Fed-Std.No.791b,352　前処理	68〜72回 / 50〜58回	26〜28回 / 29〜32回	23〜25回 / 10〜12回	13〜23回 / 17〜23回	10〜12回 / 11〜13回	6〜7回 / 7〜8回
5. 火炎伝播試験 Luxembourg 5th Report	発火せず	20秒接触で30秒火炎残留	10秒接触で31秒火炎残留	10秒接触で4秒火炎残留	消火しない	消火しない
6. 低圧噴霧点火試験　40℃ SAE/AMS 3150 C　65℃	なし / なし	0.5秒 / 連続燃焼	なし / 0〜0.5秒	0〜0.5秒 / 5.0秒	0〜0.5秒 / 連続燃焼	連続燃焼 / 連続燃焼
7. 高圧噴霧点火試験　40℃ 機振協会　65℃	なし / なし	0.9秒 / 連続燃焼	点火部分着火 / 0〜0.5秒	0〜0.5秒 / 0.9秒	連続燃焼 / 連続燃焼	連続燃焼 / 連続燃焼

備考　1) 噴霧点火試験の着火距離はすべて150 cm以上．
　　　2) 噴霧点火試験の連続燃焼とは30秒以上をいう．

されている.

合成系作動油：産業機械には主としてリン酸エステル系と脂肪酸エステル系が使用されている．リン酸エステル系は，航空機用難燃性作動油として出現し発展してきた．しかし優れた性能を有しているものの価格が高いため，製鉄所の連続鋳造設備や発電所のEHCなどの用途に限られている．脂肪酸エステル系は高温物体を取り扱う製鉄所の熱延設備やプレス設備などで難燃性作動油として使用されている．表1.3.19に合成油の特性を示す．

難燃性作動油：難燃性作動油には非含水系のもの（耐火性をもつ合成油）と含水系のものがある．非含水系のものとしては，リン酸エステルやポリオールエステルが代表的なものであり，含水系作動油には水中油滴型（O/W），油中水滴型（W/O），および水-グリコール系などがある．水-グリコール系作動油[56]は水，溶剤および増粘剤からなる水溶液に防せい剤や摩耗防止剤を配合したもので，水分量は35～45%である．代表的な組成を表1.3.20[56]に示す．安定性が良好なこと，潤滑性能の改良や保守管理技術の確立により難燃性作動油の主流となっている．また，水を90%以上含む高含水作動油（HWBF）や鉱油に水を20%程度可溶化した作動油も開発されている．JISでは難燃性（燃焼性）の試験は引火点測定法だけであるが，諸外国では種々の試験法[57]が提案されている．難燃性関連試験法による各種作動油の特性比較を表1.3.21に示す．

生分解性作動油：環境保護の観点から，作動油の漏洩によって生態系を破壊させない環境特性が要請

表1.3.22　各種基油の生分解性（CEC L-33-T-82法）
〔出典：文献55〕

油　種	生分解性，%
鉱油	10～40
ホワイトオイル	25～45
天然植物油	70～100
PAO（ポリ-α-オレフィン）	5～35
ポリイソブチレン	0～25
ポリオール類，ジエステル類	55～100
ポリプロピレングリコール	0～25

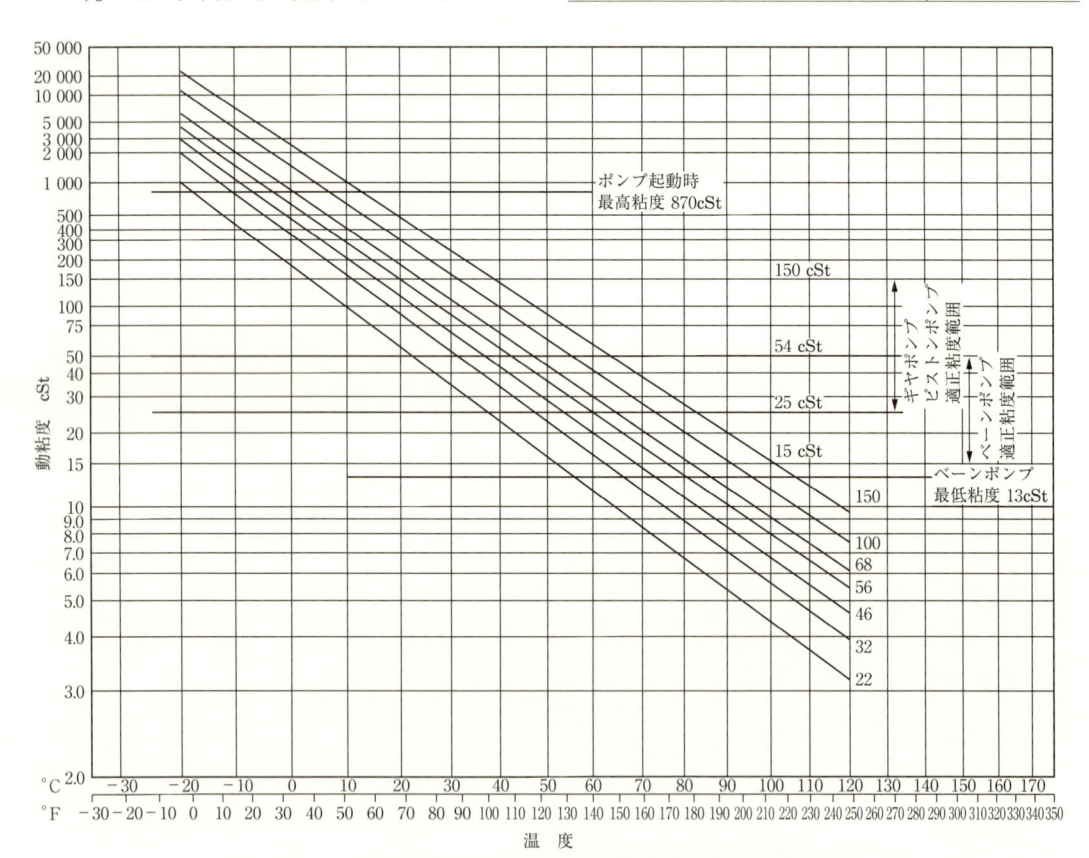

図1.3.12　各種油圧ポンプの適正粘度範囲〔出典：文献59〕

されている．このような要請に対して，たとえ漏洩しても微生物により分解される潤滑油，すなわち生分解性作動油が徐々に使用されるようになってきた．この生分解性作動油には天然の植物油脂類，合成エステル類，およびポリエチレングリコールがある．生分解性を評価する方法としては，CECが規定した2サイクル船外機用エンジン油のものが適用されている．この試験方法[58]で67％以上の分解率を必要としている．各種基油の生分解性を表1.3.22[55]に示す．

航空作動油：米国 MIL（Military Specifications and Standards）で規定される．石油系の MIL-H-5606 E，極低温用の MIL-H-81019，合成炭化水素系の MIL-H-83282，リン酸エステル系の MIL-H-83306 がある．

c. 粘度特性，潤滑特性およびその他の性質

油圧設備に使用する作動油の選定にあたっては，油圧機器メーカーの推奨油使用を考慮し，これに見合った性能および物性を有する作動油を選定する．

粘度特性：粘度は摩擦損失，熱の発生量，摩耗，漏れ，始動性，効率などに直接関係するため，最も重要な特性である．図1.3.12[59]に各種油圧ポンプの適正粘度範囲の一例を示す．作動油の粘度は温度や圧力によって変化するほか，高粘度指数作動油に配合されている粘度指数向上剤はせん断速度が大きくなると，粘度が一時的に減少したり，永久的に低下する．この欠点を解決するため，高粘度指数基油を用い，粘度指数向上剤を配合しない高粘度指数作動油も開発されている．

潤滑特性：油圧装置，機械のしゅう動部は流体潤滑と境界潤滑との混合状態であるため，摩耗が多く発生する場合がある．耐摩耗性作動油は，ジアルキルジチオリン酸エステル，リン-硫黄化合物などの摩耗防止剤が配合されている．また，含水系作動油は鉱油系作動油に比べて，転がり疲労寿命が短い．この寿命低下は水の粘度-圧力係数が小さくEHL油膜厚さが薄いことと，水素脆化による材料強度の低下に起因すると考えられている．表1.3.23[60]に各種作動油の潤滑性能および表1.3.24[61]に転がり疲労寿命を示す．

酸化安定性：油圧機器内で，作動油は空気，湿度，金属と接し温度もかなり上昇することがある．長時間過酷な条件で使用すると劣化が進み，粘度，酸価，ケン化価が増加し，ラッカーの付着やスラッ

表1.3.23　各作動油の潤滑性能の比較　〔出典：文献60）〕

潤滑性試験 \ 作動油の種類	R & O タイプ	耐摩耗性 タイプ	水-グリコール	O/W エマルション	W/O エマルション	リン酸 エステル	脂肪酸 エステル
四球試験（曽田式），MPa	0.50	0.55	1.5以上	—	—	—	0.55
チムケン試験，OK荷重，kg	1.8	5.5〜18.2	4.1〜15.9	2.7	2.7〜15.9	13.6	—
ファレックス試験，焼付荷重，N	2 091	3 469	11 565	—	6 005	6 227	5 782
ファレックス試験，摩耗量，mg @290 min⁻¹，3 114 N，15 min	126.4	8.2	27.2	20.5	17.0	3.6	2.3
シェル式四球試験，摩耗痕径，mm @1 200 min⁻¹，294 N，30 min	0.57	0.40	0.51	0.59	0.81	0.44	0.47
ベーンポンプ試験，摩耗量，mg @V-104 C，13.8 MPa，250 h	390	31	950	異常摩耗	異常摩耗	15	32

表1.3.24　各種作動油の転がり疲労寿命相対寿命　（鉱油＝1.0）〔出典：文献61）〕

評価法 \ 作動油	水-グリコール系	O/W エマルション	W/O エマルション	リン酸エステル	脂肪酸エステル
ユニスチール試験機	0.17	0.06	0.22	0.79	—
ユニスチール試験機	0.04	0.03	0.05	0.14	—
五球試験機	—	—	—	—	0.41〜0.30
球軸受試験機	0.40	—	0.67	—	—
球軸受試験機	0.06	—	—	0.58	—
ころ軸受試験機	0.14〜0.24	—	0.53〜0.31	0.81	—
歯車ポンプ	0.02	0.05	0.25	0.75	—
歯車ポンプ	—	—	0.71〜0.13	—	—

ジの生成がはじまる．これらは，しゅう動部の円滑な作動を阻害し，こう着を起こしたり，フィルタを閉塞させたりする．特に電磁バルブやサーボバルブの作動不良は大きなトラブルにつながる．さらに，酸化によって生成した低分子量の有機酸類は腐食の原因となる．この酸化劣化を防止するために，フェノール系，アミン系の酸化防止剤が配合されている．また，耐摩耗性作動油に使用されているジアルキルジチオリン酸亜鉛は酸化・熱劣化によりスラッジを発生する傾向があるため，無灰型耐摩耗性作動油の要求も強い．スラッジの防止にはスラッジ分散剤が有効であるが，抗乳化性への影響を十分注意する必要がある．

汚染度：油圧機器におけるトラブルの大半は作動油中の汚染物質に起因している．サーボ弁の普及に伴い，作動油中の汚染物質はサーボ弁の動作不良につながるため，極力作動油から汚染物質を除去し，清浄にする必要がある．測定法は JIS B 9930-1993 および JIS B 9931-1990 に定められている．作動油中の汚染度には NAS 等級や ISO 清浄度コードがあるが，作動油中の汚染度管理には NAS 汚染度規格[62]が使用されることが多い．

d. 規　格

作動油の規格は DIN, Denison 社, U. S. Steel 社, MIL, Cincinnati Milacron 社, および Vickers などがある．

(5) すべり案内面油

すべり案内面油はマシニングセンタや研削盤等工作機械の案内面の潤滑に使用される．案内面のすべり速度は，超精密加工時の数 μm/min から早送り時の数十 m/min まで広範囲にわたる．そのため，図 1.3.13[63] に例を示すように，境界，混合，流体の三つの潤滑領域が存在する．

流体潤滑領域では油膜によるテーブルの浮上がり現象が問題となる[64,65]．浮上がりが生じ，加工時まで油膜が排出されずに残っていると加工精度を悪化させることになる．浮上がり量は案内面材質や案内面油のタイプに関わりなく粘度に支配されるため，低粘度油の使用のみが防止策となる．案内面の平均面圧は一般に 50～300 kPa 程度に設計されているが，運転中は必ずしも均一な当たりにならず，局部的に高面圧となるため，低粘度油を使用する場合は特に耐摩耗性が必要となる．また，立形すべり面においては案内面の油膜を保持しなければならないため低粘度化には限界がある．

一方，境界潤滑領域においては案内面油のタイプや案内面の材質により摩擦係数が異なる．最近の工作機は高い位置決め精度の確保の目的から，フィードバック制御が取り入れられているが，多くは比較的安価なセミクローズドループ方式であり，案内面の摩擦抵抗が精度に悪影響を及ぼす．そこで，案内面の摩擦係数を小さくするため PTFE を貼り付けたものが多くなっている．また，案内面油にも摩擦係数が小さいことが望まれる．PTFE を使用した案内面においても添加剤が摩擦係数に大きく影響を及ぼすことが明らかであり，その例を図 1.3.14 に示す[63]．

混合潤滑および境界潤滑領域ではスティックスリップ現象がしばしば問題となる．この現象は駆動中

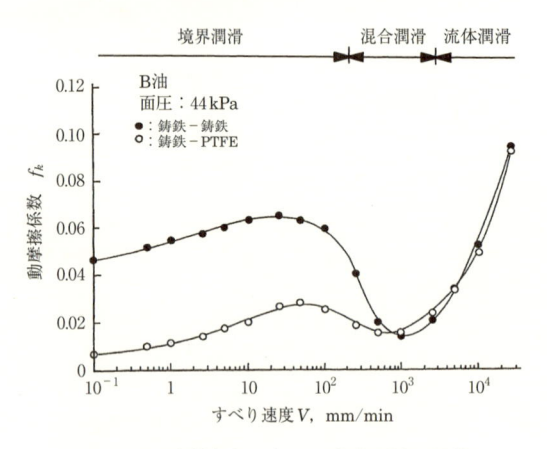

図 1.3.13　摩擦係数に与える案内面材の影響
〔出典：文献 63）〕

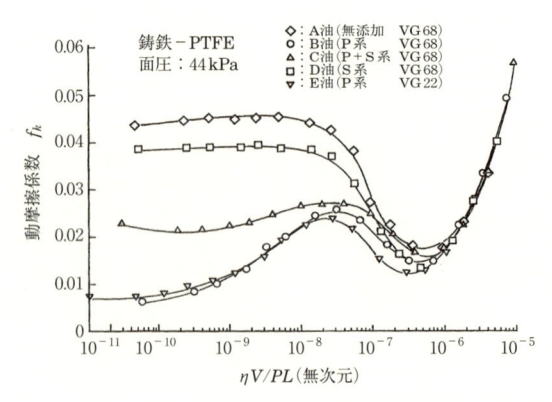

図 1.3.14　摩擦係数に与える添加剤の影響
〔出典：文献 63）〕

にテーブルの速度が変化する振動現象であり，加工精度を悪化させる．極低速ではテーブルが完全に停止するためにのこ刃状の振動波形となって現われ，速度が速い場合にはなめらかな正弦状の振動波形となって現われる[66]．スティックスリップは摩擦係数の速度勾配（$d\mu/dV$）が負で，かつ大きい場合に生じることが知られている[67]．混合潤滑領域では必ず負勾配となるため（図1.3.13参照），極力勾配を小さくする必要があり，そのために案内面油には摩擦係数が小さいことが望まれる．また，境界潤滑領域においては正勾配となることが望まれる．通常はそのために案内面油には強い吸着力をもつ油性剤が添加されている．

表1.3.25に示すように，すべり案内面油はJIS B 6016にて規格化されており，すべり案内面専用油と油圧兼用油に分類されている．いずれも粘度グレードのみの規定であり，定量的な性能については規定されていない．また，案内面油の摩擦特性の評価法については規格化されたものはなく，潤滑油メーカーや工作機械メーカーおよび大学等にて独自の試験装置と方法によって評価されているのが実状である．また，位置決め精度の評価法はJIS B 6201に規定されている．

最近，自動化・省力化時の安全確保や消防法上の規制から，加工油に水溶性タイプが多く使用されるようになった．案内面油と加工油が相互に混入することは工作機械の構造上避けられない．混入により水溶性加工油の乳化バランスが変化すると，腐敗や加工性の低下といった問題が発生する．また，案内面では摩擦係数の増大やオイルステインの発生，面の摩耗などの問題が発生する．油圧兼用油の場合には粘着スラッジの発生による案内面や電磁弁等駆動部の動作不良の原因となる．したがって，油剤選定には加工油と案内面油の適合性を考慮する必要がある．また，油圧兼用油には酸化防止性や消泡性，ポンプの高面圧部での摩耗防止性や焼付き防止性などが考慮されている．

現在，工作機械はますます高精度，高速化が進められており，案内面でのさらなる摩擦低減やテーブルの浮上がり防止が必要となっている．そのためにすべり案内から転がり案内への転換が増えている．同一案内面油を用いた場合，転がり案内ではPTFE製すべり案内に比べ，摩擦係数が約1/5になるとの実験結果が示されている[68]．転がり案内の潤滑にはグリースを使用されることが多いが，発熱防止の狙いから油潤滑も増えている．案内面油を転がり案内に使用する場合には，疲労防止性やフレッチング摩耗防止性が要求される．

（6）ギヤ油，トラクション油

工業用ギヤ油は，各種産業用歯車装置に使用される潤滑油である．産業機械に使用される歯車は，形式，寸法も多種多様で，かつ荷重，速度，油温などの使用条件や給油方法もそれぞれ異なるため，使用条件に応じた工業用ギヤ油が必要である．

a. 工業用ギヤ油の分類

JIS K 2219-1993では，工業用1種と工業用2種に分類し，前者は一般機械の比較的軽荷重ギヤを対象とし，鉱油に酸化防止剤，さび止め剤を添加したR&Oタイプ油であり，後者は一般機械，圧延機などの中，高荷重ギヤを対象とした極圧剤を添加した油である．

ISOギヤ油規格は，工業用密閉歯車のみを対象と

表1.3.25 JIS B 6016（工作機械―潤滑通側）より抜粋

名称	用途	特性	記号	動粘度, mm²/s (@40℃)			備考
				中心値	最小値	最大値	
すべり面潤滑油	すべり面	油性，付着性およびスティックスリップ防止性をもつ精製鉱油	G 32 G 68 G 100 G 150 G 220 G 320	32 68 100 150 220 320	28.8 61.2 90.0 135 198 288	35.2 74.8 110 165 242 352	親ねじ，送りねじ，カムなど間欠運動をするクラッチや軽負荷ウォーム歯車のような全てのすべり部品に使用できる．
油圧作動油	油圧，すべり面兼用	HMタイプにスティックスリップ防止性を付加した精製鉱油	HG 32 HG 68	32 68	28.8 61.2	35.2 74.8	

表1.3.26　ISO工業用密閉歯車油規格の要求品質（案）

ISOカテゴリー		CKB	CKC	CKD	CKE	CKS	CKT
運転条件	荷重[*1] 油温	軽荷重	高荷重 −16〜+100℃	高荷重 +100〜+120℃	高摩擦歯車（ウォーム等）	軽荷重 <−16℃ >+120℃	高荷重 <−16℃ >+120℃
基油		鉱油	鉱油	—[*2]	—[*2]	—[*2]	—[*2]
熱，酸化安定性		○	○	◎	○	○	○
防錆，防食性		○	○	○	○	○	○
消泡性		○	○	○	○	○	○
極圧性・耐摩耗性			◎	○			○
耐摩擦特性						○	○
低摩擦係数					○		

[*1] 軽荷重：接触面圧 500 MPa>，歯面最大速度<ピッチライン速度の1/3
　　高荷重：接触面圧 500 MPa<，歯面最大速度>ピッチライン速度の1/3
[*2] 特に規定せず

し，制定間近にある．ISO規格（案）の品質概要を表1.3.26に示す[69]．鉱油を使用する汎用油（CKB, CKC）と特に使用温度が極低温・極高温を対象とする専用油（CKD, CKS, CKT）に大別され，後者は特殊鉱油や合成油が対象となる．また，ウォームギヤ油（CKE）も同時に規定される．

米国歯車製造業協会（AGMA, American Gear Manufactureres Association）は1995年，従来の密閉歯車用油規格 AGMA 250.04 および開放歯車用規格 250.02 を単一の規格 AGMA 9005-D 95 に改制した[70]．基本的な内容変更はないが，粘度推奨方法やギヤ油選定指針は実用に即した内容となった．ギヤ油分類は従来同様，(1)鉱油系 R&O タイプ油，(2)コンパウンドタイプ油，(3)EP タイプ油，(4)合成油，(5)残渣コンパウンド希釈タイプ油，(6)特殊コンパウンド/グリース，の6種である．

b. 工業用ギヤ油の粘度分類

工業用ギヤ油の粘度分類は ISO 粘度グレード（ISO VG）No. で行なわれる．AGMA は独自の粘度分類を定めており，自動車用潤滑油の粘度分類（SAE No.）と併せ，表1.3.27に示す．

c. 工業用ギヤ油に要求される性能

密閉歯車用ギヤ油に要求される性状，性能項目は(1)適性粘度，(2)低温流動性，(3)耐荷重能，(4)熱・酸化安定性，(5)抗乳化性，(6)さび止め性，(7)腐食防止性，(8)消泡性，(9)低摩擦係数（省エネルギー性），などである．

開放歯車用ギヤ油に要求される性状，性能項目は，使用条件，給油方法・条件などから(1)高粘度，(2)粘着性，(3)耐摩耗性，(4)撥水性，(5)低温時の油膜の靱性，(6)耐はく離性，などである．

工業用ギヤ油の要求規格例を表1.3.28に示す．US Steel 規格は鉄鋼圧延設備用油であり，耐荷重能，酸化安定性，抗乳化性，腐食防止性を重視している．AGMA 9005 は US Steel 224 を反映した要求となっている．

d. 工業用ギヤ油の組成，性能

R&O タイプギヤ油は鉱油に酸化防止剤，防錆剤を添加したもので，通常，軸受油や油圧作動油などが転用される．

EP タイプ油は極圧剤を添加し，耐焼付き性，耐摩耗性を向上したギヤ油である．極圧剤は，以前は有機鉛系，塩素系化合物などが用いられたが，耐熱性に劣ることや環境問題から使用されなくなり，現在は，硫黄系，リン系化合物が一般的である．また，省エネルギー性から，低摩擦係数油として有機モリブデン化合物や固体潤滑剤のグラファイト添加油も使用される．ホウ素化合物を添加し，耐荷重能を向上させた油もある．

コンパウンドタイプ油は，ウォームギヤ材質のリン青銅に適合するように，脂肪油や油脂系の油性剤を配合した低摩擦係数油である．基油に合成油（合成炭化水素系，エステル系，ポリグリコール系など）を用いたものも高効率油として使用されている．

ギヤ油の耐荷重能はその粘度および極圧剤タイプ・量に依存し，その評価は，以前はチムケン試験が一般的であったが，近年は FZG 歯車試験が耐摩

第1章 潤滑油

表1.3.27 工業用ギヤ油の粘度分類

ISO VG	粘度範囲(@40℃), mm²/s	AGMA No.	相当SAE No. エンジン油	相当SAE No. ギヤ油
22	19.8〜24.2	—	5 W	—
32	28.8〜35.2	0	10 W	75 W
46	41.4〜50.6	1	15 W	—
68	61.2〜74.8	2	5 W-30, 20-20 W	80 W
100	90〜110	3	10 W-40, 30	85 W
150	135〜165	4	20 W-50, 40	80 W-90
220	198〜242	5	50	90
320	288〜352	6	60	—
460	414〜506	7	—	140
680	612〜748	8	—	—
1000	900〜1 100	8 A	—	250
1500	1 350〜1 650	9	—	—
—	2 880〜3 520	10	—	—
—	4 140〜5 060	11	—	—
—	6 120〜7 480	12	—	—
—	(@100℃) 190〜 220	13	—	—
—	428.5〜 857	14	—	—
—	857〜1 714	15	—	—

表1.3.28 工業用ギヤ油の要求規格例

項目	試験法	US Steel 224	AGMA 9005 (5 EP)	AGMA 250.04 (5 EP)	ISO/DIS 12925-1 (CKC/VG 220)
酸化安定性					
粘度増加, %	ASTM D 2893	—	—	10以下	6以下
粘度増加, %	USS S-200	6以下	6以下	—	—
抗乳化性	ASTM D 2711				
油中水分, %	(水 90 ml)	2以下	2以下	1以下	2以下
分離水分, ml		80以上	80以上	60以上	80以上
エマルション, ml		1以下	1以下	2以下	1以下
さび止め性能	ASTM D 665				
A（蒸留水）法		合格	—	合格	合格
B（人工海水）法		合格	合格	—	合格
泡立ち性, ml （泡立ち度/泡安定度）	ASTM D 892				
Seq. I 24℃		—	75/10	75/10	100/10
Seq. II 93.5℃		—	75/10	75/10	100/10
Seq. III 93.5℃ 後24℃		—	75/10	75/10	100/10
銅板腐食	ASTM D 130	1 B以下	1 B以下	1以下	1以下
チムケンOK荷重　lb	ASTM D 2782	60以上	60以上	60以上	—
四球試験	ASTMD 2783				
融着荷重, N(kgf)		2452(250)以上	—	—	—
摩耗指数, N(kgf)		441(45) 以上	—	—	—
四球試験　摩耗痕, mm	USS S-205	0.35	—	—	—
FZG合格荷重ステージ	A/8.3/90	11以上	11以上	11以上	11以上

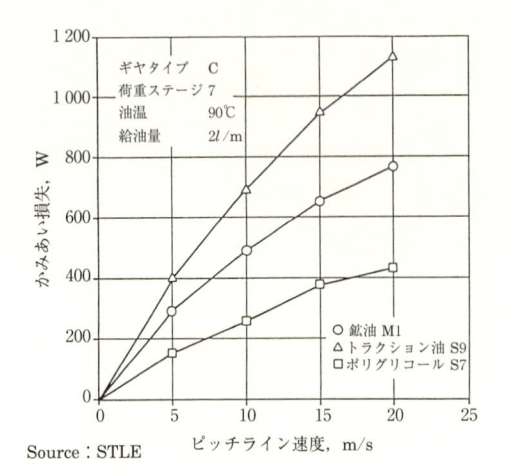

図 1.3.15 歯車のかくはん損失〔出典：文献 71)〕

耗性，耐スコーリング性などの実用特性評価に適していることから広く採用されている．IAE歯車試験も高速歯車の耐スコーリング性評価に用いられている．歯車の損傷で最も多いピッチング発生は，油膜形成能に係わる粘度の大小および極圧剤の種類の影響を受けるが，不明な点が多い．

ギヤ油の粘度はかくはん損失に，基油の組成・種類はかみあい損失に影響する．図 1.3.15[71)] は基油の種類とかみあい損失の関係である．

ギヤ油の熱，酸化劣化は，粘度増加や極圧剤の熱分解や重合によるスラッジ・デポジット生成を引き起こし，油寿命，抗乳化性および潤滑性の低下，軸受やシールの損傷，フィルタの閉塞などの問題を生じることがある．ギヤ油に水分が混入すると，潤滑不良，スコーリング，腐食，乳状スラッジの発生による粘度増加などの原因ともなる．

e. 産業用トラクション油

産業用トラクション油は各種産業機械のトラクションドライブ形無段変速機あるいは増・減速機に使用する．通常の潤滑油に比べ，トラクション係数の高い油が使用され，ナフテン系鉱油，ある種の合成炭化水素系油などが適合する．

トラクション係数は油の組成，分子構造に依存し，荷重（面圧），速度，温度などの影響を受け，特に温度による変化が大きい．図 1.3.16[72)] は各種潤滑油のトラクション係数-温度特性である．図中，No. 1～8 がトラクション油として使用され，No. 5～8 レベル油が産業用油として広く使用されている．

（7）圧縮機・真空ポンプ油

圧縮機油および真空ポンプ油は往復運動や回転運動を応用して，ガスを圧縮または排除する機械に使用する潤滑油である．圧縮機は構造により容積型とターボ型に分けられ，さらに容積型は往復動式と回転式に，またターボ型は軸流式と遠心式に分類される．さらに圧縮ガスの種類により空気圧縮機とガス圧縮機に大別される．容積型圧縮機は圧縮ガスと潤

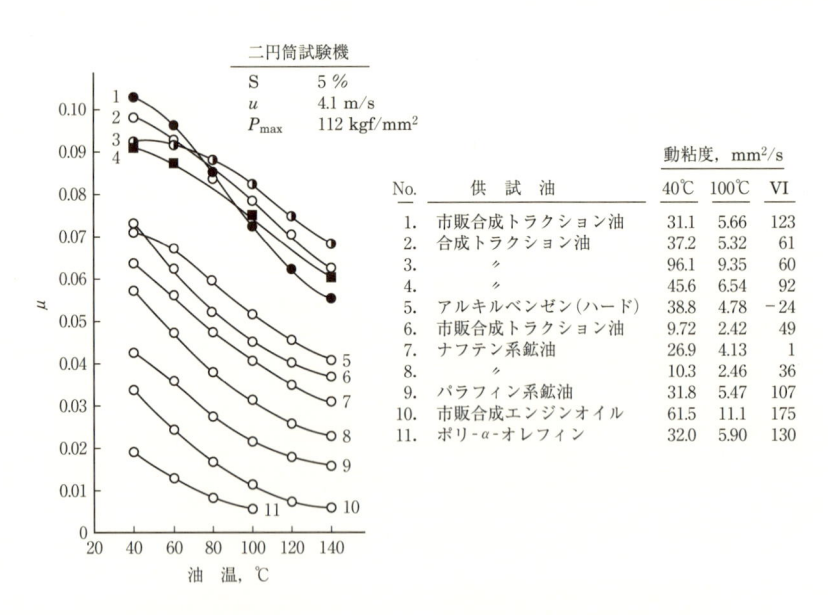

図 1.3.16 各種潤滑油のトラクション係数-温度特性〔出典：文献 72)〕

No.	供試油	動粘度，mm²/s 40℃	100℃	VI
1.	市販合成トラクション油	31.1	5.66	123
2.	合成トラクション油	37.2	5.32	61
3.	〃	96.1	9.35	60
4.	〃	45.6	6.54	92
5.	アルキルベンゼン（ハード）	38.8	4.78	−24
6.	市販合成トラクション油	9.72	2.42	49
7.	ナフテン系鉱油	26.9	4.13	1
8.	〃	10.3	2.46	36
9.	パラフィン系鉱油	31.8	5.47	107
10.	市販合成エンジンオイル	61.5	11.1	175
11.	ポリ-α-オレフィン	32.0	5.90	130

表 1.3.29 圧縮機の分類と潤滑油
〔出典：文献 73)〕

圧縮機			潤滑油
容積型	往復動式		往復動式圧縮機専用油（ガス，空気）
	回転式	スクリュー	回転式圧縮機専用油（ガス，空気）
		ベーン	同 上
		スクロール	同 上
ターボ型	軸流式		タービン油，軸受油
	遠心式		タービン油，軸受油

滑油が高圧・高温で直接接触するため，耐ガス対策を施した専用油が広く使用されている[73,74]．表1.3.29 に示すように，その専用油として空気圧縮機油とガス圧縮機油が開発されているが，圧縮機油といえば一般に使用量が多い空気圧縮機油を指すことが多い．往復動空気圧縮機と回転式空気圧縮機とは潤滑条件や要求特性が大きく異なるので，それぞれの専用油が使用されている．ターボ型圧縮機は圧縮ガスと潤滑油が接触しないので，添加タービン油や軸受油が使用される[73]．

空気およびガス圧縮機油および真空ポンプ油のJIS 規格や ASTM 規格は制定されていないが，ISO では機種，運転条件等により使い分けるために圧縮機油，真空ポンプ油を規格化する方向にある[75~77]．

a. 往復動空気圧縮機油

往復動空気圧縮機油はシリンダ部を潤滑するもの（内部油）とクランクケース部を潤滑するもの（外部油）に分けられる．内部油はピストンとシリンダのしゅう動部やバルブなどの潤滑や圧縮空気の密封作用する．外部油はクランクピン，軸受，クロスヘッドガイドシューなどの潤滑，冷却，防錆等の役割を果す．潤滑油は大型圧縮機では内部油と外部油を使い分けているが，小型圧縮機では内部油を兼用している．この圧縮機油で最も特有で，問題になる現象は内部油がシリンダ内の高温（200 度以上）・高圧の空気とともにミスト化し，高温の吐出弁，吐出配管などにカーボン状物質が堆積し，これが原因で火災，爆発事故を起こすことである．そこで圧縮機油は油の劣化生成物であるカーボン生成能が最も重視される．その他適正な粘度，酸化安定性，防錆性等の性能も必要である[74]．油のカーボン生成傾向をラボ的に評価する方法として薄膜残渣法，熱分析法等が広く採用されているが，ISO 規格では 2 種類の方法を規定している[75]．一つは蒸留で 80％ 留出させた残油の残留炭素分を測定する方法であり，もう一つは酸化鉄の存在下で空気を通して酸化させた油の残留炭素分を測定する方法である．圧縮機油は生成するカーボンが軟らかく，はく離しやすい性質をもつナフテン系基油に酸化防止剤，防錆剤，消泡剤などを配合している．現在では良質なナフテン系基油が得にくいことから，パラフィン系基油にスラッジ析出の防止能をもつ清浄分散剤を配合して使用することが多い．しかし圧縮機が求める高温におけるカーボン生成防止能は基油自身の熱・酸化反応に関係するので，鉱油系では限界がある．安全性の向上とメンテナンスフリーの観点から，従来の鉱油系から合成油が使用されはじめている．合成油としては低カーボン生成量，熱・酸化安定性，安全性などの点からトリメリット酸エステル，フタル酸エステルなどの芳香族エステル，アルキルベンゼンが用いられる．

ISO では往復動空気圧縮機油として吐出圧力，温度，運転方法により，それぞれ DAA（軽負荷），DAB（中負荷），DAC（重負荷）の 3 種類に分類し，その油を規定している[75]．なお大型圧縮機でピストンリングにフッ素樹脂等を用いた無給油式が多くなってきている．

b. 回転式圧縮機油

回転式圧縮機にはスクリュー式，ベーン式，スクロール式などがあるが，スクリュー式が圧倒的に多い．スクリュー式は往復動空気圧縮機と比較して，脈動，騒音，振動，据付け面積，省エネルギー，メンテナンスの点で優位に立ち，伸長しつつある[78]．

回転式圧縮機は雄雌のスクリューロータの回転により空気を圧縮するもので，潤滑油はロータとロータの間の密封，圧縮熱で高温になった圧縮空気の冷却および軸受の潤滑を行なう．潤滑油は圧縮機で高温，高圧の圧縮空気にミスト状で混合され，油分離機のミストフィルタにより補集されて圧縮空気から分離され，冷却器，フィルタを経て，圧縮機に戻る．この圧縮機油は圧縮工程で高温の圧縮空気とミスト状で接触して，圧縮熱を奪って 70～90℃ の高温になる．そのため圧縮機油は酸化・劣化してスラッジの生成，寿命の低下が他の潤滑油に比べて著しく大きくなる．そこで圧縮機油は酸化安定性を重視し，適当な粘度，良好な水分離性，さび止め性をもつ専用油が使用されている[73,74]．専用油は水素化精

製鉱油に高温用の酸化防止剤，防錆剤，消泡剤を配合している．専用油は機種や形式，運転条件によって異なるが，その定期交換サイクルは3 000～6 000時間である．最近の油冷式スクリュー圧縮機はオイルタンクやオイルクーラの小型化，パッケージ化，空冷化，高圧化，クリーンエア化，油回収器での油中の水の抜取り作業の廃止（水分凝縮防止装置の採用による露点以上の運転）などの装置の改善が進んだ結果，油温の上昇，油消費量の減少，休息時間の短縮などによって油の負荷が高くなる傾向にある．一方メンテナンスフリー化のため，定期交換サイクルの延長が進んできている[78]．そこで耐熱性と長寿命性に優れた合成系専用油が使用されはじめている．合成油は酸化安定性，耐スラッジ性および水分離性に優れたポリ-α-オレフィン，アルキルナフタレン，ジエステル，ヒンダードエステルが使用され，ポリ-α-オレフィンを基油とした合成系圧縮機油に比べ，3倍以上の酸化寿命を有しており，更油期間が12 000～24 000時間に延長されている[74]．

回転圧縮機油も往復動圧縮機油同様にISOで規格化されている．表1.3.30に示すように吐出圧力，温度，運転方法により，それぞれDAG（軽負荷），DAH（中負荷），DAJ（重負荷）の3種類を規定し，DAG，DAHは基本的には鉱油を，DAJは合成油を用いる[75]．

表1.3.30　回転式空気圧縮機油のISO規格
〔出典：文献75)〕

区分	記号	運転状態	
		吐出圧力, MPa	吐出温度, ℃
軽負荷	DAG	<0.78	<90
中負荷	DAH	① <0.78 ② 0.78～1.47	100～110 <100
重負荷	DAJ	① <0.78 ② 0.78～1.47 ③ >1.47	>100 ≧100 —

c. ガス圧縮機油

ガス圧縮機油は空気圧縮とは異なり油の酸化劣化が問題とならず，圧縮ガスの種類の影響を受ける．圧縮ガスの潤滑油への反応性，腐食性，溶解性の度合で，表1.3.31に示すように化学的不活性ガス，活性ガスおよび炭化水素に分類される[79]．

窒素，水素，一酸化炭素等の不活性ガス用ガス圧縮機油は一般に高圧で使用され，比較的粘度が高い

表1.3.31　潤滑油への影響の違いによる圧縮ガスの分類
〔出典：文献79)〕

不活性ガス	炭化水素ガス	化学的活性ガス
窒素	天然ガス	酸素
水素	都市ガス	塩素
ヘリウム	精製ガス	炭酸ガス
	C_1～C_4炭化水素	硫化水素
		二酸化硫黄

Reprint from V. Stepina: Tribology Series 23, © 1992, pp.493, permission from Elsevier Science.

パラフィン系油が用いられている．内部油がガス中に混入しても，触媒の活性低下，圧縮ガスの汚染を引き起こさない硫黄，リンなど含まない基油および添加剤が使用される．

石油精製，石油化学で使用される炭化水素用圧縮機の場合，エチレン，LPG，天然ガス等のガスが常温・常圧付近で液化したり，潤滑油中に溶解・希釈したり，潤滑油を洗い流したりする．またガス中に存在する不安定な化合物は不溶性物質を作ってスラッジ化する場合もある．このような現象は圧縮機各部の潤滑を阻害し，摩耗の増加や焼付きの原因になる．潤滑油は粘度の高い精製鉱油，ポリ-α-オレフィン，ポリブテン，ポリアルキレングリコールが使用される．

塩素，硫化水素，二酸化硫黄，炭酸ガスなどのガス圧縮の場合には潤滑油に対する反応性，腐食性を考慮する必要がある．圧縮機油はしゅう動面や軸受部分を潤滑するとともに，特に腐食やさびから機器（吐出弁，ピストンリング等）を保護する性能が必要なため，基油に酸中和能をもつ清浄分散剤，さび止め剤，酸化防止剤等を配合する．ISO規格ではガスの種類で，ガス圧縮機油を規定している[77]．不活性ガスはDGA規格およびDGB規格を炭化水素ガスはDGC規格を，および活性ガスはDGD規格を規定している．DGA，DGB，DGCは基本的には鉱油を，DAJは合成油，例えばフルオロカーボン油，シリコーン油が使用される．

d. 真空ポンプ油

真空ポンプ油，特に油回転ポンプ油では各部のシール，潤滑および排気の役割をもち，また油と吸引ガスは常時接触する．真空ポンプの種類，排気するガス，真空の汚染度，真空度によって使用される真空ポンプ油は異なる．真空ポンプ油は（1）蒸気圧が低い，（2）耐排気ガス特性をもつ，（3）水分離性が良い，（4）耐熱性が良い，（5）潤滑性が良い，（6）

膨張弁
ワックス・コンタミ成分の溶解力
低吸湿性

エバポレータ（蒸発器）
低温流動性
冷媒との相溶性
ワックス・コンタミ成分の溶解力
低吸湿性

コンデンサ（凝縮器）
冷媒との相溶性

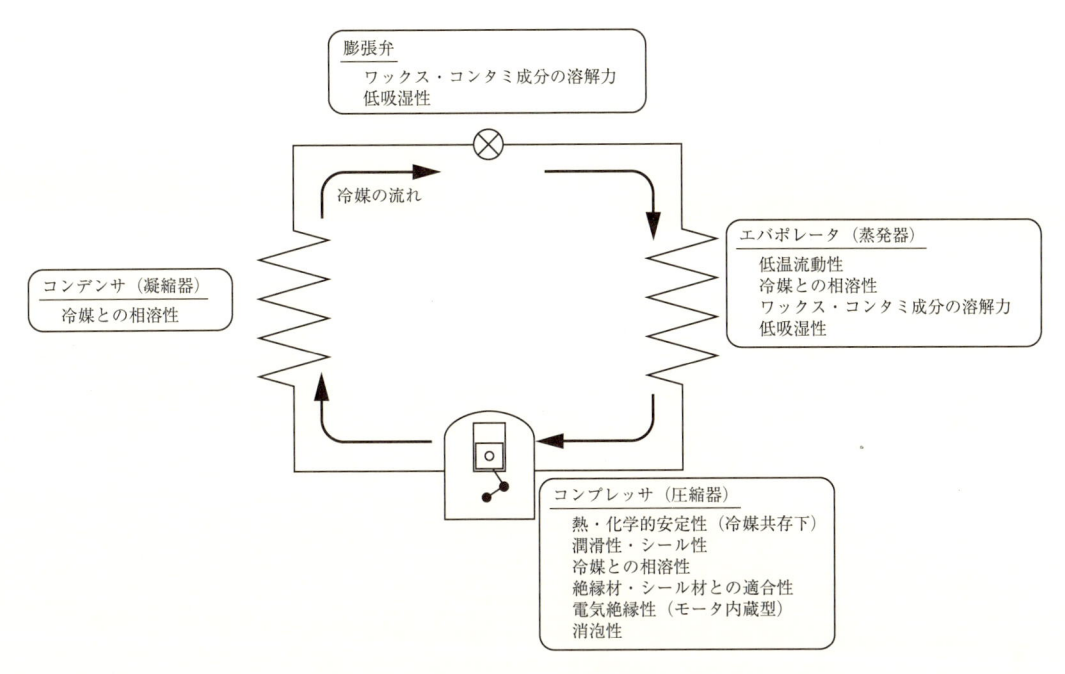

コンプレッサ（圧縮器）
熱・化学的安定性（冷媒共存下）
潤滑性・シール性
冷媒との相溶性
絶縁材・シール材との適合性
電気絶縁性（モータ内蔵型）
消泡性

図1.3.17 冷凍サイクルと冷凍機油の要求性能

粘度指数が高いなどの性質が要求される[80]．鉱油系以外に合成基油としてアルキルナフタレン，アルキルジフェニルエーテル，フッ化油が使われている．半導体製造に多く使用される活性ガスを吸引する場合は活性ガスと反応しないフッ化油が使われることが多い．

（8）冷凍機油

冷凍機油は，冷蔵庫，エアコンなど，冷凍機と呼ばれる装置の冷媒用コンプレッサ（圧縮機）の潤滑，シール，冷却を担う潤滑油である．冷凍機はコンプレッサで冷媒を圧縮した後，コンデンサ（凝縮器）で高温高圧の液冷媒とし，膨張弁（キャピラリと呼ばれる細管が使用される場合もある）を介し，エバポレータ（蒸発器）で冷媒が蒸発する際に外部から熱を奪うことによって「冷却」する機器である．蒸発器を出た後，冷媒は再び圧縮機で圧縮され冷凍サイクルを循環する．冷凍機油は圧縮機で使用されることを目的とした潤滑油であり，常に冷媒と共存することが他の潤滑油と大きく異なる点である．また，わずかな量ではあるが，一部が冷媒とともに冷凍サイクル内に吐出されることに起因する特殊な性能も要求される．冷凍機油の性能で特に重視されるものとしては幅広い温度での安定性，低温での流動性，冷媒と互いに溶け合う性質（相溶性）が挙げられる[81,83]．冷凍サイクルと各要所で必要となる冷凍機油の性能を図1.3.17にまとめた．

コンプレッサでは冷媒が高温，高圧に圧縮されるため，冷凍機油も高温での安定性が求められる．圧縮機によっては吐出温度が100℃を越える場合もある．一方冷媒とともに吐出されたわずかな冷凍機油は，冷媒とともに冷凍サイクルを循環し，蒸発器で冷媒の蒸発温度まで冷却されるため，その温度においても凝固せずに流動性が確保されることが求められる．例えば電気冷蔵庫の冷凍機油は流動点が－30℃より低いことが求められる．冷媒と冷凍機油が十分な相溶性をもっていれば，冷媒の希釈により流動性が確保されるため，凝縮器，蒸発器，キャピラリ内壁に冷凍機油が滞留することで発生する熱効率の低下，キャピラリのつまりを防止できる．また冷凍機油は容易にコンプレッサに自動返油され，コンプレッサ内の冷凍機油の減少による潤滑不良も回避される．しかしながら，冷媒と冷凍機油は全ての温度において完全に溶け合っているわけではなく，冷媒と冷凍機油の割合によってはある温度範囲において冷媒と冷凍機油が分離する現象が起こる（二層分離）[81,82]．一般には低温において二層分離現

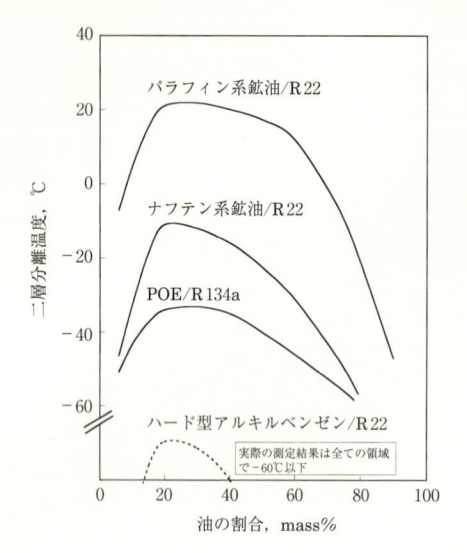

図1.3.18 各種冷凍機油の二層分離温度（いずれも曲線の上側では均一に溶解，下側では二層分離となる．冷凍機油の粘度はいずれも VG 32） 〔出典：文献81）〕

象が発生するため冷凍機油は冷媒と二層分離を起こす温度（二層分離温度）が実使用条件より低いことが求められる．二層分離温度の一例を図1.3.18に示した．

他の要求性能として，冷蔵庫，空調用などモータ内蔵のコンプレッサ用冷凍機油には電気絶縁性が高いこと（一般に体積抵抗率で $10^{13}\Omega\cdot cm$ 以上必要とされている）と，モータの絶縁材として用いられている有機化合物との適合性が求められる．また，冷凍機油中に多量の水分が含まれていると，冷凍機内で低温になる部位で氷結し，冷凍機器の動作不良，効率低下の原因となるほか，冷凍機油の劣化の原因ともなるため，油中の水分はできるだけ少ないことが望ましい．

粘度は冷媒の種類や冷凍機の種類，大きさなどで使い分けられ，一般に冷蔵庫用は40℃で10〜32 mm^2/s，空調用は32〜68 mm^2/s が用いられる．カーエアコン用には100℃で10〜20 mm^2/s の油が用いられる．産業用などの用途には40℃の粘度が100 mm^2/s 以上が適用される場合もある．

従来，冷凍機油にはナフテン系鉱油，深冷脱ろう処理を施したパラフィン系鉱油，アルキルベンゼンが使用されていたが，オゾン層保護のため，冷媒が塩素含有フロンから非塩素系フロンに切り替わるのに伴い，冷凍機油のベースオイルも合成潤滑油中心に移り変わっている[82〜85]．非塩素系フロンは，従来使用されていた鉱油，アルキルベンゼンと相溶性がないためであり，非塩素系フロン冷媒に適した，すなわち相溶性のある冷凍機油として，ポリアルキレングリコール（PAG），ポリオールエステル（POE）[82〜84]，ポリエーテル化合物[25]などが提案されている．PAG はカーエアコン用に，POE は冷蔵庫用にそれぞれ適用され，空調用には POE，エーテル化合物などが使用される動きにある．PAG は電気絶縁性に乏しく，冷蔵庫や空調用などモータを内蔵するコンプレッサには適用できない．

非塩素系フロンと相溶性のある合成潤滑油は，一般に分子内に酸素原子を含む極性化合物である．このため，鉱油，アルキルベンゼンなどに比べ吸湿性が高く，保管，使用の際には十分な水分管理が必要である．

1.3.4 金属加工用潤滑油剤
（1）概 論

金属を加工する方法には，切削や研削のような除去を伴う除去加工から圧延，プレス，鍛造，引抜き，押出しをはじめとする成形加工の非除去加工まで数多くの加工法がある．それぞれ加工機構も著しく異なり，また，使用工具や加工物の材質，形状も異なるのでそれぞれに適応した潤滑剤が要求される．冷間での加工から温間や熱間領域での加工まで幅広く，加工温度も潤滑剤選択に当たっては重要な要因となる．加工方法・条件によって要求される諸条件に適合するよう目的に合わせいろいろな形態の異なる潤滑剤が実用化されている．鉱物油，各種油脂あるいは合成油を基油に，油性剤，極圧剤等が配合された油剤，さらに過酷な条件の加工では黒鉛，二硫化モリブデン等の固体潤滑剤が添加された油剤が使用されることが多いが，固体潤滑や化成処理などの乾燥被膜で潤滑されることも行なわれる．また，冷却性や火災の観点から水溶液あるいはエマルションとして供されることも増加している．

環境問題に関連し，有害な重金属，塩素化合物等を含まない潤滑剤の要求，廃液処理性の向上やリサイクルの推進が進められている．また，作業環境の改善からミストの低減，黒色添加剤の除去の要求も出され，潤滑油剤からの対策も行なわれている．

以下，加工法ごとに，加工と潤滑剤について述べる．

(2) 切削と切削油剤

a. 切削加工[86～89]

切削加工とは，工具を用いて材料（被削材）の不要部分を機械的に破壊して除去し，必要とされる形状と寸法とを得る加工形態（除去加工）と定義される．溶融加工や成形加工などの非除去加工と比べて以下のような優れた特長を有している．

(1) 複雑な形状の加工が可能である
(2) 高精度な加工が可能である
(3) 多品種少量生産でも加工コストが低い
(4) あらゆる材料の加工が可能である

一口に切削加工といってもその種類は多く，単一切れ刃のバイトによる旋削加工だけをとっても，外周旋削，端面旋削，中ぐり，突切り，テーパ削りなどに細分される．複数の切れ刃をもつ多刃工具による穴あけ，フライス，エンドミル，歯切り，ブローチなどでは加工の複雑さはさらに増し，工具や工作機械によって切削形態はゆうに数十種を越えることになる．

b. 切削加工における摩擦と摩耗[90～92]

切削加工でしばしば問題となる摩擦は，工具のすくい面と切りくずとの間で生じる摩擦である．図1.3.19に，二次元切削モデルにおいて工具すくい面に発生する力の状態を示す．工具に加わる切削抵抗 R は図のような種々の力に分解され，それらの間には次の関係が成り立つ．ここで（接線応力 F）/（法線応力 N）がいわゆる摩擦係数に相当する．

$$\left.\begin{array}{l} F = F_c \cdot \sin\gamma + F_t \cdot \cos\gamma \\ N = F_c \cdot \cos\gamma + F_t \cdot \sin\gamma \end{array}\right\} \quad (1.3.1)$$

（F_c：主分力，F_t：背分力，γ：すくい角）

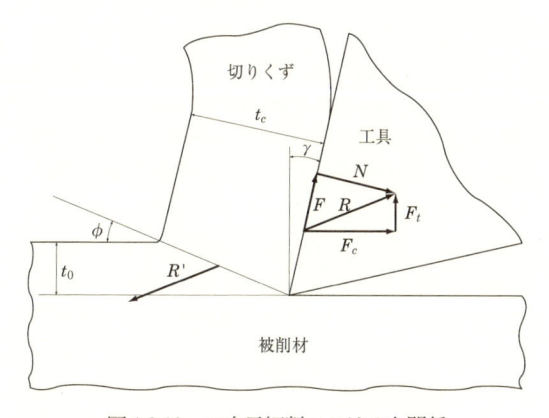

図1.3.19 二次元切削における力関係

通常，すくい面上での接線応力は法線応力とは比例関係になく（Amontonの法則に従わず），被削材の降伏応力に近い値を示す[93]．これは極めて活性な切りくず表面が工具すくい面と全面接触し，著しい溶着が起こっていることを示唆している[94,95]．工具と切りくずとの摩擦係数（摩擦角）をすくい角 γ とせん断角 ϕ とで表わせば[96,97]，その切削方程式から切削抵抗を近似的に求めることも可能である[98]．

このような摩擦によってすくい面上に生じる摩耗をクレータ摩耗と呼ぶ[99]．クレータ摩耗は流れ型の切りくずが排出される場合に顕著に発生する[100,101]．刃先付近のすくい面は凹形にくぼみ，刃先は次第に鋭利になっていく．そのため，見掛けのすくい角は増大することになるが，摩耗が深く進むと，刃先は強度低下と被削材への食込みによって欠損しやすくなる[102]．

一方，工具の逃げ面側では被削材との摩擦は刃先部分に集中する．仕上げ面に残るむしれや硬い粒子による引っかき，さらに圧力・温度凝着による摩耗などが集積し[103]，切れ刃の鈍化やチッピングが発生する．これらを逃げ面摩耗（フランク摩耗）と呼ぶ[104]．刃先が徐々に後退していくため，仕上げ精度に重大な影響を及ぼすことになる．

c. 切削油剤の働き[105～107]

切削加工の三大要素は工具，被削材そして工作機械である．切削の過程で生じる摩擦，摩耗あるいは熱の問題は，それらに大きな負担を与え，被削性を阻害する原因となる．これを比較的容易に，かつ経済的に解決する手段として用いられるのが切削油剤である．

切削油剤を使用する主な目的は，
(1) 加工精度の向上
(2) 切削力の低減
(3) 工具寿命の延長
(4) 加工能率の向上

などである．これらを達成するためには次のような働きが必要となる．

(i) 潤滑作用…被削材あるいは切りくずと工具との間に発生する摩擦や摩耗を軽減する．図1.3.20は工具すくい面における応力分布状態の一例である[108]．切削油剤を用いると切りくず接触長さ（摩擦応力が生じている刃先からの距離）が乾切削時の2/3程度となり，Amontonの法則が成り立たない

第1章 潤滑油

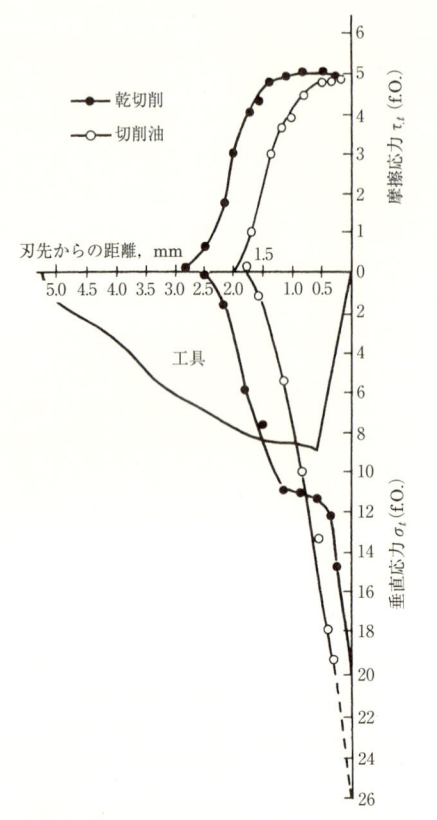

(iii) 冷却作用…切りくずのせん断部分で発生する塑性変形熱や工具表面で発生する摩擦熱は，工具の硬度低下をもたらし[110]，工具摩耗を促進する[111]。また，被削材を熱膨張させて仕上げ精度を低下させる。切削油剤は，これら切削熱の発生を抑えるとともに，発生した熱を除去する働きをする。摩擦熱の低減には前述の潤滑作用が大きく寄与している。

なお，切削油剤が上に述べた種々の効果を発揮するためには，油剤が切削点あるいは摩擦面に十分に供給されなければならない。油剤の侵入は，すきまが比較的広く面圧が低い工具逃げ面側，または切れ刃の側面からが一般には有利とされている[112]。高速切削の場合は，内部給油法などによって油剤を切削点近傍に高圧で吹き付けることが有効となる[113,114]。油剤は刃先に確実に供給されれば，ごく微量でも効果を発揮する[115]。特殊な例として，油剤成分が金属組織内部に浸透して被削材の可塑性を向上させるという報告もある[109,116]。

d. 切削油剤の種類と用途[105,106,117]

切削油剤は，原液のまま用いる不水溶性油剤と，水で希釈して用いる水溶性油剤とに大別される。

不水溶性油剤は基本的には鉱油をベースとし，極圧添加剤の有無および種類によって油性形，不活性極圧形，活性極圧形に分類される。それぞれ油性剤，不活性な塩素・硫黄系極圧添加剤，活性度の高い硫黄系極圧添加剤（あるいは硫化鉱油）などによって潤滑性や反溶着性が付与されている。仕上げ面を重視する加工や工具損傷の激しい加工には，活性形不水溶性油剤が優れた効果を発揮する。仕上げ面粗さのさらなる向上を図りたい場合には，活性度のより高い油剤が有効であるが[118]，活性硫黄分が過剰であると工具の腐食摩耗が発生することもあるため注意を要する[119]。各種の極圧添加剤の性能はその分子構造だけではなく[120]，基油の粘度[121]や分子量分布[122]などによっても大きく変化する。

水溶性油剤は希釈液の外観によって，乳白色のエマルション，透明もしくは半透明のソリュブル（マイクロエマルションと称されることもある），そして透明なソリューションとに分類される。水溶性油剤はいずれも冷却性が高い。エマルションは鉱油が多量に含まれて（乳化されて）いるため潤滑性も良好で，さらに極圧添加剤を加えることにより，従来は水溶性油剤が用いられていた重切削，例えば歯切り加工のような分野に対しても適用が可能とな

被削材：鉛
工具：エポキシ樹脂工具 (7, 0, 6, 0, 0, 0)
切削厚さ：0.81 mm
切削幅：4 mm
切削速度：18 mm/min
切削油剤：乾切削および不活性硫化油
二次元切削

図1.3.20 すくい面における応力分布状態
〔出典：文献108〕

金属間接触域（乾切削で刃先から$0.5 \sim 1.2$ mm程度までの部分）もほとんど消失している。なお，切削油剤はせん断角（ϕ）や切削比〔$= t_0/t_c = \sin\phi/\cos(\phi-\gamma)$〕を増大させ（図1.3.19参照），すくい面における摩擦係数を低減させることも知られている[109]。

(ii) 構成刃先の抑制作用（反溶着作用）…展延性に富む被削材を切削すると，ある切削（温度）条件下で切りくずの一部が加工硬化し，刃先付近に堆積して構成刃先となる。構成刃先は絶えず生成・脱落を繰り返し，切れ刃のチッピングや寸法精度の低下を招く。切削油剤は切りくずの溶着を防ぎ，構成刃先の形成を抑制する。

第1章 潤滑油

る[123]．ソリュブルは界面活性剤の働きによって浸透性と洗浄性が高く，またアミン類や無機塩が主体であるソリューションは消泡性が良好であるため，ともに主として研削加工に多用されている．

表1.3.32に各タイプの切削油剤の特性を相対比較で示す．これらの特性をもとに，被削材に対する腐食性などを十分に考慮したうえで，加工現場での要求を満たす油種を模索していくことが油剤選定のポイントとなる．

表1.3.33に主な加工で用いられる油剤の推奨例を示す．ここに挙げたものはあくまでも代表例であって，工具材質や切削条件によって適正油種は変化する．

最近では，切削油剤の選定に際して，一次性能（切削性能）以外に油剤管理や安全衛生に関わる項目が重視されるケースも増えている[124]．不水溶性油剤では廃油を焼却処理するときに有害物質を生成する塩素系極圧添加剤，水溶性油剤では河川や湖沼のCOD増大など水質汚濁の原因となる窒素系界面活性剤の使用の自粛が望まれている[125]．これらの化合物に代わり，スルホネート系化合物[126,127]や天然油脂など[128,129]，環境への負荷の少ない新たな潤滑（添加）剤の研究開発も鋭意続けられているが，それらの添加剤を加工システムの一因子としてどう扱い，切削性能を引き出していくかが今後の課題である．

現在多用されているエマルションは，工作機械周辺に油汚れを発生させることが多い．そのため，作業環境悪化の原因となりがちな鉱油を含まないソリュブルや，合成油を原料としたシンセティックタイ

表1.3.32 切削油剤の特性

種類 (JIS) 特性	不水溶性油剤			水溶性油剤		
	油性形 (1種)	不活性極圧形 (2種1〜6号)	活性極圧形 (2種11〜17号)	エマルション (W1種)	ソリュブル (W2種)	ソリューション (該当外)
潤滑性	○	◎	◎	○	△	△
反溶着性	○	◎	◎	△	△	△
冷却性	△	△	△	○	◎	◎
浸透性	◎	○	○	△	△	△
洗浄性	○	○	○	△	○	○
消泡性	◎	◎	◎	○	△	○
さび止め性	◎	◎	◎	△	○	○
耐腐敗性	—	—	—	△	○	◎
耐劣化性	◎	◎	◎	△	○	○
引火の危険性	有	有	有	無	無	無
作業性	△	△	△	○	○	◎
管理の難易	易	易	易	難	難	難

注 ◎：優れる ○：良好 △：劣る

表1.3.33 切削油剤の推奨例

加工 \ 被削材	炭素鋼	合金鋼	ステンレス鋼	鋳鉄	アルミ合金	銅合金
旋削	2, W1	2, W1	②, W1	2, W1	2, W1, W2	1, W1
正面フライス	2, W1	2, W1	②, W1	2, W1	2, W1	2, W1
エンドミル	2, W1	2, W1	W1	2, W1	W1	W1
ツイストドリル	2, W2, W外	2, W2, W外	②, W1, W外	2, W2, W外	2, W1	2
ガンドリル	②	②	②	2	2	2
リーマ	②, W1	②, W1	②	2, W2	2	2
タップ	②, W1	②, W1	②, W1	2, W2	2	2
ブローチ	②	②	②	②, W1	2, W1	W1
ホブ切り	2	2	②		2	
マシニングセンタ	2, W1, W外	②, W1, W外	②, W1, W外	2, W2, W外	2, W1	2, W1
自動機	2, W1	2, W1	②, W1	2, W2	2, W1	2

備考 1：JIS 1種，2：JIS 2種1〜6号，②：JIS 2種11〜17号
W1：JIS W1種，W2：JIS W2種，W外：JIS 該当外（ソリューション）

表1.3.34　トラブルシューティング

不具合事項	原因	対策例	
		不水溶性油剤	水溶性油剤
工具寿命の低下	摩耗	給油量を増量 極圧剤を添加 潤滑性の高い油剤に変更	給油量を増量 濃度アップ 極圧剤含有エマルションに変更
	腐食摩耗	活性形を不活性形に変更	
	チッピング	極圧剤を添加 活性度の高い油剤に変更	濃度アップ
	発熱	給油量を増量 潤滑性の高い油剤に変更 水溶性油剤に変更	給油量を増量 給油ノズルを改善
仕上げ面粗さの悪化	構成刃先	極圧剤を増量 不活性形を活性形に変更	極圧剤含有エマルションに変更
寸法精度不良	構成刃先	極圧剤を増量 不活性形を活性形に変更	極圧剤含有エマルションに変更
	熱膨張	給油量を増量 潤滑性の高い油剤に変更 水溶性油剤に変更	給油量を増量 給油ノズルを改善

プの水溶性油剤の開発も盛んである．従来のエマルションに匹敵する切削性能を発揮するものも増えており，マシニングセンタや自動機などで実用化が進んでいる．

e．切削油剤の管理[106,130]とトラブルシューティング[131,132]

切削油剤の初期性能を安定に維持しトラブルを防止するためには，適切な油剤管理が必要である．管理手法は油剤が使用される状況によっていくぶんか異なる．

不水溶性油剤で発生するトラブルの多くは一次性能に関わるものである．添加剤成分の損失や鉱油の酸化劣化（粘度増加）などが油剤の性能にどれほどの影響を及ぼすかは加工現場ごとに大きく異なっており，長期にわたる経験的対処が要求される．通常，水分の混入量が0.1％を越えると，切削性能の低下など何がしかのトラブルが発生することが多い．この他，機械油や切りくずなどの異物の混入防止と迅速な除去も重要である．

これに対して，水溶性油剤では腐敗やさびなどの二次性能上のトラブルが多く，これらは比較的明確な管理基準によって防止することができる．例えば，濃度は推奨値の±20％以内に維持し，生菌数は10^6個/ml以下（真菌では10^3個/ml）に抑えることである．希釈水の性状（全硬度やリン酸イオン濃度など）がトラブルの原因となることも多いので注意が必要である[133]．

このような日常の油剤管理を実施しても初期の性能を維持できなくなったときは，寿命と見なして適切な廃液処理を施さなければならない[134,135]．環境基準は年を追って厳しいものとなっている．従来の廃棄処理ではなく，再生利用を念頭においた処理方法に期待が寄せられている[136]．

切削加工で生じるトラブルの中には，不適切な油種選定あるいは使用法に起因するものも多い．表1.3.34に，主な一次性能上のトラブルと，その対策例を示す．

（3）研削およびその他の砥粒加工と油剤

a．研削加工[90,137,138]

研削加工とは，硬度の高い砥粒を結合剤で固めた砥石を高速で回転させて被削材を少しずつ削り取り，良好な仕上げ面粗さと加工精度を得るための加工法をいう．加工方式によって円筒研削，平面研削，内面研削，心なし研削，工具研削および，特殊研削に大別される．特殊研削には，ねじ研削や自由研削などが含まれる．研削加工は切削加工と比べ次のような特徴を有する．

（1）形状の異なる無数の硬い砥粒で切削する
（2）砥粒の切れ刃のすくい角は通常鈍角である
（3）砥粒の切れ刃に自生作用がある
（4）切削（研削）速度が極めて高い
（5）切込みが小さい

研削加工を上記のように特徴づける最大の要因は砥石である．砥石は図1.3.21[139]に示すように，切

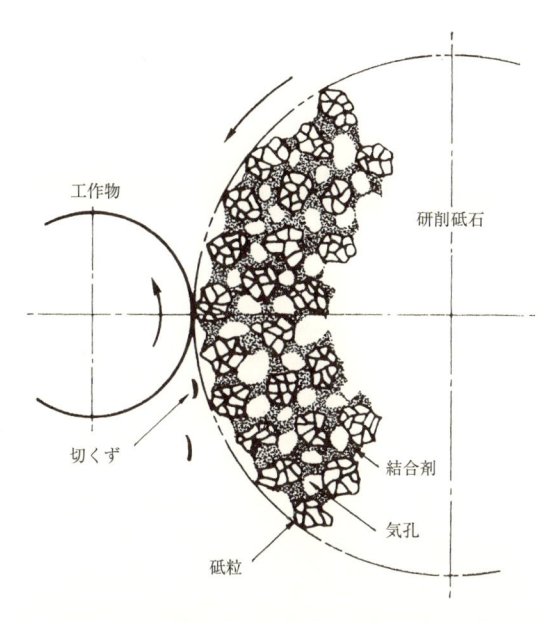

図 1.3.21 研削砥石の構成要素〔出典：文献 139)〕

れ刃としての砥粒，砥粒を保持する結合剤，そして切りくずの排出を助ける気孔の 3 要素から構成される．そして砥石としての性能は砥粒の材質，砥粒の大きさ（粒度），結合剤の材質，結合剤の保持力（結合度），および砥粒容積の割合（砥粒率）によって決定される．

b. 研削加工における摩擦と摩耗[90,137,138]

砥石の作用面にある鋭利な砥粒は加工時間とともに摩滅し，やがて大きな摩擦力（切削抵抗）によってへき開あるいは脱落する．しかし砥石作用面からは結合剤が直ちに除去されて新たな砥粒が露出するため，砥石の研削性能は回復する（自生発刃作用）．ただし，砥粒のへき開力や結合剤の砥粒保持力が摩擦力以上であると，砥粒の平滑化（目つぶれ）や切りくずづまり（目づまり）による焼けやびびりが発生する．また逆に，結合剤の保持力が小さすぎるような場合には，砥粒が異常に脱落（目こぼれ）して仕上げ面精度や研削比の低下をもたらす．

良好な加工を行なうためには研削条件や被削材の材質に応じて適切な砥石を選定することが第一である．使用中に研削性能が低下した場合には，ダイヤモンド工具などを用いてツルーイングやドレッシングを施し，切れ味の回復を図らねばならない[140]．

c. その他の砥粒加工[138,141,142]

固定砥粒を用いる加工法の中でも，研削加工のように強制的に切込みを与えるのではなく，適当な圧力で砥石を被削材に押し付けて加工を行なう方法として，ホーニング，超仕上げ，研磨布紙加工などが挙げられる．砥石（布）は複雑な回転・往復あるいは微小振動によって微小切込みの仕上げ加工を行なう．加工速度が遅く熱の発生が少ないため，加工変質層ができにくく，加工面の性状は良好になる．

このような固定砥粒加工に対して，細かい砥粒を液中に分散させ，自由な運動によって加工を行なうのが遊離砥粒加工である．ラッピングやポリシングは切・研削加工後の仕上げ面粗さを改善するのが目的であり，一方，バレル研磨や噴射（吹付け）加工は，ばり取りやつや出しなど主として表面性状を整えるために行なわれる．

硬い被削材と軟質粒子との接触点での化学反応を利用して研磨を行なうメカノケミカルポリシングでは，従来の機械的除去のみによるポリシングよりもさらに粗さの小さな鏡面を得ることができる[143]．磁性スラリーを用いた磁気研磨法[144~146]や，電気分解と砥粒加工を組み合わせた電解砥粒研磨法[147]なども実用化に期待が寄せられている．

d. 研削油剤の働き[105,106,148]

研削油剤を使用する目的は基本的には切削油剤の場合と同様であるが，研削加工の場合は特に発生熱と研削粉を効率良く除去する働きが求められる．

（i）潤滑作用…砥粒の摩耗を防ぎ，摩擦熱の発生を抑える．この働きは不水溶性油剤で優れており，特に極圧添加剤は研削粉の砥粒への溶着を防ぎ，砥石の目づまりを抑制することができる．ただし，潤滑作用は時として砥粒の上すべりを助長することがあるため，適度な潤滑性能を有する油剤を選定することが肝要である[149]．加工条件によっては水溶性油剤の方が良好な研削性能を示すこともある[150]．

（ii）冷却作用…研削加工では砥粒は大きな負のすくい角をもつため，切込み前の上すべりによって多量の摩擦熱が発生する．この摩擦熱と切削点での塑性変形熱の総和が研削熱となり，その大半が被削材へ流入する[151,152]．研削熱は研削焼けや研削割れの原因となり，また熱膨張による加工精度の低下をもたらす．水溶性油剤の優れた冷却性能は発生熱を効果的に除去するとともに，砥石に熱衝撃を与えて自生発刃の促進にも貢献する．

（iii）洗浄作用…研削加工で発生する切りくず（研削粉）は極めて微小であるため，砥石の目づまりを

表 1.3.35 研削油剤の推奨例

加工＼被削材	炭素鋼	合金鋼	ステンレス鋼	鋳鉄	アルミ合金
円筒研削	W2	W2	W2	W2, W外	W2
平面研削	W2	W2	W2	W2, W外	W2
内面研削	W2	W2	W2	W2, W外	W2
ホーニング	1, 2	1, 2	2, ②	2, W2	W2
研磨布紙	1, W外	1, W外	1, W外		
ラッピング	1	1	2, ②		

備考　1：JIS 1種，2：JIS 2種 1～6号，②：JIS 2種 11～17号
　　　W1：JIS W1種，W2：JIS W2種，W外：JIS該当外（ソリューション）

誘発して切れ味を低下させたり，工作機械に付着して作業環境の悪化をもたらしたりする．水溶性油剤の中でも特にソリュブルや，一部のソリューションなどに優れた浸透作用と洗浄作用が期待できる．

e. 研削油剤の種類と用途[105,106,148]

研削およびその他の砥粒加工に用いられる油剤は基本的には前節の切削油剤群から選ばれる．表 1.3.35 に主な加工に用いられる油剤の推奨例を示す．

種々の加工の中で最近注目されているいくつかの加工に対する研削油剤の適用例を以下に紹介する．

ドリルの溝研削に代表される工具研削などには，高切込み・低速送りのクリープフィード研削方式が用いられることが多い．研削面が広いため油剤が十分に供給されない部分では，大量の熱が被削材に流れ込み，焼けや硬度低下など工具材質として致命的な欠陥が生じることになる．不活性極圧形の不水溶性油剤を大量に供給するのが有効である．ただし，工具研削といっても，工具の再研削にはソリュブルが適用される．

鋳鉄ボンド砥石を用いた電解インプロセスドレッシング（ELID）研削法が，鏡面研削の新しい手法として脚光を浴びている[153]．このような加工には無機電解質を増量した導電性の高いソリューションが望ましい．

コンピュータの IC 基盤や太陽電池に用いられる単結晶シリコン材料のダイヤモンドブレードによる切断加工に対しては，旧来の軽質鉱油に代わってソリュブルが大半を占めるようになっている[154]．硬脆性材料の加工であるため，砥粒には高硬度ではあるが熱には弱いダイヤモンドが用いられることが多く，また被削材は微小な研削粉に脆性破壊するため，油剤には優れた冷却性と洗浄性が要求される．切断面のポリシング加工などにも水溶性油剤が用いられるが，砥粒の粒径がサブミクロンに達するため，油剤には砥粒の凝集を防ぐ解こう作用も要求される[155]．砥粒よりも大きな塵埃がわずかでも混入すると加工精度に大きな影響を与えることになるため，きょう雑物の少ない油剤を清浄なスペースで用いなければならない．

薄膜技術を応用した磁気抵抗（MR）ヘッドではメタル素子部に鉄やニッケルが用いられており，その腐食を防止するために，切断加工にもラッピングにも添加剤をあまり含まない軽質鉱油が用いられることが多い．油剤の揮発性が高いため，火災に対する十分な配慮が必要となる．

遊離砥粒を用いた加工では一般に熱の発生が少ないため，油剤には冷却性よりも潤滑性や洗浄性が求められる．マルチワイヤソーによる切断加工などでは砥粒の保持性も不可欠である．分散剤を含有し，適度な粘度を有する不水溶性油剤が適用される例が多い[156]．

f. 研削油剤の管理[106,157]とトラブルシューティング[105,158,159]

研削（砥粒）加工では，切削加工と比べて排出される切りくずが非常に微小で表面積が大きいため，長期の滞留による油剤成分の持出しや機械まわりの汚れが問題となる．マグネットセパレータや遠心分離機が優れた切りくず除去効果を発揮する．また加工中にミストが発生しやすいため，ミストコレクタなどの設置も環境対策上必要となる．ノンミストタイプの油剤を用いることも有効である．日常的な管理では切削油剤の場合とほぼ同様と考えてよい．

研削加工において発生する主な一次性能上のトラブルと，その対策例を表 1.3.36 に示す．トラブルの多くは表 1.3.34 に示した切削加工の場合と同様に，油剤の供給量を増やすことによってある程度解決できる．

高速で回転する砥石のまわりにはエアベルトと呼ばれる空気の層が形成され油剤の浸入を妨げるため，遮蔽板を設けたり[160]，ノズル形状を変えて油剤を巻き付けるように供給する[161]などの方策がとられている．油剤を高圧で吹き付ける高圧給油法[162]や，砥石の多孔質性と回転時の遠心力を利用して供給する通液給油法[163]，さらにクリープフィ

第1章 潤滑油

表1.3.36 トラブルシューティング

不具合事項	原因	対策例	
		不水溶性油剤	水溶性油剤
仕上げ面粗さの悪化	潤滑不良	潤滑性の高い油剤に変更	濃度アップ 潤滑性の高いソリュブルに変更
	油剤の汚れ	ろ過装置を改善	ろ過装置を改善
寸法精度不良	熱膨張	給油量を増量 水溶性油剤に変更	給油量を増量
焼け，割れ	砥石の目つぶれによる発熱	給油量を増量 給油ノズルを改善 潤滑性の高い油剤に変更	給油量を増量 給油ノズルを改善 潤滑性の高いソリュブルに変更
	砥石の目づまりによる発熱	給油量を増量 給油ノズルを改善	給油量を増量 給油ノズルを改善 潤滑性の高い油剤に変更
砥石寿命の低下	目つぶれ	給油量を増量 給油ノズルを改善 潤滑性の高い油剤に変更	給油量を増量 給油ノズルを改善 潤滑性の高いソリュブルに変更
	目づまり	給油量を増量 給油ノズルを改善	給油量を増量 給油ノズルを改善 浸透性の高い油剤に変更

ード研削などには砥石表面に通液溝を設ける手法[164〜166]も有効である．

なお，加工能率を向上させるための超高速研削では，油剤の粘性抵抗による動力損失も無視できなくなる[167]．その対策として，油剤の少量化を目的とした冷風研削手法[168]の応用も注目されている．

(4) 圧延油

a. 圧延加工

圧延油は圧延加工に用いられる潤滑油剤のことで，圧延加工とは，回転するロールで材料を連続的に圧下し，塑性変形させて必要とする断面形状を作る加工法のことをいう．例えばスラブ，ブルーム，ビレットといった鋳造鋼片から圧延加工を行なって，板，形材，管，棒，線などを作るプロセスは図1.3.22のようになる．圧延加工は，材料の再結晶温度以上で変形抵抗が小さいときに圧延する熱間圧延と，非常に薄い形状や表面精度を要求される薄板，精密管などを製造する冷間圧延とに分けられる．板圧延の場合には生産量も多く，その加工精度や形状の制御が古くから研究され，理論体系がほぼ確立されている．したがって，一般に圧延というと板圧延を示す場合が多い．以下，板圧延の概略について述べる．図1.3.23[169]において，材料速度とロールの周速が一致する点Nを中立点とすると，Nを挟んで逆方向に摩擦応力τが働く．材料の出側速度V_2がロール周速V_Rより進んでいる割合を先進率fと呼び，$f = (V_2 - V_R)/V_R = (1-\cos\phi)(2R\cos\phi/h_2 - 1)$で表わされる．このとき，摩擦係数$\mu$を考えると$\sin\phi = \{\sin\alpha + (\cos\alpha - 1)\mu\}/2$となり，例えばロールにけがききずを入れて圧延し，材料への転写から先進率を測定することにより摩擦係数の算出が可能となる．一方，材料がロールにかみ込まれるには$\mu > \tan\alpha$の条件が必要である．かみ込み角αが十分小さい場合は，$\mu > \sqrt{(h_1 - h_2)/R}$でかみ込み可能となる．図1.3.24[170]に示すように$h_0/2R$（相対板厚），および$C/2K_m$（相対ロール剛性）が小さくなるほど，すなわち板厚が一定であればロール径が大きいほど，またロール径が一定であれば材料が硬いほど，低い摩擦係数が必要である．実際には，圧延中の圧力によりロールが偏平するため，ヒッチコック（J. H. Hitchcock）の式による偏平ロール半径$R' = R\{1 + P/C(h_1 - h_2)\}$を使用する．ここで$P$は単位幅あたりの圧延荷重であり，$C$は$C = \pi E/\{16(1-\nu^2)\}$で表わされる定数である．熱間圧延の潤滑は後述のように，板のかみ込み性が第一であり，粗度や設定摩擦係数も大きく，また非常に高温であることから固体潤滑剤などの併用も多い．したがって，いわゆる混合潤滑や流体潤滑理論は適用しにくい．一方，冷間圧延では，エマルションまたはストレートの液体潤滑剤を用いるためレイノルズの流体式が適用可能である．圧延時の界面における潤滑状態を

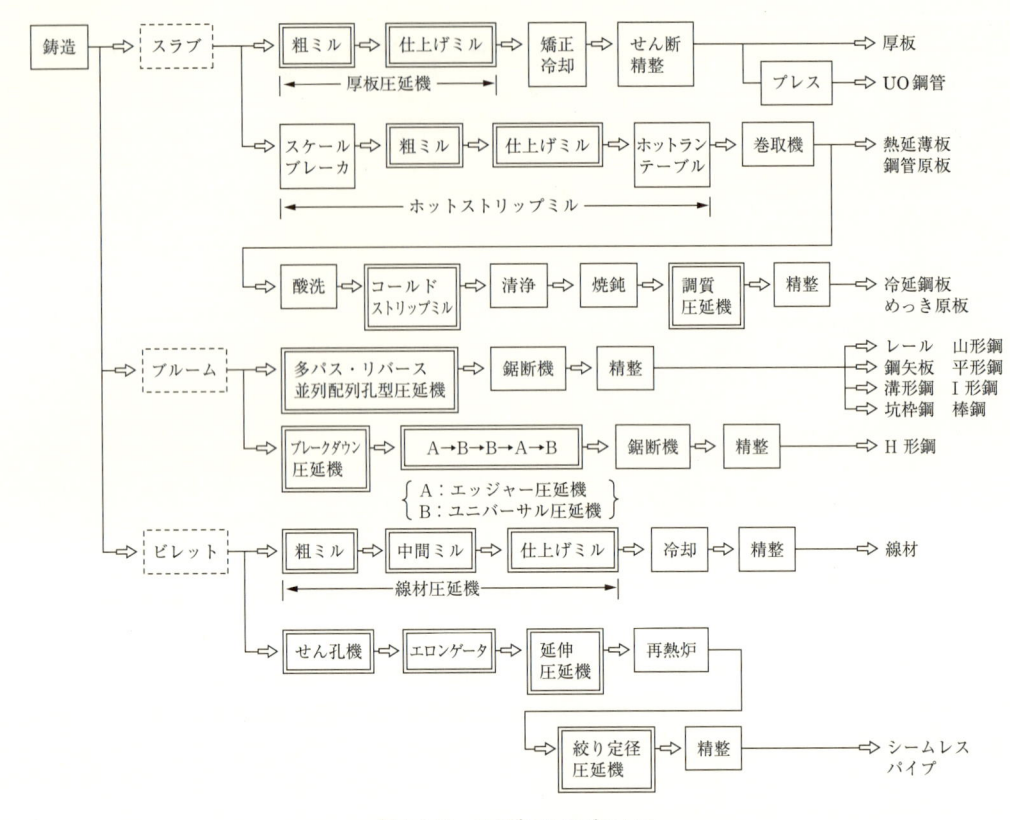

第1章 潤滑油

図1.3.22 圧延加工のプロセス

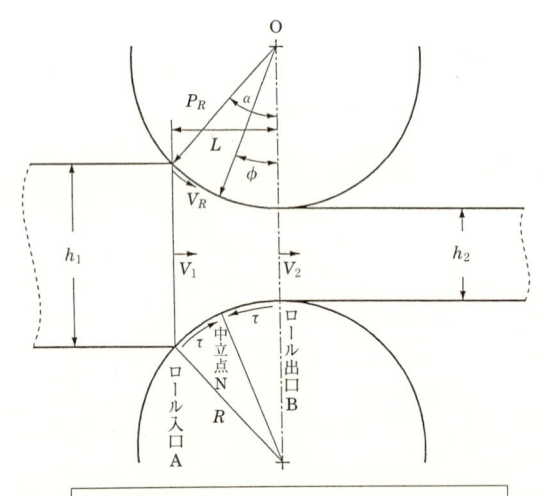

図1.3.23 板圧延の基本〔出典：文献169)〕

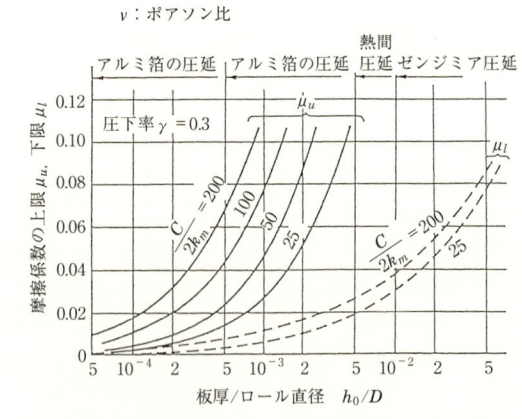

h_1：入側厚み，h_2：出側厚み，V_1：入側速度，V_2：出側速度，V_R：ロール速度，R：ロール半径，α：かみ込み角，L：ロール材料接触投影長さ，N：中立点，τ：摩擦応力，ϕ：中立点でのロール角，P_R：ロール中心力

$2k_m$：平均変形抵抗
C：ロール定数
$C = \pi E / \{16(1-\nu^2)\}$
E：ロールのヤング率
ν：ポアソン比

図1.3.24 摩擦係数の上・下限〔出典：文献170)〕

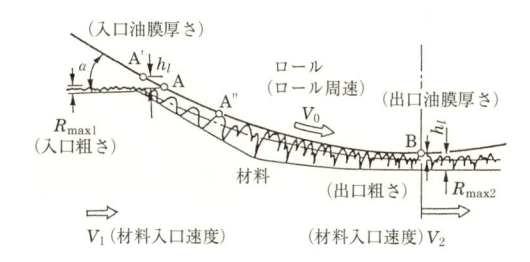

図 1.3.25 界面の潤滑状態モデル〔出典：文献 171〕

モデル化すると図 1.3.25[171]のようになる．ロールと材料の接触点 A での油が捕捉され，A′で油膜の圧力が材料の降伏点に到達し，塑性変形がはじまって表面が荒れる．A″では荒れにより油膜が破られ，ロールと表面が接触する．B に向かってさらにロールと材料の接触率が増加して混合潤滑状態となる．冷間圧延における潤滑性の因子としては，油膜の導入量，圧延油の特性，冷却能の3点が重要で，これらがうまくマッチングしたときにはじめて最適の圧延潤滑にあるといえる．圧延潤滑理論の詳細については，各種解説[171,173]が出されている．また形材，管，棒，線の圧延理論については成書[174]が出されている．

b. 熱間圧延油

熱間圧延油が使用されるようになったのは，冷間圧延油よりはるかに遅く，1950年代にアルミニウム用が最初であった．以下，主要金属の熱間圧延油について述べる．

鋼の熱間圧延油は，当初電力原単位やロール原単位の低減が主目的であったが，最近では冷間圧延と同じく板表面性状の向上やステンレス鋼など特殊鋼材圧延時の焼付き防止への比重が高まっている．熱間圧延は冷間圧延に比べ材料の変形抵抗は小さいが1パスあたりの圧下量が大きいため，圧延油の付着過多による摩擦係数の低下は，材料のかみ込み不良や圧延スリップを引き起こす．したがって，圧延油濃度を1％以下に抑えて使用している．ロールには，1000℃前後ある材料からの熱影響を防ぐため大量の冷却水がかけられており，圧延油のロールへの付着を阻害する．このように熱間圧延油には低濃度使用，水膜の存在下で良好な付着性が要求される．このため，油の供給方式としては，付着性に優れ，かつその濃度の変更が容易なウォータインジェクション方式が用いられている．この方式は，圧延油を配管中で強制的に圧延希釈水に混合して，ノズルよりロールに噴射することが特徴である．代表的な鋼用熱間圧延油の性状を表 1.3.37 に示した．組成としては，冷間圧延油と同様，鉱物油，油脂，トリエステルなどのベース油に脂肪酸，極圧剤を添加したものが用いられてきたが，油膜厚を薄く，かつ優れた耐焼付き性を有するために，最近ではグリース[175]，金属セッケン[176]や固体潤滑剤[177]などの適用も検討されている．図 1.3.26[178]に各種潤滑油による圧延荷重低減効果を示した．圧延ロールの面では，従来，仕上げ前段スタンドに高クロムロール，後段スタンドにニッケルグレンロールを使用していたが，耐摩耗性，耐焼付き性に優れるハイスロール[179]の適用が前段，後段ともに進められている．ハイスロールは従来のロールに比べ，表面硬度が高く耐摩耗性に優れるが，その反面，圧延荷重の増大や，ロール表面が肌荒れした際スケールはく離によるきずが発生しやすいなどの問題がある．現在は，ハイスロール用の熱間圧延油の検討が盛んで，高塩基性のCaスルホネート[180]やCaサリシレート[181]，あるいは微粒子Ca化合物[182]を添加した圧延油の効果が報告されている．これらのCa化合物とハイスロールの有効利用により，ステンレス鋼など焼き付きやすい材料の安定圧延が現実のものとなってきた．また，熱間仕上げ圧延の連続化が1996年に実用化されたことから，今後各スタンドでの通板作業がなくなり，かみ込み

表 1.3.37 鋼用熱間圧延油の性状（例）

項　　目	高クロム ロール用	ハイス ロール用
密度(15℃)，g/mm³	0.91	0.91
引火点，℃	260	270
動粘度(40℃)，mm²/s	100	125
酸価，mgKOH/g	2	16
ケン化価，mgKOH/g	80	110
使用濃度，：普通鋼 　　％：ステンレス鋼	0.2 0.5	0.2 0.5
摩擦係数：SPCC 200℃：SUS 304	0.07 0.07	0.06 0.07

注　摩擦係数：バウデン＆テーバー式摩擦試験機による

凡例:
- ○：鉱油＋黒鉛
- ●：黒鉛グリース
- ■：高粘度合成エステル
- □：低粘度合成エステル
- △：従来合成エステル

ロール：SKD220φ
試験片：低炭素鋼 $3t\times100W$
温度：930℃
速度：130 m/min

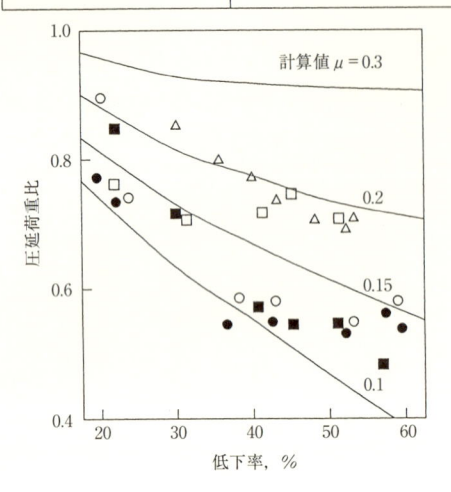

図 1.3.26　各種潤滑油の荷重低減効果
〔出典：文献 178）〕

性への負担が軽減され，さらに低摩擦係数の圧延油を使用することも可能になるであろう．

アルミニウムの熱間圧延は，表 1.3.38 に示すように粗圧延（レバース式）と仕上げ圧延（タンデム式）に分けられる．粗圧延では1パスあたりの圧下量が 30～50 mm 程度あり，かみ込み性を確保するため摩擦係数の比較的高い圧延油を低濃度のエマルションで使用する．仕上げ圧延では高圧下率化の傾向があり，粗圧延より油性剤の多い圧延油を高濃度で使用している．中粘度のナフテン系（一部パラフィン系）鉱油をベース油に，合成エステル，脂肪酸，ポリマー等の油性剤と各種乳化剤が添加されているが，圧延油エマルションは常に 200～500℃ の板温に触れているため，乳化剤の選定には特別の配慮が必要である．現在使用されている圧延油は，アミン塩（アニオン系）で乳化させるタイプが多い．新油と使用油とのエマルション粒径分布と付着性を比較すると[183]，一般的に使用油の粒径分布がブロードになり付着量が増える傾向がみられる．これは乳化剤に使用しているトリエタノールアミン-オレイン酸塩が，圧延時に一部オレイン酸アルミセッケンとなり，親水性が低下するためと考えられる．このようにアニオン系乳化剤はノニオン系に比べ乳化変動が大きいが，アルミ粉，アルミセッケンを含む浮上油をスカムアウトすることでエマルション清浄化が容易であり，オレイン酸を後添加して再び塩を形成させ，乳化調整を行なっている．また，最近はスカム浮上性やアルミ粉分散性に優れたカチオン分散剤[184]も実用化されている．アルミの熱間圧延では，圧延時の摩耗粉がロールに融着してコーティングを生じ，圧延荷重，表面性状に影響を与えるため，各スタンドにブラシロールを設置し，ロールコーティングの付着状態をコントロールしている．このコーティングは成分中のアルミ酸化物（アルミナ）の比率が高いほど均一で緻密な被膜を作り，圧延荷重の低減に効果がある．また圧延油のベース油や添加剤[185]，特に乳化剤[186]の選択によりコーティングの生成が変化することが報告されている．

銅の熱間圧延は，2 Hi または 4 Hi のレバースミルで，板温 800～900℃，板厚 150～200 mm の母材を 7～20 mm にまで薄くする．他の金属と同様，1パスあたりの圧下量が大きいためかみ込み性が問題であり，圧延油には中粘度の鉱物油に油性剤として少量のエステル，油脂を添加し，アニオン系またはノニオン系乳化剤でエマルション粒径を小さくして使用している．圧延油の選定には摩擦係数のコントロールだけではなく，生成するロールコーティングが，アルミほどではないにしても圧延性，表面性状に影響を与えるため注意が必要である．また最近で

表 1.3.38　アルミニウム熱間圧延の操業例

項　目		粗圧延用	仕上げ圧延
圧延温度，℃		300～500	250～350
仕上げ厚み，mm		15～30	2.0～12.5
圧延速度，m/min		150～300	250～450
圧延油剤	密度(15℃)，g/mm³	0.32 0.95	0.93
	動粘度(40℃)，mm²/s	174	77
	酸価，mgKOH/g	0.2	3.1
	ケン化価，mgKOH/g	2.5	33.0
	PH(20℃，5%)	9.6	8.3
	エマルション濃度，%	3～5	5～10
	摩擦係数	0.15～0.25	0.05～0.15

注　摩擦係数：バウデン＆テーバー式摩擦試験機による
　　（原液，50℃，球：SUJ-2，板：純 Al）

は硬質の銅合金の圧延の増加とともに，耐摩耗性に優れた高クロムロールなどの検討も行なわれており，それに応じて圧延油も変化するものと予想される．

c. 冷間圧延油

各種金属材料用冷間圧延油の状況について表1.3.39に，また冷間圧延油に使用する主要な構成を表1.3.40に示した．以下，材料別に述べる．

冷延鋼板の生産量は，1991年をピークに以後減少傾向にあるが，現在でも最も多い素材であることに変わりはない．しかし，設備，鋼種の進歩により圧延油への要求は表1.3.41のように変化してきて

表1.3.39　各種金属材料用冷間圧延油の状況

材料	特徴	圧延油		
		油タイプ	特徴	課題
普通鋼	・安価で大量生産 ・サイズが多様	水溶性 （1部ストレート）	・冷却性 ・難燃性	・水による表面問題 ・性能維持用管理設備
ステンレス鋼	・圧延荷重が高い ・焼き付きやすい ・表面光沢重視	ストレート 水溶性	・表面光沢 ・潤滑性 ・冷却性	・低引火点 ・光沢均一性 ・性能維持用管理設備
ケイ素鋼板	・摩耗粉発生量大 ・圧延荷重が高い ・圧延後表面活性	水溶性	・潤滑性 ・冷却性	・さび，油焼け発生 ・乳化不安定化
アルミニウム アルミニウム合金	・水との反応性大 ・合金での変形低抗の幅が大きい ・ロールコーティング生成大	ストレート （1部水溶性）	・表面光沢 ・ロールコーティング均一化	・低引火点 ・ヘリングボーン発生 ・液黒化による光沢低下 ・劣化時のステイン発生
銅 銅合金	・水，酸との反応性大 ・合金での変形低抗の幅が大きい	〔粗〕 水溶性 〔仕上げ〕 ストレート	・潤滑性 ・冷却性 ・表面光沢 ・ロールコーティング均一化	・サルファ（黒色）ステイン，ウォータステイン発生 ・焼鈍後清浄性の低下
チタン チタン合金	・加工硬化しやすい ・変形抵抗の上昇 ・圧延後表面活性 ・焼き付きやすい	水溶性 ストレート	・潤滑性 ・冷却性 ・ロールコーティング均一化 ・摩耗粉分散	・ロールコーティングによる圧延荷重増加 ・圧下率限界によるパス回数の増加

表1.3.40　冷間圧延の主要構成

種類		性能効果	添加量*
ベース	油脂，合成エステル	潤滑性，耐熱性	△〜×
	ワックス，鉱物油	潤滑性，熱分解性，光沢性	○〜×
油性剤	脂肪酸	耐焼付き性，防錆性	◎〜○
	ポリマー，アルコール	潤滑性，粘度調整，清浄性	◎〜△
極圧剤（リン，硫黄系）		耐焼付き性	◎〜○
乳化剤（水溶性のみ）		乳化分散性，摩耗粉分散，洗浄性	◎〜○
劣化防止剤		酸化防止，重合防止	◎
油焼け防止剤		耐油焼け性	◎〜○
防錆添加剤		防錆性	◎〜○
腐食防止剤		金属腐食防止	◎
防腐剤（水溶性のみ）		防菌，防カビ	◎

* 必要添加量：◎：〜1%，○：〜5%，△：〜20%，×：20%〜

表1.3.41 鋼用冷間圧延油に要求される項目

項目	圧延材	普通鋼 薄ゲージ用	普通鋼 シートゲージ	ステンレス鋼 一般用	ステンレス鋼 光沢用	ケイ素鋼	高炭素鋼
従来の要求項目	潤滑性	◎	○	◎	○	○	◎
	ミルクリーン性	×	△	×	×	×	△
	防錆性	○	○	△	△	◎	◎
	耐油焼け性	◎	○	△	△	◎	◎
	廃液処理性	○	○	○	○	○	○
最近の項目	ミル清浄性	◎	◎	○	◎	◎	◎
	板面清浄性	◎	◎	○	◎	◎	◎
	表面均一性	○	○	○	◎	◎	◎
	メンテナンスフリー	○	○	○	○	○	○
	コストパフォーマンス	○	○	○	○	○	○

(◎最重要→○→△→×重要度小)

いる．特に最近は，品質面への差別化からミル清浄性や板面清浄性への要求が強くなってきた．また図1.3.27に鋼用冷間圧延油の分類を示す．ストレート型は，ステンレス鋼などの表面光沢，表面均一性を重視する材料に使用されるが，低粘度鉱油が基油のため引火点が低く，高速，あるいは高圧下など板温の高くなりやすい圧延には不向きである．したがって，大量生産用のタンデムミルでは，すべて水溶性型が用いられている．水溶性型圧延油には，ダイレクト方式とリサーキュレーション方式の2種がある．ダイレクト方式は，ロール冷却には大量の水を，また圧延潤滑には高温（70〜80℃），高濃度（10〜25%）の圧延油エマルションをと，機能を分担しているのが特徴である．油のスプレー量がリサーキュレーション方式の1/20以下と少ないため，油膜導入に対しては速度効果よりもエマルションの付着性（離水展着性）が重要となる．そのため，最近ではパーム油，牛脂などのベース油にカチオン凝集剤[187]を添加し，その凝集作用で付着量を向上させる工夫が行なわれている．一方，リサーキュレーション方式は，通常65℃以下，1〜10%の圧延油エマルションでロール冷却と圧延潤滑を兼用している．エマルションは水単体よりも冷却性が劣るため，ダイレクト方式の約2倍のクーラント量が必要である．従来，リサーキュレーション方式における薄ゲージ（仕上げ厚0.3mm以下，あるいは圧下率90%以上のサイズ）用圧延油は，牛脂ベースが用いられていた．またシートゲージ（自動車用鋼板な

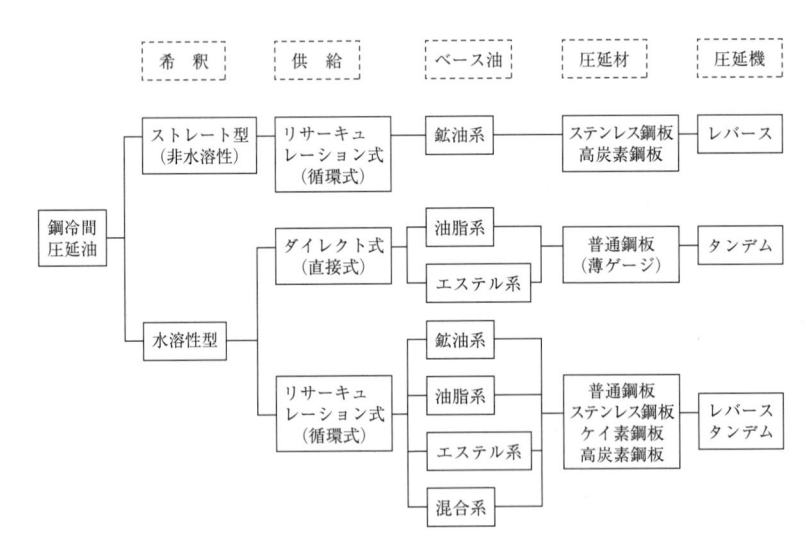

図1.3.27 鋼冷間圧延油の分類

表1.3.42 鋼用サーキュレーション型圧延油（例）

項　目	薄ゲージ用		シートゲージ用	
	牛脂系	合成エステル系	合成エステル系	混合系
密度(15℃), g/mm³	0.92	0.92	0.03	0.91
粘度(50℃), mm²/s	29.2	32.5	34.1	33.0
酸価, mgKOH/g	8.3	15.6	6.4	3.4
ケン化価, mgKOH/g	191	182	183	120
融　点, ℃	35	<5	<5	5
油膜強度, MPa	1.00	1.00	0.85	1.00
摩擦係数	0.07	0.07	0.10	0.08
圧延荷重相対比	1.00	0.98	1.02	1.05
ミル付着汚れ	5	3	1	2
使用温度, ℃	60	60	55	50
使用濃度, %	3.0	1.5	3.0	1.5

注　油膜強度：曽田式四球試験機　50℃　原液浸漬
　　摩擦係数：バウデン式摩擦試験機　SPCC材　原液塗油　100℃
　　圧延荷重相対比：2段式圧延機　SPHC材　(50℃ 3%エマルション)
　　ミル付着汚れ：ダル圧延後のミル汚れ　1良好→5不良

ど0.6mm以上でダル仕上げが主体）用圧延油も、油脂または合成エステルに鉱油を添加した組成が主であった。しかし、最近では圧延後の板面清浄性に対する要求が厳しく、入側に洗浄装置がもつ連続焼鈍炉や連続めっきラインが普及してきたため、シートゲージ用圧延油にミルクリーン性（無洗浄で焼鈍後の板面清浄性を良好にする性能）が不必要になってきた（表1.3.41）。さらにプレス性を向上させるための高圧下率化、および車の安全性や耐食性を高めるための高張力鋼やステンレス鋼の需要増加に伴い、シートゲージ用圧延油の高潤滑化が急速に進んでいる。その結果、性状的には薄ゲージ用との区別がなくなってきた（表1.3.42）が、逆に潤滑過多によるスリップ、チャタリングの問題も増加してい

る[188]。また自動車、家電品の外装材はシートゲージ材の大きな用途であるが、表面きずのないことが要求されるため、その原因の一端である圧延ミル内の汚れの低減が図られている。図1.3.28[189]は実機ミル付着汚れの分析例であるが、牛脂系から低融点の合成エステル系への転換でミル付着物（特に鉄分）の減少が著しい。現在ではベース油に低融点の油脂、および合成エステルを用いたものが主であるが、さらにカチオン系の乳化分散剤の適用によりミル付着物量が大幅に減少した例[190]も報告されている。いずれにしてもシートゲージ用圧延油は、材料の小ロット多品種化に対応できるよう摩擦係数のコントロールが必要である。一方、薄ゲージ用圧延油は従来より牛脂系ベースが主であったが、近年作業環境改善の見地から、シートゲージ用と同じくミル汚れやヒュームの低減のために、低融点の油脂、合成エステルベースやカチオン系乳化剤の適用[191]が図られている。薄ゲージは圧延距離が長く、高速での安定操業が能率向上の大きなポイントとなるが、油膜切れによるヒートスクラッチ（焼付ききず）[192]や、潤滑性の変動によるチャタリング（ミル振動）[193]の発生が減速要因となる。従来の薄ゲージ用圧延油は、ベース油に油性剤として高分子エステルや脂肪酸を、極圧添加剤としてリン酸エステルを加え、濃度、乳化性の調整により潤滑性をコントロールしてきた。近年粗度自生型のチタン添加ロール[194]や、炭化物制御型高クロムロール[195]が開発され、ロール摩耗やヒートスクラッチの低減が可能

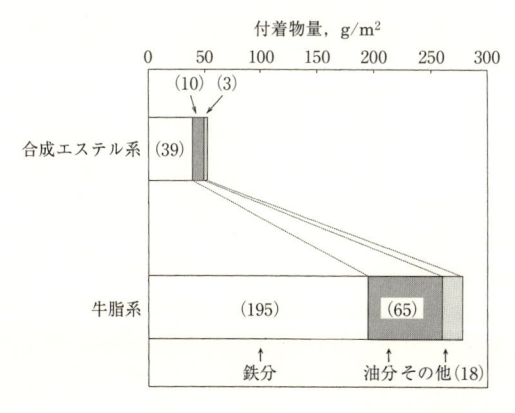

図1.3.28　エマルション型圧延によるミル付着汚れの実機分析　〔出典：文献189〕

表 1.3.43 特殊鋼用冷間圧延油(例)

項 目	ステンレス鋼用			ケイ素鋼	高炭素鋼
	水溶性(A)	水溶性(B)	ストレート	水溶性	水溶性
密度(15℃), g/mm³	0.92	0.86	0.86	0.92	0.92
粘度(50℃), mm³/s	68.3	6.8	5.0	36.7	20.5
酸価, mgKOH/g	5.2	3.6	0.1	5.0	8.3
ケン化価, mgKOH/g	170	56	60	30	44
PH 5% エマルション	6.7	9.4	—	8.9	8.6
油膜強度, MPa	1.05	0.50	0.40	0.65	0.40
摩擦係数	0.07	0.15	0.18	0.13	0.20
使用温度, ℃	55	45	40	70	40
使用濃度, %	5	8	—	10	8
使用ロール径	大径	小径	小径	小径	小径

表 1.3.44 アルミニウム用冷間圧延油の基油(例) 〔出典:文献199〕

項 目	A	B	C
比重(15℃), g/mm³	0.81	0.82	0.80
引火点, ℃	92	110	116
動粘度(40℃), mm²/s	1.6	2.3	3.9
硫黄分, %	0.01>	0.01	0.06
蒸留特性 初留点, ℃	208	242	256
終点, ℃	246	270	303
温度範囲, ℃	38	29	47
おもな用途	はく圧延(粗,中間,仕上げ) 板圧延(スキンパス)	はく圧延(粗,中間,仕上げ)	板圧延

となり,潤滑性の変動に対する外的要因を除外して圧延油の性能を向上させやすい環境になったといえる.ステンレス鋼,ケイ素鋼や高炭素鋼は変形抵抗が高く,表面光沢性や粗度の均一性を必要とする用途が多いため,従来は比較的低速のゼンジミアミルなど小径クラスタ(多段)ミルで圧延されてきた.表 1.3.43 に特殊鋼用冷間圧延油の例を示す.特にステンレス鋼は光沢性重視のため低粘度鉱油系のストレート油で圧延される場合が多いが,最近では高速化[196]の傾向にあり,材質によっては圧延中の板温が油の引火点を越える場合も少なくない.このため冷却性の良い水溶性圧延油の検討も行なわれているが,高速圧延時の光沢均一性維持が課題である.
また能率向上のため大径ロールを用いたタンデムミルやレバースミルでの圧延も行なわれている.ステンレス鋼の熱伝導率は低炭素鋼の 1/2〜1/5 と低いため,接触弧長の長い大径ロールのロールバイト内で蓄熱して,油膜破断による焼付きが発生しやすい.また,大径ロールでは増速時に油膜が厚くなりやすく,オイルピットが生成し光沢が低下する要因

となる[197]など,耐焼付き性と光沢性を両立させるのはむずかしい.特にステンレス鋼は反応に乏しいため,極圧剤や油性剤などの吸着効果は小さく,粘度効果の方が大きい.ケイ素鋼や高炭素鋼は,圧延中の焼付きが比較的発生しにくい材料であるが,反応性に富み付着した水滴と油分とに起因する「油焼け(オイルステイン)」が発生しやすい.これは板面上の鉄セッケンが,電気化学的に腐食を促進し,表面層に水酸化鉄を生成したもの[198]で,後工程で消えにくいが水切りを完全にすれば防止は可能である.また圧下率が高くなると加工硬化した表面にクラックが入り,それに沿ってはく離した微細な摩耗粉が大量に発生する.この摩耗粉は油に吸着しやすく,生成したスカム(scum)は粘度が高くなり再乳化しにくいため,乳化不良や板面の汚れを引き起こしやすい.このため最近では,カチオン系乳化剤の適用によるトラブルの防止が行なわれている.
アルミニウムは両性金属で水と反応しやすいため,冷間圧延油としては通常表 1.3.44[199]に示すような鉱物油を基油としたストレート油を用いる.ア

ルミニウムの冷間圧延は 0.1 mm 程度まで圧延する板圧延と，10 μm 以下まで圧延する箔圧延と分けられ，形状制御や表面光沢への要求度の違いからそれぞれ専用の圧延機，圧延油が用いられる．鋼と同様，生産性向上のため高速化，高圧下率化の傾向にあるが，表面欠陥防止の面から非常に低粘度，低引火点の鉱物油が使用されるため，圧延作業には常に火災の危険性が伴う．また最近では作業環境改善の目的で圧延時のヒューム排気装置が強化されているため，蒸散しやすい圧延油の持ち出し量増加が問題となっている．このため，欧米では圧延油の水溶化，あるいはロール冷却は水系で，圧延潤滑はストレート油でという使い分けが実用化されているが，微量の水分残存による板表面でのステイン生成への配慮が必要である．潤滑性向上のため，飽和脂肪酸のモノエステルや高級アルコールが油性剤として用いられる．圧延時に生成したアルミセッケンと摩耗粉とが圧延油の黒化を促進し，板表面に模様を残す場合があり，油性剤の添加量は制限されている．アルミニウムの圧延操業上特に問題となるのは，高圧下圧延時にロールバイト内での摩擦係数が変動して生じる圧延方向にピッチをもった光沢むら（ヘリングボーン）と，ロールに摩耗粉が焼き付いて生じるロールコーティングである．いずれも板表面，生産性への影響が大きいが，圧延油のみでコントロールするのは困難であり，操業条件と合わせての検討が必要である．

　銅の冷間圧延は，粗（中間）圧延と仕上げ圧延に分けられる．粗圧延では仕上げ圧延前に焼鈍，酸洗が行なわれるため，表面性状への影響を特に考慮する必要はないが1パスあたりの圧下量が大きく，むしろかみ込み性が問題となることから，中粘度鉱物油系の水溶性圧延油が用いられる．また，仕上げ圧延では，表面光沢などの性能が重視されるため，極低粘度，低硫黄分の鉱物油系ストレート油を使用している．表 1.3.45 に代表的な銅冷間圧延油の性状を示した．銅圧延時の摩耗粉は，水分や硫黄分の存在下で触媒として働き，圧延油の劣化を促進する．このため金属不活性化剤の添加，あるいはプレコートフィルタによる銅粉の効率的な除去が必要である．

　チタンの冷間圧延は，1ロットあたりの圧延量が少なく，チタンとステンレスの変形抵抗が比較的近いため，通常ステンレス用のゼンジミアミル，または特殊鋼用の小径ロールレバースミルで兼用されることが多い．チタンは活性で酸化しやすく，また加工硬化しやすいため圧延しにくい材料である．特に表面から脱離したりん片状の摩耗粉がロールにコーティングし，表面粗度を変化させるとともに材料との融着による焼付きを発生させやすくする．またコーティングによるロール表面の状態変化が摩擦係数を上げ，圧延最小板厚限界に到達して設定板厚に圧延できない状態になることもある．あらかじめ表面に酸化被膜を形成させてから圧延すると，コーティングが生成しにくく圧延荷重も安定することが知られており[200]，実用化が検討されている．

（5）その他の塑性加工油剤

　圧延以外の塑性加工油剤も加工材料，加工方法，加工条件に応じて種々の油剤が実用されており，その選択は経験的知見に負うところが多い．

　油剤を加工方法別に分類すると板材加工のプレス油剤や塊材加工の引抜き油剤（伸線用潤滑剤），鍛造油剤，押出し油剤などが挙げられる．潤滑機構は圧延の転がりすべり摩擦に対し，すべり摩擦のみで素材の表面積を拡大するため，圧延に比べ油剤に求められる条件が過酷なものもある[201,202]．

表 1.3.45　銅および銅合金用冷間圧延油（例）

項　目	仕上げ圧延油	中間圧延油	粗圧延油	仕上げ圧延油
密度(15℃), g/mm³	0.89	0.88	0.89	0.85
引火点, ℃	166	168	175	158
粘度(50℃), mm²/s	11.4	22.2	35.0	5.4
酸価, mgKOH/g	4.9	8.0	5.6	0.1
ケン化価, mgKOH/g	28.0	37.2	40.0	21.5
PH 10%	9.2	8.6	8.6	—
タイプ	ソリュブル型	ソリュブル型	ソリュブル型	ストレート型
特　徴	乳化安定性良好で光沢性重視の圧延油	焼鈍，潤滑性重視の圧延油	高潤滑圧延油	

表1.3.46 塑性加工における摩擦条件範囲 〔出典:文献203〕

条件因子＼加工法	板材加工	引抜き・しごき加工	圧延・回転加工	鍛造・押出し加工
面圧 p, MPa （面圧比 p/Y^{*1}）	1〜100 程度 （0.1〜1 程度）	100〜1 000 程度 （1〜2 程度）	100〜1 000 程度 （1〜3 程度）	100〜3 000 程度 （1〜5 程度）
加工速度 v, m/s （すべり速度 v_s）	10^{-3}〜10^{-1} のオーダ （0〜10^{-1} のオーダ）	10^{-2}〜10 のオーダ （10^{-2}〜10 のオーダ）	10^{-2}〜10 のオーダ （10^{-3}〜10^{0} のオーダ）	10^{-3}〜10^{-1} のオーダ （0〜10^{-1} のオーダ）
摩擦面温度 T, ℃	室温〜150 程度	室温〜300 程度	室温〜200 程度 温・熱間温度	室温〜400 程度 温・熱間温度
表面積拡大比 A/A_0^{*2}	0.5〜1.5	1〜2	1〜2	1〜100 程度
摩擦面への潤滑剤の供給形態	捕捉	導入	導入	捕捉(導入)

*1 Y：被加工材の単軸降伏応力, *2 A/A_0：被加工材の加工後と前の表面積の比

素材を加工条件の中で温度の要因からみると，プレス油剤や引抜き油剤（線材，棒材，管材）は熱間圧延にて得た材料を酸洗した後の材料を使うため，冷間加工がほとんどであるのに対し，鍛造油剤は熱間，温間，冷間加工がある．管材の場合は冷間引抜き加工の他に熱間圧延，熱間押出し加工や電線管のような板材のフォーミング加工と加工方法が多種あり，それぞれに油剤が使われている．

上記の塑性加工油剤は成形荷重の低減，工具材料の摩耗抑制，素材の表面仕上がりの向上を主目的に使用されるが，それぞれ油剤に求められる要求度合いが異なっている．例えば，塑性加工油剤は次の3タイプに分けられ．（1）素材の表面積拡大比が小さい加工では液状の油剤，（2）拡大比が大きい加工の中で，熱間加工は水あるいは油に黒鉛や二硫化モリブデンのような固体潤滑剤やガラス粉等を添加した油剤，（3）冷間加工では加工前の素材にリン酸塩や金属セッケンのような前処理剤を被覆したものがあり，これらを組み合わせる場合もある．以下，現状における圧延以外の塑性加工油剤を個々に記述するが，これからの塑性加工油剤は素材の難加工化が進む一方で，作業環境改善より脱黒鉛化や脱塩素化合物化等が具体化しつつある現状で，油剤の成分組成はまだまだ変遷すると考える．

これら油剤の性能を実験室的に評価する方法については幾多の研究がある[204〜209]．それらが画一されないのは各々加工条件が異なることの他，汎用基礎的摩擦試験[203〜210]．（四球式，チ

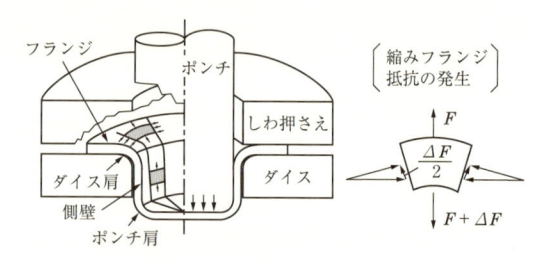

図1.3.29 深絞り成形法〔出典：文献211〕

ムケン式等）では塑性加工で生じる新生面生成を再現していないためと考える．

a. プレス油剤

板材のプレス成形は平板の伸び，縮み，曲げからなる加工方法であり，図1.3.29は深絞り成形の例である．素材の加工時の温度はほとんどが冷間である．加工時の平均面圧は素材のせん断降伏応力の2〜10倍となるが，従来から慣習的に仮定されている摩擦係数は油タイプ（低粘度）の場合概略値として，しごきを伴う再絞りが0.07以下，深絞りが0.15〜0.25といわれている．したがって，プレス加工の潤滑は境界潤滑と流体潤滑が混合した状況にあると考える．プレス油剤の種類には，油タイプの

表1.3.47 プレス油の選定指針 〔出典：文献216〕

		ポンチ速度		しわ押さえ力		絞り比		板厚		素材板	
		大	小	高	低	大	小	大	小	硬	軟
粘度	高粘度		○	○		○		○		○	
	低粘度	○			○		○		○		○
成分	塩素，硫黄系			○		○		○		○	
	油脂系	○			○		○		○		○

第1章 潤滑油

表1.3.48 アルミニウム形成潤滑剤の分類と特徴 〔出典：文献217〕〕

		主 成 分	特 徴
油性潤滑剤	鉱油＋添加剤	鉱油，油脂（牛脂，ラード，菜種油等）油性剤（脂肪酸，アルコール，脂肪酸エステル）極圧剤（塩素化パラフィン，塩素化脂肪油，硫化油脂，リン酸エステル）	絞り性は粘度に比例 添加剤の効果も大 深絞り性良好
水溶性潤滑剤	エマルション	鉱油，油脂，油性剤，界面活性剤	エマルションの粒子がルーズな程成形性良好
	ソリュブル	界面活性剤，鉱油，油脂，脂肪酸	潤滑性やや劣るが，冷却性良く循環使用可能
	脂肪酸セッケンコンパウンド	脂肪酸セッケン，黒鉛，MoS_2，タルク	成形性良好，残渣の除去困難
乾燥膜潤滑剤	溶剤型乾燥膜	溶剤，金属セッケン，カルバナ，合成ワックスPTFE，ポリエチレン	成形性良好，引火性あり，塗布時注意 打抜き，深絞りに向く
	水溶性型乾燥膜	界面活性剤，脂肪酸セッケン，油脂，カルバナ，合成ワックス	成形性，脱脂性良好，打抜き，深絞りに向く
	化成被膜	リン酸亜鉛，アルミン酸塩等	成形性，耐腐食性良好

表1.3.49 引抜き加工の代表的潤滑剤と摩擦係数 〔出典：文献222〕〕

材料	線材 潤滑剤	摩擦係数の例	棒・管材 潤滑剤	摩擦係数の例
鉄鋼	φ1mm以上：石灰やホウ砂＋(Ca-Na)セッケン リン酸被膜＋金属セッケン φ1mm以下：EM(MO＋油脂)＋EP リン酸被膜＋EM 金属(Cu, Zu, 黄銅)被覆＋EM	MF MF 0.07 0.1 MF	高粘度油，金属セッケンペースト，グリース(＋EP)(＋MoS_2 など) 樹脂コーティング＋EP リン酸被膜＋金属セッケン 金属被膜＋MO（またはEM）	MF 0.07 0.05 MF
ステンレス鋼 ニッケル合金	MO＋Cl添加剤 塩化パラフィン，ワックス シュウ酸被膜＋金属セッケン 金属(Cu)被膜＋EM	0.07 0.05 0.05 MF	MO＋Cl添加剤 塩化ワックス 塩化樹脂＋MO シュウ酸被膜＋金属セッケン 金属(Cu)被覆＋MO	0.15 0.07 0.07 0.05 MF
アルミニウム合金 マグネシウム	MO＋油脂 合成油＋油脂	MF MF	MO＋油脂 金属セッケン被膜 樹脂被膜	MF 0.07 0.05
銅，銅合金	EM(MO＋油脂)(＋EP) 金属(Sn)被覆＋EM あるいはMO	MF MF	EM(油脂) MO(油脂)(＋EP) 金属セッケン被膜	MF MF 0.05
チタン合金	酸化膜＋Cl油 フッ化リン酸被膜＋金属セッケン 金属(Cu, Zn)被膜＋金属セッケンあるいはMO	0.15 0.1 0.07	樹脂被膜 フッ化リン酸被膜＋金属セッケン 金属＋金属セッケン	0.07 0.1 0.07
耐熱合金	熱間：ガラス被覆 温・冷間：ガラスあるいはMoS_2 酸化被膜＋ワックス 金属(Cu)被覆＋MO	0.15 0.1 0.15 0.1	同左	

EM：( )に示す合成成分のエマルション，MO：高粘度鉱油，EP：極圧添加剤(S, Cl, P)
MF：混合潤滑（低速では0.15，高速では0.03）

他に水溶性タイプ，乾燥膜タイプがある他，素材の表面にワックス被膜やテフロン，ポリエチレン，スルホン樹脂等の合成樹脂被膜を形成しておき，そのままプレス加工する研究も進められており一部では実用されている[212~214]．

プレス油剤の多くは油タイプであり，工具の接触面積が小さく，加工速度の速い打抜き加工では，加工後の油膜がべとつかないことを要求されることもあって，灯油等をベースとした低粘度油（40℃，5 mm²/s以下）が使われている．深絞り加工は高粘度油（40℃，50 mm²/s以上）が用いられ，加工の難易度によって，脂肪油分，極圧添加剤量の調整が行なわれる[215]．油剤の要求性能の一例として，自動車用鋼板プレス油は鋼板を出荷するときに塗油され，洗浄防錆性の他，打抜きや軽度なプレス加工の可能なものが実用されている．

水溶性タイプは，除去が容易なことや作業感が良いことから比較的軽度のプレス加工や非鉄合金の加工に使われる．水溶性切削油剤のエマルション（W1種）に類似の組成物のものもあり，水での希釈倍率，エマルションの形態（粒子径，タイプ）が成形性能の差となる．

乾燥膜タイプは，プレス油剤の中で最も成形性に優れており，溶剤型，水溶性，化成被膜型がある．水溶性の深絞り加工への適用も検討されているが，使用方法を熟知する必要がある．なお，表1.3.47[216]は炭素鋼，表1.3.48[217]はアルミニウム用プレス油剤の代表例であるが，油剤中の添加剤についてアルミニウムには塩素系極圧剤を白錆の点より，銅には硫黄系極圧剤を腐食，変色より使用を避けた方がよい[218]．

b. 引抜き油剤

引抜き加工はほとんどが冷間加工であり，所定の穴形状を有するダイスに材料を通して引き抜くことにより線（日本では丸鋼が5~38 mmφ），棒（丸鋼9~300 mmφ），管を加工する方法である．管の引抜きでは外径と内径を所定の寸法に仕上げるための工具を素管内側に挿入して加工する心金引きと内側に何も挿入しない空引き加工がある．実際の生産に用いる場合は上述の基本的な方法に加えて摩擦力を少なくするためにローラを用いたローラダイス法，タークスヘッド引抜き法，潤滑を流体潤滑に近づける強制潤滑引抜き法や温間引抜き等がある[219~221]．鋼線引抜き加工では速度が1 000 m/minに達しており，ダイスと線の接触圧は数百~数千MPaになり，接触面の温度も200~400℃になることがある．表1.3.49は各種加工材ごとの代表的な油剤と摩擦係数をまとめたものである．

引抜き油剤の種類は炭素鋼およびステンレス鋼の場合，乾式タイプ（図1.3.30）と湿式タイプに大別され湿式タイプにはさらに水溶性と油性（図1.3.31）がある．また，脱スケールされた素材は加工前に油剤がダイス内に引き込むキャリヤになるよう前処理を行なう．方法および前処理剤は表1.3.50に示すが前処理剤も広義の引抜き油剤である．

油剤の選定は使用の目的により分けられる．（1）加工時の生産性を重視した場合は乾式油剤，（2）仕

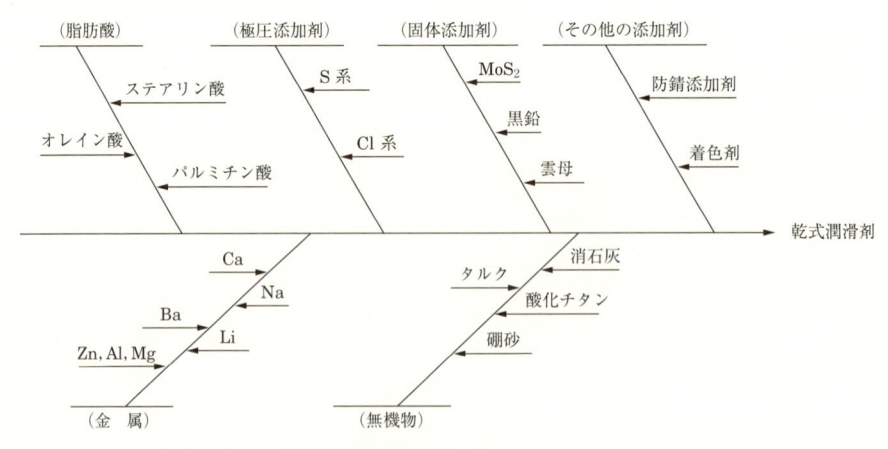

図1.3.30　乾式伸線用潤滑剤の構成成分〔出典：文献223)〕

第1章 潤滑油

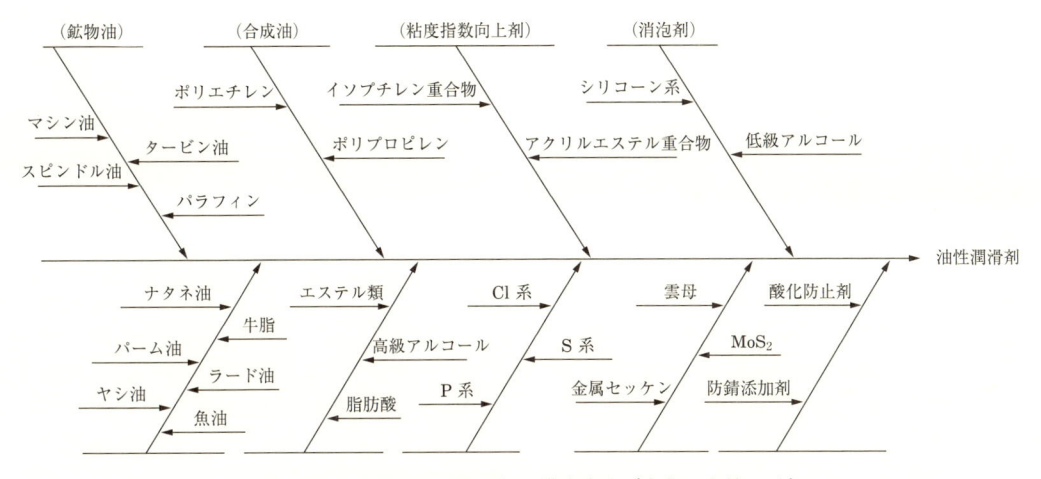

図1.3.31 油性伸線用潤滑剤の構成成分〔出典：文献223)〕

表1.3.50 前処理剤の分類
〔出典：文献223)〕

脱スケール法	前処理法	前処理剤
酸　洗	物理的付着	石灰セッケン
		ホウ砂
		樹脂
	化学反応	リン酸塩
		シュウ酸塩
	めっき	銅
メカニカルデスケール		なし
	物理的付着	石灰セッケン
		ホウ砂

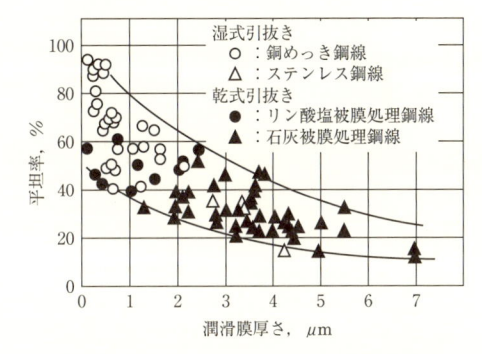

図1.3.32 引抜き材表面の平坦率に及ぼす潤滑膜厚さの影響 〔出典：文献224)〕

上げ材の表面品質を重視した場合は湿式油剤であり，二つの目的を同時に満足させることはかなりむずかしい．それは図1.3.32の潤滑膜厚さと平坦率の関係からもわかる．一つの試みとして，湿式油性油剤の場合，一般的な油剤の粘度は表面光沢を重視して150〜300 mm²/s (40℃) 程度であるのに対し，伸管用では25 000 mm²/s (40℃) のような高粘度の油剤を使用し油剤のダイス内への導入量を多くしている場合がある．銅，アルミニウムおよびそれらの合金の引抜き加工では上記の前処理剤を使わずに表1.3.49[222)]のような引抜き剤を単独で用いられることが多い．

c. 鍛造油剤，押出し油剤

鍛造加工は棒または塊状素材を工具にて各種の機械構造部品の素材まで成形する加工法である．鍛造温度によって熱間，温間，冷間鍛造に分類される．熱間は素材の変形抵抗が冷間より小さいので大形かつ複雑形状部品や難加工材の成形に適するが，成形品の寸法精度は劣るので別に仕上げ加工が必要となる．冷間は成形品の寸法精度に優れるが，成形荷重が最高3 GPaのような苛酷な潤滑条件となる．温間は熱間と冷間の利点を取り入れたもので，素材の温度管理が特に重要である．鍛造の加工方法には使用する工具形式によって自由鍛造（ハンマ），型鍛造，回転鍛造などがある．潤滑条件は，実加工時の摩擦係数が公には示されていないが，油剤のみでなく，素材と工具表面の前処理，加工部品，工具，加工工程の設計から総合的に検討されている[225)]．

冷間鍛造の潤滑膜はリン酸塩被膜と金属セッケンの組合せで潤滑が行なわれる例が多い．素材の被膜

処理には炭素鋼ではステアリン酸亜鉛被膜，ステンレス鋼ではシュウ酸塩被膜や銅めっき法が使われる．ボルトやナットのフォーマー加工には不水溶性切削油に類似した油剤やそれらに金属セッケンを添加した油剤が使われるが，加工の難易度により，被膜処理と併用する場合もある[226,227]．アルミニウム，銅およびそれらの合金用油剤は動・植物油単体も使われることがある．熱間鍛造油剤には油性タイプと水溶性タイプがあり，いずれも天然黒鉛あるいは人造黒鉛をいかに工具表面へ均一で適度な膜厚に付着させるかが油剤を選定するポイントとなる．油性タイプは工具形状が前方押出し加工のように主に潤滑性が必要なときに，水溶性タイプは据込み加工のような主に離型性と工具の冷却性を必要とするときに使われる．特に，据込み加工の場合，工具形状に適した摩擦係数の油剤を用いることが重要となる．例えば摩擦係数が低い油剤を使用すると工具の摩耗が早くなるといわれている．また，作業環境の問題より脱黒鉛系油剤の検討がされているが，水溶性タイプにおいてはイソフタル酸，フマル酸，アジピン酸のナトリウム塩等のカルボン酸塩と水溶性高分子化合物を主成分とした白色系油剤が使われており，加工部品によっては黒鉛系より工具寿命が延長している場合もある[228～230]．

しかし，油性タイプについては経済性を含め種々検討はされているが，黒鉛系に匹敵するものの実用化までには至っていない[231]．温間鍛造油剤はほとんどが熱間鍛造油剤と同様の油剤で検討されてきているが，潤滑性の要求は熱間と同等以上に必要だが，耐熱性は熱間程必要ない．したがって，油性および水溶性タイプともに一部では黒鉛系に代わって脱黒鉛系油剤が使われている[228～232]．

押出し加工は鍛造加工の前方押出しと同様な加工方法であり，炭素鋼の代表例では熱間の継目なし管（ユージン・セジュルネ法等）の成形等がある．熱間押出し加工は熱間鍛造に比べ，成形荷重および温

表1.3.51 ガラス潤滑剤と粘度と使用温度　　〔出典：文献233）〕

Cornin 番号	種類	おおよその成分	使用温度，℃ ($10～10^2$ Pa·s)	軟化点，℃ ($10^6～10^7$ Pa·s)
8363	ホウ酸鉛	10 B_2O_3, 82 PbO, 5 SiO_2, 3 Al_2O_3	530	377
9773	ホウ酸塩		870	393
8871	水酸化カリウム鉛	35 SiO_2, 7.2 K_2O, 58 PbO	870～1 090	527
0010	かせいソーダ鉛	63 SiO_2, 7.6 Na_2O, 6 K_2O, 0.3 CaO, 3.6 MgO, 21 PbO, 1 Al_2O_3	1 090～1 430	625
7052	ケイ酸ホウ素	70 SiO_2, 0.5 K_2O, 1.2 PbO, 28 B_2O_3, 1.1 Al_2O_3	1 260～1 730	710
7740	ケイ酸ホウ素	81 SiO_2, 4 Na_2O, 0.5 K_2O, 13 B_2O_3, 2 Al_2O_3	1 540～2 100	740
7900	ケイ酸	96 SiO_2	2 210	1 500

表1.3.52 冷間押出し用潤滑剤

素材料	潤滑剤
鉛	鉱物油，植物油，滑石，滑石とひまし油
スズ	鉱物油，玉蜀黍粉とオリーブ油，滑石と植物油
アルミニウムおよびその合金	獣脂（特にラノリン，ラード）パルミチン酸エチル，ステアリン酸アルコール，種々のワックス，滑石，エマルション油，極圧潤滑剤，リン酸塩被膜と金属セッケン，リン酸塩被膜と金属セッケン*，コロイド状グラファイト*
マグネシウムおよびその合金	コロイド状グラファイト*
銅およびその合金	植物油，獣脂，それらのエマルション油，種々のワックス
亜鉛およびその合金	同　　上
炭素鋼および低合金鋼	リン酸塩被膜（主としてリン酸亜鉛）にステアリン酸ソーダあるいは種々の植物油や獣脂かそれらの硫化物，コロイド状グラファイト，二硫化モリブデン，石油ワックスなど．極圧潤滑油
18/8ステンレス鋼	シュウ酸塩被膜にステアリン酸アルミニウム，銅めっきに種々の潤滑剤

*印は部品の温間加工用

度はほぼ同じだが，加圧接触時間がかなり長い．したがって，油剤は表1.3.51[233]のようなガラス粉を用い潤滑時に溶けて加工後の被膜が20〜100μm残存しているような流体潤滑に近い潤滑条件で使われている．アルミニウムおよび銅合金の場合は製品仕上がりの必要上無潤滑で行なわれる．冷間用油剤は表1.3.52が代表的なものである．

d. その他の油剤

その他の加工で転造や曲げ加工には不水溶性切削油に類似の油剤が，ロール成形加工には水溶性切削油剤のエマルション型に類似の油剤が使われている．

1.3.5 その他

(1) さび止め油

a. さび止め油とは

今日の機械文明を支えている材料として，鉄鋼をはじめとする金属材料がある．特に鉄鋼は，強度・加工性・経済性に富むため，今後とも工業材料の中心的存在を維持し続けるものと思われる．

しかしながら，この鉄鋼はただ一つ「さびやすい」という欠点をもっている．したがって，さびを防ぐ技術を駆使しながら，上手に使いこなす必要がある．

ところで，日頃われわれが目にするさびは，酸素と水により金属面に生成する酸化物・水酸化物の混合体である．したがって，防錆対策の基本は，さび生成の要因である水と酸素を金属表面から遮断することにある．このような防錆手段として，塗装・めっき・さび止め油等がある．このうち塗装やめっきは，長期の防錆を目的としているが，さび止め油は，金属製品の加工過程や加工部品の保管・輸送過程のような限られた期間の防錆を目的としたもので，目的の防錆期間の後，容易に除去できる特性が求められる．

さび止め油の研究は1920年頃米国で開始され[234]1940年代に，軍需物資の貯蔵や輸送のため米軍を中心に勢力的に研究がされ，現在の体系がほぼ確立した．わが国では，戦後，研究が開始され，その後の鉄鋼・自動車産業の飛躍的な発展とともに急激に進歩し，今日に至っている．

b. 大気中でのさび発生機構

鉄鋼のさびは，水と酸素の共存下で生じる物質でその何れかの一方が欠けると，さびは発生しない．さびの化学組成は，$Fe(OH)_3$と$Fe_2O_3・3H_2O$を主体とする混合体で示され，大気中での発生機構は図1.3.33のように表わすことができる．

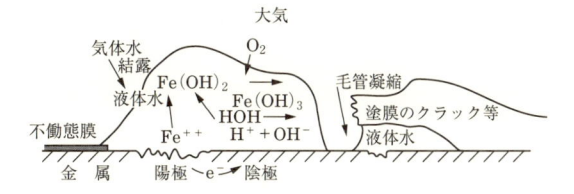

図1.3.33 大気中でのさび発生モデル塗膜表面

この反応は化学量論的に次式で示される．

$$2Fe + 4H_2O = 2Fe(OH)_2 + 2H_2$$
$$2H_2 + O_2 = 2H_2O$$
$$2Fe(OH)_2 + 1/2 O_2 + H_2O = 2Fe(OH)_3$$

$$2Fe + 3H_2O + 3/2 O_2 + 2Fe(OH)_3$$

図1.3.33のように，さび発生には大気中からの水分の結露が重要で，不働態や塗膜の欠落部でも分子状の水や酸素が存在するだけではさびは発生しない．しかし，このような部分で水分が結露すると，腐食反応が進行し，さび発生に至る．

結露は，大気の湿度はもちろん，スケール・塗膜クラック・表面の粗さ形状・塵埃[235]の付着等により促進される．例えば，これらによって表面に形成される1μm程度の毛細管状の狭いすきまでは大気の相対湿度が70%でも結露してしまうとされている[236]．そのため，一般に雰囲気湿度70%以上をさび発生の危険域とされている．

また，亜硫酸・塩素などのイオンは，吸湿性の促進・不働態膜の破壊・結露水の電気伝導性の上昇等の作用により，さび生成反応を加速する．

c. さび止め油の種類と特徴

さび止め油は，基本的には防錆添加剤を石油系基剤に溶解または分散させたもので，表1.3.53に示すように，使用する基剤により溶剤希釈型・油型・半固体型に大別される．さらに，JIS規格では，塗膜の粘性や硬さにより14種に細分類されている[237]．

d. さび止め油の需要

さび止め油の正確な需要統計は極めて少ないが，昭和48年の腐食損失調査委員会報告によると，その総需要は年間92 050 kl となっている[238]．

業種別使用比率では，鉄鋼・自動車産業が75%と圧倒的な使用実績を示している[239]（表1.3.54）．

表 1.3.53 さび止め油の種類と特徴

タイプ	溶剤希釈型	油型	半固体型
基剤	石油系溶剤	潤滑油基油	ペトロラタムワックス等
補助配合剤	膜形成剤 防錆添加剤 酸化防止剤	防錆添加剤 酸化防止剤	防錆添加剤 酸化防止剤
粘度	低〜中	中	高
膜厚	小〜大	中	大
防錆力	低〜高	中	高
脱脂性	良〜不良	良	不良
付与可能な性能	指紋除去性	気相防錆性	
NP 系列名 JIS K 2246	NP-0, 1, 2, NP-3, 19	NP-7, 8, 9, NP-10, 20	NP-4, 5, 6

表 1.3.54 業種別さび止め油使用比率

鉄鋼産業	52.1%
自動車	23.2
一般機械	11.7
精密機械	4.4
電気機器	3.9
造船その他	4.7
	100.0

その後の鉄鋼・自動車の生産推移からみて, 現在のさび止め油総需要量は9万〜10万 kl/年と推定される. また, タイプ別需要では, 油型が65%, 溶剤希釈型が30%を占めている[240]. これは, 自動車等に用いられる鋼板や鋼板加工部品用さび止め油が, 需要の大半を占めていることを意味している.

e. さび止め油に要求される性能

鋼板用さび止め油を中心に, 必要性能について考えてみることにする. 鋼板用さび止め油は, 鋼板出荷さび止め油・洗浄用さび止め油・中間さび止め油・ノックダウン (KD) さび止め油に分類される.

まず, 鉄鋼メーカーで生産される鋼板 (冷間または熱間圧延鋼板や表面処理鋼板[241]) は, 鋼板出荷さび止め油を塗布され, コイルまたは積み重ねた切り板状で自動車メーカー等のユーザーに出荷される. したがって, 鋼板出荷さび止め油には積層状態での防錆と板加工時の暴露状態での防錆性が求められる. さらに, 鋼板の使用部位によっては洗浄工程を通さず直接プレス加工が行なわれる場合があるため, プレス潤滑性や脱脂性も要求される.

優れたプレス加工面を得るために, 板表面の微細なごみや金属粉を洗浄除去する必要がある. このために低粘度の溶剤希釈型さび止め油の一種である洗浄用さび止め油が用いられる.

通常, 洗浄後の板はそのままプレス加工され, 工場内で一時保管され組立ラインに移行する場合が多い. したがって, 洗浄用さび止め油にはプレス潤滑性・暴露防錆性・脱脂性が要求される.

洗浄用さび止め油に求められる防錆期間は, せいぜい1ヵ月程度で, 防錆期間がこれ以上になるときやプレス部品を海上輸送する場合には, 中間さび止め油・KDさび止め油が用いられる[242].

いずれの場合も, プレス部品は脱脂化成処理後, 塗装されるので, 脱脂が不十分であったり, さびや油じみが存在すると, 化成処理膜の欠陥による塗装不良や塗装下地腐食の原因となる[243,244].

f. さび止め油の作用機構[245]

さび止め油の組成は, 膜形成剤, 防錆添加剤, および, これらを溶解または分散するための石油系基剤から成り立っている. 防錆添加剤として, カルボン酸・カルボン酸塩・スルホン酸塩・エステル・アルコール・ケトン・アミン・アミド・リン酸塩・リン酸エステル等が使用される. これらは, 塗膜中で界面活性剤として, また有機インヒビターとして種々の作用をする.

図 1.3.34 のように, 塗膜中の防錆添加剤は石油系溶剤や膜形成剤とともに数ミクロン以下の複合膜を形成し, 水・酸素・その他の腐食性物質から金属表面を保護する[245]. その保護効果は, 塗膜保持作用・インヒビター作用[246]・可溶化作用[247]・水置換作用[247]・中和作用等に基づいている.

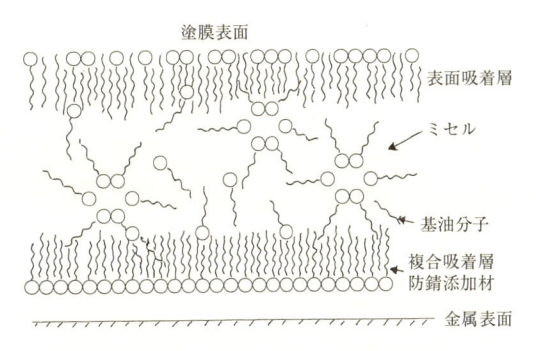

図1.3.34 さび止め油の塗膜概念図

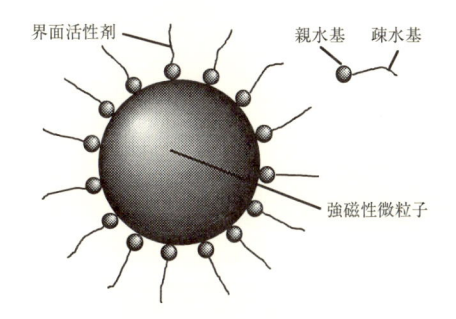

図1.3.35 磁性流体の粒子

さび止め油には，防錆の使命を最大限に発揮した後脱脂されやすいことが求められるのである．

g. さび止め油の将来

さび止め油の多くは，1ミクロン以下の薄膜で屋内で3ヵ月程度の防錆力をもち，しかも塗膜が修復性をもっている．したがって，塗膜厚さあたりの防錆力で見る限り，さび止め油の油膜は，塗料や樹脂膜にはとうてい期待できない安価で良質な防錆塗膜といえる．また，一時防錆という使命上，防錆力を維持しながら，脱脂されやすいことが求められる．

さらに近年，自動車用亜鉛系めっき鋼板の需要が急増してきており，従来に加え，非鉄金属に対する防錆や加工時の潤滑性がクローズアップされてきた．

したがって，今後のさび止め油には，さらに低粘度化を進めながら，鉄・非鉄の防錆，潤滑，脱脂といった多機能化が強く求められてくると考えられる．

（2）機能性流体

ここではトライボロジーに適用の可能性がある機能性流体を対象として，磁性流体，電気粘性流体（ER流体）および液晶に関して，その概要，組成および基本特性について解説する．

a. 磁性流体

磁性流体は水や有機溶媒などの一様流体中に強磁性微粒子を分散させたコロイド溶液であり，磁界に誘導される流体であることを特色とする．コロイド溶液は分散安定性の確保が問題となることがあるが，磁性流体の場合には粒子径を小さくしてブラウン運動を利用し，強力な界面活性剤を用いて粒子同士の磁気力や分子間引力による凝集を防ぐという二つの対策がとられている．その模式図を図1.3.35に示す．現在使用されている磁性流体の粒子径は約10ナノメートル程度である．

磁性流体は溶媒はニュートン流体であるが，界面活性剤として高分子溶液を用いており，さらに磁場の下で粒子の挙動が流れに影響を及ぼすため，擬塑性流体の挙動を示す．粘度は溶媒の種類に大きく依存するが，温度や磁場の強さにも影響を受ける．現在使用されている磁性流体はマグネタイト（Fe_3O_4）を粒子として炭化水素，エステル，水などに分散させたものであるが，磁化のさらに大きい鉄，コバルトなどの金属粒子を用いて高性能な磁性流体を製造する試みもある．

磁場の下で磁性流体の粘度が増加するメカニズムに関しては，以下のようにモデル化されている．まず，せん断流れの中で回転している磁性粒子を考える．磁場を加えることにより粒子の磁気モーメントが磁場の方向にある程度拘束を受け，粒子の回転が流体の流れに追従できない状態が生じて回転摩擦トルクが発生する．これにより，流体内に本来の粘性散逸に加えて新たな散逸が生じるために見掛け上粘度が増加するとされる．

b. 電気粘性流体（ER流体）

外部から電場を加えるとレオロジー的特性が変化する流体を電気粘性流体または単にER流体（Electrorheological Fluid）という．ER流体には半導体の微粒子を絶縁流体中に分散させた粒子分散系の流体と，流体を構成する分子構造そのものが外部電場に反応して流体の物性を変化させる均一系の流体がある．ER流体の特徴は，見掛け上の粘度変化が数百倍程度と範囲が広いこと，および応答性が良好であることとされている．

電場の下で粘度が変化するメカニズムは分散系のER流体と均一系のER流体とでは異なり，特性を

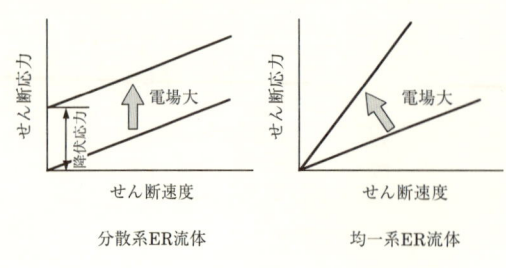

図1.3.36　ER効果による粘度増加

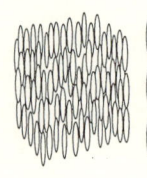

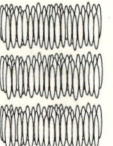

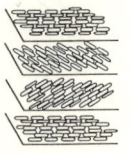

図1.3.38　液晶の分子モデル

模式的に表わしたのが図1.3.36である．基本的には分散系では電場を加えることで流体の降伏応力が変化するビンガム流体の特性を示し，均一系ではニュートン粘度そのものが変化する．

分散系ER流体の電場の下での降伏応力の変化は，分散粒子が電極間に鎖状のクラスタを形成し，その張力によると解釈されている．その模式図を図1.3.37に示す．電極間の流れがせん断流でも圧力

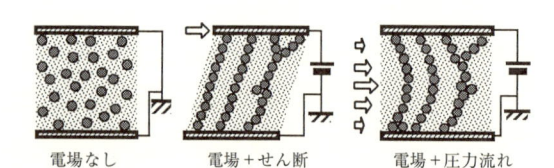

図1.3.37　クラスタ形成のモデル

流れでも，この鎖状のクラスタが抵抗を示すとされる．クラスタを形成するメカニズムとしては粒子の分極によるものとされており，粒子内の電子が電場により移動し粒子全体が分極する説，粒子表面の電子の移動による分極説，さらには電気二重層による分極説などがある．これらの機構による分極により静電引力が粒子間に働き，クラスタを形成すると考えられている．

c. 液 晶

液晶は各種の表示装置に用いられており，その中では電圧を加えることで分子配向を制御し，光の反射特性や透過特性を変化させている．分子が配向することで流体としての粘度も変化するので，ER流体の一つとしても分類できる．

液晶は，ある温度範囲で液晶相を呈するサーモトロピック液晶とある濃度範囲で液晶状態となるライオトロピック液晶に分類される．分子の配列は特徴的で，図1.3.38に模式的に示すネマティック，スメクティック，コレステリック，およびディスコティックの4種類が現在知られている．さらに分子量

でも分類され，高分子液晶と低分子液晶がある．

低液晶分子の骨格となるのは炭化水素であり，ベンゼン環やシクロヘキサン環が結合された剛直なコアと呼ばれる分子構造の両端に非対称な末端基をもっている．この末端基の電気的非対称性に起因して電場の下で分子が配向する．液晶の粘度が変化する機構はしばしば流れに対する分子の方向で説明される．ネマティック液晶の場合，その相対関係は図1.3.39に示す3種類となり，それぞれに対して粘度が定義され，ミエソビッツ（Miesowicz）の粘度と呼ばれている．ネマティック液晶では電場を加えることで η_b から η_c の範囲で粘度を変化させることが可能である．

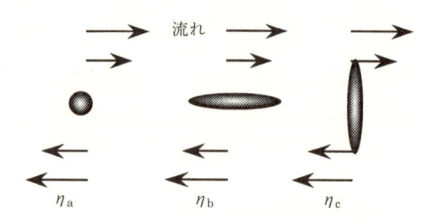

図1.3.39　ミエソビッツの粘度

液晶の粘度はせん断速度および温度に依存することが知られており，せん断速度が大きいと同じ電場の強さでも粘度は小さくなる．また，通常の油圧作動油のように温度を上げるにつれ粘度が低下するが，その割合は油圧作動油と同程度であるとされる．

さらに，高分子液晶に対するER効果に関する研究も行なわれている．その研究によれば，低分子液晶とほぼ同様に電場を加えることによりニュートン粘度が変化するが，低分子液晶より大きな効果が得られ，しかも電場に対する応答性は数十ミリ秒であるとされている．

d. その他

その他の機能性流体としてMR流体（Magnetorheological Fluids）がある．この流体は電磁場の作用下で粒子の鎖状クラスタの形成を積極

第1章 潤滑油

表1.3.55 絶縁油(JIS C 2320-1988)の種類

種類		おもな成分	適用	
1種	1号	鉱油	主として油入コンデンサ，油入ケーブルなどに用いる．	
	2号		主として油入変圧器，油入遮断器などに用いる．	
	3号		主として厳寒地以外の場所で用いる油入変圧器，油入遮断器などに用いる．	
	4号		主として高電圧大容量油入変圧器に用いる．	
2種	1号	アルキルベンゼン	分岐鎖形で低粘度のもの．	主として油入ケーブル，油入コンデンサなどに用いる．
	2号		分岐鎖形で高粘度のもの．	
	3号		直鎖形で低粘度のもの．	
	4号		直鎖形で高粘度のもの．	
3種	1号	ポリブテン	低粘度のもの．	主として油入ケーブル，油入コンデンサなどに用いる．
	2号		中粘度のもの．	
	3号		高粘度のもの．	
4種	1号	アルキルナフタレン	低粘度のもの．	主として油入コンデンサなどに用いる．
	2号		高粘度のもの．	
5種		アルキルジフェニルエタン	主として油入コンデンサなどに用いる．	
6種		シリコーン油	主として油入変圧器などに用いる．	
7種	1号	鉱油，アルキルベンゼン	主として油入コンデンサ，油入ケーブルなどに用いる．	
	2号		主として油入変圧器，油入遮断器などに用いる．	
	3号		主として厳寒地以外の場所で用いる油入変圧器，油入遮断器などに用いる．	
	4号		主として高電圧大容量油入変圧器に用いる．	

的に利用してレオロジー特性の変化を大きくとろうとしたものであり，厳密には磁性流体と区別される．基本的には磁性粒子を一様溶媒中に分散させたものであるが，磁性粒子のサイズが1ミクロンメートル程度と比較的大きく，磁場の作用で粘性抵抗量はかなり大きくとれる．粒子サイズが10ナノメートル程度の磁性流体とはその作動機構が異なり，分散系ER流体のように粒子のクラスタ形成が見掛け上の粘度変化を生じる．

（3）絶縁油，ゴム配合油，熱媒体油

a．絶縁油

電気絶縁油は，古くは新潟，秋田など国産の良質のナフテン系油原油から製造されていたが，それらの原油が枯渇してからは，輸入ナフテン原油から生産されるようになった．現在では，中東系原油から生産されるパラフィン系絶縁油や，アルキルベンゼンなどの合成油，および鉱油とアルキルベンゼンの混合油も使用されている．わが国においては，一般に絶縁油に添加剤は使用されていないが欧米においては酸化防止剤，流動点降下剤の添加を認めている場合が多い．絶縁油の種類は，用途面で変圧器油，遮断器油，コンデンサ油，ケーブル油に分かれるが，いずれも（1）電気特性，（2）酸化安定性，（3）流動点，（4）ガス吸収性などの特性が要求される．無添加油でこれらの要求特性を得るために，基油の精製法や組成の調整により対応している．表1.3.55に絶縁油の種類と適用を示す．

b．ゴム配合油

ゴム配合油は，ゴムに可塑性を与えて，配合剤の混入，分散，さらに圧延，押出しなどの成形作業を容易にするために用いられる．軟化剤とも呼ばれ

表1.3.56 粘度比重定数(V.G.C.)によるゴム配合油の分類

V.G.C.値	分類	C_P%	C_N%	C_A%
0.790〜0.819	パラフィン系	75〜60	20〜35	0〜10
0.820〜0.849	比較的パラフィン系	65〜50	25〜40	0〜15
0.850〜0.899	ナフテン系	55〜35	30〜45	10〜30
0.900〜0.949	比較的ナフテン系	45〜25	20〜45	25〜40
0.950〜0.999	芳香族系	35〜20	20〜40	35〜50
1.000〜1.049	高芳香族系	25〜 0	25〜 0	10以上
1.050以上	超芳香族系	25以下	25以下	60以上

る．ゴム配合油は使用方法により，原料ゴムメーカーで使用されるエキステンダー油（伸展油）とゴム加工メーカーで使用されるプロセス油（加工油）に分類される．いずれも，組成によってパラフィン系，ナフテン系，芳香族系に分類され，それぞれ適合（相溶）するゴムに使い分けられている[260]．表1.3.56に粘度比重定数（Viscosity Gravity Constant略してV.G.C.）によるゴム配合油の分類を示す．

c. 熱媒体油

熱媒体油は，化学，繊維，食品工業などで，熱媒体を利用する間接加熱法において使用される．鉱油と合成油に分けられ，後者では熱安定性の高い芳香族系化合物が多い．密閉型の加熱システムにおいては，通常不活性ガスによってシールされているが，開放型加熱システムにおいては，大気と接触して早期に劣化することがある．開放型加熱システムで使用される熱媒体油には，(1)熱・酸化安定性に優れること，(2)装置に対する腐食性がないこと，(3)低温流動性が良いこと，(4)蒸気圧が低く，引火点が高いこと，(5)毒性が低く，安全性が高いこと，(6)使用済み廃棄物の処理が容易なことなどが要求される．

文献

1) 加賀谷峰夫：エンジンの辞典，朝倉書店（1994）259.
2) 加賀谷峰夫：日本機械学会第6回交通・物流部門大会講演論文集，No.97-12（1997）287.
3) 1999 SAE HANDBOOK, 1, 12. 49.
4) 1999 SAE HANDBOOK, 1, 12. 46.
5) ASTM publication STP 512A.
6) DEXRON® III ATF. Specification GM 6297-M (1993).
7) A Specification for MERCON®, Ford Motor Company (1992).
8) 太齋正志：トライボロジスト，**35**, 5 (1990) 328.
9) 山田正俊：トライボロジスト，**34**, 8 (1989) 555.
10) (社)自動車技術会：自動車のトライボロジー，養賢堂（1994）234.
11) 大關智正：トライボロジスト，**41**, 10 (1996) 832.
12) 吉岡達夫・秋山健優・吉田節夫・谷川正峰：トヨタ技報，**34**, 1 (1984) 133.
13) 岡田美津雄：油圧と空気圧，**21**, 2 (1990) 163.
14) 功刀俊夫：トライボロジスト，**38**, 2 (1993) 118.
15) 橋詰弘之・郷 茂博・政村辰也：トライボロジスト，**39**, 10 (1994) 851.
16) 文献10)のp.257.
17) カヤバ工業(株)：自動車のサスペンション，山海堂（1991）116.
18) 文献17)のp.244.
19) 文献10)のp.171.
20) 早田喜穂：潤滑，**23**, 4 (1978) 259.
21) 村木正芳：トライボロジスト，**36**, 5 (1991) 339.
22) 坪内俊之：トライボロジスト，**41**, 5 (1996) 395.
23) 安冨清治郎：潤滑，**39**, 6 (1987) 393.
24) 山本雄二・橋本正明：トライボロジスト，**35**, 7 (1990) 493.
25) 星 博彦・中谷美孝：PETROTECH, **12**, (1989) 986.
26) 飯井基彦：オートケミカル，**3**, 3 (1979) 107.
27) 谷崎義治：オートケミカル，**7**, 1 (1983) 3.
28) CIMAC: Guideline for the lubrication of two-stroke crosshead diesel engines, CIMAC (1997).
29) CIMAC: Guideline for the lubrication of medium speed diesel engines, CIMAC (1994).
30) 三菱重工業株式会社資料．
31) 高崎 潔：日本舶用機関学会誌，**12**, 10 (1977) 737.
32) MAN B & W資料：The Motor Ship, **78**, 922 (1997) 33.
33) JIS K 2238-1993.
34) 通産省資料調査会：1997/1998資源エネルギー年鑑，(1997) 312.
35) Morgan Construction Co.: Morgoil Bearing Data, Lub. Spec. (Revision 2-1, July 1974).
36) 石油連盟：石油製品安全データシート作成の手引き，追補版 (1997).
37) 火原協会講座⑳ 火力・原子力発電設備用材料，(社)火力原子力発電技術協会，(1993) 216.
38) 吉田俊男：潤滑，**32** (1987) 856.
39) 森谷新一・堀 三千男・松隈雅治・青柳和雄・井上雅賀・能勢正見：火力原子力発電，**41** (1990) 1620.
40) M. C. Bryson, W. A. Horne & H. C. Stauffer: Proceeding API Divison of refining (1969) 439.
41) S. Bull & A. Marmin: Proceeding 10th World Petroleum Congress, 4 (1979) 221.
42) 安達博治：日石レビュー，**32** (1990) 104.
43) 火力原子力発電，(1997) 555.
44) J. D. Herder: Lub. Eng., **33** (1977) 303.
45) 吉田俊男・渡辺治道：日本潤滑学会秋季予稿集（昭和57年度）337.
46) 板橋重幸・佐々木善和・宮本秀夫：日石レビュー，**25** (1983) 154.
47) S. Itabashi, T. Oba & H. Watanabe: Lub. Eng., 37 (1981) 279.
48) 例えば P. B. Neal: Tribology Handbook B-7
49) 例えば 日本能率協会：潤滑管理者のための適油法（8訂版），日本能率協会（1983）7
50) 例えば V. Stepina: Lubricants and Special Fluids, Tribology Series 23, Elsevier (1992) 519
51) たとえば 日本機械工学便覧，応用編B1 機械要素設計トライボロジ，日本機械学会（1985）42.
52) 朝鍋定生・谷口 邁・江崎仁朗：トライボロジスト，**35**, 3 (1989) 169.
53) 沢 雅明・四阿佳昭・土井宏幸・畑 一志：材料とプロセス，4 (1991) 1582.
54) 矢野法生：トライボロジスト，**35**, 9 (1990) 602.
55) 峰須栄一：トライボロジスト，**38**, 2 (1993) 140.
56) 渡辺佳久，大西輝明：トライボロジスト，**42**, 7 (1997) 534.
57) 白井浩匡：トライボロジスト，**42**, 7 (1997) 513.

58) Co-ordinating European Council L-33-T-82.
59) 遠藤宣弘：日石レビュー，**27**, 4 (1985) 236.
60) 橋本勝美：油空圧技術，**36**, 2 (1997) 49.
61) 山下正忠：油圧と空気圧，**13**, 2 (1982) 68.
62) 井上理一：油空圧化設計，**21**, 11 (1983) 18.
63) 弟子丸順一・田中信廣・武居正彦：トライボロジスト，**36**, 12 (1991) 983.
64) 岡村健三郎・松原十三生・大西紘夫・井上芳政：精密機械，**35**, 4 (1969) 215.
65) 塩崎　進・中野嘉邦：機械学会論文集，**35**, 269 (1969) 225.
66) 松崎　淳：機械の研究，**19**, 1 (1967) 249.
67) 松崎　淳：潤滑，**15**, 5 (1967) 183.
68) 高木　昭・鶴　和夫：機械の研究，**38**, 8 (1986) 903.
69) Draft International Standard, ISO/DSS 12925-1, Part 1 Lubricants for enclosed gear systems (1994).
70) AGMA 9005-D95 (1995), AGMA, 1500 King St.,Suite 201, Alexandria, VA 22314.
71) K. Michaelis & B. R. Hohn : STLE Tribology Transactions, **37**, 1 (1994) 161.
72) 畑　一志：日本潤滑学会，第 32 回東京講習会教材，(1987) 17.
73) 例えば，小西誠一・上田　亨：潤滑油の基礎と応用，コロナ社 (1992).
74) 清木啓通：トライボロジスト，**35**, 9 (1990) 615.
75) ISO 6743-3A (1987).
76) ISO DIS 6521 (1983).
77) ISO 6743-3B (1988).
78) 例えば，松隈正樹：トライボロジスト，**35**, 9 (1990) 654.
79) V. Stepina & V. Vesely : Lubricants & Special Fluids, Elsevier (1992)
80) 例えば，滝村武利：トライボロジスト，**38**, 2 (1993) 177.
81) 草柳散歩：冷凍，**60**, 694 (1985) 795.
82) 開米　貴：トライボロジスト，**35**, 9 (1990) 621.
83) 開米　貴：ペトロテック，**18**, 12 (1995) 1053.
84) 角南元司・瀧川克也：トライボロジスト，**42**, 8 (1997) 607.
85) 川口泰宏：冷凍，**72**, 835 (1997) 483.
86) 臼井英治：切削・研削加工学（上），共立出版 (1971).
87) 中島利勝・鳴瀧則彦：機械加工学，コロナ社 (1983).
88) 佐藤　素・渡邊忠明：切削加工，朝倉書店 (1984).
89) 佐久間敬三・斎藤勝政・松尾哲夫：機械工作法，朝倉書店 (1984).
90) 田中義信・津和秀夫・井川直哉：精密工作法（上）第 2 版，共立出版 (1979).
91) 竹山秀彦：切削加工，丸善 (1980).
92) 杉田忠彰・上田完次・稲village豊四郎：基礎切削加工学，共立出版 (1984).
93) I. Finnie & M. C. Shaw : Trans. ASME, **78**, 8 (1956) 1649.
94) M. Connelly & E. Rabinowicz : ASLE Trans., **26**, 2 (1983) 139.
95) C. Kajdas : ASLE Trans., **28**, 1 (1985) 21.
96) M. C. Shaw, N. H. Cook & I. Finnie : Trans. ASME, **75**, 2 (1953) 273.
97) P. L. B. Oxley & M. J. M. Welsh : Trans. ASME, **89**, 8 (1967) 549.

98) 中山一雄：精密機械，**28**, 9 (1962) 525.
99) 臼井英治・白樫高洋・北川武揚：精密機械，**43**, 10 (1977) 1211.
100) N. P. Suh : Wear, **62**, 1 (1980) 1.
101) T. Akasawa, Y. Hashiguchi & K. Suzuki : Wear, **65**, 2 (1980) 141.
102) 臼井英治：現代切削理論，共立出版 (1990) 210.
103) 藤村善雄：実用切削加工法　第 2 版，共立出版 (1980) 61.
104) 前川克廣・北川武揚・白樫高洋・臼井英治：精密工学会誌，**54**, 2 (1988) 346.
105) R. K. Springborn ed. : Cutting and Grinding Fluids ; Selection and Application (1967). 〔竹山秀彦監訳：切削・研削油剤，工業調査会 (1972).〕
106) 広井　進・山中康夫：切削油剤と研削油剤，幸書房 (1982).
107) 若林利明：トライボロジスト，**39**, 4 (1994) 320.
108) E. Usui & H. Takeyama : Trans. ASME Ser. B, J. **82**, 4 (1960) 303.
109) 正野崎友信：不二越技報，**30**, 4 (1974) 7.
110) 伊藤　鎮・竹中規雄・本田巨範・小林健志・相原　守・内藤俊雄：工具事典，誠文堂新光社 (1968) 4.
111) H. T. Young : Wear, **201**, [1/2] (1996) 117.
112) 竹山秀彦・糟谷梅太郎：精密機械，**26**, 6 (1960) 347.
113) R. Kovacevic, C. Cherukuthota & R. Mohan : Trans. ASME J. Eng. Ind., **117**, 3 (1995) 331.
114) 谷川義博・宮沢伸一：精密工学会誌，**63**, 4 (1997) 540.
115) 佐藤潤幹・稲崎一郎・若林利明：日本機械学会論文集（C 編），**62**, 604 (1996-12) 4696.
116) M. C. Shaw : Wear, **2** (1958/1959) 217.
117) JIS K 2241-1986.
118) 小原正男：機械の研究，**42**, 5 (1990) 595.
119) 能上　進，辻郷康生：機械の研究，**21**, 8 (1969) 1131.
120) 藤川芳男・湯川治夫・浅見　清：潤滑，**16**, 12 (1971) 877.
121) 甲木　昭・劉　鎮昌・境　忠男・松岡寛憲：日本機械学会論文集（C 編），**61**, 583 (1995-3) 1169.
122) 甲木　昭・劉　鎮昌・境　忠男・松岡寛憲：日本機械学会論文集（C 編），**61**, 583 (1995-3) 1177.
123) 甲木　昭・上野　拓・松岡寛憲・小原正男：日本機械学会論文集（C 編），**48**, 433 (1982) 1511.
124) C. A. Sluhan : Tool Prod., **60**, 2 (1994) 40.
125) 淵上正晴：日本機械学会講習会資料 (1993-6) 15.
126) 若林利明・横田秀雄・岡嶋　稔・小倉茂稔：トライボロジスト，**39**, 9 (1994) 784.
127) H. Hong, A. Riga & J. M. Cahoon : Lub. Eng., **51**, 2 (1995) 147.
128) B. L. Riddle & E. M. Kipp : Lub. Eng., **47**, 12 (1991) 991.
129) R. P. S. Bisht, G. A. Sivasankaran & A. V. K. Bhati : J. Sci. Ind. Res., **48**, 4 (1989) 174.
130) 第 55 回切削油技術研究会総会資料 (1993) 15.
131) 第 55 回切削油技術研究会総会資料 (1993) 233.
132) 狩野勝吉：切削加工のトラブルシューティング，工業調査会 (1996) 321.
133) 赤川　章：ペトロテック，**11**, 4 (1988) 342.
134) J. M. Burke : Lub. Eng., **47**, 4 (1991) 238.
135) 通商産業省立地公害局監修：四訂　公害防止の技術と法規―水質編―(1991).

136) 工業調査会，機械と工具，**41**, 9 (1997) 特集号．
137) 臼井英治：切削・研削加工学（下），共立出版 (1971).
138) 河村末久・矢野章成・樋口誠宏・杉田忠彰：研削加工と砥粒加工，共立出版 (1984).
139) 竹中規雄：研削加工，誠文堂新光社 (1968) 2.
140) 竹中規雄・佐藤久弥：研削加工のドレッシング・ツルーイング，誠文堂新光社 (1971).
141) 友田英幸・北嶋弘一・岡山勝弥・大坪宏誠：精密工学会誌，**63**, 2 (1997) 243.
142) 田中義信・津和秀夫：精密工作法（下）第2版，共立出版 (1982).
143) 河田研治：砥粒加工学会誌，**41**, 2 (1997) 52.
144) 山口ひとみ・進村武男・久我恵一：日本機械学会論文集 (C編), **62**, 600 (1996-8) 3313.
145) 梅原徳次：トライボロジスト，**41**, 6 (1996) 476.
146) 黒部利次・山下勝久・坂谷勝明：精密工学会誌，**63**, 8 (1997) 1143.
147) 左光大和：精密工学会誌，**61**, 4 (1995) 552.
148) 横川和彦・横川宗彦：研削加工のすすめ方，工業調査会 (1992) 255.
149) 中島利勝・塚本真也・香山恭輝：精密工学会誌，**55**, 7 (1989) 1295.
150) G. S. Cholakov, T. L. Guest & G. W. Rowe：Lub. Eng., **48**, 2 (1992) 155.
151) 西脇信彦・斉藤義夫：精密機械，**45**, 2 (1979) 214.
152) C. Cuo & S. Malkin：Trans. ASME, J. Eng. Ind., **117**, 1 (1995) 55.
153) 大森　整：精密工学会誌，**59**, 9 (1993) 43.
154) 横山健三：日本機械学会分科会成果報告書 (1990年3月) 79.
155) 友田　進・菅原　章：精密工学会誌，**62**, 8 (1996) 1122.
156) 牧野国雄・金道幸宏：砥粒加工学会誌，**41**, 1 (1997) 16.
157) 第57回切削油技術研究会総会資料 (1995) 115.
158) 竹中規雄・佐藤久弥：研削加工のトラブルと対策，誠文堂新光社 (1972).
159) 第57回切削油技術研究会総会資料 (1995) 315.
160) 重松日出見：精密機械，**34**, 6 (1968) 370.
161) 樋口勝敏・横川和彦：精密工学会誌，**57**, 7 (1991) 1271.
162) 貴志浩三・江田　弘：精密機械，**39**, 6 (1973) 613.
163) C. C. Chang, S. H. Wang & A. Z. Szeri：Trans. ASME J. Manuf. Sci. Eng., **118**, 3 (1996) 332.
164) 鄭　潤教・稲崎一郎・松井　敏：日本機械学会論文集 (C編), **53**, 491 (1987) 1571.
165) 和井田徹・野口豊生・メーディ・レザイ・須藤徹也：精密工学会誌，**57**, 2 (1991) 324.
166) 奥山繁樹・中村佳伸・河村末久：精密工学会誌，**58**, 4 (1992) 673.
167) 庄司克雄・厨川常元・稲田　豊・海野邦彦・由井明紀・大下秀男・成田　潔：精密工学会誌，**63**, 4 (1997) 560.
168) 本間宏之・横川和彦・横川宗彦：精密工学会誌，**62**, 11 (1996) 1638.
169) 加藤健三：金属塑性加工学，丸善 (1997) 114.
170) 日本塑性加工学会：塑性加工技術シリーズ7，板圧延，コロナ社 (1993) 231.
171) 水野高爾：潤滑，**15**, 1 (1970) 14.
172) 小豆島　明：鉄と鋼，**64** 2 (1978) 317.
173) 鍵田征雄：第92, 93回西山記念技術講座テキスト (1983) 231.
174) 日本塑性加工学会：塑性加工技術シリーズ8 棒線・形・管圧延，コロナ社 (1991).
175) 井上　剛：鉄鋼シンポテキスト，熱延潤滑圧延の現状と今後の課題 (1997) 20.
176) 田代　清・泉　総一・芦浦武夫・伊藤吉司：鉄と鋼，**63**, 4 (1977) S223.
177) 高橋英樹・倉橋隆郎・谷川啓一・西山泰行・加藤　治・白ији昌敬・上屋舗宏：平成1年 塑加春講論 (1989) 641.
178) 佐々木　保：鉄鋼シンポテキスト，熱延潤滑圧延の現状と今後の課題 (1991) 11.
179) 橋本光生・川上　保・小田高士・倉橋隆郎・保木本勝利：新日鉄技報，**355** (1995) 76.
180) 後藤邦夫・芝原　隆：CAMP-ISIJ, **8** (1995) 491.
181) 木原直樹・伊原　肇：鉄鋼シンポテキスト，熱延潤滑圧延の現状と今後の課題 (1997) 36.
182) 日比　徹・池田治朗：鉄鋼シンポテキスト，熱延潤滑圧延の現状と今後の課題 (1997) 32.
183) 松井邦昭：トライボロジスト，**40**, 8 (1995) 632.
184) 市本武彦：塑性加工学会プロセストライボロジー分科会第2回公開研究会テキスト (1997).
185) 吉田隆夫・鈴木　健・倉知祥晃：潤滑，**30**, 7 (1985) 492.
186) 吉田隆夫：潤滑，**33**, 10 (1988) 733.
187) 金子智弘・増田博昭・竹澤幸平：川鉄技報，**28**, 2 (1996) 108.
188) 岡本隆彦：鉄鋼協会第1回ロール・工具・潤滑フォーラム資料 (1996).
189) 瀬本正三・岡本隆彦：塑性と加工，**33**, 378 (1992) 790.
190) 日置善弘：170回塑加シンポテキスト (1996) 11.
191) 守田義之：170回塑加シンポテキスト (1996) 21.
192) 鍵田征雄：鉄鋼協会圧延理論部会冷延潤滑小委員会活動報告 (1985) 21.
193) 鍵田征雄：潤滑，**24**, 12 (1979) 769.
194) 清水茂樹・青木賢一・小林　克・山田恭裕・斉藤輝弘：鉄鋼協会圧延ロール部会報告 (1995) 177.
195) 瀬戸口　繁・若松賢太郎・神保安広・小豆島　明：48回塑加連講論 (1997) 583.
196) 梁井和博：176回塑加シンポテキスト (1997) 1.
197) 升田貞和・八木龍一・村田宰一：42回塑加連講論 (1991) 861.
198) Y. Tamai & M. Sumitomo：Lubr. Eng., **31**, 2 (1975) 81.
199) 軽金属学会表面欠陥分科会：アルミニウム板圧延油の現状 (1985) 8.
200) 福田正人・田部明芳・森口康夫：昭57塑加春講論 (1982) 143.
201) 水野高爾：潤滑，**33**, 2 (1988) 138.
202) 小坂田宏造：塑性と加工，**20**, 227 (1979) 1115.
203) 日本塑性加工学会：プロセストライボロジー，コロナ社 (1993) 65.
204) H. Kudo, M. Tsubouchi：Ann CIRP, 24-1 (1975) 185.
205) 大矢根守哉・若杉昇八・後藤善弘・島　進・香西　卓：塑性と加工，**20**, 222 (1979) 644.
206) 久能木真人：科学研究所報告，**30**, 2 (1954) 63.
207) 北村憲彦・大森俊英・団野　敦・川村益彦：塑性と加工，**34**, 393 (1993) 1178.
208) 団野　敦・野々山史男・阿部勝司：塑性と加工，**24**, 265 (1983) 213.
209) 五十川幸宏・遠藤祐介・木村篤良・戸澤康壽：塑加連合論文集，42th (1991) 623.

210) 伊藤正巳:鍛造技報, **18**, 53 (1993) 34.
211) 日本機械学会:機械工学便覧, 丸善 (1987) B2-107.
212) 平 武敏:プレス技術, **32**, 6 (1994) 40.
213) 松尾佐千夫・塩田俊明・高谷 勝・西原 実・林 豊:鉄と鋼, **68**, 12 臨増 (1982) S1183.
214) 山地隆文・下村隆良・蛇目達志:鉄と鋼, **71**, 5 (1985) S460.
215) 後藤秀夫・新開 潔・前川佳徳・和田林良一:塑加連合論文集, 35th (1984) 481.
216) 川又悦雄:潤滑経済, 367 (1996) 19.
217) 白木春光:潤滑経済, 324 (1993) 24.
218) 奈良達夫:プレス技術, **23**, 3 (1985) 26.
219) 松下富春・西岡邦彦・川上平二郎・沢田裕治:神戸製鋼技報, **31**, 4 (1981) 50.
220) J. W. Pilarczyk : Wire Ind, **62**, 734 (1995) 143.
221) M. T. Hillery : J Mater Process Technol, **55**, 2 (1995) 53.
222) John A. Schey : Tribology in Metalworking, AMERICAN SOCIETY FOR METALS (1983) 373.
223) 日本塑性加工学会伸線技術分科会潤滑剤小委員会:鉄鋼伸線用潤滑剤マニアル (1982) 34.
224) 中村芳美:日本塑性加工学会, 第10回伸線分科会資料, (1977-5)
225) 濟木弘行・中村 保・堂田邦明:トライボロジスト, **37**, 9 (1992) 764.
226) 大森俊英・北村憲彦:トライボロジスト, **39**, 11 (1994) 957.
227) 小松崎茂樹:潤滑, **31**, 6 (1986) 381.
228) 日比 徹・横山東司:鍛造技報, **18**, 53 (1993) 41.
229) 迫田克義・五十川幸宏・森 幹:電気製鋼, **66**, 3 (1995) 160.
230) 田村 清:トライボロジスト, **37**, 5 (1992) 368.
231) 中村 保・石橋 格:月刊トライボロジ, **40** (1990) 10.
232) 三田村一広・川井俊紀・酒井健次・後藤孝一:平5春塑加講論 (1993) 350T
233) John A. Schey : Tribology in Metalworking, AMERICAN SOCIETY FOR METALS (1983) 170.

234) 笠岡:防錆管理, **26**, 2 (1982) 18.
235) 鈴木 伸:表面, **23**, 11 (1985) 655.
236) L. Kelvin : Phil. Mag., **42** (1881) 448.
237) JIS K 2246 (1980).
238) 腐食損失調査委員会:防錆管理, **21**, 7 (1977) 11.
239) 山ノ内敏郎:防錆管理, **25**, 8 (1981) 31.
240) 鈴木弘道:潤滑通信, 146 (1979) 12.
241) 前田重義:表面, **19**, 8 (1981) 461.
242) 杉野光宏:潤滑通信, 231 (1986) 27.
243) 宮本智志:防錆管理, **26**, 9 (1982) 9.
244) 置田 宏・宮脇 憲:防錆管理, **26**, 7 (1982) 9.
245) 桜井俊男・玉井康勝:応用界面化学, 朝倉書店 (1968) 465.
246) 鴨川 薫:防錆管理, **32**, 7 (1988) 21.
247) 北原文男:コロイドの界面化学, 広川書店 (1967) 87.
248) 神山新一:磁性流体入門, 産業図書 (1989).
249) 武富 荒・近角聡信:磁性流体, 日刊工業新聞社 (1988).
250) 浅野和俊:電気粘性流体とその応用に関する研究分科会成果報告書, 日本機械学会 (1994) 2.
251) T. C. Jordan & M. T. Shaw : IEEE Trans. Electrical Insulation, **24**, 5 (1989) 849.
252) A. W. Duff : Physical Review, **4**, 1 (1896) 23.
253) W. M. Winslow : J. Appl. Phys., **20** (1949) 1137.
254) D. L. Klass & T. W. Matinek : J. Appl. Phys., **38**, 1 (1967) 67.
255) 笹田 直・本多 力:機械の研究, **32**, 1 (1980) 63.
256) 福政充睦:電気粘性流体とその応用に関する研究分科会成果報告書, 日本機械学会 (1994) 42.
257) 岡野光治・小林駿介:液晶, 培風館 (1985).
258) S. Morishita, K. Nakano & Y. Kimura : Tribology Int., **26**, 6 (1993) 399.
259) 井上昭夫・真庭俊嗣・佐藤富雄・谷口恵子:日本レオロジー学会第41回レオロジー討論会講演旨集 (1993) 73.
260) (社)日本ゴム協会編:ゴム技術の基礎, (社)日本ゴム協会 (1983) 115.

第2章　グリース

　潤滑グリース（以下グリースと略す）とは液状の潤滑油（基油）に増ちょう剤を分散させることによって半固体あるいは半液体の状態にしたものである．鉱油中にアスファルトなどの粘ちょうなものを溶解あるいは分散させたギヤコンパウンドなども広義にグリース類に包括される．潤滑油を使用した場合に比較してグリースの場合には高速の回転に不向き，冷却能力が劣るなど不利な点があるが，潤滑部のまわりの構造が簡単になる．固体潤滑剤の分散が容易であるといった利点があり，これらの利点を活かし各種機器類のしゅう動部および回転部にグリースが広く使用されている．グリースの諸特性は各成分（増ちょう剤，基油，添加剤）の種類の他，これらの配合比，製造プロセスによって決定される．用途によって各種のグリースが用いられ，かつ使用条件によって挙動も異なり一般論で論じるのはむずかしい面もあるが，ここではグリースを使用するに当たり必要な知識と考えられるグリースの基本的挙動と代表的な応用例について以下述べる．

2.1　グリースの組成と性質

2.1.1　グリースの組成による分類

　グリースは，増ちょう剤，基油，添加剤により構成され，その組合せにより数多くのものが市販されている．この構成成分に基づき分類することはグリースの特性を知るうえで重要である．表2.1.1にグリースの名称・分類と代表例を示す．

（1）増ちょう剤による分類

　グリースの増ちょう剤として，種々の物質が用いられており，その種類により，耐熱性，耐水性，せん断安定性などの重要なグリース特性が決まるため，増ちょう剤の種類で分類されることが多い．例えば，リチウムグリース（あるいはリチウムセッケングリース），ベントングリースなどのように呼ばれる．また，増ちょう剤はセッケン系と非セッケン系に大別されるのでセッケングリース，非セッケングリースと呼ばれることもある．増ちょう剤の種類と主な特徴は表2.1.2に示す．

（2）基油による分類

　グリース組成の中では，基油の割合が最も多く，温度特性，潤滑性，耐ゴム・樹脂性などのグリースの特性は基油の種類に大きく依存している．
　グリースは基油により鉱油系と合成油系に大別され，合成油としては，合成炭化水素油，エステル油，エーテル油，ポリグリコール油，シリコーン油，フッ素油などが目的に応じて使用されている．基油による分類は基油名を付けて鉱油系グリース，シリコーングリース，フッ素グリースのように呼ばれる．

（3）添加剤による分類

　グリースの添加剤は，特定の性能を向上するため，その目的に応じて使用されている．耐荷重性能を向上するための極圧剤や固体潤滑剤を添加したグリースは，極圧グリースあるいはEPグリース，グラファイトグリースなどと呼ばれている．

（4）その他

　現在，使用されているグリースの呼称は種々雑多であり，統一された命名法はない．前述の増ちょう剤，基油および添加剤を基にしたグリース組成によ

表2.1.1　グリースの名称分類と代表例

名称分類	代　表　例
増ちょう剤	リチウムグリース，ベントングリース，ウレアグリース
基　　油	シリコーングリース，エーテルグリース，エステルグリース
添　加　剤	モリブデングリース，グラファイトグリース
業　　種	自動車用グリース，鉄鋼用グリース，航空機用グリース
潤滑個所，潤滑方法	ベアリンググリース，ギヤグリース，集中給脂用グリース
グリース性能	耐熱グリース，耐水グリース，極圧グリース，さび止めグリース
グリース規格	MIL-G-81322，JIS K 2220
グリースの外観	ファイバグリース

第2章 グリース

表 2.1.2 各種増ちょう剤に対するグリースの特徴

増ちょう剤		性質	滴点, °C	耐熱性	最高使用可能温度, °C	耐水性	機械的安定性	備考
セッケン系	カルシウムセッケン	牛脂系脂肪酸	80〜100	×	70	○	△〜○	構造安定剤として約1%の水分を含む.
		ひまし油系脂肪酸	80〜100	△	100	○	○	
	カルシウム複合セッケン		>260	○	120〜150	○	×〜△	経時または高温硬化の傾向がある.
	ナトリウムセッケン		130〜180	○	120〜150	×〜△	△〜○	
	アルミニウムセッケン		50〜90	△	80	○	×〜○	粘着性良好.
	アルミニウム複合セッケン		>260	○	120〜180	◎	◎	長時間高温にさらされると構造が破壊して軟化する.
	リチウムセッケン	牛脂系脂肪酸	170〜200	○	130〜150	○	○	最も欠点が少ないバランスのとれた性能を有す.
		ひまし油系脂肪酸		○	130〜150	○	◎	
	リチウム複合セッケン		>260	◎	130〜180	△〜○	◎	耐水性がやや劣る.
非セッケン系(有機系)	ポリウレア		>260	◎	150〜200	◎	○	高温で硬化する傾向がある. 高温で増ちょう剤が重合するものもある.
	ナトリウムテレフタラメート		>260	◎	150〜200	◎	○	油分離が大きい.
	PTFE		なし	◎	150〜250	◎	◎	極めて高価.
非セッケン系(無機系)	有機ベントナイト		なし	◎	150〜200	△〜○	○	水存在下で発生しやすい.
	シリカゲル		なし	◎	150〜200	×〜△	×〜△	水存在下で発生しやすい.

◎:優れる ○:良い △:やや劣る ×:悪い

る名称の他, グリース性能による名称, 潤滑箇所および潤滑方法による名称, グリース規格などによる名称がある. また, ファイバグリースのようにグリースの外観状態に起因する名称も用いられている.

さらにグリースの最も基本的な物理性状である, ちょう度番号による分類も多用されている. ちょう度は, グリースの定義にある半固体状または固体状という状態の度合い, すなわち硬さを示す数値で, その大きさによる分類を表 2.1.3[1] に示す. この分類は, 米国グリース協会 (NLGI) によるもので, JIS もこれを採用している. ちょう度番号が大きくなるほどグリースが硬く, 小さくなるほど軟らかい. 標準的なグリースの硬さは2号ちょう度である. 集中給脂で使用される用途では, 流動性の高い000〜0号のグリースが用いられる. 各種転がり軸受には1〜3号のグリースが多く用いられる. グリースの再補給が行なわれない密封タイプの軸受用には, 2〜3号のグリースが, 自動車のシャシ用には0〜2号が, ホイールベアリング用には2〜3号のグ

表 2.1.3 ちょう度分類

〔出典:文献1〕

ちょう度番号	混和ちょう度範囲
000	445〜475
00	400〜430
0	355〜385
1	310〜340
2	265〜295
3	220〜250
4	175〜205
5	130〜160
6	85〜115

```
グリース ─┬─ 増ちょう剤 ─┬─ セッケン   （リチウムセッケン，ナトリウムセッケンなど）
          │              └─ 非セッケン （ポリウレア，ベントナイトなど）
          ├─ 添加剤    （酸化防止剤，極圧剤，防錆剤など）
          ├─ 基油    ─┬─ 鉱油   （パラフィン系，ナフテン系など）
          │            └─ 合成油 （ポリオレフィン，エステル，シリコーンなど）
          ├─ 充てん剤  （黒鉛，MoS₂，ZnO，PbO，PTFE，カーボンブラックなど）
          └─ その他    （着色材，香料など）
```

図 2.1.1　グリースの構成

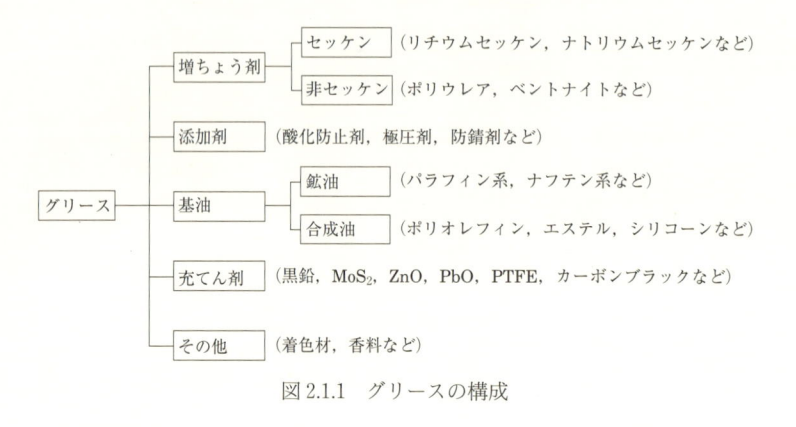

リースが使用されている．

2.1.2　グリースの組成とその機能

　グリースの構成を図 2.1.1 に示す．一般には増ちょう剤，基油および添加剤からなり，各組成の比率は用途によって異なるが概略は次のようである．増ちょう剤：5〜20 mass%；基油：75〜96 mass%；添加剤：0〜5 mass%．その他，グリースの性能を補うため，各種の粉末（充てん剤）が配合されることがある．例えば，耐荷重性向上を目的にグラファイト，MoS_2，有機モリブデン化合物，銅粉末，亜鉛などの固体潤滑剤が，酸を中和するための酸化亜鉛や酸化マグネシウムなどの固体粉末が配合されることもある．油に比較して粉末の分散は容易であり，グリースを単にこれらの粉末のキャリヤとして用いることもある．さらに，いくつかのグリースを使い分けるときの区別のために着色剤を，あるいは職場環境改善のために香料を加えることもある．
　最も広く用いられているリチウムセッケンを増ちょう剤とするグリース中の増ちょう剤の電顕写真の一例を図 2.1.2 に示す．増ちょう剤は三次元の網目構造を形成し，空間は基油で満たされている．潤滑の機能は主に基油が受け持ち，増ちょう剤は基油が流失しないように保持する役割を有す．グリースの物理的化学的性質は主に増ちょう剤と基油によって決定されるが，それらの配合比の他，油中での増ちょう剤の分散状態によっても影響を受ける．さらに，用途に応じて様々な要求に応えるため，潤滑油と同様に各種の添加剤が加えられる．添加剤によりグリースに特定の性能の向上および新しい機能を付与することができる．
　グリースと潤滑油との最も大きな違いは，油中に増ちょう剤が存在することにより半固体になり，せん断を受けたとき複雑な流動性を示すことである．せん断を受け流動したとき，増ちょう剤の網目構造は破壊され，増ちょう剤繊維の分離，配向が起こる．増ちょう剤の配向状態はせん断速度とせん断時間に依存するので，非ニュートン流動性，チキソトロピー性が現われる．この増ちょう剤の挙動が転がり軸受やしゅう動部に用いられた場合，油膜厚さ，摩擦トルク，軸受の音響などに影響を及ぼす[2〜7]．せん断を受けたときの増ちょう剤の挙動の詳細は次項 2.1.3 で述べる．
　グリースの使用温度範囲は −70〜350℃ であるが低温の限界は基油の低温流動性によって決定され，高温側の限界は基油と増ちょう剤の耐熱性によって決定される．すなわち，低温では基油粘度は高くなり，ある温度以下になると流動性を失う．具体的には軸受における起動トルクの増大，集中給油システムにおける給油困難などの問題が発生する．また，高温になると増ちょう剤の網目構造の破壊，それに伴うグリースの軟化，基油と増ちょう剤の熱酸化劣化，添加剤の消耗など物理的および化学的劣化速度が速くなり潤滑寿命が短くなる．
　次にグリースの主成分である基油と増ちょう剤を中心にこれらを成分とするグリースの特徴について述べる．

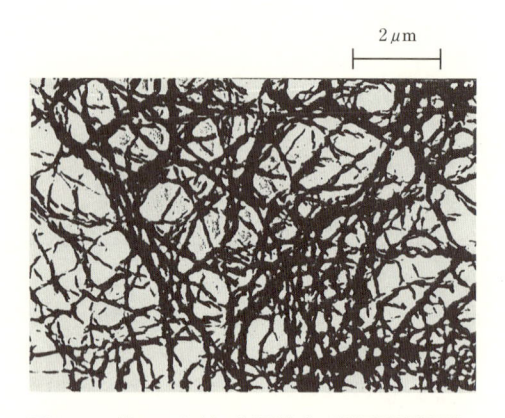

図 2.1.2　増ちょう剤の網目構造（協同油脂撮影）

（1）基 油

　基本的には全ての潤滑油はグリースの基油として用いることができる（C.編1.1.1 基油参照）．グリース潤滑の主役は基油であり，したがってグリースの選択に際しては基本的にはまず使用条件を考慮して粘度も含めて適切な基油のものを選定する必要がある．汎用グリースの基油には40～130 mm²/s, 40℃）の粘度のものが多用されている．鉱油が最も広く用いられている．ナフテン系鉱油は粘度指数が低いが，流動点が低く，金属セッケンを増ちょう剤とした場合，安定な網目構造が形成されやすい．ナフテン系に比較してパラフィン系鉱油の場合は金属セッケンの増ちょう力が低くなる傾向があるが，熱化学的安定に優れている．鉱油では仕様を満足できないときは各種の合成油が用いられる．−30℃以下，あるいは+150℃以上で使用される場合，あるいは特殊環境（放射線照射雰囲気，減圧下など）で使用される場合は合成油に頼らざるを得ない．しかし，鉱油に比較して合成油は高価であり，価格に見合う性能が期待できる場合にのみ採用される．一般に，グリース中に占める基油の割合は80～90%であり，グリースの価格は基油の価格によって大きく左右される．基油の価格は生産規模，生産プロセス，原料の種類，為替レートなどによって大きく変動するが，鉱油に比較してパーフルオロポリエーテル油はおおよそ100～500倍，その他は3～50倍である．ポリオレフィン油，ポリオールエステル油は汎用グリースの基油としても普及しているが，パーフルオロポリエーテル油は極めて高価であり，特殊用途に限られる．その他，食品加工，薬品関係の機器には植物油や流動パラフィンが用いられる．また，最近では環境保護の立場から生分解性の基油も用いられる[8,9]．詳細は2.3.8 環境汚染防止用および5.1 危険有害性，環境影響，関連法規を参照されたい．

（2）増ちょう剤

　増ちょう剤自身も潤滑に寄与する場合もあるが，潤滑の主役は基油であり，増ちょう剤は基本的には基油の性能を活かすものでなくてはならない．増ちょう剤として使用されている代表的な化合物の化学構造を図2.1.3に示す[10]．一般的には油脂または脂肪酸をアルカリあるいはアルカリ土類金属水酸化物でケン化した金属セッケンが用いられる．金属と脂肪酸の組合せにより種々の金属セッケンが可能とな

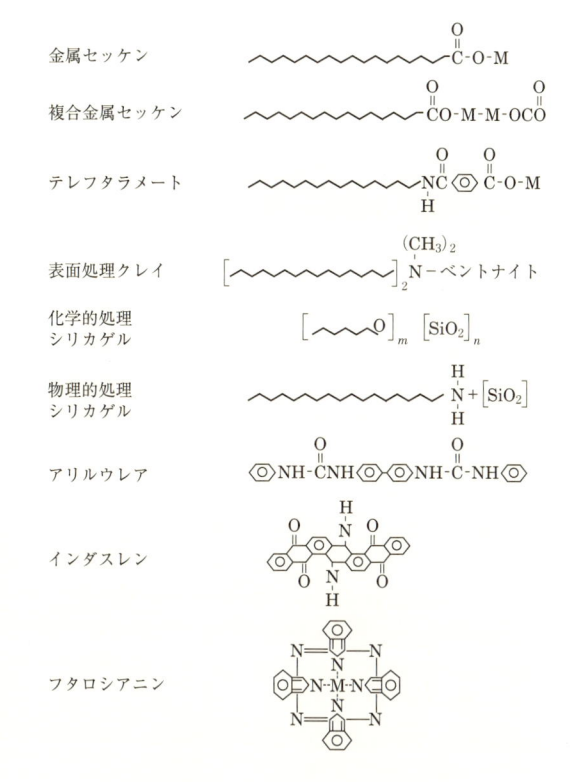

図2.1.3　各種増ちょう剤の化学構造〔出典：文献10〕〕

る．金属としてはナトリウム，カルシウム，アルミニウム，脂肪酸としてはステアリン酸や12-ヒドロキシステアリン酸の他，ラウリン酸，ミリスチリン酸，パルミチン酸，オレイン酸などが併用される場合もある．金属セッケンを用いた場合，例えばリチウムセッケングリースでは200℃前後で液化する．この温度は滴点と呼ばれ，グリースは一般にこの温度より50℃～80℃低い温度で使用される．いくつかの有機酸を併用して複合セッケンにすると滴点は高くなり耐熱性は向上する．

　さらに，セッケン系の耐熱限界を越える場合には，非セッケン系が用いられる．主として，有機系ではウレア化合物（ポリウレア）やPTFE（フッ素化ポリマー），無機系では有機物で表面処理されたベントナイト，シリカゲルなどが用いられる．各種の増ちょう剤を用いたときのグリースの主な特徴については表2.1.2を参照されたい．ただし，グリースの性質は基油の種類，添加剤によっても変わることも考慮しなければならない．

a. リチウムセッケン
耐水性良好，せん断定安性良好，酸化安定性，腐食防止効果および極圧性は添加剤により大幅に改良される．汎用グリースとして多用されている．バランスのとれた諸特性が得られるため，現在使用されているグリースの 50％ 以上はリチウムセッケンが占めている．

b. ナトリウムセッケン
ギヤや高速スピンドル軸受などに用いられている．ナトリウムセッケンは水に対する溶解性高く耐水性は良くない．しかし，カルシウムセッケンを混合することにより耐水性は改良される．反面，熱水で容易に除去できるという利点もある．また，システム内の水分が少ないとき，吸湿性を活かした防食効果が期待できる．

c. カルシウムセッケン
増ちょう剤の構造は水分の存在によって維持される．通常セッケンに対して約 10 mass％（グリースに対して 0.5〜1.5 mass％）の水分を含む．高温になると構造安定剤として働いている水分が失われるので耐熱性が低い（滴点：100℃以下）．一般に 60℃以下で使用される．しかし，耐水性に優れているため，水用ポンプ，食品製造機器などに適用されている．カルシウム 12-ヒドロキシステアレートを用いると構造安定剤としての水分が不要となり，耐熱性が改善される（滴点：140〜150℃）．

d. バリウムセッケン
良好な耐水性とせん断安定性を有す．他の金属セッケンに比較して増ちょう力は低い．このため，増ちょう剤の組成比が高くなり，グリースは高価になりがちである．

e. アルミニウムセッケン
耐水性は良好．せん断安定性および耐熱性は低く，最近はリチウムセッケンなどに置き換えられつつある．加熱と冷却を受けると網目構造は大きく変化する．他のセッケン系グリースに比較して際だったチキソトロピー性を示す．ゲル化する傾向が強い．金属に対する付着性は高く，グリースとしての潤滑膜は耐荷重性に優れている．

f. リチウム複合セッケン
リチウムセッケンに比較して滴点が高い他，ちょう度安定性，油分離性，高温での潤滑寿命などにも優れている．高温領域では従来のリチウムセッケンに代わり複合セッケンが用いられる．

g. ナトリウム複合セッケン
油分離が少ない，付着性が良好といった特長がある．増ちょう剤の含有量を多くしたものはホイールベアリングや高速外輪回転軸受の潤滑に用いられる．

h. アルミニウム複合セッケン
せん断安定性，耐水性は良好である．油分離性は低い．

i. 非セッケン
無機物（ベントナイト，シリカゲルなど）と有機物である染料（インダスレン，フタロシアニンなど），ポリマー（ポリエチレン，ポリブテン，フッ素化ポリマーなど），ウレア化合物（ポリウレア）に分けられる．無機物の中では表面を有機処理したベントナイトが多用されており，有機物の中ではポリウレアが多用されている．この種のものは融点が存在せず，存在しても非常に高いので，耐熱性に優れた基油と組み合わせたものは高温用グリースとして用いられている．

（3）添加剤
増ちょう剤の網目構造の安定性を低下させないものであれば潤滑油に用いられているものの多くは，グリースにも使用できる．しかし，油に比較して添加効果は低い．グリースの場合は必ずしも添加剤は油に溶ける必要はない．代表的な添加剤の種類を表 2.1.4 に示す．各々の添加物の役割は明確でなく，化合物によってはいくつかの機能（例えば，酸化防止性と極圧性，粘着性と油性，金属不活性剤と酸化防止性など）を兼備したものもある．汎用グリース

表 2.1.4　グリース用代表的添加剤

添加剤	配合量 mass ％	種類
極圧剤	2〜10	リン酸エステル，ジアルキルジチオリン酸，硫黄化合物 塩化物
油性剤	0.1〜5	脂肪酸，エステル
酸化防止剤	0.1〜5	アミン化合物，フェノール，硫黄化合物，カルバメート
防錆剤	0.1〜5	スルホネート，アミン化合物，エステル類，脂肪酸
銅不活性剤	0.05〜1	ベンゾトリアゾール，メルカプトチアゾール
粘着剤	0.5〜2	ポリブテン，ポリイソブチレン，レジンなど
構造改良剤	0.1〜1.0	脂肪酸，グリセロール，グリコール，スルホナフテネート

は少なくとも酸化防止剤，防錆剤/腐食防止剤を含むのが普通である．金属セッケンでは基油の酸化劣化を促進するので[11]，これらが増ちょう剤として用いられた場合は酸化防止剤の添加は必須である．添加剤間の相互作用もあり，用途に応じたバランスのとれた組合せが採用されている．

2.1.3 物理的および化学的性質とその評価法

（1）流動特性（レオロジー特性）

グリースは，液体である「基油」中に固体の「増ちょう剤」微粒子が分散した不均一分散系であり，非ニュートン流体としてのレオロジー特性を示し，半固体状を呈する．それらの性質は増ちょう剤微粒子が形成する網目構造に基油が保持された構造に由来する．

グリースの見掛け粘度は図2.1.4[12]のように，ずり速度の低い領域では著しく高い見掛け粘度を示すが，ずり速度の増加に従い低下し，その温度における基油粘度に漸近するという特性を示す．軸受をはじめ潤滑部分では，ずり速度が$10^5 \sim 10^6 \, \text{s}^{-1}$あるいはそれ以上であり，グリースの見掛け粘度は基油粘度に近い値になっている．

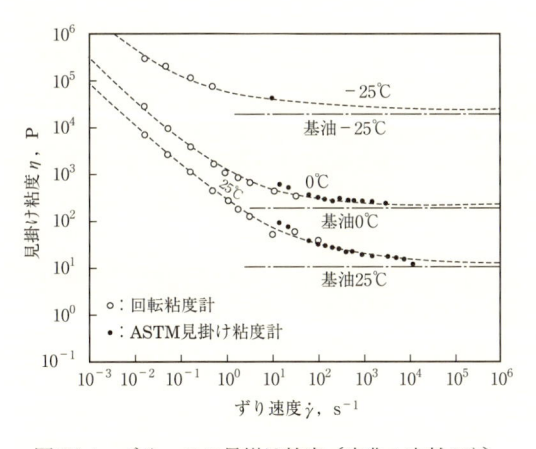

図2.1.4 グリースの見掛け粘度〔出典：文献12)〕

グリースは明確な降伏値（応力）を示さないが，見掛け粘度とずり速度の関係はビンガム塑性体として次式で近似される[13]．

$$\eta_a = \dot{a} + b\gamma^{n-1} \qquad (2.1.1)$$

ここで，η_a：見掛け粘度，γ：ずり速度，a, b, n：定数である．さらにより実測値に一致させるため上記式に第3項を付け加えることもある[12]．見掛け粘度は，通常，回転粘度計あるいは毛細管粘度計で測定される．

グリースの流動は時間にも依存し，図2.1.5[14]のようにチキソトロピー性を示す．これらの流動挙動は模式的に図2.1.6[15]で示される．すなわち，弱いせん断下では三次元的網目構造の分離，配向による可逆的な変化が，強いせん断では網目構造の破壊による不可逆変化が起こる．

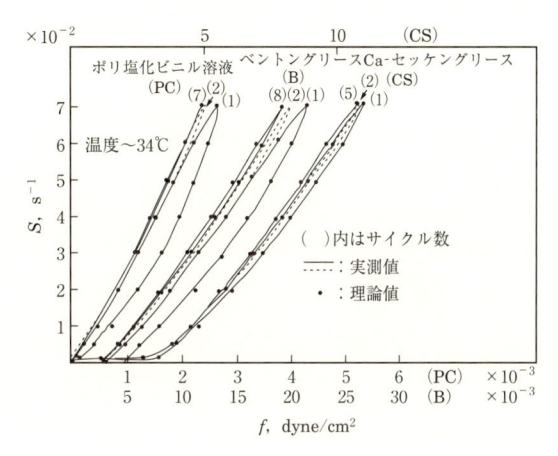

図2.1.5 グリースのチキソトロピー性〔出典：文献14)〕

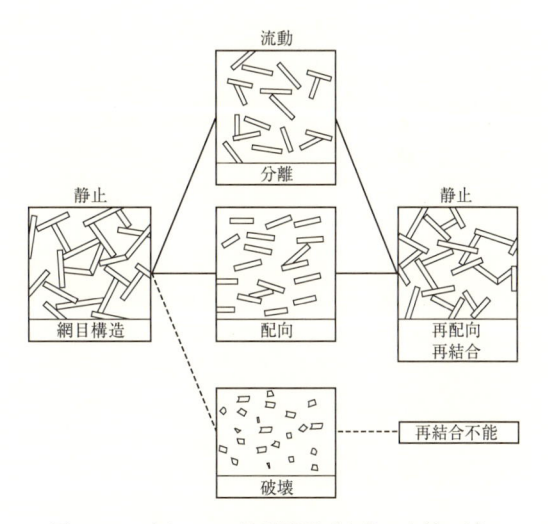

図2.1.6 グリースの流動モデル〔出典：文献15)〕

流動特性は網目構造と密接に関連し，増ちょう剤や基油の種類，増ちょう剤量等の組成ばかりでなく，製造方法や条件の違いによっても異なる．グリ

ースの流動特性の把握は給脂方法，吸引や圧送方法あるいは軸受内でのグリースの動きの適正化などに重要な指針を与える．

（2）機械的安定性

グリースが軸受等で使用され，潤滑部分で強いせん断を受けると，グリース中の増ちょう剤の三次元的網目構造体が破壊され，元の硬さに戻ることはできず，一般に軟化する．過度の軟化が進行すると漏洩や飛散などの問題が起きる．この状態は図2.1.6における再結合不能に，また図2.1.7の機械的せん断による網目構造の破壊に相当する．軟化の度合いはグリースによって異なり，機械的安定性あるいはせん断安定性と呼ばれ実用上重要な特性の一つである．この安定性の違いは増ちょう剤微粒子自体あるいは網目構造の強度，粒子間の再結合能力の大小に起因する．

機械的安定性は一般的に混和安定度試験かロール安定度試験で評価されている（表2.1.5参照）．混和安定度試験では有孔板をグリース中で動かし，グリースを細孔を通過させ，せん断を与えたときのちょう度変化で，ロール安定度試験では，規定重量の

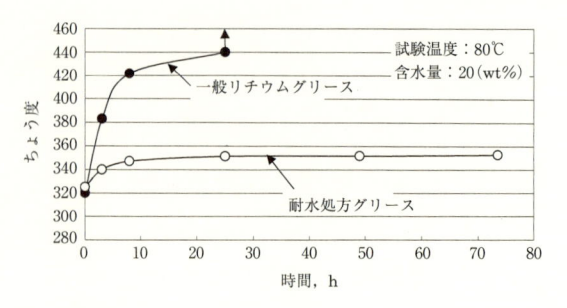

図2.1.8 ロール安定度試験〔出典：文献16〕

ロールが入ったシリンダ中で，ロールとシリンダの間でせん断を与えたときのちょう度の変化で評価される．また，実用では水存在下でせん断を受けることも多く，含水下での試験も行なわれる．図2.1.8[16]は，鉄鋼設備で使用されるグリースの含水ロール安定度試験の結果の一例である．グリースによる機械的安定性の違いは増ちょう剤の網目構造の変化と対応する[16]．初期ちょう度との差が少ない方が機械的安定性に優れると判断される．使用目的によって，試験後のちょう度あるいは初期ちょう度との差が規定以内であることが製品の規格に盛り込ま

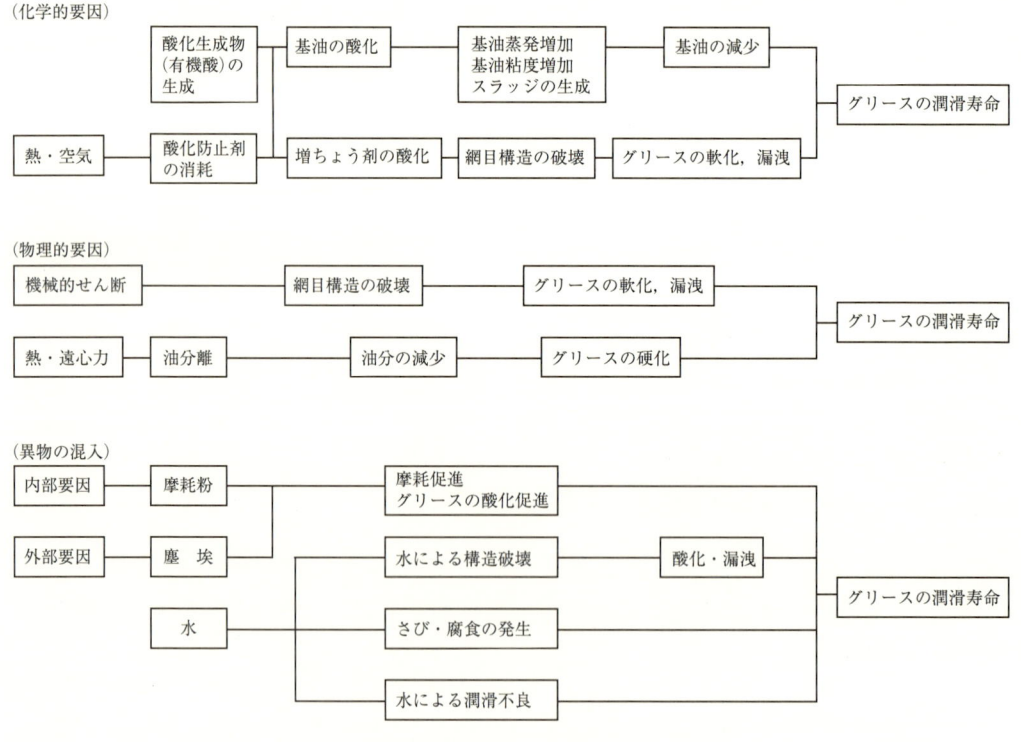

図2.1.7 グリースの劣化過程

（3）熱的性質

a．耐熱性

グリースの耐熱性は，各成分の熱的性質よりも増ちょう剤微粒子が形成する網目構造の温度による変化に支配される．グリースの耐熱性は増ちょう剤の種類によって決まると考えてよい．図2.1.9[17]は鉱油/ステアリン酸リチウムの相図である．金属セッケン系グリースではいくつかの相転移があり，そのつどグリースの性質（ちょう度，油分離等）が変化する．金属セッケンが基油中に溶解し半固体状態を維持できなくなる温度があり，この温度が耐熱性の目安となる．これらの相の変化は微量の不純物や添加剤によっても変化し，さらに酸化劣化生成物によっても変わる[18]．耐熱性グリースと称されるものは，金属セッケンのように増ちょう剤が基油中に溶解しないもしくは溶解したとしても溶解温度が高い．

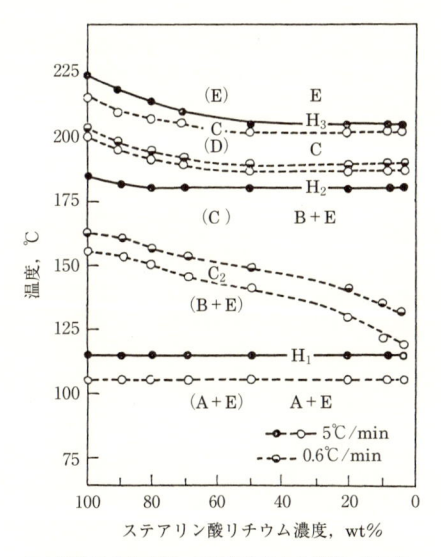

H：加熱による曲線，C：冷却による曲線，E：均一な液体，D：液晶，C：ワックス状，B：結晶I，A：結晶II

図2.1.9　鉄油/ステアリン酸リチウムの相図
〔出典：文献17）〕

グリースの耐熱性の目安として滴点がある（表2.1.5参照）．滴点は規定の容器で加熱し，下部の穴から滴下しはじめる温度であり，主に増ちょう剤の種類に依存する．代表的なグリースの滴点は表2.1.3に示されるとおりである．この滴点は軸受等で使用できる温度限界を直接表わすのではなく，滴点より50〜80℃低い温度を連続使用の限界とするのが一般的である．

グリースの使用限界温度は基油の耐熱性にも依存する．すなわち高温（100℃以上）になると，一般の鉱油系の基油では，蒸発や油の酸化劣化が顕著になる．したがって，高温用のグリースには，基油として耐熱性および酸化安定性に優れた合成油が使用されることが多い．

グリースの高温下での使用限界温度の判断はむずかしく，用途に応じた各種性能を考慮した総合的な判断が必要である．なお，酸化劣化についてはc.酸化劣化で詳しく述べる．

b．低温特性

グリースの低温特性は増ちょう剤の種類や量にも影響されるが，主として基油の性質によって左右される．低温用グリースには流動点が低い低粘度の基が使用される．基油の流動点以下では，急激なちょう度の減少（固化現象）が起き，軸受等で使用した場合，回転トルク，特に起動時のトルクが増大し，回転不能となる．自動車部品や航空機部品のような極めて低温で使用されるグリースには，流動点が低いジエステル油，ポリオールエステル，PAOなどの合成油が使用されている．グリースの低温性を評価する方法としては，グリースを充てんした軸受の低温下での起動トルクと回転トルクを測定する低温トルク試験がある（表2.1.5参照）．また，低温性の目安として低温下でのちょう度を測定することもある．

低温用グリースの使用例として自動車部品（−40℃での試験が要求される）や航空機部品（−54℃での試験が要求される）あるいは低いトルクが求められる精密機器や家電製品等が挙げられる．

集中給脂方式が採用されている屋外の機器で使用される場合や屋外に貯蔵され配管で所定の装置まで送られる場合，グリースは低温環境下で圧送されるので，低温下でも流れやすいグリースが要求される．この特性は低温下の見掛け粘度で評価でき，図2.1.10[19]のような計算図表が利用されている．

c．酸化劣化

グリースの劣化の主な要因を図2.1.7に示す．化学的要因の主体は酸化劣化であり，基油，増ちょう剤，添加剤の3成分が絡み潤滑油に比べ複雑である．グリースの劣化の特徴として，潤滑油のように

表 2.1.5 グリースの試験方法

試験方法	JIS K 220-1993における項目番号（()内は相当する外国規格）	試験の方法と条件	試験の意義	数値規定の例
ちょう度	5.3 (ASTM D 217-94)	試料容器に入れ平らにならした試料に規定の円すいを5秒間自重により貫入させ、その深さのmmの10倍をちょう度とする。(貯蔵ちょう度)：容器に入ったままの試料を25℃に保持して測定する。(不混和ちょう度)：試料をできるだけ混ぜないようにして混和器に移し、25℃に保持したあと測定する。混和ちょう度：混和器中の試料を25℃に保持したあと、試料を60ストローク混和した直後に測定する。(多混和ちょう度)：混和ちょう度測定前の試料に加わるせん断の程度が増え、これらを組み合わせることによってせん断の影響も示すことができる。最近はほとんど使われなくなって硬いブロックグリースのためのものである。(固形ちょう度)：切断器で切った試料を25℃に保持したあと、ちょう度を測定する。	普通は混和ちょう度が使われるが、貯蔵、不混和、混和、多混和ちょう度の順に測定前の試料に加わるせん断の程度が増え、これらを組み合わせることによってせん断の影響も示すことができる。最近はほとんど使われなくなって硬いブロックグリースのためのものである。	混和ちょう度はNLGIのちょう度区分(表2.1.3)に使用され、JISの各種グリースの番号もこれによっている(表2.1.2)。他はせん断の影響を示すため補助的データとして使用される。
1/4 および 1/2 ちょう度	参考1 (ASTM D 1403-91)	試料が少量の場合のために寸法を1/4および1/2にしたもの。上欄に規定するちょう度 P_a あるいは1/2ちょう度 P_b から参考のためちょう度 P_a を換算するには、それぞれ次式を用いる。$P_a = 3.75 P_4 + 24$ $P_a = 2.00 P_2 + 5$ 換算式の適用には限界がある。	使用後の軸受などから取り出したグリースあるいは実験上少量しか得られない試料について、参考のためちょう度を測定するときを用いる。換算式の適用には限界がある。	
滴点	5.4 (ASTM D 566-93)	カップに試料を充てんし、空気浴中に入れ温度を差し込み、シリコーン油などの加熱浴中で規定条件で加熱し、試料がカップのロから滴下したときの温度を滴点とする。	グリースが温度上昇によって液状に変わるあるいは半流動状となる温度が、ちょう度とグリースの製造条件とが支配的因子である。グリースの実用性能と直接的な関係はないが、グリースの選択にあたっては、使用時の温度より数十℃高い滴点のものを用いる。	JIS K 2220 集中給脂用1種2号 90℃以上 (カルシウムセッケン) 集中給脂用2種2号 170℃以上 (リチウムセッケン) 転がり軸受用3種2号 185℃以上 (高温用)
滴点 (広温度範囲)	(ASTM D 2265-94)	JISには規定なし。ASTMには330℃まで測定できるように、電気ヒータを埋め込んだアルミニウムブロック中で加熱する試験法がある。	上記と同様であるが、グリースの性能には高低温度になればなるほど、劣化などの時間的影響が大きくなるから、数値の判断には注意が必要である。	
銅板腐食	5.5 (ASTM D 4048-91)	75 mm×12.5 mm×1.5～3.0 mmの銅板を試料の中に全没し、室温で24h立置(B法)あるいは100±1℃に24h保持(A法)したあと、銅板の緑色または黒色変化の有無を調べる。ASTMでは、試験後の銅板を標準銅板腐食片と比較する。	グリースの成分、特に添加剤の銅板に対する腐食作用を調べる。	JIS K 2220 集中給脂用1種2号 (カルシウムセッケン) A法：変化がないこと 集中給脂用2種2号 (リチウムセッケン) B法：変化がないこと

第2章 グリース

項目	規格	試験方法	概要	規定値
蒸発量	5.6 (ASTM D 972-91)	試料を規定温度に保った浴中で加熱乾燥空気を試料表面に22 h通じ、試料の減量から蒸発量を算出する。	薄膜に付着したグリースの潤滑性の持続性に関係し、基油粘度および軽質油分の混入の影響が大きい。	JIS K 2220 転がり軸受用1種2号（一般用） 　99℃　2.0%以下 転がり軸受用3種2号（低温用） 　99℃　10.0%以下 転がり軸受用3種2号（高温用） 　99℃　1.5%以下 　130℃　5.0%以下
蒸発量 (広温度範囲)	(ASTM D 2595-90)	JISには規定なし。アルミニウムブロックにより加熱し、316℃までできるようにしたもの		
離油度	5.7 (FS 791 C-321.3-86)	金網円すい過器中で、規定温度に保った試料から、規定時間後に分離する油の質量により離油度を計算する。(ASTM D1742-94 は加圧ろ過によっている)	静的状態で放置した場合の基油の分離性を示す。動的状態での使用中あるいは遠心力のかかった場合については若干関係が複雑になるが、目安にはなる。セッケン含有量、ちょう度の影響が大きい。	JIS K 2220 転がり軸受用3種 　100℃　×24 h 　130℃　×24 h 1号　10%以下　12%以下 2号　5%以下　8%以下
酸化安定度	5.8 (ASTM D 942-90)	試料を酸素圧0.7 MPa（7.7 kgf/cm²）のボンベ中で99℃に加熱し、一定時間ごとに圧力降下を記録して100 h後の酸素圧の減少を測定する。	静的状態での酸化安定を評価するものであるが、動的状態での使用での目安にもなる。しかし軸受などにおける潤滑寿命はグリースの物理的挙動によって劣化が変わり複雑となる。	JIS K 2220 転がり軸受用1種2号（一般用） 　0.069 MPa(0.7 kgf/cm²)以下 転がり軸受用3種2号（以温用） 　0.049 MPa(0.5 kgf/cm²)以下
きょう雑物	5.9	清浄な環境下で、規定されたテンプレートの切込みに試料を満たし、顕微鏡を用いてきょう雑物の大きさ別に数を測定する。(ASTM D 1409-94 では、プラスチックスの板に付いたすりきずの程度により潤滑上有害となるものだけ判断する)	転がり軸受の音響、摩耗などに特に重要である。顕微鏡式では、有害なきょう雑物だけを区別できないこと、固体潤滑剤入りなどの試料は測定できないなどの問題がある	JIS K 2220 転がり軸受用1種、2種、3種 　　　　　　　　　　　個/cm³ 　10μm以上　　5000 以下 　25μm以上　　3000 以下 　75μm以上　　 500 以下 　125μm以上　　 0
混和安定度	5.11 (FS 791 C-313.3-86)	試料を規定の混和器で10万回混和して、25℃に保持したのち、さらに60回混和してもらう度を測定する。有孔板は混和ちょう度のものよりも目の細かいものを使用する。(ASTM D 1831-94 では、ロールによるせん断後のちょう度を測定する)	せん断などによって増ちょう剤の構造が破壊され不可逆的変化（普通は軟化）を起こす程度を示す。実際の使用ではグリースの物理的挙動によっても受けるせん断は異なるし、温度、水分の影響もあり、この数値からは判断できないことも多い。	JIS K 2220 転がり軸受用1種 1号　400 以下 2号　375 以下 3号　350 以下
水洗耐水度	5.12 (ASTM D 1264-93)	試料を4ぐつめた6204玉軸受をハウジングに組み込んで600 min⁻¹で回転し、38℃までは79℃に保った蒸留水を5 ml/minの割合で吹きかける。1 h後の試料の減失量（%）を求める。	軸受などからグリースが水によって洗い流されるのに耐える性質を評価するもので、増ちょう剤の耐水性のほか、ちょう度や基油粘度の影響もある。	JIS K 2220 シャシグリース1種 1号　38℃　20% 以下 2号　38℃　10% 以下 ホイールベアリンググリース1種 2, 3号　79℃　10% 以下

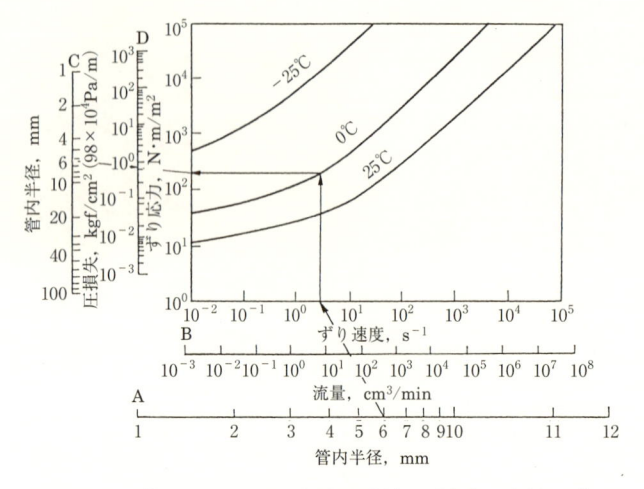

図 2.1.10 管路における圧力損失の計算図〔出典：文献 19)〕

流動性がないため，外気と接触する層からの酸素の拡散によって酸化が進行することが挙げられる．

基本的な酸化の機構や添加剤の作用機構は潤滑油と同様に考えられるが，グリースの場合は金属セッケンが増ちょう剤に使用されると，その金属成分は酸化に対し触媒作用があり，劣化を促進するといわれている．したがって，金属セッケンが増ちょう剤として使用されているグリースの酸化安定性は，一般に，潤滑油に比べ劣る[20]．近年開発されたウレア化合物[21]や非セッケン系増ちょう剤を増ちょう剤とするグリースは，金属を含まないため，酸化安定性に優れている．

グリースの酸化安定性の評価として，酸化安定度試験（表 2.1.5 参照）が用いられる．この試験は，規定の皿にグリースを入れ，それを酸素を封入したポンプ中に入れて規定の温度の浴中で保持したとき（通常 99℃ 100 時間）に吸収される酸素量を圧低下で調べるものである．圧力低下が少ないものが酸化安定性に優れるとされる．この試験条件は軸受に充てんされたグリースの貯蔵期間を想定して考えられている．グリースが使用される多くの場合，薄膜状態でかつ他材料（多くは鉄系材）と接触していることを考え，鉄板上にグリースを 1～3 mm の薄膜状に塗布し，それを規定の温度下で静置し，外観，規定時間後の蒸発量，ちょう度，滴点，赤外線吸収スペクトル(劣化度)等からグリース性状の変化を調べ，劣化を評価する薄膜蒸発量試験（薄膜熱劣化試験）も行なわれている．蒸発量の測定例を図 2.1.11[22]に示す．

実際の性能は酸化劣化後のグリースのレオロジー特性にも依存するので，高温での軸受回転試験あるいはシミュレーション試験機で実用性能を評価せざるを得ないことも多い（潤滑性能については(5)潤滑性能および評価試験で述べる）．

（4）油分離

グリースは基油と増ちょう剤の不均一系であるから，時間の経過ともにあるいは遠心力などの外力が加わると基油が分離する．これらの現象は油分離，離油，離しょうと呼ばれる．この現象はどんなグリースでも多かれ少なかれ起き，増ちょう剤と基油との比重差による場合と，増ちょう剤微粒子の網目構造の収縮で起きる場合がある．増ちょう剤と基油の親和性，比重差，増ちょう剤量，基油粘度，ちょう度，網目構造の形状等が影響する．また，添加剤による油分離性の制御も行なわれている．

実用上重要な性質であり，使用目的に応じた適度の離油が必要であり，少なすぎる場合には，潤滑部の潤いがなくなり潤滑不能となる．過度の離油は基油の消耗，それに伴う硬化を引き起こし，やはり潤滑不能となる（図 2.1.7 参照）．また，長期保存時の安定性への影響も大きい．

この油分離の評価試験は一般に加熱下（例えば 100℃）で行なわれることが多い．メッシュで作られた円すい中にグリースを詰め，規定温度の恒温槽中で規定時間静置した後，メッシュから滲み出す油分を測定する．その他，加圧下での油の分離を測定することも行なわれている（表 2.1.5 参照）．

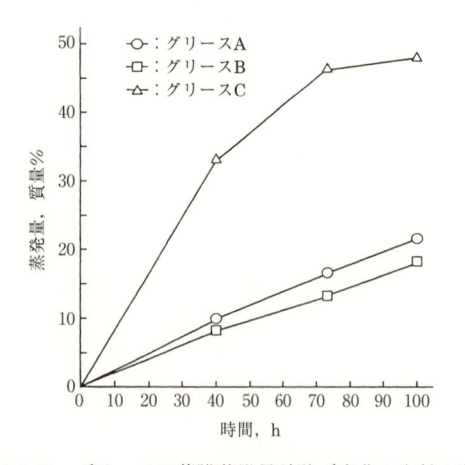

図 2.1.11 グリースの薄膜蒸発量試験〔出典：文献 22)〕

（5）潤滑性能および評価試験
a. グリース潤滑の特徴

グリースは半固体で，液体潤滑に比べシール機構が簡略化できることから広く利用されている．グリース潤滑と液体潤滑を比較した場合のそれぞれの長所欠点は，表2.1.6[23]のとおりである．グリース潤滑の特徴は，増ちょう剤の網目構造で付与された特異な流動特性に起因する．

グリースの潤滑において，グリース中から基油が離油し，潤滑は離油した油で行なわれ，グリース自身は潤滑油の供給源の役目であるとの考え方と，グリースもバルクとして潤滑部へ流入するとする考え方がある[24,25]．実際には，両者の複合されたものであり，使用条件によっていずれかが支配的になると考えた方が妥当である．

軸受内でのグリースバルクの動きは，厳密に分けられないが，グリースによって次の二つのタイプに分けられる．
（1）チャンネリング（chanelling）型
（2）チャーニング（churning）型

転がり軸受に使用した場合，回転初期にグリースの大部分は脇に寄せられ，潤滑部には少量のグリースまたは離油した基油が存在した状態で潤滑される現象はチャンネリングと呼ばれる．逆にグリースによっては，回転中にグリース全体が流動しチャンネリングが起きにくいものもあり，この現象はチャーニングと呼ばれる．これらの現象はグリースの流動特性のずり速度依存性と時間依存性に関係し，増ちょう剤の種類やちょう度で差が見られる．同系のグリースであればちょう度が低い（硬い）場合にチャンネリングしやすい．チャンネリングを上手に活用すれば，必要以上のかくはんトルク上昇，過熱や軟化を防ぐことができ，油潤滑よりも低トルクの運転も可能である．充てん量との関連もあり，多い場合には，チャーニングしやすい．一般の転がり軸受では過度のチャーニングは望ましくなく，軸受空間容積の1/3～2/3が適正な充てん量といわれている．

グリースが使用される箇所の潤滑状態で，密封転がり軸受をはじめとしてEHLの占める割合は高い．実験を中心としたEHL条件下におけるグリース膜の研究から，グリースが十分に供給される条件ではグリースの膜厚は基油よりも厚いが，高速や供給が不十分な場合には，潤滑剤欠乏（starvation）が起き基油のみで潤滑したときより薄いといわれている（図2.1.12[26]）．EHLのような高圧下では，基油と同様，弾性固体であるとの考えが一般化しつつある[27]．グリース中の増ちょう剤は，使用条件によって固体潤滑剤的作用を有し，境界潤滑特性が油潤滑に比べ向上することがある．

表2.1.6 グリース潤滑の特徴
（出典：文献23）

利点	（1）飛散・流出しにくいため長時間補給せずに潤滑し得る（密封軸では軸受の交換時期まで使用され，自動給脂の場合にも給脂間隔が長い）．
	（2）グリース自身がシールの役割を果たすため，水やごみなどの侵入を防止し，潤滑部のシール構造を簡単にできる．
	（3）使用温度範囲が広く，一種のグリースで比較的広い温度条件を満足し得る．
	（4）低速回転，高荷重，衝撃荷重，しゅう動部においても良好な潤滑性を示す．
	（5）長時間運転されない潤滑部でも油膜を保持し，さびや腐食を防止する．
欠点	（1）給油，グリース交換，洗浄など取扱いやすがが困難である．
	（2）水やごみなど異物が混入した場合，除去が困難である．
	（3）冷却効果が少なく，かくはん抵抗による熱も一般に大きい．
	（4）超高速回転には使用できない．

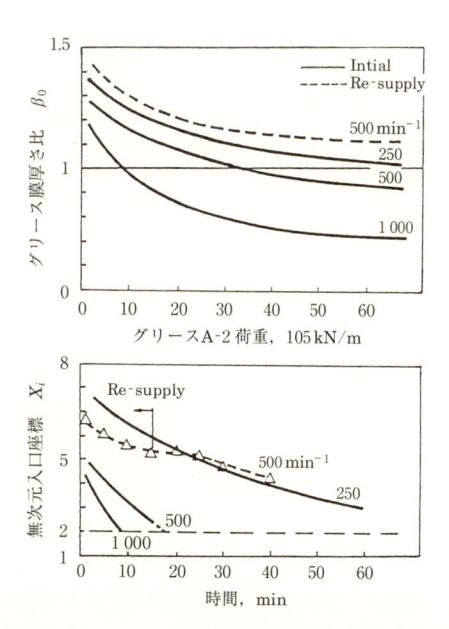

図2.1.12 メニスカス位置と膜厚さ比の時間変化
〔出典：文献26〕

表 2.1.7 グリースの潤滑寿命試験方法

試験方法	規格	試験の方法と条件	寿命到来の判定
高温における玉軸受でのグリース性能	ASTM D 336-91	SAE No.204（6204相当）玉軸受に試料を充てんし，22 N（5 lbf）のスラスト荷重をかけ，10 000 min^{-1}，規定温度で連続運転し，寿命到達までの時間を求める．多くの試験を行ないワイブルプロットから L_{10}, L_{50}, L_c などを求めて評価する．	軸入力が平常の300%に達したとき，試験温度より15℃温度上昇したとき，駆動ベルトがすべるときのいずれか．
小型軸受におけるグリースの評価	ASTM D 3337-91	R-4玉軸受に試料を充てんし，2.2 N（1/2 lbf）のスラスト荷重をかけ，12 000 min^{-1}，規定温度で連続運転し，寿命到達までの時間を求める．多数の試験を行ない統計的に結果を判定する．1 min^{-1} でのトルクも測定できる．	最低トルクの5倍のトルクとなったとき，外輪温度が試験温度より11℃高くなったとき，音響が連続して高くなったときのいずれか．
ホイールベアリングでの高温寿命	ASTM D 3527-94	ホイールベアリングを模した装置に試料を充てんし，試験軸受に111 Nのスラスト荷重をかけ，160℃，1 000 min^{-1} で20 hの運転，4 hの休止のサイクルを繰り返し，寿命到来の時間を求める多数の試験を行ない結果は統計的に評価する．	トルクが定常運転トルクの4倍に達したとき

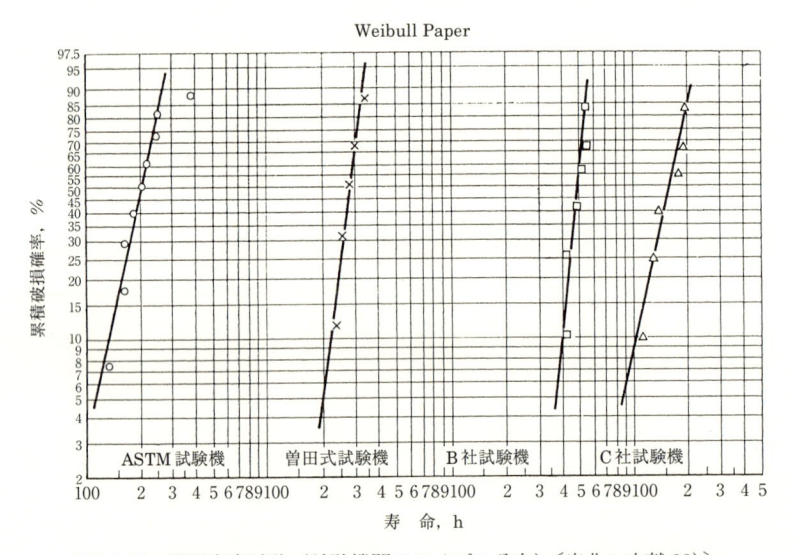

図 2.1.13 潤滑寿命試験（試験機間のワイブル分布）〔出典：文献28）〕

b. 潤滑寿命

グリースの潤滑寿命は，前述のように性状からだけでは評価がむずかしく，用途に合わせ軸受や実機モデル試験で総合評価されることが多い．規格化されている寿命試験例を表 2.1.7 に示す．また，グリースメーカーあるいはユーザーで用途ごとに独自の方法や基準が決められることも多い．

グリース潤滑軸受での潤滑寿命（焼付き寿命）について，グリースメーカーと軸受メーカーで構成される当学会研究会で照合試験が行なわれ，試験機間のばらつき[28,29]（図 2.1.13[28]），潤滑寿命/温度（図 2.1.14[30]），潤滑寿命/基油粘度（図 2.1.15[31]），組成[32]，合成油グリース[33]，添加剤の効果[34]や異物の影響[35]等が報告としてまとめられている．

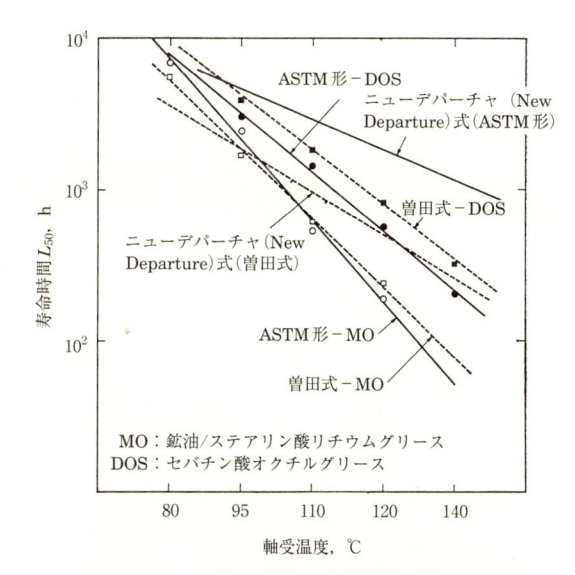

図 2.1.14 潤滑寿命試験（潤滑寿命/温度）
〔出典：文献 30）〕

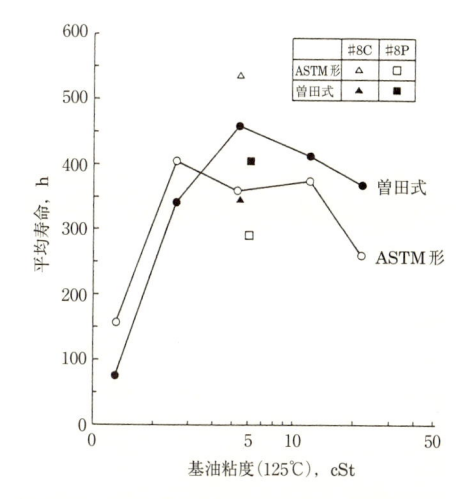

図 2.1.15 潤滑寿命試験（潤滑寿命/基油粘度）
〔出典：文献 31）〕

最近の小型軸受では，焼付きに至るまえに起きる音響（騒音）の増加を寿命とすることもある．

c. 評価試験

グリースに関連する汎用の試験は，JIS K 2220 にまとめられている．耐荷重能（極圧性）や摩耗試験機は潤滑油と共通のものが多いが，潤滑剤供給法等特有なものもある．JIS に採用されていないものも含めた方法と目的の概要を表2.1.5に示す．

文　献

1) Lubricating Grease Guide (Second Edition), NLGI (1987) 3. 04.
2) A. Dyson & A. R. Wilson : Proc. I. Mech. E., 1969-70, vol. 184, Pt3F.
3) P. M. Cann : Presentation 95-NP-3G-1 (presented at the 50th Annual Meeting of STLE in Chicago, Illinois, 1995).
4) 相原　了：機械の研究, **34**, 1 (1982) 139.
5) R. Czarny : Industrial Lubrication and Technology : **47**, 1 (1995) 3.
6) T. Moriuchi & H. Kageyama : Proceedings of the JSLE Internatinal Tribology Conf., 1985, Tokyo.
7) P. M. Cann & H. A. Spikes : NLGI Spokesman, **56**, 2 (1992) 21.
8) J. Korff & A. Fessenbecker : NLGI Spokesman, **57**, 3 (1993) 19.
9) T. Mang : NLGI Spokesman, 57, 6 (1993) 9.
10) L. C. Brunstrum : NLGI Spokesman, **23**, 7 (1960) 279.
11) R. T. MacDonald & J. L. Dreher : Inst. Spokesman, **17**, 1 (1953) 6.
12) M. Hoshino : Bull. Japan Petrol. Inst., 10 (1968) 42.
13) A. W. Sisko et al : NLGI Spokesman. **23** (1959) 57.
14) M. H. Miles et al : NLGI Spokesman. **28** (1955) 172.
15) B. W. Hotten : NLGI Spokesman, **19** (1955) 14.
16) 小出淳夫：潤滑経済, 308 (1992) 30.
17) Y. Uzu：油化学，**24**, 4 (1975) 261.
18) 桜井・岡部・片渕：油化学協会講演集 (1972. 11).
19) 星野道男：潤滑，**12**, 12 (1967) 520.
20) A. Bondi, J. P. Coruso. H. M. Fraser, J. D. Smith. S. T. Abrams, F. H. Stross, E. R. White & J. N. Wilson : Proc. 3rd World Pet. Congress, Vol. 7 (1951) 373.
21) J. L. Dreher & C. F. Carter : NLGI Spokesman, **33**, 11 (1970) 390.
22) 岡村征二：トライボロジスト，**39**, 10 (1994) 915.
23) 中西幸夫：潤滑，**20**, 8 (1975) 594.
24) T. Moriuchi. W. Machidori & H. Kageyama : NLGI Spokesman, **49**, 8 (1985) 348.
25) J. M. Palacios, A. Cameron & L. Arizmendi : ASLE Trans., **24**, 4 (1981) 474.
26) 相原　了・D. Dowson：潤滑，**25**, 6 (1980) 379.
27) T. Moriuchi. W. Machidori & H. Kageyama : NLGI Annu. Meet., Preprint (SanDiego 10/26-29, 1986).
28) 日本潤滑学会グリース研究会：潤滑，**20**, 6 (1975) 463.
29) 日本潤滑学会グリース研究会：潤滑，**20**, 9 (1975) 658.
30) 日本潤滑学会グリース寿命の温度依存性研究会：潤滑，**30**, 10 (1985) 725.
31) 日本潤滑学会グリース寿命の基油粘度依存性研究会：潤滑，**35**, 3 (1990) 175.
32) 日本潤滑学会密封軸受用グリース研究会：潤滑，**24**, 9 (1979) 580.
33) 日本潤滑学会密封軸受用合成油系グリース研究会：潤滑，**27**, 3 (1982) 167.
34) 日本潤滑学会グリース寿命の添加剤依存性研究会：潤滑，**33**, 12 (1988) 887.
35) 日本潤滑学会混入異物のグリース寿命への影響に関する研究会：潤滑，**38**, 12 (1993) 1065.

2.2 グリースの製造法

2.2.1 製造法

グリースの製造法は，ケン化等の反応を伴う反応法とあらかじめ用意された増ちょう剤を基油中に分散・混合する混合法とに大別される．

(1) 反応法（ケン化法）

反応法は，増ちょう剤を基油中で，脂肪酸等の酸と水酸化リチウム等のアルカリとの反応により造り，生成したリチウムセッケン等の増ちょう剤を基油中に加熱分散した後，冷却しグリース化する方法で，最も広く用いられている．大部分のセッケン系グリースは，この方法で造られている．ウレアグリースは，同様に，イソシアネートとアミンの反応によって製造されている．

(2) 混合法

混合法は，あらかじめ用意された増ちょう剤を基油中に加熱分散し，冷却後グリース化する方法で，ベントナイト系グリース，アルミニウムグリース，基油に合成油を使用するグリースなどの製造に用いられている．また，シリカゲル，フッ素樹脂のような固体微powders末を増ちょう剤として用いたグリースなどは，加熱も行なわず，機械的に増ちょう剤を基油中に分散する方法が用いられている．

2.2.2 製造工程

グリースの製造工程は，その製造方法により異なるが，ここでは，大部分のグリースの製造に用いられている反応法（ケン化法）による製造工程を例にとり述べる．グリースの製造工程は，原料張り込み後，基油中で増ちょう剤を造る反応工程（反応，脱水，加熱），セッケン繊維の大きさなどを調整する冷却工程（冷却，混合），増ちょう剤を基油中に細かく分散する均質化工程（ミル処理，ホモジナイザ処理），工程中に混入した空気を除去する脱泡工程，グリース中の異物を除く，ろ過工程および充てん工程からなっている．グリースの種類によっては，一部の工程を省略する場合もある．製造工程は，グリースの品質・特性を決めるうえで，配合割合とともに非常に重要である．図2.2.1[1]に製造法の違いによる製造工程の概略フローを示す．

2.2.3 製造装置

グリースの製造に使用される装置は，グリースの種類，製造方法などにより異なる．製造設備の一例を図2.2.2[2]に示す．

(1) 反応釜（ケン化釜）

反応工程（ケン化工程）で使用される反応釜は，基油中でセッケンなどの増ちょう剤を反応により造る装置で，適当なかくはん装置，熱源などを備えている．熱源としては，蒸気，熱媒体油などが使われている．バッチ式でグリースを製造する際，反応釜を冷却釜兼用として使用する場合もある．また，反応時間を短かくしたり，同一種類のグリースを連続して製造するために加圧式反応釜も使用されている．加圧式反応釜の一例を図2.2.3[2]に示す．

(2) 冷却混合装置（冷却釜）

冷却・混合装置では，反応釜で造られたリチウムセッケンなどの増ちょう剤を基油中に上手に分散するために，冷却条件をコントロールする作業が行なわれる．グリースは，基本的に増ちょう剤と基油との二成分系よりなっており，増ちょう剤と基油との親和性（均一性）を高めるために，最適の冷却条件を設定して製造されている．この装置でセッケン繊維の大きさなどが調整され，ちょう度などの重要なグリース物性が決まるので，グリース製造装置の中では，反応釜とともに非常に重要な装置である．

一般的に，セッケンの繊維は，急冷されると短繊維となり，徐冷されると長繊維となりやすい．

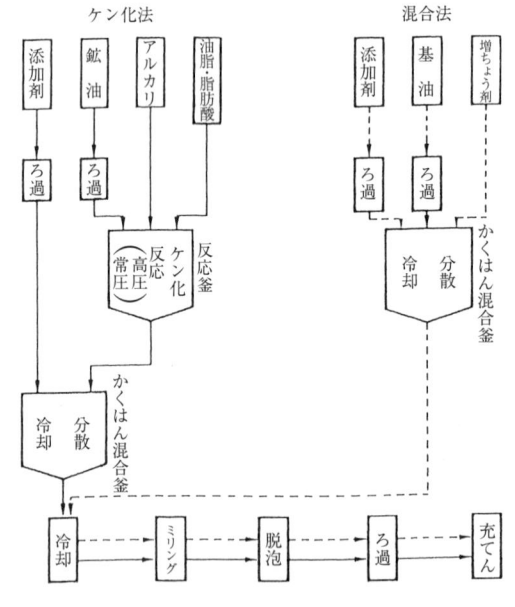

図2.2.1 製造工程図〔出典：文献1〕

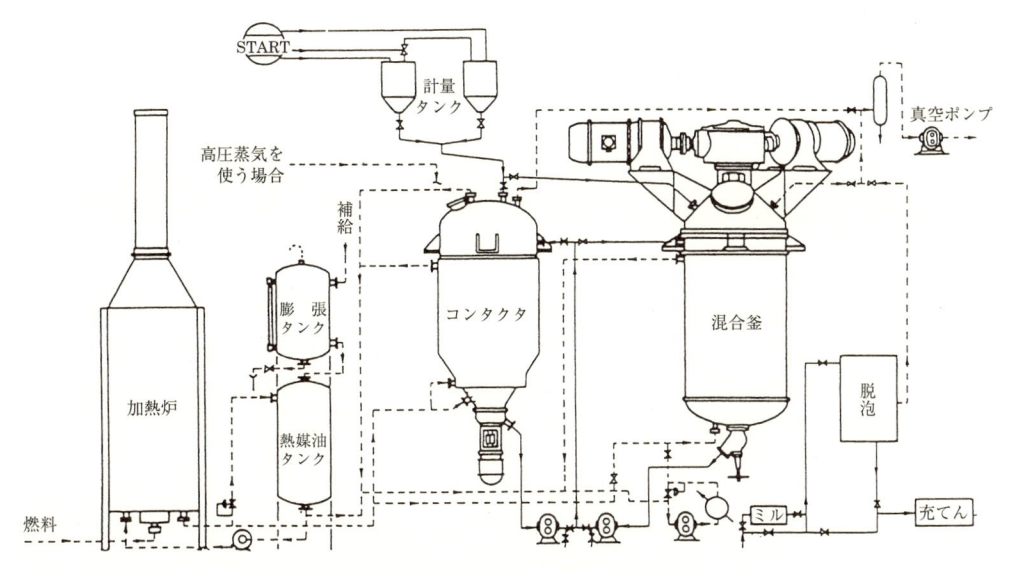

図 2.2.2 製造設備の一例〔出典：文献 2)〕

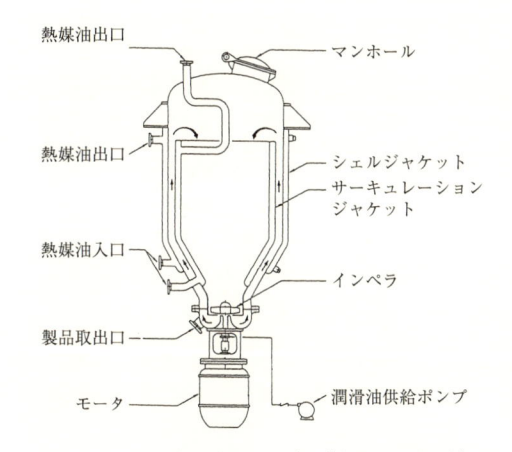

図 2.2.3 加圧式反応釜の一例〔出典：文献 2)〕

また，この装置で追加の基油や添加剤が混合され，最終グリースの組成内容に近いものが造られるため，仕上げ釜とも呼ばれている．

(3) 均質化装置

増ちょう剤を基油中に細かく分散し，均一化するために，コロイドミル，ホモジナイザ，ロールミルなどが使用されている．コロイドミルは，ステータと高速で回転するロータの間隙に，冷却釜で造られたスラリー状のグリースを通過させることにより，増ちょう剤を基油中に細かく分散する方法で，モトジナイザとともに量産型のグリース製造ラインに多く用いられている．ロールミルは，均質化性能が最も高い処理装置で，固体潤滑剤の分散，低騒音性を特に要求されるグリースなどの特殊グリースの均質化処理に用いられているが，処理能力が低いなどの難点がある．

(4) 脱泡，ろ過および充てん装置

工程中で混入した空気を除去するための脱泡方法としては，静置脱泡法と連続脱泡法とがある．グリースが自動給脂装置を用いて潤滑箇所へ給脂されるケースが多くなっているので，一般的なグリース製造ラインには脱泡装置が設置されている．

また，グリースのろ過は，ごみなどの異物を除くために，容器充てん前に行なわれている．異物の混入は，軸受の損傷，異常音の発生などの原因となるため，量産型のグリース製造装置では，インラインろ過器が設置され，異物の除去が行なわれている．

小型モータの軸受など，特に低騒音性が要求される用途で使用されるグリースでは，グリース中の有効成分である増ちょう剤や固型添加剤の大きい粒子が異物として作用するため，$10\,\mu m$ 以上の粒子を除く方法もとられている．

グリースの充てんは，通常 100℃以下の温度で，ごみや気泡が混入しないように行なわれている．量産型のグリース製造ラインでの容器充てんやカートリッジ容器などの小缶への充てんでは，自動充てん装置が多く用いられている．

文　献

1) グリース産業史, 日本グリース協会 (1986) 137.
2) グリース産業史, 日本グリース協会 (1986) 138.

2.3　グリースの種類と用途

2.3.1　自動車用

自動車には1台あたり数十個の転がり軸受が使用されており，トランスミッション以外の軸受は，その大部分がグリースによって潤滑されている[1]．使用されている部位によって，軸受の形式や環境が異なるため，当然グリースの種類は異なる．以下に主な自動車用軸受に求められている性能とそれらの軸受に多く使用されているグリースの種類について述べる．

（1）電装品，エンジン補機

オルタネータは，照明装置や各種モータに電力を供給する交流発電機であり，内径8 mmから17 mm程度の深溝玉軸受が採用されている．ベルトを介してエンジンで駆動されるため，20 000 min^{-1}に近い高速で回転される[2]．カーエアコン用コンプレッサの起動停止には，電磁クラッチが使用されており，この電磁クラッチには，内径30 mmから40 mm程度の複列アンギュラ玉軸受が採用されている．ベルト駆動により，約13 000 min^{-1}の高速で外輪が回転する[1]．またベルトの張力を一定に保つためのアイドラプーリには，内径12 mmから17 mmの深溝玉軸受が外輪回転で使用されている．これらの軸受は，いずれも100℃から160℃程度の高温環境下で，高速回転で使用され，さらに取付け位置によっては泥水が浸入することもある[3]．1980年代中頃から，耐久性に優れたVリブドベルトが数多く採用されるようになり，それまでにはみられなかった軸受のはく離現象が大きな問題となった[4]．電装品用軸受に生じるこのようなはく離は，グリースの種類によっても異なる．図2.3.1[5]にEグリースからエーテル油系Mグリースへの変更による対策例を示す．グリースには，耐はく離性，耐焼付き性，耐漏洩性，防錆性，低温静粛性が求められ，これらの諸要求を満たすことのできるグリースとして，アルキルジフェニルエーテル油を主成分としたジウレア系グリースが多く使用されている[6]．

ウォータポンプは，エンジンを冷却するための冷却水を循環させる装置であり，軸に内輪溝を加工し，玉と円筒ころとを転動体としたユニットが数多く採用されている[7]．高性能シールが取り付けられてはいるが，冷却水がユニット中に浸入することもあり，水存在下での優れた耐はく離性，耐焼付き性が求められている．従来は，鉱油-リチウムセッケン系グリースが多く採用されていたが，最近では高性能化要求に対応するため，図2.3.2[8]に示すように長寿命を示すポリ-α-オレフィンを基油に用いたジウレア系グリースが主流となっている[9]．

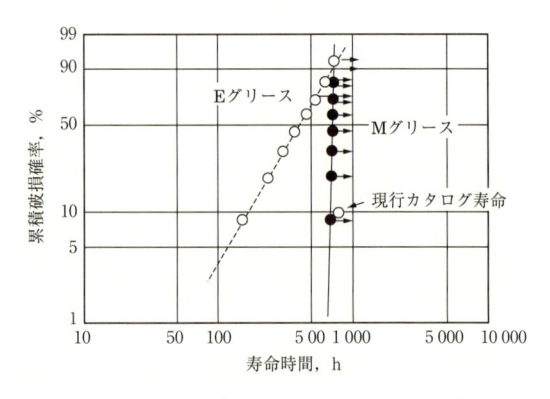

図2.3.1　グリースの違いによるオルタネータ実機エンジン急加減速試験結果　〔出典：文献5)〕

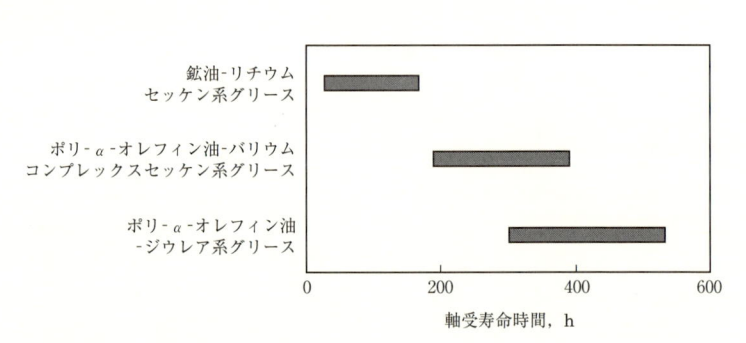

〈試験条件〉
軸受：水ポンプ軸受ユニット(軸系ϕ15.9 mm)
雰囲気温度：140℃
軸回転速度：10 000 min^{-1} (1h…on, 10 min…off)
荷重：ラジアル　1715 N，アキシアル　294 N
グリース量：軸受空間容積のほぼ100%

図2.3.2　水ポンプユニットによるグリース寿命試験〔出典：文献8)〕

（2）シャシ

　従来ホイール用軸受は，円すいころ軸受や深溝玉軸受が2個組み合わされ，与圧を調整して使用されていたが，近年取扱いの簡便さから，あらかじめ内部すきまが調整され，また軸受まわりを一体化したユニット軸受が増加している[10]．10年ほど前までは，耐漏洩性に優れた混和ちょう度2～3号のリチウムセッケン系グリースが使用されていたが，1980年代中頃，特に北米において乗用車が貨物列車やトレーラで輸送されるとき，その振動によって生じるホイール軸受のフレッチング摩耗が大きな問題となった[11]．表2.3.1のように柔らかいウレア系グリースがフレッチング摩耗に効果があるという報告があり[12]，それ以来，国内ではリチウムセッケン系グリースに代わり，鉱油-ウレア系グリースがハブユニットの主流となっている[11]．

　一方，バスやトラックなど大型車のホイール軸受に関しては，国内では鉱油-リチウムセッケン系グリースが，米国では鉱油-リチウムコンプレックスセッケン系グリースが主に採用されている．乗用車と同様，メンテナンスフリーに対する要望が強くなっている[11]．

　等速ジョイント（CVJ）は，終減速機と車輪との間に設けられた動力伝達軸である．CVJは，車輪側の等速ボールジョイントに代表される固定型ジョイントと減速機側のトリポートジョイントに代表されるスライド型ジョイントに大別できる．固定型ジョイントは，高面圧下で使用されるため，転動面の耐はく離性，耐摩耗焼付き性，低温性，ブーツ材料との良好な適合性などが求められ，二硫化モリブデ

表2.3.1　フレッチング摩耗に対するグリースの影響　〔出典：文献12）〕

フレッチング摩耗に及ぼす増ちょう剤タイプの影響

増ちょう剤タイプ[*1]	FFOTによる摩耗量[*2]，mg
カルシウムヒドロキシステアレート	19
リチウムヒドロキシステアレート	21
粘土系無機物	30
アルミニウムコンプレックスセッケン	31
ポリウレア	0.9

[*1] 全試料：混和ちょう度 NLGI No.2
[*2] ハフナー摩擦摩耗試験

フレッチング摩耗に及ぼす増ちょう剤量の影響（18℃）

増ちょう剤タイプ[*1]	増ちょう剤量，%	フレッチング摩耗量，mg
ポリウレア	10	15
	11	24
リチウムヒドロキシステアレート	6	6
	7	8

[*1] 全試料：混和ちょう度，添加剤は同じ

フレッチング摩耗に及ぼすグリース硬さの影響（25℃）

増ちょう剤タイプ[*1]	混和ちょう度	フレッチング摩耗量，mg
リチウムセッケン	324	2
	289	5
粘土系無機物	317	25
	284	35
アルミニウムコンプレックスセッケン	330	22
	291	31

[*1] 全試料：添加剤，基油は同じ

表2.3.2　CVJ用グリースの特徴　〔出典：文献14）〕

グリース種類	増ちょう剤	ちょう度グレード	主要添加剤	主用途	振動特性	寿命 BJ	寿命 BOJ	寿命 TJ	耐熱性	コスト
A	リチウムセッケン	2号	二硫化モリブデン，A系，B系	BJ, DOJ	△	○	○	—	○	◎
B	リチウムセッケン	2号	A系	DOJ, TJ	△	—	○	○	○	◎
C	リチウムセッケン	2号	有機モリブデン，C系	BJ	○	○	—	—	○	○
D	ウレア系	1～2号	有機モリブデン，B系，C系	BJ, DOJ	◎	○	○	—	◎	△
E	ウレア系	1～2号	有機モリブデン，B系，C系	TJ	◎	—	—	◎	◎	△
F	ウレア系	1号	有機モリブデン，A系，B系，C系	BJ	◎	◎	○	—	◎	△
G	ウレア系	1号	有機モリブデン，二硫化モリブデン，B系，C系，D系	DOJ, TJ	◎	—	◎	◎	◎	△
H	ウレア系	1号	有機モリブデン，B系，C系	プロペラ用	○	○	○	—	◎	△

注　1．略号の説明：BJ＝Ball Fixed Joint, DOJ＝Double Offset Joint, TJ＝Tripod Joint
　　2．記号の説明　◎：優れる　○：良好　△：劣る

ンやSP系極圧添加剤などが配合された鉱油-リチウムセッケン系グリースが多く使用されている．一方，スライド型ジョイントは回転時に軸方向のスライド抵抗を発生しやすく，低摩擦グリースが望ましい[13]．最近では，極圧系リチウムセッケン系グリースに代わって，有機モリブデンや有機亜鉛化合物のような極圧添加剤を配合した鉱油-ウレア系グリースが主流となっている（表2.3.2)[14]．

（3）モータ

空調装置の送風用ブロワモータ，ワイパモータ，冷却用電動ファンモータなど，車の高性能化とともに自動車に使用されるモータの数が増加しつつある[15]．その中でも，電動ファンモータは回転速度は2 000～3 000 min^{-1}とそれほど速くはないが，エンジンルーム内で使用されるため，軸受温度が高くなり，さらにカーボンブラシの摩耗粉が軸受中に侵入しやすいので，グリースの劣化が促進され短寿命となりやすい．軸受中にカーボンブラシ摩耗粉を侵入させにくく，耐熱性に優れた特定のグリース（ポリ-α-オレフィン-ジウレア系グリースやフッ素系グリース）が，長寿命を示す．図2.3.3に軸受による寿命試験例を示す[16]．

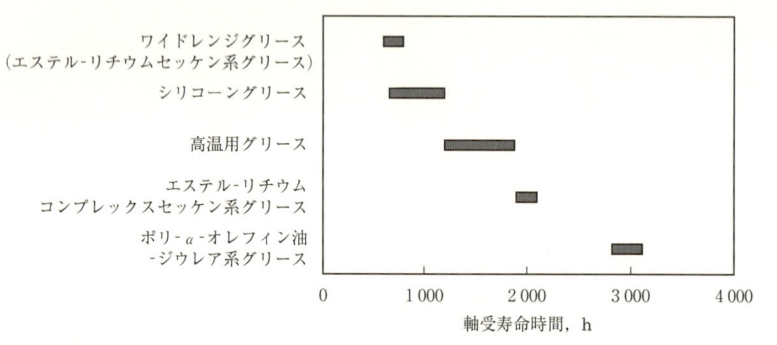

〈試験条件〉
軸受：シールド付き深溝玉軸受 $\phi 8 \times \phi 16 \times 4$ mm，軸受外輪温度：115～135℃
内輪回転速度：1 800～2 200 min^{-1}　印加電圧：D.C 13.5 V
グリース量：軸受空間容積の30%

図2.3.3　電動ファンモータによるグリース寿命試験〔出典：文献16)〕

2.3.2　電機，情報機器用

家庭用電化製品や情報機器には，内径が3 mmから8 mm程度のミニアチュア，小径軸受が多く使用されている．これらの用途においては，転がり軸受は軽荷重で100℃前後の温度で使用されることが多く，焼付きやはく離によって破損に至るということはほとんどない．家庭や事務所内で使用されるため，使用初期はもとより長期間の静粛性が求められ，また省エネルギーの観点から低トルク性，回転精度面から低トルク変動が求められる[17]．

（1）VTRスピンドルモータ

VTRは，従来の卓上型からハンディータイプのものへ変わりつつあり，そのため軸受サイズは小さくなってきた．VTRドラムスピンドル用軸受には，内径4 mmから6 mmの玉軸受が多く使用されており，数千時間の低騒音寿命が必要である．低粘度のエステル系合成油-リチウムセッケンから成るグリースが採用されている[18]．

（2）HDDスピンドルモータ

情報化社会の中心となる装置として，急成長を遂げつつあり，短期間の内に高密度化と小型化を盛り込んだ新機種が続々と開発され続けている．ディスクサイズは，3.5インチを主流とし2.5インチ，1.8インチへと小型化が進んでいる．モータ用軸受としては，内径3から5 mmの深溝玉軸受が多く用いられている．モータの構造上，外輪回

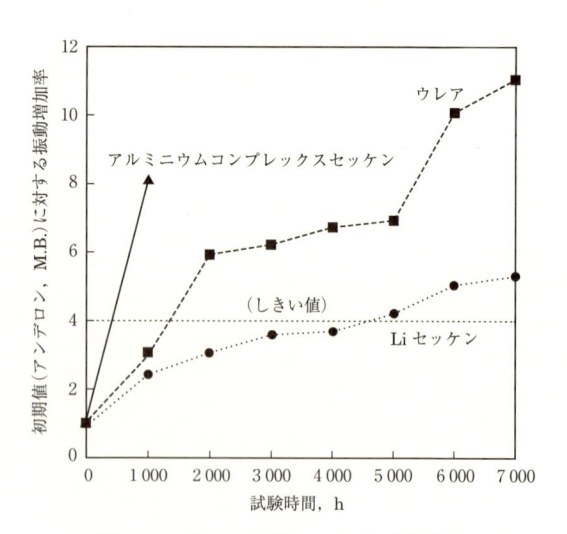

図2.3.4　増ちょう剤のタイプと音響寿命
〔出典：文献11)〕

転が好ましく，最近では，約70℃で10 000 min^{-1} もの高速回転で使用される機種も登場している．軸受には，低NRRO（回転非同期振れ），低騒音，低トルク，低発塵低揮発性，耐衝撃性などが要求され，これらの性能にグリースが大きな影響を及ぼす[17]．図2.3.4に示すようにリチウムセッケン系グリースが他の高温用グリースに比べ優れた音響寿命を有するため，ポリオールエステルを基油に用いたリチウムセッケン系のグリースが多く採用されている[11]．

（3）HDDスイングアーム

HDDの高記録密度，大容量化のため，アクチュエータには高精度のトラッキングが必要となってきた．内径6.3 mmから7.9 mm程度の玉軸受が揺動運動で使用されており，高精度トラッキングを達成するためには軸受のトルク，およびトルク変動ができるだけ小さい方が好ましい．また軸受中のグリースからのオイルの滲み出しや飛散はディスクの汚染を引き起こすため，グリースの選定には注意が必要である．現在はポリ-α-オレフィン-ジウレア系のグリースが多く使用されている．

（4）エアコンファンモータ

内径8 mmから15 mm程度の深溝玉軸受が使用されており，通常は1 000から2 000 min^{-1}で100℃前後の雰囲気中で使用されている．省エネや騒音防止のため，夜間には回転速度を数百回転程度に下げて使用されることも多く，従来のシリコーン系グリースや低粘度エステル系のグリースでは，油膜不足による音響の悪化が生じた[19]．シリコーン系グリースは，酸化劣化によって軸受軌道面や鋼球表面にゲル状物質を付着しやすく，このためエステル系グリースよりも早期に軸受音響の上昇を生じさせたと考えられる．（図2.3.5）[20] またモータ輸送時の振動によって軸受軌道面にフレッチング摩耗を生じることがある．図2.3.6に示すように外部からの振動に対し，高粘度基油のグリースの方が優れたフレッチング防止性能を示す[21]．今では基油粘度の高めのエステル-リチウムセッケン系グリースが主流となっている．

（5）クリーナモータ

内径8 mmの深溝玉軸受が最も多

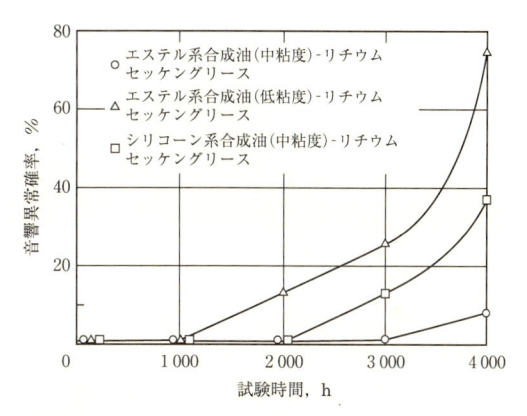

〈試験条件〉
試験軸受：608ZZ（φ8×φ22×7mm），雰囲気温度：100℃
内輪回転速度：5 600 min^{-1}，荷重：アキシアル：29.4N
グリース封入量：0.16g，試験軸受個数：各16個，
測定時間：0～4 000時間

図2.3.5　音響寿命試験〔出典：文献20)〕

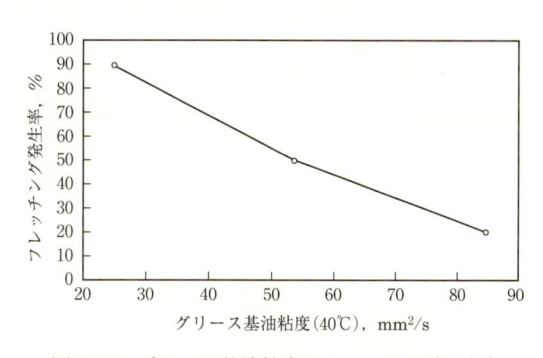

図2.3.6　グリース基油粘度とフレッチング発生率
〔出典：文献21)〕

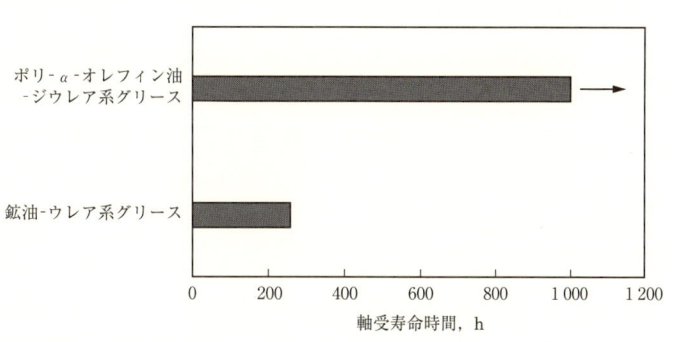

〈試験条件〉
軸受：608，雰囲気温度：90℃
軸回転速度：50 000 min^{-1}，荷重アキシアル：58.5 N
グリース量：0.16 g（軸受空間容積の25%）

図2.3.7　高速回転耐久試験〔出典：文献17)〕

く使用されている．吸引力の向上のためには，回転速度を上げることが必要であり，40 000 min⁻¹ 以上の高速回転が求められる．高速化とともに，グリース長寿命，低トルク性能，低騒音性がますます求められるが，現在は，図2.3.7のように高速回転で長寿命を示すポリ-α-オレフィン-ジウレア系グリースが多量に使用されている[17]．

（6）複写機ヒートロール

複写機のヒートロールは，温度が高く高圧をかけた方が鮮明な複写ができるため，シャフトにヒータが挿入されている．軸受温度は断熱材使用の有無によって異なるが，200℃程度の高温で使用される機種もある．軸受温度によりグリースはウレア系，シリコーン系，フッ素系と使い分けられており，特に事務用の高級機では，高温環境で長寿命を要求されるため，高価ではあるが高粘度のフッ素系グリースが使用されている[16]．

2.3.3　産業用電動機
（1）汎用モータ

多種多様なモータが開発され，さまざまな用途で使用されているため詳細な説明はむずかしいが，一般的には内径 10 mm から 50 mm 程度の深溝玉軸受が，軸受温度100℃以下で1 800 min⁻¹ から 3 600 min⁻¹で使用されている．軸受の音響に対する要求が強く，エステル-リチウムセッケン系グリースが主流となっている[19]．

（2）大型モータ

深溝玉軸受と円筒ころ軸受との組合せで使用され，内径100 mm もの軸受を使用しているモータでは，一定期間ごとにグリースを給脂しながら使用されていることが多い．特に円筒ころ軸受から発生しやすいきしり音に対し，グリースからの対策も求められている[20]．内径 60 mm から 70 mm の軸受に対しては，密封化の要望も増えつつある．使用されているグリースは多岐にわたるが，鉱油-リチウムセッケン系グリースとエステル油-リチウムセッケン系グリースが多い[19]．

2.3.4　製鉄設備用
（1）圧延機

四列の円すいころ軸受が使用されており，圧延ロールが後段になるに従って，高速回転で使用される．以前は混和ちょう度0から1の柔らかいグリースが集中給脂によって使用されていたが，メンテナンスの削減，コストダウン，環境改善のため，軸受の密封化が進み，グリースには多くの厳しい性能が要求されている．冷間圧延機ロール用軸受は，高速，高荷重条件下で使用されるものが多く，現在では2 800 m/min の高速圧延速度をもつミルが現われる一方，ロールをクロスさせ高荷重を発生するミルもある．また特に熱間圧延機用ロール軸受では，表2.3.3[22]に示すように圧延油を含む冷却水やスケールが軸受内部に多量に浸入することも多く，軌道面のはく離，焼付き，スメア，摩耗，さび，つば部のかじり，摩耗などが問題となる．水混合状態でも優れた潤滑性を維持できるグリースが望まれており，極圧剤，摩耗防止剤，防錆剤が多量に配合された鉱油-リチウムセッケン系，鉱油-リチウムコンプレックスセッケン系グリースが多く使用されている．またウレア系グリースが耐摩耗性，耐水性に優れているという理由で，積極的に採用している例もある[23]．

表 2.3.3　熱延ワークロール軸受の使用グリース分析結果（代表例）

〔出典：文献22〕

		DT	DB	WT	WB	新グリース
点検時状態	残存量	少	少	少	少	—
	遊離水	多	多	少	多	—
	軸受状態	スミアリング小	スミアリング大	良好	良好	—
分析結果	外観	灰褐色 流動状	灰褐色 流動状	黒褐色 流動状	灰褐色 流動状	淡褐色 粘ちょう状
	ちょう度	440<	440<	440<	440<	325
	水分，%	12.6	29.5	1.3	2.1	—
	鉄分，%	0.25	0.29	0.21	0.37	—

使用箇所　熱延仕上げF6スタンド

（2）連続鋳造設備

新鋭設備においては，潤滑状態の良好なオイルエア潤滑が採用されているものもあるが，大部分の設備はグリース潤滑である．圧延機と同様，密封化が検討されたこともあったが，冷却水混入下での摩耗を減らすことがなかなか困難であり，現在は集中給脂によってグリース潤滑されている．球面ころ軸受が使用されているものが多く，油膜が形成されにく

い低速回転で使用される．さらに多量の水や異物の侵入もあり，ころのすべりによる摩耗が見られる[24]．したがって劣悪な環境でも軸受に摩耗を生じさせにくいグリースが望まれており，現在は高粘度鉱油を基油としたウレア系グリースが主流である[23]．

2.3.5 鉄道車両用
(1) 車　軸

円すいころ軸受や円筒ころ軸受が使用されており，鉱油を基油に用いたリチウムセッケン系グリースやリチウム，カルシウム混合セッケン系グリースに長年の実績がある．人員削減やコストダウンのため，90万km走行ごとの点検期間をさらに延長し

たいという要求が強く，実車での確認を行ないながら補修間隔の延長が図られている．また表2.3.4[25]に示すように新幹線の車軸はオイルで潤滑されてきたが，1997年になってはじめて500系でグリース潤滑された車軸が実用化された．在来線と同様にメンテナンス間隔の延長が望まれており，ウレア系グリースやリチウムコンプレックスセッケン系グリースで高性能化が検討されている．

(2) 主電動機

深溝玉軸受と円筒ころ軸受との組合せで使用されている．以前は主電動機の軸受には，電流が軸受内部を通過することによって軌道面に電食が発生しやすく，グリースの劣化よりも電食による軸受損傷が多く見られた[26]．しかし最近では，セラミックコー

表2.3.4　新幹線電車車軸用軸受の推移　　〔出典：文献25〕〕

諸元 \ 形式	0系	100系	200系	300系	400系	E1系	E2系, E3系	500系
営業運転速度, km/h	210	240	240	270	240	240	270	300
軸受形式	円筒ころ+玉	円筒ころ+玉	円筒ころ+玉	つば付き円筒ころ	つば付き円筒ころ	つば付き円筒ころ	つば付き円筒ころ	密封円すいころ
主要寸法, mm	130×280	130×270	133×280	120×230	120×225	130×265	120×235	120×220
軸受質量, kg	81	69	80	31	30	43.4	32.1	26.2
潤滑方式	油	油	油	油	油	油	油	グリース
軸受呼び番号	JC 9+JB 4	JC 29+JB 9	JC 9-2+JB 4	JC 34	JC 35	JC 37	JC 38	WJT 1

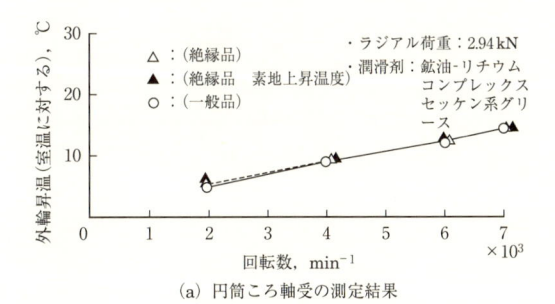

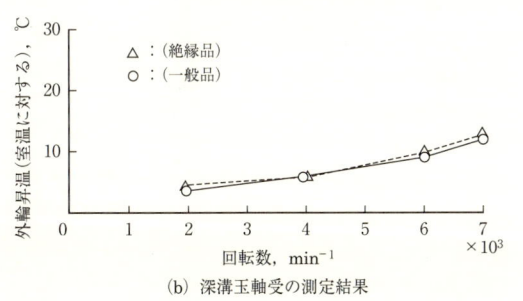

図2.3.8　回転試験結果（セラミック溶射軸受の場合）
〔出典：文献65〕〕

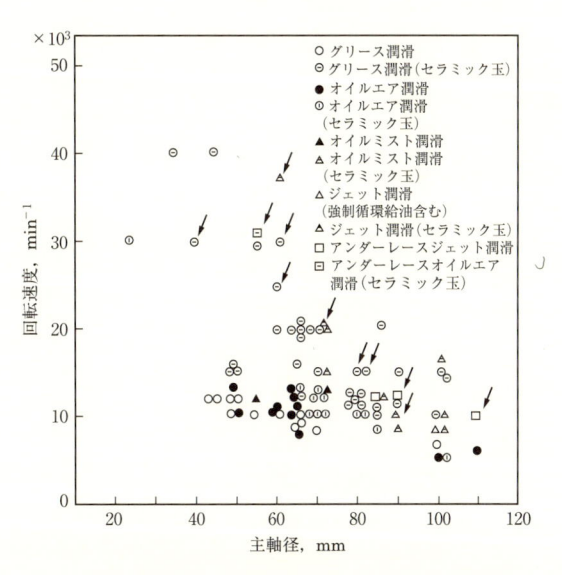

図2.3.9　JIMTOFにおける主軸高速化の状況（第17回JIMTOF $d_m n$ 値 60×10^4 以上）
〔出典：文献29〕〕

ティングや樹脂を軸受に被覆することによって，電食が大幅に改善され，グリース自身の長寿命化が課題となってきた．図 2.3.8 にグリース潤滑セラミック溶射軸受の温度上昇値を示す．被膜による温度上昇は見られていない[27]．主電動機においても車軸と同様にメンテナンス期間の延長が重要な課題である．鉱油-リチウムコンプレックスセッケン系グリースなどが使用されているが，長寿命化の観点から，エーテルやエステル系合成油を基油に用いたグリースの評価がはじまっている[11]．

2.3.6 工作機械主軸用

工作機械の精度にとって，スピンドルの熱膨張は重大な問題となるため，温度上昇の低いグリースが好んで用いられた．また難削材の加工や高精度化には，スピンドルの高速回転が必須であるため，高速化要求は永遠の課題である[28]．現在では，温度上昇の抑制を重視して，低粘度エステル油-バリウムコンプレックスセッケン系グリースが採用され，さらに封入量をできるだけ少なくして使用する方法が主流となっている．図 2.3.9 に示すように，鋼球のアンギュラ玉軸受で $d_m n$ 80 万，セラミック球のアンギュラ玉軸受で $d_m n$ 100 万程度がグリース潤滑の実績となっている[29]．図 2.3.10 に $d_m n$ 104 万でのグリース潤滑セラミック球アンギュラ玉軸受の耐久試験結果を示す．鋼球軸受の 3 倍以上の寿命を示し，10 000 時間経過後も軸受に異常は見られていない[30]．

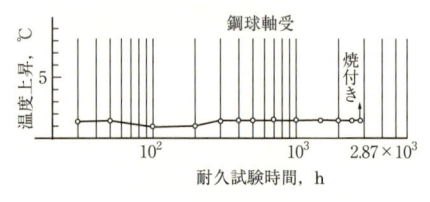

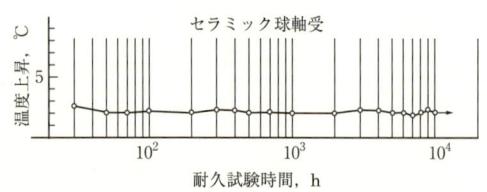

軸受：17BNT10FB-U-SN24T61DT
回転数：40 000 min^{-1}，$d_m n$：104×10^4，外筒冷却：油冷

図 2.3.10　セラミック球アンギュラ玉軸受グリース潤滑の耐久性能　〔出典：文献 30)〕

2.3.7 クリーン環境用

液晶や半導体などの製造設備では，製品の品質上，高度のクリーン度が必要とされている．これらの製造設備では，転がり軸受やボールねじのような直動装置に使用されているグリースからの発塵を極力抑えるために，従来は低揮発性のフッ素系グリースが多用されていた．しかしフッ素系グリースは，必ずしも低発塵性を示すというわけではなく，また軸受に摩耗やさびを生じさせやすい[31]．上記の設備は大気中で使用される場合も多く，真空用フッ素系グリースを使用しなくてもよい場合がある．図 2.3.11 に示すように最近では，耐摩耗性，防錆性に優れた低発塵性のリチウムセッケン系グリースやウレア系グリースが開発され，これらの設備に採用されている[32]．

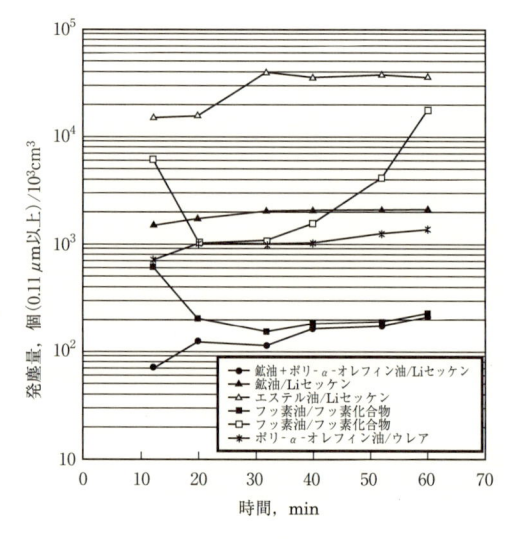

図 2.3.11　転がり軸受からの発塵量〔出典：文献 32)〕

2.3.8 環境汚染防止用

ドイツやカナダを中心に，環境汚染防止に対する取組みが積極的に行なわれている．特に建設機械や農機の場合には，使用後そのまま廃棄されたり，給脂の仕方が悪かったりすると土壌汚染が懸念されるため，生分解性のグリースが採用される例が増えている[33]．図 2.3.12 に基油の種類による生分解度の違いを示す．生分解性グリースとして，ナタネ油のような植物油やエステル油を基油に用いたグリースがよく知られている[33]．

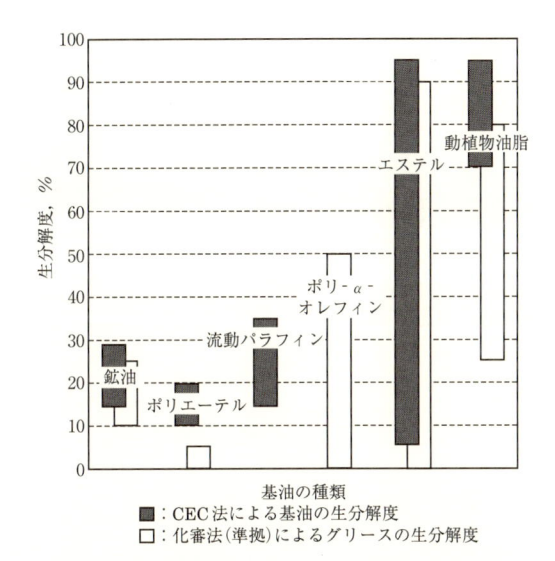

図 2.3.12 各種基油およびグリースの生分解度比較
〔出典：文献 33）〕

2.3.9 その他

人工衛星の駆動機構に使用されているフッ素系グリース[34]，原子力発電所内の軸受などに使用されている耐放射線性フェニルエーテル系グリース[34]，海洋設備やダムで使用されている高防錆性グリースなどは，その使用量は極めて少ないが，人類が現在の生活を維持向上させるために，なくてはならない重要なグリースである．このほか，電子機器の接点グリースや食品機械用グリースなどさまざまな分野に多くのグリースが開発され使用されている．

文 献

1) 中 道治：潤滑, **32**, 3 (1987) 165.
2) 自動車技術会次世代トライボロジー特設委員会：自動車のトライボロジー，養賢堂 (1994) 291.
3) 谷田部裕之：NSK Tech. J., 662 (1996) 31.
4) Y. Murakami, M. Naka, A. Iwamoto & G. Chattel：SAE Tech Paper 950, 944 (1995) 1.
5) 村上保夫・竹村浩道・中 道治・小川隆司・桃野達信・岩本 章・石原 滋：NSK Tech. J., 656 (1993) 1.
6) 野崎誠一・岡阪 誠・久保田好信・赤坂成吾：NTN Tech, Rev., 65 (1996) 65.
7) 自動車技術会次世代トライボロジー特設委員会：自動車のトライボロジー，養賢堂 (1994) 10.
8) 中 道治：NSK Tech. J., 650 (1989) 12.
9) 小宮広志：Koyo Eng. J., 137 (1990) 40.
10) 大内英男：トライボロジスト, **42**, 12 (1997) 900.
11) 木下広嗣：トライボロジスト, **42**, 12 (1997) 930.
12) R. T. Schlobohn：NLGI Spokesman, **45**, 10 (1982) 334.
13) 自動車技術会次世代トライボロジー特設委員会：自動車のトライボロジー，養賢堂 (1994) 224.
14) 長谷川幸夫・長澤敬三・高部真一：NTN Tech. Rev., 66 (1997) 51.
15) 自動車技術会次世代トライボロジー特設委員会：自動車のトライボロジー，養賢堂 (1994) 337.
16) M. Naka：NSK Tech. J., Motion & Control, 3 (1997) 1.
17) 中 道治：MOTION ENG. JAPAN 95 SYMP. (1995) 3-1-1.
18) 日本ベアリング工業会：ここまできている軸受技術 (1996) 6.
19) 中 道治：第 14 次モータ技術フォーラム，日本能率協会 (1995) 1.
20) 中 道治：トライボロジスト, **35**, 5 (1990) 307.
21) 中島 宏・松島敏男：NSK Tech. J., 660 (1995) 23.
22) 土谷正憲：第 6 回トライボロジー研究会資料，(1995) 37.
23) 岡庭隆志：月刊トライボロジ, 122 (1997) 46.
24) T. Akasaka & N. Gotou：ASME 96 Trib-67, (1996) 6.
25) 鈴木寿雄：NSK Tech. J., 661 (1996) 7.
26) 清水健一：トライボロジスト, **42**, 12 (1997) 941.
27) 桜井清隆・小田徹也：Koyo Eng. J., 146 (1994) 23.
28) 服部多加志：トライボロジスト, **42**, 12 (1997) 908.
29) 中村晋哉：NSK Tech. J., 663 (1997) 18.
30) 中村晋哉・米山博樹：NSK Tech. J., 652 (1992) 29.
31) M. Naka, H. Itoh, J. Kuraishi & K. Namimatsu：Lub. Eng., **53**, 8 (1997) 28.
32) 中 道治・倉石 淳・山本篤弘・並松 健：NSK Tech. J., 663 (1997) 32.
33) 木村 浩：月刊トライボロジ (1993-9) 30.
34) 小宮広志：Koyo Eng. J., 145 (1994) 58.

2.4 グリースの使用法および給油法

2.4.1 グリースの使用法

グリースはオイルと異なり，いろいろと複雑な性質をもっているため，使用に際し，目的に対して，適切な品種を選び，正しく使用することが重要である．その選択上において，考慮しなければならない因子は非常に多く，かつ，複雑であるが主要因子を整理したうえで選択すれば，間違いの発生も防止できるはずである．

次にグリース選択上の主要因子を列挙する．

（1）グリースの性質を決める主な因子
 (a) 増ちょう剤の種類
 (b) グリースのちょう度
 (c) 基油の粘度基油の粘度
（2）潤滑箇所の条件
 (a) 潤滑箇所の構造（軸受の種類）
 (b) 潤滑箇所の環境 ｛運転温度範囲 / 水，薬品等との接触の有無

第2章 グリース

表 2.4.1 グリース選択の目安

潤滑箇所の条件		グリース組成	セッケンの種類① Ca	セッケンの種類① AL複合	セッケンの種類① Li	ウレア②	ナイトロ②	原料油粘度③ 高	原料油粘度③ 中	原料油粘度③ 低	備考
軸受	すべり		○	○	○	○	○	―	―	―	長時間使用を期待するものには酸化防止剤を含むもの
	転がり		○	○	○	○	○	―	―	―	〃 〃 〃
環境	水との接触		○	○	○	○	○	―	―	―	
	薬品との接触		×	×	×	×	○	―	―	―	薬品によっては使用可能なセッケン基グリースもある
	軸受温度	高	×	○	○	○	○	○	×	×	Ca複合セッケンならば高温使用も可
		中	○	○	○	○	○	×	○	×	
		低	○	○	○	○	○	×	×	○	
運転条件	dn値	大	×	○	○	○	○	×	○	○	機械的安定性の良いものを選ぶべきである
		小	○	○	○	○	○	○	○	×	
	荷重	大	×	○	○	×	○	○	×	×	極圧添加剤の入ったものが良い
		小	○	○	○	○	○	○	○	○	
	衝撃荷重		×	○	○	×	○	○	○	×	付着性・粘着性の強いものを選ぶべきである
給油方法	手ぬり		○	○	○	○	○	○	○	○	
	カップ		○	○	○	○	○				
	プレッシャーガン		○	○	○	○	○				ちょう度はNo.1または0を使用するのが普通である
	集中		○	○	○	○	○	×	○	○	

表 2.4.2 JIS グリース分類 (JIS K 2220)

種類	用途別	種別	ちょう度番号	適用温度範囲, ℃	使用条件に対する適否 荷重 低	使用条件に対する適否 荷重 高	使用条件に対する適否 荷重 衝撃	使用条件に対する適否 水との接触	適用例
JIS K 2220 4.1	一般用グリース	1種	1号, 2号, 3号, 4号	−10〜60	適	否	否	適	一般低荷重用
		2種	2号, 3号	−10〜100	適	否	否	否	一般中荷重用
JIS K 2220 4.2	転がり軸受用グリース	1種	1号, 2号, 3号	−20〜100	適	否	否	適	はん(汎)用
		2種	0号, 1号, 2号	−40〜80	適	否	否	適	低温用
		3種	1号, 2号, 3号	−30〜130	適	否	否	適	高温度範囲用
JIS K 2220 4.3	自動車用シャーシグリース	1種	00号, 0号, 1号, 2号	−10〜60	適	適	適	適	自動車シャーシ用
JIS K 2220 4.4	自動車用ホイールベアリンググリース	1種	2号, 3号	−20〜120	適	適	否	適	自動車ホイールベアリング用
JIS K 2220 4.5	集中給油用グリース	1種	00号, 0号, 1号	−10〜60	適	否	否	適	集中給油式中荷重用
		2種	0号, 1号, 2号	−10〜100	適	否	否	適	集中給油式中荷重用
		3種	0号, 1号, 2号	−10〜60	適	適	適	適	集中給油式高荷重用
		4種	0号, 1号, 2号	−10〜100	適	適	適	適	集中給油式高荷重用
JIS K 2220 4.6	高荷重用グリース	1種	0号, 1号, 2号, 3号	−10〜60	適	適	適	適	衝撃高荷重用
JIS K 2220 4.7	ギヤコンパウンド	1種	1号, 2号, 3号*	−10〜100	適	適	適	適	オープンギヤおよびワイヤロープ

* この番号は,粘度範囲により分類したものである.

(c) 運転条件 { 回転数と軸受内径(dn値) / 荷重
(d) 給油の方法
(e) 給油の難易

以上のことから,(1)の潤滑箇所の条件を考慮したうえで,次に(2)グリースの因子のうちどれが適

当であるかを検討し，すべての条件，あるいは最も多くの条件を満足させ得るものが一応適正なグリースであるといえる．

しかし，さらに複雑な条件や過酷な条件がある場合は，どの条件を重視するかによって，当然グリースの選択も変わってくるので，一定の基準を設けることはむずかしい．したがって，最終的には実機試験で性能確認を行なうのが望ましい．

次に，グリース使用の際のおおよその選択の目安を表2.4.1に，JISの分類を表2.4.2に挙げたので参考にしていただきたい．

2.4.2 グリースの取扱い上の注意

グリースを取扱ううえでの主な注意事項を列挙する．

（1）容器のふたをあけ放すことによるグリース中への異物の混入を避ける．軸受の摩耗や焼付きの原因となる．

（2）軸受へ充てんする場合は，軸受を完全に洗浄し乾燥させたうえで充てんする．

（3）汚れたウエスや手袋での作業は，砂や塵埃が混入する恐れがあるので避ける．

（4）加熱をしない．グリースは複雑な構造をしており，加熱されることによりグリース構造に変化を生じ，加熱後室温に戻っても初期の状態には戻らず，グリース本来の性能が発揮できなくなることがある．

（5）空気の混入を避ける．グリース中に空気が混入すると，集中給脂の場合は，ポンプ内に空間ができスムースに圧送できない．また，グリースガンの場合は，いわゆる空打ちの現象が生じる．

（6）異種グリースの混合使用はさける．異種グリースの混合は，必ずしも，軸受トラブルの原因になるとは限らないが，一般的に，機械的安定性の低下や，温度上昇に対する軟化傾向が増大する場合が多い．異なるセッケン基同士の混合使用は，絶対避けるべきである．また同じセッケン基同士のグリースでも銘柄が違う場合は，それぞれのグリースに使用している添加剤の違いや，組成の違いもあるので，混合使用は避けるべきである．

2.4.3 グリースの給脂方法

グリースの給脂方法には次の4通りがある．

（1）手差し

ベアリング等に対しグリースを手や適当な器具を用いて塗り込む方法である．グリースを過剰に入れることは避ける．

（2）グリースカップ

ねじ込み式，スプリング式，ハンドル式等があり，グリースに圧力をかけて軸受に圧入する方法である．あらかじめグリースを封入したグリースカップも販売されている．

（3）グリースガン式

軸受の給脂口についているグリースニップルに，グリースガンの口金を密着させてグリースを圧入する方法である．圧入する方法としては，手動，電動，エアがある．電動式もバッテリ式や充電式バッテリによるコードレスグリースガンがある．従来のプッシュ式，レバー式のグリースガンは，グリースをガンの筒に手で充てんしなければならなかったが，近年，グリースをカートリッジ容器に入れて，使うようになっている．米国や諸外国では，紙またはプラスチックの筒型カートリッジが普及しているが，日本では，プラスチックジャバラ型カートリッジが一般的になっている．

容器も，400g容量のものが最も多いが，200g，100g，80g等とグリースガンとともに多様化している．

（4）集中給脂（自動給脂）

鉄鋼に圧延ラインや製紙機械など給油箇所の多い機械などへ，グリースドラムやグリースタンクから，ポンプで自動的に一定量ずつグリースを給脂する方法である．自動給脂の利点としては，

（1）グリースの節約
（2）労力，動力の節約
（3）人間が給油しないため危険防止になる．

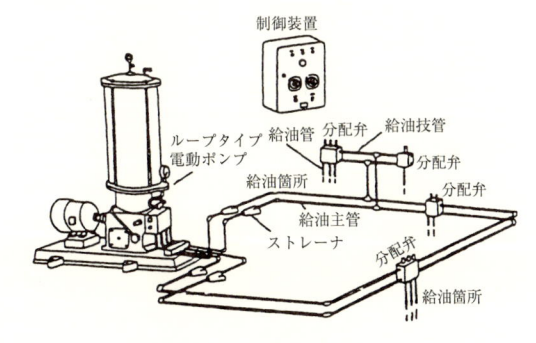

図2.4.1 集中給脂装置の例

(4) 給脂のために機械を休止する時間が不要
などが挙げられる．集中給脂装置（図2.4.1）には
　（1）ループタイプ
　（2）エンドタイプ
　（3）直進タイプ

がある．

（5）その他

　その他，グリースを溶剤で希釈し，スプレー化したものもある．これは各産業界や家庭などで，比較的細かい箇所の潤滑，防錆用に使われている．

第3章　固体潤滑剤

二硫化モリブデン（MoS_2）やグラファイトで代表される固体潤滑剤は相対運動する表面の損傷を防止したり，摩擦・摩耗を低減するために粉末または薄膜として使用される固体で，その適用方法には主に次の二つの方法がある．

（1）しゅう動表面間に固体潤滑剤を直接介在させるか，表面に固体潤滑剤被膜またはその複合材被膜として乾燥状態で使用する方法，（2）潤滑油やグリース中に分散させて使用する方法がある．いずれの場合もしゅう動面において固体潤滑剤が被膜を形成して，摩擦係数を低下させ，発熱や焼付きを防止し，耐摩耗性を向上させる．その他の適用法としては，固体潤滑剤の複合系しゅう動材料がある．

（2）の場合は，基本的には一般の油溶性添加剤と同等に取り扱われるが，（1）の場合は潤滑油を適用しにくい次のような特殊環境下で潤滑効果が期待される．

①高温……潤滑油の粘度低下による潤滑作用の低下，潤滑油の熱および酸化分解による劣化で生じる潤滑不良や寿命の低下などが起こる，

②極低温……潤滑油の流動性の低下や固化による潤滑不良やウォーミングアップ・ロスなどのエネルギー損失などが生じる，

③真空……潤滑油の蒸発による消費やトライボシステムの汚染などが起こる，

④超高圧……潤滑油の固化や流動性の低下による潤滑不良などが起こる，

⑤その他，放射線による劣化や極低温・真空などの宇宙環境，潤滑油やグリースの適用しにくいマイクロマシンの潤滑などには，（1）の方法の固体潤滑が有効となる．

①～⑤の油潤滑の問題点から，固体潤滑剤被膜はトライボ実用性能上かなり優れる点が多いが，被膜がはく離したり摩滅した場合，油潤滑のように補修が効かない欠点もある．また母材と膜物質の熱膨張率，熱伝導性，耐熱性などの熱特性の相違から，付着（界面）強度の点で組合せに選択性がある．固体潤滑剤の複合系しゅう動材はそのものが固体潤滑剤を含むため，耐久性や耐摩耗性に優れるが，油潤滑ほどの低摩擦が得られにくいこともある．潤滑油への添加では，一般の油溶性添加剤に比較して固体潤滑剤は巨大粒子で密度が大きいために沈降の問題，無機系固体潤滑剤の油中分散では凝集・沈降およびこれに対する微細化や表面処理の課題がある．

固体潤滑剤の特徴としては，層状構造のような異方性をもつものが多く，結晶面または分子間の結合力は小さく，自己潤滑性を有する．また潤滑油やその添加剤と比較して熱安定性や酸化安定性に優れ，揮発性がない．固体潤滑剤を分類すると，表3.1.1のようになる．

表3.1.1　固体潤滑剤の分類

種類	固体潤滑剤
無機化合物系	
層状構造化合物	二硫化モリブデン，二硫化タングステン，グラファイト，フッ化黒鉛，窒化ホウ素，遷移金属ジカルコゲナイドのインターカレーション化合物など
非層状構造化合物	PbO, CaF_2, SiO_2, クラスタダイヤモンド，フラーレンなど
金属系	
軟質金属	Au, Ag, Sn, Pb, Cu など
有機化合物系	
高分子	ポリテトラフルオロエチレン（PTFE），ポリイミドなど
脂肪，セッケン，ワックス	牛脂，金属セッケン，蜜ろうなど
展性物質	フタロシアニン
その他	メラミンシアヌレート，アミノ酸化合物など

固体潤滑で最も汎用されている固体潤滑剤は，無機系では二硫化モリブデンとグラファイト，有機系ではポリテトラフルオロエチレンがあり，優れたトライボロジー特性をもつことから軸受材料，宇宙機器，磁気ディスクなどに適用されている．しかしこれらの固体潤滑剤でも高温潤滑では限界があり，最近セラミックス系の固体潤滑剤が検討されはじめられている．これらについては3.1.7項を参照されたい．

3.1 固体潤滑剤の種類と特徴

3.1.1 二硫化モリブデン

二硫化モリブデン（MoS_2）は，固体潤滑剤の中

では黒鉛とともに最も多用されており，油・グリース・複合材への添加，被膜など種々の適用法で多用途に用いられている．現在，潤滑剤用として市販されている MoS_2 は，主に北米の鉱山で産出される鉱石から浮遊選鉱法によって抽出され，純度98％以上の粉末とした天然のものがほとんどである[1,2]．MoS_2 粉末の純度，平均粒径，粒度分布，粒形状や，原鉱石の産地によりトライボロジー性能が左右されるといわれているが[3]，その詳細についてはあまり公表されていない．

以下，MoS_2 の結晶構造，物理・化学・機械的性質，適用法を概説した後，トライボロジー特性については他項では触れられないスパッタ MoS_2 膜について述べる．なお，すでに詳細な総説[4~6]や MoS_2 に関して多くのページをさいている成書[7~9]があるので，これらの文献も参照されたい．

（1）MoS_2 の結晶構造，物理・化学・機械的性質

MoS_2 の結晶構造を図3.1.1に示す[10]．Mo層が S_2 層に挟まれたサンドイッチ状の六方晶系の結晶構造をもち，MoとSの結合が共有結合であるのに対し，S同士の結合が弱いファンデルワールス力であるため，容易にS層同士がすべるため低摩擦を示すとされている．S層で覆われた基底面は化学的に安定であるのに対し，Mo層とS層が交互に露出したエッジ面は活性で他の物質が吸着しやすい．このため MoS_2 が下地材に付着する場合にはエッジ面で付着しやすくなり，低摩擦を示す結晶方向とは垂直な方向に基底面が配列することになる．ただし，摩擦することにより結晶が容易に低摩擦を示す方向，すなわち基底面が摩擦方向に平行に配向されることがわかっている．実用されている MoS_2 は多結晶体であり，摩擦初期に表面層の結晶が配向され低摩擦特性を示すものと考えられている．

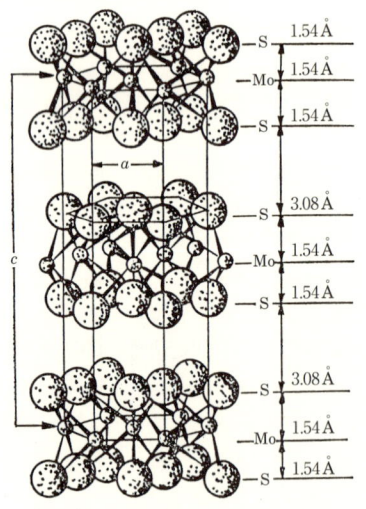

報告されている主要な MoS_2 の物理・化学・機械的性質を表3.1.2に示す[11]．MoS_2 の結晶は異方性があるため，物理・化学・機械的性質も結晶方向に依存する．

（2）MoS_2 の適用法

a. 油・グリースへの添加

最も多量に MoS_2 を使用している適用法は，油・グリースへの添加である．添加の意図は極圧添加剤と同様な場合が多く，油・グリース自体の潤滑性能を越えるような使用条件となったときに，MoS_2 が摩擦面に入って潤滑性能を発揮することを期待したものである．MoS_2 が摩擦面間の狭いすきまに入り込み，さらにいずれかの摩擦面にうまく付着できるかどうかが添加効果の良否を決める．摩擦面に入ってもごみと同様に作用してかえって悪影響を及ぼす場合もある．したがって，添加する MoS_2 粉末の粒度，油への分散性，摩擦面への付着性などが問題となる．これらについては本編の1.1.2添加剤，および2.1.2グリースの組成とその機能も参照されたい．

b. 複合材への添加

潤滑性を付与または改善する目的で，高分子系や金属系の複合材に MoS_2 が配合され，広範な用途に用いられている．情報機器のしゅう動部や宇宙用転がり軸受保持器ではPTFE系複合材への添加，橋梁や建築構造物で熱膨張を逃がすためのしゅう動部にはグラファイト，PTFE，結合剤などとともにポーラスな金属への含浸・埋込み，高温用のすべり軸受材，転がり軸受保持器材，電気接点のブラシ材では他の成分粉末と混合して焼結，などと適用法も多岐にわたる．また，ゴムに添加され自動車用ワイパーに用いられるなど，多様な材料に添加されている．いずれの用途でも，MoS_2 が摩擦面に適量，常に供給できるかが添加効果の良否を決めるが，複合材の基材・他の添加剤が多様であること，使用条件が広範囲にわたることなどもあり，MoS_2 の最適配

$a = 3.15 Å \quad c = 12.30 Å$

図3.1.1 二硫化モリブデンの結晶構造
〔出典：文献10）〕

表 3.1.2　MoS_2 の物理・化学・機械的性質
〔出典：文献 11〕〕

分子量	160.06
色	銀灰色から黒
密度	4.8～5.0
硬さ	1～1.5（モース，基底面）
	60（ヌープ，基底面）
	32 kgf/mm²（基底面）
	900 kgf/mm²（エッジ面）
弾性係数	$2.0×10^7$ Pa
ぬれ性	水に対して接触角 60 度
表面エネルギー	2.4 J/m²（基底面）
	700 J/m²（エッジ面）
比熱	15.19 cal/(mol·K)
融点	大気中：溶融せずに 350℃ から徐々に MoO_3 に酸化する
	真空中：溶融せずに 927℃ で分解をはじめる
熱伝導率	0.13 W/(m·K)（粉末，40℃）
	0.19 W/(m·K)（粉末，430℃）
	0.540 W/(m·K)（理論密度 77% のペレット，−192℃）
	0.781 W/(m·K)（理論密度 77% のペレット，32℃）
	0.500 W/(m·K)（理論密度 77% のペレット，588℃）
	1.38 W/(m·K)（理論密度 88% のペレット，−192℃）
	1.82 W/(m·K)（理論密度 88% のペレット，32℃）
	1.19 W/(m·K)（理論密度 88% のペレット，588℃）
熱膨張係数	$1.9×10^{-6} K^{-1}$（基底面，300～1 000 K）
	$8.65×10^{-6} K^{-1}$（エッジ面，300～1 000 K）
	$5.84×10^{-6} K^{-1}$（理論密度 95% のペレット，300～810 K）
導電性	0.02/(Ω·cm)（単結晶基底面，100 K）
	0.63/(Ω·cm)（単結晶基底面，300 K）
	0.50/(Ω·cm)（単結晶基底面，523 K）
	$1.6×10^{-6}/(Ω·cm)$（単結晶エッジ面，100 K）
	$1.58×10^{-4}/(Ω·cm)$（単結晶エッジ面，300 K）
	$5.01×10^{-3}/(Ω·cm)$（単結晶エッジ面，523 K）
	$1.17×10^{-3}/(Ω·cm)$（ホットプレスされたバー）
酸との反応	王水，熱硫酸，熱硝酸以外には侵されない
水，有機溶媒	溶解しない

合比などは用途や複合材の種類に応じて製造メーカーが経験によって決めている．詳細は B 編 2.3.9 自己潤滑軸受材料を参照されたい．

c.　焼成膜

MoS_2 粉末，添加剤，結合剤を所要の配合で混合し溶剤に懸濁させた状態の原液を，スプレーやディップにより表面に塗付し，その後炉で焼結して作成する膜である．焼成膜は，結合剤の種類により有機系（主に高分子系）と無機系（ケイ酸ソーダなど）に分類するのが一般的で，これからも想定できるように，トライボロジー特性は添加剤・結合剤にかなり左右される．また，被膜塗付前の下地の処理（サンドブラストなどの機械的な表面処理や化成処理）も大きな影響を及ぼすことが知られている．用途に応じて添加剤・結合剤の種類や配合量を変化させた多種の被膜が実用されている．例えば，ピグメント（MoS_2＋添加剤）と結合剤の配合比率を変えることで，数％ のすべりがある転がり摩擦の場合に最長寿命を示す被膜，逆に純すべり摩擦の場合に寿命が最大になる被膜となることが報告されている[12]．しかし，これらがどのようなメカニズムでトライボロジー特性に影響を及ぼすのかは明確になっておらず，用途に適した添加剤・結合剤の種類，配合比，下地材の前処理等は製造メーカーのノウハウに負っている部分が多い．焼成膜については B 編 3.6 塗膜を参照されたい．

d.　スパッタ被膜

真空中で MoS_2 製ターゲットに高電圧を印加して発生させたプラズマやイオンによりターゲットから MoS_2 を叩き出し（スパッタ），ターゲットに対向して設置された試料表面に MoS_2 膜を作成する方法である．下地への密着性が高く，耐久性の良い被膜を作ることができるため，真空用や宇宙用をはじめ種々の用途に使用されるようになってきた．通常，下地表面をイオンでエッチング（イオンボンバード）して清浄な表面としたうえで MoS_2 を成膜し，下地への密着性を高めている．厚い被膜の作成には不向きなため，数 μm 以上の厚膜が必要な用途には前項で述べた焼成膜，寸法精度が必要な転がり軸受の内外輪軌道面，ボールなどへは膜厚 1 μm 程度以下としたスパッタ膜という使い分けが行なわれている．スパッタリング法としては，直流，高周波（RF），RF マグネトロン，イオンビームなどがあるが，その詳細は B 編 3.2.2 スパッタリングの項を参照されたい．

スパッタ MoS_2 膜のトライボロジー特性は，スパッタ方法，スパッタ条件，下地材料や硬さ，スパッタ中の下地温度などに大きく依存することが知られている[13～15]．これらがどのようなメカニズムでトライボロジー特性に影響を及ぼすのかは明確になっていないが，Mo と S のモル比，結晶性，配向

性，被膜密度，酸化物等の混入比率，下地との化学反応などが要因と推定されている．スパッタ MoS_2 膜は，しばしば MoS_x と表記される．S が欠乏した $MoS_{1.6-1.9}$ 程度の S/Mo 比で，しかも明確な結晶性を示さない場合が多々あるためである．

スパッタ MoS_2 膜のトライボロジー特性，特に耐久性と耐湿性改善のため，下地と MoS_2 膜の間に中間層を形成させる[16]など数多くの工夫が行なわれてきた．近年，複数のターゲットをもつスパッタ装置を用い MoS_2 と金属を同時または交互にスパッタリングして複合膜化したり，スパッタ中にイオンビームを同時または交互に照射〔イオンビームミキシングまたは IBAD (Ion Beam Asisted Deposition)〕したり，成膜後に高エネルギーのイオンを注入することでトライボロジー特性を改善する研究が行なわれている．これらの効果については後述するが，B 編 3.2.3 イオン注入，イオンビームミキシングの項も参照されたい．

e．その他の方法

MoS_2 膜の適用法は多岐にわたり，上述の a～d の分類以外でも多くの方法が試みられてきた． MoS_2 粉末から直接，被膜を作成する方法として，セーム皮などで表面にこすりつけて表面に被膜を形成させる方法（擦込み法，Burnishing），MoS_2 粉末を高圧気体で表面にぶつけて被膜を形成させる方法（インピンジメント法），ボールミルなどにより MoS_2 粉末を付着させたい部品に機械的に叩きつけることにより被膜を付着させる方法（タンブリング法）などが挙げられる．これらの方法は，MoS_2 の被膜形成法として最もプリミティブな方法であるが，被膜付着法が簡易であること，MoS_2 のみからなる被膜であることなどの利点があり，今でも用いられている．ただし，被膜の付着力は焼成膜やスパッタ膜に比べるとかなり劣るため寿命が短く，使用できる用途には限りがある．

MoS_2 以外の物質から，化学反応により MoS_2 被膜を作成する方法も試みられてきた．あらかじめモリブデンを含む表面被膜をめっきなどで作っておいて硫化水素などの硫化物と化学反応させ MoS_2 被膜とする方法（in-situ 法）はその代表例であるが，実用例は報告されていない．厳しい運転条件となった場合に，摩擦による化学反応で MoS_2 がその場で生成され極圧添加剤と同等の効果を発揮することを期待した例としては，Mo を含む添加剤の潤滑油への添加，Fe-Mo-S 系合金のしゅう動部材料への応用した例などが挙げられる．

（3）スパッタ MoS_2 膜のトライボロジー特性

MoS_2 のトライボロジー特性については数多くの報告があるが，被膜として用いるか，複合材へ添加するかなど適用法に大きく依存する．以下では，他項で触れられないスパッタ MoS_2 膜のトライボロジー特性について述べることとし，他の適用法におけるトライボロジー特性については該当の項を参照されたい．

a．湿度の影響

MoS_2 を使用する際に実用上最も大きな問題は，MoS_2 が湿気のある雰囲気では摩擦・摩耗ともに大幅に増大することである．図 3.1.2 は，スパッタ膜の摩擦係数と被膜寿命が湿度によってどのように変化するかを調べた結果で[17]，湿度 10% 程度の乾燥空気中では摩擦係数が 0.015～0.03 であったのが，70% の高湿度中では 0.3 にも達し，また寿命も 1/100 に低下している．湿度の影響は摩擦中の雰囲気だけに留まらず，使用前に保管しているときの湿度も悪影響を及ぼし，湿度 85% で 9 ヵ月保存した場合，寿命が 1/3 に低下したことが報告されてい

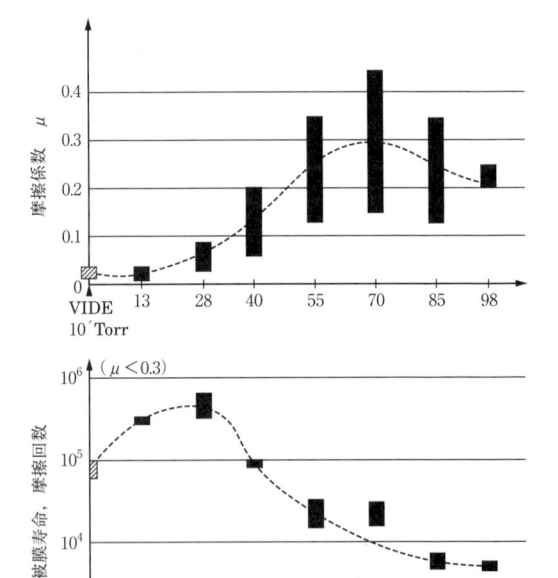

図 3.1.2　摩擦係数，被膜寿命に及ぼす湿度の影響
〔出典：文献 17〕〕

る[18]．また，湿度の影響は雰囲気が空気である場合に限らず，窒素ガス中に水分を混入させた場合でもトライボロジー特性が劣化することが報告されている[19]．水分の存在でMoS_2のトライボロジー特性が劣化するのは，MoS_2結晶のエッジ面でMoの酸化物が生成されたり，水分が化学吸着するためといわれている．

耐湿性を改善するために，金属とMoS_2を同時スパッタリングするなど種々の方法が検討されてきた．PTFEとの複合膜化や硫化により活性化したRhなどの中間層の挿入[20]，MoS_2成膜後のAgイオンビーム注入[21]などにより，湿度雰囲気で被膜の耐久性が向上したことが報告されている．しかし，MoS_2とMoを同時スパッタリングした膜では，耐湿性が改善された[22]，改善されなかった[23]という相反する結果が報告されている．耐湿性改善のメカニズムにはまだ不明な点が多く，今後も耐湿性は大きな課題である．

b．雰囲気ガスの影響

MoS_2は真空用の良好な潤滑剤として知られている．しかし，MoS_2被膜の耐久性は窒素ガスなどの不活性ガス中の方が空空中よりも良好で，乾燥空気中でも真空中よりも寿命が長いという結果も報告されている[24]．雰囲気ガスの存在が被膜の耐久性にプラスに作用するためと考えられる．一方，酸素ガス雰囲気中では摩擦・摩耗ともに大幅に増大し[24]，窒素と酸素の混合ガス中では酸素濃度が高いほど寿命が低下するため[19]，雰囲気中に酸素が存在すると，酸化によりMoS_2被膜の耐久性が低下することは確かである．しかし，表面層が20～30％酸化したスパッタ膜が最も長寿命を示すという結果[25]，100％MoS_2のペレットより75％MoS_2-25％MoO_3の方が摩耗が少なかったという結果[26]など，適量のMo酸化物が存在した方が良好なトライボロジー特性を示すことを示唆する報告もあり，酸化物の影響については不明な点が残されている．フライシャウラー（P. D. Fleiscahuer）らは，MoS_2が相手面に転移膜を生成させる際に，酸化物の存在によりその付着力が増大するため長寿命を示したのではないかと推測している[25]．また，雰囲気が異なる場合の摩耗過程を調べた西村らの結果では[27]，純酸素中，乾燥空気中では徐々に摩耗するのに対し，真空中，窒素ガスでは摩擦初期に大部分の被膜が摩耗する．ただし，被膜寿命は真空中，窒素ガス中の方

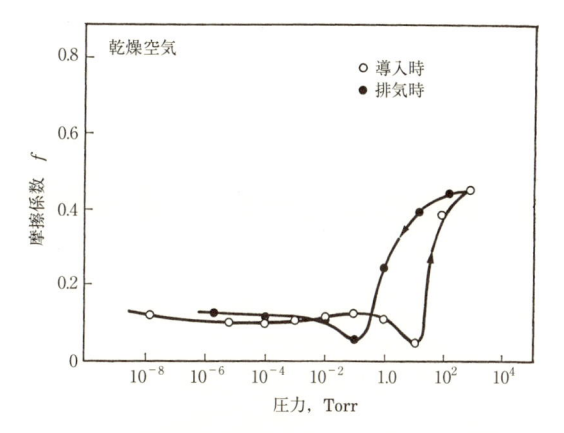

図3.1.3 雰囲気圧力を変化させたときの摩擦係数（乾燥空気導入）〔出典：文献28〕

が長く，雰囲気により摩耗粉の再付着による被膜修復作用が異なったと考えられる．MoS_2被膜の寿命を論じる場合，相手面に生成される移着膜の付着力，摩耗粉の再付着による被膜修復が大きく影響を及ぼすことを考慮する必要がある．

雰囲気圧力を変化させた場合の摩擦係数を図3.1.3[28]に示す．10^{-2} Torr以下では0.1程度であるが，1 Torr前後で最低値0.05程度を示し，数Torr以上になると急激に増大している．圧力1 Torr付近で摩擦係数が最低値を示すのは吸着物質の影響と推定されている．MoS_2被膜の耐久性に関しては，雰囲気圧力の影響を調べた例は見当たらない．

c．温度の影響

表3.1.1に示したように，MoS_2は真空中で930℃から分解をはじめ，大気中では350℃から酸化がはじまるが[29]，トライボロジー特性はこれよりはるかに低い温度から劣化する．図3.1.4は真空中で温度を変化させた場合の摩擦係数で[29]，650℃くら

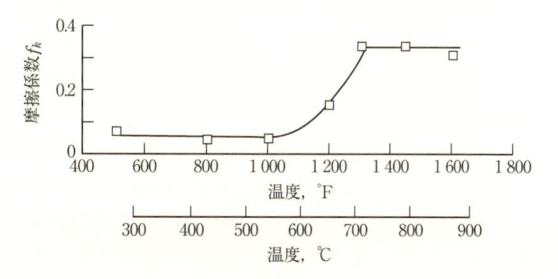

図3.1.4 温度を変化させたときの摩擦係数（10^{-8}~10^{-6} Torr，1N，2 cm/s）〔出典：文献29〕

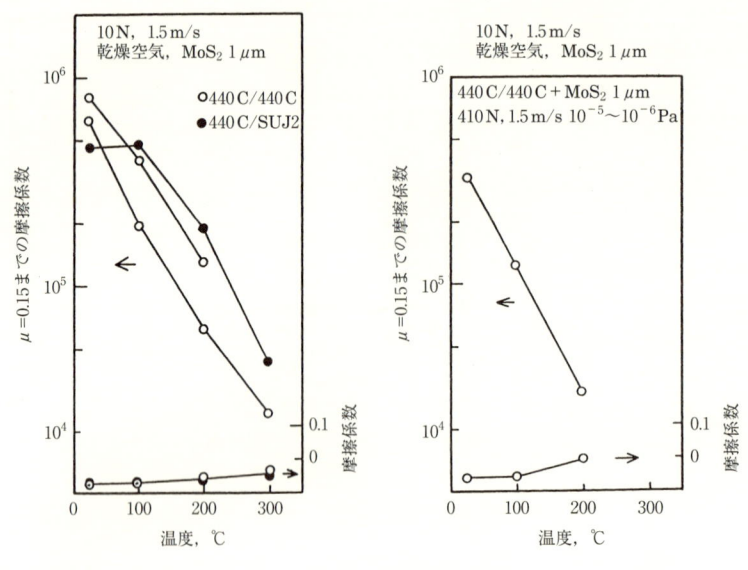

図 3.1.5 温度を変化させたときの摩擦係数と被膜寿命（10 N，1.5 m/s）
〔出典：文献 24）〕

いになると上昇しはじめる．摩耗に関してはさらに低い温度から劣化がはじまり，図 3.1.5 に示すように真空中，大気中ともに 100℃ で被膜寿命が低下しはじめ，300℃ では常温の約 1/50 の寿命となる[24]．MoS_2 を主成分とする金属系複合材が真空中・450℃ の摩擦試験で良好な耐摩耗性を示し[30]，この材料を保持器に用いた玉軸受が真空中・650℃ で低摩擦，長寿命を示す[31]ことが報告されている．相手面に形成された MoS_2 の転移膜が良好な性能の要因と推定されており[31]，高温下でも強固に付着する転移膜形成に複合材の他の添加剤が寄与しているものと思われる．適切な添加剤を併用することで，MoS_2 は分解温度近くまで良好なトライボロジー性能を発揮できる可能性がある．

一方低温側では，−196℃ の液体窒素中でスパッタ MoS_2 膜を摩擦試験した場合，常温窒素ガス中に比べ寿命は約 1 桁低下するものの摩擦係数は低いという結果が得られている[24]．また，−250℃ の真空中玉軸受試験でも良好な性能を示す[32]ことが報告されており，低温においては MoS_2 は良好なトライボロジー性能を発揮するようである．

d．荷重，すべり速度，真空中放置の影響

MoS_2 は耐荷重能が高い固体潤滑剤として知られている．スパッタ MoS_2 膜でも，玉軸受の真空中試験で軌道面の最大接触面圧が 3.5 GPa でも低い摩擦トルクを示した例が報告されているが，寿命は荷重が高くなると指数関数的に急激に低下した[33]．すべり摩擦では，あまり高荷重で試験されていないが，やはり寿命は荷重が高くなるほど低下する．スパッタ MoS_2 膜は，高荷重条件では寿命を見極めたうえで使用する必要がある．摩擦係数に関しては，荷重が大きくなるとやや低下する傾向があることが報告されている[34]．

すべり速度の影響に関しては，0.1〜1.5 m/s の範囲で真空中，窒素ガス中，乾燥空気中で試験した場合，寿命にはあまり相違がみられなかったという結果が報告されている[24]．通常の大気中で，すべり速度が大きいときにトライボロジー特性が改善される場合があるが，これは摩擦発熱により水分の影響が除去されるためである．摩擦発熱の影響が顕著でない範囲では，すべり速度はあまり大きな影響を及ぼさない．

宇宙空間に長期間放置した場合，凝着が起こるのではないかという懸念があり，超高真空中に長時間放置した後の摩擦係数が調べられている．ロバーツ（E. W. Roberts）の実験では放置時間とともに初期摩擦係数が上昇し，数時間放置後には 0.4 程度で飽和したことを報告しており，表面に吸着した水分の影響と推測している[34]．一方，西村らは，短時間摩擦した後に 440 C ピンをスパッタ MoS_2 膜を施したディスクに荷重を負荷した状態で放置したところ，約 160 時間経過後でもすべり出し時の摩擦係数は 0.05 程度で上昇しなかったことを報告している[35]．表面コンタミの影響を別にすれば，MoS_2 膜は超高真空中に長期間放置しても摩擦特性は変化しないと考えられる．

3.1.2 グラファイト

グラファイトは黒色粉末として供給される層状固体潤滑剤で，大気中で良好な潤滑性を示す．潤滑性は純度，結晶性，粒径等の影響を受け，結晶性が良く[36]，高純度[36,37]のグラファイトが低い摩擦係数を示し，アブレシブ性も少ない．

また，化学的にも非常に安定なため，グリース，ペースト，油等への添加剤，有機物あるいは無機物をバインダとした乾燥被膜，プラスチック，金属あるいは無機物をベースとした自己潤滑性複合材等として広く使用されている．

（1）結晶構造

グラファイトの結晶構造は図3.1.6に示すような六方晶系で，炭素原子が六角形の網目状に連なった層状構造をしている．一つの六方晶を黒丸で示しているが，ねずみ色あるいは黒色で示した原子列と白丸で示した原子列がそれぞれ六方晶を構成しグラファイト構造を形成している．

c軸に垂直な{0001}面が底面で，この結晶系の唯一のすべり面である．六角形の側面{1100}面を柱面と呼ぶ．底面内の原子は強いσ結合をしているのに対し，層間は弱いπ結合をしており，層間の原子間隔が0.335 nmとC-C結合の原子間隔0.142 nmと比べて非常に広い．そこで，底面間で容易にへき開するとともに各層のc軸が一致しにくい．

底面自体の強度は高いが，底面間がへき開すれば各層が分離し小さい力で破壊する．摩擦過程で底面がすべり，底面間がへき開し，へき開の進行とともに底面も破壊するという複雑な変形をする．

また，c軸方向の結合に関与するπ電子は，特定のC-C結合に束縛されることなく分子内を動き回っており，外部からの作用に敏感である．これが電気伝導性，熱伝導性等の原因となる．

（2）グラファイト粉末の構造

図3.1.7にグラファイト粒子を示す．図3.1.7(a)はカーボンテープに付着したグラファイト粉のSEM写真で，何層かの底面が規則的に積み重なり平板状に成ったものが寄り集まって一つの粒子を形成している．各平板の端部（破面）をエッジと呼ぶ．(b)はカーボンテープ上に堆積した粉末を軽く指で押し付けたときの押付け面のSEM写真である．圧縮により容易に配向し底面が圧縮方向と垂直になる．

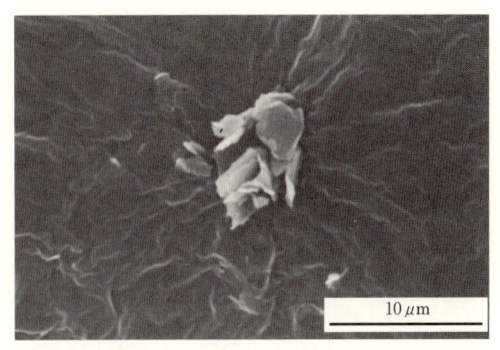

(a)グラファイト単粒

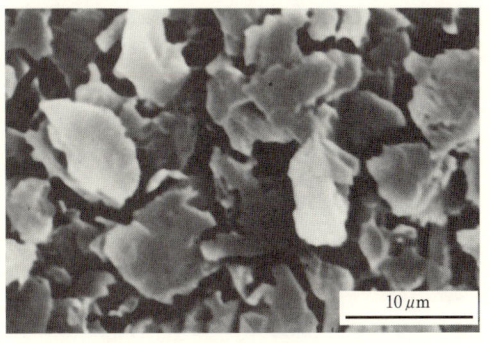

(b)粉末の圧縮面

図3.1.7 グラファイト粉末のSEM写真

（3）摩擦中のグラファイトの構造と潤滑性

グラファイトを潤滑剤として用いる場合，黒い光沢のある潤滑膜が形成された場合に低摩擦を示す．このような被膜の反射電子回折像はグラファイトが高度に配向[38]していることを示している．また，透過電子顕微鏡観察では，摩擦の進行とともにグラ

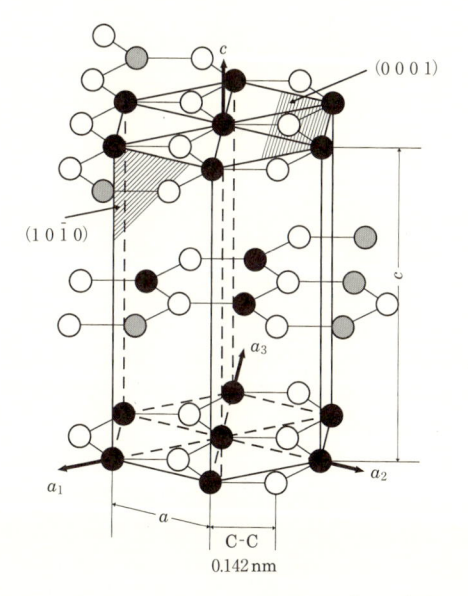

図3.1.6 グラファイトの結晶構造（格子定数 $a=0.2456$ nm, $c=0.6694$ nm）

ファイトが微細化[39]している．

グラファイトをトランプにたとえる例[40]があるが，かき集めたトランプから類推されるように配向したグラファイトの内部には，図3.1.8のようなくさび状の欠陥[41]が存在すると考えられている．これは，大気中では水蒸気等の凝集場所[42]になり，真空中ではエッジ同士やエッジと底面が凝着[38]する場所となると考えられており，いずれもすべり抵抗の原因となる．

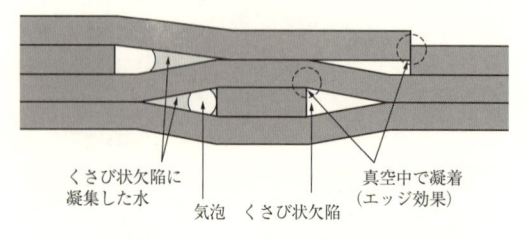

図3.1.8 グラファイト特有の欠陥と摩擦の効果

また，配向したグラファイトを摩擦すると，強度の高い底面で荷重を支え，真実接触面積が小さくなる．せん断されるのは強度の低い底面間であるため，比較的低い摩擦係数が得られる．流体潤滑や軟質金属薄膜固体潤滑のように，硬い材料間に薄膜を挟み静水圧で荷重を支えるというような手続きを必要とせず，ブロック状のグラファイトでも低摩擦が得られる．そこで，自己潤滑性材料（潤滑剤を用いなくてもそれ自体が低摩擦を示す材料）と呼ばれる．

（4）潤滑機構

潤滑機構にはすべりでせん断変形するという粒内すべり説[43]，粒子間がすべるという粒間すべり説[44]および薄紙を剥がすように表面の薄層を巻き取りながら転がるというカーリング説[45]がある．ただし，摩擦中のグラファイトは配向した微細な平板の集まりと考えられるため，粒内すべりと粒間すべりを区別するのは本質的に困難である．

また，グラファイトは真空中で潤滑性を示さないので，本来潤滑性のない物質であると考える説がある．大気中で潤滑性が現われるのは，吸着水等の潤滑効果[43]，酸素等のインターカレーションによる層間結合力の低下[46]やへき開性の向上[47]あるいはレビンダー効果によるせん断強度の低下[48]等が原因であると考えている．ただし，このような説では極微量のガスが吸着したことによるグラファイトの摩擦係数の大幅な低下[49]や真空中超高温での摩擦係数の低下[50]を説明できない．

逆に，吸着ガスの解離により層間の結合力が強くなるとしても微少であり，摩擦に影響するのは吸着ガスが解離したことによるエッジ同士あるいはエッジと底面との凝着[38]とする説がある．凝着すれば摩擦過程で高強度の底面を破壊しなければならず真空中で摩擦係数が高くなるという考え方で，これをエッジ効果[51]と呼ぶ．

エッジ効果とすると，真空中の高摩擦は金属やセラミックスと全く同じ現象ということになる．

（5）金属表面への付着性

グラファイトが良好な潤滑性を発揮するためには，グラファイトが摩擦面に付着する必要があるが，グラファイトが潤滑剤として使用される大気中では摩擦面に酸化膜が形成されており，これが付着を妨げる．そこで，摩擦過程で摩耗あるいは炭素による還元作用等で酸化膜を取り除く必要がある．

a．炭化物生成反応と付着性

金属表面へのグラファイトの付着性は，図3.1.9に示す炭化反応の標準自由エネルギー[52]に関係するといわれている[53]．Niのように標準自由エネルギーが正の大きな値をとる金属に対してはグラファイトが付着しにくく，CoやFeは高温で付着する

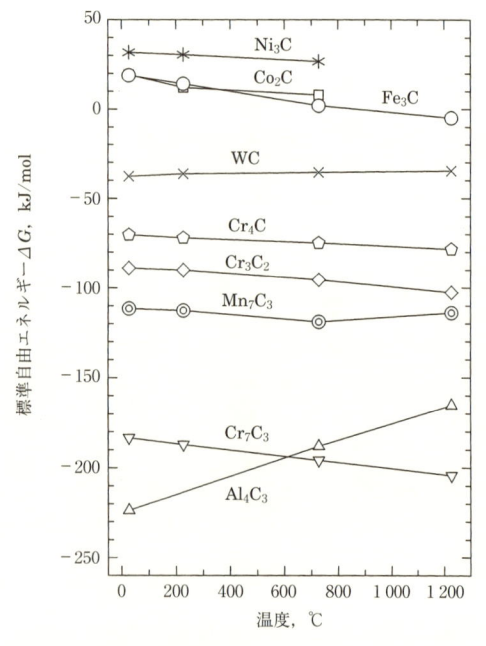

図3.1.9 炭化物の標準自由エネルギーと温度との関係

ことになる．ただし，摩擦面材料として広く用いられる遷移金属はストイキオメトリックな炭化物を形成しない場合が多く，そのような炭化物生成の自由エネルギーが求められていないので正確なことは不明である．

b. 炭素による酸化物の還元性

図3.1.10は気相の標準状態を1気圧とした場合の，酸化反応の標準自由エネルギー[54,55]である．標準自由エネルギーが小さい方が安定な酸化物であるため，炭素の酸化反応の標準自由エネルギーと比較すれば，炭素による酸化膜の還元性が議論できる．例えば，炭素による酸化銅の還元性をみると，約70℃のところで $4Cu+O_2=2Cu_2O$ と $2C+O_2=2CO$ の曲線が交差している．この温度以上で $\Delta G[Cu_2O] > \Delta G[CO]$ となることから，摩擦面温度が70℃以上になるとCu表面の酸化膜が還元され，グラファイトと金属が直接接触する．また，ステンレス鋼や耐熱鋼のようにCrやAlが添加された金属の酸化膜，酸化物系セラミックス，非酸化物系セラミックスの酸化膜等は炭素で還元されにくい．

c. 付着性と材料の性質

セラミックスや軸受鋼のように硬くて酸化膜が摩耗しにくく，かつ酸化物が炭素で還元されにくい材料にはグラファイトが付着しにくい．

AlやTiのような酸化力の強い金属は，酸化膜が削り取られ新生面が生成しても炭化物生成反応より酸化が優先するので付着しにくいと考えられる．

ただし，Pt[38]やCu[56]のような炭化物を生成しない材料の場合にも潤滑膜が形成される．Ptは酸化膜が形成されず，Cuは炭素で酸化膜が還元され金属Cuになる．これらの金属は軟らかいため，埋込み[57]でグラファイトが付着すると考えられている．

(6) 粒径の影響

粒径が大きくなると摩擦係数が低下[58]し，アスペクト比が大きく偏平なものほどアブレシブ性が少ない[59]．ただし，耐荷重性試験のように油等と混合した場合は，接触部へのグラファイトの入りやすさ[58]が問題になり，粒径が小さくなると摩擦係数が低下し耐荷重性が大きくなる[58]という結果や粒径 $2\mu m$ を境として，これより小さくなればアブレシブ性が増大するという結果[60]がある．

(7) 雰囲気と潤滑性

グラファイトの潤滑性は雰囲気ガスの種類や温度によって変化する．潤滑性にはグラファイト自体の性質とともに摩擦面材料とグラファイトとの反応，摩擦面材料の酸化，加工硬化，軟化等が複雑に関係する．

a. 雰囲気ガスの影響

グラファイトは真空中やAr, He, N_2 のような不活性ガス中では潤滑性を示さない[50]が，水蒸気や酸素の存在で劇的に改善される[44]．図3.1.11は凝集性ガスの圧力とグラファイトの摩耗量との関係[49]で，各ガスに応じた臨界ガス圧に達すると摩耗量が1/1000に減少するとともに摩擦係数が0.8から0.18に低下する．

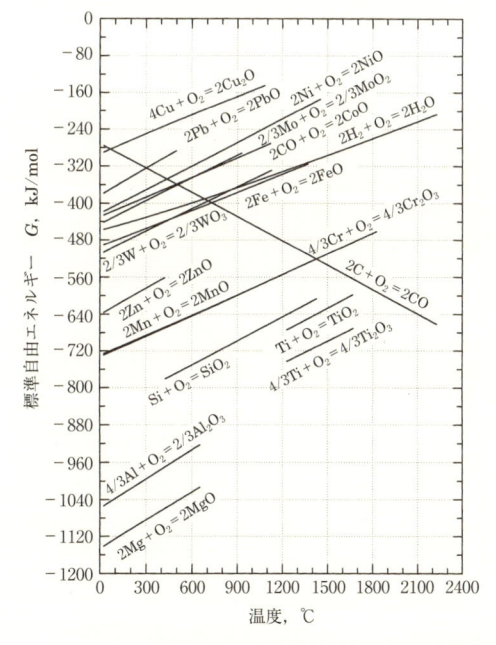

図3.1.10 酸化物の標準自由エネルギーと温度との関係

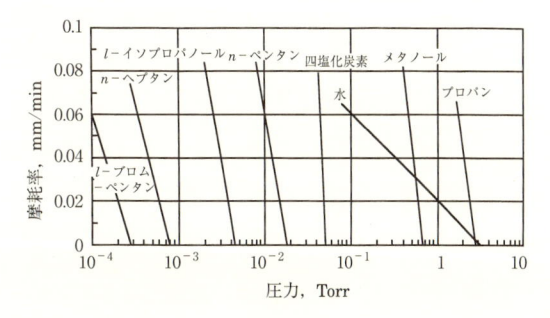

図3.1.11 グラファイトの摩耗に及ぼす凝集性蒸気の影響　〔出典：文献49〕

740   C編   第3章 固体潤滑剤

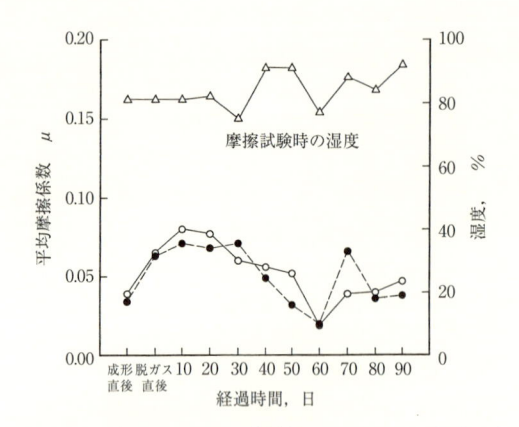

図 3.1.12 グラファイトの摩擦係数に及ぼす大気中保存日数の影響　〔出典：文献42)〕

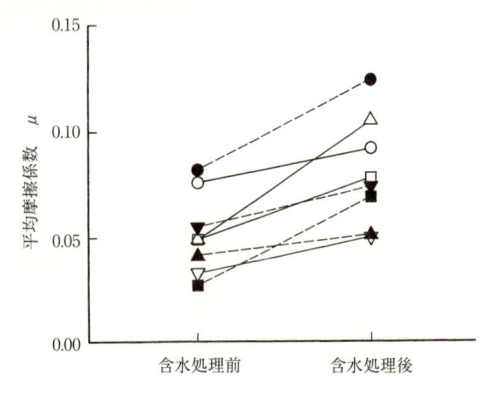

図 3.1.13 グラファイトの摩擦係数に及ぼす含水処理の影響　〔出典：文献42)〕

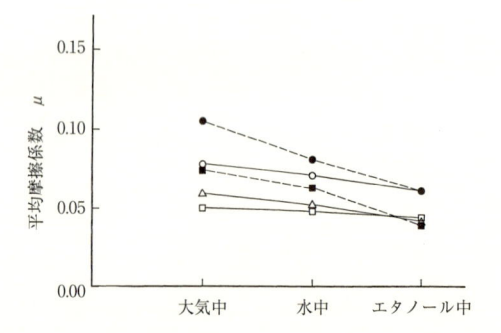

図 3.1.14 含水処理を行なったグラファイトの水中およびエタノール中での摩擦係数　〔出典：文献42)〕

微量のガスの存在で潤滑性が改善されることから，PbOのような炭素で還元されやすい酸化物や潮解性をもち水蒸気を放出する金属塩化物をグラファイトに添加すれば真空中の潤滑性が改善される[38,61]．

ただし，水分が多すぎる場合は，図3.1.12〜3.1.14のように摩擦係数が高くなる場合[42]がある．図3.1.12はグラファイトペレットを湿度60%のデシケータ内で保存したときの保存日数と摩擦係数との関係である．成形直後ペレットや真空中でベーキングを行なったペレットはエッジ効果で摩擦係数が高くなる．大気で長時間保存すると，摩擦試験時の湿度には関係せず，保存日数とともに摩擦係数が低下する．この理由は凝着したエッジ部が酸化し，分離したエッジにガス吸着するためであると考えられる．ただし，60日以上経つと摩擦係数が再び高くなる．

図3.1.13は100℃の飽和水蒸気にさらした8個のペレットの摩擦係数である．デシケータ内で保存した日数が異なるため摩擦係数にばらつきが見られるが，強制的に水分を含ませると，いずれのペレットの摩擦係数も高くなる．図3.1.14はこのペレットを水中とエタノール中で摩擦したときの摩擦係数である．水中で摩擦係数が低くなり，エタノール中でさらに低下する．この原因は，図3.1.8に示したようなくさび状欠陥に凝集した水の表面張力が粒間すべりを妨げることにあると考えられている[42]．くさび部に凝集した水の量が増えると摩擦係数が高くなるが，水中での摩擦試験のように過剰の水分があると水で満たされたくさび部が増えるので摩擦係数が低下し，エタノール中では表面張力自体が低くなるため，さらに摩擦係数が低くなるものと考えられる．

b. 温度の影響

グラファイトの摩擦係数は，図3.1.15のように温度上昇とともに若干低下した後，500℃前後で急

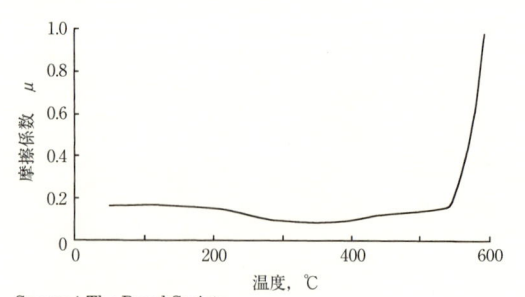

Source：The Royal Society

図 3.1.15 グラファイトの摩擦係数に及ぼす温度の影響　〔出典：文献38)〕

激に高くなる[38]. 温度上昇に伴う摩擦係数の低下はくさび部に凝集したガスの解離とすれば説明でき, 500°C前後の高摩擦はエッジ部に吸着したガスの解離によるエッジ効果と考えられる. そこで, 酸化しにくい高純度のもの, エッジ部の少ない大粒径のものが良好な高温潤滑性をもつ. また, 酸化抑制剤の添加[62]や耐熱処理により高温潤滑性が改善される.

グラファイトを金属の潤滑剤として使用する場合は摩擦面材料の性質にも関係する. 図3.1.16はMo, CuおよびAuをグラファイトで潤滑した場合の各温度で得られた最小の摩擦係数 μ_{min} と無潤滑時の摩擦係数 μ_{dry} との比[21]である. Moは硬く酸化膜が摩耗しにくいので400°Cまではグラファイトの潤滑効果がみられない. 500～600°Cで潤滑効果が現われているが, この温度は図3.1.9に示す酸化モリブデンが炭素で還元されはじめる温度と一致している. したがって, 500°C以上では酸化膜が還元され金属Moとグラファイトが反応し付着するものと考えられる.

図3.1.17 真空におけるグラファイトの摩擦係数に及ぼす温度の影響 〔出典：文献50)〕

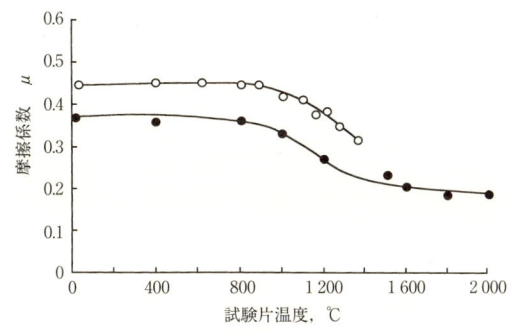

Reprinted from Wear, vol. 3, G. W. Row, Fig. 5, pp.279 © 1960, with permission from Elsevier Science.

Cuの場合は温度上昇とともに潤滑効果が少なくなるようにみえるが, 温度上昇とともにCuが酸化し, μ_{dry} が低下する[56]ためで, 500°Cまでグラファイトが潤滑性を維持する.

Auの場合は, グラファイトとの反応性がないため, 実験の温度範囲で潤滑性を示す.

c. 真空中超高温

図3.1.17は真空中超高温での摩擦係数[50]である. 白抜きの丸印で示す1 100°Cで脱ガスしたグラファイトは, 黒丸で示す脱ガスしないものより摩擦係数が高い. ただし, いずれの試料も1 000°C近くになると摩擦係数が低下する.

吸着ガスによるレビンダー効果, 層間結合力の低下あるいはへき開性の向上等では説明できない現象である. 1 000°C以上では凝着部が軟化しエッジ効果が低減されるため, グラファイトが配向する可能性があることが指摘されている[63].

(8) 荷重や速度の影響

図3.1.18は摩擦係数と荷重の関係[64]で, 荷重の増加とともに摩擦係数が低下している. これは500°C以下の大気中で摩擦した場合と同じような現象で, 荷重の増加とともに摩擦熱でグラファイトの温度が高くなり, くさび状欠陥に凝集したガスが解離したためと考えられる. このように, グラファイト自体の摩擦係数の荷重依存性や速度依存性は, 500°C以下でのくさび状欠陥部に凝集したガスの解

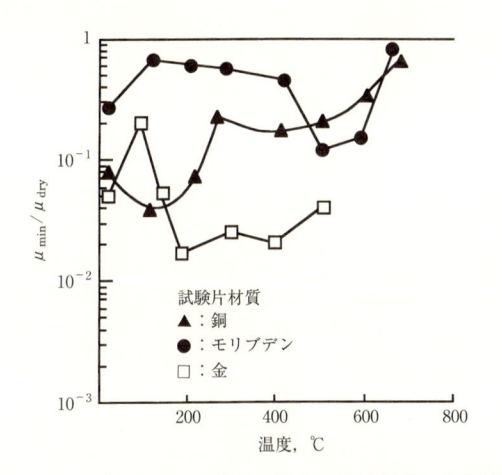

図3.1.16 グラファイト被膜の最小の摩擦係数と無潤滑時の摩擦係数との比に及ぼす温度の影響 〔出典：文献56)〕

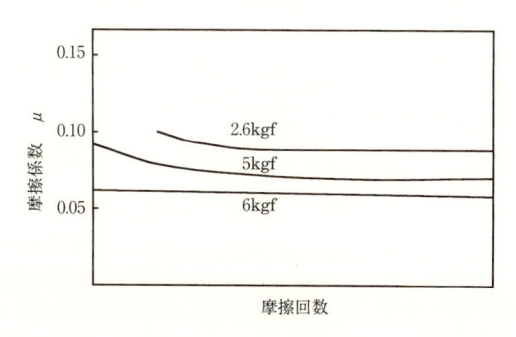

図3.1.18 グラファイト被膜の摩擦係数に及ぼす荷重の影響 〔出典：文献64)〕

離による摩擦係数の減少と 500℃ 以上でのエッジ効果による摩擦係数の増加で説明できる．

ただし，グラファイトを金属等の潤滑剤として使用する場合は，摩擦熱による下地材料の軟化や金属とグラファイトの化学反応も摩擦係数を変える．さらに，摩擦係数が変われば発熱量も変わるため摩擦挙動が複雑になる．

グラファイトと油等とを混合した場合は，二硫化モリブデンの場合と同様に摩擦速度が高くなると低い荷重で焼き付く[64]．これは，グラファイトの焼付き荷重の粒径依存性[58]と矛盾するような結果である．油と混合した場合，グラファイトの性質ではなく，摩擦熱による油の粘度低下等がグラファイト粒子の接触部への入り込みやすさに影響したものと考えられる．

3.1.3 二硫化タングステン

（1）原料と製法，特色

二硫化モリブデンが主に天然鉱物（輝水鉛鉱）より精製するのに対し[65]，二硫化タングステンは一般にWとSの直接反応で製造される[66]．このため二硫化タングステンは温度と時間の適当な選択によって必要な粒度のりん片を成長させることができるので粉砕による結晶性の低下を防止し得る[67]．また二硫化タングステンは二硫化モリブデンより金属と反応しにくく[68]，そのために玉軸受を作った場合，二硫化タングステンの方が少量の添加で有効であったと報告されている[69]．

（2）諸元（二硫化モリブデンと異なる項目）[70]

化学記号　　WS$_2$
比重　　　　7.4〜7.5
分子量　　　248.02
酸化温度　　425℃（MoS$_2$ 350℃）
溶融点　　　1 850℃
粒径（標準）　0.8〜1.5 μm
（FSSS 法）　0.5〜1.0 μm
応用形態はほとんど MoS$_2$ と同じ．

（3）その他の特性

WS$_2$ に限らず固体潤滑剤は高温用，真空用潤滑剤として用いられることが多い．不活性な耐熱材料と組み合わせると，高温まで低い摩擦係数を保ち続けることができる．しかし製造，運送，保管時に不純物が混入付着する．したがって使用温度より高温，できれば 600℃ まで加熱してあらかじめガス出ししてから使うことが汚染を避けるため望ましい．

図 3.1.19 は真空中（10^{-4}Pa）でガス出しした固体潤滑剤の温度と放出ガスの関係を示したものである[71]．

MoS$_2$ に比較して WS$_2$ の方が酸化温度の高いことは大きな特色であるが，図 3.1.20 は温度と摩擦係数の関係を示す[72]．潤滑特性に関してはほとんど WS$_2$ が優れているが，人造ということもあり，コストの点でその使用量は MoS$_2$ より少ない．

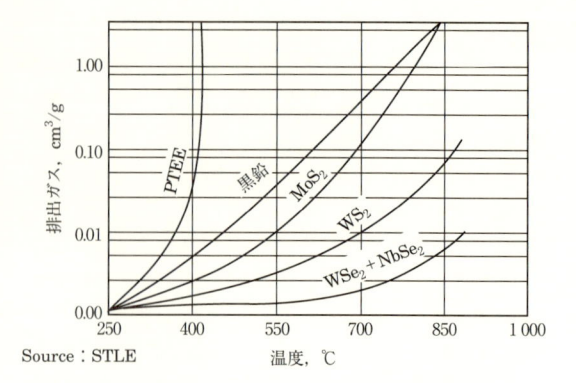

図 3.1.19　真空中（10^{-4} Pa）で各種固体潤滑剤ガス放出　〔出典：文献 71）〕

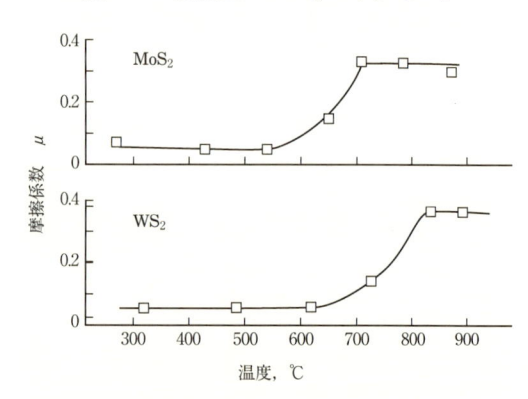

図 3.1.20　MoS$_2$，WS$_2$ の真空中（10^{-4}〜10^{-6} Pa）の摩擦特性（100 g，2.0 cm/s）　〔出典：文献 72）〕

（4）用途

代表的なもの，ユニークな用途を示す．

a．カーボンブラッシ

広い温度範囲で摩耗を減少し寿命を延長するため，他の固体潤滑剤と併用，多く利用されているが，その混合比その他はノウハウで一部特許[73]以外発表されていない．

b. ワックス

クレーンの車輪，レール，キルンタイヤなど高圧高温部などに，WS$_2$分散オイルのマイクロカプセルを有するワックス等が用いられ，摩耗防止に著しい効果をおさめている．

c. ペンシル

WS$_2$の微粒子を特殊結合剤で固めて心材とし，これを紙巻きの鉛筆状としたもので，カメラその他精密機械のしゅう動部に塗布し，嵌合や潤滑の目的に多く利用されている．

d. 粉末

一つの例として世界で年間数億本生産されているシャープペンシルの7割の部品提供をしている国内メーカーは，スムーズな芯移動を図るため巧妙な方法で粉末を部品に擦りつけている．

e. メタルコンポジット他

図3.1.21は蒸着装置等の真空槽内駆動部に，SUS 301とWS$_2$の複合材料が用いられ，摩擦面にWS$_2$が転移，被膜形成により週単位の寿命が3～4年と飛躍的に延長されている[74]．このメタルコンポジットは生産合理化，コスト低減によりその用途が徐々に拡大されている．耐熱温度800℃のセラミックスとWS$_2$を組み合わせた500℃まで使用できる固体被膜潤滑剤，高温用WS$_2$グリース，オイル，ペースト等は汎用され，その使用量は増大している．

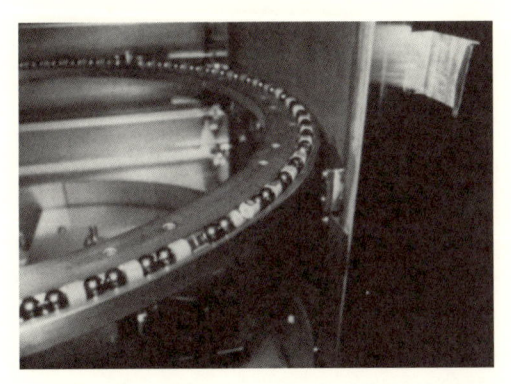

図3.1.21 ミラクルピロー（黒い鋼球2個おきに複合材料の円筒体1個を挟み込んで使用）

3.1.4 窒化ホウ素

固体潤滑剤として用いられる窒化ホウ素（BN）は六方晶系のもので，グラファイトと類似の層状の結晶構造をもつ純白色の粉末であり，他の固体潤滑剤に比べて酸化開始温度が900℃前後と高く，高温環境における使用例が多い[75]．

乾燥摩擦の特性はグラファイトに似て雰囲気ガスの影響を強く受ける．真空中あるいは窒素，酸素雰囲気中の摩擦係数は0.5と高いが，ヘプタン，エタノールなどのガス中では0.2前後に低下する[76]．

通常の使用方法として，粉末を数％鉱油に分散し鋼同士のすべり摩擦に適用する[77]と，摩擦面に付着膜を形成し，摩擦をやや高めに安定させ，鋼の摩耗を著しく抑制する（図3.1.22）．この添加効果

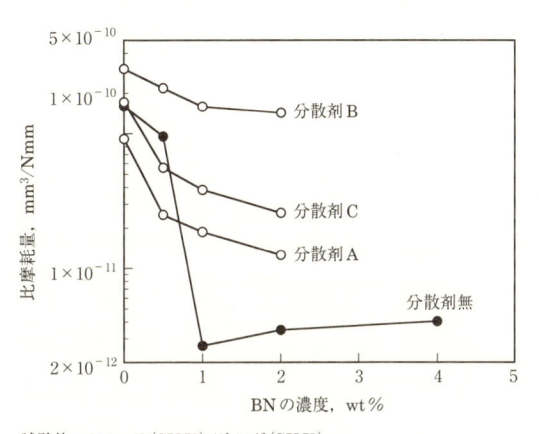

試験片＝3ローラ（SUJ2）/リング（SUJ2）
荷重：784N，すべり速度＝157mm/s
潤滑油＝パラフィン系鉱油（VG15），油温40℃
BN純度＝99.1％，平均粒径＝2.8μm
分散剤A＝メタクリレートコーポリマー，B＝ソルビタンモノオレエート C＝ジオクチルスルホコハク酸ナトリウム

図3.1.22 鋼の摩耗に及ぼすBN濃度と分散剤の影響
〔出典：文献77）〕

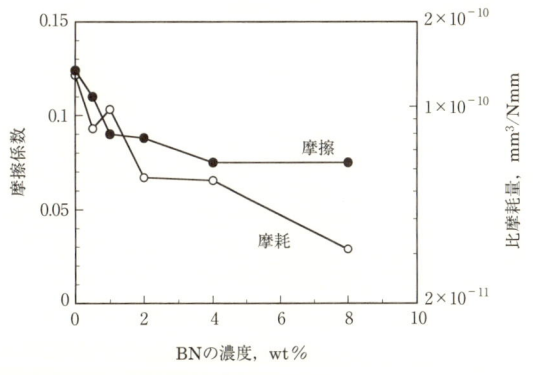

試験片＝3ローラ（FCD450）/リング（SUJ2）
試験条件等は図3.1.22に同じ

図3.1.23 球状黒鉛鋳鉄の摩擦・摩耗に及ぼすBN濃度の影響 〔出典：文献80）〕

は，分散剤の種類に大きく影響されるが，BNの結晶性，粒径，粒子形状にはほとんど依存しない[78]．付着膜はBNとその酸化生成物（BO_xなど）で形成されるが，BNが酸化されずに多く残存する条件ほど摩耗防止効果が大きい[79]．図3.1.23は，球状黒鉛鋳鉄と鋼のすべり摩擦に適用した結果[80]で，摩耗の低減と同時に摩擦の低下現象が観察された例である．そこでは鋳鉄に含有するグラファイトによってBNの酸化が抑制され，BNを主体とする付着膜が形成される．

BNの潤滑効果の発生条件には未だ不明な点が多いが，グラファイトに替わる白色潤滑剤としての用途に期待される．

3.1.5 フッ化黒鉛

フッ化黒鉛（graphite fluoride）は炭素材（黒鉛など）とフッ素との高温直接反応によって生成する炭素-フッ素層間化合物であり，化学式は$(CF)_n$と$(C_2F)_n$の2種類ある．$(CF)_n$の構造は図3.1.24に示すように[81,82]，黒鉛にフッ素をインターカレーションしたことにより，層間距離は黒鉛の3.4Åから7.3Åと広がった構造をとる．層間は黒鉛と同様にファンデルワールス力で結合しているためすべりやすい．

フッ化黒鉛の性質は原料炭素の種類によって異なる．例えば比重と分解開始温度は，粘結剤炭素を原料としたものは比重2.34，分解開始温度320℃最も低く，天然黒鉛を原料とするものは2.68，420℃と最も高い[83]．

フッ化黒鉛は高温用固体潤滑剤として注目されており，約400℃まで潤滑性を示し，高温でMoS_2や黒鉛と同等以上の摩擦摩耗特性を示す．一例を図3.1.25に示す[84]．

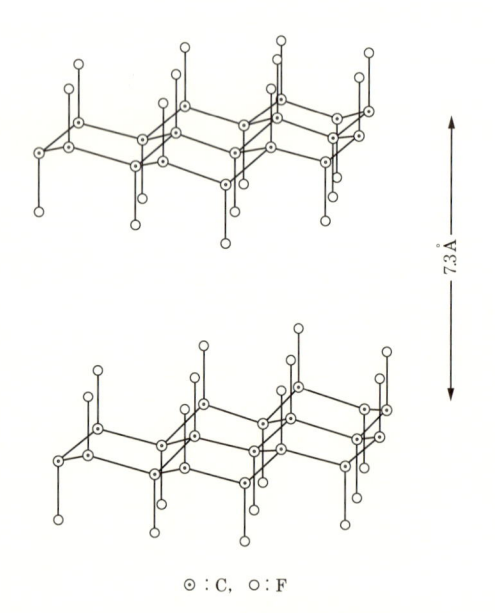

図3.1.24 フッ化黒鉛の構造

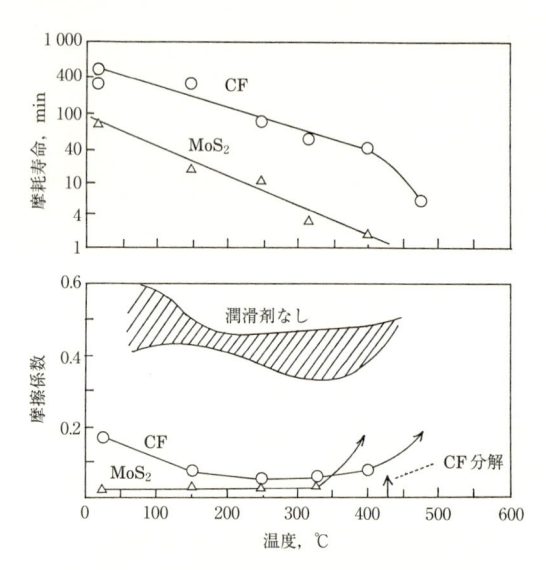

○：C，○：F

図3.1.25 各温度に摩擦摩耗特性（乾燥空気中）
〔出典：文献84〕

3.1.6 PTFE

PTFE（polytetrafluoroethylen）はフッ素系の代表的な樹脂である．フッ素系樹脂にはその他PFE，FEP，PVDF等多種類のものがある．PTFEは1938年にフッ素樹脂として最初に発見され，Du Pontから市販が開始されたのが1947年である．誕生から，まだ50年しか経っていないが，耐熱性，耐薬品性に富み，低摩擦のしゅう動面材料として広範に用いられている．さらに，粉末状にして潤滑油やグリースに添加して用いられるなど，使用実績からみても固体潤滑剤として，潤滑油の使用範囲を広げることに大いに寄与する．最も重要なトライボマテリアルの一つである．

（1）FTFEの化学的特徴

PTFEは図3.1.26に示す分子構造をもち，分岐のない完全に線対称の線状高分子材料である．

分子量は$3×10^6 \sim 10^7$といわれる．分子量の値は成形品の比重から知ることができるが[85]，その比重

第3章 固体潤滑剤

図 3.1.26 PTFE の分子構造

の値は 2.28〜2.295 であり，結晶化度の上昇とともに増加する[86]．

PTFE は図 3.1.27[87] に示すように，全体としては帯状構造をもち，その帯が板状結晶部分と非晶質部分がサンドイッチ状に交互に配置されている．このような構造をバンド構造という．非晶質部分は変形に対する抵抗が小さいので，PTFE の変形はこの非晶質部分で起こる．

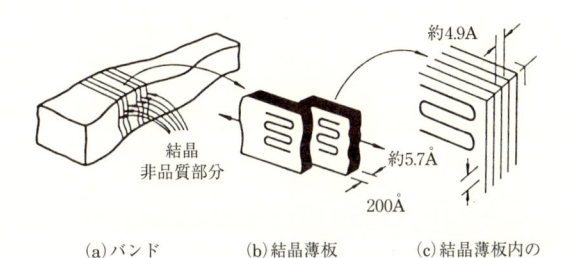

図 3.1.27 PTFE の構造〔出典：文献87〕

（2）ぬれ性

Zisman は表面張力の異なる種々の n-アルカン同族体を用いて PTFE 表面上の接触角を測った結果，PTFE は他の高分子材料に比べて表面エネルギーが非常に小さいことを報告した[88] PTFE の臨界表面エネルギー γ_c は 18.5 dyn/cm であり，これ以上大きな表面張力をもつ液体では PTFE をぬらすことができない．

例えば，水に対する接触角は PA 6 で 66°，POM では 74° であるが，PTFE は 118° と非常に大きく，水に対するぬれ性は非常に良くないことがわかる．また PTFE の SP 値（Solubility Parameter）も他の材料に比べて小さいので，他の材料との溶融性あるいは接着性も良くない．

（3）化学的安定性

PTFE は化学的に極めて安定な物質である．ほとんどの酸・アルカリ薬品や溶剤に侵されることはない．

（4）機械的性質

一般に高分子材料の機械的強さは分子量によって決まり，材料が結晶性のものであればさらに結晶化度によって変化する．しかし PTFE は溶融時の粘度が非常に高いため，成形材では，成形の際ボイドができやすく，ボイドの状態によっても機械的強さは異なる．

PTFE の機械的特性をまとめて表 3.1.3 に示す．特徴的なことは融点，ガラス転移点はそれぞれ $T_m = 327℃$, $T_g = 126℃$[89] であり，最高使用温度は 260℃ と高く，低温域でも $-60℃$ 程度の領域までの使用に耐えるなど，広い温度範囲の使用に耐えることである．

（5）PTFE のトライボ特性

PTFE の最も特徴的な特性の一つは低摩擦であることで，摩擦係数の一般的な値は非充てん PTFE では 0.04〜0.05 程度である．この低摩擦は前述のバンド構造をとる分子構造によるもので，非晶質部分のすべり抵抗が小さいことによるとされている．PTFE の摩擦特性としては，荷重の増加に

表 3.1.3 PTFE の物性一覧表

特性	単位	ASTM 試験法	特性値	特性	単位	ASTM 試験法	特性値
融点	℃		327	熱伝導率	cal·cm/cm²·s·℃	C 177	6
ガラス転位点	℃		126	比熱	cal/℃·g		0.25
比重		D 792	2.14〜2.20	線膨張係数	10^{-4}℃	D 696	10
引張強度	MPa	D 638	13.7〜34.3	熱変形温度	℃	(1.81 MPa)	55
伸び	%	D 638	200〜400			(0.45 MPa)	121
圧縮強さ	MPa	D 695	11.8	最高使用温度	℃	無荷重	260
アイゾット値	N·cm/cm	D 256 A	159.8	体積抵抗率	Ω·cm	D 257(50%RH/23℃)	>10^{18}
ショア硬さ		D 2240	D 50〜55	誘電率	60,10^3,10^6 HZ	D 150	<2.1
曲げ弾性率	10^3MPa	D 790	0.55	誘電損失	60,10^3,10^6Hz	D 150	<0.0002
引張弾性率	10^3MPa	D 638	0.4〜0.55	吸水率	%(24 h)	D 570	<0.01

より静摩擦係数 μ_s が低下し，次の関係が示されている．

$$\mu_s = 0.178 W^{-0.5} \quad (3.1.1)$$

また摩擦係数と周速度の間には

$$\mu = cV^\alpha$$
$V = 0.001 \sim 0.1$ cm/s で $c = 0.034 \sim 0.078$
$V = 0.1 \sim 100$ cm/s で $c = 0.06 \sim 0.12$
$\alpha = 0.27 \quad (3.1.2)$

なる関係があることも明らかにされている[92]．

PTFE は耐摩耗性の点でいうと，非常に摩耗しやすい材料である．その摩耗機構は，次のように考えられる．低摩擦をもたらしているバンド構造を形成している結晶薄板が，摩擦力を受けたときに，相互にすべることによって長いフィルムを PTFE 摩擦面に形成する．このフィルムが摩擦面からはく離しやすいため PTFE は大きな摩耗率をもつ．

耐摩耗性はガラス，MoS_2，グラファイト，カーボン，ブロンズなどの各種無機粉末やポリイミド，PPS などの各種有機材料をフィラーとして PTFE 粉末と混合し，複合化することによってかなり改質される．

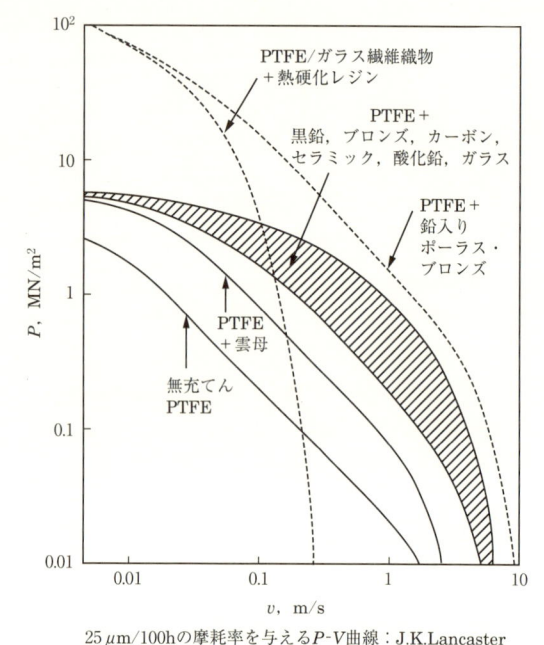

図 3.1.28 PTFE およびその複合材の限界 PV 値
〔出典：文献 93〕〕

表 3.1.4 PTFE およびその複合材の摩擦係数，摩耗率，限界 PV 値の例 〔出典：文献 94〕〕

充てん材	摩擦係数		摩耗率, 10^{-15} m³/N·m	限界 PV 値, 10^6 N/ms	文献
	静摩擦係数	動摩擦係数			
無充てん	0.04	0.05	100	0.06	95)
15 wt% Glass Fiber	0.05	0.09	0.14	0.35	95)
25% Poly-Oxybenzoate	0.05	0.13	0.1	0.63	95)
20 wt% Poly-Phebylene	0.05	0.13	0.08	0.34	95)
25 wt% Polyester	0.04	0.09	0.06		96)
20 wt% Graphite	0.06	0.08	0.22	0.8	39)
25 wt% Carbon/Graphit	0.08	0.09	0.12	0.7	89)
40 wt% Bronze	0.05	0.13	0.1	0.44	97)
30 wt% Carbon Fiber		0.23	2.2		98)
25 wt% Coke Flour	0.09	0.11	0.16	0.62	89)
20% ZrO_2		0.57	1〜2.5		99)
40 wt% TiO_2		0.24	10〜15		99)
20 wt% MoS_2		0.22	5〜40		99)
30 vol % W		0.09	4		100)
30 vol % Cu		0.13	3.5		100)
30 vol % PbS		0.16	1.8		100)
30 vol % Zn		0.11	1.3		100)
30 vol % Ni		0.12	0.65		100)
30 vol % SiO_2		0.1	0.5		100)
60 wt% Stainless Steel	0.08	0.12	0.3		89)

許容しゅう動条件としては，限界 PV 値があり，$PV=$const で使用範囲が限定される．PTFE とその複合材料の限界 PV 値曲線の例を図 3.1.28[93] に示す．

PTFE およびその複合材料の代表的な摩擦係数，摩耗率および限界 PV 値を文献[94] から抜粋したものを表 3.1.4[89,94~100] に示しその温度依存性を図 3.1.29 に示す．

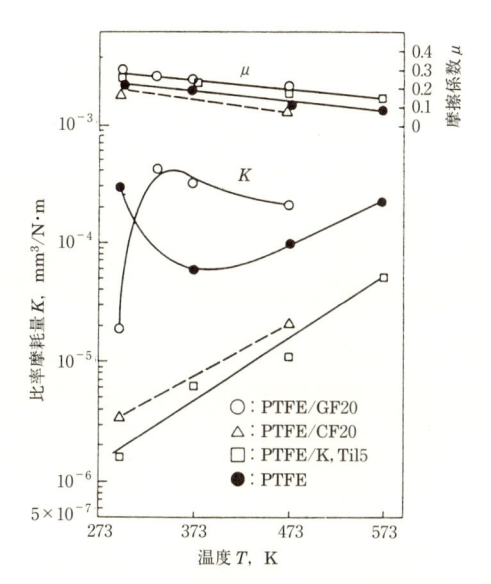

図 3.1.29 PTFE の摩擦係数，比摩耗量の温度依存性
〔出典：文献 101)〕

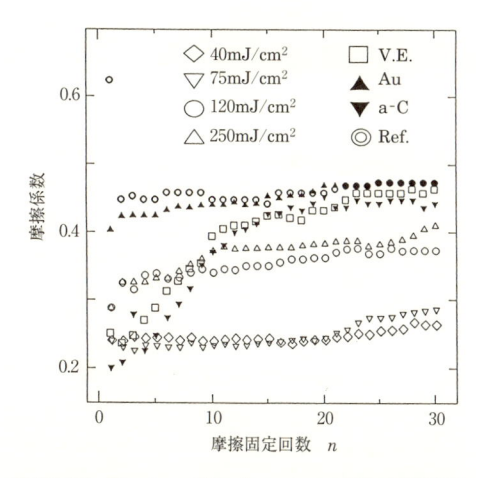

図 3.1.30 C_{60}-レーザアブレーション膜の摩擦特性
〔出典：文献 103)〕

3.1.7 その他の固体潤滑剤
(1) フラーレン（C_{60}）・クラスタダイヤモンド（CD）

グラファイト以外の炭素系固体潤滑剤として，数 nm から数 10 nm オーダ径の超微粒子のフラーレン[102~108]やクラスタダイヤモンドおよびグラファイト・クラスタダイヤモンド（GCD）[109,110] などが潤滑被膜[102~107] や潤滑油およびグリースへの添加剤[108,110] として検討されている．固体潤滑被膜としての C_{60} 薄膜調製法[111] には真空蒸着[102~103]，昇華[105,106]，スパッタリング法[107] などがあり，低摩擦を与えるトライボ材料の表面改質法としてその応用が期待される．一例として種々のレーザ照射エネルギー密度（40～250 mJ/cm²）で作製した C_{60} レーザアブレーション膜[103] の振子試験機による摩擦特性を図 3.1.30 に示す．Au やアモルファスカーボンの真空蒸着膜より低摩擦で耐摩耗性の C_{60} 膜が得られている．

CD や GCD については，平均粒径 5 nm の超微粒子 CD の摩擦界面での転がりによる低摩擦[109]，CD と GCD のグリースへの添加による耐摩耗性の向上が報告されている[110]．

(2) 層間（インターカレーション）化合物

前節までに，二硫化モリブデンやグラファイトなど固体潤滑剤として汎用されているものについて述べられた．これらの固体潤滑剤はいずれも層状結晶構造をもち，その良好な潤滑特性と関係づけられている．Mo, W, Nb, Ta, Ti など還移金属ジカルコゲナイドは MoS_2 類似した層状結晶構造をもつが，その構造の微細な相違が潤滑性の有無に関係している．NbS_2 や TaS_2 などの潤滑性をもたないものも，層間のファンデルワールスギャップに組成金属や他の金属をインターカレーションすることによる層間の膨張（c/na の増大，a：層内部の原子間距離，c：層の厚さ，n：単位格子内の三角プリズムの数）によって層間がすべりやすくなり，潤滑性が発現する．これらの研究結果[112~117] を総括すると図 3.1.31[118] のようになる．

塩化第二鉄によるグラファイトの層間化合物[119] では，真空中でグラファイトよりかなりの低摩擦が

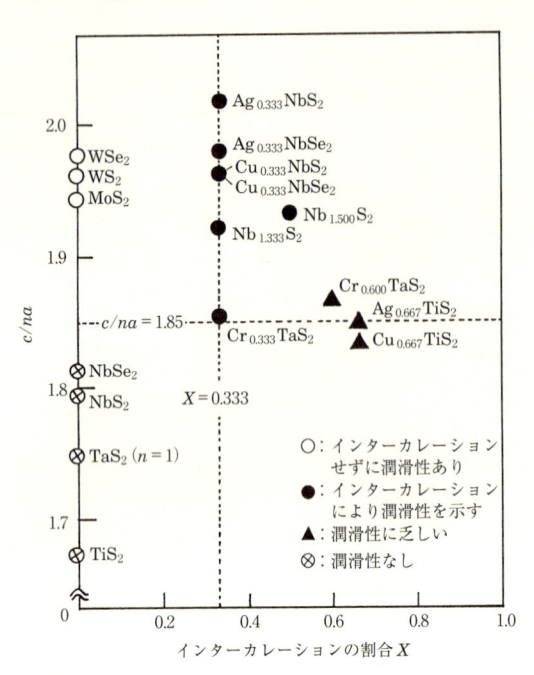

図3.1.31 インターカレーション化合物の組成および c/na と潤滑性の関係　〔出典：文献118)〕

得られている．

（3）セラミックス系固体潤滑剤

近年，セラミックスが高温安定性の点から極圧剤[120]や高温用固体潤滑剤[121〜123]として検討されている．平均粒径7 nmから40 nmの超微粒子シリカ（SiO_2）をグリースに添加した場合，著しい耐焼付き性の向上，耐摩耗性が得られ（図3.1.32[120]），

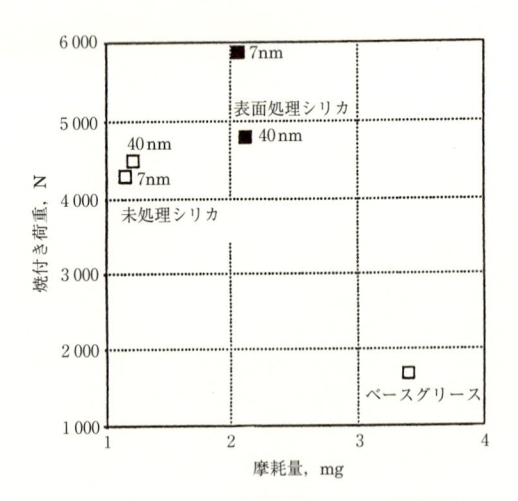

図3.1.32 シリカ微粒子添加グリースの耐摩耗性と耐焼付き性との関係〔出典：文献120)〕

SiO_2 の潤滑性は粒径，添加濃度，親油表面処理によって異なる．

種々の配合割合から成る CaF_2，BaF_2，Cr_2O_3 の三元系固体潤滑剤被膜[121,122]，複酸化物系セラミックス，$Sr_xCa_{1-x}CuO_y$[123] が高温用固体潤滑剤として期待される．

（4）その他の固体潤滑剤

その他の固体潤滑剤として，平均粒径1〜2 μm の白色の結晶性の高いへき開性ラメラ構造のメラミンシアヌレート，金属へきの親和性（キレート能）と耐酸化性をもち，へき開性の層状構造を有するアミノ酸化合物の $N\varepsilon$-ラウロイルリジン，耐熱性の絹雲母（sericite）などがある[124]．

文　献

1) 松永正久（監修）：固体潤滑ハンドブック，幸書房 (1978) 86.
2) 木村好次（監修）：トライボロジーデータブック，テクノシステム (1991) 108.
3) 川邑正男：潤滑, **25**, 2 (1980) 87.
4) W. O. Winer：Wear, **10** (1967) 422.
5) A. R. Lansdown：ESRO CR-402 (1974).
6) J. P. G. Farr：Wear, **35** (1975) 1.
7) 松永正久（監修）：固体潤滑ハンドブック，幸書房 (1978).
8) 榎本祐嗣・三宅正二郎：薄膜トライボロジー，東大出版会 (1994).
9) 日本潤滑学会編：新材料のトライボロジー，養賢堂 (1991).
10) 松永正久（監修）：固体潤滑ハンドブック，幸書房 (1978) 85.
11) T. J. Risdon, AMAX Bulletin C-5c (1987).
12) T. Endo, T. Iijima, Y. Kaneko, Y. Miyakawa & M. Nishimura：Wear, **190** (1995) 219.
13) 西村　允：潤滑, **31**, 8 (1986) 573.
14) T. Spalvins：ASLE Trans., 17 (1974) 1.
15) M. N. Gardos：Lubr. Engrs., **32**, 9 (1976) 463.
16) T. Spalvins：NASA TN D-7169 (1973).
17) M. Maillat, C. Menoud, H. E. Hintermann & J. F. Patin：Proc. 4th Euro. Space Mech. & Trib. Symp., ESA SP-299 (1990) 53.
18) P. D. Fleischauer：New Directions in Tribology, IMechE (1997) 217.
19) K. Matsumoto & M. Suzuki：Proc. Int. Trib. Conf., Yokohama 1995 (1996) 1165.
20) P. Niederkaeuser, M. Maillat & H. E. Hintermann：Proc. 1st Euro. Space Mech. & Trib. Symp., ESA SP-196 (1983) 119.
21) R. S. Bhattacharya, A. K. Rai & A. W. McCormick：Trib. Trans., **36**, 4 (1993) 621.
22) S. Hamasaki, R. Shibata, M. Nishimura & K. Seki：Proc. Chinese Int. Symp. for Youth Tribologists

23) R. N. Bolster, I. L. Singer, J. C. Wegand, S. Fayeulle & C. R. Gosset：Surface and Coatings Technology, **46** (1991) 207.
24) 西村　允・鈴木峰男・宮川行雄：潤滑, **31**, 10 (1986) 721.
25) P. D. Fleischauer & R. Bauer：ASLE Trans., **30**, 2 (1987) 160.
26) P. W. Centers：Wear, **122** (1988) 97.
27) M. Nishimura：Proc. 3rd Int. Conf. on Solid Lubrication, ASLE (1984) 50.
28) 松永正久：潤滑, **26**, 9 (1981) 587.
29) W. A. Brainard：NASA TN D-5141 (1969).
30) M. Suzuki, M. Moriyama, M. Nishimura & M. Hasegawa：Wear, **162-164** (1993) 471.
31) S. Obara & M. Suzuki：Trib. Trans., **40** (1997) 31.
32) S. G. Gould & E. W. Roberts：4th Euro. Space Mech. Æ Trib. Symp., ESA SP-299 (1990) 223.
33) M. Suzuki & M. Nishimura：Proc. Int. Trib. Conf., Yokohama 1995 (1996) 1215.
34) E. W. Roberts：Tribology Int., **23**, 2 (1990) 95.
35) 西村　允：精密工学会誌, **59**, 2 (1993) 213.
36) P. A. Grattan & J. K. Lancaster：Wear, **10** (1967) 453.
37) 土肥　禎：潤滑, **19**, 10 (1974) 691.
38) R. F. Deacon & J. F. Goodman：Proc. Roy. Soc. (London), **A243** (1958) 464.
39) 津谷裕子：機械技術研究所報告, **81** (1975) 54.
40) F. J. Glauss：Solid Lubricants and Self-Lubricating Solids, Academic Press (1972) 43.
41) M. Uemura, K. Saito & K. Nakao：STLE Trib. Trans., **33** (1990) 551.
42) 上村正雄・亀谷栄次・森谷敏明：トライボロジスト, **36** (1991) 459.
43) W. A. Bragg：Introduction to Crystal Analysis, G. Bell & Son (1928) 64.
44) R. H. Savage：J. Appl. Phy., **19** (1948) 1.
45) W. Bollman & J. Spradborough：Nature, **186**, 4718 (1960) 29.
46) P. J. Bryant, P. L. Gutshall & L. H. Taylor：Wear, **7** (1964) 118.
47) D. G. Folm, A. J. Haltner & C. A. Gaulin：ASLE Trans., **8**, 2 (1965) 133.
48) P. Cannon：J. Appl. Phys., **35** (1965) 2928.
49) R. H. Savage & D. L. Schaefer：J. Appl. Phy., **27**, 2 (1956) 136.
50) G. W. Row：Wear, **3** (1960) 274.
51) 松永正久：固体潤滑評価法シンポジウム—評価法と実用結果の比較—, 講演要旨集, 日本潤滑学会 (1978) 17.
52) C. J. Smithells：Metal Reference Book, Butterworths (1976) 204.
53) F. K. Orcutt, H. H. Krause & C. M. Allen：Wear, **5** (1962) 345.
54) O. Kubaschewski & C. B. Alcock：Metallurgical Thermochemistry, Pergamon Press (1979) 268.
55) J. F. Elliot, M. Gleiser & V. Ramakrishna：Thermochemistry for Steelmaking, Addison-Wesley, **1** (1963) 161.
56) 津谷裕子：潤滑, **16** (1971) 277.
57) J. K. Lancaster：Wear, **9** (1966) 169.
58) 芝　弘：塑性と加工, **9** (1968) 224.
59) J. P. Giltrow & A. J. Groszek：Wear, **13** (1969) 317.
60) 土肥　禎：津谷裕子編, 固体潤滑ハンドブック, 幸書房 (1978) 76.
61) M. B. Peterson & R. L. Johnson：ASLE Prepr., No. 55 (1956).
62) 土肥　禎・浅野　満・釣　三郎：炭素, **57** (1969) 192.
63) G. W. Row：Wear, **3** (1960) 454.
64) 津谷裕子：潤滑, **14** (1969) 13.
65) 渕上　武：潤滑, **19**, 10 (1974) 695.
66) 大蔵　斎：潤滑, **19**, 10 (1974) 699.
67) 大蔵　斎：潤滑通信, 113 (1976) 14.
68) Y. Tsuya, H. Shimura & M. Matsunaga：Lub. Eng., **29**, 11 (1973) 498.
69) K. Mecklenburg & R. Benzing：ASLE Trans., **15**, 4 (1972) 306.
70) 日本潤滑剤㈱技術資料 (1995).
71) P. M. Magie：Lub Eng., **22** (1966) 262.
72) W. A. Brainard：NASA TN D-5141 (1969).
73) 日本特許, 特許出願公告, 昭 60-42595.
74) 富士ダイスカタログ, 滑る金属 (1993).
75) 石井正司・吉川豊祐：潤滑, **19**, 10 (1974) 702.
76) G. W. Rowe：Wear, **3**, 4 (1960) 274.
77) 岡田和三・木村好次・郭　奇亮：日本トライボロジー学会トライボロジー会議予稿集 (名古屋 1993-11) 115.
78) 岡田和三・木村好次：同上 (東京 1994-5) 287.
79) 岡田和三・木村好次：同上 (金沢 1994-10) 657.
80) 岡田和三・木村好次：同上 (北九州 1996-10) 284.
81) W. Rudorff & Z. Anorg：Allgem. Chem., **253** (1947) 218.
82) 渡辺信淳・古沢四郎：電気化学, **31** (1963) 756.
83) 渡辺信淳・東原秀和：表面, **10** (1972) 754.
84) R. L. Fesaro & H. E. Slimey：ASLE Trans., **13** (1970) 56.
85) K. L. Berr & J. H. Peterson：J. Am. Chem. Soc., **73** (1951) 5195.
86) 里川孝臣, 他：プラスチック材料講座(6), 日刊工業新聞社 (1978) 29.
87) 松永正久：特殊表面処理の最新技術, シーエムシ (1984) 164.
88) W. A. Zisman：Advance in Chem. Ser., **43**, 1 (1964).
89) Fluorocomp Filled PTFE Compounds, PD 109-880, ICI Fluoropolymers, Wilmington, DE, 1988.
90) A. J. Allan：Eng., **14**, 211 (1958).
91) A. J. G. Allan & F. M. Chapman：Mat. in Design Eng., **48**, 106 (1958).
92) 松原　清：日本機械学会誌, **60**, 309 (1957)
93) 松永正久・津谷裕子：固体潤滑ハンドブック, 幸書房 (1978).
94) E. R. Booser：TRIBOLOGY DATA HANDBOOK, CRC (1997).
95) B. Arkles, et al：Lub. Eng., **33**, 33 (1977).
96) Ekonol PTFE Blends, Tech. Bull. Form C-1226 Kennecott Corporation, Sanborn, NY (1981).
97) T. A. Blanchet & F. E. Kennedy：Wear, **153** (1992) 229.
98) J. K. Lancaster：Br. J. Appl. Phys., **1** (1968) 549.
99) K. Tanaka & S. Kawakami：Wear, **79** (1982) 221.
100) D. Gong, et al：Wear, **137** (1990) 25.

101) 内山吉隆，他：潤滑, **33**, 1 (1988) 69.
102) T. Asakawa, T. Arakane, M. Yoshimoto, S. Hironaka & H. Koinuma：Trans. Mat. Res. Soc. Jpn., **14B** (1993) 1153.
103) S. Hironaka, T. Asakawa, M. Yoshimoto & H. Koinuma：Proc. Intern. Tribology Conf. Yokohama (1995) 1141.
104) 広中清一郎・浅川寿昭・吉本　護・鯉沼秀臣：J. Ceram. Soc. Japan, **105** (1997) 756.
105) B. Bhushan, B. K. Gupta, G. W. van Cleef, C. Capp & J. V. Coe：Appl. Phys. Lett., **62** (1993) 3253.
106) B. Bhushan, K. K. Gupta, G. W. van. Cleef, C. Capp & J. V. Coe：STLE Trib. Trans., **36** (1993) 573.
107) C. M. Mate：Wear, **168** (1993) 17.
108) B. K. Gupta & B. Bhushan：Lub. Eng., **50** (1995) 524.
109) 欧陽　勤・岡田勝蔵：日本機械学会論文集（C編), **61** (1995) 585.
110) 細江広記・松田耕治・広中清一郎：材料技術, **16** (1998) 33.
111) 広中清一郎：トライボロジスト, **41** (1996) 772.
112) 広中清一郎・脇原将孝・日野出洋文・谷口雅男・森内　勉・半沢　隆：トライボロジスト, **38** (1993) 375.
113) 広中清一郎・脇原将孝・日野出洋文・森内　勉・太田善郎：トライボロジスト, **38** (1995) 620.
114) W. E. Jamison：潤滑, **31** (1986) 369.
115) S. Hironaka, M. Wakihara & M. Taniguchi：J. Japan Petrol. Inst., **26** (1983) 82.
116) S. Hironaka, M. Wakihara, H. Hinode, M. Taniguchi, T. Moriuchi & T. Hanzawa：the Proc. of JSLE Int. Trib. Conf. (1985) 389.
117) US Patent：4647386 (1987).
118) 広中清一郎：トライボロジスト, **40** (1995) 322.
119) 中野　隆・鈴木直明・笹田　直：トライボロジスト, **34** (1989) 617.
120) 細江広記・平塚健一・南　一郎・広中清一郎：J. Ceram. Soc. Japan, **105** (1997) 867.
121) 新関　心・吉岡武雄・水谷八郎・豊田　泰・橋本孝信：トライボロジスト, **40** (1995) 1037.
122) 豊田　泰・吉岡武雄・梅田一徳・新関　心・兼子敏明・板倉孝志：トライボロジスト, **41** (1996) 38.
123) 鈴木雅裕・佐々木雅美・村上敏明：トライボロジー会議予稿集，大阪 (1997-11) 637.
124) 日本トライボロジー学会編：新材料のトライボロジー，養賢堂 (1991) 184, 190, 195.

3.2　固体潤滑剤の用法

　固体潤滑剤を効果的に使用するためには，固体潤滑剤の長所と短所を熟知し，さらに固体潤滑剤間，および他の物質との相乗効果，禁忌配合などについての十分な検討をする必要があるのはいうまでもないことである．
　固体潤滑剤の用法としては，(1) 粉末状として使用する．(2) 目的とする面に高速で固体潤滑剤の粉末を衝突させ付着させる．(3) 真空などを利用して固体潤滑被膜を形成させる．(4) 油，グリース添加する．(5) 他の物質と配合して複合材として使用する．(6) 結合材を使用して塗料状として目的とする母材表面に潤滑被膜を形成させる，などがある．

3.2.1　粉末のまま使用する用法

　(1) 一例を挙げると，プラスチックスなどの射出成形に使用される試作金型で，なま材を使用する場合があるが，かじりを生じやすいので二硫化モリブデン，二硫化タングステンまたはグラファイトなどの粉末を金型に擦り込み，かじり防止に使用する．
　(2) 塑性加工を行なう場合，部品が小さいときは，固体潤滑剤の粉末と部品を容器に投入して回転タンブリングさせることにより，固体潤滑剤粉末を部品の表面に付着させ加工する．例えば，乾電池の亜鉛外筒はこの方法で板状の亜鉛板から筒状に絞り加工され大量生産されている．

3.2.2　インピンジメント法

　目的とする面に，必要な固体潤滑剤の粉末を高速で衝突させ，固体潤滑剤の粉末を素材表面にめり込ませて潤滑面を形成させる方法で，ベアリングとハウジング部のフレッチング防止などに用いられている．この方法は，前処理としては，一定の粗さに仕上げられた素材面を清浄にすることのみで施工することが可能であり，薄膜であるのでほとんど寸法の変化もないという利点がある．

3.2.3　真空を利用して潤滑被膜を形成する用法

　真空中で二硫化モリブデン，二硫化タングステン，ポリテトラフルオロエチレン（PTFE）や金，銀，鉛などの固体潤滑剤をターゲットとしてスパッタリングすることにより，それぞれの固体潤滑剤の被膜を形成させる方法で，ドライプロセスともいわれ，直接金属表面に高純度の緻密な固体潤滑被膜をミクロン単位の精度で形成されることができるので，精密な被膜を必要とする真空中の管球用ベアリングや宇宙空間で使用される転がりすべり軸受などに使用される．

3.2.4　油，グリースに添加する用法

　固体潤滑剤を粉末のまま摩擦部分に適用する方法では，金属素地に対する防食性がなく，供給が不安

定で不足すればかじりを生じ，供給過剰になると閉塞するなど不利な点が多いので，油，グリースなどに添加することにより，油，グリースの特長に加え，固体潤滑剤の耐荷重性，耐摩耗性を付与し，油，グリースの性能を向上させる使用法である．ペースト，グリース状の場合は，沈殿の問題がないので固体潤滑剤の粉末の粒度は数ミクロンから十数ミクロン，時には数十ミクロンの粒度のものが使用される．固体潤滑剤の粒度は使用目的により異なり，微粒子が良いとは限らない．

　油の場合は，固体潤滑剤の粒子が沈殿するという問題があるので，1～2ミクロン以下サブミクロンの微粒子の固体潤滑剤が使用される．このようなサブミクロンの固体潤滑剤の粉末は微粒子であるため表面積が大きく活性をもっている場合が多く，微量の酸化や，ガス，水分の吸着などがあるので，そのまま油中に添加すると凝集しやすい．したがって，事前の表面処理とか，多量の分散剤の使用などが必要である．分散剤も多量に使用すると，分散状態は良くなるが固体潤滑剤粒子が摩擦部分に導入されにくくなり，多量に固体潤滑剤を使用しないと肝心の摩擦性能の向上には役立たないことがある．したがって，このような現象を避けるためには油中で粉砕するなどの工程を必要とすることがある．また分散に重点を置きすぎると，沈殿した粒子の再分散が困難となる．したがって，油中に固体潤滑剤を添加するときは，分散と懸濁と摩擦特性の向上のバランスを考慮する必要がある．また通常の油には，各種の添加剤が配合されているので，これらの添加剤との相乗効果や禁忌配合についても配慮する必要がある．このようにしてバランス良く調合された油でも，性質の違った他の油と配合すると，バランスが崩れ，沈殿したり効果が減少することもあるので，この点にも注意しなくてはならない．上記のような点について配慮すれば固体潤滑剤配合油は，条件にもよるが，非常に良い性能を発揮することができる．ただし，面圧，摩擦速度，面粗さ，硬さ，温度など摩擦条件も当然考慮する必要がある．この種の油は，適用条件を誤らないようにすれば，摩擦係数を下げ摩耗を減らすことができる．

　使用例としては，抄紙機の変速機に使用して定期補修期間を大幅に延長することができた例がある．

3.2.5　複合材とする用法

　通常固体潤滑剤の粉末を他の物質，例えば，プラスチックス，金属，セラミックスなどと配合して，それぞれの特長を生かした新しい物性をもつ複合材を作り，目的とする摩擦部分に適用する方法である．配合される基材の種類，また配合される固体潤滑剤が1種類か複数か，粉末の粒度，粒度分布，配合比など変動要因が極めて多いので，できあがる複合材の種類も無数といってよいほど多い．

（1）高分子系複合材

　対象となる高分子は大きく分けて有機系，無機系となり，有機系はさらに熱可塑性と熱硬化性に分かれる．

　a．熱可塑性樹脂系

　ポリ塩化ビニール，ポリエチレン，ポリプロピレン，ポリメタアクリル酸メチル，ポリカーボネート，ポリアミド（ナイロン），ポリアミドイミド樹脂，PTFEなどがある．実用例としては，ナイロンと二硫化モリブデンの複合材でできたギヤ，すべり軸受などが，面圧，速度，温度がある値以下の場合は，鋼製より耐摩耗性で優れている例がある．この他に，ナイロンとPTFEの複合材，PTFEと各種繊維との複合材が事務機，自動車部品などに使用されている．

　b．熱硬化性樹脂系

　フェノール樹脂，尿素樹脂，芳香族炭化水素，アミノ樹脂，エポキシ樹脂，ポリイミド樹脂などが基材として使用されており，使用例としては，フェノール系樹脂と二硫化モリブデン，グラファイトの複合材が水潤滑でのすべり軸受として使用されている．またポリイミド系樹脂とPTFE，二硫化モリブデン，鉛などの複合材が真空中の転がり軸受の保持器として使用されている．

　c．無機系高分子系

　ケイ酸塩，リン酸塩などがあるが，耐熱的には良い性質を示すが，機械的強度の点で問題があるので，強度的にバックメタルなど補強手段を考慮する必要がある．これらは場合によるとセラミックスの領域と区別がつきにくくなる．

（2）金属系複合材

　焼結合金など粉末冶金的手法で作られる複合材と溶融金属中に特殊な条件で固体潤滑剤を加え冷却して複合材とする場合がある．

　粉末冶金的に複合材を作る場合は，鉄系，非鉄系

を問わず，固体潤滑剤として二硫化モリブデン，二硫化タングステン，グラファイト，PTFE などが潤滑剤として使用される．この場合，焼結時に配合する場合と，焼結後に充てんする場合がある．これらの複合材は，軸受など各種摩擦部分に使用されている．この場合，配合成分，粒度分布などは目的と

表 3.2.1　結合膜の生活環境での使用例

	身近での実用例	使用されている部品	利用されている特性
趣味	クルマ，バイク	ピストン，ピストンリング，キャブレターシャフト，ミッション，デフ，カムシャフト，ショックアブソーバー，エアコン，リクライニング，カーステレオ，シートベルト，オートマシフトレバー	耐摩耗性，耐熱性，耐食性，耐荷重性，初期なじみ，撥水性，耐ステックスリップ，耐薬品性
	カメラ，インスタントカメラ，望遠鏡，コンポ，ヘッドホンステレオ，ビデオカメラ，ビデオデッキ，ピアノ，エレクトーン，ゴルフ，フィッシング，パソコン	シャッター羽根，絞り羽根，シャッターフレーム，レリーズレバー，リンク機構，カム機構，ズーム鏡筒，内外装用，ビデオテープガイドピン，ビデオカメラ，ヘリコイド，ビデオデッキフェルトワッシャー，フェルトバンドブレーキ，クラッチ，ソレノイド，パソコンキー，カウンター機構，フロッピー取出しばね，リール，リール台，解除機構，ゴルフカーしゅう動部	耐摩耗性，耐食性，光反射防止，安定摩擦係数，耐荷重性，初期なじみ
調理	冷蔵庫，電子レンジ，ガスレンジ，オーブントースター，換気扇，ガスコック	すべり軸，リスク機構，ポップアップ機構，スイッチ部，ヒンジ，各種ガスコック閉子，ガスメータ，ガスメータ弁座	耐摩耗性，耐熱性，耐食性，耐荷重性，初期なじみ
住居および家庭用品	エアコン，金庫，カーテン，錠，仏壇，ヘアーアイロン，各種化粧瓶，ビール瓶，ウイスキー瓶，ドリンク瓶，時間類，ミシン，編機，ブレーカー	ピストン，カムシャフト，ヒンジ，クリック，ダンパ，スライダ，キーピストン，製瓶用デリバリシュート，製瓶用金型，時計バンド，リューズ，時計用小部品，ヘアーアイロンコテ部，スイッチ機構	耐摩耗性，乾燥性，耐荷重性，耐スティックスリップ，初期なじみ，耐熱性，離型性，耐食性，非粘着性
事務機	複写機，タイプライター，OA 機器	スライドレール，セパレータ，プリントハンマ，プリントヘッドガイド，ヒートローラ，フロッピー取出しばね，紙送りガイドレール	非粘着性，耐摩耗性，耐荷重性，耐スティックスリップ
その他	エレベーター，エスカレーター，自動販売機	エレベーター自動制御装置，エスカレーター側板，自販スライダ，スイッチ機構	耐摩耗性，耐食性，耐荷重性，耐ステックスリップ

表 3.2.2　結合膜の産業分野での使用例

	産業機器	使用されている部品	利用されている特性
輸送	航空機，船舶，鉄道，高速道路，橋梁	航空機用ねじ類，燃焼バルブ，油圧機器，鉄道用台車，パンタグラフ用ピストン，支承	初期なじみ，耐摩耗性，耐荷重性，乾燥潤滑
設備機器	蒸気タービン，発電プラント	ギヤカップリング，バルブ	初期なじみ，耐熱性，耐摩耗性
	油圧，空圧，真空の各機器，工作機械	ベーン，側板，ロータ，シリンダ，ギヤ，チャック，バルブ，ボンベ，真空用マニピュレータ，ピストン，リテーナ，ベアリング類	初期なじみ，耐荷重性，耐食性，耐酸素，耐スティックスリップ，耐真空，ガス無放出
省力	自動機，制御装置，産業用ロボット	ソレノイド，カム機構，リンク機構，プランジャ，シリンダ，ピストン	耐摩耗性，低摩擦係数，耐食性
科学	人工衛星，ロケットランチャー，電子顕微鏡，電波望遠鏡，原子炉，核融合炉	宇宙用ねじ類，アンテナスライド部，特殊ナット，ギヤ，ラックピニオン，シールドリング，メカニカルスナッパ，バルブ，スリットブレード，すべりレール，可動リミッタ	耐真空，耐熱性，ガス無放出，耐摩耗性，耐食性，一定摘擦係数，耐放射線，耐荷重性
化学	石油，天然ガス，パイプライン	ボールバルブ，ゲートバルブ	耐食性，耐摩耗性
医療	胃カメラ，レントゲン装置	操作ワイヤ，ワイヤガイド，リスク機構，ボールねじ	耐荷重性，低摩擦係数，乾燥潤滑

する使用条件により選定する．

以上のように複合材に対する固体潤滑剤の適用は極めて広範囲で今後ますます発展する分野の一つである．

3.2.6 結合膜とする用法

固体潤滑剤らしい特長を生かして使用する方法としては，（1）固体潤滑剤の粉末をそのままか，もしくは摩擦面に擦り込む，（2）蒸着，スパッタリングなどで摩擦面に固着させる，（3）高濃度（50％以上の固体潤滑剤含有）のペースト状としたものを摩擦面に塗布する，（4）結合材を使用し固体潤滑剤の粉末とともに塗料上として摩擦面に塗布する，などがあるが，これらの方法のうち結合剤を使用した結合固体潤滑被膜は比較的固体潤滑剤らしい使用法として，産業界で広く大量に使用されている．この潤滑被膜には，いろいろの呼び名があり，アメリカのNASAで出版された，固体潤滑剤概論（1971）中では，Bonded Solid Film Lubricantsとして，またOECD（Organisation for Economic Co-operation and Development）のトライボロジー用語集（1969）には，Bonded Solid Lubricnantと記載されている．日本のトライボロジー学会（旧日本潤滑学会）編の潤滑用語集（1981）にはこの潤滑被膜については記載がないので，研究者，関係者などの呼称はまちまちで，この潤滑剤を結合固体被膜潤滑剤，固体被膜潤滑剤，乾燥被膜潤滑剤などと呼び，これによってできた被膜を結合型固体潤滑被膜，固体潤滑被膜，乾燥被膜，焼成膜，ドライ被膜，乾性潤滑膜，乾性被膜，乾燥膜などと呼び，1種類で多くの呼ばれ方がある被膜である．

ここでは結合潤滑被膜を略して結合膜と呼ぶことにする．

結合膜については第3章の3.6.1で述べているので，ここではその用法について説明する．

（1）結合膜の使用法

結合膜は乾燥潤滑の万能薬ではないので使用条件に適した結合膜を選定する必要がある．その方法の一つを挙げると，

（1）目的とする摩擦条件をチェックする．
（2）対応可能な結合膜を選定する．

（3）結合膜選定の基準

結合膜の最初のおおまかな選定は次のような順序で行なう．

a．摩擦条件による固体潤滑剤の選定

高面圧：二硫化モリブデン，二硫化タングステングラファイト，これらの混合物

低面圧：PTFE，テトラフルオロエチレン-パーフルオロアルキルビニルエーテル共重合体（PFA），高分子材料

耐食性：結合剤の成分比が多い被膜を選び，二硫化モリブデンや二硫化タングステンとグラファイトを併用しない．

耐　熱：グラファイト，窒化ホウ素，雲母など

低摩擦：PTFE，PFA，二硫化モリブデン

極低温：二硫化モリブデン

高　速：二硫化モリブデン，二硫化タングステン

これらの条件は，複数の条件を同時に満たす必要があることが多く固体潤滑剤の選択時にすでに成否が決まることが多いので注意しなくてはならない．

b．摩擦条件による結合剤の選定

摩擦条件に適応する結合剤を選定する．

施工の容易さ：熱可塑性樹脂

高性能：熱硬化性樹脂

耐熱特性：熱硬化性樹脂，無機系結合剤

耐食性：熱硬化性樹脂

低摩擦係数：熱硬化性樹脂

特殊環境（真空，耐放射線など）：熱硬化性樹脂

耐油，耐水：熱硬化性樹脂

などの基準で選定する．施工の簡便，速効などでは熱可塑性樹脂が用いられるが，性能の点からみれば熱硬化性樹脂が圧倒的に良い性能を示す．したがって，多くの場合熱硬化性樹脂が結合剤として使用される．

（2）結合膜の応用例

結合膜は多くの分野で使用されており，その使用例を表3.2.1，表3.2.2に示した．

3.2.7 おわりに

固体潤滑剤の用例について述べたが，今後この潤滑剤は，複合材，ドライプロセス，結合膜などの分野で，ますます発展するものと思われる．

第4章 その他の潤滑剤

これまで潤滑剤を液体・半固体・固体潤滑剤のように状態別に分類し，また目的別に整理してきたが，ここではこれら一般潤滑剤の範ちゅうに入れられなかった潤滑剤とその性質について紹介する．

宇宙技術や半導体製造技術など新しい技術を完成するには，それに伴うトライボロジー技術の支援が必要であり，潤滑剤は新技術を成功に導くいわばキーマテリアルとしての役目を担っている．そのため先端技術においては新しい潤滑剤が求められることがしばしば見受けられる．これらの新分野に供給する潤滑剤は，基本的には二つの方法で開発されている．すなわち，これまでの潤滑剤技術の考え方を踏襲し，その延長線上でフォーミュレーションを変えることにより対応できる場合と，全く新しい基油や添加剤が開発される場合がある．

既製の範ちゅうに入らないものとして，特殊環境や極限あるいは過酷な環境下で用いられる潤滑剤がある．また，高効率や長寿命を期待して潤滑剤に負担を求めることもある．特殊環境としては，温度，圧力など条件範囲が広く要求されるもの，あるいは真空やフロンなどの各種雰囲気が挙げられる．例えば，熱機関の効率を高めるために高温で用いる潤滑剤や，逆に冷媒など低温でも使用できる潤滑剤が挙げられる．広い温度範囲で利用できる液体潤滑剤は，低温での流動特性と高温での蒸発損失や分解性が低いなどの性能が求められる．高圧下で用いられる液体潤滑剤は高圧における粘度特性に注意を払わねばならない．逆に高真空下での潤滑剤は蒸気圧が低く気体放出の少ない成分を用いている．各種雰囲気下や腐食性液体中での潤滑剤などが一般的には挙げられる．代替フロンのような不活性雰囲気，また，電気接点のように電気導通あるいは電場や磁場の環境におかれる潤滑剤，原子力機器やイオン照射装置などでは，高エネルギーの放射線照射に耐える潤滑剤が求められる．

一方，特殊な用途にも潤滑剤が求められる．例えば，マイクロマシンをはじめとする超精密機械ではトライボロジー特性に対する表面状態の影響が大きくなるため，極薄膜の潤滑剤が用いられ表面改質的な性格が強くなる．コストもこれまでとは考え方が変わり，油膜厚さが数nm程度になるため潤滑剤よりも塗布法などの二次的な技術にもコストがかかる．この具体例としては，磁気記録装置（いわゆるハードディスク）におけるヘッドディスク間のトライボロジーが挙げられる．また，精密機器ではわずかの塵埃が装置や製品の品質に影響するため，摩耗による発塵を抑制する潤滑剤が必要とされている．

以下，それぞれの項目について具体的な潤滑剤を取り上げた．ここでは潤滑剤について述べることとし，特殊環境下におけるトライボ要素についてはA編第6章を参照願いたい．

4.1 磁気記録媒体用潤滑剤

4.1.1 磁気記録媒体の構造

磁気記録媒体には磁気テープやフロッピーディスクのような可撓性媒体とハードディスクのようなリジッド基板をもつ媒体があり，また磁性層には塗布型と薄膜型の2種類が存在する．可撓性媒体では塗布型が，リジッド媒体では薄膜型が主流である．その模式図を図4.1.1に示す．

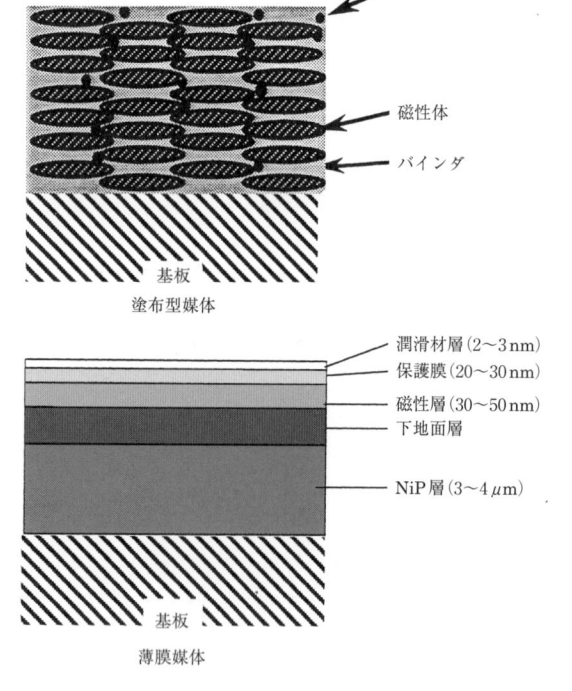

図4.1.1 塗布型媒体と薄膜媒体の断面模式図

塗布型磁気記録媒体は磁性粒子を高分子バインダ，溶剤とともに分散させ，潤滑剤および研磨剤等の添加剤を加えて塗料とした後に基板に塗布後乾燥させ，カレンダによる圧縮，表面平滑化処理が施された後に所定の幅にスリットされる．フロッピーディスクの場合には所定のサイズに打ち抜かれる．基板としては主にポリエチレンテレフタレートが用いられる．薄膜型磁気記録媒体の場合には，CoあるいはCoPt合金等を基板上にスッパッタリングあるいは蒸着法により真空中で磁性層を形成させた後に，SiO_2，カーボンあるいはカーボンナイトライド等の組成の保護膜を形成させる．潤滑剤は塗布型媒体のように内添することができないために，表層保護膜上に塗布して潤滑剤層を設けるのが一般的である．それゆえ本書では塗布型と薄膜型媒体の二つに分けて，それぞれに用いられている潤滑剤について解説する．

4.1.2 塗布型磁気記録媒体用潤滑剤

テープ走行系において磁性層は固定されたガイドピンと接触する構造になっている．そのためにテープ表面との摩擦が大きくなると，テープがスティックスリップを起こして，いわゆる「テープ鳴き」という現象が起き，再生画面のひきつれを起こす．また回転ヘッド系においてはテープとヘッドとの相対速度は例えば8 mmビデオでは3.8 m/sと高速接触となるので，磁性層の摩耗の問題が生じやすく，これは再生出力の低下につながる．

図4.1.2に磁性層の断面TEM写真を示すが，塗布型媒体では白色部分の空隙が塗膜の約2割を占めており，これが潤滑剤溜の役割を果たしている．潤滑機構として塗膜中から表面への潤滑剤の滲み出しによる効果が報告されており[1]，つまり表面で潤滑剤が枯渇した場合には内部から補充される「スポンジ機構」である．それゆえ塗膜中の磁性粉粒子との

図4.1.2 塗布型テープの断面TEM写真

吸着を考慮して潤滑剤が選択される．また潤滑剤成分は磁性粉の腐食やバインダの加水分解等の劣化を促進するものであってはならない．この磁気記録媒体の摩擦や摩耗を改善するために用いられる潤滑剤としては，主として炭化水素系，シリコーン系，およびフッ素系潤滑剤の3種類がある．

（1）炭化水素系潤滑剤

塗布型媒体として価格的な観点から最も多く使用されているのがこの炭化水素系潤滑剤である．炭化水素系潤滑剤の潤滑特性を決定づける要素として，主に極性基および鎖長があり，炭化水素鎖間の相互作用に影響を及ぼしている．例えば極性基をもつ炭化水素はもたないものと比べて動的および静的な摩擦係数は低く，また炭化水素の鎖長が長くなるほどいずれの摩擦係数も減少する[2]．通常極性基としてはカルボキシル基あるいはそのエステル基が用いられる．炭素数としては12以上が一般的であり，ステアリン酸やオレイン酸等の炭素数18のものが多く使用されている（表4.1.2）．脂肪酸とアルコールとの組合せにより様々なエステルが合成される．一塩基酸や二塩基酸の多価エステル，リン酸エステ

表4.1.1 炭化水素系とシリコーン系潤滑剤の分子構造

潤滑剤	分子構造	
炭化水素系潤滑剤	RCOOH（カルボン酸） R'COOR, RCOOR'OCOR （カルボン酸エステル）	R=$C_{12}H_{25}, C_{14}H_{29}, C_{16}H_{33}, C_{18}H_{35}, C_{18}H_{33}$等 R'=$C_4H_9, C_7H_{15}, CH_2C(CH_3)_2CH_2$等
シリコーン系潤滑剤	$HO-R_1-\underset{CH_3}{\overset{CH_3}{Si}}-O-\left(\underset{CH_3}{\overset{CH_3}{Si}}-O\right)_n-\left(\underset{CH_3}{\overset{Ph}{Si}}-O\right)_n-\underset{CH_3}{\overset{CH_3}{Si}}-R_1-OH$ （変成シリコーン）	R_1=アルキレン基，Ph=フェニル基

ル等がその中で用いられる潤滑剤である．比較的熱安定性に優れているが，分子量が小さいと揮発性が高くなる．ネオペンチルアルコール等のヒンダードアルコールあるいは多価アルコールを用いると揮発性が小さくなりかつ化学安定性が増す．

（2）シリコーン系潤滑剤

合成潤滑剤である変成ポリシロキサンが最も一般的で，その中でメチルあるいはフェニルシロキサンが多く使用されている（表4.1.1）．化学的に不活性で，熱的安定性に優れ，低表面エネルギーであるが，価格的に炭化水素系よりも高価であり，使用頻度は限定される．

（3）フッ素潤滑剤

フッ素系潤滑剤は磁性塗料との相溶性が悪いために使用は表面塗布法に限定される．しかしそれ自体の価格が高いこと，また塗布工程が増えることによるコストアップのためにほとんど塗布型では使用されていない．

4.1.3 薄膜型磁気記録媒体用潤滑剤

ハードディスクでは起動開始および停止時にはヘッドスライダが媒体をしゅう動して走行するコンタクト・スタート・ストップ（CSS）方式を採用しているので，そのときの摩擦の増加が問題となる．また高速で回転しているのでヘッドによるヘッドクラッシュを防ぐことも課題の一つである．また薄膜型磁気記録媒体では塗布型のように潤滑剤を内添することができないために溶剤で希釈して表面に塗布されるが，その厚さは数nm以下である．それゆえ磁性層からの補充がないために潤滑剤の揮発の問題，あるいは使用中にヘッドスライダへの移行，およびスピンオフの問題がある．過剰に潤滑剤が存在する場合にはスライダがディスク表面で張り付くスティクションの原因になる．特に高密度記録化されて表面が平滑になるに従いスティクションは大きな問題となってくる．

（1）潤滑剤の分子構造と潤滑特性

パーフルオロポリエーテルは潤滑性能や表面保護作用が良いために広く用いられている．その選定基準についてはCF_2-O-CF_2エーテル結合がフレキシブルであるために，分子量が同じときには炭化水素油と比べてその粘度が低いことと，幅広い温度領域で粘度が変化しないことが挙げられる．それに加えて化学的に不活性であること，蒸気圧が低いこと，熱的あるいは化学的安定性が高いこと，表面エネルギーが低いことが挙げられる[3]．

パーフルオロポリエーテルの潤滑特性はその分子構造に強く依存する．何種類かのパーフルオロポリエーテルが市販されており，分子量は1 000から10 000，主鎖の繰返し単位，末端基がそれぞれ異なる．代表的な例について表4.1.2に示す．例えばFomblin-Yタイプは$CF(CF_3)CF_2O$とCF_2Oの共重合体で主鎖の繰返し単位が分岐構造をもっているのに対して，Fomblim-ZはCF_2CF_2OとCF_2Oの共重合体で直鎖構造をもつ．DemnumおよびKrytoxはそれぞれヘキサフルオロプロピレンオキシド$CF_2CF_2CF_2O$およびヘキサフルオロイソプロピレンオキシド$CF(CF_3)CF_2O$のホモポリマーである．直鎖構造のパーフルオロポリエーテルは，温度の上昇に対して粘度の低下が少なく良好な粘度-温度特性を示し摩擦特性に優れるが[4]，熱的な安定性に劣る．それに対して分岐構造のパーフルオロポリエーテルは熱的な安定性に優れる反面，粘度が高く摩擦特性が悪くなる．

潤滑剤の磁気媒体への吸着性は特に摩擦摩耗特性を決定づける鍵となる．スピンオフ，蒸発，大気中

表4.1.2 パーフルオロポリエーテルの分子構造

潤滑剤	分子構造	官能基（X）の種類
Krytox（Du Pont社製）	$CF_3O-\left(\underset{\|}{C}FCF_2-O\right)_n-CF_2-X$ （上にCF_3）	$-COO^-H_3N^+C_{18}H_{37}$
Demunum（ダイキン工業社製）	$F-\left(CF_2CF_2CF_2O\right)_n-CF_2-X$	$-CH_2OH$
Fomblin Y（Ausimont社製）	$CF_3O-\left(\underset{\|}{C}FCF_2-O\right)_n-\left(CF_2O\right)_m-CF_2-X$ （上にCF_3）	$-CH_2OCH_2-\text{(エポキシ環)}$
Fomblin Z（Ausimont社製）	$X-\left(CF_2CF_2O\right)_n-\left(CF_2O\right)_m-CF_2-X$	

での有機物との置換等による離脱をなくすために，数々の努力がなされている．磁気媒体表面での吸着能力を改善するために，両末端に極性基をもつパーフルオロポリエーテル，Fomblin Z-DOL（水素基）や Fomblin AM 2001（ピペロニル基），カルボン酸アミン塩が開発され，磁気ディスクに使用されている[5,6]．末端の極性基の導入により摩擦係数が減少し，磁気ディスクの耐用年数が増加する[7]．また加熱あるいは紫外線や電子線の照射によって吸着や表面の潤滑膜の被覆率を増加させたり，カップリング剤を通して固定化させて耐摩耗性を向上させる方法がある[8,9]．

潤滑剤の組合せにより耐久性を改善する手法も報告されている．例えば極性基をもったパーフルオロポリエーテルともたないものとの混合物によりスピンオフを減少できる．また潤滑剤が固定化されると損傷時等に修復がなされない．その欠点を軽減するためにディスク表面で移動可能なフリーな潤滑剤を添加されると潤滑剤の損失を補うと考えられている．

スティクションを低減するために媒体表面のトポグラフィーが最適化されている．記録密度が高くなるにつれて記録部の表面粗度は小さくしなければならないので，最近はディスク内周におけるCSS時のランディングゾーンのみの表面をレーザ光等を用いることによって凹凸を形成する方法が検討されている．表面粗度ばかりでなく，凹凸の形状および周期，あるいは幅などの要因が影響を与える[10]．

相対速度が数メートルを超える磁気記録システムにおいて，接触部分で発生する摩擦熱は部分的な表面温度を瞬時ではあるが急激に上昇させる．特に磁気記録システムでは境界潤滑条件となるので反応性の高い表面が現われ，このような接触点で発生する高温によって潤滑剤分子の分解反応が促進される．最も良く使用されているFomblin系のパーフルオロポリエーテルは空気中では350℃以上の温度でも安定であるが，金属合金，例えば鉄やチタン合金等のルイス酸やルイス塩基によってアセタール結合が攻撃され，ジフルオロメチレンオキシドに分解する．それに対して，フォスファゼン基をもつ潤滑剤をパーフルオロポリエーテルに添加することによってスライダとの間の接触時の化学的分解反応を抑制し，CSS等の磁気ディスクの耐久性を増加する手法が提案されている[11]．

（2）塗布方法

潤滑剤はその膜厚が数 nm 以下と分子レベルであり，塗布方法，例えば溶剤の粘度や表面張力，塗布速度や塗布濃度によっても潤滑特性は大きく影響される．一般に溶剤の粘度が大きくなるにつれ，また塗布速度や濃度が大きくなるに従って塗布厚は増加する．溶剤の表面張力や沸点は塗布厚ばかりでなく潤滑剤の塗布形態にも影響を与える[12]．

（3）表面分解

薄膜媒体の場合にはヘッドとディスク表面の相互作用が表面の凹凸近傍で起きるために，分子レベルでの潤滑剤の性質に大きな関心が寄せられる．実際に潤滑剤の膜厚ばかりでなく塗布形態，配向等が潤滑特性に影響を及ぼす．膜厚が薄いためにその分析手法は限定されるが，エリプソメトリー，フーリエ変換赤外分光法（FTIR），X線光電子分光（XPS）が用いられる．その中で角度依存XPSによって潤滑剤の塗布形態が検討され[13]，被覆性の高い潤滑剤が潤滑特性に優れる．分子配向を知るうえではFTIRが有効である．偏光を用いた高感度反射法により，磁性層上でのPFPEの分子配向が観察できる[14]．またAFMによりミクロスコピックな潤滑剤の塗布形態を調べることも可能である[15]．膜厚が分子レベルになると潤滑剤の物理的な性質，例えば粘度，緩和時間，レオロジー的な性質がバルクから大きく逸脱することが表面力測定装置によって直接測定されている[16]．またトライボロジー環境下での潤滑剤の分解反応は大気中の水分や酸素が関与するので複雑になるが，TOF-SIMSは高感度であり，反応機構を調べる強力な手段となっている[17]．

このように磁気記録媒体，特に薄膜の場合には潤滑剤の分子構造ばかりでなくミクロスコピックな観点から潤滑剤の挙動を理解する必要がある．その中で潤滑剤の磁性層との結合，ミクロなレオロジー挙動，高せん断領域での分解や劣化の耐久性に与える影響が特に重要である．

文　献

1) E. E. Klaus & B. Bhushan：ASLE SP-19, **2** (1985) 7.
2) Y. Yanagisawa：STLE Trans., **SP-19** (1985) 16.
3) C. E. Snyder Jr. & R. E. Dolle：ASLE Trans., **19** (1976) 171.
4) W. R. Jones Jr., K. J. L. Paciorek, T. I. Ito, & R. H. Kratzer：Ind. Eng. Chem. Proc. Res. Dev., **22** (1983) 166.

5) J. Lin & A. W. Wu : Proc. Japan Int. Trib. Conf. (1990) 599.
6) H. Kondo, Y. Hisamichi & T. Kamei : J. M. M. M., **155** (1996) 332.
7) A. M. Scarati & G. Caporiccio : IEEE Trans. Magn., **23** (1987) 106.
8) D. R. Wheeler & S. V. Pepper : J. Vac. Sci. Technol., **20** (1982) 226.
9) M. Hoshino, Y. Kimachi, F. Yoshimura & A. Terada : STLE Trib. Trans., **SP-25** (1988) 37.
10) D. Kuo, J. Gui, B. Marchon, S. Lee, I. Boszormenyi, J. J. Lin, G. C. Rauch, S. Vierk & D. Meyer : IEEE Trans. Magn., **32** (1996) 3753.
11) P. H. Kasai : Internaional Conferences Micromechanics for Information and Precision Equipment (1997) 363.
12) C. Gao, Y. C. Lee & M. Russak : IEEE Trans. Magn., **31** (1995) 2982.
13) Y. Kimachi, F. Yoshimura, M. Hoshino & A. Terada : IEEE Trans. Magn., **23** (1987) 2392.
14) A. Linder : IEEE Trans. Magn., **26** (1990) 2688
15) R. Kaneko, S. Oguchi, Y. Andoh, I. Sugimoto & T. Dekura : Adv. Info. Storage System, **2** (1991) 23.
16) J. N. Israelachvili, P. M. McGuiggan & A. M. Homola : Science, **240** (1988) 189.
17) X. Pan & V. Novotny : IEEE Trans. Magn., **30** (1994) 433.

4.2 極限状況（特殊環境）下の潤滑剤

極限状況下の潤滑剤は，通常使用されている鉱油に添加剤を配合しても満足できない分野での潤滑を，基油の性能で対応する合成潤滑油，グリースおよび前述の固体潤滑剤である[1,2]．

4.2.1 高温下の潤滑剤

添加剤を配合した鉱油系の潤滑油は，短期間での使用限界温度が150～160℃である．これ以上の高温領域では，通常，合成潤滑油が使用される[3]（表4.2.1）．

ポリプロピレンおよびポリエチレン樹脂を2軸に延伸する機械のチェーン部に油を直接給油する方式をとった潤滑油は，使用温度が160～180℃であるため合成潤滑油ポリプロピレングリコール[4]，アルキルジフェニルエーテル[5]，ポリオールエステルが使用されている．

さらに，厳しい使用温度範囲の200～250℃で使用されている製パン油にはポリオールエステルが用いられている．

樹脂および塗装の乾燥ラインでは，ハンガータイプの機械の軸受部の使用温度範囲が160～200℃で

表4.2.1 合成潤滑油の高温使用限界（単位：℃）
〔出典：文献3〕

合成潤滑油	熱安定性	酸化安定性
ジ-2-エチルヘキシルセバケート	285	205
ジ-イソ-オクチルアジペート	285	205
C_4-C_{10} ペンタエリスリトールエステル	330	240
トリメチロールプロパンエステル	330	240
複合エステル	330	250
塩素化ジフェニル	315	140
フルオロカーボン	300	280
ポリグリコール	200	200
ジメチルシリコーン	240	220
フェニルメチルシリコーン	300	260
クロロフェニルメチルシリコーン	300	230
トリフルオロプロピルシリコーン	320	260
ポリフェニルエーテル	500	350
ケイ酸エステル	300	200
パーフルオロポリエーテル	350	300

あるため，合成系の耐熱性グリースが使用されている[6]．

自動車関連ではオルタネータ，電磁クラッチ用に，製鉄関連では大型電動機に耐熱性グリースとしてポリオールエステル，アルキルジフェニルエーテル基油のウレアグリースが使用温度範囲130～180℃で使用されている[6]．

特に，使用温度範囲が200℃を越えて250℃以下ではポリテトラフルオロエチレンを増ちょう剤としたパーフルオロポリエーテル基油のフッ素グリースが使用されている[6]．

4.2.2 高圧下の潤滑剤

高温，高圧下で使用される潤滑油としては自動車用セラミックガスタービン（CGT）向け耐熱性潤滑油がある．この潤滑油はタービン入口温度1350℃，タービン最高回転数100 000 min^{-1}のセラミック軸受（窒化ケイ素）と歯車面圧980 MPaの減速機両者に用いる潤滑油として開発された[7]．それらは航空機用タービン油と同等のポリオールエステル基油の組成物であり[8,9]，さらに耐熱・耐酸化性および極圧性に優れたポリフェニルエーテルとポリオールエステルの混合基油の組成物である[7,10]．この油の開発で得られた成果の中で，中間候補油であるポリオールエステルGTR-FNの添加剤組成（表4.2.2）と同一にしてn-C_3酸からn-C_8酸のペンタエリスリトール（PE）エステルおよび鉱油（MN）を比較すると

表 4.2.2　新中間候補油 GTR-FN 油の組成
〔出典：文献 7）〕

	GTR-F(N)
PE エステルの化学構造	
アルコール	PE
カルボン酸	n-C_5〜n-C_9
添加剤	
アミン系酸化防止剤(1)	1.5
アミン系酸化防止剤(2)	1.5
硫黄-リン系	1
リン系耐摩耗剤	3
トリアゾール	0.05

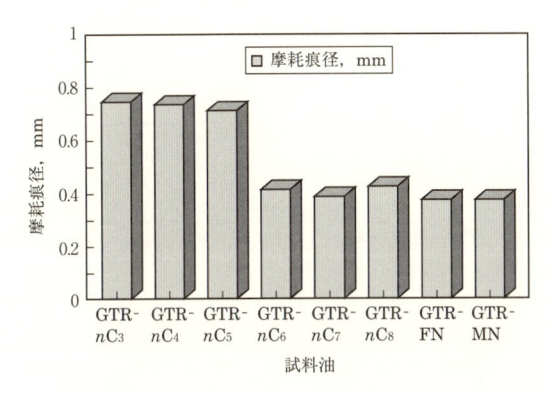

図 4.2.1　PE エステル基油の化学構造が与える潤滑性への影響
　　　　　アルキル基の長さの影響：GTR-FN 処方油
　　　　　（高速四球試験）
　　　　　(Steel-Steel；SUJ-2 同士，80℃，294 N，1 200min^{-1}，30 min)　〔出典：文献 7）〕

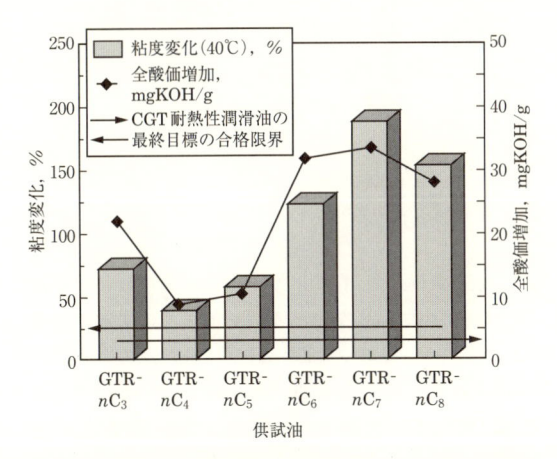

図 4.2.2　PE エステル基油の化学構造が与える耐熱，耐酸化性への影響
　　　　　（GTR-FN 処方油，230℃，72 h，$n=2$ の平均）
　　　　　〔出典：文献 7）〕

PE エステルのカルボン酸のアルキル炭素数が多いほど，耐酸化性は低下するが，耐摩耗性は向上する（図 4.2.1，4.2.2）[7]．

4.2.3　低温下の潤滑剤

低温下で使用する潤滑油およびグリースは，使用温度領域で基油が流動することが求められる．例えば，航空機ガスタービン油は速度がマッハ 0.9〜2.2 と速くなるとともに，潤滑油温度が 150，180℃ と上昇し，耐熱性が求められているが，さらに低温における始動性が求められ，−54℃ での低温粘度規格が 17 000 cSt 以下と決められている[11]．また，南極やアラスカのような寒冷地で使用される雪上車のエンジン油やギヤ油はポリ-α-オレフィン組成物である[12]．

グリースの場合は基油が低温領域で低粘度を示す必要があり，使用温度範囲が −30〜120℃ では鉱油でも使用できるが，−40〜160℃ ではジエステル基油のリチウムセッケングリースが一般的である[2]．

特に低温倉庫，南極等の寒冷地向けのカメラ，ビデオカメラは使用温度が −40〜−70℃ であるためポリ-α-オレフィン基油のグリースが使用されている[2]．

このような潤滑油およびグリースは一次性能として低温での粘度特性のような物性が必要とされるが，二次性能である樹脂との適合性，さらには三次性能である価格に左右されることがある．さらには，グリースの使用時にコンプレッサの振動音のような異音，発生ガス量，油煙の量が少ないことが求められる．

フッ素グリースは耐熱性，耐寒性に優れるが，はく離しやすいために潤滑性が低下するので使用するときは注意が必要である．

4.2.4　高真空（宇宙環境）下などの潤滑剤

宇宙機器の潤滑剤には 10^{-5}Pa 以下の超高真空であるため潤滑油は蒸発しやすく，太陽にさらされると高温になり，さらされない場合には低温になるため，使用温度が −150〜150℃ になるものもある[13]．そのため，人工衛星や宇宙ステーションの駆動機器の軸受には蒸気圧の低いパーフルオロポリエーテル基油のフッ素系のグリースが使用されている[3]．しかし宇宙線による耐放射線性や原子状の酸素に対す

る耐性が問題になってくる[13]．

文　献

1) 渡嘉敷通秀：トライボロジスト，**26** (1981) 747.
2) 松澤秀雄：トライボロジスト，**26** (1981) 753.
3) 池本雄次：トライボロジスト，**37** (1992) 702.
4) 石本　靖：潤滑通信，10 (1986) 31.
5) 八木徹也・赤田民生：潤滑通信，5 (1985) 20.
6) 山崎雅彦：潤滑通信，5 (1989) 25.
7) 石油産業活性化センター：PEC-1996C101，PEC-95C01，PEC-94C 01.
8) M. Muraki, K. Kubo, H. Nakanishi, M. Hirata, K. Matsuo, N. Yano, M. Takesue, K. Ogita, M. Watanabe & H. Okabe：SAE Technical Paper Series, 962110 (1996) 137.
9) H. Nakanishi, K. Onodera, K. Inoue, Y. Yamada & M. Hirata：Lub. Eng., **53**, 5 (1997) 29.
10) 中西　博：自動車研究，**19**, 7 (1997) 259.
11) MIL-L-7808 J (1988).
12) 池本雄次・平田昌邦・吉田栄一：自動車技術，**40**, 5 (1986) 556.
13) 本田登志雄：月刊トライボロジ，11 (1989) 19.

4.3 その他

4.3.1 磁場・電場環境下の潤滑剤

　原子物理研究のような大型加速器，サイクロトロン，ライナック，SOR 光（放射光）の加速器のような磁場・電場が発生するところでの真空には磁気浮上のターボ分子ポンプが使用できないため，軸受に潤滑油を使用したタイプや油拡散ポンプが使用されている[1]．また，通電場で使用されるグリースでは導電性を目的としてカーボンブラックを配合したグリースが使用されている[2]．家電製品に使用される微小電流用の銀接点での電気接点用グリースにはシリコーングリースが多く使用されている．反対に自動車に使用される大電流用の銅接点では電気アークが発生するため，絶縁物質の生成を恐れてシリコーングリースを使用しないで，電気絶縁性を求めた電気接点用グリースにポリ-α-オレフィンを基油としたグリースが使用されている[2]．さらに，耐アーク性を高めた金属酸化物を配合した電気接点用グリースが開発されている[3]．

4.3.2 放射線環境下の潤滑剤

　原子力関連では原子炉，最処理工場の実用化，高速増殖炉，核融合の実験炉，原子力関連以外では^{60}Co-γ 線照射施設，電子線照射施設，X 線照射施設，放射光施設，イオン照射施設の実用化，宇宙関連では人工衛星，スペースシャトルでの実験がなされている．このような施設に用いられる機器は通常の性能以外に耐放射線性が求められる（図4.3.1）．
　芳香環の含有率（％C_A）の高い潤滑油ほど ^{60}Co-γ 線照射によるラジカルの発生量（図4.3.2）が少ないため，分解ガスの発生量（図4.3.3），動粘度変化（図4.3.4）および全酸価変化が小さく，耐放射線性に優れている．なお，ラジカルの G 値，分

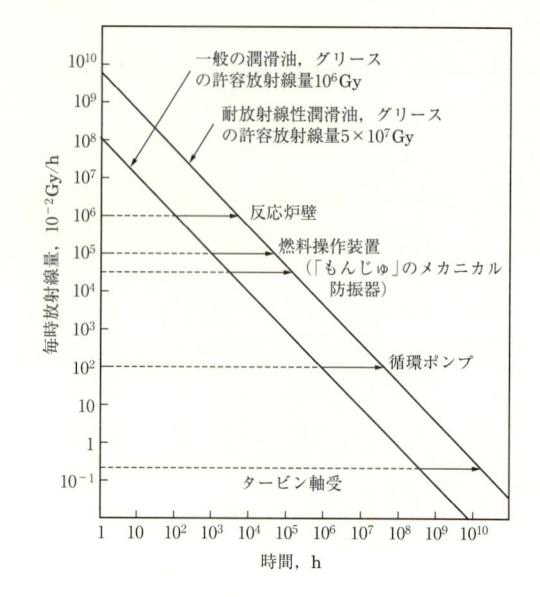

図 4.3.1　原子力発電所各装置の毎時放射線量と潤滑剤使用可能時間　　〔出典：文献1)〕

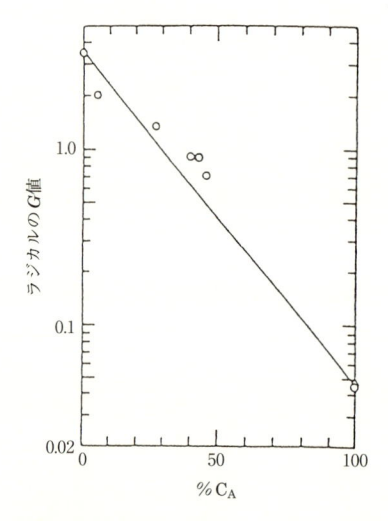

図 4.3.2　潤滑油（基油）8種のラジカルの G 値と ％C_A との関係　　〔出典：文献5)〕

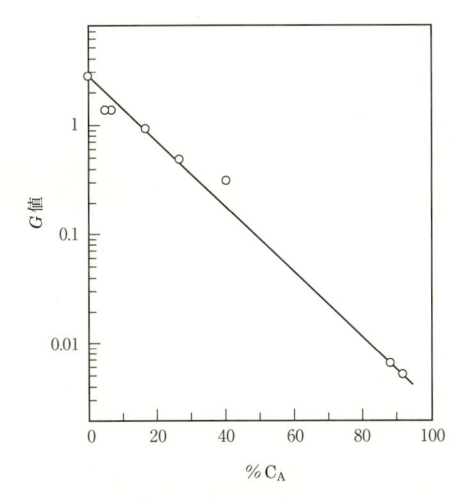

図 4.3.3 潤滑油基油 8 種を真空中で 1 MGy 照射した場合の発生ガス量（G 値）と %C_A の関係　〔出典：文献 6)〕

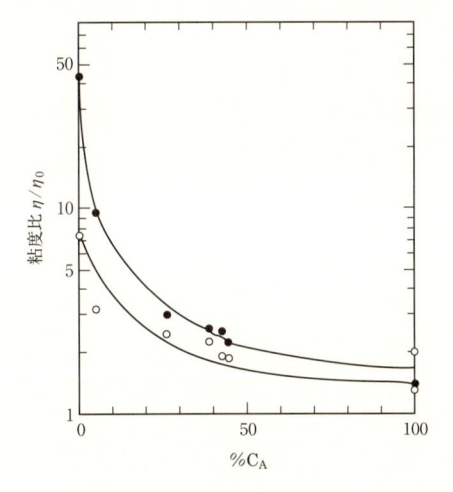

図 4.3.4 潤滑油（基金）8 種を真空中および酸素吹込み下で 9 MGy 照射した場合の動粘度変化と %C_A との関係（○，△：真空中照射，●，▲：酸素吹込み照射）　〔出典：文献 5)〕

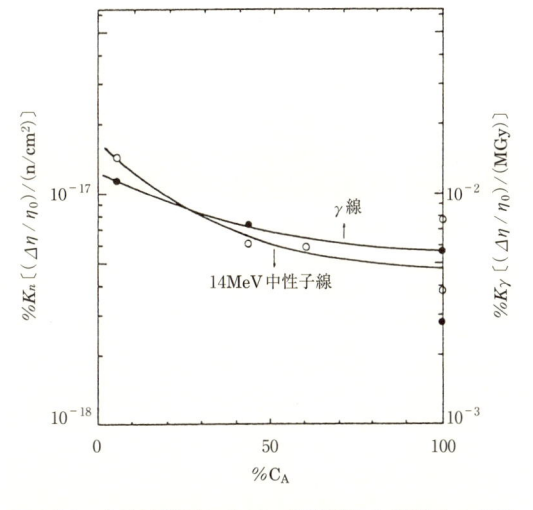

図 4.3.5 中性子照射および γ 線照射した潤滑油の %C_A と粘度変化係数の関係　〔出典：文献 7)〕

解ガスの G 値は油 1 g が 100 eV のエネルギーを吸収した場合に生成するラジカルの個数，ガスの分子数である．また，線質の異なる高速中性子線照射に対しても ^{60}Co-γ 線と同様に線量とともに潤滑油の粘度は増加し，%C_A に対して粘度変化係数は減少した．すなわち，耐放射線性が向上し，特に，%C_A が 100% であるポリフェニルエーテル油が最も優れている[4~8]（図 4.3.5）．なお，^{60}Co-γ 線 1 MGy あたりにおける油の粘度変化係数：$\Delta\eta/\eta_0 =$ $(\eta-\eta_0)/\eta_0$ を K_γ，中性子 1 n/cm² あたりにおける油の粘度変化係数を K_n とする．

原子炉，高速増殖炉で地震対策，配管の熱膨張および熱収縮エネルギーを機械的に吸収する装置としてメカニカルスナッバが使用されている．特に，高速増殖炉（もんじゅ，常陽）ではポリフェニルエーテル基油の超耐放射線性グリースが 30 年間あるいは 70 MGy までノーメンテナンスを目標に開発されている[9,10]．

核融合実験炉の機器と組立および保守は重水素-三重水素反応により放射化されるため全て遠隔操作でなされる．そのため真空，高温，高放射線環境下で駆動させることを目的としてその AC サーボモータにグリースを用い連続稼働させながら耐久性評価が 10 MGy までなされている[11]．

原子力発電所と異なり ^{60}Co-γ 線照射装置，電子線照射装置，X 線照射装置で使用される機器は高線量率（10^3~10^4 Gy/h）下で稼働することが多いため耐放射線性潤滑油およびグリースが求められ，使用されている[12]．

4.3.3 水中海洋環境下の潤滑油

海洋科学技術センターが海洋 2 000 m 有人潜水艇「しんかい 2000」，6 500 m 有人潜水艇「しんかい 6500」，3 000 m 海中ロボット「ドルフィン-3K」さらには，10 920 m 海中ロボット「かいこう」を作動させたが[13,14]，いずれもロボットの駆動は油圧

によるもので潤滑油は MIL-H-5606 相当油が使用されている[15]。

海洋ロボット技術としては「かいこう」に搭載された遠隔操作式ロボットおよび遠隔操作ではなく電池の代わりにディーゼル機関を搭載した魚雷の形をした自律航行型無人探査機「アールワン・ロボット」が実用化されている[16]。

文　献

1) 中西　博：トライボロジスト，**35** (1990) 221.
2) 遠藤敏明：トライボロジスト，**41** (1996) 576.
3) 遠藤敏明：特開平 5-179274.
4) 中西　博・荒川和夫・早川直宏・町　末男・八木徹也：日本原子力学会誌，**25** (1983) 217.
5) 中西　博・荒川和夫・早川直宏・町　末男・八木徹也：日本原子力学会誌，**26** (1984) 718.
6) K. Arakawa, N. Hayakawa & H. Nakanishi : Nuclear Technology, **61** (1983) 533.
7) 吉田茂生・飯田敏行・住田健二・森口裕丈・中西　博・W. Heikkinen：昭和 62 年度日本原子力学会秋季大会予稿集 A-10 (1987)；中西　博：トライボロジスト，**35** (1990) 221.
8) K. Arakawa, H. Nakanishi, N. Morishita, T. Soda, N. Hayakawa, T. Yagi & S. Machi : JARI-M 87-141 (1987).
9) 荒川和夫・中西　博・曽田孝雄・早川直宏・八木徹也・吉田健三：JARI-M 86-141 (1986).
10) 荒川和夫・矢島俊男・中西　博・曽田孝雄・貴家恒男・岩本　毅・萩原　幸：JARI-M 86-042 (1986).
11) K. Obara, S. Kakudate, K. Oka, K. Furuya, H. Taguchi, E. Tada, K. Shibanuma, K. Koizumi, Y. Ohkawa, Y. Morita, T. Yagi, N. Yokoo, T. Kanazawa, N. Haneda & H. Kaneko : JARI-Tech 96-011 (1996).
12) 中西　博：トライボロジスト，**38** (1993) 472.
13) 高川真一：トライボロジスト，**42** (1997) 36.
14) 門元之郎：油圧と空気圧，**25**, 4 (1994) 474.
15) 大田孝則・門元之郎・小原敬史・玉木　章・吉武正湛・大桑義昭：三井造船技報第 158 号 (1996).
16) 大田孝則・小原敬史・松嶋正和・前田伸一・浦　環：三井造船技報第 161 号 (1997).

第5章 潤滑剤の安全性と管理

潤滑油には，多くの化学物質が使用されていることは前項までに述べたとおりである．これらの化学物質は多かれ少なかれわれわれの環境に対して影響を与えている．環境に対しては，大気環境，水環境，土壌・地盤環境などの保全とともに，廃棄物・リサイクル対策および化学物質の環境リスク対策などがポイントとなる．

5.1では潤滑油が環境との適合を目的としてどのような点に注意すべきかにつき，毒性，生分解性を取り上げて解説するとともに，化審法をはじめとする安全性に対しての関連法規について述べる．

また，社会が大量生産，大量消費型になるにつれて大型化してきた廃棄物は，量，質ともに多様化してきている．廃棄物はそれだけでも環境に対しての大きな負荷となっており，これを抑制することはもとより，循環再生させることは社会的に大きな意義をもつことが認識されてきた．潤滑油の使用量も年々増大している．5.2ではその廃棄と再生方法に関して，エネルギーとしての利用も含めて解説する．

5.1 危険有害性，環境影響，関連法規

5.1.1 潤滑油の危険性

危険性とは，爆発性，引火性，自然発火性，酸化性等，一般に物理的な危害を指す．一般的な潤滑油については，危険性について言及されることは少ないが，以下の場合，注意する必要がある．

(1) 引火性

潤滑油は一部の水溶性潤滑油等を除き，消防法危険物第4類に属し，引火性を有する．その中でも，一部の金属加工油，防錆油に見られる第2石油類（引火点21〜70℃）の潤滑油については引火性が高く，使用時は，着火源等に注意する必要がある．

(2) 自然発火性

通常の使用条件では，引火性以外の危険性は特に問題にされない．しかし，スピンドル油等，比較的低粘度の潤滑油については，自然発火点が200℃付近のものがある．したがって着火源がなくても，高温環境でそれらの潤滑油を使用する場合は，自然発火性が問題となる場合がある．

5.1.2 潤滑油の有害性

有害性とは，一般的に人体・環境を害するポテンシャルを指す．潤滑油は，使用目的によって，やむを得ず有害性のある基材を使用する場合があるため，注意が必要である．以下に主な有害性について示す．

表5.1.1 「人に対して発がん性がある」潤滑油基油

〔出典：文献3）〕

	精製条件など		該当法規制
①	未精製基油	減圧蒸留の留出油．また，これらにさらに脱れき，脱ろう，酸処理(Mildly)，アルカリ処理，白土処理を行なうもの*2．ただし，食添・医薬・化粧品用流動パラフィン*3を除く．	OSHA HCS*5 EU Carc. Cat. 1*6
②	軽度精製基油	水素化精製条件が800°F以下かつ800 psi以下のもの．	OSHA HCS
		溶剤抽出ではパラフィン系基油の場合，粘度指数が76以下のもの．ナフテン系基油の場合はOSHAとして別にナフテン系基油用に粘度指数またはその他の指標を規定していないので，IARC Monograph Vol. 33 P150〜151*4で発がん性と記載あるもの． ただし，上記の精製条件（800°F以下かつ800 psi以下）の水素化精製と軽度(MILD)溶剤抽出が連続して行なわれたものを除く．	OSHA HCS
③	その他基油*1	IP 346法によるDMSO抽出物量が3質量%以上のもの．	EU Carc. Cat. 2*6

*1 未精製基油・軽度精製基油以外のもの，および精製方法が不明なもの．
*2 減圧蒸留の留出油・酸処理 (Mildly)・アルカリ処理：OSHA HCSおよびEU Carc. Cat. 1規制による．
　　脱れき：OSHA HCSおよびEU Carc. Cat. 1/2による規制はないが，「発がん性」から判断すると明らかに未精製基油に該当すると考えられることによる．
　　脱ろう・白土処理：OSHA関連文書による．
*3 食品添加物公定書，日本薬局方，化粧品原料基準による．
*4 ナフテン系基油の溶剤抽出では発がん性について次のとおり記載されている．
　　Mildly solvent refined oil　　実験動物に発がん性あるとする十分な証拠がある．
　　Severely solvent refined oil　実験動物に発がん性あるとする証拠がない．
*5 OSHA HCS：Hazard Communication Standard
*6 EU Carc. Cat. 1/2：Commission directive 94/69/EEC of 19 Dec. 1994

(1) 発がん性

潤滑油の有害性については，未精製・軽度精製の石油系潤滑油基油の発がん性が現在のところ最も注目されている．一般的に使用されている石油系潤滑油基油は，精製度が低いと，皮膚がんを引き起こす原因となる多環芳香族化合物（環数3～7）の含有率が高くなり，発がん性が懸念される[1,2]．

石油連盟・(社)潤滑油協会では平成9年4月より，潤滑油基油が表5.1.1に示す条件に当てはまれば，「人に対して発がん性がある」と定義している[3]．

一般的に使用されている潤滑油については，ほとんどのものが安全性の高い高度精製基油に切り替わっている．しかし，一部の廉価油，特殊用途油には，軽度精製基油を使用しているものがあり，切替えが急がれる．

また，使用後の4サイクルガソリンエンジン油について，動物実験で発がん性が指摘されている[4]．使用油の交換については，保護手袋の着用等，用心が必要であり，廃油の処理も考慮すると，ガソリンスタンドまたは整備工場等の専門業者に依頼することを推奨する．

その他，エタノールアミンを含む潤滑油（主に水溶性切削油）と亜硝酸塩を含む潤滑油が接触すると，発がん性のあるニトロソアミンが生成する可能性があるため，注意が必要である．

(2) 毒 性

誤飲・吸入・皮膚透過等，潤滑油は人体に入り込む可能性がある．そのため，毒性を知ることは労働安全上必要である．毒性試験については，試験動物への投与経路で経口・経皮・吸入と別れ，また作用の緩急度で急性・亜急性・慢性と別れている．

最も一般的に行なわれる毒性試験は，急性経口毒性試験である．毒性の強さは，LD_{50}（Lethal Dose 50：半数致死量）で示され，単位であるg/kgは，試験動物体重あたりの試験物質投与量を表わす．

OECD（経済協力開発機構）法では，2g/kg以上の投与を行なわないが，一般に販売されている潤滑油については，LD_{50}値が5g/kg未満になることは希である．

(3) 刺激性

金属加工油については，作業時に皮膚や眼に付着する可能性が高く，肌荒れ等の刺激性が問題になる場合がある．

刺激性を確認する方法として，急性皮膚一次刺激性試験，急性眼一次刺激性試験があり，試験法はOECDで定められている．

刺激性の強さはPII値（Primary Irritant Index）で示され，数値が大きいほど刺激性が強い．

ただし，潤滑油を取り扱う場合は，PII値の強弱に拘わらず，皮膚や眼に触れないよう，保護具を着用することが望ましい．

(4) 変異原性

発がん性試験は，動物を使って評価するため，2～3年という長い期間と，何千万円という費用が必要となる．そこで，発がん性のスクリーニングとして，化学物質の遺伝子への影響を調べる変異原性試験が利用される．

一般にAMES試験が著名であるが，潤滑油基油用として改良されたAMES試験があり，ASTMの試験法にもなっている[5]．

(5) その他の有害性

潤滑油に鉛化合物が添加されている場合がある．鉛化合物は，EUの「危険な物質リスト」に「蓄積影響および胎児に有害である恐れがある」と記載されており，EUでは鉛金属の含有量が0.5 mass%以上であると，容器表示が必要となる[6]．

昨今，製品の安全性を重視する気運が高まっており，現在使用されている潤滑油基材についても，さらなる有害性情報が集まることが予想される．

5.1.3 潤滑油の環境影響

環境影響は，環境問題が注目されている昨今，危険性，有害性とともに重要な項目である．特に環境放出が想定される潤滑油については，環境影響の少なさが，製品の最重要性能となる場合がある．

(1) 許容濃度

潤滑油を使用するに当たり，直接影響のある環境影響は，潤滑油使用時における作業者への暴露である．現在，いくつかの団体が，化学物質等について，作業者の健康上に悪い影響が出ないと判断される暴露限界である「許容濃度」を設定している．

潤滑油については，「鉱油ミスト」として，以下の団体が許容濃度を設定している．

a. ACGIH（米国政府労働衛生専門官会議）[7]
・TWA（時間加重平均）　　　：5 mg/m³
・STEL（短時間暴露限界）　　：10 mg/m³
b. OSHA（米国労働安全衛生局）[8]　：5 mg/m³

c. 日本産業衛生学会[9] ： 3 mg/m³

（2）生分解性

生分解性とは，微生物に分解されやすさを指す．生分解性は，環境放出される可能性がある潤滑油，例えば，船外機用の2サイクルエンジン油，建設機械用油圧作動油，チェーンソー油等に要求される．

潤滑油基油については，図5.1.1のとおり，植物油，一部の合成エステル油が良好な生分解性を示す．

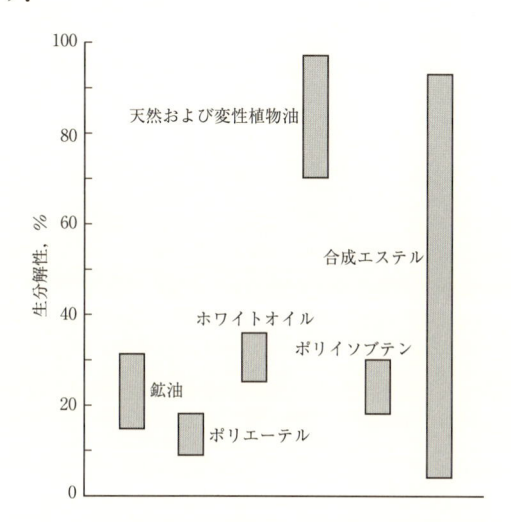

図5.1.1 CEC-L-33-T-82 による基油の生分解性試験結果　〔出典：文献10）〕

生分解性を測定する試験法は，何種類かあるため，目的に応じて使い分ける．以下に一例を示す．

a. CEC 法（CEC L-33-T-82）

2サイクルエンジン船外機用油の生分解性を評価する試験法である．欧州規格諮問委員会規格．なお，試験に使用される四塩化炭素が入手困難になったため，現在試験は行なわれていない．

b. 修正 Sturm 法（OECD 301B）

一部の生分解性試験法には，水溶性物質しか適用できない場合があるが，同試験は潤滑油のような非水溶性物質にも適用できるため，潤滑油の生分解性試験としてよく利用されている．なお，同試験はOECD法なので，試験結果が国際的に使用できる．また（財）日本環境協会が定めた「生分解性潤滑油」のエコマーク認定基準では，同試験法が採用されている[11]．

c. 化学物質の審査および製造等の規制に関する法律（化審法）に基づく生分解性試験

日本国内で新規化学物質を製造・輸入・使用する前に行なわれる，化審法で定められた生分解性評価方法である．なお，同試験もOECD法（OECD 301 C）として登録されており，またbで述べたエコマークの試験法として採用されている．

（3）その他の環境影響

他の環境影響として，蓄積性や魚毒性があるが，潤滑油に関する情報は，少ないのが実状である．

5.1.4 潤滑油に関連する国内法規

自動車用エンジン油，油圧作動油等，潤滑油は日常生活において幅広く活躍しているが，製造・流通・使用から廃棄に至るまで，様々な法規が関わっていることを忘れてはならない．

米国では，全ての物質について製造・流通・使用・廃棄を各々一つの法律で規制している．しかし日本では，行政が複雑なため，物質の分類によって，製造から廃棄まで一貫して規制する法律と，製造・流通・使用・廃棄を規制する法律が交錯しており，複雑である．

（1）物質の分類による法規

まず，潤滑油のほとんどが引火性液体に分類され，物質の分類による法規は，消防法（第4類）が該当する．消防法では，石油製品の場合，表5.1.2のとおり，引火点により第1から第4石油類にわかれ，石油類別に製造・貯蔵・取扱いに対して規制を行なっている．例えば，図のとおり，石油類の違いにより，指定数量が大きく異なっているため，どの石油類に属するかは，必ず確認する必要がある．

なお，グリースについては，引火点・燃焼熱量により，指定可燃物または非危険物に分けられる．3 000 kg 以上の指定可燃物グリースの貯蔵・取扱い・輸送については，市町村の火災予防条例に従う．

（2）製造に関する法規

特に直接関係するわけではないが，以下に関連法規を示す．

a. 労働安全衛生法
b. 消防法
c. 化学物質の審査及び製造に関する法律（化審法）

化審法については，潤滑油使用基材が同法の「既

表 5.1.2 消防法危険物第 4 類の品名および指定数量

類（定義）	品　名	細　目	指定数量
第 4 類 （引火性液体）	特殊引火物	エーテルおよび二硫化炭素その他，着火温度が 100℃ 以下のものまたは引火点が－20℃ 以下で沸点が 40℃ 以下のもの	50 l
	第 1 石油類	ガソリン，アセトンその他，引火点が 21℃ 未満のもの（特殊引火物を除く．）	200 l
	アルコール類		400 l
	第 2 石油類	灯油および軽油その他，引火点が 21℃ 以上 70℃ 未満のもの（塗料類等可燃性液体と非可燃性物質とを混合したものにあっては次の条件をいずれも満たすもの以外のもの） 可燃性液体量：40% 以下 引　火　点：40℃ 以上 燃　焼　点：60℃ 以上	1 000 l
	第 3 石油類	重油およびクレオソート油その他，引火点が 70℃ 以上 200℃ 未満のもの（塗料類等可燃性液体と非可燃性物質とを混合したものにあっては可燃性液体量が 40% を超えるもの）	2 000 l
	第 4 石油類	ギヤー油およびシリンダー油その他，引火点が 200℃ 以上のもの（塗料類等可燃性液体と非可燃性物質とを混合したものにあっては可燃性液体量が 40% を超えるもの）	6 000 l
	動植物油類		10 000 l
	第 1,2,3 石油類の水溶性液体		上記の量の 2 倍の量

存化学物質」に該当しない場合，違法となるため，潤滑油の処方検討の際には，注意が必要である．

（3）輸送，保管，輸出に関する法規

輸送する場合には，輸送手段に応じて，以下のような法規が適用される．

a．消防法（陸上）

b．船舶安全法（海上）

引火点 61℃ 以下の潤滑油は，危険物（引火性液体類）として規制を受ける．それらを船積みする場合は，UN マーク（UN：国連）が表示された容器を使用しなければならない．なお，同法律は，国連の機関である国際海事機関（IMO）の条約を取り入れているため，輸出についても同様の扱いとなる．

c．航空法（航空）

引火点 60.5 以下の潤滑油は，引火性液体として規制を受ける．それらを空輸する場合は，指定された容器が必要である．

輸出する場合は，以下の法規が適用される．

d．輸出貿易管理令（外国為替及び外国貿易法）

特殊な合成油を主成分とするものや，「軍用化学製剤と同等の毒性を有する物質の原料となる物質」として同法に上げられているトリエタノールアミン（主に水溶性切削油に含有）を 25% 以上含むものについては，同政令に基づき，輸出の許可が必要となる．

e．関税法

潤滑油については，基油組成，密度，用途により関税率が異なるので，注意すること．

（4）使用，廃棄，漏出に関する法規

a．消防法

指定数量未満の取扱いは，市町村の火災予防条例に従うが，指定数量以上の取扱いは，危険物関係法令において細かな技術上の基準が定められている．

b．廃棄物の処理及び清掃に関する法律

廃棄する場合は，産業廃棄物業者に委託する場合が一般的だが，自ら処理する場合は，同法律に従う．ただし，引火点が低い物，廃油に異種の物質が混入した物については，特別管理産業廃棄物になる場合があるため，注意する．

c．水質汚濁防止法

排水の基準として，ノルマルヘキサン抽出物質（鉱油類含有量）の許容濃度が 5 mg/l となっている．

d．下水道法

公共下水道から公共水域・海域に放流する場合，ノルマルヘキサン抽出物量（鉱油類含有量）の許容濃度が 5 mg/l となっている．

e．海洋汚染防止法

同法の潤滑油に関連する事項は，「油分排出に関する規制」と，「容器類で輸送される物質のうち海洋影響に特に悪影響を及ぼすものとして推定された化学物質についての表示」がある．

後者は一部の第2石油類を基材とした潤滑油が，表示対象となる．

f．その他

油濁損害賠償保障法，悪臭防止法など．

（5）その他の法規

潤滑油を取り扱ううえで，把握しておきたい法規は，以下のとおりである．

a．製造物責任法（PL法）

製品の欠陥による事故に対して，故意・過失に関わらず，その事故による損害を賠償する法律であり，平成7年7月1日に施行された．

潤滑油は，製造物として，同法の対象となる．潤滑油は，容器に表示している会社（表示製造業者）と製造業者が異なる場合もあるが，法律上の責任は，表示製造業者が負う．

処方ミス，製造ミス，表示ミスがPL法につながるため，製造業者は，細心の注意を払い，潤滑油を製造・販売する必要がある．

b．化学物質の安全性に係る情報提供に関する指針

製品安全データシート（MSDS）作成についての行政指導（労働・厚生・通産）．この行政指導によって，MSDSの様式の統一と普及が促進された．MSDSには，安全性情報，取扱い方法，適用法令等，製品に関する重要な情報が記載されており，潤滑油の使用に際して，ぜひ入手しておきたい．

c．その他都道府県条例

潤滑油を取り扱う際，都道府県条例にも注意を払う必要がある．潤滑油に関連するものとして，以下の条例が挙げられる．

・神奈川県先端技術産業立地化学物質環境対策指針（酸化防止剤であるBHTが，特定管理物質に該当）

表5.1.3　新規化学物質に関する法規

国　名	法律名	法の目的	制定年月	既存物質の定義	秘密保持	罰則
EC 7次修正	危険な物質の分類，包装，表示に関する加盟諸国の法律，規制，行政規定の近代化に関する指令	物質の上市により生じる潜在的な危険からの人と環境の保護	1992年4月	EINECS記載物質（1981年9月18日までに共同体に上市されていた物質）	危険物質でない限り，商品名で届出可　最長3年間，理由があれば延長可	記載なし
アメリカ	有害物質規制法（TSCA）	人間の健康と環境の保護	1985年6月	既存化学物質リスト（TSCA）に記載されている物質	届出時に申請	民事：25 000$/日以下　刑事：25 000$/日以下または1年以下の刑
カナダ	環境並びに人の生命及び健康の保護に関する法律（略称：カナダ環境保護法）	環境と人の健康の保護	1988年6月	国内物質リストに収載されている物質（DSL）		
オーストラリア	1989年工業化学物質（届出及びアセスメント）法	人の環境の保護	1990年1月	AICS記載の物質	インベントリー収載後，最長6年間　アセスメント証明書を付与された後最長11年間．基礎情報を除き申請	あり　アセスメント証明書なしでの導入（30 000 A$）等
韓国	有害化学物質管理法	有害化学物質の適正な管理により国民保健および環境保全に貢献	1990年8月	既存化学物質リストに記載の物質	新規化学物質届出の公表間では，秘密保持．1ヵ月後物質名のみ公表あり	懲役，罰金あり
フィリピン	1990年有毒物質ならびに有害性廃棄物の管理に関する法律	環境および人の健康の保護	1990年10月	PICCS記載の物質	あり	懲役，罰金，没収あり

・千葉県化学物質環境保全対策指導指針（亜鉛化合物が，重点管理物に該当）

5.1.5 潤滑油に関連する海外法規

潤滑油を海外で取り扱う場合，法規が全く異なるため，注意が必要である．国内と同じ感覚で海外へ輸出したために，トラブルとなる場合がある．以下に注意を払うべき法規を示す．

（1）輸出に関する法規

潤滑油の基材全てが輸出国の法規上の既存化学物質（日本における化審法既存化学物質と同じ）であるかどうかは必ず確認する必要がある．既存化学物質でない基材を当該国に持ち込み，それが判明した場合，輸出禁止はもちろんのこと刑事罰や多額の罰金を請求される可能性がある．

既存化学物質に関する法規を有する代表的な国とその概要を表5.1.3に示す．

今後，中国をはじめ，他の国でも既存化学物質についての法規を制定する動きがあり，注意が必要である．なお，申請は1物質あたり多いところで，約2 000万円かかり，申請期間も1～2年になる場合があるため，潤滑油の基材を検討する際は，新規化学物質の取扱いを安易に考えるべきではない．

（2）危険，有害性表示に関する法規

危険・有害性表示に関する法規については，国連で定められるものがあるが，国によっては，独自の表示法規をもっている場合がある．潤滑油に関する代表的な表示法規を以下に示す．

a. 米国労働安全衛生局（OSHA）の見解

OSHAでは，潤滑油基油について，精製条件により，容器・MSDS等の発がん性表示の有無を規定している．

b. EU・危険な物質の分類，包装，表示に関する委員会指令

EUでも，多環芳香族の含有量の指標であるDMSO抽出物量等で，発がん性表示の有無を規定している．なお，発がん性表示の必要な潤滑油については，どくろマークが付けられ，一般公衆への販売が制限される．

5.1.6 潤滑油の安全性に関する動向

近年，安全性・環境への関心が急激に高まっており，潤滑油についても，安全性の高い物，環境負荷の低い物へと移行している．その傾向に弾みをつけているのが，PRTR制度（Pollutant Release and Transfer Register：環境汚染物質排出・移動登録制度）である．この制度は，環境庁をはじめ，国が主導で平成9年より活動が本格的に開始され，平成11年7月に「特定化学物質の環境への排出量等の把握及び管理の促進に関する法律」として法制化された．

PRTR制度とは，その名のとおり，環境汚染物質（有害物質）が環境中への全ての媒体を経由して排出・移動される量を登録し，公表していくことを目的としたものである．

この制度は，環境汚染物質の管理の強化と情報公開を目的としたもので，使用を制限するものではない．しかし，ここでリストアップされた当該物質については，今後使用が減少していくものと思われる．

文　献

1) IARC MONOGRAPH ON THE EVALUATION OF CARCINOGENIC RISKS TO HUMANS Vol. 33 (1984).
2) CONCAWE report No. 94/51 (1994).
3) 潤滑油基油の「発がん性」指針の変更について，石油連盟・(社)潤滑油協会：(1997).
4) CONCAWE report No. 3/82 (1982).
5) ASTM E-1687-95 (1995).
6) EU危険な物質リスト，(社)日本化学物質安全・情報センター (1996).
7) Thresholds Limit Values for Chemical Substances and Physical Agents and Biological Exposure indices, ACGIH (1996-1997).
8) §1910. 1000, Code of Federal Regulations, **29**, 653 (1985).
9) 許容濃度の勧告，日本産業衛生学会 (1996).
10) M. Voltz：Tribologie und Schmierungstechnik, **35**, 3 (1988) 118.
11) エコマークニュース第8号，(財)日本環境協会 (1998).

5.2 廃油・廃液の処理および再生

潤滑油の国内需要量は，1995年で合計2 336 Mlであった．その内訳は工業用その他が1 386 Ml（59%），自動車用が763 Ml（33%），船舶用が187 Ml（8%）である．図5.2.1に工業用潤滑油の国内需要量を1 405 Mlとしたときの使用済み潤滑油の発生とその処理の流れを示す[1]．工業用潤滑油新油の国内需要1 405 Mlに対し，使用済み潤滑油として616 Mlが発生した．残りの789 Ml（56%）は，

第5章 潤滑剤の安全性と管理

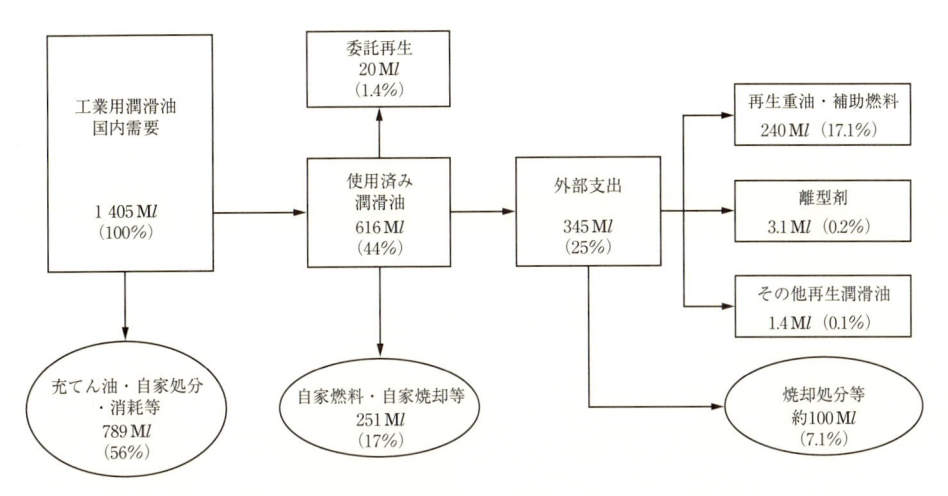

```
                      委託再生
                      20 Ml
                      (1.4%)
                        ↑
  ┌──────────┐      ┌──────────┐      ┌──────┐      ┌─────────────────┐
  │ 工業用潤滑油 │      │ 使用済み  │      │ 外部 │ ───→ │ 再生重油・補助燃料 │
  │ 国内需要   │ ───→ │ 潤滑油    │ ───→ │ 支出 │      │ 240 Ml (17.1%)  │
  │          │      │ 616 Ml   │      │ 345 Ml│      └─────────────────┘
  │ 1 405 Ml │      │ (44%)    │      │ (25%)│      ┌─────────────────┐
  │ (100%)   │      └──────────┘      └──────┘ ───→ │ 離型剤          │
  └──────────┘           │                │        │ 3.1 Ml (0.2%)   │
       │                 ↓                │        └─────────────────┘
       ↓              自家燃料・自家焼却等    │        ┌─────────────────┐
  充てん油・自家処分      251 Ml             └──────→ │ その他再生潤滑油 │
  ・消耗等              (17%)                       │ 1.4 Ml (0.1%)   │
  789 Ml                                            └─────────────────┘
  (56%)                                             焼却処分等
                                                    約100 Ml
                                                    (7.1%)
```

図 5.2.1　工業用潤滑油の廃油発生と処理の流れ〔出典：文献1）〕

新設備・新製品に充てんされた分として推定 204 Ml，潤滑油使用中の漏れ，消耗など定量把握できないものが 585 Ml と推定される．

自動車用潤滑油について同様の流れ図を図 5.2.2 に示す．自動車用潤滑油（ガソリンエンジン油 40％，ディーゼルエンジン油 40％，2 サイクル油 5％，自動車用ギヤ油その他 15％）の油交換は，ガソリンスタンド，車両整備工場，自動車用品店などで行なわれる．1 販売所あたりの潤滑油販売量に対する使用済み油の比率，すなわち平均廃油回収率はガソリンスタンドで 80％，車両整備工場で 88％ といわれている[2]．船舶用潤滑油についても同様の流れが報告されている[3]．

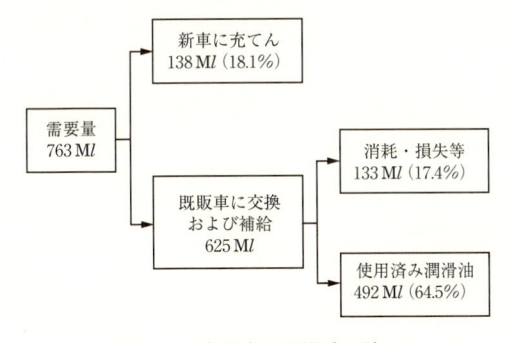

```
            ┌─ 新車に充てん
            │  138 Ml (18.1%)
 需要量  ───┤
 763 Ml     │                    ┌─ 消耗・損失等
            │                    │  133 Ml (17.4%)
            └─ 既販車に交換 ─────┤
               および補給          │
               625 Ml            └─ 使用済み潤滑油
                                    492 Ml (64.5%)
```

図 5.2.2　自動車用潤滑油の流れ

図 5.2.1 において委託再生して工業用潤滑油としての再利用（20 Ml），外部払い出し後，再生重油や再生潤滑油としての再利用（250 Ml），その他の再活用（4.5 Ml），自家燃料に利用（90 Ml），自社焼却処分で熱回収（80 Ml）など小計 444.5 Ml が再利用されていると推定されている．

全国の各種事業所を対象とした調査で，廃油・廃液の合計約 250 Ml が，どのように処理されたかを図 5.2.3 に示す[1]．廃油・廃液は外部に払い出して

合計量 248 Ml		自社焼却処分量 62 Ml	工業用潤滑油再生油 7.3 Ml
58%	25%	14%	3%
外部払い出し量 145 Ml			自家燃料処理量 33 Ml

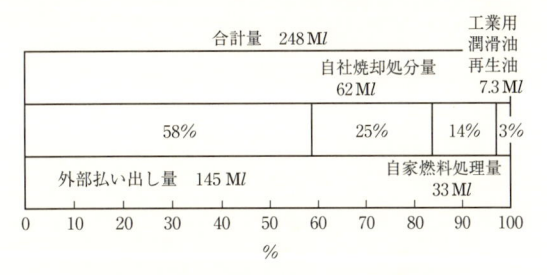

図 5.2.3　廃油・廃液の処理〔出典：文献1）〕

処理する割合が最も高い．このとき廃油・廃液の質，量，分別の有無などが，処理費に関係している．廃油・廃液は分別されてあり，内容や程度が明確で量がまとまっていると売却できるが，廃油・廃液が分別されず，劣質で量も少ないと処理費の支払いが高額となる傾向にある．

廃油・廃液の収集・再生・中間処理業者の調査（対象収集量，合計 718 Ml）によると一般工場からの廃油収集が一番多く（47％），次いでガソリンスタンド（21％），第 3 位が自動車整備工場（16％）で，この三つの排出源で全体の 84％ を占めている．これら収集された廃油・廃液は，約 71％ にあたる 510 Ml が主として再生重油に再生され，残りの 29％ は焼却専門業者に引き渡されている．市場に

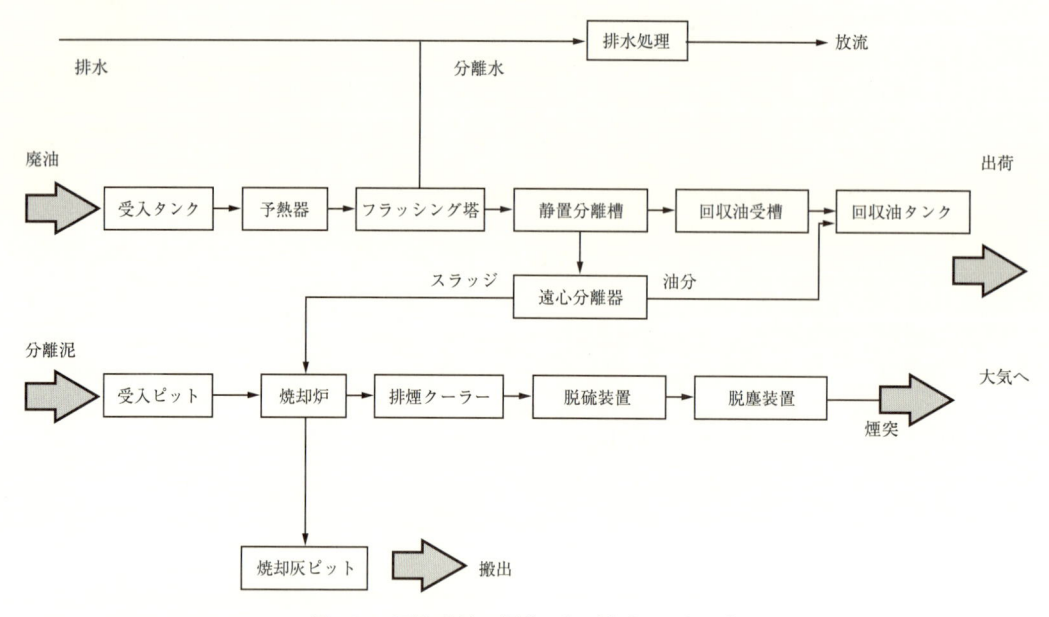

図5.2.4 再生重油の製造工程〔出典：文献1)〕

おける再生重油の製造工程例を図5.2.4に示す[1]．回収した廃潤滑油を60〜120℃に加熱し，遠心分離処理およびろ過処理をして水分やきょう雑物を取り除いている例がほとんどである．遠心分離処理，ろ過処理のみの再生重油は，バージン重油に比べて灰分，硫黄，水分が多く，塩素や窒素の混入，増量が認められる．一方，再生重油の需要家側からはこれら混入物の低減化や品質の安定化が求められている．

使用済み潤滑油を回収して潤滑油基油を製造する再精製プロセスとして，ビスコルーブ社（Viscolube）（伊），モホークオイル社（Mohawk Oil）（加）[1]，エバーグリーン社（Evergreen）（米）[3,4]，その他各国で大型のプロセスが稼働している．しかし，わが国にはそのような大型の再精製設備はない．

文　献

1) 潤滑油協会：潤滑油再生高付加価値利用技術調査研究報告書（1993）および（1994）．
2) エネルギー総合工学研究所：石油再資源化に関する調査報告書（1992）．
3) 渡辺誠一：トライボロジスト, **38**, 5 (1993) 421.
4) D. W. Brinkman：Lub. Eng., **43**, 5 (1987) 324.

D. メンテナンス編

序

　ある"もの"が必要に応じて計画されてから,形を与えられ,世の中に送り出されるまでが"生産"の領域であり,作られたものが使われ,廃棄されるまでが"メンテナンス"の領域である.このように,本来メンテナンスは生産と同等の広がりと重要性をもつ概念であるが,その技術およびそれを支える工学は生産に比べて未成熟であり,体系化も進んでいないのが現状である.

　そもそもメンテナンスが必要になるのは,ものが劣化するためである.疲労,腐食などと並んで,摩耗をはじめとする摩擦面の表面損傷は主要な劣化形態の一つであり,トライボロジーはメンテナンスにおいて重要な役割を担っている.その一方,表面損傷の軽減による保全費・部品交換費の節減,耐用年数の延長による設備投資の節減など,トライボロジーの実際面における寄与はメンテナンスに関連した部分が大きい.

　本編では,まずメンテナンスの概要,メンテナンス方式などメンテナンス一般について解説したのち,劣化要因としての摩擦面の表面損傷,トライボ要素および潤滑油,機械システムの異常の検出および診断法,潤滑系・油圧系のメンテナンスとメンテナンストライボロジーの実際例について述べる.

D編

第1章 メンテナンスの概要

1.1 メンテナンス

JIS Z 8143 生産管理用語（設備管理）によると，"maintenance" は日本語の "保全" に対する英語とされており，その意味として，"アイテムを使用および運用可能状態に維持し，又は故障，欠点などを回復するためのすべての処置及び活動" と記されている．

機械・設備をはじめ，メンテナンスの対象となるアイテムには，例えばポンプの吐出し流量，エンジンの出力，工作機械の加工精度，あるいはそれらの振動特性のように，それぞれに要求される機能がある．そもそもメンテナンスが必要なのは，使用中のアイテムに物理・化学的な変化が，一般には機能を低下させる向きに生じるためであって，そのような変化を劣化と呼んでいる．

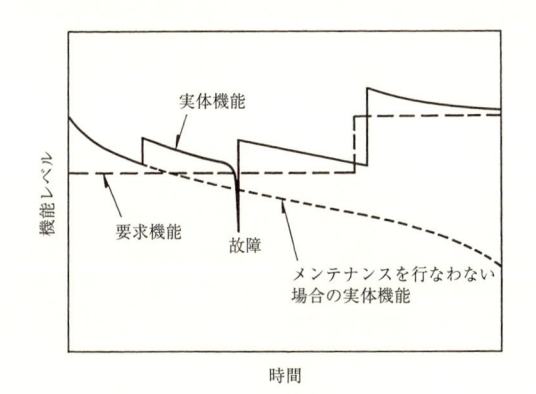

図 1.1.1 概念図

図 1.1.1 はその概念図であって，アイテムの実体機能がほうっておけば低下するのを，要求機能以上のレベルに保つこと，場合によっては要求機能を下回って故障を生じたものを回復させること，そのような活動全体がメンテナンスである．ただし，使用開始後に要求機能が高くなったとき，それに応じて実体機能を高める作業，いわば改良をメンテナンスに含めるか否かは場合による．

1.2 メンテナンスの意義

"保全" にしても "メンテナンス" にしても "生産" に比べると後ろ向きのイメージがつきまとい，華やかさが全くない．しかしながら，例えば政府の「経済構造の変革と創造のための行動計画」[1] において，ビジネス支援関連分野の一環としてメンテナンス技術の高度化の重要性が指摘されたように，近年メンテナンスおよびメンテナンス技術が重視されるようになった．そこにいくつかの理由がある．

第一は，メンテナンスの対象となるアイテムの増加である．わが国における，アイテム総体としての実物資産は，1960 年には十数兆円にすぎなかったものが 1992 年には 1 100 兆円を超え，この 30 年あまりの間に 80 倍を超える増加を示している．

第二は，エネルギー・資源問題，地球環境問題，さらに高度成長から持続的成長への転換などによって，大量生産・大量廃棄が過去のものとなり，すでに手にしたものを長く使うことの必要性が，あらためて認識されるようになったことである．

第三に，いわゆるライフサイクルの短縮が指摘されている[2]．一つの文明の継続した期間のおおまかな長さは，エジプトの 1850 年，ギリシャの 800 年，ローマの 670 年と次第に短くなり，名誉革命後のイギリス，フランス革命後のフランスは 100 年のオーダである．このような短縮をもたらした一つの原因として，かつて天然の安定な材料を使っていた時代に比べて，人工の不安定な材料の使用による社会資本の寿命の短縮を挙げ，メンテナンスが文明の死命を制するという見方である．

メンテナンスの重要性は，その経済セクターとしての規模に明らかである．わが国の製造プラントのメンテナンスコストだけをとっても，短周期の景気変動の影響を受けるものの 1989〜1992 年度の平均で 9.4 兆円に上り，製品出荷額の約 3% を占めている[3]．

文　献

1) 経済構造の変革と創造のための行動計画，1997 年 5 月 16 日閣議決定．
2) 垣田行雄：トライボロジー会議予稿集（東京 1994-5）347.
3) 資本財のメンテナンスの現状と将来の動向に関する調査研究報告書，機械振興協会・経済研究所 (1996) 116.

1.3 メンテナンス工学の意義

メンテナンスは，"こわれたらなおす"というような，単純な作業の集積のように考えられることが多く，研究の対象とされることも少なければ，学問体系としても確立されていない．しかし次のような理由から，メンテナンス工学の確立と，それによる技術の高度化が必要となっている．

第一は，われわれの作り出したシステムの巨大化・複雑化である．エネルギープラントやジェット旅客機などの例を見れば明らかなように，コンポーネントが複雑に絡み合ったシステムでは，小さな部品一つの故障によってシステム全体の機能が失われる場合があり，またシステムが巨大になると，その機能の喪失が多数の人命にかかわる災害を引き起こす可能性も無視できない．現代社会において，信頼性・安全性の確保は至上の命題である．

第二は，メンテナンスコストにかかわる問題である．いったん故障が発生し，システム全体の機能が損なわれれば，稼働率の低下によって生産損失が生じる．一方，それを避けるためにきめ細かなメンテナンスを行なえば，メンテナンスコストが膨大になる．これらをいかにしてバランスさせ，トータルコストを最小にするかという，数多くの要因が関与する難問を解決しなければならない．

第三に，新しいシステムへの対応がある．一例を挙げると，わが国の軽水炉原子力プラントの運転年数は，最長のもので27年，平均すると十数年にすぎない．設計寿命は約30年と見られているから，現状では老朽化にいたっておらず，寿命を終えて廃棄されたという経験がない．さらに，明石海峡大橋のような長大な構造物からマイクロマシンにいたるまで，人工のシステムはその範囲を広げており，これら前例のないもののメンテナンスをどうするか，単純な経験の外挿では片づかない対象が増えている．

1.4 メンテナンス工学の構成

1.4.1 メンテナンスの枠組

図1.4.1は，生産と対比した，メンテナンスの枠組のイメージである．

ある種の芸術を別にすれば，人工のシステムは，それぞれ要求される機能が先にあって，それを満たすために作られる．要求機能に形を与えるのが設計

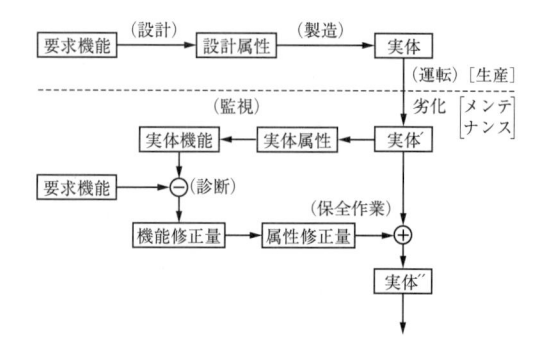

図1.4.1 メンテナンスの枠組のイメージ

であり，それを実体にするのが製造である．ここまでが生産であって，ここから先がメンテナンスの守備範囲になる．

運転に伴って劣化が生じ，アイテムの実体が変化する．それを実体の属性の変化として検出するのが監視であり，それによる機能の変化を要求機能と比較して，必要な修正量を決めるのが診断である．それにしたがって，修理あるいは交換などの保全作業が行なわれ，実体の劣化を修復する措置がとられることになる．

いくつかの項目については後述するが，以下にメンテナンス工学の構成の概略を述べる．

1.4.2 システム解析

一つのプラントのような人工システムを考えるとそこには膨大な数に上るアイテムが数多くのコンポーネント，あるいはサブシステムを構成している．そのメンテナンスを計画するには，まず重要なアイテムを選び出さなければならない．その基準になるのは，アイテムに発生した故障が，上位のシステムにどのような影響を及ぼすかという点であり，FTAをはじめ，いろいろな故障解析の手法が使われる[1]．

1.4.3 故障物理

劣化や故障のメカニズムは，物理的・化学的な因果関係にもとづいているはずであり，その立場から劣化・故障に現象論的な説明を与えようというアプローチを，故障物理と呼んでいる．

詳しくは後述するように，脆性破壊，疲労破壊，応力腐食割れ，腐食などと並んで，摩耗，焼付き，転がり疲れなどのトライボロジカルな損傷も，劣化

の主要な要因となっており,故障物理としての取扱いが必要である.

取扱い方の違いで基本的な法則性が変わるはずはないから,トライボロジーにおけるそれらの損傷に関する研究成果を活用することは可能である.しかしトライボロジーの研究においては,例えば一定の条件の下で得られた摩耗量のデータから最適な材料を選ぶ,というスタイルが一般であるのに対し,故障物理においては,そのデータから将来の摩耗の進行を推定し,余寿命を予測することが目的になる.このような,いわばアウトプットのスタイルの違いに対応した研究の再構成が必要になる.

1.4.4 設備診断

アイテムの状態の監視を一般に設備診断と呼んでいるが,図1.4.1からわかるように,監視すなわち状態あるいは異常の検出と診断とは,別の概念である.

監視技術は,おそらくメンテナンスの技術の中で最も進んでいる分野であり,後述するように,さまざまな物理・化学的変数を測定量としたセンサが活躍している.とはいうものの,例えば軸受のように安価でかつ長寿命であり,多量に使用されるものを,いかにして経済的に監視するか,さらにそこから得られる大量のデータをどのように処理して有効な情報を抽出するか,あるいは劣化をいかに早い段階で検知するか等々,解決すべき課題は残されている.

一方診断技術には,未成熟な部分が多い.例えばある時刻における摩耗状態からその後の進行を推定するのに,ほとんどの場合単純な外挿が使われているのが現状である.本来理論に求められるのは予測の機能であるから,今後の展開に期待したい.

1.4.5 メンテナンスマネージメント

上に述べたような技術をもとに,例えば一つのプラントを構成するアイテムそれぞれについて,メンテナンスの方式,監視手段,監視周期,その他メンテナンスの仕様を決定しなければならない.特定の対象に対してそれを体系化した,いわゆるメンテナンスシステムとしては,航空機の信頼性保全[2],製鉄プラントの保全管理コンピュータシステム(ADAMS)[3] などの例がある.

1.5 メンテナンスとトライボロジー

トライボロジーはメンテナンスの重要な一翼を担っており,またメンテナンスはトライボロジーの実際的な寄与の大きな部分を占めている.

かなり古いデータであるが,さまざまな事業所における設備診断の対象部位を調べたアンケートの結果[4] によると,最も多かったのが軸受で49.6%に上り,ほかにも歯車,弁,ロール,金型など,トライボロジカルな部品が上位に並んでいる.その一方で,トライボロジーの実践に期待される節減効果の試算[5] によると,保全費・部品交換費の節減,耐用年数の延長による設備投資の節減など,メンテナンスに直接関連する経済効果が90%を超えている.

文　献

1) 例えば,大島榮次・師岡孝次：設備管理工学入門,日本規格協会 (1992) 240.
2) R. T. Anderson & L. Neri : Reliability-centered maintenance : Management and engineering method, Elsevier Applied Science (1990).
3) 岡崎栄三・大笹健治：プラントエンジニア (1986/12) 63.
4) 製造プラントのメンテナンス技術に関する調査研究報告書,日本プラントメンテナンス協会 (1985) 33.
5) 潤滑実態調査報告書,機械振興協会技術研究所 (1970) 76.

第2章 メンテナンス方式

2.1 メンテナンス方式の種類

メンテナンスの本質的な目標は，ライフサイクルコスト（LCC）を最小にする，LCCミニマム（LCCM）を追及することである．したがってメンテナンスは機械設備が配置され，稼働してから取り組みはじめられるものではなく，その機械設備の開発の段階から考慮されるべきものである．

メンテナンス方式の分類は様々であり，高田[1]，その他[2]によってその考え方が示されているが，必ずしも統一したものはない．JIS Z 8115に規定されたものを中心にLCCMの立場から保全予防（MP）と改良保全（CM）を付け加えたメンテナンス方式の分類を示すと図2.1.1のようになる．MPとは機械設備の計画段階から機械設備に信頼性・保全性・経済性を作り込む保全方式をいう．また，CMは劣化や故障を分析し，同じ損傷が繰り返し生じないための対策を施すことで性能の向上・改良を行なう保全である．

このようにMP，CMの概念を取り込んで，LCCを最小限に抑えて最も効率の高い生産を行なうメンテナンスを生産保全（PM：Productive Maintenance）あるいはライフサイクル保全という．

メンテナンスの方法としては，時間計画保全（Time Based Maintenance：TBM）と状態監視保全（Condition Monitoring Maintenance：CBM）がある．時代の流れとしてはTBMからCBMへの方向であるが，一概にそうともいえないところがあり，メンテナンス方式の選定がその効果を左右する重要なステップとなっている．

文　献

1) 高田祥三：「設備ライフサイクルを考慮したメンテナンスマネジメント」ライフサイクル保全シンポジウム資料，日本設備診断学会（1996）．
2) 日本プラントメンテナンス協会編：研究報告書「保全方式の決定基準等に関する調査研究」（1997）．

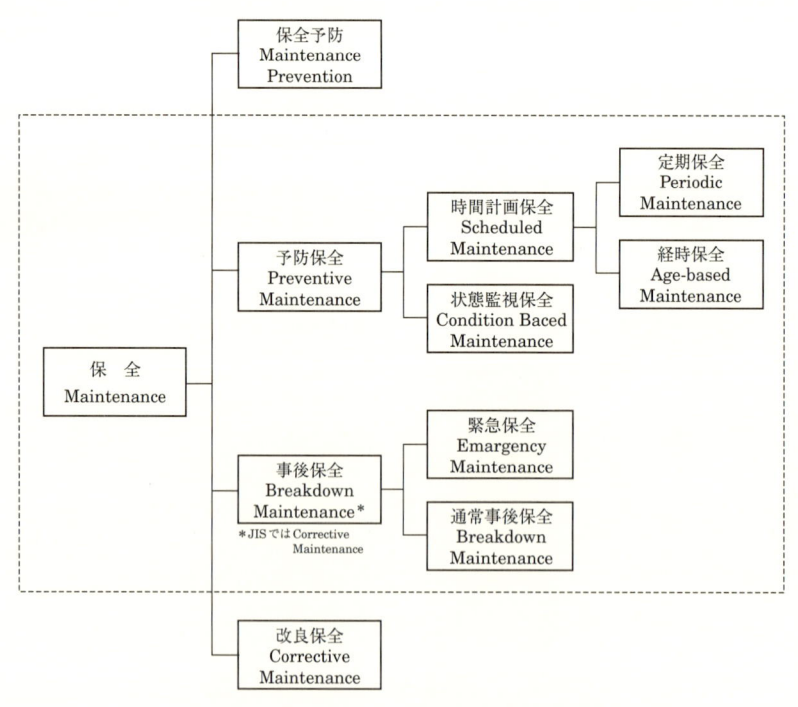

図2.1.1　メンテナンス（保全）方式の分類

2.2 メンテナンス方式の選択

2.2.1 メンテナンスストラテジー

機械設備がおかれた状態によって最適なメンテナンス方式を選定する過程をメンテナンスストラテジーという．メンテナンスストラテジーでは技術的な側面と管理的な側面があるが，いずれにしてもその元となるのは機械設備の劣化・故障特性である．

2.2.2 劣化・故障パターンに基づくメンテナンス方式の選定

機械設備の機能は，時間とともに変化する．メンテナンス方式の決定にはこの経時的な劣化・故障パターンが重要な要因となる．特に劣化・故障パターンにおける兆候期の長さは，機械設備の余寿命の予測の可否を左右する要因で，それによって，適用可能な方式が決まってくる．このような考えに基づくメンテナンス方式選定の考え方を図2.2.1[1]に示す．

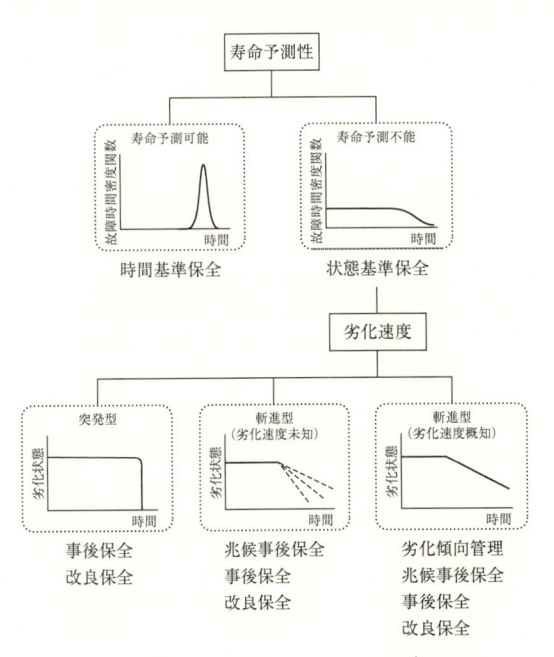

図 2.2.1 劣化・故障パターンと保全方式の選択
〔出典：文献1)〕

2.2.3 信頼性に基づくメンテナンス方式の選定

メンテナンス方式選定の方法に，信頼性に基づくものがある．発生した劣化・故障の影響度を信頼性解析によって求め，メンテナンス方式の選定を行なう方法でRCM（Reliability Centered Maintenance）という．RCMによるメンテナンス方式選定の手順を次に示す[2]．

①故障データの収集

RCM解析の最も基礎となる劣化・故障のデータを収集し，メンテナンス対象のシステムを選定する．

②機能故障解析 FFA
　（Function Failure Analysis）

FFAではシステムの機能を明確にし，それぞれの機能を部品レベルまでブレークダウンして機能ブロック図を作成し，これをもとにシステムを個々の機能に分解する．さらに各機能ごとに機能故障解析を実行し，部品一つ一つに対して起こり得る故障モードを明らかにする．

③機能故障モード解析 FMEA
　（Failure Mode and Effect Analysis）

FFAで抽出した，今後予想される機能故障一つ一つが，システムに対してどのような影響をもつか分析する．FMEAにおける解析は，故障頻度，シビアリティ，検知レベルなどの視点から発生した故障モードの影響を解析する．

④メンテナンス方式の選定

FMEAの結果，影響度が小さいと判断されると，事後保全（BM）が選定されるが，影響度が大きいと判断された故障モードについては予防保全（PM）が選定され，次のステップへと進む．次のステップでは，論理樹を用いた解析LTA（Logic Tree Analysis）を行なう．LTAでは故障による影響の大きい部品について劣化環境データと故障物理により，メンテナンス方式，メンテナンス項目，周期などが選定される．LTAにおける判断要因は主に安全や経済性等である．この段階でも，選択されたPMを実施する場合，PMコストが故障損失を上回る場合にはBMとなる．

文　献

1) 高田祥三：ライフサイクルメンテナンスとモデルベース劣化予測システム，JASTトライボロジーフォーラム'95 (1995).
2) 大島栄次：プラントエンジニア，1993/7.

2.3 メンテナンスから見た機械設備の評価法

2.3.1 信頼性評価

機械設備の信頼性 R (Reliability) は，規定の期間中に要求された機能を果たす能力で，これを時間の関数で表わした信頼度 $R(t)$ が評価に用いられる．

また信頼度の評価尺度として用いられる特性値には単位時間あたりの故障発生の割合を示す故障率や平均故障間隔 (Mean Time Between Failures : MTBF)，平均故障寿命 (Mean Time To Failure : MTTF) が用いられる．MTBF は修復系の機械設備に，MTTF は非修復系の機械設備において用いられる．

2.3.2 保全性評価

修復系機械設備における修理のしやすさの評価を保全性 M (Maintainability) という．信頼度と同様に保全性を数値で表わした保全度が用いられる．保全性は，故障した場合規定の時間内に修理できる能力である．保全性の評価の尺度としては，単位時間あたりの設備停止時間の割合を示す故障強度率や，事後保全に要する時間 (time to repair : ttr) の平均値である平均修理間隔 (Mean Time to Repair : MTTR) などが用いられる．

2.3.3 アベイラビリティ評価

修復系機械設備で信頼度と保全度を併せてアベイラビリティ A (Availability) という．A は機械設備が規定の時間内で機能を有している確率で，稼働率といわれるものである．信頼度，保全度とアベイラビリティの間の関係は次式で与えられる．

$$A = \text{MTBF}/(\text{MTBF} + \text{MTTR}) \quad (2.3.1)$$

2.3.4 機械設備の老化特性

機械設備の劣化特性として，故障率の経時変化を表わすバスタブ曲線を図 2.3.1 に示す．機械設備の寿命までの期間は，初期摩耗期間，偶発故障期間，摩耗故障期間に分けて考えられる．これら三つの領域における故障率，故障密度関数，信頼率，MTTF 等を図 2.3.2[1]) に示す．

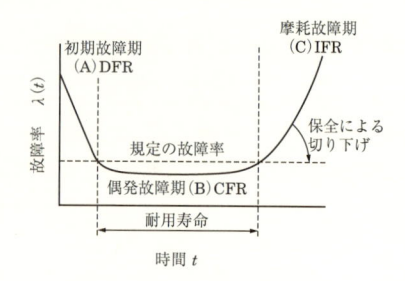

図 2.3.1 機械設備の故障率特性曲線（バスタブ曲線）

文　献

1) 塩見　弘：「信頼性・保全性の考え方と進め方」技術評論社 (1990) 159.

2.4 故障物理

2.4.1 故障物理とは

メンテナンス方式を選定する際，最も重要な因子は劣化故障特性であることを述べた．劣化故障の発生メカニズムを説明するのが故障物理である．これまで述べてきた劣化パターンでメンテナンス方式を決めるメンテナンスストラテジーは，起こった現象の結果を監視することによって機械設備を管理しようとするものである．これに対して劣化故障の発生メカニズムを，物理的・化学的な視点から解明し，信頼性や保全性の向上に生かそうとするのが故障物理である．

2.4.2 劣化・故障モード

いろいろな調査では，トラブルが多い機械要素としては，転がり軸受，しゅう動面，油圧ポンプなどが挙げられている[1])．これらの要素は，トライボロジー上の問題が多い要素でトライボ要素といわれるものである．また故障モードの代表的なものは摩耗，漏洩，疲労，腐食などが並んでいる[1])．これらを見てもトライボロジーがらみの故障モードが非常に多いことがわかる．

2.4.3 故障のメカニズム

劣化・故障現象として代表的なものは摩耗であるが，摩耗については本書の他章に詳しく述べられるのでここでは割愛する．故障物理で取り上げられるその他の主な現象を以下に示す．

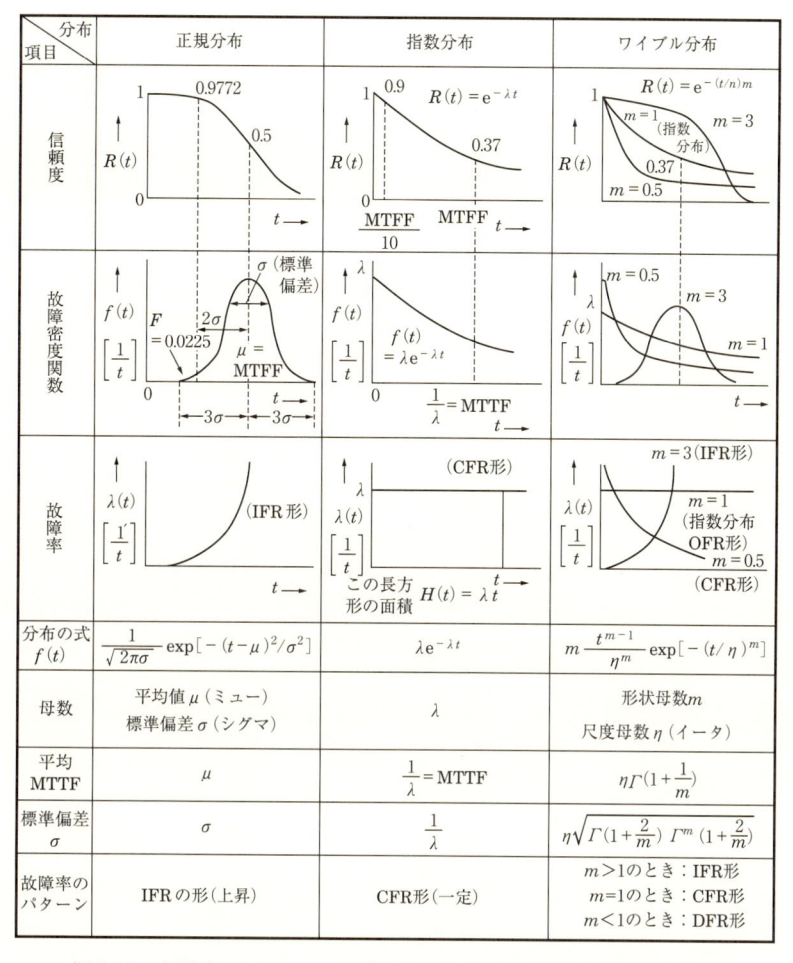

分布\項目	正規分布	指数分布	ワイブル分布
信頼度	$R(t)$のグラフ（0.9772, 0.5）	$R(t)=e^{-\lambda t}$（0.9, 0.37, MTTF/10, MTTF）	$R(t)=e^{-(t/\eta)^m}$（$m=1$（指数分布）, $m=3$, 0.37, $m=0.5$）
故障密度関数	$f(t)$ $[1/t]$、σ（標準偏差）、$F=0.0225$、2σ、$\mu=$MTFF、-3σ〜3σ	$f(t)$ $[1/t]$ $=\lambda e^{-\lambda t}$、$\frac{1}{\lambda}=$MTTF	$f(t)$ $[1/t]$、$m=0.5$、$m=3$、$m=1$
故障率	$\lambda(t)$ $[1/t]$（IFR形）	$\lambda(t)$ $[1/t]$（CFR形）この長方形の面積 $H(t)=\lambda t$	$\lambda(t)$ $[1/t]$、$m=3$(IFR形)、$m=1$（指数分布 OFR形）、$m=0.5$（CFR形）
分布の式 $f(t)$	$\dfrac{1}{\sqrt{2\pi}\sigma}\exp[-(t-\mu)^2/\sigma^2]$	$\lambda e^{-\lambda t}$	$m\dfrac{t^{m-1}}{\eta^m}\exp[-(t/\eta)^m]$
母数	平均値 μ（ミュー）標準偏差 σ（シグマ）	λ	形状母数 m 尺度母数 η（イータ）
平均 MTTF	μ	$\dfrac{1}{\lambda}=$MTTF	$\eta\Gamma\left(1+\dfrac{1}{m}\right)$
標準偏差 σ	σ	$\dfrac{1}{\lambda}$	$\eta\sqrt{\Gamma\left(1+\dfrac{2}{m}\right)\Gamma^m\left(1+\dfrac{2}{m}\right)}$
故障率のパターン	IFRの形（上昇）	CFR形（一定）	$m>1$のとき：IFR形 $m=1$のとき：CFR形 $m<1$のとき：DFR形

図 2.3.2 故障率のパターンと理論分布形状と理論式等〔出典：文献 1)〕

（1）延性破壊

金属材料に弾性限界を超える応力が作用することにより生ずる破壊現象．材料内部に微小な空洞が発生し，それらが合体することにより破壊に至ると考えられる．

（2）脆性破壊

材料に衝撃など，ひずみ速度の大きな応力が加わることによって生じる破壊現象．破断面にはリバーパターンが見られる．この中には，焼割れや水素脆化，応力腐食割れ（Stress Corrosion Cracking：SCC）などがある．SCCは化学的な雰囲気中で応力が作用する場合，化学的な要因と応力の作用が複合して材料の破壊をもたらす現象である．これは比較的発生頻度が高く，発生や進行の速度が大きくばらつくため，急激に致命的な損傷となる場合があるので注意を要する．

（3）疲労破壊

材料に降伏応力あるいは耐力以下の応力が繰り返し作用することにより発生する破壊現象を疲労破壊という．一般的な構造物に限れば，材料の破壊の80％は疲労破壊で起こるといわれる．疲労破壊のメカニズムは，応力によって材料内部にミクロなすべり帯が形成され，応力の繰返しに伴いマクロな亀裂へと成長した結果破壊に至ると考えられる．破断面にはミクロな規則的条痕であるストライエーションが見られる．

同じ疲れ破壊でもトライボロジーで問題となるのは転がり疲れである．転がり疲れについても他章の

説明を参照されたい．

（4）漏　れ

　密封部分からの密封流体の漏れ現象は，これまでの故障物理ではあまり取り上げられていないようである．しかし，機械設備にとって重大な欠陥となる劣化・故障モードの一つであり，故障物理で取り上げるべきであろう．漏れのメカニズムはシールによって異なる．詳細についてはやはり他章を参照されたい．

文　献

1) 潤滑油協会編：潤滑管理実態調査 (1994).

第3章 摩擦面の損傷

3.1 摩耗

3.1.1 凝着摩耗

(1) 凝着摩耗の特徴

凝着摩耗は，摩擦面内で局所的に生じた真実接触部のせん断破壊によって生じるが，それによる摩耗粉の発生機構については，未だに様々な議論がある．凝着摩耗の概念をはじめて提唱したのはR. Holm[1]であり，その功績は大きいが，摩耗粉がアトミックレベルで発生するとした彼の理論は一般的ではない．その後，Archard[2]は，発生の最小単位を真実接触部レベルとした発生機構を提案したが，これも凝着摩耗の特徴を十分に説明できるものではない．凝着摩耗の特徴としてまず挙げられるものは，たとえ摩擦する2固体の間に硬さの差があってもほとんどの場合その両者が摩耗するということである．しかしながら，彼らの理論では，軟らかい方だけが摩耗することになっており，現実を説明できない．また，凝着摩耗のもう一つの大きな特徴として，摩耗粉の大きさの分布が著しく広範囲にわたっているということがあるが，両者の理論ではその説明も困難である．これらに対して，笹田[3]が提案した移着成長理論は，多くの実験事実をもとに，これらの現象を説明している．

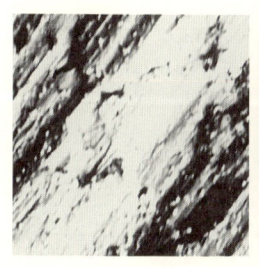

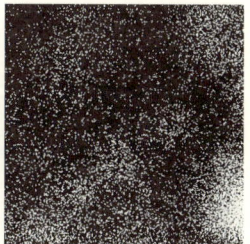

いずれにしても，凝着摩耗を一言でいうと，くっついて千切れるということであり，その結果として，相互移着という現象が生じる．この現象については金属，セラミックス，プラスチックス等を様々に組み合わせて，ほとんど全ての場合について確認されている．金属同士，金属とプラスチックスの組合せについて，その結果の一例[4,5]を図3.1.1と図3.1.2に示す．図3.1.1は純鉄と純ニッケル，図3.1.2は純鉄とナイロンをピンとディスクとして摩耗試験を行なったものである．図中の表面写真はSEM像であるが，相手材の移着状態を見るため，同じ場面で相手材の元素のX線像を撮ったものを右側に示してある．軟らかい材料の硬い材料への移着を示すX線像は当然のことであるので，紙面の都合上省略した．

(2) 凝着摩耗の防止策

これらの事実から，凝着摩耗を防止するためにまず打つべき対策は，2固体がくっつかないようにすることである．すなわち2固体の親和性が乏しい組合せを選ぶということであり，親和性が乏しければ，凝着力は弱く，凝着摩耗は起こりにくいということになる．親和性の目安として2固体の相互溶解度に注目したのはGMのRoachら[6]である．彼らが調べたのは，耐摩耗性ではなく，耐焼付き性であったが，2固体の相互溶解度が高い組合せほど焼き付きやすいという．またRabinowicz[7]は，2固体の相互溶解度が高い組合せほど静摩擦係数が高くなるという結果を示しており，この場合，界面は溶けているはずもないから，凝着力と相互溶解度の間に密接な関連があることを示す結果である．

さて肝心の摩耗との関連を調べた結果の一例[8]を図3.1.3に示す．図には様々な溶解度をもつ4種類の組合せについての結果が示されているが，互いに全く溶け合わない鉄と銀の組合せでは，ほとんど摩耗していない．一方，いかなる混合比でも固溶体を作って混じり合ってしまう銅とニッケルの組合せでは，著しい摩耗が生じている．そしてこれらと中間

(a) SEM像　　(b) Ni-Kα線像

図3.1.1　EPMA写真，Fe/Ni，Feピン表面

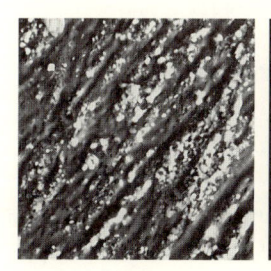

(a) SEM像　　(b) Fe-Kα線像

図3.1.2　EPMA写真，Fe/ナイロン，ナイロン表面

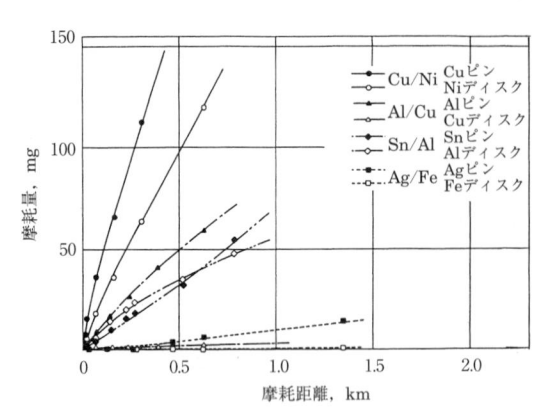

図 3.1.3 摩耗と相互溶解度の関係

の溶解度をもつ組合せでは，摩耗率も中間の値を示している．

さて，2面がくっつかないようにするもう一つの方法は，2固体の間に何かせん断に弱い材料を挟んでやることである．最も理想的な状態は流体潤滑膜か，固体潤滑膜で2面を離してしまうことであるが，この条件は常に整うとは限らない．これらが不可能な場合には，摩擦面の周囲に存在する何らかの元素と摩擦材料との化学反応生成物に期待することになる．潤滑油中の硫黄やリンなどの化合物は現在，自動車をはじめとする様々な機械の摩擦部分で活躍しているが，全体から見ると，油が使用できない機械も多い．その場合には，大気中の酸素との化合物すなわち酸化物の特性に期待することになるのであるが，特に機械材料の中心的存在である鉄系の材料には有効である．鉄に限らず，一般に，d軌道に欠陥をもつ遷移金属は酸素に対する吸着活性が高く摩擦面に酸素を呼び込みやすいといわれている[9]．吸着しただけでも摩擦，摩耗の低減効果はあるが，摩擦条件によっては酸化物へと移行し，安定な保護膜を生成する．ただし，酸素は必ずしも潤滑効果を示すとは限らない．場合によっては酸素が2固体間であたかも糊のように働き，凝着を促進し，摩擦，摩耗を増大させることが，最近報告されている[10]．異種金属の組合せの場合には，先に述べた相互溶解度との関連もあり，同種金属の場合には，界面に生成される酸化物層の厚さが関連しているという．トライボロジー現象が，いかに一筋縄ではいかないかを示す典型的な例である．

最後に，凝着摩耗の対策として，材料を硬くすることは，必ずしも有効でないことがあることを述べておきたい．硬さが HV 1 200 以上もあるアモルファスが，HV 100 以下のアルミニウムと摩擦すると，激しく摩耗する例[11]も報告されている．硬化法が不適当で，脆くなってしまうことによる場合もあるが，硬さより先に述べた親和性が大きく影響する場合があるということである．

3.1.2 アブレシブ摩耗
(1) アブレシブ摩耗とは

金属に生じる摩耗の一形態で，かたい粒子や面の凹凸等によって切削的に生じる摩耗のことである．エメリー紙や研磨粒子による摩耗，土砂による摩耗等がその典型的なものである．

アブレシブ摩耗は摩耗部と研磨粒子の状態によって「ガウジング摩耗（gouging abrasion）」「グラインディング摩耗（grinding abrasion）」「スクラッチング摩耗（scratching abrasion）」と分類され[12]，図 3.1.4 はそれぞれの摩耗形態を模式的に示したものである．以下に特徴を示す．

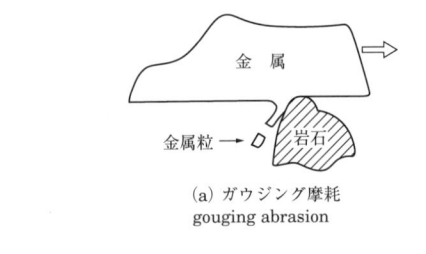

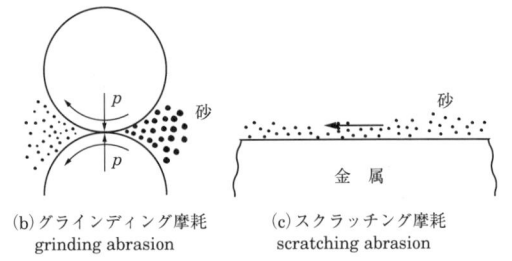

図 3.1.4 アブレシブ摩耗の摩耗形態

(2) アブレシブ摩耗の分類と特徴
a. ガウジング摩耗

gouge というのは丸のみでえぐるという意味で，金属表面を硬い岩等でえぐり取るようなタイプの摩耗である．研磨材や砂粒のような硬質粒子が金属面に高面圧で押し付けられながらすべるため，摩耗面からは比較的大きな粒子がむしり取られ深い溝状の痕跡が残る．図 3.1.5 は油圧ショベルのバケットの

図 3.1.5 油圧ショベルのバケットツースの摩耗面

先端に取り付けられているバケットツース（バケットの歯）の摩耗面で，激しいガウジング摩耗が生じた様子を示す．

この摩耗はアブレシブ摩耗の中でも最も過酷な摩耗であり，特に摩耗時に摩擦熱で金属摩耗面がかなりの高温になって軟化し摩耗をより促進することがある．

b. グラインディング摩耗

硬質粒子を金属の間にかみ込んですりつぶす際に生じる摩耗で，硬質粒子は金属表面に高面圧で押し付けられるだけですべりは生じない．この場合硬質粒子と金属面の接触点における集中圧縮力によって金属面に塑性流動や疲労が生じ脆くなった組織の一部が破砕されて摩耗が進行する．

図 3.1.6 はブルドーザの履帯をつなぐトラックリンク踏面の表面に生じたグラインディング摩耗の様子である．トラックリンクは履帯をつなぐチェーンの役目と同時に，ブルドーザ本体をスムーズに前後進させるトラックローラを転がすレールの役目をしており，踏面を介してトラックローラよりブルの本体重量を受けながら接触するので両者の間に砂粒が入るとこの摩耗が生じる．

c. スクラッチング摩耗

硬質粒子が金属の表面を流れる場合などに生じる摩耗である．硬質粒子が高面圧で押し付けられないので金属には塑性流動が生じず摩耗痕も軽微である．非常に細かい粒子によって摩耗が進行した場合に摩耗面が鏡面のようになることもある．

アブレシブ摩耗の中では最もゆるやかな摩耗である．

図 3.1.7 はブルドーザの排土板の表面に生じたスクラッチング摩耗の様子を示したものである．梨地状の比較的なめらかな摩耗面となっている．

図 3.1.7 ブルドーザの排土板に生じたスラッチング摩耗

（3）アブレシブ摩耗に及ぼす主な要因

a. 金属材料の硬さ

一般に金属の硬さが硬いほど摩耗しにくいといわれているが，厳密には金属の硬さ H と研磨材の硬さ H_a との相対比が摩耗と密接な関係がある．

表 3.1.1 にアブレシブ摩耗を引き起こす代表的な

図 3.1.6 ブルドーザのトラックリンク踏面に生じたグラインディング摩耗の様子

表 3.1.1 鉱物の硬さ〔出典：文献 13〕

物質名	硬さ	物質名	硬さ
滑　　　石	20	正　長　石	620
石　　　膏	40	石　　　英	840
方　解　石	130	黄　　　玉	1 330
蛍　　　石	175	鋼　　　玉	2 020
リン灰石	435	金　鋼　玉	7 575
ざくろ石	1 360	長　　　石	550
ひうち石	820	金　剛　砂	1 400
磁　鉄　鉱	575	ガ　ラ　ス	455

硬さ：ヌープミクロ硬度

表 3.1.2 金属組織の硬さ〔出典：文献 13〕

物 質 名	硬さ	物 質 名	硬さ
フェライト	235	セメンタイト	1 025
0.3% Cマルテンサイト	555	クロムカーバイト	1 735
0.4% Cマルテンサイト	710	モリブデンカーバイト	1 800
0.6% Cマルテンサイト	800	タングステンカーバイト	2 080
高マンガン鋼	305	バナジウムカーバイト	2 660
高マンガン加工硬化	645	チタンカーバイト	2 955

硬さ：ヌープミクロン硬度

鉱物の硬さを示し[13]，表 3.1.2 に金属組織の硬さを示す[13]．

ここで H/H_a が 0.85 を越えていると摩耗はあまり進行しないが 0.85 以下となると摩耗が相対的に速く進行する[14]．

普通の土砂成分の中で最も硬い鉱物は石英であり，その硬さは約 HV 800 なのでこの 0.85 以上の HV 680（約 HRC 59）以上の硬さを有すれば土砂摩耗は比較的減らすことができる．図 3.1.8 はトラックローラ材（SMn 443）で焼入れ後の焼戻し温度を変えて硬さを変化させたものを摩耗試験機にて試験した結果であるが HRC 59 以上で摩耗が急激に減少していることがわかる．

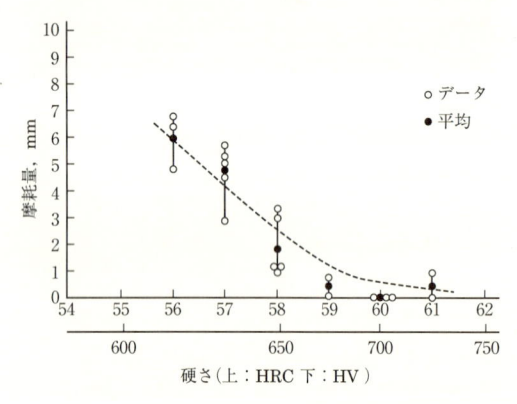

図 3.1.8 SMn 443 の硬さと摩耗量の関係

一方，硬さをあまり硬くし過ぎると金属は非常に脆くなってしまい，表面にき裂が生じやすくなる．結果として欠損という別のモードによって表面がダメージを受けることになる．そこで建設機械等でアブレシブ摩耗を受ける部品はだいたい HRC 50 から HRC 55 程度を上限としている．

b. 金属材料の真ひずみ

金属を引張試験して得られる真ひずみ ε_B が大きいほど摩耗量が減少する[15]．

ε_B が大きいということは靭性が高く，硬質粒子にアタックされた摩耗面で金属粒子が引き裂かれるのに多くのエネルギーが必要であることを意味し，結果として摩耗量が減少すると考えられる．

c. すべり

金属と硬質粒子が一定の面圧で接触している場合，両者の間のすべりは摩耗に非常に大きな影響を与える．

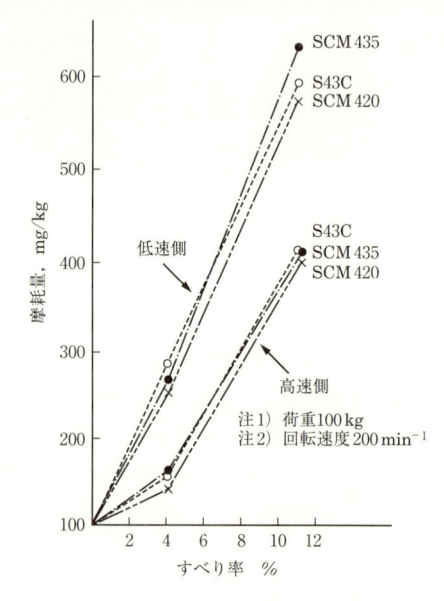

図 3.1.9 すべり率と摩耗量の関係

図 3.1.9 にすべりと摩耗の関係を示す．この図は，互いに接触しながら回転する 2 個の回転試験片の回転速度に差をつけて接触面にすべりを与え，さらに試験片の間に土砂を介在させて試験を実施してすべり率と摩耗量の関係を求めたものである．

ここですべり率は次式による．

すべり率(%) =
(高速側速度 − 低速側速度)/高速側速度 × 100
(3.1.1)

この図で示されるようにすべり率が上がるほど摩耗量は増加する．これはすべりが生ずることにより摩耗形態がグラインディング摩耗からガウジング摩耗へと変化することによる．

d. 面 圧

摩耗量に及ぼす面圧について理論式はいくつか発表されている[16]．さらに建設機械の土砂摩耗部品に

ついて得られたデータ等から摩耗量は面圧のほぼ 1.0 から 1.5 乗に比例して増加すると推定される．

e．その他

上記以外に土岩の形状，強度等が影響する[17]．

（4）摩耗対策

（2）で示したようにアブレシブ摩耗は三つの形態に分類される．（3）項で示した要因はいずれの摩耗形態に対しても影響のあるものである．すなわち，金属材料を硬くかつ靱性を高くし，土砂の上をすべらさず（転がるようにする）面圧を低くすることが有効である．特にガウジング摩耗では金属材料を硬くし過ぎて靱性を低くしてしまったり摩擦熱によって軟化することを考慮しないと，かえって摩耗を促進してしまうので注意を要する．

実際の摩耗現象は一形態の摩耗が単独に生じることはむしろまれで，複数が同時に複雑に生じるものである．そのため使用環境を考慮して材料の特性をバランス良くすることが重要である．

3.1.3 腐食摩耗

（1）腐食摩耗の定義

腐食摩耗は，「雰囲気との化学反応が支配的な摩耗」と定義されている[18]．これは，腐食環境のみならず，潤滑油中の化学摩耗や大気中の酸化摩耗を含めた，いわゆるメカノケミカル反応を伴う摩耗全般を指すが，本項での記述は腐食性環境における摩耗に限定する．

（2）摩擦様式と腐食形態

腐食環境におかれた機械システムでは，腐食は常時進行するが，摩耗は機械を作動させたときにのみ発生する．したがって，機械が休止中に生じた腐食の影響は機械の始動時の摩耗に大きく現れ，機械が作動中では腐食現象と摩耗現象は重畳する．

ただし，機械が作動中でも，摩擦が間欠的に起こる部位（例，往復動摩擦面）では，間欠的に静的な腐食反応が進行し，その影響が腐食摩耗に現れる．

（3）腐食形態と摩耗

腐食環境における摩耗には表面の腐食形態が大きく影響する．

しゅう動部品の大半を占める金属・合金の腐食形態としては，一般に，(a)全面腐食，(b)孔食（pitting），(c)脱亜鉛腐食，(d)分金（parting），(e)粒界腐食，(f)応力腐食割れなどが知られている[19]．

(a)では，金属の表面が腐食溶液中にイオン化してどんどん溶け出していく場合と化学反応によって腐食生成物が堆積する場合がある．摩耗の大きさは，前者では溶出後の表面形状に，後者では生成物の耐摩耗性に依存する．鉄系実用材料のほとんどは，2相以上の組織からなる．それゆえ，電気化学的に電位が卑となるいずれかの相の選択的な溶出によって微細な凹凸が表面に形成されると，摩耗は促進される．腐食生成物の多くは母材より強度が小さく耐摩耗性に劣る．ただし，例外としては，腐食の進行を抑制する緻密な不働態膜の形成によって摩耗も軽減される場合がある．

(b)以下の現象もほとんど表面層の強度低下につながるが，それぞれが摩耗に及ぼす影響の詳細についてはまだよくわかっていない．

しゅう動部品の損耗原因が腐食摩耗であったかどうかは，上記の腐食痕跡の有無や試験環境の情報などから判定される．通常，腐食の痕跡は，走査型電子顕微鏡（SEM）などによる表面形態の観察，腐食生成物の EPMA などによる元素分析，XPS（X線光電子分光法）による状態分析，X線回析による物質同定などによって調べられる．ただし，摩耗の程度が大きい場合，しゅう動面では腐食の痕跡を捉えにくくなる．そういう場合はしゅう動面周辺の未しゅう動部分を調べるとわかる．

（4）腐食摩耗の影響因子

a．腐食溶液と濃度

腐食の大きさと形態は，塩化ナトリウムや硫酸などの電解質の種類や濃度によって異なり，腐食摩耗率もそれに応じて変化する．硫酸濃度に伴う鋳鉄の腐食摩耗の一例を図 3.1.10[20] に示す．この腐食摩耗は硫酸濃度 35 wt% 近傍でピークとなり，65 wt% 以上では極めて軽微なものとなる．また，それぞれの摩耗形態はかなり異なっている．濃度 35% の摩耗面では鋳鉄のパーライト組織（α-Fe と Fe_3C の縞状構造）の α-Fe が選択的に腐食されて形成された微細な凹凸の摩耗痕跡があり，65% の摩耗面は鋳鉄のエッチング組織が見えるほどに鏡面化し，腐食摩耗が進まなかったことと符合している．それ以上の高濃度側では，不働態化現象が進行したとみなされている．

b．温度

化学反応を伴う腐食摩耗において，雰囲気温度の影響は大きい．例えば，鋳鉄の硫酸中（濃度 65

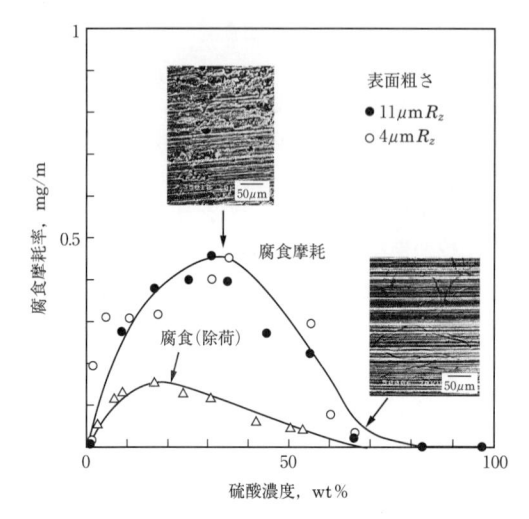

図 3.1.10　硫酸濃度に伴う FC 25 鋳鉄の腐食と摩耗
（ピン／デイスク試験；0.13 m/s，1.7 MPa，291 K）　〔出典：文献 20）〕

w%）における腐食摩耗では，291〜345 K の範囲で腐食摩耗量は昇温に伴ってほぼ単調な増加を示している[20]．

c. しゅう動休止期間

しゅう動期間中に腐食生成物が表面を覆う場合には，通常放物線的に成長する腐食生成物層の厚さとそのせん断強さが摩耗率に関係する．腐食生成物層のせん断強さは，厚さ方向の成分の差異や密度の違いに依存する．例えば，鋼の塩水腐食面では，図 3.1.11 に示すように，まず水和酸化物（FeOOH）ができ，その下に緻密で耐摩耗性のある Fe_3O_4 膜ができる[21]．腐食摩耗は，休止時間に伴うこれらの成長と質的変化にも依存している．

ちなみに，図中の β-FeOOH は Cl^{-1} や Br^{-1} などのハロゲンイオンの存在下でできる特有のさびである[19]．これらの生成物はしゅう動によって変化する．水分の補給がなければ，FeOOH は α-Fe_2O_3 へ，Fe_3O_4 も酸化が進んで α-Fe_2O_3 に変わりやすい．

休止時間と腐食摩耗との関係は実用的にも重要な事項であるが，この方面の研究はほとんどない．

d. アブレシブ粒子の混入

硬質の摩耗粉や混入異物が介在すると，腐食痕の突起や腐食生成物層の摩耗は促進される[20]．

（5）腐食摩耗の対策法

対策法としては，防食に関するいろいろな方法がある．これらは状況に応じて単独もしくは組み合わせて用いられる．

a. 腐食性環境の改善

腐食性雰囲気で使用される油剤等には適切な防錆剤や中和剤が配合され，しゅう動面の腐食が抑えられている．しゅう動過程での発錆防止のためには，部品に付着した腐食性物質や水分を組付け前に十分除去することが肝要である．

b. 腐食性環境からの保護

周囲の腐食環境に直接触れないように，密封系にする．この場合，シール部分の耐食・耐摩耗設計が重要となる．容器に樹脂類を用いる場合，容器から有害成分の揮発や溶出がないことに注意する．

c. 電気化学的手法による防食

電解質溶液中で流れる腐食電流をキャンセルするように，外部電流を加える方法としゅう動面近傍に犠牲電極を設ける方法がある．犠牲電極には，しゅう動部材よりも電位が卑な材料，例えば鉄に対してはマグネシウムや亜鉛など，が選ばれる．これらは，防食技術として著名な方法[19]であり，しゅう動部の構造等によっては適用できる．

d. 耐食・耐摩耗性材料の選定

耐食性と耐摩耗性を兼備した材料が求められる．その代表的な材料がマルテンサイト系ステンレス鋼である．しゅう動部品によっては，母材よりも電位が貴な材料の被覆も有力である．鉄に対するニッケルめっきやクロムめっきなどである．

セラミックスも単体ならびに被覆材料として有用である．ただし，Y_2O_3 を焼結助剤とする Si_3N_4 では，硫酸中で粒界腐食を生じる場合がある[22]．

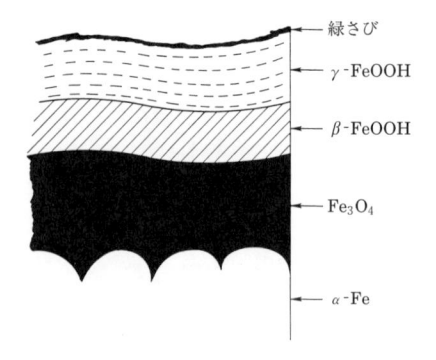

図 3.1.11　塩水浸漬で生成された鉄さびの断面構造　〔出典：文献 21）〕

3.1.4 フレッチング摩耗

接触する 2 固体間に微小な接線方向の振動が加えられたときに生じる表面損傷の総称をフレッチングという[23,24]．フレッチングの発生しやすい箇所を大別すると，(a)軸のはめあい部，ボルト結合部などのように相対運動の拘束を目的とする部分，(b)転がり軸受内部，たわみ軸継手などのように微小な往復運動を受ける部分，(c)制振器のように積極的に微小な往復運動を受けもつ摩擦面などとなる．

(1) 被害の形態

摩耗のみの場合（フレッチング摩耗）と疲労強度の低下を伴う場合（フレッチング疲れ）の二つに分けられる．フレッチング摩耗は，摩耗粉が接触部から排除されやすい機構となっている場合には，結合状態の悪化が，その逆の場合には焼付きが主に問題となる．一般には，100 μm 以下の微小な往復すべりによる摩耗が対象となる．

一方，フレッチング疲れは，フレッチングによって部材の疲労強度が低下し，平滑材の大気中の疲労強度の数分の 1 以下にも減少することがある．以下では摩耗に限定して述べる．

(2) 特　徴

雰囲気の影響を強く受け，微細な摩耗粉が接触面付近に発生する．酸化性の雰囲気中では，その大部分が酸化摩耗粉（鉄系材料では，一般にココアと呼ばれる α-Fe_2O_3 を主体とした茶褐色の摩耗粉）となる．このため，この現象をフレッチングコロージョン（fretting corrosion）と呼ぶことがある[23]．

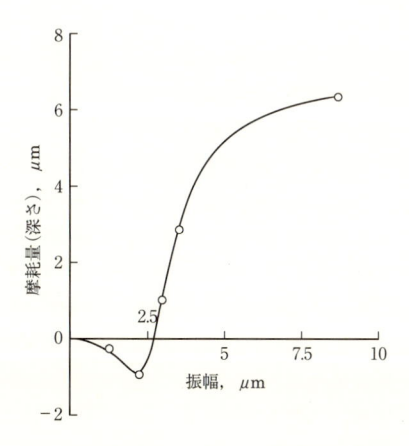

図 3.1.12　摩耗量（深さ）と振幅との関係
〔出典：文献 25)〕

(3) 荷重の影響

振幅が一定の場合には，摩耗量は荷重にほぼ比例するという報告が多い[23]．しかし，大きな荷重は振幅を減少ないし抑止して摩耗量を減少させる効果をもつ．

(4) 振幅と振動数の影響

巨視的なすべりが生じる振幅以下では摩耗量は極めて少ない（図 3.1.12）[25]．振幅がこの振幅よりも大きくなれば，摩耗量は振幅にほぼ比例して増加するようである[26]．振動数の影響は，材料，雰囲気，振幅などにより異なるが，大気中における鋼のフレッチングの場合には，比較的大きな振幅域において振動数の増加とともに摩耗率は減少する傾向がある[27]．

(5) 温度と湿度の影響

条件により異なるが，鋼の摩耗量は空気中では高温になるに従い減少する[28]．湿度は大きな影響を及ぼすが，O_2 の存在により害を生じるともいわれている[23]．一般に，相対湿度 50% 以上では摩耗量は小さい．

(6) 潤　滑

接触部への潤滑油の供給がむずかしく，かつ流体膜の形成が困難である．一般に，潤滑油の使用で損傷は減少するが，上記(a)などへの使用はすべり振幅の増大を招き，逆に損傷を大きくすることもある．また，作動条件や潤滑油の粘度が，油膜の補修性，酸素の接触面への接近しやすさと強く関係する[23]ため，潤滑油の効果は一般の摩耗の場合と必ずしも同一ではない．グリースは油よりも効果は低いといわれているが，実用上は MoS_2 や EP 剤を添加したものが使われる場合が多い．MoS_2，黒鉛などの固体潤滑剤の効果については，統一的な知見は得られていない．

(7) 対　策[29]

フレッチング摩耗を支配する主因子は，接触荷重，接線力（振幅），接触面形状，材質，雰囲気，潤滑剤などであるが，対策の具体例を以下に示す．

a. 法線力，接線力の複合作用の低減

フレッチング対策中，最も基本的なもので，すべての対策がこれに関係する．例えば，次のような方法が原則的に有効である．

(1) 静摩擦力の増大により振幅の低減が図れる場合には，法線荷重の増大，静摩擦係数の増大，接触面形状の変更等により相対変位（振幅）を低減させ

る．

（2）静摩擦力を増大させても振幅の低減が図れない場合は，構造改善により振幅を低減させるか，または，法線荷重の低減，接触面形状の変更，潤滑剤の付与などにより，接線力を低下させる．

（3）硬脆材料では，弾性接触部の外縁に作用する最大主応力（引張）を接触面曲率の増大，振幅の抑制などにより低減させる．

b. 摩擦面材料の選択

（1）静摩擦力の増大により振幅の低減が図れる場合は，凝着しやすい材料の組合せ，逆の場合は凝着しにくい組合せがよい．ただし，凝着によって接触面が荒れたり，変質したりするので注意を要する．

（2）熱伝導率が大で，破壊靭性の大きいものが概して良い．

（3）摩擦面材料とその酸化物の硬さの差が小さいものが概して良い．

c. 表面処理

基本的には，上記 b と同じであるが，表面硬度の増大，凝着性の低減，圧縮残留応力の付与などを目的とする場合には，浸炭，窒化などの処理，モリブデン溶射処理，炭化バナジウム処理，クロム，銅，銀，金，カドミウム被膜などが有効である．

d. 薄板の挿入

2面間の凝着の防止，接線力の低減などを目的とする場合は，PTFE，テトリン（ダクロン），ポリエチレンなどのプラスチック板（布），銅，銀，黄銅などの金属板，ゴム板などが有効である．ただし，ゴムは振動エネルギーによる劣化，プラスチックは熱による破断に注意すべきである．

e. 潤滑油の選択

基本的には，接触面間に潤滑剤が欠乏しないこと，境界潤滑性に優れる潤滑剤を用いることである〔上記（6）参照〕．

文　献

1) R. Holm : Electric Contact, Uppsala (1946).
2) J. F. Archard, et al : Proc. Roy. Soc. A236 (1956) 397.
3) 笹田　直：機械学会誌，**75**, 641 (1972) 905.
4) T. Sasada, et al : Proc. 18th. Jap. Congr. Mater. Res. (1975) 77.
5) T. Sasada, et al : Proc. 19th. Jap. Congr. Mater. Res. (1976) 77.
6) A. E. Roach, et al : Trans. ASME, **78**, 11 (1956) 1659.
7) E. Rabinowicz : ASLE Trans., **14**, 3 (1971) 198.
8) 笹田　直，他：潤滑，**22**, 3 (1977) 169.
9) 笹田　直，他：東大航研集報，**4**, 1 (1964) 49.
10) 平塚健一，他：潤滑，**33**, 9 (1988) 700.
11) K. Hiratsuka, et al : Proc. 29th. Jap. Congr. Mater. Res. (1986) 105.
12) 西成　基・橋本建次：潤滑，**13**, 12 (1968) 648.
13) 守田友義・薩摩林和美：ブルドーザ，産業図書 (1969) 189.
14) R. C. D. Richardson : Wear, **11** (1968) 245.
15) 中西英介・植田秀夫：小松技報，**17**, 4 (1971) 9.
16) J. F. Archard : J. Appl. Phys., **23** (1952) 18.
17) 山本定嗣・田川富啓・大川和英・安藤晴彦：日本建設機械化協会関西支部技術部会摩耗対策委員会，摩耗対策委員会研究成果報告書 (IV) (1991) 67.
18) OECD : Therms and Definition of Friction, Wear and Lubrication (1968) 15.
19) 例えば，H. H. Uhlig (岡本　剛監修，松田誠吾，松島巖共訳)：腐食反応とその制御（第 7 刷），産業図書 (1973).
20) 水谷嘉之・矢作嘉章：トライボロジスト，**34**, 5 (1989) 310.
21) 水谷嘉之・中島耕一：潤滑，**22**, 3 (1977) 177.
22) Y. Mizutani, Y. Shimura, Y. Yahagi & S. Hotta : Proc. Japan Intern. Tribology Conf., Nagoya (1990) 1461.
23) R. B. Waterhouse (佐藤準一訳)：フレッチング損傷とその防止法，養賢堂 (1984).
24) 日本トライボロジー学会編：トライボロジー辞典，養賢堂 (1995).
25) J. Sato et al. : Wear, **106** (1985) 53.
26) L. Toth : Wear, **20**, 3 (1972) 277.
27) I-Ming Feng & H. H. Uhlig : J. Appl. Mech., **21**, 4 (1954) 395.
28) P. L. Hurricks & K. S. Ashford : Proc. I. Mech. E., **184**, Pt L (1969-70) 165.
29) 佐藤準一：油圧と空気圧，**18**, 4 (1987) 259.

3.2 焼付き

3.2.1 焼付き損傷の種類

焼付き損傷は対象となる機器や機械要素によってとらえ方や用語（呼称）が若干異なる．メンテナンスの観点からは，各種の要素の機能をよく理解して的確な現象の把握と損傷防止に努める必要がある．

（1）焼付き現象を表わす用語

焼付き現象を表わす用語は慣用的に用いられているものが多い．わが国では総称的に「焼付き」と呼ばれているが，多くの現象は接触面の強い凝着あるいは掘り起こしによる面形態の大きな変化を指している．付随して機械要素の摩擦抵抗の増大を招く場合が多く，強く固着して動きにくくなることを表現するために焼付きと呼ばれている．損傷面の形態から擦りきず，スクラッチ，かじり，融着，溶着，凝着の用語が用いられている．ここでは慣用的に広く用いられてはいるが，現場での混乱もある用語を解

説する．

a. スカッフィング（scuffing）
しゅう動面のすべり方向にほぼ平行なスクラッチ（しゅう動傷）．しゅう動面の凝着はあまり強くなく，シビア摩耗の形態にも属する．境界潤滑面での油膜破断や乾燥しゅう動面での固体潤滑膜などの破断による金属接触に起因する．流体潤滑状態が作りにくい往復動エンジンや油空圧機械で慣用されている．

b. スコリーング（scoring）
歯車やカムなどの転がりすべり接触面に生じる金属溶着やしゅう動傷．歯車用語として定着しているが，スカッフィングと厳密に区別して使用されてはいない．外国では歯車歯面の焼付きをスカッフィングと呼ぶ場合もある．

c. フロスティング（frosting）
歯車や転がり軸受の転がりすべり接触面が淡白むら状に変化する．「くもり」とも呼ばれている．潤滑不良により局所的な油膜破断に起因する表面粗さオーダの無数の微小ピットが生じ，マクロには変色と見られる．スクラッチやスコーリングなどより面形状変化の絶対値は小さいが，放置すると転がり疲労損傷に進展する．

d. 疲労スコーリング（fatigue scoring）
潤滑不良による転動面などの微小ピットにより面の表面粗さが大きくなり，油膜破断を引き起こしスクラッチやスコーリングに至る現象．焼付き損傷の前提として経時的な接触面の劣化があることより「疲労」と呼ばれる．

e. スミアリング（smearing）
転がり軸受の転動面の焼付き全般を示す用語として，上記の損傷を全て含んで表現され，軸受メーカーで慣用されている．

f. 高温焼付き，低温焼付き（Heiss, Kalt-Fressung）
焼付きを温度が上がって生じる高温焼付き（スコーリング）と大きな温度上昇を伴わない低温焼付きに分類される場合がある．特に低速での強い凝着「かじり」損傷の表現には適切な用語である．なお，「かじり」に対応する用語にゴーリング（galling）がある．

3.2.2 潤滑状態遷移による焼付き現象

機器，機械要素メンテナンスの対象として焼付き損傷を考える場合，多くの場合予期しない使用条件や潤滑状態の変化によって発生することを認識しな

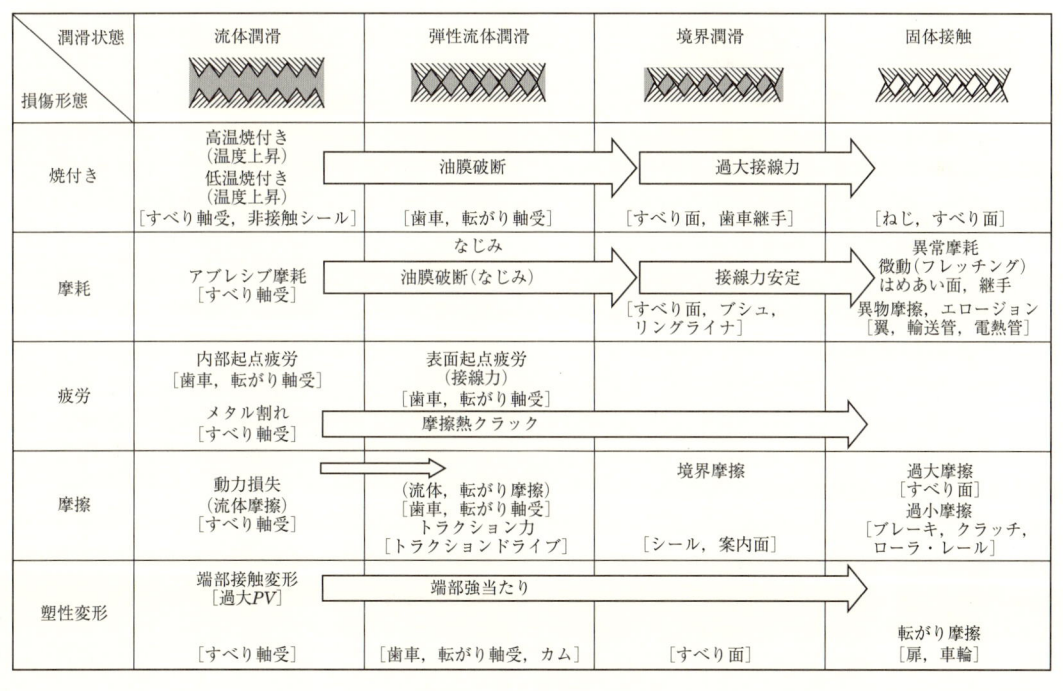

潤滑状態 / 損傷形態	流体潤滑	弾性流体潤滑	境界潤滑	固体接触
焼付き	高温焼付き（温度上昇）／低温焼付き（温度上昇）[すべり軸受，非接触シール]	油膜破断 [歯車，転がり軸受]	過大接線力 [すべり面，歯車継手]	[ねじ，すべり面]
摩耗	アブレシブ摩耗 [すべり軸受]	なじみ／油膜破断（なじみ）	接線力安定 [すべり面，ブシュ，リングライナ]	異常摩耗 微動（フレッチング）はめあい面，継手 異物摩擦，エロージョン [翼，輸送管，電熱管]
疲労	内部起点疲労 [歯車，転がり軸受]／メタル割れ [すべり軸受]	表面起点疲労（接線力）[歯車，転がり軸受]／摩擦熱クラック		
摩擦	動力損失（流体摩擦）[すべり軸受]	（流体，転がり摩擦）[歯車，転がり軸受] トラクション力 [トラクションドライブ]	境界摩擦 [シール，案内面]	過大摩擦 [すべり面] 過小摩擦 [ブレーキ，クラッチ，ローラ・レール]
塑性変形	端部接触変形 [過大PV] [すべり軸受]	端部強当たり [歯車，転がり軸受，カム]	[すべり面]	転がり摩擦 [扉，車輪]

図 3.2.1 潤滑状態と損傷

ければならない．流体潤滑状態のしゅう動面でも，経時的な温度上昇やしゅう動面の劣化により，境界潤滑状態から固体接触状態になり焼付きに至る場合がある．焼付き現象は突発的に発生するように感じられるが，損傷に至るプロセスには十分に事前把握できる現象遷移があることを知ることが重要である．

図3.2.1に損傷形態と潤滑状態の関係を示す．矢印が焼付きを誘起する固体接触状態への遷移を示したものである．焼付き損傷は，各種の損傷が進展した結果の最終的な損傷である場合も多い．

（1）流体潤滑状態から遷移する焼付き

図3.2.1の焼付きの欄の矢印は，すべり軸受など初期的には流体潤滑（油膜分離）状態にあるものも，油膜温度上昇による膜厚低下や油中異物による面あれにより金属接触が進行し，最終的には焼付きに至ることを示している．メンテナンスとしては，給排油温度，荷重条件の初期設定からの変化や経時的な軸受温度，油中コンタミナント，軸振動などのモニタにより潤滑状態遷移を知ることができる．

（2）弾性流体潤滑状態から遷移する焼付き

歯車など運転によりブランク（本体）温度が上昇し油膜破断に至るのはすべり軸受と同じ理解でよい．歯車のような転がり接触面では，初期潤滑状態は悪くなくても転動疲労による面あれが，かみあい起振力（動荷重）の増加や油膜破断を引起こし，歯面焼付きとなる場合がある．疲労ピットの残存が見られるので，焼付きは二次的な損傷である．軸振動や騒音，油中への疲労摩耗粉のモニタにより検知できる．

（3）境界潤滑状態から遷移する焼付き

接触面が油膜で分離されていない境界潤滑状態での最も留意しなければならない損傷は焼付きである．境界膜などの薄膜潤滑により摩耗はかなり防止できるが，作動条件（面圧やすべり速度）が大きいためいったん膜破断による金属接触が生じれば，接触面に強い凝着が生じ，焼付きとなる．モニタは摩擦抵抗の増加や微小摩耗粉のオンライン検知が有効である．

（4）固体接触（乾燥摩擦）状態の焼付き

強い凝着や大きな摩耗量を示すシビア摩耗の状態は，形態的に焼付きといわれる場合もある．要素を駆動する動力と摩擦抵抗の大小により言い方が変わる．駆動力が大きければしゅう動面は摩耗しながらでも運動するので損傷は摩耗となる．摩擦抵抗の方が大きくなればしゅう動（作動）不能となり，接触面の固着，焼付きと理解される．

（5）塑性変形状態から遷移する焼付き

接触面が塑性変形するような高い面圧を受ける場合，潤滑薄膜の破断やしゅう動面形態の変化によるすべりの発生によりしゅう動面の凝着を引き起こす場合がある．塑性加工工具以外では，多くの機械要素の接触面の端部の面取りや修正不良に起因する場合が多い．

3.3 疲労損傷

3.3.1 転がりにおける損傷

転がり軸受，歯車，カム，ロールなど転がり要素に生じる損傷には，摩耗，疲れ損傷，焼付き，塑性変形，破断などがある．

摩耗には，すべり面におけるのと同様に凝着摩耗，アブレシブ摩耗があり，また，歯車に見られる摩耗の一つとして，歯面のばり，突起，外部からの異物および歯面に埋め込まれた大きな異物などが原因で生じる，深くて明瞭な線状のスクラッチング（scratching）がある．さらに，接触する2固体間に微小な接線方向の振動が与えられるときに多数の微小なき裂として生じるフレッチング（fretting）がある．このフレッチングは，転がり軸受が組み込まれている工業製品の輸送中に生じることがある．他に，転がり要素の使用環境によっては，酸化摩耗，腐食（化学）摩耗，軸と軸受との間に電圧が印加され，放電を引き起こすことによって生じる電食もある．さらに，転がり要素に大きなすべり運動が起きるとスキッディング（skidding）により転がり面に異常な摩耗による損傷が生じることがある．

転がり面では，動的負荷（転動）条件下における転がり特有の損傷が生じる．これらは，発生する転がり要素によって外観と名称が異なるが，接触の繰返し数がある値を越えると，通常の摩耗に比べて大きな摩耗粉が脱落し，表面に穴や欠けが生じる，という共通した特徴をもつ．これらの損傷を総称して転がり疲れという．

転がり疲れでは，表面に生じる損傷の大きさに注目して，まず，表面が数μmから10μmの深さではく離するピーリング（peeling）がある．これは，歯車では，歯面のくもり（frosting）とも呼ばれる．このくもりは，表面粗さの突起部に生じる微細

なピットの集合体であり，浸炭や窒化などの熱処理により表面を硬化させた歯車に生じる．個々のピットは小さいが，密集して生じるにつれ金属光沢が失われ，くすんだ状態になることからこの名前がつけられた．

転がり面に生じる比較的小さな穴状の損傷をピッチング（pitting）というが，これは，すべりを伴いながら転がり接触を繰り返す歯車の歯面に生じる損傷形態の代表的なものである．これは軽微な段階にとどまっていても，要素の回転精度や騒音増大などの作動性能の低下をきたすが，引き続く接触の繰返しにより，振動あるいは発熱を伴い，やがて損傷を拡大して機械要素の作動を不可能にさせることもある．したがって，ピッチングは，その増加傾向に注意が必要である．歯面に上記の損傷が生じると，歯面の円滑なかみあいを不可能にし，大きな振動を発生させて歯の欠損を引き起こすこともある．

転がり接触面において高い応力の繰返しにより表面下内部で疲れが起こると，大きな金属片が表面から脱落してスポーリング（spalling）が生じるが，これは，主として，浸炭など表面硬化された歯面に生じる．損傷の深さはほぼ一定で，ピッチングに比べて大型である．ピッチングが広範囲に連なったものもスポーリングということがある．転がり面に生じる穴の小さなものをピッチング，穴の大きいものをスポーリングという分け方もなされている．最近では表面からき裂が入り，穴状に成長するものをピッチング，表面下に生じる高いせん断応力により，内部にき裂が発生して表面に穴として成長するものをスポーリングと呼ぶ場合が多い．

転がり軸受が荷重を受けて運転されたとき，転がり疲れによって軌道面や転動体の表面がうろこ状にはがれる現象をフレーキング（flaking）という．この現象の発生をもって転がり軸受の定格寿命が決められる．フレーキングが進行して軸受の破壊にまで至ることがある．フレーキングは転がり接触による材料内部のせん断応力の繰返しが原因とされてきたが，条件によっては表面が起点となることもわかってきた．

転がり接触部に熱的因子が関係すると，上述した損傷とは異なった焼付き様の表面損傷を呈する．転がり接触では一般に面圧が大きいので，すべりが小さくても損傷の程度は大きくなる．その一種にスミアリング（smearing）があるが，これは，転がり軸受の表面に生じた微小な焼付きが集合したものであり，転がり運動にすべり運動が加わって生じることがある．歯車歯面などのすべり接触面に生じる固相溶着による局部的表面損傷はスカッフィング（scuffing）と呼ばれる．従来，スコーリング（scoring）という用語も用いられていたが，ISOで前者に統一された．歯車のスコーリングのうち，特に表面のあれが激しい場合をゴーリング（galling）と呼ぶが，この用語は熱的影響のない状態で歯車のあれがひどい場合などにも用いられる．

転がり要素では，過大な荷重が加わって，転がり面に塑性流動が生じることがある．その一種にリップリング（rippling）があるが，これは，歯車歯面の接線方向に波状あるいはうろこ状の模様を呈する歯の表面層の塑性流れ現象である．浸炭や高周波焼入れなど，表面硬化した歯車を高荷重，低速で運転した場合に生じることが多い．また，リッジング（ridging）といって高荷重あるいは潤滑が不適当な場合に，表面の塑性変形によって歯面にうね状の隆起を形成する損傷があるが，これは，歯車材料の硬さが低いことに起因して発生する．

転がり要素が静止接触状態にある場合にも，接触部に永久変形が生じる程度の荷重が加えられると，転がり軸受では内外輪の軌道面に転動体によって圧痕が生じる．このような場合には，軸を回転させた時の振動が大きくなり，軸受としての機能を損なうことになる．したがって，軸受の選定に当たって，転がり疲れに基づく寿命計算式の基本動定格荷重と同様，転がり面に塑性変形を生じさせない静的荷重としての基本静定格荷重が軸/軸受系の設計に当たって重視される．

転がり要素には，上記以外の損傷として，要素全体が破壊に至る形態の割れや表層部の割れもある．このような割れは，外的負荷に材料内部の残留応力や熱応力が重畳されて，結果として転がり要素を破断させるものである．表層部の割れはケースクラッシング（case crushing）と呼ばれ，歯面硬化層と心部地鋼との境界に沿うき裂の発生，伝播によってはく離する形態をとる．これは，表面硬化歯車の歯面下のき裂発生に起因するスポーリング損傷の激しい形態であり，負荷応力との関連で，硬化層の厚さや硬度分布，残留応力分布および心部硬度などが不適当な場合に生じやすい．

3.3.2 すべりにおける損傷
（1）疲労損傷の代表例とその進行パターン

相対的にすべる面を有する機械要素の代表として，流体潤滑ジャーナル軸受を例として，疲労損傷について述べる．

荷重の大きさと方向が一定しているのが静荷重軸受で，タービン用軸受で代表される．荷重の大きさと方向が変動するのが動荷重軸受で，エンジン用軸受で代表される．疲労損傷は，通常，動荷重軸受に発生しやすい．

すべり軸受合金における疲労損傷進行パターンの代表的な例を，図3.3.1(a)〜(e)に示す[1]．合金材質は，スズ基ホワイトメタルである．

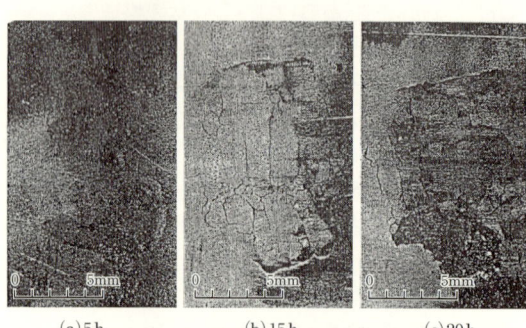

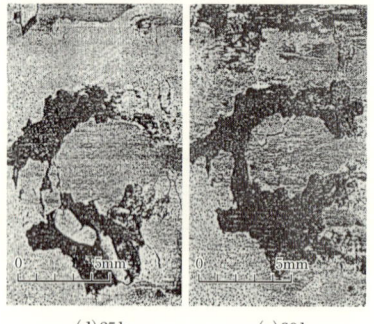

図 3.3.1 軸受表面における疲労損傷の進行（拡大写真）
〔曽田式試験機，軸径 ϕ 54 mm，軸受幅 33 mm，試験面圧 84 kg/cm² （最大値）〕
〔出典：文献1)〕

軸受しゅう動面において，まず微細なクラックが発生する．このクラックは，通常，しゅう動方向に直交する軸方向に入り，順次数が増え，大きさも大きくなる．初期のクラックは目視外観では観察しにくいが，カラーチェック法や蛍光探傷法により観察することができる．その後，軸方向のクラックを結合する形で，円周方向のクラックが発生する．図3.3.1(b)の損傷レベルであれば，注意深く観察すると，目視で確認できる．

一方，軸受合金の厚さ方向（断面）において，クラックの方向は，合金と裏金との界面近くで，界面とほぼ平行に移る．隣りあうクラックがつながると，合金はモザイク状に脱落する．断面における，これらの疲労損傷進行パターンを，模式的に図3.3.2に示す[2]．疲労損傷部の断面組織を，顕微鏡で観察すると，クラックがみとめられること，また，低融点金属成分の流出等の熱的変化が，基本的に見られないことが特徴である．

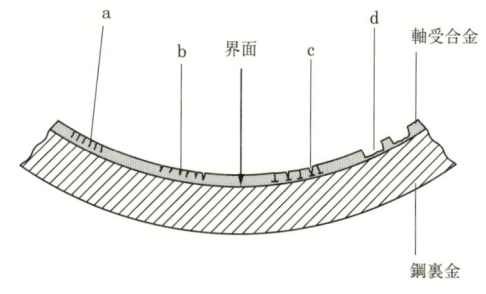

a：クラックの発生
b：合金表面近くのクラック拡大
c：クラックの周方向への進展
d：隣りあうクラックがつながり，合金脱落

図 3.3.2 軸受断面における疲労損傷進行の模式図
〔出典：文献2)〕

クラック発生に直接影響する要因としては，①荷重効果（機械的な繰返し応力），②熱効果（熱応力や軸受合金強度の温度特性等）が挙げられる．疲労現象発生メカニズムの詳細は，文献3) を参照願う．

（2）疲労損傷防止の検討

近年，コンピュータの発達に伴い，油膜圧力，油膜厚さ，軸受温度などが，簡単に計算できるようになった．また，軸受の疲労試験機や試験方法も多数考案され[4〜6]，各種材質が評価され，データが蓄積されている．したがって，疲労損傷の防止法のためには，機械を新しく設計・開発する場合に，計算した油膜圧力等の情報と各種材質の試験結果や類似機種の市場実績との対比，開発段階での試作実機を使用した耐久性確認試験等，検討や確認を行なうことが有効であり，実施される場合が多い．

第3章 摩擦面の損傷

表3.3.1 二次的疲労損傷の発生原因例

No.	原因とその具体例		影　響
1	異物 (しゅう動面)	・初期残存異物〔洗浄不良〕 ・更油時混入異物 ・機内発生異物〔他部品損傷〕	・埋収部の局部的変形から強当たり ・きず発生による負荷能力低下,強当たり
2	組付不良	・ミスアライメント ・背面への異物かみ込み	・片当たり ・局部当たり ・偏心による過荷重
3	加工不良	・相手材形状 　〔真直度,真円度,平面度〕 ・ハウジング形状 　〔真直度,真円度,平面度〕 ・ばり残存	・片当たり ・局部当たり ・きず発生による負荷能力低下,強当たり
4	過負荷	・異常運転 　〔高雰囲気温度, 　異常燃焼＝エンジン〕	・高油温 ・高油膜圧力 ・高荷重

(3) 疲労損傷の識別と対応

　一般産業用等,長期間にわたるメンテナンスを想定した機械の軸受において,定期点検時に発見される疲労損傷は,例えばしゅう動面へのごみ(異物)のかみ込みの影響等,二次的に発生した損傷の場合が多い.この種の疲労損傷の発生原因例を表3.3.1に示す.いずれも局部的に,または全体に,荷重や温度が高くなり,結果として疲労損傷に結びつく事項である.これらの原因は,設計時点で,軸受の作動状態への影響を,定量的に評価・予測しにくい事項が多い.点検で発見された疲労損傷の発生した軸受は,継続使用した場合に,油膜形成能力不足から焼付きに至る場合があるので,一般には交換する.

　偶発的な疲労損傷を点検時に発見し,対策を検討する場合は,何が真の原因であるかを特定することが重要である.例えば,疲労損傷の一般的対策としては,強度の高い材質への変更が有効である.しかし疲労強度の高い材質は,硬い場合が多く,なじみに対する注意が必要である.疲労の真の原因が,片当たりであったとすると,高強度材への変更は,疲労を対策できたとしても,焼付きトラブルが発生することになる.したがって,この場合は,真の原因である片当たりを対策することが基本である.

　損傷原因が複合する例も多い[7]ので,他の損傷との識別にも注意する必要がある.文献2)や8) 9) 10)は,他の損傷も含めて,写真や図が豊富に紹介されており,原因および対策の検討を行なう場合に有益な資料である.

文　献

1) 曽田範宗・宮原儀芳:日本機械学会誌, **63**, 482 (1959) 399.
2) ISO 7146 : 1993 (E), 24.
3) 曽田範宗:軸受, 岩波書店 (1964) 222.
4) 森 早苗:機械の研究, **34**, 1 (1982) 196.
5) ISO 7905-1〜4 : 1995 (E).
6) 田中 正:潤滑, **26**, 3 (1981) 153.
7) 似内昭夫監修:わかりやすい潤滑技術, 日本プラントメンテナンス協会 (1995) 91.
8) 日本潤滑学会編:潤滑故障例とその対策, 養賢堂 (1978).
9) M. J. Neale 編 : The Tribology Handbook Second edition, Butterworth-Heinemann Ltd. (1995) D2.
10) 大同メタル工業(株)技術資料:すべり軸受の損傷と対策.

3.4　キャビテーションエロージョン

　ポンプ羽根車のキャビテーションエロージョン事例を紹介する.羽根車のキャビテーションエロージョンに影響する因子については下記が考えられる[1,2].

（1）幾何学的形状
比速度,羽根車入口形状,目玉周速,ポンプ入口流路形状,表面粗度
（2）運転状況
運転時間,流量
（3）流体の性質
空気含有量,音速,液温,境界層特性,粘性,密度
（4）材料
引張強さ,弾性係数,疲れ強さ,ひずみエネルギー,硬さ

表 3.4.1 ポンプ羽根車のキャビテーション損傷形態
〔出典：文献 3〕

形式	位　置	メカニズム
SSC	翼面：負圧側表面キャビテーション	シートキャビテーション $Q < Q_{shockless}$
PSC	翼面：圧力側表面キャビテーション	シートキャビテーション $Q > Q_{shockless}$
PRC	圧力面上の逆流キャビテーション	低流量逆流
HSC	主板，側板キャビテーション	ボルテックスキャビテーション
SC	損傷なし（あるいは下流側二次損傷）	スーパーキャビテーション

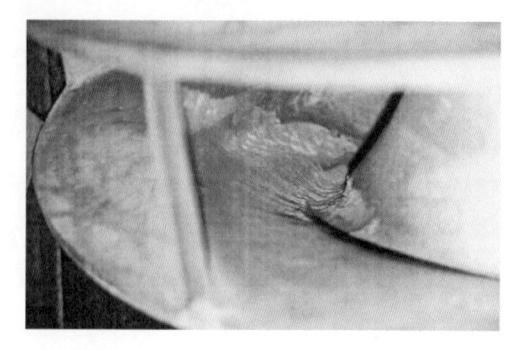

図 3.4.1 ボルテックスキャビテーションによるキャビテーションエロージョン

キャビテーションエロージョンは各因子の相互作用により発生し，その代表的な形態と発生メカニズムは表3.4.1に分類されている[3]．

事例1は立軸ポンプに発生したキャビテーションエロージョンを示す．事例2はフランシス水車の肉盛溶接部分のキャビテーションエロージョンを示す．

事例1 ボルテックスキャビテーション

形式：立型ポンプ，用途：水道取水，口径：1 000 mm，材質：ALBC 2，使用期間：30年．

現象：ボルテックスで側板と翼の付け根にキャビテーションエロージョンが発生した（図3.4.1）．

対策：MDPR（平均損傷速度）が小さいのでそのまま使用している．

事例2 材料のキャビテーションエロージョン

形式：立型フランシス水車，用途：発電用，口径：600 mm，材質：SCS 5（母材）＋一部肉盛溶接（Fe-Cr-Mn系），使用期間：1年．

現象：肉盛溶接材料のキャビテーションエロージョンを示す．樹枝状晶が相互の境界面ではく離するように分離している（図3.4.2）．

対策：設計点変更および肉盛材料変更（ステライト系）を行なった．

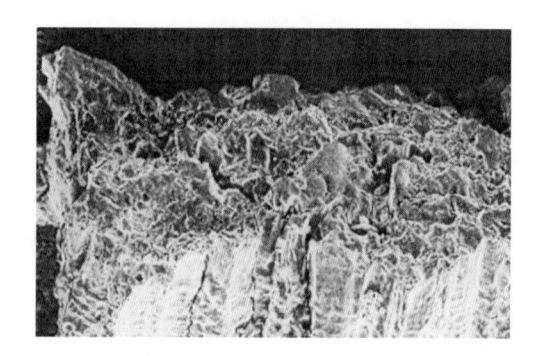

図 3.4.2 Fe-Cr-Mn系肉盛溶接部分のキャビテーションエロージョン損傷面（SEM拡大写真）

文　献

1) 加藤：ターボ機械，**18**, 10 (1990-10) 558.
2) 岡村：キャビテーション壊食，ターボ機械協会第30回セミナーテキスト，1994. 2.
3) J. F. Gulich & S. E. Pace : Quantitative prediction of cavitation erosion in centrifugal pumps, LAHR Symposium, Montreal (1986) Paper No. 42.

3.5 電食

軸受の電食は，軸受の転動体と内外輪の間に電圧が印加されることにより，潤滑膜を貫いて電流が流れ，転走面においてスパークするために生じる．図3.5.1に示すように表面が局部的に溶解し，ピット状となる．電動機のフラッシュオーバーなどによる大電流によって目視できるほどのピットができることもある．軸受の振動状態により，転走面に洗濯板状の摩耗が現われる場合がある（図3.5.2）．潤滑油に溶解，摩耗した金属片が混じり，黒化し，さらに転走面の摩耗を促進し，やがて保持器が内外輪と擦れ合うようになり，ついには保持器が破損するに至る．

一般に回転中の軸受では潤滑油膜に幾分かの電気絶縁性能があり，例えば直流1〜2V以上の電圧では電圧にほぼ比例した電流が流れる．いったん電流が流れはじめると，より低い電圧でも電流が流れ続ける．しかし0.5V程度の電圧に対しては電流は流れない[1]．また転動面の電流密度（電流/接触面積）が1A/mm²未満の場合も電食は発生しないといわれている[2]．したがって接触面積の大きい軸受は電食がより発生しにくい．

電圧の発生原因としては，回転機の軸電圧，インバータなどにより回転機巻線に印加される電圧の漏れ，接地回路などに生じる電圧降下などがある．

電食を防ぐには，軸受の内外輪の間に電圧が生じないように回転機の軸電圧発生を抑えるか，接地装置を工夫する，あるいは軸受の周囲を電気絶縁するなり，絶縁軸受を使用する．

接地装置では，ブラシの電圧降下が0.5〜1Vあるので注意を要する．また回転していない軸受は油膜が介在しないので，ほぼ電圧に比例した電流が流れる．

絶縁軸受としては，図3.5.3に示すように，外輪外周部と側面にアルミナまたはPPS（ポリフェニレンサルファイド）で電気絶縁したものが使われている．100kW程度の電動機の漏れ容量は10nF（ナノファラッド）程度なので，パルス状の電圧に

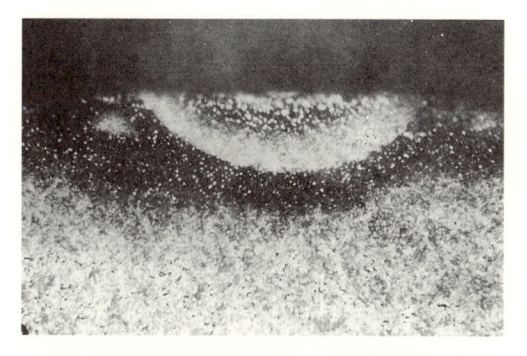

図3.5.1　電食痕の断面（ころ転動面）

図3.5.2　軌道面に生じた洗濯板状の摩耗（鉄道車両の車軸受の例）

図3.5.3　電気絶縁軸受（アルミナ，ワニス含浸処理）

対しても電流を流れないようにするには，絶縁軸受のコンデンサ容量が電動機よりも十分に小さくなるように絶縁厚さをとる必要がある．絶縁厚さは，アルミナを用いた絶縁軸受の例で 0.5 mm（容量 2.6 nF），PPS を用いた場合で 1 mm（容量 0.7 nF）のものがある（容量は軸受型式 6219 の場合）．電気絶縁時には絶縁を完璧とするためにハウジングなどを含めて沿面距離を確保するよう注意する．

文　献

1) 渡邉朝紀：鉄道車両と技術，**1**, 5 (1995) 3.
2) O. Haus：ETZ-A, **85**, 4 (1964) 106.

3.6　表面処理層の劣化

　表面処理には表面に薄膜を形成する方法と表面の物性を変化させるものがあり，表面材料としては低摩擦化を図るため軟質材料を形成するものと耐摩耗性を改善するため硬質材料を形成するものとの 2 種類に分けられる[1]．したがって表面処理層が経時的に劣化すると表面処理層の効果が少なくなり，摩擦，摩耗が増大する場合が多い．メンテナンスではこれらの変化を検出し，対策をとればよい場合が多い．

　表面処理のうち固体潤滑膜など軟質材料の被膜ではそれ自身がせん断されて低摩擦を示すので，寿命は潤滑性薄膜が摩擦界面から除かれたときに生じる．したがって下地材との付着力が要求され，基板と親和性のある材料，特に化学的に結合したものを用いるか，トランスファー膜など外部から供給される形式が望ましい．これらの潤滑性膜の劣化は一般的に摩擦の増大として現われる．したがって致命的な損傷になる前に劣化の状況を診断し，交換，補修などの対策をとる必要がある．

　耐摩耗性を向上させるための表面処理層をメンテナンスするには摩耗メカニズムを理解する必要がある．ある条件で優れた耐摩耗性を示す表面処理が別の条件ではかえって摩耗を促進する場合がある．これは，それぞれ条件における摩耗のメインファクタが異なり，それぞれ違ったメカニズムで摩耗が生じているためである．

　摩耗によって硬質膜の一部がなんらかの原因で破壊すると，急激に摩耗が進むことが多い．図 3.6.1 は薄膜が破壊する原因のいくつかを模式的に示したものである[1,2]．(a) は局部的に応力が集中して，下地が変形しやすいところ，あるいは局部的な汚れなどが原因して下地との付着の不良なところを起点にしてはく離破壊する場合である．(b) は薄膜の厚みが不足するか，荷重が大きすぎて下地材が塑性変形する場合で繰返し摩擦により薄膜は容易に破壊する．(c) は膜厚は十分でも薄膜自身の機械的強度が不足する場合で容易に破壊がはじまり，ただちに拡がる．(d) は膜内に含まれるミクロな気孔，クラック，結晶粒界などが原因して膜の内部でクラックが成長してはく離破壊する場合で厚い膜になると生じる．これらの損傷は複合して生じたり，連鎖的に生じたりする．

　被膜の耐久性を決定する重要因子として下地材と薄膜間のいわゆる付着力がある．摩擦時に荷重を徐々に増大させると膜と下地の間に付着破壊（フレーキング），凝集破壊（チッピング）などの破壊を生じる．この破壊が生じる最小荷重は付着力を示す値として用いられる．一般的には摩擦条件により膜の破壊形態が多様に変化する．したがって有効に耐摩耗性表面のメンテナンスを行なうためには使用条件における摩耗形態を把握しなければならない．

　表面処理層の劣化評価は摩擦，トルク，振動の変化，摩耗面形状，摩耗粒子などの評価によって行なわれる．摩擦トルク，振動などの測定は摩擦部近傍に設置されたセンサで測定される．表面処理層の損傷部の形状測定では光学顕微鏡，触針式または光学式の三次元形状測定器，SEM などが用いられる．また，超音波顕微鏡によればはく離部に焦点を合わ

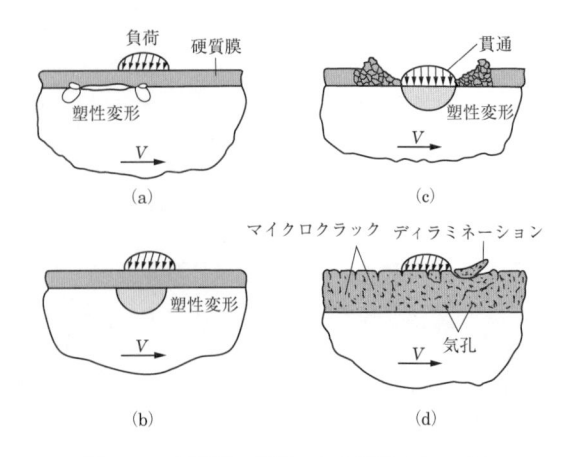

図 3.6.1　硬質膜の摩擦による破壊メカニズム
〔出典：文献 1, 2）〕

せることにより界面の損傷の観察が容易に行なえる．さらに摩耗粉に着目しフェログラフィーとか分光分析などにより表面処理層の摩耗損傷の程度を評価することが可能である．表面処理層が損耗した場合には下地の摩耗が生じるので下地構成材料に着目して監視すれば損傷の程度を比較的正確に把握できる．また，徐々に破壊が進行する場合には付着部の損傷検出が困難になる．これに対しては損傷に伴うアコースティックエミッション（AE）を検出すれば，実時間で損傷を評価することが可能である．さらに AE の原波形解析および周波数解析などによって破壊形態も追求できるようになってきている．

文　献

1) 榎本祐嗣・三宅正二郎：薄膜トライボロジー，東京大学出版 (1994).
2) K. Komvopoulos, N. Saka & N. P. Suh : Trans. ASME J. Trib., **108** (1986) 502.

第4章　異常検出および診断法

4.1　異常検出法

4.1.1　油分析法

潤滑油が機械の中を循環しているので，適当な場所から少量の油を採取して，その中の摩耗粉や外部から混入した物質を調べることにより，機械の現在の状態を知ることができ，また近い将来の状態を予測することができる．機械は多くの部品から構成されており，個々の部品の診断は困難であっても，油分析では摩擦面の情報が摩耗粒子に集約されて運ばれてくるので故障予知診断には効果的な方法の一つである．

油分析は摩耗粉を分析する方法と外部から混入した汚染物質を調べる方法にわかれる．摩耗粉の分析は，粒子の質的な分析をし，形状や元素成分などから異常の原因，部位，程度を推定しようとするものである．一方，汚染物質の分析では量的な分析が中心で，潤滑油の汚れ具合から異常を予知しようとするものである．

（1）摩耗粉分析

機械が正常に作動しているとき，摩擦面から発生する摩耗粒子は小さい粒子（数ミクロン以下）が支配的である．測定をしなければならない粒子径は産業機械の重要度によって異なるものである．また，過剰診断にならないようコストとの兼合いも重要な問題である．ジェットエンジンに対しては，よりシビヤな測定が要求され，5μm以上を大きい粒子としている．製鉄プラントや化学プラントの機械要素から発生する粒子では15μm以上を大きい粒子としている．異常摩耗が起こると発生する粒子は大きな粒子が支配的となる．

a．フェログラフィー法（ferrography）[1]

磁場勾配で油中の摩耗粒子を分離し，大きさの順に配列する方法である．捕捉された摩耗粒子の形状，量，粒子径，色などを分析する．装置には，粒子の光遮蔽量を測定する定量フェログラフ（図4.1.1）と，光学顕微鏡などを利用して質的な分析を行なう分析フェログラフがある．装置はガラス管または特殊な表面処理をしたフェログラム（図4.1.2）と呼ぶガラス板に，わずかな試料油を希釈して磁場勾配中で流し試料中の粒子を捕捉配列する．その捕捉位置 Z_p は以下のとおりである．

$$Z_p = K/D^2 \quad (4.1.1)$$

ただし，D：粒子径，K：定数，である．

定量フェログラフでは5μm以上の鉄粒子量（D_l と略す）と1〜2μmの鉄粒子量（D_s と略す）を光学的に測定し，その経時変化から異常摩耗の発生時期を予測する．機械が正常に作動しているとき，$D_l \geq D_s$ となり，異常がはじまると大きい粒子が支配的となり $D_l \gg D_s$ となるので，

異常摩耗指数　$I_s = n^2(D_l^2 - D_s^2)$ 　(4.1.2)

全摩耗量　$WPC = n(D_l + D_s)$ 　(4.1.3)

で表わすことができる．ただし，n：希釈率，である．

WPC と I_s のトレンドから機械の故障を予知しようとするもので，定常摩耗状態ではベースライン（粒子の平衡濃度）をもつ．ベースラインは機械ごとに異なる場合もあるが，運転条件や機械が類似しているなら概して同じである．したがって，任意に

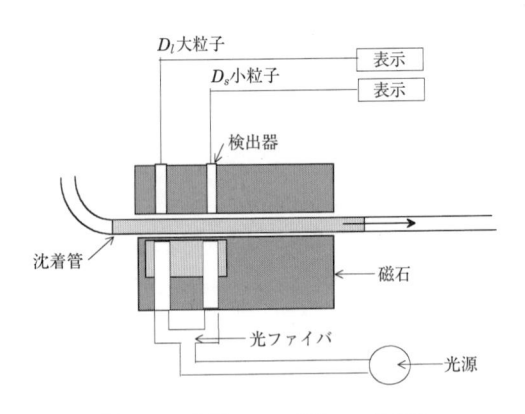

図4.1.1　定量フェログラフの光学系

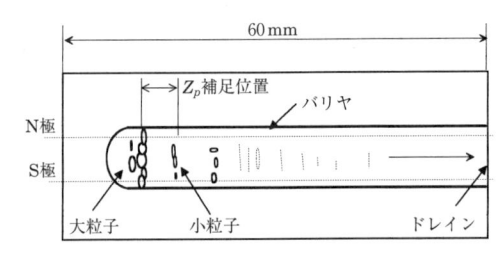

図4.1.2　フェログラム

採取された試料油の測定値がベースライン近傍にあれば異常が発生していないと推測できる．ベースラインが作成される理由は簡単なモデル[1]で説明でき，その粒子濃度は，

$$N(a_{i,\infty}) = \frac{x}{a_i} \quad (4.1.4)$$

ただし，N：粒子濃度，i：粒子径，a_i：粒子の減少率，x：単位時間に発生する粒子個数，で示される．減少率 a_i は，フィルタでのろ過率やタンク内での沈降度で決まり，また測定する粒子径と機械によっても異なる．異常が発生すると平衡状態は壊れ，ベースラインより大きくはずれ，I_s は10倍以上を示す．定量フェログラフの特徴は，比較的大きい粒子をトレンド分析することから短時間でベースラインが得られ，油の交換などによる粒子濃度の変化と無関係に診断が可能である．逆に，微粒子や金属イオンは粒子の減少率が小さいので濃度補正が必要となる．

フェログラムの観察は落射透過型の光学顕微鏡が用いられ，粒子の形状，色やきずなどの表面状態，大きさ，材質，配列状態などに注目して観察する．粒子にはそれぞれの名称がついている．

フェログラムの観察による情報を以下にまとめる．①粒子形状は，アブレシブ摩耗，疲労などを示す．②酸化粒子は，要素の加熱状態，水などの混入，フレッチング，潤滑不良などを示す．③金属化合物は，腐食の発生，極圧剤の添加効果などを示す．④砂やプラスチックは，機械の密閉状況，洗浄不足などを示す．⑤粒子の成分，色，配列から，異常の部位を推定できる．⑥フリクションポリマーは，高負荷，加熱，油の劣化などを示す．

b．SOAP法（Spectrometric Oil Analysis Program）

潤滑油中に溶解または浮遊している粒子の元素と濃度から，機械設備の摩耗量や摩耗速度を知るものである．原子吸光法や発光分光分析法が採用されている．潤滑油の分析において SOAP 法と呼ばれる方法は，実用面からみて発光分光分析を指している場合が多い．主な測定元素は，Ag, Al, B, Ba, Ca, Cr, Cu, Fe, Mg, Mo, Na, Ni, P, Pb, Si, Sn, Ti, V, Zn である．

（ⅰ）発光分光分析法

潤滑油を高温で原子状に解離し，熱エネルギーで励起する．電極間またはプラズマトーチ内に試料を送り，気化・原子化させ放射スペクトルを得る方法である．装置（図4.1.3）は励起部，分光部，測光部に分かれる．励起源にはアーク法や高周波プラズマ発光分析法（Inductive Coupled Plasma, ICP 法と略す）がある．アーク法では最大粒子径が10 μm 程度まで正確に分析できるが，ICP 法ではネブライザ（試料の噴霧装置）の手前のフィルタで粒子が捕捉されたり，希釈による試料の粘度低下でトーチに吹き上げられないため 2 μm 程度までが限界である．したがって，ICP 法では試料を酸で溶解処理をしてから測定することが重要である．

原子が熱および電気エネルギーにより励起されると，軌道電子は定常状態から高いエネルギー準位（$E2$）の軌道に移る．しかし $10^{-7} \sim 10^{-8}$ 秒後にこの電子は再び低い安定な準位（$E1$）に移り，この際に軌道間のエネルギー差を光の形で放射する[2]．

$$h\nu = E2 - E1 \quad (4.1.5)$$

ただし，h：プランク定数，ν：光の振動数，であ

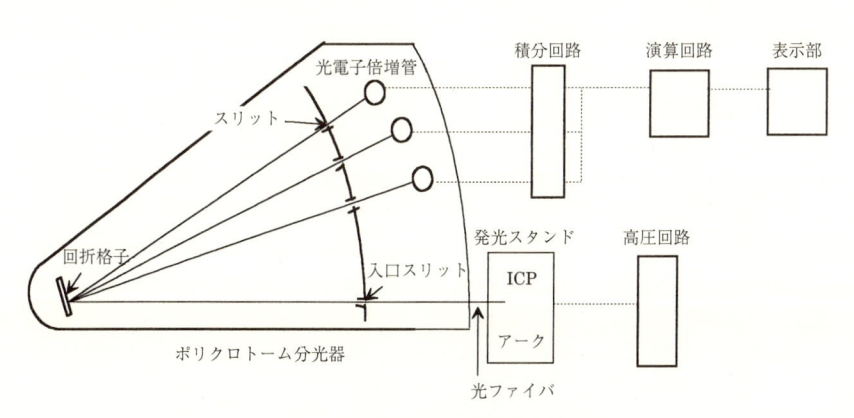

図4.1.3 発光分光分析装置の構成

る．

　励起源のアーク放電は熱エネルギーが大きいため，試料の蒸発量が大きく全元素の励起が可能で感度が高いが，放電を制御しにくい．潤滑油を直接短時間で分析できバッチ処理に適している．ICP に比べて操作が簡単で，測定範囲が広く，分析時間も短い．

　ICP では，金属イオンを含む溶液試料の導入効率が高く高感度分析が可能となる．高温プラズマ中に有機溶剤等で希釈した油を酸で溶かしてネブライザで導入する．高い検出感度と分析精度が得られるが装置が複雑である．また，試料の前処理が必要．

　分光器は構造が簡単で全元素を同時に測定できるポリクロトームと，任意元素を連続的に測定することができるが高速性に劣るモノクロトームがある．

　アーク法の測定は，1 cm³ の使用油を容器にとり回転電極をサンプルに浸し，電極棒との間で発光させる．ICP 法では試料中の浮遊粒子を酸で溶解し，定量ポンプでネブライザに送り込めばよい．いずれの場合も，1 サンプルにつき 2 回以上繰返し分析する．摩耗の判定は，各元素濃度から機械要素を同定する方法と，濃度のトレンド分析から異常摩耗の発生の有無を判断する方法がある．濃度変化を追跡する場合，途中で交換した油や追加した油の量を補正する必要があり，その量と時期の記録は重要である．的確な診断を行なうためには，正常な摩耗時における各元素の変化量を機械ごとに知っておく必要がある．

（ⅱ）原子吸光分析法[3]

　金属固有の波長の光の吸収量を測定する方法である．基底状態の原子に励起エネルギーと等しいエネルギーをもった光を入射させると原子は光を吸収して励起する．励起状態は極めて短時間しか保持できないので同じエネルギーを放射して基底状態に戻る．装置（図 4.1.4）は光源部，試料原子化部，分光部，測光部から構成される．原子化部は，ネブライザと高温フレームを作るバーナで構成されている．試料は助燃ガスで微粒子となり噴霧室で燃料ガスと混合され燃焼される．予混合バーナはフレームが安定し分析精度が高いが，試料の大部分が流出する欠点がある．全噴霧バーナは試料のバーナへの導入効率は高いが，導入試料全部が原子化されるわけでなく効率は必ずしも高くない．使用ガスには，燃料ガスと助燃ガスの組合せによりアセチレン-空気，アセチレン-亜酸化窒素などが用いられる．

　分光部と測光部は，可視，紫外線分光光度計と同じである．測定は，目的の元素の種類に合わせてホロカソードランプを選択し，モノクロメータを共鳴線の波長に合わせ透過光を検出する．濃度の測定は，吸光度を測定し，濃度-吸光度の検量線から行なわれる．データの処理方法は発光分光法と同じである．他の分析方法に比べて極めて高感度で定量分析に適している．1 元素ずつ測定するため発光分光法と比較し，分析時間は非常に長く，また，試料の前処理が必要である．

（ⅲ）チップディテクタ法

　直径 20 mm 程度の磁石棒を潤滑油流路内に取り付け磁性体粒子を捕捉する方法である．一定時間後に取り出して磁石表面に付着した粒子を目視で観察したり，実体顕微鏡を用いて，形態，大きさ，量を観察するオフライン方式と，電磁石を用いて配管ラインに設置し粒度分布をオンライン計測する方法がある．安価ではあるが，捕捉できる粒子径は大きい粒子に限られるので，損傷が大きくならないと検知されない．

（ⅳ）オンライン測定

　センサを配管ラインやリザーバに設置し，高周波発信回路[4]，ホール効果[5] などを利用した摩耗粒子オンラインモニタリング装置が開発されている．オンラインの場合は，一定の時間磁場で粒子を捕捉してから測定する方法と，捕捉しないで測定する方法がある．

　高周波発信回路を利用した代表的な方法としては，3 種類のコイルを非導電体のまわりに巻き，両端のフィールドコイルで作られる磁場は中央のセンシングコイルでバランスがとれている．このコイル中を粒子が通過すると磁束の乱れが発生し，センシングコイルで微弱な電圧として検出される．この信号をマイクロプロセッサで信号処理し，位相から粒

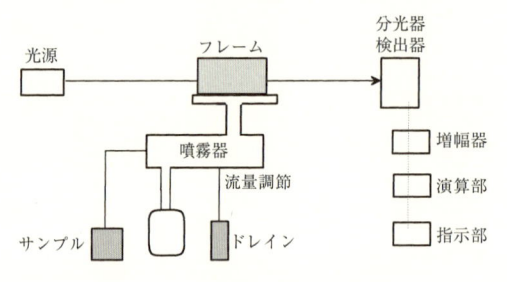

図 4.1.4　原子吸光分光分析の構成

子の種類，出力電圧から粒子径，出力波形数から通過個数を計測する．事前に非鉄金属の導電率を入力しておけば非鉄の粒子径も計測できる．ガスタービンなどの軸受の疲労や異常摩耗の予知に実用化されている．

ホール効果を利用した方法では，半導体薄膜に電流を流し垂直方向に磁界を加えると電位差が発生する原理を応用している．磁気量を電気量に変換するもので，計測機器や自動車など広い分野で使用されている．堅牢で構造が簡単，製作コストが安い．一方，センサの検出能力は高いが大きいダイナミックレンジがとれない欠点がある．センサが弱い磁場内に置かれた場合，素子は微量の摩耗粒子に対して磁気量の変化を高感度で応答する．微細な粒子を捕捉するには磁石はできる限り強いものが望ましいが，反対に素子の検出能力が飽和状態となるのが欠点である．弱い磁場でも粒子が捕捉できるような歯車などのシビヤ摩耗の検知に使用されている．

（2）汚染度測定

外部から混入したダストや摩耗粉はアブレシブ摩耗を引き起こし故障や損傷の原因となる．特に油空圧機器の損傷の大部分を占めているといわれている．汚染度は新油に対する汚染物質の種類，量，粒子径，色などの汚れの総合評価である．装置には，光遮断方式や光散乱方式の自動微粒子計測（パーティクルカウンタ）とフィルタ方式がある．

a. パーティクルカウンタ

粒子が1個ずつ通過できる程度に絞り込んだガラス細管を挟んで，一方に光源を反対側には受光素子を置き試料を吸い上げる．粒子によって遮られる投影面積に対応する電圧降下と個数から，粒子径と個数を計測する光遮断方式が普及している．この方法はフィルタ法を簡便にし自動計測できるのが特徴であるが，希釈など前処理に時間を必要とし，不透明液やカーボンを含む試料に対しては適していない．

b. フィルタ法

古くから利用されている方法として，フィルタに100 cm³の使用油をろ過し，フィルタ上の残渣を重量法または光学的に計測する．油中の全てのきょう雑物を計測する方法で，作動油などの汚染管理に広く利用されている．NAS-1638, SAE-749 D, MIL-1246 A などでは油圧，潤滑油の汚染表示に汚染度等級を規定している．

4.1.2 振動，音，音響
（1）振動法

回転機械や機械要素の異常診断は振動法による診断が一般的であるが，作動油中の摩耗粉の分析〔文献14）〕も有益な診断技法である．また，振動センサを含む異常診断用センサ技術については文献13）に詳しい．

a. 転がり軸受の診断技術[7,8]

（ⅰ）リンギング振動

転がり軸受の部品に欠陥が生じると，転動体と欠陥の周期的な衝突により，外輪の固有振動数に近い周波数の衝撃パルスが発生する．この衝撃パルス振動をリンギング振動といい，その周波数をリンギング周波数という．リンギング周波数は数 kHz 以上の高周波帯域に存在する．

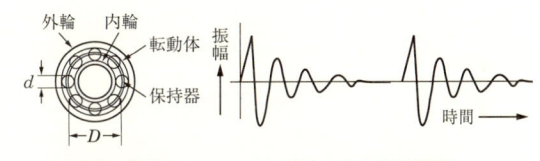

図 4.1.5　転がり軸受の構成とリンギング振動

図 4.1.5 に典型的な転がり軸受の構成と異常によるリンギング振動波形を示す．

（ⅱ）特徴周波数の計算式

特徴周波数は転動体が欠陥上を通過する周波数で，通過周波数とも呼ばれる．包絡線処理したリンギング振動波形をフーリエ解析装置で周波数解析をすれば，異常に対応した特徴周波数成分が明瞭に観測できる．

欠陥の位置に対応する特徴周波数は以下の諸式で計算できる．

（1）内輪に欠陥があるときの特徴周波数

$$f_i = \frac{Zf_r}{2}\left(1 + \frac{d}{D}\cos\alpha\right) \quad (4.1.6)$$

（2）外輪に欠陥があるときの特徴周波数

$$f_o = \frac{Zf_r}{2}\left(1 - \frac{d}{D}\cos\alpha\right) \quad (4.1.7)$$

（3）転動体に欠陥があるときの特徴周波数

$$f_b = \frac{f_r D}{d}\left(1 - \frac{d^2}{D^2}\cos^2\alpha\right) \quad (4.1.8)$$

（4）保持器に欠陥があるときの特徴周波数

$$f_c = \frac{f_r}{2}\left(1 - \frac{d}{D}\cos\alpha\right) \quad (4.1.9)$$

ここで，式中の記号は図4.1.5(a)に示すように，D：軸受のピッチ円直径（mm），f_r：軸の回転速度（s^{-1}），d：転動体直径（mm），Z：転動体の数［整数］，α：接触角（rad），である．

転がり軸受のリンギング振動は数kHz以上の高周波振動伝達経路における反射や減衰が大きいから，なるべく被診断軸受に近い場所を選ぶ．

測定された振動信号を振動アンプにより増幅したのち，ハイパスフィルタにより転がり軸受の異常を含むリンギング周波数帯域のリンギング振動を抽出する．このリンギング振動の包絡線波形を高速フーリエ解析装置等で解析することにより異常の種類と位置が識別できる．

b. 歯車装置の診断法[7,9]

歯車装置を音響または振動解析により診断する場合，異常を最も鋭敏に反映する周波数帯域はかみあい周波数成分とかみあい固有振動数成分である．

歯車装置に異常が発生すると

（1）かみあい周波数成分 f_m とその高調波 nf_m 成分が変化する．

（2）かみあい固有振動数成分 f_e が変化する．

したがって，歯車の異常診断で最も重要な前準備はかみあい周波数 f_m とかみあい固有振動数 f_e の推定である．

i） かみあい周波数 f_m の計算

歯車装置の診断を行なうには，その回転機構および歯車装置のかみあい振動を理解しなければならない．図4.1.6の歯車装置のかみあい周波数 f_m は，大歯車の回転数 N_1 を用いて

$$f_m = Z_1 \frac{N_1}{60} \quad (4.1.10)$$

また小歯車の回転数 N_2 を用いれば

$$f_m = Z_2 \frac{N_2}{60} \quad (4.1.11)$$

である．

ここで式中の記号は図4.1.6に示すように，Z_1：大歯車の歯数，Z_2：小歯車の歯数，N_1：大歯車の回転速度（min^{-1}），N_2：小歯車の回転速度（min^{-1}），である．

表4.1.1に歯車装置の各種異常と振動特性の関係をまとめる．歯車の状態により敏感に変動する周波数成分は低周波帯域では回転周波数成分とその高調

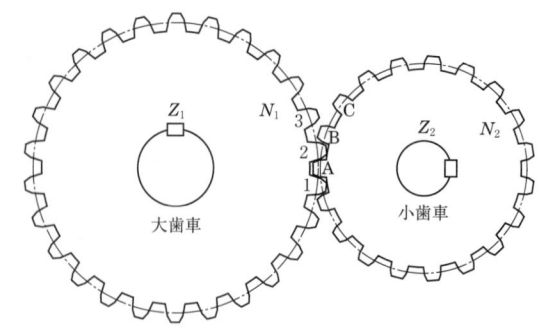

Z_1：大歯車の歯数　　N_1：大歯車の回転数（min^{-1}）
Z_2：小歯車の歯数　　N_2：小歯車の回転数（min^{-1}）

図4.1.6　歯車装置の諸元

表4.1.1　歯車の異常と振動特性の関係

	発生する周波数（生波形・処理波形いずれも）	平均応答結果
歯車の全体的摩耗 片当たり 歯形誤差	f_m	歯車のかみあい周波数成分が大きくなる
歯車のピッチ誤差 偏心	nf_r および $f_m \pm nf_r$	異常歯車の回転により，かみあい周波数成分が振幅変調を受ける
歯車の局所的異常による衝撃	nf_r	歯車の異常かみあい部分だけの振幅が大きくなる

f_r：歯車の回転周波数，f_m：歯車のかみあい周波数

波およびかみあい周波数，高周波帯域ではかみあい固有振動数であるが，この場合は包絡線処理が望ましい．

歯車装置のかみあい固有振動数は数kHz以上の高周波振動である．したがって通常は包絡線処理して低周波帯域に変換した後，周波数スペクトラム解析すると表4.1.1に示す異常に対応した周波数成分が現われる．

c. 一般回転機械の診断技術[7,9]

設備診断では回転軸が剛体とみなされる一般回転機械と，回転軸の固有振動数以上で運転される高速回転機械にわけて診断理論を論じるのが普通である．

一般回転機械の振動現象は強制振動が主体で，異常振動はその原因により次の3種類に分類できる．

（i）機械の構造的な不良に基づく異常振動
　①アンバランス

②ミスアライメント
③共振現象
④軸の曲がり
(ii) 摩擦や金属接触に基づく異常振動
①シールなどのラビング
②チャタリングや緩み
(iii) 流体の作用で起こる異常振動
①圧力脈動による振動
②流体関連不安定振動

上記の異常現象を，振動信号の高速フーリエ解析装置により診断するときは，次の特徴を利用する．
(i) アンバランス
アンバランスに起因する振動の特徴は
①回転に同期した回転基本振動が発生し，周波数は回転周波数 f_r に一致している
②振動は回転パルスに同期するため位相の変化はない
である．
(ii) 回転軸の摩擦（ラビング）
回転軸とシール間で金属接触が発生すると，高周波の摩擦振動が発生する．この振動の特徴は高周波成分を多く含むこと，波形の一部を切り取られたような非対称性を有することである．
このような特徴を利用して，異常の識別が可能である．

d. 高速回転機械の診断技術[11,12]
設備診断の立場から高速回転機械とは次の特性をもつ回転機械をいう．
(1) 回転軸の危険周波数より高い回転速度で運転されている回転機械
(2) スパンが長く回転軸が弾性軸とみなされる回転機械
(3) すべり軸受を使用している回転機械

上記のように，高速回転機械とは回転軸の固有振動数以上の高速で運転されている回転機械である．
コンプレッサ，タービンなどが典型的な高速回転機械である．このような高速回転機械では，前述の一般の低速回転機械では見られない種々の不安定現象や自励現象が発生する．この高速回転機械特有の異常現象には
(i) オイルホワール
(ii) オイルホイップ
(iii) ヒステリシスホワール
(iv) 内部摩擦ホワール
(v) 縦型ポンプ特有のハイドロホワール
(vi) スチームホワール
(vii) パッキングの漏れによる接線力の不平衡による不安定振動
などがある．

次に高速回転機械で最も頻繁に遭遇するオイルホワールおよびオイルホイップの振動特性につき述べる．
(i) オイルホワール
オイルホワールはすべり軸受の潤滑油による自励振動である．オイルホワールが発生すると回転周波数 f_r の約 0.4～0.46 倍の周波数成分が顕著となる．比較的静かな回転軸の旋回運動で第1危険速度の2倍以下の低速でも発生する．
(ii) オイルホイップ
図 4.1.7 にオイルホワールとオイルホイップの回転速度特性を示す．図から明らかなように，オイルホワールは比較的低速でも発生し，その周波数は回転周波数 f_r の約 0.42 倍で回転速度に比例して増加する．

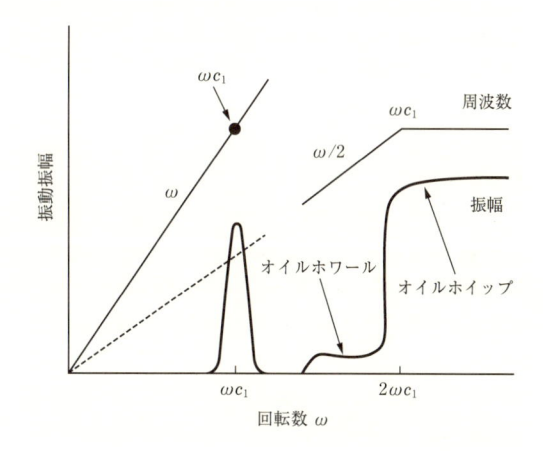

図 4.1.7 オイルホワールとオイルホイップの振動特性

オイルホイップは回転軸の危険周波数 f_e の2倍以上の高速運転時にのみ発生し，その周波数は回転速度に関係なく危険周波数 f_e に一致する．これを利用してオイルホイップと他の異常を識別することができる．

(2) 音・音響法，超音波法
　a. 音による異常診断
回転機械設備で最も多い異常は転がり軸受（以下軸受と記す）の欠陥である．回転機械設備に使用し

ている軸受の多くは設計寿命以前に破損しており，突然の異常停止を回避するためには軸受の長寿命化を図ることが大切である．軸受の破損の原因は多種多様であるが，回転機械設備がアンバランス[15]やミスアライメント[15]およびがた[15]（過大なすきま）などの異常状態（以後，構造型異常と記す）になって軸受に許容以上の荷重が加わり潤滑油膜が途切れ金属接触することが最大の原因である．構造型異常を初期段階で険出して修復することが予防保全方法の基本である．構造型異常で生じる振動は主に回転数と同周期の振動数であり200 Hz以下のことが多い．このような低周波数領域では音響放射効率が低く発する音の音圧レベル（音の大きさ）は非常に小さい．さらに機械設備は正常稼働状態でもこの周波数領域の音を発することが多い．したがって，構造型異常による音の検出と弁別が極めて困難であり，多くの工場では振動計測で構造型異常の診断を実施している．軸受に欠陥が生じて高周波領域の音が生じるとマイクロホンで検出できて異常診断も可能となる．

b. 軸受の診断

（i）マイクロホン

軸受の劣化診断に使用するマイクロホンについて述べる．軸受がきず付いたときに発する音（以後，きず音と記す）はコツッコツッとしたクリック音で高い周波数成分の音である．しかし，その音圧レベルは非常に小さく，通常のマイクロホンで遠くからきず音を検出することは困難である．機械設備の稼働音の周波数成分は3 kHz以下の低い周波数領域の音圧レベルが大きく，この音が飽和しないように測定器の増幅度を調整すると，きず音の信号は測定器の電気ノイズに紛れる恐れがある．このことは電気信号になってからではきず音の信号を抽出することが極めて困難なことを意味しており，音の検出段階で工夫する必要がある．

周辺の機械設備からの音を除外してきず音をできるだけ多く受けS/N比を高めるためには，機械設備の稼働音の周波数領域で感度が悪いハイパス特性をもったマイクロホンを使用する．

図4.1.8にコンデンサマイクロホンの構造例を示す．マイクロホンは空気の粗密波である音を拾う振動膜と，膜の振動を電気信号に変換する部分で構成される．コンデンサマイクロホンは振動膜と背極と呼ばれる平板の間の容量変化を利用したもので，振

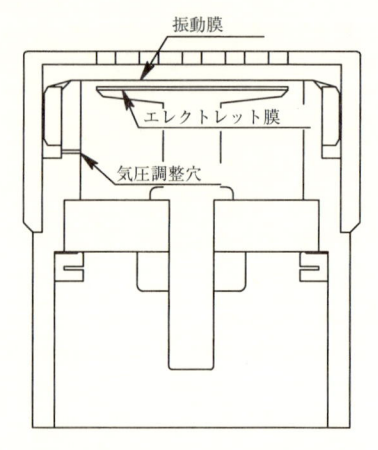

図4.1.8 コンデンサマイクロホンの構造例

動膜と背極間に300 V程度の直流電圧を加えると膜の振動を電圧として取り出すことができる．通常はテフロン系の絶縁膜に永久に電荷を閉じ込めたエレクトレット膜を背極に貼り付けることで外部から直流電圧を加えなくても電界を作れるため最近のコンデンサマイクロホンはエレクトレットマイクロホンが主流となっている．

マイクロホンには外気の気圧変動によって振動膜が膨らんだり凹んだりしないように小さな気圧調整穴がある．この穴の口径によって音響抵抗が異なり，通常の計測マイクロホンは低周波数領域まで平坦特性にするため，なるべく小さい口径の穴にする．この穴の口径を大きくすると低周波数領域の感度が落ちてハイパス特性を有するマイクロホンとなる．図4.1.9に設備診断用マイクロホンの特性例を示す．このマイクロホンは2 kHz以下の周波数領域で，6 dB/octの減衰特性になっている．

さらにS/N比を高めるために指向性マイクロホ

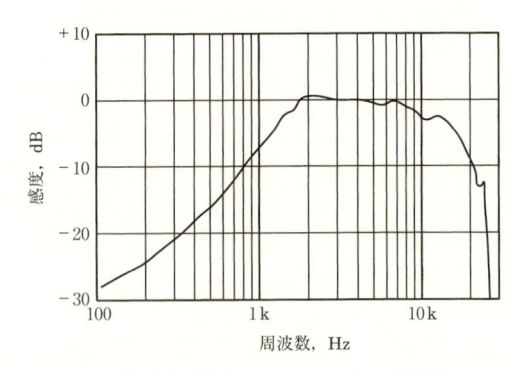

図4.1.9 設備診断用マイクロホンの周波数特性例

ンを使用する．指向性をもたせ，さらにマイクロホンの感度を向上させるためには放物線形状の反射板の焦点にマイクロホンを設置したパラボラ方式マイクロホンが最良である．パラボラの集音利得と指向特性はパラボラの口径と深さに依存する．

（ⅱ）異常の診断

マイクロホンで音の検出ができても異常診断ができたことにはならない．マイクロホンで検出した音をベテランの保全担当者に聞かせれば異常の有無を言い当てられる．それは人間の耳と脳によって異常診断の信号処理と情報処理が行なわれているからである．

ここでは音の信号処理について述べる．人間の聴覚による信号処理「時間分解能重視の信号処理」と「周波数分解能重視の信号処理」の両者が共存かつ併用し，しかもリアルタイムに処理していると考えられる．音で異常診断を行なう場合，信号処理として周波数領域の処理と時間領域の処理を組み合わせることが必要である．

周波数分析手法としてFFT解析がよく使われるが，FFT解析は周波数分解能を上げると時間分解能が悪くなり，逆に時間分解能を上げると周波数分解能が悪くなる欠点がある．ウェーブレット処理[16]は低周波領域では時間分解能が悪いが周波数分解能が高く，高周波領域では時間分解能が高いが周波数分解能が悪い特徴をもっている．時間領域の信号処理技術として包絡線（エンベロープ）処理[17]やケプストラム[18]がある．その他にも時系列信号（波形）を基にした振幅確率密度関数や極地分布関数などから得られるいくつかの指数が故障パラメータ[19,20]として有効である．

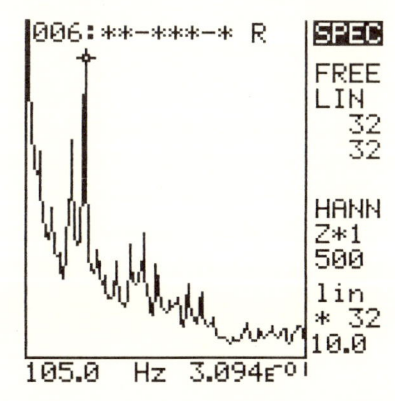

図4.1.10 ベアリング（外輪欠陥）の音響測定例

いずれの信号処理技術でも不十分で，人間の聴覚と同等な音色弁別を実現することは困難であり，いまだ研究途上である．

図4.1.10に外輪欠陥のある軸受の音を測定して包絡続処理をした信号をFFT解析した例を示す．これは図4.1.9で示した特性のマイクロホンを軸受から1.5mの距離で測定したものである．図4.1.11は同じ軸受の振動加速度を測定して同じ信号処理をしたものである．

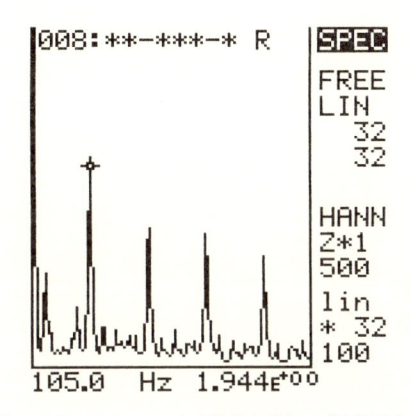

図4.1.11 ベアリング（外輪欠陥）の振動測定例

図4.1.11の振動測定では第2，第3高調波成分がきれいに並んでいるが，図4.1.10の音響測定では高調波成分がはっきりしない．その理由は音が速度の次元で振動が加速度と次元が異なるからである．音の高調波は振動の高調波に比べ半分となりはっきりしなくなるが，基本のきずが回転して発する音の繰返し周波数は確実に捕らえられている．

c. 気体漏れの診断

金属内部の探傷に超音波は広く利用されているが，探傷技術は他項目に譲り本項では空気中を伝播する超音波を利用した異常診断技術について述べる．

化学工場などでバルブやパイプの継ぎ目，あるいはパイプの腐食箇所からの気体の漏れを放置すると大事故の原因ともなる．

気体がピンホールなどすきまから漏れると超音波領域の音を発する．この音は高周波数領域であり人間の耳には聞こえないが，漏れ量が多くなるとシューとした音で聞こえることもある．

漏れ音はすきまの口径や内部圧などで音の大きさと周波数領域が異なるが，検出には感度が極めて高

い 40 kHz 付近の共振型のマイクロホンを使用することが多い[21]．音の大きさを示すためにイヤホンで音を聞かせる方法がとられる．人工的に作ったホワイトノイズ音を超音波の大きさによって振動制御したものや，凝ったものに超音波を間引きして可聴周波数領域に変換して聞かせるものもある．

漏れ音は軸受の欠陥音のように時間変動がないため，マイクロホンの向きを左右に振って計測すると見落としが少ない．

4.1.3 AE 法

異常検出法および診断法として AE 法が研究されているが，実用化されている例は少ない．近い将来，AE 法の特徴が活かされ実用化されることを想定して，以下に AE 法の主な特徴と測定例を紹介する．

（1）AE とは

AE は，Acoustic Emission の略で，固体が変形あるいは破壊する際に，それまで蓄えられていたひずみエネルギーが開放されて弾性波を生じる現象[22]である．最近の研究で，固体の接触などトライボロジーの諸現象に対応して生じることもわかってきた．

弾性波である AE 波は電気的に変換されて AE 信号として観測されるが，機械システムの異常診断では振動と区別する意味で 50 kHz 以上の周波数帯域の信号が対象となることが多い．

（2）AE 測定装置

AE の基本的な測定装置は，図 4.1.12 に示すように AE センサならびに前置増幅器，フィルタ・主増幅器，弁別器から構成される．AE センサはチタン酸バリウム等の圧電効果を利用して AE 波を AE 信号に変換する．AE 波そのものが微弱であるので変換の際にはセンサの共振点が利用される．増幅は前置増幅器と主増幅器に分けて行なわれる．信号線への環境ノイズの進入を防止するために前置増幅器がセンサの近くに置かれ，主増幅器に送ってさらに増幅する方法が一般的である．弁別器は，ろ波され増幅された AE 信号に包絡線検波を施し，しきい値と比較してそれを越える信号をパルス信号に変換す

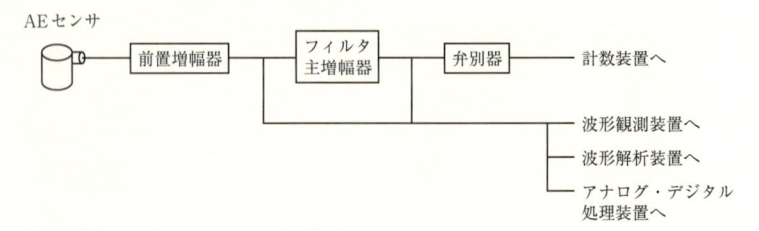

図 4.1.12　AE の検出系

る．

AE 信号波形の観測や解析には前置増幅器や主増幅器からの出力を用い，AE のエネルギーや発生状況の観測に弁別器からの出力を使用する．

最近の測定装置は，前置増幅器の出力を A/D 変換してコンピュータに取り込み，コンピュータ内でいろいろな処理を行なうものがほとんどである．AE とトライボロジー現象の関係が十分解明されていない現状を考慮すると，最近の測定装置よりは図 4.1.12 の基本的な測定装置を準備し，診断の対象となる異常と AE の特性との関係を明らかにし，その特性を抽出する信号処理方法を開発することが肝要である．

（3）測定項目

AE のどのような特性を測定項目とするかは，対象とするトライボロジー現象あるいは異常の種類等によって異なってくる．ここでは，一般的な測定項目を表 4.1.2 に紹介する．

表 4.1.2　AE の主な測定項目

1.　AE 信号波形，周波数スペクトラム
2.　AE 計数
3.　AE エネルギー
4.　AE 振幅分布
5.　AE 発生位置
6.　AE 発生時間間隔

AE 信号波形の観測と分類は AE 発生原因とトライボロジー現象の対応関係を解明する第 1 歩である．図 4.1.13 は転がり軸受で観測された AE 信号波形の例である[23,24]．図(a)は転がり疲れクラックの進展に付随したものであり，図(b)は潤滑不良による固体接触で発生した波形である．図(c)は環境ノイズで，有接点電磁開閉器の開閉時に生じ測定系に進入したものである．図からわかるように，波形によって AE の発生原因をある程度分類・解明でき

第4章 異常検出および診断法

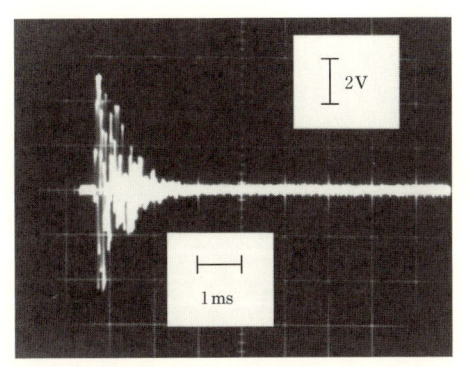

(a) 疲れクラックによるAE (2V, 1ms)

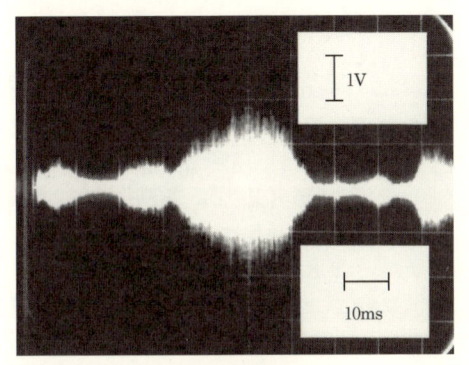

(b) すべり接触によるAE (1V, 10ms)

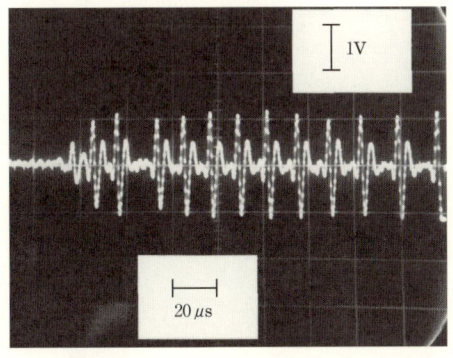

(c) 環境ノイズ (1V, 20μs)

図4.1.13 観測されたAE信号波形〔出典：文献23, 24〕

AEの計数法は，異常の進行の程度を推測するうえで有効な方法である．計数とは[25]AE信号の振幅がしきい値を越える数を数えることであるが，その中味はAE信号を包絡線検波する際の時定数の長短によって変わる．検波時定数を短く設定するとAE信号のエネルギーを近似する値が得られ，長くすると事象に対応する数が得られる．前者をリングダウン計数と呼び，後者を事象計数と呼ぶ．一方，計数の表示法には，単位時間あたりの計数を表示する計数率法と，測定期間全体にわたって計数を累積する計数総数法がある．

AEのエネルギーは，リングダウン計数法やAE信号の実効値処理などによって求められる．AEの振幅分布は，対象要素における経時変化や対象要素相互の比較によって異常診断に有益な情報となる．

AEの発生位置を求めることを標定という．標定はAEを発生している機械要素あるいは構成部品を特定するうえで有効であり，異常診断の重要な情報となる．特に，転がり疲れのように特定の位置で発生する異常については，検出したAE信号と異常との相関関係を究明するうえで優れた方法である．

AEの発生位置標定法には二つの方法がある．一つは，AEの分野で通常使用されている方法で，AEの発生が予想される領域を複数のAEセンサで囲み，各センサへのAE波の到達時間差から計算によって発生位置を決定する方法である．この方法をここでは到達時間差法と呼ぶ．二つ目は，転がり軸受について開発された方法[26~28]で，AE発生時の軸受内部における接触点をAE発生位置とする方法である．これを接触点法と呼ぶ．これは転がり軸受に限らず歯車やカムタペットなど任意の瞬間における接触点を特定できる機械要素について適用することができる．

接触点法では接触点の大きさまで標定分解能を容易に高めることができるが，到達時間差法では伝播経路におけるAE波形の乱れなどにより到達時間に誤差を生じるので分解能をあまり高くできない．

AEの発生時間間隔を測定する方法は，AE発生位置の標定と同じように異常診断に役に立ち，標定法より実用的である．転がり軸受や歯車などの機械要素では，異常が特定の接触点からはじまるものがある．本方法は，特定の点が接触を繰り返す時間間隔でAEが発生することに注目し，その時間間隔を測定するもの[29,30]である．

る．ただ，原因が異なる場合でも似た波形が発生することがあり，精密な解析がさらに必要となる．

AE信号の周波数解析は観測信号の周波数帯域を決定する一つの手段である．周波数解析結果からAEの発生原因を解明しようとした研究があるが，AE信号にはAE波の伝播経路における擾乱が含まれるので，解析結果とトライボロジー現象との対応関係を確認することが大切である．

(4) 測定例

以下に，測定例を転がり軸受，すべり軸受，その他の要素や部品について示す．

a. 転がり軸受

図 4.1.14 は石油精製プラントの遠心分離機に組み込まれた転がり軸受の AE 相対実効値を測定し，その経時変化から軸受の異常を検出した例[31]である．運転初期の実効値を基準とする相対実効値が運転日数 30 日以降顕著な増加を示し，それよりさらに 8 日後転がり疲れによる破損と判定された．このときの AE 実効値は 65〜95 kHz の帯域であった．同論文には，AE 相対実効値を観測することによってグリースの劣化による潤滑不良や腐食による損傷も検出できたと述べられている．

転がり疲れの実験で発生した AE をリングダウン計数率法で測定した例[32]もある．

次は振幅分布の測定から異常診断を行なった例である．図 4.1.15[31]は，同じ型のポンプ A と B に組み込まれた転がり軸受について AE の振幅分布を測定した結果で，B のポンプの軸受の振幅分布が A のそれよりも右側にあって相対的に AE の振幅値が大きく，さらに分布曲線がカーブしていて振幅の大きい AE 信号が多数発生したことを示している．分解点検で B の軸受が腐食によって破損していることが見出された．

転がり疲れ損傷による異常の予知の例について述べる．図 4.1.16[33]はスラスト玉軸受を模擬した試験軸受の転がり疲れの実験で検出された AE 事象率と振動加速度の測定結果である．実験条件は，接触点における Hertz 最大接触応力が 5.68 GPa であり，回転数が 660 min^{-1}，ISO VG 46 相当の潤滑油による油浴潤滑であった．この場合，40.3 h に軌道面にはく離が出現し，振動加速度が急増して実験が停止した．はく離出現以前，振動加速度には変化が認められないが，AE は 39 h 過ぎから発生しはじめ，T_a（=39.8 h）の時点から増加している．

この間に発生した AE を前述の接触点法で位置標定した結果，軌道上の AE 発生位置とはく離の出現位置が一致した．すなわち，発生した AE が転がり疲れによるクラックの発生と進展に付随したもので

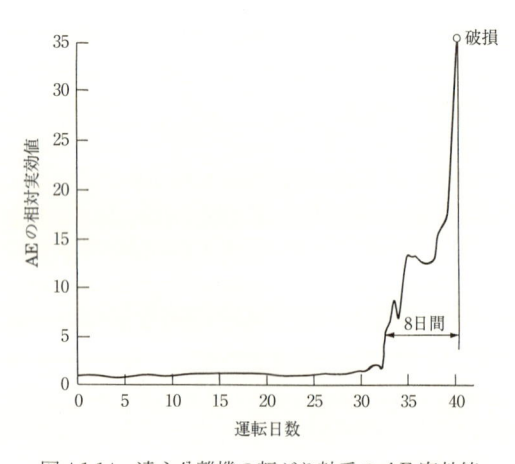

図 4.1.14 遠心分離機の転がり軸受の AE 実効値

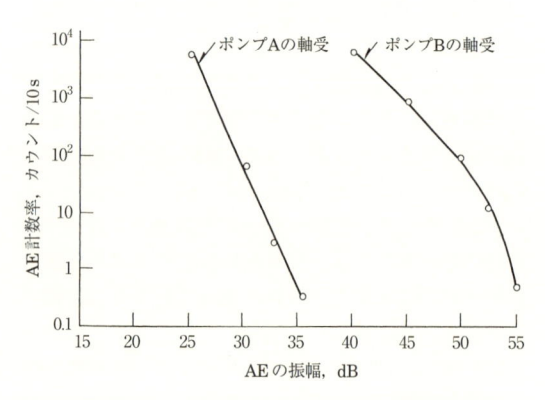

図 4.1.15 ポンプの転がり軸受における AE 振幅分布
〔出典：文献 31〕

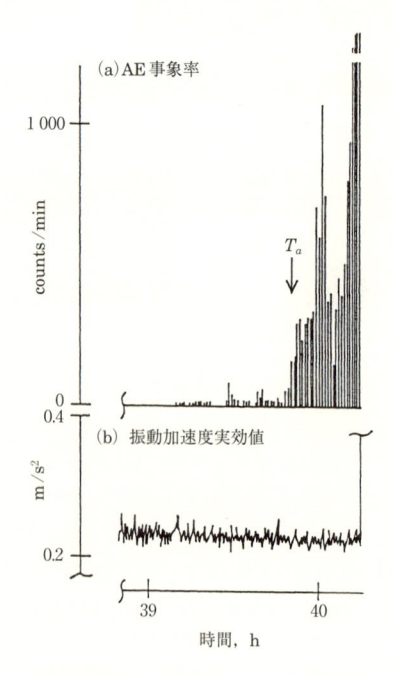

図 4.1.16 転がり疲れの実験における AE 事象率と振動加速度
〔出典：文献 33〕

あることが明らかになった．したがって，時点 T_a からはく離出現時点までが転がり疲れクラックの進展時間となる．異常診断の視点でみるなら，クラック進展時間は破損予知時間に相当する．

荷重が同じで，油膜パラメータが異なる場合のクラック進展時間の分布を図 4.1.17[34] に示す．図中

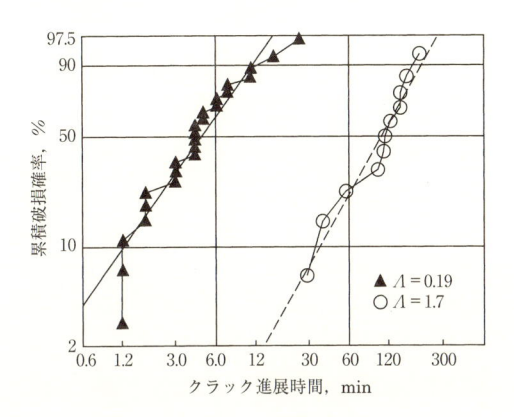

図 4.1.17　転がり疲れクラック進展時間
〔出典：文献 34〕

のクラック進展時間は，異常診断の視点からは十分長いとはいえないが，荷重が実用条件に比べて著しく過酷であることを考慮するならはく離の出現予知に有効な情報となり得る．

検出された AE 信号を包絡線検波し，A/D 変換をした後，統計処理を行なって転がり軸受の焼付きを予知する研究を図 4.1.18[35] に示す．横軸は焼付きが発生した時間を基準にそれ以前の時間を示し，縦軸は検波信号の振幅の平均値 E と標準偏差 σ との比 ξ（$= E/\sigma$）を実験開始時の ξ_0 で正規化した値である．ξ/ξ_0 の値が焼付きの数分前から増加している．さらに，同論文には AE 信号の振幅のとが

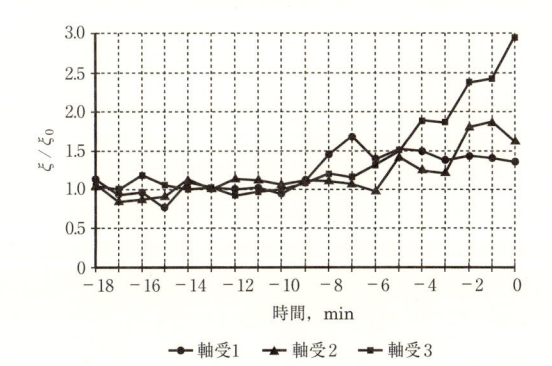

図 4.1.18　転がり軸受の焼付き予知の実験〔出典：文献 35〕

り度から転がり軸受への異物の侵入を検出できることが述べられている．

AE の計数率から軸受の焼付きを検出できるとする報告[26]もある．

b．すべり軸受

すべり軸受の異常に軸と軸受の接触によるメタルワイプと片当たりがある．図 4.1.19 に過大な荷重によって発生したメタルワイプを AE で検出した例[37]を示す．実験開始 6 min 後から AE エネルギー

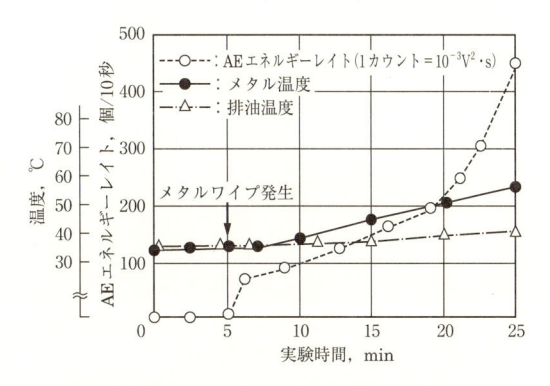

図 4.1.19　すべり軸受のメタルワイプと AE
〔出典：文献 37〕

レイトとメタル温度が増加しはじめており，このときからメタルワイプが発生したと考えられる．別に測定した電気接触抵抗法でもメタルワイプの発生が確認された．したがって，AE 法がメタルワイプの検知に有効であるといえる．さらに，AE 信号の波形観測で図 4.1.13(b) に似た波形が観測されたこと，ならびに片当たりについても検出できたことが示されている．

巨大な橋の桁を支持する構造部品に旋回継手と呼ばれるものがある．列車が通過するたびにこの部品から音が発生したため，その原因の解明に AE 法が使用された[38]．ここでは，到達時間差による標定法が使用され，AE が固体潤滑剤で潤滑されているすべり軸受で発生していることが突き止められた．

c．その他の要素や部品

歯車のかみあいに際して発生する AE を観測した報告[39]があり，工具の摩耗の検出[40]や流体の漏洩の検知[41]にも AE 法が使用されている．

4.1.4　ラジオアイソトープ・トレーサ法
（1）測定法の概要

ラジオアイソトープをトレーサとする RI 法は摩

耗速度の大きさの変化を知ることで異常の程度を評価する．このRI法による摩耗測定は特別な場合を除き，対象とする部品を(1)原子炉による中性子[42〜45]または(2)高エネルギー加速器（サイクロトロンやファン・デ・グラーフ型加速器など）によりプロトンやデューテロンなどのイオン[46〜49]を衝撃させ，このときに起こる核反応で生成するRIをトレーサとして求める．後者は部品の表面層（20〜200 μm）だけを放射化することから一般的に薄層放射化法と呼ばれており，安全性が高く利用範囲が広いことから現在の主流である．

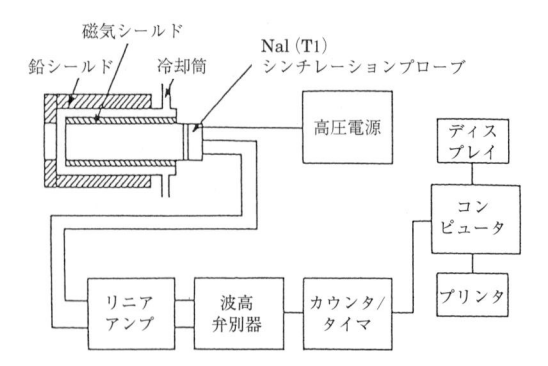

図 4.1.21　摩耗測定システムの基本構成図

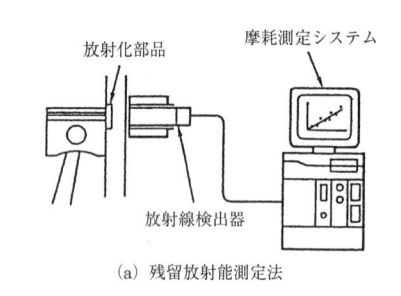

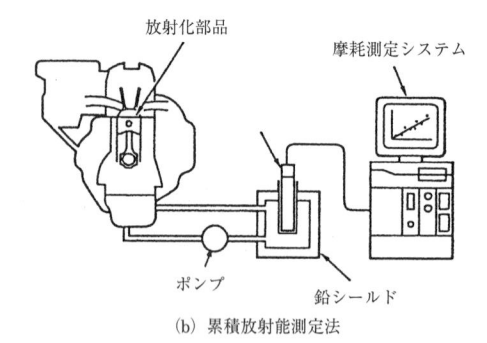

図 4.1.20　RIトレーサ法による摩耗測定

具体的には図 4.1.20 に示すように，放射化した部品をエンジンやトランスミッションなどの実用機械に組み付け，外部に設けた放射線検出器で(1)摩耗に伴う残留放射能の変化を測定する方法（残留放射能測定法；略して残留法），または(2)潤滑油中に混入する摩耗粉の放射能を測定するか，またはフィルタなどに摩耗粉を集めて測定する方法（累積放射能測定法；略して累積法）の二つに大別される．いずれの方法を用いるかは，対象とする部品の装着状況や摩耗粉の分散状況などにより決定する．

（2）摩耗測定システム

摩耗測定機器の構成は一般的に図 4.1.21 に示すように汎用コンピュータとカウンタとを組み合わせた自動測定システムを用いている．

検出した放射能の摩耗量（累積法では摩耗重量，残留法では摩耗深さ）への換算は，あらかじめ求めた検量結果（試験部品と同一材質，同一条件で放射化した試験片から求めた放射能強度と摩耗量との関係）と対象核種の半減期補正とにより自動的に行なわれる．

なお，定量性を必要とせず異常摩耗を検知するだけでよい場合には，この検量線の作成は必要とせず，また測定システムも安価で簡便なものとなる．

（3）RI法の特徴

RI法の大きな特徴は(1)他の検出法に比べ，測定感度が高いため，サブミクロン，場合によってはそれ以下の摩耗検出が可能である．(2)非分解でリアルタイム測定が可能である．(3)放射化部位のみが検出対象となるため摩耗測定部位が限定できる．(4)オートラジオグラフィーにより相手側部品への摩耗粉の移着状況を知ることが可能である．など類似の分光分析による検知法やフェログラフィーによる検知法に比べ魅力ある特徴を備えている．

（4）実施例

異常摩耗検出の実施例としてプラネタリギヤのピニオンシャフトに発生するフレーキング検出に利用した測定結果を図 4.1.22 に示す．非分解でリアルタイムに異常摩耗検出が可能であることがわかる．

図 4.1.22 の試験結果はフレーキングを発生しやすく工夫した特別の加速試験法によるものである．なお，同時に採用したフェログラフィー法では全しゅう動部品が評価対象となるため，限定した部品の判定は困難であった．

RI法の摩耗検出への利用は，日本では，まだ少

【加速試験】

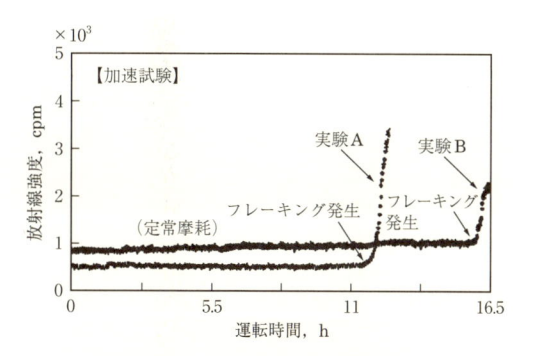

図 4.1.22　異常摩耗検出結果の一例

ないが欧米では自動車産業を中心に航空機，鉄道，発電設備，化学プラントなど幅広く利用されている[50]．

(5) 使用限界と展望

RI法は高感度かつ非分解でリアルタイムに検出できる魅力がある手法であるが，全ての部品および材質に適用できるものではない．すなわち対象部品が放射化可能でかつ生成された核種の半減期およびエネルギーが目的に合うものでなければならない．実用機械に多く用いられている Fe，Al，Cu，Ni，Cr，Co，W などの金属材料[51]やアルミナ，Si_3N_4，ジルコニアなどのセラミックスに適用できる．

なお，最近では放射性核種をイオン化して，計測対象部位に直接打ち込む方法も開発され，イオン照射により劣化しやすいプラスチックやゴム材の摩耗評価に使用されはじめている点も注目したい[52]．

しかし，いずれも本手法は非密封RIの使用であり，日本では放射線障害防止法[53]の規制対象となるため，使用許可が必要で，法を満足する設備，施設および管理体制の中で行なう必要がある．欧米では日本の規制に比べかなり合理的であり，特に極微量放射能に対する規制外での利用，および廃棄物の合理的な取扱いなどが行なわれており，利用しやすい環境にある．

わが国においてもRI利用技術についての正しい理解が進み，安全でかつ合理的な考え方が普及し，利用環境が整備されれば大いに利用の拡大が期待できる．

文　献

1) 松本善政：日本舶用機関学会誌，**15**, 5 (1980) 369.
2) 機器分析のてびき，3，化学同人．
3) 穂積啓一郎・北村桂介：機器分析通論，広川書店，160.
4) D. E. Muir：4th Annual Ferrography User's Conference (1993) 32.
5) G. H. Mills：Condition Monitoring in Hostile Environments Seminar (1963).
6) 例えば豊田利夫：化学的徴候による設備診断技術法，故障予知・異常予測技術資料集 (1981) 経営開発センター；倉橋基文，安藤正夫：潤滑，**29** (1984) 12, 350；D. P. Anderson：Ferrographic Analysis for Hydraulic Fluid (1979) Foxboro Anaytical；D. Scott, W. W. Seifert & V. C. Westcott：Scientific American, 230 (1974)；設備診断技術ハンドブック，日本鉄鋼協会編，丸善；基礎分析化学，広川書店．
7) 豊田利夫：回転機械診断の進め方，日本プラントメンテナンス協会 (1991)．
8) 五十嵐昭男ほか：日本機械学会論文集 (C編)，**49**, 438, (1983) 191-198.
9) H. M. Chen et al：Sound and vibration (1997) 12-17.
10) J. S. Witchel：An Introduction to MACHINERY ANALYSI AND MONITORING, Penn Well Books (1981) 172-344.
11) 白木万博・神吉　博：機械の研究，**37**, 3 (1975) 24-28.
12) 中島秀雄ほか：火力原子力発電，**38**, 12 (1987) 65-74.
13) Philip Wild：Industrial Sensors and Applications for Condition Monitoring, MEP limited, LONDON (1992).
14) Alan Beerbower：Mechanical failures Prognosis through Oil Debris Monitoring, Exxon Research and Engineering Company. January 1975.
15) 豊田利夫：回転機械診断の進め方，日本プラントメンテナンス協会 (1991) 306-326.
16) 佐藤雅昭：日本音響学会誌，**47**, 6 (1991) 405-415.
17) 豊田利夫：予知保全 (CBM) の進め方，日本プラントメンテナンス協会 (1992) 202.
18) 城戸健一：FFTアナライザ活用マニュアルⅡ，日本プラントメンテナンス協会 (1985) 143-156.
19) 河部佳樹・豊田利夫・陳　鵬・江口　透：日本設備管理学会研究発表会論文集 (1995.6) 2-15〜2-21.
20) 黒島崇行・豊田利夫・江口　透・江頭英男：日本設備管理学会研究発表会論文集 (1995.10) 2-27〜2-30.
21) 合田秋則・吉川敬治・大熊恒靖・畑中　尚・金沢純一：日本音響学会講演論文集 (1990.9) 443-444.
22) 日本非破壊検査協会：アコースティック・エミッション (1990) 195.
23) 吉岡武雄・藤原孝誌：トライボロジスト，**34**, 1 (1989) 36.
24) 吉岡武雄・藤原孝誌：非破壊検査，**33**, 1 (1984) 18.
25) 藤原孝誌・吉岡武雄：機械の研究，**34**, 1 (1982) 133.
26) 吉岡武雄・藤原孝誌：非破壊検査，**32**, 10 (1983) 823.
27) 吉岡武雄・間野大樹・是永　敦・D. Nelias・柿嶋秀央・山本隆司：トライボロジー会議予稿集，東京，1996-5 (1996) 497.
28) 間野大樹・吉岡武雄・是永　敦・柿嶋秀央：トライボロジー会議予稿集，東京，1997-5 (1997) 191.
29) 吉岡武雄：トライボロジスト，**37**, 6 (1991) 444.
30) 井上紀明・西本重人・藤本芳樹ほか：川崎製鉄技報，**20**, 1 (1988) 64.
31) R. James, B. Reber, B. Baird & W. Neale：The Oil & Gas Journal, 17, Dec (1973) 49.
32) L. C. Ensor, C. C. Feng, R. M. Whittier & A. D. Dier-

cks：NASK Contract NAS 8-29916 (1975).
33) 吉岡武雄：トライボロジスト, **37**, 2 (1991) 150.
34) 吉岡武雄：トライボロジスト, **37**, 2 (1991) 158.
35) 李　青・稲崎一郎：トライボロジスト, **34**, 4 (1989) 278.
36) 赤松良信：NTN TECHNICAL REVIEW, 57 (1990) 1.
37) 佐藤弐也・米山隆雄・井上知昭：潤滑, **28**, 12 (1983) 872.
38) 池田定三・吉澤光男・岩井邦夫：第11回アコースティック・エミッション総合コンファレンス論文集 (1997) 239.
39) 高田　潤・近藤孝之：トライボロジスト, **34**, 4 (1989) 298.
40) 稲崎一郎：日本機械学会論文集（C編）, **51**, 466 (1985) 1163.
41) 中田　毅・光岡豊一：日本機械学会論文集（B編）, **51**, 470 (1985) 3155.
42) 大野　明・野尻利明・丸山修三・中島泰夫：Radioisotopes, **13**, 393 (1964).
43) 古浜庄一・秋篠捷雄：潤滑, **16**, 12 (1971) 867.
44) J. J. Gumbleton：SAE Trans., **70** (1962) 333.
45) 山本匡吾・川本淳一・伊藤明生：日本潤滑学会研究発表会予稿集 (1981) 69.
46) T. W. Conlon：Ind. Lubr. Tribol., **34**, 20 (1982).
47) C. C. Blatdhlet, P. Sioshansi：SEA Tech. Pap. Ser., No. 872155 (1987) 10.
　　E. W. Schneider, D. H. Blossfeld & M. A. Balnaves：ibid., No. 880672 (1988) 11.
49) 山本匡吾・山田研一：Radioisotopes, **44**, 10 (1995) 70.
50) 山本匡吾・畠山典子：Radioisotopes, **45**, 11 (1996) 38.
51) E. Bollmann, P. Fehsenfeld & A. Kleinrahm：Ninth Int. Conf. on Cyclotrons and their Applications, 723 (1981).
52) P. Fehsenfeld, A. Kleirahm & V. Novikov：VII Internat. Conference on Cyclotorons and Their Applications, Vancouver/Canada 6. 11.. 7 (1992).
53) 科学技術庁原子力安全局監修, 日本アイソトープ協会編：1988年版アイソトープ法令集 I, 日本アイソトープ協会，東京 (1996).

4.2　潤滑油の劣化診断法

4.2.1　潤滑油の劣化
（1）自動車用潤滑油の劣化と診断法
a.　自動車用潤滑油の劣化

自動車用潤滑油は，第C編1.3.1自動車用潤滑油に記述されるものがあり，oil（潤滑油）と fluid（油圧作動油）で表現される．これらは，必要箇所の大半にポンプで供給されるため，必要箇所，部位において発揮すべき性能と，その箇所，部位へ到達するための性能が求められる．

通常，自動車用潤滑油の劣化とは，これらの性能を保てなくなったとき，または保てなくなる前兆が現われるときの油の状態を意味する．すなわち，油の状態を示す性状値に変化があっても，使用されている各部位がその機能を損なうことなく運転されていれば，性状値の変化自体を劣化と捉えることはできない．このため，一般的には自動車メーカーが交換を推奨する走行距離，期間を経たときの油の状態が劣化の一つの目安と捉えられている（表4.2.1）．

自動車用潤滑油劣化の原因は以下に大別できる．
（a）基油自身の酸化，熱劣化
（b）添加剤の劣化，消耗，および添加剤分子の機械せん断による各種機能の低下
（c）異物（摩耗粉，水分，塵埃）の混入

エンジンの場合には，異物として上記以外にブローバイに起因する燃焼生成物およびそれらの反応生成物（未燃ガソリン，水分，スラッジプリカーサなど）の混入がある．

b.　自動車用潤滑油劣化の診断法

劣化は，下記の性状値，または，その変化量から診断される．診断の基準は，油種により要求性能が異なるため油種ごとに設定され，油が使用される部位の設計と市場での使われ方によって決まる．

（1）動粘度
（2）全酸価
（3）全塩基価
（4）不溶解分
（5）分光分析で検出される硝酸エステル，ニトロ化合物，カルボニル化合物等の生成
（6）金属摩耗粉

c.　自動車用潤滑油の劣化診断事例
（i）エンジン油の劣化診断

エンジン油劣化の各原因が油性状値と油の各性能に与える影響の有無と，油性状の変化と油性能の低下がエンジンに与える影響の有無を表4.2.2に示す．エンジン油の劣化は，エンジン性能に直接影響する油性状の変化と，エンジン性能に影響する油性能の低下を示す油性状値の変化から診断される．エンジン油の場合，劣化の基準となる油性状値として，表4.2.3に示す目安がある．

走行距離に伴い，基油の酸化，熱劣化が進むとエンジン油粘度は増加するが，定期的に油交換を行なうことで，油路閉塞や潤滑不良によるエンジン損傷に至る粘度の増加を一定の値以下に抑制することができる（図4.2.1)[1]．したがって，劣化の基準は，油交換によって，油路内の流動抵抗や潤滑箇所の潤滑状態が，新油時の水準にまで回復可能な性状変化の範囲に設定される必要がある．

第4章　異常検出および診断法

表 4.2.1　自動車用潤滑油の推奨交換距離および時期　―乗用車の例 (1998年) ―

			トヨタ	日産	三菱	本田	マツダ	富士重	ダイハツ	スズキ	いすゞ
ガソリンエンジン油			SH級油以上 15 000km/1年	SE級油以上 15 000km/1年	SG級油以上 15 000km/1年	SG級油以上 10 000km/1年	SG級油以上 15 000km/1年	SG級油以上 10 000km/0.5年	SH級油以上 15 000km/1年	SH級油以上 15 000km/0.5年	SE級油以上 15 000km/1年
	ターボ付き		SH級油以上 7 500km/0.5年	SG級油以上 10 000km/1年	SG級油以上 5 000km/0.5年	―	―	―	SG級油以上 10 000km/1年	SG級油以上 5 000km/0.5年	―
ディーゼルエンジン油			CF4級油 20 000km/1年	CF4級油 20 000km/1年	CD級油以上	―	CD級油以上	―	CD級油以上	CD級油以上	CD, CE級油 10 000km/1年
	DI (直噴燃焼)		5 000km/0.5年	5 000km/0.5年	5 000km/0.5年		5 000km/0.5年		5 000km/0.5年	5 000km/0.5年	
	IDI (渦流室燃焼)						7 500km/0.5年				
自動変速機油	AT		無交換	無交換	FF：無交換 FR：80 000km	無交換	無交換	40 000km	100 000km	100 000km	無交換
	ベルト式CVT		―	60 000km		40 000km	―	40 000km	―	40 000km	―
手動変速機油 (4WD等は別途指定)			GL-3相当 40 000km/2年	GL-4相当 無交換	GL-3, 4相当 FF：無交換 FR：80 000km	無交換	GL-4相当 無交換	GL-5 40 000km	GL-4相当 100 000km	GL-4相当 40 000km	40 000km
ギヤ油 (ディファレンシャル油)			GL-5 無交換	GL-5 無交換	GL-5 80 000km	―	GL-5 無交換	GL-5 40 000km	GL-5 40 000km/2年	GL-5 40 000km	GL-5 40 000km
	LSD付き		100 000km	100 000km/2年 (初回3年)	40 000km	―	無交換	―	40 000km/2年	40 000km	40 000km
パワーステアリング液			無交換	無交換	無交換	無交換	無交換	無交換	無交換	無交換	無交換
ブレーキ液			DOT3 2年/初回3年	DOT3 2年/初回3年	DOT4 4年/初回5年	DOT3, 4 2年/初回3年	DOT3 2年/初回3年	DOT3 2年/初回3年	DOT3 2年/初回3年	DOT3 2年/初回3年	DOT3 2年/初回3年

注　表記は、各社が推奨する標準的な距離および時期であり、車種、機種により異なるものがある。
各社ともAPI規格を満足し、また同等の性能を有する純正品の交換を推奨するが、記載がないものは各社独自の規格による。

表4.2.2 エンジン油劣化による油性状の変化と性能の低下およびエンジンへの影響

			油性状値の変化						油の各性能低下			
			動粘度		全酸価増加	全塩基価減少	不溶解分	分光分析検出物	金属粉	摩擦損失低減	酸化安定性清浄分散性	摩耗防止性	腐食防止性
			増加	低下									
(a)基油の酸化,熱劣化			○		○		○	○		○			
(b)添加剤	劣 化				○					○	○	○	○
	消 耗					○				○	○	○	○
(c)異物の混入	燃焼生成物				○	○	○						○
	摩耗粉						○		○		○		
	未燃燃料			○									
	コンタミ						○		○		○		
エンジンへの影響	燃費の増大									●			
	摩 耗		■	●			■					●	
	焼付き		■	●			■					●	
	リング膠着		■				■				●		
	腐食摩耗					●					●		●
	各部汚損				●	●	●	●		●			

注 ○影響あり　●油性状の変化,油性能の低下による影響　■油路閉塞,油供給不足による影響

表4.2.3 エンジン油劣化の目安

評価項目	劣化判定基準
粘度変化率	±25% 以上
全酸価増加	2.5 (mg KOH/g) 以上
全塩基価	1.0 (mg KOH/g) 以下
ペンタン不溶解分	3.0 wt% 以上
ベンゼン不溶解分	2.0 wt% 以上
水分	0.2 vol% 以上
引火点	170℃ 以上

図4.2.2に走行距離に伴う添加剤の消耗と全酸価の増加および全塩基価の低下の一例を示す[2]．摩擦調整剤（MoDTC）の消耗は，省燃費性能を低下させる．したがって，エンジン燃費性能の観点からの油劣化は，必要な摩擦係数，または，それを反映する全酸価の増加や全塩基価などから診断される．

異物の中で，硝酸エステル等の燃焼生成物の混入は，デポジット，スラッジ，ワニス生成の原因となって，エンジン各部の汚損と油路閉塞を引き起こす．硝酸エステルは基油の酸化によっても生成され，図4.2.3に示すように走行距離に伴い増加するが，その量の限界を20から25 A/cmに設定する例がある[1]．これは，硝酸エステルの生成が，ある段

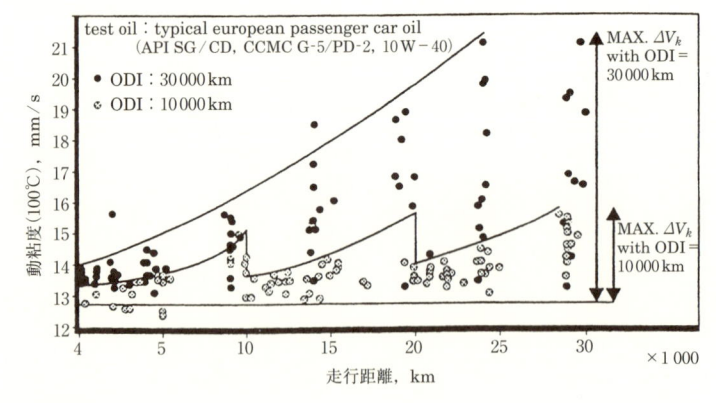

〈試験条件〉
欧州車, ガソリンエンジン, 実車試験

図4.2.1　実車走行におけるエンジン油粘度の増加〔出典：文献1)〕

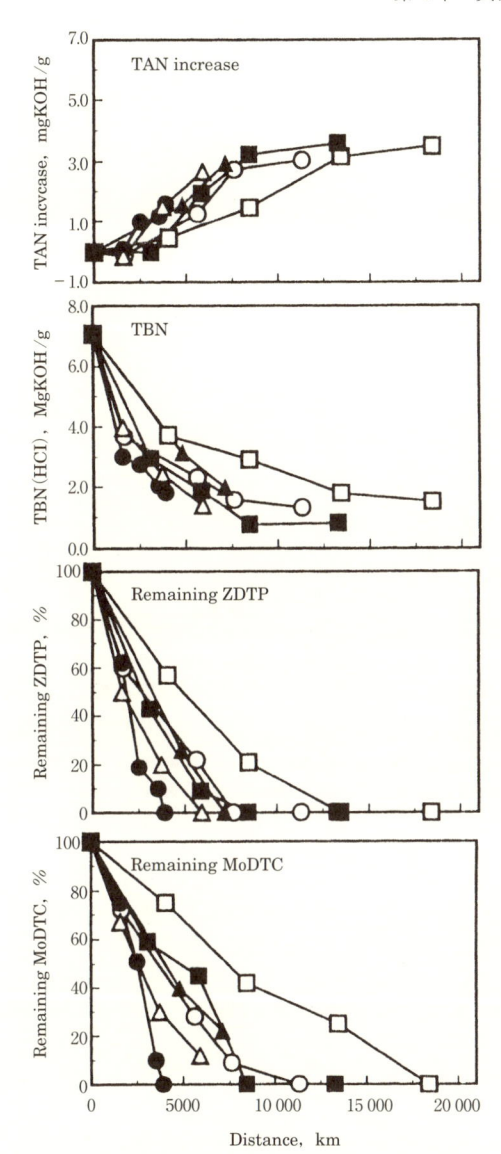

図 4.2.2 実車走行におけるエンジン油添加剤の消耗と全酸価，全塩基価の変化の一例

階から急速に進み，スラッジ等の生成に至るからであるが，その時点については ZDTP にの酸化防止剤が減少したときという報告[3]と全塩基価が1.0になったときという報告[4]がある．

(ⅱ)自動変速機油の劣化診断

自動変速機油（ATF）劣化の各原因が油性状値と油の各性能に与える影響の有無と，油性状の変化と油性能の低下が自動変速機（AT）に与える影響の有無を表4.2.4に示す．エンジン油と異なる点

表 4.2.4 自動変速機油劣化による油性状の変化と性能の低下および AT への影響

		油性状値の変化						油性能の低下						
		動粘度 増加 / 低下	全酸価 増加	全塩基価 減少	不溶解分	分光分析 検出物	金属粉	摩擦損失 低減	酸化安定性 清浄分散性	摩耗 防止性	腐食 防止性	摩擦特性 μ増加 / μ低下	低温流動性	せん断 安定性
(a)	基油の酸化, 熱劣化	○ /	○									/		
(b)添加剤	劣化	/	○	○				○	○	○	○	○ / ○	○	
	消耗	/ ○						○	○	○	○	○ / ○		○
	機械せん断	/ ●												●
(c)異物の混入	摩耗粉	● / ●			○	■	○			●		● / ●		
	コンタミ	● / ●			○	■	○			●		● / ●		
AT への影響	変速ショック	■ / ■				■							■	
	変速/走行不良	■ / ■			■	■								
	各部汚損				●	●			●					

注 ○ 影響あり　● 油性状，性能変化による影響　■ 油路閉塞，油供給不足による影響

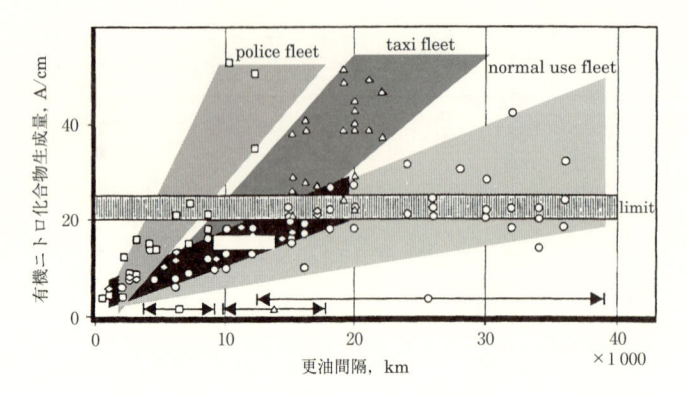

図 4.2.3 実車走行における有機ニトロ化合物の生成〔出典：文献 1)〕

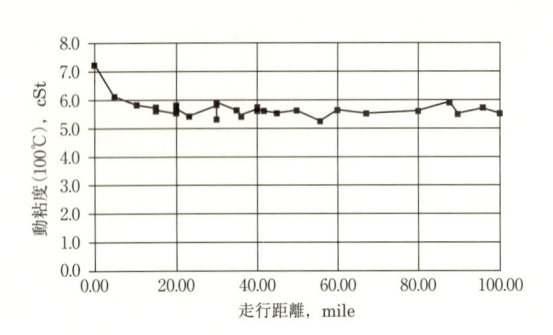

図 4.2.4 実車走行における ATF の粘度低下

は，要求性能に低温流動性，せん断安定性と摩擦特性が加わることである．

低温流動性とせん断安定性は，油圧作動油の働きとして要求される性能である．図 4.2.4 に走行距離に伴う ATF 粘度の低下[5]を示す．AT 内部の機械せん断による粘度指数向上剤の分解によって粘度が低下するが，ピストンやオイルポンプでの内部漏れの点から粘度には下限値が設定される．最近では，電子制御化が進み，複雑な制御を行なうため，5.0～5.5 cSt が下限の粘度とされている．

摩擦特性は，湿式摩擦材クラッチとの組合せによっても異なるが，その性能は ATF の性状値には反映されない．このため，劣化の判断は，使用油の摩擦特性を実際に測定することで行なわれる．

（2）船舶用潤滑油の劣化と診断法

船舶用潤滑油の種類・性状等については，C 編 1.3.2（1）で詳しく述べられているので，本項では，舶用大型ディーゼルエンジン油を対象として，舶用潤滑油の劣化の傾向と診断法を紹介する．舶用大型ディーゼルエンジン[6]は，中速 4 サイクルトランクピストン形と低速 2 サイクルクロスヘッド形に大別

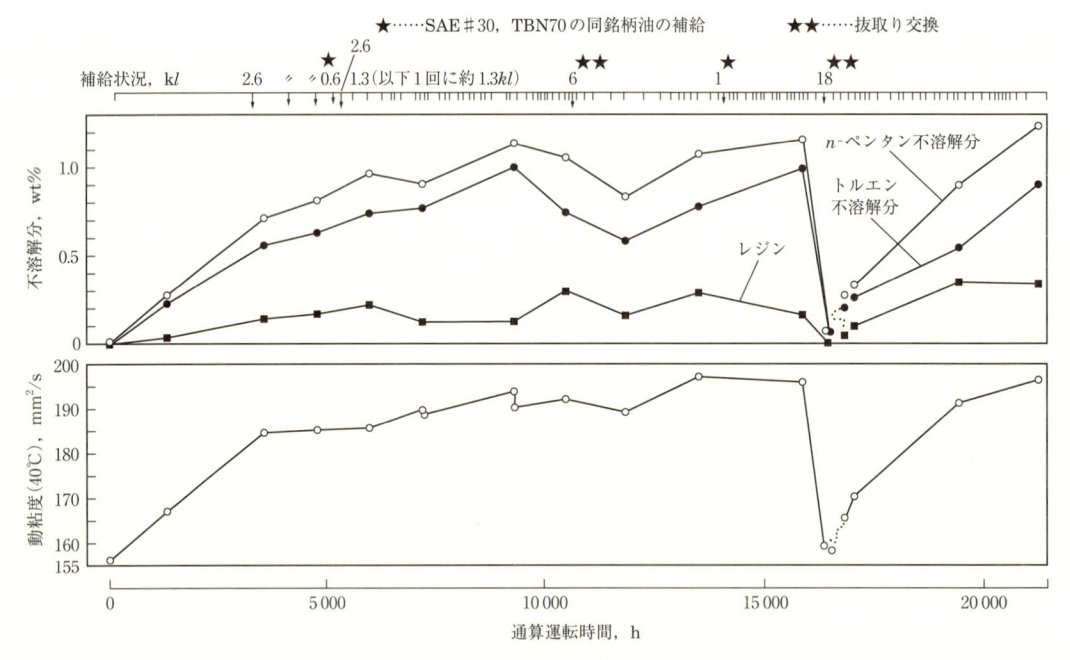

図 4.2.5 使用油の動粘度，不溶解分の経時変化〔出典：文献 7)〕

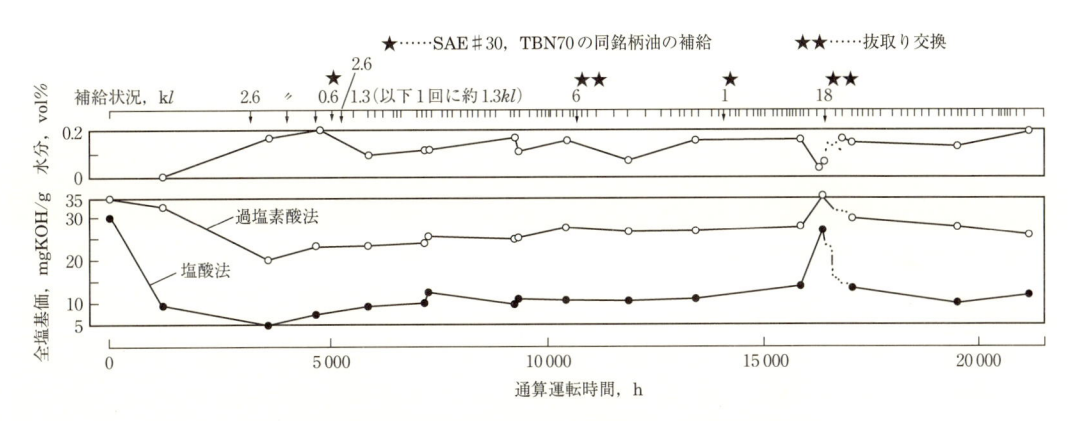

図4.2.6 使用油の全塩基価，水分の経時変化〔出典：文献7〕

されるが，潤滑油の劣化は前者のトランクピストン形エンジンで顕著である．共通の潤滑油（エンジン油）がシリンダライナ部と主軸受などのシステム全体に循環給油されるので，シリンダ部から潤滑油の劣化物，すすおよび硫酸中和物などが混入してくる．中速4サイクルトランクピストン形ディーゼルエンジンは，船舶および陸上発電プラントに広く使われているもので，図4.2.5および図4.2.6に陸上発電での実機追跡例[7]を示す．

図4.2.5および図4.2.6の場合，エンジン油はSAE粘度グレード40番の高塩基価（全塩基価：34.5 mg KOH/g）タイプである．エンジン油の劣化を管理する場合，図4.2.5，図4.2.6に示したように動粘度，不溶解分，全塩基価（TBN），水分などの一般性状値が通常使われる．それらの経時変化は，シリンダライナ壁温，燃焼圧力などの運転条件，油かきリングの数・圧力，使用燃料油の性状，補給のパターンなどによって異なる．不溶解分はペンタン分とトルエン分が用いられるが，舶用のディーゼルエンジンでは，すすや硫酸中和物を多く含むので，油の劣化によるレジンよりもトルエン不溶解分の方が多い．不溶解分の測定は，A法とB法があるが，微細なすす等の粒子も測定するためには凝集剤を用いるB法が適している．また，全塩基価は運転時間に伴い減少するが，減少の程度は過塩素酸法と塩酸法により異なるので，管理する場合，方法を混同しないように留意が必要である．

これらの性状値がエンジン油の性能とどのような関係にあるか調べた結果を図4.2.7[7]に例示する．図4.2.7はエンジン油のトルエン不溶解分と耐摩耗性の関係を示すもので，トルエン分の増加に伴って

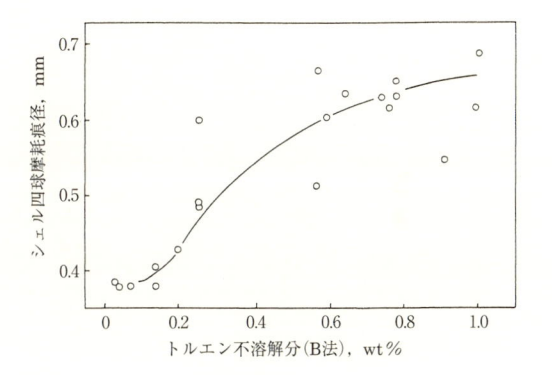

図4.2.7 トルエン不溶解分と摩耗痕径の関係〔出典：文献7〕

耐摩耗性の低下することがわかる．トルエン不溶解分のうち，すすはエンジン油の耐摩耗性を低下させるもので，その影響の度合いはエンジン油の特性により異なる[8]．このような性状と性能の劣化は酸化安定性および高温清浄性などにもあてはまる[7]．したがって，舶用のディーゼルエンジンにおける劣化の診断は，通常管理として動粘度，不溶解分，TBN，水分等の一般性状値で十分である．管理する際の基準値（更油または補給のタイミング）は，使用している潤滑油・燃料油および運転条件などによって変えるべきもので，エンジンメーカーとオイルメーカーで協議して決めた方がよい．摩耗などのしゅう動部での不具合が懸念される場合は，フェログラフィー[9]やSOAP[7]による摩耗金属の追跡調査が有効な診断法となる．

(3) 航空機用潤滑油の劣化と診断法

航空機用潤滑油の種類・性状等については，C編1.3.2(2)で詳しく述べられているので，本項では，

航空機用ガスタービンエンジン用潤滑油（ジェットエンジンオイル）を対象として，航空機用潤滑油の劣化と診断法を紹介する．ジェットエンジンオイルに要求される性状・性能は，米軍規格（MIL-L 23699 C）に規定されている．この規格に適合するオイルは耐熱性・酸化安定性に特に優れる[10]ので，民間輸送機用エンジンの通常の使用条件では劣化しにくい．

これはV 2500エンジンでテイクオフを模擬したエンジンテストに使用したオイルの分析結果は，テスト自身が実際の運航より過酷な条件で行なわれたにも拘らず，エンジンオイルの劣化が顕著でないことを示した．この結果からも推測できるように，MIL-L 23699 C該当油は通常の運航条件ではほとんど劣化しない．

しかし，大推力エンジンの新規開発に伴い，タービンの高温化および圧縮機の高圧力化など[11]，エンジン油の使用条件も過酷になりつつある．エンジンオイルとしては従来より劣化しやすくなるので，劣化に対する日常管理が必要になる．高温になると酸化劣化に伴う有機酸の生成およびスラッジの析出が懸念されるので，全酸価，動粘度，不溶解分などの性状による管理が適当である．さらに，2020～2030年の実用化を目指す超音速輸送機用エンジン[12]では，タービン入口温度が1 700℃レベルを目標としており，このシステムに既存のMIL-L 23699 C該当油が使用された場合には，顕著な劣化とそれに伴う材料・めっき材との適合性が懸念される．

エンジンのメンテナンスの一環として，潤滑油の分析を行なうが，通常の発光分光分析による金属成

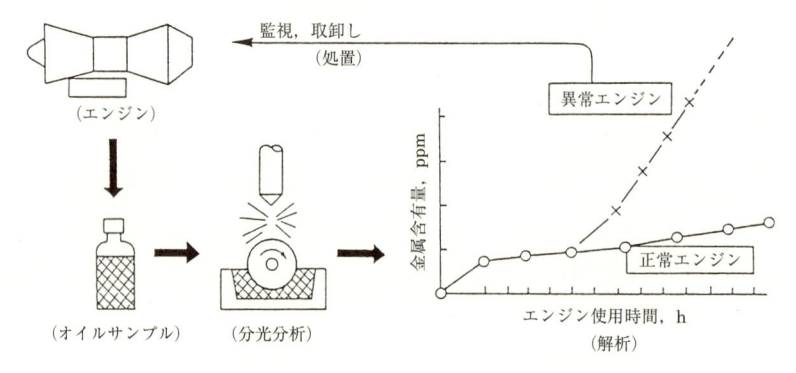

図4.2.8　SOAPの概略〔出典：文献13）〕

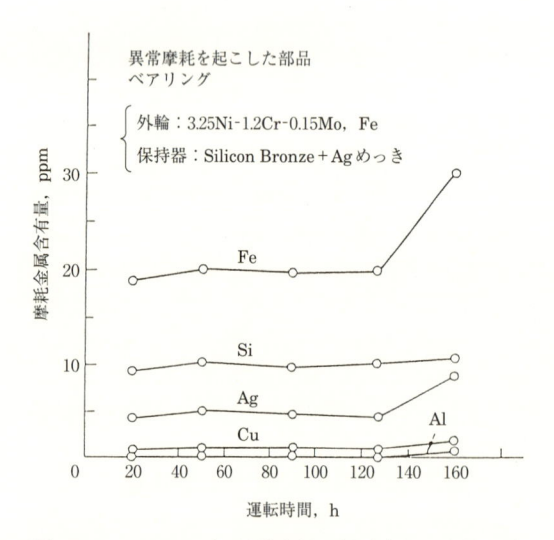

図4.2.9　ベアリングの異常摩耗の例〔出典：文献14）〕

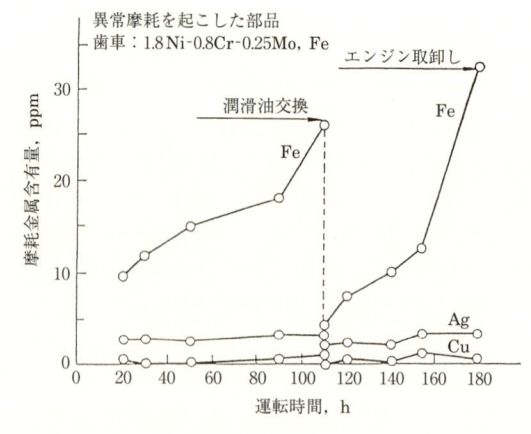

図4.2.10　歯車の異常摩耗の例〔出典：文献14）〕

分の定量である．発光分光分析によるモニタリング法はSOAPと呼ばれ，図4.2.8[13]にその原理を，図4.2.9[14]，4.2.10[14]に適用例を示す．その他，エンジンの潤滑油システム（軸受からの戻りライン）にマグネチックプラグを設置して，金属成分を捕獲し，金属成分を特定する場合[15]もある．

（4）建設機械用潤滑油の劣化と診断法

建設機械ではディーゼルエンジン，パワーシフトトランスミッション，終減速装置，油圧機器などに潤滑油が使用されている．一般に高負荷で使用されるため装置の故障が多いことから，建設機械メーカーではSOAPと同様のオイル分析システム（図4.2.11）を1977年から導入している[16,17]．オイル

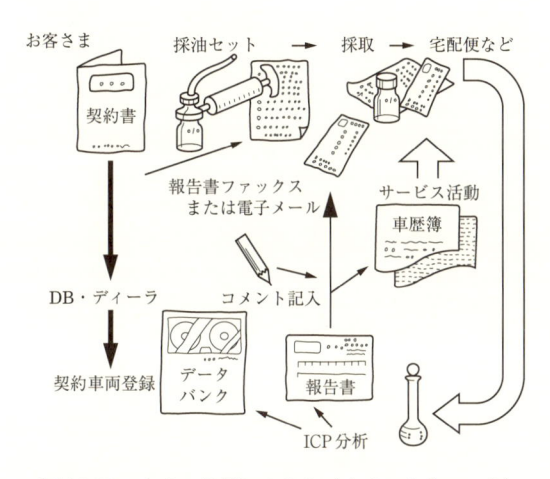

図4.2.11　オイル分析システム（オイルクリニック）

劣化や装置の異常ならびに対処方法が，サンプル到着後24時間以内にユーザーに連絡されるシステムとなっており，メンテナンスの有力なツールとして定着している．オイル性状については粘度，全酸価，全塩基価，引火点などが分析され，金属元素については誘導プラズマ発光分析（ICP）により摩耗金属，土砂成分，潤滑油添加剤と不凍液成分も分析される．エンジンでは粘度，全酸価，不溶解分，全塩基価がオイル劣化を示す主要な項目である．さらに，最近の排気ガス対策に伴い油中すすの増加が問題となるエンジンがあるため[18]，赤外分光分析（IR）によりすすの定量分析を行なう場合もある．メタル焼付きやピストンのスカッフィングなどの損傷は早期に検出可能である．パワーシフトトランスミッションではオイル劣化よりも摩擦材や遊星歯車などの損傷が問題となるので元素分析が重要である．また，オイルクーラからの冷却水浸入は摩擦材損傷を引き起こすので不凍液成分の分析も必要である．終減速装置では歯車や転がり軸受が高面圧で使用されるため，元素分析による疲労損傷のモニタリングが重要である．また，河川での作業では水が浸入して転がり軸受のピッチング損傷が生じる場合がある．油圧機器では耐摩耗性作動油やエンジン油SAE 10 Wを使う場合にはオイル劣化は問題とならず，ダストの侵入が最大の問題である．特に，油圧ブレーカ付きの油圧ショベルはダストによる作動油汚染度が高い（図4.2.12）．このため，高ろ過精度のフィルタが採用されており[19]，オイル分析にも汚染度測定が導入されている[20]．生分解性作動油などは酸化安定性が悪いので[21]，粘度，全酸価の分析により適切な交換時間を決定することもある．

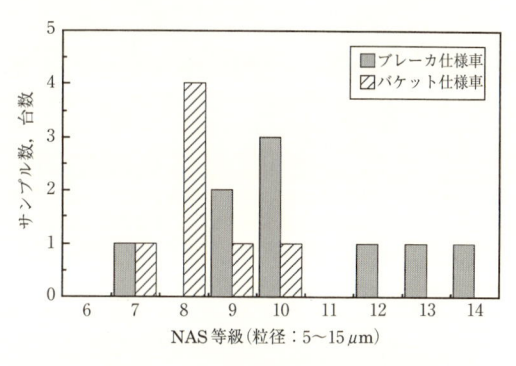

図4.2.12　油圧ショベル作動油汚染度の市場実測データ

（5）工業用潤滑油の劣化と診断法

a. 工業用潤滑油の劣化因子と特徴

工業用潤滑油の種類は，対象となる機械要素や装置などにより，C編1.3.3「工業用潤滑油」のように大別され，各潤滑油は使用条件などによりさらに細かく分類されたり，場合によってはその機械だけに使用する特殊油もあり，多種多様である．また，「金属加工用潤滑油」もC編1.3.4にみられるように，各加工法や被加工材に関連して分類され，多くの場合専用油として使用される．

潤滑油の組成は基油と添加剤から構成され，鉱油系潤滑油では，その基油はパラフィン系，ナフテン系，アロマ系炭化水素からなる多種の炭化水素の混合物であり，添加剤はそれぞれの潤滑油に要求される性能の付与および向上のために，多くの種類と化合物の中から選択され，配合される．

工業用潤滑油は定置型機械・装置に使用されるこ

とが多いが，使用によりその物理，化学性状や性能の劣化は避けられない．これらの劣化は，潤滑油の種類や組成，使用条件などにより異なり多様であるが，これらの変化の要因は二つの形態に大別できる．一つは，潤滑油の内部変化あるいは化学変化によるもので，一般に酸化と呼ばれるものであり，今一つは外的要因，例えば摩耗粉や塵埃などの混入物によるものであり，一般に汚損と呼ばれる．そして，両者を併せて劣化と呼ぶのが通常の考え方である．図4.2.13は劣化に及ぼす諸因子である．潤滑油の劣化，変質は図4.2.13にも見られるように，(1)酸化劣化，(2)汚損（汚染），(3)添加剤の劣化・消耗の三要素に起因し，添加剤の消耗による性能低下も広い意味での劣化，変質である．

酸化は，完全酸化（燃焼）と部分酸化とに分けられるが，潤滑油の酸化劣化は後者の領域である．石油系炭化水素である潤滑油はこの部分酸化により，まず過酸化物を生成し，次いで酸化を受けてアルコールやケトンさらにアルデヒドや酸を生成する．これら生成した酸はアルコールなどと反応し，不安定な化合物（オキシ酸やエステル）となり，これらも重合して高分子の重合体になるといわれている[22,23]．

鉱油基油の劣化生成物は黒色の酸化重合体であり，粘ちょう物であるが，一般に油に可溶のため，酸化の進行とともに粘度が増加する．極度に酸化重合の進んだものは不溶性となって油中に析出，沈降する．アロマ系鉱油の多くは，安定性に劣る多環芳香族炭化水素を多く含むため，その酸化重合物は油に不溶性のものが多く，スラッジとして析出する．

潤滑油の酸化はおおよそ100°Cを境として，i)低温酸化領域（自動酸化反応によりパーオキシラジカルの生成，蓄積），ii)高温酸化領域（自動酸化反応によりハイドロパーオキサイドの分解），に分けられる．前者は酸化防止剤の添加効果が期待できる範囲であるが，後者で，特に150°C以上の温度領域では，一般に酸化防止剤の効果外となる．いずれの場合も，劣化にはパーオキシラジカル，ハイドロパーオキサイドが影響を及ぼすが，これら化合物の生成を促進する外的要因として，次のことが挙げられる．

i) 温度：反応は温度が高いほど進む．通常，潤滑油の酸化反応は温度が10°C上昇するごとに2倍進み，換言すると，潤滑油の寿命は温度が10°C上昇するごとに半減するといわれている

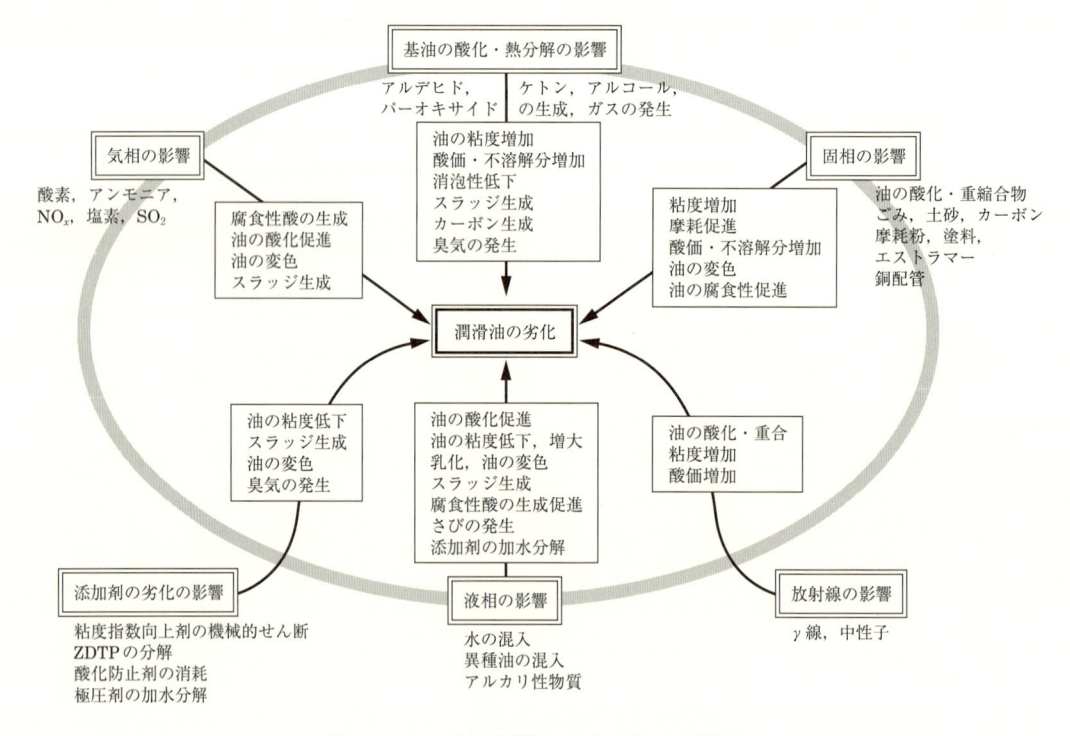

図4.2.13 工業用潤滑油の劣化に及ぼす諸因子

ii) 過剰酸素（加圧酸素）：反応は酸素濃度が高いほど進む
iii) 各種金属：酸化触媒として作用する
iv) 混入異物：異物による摩耗の促進と摩擦熱の発生，酸化の促進

この他，腐食性ガスや反応性ガスの接触は，油の酸化を促進したり，添加剤と反応してスラッジを生成することがある．

b. 潤滑油の劣化に伴う性状，性能の変化

潤滑油の劣化は，単に物理・化学性状の変化をもたらすだけでなく，性能の低下をもたらす．

潤滑油の物理，化学性状は基油および配合添加剤の種類や添加量に依存し，油種により異なる．潤滑油の性能は基油組成，粘度および配合添加剤により付与されるので，それら添加剤の物理，化学性状が油に反映される場合は，それらの変化，変質は潤滑油の性能変化と密接に関連する．

潤滑油は使用中に異常に変色したり，短時間でスラッジが生成したり，潤滑部分に局部的にカーボン状物質ができたりする．使用中の変色形態は赤変色，緑変色，黒変色など様々である．前項で挙げた要因が潤滑油の劣化，変質と密接に関係しており，各形態に複数の要因が係わっていることも多い．フィールドでの潤滑油の異常劣化，変質は目視で観察されることが多い．しかし，機械が良好に潤滑されているときでも潤滑油は酸化を受け，劣化は進行する．潤滑油の酸化劣化に伴う性状変化は，図4.2.13に示したように，粘度，色相，酸価，不溶解分などに現われることが多い．

潤滑油の新油時の性状は基油および配合添加剤に依存し，油種により異なるので，使用による性状変化は新油対比で評価され，粘度などのように相対変化（比率）でみるものと，全酸価などのように変化量でみるものとに分かれる．性状が配合添加剤と密接に関係している油では，その添加剤の変質や消耗の程度，状態と油の性能とを対応させることもできる．

潤滑油の劣化に関連して試験，分析される性状項目は，粘度，色相，全酸価，水分，不溶解分などであり，これらの性状変化は，潤滑上の性能のみならず水分離性や泡立ち性などにも関連し，ひいては潤滑上の様々な問題の引き金になる．

油種により分析項目の重要度は異なるが，上記分析項目は潤滑管理上必要な項目として取り上げられることが多い．

c. 潤滑管理および潤滑油性状管理

潤滑油の劣化は性状変化，性能低下をもたらし，潤滑トラブルを引き起こしかねない．しかし，潤滑トラブルは初歩的な事項が原因となって生じることも多く，その防止のためには表4.2.5に示した油種管理，油量管理，油温管理，漏洩管理を日常点検の中に組み入れ，実施することが大切である．そのうえで，潤滑油性状管理すなわち使用油の性状変化を正確に知ることにより，潤滑トラブルを未然に防止することができる．

潤滑油性状管理における分析項目は前述した項目が一般的であるが，その他，性能項目として水分離性，泡立ち性，さび止め性，残存寿命などが併用して評価されることもある．

潤滑油の性状分析による油交換判定基準は，機械メーカー，機械のユーザー，潤滑油メーカー間の協議により決められているものが多い．また，その判定基準は使用機械の重要度によっても異なり，循環給油で潤滑されている機械，油圧装置，事故によるトラブルの波及効果の大きい機械などでは，より厳しい判定基準で更油が行なわれている．

表4.2.5　日常点検における潤滑管理

潤滑管理項目	目　的	点検手法
油種管理	・誤給油の防止 ・誤給油による潤滑不良防止	目視点検（色相，銘柄確認）
油量管理	・給油忘れによる焼付きトラブル防止 ・給油不足による温度上昇，早期劣化防止 ・給油過多によるかくはん損失などの防止	目視点検
油温管理	・油温上昇による早期劣化防止 ・局部加熱による異常劣化防止	触指点検 温度計
漏洩管理	・漏洩油による作業環境悪化防止 ・油消費量増大防止	目視点検

表 4.2.6 潤滑油使用油の管理基準の目安

	更油判定基準	備考	関連する性能
粘度，mm²/s	±10%〜±15%*¹	R＆Oタイプ油，高速軸受など ：±10% 以上 その他 ：±15% 以上	・潤滑油膜形成能力 ・かくはん損失，摩擦損失
色相，ASTM D 1500	新油＋2 以上*²	油種により範囲がある（＋2〜＋4）	
全酸価，mg KOH/g	0.25〜0.5*²	R＆Oタイプ油など ：0.25 以上 ZnDTP 配合油など ：0.5 以上	・腐食防止性 ・水分離性 ・泡立ち性 ・潤滑油の寿命 ・耐摩耗性，焼付き防止性
水分，vol%	0.1〜1	油種により範囲がある 水分 100〜200 ppm を越えると濁り発生 白濁したものは水分量に関係なく更油	・耐摩耗性，焼付き防止性 ・さび止め性，腐食防止性 ・乳化の促進
n-ペンタン不溶解分，wt%	0.5 以上	精密機器使用油 ：0.1 以上	・腐食防止性 ・軸受寿命 ・耐摩耗性，焼付き防止性 ・泡立ち性
ミリポアフィルタ捕捉物，mg/100 ml	10 以上	0.8 μm サイズのフィルタによる 精密機器使用油 ：5 以上 高圧用作動油 ：5 以上	

*¹ 規格値からの範囲， *² 規格値からの上昇．

d. 潤滑油による潤滑診断法

潤滑油から機械の潤滑状態をモニタし，機械故障を未然に防ぐための診断法には，潤滑油の性状（粘度，色相，水分，全酸価，不溶解分など）分析により，その酸化劣化，添加剤の消耗，異物による汚損程度などを把握し診断する方法と，油中摩耗粉の分析から潤滑部分の状態を判断して診断する方法の2方法がある．前者だけで機械の故障診断を行なうことはむずかしいが，良好な運転状態での潤滑油の更油時期の判断や潤滑状態の変化，変動をモニタすることができる．表 4.2.6 には，使用油の性状変化からみた管理基準の目安とそれらの性状に関連する性能を示した．油種，機械により管理基準が異なることは前述のとおりである．この他に，水分離性に関連して界面張力の測定や添加剤の消耗・変質を赤外線吸収スペクトル（IR, Infrared absorption analysis）で分析し，その残存量から潤滑油の性能や残存寿命の推定が行なわれている．また，油圧作動油などでは，油中粒子状物質の計数や粒子重量による汚染管理も行なわれている．一方，後者は潤滑されている部品に損傷が発生したときに，その部品材料の成分とその損傷に特有の形状をもった摩耗粉が生成されることを利用するもので，金属分析から判断する SOAP（Spectrometric oil analysis program）法と摩耗粉の量と形態から判断するフェログラフィー（Ferrography）法が代表的である．性状分析と摩耗分析の両者を適宜併用することで，より適切な診断が可能となる．

SOAP 法は潤滑箇所の材質や正常運転時のデータなどが蓄積，整備されていれば，分析による異常箇所の特定や原因が推定できる．フェログラフィー分析法では，摩耗粉の形態と発生形態の関係が分類されており[24〜26]，それに基づいて分析することにより損傷発生原因が推定できる．ただし，機械により発生摩耗粉の量的レベルが異なるので，異常診断はデータの集積と解析に加え，機械ごとの特徴を考慮して行なわれる．

4.2.2 グリースの劣化
（1）転がり軸受用グリースの劣化と診断法

転がり軸受封入グリースはC編 2.1.3 の図 2.1.7 に示すように，熱による化学的な酸化，軸受回転による機械的なせん断，外部からの異物などの侵入により，その化学的成分や性状に変化を生じる．この変化量がグリースの劣化で，時間の経過とともに，大きくなり，グリースの潤滑性能は低下する[27〜29]．

グリース劣化の評価方法には表 4.2.7 に示すような方法がある[30]．

軸受封入グリースの劣化度合は，保持器や転走面の近傍とシール部分とでは異なることが多く，軸受からのグリースのサンプリングには注意を要する．

軸受封入グリースは温度が高い場合，化学的劣化が支配的になる．図 4.2.14 に示すようにグリース中の酸化防止剤は徐々に消耗し，枯渇すると基油が

表 4.2.7 グリース劣化の評価法　　〔出典：文献 30)〕

グリース劣化度		分析方法
劣化	指標	
化学的劣化度の評価	全酸価	電位差滴定法
	酸化防止剤残存率	ガスクロマトグラフィー，赤外線分光分析
	基油の分子量布 Mw/Mn	ゲルパーミエーションクロマトグラフィー
物理的劣化度の評価	グリース漏れ率	重量てんびん
	油分離率	原子吸光分析，ろ過法
	ちょう度	ちょう度計 JIS K 2220
	滴点	滴点装置 JIS K 2220
異物の評価	金属粉（摩耗量）	原子吸光分析
	摩耗粉の形態	フェログラフィー
	水分量	カールフィッシャー法
増ちょう剤構造の評価	増ちょう剤構造	走査または透過電子顕微鏡
	増ちょう剤化学構造	赤外線分光分析

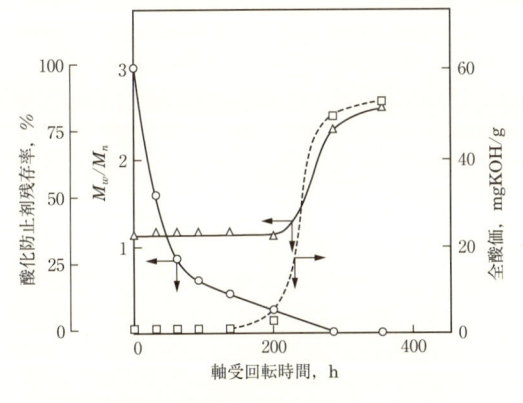

図 4.2.14　軸受封入グリースの化学的劣化の経時変化
〔出典：文献 28)〕

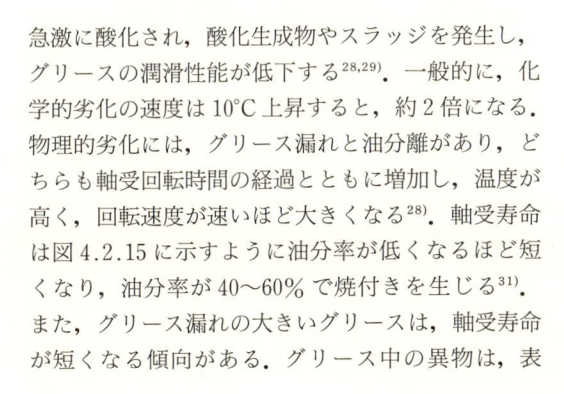

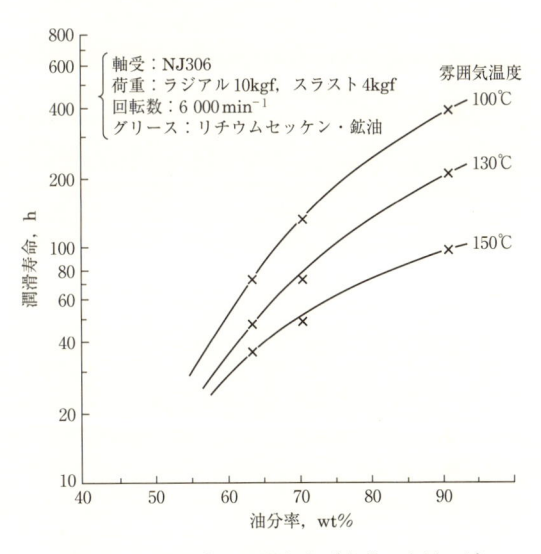

図 4.2.15　油分率と潤滑寿命〔出典：文献 31)〕

急激に酸化され，酸化生成物やスラッジを発生し，グリースの潤滑性能が低下する[28,29]．一般的に，化学的劣化の速度は 10℃ 上昇すると，約 2 倍になる．物理的劣化には，グリース漏れと油分離があり，どちらも軸受回転時間の経過とともに増加し，温度が高く，回転速度が速いほど大きくなる[28]．軸受寿命は図 4.2.15 に示すように油分率が低くなるほど短くなり，油分率が 40～60% で焼付きを生じる[31]．また，グリース漏れの大きいグリースは，軸受寿命が短くなる傾向がある．グリース中の異物は，表 4.2.8 に示すように，軸受の摩耗を促進させるため，軸受寿命を低下させる傾向がある[32]．実機に使用されている軸受では，グリースの劣化原因は複数あることが多く，グリース劣化は相互に影響し合いながら進行する．

軸受封入グリースの劣化が進行すると，軸受の音，振動が悪化し，最終的には，グリース寿命により，軸受は回転できなくなる．グリース寿命に及ぼす温度と回転速度の影響を図 4.2.16 に示す[33]．グリース寿命は温度が高く，回転速度が速いほど短く

表 4.2.8 混入異物の寿命への影響（寿命比）　〔出典：文献 32）〕

グリース記号	NA	D 10	D 20	D 50	F 10	F 50	C 03	C 10	C 50
混入異物	未混入	ダスト 1%	ダスト 2%	ダスト 5%	鉄 1%	鉄 5%	銅 0.3%	銅 1%	銅 5%
ASTM	1	0.86	0.81	0.57	0.98	0.72	2.98	2.59	1.98
曽田式	1	0.70	0.44	0.34	0.77	0.83	1.94	1.85	1.55

注　未混入グリースと異物混入グリースの平均寿命の比

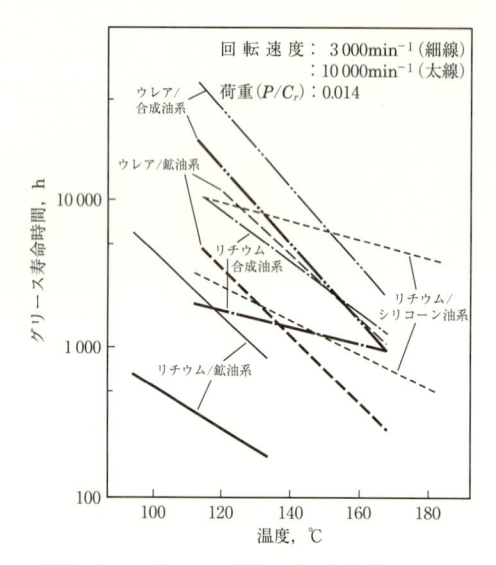

図 4.2.16　グリース寿命に及ぼす温度の影響
〔出典：文献 33）〕

なる．グリース寿命は，鉱油系グリースより合成油系グリースの方が，またリチウム系グリースよりウレア系グリースの方が，長くなる傾向がある．

電動機用軸受などでは，軸受回転は問題ないが，グリース劣化による軸受騒音が問題になることがある（音響寿命）．音響寿命の判定は用途により異なるが，6 dB 上昇を音響寿命と仮定すると，音響寿命はグリース寿命の 1/2～1/3 になることが示されている[34]．

グリース密封タイプの転がり軸受では，軸受の寿命はグリース寿命で決定される場合が多い．これまでに，グリース寿命の推定式は数多く公表されている[33,35,36]．

鉄道車軸用軸受や小形密封玉軸受では，グリースの補給や交換期間，軸受の交換期間を設定するため，グリース使用限度の目安が示されている[27,36]．本来，軸受封入グリースの劣化は軸受形式や運転条件により異なるため，使用機械ごとに劣化度を測定し，使用限度を設定する必要がある．また，グリースの劣化度と使用限度を用いて，グリース寿命を予測する方法が検討されている[36]．

（2）自動車用グリースの劣化と診断法

自動車用グリースは，車体用，駆動・シャシ用，電装・補機部品用に大別でき，C 編 2.1 に記載される性能に加え，使用箇所ごとに要求する性能がある[37～45]（表 4.2.9）．最近では，部品軽量化により樹脂部品との潤滑性が考慮されたり，等速ジョイントのように，車室内の静粛性，快適性の向上に伴って，振動低減効果が求められる[46]など，要求性能は高度，多様化の方向にある．

グリースは，一般に C 編 2.1.3 の図 2.1.7[47]に示すように物理的要因と化学的要因および異物の混入により性状が変化し，劣化して寿命に至る．グリースの劣化については，残存寿命の診断[48]に関する

表 4.2.9　自動車用グリースの用途と着目される性能

使用箇所	主な部品	着目される性能
車体用グリース	フードヒンジ ドアヒンジ ウィンドウガイド サンルーフ	耐水性（水洗耐水度，水安定度） さび止め性 同用途グリースとの混合安定性
駆動・シャシ部品用グリース	等速ジョイント ホイールベアリング ボールジョイント パワーステアリング	焼付き防止性 フレッチング防止性 せん断安定性 ゴム適合性（ブーツ，カップリング材）
電装・補機部品用グリース	オルタネータ軸受 カーエアコン軸受 アイドラプーリ軸受 冷却ファン軸受	耐高速性 温度適合性 樹脂適合性（POM，PP 等）
	コネクタ スイッチ（接点）	耐水性 電気絶縁性 腐食防止性 耐アーク性

表 4.2.10 グリースの変化と原因の調査・分析方法

グリースの変化		想定される原因	調査・分析方法				
			赤外分光	元素分析	油分	水分	電子顕微鏡
変色	黒化	摩耗分, 塵埃の混入		○			
		炭化物の生成	○				
	褐色化	水分混入によるさびの発生		○		○	
	白濁	水分混入による乳化				○	
硬化		基油の減少（蒸発）			○		
		油分離 ・増ちょう剤結晶変化	○		○		○
		基油の酸化 ・酸化による粘度増加	○				
		金属摩耗粉の混入		○			
軟化		グリース構造の破壊 ・増ちょう剤のせん断					○
		・酸化劣化物による破壊	○				○
		同用途異種グリースによる汚染	○				

表 4.2.11 グリース劣化の目安

判定項目		劣化の目安
基油分		60％以下
ちょう度		100以下または400以上
		新グリース比±20％以上
適 点	Li系	150℃以下
	Al複合, Li複合, ウレア系	200℃以下
異 物		鉄分：0.5％以上 銅分：0.3％以上
	粒 径	10μm以上[59]
劣化(酸化)生成物 IR：1710cm⁻¹検出分		9％以上（オレイン酸換算）

ものを含め, 多くの報告[47,49〜51]があり, 転がり軸受の潤滑寿命に関しては, 日本トライボロジー学会の一連の報告[52〜58]が詳しい. これらの報告で紹介された, 劣化に至るグリースの変化とその原因を調べる方法, および劣化の目安としての代表例を表4.2.10, 表4.2.11に示す.

自動車用グリースとしては, C編2.3.1で記載されるものが無交換を前提として用いられるが, グリースが表4.2.10に示すような変化を生じた場合には, 各種の分析, 調査を行なうことによって, 原因の究明, 劣化の程度が探られる. 市場から回収されるグリースは少量なので, 少量のグリースから性状の変化を探る努力もされている[60,61]が, 調べる方法が限られる場合も多い.

a. 車体, 電装・補機部品用グリースの劣化

車体部品のグリースは, 開放型の使われ方をしているものが多く, 異種グリースで汚染される危険性が高い. また, 車体部品と電装・補機部品のグリースは, 取付け位置によって, 雨滴, 泥水, 塵埃へ曝される可能性も高い.

赤外分光分析では, グリースの増ちょう剤, 基油の同定[62]が可能で, 異種グリース汚染の有無が明確にできる. また, 酸化生成物の生成や酸化防止剤, 極圧添加剤, 摩耗防止剤, さび止め剤などの添加剤の消耗度の分析から, 熱, 酸化劣化の度合いなども明らかにできる. 元素分析からは, しゅう動面の金属粉分析から, 摩耗の進行を調べ, Al, Siの存在から泥水, 塵埃に曝された可能性を推定できる. コネクタやスイッチのグリースは, 少量で使うため, 赤外分光分析は劣化を調べる唯一の手段となっている.

b. ホイールベアリンググリースの劣化

実車試験によるホイールベアリンググリースの機械的せん断による劣化が, 電子顕微鏡により観察されている[63]. 図4.2.17に示すように, 走行距離に伴い, 増ちょう剤の網目構造が切断され, 細片化され, さらに塊状に変化する. 別の車両実験から, ハブ内グリースが流動化に至る外観（図4.2.18）とちょう度の変化（図4.2.19）が明らかになっており[64], 増ちょう剤の破損がグリース軟化劣化を引き起こすことがわかる. 増ちょう剤の構造は, せん断

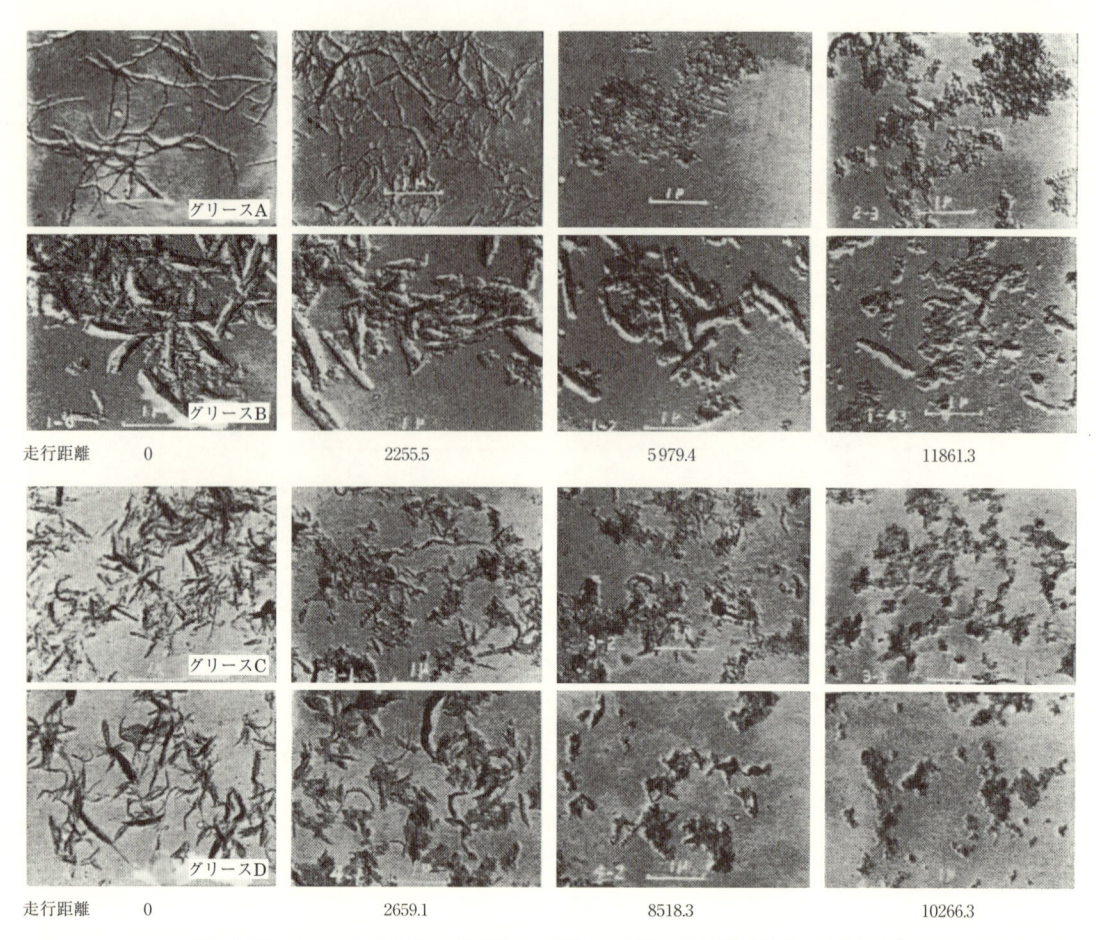

グリースA			
グリースB			
走行距離　0	2255.5	5979.4	11861.3
グリースC			
グリースD			
走行距離　0	2659.1	8518.3	10266.3

図 4.2.17　ホイールベアリンググリース増ちょう剤のせん断〔出典：文献 63)〕

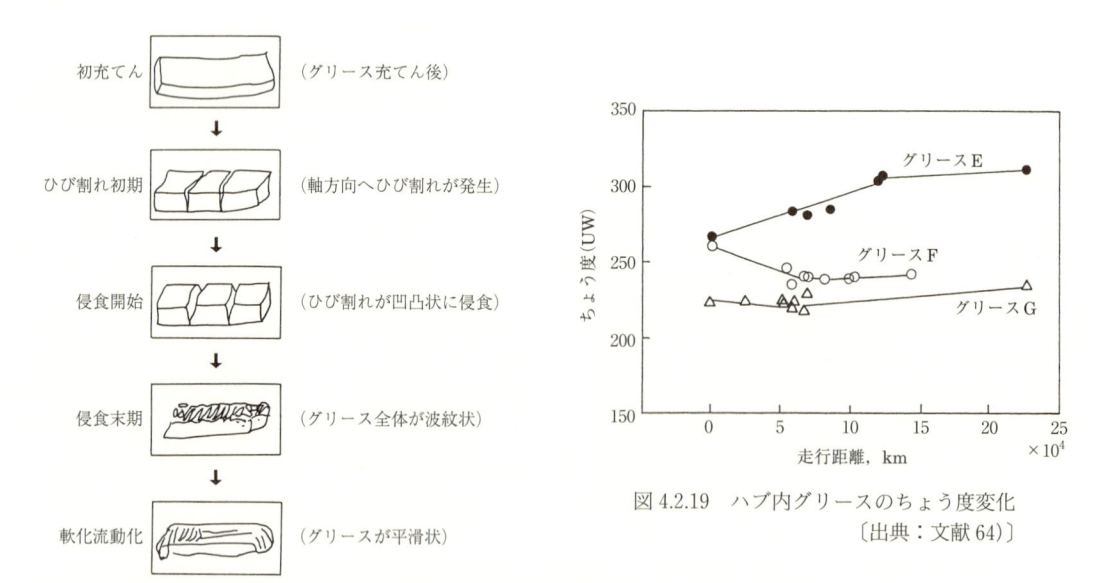

初充てん　（グリース充てん後）
↓
ひび割れ初期　（軸方向へひび割れが発生）
↓
侵食開始　（ひび割れが凹凸状に侵食）
↓
侵食末期　（グリース全体が波紋状）
↓
軟化流動化　（グリースが平滑状）

図 4.2.18　ハブ内グリースの変化

図 4.2.19　ハブ内グリースのちょう度変化
〔出典：文献 64)〕

が弱い場合は復元するが，強い場合には流動状となって，潤滑部より漏洩し，グリースの機能を失う．

文　献

1) R. Thom, K. Kollman, W. Warnecke & M. Frend : SAE Paper 951035.
2) A. Yamaguchi & K. Inoue : SAE Paper 952341.
3) K. L. Kruez : Lubrication, **55**, 6 (1969) 53.
4) 村上靖宏・中村清隆・相原久元：日本機械学会論文集 (B編), **56**, 525 (1990) 1536.
5) J. W. Sprys, D. R. Vaught & E. L. Stephens : SAE Paper 941885.
6) 橋本一彦：トライボロジスト, **42**, 1 (1997) 2.
7) 君島孝尚・羽石　正・岡部平八郎：トライボロジスト, **39**, 3 (1994) 277.
8) 君島孝尚・羽石　正・岡部平八郎：トライボロジスト, **39**, 4 (1994) 337.
9) 橋本高明：トライボロジー・セミナー1997講演資料集 (1997-12) 55.
10) 君島孝尚：トライボロジスト, **38**, 1 (1993) 2.
11) 青野比良夫：トライボロジスト, **40**, 10 (1995) 799.
12) 渡辺康之：トライボロジスト, **40**, 10 (1995) 817.
13) 君島孝尚：プラントエンジニア, **22**, 8 (1990) 69.
14) 中村貫一・樺山　薫：潤滑, **17**, 11 (1972) 783.
15) 吉岡俊彦：トライボロジスト, **40**, 10 (1995) 866.
16) L. Stewart : Construction Equipment, **8** (1996) 52.
17) 大川　聰・岩片敬次・新保　明・三原健治：協同油脂主催トライボロジー研究会第7回講演会 (1996) 43.
18) J. A. McGeehan, T. M. Franklin, F. Bondarowicz, T. Bowen, W. Cave, C. Cusano, G. Fransworth & M. J. Queen : SAE Paper 941939.
19) 山崎主雄・和田良樹：月刊トライボロジ, 9 (1996) 24.
20) 山口政房・大川　聰：機械設計, **41**, 11 (1997) 50.
21) S. Ohkawa, A. Konishi, H. Hatano, K. Ishihama, K. Tanaka & M. Iwamura : SAE Paper 951038.
22) 堀口　博：潤滑油とグリース, 三共出版 (1968) p. 127.
23) N. W. Emanel, E. T. Denisov & Z. K. Maizus : Liquid-phase oxidation of hydrocarbons, Plenum Press, N. Y. (1967).
24) E. R. Bowen & V. C. Westcott : Wear Particle Atlas, Foxboro Inc. July (1976).
25) 松本善政, R. H. Rotondi：日本舶用機関学会誌, **15**, 5 (1980) 369.
26) 平井恭一：潤滑経済, 11 (1993) 23.
27) 鈴木八十吉：潤滑, **15** (1970) 439.
28) H. Ito, M. Tomaru & T. Suzuki : Lub. Eng., **44** (1988) 872.
29) 日本潤滑学会鉱油系グリースの寿命とその劣化過程に関する研究会：トライボロジスト, **37** (1992) 619.
30) 伊藤裕之：メインテナンス (1994-5) 25.
31) 小松﨑茂樹：機械の研究, **28** (1976) 951.
32) 混入異物のグリース寿命への影響に関する研究会：トライボロジスト, **38** (1993) 1059.
33) H. Ito, H. Koizumi & M. Naka : Proc. Trib. Conf., Yokohama (1995) 931.
34) T. Suzuki, T. Suzuki & H. Koizumi : Proc. JSLE-ASLE Int. Lub. Conf. (1976) 715.
35) E. R. Booser : Lub. Eng., **30** (1974) 536.
36) M. Tomaru, T. Suzuki, H. Ito & T. Suzuki : Proc. JSLE Int. Trib. Conf. (1985) 1039.
37) 畠山　正：潤滑, **19**, 4 (1974) 331.
38) JGI技術委員会適合性グループ試験結果 (1977).
39) 中　道治：潤滑, **32**, 3 (1987) 165.
40) 小西誠一・上田　亨：潤滑油の基礎と応用, コロナ社 (1992) 366.
41) 竹内　澄：トライボロジスト, **38**, 2 (1992) 181.
42) 長谷川　亮：潤滑, **33**, 11 (1988) 834.
43) 木全　圭：潤滑, **31**, 10 (1986) 697.
44) 土谷正憲：潤滑, **30**, 12 (1985) 847.
45) 遠藤敏明：トライボロジスト, **41**, 7 (1996) 576.
46) 畠山　康・酒井敬次：トライボロジスト, **36**, 2 (1991) 122.
47) 中西幸夫・木村　浩：日本機械学会第690回講習会教材 (1988) 73.
48) R. E. Kauffman : Lub. Eng., **51**, 3 (1995) 223.
49) 影山八郎：潤滑, **7**, 2 (1962) 93.
50) 河野通郎・鈴木八十吉：潤滑, **8**, 4 (1963) 198.
51) 鈴木八十吉：潤滑, **15**, 7 (1970) 439.
52) 日本潤滑学会グリース寿命の温度依存性研究会：潤滑, **30**, 10 (1985) 725.
53) 日本潤滑学会グリース寿命の温度依存性研究会：潤滑, **30**, 12 (1985) 873.
54) 日本潤滑学会グリース寿命の添加剤依存性研究会：潤滑, **33**, 12 (1988) 887.
55) 日本トライボロジー学会グリース寿命の基油粘度依存性研究会：トライボロジスト, **35**, 3 (1990) 175.
56) 日本トライボロジー学会鉱油系グリースの寿命とその劣化過程に関する研究会：トライボロジスト, **37**, 8 (1992) 619.
57) 日本トライボロジー学会混入異物のグリース寿命への影響に関する研究会：トライボロジスト, **38**, 12 (1993) 1059.
58) 日本トライボロジー学会固体潤滑剤のグリース寿命への影響に関する研究会：トライボロジスト, **41**, 2 (1996) 141.
59) H. Komiya : NLGI Spokesman, **56**, 5 (1992) 173.
60) 大森達夫：潤滑, **32**, 1 (1987) 56.
61) H. Kinoshita : NLGI Spokesman, **48**, 1 (1984) 14.
62) 藤田　稔・杉浦健介・斎藤文之：潤滑剤の実用性能, 幸書房 (1980) 268.
63) 春木和巳：自動車技術, **15**, 9 (1961) 412.
64) 関谷　誠・荒井　孝：日石レビュー, **38**, 2 (1996) 81.

4.3 機械システムの信頼性・故障診断

4.3.1 信頼性評価法

(1) 信頼度関数と故障率

信頼性・信頼度という用語は，工業製品に対して，また日常会話においてよく使われるが，信頼性はJISにより次のように定義されている．

信頼性 (Reliability)：「アイテムが与えられた条件で規定の期間中，要求された機能を果たすことが

できる性質」

信頼性という用語は定性的であるが、これを定量的に確率で表示したものが信頼度である。ここで、アイテム（Item）とは、JISによると、「信頼性の対象となるシステム（系）、サブシステム、機器、装置、構成品、部品、素子、要素などの総称またはいずれか」と定義されている。

信頼度の尺度として最も基本的なものは信頼度関数 $R(t)$ である。これは信頼度の時間の関数として表わしたものであり、時刻 $t=0$ におけるアイテムの総数を N_0 個とした場合、時刻 t においてどれくらい健全に動作し続けているかという割合を示している。すなわち、時刻 t において健全に動作しているアイテムの個数を $N_s(t)$ 個とすれば、信頼度関数 $R(t)$ は次のように定義できる。

$$R(t) = \frac{N_s(t)}{N_0} \quad (4.3.1)$$

これに対して、不信頼度関数 $Q(t)$ は、時刻 t までに全体の何 % が故障しているかを示す累積値である。すなわち、時刻 t までの故障の総数を $N_f(t)$ 個とすると、不信頼度関数 $Q(t)$ は、式 (4.3.2) で表わされる。

$$Q(t) = \frac{N_f(t)}{N_0} \quad (4.3.2)$$

ここで、

$$N_s(t) + N_f(t) = N_0 \quad (4.3.3)$$

となるので、明らかに次式が成立する。

$$\frac{N_s(t)}{N_0} + \frac{N_f(t)}{N_0} = R(t) + Q(t) = 1 \quad (4.3.4)$$

また、時間あたりどれくらいの割合で故障するかを示す故障密度関数 $f(t)$ は、式 (4.3.5) のように、$Q(t)$ を時間で微分して求めることができる。

$$f(t) = \frac{dQ(t)}{dt} \quad (4.3.5)$$

したがって、故障密度関数 $f(t)$ を用いて不信頼度関数 $Q(t)$ を表わすと、

$$Q(t) = \int_0^t f(t) dt \quad (4.3.6)$$

となる。また、式 (4.3.4) の関係より、式 (4.3.7) が得られる。

$$R(t) = 1 - \int_0^t f(t) dt = \int_t^\infty f(t) dt \quad (4.3.7)$$

アイテムがある時間正常に動作したのちに単位時間内で故障する確率を $\lambda(t)$ とすれば、$\lambda(t)$ は式 (4.3.8) のように表わされる。

$$\lambda(t) = \frac{f(t)}{R(t)} = -\frac{1}{R(t)} \frac{dR(t)}{dt} \quad (4.3.8)$$

式 (4.3.8) の $\lambda(t)$ を故障率と呼び、アイテムの重要な信頼性の尺度である。式 (4.3.8) から信頼度関数 $R(t)$ は次式のように求められる。

$$R(t) = \exp\left\{-\int_0^t \lambda(t) dt\right\} \quad (4.3.9)$$

（2）平均故障時間（MTTF）

アイテムの寿命特性を示す尺度として、平均故障時間 MTTF（Mean Time To Failure）がある。アイテムが故障しても修理しない場合、非修復系と呼ばれる。非修復系では、故障すればそのアイテムはそれ以上使用することができないので、故障までの時間が寿命である。すなわち、平均故障時間とは、アイテムが故障するまでの時間、言い換えれば寿命の平均値であり、式 (4.3.10) で与えられる。

$$\text{MTTF} = \int_0^\infty t f(t) dt = \int_0^\infty R(t) dt \quad (4.3.10)$$

また、運用開始後、保全によって故障の修復が可能な系に対しては、故障間平均時間 MTBF（Mean Time Between Failures）がある。MTBFについては後述する。

（3）故障のモデル

一般に、部品や装置は、はじめ故障しやすく、そのうち故障しなくなり安定状態が続く。そして、かなり時間がたった後、順次故障率が増加することがよく知られている。すなわち、これは時間的に三つの部分に区別される。故障率が減少する期間を、初期故障期間、故障率が一定の期間を偶発故障期間、故障率が増大する期間を摩耗故障期間と称し、図 4.3.1 に示すように故障率 $\lambda(t)$ が変化し、バスタブ（bath-tub）曲線を形成する。

図 4.3.1 の偶発故障期間は、安定期であり、故障

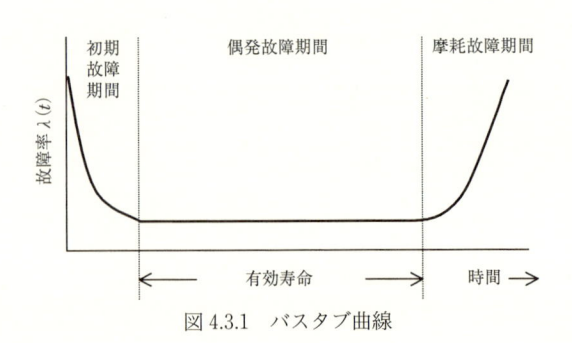

図 4.3.1　バスタブ曲線

は偶発（ランダム）に発生する．すなわち，偶発故障の特徴は，故障率の値が最も小さく，しかも時間に関して一定値をとることである．したがって，故障率 $\lambda(t)=\lambda$ とおくと，式(4.3.9)より信頼度関数 $R(t)$ は式(4.3.11)に示すように指数型となる．したがって，MTTFは，式(4.3.10)より式(4.3.12)となる．すなわち，$\lambda(t)$が一定の場合，MTTFは故障率の逆数で与えられることがわかる．

$$R(t)=e^{-\lambda t} \quad (4.3.11)$$

$$\mathrm{MTTF}=m=\frac{1}{\lambda} \quad (4.3.12)$$

（4）システムの信頼度

a. 直列系の信頼度

図 4.3.2 に示す n 個（$n=1, 2, 3, \cdots$）のアイテムから構成された直列系について考える．この系はすべての構成アイテムが動作したときのみに機能する．各構成アイテムの信頼度を $R_i(t)$ とすると，この直列系の信頼度 $R(t)$ は式(4.3.13)となる．

$$R(t)=\prod_{i=1}^{n} R_i(t) \quad (4.3.13)$$

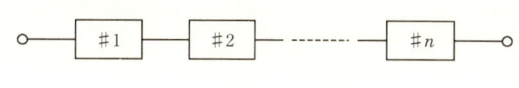

図 4.3.2　直列系

構成アイテムの全てが偶発故障によって故障を起こすとすれば，故障率は定数 λ_i となり，i 番目の構成アイテムの信頼度 $R_i(t)$ は式(4.3.14)に示すように指数分布で表わすことができる．したがって，直列系の信頼度 $R(t)$ は式(4.3.15)で表わされる．

$$R_i(t)=\exp(-\lambda_i t) \quad (4.3.14)$$

$$R(t)=\prod_{i=1}^{n}\exp(-\lambda_i t)=\exp\left(-\sum_{i=1}^{n}\lambda_i t\right) \quad (4.3.15)$$

さらに，系全体の故障率を λ_{SR} とすると $R(t)$ は式(4.3.16)となる．したがって，λ_{SR} は式(4.3.17)で表わされる．

$$R(t)=\exp(-\lambda_{SR} t) \quad (4.3.16)$$

$$\lambda_{SR}=\sum_{i=1}^{n}\lambda_i \quad (4.3.17)$$

直列系の MTTF は，式(4.3.10)および式(4.3.16)より，次式で与えられる．

$$\mathrm{MTTF}=\int_0^\infty \exp(-\lambda_{SR} t)\,dt=\frac{1}{\lambda_{SR}}=\frac{1}{\sum_{i=1}^{n}\lambda_i} \quad (4.3.18)$$

さらに，各アイテムの故障率が同一，すなわち，$\lambda_i=\lambda$ ($i=1, 2, \cdots, n$) ならば，信頼度 $R(t)$ は式(4.3.19)となり，MTTF は式(4.3.20)となる．

$$R(t)=\exp(-n\lambda t) \quad (4.3.19)$$

$$\mathrm{MTTF}=\frac{1}{n\lambda} \quad (4.3.20)$$

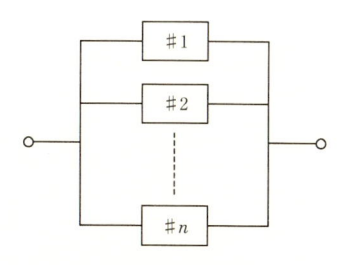

図 4.3.3　並列系

b. 並列系の信頼度

図 4.3.3 に示す n 個（$n=1, 2, 3, \cdots$）のアイテムから構成された並列系について考える．この系は全てのアイテムが機能を喪失したときに系が機能を喪失する．各構成アイテムの不信頼度を $Q_i(t)$ とすると，この並列系の不信頼度 $Q(t)$ は式(4.3.21)のように $Q_i(t)$ の積で与えられる．

$$Q(t)=\prod_{i=1}^{n} Q_i(t) \quad (4.3.21)$$

したがって，この系の信頼度 $R(t)$ は

$$R(t)=1-Q(t)=1-\prod_{i=1}^{n}Q_i(t)$$
$$=1-\prod_{i=1}^{n}(1-R_i(t)) \quad (4.3.22)$$

で与えられる．全てのアイテムが一定の故障率 λ_i をもつ指数分布の場合，式(4.3.14)が適用され，信頼度 $R(t)$ は

$$R(t)=1-\prod_{i=1}^{n}[1-\exp(-\lambda_i t)] \quad (4.3.23)$$

となる．したがって，並列系の MTTF は，式(4.3.7)および式(4.3.23)より次式で与えられる．

$$\mathrm{MTTF}=\int_0^\infty \left\{1-\prod_{i=1}^{n}[1-\exp(-\lambda_i t)]\right\}dt$$
$$=\sum_{i=1}^{n}\sum_{j_1<\cdots<j_i}(-1)^{i+1}(\lambda_{j_1}+\cdots+\lambda_{j_i})^{-1} \quad (4.3.24)$$

並列系の各アイテムが同一の故障率 λ をもつ場合，式(4.3.24)より MTTF は式(4.3.25)となる．

$$\mathrm{MTTF}=\sum_{i=1}^{n}\frac{1}{i\lambda_i} \quad (4.3.25)$$

c. r-out-of-n 並列系の信頼度

r-out-of-n 並列系とは，n 個の（$n=1$, 2, 3, …）のアイテムから構成されており，n 個のアイテムのうち少なくとも r 個が動作したときに機能する系である．したがって，r-out-of-n 並列系の信頼度 $R(t)$ は，アイテムの信頼度を R_x としたとき式(4.3.26)で与えられる．

$$R(t) = \sum_{k=r}^{n} \binom{n}{k} R_x^k Q_x^{n-k}$$
$$= \sum_{k=r}^{n} \binom{n}{k} R_x^k (1-R_x)^{n-k} \quad (4.3.26)$$

これより，式(4.3.27)の展開式において，R_x の r 次以上の項の和が信頼度に対応することがわかる．

$$(R_x+Q_x)^n = \binom{n}{0}Q_x^n + \binom{n}{1}R_x Q_x^{n-1} + \cdots$$
$$+ \binom{n}{r-1}R_x^{r-1}Q_x^{n-r+1}$$
$$+ \binom{n}{r}R_x^r Q_x^{n-r} + \cdots + \binom{n}{n}R_x^n = 1$$
$$(4.3.27)$$

例として，2-out-of-4 並列系を考える．式(4.3.27)を $n=4$ から $r=2$ の間で展開し，以下の確率が得られる．

アイテムが全く故障しない確率 $= R_x^4$
1個のアイテムが故障する確率 $= 4R_x^3 Q_x$
2個のアイテムが故障する確率 $= 6R_x^2 Q_x^2$

この系は，2個のアイテムが故障するまでは，作動する系であり，信頼度 $R(t)$ は次式で与えられる．

$$R(t) = R_x^4 + 4R_x^3 Q_x + 6R_x^2 Q_x^2 \quad (4.3.28)$$

d. 待機冗長系の信頼度

図4.3.4に示すように，n 個（$n=1$, 2, 3, …）の独立なアイテムがある．その中の一つのアイテム#1が動作状態にあるとき，これが故障した場合，切替えスイッチにより，ただちに#2のアイテムに切り替わる．さらにこのアイテムが故障したときは#3と故障の度ごとに次々とアイテムの切替えが行なわれる冗長系である．

ここでは，簡単な場合として，全てのアイテムについて，動作状態でのアイテムの故障率を λ とする．また，待機時の故障率は0とする．ここで，アイテムの切替えは，瞬時に，そして完全になされるものとする．システムが動作可能なアイテムの故障数を r 個とする．このような待機冗長系に対しては，ポアソン分布が適用され，待機冗長系の信頼度 $R(t)$ は式(4.3.29)で与えられる．

$$R(t) = \sum_{k=0}^{r} \frac{(\lambda t)^k}{k!} \exp(-\lambda t)$$
$$= \left[1 + \lambda t + \frac{(\lambda t)^2}{2!} + \cdots + \frac{(\lambda t)^r}{r!}\right] \exp(-\lambda t)$$
$$(4.3.29)$$

例として，一つのアイテムが動作し，一つのアイテムが待機している系の信頼度を考える．この系の信頼度は式(4.3.29)より，式(4.3.30)となる．

$$R(t) = (1+\lambda t)\exp(-\lambda t) \quad (4.3.30)$$

また，上記の系についてスイッチの切替えが完全に行なわれない場合についても容易に信頼度を計算することが可能である．スイッチの信頼度を R_{sw} とすると，この系の信頼度 $R(t)$ は，式(4.3.31)となる．

$$R(t) = (1+R_{sw}\lambda t)\exp(-\lambda t) \quad (4.3.31)$$

e. 一般系の信頼度
（カットセット・パス（タイ）セット法）

システムの信頼性が流れ図，あるいはブロック線図で表現されているとき，最小カット，最小パスの集合という考え方を用いて系の信頼度を求めることができる．

パス集合とは，入力から出力をつなぐアイテムの組集合であり，その中で最小のアイテム数の組集合を最小パス集合(P_1, P_2, …, P_n)という．最小パスを用いると，システムの信頼度 $R(t)$ は，次式により表わされる．

$$R(t) = (P_1 + P_2 + \cdots + P_n) \quad (4.3.32)$$

次に，信頼度ブロック線図において，カット集合とは，入出力の経路を切断するアイテムの集合であり，その中で最小のアイテム数の組集合を最小カット集合(C_1, C_2, …, C_n)という．最小カット集合が故障している事象を，$\bar{C}_1$, $\bar{C}_2$, …, $\bar{C}_n$ とすれば，システム不信頼度 $Q(t)$ は，式(4.3.33)により表わされる．

$$Q(t) = P(\bar{C}_1 + \bar{C}_2 + \cdots + \bar{C}_n) \quad (4.3.33)$$

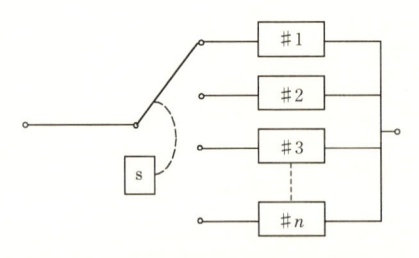

図4.3.4 待機冗長系〔出典：文献5）〕

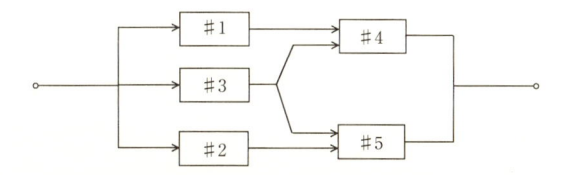

図 4.3.5　一般系の例〔出典：文献 5〕

図 4.3.5 の例に対して，最小パス集合，最小カット集合を求めてシステムの信頼度を計算する．#1，#2，…，#5 の各アイテムが良品である事象を x_1，…，x_5 とすると，この系の最小パス集合は，式 (4.3.34) となる．したがって，システム信頼度 $R(t)$ は式 (4.3.35) で与えられる．

$$P_1 = x_1 x_4, \quad P_2 = x_2 x_5, \quad P_3 = x_3 x_4, \quad P_4 = x_3 x_5 \tag{4.3.34}$$

$$\begin{aligned} R(t) &= P(x_1 x_4 + x_2 x_5 + x_3 x_4 + x_3 x_5) \\ &= 1 - (1 - R_1 R_4)(1 - R_2 R_5)(1 - R_3 R_4) \\ &\quad (1 - R_3 R_5) \\ &= R_1 R_4 + R_2 R_5 + R_3 R_4 + R_3 R_5 - R_1 R_3 R_4 - \\ &\quad R_2 R_3 R_5 - R_3 R_4 R_5 - R_1 R_2 R_4 R_5 + \\ &\quad R_1 R_2 R_3 R_4 R_5 \end{aligned} \tag{4.3.35}$$

いま，各々のアイテムが同一とし，$R_1 = R_2 = \cdots = R_5 = R_0$ とすれば式 (4.3.35) は式 (4.3.36) となる．

$$R = 4R_0^2 - 3R_0^3 - R_0^4 + R_0^5 \tag{4.3.36}$$

次に，図 4.3.5 の系の最少カット集合を求めれば，式 (4.3.37)

$$\bar{C}_1 = \bar{x}_1 \bar{x}_2 \bar{x}_3, \quad \bar{C}_2 = \bar{x}_4 \bar{x}_5, \quad \bar{C}_3 = \bar{x}_2 \bar{x}_3 \bar{x}_4,$$
$$\bar{C}_4 = \bar{x}_1 \bar{x}_3 \bar{x}_5 \tag{4.3.37}$$

となり，システムの不信頼度 $Q(t)$ は，式 (4.3.33) より式 (4.3.38) で与えられる．

$$\begin{aligned} Q(t) &= P(\bar{x}_1 \bar{x}_2 \bar{x}_3 + \bar{x}_4 \bar{x}_5 + \bar{x}_2 \bar{x}_3 \bar{x}_4 + \bar{x}_1 \bar{x}_3 \bar{x}_5) \\ &= 1 - (1 - Q_1 Q_2 Q_3)(1 - Q_4 Q_5) \\ &\quad (1 - Q_2 Q_3 Q_4)(1 - Q_1 Q_3 Q_5) \\ &= Q_1 Q_2 Q_3 + Q_4 Q_5 + Q_2 Q_3 Q_4 + Q_1 Q_3 Q_5 \\ &\quad - Q_1 Q_2 Q_3 Q_4 - Q_1 Q_2 Q_3 Q_5 - Q_2 Q_3 Q_4 Q_5 \\ &\quad - Q_1 Q_3 Q_4 Q_5 + Q_1 Q_2 Q_3 Q_4 Q_5 \end{aligned} \tag{4.3.38}$$

式 (4.3.38) において，$Q_i = 1 - R_i (i = 1, \cdots, 5)$，$Q = 1 - R$ を代入すれば，式 (4.3.38) は式 (4.3.35) に一致する．

(5) 保全を伴う系の信頼度

ここでは，運用開始後，保全によって故障の修復が可能な系について述べる．このような系を修理系といい，信頼性と保全性を取り入れたような尺度が必要である．この目的のために，アベイラビリティが用いられている．アベイラビリティは，(1) 瞬間アベイラビリティ，(2) 平均アベイラビリティの 2 種類がある．瞬間アベイラビリティとは，修理系が，与えられた時刻 t で機能を保持している確率であり，平均アベイラビリティとは，ある期間中に機能を維持する時間の割合と定義されている．要するに，機能を維持するとは，設備が正常に運転していることであり，アベイラビリティは稼働率といわれるように，設備が稼働している時間の割合である．平均アベイラビリティの定義式は，式 (4.3.39) で与えられる．

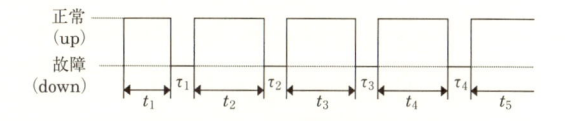

$$A = \frac{\text{平均動作可能時間}}{\text{平均動作可能時間} + \text{平均動作不可能時間}} \tag{4.3.39}$$

$\bar{t} = (t_1 + t_2 + \cdots t_n)/n$，動作時間の平均値 (MTBF)
$\bar{\tau} = (\tau_1 + \tau_2 + \cdots \tau_n)/n$，停止時間の平均値 (MTTR)

アベイラビリティ　$A = \dfrac{\bar{t}}{\bar{t} + \bar{\tau}}$

アンアベイラビリティ　$\bar{A} = 1 - A = \dfrac{\bar{\tau}}{\bar{t} + \bar{\tau}}$

図 4.3.6　アベイラビリティ，アンアベイラビリティ

さて，図 4.3.6 において，正常に運転している状態を up といい，故障している状態を down という．up time とは動作可能時間，down time とは動作不可能時間である．いま動作可能時間の平均値を $\bar{t}$ を求め，同様に，動作不可能時間の平均値 $\bar{\tau}$ を求める．それぞれを，MTBF (Mean Time Between Failures)，MTTR (Mean Time To Repair) と呼び，これらは，次のように定義されている．

・MTBF (Mean Time Between Failures, 故障間平均時間)：修理しながら使用する系，機器，部品などで発生する相隣る故障間の動作時間の平均値である．図 4.3.6 から明らかなように，二つの故障間の動作時間であり，故障間平均時間，または平均故障間隔といわれる．

・MTTR (Mean Time To Repair, 平均修復時間)：故障した系，機器，部品に対して，修復作業を開始した時点から，運用可能状態に回復するまで

の平均時間である．

したがって，式(4.3.39)を書き直せば，

$$A = \frac{(\text{MTBF})}{(\text{MTBF}) + (\text{MTTR})} \quad (4.3.40)$$

となる．

式(4.3.12)においては，MTTF＝$1/\lambda$を示したが，MTTFは保全しないアイテムの故障までの動作時間の平均値である．保全をする系のMTBFについても式(4.3.41)に示すように故障率の逆数で与えられる．

$$\text{MTBF} = 1/\lambda \quad (4.3.41)$$
$$\text{MTTR} = 1/\mu \quad (4.3.42)$$

一方，MTTR（平均修復時間）は式(4.3.42)に示すように修復率μの逆数として与えられる．ここで修復率とは，修復されているアイテムが，ある時間経過した時点で単位時間に修復される割合であり，修復しやすさの尺度を示している．これは故障の場合の故障率に相当する．したがって，式(4.3.40)で定義したアベイラビリティを式(4.3.41)，(4.3.42)を用いて書き直せば，

$$A = \frac{(\text{MTBF})}{(\text{MTBF}) + (\text{MTTR})}$$
$$= \frac{1/\lambda}{1/\lambda + 1/\mu} = \frac{\mu}{\lambda + \mu} \quad (4.3.43)$$

となる．Aの数値が1に近い場合には，アンアベイラビリティ（unavailability）を用い，式(4.3.44)で定義する．

$$\bar{A} = 1 - A = \frac{(\text{MTTR})}{(\text{MTBF}) + (\text{MTTR})} = \frac{\lambda}{\mu + \lambda} \quad (4.3.44)$$

一方，定義の(2)の瞬間アベイラビリティは，ある時刻tにおいて運用可能な確率を表わしており，アベイラビリティ$A(t)$，アンアベイラビリティ$\bar{A}(t)$は，式(4.3.45)および式(4.3.46)で表わされる．

$$A(t) = \frac{\mu}{\lambda + \mu} + \frac{\lambda}{\lambda + \mu} e^{-(\lambda + \mu)t} \quad (4.3.45)$$

$$\bar{A}(t) = \frac{\lambda}{\lambda + \mu} - \frac{\mu}{\lambda + \mu} e^{-(\lambda + \mu)t} \quad (4.3.46)$$

式(4.3.45)，(4.3.46)において，$t \to \infty$とすれば式(4.3.47)，(4.3.48)となり，式(4.3.43)，(4.3.44)と一致している．

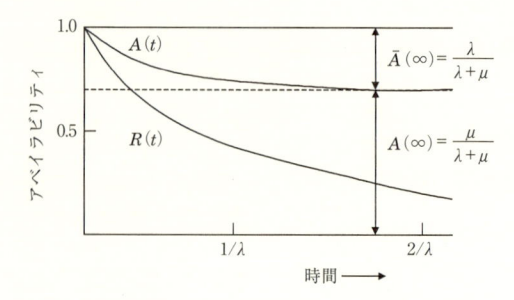

図4.3.7　信頼度とアベイラビリティ〔出典：文献5)〕

$$A(\infty) = \frac{\mu}{\lambda + \mu} \quad (4.3.47)$$

$$\bar{A}(\infty) = \frac{\lambda}{\lambda + \mu} \quad (4.3.48)$$

式(4.3.45)を図で示せば，図4.3.7となる．$A(t)$は$t=0$で1であるが，単調に減少し，$A(\infty)=\mu/(\lambda+\mu)$に次第に接近することがわかる．また，$A(t)$は常に$R(t)$より大である．すなわち，故障しても修理により正常に復帰するので，信頼性が高くなる．

式(4.3.45)で$\mu=0$，すなわちMTTR＝∞（修理に必要な時間が無限大となる）の場合には，保全を行なわない系であり，この場合には，$R(t)=e^{-\lambda t}$と一致することがわかる．

4.3.2　故障予測解析
(1) FTA/ETA

FTA（故障の木解析，Fault Tree Analysis）は故障のメカニズムを階層的に表現する方法である．まず，対象とするシステムの故障を定義し，それを頂上事象として，直接の原因となる下位事象を"AND"あるいは"OR"などブール代数の論理で結合する．次に，それらの下位事象について逐次同様な操作を繰り返し，それ以上展開することができない故障原因である基本事象に到るまで続ける．フォルトツリー（FT）の作成に用いられる記号を表4.3.1に示す．

FTAの一般的手順は次のとおりである．
(1) 対象とするシステム，基本原則および仮定事項を定義する．
(2) 入力，出力およびインタフェースを明示したブロック線図を作製する．
(3) 頂上事象すなわち対象とするシステム故障を定義する．

第4章 異常検出および診断法

表4.3.1 FTAに用いられる記号

記号	名称	意味
AND（出力・入力）	AND 論理積	入力事象が全て生起すると出力現象が現われる
OR（出力・入力）	OR 論理和	入力事象のいずれか一つが生起するとき出力現象が現われる
□	事象	故障，結果，条件などの事象を表わし，さらに展開可能なもの
○または◯	基本事象	これ以上展開が不可能な事象生起確率が単独に与えられる
◇	非展開事象	さらに展開が可能あるいは必要であるがとりあえず基本事象と考える事象
制止ゲート（出力・条件・入力）	制止ゲート	条件が成立するときのみ出力事象が発生する
△ ▽	移行記号	関連する部分への移行または連絡を示す

（4）論理記号を用いて頂上事象に対するFTを可能な限り詳細に展開する．
（5）完成されたFTを解析する．
（6）システム故障に対する改善策を提案する．
（7）解析結果を文書化する．

FTの一例を図4.3.8に示す．FTは，複雑な事象間の関連，問題点を視覚的に捕らえることができ，故障診断チェックマニュアルとしても利用できる．

FTより，どの基本事象が頂上事象の発生に対して大きな影響をもつかを知ることは，対象とするシステムの問題点や改善策を検討するうえで重要である．そのために，ミニマムカットセット，ミニマムパスセットが用いられる．

ミニマムカットセットは頂上事象が生起するための必要最小限の基本事象の組合せであり，ミニマムパスセットはその中に含まれるすべての基本事象が生起しなければ頂上事象が生起しないことが保証できる必要最小限の基本事象の組合せである．

FTからミニマムカットセット，ミニマムパスセットを探索する計算アルゴリズムが種々開発されている[6]．また，各々の基本事象の生起確率がわかれば，ミニマムカットセットを用いて頂上事象の発生確率の定量的解析も可能である[7]．

ETA（事象の木解析，Event Tree Analysis）は，FTAとは逆にシステム故障の発生過程を初期事象から最終事象まで追跡することによって，故障解析を行なう方法である．ETの例を図4.3.9に示す．ETをもとに，重大な故障の原因となる欠陥を見出し，それを是正して，重大故障の発生を防止する方法を検討することができる．また，各事象の生起確率がわかれば，故障確率を計算することもでき

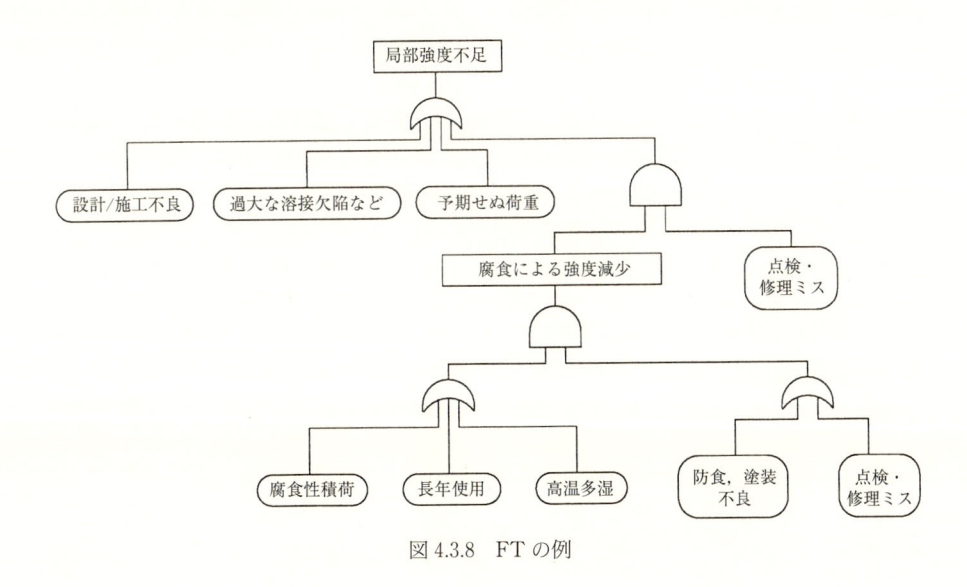

図4.3.8 FTの例

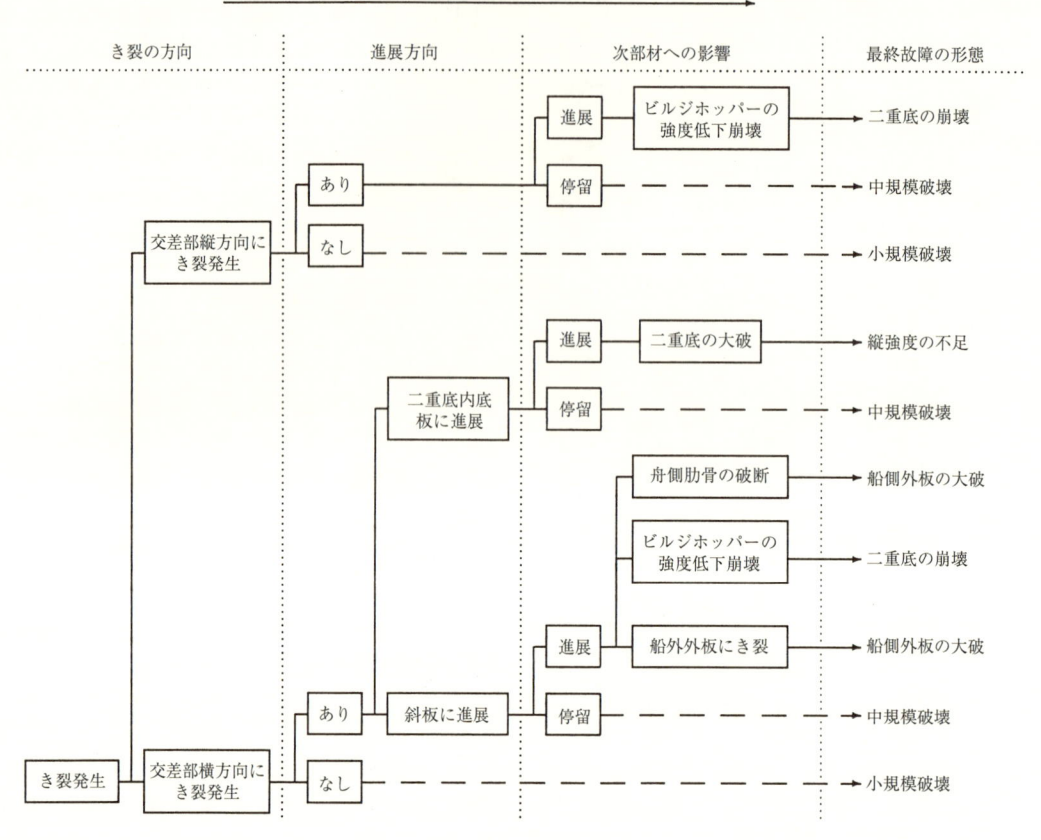

図 4.3.9 ET の例

（2）FMEA/FMECA

FMEA（故障モードと影響解析，Failure Mode and Effect Analysis）はアイテムの故障モードの生起がシステムにどのような影響を及ぼすかを組織的に評価する方法である．FMEA をさらに進めて，故障モードの起こりやすさやその影響の度合いをより詳細に分析し，故障の影響を致命度として評価する方法が FMECA（故障モードと影響および致命度解析，Failure Mode, Effect and Criticality Analysis）である[8～10]．

FMEA/FMECA の実施手順の例を以下に示す．

(1) システムの機能，すなわち達成すべき使命を簡潔に記述する．
(2) 故障の定義を明らかにする．
(3) システムの構造，すなわち，システムを構成するサブシステム，コンポーネント，パーツを明確にする．
(4) 故障が発生するシステムの運用状態を明らかにする．
(5) アイテムの故障モードとその原因を列挙する．
(6) 故障モードの生起によるシステムの受ける影響をレベルごとに検討する．
(7) 故障の生起確率や影響の度合いを評価する．
(8) 故障防止，あるいは軽減対策を立てる．
(9) 解析において問題となった事項を記録しておく．
(10) 解析結果を文書化する．

FMEA/FMECA の実施結果の表示には種々の形式が考えられるが，図 4.3.10，図 4.3.11 に一例を示す．

故障の影響の厳しさの定性的評価を次のような厳しさクラスに分類することによって行なう．

クラス I：破局的（catastrophic）—人命あるいはシステム機能の喪失となる故障．
クラス II：致命的（critical）—システムに重大な損

FMEA

システム	_____									日付 _____		
レベル _____										番号 _____		
参照図面 _____										作製 _____		
ミッション _____										承認 _____		

識別番号	アイテム名	機能	故障モードとその原因	運用状態	故障影響			故障検知法	改善案	厳しさクラス	備考
					局所影響	次レベル影響	最終影響				

図 4.3.10　FMEA の記入用紙の例

FMECA

システム _____											日付 _____	
レベル _____											番号 _____	
参照図面 _____											作製 _____	
ミッション _____											承認 _____	

識別番号	アイテム名	機能	故障モードとその原因	運用状態	厳しさクラス	生起確率/故障率の出所	厳しさ確率 (β)	故障モード寄与率 (α)	故障率 (λ_p)	動作時間 (t)	故障モード致命度 $C_m = \beta\,\alpha\,\lambda_p t$	アイテム致命度指数 $C_r = \Sigma\,(C_m)$	備考

図 4.3.11　FMECA の記入用紙の例

害もしくは人命への危険につながるので，直ちに処置が必要な故障．

クラスIII：限界的（marginal）―当該故障がシステム機能の低下をもたらすが，重大な損害または人体への損傷に結びつくことなく対処できる故障．

クラスIV：軽微（minor）―当該故障がシステムの主要機能を低下させたり，人体に影響を及ぼさない故障．

また，アイテムの故障確率の定量的評価は，故障率などのデータ[11,12]をもとに次のように行なう．

（1）アイテム固有の故障率 λ_p を決定するとともに，その出所を明らかにする．

（2）運用状態および環境に対する修正係数 K_a, K_e を決定する．

（3）当該故障モードの全故障率に対する寄与率 α を決定する．

（4）当該故障モードが生起したとき，対象とする厳しさクラスの故障が生起する確率 β を決定する．

（5）アイテムの動作時間 t を決定する．

（6）アイテム r の致命度指数を次式によって計算する．

$$C_r = \sum_{n=1}^{m} (\alpha K_a K_e \lambda_p t \beta)_n \qquad (4.3.49)$$

ただし，$n=$故障モード，$m=$アイテムの故障モード数，である．

なお，アイテムの故障確率などがわからない場合には，故障確率の定性的評価を次のようなレベルに分けて行なう．

レベルA：しばしば起こる（frequent）―生起確率が 0.2 以上であるような生起確率の高い事象．

レベルB：かなり起こる（reasonably probable）―生起確率が 0.1 から 0.2 程度のかなりの生起確率をもつ事象．

レベルC：時たま起こる（occasional）―生起確率が 0.01 から 0.1 程度の時たま起こる事象．

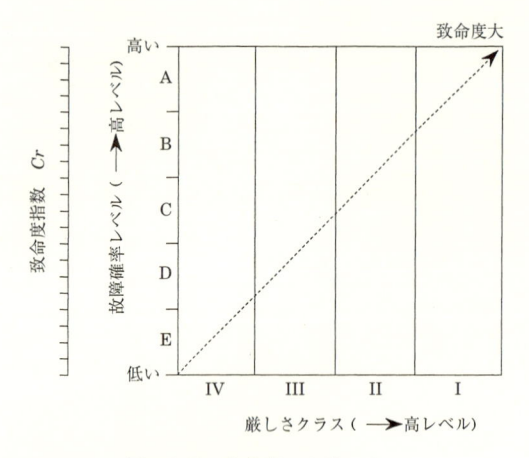

図 4.3.12　致命度マトリックス

レベル D：わずかに起こる可能性がある（remote）
　　　　　—生起確率が 0.001 から 0.01 程度のあまり起こりそうにない事象．
レベル E：とても起こり得ない（extremely unlikely）—生起確率が 0.001 以下のほとんど起こり得ない事象．

致命度解析は，故障の厳しさクラスとアイテムの致命度指数 C_r あるいは定性的な故障確率レベルを用いて，図 4.3.12 のような致命度マトリックスを作製して行なう．

（3）故障予測の解析例
a．人工衛星（きく6号）

平成 6 年 8 月 28 日 H-II ロケット試験機 2 号機により打ち上げられた技術試験衛星 VI 型（きく 6 号）のアポジ推進系の不具合の原因と対策について，技術試験衛星 VI 型特別調査委員会（宇宙開発委員会がその設置を決定）にて技術的に調査審議が実施された[13,14]．ここでは，その調査結果の概要を故障解析例として述べる．

打上げから 2 日後に二液式アポジ推進系（機能系統図を図 4.3.13 に示す）の第 1 回目の噴射が開始されたが，衛星からのテレメトリで確認されたエンジンの燃焼圧力は，約 1 MPa の正常値に対して，その 1/10 であった．次の日に再噴射が実施されたが，燃焼圧力は正常値に戻らず，3 回目の噴射にて燃焼が停止しなくなった．

不具合の事象を「低燃焼圧力」と「燃焼停止動作不良」に分け，それぞれについて FTA により原因究明作業が実施された．原因究明に当たっては，不具合の事象が発生する可能性のある全ての要因を抽出し，各要因について飛行中のテレメトリデータによる解析，アポジ推進系の製造検査工程の確認，および地上における確認試験の実施などにより，その妥当性の評価が行なわれた．

低燃焼圧力についての不具合要因のツリー（一部）を図 4.3.14 に示す．燃焼圧力が低下する大きな要因としては，推薬のタンク圧力不足，推薬の供給系統での大きな圧力低下，エンジンの噴射器の目づまりなどが考えられたが，テレメトリデータおよび製造検査工程の確認などにより，不具合要因とはならないと判断された．このため，不具合の要因としては二液推薬弁の作動不良に特定された．二液推

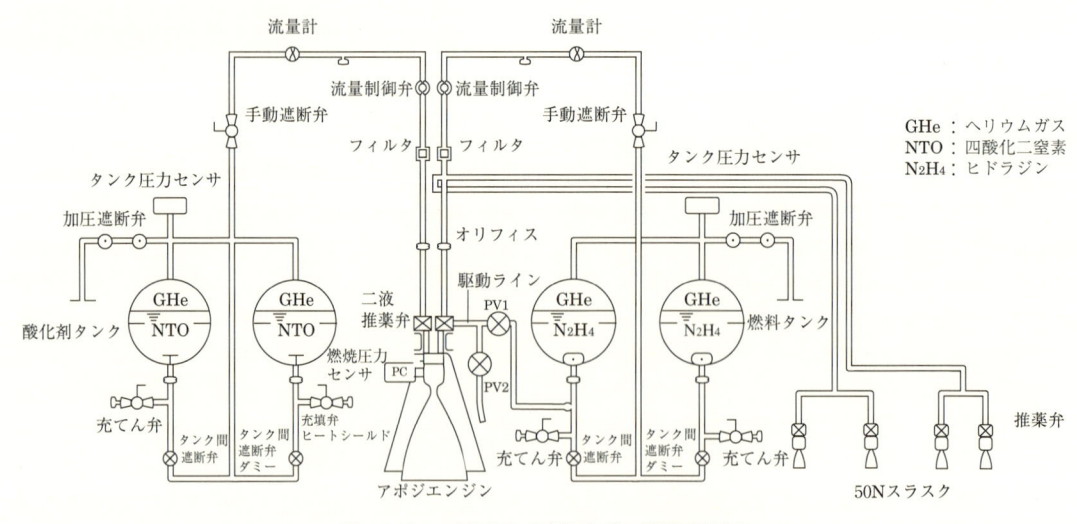

図 4.3.13　二液式アポジ推進系の機能系統図

第 4 章　異常検出および診断法

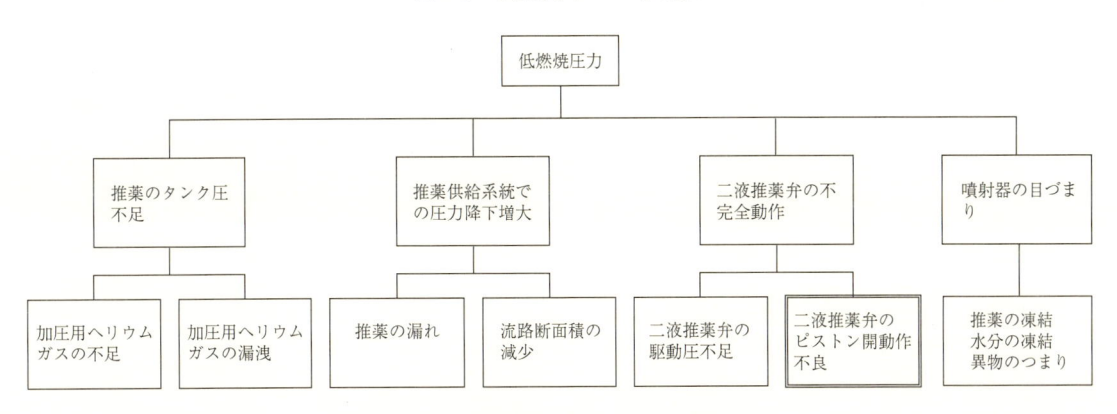

図 4.3.14　不具合要因解析の一部（低燃焼圧力）

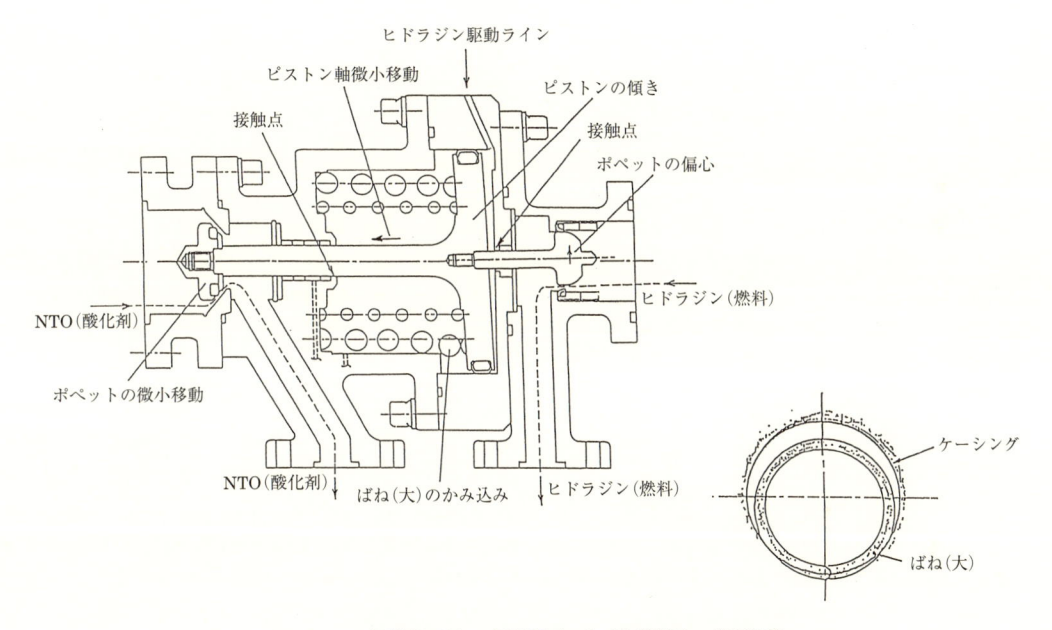

図 4.3.15　低燃焼圧力の原因推定（二液推薬弁の断面図）

薬弁の機構は，駆動ラインにタンクからの推薬が供給されることによりピストンが作動し，燃料（ヒドラジン）側のポペットと酸化剤（四酸化二窒素）側のポペットを同時に作動するものである．この二液推薬弁の作動不良要因の一つである駆動ラインへ供給される推薬の圧力不足についてはピストンの作動が良好であれば，当該弁の機構上，不具合事象である燃料と酸化剤が同時にかつ少量流れる可能性がないため，不具合要因とはならないと判断された．このためピストンの作動不良の要因に対して検討が行なわれ，最終的に横変位したばね（大）によるピストンヘッドの一部の拘束（図 4.3.15）が要因として絞られ，確認試験が実施された．ばねの横変位については，ロケットの打上げ時の振動環境条件を二液推薬弁に負荷することにより，ばねがかみ込む位置まで移動する可能性があることが試験により確認された．ばねのかみ込みについては，かみ込むために必要な摩擦係数が 0.5 程度と見積もられ，本摩擦係数を模擬したところばねのかみ込み現象が確認された．なお，本摩擦係数は大気のある地上では二液推薬弁の材料上不可能であるが，10^{-5} Torr 程度の真空中では 0.55 程度まで増大することが試験により確認され，さらに宇宙空間のような高真空中（～10^{-14} Torr）ではさらに摩擦係数が大きくなる

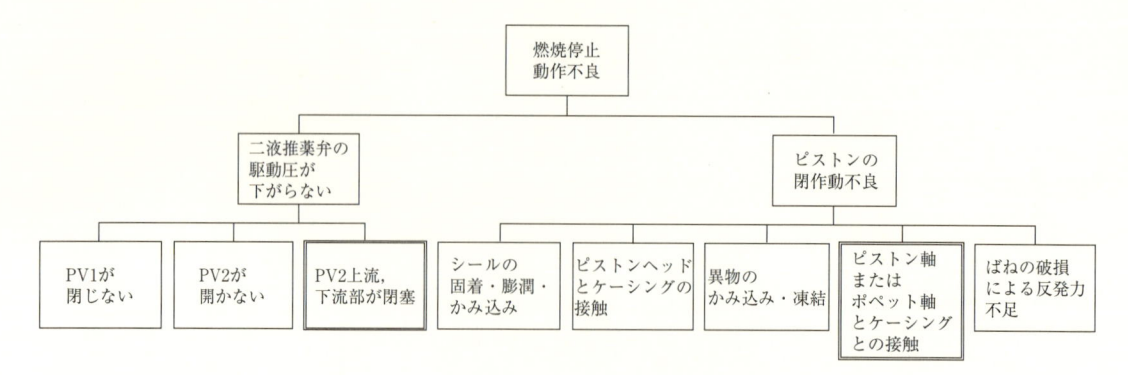

```
                    ┌─────────────┐
                    │ 燃焼停止    │
                    │ 動作不良    │
                    └──────┬──────┘
              ┌────────────┴────────────┐
       ┌──────┴──────┐           ┌──────┴──────┐
       │二液推薬弁の │           │ピストンの   │
       │駆動圧が     │           │閉作動不良   │
       │下がらない   │           │             │
       └──────┬──────┘           └──────┬──────┘
```

図4.3.16 不具合要因解析の一部（燃焼停止動作不良）

（下位要因：PV1が閉じない／PV2が開かない／PV2上流、下流部が閉塞／シールの固着・膨潤・かみ込み／ピストンヘッドとケーシングの接触／異物のかみ込み・凍結／ピストン軸またはポペット軸とケーシングとの接触／ばねの破損による反発力不足）

可能性があると判断された．また，ピストンヘッドを固定して作動試験を行なったところ，不具合事象が再現した．これらのことから，低燃焼圧力の不具合の原因として，ばね（大）がピストンヘッドとケーシングの間に入り込み，高真空中で増大した摩擦のため，駆動圧を除去してもばね（大）のかみ込みが解除されず，低燃焼圧力が繰り返した可能性が高いと結論づけられた．

燃焼停止動作不良についての不具合要因のツリー（一部）を図4.3.16に示す．燃焼を停止させる直接の弁である二液推薬弁が閉まらなかったことが原因と考えられ，その要因としてピストンの閉動作不良と二液推薬弁の駆動圧が下がらない場合の二つが考えられた．ピストンの閉動作不良の要因として，シールのかみ込み，ばねの破損による反発力の不足などが考えられるが，製造検査工程の確認および確認試験の結果等より不具合要因とはならないと判断された．このため，ピストンの傾きによりピストン軸とケーシングが直接接触し，凝着することによりピストンが拘束された可能性が残った．本事象について確認試験を実施したところ，ピストンの傾きは繰り返し確認されたが，閉動作不良の現象は再現しなかった．しかしながら，試験後のピストンを観察すると，ピストン軸に擦れたきずが発見され，ピストン軸とケーシングは金属間の直接接触を起こしていることが確認された．このことから，宇宙空間の高真空中においては，ピストン軸とケーシングが接触して凝着を起こすことにより，ピストンの閉動作不良が発生した可能性が残った．

二液推薬弁の駆動圧が下がらない要因のうち，駆動ラインの弁（PV1，2）の作動不良，配管のつぶれ等は，製造検査工程の確認および打上げ時の飛行環境から不具合要因とはならないと判断された．なお，駆動ラインにおけるヒドラジンの凍結の可能性については，宇宙の高真空の影響が大きい弁（PV2）の下流部においては急速な蒸発によりヒドラジンの凍結が生じる可能性があるとされた．本件について地上の真空チャンバを用いて確認試験が行なわれた．安全性の点からヒドラジンの代わりに水を用い，かつ設備の制約から常温，低真空度の条件で複数回の開閉作動を行なったところ，配管出口にて水の凍結による閉塞が確認された．本確認試験は宇宙空間におけるヒドラジンの状況を正確に模擬したものではないが，凍結の可能性が確認できたと考えられた．

このようにFTAによる不具合解析の結果，アポジエンジンが低燃焼圧であったことの原因として，ばね（大）が飛行時の振動等により大きな横変位を起こし，宇宙空間のような高真空中においてピストンヘッドとケーシングの間に挟まれてピストンヘッドの外周の一部を拘束し，ピストンヘッドが傾き，推進薬が微量流れたという事象が最も可能性が高いと判断された．また，燃焼が停止しなかったことの原因として，ピストンの傾きによるピストン軸とケーシングの凝着，または，駆動ラインの弁（PV2）下流部におけるヒドラジンの凍結のいずれかの可能性が高いと判断された．

b. 航空機

航空機におけるシステム故障予測の解析例としては，エンジン潤滑油システムでの潤滑油消費量モニタリングおよび油圧システムでの作動油サンプリング検査がある．

第4章　異常検出および診断法　　　　　　　　　D編　839

```
ECO003                *** OCM TREND PLOT LIST ; B767-300 ***
A/C NO. ; JA8360
              ENG. NO.1                        ENG. NO.2
           702585        CF6-80C2B2F        702797        CF6-80C2B2F
 DATE     0........1........2........3....0   0........1........2........3....
 INITIAL  1                                   0821.    2
 COMP     .1                                  0202.    2
 COMP     .1                                  0217.    2
 COMP     .1                                  0303.    2
 COMP     .1                                  0318.    2
 COMP     . 1                                 0402.    2
 COMP     .1                                  0417.    2
 COMP     . 1                                 0502.    2
 COMP     .1                                  0517.    2
 COMP     .1                                  0601.    2
 COMP     .1                                  0616.    2
 0626     .1                                       .       2
 0627     .1                                       .       2
 0628     .1                                       .       2
 0629     .1                                       .       2
 0630     .1                                       .       2
 0701     .1                                       .       2
 0702     .1                                       .       2
 0703     .1                                       .       2
 0704     .1                                       .       2
 0705     .     1                                  .       2
 0706     .1                                       .       2
 0708     .1                                       .       2
 0709     .1                                       .       2
 0710     .1                                       .       2
 0711     .1                                       .       2      消費量増加
 0712     .1                                       .       2
 0713     .1                                       .    2
 0714     .1                                       .    2
 0715     .1                                       .       2
 0716     .1                                       .       2
 0717     .1                                       .       2
 0718     .1                                       .        2
 0719     .1                                       .        2
 0720     .1                                       .        2
 0721     .       1                             x******  エンジン交換07/21  ******
 0722     .1                                    x
 0723     .1                                    x
 0724     .1                                       .   2
 0725     .    1                                   .   2
 0726     .1                                       .   2
 0727     .1                                       .   2
```

図4.3.17　潤滑油消費量モニタリング（1）

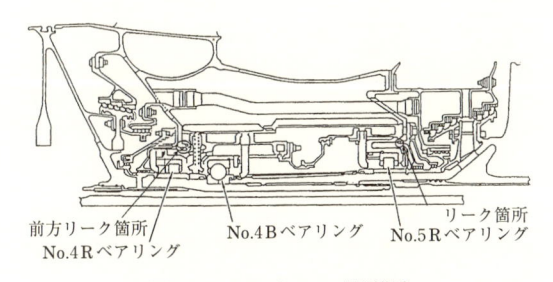

前方リーク箇所　No.4Bベアリング　リーク箇所
No.4Rベアリング　　　　　　　　No.5Rベアリング

図4.3.18　B-Cサンプ部構造

　航空機のエンジンでは潤滑油量は操縦室内の計器に表示され，急激な変化が起これば操縦士に知らされるようになっている．しかし，エンジン内部の潤滑油システムに使用されているオイルシール類の劣化によるオイルリークのように時間の経過とともに徐々に変化する傾向については，操縦室内の計器ではその変化を感知することはできない．このため，エンジンごとに飛行前後に補充される潤滑油量と飛行時間のデータを使用して潤滑油消費量を算出し，その変化の傾向をコンピュータ処理して出力させる潤滑油消費量モニタリングが行なわれている．この手法により，過去，実際に検知された事例を図4.3.17および図4.3.19に示す．

　図4.3.17の事例は，ボーイング767型機のCF6-80C2エンジンで7月15日頃から潤滑油消費量が増加しはじめたために，いろいろとトラブルシュートを行ないリーク箇所の特定を図ったが，外部へのリークは認められず，また潤滑油消費量が許容リミットに近づいたため，エンジンの内部リークと判断して7月21日にエンジン交換を行なったときのものである．このエンジンをエンジン工場で分解して検査を行なった結果，図4.3.18に示すエンジン内部のベアリングサンプ部（B-Cサンプ前方および後方）のオイルシールの劣化が進んでおり，それぞれの部位からのオイルリークが確認された．この事例では不具合の再発を防止するために，エンジン内部のオイルシールの交換のソフトタイムを4 500飛行時間から3 000飛行時間へ短縮する処置がとられた．

```
EC0003                    *** OCM TREND PLOT LIST ; B747-400 ***
A/C NO. ; JA8961
            ENG. NO.4                              APU
        702888        CF6-80C2B1F          PCE900310      391.0001-03
DATE    0........1........2........3....0  0........1........2........3....
INITIAL     .4                              12075
COMP      .       4                         02165
COMP              .4                        03025
COMP      .      4                          03175
COMP             .4                         04015
COMP      .     4                           04165
COMP            .4                          05015
COMP      .    4                            0516.5
COMP           .4                           05315
COMP      .   4                             0615.5
COMP          .4                            06305
0713      .           4                     5
0714      .          4                      5
0715      .         4                       5
0716      .        4                        5
0717      .       4                         5
0718      .      4                          5
0719      .     4                           5
0720      .    4                            5
0721      .   4                             5
0722      .  4                              5
0723      . 4                               5
0724      .4                                5
0725       4                                5
0726       4  ←'Dサンプシールリング交換    .      5
0727      .4                                .    5
0728      .4                                .    5
0729      .4                                      5
0730      . 4  ← 消費量元に戻る             .    5
0731      .  4                              5
0801      .   4                             5
0802      .    4                            5
0803      .     4                           5
0804      .      4                          5
0805      .    4                            5
0806      .      4                          5
0807       .4                               5
```

図 4.3.19 潤滑油消費量モニタリング(2)

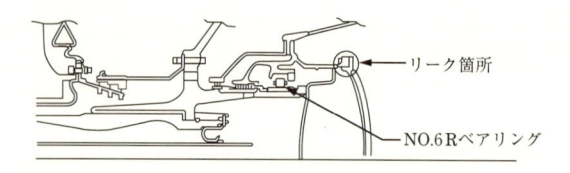

図 4.3.20 Dサンプ部構造

図 4.3.19 の事例は，ボーイング 747-400 型機の CF 6-80 C 2 エンジンで 7 月になってから高い潤滑油消費量が続いたため，トラブルシューティングを実施していたが，7 月 26 日に図 4.3.20 に示すエンジン後部からのリークが確認されたため，このベアリングサンプ（D サンプ）部のカバーに取り付けられているシールリングを交換したときのもので，この結果，潤滑油消費量が低減し正常に戻っていることを示している。

以上の潤滑油消費量モニタリングのほかに，エンジンでの故障予測の手法として潤滑油金属成分分光分析がある。これはエンジン潤滑油に含まれる金属の微粒子をモニタするために定期的に潤滑油を採取し，分光分析器にかけシリコン，鉄，アルミ，マグネシウム等の成分の濃度を計算し，潤滑油補充量で補正をして成分ごとの累積発生量をモニタするものである。この手法はエンジン内部のベアリングにマグネチックプラグでは検知できないような摩耗タイプの不具合が起こるエンジンに対して有効である。過去にボーイング 727 および 737 の JT 8 D エンジンで実施され効果を上げていたが，現在使用中のエンジンには，この摩耗タイプの不具合がないためにこの分光分析による故障予測は実施されていない。

油圧システムでの作動油サンプリング検査は作動油の使用中の劣化の状況を把握するため，6 000 飛行時間ごとに複数ある油圧システムから別々に作動油を抜き取り，作動油メーカーあるいは検査依頼機関に送付して以下に示す項目について検査を依頼し分析を行なうものである。

（1）外観，（2）比重，（3）水分含有率，（4）粘性，（5）酸化度，（6）発火点

この検査の結果はライン整備の技術部門へ連絡されてくる。技術部門ではデータを検証し異常ありと判断した場合には，その是正処置の指示をライン整備部門に対して行ない，ライン整備部門は指定期間内に処置を行なう。

過去において，分析の結果判明した不具合の事例

第4章 異常検出および診断法 D編 *841*

分析結果報告書

1. 供試サンプル　20検体　分析No. 127189～127208
2. 結果

整理NO.	6	8	10	12	13	15	17	18	19	22	23	26
サンプル					SKYDROL 500B4							
機体番号	JA8152	JA8245	JA8368	JA8368	JA8368	JA8272	JA8245	JA8272	JA8368	JA8245	JA8272	JA8152
システム	3	R	C	C	C	C	L	L	R	L	R	R
サンプル日付	4/24/95	5/25/95	5/05/95	5/05/95	5/05/95	5/18/95	5/26/95	5/18/95	5/05/95	5/26/95	5/17/95	
外観	Clear	Clear	Clear	Clear	Clear	Clear	Clear	Clear	Clear	Clear	Clear	Clear
比重　@15℃ g/cm³	*	1.0615	1.0426	1.0455	1.0455	1.0595	1.0605	1.0575	1.0455	1.0629	1.0609	*
水分含有率 wt.%	0.19	0.12	0.21	0.22	0.19	0.13	0.06	0.10	0.20	0.08	0.14	0.31
全酸化値 mgKOH/g	0.18	0.32	0.51	0.46	0.33	0.51	0.43	0.37	0.45	0.30	0.39	0.20
粘度　@40℃ cst	8.09	7.84	7.05	7.21	6.98	8.16	7.73	7.85	7.21	7.89	8.26	8.05
発火点　℃	192	186	186	187	180	190	176	192	186	181	190	184
塩素成分 ppm	15	21	21	18	16	14	20	17	20	14	13	12
混入物　/100ml												
5 - 15 μm	...	...	...	...	...	...	...	...	...	...	...	...
15 - 25	...	...	...	...	...	...	...	...	...	...	...	...
25 - 50	...	...	...	...	...	...	...	...	...	...	...	...
50 - 100	...	...	...	...	...	...	...	...	...	...	...	...
> 100	...	...	...	...	...	...	...	...	...	...	...	...
NAS (Class)												

全酸化値 0.5 以上

注．*：サンプル量不足の為、測定不可

図 4.3.21　作動油サンプリング (1)

サンプル	:	スカイドロール 500B-4						
機体番号	:	JA8190	JA8383	JA8383	JA8383	JA8238	JA8238	JA8256
サンプル日付	:		6/10/94	6/10/94	6/10/94	7/6/94	7/6/94	6/17/94
システム	:	SYS 4	GREEN	YELLOW	BLUE	LEFT	LEFT	RIGHT
外観	:	Clear	Clear	Clear	Clear	Clear	Clear	Clear
比重 @15C g/cm3	:	1.0448	1.0520	1.0537	1.0587	1.0620	1.0617	1.0604
水分含有率 wt.%	:	0.54	1.00	0.46	0.45	0.25	0.28	0.41
全酸化値 mgKOH/g	:	0.40	0.91	0.49	0.18	0.35	0.39	0.37
粘度 @40C cst	:	7.77	8.39	8.04	8.02	7.77	7.77	8.08
発火点　C	:	182	192	194	200	194	196	202
塩素成分 ppm	:	33	23	26	30	21	19	72

水分含有率リミットオーバー

図 4.3.22　作動油サンプリング (2)

を図 4.3.21 および図 4.3.22 に示す．

図 4.3.21 はボーイング 767-300 型機 JA8368 と JA8272 の油圧 "C" システムの全酸化値がリミットの 0.5 を越えているケースである．全酸化値のリミットオーバーは作動油の劣化が進んでいることを示しており，わりに頻繁に発生しているが，これに対する是正処置としては，該当するシステムの酸化値が規程に入るまでリザーバに入っている作動油のドレンと補充を繰り返し行なう．

図 4.3.22 はエアバスインダストリー A 320 型機 JA8383 の油圧 "グリーン" システムの水分含有率が最小レベルのリミット（0.8～1.3）をオーバーしているケースである．作動油に水分が混入すると，油圧システムに使用されている油圧アクチュエータ類の内部にさびや腐食が発生し，摩耗を助長させたり，作動を阻害する可能性が出てくる．このため，水分含有率についてはその数値によってとるべき整備処置の内容が細かく決められており，含有率が高くなるにつれてシステムへの影響が広範になり修正のための作業量も莫大になってくる．今までの経験では，最小レベルのリミットオーバーで済んでおり，該当するシステムの作動油を交換し，システム内のフィルタを検査して装備品に腐食が発生している徴候がないことを確認することで，それ以上の処

置は不要となっている．

4.3.3 診断・評価のシステム化

本項では，メンテナンスのシステム化に関して，まず，その前提となるメンテナンス管理のフレームワークについて述べる．そのうえで，これまでのメンテナンスシステムの発展の経緯を概観し，さらに，今後ますますその重要性を増すと考えられるメンテナンスの統合システム化に関して，そのアーキテクチャと実現技術について述べる．

(1) メンテナンス管理の考え方

a. ライフサイクルメンテナンス

メンテナンスとは単に壊れた設備や機器を修理することではない．それは，対象機械をライフサイクルを通じて，最も有効に利用するための全ての活動を含むものである．メンテナンスを考えるうえでは，特に，以下のような点でライフサイクルの視点が重要である．

(ⅰ) 運転条件，環境等の変化への対応

機械はそのライフサイクルの間，常に一定の条件で運用されることは少ない．運転条件や環境が変化するだけでなく，不具合対策としての改良や，要求機能の変更に伴う改善などによる対象機械自身の変化も考えられる．また，人間と同様に，機械もその年齢に応じてトラブルの種類が変化する．メンテナンス管理においては，このような種々の変化に柔軟に対応して常に適切な管理を行なえる仕組みが必要となる．

異常事象に関する知識の獲得とそれに基づく継続的改善：対象機械の運用に伴って生じる種々の異常事象を解析し，それに基づいて，機械を継続的に改善していくことは，メンテナンスの最も重要な課題の一つである．開発段階での評価には限界があり，運用段階において出てくる問題を皆無にすることは一般には不可能である．むしろ信頼性や品質は，開発段階と運用段階を通じた一貫した活動の中で作り込むものと考えるべきである．したがって，ライフサイクルを通じて劣化や故障などに関する知識を獲得，整理し，それに基づき継続的な改善を行なっていく仕組みが必要となる．

(ⅱ) 開発と運用の密接な連携

まずなによりも故障しにくく，保全しやすい機械をつくることがメンテナンス管理の原則である．このためには，開発段階において，運用状態で生じるであろう問題を予測し，対策を立てておくことが必要である．そのためには，実際の運用段階での不具合事例などの知識が有用となる．一方，運用段階で，適切なメンテナンスを実施するには，設計意図や，設計段階で行なった強度や信頼性などに関する評価結果も含めた設計情報が有用である．このように，ライフサイクルを通じて情報を共有することが，メンテナンス管理においては非常に重要となる．

b. メンテナンス管理のフレームワーク

上述のようにメンテナンス管理において重要なことは，ライフサイクルを通じた情報共有と，それを活用し，種々の変化へ柔軟に対応できるようにすることである．特に，変化への対応に関しては，常に対象機械に適したメンテナンス方式を選択し，それに基づきメンテナンス作業の計画，実行，評価を適切に管理する仕組みが必要である．ここで，メンテナンス方式とは，時間基準保全，状態基準保全，事後保全などのメンテナンスの基本的な実施方式を意味する．メンテナンスを行なうためには，これらの方式のどれを選択するかをまず決める必要がある．メンテナンス方式が選択されてはじめて具体的なメンテナンス作業の計画が可能となる．例えば，設備診断を行なうということは，対象機械において想定される異常に対して状態基準保全が適しているという判断が前提としてあるはずである．ここでは，対象機械の構成要素ごとにメンテナンス方式を選択することを基本保全計画と呼ぶことにする．

基本保全計画を中心としたメンテナンス管理の考え方を図 4.3.23 に示す[15]．ここでは，基本的に三つのループによってメンテナンス管理が行なわれることを示している．最も内側のループが，運用段階におけるメンテナンス作業実施のためのループである．ここでは，基本保全計画で選択されたメンテナンス方式に基づいて，メンテナンス作業計画が立案され，実施される．作業の結果はその都度基本保全計画時に想定された状況（劣化の進行や故障兆候の発生など）に照らして評価される．結果が想定した状況の範囲であれば，そのまま次の作業計画に移り，作業の実施，評価が繰り返される．もし，選択されたメンテナンス方式に不都合が認められたり，予想していなかった問題が現われた場合は，基本保全計画に戻り，運用段階で得られたデータを考慮してメンテナンス方式の改訂が行なわれ，再び保全作

| 開発 | 運用 |

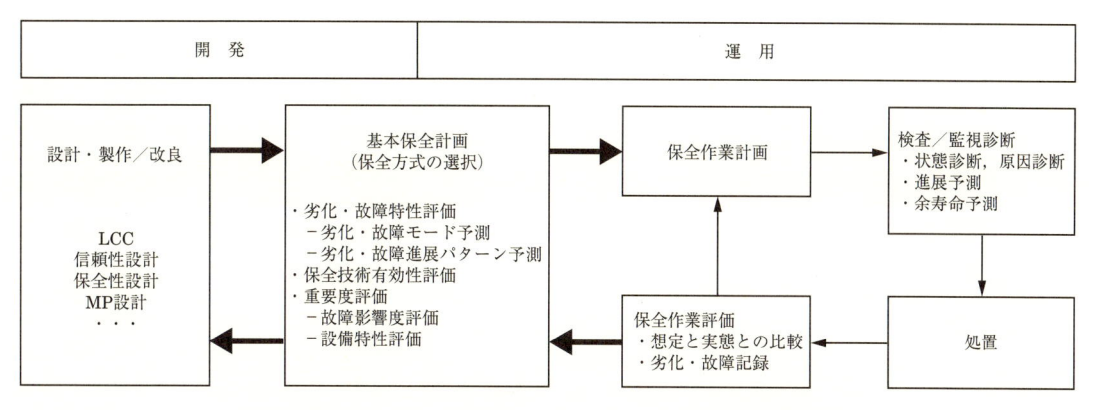

```
設計・製作／改良       基本保全計画         保全作業計画        検査／監視診断
                   (保全方式の選択)                         ・状態診断，原因診断
   LCC            ・劣化・故障特性評価                        ・進展予測
  信頼性設計          －劣化・故障モード予測                     ・余寿命予測
  保全性設計          －劣化・故障進展パターン予測
  MP設計          ・保全技術有効性評価
    ・・・          ・重要度評価              保全作業評価          処置
                   －故障影響度評価        ・想定と実態との比較
                   －設備特性評価         ・劣化・故障記録
```

図 4.3.23　メンテナンス管理のアーキテクチャ〔出典：文献 15)〕

業実施のループに戻る．これがメンテナンス管理の第二のループである．一方，基本保全計画において，改良保全が適当と判断された場合は，さらに左側の開発段階に戻り，対象機械の改良が行なわれる．これが，第三のループになる．

（2）メンテナンス管理のためのコンピュータ支援システム

前述のような，ライフサイクルを通じたメンテナンス管理を実現するうえでは，それを支援するコンピュータシステムが必須となる．支援の内容は，大きく二つに分けられる．第一に，ライフサイクルの中で時間的，場所的に分散している種々のデータを統合し，いつでも活用できるようにしておくことであり，第二に，それらのデータに基づいて，劣化・故障の予測，それらの影響度評価，あるいは状態診断などをライフサイクルを通じて何時でも行なえるようにするためのツール群の提供である．

以下では，まず，これまでのメンテナンス情報システムの発展過程を概観したのち，今後のメンテナンス支援システムのあるべき姿を展望してみる．

a. メンテナンス情報システム[16,17]

鉄鋼プラントのような大型設備に対しては，すでに 1960 年代よりメンテナンス情報システムの構築がはじめられた．当初は，工事管理，予備品管理などの業務別のバッチ処理であった．その後，1970 年代にはオンライン化が，1980 年代後半には業務間の情報を関連づけた総合システム化が図られ，現在は，共通データベースの基で各種の処理を行なえる統合メンテナンス支援システムに発展してきている．

一方，最近は，ワークステーションやパーソナルコンピュータを用いた汎用パッケージも数多く提供されるようになってきた．これらのシステムでは，機器管理システムや実績管理システムにより設備の基本データと保全履歴が管理され，それらをもとにして，保全作業計画，保全実績評価，予備品管理，予算管理などの機能が実行できるようになっている．また，ネットワーク環境に対応することにより，設備診断システムやその他の関連システムとの統合も容易になっている．

b. ライフサイクルメンテナンス支援システムのアーキテクチャ

前述のように，最近のコンピュータ，特にパーソナルコンピュータの発達に伴い，メンテナンス支援システムも目覚ましい発展を遂げている．しかし，ライフサイクルの観点からは以下のような問題点が残されている．

・ライフサイクル全体を通じて，設備に関わる情報を一元的に管理できるようになっていない．特に，開発段階と，運用段階の情報システムが分離しており，設計データと運用データの相互の受け渡しがスムーズに行なえる環境が確立していない．

・種々のデータの蓄積はできるようになっても，それらを利用して解析，計画を行なうための手法が十分確立されていない．

・たとえ，FMEA のような解析手法があっても，それを，データベースとリンクさせて支援するコンピュータツールが整備されていない．

・システムがオープンになっていない．そのため，応用プログラムから設備，保全履歴などのデータベースが自由に利用できない．また，応用プログラムの追加も容易でない．長期間の設備管理の中では，

業務処理の内容の変更，解析ツールの発達などの変化が生じる．このような変化に対応してシステムを進化させていくためには，モジュール化された応用プログラムを自由に組み込めるオープンなシステムが必要である．

以上のような問題点を解決するために，図4.3.24に示すような支援システムの構想が提案されている[18]．ここでは，対象機械のライフサイクルを通じて利用可能な各種ツールとデータベースが提供される．これらのツールとデータベースは，ライフサイクルを通じて整合的に管理される．

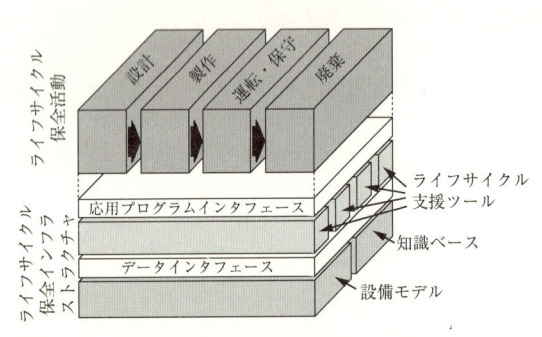

図 4.3.24 ライフサイクルメンテナンス支援システム
〔出典：文献 18〕

主要なデータベースとしては，対象機械に係わる情報が記述された製品モデルまたは設備モデルと，劣化や保全技術等に関する一般的知識が蓄えられた知識ベースが備えられている．また，解析・評価ツールとしては，ストレス評価，劣化・故障予測，故障影響度評価，保全技術適応性評価，監視，診断など数多くのものが必要とされる．これらのデータやツールはライフサイクルの特定の段階だけで必要とされるものではない．例えば，改良に必要な解析・評価ツールは設計で必要とされるものと基本的には同一のものである．また，劣化予測は信頼性設計にも基本保全計画にも不可欠である．このため，データはライフサイクルのどの段階からも透過であり，また，解析・評価ツールは，ライフサイクルの全ての段階で利用できることが望まれる．

一方，ライフサイクルの経過に伴って，対象機械に関するメンテナンス知識は増加し，また，技術の進歩も期待される．そこで，常にデータベースを更新するとともに，各種ツールを進化させていくことがメンテナンス支援システムにとって必要となる．メンテナンス管理のサイクルを繰り返す中で，種々の知識が蓄積されていくとともに，個々のツールが逐次改良され，あるいは，新たに開発されたツールに置き換わることによって，ツール群全体として提供する機能も強化されていくようなエボルーショナルなシステムを指向する必要がある．

（3）メンテナンス支援ツール

前述のようにメンテナンス支援システムにおいては，種々の評価，解析ツールが提供されることが期待される．以下では，これまで比較的研究が行なわれている，異常診断と，劣化・故障解析に関して，現状と今後の課題を述べておく．

a．異常診断システム[19]

メンテナンスに係わるコンピュータツールとしては，異常診断システムが最も幅広く研究・開発されている．これは，設備や機器などの異常状態を診断する技術で，1960年代の宇宙開発に関連して行なわれた機械故障診断技術と，1970年代に鉄鋼を中心として行なわれた設備診断技術の研究・開発により急速に発展したものである．1980年代には，回転機械の振動診断を中心として広く実用化されるようになったが，異常の判定や，故障原因の究明に関しては，人の判断に頼ることが多かった．これに対しては，当時急速に発展した知識工学の格好の応用分野としては，診断エキスパートシステムが研究・開発された．最初は，ルールベースシステムが中心であったが，その後，フレーム表現の利用や，モデルベース推論，ファジィ推論など種々の推論方式の応用が図られている．

診断において重要なことは，観測したデータを解釈するための情報を有していることである．何が正常で，何が異常なのかを知らずに，いくら状態を観測しても異常の検知，診断はできない．診断エキスパートシステムは，このような情報を知識として蓄えておこうというものであるが，あらゆる運転モードや使用環境に対してデータを用意しておくことは困難である．この問題に対しては，シミュレーションの結果を参照情報として用いることが有効である．最近のCAE技術の発達により，開発段階でシミュレーションによる検討が行なわれることが多くなっており，これらのシミュレーションツールを診断においても利用できるようにすることで，診断の確度を向上させることができる．

また，最近は，ネットワークを利用した監視・診断システムが注目されている．例えば，インターネ

ットを利用することにより，リモート診断システムが比較的容易に実現できるようになる．設備や機器メーカーがそのようなサービスを提供することも多くなっている．

b. 劣化・故障解析システム

適切なメンテナンスを計画するためには，設備や製品に生じる劣化やその結果引き起こされる故障の解析が必要である．この目的のために最も広く用いられているのはFMEAである．しかし，FMEAの実施には，専門家による多くの労力を必要とし，それが，この手法の適用範囲を制限している面がある．

この問題を解決するために，知識処理技術等を利用したコンピュータ援用FMEAの研究が行なわれている[20]．多くは，電子回路を対象としており，機械系を対象とした研究は少ない．また，解析の重点は，対象システムの機能構造のモデルに基づき，要素故障がどのようなシステムレベルの故障を引き起こすかを推論することにある．一方，最近は，設備モデルと劣化知識に基づき，故障の基本原因である部品の劣化を予測する手法も開発されつつある[21]．

信頼性解析のもう一つの主要な手法であるFTAは，システム機能の維持という面から機器の重要性を評価し，脆弱部を抽出するために有効な手法である．FTAに関しても，コンピュータによる自動生成の研究が以前より行なわれており，実設備の解析に適用し効力を発揮している例が報告されている[22]．

文　献

1) 塩見　弘：信頼性工学入門，丸善 (1982).
2) 三根　久・河合　一：信頼性・保全性の数理，朝倉書店 (1977).
3) F. P. Lees：Loss Prevention in the Process Industries (2nd ed.), Butterworth-Heinemann (1995).
4) P. D. T. O'Connor：Practical Reliability Engineering (3rd ed.), John Wiley & Sons (1995).
5) 原田洋介・二宮　保：信頼性工学，養賢堂 (1995).
6) 井上成恭：FTA安全工学，日刊工業新聞社 (1979).
7) W. E. Veselv, F. F. Goldberg, N. H. Roberts & P. F. Haasl：Fault Tree Handbook, Systems and Reliability, Office of Nuclear Regulatory Research, U. S. Nuclear Regulatory Commission, Washington, D. C. (1981).
8) 鈴木・牧野・石坂：FMEA-FTA実施法，日科技連 (1982).
9) MIL-STD-1629A, Procedures for Performing a Failure Mode, Effects and Criticality Analysis (1980).
10) M. B. Dussault：The Evaluation and Practical Applications of Failure Modes and Effects Analysis, Rome Air Development Center, Air Force Systems Command, Griffiss Air Force Base, NY (1983).
11) 古東啓吾：電子技術者のための信頼性工学入門，日刊工業新聞社 (1967) 119-121.
12) TRI-Service & NASA：Failure Rate Data Handbook, Naval Fleet Missile Systems Analysis and Evaluation Group, Corona, CA (1968).
13) 平成6年12月，宇宙開発委員会技術試験衛星VI型特別調査委員会，技術試験衛星VI型特別調査委員会報告書．
14) 平成6年12月，宇宙開発委員会技術試験衛星VI型特別調査委員会アポジエンジン分科会，技術試験衛星VI型アポジエンジンの不具合原因等について．
15) 高田祥三：配管技術，**39**, 1 (1997).
16) 仁賀博一：第136・137回西山記念技術講座，保全技術の進歩と将来，日本鉄鋼協会 (1991) 17.
17) プラントエンジニア，**26**, 6 (1994) 9.
18) H. Hiraoka, D. Saito, S. Takata & H. Asama：Life Cycle Modelling for Innovative Products and Processes, Chapman and Hall (1995) 408.
19) 佐田登志夫・高田祥三：計測と制御，**25**, 10 (1986) 3.
20) D. J. Russomanno, R. D. Bonnell & J. B. Bowles：Integrated Computer-Aided Engineering, **1**, 3 (1994) 209.
21) 塩野　寛・高田祥三：日本設備管理学会誌，**9**, 1 (1997) 11.
22) 山内　澄：ライフサイクル保全に関する研究，日本プラントメンテナンス協会 (1995) 34.

第5章　メンテナンストライボロジー

5.1 潤滑系・油圧系の管理とメンテナンス

5.1.1 潤滑油系

(1) 潤滑管理体制

潤滑管理の目的は，使用されている機械設備に用いる潤滑剤を適正に選定し的確に使用して，潤滑に起因する性能低下や故障を防止し，保全と運転の経費節減ならびに完全運転の継続による効率的生産を達成し，省資源とともに生産性の向上を図ることである．潤滑管理を推進するために工場あるいは事業所では，その人員や組織を考慮して実状に適した潤滑管理のための体制を構築する必要がある．潤滑管理組織として委員会方式や専任者方式などがある[1]．

(2) 潤滑実態調査

潤滑管理を実施したとき，その経済効果を明確にするために以下の項目を評価する必要がある．
a. 機械・設備の補修，保全などの維持管理費．
b. 完全運転により得られる維持管理費の低減と能率向上による利益．
c. 故障などによる運転休止損失の発生なきことによる生産性向上利益．
d. 潤滑器材や潤滑剤などの購入費，管理直接費．

これらの項目のデータを把握するためには，潤滑の実態調査表が必要である．この調査表（潤滑台帳あるいは機械・設備台帳）には各機械・設備ごとに以下の各項目などを記載し保存する．
a. 機械設備番号　　　　b. 機械設備名称
c. 機械設備の性能仕様　d. 潤滑箇所の名称型式
e. 潤滑条件　　　　　　f. 使用潤滑剤の名称・性状
g. 給油量，給更油周期，h. 故障・トラブルの記録
　保守周期

この潤滑台帳をもとに給油指示表，潤滑管理点検表，給油記録表などを作成する．これらの帳票の様式などは文献を参考にするとよい[1]．

(3) 資材管理

資材管理とは，機械・設備の潤滑に使用される消耗部品や潤滑剤の購買，保管，出庫などの業務および使用済み器材，廃油・廃液の処理をいう．購買管理，受入れ保管管理，潤滑剤需給管理などがある．

保管管理の方法として，潤滑剤の容器や器材さらに潤滑箇所に統一したカラーマークをつけて色彩管理するとか，わかりやすい標識をつけるなどの工夫をすると異油種混用や誤使用を防止することができる．

潤滑剤の月間使用量は，各部門の潤滑剤給油記録表から算出することができて，過剰在庫を作らない資材管理を行なうことが可能となる．

(4) 油漏れ

潤滑系統の油漏れを検出して対策することは非常に大切である．1秒に1滴の漏れが，1年間では累積して約 1 600 l に達するといわれる[2]．廃油量の調査からもかなりの量の潤滑油が廃油とならず損失，消耗になっていることが判明している[3]．前述した，(2)潤滑実態調査で帳票の中の給油記録表を解析して漏れを検出することもできる．

現場における油漏れ発見のための点検では，次の潤滑系統箇所を注意する．a. 油タンク周辺でドレン部分や配管，接続部，b. 油圧ポンプ，リリーフ弁やアンロード回路，c. 加圧された潤滑油配管と各制御弁間の配管，d. 各機器の取付け部分と作動部分，e. パイロット配管部分やドレン配管部分，f. 制御弁とアクチュエータ間の配管接続部，g. アクチュエータ

油漏れ点検では，上記の潤滑系統箇所のうち普通では目の届かない箇所に重点をおき，点検箇所をよく拭きチョーク粉などでドライ化して容易に発見できるようにする．このような全装置の詳細な点検に加えて，装置および床全体をドライにして長期間の油漏れを定期的に監視することや潤滑油に着色剤あるいは蛍光剤を混入して発見を早める方法もある[4]．

(5) 潤滑剤の選定と油種の集約

潤滑剤を選定する際には表 5.1.1 に示す項目に着目して選定し，できるだけ油種の集約化を図る．各機械の諸条件を満たす潤滑剤を，各機械・設備ごとに製造元が指定する適油表や推奨表を参考にして使用油剤の候補リストを作成し，その購入価格などを調査して選定する．

油種の集約化は，各潤滑箇所の潤滑条件（速度，荷重，潤滑油温など）を検討し，共通していると見

表 5.1.1 潤滑剤選定に配慮すべき項目

機械の種類	工作機械,圧縮機,射出成形機などの機種
潤滑箇所	軸受,歯車,しゅう動面などの潤滑箇所
回転数,速度	高速度,中速度,低速度などの条件
潤滑温度	高温,中温,低温などの条件
荷重	高荷重,中荷重,低荷重などの条件
潤滑形式	全損式,循環式,油浴式,噴霧式などの形式
潤滑剤	潤滑油か,グリースかなど
環境条件	高湿度,高温,反応性ガスなどの環境状態

られる部分を汎用油種に統合する.潤滑条件が過酷な部分,特殊な条件となる部分にのみ,専用油種を使用する.使用する油種を少なくすることで,購買,保管,出庫などの管理が簡便となり油剤の使用間違いを生じる機会を減らすこともできる.

(6) 給油量と給油管理

潤滑系の故障原因を解析した例では,給油脂不足によるものが約20%を占めていた[4].したがって,日常実施する機械・設備の潤滑系の点検における給油脂量のチェックは重要な作業である.

給油脂量が少なすぎると,摩擦面を潤滑するのに必要な油量が不足し,金属同士の直接接触による異常摩耗,発熱などにより故障,事故の原因となる.また,潤滑油による摩擦面の冷却効果が期待できず,シール部分など末端の潤滑が不十分となる.

一方,給油脂量が多すぎると,潤滑剤の漏れを増加させ,かくはん抵抗の増加によるエネルギーの損失や発熱による温度上昇で潤滑剤の劣化を早めることにもなる.適正な給油量の決定はむずかしい問題で,いろいろな研究者が各機械・設備ごとの適正給油式を発表しており,また,機械・設備メーカーもそれぞれの給油箇所ごとの給油量を取扱い説明書などに記載しているので,それらを参考にして実際の機械・設備に給油しその結果を検討して適正給油量に修正するとよい.

(7) 給油方式と給油周期

機械・設備における潤滑剤供給方法は,機械・設備の運転において必ずしも最善の方法がとられているとは限らないから,潤滑技術担当者は給油方法などの改善を心掛けることが必要である.給油のための労力を少なくし,潤滑効果を高める各種の給油装置があり,例えば集中給油装置,循環給油装置,噴霧給油装置などで新しいものがあるので,これらの装置と在来の給油方式を比較して労力面,安全面などにおいて有利であり,かつ経済的にも優れているならば新方式を採用することが得策であろう.表5.1.2に設備費と保守管理からみた給油方式の評価例を示す.

給油周期について,手差し式や灯芯式給油では給油作業員が交替の都度または随時行なう.リング式や油浴式では週1回,月1回などと回数を決めて給油する.給油回数が少ないほど給油管理は楽になるから,なるべく各給油箇所を統一し,最小の回数で一巡するように決める.機械・設備ごとの給油指示表を作成し,これには給油箇所,給油量,給油周期を明確に記載して確実に実施しそのことを記録,保存する.

(8) 性状管理

潤滑油の性状を定期的に測定し,潤滑油の変質の程度を監視していくのが性状管理である.まず性状を測定する試料が正しく採取されることが重要である.測定の目的に応じて適切な箇所から適切に採取する.油タンクの油面近くは汚染物質が少なく,底近くの油は汚染物質が多いので,油タンクの中程で一定の深さから定期的に試料を採取することが望ましい.ポンプ停止時には油タンク内の油がかくはん

表 5.1.2 設備費と保守管理からみた給油方式の評価例 〔出典:文献4)〕

給油方式	設備費	設備のメンテナンス費	初充てん潤滑油費	運転後の潤滑油費	給油のための労務費	備考
手差し,滴下式	安価	安価	安価	普通	安価	*1
灯芯,パッド式	安価	安価	安価	安価	安価	
リング,チェーン式	安価	安価	安価	安価	安価	
油浴,はねかけ式	安価	安価	普通	安価〜普通	普通	
強制循環式	高価	高価	普通〜高価	安価	普通	
噴霧式	普通〜高価	高価	安価	普通〜高価	安価	*2

*1:定期的給油作業が必要で場合によりコストが増加する. *2:清浄な加圧空気が必要.

されず，汚染物質は下へ沈殿してしまうのでポンプ運転中に採取する．機械・設備によっては，試料の採取のための追加機構が必要となる場合がある．いずれにしろ使用されている潤滑剤の性状を代表する試料を採取しなければならない．

このようにして採取された試料の性状を測定することで，潤滑油中の汚染物質の混入，油自身の劣化，機械・設備に発生している摩耗，さび，腐食などの存在を明らかにすることができる．性状測定項目とそれの変化の原因との関係を表5.1.3に示す[5]．

性状測定による劣化管理では，それぞれの性状値に対して管理基準が設定され，定期的に測定された性状値がこの管理基準を越えることがないように管理される．

各性状値に対する管理基準は一般的には表5.1.4に示すような基準がよいといわれるが，ケースバイケースで，工場あるいは機械・設備ごとに使用条件を考慮して無理のないレベルで設定されるべきであろう．設定レベルが低すぎると，潤滑管理として無意味になり実質的に効果のないものとなるおそれがある．一方，不必要に厳しいレベルに設定すると管理するコストが上昇し，実用的とはいえなくなってしまう．したがって管理基準は管理する性状項目ごとに十分なデータの蓄積を行ない，十分な検討のうえ，必要十分なレベルに決めるべきである．

性状値測定の頻度は，機械・設備の運転条件すなわち潤滑条件により異なるが，新設の機械・設備や

表5.1.3 潤滑油の性状変化と原因の関係

〔出典：文献5) 一部改変〕

性状測定項目	他流体の混入	固体物質の混入	酸化劣化の進行	摩耗の進行	さび，腐食の進行	酸価の上昇	溶剤不溶解分の増加
密度	◆						◆
色相	◆	◆	◆			◆	◆
粘度	◆	◆	◆				◆
全酸価			◆			◆	
不溶解分		◆		◆	◆	◆	◆
灰分		◆		◆	◆		
水分	◆						
汚染度		◆		◆	◆		◆

表5.1.4 一般的な潤滑油管理基準

〔出典：文献5) 一部改変〕

試験項目	摘要	潤滑油使用機械の重要度	
		高い	普通
反応		中性	中性
引火点	規格値よりの低下	10% 以下	15% 以下
流動点	規格値よりの上昇	10% 以下	15% 以下
腐食試験		合格	合格
粘度	規格値よりの範囲	±10%	±15%
水分		1% 以下	3% 以下
残留炭素分	規格値よりの上昇	15% 以下	20% 以下
灰分	規格値よりの上昇	15% 以下	20% 以下
不溶解分		0.5% 以下	1% 以下
全酸価	規格値よりの上昇	15% 以下	25% 以下
抗乳化度	規格値よりの上昇	15% 以下	20% 以下
四球試験	規格値よりの低下	20% 以下	30% 以下
振り子試験	規格値よりの低下	30% 以下	30% 以下

注 潤滑油使用機械の重要度が高いものとは，次の場合をいう．a.循環給油法，b.油圧装置，c.事故による停止が絶対に許されない機械・装置

オーバーホール直後は早めに測定する必要があるし，継続使用している機械・設備では一定の周期を定めて測定する．測定結果は記録して潤滑剤の性状変化を明確にし，性状の劣化傾向を把握して使用限界を推定することに利用する．

（9）潤滑油の交換基準

潤滑油の交換基準は，潤滑油の種類，品質と性能，使用条件，保守管理状況などが個々に異なるので一様にはいえない．表5.1.4に示した管理基準をもとに交換基準を制定しそれに従うか，機械・設備メーカーの取扱い書に示された交換基準や潤滑剤メーカーの指示する交換基準に従う方法がある．いずれにしても限度一杯まで使用するのではなく，余裕をもって早めに交換することが望ましい．

5.1.2 グリース系

（1）グリース系のメンテナンスの特徴

グリースはC編2.1グリース組成と性質に述べられているように，液体の基油と固体の増ちょう剤からなる不均一系であって，その特有のレオロジー的性質を利用して潤滑を行なっている．それでグリース系のメンテナンスはグリース潤滑の特徴をわきまえて当たる必要がある[6]．すなわち，

a. グリース潤滑はグリースのレオロジー的性質に基づいているから，その性質が変わると，すなわち軟化したり硬化したりすると，化学的劣化がなくとも潤滑性を失う．

b. グリース潤滑では一部のグリースだけ潤滑部に導入され潤滑を果たし，他は周囲に付着して補給源となっている．したがって劣化摩耗粉の蓄積，外部からの汚染は不均一であるので，採取試料の劣化判定には注意を要する．

c. 同上の潤滑機構を機能させるため，潤滑部分にグリースをいっぱいにつめるのは良くなく，転がり軸受の場合は自由空間の30～50%が適当である．

d. グリースは潤滑油のように流動性がないので，潤滑部から簡単に抜くことができず，まして循環浄油はできない．グリースの交換，補給には（4）中間給脂技術に述べるように潤滑方式によっていろいろな方法があるが，いずれにしても劣化グリースが完全に新しいものに置換わるようにすることが大事である．

（2）交換基準

潤滑油では，油浴方式でも循環方式であっても，劣化は均一に進行し，粘度，酸価，不溶分などを測定して一定限度に達したら交換する．問題になるのは「潤滑油の寿命」である．グリースの場合は摩擦面へのグリースの導入が途絶えたとき潤滑不良となる．したがって問題になるのは潤滑すべき要素との組合せにおける「グリース潤滑寿命」である．

例えば転がり軸受でのグリース潤滑寿命到来までの経過をトルクの変化で示すと図5.1.1のようである[7]．1回目の始動後は軸受内につまったグリースがかき回されトルクが大きいが（churning），運転が繰り返されるに従って余分なグリースは脇へどけられ（channeling），潤滑はこれから分離した少量のグリース成分によって行なわれるようになる．この第2期がグリース潤滑にとって望ましい状態で，第3期に入る前に交換，補給するのが理屈である．ところがグリースの劣化は前述のように不均一に進行し，「代表的な」劣化サンプルがとりにくいうえに，（4）に述べる潤滑方式のうち，分解交換以外はサンプル採取そのものができないことも多い．そこで経験や実験に基づいて，図5.1.1のような経過を

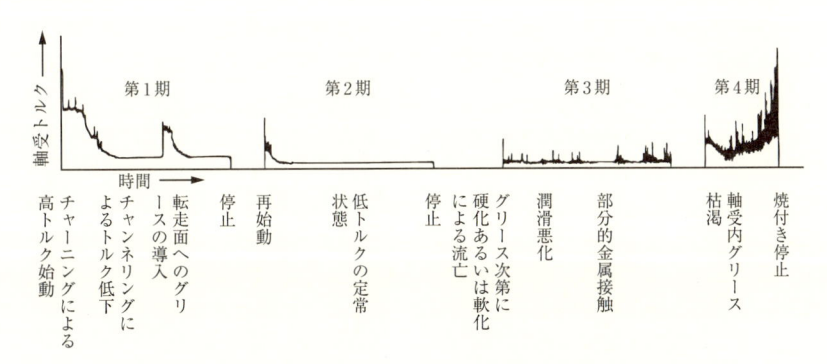

図5.1.1 転がり軸受でのグリース潤滑寿命の経過〔出典：文献7）〕

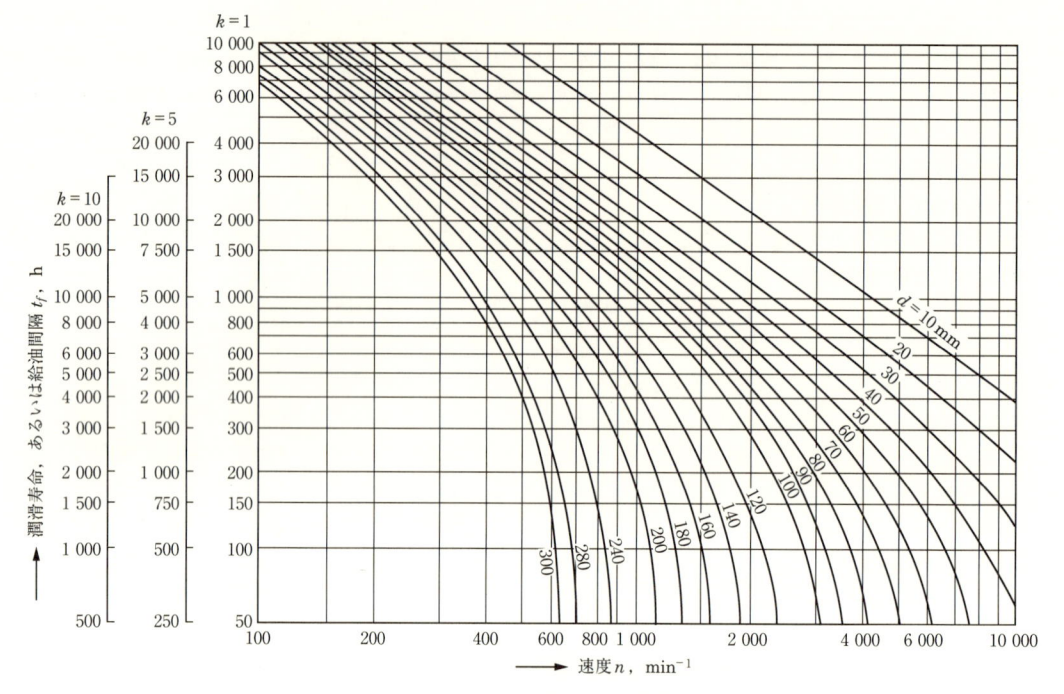

図 5.1.2 転がり軸受でのグリース寿命あるいは補給〔出典：文献 8）〕

想定して，グリースの劣化判定に必ずしもよらず，機械要素，機械，装置ごとに「交換時期」が推奨されることが多い．転がり軸受についての例を示すと次のようである[8]．

すなわち，グリースの潤滑寿命あるいは給脂期間 t_f (h) は

$$t_f = k \left(\frac{14 \times 10^6}{n\sqrt{d}} - 4d \right) \quad (5.1.1)$$

ここに，k：軸受形式による係数（球面ローラ，円すいころ；$k=1$，針状ローラ，円筒ころ；$k=5$，ラジアル玉；$k=10$），n：速度（min^{-1}），d：軸受内径（mm）である．

これを線図化したのが図 5.1.2 である．あくまでこれは例であって，荷重，温度，グリースの種類などによって変わるのは当然である．実際に適用できるようにするには，このような例を参考にして，個々の機械要素，機械によって対応する必要がある．

（3）劣化管理

グリース潤滑の場合，劣化状態を示す代表的試料を得るのは困難かあるいは全然採れないことも多いのであるが，採れたとして適用すべき試験項目とその結果の意味するところを次に述べる．試験法については本書 C 編 2 グリースの章あるいは文献[9]を参照願う．

a．ちょう度

グリース潤滑はグリースのレオロジー的性質に基づくと述べたが，そのレオロジー的性質（軟らかさ）を総合的に示すもので，したがってこのちょう度が大きく変化すれば固化，あるいは流出による潤滑不具合を招く．普通，250～340（1 号～3 号）のものを用いるが，これが 100 以下あるいは 400 以上になれば上記のような障害を起こす恐れがある．正規の試験にはかなりの量の試料が必要で，試験法上は少量（1/4）の試験も規定されているが，それすらも不可能なことが多い．平行板プラストメータなどで代行している例もある．

b．滴　点

温度が上がってグリースとしての性質を保ち得なくなる点を示すもので，大幅に低下すれば流出の恐れがある．相性の悪い他のグリースと混じったり，グリース構造を壊す極性物質が混入したりするのが原因となる．普通は 180℃ 以上はあるので，これが 150℃ 以下にもなれば危険である．

c．離油度（油分離）

基油と増ちょう剤が分離してしまってはグリース

の体をなし得なく，グリース潤滑は不可能となる．しかし多少の油分離はむしろ潤滑を助けるので，新品でも数%の値を示すものもある．これが30%を越すようなことになると，基油が流亡して潤滑不良の恐れがでる．

d. 酸　価

試験法上は滴定によりオレイン酸分として示す．グリースの場合は酸化劣化によって生じる酸性物質の他に，増ちょう剤が分解して成分の酸を遊離することも多い．新品では普通1%以下であるが，数%にもなればグリース構造が破壊される．劣化判定の場合は赤外線のカルボン酸吸収の大きさあるいはこれをオレイン酸分に換算して示すことが多い．

e. 摩耗粉，外来異物

グリース試験法上はきょう雑物の方法もあるが，劣化判定には潤滑油と同じくフェログラフィーやミリポアフィルタで捕らえて，その量や形態から不具合を判定する．摩耗粉や異物を金属分から分析するにはやはり潤滑油と同じくSOAP方式により，原子吸光や発光スペクトルによる金属定量分析結果を，潤滑部の金属組成との対比によって判定する．潤滑油と違ってグリースは潤滑部付近に留まっているから，金属成分の由来の判断は楽である．

f. 水　分

水分が混入するとグリースの種類によっては構造が破壊されて軟化流出する．限度は普通数%に設定される．

グリースの劣化管理基準の例として鉄道車両軸受の場合を表5.1.5に示す[10,11]．鉄道車両の場合は同じ型の車両で同じパターンの運転が繰り返され，安全確保のうえから定期的に分解整備されるから，劣化のデータの蓄積も多く，劣化管理の行なわれる少ない例の一つである．

（4）中間給脂技術

グリースの給脂は潤滑油の交換，給油に比べると面倒である．その方式には次のようなものがある．

a. 分解交換式

潤滑部分を分解し，洗浄して新しいグリースを補給して組み直す．部品の点検もでき，グリースの劣化度も検査できて確実である．鉄道車両や大型機械など，装置全体として定期的に分解点検される場合に適用される．転がり軸受などでは奥まった所の古いグリースが取りきれなかったり，溶剤が残ったりしないよう，保守管理技術がいる．

b. 注入補給式

機械を分解することなく，グリース・ニップルなどを通して人手でグリースを圧入する．グリースの劣化度は観察できないから，あらかじめ定められたマニュアルに従って，見落としのないよう作業する．古いグリースが完全に押し出されて新しいものに置き換わるよう，設計に配慮する必要がある．

c. 集中給脂式

人手による上記の方式の見落としや危険防止，アクセス困難な箇所への給油，省力化などで，多くの箇所へ配管を通してプログラムに従って，一定量のグリースが供給されるこの方式が多くなった．

d. 密封方式

軸がり軸受などの機械要素に生産過程でグリースを密封して組み上げ，そのまま機械に組み付ける．グリースの誤充てんもなく，不適当な保守作業でのごみや異物の混入もない．多くは要素ごと交換するから，グリースの潤滑寿命は要素そのものの寿命より長い必要がある．

5.1.3 油圧系

油圧システムをトラブルなく，安定的に運転するためには，作動油中の固形物，酸化生成物，水分，空気の4種類の異物を除去管理しなければならない．

（1）固形物

a. フィルタ

作動油中の固形物を除去するにはフィルタを用いる場合が多い．フィルタが固形物を作動油からこし分ける能力を評価する代表的指標としてISO 4572マルチパスフィルタ性能試験により規定されるベータ値がある．ベータ値は試験対象の粒径について次式より算出される値で，

表5.1.5　鉄道車両の軸受グリースの管理基準値（使用限界値）
〔出典：文献10，11〕

基準項目		在来線車軸軸受	新幹線主電動機軸受
ちょう度		100〜400	150〜350
金属分	鉄分	1.0% 以下	0.5% 以下
	銅分	0.3% 以下	0.3% 以下
水　分		5% 以下	
酸価(オレイン酸)		5% 以下	5% 以下
油分離量		30% 以下	30% 以下
滴　点		±20℃	

$$\beta_x = \frac{\text{一次側の} x \, \mu\text{m 以上の粒子総数}}{\text{二次側の} x \, \mu\text{m 以上の粒子総数}} \quad (5.1.2)$$

油圧フィルタの性能評価方法として広く用いられている．

サクションストレーナに対してはメッシュが使われる．メッシュは Tyler によるふるいの呼称であり，1インチあたりの金属線の本数で表わす．Tyler 以外に ASTM や JIS にも同様なふるいの規定があり，表 5.1.6 に JIS Z 8801, ASTM および Tyler ふるいの比較表を示す．メッシュ目開きはあくまでも設計上の値であり，実際の除去性能を表わさないので注意を要する[12]．

磁性体粒子を吸着除去するフィルタとして，アモルファス合金繊維をエレメントとしたものも開発されている．これは磁場にアモルファス合金を設置し磁力により磁性体を吸着するものである．アモルファス合金を磁界から取り外すと磁力を失い容易にエレメントを洗浄できる性質を利用している[13]．

b. 清浄度

作動油の清浄度を表示する規格として Aerospace Industries Association of America, Inc. が 1964 年制定した NAS 等級がある．これは作動油 100 ml あたりの汚染異物を重量で表わす重量法（表 5.1.7）と，大きさと数を等級で表わす計数法（表 5.1.8）がある．計数法は清浄度を 5 μm 以上の粒子について五つの範囲に分けて 00 級から 12 級までの 14 等級に分類するものである．

日本では NAS 等級が広く使用されており，油圧システムの清浄度管理基準として，一般油圧に対して重量法で 5 mg/100 ml 以下，あるいは NAS 等級 10 級以下，電気・油圧サーボ弁を用いた油圧システムでは NAS 7 級以下が目安とされる[13]．

一方 NAS 規格とは別に ISO 4406 清浄コードが制定され（表 5.1.9），多くの国々で使用されている．ISO 4406 は 5 μm 以上と 15 μm 以上の粒子について清浄度を 1～30 までのコードに表示し，コードをスラッシュ「／」で分け，スラッシュの左側は 5 μm 以上，右側は 15 μm 以上の粒子総数についての清浄度を示す．管理基準上の 5 μm と 15 μm の

表 5.1.6 JIS-ASTM-TYLER ふるいの比較表

JIS (JIS Z 8801)		ASTM	TYLER
呼び (ミクロン)	目開き, mm	No.	No. (メッシュ)
37	0.037	400	400
44	0.044	325	325
53	0.053	270	270
63	0.063	230	250
74	0.074	200	200
88	0.088	170	170
105	0.105	140	150
125	0.125	120	115
149	0.149	100	100
177	0.177	80	80
210	0.21	70	65
250	0.25	60	60
297	0.297	50	48
350	0.35	45	42
420	0.42	40	35
500	0.5	35	32

表 5.1.7 NAS 汚染度等級（重量法）：作動油 100 ml 中の微粒子の重量による

NAS 1638, mg／100 ml

等級	100	101	102	103	104	105	106	107	108
重量	0.02	0.05	0.10	0.30	0.50	0.70	1.0	2.0	4.0

表 5.1.8 NAS 汚染度等級（計数法）：作動油 100 ml 中の微粒子の数による

NAS 1638, 個／100 ml

粒径, μm ＼ 等級	00	0	1	2	3	4	5	6	7	8	9	10	11	12
5～15	125	250	500	1 000	2 000	4 000	8 000	16 000	32 000	64 000	128 000	256 000	512 000	1 024 000
15～25	22	44	89	178	356	712	1 425	2 850	5 700	11 400	22 800	45 600	91 200	182 400
25～50	4	8	16	32	63	126	253	506	1 012	2 025	4 050	8 100	16 200	32 400
50～100	1	2	3	6	11	22	45	90	180	360	720	1 440	2 880	5 760
100 以上	0	0	1	1	2	4	8	16	32	64	128	256	512	1 024

表5.1.9 ISO清浄度コード（ISO 4406）

粒子数，個/ml	清浄度コード	粒子数，個/ml	清浄度コード
10 000 000	30	320	15
5 000 000	29	160	14
2 500 000	28	80	13
1 300 000	27	40	12
640 000	26	20	11
320 000	25	10	10
160 000	24	5	9
80 000	23	2.5	8
40 000	22	1.3	7
20 000	21	0.64	6
10 000	20	0.32	5
5 000	19	0.16	4
2 500	18	0.08	3
1 300	17	0.04	2
640	16	0.02	1

区分は，前者が摩耗による油圧機器の性能劣化，後者が突発故障を防止するためのものとしている[12]。

しかし油圧システムにおいては5μm以下の粒子を問題にしなければならないケースも多い．その場合ISO 4406を拡張し，清浄度コードの対象粒子を2μm以上とし，2μm以上／5μm以上／15μm以上の3コードで表示している．

清浄度を検査するための試料油を採取する際は作動油を汚染させてはならない．採取時の汚染を最小限とする採取方法としてISO 4021が規定されているので参考とするとよい．

（2）酸化生成物

作動油は油圧システム運転中にせん断作用や熱の影響を受け化学的に変化するが，酸化変質が進むと一部が油に溶けない酸化生成物になる．

「高分子化した油の酸化生成物は粘着性が強くバルブロック，オイルクーラの熱伝導の低下などを引き起こすので除去しなければならないが，これを除去するには電極間に誘電体を組み込んだ静電浄油機が有効で，サイズや種類にかかわりなく正および負に帯電している粒子は電極によって，中性の粒子は誘電体が作る電界のひずみによって除去する．前者は電気泳動，後者は誘電泳動現象を利用している．また油の酸化を促進させる水分は500 ppmならば静電浄油機で除去できるが，多量に混入すると絶縁破壊が起こるので他の方法を使わなければならない[14]．

酸化生成物の一部は磁性体粒子と結合し油タンク内で流動・沈降する．油タンク底面にJIS B 0125に規定されるマグネットセパレータを設置し，酸化生成物と磁性体の結合物を吸着することも行なわれる[15]．この場合付着物の除去管理が必要である．

（3）水　分

油中に水分が混入すると機器にさびが発生したり凍結し，固形物と同様に機器を破損させるので除去しなければならない．水分除去には次の方法が用いられる．

a. 密度の差を利用し静置分離させる方法
b. 遠心力を利用し分離する方法
c. 真空下で油を微小粒子や薄い被膜とし水分を蒸発させる方法[16]
d. 紙や綿など水分を吸収する繊維や高分子材料に吸着させて除去する方法
e. フィルタ繊維や金網などで微小な水滴を凝集（コアレッセンス）させて粗大化させた水滴を密度差で分離させる方法[17]

水分の計測はJIS K 2275カールフィッシャー測定法を用いる．油中水分は500 ppm以下が望ましい．

（4）空　気

油中に混入している空気は，油の体積弾性係数や圧力伝達速度を低下させるだけでなく，エアレーションの原因ともなり，油圧システムの特性を悪化させる一因となっている．また油膜強度を低下させ，油圧機器内部で金属接触を引き起こし，摩耗を促進したり，油自体の酸化劣化促進の要因にもつながる．

作動油には9%程空気が溶解しているが，絞りやバルブなど狭いすきまを通過するとき，またサクションストレーナが目づまりしたときなど，空気溶解度が低下し気泡として分離し，混入空気と同じ問題を引き起こすことも知られている[18]．

旋回流を利用した気泡除去装置はこれらのトラブルを解消するうえで効果がある[19]．

文　献

1) 潤滑油協会：潤滑管理技術研修会「基礎講座」教材（1994）．
2) 渡辺健二・山口俊雄：日石レビュー, **20**, 4 (1978) 37.
3) 潤滑油協会：潤滑油再生高付加価値利用技術調査研究報告書 (1993) および (1994)．
4) 潤滑油協会：潤滑管理技術研修会「入門講座」教材（1993）．

5) 似内昭夫：メインテナンス，No. 203 April (1997) 2.
6) 桜井俊男・星野道男・渡嘉敷道秀・藤田　稔：潤滑グリースと合成潤滑油，幸書房 (1983) 96.
7) 星野道男：月刊トライボロジ，6, No. 22 (1989) 5
8) 桜井俊男・星野道男・渡嘉敷道秀・藤田　稔：潤滑グリースと合成潤滑油，幸書房 (1983) 77.
9) 文献 8) の 113.
10) 鈴木政治・細谷哲也：トライボロジー会議予稿集（東京 1997-5）3A17, 367.
11) 岡庭隆志・大沢久幸：トライボロジー会議予稿集（東京 1997-5）3A18, 370.
12) 伊沢一康：機械設計，**41**, 11 (1997) 18.
13) 四阿佳昭：油空圧技術，**32**, 8 (1993) 43.
14) 佐々木　徹：機械設計，**41**, 11 (1997) 25.
15) 浜田彦弥太・佐藤理有：機械設計，**41**, 11 (1997) 54.
16) 加藤治喜：油空圧技術，**33**, 12 (1994) 66.
17) 畑　幸子：油空圧技術，**33**, 12 (1994) 62.
18) 鈴木隆司・田中　豊・樋口貴士・横田眞一：日本油空圧学会春季講演会論文集 (1995) 45.
19) 鈴木隆司・横田眞一：トライボロジスト，**39**, 9 (1994) 756.

5.2 メンテナンストライボロジーの適用例

5.2.1 プロセスライン

（1）製鉄プラント

製鉄設備は，高温・水・スケールなど悪環境の中，低速高荷重や衝撃荷重などの過酷な条件下で昼夜連続運転されている．

製鉄設備の安定稼働のためには，潤滑状態を良好に保つ必要があり，著者らの製鉄所では，まず給油脂管理，油漏れ管理といった潤滑管理の基本から活動を進めてきた．

現在は，フェログラフィーなどによる摩耗粉診断を柱とする「潤滑診断技術」と，その結果をもとにした高性能潤滑剤の開発などの「故障防止技術」，それらをコントロールする「潤滑管理技術」の三位一体のトライボロジー管理システムにより活動を推進している．（表 5.2.1，図 5.2.1）．

このシステム（図 5.2.2）は，年間計画に従って各設備保全部門がサンプリングした油を分析診断し，課題抽出から対策実施，効果フォローを行なう PDCA サークルになっている．

油種ごとの診断項目と周期を表 5.2.2 に示す．これらの診断結果を潤滑油性状管理表として各整備担当者に発行する．これにより整備担当者は多数の装置の潤滑状態を把握し，効率的な潤滑管理ができる．

油圧装置のメンテナンスは作動油の清浄度を高く保つことが重要であり，作動油の汚染度診断は，一般の装置を重量法で，サーボ系油圧装置や重要設備の軸受給油系は NAS カウント法で診断している．潤滑油性状管理データは，管理値に対する良否判定だけでなく，トレンド監視による異常の早期発見や，類似装置に共通な潤滑問題の抽出に活用できる．

作動油に高い清浄度を求め，細かなメッシュフィルタを使うと目づまりが早く，取替えコストが問題となる．

そこで，浄油能力が高く，メンテ頻度の少ない浄

表 5.2.1　製鉄所のトライボロジー活動の歴史

1969～1973	1974～1979	1980～1985	1986	1987	1988	1989	1990	1991	1992	1993	1994	1995	1996	1997
潤滑油管理の確立（漏れ・給油脂管理）		摩擦摩耗診断→防止（高性能潤滑剤・省エネ）			メンテナンスフリー化・トラブルフリー化（高機能潤滑剤・合成潤滑剤・簡易診断）									
☆潤滑班発足		☆潤滑材センター設立												
油漏れ防止活動														
油性状劣化管理														
・教育　・標準化		作動油コンタミ管理												
		フェログラフィー（油中摩耗粉管理）												
・油種統一			省エネギヤ油開発			合成油潤滑油（ギヤ油、作動油）開発適用								
・再生技術				高性能ウレアグリース開発				超高性能グリース開発（シールド Brg）						
・油脂使用量低減活動				アモルファスオイルクリーナー開発				ギヤカップリンググリース開発						
		・故障統計システム			プロセス液用クリーナー開発				チェーンオイル開発					
		・故障防止教育								耐水性グリース（ミル軸受）開発				

第5章　メンテナンストライボロジー　　D編　855

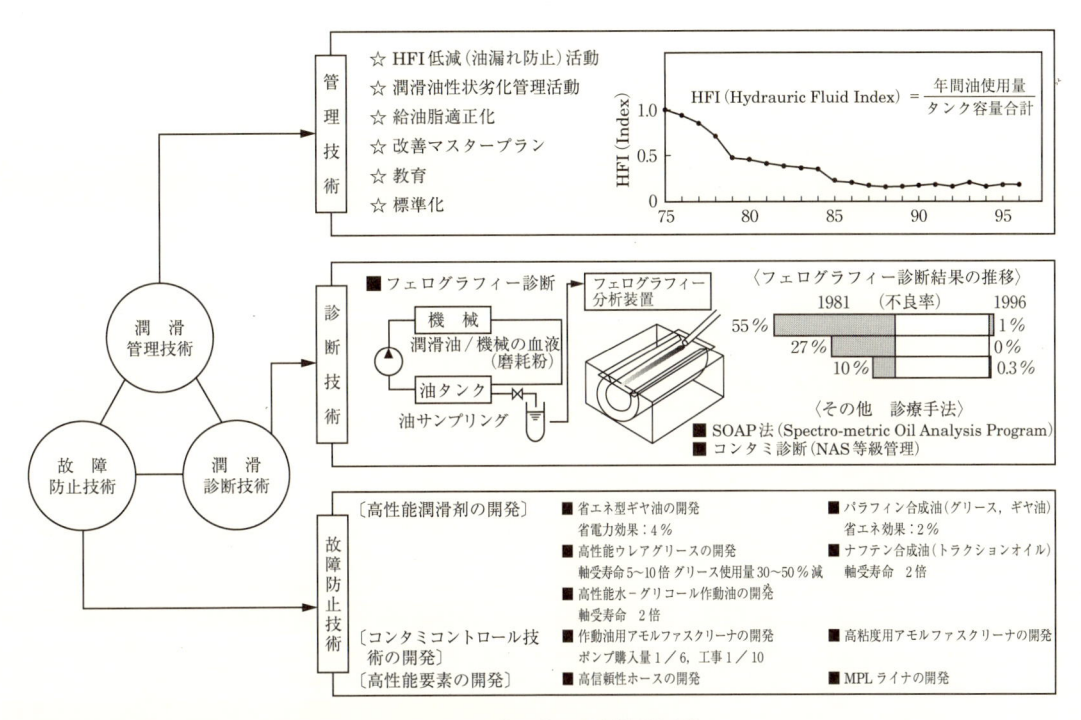

図 5.2.1　三位一体の潤滑技術活動

管理技術：
☆ HFI低減（油漏れ防止）活動
☆ 潤滑油性状劣化管理活動
☆ 給油脂適正化
☆ 改善マスタープラン
☆ 教育
☆ 標準化

$HFI\,(Hydrauric\ Fluid\ Index) = \dfrac{年間油使用量}{タンク容量合計}$

診断技術：
■ フェログラフィー診断
　機械　潤滑油／機械の血液（磨耗粉）
　油タンク　油サンプリング
　フェログラフィー分析装置
〈フェログラフィー診断結果の推移〉
1981　（不良率）　1996
55 %　　　　　　1 %
27 %　　　　　　0 %
10 %　　　　　　0.3 %
〈その他　診療手法〉
■ SOAP法 (Spectro-metric Oil Analysis Program)
■ コンタミ診断 (NAS等級管理)

故障防止技術：
〔高性能潤滑剤の開発〕
■ 省エネ型ギヤ油の開発　省電力効果：4 %
■ 高性能ウレアグリースの開発　軸受寿命5〜10倍 グリース使用量30〜50%減
■ 高性能水‐グリコール作動油の開発　軸受寿命 2倍
■ パラフィン合成油（グリース，ギヤ油）省エネ効果：2 %
■ ナフテン合成油（トラクションオイル）軸受寿命 2倍
〔コンタミコントロール技術の開発〕
■ 作動油用アモルファスクリーナの開発　ポンプ購入量1／6，工事1／10
■ 高粘度用アモルファスクリーナの開発
〔高性能要素の開発〕
■ 高信頼性ホースの開発
■ MPLライナの開発

潤滑管理技術 — 故障防止技術 — 潤滑診断技術

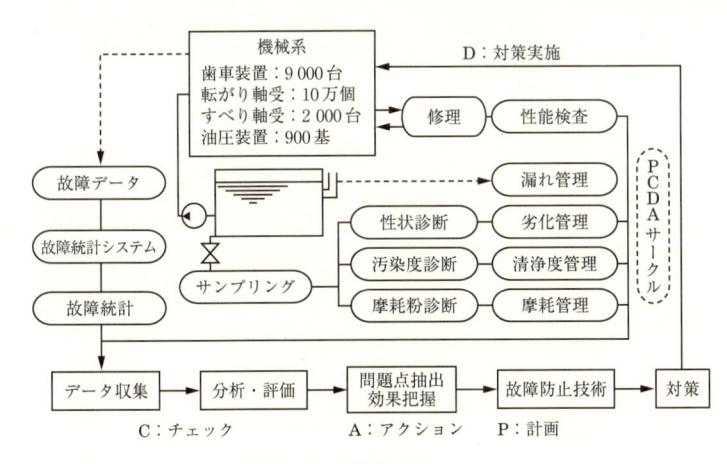

図 5.2.2　潤滑管理システム

機械系：歯車装置：9 000台／転がり軸受：10万個／すべり軸受：2 000台／油圧装置：900基

D：対策実施　　修理　性能検査
漏れ管理　性状診断　劣化管理　汚染度診断　清浄度管理　摩耗粉診断　摩耗管理
PCDAサイクル
サンプリング
故障データ → 故障統計システム → 故障統計 → データ収集 → 分析・評価 → 問題点抽出 効果把握 → 故障防止技術 → 対策
C：チェック　A：アクション　P：計画

油機として，高勾配磁気分離法を原理にアモルファス合金細線を応用した浄油機を開発した．コンタミの大部分を占める磁性粒子（鉄分）を磁気フィルタで除去し，残りのコンタミをメッシュ型フィルタで除去する複合型フィルタである（図5.2.3）．

この高性能フィルタを現場で適用した結果，油圧ポンプの交換台数が約1/8，油圧シリンダの整備頻度が1/10に激減するなど，整備コストの削減と油圧システムの故障低減に大きく寄与した（図5.2.4）．

また，潤滑系診断技術により設備に内在する潤滑問題を浮き彫りにし，機械要素の潤滑面における油膜形成能力の向上や，摩擦・摩耗形態の最適化に着目した高性能潤滑剤を開発・実用化している．以下は

表 5.2.2　油定期診断の項目と周期

油　種(装置数)	性状劣化 (化学分析)	汚染度 (重量法，カウント法)	摩耗粉 (フェログラフィー法)
ギヤ油 (645)	2〜3回/年	………	1〜2回/年
軸受油 (218)	2〜3回/年	2〜3回/年	1〜2回/年
作動油 (522)	4回/年	4回/年	必要に応じて実施

注：性状劣化：粘度，全酸価，水分，アルカリ価，pH，不溶解分など

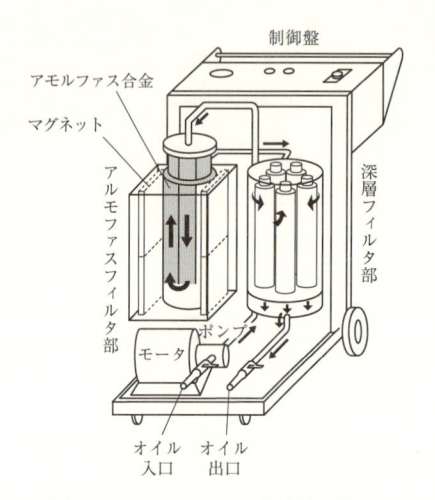

耗が主要因となる．そこで，ウレア樹脂を増ちょう剤に用い，熱・せん断安定性と軸受内での挙動や油膜特性に優れた高性能グリースを開発した．

実機適用の結果ではグリース使用量を削減しながらも，適用箇所によっては5～10倍の大幅な寿命延長を実現した．さらに最近では，密封軸受のようにグリースの特性が軸受自体の寿命を大きく左右する部位に対して，合成エステル油をベースとした高性能グリースを開発・実用化している（図5.2.6）．

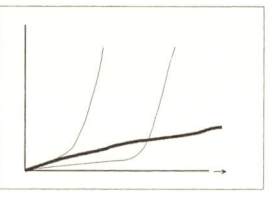

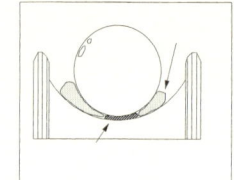

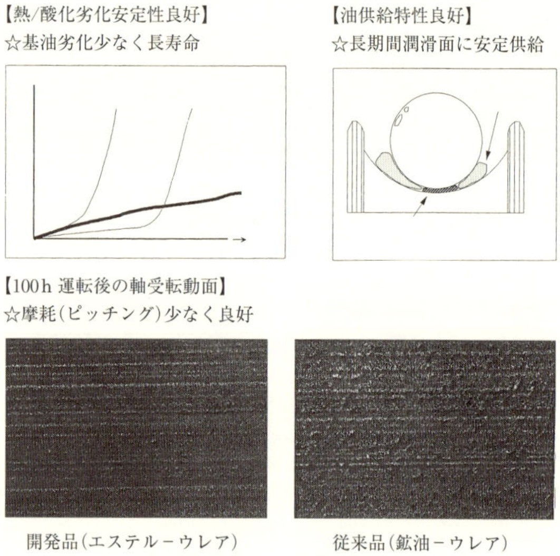

図5.2.3　アモルファス浄油機の構造

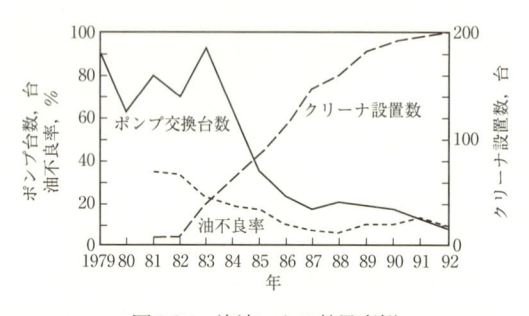

図5.2.4　浄油による効果事例

図5.2.6　合成油グリースの開発

その例である．

歯車には，油膜を確保するために歯面を平滑化するグラファイト添加型ギヤ油を開発し，熱間圧延機などの大型減速機に適用した結果，3～4%の顕著な省電力効果がみられた（図5.2.5）．

転がり軸受の寿命は，潤滑剤の劣化による異常摩耗

カップリング，ジョイント等の軸継手は，回転遠心力による飛散漏洩が多いため，耐漏洩性，耐焼付き性に優れたグリースを開発し，故障防止や給脂周期延長に寄与している（図5.2.7）．

各種エステルの被膜特性，浸透性，耐酸化安定性に着目し，すべり軸受，チェーン，圧縮機等に対しても各種高性能潤滑剤を開発した（図5.2.8）．

製鉄所のトライボロジー活動の効果をまとめたものを表5.2.3に示す．

活動の成果は単なる油脂購入コストの低減だけでなく機械部品の交換費用，それに伴う労務費，省エネ，環境汚染の防止，廃油処理の低減，3K作業の排除など，多方面に及ぶ．さらに，連続化が進む製鉄設備にとって，故障激減による生産損失回避の効果も大きい（図5.2.9）．

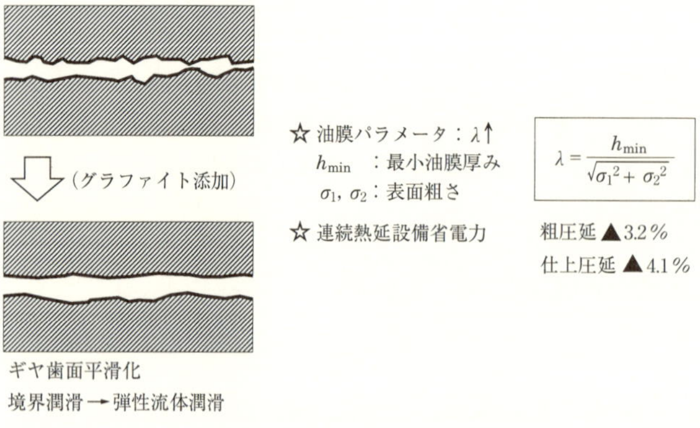

☆ 油膜パラメータ：$\lambda \uparrow$
h_{min}：最小油膜厚み
σ_1, σ_2：表面粗さ

$$\lambda = \frac{h_{min}}{\sqrt{\sigma_1^2 + \sigma_2^2}}$$

☆ 連続熱延設備省電力
粗圧延 ▲3.2%
仕上圧延 ▲4.1%

ギヤ歯面平滑化
境界潤滑 → 弾性流体潤滑

図5.2.5　省エネ型ギヤ油の開発

第5章　メンテナンストライボロジー　　D編　857

【ギヤカップリング摩耗評価試験機】

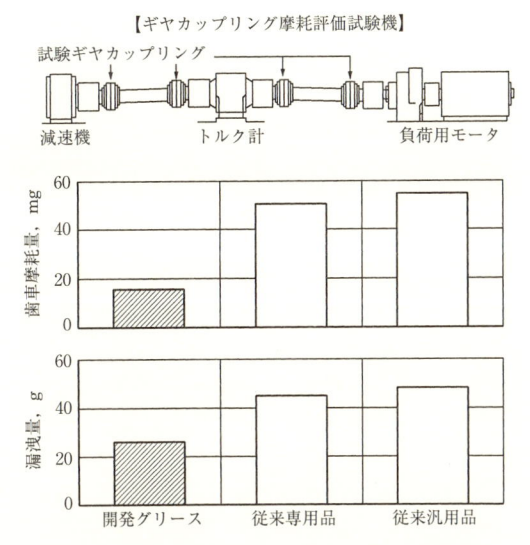

図 5.2.7　ギヤカップリング用グリースの開発

【チェーンオイルの必要特性】
・浸透性（すきまの潤滑）
・低摩擦係数（摩耗抑制）

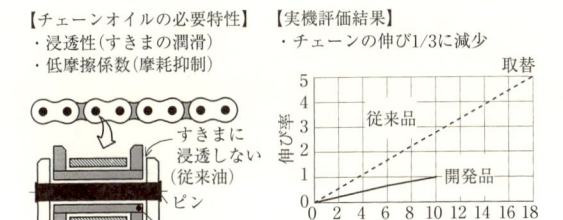

【実機評価結果】
・チェーンの伸び1/3に減少

図 5.2.8　チェーンオイルの開発

（2）化学プラント

化学プラントで使用される回転機に，異常の早期検知の目的で運転中の常時監視システムが導入されるようになった．これらの常時監視システムは異常の検知ばかりでなく，振動値の上昇傾向から，異常原因の推定にも極めて有効である．

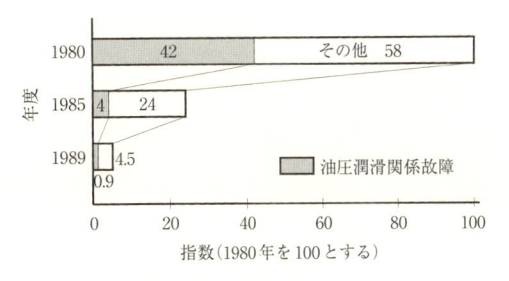

図 5.2.9　機械系故障の推移

a. 軸受の状態と振動挙動

遠心ポンプに使用されている転がり軸受の疲労損傷（フレーキング）時の振動加速度値の上昇傾向の実例を図 5.2.10 に示す．遠心ポンプで使用される中高速回転の転がり軸受において，潤滑状態が良ければフレーキングは徐々に進行するため，振動値も徐々に上昇する．

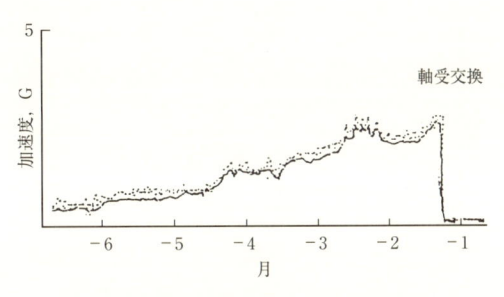

図 5.2.10　油潤滑軸受のフレーキング

上昇傾向の特徴として，短期的には安定しているが，長期的には増減しながら上昇する場合が多い．これは軸受転送面の変化によるものと考えられる．グリース潤滑軸受のフレーキングは，油潤滑と長期的な傾向は同じであるが，短期的に見ると安定しておらず，不安定に変動する場合が多い．図 5.2.11 はグリース潤滑軸受のフレーキング時の振動加速度値の上昇傾向を示す．図中で実線は1日の平均値，破線は最大値を示しているが，補修前の最大値は大きく変動していることがわかる．グリース潤滑軸受においては，フレーキングの発生によって部分的に油膜が切れやすくなり，振動加速度値が不安定な動きをす

表 5.2.3　トライボロジー活動の経済効果

項　目	主な活動内容	経済効果
省エネルギー	・省エネ型ギヤ油 ・低摩擦すべり軸受油 　など高性能潤滑剤	省電力効果 5.9億円/年
保全費低減 ［労務費 　資材費］	・高性能ウレアグリース ・アモルファス浄油機 ・省エネ型ギヤ油 ・軸継手グリース ・チェーンオイルほか	軸受・歯車など 保全費削減効果 4.9億円/年
潤滑剤 使用量低減	・HFI低減（油漏れ防止）活動 ・高性能ウレアグリースほか	潤滑剤費用低減効果 15億円/年（1977年比）

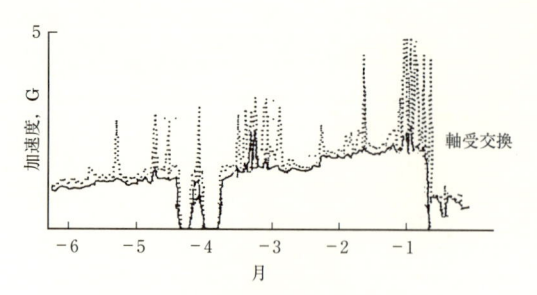

図 5.2.11　グリース潤滑軸受のフレーキング

ると考えられる．

図 5.2.12 は「きしり音」と呼ばれる現象で見られる振動パターンである．きしり音の長期の振動挙動を図 5.2.13 に示す．図中で平均値（実線）の変動は顕著ではないが最大値（破線）は寒冷期の 1～3 月に上昇しており，この間にきしり音が発生しているのがわかる．

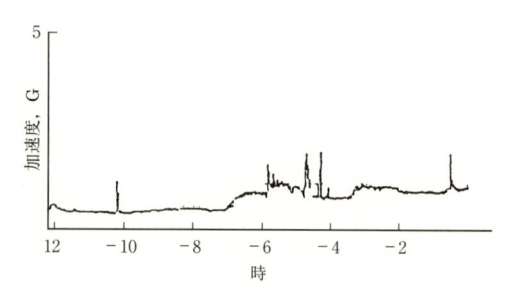

図 5.2.12　きしり音

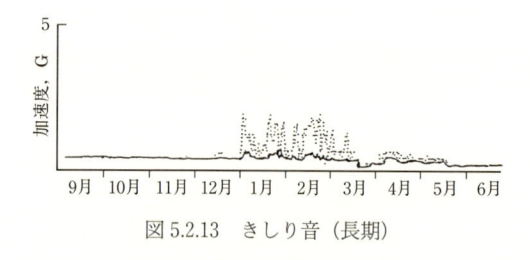

図 5.2.13　きしり音（長期）

このように振動加速度値の挙動は転がり軸受の潤滑状態や損傷状態と密接な関係がある．

b. 異常原因と現象

前項で述べたように，軸受の状態と振動加速度値の挙動は密接な関係があるが，遠心ポンプを例にとれば，インペラのアンバランスに代表される回転機構の異常，心の狂い，基礎の劣化等の異常は振動速度値の挙動と密接な関係をもっている．

振動以外にも，異音，温度，潤滑油の状態等の現象は異常の原因によって特徴を示す．したがって，観測された現象を整理することにより異常原因の推定が可能となり，次に述べる異常診断エキスパートシステムに有効なデータとなる．

c. 異常診断エキスパートの目的

回転機に異常が発生した場合に，専門家に頼らずに機器の状態を推測し，的確な処置を行なうための支援を主眼として異常診断エキスパートシステムを開発し適用した．

入力データとしては，振動，温度，音，潤滑油の状況等の五感および簡易振動計で得られる情報の他に運転情報を使用した．

d. システム機能

診断システムとして完成している 11 機種とそれぞれのシステムの異常原因（損傷要因）数を表 5.2.4 に示す．例えば，横型遠心ポンプの異常診断システムでは，入力された現象に応じて 15 種類の異常原因（表 5.2.5）の中から最も確からしい原因の上位三つが，確信度付きで出力される．

入力画面の例を図 5.2.14 に示すが，入力は対話形式で行ない，振動パターン等の入力画面では図解で示し容易に入力できるようにした．図 5.2.15 に出力結果例を示す．

e. 診断アルゴリズム

診断アルゴリズムは，各損傷要因に独立した複数のプロダクションルールの確信度を加算的に処理し，最終確信度を算出する方法となっている．

例えば，同一推定原因で成立したルール二つの確信度をそれぞれ CF_1, CF_2 とすると，合成確信度 CF_{12} は下式で算出される．

$$CF_{12} = CF_1 + CF_2 - CF_1 \times CF_2 \tag{5.2.1}$$

現象と損傷要因との関係を模式的に表わした例を図 5.2.16 に示す．例えば，損傷要因 A が起こった

表 5.2.4　回転機異常診断システムの開発対象と異常原因数

	横型遠心ポンプ	横型モータ	竪型ポンプ	ノンシールポンプ	ファンブロア	タンクミキサ	エアフィンファン	サンダインポンプ	往復動圧縮機	減速機	V ベルト
異常原因数	15	18	16	10	12	15	14	17	21	11	10

表 5.2.5　対象とする損傷要因（遠心ポンプ）

部　位	損　傷　要　因	
支　持　部	共振（剛性不足・基礎劣化）	
ロータ（インペラ）	漸増アンバランス	腐食・侵食・摩耗
		スケール等の付着
	突発アンバランス	回転体の一部欠損
		スケール等の脱落
	ミスアライメント	
	接触（静止体との接触）	
転がり軸受	軸受損傷（フレーキング）	
	軸受発錆	
	保持器不良（摩耗・破損）	
	潤滑不良（油潤滑）	
メカニカルシール	ドライ接触	
流体振動	キャビテーション	
	絞り運転（羽根振動）	
	ハイドロホワール（自励振動）	
	笛吹き現象（旋回流によるドレン配管共振）	
共　通	がた（各部の摩耗、緩みによるすきま増大）	

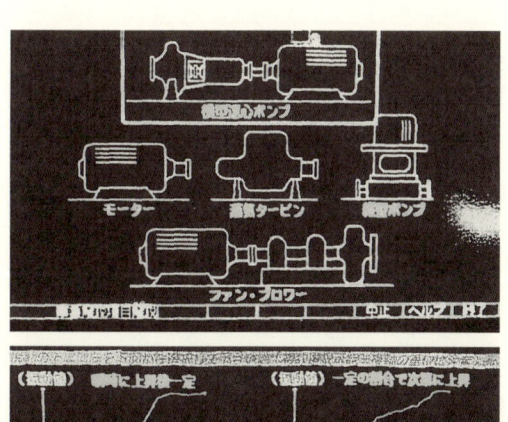

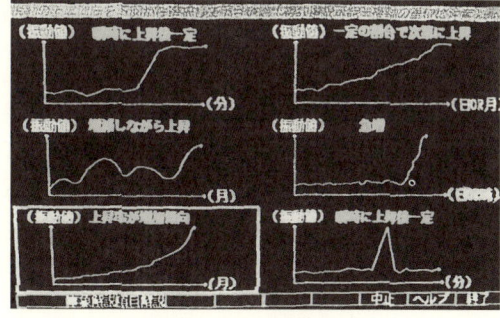

図 5.2.14　操作画面

合，損傷要因 A～D の全てが推定原因として挙げられる．したがって得られる結論は曖昧となる．これを改善するために，複数の現象を組み合わせた下記のようなルールも併用することにより診断精度の向上が図れる．

　もし
　現象 a　かつ　現象 b　ならば　損傷要因 A

f. 知識ベース

ルール数は横型遠心ポンプで 245 個で，これらの現象と損傷要因との関係を整理したものがマトリックス表であり，この一部を図5.2.17 に示す．

g. システムの評価

システムの評価をするために，過去に発生した横型遠心ポンプの診断事例のうち，異常原因が明らかになっている 41 件のデータを入力して，システムで得られる出力結果と実際の開放結果を照合した．

図 5.2.18 は，診断結果と開放結果との一致度合いを示すが，第 1，第 2 推定要因を合わせると，93% が開放結果と一致した．

また，同じ損傷要因（フレーキング）の事例で，

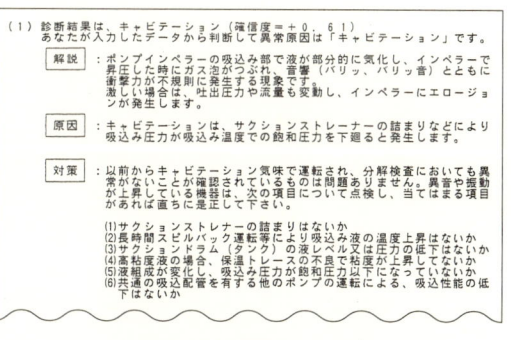

図 5.2.15　診断結果の出力例

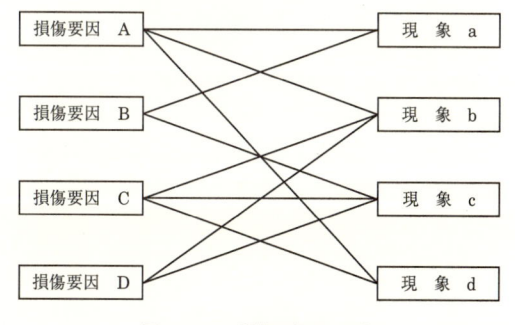

図 5.2.16　損傷要因と現象

場合には，現象 a, b, d が現われることを示している．ここで，現象 a, b が発生した場合について考察する．もし仮に現象と損傷要因が一対一に対応するルールだけを使用して原因推定を行なった場

マトリックス表

現象(入力項目)		損傷要因	突発アンバランス	漸増アンバランス	ミスアライメント	共振	ガタ	接触	キャビテーション
振動関連	振動レンジ	振動加速度(Hi)	×	×	×	×	×	×	20, a, b
		振動速度(Lo)	10	10	10, d	10	10, a-f	10, a, b	
		Hi + Lo	×	×	×	×	10 c	10	30, b, c
		振動無し	×	×	×	×			
	上昇程度	数日以内	30, b, c	b, c	a, c, e	a, b, d	a	10	b
		3ヵ月未満	×	5, b, d	15, b	5, c, d	5, a	10	10, b
		1年未満	×	20, d	10, b	5, c	5, a		10, c
		1年以上	×	20, d	10, b	5, c	5, d		10, c
	振動開始	補修後		b	5, c, e	b	10, a	b, c	
		切替え後		c				b, c	
		運転中	10, b, c	15, bcd	a, b	10, a, c	10, a, e		10, a, c
	上昇傾向	一定の割合で上昇	×	10, b, d	b	c, d	10, f, d		c
		増減しながら上昇	×	20, d			5, d	a	
		上昇率が増加傾向		10			5	10	
		急増	10, c	b	a	a, b, d		10, b	
		瞬時に上昇後一定	30, b, c	×				10, b	
型式		高温ポンプ						b	
		新設・更新ポンプ				20			
		片持ち				10			
		両持ち		a	a		f	c	
複合ルール		a	20	20	20	30	35	20	40
		b	35	30	30	10	40	40	30
		c	35	30	30	20	20	10	20
		d		35	10	30	15		
		e			20		30		
		f					40		

図 5.2.17 マトリックス表(抜粋)

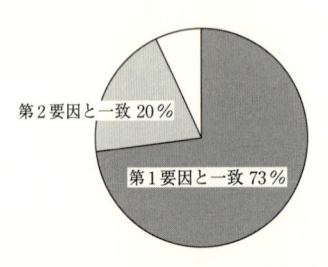

図 5.2.18 開放結果と診断結果との一致

第1要因と一致 73%
第2要因と一致 20%

その程度が違う二つの例を比較した結果を表 5.2.6 に示す.初期の段階より,末期の段階の方がより明確に特徴が現われるため,確信度が上昇していることがわかる.

h. システムの今後の展望

評価結果からは高い正解率が得られ,異常診断システムとして十分な実用性があるといえるが,複合要因や想定していない損傷メカニズムにより異常が

表 5.2.6 フレーキング初期と末期の診断結果の比較

ケース	質問数	回答数	エキスパートシステム診断結果(出力結果)						軸受開放結果
			第1要因	%	第2要因	%	第3要因	%	
初期	16	12	疲労損傷	75	潤滑不良	55	軸受発錆	20	内輪1箇所にフレーキング
末期	17	15	疲労損傷	88	潤滑不良	55	保持器不良	36	内・外輪・玉にフレーキング(内輪は帯状に2/3周程度)

発生した場合には正しく診断されない可能性が高い．

このような不一致例を数多く経験しルールの追加・修正を行なうことで診断精度を向上させることも可能であるし，これまで損傷要因と現象の関係が不明確であったものについても次第に明確化し整理できるので，オペレータの支援ばかりか，専門家のノウハウの伝承のツールとしても活用できる．

（3）自動車製造プラント

ここでは自動車製造プラントにおける油圧サーボプレス潤滑油分析診断による高圧ポンプの故障対策について概説する．

a．潤滑油条件の改善

最近の設備は高速化と高精度化に加えて高い安全性が要求されている．さらに，メカトロニクス化された設備は有機的に組み合わせてシステム化されている．機械故障の多くは，機械内部の問題，すなわち潤滑部の問題が外部に現われたものである．このような問題を解決するためには，日常の潤滑油の分析診断により設備の潤滑条件を改善することにより重大故障を未然に防ぐことができるのである．

b．生産性設備の重要性

ある自動車製造プラントでは本社工場を含む各工場には自動車部品の成形用に600台余りのプレス機械があり生産ラインや試作，開発現場で使用している．このうち本社工場の試作，開発ラインには30台余りのプレス機械があり，このうち10台が油圧サーボ制御方式の設備である油圧サーボ制御プレス設備では，エンジン系やシャシ関係の超精密の部品を主に開発，試作している．このためサーボ制御装置の100%と追従性と作業上の安全性の確保が最優先される．

開発・試作現場では設備故障等により，遅れ（納期）が発生すると他工場での生産準備など後工程への影響が大きい．

c．サーボ制御プレスの機能と特徴

サーボ制御プレスは，エンコーダ装置と特殊なサーボ機構をもっており位置決めや早送り・遅行・加圧が自動的に設定可能であることが特徴．これらの制御機能としては油圧駆動源，およびサーボ制御部とサーボ指令装置から構成されており，それぞれの動作に対して追従性が重要であるサーボ制御にはロータースや電磁比例弁が使用されているので，機能上作動油の汚れには非常にデリケートであり，特に水分・金属粉は油の性状劣化になるばかりか酸化性変質物が生成されてスプールや弁座の異常摩耗を促進させてサーボ機能の低下につながるのである．そこで，開発・試作の重点設備である，サーボ制御プレスでも作動油の汚染によるトラブルで設備の重大故障が95年～96年にかけて続いた．原因調査により作動油（VG 68）の汚染によってサーボ駆動部のベアリングが異常摩耗を起こしていることが判明，潤滑油分析で故障箇所の予知・発見することができたのでその代表事例を紹介する．

d．サーボ系の故障状況

故障状況として図5.2.19に示すとおり油圧サーボ系の故障が全体の65%以上もありポンプやバルブ系に集中している．これら主要部品の損傷により設備の機能，精度不良また安全性阻害の要因になっていることがわかった．このようにサーボ制御の油圧駆動源である主ポンプや制御の中枢となる比例電磁弁，ロータース弁や安全性が重要なリリーフ弁の故障の多くは，異物や酸化変質物が引き起こす異常摩耗や動作不良の直接の原因になっている．これら異物のほとんどは10μm以下の金属と酸化変質物であることがわかった．

e．故障のメカニズムと分析診断

油圧サーボ制御系のポンプや比例電磁弁の故障の多くはスプール，プランジャの異常摩耗であるが，プランジャの焼付きや軸受損傷なども最近では多く発生している．どの部位を見ても油中から検出される異物は金属粉（Fe, Cu）や酸化変質物が主なものであることから，潤滑油・作動油の分析診断を確

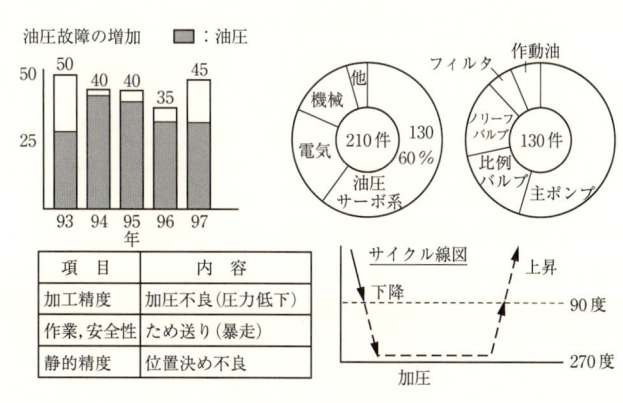

項　目	内　容
加工精度	加圧不良（圧力低下）
作業，安全性	ため送り（暴走）
静的精度	位置決め不良

図5.2.19　故障状況

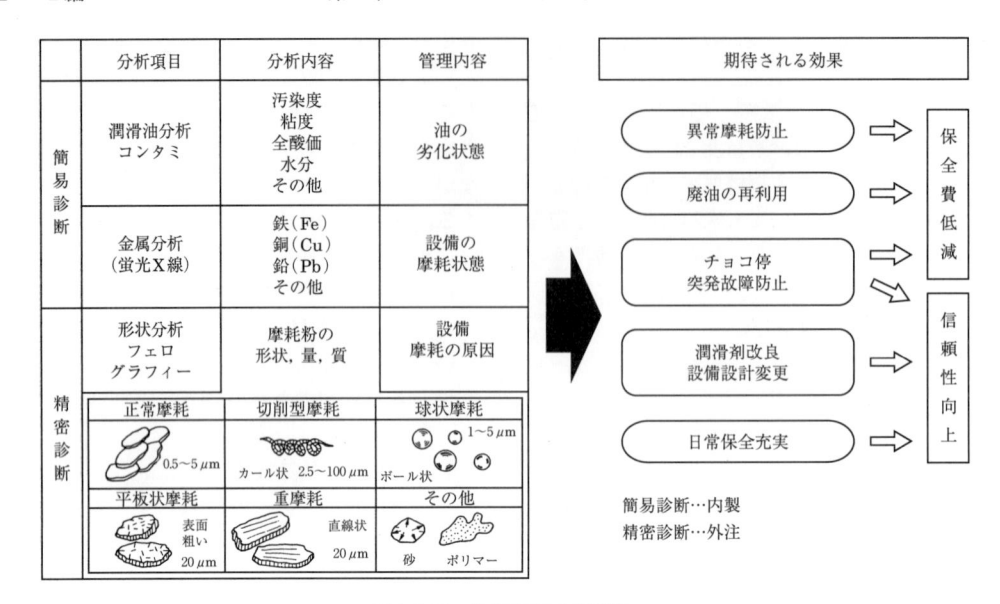

図 5.2.20　診断技術の信頼性

立させて油中の異物を完全に除去してやることが先決である．

f. 診断技術の信頼性

潤滑油の分析診断技術の信頼性も高くなっており当社も各工場で実用化している．試作開発現場では特殊の材料（粉末）を使用することから，周囲環境が悪く潤滑油・作動油が汚染されやすい状況なので日常の汚染管理を徹底している．

「性状分析」・「金属分析」・「形状分析」の組合せにより潤滑油自体の劣化状態や設備の摩耗状態また摩耗の原因が予知できるのである（図5.2.20）．そこで前記の分析結果を項目別に紹介する．サーボ制御プレスに使用している作動油の性状は汚染度，水分ともに基準値を大きく外れており全酸価値も高く作動油の性状としては使用不可能の状態であった（図5.2.21）．ラインフィルタやサーボロータース内部も酸化性変質物によって激しく汚染されておりさびも発生していた（図5.2.22）．金属分析の結果，全ての設備から金属粉（鉄分），亜鉛，銅分が多く検出された，これらの金属粉は軸受が使用されていることから，酸化による異常摩耗と断定した，特にP5004機から65.5％の摩耗濃度が検出されたので当機を重点に調査解析をした（図5.2.23）．さらにフェログラフィー法による摩耗粉の形状・質・大きさなどの形状分析を行なったところ，薄片状の摩耗粉や球状の摩耗粉に加えカール状の100μm以上の摩耗粉が検出された．さらに酸化物として赤さび（Fe_2O_3），ポリマーも多量に検出されている（図5.2.24）．以上の分析診断結果に基づき油圧駆動部の構造および設備上の特長からみて，サーボ増幅部の軸受損傷と判断して分解調査をした，その結果，増幅部の回転軸受に使用しているボール

機器名称	新油	基準	P10	P42	P47	P5168	P57	P5004A	P5004B 当該機
粘度, cSt	62.38	±10%	59.65	61.53	66.10	64.13	59.99	63.56	64.35
全酸価, mgKOH/g	0.21	0.5	0.15	0.14	1.27	0.09	0.08	0.15	0.17
水分, %	0.1	0.1	0.02	0.01	0.1	0.74	0.01	0.45	1.28
汚染度, mg/100cc	0.4	0.5	16.5	10.7	28.0	80.0	24.0	63.3	38.9

A. 汚染度　全設備が管理基準オーバ
B. 水分　冷却水の混入で水分量が異常に多い
C. 全酸価　汚染により酸化が加速している

⇒ 作動油としては使用不可

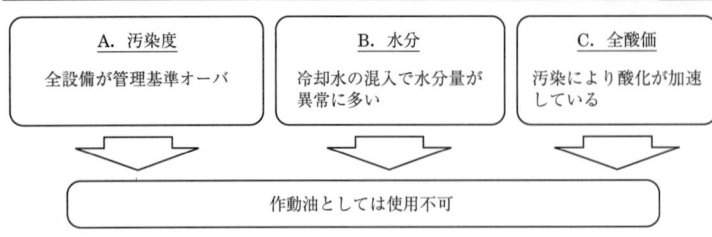

図 5.2.21　作動油性状分析結果

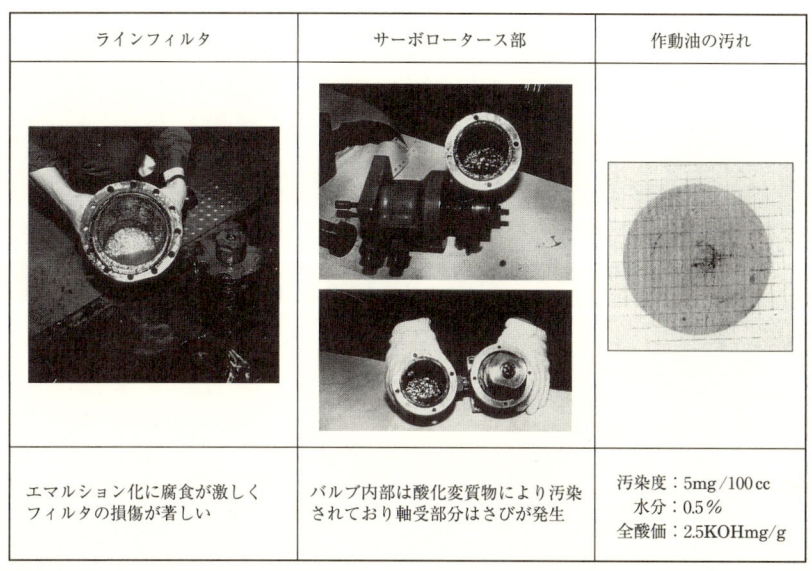

ラインフィルタ	サーボロータース部	作動油の汚れ
エマルション化に腐食が激しくフィルタの損傷が著しい	バルブ内部は酸化変質物により汚染されており軸受部分はさびが発生	汚染度：5mg/100cc 水分：0.5% 全酸価：2.5KOHmg/g

対象機：1500tプレス

図 5.2.22　油圧サーボ機器の汚染状況

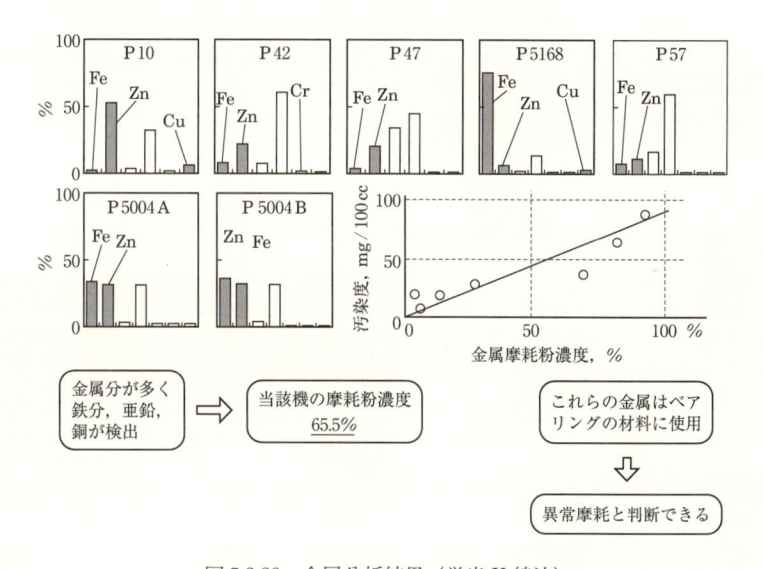

金属分が多く鉄分，亜鉛，銅が検出 ⇒ 当該機の摩耗粉濃度 65.5%

これらの金属はベアリングの材料に使用 ⇒ 異常摩耗と判断できる

図 5.2.23　金属分析結果（蛍光 X 線法）

ベアリング（6005）が損傷していることがわかり，ベアリング全体が酸化劣化して摩耗粉が発生していることがわかった（図 5.2.25）．なお，作動油の粘度，酸化など，性状的は問題なかったので特殊ベアリングの交換を行ない，作動油を約 10 時間浄油した．

浄油後の作動油の分析結果，異常摩耗粉はほとんど検出されず作動油の性状も安定した（図 5.2.26）．

このように油圧サーボプレスの潤滑油分析診断は高圧ポンプの故障予知と「潤滑油条件の改善」につながり，その結果サーボ制御プレスの機能が大幅に回復して，サーボ指令に 100% 追従するようになった．さらに作業性，安全性が確保されてユーザー側からは高い評価を得た．

周囲環境対策として日常の汚染管理に重点をおき，静電浄油機を実用化してバイパス循環方式での

分類		形状	状態	発生箇所
摩耗粉	正常摩耗	薄片状15μm以下	粒子は小さく少量	軸受
	転がり疲労	球状10μm以下	形状が大きく多い	軸受
	切除摩耗	カール状100μm	粒子形状多い	軸受
	酸化物	赤さび Fe_2O_3	非常に多い	油圧タンク
非金属	結晶非結晶	砂,ポリマー	非常に多い	外部

主ポンプの構造と摩耗発生箇所

		サーボロータース部	メーンポンプ部	モータ部	制御部
A構造	ピストン	×	○	×	×
	軸受	●	○	×	×
B構造	加圧不良	●	○	×	○
	暴走	●	×	×	○
	位置決不良	●	×	×	○

⇒ サーボ増幅部のベアリングの異常摩耗と断定

図5.2.24 形状分析結果(フェログラフィー法)

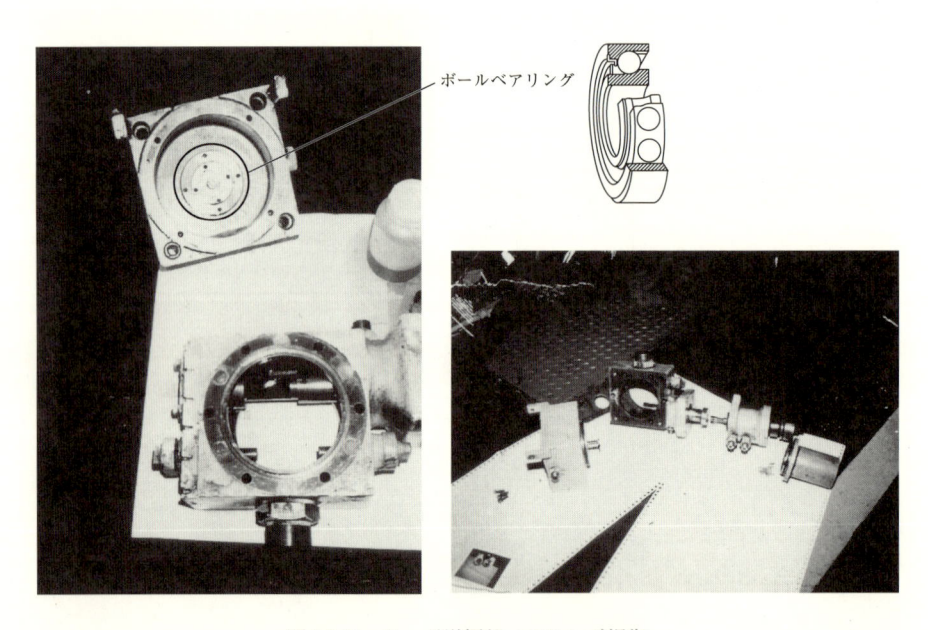

図5.2.25 サーボ増幅部ベアリング損傷

浄油を行なうようにした結果,浄油の効果も大きく出ており,油圧に起因した故障は激減している.

g. 静電浄油機の実用化

サーボ系の油圧装置,特にプランジャポンプや比例電磁弁の異常摩耗を防止するためには,静電浄油機による清浄管理が有効でありこれからの設備には絶対に必要である.サーボ系油圧プレスや高圧油圧装置については,特にタンク内および機器内の汚染度を常に管理限界以下に維持して10μm以下の粒子また極微小酸化変質物まで,完全に除去しなければならない.その方策としては,日常の潤滑管理基準値を各設備ごとに設定し,潤滑管理を定着させな

④ 形状

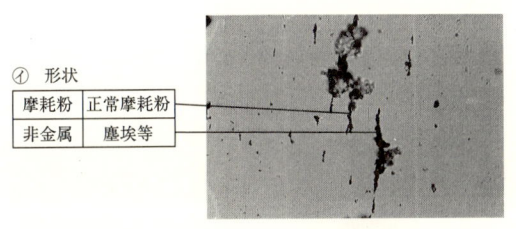

摩耗粉	正常摩耗粉
非金属	塵埃等

⑥ 摩耗粒子量

	交換前	交換後
摩耗粒子	65.5%	0.15%

〈評価〉
ベアリング交換後，機能回復
サーボ指令に100％追従
作動油の性状も安定

図5.2.26 ベアリング交換後の摩耗粉

ければならない（表5.2.7）．

h. まとめ

油圧故障の多くは油中の酸化変質物や10μm以下の金属摩耗粉が直接の原因であるので設備内部を無限に循環している潤滑油の状態を徹底的に分析して潤滑条件の改善が必要不可欠である．潤滑油分析診断技術「性状分析」，「金属分析」，「形状分析」は設備故障の未然防止において有効な診断手法であると確信している．

5.2.2 輸送用機器
(1) 自動車

自動車には，トライボロジー技術に関わる部位，部品が多いが，そのほとんどがメンテナンスフリーを前提に設計されており，車両ごとに，耐久性と信頼性が保証されている．したがって，メンテナンストライボロジーを頻繁に必要とする部位，部品は多くはない．しかしながら，一部の部品には，摩擦・摩耗や劣化に起因する性能の低下に伴い，交換の必要性を生じるものがある．自動車部品の場合，それらの交換が検査や点検整備の際に判断されるものと，自動車メーカーが推奨する時期で行なわれるものに分けられる．

a. 検査・点検整備によるメンテナンストライボロジー

自動車は，『道路運送車両法』によって，その構造・装置について，安全確保と公害防止のための最低限の技術基準（保安基準）が定められ，これに適合しないと道路を走行できなくなる．乗用車の場合，使用者は新車購入後，定期点検基準に基づき，6カ月，12カ月，24カ月の定期点検と，3年後の継続検査（車検）を受ける必要がある．その後は同じ定期点検と2年ごとの継続検査を繰り返すことで，自動車の安全性確認を行なっている．24カ月点検で点検を受ける装置のうち，主にタイヤとブレーキ摩擦材およびその相手材が摩耗によって交換の指摘を受ける[13]．

(ⅰ) タイヤのメンテナンストライボロジー

タイヤが摩耗し，トレッド溝深さが減少していくと，図5.2.27に示すように湿潤路における制動距離が急増する[14]．これは，溝が浅くなることによって，タイヤと路面間の排水性が悪化し，水の上を滑走するハイドロプレーニング現象を生じるためである．このため，保安基準[15]にタイヤの使用摩耗限度が定められており，乗用車タイヤでは残溝の深さ1.6mmとなっている．また，タイヤには，その使

表5.2.7 日常管理基準値の設定

対象設備		項目	汚染度 NAS(重量法), mg/100 cc	水分, wt%	酸化度, mgKOH/g	粘度, %	頻度
①	油圧サーボプレス		0.1 NAS 102	0.1	0.5	±10	1/6 M
②	原動力	レシプロ	2.0 NAS 107	0.1	0.5	±10	1/6 M
		スクリュー	1.5 NAS 106	0.5	0.5	±10	
		ターボ	2.0 NAS 107	0.1	0.5	±10	

②．全社工場原動力潤滑診断の内製化．「平成6年」

①油分析（汚染度，金属分析）……100万円以上／年間低減
②浄油管理の定着（リサイクル）……500万円以上／年間低減

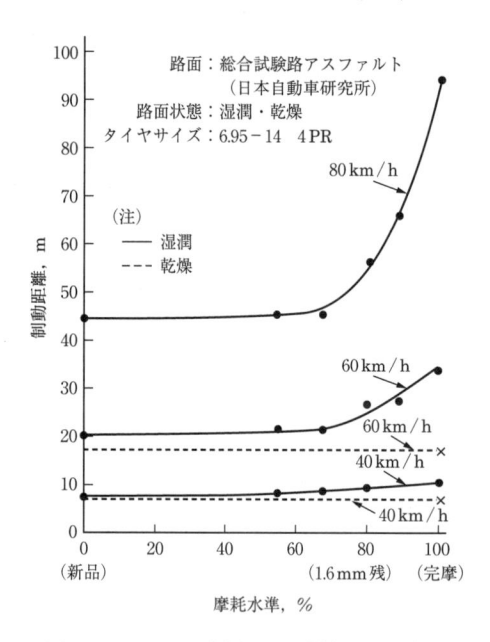

図5.2.27 タイヤ摩耗による制動距離の変化
〔出典:文献14)〕

用摩耗限度を示すことが義務づけられ[16,17]，残溝1.6 mm以下になると溝が切れて見えるスリップサイン（図5.2.28[18]）が設けられており，タイヤの交換時期は，スリップサインによって判断される．

図5.2.28 タイヤのスリップサイン〔出典:文献18)〕

しかしながら，最近のタイヤに関する調査結果[19]を見ると貨物自動車を中心にメンテナンスは十分に行なわれているとはいえず，路上で行なわれたタイヤ点検では10%を越える車両がタイヤの整備不良であり，その約70%をタイヤ溝不足と異常摩耗が占めている．

(ⅱ) ブレーキのメンテナンストライボロジー

ブレーキは，パッドおよびライニングと呼ばれる摩擦材を各々鋳鉄製のディスク，ドラムに押し付け，発生する摩擦力によって自動車を停止させる．制動時には，車両は運動方向に移動するため前輪ブレーキの方が厳しい使用環境にあるので，前輪のブレーキ摩擦材の摩耗を中心に点検されることが多い．

摩擦材は消耗品であり，自らが摩耗することで機能する．このため，摩擦材には摩耗の限界があり，その限界で交換される．例えば，点検の際には，その厚さが計測され，次の点検機会までに予測される走行距離相当分の摩耗を見積もって，摩耗限界に至るか否かによって交換が判断される．しかしながら，その見積りを誤ることで，次の点検・整備機会の前に摩耗限界に至ってしまうことを考えて，図5.2.29に示すような限界を知らせる工夫が施されている．警告音型[20]のものは，金属板をディスクロータと垂直に，その端の位置がブレーキパッドの限界摩耗厚さと同じになるように取り付けたもので，金属板とディスクロータが接触することによる金属板の振動音によって限界摩耗を検知する．摩耗センサ型[21]は，ブレーキパッドの摩耗限界厚さに埋め込まれた導線が，パッドと一緒に摩耗して断線することで，摩耗限界を検知するもので，主に高級乗用車に採用されている．

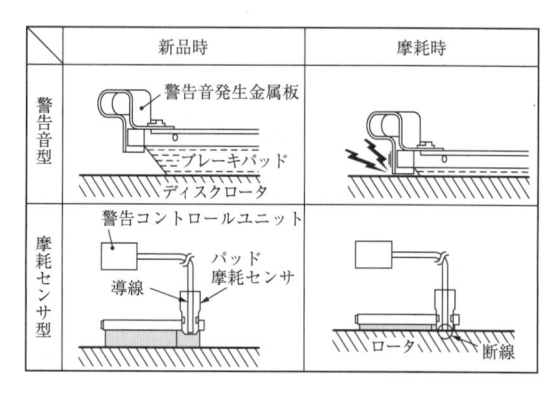

図5.2.29 ブレーキパッドの摩耗警報装置
〔出典:文献20, 21)〕

b. 自動車メーカーが推奨する時期によって行なわれるメンテナンストライボロジー

劣化に起因する性能の低下によって，自動車メーカーが推奨する時期に交換が行なわれるものには，油剤やグリース等の油脂類がある．

交換の時期は，第4章4.2.1に示される使用距離

表5.2.8 モニタによるオイル劣化検知の方法　〔出典：文献24)〕

着目する履歴	交換時期判断の基準	装置概要
走行距離	走行距離，または走行距離×安全率	前回交換時の距離を記憶，表示
		前回交換時から設定した距離を走行すると警告表示
走行距離＋エンジン回転＋エンジン水温（油温）	エンジン回転，油温ごとに修正係数を設定，実走行距離に修正係数を乗じた距離で交換時期を判断，警告	積算計，エンジン回転センサ，油温センサ

および期間が，各油脂ごと自動車メーカー各社によって推奨されている．しかしながら，市場においては，自動車メーカーの推奨する時期で交換が行なわれていないことも多い．

一方，資源の有効利用，使用者の利便性および交換によるメンテナンスコスト低減などの理由から，オイルの交換時期延長が望まれており[22,23]，劣化を検知して最適な交換時期を推奨する方法が模索されている．オイルの劣化を検知するシステムは，車両の走行距離を基準にして劣化を推定する形式のもの（以下，モニタという）とセンサによりオイルの性状変化を捉えて劣化を判断する形式のものとに大別される．

(ⅰ) オイル劣化モニタ

モニタによる劣化検知の方法を表5.2.8[24]に示す．前回のオイル交換からの走行距離を記憶，表示するものと，そのときのエンジン回転数や油温の違いによって，実走行距離をオイルの劣化に応じて補正して，交換時期判断を行なうもの[25,26]がある．これらの中には商品化されたものもあり，図5.2.30[27]にゼネラルモーターズ社の事例を示す．

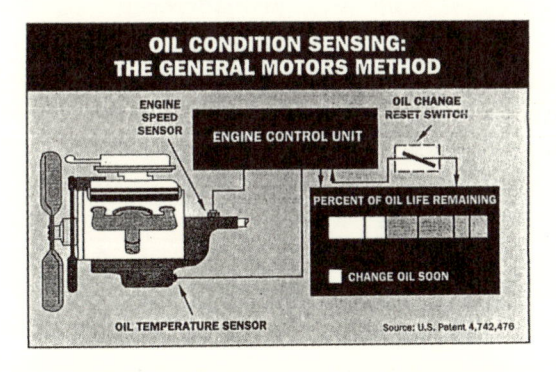

図5.2.30　ゼネラルモーターズのオイル劣化モニタ
〔出典：文献27)〕

(ⅱ) オイル劣化センサ

オイル劣化センサ開発の課題は，以下の三つである[26]．

① 検出する状態量の決定（センサ形式の選定）
② センサの開発（状態量または，その変化を検出する手段の開発）
③ 劣化と判断する上記状態量の変化（交換時期を判定するセンサ出力）

今までに報告されたセンサによる劣化検知の方法を表5.2.9[25]に示す．センサが検知するオイルの状態量だけでも10を越えており，また，それを検知する方法についても各々複数あるため，開発が試みられたセンサも非常に多い[28～39]．これは，対象とする油種によって着目する状態量が異なり，また，その状態量を検出する適正な手段も異なるからである．しかしながら，メンテナンストライボロジーの有効な手段として，今後の進展が望まれている．

(2) 鉄道車両

鉄道車両のメンテナンスは，基本的には予防保全の観点から一定の走行キロもしくは期間ごとに検査修繕を行なうという形で実施されているが，近年，状態監視保全（特にメンテナンストライボロジー）の考え方により，不具合や機能劣化を診断して保全することも併せて実施されている．

鉄道車両のメンテナンストライボロジーの適用例として，ディーゼル動車やディーゼル機関車の中心的機器であるディーゼルエンジンの状態診断にフェログラフィー（潤滑油中の摩耗粉分析法）を用いた場合を紹介する．

a. 正常運転時のディーゼルエンジン

ディーゼルエンジンに全く異常がない場合の，定期的に採取された潤滑油中の定量フェログラフ指標値（4.1.1項参照）を図5.2.31に，フェログラムの全領域で観察される$10\mu m$以上の大きさの非鉄金属粒子数（採取潤滑油量$1ml$に換算）を図5.2.32に示す．WPC値（全摩耗粉量），I_s値（摩耗苛酷度指数）とも更油直後は低めの値をとるが，使用するにつれてWPC値，I_s値ともほぼ一定値に到

表 5.2.9 センサによるオイル劣化検知の方法　〔出典：文献 25)〕

検知するオイル状態量	検知方法		検知装置
粘度	圧力(差)	オイル通路内圧力	圧力ピックアップ
		ポンプ吐出圧	圧力スイッチ
		オリフィス前後差圧	圧力ピックアップ
	摩擦測定	振動減衰速度	圧電振動子
			変位測定子
		羽根車駆動トルク	トルクメータ
		駆動従動ロータ位相差	回転ピックアップ
		振動ピストン位相差	変位センサ
透過率	可視光	オイル光透過率	発光素子, 受光素子
		オイル中光ファイバの透過率変化	発光素子, 受光素子
		屈折率変化	
	赤外	赤外分光分析	発光素子, 受光素子
導電率	電気抵抗	オイル中電極間の抵抗	対向電極
			ペーパコンデンサ状電極
誘電率	静電容量	電極間の静電容量変化	コンデンサ状電極
			しゅう動部分に対抗電極
インピーダンス	インピーダンス変化	交番電圧印加時のインピーダンス	対向電極
腐食速度	電気抵抗	腐食による抵抗変化	細状フィラメント
		断線検知	腐食速度の異なる複数のフィラメント
水分濃度	電気抵抗	電極間の抵抗変化	対向電極
		気泡発生による加熱フィラメントの抵抗変化	絶縁体被膜の白金フィラメント
オイルフィルタの目づまり	変位	ベローズ状フィルタの変位	ベローズスイッチ
粘度+コンタミ	圧力差	フィルタ前後の圧力差	差圧スイッチ
			圧力ピックアップ
導電率	抵抗変化	フィルタろ紙表面導電率の変化	リボン状対向電極
中和価			中和価センサ
全塩基価	圧力変動	CO_2 発生時の圧力変化	微圧ピックアップ
pH値	電極電位	対向電極間の電位差	平板対抗電極
摩耗粉	レーザ光	透過光電力の減衰量	発光素子, 受光素子
カーボンスーツ	光反射	全反射光量の減少	発光, 受光素子, 反射板
耐焼付き性			焼付きセンサ

達した後ほぼその値を維持し，更油ごとにこの傾向を繰り返す．一方，フェログラム上に観察される 10 μm 以上の大きさの非鉄金属粒子数は，常に 4 個以下で一定している[40,41]．

b. ディーゼルエンジンのメタル焼付きの予知

ディーゼルエンジンには，クランク軸の周辺に各種のメタルが使用されており，その焼付きの兆候を知ることが重要なメンテナンス上の課題である．

一例として，約 2 週間ごとに潤滑油を採取していたディーゼルエンジンで連接棒大端メタルが焼き付いた場合のフェログラフィーによる診断結果を図 5.2.33，図 5.2.34 に示す．なお，メタルは表面から順にホワイトメタル層，ケルメット層，裏金の 3 層となっている．

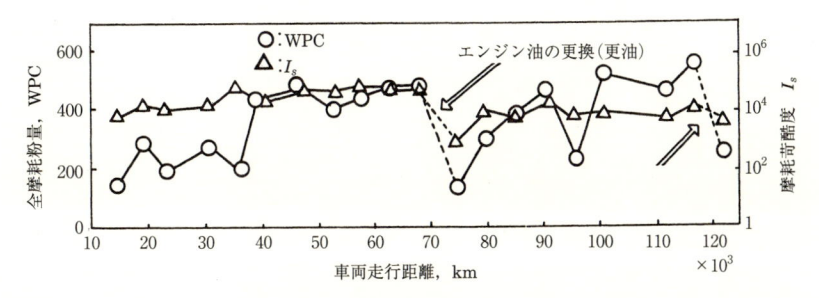

第5章 メンテナンストライボロジー

図5.2.31 正常なエンジンから採取した潤滑油の各フェログラフ指標値〔出典：文献41)〕

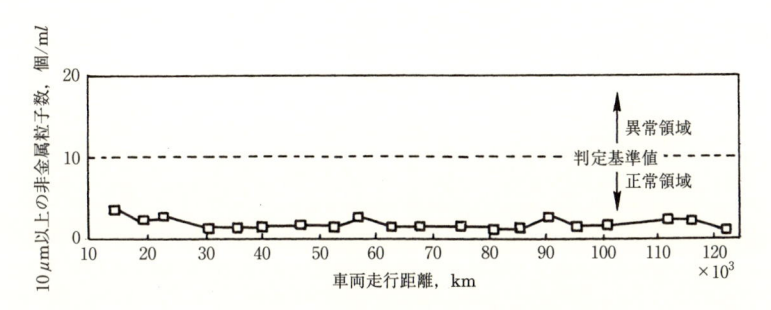

図5.2.32 正常なエンジンから採取した潤滑油中の非鉄金属摩耗粒子数〔出典：文献41)〕

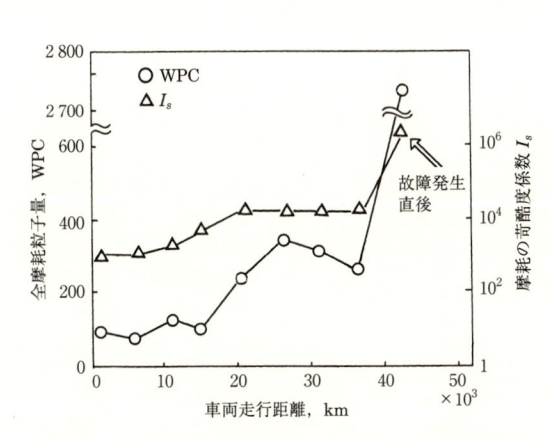

図5.2.33 メタルが焼き付く前後で採取した潤滑油の各フェログラフ指標値 〔出典：文献41)〕

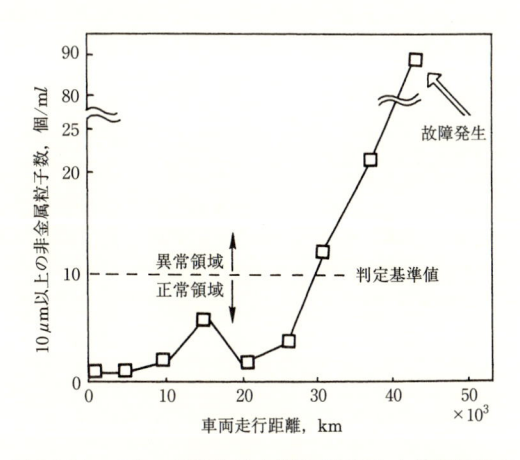

図5.2.34 メタルが焼き付く前後で採取した潤滑油中の非鉄金属摩耗粒子数 〔出典：文献41)〕

　メタル焼付き発生前に採油した試料の定量フェログラフィーからは，WPC，I_s 両値とも図5.2.31に示す通常の変動範囲内にあるため，メタル焼付きの兆候を事前に知ることはできない．一方，フェログラムの 10 μm 以上の非鉄金属粒子数を指標とすると，図5.2.34に示すようにトラブル発生前2回の定期採油試料で異常を判断する基準値（採取潤滑油量 1 ml あたり10個）を越えた数が確認された．しかもこれらの非鉄金属粒子は，トラブル発生2回前の採油試料〔図5.2.35(b)〕では大多数が溶融もしくははく離したと思われる白色のホワイトメタル粒子だが，トラブル発生1回前の採油試料〔図5.2.35(c)〕ではホワイトメタル粒子に銅赤色のケルメット粒子が混在していた[40]．

(a) 正常に稼働している時期の採油 — 鉄系摩耗粒子 10μm
(b) 焼き付き発生の2回前の採油 — ホワイトメタル粒子 10μm
(c) 焼き付き発生の1回前の採油 — ケルメット粒子 10μm

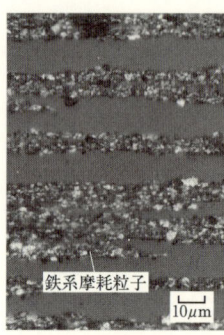

図 5.2.35 メタルが焼き付く前の採油試料で観察された特徴的な摩耗粒子 〔出典：文献41〕

以上のことから，まず異常の初期の段階でメタルの表層を構成するホワイトメタル層が損傷して溶融したような粒子や10μm以上の粒子として摩耗し，その後，メタルの損傷が進行して第2層目のケルメット層が10μm以上の粒子として摩耗するようになった後，致命的な焼付き損傷に至ることが推定される．なお，この損傷メカニズムは，実物のディーゼルエンジンを用いた数回のメタル焼付き再現実験でも特徴的な非鉄金属摩耗粒子が出現しはじめる順序は全く同じ（図5.2.36参照）であったことから普遍性があるものと判断される．

これらの結果を実際の鉄道車両のディーゼルエンジンのメンテナンスに適用すると，メタル焼付きの予知には約2週間（車両走行距離で約5千km）ごとに潤滑油を定期採油してフェログラフィー分析することが望ましいことになる．この採油間隔ならば，図5.2.34に示すように破局的な損傷に至る前にエンジンのメタル焼付きの兆候を2回検知できることになり，見落としや誤検知をすることなく異常予知できる可能性が高い．

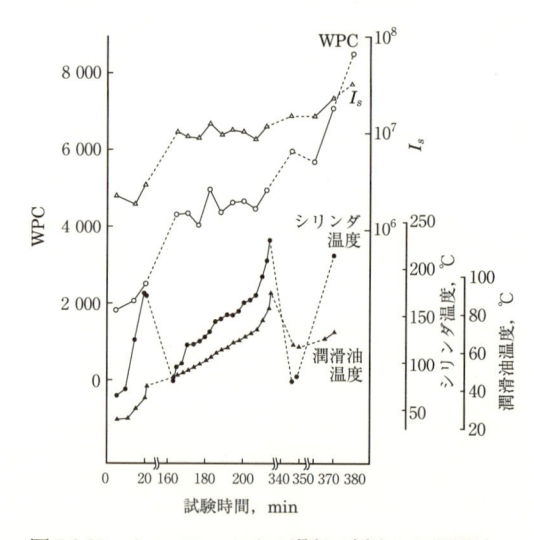

c. オーバヒート損傷による解体の要否

ディーゼルエンジンが何らかの事情でオーバヒートした際，その損傷程度を推定することより，解体の要否，更油の要否，を判断することも重要なメンテナンス上の課題である．そこで，エンジンにオーバヒートによるシリンダ-ピストン間の焼付きを発生させ，その際の発生摩耗粉の特徴からエンジン損傷の程度を推定する一連の試験を実施した[42]．

試験で得られた定期採油試料の定量フェログラフィーによる測定結果の一例を図5.2.37に示す．オーバヒートによるピストン-シリンダライナ間の焼付きの過程では鉄系のシリンダとピストンリングが無理にしゅう動することによる摩耗の急増を反映し

- 暗灰色の角の丸い10μm以下の非鉄金属粒子（熱影響を受けた鉛のオーバレイ）
- 黒色で卵形の10〜20μmの非鉄金属粒子（熱により溶解したホワイトメタル）
- 白色不定形で10μm以上の非鉄金属粒子（はく離した後，摩擦面で圧延されたと思われるホワイトメタル）
- 黄赤色をした10μm前後の非鉄金属粒子（摩耗したケルメット層）
- 暗赤色をした10μm前後の非鉄金属粒子（熱的影響下で摩耗したケルメット層）
- メタル焼付き

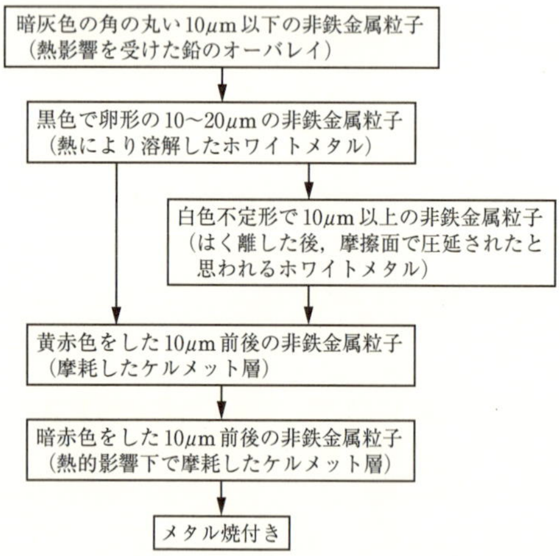

図 5.2.36 エンジンのメタルが焼き付きに至る過程で潤滑油中に観察される摩耗粒子 〔出典：文献41〕

図 5.2.37 オーバヒートする過程で採取した潤滑油の各フェログラフ指標値 〔出典：文献42〕

て，定量フェログラフィーのWPC（全摩耗粉量），I_s（摩耗苛酷度指数）両値とも試験時間とともに上昇した．また，オーバヒート発生後エンジンを放冷し再起動した場合には，シリンダとピストンリングがいったん軽い焼付き状態となった後，再度引き剝がされ相互にしゅう動されるため，I_s値が階段状に急上昇するという結果となった．

試験の過程で分析フェログラフィーにより観察された特徴的な摩耗粒子の写真を図5.2.38に，特徴的粒子の出現を時系列的に整理した結果を図5.2.39に示す．10μm以上の黒色酸化粒子と一緒に白色不定形で厚みがあり20μm以上の非鉄金属粒子が出現する時期がオーバヒートによってエンジン内部に損傷が起きている時期と考えられる．したがって，これら両粒子が観察された場合は，たとえエンジンを放冷後再起動できたとしても継続使用を避けた方が賢明である．

（3）船　舶

VLCC（巨大タンカー），大形高速コンテナ船，LNG船などの船舶は，乗組み員の減少，省力化，超自動化のために耐久性向上，信頼性向上がいっそう重要視されている．これら船舶のトライボロジーとしては心臓部である主機のほか，プロペラ軸系，ラダー駆動系，甲板荷役機械など多くの要素がある．これらの中でメンテナンスフリーが最も課題となるものは，大形低速ディーゼル機関のピストンリングとシリンダライナ（以下，リング，ライナと称す）である．そこで，本項では舶用大形エンジンのリング，ライナの摩耗寿命に関するメンテナンストライボの適用例を示す．

a. 舶用大形エンジンのリング，ライナ潤滑法と潤滑管理

（ⅰ）潤滑法

図5.2.40にエンジンの断面の例を，図5.2.41にシリンダ注油系のモデル例[43]を示す．カムとプランジャを有する注油器から出たシリンダ油は，導管

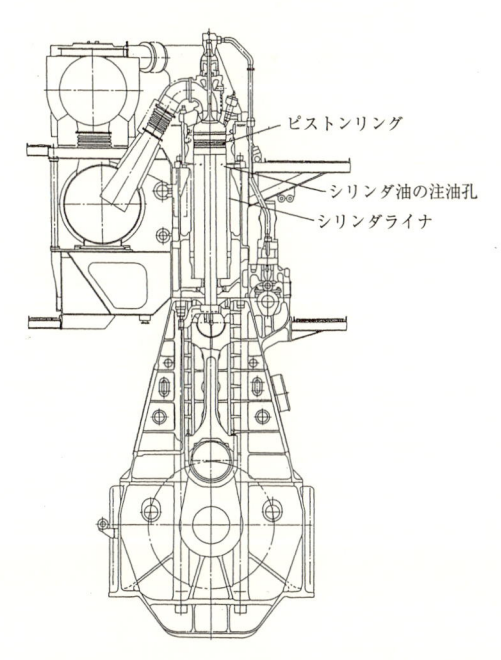

図5.2.38　オーバヒートしたエンジンの潤滑油中に観察された特徴的な摩耗粒子　〔出典：文献42）〕

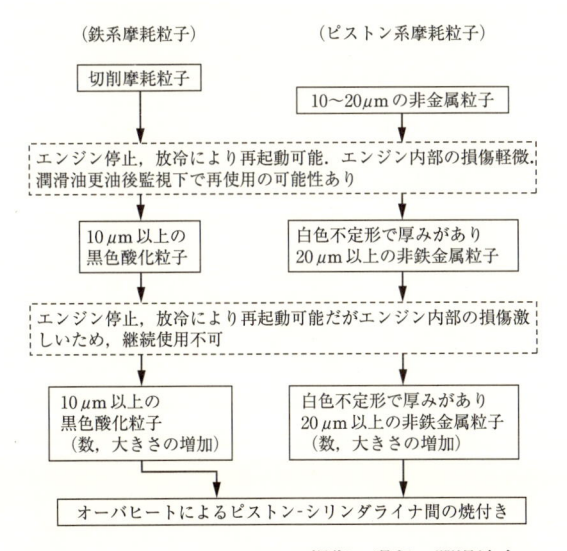

図5.2.39　オーバヒートによる損傷の過程で潤滑油中に観察される摩耗粒子　〔出典：文献42）〕

図5.2.40　舶用二サイクルディーゼル機関の断面図

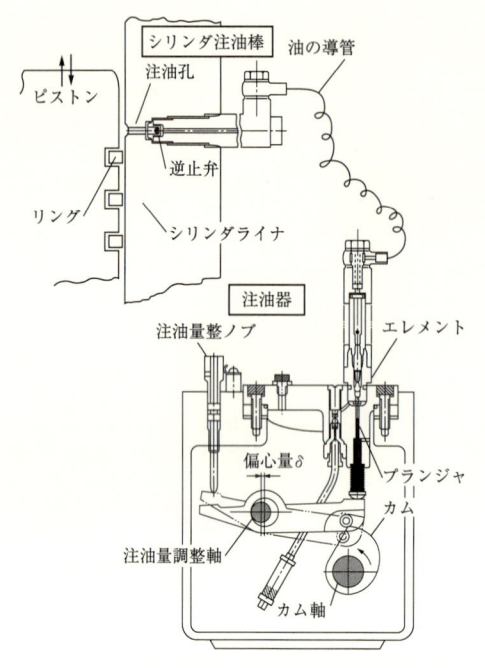

図 5.2.41 舶用大形ディーゼル機関のシリンダ油注油システム概念図　〔出典：文献43〕〕

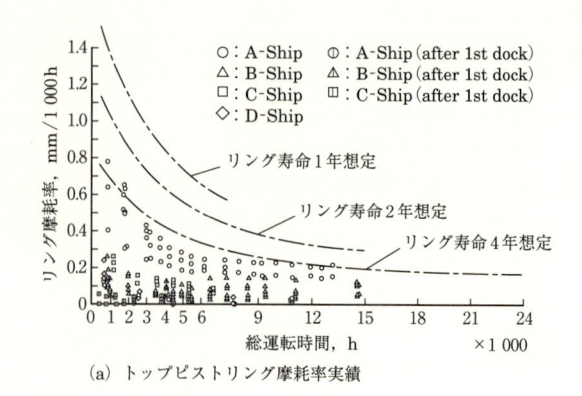

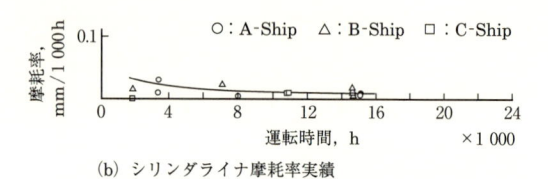

図 5.2.42 舶用大形ディーゼル機関のリング，ライナ摩耗例　〔出典：文献44〕〕

(a) トップピストンリング摩耗率実績

(b) シリンダライナ摩耗率実績

および注油棒を通りライナしゅう動面に吐出される．

（ⅱ）リング，ライナの摩耗率と潤滑管理の例

図 5.2.42 に舶用大形エンジンのリングとライナの摩耗率の時間変化例を示す[44]．一般に，初期におけるリングの摩耗率が大きい．そのため，シリンダ注油率の管理は初期に多くし，なじみの進行に応じて減らす方法がとられている．また，舶用大形エンジンでは，硫黄分の多い粗悪燃料油が用いられるため，水分と反応し硫酸が生成し凝縮すると腐食摩耗が生じるので酸中和のためにアルカリ価の高いシリンダ油が使われる．各社の燃料油の硫黄分とアルカリ価の使用事例を表5.2.10に示す[45]．

表 5.2.10 粗悪燃料油に対するシリンダ油アルカリ価のエンジンメーカー推奨値　〔出典：文献45)に一部追加〕

エンジンモデル	エンジンメーカー	シリンダ油の粘度	推奨するシリンダ油のアルカリ価 (TBN) 粗悪油の硫黄分, wt%							
			0.5	1.0	1.5	2.0	2.5	3.0	3.5	4.0
A	(a)	SAE 50	6 Max HD Oil	30〜50				>50	S>4.0 >50+Increased oil feed rate	
	(b)	SAE 50	Premium 0.1	10	40〜50		60〜70			
	(c)	SAE 50		60〜70						
B	(d)	SAE 40, 50	HD oil	30〜80						
	(e)	SAE 40, 50	6	10〜15		35〜80				
	(f)	SAE 40, 50	10 TBN Per 1% Sulfur fuel							
C	(g)	SAE 40, 50	5.5〜25		20〜40			40〜75		
	(h)	SAE 50			60 min					
D	(i)		10〜20		20〜40		35〜45		45〜50	
E	(j)	SAE 50	Diesel fuel 0〜70, Heavy fuel 35〜70							

表 5.2.11 リング，ライナの潤滑状態のモニタリング法　〔出典：文献 52）〕

対象	方法	長所	短所
①潤滑油膜形成状態のモニタリング	電気抵抗法	比較的簡単に実施可.	油膜厚さの絶対値の測定不可.
	渦電流型変位計	油膜厚さの絶対値の測定可能.	相手材のエレクトリカル・ランアウトの影響あり.
	静電容量型変位計	油膜厚さの絶対値の測定可能. センサが小形で，形状の自由度あり.	油の誘電率の変化が油膜厚さの評価に影響.
	レーザ利用法	変位計のような温度変化による零点ドリフトや感度変化なし.	ライナ壁にレーザ通過のための穴を設ける必要あり.
②油の劣化状態のモニタリング	オイルサンプリング法	評価したい箇所の計測が可能で，精度の高い情報が得られる.	ライナにサンプリング孔を設ける必要あり.
	ろ紙法	容易に実施可.	実働時の状態ではない．時間，経費大.
	ライナ下端からの採取法	比較的容易に実施可.	評価したい箇所の情報がわからない.

b. リング，ライナの摩耗による交換基準

リングとライナの摩耗が進展すると，リングの合口からのガスのブローバイが増し，リングのスティックや切損などの損傷が生じるため事前に交換が必要となる．舶用大形エンジンでは，従来から経験的に，

ライナの寿命；ライナの直径の $0.3〜0.4\%$ [46)]
　　　　　　　　　　　　$0.3〜0.7\%$ [47)]

リングの寿命；リングの厚さの $15〜25\%$ [47)]

それぞれ摩耗した時期とされている．

c. 舶用大形エンジンのリング，ライナ潤滑状態のモニタリング事例

舶用大形エンジンでは，ライナの無解放期間をいかに長くするかが重要な課題である．これには設計的な寿命の向上策が必要であるが，運転中に摩耗，スカッフィング，スティック，折損などの異常状態を早目に検知し，早期に対策を講じることが重要である．それには，潤滑状態や損傷状態を定量的に把握できるモニタリング技術が必要であり以下に事例を示す．

（ⅰ）リング，ライナ潤滑状態のモニタリング法

潤滑状態のモニタリング法を表 5.2.11 に示す[48)]．それぞれ一長一短があり目的に応じた方法の選択が必要であるが，その中から主な 2〜3 の事例を示す．

まず，電気抵抗法は，導通法とも呼ばれリング，ライナ間の油膜の電気抵抗を測るもので，主に潤滑状態が流体潤滑か境界潤滑かを知る方法で以前から多く使われている[49)]．

図 5.2.43 は舶用大形エンジンのトップリングの円周方向に，図 5.2.44 のようなセンサおよび電気回路[50)] を用いて導通を測った例を示す[51)]．本図はごく初期の運転時の値で潤滑状態の厳しい領域がわかる．ただし，図 5.2.43 はリング側から測ったも

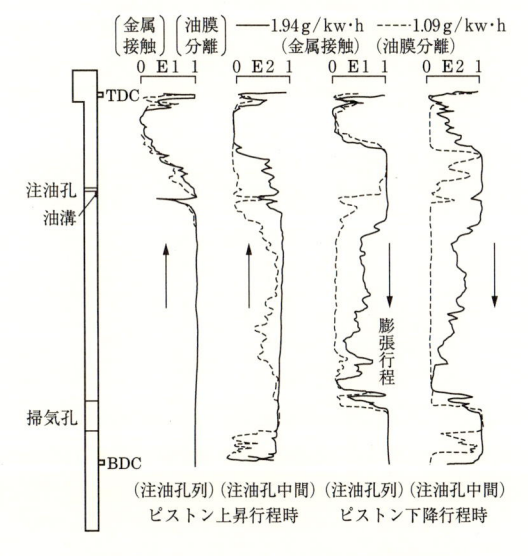

図 5.2.43　トップリングの導通計測結果
〔出典：文献 51）〕

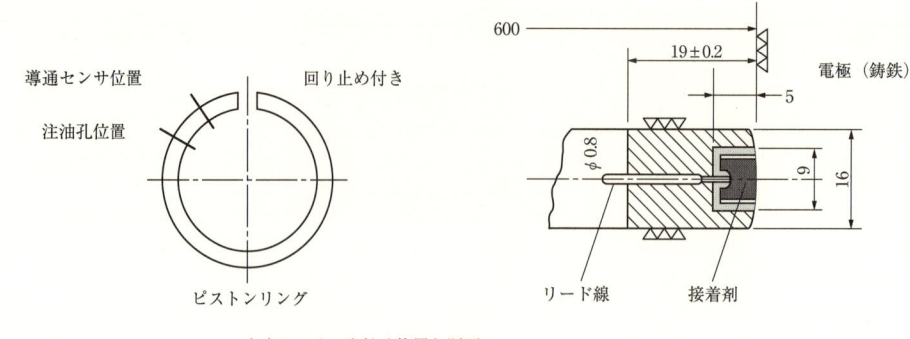

(a) センサの取付け位置と断面

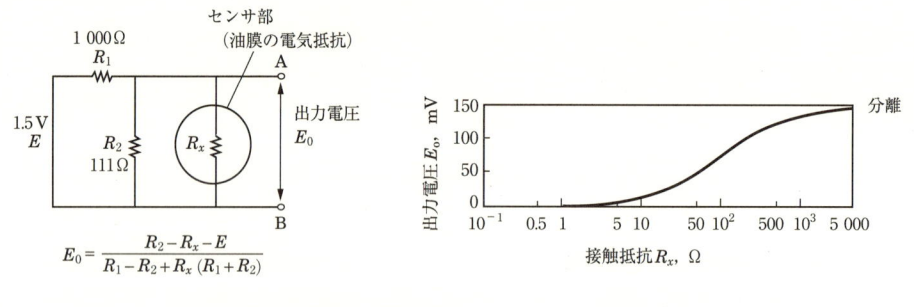

$$E_0 = \frac{R_2 \cdot R_x \cdot E}{R_1 \cdot R_2 + R_x(R_1 + R_2)}$$

(b) 測定回路および電気抵抗

図 5.2.44 導通センサと電気特性〔出典：文献 50)〕

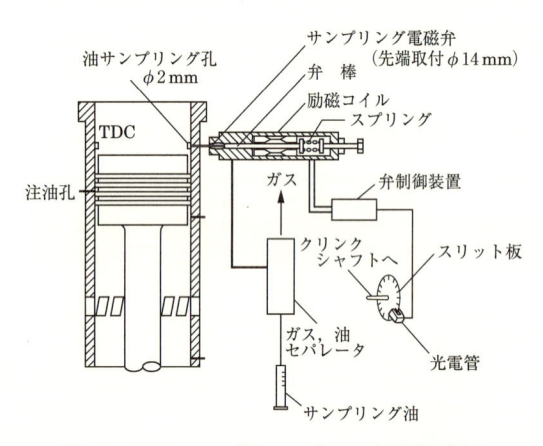

図 5.2.45 シリンダ油サンプリング装置概念図
〔出典：文献 52)〕

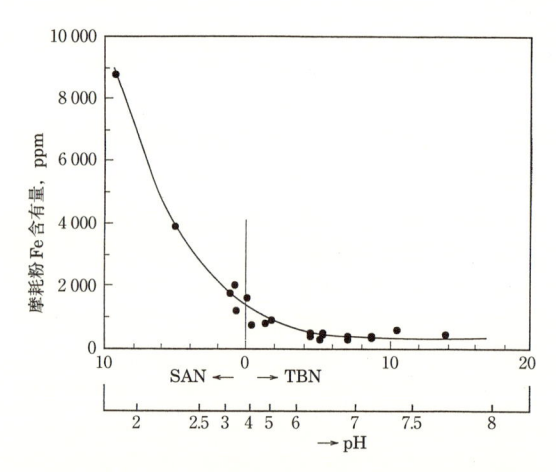

図 5.2.46 サンプリング油中の TBN，pH 値と鉄摩耗粉量との関係 〔出典：文献 52)〕

ので，リンク装置などによるデータの取出しが必要で実機には適していない．これに対し潤滑状態の厳しいライナ上部にセンサを設ける方法もある[50]．

次に，舶用大形エンジンでは，特に粗悪燃料油によるリング，ライナの腐食摩耗が問題になるので，シリンダ油の劣化状態をモニタすることは極めて重要である．図 5.2.45 はエンジン運転中にライナ表面からシリンダ油をサンプリングするシステムの概念図[52]でシリンダ油の pH 値や Fe 摩耗粉を分析し劣化状態が把握できる．図 5.2.46 はその分析例で pH 値 4 以下が好ましくないことがわかる．

第5章　メンテナンストライボロジー

表5.2.12　リング，ライナの摩耗状態および異常のモニタリング法(運転時に実施可能なもの)　〔出典：文献52)〕

対象	方法		摩耗	異常	長所	短所
摩耗粉量	フェログラフィー(含オンライン摩耗粉分析装置)		○	○	原因判別可.経時変化計測可.	絶対量把握不可，リング，ライナの摩耗区別不可.
実際の摩耗量	ラジオアイソトープ方式		○	○	経時変化計測可.絶対量測定可.	安全，衛生対策に法規制あり.
	超音波法		○	○	ライナ計測値は精度あり絶対量の把握可.	リング摩耗は，リング接触状況により不安定，リング円周上の材質変動により感度不安定.
	SIPWA方式*		○	○	リング経時変化計測可.	しゅう動面に異金属混入.
	摩耗素子法		○	○	ライナ経時変化計測可	リング計測可.(リード線取出し困難)
	過電気方式	リング背面ギャップ計測	○	○	リング経時変化計測可.	リード線取出し困難.(テレメータ方式OP)カーボン付着量に感度が左右される.
		テーパリング幅計測	○	○	リング経時変化計測可.	リング加工の要あり.
		合い口すきま計測	○	○	簡単にできる.	常時計測不可.
異常圧力分布	リング間圧力計測			○	異常検知.	摩耗経時変化計測可.

＊SIPWA：Sulzer Integrated Piston ring Wear Arrangement

(ii) リング，ライナの摩耗および異常のモニタリング

運転中にリング，ライナの摩耗および異常のモニタリングが実施可能なものを表5.2.12に示す．まず，リングの摩耗計測例としてSIPWA[53]がある．これは図5.2.47のようにリングのしゅう動面にブロンズ製の直角二等辺三角形の摩耗バンドを鋳込んだもので，摩耗バンド幅の減少をライナ側に設けたセンサにより検出する方法である．この方法は実船でも用いられている．

ライナ摩耗は図5.2.48に示すライナ摩耗センサによる検出法がある[54〜56]．これはライナ表面に埋め込んだ電気抵抗体の抵抗値の摩耗による変化を測定し，摩耗量を1μmの精度で測れるとされている．

この他に，リング，ライナがスカッフィングした場合，表面の温度が上昇するため，ライナ表面付近に熱電対を設ける方法がある．

以上のように，舶用大形エンジンのリング，ライナのモニタ法の事例を示したが，実機へはリング摩耗センサの一部を除き，標準装備として使われてい

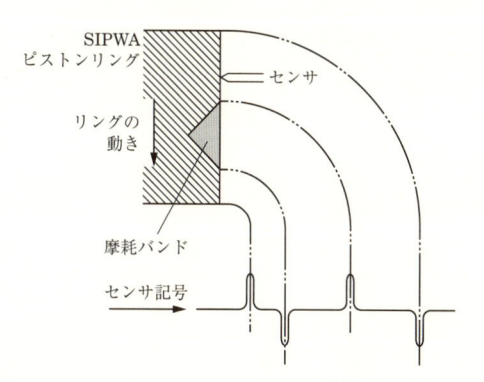

図5.2.47　SIPWAリング摩耗計測と電気的信号の例
〔出典：文献53)〕

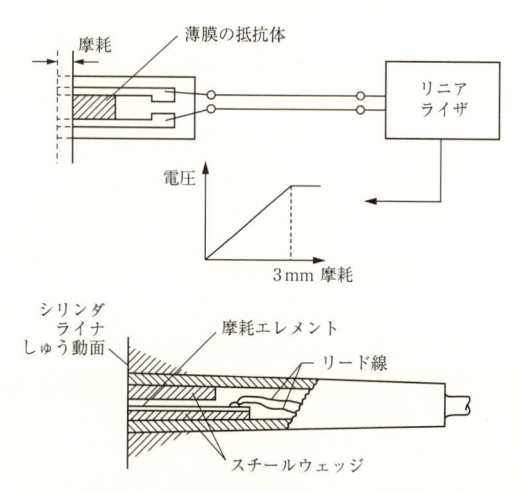

図5.2.48　ライナ摩耗センサ〔出典：文献54〜56)〕

るものは少ない．これはコスト高や耐久性，信頼性に課題があるため，今後の改善が望まれる．

また，本項のリング，ライナ以外の燃料弁，排気弁なども含めたエンジン全体としてのメンテナンスフリー化が必要である．

（4）航空機

航空機においては全てのシステムの整備の方式（整備のタスクと間隔）が整備要綱（メンテナンス・リクァイアメント）として定められており，これに基づいてメンテナンスが行なわれている．航空機におけるメンテナンストライボロジーとして航空機エンジン潤滑油システムおよび油圧システムでのメンテナンスの具体例を紹介する．

a. 航空機エンジン潤滑油システム

エンジンの潤滑油システム（図5.2.49）に対するメンテナンスとしては次のものがある．

（ⅰ）オイルレベルチェック

飛行前に操縦室内の計器で毎回実施し規定量以下であれば補充を行なう．

（ⅱ）オイルフィルタ交換

圧力ラインのオイルフィルタとリターンラインのスカベンジフィルタのフィルタエレメントを3 000飛行時間ごとに新品と交換する．

（ⅲ）マグネチックプラグ検査

エンジンの潤滑油システムにはベアリングから戻るリターンラインの途中にマグネチックプラグが取り付けられているが，これを定期的に取り外して金属片の付着がないかを検査する．取外しの間隔はそのエンジンがベアリング部に問題があるかどうかによりエンジンごとに最適間隔（150～400飛行時間ごと）を決めている．検査で金属片が発見されるとその材質を金属分析機で判定することにより，どの部位のベアリングの不具合かを特定し，その重要度を勘案のうえエンジン交換の時期を決定する．

b. 油圧系統

油圧系統（図5.2.50）に対するメンテナンスとしては次のようなものがある．

（ⅰ）オイルレベルチェック

油圧システム内の作動油量の点検を操縦室内の計器の読取りによって飛行前に毎回実施する．

（ⅱ）フィルタ類の定期点検

油圧システム内の各所に装備されているフィルタ

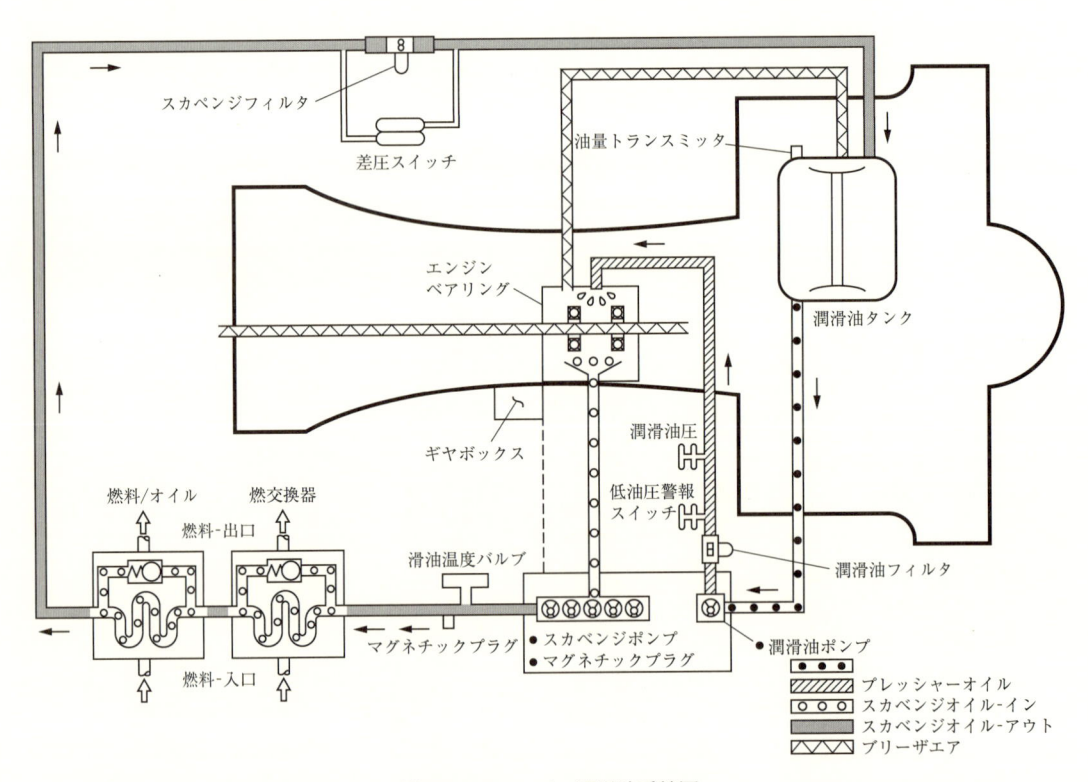

図5.2.49　エンジン潤滑油系統図

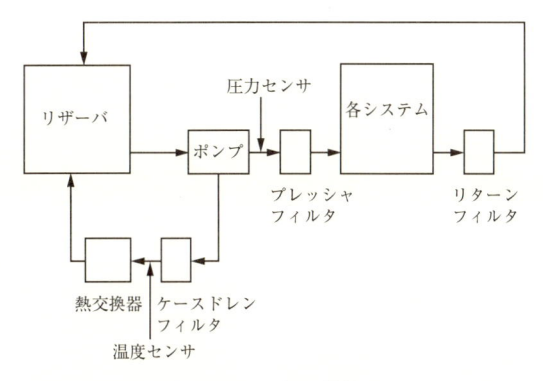

図 5.2.50 油圧系統図

は，ある程度のつまりが発生すると，それによって生じる差圧で作動油をバイパスさせる構造となっており，またその差圧で自動的にポップアップするインディケータがバイパスラインに取り付けられていて，フィルタの状況が目で判断できるようになっている．このポップアップインディケータは定期的（機種により1 200〜1 600飛行時間ごと）に点検が行なわれている．さらに，6 000飛行時間毎には全フィルタの交換が行なわれる．

(iii) 作動油サンプリング検査

6 000時間ごとに複数ある油圧システムから別々に作動油を抜き取り，作動油メーカーあるいは検査委託機関に送付して，次の項目について検査を行ない，劣化の程度を分析する．

① 外観
② 比重
③ 水分含有率
④ 粘性
⑤ 酸化度
⑥ 発火点

分析の結果判明した異常値に対しては，技術部門の指示に基づき，作業基準書に規定されているそれぞれの是正処置が行なわれる．

（5）エレベータ，エスカレータ

エレベータおよびエスカレータは，交通機関の一つとして今やなくてはならないものになっている．主として人間の移動を目的とした公共的な性格をもつものであるから，安全な運行を確保しなければならない．そのため，建築基準法「昇降機の技術基準の解説」[57]や「日本エレベータ協会標準集」[58]が制定され，多くの安全装置を義務づけた設計をするとともに，製作・据付け・調整を設計図書に基づいて十分管理しながら行なっている．調整完了後には竣工検査を行なってメーカーから発注側に引き渡される．引渡し後は定期的な保守・検査を行なって，昇降機を正常かつ良好な運転状態に保つとともに，事故を未然に防ぐよう努めている．

a. 検　査

検査には，竣工検査と定期検査がある．竣工検査は，据付け・調整後所轄官庁の検査官が行なうもので，設計図書（設計書，強度計算書，耐震設計書）に記載の各項目に合致しているかの検査と，JIS A 4302「昇降機の検査基準」に基づいて，その全項目について検査する．検査は，エレベータ（ロープ式エレベータ，油圧エレベータ，ダムウェータの全て）については，機械室，かご室，かご上，乗場，ピットの全ての装置，機器について点検し，その状態をA（良好），B（要注意），C（要修理または緊急修理）の区分で判定する．エスカレータについても同様で，機械室，上部乗場，中間部，下部乗場，安全対策の全ての装置，機器について点検する．

定期検査は，年1回「昇降機検査資格者」によりJIS A 4302に基づいて，荷重試験を除く全項目について検査を実施し，所轄特定行政庁に報告することが義務づけられているものであり，全ての装置，機器の管理状態と経時劣化，しゅう動機械要素の摩

表 5.2.13　エレベータにおけるトライボロジー関係の主な点検部分と点検項目

点検部分	点検項目
受電盤，制御盤	コンタクタ，リレー等の接点の摩耗
巻上げ機	ウォームギヤの歯当たり 綱車の摩耗 軸受の摩耗，音，過熱 ギヤケースの油量と劣化 運転中の音・振動
電磁ブレーキ	プランジャの作動，コンタクタ，ブレーキシューの摩耗
そらせ車	油量，騒音発生の有無
電動機	ロータ，ステータ，軸受の温度上昇
電動発電機	コミュテータ，カーボンブラシの摩耗
調速機	ロープの摩耗，綱車の摩耗
かご	運転中のかごの振動，騒音
戸の開閉装置	機構の動作点検と注油
ロープ	素線の摩耗と破断本数，グリースの滲出状態
ガイドレール	しゅう動面の摩耗，さび
非常止め	ロープのかかり方，くさびの位置
緩衝器	油緩衝器の油量

表 5.2.14 メーンロープの交換基準

摩損状態	基　　準
素線の破断が平均して分布している場合	1構成より（ストランド）の1よりピッチ内での破断数4以下
破断素線の断面積が，元の素線の断面積の70％以下となっているか，またはさびが甚だしい場合	1構成より（ストランド）の1よりピッチ内での破断数2以下
素線の破断が1箇所または特定のよりに集中している場合	素線の破断総数が1よりピッチ内で6より鋼索では12以下，8より鋼索では16以下
摩耗部分の鋼索の直径	摩耗していない部分の鋼索の直径の90％以上

表 5.2.15 エスカレータについてのトライボロジーに関係する主な点検部分と点検項目

点検部分	点検項目
受電盤，制御盤	コンタクタ，リレー等の接点の摩耗
軸受	摩耗，音，温度上昇
ウォームギヤ	歯当たり
ブレーキ	シューの摩耗，制動特性
電動機	ロータ，ステータ，軸受の温度上昇
駆動チェーン，スプロケット	摩耗，騒音，さび
手すりベルト	摩耗，圧痕
レール	摩耗，さび
踏段車輪	摩耗，変形，劣化

耗状態等をチェックするものである．

b. 保　守

保守には次の方法がある．
・専属技術者を雇用して，常に点検・手入れを行なう方法
・サービス業者と契約して定期的に専門の技術者によって保守を行なう方法

多くは後者の方法がとられ，契約により保守間隔（例えば，週1回，10日に1回，月1回）を決め，装置・機器の点検，給油・調整・清掃・交換などの保守作業が行なわれる．

エレベータにおいてトライボロジーに関係する主な点検部分と点検項目を表 5.2.13 に示す．

メーンロープについては，JIS A 4302 にて表 5.2.14 のように交換基準が定められている．

エスカレータについてのトライボロジーに関係する主な点検部分と点検項目を表 5.2.15 に示す．

5.2.3 メカトロニクス機器

（1）産業用ロボット

自動車や電機製造業を中心に産業用ロボットの導入が本格化してすでに20年以上経過し，ユーザーの産業用ロボットに対する捉え方は特別な装置から普通のツールに変化している．この状況は普及が浸透したということであり，メーカーとして歓迎すべきことではあるが，一方，特別に管理された保守は期待できないという状況でもある．さらなる産業用ロボットの普及を目指すには，「メンテナンスフリー化」が必要条件であるが，現状では技術的制約があるため実現は困難である．したがって適切なメンテナンスはラインの予防保全を図るうえで必須となる．

本項では代表的な産業用ロボットにおける各コンポーネントのメンテナンスの考え方を示す．

a. 産業用ロボットの構造

旧世代モデルでは各軸の駆動コンポーネントとして，ボールねじならびにモータ出力を減速後に駆動するチェーンおよびギヤが存在し，重要なメンテナンス対象であったが，現在ではモータと回転型減速機を直結したシンプルな構造が主流である．代表的な産業用ロボットの外観と軸構造の一例を図 5.2.51 に示す．本図からわかるようにメンテナンスが必要なコンポーネント，すなわち摩耗寿命部品は減速機および軸受に大別できる．それ以外のコンポーネントは摩耗寿命を有していないかまたは産業用ロボットの製品寿命内では無視できるものとして考えてよい．

b. 減速機

国内の産業用ロボットメーカーでは主に「RV減速機」，「ハーモニックドライブ」および「サイクロ減速機」を採用している．それぞれ減速機構は異なるが，大きな視点で捉えると二つの要素に分類可能である．一つは減速機構であるギヤであり，もう一つはそのギヤを支持する軸受である．ギヤのバックラッシはロボットの位置決め精度にそのまま直結するため，摩耗による増加を極力防止することがロボ

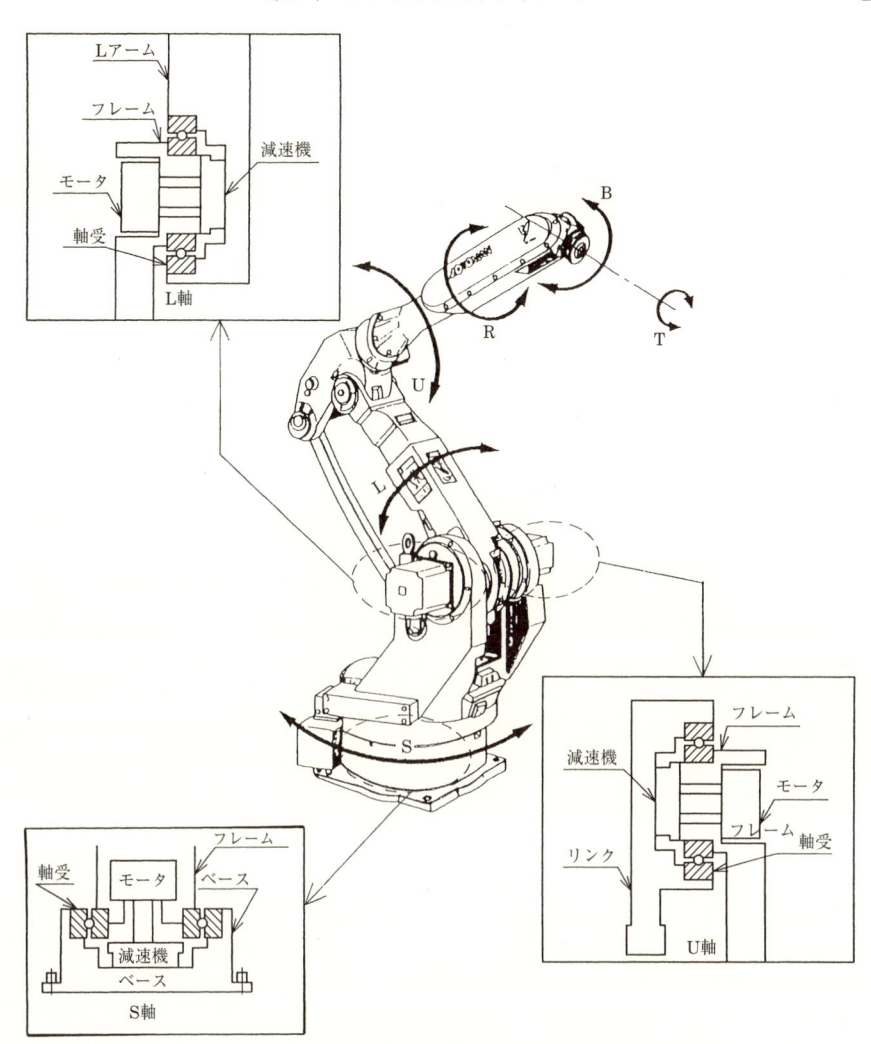

図 5.2.51 代表的産業用ロボットの外観

ットの機能を維持するうえで重要である．一方軸受は摩耗寿命にクリティカルな要素であり，軸受の寿命がすなわち減速機の寿命となるため，軸受の定格寿命を低減させる要因を与えないことが減速機本来の寿命を発揮させるうえで重要である．この二つの重要な要素は潤滑環境に依存しており適切な潤滑環境を維持していかなければならない．

一般に減速機は内部にグリースを充てんしたグリースバス潤滑方式を採用しているため，入排出口を利用したグリース交換が可能である．グリースの性能，グリース容積および減速機の運転サイクルがロボットごとに異なるため，グリース交換インターバルの一般化は困難であるが，通常は4年ごとの実施が好ましい．動作頻度の厳しい場合はさらに短期間の実施が必要であるが，実際の運用はマニュアルに従うべきである．留意点としてはグリース銘柄の順守がある．ロボットメーカーは耐極圧性や低温粘性を考慮し各減速機に最適化したグリースを選定しており，早期摩耗劣化や寒冷時の起動不良を防止するために指定のグリースを確実に使用する必要がある．

c. 軸　受

産業用ロボットは自らのアームを最大速度にコンマ数秒で立ち上げる加減速トルクやワークを精度良く保持する静止負荷トルクを複合的に各軸に受ける．このトルクは装置自身の容積を基準にして他の

輸送機械(例えば自動車)などと比較すると極端に大きなものである．この大トルクを支持する軸受は産業用ロボットの精度を維持するために，予圧による高剛性化が可能なクロスローラベアリングやテーパローラベアリングが使用される．

現在の産業用ロボットでは主軸受の潤滑はグリース封入方式を採用しており，外部から容易に交換可能なようにグリースニップルが設けられている．産業用ロボットの機能を永く維持するためには，減速機と同様メーカー指定のグリースを定期的に補充する必要がある．

d. トラブル事例

前述した通り，減速機や軸受は適切なグリースによる潤滑が必須である．例えば減速機に指定グリースと指定以外の極圧添加剤の異なるグリースを使用した2台の減速機に，負荷を掛けながら耐久試験を実施した結果を図5.2.52に示す．本グラフの縦軸はロストモーションを表わす．ロストモーションとは減速機のあるトルク範囲でのヒステリシスロスのことであり，簡易的にはバックラッシと読み替えてよい．横軸は稼働時間を表わす．この結果からわかるように，極端に大きなトルクを受けながら動力を伝達する減速機には高度にチューニングされた適切な専用グリースが必須であり，そのバランスが崩れると容易にロボットの機能が損なわれる可能性があることを理解願いたい．

(2) ATM(自動取引装置)

全世界で約50万台稼動しているCD・ATM(現金自動支払装置／現金自動取引装置)はその社会性から，取引時間短縮のための装置高速度化，長時間連続稼働が要請され，メンテナンス視点からのトライボロジー課題は少なくない．

図5.2.53のように，装置内部で紙幣，硬貨，通帳，IDカード，ジャーナル用紙，レシート用紙等の媒体を取り扱い，これら媒体と機構の接触が主たる課題であるが，紙幣を中心に摩擦と弾性変形理論からの実験と理論アプローチが行なわれている[59,60]．

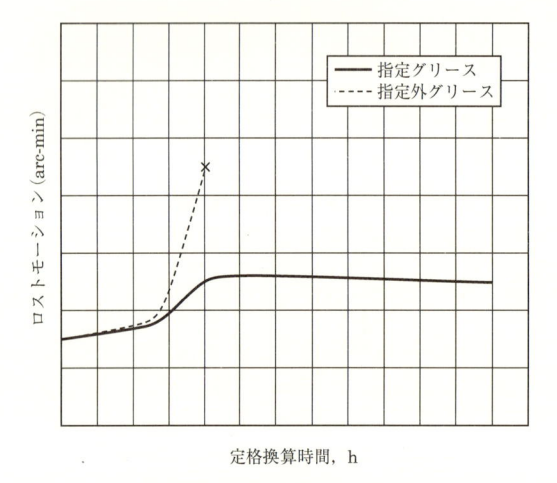

図5.2.52　耐久試験結果グラフ

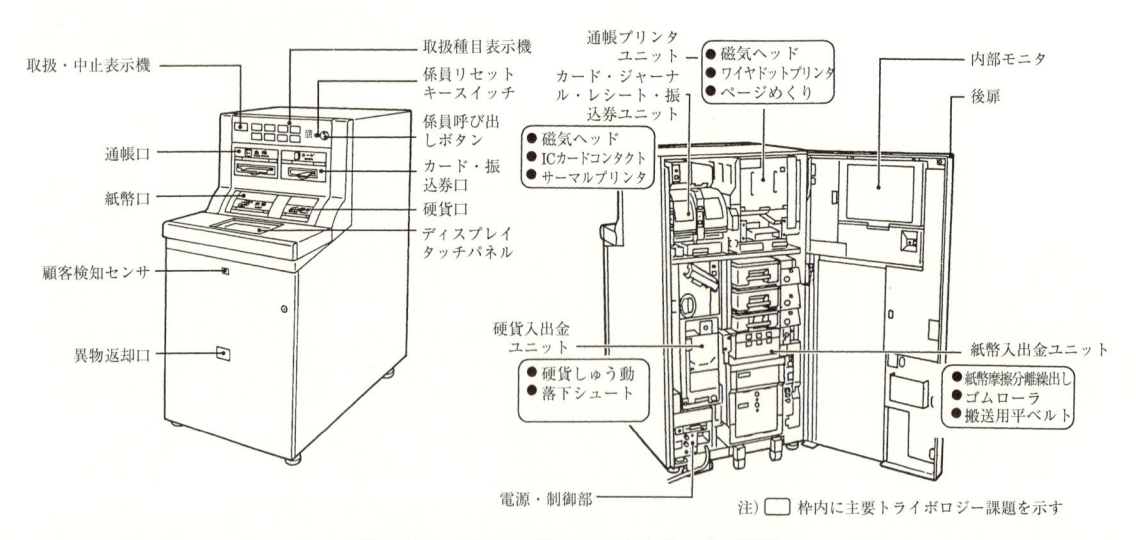

図5.2.53　ATMの構成とトライボロジー課題

ATMの保守は，数ヶ月に一度の定期点検が一般的であり，点検チェックリストの機械的項目には一部摩耗／劣化部品の交換も含まれるが，大半の項目は清掃である．設計的には，（1）塵埃，異物の進入を防止，（2）媒体ハンドリングで紙粉発生を防止，（3）付着した異物の自動除去の配慮が必要，だがそれ以上に接触面の変化があっても機能を維持できる余裕度設計がメンテナンスの観点からは望まれる．

紙幣，通帳，カード等の媒体を搬送する主要手段であるゴムローラのトライボロジーについては参考文献[61~64]などの事例がある．紙幣のようなばらつきの大きい媒体の分離には紙間摩擦係数よりローラ紙間摩擦係数が十分に大きいことが条件であるが，摩耗性と摩擦係数は一般に背反するので，高摩擦係数／低耐摩耗材と，低摩擦係数／高耐摩耗材を組み合わせて設計される．図5.2.54に紙幣繰出し用ゴムローラ類の摩耗と摩擦係数の経時変化の例を示す．

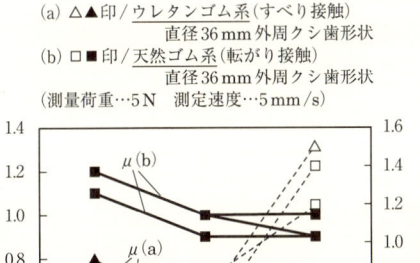

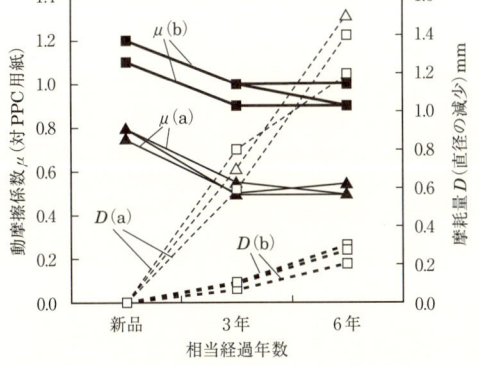

図5.2.54 紙幣分離繰出しゴムローラの経時変化の例

次にATM媒体搬送系に使用される回転駆動系は周速度が0.2~1.5 m/s，回転数が200~1 000 min^{-1}，軸荷重が2~20 N程度の範囲である．紙粉，塵埃環境で潤滑油がその効果を発揮できないため小型転がり軸受が多用される．上限負荷領域では軸にフレッチング摩耗を起こす場合があるので，保守（分解）容易化のための「すきまはめ」の使用には注意を要する．

硬貨の搬送はその材質が金属であることから，搬送部材と硬貨の双方に摩耗を進行させる．よって搬送部材と硬貨のすべり接触部分は材質，接触面の形状の配慮と，経時変化，異物付着による変化への対応が必要となる．

新しい試みとして，部材の表面状態が変化することを前提にして，他の因子（ローラ間すきま量）を制御することでメンテナンス周期を拡大する研究も行なわれている[65,66]．またATMの稼働状況から各部の動作回数やレベルの変化をリアルタイムに収集して予防保全する方式も開発されている．

（3）複写機

電子写真方式デジタル複写機の摩擦・摩耗の視点で，損傷パターンの概略を紹介する．図5.2.55はデジタルカラー複写機の断面図である．

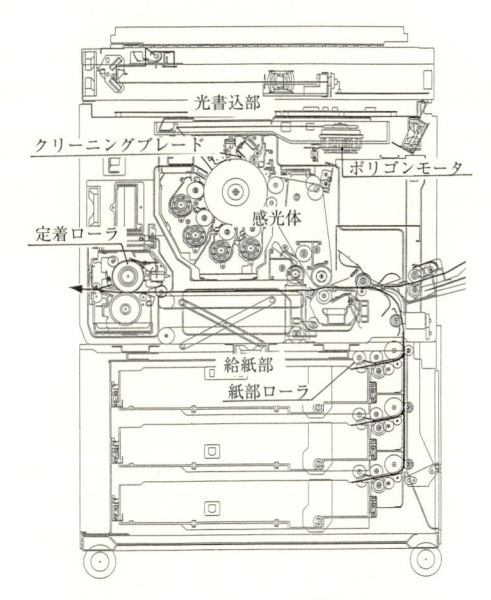

図5.2.55 デジタルカラー複写機断面図

a. 光書込部

光書込みは半導体レーザとポリゴンミラーのレーザ光光学系が低速機から高速機まで広く採用され，モータ軸受の種類は玉・流体・空気軸受が回転数に応じて使用されている[67]．コピー動作を繰り返すたびにポリゴンモータは起動／停止を行なうため，軸受の負担は大きく，潤滑剤が気化してミラー部に付着し，画像を劣化させたり，異常音の発生となる．極端な例では軸受がロックしてしまう例もある．またポリゴンミラーと軸の取付け状態が経時的に変化し，ダイナミックバランスが崩れ，回転振動が増し

て騒音が発生することがある．

b. 給紙機構

複写機の給紙機構では紙と紙，紙とゴムの摩擦係数の差を利用して紙を1枚ごとに分離して搬送する．この方法は安価でコンパクトとなるため広く複写機に採用されている．紙の摩擦係数は紙種により異なり，また，温・湿度条件によっても変化する．それゆえに給紙ローラのゴム表面の摩擦係数は経時・環境変化に対して一定であることが求められる．通紙を繰り返すことでゴム表面に紙粉・トナー・油脂等が付着して汚れ，摩擦係数は次第に低下していく．特に両面コピーを行なうときはその傾向が著しい．さらに長期の使用では，ゴムが硬化して摩擦係数が低減したり，摩耗により直径が減少して紙送り速度が遅くなり，ローラ交換の必要が発生する[68]．

c. 作像機構

感光体に最も強く接触摩擦する部材はクリーニングブレードである．転写した後の感光体表面には若干のトナーが残っている．トナーは$10\mu m$前後の粒径で，電荷により強く感光体表面に拘束されている．この残留トナーを除去するため，ブレードエッジは感光体に対し，均一な圧接力・圧接角・接触幅を維持している[69]．しかしながら，現像剤中のキャリヤ（鉄粉）が感光体に付着してエッジ部を欠損させて画像に黒筋を発生させたり，長期ではゴムエッジ部の摩耗が進み接触角が維持できなくなり，クリーニング不足によるカブリ画像を発生させる．

d. 定着機構

一般に，白黒機ではフッ素樹脂コートのハードローラが耐摩耗性など，寿命に優れ採用されている．一方，フルカラー機では，画質が良好なことを理由にシリコンゴムのソフトローラが採用されている[70]．定着ローラは紙表面と強く圧接されて回転するため，表面は次第に摩耗し，離型性が劣化していく．また接触する紙分離爪や温度センサの間で小さな傷，摩耗が発生する．表層が劣化すると，溶融トナーがローラ表面にも付着し，再度，紙に定着する現象が発生する．さらには，紙づまりの原因となり，ゴム表面を破損されてしまうこともある．

文　献

1) 倉橋基文・安藤正夫：機械の研究, **37**, 5 (1985) 615.
2) 倉橋基文・竹本雅謙：メンテナンス, Aug. (1986) 16.
3) 坂井勝義・倉橋基文：潤滑, **33**, 3 (1988) 181.
4) 倉橋基文：トライボロジスト, **34**, 9 (1989) 629.
5) 日本プラントメンテナンス協会実践保全技術シリーズ編集委員会編：潤滑技術, 日本プラントメンテナンス協会 (1991).
6) 澤　雅明・四阿佳昭・杉本伊三美, プラントエンジニア 1994/8.
7) 倉橋基文・澤　雅明：トライボロジスト, **39**, 7 (1994) 596.
8) 澤　雅明：トライボロジスト, **41**, 1 (1996) 76.
9) 藤井　彰：Plant Engineer, Aug. (1997).
10) 田中幸博・山口博光・脇田邦稔・泉原好末：出光技報, **37**, 6 (1994) 23.
11) 脇田邦稔・泉原好末：プラントエンジニア, **25**, 9 (1993) 10.
12) 脇田邦稔・野沢義尚・大宅美和：計装, **37**, 4 (1994) 85.
13) 運輸省自動車交通局：Your Cars Maintenance Data 97, JAF 出版社 (1998) 4.
14) 酒井秀夫：タイヤ工学入門から応用まで, グランプリ出版 (1987) 380.
15) 道路運送車両の保安基準第9条第2項第2号.
16) FMVSS 109.
17) JIS 安全基準 D4230.
18) (社)日本自動車タイヤ協会：自動車タイヤの選定, 使用, 整備基準 (1995) 61.
19) JATMA：「タイヤ点検の結果」, 自動車工学, 8月号 (1997) 192.
20) GP 企画センター編：自動車のメカはどうなっているか シャシー/ボディ系, グランプリ出版 (1992) 122.
21) 日産自動車(株)：新型車解説書 Nissan プレジデント JHG50 型新車 F002658 (1990) C-72.
22) R. Thom, K. Kollmann, W. Warnecke & M. Frend: SAE Paper 951035.
23) R. Graham, R. W. Cain & S. N. Peal: SAE Paper 961911.
24) 村上靖宏：トライボロジスト, **38**, 6 (1993) 503.
25) S. E. Schwartz & D. J. Smolenski: SAE Paper 870403.
26) 村上靖宏・松本栄一・野上康広：日産技報, **30** (1992) 92.
27) A. Greenberg: Automotive Electronics Journal, Jan.-15 (1990) 9.
28) G. S. Saloka & A. H. Meitzler: SAE Paper 910497.
29) P. J. Voelker & J. D. Hedges: SAE Paper 962112.
30) P. E. M. Frere & S. W. Emmert: SAE Paper 970848.
31) J. Sorab, G. S. Saloka & A. H. Meitzler: SAE Paper 971702.
32) H. S. Lee, S. S. Wang & D. J. Smolenski: Lubr. Eng., **50**, 8 (1994) 605.
33) H. Wohltjen, N. L. Jarvis, M. Klusty, N. Gorin, C. Fleck, G. Shay & A. Smithn: Lubr. Eng., **50**, 11 (1994) 861.
34) A. Sato & T. Oshika: Lubr. Eng., **48**, 7 (1992) 539.
35) R. E. Kauffman: Lubr. Eng., **45**, 11 (1989) 709.
36) 水野祐仁朗・森次通泰・加藤直也・大崎理江：自動車技術会学術講演会前刷集, 975 (1997) 249.
37) 広沢敦彦・内野郁夫・森　彰・山崎国博・小峰厚友：自動車技術会学術講演会前刷集, 921 (1995) 123.
38) 西田宏幸・井上光二・小林清人・桑原竜司・倉重忠弘：

島津評論, **51**, 1・2 (1994) 177.
39) 村上靖宏：JASTトライボロジー・フォーラム '95 テキスト (1995) 61.
40) 鈴木政治：Proc. Japan Int. Trib. Conf. Nagoya (1990) 37.
41) 鈴木政治：Railway Research Review, 8 (1991) 27.
42) 鈴木政治・細谷哲也・中村和夫・曽根康友：鉄道総研報告, 8, 11 (1994) 11.
43) S. Mitui, N. Nagase, S. Ono & Y. Irie : Mitsubishi Heavy Industries, LTD. Technical Review, **29**, 3 (1992) 210.
44) 本村　収：三菱重工技報, **29**, 3 (1992) 247.
45) 光武章二・朝鍋定生：機械設計, **18**, 3 (1974) 40.
46) 今村弘人：内燃機関, **9**, 1 (1970) 43.
47) 染谷常雄・古浜庄一・星　満・木下晴男・鈴木孝幸・朝鍋定生・光武章二・黒岩　勝：内燃機関の潤滑, 幸書房 (1987) 267.
48) 前川和彦・光武章二・下田邦彦・高橋文治・秋月幸男：三菱重工技報, **29**, 3 (1992) 1.
49) 例えば, Courtney-Pratt, J.S : Proc. I. Mech. E., **155** (1946) 293.
50) 前川和彦・光武章二・後藤敬造・稲永紀康・本村　収：トライボロジスト, **39**, 7 (1994) 577.
51) 光武章二・前川和彦・高橋文治・小山田哲也：トライボロジスト, **34**, 7 (1989) 484.
52) 光武章二・小野重治・前川和彦・稲葉一樹：日本舶用機関学会誌, **25**, 1 (1990) 24.
53) Mar. Propul. Int., (1982) 32.
54) N. Hammarstand : Conf. Mar. Eng. Syst. Cond. Monit. Prev. Maint. (1975) 171.
55) P. M. Coant, F. C. Kohout & H. V. Lowther : Lub. Eng., **33**, 11 (1977).
56) 今村弘人：舶用ディーゼル機関～燃焼, 潤滑, 損傷～, 山海堂 (1995).
57) 建築基準法施行令第129条の4及び13：(社)日本エレベータ協会発行「建築基準法及び同法施行令―昇降機の技術基準の解説」(1994).
58) 日本エレベータ協会標準集：(社)日本エレベータ協会 (1996).
59) 岡山正男：トライボロジスト, **42**, 5 (1997) 321.
60) 服部俊介：トライボロジスト, **42**, 5 (1997) 339.
61) 伊藤幸雄・道口義男・斎藤祐治：日本ゴム協会誌, **58**, 8 (1985) 495.
62) 大田博昭：月刊トライボロジ, **2** (1993) 27.
63) 大田博昭：日本ゴム協会誌, **69**, 3 (1996) 76.
64) 小林祐子：トライボロジスト, **42**, 5 (1997) 375.
65) 坂森克治・鵜飼　眞：日本機械学会論文集, **920**, 67 (1992) 32.
66) 佐藤正康・渡辺敬介・後藤雅男：9th Fuzzy Symposium 予稿集 (1993) 53.
67) 永原康守：日本機械学会第74期全国大会講演資料集 Vol. V (1996).
68) 鈴木雅博：電子写真学会誌, **33**, 1 (1994) 66.
69) 藤原良則, 三木隆司：電子写真学会誌, **33**, 1 (1994) 50.
70) 北沢今朝昭：電子写真学会誌, **33**, 1 (1994) 57.

1. 諸単位の換算表

付表 1 長さ

ミリメートル, mm	メートル, m	キロメートル, km	インチ, in	フィート, ft	ヤード, yd	チェーン, chain	マイル, mile	海里, nm
1	1×10^{-3}	1×10^{-6}	3.937×10^{-2}	3.281×10^{-3}	1.094×10^{-3}	4.971×10^{-5}	6.214×10^{-7}	5.400×10^{-7}
1×10^{3}	1	1×10^{-3}	3.937×10	3.281	1.094	4.971×10^{-2}	6.214×10^{-4}	5.400×10^{-4}
1×10^{6}	1×10^{3}	1	3.937×10^{4}	3.281×10^{3}	1.094×10^{3}	4.971×10	6.214×10^{-1}	0.5400
2.54×10	2.54×10^{-2}	2.54×10^{-5}	1	8.333×10^{-2}	2.778×10^{-2}	1.263×10^{-3}	1.578×10^{-5}	1.371×10^{-5}
3.048×10^{2}	3.048×10^{-1}	3.048×10^{-4}	1.2×10	1	3.333×10^{-1}	1.515×10^{-2}	1.894×10^{-4}	1.646×10^{-4}
9.144×10^{2}	9.144×10^{-1}	9.144×10^{-4}	3.6 ×10	3	1	4.545×10^{-2}	5.682×10^{-4}	4.937×10^{-4}
2.012×10^{4}	2.012×10	2.012×10^{-2}	7.92×10^{2}	6.6 ×10	2.2 ×10	1	1.250×10^{-2}	1.086×10^{-2}
1.609×10^{6}	1.609×10^{3}	1.609	6.336×10^{4}	5.28×10^{3}	1.76×10^{3}	8×10	1	8.69×10^{-1}
1.852×10^{6}	1.852×10^{3}	1.852	7.291×10^{4}	6.076×10^{3}	2.025×10^{3}	9.026×10	1.151	1

付表 2 面積

平方メートル, m^2	アール, a	平方キロメートル, km^2	平方インチ, in^2	平方フィート, ft^2	平方ヤード, yd^2	平方チェーン, ch^2	エーカー, acre	平方マイル, $mile^2$
1	1×10^{-2}	1×10^{-6}	1.550×10^{3}	1.076×10	1.196	2.471×10^{-3}	2.471×10^{-4}	3.861×10^{-7}
1×10^{2}	1	1×10^{-4}	1.550×10^{5}	1.076×10^{3}	1.196×10^{2}	2.471×10^{-1}	2.471×10^{-2}	3.861×10^{-5}
1×10^{6}	1×10^{4}	1	1.550×10^{9}	1.076×10^{7}	1.196×10^{6}	2.471×10^{3}	2.471×10^{3}	3.861×10^{-1}
6.452×10^{-4}	6.452×10^{-6}	6.452×10^{-10}	1	6.944×10^{-3}	7.716×10^{-4}	1.594×10^{-6}	1.594×10^{-7}	2.491×10^{-10}
9.290×10^{-2}	9.290×10^{-4}	9.290×10^{-8}	1.44×10^{2}	1	0.111	2.296×10^{-4}	2.296×10^{-5}	3.587×10^{-8}
8.361×10^{-1}	8.361×10^{-3}	8.361×10^{-7}	1.296×10^{3}	9	1	2.066×10^{-3}	2.066×10^{-4}	3.228×10^{-7}
4.047×10^{2}	4.047	4.047×10^{-4}	6.273×10^{5}	4.356×10^{3}	4.84×10^{2}	1	1×10^{-1}	1.563×10^{-4}
4.047×10^{3}	4.047×10^{-1}	4.047×10^{-3}	6.273×10^{6}	4.356×10^{4}	4.84×10^{3}	1×10	1	1.563×10^{-3}
2.590×10^{6}	2.590×10^{4}	2.590	4.014×10^{9}	2.788×10^{7}	3.098×10^{6}	6.4×10^{3}	6.4×10^{2}	1

付表 3 体積

立方センチメートル, cm^3	立方メートル, m^3	リットル, l	立方インチ, in^3	立方フィート, ft^3	立方ヤード, yd^3	英ガロン, gal (UK)	米ガロン, gal (US)
1	1×10^{-6}	1×10^{-3}	6.102×10^{-2}	3.531×10^{-5}	1.308×10^{-6}	2.200×10^{-4}	2.642×10^{-4}
1×10^{6}	1	1×10^{3}	6.102×10^{4}	3.531×10	1.308	2.200×10^{2}	2.642×10^{2}
1×10^{3}	1×10^{-3}	1	6.102×10	3.531×10^{-2}	1.308×10^{-3}	2.200×10^{-1}	2.642×10^{-1}
1.639×10	1.639×10^{-5}	1.639×10^{-2}	1	5.787×10^{-4}	2.143×10^{-5}	3.605×10^{-3}	4.329×10^{-3}
2.832×10^{4}	2.832×10^{-2}	2.832×10	1.728×10^{3}	1	3.704×10^{-2}	6.229	7.481
7.646×10^{5}	7.646×10	7.646×10^{2}	4.666×10^{4}	2.7×10	1	1.682×10^{2}	2.020×10^{2}
4.546×10^{3}	4.546×10^{-3}	4.546	2.774×10^{2}	1.605×10^{-1}	5.946×10^{-3}	1	1.201
3.785×10^{3}	3.785×10^{-3}	3.785	2.31×10^{2}	1.337×10^{-1}	4.951×10^{-3}	8.327×10^{-1}	1

付表 4 質量

カラット, ct	ミリグラム, mg	グラム, g	キログラム, kg	トン, t	グレーン, grain	オンス, oz	ポンド, lb	英トン, ton	米トン, sh tn
1	2×10^{2}	2×10^{-1}	2×10^{-4}	2×10^{-7}	3.086	7.055×10^{-3}	4.409×10^{-4}	1.968×10^{-7}	1.758×10^{-7}
5×10^{-3}	1	1×10^{-3}	1×10^{-6}	1×10^{-9}	1.543×10^{-2}	3.527×10^{-5}	2.205×10^{-6}	9.842×10^{-10}	1.102×10^{-9}
5	1×10^{2}	1	1×10^{-3}	1×10^{-6}	1.543×10	3.527×10^{-2}	2.205×10^{-3}	9.842×10^{-7}	1.102×10^{-6}
5×10^{3}	1×10^{6}	1×10^{3}	1	1×10^{-3}	1.543×10^{4}	3.527×10	2.205	9.842×10^{-4}	1.102×10^{-3}
5×10^{6}	1×10^{9}	1×10^{6}	1×10^{3}	1	1.543×10^{7}	3.527×10^{4}	2.205×10^{3}	9.842×10^{-1}	1.102
3.240×10^{-1}	6.480×10	6.480×10^{-2}	6.480×10^{-5}	6.480×10^{-8}	1	2.286×10^{-3}	1.429×10^{-4}	6.378×10^{-7}	7.143×10^{-7}
1.417×10^{2}	2.835×10^{4}	2.835×10	2.835×10^{-2}	2.835×10^{-5}	4.375×10^{2}	1	6.25×10^{-2}	2.790×10^{-5}	3.125×10^{-5}
2.268×10^{3}	4.536×10^{5}	4.536×10^{2}	4.536×10^{-1}	4.536×10^{-4}	7×10^{3}	1.6 ×10	1	4.468×10^{-4}	5×10^{-4}
5.080×10^{6}	1.016×10^{9}	1.016×10^{6}	1.016×10^{3}	1.016	1.568×10^{7}	3.584×10^{4}	2.240×10^{3}	1	1.12
4.536×10^{6}	9.072×10^{8}	9.072×10^{5}	9.072×10^{2}	9.072×10^{-1}	1.400×10^{7}	3.200×10^{4}	2×10^{3}	8.929×10^{-1}	1

付表5 密度

グラム毎立方センチメートル, g/cm³	ポンド毎立方インチ, lb/in³	ポンド毎立方フィート, lb/ft³	英トン毎立方ヤード, ton/yd³	ポンド毎英ガロン, lb/gal (UK)	ポンド毎米ガロン, lb/gal (US)
1	3.613×10^{-2}	6.243×10	7.525×10^{-1}	1.002×10	8.345
2.768×10	1	1.728×10^3	2.083×10	2.774×10^2	2.31×10^2
1.602×10^{-2}	5.787×10^{-4}	1	1.205×10^{-3}	1.605×10^{-1}	1.337×10^{-1}
1.329	4.801×10^{-2}	8.296×10	1	1.332×10	1.109×10
9.98×10^{-2}	3.605×10^{-3}	6.229	7.508×10^{-2}	1	8.327×10^{-1}
1.198×10^{-1}	4.329×10^{-3}	7.481	9.017×10^{-2}	1.201	1

付表6 速度,速さ

センチメートル毎秒, cm/s	メートル毎秒, m/s	メートル毎分, m/min	キロメートル毎時, km/h	フィート毎秒, ft/s	フィート毎分, ft/min	マイル毎時, mile/h	ノット, knot
1	1×10^{-2}	6×10^{-1}	3.6×10^{-2}	3.281×10^{-2}	1.969	2.237×10^{-2}	1.944×10^{-2}
1×10^2	1	6×10	3.6	3.281	1.969×10^2	2.237	1.944
1.667	1.667×10^{-2}	1	6×10^{-2}	5.468×10^{-2}	3.281	3.728×10^{-2}	3.240×10^{-1}
2.778×10	2.778×10^{-1}	1.667×10	1	9.113×10^{-1}	5.468×10	6.214×10^{-1}	5.400×10^{-1}
3.048×10	3.048×10^{-1}	1.829×10	1.097	1	6×10	6.818×10^{-1}	5.925×10^{-1}
5.080×10^{-1}	5.080×10^{-3}	3.048×10^{-1}	1.829×10^{-2}	1.667×10^{-2}	1	1.136×10^{-2}	9.875×10^{-3}
4.470×10	4.470×10^{-1}	2.682×10	1.609	1.467	8.800×10	1	8.690×10^{-1}
5.144×10	5.147×10^{-1}	3.087×10	1.852	1.688	1.013×10^2	1.151	1

付表7 力

ニュートン, N	重量キログラム, kgf	重量ポンド, lbf	パウンダル, pdl
1	1.020×10^{-1}	2.248×10^{-1}	7.233
9.807	1	2.205	7.093×10
4.448	4.536×10^{-1}	1	3.217×10
1.383×10^{-1}	1.410×10^{-2}	3.108×10^{-2}	1

付表8 仕事,エネルギーおよび熱量

ジュール, J	重量キログラムメートル, kgf·m	フィート重量ポンド, ft·lbf	キロワット時, kW·h	仏馬力時, PS·h	英馬力時, HP·h	キロカロリー, kcal	英熱量, B. t. u.
1	1.020×10^{-1}	7.376×10^{-1}	2.778×10^{-7}	3.777×10^{-7}	3.724×10^{-7}	2.389×10^{-4}	9.480×10^{-4}
9.807	1	7.233	2.724×10^{-6}	3.704×10^{-6}	3.652×10^{-6}	2.343×10^{-3}	9.297×10^{-3}
1.356	1.383×10^{-1}	1	3.766×10^{-7}	5.121×10^{-7}	5.049×10^{-7}	3.239×10^{-4}	1.285×10^{-3}
3.6×10^4	3.671×10^5	2.655×10^6	1	1.3596	1.3405	8.60×10^2	3.413×10^3
2.648×10^6	2.7×10^5	1.953×10^6	7.335×10^{-1}	1	9.859×10^{-1}	6.325×10^2	2.510×10^3
2.686×10^6	2.739×10^5	1.981×10^6	7.460×10^{-1}	1.014	1	6.416×10^2	2.546×10^3
4.186×10^3	4.269×10^2	3.087×10^3	1.163×10^{-3}	1.581×10^{-3}	1.559×10^{-3}	1	3.968
1.055×10^3	1.076×10^2	7.780×10^2	2.930×10^{-4}	3.984×10^{-4}	3.928×10^{-4}	2.520×10^{-1}	1

付表9 圧力

メガパスカル, MPa	重量キログラム毎平方センチ, kgf/cm²	重量ポンド毎平方インチ, lbf/in²	気圧, atm	水銀柱メートル	水銀柱インチ	水柱メートル	水柱フィート
1	1.020×10	1.45×10^2	9.869	7.501	2.953×10^2	1.02×10^2	3.346×10^2
9.807×10^{-2}	1	1.422×10	9.678×10^{-1}	7.356×10^{-1}	2.896×10	1×10	3.281×10
6.895×10^{-3}	7.031×10^{-2}	1	6.805×10^{-2}	5.171×10^{-2}	2.036	7.301×10^{-1}	2.307
0.1013	1.033	1.470×10	1	7.6×10^{-1}	2.992×10	1.033×10	3.390×10
0.1333	1.360	1.934×10	1.316	1	3.937×10	1.360×10	4.460×10
3.386×10^{-3}	3.453×10^{-2}	4.912×10^{-1}	3.342×10^{-2}	2.54×10^{-2}	1	3.453×10^{-1}	1.133
9.806×10^{-3}	1×10^{-1}	1.422	9.678×10^{-2}	7.355×10^{-2}	2.896	1	3.281
2.989×10^{-3}	3.048×10^{-2}	4.335×10^{-1}	2.950×10^{-2}	2.242×10^{-2}	8.827×10^{-1}	0.3048	1

付表 10　仕事率

キロワット, kW	仏馬力, PS	英馬力, HP	重量キログラムメートル毎秒, kgf·m/s	フィート重量ポンド毎秒, ft·lbf/s	キロカロリー毎秒, kcal/s	英熱量毎秒, B.t.u./s
1	1.360	1.340	1.020×10^2	7.376×10^2	2.389×10^{-1}	9.180×10^{-1}
7.355×10^{-1}	1	9.859×10^{-1}	7.5×10	5.425×10^2	1.757×10^{-1}	6.793×10^{-1}
7.460×10^{-1}	1.104	1	7.607×10	5.502×10^2	1.782×10^{-1}	7.072×10^{-1}
9.807×10^{-3}	1.333×10^{-2}	1.315×10^{-2}	1	7.233	2.343×10^{-2}	9.297×10^{-3}
1.356×10^{-3}	1.843×10^{-3}	1.817×10^{-3}	1.383×10^{-1}	1	3.239×10^{-3}	1.285×10^{-3}
4.186	5.691	5.611	4.269×10^2	3.087×10^3	1	3.968
1.055	1.434	1.414	1.076×10^2	7.780×10^2	2.520×10^{-1}	1

付表 11　粘度

パスカル秒, Pa·s $\left[\dfrac{N \cdot s}{m^2}\right]$	ポアズ, P $\left[\dfrac{dyn \cdot s}{cm^2}\right]$ $\left[\dfrac{g}{cm \cdot s}\right]$	センチポアズ, cP ミリパスカル秒, mPa·s	ベルヌーイ, Be $\left[\dfrac{kg}{m \cdot s}\right]$	$\left[\dfrac{kg}{m \cdot h}\right]$	$\left[\dfrac{lb}{ft \cdot s}\right]$ $\left[\dfrac{pdl \cdot s}{ft^2}\right]$	$\left[\dfrac{lbf \cdot s}{ft^2}\right]$ $\left[\dfrac{slug}{ft \cdot s}\right]$	レイン, Reyn $\left[\dfrac{lbf \cdot s}{in^2}\right]$	重量キログラム秒毎平方メートル, $\left[\dfrac{kgf \cdot s}{m^2}\right]$	$\left[\dfrac{kgf \cdot s}{mm^2}\right]$
1	1×10	1×10^3	1	3.6×10^3	6.720×10^{-1}	2.088×10^{-2}	1.450×10^{-4}	1.020×10^{-1}	1.020×10^{-7}
1×10^{-1}	1	1×10^2	1×10^{-1}	3.6×10^2	6.720×10^{-2}	2.088×10^{-3}	1.450×10^{-5}	1.020×10^{-2}	1.020×10^{-8}
1×10^{-3}	1×10^{-2}	1	1×10^{-3}	3.6	6.720×10^{-4}	2.088×10^{-5}	1.450×10^{-7}	1.020×10^{-4}	1.020×10^{-10}
1	1×10	1×10^3	1	3.6×10^3	6.720×10^{-1}	2.088×10^{-2}	1.450×10^{-4}	1.020×10^{-1}	1.020×10^{-7}
2.778×10^{-4}	2.778×10^{-3}	2.778×10^{-1}	2.778×10^{-4}	1	1.866×10^{-4}	5.799×10^{-6}	4.027×10^{-8}	2.833×10^{-5}	2.833×10^{-11}
1.488	1.488×10	1.488×10^3	1.488	5.357×10^3	1	3.108×10^{-2}	2.158×10^{-4}	1.517×10^{-1}	1.517×10^{-7}
4.788×10	4.788×10^2	4.788×10^4	4.788×10	1.724×10^5	3.217×10	1	6.944×10^{-3}	4.882	4.882×10^{-6}
6.895×10^3	6.895×10^4	6.895×10^6	6.895×10^3	2.482×10^7	4.633×10^3	1.440×10^2	1	7.031×10^2	7.031×10^{-4}
9.807	9.807×10	9.807×10^3	9.807	3.530×10^4	6.592	2.048×10^{-1}	1.422×10^{-3}	1	1×10^{-6}
9.807×10^6	9.807×10^7	9.807×10^9	9.807×10^6	3.530×10^{10}	6.592×10^6	2.048×10^5	1.422×10^3	1×10^6	1

付表 12　動粘度

平方メートル毎秒 $\left[\dfrac{m^2}{s}\right]$	ストークス, St $\left[\dfrac{cm^2}{s}\right]$	センチストークス, cSt $\left[\dfrac{mm^2}{s}\right]$	$\left[\dfrac{m^2}{h}\right]$	$\left[\dfrac{ft^2}{s}\right]$	$\left[\dfrac{ft^2}{h}\right]$
1	1×10^4	1×10^6	3.6×10^3	1.076×10	3.875×10^4
1×10^{-4}	1	1×10^2	3.6×10^{-1}	1.076×10^{-3}	3.875
1×10^{-6}	1×10^{-2}	1	3.6×10^{-3}	1.076×10^{-5}	3.875×10^{-2}
2.778×10^{-4}	2.778	2.778×10^2	1	2.990×10^{-3}	1.076×10
9.290×10^{-2}	9.290×10^2	9.290×10^4	3.344×10^2	1	3.6×10^3
2.581×10^{-5}	2.581×10^{-1}	2.581×10	9.290×10^{-2}	2.778×10^{-4}	1

索引

和文

あ

アーク放電　337, 530
アーク溶射　571
RRO　180
RI 法　809
r-out-of-n 並列系　830
R&O タイプ油　660
RHEED　398
RCM　777
IR　822
IRRAS　393
IAE 試験　638
ISO 規格　196
ISO 4406 清浄コード　852
I_s 値　867
合い口すきま　300
ICP　819
アイゾット試験　383, 384
アイテム　828
アイリング則モデル　45
アイリング粘性　38
アウトサイド (外向き流れ) 形　286
亜鉛めっき鋼板　524
赤当たり　199
赤ロープグリース (不乾性油)　257
アクリルゴム　488
AE (アコースティック・エミッション)　806
AE 信号波形　806
AE センサ　806
AE のエネルギー　807
AE の計数法　807
AE の発生位置標定法　807
アスベスト　515
圧延　377
圧延加工　681
圧延機　724
圧延機油膜軸受油　661
圧延機用軸受　168
圧延潤滑　683, 686, 689

圧延油　681
圧子　382
圧縮成形　470
圧縮性数　99
圧縮強さ　380
圧縮粘弾性変形　522
圧縮率　612
圧縮リング　300
圧入代　125
圧粉成形性　477
Abbe 数　615
圧力角　188
圧力勾配　26
圧力スパイク　38
圧力ダム軸受　54
穴石　129
アニリン点　486
油上がり　324
油切り　316
油交換　812
油交換基準　647
油潤滑転がり軸受　661
油の消耗率　442
油不足　36
油分析　798
油分離　714, 850
油溝　344
油漏れ　846
油焼け　688
アブレシブ摩耗　20, 218, 452, 545
アベイラビリティ　778, 827, 831
アポジ推進系　836
アモントン・クーロンの法則　19
粗さ係数　204
アルキルナフタレン　586
アルキルベンゼン　586
Al-Zn-Si-Cu 系合金軸受　429
Al-Si 系合金軸受　429
Al-Sn 系合金軸受　425
Al-Sn-Si 系合金軸受　427
Al-Sn 合金　430

アルミナ　412, 497
アルミナイジング　574
Al-Pb 系軸受合金　429
アルミニウム　525
アルミニウム合金　414
アルミニウム合金材料　525
アルミニウム合金軸受　424, 431
アルミニウム青銅　418, 419
アルメン試験　636
アンアベイラビリティ　832
安全率　204
アンダレース潤滑　178
案内面　343
アンバランス形　286
アンバランス限界　70

い

ER 流体　697
EHL　34
ESCA　387
ELID 研削法　680
ETA　833
EPC　595
EP タイプ油　668
EPDM　489
EU/AU　489
硫黄腐食　424
イオン照射　760
イオン窒化　558
イオン注入　551
イオンビームミキシング　551
イオンプレーティング　546, 548
イオンボンバード　733
異常診断エキスパートシステム　858
異常診断システム　844
異常摩耗　218
位置決めピン　347
一次元粗さ　42
一時的粘度損失　596, 610
一定流量形式軸受　86

異物混入潤滑での試験　370
入口すきま　220
色　614
引火点　587
インサイド（内向き流れ）形　286
インターカレーション　747
インダクティブヘッド　541
インタリーフ　120
インテグラル温度　206
インパクト試験　360
インボリュート歯車　192

う

ウィッシュボーン形　119
ウィンドシールド　299
ウエアマップ　21
ウェット沸点　652
ウェット摩擦　533
ウォームギヤ　195
浮上がり　666
薄肉軸受　77
宇宙　470
宇宙環境　759
宇宙機器　334
宇宙ステーション　759
宇宙線　759
うねり　148
裏金付き軸受　414
ウレタンゴム　489
運動用シール　271

え

永久粘度損失　596,610
影響因子　276
影響係数　201
HIP　333,467
HEPA　317
H-NBR　488
HFC　322
HLB　603
HDD スピンドル　722
HDD 用軸受　168
HDPE　453,457
エヴァルト球　397
AE　806
AES　390

AE 信号波形　806
AE センサ　806
AE のエネルギー　807
AE の計数法　807
AE の発生位置標定法　807
ASTM 色　614
ASTM チャート　609
AFM　8,400
AMS 5900　463
AMS 5749　463
ACEA 規格　646
ACM　488
ATR　394
ATF　241,649,815
ATM　880
API 規格　646
API サービス分類　648
液晶　698
エキステンダー油　700
液相拡散接合　448
液体潤滑剤　577
液体水素ターボポンプ　330
液滴（滴重）法　622
SEM　394
SAE 規格　425
SAE 試験　636
SAE No.2 試験機　242,638,650
SAE 粘度分類　647
S-N 曲線　384
SFRR　534
SOP　575
SCC　779
STM　8
エステル　586
SBR　532
SPM　8
SP 値　745
エチレン-プロピレン共重合体　595
エチレンプロピレンゴム　489
X 線　760
X 線回折　399
X 線管　171
X 線光電子分光　387,757
X 線分析顕微鏡　399
XPS　387,757

エッジロード　6
NRRO　180
NR 法　97
NAS 等級　852
NBR　488
エネルギー方程式　32
FIM　402
FFA　777
FFM　400
FMEA　777,834,843
FMECA　834
FKM　489
f-G 線図　288
FZG 試験機　373
FZG 歯車試験　638
FTIR　757
FTA　832,836,845
エマルション　676
MR ヘッド　542
MFM　400
MoS_x　734
MoS_2 の物理・化学・機械的性質　732
MoS_2 への雰囲気ガスの影響　735
MoS_2 膜への温度の影響　735
MoS_2 膜への湿度の影響　734
MTTR　831
MTTF　778,828
MTBF　778,828,831
エリプソメトリー　757
LEED　398
LFW-1 試験　636
LOP　63
LCC　776
LTA　777
LBP　63
LB 膜　49
LVFA　243
LVFA タイプの試験機　650
エルロッドのアルゴリズム　31
エレベータ　877
エロージョン試験　360
エロージョン摩耗　435
エンジニアリングプラスチック　479
エンジン試験　632

遠心鋳造品 78
遠心鋳造法 423,433
遠心ポンプ 111
エンジン油 812
遠心力給油法 228
延性破壊 779
円筒形試験装置 356
浴面距離 796
塩浴窒化 418,558

お

オイルエア潤滑 177
オイルコントロールリング 300
オイルシール 272,291,307
オイルシールの摩擦 281
オイルシールの漏れ 284
オイルステイン 688
オイルフィルタ 876
オイルフィルムシール 309
オイルホイップ 54,65
オイルホワール 30
オイルミスト潤滑 176
オイルリフト軸受 92
オイル劣化センサ 867
オイル劣化モニタ 867
オイルレベルチェック 876
押圧力 267
黄銅 418,420
凹凸説 18
往復動空気圧縮機油 671
往復動摩擦試験 637
応力三乗則モデル 45
応力腐食割れ 779
OCP 583,595
オージェ電子分光 386
オーステンパ球状黒鉛鋳鉄 475
オーステンパ処理 416
オーバリティ 304
オーバレイ 54,75,422
Oリング 67,296
置注鋳造法 433
押出し油剤 689,693
押付け比 307
押しブロック金属ベルト式 250
押しブロック金属ベルト式CVT 250

オストワルド流体 605
汚染度 666
汚染度測定 801
汚損 820
オフセット 60
オフセット軸受 54
オリフィス絞り 54,84,101
オルダム軸継手 262
オレフィン共重合体 595
温間鍛造 693
音響 147,182
音響寿命 824
温度上昇 147,184,726
音波の吸収 618
音波の伝播 617
オンライン測定 800

か

加圧焼結 446
カーバイト 503
カーボン 495,522
カーボン/カーボン複合材 496
カーボンブラシ 529
カーボンブラシ材料 529
カーボンブラック 532
海外法規 768
海水ポンプ 332
解析・評価ツール 844
外接的転がり-すべり接触 221
解体性 576
海中暴露歯車 340
回転角増分 346
回転角法 346
回転型減速機 878
回転式圧縮機油 671
回転粘度計 606
外部摩耗 259
開放歯車装置 228
界面活性剤 622,677
海洋ロボット 762
ガウジング摩耗 782
火炎焼入れ 483,573
化学吸着 625
化学的蒸着法 500
化学反応 412
化学プラント 857

化学摩耗 20
拡散浸透法 501
拡散被覆法 556
核磁気共鳴 403
学振型寿命試験機 186
かくはん損失 223,374
加工硬化指数 380
加工精度 679
加工法 674
加工目 284
重なりかみあい率 194
かさ歯車 195
荷重極線図 71,76
荷重係数 154
荷重効果 792
荷重の配分 155
化審法 765
ガス圧縮機油 672
ガスケット 274,307
ガスケット締付け係数 277,279
ガス浸炭 482
ガスタービン油 659
ガス軟窒化 558
化成被膜型 692
河川水汲上用立軸ポンプ 340
ガソリン機関用潤滑油 641
肩関節 536
硬さ試験 381
滑走 264
可動体 266
稼働率 831
可変絞り弁 91
かみあい 192,194,195
かみあい区間長さ 194
かみあい摩擦損失 223,374
紙送り 267
かみ込み角 446
かみ込み性 683
カム 235,471
ガラス転移温度 486
ガラス転移点 745
ガラス粉 690
カルボニル化合物 812
Carreauの式 611
環境影響 764
環境係数 152

環境問題　583
換算圧力　35
乾式クラッチ　240
乾式摩擦材　241,519
乾式油剤　692
環状給油溝　67
含浸油　122
関節液　326,536
乾燥被膜　566
γ線　760
含油軸受　122
含油軸受焼結合金　438

き

キーストン角度　303
キーストン幅　303
機械構造用合金鋼　409,473
機械構造用炭素鋼　408,471
機械的安定性　710
機械的性質試験法　378
機械用潤滑油　657
危険性　763
気孔径分布　521
気孔率　106,521
きさげ　344
擬似HIP　448
きしり音　858
犠牲電極　786
擬塑性流体　605
気体汚染　319
気体軸受　92
気体性キャビテーション　30
気体の溶解度　619
軌道輪　134
機能故障解析　777
機能故障モード解析　777
機能寿命　7
機能性流体　697
厳しさクラス　834
Gibbsの吸着等温式　625
基本静定格荷重　153,156
基本定格寿命　149
基本動定格荷重　148
基本保全計画　842
キャビテーション　30,618
キャビテーションエロージョン
　30,55,361,793
キャピラリブロッケージ　322
キャプスタン軸受　443
ギヤ油　647,667
基油　577,579,704,707
給気定数　101,103
吸収　621
吸収スペクトル　614
球状化焼なまし　461,463
球状黒鉛鋳鉄　415,475
吸着　625
給油　256
給油脂量　847
給油法　727
給油方法　847
基油の基本特性　580
基油の分類　628
ギュンベルの条件　30
境界潤滑　49
境界潤滑剤　598
強化繊維　413
共重合体　480
凝集破壊　796
共焦点顕微鏡　9
強靭鋳鉄　474
強制給油　55
強制給油法　226
凝着説　19
凝着摩耗　20,452,545,781
凝着摩耗の防止策　781
強度設計式　201
極圧剤　600
許容応力　207
許容回転数　172
許容荷重　125
許容接触圧力　482
許容接触応力値　474
許容耐熱温度　125
許容濃度　764
許容面圧　231
き裂先端開口変位　381
き裂伝播速度　465
キングピン軸受　120
キンケイド・アイリングの式　618
金属イオン不活性化剤　590
金属ガスケット　271

金属系清浄剤　591
金属系複合材料　448
金属触媒　632
金属の爆発的燃焼　330
金属不活性化剤　602
金属粒子　867

く

空気シール　344
空転　264
偶発故障期間　778,828
クエット流れ　26
くさび膜作用　27
屈折率　615
クヌッセン数　44
くぼみ　382
組合せシール　296
くもり　215,790
グラインディング摩耗　782
クラウニング　191
クラウニング量　61
クラッシュリリーフ　72
クラス表示　317
クラック　792
クラッチ　238,513,517,518
クラッチフェーシング　240
グラファイト　470,736
クランク主軸受　71
クランクピン軸受　71
グランドパッキン　273
クリアランス　125
グリース　45,577,704,720
グリースカップ　729
グリースガン　729
グリース寿命　179,823,824
グリース潤滑　173,715
グリース潤滑寿命　849
グリース潤滑の特徴　849
グリースの給脂期間　850
グリースの交換，補給　849
グリースの種類　720
グリースの潤滑寿命　850
クリーナモータ　723
クリーニングブレード　882
クリープ　380
クリープ緩和　277

クリープ試験　380
クリープ領域　264
クリープ力　265
クリーン度　320
グルーブ軸受　94
グレージング　574
クレータ摩耗　675
黒当たり　198
クロスシリンダ摩耗試験　352
Crossの式　610
クロスヘッド型機関　653
クロスヘッドピン軸受　79
クロスローラベアリング　880
クロマイジング　477,574
黒ロープグリース(乾性油)　257

け

係合・離脱過程　240
傾斜平面軸受　54
軽微　835
軽油の潤滑性試験　639
軽量　522
ケースクラッシング　212,216,791
結合解離エネルギー　627
結合膜　566
ゲル膜　326
ケルメット　420
ケン化　718
限界的　835
限界$pV(pv)$値　23,452
嫌気性接着剤　347
研削　678
研削油剤　680
原子間力顕微鏡　8,400
原子吸光分析法　800
原子プローブ　403
建設機械　819
顕微FT-IR　394

こ

コインとエルロッドの条件　30
高圧下の潤滑　758
高圧水　337
高圧粘度計　607
高温　448
高温下の潤滑　758

高温材料　328
高温潤滑材　329
高温水　337
高荷重用軸受　445
高含水作動油　664
高感度反射法　393
高強度　477
工業用ギヤ油　667
工業用潤滑油　819
合金　530
合金鋼　408
合金工具鋼　505
工具　502
航空ガスタービン機関用潤滑油　655
航空機ガスタービン油　759
航空機潤滑油システム　876
航空機におけるシステム故障予測の解析例　838
航空機油圧システム　876
航空機用潤滑油　817
航空作動油　665
航空ピストン機関用潤滑油　654
高減衰化設計　104
高サイクル疲労　384
工作機械用軸受　169
硬質被膜　478
高周波　473
高周波焼入れ　417,483,572
公称すきま　42
高真空　334
合成粗さ　17
合成系基油　583
合成系作動油　664
合成潤滑油　674,758
合成潤滑油の種類　584
構成刃先　676
合成油　441
構造と漏れの経路　274
高速度鋼　507
高速度工具鋼　504
高速歯車　227
高速フレーム溶射　571
高速用軸受　444
高炭素クロム軸受鋼　460
鋼中酸素量　462

高張力冷延鋼板　524
光電子イメージ　390
降伏点　379
高分子系複合材　751
高分子材料　555
高密度焼結カーボン　496
高密度ポリエチレン　453,457
鉱油系基油　580
鉱油系作動油　662
高力黄銅　318,420
コーティング　684,689
コーベット処理　559
ゴーリング　791
コールドスカッフィング　217
小型歯車試験　637
股関節　536
黒鉛　415,690
国際規格　196,200
国際燃焼機関会議　653
黒色酸化粒子　871
極低温高速軸受　330
極低温高速軸シール　331
極低温でのトライボロジー　330
極低温トライボ要素　330
国内法規　765
故障解析例　836
故障確率の定性的評価　835
故障確率の定量的評価　835
故障間平均時間　828,831
故障の木解析　832
故障物理　774,778
故障密度関数　828
故障モード　778
故障モードと影響および致命度解析　834
故障モードと影響解析　834
故障率　828
固体潤滑　52,545
固体潤滑剤　577,731,750,758
固体潤滑剤の選定　753
固体潤滑剤被膜　126
固体潤滑被膜　566
固体潤滑被膜処理　484
固体浸炭　482
固体粒子汚染　318
固体粒子の侵入　320

固着域　13
黒化腐食　420
コップボール変速機　247
コップローラ変速機　247
固定側軸受　162
コハク酸イミド　593
コバルトフリー合金　337
コバルトフリー材料　337
コポリマー　480
ゴム軸受　339
ゴム弾性　488
ゴムの許容ねじれ　121
ゴム配合油　699
ゴムロール　535
コロージョン試験　362
転がり案内面　344
転がり軸受　134, 143, 460, 857
転がり軸受の精度　180
転がり軸受の摩擦係数　146
転がり軸受封入グリース　822
転がり寿命　466
転がり/すべり摩擦　357
転がり疲れ　209, 790, 808
転がり疲れクラックの進展時間　809
転がり疲れ寿命　148
転がり抵抗　533
転がり疲労寿命　633
転がり疲労寿命試験　637
転がり摩擦　143
転がり摩擦係数　354
転がり摩擦試験法　355
転がり要素　6
ころ生成摩耗　452
混合潤滑　49
コンタクト・スタート・ストップ　98, 756
コンパウンドタイプ油　668

さ

座　130
サーフェスプロファイリング　251
サーミスタ温度計　23
サーメット　436, 497, 508
材質マーキング　576
最小油膜厚さ　56, 214, 221

再生重油　769
再精製プロセス　770
最大圧力勾配　293
最大接触圧力　13
最大転動体荷重　159
最大面圧　133
最適減衰　68
最適鎖長　598
最適すきま　101
最適設計　486
最適芳香族性　630
再溶融チル化処理　573
再利用　575
材料選定　108
サスペンション　117
SUS 440　463
差動すべり　144, 355
作動油サンプリング検査　840, 877
サドンデス試験　371
さび止め剤　601
さび止め油　695
サブゼロ処理　503
座面摩擦係数　346
サリシレート　592
三円弧軸受　54
酸化　812, 820
酸価　851
酸化安定性　588, 665
酸化生成物　853
酸化防止剤　589
酸化摩耗　20
酸化劣化　626, 713
産業用電動機　724
産業用トラクション油　670
産業用ロボット　878
酸素　759
酸素圧　632
三層軸受　75, 78
サンドエロージョン　361
残留応力　213
残留応力分布　527
残留オーステナイト　461

し

CIMAC　653
CSS　98, 756

GMR　542
COD　381
C/C コンポジット　496, 522
GPS　467
CBM　776
CPK モデル　489
CVJ　721
CV 鋳鉄　415
CVT　115, 651
CVD　484, 499, 560
CVD 被覆超硬合金　511
シーラント　309
シール　485
シール機能　282
シール係数　314
シール材料　485, 488
シール試験　374
シール寿命　490
JASO 規格　645
JFO 理論　31
シェイクダウン限界　213
J 積分　381
シェービング仕上げ　200
ジェット潤滑　176
ジェット法　622
シェラダイジング　477, 574
シェリング　527
歯科用修復材　539
時間計画保全　776
磁気吸引力　131
磁気記録　539
磁気記録媒体　539, 754
磁気記録用材料　539
磁気軸受　55, 130
磁気テープ　754
磁気ヘッド　539, 540
磁気ヘッドシリンダ　94
磁気力顕微鏡　400
軸受荷重　154
軸受基礎特性　83
軸受形状　73, 133
軸受最高温度　64
軸受材料　75, 367
軸受損失　224
軸受電流剛性　133
軸受特性　87

軸受特性数　4, 49
軸受の幅径比　65
軸受摩擦損失　64
軸受油　660
軸受有効面積　84
軸受油の粘度　660
軸受用肌焼鋼　462
軸材料　407
軸心軌跡　112
刺激性　764
試験法　349
しごき加工　377
自己潤滑性　476
資材管理　846
自在軸継手　261
事象の木解析　833
システム解析　774
システム油　653
自成絞り　54, 101
磁性流体　314, 697
磁性流体シール　314
自然発火点　588
湿式クラッチ　238
湿式摩擦材　241
湿式油剤　693
自動酸化　626
自動車　865
自動車製造プラント　861
自動車用グリース　824
自動車用軸受　165, 720
自動車用潤滑油　812
自動車冷却水ポンプ用シール　495
自動調整静圧案内面　344
自動調整静圧軸受　91
自動取引装置　880
自動変速機　115
自動変速機油　241, 649, 815
磁場　335
シビヤ摩耗　20
紙幣　881
絞り　84, 379
絞り膜作用　28
締め代　74, 163
締付け回転角　346
締付けトルク　346
締付け力　346

ジャーナル軸受　53
車軸　725
車軸軸受　120
射出成形　470
シャダー　239, 650
ジャダー　514
斜板形コンプレッサ　109
車両の支柱　118
車輪フラット　527
車輪用材料　526
車輪/レール　357
シャルピー試験　383
ジャンクション・グロース　19
ジャンプ現象　69
自由側軸受　163
自由転がり抵抗　356
重縮合反応　626
修正係数　42
自由体積モデル　607
集中給脂　729
集中給脂方式　713
集電材料　528
しゅう動クラック　436, 493
しゅう動試験　114
しゅう動接点　530
しゅう動特性　497
修復率　832
修理系　831
主曲率半径　12
主曲率面　12
主軸受　76
主軸用　726
樹脂成形カーボン　495
主電動機　725
手動変速機　115
寿命計算式　151
寿命係数　204
寿命試験　366
寿命試験機　186
寿命試験データ　370
主要因子　72
主要寸法　134
シュレッダーダスト　575, 576
潤滑管理　821, 846
潤滑剤欠乏　715
潤滑剤試験法　362

潤滑剤選択　674
潤滑剤の選択　334
潤滑剤の選定　846
潤滑剤の捕捉　377
潤滑実態調査　846
潤滑寿命　716
潤滑状態　3
潤滑状態遷移　789
潤滑特性　633, 665
潤滑不良　812
潤滑法　172
潤滑膜伸縮作用　28
潤滑油　440
潤滑油基油留分　656
潤滑油金属成分分光分析　840
潤滑油係数　204
潤滑油酸化試験法　630
潤滑油消費量モニタリング　839
潤滑油の交換間隔　179
潤滑油の交換基準　849
潤滑油の酸化　626, 820
潤滑油の蒸気圧　614
潤滑油の定圧比熱　613
潤滑油の劣化　821
瞬間温度上昇　218
循環給油　175
竣工検査　877
純粘性流体　45
順応性　414
ショア硬さ　382
小角X線散乱　399
使用環境　535
蒸気性キャビテーション　30
蒸気タービン油　659
小径軸受　722
使用係数　201
衝撃試験　383
衝撃摩耗　360
衝撃摩耗試験　360
焼結カーボン　496
焼結含油軸受　122, 438, 661
焼結金属　518, 519
焼結金属摩擦材料　520
焼結合金　476, 532
焼結層　447
焼結歯車　477

使用限界　452
使用限界温度　126
抄紙機軸受油　661
硝酸エステル　812
常時監視システム　857
使用済み潤滑油　768
焼成膜　566,733
状態監視保全　776
状態分析　388
蒸発性　614
使用法　162
消防法　765
正面荷重分担係数　203
正面かみあい率　194
使用油管理　660
初期故障期間　828
初期ピッチング　214
初期摩耗　20
初期摩耗期間　778
触針法　7
ショックアブソーバ　652
ショットピーニング　251,483
ジョンソンチャート　36
シリコーン系潤滑剤　756
シリコーンゴム　489
シリコーン油　587
シリコナイジング　574
ジルコニア　412,497
自励振動　54,239
塵埃投入試験　319
塵埃濃度　317
真円軸受　54
新ガスケット係数　278,279
真空シール　315
真空蒸着　546
真空脱ガス処理　461
真空ポンプ油　672
真空用軸受　171
真空用潤滑剤　742
人工衛星　759,836
人工関節　325,536,537
人工心臓弁　539
人工靱帯　538
真実接触面積　16,18,450
滲出潤滑　326
新生面　375

浸炭　473,556
浸炭鋼　460
浸炭硬化層　463
浸炭処理　463
浸炭窒化　474
浸炭窒化法　483
浸炭焼入れ　482
伸展油　700
振動　147,182
浸透漏れ　276
真ひずみ　784
信頼区間　372
信頼性　827
信頼度　828
信頼度関数　828
浸硫　559
浸硫窒化法　559

す

水銀圧入法　521
水素化ニトリルゴム　488
推算式　604
水質汚濁防止法　766
水素化仕上げ　581
水素化処理　582
水素化分解　581
水素化分解法　628
垂直板法　621
水溶性　692
水力タービン油　659
スウィフト・スティーバーの条件　30
スーパーオレフィンポリマー　575
スカッフィング　217,789,791
スカッフィング強さ　205
すきま　163,180
すきま制御型シール　273
すきま非制御型シール　273
スキャナモータ　94
スキューイング　145
スクイーズ作用　28
スクイーズ数　99
スクイーズパッキン　272,291
スクイーズフィルムダンパ　67
スクイーズ膜軸受　99
スクラッチテスト　383

スクラッチング摩耗　782
スクロール　113
スコーリング　791
スズ系ホワイトメタル　432
スズ青銅　418
スタッドレスタイヤ　264
スタティックSIMS　392
スチールベルト無段変速機　247
スチレン-ブタジエンゴム　532
スティクション　99,757
スティックスリップ　51,300,343,344,345,666
ステータ　266
ステンレスガスケット　492
ステンレス鋼　410,491
ストライベック曲線　5,231,599
ストライベック線図　49,123
ストラット　118
スパイラルグルーブスラスト軸受　127
スパイラル溝　310
スパイラル溝軸受　54
スパッタ被膜　733
スパッタリング　499,549
スパン張力　253
スピン　144,248
スプライン　262
スプリングアイブシュ　120
スプレー法　569
すべり　784
すべり案内面　343
すべり案内面油　666
すべり域　13
すべり軸受　53
すべり軸受合金　792
すべり軸受試験　364
すべり流れ近似　44
すべりねじ　230
すべり摩擦試験　352
すべり面材料　414
すべり率　193
スポーリング　216,791
スポーリング係数　497
スミアリング　791
スライダ　266
スラスト荷重試験　369

スラスト型　71
スラスト軸受　53, 114
スラストシリンダ摩耗試験　354
スラスト積分　158
スラリーエロージョン　361
スリップサイン　866
スリップ特性　251
スルスルフ法　559
スルホネート　592
スロット絞り　102
寸法精度　482

せ

静圧案内面　344
静圧気体軸受　100
静圧軸受　53
静圧軸受機構　307
静圧ジャーナル軸受　87, 88
静圧スラスト軸受　90
静圧スラスト軸受の特性　85
静圧制御軸受　91
静圧ねじ　232
静圧フォイル軸受　95
静荷重軸受　53
静荷重試験　368
静許容荷重　158
静止摩擦係数　300
性状管理　847
静止用(固定用)シール　270
清浄剤の性能　594
清浄度　852
清浄度向上　319
清浄分散剤　591
清水の供給　340
精製鉱油　656
脆性破壊　779
生体関節　326, 535
生体材料　535
生体適合性　327, 538
静的強度試験　378
静的シール　274
製鉄設備　724
製鉄プラント　854
静電浄油機　864
精度　142
静等価アキシアル荷重　157

静等価荷重　156
静等価ラジアル荷重　157
青銅層鉄　445
静特性　364
性能試験　335
生分解性　588, 726, 765
生分解性作動油　664
セーボルト色　614
赤外線吸収スペクトル　614, 822
赤外分光分析　825
積分温度上昇　218
石油系基油　628
セグメントシール　273
絶縁軸受　795
絶縁破壊　336
絶縁破壊電圧　616
設計ボルト荷重　278
切削　675
切削工具　502, 506
切削油剤　675, 676
接触圧力　13
接触圧力分布　293, 486
接触角　161, 745
接触式シール　272
接触脱ろう　581, 582
接触突起の数　16
接触幅　13
接触面圧　161
接線応力　675
接線張力　300
設備診断　775
接面漏れ　276
セミメタリックガスケット　271
セメンタイト　503
セラミック　497
セラミックガスタービン　758
セラミック系複合材　434
セラミックコーティング　499
セラミック軸受　126, 170
セラミックス　412, 434, 467, 478, 509, 748
セルフシールパッキン　291, 296
セレーション　262
全塩基価　812
旋回運動　113
全かみあい率　194

線形2要素粘弾性モデル　46
閃光温度　22
閃光温度上昇　22
全酸価　812
全周軸受　127
先進率　681
前進流動　213
全数破損試験　371, 372
全体硬化　473
センタリングばね　67
せん断強さ　380, 451
潜熱　613
全歯形誤差　197
線爆溶射　571
船舶用潤滑油　816
全歯すじ誤差　197
全反射赤外吸収　394
船尾管軸受　339
船尾シール　339
全摩耗粉量　867

そ

走査型トンネル顕微鏡　8, 400
走査型プローブ顕微鏡　8, 400
走査電子顕微鏡　394
相乗効果　591, 601
増ちょう剤　704, 707
増粘着研磨子　266
増粘着制輪子　266
相溶性　323, 673
SOAP(法)　799, 819, 822, 840
速度係数　204
塑性　379
塑性加工　375
塑性加工用材料　524
塑性指数　15, 545
塑性接触　15
塑性流体　45, 605
塑性流動　213
塑性流動圧力　17
その場観察　393
ソフトEHL　34, 326
ソフト型　586
ソリュブル　676
損失弾性率　533
損失動力　223

損傷　493
損傷体積　17
ゾンマーフェルト数　56, 123, 444

た

ダーシイの法則　106
タービン油　658
ターボ分子ポンプ　95
耐圧限界　295
耐異物性　75
耐荷重能　634
待機冗長系　830
耐久試験　368
耐クリープ性　490
台形ねじの摩擦特性　231
耐原子酸素性　335
耐高面圧性　75
耐衝撃用工具　508
耐食性　75, 333
耐水性　724
体積抵抗率　616, 674
体積粘性(第2粘性)　38
タイトネスパラメータ　278
ダイナミックSIMS　392
ダイナミックシール　314
ダイナミックミキシング　552
耐熱合金　411
耐熱軸受用鋼　465
耐熱性　452, 522, 713
耐熱性潤滑油　758
ダイバージェンスフォーミュレーション　102
耐ピッチング強度　203
耐疲労性　75
耐放射線性　335, 759
耐摩耗工具　508
耐摩耗性　75, 478, 532, 564, 588, 633, 724
耐摩耗性被膜　501
タイヤ　532, 865
耐焼付き性　75, 633
ダイヤフラム　273
ダイヤモンド　553
ダイヤモンド被膜　497
耐力　379
ダイレクト方式　686

だ円運動　267
多環芳香族炭化水素　583
ダークエッチング領域　212
多孔質含油軸受　46
多孔質絞り　54, 102
多孔質静圧気体軸受　105
多孔質フォイル軸受　97
ダストシール　315, 344
ダストリップ付きオイル　284
多層軸受　119
脱塩素化合物化　690
脱黒鉛化　690
脱離　621
脱離温度　316
縦弾性係数　379
タフトライド　474
タフラム処理　564
WLF式　610
WPC値　867
玉のピッチ径　161
多モード適応潤滑　326
単一ピッチ誤差　197
炭化ケイ素　412, 497
炭化水素系潤滑剤　755
炭化水素構造　582
炭化物被覆法　560
タングステンカーバイト　492
ダングリングボンド　404
単重合体　480
弾性　379
弾性接近量　13
弾性接触　16
弾性体　266
弾性ヒステリシス　143, 355
弾性流体潤滑　34
短繊維強化ゴム　534
単層軸受　54, 414
鍛造油剤　689, 693
鍛造用材料　525
炭素鋼　408
炭素工具鋼　502
炭素繊維　523
単体金属　530
段付き軸受　54
ダンパすきまレイノルズ数　69
タンブリング　569

単分子膜　394

ち

チェーン　256
チェーン係数　154
チキソトロピー　605
チキソトロピー性　709
蓄圧現象　298
知識ベース　859
チタン化合物　553
チタンカーバイト　492
窒化　473, 483, 557
窒化ケイ素　412, 467, 497
窒化ホウ素　743
チップディテクタ法　800
チムケン試験　635
致命度指数　835
致命度マトリックス　836
チャーニング　715, 849
チャタリング　687
チャンネリング　715, 849
中心化ばね　67
鋳造設備　724
鋳鉄　415, 514
中途打切り試験　371
中立点　681
超高圧焼結体　510
超硬合金　492, 506, 507
超高分子量ポリエチレン　325
超深絞り鋼板　524
調整混合粉　447
超伝導機器　331
ちょう度　850
超微小硬さ　383
張力　267, 301
チョークフロー　312
直接給油　66
直接潤滑方式　59
直流イオンプレーティング　548
直流スパッタリング　550
直列系の信頼度　829
直交粗さ　43
チルド鋳鉄　478

つ

綱車　257

つば部のすべり 145
つぶし代 296

て

ディーゼルエンジン 867,868
ディーゼル機関用潤滑油 646
DSMC 45
DF法 102
DLC 512
TOF-SIMS 757
低温下の潤滑 759
低温特性 713
低温流動性 582,587
定期検査 877
締結ねじ 345
抵抗温度計 23
低合金鋼粉 477
低降状点鋼板 524
低サイクル疲労 384
定常摩耗 20
ディスクブレーキ 514
定性分析 388
低騒音 723
低速回転用軸受 443
低速すべり摩擦試験機 243
D値 214,222
定着ローラ 882
ディッピング 569
TDプロセス 560
低トルク 723
低発塵性 726
テイパードランド軸受 54
TBM 776
低摩擦 412
低摩耗 412
定量フェログラフ 867
定量分析 388
ティルティングパッド軸受 54
ティルティングパッドジャーナル軸受 63
ティルティングパッドジャーナル・スラスト軸受 128
ティルティングパッドスラスト軸受 58
テーパ角度 304
テーパドランドスラスト軸受 57

テーパフラット型 98
テーパローラベアリング 880
滴下給油 174,228
滴点 713,850
テクスチャ 99
鉄基焼結材料 476
鉄鋼 514
鉄鋼材料 524
鉄道車両 469,725,867
鉄道車両車軸軸受 166
鉄粉 476
Dupreの式 624
デラミネーション 20
転位歯車 191
転移膜 735
電界イオン顕微鏡 402
電解浸硫法 559
電界放射顕微鏡 403
添加剤 577,704,812
添加剤濃度 394
電気絶縁油 699
電気接点 529
電気接点材料 529
電気的特性 615
電気的摩耗 337
電気粘性流体 697
電気めっき 562
電子線 760
電子線回折 397
電子ビーム焼入れ 573
電食 336,795
転造 695
伝達効率 251
転動体 134
天然酸化防止剤 629
電場 335,336

と

砥石 678
銅 492
動圧 343
動圧軸受 53
動圧ジャーナル軸受 54
動圧ねじ 230
動圧フォイル軸受 95
動圧ポケット軸受 54

等価曲率半径 34
動荷重 222
動荷重係数 201
動荷重軸受 53
動荷重試験 370
等価弾性係数 12
透過電子顕微鏡 397,397
透過率 106
統計的修正レイノルズ方程式 42
銅合金 418,492
等速形 261
等速ジョイント 721
動的強度試験 383
動等価荷重 153
動特性 365
銅-鉛系軸受合金 420
Cu-Ni-Sn系合金 446
動粘度 812
等粘度流体潤滑理論 32
動弁機構 235
動摩擦係数 300
動力吸収式歯車試験機 373
動力吸収法 224
動力循環式歯車試験機 373
動力循環法 224
特殊環境 754,758
特殊溶解 462
特性X線 395
閉込め作用 211
突起間干渉 210
塗布媒体 539
塗膜 566
止めピン 347
ドライガスシール 310
トライボケミカル反応 435,499
トライボマテリアル 453
トラクションドライブ 358,633
トラクションドライブ式CVT 652
トラクションドライブ無段変速機 247
トラクション油 247
トラクタ用共通潤滑油 647
トラニオン 120
トランクピストンエンジン油 654
トランクピストン型機関 653

取付け精度　187
砥粒加工　678
トルク係数　346
トルク勾配法　346
トルク伝達メカニズム　250
トレッド　263
トレッドパターン　263
トロイダル形変速機　248
トロリ線　528
トロリ線材料　528
トンネル効果　336

な

ナイフエッジ　277
ナイフエッジ軸受　130
内部起点の転がり疲れ　212
内部すきま　159
内部摩擦　143
内部摩耗　259
内輪　134
鳴き　245
梨子地状歯面　215
なじみ　210, 219, 222
ナビエ・ストークス　25
ナフテン系炭化水素　582
鉛系ホワイトメタル　432
鉛青銅合金軸受　421
波打ち　96
並級潤滑油　657
軟窒化　483
軟窒化処理　471
難燃性作動油　664

に

ニアネットシェイプ　476
二液推薬弁　836
二円弧軸受　54
逃げ面摩耗　675
二次イオン質量分析　391
2軸差　304
二次元分解能　392
二次シール　286
二次電子　394
二層構造軸受　54, 446
二層分離温度　674
2相分離　324

ニッケル基耐熱合金　412
ニッケルバリア層　75
2T油　644
ニトリルゴム　488
ニトロ化合物　812
2πフィルム　68
乳化剤　602
ニュートン・ラフソン法　97
ニュートン流体　605
ニューマチックハンマ　101, 105
二硫化タングステン　742
二硫化モリブデン　470, 690, 731
　MoS$_2$の物理・化学・機械的性質
　　732
　MoS$_2$膜への湿度の影響　734
　MoS$_2$への雰囲気ガスの影響　735
　MoS$_2$膜への温度の影響　735
二輪車のフロント　119

ぬ

ヌープ硬さ　382
ぬれ　623

ね

寝込み運転　324
ねじ付きオイルシール　280
ねじの締付け　345
ねじのピッチ　230
ねじの緩み　347
ねじ面間の摩擦係数　230
ねじ面摩擦係数　346
ねじ山の半角　230
ねじり試験　380
ねずみ鋳鉄　474
熱拡散処理　574
熱可塑性エラストマー　490
熱活性化モデル　607
熱間鍛造　693
熱間鍛造材料　526
熱効果　792
熱酸化劣化　486
熱CVD　552
熱CVD法　554
熱処理　461, 463
熱電対温度計　23
熱媒体油　700

熱馬力　220
熱膨張係数　612
熱流体潤滑理論　32
熱劣化　812
粘性抵抗　147
粘性流動のモデル　607
粘弾性　38
粘弾性流体　46
粘着係数　518
粘着力　264
粘度-圧力係数　34
粘度グレード　656
粘度指数　587, 609
粘度指数向上剤　594
VI向上性　596
粘度測定法　606
粘度特性　665
粘度のせん断速度依存性　610
粘度の単位　605
粘度比重定数　700
粘度分類　643, 668

の

伸び　379
ノンアスベスト系摩擦材　246

は

刃　130
パーオキサイド分解剤　589
パーオキシラジカル　590
歯当たり　195, 198, 199, 372
歯当たり検査　372
ハードEHL　34
ハード型　586
ハードディスク　97, 754
ハードディスク装置　317
ハードディスク装置用軸受　168
ハーフゾンマーフェルトの条件　30
ハーフトロイダル形　248
パーフルオロポリエーテル　756
パーライト可鍛鋳鉄　474
バーンアウト現象　330
バイオトライボロジー　325
ハイス　504
ハイスロール　683
ハイドロプレーニング　263

ハイドロプレーニング現象 865
πフィルム 68
ハイブリッド型シール 310
ハイブリッド軸受 90,178
配列 162
ハウジング 73
バウデン・テーバーの摩擦モデル 50
破壊 379
破壊靱性 381
破壊靱性試験 381
破壊靱性値 381,412,465
破壊的ピッチング 214
鋼裏金付き鉛青銅系巻き 120
白色干渉顕微鏡 9
白色潤滑剤 744
白色相 212
薄層放射化法 810
爆発溶射 571
薄膜 545
薄膜媒体 539
舶用大形エンジン 871,872
歯車 188,357,471,480
歯車係数 154
歯車材料 207
歯車試験 372,373
歯車精度規格 196
歯車の幾何学量 188
歯車の効率 223
歯車の種類 188
歯車の潤滑法 225
歯車の精度 196
歯車の特徴 188
歯車の油膜形成 220
歯車ポンプ 305
歯車用合金鋼 473
歯車用潤滑油 225
はけ塗り 569
はけ塗り給油 228
波状摩耗 527
歯すじ 191
歯すじ荷重分布係数 202
バスタブ曲線 828
はすば歯車 194
破損予知時間 809
パッキン 271

バックアップリング 299
バックラッシ 189
発光分光分析法 799
撥水効果 300
パッド 92
バッファリング 298
はねかけ潤滑 174
バビットメタル 432
はみ出し 299
はめあい 163
歯面上の平均摩擦係数 223
歯面接触応力許容値 472
歯元応力許容値 472
Barusの式 609
パラフィン系炭化水素 582
バランス形 286
バランス比 307
バルク組成 391
バレル量 304
パワーシフトトランスミッション 819
半固体潤滑剤 577
反射電子 394
搬送速度 267
パンタグラフすり板 528
パンタグラフすり板材料 528
半導体製造装置 319
バンド構造 745
反応生成物 390,391
半浮上案内面 343
半割り型 71
半割り型軸受 71

ひ

非アスベスト系摩擦材 515
PRTR制度 768
PI 453
PEEK 453,490
BETの式 626
ph線形化法 29
PA 453,480,490
PAI 453
PAN系 523
PAO 583
PMA 595
PL法 767

POM 453,480,490
ピークフィッティング 389
PC 480
ヒースコートスリップ 144
PTFE 453,470,490,744
PTFE樹脂を含浸した青銅系焼結 119
ヒートスクラッチ 687
ヒートチェック 436
ヒートロール 724
PPS 453
PBT 480
pV (PV)値 5,23,124,217,497
PVD 484
P-V-T関係 612
PVD技術 76
PVD被覆超硬合金 512
ピーリング 790
光干渉法 634
光CVD 555
引き込み速度 34
引抜き加工 377
引抜き油剤 690
非金属介在物 461
非金属ガスケット 271
非再現荒れ 168
微細条痕の総断面積 17
膝関節 536
非修復系 828
微小すべり 13
微小スリップ 355
微小部X線回折 399
ビスコシール 314
ヒステリシス損失 19
ピストンポンプ 307
ピストンリング 67,273,471
非接触式シール 273,309
非線形2要素粘弾性モデル 46
非線形4要素粘弾性モデル 46
非調質鋼 409
ビッカース硬さ 382
ピッチ円 189
ピッチ系 523
ピッチ点 190
ピッチング 209,213,791
ピッチングき裂の伝播 211

引張試験　379
引張強さ　379
非ニュートン流体　605
非ニュートン流体潤滑　45
比熱　613
びびり振動　300
ピボット　92
ピボット軸　128
ピボット軸受　128
比摩耗量　20, 351, 417, 451
比誘電率　615
評価試験　717
評価法　349
標準歯車　190
表面改質　349, 468, 482, 499, 511, 544
表面起点型はく離　462
表面起点の転がり疲れ　209
表面絞り　54, 102
表面絞り案内面　344
表面処理　300, 468, 796
表面処理鋼板　525
表面処理層　796
表面組成　391
表面炭素濃度　463
表面張力　30, 621
表面トポグラフィー　7
表面分析　349, 386
表面変位　11
表面目づまり層　105
表面焼入れ　572
平歯車　192
疲労強度　384
疲労限係数　152
疲労試験　366, 384
疲労試験機　792
疲労損傷　792
疲労破壊　779
疲労摩耗　20, 452
ピンオンディスク摩耗試験　352
ビンガム塑性体　709
ビンガム流体　45

ふ

ファインブランク　251
負圧利用形　98

ファレックス試験　636
ファンモータ　723
VI 向上性　596
VMQ　489
VTR　95
VTR スピンドル　722
フィルタ　317, 851, 876
フィン　316
フィンガータイプのキャビテーション　33
フィン先端　312
風損　223
フーリエ変換赤外吸収分析　392
フーリエ変換赤外分光法　757
フェード　245
フェニルエーテル　586
フェニルエーテル系グリース　727
フェネート　592
フェノール化合物　630
フェノール樹脂　453
フェライト　417
フェログラフィー　822, 868
フェログラフィー法　798
フェログラム　798
フォイル軸受　95
フォイルジャーナル軸受　97
フォロワ部　235
不活動領域　211
負荷能力　414
負荷率　158, 159
吹抜け係数　312
複合材　515
複合材料　413, 432, 480
複合則　413
複合膜　563
複合めっき　562
複層軸受　414
フジマイト　564
ブシュ　71
腐食　257, 437, 808
腐食形態　785
腐食試験法　362
腐食生成物　786
腐食摩耗　20, 653, 785, 872, 874
不信頼度関数　828
付着破壊　796

フッ化黒鉛　744
フッ素化ポリエーテル　587
フッ素系グリース　727
フッ素ゴム　489
物理吸着　625
物理蒸着　546
物理的蒸着法　500
不等速形　261
不働態膜　785
浮動ブシュ軸受　54
浮動ヘッドスライダ　97
部分安定化ジルコニア　434
部分円弧　92
部分円弧軸受　54
部分拡散合金粉　476
不溶解分　812
フラーレン　747
ブライトストック　582
プラスチック　450, 479
プラスチック系複合材　450
プラスチック軸受　122
プラスチック軸受材料　453
ブラスト処理　571
プラズマ CVD　554
プラズマジェット CVD　572
プラズマ重合　555
プラズマ処理　556
プラズマ溶射　570, 571
ブラッグの法則　397
フラッシュ温度　205
フラット　266
フランク角　346
フランジ継手の設計手法　277
フリクションパラメータ　439
フリクションプレート　521
振り子式試験　637
ブリスタ　494
ブリスタ発生　284
ブリネル硬さ　382
フリーラジカル連鎖反応　626
フルトロイダル形　248
ブレーキ　243, 514, 517, 518, 520, 652, 866
ブレーキ鳴き　648
ブレーキノイズ　516
フレーキング　368, 791, 857

フレーキング検出　810
ブレークイン用エンジン油　653
フレーム溶射　571
プレス成形用材料　524
プレス油剤　689
フレッチング　358,787
フレッチングコロージョン　359, 787
フレッチング疲れ　787
フレッチング疲労　358
フレッチング摩耗　358,359,787
フローティングリングシール　309
フロスティング　215
ブロックオンリング試験　636
ブロックオンリング摩耗試験　352
フロッピーディスク　754
フロン　322
フロントフォーク　119
分子気体潤滑　43
分子配向　393
粉末圧延　446
粉末供給　447
噴霧潤滑法　228

へ

ベアリング数　99
平均故障間隔　778
平均故障時間　828
平均故障寿命　778
平均修復時間　831
平均すきま　17
平均流モデル　42
米軍規格　647
平行粗さ　43
平行平面軸受　54
並列系の信頼度　829
べき乗則モデル　45
ペクレ数　32
ペクレニク数　42
ヘッドクラッシュ　318
ヘッドディスクインタフェース　99
Petroff 線　444
ペーパ摩擦材　520
ベリリウム銅　467
ヘリングボーン　689
ヘリングボーン軸受　54,94

ヘルツ応力　214,482
ヘルツ接触　10,12
ヘルツの接触理論　12
ベルト　252,533
ベルト型超高圧装置　510
ベルト係数　154
ベローズ形　286
ベローズシール　274
変異原性　764
変動荷重　112
変動する荷重の平均荷重　155
ヘンリイの法則　620

ほ

ポアジュイユ流れ　26
ホイールの面圧強さ　218
ホイールベアリンググリース　825
防音材　576
ホウ化処理　560
防御型酸化防止剤　589
放射　760
放射温度計　24
放射化　811
放射線　337
放射線障害防止法　811
宝石　129
宝石受　129
宝石軸受　129
宝石ほぞ軸受　129
法線応力　675
ボールオンディスク摩耗試験　352
ボールねじ　232
補強性充てん材　489
ポケット　85
ポケット内圧力　84
保護膜　540
母材　413
保持器　134,145,449
保持器材　469
補正係数　88
補正定格寿命　150
保全性 M　778
ほぞ軸受　128
ホットスカッフィング　217
ホットプレス　448
骨セメント　538

ホモポリマー　480
ポリアセタール　453,480,490
ポリアミド　453,480,490
ポリアミドイミド　453
ポリ-α-オレフィン　583
ポリイミド　453
ポリエーテル　586
ポリエーテルエーテルケトン　453
掘り起こし　17,19
ポリカーボネート　480
ポリグリコール　586
ポリゴンミラー　881
ポリシング　680
ポリテトラフルオロエチレン　490
ポリトロープ変化　28
ポリフェニレンサルファイド　453
ポリブチレンテレフタレート　480
ポリマーアロイ　453
ポリメタクリレート　595
ホローカソードイオンプレーティング　549
ホワイト合金　414
ホワイトメタル　64,432
本体温度　23
ポンプ作用　438
ポンプ試験　639

ま

マイグレーション　532
マイクロピッチング　211,215
マイクロマシン　754
マイルド摩耗　20
巻付け角　268
膜厚比　222
膜厚比 Λ　209
膜遮断式シール　273
マグネチックプラグ　876
マグネトロンスパッタリング　550
曲げ加工　695
曲げ試験　380
曲げ強さ　204,380
摩擦クラッチ　238
摩擦系　351
摩擦係数　18,293,351,451
摩擦係数変動　300
摩擦材　515,523

摩擦試験　519
摩擦試験法　352
摩擦振動　51, 52
摩擦調整剤　518, 599, 648
摩擦特性　294, 375, 517, 633
摩擦トルク　182
摩擦の法則　19
摩擦面温度　22, 352
摩擦力　18, 302, 451
摩擦力顕微鏡　400, 400
マシン油　656
マトリックス　413
摩耗　20, 232, 256, 527
摩耗苛酷度指数　867
摩耗過程　396
摩耗機構図　21
摩耗係数　20
摩耗形態図　21
摩耗故障期間　778, 828
摩耗試験法　352
摩耗センサ　866
摩耗測定システム　810
摩耗特性　519
摩耗毒性　328
摩耗粉生成機構　396
摩耗粉分析　798
摩耗防止効果　744
摩耗防止剤　600
摩耗面形態　352
摩耗率　20, 351
摩耗粒子形態　352
摩耗を伴わない摩擦力　402
マルエージング鋼　411
マルテンサイト　417, 461
マルテンサイト変態　417
回り止め　79
Manson-Coffin 則　384

み

見掛け粘度　709
見掛けの摩擦係数　253
ミクロ硬度計　490
ミスアライメント　6
ミセル　623
溝付き給気孔静圧気体軸受　102
密着性　561

密封機構モデル　282
密封性能　276
密封流体　374
密封性　295
ミニアチュア　722
ミニマムカットセット　833
ミニマムパスセット　833
MIL-L 23699 C　655, 818
ミンドリンのモデル　359

む

無灰分散剤　591, 593
無機結合膜　567
無公害の船尾シール　340
無次元特性数　281
無段変速機　652
無電解めっき　562, 563
無添加油　657
無毒性　327

め

メートル台形ねじ　230
メカニカルアロイング　572
メカニカルシール　272, 285, 495
メカニカルスナッバ　761
メタル中空Oリング　492
メタルワイプ　809
めっき　484, 562
めっき材　532
面圧　301, 784
メンテナンス　724, 773, 793, 842
メンテナンス管理　842
メンテナンス工学　774
メンテナンス支援システム　843
メンテナンス支援ツール　844
メンテナンス情報システム　843
メンテナンスの枠組　774
メンテナンス方式　842
メンテナンスマネージメント　775
面引っかき　401

も

毛管上昇法　621
毛細管絞り　84
毛細管粘度計　606
モード　36

モーメント荷重試験　370
木質軸受　122
モジュール　190
モノリシックヘッド　540
漏れガス量　302
漏れ量　293, 374
モンテカルロ直接シミュレーション　45

や

焼入れ性　462
焼入焼戻し　409, 461, 504
焼付き　5, 366, 809, 823, 868
焼付き限界　366
焼付き損傷　788
焼なまし　463

ゆ

油圧アクティブサスペンション　652
油圧機器　304, 661
油圧サーボプレス潤滑油分析診断　861
油圧作動油　661
油圧システム　304
油圧シリンダ　305, 306
油圧パワーステアリング　652
油圧ポンプの作動限界　307
油圧ポンプ・モータ　306
UHMWPE　325
ULPA　317
有害性　763
有機過酸化物系架橋　488
有機結合膜　567
有機モリブデン化合物　600
有効径　230
有人深海調査船　332
融点　745
誘導プラズマ発光分析　819
油剤の管理　678
油種の集約　846
油浸法　225
油性剤　598
油分率　823
油膜厚さ　108, 112, 293, 302
油膜厚さ測定　633

油膜係数　365
油膜パラメータ　151,809
油浴潤滑　174
油浴潤滑法　225
緩み　325
油路閉塞　812

よ

予圧　165
予圧係数　63
溶解合金　530
溶解度　323
溶解平衡　619
溶解力　583
溶剤型　692
溶剤脱ろう　581
溶剤抽出処理　581
溶射　570
溶射法　501
容積式ポンプ　306
溶融処理　573
溶融微細化処理　573
溶融摩耗　452
横すべり　219
呼び番号　142
四円弧軸受　54
四球試験　634,635
4 T 油　642
四フッ化エチレン樹脂　453
440 M　463

ら

ライダー試験　638
ライフサイクルコスト　776
ライフサイクルメンテナンス　842
ラウジウス・クラペイロンの式　619
ラウルの法則　619
ラジアル荷重試験　368
ラジアル構造　263
ラジアル軸受　113
ラジアル積分　158
ラジオアイソトープ・トレーサ法　809
ラビリンスシール　311
Langmuir-Brodgett 膜　49
ランド幅　86

乱流　64
乱流係数　40
乱流潤滑方程式　40

り

リアルタイム測定　810
リード　230
リード角　230
リサーキュレーション方式　686
リサイクル　575
リサイクル技術　576
リサイクル製品　576
リサイクル設計　575
リサイクル率　576
リッジング　791
リップ　280
リップパッキン　272,291,296
リップリング　791
立方晶窒化ホウ素焼結体　510
硫酸灰分　592
流体慣性力　41
流体潤滑　49,64,294
流体潤滑の逆問題　292
流体潤滑モード　326
流体の慣性力の影響　86
流動性　673
流動点降下剤　597
流動特性　709
流量係数　312
流量特性係数　84
離油度　850
臨界表面エネルギー　745
臨界表面張力　625
臨界ミセル濃度　623
リングコーン変速機　247
リン酸エステル　587
リン酸塩処理　471
リン青銅　418

る

累積破損確率　371
累積ピッチ誤差　197

れ

冷間鍛造　693
冷間鍛造用材料　525

レイノルズ数　56
Roelands の式　609
レイノルズの条件　30
レイノルズ方程式　25
レイノルズ方程式の一般形　26
冷媒　673
冷媒ガス　111
レーザ焼入れ　573
レール波状摩耗　527
レール用材料　526
レオペクシー　605
レオロジー　604
レオロジー特性　709
劣化　812,820
劣化・故障解析システム　845
レベリング機構　58
連鎖停止型酸化防止剤　589
連鎖停止速度定数　591
連接棒大端メタル　868
連帯焼結法　423
連帯鋳造法　423,433

ろ

ロータ軸受　76
ロータダイナミクス　56
ロータリ圧縮機　110
ロータリエンジン　76
ロープグリース　257
ローラ試験機　633
ローラねじ　234
ロールコーティング　684,689
ロール成形加工　695
ロストモーション　345
ロッキングエッジ　247
ロックアップクラッチ　638
ロックウェル硬さ　382

わ

ワイブル確率　371
ワイブルスロープ　371
ワイヤロープ　257
ワッブル形コンプレッサ　109
Walther の式　609

欧文

A

ACM 488
Acoustic Emission 806
AE 806
AES 390
AFM 8, 400
Aluminizing 574
AMS 5749 463
AMS 5900 463
application factor 201
ATF 241, 649, 815
ATM 880
Atom Probe 403
Atomic Force Microscope 8, 400
ATR 394
Attenuated Total Reflectance 394
Automatic Transmission 115
Automatic Transmission Fluid 241, 649
Availability 778
average flow model 42

B

backlash 189
bath lubrication 174
bath-tub curve 828
boundary lubrication 49
Brinell 382

C

case crushing 791
cavitation 30
CBM 776
cermet 436
chanelling 715
channeling 849
chemical imaging 391
Chromizing 574
churning 715, 849
CIMAC 653
circulating lubrication 175
cmc 623
COD 381
Compacted Vermicular Graphite Cast Iron 415
Condition Monitoring Maintenance 776
Conseil International Des Machines A Combustion 653
Contact Start Stop 98
Continuously Variable Transmission 115, 651
Couette 26
Coyne-Elrod 30
critical micelle concentration 623
critical surface tension 625
crowning 191
CSS 98, 756
CVD 484, 499
CVJ 721
CVT 115, 651

D

diamondlike carbon 512
Divergence Formulation 102
DLC 512
drop-feed lubrication 174
D-SIMS 392
DSMC 45
Dual cone 247
dynamic factor 201

E

EHL 34
Elasto-Hydrodynamic Lubrication 34
Electron Spectroscopy for Chemical Analysis 387
Electrorheological Fluid 697
EPC 595
EPDM 489
ESCA 387
ETA 833
EU/AU 489
Event Tree Analysis 833
Eyring 38

F

face load factor 202
Failure Mode and Effect Analysis 777, 834
Failure Mode, Effect and Criticality Analysis 834
Fault Tree Analysis 832
ferrography 798
Ferrography 822
FFA 777
FFM 400
Field Emission Microscope 403
Field Ion Microscope 402
FIM 402
FKM 489
flaking 791
flash temperature 205
Floberg 31
FMEA 777, 834, 843
FMECA 834
fretting corrosion 787
Friction Force Microscope 400
frosting 790
FTA 832, 836, 845
FTIR 757
Full toroidal CVT 248
Function Failure Analysis 777

G

galling 791
gaseous cavitation 30
Giant Magneto Resistive 542
Glazing 574
GMR 542
gouging abrasion 782
GPS 467
grinding abrasion 782
Gümbel 30

H

Half toridal CVT 248
half-Sommerfeld 30

hard EHL 34
HDPE 453, 457
HEPA 317
HFC 322
High Efficiency Particulate Air 317
HIP 333, 467
HLB 603
H-NBR 488
Hot Isostatic Press 333
Hydrodynamic lubrication 49
hydrofluorocarbon 322
Hydrophile-Lipophile Balance 603

I

ICP 819
Infrared absorption analysis 822
Infrared Reflection Absorption Spectroscopy 393
Inner-ring paraller-cones 247
integral temperature 206
involute 192
IR 822
IRRAS 393
Item 828

J

jet lubrication 176
Jokobsson 31

K

Kelmet 420
K_{IC} 381
Knoop 382
Kopp ball variator 247
Kopp roller variator 247

L

Langmuir-Brodgett 49
LBP 63
LCC 776
LEED 398
Load between pads 63
Load on pad 63
Logic Tree Analysis 777

LOP 63
Low Velocity Friction Apparatus 243, 650
LTA 777
lubricant factor 204
LVFA 243, 650

M

Magnetic Force Microscope 400
Maintainability 778
maintenance 773
Manual Transmission 115
Mean Time Between Failures 778, 828, 831
Mean Time To Failure 778, 828
Mean Time To Repair 831
MFM 400
micelle 623
MIL-L-23699 C 655, 818
mixed lubrication 49
module 190
MTBF 778, 828, 831
MTTF 778, 828
MTTR 831

N

Navier-Stokes 25
NBR 488
Non Repeatable Run Out 180
NRRO 180

O

OCP 583, 595
oil-air lubrication 177
oil-mist lubrication 176
Olsson 31
Outer-ring paraller-cones 247

P

PA 453, 480, 490
PAI 453
PAO 583
PBT 480
PC 480
PEEK 453, 490
peeling 790

Peklenik 42
PI 453
pitch circle 189
pitch point 190
pitting 791
PMA 595
Poiseuille 26
Pollutant Release and Transfer Register 768
polytetrafluoroethylen 744
POM 453, 480, 490
PPS 453
pressure angle 188
profile shifted gear 191
PTFE 453, 470, 490, 744
PVD 484

Q

quiescent region 211

R

RCM 777
reduced pressure 35
Reliability 827
Reliability Centered Maintenance 777
Repeatable Run Out 180
Reynolds 25
RHEED 398
ridging 791
rippling 791
Rockwell 382
roughness factor 204
RRO 180

S

SBR 532
Scanning Probe Microscope 8
Scanning Tunneling Microscope 8
SCC 779
scoring 791
scratching abrasion 782
scuffing 789, 791
seal 485
SEM 394

SFRR 534
Sherardizing 574
Shore 382
Short Fiber Reinforced Rubber 534
Siliconizing 574
smearing 791
SOAP 799,819,822,840
soft EHL 34
Solubility Parameter 745
SOP 575
spalling 791
Spectrometric oil analysis program 822
Spectrometric Oil Analysis Program 799
splash lubrication 174
SPM 8
squeeze film action 28
squeeze film damper 67
squeeze number 99
S-SIMS 392
standard gear 190
starvation 715

steel belt CVT 247
STM 8
Stress Corrosion Cracking 779
stretch action 28
SUS 440 463
Swift-Stieber 30

T

TBM 776
Thermo-Hydrodynamic Lubrication Theory 32
TiC 492
Time Based Maintenance 776
TOF-SIMS 757
tooth trace 191
toroidal CVT 248
traction drive CVT 247
transverse load factor 203

U

UHMWPE 325
ULPA 317
Ultra-high molecular weight polyethylene 325

Ultra-Low Penetration Air 317
unavailability 832
under-race lubrication 178

V

vaporous cavitation 30
velocity factor 204
Vickers 382
Viscosity Gravity Constant 700
VMQ 489
VTR 95

W

WC 492
WC-TiC 492
wear map 21
wedge film action 27

X

XPS 387,757
X-ray Photoelectron Spectroscopy 387

Ⓡ	〈学術著作権協会委託〉	
2001	2001年3月30日 第1版発行	
トライボロジー ハンドブック		
著者との申し合せにより検印省略	編 集 者	社団法人 日本トライボロジー学会
	発 行 者	株式会社 養 賢 堂 代表者 及川 清
Ⓒ著作権所有	印 刷 者	株式会社 真 興 社 責任者 福田真太郎
本体 18,000 円		
発 行 所 株式会社 養賢堂	〒113-0033 東京都文京区本郷5丁目30番15号 TEL 東京(03)3814-0911 [振替00120 FAX 東京(03)3812-2615 7-25700] ISBN4-8425-0071-9 C3053	

PRINTED IN JAPAN　　　　製本所　板倉製本印刷株式会社

本書の無断複写は、著作権法上での例外を除き、禁じられています。
本書からの複写許諾は、学協会著作権協議会(〒107-0052 東京都港
区赤坂9-6-41乃木坂ビル、電話03-3475-5618・FAX03-3475-5619)
から得てください。